中国现代果树病虫原色图鉴

全彩大全版

A COLORED PICTORIAL HANDBOOK OF INSECT PESTS AND DISEASES OF CONTEMPORARY FRUIT PLANTS IN CHINA

吕佩珂　苏慧兰　庞　震　王银忠　吕　超　编著

化学工业出版社
·北京·

内 容 提 要

本书通过2010张彩图、390幅病原菌墨线图，180万文字，详细介绍了全国南方、北方48种落叶和常绿果树上的常见病虫害1000多种，其中落叶果树病害412种，害虫546种，常绿果树病害239种，害虫237种。书中录入的病原采用最新的分类系统，病原描述、防治方法和技术吸收了最新的研究成果，是我国目前最具现代气息的精编果树植保大全。本书体现了公共植保和绿色植保理念，可做为中国进入21世纪生产优质、无公害果品，防治现代果树病虫害的实用指南，是各地果树站，植保站，农技站，林果站，农药经销人员鉴定、识别病虫害的工具书，也可供果林科技人员、广大果农、城乡绿化人员、农林院校师生参考，并可做为水果产区农家书屋必备图书。

图书在版编目（CIP）数据

中国现代果树病虫原色图鉴：全彩大全版/吕佩珂等编著. —北京：化学工业出版社，2013. 5
ISBN 978-7-122-16916-7

Ⅰ. ①中… Ⅱ. ①吕… Ⅲ. ①果树-病虫害防治-图集
Ⅳ. ①S436.6-64

中国版本图书馆CIP数据核字（2013）第065716号

责任编辑：李 丽　　装帧设计：吕佩珂
责任校对：宋 夏

出版发行：化学工业出版社（北京市东城区青年湖南街13号 邮政编码100011）
印 刷：北京方嘉彩色印刷有限责任公司
装 订：三河市万龙印装有限公司
889mm×1194mm 1/16 印张45¾ 字数1800千字 2013年6月北京第1版第1次印刷

购书咨询：010-64518888（传真：010-64519686） 售后服务：010-64518899
网 址：http://www.cip.com.cn
凡购买本书，如有缺损质量问题，本社销售中心负责调换。

定 价：**298.00元**

版权所有 违者必究

前　　言

进入 21 世纪以来我国果树种植面积不断扩大，果树种类迅速增加，种植结构不断调整，集约规模化、标准化栽培程度不断提高，外来危险性生物不断侵入，再加上有害生物自身变异和冰冻雨雪灾害频发，我国原生性重大有害生物频繁暴发，农业生物灾害此起彼伏，果树病虫害发生有加重趋势。当前，果产品优质、安全已成为全世界市场竞争的关键和众多消费者的普遍需求。因此，防治病虫害、提高果产品质量已成为新形势下果树种植业发展的必然趋势。就全国来说，如何针对我国 48 种果树上千种病虫害的发生规律做到科学防治，达到最佳防治效果，首先需要对生产上出现的病虫害做出准确的识别诊断，了解其发生规律，对症进行防治。如石榴因其独有的延缓衰老、预防动脉硬化、减缓癌变进程的作用被认知，现在被誉为“人类已知的最具抗衰老作用的木本植物”，这使得石榴产业具有巨大的潜在发展空间，但石榴在栽培过程中病虫害和冻害发生普遍且严重，是直接造成石榴毁产的主要原因。就拿桃蛀螟和石榴干腐病来说，经常出现十果九蛀的情况，这主要是错过了最佳防治时期，怎么掌握最佳时期才是防治的技术关键。2008 年安徽出现了梨树炭疽病大流行，四川出现了柑橘大实蝇大面积暴发成灾，造成人们不敢吃橘子，引发橘果类滞销，在全国造成很大影响。果树在发展过程中随果树品种更替、栽培方式变化，防控技术和病虫害都在发生变化。20 世纪 70~80 年代，苹果小国光品种上炭疽病为害突出，90 年代更换富士品种后，轮纹病成为主要病害。进入 21 世纪实施套袋栽培后，早期落叶病、枝干轮纹病成为苹果树的主要病害，黑点病也随之出现了。蛀果害虫桃小食心虫由主要害虫变成次要害虫。蛀叶的金纹细蛾由次要害虫变成主要害虫。梨圆蚧在一些果园又猖獗起来。生产上果农急需掌握主要病虫害的发生规律和防控技术，其难度要比推广新品种和新栽培技术大得多。

面对新时期植物保护工作出现的新情况和新问题，我们必须树立新的理念，贯彻落实科学发展观。长期以来我国按照“预防为主，综合防治”的植保方针控制病虫为害。现在又有了新的发展，在生物灾害十分严峻的形势下，正在树立“公共植保、绿色植保”的新理念。我国已把植物保护工作提高为农业和农村公共事业和人与自然和谐系统的重要组成部分，突出其社会管理和公共服务职能。现在适合中国国情的新型植保体系构架正在兴建。一支以县级以上国家公共植保机构为主导，乡镇公共植保人员为纽带，多元化专业服务组织为基础的新型植保体系正在形成。其中科技是贯穿始终的首要推动力，要把果业和农村经济的发展转变到依靠科技进步和提高果农素质的道路上来。

现在全国水果面积已发展到 1.6 亿亩，年产量 1.2 亿吨。我国出口的苹果、梨已获南非市场检疫准入，苹果、梨进入欧美市场，果品贸易不断上升。及时发现并封锁防治对梨出口有重大影响的梨枯枝病，及时销毁感染栎树猝死病的苗木，及时拦截苹果蠹蛾及柑橘溃疡病人为扩散都是重要的防止病害流入和传出的手段。我国的苹果、梨、柑橘质量有所提高，一些填补果品淡季的应时小树种李、杏、大樱桃、枇杷、石榴、草莓、芒果、荔枝、龙眼、橄榄、油梨、西番莲、杨桃等的种植有了长足发展，再加上草莓、樱桃、李、杏、桃、油桃、葡萄利用日光温室进行设施栽培、进行反季节生产，病虫害防治更加复杂。针对上述问题，90 年代出版的老图谱早已跟不上形势发展的需要，为了追上来，本书作者一直在拍摄果树病虫害彩色照片，全面收集果树病虫害防治资料，在全国众多专家支援下，现在原图谱基础上，升级出版图文混排的《中国现代果树病虫原色图鉴》，以适应防治中国现代果树病虫害的需要，为加快全国标准果园创建步伐做些贡献。全彩大全版用 2010 幅彩图、390 幅病原图、180 万文字，介绍全国南北方

48 种落叶果树和常绿果树上的病虫害 1000 多种，其中落叶果树病害 412 种，害虫 546 种，常绿果树病害 239 种，害虫 237 种，成为中国现代果树病虫识别与防治大全。从广度上看相当于 48 本小册子。这里需要说明的是果树上的害虫有一部分是专门为害一种果树的专性寄主害虫，大部分是多寄主的害虫，如桃蛀螟果树型新学名为 *Conogethes punctiferacis*，能为害 100 多种植物，除幼虫蛀害桃、李、杏、苹果、无花果、梅、樱桃、石榴、葡萄、山楂、柿、核桃、板栗、柑橘、荔枝、龙眼、枇杷、芒果、香蕉、菠萝、柚、银杏等果树外，还为害玉米、向日葵等。桃小食心虫、梨小食心虫、橘小实蝇等为害果树种类也很多。对于这些多寄主的害虫，按常规只写一次即可，但实际上同是桃蛀螟，在南方、北方发生代数、各地发生时期、在不同树种上为害情况又各有特点，为了保持每种果树病虫害的系统全面，便于使用，减少参见出现频率和重复，只好在重要寄主树先做全面介绍，以后再出现时做简要介绍，只有这样才能既保持了内容系统性，又节约了篇幅。

现在我国出版的图文混排同类书，已经很简单了，也有读者反映病害的病原和病原图，害虫的形态特征还是需要的，尤其是鉴定时很需要!对此本书保留了全写的内容，做到全、简搭配，以适应不同读者的需要。关于病原或称菌物，近年我国先后出版了多个版本的《普通植物病理学》、《中国菌物》、全国高等农林院校“十一五”规划教材《真菌学》，《中国真菌志》已出版 30 多卷，最近又出版了《植物病理学（第 5 版）》、《沈阳昆虫原色图鉴》、《中国园林害虫》等专著，为我们摄写本书提供了新的研究资料。

本图鉴的病原按照国际菌物分类系统发展趋势，参照世界通用的《菌物词典》第 9 版（2001 年）和 2002 年 Cavaller smith 对前几年提出的生物八界分类系统进行的修订，把生物分为 6 个界：即细菌界、原生动物界、动物界、植物界、真菌界、假菌界。本图鉴把有关病原或称菌物按 6 界系统进行规范，分别把书中的病原菌一一列出新的归属。新的分类系统中：原生动物界（包括黏菌门、根肿菌门）；假菌界（包括丝壶菌门、卵菌门）；真菌界（包括壶菌门、接合菌门、子囊菌门、担子菌门和无性型真菌，又称无性孢子类）；细菌界，包括薄壁菌门、厚壁菌门、软壁菌门（又称柔壁菌门）；动物界线虫门；植物界中的被子植物门寄生性种子植物等。这个新分类系统与全国高等农林院校规划教材保持一致，以利教学和生产紧密结合及学术交流。至于病毒病的学名按世界统一标准订正。

本书内容新，不仅病原或称菌物首先采用新的分类系统，病原真菌形态特征也采用中国真菌分类专家的最近研究成果和病原图，病虫学名均按《中国真菌志》、《沈阳昆虫原色图鉴》、《中国园林害虫》等新专著订正其中文名，拉丁学名。使本书质量明显提高；书中选用了一大批确有实效的新杀虫、杀菌剂，并按 2009 年和 2010 年农药管理信息汇编订正。农药名称一律用中文通用名，书后附有新编中国现代果树农药使用技术简表。

本书的出版得到全国众多专家的支持。帮助我们的专家有：戚佩坤先生、稽阳火先生、成卓敏先生、徐公天先生、张治良先生、杨子琦先生、何振昌先生、徐志宏先生、王璧生、罗禄怡、刘开启、高启超、刘兵、王洪平、夏声广、吴增军、许渭根、梁森苗、宁国云、康振生、张炳炎、陈福如、李元胜、邱强、蒋芝云、冯玉增、彭成绩、张玉聚、郭书普、吴鸿、邓国荣、李剑书、王立宏、林晓民、刘联仁、胡淼等，其中有些专家提供了宝贵的图片，使本书系统全面，成为名符其实的《中国现代果树病虫原色图鉴》。云南农业大学张中义教授为本书鉴定部分标本，本书还得到了包头市农业科学研究所、北京农友科技图书书店的支持，在本书出版之际致以诚挚的谢意。果树植物保护内容浩瀚，日新月异，且由于我们的知识构成和水平的限制，书中不足之处，恳请广大读者、同行和果农批评指正。

吕佩珂研究员　苏慧兰高级农艺师
2013 年 3 月于北京

中国现代果树病虫原色图鉴目录

一. 落叶果树病虫害

(一)仁果类果树病虫害 …………………………… 1
1. 苹果病害 …………………………………………… 1
苹果褐斑病 …………………………………………… 1
苹果斑点落叶病 ……………………………………… 2
苹果白星病 …………………………………………… 3
苹果灰斑病 …………………………………………… 4
苹果轮斑病 …………………………………………… 4
苹果锈病 ……………………………………………… 4
苹果黑星病 …………………………………………… 6
苹果银叶病 …………………………………………… 7
苹果白粉病 …………………………………………… 7
苹果花腐病 …………………………………………… 8
苹果干眼烂果病 ……………………………………… 9
苹果青霉病 …………………………………………… 10
苹果褐腐病 …………………………………………… 10
苹果蝇粪病和煤污病 ………………………………… 11
苹果黑腐病 …………………………………………… 12
苹果炭疽病 …………………………………………… 12
苹果霉心病 …………………………………………… 13
苹果疫腐病 …………………………………………… 14
苹果立枯病 …………………………………………… 15
苹果红粉病 …………………………………………… 15
苹果黑点病 …………………………………………… 15
苹果圆斑病 …………………………………………… 16
苹果疱斑病 …………………………………………… 16
苹果树腐烂病 ………………………………………… 17
苹果树干腐病 ………………………………………… 19
苹果树干枯病 ………………………………………… 20
苹果树朱红赤壳枝枯病 ……………………………… 20
苹果树木腐病 ………………………………………… 21
苹果树枝溃疡病 ……………………………………… 21
苹果树炭疽溃疡病 …………………………………… 22
苹果枝干轮纹病 ……………………………………… 22
苹果斑点病 …………………………………………… 24
苹果钙营养失调症 …………………………………… 24
苹果水心病 …………………………………………… 25
苹果褐烫病 …………………………………………… 25
苹果链格孢烂果病 …………………………………… 26
苹果果肉褐变病 ……………………………………… 26
苹果树衰退病 ………………………………………… 27
苹果树紫纹羽病 ……………………………………… 28
苹果树白纹羽病 ……………………………………… 28
苹果树白绢病 ………………………………………… 29
苹果假蜜环菌根朽病和蜜环菌根朽病 ……………… 30
苹果圆斑根腐病 ……………………………………… 30
苹果树根结线虫病 …………………………………… 31
苹果根腐线虫病 ……………………………………… 32
苹果树根癌病 ………………………………………… 33
苹果树细菌毛根病 …………………………………… 33
苹果树花叶病 ………………………………………… 33
苹果树丛枝病 ………………………………………… 34
苹果锈果病 …………………………………………… 35
苹果果锈病 …………………………………………… 36
苹果低温冻害 ………………………………………… 36
苹果裂果 ……………………………………………… 37
苹果日灼 ……………………………………………… 37
苹果树缺氮症 ………………………………………… 38
苹果树缺磷症 ………………………………………… 38
苹果树缺钾症 ………………………………………… 38
苹果树缺铁症 ………………………………………… 38
苹果树缺镁症 ………………………………………… 39
苹果缩果病(缺硼) …………………………………… 39
苹果树小叶病(缺锌症) ……………………………… 40
苹果树粗皮病 ………………………………………… 41
2. 苹果害虫 …………………………………………… 41
(1)种子果实害虫 ……………………………………… 41
桃小食心虫(桃蛀果蛾) ……………………………… 41
梨小食心虫 …………………………………………… 43
苹小食心虫 …………………………………………… 44
棉铃虫 ………………………………………………… 45
枯叶夜蛾 ……………………………………………… 46
苹果蠹蛾 ……………………………………………… 46
苹果实蝇 ……………………………………………… 47
(2)花器芽叶害虫 ……………………………………… 48
苹果小卷蛾 …………………………………………… 48
苹褐卷蛾 ……………………………………………… 49
苹黑痣小卷蛾 ………………………………………… 49
黄斑长翅卷蛾 ………………………………………… 49
苹果大卷叶蛾 ………………………………………… 50
苹白小卷蛾 …………………………………………… 51
顶芽卷蛾(芽白小卷蛾) ……………………………… 51
黄刺蛾 ………………………………………………… 52
丽绿刺蛾 ……………………………………………… 52
褐边绿刺蛾 …………………………………………… 53
桑褐刺蛾 ……………………………………………… 54
双齿绿刺蛾 …………………………………………… 54

黄褐天幕毛虫…… 55
金毛虫和盗毒蛾…… 56
苹果巢蛾…… 56
苹果鞘蛾…… 57
苹果雕翅蛾…… 57
梅木蛾…… 58
果剑纹夜蛾…… 58
苹梢夜蛾…… 59
八点广翅蜡蝉…… 60
苹眉夜蛾…… 60
苹毛虫…… 61
黑星麦蛾…… 61
淡褐巢蛾…… 61
角斑台毒蛾…… 62
联梦尼夜蛾…… 62
苹掌舟蛾…… 63
桑褶翅尺蠖…… 64
旋纹潜叶蛾…… 64
金纹细蛾…… 65
苹毛丽金龟…… 65
小青花金龟…… 66
大栗鳃金龟…… 66
云斑鳃金龟…… 67
大造桥虫…… 67
苹果塔叶蝉…… 68
大青叶蝉…… 68
苹果园绿盲蝽…… 69
苹果蓝跳甲…… 69
苹果全爪螨…… 70
苹果园山楂叶螨…… 70
果苔螨…… 71
苹果园二斑叶螨…… 71
绣线菊蚜…… 72
苹果瘤蚜…… 73
苹果卷叶象…… 74
(3)枝干和根部害虫…… 74
苹果绵蚜…… 74
苹果根爪绵蚜…… 75
梨笠圆盾蚧…… 75
苹果球蚧…… 76
朝鲜球坚蚧…… 76
套袋苹果康氏粉蚧…… 77
苹果窄吉丁…… 77
六星铜吉丁…… 78
梨金缘吉丁虫…… 79
桑天牛…… 79
薄翅锯天牛…… 80
帽斑天牛…… 80
光肩星天牛…… 81
红翅拟柄天牛…… 81
蚱蝉…… 82
蟪蛄…… 82
黑蚱蝉…… 82
苹果透翅蛾…… 83
小木蠹蛾…… 84
柳干木蠹蛾…… 84
3. 梨树病害…… 85
梨锈病…… 85
梨褐斑病…… 86
梨黑斑病…… 87
梨叶疫病…… 87
梨轮斑病…… 88
梨灰斑病…… 88
梨疫腐病…… 88
梨黑星病…… 89
梨树白粉病…… 90
梨轮纹病…… 91
梨树腐烂病…… 92
梨树干枯病…… 93
洋梨干枯病…… 93
梨树干腐病…… 94
梨树枝枯病…… 94
梨红粉病…… 94
梨青霉病…… 95
梨褐腐病…… 95
梨牛眼烂果病…… 96
梨毛霉软腐病…… 96
梨煤污病…… 96
梨蒂腐病…… 97
梨褐心病和心腐病…… 97
梨炭疽病…… 97
梨胡麻色斑点病…… 98
梨树锈水病…… 99
梨细菌果腐病…… 99
梨树根腐病…… 99
梨树白纹羽病…… 100
梨树白绢病…… 100
梨树细菌性花腐病…… 100
梨树火疫病…… 101
梨树根癌病…… 101
梨脉黄病毒病…… 102
梨树环纹花叶病…… 102
梨石果病毒病…… 102
梨树衰退病…… 103
梨黑皮病…… 103
梨褐烫病…… 104
梨树冻害…… 104
梨树缺铁症…… 104
梨钙营养失调症…… 105
梨树缺镁…… 105
梨树缺硼…… 105
4. 梨树害虫…… 106

(1)种子果实害虫 106
梨大食心虫(梨云翅斑螟) 106
梨小食心虫 107
梨虎象甲 107
梨实蜂 108
毛翅夜蛾 109
梨黄粉蚜 109
白星花金龟 110
茶翅蝽 110
珀蝽 111
麻皮蝽 112
梨蝽 112
(2)花器芽叶害虫 113
梨网蝽 113
梨刺蛾 113
中国绿刺蛾 113
梨园扁刺蛾 114
宽边绿刺蛾 114
梨尺蠖 115
梨铁甲 115
梨叶甲 115
梨叶蜂 116
梨大叶蜂 117
二斑叶螨 117
内蒙古上三节瘿螨 118
梨缩叶壁虱 118
梨叶肿瘿螨 118
梨卷叶瘿蚊 119
梨卷叶象 119
梨黄卷蛾 120
梨食芽蛾(梨白小卷蛾) 120
梨二叉蚜 121
梨北京圆尾蚜 121
中华圆尾蚜 121
梨大绿蚜 122
绿尾大蚕蛾 122
短尾大蚕蛾 123
梨叶斑蛾 123
梨剑纹夜蛾 124
美国白蛾 124
果红裙扁身夜蛾 125
铜绿丽金龟 126
中国梨木虱 126
辽梨木虱 127
梨木虱 127
大灰象甲 128
梨光叶甲 128
(3)枝干害虫 128
梨瘿华蛾 128
梨潜皮蛾 129
梨大蚜 129
棉蚜 130
绣线菊蚜 131
梨园桃蛀螟 131
梨园褐带长卷蛾 131
梨园棉褐带卷叶蛾 132
梨园日本双棘长蠹 132
梨窄吉丁虫 133
日本纺织娘 133
梨园六星铜吉丁 133
梨金缘吉丁虫 134
日本小蠹 134
葛氏梨茎蜂和梨茎蜂 135
香梨茎蜂 136
梨眼天牛 136
碧蛾蜡蝉 137
朝鲜球坚蚧 137
梨圆蚧 138
角蜡蚧 139
日本龟蜡蚧 139
盐源片盾蚧 140
梨九绵蚜和榆绵蚜 140
5. 山楂病害 141
山楂白粉病 141
山楂锈病 141
山楂疮痂病 142
山楂枯梢病 142
山楂花腐病 142
山楂腐烂病 143
山楂丛枝病 144
山楂青霉病 144
山楂生叶点霉叶斑病 144
山楂壳针孢褐斑病（枝枯病） 145
山楂壳二孢褐斑病 145
山楂链格孢叶斑病 145
山楂轮纹病 146
山楂干腐病 146
山楂木腐病 147
山楂白纹羽病 147
山楂圆斑根腐病 147
6. 山楂害虫 148
山楂小食心虫 148
梨小食心虫 148
山楂园桃小食心虫 148
山楂园棉铃虫 149
山楂园桃蛀螟 149
山楂花象甲 149
白小食心虫(桃白小卷蛾) 150
山楂超小卷蛾 150
金环胡蜂 151
山楂萤叶甲 151
山楂斑蛾 152

山楂喀木虱……………………………………………… 152
山楂绢粉蝶……………………………………………… 153
山楂园梨网蝽…………………………………………… 153
中国黑星蚧……………………………………………… 154
小木蠹蛾………………………………………………… 154
山楂窄吉丁虫…………………………………………… 154
山楂叶螨………………………………………………… 155
山东广翅蜡蝉…………………………………………… 155
柿广翅蜡蝉……………………………………………… 156
苹掌舟蛾………………………………………………… 156
旋纹潜叶蛾……………………………………………… 156
山楂园桑白蚧…………………………………………… 156
山楂长小蠹……………………………………………… 157
瘤胸材小蠹……………………………………………… 157
四点象天牛……………………………………………… 158
梨眼天牛………………………………………………… 158

(二)核果类果树（桃、李、杏、梅）病虫害 … 159

1. 桃、油桃病害 ……………………………………… **159**

桃、油桃褐斑穿孔病…………………………………… 159
桃、油桃白粉病………………………………………… 159
桃、油桃黑星病………………………………………… 160
桃、油桃褐腐病………………………………………… 161
桃、油桃腐败病………………………………………… 162
桃、油桃溃疡病………………………………………… 162
桃、油桃黑斑病………………………………………… 163
桃、油桃黑变病………………………………………… 163
桃、油桃青霉病………………………………………… 164
桃、油桃炭疽病………………………………………… 164
桃、油桃褐锈病………………………………………… 165
桃、油桃叶斑病………………………………………… 165
桃、油桃缩叶病………………………………………… 166
桃、油桃根霉软腐病…………………………………… 166
桃树干枯病……………………………………………… 167
桃树腐烂病……………………………………………… 168
桃树木腐病……………………………………………… 168
桃、油桃圆斑根腐病…………………………………… 169
桃、油桃紫纹羽病……………………………………… 169
桃、油桃根癌病………………………………………… 169
桃、油桃细菌性穿孔病………………………………… 169
桃、油桃痘病…………………………………………… 170
桃、油桃潜隐花叶病…………………………………… 170
桃畸果病和裂果………………………………………… 171
桃、油桃煤污病………………………………………… 171
桃、油桃红叶病………………………………………… 172
桃、油桃侵染性流胶病………………………………… 172
桃、油桃根结线虫病…………………………………… 173
桃树非侵染性流胶病…………………………………… 173
桃、油桃冻害根腐病…………………………………… 174
桃、油桃缺铁症………………………………………… 174

2. 李树病害 …………………………………………… **174**

李霉斑穿孔病…………………………………………… 174
李红点病………………………………………………… 174
李褐腐病………………………………………………… 175
李袋果病………………………………………………… 175
李黑霉病………………………………………………… 176
李疮痂病………………………………………………… 176
李白霉病………………………………………………… 176
李黑斑病………………………………………………… 177
李炭疽病………………………………………………… 177
李褐锈病………………………………………………… 178
李树腐烂病……………………………………………… 178
李黑节病………………………………………………… 178
李溃疡病………………………………………………… 179
李细菌性穿孔病………………………………………… 179
李痘病毒病……………………………………………… 180
李灰色膏药病…………………………………………… 180
李树流胶病……………………………………………… 180
李日灼病………………………………………………… 181
李树缺钾症……………………………………………… 181
李树缺铁症……………………………………………… 181

3. 杏树病害 …………………………………………… **182**

杏焦边病………………………………………………… 182
杏疔病…………………………………………………… 182
杏核果假尾孢褐斑穿孔病……………………………… 183
杏褐腐病………………………………………………… 183
杏黑粒枝枯病…………………………………………… 183
杏炭疽病………………………………………………… 184
杏树干腐病……………………………………………… 184
杏树腐烂病……………………………………………… 184
杏斑点病………………………………………………… 185
杏黑斑病………………………………………………… 185
杏链格孢黑头病………………………………………… 185
杏疮痂病（果实斑点病）……………………………… 186
杏蝇污病………………………………………………… 186
杏根霉软腐病…………………………………………… 186
杏树细菌性穿孔病……………………………………… 187
杏树小叶病……………………………………………… 187
杏芽瘿病………………………………………………… 188
杏树流胶病……………………………………………… 188
杏树根癌病……………………………………………… 189
杏线纹斑病……………………………………………… 189
杏褪绿叶斑病…………………………………………… 189
杏痘病…………………………………………………… 190
杏树缺钾症……………………………………………… 190
杏树日灼病……………………………………………… 190
杏裂果…………………………………………………… 191

4. 梅树病害 …………………………………………… **191**

梅树褐斑病……………………………………………… 191
梅树假尾孢褐斑穿孔病………………………………… 191
梅树炭疽病……………………………………………… 192
梅树叶枯病……………………………………………… 192
梅树缩叶病……………………………………………… 192

梅树锈病 …… 193
梅树溃疡病 …… 193
梅树干腐病 …… 193
树树膏药病 …… 194
梅树疮痂病 …… 194
地衣为害梅树 …… 195
梅树根癌病 …… 195
5. 桃、李、杏、梅害虫 …… 196
(1)种子果实害虫 …… 196
桃蛀螟果树型 …… 196
桃虎象 …… 196
桃仁蜂 …… 197
梨小食心虫 …… 197
李实蜂 …… 198
李小食心虫 …… 198
杏仁蜂 …… 199
杏象甲 …… 199
枯叶夜蛾 …… 200
(2)花器芽叶害虫 …… 200
桃蚜 …… 200
桃纵卷叶蚜 …… 201
桃瘤头蚜 …… 202
桃粉大尾蚜 …… 202
李短尾蚜 …… 203
桃天蛾 …… 203
果剑纹夜蛾 …… 204
桃白条紫斑螟 …… 204
杨枯叶蛾 …… 205
黄斑长翅卷蛾 …… 205
顶芽卷蛾 …… 206
褐带长卷叶蛾 …… 206
桃剑纹夜蛾 …… 206
桑剑纹夜蛾 …… 207
中华锉叶蜂 …… 208
桃潜蛾 …… 208
银纹潜蛾 …… 209
蓝目天蛾 …… 209
小绿叶蝉 …… 210
桃一点斑叶蝉 …… 210
杏星毛虫 …… 211
双斑萤叶甲 …… 212
李枯叶蛾 …… 212
杏白带麦蛾 …… 213
梅毛虫 …… 213
白囊蓑蛾 …… 213
苜蓿蓟马 …… 214
(3)枝干害虫 …… 214
斑带丽沫蝉 …… 214
日本小蠹 …… 215
桃小蠹 …… 215
海棠透翅蛾 …… 216
芳香木蠹蛾东方亚种 …… 216
桃红颈天牛 …… 217
多斑豹蠹蛾 …… 218
六星黑点蠹蛾 …… 218
红缘天牛 …… 218
梨圆蚧 …… 219
桑白蚧 …… 219
褐软蚧 …… 220
水木坚蚧 …… 220
朝鲜球坚蚧 …… 221
大球蚧 …… 221
桃园康氏粉蚧 …… 222
6. 樱桃、大樱桃病害 …… 222
樱桃、大樱桃褐腐病 …… 222
樱桃、大樱桃炭疽病 …… 223
樱桃、大樱桃灰霉病 …… 224
樱桃、大樱桃链格孢黑斑病 …… 224
樱桃、大樱桃细级链格孢黑斑病 …… 225
樱桃、大樱桃枝枯病 …… 225
樱桃、大樱桃疮痂病 …… 225
樱桃、大樱桃褐斑穿孔病 …… 226
樱桃、大樱桃菌核病 …… 226
樱桃、大樱桃细菌性穿孔病 …… 227
樱桃、大樱桃根霉软腐病 …… 227
樱桃、大樱桃腐烂病 …… 228
樱桃、大樱桃朱红赤壳枝枯病 …… 228
樱桃、大樱桃溃疡病 …… 229
樱桃、大樱桃流胶病 …… 229
樱桃、大樱桃木腐病 …… 230
樱桃、大樱桃根朽病 …… 230
樱桃、大樱桃白绢烂根病 …… 230
樱桃、大樱桃癌肿病 …… 231
樱桃、大樱桃坏死环斑病 …… 231
樱桃、大樱桃褪绿环纹病毒病 …… 232
樱桃、大樱桃花叶病毒病 …… 232
樱桃、大樱桃裂果 …… 233
樱桃、大樱桃缺铁黄化 …… 233
7. 樱桃、大樱桃害虫 …… 234
樱桃绕实蝇 …… 234
樱桃园黑腹果蝇 …… 234
樱桃园梨小食心虫 …… 235
樱桃园桃蚜 …… 235
樱桃卷叶蚜 …… 235
樱桃瘿瘤头蚜 …… 236
樱桃园苹果小卷蛾 …… 236
樱桃园黄色卷蛾 …… 237
樱桃叶蜂 …… 237
樱桃园梨叶蜂 …… 237
樱桃实蜂 …… 238
樱桃园角斑台毒蛾 …… 238
樱桃园杏叶斑蛾 …… 238

李叶斑蛾…… 239
樱桃园梨网蝽…… 239
樱桃园黄刺蛾…… 240
樱桃园扁刺蛾…… 240
樱桃园褐边绿刺蛾…… 240
樱桃园丽绿刺蛾…… 241
樱桃园苹掌舟蛾…… 241
樱桃园梨潜皮细蛾…… 241
樱桃园二斑叶螨…… 242
樱桃园山楂叶螨…… 242
樱桃园肾毒蛾…… 242
樱桃园丽毒蛾…… 242
樱桃园绢粉蝶…… 242
褐点粉灯蛾…… 243
樱桃园黑星麦蛾…… 243
樱桃园梨金缘吉丁虫…… 243
樱桃园角蜡蚧…… 244
樱桃园杏球坚蚧…… 244
樱桃园桑白蚧…… 244
樱桃园星天牛和光肩星天牛…… 244

8. 枣、毛叶枣病害…… 245

枣、毛叶枣焦叶病（炭疽病）…… 245
枣、毛叶枣锈病…… 246
枣、毛叶枣灰斑病…… 246
枣、毛叶枣蒂腐病…… 247
枣、毛叶枣假尾孢叶斑病…… 247
枣、毛叶枣盾壳霉斑点病…… 247
枣褐斑病…… 248
枣、毛叶枣树干腐病…… 248
枣、毛叶枣腐烂病…… 248
枣、毛叶枣烂果病…… 249
枣、毛叶枣黑斑病…… 250
枣、毛叶枣灰霉病…… 250
枣铁皮病…… 250
枣缩果病…… 251
毛叶枣白粉病…… 251
毛叶枣疫病…… 252
毛叶枣轮斑病…… 252
毛叶枣白纹羽病…… 253
枣、毛叶枣根朽病…… 253
枣、毛叶枣煤污病…… 253
枣、毛叶枣花叶病…… 254
枣疯病…… 254
日本菟丝子为害枣树…… 255
枣、毛叶枣裂果病…… 256
枣、毛叶枣冻害…… 256
枣、毛叶枣缺铁症…… 256
枣、毛叶枣缺锰症…… 257

9. 枣、毛叶枣害虫…… 257

枣园桃蛀果蛾…… 257
枣园橘小实蝇…… 258
枣绮夜蛾…… 258
枣园棉铃虫…… 259
枣、毛叶枣园桃蛀螟…… 259
枣园黄尾毒蛾…… 260
枣园双线盗毒蛾…… 260
枣园小绿叶蝉…… 260
枣园绿盲蝽…… 261
枣园黑额光叶甲…… 261
枣园刺蛾类…… 261
枣园朱砂叶螨…… 262
枣园截形叶螨…… 263
枣园斑喙丽金龟…… 263
枣园桃六点天蛾…… 264
枣瘿蚊…… 264
枣叶锈螨…… 264
枣园球胸象甲…… 265
枣园大灰象甲…… 265
枣尺蠖…… 265
枣黏虫…… 266
枣飞象…… 267
枣、毛叶枣园蒙古灰象甲…… 268
枣、毛叶枣园六星黑点蠹蛾…… 268
枣、毛叶枣园红缘天牛…… 269
枣、毛叶枣园梨圆蚧…… 269
枣、毛叶枣园龟蜡蚧…… 269
枣、毛叶枣园角蜡蚧…… 270
枣、毛叶枣园黑蚱蝉…… 270
枣、毛叶枣园苹果透翅蛾…… 271

(三)坚果类果树病虫害…… 272

1. 板栗病害…… 272

栗白粉病…… 272
栗炭疽病…… 272
栗枯叶病…… 273
栗叶枯病…… 273
栗锈病…… 273
栗疫病…… 274
栗干枯病…… 274
栗枝枯病…… 275
栗种仁斑点病…… 276
板栗芽枯病（溃疡病）…… 276
板栗细菌性疫病…… 277
栗根霉软腐病…… 277
栗树腐烂病…… 277
板栗栎链格孢褐斑病…… 278
板栗赤斑病…… 278
板栗褐斑病（灰斑病）…… 278
板栗斑点病…… 279
板栗毛毡病…… 279
板栗叶斑病…… 279
板栗木腐病…… 279
板栗白纹羽病…… 280

板栗流胶病…… 280

2. 板栗害虫…… 280

栗皮夜蛾…… 280

栗实象虫…… 281

栗实蛾…… 281

栗瘿蜂…… 282

板栗园桃蛀螟…… 283

栗花翅蚜…… 283

栗大蚜…… 284

栗黄枯叶蛾…… 284

板栗园大灰象甲…… 285

板栗园针叶小爪螨…… 285

板栗园栎芬舟蛾…… 286

板栗园栎掌舟蛾和苹掌舟蛾…… 286

栗透翅蛾…… 287

栗叶瘿螨…… 287

板栗园花布灯蛾…… 287

栗毒蛾…… 288

板栗园绿尾大蚕蛾…… 288

板栗园樟蚕蛾…… 289

灿福蛱蝶（灿豹蛱蝶）…… 289

板栗潜叶蛾…… 289

栗大蜻…… 290

板栗园刺蛾…… 290

板栗园角纹卷叶蛾…… 291

板栗园盗毒蛾…… 292

外斑埃尺蛾…… 292

大茸毒蛾…… 292

木蟟尺蠖…… 292

樗蚕蛾…… 292

黑蚱蝉…… 292

板栗园油桐尺蠖…… 293

大袋蛾…… 293

红脚丽金龟…… 293

橘灰象甲…… 293

六棘材小蠹…… 294

板栗园剪枝栎尖象…… 294

栗绛蚧…… 294

栗链蚧…… 295

板栗园草履蚧…… 295

3. 核桃病害…… 296

核桃炭疽病…… 296

核桃假尾孢叶斑病…… 296

核桃褐斑病…… 296

核桃黑盘孢枝枯病…… 297

核桃色二孢枝枯病…… 297

核桃球壳孢枝枯病…… 298

核桃腐烂病…… 298

核桃白粉病…… 298

核桃黑斑病…… 299

核桃葡萄座腔菌溃疡病…… 300

核桃裂褶菌木腐病…… 300

核桃小斑病和轮纹病…… 301

核桃链格孢叶斑病…… 301

核桃灰斑病…… 301

核桃角斑病…… 302

核桃树褐色膏药病…… 302

核桃仁霉烂病…… 302

核桃毛毡病…… 302

4. 核桃害虫…… 303

核桃举肢蛾…… 303

鞍象甲…… 303

核桃长足象…… 304

核桃缀叶螟…… 304

核桃尺蠖…… 305

春尺蠖…… 305

核桃园日本木蠹蛾…… 306

云斑天牛…… 306

黄须球小蠹…… 307

核桃扁叶甲…… 307

核桃瘤蛾…… 307

胡桃豹夜蛾…… 308

核桃园刺蛾类…… 308

核桃黑斑蚜…… 309

核桃园榆黄金花虫…… 309

核桃星尺蠖…… 309

核桃园桑褶翅尺蛾…… 310

核桃园山楂叶螨…… 310

核桃园柿星尺蠖…… 310

栗黄枯叶蛾…… 311

桃蛀螟…… 311

银杏大蚕蛾…… 311

舞毒蛾…… 311

核桃横沟象甲…… 311

核桃园六棘材小蠹…… 312

核桃窄吉丁虫…… 312

橙斑白条天牛…… 313

5. 银杏、洋榛病害…… 313

银杏黑斑病…… 313

银杏茎腐病…… 313

银杏拟盘多毛孢褐斑病…… 314

银杏炭疽病…… 314

银杏叶枯病…… 315

银杏早期黄化病…… 315

洋榛溃疡病…… 315

6. 银杏、洋榛害虫…… 316

银杏大蚕蛾…… 316

豆荚斑螟…… 316

常春藤圆盾蚧…… 317

樟蚕蛾…… 317

银杏园斜纹夜蛾…… 317

银杏园枯叶夜蛾…… 317

银杏园白盾蚧…… 318
银杏园龟蜡蚧…… 318
银杏园家白蚁…… 318
银杏园茶黄蓟马…… 319
榛卷叶象…… 319
(四)浆果类果树病虫害 …… 320
1. 葡萄病害…… **320**
葡萄霜霉病…… 320
葡萄假尾孢大褐斑病…… 321
葡萄小褐斑病…… 321
葡萄炭疽病…… 322
葡萄黑痘病…… 323
葡萄蔓枯病…… 324
葡萄白腐病…… 325
葡萄房枯病…… 326
葡萄白粉病…… 327
葡萄灰霉病…… 327
葡萄穗轴褐枯病…… 328
葡萄尤韦可拟盘多毛孢病…… 329
葡萄黑腐病…… 329
葡萄锈病…… 330
葡萄轮斑病…… 331
葡萄环纹叶枯病…… 331
葡萄黑星病…… 331
葡萄褐纹病…… 332
葡萄链格孢褐斑病…… 332
葡萄皮尔斯病…… 333
葡萄芽枯病…… 333
葡萄白纹羽病…… 334
葡萄根癌病…… 334
葡萄栓皮病…… 334
葡萄茎痘病…… 335
葡萄扇叶病…… 335
葡萄花叶病毒病…… 336
葡萄黄斑病…… 336
葡萄黄脉病…… 337
葡萄金黄化病…… 337
葡萄卷叶病…… 337
葡萄根结线虫病…… 338
葡萄缺节瘿螨毛毡病…… 338
葡萄日灼病…… 339
葡萄裂果…… 339
葡萄冻害…… 340
葡萄缺钾症…… 340
葡萄缺镁症…… 341
葡萄缺硼症…… 341
葡萄缺锌症…… 341
葡萄缺铁症…… 342
葡萄缺锰症…… 342
2. 葡萄害虫…… **342**
(1)种子果实害虫…… 342
葡萄瘿蚊…… 342
烟蓟马…… 343
葡萄园旋目夜蛾…… 344
葡萄园小桥夜蛾…… 344
葡萄园肖毛翅夜蛾…… 345
葡萄羽蛾…… 345
艳叶夜蛾…… 345
飞扬阿夜蛾…… 346
柳裳夜蛾…… 346
(2)花器芽叶害虫…… 347
葡萄缺角天蛾…… 347
土色斜纹天蛾…… 347
红天蛾…… 347
葡萄天蛾…… 348
雀纹天蛾…… 348
白带尖胸沫蝉…… 349
黑斑丽沫蝉…… 349
葡萄园四纹丽金龟…… 349
葡萄园斑喙丽金龟…… 350
葡萄园棉花弧丽金龟…… 350
苹喙丽金龟…… 351
粗绿彩丽金龟…… 351
浅褐彩丽金龟…… 352
白星花金龟…… 352
绿盲蝽…… 352
葡萄褐卷蛾…… 353
葡萄长须卷蛾…… 353
葡萄斑蛾…… 354
葡萄园斑衣蜡蝉…… 354
葡萄园网目拟地甲…… 354
葡萄斑叶蝉…… 355
葡萄园桃一点斑叶蝉…… 355
葡萄二黄斑叶蝉…… 356
葡萄十星叶甲…… 356
葡萄修虎蛾…… 357
台湾黄毒蛾…… 357
葡萄园白雪灯蛾…… 357
葡萄粉虱…… 358
葡萄园背刺蛾…… 358
葡萄园侧多食跗线螨…… 358
葡萄短须螨…… 358
(3)枝干和根部害虫…… 359
葡萄卷叶象甲…… 359
柞剪枝象…… 359
葡萄象…… 359
葡萄园日本双棘长蠹…… 360
葡萄园茶材小蠹…… 361
葡萄园咖啡拟毛小蠹…… 361
葡萄芦蜂…… 361
葡萄大眼鳞象…… 362
葡萄园柳蝙蛾…… 362

葡萄虎天牛 …… 363
葡萄透翅蛾 …… 363
葡萄园扁平盔蜡蚧 …… 364
康氏粉蚧 …… 364
葡萄粉蚧 …… 365
葡萄根瘤蚜 …… 365
3. 猕猴桃病害 …… 366
猕猴桃蔓枯病 …… 366
猕猴桃黑斑病 …… 367
猕猴桃褐斑病 …… 367
猕猴桃壳二孢灰斑病 …… 368
猕猴桃褐麻斑病 …… 368
猕猴桃灰霉病 …… 369
猕猴桃菌核病 …… 369
猕猴桃根结线虫病 …… 370
猕猴桃白色膏药病 …… 370
猕猴桃秃斑病 …… 370
猕猴桃疫霉根腐病 …… 371
猕猴桃白绢根腐病 …… 371
猕猴桃蜜环菌根腐病 …… 372
猕猴桃花腐病 …… 372
猕猴桃细菌性溃疡病 …… 372
猕猴桃褐腐病 …… 373
猕猴桃灰纹病 …… 374
猕猴桃软腐病 …… 374
猕猴桃生理裂果病 …… 375
猕猴桃日灼病 …… 375
4. 猕猴桃害虫 …… 375
猕猴桃蛀果蛾 …… 375
泥黄露尾甲 …… 376
肖毛翅夜蛾 …… 376
鸟嘴壶夜蛾 …… 377
金毛虫 …… 377
葡萄天蛾 …… 377
古毒蛾 …… 377
黑额光叶甲 …… 378
黑绒金龟 …… 378
铜绿丽金龟 …… 379
大黑鳃金龟 …… 379
猕猴桃园人纹污灯蛾 …… 379
藤豹大蚕蛾 …… 380
拟彩虎蛾 …… 380
小绿叶蝉 …… 380
斑衣蜡蝉 …… 381
橘灰象 …… 381
猕猴桃透翅蛾 …… 382
梨眼天牛 …… 382
猕猴桃桑白蚧 …… 382
考氏白盾蚧 …… 383
5. 枸杞病害 …… 384
枸杞炭疽病 …… 384
枸杞灰斑病 …… 384
枸杞白粉病 …… 385
枸杞瘿螨病 …… 385
枸杞霉斑病 …… 385
枸杞茄链格孢黑斑病 …… 386
枸杞黑果病 …… 386
枸杞灰霉病 …… 386
6. 枸杞害虫 …… 387
枸杞实蝇 …… 387
枸杞园棉铃虫 …… 387
枸杞园斜纹夜蛾 …… 387
枸杞园茶翅蝽 …… 388
斑须蝽 …… 388
枸杞负泥虫 …… 389
枸杞木虱 …… 389
枸杞蚜虫 …… 389
棉蚜 …… 390
马铃薯瓢虫 …… 390
红斑郭公虫 …… 391
烟蓟马 …… 391
桑螨 …… 391
红棕灰夜蛾 …… 392
盗毒蛾 …… 392
霜茸毒蛾 …… 393
草地螟 …… 393
7. 草莓、树莓、黑莓病害 …… 394
草莓蛇眼病 …… 394
草莓褐色轮斑病 …… 394
草莓V型褐斑病 …… 395
草莓褐角斑病 …… 395
草莓紫斑病 …… 395
草莓黑斑病 …… 396
草莓拟盘多毛孢叶斑病 …… 396
草莓灰斑病 …… 396
草莓灰霉病 …… 397
草莓丝核菌芽枯病 …… 397
草莓枯萎病 …… 397
草莓腐霉根腐病 …… 398
草莓疫霉果腐病 …… 399
草莓炭疽病 …… 399
草莓白粉病 …… 400
草莓根霉软腐病 …… 400
草莓红中柱疫霉根腐病 …… 400
草莓角斑病 …… 401
草莓青枯病 …… 402
草莓病毒病 …… 402
草莓芽线虫病 …… 403
草莓黏菌病 …… 404
草莓缺素症 …… 404
草莓畸形果 …… 405
树莓根腐病 …… 405

黑莓叶斑病…… 406

8. 草莓、树莓、黑莓、沙棘害虫…… 406

古毒蛾…… 406
角斑台毒蛾…… 406
小白纹毒蛾…… 407
丽毒蛾…… 407
肾毒蛾…… 408
棉双斜卷蛾…… 408
棉褐带卷蛾…… 409
斜纹夜蛾…… 409
草莓粉虱…… 410
点蜂缘蝽…… 410
大蓑蛾…… 410
黄翅三节叶蜂…… 411
大造桥虫…… 411
梨剑纹夜蛾…… 411
红棕灰夜蛾…… 411
丽木冬夜蛾…… 411
桃蚜…… 412
草莓根蚜…… 412
截形叶螨…… 412
朱砂叶螨…… 413
二斑叶螨…… 413
短额负蝗…… 414
油葫芦…… 414
花弄蝶…… 415
褐背小萤叶甲…… 415
琉璃弧丽金龟…… 416
无斑弧丽金龟…… 416
黑绒金龟…… 417
卷球鼠妇…… 417
蛞蝓…… 417
同型巴蜗牛…… 418
小家蚁…… 418
中桥夜蛾…… 419
浅褐彩丽金龟…… 419
人纹污灯蛾…… 420
斑青花金龟…… 420
沙棘园芳香木蠹蛾东方亚种…… 420
红缘天牛…… 420
舞毒蛾…… 421
沙棘园小木蠹蛾…… 421

9. 石榴病害…… 421

石榴假尾孢褐斑病…… 421
石榴盘单毛孢叶枯病…… 422
石榴干腐病…… 422
石榴蒂腐病…… 424
石榴焦腐病…… 424
石榴曲霉病…… 424
石榴疮痂病…… 425
石榴麻皮病…… 425
石榴太阳果病…… 426
石榴果腐病…… 426
石榴烟煤病…… 427
石榴叶霉病…… 428
石榴炭疽病…… 428
石榴沤根…… 428
石榴腐霉根腐病…… 429
石榴枯萎病…… 429
石榴枝枯病…… 430
石榴日灼…… 430
石榴裂果…… 431
石榴树冻害…… 431

10. 石榴害虫…… 432

桃蛀螟果树型…… 432
石榴园桃小食心虫…… 433
石榴园棉铃虫…… 433
井上蛀果斑螟…… 433
石榴园青安钮夜蛾…… 434
卵形短须螨…… 434
石榴巾夜蛾…… 434
玫瑰巾夜蛾…… 435
大蓑蛾…… 436
樗蚕蛾…… 436
桉树大毛虫…… 437
石榴茎窗蛾…… 437
白眉刺蛾…… 438
黄刺蛾…… 438
丽绿刺蛾…… 439
中华金带蛾…… 439
茶长卷叶蛾…… 440
咖啡豹蠹蛾…… 441
石榴木蠹蛾…… 442
六星黑点木蠹蛾…… 442
草履蚧…… 442
石榴绒蚧…… 443
石榴瘤瘿螨…… 443
石榴园角蜡蚧…… 444
日本龟蜡蚧…… 444
石榴园绿盲蝽…… 444
石榴园斑衣蜡蝉…… 445
石榴园白蛾蜡蝉…… 445
石榴园黄蓟马…… 445
石榴园折带黄毒蛾…… 446
石榴园棉蚜…… 446
石榴园李叶甲…… 447

11. 柿病害…… 447

柿炭疽病…… 447
柿假尾孢角斑病…… 448
柿圆斑病…… 448
柿叶枯病…… 449
柿黑星病…… 449

柿黑斑黑星孢黑斑病 450
柿灰霉病 450
柿叶白粉病 450
柿煤污病 451
柿癌肿病 451
柿疯病 451
柿日灼病 452
12. 柿害虫 452
柿园橘小实蝇 452
柿举肢蛾 452
褐点粉灯蛾 453
舞毒蛾 454
柿卷叶象 455
柿星尺蠖 455
血斑小叶蝉 456
碧蛾蜡蝉 456
黑圆角蝉 457
山东广翅蜡蝉 457
茶黄毒蛾 457
折带黄毒蛾 458
柿绒蚧 459
柿长绵粉蚧 459
柿垫绵坚蚧 460
柿园日本长白蚧 460
柿园草履蚧 460
柿园角蜡蚧 461
茶斑蛾 461
柿梢夜蛾 461
苹梢夜蛾 462
美国白蛾 462
彩斑夜蛾 463
褐带长卷叶蛾 463
柿钩刺蛾 463
三条蛀野螟 463
小蓑蛾 464
柿广翅蜡蝉 464
柿园黑翅土白蚁 465
碎斑簇天牛 465
芳香木蠹蛾 465
13. 无花果病害 466
无花果炭疽病 466
无花果链格孢叶斑病 466
无花果假尾孢褐斑病 467
无花果灰霉病 467
无花果叶斑病 468
无花果锈病 468
无花果疫病 468
无花果干癌病 469
14. 无花果害虫 469
斑衣蜡蝉 469
二斑叶螨 469
角蜡蚧 470
无花果园桑天牛 470

二. 常绿果树病虫害

(一)柑果类果树病虫害 471
1. 柑橘病害 471
柑橘立枯病 471
柑橘炭疽病 471
柑橘黑星病 472
柑橘疫霉病(苗疫病、脚腐病) 473
柑橘白粉病 474
柑橘大圆星病 474
柑橘芽枝霉叶斑病 474
柑橘棒孢霉褐斑病 475
柑橘脂点黄斑病 476
柑橘果实黑腐病 476
柑橘橘斑链格孢黑斑病 477
柑橘干腐病 477
柑橘酸腐病 478
柑橘油斑病 478
柑橘青霉病和绿霉病 479
柑橘焦腐病 479
柑橘树脂病 480
柑橘膏药病 480
柑橘紫纹羽病和白纹羽病 481
柑橘裂皮病 481
柑橘根结线虫病 482
柑橘赤衣病 482
柑橘根线虫病 482
柑橘疮痂病 483
柑橘溃疡病 483
柑橘瘤肿病 484
柑橘僵化病 485
柑橘碎叶病 485
温州蜜橘萎缩病 486
温州蜜橘青枯病 486
柑橘黄龙病 486
柑橘煤污病 487
地衣和苔藓为害柑橘 488
温州蜜柑流胶病 488
柑橘裂果 489
柑橘黄化病 489
2. 柚、沙田柚病害 490
柚、沙田柚溃疡病 490
柚、沙田柚疮痂病 490
柚、沙田柚青霉病 490
柚、沙田柚流胶病 491
柚、沙田柚黄龙病 491
槲寄生为害柚树 491
3. 柠檬病害 491
柠檬炭疽病 491

柠檬链格孢叶斑病 …… 491
柠檬干枯病 …… 492
4. 柑果类果树生理病害 …… 492
柑橘、柚、沙田柚缺素症 …… 492
柑橘类低温寒害和冻害 …… 493
柑橘类药害 …… 494
5. 柑橘、柚、沙田柚害虫 …… 494
(1)种子果实害虫 …… 494
柑橘小实蝇 …… 494
柑橘大实蝇 …… 495
蜜柑大实蝇 …… 496
地中海实蝇 …… 496
墨西哥按实蝇 …… 497
嘴壶夜蛾 …… 497
鸟嘴壶夜蛾 …… 498
艳叶夜蛾 …… 498
橘实蕾瘿蚊 …… 499
柑橘皱叶刺瘿螨 …… 499
沙田柚桃蛀野螟 …… 500
(2)花器芽叶害虫 …… 501
褐橘声蚜 …… 501
橘二叉蚜 …… 501
柑橘园绣线菊蚜 …… 502
柑橘全爪螨 …… 502
柑橘始叶螨 …… 503
柑橘瘤螨 …… 503
柑橘恶性叶甲 …… 504
柑橘花蕾蛆 …… 505
褐带长卷叶蛾 …… 505
拟小黄卷蛾 …… 506
黄斑广翅小卷蛾 …… 506
柑橘凤蝶 …… 507
达摩凤蝶 …… 508
玉带凤蝶 …… 508
棉蝗 …… 509
柑橘粉虱 …… 509
黑刺粉虱 …… 510
黑粉虱 …… 510
烟粉虱 …… 511
柑橘木虱 …… 511
眼纹疏广蜡蝉 …… 512
绿鳞象甲 …… 512
柑橘灰象甲 …… 513
柑橘潜叶蛾 …… 513
短凹大叶蝉 …… 513
茶蓑蛾 …… 514
油桐尺蠖 …… 514
海南油桐尺蠖 …… 515
四星尺蛾 …… 516
大绿蝽 …… 516
九香虫 …… 517
柑橘云蝽 …… 517
绿盲蝽 …… 518
小绿叶蝉 …… 518
茶黄蓟马 …… 518
桑褐刺蛾 …… 518
黄刺蛾 …… 519
橘园褐边绿刺蛾 …… 519
戟盗毒蛾 …… 519
樗蚕蛾 …… 519
柑橘园绿黄枯叶蛾 …… 520
碧蛾蜡蝉 …… 520
八点广翅蜡蝉 …… 520
柑橘潜叶甲 …… 521
柑橘类铜绿丽金龟 …… 521
比萨茶蜗牛 …… 521
(3)枝干害虫 …… 522
柑橘窄吉丁 …… 522
柑橘溜皮虫 …… 522
坡面材小蠹 …… 523
柑橘粉蚧 …… 523
长尾粉蚧 …… 524
草履蚧 …… 524
堆蜡粉蚧 …… 525
柑橘根粉蚧 …… 525
矢尖盾蚧 …… 525
澳洲吹绵蚧 …… 526
橘绿绵蚧 …… 527
垫囊绿绵蚧 …… 527
红蜡蚧 …… 527
黑点蚧 …… 528
褐圆蚧 …… 528
柑橘白轮蚧 …… 529
肾圆盾蚧 …… 529
榆蛎蚧 …… 529
糠片盾蚧 …… 530
日本长白盾蚧 …… 530
褐天牛 …… 531
光绿天牛 …… 531
星天牛 …… 532
黑翅土白蚁 …… 532
豹纹木蠹蛾 …… 533
青蛾蜡蝉 …… 533
(二)热带、亚热带果树病虫害 …… 534
1. 枇杷病害 …… 534
枇杷假尾孢褐斑病 …… 534
枇杷拟盘多毛孢灰斑病 …… 534
枇杷叶拟盘多毛孢轮斑病 …… 535
枇杷壳二孢轮纹病 …… 535
枇杷胡麻色斑病 …… 535
枇杷叶点霉斑点病 …… 536
枇杷污叶病 …… 536

枇杷烟霉病…………………………………………… 536
枇杷炭疽病…………………………………………… 537
枇杷疫病……………………………………………… 537
枇杷花腐病…………………………………………… 537
枇杷溃疡病…………………………………………… 538
枇杷枝干褐腐病……………………………………… 538
枇杷赤衣病…………………………………………… 539

2. 枇杷害虫 ……………………………………………… 539

枇杷果实象甲………………………………………… 539
枇杷园杏象甲………………………………………… 540
枇杷园梨小食心虫…………………………………… 540
枇杷园桃蛀螟………………………………………… 540
枇杷园卵形短须螨…………………………………… 541
枇杷园舟形毛虫……………………………………… 541
枇杷黄毛虫…………………………………………… 542
茶黄毒蛾……………………………………………… 542
乌桕黄毒蛾…………………………………………… 543
茶蓑蛾………………………………………………… 543
枇杷园中国绿刺蛾…………………………………… 543
枇杷园扁刺蛾………………………………………… 544
枇杷园折带黄毒蛾…………………………………… 544
枇杷园绿尾大蚕蛾…………………………………… 544
枇杷园白蛾蜡蝉……………………………………… 544
枇杷园荔枝拟木蠹蛾………………………………… 544
枇杷赤瘤筒天牛广斑亚种…………………………… 545

3. 荔枝、龙眼病害 ……………………………………… 545

荔枝镰刀菌根腐病…………………………………… 545
荔枝斑点病…………………………………………… 546
荔枝灰斑病…………………………………………… 546
荔枝叶枯病…………………………………………… 547
荔枝壳二孢叶斑病…………………………………… 547
荔枝霜疫病…………………………………………… 547
荔枝炭疽病…………………………………………… 548
荔枝酸腐病…………………………………………… 549
荔枝广布拟盘多毛孢叶斑病………………………… 549
荔枝藻斑病…………………………………………… 550
荔枝枝干炭疽溃疡病………………………………… 550
荔枝木腐病…………………………………………… 551
地衣为害荔枝、龙眼………………………………… 551
荔枝树沤根…………………………………………… 551
荔枝、龙眼冻害……………………………………… 552
荔枝、龙眼裂果……………………………………… 552
龙眼苗立枯病………………………………………… 553
龙眼镰刀菌根腐病…………………………………… 553
龙眼炭疽病…………………………………………… 553
龙眼壳二孢叶斑病…………………………………… 554
龙眼盘二孢叶斑病…………………………………… 554
龙眼白星病…………………………………………… 555
龙眼接柄孢叶斑病…………………………………… 555
龙眼藻斑病…………………………………………… 555
龙眼煤病……………………………………………… 556
龙眼灰色叶枯病……………………………………… 556
龙眼褐色叶枯病……………………………………… 557
龙眼长蠕孢叶斑病…………………………………… 557
龙眼疏毛拟盘多毛孢叶斑病………………………… 557
龙眼酸腐病…………………………………………… 558
龙眼根腐病…………………………………………… 558
龙眼鬼帚病…………………………………………… 558
龙眼地衣病…………………………………………… 559

4. 荔枝、龙眼害虫 ……………………………………… 559

(1)种子果实害虫……………………………………… 559
荔枝、龙眼园橘小实蝇……………………………… 559
蝙蝠…………………………………………………… 560
龙眼园苹果灰蝶……………………………………… 560
荔枝灰蝶……………………………………………… 560
飞扬阿夜蛾…………………………………………… 561
独角仙………………………………………………… 561
荔枝蒂蛀虫…………………………………………… 562
荔枝尖细蛾…………………………………………… 562
(2)花器芽叶害虫……………………………………… 563
荔枝蝽………………………………………………… 563
丽盾蝽………………………………………………… 564
稻绿蝽………………………………………………… 564
三角新小卷蛾………………………………………… 564
灰白条小卷蛾………………………………………… 565
龙眼小卷蛾…………………………………………… 566
拟小黄卷叶蛾………………………………………… 566
柑橘褐带卷蛾和褐带长卷叶蛾……………………… 566
龙眼亥麦蛾…………………………………………… 567
褐边绿刺蛾…………………………………………… 567
扁刺蛾………………………………………………… 567
荔枝、龙眼园柑橘全爪螨…………………………… 568
荔枝瘿螨……………………………………………… 568
中国荔枝瘿蚊………………………………………… 569
龙眼角颊木虱………………………………………… 569
茶黄蓟马……………………………………………… 570
红带滑胸针蓟马……………………………………… 570
蜡彩蓑蛾……………………………………………… 571
灰斑台毒蛾…………………………………………… 571
荔枝茸毒蛾…………………………………………… 571
龙眼蚁舟蛾…………………………………………… 572
佩夜蛾………………………………………………… 572
绿额翠尺蠖…………………………………………… 573
大钩翅尺蛾…………………………………………… 573
荔枝、龙眼园油桐尺蠖……………………………… 574
龙眼合夜蛾…………………………………………… 574
龙眼园明毒蛾………………………………………… 574
荔枝、龙眼园双线盗毒蛾…………………………… 575
荔枝园金龟子………………………………………… 575
斑带丽沫蝉…………………………………………… 576
(3)枝干害虫…………………………………………… 576
白蛾蜡蝉……………………………………………… 576

褐边蛾蜡蝉…… 576
黑蚱蝉…… 577
龙眼鸡…… 577
荔枝拟木蠹蛾…… 578
咖啡木蠹蛾…… 578
荔枝、龙眼园木毒蛾…… 578
荔枝、龙眼园星天牛…… 579
龟背天牛…… 579
茶材小蠹…… 580
荔枝干皮巢蛾…… 580
家白蚁…… 581
龙眼长跗萤叶甲…… 582
荔枝、龙眼园垫囊绿绵蜡蚧…… 582
荔枝、龙眼园堆蜡粉蚧…… 582
荔枝、龙眼园草履蚧…… 583

5. 芒果病害…… 583

芒果炭疽病…… 583
芒果焦腐病…… 584
芒果小穴壳蒂腐病…… 584
芒果白粉病…… 585
芒果烟煤病…… 585
芒果煤污病…… 586
芒果曲霉病…… 586
芒果白斑病…… 586
芒果拟盘多毛孢叶枯病…… 587
芒果叶点霉叶斑病…… 587
芒果茎点霉叶斑病…… 587
芒果棒孢叶斑病…… 588
芒果叶疫病…… 588
芒果树脂病…… 588
芒果疮痂病…… 589
芒果细菌性角斑病…… 589
芒果生理性叶缘焦枯…… 590

6. 芒果害虫…… 590

芒果园橘小实蝇…… 590
芒果切叶象甲…… 591
芒果果实象…… 591
芒果横纹尾夜蛾…… 591
芒果毒蛾…… 592
银毛吹绵蚧…… 592
芒果扁喙叶蝉…… 593
脊胸天牛…… 593
芒果叶瘿蚊…… 593
芒果园枣奕刺蛾…… 594
芒果轮盾蚧…… 594
芒果园椰圆盾蚧…… 594
芒果园垫囊绿绵蜡蚧…… 595
芒果白条天牛…… 595

7. 香蕉病害…… 595

香蕉黄条叶斑病…… 595
香蕉黑条叶斑病…… 596
香蕉灰纹病和煤纹大斑病…… 596
香蕉黑疫病…… 597
香蕉炭疽病…… 597
香蕉黑星病…… 598
香蕉焦腐病…… 599
香蕉枯萎病…… 599
香蕉轴腐病…… 600
香蕉细菌性枯萎病…… 600
香蕉细菌凋萎病…… 601
香蕉花叶心腐病…… 601
香蕉束顶病…… 601
香蕉穿孔线虫病…… 602
香蕉根结线虫病…… 602
香蕉缺钾症…… 603

8. 香蕉害虫…… 603

蕉根象鼻虫…… 603
香蕉双黑带象甲…… 603
黄斑香蕉弄蝶…… 604
稻蛀茎夜蛾…… 605
蔗扁蛾…… 605
黄胸蓟马…… 606
香蕉交脉蚜…… 606
棉蚜…… 607
香蕉园花蓟马…… 607
香蕉冠网蝽…… 608
香蕉园银纹夜蛾…… 608
香蕉园斜纹夜蛾…… 608
香蕉园皮氏叶螨…… 609
香蕉园荔枝蝽…… 609
茶色丽金龟…… 610
灰蜗牛…… 610
非洲大蜗牛…… 610

9. 椰子病害…… 611

椰子芽腐病…… 611
椰子灰斑病…… 611
椰子叶枯病…… 612
椰子致死性黄化病…… 612
椰子败生病…… 612
椰子泻血病…… 613
椰子红环腐病…… 613

10. 椰子害虫…… 614

黄星蝗…… 614
小白纹毒蛾…… 614
椰心叶甲…… 615
椰棕象虫…… 615
椰蛀犀金龟甲…… 615
椰圆蚧…… 616

11. 杨梅病害…… 617

杨梅白腐病…… 617
杨梅褐斑病（红点病）…… 617
杨梅腐烂病…… 617

杨梅癌肿病……618
杨梅赤衣病……618
12. 杨梅害虫……619
杨梅小细潜蛾……619
杨梅小卷叶蛾……619
杨梅粉虱……620
13. 澳洲坚果、木菠萝、菠萝病害……620
澳洲坚果苗期疫病……620
澳洲坚果茎溃疡病……621
澳洲坚果亚球腔菌叶斑病……621
澳洲坚果拟盘多毛孢叶斑病……622
澳洲坚果衰退病……622
木菠萝炭疽病……622
木菠萝褐斑病……623
木菠萝壳针孢叶点病……623
木菠萝叶斑病……623
菠萝弯孢霉叶斑病……624
菠萝德氏霉叶斑病……624
菠萝圆斑病……624
菠萝灰斑病……625
菠萝黑霉病……625
菠萝心腐病……625
菠萝凋萎病……626
菠萝黑腐病……626
菠萝黑心病……627
14. 澳洲坚果、木菠萝、菠萝害虫……627
菠萝粉蚧……627
菠萝长叶螨……628
枇杷黄毛虫……628
桉树大毛虫……628
白蛾蜡蝉……628
铜绿丽金龟……629
黑翅土白蚁……629
榕八星天牛……629
15. 番荔枝、番石榴、番木瓜病害……630
番荔枝根腐病……630
番荔枝疫霉根腐病……630
番荔枝白绢病……630
番荔枝叶斑病……631
番荔枝炭疽病……631
光叶番荔枝叶疫病……631
番荔枝赤衣病……632
番荔枝果实焦腐病……632
番荔枝酸腐病……633
番石榴立枯病(干枯病)……633
番石榴叶枯病……633
番石榴灰枯病……634
番石榴藻斑病……634
番石榴紫腐病……634
番石榴假尾孢褐斑病……635
番石榴绒斑病……635
番石榴炭疽病……635
番石榴茎溃疡病(焦腐病)……636
番石榴干腐病……636
番石榴根结线虫病……637
番木瓜茎腐病……637
番木瓜白星病……638
番木瓜霜疫病……638
番木瓜疫病……638
番木瓜白粉病……638
番木瓜黑腐病……639
番木瓜炭疽病……639
番木瓜疮痂病……640
番木瓜环斑病毒病……640
16. 番荔枝、番石榴、番木瓜害虫……641
花蓟马……641
番石榴实蝇……641
南亚寡鬃实蝇……642
木麻黄毒蛾……642
樟蚕……643
垫囊绿绵蚧……643
番木瓜圆蚧……643
橘小实蝇……643
丽盾蝽……644
台湾黄毒蛾……644
蜡彩蓑蛾……644
番荔枝斑螟……645
番荔枝园咖啡豹蠹蛾……645
17. 西番莲、杨桃病害……645
西番莲斑点病……645
西番莲叶斑病……646
西番莲黑斑病……646
西番莲炭疽病……646
西番莲茎腐病……647
西番莲疫病……647
西番莲花叶病毒病……647
杨桃赤斑病……648
杨桃炭疽病……648
杨桃细菌性褐斑病……648
18. 西番莲、杨桃害虫……649
西番莲、杨桃园橘小实蝇……649
褐带长卷叶蛾……649
杨桃鸟羽蛾……649
杨桃园绣线菊蚜……650
红脚丽金龟……650
19. 咖啡、橄榄病害……650
咖啡炭疽病……650
小果咖啡褐斑病……651
咖啡灰枯病……651
橄榄叶斑病……651
橄榄灰斑病……652
橄榄褐斑病……652

橄榄疫病…… 652
橄榄炭疽病…… 652
20. 咖啡、橄榄害虫…… 653
咖啡小爪螨…… 653
咖啡透翅天蛾…… 653
绿黄枯叶蛾…… 653
黑刺粉虱…… 654
荔枝拟木蠹蛾…… 654
咖啡豹蠹蛾…… 654
21. 莲雾、黄皮、蛋黄果、神秘果病害…… 655
莲雾藻斑病…… 655
莲雾拟盘多毛孢叶斑病…… 655
莲雾炭疽病…… 655
莲雾果腐病…… 656
黄皮梢腐病…… 656
黄皮炭疽病…… 657
黄皮叶斑病…… 657
黄皮树脂病…… 657
蛋黄果拟盘多毛孢叶斑病…… 658
蛋黄果叶状地衣病…… 658
神秘果叶斑病…… 658
神秘果藻斑病…… 659
22. 莲雾、黄皮、蛋黄果、神秘果害虫…… 659
飞扬阿夜蛾…… 659
矢尖蚧…… 659
23. 人心果、人参果、鸡蛋果病害…… 660
人心果小叶斑病…… 660
人心果叶斑病…… 660
人心果炭疽病…… 660
人心果藻斑病…… 660
人心果地衣病…… 661
人心果褐斑病…… 661
人心果拟盘多毛孢灰斑病…… 661
人心果煤污病…… 662
人参果疫病…… 662
人参果黑斑病…… 662
人参果煤污病…… 663
人参果病毒病…… 663
鸡蛋果炭疽病…… 663
鸡蛋果茎基腐病…… 664
24. 人心果、人参果、鸡蛋果害虫…… 664
人心果阿夜蛾…… 664
双线盗毒蛾…… 664
朱砂叶螨…… 665
柑橘全爪螨…… 665
25. 罗汉果、油梨病害…… 665
罗汉果病毒病…… 665
油梨炭疽病…… 666
油梨根腐病…… 666
26. 罗汉果、油梨害虫…… 666
侧多食跗线螨…… 666
八点灰灯蛾…… 667
棉蚜…… 667
果剑纹夜蛾…… 667
银毛吹绵蚧…… 667

三. 果树地下害虫及害鼠

蛴螬…… 668
小地老虎…… 668
沟金针虫…… 669
种蝇…… 670
东方蝼蛄…… 671
大家鼠…… 671
花鼠…… 672

四. 果树害虫天敌及其保护利用

食虫瓢虫…… 674
草蛉…… 674
赤眼蜂…… 675
捕食螨…… 675
黑带食蚜蝇…… 676
螳螂…… 677
粉虱座壳菌和红霉菌…… 677
白僵菌…… 677
苏云金杆菌…… 678
昆虫核型多角体病毒NPV…… 678
食蚜瘿蚊…… 678
日本方头甲…… 678
蜘蛛…… 679
食虫蝽象…… 679
上海青蜂…… 680
食虫鸟类…… 680
主要参考文献…… 681
中国现代果树病害病原拉丁文学名索引…… 682
中国现代果树昆虫拉丁文学名索引…… 687
新编中国现代果树农药使用技术简表…… 693

一、落叶果树病虫害

(一) 仁果类果树病虫害

1. 苹果 (*Malus* spp.) 病 害

苹果褐斑病(Apple brown spot)

苹果褐斑病同心轮纹型引起的黄叶及落叶

苹果褐斑病针芒型病叶

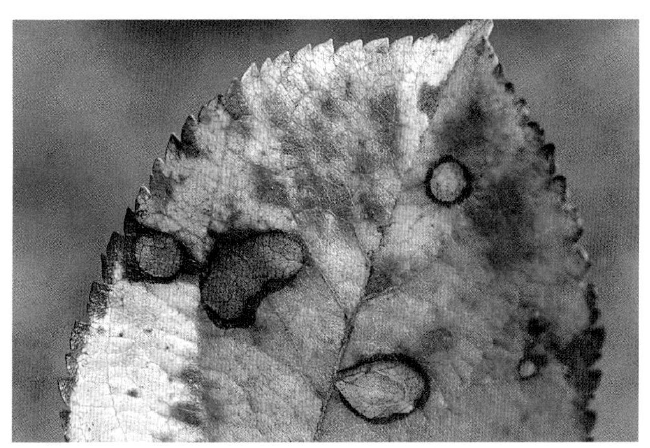

苹果褐斑病混合型病叶

症状 苹果褐斑病又称绿缘褐斑病。主要为害叶片,也能侵染果实、叶柄。叶片染病,初发生在树冠下部和内膛叶片上,初现直径 0.2 ~ 0.5(mm)褐色小点,单生或数个连生,后扩展为三种不同类型的病斑。一是同心轮纹型。发病初期,叶面现黄褐色小点,渐扩大为圆形,直径 10 ~ 25(mm),病斑中心暗褐色,四周黄色,具绿色晕圈,病部中央产生许多肉眼可见轮纹状排列的小黑粒点,即病菌分生孢子盘;病斑背面中央深褐色,四周浅褐色,有时老病斑的中央灰白色。国光、青香蕉和白龙等多属这一类型。二是针芒型。病斑小,呈针芒放射状向外扩展,无固定形状,微隆起,这是病原菌分枝的黑色菌索。后期叶片渐黄,病部周围及背部仍保持绿褐色。病斑较轮纹斑小。沙果、山荆子、海棠等多属这一类型。三是混合型。病斑暗褐色,较大,近圆形或不规则形,其上散生黑色小点,但不呈明显的轮纹状;后期病斑中央灰白色,边缘仍保持绿色,有时病斑边缘呈针芒状。红玉、金冠、元帅、红星、祝光等多属这种症状。三种类型的共同特点是后期病部中央变黄,但周围仍保持绿色晕圈,且病叶易早期脱落,尤其是风雨之后病叶常大量脱落,病叶黄化脱落的原因是由于病菌分泌毒素刺激叶柄基部提前形成了离层细胞。果实染病,初生淡褐色小点,渐扩大呈圆形或不规则形,边缘清晰,褐色,稍下陷,直径 6 ~ 12(mm),表面散生具光泽的黑色小粒点,即病菌分生孢子盘。病部表皮下果肉褐

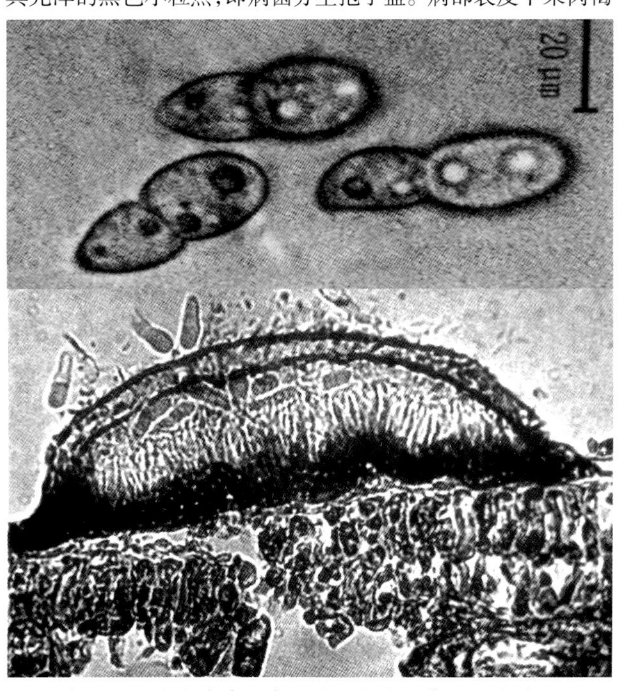

苹果褐斑病病菌苹果盘二孢分生孢子盘和分生孢子

色，组织坏死不深，呈海绵状干腐。晚熟品种青香蕉、国光等的果实受害较多。叶柄染病，产生黑褐色长圆形病斑，致输导作用受阻，常致叶片枯死。

病原 *Marssonina mali* (P.Henn.) Ito. 称苹果盘二孢，属真菌界无性型真菌或无性孢子类或半知菌类。有性态为 *Diplocarpon mali* Harada et Sawamura 称苹果双壳，属真菌界子囊菌门。分生孢子盘近圆形，着生在寄主表皮下，成熟后突破表皮。产孢细胞桶形或圆柱形，无色，环痕式或合轴式延伸。分生孢子梗无色，短。分生孢子卵形，上胞较大，下端细胞略狭而尖，孢子内含油球，大小 13.2～25×5～9(μm)。病菌发育适温 20～25℃，分生孢子发芽适温 20～25℃。

传播途径和发病条件 以菌丝、分生孢子盘或子囊盘在落地的病叶上越冬，翌春产生拟分生孢子和子囊孢子，借风雨传播，从叶的正面或背面侵入，以叶背面为主，潜育期 6～12 天，干旱年份长达 45 天，潜育期随气温升高缩短。病菌从侵入到引起落叶约 13～55 天，田间 5～6 月始发，7～8 月进入盛发期，10 月停止扩展。

该病的发生、流行与雨水、树势、栽培管理及品种有关。分生孢子的传播和侵入需有水，冬季温暖潮湿是病叶与落叶上子囊盘形成的必要条件，冬季不干、春雨早且多的年份有利病害发生流行，特别是春秋雨季提前且降雨量大的年份，病害大流行。从树势、树龄来看，同一品种的幼树较老树抗病；同一株树的当年结果枝发病率较歇果枝高，树冠内膛下部比外部、上部发病早且多，这可能与树冠内部、下部荫蔽、通风透光差、湿度大有关。苹果各品种中，红玉、富士、金帅、华红、香蕉、元帅、红星、国光易感病；鸡冠、祝光、大珊瑚、翠玉较抗病；小国光抗病。

防治方法 (1)加强栽培管理，增强树势，提高树体抗病力。土壤黏重或地下水位高的果园要注意排水，保持适宜的土壤含水量；合理修剪，使树冠通风透光，以减轻病害发生。(2)清除越冬菌源。秋末冬初清除落叶，集中烧毁。(3)药剂防治。可用 1∶2∶200 倍式波尔多液或 200 倍锌铜石灰液(硫酸锌 0.5∶硫酸铜 0.5∶石灰 2∶水 200)或 70%丙森锌可湿性粉剂 500 倍液、40%氟硅唑乳油 6000 倍液、30%戊唑·多菌灵悬浮剂 1100 倍液、50%异菌脲可湿性粉剂 1000 倍液、500g/L 氟啶胺悬浮剂 2200 倍液、12.5%腈菌唑可湿性粉剂 2500 倍液、80%乙蒜素乳油 800～1000 倍液、50%腈菌·锰锌可湿性粉剂 800 倍液、50%甲基硫菌灵·硫磺悬浮剂 800 倍液。喷药时间可根据发病期确定，一般可在花后结合防治白粉病或食心虫喷第一次药，以后隔 20 天 1 次，连续防治 3～4 次。如用波尔多液，可隔 1 个月，但幼果期易受药害，特别是金冠，易形成锈果，使用时应注意；也可用代森锌可湿性粉剂加 200 倍洗衣粉混喷代替波尔多液。如使用 50%锰锌·多菌灵可湿性粉剂 600 倍液，则于发病初期开始用药，7～10 天一次，共 3～4 次。喷药时加 0.5%～1%大豆汁、“6501”黏着剂 1000 倍液或皮胶 3000～4000 倍液，可增加药液黏着力，提高药效。(4)加强贮藏期管理。入窖前严格剔除病果，控制好窖内温度与湿度。

苹果斑点落叶病(Apple Alternaria leaf spot)

症状 苹果斑点落叶病又称褐纹病。主要为害叶片，尤其是展叶 20 天内的幼嫩叶片；还可为害叶柄、一年生枝条和果实。叶片染病，初发于 5 月上旬，初现直径 2～3(mm)褐色圆形病斑，后病斑逐渐增多或扩大，形成 5～6(mm)的红褐色病斑，边缘紫褐色，中央常具一深色小点或同心轮纹。天气潮湿时，病部正反面均长出墨绿色至黑色霉状物，即病菌分生孢子梗和分生孢子。后期灰斑病菌的分生孢子器二次寄生于病斑上，使病斑中央变为灰褐色至灰白色，有的病斑破裂或穿孔。遇高温多雨季节，病斑迅速扩大，呈不整形，病叶部分或大部变褐。

苹果斑点落叶病病叶

苹果斑点落叶病后期病叶

苹果斑点落叶病病果

发病严重的幼叶由于生长受阻，往往扭曲变形，全叶干枯。夏秋季节，病菌可侵染叶柄。叶柄染病，产生暗褐色椭圆形凹陷斑，直径 3～5(mm)，染病叶片随即脱落或自叶柄病斑处折断。枝条染病，在徒长枝或一年生枝条上产生褐色或灰褐色病斑，芽周变黑，凹陷坏死，直径 2～6(mm)，边缘裂开。轻度发病枝条只皮孔裂开。果实染病，产生黑点型、疮痂型、斑点型和果点褐变型 4 种，其中斑点型最常见。初期多在幼果果面上产生黑色发亮的小斑点或锈斑；6 月中旬至 8 月上旬被侵染的果实呈褐色瘪病状，直径 2～3(mm)，有时可达 5mm，并易在病健交界处开裂；近成熟的果实多为褐色病斑。贮藏期病果在低温下病斑扩大或腐烂缓慢，遇高温时，易受二次寄生菌侵染致果实腐烂。

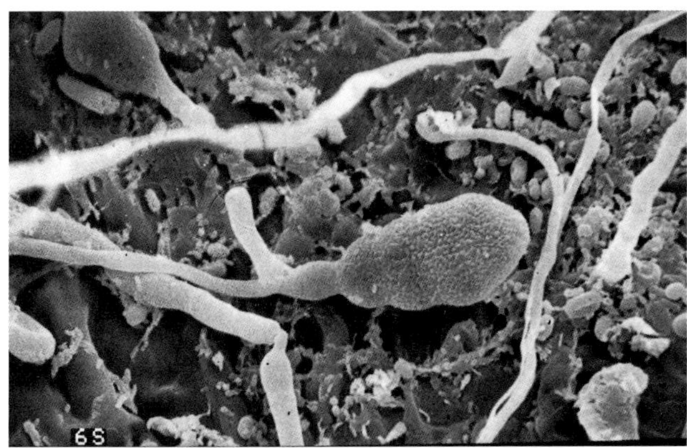

苹果斑点落叶病菌分生孢子电镜扫描图片

病原 *Alternaria mali* Roberts 称苹果链格孢强毒株系，属真菌界无性型真菌。分生孢子梗在病斑上通常簇生，直立，直或屈膝状弯曲，淡褐色，分隔，29～53×3～4.5(μm)。分生孢子短链生，卵形，浅青褐色，具横隔膜 3～6 个，纵、斜隔膜 1~4 个，分隔处略缩，多数孢子表面密生细疣，25～39.5×9～13(μm)。喙及假喙柱状，浅褐色，5~27.5×2.5～3.5(μm)。

传播途径和发病条件 病菌以菌丝在芽外部鳞片到内部叶原体上越冬，叶芽是重要初侵染源。翌春产生分生孢子，随气流、风雨传播，从伤口或直接侵入进行初侵染。分生孢子一年有两个活动高峰：第一高峰从 5 月上旬至 6 月中旬，孢子量迅速增加，致春秋梢和叶片大量染病，严重时造成落叶；第二高峰在 9 月份，这时会再次加重秋梢发病严重度，造成大量落叶。受害叶片上孢子形成在 4 月下旬至 5 月上旬，枝条上 7 月份才有大量孢子产生，所以叶片上形成孢子较枝条上早。此外在苹果新梢抽生期雨后 5 天内新侵染病斑数明显增多，进入新梢停止生长期，即使有大雨，也难产生新侵染斑，看来叶龄和降雨同时影响该病流行程度。

该病的发生、流行与气候、品种密切相关。高温多雨病害易发生，春季干旱年份，病害始发期推迟；夏季降雨多，发病重。苹果各栽培品种中，红星、红元帅、印度、玫瑰红、青香蕉易感病；富士系、金帅系、乔纳金、鸡冠、祝光发病较轻。此外，树势衰弱、通风透光不良、地势低洼、地下水位高、枝细叶嫩等均易发病。病害潜育期随温度不同而异，17℃时潜育期 6 小时，20～26℃4 小时，28～31℃3 小时。17～31℃叶片均可发病。

防治方法 (1)选用抗病品种。如丰县红富士及富士系、华月、华苹 1 号和元帅系中首红、天汪 1 号等。(2)秋末冬初剪除病枝，清除落叶，集中烧毁，以减少初侵染源。(3)加强栽培管理。增施有机肥和氮、钾肥，每生产 100kg 苹果需施入氮钾各 1.2kg，磷 0.6kg，注意秋施有机肥，秋季施肥量要占到全年施肥量 60%~70%，注意氮钾配合施用，避免过量偏施氮肥和磷肥。加强土、肥水综合管理，特别是发病高峰期遇干旱，应及时浇水，增加树体含水量，提高抗病力。(4)封锁疫区，禁止采集带病接穗和购买带病苗木。(5)药剂防治。在发病前(5 月中旬左右落花后) 开始喷 1∶2∶200 倍式波尔多液或 10%苯醚甲环唑水分散粒剂 1500 倍液、70%代森联水分散粒剂 600 倍液、50%异菌脲可湿性粉剂 1000 倍液、70%丙森锌可湿性粉剂 600 倍液、36%甲基硫菌灵悬浮剂 600 倍液、500g/L 氟啶胺悬浮剂 2200 倍液、75%百菌清可湿性粉剂 800 倍液、10%己唑醇乳油 2000 倍液、50%锰锌·多菌灵可湿性粉剂 700 倍液、30%戊唑·多菌灵悬浮剂 1100 倍液；生产上可交替使用，隔 10～20 天一次，共防 3～4 次。各地应根据发病时期和气候条件确定喷药次数和时间，云南、贵州、四川 4 月中旬开始用药，黄河故道 5 月上旬～6 月上旬～7 月上旬喷 3 次药，华北、东北 7 月上中旬～8 月上中旬防 3～4 次即可。

苹果白星病(Apple Coniothyrium leaf spot)

苹果白星病病叶

症状 主要为害叶片。病斑圆形或近圆形，灰白色至淡褐色，稍凹陷。直径 1～3(mm)，具褐色较细的边缘，后期病部生小黑点，即病菌分生孢子器。病叶上常产生数个病斑，但叶片一般不枯死。

病原 *Coniothyrium pirinum* (Sacc.) Scheldon 称仁果盾壳霉，属真菌界无性型真菌。分生孢子器淡褐至深褐色，单腔，埋生；产孢细胞桶形至圆柱形或瓶状，无色，以全壁芽生方式产孢，随着产孢作环痕式延伸，具 1～4 个间距不等的环痕；分生孢子淡褐色，椭圆形，大小 4～5×2～3(μm)。

传播途径和发病条件 以菌丝体或分生孢子器在病落叶上越冬。翌春产生分生孢子借风雨传播，侵入叶片为害。主要从伤口侵入。地势低洼，土质黏重，排水不良的果园易发病；修剪不当，伤口多，发病重。

防治方法 (1)加强栽培管理。低洼积水地注意排水，合理修剪，增强树体通透性；增施有机肥。(2)清除初侵染源。结合冬季清园，彻底清除树上、树下病残叶及落叶，集中销毁。(3)药剂防治。用1：2：200倍式波尔多液或53.8%氢氧化铜干悬浮剂700倍液、50%甲基硫菌灵·硫磺悬浮剂800倍液、50%多菌灵可湿性粉剂800倍液、75%百菌清可湿性粉剂500～600倍液。发病初期开始喷药，隔10～15天一次，共3～4次。

苹果灰斑病(Apple gray spot)

苹果灰斑病病叶

症状 主要为害叶片。果实、枝条、叶柄、嫩梢均可受害。叶片染病，初呈红褐色圆形或近圆形病斑，直径2～6(mm)，边缘清晰，后期病斑变为灰色，中央散生小黑点，即病菌分生孢子器。病斑常数个愈合，形成大型不规则形病斑。病叶一般不变黄脱落，但严重受害的叶片可出现焦枯现象。果实染病，形成灰褐色或黄褐色、圆形或不整形稍凹陷病斑，中央散生微细小粒点。贮藏期间，果实表皮与果肉脱离，呈白色，白色皮下生多数小黑粒点。枝条染病，多发生于树冠内膛的小枝、弱枝和一年生枝条上。小枝受害后，病部表面产生小黑粒点，顶部枯死；大枝受害，常在芽旁及四周表皮产生块状或条状坏死斑。

病原 *Phyllosticta pirina* Sacc. 称梨叶点霉，属真菌界无性型真菌。分生孢子器生在叶面，少数病斑仅有1~3个，初埋生，后突破表皮，露出孔口，器球形，直径50～135μm，高40~100μm，器壁膜质，褐色，厚5~8μm，形成瓶形产孢细胞，5～7×3～5(μm)，上着生分生孢子，椭圆形，内含1油球，4～7×2～3.5(μm)。

传播途径和发病条件 以菌丝体和分生孢子器在落叶上越冬。翌春产生分生孢子，借风雨传播。一般与褐斑病同时发生，但在秋季发病较多，为害也较重。

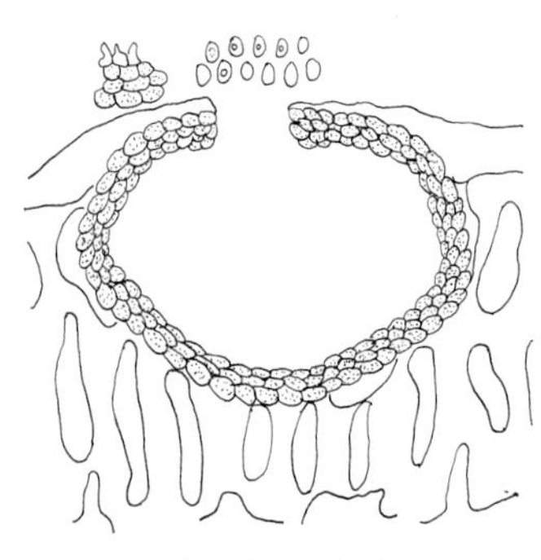

苹果灰斑病菌

分生孢子器及分生孢子

该病的发生、流行与气候、品种密切相关。高温、高湿、降雨多而早的年份发病早且重。苹果各品种间感病性存在明显差异。青香蕉、印度、元帅等易感病；金冠、国光、秋花皮等次之；伏花皮、祝光等较抗病。

防治方法 (1)发病严重地区，选用抗病品种。(2)灰斑病发生多在秋季，所以应重点抓好后期防治。具体方法参见苹果褐斑病。

苹果轮斑病(Apple fruit rot)

苹果轮斑病病叶正背面症状

症状 苹果轮斑病又称大斑病、大星病、褐星病。主要为害叶片，也可侵染果实。叶片染病，主要侵染嫩叶，病斑多集中在叶缘。病斑初期为褐色至黑褐色圆形小斑点，后扩大，叶缘的病斑呈半圆形，叶片中部的病斑呈圆形或近圆形，淡褐色且有明显轮纹，病斑较大，直径0.5～1.5(cm)。老病斑中央部分呈灰褐至灰白色，其上散生黑色小粒点，病斑常破裂或穿孔。高温潮湿时，病斑背面长出黑色霉状物，即病菌分生孢子梗和分生孢子。果实染病，病斑黑色，病部软化。轮斑病菌的寄生性很弱，常从伤害部位或灰斑病病斑上侵入为害。

病原 *Alternaria mali* Roberts. 称苹果链格孢菌原始菌系，属真菌界无性型真菌。

苹果轮斑病菌

分生孢子梗及分生孢子

传播途径和发病条件 以菌丝或分生孢子在落叶上越冬，翌春菌丝萌发产生分生孢子，经各种伤口侵入叶片进行初侵染。该病的发生与气候、品种有密切关系。连续阴雨病害严重。苹果各品种中，元帅系、印度、倭锦、红玉、白龙等易染病；祝光、鸡冠等较抗病。

防治方法 (1)发病初期开始喷洒1：2～3：240倍式波尔多液或50%异菌脲可湿性粉剂1000倍液，也可两药交替使用。(2)其他方法参见“褐斑病的防治法”。

苹果锈病(Apple rust)

症状 苹果锈病又称赤星病、“羊胡子”、羊毛疔、苹桧锈病。主要为害幼叶、叶柄、新梢及幼果等幼嫩绿色组织，还可为害转主寄主桧柏。叶片染病，初在叶面产生油亮的橘红色小圆点，直径1～2(mm)，后病斑渐扩大，中央色渐深，外围较浅，中央长出许多黑色小点，即病菌性孢子器，并可形成性孢子及分泌黏液，黏液逐渐干枯，性孢子则变黑；后病部变厚变硬，叶背隆起，长出许多丛生的黄褐色毛状物，即病菌锈孢子器。内含

苹果锈病性子器

苹果锈病病叶上的橘红色症状

苹果锈病病斑(左)及锈子器

苹果锈病转主寄主桧柏上的冬孢子角

大量褐色粉末状锈孢子。叶柄染病，病部纺锤形橙黄色稍隆起，上面着生性孢子器及锈孢子器。新梢染病，初与叶柄受害相似，后期病部凹陷，龟裂，易折断。幼果染病，多在萼洼附近产生圆形橙黄色斑点，直径1cm左右，后期病斑变为褐色，中央产生性子器，而锈子腔则长在病斑周围。锈菌只侵染桧柏的小枝，染病后，在小枝一侧环绕小枝形成半球形或球形瘿瘤，直径3～5(mm)；瘿瘤初平坦，后中心部略隆起，破裂，露出冬孢子角。冬孢子角深褐色，起伏作鸡冠状；遇阴雨连绵则吸水膨大，呈胶质花瓣状。

病原 *Gymnosporangium yamadai* Miyabe 称山田胶锈菌或苹果东方胶锈菌，属真菌界担子菌门。该菌是转主寄生菌，在苹果、梨树上形成性孢子和锈孢子，在桧柏上形成冬孢子，以后萌发产生担孢子。性子器扁球形，埋生于表皮下；性孢子无色，单胞，纺锤形。锈孢子器管状，长5～8 (mm)，直径0.4～0.5(mm)。锈孢子球形或多角形，单胞，栗褐色，膜厚，表面生疣状突起，大小19.2～25.6×16.6～24.3(μm)，冬孢子双胞、具长柄，长圆形至椭圆形或纺锤形，暗褐色，大小32.6～53.7×20.5～25.6(μm)。小孢子卵形、无色、单胞，大小13～16×7.5～9.0(μm)。冬孢子发芽适温16～22℃，最高30℃，最低7℃；锈孢子发芽温度5～25℃，适温20℃；担孢子形成的温度为24℃以下。

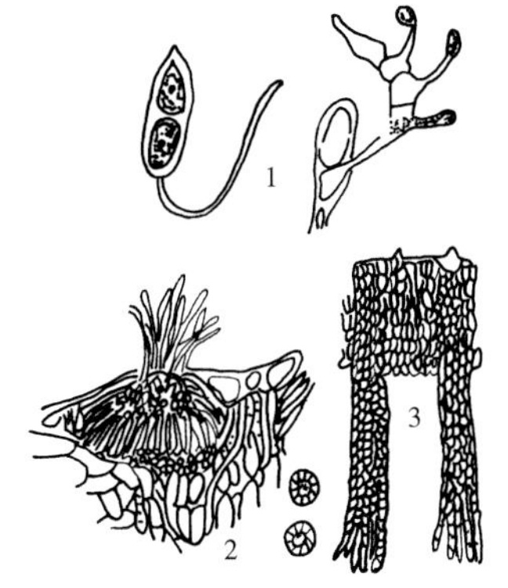

苹果锈病菌

1.冬孢子及冬孢子萌发；2.性子器

3.锈孢子与锈子腔

传播途径和发病条件 以菌丝体在桧柏枝上的菌瘿里或桧柏体表的锈孢子上越冬。翌春菌瘿产出冬孢子，萌发后形成担孢子，随风传播，有效传播距离1.5～5km，落在果树上，孢子萌发后直接从叶片表皮细胞或气孔侵入。侵染后形成性孢子及锈孢子，进行为害。潜育期10～13天。担孢子每年侵染一次，无再侵染。秋季锈孢子成熟后随风传播到针叶型桧柏上，形成菌瘿越冬。该病的发生与转主寄主的多少、距离、气候条件及品种有关。在担孢子传播的有效距离内，一般是桧柏多，发病重；在有桧柏存在的条件下，早春多雨、多风，温度17～20℃发病重，反之则轻。苹果各品种中，金冠、国光、红星、青香蕉、白龙、倭锦发病重；红姣、旭较抗病。

防治方法 (1) 彻底清除距果园5公里以内的转主寄主——针叶型桧柏，以切断侵染循环。(2)控制冬孢子萌发。早春剪除桧柏上的菌瘿并集中烧毁或喷药抑制冬孢子萌发。春雨前在桧柏上喷洒波美3度石硫合剂或0.3%五氯酚钠或两药混合后喷洒。秋季也可喷15%氟硅酸(907)乳剂300倍液保护桧柏，防止锈病侵染。(3)喷药保护。花前、花后各喷一次50%甲基硫菌灵可湿性粉剂600～700倍液或30%苯甲·丙环唑乳油

2200倍液或30%戊唑·多菌灵悬浮剂1000倍液、6%氯苯嘧啶醇可湿性粉剂900～1000倍液、43%戊唑醇悬浮剂或430g/L悬浮剂4000~5000倍液、25%丙环唑乳油2500～3000倍液，隔10～15天1次，连续防治2～3次。

苹果黑星病(Apple scab)

症状 苹果黑星病又称疮痂病。主要为害叶片或果实，还可为害叶柄、果柄、花芽、花器及新梢。从落花期到苹果成熟期均可为害。叶片染病，初现黄绿色圆形或放射状病斑，后变为褐色至黑色，直径3～6mm；上生一层黑褐色绒毛状霉，即病菌分生孢子梗及分生孢子。发病后期，多数病斑连在一起，致叶片扭曲变畸。嫩叶染病，表面呈粗糙羽毛状，中间产生黑霉或病斑，周围健全组织变厚，致病斑上凸，背面形成环状凹入。受害严重时叶变小，变厚，呈卷缩或扭曲状。叶柄上的病斑呈黑色长条状。果实染病，初生淡绿色斑点，圆形或椭圆形，渐变褐色至黑色，表面也产生黑色绒状霉层，病斑逐渐凹陷，硬化，常发生星状开裂。后期病斑上长有腐生菌即土粉色的粉霉菌(*Trichothecium roseum* Zink et Fr.) 和浅粉色的镰刀菌(*Fusarium* spp.)。幼果染病常致畸形。嫩梢染病，形成黑褐色长圆形病斑，凹陷，在高感品种上，有时形成泡肿状。花器染病，花瓣褪色，萼片尖端病斑呈灰色，花梗变黑色，形成环切时造成花和幼果脱落。

苹果黑星病病叶

苹果黑星病萼片受害状

苹果黑星病后期病果

苹果果实上的黑星病

病原 *Venturia inaequalis* (Cooke) Winter. 称苹果黑星菌，属真菌界子囊菌门；无性态为 *Spilocaea pomi* Fr. 称苹果环黑星孢和 *Fusicladium dendriticum* (Wallr.) 称树状黑星孢，属真菌界无性型真菌。菌丝初无色，后变为青褐色至红褐色，在培养基上灰色，分枝，有隔。分生孢子梗丛生，深褐色，大小50～60×4～6(μm)，屈膝状或结节状，短而直立，无隔或具1～2个隔膜。梗顶着生一个单细胞(少数双细胞)的分生孢子。分生孢子梭形或长卵圆形，深褐色，大小12～22×6～9(μm)。病菌在腐生阶段可形成假囊壳，球形或近球形，褐色至黑色，子囊平行排列于假囊壳基部，子囊长棍棒形或圆筒形，具短柄，内含8个子囊孢子，排列成两行。子囊孢子卵圆形，青褐至黄褐色，双细胞，上面的细胞

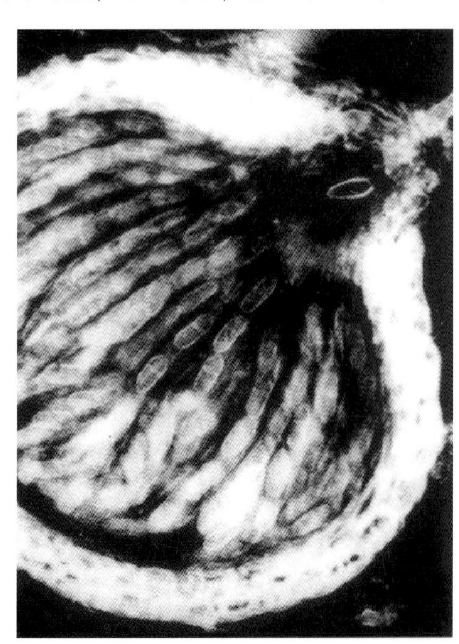

苹果黑星病菌子囊壳及壳中的子囊孢子

较小而稍尖。苹果黑星菌的子囊壳大多在秋冬形成。在培养基上，20℃和 pH4.5～5.8 时生长最适。

传播途径和发病条件 病菌主要以菌丝体在病枝和芽鳞内或以假囊壳在病叶中越冬。翌年 5～8 月释放子囊孢子，以 7 月释放量最多；借风雨传播进行初侵染，潜育期 9～14 天。叶片和果实染病 15 天左右即产生分生孢子，并可产生若干代进行再侵染，一直持续到当年秋季。9 月末病害停止扩展。该病的发生与气候、品种有关。早春多雨发病较早；夏季阴雨连绵，病害流行快。子囊壳发育适温 13℃，子囊孢子成熟适温 20℃；10℃以下，24℃以上，子囊孢子成熟延迟。子囊孢子的释放多在雨后，有水滴或雨量大于 0.3mm 的条件下。分生孢子必须在有雨水的条件下才能脱落和传播。分生孢子萌发适温 22℃，子囊孢子萌发适温为 15～21℃；分生孢子侵染温度 8～10℃，子囊孢子则为 19℃。子囊孢子侵染的潜育期 19℃时为 9～14 天，分生孢子为 8～10 天。苹果各品种间感病性存在一定差异。小苹果中黄太平易染病，黄海棠、花红及三叶海棠、河南海棠抗病，多花海棠高度抗病。大苹果中国光、富士易染病，印度、祝光、金帅、红星、黄魁较抗病。

防治方法 (1)发病严重果园选栽抗病品种。(2)加强植物检疫。严格执行检疫制度，谨防带病苗木、接穗和果实从病区传入无病区。(3)清除初侵染源。秋末冬初彻底清除落叶、病果，集中烧毁或深埋。或在地面喷洒 0.5%二硝基邻甲酚钠或 4∶4∶100 的波尔多液，以杀死病叶内的子囊孢子。(4)喷药保护。喷药时期最为关键。早熟品种(如黄太平)于 5 月中旬开花期开始喷洒 1∶2～3∶160 倍式波尔多液；以后隔 15 天一次，共喷 5 次。也可用 12.5%腈菌唑微乳剂 2000 倍液或 40%噻菌灵可湿性粉剂 1200 倍液、43%戊唑醇悬浮剂 4000 倍液、500g/L 氟啶胺悬浮剂 2200 倍液、12.5%烯唑醇 3000 倍液、40%氟硅唑乳油 8000 倍液、50%氯溴异氰尿酸水剂 900 倍液。

苹果树银叶病(Apple silver leaf)

症状 主要表现在叶片上，严重时枝条也表现症状。一般十年生以上大树发病较多。叶片表现银叶是由于枝干内的病菌菌丝分泌毒素通过导管进入叶片，致叶片表皮细胞和栅状细胞之间分离，内中充满空气，由于阳光的反射作用，叶片呈现银灰色，故称银叶病。用手轻搓，叶表皮极易分离。秋季症状

苹果树银叶病病叶

尤为明显，病叶表皮部分破裂，叶肉裸露变为褐色，致病斑呈现褐色，长形或不规则形，后期破裂穿孔。这种症状最初出现于某一些枝上，最后扩展到其他枝条上，将染病枝条剥开，基部的木质部变为褐色条纹，严重时，根部腐朽，2～3 年后全株死亡。在阴雨连绵的气候条件下，腐朽木上长出紫褐色木耳状物，数层重叠如瓦状；干燥时变为灰黄色，背面有细线状横纹。

病原 *Chondrostereum purpureum* (Fr.) Pouz. 称紫韧革菌、银叶菌，属真菌界担子菌门。菌丝在朽木上呈白色，厚绒毯状；在培养基上呈疏松放射状，菌落白色。死树枝上形成子实体，大小 20～80(μm)，初圆形，渐成鳞片状或长条形，边缘反卷，中央隆起呈伏瓦状排列，子实层平滑，黄褐或紫褐色，边缘有白色绒毛，干燥时为灰黄色，背面有黑色细绒状横纹。担孢子无色、单胞，近椭圆形，一端稍尖，大小 5～7×3～4(μm)。

传播途径和发病条件 病菌以菌丝体在病枝干的木质部内或以子实体在树皮外越冬。子实体形成后，在紫褐色的子实体层上产生白霜状担孢子，担孢子陆续成熟，随风雨传播，通过伤口侵入，在木质部定植，然后沿导管上下蔓延。春、秋雨季是病菌侵入的有利时期。树体从感病到出现症状，需 1～2 年时间，发病后，重病树 1～2 年死亡；轻病树可活十多年，部分病树还可自行恢复健康。该病的发生与果园地势、管理水平及品种密切相关。土壤黏重、排水不良、盐碱过重、树势衰弱的果园发病重；果园管理粗放，伤口不及时保护等均易导致病害发生。大树较幼树易感病。苹果各品种间感病性存在差异。倭锦、红魁、黄魁、小国光易感病；红玉、国光、祝光、青香蕉次之，元帅、金帅较抗病。

防治方法 (1)加强栽培管理。增施有机肥，低洼积水地注意及时排水，改良土壤，以增强树势。(2)清除初侵染源。挖除果园内重病树、病死树、根蘖苗；清除病根，锯除发病枝干，及时刮除病苗子实体集中烧毁或深埋。(3)保护树体避免造成伤口。发现伤口，及时消毒并涂涂抹剂，防止病菌侵入。常用涂抹剂有：波尔多浆、松香桐油合剂，还可用 80%乙蒜素乳剂 500 倍液，也可从病树枝干钻孔注入硫酸—八羟基喹啉溶液。(4)药剂防治。对早期发现的病树进行埋藏治疗，用硫酸—八羟基喹啉(丸剂)。也可在展叶后向木质部注射灰黄霉素 100 倍液，每支加水 1kg，连续注 2~3 次，秋后再注 1 次，注射后加强肥水管理。还可用蒜泥防治，于 5 月 ~7 月用紫皮大蒜捣烂，用钻从主干基部向上钻孔，每隔 15~20cm 打孔 5~6 个，深达髓部，再把蒜泥塞入孔中，不要超过形成层，防止烧伤树皮，用泥土封口，再用塑料条包住，治愈率高达 90%。

苹果白粉病（Apple powdery mildew）

症状 主要为害幼苗或苹果树的嫩梢、叶片，也可为害芽、花及幼果。嫩梢染病，生长受抑制，节间缩短，其上着生的叶片变得狭长或不开张，变硬变脆，叶缘上卷，初期表面被覆白色粉状物，后期逐渐变为褐色，并在叶背的叶脉、支脉、叶柄及新梢上产生成堆的小黑点，即病菌闭囊壳。严重的整个枝梢枯死。叶片染病，叶背初现稀疏白粉，即病原菌菌丝、分生孢子梗和分生孢子。新叶略呈紫色，皱缩畸形，后期白色粉层逐渐蔓延到叶正反两面，叶正面色泽浓淡不均，叶背产生白粉状霉

苹果幼苗白粉病

斑，病叶变得狭长，边缘呈波状皱缩或叶片凹凸不平；严重时，病叶自叶尖或叶缘逐渐变褐，最后全叶干枯脱落。芽受害，呈灰褐色或暗褐色，瘦长尖细，鳞片松散，上部不能合拢而成刷状，表面茸毛少，严重受害的干枯死亡。春季病芽萌动后，生长迟缓，不易展开。花芽受害，轻者花瓣变为淡绿色，变细变长，萼片、花梗畸形；雌雄蕊丧失授粉和受精能力，最后也干枯死亡；严重的花蕾萎缩枯死。幼果受害，多发生在萼的附近，萼洼处产生白色粉斑，病部变硬，果实长大后白粉脱落，形成网状锈斑。变硬的组织后期形成裂口或裂纹。果梗受害，幼果萎缩早落。一般果实受害较少。

病原 *Podosphaera leucotricha* (Ell.et Ev.) Salm. 称白叉丝单囊壳，属真菌界子囊菌门。无性态为 *Oidium* sp. 称 1 种粉孢，属真菌界无性型真菌。

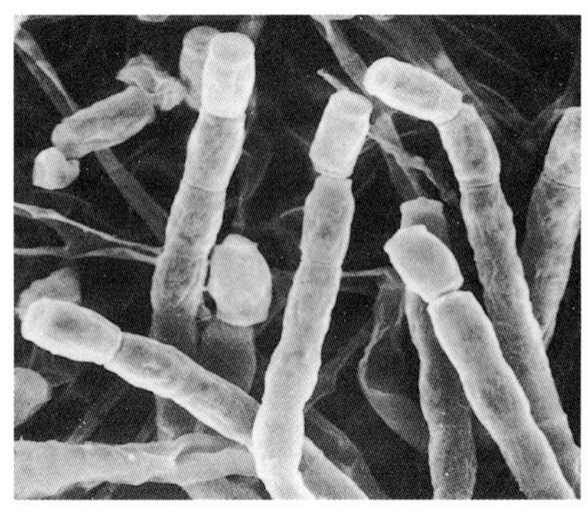

苹果白粉病菌
分生孢子梗和分生孢子

传播途径和发病条件 以菌丝在芽的鳞片间或鳞片内越冬或越夏，翌春随芽的萌动，病菌开始繁殖蔓延并产生分生孢子，以菌丝或分生孢子侵染嫩芽、嫩叶或幼果。分生孢子随风传播。顶芽、秋梢、短果枝带菌率高，发病率也高；第四侧芽以下的芽很少带菌，基本不发病。这些差异与芽的形成早晚及抗侵入能力强弱有关。分生孢子再侵染频率高。4～9 月为病菌侵染期，5～6 月为侵染盛期，气候较冷地区稍推迟，7～8 月略停顿，秋后再侵染秋梢。分生孢子萌发适温 21℃；湿度达 70%以上利于孢子繁殖和传播，高于 25℃即有阻碍作用。一般气温 19～22℃，相对湿度 100%的条件下，分生孢子 1～2 天即可完成侵染。分生孢子不能越冬和越夏，1℃以下、33℃以上失活；在干燥条件下，分生孢子只能存活 2 小时。子囊壳不能越冬。

本病的发生、流行与气候、栽培条件及品种有关。春季温暖干旱、夏季多雨凉爽、秋季晴朗有利于该病的发生和流行。连续下雨会抑制白粉病的发生。白粉菌是专化性强的严格寄生菌。果园偏施氮肥或钾肥不足、种植过密、土壤黏重、积水过多发病重。果树修剪方式直接与越冬菌源即带菌芽的数量有关。轻剪有利于越冬菌源的保留和积累。

防治方法 (1)发病严重果园选用抗病品种，如丰县红富士、金冠、元帅、北海道 9 号等。(2)消灭菌源。结合冬剪尽量剪除病梢、病芽；早春复剪，剪掉新发病的枝梢、病芽，集中烧毁或深埋，以压低菌源，防止分生孢子传播。(3)加强栽培管理。采用配方施肥技术，增施有机肥，避免偏施氮肥，增施磷、钾肥；合理密植，控制灌水。(4)发芽前喷洒 70%可湿性硫磺粉剂 150 倍液，发芽后发病很轻。春季于发病初期，喷 50%甲基硫菌灵·硫磺悬浮剂 800 倍液或 3%多氧霉素水剂 800 倍液、50%醚菌酯水分散粒剂 4500 倍液、25%三唑酮可湿性粉剂或 20%三唑酮乳油 2000 倍液、25%丙环唑乳油 3000 倍液、6%氯苯嘧啶醇可湿性粉剂 1000～1500 倍液、30%戊唑·多菌灵悬浮剂1000 倍液，10～20 天一次，共 3～4 次。对上述杀菌剂产生抗药性的地区可选用 12.5%腈菌唑乳油 2000～2500 倍液或 40%氟硅唑乳油 6000 倍液、30%氟菌唑可湿性粉剂 3000 倍液、250g/L 戊唑醇水乳剂或 25%乳油或 25%可湿性粉剂 2000~3000 倍液。此外也可用 25%多菌灵可湿性粉剂或 36%甲基硫菌灵悬浮剂 4、8、16 倍液混加 2%平平加作渗透剂，于苹果主干 20cm 处涂环 6 次。将粗皮轻轻刮去 5cm，后涂药。苗圃中幼苗发病初期，可连续喷 2～3 次波美 0.2～0.3 度石硫合剂或 50%甲基硫菌灵可湿性粉剂 800～1000 倍液、45%石硫合剂结晶 300 倍液。

苹果花腐病(Apple blossom blight)

症状 主要为害花、叶、幼果及嫩梢，花和幼果发病重。叶片染病，初在叶片中脉两侧叶尖或叶缘出现浸润状褐色圆斑或不规则形小斑点，扩展后形成红褐色不规则形病斑，多沿脉从上向下蔓延至病叶基部，致叶片萎蔫下垂或腐烂，形成叶腐。遇雨或空气湿度大时，病斑上产生灰霉，即病菌的分生孢子和分生孢子梗。花染病，染病叶片在花丛中发病时，常蔓延到叶柄基部，这时菌丝从花丛基部侵入，致花梗染病变褐或腐烂，病花或花蕾萎垂形成花腐。果实染病，系病原菌由花器柱头入侵后，蔓延到胚囊内经子房壁侵入果实表面，当果实长至豆粒大小时，病果果面现出水浸状溢有褐色黏液的褐斑。常产

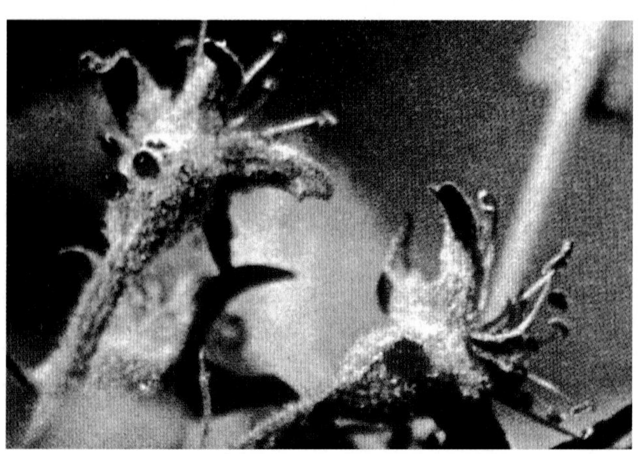

苹果花腐病病花萼

苹果树花腐病

生发酵气味，严重的幼果果肉变褐腐烂，造成果腐。失水后形成僵果。叶腐、花腐或果腐蔓延至新梢后，致新梢产生褐色溃疡斑，当病斑绕枝一周时，致病部以上枝条枯死，造成枝腐。

病原 *Monilinia mali* (Takahashi)Whetzel 称苹果链核盘菌。属真菌界子囊菌门。菌核黑褐色，鼠粪状；子囊盘漏斗形，褐色或淡褐色，大小2～8(mm)；子囊圆筒形，无色，大小130～187×7.5～10.6(μm)，内含4～8个子囊孢子，子囊孢子无色、单胞，椭圆形或卵形，大小7.5～14.5×4.5～7.5(μm)。菌丝发育适温18～23℃；高于30℃不能发育，低于8℃发育不良。无性型为 *Sclerotinia mali* Takahashi 称苹果核盘菌，属真菌界无性型真菌。

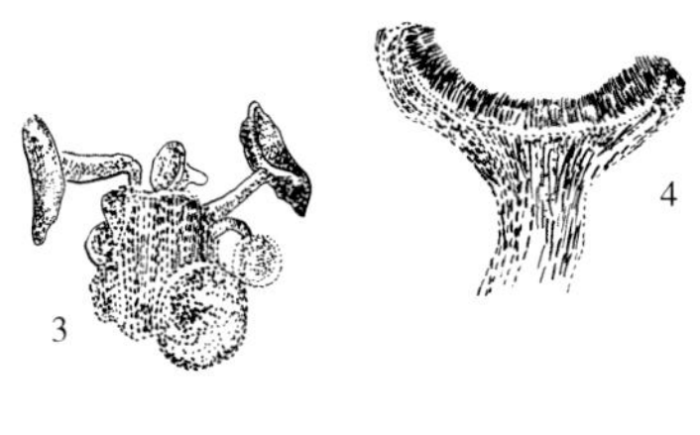

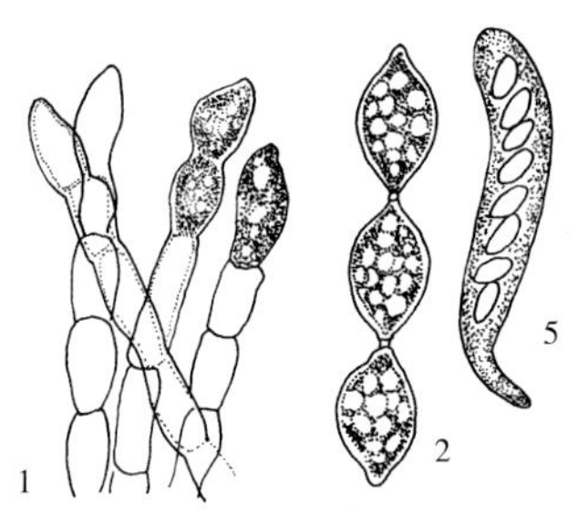

苹果花腐病菌

1.分生孢子梗 2.分生孢子 3.子囊盘 4.子囊盘纵切面 5.子囊

传播途径和发病条件 菌核在落地病果、病叶和病枝上越冬，翌春条件适宜，菌核萌发产生子囊盘和子囊孢子。据报道，在土温2℃、相对湿度30%以上时菌核才萌发。子囊孢子成熟后随风传播，侵染嫩叶和花器，引起叶腐和花腐，叶腐潜育期6～7天。病花产生大量分生孢子，从雌蕊柱头侵入引起果腐，果腐潜育期9～10天，后引起枝腐。菌核在病僵果中落地越冬。

该病的发生与气候、地势、管理条件及品种有关。春季苹果萌芽展叶时的气候条件对病害的发生影响最大，此间若多雨低温，连续保持30～40%土壤含水量和5℃以下气温有利于菌核萌发和子囊孢子的形成与传播侵染。低温能使花期延长，增加侵染机会，易发生叶腐和花腐。海拔高的山地果园较平原地发病重；土壤黏重、排水不良的果园发病重。苹果各品种间感病性存在差异。鸡冠、大秋、黄太平高度感病，国光、红玉、倭锦、祝光、青香蕉次之，红星等较抗病。

防治方法 (1)加强栽培管理，合理整形修剪，保持良好的通透性；增施有机肥以增强树势，提高抗病力。苹果各品种间合理搭配，避免大面积栽植单一品种。(2)秋末冬初，结合清园彻底清除树上树下病果、病枝及病叶，集中烧毁。冬季深翻土地，特别是树盘周围，或于子囊盘萌发时地面喷洒消石灰，每亩100kg，抑制初侵染源的形成。(3)在苹果开花期进行人工辅助授粉，预防果腐。(4)于萌芽期喷45%石硫合剂结晶30倍液，初花期喷45%石硫合剂结晶300倍液、40%菌核净可湿性粉剂900倍液、50%乙烯菌核利可湿性粉剂1000倍液、53.8%氢氧化铜干悬浮剂700倍液、50%腐霉利或异菌脲可湿性粉剂1000倍液。

苹果干眼烂果病(Apple Botrytis fruit rot)

苹果干眼烂果病(灰霉病)发病初期症状

症状 苹果干眼烂果病又称灰霉病。主要为害果实，也可为害叶片及嫩枝。果实染病，未成熟果实受害重，果皮呈灰白色至灰褐色水渍状病斑，不凹陷，后扩大变为黄褐色并软腐，空气潮湿时表面生灰色霉层，即病菌分生孢子梗和分生孢子，严重时引致全果腐烂。后期病果上可产生不规则形黑色菌核。叶片染病，产生褐色斑点，渐扩大，表面生少量灰霉；嫩枝染病，能引起腐烂，上面着生叶片常早期脱落。

病原 *Botrytis cinerea* Pers.:Fr. 称灰葡萄孢，属真菌界无性型真菌。分生孢子梗数根丛生，褐色，顶端具1～2次分枝，大小124～165×2.5～5(μm)，分枝顶端密生小柄，其上着生大量分生孢子；分生孢子圆形至椭圆形，单细胞，无色，大小1.86～4.97×1.24～4.35(μm)。

传播途径和发病条件 以菌核在土壤中或以菌丝体在病残落叶上越冬或越夏。翌春条件适宜，菌核萌发，产生菌丝体和分生孢子，借气流、雨水传播，侵入为害。病菌发育温限2～31℃，最适温度20～23℃，相对湿度持续90%以上的高湿状态易发病。早春低温、高湿、日照不足利于灰霉病发生。此外，栽植过密、灌水过多、管理不及时发病重。

防治方法 (1)加强栽培管理。低洼积水地注意排水，合理修剪，增强通透性，降低湿度。(2)消灭初侵染源。秋末冬初结合修剪，除掉病残枝、叶及落地病果，集中销毁。(3)药剂防治。发病初期开始喷洒50%腐霉利可湿性粉剂1500倍液或50%异

菌脲可湿性粉剂1000倍液、50%乙烯菌核利可湿性粉剂1000倍液、21%过氧乙酸水剂1200倍液、36%甲基硫菌灵悬浮剂500倍液、50%多·硫悬浮剂500倍液、65%硫菌·霉威可湿性粉剂1500倍液、50%多·霉威可湿性粉剂1000倍液、2%武夷菌素水剂150倍液,隔10天左右1次,共防3~4次。

苹果青霉病(Apple blue mold rot)

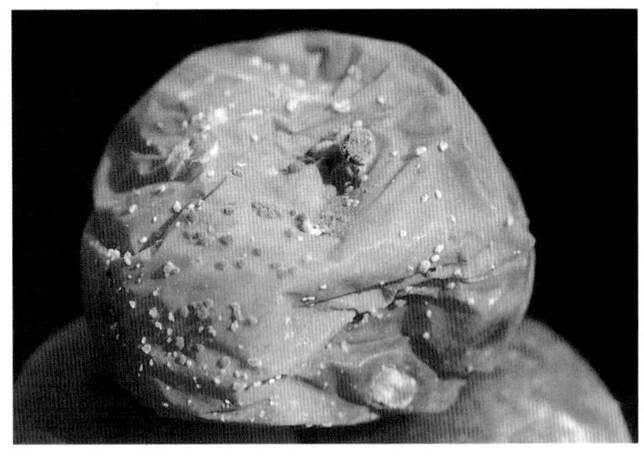

苹果青霉病病果

症状 苹果青霉病又称水烂病。为害近成熟或成熟期的果实,发病初期,果实局部腐烂,果面出现淡黄色或淡褐色圆形水渍状病斑,成圆锥状深入果肉,条件适宜时病部扩展迅速,10余天即全果腐烂。湿度大时,病斑表面产生小瘤状霉块,菌丝初白色,后变为青绿色粉状物,即病菌分生孢子梗和分生孢子,易随气流扩散。腐烂的果肉具强烈的霉味。

病原 *Penicillium expansum* (Link)Thom 称扩展青霉,属真菌界无性型真菌。分生孢子梗从表生菌丝上生出,单生,簇生或孢梗束生,分生孢子梗200~500×3~4(μm),顶端呈帚状分枝,典型三层轮生;产孢细胞安培形或圆筒型。分生孢子椭圆形,光滑,无色,单胞,3~3.5×2.5~3(μm),形成不规则链状。此外,意大利青霉(*P.italicum* Wehmer)、常现青霉(*P.frequentans* Westling)、冰岛青霉(*P.islandicum* Sopp)、圆弧青霉(*P.cyclopium* Westling)、壳青霉(*P.crustosum* Thom)也是该病病原。另有报道,柑橘、花生和猕猴桃上的3种青霉菌:*P.digitatum* var. *californicum* Thom; *P.viridicatum* Westling; *P. ochraceun* 对苹果也有致病力。

传播途径和发病条件 此病主要发生在贮藏运输期间,病菌经伤口侵入致病,也可由果柄和萼凹处侵入,很少经果实皮孔侵入。病菌孢子能忍耐不良环境条件,随气流传播,也可通过病、健果接触传病;分生孢子落到果实伤口上,便迅速萌发,侵入果肉,分解毒素——Patulin及分解中胶层,致细胞离解,使果肉软腐。有时毒素也可混进苹果汁里。气温25℃左右,病害发展最快;0℃时孢子虽不能萌发,但侵入的菌丝能缓慢生长,果腐继续扩展;靠近烂果的果实,如表面有刺伤,烂果上的菌丝会直接侵入健果而引起腐烂。在贮藏期及末期,窖温较高时病害扩展快,在冬季低温下病果数量增长很少。分生孢子萌发温限3~30℃,适温15℃;相对湿度大于90%不能萌发,最适pH4。菌丝生长温度范围13~30℃,适温20℃。该病用塑料袋袋装贮藏发病多。

防治方法 (1)防止碰伤果皮,减少伤口。青霉病菌多从伤口侵入,因此在果实采摘、堆放、分级、搬运及贮藏过程中,要尽量避免碰伤、刺伤、挤压果实,造成伤口。如发现伤果,及时捡出处理。(2)贮藏库保持清洁卫生。入库前进行果库消毒;贮藏期间,控制库内温度,保持在1~2℃范围内;经常检查,发现烂果及时捡除。(3)药剂处理。苹果采收后,用50%甲基硫菌灵、50%多菌灵可湿性粉剂1000倍液、45%噻菌灵悬浮剂3000~4000倍液等药液浸泡5分钟,然后再贮藏,有一定的防效。(4)采用单果包装。包装纸上可喷洒仲丁胺300倍液或其它挥发性杀菌剂。(5)提倡采用气调,控制贮藏温度为0~2℃,O_2为3%~5%,CO_2为10%~15%。

苹果褐腐病(Apple brown rot)

苹果褐腐病病果及其上的孢子层

症状 苹果褐腐病又称菌核病。主要为害果实,也可侵染花和果枝。花期造成花朵腐烂,后扩展到小枝,果实进入成熟期侵害有伤的果实。发病初期产生淡褐色水渍状圆形小病斑,后病部迅速扩展,10℃经10天全果腐烂,高温时腐烂更快,0℃病菌仍可扩展。受害果失去香味,组织松软呈海绵状,略具弹性,病部常产生灰白色至灰褐色小绒球状突起的霉丛——即病菌的菌丝团,呈同心轮纹状排列。病果多早期脱落,少数形成黑色僵果残留于树上。

病原 *Monilinia fructigena* (Aderh. et Ruhl.) Honey 称果生链核盘菌,属真菌界子囊菌门。主要为害苹果、梨、桃、李、葡萄。无性态为仁果丛梗孢(*Monilia fructigena* Pers),属真菌界无性型真菌。病果上密生灰白色菌丝团,其上产生分生孢子梗和分生孢子。分生孢子梗无色、单胞、丝状,其上串生分生孢子,念珠状排列,无色,单胞,椭圆形或柠檬形,大小11~31×8.5~17(μm)。菌核黑色,不规则,大小1mm左右,1~2年后萌发出子囊盘,

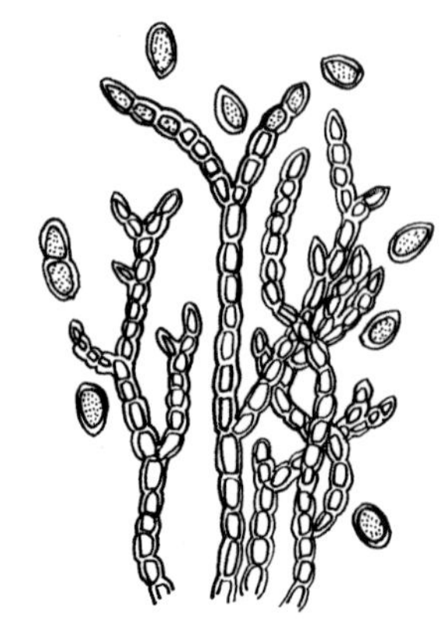

苹果褐腐病菌分生孢子梗及分生孢子

灰褐色,漏斗状,外部平滑,大小3～5(mm),盘梗长5～30(mm),色泽较浅。子囊无色,棍棒状,大小125～215×7～10(μm),内含8个子囊孢子,单行排列,子囊孢子无色,单胞,卵圆形,大小10～15×5～8(μm)。自然条件下该菌有性阶段不常发生。

传播途径和发病条件 主要以菌丝体或孢子在僵果内越冬,翌春产生分生孢子,借风、雨传播,从伤口或皮孔侵入,潜育期5～10天。果实近成熟期为发病盛期,高温、高湿利于发病。在贮藏运输过程中,由于挤压、碰撞,常造成大量伤口,在高温高湿条件下,病害会迅速传播蔓延。

褐腐菌最适发育温度25℃,但在较高或较低温度下病菌仍可活动扩展。湿度是该病流行的重要因素。高湿度不仅利于病菌的生长、繁殖,孢子的产生、萌发,还可使果实组织充水,增加感病性。果园管理差、病虫害严重、裂果或伤口多等均可导致褐腐病发生,特别是果树生长前期干旱,后期多雨,褐腐病会大流行。苹果各品种中,晚熟品种如大国光、小国光、红玉、倭锦等发病较重。

防治方法 (1)秋末冬初结合清园彻底清除树上与树下的病果及僵果,以减少侵染源。(2)采收时严格剔除伤果、病虫果,防止果实挤压碰撞,减少伤口。贮藏库温度最好保持在1～2℃,相对湿度90%;贮藏期间定期检查,及时处理病、伤果,以减少传染和损失。(3)在花前、花后及果实成熟时各喷一次1∶1～2∶160～240倍式波尔多液或50%苯菌灵可湿性粉剂800~1000倍液或25%戊唑醇水乳剂或乳油或可湿性粉剂2500倍液、40%菌核净可湿性粉剂900倍液、65%甲硫·乙霉威可湿性粉剂1200倍液。贮藏期保鲜防病可用50%异菌脲可湿性粉剂或500g/L悬浮剂300倍液或50%苯菌灵可湿性粉剂500倍液浸泡2分钟,取出后晾干贮运。

苹果蝇粪病和煤污病(Apple fly speck and sooty blotch)

症状 两病均发生在苹果果皮外部,影响果实外观,降低食用和经济价值。

苹果蝇粪病又称污点病,在果面形成由十数个或数十个小黑点组成的斑块,黑点光亮而稍隆起,小黑点之间由无色菌丝沟通,形似蝇粪便,用手难以擦去,也不易自行脱落。

苹果煤污病在果面产生棕褐色或深褐色污斑,边缘不明显,似煤斑,菌丝层很薄用手易擦去,常沿雨水下流方向发病,农民称之为"水锈"。

苹果蝇粪病和煤污病常混合发生,症状复杂,不易区分。但常见症状为:果皮表生黑色菌丝,上生小黑点,即病菌分生孢子器或菌核;小黑点组成大小不等的圆形病斑,病斑处果粉消失。必要时可通过镜检病原菌进行区别。

病原 (1)蝇粪病 *Leptothyrium pomi* (Mont. et Fr.) Sacc. 称仁果细盾霉,属真菌界无性型真菌。分生孢子器半球形、圆形或椭圆形,小而黑色发亮,器壁组成细胞略呈放射状。未见形成真正的分生孢子。

(2)煤污病 *Gloeodes pomigena* (Schw.) Colby 称仁果黏壳孢,属真菌界无性型真菌。菌丝几乎全表生,形成薄膜,上生黑点,即病菌分生孢子器,有时菌丝细胞可分裂成厚垣孢子状;分生孢子器半球形,直径70～100(μm),高20～40(μm),分生孢子圆筒形,直或稍弯,无色,成熟时双细胞,两端尖,大小10～12×2～3(μm),壁厚。

两菌生长温限6～29℃,适温26℃,pH5～13能生长,最适pH9。

传播途径和发病条件 两种病菌均可寄生于苹果芽、果台及枝条上越冬。翌春末,蝇粪病菌在菌丛里形成分生孢子器,产生分生孢子,借雨水传播,侵染为害。煤污病菌则以菌丝和孢子借风雨、昆虫传播,进行侵染。从6月上旬到9月下旬均可发病,集中侵染期7月初到8月中旬。

高温多雨利于病菌繁殖,对果面进行多次再侵染。北京地区一般在7月中旬到8月中旬,病菌在果面上迅速繁殖,病斑扩展迅速。黄河故道果园发病早,为害时间长。修剪不当、低洼积水、树冠过密、管理粗放的果园半月之内可使果面污黑。

防治方法 (1)加强栽培管理。果园要开沟排涝,合理修剪,增强通透性,降低果园湿度,清除园内杂草。(2)药剂防治。可用1∶2∶200倍式波尔多液或53.8%氢氧化铜干悬浮剂700倍液、60%琥·乙膦铝可湿性粉剂500倍液、75%百菌清可湿性粉剂800～900倍液、50%甲基硫菌灵·硫磺悬浮剂800倍液、50%乙烯菌核利可湿性粉剂1200倍液、50%福·异菌可湿性粉剂800倍液,一般果园可结合炭疽病、褐斑病、轮纹病等一起防治。在降雨量多、雨露日多、通风不良的山沟果园应防治3～5次。

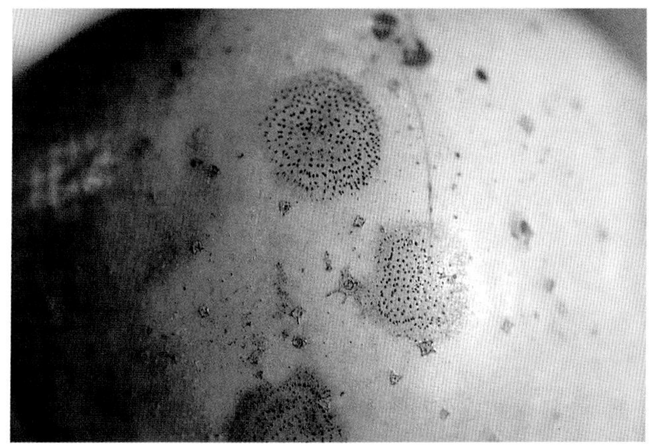

苹果蝇粪病病部放大

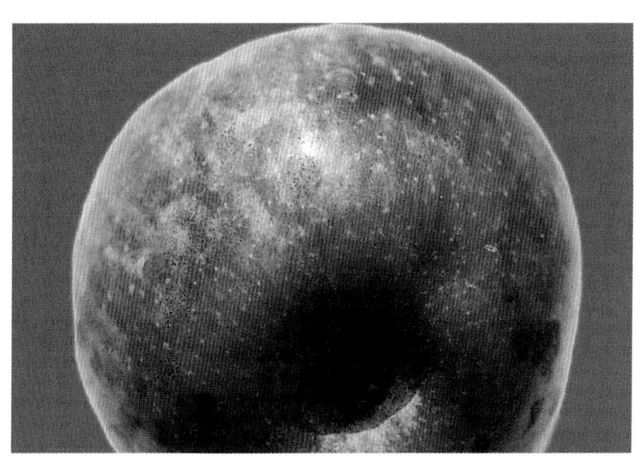

苹果蝇粪病和煤污病混合状

苹果黑腐病(Apple black rot)

苹果黑腐病症状

症状 主要为害果实、枝干和叶片。叶片染病,初在花瓣脱落后7~21天出现紫色小黑点,后扩展成边缘紫色的圆斑,中部黄褐色或褐色,似蛙眼状,直径4~5mm,严重的病叶褪绿脱落。枝干染病,多发生在衰老树的上部枝条上,初现红褐色凹陷斑,自皮层下突出许多黑色小粒点,树皮粗糙或开裂,严重的致大枝枯死。果实染病,多始于萼片处,初现红色小斑点,后成紫色,外缘红色,数周后,整个萼片变成黑褐色,致果实萼端腐烂。花瓣脱落后幼果受侵,也现丘疹状红色或紫色斑点,果实成熟后迅速扩展。成熟果实染病,产生边缘有红晕的病斑,或形成黑褐色相间的轮纹,病斑坚硬,不凹陷,常散有分生孢子器。

病原 *Physalospora obtusa* (Schw.) Cooke 称仁果囊孢壳,属真菌界子囊菌门。一般只形成分生孢子,有时产生子囊孢子。分生孢子器多聚生,初埋生,后突破表皮,近圆形或卵圆形,黑色,直径144~360(μm);分生孢子单胞,椭圆形,暗褐色,大小20~32×10~14(μm);子囊壳黑色,扁球形,顶部具短颈,大小200~400×180~324(μm),子囊无色,棍棒状,大小130~180×21~32(μm);子囊孢子无色或黄褐色,单胞,椭圆形,大小23~38×7~13(μm)。无性型为 *Sphaeropsis malorum* Peck,属真菌界半知菌类。

传播途径和发病条件 病菌以菌丝体和分生孢子器在病斑上或树上溃疡斑、落叶及僵果中越冬,翌年4月,苹果绽芽后释放出分生孢子,随雨水飞溅进行传播。分生孢子释放取决于雨量及降雨持续时间。当花瓣脱落后4~6周,产生子囊孢子,子囊孢子随气流传播蔓延。16~32℃,相对湿度96%以上,分生孢子和子囊孢子均可萌发,孢子通过气孔或表皮裂缝及伤口侵入,侵入适温26.6℃。瑞光、红玉、醇露、旭等易感病,金冠较抗病。衰弱树及幼叶和近成熟期果实发病重。

防治方法 (1)及时清除僵果、枯枝,集中烧毁或深埋。(2)精细整枝、修剪,及时剪除细弱病枝,适当回缩。(3)结合防治其他烂果病,从萌芽期开始喷80%代森锰锌可湿性粉剂600倍液或50%多·硫悬浮剂500倍液、36%甲基硫菌灵悬浮剂500~600倍液、50%甲基硫菌灵·硫磺悬浮剂800倍液、50%苯菌灵可湿性粉剂800倍液,隔10~14天1次,连续防治2~3次。

苹果炭疽病(Apple anthracnose)

症状 苹果炭疽病又称苦腐病、晚腐病。主要为害果实,也可为害枝干或果台等。果实染病,初在果面现针头大小的淡褐色圆形小斑,边缘清晰,病斑渐扩大,呈漏斗状深入果肉,果肉变褐腐烂,具苦味,最后表皮下陷,当病斑直径扩大到1~2cm时,病斑中心长出大量轮纹状排列、隆起的黑色小粒点,即病菌分生孢子盘。如遇雨季或天气潮湿溢出绯红色黏液——分生孢子团。一个病斑常可扩展到果面的1/3~1/2,病果上的病斑数目不等,从数个到数十个,多者可至上百个,但只有少数病斑扩大,其余的停留在1~2mm大小,呈暗褐色稍凹陷斑,病斑可融合。最后全果腐烂,大多脱落,也有的形成僵果留于树上,成为翌年初侵染的主要来源。枝条染病,多发生于老弱枝、病虫枝及枯死枝。初在表皮形成深褐色,不规则形病斑,逐渐扩大,后病部溃烂龟裂,木质部外露,病斑表面也产生黑色小粒点。严重时病部以上枝条全部枯死。果台染病,病部深褐色,自顶部由上向下蔓延,严重者副梢不能抽出。果实采收后,在包装、运输及贮藏过程中,如温湿度条件适宜,带菌果实陆续发病,造成果实大量腐烂。

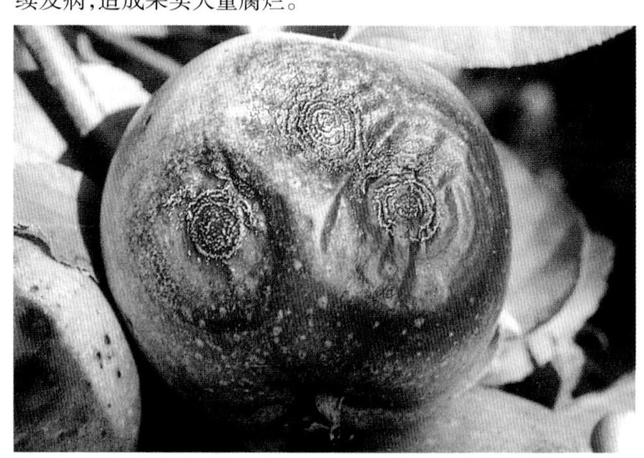

苹果炭疽病中期病果

病原 *Colletotrichum gloeosporioides* (Penz.) Sacc. 称盘长孢状炭疽菌,属真菌界无性型真菌。*C. gloeosporioides* 寄主植物数百种,异名近600种。分生孢子盘生在寄主角质层下或表皮下,无色至深褐色,不规则开裂。分生孢子盘上有时产生褐色至暗褐色刚毛。刚毛表面光滑,有隔膜,顶端渐尖。分生孢子梗无色至褐色,有隔,表面光滑,仅基部有分枝,产孢细胞圆柱形,无色,表面光滑。分生孢子直,单胞无色,顶端钝圆,9~24×3~4.5(μm)。孢子萌发产生附着胞,棍棒形或不规则形,6~20×4~12(μm),褐色,形态较复杂,是该菌重要分类特征。盘长孢状炭疽菌是个复合种,寄主植物多达600种。其有性态为 *Glomerella cingulata* (Stoneman) Spauld. & H. Schrenk 称围小丛壳,属真菌界子囊菌门。盘长孢状炭疽菌的分生孢子萌发适温

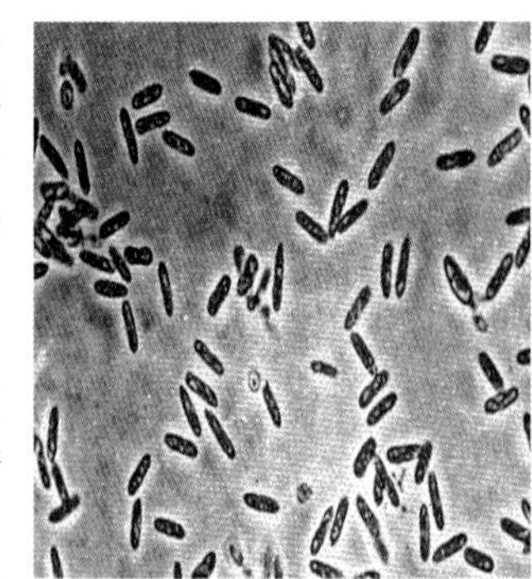

苹果炭疽病菌的分生孢子

28～32℃，最高40℃，最低12℃，相对湿度95%以上萌发，在水滴中萌发最好。该菌除侵染苹果外，还可侵染梨、葡萄、枣、芒果、龙眼、荔枝等，引起果腐。

传播途径和发病条件 该菌具潜伏侵染特性，染病后大多在成熟时发病，有的在贮藏期发病，但贮藏期不传染。病菌以菌丝在病果、干枝、果台、僵果及潜皮蛾为害的枝条上越冬。翌年5月若条件适宜，则产生分生孢子，借雨水、昆虫传播，分生孢子萌发后产生芽管直接穿过表皮或通过皮孔、伤口侵入果实。病害发生流行时，一般先在园内形成中心发病株，后逐渐向周围蔓延；受害株多以越冬病菌为中心出现病果，向下呈伞状扩展蔓延，有分片集中现象，树冠内膛较外部病果多，中部较上部多。以后陆续发病的果实，都可以成为新的侵染中心。一年内分生孢子反复侵染多次，有时直至采收。病菌在采收前侵入果实，潜育期40～50天，发病期在果实成熟季节。北方苹果产区，座果初期为侵染始期，果实生长前期为主要侵染期，侵染盛期结束后才进入发病期，果实生长后期为发病盛期；南方苹果区基本规律相同，但发病较早，进入发病盛期快。分生孢子萌发适温15～40℃，最适温度28～32℃；菌丝生长适温12～40℃，最适温度28℃；如温度控制在10℃，病害停止扩展。

该病的发生、流行与气候、栽培条件、树势及品种有关。高温、高湿，特别是雨后高温利于病害流行，所以降雨多而早的地区和年份发病重。在生长季节，7～8月进入发病盛期，病果大量出现；贮藏期间若温度高、湿度大，已染病的果实继续扩展，造成贮藏期果实腐烂。树势弱、枝叶茂密，株行距小，偏施氮肥，排水不良的低洼地或土质黏重果园，炭疽病发生严重。

防治方法 (1)发病严重地区，栽植烟嘎1号、烟嘎2号等耐病品种。(2)加强栽培管理，增强树势。增施有机肥，合理修剪，及时中耕锄草，及时排水，降低果园湿度。(3)彻底清除病源。结合修剪，去除病僵果、病果台，剪除干枯枝、病虫枝，刮除病皮，摘除未形成分生孢子盘的初发病果，集中深埋或烧毁。(4)喷铲除剂：果树发芽前(倭锦品种发芽至中心花露红期间)喷洒三氯萘醌50倍液、5%～10%重柴油乳剂、五氯酚钠150倍液或二硝基邻甲酚钠200倍液，以铲除树体上宿存的病菌。(5)药剂防治：主要是幼果期防治。落花后每隔半月喷一次25%溴菌腈乳油400～500倍液、25%咪鲜胺乳油800～1000倍液、50%异菌脲可湿性粉剂1500倍液、50%醚菌酯水分散粒剂4000倍液、80%福·福锌可湿性粉剂700～800倍液、50%多·霉威可湿性粉剂800倍液、30%戊唑·多菌灵悬浮剂1000倍液、5%菌毒清水剂500倍液、50%硫磺·多菌灵悬浮剂500倍液、2%嘧啶核苷抗菌素水剂200倍液。(6)加强贮藏期管理。入库前剔除病果，注意控制库内温度，特别是贮藏后期温度升高时，应加强检查，及时剔除病果。

苹果霉心病(Apple mouldy core)

症状 苹果霉心病又称心腐病、霉腐病、红腐病、果腐病。是元帅系品种和以元帅系品种做亲本培育的伏锦、露香等的一种重要果实病害。主要侵染果实，引起果实心腐或早期脱落，果实外观常表现正常；受害严重的幼果常早期脱落。该病的显著特征是果心霉变和腐烂。发病初期，果心产生褐色点状或条状坏死点，渐变为褐色斑块，果心充满粉红色霉状物，果肉发黄，病果肉附近味道变苦，果肉腐烂；随着病害的进一步扩展，果肉继续向外腐烂，最后全果腐烂。还有一种长有灰褐色至褐色霉层，病部多局限于果心，少数扩展到果肉部分，病果一般尚有食用价值。树上病果偶有果面变黄、果形不正或提早着色、提前落果的现象，但一般症状不明显，不易发现，受害严重的果实多为畸形果，从果梗至萼洼烂通。在贮藏期，胴部出现褐色水渍状、不规则病斑，斑块彼此相连成片，最后全果腐烂，病果味苦。

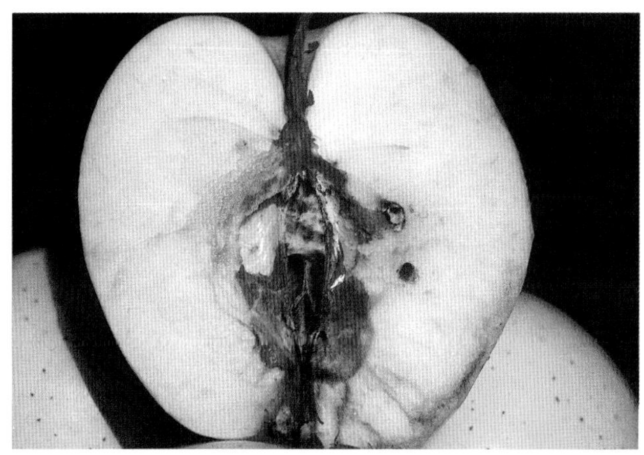

苹果霉心病病果

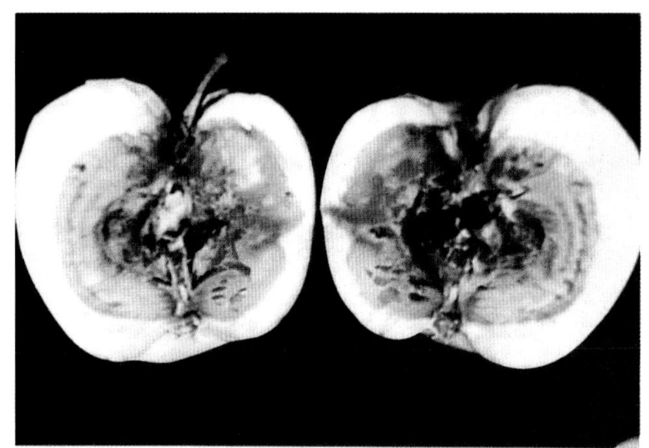

苹果霉心病心腐型

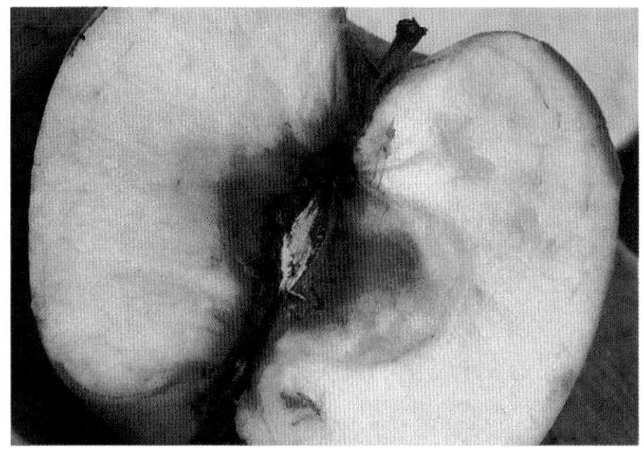

苹果粉红单端孢霉心病

病原 由多种弱寄生菌混合侵染引起。主要有产生黑色菌丝体的链格孢菌 (*Alternaria alternata* (Fr.) Keissl.),产生红色或粉红色霉层的粉红单端孢菌 (*Trichothecium roseum* (Pers) Link),产生灰色菌丝体的头孢霉菌 (*Cephalosporium* sp.)、串珠镰孢菌 (*Fusarium moniliforme* Sheld)、青霉 (*Penicillium* sp.) 和拟青霉 (*Paecilomyces* sp.),均属真菌界无性型真菌。各产区的优势种略有差异,如在四川三州产区生长期一般以交链孢属真菌占优势,而镰刀菌很少。在交链孢属中主要的种为 *A. alternata*,而在贮藏后期金冠果实中常以粉红单端孢菌为主。

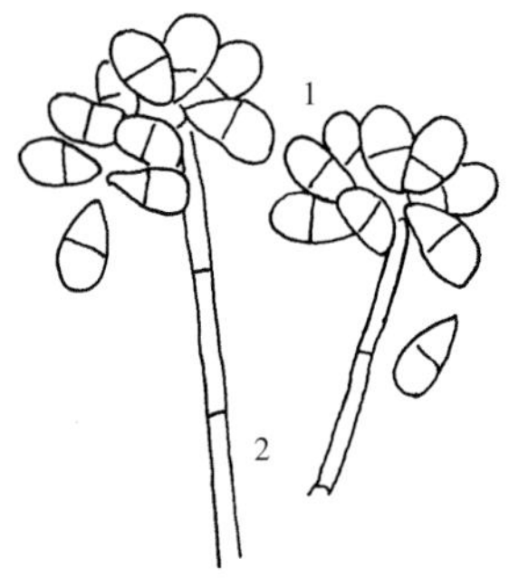

苹果霉心病菌

粉红单端孢 1.分生孢子 2.分生孢子梗

传播途径和发病条件 霉心病病原中有寄生菌,也有弱寄生菌,来源很广,每年春天产生病菌孢子借风雨或气流传播,病菌多在苹果花期从柱头、果实萼筒侵入,随花朵开花,病菌先在柱头上定植,落花后,病菌从花柱开始向萼心间组织扩展,接着进入心室,造成果实发病,6月可见病果脱落,果实生长后期发病更普遍更多,近年日趋严重。其原因与当地气候,品种关系密切,开花期多雨潮湿利于上述病原菌侵染。果实萼筒开放较大的品种,如元帅系和北斗等高度感病,红富士、金冠等发病轻,国光等较抗病。

防治方法 (1)提倡栽植或嫁接国光等味美抗病品种,减少霉心病发病重的品种。(2)花期进行药剂防治,在盛花末期喷2次杀菌剂可有效控制该病为害,落花后用药无效。高感品种应在初花期和末花期各喷1次10%多抗霉素可湿性粉剂1000~1500倍液或80%代森锰锌可湿性粉剂600~800倍液、70%甲基硫菌灵可湿性粉剂1000倍液。此外,幼果期、果实膨大期喷0.4%硝酸钙加0.3%硼砂1~2次,能延续果实衰老,减少发病。(3)元帅系苹果采收后立刻放在0~1℃条件下冷藏,可抑制该病发病。

苹果疫腐病(Apple collar rot)

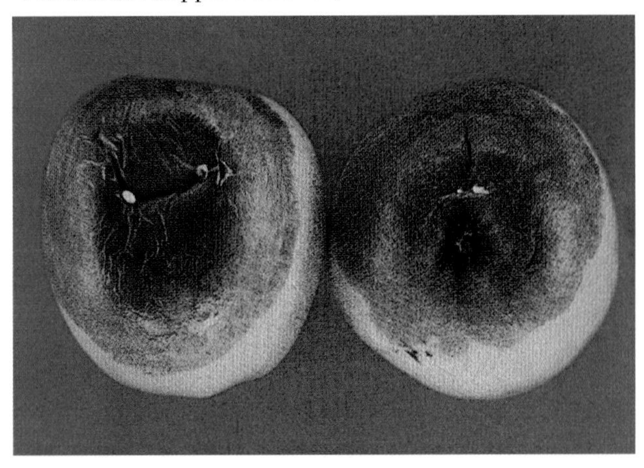
苹果疫腐病病果

症状 苹果疫腐病又称颈腐病、实腐病。主要为害果实、树的根颈部及叶片。果实染病,果面形成不规则、深浅不匀的褐斑,边缘不清晰,呈水渍状,致果皮果肉分离,果肉褐变或腐烂,湿度大时病部生有白色绵毛状菌丝体,病果初呈皮球状,有弹性,后失水干缩或脱落。苗木或成树根颈部染病,皮层出现暗褐色腐烂,多不规则,严重的烂至木质部,致病部以上枝条发育变缓,叶色淡,叶小,秋后叶片提前变红紫色,落叶早,当病斑绕树干一周时,全树叶片凋萎或干枯。叶片染病,初呈水渍状,后形成灰色或暗褐色不规则形病斑,湿度大时,全叶腐烂。

病原 *Phytophthora cactorum* (Leb. et Cohn.) Schrot. 称恶疫霉,属假菌界卵菌门。无性型产生游动孢子和厚垣孢子,有性阶段形成卵孢子。游动孢子囊无色、单胞、椭圆形,顶端具乳头状突起,大小33~45×24~33(μm),每个游动孢子囊可形成游动孢子17~18个;孢子囊可形成游动孢子或直接产生芽管,菌丝可形成厚垣孢子。有性阶段产生无色或褐色球形卵孢子,大小27~30(μm),壁平滑,雄器侧位,大小13~16×9~11(μm)。病菌发育适温25℃,最高32℃,最低2℃,游动孢子囊发芽温限5~15℃,10℃最适。

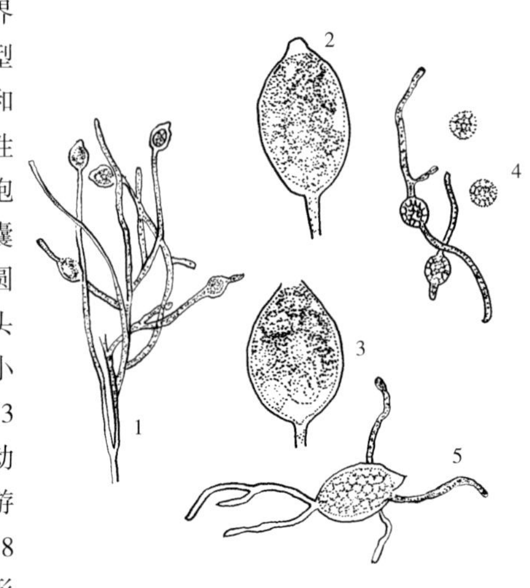

苹果疫腐病病菌恶疫霉

1.孢囊梗及孢子囊 2.孢子囊放大 3.孢子囊产生游动孢子 4.厚垣孢子及其萌发 5.孢子囊直接萌发

传播途径和发病条件 病菌主要以卵孢子、厚垣孢子及菌丝随病组织在土壤中越冬,翌年遇有降雨或灌溉时,形成游动孢子囊,产生游动孢子,随雨滴或流水传播蔓延,果实在整个生育期均可染病,每次降雨后,都会出现侵染和发病小高峰,因此,雨多、降雨量大的年份发病早且重。尤以距地面1.5米的树冠下层及近地面果实先发病,且病果率高。生产上,地势低洼或积水、四周杂草丛生,树冠下垂枝多、局部潮湿发病重。在栽培品种中,红星、印度、金冠、祝光、倭锦等易感病,红玉、伏花皮次之,国光、富士、乔纳金等较抗病。

防治方法 (1)选栽抗病品种。(2)加强栽培管理,及时疏果,摘除病果及病叶,集中深埋或烧毁。(3)及时疏除过密枝条、下垂枝,改善通风透光条件。(4)树冠下覆盖地膜或覆草,可防止土壤中的病菌溅射到果实上,发病重的苹果园不要与菜间作,以减少发病条件。(5)及时刮治病疤,对根颈部发病的,要在春季扒土晾晒病部,后刮除病组织,涂抹843康复剂或70%乙膦·锰锌可湿性粉剂500倍液。(6)发病重的果园可在落花后浇灌或喷洒10%氰霜唑可湿性粉剂2000倍液、53.8%精甲霜·锰

锌可湿性粉剂 500 倍液、44%精甲·百菌清悬浮剂 600 ~ 800 倍液、69%烯酰锰锌可湿性粉剂 600 倍液、60%氟吗·锰锌可湿性粉剂 700 倍液,隔 7 ~ 10 天 1 次。

苹果立枯病(Apple seedling stem rot)

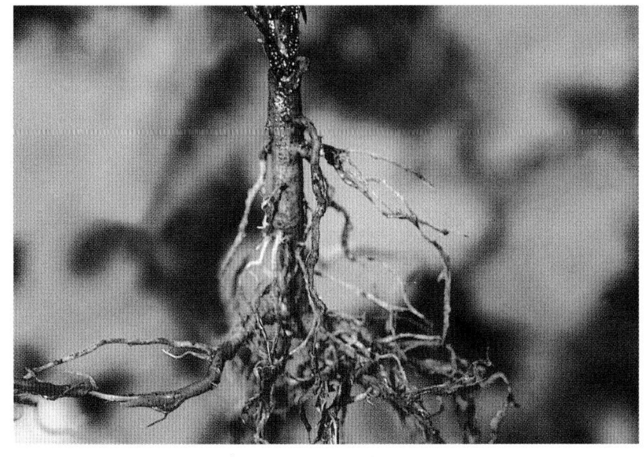

苹果幼树立枯病症状

症状 主要为害实生苗茎基部或幼根。幼苗出土后,茎基部变褐,呈水渍状,病部缢缩萎蔫死亡但不倒伏。幼根腐烂,病部淡褐色,具白色棉絮状或蛛丝状菌丝层,即病菌的菌丝体或菌核。

病原 *Rhizoctonia solani* kühn 称立枯丝核菌,属真菌界无性型真菌。初生菌丝无色,后变黄褐色,有隔,粗 8 ~ 12(μm),分枝基部缢缩,老菌丝常呈一连串桶形细胞。菌核近球形或无定形,大小0.1 ~ 0.5(mm),无色或浅褐至黑褐色。担孢子近圆形,大小 6 ~ 9 × 5 ~ 7(μm)。

传播途径和发病条件 以菌丝体或菌核在土壤或病残体上越冬,在土中营腐生生活,可存活 2 ~ 3 年。菌丝能直接侵入寄主,通过水流、农具传播。病菌发育温限 19 ~ 42℃,适温 24℃;适应 pH3 ~ 9.5,最适 pH6.8。地势低洼、排水不良,土壤黏重,植株过密,发病重。阴湿多雨利于病菌入侵。前作系蔬菜地发病重。

防治方法 (1)加强苗期管理。注意提高地温,低洼积水地及时排水,防止高温高湿条件出现。(2)苗期喷洒 0.1% ~ 0.2%磷酸二氢钾,可增强抗病力。(3)发病初期喷淋 20%甲基立枯磷乳油 1200 倍液或 36%甲基硫菌灵悬浮剂 500 倍液、5%井冈霉素水剂 1500 倍液、15%恶霉灵水剂 450 倍液。(4)育苗时种子用种子重量 0.1% ~ 0.2%的 40%拌种双拌种。(5)土壤药土处理。用 54.5%恶霉·福可湿性粉剂,每平方米施药 4g,加细土 4.0 ~ 4.5kg 拌匀,播前先取 1/3 药土覆于苗床上,其余 2/3 药土盖在种子上面,即"下垫上覆"法,有效期长达月余。

苹果红粉病(Apple pink rot)

症状 主果为害果实,特别是被黑星病菌侵染后的果实,在原黑星病病斑上,表面渐形成橙红色霉状物,即病菌分生孢子层,后期病斑扩大,引起果实腐烂。

病原 *Trichothecium roseum* (Pers) Link 称粉红单端孢,属真菌界无性型真菌。分生孢子倒洋梨形、卵形,孢基具偏乳头

苹果红粉病病果

状突起,无色,成熟时生 1 隔膜,分隔处略缢缩,11 ~ 29 × 6 ~ 14(μm)。在分生孢子梗顶端产生多数孢子,常聚集成头状,浅橙红色。能侵染苹果、梨、枣、板栗等果实,引起红粉病。

传播途径和发病条件 主要以菌丝体在染有黑星病的病果上越冬,翌春产生分生孢子,借风雨传播,侵染果实,贮藏期多发病,高温、高湿利于发病。

防治方法 (1)清除初侵染源。结合冬季清园,彻底清除园内病残果。贮藏期间,认真检查,及时捡出病果,特别是染有黑星病的果实要集中销毁。(2)药剂防治:首先要抓好黑星病的防治,具体方法参见"苹果黑星病"。(3)控制贮藏库温湿度,避免温度太高、湿度过大。有条件的可选用小型气调库,采收后及时入库进行气调贮藏。

苹果黑点病(Apple fruit spot)

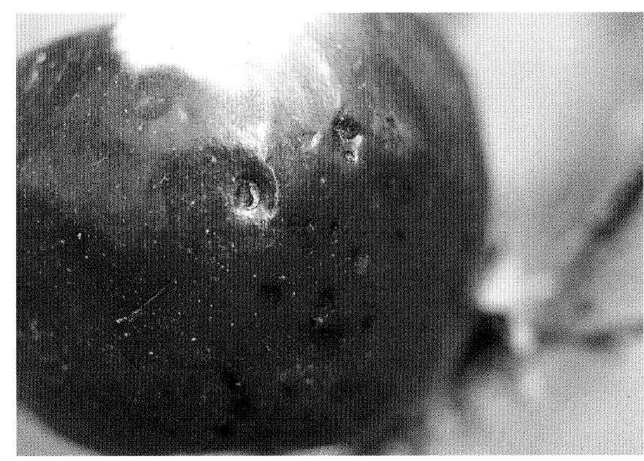

苹果黑点病病果

症状 苹果黑点病主要为害果实,影响外观和食用价值。枝梢和叶片也可受害。果实染病,初围绕皮孔出现深褐色至黑褐色或墨绿色病斑,病斑大小不一,小的似针尖状,大的直径 5mm 左右,病斑形状不规则稍凹陷,病部皮下果肉有苦味不深达果内,后期病斑上有小黑点,即病原菌子座或分生孢子器。此病随套袋苹果发展,其危害呈逐年加重趋势。

病原 主要是:*Cylindrosporium pomi* Brooks 称苹果柱盘孢菌和 *Phoma pomi* Pass 称苹果茎点霉,均属真菌界无性型真菌。

传播途径和发病条件 病菌在落叶或染病果实病部越冬，翌春病果腐烂，病部产生分生孢子进行初侵染或再侵染，苹果落花后 10～30 天易染病，7 月上旬开始发病，潜育期 40～50 天。靠分生孢子传播蔓延。

防治方法 (1)增施有机肥，667m² 施腐熟有机肥或生物有机肥 3000kg，严格控制氮肥，增施磷钾肥补充微肥，科学浇水做到旱能浇，涝能排，后期控制浇水，提高树体抗病力。(2)严格疏果，667m² 产量控制在 1500~2500kg。(3)对密植园进行改造是防治关键，尤其是套袋果园，对栽植密度过大的乔砧或矮化果园，采取隔行去行，隔株去株的方法间伐，一次性解决之。对栽植密度合理的要注意疏除过多骨干枝，控制树高，及时拉枝、开张角度，搞好夏剪，尽快恢复树势。(4)套袋前科学用药，首选 80%代森锰锌或多菌灵。不要用含硫的甲基硫菌灵复配剂。用优质纸袋套袋。多雨年份要把排水孔开启，减少袋内湿度。(5)近年康氏粉蚧日趋严重。休眠期进行树干刮皮。苹果萌芽展叶期若虫刚孵化，接着花期绿盲蝽来袭，应喷洒 1.8%阿维菌素乳油、40%甲基毒死蜱进行防治。(6)进入雨季要注意清除积水划锄散湿，提倡全园覆盖，及时检查纸袋排除积水或换袋。

苹果圆斑病(Apple fruit blotch)

症状 主要为害叶片、叶柄、枝条及果实。叶片染病初生黄绿色至褐色边缘清晰的圆斑，直径 4～5(mm)，病斑与健部交界处略呈紫色，中央具一黑色小粒点，即病菌的分生孢子器，形如鸡眼状；叶柄、枝条染病，生淡褐或紫色卵圆形稍凹陷病斑；果实染病，果面产生不规则形稍突起暗褐色不规则或呈放射状污斑，斑上具黑色小粒点，斑下组织硬化或坏死，有时龟裂。

苹果圆斑病病叶

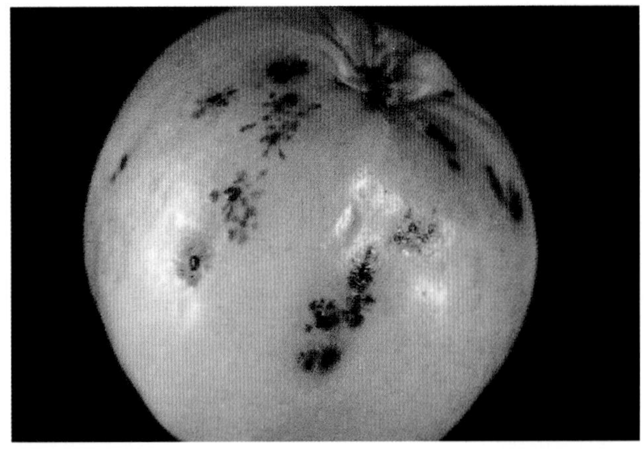

苹果圆斑病病果

病原 *Phyllosticta solitaria* Ellis. et Everhart. 称孤生叶点霉菌，属真菌界无性型真菌。分生孢子器椭圆形或近球形，埋生于表皮下，直径 90～192(μm)，上端具 1 孔口，深褐色；分生孢子单胞、无色，卵形或椭圆形，大小 7～11×6～8.5(μm)，内具透明状油点。

传播途径和发病条件 病菌以菌丝体或分生孢子器在病枝上越冬，翌年产生分生孢子，借风雨传播蔓延，进行初侵染和再侵染，此病多在气温低时发生，黄河流域 4 月下旬至 5 月上旬始见，5 月中、下旬进入盛期，一直可延续到 10 月中下旬。该病发生与果园管理情况、树势强弱、种植品种有关。果园管理跟不上，树势弱发病重。倭锦、国光、红玉、元帅、金帅、香蕉等品种易感病。

防治方法 对该病除加强管理增强树势外，还要用药剂防治，由于该病发生早，应在落花后发病前开始喷洒 1∶2∶200 倍式波尔多液或54.5%恶霉·福可湿性粉剂 500 倍液。其他方法参见苹果褐斑病。

苹果疱斑病(Apple blister spot)

苹果疱斑病病果

症状 果实皮孔四周形成紫黑色病斑。发病初期仅在花瓣脱落 60～90 天后，于果实表面气孔处现出很小的水渍状、隆起的绿色泡斑，后病斑扩大变黑，个别病斑向果肉延伸 1～2(mm)，严重的一个果上生有百余个病斑，虽对产量影响不大，但商品价值大大降低。

病原 *Pseudomonas syringae* pv. *papulans*(Rose)Dhanvantari 称丁香假单胞菌，属细菌界薄壁菌门。杆状菌，呈长链状或丝状，大小 0.7～1.2×1.5～3(μm)，极生多鞭毛，细菌在培养基上产生扩散性荧光色素，尤其在缺铁培养基中更为明显。属好气菌。生长适温 25～30℃，41℃不生长。

传播途径和发病条件 病菌主要在芽、叶痕及落地病果中越冬，带菌的苹果芽常引致叶原基坏死。在生长季中，病菌依附于叶、果或园内杂草存活，尤其在陆奥苹果上病菌密度高，在其他品种上也偶而发现病原细菌；该菌可随水流传播，

湿度大或雨水多的年份发病重。

防治方法 掌握在花瓣脱落后 10 ~ 14 天开始喷洒 1000 万单位新植霉素 3000 ~ 4000 倍液或 72%链霉素可溶性粉剂 3000 倍液、53.8%氢氧化铜干悬浮剂 700 倍液、20%噻菌铜悬浮剂 400 ~ 500 倍液，隔10 天左右一次，连续防治 2 ~ 3 次。

苹果树腐烂病(Apple canker)

新近调查表明：苹果树腐烂病是目前威胁全国苹果主要病害，发生普遍，4~10 年生苹果树腐烂病发病率为 26.8%，11~17 年生达 54%，18~24 年树龄发病率高达 59.3%，对苹果危害十分严重，生产上已有不少果园因腐烂病造成毁园，损失相当严重。

症状 苹果树腐烂病又称串皮湿、臭皮病、烂皮病。主要为害十年以上结果树的主干和主枝，此外还可为害小枝、幼树和果实。枝干受害可分为溃疡型和枝枯型两种类型，一般多为溃疡型。溃疡型：这是夏季衰弱树或冬春季发病盛期形成的典型症状。发病前期，从枝干外表不易识别，若揭开树干表皮，可见红褐色至暗褐色湿润的小斑或黄褐色干斑。春季，病部外观呈红褐色，微隆起，圆形或长圆形，现出水渍状病斑，质地松

苹果树腐烂病

苹果树腐烂病枝枯型

苹果树腐烂病茎部症状

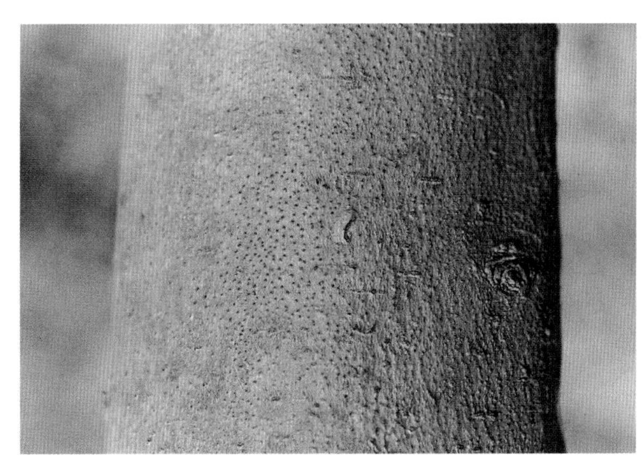

苹果树腐烂病病部子实体放大

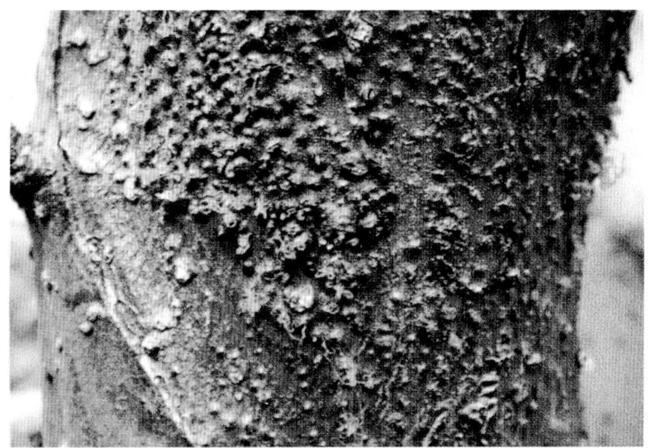

苹果树腐烂病溃疡型子囊壳和分生孢子器涌出黄色孢子角

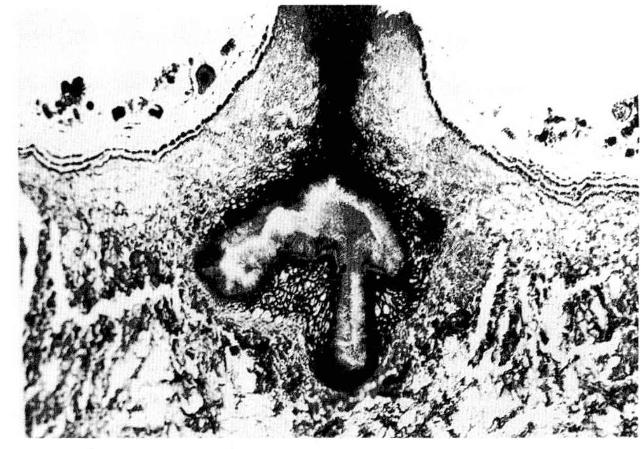

苹果树腐烂病菌无性型 *Cytospora mali* 分生孢子器

软，受压易凹陷，流出黄褐色或红褐色汁液，带有酒糟味。后期病部失水干缩，下陷，病健分界处产生裂缝，病皮变为暗色，发病后一个月内，病部表面长出许多疣状的黑色小粒点，即病菌子座，内含分生孢子器和子囊壳。雨后或天气潮湿时，孢子器内的胶状物吸水膨胀，并涌出金黄色丝状卷须，即孢子角，遇水后消散。当病斑扩大环切整个树干时，致病部以上树干和大枝枯死。夏秋季，主要在当年形成的落皮层上产生红褐色稍湿润的表面溃疡，边缘不整齐，指甲大小至长宽达几十厘米，病部表皮糟烂、松软，一般仅 2 ~ 3(mm)深，底层被木栓层所限或斑斑点点局部深入；后期病斑停止扩展，变干饼状稍凹陷，病健部交界处有隆起的线纹，有的还可形成子实体。晚秋初冬，表面溃疡处的菌丝穿透木栓层向内层扩展，形成红褐色至咖啡色坏死点，湿润，上覆白色菌丝团。冬季继续扩展，导致大块树皮腐烂。枝枯型：春季发生在 2 ~ 5 年生小枝上或树势极度衰弱的树上，边缘不明显，病部不隆起，不呈水渍状，染病枝迅速失水，干枯，当发展到环绕枝干一周时，全枝乃至整株逐渐死亡，重病树枝叶不茂，并呈现结果特多的异常现象。后期，病部产生很多小黑粒点，即病菌子座及分生孢子器。果实染病初呈圆形或不规则形的红褐色轮纹，边缘清晰，以黄褐色与红褐色深浅交替轮纹状向果心发展，病组织软腐，带有酒糟味，后期病斑中部散生或聚生大而突出果皮的小黑粒点，有的略呈轮纹状排列，小粒点周围有时带有灰白色的菌丝层，表皮易剥离。湿度大或遇雨水时，也可从孢子器内挤射出橘黄色的丝状孢子角。

病原 *Valsa mali* Miyabe et Yamada 称苹果黑腐皮壳，属真菌界子囊菌门。子囊壳生在子座里，3 ~ 14 个，多为 4 ~ 9 个，子囊壳球形或烧瓶形，直径 320 ~ 540 (μm)，喙长 450 ~ 860 (μm)，顶端具孔口；子囊纺锤形或长椭圆形，大小 28 ~ 35 × 27 ~ 10.5(μm)，内含 8 个子囊孢子；子囊孢子腊肠形，单胞无色，大小 7.5 ~ 10 × 1.5 ~ 1.8(μm)。无性态为 *Cytospora mali* Miura 称苹果壳囊孢，属真菌界无性型真菌。载孢体直径 0.5~1.5(mm)，多腔室，不规则形，有 1 孔口；分生孢子梗 10.5 ~ 20.5 × 1~2(μm)；分生孢子单胞，腊肠形，无色，微弯，大小 4~8 × 1~1.5(μm)。此外秋季形成内子座即病疤上所产生的大型疣状物，一个子座中一小时内可放出 1120 ~ 8662 个子囊孢子，子囊孢子的数量约为分生孢子的 1/10。病菌生长适温 28 ~ 32℃，最高 37 ~ 38℃，最低 5 ~ 10℃；分生孢子萌发适温 23℃，在 10℃经 32 小时的萌发率可达30%以上；子囊孢子萌发适温 19℃左右。菌丝生长最适碳源为麦芽糖，最适氮源为天门冬酰胺素，在蒸馏水、自来水中不能萌发。病害潜育期 7 ~ 15 天，最长 35 天。*Leucostoma cincta* (Fr.)Hahn 称核果类腐烂病菌，也可危害苹果，引起腐烂病。

传播途径和发病条件 病菌以菌丝体、分生孢子器、子囊壳及孢子角在病树皮下或残枝干上越冬，翌春产生分生孢子角，通过雨水淋溅或冲散的分生孢子随风传播，传播距离不超 10m。孢子萌发后从各种伤口或死伤组织侵入，其中以冻伤为主。此外，透翅蛾、吉丁虫、梨潜皮蛾等小昆虫也可传播。子囊孢子也能侵染，但发病率低，潜育期长，病部扩展速度慢。

腐烂病菌是一种寄生性很弱的兼性寄生菌，具杀生寄生性。该病菌侵入寄主后，先呈潜伏状态，不立即致病，当树体或局部组织衰弱，或苹果树进入休眠期，生理活动减弱、抗病力降低时，病菌才由侵入部位向外扩展，进入致病状态。外观无病的树皮普遍带有潜伏病菌。枝条带菌率随树龄增高。病菌侵入寄主后，先分解毒素杀死周围的寄主细胞，并从杀死的细胞中摄取营养向四周扩展。树体对病菌抗侵入难而抗扩展易。因此增强树势，提高抗扩展能力能有效的控制病害发生与流行。腐烂病一年有 2 个发病高峰，即 3 ~ 4 月和 8 ~ 9 月，春季重于秋季。

树势健壮，营养条件好，充水度高，愈伤能力强，不利发病；大小年幅度大的果园，初冬病势发展快，翌春病势下降缓慢，腐烂病严重，发病多，发病期长。有机肥缺乏或追施氮肥失调，果园地下水位高、土层瘠薄等也可导树势衰弱，发生腐烂病。周期性的冻害是病害大规模流行的前提。冬春交替，休眠转入生长，或秋冬生长转入休眠阶段是发病最多、为害最重时期。

防治方法 (1)加强栽培管理，增强树势，提高树体抗病力。这是防治腐烂病的重要环节，包括五个方面：一是采用配方施肥技术合理施肥。每 667m^2 秋施腐熟有机肥 3500kg(株施 30~50kg) 再配施适量复混肥，使土壤有机质含量达到 2%以上。复混肥的类型按土壤肥力特点确定：如果是多年高肥力果园，土壤磷水平较高应选用高氮低磷型的，如果是新建果园或磷水平较低的应选用通用型的，株施肥量为 1.5~2kg。每生产 100kg 苹果需施入氮钾各 1.2kg，磷 0.6kg，避免过量偏施氮肥和磷肥，加强土、肥水综合管理，尤其是 4~9 月发病高峰期遇干旱应及时浇水，增加树体含水量，提高苹果树抗腐烂病能力十分重要。施肥时间以 9 月中旬至 10 月中旬为宜，秋季施肥是要占到全年施肥量的 60%~70%。二是严格疏花疏果，使树体负载适宜，杜绝大小年结果现象。三是树干涂白防止冻害发生。特别是冬季易发生日灼的地区，初冬落叶后树干涂白。涂白剂配方为生石灰 6kg：波美 20 度石硫合剂 1kg：食盐 1kg：清水 18kg。其中加入 2 两动物油可防止涂白剂过早脱落。四是尽量减少各种伤口；避免修剪过度，禁止严冬修剪，修剪的伤口应涂油漆，及时防治害虫。五是防止早春干旱和雨季积水。这样可使树体含水量正常，降低病菌抗扩展能力，加快伤口愈合。(2)清除病残体，减少初侵染源。结合冬季清园，认真刮除树干老皮、干皮，剪除病枝及田间残留病果，集中烧毁或深埋。(3)及时治疗病疤，主要有刮治和划道涂治。刮治和涂治的病疤易重犯，主要原因是木质部带菌，病菌在木质部上可存活 5 年，前 3 年致病力强，所以刮治和涂治要深达木质部并连续进行 3 ~ 5 年，最少 3 年。刮治是在早春将病斑坏死组织彻底刮除，并刮掉病皮四周的一些好皮。涂治是将病部用刀纵向刮 0.5cm 宽的痕迹，然后于病部周围健康组织 1cm 处划痕封锁病菌以防扩展。刮皮或刮痕可涂抹 21%过氧乙酸水剂 3~5 倍液或 80%乙蒜素乳油 100 倍液、5%菌毒清水剂 30~50 倍液、45%增效代森铵水剂 200 倍液、843 腐殖酸铜原药。该病易复发，夏、秋季应及时补治 1~2 次。(4)调查中专家们发现，近年来实施的果树大改型尤其是强拉枝导致的伤口是造成枝干腐烂病的重要原因。大水漫灌的浇水方式，常导致基部腐烂病向同畦内的其他树体传播，因此通过培土的方式避免树干基部被灌溉水或雨水浸泡是减轻腐烂病的有效栽培措施。(5)化学防治是有效的补救措施。石硫合剂是人们用得最多的清园型药剂。在专用药剂中使用最多的是福美胂，其次是松焦油、腐殖酸、腐殖酸铜等。使用方法主要是早春萌芽前喷施或刮除病斑后涂抹。现在很多果园仍在使用生产无公害农产品禁用的福美胂，今后必须杜绝福美胂在果园中使用！喷施时可选用80%乙蒜素乳油1000倍液，或30%戊唑·多菌灵悬浮剂发芽前用600倍液、发芽后用1000倍液，或21%过氧乙酸水剂1200倍液或25%丙环·多悬浮剂500倍液。(6)抹泥法。春季用树冠下面的泥土抹于病斑上，厚度3cm以上，然后用塑料布扎住，可使病原菌失去活性。(7)对主干、主枝上的较大病斑，进行桥接或脚接，可恢复树势。(8)生物防治。利用果树上分离到的镰刀菌(*Fusarium* spp. 110—1)，对腐烂病菌具良好的拮抗作用。

苹果树干腐病(Apple black fruit rot)

苹果树干腐病枝干上产生纵裂纹

苹果干腐病病果

症状 苹果树干腐病又称胴腐病。主要为害主枝和侧枝，也可为害主干、小枝和果实。衰弱的老树和定植后管理不善的幼树较易受害。西北果区尤为严重。

幼树染病，多在早春定植后不久，即缓苗期。先在嫁接口部位产生红褐色或黑褐色病斑，沿树干向上扩展，严重时幼树枯干死亡，被害部产生很多稍突起的小黑粒点，即病菌分生孢子器。树干上部发病，最初产生暗褐色、椭圆形或不整形病斑，沿树干上下扩展时形成带状条斑，病健交界处有裂痕。当枝干被病斑包围时，幼树死亡，病部产生很多小黑粒点是该病的重要特征。

大树发病，初在树干上形成不规则形红褐色病斑，表面湿润，病部溢出茶褐色黏液；后病斑扩大，被害部水分逐渐丧失，形成黑褐色，有明显凹陷的干斑。病部产生很多稍突起的小黑粒点。成熟后突破表皮外露，粒点小而密，顶部开口小。这是与腐烂病的明显不同之处。严重时病斑连成一片，树皮组织全部死亡，最后可烂到木质部，整个枝干干缩死亡。有时仅发生于枝干一侧，形成凹陷条状斑，树干枯死不快。衰老的苹果树多在上部枝条发病，初在病枝上产生紫褐色或暗褐色病斑，病部迅速扩展，深达木质部，最终使全枝干枯死亡，后期病部密生黑色小粒点。果实染病，初呈黄褐色小斑，渐扩大成同心轮纹状，与轮纹斑较难区别。条件适宜，病斑迅速扩展，数天内致全果腐烂。

病原 *Botryosphaeria berengeriana* de Not. 称贝伦格葡萄座腔菌和*B. dothidea* (Moug.) Ces. et de Not. 称葡萄座腔菌，均属真菌界子囊菌门。无性态有两种类型*Dothiorella*和*Macrophoma*。*Macrophoma*分生孢子器扁圆形，散生，大小为154～255×73～118(μm)。分生孢子无色，单胞，椭圆形，大小16.8～24.0×4.8～7.2(μm)。*Dothiorella*分生孢子器多与子囊壳混生于同一子座内，大小为182～319×127～225(μm)。分生孢子无色、单胞、长椭圆形，大小16.8～29.0×4.5～7.5(μm)。

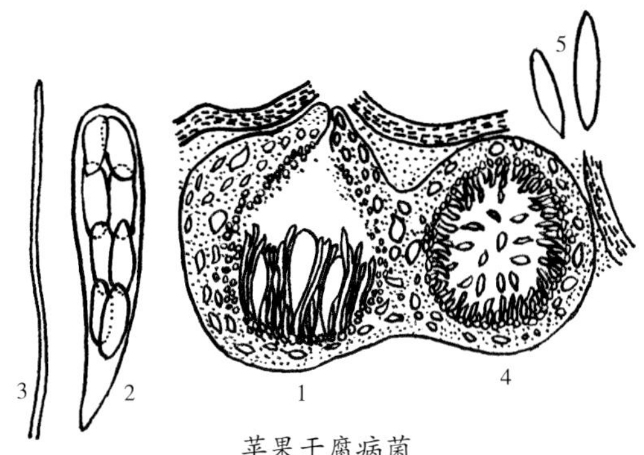

苹果干腐病菌

1.子囊腔 2.子囊及子囊孢子 3.侧丝 4.分生孢子器 5.分生孢子

子座生于皮层下，形状不规则，内有一至数个子囊壳。子囊壳扁圆形或洋梨形，黑褐色，具乳头状孔口，大小为227～254×209～247(μm)。内生许多子囊及拟侧丝。子囊长棒状，无色，大小50～80×10～14(μm)。子囊孢子无色，单胞，椭圆形，双列，大小16.8～26.4×7.0～10.0(μm)。侧丝无色，无分隔，混生于子囊间。

传播途径和发病条件 病菌主要以菌丝体、分生孢子器和子囊壳在病树皮内越冬，翌春病菌直接以菌丝沿病部扩展为害，或产生分生孢子或子囊孢子进行侵染，多从伤口侵入，也可从枯芽或皮孔侵入。该菌寄生力弱，只能侵害缓苗期的苗木或衰弱树，具潜伏侵染之特点，一般病菌先在枝干的伤口死组织上生长一段时间后，才向活组织扩展。栽植的树苗转入正常生长后，该病则停滞扩展。孢子靠风雨传播。干旱年份或干旱季节发病重，树皮水分低于正常情况时，病菌扩展迅速。地势低洼积水、降雨不匀；土壤肥水管理不善、盐碱重、伤口多、结果多,均有利于干腐病发生。遇伏旱或暴雨多,严重影响树势时,常造成病害流行。苹果各品种中,金冠、国光、富士系品种受害重,红玉、元帅、鸡冠、祝光等受害较轻。矮化砧 M9 发病严重。苹果生长期都可发病,以 6～8 月和 10 月发病最重。

防治方法 (1)选栽耐病品种,如红玉、北海道 9 号、元帅、鸡冠、醇露、祝光等。(2)加强栽培管理,增强树势。改良土壤,提高土壤保水能力,旱季灌溉,雨季防涝。同时要保护树体,防止冻害及虫害等,对已出现的枝干伤口,涂药保护,促进伤口愈合,防止病菌侵入。常用药剂有 1%硫酸铜等。合理施肥增强树势。苗木定植避免深栽,以嫁接口与地面相平为宜,并充分灌水,以缩短缓苗期。(3)及时检查并刮治病斑。本病一般仅限于皮层,刮去上层病皮并涂消毒剂保护。常用消毒剂有:45%晶体石硫合剂 30 倍液、70%甲基硫菌灵可湿性粉剂 100 倍液等。对树枝干上的刁居菌也可采用物理机械或化学法进行“重刮皮”,铲除所带病菌,达到预防目的。(4)喷药保护。大树可在发芽前喷 1∶2∶240 倍式波尔多液,也可在开春树液流动后浇灌 50%多菌灵可湿性粉剂 300 倍液,1~3 年生的每棵树用药 100g,大树用 200g。或浇灌 30%戊唑·多菌灵悬浮剂 1000 倍液、21%过氧乙酸水剂 1200 倍液。

苹果树干枯病(Apple tree Phomopsis canker)

苹果树干枯病病枝及病部子实体

症状 苹果树干枯病主要为害树的主干或桠杈处,造成干上树皮坏死。春季在上年一年生病梢上形成 2～8(cm)长的椭圆形病斑,这些病斑多沿边缘纵向裂开而下陷,与树分离,当病部老化时,边缘向上卷起,致病皮脱落,病斑环绕新梢一周时,出现枝枯,病斑上产生黑色小粒点,即病菌分生孢子器。湿度大时,从器中涌出黄褐色丝状孢子角。病斑从基部开始变深褐色,向上方蔓延,病斑红褐色。

病原 *Phomopsis truncicola* Miura 称茎生拟茎点霉 (苹果干枯病菌),属真菌界无性型真菌。分生孢子器埋生在子座里,近球形,黑色,顶端具孔口,直径 230～450(μm)。分生孢子有二型。α 型孢子纺锤形或椭圆形,无色,单胞,具两个油球,大小 4～9×2～4(μm);β 型孢子钩状或丝状,单胞无色,大小 14～35×1.5～2(μm)。有性态不多见。

传播途径和发病条件 病菌主要以分生孢子器或菌丝在病部越冬,翌春遇雨或灌溉水,释放出分生孢子,借水传播蔓延,当树势衰弱或枝条失水皱缩及受冻害后易诱发此病。苹果品种中津轻、红星、印度较抗病。

防治方法 (1)加强栽培管理。果园内不与高杆作物间作,冬季涂白,防止冻害及日灼。(2)修剪时剪除带病枝条,掌握在分生孢子形成以前清除病枝或病斑,以减少侵染源。(3)在分生孢子释放期,每半个月喷洒一次 40%多菌灵可湿性粉剂或 36%甲基硫菌灵悬浮剂 500 倍液、5%菌毒清可湿性粉剂 500 倍液、50%硫磺·多菌灵悬浮剂 500 倍液、50%苯菌灵可湿性粉剂 800 倍液。(4)栽植红星、印度等抗病品种。

苹果树朱红赤壳枝枯病(Apple tree twig blight)

苹果树朱红赤壳枝枯病发病初期叶片受害状

苹果树朱红赤壳枝枯病

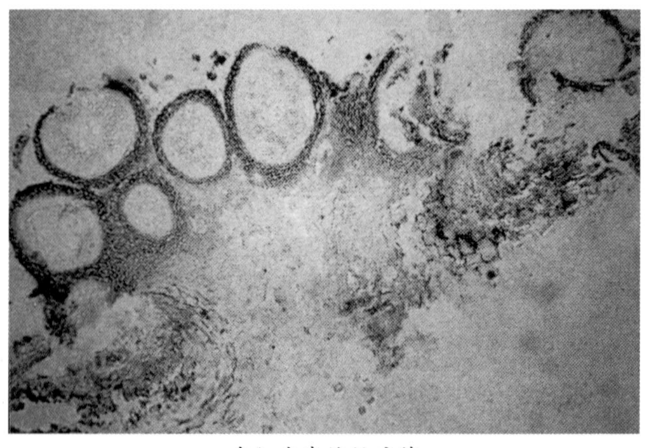

朱红赤壳枝枯病菌

子囊壳群集在瘤状子座上

症状 主要引起枝枯和干部树皮腐烂。发病初期症状不明显。病枝叶片常出现萎蔫，枝干溃疡，皮层腐烂，开裂，后树皮失水干缩，春夏在病部长出许多粉红色小疣，即分生孢子座，直径和高度均为0.5~1.5(mm)。秋季在其附近产生小包状的红色子囊壳丛，剥去病树皮可见木质部褐变。枝干较细的溃疡部分可环绕1周。

病原 *Nectria cinnabarina* (Tode) Fr 称朱红赤壳，属真菌界子囊菌门。无性型为 *Tubercularia vulgaris* Tode 称普通瘤座孢，属真菌界无性型真菌或半知菌类。子囊壳群集在瘤状子座上，近球形，顶部下凹，鲜红色，直径400μm；子囊棍棒状，70~85×8~11(μm)。子囊孢子长卵形，双胞无色，12~20×4~6(μm)。分生孢子座大，粉红色，分生孢子梗长条形，无色，重复分枝。分生孢子椭圆形，单胞无色，5~7×2~3(μm)。该菌为弱寄生菌，危害多种树势衰弱的果树。

传播途径和发病条件 病原菌在病树上或随病残体在土表越冬，无性态产生菌丝和分生孢子座在病部越冬，生长期病菌孢子随风雨、昆虫、工具等传播，从各种伤口侵入引起枝枯病发生。该病发生程度与苹果园地势、管理水平及品种有关，但最为重要的是树势情况，树势强壮抗病力强可少发病或不发病，树势衰弱，伤口多，弱枝多易发病。

防治方法 (1)加强苹果园管理，采用苹果配方施肥技术，雨后及时排水，严防湿气滞留，合理修剪增强树势，千方百计提高树体抗病力。(2)其他防治方法参见苹果树腐烂病。

苹果树木腐病(Apple tree Schizophyllum rot)

症状 病菌寄生在树干或大枝上，致受害处腐朽脱落，露出木质部，病菌向四周健康部位扩展，致形成大型长条状溃疡。

病原 *Schizophyllum commune* Fr. 称普通裂褶菌，属真菌界担子菌门。子实体常呈覆瓦状着生，菌盖6~42mm，质韧，白色或灰白色，上具绒毛或粗毛，扇状或肾状，边缘向内卷，有多个裂瓣；菌褶窄，从基部辐射而出，白色至灰白色，有时呈淡紫色，沿边缘纵裂反卷；担孢子无色光滑圆柱状，大小5.55×2μm，生在阔叶树或针叶树的腐木上。

传播途径和发病条件 病原菌在干燥条件下，菌褶向内卷曲，子实体在干燥过程中收缩，起保护作用，经长期干燥后遇有合适温湿度，表面绒毛迅速吸水恢复生长能力，在数小时

苹果树树干上的木腐病

内即能释放孢子进行传播蔓延。

防治方法 (1)加强苹果园管理，发现病死或衰弱老树，要及早挖除或烧毁。对树势弱或树龄高的苹果树，应采用配方施肥技术，以恢复树势增强抗病力。(2)见到病树长出子实体以后，应马上去除，集中深埋或烧毁，病部涂80%乙蒜素乳油100倍液，也可喷洒30%戊唑·多菌灵悬浮剂1000倍液。(3)保护树体，千方百计减少伤口，是预防本病重要有效措施，对锯口要涂1%硫酸铜液消毒后再涂波尔多浆或40%波尔多精可湿性粉剂100倍液保护，以利促进伤口愈合，减少病菌侵染。

苹果树枝溃疡病(Apple twig canker)

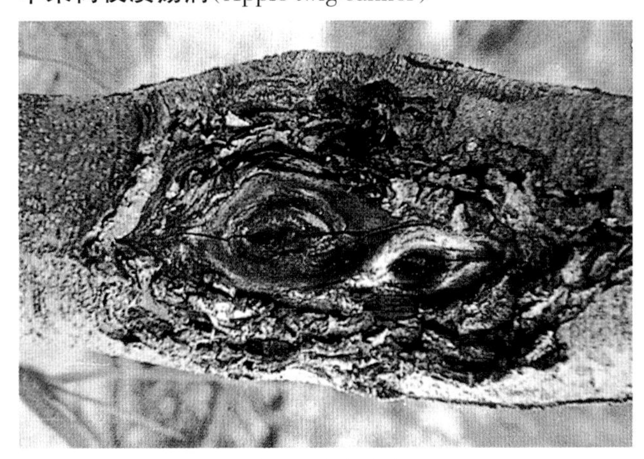

苹果树枝溃疡病

症状 苹果树枝溃疡病又称苹果干癌病、欧洲溃疡病、芽腐病、梭斑病。主要为害枝条，以2~3年枝条受害重。初生红褐色的圆形小斑点，渐扩大，中央凹陷，边缘隆起，呈梭形。病斑产生裂缝，空气潮湿时，裂缝四周产生白色霉状物，即病菌分生孢子座。后期，病疤上坏死皮层脱落，木质部裸露，四周产生隆起的愈伤组织。翌春，病菌继续扩展，病疤又扩大一圈，如此往复扩展成同心轮纹状。被害枝干易折断，影响树冠形成。

病原 *Nectria galligena* Bres. 称产疣丛赤壳或仁果干癌丛赤壳菌，属真菌界子囊菌门；无性型 *Cylindrosporium mali* 称苹果柱孢或仁果干癌柱孢霉，属真菌界无性型真菌。子座白色，子囊壳鲜红色，球形或卵形，直径100~150(μm)，子囊圆筒形或棍棒形，大小72~92×8~10(μm)；子囊孢子双胞，无色，长椭圆形。分生孢子盘无色或灰色，盘状或平铺状；分生孢子梗短，分生孢子无色，线形；具大孢子和小孢子两种。大孢子圆筒形，具3~5个隔膜，5个隔膜的孢子大小37.5~47.5×4.9~5.2(μm)，3个隔膜的21.0~27.5×4.0~5.0(μm)。小孢子卵圆形或椭圆形，单胞或双胞，大小4.0~6.0×1.0~2.0(μm)。

传播途径和发病条件 以菌丝体在病组织中越冬，翌春产生分生孢子，借风雨或昆虫传播，从各种伤口侵入为害。在侵染循环中小孢子不起作用。秋季和初冬落叶前后是主要侵染时期，此病常伴随锈病大流行发生多。因锈病病斑为该菌的侵染提供了伤口，且两病的发生流行条件大体相同。

该病的发生与果园地势、管理水平及品种有关。低洼潮湿、土壤黏重、排水不良发病重；偏施氮肥，树体生长过旺发病重。苹果各品种间感病性存有差异。大国光、小国光、金冠最易

感病，祝光、倭锦、印度、柳玉、甘露较抗病，青香蕉、红玉、元帅、鸡冠等抗病。

防治方法 (1)加强栽培管理，以增强树势。低洼积水地注意排水，不偏施氮肥，合理修剪，提高树体抗病力。(2)防治枝溃疡病时先找到病斑边缘，用快刀在病斑上间隔 0.5cm 纵向划道，范围较病斑大 2cm，刀口深达木质部，深度达下面活树皮，再用毛刷向表面涂 20%菌毒清可湿性粉剂 80~100 倍液，涂周到即可。也可在刮病斑后涂抹 80%乙蒜素乳油 100 倍液，1 个月后再涂 1 次。

苹果树炭疽溃疡病(Apple Cryptosporiopsis canker)

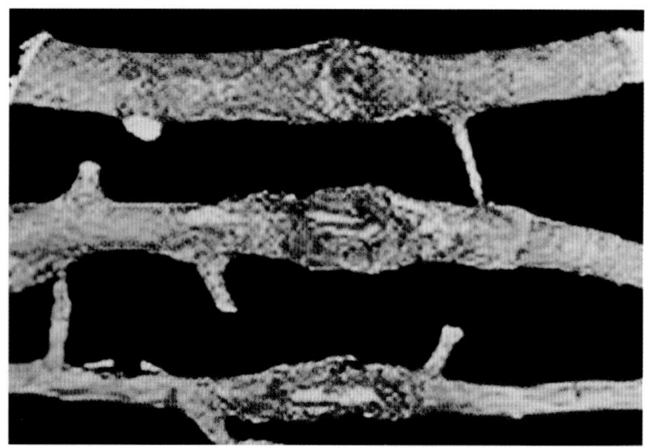

苹果枝干炭疽溃疡病

苹果枝干炭疽溃疡病苹果枝上溃疡斑

苹果树枝干炭疽溃疡病病果症状

症状 苹果炭疽溃疡病又称枝干溃疡病、假炭疽病。主要发生在主干或主枝上，初生较小的圆形病斑，湿润时红褐色，病斑扩大后成卵圆形，凹陷。树皮变色腐烂，可深入到木质部。病斑可扩大到 3~25cm 长，多为 5~10 cm 长。在较细小树枝上，病斑可环绕 1 周，夏季病斑不再扩展，树皮坏死下陷。病斑周围出现裂缝，后病斑部树皮脱落，露出长丝状纤维。秋季枝干溃疡部产生的分生孢子，还可侵染果实，果面产生圆形病斑，中央淡褐色，边缘深褐色牛眼状。贮藏期继续扩展，病斑扩展到 1~2cm。

病原 *Cryptosporiopsis malicorticis* (Cordl.) Nannfeldt 称腐皮拟隐孢壳，属真菌界无性型真菌。有性态为 *Pezicula malicorticis* (Jacks) Nannfeldt。载孢体分生孢子座枕状，发黄，胶质状，直径 1mm，常合生，产孢细胞无色，圆柱形，端部常有 1 个至数个环痕，大小 10 ~ 15 × 3(μm)，分生孢子大小 11.5 ~ 16 × 3 ~ 4(μm)，小分生孢子大小 5 ~ 6 × 1 ~ 1.5(μm)。

传播途径和发病条件 病菌以菌丝体或分生孢子在采前的残存病果或病斑上越冬，翌年形成分生孢子。分生孢子由胶状基质上的分生孢子盘中释放出来，靠雨水或水滴飞溅的冲击力传播蔓延，秋季出现新病斑，春天逐渐扩展，经一年后在夏末或初秋现出分生孢子盘，分生孢子可直接穿透树皮或从伤口或自然孔口侵入，秋季和春季是主要侵染时期。秋季在树皮上产生圆形病斑，翌春病斑迅速扩大，夏季病斑腐烂脱落，不再扩大。秋季腐烂死亡的树皮上产生分生孢子，扩大侵染。病部可连续几年产孢。

防治方法 (1)及时清除炭疽溃疡病引致的黑斑溃疡病和环斑型溃疡病的病斑，以减少菌源。(2)在休眠期或秋季降雨前喷洒 1∶2∶200 倍式波尔多液或 30%戊唑·多菌灵悬浮剂 1100 倍液、50%苯菌灵可湿性粉剂 800 倍液。(3) 必要时喷洒 25%吡蚜酮悬浮剂 2000 ~ 3000 倍液防治蚜虫，以避免蚜虫对病部造成的侵害。

苹果枝干轮纹病(Apple ring rot)

2008 年通过专家调查我国山东等 7 省 88 个果园总发病率达 77%，随树龄增大，危害加重。11~17 年树龄发病率 78.7%，病情指数为 53.8。山东、河南、北京危害较重。

症状 苹果轮纹病又称粗皮病、黑腐病、水烂病、烂果病、

苹果轮纹病枝干上症状

苹果轮纹病

苹果轮纹病中期病果

轮纹褐腐病或疣状粗皮病。主要为害枝干和果实，叶片受害较少。枝干染病，多以皮孔为中心，产生水渍状暗褐色小斑点，渐扩大，质地变得坚硬，中心突起，边缘龟裂，病、健部产生裂缝并逐渐加深，病组织有时可翘起脱落。刮去患病组织后，在树皮内侧可见黑色坏死点；病情严重的可深达木质部，并使叶脉间褪绿，枝条节间变短，先端枯死。翌年，病斑中间产生黑色小粒点即病菌分生孢子器。病斑互相连接，使表皮变得粗糙，故称粗皮病。果实染病，多在近成熟期或贮藏期，以皮孔为中心，初期产生褐色水渍状小斑点，近圆形，小斑点迅速扩展，呈淡褐色或褐色，具同心轮纹，不下陷。病斑发展迅速，条件适宜时数天内可全果腐烂，病部溢出茶褐色黏液，并发出酸臭气味，此为诊断轮纹病的重要特征。后期病斑中心表皮下逐渐产生黑色小粒点，即病菌分生孢子器。病果腐烂多汁，失水后变为黑色僵果，致使某些品种，如金冠等丰产不丰收。叶片染病，产生褐色圆形或不规则形病斑，具同心轮纹，直径 0.5 ~ 1.5(cm)，后渐变为灰白色并长出许多黑色小粒点，即病菌分生孢子器，严重时干枯早落。

病原 *Botryosphaeria berengeriana* de Not. f. sp. *piricola* (Nose) Kogonezawa et Sukuma 称贝伦格葡萄座腔菌梨专化型，该菌是干腐病菌的一个专化型，形态相似，但致病性不同。异名：*Physalospora piricola* Nose. 称梨生囊孢壳，属真菌界子囊菌门。无性态为 *Macrophoma kawatsukai* Hara 称轮纹大茎点菌，属真菌界无性型真菌或半知菌类。菌丝无色，具分隔，分生孢子器扁球形或椭圆形，有乳头状孔口，大小 383 ~ 425(μm)，内壁密生分生孢子梗，棍棒状，单胞，大小 18 ~ 25 × 2 ~ 4(μm)，顶端着生分生孢子。分生孢子无色，单胞，纺锤形或长椭圆形，大小 24 ~ 30 × 6 ~ 8(μm)。子囊壳产生于寄主表皮下，黑褐色，球形或扁球形，具孔口，大小 170 ~ 310 × 230 ~ 310(μm)，内生许多子囊，藏于侧丝间，侧丝无色，多细胞；子囊无色，长棍棒状，顶端膨大，壁厚透明，具孔口，基部较窄，大小 110 ~ 130 × 17.5 ~ 22(μm)，内生 8 个子囊孢子。子囊孢子无色，单胞，椭圆形，大小 24.5 ~ 26 × 9.5 ~ 10.5(μm)。据报道，*Macrophoma salicina* Sacc. 柳枝枯病菌，*M. sophorae* 刺槐枝枯病菌，*M. tumefaciens* 杨树枝枯病菌，*M. macrospora* 桃干腐病菌，*Macrophoma* sp 核桃枝枯病菌，均是该病病原。所以侵染果实的病原除来自苹果本身枝干外，还来自杨、柳、刺槐等多种林木树种，所以果园附近不宜种植杨、柳、刺槐。病菌发育适温 27℃，最低 7℃，最高 36℃。分生孢子在黑光照射条件下，温度 22℃，3 天即可形成分生孢子器，6 天后开始形成分生孢子，8 ~ 10 天产生的量最多，适宜 pH4.4 ~ 9.0，最适 pH 5.5 ~ 6.6。

苹果轮纹病菌的分生孢子

传播途径和发病条件 以菌丝、分生孢子器及子囊壳在病部越冬，病枝上的越冬病菌是该病的主要侵染源，菌丝在枝干病组织中可存活 4 ~ 5 年，翌春通过菌丝体直接侵染，或通过降雨后分生孢子器释放的分生孢子侵染。分生孢子主要通过风、雨传播，横向传播的距离一般不超过 10m，病菌从皮孔和伤口侵入寄主。果实从幼果期至成熟期均可被侵染，但以幼果期为主，在近成熟期或贮藏期发病，潜育期20 ~ 150 天，在枝干上的潜育期 15 天左右。枝梢一般 8 月中旬开始发病，叶片 5 月份开始发病，7 ~ 9 月间发病最多。水平生长的枝条腹面病斑多于背面，直立生长的枝条阴面病斑多于阳面。

该病的发生、流行与气候、树势、栽培及品种等密切相关。气温高于 20℃，相对湿度高于 75%或连续降雨，雨量达 10mm 以上时，有利于病菌繁殖和田间孢子大量散布及侵入，病害严重发生。果园管理差，树势衰弱，重黏壤土和红黏土，偏酸性土壤上的植株易感病，被害虫严重为害的枝干或果实发病重。轮纹病菌是一种弱寄生菌，老弱枝干及老病区内补植的小树易被轮纹病菌侵染。苹果不同品种间抗病性差异显著。其主要原因与各品种皮孔的大小、多少及组织结构有关，凡皮孔密度大，细胞结构疏松的品种均感病；反之则抗病。金冠、玉霰、千秋、白龙、青香蕉、富士、元帅、坂田津轻、王林、新乔纳金、津轻、发现等易感病；红花皮、玫瑰红、金晕、甜黄魁、北之幸、黄花皮、小国光、生娘、红玉等发病较轻。

防治方法 防治苹果轮纹病应从加强栽培管理采用配方

施肥技术增施有机肥，增强树势提高抗病力入手，合理控制负载，严禁过度环剥，采取铲除枝干上菌源和生长期喷药保护为重点的综合防治措施，尤其是化学防治十分关键，在清除病源的基础上连续防治几年，就可有效控制该病。(1)从防治枝干轮纹病入手，即发芽前刮除枝干上的病斑，5~7 月对病枝进行重刮皮，方法同苹果腐烂病，发芽前喷 1 次波美 2~3 度石硫合剂或 30%戊唑·多菌灵悬浮剂 600~700 倍液。(2)防治果实上的轮纹病：①发芽前彻底刮除枝干上的瘤斑及干腐病斑，修剪时注意清除树上的病枝及枯死枝等。②发芽前在搞好清园基础上喷第 1 次铲除性药剂，生长期适时喷药保护果实特重要。共喷 5 次药，第 1 次 5 月上、中旬，第 2 次 6 月上旬，第 3 次 6 月下旬，第 4 次 7 月中旬，第 5 次 7 月下旬 ~8 月上旬。生产上病菌侵染果实与下雨关系密切，每次下雨后天晴就应喷药，未下雨可向后移。对轮纹病有效的杀菌剂有 30%戊唑·多菌灵悬浮剂 1000 倍液、78%波·锰锌可湿性粉剂 600 倍液、65%甲硫·乙霉威可湿性粉剂 1000 倍液、80%锰锌·多菌灵可湿性粉剂 1000 倍液、10%苯醚甲环唑微乳剂 1000 倍液、60%唑醚·代森联水分散粒剂 1500 倍液、45%代森铵水剂 800 倍液、自己配的 1：2 ~ 3：200~240 倍式波尔多液、50%氯溴异氰尿酸可溶性粉剂 900 倍液。上述药剂可轮换使用，第 1 次喷药时不要用波尔多，以免幼果产生药害。③提倡套袋。④注意采收前用药，可大大降低果实发病率。⑤采后 5℃以下贮藏。

苹果斑点病（Apple jonathan spot）

红玉苹果斑点病病果

症状 苹果斑点病又称红玉斑点病，是果实成熟期和贮藏期发生的一种病害。发病初期，以果实皮孔为中心，产生直径为 1 ~ 3(mm)、淡褐色、边缘清晰的圆形病斑，病斑以胴部到梗洼部位多，萼洼部较少，后病斑直径可扩大为 5 ~ 9(mm)、凹陷、褐色至黑色，致皮下几层细胞变褐，但不深达果肉，影响商品价值。

病因 与果实近成熟期的生理代谢有关，有人认为可能是呼吸时代谢产物在皮孔附近积集而引起的病症。生产上采收过早或果树早期落叶，缺肥，尤其是缺磷肥时此病发生多。此外，果园土壤黏重或缺少有机肥发病重。采收后预贮场所闷热发病多。干旱后的翌年发病重。

防治方法 (1)适时采收，掌握在苹果成熟时采收，采后经预贮再入窖。(2)加强果园管理，增施有机肥，采用配方施肥技术，适当补充磷肥和钙肥，及时防治早期落叶均可减轻发病。(3)在落花后喷 1：1：200 倍式波尔多液或 10%苯醚甲环唑水分散粒剂 1000 ~ 1500 倍液、47%春雷·王铜可湿性粉剂 700 倍液、20%噻菌铜悬浮剂 500 倍液。

苹果钙营养失调症

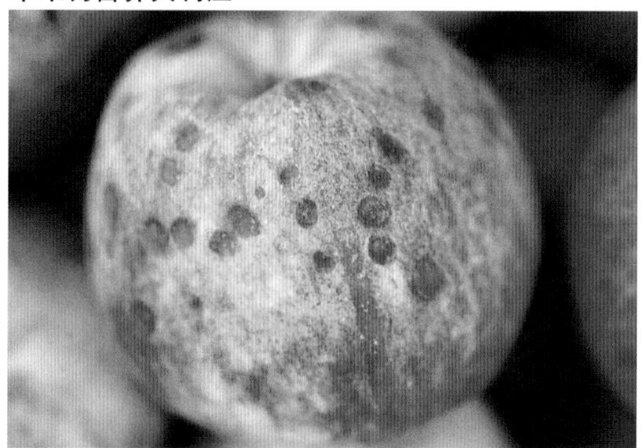

苹果钙营养失调症（苦痘病）病果

苹果钙营养失调症以皮孔为中心的病斑

症状 苹果树钙营养失调症主要发生在近成熟的果实上，常见的症状是苦痘、痘斑。苦痘以皮孔为中心果面上产生暗红色或浓绿色斑块，采摘前后斑块下陷，表皮坏死，产生褐色凹陷斑，轮廓不整，大小几毫米至 1cm 以下，一个病果常产生 3、5 个或数十个病斑，有的集中在果顶部，病部果肉坏死呈海绵状、味苦，深 3~5mm。幼叶染病常变畸形，叶尖叶端产生坏死斑点。

痘斑病：皮孔部位果皮变色，产生褐色小斑点，大小 1mm，四周有紫红色晕圈，后斑点下陷，产生直径 1~4（mm）的痘斑，病部的果肉也变色，呈海绵状，但特浅，深未达 1mm，削皮时很易削掉，痘斑疏密不等，果顶部很密。苹果钙营养失调还会引发皮孔隆起膨大，果皮上产生裂纹或裂果。

苹果钙营养失调症果实症状有几下特征，一是细胞膜结构破坏，透性增大，细胞内含物渗出，并由山梨糖醇在细胞间隙积累，造成果肉组织呈水渍状。二是果肉组织坏死后水呈海绵状，果面局部凹陷或内部产生空腔。三是果实膨大期果皮产

生裂口，形成裂果，且较易被菌物侵染。

病因 主要是果实含钙低或氮钙比例高引发的生理病害。钙与细胞膜的膜功能、细胞壁结构关系密切，在维持膜的稳定性、增强细胞韧性和降低果实呼吸强度等果实生理活动中起重要作用。低钙或氮钙比失调引起苹果生理病变，细胞破坏，降低果实对果腐菌侵袭的抵抗力。生产上修剪过重，营养生长过旺，氮肥施用过多，有机肥使用过少或有机质缺乏，排水不良，土壤中盐基失衡都可诱发该病。国光、青香蕉、元帅、金冠幼树发病重，套袋比不套袋发病重。青香蕉、大果光、倭锦在贮藏期易发病。

防治方法 (1)增施有机肥 3000kg，使土壤有机质含量达到 2%，采用配方施肥技术，合理施用化肥，注意果园的排灌，保持适度的水分供应，适时适度修剪，增强树势，适时采收。(2)叶面、果实喷钙。落花后 3~6 周内，隔 10~15 天喷 1 次 0.4%的硝酸钙或氯化钙溶液或氨钙宝 700 倍液、活性钙 500 倍液，每次都要加适量 α－萘乙酸，连喷 3 次。气温高于 21℃时，喷氯化钙、硝酸钙溶液易产生药害，最好安排在黄昏时喷施。(3)结合根施有机肥补施钙肥，每株施入硝酸钙或氯化钙 150g。(4)提倡喷洒 3.4%赤·吲乙·芸(碧护)可湿性粉剂 7500 倍液或植物生命素 600 倍液。“碧护”含有 30 多种活性物质，应用在果树上相互协调发挥综合平衡调节作用，能提升果品品质，果面光洁，色彩亮丽，果实中的糖、氨基酸、维生素及可溶性物质含量都有大幅度提高，具有明显的植保功效，生产碧护美果。

苹果水心病(Apple water core)

症状 苹果水心病又称蜜果病、水心子、玻璃病。元帅系苹果易染病。症状主要表现在果实上，多在果心部发病，外观表现正常，一般需将果实切开方可识别。当变质部接近果皮时，可从外表看出症状。此时果皮呈水渍状，透明似蜡。剖果观察，病部细胞间隙充满汁液，局部果肉组织呈半透明水渍状，或称“玻璃质”斑点，病果甜味增加，故称“蜜果病”。靠近果顶部或萼洼附近病斑多。病果横切时可见变质部分常与维管束相连，发病轻的果实在贮藏期，充满细胞间隙的汁液可被细胞吸收，症状得以恢复；严重者组织进一步崩溃软化。品种不同，染病及恢复力不同。

病因 由于果实中山梨糖醇、钙、氮代谢转化失衡所致。

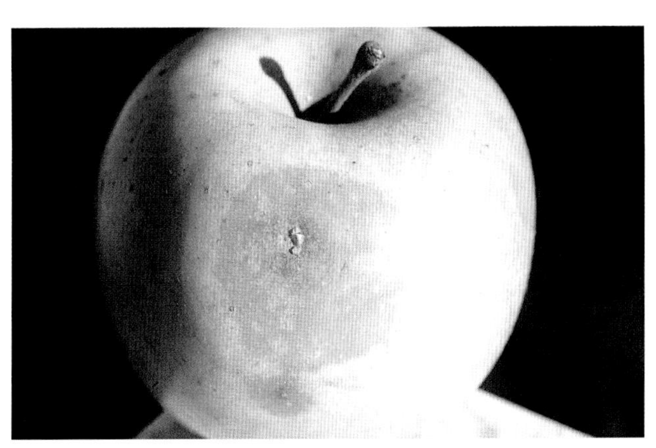

苹果水心病初期病果

苹果水心病病果横剖面症状

山梨糖醇在山梨糖醇脱氢酶的作用下变为果糖进入果实细胞内，当这种酶失活时，山梨糖醇无法进入细胞内而充溢于细胞间隙，致渗透压增高，从细胞中吸水。当细胞间充水后，由于光线易于通过，而出现透明状。患病处因得不到足够的氧气而进行无氧呼吸，产生有毒物质，使其很快变褐或烂掉。近萼洼处，维管束多而密，利于山梨糖醇的积累易得此病。在一个果实内，各部分代谢山梨糖醇能力不同，一般果心较弱，所以多从果心部发病。此外，该病的发生也可由于水分过剩，或根系吸收能力强蒸发量相对减少时引起。

该病的发生与树势、气候、管理及品种有关。偏施氮肥、幼龄树、叶果比高、钙营养不良的果易发病；采收期晚，过熟的果实发病重，树势弱，树冠上部树体南侧或西侧，受日光照射强的果实易发病。大果较小果发病多。苹果品种间感病性存有一定差异。元帅系、黄魁、祝光、柳玉、青香蕉、秦冠、印度、绯之衣、赤阳、晚沙布易发病；国光较抗病。施用复合肥比单施氮、磷、钾肥发病率低。喷施钙肥和土壤施用复合肥发病轻。

防治方法 (1)加强栽培管理。采用苹果配方施肥技术，增施有机肥，使土壤有机质含量达到 2%，避免单施铵态氮肥，注意耕作保墒，适时修剪，巧疏果，调整叶、果比例。(2)树上补钙。落花后 3~6 周内隔 10~15 天喷 1 次 0.4%硝酸钙或氯化钙溶液，连喷 3 次，气温高于 21℃时易出现药害，最好下午气温低时喷。(3)结合根施有机肥，每株施硝酸钙或氯化钙 150g。

苹果褐烫病(Apple scald)

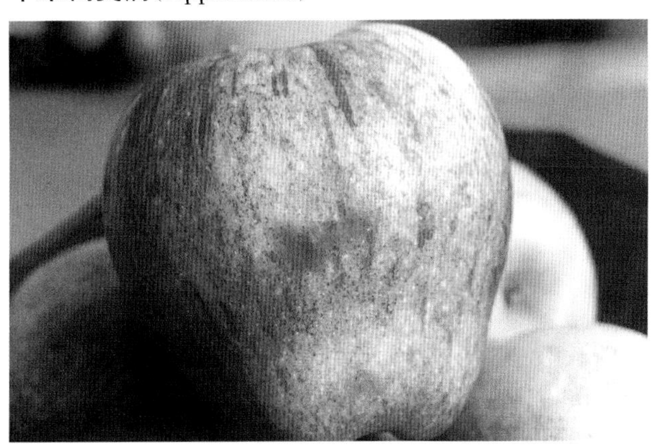

红香蕉苹果褐烫病病果

症状 苹果褐烫病又称虎皮病、晕皮。是苹果贮藏后期一种生理病害，症状主要表现在果实上。主要特征是果皮现晕状不规则褐变，发病初期，果面产生不规则淡黄褐色斑块，表面平展或果点周围略生起伏，此时褐变只局限在近表皮的亚表皮细胞中，后褐变危及果肉细胞，病部颜色变为褐色至暗褐色，病皮稍凹陷，严重的病皮可成片撕下，果肉松软，略带酒味，易遭真菌感染，出窖后病果易变质腐烂。有的发病初期即变褐色，稍凹陷，并具微小突起，病果呈干缩状，较坚实，果皮不易剥下，病部多先发生在果实阴面未着色部分，严重时波及着色部分连成大片似烫伤，影响外观。

病因 该病发生的原因存在争议。有研究证明：果实中水溶性酚类物质和多酚氧化酶(PPO)是虎皮病发生的先决条件；也有认为虎皮病的发生是贮藏后期窖温过高，通风不良，挥发性物质——酯积累过多，果实吸收了酯致新陈代谢失调或产生"自毒"作用所致；还有认为偏施氮肥，特别是前中期氮肥过多致果实采收早或成熟度不足导致虎皮病发生。近年又有人研究证明 α—法呢烯氧化物即共轭三烯的产生是虎皮病的致病物质。

发病条件 虎皮病的发生与品种、栽培技术及贮藏环境有关。晚熟品种采收晚如红玉、旭、元帅、红星等基本不发病。青香蕉、印度、未成熟的富士、金冠发病较重；国光发病最重。同一品种在不同年份或气候条件不同，发病率也不同。该病的发生与果皮中钙的含量有关。果皮中钙含量高的发病率高，这与苦痘病恰恰相反。偏施氮肥，多雨年份或浇水过多发病重。采收过早果实成熟度低，表面蜡质和角质层未充分形成，水分蒸发快，易萎蔫，发病重。贮藏期若窖温过高或通风不良，发病重。特别是开春后3～4月间，气温回升，易发病。

防治方法 (1)加强栽培管理。不偏施氮肥，增施有机肥；低洼积水地注意排水。适当疏花，保持叶果比例。(2)适时采收。对易感病的国光、印度、青香蕉等，待果实发育成熟后再采收，避免过早采摘；红星苹果以盛花后140天采收为宜。(3)贮前预冷，控制贮藏条件。苹果采收后预冷，使其尽快达到贮运低温，果实入库后应降至0℃，贮藏后期，要防止窖温过高，保持良好通风，出窖时避免骤然升温或在窖中使用活性炭等吸附剂可抑制病害发生。如采用气调贮藏，适当增加CO_2浓度至20%可减轻发病。有条件的可采用"双相变动气调贮藏"技术。如在土窖洞中，用塑料薄膜帐贮藏苹果，初期窖温10～15℃，CO_2浓度12%，后窖温降至0℃，CO_2和O_2浓度均维持在3%左右，这样贮藏的苹果，比一般冷藏效果好。且可充分利用土窖洞、地窖，使简易设施充分发挥作用。(4)喷药保护。在6月上中旬至7月上旬各喷一次500mg/kg的比久。(5)贮藏库的处理。果品入库前用抗氧剂，如二苯胺、虎皮灵等处理贮藏库。(6)药剂浸果。防治虎皮病的有效临界期是采收后6～8周，即贮藏前期。用0.25%～0.35%乙氧基喹药液或1.5%～2.0%二苯胺溶液、1%～2%卵磷脂溶液或2000～4000mg/kg的50%虎皮灵乳剂浸泡苹果，在空气中干燥后装箱，药剂在果实上的残留量不应超过4～5mg/kg。用以上药剂涂纸后包裹，或浸泡果箱晾干后装果，均有较好防效。

苹果链格孢烂果病(Apple Alternaria fruit rot)

苹果链格孢烂果病病菌由伤口侵入

症状 主要发生在贮运期。初在破裂表皮、萼洼或梗洼处产生圆形褐色至黑色水渍状斑，梗洼处腐烂发展不快，当黑斑破裂时向果内扩展，湿度大时可见黑灰色菌丝体，冷藏时，病斑直径不超过25mm。

病原 *Alternaria pomicola* A. S. Horne 称苹果生链格孢，属真菌界无性型真菌或无性孢子类。分生孢子梗单生、直立，分隔，浅褐色，25.5～125×3.5～5(μm)。分生孢子单生或成链。分生孢子形态多种，卵形、葫芦形、倒棍棒状、椭圆形，浅褐色至褐色，具横隔膜3~6个，纵隔膜1~5个，斜隔膜0~2个，分隔处明显缢缩，孢身20.5～51.5×6.5～17(μm)。喙柱状，浅褐色，19～24×2～3.5(μm)。

传播途径和发病条件 该菌系弱寄生菌，多在衰老或死亡组织中腐生，采收前后从伤口侵入，一般采收前七周染病，在树上不腐烂，贮藏在0℃左右2个月出现症状。

防治方法 (1)采收时小心从事，防止产生伤口。(2)采收后使果实迅速降温。(3)贮藏库严格按苹果贮藏温湿度控制，温度不宜过高，要求保持0～4℃。有条件的，提倡用气调(O_2 3%～5%，CO_2 10%～15%，温度0～2℃)。

苹果果肉褐变病(Apple internal browning)

症状 进入贮藏中期气调引起果实褐变，多从维管束组织开始，后扩展到果肉。剖开病果可见果心线上有红褐色水渍

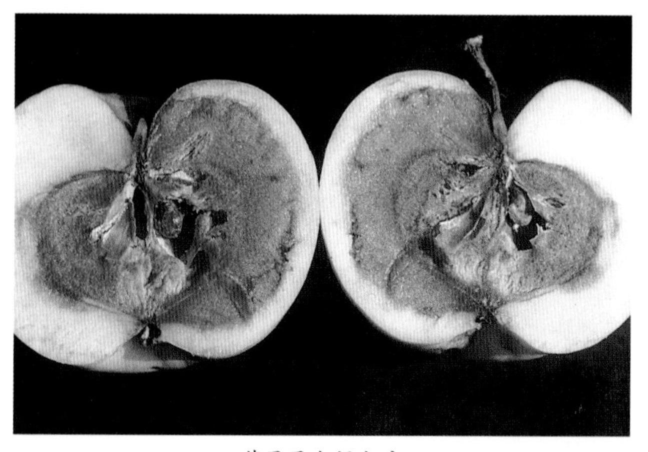

苹果果肉褐变病

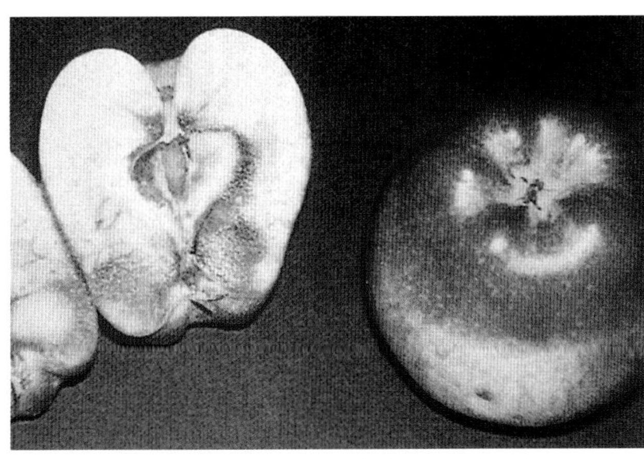

苹果果肉褐变病元帅苹果冷藏条件下萼端腐烂

状斑，病斑有一点或多点连成片分散在果肉中，包围果心但不向果心扩展，且向外扩散。后期果肉由红褐色变为褐色，病组织失水干缩坏死，有的出现栓皮空隙，果肉发苦散发出酒精味，果皮色变暗。

病因 是高 CO_2 和低氧造成毒害，有人试验当 CO_2 浓度达到 20%时，贮藏温度为 0℃、3℃、10℃、18℃温度下的果实，在一周内出现褐变；当 CO_2 浓度降为 10%，贮藏温度为 0℃，贮藏 14 天后出现褐变；当 CO_2 浓度为 5%，贮藏温度为 0℃，贮藏后 44 天才出现褐变。在 3～18℃温度下无症状。当 CO_2 浓度下降到 2.5%时，所有贮藏温度条件下均无褐变。上述试验说明在高温和低 CO_2 浓度下，果实对 CO_2 具强忍耐力。苹果品种不同对 CO_2 浓度忍耐力不同。红玉苹果在 CO_2 浓度为 12%即发生褐变，小国光 CO_2 高于 10%易产生褐变。CO_2 超过 20%，只需几天就产生褐变。

防治方法 (1)采用气调法贮藏时，可较常规早采收，采后 3 天尽快预冷。(2) 严格按苹果品种控制气调比例，O_2 不低于 3%，CO_2 不高于 10%。

苹果树衰退病（Apple tree decline）

症状 苹果树衰退病又称高接病。最初表现于根部，继而表现在地上部的新梢、叶片、花和果实。苗木也可表现症状。根部染病，初于细根处发生坏死病斑，逐渐蔓延到支根和侧根，后全部根系相继枯死。剖开病根，木质部表面可见凹陷斑。根系开始枯死之后，新梢生长量陆续减少，长度由原来的 50～60(cm)降至 10～20(cm)；花芽数量增多，叶片变小、变硬，叶色淡黄，叶片早落。开花多但果实小，着色较早，果肉坚硬，部分病树的果实变长，具有条纹。病树于 3～4 年后衰退枯死。苗木染病有以下三种情况。一是嫁接后接芽不萌发而枯死。二是接芽萌发但不正常，植株矮化，节间缩短，叶片变小，由上至下逐渐枯死。三是接芽萌发后生长受阻，多呈莲座状，不能抽枝生长。有的病苗前一、二年生长较正常，但到三年后，新梢顶部叶片变小，节间缩短，枝条逐渐枯死。

病原 由三种病毒单独或复合侵染引起。这三种病毒是：(Apple chlorotic leaf spot virus，ACLSV) 苹果褪绿叶斑病毒、(Apple stem pitting virus，ASPV) 苹果茎痘病毒、(Apple stem grooving virus，ASGV) 苹果凹茎病毒。这三种病毒统称为潜隐病毒。苹果褪绿叶斑病毒：曲线条状，粒体大小 12×600(nm)，稀释限点 10^{-4}，致死温度 52～55℃，体外存活期 4℃条件下 10 天，汁液传播。苹果凹茎病毒：曲线条状，粒体大小 12×600～700(nm)，稀释限点 10^{-4}，致死温度 60～63℃，体外存活期 20℃条件下 2 天，靠汁液摩擦传染。

传播途径和发病条件 通过嫁接传染，随着带毒苗木、接穗或砧木等扩散蔓延。种子不带毒。因此用种子繁殖的实生砧是无病毒的。若从病树上剪取接穗繁殖苗木或进行高接换种，所得苗木和高接后的大树，都将受病毒侵染，变成病苗、病树。目前，我国栽培的大多数苹果品种和矮化砧木，带毒株率在 60～80%以上，所生产的苗木也大都是带毒苗木，所以病毒的为害日益严重。该病的发生与所使用的砧木密切相关。当所用砧木抗病时，病树无明显症状，但终生带毒造成慢性为害，病树产量减少，果实品质下降，不耐贮藏，需肥量增多。当所用砧木不抗病时，病毒就变成急性为害，病树急剧衰退，很快死亡或成为无生产能力的"小老树"。我国苹果各砧木中，三叶海棠、湖北海棠、锡金海棠等品系都不抗茎痘病毒和凹茎病毒；楸子中的圆叶海棠、烟台沙果等不抗褪绿叶斑病毒。山定子砧木对三种病毒抗性较强，嫁接带毒接穗后，不表现明显症状，只表现慢性为害。但当砧木或接穗一方不耐病时，病毒便由潜伏状态转而引起植株生长急剧衰退，甚至死亡。

防治方法 (1)培育、栽植无病毒苗木是防治该病的主要途径。把好育苗关，杜绝苗木带毒，就可使新建果园免遭病毒

苹果树衰退病病枝

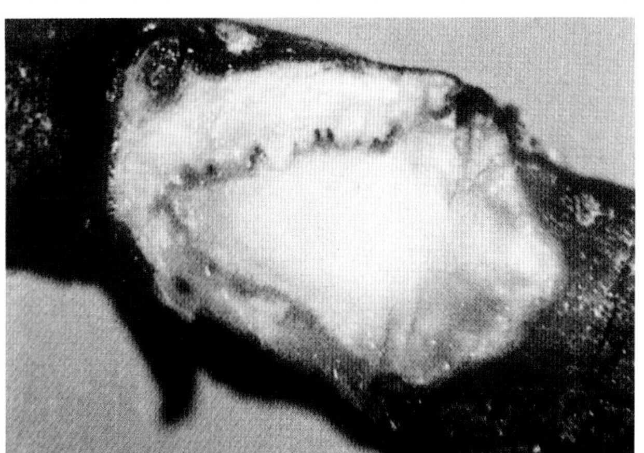

苹果树衰退病嫁接部呈线状坏死

为害。近年来,我国已先后培育出一批主要品种的无病毒母本树,并分别在辽宁、山东、河北、陕西、甘肃等 9 个省区建立供应接穗用的无病毒母本树,生产无病毒苗木。(2)禁止在大树上高接繁殖品种。一般杂交育成或从国外引进的新品种,多数是无病毒的。应禁止无病毒的苹果接穗在未经过病毒检疫的苹果大树上进行高接繁殖或保存,以免受病毒侵染。(3)加强植物检疫,防止新病毒侵入或扩散。首先应建立健全无病毒母本树的病毒检疫和管理制度,制定引进国外种苗病毒检疫制度,把好检疫关,严防新病毒的侵入和扩散。(4)加强栽培管理,轻病树可加强肥水管理,并于根部培土,以促进接穗处生根;也可在病根周围栽植山定子等抗病砧木,以复壮树势。

苹果树紫纹羽病(Apple purple root rot)

苹果树紫纹羽病的菌索放大

症状 苹果树紫纹羽病又称紫色根腐病,主要为害根系。细根先发病,后逐渐扩展到侧根和主根,直至树干基部。发病初期根部现黄褐色不定形斑块,外表颜色变深,皮层组织变褐,病部表面缠绕许多淡紫色棉絮状物,即病菌菌丝和菌索,形状似羽毛,逐渐变成暗紫色绒毛状菌丝层,包被整个病根,并能延伸到根外的土面上。后期在病根上产生紫红色半球状菌核,大小 1~2mm,病根皮层腐烂易脱落,后木质部腐朽。6~7 月,菌丝体上产生微薄白粉状子实层。病株地上部生长衰弱,叶片变小,色淡,枝条节间缩短或部分枝条干枯。感病品种叶柄和中脉变红。该病扩展缓慢,经数年才逐渐衰弱死亡。

病原 *Helicobasidium mompa* Tanaka Jacz. 和 *H.purpureum* Tul Pat. 称桑卷担菌和紫卷担菌,属真菌界担子菌门。病根上着生的紫黑绒状物是菌丝层。由五层组成,外层为子实层,其上生有担子。担子圆筒状无色,由 4 个细胞组成,大小 25~40×6~7(μm),向一方弯曲。再从各胞伸出小梗,小梗无色,圆锥形,大小 5~15×3~4.5(μm)。小梗上着生担孢子,担孢子无色、单胞,卵圆形,顶端圆,基部尖,大小 16~19×6~6.4(μm),多在雨季形成。

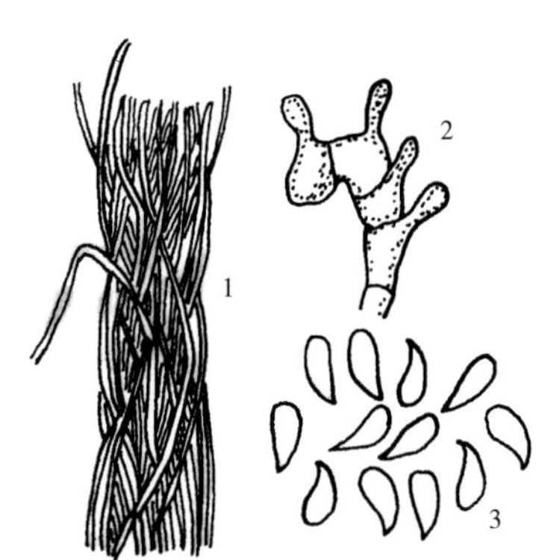

苹果紫纹羽病菌

1.菌索 2.担子 3.担孢子

传播途径和发病条件 以菌丝体、根状菌索和菌核在病根上或土壤中越冬。条件适宜,根状菌索和菌核产生菌丝体。菌丝体集结形成菌丝束,在土表或土里延伸,接触寄主根系后直接侵入为害。一般病菌先侵染新根的柔软组织,后蔓延到大根。病根与健根根系互相接触是该病扩展、蔓延的重要途径。病菌虽能产生孢子但寿命短。萌发后侵染机会较少,所以病菌孢子在病害传播中作用不大。病害发生盛期多在 7~9 月。

低洼潮湿 积水的果园,发病重。带病刺槐是该病的主要传播媒介,靠近带病刺槐的苹果树易发病。

防治方法 (1)选用无病苗木。病菌可随苗木远距离传播,所以,起苗、调运苗木时,要严格检验,剔除病苗,并对健苗进行消毒处理。苗木消毒可用 50%甲基硫菌灵或 50%多菌灵可湿性粉剂 800~1000 倍液、1%硫酸铜溶液浸苗 10~20 分钟。(2)隔离防治。在病区或病树外围挖 1 米深沟可隔离或阻断菌核、根状菌索和病根传播。刺槐是该病菌的重要寄主,可随刺槐根进入果园,所以尽量不用刺槐作防护林;对于用刺槐作防护林带的果园要挖沟隔离。以防根系侵入果园。对已侵入果园的刺槐根系应彻底挖除,以免病菌传播。(3)加强果园管理。低洼积水地注意排水,增施有机肥,改良土壤,合理整形修剪,疏花疏果,调节果树负载量,加强对其他病虫害的防治,以增强树体抗病力。(4)药剂防治。轻病树,扒开根际土壤,找出发病部位并仔细清除病根,然后用 50%代森铵水剂 400~500 倍液或 1%硫酸铜进行伤口消毒,然后涂保护剂 1:3:15 倍式波尔多液,或用 21%过氧乙酸水剂 1000~1500 倍液灌根。

苹果树白纹羽病(Apple tree white root rot)

症状 主要为害根系,先从细根开始霉烂,渐扩展到侧根和主根,病根表面缠绕许多白色或灰白色丝状物,即菌索;后期变为灰白色或灰褐色;根部皮层内柔软组织腐烂,皮层极易剥落,有时在木质部上产生深褐色圆形颗粒状物,即菌核。在潮湿地区,菌丝可蔓延至地表呈白色蛛网状;菌丝体中具羽纹状分布的纤细菌索。染病树树势极度衰弱,树体发芽迟缓,半边叶片变黄或早落、枝条枯萎,严重时整株枯死。

病原 *Rosellinia necatrix* Berlese ex Prill 称褐座坚壳菌,

苹果树根上的白纹羽病白色菌索放大

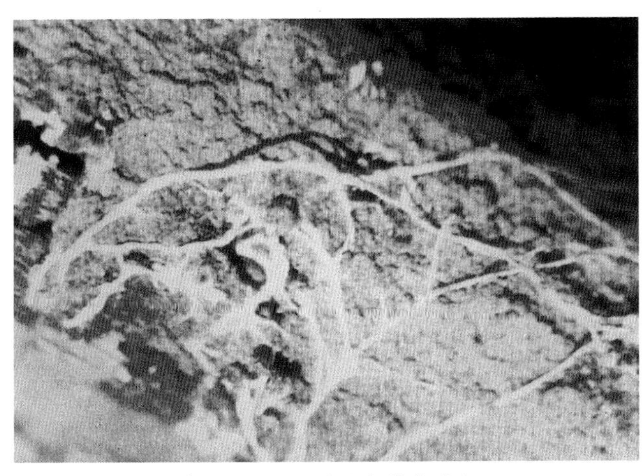

苹果树白纹羽病白色菌索放大

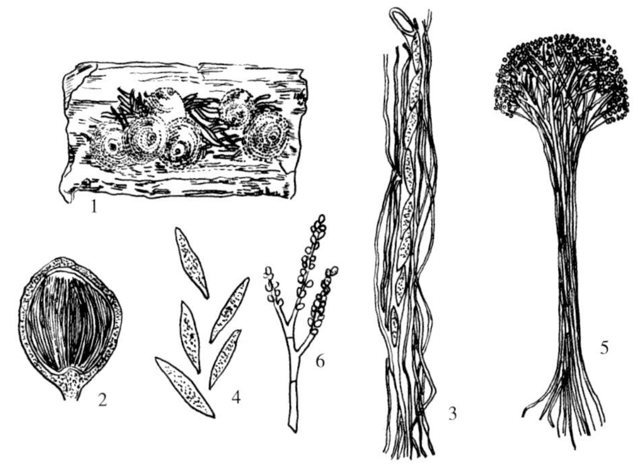

果树白纹羽病菌
1.子囊壳 2.子囊壳剖面 3.子囊及侧丝 4.子囊孢子
5.孢梗束 6.分生孢子梗及分生孢子

属真菌界子囊菌门。无性态 *Dematophora necatrix* Harting 称白纹羽束丝菌，属真菌界无性型真菌。老熟菌丝可形成厚垣孢子。无性时期形成孢囊梗和分生孢子，但常在寄主组织完全腐烂时才产生。分生孢子单胞无色，卵圆形，大小 2 ~ 3(μm)。有性态可在朽根上产生子囊壳，但不多见。子囊壳黑色，球形，顶端具乳状突起，内生许多子囊。大小 220 ~ 300 × 5 ~ 7(μm)。子囊内生 8 个子囊孢子；子囊孢子暗褐色，单胞，纺锤形，大小 42 ~ 44 × 4.0 ~ 6.5(μm)。菌核见于腐朽的木质部，黑色近圆形，直径 1mm 左右，大的可达 5mm。

传播途径和发病条件 主要以残留在病根上的菌丝、根状菌索或菌核在土壤中越冬。条件适宜时菌核或根状菌索长出营养菌丝，从根部表皮皮孔侵入，病菌先侵染新根的柔软组织，后逐渐蔓延至大根，被害细根霉烂甚至消失。病菌通过病健部接触或通过带病苗木远距离传播。该病多在 7 ~ 9 月盛发。

该病的发生与土壤湿度、酸碱度有关，尤以湿度影响最大，果园或苗圃低洼潮湿、排水不良发病重；栽植过密、定植太深、培土过厚、耕作时伤根、管理不善等易造成树势衰弱，土壤有机质缺乏，酸性强等可导致该病发生。

防治方法 (1)选用无病苗木，调运苹果苗时要严格检查，剔除病苗，对健苗也要用 70%甲基硫菌灵或 50%多菌灵悬浮剂 800~1000 倍液浸苗 20 分钟。(2)注意果园前作，尽量不使用旧林地、河滩地，不要用刺槐做防护林。(3)发现病树要及时挖出并将病部彻底刮除干净，注意把病残彻底清理出来集中烧毁，然后伤口用 843 康复剂原液涂抹，也可用 45%石硫合剂结晶 30~50 倍液涂抹。同时对病根周围土壤进行灌药消毒，杀死土壤中残存的白纹羽病菌，药剂可选用 45%代森铵水剂 700 倍液或 54.5%恶霉·福可湿性粉剂 600 倍液或 21%过氧乙酸水剂 1000~1500 倍液。灌药液量按树体大小，整个根区浸透为好，一般 10 年大树株灌对好药液 100~150kg。

苹果树白绢病(Apple tree southern blight)

苹果树白绢病症状

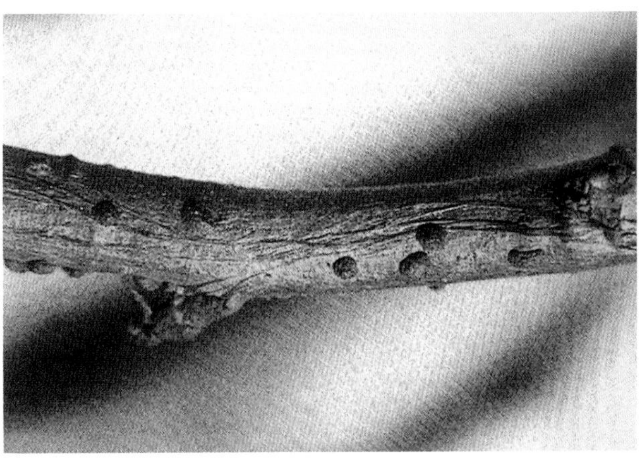

苹果树白绢病病枝上的根状菌索和菌核

症状 苹果树白绢病又称茎基腐病、烂葫芦。主要为害 4 ~ 10 年生幼树或成年树的根颈部。高温多雨季节易发病。初叶小且黄，枝梢节间缩短，果多且小。根部染病，根颈部呈多汁液湿腐状。病部变成黄褐色或红褐色，严重的皮层组织腐烂如泥、发出刺鼻酸味，致木质部变成灰青色。病部或近地面土表覆有白色菌丝。湿度大时，生出很多褐色或深褐色、油菜籽状的菌核。叶片染病也可出现水渍状轮纹斑，直径约 2cm，病部中央也能长出小菌核。1 ~ 3 年生幼树染病后很快死亡，成龄树当病斑环茎一周后，地上部亦突然死亡。

病原 *Sclerotium rolfsii* Sacc. 称齐整小核菌，属真菌界无性型真菌。菌丝白色，疏松或集结成线状，形成小菌核，小菌核圆形至椭圆形，直径 0.5 ~ 1.0(mm)，个别达 3mm，菌核平滑具光泽似油菜籽。有性态为 *Pellicularia rolfsii* (Sacc.) West. 称白绢薄膜革菌，属真菌界担子菌门。

传播途径和发病条件 病菌以菌丝在病部或以菌核在土表越冬，病菌在果园内近距离传播主要靠菌核通过雨水或灌溉水扩散及菌丝的扩展，远距离传播则是通过带病苗木的调运，7~9 月进入发病高峰。

防治方法 (1)把根颈部的病组织用快刀彻底刮除，再用 5%菌毒清水剂 50 倍液或 1%的 96%硫酸铜消毒伤口，然后外涂 843 腐殖酸铜。(2)治疗病根。先找到发病根位置，刮除病组织，病根用 1∶3∶15 倍波尔多液消毒，也可用波美 3~5 度石硫合剂或 45%石硫合剂结晶 30~50 倍液消毒。

苹果假蜜环菌根朽病和蜜环菌根朽病（Apple clitocybe root rot and Armillaria root rot）

苹果树假蜜环菌根朽病地上症状

苹果树蜜环菌根朽病的根状菌索放大

症状 苹果假蜜环菌和蜜环菌根朽病，地上部均表现为树势衰弱，叶色变浅黄色或顶端生长不良，严重时致部分枝条或整株死亡。假蜜环菌根朽病主要为害根颈部和主根。小根、主侧根及根颈部染病，病菌沿根颈或主根向上下蔓延，致根颈部呈环割状，病部水渍状，紫褐色，有的溢有褐色液体，该菌能分泌果胶酶、致皮层细胞果胶质分解，使皮层形成多层薄片状扇形菌丝层，并散发出蘑菇气味，有时可见蜜黄色子实体。

蜜环菌根朽病的特征是树体基部现黑褐色或黑色根状菌索或蜜环状物，病根树皮内生出白色或浅黄色菌丝，在木质部和树皮之间出现白色扇形菌丛团。我国以假蜜环菌根朽病较为常见。

病原 苹果假蜜环菌根朽病病菌为 *Armillariella tabescens* (Scop. et Fr.) Singel 称败育假蜜环菌，属真菌界担子菌门。病部现扇状菌丝层，白色，初具荧光现象，老熟后变为黄褐或棕褐色，菌丝层上长出多个子实体。菌盖初为扁球形，后变平展，浅黄色，直径 2.6 ~ 8(cm)。菌柄长 4 ~ 9(cm)，直径 0.3 ~ 1.1(cm)，浅杏黄色，具毛状鳞片。担孢子近球状，单胞、光滑、无色，大小 7.3 ~ 11.8 × 3.6 ~ 5.8(μm)。

蜜环菌根朽病病原为 *Armillariella mellea* (Vahl ex Fr.) Karst. 称小蜜环菌，属真菌界担子菌门。可寄生在针叶树、阔叶树的基部，也可寄生于苹果、梨、草莓、马铃薯等作物上，引致根腐。小蜜环菌菌丛团及子实体丛生，菌盖宽 4 ~ 14(cm)，浅土黄色，边缘具条纹。菌柄长 6 ~ 13(cm)，粗 6 ~ 18(mm)，土黄色，基部略膨大。白色菌环生于柄上部。松软菌褶近白色直生或延生。担孢子光滑无色，椭圆形，大小 7 ~ 11 × 5 ~ 7.5(μm)。

传播途径和发病条件 根朽病菌以菌丝体或根状菌索及菌索在病株根部或残留在土壤中的根上越冬。主要靠病根或病残体与健根接触传染，病原分泌胶质黏附后，再产生小分枝直接侵入根中，也可从根部伤口侵入。此外，有报道：从病菌子实体上产生的担孢子，借气流传播，落到树木残根上后，遇有适宜条件，担孢子萌发，长出的菌丝体侵入根部，然后长出根状菌索，当菌索尖端与健根接触时，便产出分支侵入根部。

小蜜环菌主要通过根状菌索或菌索传播，当小蜜环菌吸附到寄主根上以后，通过酶解或压力侵入。在采伐不久的林地，或排水良好的砂质土易发病。由于败育假蜜环菌和小蜜环菌寄生性弱，可在残根上长期存活，引致新果园发病，生产上老苹果园发病重。

防治方法 (1)清洁果园，彻底清除果园病残体，集中烧毁。(2)注意果园前作，新建果园不要选择河滩地，老果园林地。(3)土壤消毒，果树发病后，在树冠下每隔 20 cm 左右扎 1 孔，孔径 3cm，孔深 30~50cm，每孔灌入 200 倍 70%恶霉灵 100mL，然后用土封闭药孔。(4)治疗病根，挖开病树根颈周围土壤找到发病部位，彻底刮除病组织，注意把病残体彻底清扫干净，集中烧毁，然后涂抹 1∶3∶15 倍波尔多液或 1%~2%硫酸铜溶液、或 3~5 波美度石硫合剂或 45%石硫合剂晶体 30~50 倍液，再取无病土覆盖根部。(5)浇灌 21%过氧乙酸水剂 1200 倍液。

苹果圆斑根腐病（Apple Fusarium root rot）

症状 主要为害根部，后地上部开始表现症状。早春苹果树萌动后，须根变褐枯死，后渐扩展到与须根相连的肉质根和大根，围绕须根基部形成红褐色稍凹陷的小圆斑，随着病害的扩展，病斑扩大并相互连接深达木质部，使整段根变黑死亡。在整个发病过程中，病根反复产生愈伤组织和再生新根，因此形成病健组织彼此交错或致病部凹凸不平。苹果树地上部在 4 ~ 5 月份展叶后，表现症状有四种类型：一是萎蔫型。病株萌芽后整株或部分枝条生长衰弱，新梢抽生困难，叶簇萎蔫，叶片向上卷缩，形小而色浅，花蕾皱缩不开或开花后不座果，枝

苹果圆斑根腐病根上的病斑

条呈失水状，表面皱缩或枯死，有时翘起呈油皮状，芽体周围尤为明显。一般患病多年、树势衰弱的大树多属这一类型。二是青干型。上一年或当年感病而且病势发展迅速的病株，在春旱或气温较高时，病株叶片骤然失水青干，多从叶缘向内扩展，或沿主脉向外扩展，在病健分界处有明显的红褐色晕带。严重时青干的叶片脱落。三是叶缘枯焦型。病势发展缓慢的植株，在春季不干旱时表现的症状，仅叶尖和叶缘枯焦，而中间部分仍保持正常，叶片一般不会脱落。四是枝枯型。病株根部严重腐烂，当大根已烂到根颈部时呈现的特殊症状。与地下烂根相对应的部分骨干枝枯死，皮层变褐下陷，皮层病健部界限明显，且沿枝干一侧向下扩展，后期坏死皮层崩裂，易剥离，其上不着生小黑点，木质部导管变为褐色，且一直与地下烂根中变褐的导管相连。

病原 由多种镰刀菌侵染所致。主要有：*Fusarium solani*

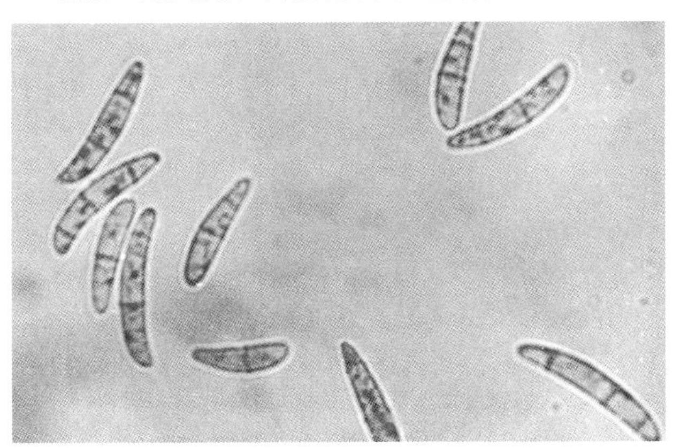

腐皮镰刀菌分生孢子

(Mart.) App. et Wollenw 称腐皮镰刀菌；*F. oxysporum* Schlecht 称尖孢镰刀菌；*F. camptoceras* Wollenw. et Reink 称弯角镰刀菌。均属真菌界无性型真菌。

F. solani 在 PDA 培养基上，正面纯白色，背面为瓤粉色。大孢子两头较圆，中部宽，形状较为弯曲。具 3～9 个隔，3 隔大孢子大小 30.0～50.0×5.0～7.5 (μm)；5 隔大孢子 32.50～51.25×5.0～10.0(μm)。小孢子长圆至椭圆或卵圆形，单胞或双胞，单胞小孢子大小 7.5～22.5×3.0～7.5(μm)；双胞小孢子大小 12.5～25.0×3.75～7.50(μm)。菌丝宽为 2.5～7.5(μm)。*F. oxysporum* 在 PDA 培养基上，正面白色，背面玫瑰色。大孢子两头较尖，足胞明显，两头弯曲，中段较直，具 3～4 个隔，大小 19～50×2.5～5(μm)。小孢子卵圆至椭圆形，单胞，大小 3.75～12.5×2.25～5.00 (μm)。菌丝宽为 2.5～5.0 (μm)。*F. camptoceras* 在 PDA 培养基上，菌落正面白色，背面古铜紫色。大孢子需长期培养后才能产生少量。大多数直立，亦有少量稍弯曲者，长圆形，基部较圆，顶部较尖，最大宽度在离基部的 2/5 处，具 1～3 个隔膜，无足胞，三隔孢子大小 17.50～28.75×4.50～5.00(μm)。小孢子易产生，长圆至椭圆形，单胞或双胞，单胞孢子大小 6.25～12.50×2.5～4.0(μm)；双胞孢子大小 11.25～17.50×3.25～5.00(μm)。菌丝宽 2.50～5.60(μm)。

传播途径和发病条件 三种镰刀菌均为土壤习居菌或半习居菌，可在土壤中长期营腐生生活。当苹果树根系生长衰弱时，病菌侵入根部发病。果园土壤黏重板结、盐碱过重、长期干旱缺肥，水土流失严重，大小年现象严重及管理不当的果园发病较重。

防治方法 (1)加强栽培管理，增强树势，提高抗病力。改善果园排灌设施，做到旱能浇，涝能排；改良土壤结构，防止水土流失，有条件的果园可进行深翻。生长季节及时中耕锄草和保墒；合理修剪，调节树体结果量，控制大小年；肥力差的果园，要多种绿肥压青，采用配方施肥技术，增施钾肥，施肥量一般以每 50kg 果施用纯氮 350g，纯磷 150g，钾 350g 为宜。(2)药剂灌根。在早春或夏末病菌活动时，以树体为中心，视树体大小，挖深 70cm 的辐射沟 3～5 条，长以树冠外围为准，宽 30～45cm，必要时可浇灌 54.5%恶霉·福可湿性粉剂 600 倍液或 80%五氯酚钠 250 倍液、20%甲基立枯磷乳油 1200 倍液、21%过氧乙酸水剂 1000~1500 倍液。施药后覆土。(3)处理病树。春、秋扒土晾根，可晾至大根，刮治病部或截除病根。晾根期间避免树穴内灌入水或雨淋，晾 7～10 天，刮除病斑后用波尔多浆或波美 5 度石硫合剂或 45%石硫合剂结晶 30 倍液灌根，也可在伤口处涂抹 50%多菌灵或 50%甲基硫菌灵可湿性粉剂 300 倍液，效果也好。

苹果树根结线虫病(Apple root knot nematode disease)

症状 主要为害根，在生长的细根上寄生很多火柴头或米粒大小的瘤子，且接连不断地形成根瘤，有的根瘤重叠，致发生新根能力锐减，根变细变硬，严重的丧失发生新根的能力而干枯。地上部起初不明显，但发展严重时，新梢生长受抑，结

根结线虫不断为害新根形成干硬根

苹果树根结线虫病放大

苹果树根腐线虫病为害状及根腐线虫

果减少，果实小，着色提早。

病原 *Meloidogyne mali* Itoh , Ohshima et Ichinohe 称苹果根结线虫，属植物寄生线虫。苹果根结线虫雌雄异形，雄成虫线状，尾部稍圆，无色透明。雌成虫梨状，多埋藏在寄主组织里。幼虫呈细长蠕虫状。卵处于单细胞阶段，由雌虫产出，卵包被在胶状介质中，成块状。

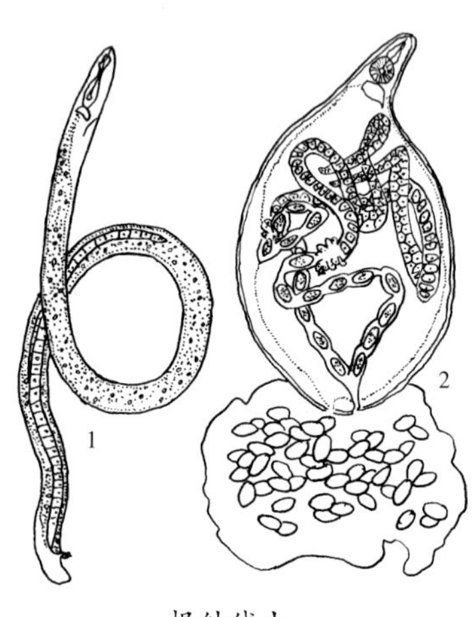

根结线虫

1.雄虫 2.雌虫及卵囊

传播途径和发病条件 苹果根结线虫主要以卵或2龄幼虫在土壤中越冬，翌年4～5月新根开始活动后，幼虫从根的先端侵入，在根里生长发育。当虫体膨大成香肠状时，致根组织肿胀，8月上旬形成明显的瘤子，8月下旬后，在瘤子里产生明胶状卵包，并产卵，初孵化的幼虫又侵害新根，并在原根附近形成新的根瘤。秋末，以成虫、幼虫或卵在根瘤中越冬，翌年5月开始活动，并发育成下一虫态，苹果根结线虫2年发生3代，在土壤中随根横向或纵向扩展，多数生活在土壤耕作层内，有的可深达2～3米。

防治方法 (1)培育无病苗木和加强苗木检疫工作。(2)经常检查，发现受害树时，采取相应措施。(3)施用充分腐熟的有机肥，进行中耕。(4)拌土毒杀。春季在树冠四周滴水线处开环状沟，每株施入10%噻唑膦颗粒剂或98%棉隆微粒剂或1.5%二硫氰基甲烷可湿性粉剂75~150g按1：15的比例制成毒土，施后覆土，有效。

苹果根腐线虫病(Apple root lesion nematode disease)

症状 根腐线虫单独或与其他土壤微生物一起伤害苹果根部，致根系生长受抑，幼树新生根不能大量产生，引起吸收营养的须根减少或坏死，造成地上部矮化或叶片褪绿及树势衰弱，产量下降。

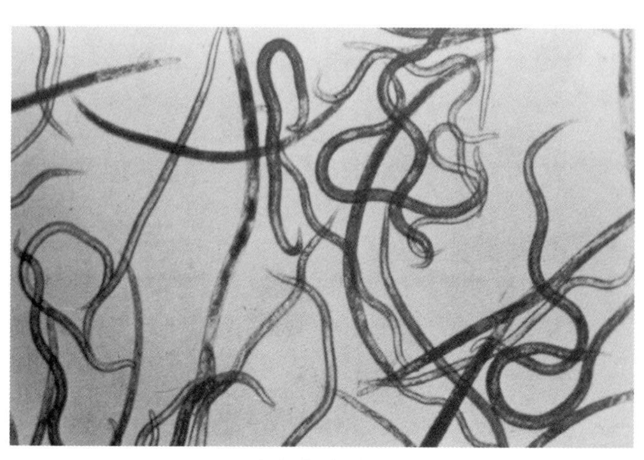

胡桃根腐线虫

病原 *Pratylenchus vulnus* Allen et Jensen 称胡桃根腐线虫，属植物寄生线虫。胡桃根腐线虫，是该属典型代表。成虫体大小居中等。雌虫长0.46～0.91(mm)，雄虫较雌虫略短、稍细。形态特征两性相似，低龄线虫纤细，完全成熟后变宽，吻针15～18(μm)，短粗较强壮，具圆形吻针基球，食道具1中食道球，窄，具瓣，雌虫的阴门位于体后，侧区具等距纵向侧线4条，尾部逐渐变细，末端圆形无侧线，雄虫交合刺小，稍弯。

传播途径和发病条件 根腐线虫从2龄幼虫至成虫期都可侵入根系，其中4龄幼虫和雌成虫是重要侵染阶段，雌虫把卵产在根部皮层内或土壤中，第一次脱皮在卵中进行、产生2龄幼虫，从卵中孵出的幼虫脱3次皮，产生3、4龄幼虫，幼虫在根部皮层里移动和取食，致须根受到伤害。生活历期25～50天，30℃时最短，土壤湿度高不利其存活。它们主要靠病树或病土移动传播，一般认为在沙壤中，每100cm^3有根腐线虫25～150条，就会对苹果实生苗造成严重危害。

防治方法 (1)选育抗病砧木。据科研单位在沙壤土中试验砧木M_7、M_{12}较M_1、M_2、MM_{102}、MM_{104}、MM_{106}、MM_{108}抗根腐线虫。(2)果园地面种植非线虫寄主植物的草，如高羊茅草、红羊茅草、多早生黑麦草等，行向间或树四周保持无草栽培；此外，可与石刁柏、大葱、韭菜、辣椒等实行2年以上轮作，可降低土壤中线虫量。(3)适当增施有机肥，调节土壤pH，改善排水系统，防止土壤过干，以减少为害。(4)必要时采用拌土毒杀，具体方法参见根结线虫病。

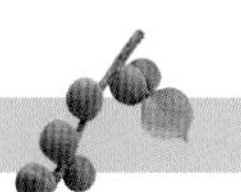

苹果树根癌病(Apple crown gall)

苹果根癌病

症状 苹果树根癌病又称根肿病。主要发生在根颈部,也可在根的其他部位发生,初在病部形成大小不一的灰白色瘤状物,其内部组织松软,外表粗糙不平,随着树体生长和病情扩展,瘤状物不断增大,表面逐渐变为褐色或暗褐色,内部木质化,表层细胞枯死,有的在癌瘤表面或四周生长细根。瘤体大小不一,2年生苗木上,小的如核桃,大的直径可达5~6cm,病树根系发育受抑,地上部朽住不长或矮小瘦弱。严重的植株干枯死亡。

病原 *Agrobacterium tumefaciens* Smith and Townsend Conn. 称根癌农杆菌,属细菌界薄壁菌门。德国科学家研究发现该菌侵入后首先攻击果树的免疫系统,这种农杆菌的部分基因能侵入果树的细胞,能改变受害果树很多基因表达、造成受害果树一系列激素分泌明显增多,引起受害果树有关细胞无节制地分裂增生产生根肿病。

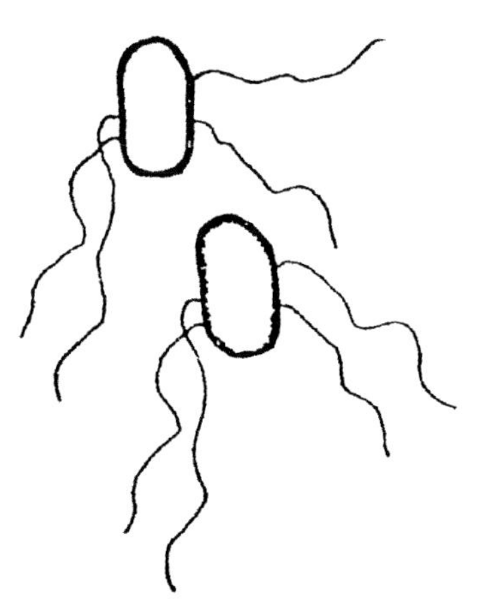

苹果树根癌病菌

根癌农杆菌

传播途径和发病条件 根癌可由地下线虫和地下害虫传播,从伤口侵入,苗木带菌可进行远距离传播,育苗地重茬发病重。前茬为甘薯的尤其严重。

防治方法 (1)严格选择育苗地建立无病苗木基地,培养无病壮苗。前茬为红薯的田块,不要做为育苗地。(2)严格检疫,发现病苗一律烧毁。(3)对该病预防为主保护伤口,把该菌消灭在侵入寄主之前,用次氯酸钠、K84、乙蒜素浸苗有一定效果,生产上可用10%次氯酸钠+80%乙蒜素(3∶1)500倍液或4%庆大霉素+80%乙蒜素(1∶1)1050倍液进行土壤、苗木处理,效果好于以往的硫酸铜、石硫合剂晶体等。(4)新建苹果园逐步增施有机肥或生物活性有机肥,使土壤有机质含量达到2%,以利增强树势,提高抗病力。(5)发病初期喷洒50%氯溴异氰尿酸可溶性粉剂1000倍液,或30%戊唑·多菌灵悬浮剂1000倍液。

苹果树细菌毛根病(Apple hairy root)

苹果根癌病(左)和细菌毛根病

症状 多发生在苗期,初生浅色肿瘤,当产生畸形根以后,正常的新鲜根脱落,产生的畸形根迅速增厚,在肿瘤基部长出次生毛根,毛根上又长出毛根呈毛团状。辽宁、河北、山东均有发生。

病原 *Agrobacterium rhizogenes* (Riker et al.)Conn. 称发根土壤杆菌,属细菌。菌体短杆状生1根鞭毛,大小1.5×0.5(μm)。在培养基上产生白色边缘平滑的菌落,不液化明胶,革兰氏染色阴性。该菌发育最适温度22℃,最适pH7.3。

传播途径和发病条件 病菌从伤口或害虫造成伤口侵入,整个生长季节均可为害。有人接种38个苹果品种,均不同程度染病,未发现高抗的品种。该菌在土壤中活动,土温28℃,土壤湿度达75%最易产生此病。

防治方法 (1)苗圃育苗忌长期连作。(2)发病苗圃提倡采用芽接法,不用根枝嫁接,选用根系完好的砧木。(3)加强管理,减少根部伤口,注意防治地下害虫,使根系健壮生长。(4)出圃苗木严格检查,发现病苗马上淘汰或烧毁,健苗用波美3~5度石硫合剂浸根消毒。

苹果树花叶病(Apple mosaic)

苹果花叶病斑驳型

苹果花叶病条斑网纹型

症状 主要表现在叶片上，症状因品种和病毒株系的不同以及病情的严重程度分为五种类型。(1)斑驳型：从小叶脉上开始发生，产生鲜黄色、大小不等或不定形的病斑，边缘清晰。病斑常彼此联合成大斑。(2)花叶型：病叶上呈现深绿与浅绿相间的不规则形病斑，边缘不清晰，较大。(3)条斑网纹型：病叶沿叶脉失绿黄化，并延至附近叶肉组织，有时仅主脉及支脉黄化，变色部分较宽，有时仅限于叶脉及其附近组织，但较狭窄，成网纹状，称“网纹亚型”。幼叶染病，中脉向一侧明显弯曲，致病叶畸形，或在病叶顶部以支脉为界形成“V”字形的大块黄斑，称“条斑亚型”。(4)环斑型：病叶上产生鲜黄色、圆形或椭圆形斑纹，环状或近环状。(5)镶边型：病叶边缘黄化，叶缘锯齿状成一窄的变色镶边，病叶其他部分正常。以上五种类型症状常混合发生，使症状复杂化。遭受病毒侵染的病株，新梢较健株短，尤以秋梢明显，节数减少，病果不耐贮藏，易遭炭疽病菌侵染。

病原 *Prunus necrotic ringspot virus* (PNRSV), *Bromoviridae* 称李属坏死环斑病毒苹果株系。病毒粒体球形或圆球形，直径23nm，在稳定的提取液中，钝化温度55~62℃经10分钟，稀释限点2×10^{-3}。该病毒极不稳定，在未经稀释的黄瓜汁液中，数分钟内就会丧失其大部分侵染性，在抽提的缓冲液中则为数小时。李属坏死环斑病毒苹果株系，目前根据交互保护反应试验，将苹果花叶病毒分为三个株系。一是重型花叶系：主要症状为白色或黄色不规则的斑驳，大型黄白色斑块，沿脉变色及组织坏死等；二是轻型花叶系：主要症状为少数小型黄色斑驳，不形成坏死斑，其他症状很少发生；三是沿脉变色系：除表现“重型花叶系”的症状外，尚表现白色或黄色坏死斑，其中以沿脉变色明显，使叶片呈黄色网纹状。

传播途径和发病条件 主要通过嫁接和芽接传播，菟丝子也可传毒；另据国外报道苹果蚜 (*Aphis pomi*) 及苹果木虱 (*Psylla mali*) 也可传播此病。以病穗和根蘖砧木嫁接后潜育期为3~27个月，苗木上潜育期为32天，芽接后潜育期8个月以上。苹果树染病后，整株带毒，不断增殖，终生为害。该病的发生与环境条件、栽培管理和品种密切相关。高温多雨、肥水充足、树势强则发病轻；当气温在10~20℃，光照较强，土壤干旱，树势衰弱时，症状较重。幼树比成株易发病。对植株本身而言，幼叶表现症状，而老叶不发生病斑。染病树逐年衰弱，病树果实不耐贮藏，且易受炭疽病菌侵染，病树还易引起苹果叶斑病的发生。苹果各品种间感病性有明显差异：白龙、金冠、秦冠、倭锦等品种最易感病，青香蕉、黄魁、红星、元帅、国光等品种轻度感病，祝光、印度、黄金、红国光、早生旭、大珊瑚、金英等较抗病。

防治方法 (1)加强检疫。选用无病接穗和实生砧木，培育无病苗木；或将带毒苗木和接穗置于37℃恒温下培养28~40天，可获得脱毒苗木；或将芽条在70℃热空气中10分钟，可获得脱毒芽条。也可用种子繁殖砧木。(2)拔除病苗或集中栽植。认真检查苗圃内苗木，发现病苗及时拔除并集中烧毁；或做标记，集中隔离栽植，以防传播。(3)选用抗病品种。如黄金、大珊瑚、印度、红国光、早生旭等。(4)加强栽培管理。增施有机肥，旱天及时灌水，雨季及时排水，增强树势，提高树体抗病力。(5)铲除果园附近野生寄主，防治蚜虫及刺吸式口器害虫。(6)药剂防治。发病初期喷洒2%寡聚半乳糖醛酸水剂400倍液或24%混脂酸·铜水乳剂600倍液或10%混合脂肪酸水乳剂100倍液、7.5%菌毒·吗啉胍水剂700倍液、3.95%三氮唑核苷·铜·锌可湿性粉剂600倍液、2.5%三十烷·十二烷·硫铜可湿性粉剂1000倍液、20%盐酸吗啉胍·铜可湿性粉剂400~500倍液、8%宁南霉素水剂800倍液，隔10~15天1次，连续防治2~3次。

苹果树丛枝病(Apple tree witches' broom)

苹果树丛枝病病枝

症状 主要为害枝、叶、果及根。7~8叶部症状明显，由于抑制顶端优势、促使壮枝上部正常枝的侧芽萌生后形成丛枝，二次枝生长直立，在少数旺梢上致叶片簇生或形成丛枝。病树嫩枝发生丛枝时，莲座叶及基部叶都具有大的带明显齿状缺刻的托叶。因此，丛枝、莲座叶、大托叶是识别该病的重要特征。病树果实小，果柄长，果重减少1/3~2/3，且着色不良，果味差，病叶小易染白粉病；根系发育不良，大根小且少。

病原 Apple proliferation *Phytoplasma* 称植物菌原体，属细菌界无壁菌门。菌原体大小8~100(nm)，具多型性，病株新梢超薄切片电镜下可见具3层单位膜，内部充满核质样的纤维状物质，可能是基因组DNA，周围布有类似于核蛋白体的嗜锇颗粒。

传播途径和发病条件 苹果丛枝病可通过嫁接传染，在自然条件下几种叶蝉如长沫叶蝉、赤杨沫叶蝉、菱纹圆沫蝉等可传播此病，种子不能传染。潜育期与接种树大小有关，苗圃

里的苗木1年显症,已定植的大树需2年以上显症。病树地上部类菌原体的数量受季节波动影响。类菌原体只能在筛管里增殖,当进入冬季茎的筛管停止活动后,树体地上部的病原随即消失,这时可进入根部筛管存活,翌春新韧皮部形成时,类菌原体又到茎部定植,当茎部没有类菌原体定植时,致丛枝病症状出现波动性,当病树地上部具大量病原存在时,症状明显。

防治方法 (1)新建苹果园要选用无毒苗木。(2)清除果园中染病幼树。(3)喷洒杀虫剂,杀灭传病介体昆虫。(4)清除根蘖苗,以减少叶蝉等介体昆虫栖居。(5)向树干内注射四环素类抗生素,注射时间以采收后至落叶前,连续防治1~2年。(6)选用抗病砧木。

苹果锈果病(Apple rough skin)

症状 苹果锈果病又称"花脸病"、"裂果病"。症状主要表现在果实上;某些品种的幼树及成株的枝叶上亦显症。果实上的症状因品种、环境条件的变化表现为五种类型:锈果型、花脸型、锈果-花脸型,少数品种发生环斑型、绿点型。(1)锈果型:落花后约一个月病果即可出现,最初在果顶部出现深绿色水渍状病斑,后沿果面向果梗方向扩展,约20~30天后形成五条与心室相对的纵纹,长短因品种而异,长的可达梗洼,病斑常呈茶褐色并木栓化。随着果实的生长,在纵纹之间常产生许多纵横小裂纹或斑块,严重时锈斑处开裂呈星芒状,果实发育受阻变为畸形果。有的病果果面无明显锈斑,但发生很多深入果肉的纵横裂纹,裂纹处稍凹陷,易萎缩早落。病果较健果小,果汁少渣多,甜味增加,失去食用价值或不堪食用。一般晚熟品种如国光、青香蕉、白龙、印度、富士等品种表现这种症状。(2)花脸型:病果在着色前无明显变化,着色后在果面散生很多近圆形黄绿色斑块,果实成熟后表现为红绿相间的"花脸"状。着色部位凸起,不着色部位稍凹陷,果面略呈凹凸不平状。花脸型主要发生在元帅、富士等着色品种上,着色后病果果面散生近圆形黄绿色斑块,稍凹陷,果实成熟后表现为红绿相间,呈花脸状。(3)锈果-花脸型:病果着色前多于果顶部出现锈斑,或在果面散生零星锈斑,着色后在未发生锈斑的部分或锈斑周围,出现不着色的斑块,果面红绿相间,成为既有锈斑又有花脸的复合症状。一般中熟品种元帅、倭锦、红玉、赤阳、红海棠等常表现这种复合症状。(4)环斑型:病果最初产生不着色的圆斑,近成熟时,成为圆形斑纹,或黑色圆圈,稍凹陷,仅限于果面。环斑大小及数目不定。常表现在山定子和一种小苹果上。(5)绿点型:果实着色后,产生很多绿色小晕点,晕点边缘不整齐,近似花脸,但有个别病果顶部呈锈斑。常表现在金冠和黄冠上。叶片受害随品种不同而表现两种症状,即叶片卷曲和茎杆部发生坏死斑。叶片卷曲的表现是:7月下旬以后病苗中部以上叶片由基部向背面反卷,在中脉附近急剧皱缩,侧看卷成弧形或圆圈形,叶片变小、变硬、变脆,易从叶柄中部折断脱落。8月上、中旬以后,病苗于中上部发生不规则褐色或灰褐色木栓化锈斑,表面粗糙,龟裂,最后病皮翘起露出韧皮部,韧皮部内有黑色坏死条纹或坏死点。一般国光等易表现这种症状。

苹果锈果病

病原 由苹果锈果类病毒*Apple scar skin viroid*,ASSVd称苹果锈果类病毒。主要是苹果和梨,感病的苹果因品种和环境条件的变化,表现出5种显性病症:锈果型、花脸型、锈果-花脸型、环斑型、绿点型。该病在甘肃、山西、河南、山东发生多,主要表现在富士、金冠、秦冠上,病株率高达30%。此外还发现了苹果凹果类病毒(ADFVd)、苹果皱果类病毒(AFCVd)。

传播途径和发病条件 该菌通过各种嫁接方法传染,也可通过病树上用过的刀、剪、锯等工具传染。梨树是此病的带毒寄主,梨树普遍潜带病毒但不表现症状。与梨树混栽的苹果

苹果锈果病病果

红星苹果锈果病(类病毒)果实染病症状

园或靠近梨园的苹果树发病较多。嫁接接种潜育期3～27个月,苹果树一旦染病,病情逐年加重,成为全株永久性病害。苹果各品种间感病性存在差异。高度耐病的有黄龙、黄魁、黑龙、安乐诺夫卡等,耐病的有金冠、祝光、鹤卵、翠玉、金英等,元帅、红星、青香蕉、赤阳、甘露、红海棠等高度感病。

防治方法 (1)严格实施植物检疫制度。封锁疫区,严禁在疫区内繁殖苗木或外调繁殖材料。(2)选用无病接穗和砧木是防治此病的主要措施。严格选用无病接穗。因种子不传染该病毒,所以用种子繁殖砧木,可基本解决无病砧木问题。用实生苗做砧木,严禁在病树附近刨取萌蘖砧,以免误传病砧。(3)拔除病苗,刨掉病树。苗木生长期间(7月下旬)认真检查苗圃,发现病苗随时拔除烧毁。已染病的大树,发现后立即连根刨掉,1～2年后确认无活根后再栽健树。(4)建立新果园时,要避免与梨树混栽,新果园要远离梨园,以免相互传染。(5)高接换种。在病树较多、园地较偏僻地区进行高接换种。可采用高度耐病品种,如黄龙、黄魁、黑龙、丰县红富士等。(6)药剂防治。①把韧皮部割开"门"形,上涂50万单位四环素或150万单位土霉素、150万单位链霉素、150万单位灰黄霉素,然后用塑料膜绑好,可减轻病害的发生。②根部插瓶。病树树冠下面东南西北各挖一个坑,各坑寻找直径0.5～1(cm)的根切断;插在已装好四环素、土霉素、链霉素或灰黄霉素150～200mg/kg的药液瓶里,然后封口埋土,于4月下旬、6月下旬、8月上旬各治疗一次,共治3次有明显防效。

苹果果锈病(Apple fruit rust)

症状 金冠苹果易染此病;此外,赤阳、红玉、国光及元帅系品种也有发生。初期果面锈迹点点,严重的锈斑连片,果面粗糙,严重影响果品质量,且贮藏期皱皮严重。

病因 金冠品种果实表皮细胞大,细胞壁薄,排列较疏松,果面角质层薄,下皮细胞疏松。由于不良因子的刺激,表皮细胞易破裂形成木栓。下层细胞分裂产生木栓形成层,后形成木栓组织,致角质层龟裂剥落,果面周皮化。

发病条件 该病在黄河故道一带主要有两个发生时期,即5月6日～17日和5月24日～6月4日,因此5月份和6月上旬遇冷湿气候果锈发生严重。四川、重庆等地果锈发生主要在落花后25天之内,此间若大气相对湿度高、温度低则果锈发生严重。此外,坡地或沙土地果园较平地或黏土地果园发病轻;树势衰弱、花果多者发病重;幼果期用药不当,可导致果锈发生。

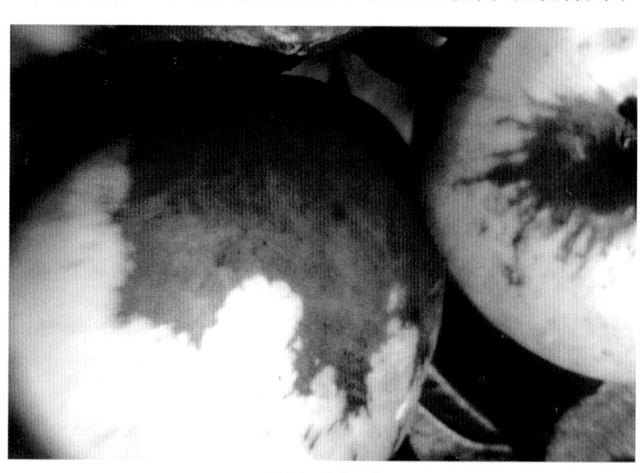

苹果果锈病

防治方法 防锈应从保护果实外层组织、杜绝不良因子刺激或抑制木栓形成入手。(1)栽植无锈金冠新品系4-6-3。(2)加强栽培管理。注意果园排涝,合理修剪,增强通透性,降低湿度;调节负载量,注意疏花疏果,每个果台以留单果为宜。(3)喷保护剂如二氧化硅水剂30倍液或京ZB高脂膜40倍液或27%高脂膜乳剂80～100倍液。从花后开始至6月10日,每7天喷一次。(4)施用生长调节剂:于落花后10天、20天各喷一次25mg/kg的赤霉素。赤霉素对苹果有一定副作用,应掌握好浓度,不宜过量。(5)幼果期注意使用安全农药。不要使用波尔多液、石硫合剂等能加重果锈发生的农药,金冠幼果期尤其要慎用或尽量不用上述药剂。(6)果实套袋。花后立即套袋,对果锈有明显抑制作用。进入8月后将袋摘除。

苹果低温冻害(Apple tree freezing injury)

症状 主要为害枝干、花及幼果。树干受冻 表面初呈水渍状,后树皮形成层变褐或整个皮层变褐干枯,树皮崩裂,致幼树和大树的主要枝条死亡。春季开花期往往受晚霜为害,幼芽受冻变黑,花器呈水渍状,花瓣变色脱落,不能结果或结果后早落或果实畸形。受了霜害的幼果,果心变黑褐色,易脱落。

花后4周遇霜害幼果内症状

病因 苹果花和果实遇较长时间的-2℃受冻害,营养器官-5℃受冻,芽-25℃受冻;温度愈低,冻害愈重。1993年山东德州、聊城、荷泽发生大冻害。当年11月温度较往年低8～9℃,11月20日最低温度为-4.2℃,24小时内降至-18℃,且雨雪交加,枝条融雪结冰。秋季雨水偏多,气温偏高,偏施氮肥,停止生长晚,会加重冻害。管理粗放,未设防护林,病虫害发生严重,尤其是早期落叶,亦会加重冻害。

防治方法 (1)清理果园,进行果树修剪,增施有机肥,为使有机肥有充裕的腐熟时间和使果树冬前能吸收利用养分,在采收后尽早施肥,沿树冠滴水线处挖5~6个深30cm环形坑或沟,株施腐熟有机肥40kg,及含氮磷钾的复混肥或化肥1~2kg,如能喷1~2次0.5%尿素和0.3%磷酸二氢钾溶液对采果后的树体恢复更为有利。加强病虫防治,防止早期落叶。冬前对树干进行涂白防寒。(2)果园周围设置防护林。(3)树干冻害严重的树可进行桥接或平茬；轻度受冻的树应加强肥水管理，休眠期喷 30%戊唑·多菌灵悬浮剂 700 倍液，预防因冻害诱发腐烂病。(4)苹果花期除加强肥水管理外，可根据预测，在霜前喷水或薰烟。(5)必要时喷洒 68%农用链霉素可溶性粉剂 3000 倍液，使冰核细菌减少，防止冻害。(6)提倡喷洒 3.4%赤·吲乙·芸(碧护)可湿性粉剂 7500 倍液，可预防冻害改善品质。

苹果裂果(Apple fruit split)

苹果裂果

症状 苹果裂果病主要发生在果实上组织不大正常的部位，如锈斑、苹果黑星病病斑、日灼等处，染病果实可从果实侧面纵裂，图为苹果裂果状，有的裂缝可深达 1cm，也有的从萼部或梗洼、萼洼向果实侧面延伸。这里重点介绍红富士裂果。

红富士苹果从 8 月中下旬开始，到采收期陆续有裂果现象发生，主要表现以下症状：①以果柄处为始点向两边开裂至梗洼上部，形成一个弓形“一”字口，这种裂果占裂果总数的 90%以上。有时裂口较大，可发展至果肩部位。②在梗洼处围绕果柄形成若干个小皱裂，有时在果实表面，也会发生此现象。③在梗洼内以果柄为圆心开裂，并在不规则半圆或圆的裂口上，又出现新的纵向裂口。④以果实的果柄垂线为中心轴开裂，裂口甚至可发展到果肉内部，深达 2~3(mm)。

红富士苹果在果实发育过程中的裂果现象，严重地影响了它的商品价值，特别是后两种裂果现象，对果实品质影响很大，一经发生，果实就基本上丧失了商品价值。

病因 一是亲本遗传：国光苹果的裂果率一般在 15%左右，而红富士的亲本是国光和元帅，因此红富士裂果与亲本遗传有密切关系。二是与树势、枝龄有关：幼树或高接树在结果初期，新梢生长旺盛，树势强壮，枝条易直立生长，导致裂果率偏高，而拉平的辅养枝裂果发生率一般较低。三是与果实梗洼部的发育有关：据调查，90%以上的裂果都由果柄处开始产生。因雨后梗洼易存水，在强光的照射下，水温上升并被蒸发，梗洼果皮受高温、干燥的影响，其组织受损，果皮迅速老化，造成开裂。四是与水分有关：果实生长中，前期干旱，后期降雨量越大，裂果发生率越高，因为降雨多，供给大量水分，果肉细胞迅速胀大，而先前受高温、干燥损害的梗洼部果皮组织已濒临坏死，不能伴随果肉的膨大而增长，果皮经受不住果肉组织的膨胀而导致裂果发生。五是与土壤有关：土壤粘性大、排水不良的园片，裂果发生率高；平原地比山坡地裂果率高。

防治方法 (1)保证中等树势，枝条引向水平，不仅可以降低裂果率，也是幼树提早结果的重要措施。(2)果实套袋：幼果期套袋，可及早地将果实保护起来，杜绝雨水和强光对梗洼的刺激，对减少裂果率有显著效果。(3)化学药剂防止裂果：B9 和氯化钙对防止裂果效果较好，可于 9 月下旬喷 1 次 2000×10^{-6} 的 B9，或于采前 1~3 周喷 0.2%氯化钙 1~2 次。提倡喷洒 3.4%赤·吲乙·芸可湿性粉剂 7500 倍液(碧护)防止裂果，还可打造碧护美果。也可喷洒植物生命素 550 倍液。

苹果日灼(Apple sunscald)

苹果日灼发病初期症状

苹果果实日灼中后期症状

症状 果实、枝干均可染病。向阳面受害重。被害果初呈黄白色、绿色或浅白色(红色果)，圆形或不定形，后变褐色坏死斑块，有时周围具红色晕或凹陷，果肉木栓化，日灼病仅发生在果实皮层，病斑内部果肉不变色，易形成畸形果。主干、大枝染病，向阳面呈不规则焦糊斑块，易遭腐烂病菌侵染，引致腐烂或削弱树势。

病因 夏季强光直接照射果面或树干，致局部蒸腾作用加剧，温度升高而灼伤。苹果果实生长过程中(主要是幼果期)，如出现光照和温度剧变的气候条件，极易导致果实日灼病。枝干受害还有另外一种原因，即果树冬季落叶后，树体光秃，白天阳光直射主干或大枝，致向阳面温度升高，细胞解冻，夜晚，气温下降后又冻结，如此反复数次，常造成皮层细胞坏死，发生日灼。早熟品种发病重,中熟品种次之,晚熟品种较轻,红色耐贮品种发病轻,不耐贮品种重。

防治方法 (1)日灼病发生严重地区,选栽抗日灼病品种。(2)果实套袋。疏果后半月进行。各果园根据病虫害发生程度的不同,因地制宜选用不同果袋,兼防其他病虫害。需要进行着色的果实,采前半个月撤掉果袋。(3)树干涂白。利用白色反光原理,降低向阳面温度,缩小冬季昼夜温差以减轻夏季高温灼伤。涂白时,避免涂白剂滴落在小枝上灼伤嫩芽。涂白剂的配制:生石灰 10 ~ 12kg、食盐 2 ~ 2.5kg、豆浆 0.5kg、豆油 0.2 ~ 0.3kg、水 36kg。配制时,先将石灰化开,加水成石灰乳,除去渣滓,再将其他原料加入其中,充分搅拌即成。(4)夏季修剪时,果实附近适当增加留叶遮盖果实,防止烈日曝晒。(5)合理施用氮肥,防止枝叶徒长,夺取果实中水分。(6)加强灌水及土壤耕作,促根系活动,保证树体对水分的需要。(7)密切注意天气变化,如将出现炎热易发生日灼天气, 于午前喷洒 0.2% ~ 0.3%磷酸二氢钾或清水,有一定预防作用。(8)果实套袋。(9)喷洒国产 0.136%赤·吲乙·芸混剂,每 667m² 果园 10mL 对水喷雾。

苹果树缺氮症(Apple nitrogen dificiency)

苹果缺氮时叶呈黄、红色

症状 春夏果树生长旺盛时新梢基部成长叶片逐渐变黄,且向顶端扩展,致新梢嫩叶也变成黄色。新生叶小,略带紫色,叶脉、叶柄呈红色,叶柄与枝条成锐角,易脱落。当年生枝梢短小细弱、呈红褐色,结果小常提早成熟或早落,花芽明显减少。

病因 果园土壤贫瘠或未正常施肥, 砂质土壤遇大雨造成养分淋失,均有可能出现土壤缺氮。诊断时,叶片含氮量低于1.5%,正常值应为 2.2% ~ 2.6%。

防治方法 (1)苹果提倡采用有机栽培法,施用酵素菌沤制的堆肥或腐熟有机肥。(2)果树生长期叶面喷施 0.5%尿素液 2 ~ 3 次。

苹果树缺磷症(Apple phosphorus deficiency)

症状 苹果叶片出现暗绿色至青铜色, 近叶缘叶片上现紫褐色斑点或斑块,此症状常从基部向顶部叶扩展。枝条细弱且分枝少。叶柄及叶背面叶脉显紫红色,叶柄与枝条成锐角。生长期,生长快的新梢叶现紫红色。

苹果缺磷叶脉发红与枝略成锐角

病因 一是果园土壤含磷量低,速效磷低于 10mg/kg。二是土壤偏碱、含石灰质多,施用磷肥后易被固定,造成磷肥利用率低。三是氮肥施用量过多、磷肥施用量不足。诊断时,叶片含磷量低于 0.13%,正常值为 0.15% ~ 0.23%。

防治方法 (1)基施充足有机肥或含磷复合肥。(2)生长期喷施 0.2% ~ 0.3%磷酸二氢钾 2 ~ 3 次,也可喷施 1% ~ 3%过磷酸钙水澄清液或 0.5% ~ 1%磷酸铵水溶液。

苹果树缺钾症(Apple potassium deficiency)

苹果树缺钾症状

症状 苹果树基部叶、叶部叶叶缘失绿现黄色,且向上卷曲。严重缺钾时,叶缘失绿部变褐枯焦,严重的整叶焦枯,常挂在枝上,不易脱落。

病因 一是 酸性土或砂土有机质少,易缺钾。二是 土壤出现轻度缺钾,这时施入氮肥,易引发缺钾。三是 砂质土壤施用石灰过多,也易引发缺钾。四是 日照不足,土壤湿度过大,常出现缺钾。缺钾诊断指标为叶片含钾量小于 0.8% ~ 1.0%,正常值为 1.0 ~ 2.0%。

防治方法 (1)秋季基施充足的有机肥或含钾复合肥。(2)幼果膨大期 667m² 追施硫酸钾 20 ~ 23kg 或氯化钾 15 ~ 18kg。(3)应急时,叶面喷施 1% ~ 2%硫酸钾或氯化钾,也可喷施 0.2% ~ 0.3%磷酸二氢钾水溶液。

苹果树缺铁症(Apple tree iron deficiency)

苹果缺铁症状

症状 苹果树缺铁症又称黄化病、白叶病、缺铁失绿症、黄叶病等。症状多表现在叶片上,尤其是新梢顶端叶片。初叶色变黄,叶脉仍保持绿色,致叶片呈绿色网纹状,旺盛生长期症状明显,新梢顶部新生叶除主脉、中脉外,全部变成黄白色或黄绿色。严重缺铁时,顶梢至枝条下部叶片全部变黄失绿,新梢顶端枯死,呈枯梢现象,影响树木正常生长发育,导致早衰,致树体抵抗不良环境能力减弱,易遭受冻害或导致其他病害发生。

病因 系土壤中缺少可给态铁引起。是一种生理病害。铁是植物进行光合作用不可缺少的元素之一,铁参与果树的有氧呼吸和能量代谢等一系列生理活动,是苹果生命活动中不可缺少的元素之一。当铁在土壤中生成难溶解的氢氧化铁时不能被苹果树吸收利用;此外,进入植株体内的铁因转移困难,大都沉淀于根部,向叶部分配很少,致叶片缺铁黄化。特别是苗期和幼树受害重。

发病条件 盐碱地或土壤中碳酸钙含量高的碱性土壤,可溶性的二价铁盐易转为不溶性的三价铁盐沉淀,不能被吸收利用;且生长在碱性土壤中的苹果树体内生理状态失衡,阻碍铁的输导和利用,故易染黄化病。含锰、锌过多的酸性土壤,铁易变为沉淀物,不利植物根系吸收。土壤黏重,排水差,地下水位高的低洼地,春季多雨,入夏后急剧高温干旱,均易导致缺铁黄化。此外果园土壤缺磷也可导致黄叶病。幼苗因根系浅,吸水能力差,易发生黄化病。该病的发生还与砧木及品种有关。秋子、新疆野苹果及用苹果实生苗做砧木,不发生黄化现象;海棠做砧木,黄化轻;东北山荆子做砧木,黄化严重。苹果各品种中,金冠、国光、红玉发病重;青香蕉、元帅、红星发病较重,祝和甜黄奎发病轻。

防治方法 (1)选用抗病品种和砧木。(2)加强栽培管理。低洼积水果园,注意开沟排水,春旱时用含盐低的水灌浇压碱,减少土壤含盐量;间作豆科绿肥,增施有机肥,改良土壤。(3)喷洒铁肥。发病严重果园,发芽前喷洒 0.3%~0.5%硫酸亚铁溶液或硫酸铜 250g∶硫酸亚铁 250g∶石灰 625g∶水 80kg;或在生长季节喷 0.1%~0.2%的硫酸亚铁溶液或柠檬酸铁溶液,隔 20 天一次。或于果树中、短枝顶部 1~3 片叶开始失绿时,喷黄腐酸二胺铁 200 倍液或 0.5%尿素+0.3%硫酸亚铁,效果显著。也可在树上果实 5mm 大小时喷施 FCU 复合铁肥,即 0.25% $FeSO_4$+0.05%柠檬酸+0.1%尿素的复合铁肥。10 天后喷第二次,病叶可基本复绿。(4)根施铁肥。果树萌芽前(3 月下~4 月上)将硫酸亚铁与腐熟的有机肥混合,挖沟施入根系分布的范围内。也可在秋季结合施基肥进行,切忌在生长期施用,以免发生药害。也可将硫酸亚铁 1 份粉碎后与有机肥料 5 份混合施入;或用 TP 有机铁肥 120~180 倍液+0.3%尿素混合施用,效果更好。(5)树干注射。用强力注射器将 0.05%~0.08%的硫酸亚铁溶液或 0.05%~0.08%的柠檬酸铁溶液注射到枝干中,效果较好。(6)树干挂瓶引注法,具体方法:取装入 0.1%~0.3%硫酸亚铁溶液的小瓶挂在距地面 20cm 的树干两侧,然后用棉花做成棉芯,一端浸入瓶内药液中,另一端伸入树干上事先打好的深达形成层的孔内,然后用塑料薄膜全部包扎起来,使树体通过棉芯吸收药液,此法适于生长季节形成层活动旺盛期引注。

苹果树缺镁症(Apple tree magnesium deficiency)

苹果缺镁症脉间失绿边缘坏死

症状 幼树缺镁,基部叶片先开始褪绿或脱落,后仅残留顶梢上几片软而薄的淡绿色叶片。成龄树缺镁,枝条老叶叶缘或叶脉间首先失绿,后渐变为黄褐色或深褐色,新梢、嫩枝细长,抗寒力明显降低或导致发生枯梢,致开花受抑,果小味差。

病因 在酸性或砂性土中,可供态镁易流失或淋溶,造成缺镁。在含镁量低的石灰质土壤中或施用石灰或钾过量时,均会形成缺镁。此外,苹果砧木对镁敏感性也有差异。据报导,苹果矮化砧 M_1、M_4 易染缺镁症。诊断指标叶片含镁量小于 0.15%~0.25%,表示缺镁。

防治方法 (1)轻度缺镁果园,在 6、7 月份,喷洒 1%~2%硫酸镁溶液 2~3 次。(2)对缺镁的土壤,可把硫酸镁混入有机肥中,同时注意混入磷、钾、钙肥等。镁肥施用量,每亩 1~1.5kg。

苹果缩果病(缺硼)(Apple fruit wrinkle)

症状 主要表现在果实上,严重时新梢和叶片也发病。果实染病常因发病的早晚和品种不同分为果面干斑型、果肉木栓型和锈斑型。(1)果面干斑型:症状出现早,多在落花后半月幼果发育时始发。果面上初现暗绿色或暗红色(绿色果皮上的斑点为暗绿色,红色果皮上的斑点为暗红色)近圆形水渍状斑,随病程扩展,病部表面泌出黄色黏液,皮下果肉呈水渍状半透明,后果肉变褐至暗褐色,逐渐坏死,病部干缩、硬化、下陷、变

苹果缩果病病果(缺硼)

畸。重病果变小或在干斑处开裂,易早落。金冠、金花、祝光等主要表现这种症状。(2)果肉木栓化型:从落花后半月至果实采收期陆续发病。初果肉呈水渍状小斑点,通常沿果心线扩展,呈条状分布,果肉变褐色,呈海绵状。病果外观变化不大,仅果面凹凸不平,用手压时有松软感。幼果期发病,果实变小、畸形,易早落。生长后期果实染病,果面凹凸不平。红色品种着色早,易早落,重病果大部果实呈海绵状,不能食用;轻病果,果肉局部变色坏死,味淡,品质劣。丹顶等品种表现这种类型。(3)锈斑型。症状多表现在元帅等品种上。发病后果实呈扁圆形或长筒形,沿果柄周围果面产生褐色、细密的横条纹,这些斑纹常开裂,果面无坏死病变,果肉松软。

新梢叶片染病后常出现三种类型:一是枯梢型:多发生在初夏,新梢顶端叶片淡黄色,叶柄、叶脉红色、扭曲,叶尖或叶缘逐渐枯死。新梢顶端皮层局部坏死,阻碍养分输导,随坏死斑扩大,新梢自顶端向下逐渐枯死,形成枯梢。二是帚枝型:枝梢上的芽不能发育或形成纤弱枝条后即枯死,严重的2~4年生枝也逐渐枯死,在枯死枝下部发出许多纤细枝或形成丛枝,成"帚枝状"。三是簇叶型。这种症状常与枯梢同时发生,主要表现在春季或夏末。新梢节间缩短,节上生出许多小而厚、质脆的叶片,簇生。

病因 系因土壤中缺少苹果树生长发育所需硼素引起。土壤缺硼临界浓度为0.3mg/kg。硼可促进苹果花芽分化和花粉管生长及子房发育,增进果实中维生素和糖分含量,提高果实品质。同时,还能促进根系生长发育,增强树体抗病力,在幼嫩组织中起重要的催化作用。苹果树在不同物候期中,对硼素需要量有所不同。叶子无缺硼症状的临界浓度为19~22mg/kg;22mg/kg以上为无症状树;低于10mg/kg呈严重缺硼状。一般在花期需硼最多,此时,若能满足果树对硼需求,可提高座果率和产量。

发病条件 该病的发生与果园质地、气候及品种有关。沙质土壤,硼素易淋溶流失,含量较少;黏质土壤含硼量较多;碱性土壤硼呈不溶状态,植株根系不易吸收;钙质较多的土壤,硼也不易被吸收。土壤过于干旱,影响硼的可溶性,根也难以吸收利用。有机质丰富的土壤中可给态硼含量高。土壤瘠薄的山地或砂砾地及沙滩地果园或土壤中硼和盐类易流失的地区发病重。干旱年份或干旱地区发病重,施有机肥多的果园发病轻。苹果品种间对缺硼敏感程度不同。红玉、倭锦、鸡冠、金冠、大国光发病重;丹顶、祝光、元帅、金帅、祥玉、赤阳轻;国光较抗病。

防治方法 (1)加强栽培管理。改良山地、河沙土、黏重土、盐碱土果园的土壤。增施有机肥,搞好果园水土保持。(2)根施硼肥。秋季或春季开花前结合施基肥,施入硼砂或硼酸。施用量因树体大小略异。一般树干距地面37cm处,直径分别为8~17(cm)、23~26(cm)、33cm以上,单株硼砂施用量分别为50~150g、200~350g、350~500g。如用硼酸,用量应减少1/3。施后立即灌水,防止产生药害。施用一次肥效可维持2~3年。(3)根外追肥。花前、花期及花后各喷一次0.3%~0.5%硼砂液。碱性强的土壤硼砂易被钙固定,不易被植物吸收,采用此法效果好。

苹果树小叶病(缺锌症)(Apple tree little leaf)

苹果缺锌症健叶(左)和病叶

苹果树小叶病

症状 苹果树小叶病又称缺锌症。新梢和叶片易显症,春季症状明显。初叶色浓淡不均,叶片黄绿或叶脉间色淡,病树发芽晚或新梢节间短,顶梢小叶簇生或光秃;叶形狭小,状似梅花形,质地脆硬,不伸展,叶缘上卷,叶脉绿色,叶片或脉间黄绿色;2~3月后,病枝易枯死。病枝下部另发新枝,新枝上叶片初正常,渐变小或着色不均。严重时5~6年生老枝上几乎全部出现小叶病。病树花芽分化受阻,花芽或花小色淡,不易座果或果小畸形。病树根系发育不良,后期有烂根现象,发病

重的树势极度衰弱，树冠不扩展致产量降低。

病因 由于土壤中缺少可供态锌引起。锌是植物生长发育不可缺少的元素。锌参与生长素合成及酶系统活动，参与光合作用。缺锌时光合作用形成的有机物质不能正常运转，所以导致叶片失绿，生长受阻。影响产量和果实品质。用黑曲霉法测定土壤含锌量低于 2mg/kg，苹果出现缺锌症。

发病条件 砂地、碱性土壤及瘠薄地或山地果园缺锌较普遍。砂地锌含量少易流失，碱性土壤锌盐易转化为不可溶态，不利果树根系吸收利用。缺锌还与土壤中磷酸、钾和石灰含量过多有关。土壤中磷酸过多，根吸收锌则较困难。缺锌还与土壤氮、钙等元素失调有关。此外，重茬，经常间作蔬菜或浇水频繁，修剪过重或伤根过多均易导致缺锌。苹果各品种中青香蕉发病重。

防治方法 (1)增施有机肥，改良土壤，这是防治小叶病的根本措施。生产上增施有机肥，特别是砂地、盐碱地及瘠薄山地果园，要注意协调氮、磷、钾比例。(2)喷施锌肥。在苹果树发芽前半月全树喷洒 3%～5%硫酸锌溶液。硫酸锌肥效可维持一年。重病园须年年喷洒，轻病园可隔年喷布。也可在苹果盛花期后 3 周喷 0.2%硫酸锌＋0.3%～0.5%尿素或 300mg/kg 环烷酸锌＋0.3%尿素。(3)根施硫酸锌。发芽前，在树下挖放射状沟，每株树施 50%硫酸锌 1.0～1.5kg。(4)树干挂瓶引注法。在离地面 20cm 处的树干两侧，打两个深达形成层的孔，每个孔附近挂一个 40mL 小瓶，瓶内装 0.1%～0.3%硫酸锌，然后用棉花做成棉芯，一端插入瓶内药液中，另一端放入树干的孔里，最后用塑料薄膜全部包扎，树体通过棉芯吸收药液。这种方法适于生长季节形成层活动旺盛期引注。但容易造成伤口，腐烂病严重的果园应慎用。

苹果树粗皮病（Apple tree rough bark）

症状 苹果树粗皮病又称赤疹病。主要为害枝干和果实。一般多发生在 5～6 年生枝干上。初在病部产生小粒状病点，

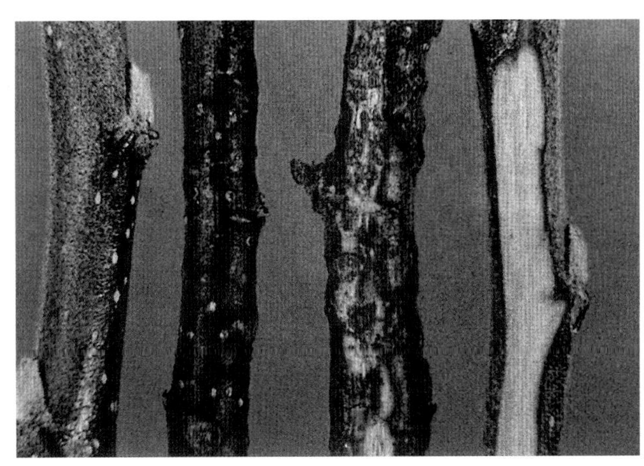

苹果树粗皮病症状左右为健株中为病枝

扩大后稍隆起，似轮纹状，有些初生短枝的叶上生斑点或皱缩。病树结果多，致树势迅速衰弱。果实染病，果面现粗糙暗褐色木栓区，果面似长癣状，木栓化斑有的单个存在，有的呈不完全环状。此外还有伤刺毛型、星状曝裂型、扁平苹果型等。树干染病，致树皮开裂或形成凹沟，后树皮增厚或粗糙，病树产量下降。

病因 缺硼或吸收锰过多，及土壤过酸引起。我国土壤锰含量为 42～5000mg/kg，平均为 710mg/kg。当土壤中还原性锰含量超过 100mg/kg 时，富士品种发生粗皮病，此外，排水不良，土壤酸度大是该病发生的重要生态条件，当土壤 pH 低于 5 时，国光、富士、红香蕉等即发生粗皮病。此病多发生在雨水较多的地方。近有报道：苹果果实粗皮病毒病(Apple rough skin)、苹果鳞皮病毒病(Platycarpa scaly bark) 分别可引致果实及枝干粗皮病。

防治方法 (1)改善排灌条件，做到及时排水。(2)增施有机肥、施用石灰改变土壤 pH 值。(3)选栽抗病品种。如鸡冠。(4)必要时喷2.5%三十烷·十二烷·硫铜可湿性剂 1000 倍液或 20%盐酸吗啉胍·铜可湿性粉剂 500 倍液，防治病毒引起的粗皮病。

2. 苹 果 害 虫

（1）种子果实害虫

桃小食心虫(桃蛀果蛾)（Peach fruit borer）

学名 *Carposina sasakii* Matsumura 异名 *C.niponensis* Walsingham 鳞翅目，蛀果蛾科。别名：桃小实虫、桃蛀虫、桃小食蛾、桃姬食心虫等，简称“桃小”。分布 黑龙江、内蒙古、吉林、辽宁、北京、天津、河北、山东、山西、江苏、上海、安徽、浙江、福建、河南、陕西、甘肃、宁夏、青海、湖南、湖北、四川、台湾。

寄主 苹果、花红、海棠、梨、山楂、榅桲、桃、李、杏、枣、木瓜等。

为害特点 为害苹果、梨、枣较严重。为害苹果等仁果类，幼虫多由果实胴部蛀入，蛀孔流出泪珠状果胶，俗称“淌眼泪”，不久干涸呈白色蜡质粉末，蛀孔愈合成一小黑点略凹陷。幼虫入果常直达果心，并在果肉中乱串，排粪于隧道中，俗称“豆沙馅”，没有充分膨大的幼果受害多呈畸形、俗称“猴头果”。为害枣、桃、山楂等多在果核周围蛀食果肉，排粪于其中。被害果品质降低，有的脱落，严重者不能食用，失去经济价值。

形态特征 成虫：体白灰至浅灰褐色，雌体长 7～8(mm)，翅展 16～18(mm)，雄体长 5～6(mm)，翅展 13～15(mm)，复眼红褐色，下唇须雌蛾长而直，雄蛾短而向上弯。前翅前缘中部有一近三角形黑蓝色大斑，近基部和中部有 7～8 簇黄褐或蓝褐斜立的鳞片。后翅灰色，缘毛长浅灰色。翅缰雄 1 根，雌 2 根。卵：近椭圆形或桶形，初产时橙色，渐变深红，顶部环生“Y”形刺毛 2～3 圈，卵壳表面具不规则多角形网状刻纹。幼虫：体长 13～16(mm)，桃红色，腹部色淡，无臀栉，头黄褐色，前胸盾黄褐至深褐色，臀板黄褐或粉红，前胸侧毛组(K 毛)有 2 根刚毛，腹足趾钩单序环 10～24 个，臀足趾钩 9～14 个，低龄幼虫体白色，头、前胸黑褐色。蛹：长 6.5～8.6(mm)，初黄白后变黄褐色，羽化前

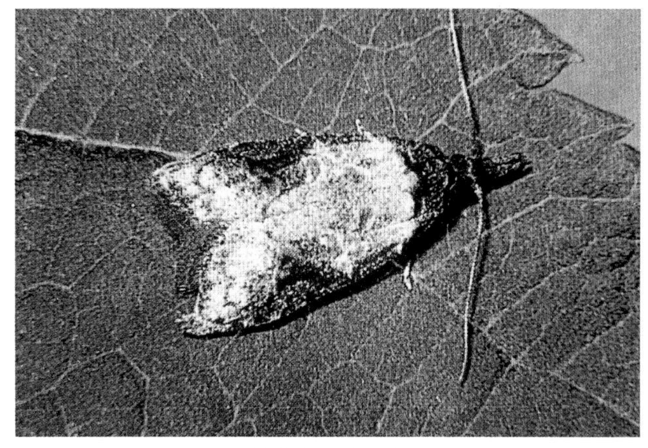

桃小食心虫成虫

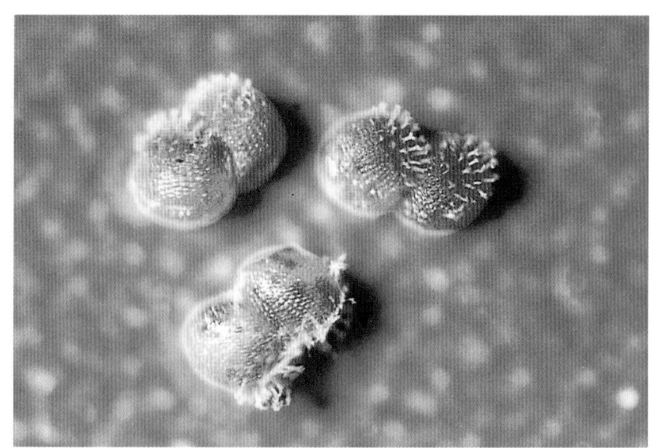

桃小食心虫卵放大

桃小食心虫幼虫

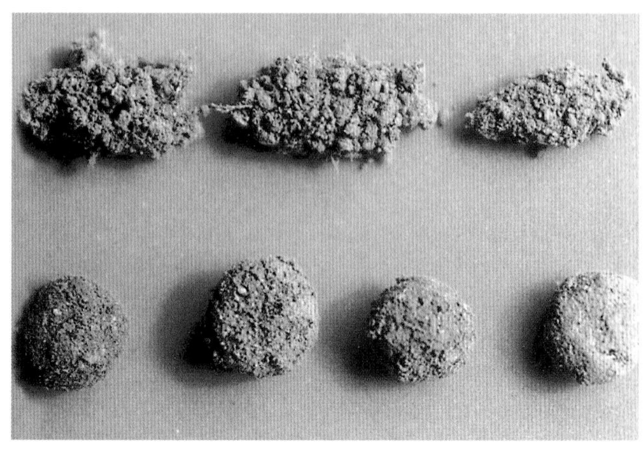

桃小食心虫冬茧(上)和夏茧(张互助 摄)

桃小食心虫幼虫出土(张互助 摄)

变为灰黑色,翅、足和触角端部游离。茧有两种:越冬茧扁圆形,直径6mm,高2~3(mm),由幼虫吐丝缀合土粒而成,质地紧密;羽化茧又称夏茧,纺锤形,长7.8~13(mm),质地疏松,一端有羽化孔。

生活习性 北方年生1~2代,以老熟幼虫在土中结冬茧越冬,在树干周围一米范围内3~6(cm)以上土层中占绝大多数。越冬幼虫出土期,因地区、年份和寄主的不同而异,出土盛期一般在5月下至6月中旬,有时延续60多天,雨后土壤含水达10%以上进入出土高峰,干旱推迟出土。越冬幼虫出土始期与温度有关,出土前一旬平均气温一般为16.9℃,5cm地温为19.7℃。越冬幼虫出土后,一天即可做成纺锤形夏茧,在其中化蛹,蛹期半月左右,6月中旬陆续羽化,至7月上旬或8月中旬结束,羽化交尾后2~3天产卵,散产,仁果类树多产于萼洼处,枣树多产于叶脉分杈或梗洼处,每雌产卵高者可达百余粒,一般40~50粒,产卵对苹果等品种有明显的选择。成虫寿命6~7天,昼伏夜出,无明显趋光性,卵期一周左右,孵化后多自果实中、下部蛀入果内,不食果皮。幼虫为害20~30天老熟脱果,发生一代者入土结冬茧越冬;发生二代者于地表结夏茧化蛹羽化。8月下旬以后脱果者只发生一代,7月下旬以前脱果者发生2代。枣和梨树上只发生一代,并比苹果迟20天左右。幼虫天敌有齿腿姬蜂和甲腹茧蜂。

预测预报 (1)越冬幼虫出土期测报:一是选上年发生严重的树5株,(或于秋季采收时取大量虫果堆放测报树下,幼虫脱果后收取虫果),于越冬幼虫出土前,将树盘整平耙细,筛上一层细土,在距树干60cm范围内,均匀放瓦片15~20片。开始每2~3天检查一次,有无出土幼虫或夏茧,记数后将虫取出,发现有幼虫之日即幼虫开始出土期,此后每天上午检查一次,若天天都有幼虫出土,且数量日趋增加,表示幼虫开始进入出土盛期,只需一次施药的果园,应立即进行地面施药。或用性诱剂挂于田间,根据果园大小,挂2~4个,置诱芯于水盆上,挂在树北侧高1~1.5米的外围枝上。每天定时检查一次,记载所诱桃小成虫数,将虫捞出,当第一次诱到成虫时,应进行地面施药。(2)调查卵果率,即当性诱剂诱到第一头成虫后(未进行性诱者，一般自 7 月中旬开始)，每 5 天查一次卵果率。调查卵果可采用定果调查，即选主栽品种 5 株，均匀分布园内，每株按东、南、西、北、中五个方位，高约 1.5m 处，每方位定果 20 ~ 40 个，5 天查卵一次，记数后将卵抹除，当累计卵果率达 2% ~ 3%时开始树上施药。也可随机调查，既不定株，也不定果，每次随机取果调查，一般抽查总株数 3% ~ 5%，1000 ~ 3000 株者抽 1%，3000 株以上者抽查 0.5%。每株仍按上述 5 个方位连续取 20 个果(每株百果)，记录卵数，五天调查一次，当一次调查卵果率达 1%时，树上开始施药。如人力不足，每次至少应调查 5 株以上为宜。

防治方法 对此虫防治欲得最佳效果，关键是做好测报工作，采取树下防治为主，树上防治为辅，人工与药剂防治及生物防治相结合的策略。(1)生物防治。①在苹果园桃小食心虫越冬代幼虫和第一代幼虫脱果期，采用白僵菌 2kg/667m^2 加 35%辛硫磷微胶囊剂 0.15kg/667m^2，或 40%毒死蜱乳油 0.15kg 对水 75kg，在树盘下喷洒，喷后浅锄 1 遍，将药与土拌均或覆草，防效达 90%以上，比单用化学农药好。②每 667m^2 用含 1 ~ 2 亿条侵染期小卷蛾线虫或异小杆线虫的悬浮剂喷施果园土表，害虫死亡率可达 90%以上。③在无水的山地果园或砂砾质土壤的果园，以及利用酸枣嫁接大枣的山坡边缘等不宜利用线虫防治桃小食心虫时，可利用桃小甲腹茧蜂。当正常茧数与被甲腹茧蜂寄生茧数比为 50 ~ 60 : 50 ~ 40 时，则不必另行放蜂，如为 70 : 30，则需加放部分甲腹茧蜂。枣树上的桃小食心虫，是此蜂重要的繁殖寄主，当果园此蜂发生量少，寄生比例不足时，可从枣树上收集被寄生的茧、释放于果园。另外夏季收集第一代桃小为害的虫果，放入养虫笼中，待幼虫脱出作茧化蛹后，识别被甲腹茧蜂寄生的茧，待成蜂羽化后释放于果园。④使用性诱剂诱杀成虫。使雌虫产无效卵。(2)有条件的可进行果实套袋，于产卵前套完，可防治多种食果害虫，获得绿色食品。(3)越冬幼虫出土盛期后，在树冠下培土 6 ~ 9(cm)，或树冠下覆盖地膜，防止成虫出土。(4)药剂处理土壤。每次用 35%辛硫磷微胶囊剂或 40%辛硫磷乳油 300~400 倍液、48%毒死蜱乳油 500 倍液均匀喷于树冠下。或以上述药剂和用量加水 5 倍喷拌 300 倍的细土便成毒土，撒于树冠下，皆能取到较好效果，辛硫磷施用后应及时耙土以防光解。根据此虫发生轻重，施药 1 ~ 2 次，间隔一月，可基本控制为害，特别是在幼虫出土期间如遇天降透雨或灌水后 2 ~ 3 天施药，效果尤佳。此外也可使用 50%二嗪磷乳油 350 倍液，或 2.5%溴氰菊酯或 20%氰戊菊酯乳油 1500 倍液，喷洒地面均有良效，但残效期短。上年虫果率在 5%以下果园，不必进行土壤处理。(5)树上施药，一次查卵，卵果率达 1% ~ 2%时施药。常用药剂有：5%氟啶脲乳油 1500~2000 倍液、1.8%阿维菌素乳油 2000 倍液、1%甲氨基阿维菌素苯甲酸盐 4000 倍液、48%毒死蜱乳油 1500 倍液、25%灭幼脲悬浮剂 1000 倍液、50%杀螟硫磷乳油 1000 倍液、95%杀螟丹可溶性粉剂 1500 倍液、2.5%高效氯氟氰菊酯乳油 1500 ~ 2000 倍液、50g/L 溴氰菊酯乳油 3000 ~ 4000 倍液，以及其他菊酯类药剂及菊酯与有机磷剂的复配剂等。但同时有螨类发生则以用高效氯氟氰菊酯或甲氰菊酯两种菊酯药剂为好。此外应注意处理堆果场所等园外越冬幼虫。

梨小食心虫(Oriental fruit moth)

学名 *Grapholitha molesta* (Busck) 鳞翅目，卷蛾科。异名 *Cydia molesta* (Busck) 别名：梨小蛀果蛾、梨姬食心虫、桃折梢虫、东方蛀果蛾、小食心虫、桃折心虫、梨小。分布在东北、西北、华北、华东、华南及西南。

寄主 苹果、山楂、梨、刺梨、桃、李、杏、樱桃、柿、杨梅、枇杷、猕猴桃等。

为害特点 幼虫食害芽、蕾、花、叶和果实。幼虫吐丝将叶子缀成饺子状，在其中取食叶肉，残留灰白色表皮。果实受害初在果面现一黑点，后蛀孔四周变黑腐烂，形成黑疤，疤上仅有 1

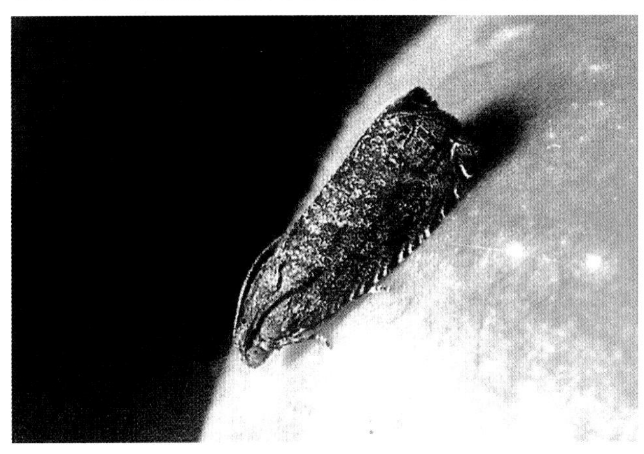

梨小食心虫成虫

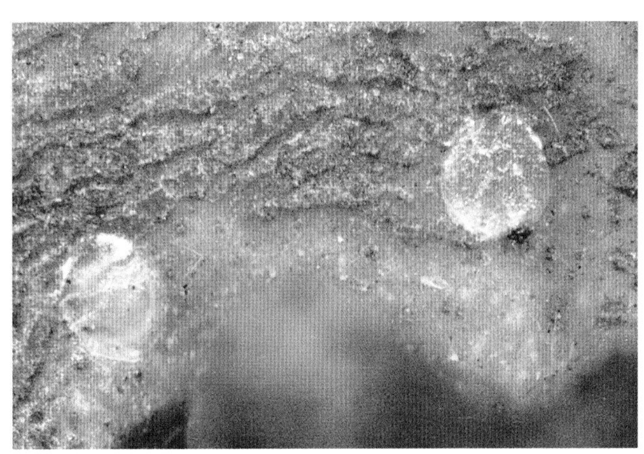

梨小食心虫产于果面的卵粒放大

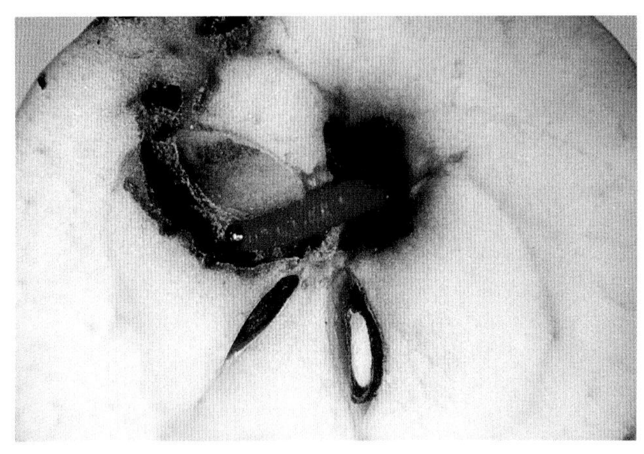

梨小食心虫幼虫为害苹果状

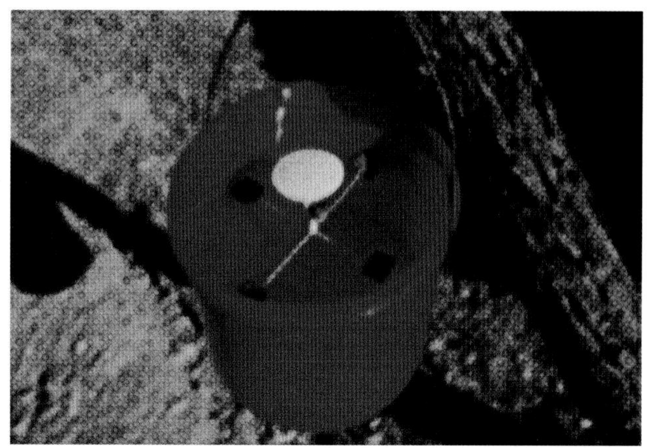
提倡使用梨小食心虫高效性诱剂经济高效

小孔,但无虫粪,果内有大量虫粪。严重影响植株生长和果实商品价值。

形态特征 成虫：体长5～7(mm)，翅展11～14(mm)，暗褐或灰黑色。下唇须灰褐上翘。触角丝状。前翅灰黑，前缘有10组白色短斜纹，中央近外缘1/3处有一明显白点，翅面散生灰白色鳞片，后缘有一些条纹，近外缘约有10个小黑斑。后翅浅茶褐色，两翅合拢，外缘合成钝角。足灰褐，各足跗节末灰白色。腹部灰褐色。卵：扁椭圆形，中央隆起，直径0.5～0.8(mm)，表面有皱褶，初乳白，后淡黄。幼虫：体长10～13(mm)，淡红至桃红色，腹部橙黄，头褐色，前胸盾浅黄褐色，臀板浅褐色。臀栉4～7齿。腹足趾钩单序环30～40个，臀足趾钩20～30个。前胸气门前片上有3根刚毛。蛹：长7mm，黄褐色，渐变暗褐色，腹部3～7节背面具二排横列小刺，8～10节各生一排稍大刺，腹末有8根钩状臀棘。茧：丝质白色，长椭圆形，长约10mm。

生活习性 华南年生6～7代，东北多为3～4代，以老熟幼虫在果树枝干和根颈裂缝处及土中结成灰白色薄茧越冬。华北第4代多为不完全世代，以3代和部分4代幼虫越冬。翌年春季4月上、中旬开始化蛹，此代蛹期约15～20天。成虫发生期4月中旬～6月中旬，发生期很不整齐，致以后世代重叠。各虫态历期：卵期5～6天，第一代卵期8～10天，非越冬幼虫期25～30天，蛹期一般7～10天，成虫寿命4～15天，除最后1代幼虫越冬外，完成1代约需40～50天。有转主为害习性，一般1、2代主要为害桃、李、杏的新梢，3、4代为害桃、梨、苹果的果实。卵主要产于中部叶背，为害果实的产于果实表面，仁果类多产于萼洼和两果接缝处，散产，每雌产卵70～80粒。在梨、苹果和桃树混栽或邻栽的果园，梨小食心虫发生重；果树种类单一发生轻。山地管理粗放的果园发生重。一般雨水多、湿度大的年份，发生比较重。天敌：卵有赤眼蜂，幼虫有齿腿瘦姬蜂、小茧蜂、钝唇姬蜂、白僵菌等。

防治方法 此虫目前应采取生物、农业、人工和药剂保果相结合的综合防治措施。为了指导最佳施药时期，必须做好测报工作。当前发生期的测报方法：一是利用性诱剂诱集成虫，二是调查卵果率。防治方法：(1)休眠期刮除老皮、翘皮进行处理或幼虫脱果越冬前进行树干束草诱集幼虫越冬，于来春出蛰前取下束草烧毁。(2)提倡用梨小食心虫高效性诱剂，持效期长达100天，经济高效。春夏季及时剪除桃树被蛀梢端萎蔫而未变枯的树梢及时处理。(3)释放赤眼蜂。桃园防治梨小食心虫，自第二代后每代于产卵初期开始放蜂，放3～4次，每667m^{2}总蜂量保持12万头，实行隔行隔株布点放蜂，效果较好。(4)药剂防治。常用药剂有35%氯虫苯甲酰胺水分散粒剂7000～10000倍液，持效期20天。此外，可选用40%毒死蜱乳油1500倍液或2.5%溴氰菊酯或5%S–氰戊菊酯乳油2000倍液，如兼治蚜虫和叶螨可用5%甲氨基阿维菌素苯甲酸盐微乳剂8000倍液、20%甲氰菊酯乳油加40%乐果乳油2：1混合液2000倍液，50%杀螟硫磷乳油1000倍液、25%灭幼脲悬浮剂1000倍液、95%杀螟丹可溶性粉剂2000倍液、20%甲氰菊酯乳油2000倍液、2.5%高效氯氟氰菊酯乳油2500倍液。(5)提倡苹果套塑料薄膜袋，采收时可不除袋，带袋储运。

苹小食心虫(Apple fruit moth)

学名 *Grapholitha inopinata* Heinrich 鳞翅目，卷蛾科。别名：东北小食心虫、苹果小蛀蛾，简称“苹小”。分布：辽宁、吉林、黑龙江、内蒙古、北京、天津、河北、山西、陕西、甘肃、宁夏、青海、新疆。

寄主 苹果、梨、沙果、海棠、山定子、山楂、榅桲、花红等。

为害特点 幼虫多从果实胴部蛀入，在皮下浅层为害，小果类可深入果心。初蛀孔周围红色，俗称“红眼圈”。后被害部渐

苹小食心虫蛀孔

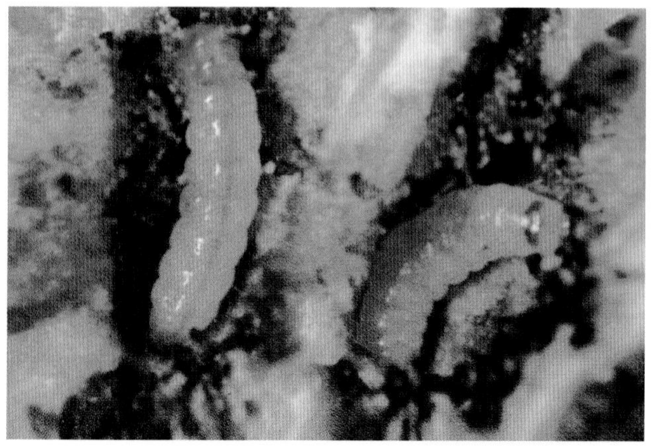
苹小食心虫幼虫(郭书普)

苹小食心虫成虫放大

棉铃虫幼虫为害苹果幼果状

扩大干枯凹陷呈褐至黑褐色,俗称“干疤”,疤上具小虫孔数个,并附有少量虫粪。幼果被害常致畸形。幼虫蛀果后未成活,蛀孔周围果皮变青,称为“青疔”。

形态特征 成虫:体长4.4~4.8(mm),翅展10~11(mm)。全体暗褐色,具紫色光泽。前翅前缘具7~9组,一般为8组白色短斜纹,翅上端部有很多白色鳞片形成的白色斑纹,近外缘处的斑纹排列整齐。靠外缘有一排不甚明显的小黑点。后翅灰褐色,雄虫具翅缰一根,雌虫2根。卵:椭圆形,淡黄色,半透明,具光泽。幼虫:体长6.5~9(mm),头黄褐色,前胸盾浅黄褐色,臀板浅褐色。腹部背面各节具前粗后细桃红色横纹两条,具臀栉,4~6刺,深褐色。蛹:长4.5~5.6(mm),黄褐色,第2~7腹节背面前后缘各有一横列小刺,第8~10节各具稍大的刺一排。

生活习性 辽宁、山东、河北、陕西年生2代,梨树上年生1~2代,以老熟幼虫在树皮缝隙、吊枝绳、剪锯口、果筐、果箱、孔穴等隐蔽处结薄茧越冬。在辽南和河北省翌年5月中下旬开始化蛹,6月上旬出现越冬代成虫和第一代卵,卵期5~7天,孵化出的幼虫蛀果为害,幼虫期20天左右,一般在7月下~8月上旬幼虫老熟后脱果化蛹,蛹期10~15天,后羽化为第1代成虫,盛期在8月上、中旬,产2代卵于果实上,孵化的2代幼虫在果内发育,约经20天左右于8月下旬老熟并陆续脱果,越冬。成虫夜晚活动最盛,对醋、糖、蜜、茴香油、樟油有一定趋化性。苹小喜温暖高湿。卵发育适温19~29℃,相对湿度75%~95%;成虫产卵最适湿度95%,温度25~29℃。

防治方法 参考梨小食心虫防治法(1)、(2)、(3)及桃小食心虫树上药剂防治法。

棉铃虫(Cotton bollworm)

学名 *Helicoverpa armigera* Hübner 鳞翅目,夜蛾科。别名:棉桃虫、钻心虫、青虫、棉铃实夜蛾等。分布在东北、华北、西北、华中、华南、西南等地。

寄主 苹果、梨、柑橘、桃、李、葡萄、石榴、无花果、草莓及棉等。

为害特点 初孵幼虫先为害嫩叶尖及小花蕾,稍长大即钻入嫩蕾、花朵中为害,后蛀食花蕾果成孔洞、腐烂。

形态特征 成虫:体长14~18(mm),翅展30~38(mm),灰褐色。前翅有褐色肾形纹及环状纹,肾形纹前方前缘脉上具褐纹2条,肾纹外侧具褐色宽横带,端区各脉间生有黑点。后翅淡褐至黄白色,端区黑色或深褐色。卵:半球形,0.44~0.48(mm),初乳白后黄白色,孵化前深紫色。幼虫:体长30~42(mm),体色因食物或环境不同变化很大,由淡绿、淡红至红褐或黑紫色。以绿色型和红褐色型常见。绿色型,体绿色,背线和亚背线深绿色,气门线浅黄色,体表布满褐色或灰色小刺。红褐色型,体红褐或淡红色,背线和亚背线淡褐色,气门线白色,毛瘤黑色。腹足趾钩为双序中带,两根前胸侧毛连线与前胸气门下端相切或相交。蛹:长17~21(mm),黄褐色,腹部第5~7节的背面和腹面具7~8排半圆形刻点,臀棘钩刺2根,尖端微弯。

生活习性 北京、内蒙古、新疆年生3代,华北4代,长江流域以南5~7代,以蛹在土中越冬,翌春气温达15℃以上时开始羽化。华北4月中下旬开始羽化,5月上中旬进入羽化盛期。1代卵见于4月下旬至5月底,1代成虫见于6月初至7月初,6月中旬为盛期,7月份为2代幼虫为害盛期,7月下旬进入2代成虫羽化和产卵盛期,4代卵见于8月下旬至9月上旬,所孵幼虫于10月上中旬老熟入土化蛹越冬。成虫昼伏夜出,对黑光灯趋性强,萎蔫的杨柳枝对成虫有诱集作用,卵散产在嫩叶或花蕾上,每雌可产卵100~200粒,多的可达千余粒。产卵期历时7~13天,卵期3~4天,孵化后先食卵壳,脱皮后先吃皮,低龄虫食嫩叶,2龄后蛀果,蛀孔较大,外具虫粪,有转移习性,幼虫期15~22天,共6龄。老熟后入土,于3~9cm处化蛹。蛹期8~10天。该虫喜温喜湿,成虫产卵适温23℃以上,20℃以下很少产卵,幼虫发育以25~28℃和相对湿度75%~90%最为适宜。北方湿度对其影响更为明显,月降雨量高于100mm,相对湿度70%以上为害严重。

防治方法 (1)园艺防治 ①深翻灭蛹。秋、冬深翻,切断蛹的羽化道,可减少虫源。②于早晨或阴天,看到有新鲜虫粪时可人工捕捉或放鸡、鸭啄食之。(2)生物防治。把每克含活孢子100亿苏云金杆菌悬浮剂或可湿性粉剂800~1000倍液或10%苏云金杆菌可湿性粉剂800倍液喷在叶背面,对3龄前幼虫防效好。(3) 药剂防治。于幼虫发生期喷洒50%氯氰·毒死蜱乳油2000倍液或5%除虫菊素乳油1000倍液。

枯叶夜蛾(Akebia leaf-like moth)

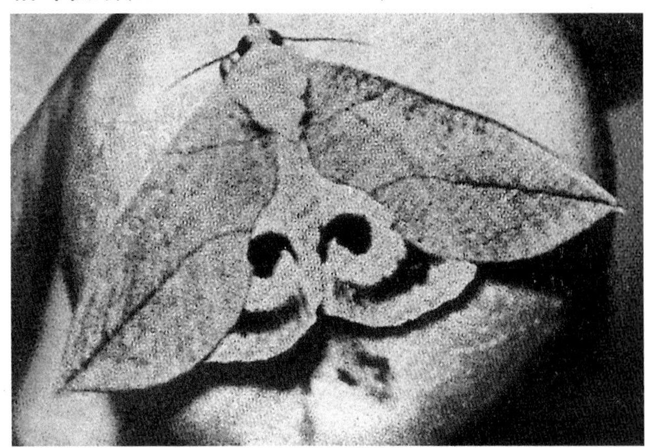
枯叶夜蛾成虫吸食苹果汁液

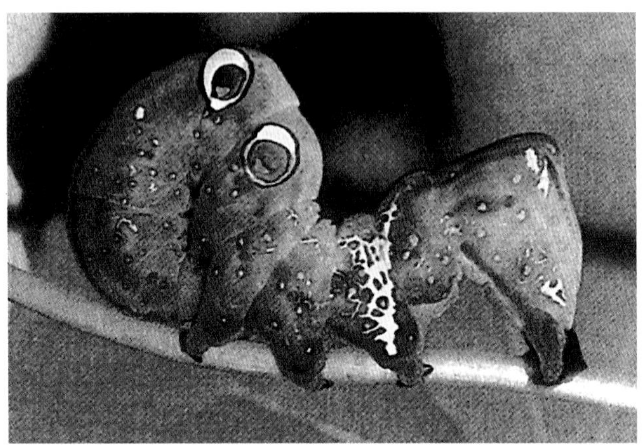
枯叶夜蛾幼虫放大

学名 *Adris tyrannus* (Guenée) 鳞翅目,夜蛾科。别名:通草木夜蛾。

寄主 成虫为害苹果、梨、柑橘、葡萄、桃、杏、柿、枇杷、无花果等果实;幼虫为害通草、伏牛花、十大功劳等。

为害特点 成虫刺吸果汁,幼虫吐丝缀叶潜伏为害。

形态特征 成虫:体长35~38(mm),翅展96~106(mm),头胸部棕褐色,腹部杏黄色,触角丝状。前翅色似枯叶,顶角尖,外缘弧形内斜,后缘中部内凹,从顶角至后缘内凹处有一黑褐色斜线,内线黑褐色,翅脉上有许多黑褐小点,翅基部及中央有暗绿色圆纹。后翅杏黄色,中部有1肾形黑斑,亚端区有1牛角形黑纹。卵:扁球形,直径1mm左右,乳白色,底部与顶部较平,外壳网纹明显并具花冠。幼虫:体长57~71(mm),前端较尖,红褐色,1、2腹节常弯曲,第8腹节隆起,将7~10腹节连成峰状。体黄褐或灰褐色,背线、亚背线、气门线、亚腹线和腹线均为暗褐色。第2、3腹节亚背面有1眼形斑,中黑并具月牙形白纹,其外围黄白色绕有黑圈,各体节布有许多不规则白纹,第6腹节亚背线与亚腹线间有一方形斑,上生许多黄圈和斑点。蛹:长31~32(mm),红褐至黑褐色,头顶中有1脊突,头胸部背面有许多较粗不规则皱褶,腹部背面较光滑,刻点稀疏。

生活习性 1年约生2~3代,多以成虫越冬,温暖地区有以卵和中龄幼虫越冬的,发生期重叠。成虫多在7~8月为害,昼伏夜出,有趋光性,喜食香甜味浓的果实,7月前为害杏等中熟果实,后转为害苹果、梨、葡萄等。成虫寿命较长,卵产于幼虫寄主的叶背,幼虫吐丝缀叶潜伏为害,老熟后缀叶结薄茧化蛹。

防治方法 参考梨树害虫——毛翅夜蛾。

苹果蠹蛾(Codling moth)

苹果蠹蛾成虫

苹果蠹蛾幼虫为害苹果果实

学名 *Cydia pomonella* (L.)异名 *Laspeyresia pomonella* Linne 鳞翅目,卷蛾科。别名:苹果小卷蛾。分布:该虫在我国主要分布在新疆,在新疆几遍全境。该虫是毁灭性的果树害虫之一。是我国对内、对外重要检疫对象。近年来正从河西走廊向内地蔓延,形势十分严峻。已逼近甘陕边界应引起高度重视。

寄主 苹果、沙果、梨、桃、杏、石榴等多种仁果类、核果类害虫。

为害特点 幼虫多从胴部蛀入,深达果心食害种子,也蛀食果肉。随虫龄增长,蛀孔不断扩大,虫粪排至果外,有时成串挂在果上,造成大量落果。

形态特征 成虫:体长约8mm,翅展19~20(mm),全体灰褐色,略带紫色金属光泽。前翅颜色可分3区:臀角大斑深褐色,具3条青铜色条纹;翅基部褐色,其外缘突出,略成三角形,这一区杂有颜色较深的波状斜行纹;翅中部色浅,呈淡褐色,杂有褐色斜纹。雌雄前翅反面区别明显:雄蛾中

室后缘具一黑褐色条斑，翅缰1根；雌蛾具翅缰4根。卵：椭圆形，极扁平，直径1.15mm左右。幼虫：体长14~18(mm)，淡红色或红色，前胸侧毛组3毛，腹足趾钩单序缺环，19~23根，臀足趾钩14~18根，无臀栉。蛹：长7~10(mm)，腹末具6根钩状毛。

生活习性 新疆年生1~3代，以老熟幼虫在树皮下和树干缝隙及其他缝隙中结茧越冬。翌春化蛹羽化，成虫昼伏夜出，有趋光性。产卵于叶和果上，尤以上层果实及叶片上落卵多。卵散产，每雌产卵40多粒，卵期5~25天。初孵幼虫先在果面上四处爬行，寻找适当位置蛀入果内：沙果多从胴部蛀入，香梨从萼洼处，杏多从梗洼处蛀入。幼虫期30天左右，可转果为害。

在甘肃张掖地区年生2代和1个不完整的第3代，以老熟幼虫在粗皮裂缝、翘皮下、树洞中、主干分杈及主枝分叉处的缝隙中结茧越冬。4月上旬越冬幼虫陆续开始化蛹，5月中旬进入越冬代成虫羽化高峰期，5月中下旬1代幼虫蛀果为害，7月中下旬为1代成虫羽化高峰期，7月中下旬至8月上旬为2代幼虫为害高峰期，9月下旬出现不完整第3代幼虫。在张掖地区6月中旬至7月上旬越冬代成虫和第1代成虫之间有一段明显间断期，说明第1代发生趋势相对较为独立，世代重叠现象发生不重。

防治方法 (1)参考桃小食心虫及梨小食心虫。(2)严格执行植物检疫条例，对新疆出境的苹果、梨等果实及包装物，进行严格检疫，严防该虫传入新疆至东部青海、宁夏、北京等省市的沿线及国内其它果区。(3)采用期距法预报苹果蠹蛾越冬代成虫羽化高峰期、产卵高峰期和幼虫为害期。一般发蛾始期距发蛾高峰期14天，雌虫卵前期3~6天，平均4.5天，卵期平均7天。用此法预报哈密地区越冬代发蛾始期为4月26日后，发蛾高峰在5月4日左右，产卵高峰在5月8日，5月7日卵开始孵化，幼虫开始蛀果，5月15日进入卵孵化高峰期，5月8日~15日之间是防治最佳时期。(4)4月下旬通过杀虫灯、性诱剂等诱杀成虫，并在羽化高峰期对果园喷药防治1代卵和初孵幼虫，可控制其为害。(5)提倡用性信息素防治苹果蠹蛾。

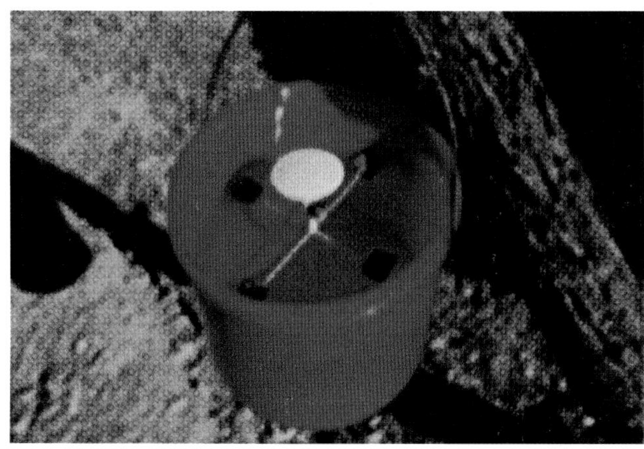

提倡使用性信息素防治苹果蠹蛾

苹果实蝇(Apple fruit fly)

学名 *Rhagoletis pomonella* (Walshingham) 双翅目，实蝇科。分布在美国、加拿大。

苹果实蝇成虫放大

苹果实蝇幼虫

寄主 严重为害苹果，也为害梨、李、樱桃、山楂。是中国对外检疫对象。

为害特点 幼虫蛀害果实，将果肉蛆成弯曲褐色虫道，引起腐烂、落果。

形态特征 成虫：体长5~6(mm)，黑色有光泽，头部背面淡褐色。中胸背板侧缘从肩胛至翅基有白色条纹，背板中部有灰色纵纹4条。腹部黑色，雌蝇有白色带纹4条，雄蝇3条。翅透明，有4条黑色斜行带纹，第1条在后缘和第2条合并，第3条、4条在翅的前缘中部合并。卵：长椭圆形，前端有刻纹。末龄幼虫：体长7~10(mm)，浅黄白色，长椭圆形，前端略小，前气门扇形，前缘有17~23个指突，排成不规则的2~3行，后气门位于体末端。蛹：长4~5(mm)，褐色。

生活习性 年生1代，个别出现不完全的2代，以蛹在7~15(cm)土中越冬，7月初~10月末羽化为成虫，羽化后7天交配，不久把卵产在无日光直射的苹果表皮下，每孔产1粒卵，每雌产400~500粒，卵期5~10天，幼虫孵化后在果内取食，幼虫在青果内发育15~20天，果实落地后，幼虫加快发育进度，末龄幼虫于8月底至11月底离开果实入土化蛹，翌年夏季羽化，个别经3~4年才羽化。

防治方法 (1)严格检疫，防止人为传入。(2)及时清除落果，集中深埋或烧毁。(3)抓住羽化后至产卵初期喷洒50%乐果乳油1000倍液或50%灭蝇·杀单可湿性粉剂2000倍液。(4)提倡苹果实蝇产卵前，套袋防虫。

(2)花器芽叶害虫

苹果小卷蛾(Smaller apple leaf roller)

学名 *Adoxophyes orana orana* (Fischer von Röslerstamm) 鳞翅目,卷蛾科。别名:苹卷蛾、棉卷蛾、远东褐带卷蛾、棉褐带卷蛾等。分布于全国各地,仅西藏未见采集记录。

寄主 苹果、梨、山楂、桃、李、杏、柑橘等。

为害特点 幼龄食害嫩叶、新芽,稍大卷叶或平叠叶片或贴叶果面,食叶肉呈纱网状和孔洞,并啃食贴叶果的果皮,呈不规则形凹疤,多雨时常腐烂脱落。

形态特征 成虫:体长6~8(mm),翅展15~20(mm),黄褐色。触角丝状,下唇须明显前伸。前翅略呈长方形,基斑、中带、端纹深褐色;中带前半部较狭,中央较细,有的个体中断,下半部向外侧突然增宽似倾斜的"h"形或分2叉,内支止于后缘外1/3处,外支止于臀角附近;端纹多呈"Y"状,向外缘中部斜伸;翅面上常有数条暗褐色细横纹;雄前缘褶明显。后翅淡黄褐色微灰。腹部淡黄褐色,背面色暗。卵:扁平椭圆形,径长约0.7mm左右,淡黄色半透明,孵化前黑褐色,数10粒成块作鱼鳞状排列。幼虫:体长13~18(mm),细长翠绿色。头小淡黄白色,单眼区上方有1棕褐色斑。前胸盾和臀板与体色相似或淡黄色;胸足淡黄或淡黄褐色。臀栉6~8齿。低龄体淡黄绿色。蛹:9~11(mm),较细长,初绿色后变黄褐色。2~7腹节背面各有两横列刺,前列刺较粗、后列小而密,均不到气门;尾端有8根钩状臀棘,向腹面弯曲。

生活习性 黄河故道地区1年4代,辽宁、华北3代,以幼龄幼虫于粗翘皮、伤口等缝隙内结白色薄茧越冬。果树发芽时开始出蛰,金冠品种盛花期为出蛰盛期,国光品种初花期全部出蛰。出蛰幼虫爬到新梢上为害幼芽、花蕾和嫩叶,老熟后于卷叶内化蛹。蛹期6~9天。各代成虫发生期大体为:3代区:5月中下~7月上旬;7月中~8月下旬;8月中下~9月中下旬。4代区:5月中下旬;6月下~7月上旬;8月上旬前后;9月中旬前后。成虫昼伏夜出,有趋光性,对果汁、果醋和糖醋液趋性强。羽化后1~2天便可交尾产卵。卵多产于叶面,亦有产在果面和叶背者。每雌可产卵百余粒。卵期6~10天。初孵幼虫多分散在卵块附近的叶背和前代幼虫的卷叶内为害,稍大各自卷叶并可为害果实。幼虫很活泼、震动卷叶急剧扭动身体吐丝下垂。秋后以末代幼龄幼虫越冬。天敌:卵有赤眼蜂;幼虫有甲腹茧蜂、狼蛛、白僵菌等。

防治方法 (1)果树休眠期彻底刮除树体粗皮、翘皮、剪锯口周围死皮,消灭越冬幼虫。(2)越冬幼虫出蛰前用80%敌敌畏200倍液封闭剪锯口、枝杈及其他越冬场所。(3)树冠内挂糖醋液诱盆诱集成虫,配液用糖∶酒∶醋∶水为1∶1∶4∶16配

苹果小卷蛾幼虫为害苹果状

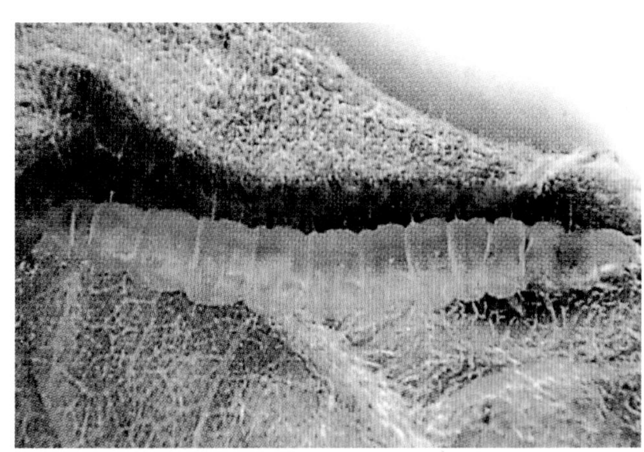
苹果小卷蛾幼虫

苹果小卷蛾雌成虫和蛹壳

苹果小卷蛾雄成虫放大(何振昌等原图)

制。(4)释放赤眼蜂。发生期隔株或隔行放蜂，每代放蜂3~4次，间隔5天，每株放有效蜂1000~2000头。(5)及时摘除卷叶。(6)药剂防治。越冬幼虫出蛰盛期及第一代卵孵化盛期后是施药的关键时期，可用80%敌敌畏乳油或40%毒死蜱乳油1000倍液、5%氟铃脲乳油1500倍液、24%虫酰肼悬浮剂2000倍液、240g/L甲氧虫酰肼悬浮剂2500倍液、30%茚虫威水分散粒剂5000倍液。

苹褐卷蛾(Apple brown tortrix)

苹褐卷蛾成虫放大(何振昌等原图)

学名 *Pandemis heparana* (Denis et Schiffermuller)鳞翅目，卷蛾科。别名：褐卷蛾、褐带卷叶蛾、苹果褐卷叶蛾、鸾色卷叶蛾、柳弯角卷叶蛾、柳曲角卷叶蛾。分布在黑龙江、吉林、辽宁、内蒙古、宁夏、甘肃、青海、陕西、山西、北京、河北、山东、河南、江苏、上海、浙江、重庆、四川等地。

寄主 桑、山楂、李、樱桃、苹果、梨、杏、桃、榆、柳等。

为害特点 幼虫取食新芽、嫩叶和花蕾。常吐丝缀叶、或纵卷1叶，隐藏在卷中、缀叶内取食为害。严重时植株生长受阻，不能正常开花。

形态特征 成虫：体长8~11(mm)，翅展16~25(mm)。体棕色。下唇须前伸，远长于头部。前翅前缘呈弧形稍外突，翅面具深褐色网状纹，基斑、中带、端纹深褐色，斑纹边缘具黄褐色细线，中带下半部增宽，其内缘中部角状，外缘略弯曲，是该虫重要特征。卵：椭圆形略扁，淡黄至褐色，聚产，排列成鱼鳞状卵块。幼虫：体长18~22(mm)，头近方形，前胸背板浅绿色或绿色，后角处多具深色斑，胸部、腹部绿色，臀栉具4~5刺，各体节毛片色淡。蛹：长9~12(mm)，头胸部背面深褐色，腹面浅绿色或稍绿，腹部淡褐色，第2~7腹节背面各有两横列刺突，第2节者较小，靠近节间，3~7节者前列刺突大而稀，靠近节间，后列刺突小且密，于节的中部或稍偏后。

生活习性 辽宁、甘肃年生2代，河北、山东、陕西年生2~3代，均以低龄幼虫在树体枝干的粗皮下、裂缝、剪锯口周围死皮内结薄茧越冬，翌年寄主萌芽时出蛰为害嫩芽、幼叶、花蕾，严重的不能展叶开花座果。5月下旬~6月上旬，虫体稍大即吐丝缀2~3片叶形成卷叶，有的纵卷1片叶，幼虫潜伏其中啃食叶肉。上部或内膛枝叶受害重。6月中旬幼虫于卷叶内或重叠的叶间结茧化蛹，蛹期6~10天。成虫第1代6月下旬至7月中旬发生，第2代于8月下至9月上旬发生，成虫昼伏夜出，夜晚交配产卵，卵多产在叶面上，个别产于果面，每雌可产卵120~150粒，卵期7~8天。幼虫第1代于7月中旬至8月上旬始见，2代于9月上旬至10月出现，初孵幼虫多群聚在叶背主脉两侧或上1代化蛹的卷叶内为害，长大后便分散开来，另行卷叶或啃食叶肉、果皮。2代幼虫常于10月上中旬寻找越冬场所。成虫对糖醋具趋化性。主要天敌有松毛虫赤眼蜂。

防治方法 参见苹果小卷蛾。

苹黑痣小卷蛾(Black headed fireworm)

苹黑痣小卷蛾成虫放大

学名 *Rhopobota naevana* (Hübner)鳞翅目，卷蛾科。分布于黑龙江、辽宁、吉林、内蒙古、山西、北京、天津、河北等地。

寄主 苹果、梨、越橘等。

为害特点 幼虫卷食叶的上表皮和叶肉，仅留叶背表皮，或把新梢的幼嫩部卷合，居中为害。

形态特征 成虫：翅展12~15(mm)，前翅深灰色，翅端尖部呈锯齿状，翅上生有深锈褐色或黑色斑点，前缘具几条白陷线。后翅灰色。卵：椭圆形扁平，卵长0.7mm，初白色半透明，后变黄至红色。幼虫：体长10~12(mm)，黄绿色至绿褐色；头部、前胸盾、臀板均褐色，臀栉常具2个深色齿；胸足褐色。蛹：长5~7(mm)，黄褐色，末端具4个似刺的壳针，肛缝后具小隆起。

生活习性 年生3代，以卵在枝干上越冬，翌春5月上旬开始孵化，幼龄幼虫在嫩叶里结网，老熟后于6月在折叠的叶子或死叶及地面碎屑中结白茧化蛹，21天后羽化为成虫，7~8月产卵。

防治方法 参考苹果小卷蛾。

黄斑长翅卷蛾(Yellow tortrix)

学名 *Acleris fimbriana* (Thunberg & Becklin)鳞翅目，卷蛾科。别名：黄斑长翅卷叶蛾、黄斑卷叶蛾、桃黄斑卷叶虫。分布于北京、天津、河北、山西、内蒙古、东北、山东、江苏、安徽、河南、陕西、甘肃；俄罗斯、日本。

寄主 苹果、梨、桃、李、杏、杜梨、山楂、海棠等。

为害特点 幼虫缀数叶为一虫苞，居其中取食叶片。

形态特征 成虫：有夏型和越冬型之分。体长约7mm，翅展15~20(mm)。下唇须中节末端膨大，前翅近长方形，顶角圆

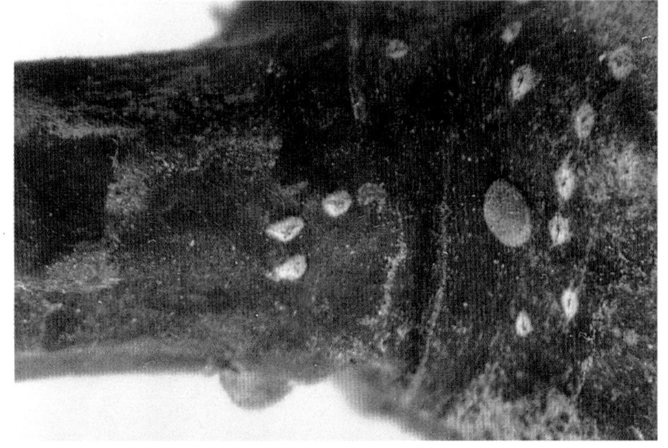

黄斑长翅卷蛾产在枝上的卵

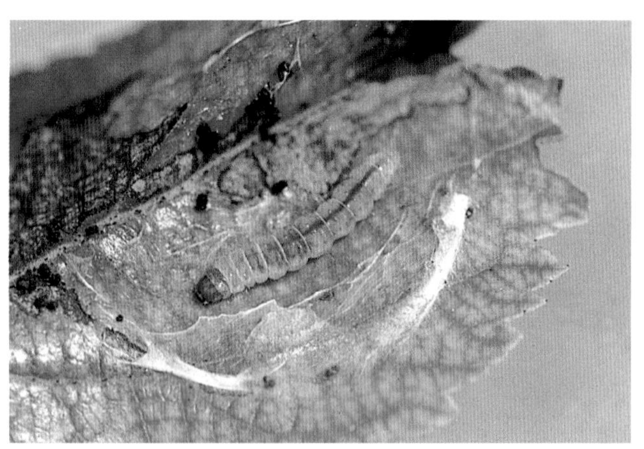

黄斑长翅卷蛾幼虫放大

黄斑长翅卷蛾幼虫在卷叶中化蛹

刚羽化的黄斑长翅卷蛾成虫栖息在叶片上

钝。夏型头胸背和前翅金黄色，其上散生银白色竖立鳞片，后翅和腹部灰白色，复眼灰色。越冬型体较夏型稍大，体暗褐微带浅红色，前翅上散生有黑色鳞片。后翅浅灰色，复眼黑色。卵：扁椭圆形，直径约 0.8mm，第一代卵初乳白色半透明后变暗红，以后各代近孵化期表面有一红圈。幼虫：体长约 21mm，黄绿至绿色，头部黄褐色，前胸盾黄绿色。臀栉短而钝，5～7 齿。腹足趾钩双序环状，臀足趾钩双序缺环，初龄幼虫体淡黄色，2～3 龄为黄绿，头、前胸背板及胸足都为黑色。蛹：体长 9～11(mm)，黑褐色，头部有一弯向背面的角状突起，其基部两侧各有 1 瘤状突起。臀刺分二叉，向前方弯曲。

生活习性 北方一般年生 3～4 代，以越冬型成虫在杂草、落叶间越冬，翌年 3 月开始活动，第一代卵于 4 月上中旬产于枝条或芽附近，一代幼虫孵后蛀食花芽及芽的基部后卷叶为害。以后各代幼虫均卷叶为害。世代重叠。成虫寿命越冬型 5 个多月，夏型仅有 12 天左右，每雌蛾产卵 80 余粒，多散产于叶背。卵期 1 代约 20 天，其他世代 4～5 天。幼虫 3 龄前食叶肉仅留表皮，3 龄后咬食叶片成孔洞。幼虫期约 24 天，共 5 龄，老熟后转移卷新叶结茧化蛹，蛹期平均 13 天左右。天敌有赤眼蜂、黑绒茧蜂、瘤姬蜂、赛寄蝇等。

防治方法 (1)冬季清除果园及附近的枯枝落叶和杂草，集中烧毁。(2)及时摘除卷叶。(3)释放赤眼蜂。(4)药剂防治，参考苹果小卷蛾。

苹果大卷叶蛾(Larger apple leaf roller)

学名 *Choristoneura longicellana* Walsingham 鳞翅目，卷蛾科。别名：黄色卷蛾、苹果黄卷蛾、苹果卷叶蛾等。分布于北京、天津、河北、山西、辽宁、吉林、黑龙江、内蒙古、河南、湖北、湖南。

寄主 苹果、梨、山楂、沙果、海棠、樱桃、杏、柿、栎、山槐及柳等。

为害特点 同苹果小卷蛾。

形态特征 成虫：雌长约 12mm，翅展 30mm 左右，体浅黄褐至黄褐色略具光泽，触角丝状，复眼球形褐色。前翅呈长方

苹大卷叶蛾幼虫放大

形，前缘拱起，外缘近顶角处下凹，顶角突出。后翅灰褐或浅褐，顶角附近黄色。雄体略小，头部有淡黄褐鳞毛。前翅近四方形，前缘褶很长外缘呈弧形拱起，顶角钝圆，前翅浅黄褐色，有深色基斑和中带，前翅后缘1/3处有一黑斑，后翅顶角附近黄色，不如雌明显。卵：淡黄绿色，略呈扁椭圆形，近孵化时稍显红色。幼虫：体长25mm左右，体淡黄绿色，头、前胸背板和胸足黄褐色，前胸背板后缘黑褐色，后缘两侧各有一黑斑。刚毛细长，臀栉5齿。蛹：10～13(mm)，红褐色，胸部背面黑褐色，腹部略带浅绿，背线深绿，尾端具8根钩刺。

生活习性 北方年生2～3代，以幼龄幼虫在粗翘皮下、锯口皮下和贴枝枯叶下结白茧越冬。翌年寄主萌芽时出蛰为害，吐丝连缀新芽、嫩叶、花蕾等，老熟后在卷叶内化蛹，蛹期6～9天。越冬代成虫6月始发，卵多产在叶上，卵期1周左右。初龄幼虫咬食叶背叶肉，受惊扰吐丝下垂转移。2龄幼虫卷叶为害，2代幼虫为害一段时间寻找适当场所结茧越冬。天敌有赤眼蜂、茧蜂等。

防治方法 参考苹果小卷蛾。

苹白小卷蛾(Eyespotted bud moth)

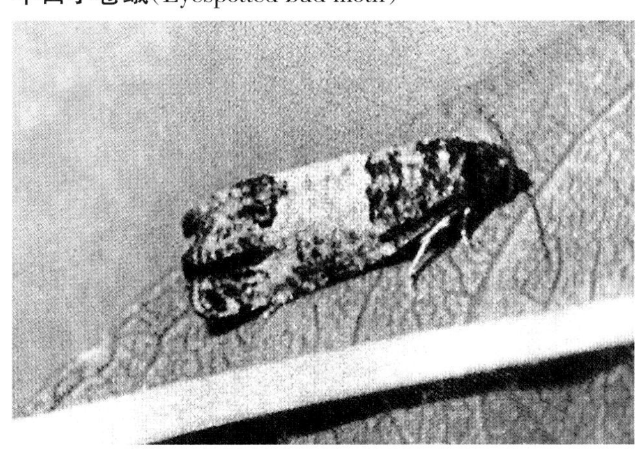

苹白小卷蛾成虫放大

学名 *Spilonota ocellana* Fabr. 鳞翅目，卷蛾科。别名：苹果白卷叶蛾、苹白卷蛾、白卷叶蛾、白小卷叶蛾、苹芽小卷叶蛾、苹果芽虫等。分布在黑龙江、辽宁、吉林、内蒙古、山西、北京、天津、河北、山东、河南、江苏、上海、安徽、浙江、湖北、湖南、广西、广东、福建、台湾等地。

寄主 苹果、梨、槟沙果、海棠、桃、杏、李、樱桃、山楂、榅桲。

为害特点 幼虫食芽、花蕾或叶，常把其中1片叶的叶柄咬断，致卷叶团中有1片枯叶，是别于其他种的重要特征。此外尚可缠缀花蕾为害，且有的幼虫蛀入顶芽或花芽内越冬。

形态特征 成虫：体长7mm，翅展15mm，头胸部暗褐色，腹部淡褐或灰褐色；触角丝状；复眼球形黑色。前翅长而宽呈长方形，中部白色；基斑、中带和端纹暗褐色：基斑清楚，中带前半截不明显，后半截在后缘上方呈三角形、黑蓝色略具光泽，端纹近圆形，中间有3个黑点；三角形与端纹斑之间银灰色；前缘上排列有白色钩状纹多对；近外缘有5～6条黑色横列纵短纹。后翅浅褐至灰褐色。卵：扁椭圆形，初水白色，后变乳白或浅黄色。幼虫：体长10～12(mm)，体形较粗。头部、前胸盾、胸足及臀板均为褐色至黑褐色，体红褐色。蛹：长约8mm，黄褐色。中胸背面中间隆起明显；2～7腹节背面前缘各有1横列小刺20～25个。茧：长约13mm，外面粗糙，浅黄褐色。

生活习性 东北、华北、山东年生1代，以1～2龄幼虫在枝梢顶端芽里做茧越冬，翌春寄主萌芽时幼虫出蛰为害嫩芽、花蕾，并吐丝缀芽鳞碎屑；稍大便于枝梢顶部吐丝缠缀数片嫩叶于内为害。6月幼虫陆续老熟于卷叶团内结茧化蛹。6月中～6月下旬成虫羽化，羽化后不久即交尾产卵，卵多散产于叶面或叶背，7月上旬为产卵盛期，卵期8天。7月中下旬新孵幼虫先在叶背沿主脉取食叶肉、吐丝缀连叶背绒毛、碎屑、虫粪等做巢，栖息其中为害，8月上旬转蛀芽内为害，多在顶芽或饱满的侧芽及花芽内，8月中旬即于被害芽内开始越冬。

防治方法 参考顶芽卷蛾。

顶芽卷蛾(芽白小卷蛾)(Apple fruit licker)

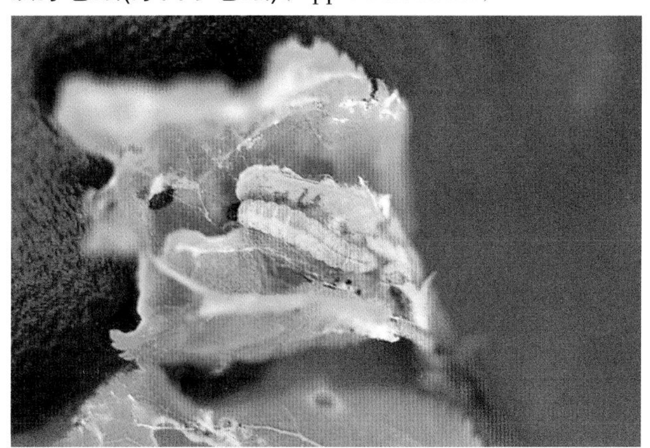

顶芽卷蛾(芽白小卷蛾)幼虫

学名 *Spilonota lechriaspis* Meyrick 鳞翅目，卷蛾科。别名：顶梢卷叶蛾、芽白小卷蛾。分布在黑龙江、辽宁、吉林、内蒙古、山西、陕西、宁夏、北京、天津、河北、河南、山东、江苏、上海、安徽、浙江、江西、湖北、湖南、福建、台湾等地。

寄主 苹果、梨、桃、李、杏、山楂、枇杷、海棠等。

为害特点 幼虫为害新梢顶端，将叶卷为一团，食害新芽、嫩叶，生长点被食新梢歪至一边，影响顶花芽形成及树冠扩大。

形态特征 成虫：体长6～8(mm)，翅展12～15(mm)，淡灰褐色。触角丝状，各节具褐色环状轮纹，雄触角基部有1缺口；前翅长方形，翅面有灰黑色波状横纹；前缘有数条并列向外斜伸的白色短线；后缘外侧1/3处有1块三角形的暗色斑纹，静止时并成菱形；外缘内侧前缘至臀角间有5～6个黑褐色平行短纹。后翅淡灰褐色，肘脉基部有1丛栉状毛。卵：扁椭圆形，长0.7mm，乳白至黄白色，背面稍隆起，半透明略有光泽。幼虫：体长8～10(mm)，体粗短污白或黄白色。头、前胸盾、胸足和臀板均黑褐色。前胸侧毛组(K毛)3根；第8腹节气门较其他节的大，位置也高；无臀栉；腹足趾钩双序环，趾钩一般30个左右。越冬幼虫淡黄色。蛹：长6～8(mm)，黄褐色纺锤形。第2～10腹节背面有齿列，2～7节为双列，前列40个左右，后列齿较小；8～10节为单列。尾端具钩刺8根，背面的4根较长，并有6个小齿突。茧:黄白色,长椭圆形。

生活习性 黄河故道地区年生3代,山东、华北、东北2代。均以2~3龄幼虫于被害梢卷叶团内结茧越冬,少数于芽侧结茧越冬。1个卷叶团内多为1头幼虫,亦有2~3头者。寄主萌芽时越冬幼虫开始出蛰转移到邻近的芽为害嫩叶,将数片叶卷在一起,并吐丝缀连叶背茸毛作巢潜伏其中,取食时身体露出。经24~36天老熟于卷叶内结茧化蛹。化蛹期大体为5月中旬~6月下旬,蛹期8~10天。各代成虫发生期:2代区为6月~7月上旬,7月中下旬~8月中下旬;3代区6月,7月,8月。成虫昼伏夜出,趋光性不强,喜食糖蜜。成虫寿命5~7天,卵多散产于顶梢上部嫩叶背面,绒毛多者尤喜产,每雌可产卵80~90粒。卵期6~7天。初孵幼虫多在梢顶卷叶为害。共5龄,每脱1次皮转移1次。最后1代幼虫为害到10月中下旬,在梢顶卷叶内结茧越冬。

防治方法 (1)冬春剪除被害梢干叶团、集中烧毁效果很好。(2)幼树和苗圃生育期摘除卷叶团,消灭其中幼虫和蛹。(3)药剂防治关键时期为越冬幼虫出蛰转移期和各代幼虫孵化盛期。用药参考苹果小卷蛾。

黄刺蛾(Oriental moth)

学名 *Cnidocampa flavescens* (Walker) 鳞翅目,刺蛾科。别名:刺蛾、八角虫、八角罐、洋辣子、羊蜡罐、白刺毛。分布在黑龙江、吉林、辽宁、内蒙古、青海、陕西、山西、北京、河北、河南、山东、安徽、江苏、上海、浙江、江西、福建、台湾、湖南、湖北、广东、海南、广西、贵州、重庆、四川、云南。

黄刺蛾茧和刚从茧蛹中羽化的成虫

黄刺蛾幼虫放大

寄主 石榴、苹果、梨、柑橘、桃、李、杏、梅、枣、樱桃、柿、山楂、枇杷、芒果、核桃、栗等。

为害特点 幼虫食叶。低龄啃食叶肉成网状透明斑,稍大食成缺刻和孔洞。

形态特征 成虫:体长15mm,翅展33mm左右,体肥大,黄褐色,头胸及腹前后端背面黄色。触角丝状灰褐色,复眼球形黑色。前翅顶角至后缘基部1/3处和臀角附近各有1条棕褐色细线,内侧线的外侧为黄褐色,内侧为黄色;沿翅外缘有棕褐色细线;黄色区有2个深褐色斑,均靠近黄褐色区,1个近后缘,1个在翅中部稍前。后翅淡黄褐色,边缘色较深。卵:椭圆形,扁平,长1.4~1.5(mm),表面有线纹,初产时黄白,后变黑褐。数十粒块生。幼虫:体长16~25(mm),肥大,呈长方形,黄绿色,背面有1紫褐色哑铃形大斑,边缘发蓝。头较小,淡黄褐色;前胸盾板半月形,左右各有1黑褐斑。胴部第2节以后各节有4个横列的肉质突起,上生刺毛与毒毛,其中以3、4、10、11节者较大。气门红褐色。气门上线黑褐色,气门下线黄褐色。臀板上有2个黑点,胸足极小,腹足退化,第1~7腹节腹面中部各有1扁圆形"吸盘"。蛹:长11~13(mm),椭圆形,黄褐色。茧:石灰质坚硬,椭圆形,上有灰白和褐色纵纹似鸟卵。

生活习性 东北及华北多年生1代,河南、陕西、四川2代,以前蛹在枝干上的茧内越冬。1代区5月中、下旬开始化蛹,蛹期15天左右。6月中旬~7月中旬出现成虫,成虫昼伏夜出,有趋光性,羽化后不久交配产卵,卵产于叶背,卵期7~10天,幼虫发生期6月下旬~8月,8月中旬后陆续老熟,在枝干等处结茧越冬。二代区5月上旬开始化蛹,5月下旬~6月上旬羽化,第1代幼虫6月中旬~7月上中旬发生,第1代成虫7月中下旬始见,第2代幼虫为害盛期在8月上中旬,8月下旬开始老熟结茧越冬。7~8月间高温干旱,黄刺蛾发生严重。天敌有上海青蜂和黑小蜂。

防治方法 (1)秋冬季摘虫茧或敲碎树干上的虫茧,减少虫源。(2)在幼虫盛发期喷洒25%灭幼脲悬浮剂1000~1200倍液或40%辛硫磷乳油1000倍液、50%马拉硫磷乳油1000倍液、25%氯氰·毒死蜱乳油1300倍液、5%S-氰戊菊酯乳油2000倍液。(3)苗圃可喷洒40%乐果乳油900倍液。

丽绿刺蛾

学名 *Palasa lepida* (Cramer)鳞翅目刺蛾科。分布在河北、河南、江苏、安徽、浙江、广东、贵州等省。

寄主 苹果、梨、石榴、樱桃、樱花、茶等多种植物。

为害特点 幼虫群集叶片啃食,严重的把叶片吃光。

形态特征 成虫:体长10~11mm,翅展22~23mm,雄虫8~9mm,翅展16~20mm。胸背毛绿色,前翅翠绿色,前缘基部生一深色尖刀形斑纹,从中室伸至前缘,约占前翅的1/4。后翅内半部米黄色,外半部灰黄褐色。卵:椭圆形,长1mm,鱼鳞状。末龄幼虫:体长15~30mm,头褐色,体翠绿色,背中央有3条蓝紫色和暗绿色连续线带。腹部第1节背侧面的1对枝刺上刺毛中央生4~7根橘红色顶端钝圆的刺毛较明显。蛹:长12~15mm。茧:扁平,椭圆形。

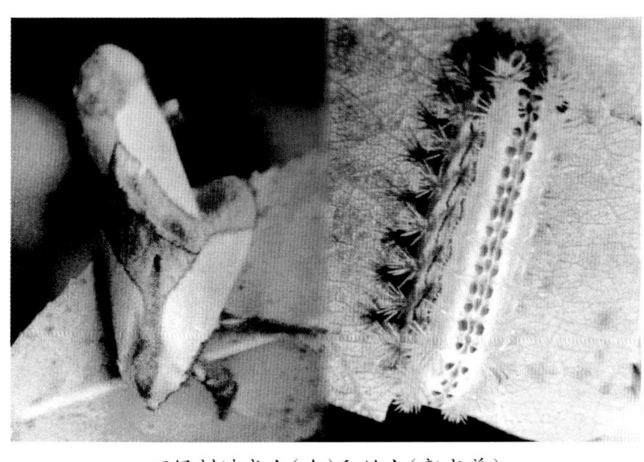

丽绿刺蛾成虫(左)和幼虫(郭书普)

生活习性 河南、浙江年生2代,南昌、广州年生2~3代,以2代为主,以老熟幼虫在枝干上结茧越冬。翌年4~5月化蛹,第1代成虫于5月底至6月上旬羽化,第1代幼虫于6月至7月发生为害,第2代成虫于8月中下旬羽化,第2代幼虫发生在8月下旬至9月,多在10月上旬在树干结茧越冬。南昌、广州2~3代区第1代幼虫于6月上中旬孵化,6月底~7月下旬结茧,7月下旬~9月上旬化蛹,7月中旬~9月陆续羽化、产卵。第2代幼虫于7月下旬~9月中旬孵化,8月中旬~9月下旬结茧越冬。

防治方法 参见褐边绿刺蛾。

褐边绿刺蛾(Green cochlid)

褐边绿刺蛾成虫(王立宏)

褐边绿刺蛾幼虫

学名 *Parasa consocia* Walker鳞翅目,刺蛾科。别名:青刺蛾、褐缘绿刺蛾、四点刺蛾、曲纹绿刺蛾、洋辣子。异名*Latoia consocia* Walker。分布在黑龙江、辽宁、内蒙古、陕西、山西、北京、河北、河南、山东、安徽、江苏、上海、浙江、江西、广东、广西、湖南、湖北、贵州、重庆、四川、云南等地。

寄主 苹果、梨、柑橘、桃、李、杏、樱桃、海棠、梅、枣、山楂、枇杷、核桃、柿、石榴、榆等50多种植物。

为害特点 低龄幼虫取食下表皮和叶肉,留下上表皮,致叶片呈不规则黄色斑块,大龄幼虫食叶成平直的缺刻。

形态特征 成虫:体长16mm,翅展38~40(mm)。触角棕色,雄栉齿状,雌丝状。头、胸、背绿色,胸背中央有1棕色纵线,腹部灰黄色。前翅绿色,基部有暗褐色大斑,外缘为灰黄色宽带,带上散有暗褐色小点和细横线,带内缘内侧有暗褐色波状细线。后翅灰黄色。卵:扁椭圆形,长1.5mm,黄白色。幼虫:长25~28(mm),头小,体短粗,初龄黄色。稍大黄绿至绿色,前胸盾上有1对黑斑,中胸至第8腹节各有4个瘤状突起,上生黄色刺毛束,第1腹节背面的毛瘤各有3~6根红色刺毛;腹末有4个毛瘤丛生蓝黑刺毛,呈球状;背线绿色,两侧有深蓝色点。蛹:长13mm,椭圆形,黄褐色。茧:长16mm,椭圆形,暗褐色酷似树皮。

生活习性 北方年生1代,河南和长江下游2代,江西3代,均以前蛹于茧内越冬,结茧场所于干基浅土层或枝干上。1代区5月中下旬开始化蛹,6月上中旬~7月中旬为成虫发生期,幼虫发生期6月下旬~9月,8月为害最重,8月下旬~9月下旬陆续老熟且多入土结茧越冬。2代区4月下旬开始化蛹,越冬代成虫5月中旬始见,第1代幼虫6~7月发生,第1代成虫8月中下旬出现;第2代幼虫8月下旬~10月中旬发生。10月上旬陆续老熟于枝干上或入土结茧越冬。成虫昼伏夜出,有趋光性,卵数十粒呈块作鱼鳞状排列,多产于叶背主脉附近,每雌产卵150余粒,卵期7天左右。幼虫共8龄,少数9龄,1~3龄群集,4龄后渐分散。天敌有紫姬蜂和寄生蝇。

防治方法 (1)秋冬季摘虫茧,放入纱笼,网孔以刺蛾成虫不能逃出为准,保护和引放寄生蜂。(2)幼虫群集为害期人工捕杀,捕杀时注意幼虫毒毛。(3)利用黑光灯诱杀成虫。(4)幼虫发生期及时喷洒90%敌百虫可溶性粉剂、20%氰戊·辛硫磷乳油、50%杀螟硫磷乳油、30%乙酰甲胺磷乳油、90%杀螟丹可湿性粉剂等900~1000倍液。此外还可选用40%辛硫磷乳油1000倍液或10%联苯菊酯乳油4000倍液、40%毒死蜱乳油1000倍液、52.25%氯氰·毒死蜱乳油1500~2000倍液。(5)用每g含孢子100亿的白僵菌粉0.5~1kg,在雨湿条件下防治1~2龄幼虫有效。(6)高大果树幼虫发生量大时,采用高压或动力型超低量喷雾,把20%氰戊菊酯乳油对水5~10倍,绕树冠喷1圈即可。

桑褐刺蛾

学名 *Setora postornata* Hampson鳞翅目,刺蛾科。别名:褐刺蛾、桑刺毛虫。分布在陕西、河北、山东、安徽、江苏、上海、浙江、江西、福建、台湾、广东、广西、湖南、重庆、四川、云南等地。

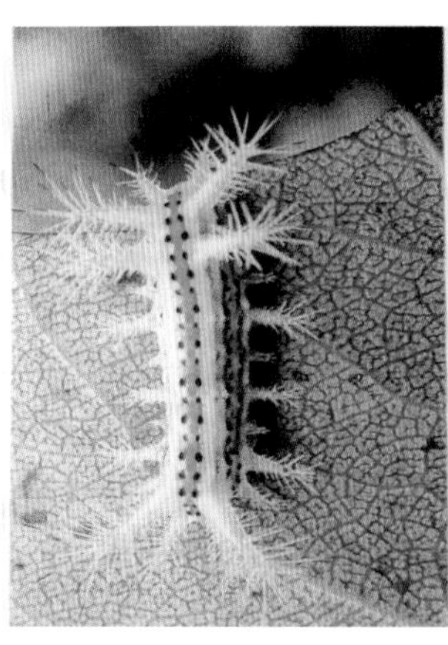

桑褐刺蛾成虫和低龄幼虫

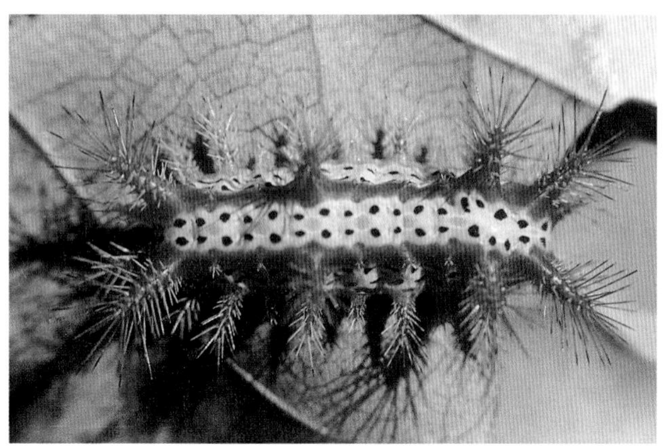

桑褐刺蛾红色型幼虫

寄主 葡萄、杨、柳、榆、苹果、桃、梨、柿、银杏等。

为害特点 幼虫取食叶肉,仅残留表皮和叶脉。

形态特征 成虫:体长 15～18(mm),翅展 31～39(mm),全体土褐色至灰褐色。前翅前缘近 2/3 处至近肩角和近臀角处,各具 1 暗褐色弧形横线,两线内侧衬影状带,外横线较垂直,外衬铜斑不清晰,仅在臀角呈梯形。雌蛾体色、斑纹较雄蛾浅。卵:扁椭圆形,黄色,半透明。幼虫:体长 35mm,黄色,背线天蓝色,各节在背线前后各具 1 对黑点,亚背线各节具 1 对突起,其中后胸及 1、5、8、9 腹节突起最大。茧:灰褐色,椭圆形。

生活习性 年生 2～4 代,以老熟幼虫在树干附近土中结茧越冬。3 代区成虫分别在 5 月下旬、7 月下旬、9 月上旬出现,成虫夜间活动,有趋光性,卵多成块产在叶背,每雌产卵 300 多粒,幼虫孵化后在叶背群集并取食叶肉,半月后分散为害,取食叶片。老熟后入土结茧化蛹。

防治方法 参见黄刺蛾。

双齿绿刺蛾(Plum stinging caterpillar)

学名 *Latoia hilarata* (Staudinger) 鳞翅目,刺蛾科。别名:棕边青刺蛾、棕边绿刺蛾、大黄青刺蛾。分布于黑龙江、辽宁、吉林、河北、河南、山东、江苏、江西、湖南、山西、陕西、四川、台湾等地。

寄主 苹果、槟沙果、海棠、梨、桃、杏、樱桃、梅、黑刺李、枣、山楂、核桃、柿、栗、柑橘、桦属等,以梨、枣受害较重。

为害特点 低龄幼虫多群集叶背取食下表皮和叶肉,残留上表皮和叶脉成箩底状半透明斑,数日后干枯常脱落;3 龄后陆续分散食叶成缺刻或孔洞,严重时常将叶片吃光。

形态特征 成虫:体长 7～12(mm),翅展 21～28(mm),头部、触角、下唇须褐色,头顶和胸背绿色,腹背苍黄色。前翅绿色,基斑和外缘带暗灰褐色,其边缘色深,基斑在中室下缘呈角状外突,略呈五角形;外缘带较宽与外缘平行内弯,其内缘在 Cu_2 处向内突伸呈一大齿,在 M_2 上有一较小的齿突,故得名,这是本种与中国绿刺蛾区别的明显特征。后翅苍黄色。外缘略带灰褐色,臀角暗褐色,缘毛黄色。足密被鳞毛。雄触角栉齿状,雌丝状。卵:长 0.9～1.0(mm),宽 0.6～0.7(mm),椭圆形扁平、光滑。初产乳白色,近孵化时淡黄色。幼虫:体长 17mm 左右,蛞蝓型,头小,大部缩在前胸内,头顶有两个黑点,胸足退化,腹足小。体黄绿至粉绿色,背线天蓝色,两侧有蓝色点线,亚背线宽杏黄色,各体节有 4 个枝刺丛,以后胸和第 1、7 腹节背面的一对较大且端部呈黑色,腹末有 4 个黑色绒球状毛丛。蛹:长 10mm 左右,椭圆形肥大,初乳白至淡黄色,渐变淡褐色,复眼黑色,羽化前胸背淡绿,前翅芽暗绿,外缘暗褐,触角、足和腹部黄褐色。茧:扁椭圆形,长 11～13(mm),宽 6.3～6.7(mm),钙质较硬,色多同寄主树皮色,一般为灰褐色至暗褐色。

生活习性 在山西、陕西年生 2 代,以前蛹在树体上茧内越冬。山西太谷地区 4 月下旬开始化蛹,蛹期 25 天左右,5 月中旬开始羽化,越冬代成虫发生期 5 月中下旬～6 月下旬。成虫昼伏夜出,有趋光性,对糖醋液无明显趋性。卵多产于叶背中部主脉附近,块生,形状不规则,多为长圆形,每块有卵数十粒,

双齿绿刺蛾成虫

双齿绿刺蛾幼虫放大(夏声广)

单雌卵量百余粒。成虫寿命10天左右。卵期7～10天。第一代幼虫发生期6月上旬～8月上旬。低龄幼虫有群集性，3龄后多分散活动，日间静伏于叶背，夜间和清晨常到叶面上活动取食，老熟后爬到枝干上结茧化蛹。第一代成虫发生期8月上旬～9月上旬，第二代幼虫发生期8月中旬～10月下旬，10月上旬陆续老熟，爬到枝干上结茧越冬，以树干基部和粗大枝杈处较多，常数头至数十头群集在一起。幼虫天敌有绒茧蜂和刺蛾广肩小蜂。

防治方法 (1)结合管理刮除虫茧，摘除卵块和低龄群集幼虫、集中销毁。(2)幼虫发生期喷洒常用触杀剂，3龄前施药效果最佳。用药种类和方法，参考褐边绿刺蛾。

黄褐天幕毛虫(Tent caterpillar)

学名 *Malacosoma neustria testaces* Motschulsky 鳞翅目，枯叶蛾科。别名：天幕枯叶蛾、天幕毛虫、带枯叶蛾、梅毛虫。分布在黑龙江、吉林、辽宁、内蒙古、宁夏、甘肃、青海、新疆、陕西、山西、北京、河北、河南、山东、安徽、江苏、浙江、江西、湖北、湖南、广东、贵州、云南等地。

寄主 苹果、梨、桃、杏、梅、樱桃、沙果等。

为害特点 刚孵化幼虫群集于一枝，吐丝结成网幕，食害嫩芽、叶片，随生长渐下移至粗枝上结网巢，白天群栖巢上，夜出取食，5龄后期分散为害，严重时全树叶片吃光。

形态特征 成虫：雌体长18～22(mm)，翅展37～43(mm)，黄褐色。触角栉齿状。前翅中部有一条赤褐色宽横带，其两侧有淡黄色细线，雄体略小，触角双栉齿状，前翅中部有2条深褐色横线，两线间色稍深。卵：圆筒形，灰白色，顶部中央凹陷并有一小圆点；200～300粒卵环结于小枝上黏结成一圈呈"顶针"状。幼虫：体长50～55(mm)，头蓝色，有两个黑斑，体上有十多条黄、蓝、白、黑相间的条纹。腹足趾钩双序缺环。蛹：椭圆形，长17～20(mm)，蛹体有淡褐色短毛。茧：黄白色，表面附有灰黄粉。

生活习性 年生1代，以完成胚胎发育的幼虫在卵壳中越冬，专性滞育，翌年芽膨大，日均温达11℃时幼虫钻出，先在卵附近的芽及嫩叶上为害，后转到枝杈吐丝结网成天幕，于夜间出来取食，4龄后分散到全树，暴食叶片。幼虫期45天左右，蛹期10～15天，成虫于夜间活动，有趋光性。成虫产卵于小枝上。主要天敌有赤眼蜂、姬蜂、绒茧蜂等。

防治方法 (1)结合冬季修剪彻底剪除枝梢上越冬卵块。如认真执行，收效显著。为保护卵寄生蜂，将卵块放天敌保护器中，使卵寄生蜂羽化飞回果园。(2)发现幼虫群集天幕及时消灭。(3)药剂防治要掌握在幼虫3龄前进行，使用药剂有8000单位/毫克苏云金杆菌可湿性粉剂300~400倍液、80%敌敌畏乳油1500倍液或52.25%氯氰·毒死蜱乳油2000倍液、20%氰戊·辛硫磷乳油1500倍液或50%杀螟硫磷乳油1000倍液，或25%灭幼脲悬浮剂或可湿性粉剂2000倍液；2.5%高效氯氟氰菊酯或2.5%溴氰菊酯乳油2000倍液；10%联苯菊酯乳油4000倍液。

黄褐天幕毛虫卵

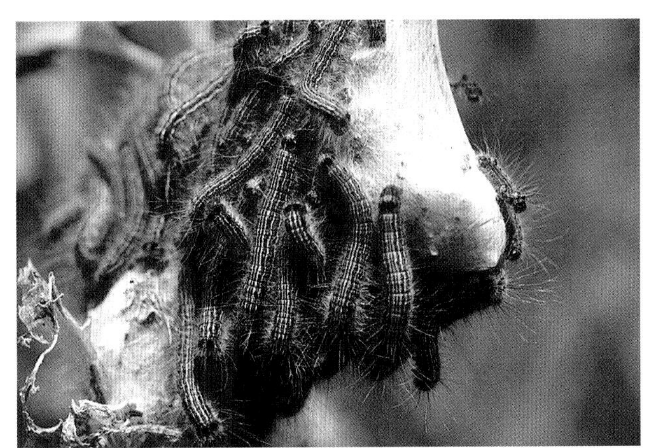

黄褐天幕毛虫3龄幼虫

黄褐天幕毛虫4龄幼虫

黄褐天幕毛虫成虫

金毛虫和盗毒蛾(White tussock moth)

学名 金毛虫系盗毒蛾的生态亚种，形态与盗毒蛾极相似。金毛虫 *Porthesia (Euproctis) similis xanthocampa* Dyar.和盗毒蛾 *Porthesia (Euproctis) similis* (Fueszly)均属鳞翅目，毒蛾科。别名:桑斑褐毒蛾、纹白毒蛾、桑毒蛾、黄尾毒蛾等。分布:北京盗毒蛾比较多，南方金毛虫居多。

金毛虫成长幼虫

盗毒蛾幼虫放大

寄主 苹果、梨、桃、山楂、杏、李、枣、柿、栗、海棠、樱桃、柳等。

为害特点 初孵幼虫群集在叶背面取食叶肉，叶面现成块透明斑，三龄后分散为害形成大缺刻，仅剩叶脉。

形态特征 金毛虫成虫:雌体长 14~18(mm)，翅展 36~40(mm);雄体长 12~14(mm)，翅展 28~32(mm)。全体白色。复眼黑色。雌前翅近臀角处的斑纹与雄前翅近臀角和近基角的斑纹一般为褐色。而盗毒蛾的上述斑纹则为黑褐色。卵:直径 0.6~0.7(mm)，灰白色，扁圆形，卵块长条形，上覆黄色体毛。幼虫:体长 26~40(mm)，头黑褐色，体黄色，而盗毒蛾幼虫体多为黑色。背线红色，亚背线、气门上线和气门线黑褐色，均断续不连;前胸背板具 2 条黑色纵纹，各节毛瘤着生情况与盗毒蛾同。前胸的一对大毛瘤和各节气门下线及第 9 腹节的毛瘤为红色，其余各节背面的毛瘤为黑色绒球状。蛹:长 9~11.5(mm)。茧:长 13~18(mm)，色、形均同盗毒蛾。

盗毒蛾成虫:雌体长 18~20(mm)，雄体长 14~16(mm)，翅展 30~40(mm)。触角干白色，栉齿棕黄色;下唇须白色，外侧黑褐色;头、胸、腹部基半部和足白色微带黄色，腹部其余部分和肛毛簇黄色;前、后翅白色，前翅后缘有两个褐色斑，有的个体内侧褐色斑不明显;前、后翅反面白色，前翅前缘黑褐色。卵:直径 0.6~0.7(mm)，圆锥形，中央凹陷，橘黄色或淡黄色。幼虫:体长 25~40(mm)，第 1、2 腹节宽。头褐黑色，有光泽;体黑褐色，前胸背板黄色，具 2 条黑色纵线;体背面有一橙黄色带，在第 1、2、8 腹节中断，带中央贯穿一红褐间断的线;亚背线白色;气门下线红黄色;前胸背面两侧各有一向前突出的红色瘤，瘤上生黑色长毛束和白褐色短毛，其余各节背瘤黑色，生黑褐色长毛和白色羽状毛，第 5、6 腹节瘤橙红色，生有黑褐色长毛;腹部第 1、2 节背面各有 1 对愈合的黑色瘤，上生白色羽状毛和黑褐色长毛;第 9 腹节瘤橙色，上生黑褐色长毛。蛹:长 12~16(mm)，长圆筒形，黄褐色，体被黄褐色绒毛;腹部背面 1~3 节各有 4 个瘤。茧:椭圆形，淡褐色，附少量黑色长毛。金毛虫幼虫体色及成虫前翅斑色是区别两个种的重要特征。

生活习性 大兴安岭年生一代，辽宁、山西年生 2 代，上海 3 代，华东、华中 3~4 代，贵州 4 代，珠江三角洲 6 代，主要以 3 龄或 4 龄幼虫在枯叶、树杈、树干缝隙及落叶中结茧越冬。2 代区翌年 4 月开始活动，为害春芽及叶片。一、二、三代幼虫为害高峰期主要在 6 月中旬、8 月上中旬和 9 月上中旬，10 月上旬前后开始结茧越冬。成虫白天潜伏在中下部叶背，傍晚飞出活动、交尾、产卵，把卵产在叶背，形成长条形卵块。成虫寿命 7~17 天。每雌产卵 149~681 粒，卵期 4~7 天。幼虫蜕皮 5~7 次，历期 20~37 天，越冬代长达 250 天。初孵幼虫喜群集在叶背啃食为害，3、4 龄后分散为害叶片，有假死性，老熟后多卷叶或在叶背树干缝隙或近地面土缝中结茧化蛹，蛹期 7~12 天。天敌主要有黑卵蜂、大角啮小蜂、矮饰苔寄蝇、桑毛虫绒茧蜂等。

防治方法 (1)冬季果园刮净老树皮，剪掉锯口附近粗皮，消灭越冬幼虫。(2)盗毒蛾、金毛虫发生严重的果园，应从人工摘除卵块入手，及时摘除“窝头毛虫”，即在低龄幼虫集中为害一叶时，连续摘除 2~3 次。可收事半功倍之效。(3)掌握在 2 龄幼虫高峰期，喷洒 10 亿 PIB/mL 苜蓿银纹夜蛾核型多角体病毒 1000 倍液。(4)及时喷洒 2.5%溴氰菊酯乳油或 20%氰戊菊酯乳油 2000 倍液、10%联苯菊酯乳油或 2.5%高效氯氟氰菊酯乳油 4000 倍液，(5) 虫口数量大时喷洒 52.25%氯氰·毒死蜱乳油 2000 倍液或 20%氰戊·辛硫磷乳油 1000~1500 倍液、90%敌百虫可溶性粉剂 1000 倍液、80%敌敌畏乳油 1500 倍液、40%辛硫磷乳油 1000 倍液。必要时也可喷洒 48%毒死蜱乳油 1300 倍液或 1.8%阿维菌素乳油 3000 倍液、5%除虫菊酯乳油 1000 倍液，其残效期为 10 天左右。

苹果巢蛾(Apple ermine moth)

学名 *Yponomeuta padella* (Linnaeus) 鳞翅目，巢蛾科。别名:苹果巢虫、苹果黑点巢蛾。分布在黑龙江、辽宁、吉林、内蒙古、山西、北京、天津、河北、河南、江苏、陕西、甘肃、宁夏、青海、新疆等地。

寄主 苹果、沙果、山楂、杏、海棠、梨、李等。

为害特点 幼虫吐丝结网巢，初龄幼虫潜入幼叶内取食叶

苹果巢蛾成虫休止状

苹果巢蛾幼虫群栖在一起

肉致叶干枯死亡,稍长大于枝梢上吐丝结网巢,将叶、花器网在一起,1网巢里常有数十至百余头幼虫群集为害叶和花器,严重时树冠仅残留枯黄碎叶挂在网巢中,枯焦状似火燎。

形态特征 成虫:体长9~10(mm),翅展19~22(mm),体被丝质银白色闪光,复眼黑色,触角丝状黑白相间,中胸背板中央具黑点5个,前翅狭长,银白色,上具小黑点30多个,排列成3行,不规则,一行近前缘,2行近后缘。后翅银灰白,内缘毛长。雌腹部末端毛丛左右分开,产卵管外突。雄蛾体略小,尾端尖细,腹末毛丛较紧密。卵:扁椭圆形,初黄白色,近孵化时暗紫色,卵块呈鱼鳞状,由30~40粒卵排列成块,卵块上具红褐色黏质覆盖物。幼虫:初孵幼虫体污黄色,头黑色。老熟幼虫体长18~20(mm),灰褐色,头部、前胸背板、胸足、臀板及腹足均呈黑色。腹部各节背面各具1对大型黑斑,刚毛、毛片黑色。蛹:长10~12(mm),纺锤形,黄褐色,外被灰白色半透明丝质薄茧。

生活习性 年生1代,以初孵幼虫在枝条上的卵鞘下越冬,翌年苹果花芽开放或花序分离时出鞘为害。出蛰幼虫成群用丝把嫩叶缚在一起,潜入嫩叶尖端取食叶肉,致叶尖焦枯干缩,稍大后于枝梢吐丝结网在巢里为害,食光后转移结新巢,严重的可把全树叶片吃光,致树冠布满网巢和枯碎叶片。幼虫为害40~50天老熟,在巢内结茧化蛹。蛹期10~15天。6月中旬~7月中旬进入成虫发生期,成虫白天多在叶背静伏,傍晚或夜间活动,7月上旬末开始产卵,大部分卵块产在表皮光滑的2~3年生枝条上,尤以枝条下部近花芽或叶芽处居多,经20多天孵化,7月下旬幼虫孵化,先取食卵壳下的枝条表皮,后在卵鞘下越冬。天敌有宽盾攸寄蝇,金光小寄蝇,巢蛾多胚跳小蜂等。

防治方法 (1)5月上旬开始检查,幼虫进入2龄后拉丝营巢时,清除虫巢,集中烧毁。(2)结合修剪,剪除枝上卵块。(3)苹果花芽开放至花序分离期喷洒2.5%溴氰菊酯乳油或4.5%高效氯氰菊酯乳油或2.5%高效氯氟氰菊酯乳油2000倍液,隔10天左右1次,防治2~3次。

苹果鞘蛾(Apple pistol casebearer)

学名 *Coleophora nigricella* Stephens 鳞翅目,鞘蛾科。别名:苹果筒蛾、苹果黑鞘蛾、黑鞘蛾、筒蓑蛾等。分布于辽宁、山西、河北、山东、江苏、陕西等地。

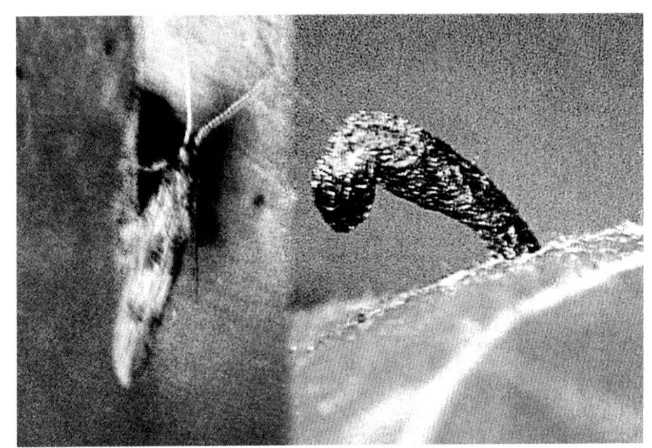
苹果鞘蛾成虫和鞘筒放大

寄主 苹果、梨、海棠、山楂、桃、李、樱桃等。

为害特点 初龄幼虫潜叶为害,稍大后结鞘体居其中附着在叶背或芽上,取食时先咬破表皮成一小孔,并以此孔为中心向周围取食,残留上表皮,日久食痕成为圆形枯斑。亦有食成孔洞者。在叶面上为害者,常食成较大的孔洞。

形态特征 成虫:体长4mm,翅展13mm左右。体灰白至灰黄褐色。头顶被灰白至黄色密鳞毛。触角丝状,基部被较粗大的黑褐色鳞毛,其余各节基半部黑色、端半部白色,呈黑白相间环节状,栖息时伸向前方,复眼白色球形,具黑色环纹。胸背灰褐色,颈片和翅基片端灰白色。腹部灰色,背面灰黄色。前翅柳叶形,灰白色,布有黑褐色鳞片形成的小点,翅端较密,翅尖略呈暗褐色。后翅较前翅窄小近剑状,灰至灰褐色。前、后翅缘毛长,灰至灰褐色。幼虫:体长8mm,暗褐色,头部和前胸盾黑褐色。护鞘黄褐至暗褐色长筒形,略竖扁,长9mm左右。蛹:长4mm,暗褐色。

生活习性 年生1代,以幼虫在枝干上护鞘内越冬,翌春寄主发芽后越冬幼虫开始为害芽叶,4月下旬至5月老熟在护鞘里化蛹。5~6月成虫羽化,羽化后不久即可交配产卵。初孵幼虫潜叶为害,稍大结护鞘体居中食叶肉,移动时均携带护鞘而行,粪便从护鞘后端排除,为害至深秋爬到枝干上越冬。

防治方法 一般不需单独防治,必要时参考苹果小卷蛾防治法。

苹果雕翅蛾(Apple leaf skeletonizer)

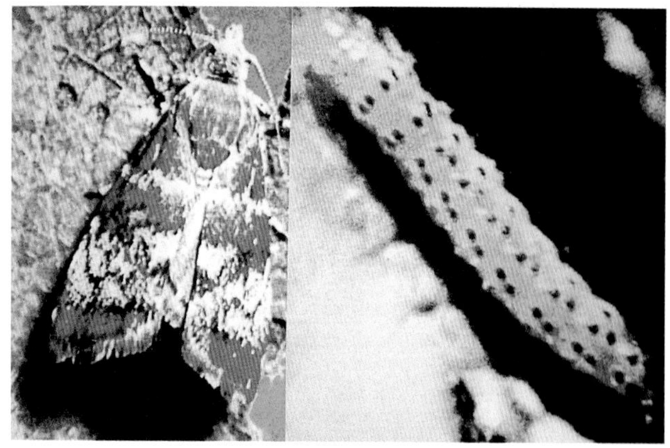

苹果雕翅蛾成虫(邱强)和幼虫

学名 *Anthophila pariana* Clerck 鳞翅目,雕翅蛾科。别名:苹果雕蛾。分布于吉林、内蒙古、山西、北京、陕西、甘肃等地。

寄主 苹果、山楂、海棠、槟沙果、山定子等。

为害特点 幼虫初在梢顶为害嫩叶,稍大卷2~3片嫩叶为害,为害老叶先纵卷叶端,逐卷全叶,食叶肉呈纱网状和孔洞或缺刻,粪便黏附丝网上,叶渐枯焦。

形态特征 成虫:体长5~6(mm),翅展12mm左右,体灰褐或紫褐色,触角丝状,为白暗相间环节状。前翅宽,棕黄或棕褐色,具4条暗褐色横线,内横线外侧有一条白灰色边,中横线略宽,后半部叉状,两翅相合呈菱形横斑状,跗节1~4节基部白色,端半部及第5节暗灰色。卵:近圆形呈馒头状,直径0.4mm,高0.25mm,初白后变浅黄色,卵壳不光滑,上有许多不规则的刺状突起。幼虫:体长9~11(mm),体黄或黄绿色。中胸至腹部第8节各节背面有黑色毛瘤6个,腹足趾钩单序环,18~20个,臀足趾钩单序缺环16个左右。茧:丝质白色,长11~16(mm)。蛹:长约5.5mm,初黄白后黄褐色。3~5腹节背面前缘各有一横列小刺。臀棘一对。

生活习性 山西中部年生3代,以成虫在落叶或杂草、土缝中越冬,翌年3月底开始活动,4月中旬进入成虫交尾产卵高峰期。卵多产于叶上,散产,卵期15天,4月下旬孵化,5月上旬进入孵化盛期。幼虫十分活跃,遇有惊扰即吐丝下垂或转叶为害,幼虫期24~26天,幼虫老熟后在卷叶或果洼处结茧化蛹,5月下旬为化蛹盛期,蛹期9天。6月上中旬是第一代成虫盛发期,中下旬进入幼虫盛发期,7月下和9月上旬是二、三代成虫盛发期,10月下旬开始羽化越冬。

甘肃天水一带年生4代,以蛹越冬,翌年苹果发芽后出现成虫,一代幼虫盛发于4月下至5月上旬;2代幼虫盛发在6月上中旬;7月中旬发生3代幼虫;8月上中旬为4代幼虫发生期。

防治方法 (1)果树休眠期清除果园落叶及杂草,集中处理。(2)可在幼虫发生期结合防治其他害虫施药兼治此虫,具体方法参考苹果小卷蛾。

梅木蛾(Isshiki xylorictid)

学名 *Odites issikii* Takahashi 鳞翅目,木蛾科。别名:五点梅木蛾、樱桃堆砂蛀蛾、卷边虫。分布在陕西、安徽、甘肃、宁夏、青海、新疆等省。

苹果梅木蛾成虫和幼虫(邱强)

寄主 苹果、梨、樱桃、桃、李、梅、葡萄等。

为害特点 初孵幼虫在叶上构筑"一"字形隧道,居中咬食叶片组织,2~3龄幼虫在叶缘卷边,食害两端叶肉,老熟后切割叶缘附近叶片,把所切一块叶片卷成筒状,一端与叶连着,幼虫居中化蛹。

形态特征 成虫:体长6~7(mm),翅展16~20(mm),体黄白色,下唇须长上弯,复眼黑色,触角丝状,头部具白鳞毛,前胸背板覆灰白色鳞毛,端部具黑斑1个。前翅灰白色,近翅基1/3处具2个近圆形黑斑,与胸部黑斑组成5个大黑点。前翅外缘具小黑点一列。后翅灰白色。卵:长圆形,长径0.5mm,米黄色至淡黄色,卵面具细密的突起花纹。幼虫:体长约15mm,头、前胸背板赤褐色,头壳隆起具光泽。胴部黄白色。前胸足黑色,中、后足淡褐色。蛹:长8mm左右,赤褐色。

生活习性 陕西一带年生3代,以初龄幼虫在翘皮下、裂缝中结茧越冬。翌年寄主萌动后,出蛰为害。5月中旬化蛹,越冬代成虫于5月下旬始见,6月下旬结束,成虫喜把卵产在叶背主脉两翼,散产。卵期约10天。6月上旬~7月中旬进入一代幼虫发生为害期,7月上旬~8月初一代成虫发生期,7月中旬~9月中旬为2代幼虫为害期,9月上旬~10月上旬第2代成虫发生,此代成虫所产卵孵化后为害一段时间于10月下旬~11月初越冬。幼虫喜在夜间取食,次日夜间交尾后2~4日产卵,每雌产70余粒。成虫寿命4~5天。

防治方法 (1)利用黑光灯或高压汞灯诱杀成虫。(2)冬季刮除树皮、翘皮,消灭越冬幼虫。(3)寄主发芽后喷洒10%联苯菊酯乳油4000倍液、2.5%溴氰菊酯乳油2000倍液、2.5%高效氯氟氰菊酯乳油2000倍液、20%氰戊·辛硫磷乳油1500倍液、50%杀螟硫磷乳油1000倍液、52.25%氯氰·毒死蜱乳油1500倍液。

果剑纹夜蛾(Cherry dagger moth)

学名 *Acronicta strigosa* (Denis et Schiffermüler) 鳞翅目,夜蛾科。别名:樱桃剑纹夜蛾。分布于黑龙江、辽宁、山西、福建、四川、贵州、云南、广西等地。

寄主 苹果、山楂、槟沙果、梨、桃、杏、李。

为害特点 初龄幼虫食叶的表皮和叶肉,仅留下表皮,似纱网状,3龄后把叶吃成长圆形孔洞或缺刻,还可啃食幼果果皮。

形态特征 成虫:体长11.5~22(mm),翅展37~40.5(mm);头部和胸部暗灰色;腹部背面灰褐色,头顶两侧、触角基部灰白

果剑纹夜蛾成虫放大

果剑纹夜蛾4、5龄幼虫放大(摄于太谷)

色;前翅灰黑色,黑色基剑纹、中剑纹、端剑纹明显,基线、内线为黑色双线波浪形外斜;环状纹灰色具黑边;肾状纹灰白色内侧发黑;前缘脉中部至肾状纹具1黑色斜线;端剑纹端部具2白点,端线列由黑点组成。后翅淡褐色。足黄灰黑色,跗节具黑斑。卵:白色透明似馒头,直径0.8~1.2(mm)。幼虫:体长25~30(mm),绿色或红褐色,头部褐色具深斑纹。前胸盾呈倒梯形深褐色;背线红褐色,亚背线赤褐色,气门上线黄色,中胸、后胸和腹部2、3、9节背部各具黑色毛瘤1对,腹部1、4~8节各具黑色毛瘤2对,生有黑长毛。气门筛白色;胸足黄褐色,腹足绿色,端部具橙红色带。幼虫共5龄。蛹:长11.5~15.5(mm),纺锤形,深红褐色,具光泽。茧长16~19(mm),纺锤形,丝质薄,茧外多黏附碎叶或土粒。

生活习性 山西一带年生3代,东北、华北年生2代,以茧蛹在地上或土中越冬,也有的在树缝中越冬,发生期不整齐。一般越冬蛹于4月下旬气温17.5℃时开始羽化,5月中旬进入盛期,第1代成虫于6月下~7月下旬出现,7月中旬进入盛期,第2代于8月上~9月上旬羽化,8月上中旬为盛期。成虫昼伏夜出,具趋光性和趋化性,羽化后经补充营养后交配产卵,平均每雌产卵74~222粒,卵期4~8天,幼虫期第1代19~35天,第2代22~31天,第3代23~43天。老熟幼虫爬到地面结茧或不结茧化蛹。蛹期:1代13~17天,2代12~16天,3代210天。成虫寿命1代6~13天,2代4~10天,3代5~9天。天敌有夜蛾绒茧蜂,自然寄生率5%~10%。

防治方法 参考梨树害虫——梨剑纹夜蛾。

苹梢夜蛾(Apple shoot noctuid)

学名 *Hypocala subsatura* Guenee 鳞翅目,夜蛾科。别名:苹梢鹰夜蛾、台湾下木夜蛾。分布于辽宁、河北、陕西、北京、河南、山西、陕西、山东、江苏、福建、广东、四川、云南等省。

苹梢夜蛾成虫放大(杨子琦)

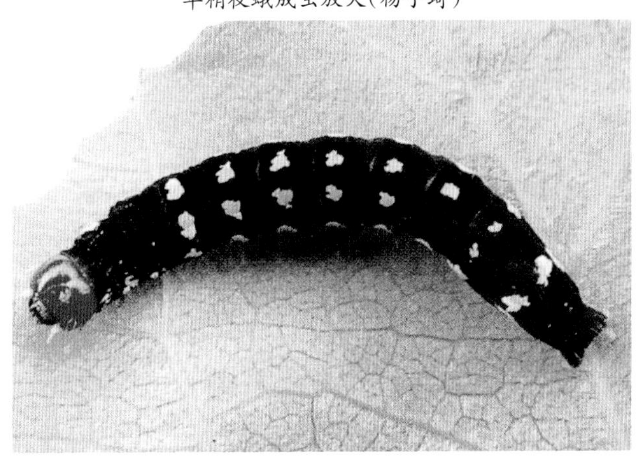

苹梢夜蛾幼虫(夏声广)

寄主 苹果、柿、栎、梨等。

为害特点 以幼虫为害苹果新梢,吐丝把嫩梢新叶纵卷,严重时新梢仅留主侧脉及残留碎屑。少量幼虫还钻蛀幼果。

形态特征 成虫:体长14~18(mm),翅展34~38(mm)。下唇须发达,斜向下伸,状似鸟嘴。常见有两种类型。一类 成虫前翅紫褐色,密布黑色细点,外横线、内横线棕色波浪状,肾纹具黑边;后翅棕黑色,后缘基半部生1黄色回形大斑纹,臀角、近外缘中部、翅中部各生1个橙黄色小斑。另一类 成虫前翅中部深棕色,前缘近顶角处生1半月形浅褐色斑,后缘具浅褐色波形宽带;后翅同上。末龄幼虫:体长30~35(mm),体色多变,常见有3种色型。黑色纵带型,头部黑色,背线绿色,亚背线白色,气门上线宽,呈黑色纵带状,气门线白色。淡绿型,头部浅绿色,体浅绿色,黑色纵带消失,仅存亚背线、气门线4条白色纵线。黑褐型,全体黑褐色,似小地老虎,其亚背线、气门线仍为白色,别于小地老虎。蛹:长14~17(mm),红褐色。卵:直径0.6~0.7(mm)半球形,卵面具放射状纵脊,污白色,顶部棕褐色,卵面生1棕色环。

生活习性 北方多年生1代,陕西关中部分2代,越冬代成虫于5月中旬至6月下旬发生,成虫把卵产在新梢、叶片背面。1代幼虫为害期在5月下旬至6月上中旬,幼虫老熟后入

土化蛹，1 代成虫发生在 7 月下旬至 9 月上旬。北京、山西等地发生略晚，1 代幼虫出现在 6 月中旬至 7 月下旬，未见 2 代幼虫为害。

防治方法 (1)零星发生的果园，结合管理及时剪除新梢。(2) 幼虫发生期及时喷洒 50%氯氰·毒死蜱乳油 1500 倍液或 20%氰戊菊酯乳油 2000 倍液、48%毒死蜱乳油 1500 倍液。

八点广翅蜡蝉

学名 *Ricania speculum* (Walker)同翅目，广翅蜡蝉科。别名：八点蜡蝉、八点光蝉、橘八点光蝉、咖啡黑褐蛾蜡蝉、黑羽衣、白雄鸡。分布在山西、陕西、河南、江苏、浙江、江西、福建、台湾、湖北、湖南、广东、广西、云南、四川。

八点广翅蜡蝉成虫

寄主 栗树、苹果、梨、山楂、柑橘、桃、杏、李、梅、樱桃等。

为害特点 成、若虫喜于嫩枝和芽、叶上刺吸汁液；产卵于当年生枝条内，影响枝条生长，重者产卵部以上枯死，削弱树势。

形态特征 成虫：体长 11.5 ~ 13.5(mm)，翅展 23.5 ~ 26(mm)，黑褐色，疏被白蜡粉。触角刚毛状，短小。单眼 2 个，红色。翅革质密布纵横脉呈网状，前翅宽大，略呈三角形，翅面被稀薄白色蜡粉，翅上有 6 ~ 7 个白色透明斑，1 个在前缘近端部 2/5 处，近半圆形；其外下方 1 个较大不规则形；内下方 1 个较小，长圆形；近前缘顶角处 1 个很小，狭长；外缘有 2 个较大，前斑形状不规则，后斑长圆形，有的后斑被一褐斑分为 2 个。后翅半透明，翅脉黑色，中室端有 1 小白透明斑，外缘前半部有 1 列半圆形小的白色透明斑，分布于脉间。腹部和足褐色。卵：长 1.2mm，长卵形，卵顶具 1 圆形小突起，初乳白渐变淡黄色。若虫：体长 5 ~ 6(mm)，宽 3.5 ~ 4(mm)，体略呈钝菱形，翅芽处最宽，暗黄褐色，布有深浅不同的斑纹，体疏被白色蜡粉。貌视体呈灰白色，腹部末端有 4 束白色绵毛状蜡丝，呈扇状伸出，中间 1 对长约 7mm，两侧长 6mm 左右，平时腹端上弯，蜡丝覆于体背以保护身体，常可作孔雀开屏状，向上直立或伸向后方。

生活习性 年生 1 代，以卵于枝条内越冬。山西 5 月间陆续孵化，为害至 7 月下旬开始老熟羽化，8 月中旬前后为羽化盛期，成虫经 20 余天取食后开始交配，8 月下旬 ~ 10 月下旬为产卵期，9 月中旬至 10 月上旬为盛期。白天活动为害，若虫有群集性，常数头在一起排列枝上，爬行迅速善于跳跃；成虫飞行力较强且迅速，产卵于当年生枝木质部内，以直径 4 ~ 5(mm)粗的枝背面光滑处落卵较多，每处成块产卵 5 ~ 22 粒，产卵孔排成 1 纵列，孔外带出部分木丝并覆有白色绵毛状蜡丝，极易发现与识别。每雌可产卵 120 ~ 150 粒，产卵期 30 ~ 40 天。成虫寿命 50 ~ 70 天，至秋后陆续死亡。

防治方法 (1)结合管理，特别注意冬春修剪，剪除有卵块的枝集中处理，减少虫源。(2)为害期结合防治其他害虫兼治此虫。可喷洒 5%啶虫脒乳油 2000~2500 倍液或 20%吡虫啉可溶性粉剂 2000 倍液，或 48%毒死蜱乳油或 25%噻嗪酮可湿性粉剂 1000 倍液。由于该虫虫体特别是若虫被有蜡粉，所用药液中如能混用含油量 0.3% ~ 0.4%的柴油乳剂或黏土柴油乳剂或 0.2%洗衣粉，可显著提高防效。

苹眉夜蛾(Apple blunt-tipped moth)

学名 *Pangrapta obscurata* (Butler) 鳞翅目，夜蛾科。别名：樱桃紫褐夜蛾。分布于辽宁、山西、河北、河南、山东、江苏、安徽、云南等省。

苹眉夜蛾成虫和蛹壳

寄主 苹果、梨、樱桃等。

为害特点 幼虫食叶成缺刻或孔洞，常吐少量丝把叶两缘卷缀居中食害。

形态特征 成虫：体长 10 ~ 12(mm)，翅展 25 ~ 26(mm)，黑褐略带紫色。前翅外缘略呈锯齿形、中部凸成 1 角；内、外线色深，内线近弧形、外侧色稍浅；外线稍明显略宽，中室端前分 2 叉，叉间三角形杂有灰白色；亚端线波状灰白色；缘毛黑褐色。后翅外缘略呈锯齿状；翅上具暗色横线 3 条，外线外具灰细点；亚端线波状两侧有灰点，前翅反面前后缘密布灰色点，形成不清晰的带。后翅反面褐色杂有灰白点。幼虫：体长 25mm 左右，头部略扁平黄绿色，正面可见八字形暗色纹。胴部浅绿或翠绿色；背线暗绿色，有些个体发红；亚背线、气门线暗绿色；气门上线为暗褐色断续线，臀足细长后伸。蛹：长约 12mm，赤褐色。茧：长椭圆形，茧薄白色。

生活习性 年生 2 代，以茧蛹在土中或枝干缝隙中越冬。翌年 5 ~ 6 月羽化。1 代幼虫 6 ~ 7 月发生，食叶，受惊扰时则吐丝下垂转移为害。第 1 代成虫 8 月发生，第 2 代幼虫 8 ~ 9 月发生，老熟后爬至树缝、孔洞或入土结茧化蛹越冬。

防治方法 (1)秋末或早春耕翻树盘或全园，消灭部分蛹。

(2)幼虫发生期药剂防治。参考苹果小卷蛾。

苹毛虫(Apple caterpillar)

学名 *Odonestis pruni* Linnaeus 鳞翅目,枯叶蛾科。别名:杏枯叶蛾、苹果枯叶蛾。分布于黑龙江、吉林、辽宁、内蒙古、山西、河北、河南、山东、江苏、安徽、浙江、江西、福建、台湾、湖北、湖南、广西、广东等地。

苹毛虫(苹枯叶蛾)幼虫、卵、成虫

寄主 苹果、沙果、梨、李、杏、樱桃、梅、栎等。

为害特点 幼虫为害嫩芽和叶片,食叶成孔洞和缺刻,严重时将叶片吃光仅留叶柄。

形态特征 成虫:体长 23~30(mm),翅展 45~70(mm),体赤褐或橙褐色,复眼球形黑褐色,触角双栉齿状,雄栉齿较长。前翅外缘略呈锯齿状、黑褐色,内线和外线弧形黑褐色,亚端线近波状,较细,深褐色,近中室端有 1 个近圆形白斑;后翅淡较宽,有 2 条不明显横线。卵:近球形,直径约 1.5mm,初产微带绿色后变白色,侧面有一暗点。幼虫:体长 50~60(mm),青灰色或茶褐色。体扁平。各节两侧气门下线处生灰褐色长毛;前胸两侧气门前瘤突生有黑色长毛束;中胸背面具蓝黑色横列的短毛丛;第 8 腹节背面有 1 瘤状突起,上生细长毛。蛹:25~30(mm),初黄褐后变为紫褐。茧:椭圆形,黄色或灰黄色。

生活习性 东北、华北年生 1 代,华中 1 年 2 代。以低龄幼虫紧贴树皮或枝条越冬,体色与树皮相似。翌春寄主萌发时开始活动,白天静伏枝干上,夜晚取食。老熟后吐丝使叶片向上纵卷结茧化蛹,成虫昼伏夜出,趋光性较强。卵多产于枝干和叶上,常 3~4 粒呈直线排列,卵期 7~10 天。发生 1 代者幼虫孵后为害一段时间以 2 龄幼虫在枝干上越冬。幼虫体色酷似枝条,不易发现。

防治方法 (1)结合修剪,人工捕杀越冬幼虫。(2)成虫发生期利用黑光灯或高压汞灯诱杀。(3)保护和引放天敌。(4)幼虫出蛰为害期药剂防治,参考苹果小卷蛾。

黑星麦蛾

学名 *Telphusa chloroderces* Meyrick 鳞翅目,麦蛾科。别名:黑星卷叶芽蛾、苹果黑星麦蛾。分布于辽宁、吉林、山西、陕西、河北、河南、江苏、四川等地。

寄主 苹果、沙果、海棠、山定子、梨、桃、李、杏、樱桃等。

黑星麦蛾幼虫放大

为害特点 初孵幼虫潜入未伸展嫩叶中为害,稍大开始卷叶为害,常数头幼虫将枝顶数片叶卷成团居内为害叶肉,残留表皮,日久干枯。

形态特征 成虫:体长 5~6(mm),翅展 15~16(mm),体灰褐色,前胸背和前翅正面暗褐色,有光泽,头部淡黄褐,触角丝状黑褐,复眼球形黑色。前翅狭长近长方形,中室有二个纵列的黑点。卵:椭圆形,长约 0.5mm,淡黄色并具光泽。幼虫:体长 10~11(mm),背线两侧各有 3 条淡紫红色纵纹,貌似黄白和紫红相间的纵条纹。头部、臀板和臀足褐色,前胸盾黑褐色,腹足趾钩双序环 34~38 个;臀足趾钩双序缺环 28~32 个。蛹:长 6mm 左右,初黄褐后变红褐色,触角与翅等长达第 5 腹节。腹部第 7 节后缘有暗黄色齿突。第 6 腹节腹面中部有 2 个突起。茧灰白色,长椭圆形。

生活习性 年生 3~4 代,以蛹在杂草中越冬,翌年 4 月羽化为成虫。卵产在叶丛或梢顶未展开叶的叶柄基部,卵单产或数粒成堆,4 月中旬幼虫在嫩叶上为害,稍大卷叶为害,严重时数头将枝端叶缀连在一起,居中为害。幼虫较活泼,受触动吐丝下垂。5 月底在卷叶内结茧化蛹,蛹期约 10 天。6 月上旬开始羽化,以后世代重叠,秋末老熟幼虫在杂草等处结茧化蛹越冬。

防治方法 (1)秋末清除果园杂草、枯枝、落叶等集中烧毁,消灭越冬蛹。(2)生长季摘除卷叶,消灭其中幼虫。(3)幼虫为害初期进行药剂防治。参考苹果小卷蛾。

淡褐巢蛾(Alutaceous ermine moth)

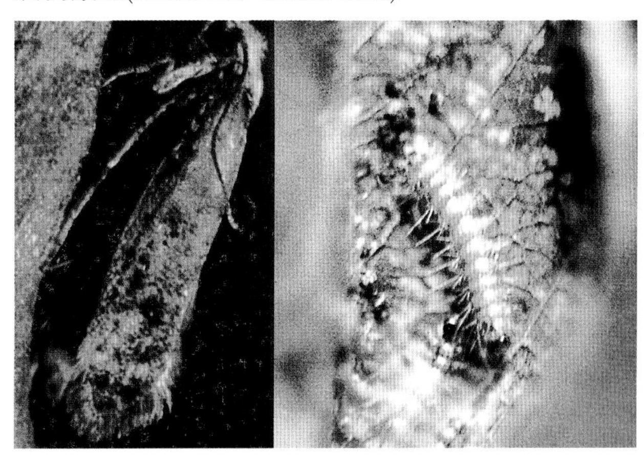

淡褐巢蛾成虫和幼虫

学名 *Swammerdamia pyrella* de Villers 鳞翅目，巢蛾科。别名:淡褐小巢蛾。分布于黑龙江、辽宁、吉林、山西、陕西、甘肃、宁夏、青海、新疆、江苏、河北、河南、山东等地。

寄主 苹果、梨、山楂、李、樱桃、海棠、榅桲等。

为害特点 幼虫食害花蕾、嫩芽或叶片,致受害叶残留下表皮或叶脉,呈纱网状,初龄幼虫潜叶为害。

形态特征 成虫:体长 4 ~ 5(mm),翅展 10 ~ 12(mm),体灰白色,头部密布白色鳞毛,多而长、似冠毛。触角褐白相间。前翅灰白色,夹杂无数褐色鳞片,从前缘中部向后缘有一条色泽较深的褐色斑带,前缘顶角具一白斑。后翅缘毛长,呈浅褐色。卵:椭圆形,长 0.6mm,扁平、淡绿色、半透明。幼虫:体长约 10mm,头淡褐色,体背中央有一条黄色,两侧亚背线各为一枣红色条纹,腹面淡黄色,胸足呈黑白相间的环节状,腹足趾钩多序环,48 ~ 52 个。蛹:体长约 5.5mm,黄褐色,臀棘 4 根。体被白色纺锤状茧,茧长约 6mm,白色、丝质。

生活习性 辽宁兴城及山西中部年生 3 代,辽宁以蛹在杂草、落叶、土壤缝隙等处越冬。晋中一带以小幼虫在剪锯口、枝叉处、贴叶下、芽鳞处结白茧越冬。在兴城翌年 5 月上旬成虫羽化。5 月中旬为羽化盛期,交尾后产卵于叶面,5 月下旬 ~ 6 月上旬,第 1 代幼虫孵化。小幼虫潜叶为害,稍长大,数头幼虫即在叶面张网,使叶片向正面半纵卷,幼虫悬在网上食叶面、不食下表皮和叶脉,老熟幼虫在被害叶片上吐丝结茧化蛹,6 月下旬 ~ 7 月上旬第 1 代成虫羽化,第 2 代在 8 月,第 3 代幼虫为害至 9 月下旬或 10 月上旬,幼虫老熟后下树,寻找适合的场所结茧化蛹越冬。在晋中翌年苹果在芽萌动时幼虫开始出蛰,至 4 月下旬结束,出蛰期达 40 ~ 50 天,故发生不齐。出蛰后多蛀食嫩芽,并转芽为害,然后为害花蕾、花及叶,老熟于被害叶上结茧化蛹,蛹期 11 ~ 13 天。成虫昼伏夜出,有趋光性,卵多散产于叶面叶脉凹陷处。此虫世代重叠。天敌有多胚跳小蜂,黑绒茧蜂等。

防治方法 (1)冬季彻底铲除果园杂草、落叶,刮除老皮、翘皮,消灭越冬幼虫或蛹。(2)药剂防治,参考苹果小卷蛾,特别抓好芽期防治。

角斑台毒蛾(Top spotted tussock moth)

学名 *Teia gonostigma* (Linnaeus)属鳞翅目毒蛾科。

寄主 苹果。

角斑台毒蛾幼虫为害叶片

为害特点 春季为害苹果花、叶的重要新害虫。春季初孵幼虫取食叶肉,2 龄后分散为害花芽、花、叶芽及果实、叶片。从花芽、叶芽的芽顶向下为害,残留芽基部,造成不能发芽开花。4 龄后进入暴食期,常把叶片吃光。严重影响果树萌芽、开花,影响成果率和产量。

形态特征 成虫:雌雄异型。雌体长 10 ~ 22(mm),翅退化仅残留痕迹,体略呈椭圆形,灰至灰黄色,密被深灰色短毛和黄、白色茸毛。头很小,触角丝状,节上有短毛;复眼灰色。足灰色有白毛,爪腹面有齿。雄体长 8 ~ 12(mm),翅展 25 ~ 36(mm),体灰褐色,下唇须橙黄色,触角短羽状,干锈褐色,栉齿褐色。前翅黄褐至红褐色,内区(内线至翅基部)前半部有白鳞、后半部赭褐色;基线细白色、波浪形;内线直黑色,前半部宽;前缘中部有白鳞;外线双条黑色,细锯齿形;亚端线微波浪形,前缘白色、余部黑褐色;端线细而黑、翅脉处间断;外线与亚端线间前缘有 1 赭黄色斑;后缘有 1 新月形白斑;横脉纹黑色白边、中央有 1 白色细线;缘毛暗褐色有赭黄色斑。后翅栗褐色,缘毛黄灰色。卵:近球形,直径 0.8 ~ 0.9(mm),卵孔处凹陷,花瓣状;外有 1 环纹;初产白色,后灰黄色,微有光泽。幼虫:体长 33 ~ 40(mm),头部灰至黑色,上生细毛。体黑灰色,被黄色和黑色毛,亚背线上生有白色短毛;前胸两侧各有 1 束向前伸的由黑色羽状毛组成的长毛;第 1 ~ 4 腹节背面中央各有 1 簇黄灰至深褐色刷状短毛;第 8 腹节背面有 1 束向后斜伸的黑长毛。亚背线和气门线淡黄白色。气门黑色。蛹:长 8 ~ 20(mm),雌灰色,雄黑褐色。背面有黄毛,臀棘较长。茧:略呈纺锤形,丝质较薄。

生活习性 山西年生 3 代,以 2、3 龄幼虫在树上黏合的叶片内、落叶内越冬,翌年果树萌动开始活动为害,花柄伸出时为害最重。3 月下旬 ~4 月上旬为越冬代幼虫为害盛期,4 月中旬开始化蛹,蛹期 10~13 天。4 月底 ~5 月初出现越冬代成虫,雄蛾寿命 2 天,雌蛾把 400 多粒卵产在茧附近,卵期 11~13 天。5 月中旬为 1 代幼虫始发期,6 月上旬进入发生为害盛期,6 月中旬化蛹,蛹期 7~8 天,6 月下旬羽化为成虫,交尾产卵,卵期 10~11 天。第 2 代幼虫为害盛期在 7 月中旬。7 月下旬可见 2 代蛹。2 代成虫 8 月上旬末羽化,8 月下旬孵化第 3 代幼虫,为害到 10 月初开始越冬。

防治方法 (1) 苹果树花蕾期喷洒波美 5 度石硫合剂或 40%毒死蜱乳油 1500 倍液。(2)生长季人工捏卵块,摘蛹叶,初春早晨日出前在枝干背下和芽基处捕杀幼虫。(3)5 月上旬、6 月下旬、8 月上旬安装杀虫灯诱杀雄蛾。(4)生长季于 3 龄前喷洒 1.8%阿维菌素乳油 3000 倍液或 2%甲氨基阿维菌素苯甲酸盐可溶液剂 5000 倍液。

联梦尼夜蛾

学名 *Orthosia carnipennis* (Butler) 鳞翅目夜蛾科。分布在河南、黑龙江等省。

寄主 苹果、梨。

为害特点 幼虫缀合苹果或梨树叶缘呈袋状,身在袋中为害附近叶片。

形态特征 成虫:体长 14mm 左右,前翅紫灰色,基线仅在

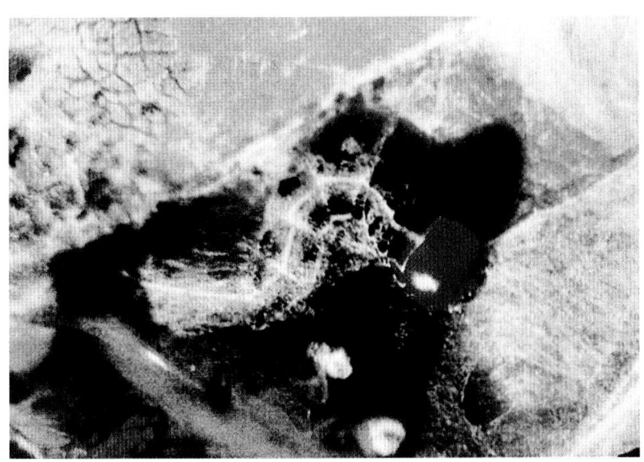

联梦尼夜蛾幼虫头红色(邱强)

前缘脉上为1个黑点,中室后生1个三角型黑斑,亚中褶具1黑条连接内外线。末龄幼虫:体长30~40mm,体绿色,头部红褐色,以后体色变深。

生活习性 年生1代,以蛹在土中越冬,第2年4月越冬蛹羽化为成虫,交尾产卵后,5月上旬出现幼虫,把叶片缀卷为袋状,为害嫩叶和花,进入6月下旬老熟幼虫入土化蛹越夏和越冬。

防治方法 5月幼虫数量多时,喷洒30%杀螟硫磷乳油600~800倍液。

苹掌舟蛾(Black-marked prominent)

苹掌舟蛾成虫放大(张玉聚)

苹掌舟蛾低龄幼虫群栖在一起

苹掌舟蛾幼虫

学名 *Phalera flavescens*(Bremer et Grey)鳞翅目,舟蛾科。别名:舟形毛虫、舟形蛅蟖、苹果天社蛾、黑纹天社蛾、举尾毛虫、举肢毛虫、秋黏虫、苹天社蛾、苹黄天社蛾。分布在黑龙江、吉林、辽宁、内蒙古、陕西、山西、北京、河北、河南、山东、安徽、江苏、上海、浙江、江西、福建、台湾、广东、广西、湖南、湖北、重庆、四川、云南等地。

寄主 梅树、樱桃、海棠、火棘、山楂、苹果、梨、杏、桃、李、核桃、板栗、枇杷等。

为害特点 初龄幼虫啃食叶肉,仅留表皮,呈箩底状,稍大后把叶食成缺刻或仅残留叶柄,严重时把叶片吃光,造成二次开花。

形态特征 成虫:体长22~25(mm),翅展49~52(mm),头胸部淡黄白色,腹背雄虫浅黄褐色,雌蛾土黄色,末端均淡黄色,复眼黑色球形。触角黄褐色,丝状,雌触角背面白色,雄各节两侧均有微黄色茸毛。前翅银白色,在近基部生1长圆形斑,外缘有6个椭圆形斑,横列成带状,各斑内端灰黑色,外端茶褐色,中间有黄色弧线隔开;翅中部有淡黄色波浪状线4条;顶角上具两个不明显的小黑点。后翅浅黄白色,近外缘处生1褐色横带,有些雌虫消失或不明显。卵:球形,直径约1mm,初淡绿后变灰色。幼虫:体长55mm左右,被灰黄长毛。头、前胸盾、臀板均黑色。胴部紫黑色,背线和气门线及胸足黑色,亚背线与气门上、下线紫红色。体侧气门线上下生有多个淡黄色的长毛簇。蛹:长20~23(mm),暗红褐色至黑紫色。中胸背板后缘具9个缺刻,腹部末节背板光滑,前缘具7个缺刻,腹末有臀棘6根,中间2根较大,外侧2个常消失。

生活习性 年生1代,以蛹在树冠下的土中越冬,翌年7月上旬开始羽化,中下旬进入盛期,多在夜间羽化,雨后的拂晓出土最多,成虫白天隐蔽在树叶丛中或杂草堆中,傍晚至夜间活动,趋光性强。羽化后经数小时或数天交配,隔1~3天产卵,卵多产在树体东北面的中、下部枝条的叶背,数十粒或百余粒密集成块,每雌平均产卵300粒,多的600粒,卵期6~13天,初孵幼虫多群聚叶背,不吃不动,早晚和夜间或阴天群集叶面,头向叶缘排列成行,由叶缘向内啃食。低龄幼虫遇惊扰或震动时,成群吐丝下垂。3龄后逐渐分散取食或转移为害,白天多栖息在叶柄或枝条上,头尾翘起,状似小舟,故称舟形毛虫。幼虫共5龄,幼虫期31天左右,4龄前食量小,4龄后食量剧增,常把叶片吃光。幼虫老熟后沿树干爬下入土化蛹越冬。

防治方法 (1)结合翻耕或刨树盘，把蛹翻到土表，或人工挖蛹。(2)在幼虫分散以前，及时剪除有幼虫群居的枝条烧毁。(3)在卵发生期，即7月中下旬释放松毛虫赤眼蜂灭卵，效果好。卵被寄生率可达95%以上，单卵蜂是5~9头。此外，也可在幼虫期喷洒每g含300亿孢子的青虫菌粉剂1000倍液。(4)利用该虫吐丝下坠的习性，人工震落捕杀幼虫。(5)幼虫发生期树上施药防治。药剂为48%毒死蜱乳油1500倍液、40%乙酰甲胺磷乳油1000倍液、90%敌百虫可溶性粉剂800倍液、50%杀螟硫磷乳油1000倍液。

桑褶翅尺蠖(Mulberry spined looper)

学名 *Zamacra excavata* Dyar 鳞翅目，尺蛾科。别名：桑褶翅尺蛾、核桃尺蠖。分布于山西、陕西、河北、河南、辽宁、宁夏；日本。

桑褶翅尺蛾成虫和大龄幼虫

寄主 苹果、梨、山楂、核桃、枣、桑、杨等。

为害特点 幼虫食叶成缺刻和孔洞，严重时仅留主脉。

形态特征 成虫：雌体长约14~16(mm)，翅展46~48(mm)，体灰褐色，触角丝状。腹部除末节外，各节两侧均有黑白相间的圆斑。头胸部多毛，前翅有红、白色斑纹，内、外线粗黑色，外线两侧各具1条不明显的褐色横线。后翅前缘内曲，中部有一条黑色横纹。腹末有2毛簇。雄体略小，色暗，触角羽状，前翅略窄，其余与雌相似。成虫静止时4翅褶叠竖起，因此得名。卵：扁椭圆形，长1mm，褐色。幼虫：体长约40mm，头黄褐，颊黑褐，前胸盾绿色，前缘淡黄白色。体绿色，腹部第1和第8节背部有1对肉质突起，2~4节各有1大而长的肉质突起，突起端部黑褐色，沿突起向两侧各有1条黄色横线，2~5节背面各有2条黄短斜线呈“八”字形，4~8节突起间亚背线处有1条黄色纵线，从5节起渐宽呈银灰色。1~5节两侧下缘各有1肉质突起，似足状。臀板略呈梯形，两侧白色，端部红褐色。腹线为红褐色纵带。蛹：长13~17(mm)，短粗，红褐色，头顶及尾端稍尖，臀刺2根。茧：半椭圆形，丝质附有泥土。

生活习性 年生1代，以蛹在土中或树根颈部越冬，翌年3月中旬开始羽化。成虫白天潜伏，傍晚活动，卵多产在光滑枝条上，堆生，排列松散，每雌产卵600~1000粒。4月初孵化。幼虫静止时常头部向腹面卷缩至第5腹节下，以腹足和臀足抱持枝上。老熟幼虫爬到基部6~9(cm)土中，或根颈部贴树皮吐丝结茧化蛹越夏和越冬。

防治方法 (1)越冬蛹羽化前挖树盘消灭蛹。(2)药剂防治，参考苹果小卷蛾。

旋纹潜叶蛾(Apple leaf miner)

学名 *Leucoptera scitella* Zeller 鳞翅目，潜蛾科。别名：旋纹潜蛾、苹果潜蛾。分布于黑龙江、辽宁、吉林、内蒙古、山西、河北、山东、江苏、安徽、上海、浙江、福建、台湾、陕西、甘肃、宁夏、青海、新疆等地。

旋纹潜叶蛾成虫放大

旋纹潜叶蛾幼虫为害状

寄主 苹果、梨、山楂、槟沙果、海棠等。

为害特点 幼虫潜叶为害，呈螺旋状串食叶肉，粪便排于隧道中显出螺纹形黑纹，严重时1片叶上有数个虫斑，造成落叶，影响树势。

形态特征 成虫：体长2~2.5(mm)，翅展6~6.5(mm)，体和前翅银白色。头顶丛生粗毛，触角丝状浅褐色与体近等长。前翅短阔披针形，端半呈金黄色，上具褐色或黑色斜纹7条，臀角处具长卵形黑斑1个，斑中央生银白色小点，称其为黑色孔雀斑，缘毛长灰色，翅端具黑缘毛3束。后翅浅褐色狭长，缘毛灰白色甚长。足银白色，外侧具金属光泽。卵：椭圆形略扁平，具网状脊纹，长0.27mm，浅绿色至灰白色，半透明有光泽。幼虫：体长4.7~5.5(mm)，黄白色微绿略扁平。头褐色较大，胴部节间细，貌似念珠状。前胸盾具黑色长斜斑2块，后胸、第1、2腹节两侧各具棒状小突起1个,上生刚毛1根。气门圆形,腹足趾钩单序环。蛹:长3~4(mm),扁纺锤形,初浅黄色,后变浅褐色至黑褐色。茧:长5~6(mm),梭形,于白色"工"字形丝幕中央。

生活习性 辽宁、河北、山西晋中年生3代,山西南部、山东、河南、陕西4代,以蛹茧在枝、干缝隙处越冬。翌年4月中旬至5月中旬成虫羽化,成虫白天活动,第1代卵多散产在树冠内膛中下部光滑的老叶背面,以后各代分散于树冠各部位。每雌产卵30粒左右,成虫寿命3~12天。卵期平均10天,初孵幼虫从壳下蛀入叶肉,取食叶片的栅状组织,少数从叶面蛀入为害叶片海绵组织,均不伤及表皮。幼虫期26天左右,老熟从虫斑一角咬孔脱出,脱出时吐丝下垂到下部叶片或枝条上,结茧化蛹。非越冬代老熟幼虫多在叶上化蛹,越冬代多在枝干粗皮裂缝中化蛹。前蛹期1~4天,非越冬代蛹期15天,越冬代达7~8个月。天敌有潜蛾姬小蜂、金纹细蛾羽角姬小蜂。

防治方法 (1)及时清除果园落叶,刮除老树皮,可消灭部分越冬蛹。(2)结合防治其他害虫,在越冬代老熟幼虫结茧前,在枝干上束草诱虫进入化蛹越冬,休眠期取下集中烧毁。(3)成虫发生期药剂防治参考金纹细蛾。

金纹细蛾(Asiatic apple leaf miner)

学名 *Lithocolletis ringoniella* Matsumura 鳞翅目,细蛾科。别名:苹果细蛾、潜叶蛾。分布:辽宁、内蒙古、河北、山西、山东、陕西、河南、安徽、江苏、甘肃;日本。

寄主 苹果、海棠、梨、桃、李、樱桃、山楂、杏。

金纹细蛾为害状

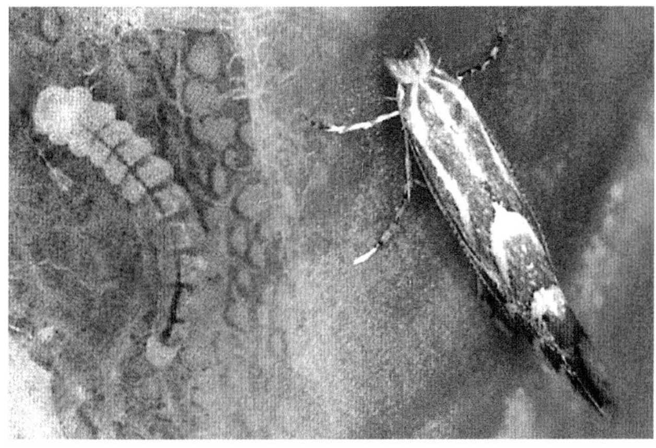

金纹细蛾幼虫和成虫放大

为害特点 幼虫潜叶为害,于叶背表皮下啮食叶肉,叶面呈现网眼状黄白色小斑点,叶背表皮鼓起皱缩,使叶片向背面弯折,内有黑色粪便。严重时1叶有数头幼虫为害造成叶片枯焦早期脱落,削弱树势。过去金纹细蛾不是苹果主要害虫,80年代以来,由于苹果园使用农药品种的变化,尤其是拟除虫菊酯类杀虫剂的广泛应用,大量杀伤天敌及抗药性增强,造成金纹细蛾连年暴发成灾,叶片受害率达40%~50%,重者达90%以上,严重影响苹果产量和质量。

形态特征 成虫:体长2.5~3(mm),翅展6.5~8(mm)。头、胸、前翅金褐色,腹部银灰色,尾毛褐色。头顶有银白色鳞毛,触角丝状,复眼黑色。前翅狭长,基部至中部具3条银白色纵带,1条沿前缘,1条在中室内,1条沿后缘;前翅中部以外的前、后缘各有3条白色爪状纹,白纹内侧有黑色鳞片。后翅灰褐色,狭长。卵:扁椭圆形,长0.3mm,初乳白色半透明具光泽,渐变暗褐色。幼虫:体长5.5~6(mm),略扁,黄色,头扁平,具3对单眼,绿色,单眼区黑褐色,口器淡褐色。蛹:长3~4(mm),黄绿色,头两侧具1对角状突起,复眼红色。

生活习性 年生5~6代,以蛹在被害落叶内越冬,翌年苹果树发芽前开始羽化,日平均气温达10℃~12℃时达盛期,羽化期20天左右。晴天成虫多于早、晚在树体附近飞舞,有趋光性,在枝干、叶片上交配,卵多散产于嫩叶背面绒毛间。每雌可产卵40~50粒。幼虫孵化后即从卵壳下蛀入表皮下食叶肉,老熟后于受害处化蛹,羽化时蛹皮常留于羽化孔处。各代成虫大体发生期:越冬代3月下旬~4月中旬;第1代5月下旬~6月上旬;第2代6月下旬~7月上旬;第3代7月下旬~8月上旬;第4代8月下旬~9月上旬,发生早的可发生第5代。末代幼虫于11月上中旬化蛹越冬。春季发生较少,秋季发生较多,为害严重,发生期不整齐,后期世代重叠。密植园发生重于稀植园,树冠内部叶片比外部叶片受害重,中下部叶片受害重于上部叶片,幼嫩叶片比老叶受害重。寄生蜂类天敌国内已知5科8种。

防治方法 (1)越冬代成虫羽化前彻底清扫园内落叶,集中深埋或沤肥,杀灭越冬蛹。为保护天敌可将部分落叶保存细纱网中,金纹细蛾成虫封闭网内,让天敌羽化后飞出。(2)利用性信息素诱芯直接诱杀雄虫,并可预测成虫羽化高峰期和产卵期。(3)越冬代及第1代成虫盛发期喷洒25%灭幼脲悬浮剂1500倍液或1.8%阿维菌素乳油3000倍液、20%杀铃脲悬浮剂3000倍液、30%哒·灭幼可湿性粉剂2000倍液、48%毒死蜱乳油1000~1500倍液、52.25%氯氰·毒死蜱乳油1500倍液。

苹毛丽金龟

学名 *Proagopertha lucidula* Faldermann 鞘翅目,丽金龟科。别名:苹毛金龟子、长毛金龟子。分布在黑龙江、吉林、辽宁、内蒙古、宁夏、甘肃、青海、陕西、山西、北京、河北、河南、山东、安徽、江苏、上海、浙江、重庆、四川等地。

寄主 苹果、梨、核桃、桃、李、杏、葡萄、山楂、板栗、草莓、黑莓、海棠等。

为害特点 幼虫常取食植物幼根,但为害不明显。成虫食花器、芽、嫩叶。

苹毛丽金龟成虫

小青花金龟成虫(摄于北京开发区)

形态特征 成虫:体长8.9~12.5(mm)。卵圆至长卵圆形,除鞘翅和小盾片外,全体密被黄白色茸毛。头胸部古铜色,有光泽;鞘翅茶褐色,具淡绿色光泽,上有纵列成行的细小点刻。触角鳃叶状9节,棒状部3节。从鞘翅上可透视出后翅折叠成"V"字形。腹部末端露出鞘翅。卵:椭圆形,长1.5mm,初乳白后变为米黄色。幼虫:体长约15mm,头黄褐色,头部前顶刚毛每侧7~8根,呈1纵列,后顶刚毛每侧10~11根,呈簇状,额中侧毛每侧2根,较长。臀节肛腹片覆毛区中央具2列刺毛,相距较远,每列前段由短锥状刺毛6~12根组成,后段为长针状刺毛6~10根,排列整齐。蛹:长卵圆形,初黄白后变黄褐色。

生活习性 年生1代,以成虫在土中越冬。翌春3月下旬开始出土活动,主要为害花蕾,4月中旬至5月上旬为害最盛;成虫发生期40~50天,于5月中、下旬成虫活动停止。4月中旬开始产卵,产卵盛期为4月下旬至5月上旬,卵期20~30天,幼虫期60~80天。幼虫发生盛期为5月底至6月初。7月底开始化蛹,化蛹盛期为8月中、下旬。9月中旬开始羽化,羽化盛期为9月中旬,羽化后的成虫不出土,即在土中越冬。成虫具假死性,无趋光性,当平均气温达20℃以上时,成虫在树上过夜;温度较低时潜入土中过夜。成虫最喜食花器,故随寄主现蕾、开花早迟而转移为害,一般先为害杏、桃,后转至梨、苹果等为害。卵多产于9~25(cm)土层中,并多选择土质疏松且植被稀疏的场所产卵,每雌可产卵8~56粒。已知此虫的天敌有:红尾伯劳、灰山椒鸟、黄鹂等益鸟和朝鲜小庭虎甲、深山虎甲、粗尾拟地甲以及寄生蜂、寄蝇、寄生菌等。

防治方法 此虫虫源来自多方,特别是荒地虫量最多,故应以消灭成虫为主。(1)早、晚张单震落成虫。(2)保护天敌。(3)地面施药,控制潜土成虫。常用药剂:5%辛硫磷颗粒剂,每667m^{2}3kg撒施或40%辛硫磷乳油,每667m^2 0.3~0.4kg加细土30~40kg拌匀成毒土撒施,或稀释500~600倍液均匀喷于地面。使用辛硫磷后应及时浅耙,以防光解。(4)树上施药。于果树接近开花前,结合防治其他害虫兼治。

小青花金龟(Smaller green flower chafer)

学名 *Oxycetonia jucunda* (Faldermann) 鞘翅目,花金龟科。别名:小青花潜、银点花金龟、小青金龟子。分布在全国各地,但新疆未见有分布的报道。

寄主 草莓、苹果、梨、槟沙果、海棠、杏、桃、柑橘、栗、龙眼、荔枝、山楂、黑莓、无花果。

为害特点 成虫喜食芽、花器和嫩叶;幼虫为害植物地下部组织。

形态特征 成虫:体长11~16(mm),宽6~9(mm),长椭圆形稍扁,背面暗绿或绿色至古铜微红及黑褐色,变化大,多为绿色或暗绿色;腹面黑褐色,具光泽,体表密布淡黄色毛和点刻。头较小,黑褐或黑色,唇基前缘中部深陷。前胸背板半椭圆形,前窄后宽,中部两侧盘区各具白绒斑1个,近侧缘亦常生不规则白斑,有些个体没有斑点。小盾片三角状。鞘翅狭长,侧缘肩部外凸,且内弯。翅面上生有白色或黄白色绒斑,一般在侧缘及翅合缝处各具较大的斑3个;肩凸内侧及翅面上亦常具小斑数个;纵肋2~3条,不明显。臀板宽短,近半圆形,中部偏上具白绒斑4个,横列或呈微弧形排列。卵:椭圆形,长1.7~1.8(mm),初乳白渐变淡黄色。幼虫:体长32~36(mm),体乳白色,头部棕褐色或暗褐色,上颚黑褐色;前顶刚毛、额中刚毛、额前侧刚毛各具1根。臀节肛腹片后部生长短刺状刚毛,覆毛区的尖刺列每列具刺16~24根。蛹:长14mm,初淡黄白色,后变橙黄色。

生活习性 年生1代,北方以幼虫越冬,江苏可以幼虫、蛹及成虫越冬。以成虫越冬的翌年4月上旬出土活动,4月下旬至6月盛发。以末龄幼虫越冬的,成虫于5~9月陆续出现,雨后出土多,安徽8月下旬成虫发生数量多,10月下旬终见。成虫白天活动,春季10~15时,夏季8~12时及14~17时活动最盛,春季多群聚在花上,食害花瓣、花蕊、芽及嫩叶,致落花。成虫喜食花器,故随寄主开花早迟转移为害,成虫飞行力强,具假死性;风雨天或低温时常栖息在花上不动,夜间入土潜伏或在树上过夜,成虫经取食后交尾、产卵。卵散产在土中、杂草或落叶下。尤喜产卵于腐殖质多的场所。幼虫孵化后以腐殖质为食,长大后为害根部,但不明显,老熟后化蛹于浅土层。

防治方法 以防治成虫为主,最好采取联防,即在春、夏季开花期捕杀,必要时张单振落,集中杀死,也可结合防治其他害虫,喷洒2.5%溴氰菊酯乳油2000倍液、80%敌敌畏乳油1000倍液。

大栗鳃金龟(Chestnut large gill cockchafer)

大粟鳃金龟成虫

学名 *Melolontha hippocastani* Fabricius 鞘翅目，鳃金龟科。别名：东方五月鳃角金龟。分布于内蒙古、甘肃、河北、陕西、山西、四川等省。是四川西部地区重要农作物害虫。

寄主 幼虫为害苹果、林木、青稞、油菜、豌豆、甜菜、马铃薯等。

为害特点 幼虫为害苹果及林木的幼苗。

形态特征 成虫：大型，雌虫比雄虫肥大，雌虫较宽，体长28～33(mm)，体宽12～16(mm)；雄虫狭长，体长26～32(mm)，体宽11～14(mm)。体黑色、黑褐色或褐色，常有黑褐色金属闪光，鞘翅、触角及各足附节以下棕色或褐色，鞘翅边缘黑色或黑褐色。触角10节，雄虫鳃叶部7节，粗而弯曲，雌虫鳃叶部6节，短小而直。头部密布小刻点，刻点上有密而直的绒毛。前胸背板上有小圆形刻点，中部稀，两侧密，每侧中部附近着生黄灰色长绒毛，后角几乎呈直角。小盾片半椭圆形。每一鞘翅各有5条纵肋隆起，纵肋间生有密而大小一致的刻点，刻点被灰白色绒毛，但盖不着底色。臀板上被有密的刻点和平伏的小绒毛，在端部侧缘有长的直立绒毛。臀板端部延伸成窄突，前后宽窄一致，雄虫长于雌虫。胸腹部密生长而直的黄灰色绒毛，前足胫节外缘雄虫2齿，雌虫3齿。足上的绒毛较少。腹部1～5节腹板侧面各有一个三角形白斑。卵：乳白色，椭圆形，初产时长3.5mm，吸水后膨大。卵壳具有不规则的斜纹。幼虫：大型，老熟幼虫体长43～51(mm)。头部浅栗色，胸腹部随着虫龄的增长，由乳白色逐渐变成黄白色。前胸两侧各有一个多角形而又不规则的褐色大斑。肛腹板的刺毛列短锥状刺毛较多，每列28～38根，相互平行，排列整齐，其前端略超出钩毛区的前缘。肛门横裂状。蛹：体的大小与成虫相近。初为金黄色，后变为黑褐色。

生活习性 四川甘孜6年完成1代，幼虫越冬5次，成虫越冬1次，康定5年完成1代。越冬成虫于5月上旬开始出土，5月中旬达盛期。5月下旬开始交配产卵，卵期45～66天，7～8月孵出幼虫。10月份逐渐下移到40cm以下的土层中越冬，越冬幼虫于次年4月上旬开始上升到表土层取食为害，如此经过4年，第5年6月下旬幼虫开始老熟，并继续越冬，幼虫期长达58个月。第6年6月中旬至7月上旬，幼虫在土中作土室化蛹，蛹期60～72天。8月上旬到9月中旬羽化为成虫，成虫当年并不出土，10月开始越冬。成虫喜在晴天傍晚8～9时出土，飞翔时发出类似于飞机马达的响声，雨天或气温低于12℃时，成虫不出土或很少出土。成虫在果园和林内的分布规律大体是林缘多于腹地，沟边多于当风坡地。有的白天潜伏在枝叶丛中取食，全天都可以见到成虫飞翔，以下午16～22时最盛，主要是雄虫寻找雌虫交尾，成虫有假死性和趋光性。土壤含水量在20%左右时，最适于卵的生活和发育。初龄幼虫主要取食腐殖质及植物须根。由于成虫产卵成堆，一年中幼虫有成团为害的现象，苗木受害更严重。在幼虫阶段的5年中，第1年不为害或为害很轻，第2～4年为害果苗和农作物，猖獗为害在第4年，第5年的为害较轻。天敌有寄生菌、寄生蝇和鸦、鹊、鹰等。

防治方法 参见苹毛丽金龟。

云斑鳃金龟(Clouded chafer)

学名 *Polyphylla laticollis* Lewis 鞘翅目，金龟科。分布：我国除西藏、新疆未见报道外，各省均有发生。

云斑鳃金龟成虫

寄主 果树、树木苗木、旱田作物。

为害特点 幼虫为害果树苗木、禾谷类、豆类、蔬菜的根；成虫为害杨、松、杉、柳等叶片。

形态特征 成虫：体长28～41(mm)，宽14～21(mm)，暗褐色，上覆白色至黄色鳞毛组成之斑纹。足、触角鳃片部暗红褐色。雄触角鳃片部7节；雌6节。头除覆有黄色鳞毛外，在额区还生竖立的长黄细毛。前胸背板前半部中间有2窄且对称、由黄鳞毛组成的纵带斑，其两侧具2～3个纵列毛斑。末龄幼虫：体长60～70(mm)，头宽9.8～10.5(mm)，肛腹片后部覆毛区中间的刺毛列，每列多为10～12根短锥状刺毛。蛹：体长49～53(mm)。

生活习性 北方4年完成1代，以幼虫在70～90(cm)深土层中越冬翌年，5月上升到10～20(cm)浅土层中为害，5月下旬开始化蛹，先在土中筑好土室，然后蜕皮化蛹，蛹期15天，成虫羽化多见于6月中旬，盛期多在7月份，交尾后5天开始产卵，卵期20～25天，卵散产在土中，每雌产卵15～16粒，卵期约20天，幼虫期1360天，1龄318天，2龄367天，3龄675天。

防治方法 参见本书地下害虫——蛴螬防治方法。

大造桥虫(Mugwort looper)

学名 *Ascotis selenaria* (Schifferm ü ller et Denis) 鳞翅目，尺蛾科。分布全国各地。

大造桥虫成虫放大

大造桥虫幼虫

寄主 苹果、梨、柑橘、银杏、扁桃、草莓、黑莓等。

为害特点 幼虫食芽叶及嫩茎，严重时食成光杆。

形态特征 成虫：体长 15～20(mm)，翅展 38～45(mm)，体色变异很大，有黄白、淡黄、淡褐、浅灰褐色，一般为浅灰褐色，翅上的横线和斑纹均为暗褐色，中室端具 1 斑纹，前翅亚基线和外横线锯齿状，其间为灰黄色，有的个体可见中横线及亚缘线，外缘中部附近具 1 斑块；后翅外横线锯齿状，其内侧灰黄色，有的个体可见中横线和亚缘线。雌触角丝状，雄羽状，淡黄色。卵：长椭圆形，青绿色。幼虫：体长 38～49(mm)，黄绿色。头黄褐至褐绿色，头顶两侧各具 1 黑点。背线宽淡青至青绿色，亚背线灰绿至黑色，气门上线深绿色，气门线黄色杂有细黑纵线，气门下线至腹部末端，淡黄绿色；第 3、4 腹节上具黑褐色斑，气门黑色，围气门片淡黄色，胸足褐色，腹足 2 对生于第 6、10 腹节，黄绿色，端部黑色。蛹：长 14mm 左右，深褐色有光泽，尾端尖，臀棘 2 根。

生活习性 长江流域年生 4～5 代，以蛹于土中越冬。各代成虫盛发期：6 月上中旬，7 月上中旬，8 月上中旬，9 月中下旬，有的年份 11 月上中旬可出现少量第 5 代成虫。第 2～4 代卵期 5～8 天，幼虫期 18～20 天，蛹期 8～10 天，完成 1 代需 32～42 天。成虫昼伏夜出，趋光性强，羽化后 2～3 天产卵，多产在地面、土缝及草秆上，大发生时枝干、叶上都可产，数十粒至百余粒成堆，每雌可产 1000～2000 粒，越冬代仅 200 余粒。初孵幼虫可吐丝随风飘移传播扩散。10～11 月以末代幼虫入土化蛹越冬。此虫为间歇暴发性害虫。

防治方法 (1)灯诱成虫。(2)冬季翻地，消灭土中越冬蛹。(3)幼虫为害盛期喷洒 40%辛硫磷乳油 1000 倍液或 10%苏云金杆菌可湿性粉剂 500～1000 倍液、10%联苯菊酯乳油 3000 倍液、25%灭幼脲 1000 倍液、20%甲氰菊酯乳油 1500 倍液、48%毒死蜱乳油 1000 倍液。

苹果塔叶蝉(Apple leafhopper)

学名 *Pyramidotettix mali* Yang 同翅目，叶蝉科。别名：黄斑小叶蝉。分布于内蒙古、山西、陕西、甘肃、宁夏等省区。

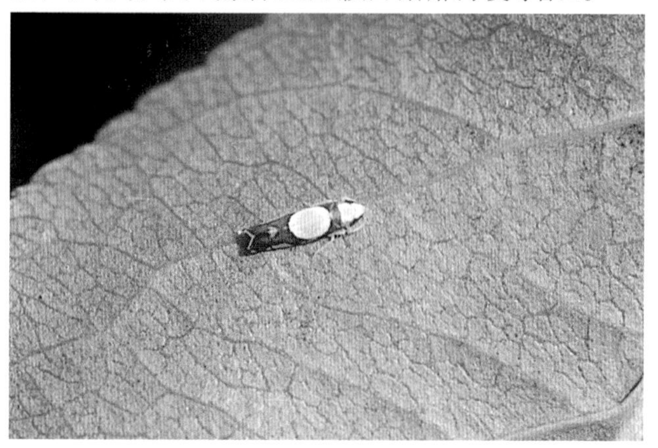

苹果塔叶蝉成虫栖息在苹果叶片上

寄主 苹果、槟沙果、海棠、葡萄等。

为害特点 成、若虫于叶背吸食汁液，致叶面呈现失绿斑点，严重时呈灰黄色斑，状似火烧。

形态特征 体长 3.5～3.8(mm)，体黄色，斑纹明显。头部向前呈锥形突出，头顶生 2 个灰色透斑，在前缘处生 1 黑色横带。小盾片基部褐色，端半黄色。前翅浅褐色，基半部生 1 块半圆形大黄斑，周缘深褐色，十分醒目，后缘端部具 1 新月形透明斑。

生活习性 年生 1 代，以卵在寄主枝条内越冬。翌春 4 月中旬前后孵化；5 月下旬羽化为成虫；6 月交尾；7 月中～8 月中旬产卵；8 月底成虫绝迹；成、若虫为害期长达 4 个月。

防治方法 发生严重的果园，若虫期开始喷洒 50%敌敌畏乳油 900 倍液或 20%吡虫啉可溶液剂 4000 倍液。

大青叶蝉(Green leafhopper)

学名 *Tettigella viridis* (Linnaeus)同翅目，叶蝉科。别名：

大青叶蝉成虫

大青叶蝉产在枝干皮层下的卵

青叶跳蝉、青叶蝉、大绿浮尘子、桑浮尘子。异名 *Tettigoniella viridis* (Linnaeus)。分布在全国各地。

寄主 苹果、梨、海棠、桃、李、梅、葡萄、枣、柿、核桃、栗、樱桃、山楂、榅桲、柑橘等160余种植物。

为害特点 成虫和若虫为害叶片,刺吸汁液,造成褪色、畸形、卷缩,甚至全叶枯死。此外,还可传播病毒病。

形态特征 成虫:体长7~10(mm),雄较雌略小,青绿色。头橙黄色,左右各具1小黑斑,单眼2个,红色,单眼间有2个多角形黑斑。前翅革质绿色微带青蓝,端部色淡近半透明;前翅反面、后翅和腹背均黑色,腹部两侧和腹面橙黄色。足黄白至橙黄色,跗节3节。卵:长卵圆形,微弯曲,一端较尖,长约1.6mm,乳白至黄白色。若虫:与成虫相似,共5龄。初龄灰白色;2龄淡灰微带黄绿色;3龄灰黄绿色,胸腹背面有4条褐色纵纹,出现翅芽;4、5龄同3龄,老熟时体长6~8(mm)。

生活习性 北方年生3代,以卵于树木枝条表皮下越冬。4月孵化,于杂草、农作物及花卉上为害。若虫期30~50天。第1代成虫发生期为5月下旬~7月上旬。各代发生期大体为:第1代4月上旬~7月上旬,成虫5月下旬开始出现;第2代6月上旬~8月中旬,成虫7月开始出现;第3代7月中旬~11月中旬,成虫9月开始出现。发生不整齐,世代重叠。成虫有趋光性,夏季颇强,晚秋不明显,可能是低温所致。成虫、若虫日夜均可活动取食,产卵于寄主植物茎秆、叶柄、主脉、枝条等组织内,以产卵器刺破表皮成月牙形伤口,产卵6~12粒于其中,排列整齐,产卵处的植物表皮成肾形凸起。每雌可产卵30~70粒,非越冬卵期9~15天,越冬卵期达5个月以上。前期主要危害春季花卉及杂草等植物,至9、10月则集中于秋季花卉等绿色植物上为害,10月中旬第3代成虫陆续转移到木本花卉、林木和果树上为害并产卵于枝条内,10月下旬为产卵盛期,直至秋后,以卵越冬。

防治方法 (1)夏季灯光诱杀第2代成虫,减少第3代的发生。(2)成、若虫集中在花卉及禾本科植物上时,及时喷撒2.5%敌百虫粉或2%异丙威粉剂,每667m² 2kg。(3)必要时可喷洒2.5%高效氯氟氰菊酯乳油2000~2500倍液、10%吡虫啉可湿性粉剂2000倍液、52.25%氯氰·毒死蜱乳油1500倍液。

苹果园绿盲蝽

学名 *Apolygys lucorum* = *Lygus lucorum* Meyer-Dur. 属半翅目盲蝽科。又称小臭虫、棉青盲蝽、青色盲蝽、破叶疯等。

寄主 主要为害苹果、梨、桃、枣、李、杏、山楂、葡萄等。

为害特点 以若虫和成虫刺吸果树幼叶、花果和枝梢,叶片受害产生针刺状红褐色小点,后逐渐褪绿,呈黄绿色,最后形成穿孔。花器受害,花瓣上产生很多针刺状红色小点,造成花畸形或提前落花。幼果受害果面凹凸不平,果肉木栓化。新梢受害后常呈扭曲状,严重时停止生长,对树势和果品质量影响较大。近年绿盲蝽钻入苹果套袋中为害也十分突出。

形态特征 参见枣、毛叶枣害虫——绿盲蝽。

生活习性 北方年生3~5代,以卵在树干粗皮或断枝内或地面杂草中越冬。翌年3~4月,旬均温升至10℃,相对湿度高于30%卵开始孵化,成虫寿命较长,羽化后6~7天产卵,产卵期30~40天,成虫飞翔力强,取食花蜜,发生期不整齐,不是越冬代多把卵产在嫩叶、茎、叶柄、叶脉、花蕾等组织里,卵期7~9天。

防治方法 (1)冬前或早春卵孵化前清除苹果园枯枝落叶,减少虫源。(2)越冬卵孵化期3月下旬~4月上旬和若虫盛发期4月中下旬和5月上中旬喷洒40%毒死蜱或甲基毒死蜱乳油1500倍液、10%吡虫啉可湿性粉剂3000倍液、4.5%高效氯氰菊酯乳油1500倍液、50%氯氰·毒死蜱乳油2200倍液。(3)套袋后的苹果需选用内吸性强的杀虫剂。

苹果蓝跳甲

学名 *Altica* sp. 鞘翅目,叶甲科。分布:山西。

苹果蓝跳甲成虫及为害状

寄主 苹果属果树、柳树、杨树等。

为害特点 食叶成缺刻或孔洞。

形态特征 成虫:体长4.5~5.5(mm),宽2.4~2.5(mm),近长椭圆形,深蓝色具金属光泽,带有蓝绿闪光。头短小,触角丝状11节,黑色,上生白色短茸毛,第1节较粗大弯曲,第2节短小,其余各节近等长;复眼发达突出,椭圆形黑色,前胸背板后半部具1横凹沟,小盾片半圆形。鞘翅肩胛略隆起。卵:长椭圆形一端稍尖,长1~1.1(mm),浅橘黄色。幼虫:体长7~8(mm),宽1.6~2(mm),长筒形尾端渐细,暗灰黑色。头、前胸盾、胸足外侧漆黑色具光泽。胴部13节。中、后胸背面各具6个毛瘤呈2

横列，前列 2 个，其外侧各具 1 个小瘤突，上无刚毛；体侧各生 1 个大毛瘤，1～8 腹节背面各具 10 个毛瘤，体侧各 1 个大毛瘤；腹面各有 5 个毛瘤。气门 9 对，生于中胸及 1～8 腹节。蛹：长 4.5～5(mm)，初乳白渐变橘黄至暗褐色。茧：长 8～9(mm)，椭圆形。

生活习性 山西晋中年生 2 代，以成虫越冬，翌春 3 月底前后柳树萌动时越冬成虫开始取食、交尾、产卵，4 月中旬是群集为害及交尾期，4 月上至 5 月中进入产卵盛期，卵期 12～25 天。幼虫期 18～25 天，预蛹期 2～3 天，蛹期 8～11 天。第 1 代幼虫于 6 月下旬至 7 月中旬进入羽化盛期，第 2 代卵期 11～13 天，幼虫期 20～26 天，蛹期 12～15 天，第 2 代成虫羽化盛期为 9 月中下旬，10 月中旬后陆续潜入越冬场所，不交尾即行越冬。天敌有寄生蝇。

防治方法 重点抓早春出蛰期群集阶段的防治，可选用 35%辛硫磷微胶囊剂 1000 倍液或 80%敌敌畏乳油 1500 倍液等有机磷制剂和常用的菊酯类杀虫剂及复配剂。

苹果全爪螨(European red mite)

学名 *Panonychus ulmi* (Koch) 真螨目，叶螨科。别名：苹果红蜘蛛。分布在辽宁、内蒙古、山西、河北、山东、河南、江苏、湖北、陕西、甘肃、宁夏、四川。

寄主 苹果、梨、沙果、桃、樱桃、杏、海棠、李、山楂、栗、葡萄、核桃等。

为害特点 同山楂叶螨。

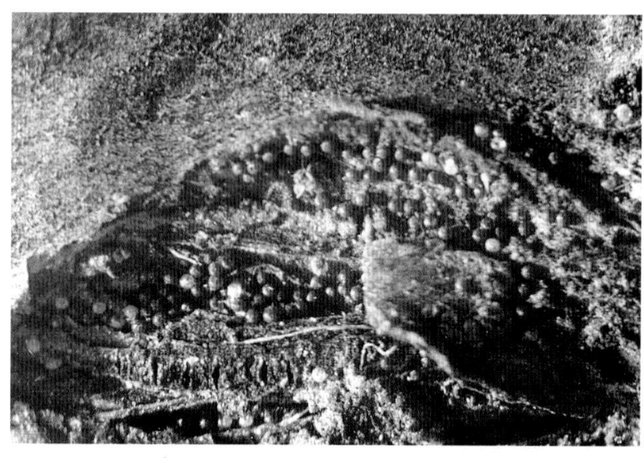

苹果全爪螨越冬卵放大(摄于太谷)

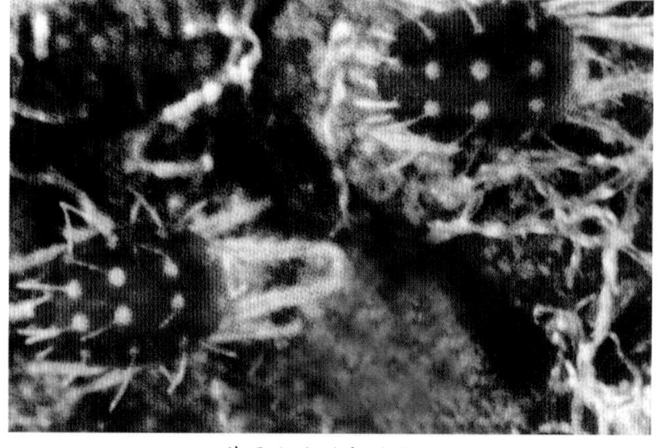

苹果全爪螨成螨放大

形态特征 成螨：雌体长 0.5mm，宽 0.3mm 左右，体圆形深红色，背毛白色，毛瘤黄色，背部略隆起。26 根背毛着生在粗大毛瘤上，臀毛长为外骶毛长的 1/2。各足的爪间突具镰刀形尖爪，腹基侧具针状毛 3 对。雄体长 0.3mm 左右，体后端较尖削形似倒梨。刚毛数及排列同雌螨。卵：葱头状，扁圆，顶部中央稍隆起，生一毛，似柄状，夏卵橘红色，越冬卵深红色。若螨：具 4 对足，前期若螨体色深，后期可辨雌雄，雄尾端细长，雌体背隆起，与成螨相似。

生活习性 北方果区年生 6～9 代，以卵在短果枝果台和二年生以上的枝条的粗糙处越冬，越冬卵的孵化期与苹果的物候期及气温有较稳定的相关性，一般在日平均气温 12.3～14.7℃开始孵化，苹果花蕾膨大时，气温达 14.5℃进入孵化盛期，越冬卵孵化十分集中，所以越冬代成虫的发生也极为整齐。第一代夏卵在苹果盛花期始见，花后一周大部分孵化，此后同一世代各虫态并存而且世代重叠。7～8 月进入为害盛期，8 月下旬～9 月上旬出现冬卵，9 月中下旬进入高峰，幼螨、若螨、雄螨多在叶背取食活动，雌螨多在叶面活动为害，无吐丝拉网习性，既能两性生殖，也能孤雌生殖，完成 1 代平均为 10～14 天。每雌产卵量取决于不同的世代，越冬代每雌产卵 67.4 粒，日均产卵 4.5 粒。第 5 代则产 11.2 粒，日均产卵 1.9 粒，夏卵多产在叶背主脉附近和近叶柄处，以及叶面主脉凹陷处。天敌与山楂叶螨相似。

防治方法 (1)保护利用天敌，在果园行间种植绿肥，培养全爪螨天敌，提倡利用胡瓜钝绥螨、智利小植绥螨、巴氏钝绥螨等捕食螨防治苹果全爪螨。(2)铲除越冬虫源，发芽前喷洒波美 5 度石硫合剂或 95%机油乳剂 50 倍液杀灭越冬卵。(3)生长期越冬虫口数量大时，可在苹果落花后叶螨发生始盛期喷洒 24%螺螨酯悬浮剂 3000 倍液或 1.8%阿维菌素乳油 1500 倍液、15%哒螨灵乳油 1000~1500 倍液、50%丁醚脲悬浮剂 1250 倍液、1%甲氨基阿维菌素乳油 3333~5000 倍液、10%浏阳霉素乳油 715~1000 倍液、20%双甲脒乳油 1000~2000 倍液。(4)尚未发生苹果全爪螨的地区，需要进行植物检疫，该螨以卵在苗木枝条上越冬，生产上容易随苗木、接穗传播。

苹果园山楂叶螨(Hawthorn spider mite)

学名 *Tetranychus viennensis* Zacher 真螨目，叶螨科。别名：山楂红蜘蛛、樱桃红蜘蛛。分布全国各地。

山楂叶螨越冬卵放大

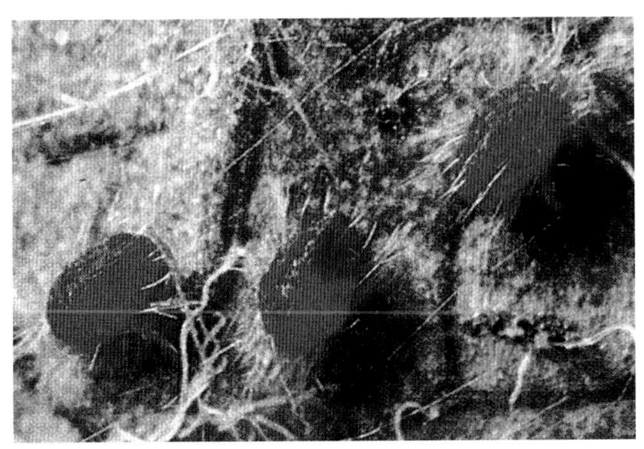

山楂叶螨越冬型雌成螨放大

寄主 桃树、山桃、山楂、玫瑰、梨、杏、山楂、苹果等。

为害特点 以成、若螨在叶片背面吸食汁液，并在叶脉两侧结网，卵产在丝网中。

形态特征 雌螨：体长0.4～0.6(mm)，体椭圆形，深红色，体两侧生暗褐色斑，越冬雌螨橘红色。背部生13对刚毛，细长，长度超过横列刚毛间距，刚毛基部无毛瘤。后半体表皮纹横向，不构成菱形图形。气门沟末端分成许多短分支，相互缠结在一起。4对足，足末端爪间突分裂为3对针状毛。雄螨：菱形，橘黄色。卵：圆形，橘红色至黄白色。

生活习性 我国北方果园区年生3～7代，河南12～13代。越冬雌螨在树干翘皮下及根附近的土缝中越冬，在苹果花芽萌动时出蛰，花芽开绽时为害花器，造成嫩芽枯黄，严重的不能开花。当苹果花序伸长时，正值山楂叶螨出蛰末盛期，此时开始产卵，孵化盛期在苹果落花后7天左右，以后各世代重叠发生。受害树叶枯黄，受害重或大发生时造成树叶脱落。7月中旬至8月上、中旬为全年发生高峰期，9月出现越冬雌螨。

防治方法 (1)试验示范推广巴氏钝绥螨(*Amblyseius barkeri*)，用纸杯释放器释放，春、秋季是捕食螨最活跃的季节，繁殖快，数量多。(2)结合冬季清园、扫除落叶、刮除树皮，翻耕树盘消灭部分越冬雌螨。(3)发生为害重的地区发芽前在越冬雌螨开始出蛰、花芽幼叶尚未展开时喷洒波美3度石硫合剂。(4)发芽后在越冬雌螨出蛰盛期或第1代卵孵化末期喷洒24%或240g/L螺螨酯悬浮剂3000倍液，20天防效97%，是防治苹果害螨更新换代新产品。此外还可选用氟螨、哒螨灵、喹螨醚、溴螨酯等。苹果全爪螨以卵越冬，山楂叶螨以雌成虫越冬，生产上苹果叶螨越冬卵孵化盛期正值山楂叶螨雌虫产卵，2种叶螨在发生时间上相差半个世代，防治关健期不同，应予特别注意以利提高防效。

果苔螨(Brown mite)

学名 *Bryobia rubrioculus* (Scheuten) 真螨目，叶螨科。分布：辽宁、北京、内蒙古、河北、山西、河南、宁夏、江苏、陕西、甘肃、新疆等；日本。

寄主 苹果、梨、桃、李、杏、樱桃、沙果等。

为害特点 管理粗放果园，寄主叶片出现失绿斑点，严重时叶色苍白，但一般不落叶，为害幼芽嫩叶致嫩叶焦枯，花不能开放。

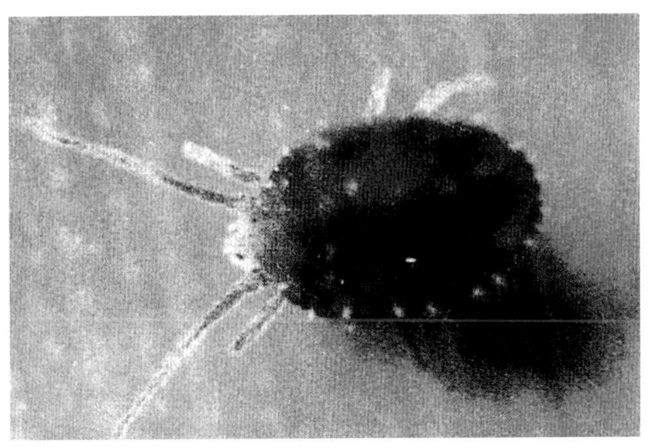

果苔螨成螨放大

形态特征 雌成螨：体长0.5～0.6(mm)，宽0.45mm。椭圆形扁平，体侧缘、后缘具沟，沟外侧扁平，稍上翘。体背生扇状刚毛16对。体红褐色，取食后深绿色，第1对足长大于体长。卵：圆形，冬卵暗红色，夏卵色浅。幼螨：初孵幼螨橘红色，取食后变绿色。若螨：初为褐色，取食后变成绿色，后期若螨形态、体色与成螨相似。该螨无雄成螨，进行孤雌生殖。

生活习性 陕西年生4～6代，北方3～5代，江苏5～10代。以卵在枝条阴面、枝杈、果台、翘皮缝隙中、小枝基部环痕等处越冬。苹果发芽期越冬卵开始孵化，吐蕾期进入孵化盛期，辽宁6月中旬至7月中旬达高峰，7月下旬出现越冬卵。西北果区春季气温不稳定，致越冬卵孵化时间不集中给防治带来困难。越冬卵出现的迟早与寄主营养状况有关，早则5～6月，迟则10月以后。成螨性活泼，喜在绒毛少的叶面取食，不结网。

防治方法 参见山楂叶螨。

苹果园二斑叶螨

学名 *Tetranychus urticae* Koch 属蜱螨目叶螨科。别名：白蜘蛛，是近年从国外传入的一种新害螨。分布在北京、辽宁、山东、河南、山西、陕西、甘肃等省。

寄主 苹果、梨、桃、杏、樱桃、草莓、花生、蔬菜、大豆等200余种植物。

为害特点 受害初期害螨多聚集在叶背主脉两侧，致叶失绿变褐，后扩展到叶背面逐渐变褐，叶面变成灰绿色，叶质变

二斑叶螨雄螨(左)和雌成螨(程立生 摄)

脆,逐渐焦枯脱落。大发生时在叶背常结1薄层白色蛛网,造成受害叶提早脱落。

形态特征 雌成螨:体长0.6mm,夏型灰白色至灰绿色,越冬型橘红色至砖红色,体两侧各生1个深褐色大斑,体椭圆形。雄成螨:略小,尾部尖些。卵:长0.1mm,圆形,白色透明。孵化前变成灰红色。幼螨:初孵化时近圆形,体长0.15mm,无色透明,眼红色,3对足。若螨:黄绿色,体两侧也生深褐绿色斑,4对足。

生活习性 我国大部分地区年生10代左右,山东年生8~9代,个别年份可达12代,从第2代开始出现世代重叠。1990年在山东临沂市北部果园暴发成灾,近年山东烟台、河北昌黎、北京郊区、郑州、兰州、天水苹果园都发现了二斑叶螨。该螨活泼,爬行迅速有明显结网性,以受精越冬型成螨在果树根颈部、翘皮裂缝处、杂草根部、落叶覆盖处群集越冬,翌年3月中、下旬平均气温达10℃左右时,越冬螨开始出蛰,至6月中旬以前主要在苹果树下的阔叶杂草及果树根萌蘖及一些豆科植物上取食,平均气温13℃以上时开始产卵,经12~18天孵化,4月底至5月初进入孵化盛期,6月份以后陆续上树,先在树冠内膛和下部树枝上为害,后向整个树冠蔓延,7月中、下旬螨量急剧上升,8月中旬至9月中旬进入发生盛期,单叶螨量高达300多头,9月下旬尤其是雨后螨量逐渐下降,10月中旬出现越冬型雌成螨并相继入蛰。陕西越冬雌成螨3月上旬出蛰,4月上中旬陆续上树为害,9月开始产生越冬型雌成螨。郑州2月下旬越冬雌成螨出蛰,前期在地面活动,麦收之前很少上树为害。上树后先在树内膛集中,6月下旬扩散,7月为害最猖獗。高温季节8~10天可完成1个世代,比山楂叶螨繁殖力更强,受害更重。越冬型成螨出现早晚与果树营养关系密切,一般在10月上旬开始出现。

防治方法 (1)目前我国仅少数果园发生,还应严格检疫,引进苗木、接穗时尤要谨慎。(2)农业防治 秋末清除枯枝落叶,铲除杂草等寄主植物,消灭大量越冬雌螨,翌年早春刮除老树皮集中烧毁。并在萌芽前喷1次波美3~5度石硫合剂,杀灭有效螨源兼治多种病虫害。(3)早春是越冬后第1代螨和螨卵孵化初期,也是用药最佳时期,此次以灭卵为主,喷洒5%噻螨酮乳油2000倍液,可大大降低螨基数及后期螨密度。(4)春末时节喷洒15%哒螨灵乳油2000倍液或6.78%阿维·哒乳油6000倍液、1.3%阿维·高氯氟氰乳油800倍液。(5)夏季气温高进入螨类发生高峰期首选杀螨机理独特的苹果杀螨剂更新换代产品240g/L螺螨酯悬浮剂5000倍液,20天防效97%,既杀卵又杀成螨。为了防止对二斑叶螨产生抗药性,应与15%哒螨灵、1.8%阿维菌素、10%四螨嗪乳油等轮换、交替使用。(6)秋季也是防治害螨的有利时机,于秋末清园时喷雾,可压低越冬基数减少下1年有效螨源,达到控害目的。(7)也可在树上悬挂捕食螨进行生物防治,但释放捕食螨期间应注意选择对捕食螨杀伤力小的杀虫剂,如25%噻虫嗪水分散粒剂3000~7000倍液,能有效防治粉虱、蚜虫、介壳虫等,且对胡瓜钝绥螨安全。

绣线菊蚜(Spiraea aphid)

学名 *Aphis citricola* van der Goot 同翅目,蚜科。别名:苹果黄蚜、苹叶蚜虫。分布在黑龙江、吉林、辽宁、内蒙古、宁夏、新疆、陕西、山西、北京、河北、河南、山东、安徽、江苏、上海、浙江、江西、福建、台湾、湖北、四川、重庆、云南。

绣线菊蚜无翅孤雌蚜及若蚜

绣线菊蚜产在苹果枝条分杈缝隙处的越冬卵

寄主 山楂、柑橘、苹果、梨、李、杏、沙果、杜梨、木瓜、枇杷、山丁子等。

为害特点 以成虫、若虫刺吸叶和枝梢的汁液,叶片被害后向背面横卷,影响新梢生长及树体发育。

形态特征 成虫:无翅胎生雌蚜,体长1.6~1.7(mm),宽0.94mm,长卵圆形,多为黄色,有时黄绿或绿色。头浅黑色,具10根毛。口器、腹管、尾片黑色。体表具网状纹,体侧缘瘤馒头形,体背毛尖;腹部各节具中毛1对,除第1和8节有1对缘毛外,第2~7节各具2对缘毛。触角6节,丝状,无次生感觉圈,短于体躯,基部浅黑色,3~6节具瓦状纹。尾板端圆,生毛12~13根,腹管长亦生瓦状纹。有翅胎生雌蚜,体长约1.5mm,翅展4.5mm左右,近纺锤形。头部、胸部、腹管、尾片黑色,腹部绿色或淡绿至黄绿色。2~4节腹节两侧具大型黑缘斑,腹管后斑大于前斑,第1~8腹节具短横带。口器黑色,复眼暗红色。触角6节,丝状,较体短,第3节有次生感觉圈5~10个,第4节有0~4个。体表网纹不明显。若虫:鲜黄色,复眼、触角、足、腹管黑色。无翅若蚜体肥大,腹管短。有翅若蚜胸部较发达,具翅芽。卵:椭圆形,长0.5mm,初淡黄至黄褐色,后漆黑色,具光泽。

生活习性 年生10多代,以卵在枝杈、芽旁及皮缝处越冬。翌春寄主萌动后越冬卵孵化为干母,4月下旬于芽、嫩梢顶端、新生叶的背面为害,10余天即发育成熟,开始进行孤雌生

殖直到秋末，只有最后 1 代进行两性生殖，无翅产卵雌蚜和有翅雄蚜交配产卵越冬。为害前期因气温低，繁殖慢，多产生无翅孤雌胎生蚜；5 月下旬开始出现有翅孤雌胎生蚜，并迁飞扩散；6～7 月繁殖最快，枝梢、叶柄、叶背布满蚜虫，是虫口密度迅速增长的为害严重期，致叶片向叶背横卷，叶尖向叶背、叶柄方向弯曲。8～9 月雨季虫口密度下降，10～11 月产生有性蚜交配产卵，一般初霜前产下的卵均可安全越冬。天敌有瓢虫、草蛉、食蚜蝇、蚜茧蜂等。

防治方法 (1)结合夏剪，剪除被害枝梢，并保护天敌。(2)早春发芽前喷 5%柴油乳剂或黏土柴油乳剂杀卵。(3)越冬卵孵化后及为害期，及时喷洒 10%吡虫啉可湿性粉剂 5000 倍液、1%阿维菌素 3000～4000 倍液或 52.25%氯氰·毒死蜱乳油 2000 倍液、48%毒死蜱乳油 1500 倍液、3%啶虫脒乳油 2000 倍液、25%噻虫嗪水分散粒剂 4000 倍液、10%氯噻啉水剂 5000 倍液或 10%烯啶虫胺水剂 2500 倍液、43%辛·氟氯氰乳油 1500 倍液。(4)药液涂干。在蚜虫初发时，用毛刷醮药在树干上部或主枝基部涂 6cm 宽的药环，涂后用塑料膜包扎。可选用 40%乐果乳油 20～50 倍液。(5)必要时可选用 20%氰戊菊酯乳油 50mL，加水 50kg，再加上消抗液 50mL，搅匀后喷洒。也可用 40%乐果乳油，667m² 用药 50mL 加水 60kg，再加入消抗液 50mL 效果显著。此外还可选用 20%丁硫克百威乳油 1500~2000 倍液。还可用 2.5%高效氯氟氰菊酯乳油 30mL，加水 60kg，再加入消抗液 30mL，防效明显提高。(6)提倡使用 EB-82 灭蚜菌或 Ec.t-107 杀蚜霉素 200 倍液，掌握在蚜虫高峰前选晴天喷洒均匀。

苹果瘤蚜为害苹果叶片

苹果瘤蚜无翅成蚜放大

苹果瘤蚜（Apple leaf curling aphid）

学名 *Myzus malisuctus* Matsumura 同翅目，蚜科。别名：苹果卷叶蚜、苹叶蚜虫等。分布于黑龙江、吉林、辽宁、内蒙古、山西、河北、山东、江苏、安徽、浙江、江西、福建、台湾、四川等地。

寄主 苹果、槟沙果、海棠、山楂、山定子。

为害特点 成、若虫群集芽、叶和果实上刺吸汁液，致受害幼叶现红斑，叶缘向背面纵卷皱缩，变黑褐干枯。幼果被害果面出现红凹斑，严重的畸形。

形态特征 成虫：有翅胎生雌蚜体长 1.5mm 左右，翅展 4mm，头、胸部黑色，腹部绿至暗绿色。额瘤明显，上生 2～3 根

苹果瘤蚜为害苹果树叶缘向后纵卷皱缩

苹果瘤蚜性蚜交配状（沈阳农大）

黑毛；口器、复眼、触角黑色；触角第 3 节具次生感觉圈 23～27 个，第 4 节有 4～8 个，第 5 节有 0～2 个。翅透明；腹管和尾片黑褐色，腹管端半部色淡。无翅胎生雌蚜体长 1.4～1.6(mm)，暗绿色，头淡黑，额瘤明显，复眼暗红色，触角黑色，3、4 节基半部色淡，胸腹背面均具黑横带；腹管与尾片似有翅胎生雌蚜，腹管长筒形，末端稍细，具瓦状纹，尾片圆锥形上生 3 对细毛。若虫：无翅若蚜淡绿色，似无翅胎生雌蚜。有翅若蚜胸部发达有暗色翅芽，体淡绿色。卵：长椭圆形，长约 0.5mm，黑绿色，具光泽。

生活习性 年生 10 余代，以卵在 1 年生枝条的芽旁或剪锯口处越冬。翌年寄主发芽时开始孵化，群集芽叶为害繁殖，5～6 月最重，由于产生有翅胎生雌蚜的数量较少而扩散缓慢，

因此致有虫株虫口密度较大,受害重。进入11月产生有性蚜交配产卵,以卵越冬。元帅、青香蕉、柳玉、晚沙布、醇露、鸡冠、新红玉等苹果品种及海棠、花红和山荆子受害重,国光、倭锦、红玉受害轻。天敌有多种瓢虫、草蛉、食蚜蝇、寄生蜂及蜻类。

防治方法 (1)保护天敌,以充分发挥天敌的作用。(2)药剂防治应在苹果花序分离期喷洒48%毒死蜱乳油或40%乐果乳油1000倍液或花后定期检查,药剂选用参考绣线菊蚜。需注意的是25%伏杀磷乳油对苹果瘤蚜防效不高,不宜使用。

苹果卷叶象

学名 *Byctiscus princeps* (Solsky)又称苹果金象,属鞘翅目卷叶象科。分布在黑龙江、吉林、辽宁、河北等苹果种植区。

寄主 苹果、梨、山楂、杏、海棠、榛等果树。

形态特征 成虫鲜绿色,鞘翅前后两端生4个紫红色大斑。足、前胸背板的两侧和前缘紫红色、具金属光泽。翅鞘的刻点细小或不明显。

生活习性、防治方法 参见梨卷叶象甲。

苹果卷叶象甲(邱强)

(3)枝干和根部害虫

苹果绵蚜(Woolly apple aphid)

学名 *Eriosoma lanigerum* (Hausmann)同翅目,瘿绵蚜科。别名:赤蚜、血色蚜、绵蚜、白毛虫。分布于辽宁大连、山东龙口以东、烟台、云南昆明、西藏拉萨等地。

寄主 苹果、槟沙果、海棠、山定子、花红。原产地还为害梨、李、山楂、花楸、榆、美国榆。

苹果绵蚜为害枝干状

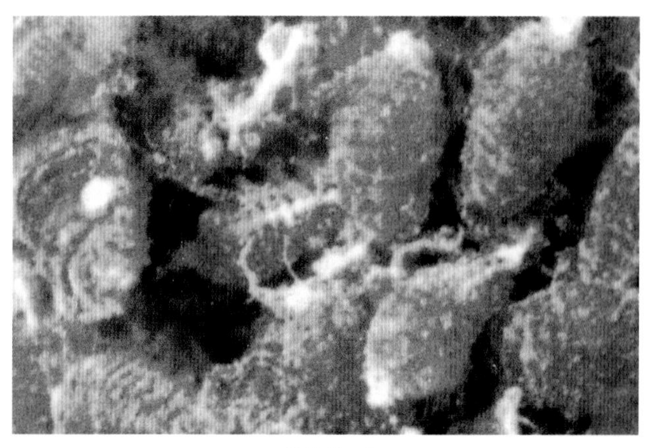

苹果绵蚜

为害特点 成、若虫群集枝干、新梢及根部刺吸汁液,被害部皮层肿胀渐成瘿瘤,后期破裂成伤口,削弱树势,重者枯死。尚可为害果实,多于梗、萼洼处。

形态特征 无翅孤雌蚜:体长1.8~2.2(mm),卵圆形,赤褐色,背覆大量白色长蜡丝。触角、足、尾片灰黑色。触角粗短,略具瓦纹。腹管退化,现半圆形黑色裂口。尾片短小,馒头形。有翅孤雌蚜:体长1.7~2.0(mm),椭圆形。头、胸部黑色,腹部橄榄绿色,全身被白粉。触角、尾片、足黑色。腹管退化为环状黑色小孔。

生活习性 辽宁大连年生12~14代,山东青岛17~18代。以1~2龄若蚜群集在树皮裂缝或虫瘿下越冬,翌春苹果发芽前后开始取食为害,以成、若蚜群集在枝干上、果梗、萼洼及地表根际处为害,在枝干及根部受害处产生瘤状虫瘿。果树受害后树势衰弱,我国未见转换寄主。

防治方法 (1)检疫防治。调运苗木、接穗、果品要加强区域性检疫措施。(2)农业防治。果树休眠期清除果园内残枝落叶,刮除树体老皮,剪除萌蘖枝和受害重的虫枝,集中烧毁,结合涂白刷涂树缝、剪锯口处。科学修剪,及时除掉枝条上的苹果绵蚜群落,生长季见到绵蚜马上清除。在果园间种大葱可预防和减少苹果绵蚜的发生。(3)化学防治。①果树休眠期的防治,适期为落叶清园后或越冬若蚜刚开始活动时,在根际四周撒施或喷施或浇灌药剂后覆土;对全树喷药或柴油乳油防治;并在剪锯口、树缝等隐蔽处涂抹药液、药泥浆或黏土柴油乳剂,可明显降低虫源。②生长季节树上防治,关键防治时期从苹果展叶至初花期和谢花后至幼果期,前者是越冬绵蚜活动盛期,且发生整齐,后者为二次迁移盛期,此时防治效果最好。在危害盛期再视发生程度喷药1~3次,对其有效药剂主要有40%毒死蜱、40%甲基毒死蜱、20%吡虫啉、1.8%阿维菌素、40%辛硫硫及菊酯类杀虫剂,也可选用55%氯氰·毒死蜱乳油等混配剂。

苹果根爪绵蚜

学名 *Aphidounguis pomiradicicola* Zhang et Hu 同翅目，绵蚜科。分布于陕西整个苹果产区及北京中国农大果园。

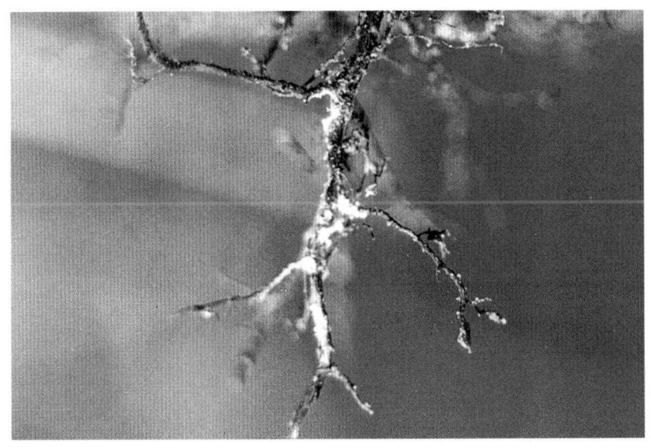

苹果根爪绵蚜为害苹果根部症状

寄主 次生寄主为苹果和沙果，原生寄主为榆树。

为害特点 以无翅侨蚜和有翅性母若蚜在苹果树细根部为害，刺吸汁液，受害处皮层枯死，腐烂，直接影响水分和养分的吸收和输送，造成地上部树势衰弱，叶小色淡，果实小。为害时还分泌白色棉絮状蜡粉。

形态特征 无翅侨蚜成蚜：体卵圆形，长 1.475mm，宽 0.850mm。各附肢褐色，其余淡褐色或淡色。体背毛细长尖。头顶毛 4 根，腹部背片Ⅰ毛 6 根，背片Ⅷ毛 2 根。触角 5 节，为体长的 0.18 倍；节Ⅰ～Ⅴ长度比为 40：50：100：50：15+5。触角节Ⅲ6～8 根毛。原生感觉圈有长睫。喙节Ⅳ+Ⅴ为后跗节Ⅱ的 1.80 倍，有 2 对次生毛。足各节短小。跗节Ⅰ毛序：2，2，2。腹管缺。尾片末端圆形，有毛 3 根。尾板有毛 22 根。

生活习性 4～5 月份苹果根爪绵蚜的干母及其后代有翅干雌为害榆树形成虫瘿，5 月中旬～6 月中旬有翅干雌成蚜入土后爬至苹果树根梢孤雌产无翅侨蚜为害，6～9 月无翅侨蚜能孤雌繁殖 3～5 代，9 月上旬后，最后 1 代无翅侨蚜孤雌产有翅性母蚜，继续为害根部，10 月初～11 月初，有翅性母成蚜迁飞到榆树枝干上，孤雌产雌、雄性蚜。性蚜交配后，每头雌蚜只产 1 粒卵，以卵在翘皮下或裂缝中越冬。

防治方法 (1)5 月上旬，有翅干雌成蚜从榆树上向果园迁飞之前，果园全田覆盖地膜，可有效阻止其入土，防止根部受害。(2)5 月中旬～6 月上旬绵蚜迁入期地面全面喷撒 5%辛硫磷颗粒剂、2.5%乐果粉剂等触杀性杀虫剂 2～3 次，喷后耙入表土中，绵蚜入土时接触农药即中毒死亡。(3)7～9 月为害果树根梢时，在土中 0.4m 深处，每 m^2 投放磷化铝片剂 1 片，即 3.3g，对地下 0.2～1m 范围内的绵蚜均有熏蒸作用。(4)如在花前用药，主治根爪绵蚜、兼治卷叶蛾和瘤蚜时用 48%毒死蜱乳油 2000 倍液有效。

梨笠圆盾蚧（San Jose scale）

学名 *Quadraspidiotus perniciosus* Comstock（Comst.）同翅目，盾蚧科。别名：梨圆蚧、梨夸圆蚧、梨齿盾蚧、梨枝圆盾蚧。异名 *Diaspidiotus perniciosus* (Comst.)分布在黑龙江、吉林、辽宁、内蒙古、青海、陕西、山西、河北、北京、山东、河南、江苏、广东、四川等。

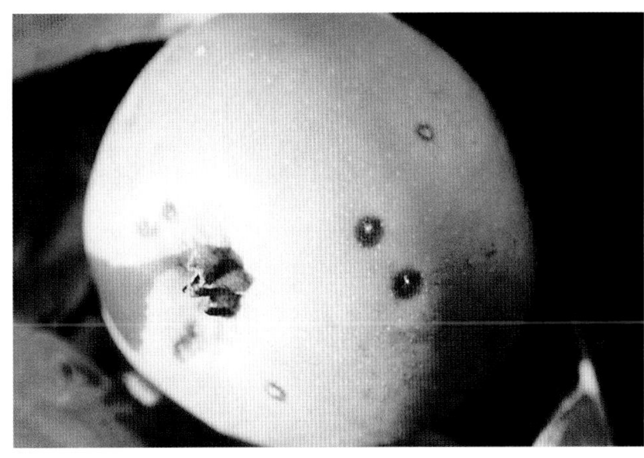

梨笠圆盾蚧为害果实状

寄主 海棠、葡萄、苹果、梨、桃、山楂、杏、李、梅、枣、柿、核桃、柑橘、柠檬、醋栗、樱桃等 300 多种植物。

为害特点 以雌成虫和若虫刺吸枝干、叶、果实的汁液，轻者树势削弱，重则枯死。

形态特征 成虫：雌介壳近圆形稍隆起，直径 1.7mm，灰白至灰褐色，具同心轮纹，壳点位于中央，黄至黄褐色。虫体近扁圆形橙黄色，后端稍尖，体长 0.9～1.5 (mm)，宽 0.75～1.23 (mm)，足、眼退化，口器丝状于腹面中央。雄体长 0.6mm，翅展 1.62mm，淡橙黄至橙黄色，中胸前盾片色深呈横带状。眼暗紫红至黑色，触角 10 节念珠状，上生细长毛。前翅大，外缘近圆形，翅脉 1 条分成 2 杈，翅乳白色半透明；后翅特化为平衡棒。腹末性刺细长剑状。雄介壳长椭圆形，长 1.2～1.5(mm)，似鞋底状，头端略宽，尾端较细，壳点偏向头端，介壳上具 3 条轮纹，介壳的质地与色泽同雌介壳。若虫：初产体长 0.2mm，椭圆形扁平，淡黄至橘黄色。雄虫具裸蛹，橘黄色。

生活习性 北方及新疆年生 2～3 代，南方 4～5 代，以 2 龄若虫在枝条上越冬，翌春树液流动后开始为害，并脱皮为 3 龄，雌雄分化，5 月中下旬至 6 月上旬羽化为成虫，雄羽化集中，寿命 3～5 天，交配后雌继续为害，6 月中旬开始产仔持续 20 多天。第 1 代成虫羽化期 7 月下旬～8 月上中旬，8 月下旬～10 月上旬为产仔期，每雌产仔可持续 38 天。第 2 代若虫发育到 2 龄便进入越冬状态。行两性生殖，卵胎生，越冬代每雌产仔 50～70 头，第 1 代可产百余头。产出的若虫很快钻出壳外在树上爬行，选择适宜场所固着为害，枝干上尤 2～5 年生枝干较多，少有到叶和果上者，雄者喜欢到叶背主脉两侧。固着 1～2 天后开始分泌绵毛状蜡丝形成介壳。雌若虫脱 3 次皮羽化为成虫，雄若虫脱 2 次皮为前蛹，再脱皮为蛹，雄虫羽化后出壳飞行寻雌交配。树上多以 2 龄若虫和少数受精雌成虫越冬，翌年 5 月上旬羽化，各代产仔期为：越冬代 6 月上旬至 7 月上旬；第 1 代 7 月下旬至 9 月上旬；第 2 代 9 月至 11 月上旬。浙江年生 4 代，各代产仔期为：越冬代 4 月下旬至 5 月上旬；第 1 代 6 月下旬至 7 月底；第 2 代 8 月下旬至 10 月上旬；第 3 代 11 月中下旬。天敌有红点唇瓢虫、肾斑唇瓢虫、红圆蚧金黄芽小蜂、短缘毛蚧小蜂、日本方头甲等数十种。

防治方法 (1)调运苗木要加强检疫,防止传播蔓延。(2)注意保护和引放天敌。(3)初发生常是点片发生,彻底剪除有虫枝烧毁或人工刷抹有虫枝,以铲除虫源。(4)发芽前喷洒含油量5%的柴油乳剂或黏土柴油乳剂,如混用化学农药(常用浓度)杀虫效果更好;喷洒5度石硫合剂有一定效果。虫口密度大的枝干喷药前应刷擦虫体,利于药剂渗入可提高杀虫效果。(5)若虫分散转移期分泌蜡粉介壳之前,药剂防治较为有利,为提高杀虫效果,药液里最好混入0.1%~0.2%的洗衣粉。可用药剂:①菊酯类:2.5%溴氰菊酯或高效氯氟氰菊酯乳油或20%甲氰菊酯乳油3000~4000倍液、20%氰戊菊酯乳油3000倍液、10%氯氰菊酯乳油1000倍液。②有机磷杀虫剂:50%辛硫磷1000倍液、50%马拉硫磷或杀螟硫磷或稻丰散乳油1000倍液、40%乐果乳油或50%敌敌畏乳油800~1000倍液。③菊酯有机磷复配剂:20%菊马或溴马乳油等常用浓度。上述药剂均有良好效果,如用含油量0.3%~0.5%柴油乳剂或黏土柴油乳剂混用,对已开始分泌蜡粉介壳的若虫也有很好杀伤作用,可延长防治适期提高防效。④有独特杀虫特性的10%吡虫啉可湿性粉剂2000倍液或3%啶虫脒乳油1500~2000倍液、25%噻嗪酮可湿性粉剂1000倍液、25%噻虫嗪水分散粒剂5000倍液。(6)为害期结合防治其他吸汁性害虫,采用40%乐果内吸杀虫剂涂干包扎,20~50倍液有良好效果。(7)成虫期也可喷洒40%毒死蜱或甲基毒死蜱乳油1000倍液。

苹果球蚧(Globular apple scale)

苹果球蚧

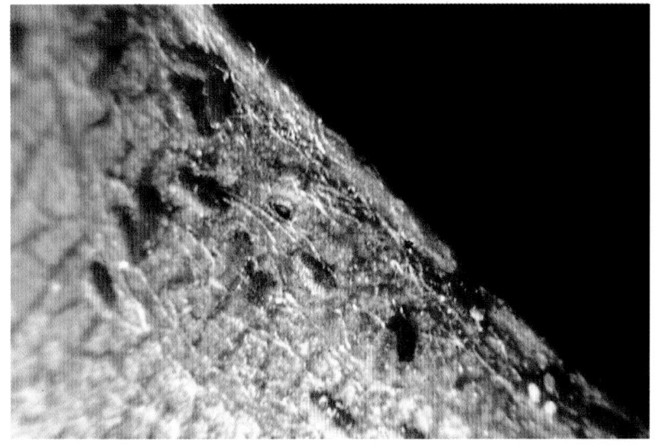

苹果球蚧若虫栖息在叶片上

学名 *Rhodococcus sariuoni* Borchsenius 同翅目,蜡蚧科。别名:西府球蜡蚧、沙里院球蚧、沙里院褐球蚧。分布于辽宁、河北、山东、宁夏等省。

寄主 苹果、槟沙果、海棠、梨、山楂、桃、樱桃等。

为害特点 若虫和雌成虫刺吸枝、叶汁液,排泄蜜露常诱致煤病发生,影响光合作用削弱树势,重者枯死。

形态特征 成虫:雌体长4.5~7(mm),宽4.2~4.8(mm),高3.5~5(mm),产卵前体呈卵形,背部突起,从前向后倾斜,多为赭红色,后半部有4纵列凹点;产卵后体呈球形褐色,表皮硬化而光亮,虫体略向前高突,向两侧亦突出,后半部略平斜,凹点亦存,色暗。雄体长2mm,翅展5.5mm,淡棕红色,中胸盾片黑色;触角丝状10节,眼黑褐色;前翅发达乳白色半透明,翅脉1条分2叉;后翅特化为平衡棒。腹末性刺针状,基部两侧各具1条白色细长蜡丝。卵:长0.5mm、宽0.3mm,卵圆形淡橘红色被白蜡粉。若虫:初孵扁平椭圆形,体长0.5~0.6(mm),橘红或淡血红色,体背中央有1条暗灰色纵线。触角与足发达;腹末两侧微突,上各生1根长毛,腹末中央有2根短毛。固着后初橘红后变淡黄白,分泌出淡黄半透明的蜡壳,长椭圆形扁平,长1mm,宽0.5mm,壳面有9条横隆线,周缘有白毛。越冬后雌体迅速膨大成卵圆形栗褐色,表面有薄蜡粉。雄体长椭圆形暗褐色,体背略隆起,表面有灰白色蜡粉。雄蛹:长卵形,长2mm,淡褐色。茧:长椭圆形,长3mm,表面有绵毛状白蜡丝似毡状。

生活习性 年生1代,以2龄若虫多在1~2年生枝上及芽旁、皱缝固着越冬。翌春寄主萌芽期开始为害,4月下旬至5月上、中旬为羽化期,5月中旬前后开始产卵于体下。5月下旬开始孵化,初孵若虫从母壳下的缝隙爬出分散到嫩枝或叶背固着为害,发育极缓慢,直到10月落叶前脱皮为2龄转移到枝上固着越冬。行孤雌生殖和两性生殖,一般发生年很少有雄虫。每雌可产卵1000~2500粒。天敌有瓢虫和寄生蜂。

防治方法 参考梨圆蚧。发芽前喷波美5度石硫合剂或45%石硫合剂结晶20倍液或94%机油乳剂50倍或含油量4%~5%的柴油乳剂或黏土柴油乳剂,只要喷洒周到杀虫效果极好。不需采用其他措施。

朝鲜球坚蚧

学名 *Didesmococcus koreanus* Borchsenius 属同翅目蜡蚧科,别名:杏球坚蚧,桃球坚蚧。分布在华北、华中果产区,为害

朝鲜球坚蚧为害枝条

梨树、苹果树、杏树、石榴、桃、李等多种果树。以雌成虫和若虫刺吸枝干、叶片、果实汁液，排泄的蜜露还可诱集蚂蚁及诱发煤污病，造成树势削弱，春季发芽晚或不能发芽或果树干枯影响产量、质量。

生活习性 年生1代，以2龄若虫在1~2年生枝条的裂缝或叶痕处越冬，翌年3月上、中旬树液流动后开始群集在枝条上为害，4月上旬虫体固定，4月中旬雌雄体分化，4月下旬始见雄成虫，并与雌虫交尾。每年4月中旬至5月受害最重。5月上中旬雌成虫把卵产在介壳下，卵期7~10天，5月中下旬若虫开始出壳。5月下旬至6月上旬进入若虫发生盛期，初孵若虫沿枝迁至叶两面固定为害，固定后虫背部分泌白色蜡质覆盖，9月底至10月脱皮后变成2龄，又迁回到枝上为害。10月下旬开始越冬。

防治方法 (1)结合修剪，把有虫枝条剪除烧毁。(2)梨树休眠期全树喷洒95%机油乳剂50~60倍液或波美3~5度石硫合剂或45%石硫合剂结晶50倍液。(3)生长期初孵若虫从母体介壳下向外扩散转移时是全年防治的关键期，及时喷洒40%毒死蜱乳油1000倍液或1.8%阿维菌素乳油1000倍液，隔10天1次，防治2~3次。

套袋苹果康氏粉蚧(Comstock mealybug)

学名 *Pseudococcus comstocki* (Kuwana) 同翅目，粉蚧科。别名：桑粉蚧、梨粉蚧、李粉蚧。分布在全国各地。

康氏粉蚧雌成虫

寄主 苹果、葡萄、柑橘、石榴、栗、枣、柿、桑、佛手瓜等。

为害特点 若虫和雌成虫刺吸芽、叶、果实、枝干及根部的汁液，嫩枝和根部受害常肿胀且易纵裂而枯死。幼果受害多成畸形果。排泄蜜露常引起煤病发生，影响光合作用。近年为害套袋苹果日趋严重。

形态特征 成虫：雌体长5mm，宽3mm左右，椭圆形，淡粉红色，被较厚的白色蜡粉，体缘具17对白色蜡刺，前端蜡刺短，向后渐长，最末1对最长约为体长的2/3。触角丝状7~8节，末节最长，眼半球形。足细长。雄体长1.1mm，翅展2mm左右，紫褐色；触角和胸背中央色淡。前翅发达透明，后翅退化为平衡棒。尾毛长。卵：椭圆形，长0.3~0.4mm，浅橙黄被白色蜡粉。若虫：雌3龄，雄2龄。1龄椭圆形，长0.5mm，淡黄色体侧布满刺毛。2龄体长1mm被白蜡粉，体缘出现蜡刺。3龄体长1.7mm与雌成虫相似。雄蛹：体长1.2mm，淡紫色。茧：长椭圆形，长2~2.5mm，白色绵絮状。

生活习性 吉林延边年生2代，河北、河南年生3代，以卵在各种缝隙及土石缝处越冬，少数以若虫和受精雌成虫越冬。寄主萌动发芽时开始活动，卵开始孵化分散为害，第1代若虫盛发期为5月中下旬，6月上旬至7月上旬陆续羽化，交配产卵。第2代若虫6月下旬至7月下旬孵化，盛期为7月中下旬，8月上旬至9月上旬羽化，交配产卵。第3代若虫8月中旬开始孵化，8月下旬至9月上旬进入盛期，9月下旬开始羽化，交配产卵越冬；早产的卵可孵化，以若虫越冬；羽化迟者交配后不产卵即越冬。雌若虫期35~50天，雄若虫期25~40天。雌成虫交配后再经短时间取食，寻找适宜场所分泌卵囊产卵其中。单雌卵量：1代、2代200~450粒，3代70~150粒，越冬卵多产缝隙中。此虫可随时活动转移为害。天敌有瓢虫和草蛉。

防治方法 (1)注意保护和引放天敌。(2)初期点片发生时，人工刷抹有虫部位。(3)药剂防治。在若虫分散转移期，分泌蜡粉形成介壳之前喷洒2.5%溴氰菊酯乳油2000倍液或1.8%阿维菌素乳油1500倍液、40%甲基毒死蜱乳油1500倍液。(4)5月下旬及套袋前苹果发生康氏粉蚧除可选用阿维菌素外，还可选用40%毒死蜱乳油1500倍液或55%氯氰·毒死蜱乳油2000~2500倍液。套袋后必须选用内吸性强的杀虫剂。

苹果窄吉丁(Apple branch borer)

学名 *Agrilus mali* Matsumura 鞘翅目，吉丁科。别名：苹果

苹果窄吉丁成虫栖息在叶片上

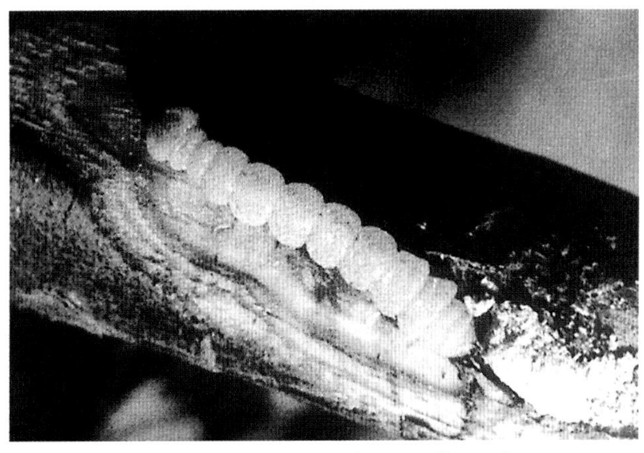

苹果窄吉丁幼虫放大(何振昌等原图)

金蛀甲、串皮虫、扁头哈虫、旋皮虫。分布在黑龙江、吉林、辽宁、内蒙古、山西、青海、河北、陕西、甘肃等地。

寄主 苹果、沙果、海棠、樱桃、李、桃、柳等。

为害特点 幼虫于枝干皮层内和皮下纵横蛀食，虫道内充满褐色虫粪，常从蛀道裂口流出红色或黄色汁液，俗称"流红油"，被害部皮层枯死变黑褐色，重者皮层脱落而枯死。成虫食量甚微，食叶成不规则缺刻。近年该虫在青海大面积发生，发生面积超过80%，受害严重，应引起重视。

形态特征 成虫：体长6～10(mm)，雄略小，暗紫铜色，具光泽，呈楔形，体上密布小刻点。头短宽，头顶有中脊，复眼黑色肾形，触角锯齿状11节。前胸背板横长方形，宽于头部，腹面中央有1突起，向后伸嵌于中胸腹板槽内。鞘翅窄长，基部与前胸背板等宽，鞘翅基部明显凹陷，翅端尖削，边缘色较深。腹背6节亮蓝色，腹面5节。后足胫节端半部外侧呈波状。卵：椭圆形，长约1mm，初乳白渐变黄褐色。幼虫：体长16～22(mm)，扁平呈念珠状，淡黄白色、无足。头较小、褐色，大部缩入前胸内。前胸宽大，背、腹面中央各具1纵沟；中、后胸窄小。腹部10节逐渐宽，第7腹节最宽呈梯形，末3节渐次缩小，末节近三角形，尾端生1对锯齿状褐刺。气门呈"C"形。蛹：长6～10(mm)，纺锤形，初白渐变黄色，近羽化时黑褐色。

生活习性 内蒙古、黑龙江、山西雁北3年发生2代，辽宁、河北、陕西、青海、甘肃1年1代。多以幼虫在蛀道内越冬，个别以蛹越冬。寄主萌动后为害，5～6月为害最重，5月中下旬开始老熟，蛀入木质部做船底形蛹室化蛹，蛹期10～12天，羽化后经8～10天咬1半圆形羽化孔脱出，6月上中旬出现成虫。成虫白天活动，喜温暖阳光，中午常绕树冠飞行，夜晚、阴雨天静伏于枝叶上，受惊扰假死落地。羽化后1～2周开始产卵，卵多数产在枝干向阳面的缝隙中和芽侧、小枝基部等不光滑处，每雌虫产卵50～60粒。成虫寿命20～30天，卵期8～13天，幼虫为害到10月中下旬至11月于蛀道内越冬。

防治方法 (1)成虫发生期清晨震落捕杀成虫，树下铺塑料薄膜便于集中，隔3～5天震1次，效果较好，此法经济、简便、易行。(2)成虫羽化前及时清除死树、枯枝，消灭其内虫体减少虫源。(3)果树休眠期刮粗翘皮，特别主干、主枝的粗皮可消灭部分越冬幼虫。(4)加强综合管理增强树势，避免产生伤口和日灼，可减轻发生；保护啄木鸟和寄生性天敌，发挥它们的自然控制作用。(5)成虫羽化初期枝干上涂刷果树常用药剂如80%敌敌畏或40%乐果乳油、马拉硫磷乳油、菊酯类药剂或其复配药剂200～300倍液，触杀成虫效果良好，隔15天涂1次，连涂2～3次即可。(6)成虫出树后产卵前树上喷洒30%辛硫磷微胶囊悬浮剂700～800倍液或40%辛硫磷乳油1000倍液、50%马拉硫磷乳油或80%敌敌畏乳油1500倍液、20%氰戊菊酯乳油2000倍液，毒杀成虫效果良好，隔15天喷1次，喷2～3次即可。(7)幼虫为害处易于识别者，可用药剂涂抹被害部表皮，毒杀幼虫效果很好，可用80%敌敌畏20倍煤油液或80%敌敌畏乳油5～10倍液、40%辛硫磷乳油8～12倍液。(8)试用注干法。具体做法参考桑天牛。

六星铜吉丁(Six-spotted buprestid)

学名 *Chrysobothris affinis* Fabricius 鞘翅目，吉丁甲科。别名：六星金蛀甲、溜皮虫、串皮虫。分布在辽宁、宁夏、甘肃、青海、陕西、河北、河南、山东、江苏、上海、福建、山西、湖南等地。

寄主 苹果、梨、杏、桃、樱桃、枇杷、海棠、核桃、柿、枣、栗、柑橘等。

为害特点 幼虫蛀食寄主植物枝干皮层及木质部，发生严重时可造成整株枯死。成虫食叶，造成叶缺刻或孔洞。

形态特征 成虫：体长11～14(mm)，宽约5mm，头顶赤铜色具紫红色闪光，颜面铜绿色，复眼黑褐色梭形；触角11节，铜绿色具闪光，被稀疏纤毛。前胸背板赤铜色具紫红色闪光，刻点粗密，中部有横皱纹，前缘较平直，侧缘近平行，后缘为中部后凸的两凹形。小盾片三角形。鞘翅紫铜色，鞘缝隆起光洁；每个鞘翅上有4条光洁的纵脊；翅基、翅中央和约2/3处各有一凹陷的金斑，具赤铜色闪光；鞘翅端钝圆，侧缘2/5至端部呈不规则的锯齿状。腹面中部铜绿色，两侧赤铜色，刻点稀小，被灰白色毛。卵：乳白色，椭圆形，外附绿褐色物。幼虫：体长16～26(mm)，体扁。头小。腹部白色，第一节特别膨大，中央有黄褐色

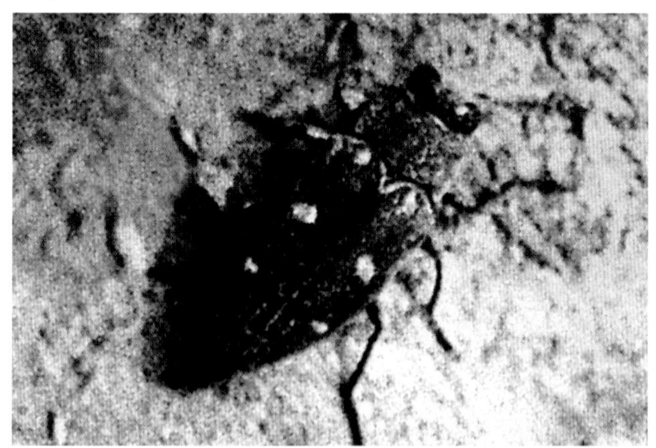
六星铜吉丁成虫放大

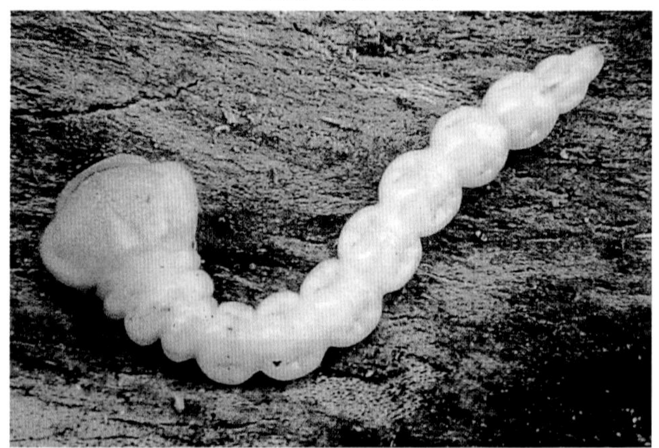
六星铜吉丁大龄幼虫放大

"人"形纹，第三、四节短小，以后各节比三、四节大。蛹：乳白色，体型、大小与成虫相似。

生活习性 年发生一代，以幼虫在木质部内越冬。4月下旬化蛹，5月中、下旬羽化，中午觅偶交尾。雌成虫多选主干分叉和树皮裂缝产卵。材质干枯的树木易被寄生。6月下旬、7月初幼虫孵化。雌虫蛀食树干韧皮部，至8月下旬进入木质部约15mm深。成虫也咬食枝叶，补充营养。卵期20天左右，幼虫期

27 天左右，蛹期 30 天左右。

防治方法 (1)成虫发生期清晨震落捕杀成虫，震时在树下铺塑料薄膜便于集中，隔 3~5 天震一次，效果较好。(2)成虫羽化前及时清除死树、枯枝，消灭其中虫体，减少虫源。(3)加强综合管理，增强植物长势，避免产生伤口和日灼；保护啄木鸟和寄生性天敌。(4)成虫羽化初期枝干上涂刷辛硫磷乳油、马拉硫磷乳油或菊酯类药剂或其复配药剂 200~300 倍液，触杀效果良好，隔 15 天涂一次，连涂 2~3 次。(5)成虫出树后产卵前喷洒 50%敌敌畏乳油 1000 倍液，或 10%氯氰菊酯乳油 1500 倍液。幼虫孵化期喷 48%毒死蜱或 50%杀螟硫磷 1000 倍液，或 50%氯氰·毒死蜱乳油 1500 倍液。

梨金缘吉丁虫(Golden margined buprestid)

学名 *Lampra limbata* Gebler 鞘翅目，吉丁甲科。别名：金缘吉丁虫、梨吉丁虫、金缘金蛀甲、板头虫等。分布：黑龙江、吉林、辽宁、内蒙古、山西、河北、江苏、浙江、江西、陕西、甘肃、宁夏、青海、新疆等地。

寄主 梨、山楂、苹果、桃、杏、樱桃、槟沙果。

为害特点 幼虫于枝干皮层内、韧皮部与木质部间蛀食，被害处外表常变褐至黑色，后期常纵裂，削弱树势，重者枯死，树皮粗糙者被害处外表症状不明显；成虫少量取食叶片为害不明显。

形态特征 成虫：体长 13~17(mm)、宽 5~6(mm)，体纺锤形略扁，密布刻点，翠绿色有金黄色光泽。前胸背板和鞘翅两侧缘有金红色纵纹故名。头顶中央有 1 条黑蓝色纵纹，触角锯齿状 11 节黑色；前胸背板上有 5 条黑蓝色纵纹，中央 1 条直而明显，与头顶纵纹相接。鞘翅上有 9~10 条纵沟和许多隆起的黑蓝色短纵纹，翅端锯齿状。小盾片梯形短宽，后缘中部略圆突。腹背蓝色有微绿光泽。卵：扁椭圆形，长约 2mm，宽约 1.4mm，初乳白后变黄褐色。幼虫：体长 30~36(mm)，扁平淡黄白色，无足。头小、黄褐色，大部缩在前胸内，口器黑褐色。前胸最宽大，中、后胸窄而短；腹部明显较胸部窄，细长、10 节，分节明显，末节钝圆。前胸背板和腹板中部有淡褐色圆形的骨化区，背板中央有 1 深色"∧"形凹纹，腹板中央有 1"1"形纵凹纹。蛹：长 15~20(mm)，纺锤形略扁平，初乳白渐变黄，羽化前与成虫相似。

金缘吉丁虫幼虫

生活习性 江西年生 1 代，湖北、江苏 1~2 年 1 代，华北 2 年 1 代。均以各龄幼虫于蛀道内越冬，故发生期不整齐。寄主萌芽时开始继续为害，3 月下旬开始化蛹，蛹期约 30 天。成虫发生期为 5~8 月。成虫白天活动、高温时更活跃，受惊扰即飞行，早晚低温时受惊扰假死落地。成虫寿命 30~50 天，羽化后 10 余天开始产卵，多散产于枝干皮缝和伤口处。每雌可产卵 20~100 粒。6 月上旬为孵化盛期，初孵幼虫先在绿皮层蛀食，几天后被害处周围色变深。逐渐深入至形成层，行螺旋形蛀食，枝干被环蛀 1 周后常枯死。8 月以后可蛀到木质部，秋后于蛀道内越冬。老熟后蛀入木质部做船底形蛹室于内化蛹。一般土壤瘠薄、管理粗放、树势衰弱、伤口多的树受害重。天敌：蛹有 2 种寄生蜂，幼虫有 1 种，此外还有白僵菌、啄木鸟等。

防治方法 参考苹果窄吉丁。

桑天牛(Mulberry longicorn)

学名 *Apriona germari* (Hope) 鞘翅目，天牛科。别名：粒肩天牛、桑干黑天牛、桑牛等。分布在黑龙江、辽宁、北京、河北、河南、陕西、山东、安徽、江苏、上海、浙江、福建、台湾、广东、海南、广西、湖南、湖北、重庆、四川等地。

寄主 苹果、梨、李、枇杷、核桃、柑橘、山楂、海棠、无花果、杏、木菠萝等。

为害特点 成虫食害嫩枝皮和叶；幼虫于枝干的皮下和木质部内，向下蛀食，隧道内无粪屑，隔一定距离向外蛀 1 通气排粪屑孔，排出大量粪屑，削弱树势，重者枯死。近年该天牛在北

桑天牛成虫(何振昌等原图)

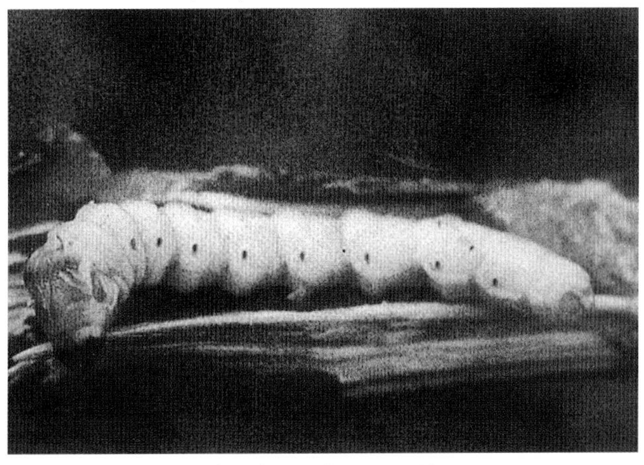

桑天牛幼虫(邱强原图)

京、山西、河北、湖南为害苹果、桑树猖獗,应引起重视。

形态特征 成虫:体长26~51(mm),宽8~16(mm),黑褐至黑色,密被青棕或棕黄色绒毛。触角丝状,11节,第1、2节黑色,其余各节端半部黑褐色,基半部灰白色。前胸背板前后横沟间有不规则的横皱或横脊,侧刺突粗壮。鞘翅基部密布黑色光亮的颗粒状突起,约占全翅长的1/4~1/3;翅端内、外角均呈刺状突出。卵:长椭圆形,长6~7(mm),稍扁而弯,初乳白后变淡褐色。幼虫:体长60~80(mm),圆筒形,乳白色。头黄褐色,大部缩在前胸内。胴部13节,无足,第1节较大略呈方形,背板上密生黄褐色刚毛,后半部密生赤褐色颗粒状小点并有"小"字形凹纹;3~10节背、腹面有扁圆形步泡突,上密生赤褐色颗粒。蛹:长30~50(mm),纺锤形,初淡黄后变黄褐色,翅芽达第3腹节,尾端轮生刚毛。

生活习性 北方2~3年1代,广东1年1代。以幼虫在枝干内越冬,寄主萌动后开始为害,落叶时休眠越冬。北方幼虫经过2或3个冬天,于6~7月间老熟,在隧道内两端填塞木屑筑蛹室化蛹。蛹期15~25天。羽化后于蛹室内停5~7天后,咬羽化孔钻出,7~8月间为成虫发生期。成虫多晚间活动取食,以早晚较盛,约经10~15天开始产卵。2~4年生枝上产卵较多,多选直径10~15(mm)的枝条的中部或基部,先将表皮咬成"U"形伤口,然后产卵于其中,每处产1粒卵,偶有4~5粒者。每雌可产卵100~150粒,产卵约40余天。卵期10~15天,孵化后于韧皮部和木质部之间向枝条上方蛀食约1cm,然后蛀入木质部内向下蛀食,稍大即蛀入髓部。开始每蛀5~6(cm)长向外蛀1排粪孔,随虫体增长而排粪孔距离加大,小幼虫粪便红褐色细绳状,大幼虫的粪便为锯屑状。幼虫一生蛀隧道长达2m左右,隧道内无粪便与木屑。

防治方法 (1)结合修剪除掉虫枝,集中处理。(2)成虫发生期及时捕杀成虫,消灭在产卵之前。(3)成虫发生期结合防治其他害虫,喷洒40%乐果乳油500倍液,枝干上要喷周到。(4)成虫产卵盛期后挖卵和初龄幼虫。(5)刺杀木质部内的幼虫。找到新鲜排粪孔用细铁丝或天牛钩杀器插入,向下刺到隧道端,反复几次可刺死或钩出幼虫。(6)毒杀幼虫。初龄幼虫可用敌敌畏或杀螟硫磷等乳油10~20倍液,涂抹产卵刻槽杀虫效果很好。蛀入木质部的幼虫可从新鲜排粪孔注入药液,如50%辛硫磷乳油10~20倍液或80%敌敌畏乳油5~10倍液,每孔最多注10ml,然后用湿泥封孔,杀虫效果很好。(7)试用长效内吸注干剂,可用YBZ-Ⅱ型树干注射机,注入长效内吸注干剂,也可用直径4~5(mm)钢钉在距地面50~80(cm)处斜向45度打孔,孔深3~4(cm),然后再用橡皮头滴管或兽用注射器注入注干剂。用药量计算暂借用林木计算法,即先量树干胸径,然后换算或查出直径,每cm直径注入药量0.5mL,直径10cm以上树木,应通过试验适当加大药量。这种方法除防治天牛有效外,还可兼治其他蛀干害虫和介壳虫、蚜虫等。

薄翅锯天牛(Thin-winged longicorn)

学名 *Megopis sinica* White 鞘翅目,天牛科。别名:中华薄翅天牛、薄翅天牛、大棕天牛。分布在辽宁、山西、河北、山东、江苏、安徽、浙江、江西、福建、台湾、湖南、广西、陕西、四川、贵州、云南等地。

薄翅锯天牛成虫

寄主 苹果、山楂、枣、柿、栗、核桃等。

为害特点 幼虫于枝干皮层和木质部内蛀食,隧道走向不规律,内充满粪屑,削弱树势,重者枯死。

形态特征 成虫:体长30~52(mm),宽8.5~14.5(mm),略扁、红褐至暗褐色。头密布颗粒状小点和灰黄细短毛,后头较长,触角丝状11节,基部5节粗糙,下面具刺状粒。前胸背板前缘窄,略呈梯形,密布刻点、颗粒和灰黄短毛。鞘翅扁平,基部宽于前胸,向后渐狭,鞘翅上各具3条纵隆线,外侧1条不甚明显;后胸腹板被密毛。雌腹末常伸出很长的伪产卵管。卵:长椭圆形乳白色,长约4mm。幼虫:体长约70mm,体粗壮乳白至淡黄白色。头黄褐大部缩入前胸内,上颚与口器周围黑色。胴部13节,具3对极小的胸足;第1节最宽,背板淡黄,中央生1条淡黄纵线,两侧有凹凸的斜纹1对;2~10节背面和4~10节腹面有圆形步泡突,上生小颗粒状突起。蛹:长35~55(mm),初乳白渐变黄褐色。

生活习性 2~3年1代,以幼虫于隧道内越冬。寄主萌动时开始为害,落叶时休眠越冬。6~8月间成虫出现。成虫喜于衰弱、枯老树上产卵,卵多产于树皮外伤和被病虫侵害之处,亦有在枯朽的枝干上产卵者,均散产于缝隙内。幼虫孵化后蛀入皮层,斜向蛀入木质部后再向上或下蛀食,隧道较宽不规则,隧道内充满粪便与木屑。幼虫老熟时多蛀到接近树皮处,蛀椭圆形蛹室于内化蛹。羽化后成虫向外咬圆形羽化孔爬出。

防治方法 (1)加强综合管理增强树势,减少树体伤口以减少成虫产卵。(2)及时去掉衰弱、枯死枝集中处理。注意伤口涂药消毒保护以利愈合。(3)产卵盛期后刮粗翘皮,可消灭部分卵和初龄幼虫。刮皮后应涂消毒保护剂。(4)其它方法参考桑天牛。

帽斑天牛(Black-spotted red longicorn)

学名 *Purpuricenus petasifer* Fairmaire 鞘翅目,天牛科。别名:帽斑紫天牛、黑红天牛、花天牛。分布于辽宁、吉林、山西、河北、江苏、陕西、甘肃、云南等地。

寄主 苹果、山楂、酸枣。

为害特点 成虫少量取食芽、叶;幼虫于枝干皮层、木质部内蛀食、削弱树势。

形态特征 成虫:体长16~20(mm),宽5~7(mm),黑色,背

帽斑天牛成虫(左雄右雌)

面密布粗糙刻点,腹面疏被灰白绒毛。前胸背板和鞘翅红色,前者有5个黑斑点(前2后3),后者有2对黑斑,前1对近圆形,后1对大型中缝处连接呈毡帽形。头短、密布粗糙刻点,触角11节、丝状。前胸短宽被灰白色细长竖毛,侧刺突生于两侧中部。小盾片锐三角形密被黑绒毛。鞘翅扁长,两侧缘平行,后端圆形,黑斑上密被黑绒毛。前胸腹板前部有红色横带。

生活习性 缺乏系统观察。山西晋城年生1代,以幼虫于隧道内越冬,成虫5月中、下旬发生,白天活动。

防治方法 (1)成虫发生期捕杀成虫。(2)成虫盛发期药剂防治,参考桑天牛。

光肩星天牛(Glabrous spotted willow borer)

学名 *Anoplophora glabripennis* (Motschulsky) 鞘翅目,天牛科。别名:光肩天牛、柳星天牛、花牛等。分布在黑龙江、吉林、辽宁、内蒙古、宁夏、甘肃、青海、陕西、山西、北京、河北、河南、山东、安徽、江苏、上海、浙江、江西、广西、湖南、湖北、贵州、四川等地。

寄主 苹果、梨、李、桑、樱桃、梅、杨、柳、榆、槭、枫、法桐等。

为害特点 成虫食叶和嫩枝的皮;幼虫于枝干的皮层和木质部内蛀食,向上蛀食,隧道内有粪屑,削弱树势,重者枯死。

形态特征 成虫:体长17.5~39(mm),宽5.5~12(mm),体黑略带紫铜色具金属光泽。触角丝状11节,第1、2节黑色,其余各节端部2/3黑色,基部1/3具淡蓝色绒毛,故触角呈黑、淡蓝相间的花纹。鞘翅基部光滑,表面各具20多个大小不等的白色毛斑,略呈不规则的5横列。头部和体腹面被银灰和蓝灰色细毛。卵:长椭圆形,长5.5~7(mm),微弯,初乳白,孵化前淡黄色。幼虫:体长50~60(mm),头大部分缩入前胸内,外露部分深褐色,体乳白至淡黄白色,前胸背板后半部具褐色"凸"字形斑纹,凸顶中间有1纵裂缝;腹板的主腹片两侧无锈色卵形针突区,这一点是与星天牛相区别的重要特征。蛹:长20~40(mm),初乳白色,羽化前黄褐色。

光肩星天牛成虫和幼虫

生活习性 南方年生1代,北方2~3年发生1代。均以幼虫于隧道内越冬。寄主萌动后开始为害。在北方经2或3个冬天的幼虫,于5月中下旬在隧道内化蛹,蛹期11~20天,羽化后成虫咬羽化孔出树,经数日取食后交配产卵,卵多产于直径在4~5cm以上的枝干上,产卵前先咬1圆形刻槽,长近10mm,深达形成层。产卵于刻槽上方10mm处的木质部和韧皮部之间,后刻槽变黑腐烂。卵期16天左右,初孵幼虫在刻槽附近蛀食,蛀向不定,由产卵孔排出粪屑,8月中旬开始蛀入木质部,向上蛀食隧道,由排粪孔排出大量白色粪屑并有树汁流出。10月下旬至11月于隧道内越冬。成虫发生期6~10月,盛期6月下旬至8月下旬,白天活动,寿命1~2个月。

防治方法 (1)及时伐除衰老的杨、柳及榆等虫源树。冬季修剪时,及时锯掉多虫枝,集中处理。(2)6~8月人工捕捉成虫。(3)于7~8月在新产卵槽上涂抹50%杀螟硫磷乳油50倍液或40%辛硫磷乳油10倍液或1:20煤油、溴氰菊酯混合液毒杀初孵幼虫。(4)8月向有虫树干内注入40%乐果乳油10倍液,每cm干径用药液15~25mL,干径小于15cm,树干上打2针即可。(5)8~9月幼虫初孵化盛期,向有产卵槽的枝干上喷洒48%毒死蜱乳油1000倍液或20%杀螟硫磷乳油500倍液杀死成虫和初孵幼虫。

红翅拟柄天牛(Redwings subpedunculate cerambycid)

学名 *Cataphrodisium rubripenne* (Hope) 鞘翅目,天牛科。分布在国内的云南、四川、贵州、广东、福建、山东、湖北等省;国外的印度有报道。

寄主 苹果、梨、花红、棠梨、海棠、枇杷、山林果等多种果树林木。

为害特点 以幼虫蛀害寄主的树干、主枝及枝条。轻则使树势生长衰弱,严重的造成枝条或全株干枯死亡。

红翅拟柄天牛成虫

形态特征 成虫:体长 26~32(mm),宽 7~10(mm),头部、前胸背板、躯体腹面、触角和足均呈黑蓝色,小盾片黑色,体腹面被浓厚黑绒毛。鞘翅红褐色或橘红色,每鞘翅中部之前靠近中缝处有 1 个黑色圆斑。触角端部数节被褐色绒毛。前胸背板被浓密黑褐色绒毛。鞘翅着生淡黄色短绒毛。雄虫触角略长于鞘翅,柄节刻点粗密,外端角较钝,第 3 节二倍长于柄节。前胸背板宽大于长,侧刺突粗短,顶端钝。胸面不平坦,略有凹凸不平的隆突,近前缘 2 个隆突不明显,近后缘 2 个较显著,前缘至中央有 1 条光滑无毛的短纵线,前胸刻点细密。小盾片三角形,中央有条无毛的纵线。鞘翅肩宽、肩部之后稍收窄,端缘圆形。翅面具细密刻点,每鞘翅隐约可见 2~3 条细隆线。腿节刻点较粗。

生活习性 在云南昆明地区 2 年或 3 年发生 1 代。幼虫在寄主树干、主枝及枝条中蛀害。6 月下旬至 11 月中旬,均可见到成虫。

防治方法 参见桑天牛。

蚱蟟(Elongate cicada)

学名 *Oncotympana maculicollis* Motschulsky 同翅目,蝉科。别名:鸣鸣蝉、知了。分布于山东、陕西、甘肃、四川。

寄主 苹果、槟沙果、梨、山楂、桃、李、柑橘等。

蚱蟟成虫

为害特点 成虫刺吸枝条汁液,产卵于 1 年生枝梢木质部内。致产卵部以上枝梢多枯死;若虫生活在土中,刺吸根部汁液,削弱树势。

形态特征 成虫:体长 33~38(mm),翅展 110~120(mm),体粗壮,暗绿色,有黑斑纹,局部具白蜡粉。复眼大暗褐色,单眼 3 个红色,排列于头顶呈三角形。前胸背板近梯形,后侧角扩张成叶状,宽于头部和中胸基部,背板上有 5 个长形瘤状隆起,横列。中胸背板前半部中央,具 1"W"形凹纹。翅透明,翅脉黄褐色;前翅横脉上有暗褐色斑点。喙长超过后足基节,端达第 1 腹节。卵:长 1.8~1.9(mm),宽 0.35mm,梭形,上端尖,下端较钝,初乳白渐变淡黄色。若虫:体长 30~35(mm),黄褐色。额膨大明显,触角和喙发达,前胸背板、中胸背板均较大,翅芽伸达第 3 腹节。

生活习性 缺少系统观察,约数年发生 1 代,以若虫和卵越冬。若虫老熟后出土上树脱皮羽化,成虫 7~8 月大量出现,寿命 50~60 天,成虫白天活动,雄虫善鸣以引雌虫前来交配,产卵于当年生枝条中下部木质部内,每雌可产卵 400~500 粒。越冬卵翌年 5、6 月间孵化,若虫落地入土到根部为害。

防治方法 (1)彻底剪除产卵枝烧毁灭卵,结合管理在冬春修剪时进行,效果极好。(2)老熟若虫出土羽化期,早晚捕捉出土若虫和刚羽化的成虫,可供食用。(3)可试行树干上和干基部附近地面喷洒残效期长的高浓度触杀剂或地面撒药粉,毒杀出土若虫。

蟪蛄(Kaempfer cicada)

学名 *Platypleura kaempferi* (Fabricius) 同翅目,蝉科。别名:褐斑蝉、斑蝉、斑翅蝉。分布于河北、山东、河南、江苏、安徽、浙江、江西、福建、台湾、广西、广东、陕西、四川。

寄主 苹果、梨、山楂、桃、李、梅、柿、核桃、柑橘等。

蟪蛄成虫

为害特点 成虫刺吸枝条汁液,产卵于 1 年生枝梢木质部内。致产卵部以上枝梢多枯死;若虫生活在土中,刺吸根部汁液,削弱树势。

形态特征 成虫:体长 20~25(mm),翅展 65~75(mm),头部和前、中胸背板暗绿色,具黑色斑纹;腹部黑色,每节后缘暗绿或暗褐色。复眼大,褐色,3 个单眼红色,呈三角形排列在头顶。触角刚毛状。前胸宽于头部,近前缘两侧突出。翅脉透明暗褐色;前翅具深浅不一的黑褐色云状斑纹;后翅黄褐色。腹部腹面和足褐色。卵:梭形,长 1.5(mm),乳白渐变淡黄色。若虫:体长 18~22(mm),黄褐色,翅芽、腹背微绿。前足腿节、胫节具发达齿为开掘足。

生活习性 不详。约数年 1 代,以若虫在土中越冬。若虫老熟后爬出地面,在树干或杂草茎上脱皮羽化。成虫于 6~7 月出现,主要白天活动,多在 7~8 月产卵,产卵于当年生枝条内,每孔产数粒,产卵孔纵向排列不规则,每枝可着卵百余粒,一般当年孵化,若虫落地入土,刺吸根部汁液。雄成虫鸣声为"徐、徐……",诱雌来交配。

防治方法 参考黑蚱蝉。

黑蚱蝉(Black cicada)

学名 *Cryptotmpana atrata* (Fabricius)同翅目,蝉科。别名:蚱蝉、知了、黑蝉。分布在辽宁、内蒙古、陕西、北京、河北、河南、

黑蚱蝉成虫

黑蚱蝉卵放大

黑蚱蝉蝉蜕

山东、安徽、江苏、上海、浙江、江西、福建、广东、广西、湖北、湖南、贵州、海南、重庆、四川、云南。

寄主 苹果、葡萄、石榴、荔枝、柑橘、梨、桃、黄皮、枇杷、龙眼、凤凰木等。

为害特点 成虫刺吸枝条汁液，并产卵于1年生枝梢木质部内。造成枝条枯萎而死。若虫生活在土中，刺吸根部汁液，削弱树势。南方为害柑橘、龙眼、荔枝常于6月间出现果穗枯死。

形态特征 成虫：雌成虫体长40～44(mm)，翅展122～125(mm)；雄成虫体长43～48(mm)，翅展122～130(mm)。体大型，黑色，有光泽，局部密生金黄色细毛。头比中胸背板基部稍宽，头的前缘及额顶各有1块黄褐色斑。复眼大，突出，黄褐色；单眼琥珀色。前胸背板比中胸背板短，侧缘倾斜，稍突出；两侧有黄褐色斑。中胸背有"X"形红褐色隆起。翅透明，翅基部黑色，翅脉黄褐色。腹部各节侧缘黄褐色。前足基节隆线、腿节背面及中、后足腿节背面和胫节红褐色。雄腹部1～2节有鸣器，雌腹部无鸣器。卵：近梭形，长2.5mm，乳白色渐变淡黄。若虫：初孵若虫体较细，长1mm，乳白色，至当年11月中旬体黄白色，体长8～10(mm)；头、胸细长，腹部膨大成球形；第二年11月体呈中黄色，体长15～20(mm)，宽10mm；第三年11月体黄褐色，体长30～37(mm)，头部、胸部粗大，与腹部宽几乎相等，翅芽较完整。

生活习性 四年一代，以卵在枝条内或以若虫于土中越冬。成虫6～9月发生，7～8月盛发。产卵于当年枝条木质部内，8月为产卵盛期，每头雌成虫产卵500～600粒，成虫寿命2个多月，卵期10个月。翌年6月若虫孵化落地入土为害根部，秋后转入深土层中越冬，春暖转至耕作层为害，经数年老熟若虫爬到树干或树枝上，夜间脱皮羽化为成虫。广西5～6月进入成虫盛发期，6～7月为产卵盛期，卵多产在4～5(mm)的末级梢和果穗枝梗上。南方柑橘园、龙眼园周围苦楝树多的，受害重。

防治方法 (1)结合冬春修剪管理，彻底剪除产卵枝烧毁，以灭卵。(2)老熟若虫出土羽化期，早晚捕捉出土若虫和刚羽化的成虫；或在树干20~50cm处包裹10~20cm宽的塑料圈或涂黏液圈，阻止若成虫上树并及时捕捉。(3)在若虫入土时，在被害株下喷浇40%辛硫磷乳油1000倍液或50%马拉硫磷乳油800倍液、20%甲氰菊酯乳油1500倍液、2.5%高效氯氟氰菊酯乳油2000倍液、40%毒死蜱乳油1000倍液。(4)果园中此虫天敌有多种，应注意保护。

苹果透翅蛾(Cherry tree borer)

学名 *Conopia hector* Butler 鳞翅目，透翅蛾科。别名：苹果透羽蛾。分布于东北、华北、华东；日本。

寄主 苹果、李、梨、杏、梅、樱桃、梨等。

为害特点 幼虫为害主干、大枝的皮下，啃食皮层，深达木质部，伤口四周堆满红褐色粪屑和黏液。

形态特征 成虫：体长14～16(mm)，翅展25～30(mm)，全体蓝黑色，有光泽、外形似蜂。头部后缘环生黄白色鳞毛。复眼紫褐色，前方围有白色毛丛。触角丝状黑色。下唇须黄色，端前部外侧黑色。胸部背面仅肩片内侧生黄细边，中胸侧面具1黄色鳞斑。翅脉和边缘黑色，余透明。前翅前缘、后缘也生黄鳞

苹果透翅蛾雌成虫

片，中室端有1条黑色宽纹横贯全翅。后翅外缘具狭细纹。腹部4、5节背面后缘各具1黄带，腹板黄色。雌蛾尾端具2个黄毛丛，雄虫毛丛扇状。卵：长径0.5mm，扁椭圆形。末龄幼虫：体长22～25(mm)，头黄褐色，胴部乳白至浅黄色。背线浅红色，气门线灰褐色。胸足3对，腹足4对，臀足1对。蛹：长15mm，黄褐色。

生活习性 年生1代，以3、4龄幼虫在受害枝干皮层下或隧道内作茧越冬，翌年4月上旬继续越冬幼虫继续蛀害，5月下旬至6月上旬幼虫老熟化蛹。老熟幼虫化蛹前先在受害处咬1圆形羽化孔，不咬通表皮，在孔下吐丝缀连粪便、碎屑作茧化蛹。蛹期10～15天。5月中旬开始羽化。6月中至7月上旬进入羽化盛期。雌雄蛾交配后2～3天产卵，每雌产卵20多粒，卵散产，每处1粒，卵期10多天。6月上旬幼虫孵化，蛀入皮层为害，至11月结茧越冬。

防治方法 (1)加强果园管理，避免产生伤疤，结合刮树皮，挖除伤疤、分杈处的幼虫，并涂消毒剂保护。(2)4月幼虫集中发生时，受害处涂敌敌畏煤油合剂(煤油2∶敌敌畏1)杀死越冬幼虫。6、7月成虫发生期喷80%敌敌畏或40%毒死蜱乳油1000倍液，可有效地杀灭成虫及初孵幼虫。(3)注意保护利用天敌啄木鸟。

小木蠹蛾(Small carpenter moth)

学名 *Holcocerus insularis* Staudinger 鳞翅目，木蠹蛾科。分布在黑龙江、吉林、辽宁、内蒙古、宁夏、甘肃、陕西、北京、河北、河南、山东、安徽、江苏、上海、江西、湖南、福建等地。

寄主 苹果、山楂、银杏、石榴、沙棘等，北京地区为害山楂严重。辽宁为害沙棘十分严重。

为害特点 幼虫在根颈、枝干的皮层和木质部内蛀食，形成不规则的隧道，削弱树势，重者死亡。被害处几乎全被虫粪所包围。

形态特征 成虫：体长21～27(mm)，翅展41～49(mm)。触角线状，扁平；头顶毛丛灰黑色，体灰褐色，中胸背板白灰色。前翅灰褐色，中室及前缘2/3处为暗黑色，中室末端有1个小白点，亚端线黑色明显，外缘有一些褐纹与缘毛上的褐斑相连。后翅灰褐色。幼虫：扁圆筒形，老熟幼虫体长30～38(mm)。头部棕褐色，前胸背板有褐色斑纹，中央有一"◇"形白斑；中、后胸半骨化斑纹均为浅褐色。腹背浅红色，每节体节后半部色淡，腹面黄白色。

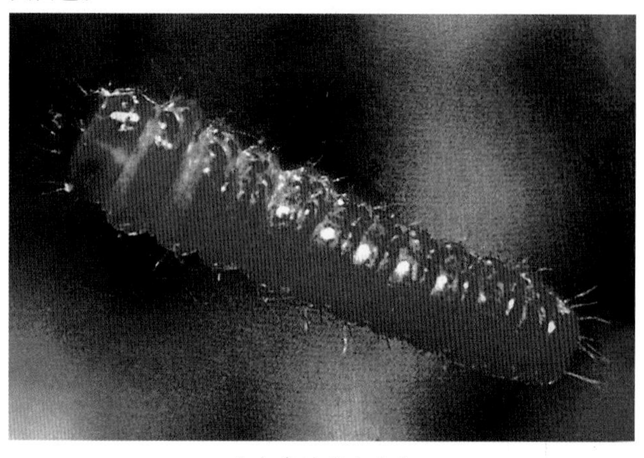

小木蠹蛾幼虫放大

生活习性 年发生一代为主，也有2～3年一代者，北京2年1代，越冬幼虫翌春芽鳞片绽开时出蛰，3龄前有群集性，3龄后分散蛀入树干髓部，幼虫可达10～12龄，6月中旬化蛹，6月下旬羽化。幼虫两次越冬，跨经三个年度，发育历期640～723天。成虫初见期为6月上、中旬，末期为8月中、下旬。成虫羽化以午后和傍晚较多，成虫白天在树洞、根际草丛及枝梢隐蔽处隐藏，夜间活动，以20～23时最为活跃。成虫有趋光性。成虫羽化当天即可交配。成虫产卵于树皮缝隙内。每雌产卵50～420粒。成虫寿命2～10天。卵期9～21天。6月中旬初可见孵化，初孵幼虫有群集性，先取食卵壳，后蛀入皮层、韧皮部为害。3龄后分散钻蛀木质部，隧道很不规则，常数头聚集为害。幼虫耐饥力强，中龄幼虫可达34～55天。幼虫10月下旬开始在树干内越冬。翌年5月上旬开始在蛀道内吐丝与木屑缀成薄茧化蛹。蛹期7～26天。

防治方法 (1)参见柳干木蠹蛾。(2)提倡注射芫菁夜蛾线虫(*Steineraema feltiae*)水悬浮液于蛀孔内，剂量每毫升清水中含1000～2000条线虫，用尖嘴塑料瓶注入虫孔，直至枝干下部连通的排粪孔流出线虫水悬液为止，2～5天后树干内的幼虫爬出树外，防效优异，注射时间北京以4月上旬～5月上旬、9月上旬至中旬效果好。

柳干木蠹蛾(Oriental carpenter moth)

学名 *Holcocerus vicarius* (Walker) 鳞翅目，木蠹蛾科。别名：柳乌木蠹蛾、柳干蠹蛾、榆木蠹蛾、大褐木蠹蛾、黑波木蠹

柳干木蠹蛾成虫

柳干木蠹蛾幼虫放大

蛾、红哈虫。异名 *Cossus vicarius* Walker。分布在黑龙江、吉林、辽宁、内蒙古、宁夏、甘肃、陕西、山西、北京、河北、河南、山东、安徽、江苏、上海、四川、云南等地。

寄主 苹果、李、银杏、核桃、栗、杏、刺槐、麻栎、柳、杨、榆、花椒等。

为害特点 幼虫在根颈、根及枝干的皮层和木质部内蛀食，形成不规则的隧道，削弱树势，重者枯死。

形态特征 成虫：体长 26～35(mm)，翅展 50～78(mm)。体灰褐至暗褐色，粗壮。触角丝状略扁。前翅基半部和中室至前缘色深暗，翅面布许多黑色波曲横纹、长短不一，亚缘线黑色明显，前端呈"Y"形，外横线黑色不规则曲线，并有一些短线相连；后翅灰褐色，有不明显的暗褐色短波曲横纹。翅反面斑纹为褐色，后翅中部具 1 褐色圆斑。卵：椭圆形，长约 1.3mm，乳白至灰黄色。幼虫：体长 70～80(mm)，肥大略扁。头黑色，体背鲜红色，别于芳香木蠹蛾。体侧及腹面色淡，前胸盾与臀板不明显，骨化不强。胸足外侧黄褐色，气门长椭圆形褐色。腹足趾钩双序环。蛹：长 50mm，长椭圆形，略向腹面弯曲，棕褐至暗褐色。

生活习性 2 年 1 代，以幼虫越冬。第一年以低龄和中龄幼虫于隧道内越冬，第二年以高龄和老熟幼虫在树干内或土中越冬。以老熟幼虫越冬者，翌春 4～5 月于隧道口附近的皮层处、有的在土中做蛹室化蛹；以高龄幼虫越冬的，寄主萌动后继续活动为害，老熟后即化蛹羽化，发生期不整齐，4 月下旬至 10 月中旬均可见成虫。6～7 月较多。成虫飞翔力强，昼伏夜出，趋光性不强，喜于衰弱树、孤立或边缘树上产卵，卵多产在缝隙和伤口处，树干基部落卵最多，数十粒成堆产在一起，卵期 13～15 天。幼虫孵化后蛀入皮层，后蛀入木质部，多纵向蛀食，群栖为害，多的可达 200 头，有的还可蛀入根部致树体倒折。

防治方法 (1)成虫产卵期树干 2 米以下喷洒 30%辛硫磷微胶囊悬浮剂 200～300 倍液、40%辛硫磷或倍硫磷乳油 400～500 倍液，毒杀卵和初孵幼虫。(2)幼虫为害期可用 80%敌敌畏或 40%乐果乳油、25%喹硫磷乳油 30～50 倍液注入虫孔，注至药液外流为止，或用 56%磷化铝片，每孔放 1/5 片。施药后用湿泥封孔。(3)幼虫为害初期可挖除皮下群集幼虫，或用 40%乐果乳油与柴油 1∶9 的混合液涂抹被害处，毒杀初侵幼虫。(4)试用性诱剂和黑光灯诱杀，可收一定效果。(5)成虫产卵前树干和基部用生石灰 5kg、硫磺 0.5kg、水 15kg，盐和油各 0.35kg，调成灰浆涂白，防止产卵有一定效果。

3. 梨树（*Pyrus* spp.）病害

梨锈病（Pear rust）

症状 梨锈病又称赤星病、羊胡子。除为害梨外还为害木瓜、山楂、海棠，但不侵害苹果。梨锈病菌主要为害梨树的叶片、新梢和果实。叶面发病初现黄橙色具光泽小斑，后扩展为近圆形病斑，中部橙色，外围具黄色晕圈与健部分开，直径 4～8(mm)，病斑表面密生橙黄色小斑点，即病菌性子器，从中溢出淡黄色黏液，内含大量性孢子。黏液干燥后，小点微变黑，病组织正面凹陷，背面隆起，不久长出灰褐色毛状物，即病菌的锈子腔。成熟后先端开裂，散出黄褐色粉末，即病菌锈孢子。后期病斑变黑枯死，仅留痕迹，病斑多时可引起早期落叶。病果上病部稍凹陷，中间密生性子器，周围产生锈子腔。生长停滞引致畸形、早落，新梢、果柄、叶柄上病部发生龟裂，易被折断。

梨锈病病叶

梨锈病叶面病斑(左)和叶背的锈子器

梨锈病转主寄主在龙柏上产生黄褐色冬孢子角

转主寄主桧柏、龙柏发病，开始在针叶、叶腋或小枝上现浅黄色病斑，稍隆。翌年三、四月，突破表皮露出红褐色圆锥状或扁平形孢子角。冬孢子角吸水膨大，呈橘黄色舌状胶质体，干燥时缩成表面有皱纹的污胶物。

病原 *Gymnosporangium asiaticum* Miyabe ex Yamada 称梨胶锈菌,属真菌界担子菌门。性孢子器多生于叶面赤褐色病斑的表皮下,初呈黄色后变为黑色,大小 120 ~ 170 × 90 ~ 120 (μm),性孢子椭圆形至纺锤形,大小 5 ~ 12 × 2.6 ~ 3.5(μm)。锈孢子器生于叶背、叶柄、果实及其梗上,细长,长约 5 ~ 6(mm),直径 0.5 ~ 0.7(mm),包被顶部开裂,组成锈孢子器的护膜细胞长圆形,大小 42 ~ 87 × 23 ~ 42(μm),其上长有刺状突起。锈孢子近球形,橙黄色,大小 19 ~ 24 × 18 ~ 20 (μm),壁厚 2 ~ 3 (μm),表面具微瘤,寄生于梨、木瓜、山楂和贴梗海棠等植物上,引起梨等植物的锈病。

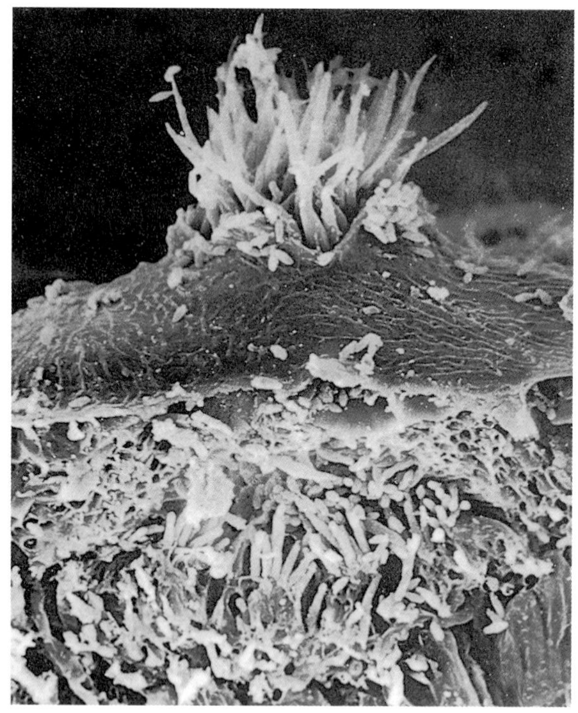

生在梨树叶片上的梨胶锈菌性孢子器剖面(康振生原图)

冬孢子角红褐色,圆锥形或鸡冠状,高 2 ~ 5(mm),基部宽 1 ~ 3(mm),遇水膨胀胶化呈橙黄色。冬孢子双胞,长椭圆形,大小 33 ~ 75 × 14 ~ 28(μm),平滑,壁厚 1.2 ~ 2.8(μm),柄细长,无色,遇水胶化萌发产生担孢子,担孢子卵形,单胞,淡黄褐色,大小 10 ~ 16 × 7 ~ 10(μm),寄生于桧柏上,引起桧柏锈病。

传播途径和发病条件 病菌以多年生菌丝体在桧柏病组织中越冬,翌春形成冬孢子角。冬孢子在适宜的温度和湿度条件下迅速萌发产生担子孢子,担孢子萌发最适温度 17 ~ 20℃,低于 14℃或高于 30℃均不萌发。侵染梨树幼叶、嫩枝、幼果,6 ~ 10 天后生出病斑及性子器和混有黏液的性孢子,由昆虫传带,进行有性结合,生成双核菌丝体及锈子腔和锈孢子。锈孢子经气流和风传送到转主寄主柏树嫩枝叶上萌发侵入,萌发适温 27℃。由于缺少夏孢子阶段,不能进行重复侵染。一年中只有一短期产生担子孢子侵染梨,担子孢子寿命不长,传播距离也较近。

梨锈病流行与春季气候条件关系密切,3 ~ 4 月间气温回升慢,气温偏低,降水次数和降雨量多,加上风向和风速适宜,容易引起该病发生或流行。

防治方法 (1)梨园禁止用桧柏、龙柏营造防风林,或相隔距离不少于 5 公里。(2)在不能伐除桧柏地方,应在春雨前剪除桧柏上病瘿,用波美 2 ~ 3 度石硫合剂或 1 : 2 : 150 倍式波尔多液喷射桧柏,减少初侵染源。(3)药剂防治。在中间寄主冬孢子角变软呈水渍状时,喷洒 1 : 2 : 200 倍式波尔多液或 10%苯醚甲环唑水分散粒剂 2500 倍液、波美 0.3 ~ 0.5 度石硫合剂、45%石硫合剂结晶 300 倍液、40%多·硫悬浮剂 800 倍液,但在梨树盛花期不要用波尔多液,以免产生药害。第 1 次药后 10 ~ 12 天喷第二次药,可据病情选用 50%硫悬浮剂 400 倍液或 43%戊唑醇悬浮剂或 430g/L 悬浮剂 4000~5000 倍液或 25%水乳剂或乳油或可湿性粉剂 2000~3000 倍液、20%三唑酮·硫悬浮剂 1000 ~ 1500 倍液、25%丙环唑乳油 3000 倍液、25%丙环唑乳油 4000 倍液+15%三唑酮可湿性粉剂 2000 倍液、12.5%烯唑醇可湿性粉剂或 50%醚菌酯水分散粒剂 4000 ~ 5000 倍液,隔 15 天左右 1 次,防治 2 次或 3 次。(4)选用初夏绿抗锈病品种。

梨褐斑病(Pear brown spot)

症状 又称梨叶斑病、梨斑枯病、圆斑病。主要为害叶片和果实。叶片染病,初现灰白色大小为 1 ~ 2(mm)点状斑,后病斑扩大,带紫色边缘圆形或多角形,病斑上生黑色小粒点,严重的病斑连片致叶片坏死或变黄脱落。果实染病的症状与病叶相似,后随果实发育,病斑稍凹陷,色变褐。该病多发生在我国北部,尤以东北较多。

病原 *Mycosphaerella sentina* (Fries) Schröt. 称梨球腔菌,

梨褐斑病病叶

梨褐斑病发病初期症状

属真菌界子囊菌门。子囊座球形至扁球形，大小 50 ~ 100(μm)；子囊棍棒状，圆筒形或长卵形，具短柄，大小 45 ~ 60 × 15 ~ 17(μm)；子囊孢子与子囊形状相似，稍弯曲，具 1 个隔膜，分隔处稍缢缩，大小 27 ~ 34 × 4 ~ 6 (μm)。无性态 *Septoria piricola* Desm. 称梨生壳针孢，属真菌界无性型真菌。分生孢子器生在叶两面，初埋生，后突破表皮外露，器球形至扁球形，直径 65 ~ 185(μm)，高 65 ~ 150(μm)，器壁厚 7 ~ 12(μm)，产孢细胞梨形，分枝明显，单胞无色，6 ~ 9 × 2.5 ~ 5(μm)；分生孢子鞭形，基部钝圆，顶端尖些，2~4 个隔膜，33~70 × 3~5(μm)。

传播途径和发病条件 病菌以分生孢子器或子囊壳在落叶的病斑上越冬，翌年由此散出分生孢子或弹射出子囊孢子广为传播蔓延。该病 4 ~ 6 月间发生，降雨多的年份或树势衰弱时易发病。品种间抗病性差异明显。过度密植，偏施氮肥，通风排水不良发病重。

防治方法 (1)清洁田园，秋末冬初清除落叶集中烧毁，减少病源是防治该病的关键。(2)加强梨园管理，增强树势，提高抗病能力。(3)梨树花后喷药是防治梨褐斑病的适期，也是重要措施之一。用 70%甲基硫菌灵悬浮剂 800 倍液或 500g/L 氟啶胺悬浮剂 2200 倍液、28%多·井悬浮剂 400 ~ 600 倍液、50%异菌脲可湿性粉剂 800 倍液、78%波尔·锰锌可湿性粉剂 500 倍液，间隔 15 ~ 20 天 1 次，连续防治 2 ~ 3 次。

梨黑斑病(Pear black spot)

梨黑斑病病果

症状 梨的整个生长期及各部位均可发病。侵害梨的叶片、新梢、花及果实。幼嫩叶片最易染病，开始现针尖大小黑斑，后扩大至 1cm，近圆形，微带有淡紫色轮纹，遇潮湿条件，表面生黑色霉层，即分生孢子梗和分生孢子。叶上病斑多时合并为不规则大斑，引起叶片早落。成叶染病，病斑淡黑褐色，微显轮纹，直径可达 2cm 左右，上生黑霉。一年生新梢染病，病斑初为黑色，椭圆形稍凹陷，后期变为淡褐色溃疡斑，与健部分界处常产生裂纹。幼果染病，果面上形成黑色圆形小斑，逐渐扩大，略凹陷，上生黑霉，果实长大时，果面发生龟裂，裂缝可深达果心，病果往往早落，有的病果长霉不多，迅速软化系由细菌侵入所致。

病原 *Alternaria gaisen* K. Nagano 称梨黑斑链格孢，属真菌界无性型真菌。分生孢子梗单生或数支簇生，分隔，浅褐色，31 ~ 88 × 3.5 ~ 5(μm)。分生孢子短链生或单生，卵形，浅黄褐色至中度黄褐色，具横隔膜 3~7 个，纵、斜隔膜 1~6 个，分隔处略缢缩，24 ~ 45 × 9.5 ~ 19 (μm)。2/3 以上的孢子顶端具柱状假喙，不足 1/3 的孢子无喙或具短的柱状真喙。假喙顶部略膨大，7.5 ~ 26.5 × 2.5 ~ 4(μm)。异名：*A.kikuchiana*、*A.nashi*、*A. bokurai*、*A. kikuchii*、*A. manshurica* 等。

梨叶片上的黑斑链格孢分生孢子梗和分生孢子

传播途径和发病条件 病菌以分生孢子及菌丝体在病叶、病果、病枝上越冬。翌春分生孢子借风、雨传播，后又产生分生孢子进行再侵染。分生孢子萌发适温 25 ~ 27℃，30℃以上 20℃以下萌发不良，在适温条件下，分生孢子在水中 10 小时即能萌发，并在较短时间内穿透表皮侵入寄主。果实 5 月出现病斑，6 ~ 7 月迅速增加；广东 9 ~ 10 月发生。

生长势旺盛的梨树，发病少；缺少有机质、修剪整枝不合理、虫害多、地势低洼、排水不良、通风透光差的往往发病重。

防治方法 (1)选栽抗病品种，如菊水、德胜香梨、金水 1 号、黄蜜、晚三吉、铁头等较抗病，避免发展二十世纪品种。(2)注意清洁梨园，将病果及病残体清除，焚烧。(3)加强梨树管理，增施有机肥增强树势，提高抗病力。(4)对过去有发病史的梨园和品种，结合其他病害防治。在发病前喷 1 : 2 : 200 倍式波尔多液或 40%嘧霉胺悬浮剂 1000 倍液、50%嘧菌酯水分散粒剂 2000 倍液、50%腐霉利可湿性粉剂 1500 倍液、10%苯醚甲环唑水分散粒剂 1500 倍液。均可取得较好防效。喷药时期应掌握在发芽后、开花前、落花三分之二及生长季节雨前，最好掌握在发病前。梨树发芽前喷 45%石硫合剂结晶 300 倍液或加入 300 倍五氯酚钠，可消灭树体上越冬病菌。(5)对经济价值较高的品种，可进行套袋保护。

梨叶疫病(Pear leaf blight and fruit spot)

症状 梨叶疫病又称梨叶烧病、梨叶腐病。主要为害叶和果实。叶片染病，幼叶两面先生略带红色至紫色小点状斑，直径 1 ~ 3(mm)，边缘清晰，病斑扩大后变为黑褐色，有的形成褪绿晕圈，严重的病斑融合成圆形大斑，致病叶坏死或变黄脱落。尤其是树冠下半部叶片脱落，到梨成熟时，只剩下树顶少量叶片，造成树势削弱，产量大减。果实染病，病斑初与叶片相似，后随果实长大，病斑凹陷或果实干裂。新梢染病常可见到紫黑色小斑点，这些小斑点翌年脱落，因此在二年生枝条上见不到病斑。

病原 *Fabraea maculata* (Lév.) Atk.称桃梨叶里盘。异名：*Diplocarpon soraueri* (Kleb.) Nannf. 称仁果红斑被盘菌，均属真

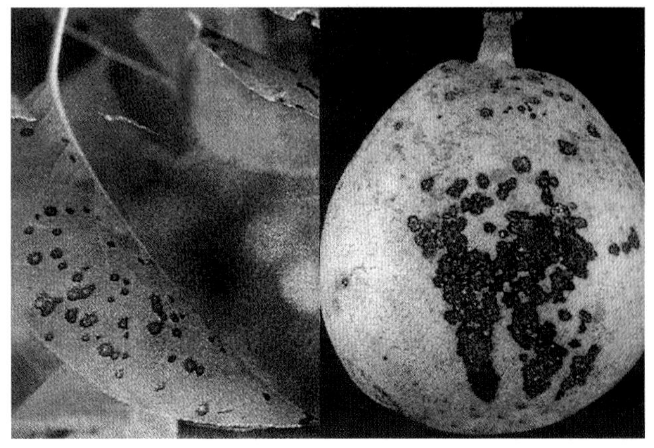

梨叶疫病病叶和病果症状

菌界子囊菌门。子囊盘在越冬的病叶上形成后突破表皮露出，其上着生双细胞、无色的子囊孢子。其无性态为 *Entomosporium mespili* 称欧楂虫形孢，异名 *E.maculatum* Lév. 称仁果红斑虫形孢，属真菌界半知菌类。分生孢子盘黑色，生于角质层下。分生孢子无色，虫形，由基细胞、顶细胞、侧生细胞及纤毛组成。顶细胞球形，顶端钝圆，基细胞呈短圆筒形，基部平截，侧细胞近球形，直径 4～7(μm)。顶细胞和侧细胞各具一根附属丝，长 7～15.5(μm)。整个孢子大小变化大，为 19～25×6～12(μm)。

传播途径和发病条件 病菌以子囊孢子或分生孢子在病叶或枝条的溃疡斑上越冬。翌年，分生孢子靠雨水飞溅或灌溉水进行传播，在降雨造成的湿度条件下，子囊孢子从越冬叶上的子囊盘中弹射出来进行侵染。侵染后七天左右显症，分生孢子完成侵染在 10℃条件下需 12 小时，20℃和 25℃则只需 8 小时，温暖的冬天及温湿的春季此病易流行。

防治方法 (1)及时清除梨园内落叶，剪除病梢，集中烧毁或深埋。(2)株行距适宜，以利通风降湿。(3)发病初期开始喷洒 80%代森锰锌可湿性粉剂 600 倍液或 78%波尔·锰锌可湿性粉剂 500～600 倍液、70%代森锰锌干悬粉 500 倍液、75%百菌清可湿性粉剂 800 倍液。喷药时间应掌握在初侵染大量发生以前，此外，也要注意后期喷药，对防治该病尤为重要。

梨轮斑病(Pear Alternaria leaf spot)

症状 梨轮斑病又称大星病。主要为害叶片、果实和枝条。

梨轮斑病病叶

叶片染病，开始现针尖大小黑点，后扩展为暗褐至暗黑色圆形或近圆形病斑，具明显轮纹。在潮湿条件下，病斑背面生黑色霉层，即病菌分生孢子梗和分生孢子，严重时病斑连片引致叶片早落。新梢染病，病斑黑褐色，长椭圆形，稍凹陷。果实染病，形成圆形、黑色凹陷斑，也可引起果实早落。

病原 *Alternaria mali* Roberts 称苹果链格孢，属真菌界无性型真菌或半知菌类。分生孢子梗在病斑上通常簇生，浅褐色，有分隔，29～53×3～4.5(μm)，分生孢子短链生或单生，卵形，倒棒状，淡青褐色，具横隔膜 3～6 个，纵、斜隔膜 1~4 个，分隔处略缢缩，25～39.5×9～13(μm)，喙及假喙柱状，浅褐色，5～27.5×2.5～3.5(μm)。

传播途径和发病条件 该病原菌是一种弱寄生菌，主要以分生孢子在病叶等病残体上越冬，翌年春季气温回升，分生孢子借风雨传播进行初侵染，后在病斑上又产生分生孢子进行多次再侵染。病菌生长适温 25℃左右，能够穿透寄主表皮侵入。生长势衰弱，伤口较多的梨树易发病；树冠茂密，通风透光较差，地势低洼梨园发病重。

防治方法 参见梨黑斑病。

梨灰斑病(Pear phyllosticta leaf spot)

梨灰斑病

症状 又称斑点病。病斑生于叶两面，圆形，灰色，具深色边缘，大小 1～5mm，斑上散生黑褐色小粒点，即病菌分生孢子器。该病发生较普遍，严重地块叶发病率可达 100%，每叶病斑多达几十个。北方重于南方。

病原 *Phyllosticta pirina* Saccardo 称梨叶点霉，属真菌界无性型真菌。分生孢子器生在叶面，少数病斑上仅见 1~3 个小黑点，即病原菌分生孢子器，初埋生，后突破表皮，器球形至近球形，直径 50~135(μm)，高 40~100(μm)，器壁厚 5~8(μm)，形成瓶形产孢细胞，上生分生孢子，分生孢子圆形，单胞无色，聚在一起呈浅黄色，内含 1 油球，4～7×2～3.5(μm)。

传播途径和发病条件 以分生孢子器在病落叶上越冬，翌年温、湿度适宜条件下释放分生孢子进行初侵染和再侵染。该病初见于 6 月份，7～8 月达发病盛期。

防治方法 参见梨褐斑病。

梨疫腐病(Pear Phytophthora crown and root rot)

梨疫腐病症状

症状 根颈部染病，皮层变褐腐烂，逐渐变干凹陷，严重时整株死亡。叶片多从叶缘或中部发病，产生灰褐色至暗褐色形状不规则的病斑，湿度大时叶变黑、软腐。果实染病，产生不规则形、水浸状、无边缘、颜色深浅不一的果斑，严重时扩展至全果，高湿度下现白色絮状菌丝层。

病原 *Phytophthora cactorum* (L. et C.) Schroter 称恶疫霉，属假菌界卵菌门。形态特征参见苹果疫腐病。

传播途径和发病条件 病菌是一种土壤习居菌，幼树易染病，近地面果实先发病，地势低洼，园土黏重，湿气滞留易发病，气温 12～18℃适其发病。结果期多雨易侵染果实。

防治方法 (1)雨后及时排水，严防湿气滞留和梨园积水。树冠下覆草或覆盖地膜，适当提高结果部位。(2)根颈部发病可于春季扒土晾晒并刮治消毒，并用 72%霜脲·锰锌或 50%乙膦铝·锰锌可湿性粉剂 400 倍液涂抹病部并浇灌根颈部有效。(3)喷药保护果实。发病前喷洒 77%波尔多液可湿性粉剂 600 倍液或 78%波尔·锰锌可湿性粉剂 500 倍液、52.5%恶唑菌酮·霜脲氰水分散粒剂 1500 倍液、68.75%恶唑菌酮·代森锰锌水分散粒剂 1200 倍液。

梨黑星病(Pear scab)

症状 从落花期到果实近成熟期均可发病，主要为害鳞片、叶片、叶柄、叶痕、新梢、花器、果实等梨树地上部所有绿色幼嫩组织。其主要特征是在病部形成显著的黑色霉层，很象一

梨黑星病病叶

鸭梨黑星病病果

层霉烟。花序染病，花萼、花梗基部产生霉斑。叶簇基部染病，致花序、叶簇萎蔫枯死。叶片染病，先在正面发生多角形或近圆形的褪色黄斑，在叶背面产生辐射状霉层，小叶脉上最易着生，病情严重时造成大量落叶。新梢染病，初生梭形病斑，后期病部皮层开裂呈粗皮状的疮痂。幼果染病，大多早落或病部木质化形成畸形果。大果染病，形成多个疮痂状凹斑，常发生龟裂，有些病斑呈放射状黑色星点，病斑伤口常被其他腐生菌侵染，致全果腐烂。

病原 *Fusicladium virescens* Bonorden 称梨黑星孢，属真菌界无性型真菌。有性型为 *Venturia pirina* Aderh. 称梨黑星菌，无性型菌丝体多在梨树角质层下，呈放射状生长。子座由几个拟薄壁细胞组成。分生孢子梗从子座上长出，不分枝，暗褐色，多无隔，孢痕明显，大小 10～47×5～6(μm)。分生孢子单生或侧生，纺锤形，单胞，顶端尖，基部平截，浅褐色，11～26×5～10(μm)。扫描电镜下分生孢子梗顶端孢痕球状突起明显。分生孢子表面具细疣和绒壁。

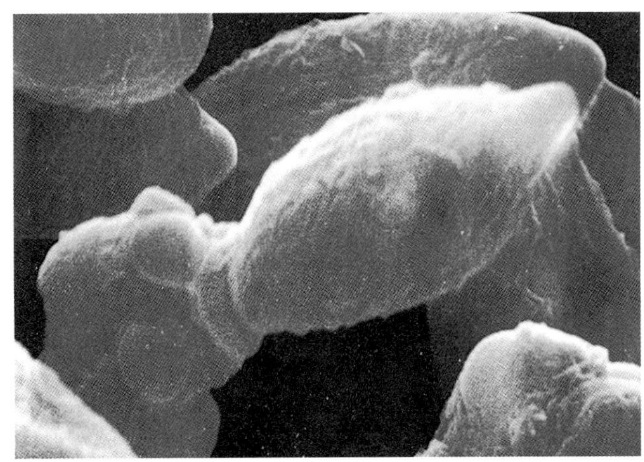

生在梨叶片上的梨黑星孢的分生孢子梗和分生孢子

梨黑星病菌在麦芽汁琼脂培养基上生长较好，18～22℃条件下，生长较快，6～7 天即可产孢，若超过 24℃则较难培养。病菌分生孢子在水滴中萌发良好，2～30℃都可萌发，以 15～20℃为最适，高于 25℃萌发率急剧下降。分生孢子形成温度 12～20℃，最适温度为 16℃，秋冬季在落叶上形成子囊壳。

传播途径和发病条件 病菌以分生孢子和菌丝在病芽鳞

片、病果、病叶或病菌以菌丝团或子囊壳在落叶上越冬。如遇冬季不良气候，分生孢子萌发力低时，有利于有性世代的形成，子囊孢子成为主要侵染源。病菌的孢子主要靠雨水冲刷传播，在梨园中蔓延。在鸭梨等感病品种上，早春新梢上最先发病，病梢是重要的再侵染中心，在病梢以下圆锥形空间内的果实、叶片染病重，"病芽梢"是梨黑星病早期主要侵染源。

湿度是影响该病发生与流行的重要条件。春雨早且偏多，夏季多雨，病害就重。干旱年份则发病较轻。病菌孢子入侵要有一次5mm左右的降水或连续有5～48小时以上的阴雨天。分生孢子萌发适温22～23℃，适宜范围5～30℃，梨树在较低温度条件下抗病力弱。病菌入侵的最低日平均温度为8～10℃，适宜流行的温度11～20℃。潜育期春季20～25天，夏季14～20天，温度高潜育期缩短。一般在落花期后不久即出现病梢，在叶或果上经4～5个周期的扩大蔓延，于7月份在雨季中进入盛发期，10月后停止扩展。此外，地势低洼，树冠茂密，通风不良，湿度大的果园或树势衰弱都易发生黑星病。

防治方法 (1)选用抗病品种。梨树的种和品种之间抗病力差异很大。一般中国系统的梨(白梨系统、秋子梨系统)最易感病，日本梨次之，西洋梨较抗病。发病重的品种有鸭梨、秋白梨、京白梨、花盖梨、安梨，其次是莱阳茌梨、砀山酥梨和雪花梨等，七月酥梨、蜜梨、香水梨、胎黄梨、西洋梨、巴梨等抗病性较强。(2)清除病源。秋末冬初清除落叶和落果，早春梨树发芽前结合修剪清除病梢，集中烧毁或在梨芽膨大期用5%～7%尿素溶液或硫酸铵溶液加上0.1%～0.2%代森铵溶液喷洒枝条。发病初期摘除病梢和病花簇。也可在5月中旬结合促进花芽形成环剥大枝基部，宽度与枝粗度之比为1∶10，深达木质部，把调好的医用四环素药片填平环剥口，后用塑料条包严，可有效地防治梨黑星病。(3)药剂防治。在梨树花前、花后或套袋前后，各喷一次12.5%烯唑醇可湿性粉剂3000倍液，防效明显。(4)在田间发现有发病部位或见到霉斑时进行第1次喷药，南方梨树种植区发病早，重点抓住芽萌动期至开花前，落花达70%或5月中旬新梢生长期，6月中旬果实迅速膨大时进行防治，保护花序和新梢、新叶及幼果。北方梨树种植区，第1次在5月中旬，白梨萼片脱落，病梢初现时，第2次在6月中旬，第3次在6月末~7月上旬，第4次在8月上旬，直至8月底，根据每年气候变化及田间发病情况隔5~20天对感病品种用药。芽萌动期喷5波美度石硫合剂进行保护，生长期喷洒6%氯苯嘧啶醇可湿性粉剂1500倍液或80%代森锰锌或50%多·锰锌可湿性粉剂600倍液或30%戊唑·多菌灵悬浮剂1000倍液、12.5%烯唑醇可湿性粉剂2500倍液、20%戊唑醇乳油2000倍液、50%氯溴异氰尿酸800~1000倍液、40%氟硅唑乳油5000倍液。(5)梨果套袋，保护果实。

梨树白粉病(Pear tree powdery mildew)

症状 梨树白粉病除为害梨外，还为害桑、板栗、核桃、柿子、番木瓜等树木。梨白粉病多为害老叶，病斑近圆形，叶背面有白色粉状物，一般每叶上有多个病斑，以后在病斑中产生黄色小点，逐渐变为黑色，即病菌闭囊壳。严重时造成早期落叶，新梢也可受害。

梨树白粉病病叶

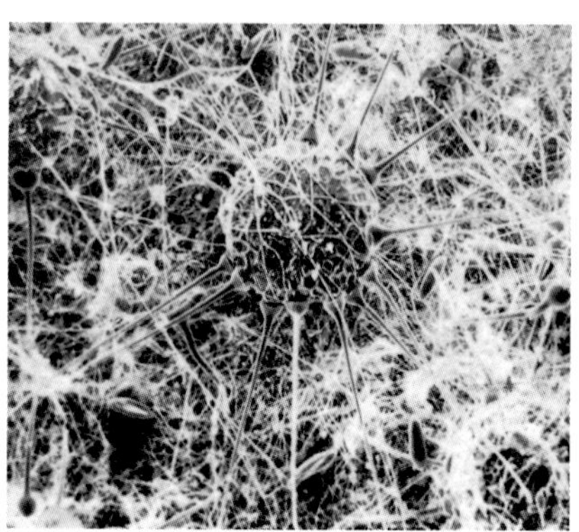
生于梨叶片上的梨球针壳

病原 *Phyllactinia pyri* (Cast) Homma称梨球针壳菌，属真菌界子囊菌门。此外，*Phyllactinia corylea* (Pers) Karst. 可寄生于梨，引起梨树白粉病。*P. pyri*外生菌丝多长期生存，具隔膜，形成瘤状附着器。内生菌丝主要通过叶上气孔侵入，在叶肉细胞间隙产生数个疣状突起，在突起上形成吸器，吸器刺入叶片海绵细胞吸取营养，分生孢子梗由外生菌丝向上垂直长出，稍弯曲，单条无色，有隔膜0～3个，分生孢子着生在顶端，分生孢子棍棒状或瓜子形，单胞无色，表面粗糙，中间稍缢缩，分生孢子大小63～104×20～32(μm)。闭囊壳扁圆球形，黑褐色具针状附属丝，无孔口，直径224～273(μm)。子囊15～21个，长椭圆形，内含2个子囊孢子。子囊孢子长椭圆形，单胞无色至浅黄色，大小34～38×17～22(μm)。

传播途径和发病条件 病原菌以闭囊壳在落叶及黏附于短枝梢上越冬，其附着数量与枝梢长度成正比，孢子借风传播，多发生在4月中旬，白粉菌专化型较严格，不同梨的品种间表现出明显差异，初侵染与再侵染以分生孢子为主，以吸器伸入寄主内部吸取营养。进入6月上、中旬病菌辗转传播。

春季温暖干旱，夏季有雨凉爽，秋季晴朗年份病害易流行。植株过密，土壤黏重，肥料不足，尤其是钾肥不足或管理粗放均有利于发病。在梨、秋白梨、康德梨发病重，其它品种一般受害较轻。

防治方法 (1)清除病源。在冬季修剪或梨树发芽时，剪除病枝、病芽和病梢，秋冬清除落叶并集中烧毁。(2)加强栽培管理，合理密植，控制灌水，疏剪过密枝条，避免偏施氮肥，增施磷钾肥，提高树体抗病力。(3)栽种抗病品种，以减少发病。(4)药剂防治。一般于花前和花后各喷一次25%戊唑醇水乳剂或25%乳油或25%可湿性粉剂2000~3000倍液、50%醚菌酯水分散粒剂3000倍液、30%戊唑·多菌灵悬浮剂1000倍液、0.3～0.5度石硫合剂或45%石硫合剂结晶300倍液、2%抗霉菌素120水

剂 100 倍液、50%硫悬浮剂 300 倍液、12.5%腈菌唑乳油 3000 倍液。苗圃中,幼苗发病初期,可连续喷几次 45%晶体石硫合剂或 30%石硫合剂结晶 300 倍液、70%甲基硫菌灵可湿性粉剂 800 ~ 900 倍液。

梨轮纹病(Pear perennial canker)

症状 梨轮纹病又称梨轮纹褐腐病、粗皮病等。轮纹病寄主范围广,为害苹果、梨、桃、李、杏、栗、枣、海棠等多种果树。主要为害枝干和果实,较少为害叶片。侵害果实引致果腐损失严重。侵染枝干,严重时大大削弱树势或整株枯死。枝干染病,从皮孔侵入,初现 0.3 ~ 2(cm)扁椭圆形略带红色的褐斑,病斑中心突起,质地较硬,边缘龟裂,与健部形成一道环沟状裂缝。病

梨轮纹病病树干

鸭梨轮纹病病果

鸭梨轮纹病病果上的轮纹斑

组织上翘,呈马鞍状。若多个病斑连在一起,表皮十分粗糙,果农称其为粗皮病。果实染病,多在近成熟和贮藏期发病,从皮孔侵入,生成水浸状褐斑,很快呈同心轮纹状向四周扩散,几天内致全果腐烂。烂果多汁,常带有酸臭味。叶片受害,产生近圆形病斑,同心轮纹明显,呈褐色,约 0.5 ~ 1.5(cm)。后期色泽较浅并现黑色小粒点。叶片上病斑多时,引起叶片干枯早落。

病原 *Botryosphaeria berengeriana* de Not. f. sp. *piricola* (Nose) Kogonezawa et Sukuma 称贝伦格葡萄座腔菌梨生专化型,属真菌界子囊菌门。异名:*Physalospora piricola* Nose 称梨生囊孢壳菌,无性态为 *Macrophoma kawatsukai* Hara. 称轮纹大茎点菌,属真菌界无性型真菌。病部的黑色小粒点,即病原菌的分生孢子器或子囊壳。分生孢子器扁圆形至椭圆形,有乳头状孔口,直径 383 ~ 425(μm)。器壁黑褐色,内壁密生分生孢子梗,分生孢子梗丝状,单胞,大小 18 ~ 25 × 2 ~ 4(μm),顶端着生分生孢子。分生孢子椭圆形至纺锤形,单胞无色,大小 24 ~ 30 × 6 ~ 8(μm)。有性态产生子囊壳。子囊壳生在寄主栓皮下,球形,黑褐色,有孔口,大小 230 ~ 310 × 170 ~ 310 (μm),内有多数子囊和侧丝。子囊棍棒状,110 ~ 130 × 17.5 ~ 22(μm)。子囊中含有 8 个子囊孢子。子囊孢子椭圆形,单胞无色,24.5 ~ 26 × 9.5 ~ 10.5(μm),侧丝无色。

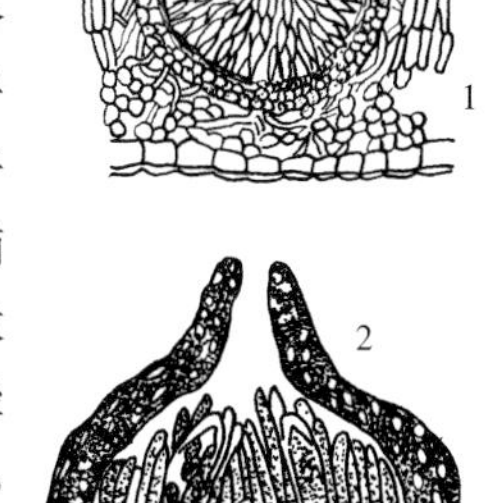

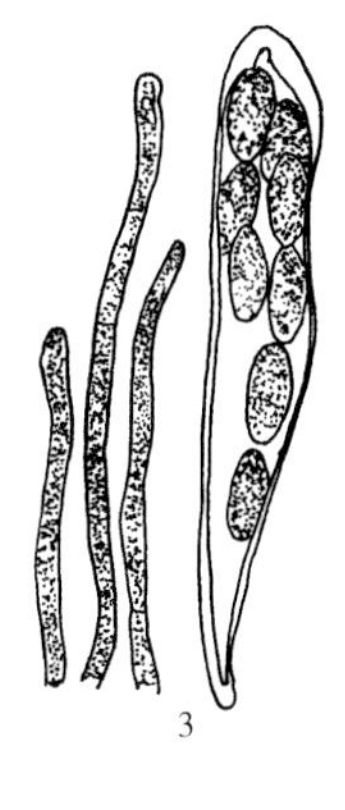

梨轮纹病菌

1.分生孢子器及分生孢子 2.子囊壳 3.子囊及侧丝

传播途径和发病条件 病菌以菌丝体、分生孢子器和子囊壳在病枝干上越冬,春季随降雨从皮孔或伤口侵入,在浙江、上海一带 3 月下旬前后开始释放分生孢子,5~7 月最多;山东莱阳一带 4 月下旬 ~5 月上旬降雨后开始释放分生孢子,6 月中旬 ~8 月中旬进入释放盛期,该病侵染梨果多在落花后至 8 月中旬,以 6 月 ~7 月中旬最多,每年春秋两季有 2 次发病高峰。

防治方法 (1)从采用梨树配方施肥技术,增施有机肥,提高树体抗病力入手,可减轻该病发生。(2)注意栽培无病健苗,发现病苗及时剔除。(3)结合冬季清园刮除枝干老翘皮,剪除病枯枝、集中烧毁。(4)于 5 月上中旬前后幼果期进行疏果套袋保护,合理控制负载,提升抗病力。(5)清除菌源。该病菌源主要来源于枝、干上的病组织,冬季或早春萌芽前刮除病皮后涂抹波美 5 度石硫合剂或 80%乙蒜素乳油 100 倍液消毒伤口,再外涂波尔多浆保护,也可在梨树发芽前全树喷 1 次波美 5 度石硫合剂或 80%乙蒜素乳油 600 倍液或 30%戊唑·多菌灵悬浮剂 600~700 倍液。(6)在病原菌大量传播侵染的 5~8 月份,从落花后 10 天结合防治其他病害,每隔 10~15 天 1 次,对轮纹病有效的杀菌剂有:30%戊唑·多菌灵悬浮剂 1100 倍液或 40%氟硅唑乳油

6000 倍液、50%氯溴异氰尿酸可溶性粉剂 900 倍液、78%波·锰锌可湿性粉剂 600 倍液、6%氯苯嘧啶醇可湿性粉剂 1300 倍液、70%丙森锌可湿性粉剂 600 倍液、500g/L 氟啶胺悬浮剂 2200 倍液。(7)选用晚秋黄梨等高抗轮纹病的品种。

梨树腐烂病(Pear canker)

梨树腐烂病病部的分生孢子器

梨树腐烂病病干上的橘黄色孢子角

症状 梨树腐烂病又称臭皮病。多发生在主干、主枝、侧枝及小枝上,有时主根基部也受害。病部树皮腐烂且多发生在枝干向阳面及枝杈部。初期稍隆起,水浸状,按之下陷,轮廓呈长椭圆形。病组织松软、糟烂,有的溢出红褐色汁液,发出酒糟气味,一般不烂透树皮,但在衰弱树及西洋梨上则可穿透皮层达木质部,引起枝干死亡。当梨树进入生长期或活动一段时间后,病部扩展减缓,干缩下陷,病健交界处龟裂,病部表面生满黑色小粒,即子座及分生孢子器。潮湿时形成淡黄色卷丝状孢子角。在健壮树上,伴随愈伤组织的形成,四周稍隆起,病皮干翘脱落,后长出新皮及木栓组织。

梨树展叶开花进入旺盛生长期后,有一些春季发生的小溃疡斑停止活动,被愈伤的周皮包围,失水形成干斑,多埋在树皮裂缝下,刮除粗皮可见椭圆或近圆形干斑,略呈红褐色,较浅,多数未达木质部,组织较松软,病健部开裂,生长期内一般不活动,入冬后继续扩展,穿过木栓层形成红褐色坏死斑,湿润进一步扩展,即导致树皮腐烂。

夏秋季发病,主要产生表面溃疡,沿树皮表层扩展,略湿润,轮廓不明显,病组织较软,只有局部深入,后期停止扩展稍凹陷;晚秋初冬由于树皮表面死组织中的病菌在树体活力减弱时开始扩展为害,在枝干粗皮边缘死皮与活皮邻接处出现坏死点;入冬后继续扩展,呈溃疡型。春季 2 ~ 4 年生小枝上发病,蔓延很快,呈边缘不明显干斑,即枝枯型。极度衰弱大枝发病,也呈现这种症状。枝干树皮发病,当扩展到环绕枝干一周时,全枝及整株逐渐死亡。

病原 *Valsa ambiens* (Pers.)Fr. 称梨黑腐皮壳,属真菌界子囊菌门。子囊壳散生,分布较密,初埋生,后突破表皮。子囊棍棒状,顶部圆,子囊孢子单胞无色。无性态为 *Cytospora carphosperma* Fr. 称梨壳囊孢,属真菌界无性型真菌。子座初埋生,后突破表皮散生,扁圆锥形,浅黑色,内由多个腔室构成。通常具 1 个孔口;分生孢子梗密集生长;分生孢子单胞,腊肠型,大小 5 ~ 6.5 × 1 ~ 1.5(μm)。

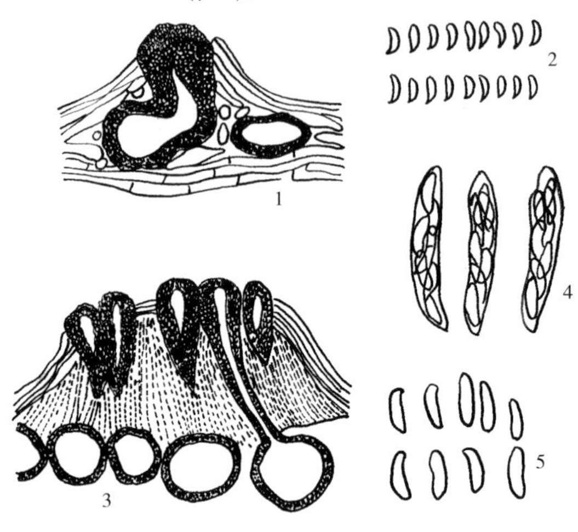

梨腐烂病菌

1.分生孢子器 2.分生孢子 3.子囊壳 4.子囊 5.子囊孢子

传播途径和发病条件 病菌在树皮上越冬,翌年春暖时活动,产生孢子借风雨传播,从伤口侵入。在田间,病菌先在树皮的落皮层组织上扩展,条件适宜时,向健组织侵袭。该病发生一年有两个高峰,春季盛发,夏季停止扩展;秋季再次活动,但为害较春季轻。从夏季树皮产生落皮层至落皮层组织上出现病变,直到翌年春季进入生长期,冬季发病停滞,可视为腐烂病的一个周期。

防治方法 (1)增施有机肥,北方在 9 月中旬,每 667m² 梨园施有机肥 3500kg,施在梨树四周,优质丰产梨园要求土壤有机质含量达 2%以上,适时追肥,特别注意防止梨树受冻,适量疏花疏果,合理间作,增强树势,提高抗病力十分重要。结合冬剪把枯梢、病果台、干桩等死组织剪除减少侵染源。(2)早春夏季查找病部并认真刮除病组织,涂杀菌剂。刮树皮刮除翘皮及坏死组织,刮后可喷洒 5%菌毒清水剂 50~100 倍液或 95%邻烯丙基苯酚(银果原药)50 倍液、50%苯菌灵可湿性粉剂 800 倍液,或 30%戊唑·多菌灵悬浮剂发芽前喷 600~800 倍液、生长期 1000~1200 倍液。发病重的全面刮治,先找到腐烂病病斑边缘,用快刀在病斑上间隔 0.5cm 纵向划道,范围大出病斑边缘 2cm,深达木质部,然后用毛刷在病斑表面涂 5%菌毒清水剂 20~30 倍液或 20%可湿性粉剂 80~100 倍液或喷洒 21%过氧乙

酸水剂 200 倍液。(3)主干和主枝病部大时可进行桥接，帮助恢复树势。

梨树干枯病(Pear tree Phomopsis twig blight)

梨树干枯病病枝上的分生孢子器和溢出来的孢子角

症状 梨树干枯病又称梨树胴枯病，病斑多发生在伤口或枝干的分杈处，病部椭圆形，黑褐色，边缘红褐色。病部凹陷与健全组织裂开，四周与健部界线明显，上生黑色小点，即病菌的分生孢子器。

梨树干枯病主要为害老龄和衰弱及受冻伤的梨树，也为害苗木。

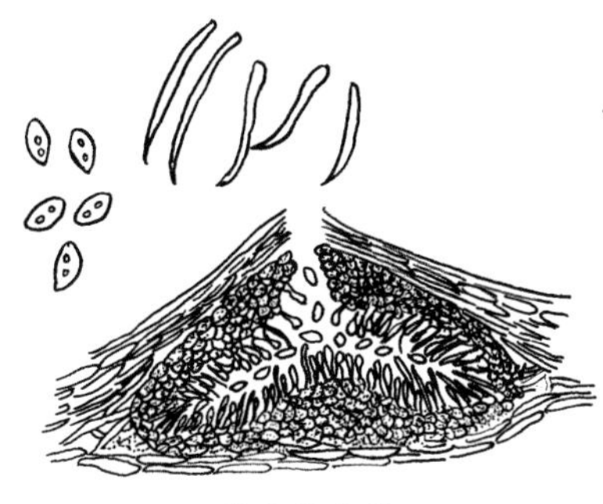

梨干枯病菌
分生孢子器及两种类型的分生孢子

病原 *Phomopsis fukushii* Tanake et Endo 称福士拟茎点霉，属真菌界无性型真菌。分生孢子器生于寄主表皮下，分生孢子器扁球形，直径 336 ~ 366(μm)，分生孢子具二型，α 型近椭圆形，大小 8.7 ~ 10 × 2 ~ 3(μm)，β 型的柄生孢子钩状，大小 17.5 ~ 33.1 × 1.5 ~ 2.5(μm)。两种孢子均无色，单胞。病菌菌丝发育温限为 9 ~ 33℃，27℃最适。

传播途径和发病条件 病菌以菌丝体及分生孢子器在被害枝干上越冬。翌年产生分生孢子进行初侵染，高湿条件下侵入的病菌释放出孢子进行再侵染，分生孢子借风、雨及昆虫传播，雨季随雨水沿枝下流，使枝干形成更多病斑，引致干枯。管理不善，冬季低温冻伤，地块低洼，土壤黏重，排水不良，通风不好的梨园，发病都重。

防治方法 (1)细致修剪。剪除病枝、病梢并集中烧毁。(2)加强管理，增强树势，地势低洼果园，注意排水。(3)梨树发芽前喷45%石硫合剂结晶 300 倍液或加入 300 倍五氯酚钠，铲除树枝上越冬病菌。(4)注意选用无病苗木。已发病的苗木，于发病初期刮除病部，用 21%过氧乙酸水剂 3~5 倍液消毒伤口。(5)对成株期病斑应重刮皮并用 843 腐殖酸铜涂抹。(6)发病初期喷 50%苯菌灵可湿性粉剂 800 倍液或 1：1：200 倍式波尔多液、40%多·硫悬浮剂 600 倍液、30%戊唑·多菌灵悬浮剂 1000~1200 倍液、21%过氧乙酸水剂 1000~1500 倍液。

洋梨干枯病(European pear Diaporthe twig blight)

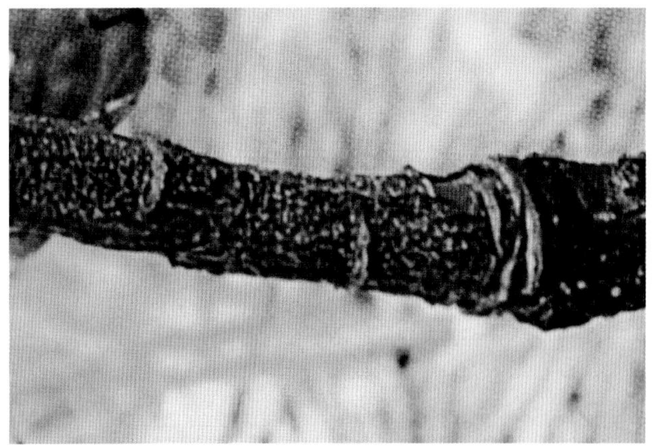

洋梨干枯病

症状 洋梨干枯病主要为害洋梨枝干，是洋梨生产上最主要病害。果枝和枝梢染病，初生红褐色至黑褐色溃疡斑，向上下四周扩展，环缢整枝，变黑枯死。果实染病，变褐后腐烂。枝干染病，春、秋两季各有一次发病高峰，初期树皮呈暗褐色湿润性病斑，后扩大、干枯、凹陷变黑，表面密生稍隆起的暗黑色小粒点，表面粗糙，与健部接缝处裂开，枝条枯死。老树上，溃疡斑可随树皮脱落。

病原 *Diaporthe ambigua* (Sacc.) Nitsch 称含糊间座壳，属真菌界子囊菌门。子囊壳瓶形，褐色至黑色，大小 320 ~ 550(μm)，子囊圆筒形或棍棒状，大小 60 ~ 96 × 7 ~ 14(μm)，内含 8 个子囊孢子，子囊孢子椭圆形或纺锤形，双细胞，有缢缩，大小 14 ~ 21 × 3.5 ~ 8(μm)。无性态为 *Phomopsis* sp.与梨干枯病类似，但后者偶尔产生子囊壳又不同于梨干枯病菌。分生孢子器扁球形，淡褐色或棕色，大小 640 × 1600(μm)，器内生两种类型的分生孢子。一种为卵形，内含 2 油球，大小 7 ~ 13 × 2 ~ 3.5(μm)；另一种两端尖，呈丝状弯曲，大小 12 ~ 22 × 1 ~ 1.5(μm)，两种孢子均单胞无色。该菌发育适温 22 ~ 23℃，分生孢子萌发温限 20 ~ 30℃，最适温为 26℃，子囊孢子萌发温限 10 ~ 33℃，26℃最适。

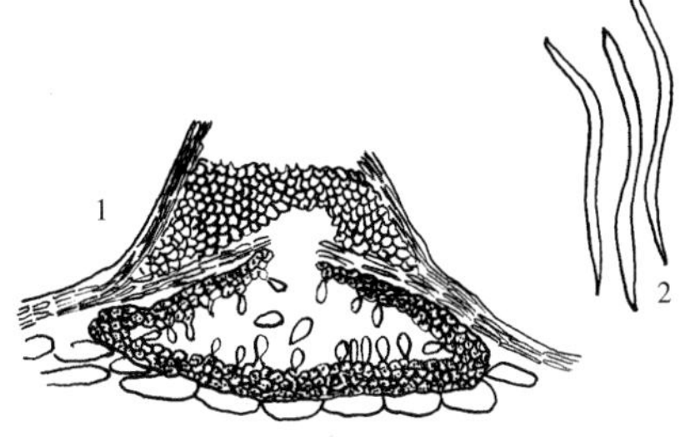

洋梨干枯病菌
1.分生孢子器及卵形分生孢子 2.丝状分生孢子

传播途径和发病条件 病菌以菌丝或分生孢子器在老病斑上越冬，翌年在菌丝上产生灰色分生孢子角，成为初侵染源，借风雨传播，从虫伤、冻伤等伤口侵入，树势衰弱容易发病。

防治方法 增强树势，减少菌源，刮除树上溃疡斑；喷洒杀虫剂防治梨树害虫，以减轻为害。具体防治措施参见梨干枯病和梨树害虫防治法。

梨树干腐病(Pear tree dieback)

梨树干腐病病枝上的分生孢子器

梨树枝枯病病枝

症状 梨树干腐病已成为北方梨树栽植区重要病害。主要为害枝干和果实。枝干染病，皮层变褐并稍凹陷，后病枝枯死，其上密生黑褐色小粒点，即病菌的分生孢子器。主干染病，初生轮纹状溃疡斑，病斑环干一周后，致病部以上枯死。果实染病病果上产生轮纹斑，其症状与梨轮纹病相似，需鉴别病原加以区分。苗木和幼树染病，树皮现黑褐色长条状微湿润病斑，致叶片萎蔫或枝条枯死。后期病部失水凹陷，四周龟裂，表面密生小黑粒点。

病原 有性型为 *Botryosphaeria dothidea* (Moug.) Ces. et De Not. 称葡萄座腔菌，属真菌界子囊菌门。子囊座中等至大型，子囊孢子单胞无隔，卵形至椭圆形，无色，偶现褐色，假囊壳单生。无性型为 *Macrophoma kawatsukai* Hara 称轮纹大茎点菌，属真菌界无性型真菌。分生孢子椭圆形，单胞无色。近年果树干腐病变化复杂。

传播途径和发病条件 病原菌以分生孢子器、分生孢子或菌丝在病组织中越冬，翌年病菌孢子借雨水飞散传播蔓延。此病在我国以前未引起重视，近年屡有发生，过去常把干腐病所致病果，误认为轮纹病病果。生产上栽培管理不善，肥水不足，树势衰弱发病重。此外，密植梨园中下部枝条光照不足易诱发此病。鸭梨枝干或果实，广梨、京白梨、子母梨的果实均易染此病。

防治方法 (1)加强栽培管理，尤其要搞好肥水管理，增施有机肥，增强树势，提高树体抗病力，对密植园要通过修剪解决下部枝叶的光照问题。(2)结合冬剪，及时剪除病枝，生长季节也要注意及时清除病果或病枝，集中深埋或烧毁。(3)开春后树液流动时浇灌 50%多菌灵可湿性粉剂 300 倍液效果明显。1~3 年生的每棵树用药 100g，大树用 200g。也可浇灌 30%戊唑·多菌灵悬浮剂 1000 倍液。开花座果后再浇 1 次，防效好。

梨树枝枯病(Pear tree twig blight)

症状 主要引起枝枯和干部树皮腐烂。发病初期症状不明显，病枝叶可能萎蔫。枝干溃疡，皮层腐烂，开裂，后皮失水干缩。春夏在病部长出很多粉红色小疣，即病原菌的分生孢子座，直径和高度均为 0.5~1.5mm，秋季在其附近产生小包状红色子囊壳丛。剥去病树皮可见木质部已褐变，枝干较细的溃疡部分可环绕 1 周。此病引起多种阔叶树枝干溃疡枯死，减低果树产量，寿命缩短，污损景观。

病原 *Nectria cinnabarina* (Tode)Fr. 称朱红赤壳，属真菌界子囊菌门。无性态 *Tubercularia vulgaris* Tode 称普通瘤座孢。子囊壳群集在瘤状子座上，近球形，顶部下凹，鲜红色，直径 400μm。子囊棍棒状，70~85×8~11(μm)，侧丝粗，有分枝。子囊孢子长卵形，双胞无色，12~20×4~6(μm)。分生孢子座大，粉红色，后期变深色。分生孢子梗长条形，无色，重复分枝，分生孢子椭圆形，单胞无色，5~7×2~3(μm)，该菌系弱寄生菌，主要为害树势衰弱的树木。

传播途径和发病条件 生长期病原菌孢子借风雨、昆虫、工具等传播，病树、病残体等均是重要菌源。

防治方法 参见苹果朱红赤壳枝枯病。

梨红粉病(Pear pink rot)

症状 梨红粉病又称红腐病。主要为害果实，发病初期病斑近圆形，产生黑色或黑褐色凹陷斑，直径 1～10(mm)，扩展可达数厘米，果实变褐软化，很快引起果腐。果皮破裂时上生粉红色霉层，即病菌分生孢子梗和分生孢子，最后导致整个果实腐烂。

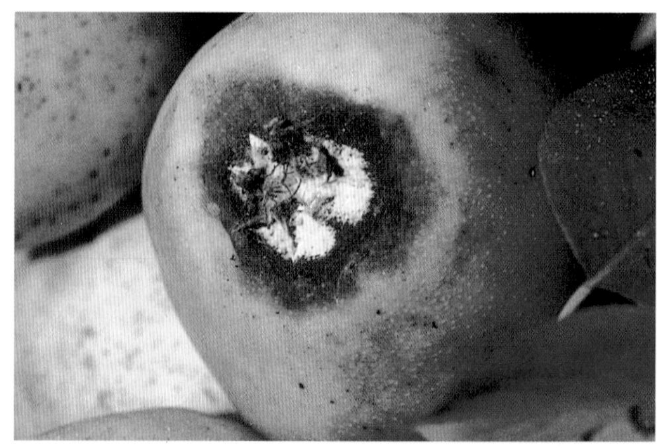
梨红粉病病果

病原 *Trichothecium roseum* (Bull.) Link 称粉红单端孢，属真菌界无性型真菌。菌落初无色，后渐变粉红色，菌丝体由无色、分隔和分枝的菌丝组成。分生孢子梗细长，直立无色、不分

枝，有分隔，于顶端以倒合轴式序列产生分生孢子。分生孢子卵形，双胞，顶端圆钝，至基部渐细，无色或淡红色，大小 17.5～27×5～12.5(μm)。

传播途径和发病条件 红粉菌是一种腐生或弱寄生菌，病菌分生孢子分布很广，孢子可借气流传播，也可在选果，包装和贮藏期通过接触传染，伤口有利于病菌侵入。病菌一般在 20～25℃发病快，降低温度对病菌有一定抑制作用。

防治方法 防治该病以预防为主，在采收、分级、包装、搬运过程中尽可能防止果实碰伤、挤伤。入贮时剔除伤果，贮藏期及时去除病果，对包装房和贮藏窖应进行消毒或药剂熏蒸，注意控制好温度，使其利于梨贮藏而不利于病菌繁殖侵染。有条件的可采用果品气调贮藏法。如选用小型气调库、小型冷凉库、简易冷藏库等，采用机械制冷并结合自然低温的利用，对梨进行中长期贮藏可大大减少本病发生。近年该病在梨树生产后期发生为害严重，可在生产季节或近成熟期喷 50%福·异菌可湿性粉剂 800 倍液或 50%锰锌·多菌灵可湿性粉剂 500 倍液、50%甲基硫菌灵·硫磺悬浮剂 800 倍液，防治 1 次或 2 次。

梨青霉病(Pear blue mold)

苹果梨青霉病病果

症状 梨青霉病主要为害生长后期及采收后的贮藏期果实，发病开始时，病斑近圆形，淡白色，果肉很快腐烂，由外向内部深层扩展，果肉软腐凹陷，病健部明显，病果表面出现霉斑，菌丝初为白色后渐产生青绿色粉状物，呈堆状，即病菌分生孢子，腐烂果实有一股霉味。

病原 *Penicillium expansum* (Link.) Thom 称扩展青霉，属真菌界无性型真菌。菌落铺展粒绒状，具白色边缘后变褐，分生孢子梗细长直立，分隔无色，帚状分枝 1～2 次，小梗瓶状，形成相互纠结孢子链，分生孢子单胞，椭圆形或近球形，呈念珠状串生，大小 3～3.5(μm)，分生孢子集结时呈青绿色。

传播途径和发病条件 青霉菌分布很广，孢子借气流传播，也可通过接触等操作传染。包装房、贮藏室的带菌情况与发病轻重关系密切，病菌容易从伤口侵入而致病。25℃青霉病发生扩展最快，降低温度有一定抑制作用。病菌在 0℃下也能缓慢生长，在长期贮藏中可陆续出现腐烂。

防治方法 采收、分级包装及贮运过程中，尽可能防止机械伤口，剔除带有病伤果实，在贮藏中及时去除病果，防止传染。在包装房和贮藏窖应采用严格消毒措施，也可用药剂熏蒸，方法是用硫磺粉 2～2.5kg/100m³ 掺适量锯末，点燃后封闭 48 小时，也可用 4%漂白粉水溶液喷布熏蒸后密闭 2 天或 3 天。然后通风启用。控制窖内温、湿度，不宜过高。必要时可在贮藏前，用 25%咪鲜胺乳油 1000 倍液或 70%甲基硫菌灵可湿性粉剂 600 倍液、45%噻菌灵悬浮剂 2000～3000 倍液喷雾梨果，同时还可兼防贮藏期的其它真菌病害。

梨褐腐病(Pear brown rot)

鸭梨褐腐病病果

症状 梨褐腐病又称菌核病，是仁果类花期和生长后期及贮藏期重要病害，也能为害核果类。该病在花期为害造成花朵腐烂后蔓延到小枝，后期主要为害近成熟的有伤果实，发病初期在梨表面产生褐色圆形水渍状小斑点，扩大后病斑中央长出灰白色至褐色绒状霉层，呈同心轮纹状排列，病果果肉疏松，略具韧性，病害扩展很快，一周左右可致全果腐烂，后期病果失水干缩，成为黑色僵果，大多病果早期脱落，也有个别残留在树上，贮藏期中，病果呈现特殊的蓝黑色斑块。

病原 *Monilinia fructigena* (Aderh. et Ruhl.) Honey 称果生链核盘菌，属真菌界子囊菌门。子囊盘自僵果内菌核生出，菌核黑色，不规则形，子囊漏斗状，外部平滑，灰褐色，直径 3～5(mm)，盘梗长 5～30(mm)，色泽较浅，子囊无色，长圆筒形，内生 8 个孢子，侧丝棍棒形，子囊孢子单胞、无色、卵圆形，大小 10～15×5～8 (μm)。有性态在自然条件下很少产生。无性态为 *Monilia fructigena* Pers. 称仁果丛梗孢，属真菌界无性型真菌。病果表面产生绒球状霉丛是病菌的分生孢子座，其上着生大量分生孢子梗及分生孢子。分生孢子梗丛状，顶端串生念珠状分生孢子，分生孢子椭圆形，单胞、无色，大小 11～31×8.5～17(μm)。

传播途径和发病条件 病菌主要以菌丝和孢子在病果或僵果上越冬，翌年春季，分生孢子借风雨传播，孢子通过伤口或皮孔侵入果实，潜育期 5～10 天。在贮藏运输过程中，病害主要通过接触传播。在高温、高湿及挤压条件下，易造成大量伤口，病害迅速传播蔓延。褐腐病菌在 0～35℃范围内均可扩展，最适发病温度 25℃，因此该菌不论在生长季或贮藏期都能为害。高温对病菌生长、繁殖有利，湿度大易使果实组织充水，利于发病。

不同品种对褐腐病抗性不同，香麻梨、黄皮梨较抗病，金川雪梨、明月梨较感病。果园管理差，水分供应失调，虫害严重，采摘时不注意造成机械伤多，均利于褐腐病的发生和流行。

防治方法 (1)加强果园管理。秋末采果后耕翻土壤，清除病果，生长季节随时采摘病果，集中深埋或烧毁。(2)适时采收，减少伤口，防止贮藏期发病。贮藏前严格挑选，去掉各种病果，伤果，分级包装。运输时减少碰伤，贮藏期注意控制温湿度，窖温保持1～2℃，相对湿度90%。定期检查，发现病果及时处理，减少损失。(3)药剂防治。花前喷45%石硫合剂结晶30倍液。花后及果实成熟前喷1：3：200～240倍式波尔多液或45%石硫合剂结晶300倍液、50%异菌脲可湿性粉剂1000倍液或40%噻菌灵可湿性粉剂1500倍液、25%戊唑醇水乳剂或乳油3000倍液、50%锰锌·腈菌唑可湿性粉剂600~700倍液、50%苯菌灵可湿性粉剂800~900倍液、40%氟硅唑乳油6000倍液，酥梨幼果期对氟硅唑敏感，须慎用，梨的安全间隔期为18天。

梨牛眼烂果病(Pear Pezicula fruit rot)

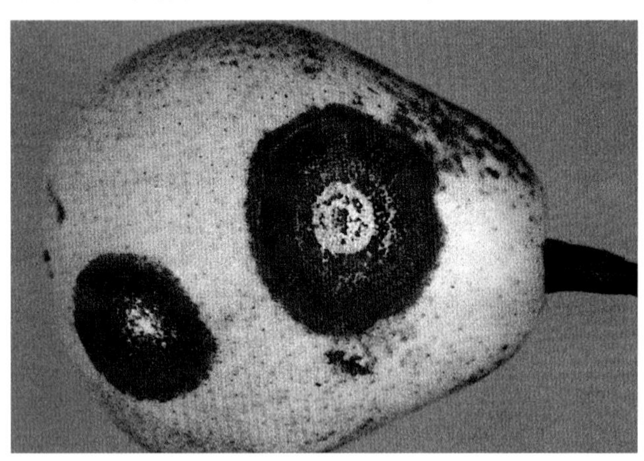

梨牛眼烂果病病果

症状 梨牛眼烂果病又称牛眼腐烂病。初在皮孔周围出现圆形平滑或稍凹陷病斑，浅褐色或中部黄褐色。开始没有病原菌存在迹象，但时间一久，在老病斑上现出奶油色的分生孢子盘，即病原菌。该病腐烂组织硬挺，不易与健组织分离，病斑多小于25mm。此外，伤口、果柄、萼部也可发病。

病原 *Pezicula malicorticis* (H. Jacks.)Nannfeldt 称腐皮拟隐孢壳，属真菌界子囊菌门。分生孢子座枕状，发黄，胶质，直径1mm，常合生，大分生孢子大小11.5～16×3～4(μm)，小分生孢子5～6×1～1.5(μm)。该属病菌的子囊盘生于寄主组织内，早期露出，子囊大，侧丝粗，顶端膨大，且相胶合。

传播途径和发病条件 病原菌在落地病果上存活，翌年产生分生孢子，借雨水传播蔓延。病菌多在花瓣脱落至采收期侵染果实，随着果实生长发育，果实感病性增加，采前或采收期遇雨，发病重。在田间病果不表现症状，仅在贮藏几个月以后才显症。果实间不相互侵染。

防治方法 (1)采收前一个月开始喷洒430g/L戊唑醇悬浮剂或43%悬浮剂4000~5000倍液或10%己唑醇乳油或悬浮剂2000~2500倍液、36%甲基硫菌灵悬浮剂500倍液，可增加保护效果，尤其是晚春早夏降雨时喷药，效果更明显。(2)采用杀菌剂处理果实，梨果入窖前用45%噻菌灵悬浮剂2000～3000倍液浸泡10分钟。晾干后装筐或包纸贮藏。

梨毛霉软腐病(Pear Mucor fruit rot)

梨毛霉软腐病果柄基部腐烂

症状 梨毛霉软腐病又称毛霉烂果病。多始于梗洼或萼底及表皮的刺伤口，染病组织软化，呈水渍状，浅褐色，病菌的孢囊柄通过破裂的表皮伸出，在0℃条件下，冷藏60天后，染病果实全部腐烂，释放出含有大量病菌孢子的汁液，还能引起再侵染。

病原 *Mucor piriformis* Fischer 称梨形毛霉，属真菌界接合菌门。菌丛高20～30(mm)，白色至黄色；孢囊梗少分枝，直径30～50(μm)；孢子囊白色至深褐色；囊轴洋梨形或卵形至球形，无色，长200～300(μm)；孢子无色，椭圆形，大小5～13×4～8(μm)，有厚垣孢子，但未发现接合孢子，此菌常见于腐烂的梨果上。

传播途径和发病条件 梨形毛霉菌的孢囊孢子大部分习居在2cm土层中或落果等有机物中。果实采收后1～2个月菌源数量剧增，以后或进入冬季则明显减少，落果与带菌土壤接触，或通过昆虫、鸟及动物携带病菌及雨水溅射进行传播，空气不能传染，此外病菌可随病果转运，进行远距离传播。

防治方法 (1)落果宜单独存放，不要与采摘的健果放在一起。(2)不要在湿度大或阴雨天采摘果实，以减少传染。(3)用纸单果包装，以减少二次侵染。(4)贮藏窖控制在低氧条件下(1% O_2)，较常温或低温贮藏发病轻。(5)必要时可用杀菌剂处理。具体方法参见梨牛眼烂果病。

梨煤污病(Pear sooty blotch)

症状 煤污菌主要寄生在梨的果实或枝条上，有时也侵害叶片。染病后在果面上产生黑灰色不规则病斑，在果皮表面附着一层半椭圆形黑灰色霉状物。其上生小黑点是病菌分生孢子器，病斑初颜色较淡，与健部分界不明显，后色泽逐渐加深，与健部界线明显起来。果实染病，初只有数个小黑斑，逐渐扩展连成大斑，菌丝着生于果实表面，个别菌丝侵入到果皮下层。新梢上也产生黑灰色煤状物。病斑一般用手擦不掉。煤污病主要为害苹果梨、香水梨、苹果等。

病原 *Gloeodes pomigena* (Schw.) Colby 称仁果黏壳孢，属真菌界无性型真菌。分生孢子器半球形，直径66～175(μm)，分

梨煤污病

生孢子椭圆形至圆筒形，无色，成熟时双细胞，两端尖，壁厚，大小 3～9.2×1.4～4.2(μm)。该菌菌丝生长和孢子萌发适温 20～25℃，低于 15℃或高于 30℃生长缓慢，萌发率低或不能萌发。

传播途径和发病条件 病菌以分生孢子器在梨树枝条上越冬，翌春气温回升时，分生孢子借风雨传播到果面上为害，特别是进入雨季为害更加严重。此外树枝徒长，茂密郁闭，通风透光差发病重。树膛外围或上部病果率低于内膛和下部。

防治方法 (1)剪除病枝。落叶后结合修剪，剪除病枝集中烧毁，减少越冬菌源。(2)加强管理。修剪时，尽量使树膛开张，疏掉徒长枝，改善膛内通风透光条件，增强树势，提高抗病力。注意雨后排涝，降低果园湿度。(3)喷药保护。在发病初期，喷 50%甲基硫菌灵可湿性粉剂 600～800 倍液或 50%多菌灵可湿性粉剂 600～800 倍液、40%多·硫悬浮剂 500～600 倍液、50%福·异菌可湿性粉剂 800 倍液、53.8%氢氧化铜可湿性粉剂 600 倍液。间隔 10 天左右 1 次，共防 2～3 次，可取得良好防治效果。

梨蒂腐病(Pear Diplodia rot)

症状 主要发生在洋梨品种上，又称洋梨顶腐病、尻腐病。主要为害果实。果实罹病，幼果期即见发病，初在梨果萼洼周围出现淡褐色稍浸润晕环，逐渐扩展，颜色渐深，严重的病斑波及果顶大半部，病部坚硬黑色，中央灰褐色，有时被杂菌感染致病部长出霉菌，造成病果脱落。

病原 *Diplodia natalensis* Evans 称蒂腐色二孢，属真菌界无性型真菌。有性态为 *Physalospora rhodina* Berk.et Curt. 称柑

梨蒂腐病病果

橘囊壳孢，属真菌界子囊菌门。为害梨、柑橘、苹果、柚、橙、西瓜等。

传播途径和发病条件 在生长季节中 6～8 月发病多，病斑扩展迅速，果实近成熟时停滞下来。

防治方法 (1)繁育西洋梨苗木时，提倡选用杜梨作砧木嫁接洋梨，抗病性强，可减少发病。(2)加强果园肥水管理，促树体健壮，提高抗病力。

梨褐心病和心腐病(Pear brown heart and heart rot)

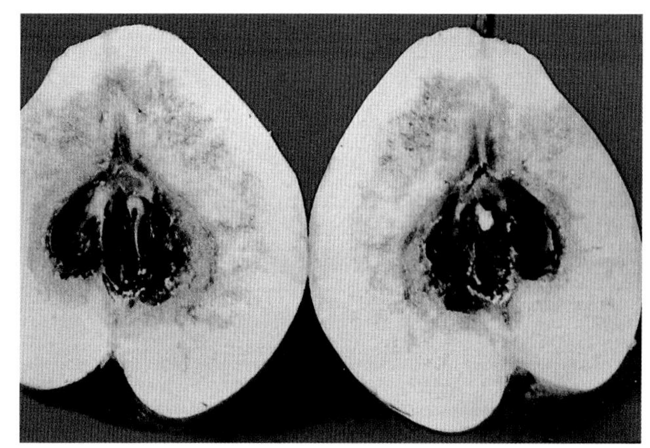
鸭梨褐心腐病

症状 梨褐心病又称空心病。生产上用聚乙烯箱密封或气调贮藏洋梨易发病，其症状是果心部分变褐，形成的褐斑只限于果心，有的延伸到果肉中。有时，组织衰败也可产生空心，致病部组织干缩或中空，别于果心崩溃(心腐)产生的腐烂。

心腐病又叫内部崩溃、果心褐变及果心粉质崩溃、梨果失调等。其特点是果心的部分组织软化变褐，病部也限于果心，致衰败组织软化多水，后变为黑褐色。

病因 梨褐心病是由于环境中二氧化碳含量过高，造成伤害。尤其低氧条件下，伤害更重。心腐病无论在贮藏或市场条件下，均易染病，尤其是巴梨、布斯梨易发病，安久梨较抗病。

防治方法 (1)采用穿孔的聚乙烯包装箱，在气调贮藏中把二氧化碳浓度降低至 1%以下。(2)适期采收，采后入库前迅速降温可减少发病。(3)贮具消毒。果库、果筐、果箱等贮具，用 50%多菌灵可湿性粉剂 200～300 倍液喷洒，后用二氧化硫熏蒸，每 m^3 空间用 20～25g 硫磺密闭熏 48 小时后使用。(4)果实处理。在果实贮前，用 50%甲基硫菌灵·硫磺悬浮剂 800 倍液，浸果 10 分钟后晾干贮存。

梨炭疽病(苦腐病)(Pear anthracnose)

2008 年秋季安徽砀山连日遭大雨袭击引发大面积梨园发生了梨炭疽病，一堆堆病果随处可见。有一位梨农家的 3 亩梨园炭疽病大发生，仅几天时间就烂完了，3 亩地的梨仅收回来 500 多元，一车好一点的病果只能卖 5 分钱 1 斤，梨农的心都要碎了，不要说生产成本，就连采摘运销的费用都收不回来。

症状 梨炭疽病为害梨树叶片、枝和果实。叶片染病产生近圆形病斑，褐色，边缘色深，有时略现轮纹，后变成灰白色，轮纹趋于明显，发病重的多个病斑常融合成不规则形的褐色斑

梨炭疽病病果

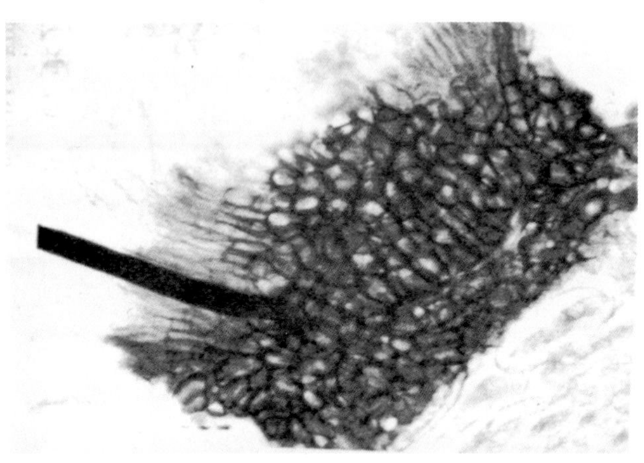

梨炭疽病菌的分生孢子盘

块，湿度大时病斑上长出很多淡红色至黑色小点。枝梢染病，多发生在枯枝或生长衰弱的枝条上，初仅形成深褐色小型圆斑，后扩展为长条形或椭圆形，病斑中部凹陷或干缩，致皮层、木质部呈深褐色或枯死。果实染病，果面上产生浅褐色水渍状小圆斑，后病斑渐扩大，颜色加深，软腐下陷，病斑表面颜色深浅交错，现明显的同心轮纹，有病斑表皮下产生很多小粒点，稍隆起，由初褐色变成黑色，即病原菌的分生孢子盘，多排列成轮纹状，湿度大时，分生孢子盘突破表皮，涌出粉红色黏质物，称为分生孢子团块，后随病斑继续扩大，病部烂入果肉或果心，使果肉褐变有苦味。该病有时与蒂腐病混生后，症状似蒂腐病的大型褐腐，但不一定发生在蒂部，果面任何部位都可产生大型褐色圆斑。水晶梨上则不如蒂腐病重。砂梨系统发生少，病斑亦小，果面上仅 3~5mm。

病原 *Colletotrichum gloeosporioides* (Penz.)Sacc. 称胶孢炭疽菌，属真菌界无性型真菌。有性型为 *Glomerella cingulata* (Stonem.) Spauld. et Schrenk 称围小丛壳，属真菌界子囊菌门。子囊壳聚生，大小 125 ~ 320 × 150 ~ 204(μm)，子囊 55 ~ 70 × 9 ~ 16(μm)，子囊孢子单胞，略弯曲，无色，大小 12 ~ 28 × 3.5 ~ 7 (μm)。无性态分生孢子盘埋生在表皮下，后突破表皮外露，直径 50 ~ 150μm；分生孢子梗单胞无色，栅状排列，大小 10 ~ 20 × 1.5 ~ 2.5(μm)；分生孢子无色，椭圆形至长形，发芽时具 1 隔膜，大小 12 ~ 25 × 6 ~ 8(μm)。

传播途径和发病条件 病菌以菌丝体在僵果上或病枝上越冬，翌春多阴雨年份侵染早，6~7 月阴雨连绵易造成该病流行。2008 年安徽砀山一带夏秋连续降雨，降雨量大造成炭疽病大发生。

防治方法 (1)结合冬季修剪剪除梨树病虫枝，摘除僵果带出园外集中烧毁。(2)清洁梨园。梨树落叶达 90%或进入 11 月份开始进行果园清理，把残留的枯枝落叶、杂草、落果清理干净集中烧毁。(3)利用冬季梨树休眠期刮除梨树主干分杈以下的翘皮、粗皮；发现炭疽病枝后刮除病斑，并把刮除的树皮集中烧毁。(4)结合秋施肥深翻土壤，四季施肥料，秋肥最重要，应在采果清园后立即进行，秋施基肥应以有机肥为主、化肥为辅，做到改土与供养结合，成龄梨树每株施有机肥 80kg，尿素 150g，过磷酸钙或钙镁磷肥 3~4kg，硫酸钾 0.5kg，防止梨树出现大小年现象促进梨树均衡生长，提高抗病力。梨树根系发育有两次高峰，一次在 5 月下旬至 6 月上中旬，第 2 次在 9~11 月，为了使根系茁壮，必须深翻根际土壤，才能养好根。(5)加强梨园管理，及时中耕除草，渠系配套，雨后及时排水，防止湿气滞留在梨园。(6)落花后 10 天开始喷洒 30%戊唑·多菌灵悬浮剂 1000 倍液或 60%唑醚·代森联水分散粒剂 1500 倍、30%醚菌酯悬浮剂 3000 倍液、25%吡唑醚菌酯乳油 2500 倍液，隔 15 天左右 1 次，直到采收前 20 天，共防 4~5 次。(7)果实套袋。2008 年砀山县华利果业有限公司面对 4487 亩砀山梨防病增产的奥秘就是套袋，能有效的防治一虫两病即梨小食心虫和梨黑星病、炭疽病。套袋在砀山酥梨大灾之年彰显奇效。技术关键是在套袋之前，树冠果实全面喷 1 次上述杀菌剂。

梨胡麻色斑点病

梨胡麻色斑点病

症状 初发病时，叶上生出黑紫色小点，后扩展成四周紫褐色的、小的圆形病斑，中央灰白色，严重的叶枯脱落。

病原 *Entomosporium mespili* 异名：*E. maculatum* Lév 称仁果红斑虫形孢菌，属真菌界无性型真菌。分生孢子器黑色。分生孢子无色，有柄，4 个细胞排成十字形，两侧细胞小，连接在中隔膜上，顶细胞、侧细胞各生纤毛 1 根。

传播途径和发病条件 病菌以分生孢子器在病叶上越冬，随时可传播，尤其是进入雨季或雨日多的秋季易发病。

防治方法 (1)加强管理，增施有机肥，提高抗病力。(2)易发病季节喷洒 50%甲基硫菌灵悬浮剂 600~700 倍液或 70%硫磺·甲硫灵可湿性粉剂 800 倍液、1 : 2~3 : 200~240 波尔多液，

但结果期不要用波尔多液。

梨树锈水病

梨锈水病

症状 主要为害梨树主干和骨干枝。枝干染病后初期症状不大明显，中后期可看到从皮孔、叶际或伤口处渗出锈色小水珠，有的渗出锈水比较多，但仍见不到病斑，当用刀削开皮层可见病皮已成浅红色，常有红褐色小斑或血丝状条纹，腐皮充水后松软，散出酒糟味，内有大量细菌。汁液初无色透明，但几小时后变成乳白色或红褐色至铁锈色。锈水有黏性，风干后凝结成胶状物。叶片染病先出现青褐色水渍状病变，后变成形状各异、大小不一的褐斑或黑斑。果实染病初在果实上产生水渍状病斑，迅速扩展后变成青褐色至褐色，果实腐烂成浆糊状。

病原 *Erwinia* sp. 称一种细菌。细菌杆状，接种到梨树叶片或果实上均能诱发锈水病。

传播途径和发病条件 病原细菌潜伏在枝干的形成层与木质部之间越冬，翌年4~5月开始繁殖，后在病部流出锈水，借雨水飞溅或昆虫传播，通过伤口侵入。高温高湿利于该病发生流行，浙江6月下旬开始发病，8~9月出现症状，8月中旬~10月中旬是发病高峰期，生产上树势差及结果初期发病重。黄梨、鸭梨、砀山梨感病，日木梨、西洋梨、土种梨抗病。

防治方法 （1）冬季、早春和生长期及时清除病残体，发现病果及时摘除，以减少菌源。（2）加强梨园管理，采用梨树配方施肥技术，增施有机肥，使土壤有机质达到2%，及时排灌，合理修剪，加强害虫防治，提高树势，增强抗病力至关重要。（3）及时、彻底地刮除病皮后涂抹80%乙蒜素乳油100倍液或20%噻森铜悬浮剂600倍液。也可喷施叶面肥多复佳与20%噻森铜悬浮剂1∶1混配，防效明显提高。

梨细菌果腐病（Pear bacterial fruit rot）

症状 主要为害果实。果实染病果面上出现水渍状小斑点，后小斑点迅速扩展，中央变为褐色，外围病健交界处仍为水渍状。病部果肉变软，稀糊状，稍有触动即下陷，散发有臭味。树上病果稍有晃动即落地。

病原 *Erwinia rhapontici* (Millard)Burkholder. 称大黄欧文氏杆菌，属细菌界薄壁菌门。异名：*Pectobacterium rhaportici* 菌体杆状，大小1~3×0.5~1(μm)，格兰氏染色阴性，周生鞭毛。

梨果实上的细菌果腐病

生长适温27~30℃。该菌在5%蔗糖的NA培养基上生长黏稠，并具粉红色扩散性色素。

传播途径和发病条件 病菌的初侵染源和传播途经目前尚未明确。山东农科院试验表明：病菌从伤口侵入，梨不同品种发病的程度差异很大。黄梨发病最重，鸭梨较轻，晚三吉梨、香水梨和苹果梨未见病果，但室内刺伤接种均发病。苹果、山楂、木瓜无伤和刺伤接种均不发病。此菌只为害生长后期的果实。用细菌悬浮液接种黄梨花朵，无伤和有伤接种梨的幼果、嫩枝和老枝不发病，接种幼果至成熟期也不发病。果实迅速膨大期刺伤接种黄梨果实，3天后就出现明显症状。果实近成熟期阴雨天较多的年份发病重。1987年调查，8月下旬始见梨园有少数病果，9月上旬感病的黄梨病果率高达20%以上。

防治方法 (1)加强梨园桃小食心虫、梨小食心虫、桃蛀螟、梨木虱等害虫的防治，及时锄草，防止杂草中其他害虫孳生，减少害虫造成的伤口。(2)果实膨大期开始喷洒1∶2∶200倍式波尔多液或77%氢氧化铜可湿性粉剂600倍液、27%碱式硫酸铜悬浮剂600倍液、68%农用硫酸链霉素可溶性粉剂3000倍液，隔10~15天1次，防治2~3次，重点保护果实。

梨树根腐病（Pear tree root rot）

症状 梨树根腐病主要为害梨树根系，尤其是幼根，受害根系先变褐，坏死，后停止发育或腐败。发病初期，梨的地上部未显症；当根系严重受损时，吸收功能减退，无法供应梨树生长发育所需营养，致地上部顶梢先开始枯萎，叶片萎黄，下垂或脱

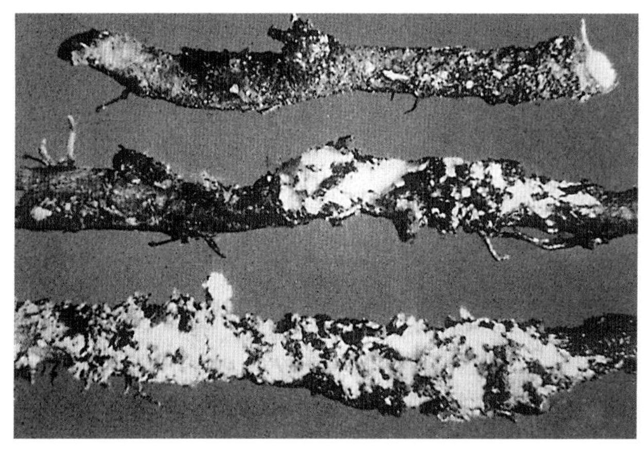

梨树根腐病

落，最后植株逐渐枯死。染病的梨树一般在1～2年内枯死，遇到连续降雨，特别是平原地区，梨园受淹积水，病树经1～2个月即落叶死亡。

病原 目前研究认为有两种疫病菌与根腐病有关，其一 *Phytophthora citricola* Saw. 称柑橘生疫霉。另一种是 *Phytophthora cinnamomi* Rands 称樟疫霉，均属假菌界卵菌门。后者是梨根腐病的主要菌原，约占根腐病的60%～75%，*Phytophthora cinnamomi* 寄主范围广，能侵染286属974种植物。菌丝形态较单一：初期无隔多核；后期产生隔膜，分枝角度较大，分枝处缢缩，直径2～8(μm)。孢囊梗与菌丝区别不大，不规则，孢子囊顶生于孢囊梗上，卵形或梨形，孢子囊33～57(μm)，顶部具乳突。厚垣孢子球形无色，壁厚42～60(μm)。卵孢子球形，直径40μm。

传播途径和发病条件 梨树根腐病大多因苗期防护不利引起，因疫霉菌寄主广泛，抗病砧木在苗期也较感病。使用带菌土壤或病种子或病菌污染的水源，都是幼苗染病的原因。病菌常栖息于其它植物根部，厚垣孢子可以存活在土壤中。梨树种植于新地也可能因土壤中原有病菌而被感染，但灌水和降雨是根腐病的主要传播途径，也可经带菌的农具或人为操作等传病。当降雨或灌溉致土壤水分饱和时，疫霉菌产生孢子囊，孢子囊释放游动孢子，游动孢子在水膜中游动，根部分泌物吸引游动孢子使其驻足，发芽侵染根部。厚垣孢子也会受到根部分泌物刺激发芽，侵染根系。当寄主死亡后，病菌会在死亡的病组织中形成厚垣孢子，残存于土壤中。

防治方法 (1)培育健康无病幼苗，搞好果园清洁工作，选择排水良好的地区。育苗用床土要经过灭菌。种子用48～52℃温水处理30分钟，消灭可能带有的病菌。苗木一旦发现根腐病病症，所有的苗木都应销毁，不可定植于田间；尽可能避免将病菌带入果园。(2)加强栽培管理。做到有排有灌，避免大水漫灌，有条件地区尽可能采用滴灌。排水不良地区可覆堆种植，将梨树种植于高0.5～1m，直径1～1.5m的土堆上，减少根部浸水时间，减轻病害。此外果园施用有机质及覆盖，也能降低病害发生。(3)选用抗病砧木，目前尚未找到免疫品种，可选一些中抗品种做砧木。(4)药剂防治参见苹果树白纹羽病。

梨树白纹羽病

症状 主要为害梨树根系，发病初期细根腐烂，接着扩展

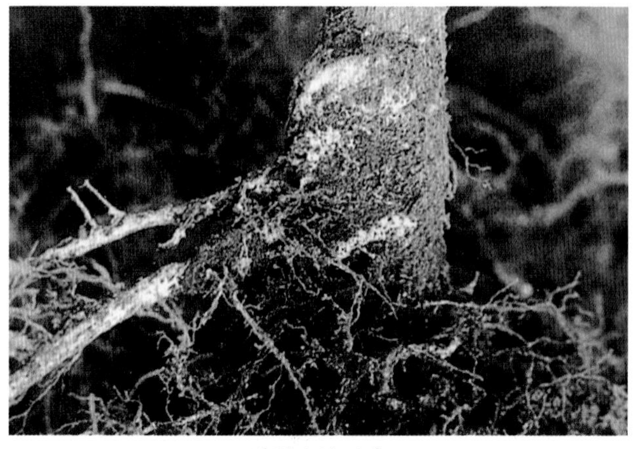

梨树白纹羽病

到侧根和主根，外部的栓皮层呈鞘状套木质部外面，病根表面缠绕有白色或灰白丝网状菌索。后期腐烂组织消失，有时长出黑色圆形菌核，地上部近土面根际长出灰白色薄绒布状物，有时产生黑色小粒点，即病原菌的子囊壳。染病树地上部叶子变黄、早落，造成树势衰弱或死亡。

病原 *Rosellinia necatrix* (Hart.) Berlese 称褐座坚壳菌，属真菌界子囊菌门。

传播途径和发病条件 病菌以菌丝体、根状菌索、菌核随病根遗留在土壤中越冬，温湿度条件适宜时，菌核、根状菌索长出营养菌丝，先侵染新生根的幼嫩组织，后逐渐扩展到主根，病、健根相互接触就可传病。这距离传病主要通过带病苗木，每年3~10月开始发病，6~8月进入发病盛期。

防治方法 同苹果树白纹羽病。

梨树白绢病

梨树白绢病根颈部的白色绢状菌丝(刘开启等)

症状 主要发生在根部，5年以上的梨树易发病，距地表5~10cm处居多。初发病时病部表面产生很多白色菌丝，表皮呈水渍状褐变，发病盛期产生绢丝状白色菌丝覆满根部，造成根表皮层烂腐，散有酒糟味，有时溢有褐色汁液。湿度大时，病部或附近地表产生褐色油菜籽状小菌核。病树地上部小且黄，枝梢短缩，结果小，当病部绕茎1周后，地上部很快死亡。

病原 *Sclerotium rolfsii* Sacc. 称齐整小核菌，属真菌界无性型真菌。

传播途径和发病条件 病菌以菌丝体在病树的病根颈处或以菌核在土壤中越冬，病菌在果园内近距离传播主要是靠菌核随雨水或灌水扩散，也可通过菌丝扩展蔓延，远距离传播是通过苗木调运传播，每年7~9月是该病发生高峰期。

防治方法 把根颈部病组织用快刀彻底刮净，再用5%菌毒清水剂50倍液或1%硫酸铜消毒伤口，然后外涂843康复剂或20%菌毒清可湿性粉剂80倍液。

梨树细菌性花腐病(Pear tree bacterial blossom blight)

症状 主要为害叶、花和果实。花染病常见两种类型，一是真花腐，在萼片外表或花梗、花托及花簇外表面发病，致花序变黑或整个短果枝枯死。二是萼洼处染病，发生在花期花的蜜腺处，单个病斑在病部迅速扩展，相互融合，致花瓣脱落或在病果

梨树细菌性花腐病

梨细菌性花腐病病原细菌

萼端现出黑色斑块，严重者果梗或果实变成黑色或在成熟前脱落。幼叶染病，生小的斑点或穿孔或整叶死亡。

病原 *Pseudomonas syringae* pv. *syringae* Van Hall. 称丁香假单胞菌丁香致病型，属细菌界薄壁菌门。菌体杆状，大小0.6～0.7×1.2～1.6(μm)，单生或双生或成短链状，具荚膜、无芽孢，极生多根鞭毛，革兰氏染色阴性，兼性嫌气性。在肉汁胨琼脂平面上菌落白色，平滑，凸起，边缘整齐，具光泽；在KB培养基上能产生绿色荧光。41℃不能生长。

传播途径和发病条件 参见梨树火疫病。

防治方法 参见梨树火疫病。

梨树火疫病(Pear tree fire blight)

症状 梨树火疫病对梨树为害很大，我国三十年代广东曾有报道，该病可为害几乎所有蔷薇科植物。梨树火疫病为害新梢、枝干、叶、花及果实。叶片染病，先从叶缘开始变成黑色，后沿脉扩展致全叶变黑凋萎，呈牧羊枝状。花器染病，呈萎蔫状，深褐色向下蔓延至花柄，致花柄也成水浸状。果实染病，初生水浸状斑，后变暗褐色，并渗出黄色黏液，致病果变黑而干枯。枝

梨树火疫病症状

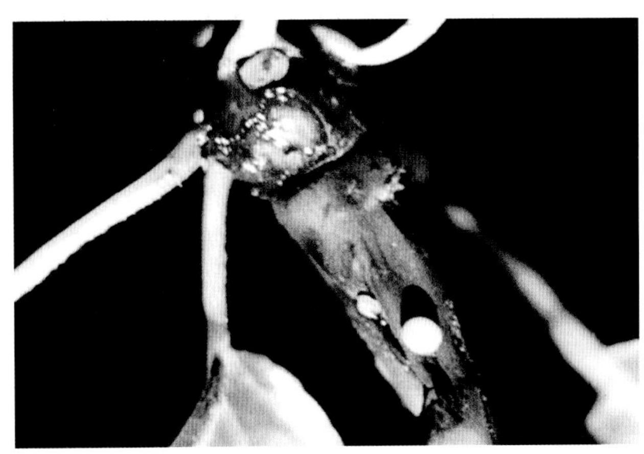
梨树火疫病梨枝被害状(夏声广)

干染病，初为水浸状，边缘明显，后病部下凹呈溃疡状、最后由褐变黑。

病原 *Erwinia amylovora* (Burrill) Winslow et al. 称梨火疫欧文氏杆菌，属细菌界薄壁菌门。病原细菌在培养基上形成灰白色菌落，菌体杆状，周生4～6根鞭毛，大小0.9～1.8×0.5～0.9(μm)，无荚膜，不产生芽孢，革兰氏染色阴性，培养时一般不需供给有机氮类物质、乳糖和水杨甙。发酵产生酸，适宜温度30℃，致死温度45～46℃10分钟。该菌除为害梨外，还为害苹果、海棠、山楂等，国外某些地区矮化砧上发生较重。

传播途径和发病条件 该病病原细菌在枝干病部越冬，翌年借雨水或昆虫传播，在空气中可存活一年，土壤中可存活4个月，病菌主要通过蜜腺、皮孔等自然孔口及伤口侵入寄生，洋梨的病残体是主要侵染源，此外也可在某些昆虫体内越冬。生产中久旱遇雨，浇水过度、地势低洼发病重。洋梨易染病，日本梨抗病。

防治方法 (1)清除病源是防治该病的关键。秋末冬初，集中烧毁病残体。细致修剪，及时剪除病梢、病花、病叶。(2)注意防治传播昆虫。(3) 发病前开始喷洒78%波尔·锰锌可湿性粉剂500倍液或72%农用链霉素可溶性粉剂3000倍液、1000万单位新植霉素3000倍液、47%春雷·王铜可湿性粉剂700倍液、53.8%氢氧化铜可湿性粉剂600倍液、10%苯醚甲环唑水分散粒剂1200～1500倍液，隔10～15天一次，连防3～4次。(4)选栽抗病品种。

梨树根癌病

症状 主要为害梨树根颈部和主侧根，在病部产生大小不等的表面粗糙的褐色肿瘤。病瘤体木质化坚硬，筛管堵塞，影响养分和水分的吸收和利用，病树发育不良，树体衰弱，地上部叶片发黄早落，植株枯死。

病原 *Agrobacterium tumefaciens* (Smith et Towns)Conn. 称根癌农杆菌，属细菌界薄壁菌门，能在多种果树上传播。德国科学家研究发现该菌侵入后首先攻击果树的免疫系统，这种农杆菌的部分基因能侵入果树的细胞，能改变受害果树很多基因表达，造成受害果树一系列激素分泌明显增多，引起受害梨树有关细胞无节制地分裂增生产生根肿病。

防治方法 (1)新建果园要加强管理，逐年增施有机肥或

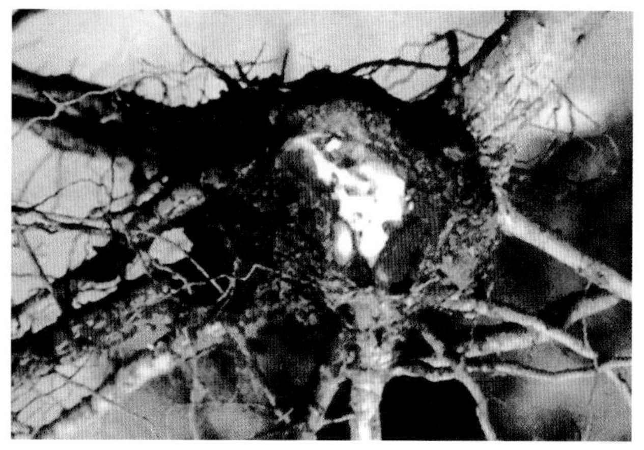

梨树根癌病

生物活性肥，使土壤有机质尽快达到2%，以利增强树势，提高抗病力。(2)坐果后要及时追肥浇水。(3)预防性防治，当地果树根肿病发病率偏高的，可喷洒50%氯溴异氰尿酸可溶性粉剂1000倍液或20%噻森铜悬浮剂与叶面肥多复佳1∶1混配，隔10天1次，防治3~4次。

梨脉黄病毒病(Pear vein yellows)

梨树脉黄病毒病病叶

症状 梨脉黄病毒病又称红色斑驳病。主要为害叶片，致梨树生长量减半。该病初在较小的叶脉上形成界线不很清晰的黄化区。一般仅短小的细脉发病，特别是在接穗第一年生长期间最为明显。有些类型则形成红色斑驳状。成年树染病，通常不显症。

病原 Vein yellows and red mottle of pear virus 称梨黄脉和污环斑病毒。这种病毒在梨上普遍存在，黄脉和红色斑驳在梨上的并发症，可能由同一种病毒引起。病毒粒体线状，大小800×12~15(nm)。最近日本研究表明：梨脉黄病毒、苹果茎痘病毒、梨坏死斑点病毒是同一种。

传播途径和发病条件 主要通过带毒的繁殖材料传播，该病发生数量和密度与品种、毒源类型及气候条件相关。

防治方法 (1)繁殖材料通过37℃热处理。(2)选用无病毒的接穗和砧木。

梨树环纹花叶病(Pear tree chlorotic leaf spot)

梨树环纹花叶病

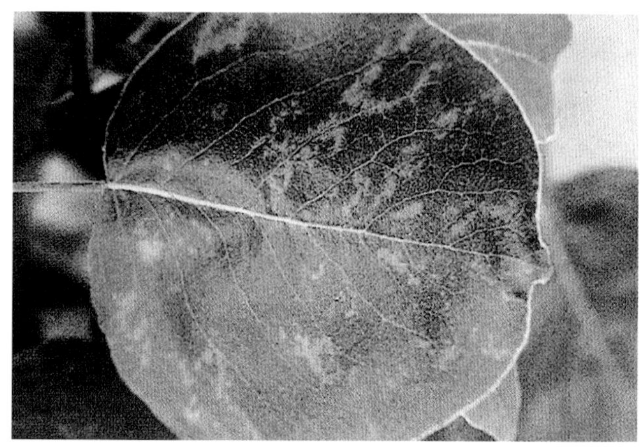

梨环纹花叶病

症状 叶片染病，产生淡绿或黄绿色线纹和环，有时出现在主脉或次生脉四周，多随意发生，多数品种显症不明显或现轻微斑驳，或夹有微小环纹。

病原 Apple chlorotic leaf-spot virus 称苹果褪绿叶斑病毒，属病毒。病毒粒体曲线条状，大小12×600(nm)，致死温度52~55℃，稀释限点10^{-4}，体外存活期4℃条件下10天，汁液传播。

传播途径和发病条件 通过嫁接和芽接，把病毒接到健康树上，或把健康接穗接到病树上，从两个方向传播，一般接种后一年显症。气候条件和品种影响症状的表现，干热夏天症状明显，在阴天或潮湿条件下，症状不明显。

防治方法 (1)培育无病毒苗木，取在37℃恒温条件下处理14~21天生长出的梨苗新梢生长点进行组织培养，繁育无毒单株。(2)不要在大树上高接上述无毒品种，如需高接必须检测砧木或大树是否带毒，不要盲目进行，以免遭病毒感染。(3)实行梨苗检疫，防止病毒传播蔓延。

梨石果病毒病(Pear stone pit virus)

症状 梨石果病毒病又称梨石痘病，主要为害果实和树皮。初在花瓣脱落后10~20天，果面上现暗绿色区，接着细胞生长受到抑制，致果实变形或凹陷。由于凹陷病斑的基础组织系由厚壁细胞组成且迅速坏死，则难于切开，别于机械伤、虫咬、缺硼或木栓化等原因引致的凹陷。一个染病果实可具1个或多个凹窝。叶片染病，出现沿脉狭窄褪绿区，或有轻微的斑驳。

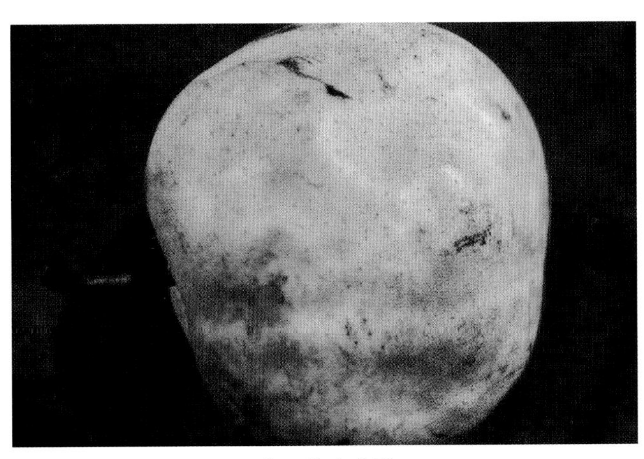

梨石果病病果

病原 Stony pit of pear virus 称梨石果病毒。病毒本身特性尚未研究清楚，1977 年德国从感病树上分离到球状病毒粒体，直径 32nm，1989 年美国通过电泳观察到双链 RNA，但尚未肯定是梨石果病病毒。

传播途径和发病条件 梨石果病主要通过无性繁殖传播，如芽接、枝接或扦插均可传染，对感病品种是一个毁灭性病害。但在系统侵染的树上，症状严重度随年份不同而变化。

防治方法 (1)用无病毒的接穗和砧木进行繁殖，从健康母树上采集接穗十分重要。对重病区或重病树，采用耐病品种进行交接。(2)加强梨园管理。采用配方施肥技术，适当增施有机肥，重点管好浇水，天旱及时浇水，雨后或雨季注意排水，增强树势，提高抗病力。(3)发现病树要及时挖除，以防传染。

梨树衰退病(Pear tree decline)

症状 常见有急性、慢性衰退和叶片变红或伴有叶卷曲三种类型。急性衰退主要发生在夏秋季，常以慢性衰退或叶片变红为前兆，后经几天或几周树体迅速枯萎或死亡。如沙梨、秋子梨做砧木的梨树易染病，显急性衰退症状。慢性衰退表现为叶片小或生长缓慢，叶呈浅绿色、革质化，顶梢生长量减少，秋季叶片变为纯黄色或红色，染病树能存活数年或多年。叶片变红是中间温和类型，有的变红叶片略下卷或沿主脉向上纵卷，叶片皱缩或叶脉变粗，易早落。杜梨、豆梨砧、洋梨无性系砧嫁接的梨树易染病。

病原 Pear decline *Phytoplasma* 称梨植物菌原体，属细菌

梨树衰退病病株

界软壁菌门。梨植物菌原体球状，在韧皮部筛管内大小 50～100(nm)，具多型性，病株新梢超薄切片电镜下可见 3 层单位膜，内部中央充满核质样的纤维状物质，可能是 DNA 基因组，四周布有类似于核蛋白体的嗜锇颗粒，这是典型形态。

传播途径和发病条件 主要靠嫁接传染，也可通过叶蝉、梨木虱或茶翅蝽传播。病树植原体只能在活体筛管中繁殖，冬季先存于根部，翌春梨树新的韧皮部形成时，植原体开始在茎中繁殖。病初植原体每年都在梨树地上部重新定植，且波及显症程度，当病原数量大时才显症或显症明显，当发病数年后，地上茎部植原体定植数量减少乃至消失，则树体不显症或恢复健康。

防治方法 (1)建梨园或苹果园时，选栽无病树，并在苗圃及 5 年生以下的果园清除病树。(2)及时防治梨树、苹果树害虫。(3)加强果园管理，改善树体状况。(4)采收后至落叶期注入四环素或四环素族衍生物及土霉素等抗菌素类杀菌剂，每年注射 2～3 次。(5)选用抗病和耐病砧木，如杜梨实生苗、洋梨无性系砧均表现抗病。

梨黑皮病(Pear black skin)

苹果梨黑皮病病果

症状 鸭梨、苹果梨黑皮病主要有两种类型，一种是不均匀变色型，果皮表面现浅黄色或褐色至黑褐色不规则斑块，严重的病斑连片，多始于萼洼处。另一种是均匀变色型，整个果皮变为均匀黄褐色，无光泽。以上两型病部均限于果皮，不侵入果肉，但商品价值降低。

病因 梨黑皮病是生理病害。病因复杂，除不同地区、不同条件影响外，还与栽培及贮藏环境有关，如采收期的迟早、树龄大小、贮藏时温、湿度变化等。近年研究表明：黑皮病发生与 POD 和 POD 酶的活性及维生素含量相关。经测定：黑皮病病果表皮中酶活性高于正常果实，维生素 E 的含量则低于正常量。POD、POD 酶可使酚氧化为醌，当 POD 和 POD 酶量及活性增强时，就可使黑色素大量积累，使梨表皮细胞产生褐变乃至形成黑皮病。至于维生素 E，本身很易氧化，是抗氧化剂，能使多酚物质不被氧化成醌，可减少黑色素形成。

防治方法 (1)适期采收，对不同树龄的果实要分批采收。(2)改善贮藏条件，适当通风，控制温度变化。(3)使用梨或鸭梨保鲜纸或单果塑料袋包装，可大大减少鸭梨黑皮病在贮藏中的氧

化作用，防止黑皮病的形成。(4)用1000mg/kg的50%虎皮灵药液浸过的药纸包果贮藏，可显著减轻病害发生。

梨褐烫病(Pear brown scald)

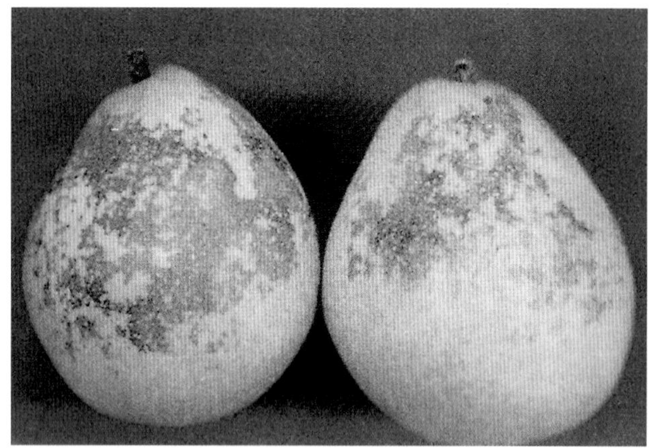

安久梨褐烫病病果

症状 又称表皮烫伤病，是一种贮藏期病害。一般果实在贮藏数月后仍看不出明显异常，但移到室温条件下，仅几天时间，就可见到果面形成褐色病斑，影响外观和商品价值。

病因及防治方法 参见苹果褐烫病。

梨树冻害(Pear tree freezing injury)

症状 梨树冻害可使花芽、枝条、枝杈、根颈和主干及果实受害。主干受害常现纵裂，轻者纵裂可愈合，严重的裂缝宽，可深达木质部不易愈合，易诱发腐烂病致整株枯死。根颈部进入休眠期较晚，开始活动早，且地表昼夜温差大，因此树干根颈部最不抗冻。生产上梨树遭受冻害，大部分出现在枝杈和根颈部。枝杈和多年生枝局部受冻，表现为坏死、流胶或纵裂。枝条冻害多发生在1～3月后，生长不充分的枝条易受冻，一个枝顶部比基部易受冻，发生冻害的枝条，轻者髓部及木质部变褐；重者变褐达皮层，后干缩枯死。一般轻度受冻，枝条尚能恢复生长，多年生枝条常表现为局部受冻。树液流动后，冻害部分皮层下陷，表皮变为深褐色。梨树休眠期可耐－20℃～－24℃低温；但从花芽萌动开始至开花，随花的发育，耐低温能力逐渐下降。梨花各部分耐低温能力不同，花萼较耐低温，雄蕊和花瓣居次，雌蕊最弱。花朵受冻后，花萼现褐色水渍状斑点，花瓣和雄蕊变为褐色，雌蕊花柱变成黑褐色。开花期受害轻者雌蕊受冻，剥开花瓣才可见，受冻花虽能开放，但不能结果。

梨树冻害叶部症状

梨树冻害树干症状

病因及发病条件 梨树发生冻害的主要原因是绝对低温过低或持续时间过长或花芽萌动后遇到较强寒流侵袭。其原因是低温时，细胞原生质流动缓慢，细胞渗透压降低，致水分供应失衡，梨树就会受冻，温度低到冻结状态时，细胞间隙的水结冰，致细胞原生质的水分析出，冰块逐渐加大，致细胞脱水或致细胞膨离而死亡。近年国内外研究已明确，植物体上存有具冰核活性的细菌(简称INA)，这是增加梨树发生冻害的原因之一，这类细菌在－2～－5℃时诱发植物细胞水结冰而发生冻害。据调查，一般品种，遇有－26℃～－29℃，持续时间长，枝条、枝杈和根颈均易受害，特别是成熟不充分的枝条、抽条严重。如气温降到－30℃以下，又遇大雪或积雪时间长，冻害发生严重，有的整株冻死。枝条生长不充实、越冬准备不充分或偏施氮肥、秋冬季水肥供应过多而致徒长、贪青、不能及时落叶的枝条易受冻或抽干枯死。花芽冻害多发生在花序分离或初花期，气温下降至－4℃～－5℃时，一般品种花的雌蕊受冻50%～80%。

防治方法 (1)选用龙园洋梨等抗寒品种。在北方高寒地区应以秋子梨、砂梨系统为主；洋梨系统通过高接可适当发展。(2)注意梨园园址选择，加强垂直主风向的防护林带建设。充分利用小气候优越性，减轻树体冻害程度。(3)加强肥水管理。合理施肥浇水，树体养分积累多，抗寒力强。(4)采用高接技术提高树体抗寒力。高接当地抗寒性强的品种，抗寒力可提高1～2℃。(5)越冬保护，清除树盘积雪，减轻冻害。越冬保护多以埋土，树干绑草防寒和涂白为主。埋土防寒应埋到树干全部和三大主枝分杈处。越冬前涂白，主要涂主干和第一层主枝的枝杈部位。(6)灌水及熏烟。早春寒流侵袭前浇水，可减轻花芽及花受冻程度。霜冻前，在上风头熏烟，可减轻霜冻为害。凌晨点燃效果较好。(7)喷洒72%农用链霉素可溶性粉剂3000倍液，可使冰核细菌减少，防止冻害。(8)提倡喷洒3.4%赤·吲乙·芸可湿性粉剂(碧护)7500倍液或植物生命素550倍液，防寒提高品质。

梨树缺铁症(Pear tree iron deficiency)

症状 梨树缺铁多始于新梢顶部嫩叶，先是叶肉失绿变黄，叶脉两翼尚保持绿色，叶片呈绿色网纹状，叶变小。严重时黄化程度迅速扩展，整个叶片变成黄白色，叶缘变褐焦枯，致叶

梨树缺铁黄化病

脱落或顶芽枯死。严重影响树势和果品产量、质量。

病因 铁对梨树叶片叶绿素形成起有重要作用，铁是组成呼吸酶的重要组成成分，促进呼吸作用进行。我国大部分梨园土壤中含铁量较丰富，可供梨树生长发育所需，但是在盐碱含量高的地区或梨园中，大量二价铁被转化成不溶性的三价铁而不能被吸收利用，致缺铁症发生。尤其是春季干旱季节，由于土壤蒸发量大，致表层土壤中含盐量增高，这时正值梨树旺盛生长时期，对铁需要量高，这时可溶性铁供应不足，致黄叶病发生，进入雨季后，由于土壤中盐分下降，可溶性铁相对增加致症状减轻或消失。生产上地势低洼、地下水位高、土壤黏重及排水不良发病重。

防治方法 (1)盐碱重的梨园应在春季灌水洗盐，控制盐分升高，或增施有机肥，改良土壤，以减少盐碱含量。(2)必要时可喷0.5%硫酸亚铁溶液。有条件的可用树干注射机向树干内注入0.05%～0.08%的酸化硫酸亚铁溶液。但由于各地品种、生态条件不同，注射前应先试几株，无药害后再大面积应用。此法省工、省药、高效，具广泛应用前途。(3)也可根据树冠大小及缺铁程度，在树干距地面30cm处，钻直径为7～8(mm)小孔1～3个，深度20～40(mm)，塞入绿叶铁王数片后用泥或干油封口，药后20天黄叶变绿。

梨钙营养失调症

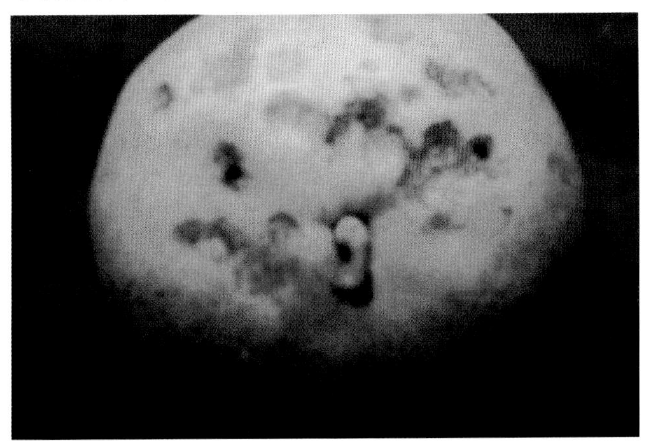

梨钙营养失调

症状 梨钙营养失调发生普遍，对果实影响大。常见症状是靠近果皮处果肉产生水渍状病变或失水坏死，呈海绵状，果面上产生凹陷斑，果实膨大期间，果皮之下产生1~1.5(cm)木栓状斑块，果面略呈凹陷状，局部变红。新梢上产生褪绿斑，叶尖、叶缘向下卷曲，几天后褪绿部分变成暗褐色枯斑，逐渐向下位叶扩展。

病因 是果实含钙低或氮钙比例高引起的生理性病害。钙与细胞膜功能、细胞壁结构关系密切，在维持膜的稳定性、增强细胞韧性和降低果实呼吸强度等果实生理活动中起重要作用。低钙或氮钙比失调引起生理病变和细胞破坏，同时降低果实对果腐病菌抵抗力。

防治方法 (1)从增施有机肥入手，梨树标准园应施入有机肥3000kg，使土壤有机质含量达到2%，注意采用配方施肥技术，可向土壤施钙，砂质土果园可穴施石膏、硝酸钙、氧化钙等，每667m²果园施15~20kg，要求撒匀，再与土拌匀。生产上适当控制氮肥用量，尤其是铵态氮肥不宜过多，防止氮钙比升高，造成枝叶旺长或果实过大，防止出现果实含钙量降低或出现与果实争钙情况发生。(2)梨树落花后20~30天可向叶面喷施活性钙500倍液或氨钙宝700倍液或0.35%氯化钙+0.1%硼砂混合液，从坐果后到采收前共喷3~6次，直接喷到每个梨果上，着重在后期喷。喷钙时果树较难吸收，应同时加入适量植物生长激素α奈乙酸可以解决这个难题。(3)提倡喷洒3.4%赤·吲乙·芸(碧护)可湿性粉剂7500倍液，或植物生命素550倍液，效果尤其明显。

梨树缺镁

症状 先从梨树枝的基部叶片产生症状，叶脉间变成浅绿色至浅黄色，呈肋骨状失绿，枝条顶端叶呈深棕色，叶片上叶脉间产生枯死斑，严重时枝条基部开始落叶。

病因 酸性土壤或砂质土壤易产生缺镁症。

防治方法 (1)红黄壤土酸性高，可施用石灰降低酸度。(2)增施腐熟有机肥。成年梨树可株施硫酸镁0.25~0.5kg。(3)新梢封顶后叶面喷施1%~3%的硫酸镁溶液，共施3次。

梨树缺硼

症状 新梢上叶片色泽不正常，有红叶出现，中下部叶片虽正常，但主脉两侧凹凸不平，叶片不展，出现皱纹，严重的花芽从萌发到开放期陆续干缩枯死，新梢仅有少数萌发或不萌发，出现秃枝或干枯。果实染病发育不正常，产生凹凸不平的梨果或畸形果，纵剖梨果可见果心维管束变褐木栓化，果肉稍苦。

病因 土壤中硼素供给不足。

防治方法 (1)增施有机肥3000~4000kg，使土壤有机质含量达到2%。(2)秋冬结合施有机肥每棵梨树施硼砂0.1~0.2kg，与有机肥拌匀后施用。(3)开花前后喷洒0.25%硼砂溶液有效。

4. 梨 树 害 虫

(1)种子果实害虫

梨大食心虫(梨云翅斑螟)(Pear fruit moth)

学名 *Myelois pirivorella* (Matsumura) 异名 *Nephopteryx pirivorella* Matsumura 鳞翅目,螟蛾科。别名:梨斑螟蛾、梨斑螟,俗称"吊死鬼"。分布于河北、河南、山东、山西、辽宁、吉林、黑龙江、江西、江苏、安徽、浙江、福建、广西、陕西、宁夏、青海、湖北、湖南、四川、云南。

梨大食心虫(梨云翅斑螟)蛀果孔

梨大食心虫成虫放大

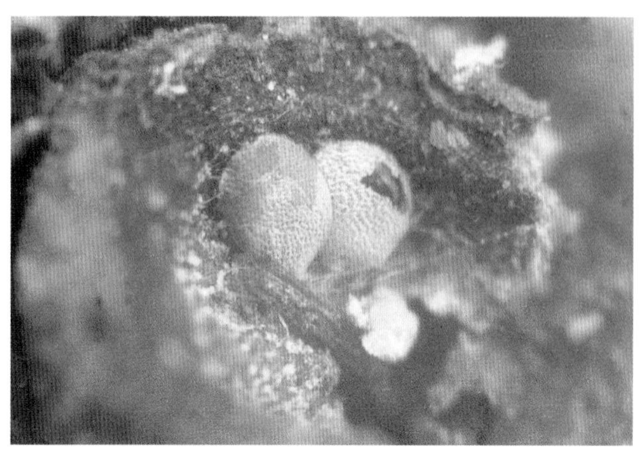
梨大食心虫产在萼洼中的卵

寄主 梨。

为害特点 幼虫蛀食芽、花簇、叶簇和果实。被害芽枯死,被害花、叶簇常部分或全簇枯萎,幼果被害多干缩脱落。幼果受害时,蛀孔处有虫粪堆积,幼果逐渐干枯变黑,果柄基部有大量缠丝使受害果不易脱落,果内常有蛹壳。

形态特征 成虫:体长 10 ~ 12(mm),翅展 20 ~ 24(mm),暗灰褐色。头深灰褐色,复眼黑色;触角丝状褐色;下唇须向上翘起超过头顶。前翅灰褐略带紫色光泽,内、外线灰白色,两侧嵌有紫褐色边,肾纹灰白或褐色,围有黑边。后翅淡灰褐色,外缘色淡。腹部淡灰褐色。卵:长 1mm,椭圆形,稍扁平,初淡黄白后变红色。幼虫:体长 17 ~ 20(mm),暗红褐色微绿,腹面淡青色。头、前胸盾和胸足黑褐色;臀板暗褐色。前胸侧毛组 2 毛;腹足趾钩 3 序环,臀足趾钩 3 序缺环;第 8 腹节气门大;无臀栉;胴部密布颗粒状暗色小点。初孵幼虫头黑色,体淡褐色。蛹:长 10 ~ 12(mm),初碧绿色,后黄褐色。腹末具 6 根钩刺排成 1 横列。

生活习性 东北、华北年生 1 ~ 2 代,陕西、河南、安徽 2 ~ 3 代。均以 1 ~ 2 龄幼虫蛀入芽内(主要是花芽)结小白茧越冬,

梨大食心虫近老熟幼虫

梨大食心虫化蛹在梨果中

被害芽鳞片稍张开,基部有小蛀孔并有丝和碎屑封闭。花芽萌动露绿时,越冬幼虫开始出蛰转芽为害。1~2代区出蛰转芽期较集中,约半月左右;2~3代区转芽不集中,可达2个月之久,转果期较集中,有的出蛰后直接蛀果。被害芽大部枯死,一般每头幼虫可害2~3个芽;展叶开花后多从花簇、叶簇基部蛀入并吐丝缠缀芽鳞而不易脱落,食害嫩皮亦有蛀入髓部者,造成枯萎下垂。梨果拇指大时又转蛀梨果,多从胴部蛀入,不食果皮,蛀孔较大处堆有虫粪,故称"冒粪",被害果逐渐干缩变黑脱落。转果期一般为5月中旬~6月中旬。幼虫为害果20余天陆续老熟,于最后的被害果内化蛹,每头幼虫可害1~3个果。化蛹前有吐丝缠绕果柄于果台枝上及作羽化道的习性,虫果干缩变黑悬挂不落故称"吊死鬼"。化蛹期为5月下旬~7月上旬,蛹期8~11天。羽化期:1代区7月间,2代区6月中下旬~7月上中旬。成虫昼伏夜出活动,对黑光灯有趋性,产卵于萼洼、芽旁、短果枝、叶痕等处,散产,每雌可产卵40~80粒。卵期5~7天,1代者孵化后蛀芽为害而越冬;2代以上者幼虫蛀果或先蛀芽再转果,老熟后于果内化蛹。第1代成虫发生期为7月下旬~8月中下旬。2代者产卵于芽附近,孵化后蛀芽而后越冬;3代者产卵于果和芽上。以第3代1~2龄幼虫于芽内越冬。高温干燥对成、幼虫均不利,故有"天旱果子收"之说。天敌有黄眶离缘姬蜂,瘤姬蜂,离缝姬蜂。

防治方法 应采用药剂和人工相结合的综合措施。(1)药剂防治。1~2代区越冬幼虫出蛰转芽期是关键,防治好的可基本控制为害。2~3代区转果期是防治的关键。其次是各代卵盛期。施用药剂参考桃小食心虫树上防治所用药剂,卵盛期喷药应选有杀卵作用和残效期长的杀虫剂如20%氰戊菊酯乳油2000倍液或40%辛硫磷乳油900倍液、50%氯氰·毒死蜱乳油1500倍液为宜。(2)及时摘虫果和"吊死鬼",置入天敌保护器中,消灭虫果中梨大的幼虫和蛹。(3)在天敌黄眶离缘姬蜂、瘤姬蜂等繁殖季节,尽量少用杀虫剂,发挥天敌的作用。

梨小食心虫(Orienta l fruit moth)

学名 *Grapholitha molesta* (Busck) 异名 *Cydia molesta* (Busck) 鳞翅目,卷蛾科。别名:梨小蛀果蛾、梨姬食心虫、桃折梢虫、东方蛀果蛾,简称"梨小"。分布于东北、华北、华东、华南、西北等地。

寄主 苹果、梨、桃、李、杏、樱桃、沙果、山楂、山荆子、海棠、木瓜、枇杷、榅桲等。

梨小食心虫幼虫为害梨果后的脱果孔

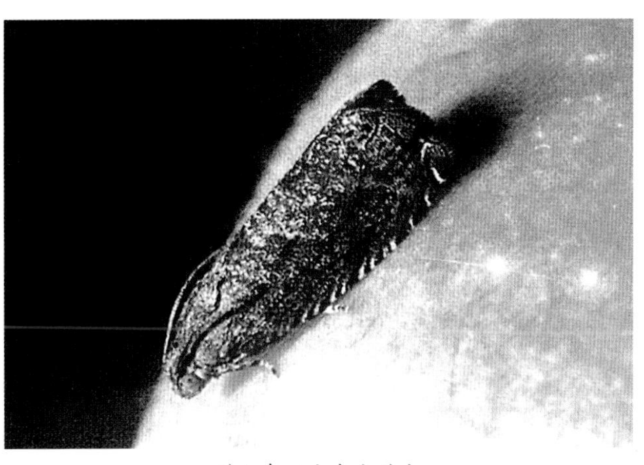

梨小食心虫成虫放大

梨小食心虫幼虫

为害特点 幼虫蛀入果心,取食果肉和种子,受害果蛀孔处产生"黑疤",疤上仅有1小孔,但绝无虫粪,果内有大量虫粪。

形态特征、生活习性、防治方法 参见苹果害虫——梨小食心虫。

梨虎象甲(Pear curculio)

学名 *Rhynchites foveipennis* Fairmaire 鞘翅目,卷象科。别名:朝鲜梨象甲、梨实象虫、梨果象甲、梨象鼻虫、梨虎。分布于河北、山东、山西、辽宁、吉林、黑龙江、内蒙古、浙江、江西、广东、福建、陕西、四川、贵州、云南。

梨虎象甲为害梨果状

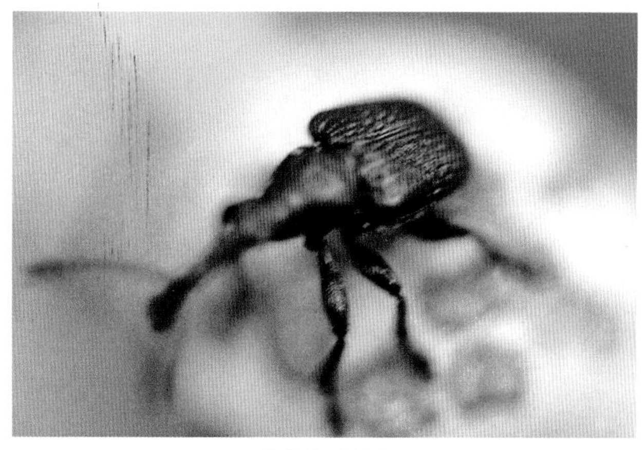

梨虎象甲成虫

梨虎象甲幼虫蛀果状

寄主 梨、苹果、花红、山楂、杏、桃。

为害特点 成虫食害嫩枝、叶、花和果皮果肉,幼果受害重者常干萎脱落,不落者被害部愈伤呈疮痂状俗称“麻脸梨”;成虫产卵前后咬伤产卵果的果柄,致产卵果大多脱落。未脱落的产卵果,幼虫孵化后于果内蛀食多皱缩脱落,不脱落者多成凹凸不平的畸形果。

形态特征 成虫:体长 12~14(mm),暗紫铜色有金绿闪光。头管长约与鞘翅纵长相似,雄头管先端向下弯曲,触角着生在前 1/3 处;雌头管较直、触角着生在中部。头背面密生刻点,复眼后密布细小横皱,腹面尤显。触角棒状 11 节,端部 3 节宽扁。前胸略呈球形、密布刻点和短毛,背面中部有“小”字形凹纹。鞘翅上刻点较粗大略呈 9 纵行。足发达,中足稍短于前后足。卵:椭圆形,长 1.5mm,初乳白渐变乳黄色。幼虫:体长 12mm,乳白色,体表多横皱略弯曲。头小,大部缩入前胸内,前半部和口器暗褐色,后半部黄褐色。各节中部有 1 横沟,沟后部生有 1 横列黄褐色刚毛,胸足退化消失。蛹:长 9mm,初乳白渐变黄褐至暗褐色,被细毛。

生活习性 年生 1 代,以成虫于 6cm 左右深土层中越冬;少数 2 年 1 代,第 1 年以幼虫于土中越冬,翌年夏秋季羽化不出土即越冬,第 3 年春出土。越冬成虫在梨开花时开始出土,梨果拇指大时出土最多,出土期为 4 月下旬~7 月上旬。落花后降透雨便大量出土,如春旱出土少并推迟出土期。出土后飞到树上取食为害,白天活动,晴朗无风高温时最活跃,有假死性,早晚低温时遇惊扰假死落地,高温时常落至半空即飞走。为害 1~2 周开始交尾产卵,产卵时先把果柄基部咬伤,然后到果上咬 1 小孔产 1~2 粒卵于内,以黏液封口呈黑褐色斑点,一般每果产 1~2 粒卵。6 月中旬~7 月上中旬为产卵盛期。成虫寿命很长,产卵期达 2 个月左右。每雌可产卵 20~150 粒,多为 70~80 粒。发生期很不整齐,果实成熟期尚可见成虫。卵期 1 周左右。幼虫于果内为害 20~30 天老熟、脱果入土做土室约经月余开始化蛹。蛹期 1~2 个月,羽化后于蛹室内即越冬。产卵果于产卵后 4~20 天陆续脱落,10 天左右落果最多;脱落迟早与咬伤程度、风雨大小有关。多数幼虫需在落果中继续为害至老熟才脱果。

防治方法 (1)成虫出土期清晨震树,下接布单捕杀成虫,每 5~7 天进行 1 次。(2)及时捡拾落果,集中处理消灭其中幼虫。(3)成虫发生期树上喷洒 90%敌百虫 600~800 倍液或 80%敌敌畏乳油 1000 倍液、35%伏杀硫磷乳油 1000 倍液均有良好效果。隔 10~15 天喷 1 次,2~3 次即可。(4)成虫出土盛期地面喷洒 30%辛硫磷微胶囊悬浮剂,20 年生大树每株用药 50g,加水 5kg 稀释,喷洒树冠下地面毒杀出土成虫。其它可参考桃小树下药剂防治。

梨实蜂(Pear fruit sawfly)

学名 *Hoplocampa pyricola* Rohwer 膜翅目,叶蜂科。别名:梨实叶蜂、梨实锯蜂、蜇梨蜂。分布于北京、河北、山东、、辽宁、江苏、安徽、浙江、河南、陕西、湖北、四川。

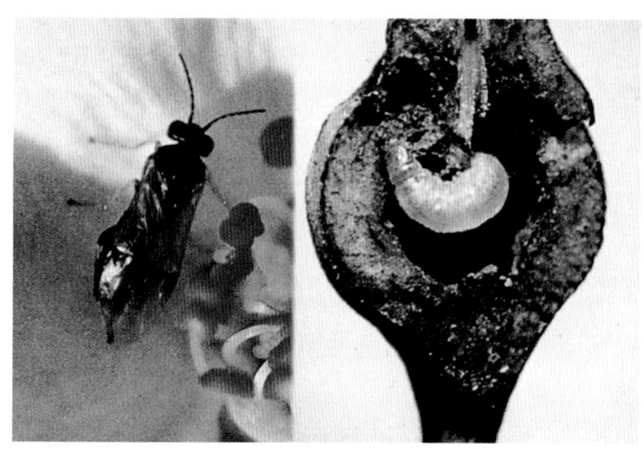

梨实蜂成虫(左)和幼虫(王洪平)

寄主 梨。

为害特点 幼虫蛀食梨的花萼、幼果,致受害果脱落。

形态特征 成虫:黑色具光泽,雌体长 4.5mm 左右,翅展约 11mm;雄体长 4mm 左右,翅展约 9mm,触角 9 节丝状,除 1、2 节黑色外,其余 7 节雄黄色,雌褐色。翅浅黄色透明。足细长,基节、转节、腿节大部黑色,其余黄色,雌腹面后端中央呈沟状,产卵管鞘和锯形产卵器黄褐色,平时置于沟中。雄腹面后端以大型腹板遮盖,交配器黑褐色。卵:长椭圆形,白色半透明。幼虫:体长 8mm 左右,淡黄白色,头部橙黄色或黄褐色半球形;单眼 1 对黑色,触角圆锥状 5 节;胴部淡黄白色,臀板生黄褐色斑纹及小黑点,胸足 3 对,腹足 7 对。蛹:长约 4.5mm,宽 2mm 左右,初白色后渐变黑褐。

生活习性 年生 1 代,专性滞育。以老熟幼虫在土内结茧

越冬和越夏,翌春杏花现蕾期化蛹,蛹期7天。成虫羽化后,先在杏花上取食,当梨花含苞待放时,转移到梨树上产卵,2~3天进入产卵盛期,将卵产在花萼组织内,产卵后卵块上覆有黑褐色黏液,干燥后成1黑点,每花着1粒卵,卵期5~6天。初孵幼虫先在花萼基部串食,后蛀入果心中,当幼果干枯时,幼虫爬出转入新果,每只幼虫常可为害2~4个幼果。幼虫期15天左右,老熟脱果落地,于土中做茧滞育。

防治方法 (1)秋季或早春成虫羽化前深翻树盘。(2)在杏、李、樱桃和梨开花时,利用成虫假死习性于清晨和日落前后震落捕杀成虫。(3)根据成虫羽化出土始期,或梨花序分离之前或幼虫脱落入土前,地面喷洒40%毒死蜱乳油600倍液或40%辛硫磷乳油300倍液,把药剂重点喷洒在树干半径1m范围内。(4)树上喷药。若上述方法仍不能控制其为害时,可利用成虫发生期短又集中的特点于成虫发生期进行树上喷药,掌握在梨花序分离至含苞待放期喷洒40%毒死蜱乳油2000倍液或50%毒死蜱·氯氰菊酯乳油1500~2000倍液、75%灭蝇·杀单可湿性粉剂2000倍液。

毛翅夜蛾(Rose of sharon leaf-like moth)

学名 *Dermaleipa juno* Dalman 鳞翅目,夜蛾科。别名:木夜蛾、木槿夜蛾、红裙边夜蛾。分布于北京、河北、山东、山西、辽宁、吉林、黑龙江、内蒙古、江苏、上海、安徽、浙江、福建、广东、河南、湖北、湖南、四川、贵州。

毛翅夜蛾成虫刺吸梨果果汁

寄主 苹果、李、梨、葡萄、柑橘、桃等。

为害特点 成虫从果皮伤口或腐坏处刺入果内吸食果汁;幼虫食害叶片成缺刻或孔洞。

形态特征 成虫:体长35~45(mm),翅展90~106(mm),头、胸、腹、前翅均为灰黄色至黄褐色,前翅近翅基部和近外缘处具两条横线,后翅基部2/3黑色,端部1/3土红色,黑色区具淡蓝色弯钩形纹,外缘棕黄色,内缘着生很多长毛。幼虫:体长71~81(mm),前端略细,第1、2腹节常弯曲成桥形,8节稍隆起,第5腹节背面具1眼形斑,第8腹节亚背面有2个淡红色小突起,头褐色,体茶褐色,与树皮色相似。背线、亚背线、气门上线、气门线及亚腹线暗褐色,左右腹足间有紫红斑,第一、二对腹足前缘各有一黑斑,腹足趾钩单序中带。蛹:长36~40(mm),黄褐色至黑色,体表被白粉,各体节背面多皱,中后胸背面有一纵脊,腹末宽扁,生4对红色钩刺。茧:长椭圆形。

生活习性 北方年生2代,河南遂平一带4~5月成虫出现,山西晋中5~7月可见幼虫为害,6月下至7月下旬化蛹,蛹期17~22天,福建成虫于9月上中旬为害梨果及葡萄,虫量较大;成虫昼伏夜出,有趋光性,喜吸食果汁。幼虫夜晚取食,白天隐蔽在树枝上不易被发现,老熟幼虫吐丝缀连2~3片叶后于内结网状茧化蛹。7、8月成虫数量多,一直到秋后。

防治方法 (1)设置高压汞灯,诱杀成虫。(2)在果园四周挂有香味的烂果诱集,22时后去捕杀成虫。(3)新建苹果、梨、桃园要避免混栽。(4)用果醋或酒糟液加红糖适量配成糖醋液加0.1%敌百虫诱杀成虫。此外也可用早熟的去皮果实扎孔浸泡在50倍敌百虫液中,一天后取出晾干,再放入蜂蜜水中浸泡半天,晚上挂在果园里诱杀取食成虫。(5)必要时果实在成熟前套袋。

梨黄粉蚜(Pear yellow phylloxera)

学名 *Aphanostigma jakusuiensis* (Kishida) 同翅目,根瘤蚜科。别名:梨黄粉虫、梨瘤蚜。分布于辽宁、河北、山东、江苏、安徽、河南、陕西、四川、新疆。

寄主 梨、新疆香梨等。

为害特点 成、若虫群集于果实萼洼处为害,被害处初变黄稍凹陷,后渐变黑,表皮硬化龟裂形成大黑疤或致落果。也可刺吸枝干嫩皮汁液。

形态特征 梨黄粉蚜为多型性蚜虫,有干母、普通型、性母

梨黄粉蚜产在梨树翘皮下的越冬卵

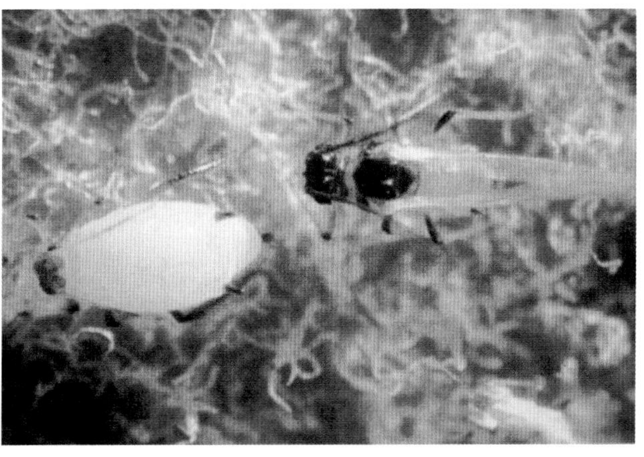

梨黄粉蚜(郭书普)

和有性型四种。成虫：干母、普通型、性母均为雌性，行孤雌卵生，形态相似，体形略呈倒卵圆形，体长 0.7～0.8(mm)，全体鲜黄色略具光泽。喙发达、伸达腹部前端。触角丝状 3 节，短小。足短小。无翅。无腹管。无尾片。有性型：体长椭圆形，雌长 0.47mm，雄长 0.35mm，体鲜黄色，触角和足淡黄黑色；口器退化。其他特征同前(干母、普通型、性母)。卵有几种类型，均为椭圆形。越冬卵：即孵化为干母的卵长 0.33mm，淡黄色，孵化前出现红色眼点。产生普通型和性母的卵长 0.26～0.30(mm)，初淡黄绿色，渐变为黄绿色。产生有性型的卵：雌长 0.41mm，雄 0.36mm，黄绿色，孵化前出现红色眼点。若虫：与成虫相似，仅体较小，淡黄色。足淡黄黑色，口器退化，其他特征同前。

生活习性 年生 8～10 代，以卵在果台、树皮裂缝、潜皮蛾为害的翘皮下或枝干上的残附物内越冬。翌春梨开花期卵孵化为干母，若蚜于翘皮下嫩皮处刺吸汁液，羽化后繁殖。6 月中旬开始向果上转移，7 月多集中于萼洼处为害，随着虫量增加，逐渐蔓延至果面上为害，繁殖。果面呈现堆状黄粉。8 月中旬果实近成熟期，为害尤为严重。8～9 月出现有性蚜，雌雄交配后陆续移至果台、裂缝等处产卵越冬。卵期 5～6 天，若虫期 7～8 天，成虫期除有性型较短外，其它各型均达 30 天以上，干母可达 100 天以上。梨黄粉蚜喜欢荫蔽环境。其发生数量与 5、6、7 月份降雨有关，雨量大或持续降雨不利其发生，温暖干燥对发生有利，梨黄粉蚜不能借风力传播，远距离传播靠苗木、枝条和穗条。天敌有中华草岭、小花蝽、多异瓢虫、异色瓢虫等。此外寄生菌多毛菌 (*Hirutella teompsonii* Fisher) 和芽枝霉菌(*Cladosporium cladosporioides* Frus de Vries)对其有一定控制作用。

防治方法 (1)采后彻底清园。清除园内落果、落叶及有虫果的纸袋集中深埋或烧毁。(2)秋末至早春发芽前刮除主干、主枝、枝杈处粗翘皮，集中烧毁，消灭越冬卵。(3)翌春树体萌动前喷 4~5 度石硫合剂。(4)花芽萌动期及生长期可喷 10%吡虫啉可湿性粉剂 2000 倍液或 3%啶虫脒乳油 3000 倍液、25%噻虫嗪水分散粒剂 6000 倍液，尽量在套袋之前全面彻底消灭之。(5)发现黄粉蚜钻入袋中为害梨果后，可选 80%敌敌畏乳油 1500 倍液 +48%毒死蜱乳油 1500 倍液混合喷雾。

白星花金龟(White-spotted flower chafer)

学名 *Potosia (Liocola) brevitarsis* (Lewis) 鞘翅目，花金龟科。别名：白纹铜花金龟、白星花潜、白星金龟子、铜克螂。分布在黑龙江、吉林、辽宁、内蒙古、宁夏、甘肃、青海、陕西、山西、北京、河北、河南、山东、安徽、江苏、上海、浙江、江西、福建、台湾、广东、海南、湖南、湖北、贵州、重庆、四川、云南、西藏等地。

寄主 苹果、桃、李、柑橘、乌柿、梨、葡萄、可可、梅、海棠、椰子、莲雾、杏、无花果及葫芦科植物、禾本科植物及各类蔬菜等。

为害特点 成虫取食花朵的花器，致花朵腐烂，幼虫在土壤内根部生活。在梨园、葡萄园中成虫昼夜啃食果实，七、八月间果实大量成熟时受害重，有时 1 个果实上有成虫七、八头，致果肉腐烂，损失很大。该虫近年为害呈上升的趋势，应引起重视。

形态特征 成虫：体长 17～24(mm)，宽 9～12(mm)。椭圆形，具古铜或青铜色光泽，体表散布众多不规则白绒斑。触角深褐色；复眼突出；前胸背板具不规则白绒斑，后缘中凹；前胸背板后角与鞘翅前缘角之间有一个三角片甚显著，即中胸后侧片；鞘翅宽大，近长方形，遍布粗大刻点，白绒斑多为横向波浪形；臀板短宽，每侧有 3 个白绒斑呈三角形排列；腹部 1～5 腹板两侧有白绒斑；足较粗壮，膝部有白绒斑；后足基节后外端角尖锐；前足胫节外缘 3 齿，各足跗节顶端有 2 个弯曲爪。

生活习性 年发生 1 代。成虫于 5 月上旬开始出现，6～7 月为发生盛期。成虫白天活动，有假死性，对酒醋味有趋性，飞翔力强，常群聚为害花，产卵于土中。幼虫(蛴螬)多以腐败物为食，以背着地行进。

防治方法 在白星花金龟初发期往附近树上挂细口瓶，用酒瓶或清洗过的废农药瓶均可，挂瓶高度 1～1.5m，瓶里放入 2～3 个白星花金龟，待田间的白星花金龟飞到瓶上时，先在瓶口附近爬行，后掉入瓶中，每 667m^2 可挂瓶 40～50 个捕杀白星花金龟，效果优异。

茶翅蝽(Yellow-brown stink bug)

学名 *Halyomorpha halys* (Stal) 异名 *H. picus* Fabricius 半翅目，蝽科。别名：臭木蝽象、臭木蝽、茶色蝽。分布除新疆、宁夏、青海未见报道外，其余各省均有分布。

寄主 梨、苹果、海棠、桃、李、杏、山楂、樱桃、榅桲、梅、柑橘、柿、无花果、葡萄、石榴等。

为害特点 成、若虫吸食叶、嫩梢及果实汁液，梨果被害，

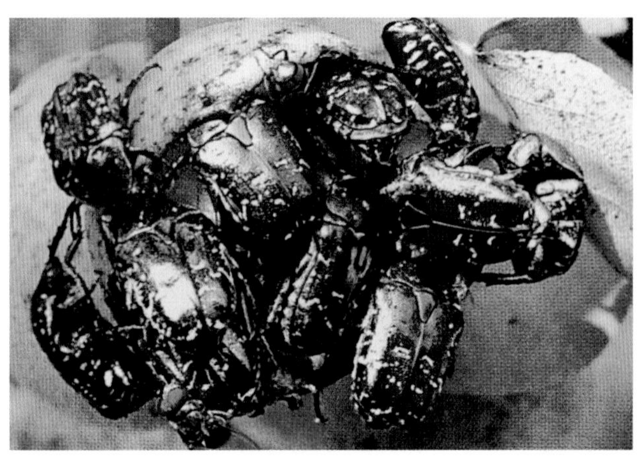

白星花金龟(夏声广)

蝽象成虫、若虫为害梨果状

茶翅蝽成虫

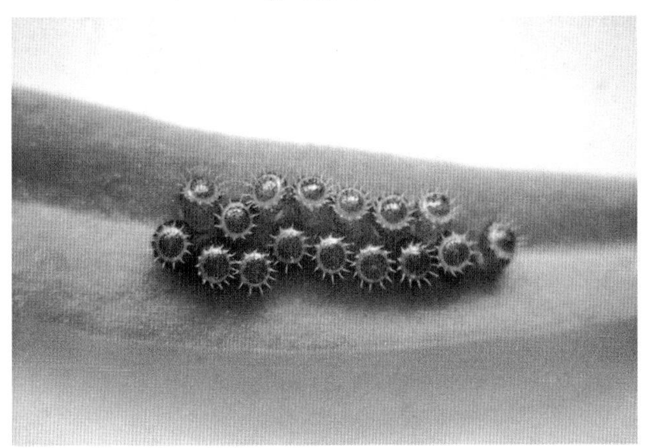

茶翅蝽卵块放大

常形成疙瘩梨，果面凹凸不平，受害处变硬、味苦；或果肉木栓化。桃、李受害，常有胶滴溢出。近年该虫在长江以北各果区对梨、桃为害日趋严重。成为梨园、桃园重要害虫。

形态特征 成虫：体长 12 ~ 16(mm)，宽 6.5 ~ 9.0(mm)，扁椭圆形，淡黄褐至茶褐色，略带紫红色，前胸背板、小盾片和前翅革质部有黑褐色刻点，前胸背板前缘横列 4 个黄褐色小点，小盾片基部横列 5 个小黄点，两侧斑点明显。腹部侧接缘为黑黄相间。卵：短圆筒形，直径 0.7mm 左右，初灰白色，孵化前黑褐色。若虫：初孵体长 1.5mm 左右，近圆形。腹部淡橙黄色，各腹节两侧节间各有 1 长方形黑斑，共 8 对。腹部第 3、5、7 节背面中部各有 1 个较大的长方形黑斑。老熟若虫与成虫相似，无翅。

生活习性 年生 1 代，以成虫在空房、屋角、檐下、树洞、土缝、石缝及草堆等处越冬。北方果区一般 5 月上旬陆续出蛰活动，6 月上旬至 8 月产卵，多产于叶背，块产，每块 20 ~ 30 粒。卵期 10 ~ 15 天。7 月上旬出现若虫。6 月中、下旬为卵孵化盛期，8 月中旬为成虫盛期。9 月下旬成虫陆续越冬。成虫和若虫受到惊扰或触动时，即分泌臭液，并逃逸。天敌有卵寄生蜂：蝽象黑卵蜂、稻蝽小黑卵蜂。

防治方法 (1)保护天敌。① 5 ~ 7 月份为该虫寄生蜂成虫羽化和产卵期，果园应避免使用触杀性药剂。② 果园外围栽榆树作为防护林，可保护蝽象黑卵蜂到林带内蝽象卵上繁殖。③ 7 月中下旬采集被寄生的蝽象卵（被寄生的蝽象卵带有蓝黑色），待黑卵蜂羽化后饲喂 5%红糖水或 10%蜂蜜水，并逐步降温到 10℃左右，数天后贮藏于 0 ~ 5℃的室内网罩内，罩底放湿土及落叶，至翌年 3 ~ 4 月份在室内加温，并用苹果、梨等果实饲养，待蝽象产卵，即以此卵繁殖蝽象黑卵蜂，5 ~ 6 月释放于果园。(2)越冬期捕杀越冬成虫。(3)受害严重的果园，在产卵和为害前进行果实、果穗套袋。(4)结合管理随时摘除卵块及捕杀初孵群集若虫。并应强调在各种受害较重的寄主上同时进行防治，以压低虫口基数。(5)药剂防治。于越冬成虫出蛰结束和低龄若虫期喷洒 40%毒死蜱乳油 1600 倍液或 20%氰戊菊酯乳油 2000 倍液、52.25%毒死蜱·氯氰菊酯乳油 1500 倍液、20%吡虫啉可湿性粉剂 3000 倍液。(6)6 月上中旬茶翅蝽集中到梨园，正处在产卵前期，是防治的关键时期，这个时机如掌握恰到好处，喷药又细致周到，能够达到全歼成虫及部分若虫。(7)茶翅蝽进入桃园常早于梨园，但主要为害期是 6 月中至 7 月中，应注意防治。

珀蝽（Brown-winged green bug）

学名 *Plautia fimbriata* (Fabricius) 半翅目，蝽科。别名：朱绿蝽、克罗蝽。分布于河北、山东、河南、江苏、安徽、浙江、江西、福建、台湾、湖北、湖南、广西、广东、陕西、四川、贵州、云南、西藏等地。

珀蝽成虫放大

寄主 梨、桃、柿、李、柑橘、葡萄、菜豆、大豆、玉米等。

为害特点 成、若虫均能直接刺破果皮吸吮果汁，虫口密度大的果园常十几头成虫、若虫齐集一果争吸果汁，严重影响产量和商品价值，该虫行动敏捷，转移、扩展能力强，7 ~ 9 月为害较重。

形态特征 成虫：体长 8 ~ 11.5(mm)，宽 5 ~ 6.5(mm)，长椭圆形，具光泽，密被绿或黑色细点刻，头鲜绿色，触角第 2 节绿色，末端黑色，复眼褐黑色，单眼黄红色，前胸背板鲜绿，后侧缘红褐色。小盾片绿色，末端色浅。前翅革片暗红色具黑粗刻点，胸腹部腹面中央浅黄色，中胸片上具小脊，腹部侧缘后角黑色，足鲜绿色。卵：长 0.94 ~ 0.98(mm)，圆筒形，灰黄至暗灰黄色。若虫：体较小，似成虫。

生活习性 江西南昌年生 3 代，以成虫在枯枝落叶或草丛中越冬，翌年 4 月上中旬开始活动，4 月下旬至 6 月上旬产卵。第 1 代于 5 月上至 6 月中旬孵化，第 2 代 7 月上旬末孵化，第 3 代 9 月初至 10 月上旬孵化，10 月下旬陆续蛰伏越冬。卵期

5～9 天，2 代成虫寿命 35～56 天，第 3 代成虫寿命达 9 个多月。卵呈块状多产在叶背，每块 14 粒紧凑排列。成虫趋光性强。

防治方法　参考茶翅蝽。

麻皮蝽（Yellow marmorated stink bug）

学名　*Erthesina fullo* (Thunberg)半翅目，蝽科。别名：黄霜蝽、黄斑蝽、麻皮蝽象、嗅屁虫。分布在辽宁、内蒙古、陕西、甘肃、山西、北京、河北、山东、河南、安徽、江苏、浙江、上海、江西、湖北、湖南、福建、贵州、广东、广西、云南、重庆、四川等地。

麻皮蝽成虫

寄主　梨、桑、柑橘、海棠、梅、石榴、樱桃、柿、苹果、松、柏、榅桲、龙眼、银杏、葡萄、草莓、枣、无花果等。

为害特点　成虫、若虫刺吸寄主植物的嫩茎、嫩叶和果实汁液。叶片和嫩茎被害后，出现黄褐色斑点，叶脉变黑，叶肉组织颜色变暗，严重者导致叶片提早脱落、嫩茎枯死。

形态特征　成虫：体长 18～24.5(mm)，宽 8～11.5(mm)，体稍宽大，密布黑色点刻，背部棕黑褐色，由头端至小盾片中部具 1 条黄白色或黄色细纵脊；前胸背板、小盾片、前翅革质部布有不规则细碎黄色凸起斑纹；腹部侧接缘节间具小黄斑；前翅膜质部黑色。头部稍狭长，前尖，侧叶和中叶近等长，头两侧有黄白色细脊边。复眼黑色。触角 5 节，黑色，丝状，第 5 节基部 1/3 淡黄白或黄色。喙 4 节，淡黄色，末节黑色，喙缝暗褐色。足基节间褐黑色，跗节端部黑褐色，具 1 对爪。卵：近鼓状，顶端具盖，周缘有齿，灰白色，不规则块状，数粒或数十粒黏在一起。幼虫：老熟若虫与成虫相似，体红褐或黑褐色，头端至小盾片具 1 条黄色或微现黄红色细纵线。触角 4 节，黑色，第 4 节基部黄白色。前胸背板、小盾片、翅芽暗黑褐色。前胸背板中部具 4 个横排淡红色斑点，内侧 2 个稍大，小盾片两侧角各具淡红色稍大斑点 1 个，与前胸背板内侧的 2 个排成梯形。足黑色。腹部背面中央具纵裂暗色大斑 3 个，每个斑上有横排淡红色臭腺孔 2 个。

生活习性　年生 1 代，以成虫于草丛或树洞、皮裂缝及枯枝落叶下及墙缝、屋檐下越冬，翌春草莓或果树发芽后开始活动，5～7 月交配产卵，卵多产于叶背，卵期约 10 多天，5 月中下旬可见初孵若虫，7～8 月羽化为成虫为害至深秋，10 月开始越冬。成虫飞行力强，喜在树体上部活动，有假死性，受惊扰时分泌臭液。

防治方法　(1)秋冬清除杂草，集中烧毁或深埋。(2)成虫、若虫为害期，清晨震落捕杀，在成虫产卵前进行较好。(3)在成虫产卵期和若虫期喷洒 2.5%溴氰菊酯乳油 2000 倍液或 40%乐果乳油或 10%氯氰菊酯乳油、40%毒死蜱乳油 1000 倍液。

梨蝽（Pear stink bug）

学名　*Urochela luteovaria* Distant 半翅目，异蝽科。别名：梨蝽象、花壮异蝽。分布于河北、辽宁、吉林、江西、福建、广西、陕西、湖北、四川、贵州、云南。

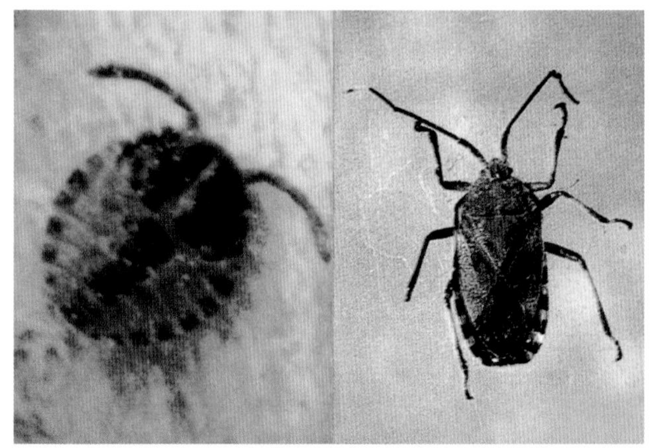

放大的梨蝽若虫和成虫

寄主　梨、苹果、山楂、杏、桃、李、沙果、樱桃、海棠等。

为害特点　同茶翅蝽，排泄物可诱发煤污病。

形态特征　成虫：体长 10～13(mm)，长椭圆形，灰褐色。头部褐色，背面中央具褐色纵纹 2 条。触角丝状 5 节，第 3 节短，第 2、3 节黑色，第 4、5 节基半部黄白色，端半部黑色。前胸背板、小盾片、前翅革质部均具黑色细刻点，前胸背板近前缘有 1 黑色“八”字形纹。前翅前缘基部具不规则的黄白色纹；足黄褐色，腹部紫褐色，腹面侧接缘，黑斑内侧有 3 个小黑点。卵：椭圆形，浅绿或乳黄色，顶端具棒状附属物 3 条。20～30 粒成块，外覆黄白色或微带紫红的透明胶质物。若虫：初孵黑色，共 5 龄，5 龄开始触角为 5 节，前胸背板两侧具黑色斑纹，腹部棕黄，背面中央有长方形黑斑 3 个，纵列。老熟若虫体长 8～9(mm)。

生活习性　年生 1 代。以 2 龄若虫于梨树粗皮缝中或皮下越冬，翌年发芽时出蛰，先在越冬处取食，随着梨树生长，逐渐分散到枝梢上为害树梢或果实。6 月至 7 月中旬陆续羽化为成虫。成虫寿命 4～5 个月，经取食后交配产卵，产卵盛期为 8 月下旬至 9 月上旬，卵多产在树干的树皮缝中，有时产在叶片及果实萼洼上。卵期 10 天左右，9 月上旬始见若虫。成、若虫在高温中午前后多群集在枝干背面静止不动，傍晚陆续分散到枝干上取食。

防治方法　(1)秋后至越冬若虫出蛰前刮树皮，并集中烧毁，消灭越冬若虫。(2)于 8 月中旬开始在枝干上束草，诱集成虫产卵，每 5 天换 1 次，及时杀灭卵块。(3)炎夏中午人工捕杀群集在枝干上的成虫和若虫。可用火把烧杀或鞋底拍打，连续 2～3 次可基本控制。(4)早春越冬若虫出蛰后或夏季成、若虫群集在树枝上或树体背阴处时，及时施药防治，所用药剂参考茶翅蝽。

（2）花器芽叶害虫

梨网蝽（Pear lace-bug）

学名 *Stephanitis nashi* Esaki et Takeya 半翅目，网蝽科。别名：梨冠网蝽、梨花网蝽、梨军配虫。分布在吉林、辽宁、甘肃、陕西、山西、北京、河北、山东、河南、安徽、江苏、上海、浙江、福建、江西、湖南、湖北、广东、广西、贵州、重庆、四川、云南等地。

梨网蝽成虫放大

寄主 苹果、梨、桃、梅、海棠、山楂、樱桃等。

为害特点 成、若虫在叶背吸食汁液，被害叶正面形成苍白点，叶片背面有褐色斑点状虫粪及分泌物，使整个叶背呈锈黄色，严重时被害叶早落。

形态特征 成虫：体长 3.3 ~ 3.5(mm)，扁平，暗褐色。头小、复眼暗黑，触角丝状，翅上布满网状纹。前胸背板隆起，向后延伸呈扁板状，盖住小盾片，两侧向外突出呈翼状。前翅合叠，其上黑斑构成“X”形黑褐斑纹。虫体胸腹面黑褐色，有白粉。腹部金黄色，有黑色斑纹。足黄褐色。卵：长椭圆形，长 0.6mm，稍弯，初淡绿后淡黄色。若虫：暗褐色，翅芽明显，外形似成虫，头、胸、腹部均有刺突。

生活习性 华北年生 3 ~ 4 代，河南及陕西关中 4 代，黄河故道 4 ~ 5 代，长江流域 5 代，以成虫在枯枝落叶、翘皮缝、杂草及土石缝中越冬。翌年梨树展叶时成虫开始活动，产卵在叶背叶脉两侧的组织内。卵上附有黄褐色胶状物，卵期约 15 天。若虫孵出后群集在叶背主脉两侧为害。世代重叠。10 月中旬后成虫陆续寻找适宜场所越冬。已知天敌有军配盲蝽等。

防治方法 (1)9 月份在树干绑草诱集越冬成虫；冬期彻底清除杂草、落叶，集中烧毁，可大大压低虫源减轻来年为害。(2)4 月中旬，一代若虫孵化盛期及越冬成虫出蛰后及时喷洒 50%马拉硫磷乳油或 40%乐果乳油 1000 ~ 1500 倍液、50%敌敌畏乳油或 90%敌百虫可溶性粉剂 800 ~ 1000 倍液、52.25%氯氰·毒死蜱乳油 2000 倍液或 2.5%高效氯氟氰菊酯乳油或 20%甲氰菊酯乳油 3000 倍液。马拉硫磷在梨树上应用时要严格控制浓度，以免产生药害。

梨刺蛾（Pear stinging caterpillar）

学名 *Narosoideus flavidorsalis* (Staudinger) 鳞翅目，刺蛾科。分布在东北、华北、华东、广东；日本。

梨刺蛾成虫（左）和幼虫

寄主 梨、苹果、杏、枣、栗等。

为害特点 同中国绿刺蛾。

形态特征 成虫：体长 13 ~ 16(mm)，翅展 29 ~ 36(mm)。雌触角丝状，雄双栉齿状。头、胸背黄色，腹部黄色具黄褐色横纹。前翅黄褐色，外线明显，深褐色，与外缘近平行。线内侧具黄色边带铅色光泽，翅基至后缘橙黄色。后翅浅褐色或棕褐色，缘毛黄褐色。末龄幼虫：体长 24mm，绿色，背线、亚背线紫褐色。各体节具横列毛瘤 4 个，其中中后胸、腹部 6、7 节背面具 1 对长枝刺状，上生暗褐色刺。蛹：长 12mm，黄褐色。茧：长 12 ~ 14(mm)，椭圆形，暗褐色，外黏附土粒。

生活习性 年生 1 代。以老熟幼虫结茧在土中越冬，7 ~ 8 月发生，卵多产在叶背，数十粒 1 块，8 ~ 9 月进入幼虫为害期，初孵幼虫有群栖性，2、3 龄后开始分散为害，9 月下旬幼虫老熟后下树，寻找结茧越冬场地。

防治方法 参见中国绿刺蛾。

中国绿刺蛾（Chinese cochlid）

学名 *Latoia sinica*（Moore）鳞翅目，刺蛾科。别名：中华青刺蛾、黑下青刺蛾、绿刺蛾、苹绿刺蛾。异名 *Parasa sinica* Moore。

中国绿刺蛾成虫

中国绿刺蛾幼虫

分布在黑龙江、吉林、辽宁、内蒙古、宁夏、青海、陕西、河北、河南、山东、江苏、上海、浙江、江西、福建、台湾、湖南、湖北、贵州、四川、云南等。

寄主 梅、苹果、梨、桃、李、柑橘、枣等。

为害特点 幼虫啃食寄主植物的叶，造成缺刻或孔洞，严重时常将叶片吃光。

形态特征 成虫：长约12mm，翅展21～28(mm)，头胸背面绿色，腹背灰褐色，末端灰黄色。触角雄羽状、雌丝状。前翅绿色，基斑和外缘带暗灰褐色，前者在中室下缘呈角形外曲，后者与外缘平行内弯，其内缘在Cu_2上呈齿形曲；后翅灰褐色，臀角稍灰黄。卵：扁平椭圆形，长1.5mm，光滑，初淡黄，后变淡黄绿色。幼虫：体长16～20(mm)，头小，棕褐色，缩在前胸下面，体黄绿色，前胸盾具1对黑点，背线红色，两侧具蓝绿色点线及黄色宽边，侧线灰黄色较宽，具绿色细边。各节生灰黄色肉质刺瘤1对，以中后胸和8～9腹节的较大，端部黑色，第9、10节上具较大黑瘤2对。气门上线绿色，气门线黄色，各节体侧也有1对黄色刺瘤，端部黄褐色，上生黄黑刺毛。腹面色较浅。蛹：长13～15(mm)，短粗。初淡黄，后变黄褐色。茧：扁椭圆形，暗褐色。

生活习性 北方年生1代，江西2代，以前蛹在茧内越冬。1代区5月间陆续化蛹，成虫6～7月发生，幼虫7～8月发生，老熟后于枝干上结茧越冬。2代区4月下旬～5月中旬化蛹，5月下旬～6月上旬羽化，第1代幼虫发生期为6～7月，7月中下旬化蛹，8月上旬出现第1代成虫。第2代幼虫8月底开始陆续老熟结茧越冬，但有少数化蛹羽化发生第3代，9月上旬发生第2代成虫，第3代幼虫11月老熟于枝干上结茧越冬。成虫昼伏夜出，有趋光性，羽化后即可交配、产卵，卵多成块产于叶背，每块有卵数十粒作鱼鳞状排列。低龄幼虫有群集性，稍大分散活动为害。

防治方法 (1)成虫羽化前摘除虫茧，消灭其中幼虫或蛹。(2)及时摘除幼虫群集的叶片。(3)在卵孵化盛期和低龄幼虫为害期喷洒80%敌敌畏乳油或40%乐果乳油、25%灭幼脲悬浮剂1000倍液、5%氟铃脲乳油1000~1500倍液、20%甲氰菊酯乳油2000倍液、2.5%高效氯氟氰菊酯或2.5%溴氰菊酯乳油或20%氰戊菊酯乳油2000倍液。

梨园扁刺蛾

学名 *Thosea sinensis* (Walker) 鳞翅目刺蛾科。别名：黑点刺蛾。分布在南北方各省。

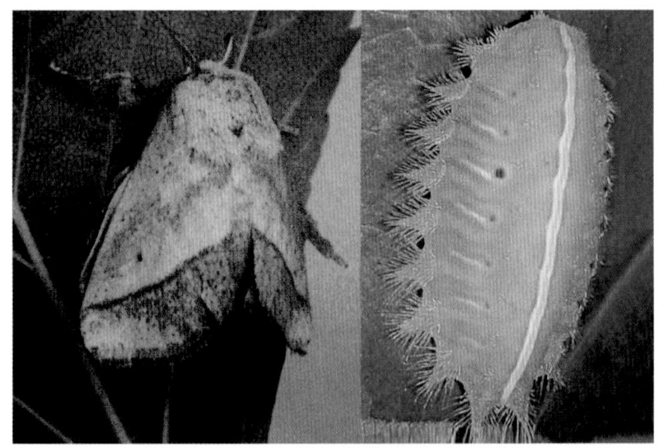

扁刺蛾成虫和幼虫

寄主 柿、苹果、梨、桃、李、杏、樱桃、枣、山楂、石榴、枇杷、柑橘。

为害特点 幼虫食叶成缺刻或孔洞。重者把叶片吃光。

形态特征 成虫：雌体长13~18(mm)，体暗灰褐色，触角丝状，前翅中室前方具1暗褐色斜纹，雄蛾中室上角有1黑点。末龄幼虫：体长21~26(mm)，宽16mm，体扁椭圆形，背面略隆起似龟背。全体绿色，背线白色，体边缘具10个瘤状突起，上生刺毛。

生活习性 北方年生1代，浙江2代，江西2~3代，以老熟幼虫在树干周围3~6(cm)深的土中结茧越冬。北方果区越冬幼虫于翌年5月旬化蛹，6月上旬羽化，6月中下旬至8月中旬进入成虫发生盛期。南方4月下旬开始化蛹，5月下旬开始羽化，幼虫为害期在5月下旬和7月中下旬。

防治方法 (1)幼虫下树结茧之前，疏松树干四周的土壤，以引诱幼虫下树集中结茧化蛹，然后集中杀灭。(2)树上幼虫为害期于3龄前喷洒25%灭幼脲悬浮剂1500倍液或5%氟铃脲乳油1500倍液、20%氰戊·辛硫磷乳油1500倍液、6.5%阿维·高氯可湿性粉剂4000倍液。

宽边绿刺蛾

学名 *Parasa conangae* Hering 属鳞翅目刺蛾科。分布在四

宽边绿刺蛾成虫

川、河南等省。

寄主 梨。

为害特点 初龄幼虫啃食寄主植物的叶片呈筛网状，大龄幼虫为害叶片成缺刻状。

形态特征 成虫翅展27mm左右。身体红褐色，颈板(中央除外)和翅基片绿色；前翅绿色，前缘灰褐色，基斑红褐色，伸占中室的二分之一，呈刀形，达于前缘近中央，向后分出一小纹达于后缘，外缘带灰红褐色，很宽，约占全翅三分之一，向后渐窄伸达后缘中央，带内缘呈不规则波浪形暗线，其外缘蒙有一层银灰色，以后半段较显；后翅红褐色，雄蛾暗褐色。

生活习性 年生代数不详。

防治方法 树上幼虫为害期于3龄前喷洒25%灭幼脲悬浮剂1500倍液或5%氟铃脲乳油1500倍液、20%氰戊·辛硫磷乳油1500倍液、6.5%阿维·高氯可湿性粉剂4000倍液。

梨尺蠖(Pear looper)

学名 *Yala pyricola* Chu 鳞翅目，尺蛾科。别名：梨步曲。分布于辽宁、河北、山西、山东、河南、陕西六省。

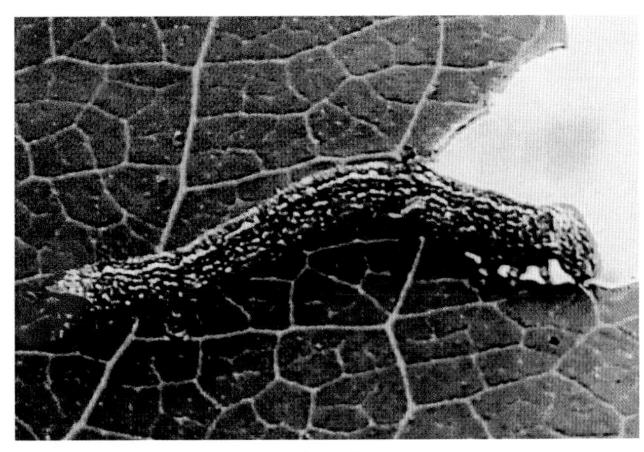

梨尺蠖

寄主 梨、苹果、山楂、海棠、槟沙果、杏及杨等。

为害特点 幼虫食梨花、嫩叶成缺刻或孔洞，严重时叶片吃光。

形态特征 成虫：雄具翅，体长9～15(mm)，翅展24～26(mm)。体灰至灰褐色。喙退化，头、胸部密被绒毛，腹部除绒毛外并具刺和齿，齿黑色，生于1～8节；刺黄褐色，生于4～7节上。前翅具3条黑色横线，后翅具1～2条但不明显。触角双栉状。雌翅退化呈微小瓣状。体长7～12(mm)，体灰色至灰褐色，头、胸部密布粗鳞且无长柔毛，胸部宽短，腹部被鳞毛，触角丝状。卵：长约1mm，椭圆形。幼虫：体长28～36(mm)，头部黑褐色，全身黑灰色或黑褐色，具线状黑灰色条纹，幼虫体色因虫龄及食物不同而异。蛹：长12～15(mm)，红褐色。

生活习性 年生1代，以蛹在土中越冬，在河北老熟幼虫于5月上旬开始下树，多在树干四周入土9～12(cm)，个别深达21cm，先作土茧化蛹，以蛹越夏和越冬，蛹期9个多月，第2年早春2、3月越冬蛹羽化为成虫后沿幼虫入土穴道爬出土面，白天潜伏在杂草间或树冠中。雌蛾只能爬到树上，等待雄蛾前来交尾，把卵产在树干阳面缝中或枝干交叉处，少数产于地面土块上。每雌产卵300余粒。卵期10～15天，幼虫孵化后分散为害幼芽、幼果及叶片，幼虫期36～43天，5月上旬幼虫老熟下树入土化蛹后越冬。

防治方法 (1)秋冬耕翻果园拾蛹灭虫。(2)梨尺蠖羽化期比枣尺蠖约早1个月，成虫羽化前，在梨树下堆50cm高的砂土堆拍实打光，阻碍雌蛾上树，并捕蛾灭卵或者在树干根颈部绑塑料膜，同时在塑料膜周围撒毒土(参考桃小)阻止雌蛾上树，此法认真做好，可明显控制为害。(3)幼虫发生期掌握在3龄前药剂防治，参考枣树害虫——枣尺蠖。

梨铁甲

学名 *Dactylispa* sp. 鞘翅目，铁甲科。分布在山西。

梨铁甲成虫

寄主 梨。

为害特点 成虫食叶，幼虫潜叶为害。

形态特征 成虫：体长4～4.5(mm)，宽2～2.3(mm)，暗黄褐色。头黑色，额与口器黄色，复眼卵圆形黑色，触角丝状11节。胸刺粗壮同体色，前胸背板前缘每侧2根竖立，前后排列，基部着生一起。两侧缘各3根，基部相连前后排列，后缘角处各具1小瘤突；前胸背板密布粗刻点，背中线两侧各有1黑纵斑。小盾片三角形，末端圆钝。鞘翅上刻点粗大成10条纵沟；肩胛处呈扇状外突似翼片，边缘具刺6～7个；翅面上刺瘤黑色，着生在刻点沟间的纵脊上：第2行5个，中间3个较大；第4行4个较小，第4个较大；第6行2～3个，第1个与肩胛翼片末相接，第2个很小或无；第8行2个较大，于翅中部和后侧角内；有的个体第1行中、后部各有1小刺瘤；翅缘有1列刺，仅后侧角处3～4个黑色，侧缘基部至后侧角17～19个，端缘刺较小8～12个，缘刺较均匀，间或有1～2个小的；鞘翅中缝脊边有的个体黑色。胸部腹面黑色，足黄褐色。腹部腹面可见5节、黑色，两侧黄褐色。

生活习性 不详，国内新纪录种。山西5月下旬至6月上旬发现成虫，白天活动，多于叶背栖息，触角前伸，受惊扰跳离。

防治方法 数量不多无需单独防治。

梨叶甲

学名 *Parapsides duodecimpustulata* Gebler 鞘翅目，铁甲

梨叶甲成虫

梨叶甲成虫和卵(夏声广 摄)

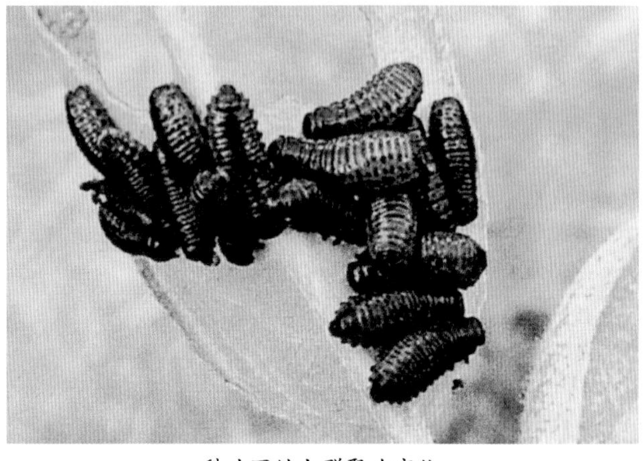

梨叶甲幼虫群聚为害状

科。别名:梨叶虫、梨金花虫、四段叶虫。分布于东北、山东、山西、河南、江苏、江西、湖北。

寄主 梨。

为害特点 幼虫食梨叶和花器,受害叶呈纱网状孔洞和缺刻。

形态特征 成虫:黄褐色至赤褐色,长9mm,宽6mm,头背中央具2黑斑横列;复眼黑色,触角11节近棒状,从第6节开始渐膨大扁平黑褐色,端部较尖。前胸背板中央及两侧各生1黑斑。鞘翅上黑斑略呈4横列,前3列各有4个黑斑,第4列为1个大横斑。卵:长2.5mm,椭圆形,紫红色。幼虫:橙色。头黑色。前胸背板中部黑色,两侧橙黄,背线、亚背线黑色。前胸背板至后胸前半部中央具1细纵沟。蛹:长9mm,卵圆形,尾端细小。

生活习性 河南、江苏年生2代,以成虫在草丛中、落叶、石块下越冬。翌年4月出蛰爬到枝上食害嫩叶,交尾产卵。4月下至5月进入产卵期,把卵产在叶背,每雌可产卵140~150粒,初孵幼虫黑褐色,幼虫期1个月,老熟后入土室化蛹。1代成虫6~7月发生。第2代成虫8月中下旬出现,为害至晚秋,于向阳处寻找合适场所越冬。成虫有假死性。幼虫遇惊扰时9腹节突出2条赤褐色角状突起。

防治方法 (1)早春清理枯枝落叶及杂草,可消灭部分越冬成虫。(2)利用成虫假死性,振落捕杀成虫和幼虫。(3)发现卵块及时摘除。(4) 成虫幼虫为害期喷洒90%敌百虫可溶性粉剂或40%乐果乳油1000倍液、20%氰戊·辛硫磷乳油1500倍液。

梨叶蜂(Pear slug)

学名 *Caliroa matsumotonis* Harukawa 膜翅目,叶蜂科。别名:桃黏叶蜂。分布于山东、河南、山西、四川、江苏、陕西、云南。

梨叶蜂低龄幼虫群集在叶缘为害(夏声广)

寄主 梨、桃、李、杏、樱桃、山楂、柿。

为害特点 幼虫低龄时食叶肉,仅残留表皮,稍长大后食叶成缺刻或孔洞,发生重的把叶片食得残缺不全,仅残留叶脉,影响梨树生长发育。

形态特征 成虫:粗短,长10~13(mm),黑色,具光泽,头较大,触角9节丝状,上生细毛。复眼略大,暗红色或黑色,3个单眼位于头顶,排列成三角形。前胸背板后缘向前凹。雄蜂胸部全黑,雌蜂胸部两侧及肩板黄褐色。翅透明宽大,略带暗色,翅痣、翅脉黑色。足浅黑褐色,跗节5节,前足胫节生2根端距。雌蜂产卵器锯形。雄蜂腹部筒状。幼虫:体长10mm,光滑,黄褐色或绿色。头近半球形,单眼两侧各生1个,上部生褐色圆斑。胸部大,胸足发达。6对腹足,生在2~6腹节及10腹节上。卵:长1mm,近肾形,绿色。

生活习性 年生代数未详。以末龄幼虫在土茧中越冬。河南、南京一带成虫于6月羽化出土,上树交尾产卵,卵期10天左右,幼虫孵化后由叶缘向内取食叶肉,残留表皮,幼虫长大后食叶成缺刻,陕西8月上旬进入幼虫为害盛期。幼虫于9月上中旬老熟后下树入土结茧,在土层3cm处越冬。

防治方法 (1)春季或秋季梨园进行耕翻,使越冬茧露出土面或埋入深层处,可杀灭越冬之幼虫。(2)于6月防治梨象甲和桃蛀果蛾时,地面用50%辛硫磷微胶囊剂300倍液或40%毒死蜱乳油450倍液喷树盘地表,可兼治梨叶蜂。(3)幼虫为害期,向树上喷洒90%敌百虫可溶性粉剂1000倍液或40%辛硫磷乳油1200倍液,兼治桃小食心虫。

梨大叶蜂(Large pear sawfly)

学名 *Cimbex nomurae* Marl. 膜翅目,锤角叶蜂科。我国新纪录种。分布 吉林、辽宁、山西;日本。

梨大叶蜂成虫放大

梨大叶蜂中龄幼虫蜷缩在叶片上

寄主 梨、山楂、樱桃、山荆子、木瓜。

为害特点 幼虫食叶成圆弧形缺刻,严重时把叶片吃光;成虫咬伤嫩梢的上部吸食汁液,致梢头萎枯断落,影响幼树成型。

形态特征 成虫:体长22~25(mm),翅展48~55(mm),淡红褐色。体粗壮,体、足密被细毛。头黄色,复眼黑色椭圆形,触角10节棒状,棒状部由5节愈合而成,触角两端黄褐色,中部黑褐色。前胸背板黄色,中胸盾片前部具"V"形沟,沟前和其两侧至后缘,形成3块隆起,上生黑褐斑。中胸小盾片和后胸背板后缘黄褐色。前翅前半部不透明,暗褐色,后半部及后翅透明、淡黄褐色。3对胸足依次渐大,各足基节至腿节黑褐色,胫节以下红褐色。腹部9节,1~3节和4~6节的后缘黑褐色,余部黄至黄褐色;背线向后渐窄至第7节,黑褐色。卵:长3.5mm,椭圆形略扁,淡绿色至黄绿色。幼虫:体长50mm左右,头较前胸宽,向后渐细。头部半球形,黄至橙黄色。胸足3对,腹足8对。体表多横皱纹,常与体节形成横褶,体黄色,背线黑色较宽,中央为淡黄色细线,前胸至第7腹节背线由2纵列长方形黑斑组成,第8腹节以后体表无黑斑,透视内部呈淡黑色。幼虫共5龄,各龄体色斑纹变化较大,1龄全体黑色,2~4龄头黑色,胴部灰白至白色,疏被白粉;气门上线每节有1个大黑斑,背线同老熟幼虫。蛹:裸蛹,长25~30(mm),乳白色至黄褐色。茧:长椭圆形,黑褐色,革质较坚硬,外部粗糙。

生活习性 山西年生1代,以老熟幼虫在茧里于土中越冬。翌年3月下旬~4月化蛹。蛹期20~30天,4月下旬至5月下旬为成虫发生期,成虫经数日取食后交配产卵,卵期7~10天。5月上中旬幼虫孵化,幼虫期40~50天,6月中下旬老熟幼虫落地入土结茧化蛹,以幼虫在茧内越夏、越冬。成虫喜白天活动,9时后活跃,多在距山楂嫩梢梢顶6~10(cm)处把嫩茎咬伤吸食汁液,2~3分钟为害1梢,后转换附近嫩梢继续为害。卵散产在近叶柄的叶肉内,每叶1粒,每雌可产卵数十粒。幼虫喜栖息于叶背,以胸足抓附叶背,腹部向侧卷曲,致整体呈圆环形。受惊扰时各体节分泌出黄绿色水珠状汁液,高龄时常呈喷射状射出。老熟幼虫以胸足、腹足抓附叶片,然后咬断叶柄,虫体随叶飘落地面,爬行寻找越冬场所入土,多在6cm深处结茧。

防治方法 (1)翻树盘挖茧。(2)结合管理捕杀幼虫。成虫为害期在幼树上进行网捕成虫。(3)此虫多零星发生,幼虫为害期防治其他害虫时可兼治此虫。

二斑叶螨(Two spotted spider mite)

学名、寄主、为害特点、形态特征、生活习性 参见本书草莓害虫——二斑叶螨。6~7月该螨严重为害梨和苹果、桃、樱桃、葡萄等多种果树,目前苹果、梨树产区二斑叶螨已上升为主要害螨,叶背结白色网,结网速度很快,短期内可造成严重为害,成为落叶果树大敌。

二斑叶螨成螨放大

防治方法 (1)注意保护苹果园、梨园的生态环境,尽量少用菊酯类和有机磷农药。以免杀害大量天敌,造成二斑叶螨的猖獗。注意选用高效型生物农药。如1.8%的阿维菌素乳油1500倍液,或1%阿维·高氯乳油3000倍液、5%阿维·哒乳油2000倍液、15%辛·阿维菌素2000倍液、24%螺螨酯悬浮剂5000倍液、5%唑螨酯悬浮剂1000~2000倍液、5%噻螨酮乳油1000~1500倍液，对二斑叶螨、山楂叶螨防效高，年用1次即可。(2)南方梨园早春气温低应注意选用在低温下能充分发挥药效的34%柴油·哒螨灵乳油2000倍液。

内蒙古上三节瘿螨

学名 *Caleptrimerus neimongolensis* Kuang et Geng sp.nov 属真螨目，叶刺瘿螨亚科。分布：内蒙古。

内蒙古上三节瘿螨为害梨果状

寄主 苹果、梨等。

为害特点 主要为害果实，初在果面上产生褪绿小斑点，气孔周围产生密密麻麻的小伤口，随梨果膨大、伤口附近组织死亡，形成木栓化愈伤组织，后期伤口相连成片，果表面呈不规则开裂、凹陷，变黑，果实现疤状畸形。

形态特征 雌螨纺锤形。体型粗短，前宽后窄。背板略呈三角形，背毛生在背板后缘的前面，距背板后缘的距离相当于两毛距的1/2或更长，背毛一般较短，直立或向前，背板前端无前突小叶，腹部背片宽于腹片，两者数目相差较多。背板的后方、腹部的中间和两侧各具背脊、侧脊或浅沟，有时不明显。

生活习性 内蒙古发生代数不详。以成螨在果台、树皮缝及芽内越冬。4月下旬出蛰，刺吸芽内汁液，5月中旬进入座果期转移到果实上，6月初田间可见病果，6月下旬至7月中旬梨果大量受害，9月中下旬越冬。

防治方法 (1)加强检疫，防止疫区扩大。(2)花芽绽开、瘿螨出蛰高峰期，15℃条件下喷洒5波美度石硫合剂。落花后10天喷洒1.8%阿维菌素乳油2000倍液或73%炔螨特乳油2000~2500倍液、20%哒螨灵可湿性粉剂2000倍液、50%氯氰·毒死蜱乳油1500~2000倍液，防效优异。

梨缩叶壁虱

学名 *Epetiemerus piri* Foliae 别名：梨缩叶病、叶壁虱、叶肿病。分布：辽宁、河北、山西等省。

寄主 梨。

为害特点 成、若虫为害梨树嫩叶，受害叶肿胀皱缩，常从叶缘向上纵卷，严重时卷成双筒状并向内弯曲；成叶只卷边缘，受害处叶背表皮肿胀皱缩，组织变红或浅黄绿色，后期多干枯早落。

梨缩叶壁虱为害梨叶状及放大的瘿螨

形态特征 成瘿螨：体长132.4μm，宽49.2μm，形似胡萝卜，前端粗向后渐细，油黄色半透明，体由多环节组成，体侧似锯齿状；体侧各生4根刚毛，尾端生2根长刚毛。足2对向前伸。尾端有1吸盘，常固着在叶表面，体直立，左右摇摆。若虫：体细小，黄白色，与成虫相似。

生活习性 年生多代，梨发芽时开始活动，为害新吐出的幼叶，从发芽至5月份为害嫩叶很重，随气温升高，叶片组织衰老，为害逐渐减轻，但已受害的卷叶或皱叶难以伸展。白梨、安梨、鸭梨受害较重。

防治方法 (1)芽膨大时喷洒波美5度石硫合剂，效果好。(2)为害期喷洒40%毒死蜱乳油800倍液、5.7%氟氯氰菊酯乳油2000倍液。

梨叶肿瘿螨(Pear leaf blister mite)

学名 *Eriophyes pyri* Pagenst. 真螨目，瘿螨科。别名：梨潜叶壁虱、梨叶疹病、梨肿叶病。分布全国各梨产区。

梨叶肿瘿螨为害梨叶状

寄主 梨、苹果等。主要为害梨。

为害特点 成若虫为害初期，梨叶上现浅绿色疱疹，后渐扩展，并变成褐色或红色至黑色。疱疹常发生在主脉两侧或叶片中部，多密集成行，嫩叶疱疹多的致叶面明显隆起，背面卷曲凹陷，造成叶片早落，影响树势和花芽分化。

形态特征 成虫：体长250μm左右，圆筒形，白色至灰白色，略带红色。2对足生在体前端，体上生很多环状纹，尾端有

长刚毛2根。卵:长圆形,半透明。若虫:与成虫近似略小。

生活习性 年生多代,以成虫在梨树芽鳞下越冬。翌春梨树展叶时,越冬成瘿螨从气孔进入叶片组织,因瘿螨侵入刺激梨叶组织肿胀。辽宁地区多在5月上旬出现疱疹,5月中、下旬进入为害盛期,6月以后气温升高,为害减轻。该瘿螨把卵产在受害叶组织中,7天后孵化,一直在叶组织中繁殖和为害,直到9月份成虫才从叶中脱出,潜入梨树芽的鳞片下越冬。

防治方法 (1)梨树花芽膨大时喷洒波美5度石硫合剂或3%的柴油乳剂有效。(2)春夏两季喷洒0.3～0.5度石灰硫磺合剂或20%氰戊·辛硫磷乳油1500倍液、50%氯氰·毒死蜱乳油2000倍液。

梨卷叶瘿蚊(Pear midge)

学名 *Contarinia pyrivora* (Riley) 双翅目,瘿蚊科。异名 *C. citri*。别名:梨红沙虫、梨叶蛆。分布:贵州省。

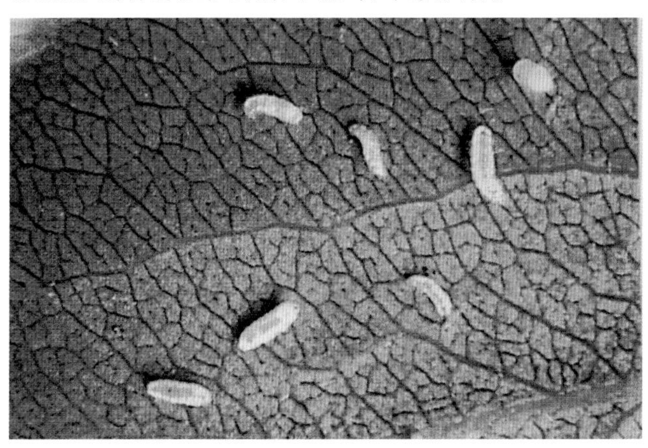

梨卷叶瘿蚊幼虫放大状

寄主 梨。

为害特点 以幼虫为害梨树幼嫩叶片,初期与梨蚜虫为害状很相似,难以区别。心叶被害呈现葱状纵卷,从此不能展开;嫩叶受害始于叶尖或叶缘,先局部向叶中部内裹,后叶的一边或两侧向内纵卷,呈筒状弯曲。叶色由嫩黄绿色变为紫红色,质硬脆,最后变黑枯死和脱落。被害严重时,树冠顶部1/3的叶掉地,留下秃枝。一般情况是成年果树春、夏梢叶片受害脱落后,在夏末长出徒长秋梢,次年不能形成结果花芽。梨苗和幼树嫩梢被害,影响了营养生长,使苗不能长成一类壮苗,延误了幼树树冠的尽早形成。

形态特征 成虫:雄体长1.0～1.2(mm),雌虫体长1.2～1.6(mm),两性展翅3.7～3.9(mm)。头小,复眼黑色,肾形,大而隆突,活虫稍具光泽。触角8节,各节呈枣状,节间有小柄串连,基部3节环状疏生浅黄褐色长毛;雄虫触角稍短于体长,雌虫长度则为体长的4/5(含产卵管柄部)。中胸发达,黑色,小盾片宽舌尖形,橘黄褐色。前翅椭圆形,基部收缩,膜质,强光下具紫铜色光彩;翅脉简单而细小,仅有纵向的2根;翅面疏生绒毛,后缘自基至中部密生长缘毛。后翅变为平衡棒。腹部黑色,但雌虫第1腹节背板前沿、末腹节和产卵管灰黄褐色。卵:长约0.2mm,长椭圆形,顶端稍细小,乳白色半透明,有光泽。幼虫:体长3.2～3.4(mm),宽0.8～1.0(mm)。初孵化时至低龄幼虫乳白色,后渐变为橘黄至深红色,扁平,细长椭圆形。可见体节11节,无足,多横皱头壳短。茧:椭圆形,灰白色,由幼虫分泌黏液形成。其外附着细微土粒,内为蛹室。蛹:长1.4～1.8(mm),橘红色,快羽化时黑褐色微呈棕红色。

生活习性 初步观察,贵州都匀年生2代。成虫4月下旬至5月初羽化出土,将卵数粒至十数粒,产于梨树春梢端部叶尖、一侧或两侧叶缘处。5～7天卵孵化出幼虫,吸食叶液,致叶片纵卷,叶肉增厚,变脆。后期被害叶变黑枯落,幼虫弹散入土,作茧化蛹,5月下旬为化蛹盛期,6月中下旬,第1代成虫羽化出土,在梨树或梨苗新梢嫩叶上产卵;7月下旬幼虫入土,作土室越夏和越冬;翌年2月底至3月上中旬,越冬幼虫作茧化蛹,4月下旬渐次羽化为成虫,在春梢上产卵,完成世代循环。成虫寿命7～10天,晴日傍晚时间活动频繁,阴天或雨日躲在叶背静息。梨园蜘蛛是其主要天敌,在蛛网上易发现黏在网丝上的尸体。幼虫畏光,触动时能弹跳逃逸。

防治方法 (1)春梢和夏梢生长期,发现卷叶瘿蚊为害状,及时剪除被害梢或卷叶集中销毁,减少虫源。(2)成虫羽化出土期,在树冠下撒施3%辛硫磷粉剂或喷施48%毒死蜱乳油450倍液触杀成虫。(3)抽梢前树冠下地面喷洒40%辛硫磷乳油800倍液或80%敌敌畏乳油1000倍加40%乐果乳油1000倍液。(4)树体喷洒40%辛硫磷乳油1000倍液或80%敌敌畏乳油800倍液,隔15～20天再喷1次。(5)成虫羽化至产卵期,在梨园施放烟剂熏杀成虫。烟熏剂配方为:锯木粉97份,硫磺粉2份,硝铵化肥粉1份,拌均匀盛填于长30cm、直径15cm的厚塑料袋中。傍晚时按每667m² 5～6包量均匀(5个或6个点)放在树下,剪去塑料袋下角,点燃,再在顶部倒入适量80%敌敌畏原液或2.5%溴氰菊酯乳油少许熏杀。5～7天熏一次,连熏3～4次,效果好。此方法成本较大,虫量少、危害轻时,应选用前述1、3两项措施为宜。

梨卷叶象(Hazel leafroller weevil)

学名 *Byctiscus betulae* Linnarus 鞘翅目,象虫科。别名:山杨卷叶象鼻虫,俗称杨狗子。分布:辽宁、河北、河南、江西、吉林、黑龙江等省。

寄主 梨、苹果、山楂、杨树。

为害特点 成虫啃食梨树的新芽、嫩叶,春季梨树展叶后卷叶产卵,幼虫孵化后在卷叶内啃食叶肉,受害重的梨园虫卷满布。

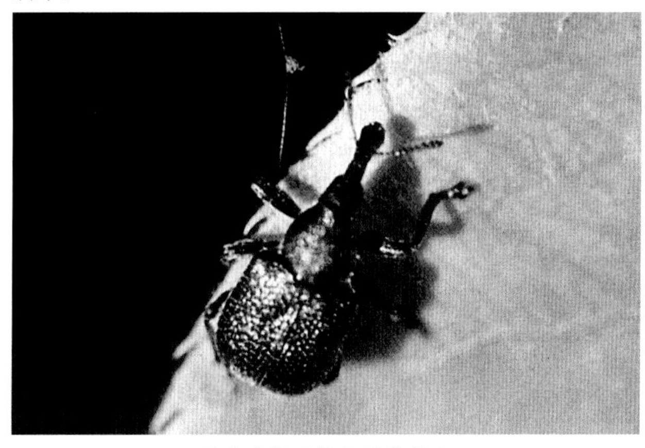

梨卷叶象甲蓝色型雌成虫

形态特征 成虫:体长不含头管为6mm,头向前面延伸为象鼻虫状,体色有蓝色和绿色两种,均带紫色金属光泽;头长方形,复眼圆形略突出;触角11节,1~3节密生黄棕色绒毛。前胸侧缘呈球面状突起,前缘窄于后缘,但前后两缘均生横褶;前胸中央生1窄细纵沟;小盾片近方形;鞘翅上生有成行的粗点刻。卵:椭圆形,乳白色,长1mm左右。末龄幼虫:体长7~8(mm),体乳白色略弯,头褐色。裸蛹:长7mm,近椭圆形,乳白色至黄褐色。

生活习性 年生1代。以成虫在地面杂草或土中作土室越冬。翌春4月下~5月上旬梨树发芽时,成虫出蛰活动,先为害新芽、嫩叶,补充营养后把叶片卷成筒状,卷叶初期雌虫把卵产在叶上,叶片成卷时,把卵包裹在叶里,每1叶卷有卵3~4粒或更多,卵期6~7天,幼虫孵化后在叶卷内取食为害,致受害叶干枯或脱落,幼虫老熟后从卷叶中钻出入土化蛹。8月上旬羽化,此后部分成虫从土中钻出,在杂草丛中越冬,一部分仍留在土中越冬。

防治方法 (1)发现树上有卷叶应及时摘除烧毁,以消灭卷叶中卷叶象的卵和幼虫。(2)于清晨振落成虫,集中深埋或烧毁。(3) 成虫出蛰后产卵前喷洒80%敌敌畏乳油或25%氯氰·毒死蜱乳油1000倍液。梨园周围杨树多的,也要注意防治,以免传到果树上。

梨黄卷蛾(Asiatic leaf roller)

学名 *Archips breviplicana* (Walsingham) 鳞翅目,卷蛾科。别名:苹果纹卷叶蛾、细后黄卷叶蛾、短褶卷叶蛾。分布于黑龙江、辽宁、吉林、陕西等省。

寄主 苹果、梨、樱桃、大豆等。

为害特点 同苹果小卷蛾。

形态特征 成虫:雌体长10~13(mm),翅展20~30(mm),头胸部淡紫褐色。中胸后缘具竖立的1大簇黑褐色鳞毛,腹部灰色,第2、3节背面各具背穴1对。触角丝状,下唇须上翘,第2节背面平滑、腹面粗糙;复眼球状黑褐色。前翅前缘近顶角处下凹,外缘在顶角下明显凹入,顶角凸出;前翅黄褐至淡赭褐色,翅上网状纹及各斑纹深褐色,网状纹特别明显,中带下半部色浅,端纹大与中带几乎相连;顶角和外缘色较深;外缘上半部的缘毛色深。后翅灰色至浅灰褐色,顶角附近正反面均呈淡黄色至黄色。反面亦具褐色纹。雄略小,与雌相似,腹末具黄色毛丛。幼虫:体长23~24(mm),头部褐至黑褐色,体灰绿或深绿,背面色深。前胸盾左右分开,前方色浅,后方黑褐色。前胸足黑褐色,中、后胸足浅黄褐色。沿尾缘及腹缘具黑褐色带。蛹:长9~13(mm),头胸部及腹部背面黑褐色,腹部腹面黄褐色,腹背各节前缘具黑色横皱,各腹节具2横列刺,尾端生8根臀棘。

梨黄卷蛾成虫交尾状

生活习性 年生2~3代,以幼虫越冬。翌春寄主发芽时出蛰活动,缠缀芽叶内食害,展叶后卷叶为害,老熟幼虫化蛹于卷叶内。成虫于6月和8月出现,发生早的能发生3代。果树座果后幼虫可为害贴叶果或相贴果的果面。秋后末代幼虫经一段取食,潜入枝干皮缝里或残附物下越冬。

防治方法 (1)冬季或早春清除果园内落叶及杂草等残附物,刮树皮,可消灭部分越冬幼虫。(2)摘除卷叶杀灭其中的幼虫和蛹。(3)在越冬幼虫出蛰期和第1代卵孵化盛期喷药防治,参考苹果小卷蛾。

梨食芽蛾(梨白小卷蛾)(Pear bud moth)

学名 *Spilonota pyrusicola* Liu et Liu 鳞翅目,卷蛾科。别名:翻花虫、红虎。分布于辽宁、河北、山西、河南、山东、江苏、安徽等省。

梨食芽蛾幼虫及为害状

寄主 梨、山楂。

为害特点 幼虫为害梨树芽、叶及嫩皮。

形态特征 成虫:体长7mm左右,翅展约15mm,触角丝状,复眼黑褐色。前翅基部和中部及外缘各具黑灰色斑纹1条,基部和中部斑纹较短,由前缘向外后缘斜伸至翅中部,外缘者较长,横贯前翅外缘,中部和外缘的斑纹之间还有1个颜色稍浅的斑纹。卵:扁圆形,直径约0.8mm,初白后变黄白色。幼虫:体长10mm左右,红褐色。头褐色,前胸盾和胸足及臀板黑褐色,各节体背具8个毛瘤,上生毛1根。蛹:长约8mm,黄褐色。

生活习性 辽宁、河北、山西年生1代,黄河故道1年2代,均以小幼虫在花芽中结茧越冬。翌春芽萌动后,幼虫开始活动转芽为害,蛀入膨大的芽中,用丝和碎屑封口,后用丝把芽的鳞片黏于花丛或叶丛基部,幼虫潜在其中食害嫩皮,致花丛、叶丛萎蔫。每虫可连续为害2~3个芽,幼虫不钻入髓中,有别于梨大食心虫。1代区幼虫为害至5月中旬老熟化蛹,且整齐。6

月上旬大量羽化，卵散产在叶上，6月下~7月上旬进入幼虫孵化盛期，初孵幼虫多在叶背基部或叶脉分枝处啃食叶肉，稍大便蛀芽，为害数个芽以后于9月下旬在最后为害的芽中做茧越冬。2代区发生期和为害期均较1代区提早30天左右，第1代成虫于8月中下旬出现，以第2代幼虫在被害芽内越冬。

防治方法 (1)农业防治 梨树开花时受害花序一侧小花不能正常生长，容易识别，如发生量不大，可人工摘除受害花丛，消灭幼虫。(2)梨芽鳞片初开、花芽即将膨大时，及时喷洒40%辛硫磷乳油1000倍液或20%氰戊菊酯乳油2500倍液、50%氯氰·毒死蜱乳油2000倍液。

梨二叉蚜(Pear aphid)

学名 *Schizaphis piricola* (Matsumura) 同翅目，蚜科。别名：梨蚜。分布：全国仅黑龙江、新疆、西藏、海南未见被害记录。

梨二叉蚜翅基蚜放大

寄主 梨、狗尾草。

为害特点 成、若虫群集芽、叶、嫩梢上刺吸汁液，为害梨叶时，群集叶面上吸食，致被害叶由两侧向正面纵卷成筒状，早期落叶，削弱树势。

形态特征 成虫：无翅胎生雌蚜体长2mm左右，绿、暗绿或黄褐色，常疏被白色蜡粉，头部额瘤不明显，口器黑色，基半部色略淡，端部伸达中足基部，复眼红褐色，触角丝状6节，端部黑色，第5节末端有一感觉圈，各足腿节、胫节的端部和跗节黑褐色，腹管长大、黑色，圆筒形状，末端收缩，尾片圆锥形，侧毛3对。有翅胎生雌蚜体长1.5mm左右，翅展约5mm，头胸部黑色，腹部绿色，额瘤微突出，口器黑色，端部伸达后足基部，触角6节、淡黑色，复眼暗红色，前翅中脉分二叉，故称二叉蚜。足、腹管和尾片同无翅胎生雌蚜。卵：椭圆形，长约0.7mm，黑色有光泽。若虫：与无翅胎生雌蚜相似，体小，绿色。有翅若蚜胸部较大，具翅芽。

生活习性 年生10多代，以卵在梨树芽腋或小枝裂缝中越冬，翌年梨花萌动时开始孵化群集于露白的芽上为害，芽开绽后便钻入芽内为害，展叶后则到嫩梢叶面上为害，致叶片向上纵卷成筒状。落花后大量出现卷叶，为害繁殖至落花后半月左右开始出现有翅蚜。北方果区5月份陆续产生有翅蚜，至6月上旬迁移到夏寄主狗尾草和茅草上繁殖为害，秋季9~10月又产生有翅蚜由夏寄主迁回梨树上繁殖为害。11上旬产生有性蚜，雌雄交尾产卵，卵散产于枝条、果台等各种皱缝处，以芽腋处较多。严重时常数十粒密集一起，以春季为害较重，秋季为害远轻于春季。天敌：草蛉、瓢虫、食蚜蝇、蚜茧蜂等。

防治方法 (1)在发生数量不大的情况下，早期摘除被害卷叶，集中处理，消灭蚜虫。(2)保护天敌。(3)蚜卵基本孵化完毕、梨芽尚未开放时至发芽展叶期是药剂防治的关键时期，应及时喷药防治，常用药剂参考苹果害虫——绣线菊蚜。卷叶后再施药效果不好。

梨北京圆尾蚜(Beijing pear aphid)

学名 *Sappaphis dipirivora* Zhang 同翅目，蚜科。分布：北京、辽宁、内蒙古、河北等省。

梨北京圆尾蚜无翅孤雌蚜及翅基蚜

寄主 梨。

为害特点 4~6月间在梨嫩叶背面叶缘部分为害，沿叶缘向背面卷缩肿胀，致叶脉变红变粗。

形态特征 成虫：无翅胎生雌蚜，体卵圆形，长约2.7mm，宽1.9mm左右，黄绿色，腹部具翠绿色斑。节间斑明显，中胸腹岔两杈分离，腹管长为基宽1.8倍，无毛。触角具瓦纹，第5节灰黑色，第6节黑色，全长1.1mm，为体长0.41倍，第3节有次生感觉圈2~5个。有翅胎生雌蚜体椭圆形，长1.8mm，宽0.9mm，腹部绿色，第2、3背片各具1横带斑纹。触角有瓦纹，3~5节具感觉圈数分别为22~28、2~3、0~1。触角第5节无次生感觉圈。

生活习性 以卵在梨芽腋及枝条裂缝处越冬，翌年梨树发芽时越冬卵孵化，在嫩芽上为害，展叶后转移至叶背繁殖和为害，致受害叶畸形或变成扇状，后期受害叶向背面扭曲卷缩、叶脉变红、叶片肿胀，后脱落。梨落花后开始出现有翅孤雌蚜，接着迁飞到夏寄主上繁殖。辽宁9月下旬至10月上旬性母飞回到梨树上，产生性蚜。10月下旬性蚜成熟，交配后产卵越冬。

防治方法 (1)及时摘除被害叶片。(2)此虫一般发生不重，可在防治其他蚜虫时进行兼治。

中华圆尾蚜

学名 *Anuraphis piricola* Okamota et Takahashi 属同翅目蚜科。

寄主 梨。

中华圆尾蚜若蚜放大(夏声广 摄)

为害特点 以成、若虫群集梨树叶背刺吸汁液,造成受害叶向背面卷曲,叶面凸凹不平,稍变色,受害重的叶片提前脱落,树势削弱,影响枝叶生长。

形态特征 无翅孤雌成蚜:卵圆形,全体赤褐色,上被白色蜡粉。喙端节、足跗节、尾片、尾板、生殖板全灰黑色。喙粗大,达中足基节。腹管短筒状。有翅孤雌成蚜:椭圆形,头部、胸部黑色,腹部色浅,触角、足、喙、腹管、尾片、尾板、生殖板全为黑色。触角各节生数量不一的稍突起的次生感觉圈, 第3~第5节分别为39~45、11~15、0~9个。

生活习性 梨树落花后在嫩叶背面叶缘处吸食汁液,5~6月进入为害盛期,天旱时受害重。

防治方法 参见梨北京圆尾蚜。

梨大绿蚜(Pear green aphid)

学名 *Nippolachnus piri* Matsumura 同翅目, 大蚜科。别名:梨绿大蚜。

寄主 梨、苹果、枇杷、厚皮香。

为害特点 成虫和若虫喜群集叶背主脉两侧刺吸汁液,被害叶表面出现失绿斑点,随为害的加重,失绿斑逐渐扩大,严重时早期落叶,削弱树势。

形态特征 成虫:无翅胎生雌蚜体长3.5mm左右, 体细长、后端稍粗大,淡绿色较鲜艳,密生细短毛。头部较小;复眼较大淡褐色;触角丝状6节,短小、密生长毛,第5、6节各具1个较大的突出的原生感觉圈,第6节鞭状部短不明显;喙5节伸达中足基节间。胸腹部背面的中央及体两侧具浓绿色斑纹,腹管周围更明显;腹管瘤状、短大,多毛;尾片半圆形较小,上生许多长毛。足细长密生长毛,胫节末端和跗节黑褐色,跗节2节。有翅胎生雌蚜体长3mm,翅展10mm,体较细长、淡绿至灰褐色,密被淡黄色细毛。头部较小、色稍暗,复眼褐色;触角丝状6节较短小,各节端部色暗,第3、4、5节分别有5~6、1~2、0~2个较大而突出的原生感觉圈,第6节鞭状部不明显;喙5节伸至中足基节间。胸部发达上生暗色斑纹;翅膜质透明,主脉暗褐色,支脉淡褐色,前翅中脉2支。腹部中央和两侧具较大黑斑;第2、3和7腹节背面中央各生1白斑;腹管短大呈瘤状,长小于宽,周边生许多细长毛;腹管周围黑色;尾片半圆形短小,上生许多长毛。体腹面淡黄色。足细长密生长毛、淡黄色,胫节末端和跗节黑褐色,跗节2节。卵:长椭圆形,初淡黄后变黑色。若虫:与无翅胎生雌蚜相似,体较小,有翅若蚜胸部较发达,具翅芽。

生活习性 缺乏系统观察。以卵在枇杷等寄主上越冬,多于叶背主脉两侧;有少数卵于梨枝条上越冬。枇杷上的越冬卵翌春3月孵化, 为害繁殖,4月陆续产生有翅胎生雌蚜,5月迁飞到梨树上为害繁殖,至6月又产生有翅胎生雌蚜,迁飞扩散到其他寄主上为害繁殖,至晚秋产生有翅胎生雌蚜,迁回枇杷上为害繁殖,秋后产生无翅雌蚜和有翅雄蚜,交尾产卵,以卵越冬。卵产于梨树上者,春季梨发芽期孵化,为害芽叶。成虫和若虫均喜群集叶背主脉两侧为害,叶面出现失绿斑,一般不会造成卷叶,严重时被害叶早期脱落,削弱树势。

防治方法 掌握在枇杷上越冬卵孵化完毕或梨、苹果树上发生初期进行药剂防治, 使用药剂参考苹果害虫——绣线菊蚜。

绿尾大蚕蛾(Long-tailed greenish silk moth)

学名 *Actias selene ningpoana* Felder 鳞翅目, 大蚕蛾科。别名:水青蛾、长尾月蛾、绿翅天蚕蛾。分布在吉林、辽宁、青海、北京、河北、河南、山东、安徽、江苏、上海、浙江、江西、福建、台湾、广东、广西、湖南、湖北、贵州、重庆、四川、云南等地。

寄主 苹果、梨、沙果、杏、樱桃、葡萄、核桃、枣、银杏等。

为害特点 幼虫食叶,低龄幼虫食叶成缺刻或孔洞,稍大便把全叶吃光,仅残留叶柄或粗脉。

形态特征 成虫:体长32~38(mm),翅展100~130(mm)。

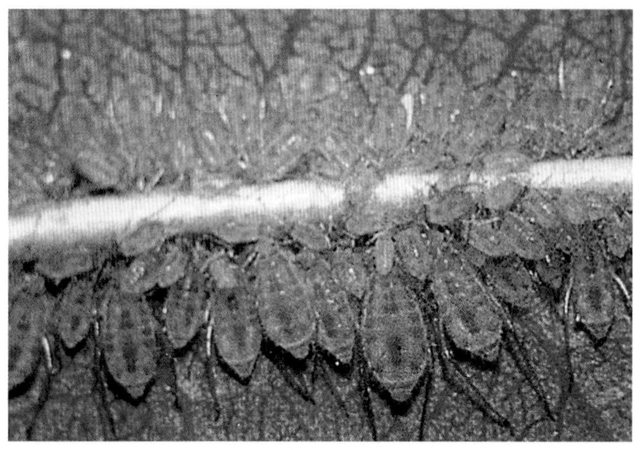

梨大绿蚜群栖在一起

绿尾大蚕蛾幼虫

体粗大,体被白色絮状鳞毛而呈白色。头部两触角间具紫色横带1条,触角黄褐色羽状;复眼大,球形黑色。胸背肩板基部前缘具暗紫色横带1条。翅淡青绿色,基部具白色絮状鳞毛,翅脉灰黄色较明显,缘毛浅黄色;前翅前缘具白、紫、棕黑三色组成的纵带1条,与胸部紫色横带相接。后翅臀角长尾状,长约40mm,后翅尾角边缘具浅黄色鳞毛,有些个体略带紫色。前、后翅中部中室端各具椭圆形眼状斑1个,斑中部有1透明横带,从斑内侧向透明带依次由黑、白、红、黄四色构成,黄褐色外缘线不明显。腹面色浅,近褐色。足紫红色。卵:扁圆形,直径约2mm,初绿色,近孵化时褐色。幼虫:体长80~100mm,体黄绿色粗壮、被污白细毛。体节近6角形,着生肉突状毛瘤,前胸5个,中、后胸各8个,腹部每节6个,毛瘤上具白色刚毛和褐色短刺;中、后胸及第8腹节背上毛瘤大,顶黄基黑,其他处毛瘤端蓝色基部棕黑色。第1~8腹节气门线上边赤褐色,下边黄色。体腹面黑色,臀板中央及臀足后缘具紫褐色斑。胸足褐色,腹足棕褐色,上部具黑横带。蛹:长40~45mm,椭圆形,紫黑色,额区具1浅斑。茧:长45~50mm,椭圆形,丝质粗糙,灰褐至黄褐色。

生活习性 年生2代,以茧蛹附在树枝或地被物下越冬。翌年5月中旬羽化、交尾、产卵。卵期10余天。第1代幼虫于5月下旬至6月上旬发生,7月中旬化蛹,蛹期10~15天。7月下旬~8月为一代成虫发生期。第2代幼虫8月中旬始发,为害至9月中下旬,陆续结茧化蛹越冬。成虫昼伏夜出,有趋光性,日落后开始活动,21~23时最活跃,虫体大笨拙,但飞翔力强。卵喜产在叶背或枝干上,有时雌蛾跌落树下,把卵产在土块或草上,常数粒或偶见数十粒产在一起,成堆或排开,每雌可产卵200~300粒。成虫寿命7~12天。初孵幼虫群集取食,2、3龄后分散,取食时先把1叶吃完再为害邻叶,残留叶柄,幼虫行动迟缓,食量大,每头幼虫可食100多片叶子。幼虫老熟后于枝上贴叶吐丝结茧化蛹。第2代幼虫老熟后下树,附在树干或其他植物上吐丝结茧化蛹越冬。

防治方法 (1)秋后至发芽前清除落叶、杂草,并摘除树上虫茧,集中处理。(2)利用黑光灯诱蛾,并结合管理注意捕杀幼虫。(3)此虫不需单独防治,结合其他害虫,使用药剂兼治即可。

短尾大蚕蛾

学名 *Actias artemis artemis* Bremer et Grey 鳞翅目大蚕蛾科。分布黑龙江、吉林、前苏联。

短尾大蚕蛾幼虫燕尾水青蛾

寄主 樱桃、梨、栗、柳等。

为害特点 以幼虫食叶成缺刻状。

形态特征 成虫:翅展100~115(mm)。体白色,翅水青色,基部生白色毛,后缘暗褐色,后翅后角生突出的仅1.5cm长的尾带;前翅、后翅中室末端生1桔红色椭圆形纹,外围有黑色圈,中间有较细的透明缝1条,缘毛灰黄色。末龄幼虫:体长70~75mm,头褐色,身体黄绿色,各环节背面中央隆起。2龄幼虫赤褐色,3龄后绿色。

生活习性 年生两代,成虫6月~8月间出现,幼虫7~9月间为害,老熟幼虫于枯叶间或枝干上及土表物体上作茧以蛹越冬。

防治方法 参见绿尾大蚕蛾。

梨叶斑蛾(Pear leaf worm)

学名 *Illiberis pruni* Dyar 鳞翅目,斑蛾科。别名:梨星毛虫。分布在黑龙江、吉林、辽宁、内蒙古、宁夏、甘肃、青海、陕西、山西、北京、河北、山东、安徽、江苏、浙江、江西、湖南、湖北、四川、广西、云南。

寄主 苹果、梨、海棠、杏、桃、枇杷、榅桲、山楂、百家竹、马尾松、樱桃、沙果等。

为害特点 幼虫吐丝黏合嫩叶隐藏其间取食叶片、花蕾,严重时满树是吃尽叶肉的苞叶,一片红色,新幼虫二次危害,将叶片咬成油纸状,树冠呈灰白色。严重影响树木生长。

梨叶斑蛾幼虫卷叶状

卷叶中的梨叶斑蛾幼虫放大

梨叶斑蛾雌成虫和卵块

梨剑纹夜蛾成虫

形态特征 成虫:体长9~12(mm),翅展18~30(mm)。体及翅暗青蓝色有光泽,翅半透明,翅缘浓黑色,略生细毛。复眼黑色。雌蛾触角锯齿状,雄蛾触角双栉齿状,栉齿较短。卵:扁椭圆形,初产时黄白色,后变为紫褐色。幼虫 初龄为灰褐色。老熟幼虫:体长18mm左右。头黑褐色,胴部乳白色或淡黄色,背线黑褐色,亚背线下两侧各有一排近圆形的黑斑。各节有横列的瘤状突起6个,每个瘤突上盖着白色细毛,数十根。蛹:长11mm,初时黄白色,近羽化时变深,蛹外被有白色丝茧。

生活习性 年发生一代,以幼龄幼虫在树干裂缝或翘皮下结茧越冬。翌年春幼虫开始活动,先咬食幼芽、幼叶、花蕾。4月下旬待花开、展叶后,幼虫缀合叶片呈饺子状,躲于其中啃食叶肉。被害叶仅残留表皮及叶脉,呈焦枯状。通常一个幼虫可以食害七、八个叶片。6月上、中旬老熟幼虫在苞叶中作白色茧化蛹,蛹期10天左右。6月下旬至7月中旬成虫羽化,黄昏后活动交尾,产卵于叶背,卵成块状。卵期7~8天;孵化出的幼虫又行二次为害。但只在叶背啃食叶肉而不包叶。不久,幼虫陆续从叶片上爬至粗皮下、裂缝中作茧越冬。

防治方法 (1)利用冬季,集中人力细致刮除老树皮并及时烧毁,消灭越冬幼虫。(2)在梨树发芽后开花前,越冬幼虫在树干爬动之机及时喷洒40%辛硫磷乳油800倍液或20%甲氰菊酯乳油1500倍液、50%氯氰·毒死蜱乳油1500~2000倍液。(3)于7月份幼虫二次危害期向叶背均匀喷洒50%杀螟硫磷乳油1500倍液或40%毒死蜱乳油1600倍液、25%灭幼脲悬浮剂1000倍液。

梨剑纹夜蛾(Rumex dagger moth)

学名 *Acronicta rumicis* (Linnaeus)鳞翅目,夜蛾科。别名:梨剑蛾、酸模剑纹夜蛾。分布在江苏、湖南、河北、辽宁、陕西、甘肃、重庆、山东、安徽、上海、浙江等地。

寄主 山楂、梨、苹果、桃、李、桑、杨、柳及蔬菜等。

为害特点 初孵幼虫啃食叶片叶肉残留表皮,稍大食叶成缺刻和孔洞。

形态特征 成虫:体长14~17(mm),翅展32~46(mm)。头胸部暗棕灰色,触角丝状,复眼茶褐色。前翅暗棕色有白色斑纹;基线、内线和外线均为黑色双曲线,外线中间和亚端线为曲折白线;外缘色较淡;脉端有三角形黑点;环纹近圆形,灰褐色;

梨剑纹夜蛾幼虫放大

肾纹半月形、淡褐色,围黑边。后翅棕黄色至暗褐色;前、后翅缘毛均白褐色。卵:半球形;初产乳白色,后变为红褐色。幼虫:体长33mm左右,头黑色,体褐色,具大理石纹,背面有一列黑斑,斑中央有橘红色斑点;气门下线黄色,各腹节中央稍红;各体节上生较大毛瘤,簇生褐色长毛,第8腹节背面微隆。蛹:长约16mm,黑褐色。

生活习性 北方年生2代,以蛹在土中越冬。翌年5月羽化,成虫昼伏夜出,有趋光性。卵产于叶上,6、7月间幼虫为害,常1~2头在叶背取食。1代成虫在8月份发生,2代幼虫为害到9月下旬,陆续老熟入土结茧化蛹越冬。

防治方法 (1)用糖醋液或黑光灯、高压汞灯诱杀成虫。(2)秋末深翻树盘消灭越冬虫蛹。(3)药剂防治。于卵孵化盛期喷洒25%氯氰·毒死蜱或50%杀螟硫磷乳油1000倍液;20%甲氰菊酯乳油2000倍液;2.5%高效氯氟氰菊酯或2.5%溴氰菊酯乳油或20%氰戊·辛硫磷乳油1500倍液。

美国白蛾(American white moth)

学名 *Hyphantria cunea* Drury 鳞翅目,灯蛾科。别名:美国白灯蛾、秋幕毛虫。异名 *Bombyx cunea* Drury。分布在辽宁、陕西、山东等地。本种为国际重要检疫对象。

寄主 苹果、山楂、桃、李、杏、梨、樱桃、海棠、草莓、柿、葡萄等300余种植物。

为害特点 幼虫食叶和嫩枝,低龄啃食叶肉残留表皮呈白膜状,日久干枯,稍大食叶呈缺刻和孔洞,严重者食成光杆。近

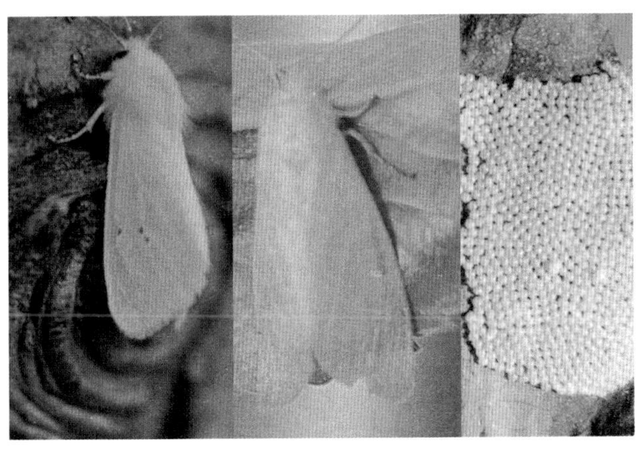

美国白蛾雄、雌成虫和卵

美国白蛾幼虫

年虽经大力防治，发生面积仍有增无减，现已扩展到河北、天津、上海等省市。

形态特征 成虫：体长 9～12(mm)，翅展 23～34(mm)，白色，复眼黑褐色；雄触角黑色，双栉齿状；前翅为白色至散生许多淡褐色斑点，越冬代成虫斑点多；雌触角褐色锯齿状，前翅白色，无斑点。后翅通常为纯白色或在近外缘处有小黑点。卵：圆球形，直径 0.5mm，初浅黄绿，后变灰绿或灰褐色，具光泽，卵面有凹陷刻纹。幼虫：有"黑头型"和"红头型"，我国为"黑头型"。头、前胸盾、臀板均黑色具光泽，体长 28～35(mm)。体色多变化，多为黄绿至灰黑色，体侧线至背面有灰褐或黑褐色宽纵带，体侧及腹面灰黄色，背中线、气门上线、气门下线均浅黄色；背部毛瘤黑色，体侧毛瘤橙黄色，毛瘤上生有白色长毛丛，杂有黑毛，有的为棕褐色毛丛。胸足黑色；腹足外侧黑色，趾钩单序异形中带，中间的长趾钩 10～14 根，两端小趾钩 22～24 根。蛹：长 8～15(mm)，暗红褐色，臀刺 8～17 根，刺末端喇叭口状，中间凹陷。茧：椭圆形，黄褐或暗灰色，由稀疏的丝混杂幼虫体毛构成网状。

生活习性 辽宁年生 2 代，以蛹茧在树下、枯枝落叶等被物下及各种缝隙中越冬。成虫发生期：越冬代 5 月中旬至 7 月中旬，第 1 代 8 月上旬至 9 月上旬。卵期第 1 代 9～19 天，2 代 6～11 天。幼虫期 30～58 天。第 1 代幼虫 5 月下旬孵化，6 月中旬至 7 月下旬进入为害盛期；第 2 代幼虫为害盛期为 8 月中旬至 9 月下旬。9 月上旬开始化蛹越冬。第 1 代蛹期 9～14 天，越冬代 8～9 个月。成虫昼伏夜出，有趋光性，飞行力不强。卵多产于叶背，数百粒成块，单层排列，上覆雌蛾尾毛。初孵幼虫数小时后即吐丝结网，在网内群居后取食叶片，随幼虫生长网幕不断扩大，幼虫共 7 龄，5 龄后分散为害。幼虫耐饥能力强，可停食 4～15 天，借助交通工具及风力远距离传播蔓延。天敌有蜘蛛、草蛉、蝽象、寄生蜂、白僵菌、核型多角体病毒等。

防治方法 (1)严格检疫，全面普查，掌握疫情，发现后立即上报有关部门。(2)剪除卵块及网幕，集中烧毁，对被害株及周围 50m 以内的树木，喷杀虫剂；2 代幼虫老熟前可在树干上绑草诱集幼虫，潜入化蛹后集中烧毁。(3)生物防治。提倡用啮小蜂，专门防治猖獗的美国白蛾。(4)幼虫龄前喷洒 25%灭幼脲悬浮剂 2000 倍液或 24%甲氧虫酰肼悬浮剂 2500 倍液、5%氟虫脲乳油 2000 倍液、2%阿维菌素微乳剂 4000 倍液。

果红裙扁身夜蛾(Striped black moth)

学名 *Amphipyra pyramidea* (Linnaeus) 鳞翅目、夜蛾科。别名：黑带夜蛾。分布于黑龙江、吉林、辽宁、内蒙古、山西、河北、河南、安徽、湖北、湖南、广西、广东、福建、陕西、甘肃等地。

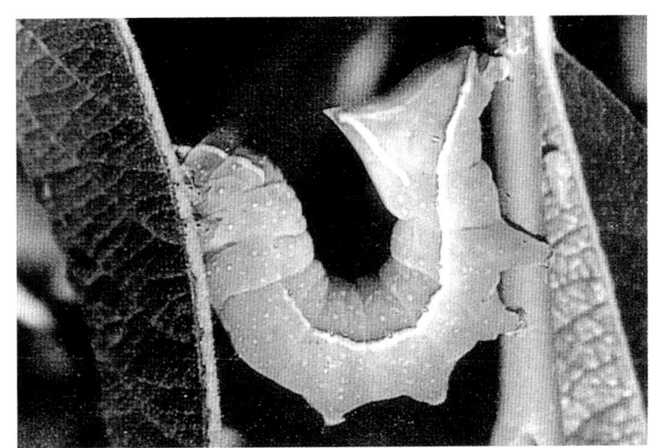

果红裙扁身夜蛾幼虫放大

寄主 苹果、梨、桃、樱桃、葡萄、核桃等。

为害特点 幼虫食叶成缺刻和孔洞；偶尔啃食果皮。

形态特征 成虫：体长 20～27(mm)，翅展 50～63(mm)，暗紫褐色，头部色略浅，触角丝状。前翅暗褐色稍紫，基线曲折黑色；内线双条锯齿状，1 条灰褐色，另 1 条黑色，其间白色；外线亦为双条锯齿状，1 条黑色，另 1 条灰白色，其间亦白色；亚端线细锯齿状，黑褐色衬以灰白色；外缘白色，脉间各具黑点 1 个；外线至外缘间色浅；环纹椭圆形，灰白色，前方 1 黑斑伸至外线处；肾纹不明显，缘毛棕褐色。后翅红褐色前缘色暗。幼虫：体长 39～42(mm)，浅黄绿色，头部苍白绿色。背线白色；亚背线黄白色，中胸后各节呈细斜纹，其左右有小黑点；气门线青白色，具黄白色小点，中胸、第 1 腹节者常消失。气门白色，椭圆形，围气门片黑色。第 8 腹节背面具 1 锥形大突起，似尾角，略向后倾，尖端硬化红褐色。胸足、腹足俱全。蛹：长 30mm，赤褐色。

生活习性 年生 1 代，以初龄幼虫在伤疤、皮缝、枝杈及缝隙等处越冬，翌春 4～5 月陆续出蛰，取食叶片也啃食果皮，发生期不整齐，5 月下旬至 7 月陆续老熟，吐丝缀叶于内结茧化蛹，6 月至 8 月相继羽化，成虫夜间活动，交配、产卵。初孵幼虫稍加取食后便寻找适宜场所越冬。

防治方法 参考苹果小卷蛾。结合防治其他害虫休眠期刮树皮，集中处理可消灭部分越冬幼虫。

铜绿丽金龟（Metallic-green beetle）

学名 *Anomala corpulenta* Motschulsky 鞘翅目，丽金龟科。别名：铜绿金龟子、青金龟子、淡绿金龟子。分布在黑龙江、吉林、辽宁、内蒙古、宁夏、陕西、山西、北京、河北、河南、山东、安徽、江苏、上海、浙江、福建、台湾、广西、重庆、四川等地。

铜绿丽金龟成虫放大

寄主 油橄榄、苹果、梨、桃、枇杷、荔枝、龙眼、梅、柿、柑橘、黑莓、樱桃、水蒲桃、柠檬等。

为害特点 成虫食芽、叶成不规则的缺刻或孔洞，严重的仅留叶柄或粗脉；幼虫生活在土中，为害根系。

形态特征 成虫：体长 16 ~ 22(mm)，宽 8.3 ~ 12(mm)，长椭圆形，体背面铜绿色具光泽。鞘翅色较浅，呈淡铜黄色，腹面黄褐色，胸腹面密生细毛，足黄褐色，胫节、跗节深褐色。头部大、头面具皱密点刻，触角 9 节鳃叶状，棒状部 3 节黄褐色，小盾片近半圆形，鞘翅具肩凸，左、右鞘翅上密布不规则点刻且各具不大明显纵肋 4 条，边缘具膜质饰边。臀板黄褐色三角形，常具形状多变的古铜色或铜绿色斑点 1 ~ 3 个，前胸背板大，前缘稍直，边框具明显角质饰边；前侧角向前伸尖锐，侧缘呈弧形；后缘边框中断；后侧角钝角状；背板上布有浅细点刻。腹部每腹板中后部具 1 排稀疏毛。前足胫节外缘具 2 个较钝的齿；前足、中足大爪分叉，后足大爪不分叉。卵：椭圆形至圆形，长 1.7 ~ 1.9(mm)，乳白色。幼虫：体长 30 ~ 33(mm)，头宽 4.9 ~ 5.3(mm)，头黄褐色，体乳白色，肛腹片的刺毛两列近平行，每列由 11 ~ 20 根刺毛组成，两列刺毛尖多相遇或交叉。蛹：长椭圆形，长 18 ~ 22(mm)，宽 9.6 ~ 10.3(mm)，浅褐色。

生活习性 年生 1 代，以幼虫在土中越冬，翌春 3 月上到表土层，5 月老熟幼虫化蛹，蛹期 7 ~ 11 天，5 月下旬成虫始见，6 月上旬至 7 月上中旬进入为害盛期，6 月上旬至 7 月中旬进入产卵盛期，卵期 7 ~ 13 天，6 月中旬至 7 月下旬幼虫孵化为害到深秋气温降低时下移至深土层越冬。成虫羽化后 3 天出土，昼伏夜出，飞翔力强，黄昏上树取食交尾，具假死性，雌虫趋光性较雄虫强，每雌可产卵 40 粒左右，卵多次散产在 3 ~ 10cm 土层中，尤喜产卵于大豆、花生地，次为果树、林木和其他作物田中。以春、秋两季为害最烈。成虫寿命 25 ~ 30 天。幼虫在土壤中钻蛀，为害地下根部，老熟后多在 5 ~ 10cm 土层做土室化蛹，化蛹时蛹皮从体背裂开脱下且皮不皱缩，别于大黑鳃金龟。

防治方法 (1)利用铜绿丽金龟的假死性，于上午 8 时或晚上持手电筒人工捕捉。(2)设置佳多牌频振式杀虫灯诱杀。(3)上午 8 时之前喷洒 1.8%阿维菌素乳油 2000~3000 倍液或 0.5%苦参碱水剂 800 倍液、5%氟虫脲可分散液剂 1500 倍液。

中国梨木虱（Chinese pear psylla）

学名 *Psylla chinensis* Yang et Li. 同翅目，木虱科。别名：梨木虱。分布于辽宁、内蒙古、山西、河北、北京、山东、河南、江苏、安徽、湖北、陕西、宁夏、新疆、青海等地。

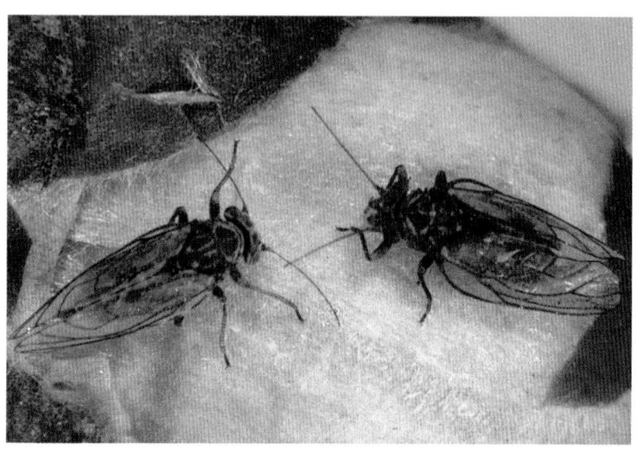

中国梨木虱栖息在梨芽上

寄主 梨。

为害特点 成、若虫刺吸芽、叶、嫩梢汁液；叶片受害出现褐斑，严重时全叶变褐早落。排泄蜜露诱致煤病发生，污染果面影响品质。

形态特征 成虫：分冬型和夏型。冬型体长 2.8 ~ 3.2(mm)，体褐至暗褐色，具黑褐斑纹，前翅臀区具明显褐斑。夏型体长 2.3 ~ 2.9(mm)，绿至黄色，翅上无斑纹。胸背均具 4 条红黄色或黄色纵条纹。卵：长卵形，长 0.3mm，一端尖细，具一细柄，夏卵乳白色，越冬成虫在梨展叶前产的卵暗黄，展叶后产的卵淡黄至乳白色。若虫：扁椭圆形，第一代初孵若虫淡黄色，复眼红色；夏季各代若虫初孵时乳白色，后变绿色；末龄若虫绿色，翅芽长圆形，突出于体两侧。

生活习性 辽宁年生 3 ~ 4 代，河北、山东 4 ~ 6 代。以冬型成虫在树缝内、落叶、杂草及土缝中越冬。北京翌春(3 月上旬)梨树花芽膨大时越冬成虫开始出蛰，3 月中旬为出蛰盛期，3 月下旬为末期。4、5 代区第一代成虫 5 月上旬至 6 月上旬发生，6 月上旬至 7 月中旬发生第二代，7 月上旬至 8 月下旬发生第三代，8 月上旬发生第四代，9 月中下旬发生第 5 代。成虫出蛰后于小枝上活动，刺吸汁液，并交尾产卵，第一代卵多产于短果枝叶痕、芽缝处，以后各代卵产在幼嫩组织的茸毛间、叶正面主脉沟内和叶缘锯齿间。盛花前半月为产卵盛期，卵期 7 ~ 10 天。卵散产或 2 ~ 3 粒一起，每雌可产卵 290 粒左右。第一代若虫孵化后多钻入刚开绽的花丛内为害，以后各代多在叶面吸食为害，并分泌黏液。世代重叠。干旱季节，中国梨木虱发生严重。天敌有瓢虫、草蛉、寄生蜂、花蝽等。草蛉、瓢虫和小花蝽在蚜虫多

时，捕食梨木虱较少，对梨木虱控制效果较差，而2种跳小蜂对梨木虱的控制效果较好。

防治方法 (1)保护梨木虱跳小蜂(*Psylledontus insidiosus*)、木虱跳小蜂(*Prionomitus mitratus*)。于八九月份在停喷药剂的梨园中，采集被寄生的梨木虱若虫，置于纸盒中保存越冬，翌年4月上旬取出释放，释放量约为每株树40只被寄生梨木虱若虫。在跳小蜂产卵寄生期(梨花刚开后)避免喷杀虫农药。(2)刮树皮集中烧毁或深埋，及时清除杂草和落叶，秋季耙集的落叶可暂时堆放于果园，诱集越冬梨木虱成虫，冬季再加以烧毁或深埋。(3)冬季灌水不仅增加土壤中水分，提高地温使果树免受冻害，也能杀灭土壤缝隙中越冬的梨木虱，冬季灌水宜在气温降至0℃时进行。(4)在梨树新梢尚未停止生长前，新梢顶部卷叶内的梨木虱占总虫量95.8%时，及时摘除嫩梢。摘除嫩梢时间很关键，摘早了常引起梨树2次萌发新梢，应在有10片以上的叶子至新梢停止生长前进行，摘除顶部尚未展开的几片嫩叶，摘后带出园外，马上烧毁。(5)关键期用药。梨芽萌动期，全园树体喷5波美度石硫合剂1次，对梨木虱和其它害虫有良好防效。成虫出蛰产卵期和梨落花70%~80%，梨木虱卵孵化率达90%左右时喷5%吡虫啉乳油4000倍液、4.5%高效氯氰菊酯乳油2000倍液或6.3%阿维·高氯可湿性粉剂4000~4500倍液或55%氯氰·毒死蜱乳油2200倍液、25%噻虫嗪水分散粒剂4000倍液、1.8%阿维菌素乳油3000倍液，也可试用0.3%印楝素乳油1500倍液，10天后再防1次。

辽梨木虱

学名 *Psylla liaoli* Yang et Li 同翅目，木虱科。分布于山西、辽宁等省。

辽梨木虱成虫(王洪平)

寄主 山梨、白梨、洋梨。

为害特点 成虫刺吸嫩枝和叶的汁液，叶片受害严重时产生失绿斑块，甚者枯黄早落；若虫刺吸1~3年生枝条和芽的汁液，特别是早春发芽前越冬若虫刺吸枝条汁液，造成伤流常将枝条湿润，重者发芽迟缓，甚至枯死。

形态特征 成虫：体长2.8~3.5(mm)，体色个体间变化较大，多数为淡黄褐色，第1~3腹节淡红色，有的个体腹部腹面淡绿色；一般雄虫体背多呈暗褐至黑褐色。头顶中央具1纵沟，复眼红褐至暗褐色，单眼淡红色；触角丝状10节，末端有1对毛呈叉状。前胸背板窄弧形，色较淡；中胸发达隆起、淡黄褐色，前盾片前部和盾片两侧色深；中胸及后胸小盾片色均淡；翅透明，前翅后半部多为黑褐色。后足基突锥状，胫节有5个黑端距，基跗节端部两侧各有1黑色爪状距。卵：长0.40~0.43(mm)，宽0.16~0.20(mm)，略呈椭圆形，基部具短柄牢固刺入叶组织内；初产淡黄白色，渐变淡黄色。若虫：共5龄，老熟时体长2.1mm，宽1.7mm，淡橙色，有的头胸部为淡黄绿色；第1~3腹节淡红色；翅芽黑色；复眼红色；体背面有2纵列黑斑。体与足上均生有白色刚毛。初孵若虫体长0.35~0.4(mm)，扁平、淡黄白色，生白色长毛。二龄体淡橙黄色，触角、足及腹部黑色；头胸背面出现黑斑。1~2龄若虫的口针长为体长的1.5~2倍。3龄开始出现翅芽，口针长略超过后足基节。

生活习性 山西年生2代，以二龄若虫于枝条上越冬。4月中旬至4月底为越冬代成虫羽化期，羽化后2~4天开始交配、产卵。第一代卵期8~10天，若虫期30~40天，成虫发生期6月中旬~7月中旬，羽化期6月中旬~6月底。第二代卵期7天左右，以第二代二龄若虫越冬，若虫期280~300余天。成虫寿命20~30天。成虫白天活动，高温时较活跃，喜于叶背、叶柄及嫩枝上栖息为害；受惊扰作短距离飞行。卵散产在叶缘锯齿内，每个锯齿内产1粒卵，偶有2~4粒产在一起者，少数可产在叶柄和主脉上。第一代若虫主要在叶腋内栖息为害，第二代若虫在芽腋、短枝鳞痕翘皮下及1~3年生枝分杈的皱缝中。常数头在一起，口针经常刺入寄主组织内，很少活动，转移时拔出口针活动，爬行缓慢。若虫的排出物为乳白色蜡质状黏稠液，附着于肛门上似弯曲的蜡丝不易脱落，常与虫体等长，有的为体长的2~3倍，过长的排出物常断落，掉在下部枝叶上不黏着而滚落地上，这同中国梨木虱显然不同。老熟若虫多爬到叶缘或叶尖附近脱皮羽化。第二代若虫孵化后，爬到芽腋等场所，口针刺入寄主固着为害。生长发育很缓慢，直到10月下旬、11月上旬才陆续脱皮为二龄休眠越冬。

防治方法 参考中国梨木虱。花前施药为宜。

梨木虱(Pear jumping plant lice)

学名 *Psylla pyri* (Linnaeus) 同翅目，木虱科。分布于新疆。

寄主 西洋梨。

为害特点 同中国梨木虱。

形态特征 成虫：体长约2.5mm，体污黄色，具黄褐色斑

梨木虱成虫放大

纹，头部横宽，头顶基部凹下呈黑色，颊锥黄色或绿色，圆锥形，短于头顶之长，端部岔开。触角黄色，从第3节起末端黑色，第9、10节几乎全黑。胸部黄色，前胸背上具不规则黑褐色纹，中胸前盾片有黄褐色斑2块，盾片上具褐纵条，胸侧从前胸沿翅基下方具黑褐色纵带1条。前翅长为宽2.5倍，翅端圆宽，翅室里生浅褐色斑，腹部黄色，腹背有黑褐色横带。足黄色。

生活习性 年生1代，以成虫越冬。翌年3月春芽萌动开绽初期飞到梨树上，群集在枝梢上交配后，卵产在幼芽、嫩叶、花蕾上，卵散产或集中产100～1000粒。卵期7～10天，初孵若虫群集在嫩叶、花蕾上取食汁液，致叶片卷缩影响开花。稍长大后转移到新梢或幼果上为害。若虫期20天左右，5月上旬始见成虫。

防治方法 (1)由于该虫对有机磷类杀虫剂十分敏感，生产上在防治梨大食心虫或蚜虫后，几乎不见此虫发生，因此不必单独防治。(2)必须防治时，可在发芽展叶期或落花后喷洒有机磷类杀虫剂或参考中国梨木虱。

大灰象甲

学名 *Sympiezomias velatus* Chevrolat 鞘翅目象虫科。

大灰象甲雌和雄虫正在交尾

寄主 为害梨、苹果、桃、柑橘、樱桃、李、杏、核桃等。

为害特点 以成虫为害上述寄主新梢上的幼芽、嫩茎、叶片等，苗期常把生长点咬掉，幼虫食叶成缺刻或孔洞，苗木受害重。

形态特征 成虫体长7.3~12.1(mm)，灰黄色至灰黑色，长椭圆形。触角11节，端部4节膨大呈棒状。头管短粗，表面生3条纵沟，中间生1条黑色带。鞘翅灰黄色，上生10条纵沟，并有不规则斑纹，中间有1条白色横带。

生活习性 年生1代，以成虫在土壤中越冬，4月开始活动，梨树、樱桃发芽后为害新梢。6月中下旬进入产卵盛期。喜把卵产在叶端，每雌产卵百余粒，卵期7天。幼虫孵化后入土取食须根，老熟后在土中化蛹后羽化为成虫并在土中越冬。

防治方法 (1)人工捕捉。(2)成虫出土前在树干周围土面上喷洒20%氰戊菊酯乳油1500~2000倍液。(3)必要时树上喷洒40%毒死蜱乳油1000倍液。

梨光叶甲

学名 *Smaragdina semiaurantiaca* (Fairmaire) 鞘翅目叶甲科，分布在黑龙江、吉林、河北、北京、山东、陕西、江苏、湖北。

寄主 梨、苹果、杏等。

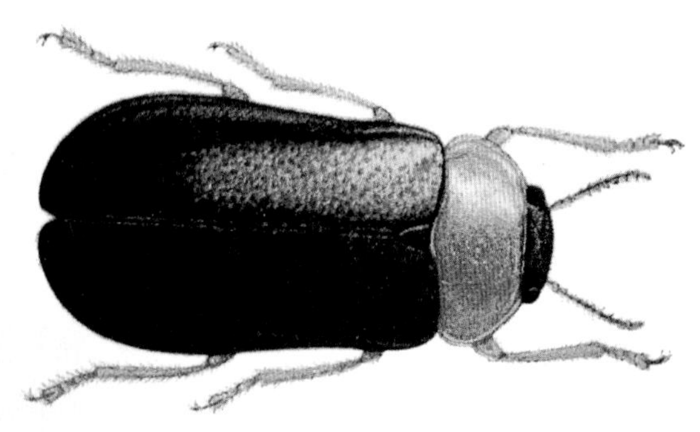

梨光叶甲成虫放大

为害特点 飞翔在李、梨、苹果树冠周围，食嫩叶成缺刻。

形态特征 成虫体长方形，体长5mm，宽2.5mm，色蓝绿有金属光泽，唇基前缘、上唇、前胸背板、足浅黄色至黄褐色，头小，前胸背板横宽，光滑无刻点。鞘翅刻点粗密混乱。

生活习性 成虫于早春4月开始活动，飞翔在杏、梨、苹果树冠周围，食害寄主嫩叶。

防治方法 参见梨叶甲。

(3) 枝 干 害 虫

梨瘿华蛾(Pear twig gall moth)

学名 *Sinitinea pyrigolla* Yang 鳞翅目，华蛾科。别名：梨瘤蛾、梨枝瘿蛾。分布于辽宁、内蒙古、山西、河北、山东、河南、江苏、安徽、浙江、福建、湖北、湖南、广西。

寄主 梨。

为害特点 幼虫蛀入当年生嫩枝为害，渐膨大成瘤，于内蛀食。连年为害致瘤成串似糖葫芦。影响枝梢发育和树冠形成。

形态特征 成虫：体长4～8(mm)，翅展12～17(mm)，体灰黄至灰褐色具银色光泽。复眼黑色，触角丝状。前翅2/3处有1狭三角形灰白色大斑，钝角向下，斑中部及内、外两侧各具1黑色纵纹，中室端部及中部臀脉上各有1块竖鳞组成的黑斑，缘毛灰色。后翅灰褐色，缘毛很长。足灰褐色，后足胫节密生灰黄毛。卵：长圆形，长0.5mm，橙黄色至棕褐色，外表具纵纹。幼虫：体长7～8(mm)，浅黄白色，头小褐色，胴部肥大，前胸盾、胸足及臀板均淡褐色，腹足短小锥状。蛹：长5～6(mm)，淡褐色至褐黑色。

生活习性 年生1代，以蛹在虫瘤内越冬。梨芽萌动时开始羽化，花芽开绽前为羽化盛期。成虫多傍晚活动，趋光性不强；交尾后隔日产卵，多散产在枝条粗皮、芽旁和虫瘤等缝隙处，亦有2～3粒产在一起者。每雌可产卵90余粒。成虫寿命

梨瘿华蛾幼虫为害枝条状

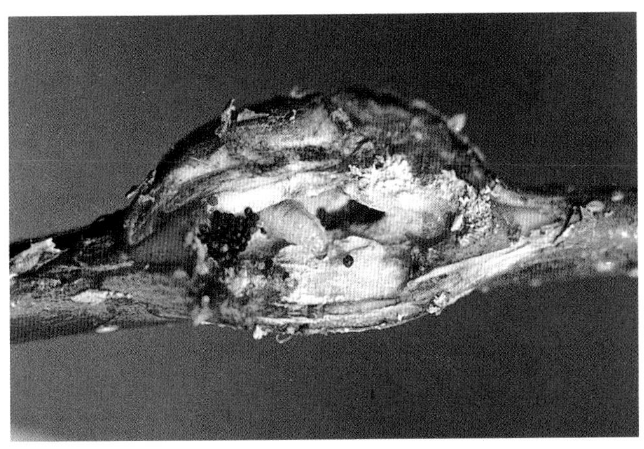

梨瘿华蛾幼虫在瘿瘤中为害梨枝

8～9天。卵期18～20天。新梢抽伸时开始孵化,初孵幼虫较活泼,爬至新梢上蛀入为害,被害部逐渐膨大成瘿瘤,一般6月开始出现。幼虫于瘤内纵横串食至9月中下旬,老熟咬1羽化孔后于瘿瘤内化蛹。以蛹越冬。天敌有梨瘿蛾齿腿姬蜂、梨瘿蛾斑翅姬蜂、梨瘿蛾茧蜂等。

防治方法 (1)冬季将园中剪下的虫瘿置于养虫笼中,翌年寄生蜂羽化,将其移放于梨园。(2)成虫发生期喷洒40%乐果乳油或40%毒死蜱乳油800～1000倍液,毒杀成虫效果良好。大量产卵后喷洒97%乙酰甲胺磷水分散粒剂2000倍液或50%杀螟硫磷乳油1000倍液,对成虫、卵及初孵幼虫均有良好杀伤作用。

梨潜皮蛾(Pear barkminer)

梨潜皮蛾幼虫为害状及成虫放大

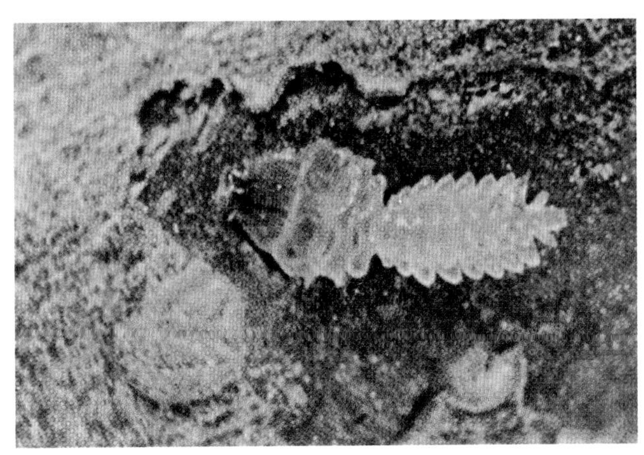

梨潜皮蛾幼虫及为害状

学名 *Acrocecops astaurota* Meyrick 鳞翅目,细蛾科。别名:梨皮潜蛾、梨潜皮细蛾。分布于辽宁、河北、山东、河南、山西、陕西、江苏、四川等省。

寄主 梨、苹果、李、海棠、沙果、山荆子等。

为害特点 幼虫在枝干表皮下串食为害,形成弯曲的线状隧道,后隧道融合连片,表皮枯死翘起。

形态特征 成虫:体长3～5(mm),翅展8～11(mm)。头白色复眼红褐色。触角灰白色丝状,较前翅长。胸部背面白色,布有褐色鳞片。前翅狭长白色,上具黄褐色横带7条;后翅狭长灰褐色;前翅、后翅均具长缘毛。腹部背面灰黄色,腹面白色。卵:长0.8mm,椭圆形,初白色,后变黄白色。幼虫:共8龄。1～6龄称前期幼虫,体扁平乳白色,头褐色近三角形。胸部3节特宽,前胸前缘生数排细密横刻纹;中后胸背腹板的前缘均生2个半月形黄色斑纹。腹部纺锤形,第一节明显收缩,各腹节间突出呈齿状,胸足、腹足退化。后期幼虫即7、8龄虫,体长7～8(mm),体近圆筒形。头壳褐色近半圆形,中后胸背腹面前缘有数列小刺,3对胸足,腹足退化。蛹:长5～6(mm),裸蛹。茧:长9mm,背面隆起。

生活习性 辽宁、河北年生1代,黄河故道、四川年生2代,以3～4龄幼虫在受害枝蛀道中越冬。陕西关中3月下旬开始活动为害,5月中旬老熟后于枝干皮层下结茧化蛹,5月下～6月上进入化蛹盛期,6月上旬越冬代成虫羽化,6月中下旬进入羽化盛期;6月下旬第1代卵孵化及幼虫蛀入为害期,7月中下旬幼虫老熟化蛹。第1代成虫羽化期为8月中旬～9月上旬,第2代幼虫于8月下旬侵入为害,11月上旬越冬。卵期5～7天,1代幼虫期30天,2代幼虫期225天;1代蛹期19天,2代21天;成虫寿命5～7天。天敌有潜皮蛾姬小蜂、旋小蜂等。

防治方法 (1)成虫羽化率达30%～40%和70%～80%时,各喷1次30%乙酰甲胺磷乳油900倍液或80%敌敌畏乳油1000倍液,对成虫、卵、初孵幼虫均有效。也可用50%敌敌畏乳油100倍液或50%杀螟硫磷乳油100倍液涂抹树干、粗皮、伤疤,防止成虫产卵并杀死初蛀入树皮的幼虫。(2)保护利用天敌,有一定控制作用。

梨大蚜(Large pear aphid)

学名 *Pyrolachnus pyri* (Buckton) 同翅目,大蚜科。分布:国内主要分布于四川和云南;在国外分布于印度。

梨大蚜卵放大

梨大蚜无翅型成虫(刘联仁 摄)

寄主 梨大蚜的食性比较单一,目前只知为害梨和卧龙柳(*Salix dolia* Schneid)。

为害特点 以成蚜和若蚜群集梨树枝干上,2~3年生枝受害较重,次为一年生和短果枝。被害处初为湿润黑色,随之枝叶生长不良,树势衰弱。植株受害率一般为30%~40%,严重果园受害植株高达80%~90%,造成枝条干枯死亡。其排泄物蜜露落于枝、叶或地面杂草上,好似一层发亮的油,若被煤烟病寄生就呈黑色,直接阻碍梨树光合、呼吸等生理作用的正常进行。梨大蚜是近几年来四川等地梨树枝干上逐步严重起来的一种害虫。

形态特征 成虫可细分为以下5种类型。干母:无翅,体长5.6mm,体宽3.8mm。体卵圆形,灰黑色。前额呈圆顶状,有明显背中缝,眼有眼疣。触角黑褐色,共6节,第1、2节粗短,第3节的长度略等于第4~6节的总长,第5节端部和第6节膨大处各有1个大的圆形感觉圈。腹部可见8节,腹管短截,位于多毛黑色的圆锥体上。尾片末端尖圆形。干雌:体长5.2mm,体宽2.3mm,椭圆形,头、胸部黑色,腹部灰黑色。触角6节,第3节的长约为第4~6节的总长。有翅2对,透明,但基部不甚透明。前翅翅痣明显较长,但不超过翅的顶端,径分脉不弯曲。体被多数长毛。腹部第1、8节有1黑褐色横带。生殖板骨化多毛。侨蚜:体长5.2mm,体宽2.8mm。卵圆形,灰黑色。触角6节,第4节上有2、3个圆形感觉圈。无翅。性母:体长5.6mm,体宽2.7mm,椭圆形。头、胸部黑色,腹部灰黑色。体背多毛。无翅雌蚜:体长4.6mm,体宽2.4mm。卵圆形,灰黑色。触角6节。有翅雄蚜:体长4.2mm,体宽1.7mm,长卵圆形。卵:长椭圆形,长径为1.5~1.6mm,宽径为0.4~0.5mm。初产时淡黄褐色,以后变为黑褐色,有光泽。

生活习性 梨大蚜从10月份起到次年4月的冬春季节在梨树上生活。据在四川省的雅安、汉源、盐源、西昌等地区的观察,梨大蚜冬季以数十粒到几百粒的卵密集于梨树枝上越冬,翌年2月上中旬,当旬平均温达到7~9℃时开始孵化。2月下旬至3月上旬出现干母成虫,成长干母的胸、腹部显著膨大,经1~4天后,以孤雌胎生方式繁殖。干母一生的产仔量少的12头,最多可达57头。全年中以卵越冬后,在春季,梨大蚜在梨树上要发生2代。4月下旬至5月上旬,旬平均温在19~20℃时,全部羽化为有翅干雌成蚜,此时多爬于梨树主干或主枝分叉处。头部向上,群集到几百至一千多头,经过7~10天,全部迁飞到夏寄主卧龙柳上为害。在夏寄主上发生的代数和生活习性尚需进一步研究。当年9月下旬至10月上旬,匀均温达19~20℃时,在夏寄主上越夏的有翅性母蚜迁回到梨树上分散繁殖和为害。

防治方法 (1)消灭越冬卵:每年12月至第二年2月,结合果园的冬季管理,剪除有卵虫枝或抹杀虫卵,从而减少了越冬虫源。(2)人工防除:梨园中如有个别植株或枝条发生为害,随时可用人工方法抹杀消灭。(3)药剂防治:利用梨大蚜有群体为害的习性,在若蚜盛孵期或成虫产仔盛期或干雌迁飞前,在梨树上用点喷方法进行喷药防治。常用的农药有2.5%溴氰菊酯乳油2000倍液或25%吡蚜酮悬浮剂或可湿性粉剂2000~2500倍液,均能收到良好的防治效果。(4)生物防治:梨大蚜的天敌种类较多,应很好地加以保护和利用。

棉蚜

学名 *Aphis gossypii* Glover 又称蜜虫、腻虫、瓜蚜等。分布在全国各梨产区。

寄主 梨树、柑橘、石榴、枇杷、荔枝等多种果树。

为害特点 以成蚜和若蚜群集在梨树叶背或嫩梢上吸食汁液,造成受害叶卷缩萎蔫,新梢受害后生长受到抑制,蚜虫还排泄蜜露诱发煤烟病。

全国大部分地区棉蚜每年发生十几到三十多代,均以卵在石榴、木槿、花椒、木芙蓉、鼠李等的枝条及刺儿菜、夏枯草等寄主上过冬,翌年2~3月当5天平均气温达6℃时,越冬卵孵化

无翅棉蚜为害梨树新梢

出"干母",孤雌胎生几代雌蚜,称作"干雌",繁殖2~3代后产生有翅蚜。有翅蚜于4~5月从越冬寄主上迁飞到瓜菜等侨迁寄主繁殖为害或迁飞到梨树上繁殖为害,直到秋末天气凉下来,产生有翅蚜迁回越冬寄主上,雄蚜与雌蚜交配后产卵越冬。

防治方法 (1)发生初期喷洒20%吡虫啉可湿性粉剂2500倍液。(2)大发生时喷洒25%吡蚜酮悬浮剂2000~2500倍液或50%吡蚜酮可湿性粉剂4000~5000倍液。(3)在梨树距地面20~30(cm)主干或茎基部,选一段宽15cm光滑带,刮除树干的粗皮,包1圈旧报纸或棉花吸水物,然后把40%毒死蜱或25%吡蚜酮3~5倍液注射或涂在吸水物上20mL左右,再用塑料薄膜扎紧,待药效显效后,把塑料薄膜和吸水物去掉,防止包扎处腐烂,采用此法3天后见效,5天防效达100%,3个月后药效仍可达60%。

绣线菊蚜

学名 *Aphis citricola* van der Goot 又叫苹果黄蚜、苹果蚜。我国大部分果产区均有发生。

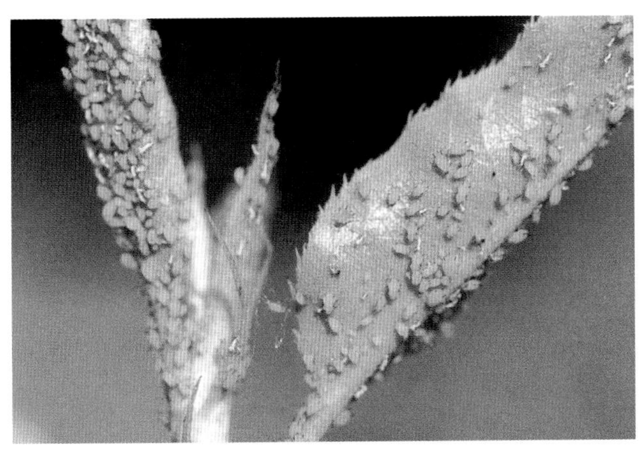

绣线菊蚜无翅孤雌蚜及若蚜

寄主 除梨外,还有苹果、桃、李、杏、樱桃、枇杷等果树。

为害特点 以成蚜和若蚜刺吸新梢和叶片的汁液,若蚜、成蚜群聚在新梢上的叶片背面或新梢上为害,造成向背面横卷。为害猖獗时,叶片及新梢全部卷缩或弯曲,严重影响生长发育。

生活习性 该蚜虫年生10多代,多以卵在梨树等寄主的芽腋、芽旁及树皮缝隙里越冬,翌春,梨树发芽时,越冬卵开始孵化,若蚜就在幼叶上吸食汁液,叶片长大后,若蚜在叶片背面或嫩梢上为害,随气温升高,若蚜已长成成蚜,且繁殖速度快,南方进入5~6月,北方6~7月已繁殖成很大群体,造成大量新梢受害,受害叶卷曲。在华北梨产区,6月份产生有翅胎生雌蚜,又迁移到杂草上为害,7月下旬雨季来临时梨树上蚜虫很少见到,进入10月杂草上的绣线菊蚜产生有翅蚜,又迁飞到上述果树上,全年只有秋季雌、雄交尾后产卵越冬,进行两性生殖。其余各代都是孤雌生殖。

防治方法 (1)保护利用瓢虫、草蛉、食蚜蝇、蚜茧蜂等天敌昆虫防治该蚜,具有一定控制作用。如能人工释放上述天敌,控制作用明显提高。(2)提倡用黄板诱杀有翅蚜、用银灰膜避蚜等驱蚜。(3)在梨等果树发芽前,向树上喷洒99.1%敌死虫乳油或99%机油乳剂100倍液,对越冬卵杀灭效果好!对天敌昆虫也安全。(4)越冬卵大部分已孵化时应马上喷洒25%吡蚜酮悬浮剂2000~2500倍液或50%可湿性粉剂4000~5000倍液、10%吡虫啉可湿性粉剂2000倍液、3%啶虫脒乳油2500倍液、40%甲基毒死蜱或40%毒死蜱乳油1000倍液、5%除虫菊素乳油1000倍液、20%氰戊·辛硫磷乳油1500倍液。

梨园桃蛀螟

学名 *Conogethes punctiferalis* (Guenée) 以幼虫为害桃、

桃蛀螟果树型成虫

梨、苹果、李、杏、石榴、葡萄、山楂、板栗、枇杷等多种果树。初孵幼虫多从梨果萼洼处蛀入梨果,蛀孔外堆积黄褐色透明的胶质和虫粪,受害梨果多变色落地。该虫在河北、辽宁梨产区1年发生1代,山东、陕西2~3代,长江流域4~5代,都以老熟幼虫在枝干或根颈部的裂缝处或锯口翘皮内结茧越冬。辽宁梨产区翌年5月下旬开始化蛹,越冬代成虫6月中下旬出现,第1代成虫发生在7月下旬~8月上旬。湖北一带越冬代、第1代、2代、3代、4代成虫发生期分别在4月下旬、6月上中旬、7月下旬~8月上旬,8月中下旬及9月中下旬。

防治方法 (1)冬季、春季先把玉米、高粱秸秆或遗株尽早处理完毕。田间结合整枝等农事活动人工清除卵粒并注意摘除有虫果。(2)利用黑光灯或糖醋液诱杀桃蛀螟成虫。(3)提倡套袋,保护果实,免遭蛀害。(4)掌握住第1代幼虫初孵化时(5月下旬前后)及第2代幼虫初孵期(7月中旬前后),即卵孵化盛期至2龄盛期,幼虫尚未蛀入梨果之前喷洒40%甲基毒死蜱或毒死蜱乳油900~1000倍液或5%氟铃脲乳油1500倍液、50%杀螟硫磷乳油1000倍液、2.5%溴氰菊酯乳油2000倍液、2.5%高效氯氟氰菊酯乳油或微乳剂或水乳剂或悬浮剂1500~2500倍液。

梨园褐带长卷蛾

学名 *Homona coffearia* Nietner 又称后黄卷叶蛾、咖啡卷叶蛾、柑橘长卷叶蛾、茶卷叶蛾等,属鳞翅目卷蛾科。

主害梨树,也为害苹果、桃、枇杷、板栗、柑橘、茶树等。以幼虫为害上述果树的花器、果实及叶片。初孵幼虫缀结叶尖,低龄幼虫卷缀芽梢上的嫩叶,潜居在叶苞内取食叶的上表皮及叶肉,残留下表皮,造成卷叶成枯黄薄膜状,大龄幼虫食叶成缺刻

褐带长卷蛾卷叶状

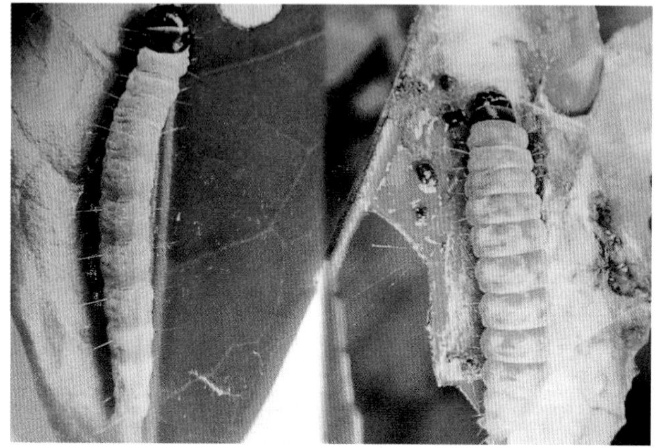
褐带长卷蛾成长幼虫(左)和老熟幼虫头部黑褐色

或孔洞。

该卷蛾在华北、安徽、浙江年生 4 代，湖南 4~5 代，福建、广东 6 代，广州 7 代，均以幼虫在寄主卷叶苞内或杂草中越冬。浙江第 1 代发生在 4~5 月，主害梨树等花蕾、嫩叶、幼果。第 2 代发生在 5~6 月主害嫩芽和幼叶，进入 9 月份种植柑橘的梨树产区，橘园散发出甜味，幼虫又喜欢为害柑橘果实，造成大量落果。在福建第 1 代幼虫于 3 月下旬至 4 月上旬出现，为害春梢幼芽和嫩叶，第 2 代幼虫于 5 月上、中旬出现；7~8 月出现的第 4、第 5 代发生量大，为害夏、秋梢嫩叶，老熟后多在叶苞内化蛹。成虫寿命 8 天、卵期 6~12 天，幼虫期 12~21 天，越冬幼虫长达 177 天；蛹期 5~9 天。5~6 月雨日多利其发生。

防治方法 (1)冬季把有虫枝剪除，清除枯枝落叶集中烧毁。(2)摘除卵块和虫果及卷叶苞。(3)保护拟澳洲赤眼蜂、绒茧蜂、步甲、蜘蛛等天敌昆虫，也可在 1、2 代成虫产卵期释放松毛虫赤眼蜂，每 667m² 释放 2.5 万头。(4)梨树谢花期后及幼果期幼虫处在低龄期喷洒 1.8%阿维菌素乳油 3000~4000 倍液或 2.5%溴氰菊酯乳油 2000 倍液、2.5%高效氯氟氰菊酯乳油 2500 倍液，隔 10 天左右 1 次，连续防治 2~3 天。

梨园棉褐带卷叶蛾

学名 *Adoxophyes orana orana* Fisher von Roslerstamm 又名苹果小卷叶蛾、小黄卷叶蛾、苹果小卷蛾等。

寄主及为害特点 为害梨、苹果、桃、李、枇杷、柑橘等，以幼虫蛀害新芽、嫩叶和花蕾，喜吐丝把 2~3 张叶片缀连在一起，也可纵卷 1 叶后，隐居其中取食叶表皮和叶肉，现薄膜状，或食叶成穿孔或缺刻状。遇有叶片与果实贴近的，可把叶缀粘在果面上，啃食果皮和果肉，造成受害果产生不规则凹陷的片状伤疤或呈木栓化。

生活习性 该虫在甘肃 1 年发生 2 代，东北、华北梨产区年生 3 代，长江流域 4 代，以末龄幼虫在枝干粗皮裂缝中结灰白色茧越冬。翌春，越冬幼虫出蛰为害花和芽，新梢长叶后转移到嫩叶上卷叶为害，辽宁等梨产区各代成虫发生高峰期为：越冬代 6 月中下旬，第 1 代 7 月中下旬，第 2 代为 8 月下旬 ~9 月上旬。4 代区，5 月上中旬出现越冬代成虫，第 1 代为 6 月中下旬，第 2 代为 7 月下旬 ~8 月上旬，第 3 代区为 9 月中旬。成虫喜在 17 时羽化，有较强趋光性和趋化性，对糖醋液、黑光灯趋性强。成虫白天静伏在树上遮荫处，夜晚取食交配。越冬代成虫羽化后 2~3 天产卵，多把卵产在果面或叶正面，1 头雌虫可产 2~3 块，每块数粒至 200 粒，卵期 7 天。

防治方法 (1)春季梨树发芽前，彻底刮除主干上的翘皮。虫口密度大的梨园，越冬幼虫出蛰时，在剪口、锯口四周涂抹 50%敌敌畏乳油 200 倍液或 40%毒死蜱 300 倍液杀灭幼虫。(2)生长期及时摘除虫苞，把幼虫和蛹捏死。(3)在第 1 代成虫发生期提倡释放松毛虫赤眼蜂，方法是先在梨园悬挂棉褐带长卷蛾性外激素水碗诱捕器，当诱到成虫后 3~5 天，即进入棉褐带长卷蛾成虫产卵始期，应马上释放松毛虫赤眼蜂，隔 5 天 1 次，连放 3~4 次，每 667m² 果园·次放蜂量为 3 万头，每 667m² 总放蜂量为 10~12 万头，雨日多可增加放蜂量。(4)在梨园中采用棉褐带长卷蛾性诱芯或糖醋液诱杀成虫。糖醋液的比例为糖 1∶酒 1∶醋 4∶水 16，每 667m² 放置 4~5 个。也可安装频振式杀虫灯或黑光灯诱杀成虫。(5)在越冬幼虫出蛰期及以后各代初孵幼虫卷叶前喷洒每毫升菌液孢子量达到 1×10^8 个苏云金杆菌制剂(Bt 制剂)稀释 800 倍液，如能加入 0.1%洗衣粉，可达到 90%以上效果。也可以后各代卵孵化盛期至卷叶前喷洒 2.5%高效氯氟氰菊酯乳油 2500 倍液加 1.8%阿维菌素乳油 5000 倍液或 1.8%阿维菌素乳油 4000 倍液、25%灭幼脲悬浮剂 2000 倍液、6.3%阿维·高氯可湿性粉剂 4500 倍液。

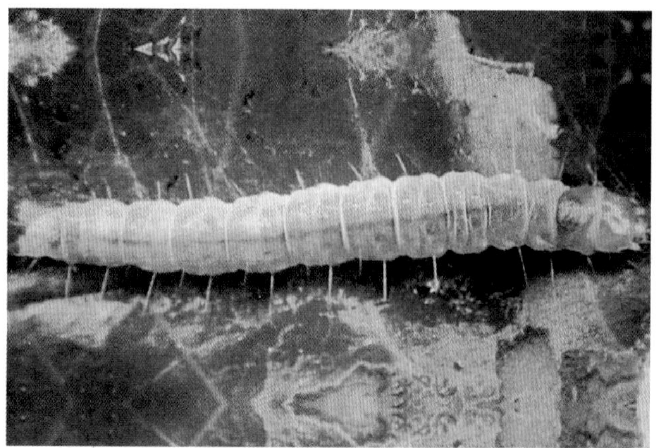
梨园棉褐带卷叶蛾幼虫头部绿色

梨园日本双棘长蠹

学名 *Sinoxylon japonicus* Lesne 鞘翅目长蠹科。又称黑壳

梨园双棘长蠹成虫蛀害梨枝条

梨窄吉丁虫成虫

虫。分布在北京、华北、华东、华中、浙江、四川、甘肃、贵州。是我国新发现的为害果树十分严重的新害虫。

寄主 梨树、葡萄、柿、白蜡、槐树、黑枣、板栗等。

为害特点 以幼虫和成虫在2年生枝条内蛀食为害。节部和芽基处可见虫孔，为害期长，起初不易发现，时间长后常会造成严重损失，减产10%~13%。

形态特征 成虫：体长4.3~5.6(mm)，宽1.6~2.2(mm)，体黑褐色，圆筒形。触角10节棕红色，末端3节膨大呈栉片状，着生在两复眼中间。咀嚼式下口式口器，上颚发达，粗短。前胸背板盖住头部呈帽状，上生黑色小刺突。鞘翅赤褐色，密布粗刻点；鞘翅后端急剧下倾，鞘翅斜面合缝两侧生1对棘状凸起，棘突末端背面突出似脚状，两侧近平行。足棕褐色带红色。腹部腹面第6节特小，前面可见5节。末端有尾须。卵：乳白色，椭圆形。末龄幼虫：体长4.5~5.2(mm)，可见11体节，每体节背面生2个皱突。蛹：长4.8~5.2(mm)，初乳白色，后变成黄色至灰黑色。

生活习性 贵州年发生1代，以成虫越冬，4月中旬越冬成虫开始活动，选择较粗大的枝蔓从节部芽基处蛀害，把卵产在其中，蛀孔圆形，与天牛幼虫为害不同。5月上、中旬进入成虫交尾产卵期，5月中、下旬至8月为害最严重。10月上、中旬开始越冬。

防治方法 (1)选用抗双棘长蠹的砧木进行嫁接，可减少受害。(2)此虫蛀孔口常有新鲜虫粪屑堆积，冬剪时把有虫粪枝条剪除，集中烧毁。春季修剪时把漏剪的虫枝剪除。梨树长出4~5片叶时再次剪除不发芽的枝蔓。同时增施磷钾肥，增强树势，提高抗病抗虫力。(3)4~5月成虫活动期喷洒2.5%高效氯氟氰菊酯乳油2500倍液或15%吡虫啉可湿性粉剂2000倍液、2%阿维菌素乳油5000倍液。(4)发现主枝部有粪排出时，用注射器注入少量80%敌敌畏乳油50倍液或2%阿维菌素乳油500倍液。也可用棉花蘸上述药液封堵虫孔。(5)加强检疫，严防疫区扩大。

梨窄吉丁虫(Pear branch borer)

学名 *Coracbus rusticanus* Lewis 鞘翅目，吉丁虫科。别名：串皮虫。分布：湖南、湖北、陕西、甘肃、内蒙古等地。

寄主 除为害梨外，还为害枇杷、椤木等。

为害特点 以幼虫蛀食梨树枝干皮层，致树皮松软润湿，有时溢出白色泡沫，干燥后形成坏死斑，严重时枝干或全树枯死。

形态特征 成虫：体长6~11(mm)，雄虫稍小。体暗紫黑色，具金属光泽。复眼黑褐色，触角11节，鞘翅上生有很多小刻点和"W"形3列花纹。卵：长1mm左右，扁椭圆形，乳白色。末龄幼虫：体长约20~30(mm)，头小，口器褐色。前胸宽大，背腹两面盾状，盾板浅褐色圆形，背面中央生"人"字形沟纹1条，腹面中央具1条纵沟纹。中后胸小。腹部分节显著，每腹节前缘小于后缘，尾节棕褐色，具1对暗褐色尾铗。蛹：长11mm，乳白色至暗紫色。

生活习性 年生1代，北方以幼虫在枝干皮层隧道里越冬；南方幼虫继续为害，无明显越冬迹象。翌春气温升高，湖南于3月上旬开始蛀入木质部化蛹，5月上旬成虫开始羽化出洞，5月中下旬进入羽化出洞盛期，由蛹~成虫出洞需时34~56天。湖北5月下旬成虫羽化出洞，6月上中旬进入盛期，有时延迟到7月初。陕西则稍迟。多把卵产在2年生以上的枝干缝隙处，初孵幼虫把树皮咬1小孔，蛀入皮层，致受害处出现水渍状黑斑点片。蛀入木质部时，隧道内堆积白色粪屑，受害皮层溢出黄白色泡沫。

防治方法 (1)加强检疫，防止疫区扩大，发现带虫苗木、接穗要进行熏蒸灭虫。方法25~26℃，每1m³用氰化钠16g，密闭60分钟即可熏死。(2)成虫羽化出洞初期和盛期，喷洒80%敌敌畏或52.25%氯氰·毒死蜱乳油1500倍液或20%氰戊·辛硫磷乳油1500倍液。(3)幼虫期涂药：用500g煤油加25g 80%敌敌畏乳油对成20∶1的药液，用刷涂抹，对杀灭皮层里幼虫有效。

日本纺织娘

学名 *Mecopoda elongata* Linnaeus 直翅目螽斯科。分布在华中、华南。

寄主 桃、李、杏、柿、梨、樱桃、柑橘等。

为害特点 雌虫把卵产在枝条组织内，造成枝梢枯死。

形态特征 雌虫体长30~38mm，翠绿色。触角丝状，长过体。跗节4节，尾须短小，产卵器剑状。卵椭圆形。

生活习性 江西年生1代，以卵在枝条内越冬。翌年5月上中旬孵化，7月初~8月下羽化，交尾后把卵产在枝内，卵期7~8个月，若虫期2个月。

日本纺织娘

防治方法 若虫即将孵化时在受害株地面上喷洒75%辛硫磷或40%毒死蜱乳油1000倍液。

梨园六星铜吉丁

学名 *Chrysobothris affinis* Fabricius 鞘翅目，吉丁科。

寄主 梨、苹果、桃、樱桃、枣。

为害特点 幼虫多在韧皮部蛀害，造成虫道弯弯曲曲，内有蛀屑和虫粪，后在木质部化蛹。

六星铜吉丁

形态特征 成虫体黑色，生紫铜色金属光泽，两鞘翅上各生黄褐色 凹坑3个。幼虫黄白色，体扁，前胸背板稍宽。

生活习性 北京、河北、河南年生1代，以幼虫在树干中越冬。

防治方法 成虫羽化初期枝干上涂刷40%辛硫磷或毒死蜱乳油300倍液，隔15天后再涂1次。

梨金缘吉丁虫(Golden margined buprestid)

学名 *Lampra limbata* Gebler 鞘翅目，吉丁甲科。别名：金缘吉丁虫、梨吉丁虫、金缘金蛀甲、板头虫等。分布：黑龙江、吉林、辽宁、内蒙古、山西、河北、江苏、浙江、江西、陕西、甘肃、宁夏、青海、新疆等地。

寄主 梨、山楂、苹果、桃、杏、樱桃、槟沙果。

为害特点 幼虫于枝干皮层内、韧皮部与木质部间蛀食，被害处外表常变褐至黑色，后期常纵裂，削弱树势，重者枯死，树皮粗糙者被害处外表症状不明显；成虫少量取食叶片为害不明显。

形态特征、生活习性、防治方法 参考苹果害虫——苹果小窄吉丁。

梨金缘吉丁虫成虫

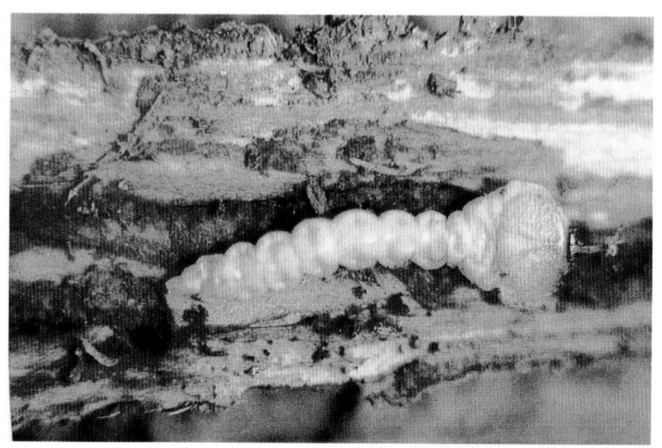
金缘吉丁虫幼虫在树干中的幼虫和蛀道(邱强)

日本小蠹(Japanese bark beetle)

学名 *Scolytus japonicus* Chapuis 鞘翅目，小蠹科。别名：果树小蠹。分布：贵州、四川、吉林、辽宁、河北、内蒙古、陕西；日本、朝鲜、原苏联。

寄主 梨、桃、李、杏、樱桃、苹果等。

为害特点 以幼虫和成虫在寄主大枝和主干皮下潜食，只取食木质部外层的边材、形成层及树皮内层的韧皮部组织，坑道不深入木质层，仅在边材上蛀成浅迹。虫坑为单纵坑，母坑道较宽，长2~3cm；子坑道分布于母坑两侧，呈放射状散开，在大枝干上2~3个，主干上十数条至20余条，长度为母坑的若干倍。子坑常被粪屑填满，在干外蛀孔附近，也随时散挂着鲜屑沫，极易识别。

日本小蠹(果树小蠹)

形态特征 成虫:体长 2.2 ~ 2.7(mm),宽约 1mm。初羽化时浅墨黄色,老熟成虫黑色具强光泽。前胸背板,长胜于宽并长于鞘翅的一半;背板前缘杂染红褐色,中部内缢,两侧具缘边,板面光亮平滑,中域刻点较四周细浅疏散。小盾片三角形,深内陷。鞘翅基部与前胸背板等宽,尾部缢狭,无斜面;翅版面平直,疏生刚毛,刻点沟明显,沟间部刻点稀浅。腹部多毛,鼓起,从第2腹节起向尾部均匀收缩,形成圆弓形腹面。卵:椭圆形,初为乳白色,光滑半透明,近孵化时浅灰黑色,长 0.5 ~ 0.6(mm),宽约 0.4(mm)。幼虫:体乳白色,长约 2.5mm,宽约 1.2mm,与象甲类幼虫相似,但体型较狭细。头小,淡褐色,口器赤褐色。可见体节 11 节,胸节较肥大,渐向尾部缩小,每体节背面呈 2 个横皱突,在各节体线中部具 1 根褐色短刚毛。蛹:乳白色,近羽化时浅黑褐色,长 2.5 ~ 2.6(mm),宽约 1.1mm,形态与象甲的蛹或短喙象甲的蛹相类似。

生活习性 在贵州,以幼虫和蛹在皮下坑道中越冬,年发生 3 ~ 4 代,世代重叠较严重。4 月中下旬越冬蛹始羽化为成虫,5 月上旬进入羽化盛期,第 1 代成虫高峰期在 6 月上、中旬;第 2 代成虫高峰期 7 月中、下旬;第 3 代高峰期 8 月下至 9 月上旬;第 4 代 10 月中旬,产卵后以幼虫和蛹越冬。成虫喜趋长期失管、树势衰老或濒死的树产卵。两性配对筑坑,产卵后雄虫脱孔与其它虫交尾,寿命较短,死亡早;雌虫交配一次后,可连续不断地产卵繁殖。晴暖天气,成虫喜欢爬出洞孔外活动。新一代成虫出现后,一般多在原寄主未被蛀害过的部位蛀入,异株转害常在 6 ~ 7 月。

防治方法 (1)加强栽培管理,合理施肥和修剪,抓好病虫防治,增强树势,培养旺树,能有效减少趋害。(2)受害严重的树,难恢复产量,冬季砍除,削剥树皮,砍除被害枝干,集中烧毁以绝虫源。(3)随时观察,发现早期为害状,用刀削下一层树皮,留下部分形成层,刷上 800 倍 90%敌百虫可溶性粉剂稀释液,毒杀裸露的幼虫和蛹。(4)成虫羽化高峰期,在干外喷 80%敌敌畏乳油等 1000 倍液至湿透,触杀成虫。

葛氏梨茎蜂和梨茎蜂(Pear twig girdler)

学名 葛氏梨茎蜂 *Janus gussakovskii* Maa 和梨茎蜂 *Janus piri* Okamoto et Muramatsu 膜翅目,茎蜂科。别名:折梢虫、截芽虫、梨切芽虫等。葛氏梨茎蜂分布于河北、贵州;梨茎蜂分布于辽宁、河北、北京、山西、山东、河南、江苏、安徽、浙江、江西、福

葛氏梨茎蜂雄成虫(刘兵 摄)

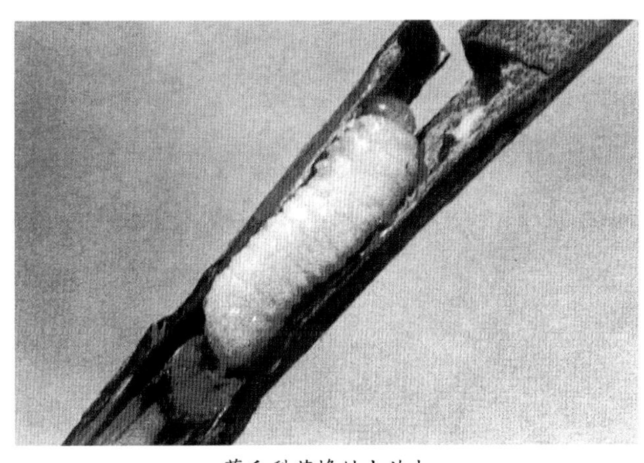

葛氏梨茎蜂幼虫放大

梨茎蜂成虫放大

梨茎蜂幼虫(曹子刚)

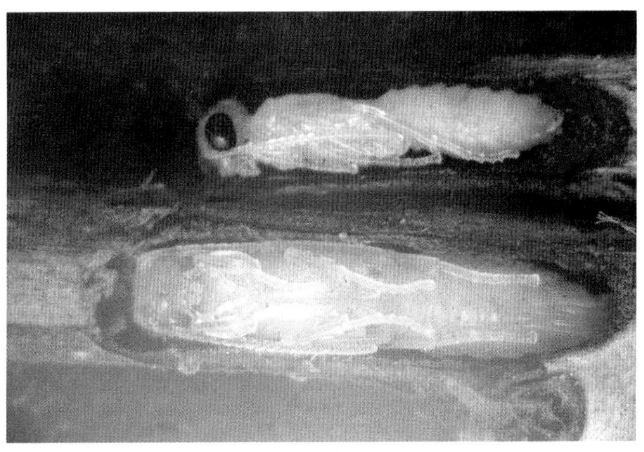

梨茎蜂蛹

建、湖北、湖南、陕西、四川、青海。

寄主 梨。

为害特点 成虫产卵锯掉春梢，幼虫于新梢内向下蛀食，致受害部枯死。是为害梨树春梢的重要害虫，影响幼树整形和树冠扩大。

形态特征 葛氏梨茎蜂成虫：体长 8~10(mm)，触角丝状黑色，头、胸背黑色，翅透明，翅基片、足黄色，腿节红褐色，腹部 1~3 节红色，其余各节均为黑色。

梨茎蜂成虫：体长 9~10(mm)，体黑色具光泽，前胸后缘两侧、中胸侧板、后胸背板的后端均为黄色，翅透明，足黄色，触角 24 节黑色丝状。卵：长椭圆形，乳白色半透明。幼虫：体长 10~11(mm)，乳白色或黄白色。头部淡褐色，胸腹部黄白色，体稍扁平，头胸下弯，尾端上翘。口器褐色，单眼 2 个黑色，胸足 3 对，极小，无腹足，气门 10 对。蛹：细长，初乳白，后色渐深。

生活习性 葛氏梨茎蜂在河北年生 1 代，以老熟幼虫在当年受害枝内作茧越冬，翌年 3 月间化蛹，4 月羽化，一般于鸭梨盛花后 5 天，新梢抽出 5~6(cm)时开始在嫩梢上产卵、为害，盛花后 10 天，新梢大量抽出时进入产卵盛期，产卵时在新梢 6cm 上下处锯梢产卵，产卵后常把锯口下第 1 个芽锯死，接着再锯下边 1~2 个叶，仅留叶柄。成虫白天活动，早晚和夜间停息在树冠下部新梢的叶背面，无趋光、趋化性。天敌主要有啮小蜂。

梨茎蜂在河北、北京等地 2 年发生 1 代，以幼虫及蛹在被害枝内越冬。梨树开花时成虫羽化，花谢时成虫开始产卵，当新梢长出 12~15(cm)时在 6cm 左右处锯梢产卵，然后在其下锯叶 3~4 片，只留叶柄，卵期 7~10 天，幼虫孵化后蛀入髓部向下蛀食，5 月下旬蛀到 2 年生枝附近，6 月中旬全部蛀入 2 年生枝内，8 月上旬老熟停止取食，作茧越冬。第 2 年继续休眠，至 9~10 月化蛹越冬。天敌主要有啮小蜂。

防治方法 (1)冬季剪除幼虫为害的枯枝，放于养虫笼中，翌春梨花谢花后，寄生蜂羽化时，将寄生蜂放回果园。每 667m^2 平均放 15 头蜂(雌雄各半)。(2)春季成虫产卵结束后，苗木及幼树可从断口下 2cm 处剪除产卵梢。(3)成虫发生期，早晚或阴天震落捕杀成虫。(4) 成虫发生时喷 75%灭蝇·杀单可湿性粉剂 3000 倍液或 50%敌敌畏乳油 1000 倍液、80%敌百虫可溶性粉剂 800 倍液。

香梨茎蜂(Pear shoot girdler)

学名 *Janus piriodorus* Yang sp.n. 膜翅目，茎蜂科。分布新疆。

寄主 除为害库尔勒香梨外，还危害茌梨、鸭梨、砀山梨、20 世纪梨、杜梨、早酥梨和巴梨等。

为害特点 成虫产卵时锯断新梢，幼虫钻蛀嫩枝，造成大量香梨新梢断枝枯萎，幼树受害更为严重，一般单株新梢受害率 10%~60%，最高可达 100%。

形态特征 成虫：雌蜂体长 9~11(mm)，翅展 16~17(mm)，体黑色有金属光泽。触角丝状，口器黄色，上唇和上颚端部红黑褐色。翅基和前胸背板两侧为黄褐色，后胸背与腹部连接处有一块尖三角形膜质区，呈淡黄色。足黄色至黄褐色，其中基节、转节和胫节色淡，腿节和跗节色深，后足腿节末端黑色。在腹部

香梨茎蜂成虫(陈尚进)

末端黑色生殖刺突内有褐色锯齿状产卵瓣 1 对；雄蜂比雌蜂略瘦小(体长 7~8mm)，体色相同，但腹部末节及交尾器黄色。成长幼虫：体长约 10mm，淡黄色，胸部向上隆起，体末端上翘，体呈"~"形。幼虫在当年的新梢内蛀食完后，继而钻入 2 年生枝条髓部，离分杈 1~1.5cm 处扭转虫体，头朝上结薄茧越夏越冬，翌年 3 月上旬开始化蛹，4 月上旬羽化。羽化孔开在短橛近基部，呈圆形。

生活习性 新疆库尔勒市年生 1 代。雌蜂选择约 10cm 长的嫩梢产卵。一般雌虫头朝下尾朝上，先产 1 粒卵在嫩梢内，然后在着卵处上方 3~5mm 处锯断嫩梢，并锯断下方的叶柄，形成短橛，也有先锯梢后产卵，卵期 7~10d。新梢被锯，留下一连串的短橛，幼虫在短橛内蛀食，虫道内充满黑褐色虫粪。

防治方法 由于香梨茎蜂羽化、产卵锯梢盛期正值香梨盛花期，幼虫孵化后，又完全在梢内隐蔽蛀食，对其防治较为困难。目前采取的主要措施是，从 5 月上旬开始，结合疏花、疏果和夏季修剪等农事活动，摘除短橛(受害梢)，前期可消灭短橛中的卵，后期消灭短橛中的幼虫，防止幼虫蛀入 2 年生枝条，减少翌年虫量。在防治食心虫时，喷施内吸杀虫剂对短橛内的香梨茎蜂初龄幼虫有一定的杀灭作用。

梨眼天牛(Blue pear twig borer)

学名 *Bacchisa fortunei* (Thomson) 鞘翅目，天牛科。别名：梨绿天牛、琉璃天牛、一簇毛哈虫。分布在黑龙江、吉林、辽宁、山西、河北、山东、江苏、安徽、浙江、江西、福建、台湾、湖南、广东、陕西、四川、青海、贵州等地。

梨眼天牛幼虫

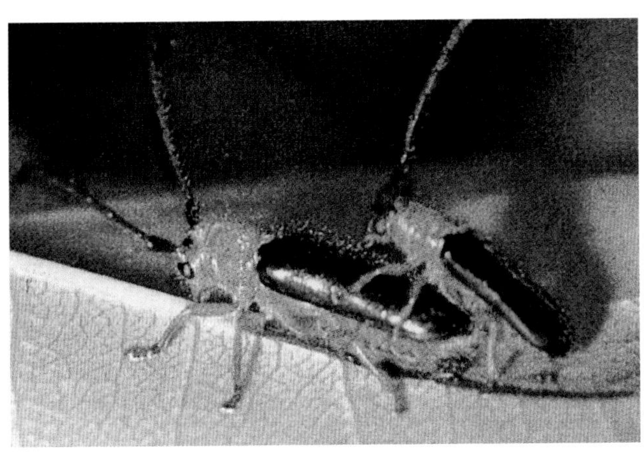

梨眼天牛成虫正在交尾

寄主 梨、苹果、槟沙果、海棠、桃、杏、李、梅、山楂等，偏嗜仁果类和山楂。

为害特点 成虫食叶片粗脉，为害不大；幼虫多于2~5年生枝干的皮层、木质部内向上蛀食，生育期隧道内无粪屑，蛀孔即是排粪孔，排出烟丝状粪屑，长期贴附于蛀道反方向的枝上，常将树皮腐蚀，被害枝衰弱发育不良，重者枯死。

形态特征 成虫：体长8~11(mm)，宽3~4(mm)，略呈圆筒形，全体密被长竖毛和短毛，体橙黄色，鞘翅金蓝色带紫色闪光。复眼上下叶完全分开成两对，触角丝状11节，基部数节淡棕黄色，各节端部色深，端部4~5节深棕或黑棕色。前胸背板宽大于长，前后缘各具1浅横沟，两沟之间向两侧拱出成大瘤突，其两侧亦各生1小瘤突。后胸腹板两侧各有1紫色大斑。鞘翅上密布粗细刻点，末端圆形。雌末腹节较长，中央有1纵纹。卵：长椭圆形，长2mm，略弯曲，初乳白后变黄白色。幼虫：体长18~21(mm)，乳白至黄白色，无足，体略扁，前端大，向后渐细，前胸背板有方圆形黄褐色斑纹，其上密生微刺，斑纹两侧各有1凹纹。蛹：长8~11(mm)，初乳白后变黄色，羽化前同成虫相似。体背中央有1纵沟。

生活习性 北方2年1代，以幼虫于隧道内越冬，寄主萌动后开始活动为害，老熟幼虫越冬者陆续化蛹，4月下旬至5月中旬为化蛹盛期，蛹期15~20天，5月上旬至6月中旬为成虫发生期，盛期为5月中旬至6月上旬，成虫白天活动，卵多产于2~3年生枝干上，以背光面较多，先在选定部位咬破树皮成“三”形伤疤，然后将产卵管刺入伤痕下中间皮下产1粒卵，树皮上留1小圆孔极易识别，同枝上可产数粒卵，卵间距10~15(cm)。单雌卵量20~30粒，成虫寿命10~30天。卵期10~15天，初孵幼虫在皮下蛀食月余，2龄开始蛀入木质部达髓部向上蛀食，由蛀孔向外排出烟丝状粪屑，极易辨识。落叶时停止取食，用粪屑堵塞隧道和排粪孔。幼虫过2个冬天，第3年春于隧道端化蛹，羽化后停2~5天咬圆形羽化孔出枝。幼虫一生蛀隧道长30~65(mm)，生育期隧道内无粪屑。

防治方法 (1)新建园严防有虫苗木植入。(2)参考苹果害虫——桑天牛，毒杀幼虫注药液有困难，毒杀当年孵化的幼虫，将粪屑去掉用毛笔或小毛刷沾80%敌敌畏乳油20~30倍液或菊酯类药剂50~60倍液，涂抹蛀孔杀虫效果100%，7~8月进行为宜。

碧蛾蜡蝉(Green broad winged planthopper)

学名 *Geisha distinctissima* (Walker) 同翅目，蛾蜡蝉科。别名：碧蜡蝉、黄翅羽衣、橘白蜡虫。分布在吉林、辽宁、山东、江苏、上海、浙江、江西、湖南、福建、台湾、广东、广西、海南、四川、贵州、云南。

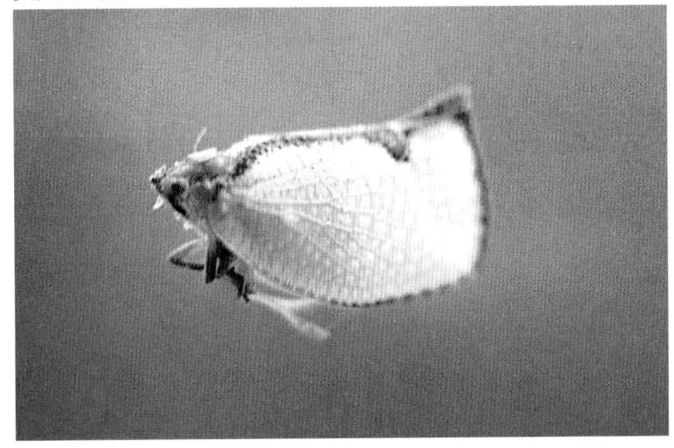

碧蛾蜡蝉成虫

寄主 柑橘、无花果、龙眼、柿、桃、李、杏、梨、苹果、梅、葡萄、杨梅、白腊树、枫香等。

为害特点 成虫、若虫刺吸寄主植物枝、茎、叶的汁液，严重时枝、茎和叶上布满白色蜡质，致使树势衰弱，造成落花，影响观赏。

形态特征 成虫：体长7mm，翅展21mm，黄绿色，顶短，向前略突，侧缘脊状褐色。额长大于宽，有中脊，侧缘脊状带褐色。喙粗短，伸至中足基节。唇基色略深。复眼黑褐色，单眼黄色。前胸背板短，前缘中部呈弧形前突达复眼前沿，后缘弧形凹入，背板上有2条褐色纵带；中胸背板长，上有3条平行纵脊及2条淡褐色纵带。腹部浅黄褐色，覆白粉。前翅宽阔，外缘平直，翅脉黄色，脉纹密布似网纹，红色细纹绕过顶角经外缘伸至后缘爪片末端。后翅灰白色，翅脉淡黄褐色。足胫节、跗节色略深。静息时，翅常纵叠成屋脊状。卵：纺锤形，长1mm，乳白色。若虫：老熟若虫体长8mm，长形，体扁平，腹末截形，绿色，全身覆以白色棉絮状蜡粉，腹末附白色长的绵状蜡丝。

生活习性 年发生代数因地域不同而有差异，大部地区年发生一代，以卵在枯枝中越冬。第二年5月上、中旬孵化，7~8月若虫老熟，羽化为成虫，至9月受精雌成虫产卵于小枯枝表面和木质部。广西等地年发生两代，以卵越冬，也有以成虫越冬的。第一代成虫6~7月发生。第二代成虫10月下旬至11月发生，一般若虫发生期3~11个月。

防治方法 (1)剪去枯枝、防止成虫产卵。(2)加强管理，改善通风透光条件，增强树势。(3)出现白色绵状物时，用木杆或竹杆触动致使若虫落地捕杀。(4) 在危害期喷洒40%辛硫磷乳油或50%马拉硫磷乳油、稻丰散乳油、杀螟硫磷乳油、80%敌敌畏乳油、40%乐果乳油、90%敌百虫可溶性粉剂等1000倍液。

朝鲜球坚蚧(Korean lecanium)

学名 *Didesmococcus koreanus* Borchsenius 同翅目，蚧科。别名：朝鲜球蚧、朝鲜球坚蜡蚧、朝鲜毛球蚧、杏球坚蚧、杏毛球坚蚧、桃球坚蚧。分布在黑龙江、吉林、辽宁、内蒙古、宁夏、甘

朝鲜球坚蚧放大

朝鲜球坚蜡蚧

肃、青海、河北、河南、山东、安徽、江苏、湖北、云南等。

寄主 桃、杏、李、樱桃、山楂、苹果、梨、榅桲。

为害特点 若虫和雌成虫刺吸枝、叶汁液，排泄蜜露常诱致煤病发生，影响光合作用削弱树势，重者枯死。

形态特征 成虫：雌体近球形，长4.5mm，宽3.8mm，高3.5mm，前、侧面上部凹入，后面近垂直。初期介壳软，黄褐色，后期硬化红褐至黑褐色，表面有极薄的蜡粉，背中线两侧各具1纵列不甚规则的小凹点，壳边平削与枝接触处有白蜡粉。雄体长1.5～2(mm)，翅展5.5mm，头胸赤褐，腹部淡黄褐色。触角丝状10节，生黄白短毛。前翅发达白色半透明，后翅特化为平衡棒。性刺基部两侧各具1条白色长蜡丝。卵：椭圆形，长0.3mm、宽0.2mm，附有白蜡粉，初白色渐变粉红。若虫：初孵若虫长椭圆形，扁平，长0.5mm，淡褐至粉红色被白粉；触角丝状6节；眼红色；足发达；体背面可见10节，腹面13节，腹末有2个小突起，各生1根长毛。固着后体侧分泌出弯曲的白蜡丝覆盖于体背，不易见到虫体。越冬后雌雄分化，雌体卵圆形，背面隆起呈半球形，淡黄褐色有数条紫黑横纹。雄瘦小椭圆形，背稍隆起。仅雄有蛹。蛹：长1.8mm，赤褐色；茧长椭圆形，灰白半透明，扁平，背面略拱，有2条纵沟及数条横脊，末端有1横缝。

生活习性 年生1代，以2龄若虫在枝上越冬，外覆有蜡被。3月中旬开始从蜡被里脱出另找固定点，而后雌雄分化。雄若虫4月上旬开始分泌蜡茧化蛹。4月中旬开始羽化交配，交配后雌虫迅速膨大。5月中旬前后为产卵盛期。每雌一般产卵千余粒。卵期7天左右。5月下旬～6月上旬为孵化盛期。初孵若虫分散到枝、叶背为害，落叶前叶上的虫转回枝上。以叶痕和缝隙处居多，此时若虫发育极慢，越冬前脱1次皮，10月中旬后以2龄若虫于蜡被下越冬。雌雄比3：1。雄成虫寿命2天左右，可与数头雌虫交配。未交配的雌虫产的卵亦能孵化。全年4月下旬～5月上中旬为害最盛。天敌：黑缘红瓢虫和寄生蜂。

防治方法 (1)芽膨大时喷洒波美5度石硫合剂或45%石硫合剂结晶30倍液、含油量4%～5%的矿物油乳剂，只要喷洒周到效果极佳。此外还可用1.8%阿维菌素乳油1000倍液或40%毒死蜱乳油900倍液。(2)3月中旬～4月上旬，用硬毛刷或钢丝刷刷死枝条上的越冬幼虫。(3)在5月下旬卵孵化高峰期，喷洒2.5%高效氯氟氰菊酯微乳剂2000倍液，可控制。

梨圆蚧(San Jose scale)

学名 *Quadraspidiotus perniciosus* (Comstock) 同翅目，盾蚧科。别名：梨笠圆盾蚧。分布于全国各地。

寄主 苹果、梨、槟沙果、海棠、山楂、杏、桃、李、梅、葡萄、枣、柿、核桃、栗、柑橘、柠檬、醋栗、榅桲、樱桃、草莓等307种植物。

为害特点 雌成虫、若虫刺吸枝干、叶、果实的汁液，轻则树势削弱，重则枯死。梨果实受害产生凹陷、龟裂，围绕虫体产生紫红色斑点造成果实萎蔫，影响商品价值。

形态特征、生活习性 参见苹果害虫——梨笠圆盾蚧。

防治方法 (1)加强检疫，为防其传播严禁从该虫发生区调入梨苗等果树苗木。(2)新建梨园点片发生阶段，彻底清除虫枝并烧毁。严禁用有虫枝条作种苗接穗。(3)生物防治。注意引放红点唇瓢虫、华鹿瓢虫、黄斑盘瓢虫、龟纹瓢虫、异色瓢虫、日本方头甲、红圆蚧金黄蚜小蜂等天敌。(4)药剂防治。3月中旬梨树

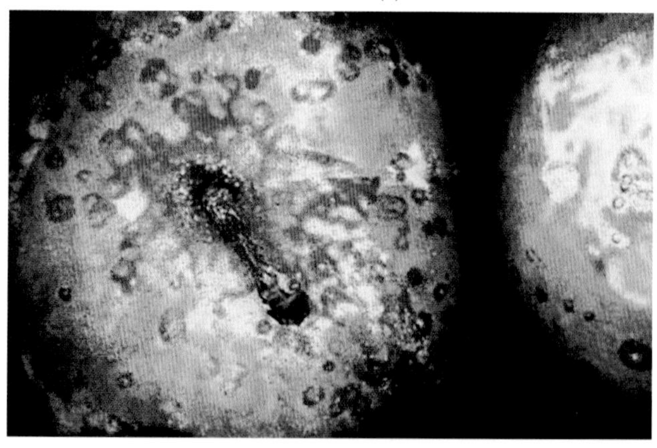
梨圆蚧为害李果被害状

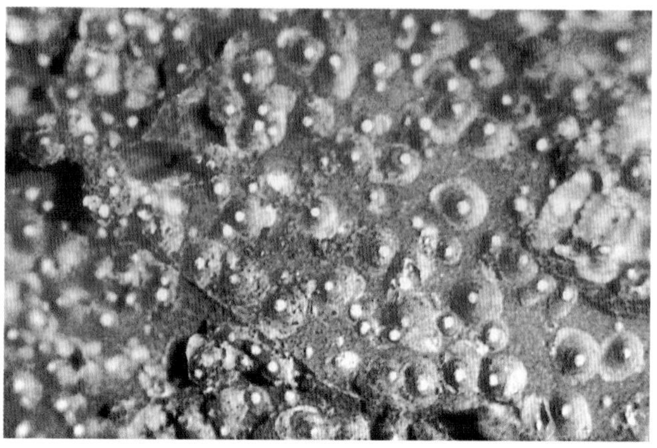
梨笠圆蚧在枝干上的群落

萌动期喷波美 3 ~ 5 度石硫合剂或 0.4%五氯酚钠溶液。若虫期以防治 1 ~ 2 代若虫为主，常用药剂有 25%噻嗪酮可湿性粉剂 1500 ~ 2000 倍液、20%甲氰菊酯乳油 2000 倍液、40%毒死蜱乳油 1000 倍液、20%吡虫啉浓可溶剂 2500 倍液、1.8%阿维菌素乳油 1000 倍液，成虫期喷洒 94%机油乳剂 50 倍液。(5)为害期用 40%乐果乳油 20 ~ 50 倍液涂干包扎，效果较好。

角蜡蚧(Indian wax scale)

学名 *Ceroplastes ceriferus* (Anderson)同翅目，蚧科。别名：角蜡虫。分布在黑龙江、辽宁、河北、山东、陕西、山西、江苏、浙江、上海、江西、湖北、湖南、福建、广东、广西、贵州、云南、四川。

寄主 桑、枇杷、柿、柑橘、柠檬、无患子、龙眼、芒果、苹果、梨、桃、李、石榴、杏等。

角蜡蚧

为害特点 以成、若虫危害枝干。受此蚧危害后叶片变黄，树干表面凸凹不平，树皮纵裂，致使树势逐渐衰弱，排泄的蜜露常诱致煤污病发生，严重者枝干枯死。

形态特征 成虫：雌短椭圆形，长 6 ~ 9.5 (mm)，宽约 8.7mm，高 5.5mm，蜡壳灰白色，死体黄褐色微红。周缘具角状蜡块：前端 3 块，两侧各 2 块，后端 1 块圆锥形较大如尾，背中部隆起呈半球形。触角 6 节，第 3 节最长。足短粗，体紫红色。雄体长 1.3mm，赤褐色，前翅发达，短宽微黄，后翅特化为平衡棒。卵：椭圆形，长 0.3mm，紫红色。若虫：初龄扁椭圆形，长 0.5mm，红褐色；2 龄出现蜡壳，雌蜡壳长椭圆形，乳白微红，前端具蜡突，两侧每边 4 块，后端 2 块，背面呈圆锥形稍向前弯曲；雄蜡壳椭圆形，长 2 ~ 2.5(mm)，背面隆起较低，周围有 13 个蜡突。雄蛹：长 1.3mm，红褐色。

生活习性 年生 1 代，以受精雌虫于枝上越冬。翌春继续为害，6 月产卵于体下，卵期约 1 周。若虫期 80 ~ 90 天，雌脱 3 次皮羽化为成虫，雄脱 2 次皮为前蛹，进而化蛹，羽化期与雌同，交配后雄虫死亡，雌继续为害至越冬。初孵若虫雌多于枝上固着为害，雄多到叶上主脉两侧群集为害。每雌产卵 250 ~ 3000 粒。卵在 4 月上旬 ~ 5 月下旬陆续孵化，刚孵化的若虫暂在母体下停留片刻后，从母体下爬出分散在嫩叶、嫩枝上吸食为害，5 ~ 8 天脱皮为二龄若虫，同时分泌白色蜡丝，在枝上固定。在成虫产卵和若虫刚孵化阶段，降雨量大小，对种群数量影响很大。但干旱对其影响不大。

防治方法 参见日本龟蜡蚧。

日本龟蜡蚧(Japanese wax scale)

学名 *Ceroplastes japonicus* Green 同翅目，蚧科。别名：日本蜡蚧、枣龟蜡蚧、龟蜡蚧。分布在黑龙江、辽宁、内蒙古、甘肃、北京、河北、山西、陕西、山东、河南、安徽、上海、浙江、江西、福建、湖北、湖南、广东、广西、四川、贵州、云南。

日本龟蜡蚧雌成虫放大

寄主 柿、枣、梨、苹果、柑橘、石榴、杏、板栗、罗汉松、桃、李、桑、无花果、枇杷、山楂等。

为害特点 若虫和雌成虫刺吸枝、叶汁液，排泄蜜露常诱致煤污病发生，削弱树势，重者枝条枯死。严重时造成寄主大量落叶、落果。

形态特征 成虫：雌成长后体背有较厚的白蜡壳，呈椭圆形，长 4 ~ 5(mm)，背面隆起似半球形，中央隆起较高，表面具龟甲状凹纹，边缘蜡层厚且弯卷由 8 块组成。活虫蜡壳背面淡红，边缘乳白，死后淡红色消失，初淡黄后现出虫体呈红褐色。活虫体淡褐至紫红色。雄体长 1 ~ 1.4(mm)，淡红至紫红色，眼黑色，触角丝状，翅 1 对白色透明，具 2 条粗脉，足细小，腹末略细，性刺色淡。卵：椭圆形，长 0.2 ~ 0.3(mm)，初淡橙黄后紫红色。若虫：初孵体长 0.4mm，椭圆形扁平，淡红褐色，触角和足发达，灰白色，腹末有 1 对长毛。固定 1 天后开始泌蜡丝，7 ~ 10 天形成蜡壳，周边有 12 ~ 15 个蜡角。后期蜡壳加厚雌雄形态分化，雄与雌成虫相似，雄蜡壳长椭圆形，周围有 13 个蜡角似星芒状。雄蛹：梭形，长 1mm，棕色，性刺笔尖状。

生活习性 年生 1 代，以受精雌虫主要在 1 ~ 2 年生枝上越冬。翌春寄主发芽时开始为害，虫体迅速膨大，成熟后产卵于腹下。产卵盛期：南京 5 月中旬，山东 6 月上中旬，河南 6 月中旬，山西 6 月中下旬。每雌产卵千余粒，多者 3000 粒。卵期 10 ~ 24 天。初孵若虫多爬到嫩枝、叶柄、叶面上固着取食，8 月初雌雄开始性分化，8 月中旬至 9 月为雄化蛹期，蛹期 8 ~ 20 天，羽化期为 8 月下旬至 10 月上旬，雄成虫寿命 1 ~ 5 天，交配后即死亡，雌虫陆续由叶转到枝上固着为害，至秋后越冬。可行孤雌生殖，子代均为雄性。天敌有瓢虫、草蛉、寄生蜂等。

防治方法 (1)做好苗木、接穗、砧木检疫消毒。(2)保护引放天敌。(3)剪除虫枝或刷除虫体。(4)冬季枝条上结冰凌或雾凇时，用木棍敲打树枝，虫体可随冰凌而落。(5)刚落叶或发芽前喷含油量 10%的柴油乳剂，如混用化学药剂效果更好。(6)初孵若虫分散转移期喷洒 40%毒死蜱乳油 1000 倍液或 1.8%阿维菌素乳油 1000 倍液、50%倍硫磷乳油 1000 倍液。也可用矿物油乳剂,夏秋季用含油量 0.5%,冬季用 3%~5%或松脂合剂夏秋季用 18~20 倍液,冬季用 8~10 倍液。

盐源片盾蚧

学名 *Parlatoria yanyuanensis* Tang 同翅目,盾蚧科。分布:四川、云南。

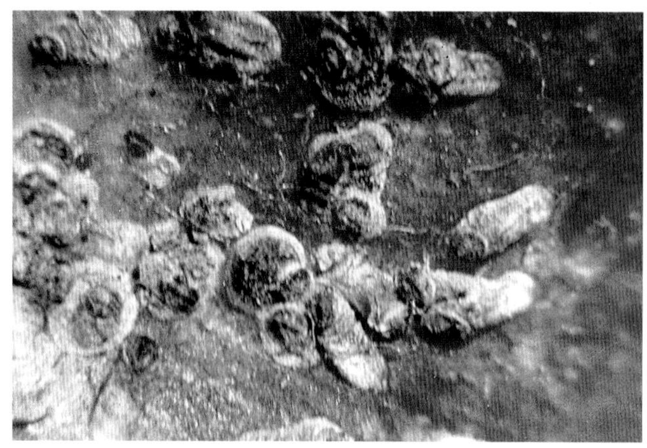

盐源片盾蚧雄虫(长形)和圆型雌虫(吴丽琼)

寄主 苹果、梨、木瓜等。

为害特点 若虫和雌虫刺吸枝干、果实汁液,致受害枝变紫黑色或引致煤污病,叶片变小变黄,严重的枝干枯死。受害果在梗洼或萼洼处形成红色点刻或畸变。

形态特征 成虫:雌介壳白色近圆形,直径 2mm,壳点黄褐色突向一侧。虫体紫红色椭圆形,长 1.38mm,宽 1.08mm。雄介壳长形白色,长 1mm,壳点偏向一端。雄虫体长 0.65~0.7(mm),翅展 1.2~1.3(mm),胸部、复眼黑褐色,腹部浅褐色。触角 20 节。胸足 3 对。前翅发达,后翅特化为平衡棒。性刺长约 0.25mm。卵:长圆形,淡紫色。若虫:初孵椭圆形,长 0.2mm 左右,虫体扁平,红褐色或背带咖啡色,胸足 3 对。

生活习性 昆明年生 1 代,以雌成虫越冬,2 月下~7 月下旬产卵,3 月下~5 月上旬进入盛期;3 月下~8 月下若虫孵化,5 月上~6 月中旬进入盛期;8 月下至翌年 9 月中旬为雌成虫发生期,11 月至翌年 6 月为盛期;8 月中~9 月下旬雄虫发生,8 月下~9 月进入盛期。每雌平均产卵 50 粒,若虫于 3 月底孵化,分散至枝上,当即固定,体色由红褐色变为紫红至黑色,同时分泌蜡质介壳,此过程约 15 天。

防治方法 参考梨圆蚧。

梨九绵蚜和榆绵蚜(Woolly apple aphid)

学名 *Siciunguis novena* Zhang et Hu,1999 和 *Eriosoma lanuginosum* (Hartig),同翅目,绵蚜科。梨九绵蚜是新种。榆绵蚜旧称苹果绵蚜、绵蚜、赤蚜、血色蚜等。前者分布在陕西整个梨果产区。榆绵蚜,除陕西广布外,还分布在辽宁、山东、西藏等省的部分地区。

寄主 原生寄主为榆,次生寄主为白梨、砂梨、西洋梨等。榆绵蚜寄主还有李、山楂、花楸、美国榆等。

梨九绵蚜放大

榆绵蚜为害梨树状及成虫和若虫放大

为害特点 这两种蚜虫为害梨树根梢,详见苹果根爪绵蚜为害状。

形态特征 两种蚜虫均经历干母、无翅干雌、有翅干雌、无翅侨蚜、有翅性母、雌、雄性蚜、卵等各虫态,以无翅侨蚜和有翅性母若蚜在梨树根部为害。梨九绵蚜隶属拟爪绵蚜新属,无翅侨蚜成蚜的形态特征为:体椭圆形,较小,长 1.25mm,宽 0.9mm,各附肢褐色,其余淡色。体背毛较多,稍粗长。头背毛 54 根,腹部背片Ⅰ毛 20 余根,背片Ⅷ毛 8 根。中额平直。触角 5 节,为体长的 0.28 倍;节Ⅰ~Ⅴ长度比为 56:72:100:44:100+11。触角节Ⅲ有毛 8 根。原生感觉圈无睫。喙节Ⅳ+Ⅴ为后跗节Ⅱ的 1.38 倍,有次生毛 3 对。足各节粗短。跗节Ⅰ毛序:3,3,3。腹管缺。尾片及尾板末端圆形,尾片有毛 12 根,尾板有毛 20 根。

榆绵蚜隶属绵蚜属,无翅侨蚜成蚜的形态特征为:体椭圆形,长 1.6mm,宽 1.1mm。头顶及各附肢深褐色,其余淡色。体背毛细尖锐。腹部背片Ⅷ有毛 4 根。头顶较平直。触角 5 节,为体长的 0.15 倍;节Ⅰ~Ⅴ长度比为 38:50:100:63:31+19。触角毛细尖锐,节Ⅲ有毛 6 根。原生感觉圈有长睫。喙节Ⅳ+Ⅴ为后跗节Ⅱ的 1.83 倍;有 2 对次生毛。足各节较短。跗节Ⅰ毛序:2,2,2。腹管环状,有 10 根毛环绕。尾片末端圆,有毛 3 根。尾板有毛 20 根。

生活习性 榆绵蚜在北京年生 10 多代,以无翅低龄若虫在根部及枝干皮缝中越冬。翌年 4 月开始活动为害。

防治方法 参见苹果害虫——苹果根爪绵蚜。

5. 山楂(*Crataegus pinnatifida*)病害

山楂白粉病(Japanese hawthorn powdery mildew)

山楂白粉病病叶

症状 山楂白粉病又称弯脖子或花脸。主要为害叶片、新梢及果实。叶片染病,初叶两面产生白色粉状斑,严重时白粉覆盖整个叶片,表面长出黑色小粒点,即病菌闭囊壳。新梢染病,初生粉红色病斑,后期病部布满白粉,新梢生长衰弱或节间缩短,其上叶片扭曲纵卷,严重的枯死。幼果染病,果面覆盖一层白色粉状物,病部硬化、龟裂,导致畸形;果实近成熟期受害,产生红褐色病斑,果面粗糙。

病原 *Podosphaera oxyacanthae* (DC.) de Bary 称蔷薇科叉丝单囊壳,属真菌界子囊菌门;无性态 *Oidium crataegi* Grogn. 称山楂粉孢霉,属真菌界无性型真菌。闭囊壳暗褐色,球形,顶端具刚直的附属丝,基部暗褐色,上部色较淡,具分隔,闭囊壳直径 74~102(μm),附属丝 6~16 根,顶端具 2~5 次叉状分枝。闭囊壳内具 1 个子囊,短椭圆形或拟球形,无色,大小 47~63×32~60(μm),内含子囊孢子 8 个,子囊孢子椭圆形或肾脏形,大小 18~20×12~14(μm)。无性态产生粗短不分枝的分生孢子梗及念珠状串生的分生孢子,分生孢子无色,单胞,大小 20.8~30×12.8~16(μm)。有报道 *P. clandestina* (Wallr) Lev 也是该病病原。

传播途径和发病条件 以闭囊壳在病叶或病果上越冬,翌春释放子囊孢子,先侵染根蘖,并产生大量分生孢子,借气流传播进行再侵染。春季温暖干旱、夏季有雨凉爽的年份病害流行,偏施氮肥,栽植过密发病重。实生苗易感病。

防治方法 (1)加强栽培管理。控制好肥水,不偏施氮肥,不使园地土壤过分干旱,合理疏花、疏叶。(2)清除初侵染源。结合冬季清园,认真清除树上树下残叶、残果及落叶、落果,并集中烧毁或深埋。(3)药剂防治。发芽前喷 45%石硫合剂结晶 30 倍液。落花后和幼果期喷洒 45%石硫合剂结晶 300 倍液、50%甲基硫菌灵·硫磺悬浮剂 800 倍液、50%硫悬浮剂 300 倍液、20%三唑酮乳油 1000 倍液、12.5%腈菌唑乳油 2500 倍液、43%戊唑醇悬浮剂或 430g/L 悬浮剂 4000~5000 倍液、30%氟菌唑可湿性粉剂 1500 倍液,15~20 天 1 次,连续防治 2~3 次。

山楂锈病(Japanese hawthorn rust)

山楂锈病病叶和病果

症状 主要为害叶片、叶柄、新梢、果实及果柄。叶片染病初生橘黄色小圆斑 直径 1~2(mm),后扩大至 4~10(mm);病斑稍凹陷,表面产生黑色小粒点,即病菌性孢子器;发病后一个月叶背病斑突起,产生灰色至灰褐色毛状物,即锈孢子器;破裂后散出褐色锈孢子。最后病斑变黑,严重的干枯脱落。叶柄染病,初病部膨大,呈橙黄色,生毛状物,后变黑干枯,叶片早落。

病原 *Gymnosporangium haraeanum* Syd. f. sp. *crataegicola* 称梨胶锈菌山楂专化型;*G. clavariiforme* (Jacq.) DC. 称珊瑚形胶锈菌;均属真菌界担子菌门。*G. haraeanum* 性孢子器烧瓶状,初橘黄色后变黑色,大小 103~185×72~164(μm),性孢子无色,单胞,纺锤形或椭圆形,大小 4.5~10.0×2.5~5.5(μm)。锈孢子器长圆筒形,灰黄色,大小 2.2~3.7×0.12~0.27(mm)。锈孢子橙黄色,近球形,表面具刺状突起,大小 17.5~35×16~30(μm)。冬孢子有厚壁和薄壁两种类型。厚壁孢子褐色至深褐色,纺锤形、倒卵形或椭圆形,大小 30~45×15~25(μm);薄壁孢子橙黄色至褐色,长椭圆形或长纺锤形,大小 42.5~75.0×15~22.5 (μm)。担孢子淡黄褐色, 卵形至桃形, 大小 11.3~24.5×7.5~14(μm)。

G. clavariiforme (珊瑚形胶锈菌)性孢子器橘黄色,球形或扁球形,大小 69.8~107.5×116~155(μm);性孢子无色,纺锤形,大小 5~11×2.5~6.5(μm)。锈孢子褐色,近球形,具疣状突起,大小 22.3~28.2×20.7~26.3(μm)。冬孢子褐色,双胞。厚壁者褐色,大小 37.5~67.5×15~20(μm);薄壁冬孢子无色至淡黄色,大小 62.5~97.5×12.5~20(μm)。担孢子淡褐色,椭圆形或卵形,大小 14~18×7~13(μm)。冬孢子萌发适温 10~25℃。担孢子萌发适温 15~25℃。

传播途径和发病条件 以多年生菌丝在桧柏针叶、小枝及主干上部组织中越冬。翌春遇充足的雨水,冬孢子角胶化产生担孢子,借风雨传播、侵染为害,潜育期 6~13 天。该病的发生与 5 月份降雨早晚及降雨量正相关。展叶 20 天以内的幼叶易感病;展叶 25 天以上的叶片一般不再受侵染。目前国内绝大多

数栽培品种均感病，仅山东的平邑红子和河南的7803、7903较抗病。

防治方法 (1)砍除转主寄主。山楂园附近2.5～5km范围内不宜栽植桧柏类针叶树。若有应及早砍除。(2)清除冬孢子。不宜砍除桧柏时，山楂发芽前后，可喷洒波美5° 石硫合剂或45%石硫合剂结晶30倍液，以除灭转主寄主上的冬孢子。(3)药剂防治。冬孢子角胶化前及胶化后(5月下～6月下旬)喷2～3次50%硫悬浮剂400倍液或25%戊唑醇水乳剂或乳油或可湿性粉剂2000~3000倍液、25%丙环唑乳油2000倍液、15%三唑酮可湿性粉剂2000倍液+25%丙环唑乳油4000倍液、15%三唑酮可湿性粉剂2000倍液+70%代森锰锌可湿性粉剂1000倍液、45%三唑酮·多菌灵可湿性粉剂1000倍液，对上述杀菌剂产生抗药性的地区，改用12.5%腈菌唑乳油2500倍液，隔15天左右1次，防治1次或2次。

山楂疮痂病

山楂疮痂病发病初期

症状 山楂新病害。主要危害苗木，9月间病叶率达50%以上。病苗染病在叶脉间密生许多小型褐色斑点，直径0.5~1(mm)，边缘不明显，后期病斑叶两面生1~3个突起状小黑点，即病原菌的分生孢子盘。托叶上也生小病斑。

病原 *Sphaceloma* sp. 称一种痂圆孢，属真菌界无性型真菌。分生孢子盘圆形，直径158～195(μm)，高48~52(μm)，位于角质层上，盘下部有栅状排列的分生孢子梗，盘腔内充满小型分生孢子，杆状，单胞无色，大小4.3～5.7×1.3～1.5(μm)。偶而见到数个大型分生孢子，椭圆形，单胞无色，6~9×2.5～3(μm)。

传播途径和发病条件 病原菌以菌丝体在病苗木或病树组织中越冬，春季气温升至20℃或湿度大即产生分生孢子，借风雨或昆虫传播，直接穿透表皮侵入为害，发病后病部又产生分生孢子进行重复侵染，抽出秋梢时雨日多还会流行。

防治方法 (1)有病苗圃，结合修剪及时剪除病枝，集中烧毁，以减少菌源。(2)用1∶1∶100倍式波尔多液或30%戊唑·多菌灵悬浮剂1000倍液喷洒有效。

山楂枯梢病(Hawthorn fruit-bearing shoot withering)

症状 山楂枯梢病又称枝枯病。主要为害果桩，即果柄坐落处。染病初期，果桩由上而下变黑，干枯，缢缩，与健部形成明

山楂枯梢病

显界限，后期，病部表皮下出现黑色粒状突起物，即病原菌分生孢子器和分生孢子座；后突破表皮外露，使表皮纵向开裂。翌春病斑向下延伸，当环绕基部时，新梢即枯死。其上叶片初期萎蔫，后干枯死亡，并残留树上不易脱落。

病原 *Fusicoccum viticolum* Reddick 称葡萄生壳梭孢菌，属真菌界无性型真菌。有性态 *Cryptosporella viticola*(Redd.) Shear. 称葡萄生小隐孢壳，属真菌界子囊菌门。分生孢子器矮烧瓶状，单生于子座内。无性孢子有两种类型。自然条件下产生无色、单胞、梭形分生孢子，大小9.99×3.41(μm)；人工培养产生无色、单胞、线状分生孢子，大小14.94～23.24×0.83～1.16(μm)。

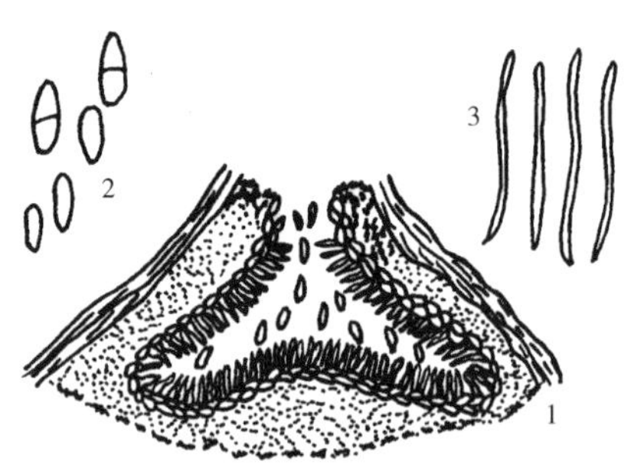

山楂枯梢病菌
1.分生孢子器 2.梭形分生孢子 3.线形分生孢子

传播途径和发病条件 病菌主要以菌丝体和分生孢子器在二、三年生果桩上越冬，翌年6、7月份，遇雨释放分生孢子，侵染为害，多从二年生果桩入侵，形成病斑。越冬前果桩带菌最多。该病的发生与树势、树龄及管理水平有关。老龄树、弱树、修剪不当及管理不善发病重。同一树冠内膛病梢率高于外膛。此外，病害发生与否与当年生果桩基部的直径密切相关，直径0.3cm以下，发病重；0.3～0.4(cm)，发病较轻；0.4cm以上，基本不发病。

防治方法 (1)加强栽培管理。合理修剪；采收后及时深翻土地，同时沟施基肥，每株100～200kg。早春发芽前半月，每株追施碳酸氢铵1～1.5kg或尿素0.25kg，施后浇水。(2)铲除越冬菌源。发芽前喷45%石硫合剂结晶30倍液。(3)5～6月间，进入雨季后喷36%甲基硫菌灵悬浮剂600～700倍液或50%多菌灵可湿性粉剂800倍液、50%福·异菌可湿性粉剂800倍液，隔15天1次，连续防治2～3次。

山楂花腐病(褐腐病)(Hawthorn blossom blight)

山楂花腐病病花典型症状(张玉聚)

山楂花腐病病果(刘开启等原图)

症状 是山楂上最重要病害。春季为害山楂幼叶、花器及嫩梢,引起叶腐、花腐及幼果腐烂。叶芽萌动后展叶4~5天出现症状,幼叶初现褐色短线条状或点状斑,6~7天可扩展至病叶1/3~1/2,病斑红褐至棕褐色,病叶枯萎。花染病,病菌从柱头侵入,致花变褐腐烂或引发果腐。新梢染病,病斑由褐色变成红褐色,环枝条1周后,造成病枝枯死。幼果多在落花10天后出现症状,2~3天即可使幼果变暗褐色腐烂,病果僵化,形成菌核。

病原 *Monilinia johnsonii* (Ell.et Ev.) Honey 称山楂链核盘菌,属真菌界子囊菌门。无性态为 *Monilia crataegi* Died. 称山楂褐腐串珠霉,属真菌界无性型真菌。子囊盘盘状,直径3~12(mm)。子囊棍棒状,排列成一层,无色,大小84~150×7~12(μm)。子囊孢子单胞无色,卵圆形,单列,大小7~16×5~7(μm)。具侧丝。无性态的分生孢子柠檬形,单胞无色,串生,大小12~21×12~17(μm),分生孢子间有梭形的连接体。

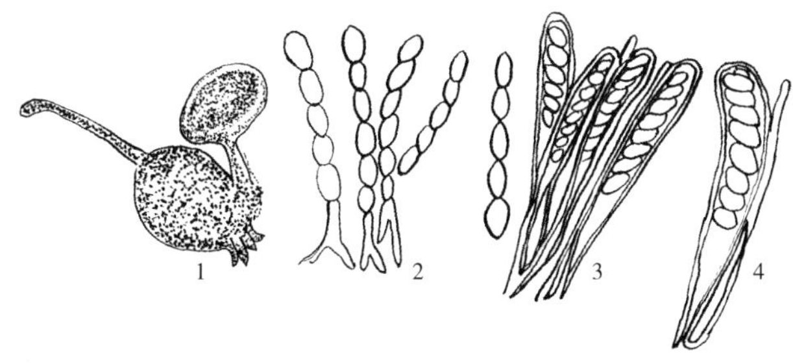

山楂花腐病菌

1.子囊盘 2.分生孢子 3.子囊及侧丝 4.子囊及子囊孢子

传播途径和发病条件 病原菌以落地僵果上的假菌核越冬,春季山楂发芽展叶时土壤含水量高,地表湿度大,气温高于5℃,可产生大量子囊盘,尤以沟边落叶杂草多或土块碎石缝中越冬病果多时,子囊孢子借风雨传到幼叶和枝梢上,引起叶腐和梢腐。病部产生大量分生孢子进行再侵染,并从花器柱头侵入,引发花腐和果腐多。潜育期13~17天。春季气温低阴雨连绵是该病大发生的重要因子。展叶后雨水多,叶腐重。开花期湿度大则花腐或果腐多。

防治方法 (1)秋末冬初组织人力捡拾僵果,集中深埋或烧毁。山楂萌芽展叶前深翻山楂园,把病果及病残体埋在15cm之下,可防止子囊盘萌生。(2)在子囊盘产生前用五氯酚钠1000倍液或667m²用石灰粉25~50kg撒在地表,控制子囊盘产生。(3)山地种山楂可用硫磺粉3份与石灰粉7份混合,667m²用3kg撒在地面经济有效。(4)防治叶腐、梢腐在未展叶时喷第1次药,叶片展开时喷第2次药。可选用70%甲基硫菌灵或50%苯菌灵或50%异菌脲1000倍液。防治花腐、果腐应在开花盛期喷洒,药剂同上。

山楂腐烂病(Hawthorn Valsa canker)

症状 分为溃疡型和枝枯型,溃疡型多发生在主干上、主枝及丫杈处,初发病时产生红褐色病变,水渍状,略隆起,形状不规则,后病部皮层逐渐腐烂,颜色加深,病皮易剥落。枝枯型多发生在衰弱树的枝上、果台、干桩及剪口处,病斑形状不规则,扩展较快,绕枝1周后,病部以上枝条枯死。

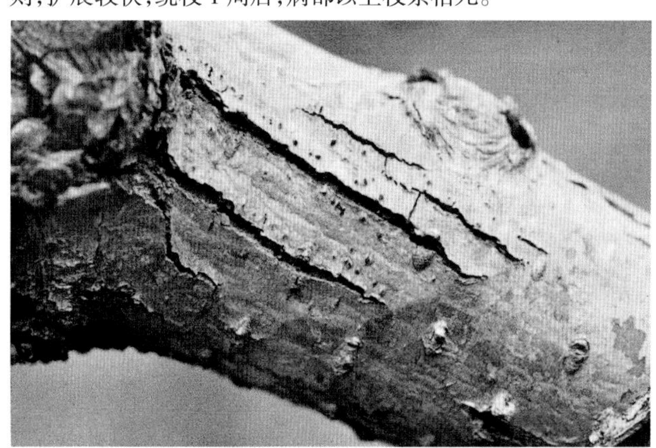

山楂树腐烂病枝干出现溃疡(张玉聚)

山楂树腐烂病枝干上产生的子实体(王金友等原图)

病原 *Valsa* sp. 称一种黑腐皮壳，属真菌界子囊菌门。子座黑色、圆锥形至椭圆形，直径 1～2mm，埋生，顶端突破表皮，子座与寄主组织分界线不明显。一个子座埋生 4～20 个子囊壳。子囊壳烧瓶状，壳壁厚，颈长，黑褐色，向上倾斜状聚集，具膨大的黑色孔口通到子座外；子囊壳直径 160～416(μm)，内生很多子囊。子囊长圆柱形或近梭形，无色，略弯，大小 48～72×10～12(μm)，多数内生 2～4 个子囊孢子。子囊孢子香蕉形，无色透明，单胞略弯，两端圆，大小 16～24×4～5.5(μm)。无性态为 *Cytospora oxyacanthae* Rab. 称山楂壳囊孢，属真菌界半知菌类。除为害山楂外，用此菌接种苹果、梨、杏、杨树后，发病率分别为 80%、100%、90%、50%。

传播途径和发病条件、防治方法 参见苹果树腐烂病。

山楂丛枝病（Japanese hawthorn witches' broom）

山楂丛枝病

症状 染病山楂树早春发芽迟，较正常植株约晚一周左右，无明显节间枝条，致小叶簇生或黄化，病枝由上向下逐渐枯死或花器萎缩退化，花芽抽不出正常果枝或花小畸形，花多由白色变成粉红色至紫红色，不结果。病株根部萌生蘖条易带病，移栽后显症，1～2 年内枯死。

病原 Japanese hawthorn witches' *Phytoplasma* 称山楂植物菌原体，属细菌界软壁菌门。经电镜观察在嫩梢、叶柄、花梗的韧皮部筛管细胞中均发现球形及椭圆形植物菌原体，多分布在筛管细胞壁附近或细胞内；菌体大小：球形的平均 433nm，最大 706nm；椭圆形的平均 480×609(nm)，最大 529×647(nm)，菌体内可见细小核酸类物质。

传播途径和发病条件 可能与媒介昆虫有关，其自然扩散似乎存在初次侵染源，其分布特点常在发病严重地块有几棵山楂同时感病。

防治方法 参见枣疯病。生产上可用盐酸土霉素溶液 500～1000mg/kg，喷洒 3 次有效。

山楂青霉病（Hawthorn blue mold）

症状 主要为害贮藏期的果实，引起果实腐烂，常在果面上产生浓绿的霉层，即病原菌的分生孢子梗和分生孢子。河北、河南、山东均有发生。

病原 *Penicillium frequentans* Westl. 称常现青霉，属真菌界无性型真菌。分生孢子梗产生单轮帚状枝，小梗大小 9～10×3～3.5(μm)。分生孢子近球形，直径 2.5～3.5 (μm)，壁光滑或粗糙。

山楂青霉病病果（刘开启原图）

传播途径和发病条件、防治方法 参见梨青霉病。

山楂生叶点霉叶斑病

症状 病斑生在叶上，圆形，初为褐色，后变成灰白色，边缘暗褐色，直径 2~4(mm)，后期病斑上生出黑色小粒点，即病原菌的分生孢子器。一叶上有数个病斑，严重时可达数十个，多斑融合后形成大斑，致叶片变黄早期脱落。

病原 *Phyllosticta crataegicola* Saccardo 称山楂生叶点霉，属真菌界无性型真菌或无性孢子类。分生孢子器散生在叶面，初埋生，后突破表皮露出小黑点（分生孢子器孔口），器球形至扁球形，直径 50~110(μm)，高 45~100(μm)；器壁厚 5~10(μm)，形成瓶形产孢细胞，单胞无色，4～7×2～3(μm)；分生孢子卵

山楂生叶点霉叶斑病

山楂生叶点霉叶斑病

山楂生叶点霉叶斑病

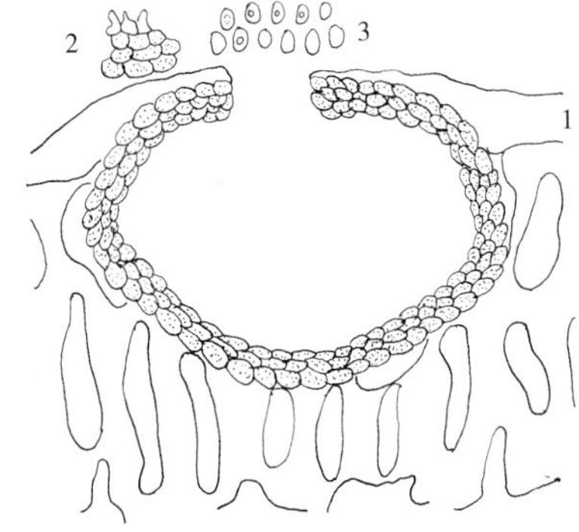

山楂叶斑病菌 1.分生孢子器 2.产孢细胞 3.分生孢子

圆形，两端圆，单胞无色，内含 1 油球，4 ~ 5 × 2.5 ~ 3(μm)。

传播途径和发病条件 该菌以分生孢子器在病叶中越冬，翌年山楂开花期产生分生孢子，借风雨传播进行初侵染和多次再侵染，6 月上旬开始发病，8 月中旬进入发病盛期，雨日多，雨量大，降雨早的年份易发病，生产上山楂园地势低洼、土壤黏重、7~8 月排水不良发病重。

防治方法 (1)秋末山楂树落叶后及时清除，集中烧毁以减少越冬菌源。(2)加强山楂园管理及时追肥提高抗病力，雨后及时排水，防止湿气滞留。(3)从 6 月上旬开始喷洒 50%甲基硫菌灵悬浮剂预防，隔 10~15 天 1 次，进入发病初期喷洒 50%异菌脲悬浮剂 1000 倍液，隔 10 天 1 次，连续防治 2 次。

山楂壳针孢褐斑病(枝枯病)

山楂壳针孢褐斑病(枝枯病)

症状 主要为害叶片和枝条。枝条染病产生不规则形或长形、灰褐色病变，后期枝条枯干，上生小黑点，即病原菌分生孢子器。叶片染病，产生圆形至近圆形红褐色病斑，后中央成灰白色，边缘黑褐色，直径 2~6(mm)，上生小黑点。

病原 *Septoria crataegi* Kickx 称山楂壳针孢，属真菌界无性型真菌。分生孢子器生在枝条或叶面上，散生或聚生，初埋生，后突破表皮外露出孔口，器球形，直径 90~120 (μm)，高 70~110(μm)；器壁厚 8~10(μm)，形成梨形产孢细胞，单胞无色，4 ~ 7 × 3 ~ 4(μm)；分生孢子针形或线形，基部钝圆或略尖，顶端尖，4~8 个隔膜，多为 7 个隔，50 ~ 80 × 2 ~ 2.5(μm)。

传播途径和发病条件 病菌以菌丝和分生孢子器在病部或随病落叶进入土壤中越冬，翌春雨后，分生孢子器吸水从分生孢子器中涌出大量分生孢子，借风雨传播，进行初侵染和多次再侵染。

防治方法 (1)结合修剪及时剪除有病枝条及尽快清园，把山楂园内的病叶、杂草集中在一起烧毁或深埋。(2)加强肥水管理，及时追肥浇水增强树势，提高抗病力。(3)发病初期喷洒 30%戊唑·多菌灵悬浮剂 1000 倍液。

山楂壳二孢褐斑病

山楂壳二孢褐斑病

症状 病斑生在叶上，近圆形，褐色至红褐色，边缘深褐色，直径 2~5(mm)，无明显轮纹，后期病斑上生出小黑点，即病原菌分生孢子器。

病原 *Ascochyta crataegi* Fuckel 称山楂壳二孢，属真菌界无性型真菌。分生孢子器散生在叶面上，球形至扁球形，直径 100~140(μm)，高 80~125(μm)，器壁厚 9~11(μm)，形成瓶形产孢细胞，单胞无色；分生孢子圆柱形，两端钝圆，无色，中间生 1 隔膜，分隔处无缢缩，5.5 ~ 7.5 × 2.5 ~ 3(μm)，每 1 细胞内具 1 油球。

传播途径和发病条件 病原菌以菌丝或分生孢子器随病落叶在地面上越冬。翌年，产生分生孢子借风雨传播扩大为害，湿度大或雨日多逐渐扩展蔓延。

防治方法 发病初期喷洒 78%波尔·锰锌可湿性粉剂 500 倍液或 50%锰锌·多菌灵可湿性粉剂 600 倍液。

山楂链格孢叶斑病

症状 主要为害叶片和果实，叶片染病，叶缘产生形状不规则的病斑。果实染病初生小黑点，后扩展成形状不规则的褐斑。

山楂链格孢叶斑病

山楂链格孢叶斑病病果

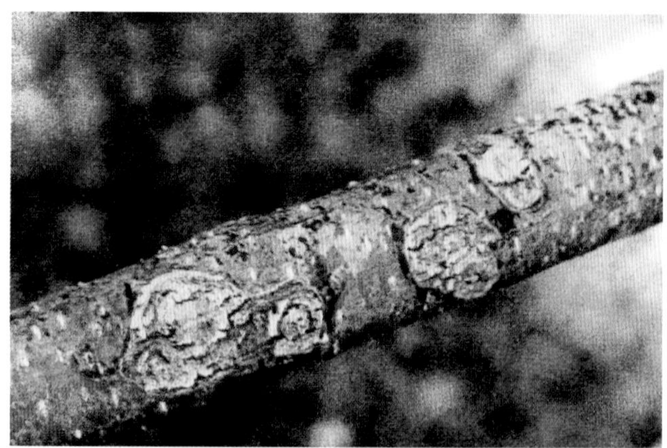
山楂轮纹病枝干症状

山楂轮纹病病果

病原 有两种:*Alternaria alternata* (Fr. :Fr) Keissler 称链格孢和 *A. tenuissima* (Fr.)Wiltshire 称细极链格孢,均属真菌界无性孢子类。前者形态特征参见桃黑斑病。细极链格孢,分生孢子梗单生或数根簇生,分隔,浅褐色,26.5~65 × 4~5.5(μm)。在病斑上分生孢子单生或短链生, 倒棍棒状, 成熟孢子具横隔膜 4~7 个, 纵、斜隔膜 1~6 个, 分隔处略缢缩, 孢身 29 ~ 45 × 12.5 ~ 15.5(μm),喙及假喙柱状,浅褐色,分隔,部分假喙产孢部略膨大,5 ~ 34.5 × 3 ~ 4.5(μm)。

传播途径和发病条件 两种病原菌在病部或病残体上越冬,翌春借风雨传播,进行初侵染和多次再侵染,雨日多、气温高时潜育期短很易扩展。

防治方法 (1)加强山楂园管理,9 月份适时施用有机肥增强抗病力,雨后及时排水,防止湿气滞留;施足腐熟基肥或追肥增强抗病力。(2)发病初期喷洒 50%异菌脲可湿性粉剂或 500g/L 悬浮剂 1000 倍液或 40%百菌清悬浮剂 600 倍液, 隔 10 天 1 次,防治 2~3 次。

山楂轮纹病

症状 主要为害枝干、果实。枝干发病产生圆形至近圆形病斑,表面粗糙,中央隆起,边缘开裂,上生黑色小粒点,病部树皮表层组织坏死。果实染病产生褐色圆形病斑,表面呈清晰的同心轮纹状,扩展后病果腐烂。

病原 *Physalospora piricola* Nose 称梨生囊壳孢,属真菌界子囊菌门。无性型为 *Macrophoma kawatsukai* Hara 称轮纹大茎点菌,属真菌界无性型真菌。

传播途径和发病条件 病菌以菌丝、分生孢子器、子囊壳在病枝干上越冬。翌春气温升至 15℃以上时,雨后散出分生孢子,从皮孔或伤口侵入,侵入长大果实也可引起发病,一般病果率 5%左右。土壤缺肥,干旱,管理跟不上,树势衰弱的山楂园易发病,雨日多,果园湿度大发病重。

防治方法 (1)加强山楂园管理,增施肥料,改良土壤,适时灌溉,雨后及时排水,促树势健壮生长,增强抗病力。(2)发芽前,喷 1 次复方多效灭腐灵 100 倍液。(3) 生长季喷洒 50%多菌灵悬浮剂 600 倍液或 50%甲基硫菌灵可湿性粉剂 800 倍液, 隔 10~15 天 1 次。(4) 清除枝干上的病斑后, 涂 5%菌毒清水剂 50~100 倍液或 80%乙蒜素乳油 50 倍液消毒伤口。(5)果实发病重的地区或果园喷洒 40%腈菌唑可湿性粉剂或悬浮剂或水分散粒剂 6000 倍液。

山楂干腐病

症状 主要为害主干及骨干枝的一侧,幼树多从树干的向阳面产生病斑,从树干基部扩展到上部主干或骨干枝上;结果树主要在主干中上部或主枝分杈处产生向上、向下扩展呈条状带,初期病斑紫红色,后变成褐色至暗褐色,病健交界处开裂,密生很多黑色小粒点,病树生长衰弱,发芽晚,结果少,叶色枯黄,无光泽,最后造成病枝或整株死亡。

病原 *Botryosphaeria berengeriana* de Not. 称贝伦格葡萄座腔菌,属真菌界子囊菌门。无性型为 *Dothiorella ribis* Gross. et Dugg. 称茶藨子小穴壳,属真菌界无性型真菌或半知菌类。除为害山楂外,还为害苹果、葡萄等。

传播途径和发病条件 病菌以菌丝、分生孢子器和子囊壳

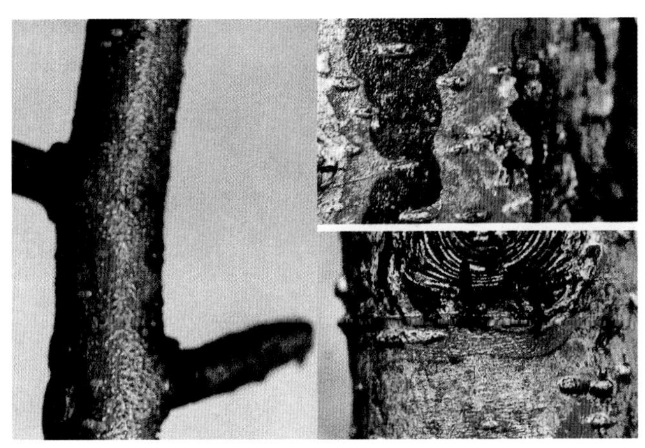

左 病部子实体，右上 初期病斑，右下 后期病斑

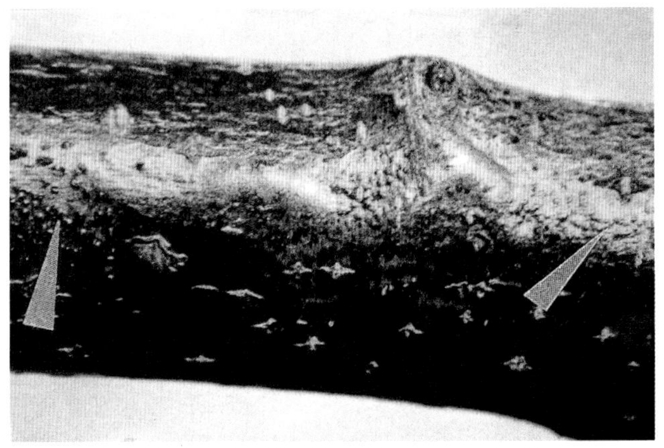

山楂干腐病病部的分生孢子器

在枝干病部越冬。干腐病菌是一种弱寄生菌，只能侵害长势极弱的植株或枝干。4月份开始发病，6月为发病盛期，以后病斑停止扩展。土壤瘠薄、干旱缺肥、管理粗放的果园发病较多。发病园片病株率2%~5%，大枝染病后死亡的较多，整株染病后死亡的属个别。管理好，长势健壮的山楂树很少发病。

防治方法 (1)加强果园管理，改良土壤，增施肥料，适时灌水，山地果园应加强水土保持，促进树势健壮生长，增强抗病力能。(2)发病较多的园片，于发芽前喷1次复方多效灭腐灵100倍液或5%菌毒清水剂100倍液。(3)刮治病斑，刮净病部及其四周0.5cm的树皮，涂5%菌毒清水剂30~50倍液或涂抹843腐殖酸铜原液。(4) 发病初期喷洒30%戊唑·多菌灵悬浮剂1000~1200倍液、或25%丙环·多悬浮剂500倍液。

山楂木腐病

症状 主要为害山楂树的枝干心材，造成木质白色疏松，质软且脆，木质腐朽，触之易碎，多从锯口、虫伤、裂缝等伤处长出层孔菌的子实体，造成树势衰弱，叶片发黄或早落，降低产量或不结果。

病原 *Fomes fulvus* (Scop.)Gill. 称暗黄层孔菌，属真菌界担子菌门。担子果蛤壳形或亚铺展形，木质，初红褐色，后变成灰黑色，菌肉红褐色，厚1cm，管每年伸长2~4(mm)，管孔圆形，灰褐色。孢子卵形，无色，大小4~5×3~4(μm)，刚毛顶端尖，基部厚。

传播途径和发病条件 以菌丝体在病树上越冬，条件适宜

山楂树木腐病

时形成担子产生担孢子，借风雨传播，从锯口、虫伤等伤口处侵入，老树、弱树及管理跟不上的山楂园发病重。

防治方法 (1)加强山楂园管理。枯死老树，濒死树要尽早挖除烧毁。对衰弱的树通过配方施肥恢复树势，可增强抗病力。(2) 保护树体，千方百计减少伤口，对锯口可用1%硫酸铜或21%过氧乙酸消毒。(3)发现有子实体长出，要马上刮除后集中烧毁，清除腐朽木质，再用波尔多浆保护。

山楂白纹羽病(Hawthorn tree white root rot)

症状 山楂白纹羽病是河北、河南北部、山西太行山老山楂产区重要根病，是老弱树死亡主要原因。染病后叶形变小、叶缘焦枯，小枝、大枝或全部枯死。根部缠绕白色至灰白色丝网状物，即病菌的根状菌索，地面根颈处产生灰白色薄绒状物，即菌膜。

山楂白纹羽病

病原、传播途径和发病条件、防治方法 参见苹果白纹羽病。

山楂圆斑根腐病(Hawthorn Fusarium root rot)

症状 圆斑根腐病是引起山楂树枯死重要原因之一。须根先变褐枯死，后扩展到肉质根，围绕须根基部产生红褐色圆形病斑。严重时病斑融合，深达木质部，致整段根变黑死亡。

病原、传播途径和发病条件、防治方法 参见苹果圆斑根腐病。

6. 山 楂 害 虫

山楂小食心虫(Lesser hawthorn fruit moth)

学名 *Grapholitha prunivorana* Ragonot 鳞翅目,卷叶蛾科。分布:仅在我国辽宁发现,其他地区不详。

山楂小食心虫成虫放大(何振昌)

寄主 山楂。

为害特点 参见李小食心虫。

形态特征 成虫:体长 6 ~ 7(mm),翅展 10 ~ 15(mm),暗灰褐色至深褐色。复眼深褐色。前翅长方形,前缘具 7 ~ 8 组白斜短纹,每组由 2 条组成。近外缘有与外缘平行排列的 7 ~ 8 个棒状黑纹。翅面散生小白斑。卵:长 0.56mm,宽 0.4mm,椭圆形,中央凸起,初黄色,后变红色。末龄幼虫:体长 6 ~ 7(mm),浅黄白色,头部深棕黄色。蛹:长 7mm,黄褐色。

生活习性 辽宁年生 2 代,以老熟幼虫蛀入干枯枝中或树皮缝、剪口、锯口裂缝中结茧越冬,4 月中旬 ~ 5 月中旬化蛹。成虫于 5 月中 ~ 6 月初羽化,把卵产在萼洼处,卵期 5 ~ 7 天,初孵幼虫从果面蛀入,6 月下 ~ 7 月上旬幼虫老熟脱果,爬至树干缝隙或枯枝中化蛹。8 月初至 9 月上中旬进入 2 代卵期,9 月下旬至 10 月中旬,2 代幼虫老熟脱果越冬。

防治方法 参见李、杏、梅、枣害虫——李小食心虫。

梨小食心虫(Oriental fruit moth)

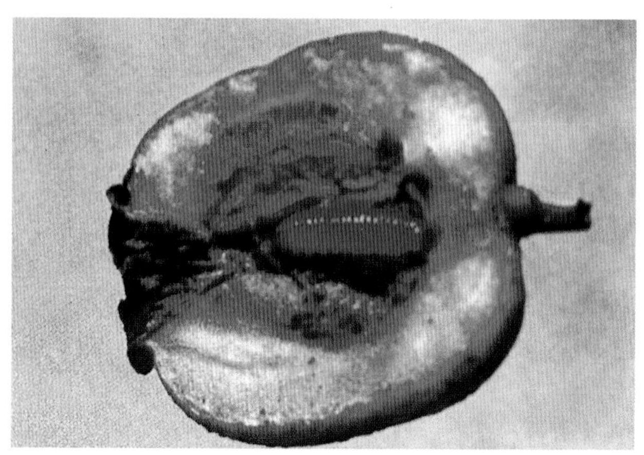

梨小食心虫幼虫为害山楂果实

学名 *Grapholitha molesta* Busck 鳞翅目,卷蛾科。别名:梨小蛀果蛾、梨姬食心虫、桃折梢虫、东方蛀果蛾,简称“梨小”。

寄主、为害特点、形态特征、生活习性、防治方法:见苹果害虫——梨小食心虫。

山楂园桃小食心虫

山楂园桃小食心虫是为害山楂果实重要害虫,北方山楂园发生普遍,蛀果率高达 40%~60%,严重影响山楂品质。该虫在辽宁每年发生 1 代,华北、华东年生 2 代,均以老熟幼虫在土中结“冬茧”越冬,多在树干周围 1m 直径 14cm 以上表土层越冬,越冬茧扁圆致密,翌年 5 月上旬越冬幼虫出土,在土表缀合土粒及杂物作纺锤形夏茧, 化蛹在其中,5 月下旬越冬代成虫出现,6 月上旬进入成虫羽化盛期,成虫有趋光性,成虫寿命 5~20 天,羽化后 1~2 天交尾,把卵产在萼洼或梗洼处,卵期 7 天,初孵幼虫在果面上爬行一段时间后从果实胴部蛀入果内,潜食果肉,把果内蛀成弯弯曲曲的隧道,果内充满虫粪呈“豆沙馅”状,一果内有虫 1 至数条,幼虫为害期 25 天左右,7 月上旬幼虫咬 1 小孔脱果坠落地面入土结茧化蛹。2 代区 7 月中旬始见 1 代成虫,8 月中旬 2 代幼虫脱果入土越冬。

防治方法 (1) 结合秋冬施基肥, 耕翻树干周围 1m 深

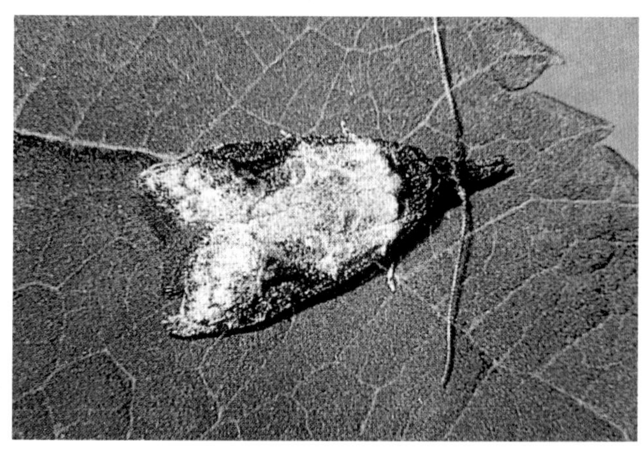

桃小食心虫成虫

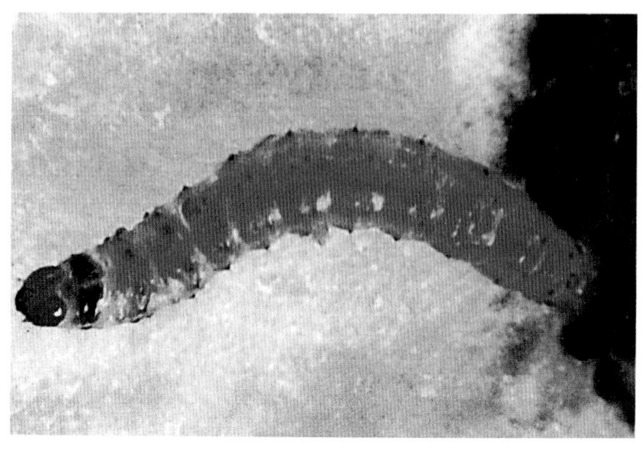

桃小食心虫幼虫放大

15cm 表土层，使越冬茧冻死、干死，减少越冬虫源。(2)幼虫脱果前及时摘除虫果，集中深埋或沤肥。(3)5 月上旬幼虫出土时在树冠下 667m² 用 5%毒死蜱颗粒剂 2kg 对细土 15kg 混匀后撒施，也可用 40%毒死蜱乳油 400 倍液，喷洒树冠下地表，杀灭越冬幼虫。(4)于 6 月上旬至 7 月下旬 2 代卵及初孵幼虫期对树冠喷洒 40%甲基毒死蜱或毒死蜱乳油 1000 倍液或 2.5%溴氰菊酯乳油 1500 倍液、20%氰戊菊酯乳油 2000 倍液、20%氰戊·辛硫磷乳油 1500 倍液、55%氯氰·毒死蜱乳油 2300 倍液。(5)采用性诱剂诱捕成虫。连续 3~5 天诱到成虫时，可马上喷药防治。

山楂园棉铃虫

学名 *Helicoverpa armigera* Hübner 又称钻心虫，鳞翅目夜蛾科。除为害棉花、番茄、辣椒等多种植物以外，还为害山楂、葡萄、毛叶枣等。棉铃虫分布在南纬 50 度与北纬 50 度之间，为害山楂时，幼虫啃食嫩梢和叶片，果实膨大后，蛀入山楂青果内危害，造成孔洞。

棉铃虫幼虫在山楂园为害山楂幼果

形态特征、生活习性、防治方法：参见苹果害虫——棉铃虫。

山楂园桃蛀螟

学名 *Conogethes punctiferalis* (Guenée) 鳞翅目草螟科。分布在我国南、北方。

寄主 山楂、桃、李、杏、石榴、梨、苹果、葡萄、板栗、枇杷等。还可为害向日葵、玉米、甜玉米、高粱、麻等。

山楂园桃蛀螟成虫栖息在山楂叶片上

桃蛀螟幼虫

为害特点 山楂果实受害后，蛀孔外堆满黄褐色虫粪，受害果变黄脱落。

形态特征、生活习性、防治方法：参见桃树害虫——桃蛀螟。

山楂花象甲(Hawthorn flower weevil)

学名 *Anthonomus* sp. 鞘翅目，象甲科。别名：花苞虫。分布：吉林、辽宁、山西。

寄主 山楂、山里红。

为害特点 成虫为害嫩芽、嫩叶、花蕾、花及幼果，幼虫主要为害花蕾。为害叶背时啃食叶肉，残留上表皮，致叶面形成分散的“小天窗”。为害花蕾时，花不能开放。

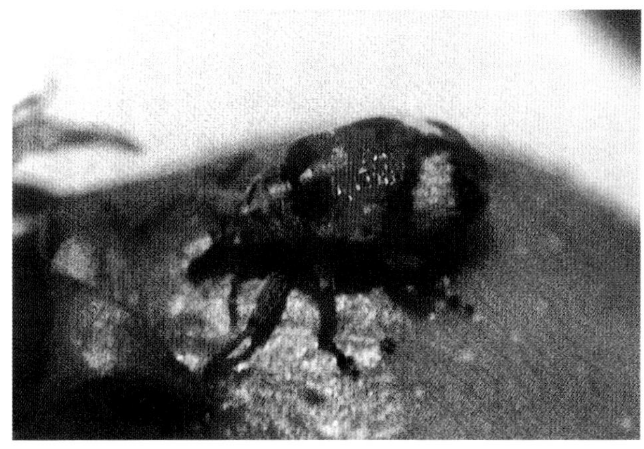

山楂花象甲雌成虫

山楂花象甲花蕾里的幼虫放大

形态特征 成虫：雌成虫浅赤褐色，雄暗赤褐色。体长3.3～4.0(mm)，体背1/3处最宽。体表具特定分布的灰白色至浅棕色鳞毛，致外观现固有斑纹。头小，前端略窄。喙赤褐色，具光泽，长度等于前胸和头部之和。上颚位于喙两侧。复眼黑色较凸。触角11节膝状，着生在喙端1/3处。头顶区鳞毛密集成一个"Y"形白色纹。前胸背板宽大于长。两侧近端部1/3处向前收缩变窄，密布小刻点和灰鳞毛，中线附近鳞毛形成一纵向白纹，与头部"Y"形纹相连。中胸小盾片小、明显。鞘翅具两条横纹。卵：小蘑菇形，卵长0.67～0.95(mm)，初乳白色，孵化前浅黄色。末龄幼虫：体长5.6～7.0(mm)，乳白色至浅黄色。蛹：长3.5～4(mm)，浅黄色。

生活习性 年生一代，以成虫在树干翘皮下越冬，翌年山里红花序露头时出蛰，新梢长至5～7cm时，进入出蛰盛期，4月下旬成虫开始转移至山楂树上产卵，卵期9～13天，5月上旬初孵幼虫在花蕾内取食雌、雄蕊、花柱、子房等，10天后幼虫转移至花托基部为害，把花梗、花托咬断，造成落花落蕾。幼虫期17～22天，5月下旬至6月初化蛹于落地花蕾内，蛹期7～11天，6月上旬成虫开始羽化，10日左右羽化完毕，成虫羽化后取食幼果10天左右，6月中下旬开始入蛰，6月末完全入蛰。

防治方法 (1)把山楂花象甲成虫消灭在产卵之前，须在山里红、山楂上分别进行药剂防治，时间掌握在花蕾分离期(花序伸出期)前2～3天喷洒40%乐果乳油1000倍液或20%氰戊菊酯乳油2000倍液。(2)在受害花蕾落地后，及时搜集在一起深埋或烧毁，可减少成虫对当年果实的为害。

白小食心虫(桃白小卷蛾)(Apple white fruit moth)

学名 *Spilonota albicana* Motsch. 鳞翅目，卷蛾科。别名：苹果白蛀蛾、苹白小卷蛾等，简称"白小"。分布于北京、天津、河北、山西、辽宁、吉林、黑龙江、内蒙古、河南、山东、湖北、湖南、四川、贵州、云南、西藏等省。

寄主 苹果、梨、杏、李、桃、樱桃、山楂、榅桲、沙果、海棠等。

为害特点 低龄幼虫咬食幼芽、嫩叶，并吐丝把叶片缀连成卷，在卷叶内为害；后期幼虫则从萼洼或梗洼处蛀入果心、在果皮下局部为害，大果类不深入果心，蛀孔外堆积虫粪，粪中常有蛹壳，用丝连结不易脱落。

形态特征 成虫：体长6.5mm左右，翅展约15mm。灰白

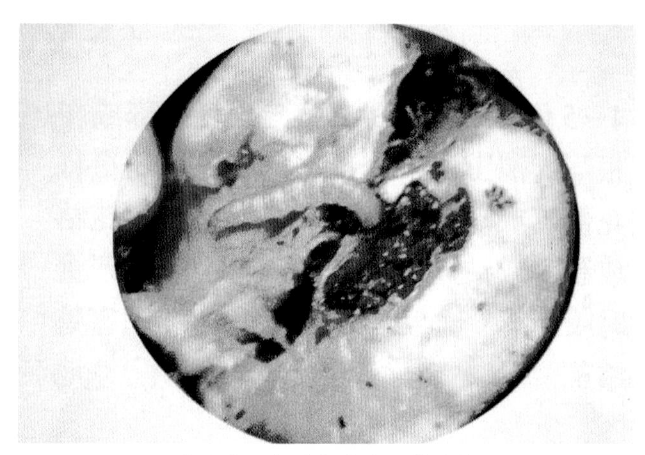

白小食心虫幼虫为害山楂果实

色，头、胸部暗褐色，前翅中部灰白色、端部灰褐色。前缘有8组不明显的白色短斜纹，近顶角处有4或5条黑色棒纹，后缘近臀角处有一暗紫色斑。卵：扁椭圆形，初产时白色，近孵化时暗紫色，表面有细皱纹。幼虫：体长10～12(mm)，体红褐色，非骨化部分白色，头浅褐色，前胸盾、臀板黑褐色，胸足黑色，毛片具光泽。蛹：长8mm左右，黄褐色，末端有8根钩状刺。

生活习性 辽宁、河北、山东年生2代，多以低龄幼虫在粗皮缝内结茧越冬，翌年苹果萌动后，幼虫取食嫩芽、幼叶，吐丝缀叶成卷，居中为害，幼虫老熟在卷叶内结茧化蛹，越冬代成虫于6月上～7月中旬羽化，早期成虫产卵在桃和樱桃叶背，后期卵产在苹果、山楂等果实上。幼虫孵化后多自萼洼或梗洼处蛀入。老熟后在被害处化蛹、羽化。第一代成虫于7月中至9月中发生，仍产卵果实上，幼虫为害一段时间脱果潜伏越冬。

防治方法 参考苹果害虫——梨小食心虫，树上药剂防治参考桃小食心虫。

山楂超小卷蛾(Hawthorn olethreutid)

学名 *Pammene crataegicola* Liu et Komai 鳞翅目，卷叶蛾科。分布于吉林、辽宁、山东、河南、江苏等省。

寄主 山楂。

为害特点 幼虫蛀花、蛀果并以丝缀连，终致萎蔫脱落。

形态特征 成虫：体长4～5(mm)，翅展9～11(mm)。体翅灰褐色，复眼黑褐色，下唇须灰白色。前翅前缘具10～12组灰白色和黑褐色相间的短斜纹，后缘中部具一灰白色三角形斑，两

白小食心虫(桃白小卷蛾)成虫放大

山楂超小卷蛾成虫背、侧面观

翅合拢时出现1个菱形斑。后翅上无栉毛。末龄幼虫:体长8~10(mm),头部褐色,体浅黄色。前胸盾后缘及臀板褐色,腹足具趾钩25~38个,排列成双序全环。臀足趾钩16~24个。

生活习性 北方、南方年均生1代,以老熟幼虫在主干或主枝翘皮下或裂缝中结白色茧进行越夏或越冬。翌春日均温达3~5℃时开始化蛹。山楂的花序分离期成虫进入羽化期,交尾后把卵单产在叶背近叶缘处。

防治方法 参见苹果小卷蛾。

金环胡蜂(Yellow jacket)

学名 *Vespa mandarinia* Smith 膜翅目,胡蜂科。别名:桃胡蜂、人头蜂、葫芦蜂、马蜂。分布于河北、山东、山西、辽宁、江西、江苏、浙江、福建、台湾、甘肃、四川、湖南、云南、广西、广东。

金环胡蜂为害山楂果实

寄主 梨、桃、葡萄、山楂、苹果、柑橘等。

为害特点 成虫食害成熟的果实或吸取汁液,食成孔洞或空壳,仅残留果核或果皮。

形态特征 成虫:蜂后体长约40mm,翅展80mm。职蜂又称工蜂,头部橘黄色,头顶后缘、复眼和单眼四周黑褐色。触角12节,膝状,柄节棕黄,鞭节黑褐色。胸部黑褐色,前胸背板前缘两侧黄色,翅基片棕色。翅膜质半透明,淡褐色,翅脉及其前缘色浓。足黑褐色,腹部第6节橙色,其余背板为棕黄与黑褐色相间;小盾片,后小盾片较光滑,疏被棕色毛;腹部各节光滑。足腿节、胫节末端及跗节密生赤褐色软毛。雄蜂与雌蜂近似,体上被有较密棕色毛及棕色斑。卵:长1~2(mm),白色。幼虫:体长35~40(mm),白色肥胖,无足,口器红褐色,体侧具刺突,固着在蜂巢里。蛹:白色,羽化前变为黑褐色。蜂巢灰褐色,人头形或葫芦形,上具1孔口,故有葫芦蜂或人头蜂之称,内具数层至数十层蜂室,蜂室六角形、蜂巢大小和蜂群数量成正相关,多悬在树枝上或树洞里及岩缝中。

生活习性 金环胡蜂以受精的蜂后在树洞、墙或岩缝处越冬。翌春4月下~5月上开始活动,每只蜂后各筑1个巢,同时将卵产在蜂室棱角处,每室1卵,卵期7天。幼虫期20天,老熟幼虫吐丝封闭蜂室口化蛹,蛹期8~9天。羽化成虫均系职蜂。蜂后主要任务是产卵,繁衍后代;筑巢和喂饲幼虫由职蜂承担,到秋季1巢蜂多达数千只或上万只,7~8月繁殖快。果树成熟期,职蜂取食果汁、果肉后,回巢饲喂幼虫。新蜂后育成后,老蜂后死去,新蜂后与雄蜂交配受精,离巢寻找越冬场地越冬。职蜂和雄蜂多死亡。

防治方法 此虫一般不需单独防治,为害严重时可采取:(1)于晚间把果园或附近胡蜂巢移入远离果园农田,利用其捕食农田害虫,避免其为害果实。但须注意防止蜂群蜇人。(2)必须灭蜂时,可在晚上用布网袋套住蜂巢,集中消灭,也可用竹杆绑上火把烧毁蜂巢。(3)用红糖1份、蜂蜜1份、水15份、红砒0.4份或1%其他杀虫剂,配成诱杀液,装入盆、碗或瓶内,挂在树上诱杀。(4)必要时可在果实近成熟期喷80%敌敌畏乳油1000倍液或25%氯氰·毒死蜱乳油1000倍液、20%甲氰菊酯乳油2500倍液、2.5%高效氯氟氰菊酯乳油2000倍液、10%联苯菊酯乳油3000倍液。

山楂萤叶甲(Hawthorn leaf beetle)

学名 *Lochmaea cratagi* Forst. 鞘翅目,叶甲科。别名:黄皮牛。分布:山西。

山楂萤叶甲成虫(左)和幼虫放大

寄主 山楂。

为害特点 成虫食芽、叶、花蕾;幼虫蛀食幼果,致大量落果,严重的造成绝产。

形态特征 成虫:体长5~7(mm),宽3~3.5(mm),长椭圆形,后端略膨大,雌雄异型:雌橙黄色至淡黄褐色,有的头部黑色,胸部腹面色暗,触角、足黑褐色;雄头、触角、前胸背板、胸部腹面和小盾片及足均为黑色至黑褐色,鞘翅、腹部橙黄色至淡黄褐色。鞘翅较薄,近半透明,末端盖及腹端。雌腹板可见6节,雄者可见5节。卵:球形或近球形,直径0.75mm左右,卵壳硬,无光泽,土黄色,近孵化时淡黄白色。幼虫:体长8~10(mm),长筒形,尾端稍细,头窄于前胸,米黄色,头部及各体节毛瘤、前胸盾和胸足外侧及第9腹节背板均为黑褐色或黑色。胴部13节,第9腹节背板骨化程度高些,呈半椭圆形,似臀板,尾节于第9腹节下呈伪足状凸起,肛门位于中间。初孵幼虫体长1.5mm,头宽于前胸。蛹:椭圆形,长6~7(mm),宽3.8~4.1(mm),初淡黄色,逐渐复眼变黑,体色与成虫近似。该虫具土室,长9~11(mm),椭圆形略扁,内壁光滑。

生活习性 年生1代。以成虫于树冠下土中越冬,翌春越冬成虫于山楂芽膨大露绿时开始出土上树为害,山楂花序露出时为出土盛期,4月中旬开始产卵,5月上旬进入盛期,成虫寿命出土后达30～40天。成虫白天活动，高温时活跃，食害芽、叶及花蕾，有假死性，卵散产于果枝、叶柄、果柄、叶、花、萼片、幼果上。每雌产卵80～90粒。卵期20～30天，5月中下旬落花期，幼虫孵化并蛀果为害，被蛀果终至脱落，每一幼虫为害1～3个幼果，6月下旬老熟幼虫脱果做土室，经10～15天化蛹，蛹期约20天，羽化后不出土即越冬。越冬部位在土中多分布于垂直10～20公分土层中，成虫出土与温度相关，气温达11℃时大量出土，出土后在土表稍作爬行便飞上树冠取食为害，多在10～17时活动。

防治方法 (1)秋季深翻树盘，消灭部分越冬成虫。(2)及时清除落果，集中销毁，消灭部分未脱果幼虫。(3)山楂芽膨大时，进行树冠下药剂处理土壤，参考苹果害虫——桃小食心虫。(4)开花前后树上施药参考桃小食心虫树上用药。

山楂斑蛾(Hawthorn leaf worm)

学名 *Illiberis* sp. 鳞翅目，斑蛾科。别名：红毛虫。分布山西。

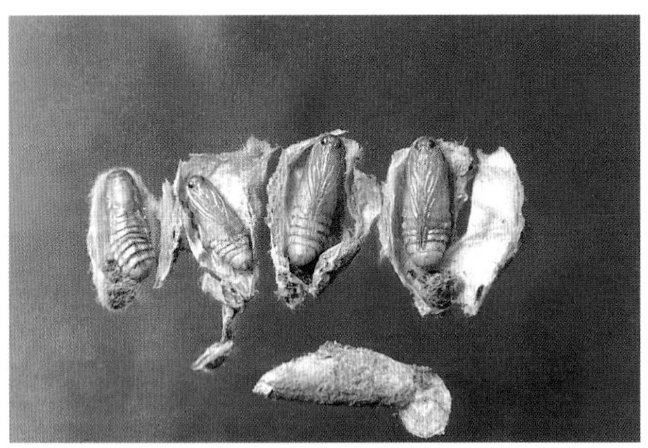

山楂斑蛾茧和蛹

寄主 山楂。

为害特点 幼虫食芽、叶，喜于贴叶间吐丝黏结，于其中食叶的表皮和叶肉，数日后被害叶干枯脱落。

形态特征 成虫：体长7～9(mm)，翅展22～24(mm)，体黑色，鳞毛稀少有光泽，胸背光滑光泽甚强，腹背无光泽。喙较长黄色，复眼球形黑色，触角双栉齿状，栉齿长两侧生纤毛，貌视触角为羽状。翅黑色半透明，鳞毛稀少而短小故透明度较大，翅脉和翅缘色深。卵：扁椭圆形，长0.5mm，初淡黄白后变灰褐色。幼虫：体长13～15(mm)，体较肥近圆筒形，头黑色，体紫红色，体背紫黑色。胴部2～11节各节有横列毛瘤6个，12节有2个，各毛瘤上有白色长软毛20余根并密生黑色细短毛如刷，以第2、3、11节背面的4个毛瘤和12节背面的2个毛瘤较大而隆起，黑短毛更密略长故色黑，13节很小，臀板半圆形色暗，上生长短白毛；腹足趾钩单序纵带。蛹：长8～10(mm)，淡黄色微褐。茧：椭圆形，长11～13(mm)，淡黄白色，外常附有灰尘、泥土而呈暗灰色。

生活习性 国内新纪录种。山西年生1代，以茧蛹越冬，多于树干基部附近的土石块下、枯枝落叶、杂草等地被物中，少数在树皮缝中。发生期不整齐。成虫发生期5月下旬至7月上旬，成虫白天潜伏，多傍晚和夜间活动，交配后2天开始产卵，卵多产于叶背，块生，每块有卵一般40～50粒，卵粒相邻排列互不重叠，卵块多呈椭圆形，成虫寿命7～15天，每雌产卵1～3块。卵期7～12天。6月中旬至10月上旬为幼虫发生期，7月中旬至8月下旬为害最烈。初孵幼虫群集叶背主脉两侧取食叶肉，10～15天后陆续分散活动为害，多在傍晚和夜间取食，日间静栖叶背或叶间，受惊扰常吐丝下垂，幼虫体毛接触皮肤产生红斑和痛痒。幼虫期70～80天。8月下旬至10月上旬老熟，多吐丝下垂落地，亦有爬下树者，寻找适宜场所结茧化蛹越冬。天敌有寄生蜂、寄蝇。

防治方法 (1)果树休眠期清除树下枯枝落叶、杂草等地被物，集中处理，翻树盘，可消灭部分越冬蛹。(2)摘除卵块和群集幼虫。(3)药剂防治，低龄期施药为宜，参考苹果小卷蛾。

山楂喀木虱(Hawthorn jumping plantlice)

学名 *Cacopsylla idiocrataegi* Li 同翅目，木虱科。分布：辽宁、吉林、河北、山西。

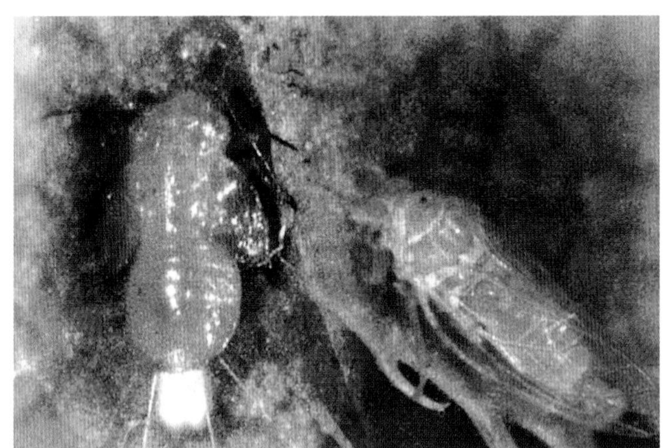

山楂喀木虱若虫(左)和成虫

寄主 山楂、山里红。

为害特点 若虫在嫩叶背面、花梗、萼片上取食，尾端分泌白蜡丝，严重的蜡丝密集垂吊在花序或叶片下面，似棉絮状，受害叶扭曲变形，枯黄早落或造成花序萎蔫脱落。

形态特征 成虫：夏型体橘黄色至黄绿色，冬型色深，沿中缝两侧黄色，颊锥黑褐色，复眼棕色。体长2.6～2.9(mm)，雌略大。初羽化时草绿色，后变橙黄色至黑褐色。触角土黄色，端部5节黑色。前胸背板黄绿色，中央有黑斑。翅脉黄色，前翅外缘略带色斑。足的腿节端部、胫节、跗节黄褐色，爪黑色，后足胫节端部有3黑刺，跗节具2黑刺。若虫：1龄若虫体浅黄色，臀板橘黄色。5龄若虫草绿色，复眼红色，背中线明显。卵：纺锤形，顶端略尖，具短柄。初乳白色，渐变橘黄色。

生活习性 辽宁年生1代，以成虫越冬，翌年3月下旬日均温达5℃时，越冬成虫出蛰活动，补充营养。4月上旬交尾产卵，产卵时将卵柄斜插入叶肉，几粒或数十粒一堆，每雌卵量359～740粒。山楂放叶后，多把卵产在叶背或花苞上，卵期10～12天。初孵若虫多在嫩叶背取食，尾端分泌白色蜡丝。5月下旬若虫羽化为成虫。成虫善跳，有趋光性及假死性。

防治方法 (1)3月下旬至4月初越冬成虫大部份出蛰、尚

末产卵时喷洒40%乐果乳油1000倍液、20%氰戊·辛硫磷乳油2000倍液、52.25%氯氰·毒死蜱乳油1500倍液、20%吡虫啉浓可溶剂2500倍液、1.8%阿维菌素乳油2000倍液。(2)5月份山楂开花前后再防治1次若虫,即可控制为害。

山楂绢粉蝶(Black-veined white)

学名 *Aporia crataegi*(Linnaeus)鳞翅目粉蝶科。别名:梅白蝶。分布在东北、华北、西北及山东、四川等地。

寄主 山楂、桃、李、杏、苹果、梨、板栗。

为害特点 幼虫食害芽、花、叶,低龄时群居网内为害,长大后分散为害。

形态特征 成虫:体长22~25(mm)。触角黑色,端部黄白色。前、后翅白色,翅脉和外缘黑色。卵:柱形,顶端稍尖,初产时金黄,渐变淡黄色。末龄幼虫:体长40~45(mm),背面生3条窄黑色纵纹和2条黄褐色纵纹。蛹:一种橙黄色布有黑点。另一种体黄色,黑斑小且少,蛹体较小。

山楂绢粉蝶成虫放大

山楂绢粉蝶卵放大

山楂绢粉蝶幼虫

山楂绢粉蝶蛹

山楂绢粉蝶越冬虫巢

生活习性 年生1代,以3龄幼虫群集在树梢虫巢里越冬,春季果树发芽后幼虫出巢为害芽、花及吐丝缀叶为害叶片,幼虫老熟后在枝干上化蛹,豫西化蛹盛期为5月中下旬,成虫于5月底~6月上旬把卵产在叶片上,6月中旬幼虫孵化后为害至8月初,又以3龄幼虫越夏、越冬,每年4~5月为害。

防治方法 (1)结合修剪剪除枝梢上的越冬虫巢,集中烧毁。(2)春季幼虫出蛰后喷洒50%杀螟硫磷1500倍液。(3)保护利用天敌。

山楂园梨网蝽

学名 *Stephanitis nashi* Esaki et Takeya 半翅目网蝽科。别名:梨花网蝽、梨军配虫,分布在东北、华北、华东、华南、四川、云南。除为害梨外还为害山楂、樱桃。以成虫、若虫群集在叶背吸食汁液,受害叶正面产生苍白点,叶背面有褐色斑点状虫粪及分泌物,使受害叶呈锈黄色,严重时受害叶片早期脱落。该虫在北方年生3~4代,黄河流域4~5代,各地均以成虫在杂草、落叶、土石缝、枝干翘皮缝等处越冬。翌年4月下旬~5月上旬进入出蛰高峰期,5月中下旬为若虫孵化盛期,6月中旬为成虫羽化盛期,全年为害最重的时段是7~8月。

防治方法 (1)秋冬清除山楂园杂草、落叶,刮除老翘皮销

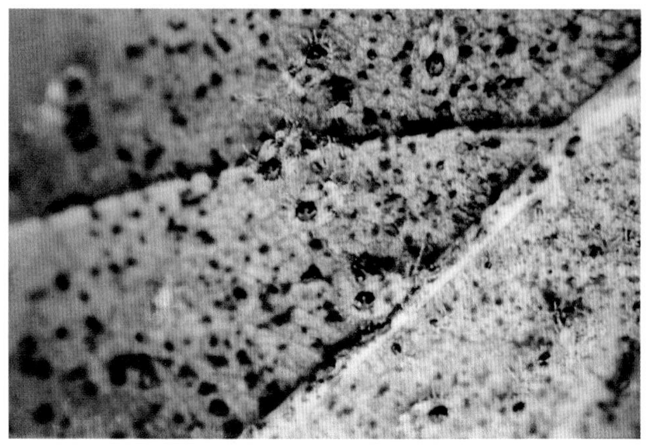

梨网蝽若虫正在叶背吸食汁液

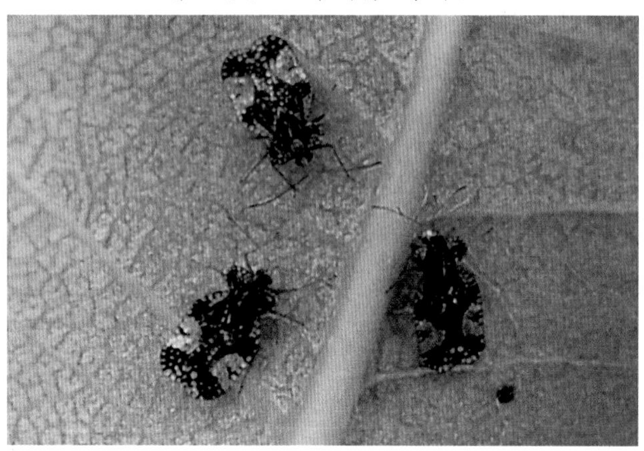

梨网蝽成虫(夏声广)

毁越冬成虫。也可在成虫越冬前树干束草,诱集成虫越冬。(2)第1代若虫盛期是喷药关键期,应掌握在4月中旬越冬成虫出蛰至5月下旬第1代若虫孵化末期喷洒40%甲基毒死蜱或毒死蜱乳油1000倍液,以压低春季虫口密度。也可在夏季大发生前进行,以控制7~8月份的为害。

中国黑星蚧

学名 *Parlatorepsis chinensis* (Marlatt) 属同翅目,盾蚧科。分布在山东等省。

寄主 为害山楂、枣、苹果、海棠、木瓜等多种果树。

为害特点 以若虫、雌成虫固着在寄主枝条和粗枝皮层处,密度大为害重时,可使树势衰弱,甚至使枝干枯死,并常引发烟煤病。

中国黑星蚧为害山楂

形态特征 雌成虫介壳近圆形,灰白色;2龄介壳灰绿色,壳点在头端突出。雌虫体扁椭圆形,长0.7~0.8(mm),宽0.5~0.6(mm),淡紫红色,臀板稍硬化,眼点发达,前气门腺1~2个,腺瘤分布在体腹面亚缘区,阴门在臀板区中央,阴门围阴腺4群,每群约5~8个,臀叶2对,中叶很发达,外缘斜面细齿状,基部不融合,第二叶狭小。第七八腹节上缘腺管口硬化环突呈槌状。

生活习性 年生2代,以2龄若虫在寄主枝干、枝条等为害处越冬。越冬代若虫第二年继续为害、发育,5月中旬出现雌雄成虫,两性交配卵生。第1代若虫6月上旬前后孵化,第1代成虫6月下旬至7月上旬发生;7月上中旬第2代若虫孵化,寻找寄主枝条嫩皮固定取食为害,9月中、下旬开始脱皮变为2龄,11月上中旬进入越冬状态。

防治方法 (1)结合修剪剪除受害严重的枝条。(2)6月下旬~7月上旬,于若虫孵化期喷洒2.5%高效氯氟氰菊酯乳油1500~2000倍液或4.5%高效氯氰菊酯乳油1500~2000倍液、1.8%阿维菌素乳油1000倍液,3天后再喷1次。

小木蠹蛾(红哈虫)

学名 *Holcocerus insularis* Staudinger 鳞翅目木蠹蛾科。分布在东北、华北。主要为害山楂、沙棘、苹果、山丁子等。此虫3龄前幼虫蛀害韧皮部、木质部,3龄后向木质部中心蛀害成纵横交错的不规则隧道,同时排出大量木屑和虫粪堆积在蛀孔外,致树势下降,仅2、3年大枝或全株枯死。该虫是山楂、沙棘毁灭性大害虫,严重威胁我国沙棘、山楂产业发展。该虫2年左右发生1代,多以2、3、4、5龄幼虫越冬,头1年低龄幼虫在受害枝的虫道里过冬,翌年多以末龄幼虫在树干、树枝里越冬,成虫多在6月~8月初羽化,夜晚交尾,清晨把卵产在树皮缝中,幼虫孵化后蛀入枝干内,10月以幼虫越冬。

小木蠹蛾幼虫及其为害山楂排出的粪和木屑

防治方法 (1)秋季、早春刮树皮,杀灭在树皮浅层的低龄幼虫。(2)用磷化铝毒杀幼虫,商品磷化铝每片0.6g,用0.15g或0.1g塞入小木蠹蛾幼虫蛀孔内后用泥封口防治,经济有效。(3)用棉球蘸40%毒死蜱乳油10倍液塞入蛀孔也有效。

山楂窄吉丁(Hawthorn branch borer)

学名 *Agrilus* sp. 鞘翅目,吉丁甲科。别名:麻花钻(指为

山楂窄吉丁成虫

害状)。分布:山西。

寄主 山楂属植物。

为害特点 幼虫在枝干的木质部与韧皮部之间为害,多由上向下蛀食,隧道弯曲常沿枝干呈螺旋形下蛀,幼树多在主干上发生,成树多在枝条上发生,削弱树势,重者枯死。成虫食叶呈不规则的缺刻与孔洞,亦啃食嫩枝的皮,食量不大。

形态特征 成虫:体长 8.5 ~ 9.5(mm),体背暗紫红色,腹面黑色,有光泽。体略呈楔形密被刻点,头短黑色,触角锯齿状 11 节,第 1 ~ 3 节无锯齿。前胸背板宽大于长,前缘两侧向前下弯包至头中部,前缘角尖锐,后缘角近直角,侧缘和后缘边框光滑黑色,后缘角稍内向前伸,1 纵脊达背板长的 2/5 处。小盾片略呈三角形,与前胸背板间有 1 光滑横凹。鞘翅肩甲明显突起,翅中部向后渐尖削,内、外侧脊边黑褐色,翅端有 1 列约 20 余个刺突,翅尖处的 2 个较大。中、后足相距甚远。腹部腹面可见 5 节。卵:椭圆形稍扁,长 1mm 左右,乳白至淡黄色。幼虫:体长 16 ~ 18(mm),细长略扁淡黄色,前胸稍宽大,前胸盾近圆形,中央有 1 褐色纵沟,前胸腹板后 2/3 部分中央有 1 前端分叉的褐纵沟;中、后胸依次渐窄小。腹部 10 节,9、10 节愈合成扁圆形尾节,第 10 节较骨化,黄褐色,末端生 1 对黑褐色刺状尾突,其内侧中部和近端部各生 1 钝突,近端部者较小。低龄幼虫体扁平,淡黄色近半透明。蛹:长 9.5 ~ 10(mm),初乳白色,羽化前与成虫相似。

生活习性 山西年生 1 代,以幼虫于隧道中越冬,山楂树萌动后继续为害,4 月底前后化蛹,蛹期 10 余天。5 月中旬田间始见成虫,5 月下旬始见卵,6 月上旬前后为成虫盛发期,产卵前期 10 天左右,6 月中、下旬为产卵盛期,卵期约 8 ~ 10 天,幼虫 6 月上旬开始发生,为害至落叶时于隧道端越冬。成虫白天活动,喜阳光温暖,有假死性,善于幼树和结果小树上活动取食和产卵,茂密郁蔽的大树落卵较少,卵多散产于光照好的枝干皮缝、伤疤、枝杈等不光滑处,每雌产卵 40 ~ 50 粒,成虫寿命 20 ~ 30 天。幼虫孵化后蛀入皮层至皮下,树皮光滑幼嫩的可隐约透见隧道,其边缘的表皮变成褐至暗褐色且易爆裂,树皮较厚粗糙者外表难以看出被害。老熟时蛀入木质部,做船底形蛹室于内化蛹。羽化后成虫在蛹室内停留数日,咬扁圆形羽化孔出树。幼虫期蛀隧道总长 1 ~ 1.5m。

防治方法 参考苹果害虫——苹果窄吉丁。

山楂叶螨

学名 *Tetranychus viennensis* Zacher 蜱螨目,叶螨科。别名 山楂红蜘蛛、樱桃红蜘蛛。

山楂叶螨为害山楂状

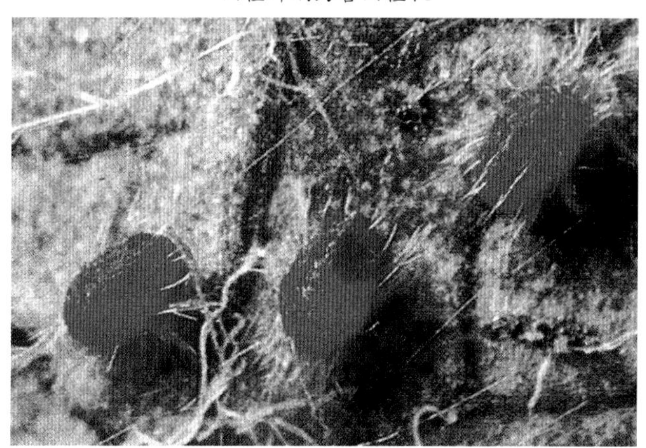

山楂叶螨越冬型雌成螨放大

山楂叶螨除为害樱桃外还为害核桃、山楂、苹果、梨、桃等。以成、若、幼螨刺吸芽、叶、果的汁液,叶受害初呈现很多失绿小斑点,渐扩大连片。严重时全叶苍白枯焦早落,常造成二次发芽开花,削弱树势,不仅当年果实不能成熟,还影响花芽形成和下年的产量。该虫在北方年生 5~9 代,以受精雌成螨在树干、主枝、侧枝、翘皮下或主干周围的土壤缝隙内越冬,翌年春天,当山楂花芽膨大时开始出蛰,花序伸出时进入出蛰盛期,初花至盛花期是产卵盛期,落花后 1 周进入卵孵化盛期,若螨孵化后,群聚在叶背吸食为害。第 2 代以后出现世代重叠,各虫态均可见到。果实采收后至 8~9 月是全年为害最重的时候,9 月以后产生雌螨潜伏越冬。干旱年份为害重。

防治方法 参见苹果园山楂叶螨。

山东广翅蜡蝉

学名 *Ricania shantungensis* Chou et Lu 同翅目广蜡蝉科,以成、若虫刺吸新梢和叶的汁液,多把卵产在山楂、李、梨、柿等当年枝条中,致产卵部位以上枝条枯死。成虫:体长 8mm,翅展宽 28~30(mm),褐色至紫红褐色,前翅宽大,底色暗褐色,被浅紫红色稀薄蜡粉,有的杂有白色蜡粉。翅前缘 1/3 处生 1 纵向狭长的半透明斑。后翅浅黑褐色,半透明,前缘基部呈黄褐色,后缘色浅。卵:长 1.25mm,长椭圆形。若虫:长 6.5~7(mm),近圆

山东广翅蜡蝉成虫

形。翅芽外缘较宽，头短宽，额大，有3条纵脊近似成虫。

生活习性 年生1代，以卵在枝条内越冬，翌年5月孵化，为害到7月下旬羽化，8月中旬为羽化盛期。成虫交配后于8月底开始产卵，9月下旬至10月上旬为产卵盛期，10月结束，成虫喜白天活动。

防治方法 (1)修剪时注意剪除有虫卵块的枝条，集中深埋或烧毁。(2)为害期喷洒40%甲基毒死蜱或毒死蜱乳油1000倍液、20%吡虫啉可溶性粉剂3000倍液。

柿广翅蜡蝉

学名 *Ricania sublimbata* Jacobi 同翅目广蜡蝉科。分布在黑龙江、山东、福建、广东、台湾等省。为害山楂、柿等，以成虫、若虫刺吸嫩枝、芽、叶上的汁液，并把卵产在枝条内，妨碍枝条生长发育，造成产卵处以上枝叶干枯。

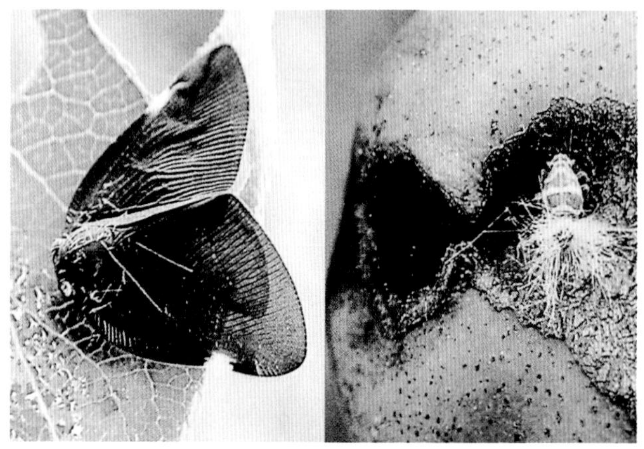

柿广翅蜡蝉成虫(左)和幼虫(夏声广)

形态特征、生活习性、防治方法 参见柿树害虫——柿广翅蜡蝉。

苹掌舟蛾

学名 *Phalera flavescens*(Bremer & Grey)除为害苹果、樱桃、杏以外，也为害山楂，食叶成缺刻或孔洞，严重时叶片被吃光，造成开2次花、发2次芽。

防治方法 参见苹掌舟蛾。

苹掌舟蛾2龄幼虫

旋纹潜叶蛾

学名 *Leucoptera scitella* Zeller是为害苹果属主要害虫，为害山楂、山荆子也十分严重，有时与金纹细蛾混合发生混合为害，以幼虫蛀入叶内取食叶肉，钻入隧道呈螺旋状，外观呈近圆形至不规划形旋纹状褐斑，发生严重时，1片叶上可多达10多个虫斑，造成早期落叶。

防治方法 参见苹果害虫——旋纹潜叶蛾。

旋纹潜叶蛾幼虫及其为害状

山楂园桑白蚧

学名 *Pseudaulacsapis pentagona*(Targioni-Tozzetti)，是山楂树生产上大害虫，近年为害日趋严重，尤其是结果园受害更重。常常造成枯芽、枯枝，树势下降，产量、质量下降十分明显。

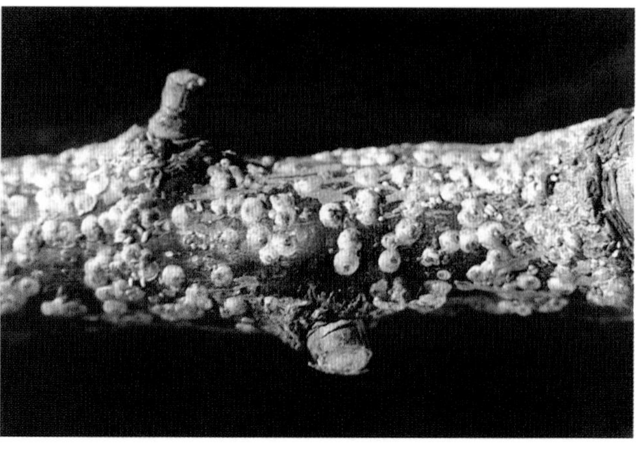

桑白蚧雌介壳

桑白蚧在山东产区年生2代，以受精雌成虫在枝干上越冬，翌年4月初山楂芽萌动后开始吸食活动，虫体不断膨大。4月下旬开始产卵，每头雌虫可产卵数百粒。5月中旬卵开始孵化，5月中旬末至下旬达到孵化高峰。初孵的若蚧先在壳下停留数小时，后逐渐爬出分散活动，1~2天后固定在枝条上为害。5~7天后开始分泌棉絮状白色蜡粉和蜡质，覆盖体表并形成介壳。第二代产卵期为7月中、下旬，8月上旬进入卵孵化盛期，8月下旬至9月间陆续羽化为成虫，秋末成虫进入越冬状态。该虫以群聚固定为害为主，吸食树体汁液。卵孵化时，发生严重的山楂园，植株枝干随处可见片片发红的若蚧群落，虫口难以计数。介壳形成后，枝干上介壳密布重叠，枝条灰白色，凹凸不平。被害树树势严重下降，枝芽发育不良，甚至死亡。

防治方法 改春季干枝期防治为5月中下旬一代卵孵化盛期防治1次，用40%毒死蜱乳油1000倍液或52.25%氯氰·毒死蜱乳油1500~2000倍液。每667m^{2}用对好的药液量300~400kg，采用淋洗式。采收前3天停止用药。

山楂长小蠹(Hawthorn long bark beetle)

学名 *Platypus* sp. 鞘翅目，长小蠹科。别名：山楂蠹虫。分布在山西。

山楂长小蠹成虫(雌、雄)

寄主 山楂、苹果、柿。

为害特点 成虫、幼虫蛀食成龄树的木质部，致隧道纵横交错，严重时深达根部，影响树势。

形态特征 成虫：雌体长5.5~6(mm)，宽1.8mm，雄略小，长筒形棕褐色，鞘翅后端黑褐色。头宽短；复眼黑色近球形，触角锤状、6节。前胸长方形，与头等宽。鞘翅近矩形，具8条纵刻点列，形成脊沟；前缘和翅端1/3部分具细毛，背视鞘翅末端雌略圆，雄稍内凹。腹部短小，腹板5节。前足、中足相距颇近。后胸特长，后胸腹板为腹部长的2至2.5倍，致后足似生于体末端。臀板稍露出鞘翅外。各足腿节扁阔粗大，跗节4节，足端生2爪。卵：椭圆形，乳白色。幼虫：体长5~6(mm)，节间缢缩略弯曲，无足，体肥胖。头淡黄色，口器深褐色。胴部12节乳白色，前胸粗大向后渐细，前胸盾浅黄色，前胸腹板较骨化，淡黄密生短毛；腹部末端腹面中央具淡黄褐色小瘤突1个。气门9对。蛹：长5~6(mm)，长筒形，乳白至褐色。

生活习性 山西年生2代，可以各虫态越冬，但以成、幼虫为主。3月中旬开始活动，发生期不整齐，成虫出树有3个高峰期：4月底~5月初；7月中旬~8月上旬；9月底~10月上旬。以7月中旬~8月上旬发生数量最多，持续时间最长，由越冬幼虫羽化的成虫和1代成虫组成，是分散传播及侵害新树的时期。11月中旬当气温0℃时均进入越冬态。非越冬各虫态历期：成虫期50~60天，幼虫期23~28天，蛹期15~20天，卵期22~27天。成虫出树后绕树飞行或沿树干爬行，有假死性。成虫多从树体主干纵向死皮层凹沟处蛀入，蛀孔直径约1.5mm，圆形，蛀道水平和垂直交互向下蛀，可至根部。在蛀道末端常蛀有稍膨大的卵室，每室有15~20粒卵。初孵幼虫近三角形，经14~16天蜕皮后成为正常体形的幼虫，再经9~12天老熟，各自蛀蛹室化蛹。

防治方法 (1)加强综合管理、增强树势以减少发生。(2)成虫出树期用高浓度触杀剂喷洒树干成淋洗状态，毒杀成虫效果很好。可用氯氰菊酯、辛硫磷、毒死蜱1000~1500倍液，单用、混用或其复配剂均有良好效果。对吉丁虫等枝干害虫有兼治作用。

瘤胸材小蠹(Rednecked bark beetle)

学名 *Xyleborus rubricollis* Eichhoff 鞘翅目，小蠹科。别名：山楂蠹虫。分布山东、河北、陕西、安徽、浙江、福建、湖南、四川、西藏。

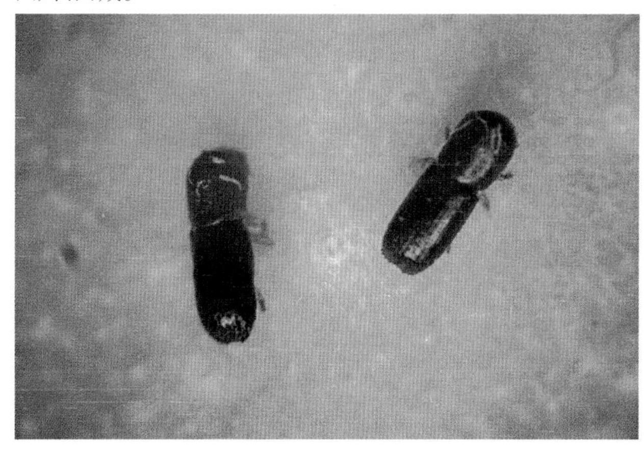

瘤胸材小蠹成虫

寄主 山楂、山桃、核桃、柿、女贞、水冬瓜、荆条、木荷、侧柏、杉木、杨等。

为害特点 成、幼虫在木质部内蛀食，影响树势。

形态特征 成虫：体长2~2.5mm，宽0.8~0.9(mm)，雄较雌略小，体棕褐色，密被浅黄色茸毛。前胸背板红褐色，鞘翅暗褐至黑褐色，头部被前胸背板遮盖。前胸粗大，长为鞘翅长的2/3，背视前端呈圆形，后缘似一直线，背板上布满颗瘤，前半部具短粗毛，后半部毛细弱。小盾片三角形狭长。鞘翅端部微斜截，两侧平行略向外扩张，鞘翅上各具8列纵刻点沟。腹部被鞘翅覆盖，可见5节腹板。复眼黑色肾形，触角短小7节，第1节粗大棒状，第2节短粗，3~6节细小，第7节即锤状部扁椭圆形，密生短毛。足腿节、胫节扁阔。卵：乳白色半透明，直径18~20(μm)，近球形。幼虫：体长2.2mm左右，体肥胖略弯，无足，疏生短刚毛，白色，头浅黄，口器淡褐色。胴部乳白色12节，胸部粗大,腹部各节向后依次渐细。蛹:长 2mm,近长筒形,乳白至浅黄色。

生活习性 生活史不详。山西观察:成虫行动迟缓,多在老翘皮下蛀入树体,蛀孔圆形,直径约 0.8mm。蛀道不规则,水平横向居多,长短不一,一般十几 cm,长的可达 20cm,蛀道末端为卵室,每室 10 余粒,初孵幼虫活动于卵室内,后在蛀道内爬行,老熟幼虫在蛀道侧蛀成蛹室化蛹。新羽化的成虫出树期和侵入时,常在树干上爬行并在蛀孔处频繁进出,是药剂防治的关键期。

防治方法 参考山楂长小蠹。

四点象天牛

学名 *Mesosa myops* (Dalman) 鞘翅目,天牛科。别名:黄斑眼纹天牛。分布于黑龙江、吉林、辽宁、内蒙古、北京、安徽、台湾、广东、陕西、四川等地。

四点象天牛成虫栖息在花朵上

寄主 苹果、山楂、核桃、柞等。

为害特点 成虫取食枝干嫩皮;幼虫蛀食枝干皮层和木质部,喜于韧皮部与木质部之间蛀食,隧道不规则,内有粪屑,致树势削弱或枯死。

形态特征 成虫:体长 8 ~ 15(mm),宽 3 ~ 6(mm),黑色,被灰色短绒毛,杂有金黄色毛斑,头部有颗粒及点刻,复眼小,分上下两叶,但其间有一线相连,下叶稍大。触角 11 节,丝状赤褐色。前胸背板有小颗粒及刻点,中央后方及两侧有瘤状突起,中具 4 个略呈方形排列的丝绒状黑斑,每斑镶金黄色绒毛边。鞘翅上有许多不规则形黄色斑和近圆形黑斑点,基部 1/4 区具颗粒;翅中段色较淡,在此淡色区的上、下缘中央,各有一较大的不规则形黑斑。小盾片中部金黄色。卵:椭圆形,乳白渐变淡黄白色,长 2mm。幼虫:体长 25mm,淡黄白色,头黄褐色,口器黑褐色,胴部 13 节,前胸显著粗大,前胸盾矩形黄褐色。蛹:长 10 ~ 15(mm),短粗淡黄褐,羽化前黑褐色。

生活习性 黑龙江 2 年 1 代,以幼虫或成虫越冬。翌春 5 月初越冬成虫开始活动取食并交配产卵。卵多产在树皮缝、枝节、死节处,尤喜产在腐朽变软的树皮上,卵期 15 天。5 月底孵化,初孵幼虫蛀入皮层至皮下于韧皮部与木质部之间蛀食。秋后于蛀道内越冬。第 2 年为害至 7 月底前后开始老熟于隧道内化蛹,蛹期 10 余天,羽化后咬圆形羽化孔出树,于落叶层和干基各种缝隙内越冬。

防治方法 参考苹果害虫——薄翅锯天牛。

梨眼天牛

学名 *Bacchisa fortunei* (Thomson) 鞘翅目天牛科。除为害梨、苹果、桃、李、杏外,还为害山楂和石榴等。以成虫咬食叶背的主脉及中脉基部的侧脉,或叶柄、叶缘、嫩枝表皮。以幼虫蛀害枝条的木质部,造成受害树皮干裂,常可见有很细的木质纤维或粪便排出,受害枝条特易风折。山东、陕西、河北一带 2 年发生 1 代,多以 3 龄幼虫在虫道里越冬,在河北 4 月中旬老熟幼虫开始化蛹,4 月中下旬进入化蛹盛期,5 月中下旬为羽化盛期。

防治方法 参见梨树害虫——梨眼天牛。

梨眼天牛成虫出枝及其羽化孔

天牛诱捕器

天牛注射器防治天牛幼虫

(二) 核果类(桃、李、杏、梅)果树病虫害

1.桃 (*Prunus persica*)、油 桃 病 害

桃、油桃褐斑穿孔病(Peach brown spot shot hole)

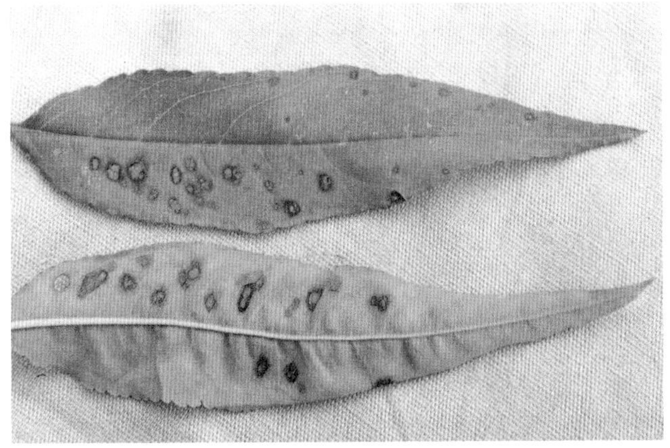

桃褐斑穿孔病叶两面症状

桃褐斑穿孔病病叶上的穿孔

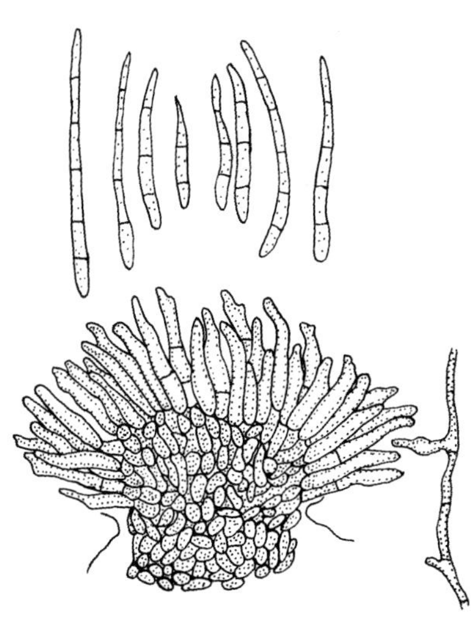

桃褐斑穿孔病菌

核果假尾孢子座、分生孢子梗和分生孢子

症状 主要为害叶片,也可为害新梢和果实。叶片染病,初生圆形或近圆形病斑,边缘紫色,略带环纹,大小1～4(mm);后期病斑上长出灰褐色霉状物,中部干枯脱落,形成穿孔,穿孔的边缘整齐,穿孔多时叶片脱落。新梢、果实染病,症状与叶片相似。

病原 *Mycosphaerella cerasella* Aderh. 称樱桃球腔菌,属真菌界子囊菌门。无性态 *Pseudocercospora circumscissa* (Sacc.) Y. L. Guo et X. J. Liu 称核果假尾孢霉,属真菌界无性型真菌。异名:*Cercospora circumscissa* Sacc.; *C.padi* Bǔbak et Sereb. 子囊座球形或扁球形,生于落叶上,大小72μm;子囊壳浓褐色,球形,多生于组织中,大小53.5～102×53.5～102(μm),具短嘴口;子囊圆筒形或棍棒形,大小28～43.4×6.4～10.2(μm);子囊孢子纺锤形,大小11.5～17.8×2.5～4.3(μm)。分生孢子梗浅榄褐色,具隔膜1～3个,有明显膝状屈曲,屈曲处膨大,向顶渐细,大小10～65×3～5(μm);分生孢子橄榄色,倒棍棒形,有隔膜1～7个,大小30～115×2.5～5(μm)。

传播途径和发病条件 以菌丝体在病叶或枝梢病组织内越冬,翌春气温回升,降雨后产生分生孢子,借风雨传播,侵染叶片、新梢和果实。以后病部产生的分生孢子进行再侵染。病菌发育温限7～37℃,适温25～28℃。低温多雨利于病害发生和流行。

防治方法 (1)精心养护。注意排水,增施有机肥,合理修剪,增强通透性。(2)药剂防治。落花后,喷洒70%代森锰锌可湿性粉剂500倍液或50%甲基硫菌灵·硫磺悬浮剂800倍液、75%百菌清可湿性粉剂700～800倍液、50%多·硫悬浮剂500倍液,此外农用素加代森锌或甲基硫菌灵、多菌灵、多霉清等也可取得理想防效。7～10天防治一次,共防3～4次。

桃、油桃白粉病(Peach powdery mildew)

症状 主要为害叶片和果实。叶片症状出现在9月以后。叶背现白色圆形菌丛,表面具黄褐色轮廓不清的斑纹,严重时菌丛覆满整个叶片。幼叶染病,叶面不平,秋末,菌丛中出现黑色小粒点,即病菌闭囊壳。果实染病,症状出现在5月,果面上生有直径1～2(cm)粉状菌丛,扩大后可占果面1/3～1/2。果表变褐凹陷或硬化。

桃树白粉病病叶

病原 有2种：*Podosphaera tridactyla* (Wallr.) de Bary 称三指叉丝单囊壳和 *Sphaerotheca pannosa* (Wallr.)Lév., 称毡毛单囊壳，均属真菌界子囊菌门。*P. tridactyla* 子囊果球形，褐色至暗褐色，散生，直径60～95（μm），附属丝2～6根，个别1根，簇生在子囊果的顶部，直或呈弓形弯曲，长100～340（μm）。子囊球形至近球形，单个，大小50～85×37.5～80(μm)。子囊孢子8个，宽椭圆形，大小16.3～32.5×12.5～20(μm)。分生孢子近球形，单胞无色，大小16.8～32×11～18(μm)。*S. pannosa* 子囊果球形至近球形，埋生在菌丛中，暗褐色，大小75～90(μm)，壁细胞不规则多角形。附属丝小，短于子囊果的直径，浅褐色，与菌丝体交织在一起，易断。子囊1个，椭圆形至长椭圆形，无柄，66～99×45～57(μm)。子囊孢子8个，椭圆形，大小15～24×9～15(μm)。无性态 *Oidium* sp. 分生孢子圆筒形，成串，大小13.5～24×7.5～12(μm)。分生孢子萌发适温为21～27℃。

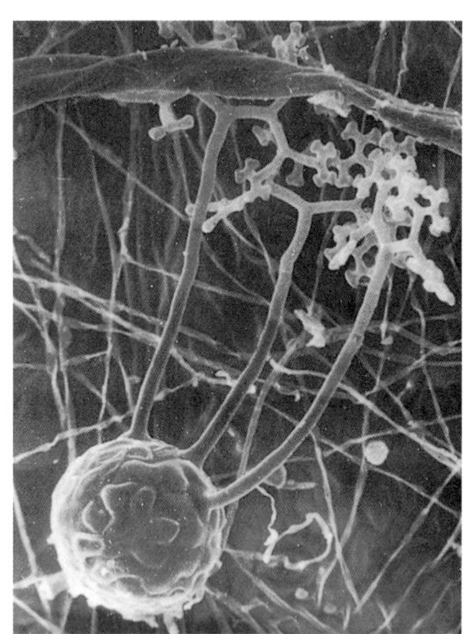
桃树白粉病菌 三指叉丝单囊壳闭囊壳和附属丝

传播途径和发病条件 三指叉丝单囊壳于10月后产生子囊壳越冬，翌年条件适宜时弹射出子囊孢子进行初侵染。毡毛单囊壳以菌丝在最里边的芽鳞片表面越冬，翌年产生分生孢子进行初侵染和多次再侵染。分生孢子萌发适温21～27℃，高于35℃，低于4℃不能萌发。

防治方法 (1)秋季落叶后及时清除病落叶，集中烧毁，以减少菌源。(2)春季发芽前喷1次波美5度石硫合剂，花芽膨大期喷波美0.3度石硫合剂，谢花5～7天后，喷洒30%氟菌唑可湿性粉剂1500或12.5%腈菌唑乳油或微乳剂2000倍液，连用2～3次。中华寿桃对三唑酮敏感，易产生药害，不宜使用。

桃、油桃黑星病(Peach scab)

病状 又称疮痂病，主要为害果实，也为害叶片和新梢。果实染病，多发生在果肩部，生暗褐色圆形斑点，直径2.5mm，后生出黑霉似黑痣状，严重时病斑融合，龟裂。新梢染病生暗褐色椭圆形、略隆起病斑，常流胶。叶片染病，叶背生灰绿色不规则形斑，后变褐色或紫红色，病斑穿孔或脱落。

油桃疮痂病主要为害果实和新梢。果实染病多在果肩部产生暗褐色圆形小点，逐渐扩展到2~3(mm)，后变成黑色痣状斑点，后期常龟裂呈疮痂状。枝梢染病产生暗绿色病斑，隆起，常产生流胶。

桃黑星病病果

油桃黑星病(桃疮痂病)病新梢染病症状

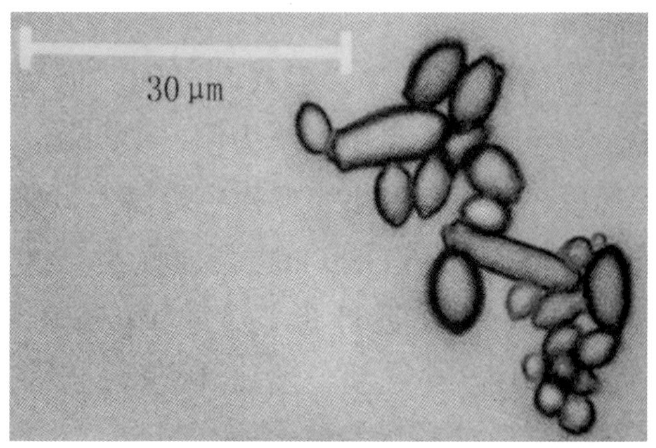

桃黑星病菌嗜果枝孢分生孢子

病原 *Cladosporium carpophilum* Thümen 称嗜果枝孢，属真菌界无性型真菌。分生孢子梗单生或3~6根簇生，1~5个隔，浅褐色，50～130×4～6(μm)。膨大处直径6~7(μm)。枝孢柱形，20～30×4～5(μm)。孢痕明显。分生孢子单生或短链生，圆柱形，无色，单细胞，8.1～27×4～6(μm)。除为害桃外，还可侵染杏、李、梅、扁桃、樱桃等果树。

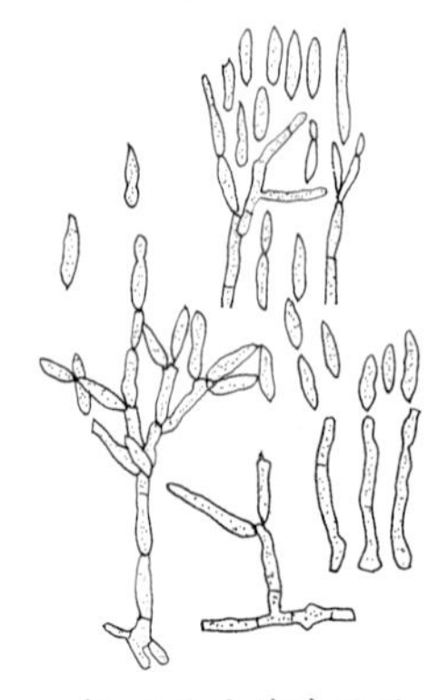
桃黑星病菌嗜果枝孢分生孢子梗和分生孢子

传播途径和发病条件 病菌主要以菌丝在病枝梢上越冬，翌年4～5月气温高于10℃产生分生孢子，适温为20～28℃，适宜相对湿度为80%以上，病菌直接侵入果实的，经20～70天潜育，于6月开始发病，7～8月进入发病盛期。春、夏多雨潮湿易发病，桃园低洼、湿气滞留、栽植过密不通风发病重。晚熟品种常较早熟品种发病重。

防治方法 (1)修剪时注意剪除病梢，可减少菌源，改善通风透光条件。(2)棚室桃树要注意放风散湿，露地桃园雨季注意排水，严防湿气滞留，降低桃园湿度。(3)桃树发芽前喷80%五氯酚钠250倍液。(4)落花后15天，喷洒70%代森联水分散粒剂600倍液或10%苯醚甲环唑水分散粒剂4000倍液、25%嘧菌酯悬浮剂1000倍液、20%噻森铜悬浮剂600倍液、40%氟硅唑乳油6000倍液、500g/L氟啶胺悬浮剂2000~2500倍液，隔15天1次，防至7月份即可。

桃、油桃褐腐病(Peach brown rot)

症状 春季花发病，初发病时花药、雌蕊坏死变色，逐渐扩展到子房和花梗，病花固着在枝上，湿度大时产生分生孢子座，病花表面产生分生孢子层。枝条染病，病花上的菌丝扩展到小枝上，产生椭圆形或梭形溃疡，溃疡边缘易流胶，当病斑环绕枝条1周，病部以上枯死，枝条上叶片变成棕色或褐色干枯、不脱落。小枝溃疡扩展到大枝上，大枝溃疡中心常现一簇干枯花朵或小枝，十分明显。果实染病，侵染后48小时或干燥条件下72小时出现褐色果腐，质地硬。病果上生出孢子座，表面长出分生孢子层，核果链核盘菌分生孢子层鼠灰色或草木灰色。果生链核盘菌分生孢子座较大，分散，分生孢子层棕黄色或米色。

桃褐腐病发病初期病果

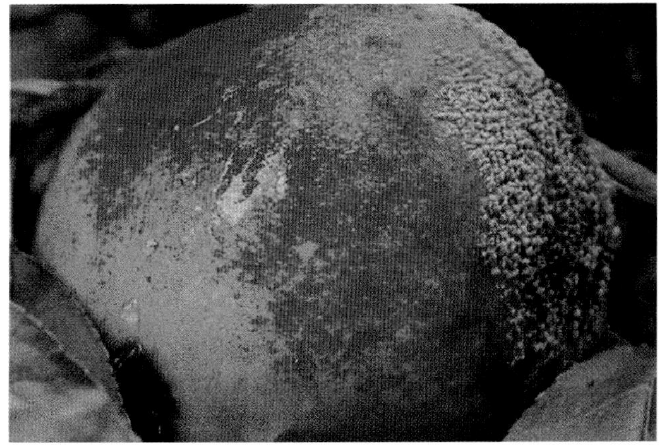

油桃褐腐病病果(陈笑瑜摄)

病原 桃等李属果树褐腐病病原主要有3种:*Monilinia laxa* (Aderh. et Ruhl.)称核果链核盘菌、*M. frucigena* (Aderh.et Ruhl.) Honey称果生链核盘菌及我国北京、河北、山东桃区2005年新发现的*M. fructicola* (Wint.)Honey称美澳型核果链核盘菌，均属真菌界子囊菌门。该菌为害桃、油桃、李、樱桃特重，引起花朵腐烂、小枝枯死、果实大量腐烂或成熟期烂果。

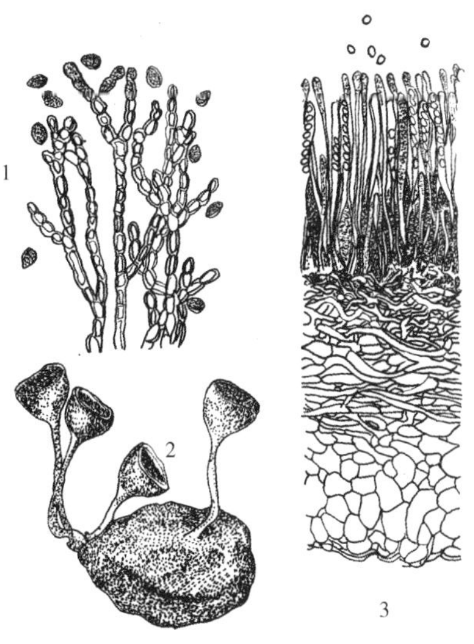

桃褐腐病菌
1.丛梗孢属的分生孢子 2.僵果萌发生成子囊盘 3.子囊盘剖面

传播途径和发病条件 3种链核盘菌都能以无性型菌丝体在树上的僵果、病枝及残留的病果柄等部位越冬，晚冬早春，温度达5℃以上，遇冷湿条件产生分生孢子座和分生孢子。分生孢子萌发要求寄主表面有自由水，萌发温度5~30℃，最适20~25℃，在此温度下，水膜连续保持3~5小时，即可侵染。春季果园土壤潮湿掩埋在土面以下的僵果上假菌核产生子囊盘和子囊孢子，是初侵染源，也可从附近撂荒园或野生李属果园传入。该菌分生孢子或子囊孢子主要随气流传播，花朵先发病，渐扩展到结果枝或较大树枝上，造成小枝枯死或大枝形成溃疡病。病花、病枝又产生分生孢子在坐果后侵染幼果，链核盘菌侵入幼果有潜伏侵染现象。到果实成熟期恢复活动，引发果腐。在北京桃中熟品种的生长前期，即6月底前，潜伏侵染率很低，空中孢子量很少，田间湿度也低，不利于病菌侵染，褐腐病的自然侵染主要发生在7月份。美澳型核果链核盘菌在花期侵染花，此时持续潮湿时间少于3小时，不能完成侵染，只有持续5小时以上才行，随时间延长侵染率提高，降雨后产孢增多。

防治方法 防治桃及其他核果类褐腐病要从果树休眠期开始贯穿整个生长期，综合运用栽培的、果园卫生的和化学的多种措施，采收前14天天旱少雨褐腐病问题不大，但如遇多雨尤其是阴雨连绵可能带来灾难性烂果损失。(1)从栽培入手，桃树营养生长旺盛桃园很易郁闭，因此要特别注意合理修剪、科学施肥，增进园内和树冠通风透光，提高抗病力。(2)及时清除侵染源，冬季休眠期清除树上残留和田间散落的僵果、病果柄、病枝，生长期清除树上的败育果和地面疏落果和伤果、病果，集中销毁或深埋5cm以下。这项工作认真执行了，可减少生长期打药次数40%。(3)休眠期药剂防治，发芽前喷洒50%异菌脲可湿性粉剂1000倍液或70%多菌灵悬浮剂或50%甲基硫菌灵悬浮剂600~700倍液，还可兼防桃树疮痂病、炭疽病。(4)抓好关键期用药，即在桃生长后期，果实采摘前30~40天开始喷洒25%戊唑醇水乳剂或乳油或可湿性粉剂2000~3000倍液或43%乳油或悬浮剂4000~5000倍液、40%氟硅唑乳油6000倍液、24%腈苯唑悬浮剂2500倍液、10%苯醚甲环唑微乳剂2500倍液、50%嘧菌酯水分散粒剂2000~2500倍液。嘧菌酯在桃、梨果树上采摘间隔期为0，即允许在采摘前至采摘当日使用，嘧菌酯对苹果树有药害，与苹果树混栽的桃园不要用，以防飘移，产生药害。目前我国的桃对上述杀菌剂敏感，生产上要注意交替或轮换使用，防止产生抗药性。(5)采后处理美国已在2000年在桃果采摘后使用咯菌腈处理。

桃、油桃腐败病（Peach fruit rot）

桃腐败病病果

症状 桃腐败病又称实腐病。主要为害果实，病斑初为褐色水渍状斑点，后迅速扩展，边缘变为褐色，果肉腐烂。后期病果常失水干缩形成僵果，其上密生黑色小粒点。

病原 *Phomopsis amygdalina* Canonaco称扁桃拟茎点菌，属真菌界半知菌类。分生孢子器圆锥形，大小232～435(μm)；分生孢子梗不分枝，大小9.8～32.2×1.1～3.1(μm)。α型分生孢子梭形或卵形，大小3.5～12.6×1.0～3.5(μm)；β型的分生孢子线形，无色，单细胞，大小11.2～42.0×0.5～1.7(μm)。

传播途径和发病条件 以分生孢子器在僵果或落果中越冬，翌春产生分生孢子，借风雨传播，侵染果实，果实近成熟时，病情加重。

防治方法 (1)加强栽培管理。注意桃园通风透光，增施有机肥，控制树体负载量。(2)减少初侵染源。捡除园内病僵果及落地果实，减少菌源。(3)药剂防治。发病初期开始喷洒50%腐霉利可湿性粉剂1200倍液或50%福·异菌可湿性粉剂800倍液、50%多菌灵可湿性粉剂700～800倍液、50%甲基硫菌灵·硫磺悬浮剂800倍液、36%甲基硫菌灵悬浮剂600倍液，隔10～15天1次，防治3～4次。

桃、油桃溃疡病（Bacterial dieback of peach）

桃树、油桃溃疡病是一种严重病害，发病重的地区每年造成大量桃树、油桃死亡。

症状 桃、油桃枝条染病后，经1冬的发展，产生圆形休眠芽，初为橄榄绿色后迅速变成褐色，这种侵染能迅速扩展到老的枝梢或较大枝上。春天染病株出现萎蔫，造成主枝或整个植

桃溃疡病

桃树溃疡病油桃树干被害状

株枯死。5~6年生幼树易染病，受害组织产生褐红色。树干染病，产生有边缘的大病斑或溃疡，这是抗病品种产生的保卫反应。一般出现在修剪切口处或发病枝梢、分枝的着生处附近。叶片染病，春天在嫩叶上产生坏死斑，直径1~2(mm)，四周有褪绿晕圈，坏死组织最后脱落引起穿孔，发病严重的叶片提早脱落。果实染病，油桃果实上产生直径1~2(mm)的坏死斑，病斑常常被1层透明树胶所覆盖，这种坏死斑较浅。

病原 *Pseudomonas syringae* pv. *persicae* (Prunier) Young et al. 称桃树溃疡病菌，属细菌界薄壁菌门。该菌有2~3根端生鞭毛，革兰氏阴性杆菌。

传播途径和发病条件 在秋天或冬天病原菌在溃疡病部越冬，通过叶片的叶痕、芽痕处侵入植株，产生具特异性的病痕，几个月后病痕生长很快造成植株枝梢枯死，在低温条件下病原菌引发冰核作用，因此病原细菌能直接侵入植株的新梢、枝条和树干，使其发病并坏死。植株修剪的伤口也可侵入，尤其是冬季修剪时，修剪工具带菌，并在感染组织上产生伤口。春季细菌传到幼嫩新梢并进入附生阶段，春天叶片的病痕和芽痕为该病发生提供了侵染源，秋天也是侵染源。长距离传播主要是国内或国际间繁殖材料调运。

防治方法 (1)种植健康苗木。(2)国际间调运苗木要严格检疫。(3)发芽前喷波美5度石硫合剂。(4)发芽后喷50%氯溴异氰尿酸可溶性粉剂1000倍液或硫酸锌石灰液（硫酸锌0.5、消石灰2kg、水120kg），5~8月每月1次。近年果农直接用硫酸锌2500倍液效果好，但有些品种有药害。

桃、油桃黑斑病

症状 桃黑斑病世界各地均有发生，贮运时也常发生。主要为害叶片和果实。叶片染病产生褐色不规则形病斑，边缘明显，湿度大时长出灰黑色霉状物。果实染病，在果面上产生近圆形病斑，凹陷，边缘明显紫红色，病斑上生灰黑色霉状物。该病与黑变病近似，需镜检病原确诊。

病原 有2种：*Alternaria alternata* (Fr. :Fr.)Keissler 称链格孢和 *A. tenuissima* (Fr.)Wiltshire 称细极链格孢，均属真菌界无性型真菌。前者分生孢子梗单生或数根簇生，浅褐色至褐色，33~75×4~5.5(μm)。分生孢子单生或短链生，倒棍棒形，浅褐色至褐色，具3~8个横隔膜和1~4个纵、斜隔膜，分隔不缢缩或稍有缢缩，孢身22.5~40×8~13.5(μm)，短喙柱状，浅褐色，8~25×2.5~4.5(μm)。细极链格孢分生孢子具1~7个横隔膜，1~6个纵、斜隔膜，喙较前者大。

传播途径和发病条件 病菌在果园和贮运场所均有分布，通过气流传播，主要从果面伤口侵入，贮运过程中箱内湿度大易发病。

防治方法 (1)秋末采收后及时施入有机肥3500kg或果树生物有机肥，采收时千方百计减少伤口，可减少发病。(2)桃采收后用50%异菌脲可湿性粉剂500~600倍液浸泡2分钟，取出后晾干贮运。

桃黑斑病病叶

桃黑斑病病果发病初期症状

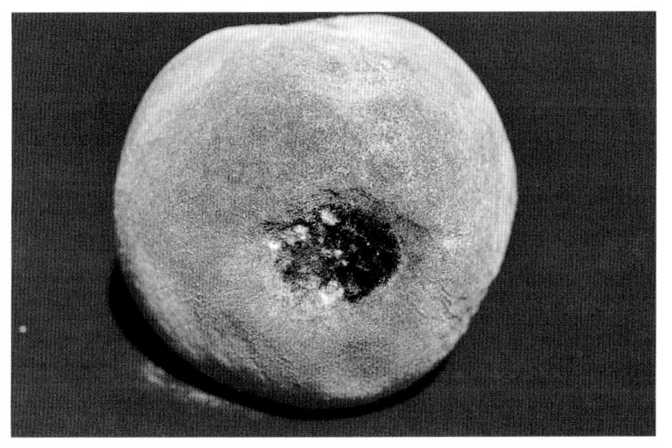

桃黑斑病病果

桃、油桃黑变病

症状 桃黑变病在各地均有发生，为害叶片和果实。叶片染病叶上产生褐色病斑，后期病斑上现黑色霉层。果实染病，发生在果实有伤口处，病斑上初覆盖白色霉层，后霉层变黑，近似于桃黑斑病，需鉴定病原进行区分。该病在所有核果实上均常发生，除侵染桃外，还可侵染李、樱桃、油桃、李等。低温贮藏也可引起腐烂。

病原 *Cladosporium herbarum* (Pers.)LK. et Fr. 称禾黑芽枝霉，属真菌界无性型真菌。分生孢子梗直立，褐色至榄褐色，单枝或稍分枝，直径5~7(μm)，上部曲膝；分生孢子在顶端形成，连续单生或成短链，卵形至圆筒形，有隔膜1~3个。该菌寄生范围广。

传播途径和发病条件 病菌分布甚广，可在土壤中病组织上越冬，病菌分生孢子借气流传播，从雨伤或采收造成伤口侵入。湿度大有利于发病。

防治方法 采收时千方百计减少伤口，贮运前桃果用50%

桃黑变病初生白色霉层

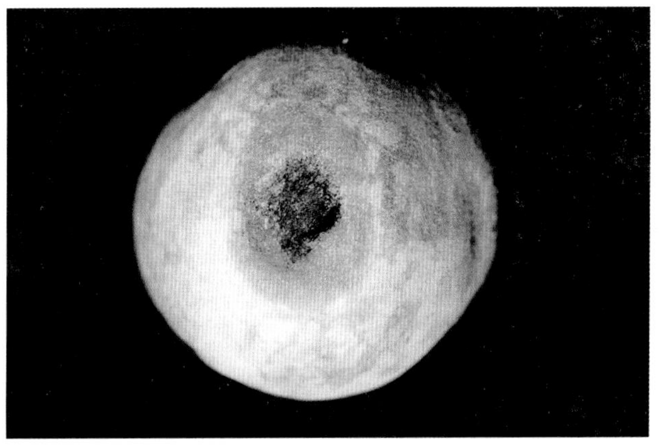

桃黑变病发病中期症状

苯菌灵可湿性粉剂500~600倍液浸泡2分钟，也可用40%双胍三辛烷基苯磺酸盐可湿性粉剂1200倍液浸1分钟捞出晾干后包装。

桃、油桃青霉病

桃青霉病病果

症状 又称水烂病，主要为害近成熟和成熟果实，初发病时桃果上出现浅褐色水渍状病变向果内扩展，初生白色菌丝，后逐渐变成青绿色，造成桃、油桃果实腐烂。

病原 *Penicillium expansum* (Link) Thom 称扩展青霉，属真菌界无性型真菌。病原菌形态特征、病害传播途径、防治方法参见苹果青霉病。

桃、油桃炭疽病(Peach anthracnose)

桃炭疽病初期症状

桃树炭疽病叶缘上的病斑

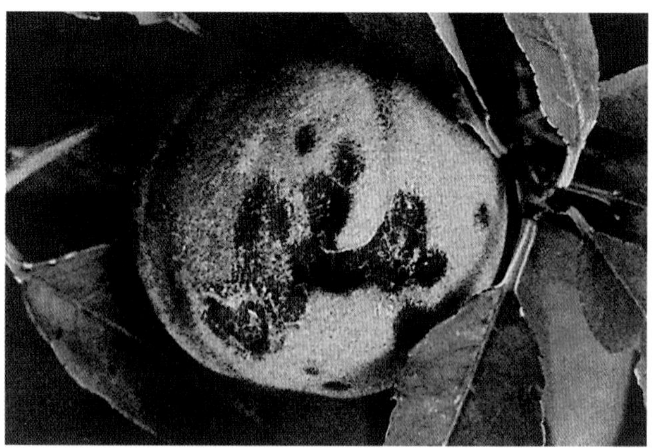

桃炭疽病病果

桃果实上的炭疽病

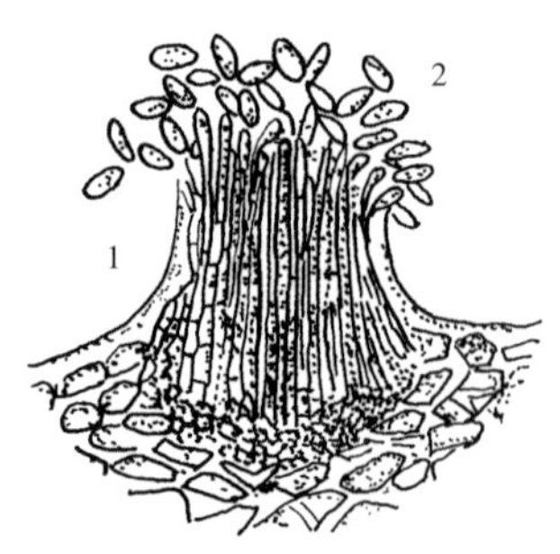

桃炭疽病菌
1.分生孢子盘 2.分生孢子

症状 主要为害果实，也能侵染新梢、叶片。幼果染病，果面暗褐色，发育停滞，逐渐萎缩硬化，形成僵果残留于枝上。果实膨大期染病，果面初呈淡褐色水渍状病斑，随果实膨大，病斑也随之扩大，变为红褐色圆形或椭圆形凹陷斑，并有明显的同心环纹状皱纹；湿度大时，病部产生橘红色黏质小粒点，即病菌分生孢子盘和分生孢子。果面近成熟时发病病斑常连成不规则大斑，后期产生的橘红色黏质小粒点几乎覆盖整个果面，最后病果软腐脱落或形成僵果残留于枝上。新梢染病，形成略凹陷，中间暗褐色，边缘红褐色的长椭圆形斑。在潮湿条件下，病斑表面长出橘红色黏性小粒点。染病新梢多向一侧弯曲，严重发病时常枯死。芽开始萌动至开花期间，枝条上的病斑扩展迅速，当病斑环绕枝条1周后，枝条上端即枯死。叶片染病，产生淡褐色、圆形或不规则形病斑，后期病斑中部灰褐色。其上产生橘红色至黑色粒点。最后病部干枯脱落而穿孔，新梢顶端叶片萎缩下垂，纵卷成管状。

病原 无性态为 *Colletotrichum gloeosporioides* (Penz.) Sacc. 称盘长孢状炭疽菌，属真菌界无性型真菌。有性态为 *Glomerella cingulata* (Stonem.)Spauld.et Schrenk 称围小丛壳。属

真菌界子囊菌门。病菌发育适温 24～26℃，最低 4℃，最高 33℃，分生孢子萌发适温 26℃，最低 9℃，最高 34℃。

传播途径和发病条件 以菌丝体在病枝或病果及僵果内越冬。翌春条件适宜，均温 10～12℃，相对湿度 80%以上产生分生孢子，借风雨或昆虫传播、侵染新梢和幼果，引起初侵染，后病部产生分生孢子，不断进行再侵染。桃树整个生长期均可被侵染为害。该病的发生与气候条件、品种有关，其中主要是湿度，高湿是该病发生的先决条件。桃树开花至幼果期低温多雨，利于发病，果实成熟期高湿温暖发病重。此外，与 4～6 月份的降雨量关系极为密切。若降雨量低于 300mm，发病轻微，高于 300mm，严重发病。果实染病主要在第一次迅速生长期，其次为采收前的膨大期。一般栽植过密，排水不良的桃园发病重。桃各品种间感病性存有一定差异：早熟、中熟品种发病重(如早生水蜜桃)，晚熟品种发病轻(如玉露、红桃等)。

防治方法 (1)发病严重地区，选栽抗病品种，如玉露、红桃。(2)加强栽培管理。注意桃园排水，降低湿度，增施磷、钾肥，提高抗病力。(3)清除菌源。结合冬季修剪，彻底清除树上树下病梢、枯死枝、僵果及地面落果，集中烧毁或深埋。(4)药剂防治。早春桃芽萌动前喷一次 30%戊唑·多菌灵悬浮剂 600~700 倍液。落花后，喷 50%异菌脲可湿性粉剂 800 倍液或 80%福·福锌可湿性粉剂 800 倍液、25%溴菌腈可湿性粉剂 500 倍液、75%百菌清可湿性粉剂 800 倍液、25%咪鲜胺乳油 800 倍液、70%丙森锌可湿性粉剂 600 倍液、500g/L 氟啶胺悬浮剂 2200 倍液，隔 10 天左右 1 次，连续防治 2～3 次。

桃、油桃褐锈病(Peach brown rust)

症状 桃褐锈病又称桃锈病。主要为害叶片，尤其是老叶及成长叶。叶正反两面均可受侵染，先侵染叶背，后侵染叶面。叶面染病产生红黄色圆形或近圆形病斑，边缘不清晰；背面染病产生稍隆起的褐色圆形小疱疹状斑，即病菌夏孢子堆；夏孢子堆突出于叶表，破裂后散出黄褐色粉状物，即夏孢子。后期，在夏孢子堆的中间形成黑褐色冬孢子堆。严重时，叶片常枯黄脱落。该病菌具转主寄生特性，其转主寄主为毛茛科的白头翁和唐松草，二者也可受侵染，叶正反面均产生病斑，正面着生性子器，背面产生锈孢子器，成熟后开裂为四瓣。

病原 *Tranzschelia pruni-spinosae* (Pers.) Diet. 称刺李疣双胞锈菌，属真菌界担子菌门。系完全型转主寄生的锈菌。叶面角质层下着生性子器，分散，深褐色，大小 110～150 (μm)，锈孢子器生于叶背，分散，杯形至短圆筒形，直径 0.4～0.7(mm)，正常分裂成 4 瓣；包被细胞多角形，大小 20～35×18～25(μm)；外向壁具线纹，厚 6～8(μm)；内向壁具瘤，厚 3～4(μm)。锈孢子亚球形至长圆形，大小 18～27×15～20(μm)，黄色，有细瘤，壁厚 1.5～2.5(μm)。性孢子和锈孢子寄生于白头翁 (*Pulsatilla chinensis* (Bge.) Regel) 和唐松草(*Thalic trum* sp.)叶片上。夏孢子堆生于叶背，直径约 0.5mm，早期裸露，肉桂色；夏孢子长卵圆形至长椭圆形或棍棒形至纺锤形，大小为 24～42×15～23(μm)，单胞，顶部黄褐色，平滑，下部色淡，有刺，壁厚 1.5μm。冬孢子堆散生于叶背，直径约 0.3～0.5(mm)，早期裸露，栗褐色；冬孢子长椭圆形或长倒卵形，两端圆，中部缢缩，从中部分裂形成两个细胞，上部细胞球形，深褐色，表面小疣较多，基部细胞球形或不规则形，色较淡，表面光滑或微具小疣，冬孢子大小 26～39×18～28(μm)。柄无色，很短，易脱落。寄生于桃、梅、李树上，引起褐锈病。

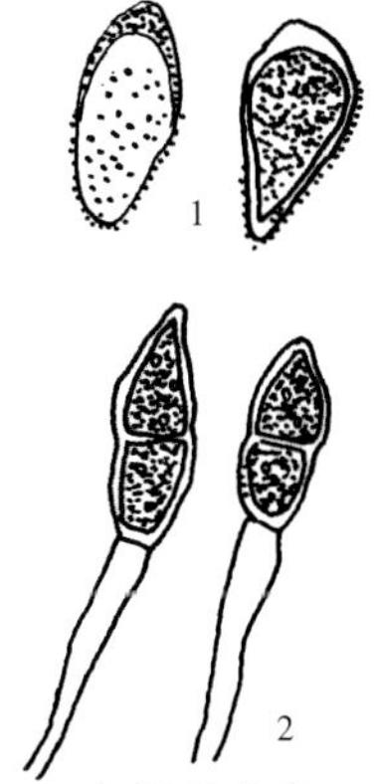

桃褐锈病菌
1.夏孢子 2.冬孢子

传播途径和发病条件 为完全型转主寄生锈菌。主要以冬孢子在落叶上越冬，也可以菌丝体在白头翁和唐松草的宿根或天葵的病叶上越冬，南方温暖地区则以夏孢子越冬。6～7 月开始侵染，8～9 月进入发病盛期，并导致大量落叶。

防治方法 (1)清除初侵染源。结合冬季清园，认真清除落叶，铲除转主寄主，集中烧毁或深埋。(2)生长季节结合防治桃褐腐病和疮痂病喷药保护。(3)发病初期喷洒 25%戊唑醇水乳剂或乳油或可湿性粉剂 2500 倍液或 43%乳油或悬浮剂 4000~5000 倍液。

桃、油桃叶斑病(Peach leaf spot)

症状 又称褐斑病，主要为害叶片，产生圆形或近圆形病斑，茶褐色，边缘红褐色，秋末出现黑色小粒点，最后病斑脱落形成穿孔。8～9 月发生。核果穿孔叶点霉引起的叶斑病病斑圆形，茶褐色，后变为灰褐色，上生黑色小点，后期也形成穿孔。

病原 *Phyllosticta prunicola* (Opiz) Saccardo 称李生叶点霉，属真菌界无性型真菌。分生孢子器散生或聚生在叶面上，扁

桃褐锈病病叶

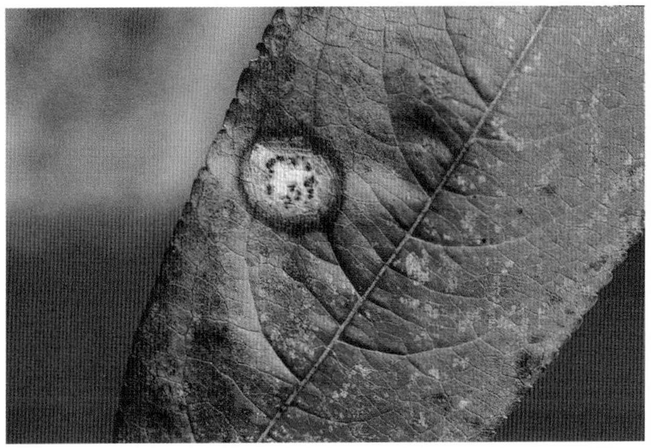
桃树叶斑病病斑上的分生孢子器

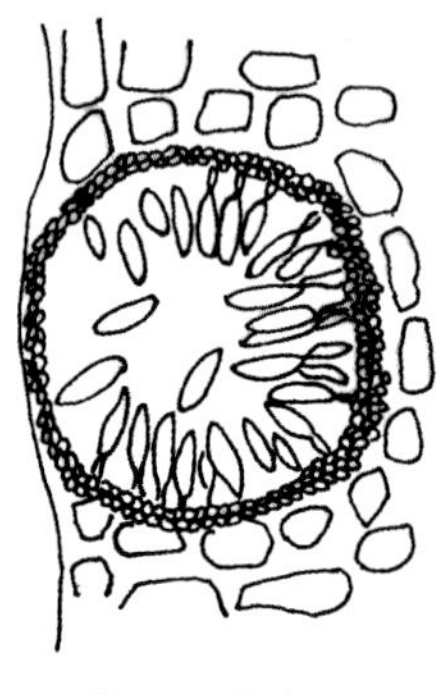

桃李生叶点霉叶斑病菌
桃叶片中的分生孢子器及分生孢子

球形，直径60～130（μm），高40~100（μm）；器壁厚5~8（μm），形成瓶形产孢细胞，单胞无色，5～7×2～3（μm）。上生的分生孢子椭圆形，单胞无色，内含1油球，4～7×2～3(μm)。

传播途径和发病条件 以菌丝体和分生孢子器在落叶上越冬。翌春产生分生孢子，借风雨传播进行初侵染和再侵染。秋季发病较多，降雨多或秋雨连绵时发病重。

防治方法 (1)精心养护，增强树势，可减少发病。(2)发病初期喷洒70%丙森锌可湿性粉剂600倍液或25%苯菌灵·环己锌乳油700倍液、50%百·硫悬浮剂600倍液、50%氯溴异氰脲酸水溶性粉剂1000倍液。

桃、油桃缩叶病（Peach tree leaf curl）

症状 主要为害叶片，也可为害嫩枝和幼果。春季嫩叶从芽鳞抽出时即被害，最初叶缘向后卷曲，颜色变红，并呈现波纹症状；后随叶片生长，卷曲、皱缩程度剧增，病部增大，叶片变厚，变脆，呈红褐色；严重时全株叶片变形，嫩梢枯死，春末夏初，病叶表面生一层灰白色粉状物，即病菌子囊层，后病叶变褐，干枯脱落。叶片脱落后，腋芽常萌发抽出新叶，这种新叶因发生较晚，天气转暖，不利病菌侵入，所以新叶不再受害。嫩枝染病，呈灰绿色或黄色，节间缩短，略为粗肿，病枝上常簇生卷缩的病叶，严重时病枝渐向下枯死，甚至有的大枝或全株枯死。幼果染病，初生黄色或红色病斑，微隆起；随果实增大，渐变褐色；后期病果畸形，果面龟裂，成麻脸状，有疮疤，易早期脱落。较大的果实受害，果实变红色，病部肿大，茸毛脱落，表面光滑。

病原 *Taphrina deformans* (Berk.) Tul. 称畸形外囊菌，属真菌界子囊菌门。子囊在叶片角质层下成栅栏状排列，无色，圆筒形，大小16.2～40.5×5.4～8.1(μm)。子囊内含8个子囊孢子，子囊孢子无色、单胞，近球形或椭圆形，大小1.9～5.4(μm)，可在子囊内或子囊外芽殖，产生芽孢子。有的壁薄，有的壁厚，前者可直接再芽殖，后者休眠。病菌生长适温20℃，最低11℃，最高26～30℃。

桃树缩叶病症状

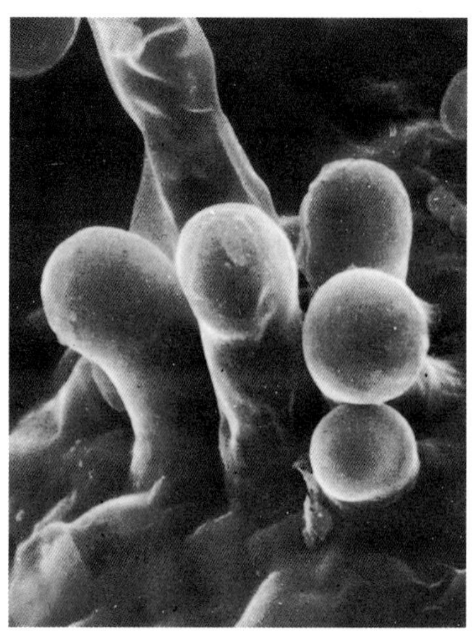

桃缩叶病菌突出于桃叶表面的子囊层电镜扫描图片(康振生等原图)

传播途径和发病条件 以子囊孢子和厚壁芽孢子在芽鳞片上、鳞缝隙里或枝干病皮中越冬或越夏。翌春越冬孢子萌发，产生芽管直接穿透叶片表皮或从气孔侵入，进行初侵染，叶片展开以前多从叶背侵入，展开后可从叶面侵入。6月天气转暖后，逐渐停止。初夏，叶面形成子囊层，产生子囊孢子和芽孢子。由于夏季高温，不适孢子萌发，因此一年只侵染一次。

该病的发生、流行与气候条件有关。低温多湿利于发病，尤其是早春桃树萌芽展叶期，如连续降雨，气温10～16℃，发病更重，气温上升到21℃或较干燥地区发病轻。一般江河沿岸、湖畔及低洼潮湿地发病重；实生苗桃树比芽接桃树易发病；中、晚熟品种较早熟品种发病轻。

防治方法 (1)加强桃园管理。发病严重桃园应及时追肥，灌水，增强树势，提高抗病力，以免影响当年和翌年结果。(2)清除初侵染源。在病叶表面还未形成白色粉状物前及早摘除，以减少当年菌源。(3)药剂防治。从桃芽开始膨大到露红期，周密细致地喷药，即可铲除树上越冬病菌，减少初侵染源，减轻发病，并可保护冬芽萌发。常用杀菌剂50%多菌灵水分散粒剂600倍液、45%石硫合剂结晶30倍液、70%代森锰锌可湿性粉剂500倍液、50%甲基硫菌灵可湿性粉剂600倍液、5%井冈霉素可溶性粉剂500倍液、30%戊唑·多菌灵悬浮剂1000倍液喷洒，隔10～15天1次，连续防治2～3次。

桃、油桃根霉软腐病（Peach soft rot）

症状 主要为害果实。熟果或贮运期染病，初生浅褐色水渍状圆形至不规则形病斑，扩展很快，病部长出疏松的白色至灰白色棉絮状霉层，致果实呈软腐状，后产生暗褐色至黑色菌丝、孢子囊及孢囊梗。

病原 *Rhizopus stolonifer* (Ehrenb.ex Fr.)Vuill. 称匍枝根霉，属真菌界接合菌门。匍匐菌丝呈弓状弯曲，假根发达，分枝多，褐色。孢囊梗直立，不分枝，浅褐色，3～5根束生在假根上。孢子囊球形，暗褐色至黑色，大小65～350(μm)，囊轴球形至卵形，大小70～90(μm)。孢囊孢子卵形至多角形，单胞，表面具浅纹，褐色至蓝灰色，大小5.5～13.5×7.5～8(μm)。有性态产生球形接合孢子，表面具瘤状突起，大小160～220(μm)。

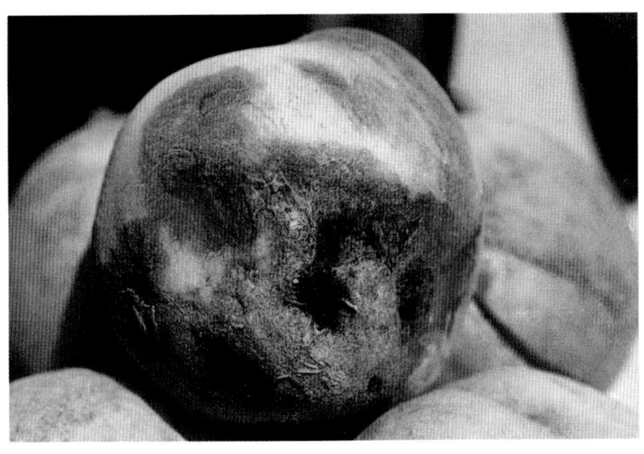

桃根霉软腐病病果

桃树干枯病症状

油桃匍枝根霉软腐病发病初期、后期症状

桃干枯病根颈部病斑黑褐色下陷 病部切面木质部变褐死亡(曹子刚)

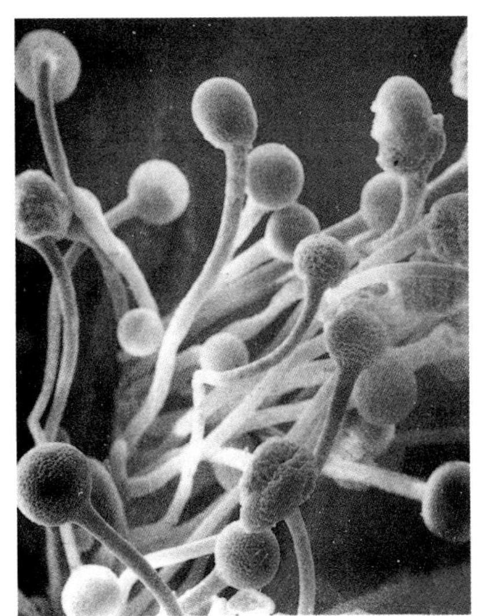

匍枝根霉孢子囊梗和孢子囊

传播途径和发病条件 该菌广泛存在于空气、土壤、落叶、落果上，在高温高湿条件下极易从成熟果实的伤口侵入果实，且通过病健果接触传播蔓延。温暖潮湿利其发病。除侵染桃外，还为害杏、苹果、梨等多种果实。

防治方法 (1)雨后及时排水，严防湿气滞留，改善通风透光条件。(2)采收过程中千方百计减少伤口。单果包装。(3)在低温条件下运输或贮存。

桃树干枯病(Peach Fusicoccum twig blight)

症状 主要为害主枝和侧枝，病部出现微肿，表面湿润，并溢出黄褐色稠粘的胶液，后病部逐渐干枯凹陷，变成黑褐色，并产生裂缝，进入后期病部表面长出大量梭形或近圆形小黑点，大小为1~8(mm)，即病原菌的子座。该病发生普遍，发病严重的桃园造成枝干枯死，对树势产量影响大。

病原 *Fusicoccum persicae* Ell et Ev. 称桃壳梭孢，属真菌界无性型真菌。分生孢子器球形，分为几个腔，器壁黑色，革质，直径120~160×100~120(μm)。分生孢子单胞无色，纺锤形或倒卵形，大小16~22×6~8.5(μm)。分生孢子着生在分生孢子器中，分生孢子器埋生在子座中。

传播途径和发病条件 以分生孢子器或菌丝体在病枝干上越冬，翌年5、6月间释放分生孢子，借风雨传播，在具水滴或雨露条件下，分生孢子经4~8小时即可萌发，经伤口或由气孔侵入，引起发病。潜育期30天左右，后经1~2年才现出病症，因此本病一经发生，常连续2~3年。多雨或湿度大的地区、植株衰弱、冻害严重的桃园发病重。

防治方法 (1)及时检查枝干，发现病部后，轻者用刀刮除病斑，重者剪掉或锯除，伤口用45%石硫合剂结晶30倍液消毒。(2)加强桃园管理，增施有机肥，疏松或改良土壤，合理密植，严防负载过重，增强树势十分重要。雨后及时排水，注意防冻。(3)可结合防治桃树其他病害，在发芽前喷一次80%五氯酚钠200~300倍液。在5~6月及时喷洒30%戊唑·多菌灵悬浮剂1000倍液或80%乙蒜素乳油1000倍液。隔10~15天1次，连续防治3~4次。(4)开春树液流动后，浇灌50%多菌灵可湿性粉剂300倍液，1~3年生桃树，每棵树用药100g，成树每棵用200g。桃树开花坐果后再浇灌1次，效果好。

桃树腐烂病(Peach tree canker)

桃树腐烂病

症状 为害主干或枝。枝干染病,病部略凹陷,外部现米粒大的流胶,胶点下的病皮腐烂,湿腐状,黄褐色,有酒糟味,后期病斑干缩下陷,表生灰褐色钉头状突起子座,湿度大时,涌出红褐色丝状孢子角,病斑绕干、枝一周时,形成环切现象,病树或整枝枯死。该病与苹果腐烂病相似,但孢子角颜色深,呈红褐色是桃树腐烂病的特点。该病也是危害性很大的病害。

病原 主要是 *Leucostoma cincta* (Fr.)Hahn. 称核果类腐烂病菌,属真菌界子囊菌门。异名:*Valsa japonica* Miyabe et Hemmi 。无性态为 *Leucocytospora cincta* (Sacc.)Hahn. 。病原菌假子座圆锥形,埋生在树皮内,顶端突出。假子座四周有黑色线。子囊壳球形至近球形,具长颈。子囊孢子腊肠型,遭受冷害、冻害、伤害和营养不足、树势衰弱时发病重。修剪不当、伤口多有利于病原菌侵染。孢子在春、秋两季大量产生,借雨水传播,发生再侵染,造成树干、主枝腐烂或枯或,严重降低结果量,是核果的重要病害,桃树很易发生。

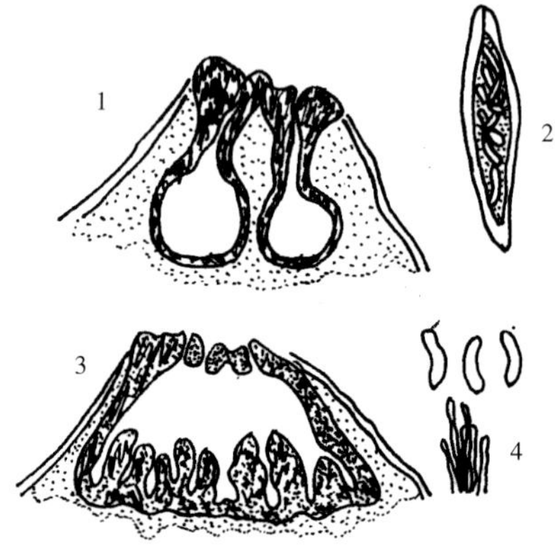

桃树腐烂病菌

1.子囊壳 2.子囊及子囊孢子 3.分生孢子器 4.分生孢子梗及分生孢子

传播途径和发病条件、防治方法 该病病菌系弱寄生菌,从伤口或自然孔口侵入。病菌生长适温为 28 ~ 32℃。3 ~ 4 月开始发病,5 ~ 6 月进入发病盛期,夏季高温停止扩展。冻伤常是诱发桃树腐烂病的重要原因。冻害严重则大发生。防治方法参见苹果树腐烂病,但须注意:桃树生长季节造成的伤口不仅很难愈合,且极易流胶。因此刮治病疤后,必须涂伤口保护剂。刮后可用 45%石硫合剂结晶 30 倍液消毒,再用 80%乙蒜素乳油 100 倍液或 21%过氧乙酸水剂 3~5 倍液涂抹。也可在发芽前喷洒 30%戊唑·多菌灵悬浮剂 700~800 倍液。

桃树木腐病(Peach tree wood rot)

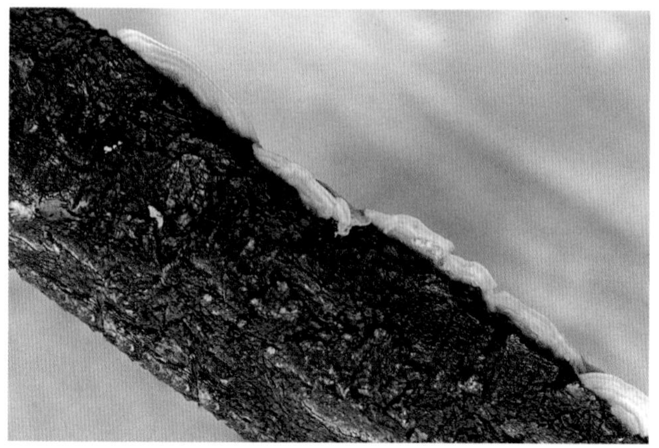

桃树木腐病

症状 桃树木腐病又称心腐病。主要为害桃树的枝干和心材,致心材腐朽,呈轮纹状。染病树木质部变白疏松,质软且脆,腐朽易碎。病部表面长出灰色的病菌子实体,多由锯口长出,少数从伤口或虫口长出,每株形成的病菌子实体 1 个至数十个。以枝干基部受害重,常引致树势衰弱,叶色变黄或过早落叶,致产量降低或不结果。

病原 *Fomes fulvus* (Scop.) Gill. 称暗黄层孔菌,属真菌界担子菌门。子实体呈马蹄形或圆头状。菌盖木质坚硬,初期表面光滑,老熟后出现裂纹,初呈黄褐色至灰褐色,后变为暗褐色或浅黑褐色,边缘钝圆具毛。菌髓黄褐色。菌管圆形或多角形,孔口小,直径 80 ~ 220(μm),孔壁灰褐色较厚。担子排列成行,4 个担孢子顶生,担孢子球形,单胞无色,大小 4.4 ~ 5.8 × 4.4(μm)。间胞纺锤形、混生于子实层中,基部深褐色,端部色淡,大小 11.6 ~ 14.5 × 5.8(μm)。病菌生长适温 30 ~ 33℃,气温低于 14℃或高于 40℃即停止生长发育。该菌除为害桃树外,还可侵害杏树、李树等。

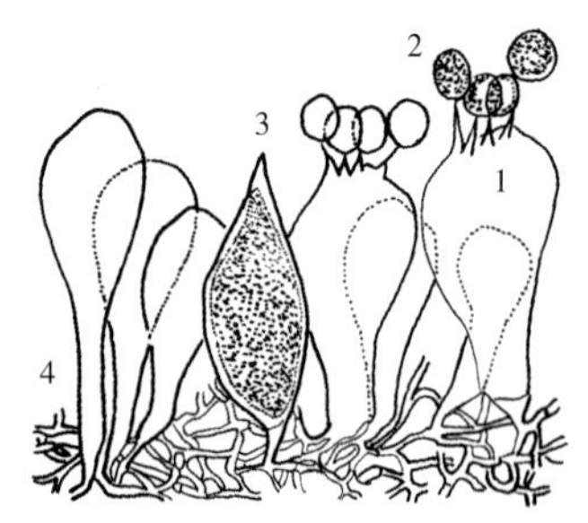

桃树木腐病菌

1.担子 2.担孢子 3.囊状体 4.菌丝体

传播途径和发病条件 病菌在受害枝干的病部产生子实体或担孢子,条件适宜时,孢子成熟借风雨传播飞散,经锯口、伤口侵入。

防治方法 (1)加强桃、杏、李园管理,发现病死及衰弱的老树,应及早挖除烧毁。对树势弱、树龄高的桃树,应采用配方施肥技术,恢复树势,以增强抗病力。(2)发现病树长出子实体后,应马上削掉、集中烧毁,并涂 1%硫酸铜消毒。(3)保护树体,千方百计减少伤口,是预防木腐病发生和扩展的重要措施,对锯口可涂 2.12%腐殖酸铜封口剂,伤口涂抹后促进伤口愈合,减少病菌侵染。

桃、油桃圆斑根腐病(Peach Fusarium root rot)

桃树根腐病多发生在桃树萌芽后的4~5月份，发病重的桃园，病株率高达30%。症状、病原、传播途径和发病条件、防治方法，参见苹果圆斑根腐病。

桃、油桃紫纹羽病(Peach tree violel root rot)

症状、病原、传播途径和发病条件、防治方法 参见苹果紫纹羽病。

桃、油桃根癌病(Peach crown gall)

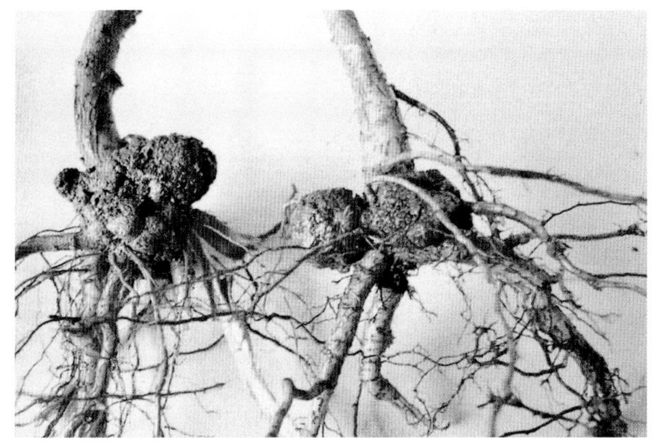

桃根癌病幼苗根部症状

症状 在桃树根部或枝干部生大小不一的肿瘤，初乳白色或稍带红色，光滑柔软，球形至扁球形，融合后多成不规则形，后逐渐变成褐色至深褐色，表面粗糙且凹凸不平，木质化坚硬，后期有的变成黑褐色，形成不规则空洞。

病原 *Agrobacterium tumefaciens* (Smith et Towns)Conn 属细菌界薄壁菌门。该菌能在多种植物上广泛传播，德国维尔茨堡大学经多年研究农杆菌首先攻击植物的免疫系统，使该菌的部分基因能侵入寄主的细胞，能改变受害植物很多基因的表达，造成受害植物一系列激素分泌明显增多，从而导致受害植物有关细胞无节制地分裂增生，形成肿瘤。得了根肿病或称冠瘿病的果树体内也会逐渐生出给"肿瘤"提供所需养分的导管，并与果树正常导管系统连接，此后"肿瘤"就会从寄主植物体内吸取大量养料。

传播途径和发病条件 该菌在土壤中和病瘤组织的皮层内越冬，存活时间2年以内。如病菌脱离寄主组织进入土壤，存活时间很短。病菌主要靠雨水及灌溉水传播，嫁接工具、机具、地下害虫等亦能传播。远距离传播的主要途径是苗木调运。病菌自虫伤、机械伤等伤口侵入。潜育期几周至1年以上。pH值6.2~8.0，病菌保持致病力，pH值大于7的碱性土壤更利于发病。黏重、排水不良的土壤比疏松、排水良好的砂质壤土发病重，根部伤口多发病重，一般劈接法比芽接法发病重。

防治方法 (1)严格选择育苗地，建立无病苗木基地，培养无病壮苗。前茬为红薯的田块，不要做为育苗地。(2)严格检疫、发现病苗一律烧毁。(3)对该病预防为主保护伤口，把该菌消灭在侵入寄主之前，用次氯酸钠、K84、乙蒜素浸苗有一定效果，生产上可用10%次氯酸钠+80%乙蒜素（3：1)500倍液或4%庆大霉素+80%乙蒜素（1：1)1050倍液、4%硫酸妥布霉素+80%乙蒜素(1：1)1050倍液进行土壤、苗木处理，效果好于以往的硫酸铜、晶体石硫合剂等。(4)新建桃园逐年增施有机肥或生物活性有机肥，使土壤有机质含量达到2%，以利增强树势，提高抗病力。

桃、油桃细菌性穿孔病(Peach bacterial shot hole)

症状 主要为害叶片，也能侵染果实和枝梢。叶片染病，初在叶背近叶脉处产生淡褐色水渍状小斑点，后叶面也出现，多在叶尖或叶缘散生。病斑扩大后成为紫褐色至黑褐色圆形或不规则形病斑，边缘角质化，直径2mm左右，病斑周围有水渍状黄绿色晕环。最后病斑干枯，病健交界处产生一圈裂纹，病斑中央组织脱落而形成穿孔。有时数个病斑相连形成一大斑，焦枯脱落后形成一大的穿孔，孔的边缘不整齐。果实染病，初为褐色水渍状小圆斑，后扩大，变为暗紫色，中央稍凹陷，边缘水渍状。天气潮湿时，病斑上常出现黄白色黏质分泌物；干燥时病斑上或其周围常发生小裂纹，严重时发生不规则大裂纹，裂纹处易被其他病菌侵染，造成果实腐烂。但此病只限于果实表皮发病，形成花脸。枝条染病，形成两种不同形式的病斑，即春季溃疡斑和夏季溃疡斑。春季溃疡斑发生在前1年夏季发病的已被侵染的枝条上。春季当第一批新叶出现时，枝梢上形成暗褐色水渍状小疱疹块，直径约2mm，后扩展长达1~10(cm)，但宽度不超过枝条直径的1/2，有时可造成枯梢现象。春末病斑表皮破裂，病菌溢出，开始蔓延。夏季溃疡斑多于夏末发生，在当年嫩枝上产生水渍状紫褐色斑点，圆形或椭圆形，中央稍凹陷，病斑多以

桃细菌性穿孔病病叶和病果症状

桃细菌穿孔病病果

皮孔为中心。最后皮层纵裂后溃疡。夏季溃疡的病斑不易扩展，但病斑多时，也可使枝条枯死。

病原 *Xanthomonas campestris* pv. *pruni* (Smith) Dye 异名：*Xanthomonas pruni* (Smith) Dowson. 称桃叶穿孔病黄单胞菌桃李穿孔变种，属细菌。菌体短杆状，大小0.3～0.8×0.8～1.1(μm)，两端圆，极生单鞭毛，无芽孢，有荚膜，革兰氏染色阴性。病菌发育适温24～28℃，最高38℃，最低7℃，致死温度51℃。病菌在干燥条件下可存活10～13天，在枝条溃疡组织内，可存活1年以上。

桃叶细菌性穿孔病菌

从气孔侵入叶片后在叶组织中扩展情况

传播途径和发病条件 病菌在被害枝条组织中越冬，翌春病组织内细菌开始活动，桃树开花前后，病菌从病组织中溢出，借风雨或昆虫传播，经叶片的气孔、枝条的芽痕和果实的皮孔侵入，潜育期7～14天。春季溃疡是该病的主要初侵染源。夏季气温高，湿度小，溃疡斑易干燥，外围的健全组织很容易愈合，所以，溃疡斑中的病菌在干燥条件下经10～13天即死亡。气温19～28℃，相对湿度70%～90%利于发病。该病一般于5月间出现，7～8月发病严重。

该病的发生与气候、树势、管理水平及品种有关。温度适宜，雨水频繁或多雾、重雾季节利于病菌繁殖和侵染，发病重。大暴雨时细菌易被冲到地面，不利其繁殖和侵染。一般年份在春秋雨季病情扩展较快，夏季干旱月份扩展缓慢。该病的潜育期与温度有关：温度25～26℃潜育期4～5天，20℃9天，19℃16天。树势强发病轻且晚，树势弱发病早且重。树势强病害潜育期长达40天。果园地势低洼，排水不良，通风、透光差，偏施氮肥发病重。早熟品种发病轻，晚熟品种发病重。

防治方法 (1)加强桃园管理，增强树势。桃园注意排水，增施有机肥，避免偏施氮肥，合理修剪，使桃园通风透光，以增强树势，提高树体抗病力。(2)清除越冬菌源。结合冬季修剪，剪除病枝，清除落叶，集中烧毁。(3)喷药保护。发芽前喷波美5度石硫合剂或45%石硫合剂结晶30倍液或3%中生菌素可湿性粉剂600~700倍液、20%噻森铜悬浮剂600倍液。发芽后喷72%农用链霉素可溶性粉剂3000倍液或机油乳剂：代森锰锌：水=10：1：500，除对细菌性穿孔病有效外，还可防治蚜虫、介壳虫、叶螨等。此外还可选用硫酸锌石灰液(硫酸锌0.5kg、消石灰2kg、水120kg)，半个月一次，喷2～3次。(4)提倡采用避雨栽培或棚室栽植桃树在扣棚前增施有机肥使桃园有机质含量达到2%，合理修剪，剪除树上病枝，扫除病落叶，集中烧毁，树上喷波美3～5度石硫合剂，扣棚后要注意控制湿度，使其通风良好。桃树发芽后喷洒68%农用链霉素可溶性粉剂3000倍液或95%机油乳剂10份：50%代森锰锌可湿粉1份：水500份，隔15天1次，喷2～3次，可兼防蚜虫、叶螨。

桃、油桃痘病(Peach plum pox)

桃痘病桃果受害状

桃痘病桃叶受害状

症状 桃痘病叶片染病，沿第二条叶脉至第3条叶脉附近的叶肉现褪绿部分，现沟蚀状花叶，脉缘浅绿色，叶片畸形，田间多不明显。在幼嫩、生长旺盛的植株上能找到。果实染病，黄肉桃品种成熟前在表皮层的表面现黄绿色环。白肉桃品种常出现白色环斑、条纹。油桃上常出现黄色环斑或斑点。

病原 桃痘病由*Plum pox virus*(PPV)称李痘病毒侵染引起，李痘病毒在多种李属植物上繁殖，尤以桃、李、杏居多。李痘病毒粒体结构纤维状，长725~750(nm)，宽20nm。病毒汁液在克利夫兰烟汁液中，病毒热钝化点为40~47℃ 10分钟；稀释终点为10^{-4}和10^{-1}；在20℃下，保持侵染性为1~2天。

传播途径和发病条件 桃痘病由桃蚜等10种以上蚜虫传毒。

防治方法 (1)严格检疫，防止疫区扩大。(2)桃痘病为害严重地区，注意防蚜。

桃、油桃潜隐花叶病

症状 辽宁兴城大久保桃上发生了桃潜隐花叶病毒病，又称桃花叶病、桃黄花叶病，症状特点是病树叶片上产生了浅黄色褪绿斑，气温高有利其显症，病树生长长缓慢，开花期、成熟期较健株晚4~6天，染病株上病果色暗，多褪色，桃的香味淡，核略扁，有开裂，果缝易木栓化。

桃潜隐花叶病

病原 *Peach latent mosaic viroid* (PLMVd) 桃潜隐花叶类病毒，只侵染桃树，在许多桃树栽培地区广泛分布，尤其在栽培美国或日本品种的美国、日本、中国和地中海沿岸地区。

传播途径和发病条件 主要通过嫁接传播，无论是砧木还是接穗带毒，均可形成新的病株，通过苗木带到各地。此外，修剪、蚜虫、瘿螨都能传毒，一般病株四周桃树潜隐花叶病普遍发生。

防治方法 (1)试用弱毒类病毒，同时还可促使果树树冠矮化。(2)进行抗类病毒病育种。(3)生产上发现零星病株要及时挖除，防其蔓延。(4)生产上采用无毒砧木、接穗进行嫁接，发现病株更要防止接穗外流，修剪工具要严格消毒。(5)发现蚜虫及时喷洒25%吡蚜酮可湿性粉剂2000倍液或10%氯氰菊酯乳油1000倍液、20%或200g/L虫酰肼悬浮剂1500~2000倍液。

桃畸果病和裂果（Peach fruit deformation and Peach fruit split）

症状 桃畸果病系指外观发育不正常的果实，如裂果、疙瘩果、花脸果等，影响外观和商品价值。

病因 有生理原因、非生理原因和虫害三种。一种是非生理原因引致花脸型，如细菌性穿孔病致果实生褐色小圆斑、凹陷，干燥条件下可生裂纹、花脸；霉斑穿孔病病果现紫色凹陷斑，形成麻脸；桃缩叶病引致幼果发生黄或红色隆起斑，随果实增大发生龟裂或呈麻脸状。桃黑星病为害果实，致果面现暗绿色圆形小斑点，后扩大致果面粗糙，病果龟裂；二是害虫为害引起疙瘩果，如茶翅蝽、下心瘿螨为害后致果面凹凸不平呈疙瘩状，近成熟果实受害果面现凹坑，果肉木栓化或变松；三是生理原因引致裂果，主要是水分供应不均或久旱遇大暴雨，致干湿变化过大引起，尤其是大型果易裂。

桃畸果病（左）和桃裂果

防治方法 (1)对非生理病害引致的裂果，可在雨季及初秋发病高峰期喷0.5：1：100倍式硫酸锌石灰液或70%代森锰锌可湿性粉剂600倍液，对黑星病引起畸形果参见桃黑星病防治法。(2)对害虫为害引起的疙瘩果，喷洒杀虫剂防治，具体方法参见茶翅蝽、二斑叶螨防治法。(3)对生理原因造成裂果主要靠加强水分管理，土壤湿度不宜过高或过低，桃硬核期需水量很大，应保持田间水分稳定，此间如能喷植物生命素500倍液可减少此病发生。(4)防治畸果病可在花前、花后和幼果期各喷1次0.3%~0.5%硼砂液，或于桃初花期、盛花期各喷1次24%腈苯唑悬浮剂3200倍液。

桃、油桃煤污病（Peach tree sooty blotch）

症状 主要为害叶片，也可为害树枝或果实。叶片染病，叶面初呈污褐色圆形或不规则形霉点，后形成煤烟状物，可布满叶、枝及果面，严重时几乎看不见绿色叶片及鲜美果实，到处布满黑色霉层，影响光合作用，致桃树提早落叶。

病原 引致煤污的病原菌有多种，主要有 *Aureobasidium pullulans* (de Bary) Arn. 称出芽短梗霉；*Cladosporium herbarum* (Pers.) Link.称多主枝孢(草本枝孢)；*Cladosporium macrocarpum* Preuss 称大孢枝孢，均属真菌界半知菌类。多主枝孢菌分生孢子梗直立，褐色或榄褐色，单枝或稍分枝，上部稍弯曲，顶生分生孢子呈短链状、椭圆形，具1~3个隔膜，大小10~18×5~8(μm)。大孢枝孢菌菌丝铺展状，分生孢子梗褐色，簇生或单枝，微弯曲，分生孢子椭圆形，具2个或多个隔膜，淡褐色。

此外，还有 *Alternaria alternata* 称链格孢；*Chaetasbalisa microglobulosa* 称臭壳小圆孢，均可致桃树煤污病。不同地区桃树上煤污菌种群组合不尽相同，孢子在叶面上多呈不均匀分布。

传播途径和发病条件 煤污菌以菌丝和分生孢子在病叶上或在土壤内及植物残体上越过休眠期，翌春产生分生孢子，借风雨及蚜虫、介壳虫、粉虱等传播蔓延，荫蔽湿度大桃园或梅雨季节易发病。

防治方法 (1)改变桃园小气候，使其通透性好，雨后及时排水，防止湿气滞留。(2)及时防治蚜虫、粉虱及介壳虫。(3)于点

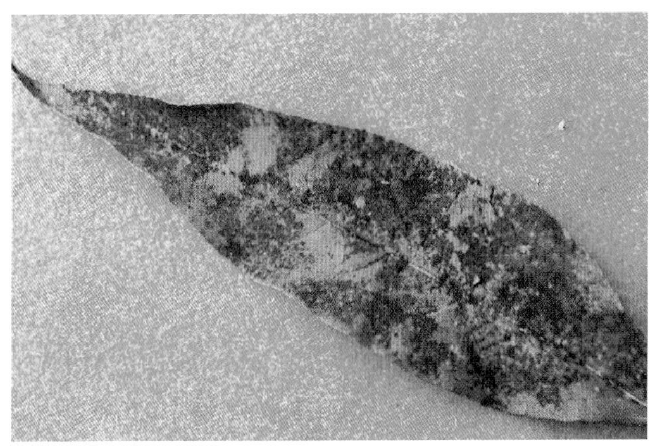

桃树煤污病病叶

片发生阶段,及时喷射50%福·异菌可湿性粉剂800倍液、40%多菌灵胶悬剂600倍液、50%乙霉·多菌灵可湿性粉剂1000倍液、65%甲硫·乙霉威可湿性粉剂1500倍液,隔15天左右1次,视病情防治1次或2次。

桃、油桃红叶病(Peach tree red leaf)

桃树红叶病

症状 主要表现是叶子变红、果农称其为红叶病。目前已成为北京和北方一些桃产区重要病害。染病树春季发芽开花晚,果实成熟迟。叶芽萌动后嫩叶现红色,从叶尖向下逐渐干枯,不能抽生新梢致1年生枝局部或全部干枯,影响树冠扩展。进入5月中旬~8月显症轻或不显症,到了秋梢期又现春季症状,病叶背面又现红色,叶面粉红色,黄化或脉间失绿。

病原 RhRLV称桃树红叶病毒,属Tospovirus组。在电镜下观察RhRLV颗粒具鞘膜,球形,直径54±12(nm),约有36%的颗粒近球形,稀释限点10000~100000倍,体外存活期4~5小时,用注射法回接于桃树上,呈典型红叶症状。也有研究认为是多种病原复合侵染或植原体侵染引起的。

传播途径和发病条件 可能是嫁接或虫传,经调查该病发生、扩展与桃园的土壤、地势、地理位置、连作及土壤、气候条件关系不大,检测病株在田间分布属中心式传播型,与生理病害特性不符,表现出传染性病害的分布特性。目前有蔓延加剧势头。大久保桃发病重。

防治方法 试用病毒病防治法,参见苹果花叶病。

桃、油桃侵染性流胶病(Peach tree Botryosphaeria gummosis)

症状 桃树流胶病,分为侵染性流胶病和非侵染性流胶病两种。桃树侵染性流胶病又称疣皮病、瘤皮病。主要为害枝干,也可侵染果实。1年生嫩枝染病,初产生以皮孔为中心的疣状小突起,渐扩大,形成瘤状突起物,直径1~4(mm),其上散生针头状小黑粒点,即病菌分生孢子器。当年不发生流胶现象,翌年5月上旬,病斑再扩大,瘤皮开裂,溢出树脂,初为无色半透明稀薄而有黏性的软胶,不久变为茶褐色,质地变硬呈结晶状,吸水后膨胀成为胨状的胶体。被害枝条表面粗糙变黑,并以瘤为中心逐渐下陷,形成圆形或不规则形病斑,直径4~10(mm),其上散生小黑点。严重时枝条凋萎枯死。多年生枝干受害产生“水

桃树树干上的侵染性流胶病

泡状”隆起,直径1~2(cm),并有树胶流出。病菌在枝干表皮内为害或深达木质部,受害处变褐,坏死,枝干上病斑多者则大量流胶,致枝干枯死,树体早衰。果实染病,初为褐色腐烂状,逐渐密生粒点状物,湿度大时从粒点孔口溢出白色块状物,发生流胶现象,严重影响桃果品质和产量。

病原 *Botryosphaeria dothidea* (Moug.)Ces et De Not.称葡萄座腔菌,属真菌界子囊菌门。无性型为*Dothiorella gregaria* Sacc.称小穴壳菌,属真菌界无性型真菌,两态可同时存在,病原菌的形态特征参见桃树干腐病。

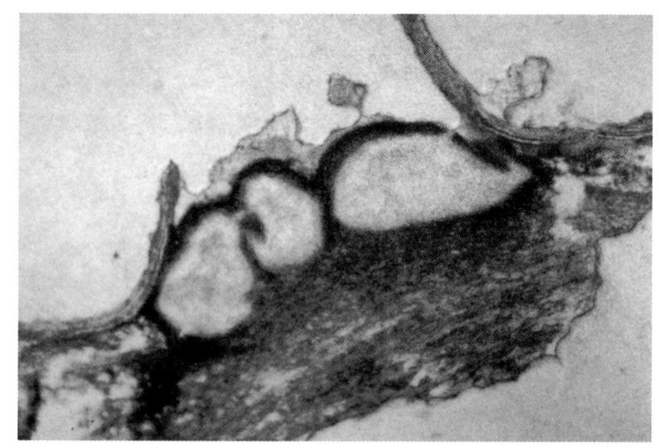

桃树侵染性流胶病菌有性型葡萄座腔菌子座切面

传播途径和发病条件 以菌丝体和分生孢子器在被害枝条里越冬,翌年3月下旬至4月中旬弹射出分生孢子,通过风、雨传播。雨天从病部溢出大量病菌,顺枝干流下或溅附到新梢上,从皮孔、伤口及侧芽侵入,进行初侵染,枝干内潜伏病菌的活动与温度有关。当气温15℃左右,病部即可渗出胶液;随气温上升,树体流胶点增多,病情逐渐加重。一般在直立生长的枝干基部以上部位受害严重,侧生的枝干向地表的一面重于向上的部位;枝干分杈处易积水的地方受害重;土质瘠薄,肥水不足,负载量大均可诱发流胶病;黄桃系统较白桃系统感病。一年中此病有2个发病高峰,分别在5月下旬~6月上旬与8月上旬~9月上旬。一般6~7月扩展缓慢。

防治方法 (1)清除初侵染源。结合冬剪,彻底清除被害枝梢。桃树萌芽前,用80%乙蒜素乳油100倍液涂刷病斑,杀灭越冬病菌,减少初侵染源。(2)加强桃园管理。低洼积水地注意开沟排渍;增施有机肥及磷、钾肥,控制树体负载量,以增强树势,提

高抗病力。(3)药剂防治：在桃树生长期喷洒30%戊唑·多菌灵悬浮剂1000~1100倍液、21%过氧乙酸水剂1200倍液、50%甲基硫菌灵·硫磺悬浮剂800倍液；每半月喷一次，共喷3～4次。(4)刮除病斑。桃树未开花前，刮去胶块，后用80%乙蒜素乳油100倍液涂药。也可刮病斑后，用21%过氧乙酸水剂3~5倍液涂抹。(5) 开春后树液开始流动时浇灌50%多菌灵可湿性粉剂300倍液，1~3年生的桃树，每棵用药100g，树龄较大的每棵树用药200g，开花座果后再灌1次，这样遇到多雨年份只要及时排除积水，树势就能得到恢复，流胶也不再出现。

桃、油桃根结线虫病

症状 桃树上的根结线虫主要是影响桃的生长及营养的吸收，如出现新梢生长不良，结果少且小。根结线虫在根部寄生，直接影响桃树水分和营养的吸收。染病的桃树根系上有小疣或称根结，直约0.3cm左右，一般很少超过1.27cm，有时可见到连成一串的串状根结。

病原 主要有4种*Meloidogne incognita*（Kofoid & White）Chitwood称南方根结线虫、*M. javanica*（Treub）Chitwood称爪哇根结线虫、*M. hapla* Chitwood称北方根结线虫、*M. arenaria* (Meal)Chitwood称花生根结线虫。均属动物界线虫门。

传播途径和发病条件 同苹果树根结线虫病。

防治方法 (1)选用经过检疫的不带线虫的苗木。(2)新园施足腐熟有机肥使土壤有机质含量达到2%，可增强抗虫力。(3)苗圃不连作，如需连作应进行土壤处理消毒，每667m²果园用5%毒死蜱颗粒剂1kg，或10%噻唑磷颗粒剂2kg，混入细砂

桃根结线虫病

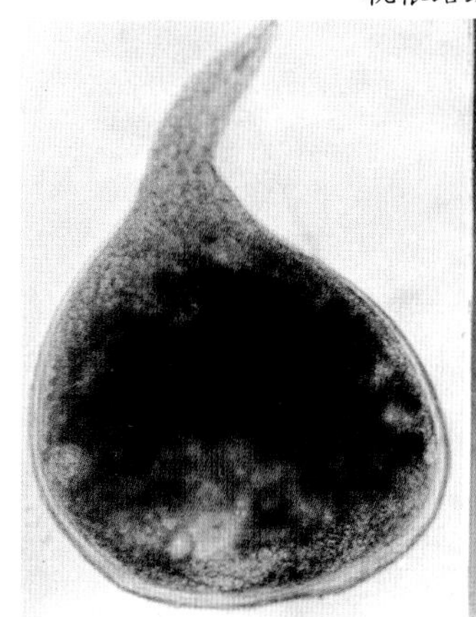

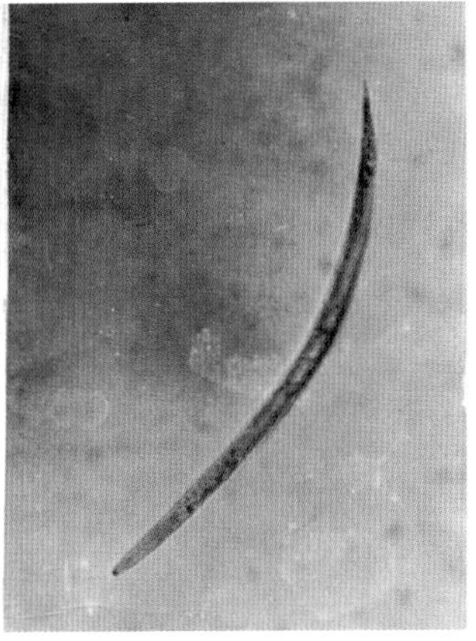

南方根结线虫雌虫(左)和二龄幼虫

10~20kg与根部土壤混合有效，也可用1.8%阿维菌素乳油或40%毒死蜱乳油1000倍液浇灌。

桃树非侵染性流胶病(Peach tree gummosis)

桃树非侵染性流胶病桠杈处流胶状

症状 桃树非侵染性流胶病又称生理性流胶病。主要为害主干和主枝桠杈处，小枝条、果实也可被害。主干和主枝受害初期，病部稍肿胀，早春树液开始流动时，日平均气温15℃左右开始发病，5月下旬～6月下旬为第一次发病高峰，8～9月为第二次发病高峰期，以后随气温下降，逐步减轻直至停止。从病部流出半透明黄色树胶，尤其雨后流胶现象更为严重。流出的树胶与空气接触后，变为红褐色，呈胶胨状，干燥后变为红褐色至茶褐色的坚硬胶块。病部易被腐生菌侵染，使皮层和木质部变褐腐烂，致树势衰弱，叶片变黄、变小，严重时枝干或全株枯死。果实发病，由果核内分泌黄色胶质，溢出果面，病部硬化，严重时龟裂，不能生长发育，无食用价值。

病因 (1)霜害、冻害、病虫害、雹害及机械伤害造成伤口，引起流胶。(2)栽培管理不当，如施肥不当，修剪过重，结果过多，栽植过深，土壤黏重，土壤酸碱度等原因，引起树体生理失调，而导致流胶病的发生。

发病条件 一般4～10月间，雨季、特别是长期干旱后偶降暴雨，流胶病严重。树龄大的桃树流胶严重，幼龄树发病轻。果实流胶与虫害有关，蝽象为害是果实流胶的主要原因。砂壤和砾壤土栽培流胶病很少发生，黏壤土和肥沃土栽培流胶病易发生。

防治方法 (1)加强桃园管理，增强树势。增施有机肥，少施或不施氮肥，低洼积水地注意排水，酸碱土壤应适当施用石灰或过磷酸钙，改良土壤，盐碱地要注意排盐，合理修剪，修剪在休眠期进行，减少枝干伤口，避免桃园连作。(2)防治枝干病虫害，尤其是蚜虫和食心虫，预防病虫伤，及早防治桃树上的害虫如介壳虫、蚜虫、天牛等。冬春季树干涂白，预防冻害和日灼伤。(3)药剂保护与防治：早春发芽前将流胶部位病组织刮除，伤口涂45%石硫合剂结晶30倍液，然后涂21%过氧乙酸水剂3~5倍液保护。药剂防治可用30%戊唑·多菌灵悬浮剂1100倍液或50%多菌灵可湿性粉剂800倍液、50%异菌脲可湿性粉剂1000倍液或50%腐霉利可湿性粉剂1200倍液，防效较好。(4)于花后和新梢生长期各喷一次30%戊唑·多菌灵悬

浮剂1000~1100倍液或21%过氧乙酸水剂1000~1500倍液或0.01%～0.1%矮壮素，促进枝条早成熟预防流胶。

桃、油桃冻害根腐病（Peach tree freezing root rot）

桃树冻害根腐病

症状 枝条或根部受冻均可导致根腐。枝条受冻后，被害部微变色下陷，皮部变褐，致皮部开裂脱落。严重时影响水分输导而引起根腐。根部受冻，常表现在根颈和根系上。根颈部树皮变色，后干枯，严重时可环绕一圈，根系受冻后变褐，皮部易与木质部分离。二者均可导致根部腐烂，严重时整株死亡。地上部分表现为生长弱，发芽晚，叶片变黄，似缺铁状。

病因 与气候条件、栽培管理及品种有关。北方寒冷地区秋季多雨易发生冻害，若再突然降温，会更加严重；冬季低温且持续时间过长易发生冻害。试验结果表明：桃根系遇有-11～-13℃且持续较长时间，即可发生冻害。其原因是低温时，根部细胞原生质流动缓慢，细胞渗透压降低，造成水分供应不平衡，植株就会受冻，温度低到冻结状态时，细胞间隙的水结冰，致细胞原生质的水分析出，冰块逐渐加大，致细胞脱水，或使细胞膨离而死亡。近年国内外研究证明，植物体上存在具冰核活性的细菌(简称INA)，这是增加树体发生冻害的因素之一，这类细菌可在-2～-5℃时诱发植物细胞水结冰而发生冻害。

防治方法 (1)北方桃园，冬季进行根部培土防寒，翌春化冻前扒开土堆。(2)秋末或早春用涂白剂进行树干涂白。(3)冻害严重的桃园，选栽抗寒品种。(4)加强肥、水管理，杜绝“大小年”结果现象，提高树体抗寒能力。(5)喷洒68%农用链霉素可溶性粉剂3000倍液，可使冰核细菌数量明显减少，防止冻害。(6)喷洒27%高脂膜乳剂80～100倍液，或21%过氧乙酸水剂1200倍液可减轻冻害。(7)提倡喷洒3.4%赤·吲乙·芸可湿性粉剂(碧护)7500倍液，防冻害，提高品质。

桃、油桃缺铁症（Peach tree iron deficiency）

症状 桃树缺铁症又称黄叶病。多在4月中旬始见，初新梢顶端的嫩叶变黄，叶脉两侧及下部老叶仍为绿色，后随新梢长大，病情开始加重，致全树新梢顶端嫩叶严重失绿，叶脉现淡绿色，全叶变为黄白色，并出现茶褐色坏死斑，6～7月病情严重的，新梢中、上部叶变小早落或呈光秃状。7～8月雨季病情趋缓，新梢顶端可抽出少量失绿新叶。数年后树冠稀疏，树势衰弱，致全树死亡。

病因 缺铁。有关情况可参见苹果缺铁症。除此而外，桃树缺铁与砧木种类有关，栽培桃作砧木时发病轻而以毛桃作砧木则发病较重。

防治方法 参见梨缺铁症。

梨叶缺铁症状

2. 李 树 (*Prunus salicina*) 病 害

李霉斑穿孔病（Prunus brown spot）

李霉斑穿孔病病叶

症状 主要为害苗木和成树。叶片染病，叶上产生紫红色圆形至近圆形病斑，直径3～5(mm)，后变褐色穿孔。湿度大时，老病斑背面长出灰褐色霉状物，即病原菌的分生孢子梗和分生孢子。

病原 *Clasterosporium carpophilum* (Lev.)Aderh. 称嗜果刀孢霉，属真菌界半知菌类。传播途径和发病条件、防治方法，参见桃、油桃黑星病。

李红点病（Plum leaf blister）

症状 主要为害叶片，果实也可受害。叶片染病，初生橙黄色近圆形病斑，微隆起，病健部界线明显，后病叶渐变厚，颜色加深，其上密生暗红色小粒点，即病菌性子器。秋末病叶多转为深红色，叶片卷曲，叶面下陷，叶背突起，并产生黑色小粒点，即

李红点病叶两面病斑症状

子囊壳。子囊壳埋生在子座中。严重时，叶片病斑密布，叶色变黄，常早期脱落。果实染病，果面上产生橙红色圆形斑，稍隆起，无明显边缘，最后病部变为红黑色，其上散生许多深红色小粒点。病果常畸形，易提早脱落。

病原 *Polystigma rubrum* (Pers.) DC. 称李疔痤菌，属真菌界子囊菌门，子座生于叶组织内，橘红色；性孢子钩状，无隔膜，大小 30～45 × 0.5～1(μm)；子囊壳埋生在子座内，近球形，大小 186～240 × 120～150 (μm)，子囊棍棒状，大小 78～87 × 10～12(μm)；子囊孢子椭圆形或卵形，无色，单胞，大小 10～13 × 4.5～6(μm)。无性型为 *Polytigmina rubra* (Desm.) Sacc. 称李多点霉，属真菌界无性型真菌。载孢体几乎占领整个病斑，直径可达 7cm；分生孢子器近球形，直径 112~320 (μm)，橙红色，埋生在假子座内；分生孢子无色，无隔膜，线形，23~35 × 1 (μm)。

传播途径和发病条件 以子囊壳在病叶上越冬，翌春开花末期，产生大量子囊孢子，随风雨传播。性孢子在侵染中不起作用。此病从展叶期至 9 月中旬均可发病，多雨年份或雨季发病重。

防治方法 (1)加强果园管理，低洼积水地注意排水，降低湿度，减轻发病。(2)清除初侵染源，冬季彻底清除病叶、病果，集中深埋或烧毁。(3)在李树开花末期及叶芽萌发时，喷 50% 多菌灵可湿性粉剂 600 倍液或 75% 百菌清可湿性粉剂 600 倍液、10% 苯醚甲环唑水分散粒剂 1200 倍液。

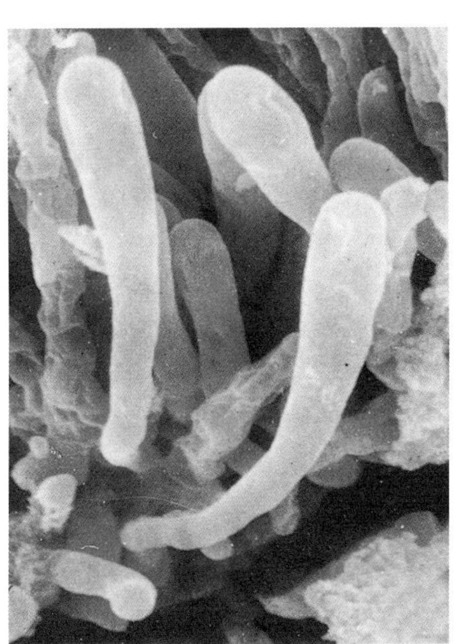

生在李叶片上的李疔菌的子囊（康振生原图）

李褐腐病（Plum brown rot）

症状 李褐腐病又称李果腐病。为害花、果、叶及枝梢，以近成熟果实受害重。果实染病，无论幼果还是近成熟果实初在果面上产生褐色小斑点，病点扩展很快，仅在几天之内就可扩展到全果，果肉也同时变褐软腐。接着病果表面长出灰白色至黄褐色绒状大小不一的颗粒，即病原菌的分生孢子层。病果常因水分散失过快而干缩成僵果，有的腐烂后脱落。花染病变褐萎蔫，表层现粉状物，病菌从病果梗、病花梗向下扩展侵染枝条产生溃疡斑引致枝条干枯，病斑边缘紫褐色常伴有流胶，湿度大时产生灰色霉层。

李褐腐病病果上的绒状颗粒（宁国云摄）

病原 主要有两种 *Monilinia fructicola* (Wint.)Honey 称美澳型核果链核盘菌和 *M. fructigena* (Aderh. et Ruhl.)Honey 称果生链核盘菌，属真菌界子囊菌门。前者能侵染桃、油桃、李、樱桃，危害特别重。果生链核盘菌除为害苹果、梨、桃、葡萄外，还为害李，在花期造成花朵腐烂，后蔓延到小枝，在果实成熟期侵害有伤的李果实，引发李褐腐病。

传播途径和发病条件 病菌主要以菌丝体在病部或僵果或枝梢溃疡处越冬，翌春产生大量分生孢子，借风雨或昆虫传播，从伤口、皮孔或直接从柱头上侵入，造成花腐或褐腐，桃小食心虫、桃蛀螟也可传病。在贮运过程中病、健果接触，常把病传到健果上。李树开花期低温多雨易引发花腐，果实近成熟期雨多易引发果腐，树势衰弱发病重。

防治方法 (1)结合冬剪对树上僵果及时清除，及时扫除病落叶集中烧毁。(2)采用李子配方施肥技术增施有机肥，雨后及时排水防止湿气滞留。(3)李树芽萌动前喷洒 1∶1∶100 倍式波尔多液铲除越冬菌源。从李子脱萼开始或在采摘前 10 天喷洒 25%嘧菌酯悬浮剂 3000 倍液或喷洒 65%甲硫·乙霉威可湿性粉剂 1000~1500 倍液或 50%乙霉·多菌灵可湿性粉剂 800~1000 倍液、50%异菌脲可湿性粉剂或 500g/L 悬浮剂 1000 倍液。

李袋果病（Plum pockets）

症状 主要为害李、郁李、樱桃李、山樱桃等。病果畸变，中空如囊，因此得名。该病在落花后即显症，初呈圆形或袋状，后渐变狭长略弯曲，病果平滑，浅黄色至红色，皱缩后变成灰色至暗褐色或黑色而脱落。病果无核，仅能见到未发育好的雏形核。

李袋果病果实症状

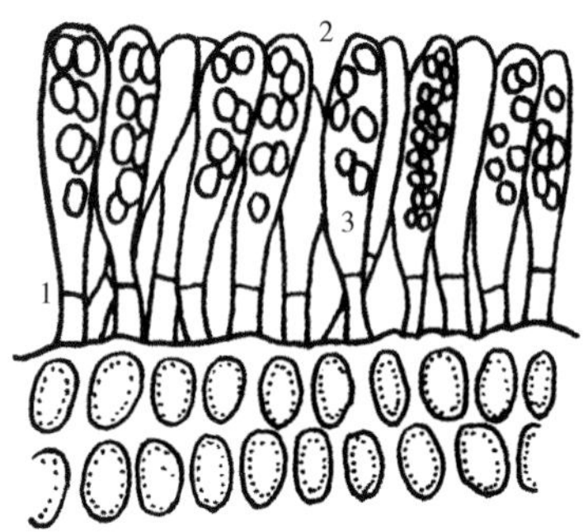

李袋果病病菌
1.子囊层 2.芽殖孢子 3.子囊孢子

枝梢和叶片染病，枝梢呈灰色，略膨胀、组织松软；叶片在展叶期开始变成黄色或红色，叶面皱缩不平，似桃缩叶病。5～6月病果、病枝、病叶表面着生白色粉状物，即病原菌的裸生子囊层。病枝秋后干枯死亡，翌年在这些枯枝下方长出的新梢易发病。

病原 *Taphrina pruni* (Fuck.) Tul.称李外囊菌(李囊果病菌)，属真菌界子囊菌门。菌丝多年生，子囊形成在叶片角质层下，细长圆筒状或棍棒形，大小24～80×10～15(μm)，足细胞基部宽。子囊里含8个子囊孢子，子囊孢子球形，能在囊中产出芽孢子。除为害李、樱桃李外，还可为害山樱桃、短柄樱桃、豆樱、黑刺李等。

传播途径和发病条件、防治方法 参见桃、油桃缩叶病。

李黑霉病(Plum soft rot)

症状、病原、传播途径和发病条件、防治方法 参见桃、油桃匍枝根霉软腐病。

李果实上的黑霉病

李疮痂病

症状 为害果实、枝梢、叶片。果实染病，初在果面上生暗

李疮痂病新梢上的症状

李疮痂病病果

绿色圆形斑点，后逐渐扩展，果实近成熟期病斑呈暗紫色至黑色，稍凹陷，发病重的病斑密集聚合连片，随果实膨大果实龟裂。新梢和枝条染病，现长圆形浅褐色病斑，后变成暗褐色隆起，有时出现流胶。叶片染病在叶背出现多角形至不规则形灰绿色病斑，后转成暗紫红色，最后病部干枯脱落出现穿孔落叶。

病原 *Cladosporium carpophilum* Thuemen，称嗜果枝孢，属真菌界无性型真菌。分生孢子梗单生或3~6根簇生，有1~5个隔膜，浅褐色，50~130×4～6(μm)；分生孢子单生或呈短链，圆柱形至椭圆形，两端钝圆，孢脐明显，8.1～27×4～6(μm)。为害李、杏、桃、樱桃等。

传播途径和发病条件 病菌以菌丝在枝梢病组织中越冬。翌春气温升高病菌产生分生孢子，借风雨传播进行初侵染，南方5~6月发病，北方多在6月发病，7~8月发病率高，果园湿度低枝条郁闭易发病。

防治方法 (1)秋末冬初修剪时剪除病枝、清除僵果、残桩，集中烧毁。(2)早春发芽前把流胶刮除，并涂抹45%石硫合剂结晶30倍液。(3)生长期于4月中旬~7月上旬，隔20天用刀纵、横划病部，深达木质部，然后用小刷子蘸80%乙蒜素乳油50倍液或1.5%多抗霉素水剂100倍液处理。

李白霉病

症状 多发生在果实收获贮藏期间，初在果面上现水渍状圆斑，后迅速扩展蔓延到整个果面，产生分生孢子器，病果失水后干缩，干缩果遇湿度大时涌出大量分生孢子，再干燥后呈白

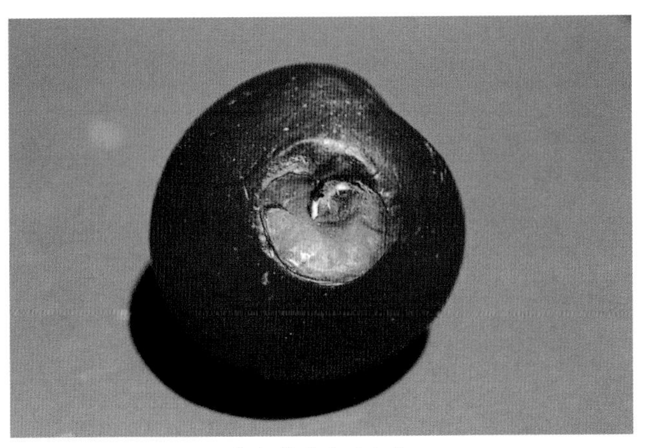

李白霉病发病初期

李子白霉病中后期症状

色粉层。叶片也可受害产生褐色病斑。

病原 *Dothiorella gregaria* Sacc. 称聚生小穴壳菌，属真菌界无性型真菌。分生孢子器为真子座，可单生或簇生，果上的分生孢子器球形，露生，聚生在子座上，壁黑褐色，直径 100~180 (μm)；分生孢子梭形，棍棒形，无色，11~22 × 3~5.5(μm)。叶上的分生孢子器单生，球形，有孔口，器壁黄褐色，大小为 100~150(μm)；分生孢子梭形，无色，15 ~ 22 × 5 ~ 7.5(μm)。

传播途径和发病条件 以菌丝体和分生孢子器在病部越冬，翌年雨日过后，分生孢子器吸水，从器中涌出分生孢子，借风雨传播进行初侵染和再侵染，致病害扩展蔓延。

防治方法 (1)采收后用 50%苯菌灵可湿性粉剂 500~600 倍液浸泡 2 分钟，取出后晾干贮运。(2)贮运过程中，要用低温贮藏，控制该病扩展。

李黑斑病

症状 是李树重要病害，为害叶片、小枝和果实。叶片染病产生紫褐色圆形病斑，病斑周围有淡黄色晕圈，后期造成穿孔。新梢染病，产生暗绿色水渍状病斑，病斑绕梢 1 周时枝枯死。果实染病，初生水渍状褐色小斑，逐渐扩展成紫褐色近圆形病斑，略凹陷，湿度大时可产生黄色黏液，内有大量细菌，近成熟时产生裂纹。

病原 *Alternaria pruni* Mc Alpine 称李链格孢，属真菌界无性型真菌。李链格孢分生孢子较大，较粗，52 ~ 64 × 13 ~ 18 (μm)，分生孢子多数为倒棍棒状或长倒棒状。

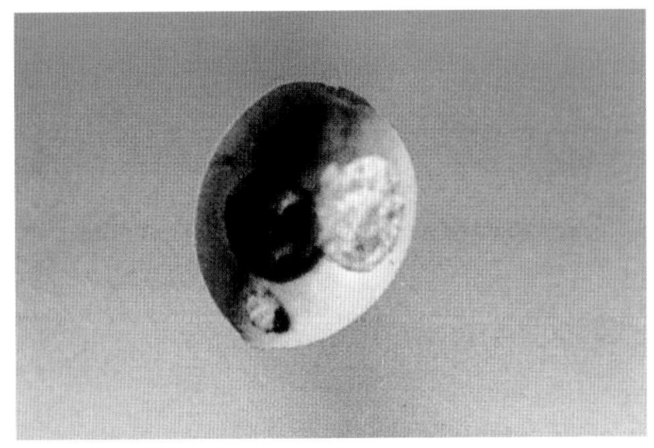

李黑斑病病果(曹子刚摄)

传播途径和发病条件 病原菌在组织或芽鳞内越冬，借昆虫和风雨传播，强风暴雨有利其流行，树势衰弱通风不良易发病。

防治方法 (1)李树发芽前喷洒波美 5 度石硫合剂。(2)发病季节喷洒 500g/L 异菌脲悬浮剂或 50%可湿性粉剂 1000 倍液或 50%氯溴异氰尿酸可溶性粉剂 1000 倍液、5%菌毒清水剂 500 倍液。

李炭疽病

李炭疽病病叶上的炭疽斑(宁国云)

症状 李树炭疽病主要为害果实，也可为害叶片和新梢。果实染病，产生浅褐色水渍状病斑，后变成红褐色圆形至椭圆形凹陷斑，后期病斑上生出轮纹状排列的小粒点，湿度大时病部现橙红色点状黏质物和黑色毛刺，即病原菌的分生孢子团和刚毛。叶片染病，也现红褐色不规则形病斑，后变成灰褐色，叶片焦枯，枯斑上散生轮状排列的小黑点，即病原菌分生孢子盘。新梢染病 出现暗褐色稍凹陷椭圆形病斑。

病原 *Colletotrichum gloeosporioides* (Penz.)Sacc. 称盘长孢状炭疽菌，属真菌界无性型真菌。分生孢子盘直径为 187~242(μm)，一般有黑色刚毛 2~6 根，0~1 个隔膜，由基部向顶部渐尖，46 × 4.6(μm)。分生孢子直，顶端弯，大小 9 ~ 24 × 3 ~ 4.5 (μm)。附着胞大量产生，中等褐色，棍棒状或不规则形，6 ~ 20 × 4 ~ 12(μm)。其有性型为 *Glomerella cingulata* (Stoneman)Spauld. et H. Schrenk 称围小丛壳，属真菌界子囊菌门。病害传播途径和发病条件、防治方法参见桃、油桃炭疽病。

李褐锈病

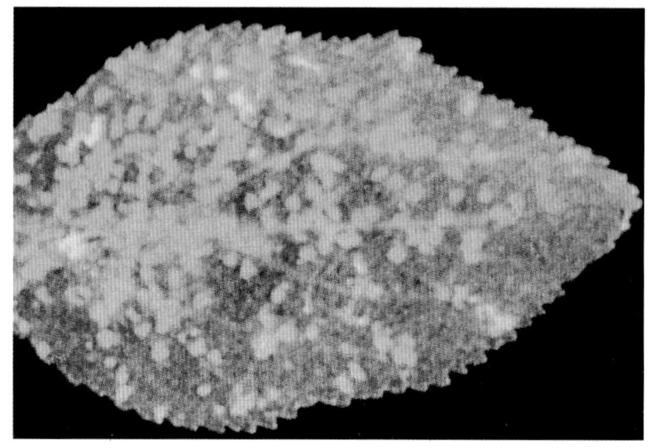

李锈病叶正面的症状

症状 主要为害叶片，初叶面产生鲜黄色小斑点，叶背面也长出稍隆起的疱状小斑点，逐渐变成黄色至红黄色，后期叶背疱疹状病斑破裂，散出黄褐色粉末，即病原菌夏孢子堆和夏孢子。秋后在夏孢子堆中产生茶褐色冬孢子堆，病叶正面出现相对应褪色的黑斑，病情严重时，病斑累累，叶片枯黄脱落，影响树势和生长，是李重要病害。

病原 *Tranzschelia pruni-spinosae* (Pers.)Diet. 称刺李疣双胞锈菌，属真菌界担子菌门。夏孢子堆肉桂色，夏孢子长椭圆形，壁厚黄褐色，有刺，下部色较浅，大小 19～27×12～17(μm)；冬孢子堆栗褐色，双胞，有柄，长椭圆形至长倒卵形，两端圆中间缢缩，壁上有粗瘤，栗褐色，26～41×20～33(μm)。

传播途径和发病条件 北方主要以冬孢子在病叶上越冬，也可以菌丝体在转主寄主唐松草、白头翁宿根上越冬，南方以夏孢子越季，6~7 月进行侵染，8、9 月进入发病盛期，造成大量落叶。

防治方法 (1)采收后及时清除病落叶，铲除白头翁、唐松草等转主寄主，集中深埋或烧毁。(2)发病初期喷洒 30%苯甲·丙环唑乳油 3000 倍液或 20%戊唑醇悬浮剂 2500 倍液、30%戊唑·多菌灵悬浮剂 1000 倍液、10%己唑醇悬浮剂 2000 倍液，隔 10~15 天 1 次，连续防治 2 次。

李树腐烂病

症状 主要为害主干和主枝，造成枝枯树死，主干染病多

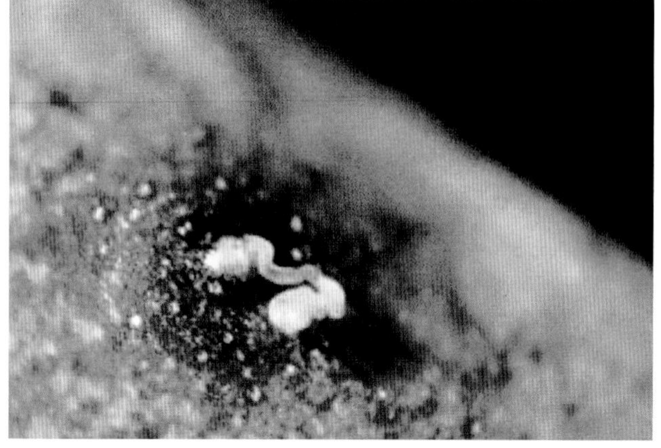

李树腐烂病树干受害状之一

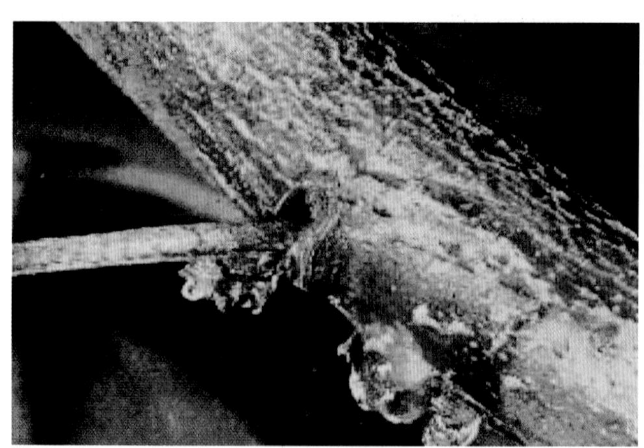

李树腐烂病症状之二

发生在基部，发病初期病部皮层略肿胀，略带紫红色或出现流胶，后皮层变褐枯死，散有酒精味，病部表面产生突起的黑色小粒点，即病原菌的假子座，后病斑向上、下扩展终致干枯而死。小枝发病后多从顶端枯死。

病原 *Leucostoma cincta* (Fr.)Hahn. 称核果类腐烂病菌，属真菌界子囊菌门。无性型为 *Leucocytospora* (Sacc.)Hahn. 异名：*Valsa leucostoma*。病菌形成假子座，假子座内产生子囊壳和分生孢子器，假子座顶端外露，成为突起的小粒点。子囊壳球形至近球形，有长颈，子囊孢子腊肠形。分生孢子器球形，分生孢子由孔口溢出，产生丝状物。

传播途径和发病条件 病菌以假子座、子囊壳和分生孢子器在树干病组织中越冬，翌年 3~4 月产生分生孢子借风雨传播，从伤口或皮孔侵入，4~6 月或 7~8 月有 2 个发病高峰，进入 10 月停滞下来。生产上施肥不足秋雨多或受冻，树体抗病力差易发病。

防治方法 (1)从增施有机肥入手适当疏花疏果，合理负载增强树势，提高抗病力。(2)及时防治病虫害，千方百计减少伤口，特别注意防止冻害发生，做好树干涂白，常用涂白剂用生石灰 13kg，加石硫合剂 20 波美度原液 2kg，加盐 2kg，清水 36kg。(3) 在李树发芽前刮除翘皮和病疤后喷洒 41%乙蒜素乳油 500 倍液。(4)生长期发病及时刮除病疤涂抹 70%甲基硫菌灵可湿性粉剂 1 份加植物油 2.5 份，隔 7~10 天再涂 1 次。也可喷洒 30%戊唑·多菌灵悬浮剂或 21%过氧乙酸水剂 1000 倍液。

李黑节病

症状 李树小枝上产生黑色不规则形状的膨大瘿瘤状物，冬季落叶时明显可见，长约 1~30(cm)，周长达 5cm，瘤状物生在枝条 1 侧或绕枝一圈，包裹着枝条，因 1 侧过度生长，造成病枝弯曲，大枝或主干上也可出现上述症状。危害李树和樱桃树最重，造成病枝新梢发育不良，树势衰弱，矮小，畸形，果实产量降低或逐渐枯死。

病原 *Apiosporina morbosa* (Schwein & Fr.)Arx 称李黑节病菌，属真菌界子囊菌门。该菌生成假囊壳埋生在黑色子座内，子座长在李树表面，侵入后的第 3 年春天，产生子囊和子囊孢子，子囊棒状，具双层壁，内含子囊孢子 8 个，子囊孢子双胞，大小不一，在早春成熟，借气流或雨水飞溅进行近距离传播，多从

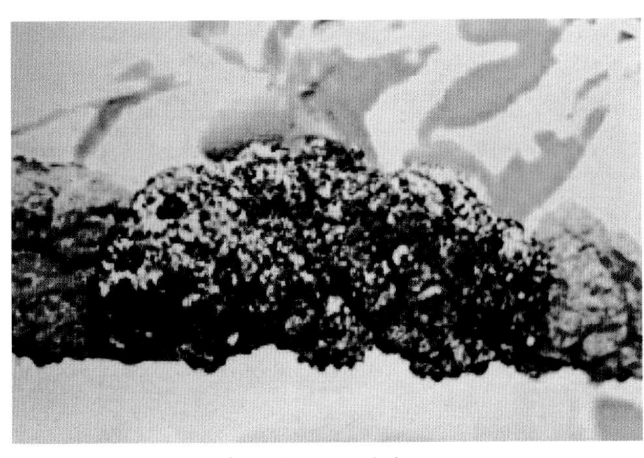

李黑节病树干受害状

李树、樱桃枝条上靠近叶柄处侵入，该菌无性态是一种黑星孢，夏天生在1年生瘿瘤的表面，分生孢子梗大小70×5～7(μm)，上部屈曲。分生孢子椭圆形，浅褐色，单胞或双胞，6～19×3～5(μm)。分生孢子致病性不高。

传播途径和发病条件 病菌子囊孢子由风雨传播，病原菌随种苗调运远距离传播。病原菌侵入后出现上述症状。

防治方法 严格检疫。

李溃疡病

症状 侵染叶片和茎杆，引起溃疡病。叶片染病，产生红褐色至黑褐色近圆形或角状斑，多个病斑常融合成不规则形大枯死斑，常出现穿孔。茎杆或主干染病往往产生溃疡和流胶。损伤部位出现水渍状，边缘产生褐色坏死的椭圆形斑，潜伏侵染的叶和花芽春天不开花，出现死芽症状，花朵枯萎或随侵染的扩大整束或整枝的花变成黑褐色，芽、茎、枝条上的溃疡出现凹陷，颜色变黑褐色，造成受害树枝梢枯死。

病原 *Pseudomonas syringae* pv. *morsprunorum* (Wormald) Young et al. 称丁香假单胞菌死李变种，属细菌界薄壁菌门。菌体杆状，大小0.5～1×1.5～5(μm)，以1或数根鞭毛运动，无休眠阶段。

传播途径和发病条件 病原细菌借风雨、昆虫、人及修剪工具传播，病菌多从李等核果树的果实、叶、枝梢的伤口、气孔、皮孔侵入，进入春天细菌传到幼嫩枝梢并进行繁殖及叶片上病斑里的细菌均提供了足够的侵染源，雨日多、湿度大易发病或流行。

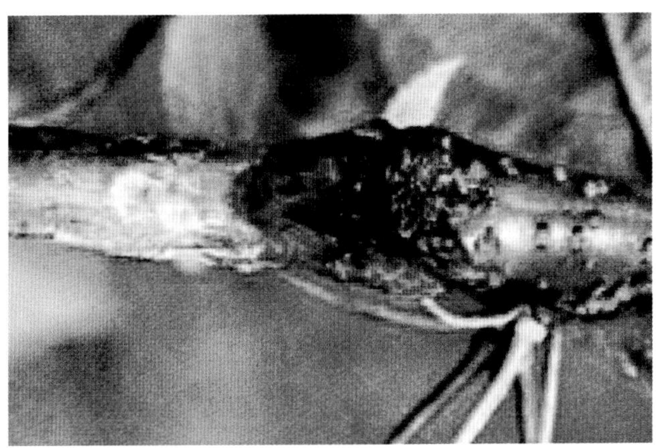

李树溃疡病树枝上的症状

防治方法 (1)选用抗病品种和无病砧木。(2)修剪工具要认真消毒后再剪下一棵树。(3) 落叶期间用20%噻森铜悬浮剂500~600倍液处理3次，李树对铜制剂敏感，生长期不宜使用。(4)培肥果园采用配方施肥技术增施有机肥，适当增钙可使该病得到控制。

李细菌性穿孔病（Black spot or bacterial leaf spot of plum）

症状 为害叶片和果实。叶片染病初生多角形水渍状褐色斑点，后扩展成边缘水渍状褐斑，大小3~4(mm)，病斑干后在病健交界处产生裂纹造成穿孔，病叶很易脱落。果实染病，初在果皮上产生水渍状小点，后病斑中心变褐，最终产生近圆形、暗紫色中央凹陷斑，表面硬化、粗糙，气候干燥时，病部多产生裂纹，病果易脱落。

病原 *Xanthomonas pruni* (Smith) Dowson 称黄单胞菌，异名：*X.campestris* pv.*pruni* (Smith)Dye 和 *Pseudomonas syringae* pv. *syringae* Van Holl. 称假单胞菌，均属细菌界薄壁菌门。

传播途径和发病条件 病原细菌在病枝条的病组织内越冬。随春季气温升高，潜伏细菌开始活动，李树开花前后病斑表皮破裂，病菌从病组织中溢出，借风雨或昆虫传播，由叶片的气孔或枝条、果实的皮孔侵入，遇有雨日多温暖潮湿或树势衰弱，该病很易流行。

防治方法 (1)增施有机肥，使果树枝叶健壮，增强抗病力，合理修剪，注意剪除有病枝梢使其通风透光，降低园内湿度。(2)

李细菌性穿孔病病叶

李细菌性穿孔病病果（费显伟 摄）

李树萌动期全枝喷洒 1∶1∶100 倍式波尔多液，铲除枝梢上的越冬菌源。从李子脱萼开始每隔 10 天喷 1 次 20%噻菌铜悬浮剂 500 倍液或 50%氯溴异氰脲酸可溶性粉剂 1000 倍液。

李痘病毒病

症状 叶片、果实症状明显，叶片上产生带状或环状褪绿

李痘病毒病李果受害状

斑，明脉或畸形，叶片扭曲褪绿叶脉黄化。果实上也现褪绿或环斑，果实变形，变小有的出现花斑，果肉中心变褐，果核上产生苍白环或斑。高感品种，损失可达 83%~100%。

病原 *Plum pox virus* (PPV) 称李痘病毒。病毒粒体纤维状，725 ~ 750 × 20(nm)，单链 RNA，在克利夫烟汁液中病毒热钝化点为 51~54℃，稀释终点相应为 10^{-4} 和 10^{-1}；在 20℃下保持侵染性 1~2 天。能侵染李、杏、桃、樱桃李、洋李等多种重要经济植物。

传播途径和发病条件 病毒经桃短尾蚜(*Brachy helichrysi*)和桃蚜(*Myzus persicae*)以非持久方式传毒。远距离传播主要靠带毒苗木，李属植物中无种子传毒。其特点是传播速度快，是生产上毁灭性病害。

防治方法 (1)是我国重要检疫对象，必须严格检疫。(2)发现传毒蚜虫及时喷洒 25%吡蚜酮可湿性粉剂 2000 倍液。(3)发病初期喷洒 50%氯溴异氰尿酸水溶性粉剂 1000 倍液。

李灰色膏药病(Plum felt)

症状 该病仅为害枝干。染病后枝干上产生圆形至不规则

李树病枝上的灰色膏药病

形菌膜，外观呈膏药状。菌膜表面较平滑，中间颜色呈暗灰色，外层为暗褐色，边缘一圈灰白色。老菌膜颜色较深，有时开裂，边缘常形成新菌膜。枝干多因菌膜扩展紧贴其上，因此常凹陷。影响生长和观赏。

病原 *Septobasidium bogoriense* Pat. 称茂物隔担耳菌，属真菌界担子菌门。担子果平伏，棕灰至浅灰色，边缘初近白色，海绵状，其上具直立的菌丝柱，柱粗 50 ~ 110(μm)，原担子球形至近球形或卵形，直径 8.4 ~ 10(μm)，其上生长而扭曲的担子，具 3 个隔膜，大小 25 ~ 35 × 5.3 ~ 6(μm)。担孢子腊肠形，无色，光滑，大小 14 ~ 18 × 3 ~ 4(μm)。除为害稠李外，还可为害桃、梅、樱桃等多种果树。

传播途径和发病条件 病菌以菌丝膜在枝干上越冬，翌年 5、6 月间形成担孢子进行传播，担孢子有时依附于介壳虫虫体传到健枝或健株上为害，土壤湿润、通风透光不良、湿度大易发病。

防治方法 (1)低洼潮湿雨后及时排水，改善植株通风透光条件，增强抗病力。(2)用刀子或竹片刮除菌丝膜，然后涂抹 45%石硫合剂结晶 30 倍液或 21%过氧乙酸水剂 3~5 倍液。

李树流胶病(Plum tree gummosis)

症状 主要为害一年生嫩枝和枝干。1 年生嫩枝和枝干染病初以皮孔内中心产生疣状小突起，后渐扩展形成瘤状突起物，其上产生针头状小黑点，即病原菌的分生孢子器。受害枝条表面粗糙变黑，并以瘤为中心渐下陷。严重时枝条凋萎枯死。多年生枝条染病产生“水泡状”隆起，并有树胶溢出。

病原 *Botryosphaeria dothidea* (Moung.)Ces et Not 称葡萄座腔菌，属真菌界子囊菌门。无性态为 *Fusicoccum* sp. 壳梭孢属一种。子座黑色，内生多个子囊壳或分生孢子器。子囊壳扁球形，黑褐色，170~250(μm)，具乳突状孔口，内生多个长棍棒状二重膜，内含子囊和 8 个子囊孢子，大小 62.5 × 14.06(μm)，子囊间有内侧丝。子囊孢子单孢无色，长卵圆形，大小 13.75~22.75 × 7.5 ~ 8(μm)。分生孢子器着生在子座中，有的与子囊腔同时存在于同一子座中，黑色，扁圆形，222.9 × 169.4(μm)。分生孢子长椭圆形，顶端圆，单胞无色，大小 8 ~ 24.3 × 2.5 ~ 5.5(μm)，一般不分隔。该菌可侵染桃树、梅、李。

传播途径和发病条件 活树上的病枝条、遗留在土面或埋在 10cm 土中病残体均可越冬，从伤口或皮孔侵入。病菌 9 月

李树流胶病(刘祺原图)

上旬产生子座，翌年2月下旬形成分生孢子器，5月进入分生孢子释放高峰期，6月上旬停滞下来。病菌主要靠风雨传播，雨天病部溢出大量分生孢子顺雨水流下或溅附在新梢上，成为新梢初次感病菌源，该病潜育期3~5个月。李树流胶病1年只完成1次侵染循环，是单病程病害。李树2年生枯枝或病斑上的分生孢子也是主要初侵染源。9~12月出现病斑，10月进入出现盛期，12月后停下。

防治方法 (1)加强管理，增强树势，合理修剪，减少枝干伤口。(2)新梢生长期防治方法参见桃树流胶病。(3)选用抗病品种，早红李、玫瑰李、94~28、平顶香等品种发病轻。(4)刮病斑后涂抹21%过氧乙酸水剂3~5倍液或41%乙蒜素乳油50倍液。(5)开春后树液开始流动时浇灌50%多菌灵可湿性粉剂300倍液，1~3年生李树每棵用药100g，树龄较大的每棵200g。开花座果后再灌1次，防效明显。

李日灼病

李日灼果(宁国云)

症状 主要发生在李子果实上，产生不规则形褐色或淡紫色病变，中央褐色较深，四周略浅，果形变化不大，后期中间凹陷变成暗褐色、较硬，果肉褐色，结块，有空洞，易染褐腐病。

病因 系李果实生长后期产生的生理病害，多发生在盛夏雨后转晴出现长时间高温时，李果实暴露在阳光直接照射的地方，由于温度居高不下，树体水分供应不足和李树病虫为害造成落叶所致。

防治方法 (1)改良土壤，增施有机肥，使土壤有机质含量达到2%，提高土壤保水保肥能力。(2)加强李树管理，多留辅养枝，防止枝叶裸露，生长季节防止干旱。(3)加强防治李树病虫害，防止大量提早落叶。

李树缺钾症

症状 先从枝条中下部叶开始出现症状，常在叶尖两侧叶缘焦枯，并向上部叶片扩展。由于缺钾，氮的利用也受到限制，叶片呈黄绿色，表现出一定程度的缺氮症状，但黄化叶不易脱落。一般叶片含钾低于1%，即缺钾。

病因 在细砂土、酸性土及有机质少的土壤上，易表现缺钾症。在轻度缺钾的土壤上，偏施氮肥，易表现缺钾症。

李树缺钾叶缘焦枯

防治方法 (1)在轻度缺钾的土壤上，不要偏施氮肥，避免缺钾症出现。(2)果园缺钾时，6~7月追施草木灰、氯化钾或硫酸钾。(3)叶面喷施2%磷酸二氢钾液。

李树缺铁症

李树缺铁症

症状 自新梢顶端的嫩叶开始变黄，叶脉仍保持绿色呈网络状。

病因 一是土壤中有效铁供给不足。二是在碱性或石灰性土壤中易发生缺铁症，生产上施氮偏多或土壤中锌、锰、钙等离子浓度偏高，也易引发缺铁。

防治方法 (1) 李树园增施腐熟有机肥，667m^{2}施有机肥3000kg，采用秸杆还田的果园每667m^{2}施用量应保持在200~500kg，使土壤有机质含量达2%以上。采用秸杆还田的秸杆养分含量以有机质和钾为主，还要施用适量的氮调节碳氮比。有条件的采用测土配方施肥技术，测定土壤中碱解氮、速效磷、速效钾、pH值等，根据化验结果结合李树生长发育对主要元素需求量制定施肥方案，实行配方施肥。(2)一般果园不缺铁，但在盐碱较重的土壤中，可溶的二价铁转化成不可溶的三价铁时，不能被李树吸收，也会出现缺铁。应急时在发芽前向树上喷施0.4%硫酸亚铁溶液，3天后再喷1次。也可在生长期喷洒氨基酸铁或黄腐酸铁或迦姆丰收1000倍液。

3. 杏树(*Prunus armeniaca*)病害

杏焦边病(Apricot leaf scorch)

杏焦边病病叶

症状 主要为害叶片,从边缘开始干枯呈黄褐色,常见有两种:一是染病叶片病健部分明,有的枯斑脱落,有的枯斑不脱落,待全叶枯死后连叶柄一起脱落。二是病叶边缘枯死,绿色部分的表面出现一层半透明的灰白色膜,似叶片上表皮老化或特化形成的。河北、河南、内蒙古均有发生。

病原 不明,待明确。有认为是生理病害,有认为是侵染病害,现仍无定论。

传播途径和发病条件 4月下旬5月上旬嫩叶初展时,开始发病。5月上旬,病情迅速扩展。到5月中旬,即有干枯小叶开始脱落。6月下旬 前后进入病叶脱落盛期。7~8月雨季,病情扩展较慢。9~10月间出现二次发病高峰,造成提前落叶。若7~8月干旱,仍然发病较重,造成中期落叶。该病受栽培条件的影响较大,在风沙地上的杏园,连年不施肥、不耕翻、土壤瘠薄、树势弱的发病重。水肥条件好的杏园,树势壮,基本不发病。

防治方法 (1)增施有机肥,加强杏园肥水、土壤管理,增强树势可缓解病情。(2)干旱年份,要注意防治病虫害。

杏疔病(Apricot pox)

症状 杏疔病又称杏黄病、红肿病。主要为害新梢、叶片;

杏疔病当年被害症状

杏疔病

也可为害花和果实。新梢染病,节间缩短,其上叶片变黄,变厚,叶肉增厚,从叶柄开始向叶脉扩展,以后叶脉变为红褐色,叶肉呈暗绿色,变厚,并在叶正反两面散生许多小红点,即病菌性子器。后期从小红点中涌出淡黄色孢子角,卷曲成短毛状或在叶面上混合成黄色胶层。叶片染病,叶柄变短,变粗,基部肿胀,节间缩短。7月以后黄叶渐干枯,变为褐色,质地变硬,卷曲折合呈畸形,8月以后病叶变黑,质脆易碎,叶背面散生小黑点,即子囊壳。黑叶于树上经久不落,病枝结果少或不结果。花染病,病花多不易开放,花苞增大,花萼、花瓣不易脱落。果实染病,生长停滞,果面生淡黄色病斑,生有红褐色小粒点,病果后期干缩脱落或挂在树上。

病原 *Polystigma deformans* Syd. 称杏疔座霉,属真菌界子

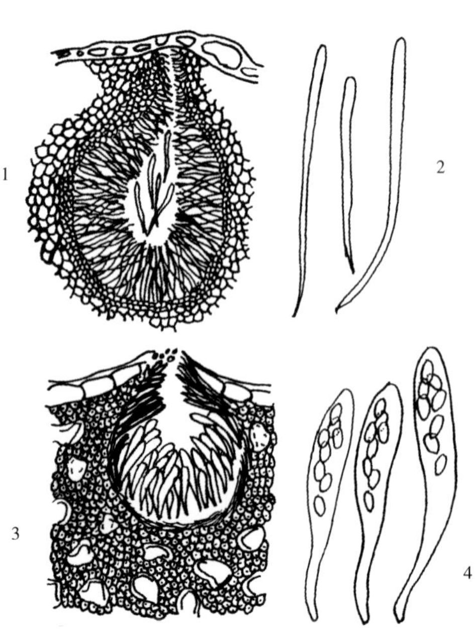

杏疔病菌

1.性孢子器 2.性孢子 3.子囊壳 4.子囊及子囊孢子

囊菌门。子座生于叶内，扩散型，橙黄色，上生黑色圆点状性子器，大小 163.8～352.8×239.4～378(μm)，性孢子线形，弯曲，单胞，无色，大小 18.6～45.5×0.6～1.1(μm)，子囊壳近球形，大小 252～315×239～327(μm)，子囊棍棒形，内生 8 个子囊孢子，大小 91～112×12.4～16.5(μm)；子囊孢子单胞无色、椭圆形，大小 13～17×4～7(μm)。子囊孢子在水中很易萌发，经 2 小时可长出芽管，后生褐色薄膜或附着器侵入。子囊孢子的萌发力较易丧失。

传播途径和发病条件 以子囊壳在病叶内越冬，春季从子囊壳中弹射出子囊孢子随气流传播到幼芽上，条件适宜时萌发侵入，随新叶生长在组织中蔓延；性孢子在侵染中不起作用。子囊孢子在一年中只侵染一次，无再侵染。5 月间出现症状，10 月间叶变黑，并在叶背产生子囊越冬。

防治方法 (1)选用辽宁大红杏抗杏疔病。5～6 月间及时剪除病叶、病梢，集中烧毁。(2)5 月间摘除病芽、病叶，全面清除病枝病叶连续坚持数年可基本消灭或控制杏疔病为害。

杏核果假尾孢褐斑穿孔病（Apricot Pseudocercospora spot shot hole）

杏核果假尾孢褐斑穿孔病病叶

症状 主要为害叶片，为害严重时常使叶片脱落大半，影响树势和翌年产量。叶片染病，产生近圆形病斑，中央黄褐色，边缘褐色，湿度大时病斑背面产生黑色霉状物，即病菌的分生孢子梗和分生孢子；病斑最后穿孔，孔径 0.5～5mm，有时也为害枝条和果实。该病 7 月发生。

病原 *Pseudocercospora circumscissa* Sacc. 称核果假尾孢霉，属真菌界半知菌类。病菌形态特征、病害传播途径和发病条件、防治方法参见桃、油桃褐斑穿孔病。

杏褐腐病（Apricot brown rot）

症状 核果链核盘菌在杏、巴旦杏上花期危害严重，造成花朵腐烂，结果枝枯死，是其明显特征。生产上在同时有核果链核盘菌和美澳型核果链核盘菌两种菌存在的地区，即使花期受核果链核盘菌为害很重，但成熟期烂果也主要是美澳型核果链核盘菌造成的。

病原 *Monilinia laxa* (Aderh. et Ruhl.)Honey 称核果链核盘菌和 *M. fructicola* (Wint.)Honey 称美澳型核果链核盘菌，均属真菌界子囊菌门。前者分布在欧洲、澳大利亚、新西兰、南非、智利、伊拉克、中国、朝鲜、日本及美国加洲。寄主杏、巴旦杏、甜樱桃、桃、油桃等。后者能侵害李属的所有栽培种。核果链核盘菌子囊世代罕见，在 PDA 平板上在每日有光照条件下培养核果链核盘菌生长缓慢，产生孢子少，菌落边缘有缺裂。而美澳型核果链核盘菌生长快，产生孢子量大，菌落边缘完整，有同心轮纹。

杏褐腐病

杏褐腐病病果

传播途径和发病条件 同桃褐腐病。此外，虫伤是侵染果实重要孔道，果实害虫特别是梨小食心虫等蛀果害虫危害情况也是影响褐腐病发生和流行的重要因素，这类害虫危害重的杏园，褐腐病发生也重。

防治方法 参见桃、油桃褐腐病。

杏黑粒枝枯病（Apricot shoot blight）

症状 主要为害前一年新生的果枝，染病后花芽未开花即开始干枯，芽的周围生有椭圆形黑褐色波状轮纹，并分泌出树脂状物，发病芽上部的枝条呈枯死状，发病早的于 2、3 月就形成病斑，4 月近开花时，病斑已明显，进入盛花期即成冬枯状，形成褐色至黑褐色病斑，其上具小黑粒点。发病晚的花后不久就枯死在枝条上，似灰星病引起的花腐，但本病不形成灰霉，别于灰星病。

病原 *Nectria galligena* Bres. 称仁果干癌丛赤壳菌，属真菌界子囊菌门。无性态 *Cylindrosporium mali* 称仁果干癌柱孢霉，属真菌界无性型真菌。病原菌形态特征参见苹果树枝溃疡病。

杏黑粒枝枯病病枝

传播途径和发病条件 病菌以菌丝和分生孢子在病部越冬,翌年7月下旬分生孢子从病部表面破裂处飞散出来,成熟的孢子八、九月间进行传播蔓延,经潜伏后于翌年早春时发病。发病与品种有关,当地品种较抗病。

防治方法 (1)选用抗病品种。(2)采收后,冬季彻底剪除被害枝,集中深埋或烧毁。(3)于8月下旬至9月上旬开始喷36%甲基硫菌灵悬浮剂600倍液或45%代森铵水剂800倍液,也可用20%菌毒清可湿性粉剂80倍液涂抹。隔10~14天1次,连续防治3~4次。

杏炭疽病(Apricot anthracnose)

杏炭疽病病果

症状 主要为害果实。果实上初生褐色小点,扩展后略凹陷,红褐色,常数个病斑融合,致病果腐烂变褐或干缩变韧,上生粉红色小点,即病菌分生孢子盘及分生孢子。

病原 *Colletotrichum gloeosporioides* (Penz.)Sacc. 胶孢炭疽菌,属真菌界无性型真菌。分生孢子盘有黑色基座,小,直径81.9~207.9(μm)。分生孢子梗平行排列,无色,大小8.4~29.4×1.4~4.2(μm)。分生孢子长圆形、圆筒形或卵形,无色,单胞,大小7.0~16.8×2.8~6.0(μm)。

传播途径和发病条件 病菌在病果上越冬,翌春产生分生孢子借风、雨、昆虫传播。多雨气候利于发病。

防治方法 参见桃、油桃炭疽病。

杏树干腐病(Apricot dry rot)

杏树干腐病

症状 小杏树或树苗易染病,呈枯死状。初在树干或枝的树皮上生稍突起的软组织,逐渐变褐腐烂,散发出酒糟气味,后病部凹陷,表面多处现出放射状小突起,遇雨或湿度大时,现红褐色丝状物,剥开病部树皮,可见椭圆形黑色小粒点。壮树病斑四周呈癌肿状,弱树多呈枯死状。小枝染病,秋季生出褐色圆形斑,不久则枝尖枯死。

病原 *Botryosphaeria dothidea* (Moug.)Ces. et De Not. 称葡萄座腔菌,属真菌界子囊菌门。

传播途径和发病条件 病菌在病树干或病枝条内越冬,翌春产生子囊孢子由冻伤、虫伤或日灼处伤口侵入,系一次性侵染,后病部生出子囊壳,病斑从早春至初夏不断扩展,盛夏病情扩展缓慢或停滞,入秋后再度扩展。小树徒长期易发病。

防治方法 (1)科学施肥,合理疏果,确保树体健壮,提高抗病力。(2)用稻草或麦秆等围绑树干,严防冻害,通过合理修剪,避免或减少日灼,必要时,在剪口上涂药,防止病菌侵入。(3)及时剪除病枝,用刀挖除枝干受害处,并涂药保护,可用45%石硫合剂结晶15~20倍液。

杏树腐烂病(Apricot tree canker)

症状 多发生在杏树主干、主枝上,造成树皮腐烂,病部紫褐色,后变红褐色,略凹陷,软化,皮下湿润、腐烂。发病后期表皮下生有黑色小长点,即病原菌的假子座。小枝发病后多从顶端枯死。

杏树腐烂病病枝

病原 *Leucostoma cincta* (Fr.)Hahn 称核果类腐烂病菌，异名：*Valsa cincta* Sacc. 属真菌界子囊菌门。无性态为 *Leucocystospora cincta* (Sacc.)Hahn.假子座圆锥形，埋生在树皮内，顶端凸出，子囊壳球形，有长颈。子囊孢子腊肠形。子座内产生子囊壳和分生孢子器。春、秋两季产生大量孢子。

传播途径和发病条件 杏树遭遇冷害、冻害、伤害和营养不足，树势衰弱易发病。修剪不当，伤口多，春、秋两季产生的大量孢子，借雨水传播，发生再侵染引起发病。

防治方法 (1)加强栽培管理，增强树势，提高抗病力是防治本病关键。采用配方施肥技术，增施有机肥，协调氮、磷、钾肥比例，注意疏花疏果，使树体负载量适宜，注意减少各种伤口，减少病菌侵染机会。(2)刮除病皮后涂抹41%乙蒜素乳油50倍液，1个月后再涂1次。也可喷洒30%乙蒜素400倍液或30%戊唑·多菌灵悬浮剂或21%过氧乙酸水剂1000倍液。

杏斑点病

杏斑点病

症状 病斑生在叶上，圆形或近圆形，中央灰白色边缘褐色，直径1~7(mm)，后期病斑上长出黑色小粒点，即病原菌分生孢子器。

病原 *Septoria piricola* Desmazières 称梨生壳针孢，属真菌界无性型真菌。分生孢子器生在叶两面，散生或聚生，初埋生，后突破表皮露出孔口，器球形至扁球形，直径65~185(μm)，高65~150(μm)；器壁膜质，壁厚7~12(μm)，内壁无色，形成分枝明显、梨形产孢细胞，大小6~9×2.5~5(μm)，单胞无色；分生孢子鞭形，2~4个隔膜，33~70×3~5(μm)。除为害杏外，还为害多种梨。

传播途径和发病条件 病原菌随病落叶在土表越冬，翌春分生孢子器遇雨吸水涌出许多分生孢子，落到杏叶上后，经几天潜育即发病，发病后病斑上又产生孢子借风雨传播，进行多次再侵染，下部叶片先发病，逐渐向上扩散，夏季雨日多，高温易发病。

防治方法 (1)秋末冬初及时清除病落叶集中烧毁。(2)进入7、8月发病初期喷洒70%丙森锌可湿性粉剂600倍液或10%己唑醇乳油或悬浮剂2200倍液。

杏黑斑病

杏黑斑病

症状 为害叶片和果实。叶片染病初期产生灰白色圆形至近圆形病斑，后变黑褐色，具不大清晰同心轮纹，直径5~10(mm)，秋季发病病斑直径达10mm，多发生在叶缘，半圆形，湿度大时病斑背面产生黑褐色霉层。果实染病，从青果时开始发病，着色期受害重，病斑多发生在果顶，初期病斑近圆形，中央黑灰色，外围紫红色，病斑凹陷，严重时病斑扩大覆盖整个果顶，也可几个病斑连成一片。病果易出现流胶，有些品种病斑边缘裂开，翘起、易剥离。湿度大时病斑上长满黑色霉层。

病原 *Alternaria tenuissima* (Fr.)Wiltshire 称细极链格孢，属真菌界无性型真菌。分生孢子梗单生或数根簇生，直立，分隔，浅褐色，26.5~65×4~5.5(μm)。分生孢子卵形，成熟孢子有4~7个横隔膜，1~6个纵、斜隔膜，分隔处稍缢缩，黑褐色，孢身平均35.5×13(μm)，喙柱状，浅褐色，喙5~34.5×3~4.5(μm)。

传播途径和发病条件 病原菌在杏树组织或芽鳞内越冬，在杏园借风雨和昆虫传播，雨日多，树势衰弱不通风或湿气滞留易发病。

防治方法 (1)杏树发芽前喷洒波美5度石硫合剂，加强杏园管理，施足基肥，适时适量追肥，增强抗病力，可减轻发病。(2)杏树发病初期喷洒50%福·异菌可湿性粉剂800倍液、30%醚菌酯水分散粒剂2500倍液、80%代森锰锌悬浮剂600倍液，隔10天1次，连续防治2~3次。

杏链格孢黑头病

杏链格孢黑头病病果

症状 新病害。杏果膨大期果面生不规则形暗红色小点，后逐渐扩大变黑，呈圆形至椭圆形或不规则形，果实成熟时扩大成黑斑，并可融合成不规则大斑，病斑木质化，仅限于果皮，不深入果肉，病健交界处易龟裂，流胶，病斑变硬，易剥离，多在果顶先发病俗称"黑头"。充分成熟果实上病斑深及果肉，略凹陷，黑色，上生黑色霉层，即病原菌菌丝和分生孢子。

病原 *Alternaria armeniacae* T. Y. Zhang 称杏链格孢新种，属真菌界无性型真菌或半知菌类。分生孢子梗多单生，浅褐色，51.5 ~ 106 × 3.5 ~ 4.5(μm)。分生孢子单生或短链生，卵形或倒棒状，浅黄褐色或稍深，具横隔膜 3~6 个，纵、斜隔膜 0~3 个，孢身 20 ~ 45.5 × 8 ~ 14(μm)。分生孢子多无喙。除侵染杏树外，还可为害桃、李的果实。

传播途径和发病条件 病菌随病残果在土表或土中越冬，通过气孔、皮孔或表皮直接侵入进行初侵染，借气流或雨水传播进行多次再侵染，气温高或雨日多发病重。

防治方法 (1)加强杏园管理，及时浇水追肥增强抗病力。(2) 发病初期喷洒 50%异菌脲悬浮剂 1000 倍液或 75%百菌清可湿性粉剂 800 倍液、70%代森锰锌可湿性粉剂 700 倍液，隔 10 天左右 1 次，防治 1~2 次。

杏疮痂病(果实斑点病)

杏疮痂病(果实斑点病)

杏疮痂病又称果实斑点病、黑星病。是甘肃、内蒙古、山东等杏产区的一种重要的、危害相当严重的病害。

症状 主要为害果实和叶片，果实染病表皮产生褐色或紫黑色不规则形的木栓化斑点，直径 2~5(mm)，病斑边缘红褐色，随病害扩展病斑逐渐扩大，严重时 1 个杏果上有数十个病斑，造成果面粗糙，深入果肉 0.5~0.8(mm)，严重的不堪食用。叶片染病，初生紫红色圆形至椭圆形病斑，直径 0.5~1.5(mm)，严重时多个病斑融合成片，叶背面生黑色霉层，病斑脱落成孔洞或网状，最后枯干脱落。

病原 *Cladosporium carpophilum* Thuemen 称嗜果枝孢，属真菌界无性型真菌。菌丝体在寄主表皮下蔓延，分生孢子梗突破表皮，分生孢子梗单生或 3~6 根簇生，有 1~5 个隔膜，浅褐色，50 ~ 130 × 4 ~ 6(μm)，孢痕明显。分生孢子单生或短链生，圆柱状单细胞，少数有 1 隔膜，8.1 ~ 27 × 4 ~ 6(μm)。

传播途径和发病条件 病原菌以菌丝形式在病果、病叶或病残体上越冬，借风雨传播，正常条件下潜育期为 3 天。温度高、湿度大和管理粗放是发病的重要条件。山东五莲县 5 月上旬开始侵染果实，5 月下旬进入发病高峰期。品种不同受害轻重不同，水杏、大扁杏、水蜜杏、麦黄杏、红荷苞、串枝红杏、梅杏发病重。

防治方法 (1)选用抗病品种，如李光杏、银杏白、梅杏、四月红、天爷脸、拳杏、五月香等抗病品种。(2)加强杏园管理，667m² 施入有机肥 3500kg，尽快使土壤有机质含量达到 2%，增强树势，提高抗病力。(3)采收后清园，扫除病落叶，及时烧毁。进行嫁接时一定选用抗病力强的接穗，不要从病树上采接穗。(4)采用自然开心形或主干疏散分层形比较好，结果大树也按此改造。遇有多雨年份杏果斑点病很易发生。对此在杏果采收后应进行复剪，疏除密旺发育枝和徒长枝，以利通风透光，减少发病。(5)杏树萌芽前全园喷洒 1 ∶ 1 ∶ 100 倍式波尔多液，铲除在枝梢上越冬的菌源，发病重的地区或果园，从杏树谢花后喷洒 70%代森联水分散粒剂 600 倍液或 50%腐霉利可湿性粉剂 1500 倍液、40%氟硅唑乳油 6000 倍液。

杏蝇污病

杏蝇污病

症状 主要为害果实，果实表面散生黑色、针头大的小污点，状似虫粪，即病菌的分生孢子器，影响食用。分布在云南、江苏、河北、吉林、辽宁等省。

病原 *Leptothyrium pomi* (Mont. et Fr.)Sacc. 称仁果细盾壳，属真菌界无性型真菌。分生孢子器半球形、球形至椭圆形，器壁炭质，黑色发亮，开口不规则，器壁细胞略呈放射状，未见形成真正的分生孢子。除为害杏外，还可为害李、苹果、梨、柿、楸子等。

传播途径和发病条件 病菌以菌丝在上述寄主的枝条、芽、树皮及土壤等处越冬，翌春气温升高，开始侵染，发病后又行再侵染，进入 6 月上旬至 9 月均可发病，7~8 月是发病盛期，雨日多的年份易发病。

防治方法 (1)适时适度修剪，使杏园通风透光良好，雨后及时排水，防止湿气滞留。(2)发病初期喷洒 70%代森联水分散粒剂 500~700 倍液或 40%百菌清悬浮剂 600 倍液。

杏根霉软腐病

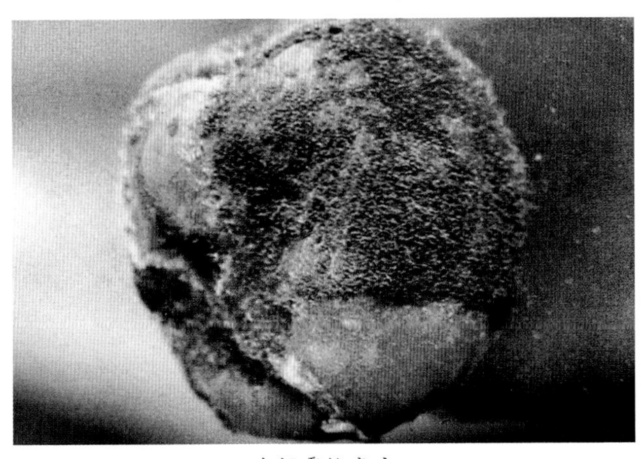

杏根霉软腐病

杏树细菌性穿孔病病果

症状 果实染病初生浅褐色水渍状圆形至不规则形病斑，扩展迅速，病部长出疏松的白色至灰白色棉絮状霉层，致果实呈软腐状，后长出暗褐色至黑色菌丝、孢囊梗及孢子囊。

病原 *Rhizopus stolonifer* (Ehrenb. ex Fr.) 称匍枝根霉，属真菌界无性型真菌。

传播途径和发病条件 该菌广泛存在于空气、土壤、落叶、病落果上，高温高湿持续时间长易从成熟杏果上的伤口侵入，在贮运过程中接触传播，湿度大气温适中利其发病，除侵染杏外，还为害桃、李、樱桃、苹果等。

防治方法 (1)加强管理，雨后及时排水，严防湿气滞留，改善通风透光条件。(2)减少伤口，采收过程中要千方百计减少伤口，最好单果包装。(3)在低温条件下运输和储存。

杏树细菌性穿孔病(Apricot tree bacterial shot hole)

症状 主要侵害杏树叶片、新梢和果实。叶片染病初生圆形直径 1mm 黄白色或白色病斑，扩展到 1mm 大小时为多角形，后变为浅褐色，四周有浅黄色晕，致病斑穿孔或脱落。新梢染病，多在芽附近产生暗绿色水渍状病变后变褐色，表面龟裂。果实染病，产生褐色或黑褐色不规则形直径 1~2(mm)病斑，表面多有裂纹。是生产上重要病害，近年山东病果率常达 80%。

病原 *Xanthomonas pruni* (Smith)Dowson，称桃叶穿孔病黄单胞杆菌，属细菌界薄壁菌门。病菌形态特征参见桃细菌性穿孔病。

传播途径和发病条件 病菌在枝梢上越冬，杏开花前后病原细菌从病组织中溢出，借风雨、昆虫传播，从杏树气孔、皮孔侵入，25℃左右潜育期 5 天，30℃为 8 天，幼果潜育期 14~21 天，果实长大后需 40 天，叶片上 5 月出现症状，此病遇夏季干旱扩展很慢，进入秋季雨日多又开始侵染。新梢 9 月后受侵染的翌春产生病斑，是该病初侵染源，气温偏高，雨日多有雾或树势衰弱易发病，排水不良，通风不良偏施氮肥发病重。

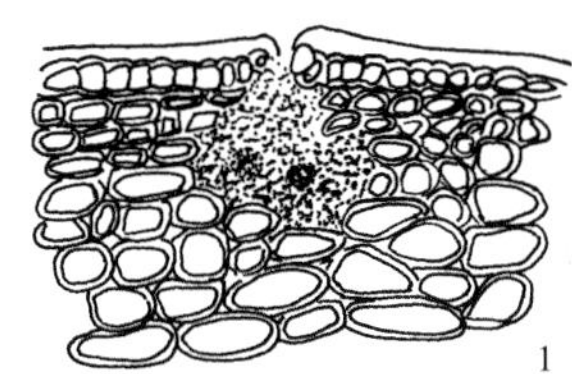

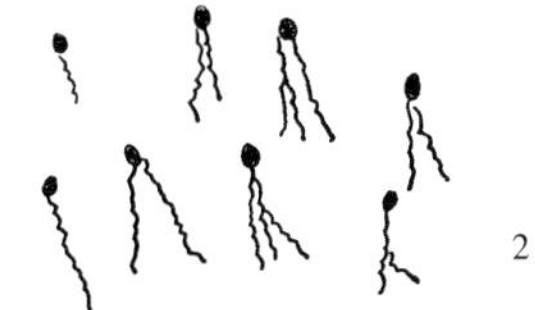

杏细菌性穿孔病菌

1.杏叶片剖面 2.病原细菌

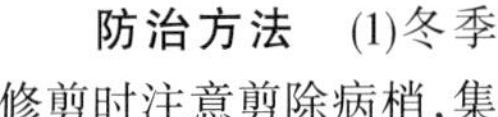

防治方法 (1)冬季修剪时注意剪除病梢，集中烧毁。(2)雨后及时排水，避免偏施氮肥，不要与其他核果类果树混栽。(3)杏树萌芽前喷 1∶1∶100 倍式波尔多液或 80%波尔多可湿性粉剂 600 倍液。(4)进入 5、6 月发病初期喷洒 3%中生菌素可湿性粉剂 700 倍液或 25%叶枯唑可湿性粉剂 600 倍液。

杏树小叶病(Apricot little leaf)

症状 杏树小叶病是我国杏树上发生的一种新病害。染病树春季发芽时，可见病芽扭曲，叶小、细长呈柳叶状，丛生，后叶片逐渐凋萎，致整株枯死。从表面看不像生理病，也不像真菌引致的病害，呈中心发病型。

杏细菌性穿孔病病叶症状

杏树小叶病症状

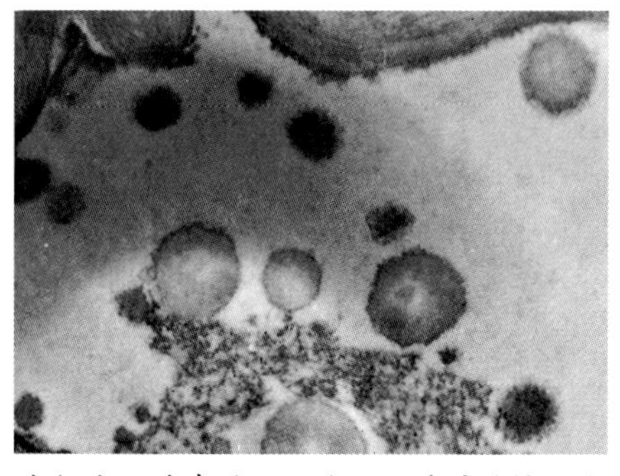
杏韧皮细胞有若干具波纹状胞壁的植原体

病原 *Phytoplasma* 称植原体，属细菌界无壁菌门。旧称 Bacteria-like organism，BLO 称类细菌及 RLO 称类立克次体。用电镜检查天然感病杏树叶片中脉超薄切片，发现韧皮细胞中存在的植原体呈棒状或卵圆形，直径约 0.2～0.5(μm)，长约 1.0～2.5(μm)。被双膜，即被有波纹状细胞壁和光滑的细胞质膜环围着。纵切片中病原呈棒状，两端较钝，外壁呈波纹状，菌体多沿细胞内壁成群的发生。

传播途径和发病条件 正在研究中。

防治方法 从染病杏树的树干注入 100mg/kg 青霉素于维管组织中，症状明显缓解。隔半月后再防 1 次基本可控制病情扩展。

杏芽瘿病（Apricot bud cancer）

症状 杏树染病主要为害芽苞，因瘿螨在芽苞里为害，使芽苞变成黄褐色，芽尖稍红，鳞片大增，质地变软，包被松散。后因芽苞四周芽丛逐渐增多，终形成大小不一的刺状瘿瘤，1 个瘿瘤中常有多个芽丛，瘿螨就在幼嫩鳞片间隙处为害，后期瘿瘤变成褐色易碎。形成的瘿瘤可存活多年，直径 1~2(cm)，主干上可达 10 多厘米，重病株瘿瘤多个造成树势衰弱，开花晚枝少叶稀，结果小且少，严重时整株干枯而死。

杏芽瘿病为害枝条状

杏树芽瘿病及瘿瘤内的多个芽丛（宁国云）

病原 *Acalitus phloeocoptes* (Nalepa) 称梅下毛瘿螨。是由该螨为害引起的。

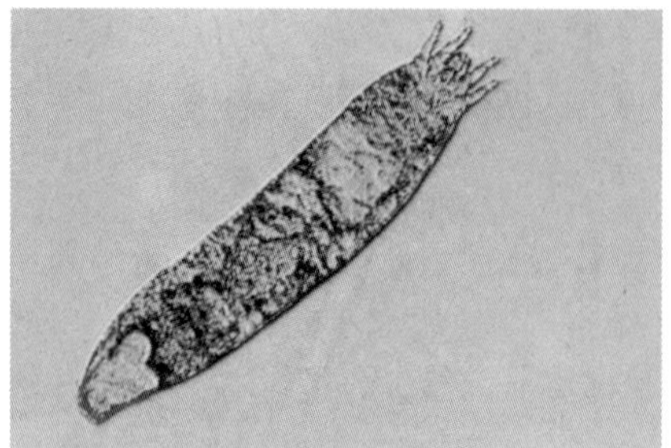
梅下毛瘿螨成虫

传播途径和发病条件 梅下毛瘿螨仅在瘿瘤的活芽内越冬，尤其是在芽丛中部的鳞片内基数最多，虫体上常黏有小蜡珠，从 9 月下旬起成虫不再产卵，主要以抱卵成虫越冬，越冬成虫体内有 1~3 粒卵，翌春气温高于 10℃开始产卵，17~20℃室温完成 1 代，历时 12~16 天。成虫在瘿瘤内外都能活动，雨后晴天中午特别活跃，钻入刚形成的芽苞中继续传播扩展。除为害杏树外，还可为害李、梅、樱桃等果树。

防治方法 (1)发现瘿瘤及时刮除。(2)大、小枝上出现瘿瘤时喷洒 20%哒螨灵悬浮剂或可湿性粉剂 2000~2500 倍液或 500g/L 溴螨酯乳油 1000 倍液，安全间隔期为 30 天。

杏树流胶病（Apricot gummosis）

症状 主要发生在枝或干上，尤以桠杈处易发病，枝条和果实也有发生。初在病部流出淡黄色透明的胶状物，树脂凝聚渐变成红褐色，病部稍肿，皮层或木质部变褐或腐朽，有时腐生别的杂菌，致叶小变黄，树势衰退，严重时枝干枯死。

病因 诱致杏树流胶病因素较复杂，各地不同，北方主要是霜冻等原因引起，有些地区是日灼或虫害引起，此外，排水条件差，施肥或修剪不当，致生长不良易诱发此病。该病在春季发生最多。其病理过程主要发生在幼嫩的木质部，染病后，杏树的形成层停止产生新的韧皮部或木质部，但却向水平方向增生厚壁细胞，形成由淀粉堆积成的内含物，与此同时，在细菌的作用下产生酶，酶把细胞膜溶化后形成烷酸胶，即树脂。由于厚壁细胞不断增殖，细胞膜和淀粉的胶化三者不断地进行，致流胶持续进行。

防治方法 (1)参见桃树非侵染性流胶病。(2)开春后杏树树

杏树流胶病桠杈处流胶状

液流动后浇灌50%多菌灵可湿性粉剂300倍液,开花坐果后再浇1次,可有效防止流胶。

杏树根瘤病(Apricot root knot)

杏树根癌病(张玉聚)

症状 发生在根颈部或侧根、枝根上,初发生时仅产生很小的肿瘤,形状不一多为球形或近球形,随植株生长逐渐长大至鸡蛋大,最大的直径可达30cm。在苗木上根癌多发生在接穗与砧木愈合部位,初为白色或略带红,光滑,后变褐色,造成根系发育不良,须根很少,地上部发育明显受抑,株小,发病严重的叶片黄化,果实小。

病原 *Agrobacterium tumefaciens* (Smith et Townsend)Conn. 称根癌土壤杆菌,属细菌界薄壁菌门。细菌短杆状,两端钝圆,单生或链生,有1~4根周生鞭毛,有荚膜无芽孢,革兰氏染色阴性。

传播途径和发病条件 该菌在癌瘤组织的皮层内、土壤中越冬。通过雨水、灌溉水及昆虫传播,带菌苗木进行远距离传播,病菌从伤口侵入,刺激杏树细胞过度分裂和生长成瘤。潜育期2~3个月或1年。该病发生与土温、湿度及pH值相关,土温22℃,土壤湿度60%适合细菌侵入和瘤的产生。pH值小于5时,即使有病原菌存在也不会发病。土壤黏重、排水不良苗圃发病重。

防治方法 (1)轮作,栽种杏树应施用酸性肥料或增施绿肥或有机肥,改变土壤pH值使其不利该菌生长,千方百计减少机械伤口,注意防治地下害虫可减轻发病。(2)苗木消毒,汰除病苗,对外来苗木应在未抽芽前把嫁接口以下部位用10%硫酸铜液浸5分钟,再用2%石灰水浸1分钟。(3)药剂防治。可用80%二硝基邻甲酚钠盐100倍液涂抹根颈部的瘤体,防其扩大。

杏线纹斑病

症状 在辽宁银白杏、山东麦黄杏、关公脸杏上发现杏线纹斑病,是一种分布广泛的病毒病。在欧、美、日等许多国家都有报道:其典型症状是病树在早春完全展开的叶片上产生浅绿色或淡黄色的线纹,后变成黄白色。影响杏树的生长和结果。

病原 *Apple mosaic virus* (ApMV), *Bromoviridae* 称苹果花叶病毒,属病毒。病毒粒体球形,直径25.8nm及29.1nm。无包膜。系统侵染的植物除李属外,还有苹果、桃、梨属、山楂属、木瓜属及草莓属。

杏线纹病

杏线纹斑病

传播途径和发病条件 接穗传染,李属、苹果属、山楂属、木瓜属的一些植物能传播。

防治方法 杏树发芽后喷洒2%嘧啶核苷类抗菌素水剂100倍液或5%菌毒清水剂200~300倍液,目前尚无可以根治杏线纹斑病的药剂。

杏褪绿叶斑病

症状 在山东李梅杏上发现了杏褪绿叶斑病,病株仲夏出现症状,叶色变浅,出现褪绿斑,病叶在植株上的分布不规律,仅在某些枝条上显病,多发生在枝梢顶端的叶片上。

病原 Prunus chlorotic leaf spot virus 称李褪绿叶斑病毒,

杏褪绿叶斑病

属病毒。

传播途径和发病条件、防治方法 参见杏痘病。

杏痘病

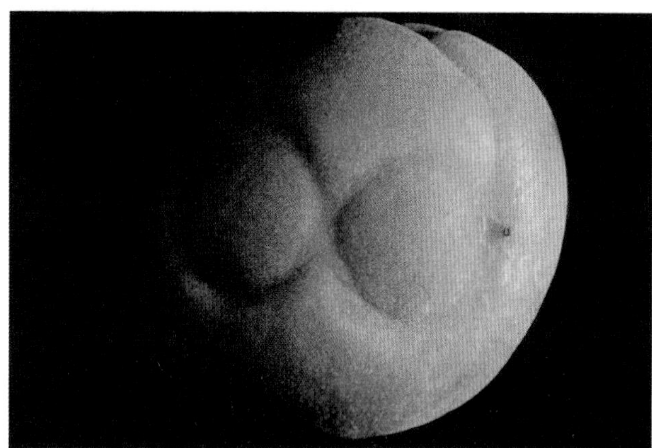

杏痘病病果症状

杏痘病病叶症状

症状 杏树感病后叶片和果实症状明显，叶片产生带状或环状褪绿斑，明脉或畸形，果实上也产生褪绿或环斑，杏果实变形明显，果肉中心褐变，果核出现苍白环或斑。

病原 *Plum pox virus*(PPV) ,*Potyviridae* 称李痘病毒，属病毒。病毒粒体结构纤维状，长 725~750(nm)，宽 20nm。病毒汁液在克利夫兰烟汁液中，病毒热钝化点为 40~47℃10 分钟；稀释终点相应为 10^{-4} 和 10^{-1}；在 20℃下，保持侵染性为 1~2 天。

传播途径和发病条件 病毒经蓟短尾蚜（*Brachy caudus*).桃短尾蚜(*B.helichrysi*)、忽布疣额蚜(*phorodon humuli*)及桃蚜(*Myxus persicae*)以非持久方式传毒。李属植物中无种子传毒，但带毒种苗是有效地远距离传播载体。

防治方法 (1)严格检疫，严防疫区扩大。(2)发生蚜虫时要组织力量喷洒 25%吡蚜酮可湿性粉剂 2000 倍液，千方百计把传毒蚜虫杀灭，可有效地防止杏痘病的发生。

杏树缺钾症

症状 杏树缺钾症又称“焦边病”。先从枝条中部叶开始出现症状，常先叶尖及两侧叶缘焦枯并向上卷曲，叶片呈楔形，焦枯部分易脱落，边缘清晰。一般叶片含钾低于 1.5%时，即缺钾。

杏树缺钾出现焦边

病因 主要是土壤中速效钾供给不足，生产上速效钾含量小于 50mg/kg 时就会缺钾，尤其是砂性土很易缺钾。酸性土速效钾含量低，中性及碱性土，速效钾含量较高。土壤过于干旱不利于速效钾向杏树根部移动，易出现缺钾。

防治方法 (1)采用测土施肥技术，在栽植杏树之前要测定土壤中速效钾和其他营养元素含量，据土壤钾含量，确定施用钾肥数量。并注意氮磷钾平衡。(2)定植后的杏园，要注意施肥后保持土壤湿润状态，增加钾离子在土壤中的移动性，提高杏树吸收钾离子数量。(3)每年杏树生长期间，叶面喷施 0.2%的磷酸二氢钾，可有效地防止缺钾。

杏树日灼病

症状 在果实和树干上发病，果实发病尤以向阳面受害重，受害部初呈黄白色或浅白色，有的第 2 次呈水渍状，有的变褐，出现不定形的病斑，易成畸形果。主干、大枝染病多发生在寒冷地区，向阳面出现不规则焦糊斑块，灰色或褐色引起腐烂或削弱树势。

病因 此病系由强光、高温、干旱引发，夏季强光直接照射果面，致局部蒸腾作用加剧，温度升高引发灼伤。杏树冬季落叶后树体光秃，白天阳光直射主干或大枝，致向阳面温度升高，细胞解冻，夜间气温下降后又冻结，这样反复数次，会造成皮层细胞坏死，出现枝干日灼。果实生长前期发病较多，生长后期很少。土壤瘠薄，管理跟不上，干旱缺肥，树势衰弱易发病。

防治方法 (1)杏树修剪时应考虑 适当增加留叶遮挡杏果

杏日灼病(左为健果)

防止裂日曝晒。(2)加强夏季管理 合理施肥、浇水,使土壤水分供应充足,防止干旱。(3)加强果园管理,多留辅养枝,避免枝干光秃裸露,树干涂白可反射阳光、缓和温度剧烈变化可减轻日灼,使杏树健壮生长。(4)发生日灼病严重地区,可喷洒3.4%赤·吲乙·芸可湿性粉剂(碧护)7500倍液。

杏裂果

症状 杏果实生长后期或近成熟期,出现纵向开裂。

病因 主要是生长前期土壤过分干旱,生长后期或近成熟期遇有连续降雨或大暴雨或浇水过多,使土壤水分迅速增加,根系快速吸收水分,杏果膨压增加,造成表皮胀裂而出现裂果。土壤有机质含量低、黏土或通气性差、土壤板结易出现裂果。

防治方法 (1)从培肥杏园土壤入手,增施有机肥,使杏园土壤有机质达到2%,改善土壤理化性状和蓄水供水能力,提高杏果抗裂性。(2)雨后及时排水,避免杏园大干大湿。

杏裂果

4. 梅 树 (*Prunus mume*、*Armeniaca mume*) 病 害

梅树褐斑病(Leaf spot of Japanese apricot)

症状 又称梅斑点病、梅大圆星病。主要为害叶片,产生中央灰褐色、边缘红褐色近圆形病斑,大小3～6mm,外围生赤褐色晕圈,后期病部生黑色小粒点,即病原菌分生孢子器。

病原 *Phyllosticta bejeirinckii* Vuillemin 称梅叶点霉,属真菌界无性型真菌。分生孢子器散生在叶面,初埋生,后突破表皮,露出孔口,器扁球形,直径120～150(μm),高115～135(μm),壁厚7.5~12.5(μm),内壁无色,形成瓶形产孢细胞,单胞无色,7.5～10×5～6(μm),分生孢子椭圆形,7.5～11×4～5(μm)。

传播途径和发病条件 病菌以菌丝体及分生孢子器在寄主上或病残体上越冬,翌春展叶时,病菌即侵染嫩叶,发病后病部产生分生孢子器,又释放出分生孢子进行多次再侵染,气温高易发病。

防治方法 (1)秋季清除落叶集中销毁。(2)发现叶片上有病斑时喷洒20%噻菌铜悬浮剂500倍液或70%丙森锌可湿性粉剂700倍液、50%多菌灵可湿性粉剂600倍液、40%百菌清悬浮剂500倍液。

梅树假尾孢褐斑穿孔病(Japanese apricot shot-hole)

症状 主要为害叶片。由核果假尾孢引起的病斑,初生紫褐色小点,后逐渐扩大成圆形略具轮纹的紫褐色病斑,中央灰白色至褐色,后期偶在病斑两面现灰色霉状物,病部常脱落成穿孔状,穿孔边缘整齐,叶上病斑多时易脱落。由稠李柱盘孢引起的穿孔病,主要发生在华南地区。叶斑多角形,褐灰色,穿孔形状不规则,后期病斑上有小黑点,即病原菌分生孢子盘。由桃叶点霉引起的叶斑圆形,褐色,边缘暗褐色,直径3～4mm,穿孔规则,严重时提前落叶。

病原 *Mycosphaerella cerasella* Abezhold 称樱桃球腔菌,属真菌界子囊菌门。无性态为 *Pseudocercospora circumscissa* (Sacc.)Liu & Guo 称核果假尾孢,属真菌界无性型真菌。异名 *Cercospora circumscissa* Sacc. 子座生在叶表皮下,球形,暗褐色,直径20～55(μm)。分生孢子梗紧密簇生在子座上,青黄色,具隔膜0～2个,大小6.5～35×2.5～4(μm)。分生孢子圆柱形至棍棒形,近无色,直立,顶部钝,基部长倒圆锥形,具隔膜3～9个,大小25～80×2～4(μm)。为害梅、枇杷、李、杏、樱桃、山桃、桃等。华南地区主要由 *Cylindrosporium padi* Karst. 称稠李

梅褐斑病病叶

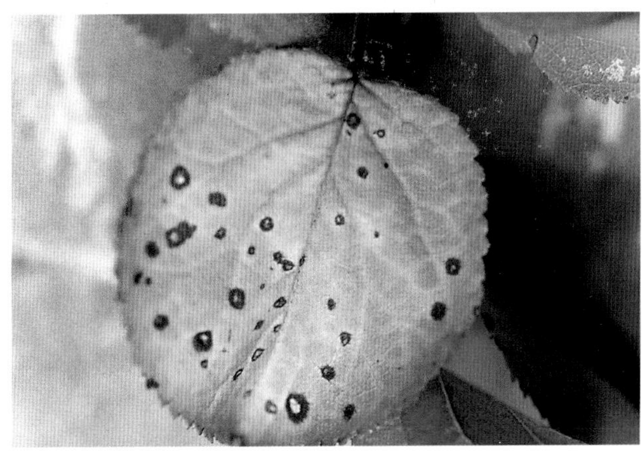

梅假尾孢褐斑穿孔病症状

柱盘孢引起。分生孢子盘生于叶背面，碟形。分生孢子梗极短，圆筒形，大小 18～25×3～3.5(μm)。分生孢子线型，无色，弯或屈曲，大小 48～62×2～3(μm)。除为害梅外，还为害稠李、扁桃、桃等李属植物。此外 *Phyllosticta persicae* Sacc. 称桃叶点霉，也可引起梅树褐斑穿孔病。

传播途径和发病条件 病菌主要以菌丝体和分生孢子盘在病叶中或枝梢病组织内越冬，也可以子囊壳越冬，翌春产生分生孢子或子囊孢子借风雨和气流传播，一般 6 月开始发病，8～9 月进入发病盛期。温暖多雨、多风的气候条件发病严重。树势衰弱、排水通风不良及夏季干旱易发病。

防治方法 (1)精心养护，冬季剪除病枝，清除落叶，集中深埋或烧毁。(2)冬季或早春在植株萌芽前喷洒 45%石硫合剂结晶 30 倍液。发芽后喷洒 70%代森联水分散粒剂 600 倍液或 36%甲基硫菌灵悬浮剂 500 倍液、50%甲基硫菌灵·硫磺悬浮剂 800 倍液、50%异菌脲可湿性粉剂 800 倍液。

梅树炭疽病(Japanese apricot anthracnose)

症状 主要为害叶片。叶上病斑圆形、近圆形，具红褐色边缘，中央灰白色或灰褐色，上生呈轮状排列的小黑点，即病菌分生孢子盘。病情严重时，叶片和新梢上产生枯死斑，病叶脱落。嫩梢也可受害，症状与叶片上的相似。花染病引起早落，果受害后上生果斑。该病普遍率达 100%，为害普遍。

病原 *Glomerella cingulata* (Stonem.)Spauld. et Schrenk 称围小丛壳，属真菌界子囊菌门。无性态 *Colletotrichum gloeosporioides*(Penz.)Sacc.称盘长孢状炭疽菌，属真菌界无性型真菌。

传播途径和发病条件 该病有性态江西有记载。病菌以分生孢子盘和菌丝体在病嫩梢上越冬，翌春产生分生孢子借风雨传播引致初侵染，生长季节内分生孢子不断重复侵染。孢子萌发时产生 1～2 根芽管，芽管顶端膨大成附着器，再产生侵入丝，侵入丝直接从寄主表面的角质层侵入，也可从皮孔、伤口侵入，侵入后暂时不表现症状，处于潜伏侵染状态，只有进入生长中后期才进入发病期，使病情扩大蔓延。梅雨季节和台风多雨季节有利于发病，江苏 4 月下旬至 6 月下旬和 8 月下旬至 9 月下旬时有发生。管理粗放、土壤瘠薄发病重。

防治方法 (1)合理修剪。花谢后发叶前重修剪一次，剪除病弱枝、枯枝、交叉枝。将一年生枝条留基部 2～8 对芽，促其发枝。(2)加强养护，增强树势。于清明前浇 1 次腐熟人粪尿，4～5 月长叶时，隔半月施 1 次人粪尿或饼肥，6～7 月进入花芽分化期和新梢形成期，再施一次磷钾肥，白露以后再施一次。(3)发生炭疽病时喷洒 40%拌种双可湿性粉剂 200 倍液或 50%福·异菌可湿性粉剂 800 倍液、25%溴菌腈可湿性粉剂 500 倍液、50%咪鲜胺可湿性粉剂 1000 倍液、5%亚胺唑可湿性粉剂 800 倍液、75%二氰蒽醌可湿性粉剂 750 倍液。隔 7～10 天 1 次，连续防治 3～4 次。

梅树炭疽病

梅树叶枯病(Japanese apricot Alternaria fruit rot)

症状 叶尖生褐色病斑，形状不规则，边缘具 1 褐色线，逐渐向叶内扩展，湿度大时病部生出黑色霉点，即病菌的分生孢子梗和分生孢子。

梅树叶枯病

病原 *Alternaria tenuis* Nees. 称链格孢，属真菌界无性型真菌。菌丝无色至浅褐色，直径 2.5～3(μm)。分生孢子梗褐色，较短，具隔膜 2～4 个，大小 26.3～35×3～3.8(μm)。分生孢子深褐色，有 4～5 个横隔，2～3 个纵隔，大小 18.3～52.5×10～11.3(μm)，多具喙，喙长 2.5～17.5(μm)。

传播途径和发病条件 病菌随病残体进入土壤中越冬，翌年通过风雨、水溅射传播到植株上进行初侵染和多次再侵染。植株生长衰弱或肥水不足发病重。

防治方法 参见梅树褐斑病。

梅树缩叶病(Japanese apricot leaf curl)

梅树缩叶病

症状 又称叶肿病。早春梅花嫩芽新叶受病菌侵染后嫩梢节间变粗缩短，造成叶片密生，病叶面皱缩变厚，呈肉质化，表面粗糙向叶背卷曲，病叶初黄色或红色至紫红色，后渐变为灰白色，散有粉末状物，严重的病树衰弱，病梢干枯，花量减少。

病原 *Taphrina mume* Nish. 称梅外囊菌，属真菌界子囊菌门。菌丝有分枝，从寄主表皮下的菌丝上直接产生子囊，子囊裸露平行排列在寄主表面，叶面上产生灰白色粉末状物，即是子囊层，子囊长圆柱形，内含8个子囊孢子。子囊孢子无色圆形，直径3～7(μm)，子囊孢子在子囊内能以芽殖方式产生很多芽孢子。芽孢子卵圆形，小于子囊孢子。芽孢子有薄壁、厚壁两种，薄壁的可继续繁殖，厚壁的有休眠和抵抗不良环境的作用，并可继续萌发产生芽孢子侵染梅树。

传播途径和发病条件 病菌以子囊孢子或芽孢子在梅花的芽鳞内外及病梢上越冬，长江以南于翌年4月病菌开始侵染，5月上旬进入发病高峰，6月份趋于停滞，该菌每年侵染1次，偶尔也有再侵染，但发病不重。冷凉潮湿的气候，利于病菌孢子的萌发和侵染，20℃扩展较快，28℃时生长受抑。一般早春连阴雨天气多或多雾易发病。

防治方法 (1)精心养护。增施有机肥，提高抗病力。(2)春季及早摘除病叶病梢，集中烧毁减少菌源。(3)发病重的地区在梅花叶芽膨大始期及时喷洒1∶1∶100倍式波尔多液或5%井岗霉素水剂500倍液、50%甲基硫菌灵悬浮剂700倍液、50%苯菌灵可湿性粉剂800倍液，每年防治1次，这样如能连续防治2～3年，可根治。

梅树锈病(Rust of Japanese apricot)

症状 又称变叶病，是梅树的常见病。主要发生在梅树芽上，展叶时尤为明显。染病梅树芽开放较早，随之芽上生橙黄色不规则形病斑。染病叶肥厚变形，也生不规则形橙黄色斑，后破裂，散出黄色锈孢子。花器染病的，常还原成叶片形状，因此又称变叶病。

病原 *Caeoma makinoi* Kusano 称牧野裸孢锈菌，属真菌界担子菌门。锈孢子器扁球形，橙黄色，裸露后粉状，无包被。锈孢子单胞卵圆形，淡黄色，串生，20～42×15～25(μm)，表面具小瘤。性孢子器圆锥形。性孢子圆形，无色。夏孢子、冬孢子阶段不明。

传播途径和发病条件 病菌以菌丝体在被害处隆起部分

梅树锈病病叶

潜伏越冬，从冬芽附近侵入，早春花芽、叶芽开展时发病。进入6月中下旬果实采收时病害停滞下来。

防治方法 (1)剪除受害枝梢或病芽，集中烧毁。(2)梅树发芽以前喷洒波美4度石硫合剂或20%戊唑醇乳油2000倍液、25%丙环唑乳油2000～3000倍液、30%苯醚甲·丙环乳油2500倍液，隔10天左右1次，防治2～3次。

梅树溃疡病(Japanese apricot bacterial canker)

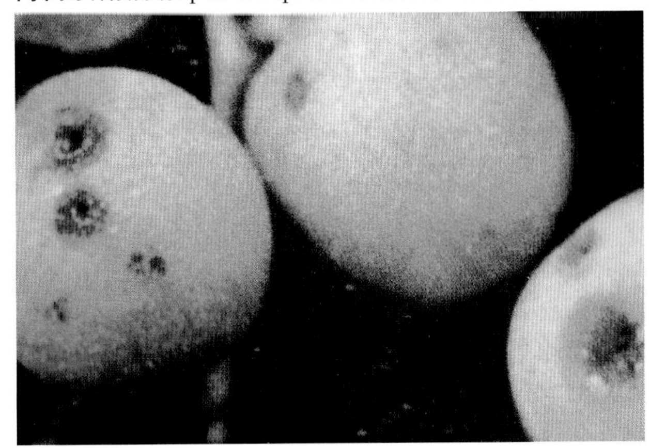

梅树溃疡病果实溃疡状(邱强)

症状 梅树的幼嫩枝条染病后，产生圆形休眠芽，初为橄榄绿色，后变褐色。这种侵染能很快扩展到老的枝梢及较大的枝上。春天，植株发病后出现萎蔫，主要分枝枯死。5~6年生幼树最感病，受侵染组织出现褐红色。树干上产生有明显边缘的大病斑或溃疡；在叶片上春天嫩叶产生坏死斑，直径1~2(mm)，四周有褪晕圈，坏死组织最后脱落引起穿孔或提早脱落；在果实上产生直径1~2(mm)的坏死病斑，病斑常被1层透明树胶，坏死斑较浅。秋天或冬天病菌通过叶片的斑痕侵入植株，几个月后病痕导致植株枝梢枯死。春天叶片上的病痕为该病发生提供了侵染源，秋天叶片上附生的细菌成为侵入叶片的侵染源。

病原 *Pseudomonas syringae* pv. *persicae* (Prunier) Young et al. 称桃树溃疡病菌，属细菌界薄壁菌门。病原细菌杆状，有2~3根鞭毛端生，革兰氏染色阴性。该病原菌1967年法国发现，桃溃疡病成为一种严重病害。

传播途径和发病条件 该病害很容易通过修剪或整枝传播，每年造成大量果树死亡，国际间主要靠种苗调运传播。

防治方法 我国已列为三类危险性有害生物。(1)严格检疫。(2)培育无病苗木。(3)修剪时剪刀要频繁消毒。(4)必要时苗木要喷洒3%中生菌素可湿性粉剂600~700倍液或25%叶枯唑可湿性粉剂600倍液或68%硫酸链霉素可溶性粉剂2500倍液。

梅树干腐病(Japanese apricot Botryosphaeria fruit rot)

症状 俗称梅树流胶病。主要为害枝条，多出现在主枝和侧枝的分杈处，病部逐渐干枯，病健交界处往往裂开，干枯发暗的病皮常翘起或被剥离，流有胶液，后期病部表面产生许多小黑粒，即病原菌子囊座和分生孢子器，冬季遇冷害、冻害或管理不善，树势衰弱，病部常深达木质部，大部分只限于树皮层。

病原 *Botryosphaeria berengeriana* de Not. 称贝伦格葡萄

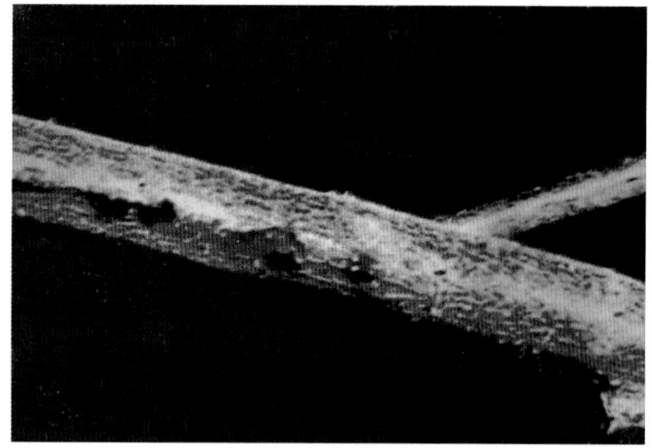

梅树干腐病枝干症状

梅树灰色膏药病

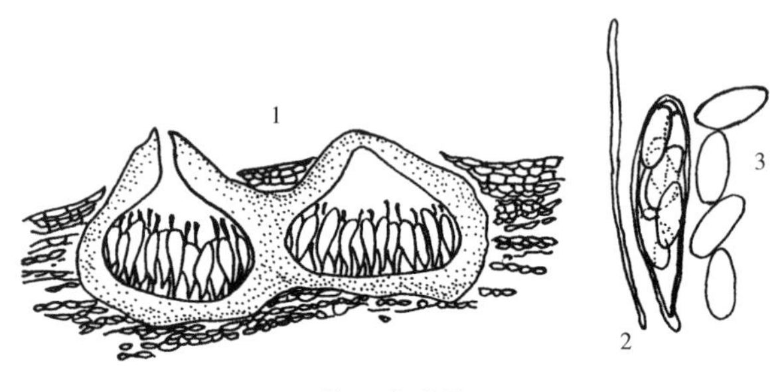

梅干腐病菌

1.子座及假囊壳 2.子囊及侧丝 3.子囊孢子

座腔菌，属真菌界子囊菌门。一个子座含多个分生孢子器或子囊腔室，子座发达。分生孢子长椭圆形，单胞无色。

传播途径和发病条件 病菌在梅树病皮或病枝上越冬，也能在病死枝上滋生繁殖。分生孢子成熟后遇雨或当时湿度大，从器中涌出灰白色分生孢子，借风雨传播，在水中萌发，子囊孢子也有一定数量萌发，经伤口、皮孔侵入。侵染枝干的常有潜伏侵染特征，与树皮水分状况及抗扩展能力有很大关系。水分胁迫是潜伏病菌扩展、引起 病的重要诱因。春末夏初发病重，7~8月趋少，9~10月又增加。

防治方法 （1）梅园要增施有机肥，667m² 施 3000kg，使土壤有机质达到 2%，提高土壤肥力和持水力，干旱时及时浇水增强抗病力十分重要。（2）发芽前喷洒 30%戊唑·多菌灵悬浮剂 600 倍液或 45%代森铵水剂 300~400 倍液，杀灭潜伏的病菌，预防该病发生。（3）结果树主干大枝发病或出现流胶时刮除病部皮层涂抹代森铵水剂 100 倍液。（4）发病重的在开春后树液开始流动时浇灌 50%多菌灵可湿性粉剂 300 倍液。

梅树膏药病（Japanese apricot canker）

症状 主要为害枝干。枝干上形成椭圆形至不规则形灰色或褐色膏药状物，即病原菌的子实体。子实体平铺或略厚，外观呈丝绒状。衰老时易龟裂、剥落。发病轻者使植物生长不良，重者引起枝枯。

病原 *Septobasidium bogoriense* Pat 称茂物隔担耳菌和 *S. tanakae*（Miyabe）Boed. et Steinm 田中隔担耳菌，均属真菌界担子菌门。前者子实体淡灰色略带紫色，大小 3～12×2～3.5(cm)，厚 650 ～1200（μm），由交织的褐色菌丝组成；原担子又称下担子，球形、亚球形，10～12×8～10（μm），上部产生长而扭曲的上担子，上担子具隔膜 3 个，大小 25～35×5.3～6.0(μm)；担孢子椭圆形或腊肠形，单胞，无色，光滑，大小 14 ～18 ×3 ～4(μm)。田中隔担耳菌子实体褐色，略厚，呈丝状；原担子无色、单胞；上担子纺锤形，有隔 2～4 个，大小 49～65×8～9(μm)；担孢子无色、单胞，镰刀形，微弯，27～40×4～6(μm)。

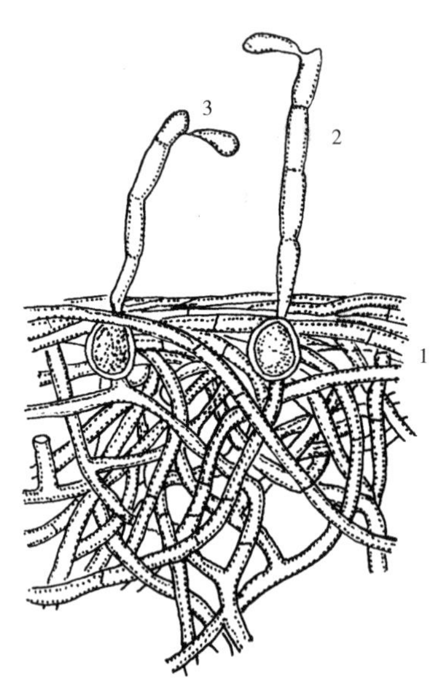

梅树膏药病茂物隔担耳菌

1.下担子 2.上担子 3.担孢子

传播途径和发病条件 该病菌以菌丝体在病枝干上越冬，翌春菌丝萌动生长形成子实层，产生担孢子，担孢子借气流和蚧类的爬行传播，该菌与介壳虫共生，它以介壳虫的分泌物为养料，而介壳虫借菌膜覆盖得以保护。故介壳虫多，发病重。荫蔽潮湿，排水不良，管理粗放生长势弱的梅园发病重。

防治方法 （1）发病重的枝条重剪，除去病枝。（2）秋季于发病部位涂抹 45%石硫合剂结晶 30 倍液，也可用 10～15 倍松脂合剂防治介壳虫。（3）喷洒 30%戊唑·多菌灵悬浮剂 1000 倍液或 20%石灰乳。

梅树疮痂病（Japanese apricot scab）

症状 又称黑星病。果实上病斑圆形，淡褐色，直径 2～4mm，常多个病斑互相融合，上密生黑色霉状物，为病原菌的子实体。为害轻时，无明显影响，其上霉状物可抹掉。严重时，病果小，病部开裂，甚至脱落。叶片上亦形成近圆形的暗色病斑，背面生黑色霉状子实体。

梅树疮痂病病果

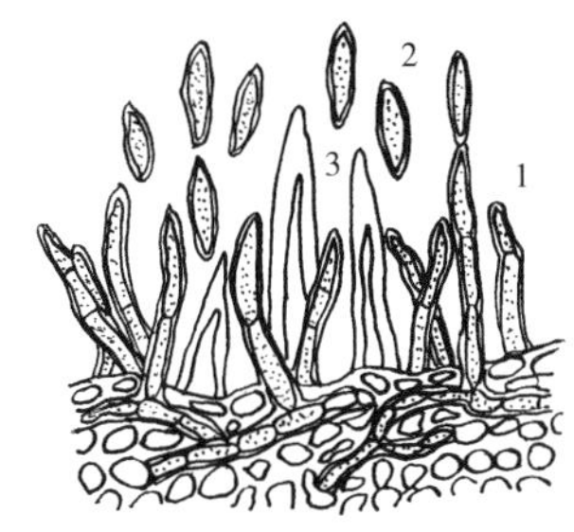

梅疮痂病菌

1.分生孢子梗 2.分生孢子 3.叶毛

病原 *Cladosporium carpophilum* Thuemen 称嗜果枝孢,属真菌界无性型真菌。分生孢子梗单生或3~6根簇生,具1~5个隔膜,浅褐色,50~130×4~6(μm);膨大处直径6~7(μm)。枝孢柱形20~30×4~5(μm),孢痕明显。分生孢子单生或呈短链,有时有假状分枝,圆柱形,孢脐明显,无色或浅色,单细胞,8.1~27×4~6(μm)。

传播途径和发病条件 病菌以菌丝或分生孢子在受害叶、枝梢或芽内越冬,翌年越冬病菌产生的分生孢子借风雨传播,先从幼叶上侵入,产生新的孢子后,再侵入枝梢或果实。低温多雨利其发病。

防治方法 (1)加强梅园管理。(2)选用耐病品种。(3)发病初期喷洒50%甲基硫菌灵·硫磺悬浮剂800倍液或70%代森锰锌可湿性粉剂500倍液、65%甲硫·乙霉威可湿性粉剂1000倍液、30%戊唑·多菌灵悬浮剂1000倍液、50%嘧菌酯水分散粒剂2000~2500倍液。

地衣为害梅树(Japananese apricot lichen)

症状 主要发生在阴湿衰老的梅园。地衣是一种叶状体,青灰色,据外观形状常分为叶状地衣、壳状地衣等。叶状地衣扁形,形状似叶片,平铺在枝干的表面,有的边缘反卷。壳状地衣是一种形状不同的深褐色假根状体,紧紧贴在梅花树皮上,难于剥离。

地衣为害梅树树枝

病原 地衣是真菌和藻类的共生体,靠叶状体碎片进行营养繁殖,也可以真菌的孢子和菌丝体及藻类产生的芽孢子进行繁殖。

传播途径和发病条件 春季气温高于10℃时开始生长,产生的孢子借风雨传播,进入5、6月温暖潮湿季节生长最盛,但高温炎热夏季生长缓慢,秋季气温下降又复扩展,直到冬季才又停滞。山地梅园发生较多。

防治方法 (1)加强梅园管理,及时剪枝,改善梅树通风透光条件,雨后及时排水,防止湿气滞留。(2)必要时喷洒1∶1∶160倍式波尔多液或30%氧氯化铜悬浮剂600倍液。(3)用草木灰浸出液煮沸后进行浓缩,涂在地衣上有效。

梅树根癌病(Japananese apricot root tumors)

症状 主要为害茎基和根部。初根颈部和主、侧根生白色至黄白色略肿大小瘤,平滑柔软,后小瘤渐渐长大,颜色变为淡褐色至深褐色,并有细小皱裂,以后形成粗的龟裂纹,并深入内部,此时肿瘤类似球形,外观坚硬且粗糙。染病植株生长衰弱,发病严重时,致整株死亡。

病原 *Agrobacterium tumefaciens* (Smith et Townsend) Conn. 称根瘤农杆菌,属细菌界薄壁菌门。细菌发育温限0~37℃,最适25~30℃,致死温度51℃。

传播途径和发病条件 细菌常在被害部及土壤中越冬存活,经土壤、昆虫、水流、工具等传向健株,由伤口尤其是嫁接伤口侵入。幼树感病重于成树。高温、高湿利于病菌繁殖和传播蔓延。德国维尔茨堡大学研究该菌首先攻击植物的免疫系统,使该菌的部分基因能侵入寄主的细胞,改变受害植物很多基因的表达,造成受害植物一系列激素分泌明显增多,从而导致受害植物有关细胞无节制地分裂增生,形成肿瘤。得病的果树体内也会逐渐生出给"肿瘤"提供所需养分的导管,并与果树正常导管系统连接,此后"肿瘤"就会从寄主植物体内吸取大量养料。

防治方法 (1)严格检疫,防止外地引进的梅苗木和梅桩带菌传入。对可疑植株要隔离观察,并用1%~2%硫酸铜液消毒处理。(2)尽量避免造成各种伤口,万一有伤口应涂抹石灰乳或石硫合剂、波尔多浆保护。(3)用无病土栽植,地栽梅应远离患根癌病的日本樱花,以免传病。(4)定植时用土壤杆菌 *A. radiobacter* K84浸根可有效防病。(5)发现病瘤及早切除,伤口涂41%乙蒜素乳油50倍液消毒。

梅树根癌病

5. 桃、李、杏、梅害虫

(1) 种子果实害虫

桃蛀螟果树型(Peach pyralid moth)

学名 *Conogethes punctiferalis* (Guenée) 鳞翅目,草螟科。别名:桃蛀野螟、桃实螟、桃果蠹、桃蠹心虫、桃蛀心虫、桃野螟蛾、桃斑纹野螟蛾、果斑螟蛾、豹纹蛾、豹纹斑螟。食性极杂,分布全国南北各地。

桃蛀螟成虫

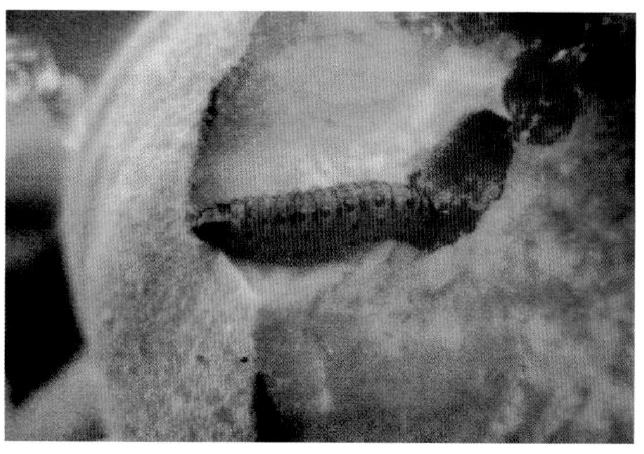
桃蛀螟幼虫为害桃果

寄主 桃、木菠萝、苹果、梨、李、杏、梅、石榴、柑橘、沙田柚、枇杷、柿、山楂、核桃、荔枝、龙眼、无花果、栗等。

为害特点 幼虫蛀食幼果、穗、花萼。被害果实从蛀孔分泌黄褐色透明胶汁。果实变色脱落,果内充满虫粪。

形态特征 成虫:体长12mm,翅展22~25(mm),黄至橙黄色,体翅表面具许多黑斑点似豹纹:胸背有7个;腹背第1和3~6节各有3个横列,第7节有时只有1个,第2、8节无黑点,前翅25~28个,后翅15~16个,雄第9节末端黑色,雌不明显。卵:椭圆形,长0.6mm,宽0.4mm,表面粗糙布细微圆点,初乳白渐变橘黄、红褐色。幼虫:体长22mm,体色多变,有淡褐、浅灰、浅灰蓝、暗红等色,腹面多为淡绿色。头暗褐,前胸盾褐色,臀板灰褐,各体节毛片明显,灰褐至黑褐色,背面的毛片较大,第1~8腹节气门以上各具6个,成2横列,前4后2。气门椭圆形,围气门片黑褐色突起。腹足趾钩不规则的3序环。蛹:长13mm,初淡黄绿后变褐色,臀棘细长,末端有曲刺6根。茧:长椭圆形,灰白色。

生活习性 长江流域年生4~5代,北方2~3代,以老熟幼虫于玉米、向日葵、蓖麻等残株内结茧越冬。武昌各代成虫盛发期:越冬代5月中下旬,第1代6月下至7月上旬,第二代8月上中旬,第3代9月上中旬,第4代9月中下至10月上旬;世代重叠严重。北方4月下旬至5月化蛹,蛹期20~30天,各代成虫发生期:越冬代5月下旬至6月下旬,第1代7月中旬至8月下旬,第2代8月下旬至9月下旬;卵期7~8天,非越冬幼虫期20~30天,1、2代蛹期10天左右。成虫昼伏夜出,对黑光灯和糖酒醋液趋性较强,喜食花蜜和吸食成熟的葡萄、桃的果汁。喜于枝叶茂密处的果上或相接果缝处产卵,1果2~3粒,多者20余粒。每雌产卵数十粒。产卵前期3天,成虫寿命10天。初孵幼虫先吐丝蛀食、老熟后结茧化蛹。第1代卵主要产在桃、杏等核果类果树上,第2~3代卵多产于玉米、向日葵等农作物上,幼虫为害至9月下旬陆续老熟,寻找适当处所结茧越冬,发生迟者以第2代幼虫越冬。天敌有黄眶离缘姬蜂、广大腿小蜂。

防治方法 (1)越冬幼虫化蛹前处理越冬寄主的残体,消灭其中幼虫。(2)冬季、早春刮除老翘皮消灭其中越冬幼虫;生长季节及时摘除虫果、集中处理;秋季采果前树干绑草,诱集越冬幼虫,早春解下草把集中烧毁。(3)利用黑光灯和糖醋液诱杀成虫。(4)用牛皮纸套袋,套前先喷药。(5)在卵盛期至孵化初期喷洒10%联苯菊酯乳油3000倍液或55%氯氰·毒死蜱乳油2000倍液、20%甲氰菊酯乳油2000倍液、50%杀螟硫磷乳油1500倍液、25%灭幼脲悬浮剂1500倍液、2.5%高效氯氟氰菊酯乳油2500倍液、2.5%溴氰菊酯乳油2000倍液。桃树对乐果、炔螨特等杀虫剂敏感,应慎用。

桃虎象(Peach curculio)

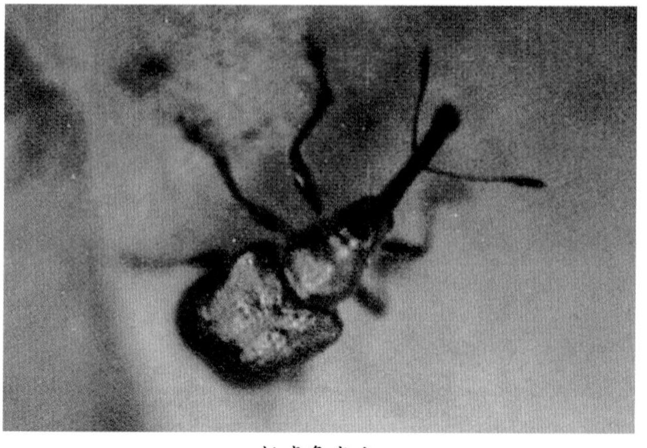
桃虎象成虫

学名 *Rhynchites confragossicollis* Voss 鞘翅目，卷象科。又称桃象甲。主要分布在湖北、浙江、福建、四川等省。

寄主 主要为害桃，基本不为害梨。

为害特点 成虫为害幼果，蛀害果肉，造成果实腐烂脱落；成虫食叶造成大小不一圆形至椭圆形孔洞或呈缺刻状。

形态特征 成虫：体长6～7(mm)，红铜色，前胸两侧下端的刺短且钝。喙细长。前胸背面“小”字形凹陷不如梨虎象明显，鞘翅上刻点细，每鞘翅上9行，长短一致。卵：长约1mm，椭圆形，乳白色。幼虫：体长10mm，乳白色略带浅黄色，体弯曲，胸足不发达。蛹：长8mm，浅黄色。

生活习性 年生一代，以成虫及部分幼虫在桃树下5～30(cm)土中越冬，翌春桃树花芽膨大时，成虫出土上树为害，由于越冬虫态不同，成虫出土期长达5个月。福建闽候地区3～6月是桃树受害期，其中4月受害最重。成虫常栖息在花、叶、果密集处，有假死性，受惊后常坠落地表，气温高时也可飞离。成虫产卵时用喙在幼果表面咬成卵孔，把卵产在孔中，一般一个孔产1粒，个别可产2～3粒，一个果上可着卵数十粒。蛀果幼虫6月中旬老熟，脱果入土，幼虫入土期一直延续到9月下旬。

防治方法 (1)树盘施药可参照梨虎象防治法，成虫出土前树冠下撒2%杀螟硫磷粉剂$667m^2$用药2kg。施药时间要比梨虎象早，第1次施药应在桃树花芽膨大期进行，1个月后再施1次药。(2)5月份以前气温偏低，可采用震树人工捕捉成虫，捡拾落果集中烧毁或沤肥，可减少虫源。(3)4月间成虫盛发期，树上喷90%敌百虫可溶性粉剂或40%甲基毒死蜱乳油1000倍液、40%辛硫磷乳油1000～1500倍液，隔10～15天1次。(4)冬季注意清园，进行中耕除草施肥并深翻树冠下表土层，能消灭一部分越冬的成虫或幼虫，为下一年防治打好基础。

桃仁蜂（Peach fruit wasp）

学名 *Eurytoma maslovskii* Nikolskaya 膜翅目，广肩小蜂科。别名：太谷桃仁蜂。分布：辽宁、山西；俄罗斯。

寄主 桃、杏、李。

为害特点 幼虫蛀食正在发育的种仁，被害果逐渐干缩呈黑灰色僵果，大部早期脱落。

形态特征 成虫：雌体长7～8(mm)，黑色，各足腿节端部、胫节两端、跗节均呈黄至褐色，前翅透明稍带褐色；后翅无色透明。头、胸部密布白色细毛和刻点，触角膝状9节，周生白细毛，鞭节近丝状，复眼椭圆形较大，单眼3个浅黄色。前翅翅脉简单，近前缘有褐色粗脉1条伸至中部，弯向前缘后分成2短支；后翅近前缘具1条黄褐色粗脉。腹部肥大近纺锤形。雄体长6mm。触角膝状9节，各鞭节背侧显著隆起似念珠状。各节上下部环生刚毛。腹部较小，第1节柄状细长，以后各节略呈圆锤状。其他特征同雌虫。卵：长椭圆形，略弯，长0.35mm，乳白色，前端具一短柄向后弯，后端有1细长多曲折的卵柄，柄长为卵长的4～5倍。幼虫：体长6～7(mm)，乳白色，纺锤形稍扁，向腹面弯曲，无足，头浅黄色大部缩入前胸内，上颚褐色。胴部13节，末节小缩在前节内，气门9对黄褐色圆形。蛹：长6～8(mm)，略呈纺锤形，乳白至黑色。

生活习性 年生1代，以老熟幼虫在被害果里越冬。在山西晋中4月中旬～5月上旬化蛹，4月下至5月初为盛期，蛹期15天，田间5月中旬成虫始见，5月下旬盛发，卵产于核尚未硬化的幼果内，1果只产1粒，每雌可产百余粒卵。幼虫蛀食桃仁40余天，至7月中下旬老熟，幼虫即在果核里越冬。

防治方法 (1)成虫羽化前彻底清除受害果，集中深埋或烧毁。(2)于成虫盛发期喷80%敌敌畏乳油或25%氯氰·毒死蜱乳油1000倍液均有较高防效。

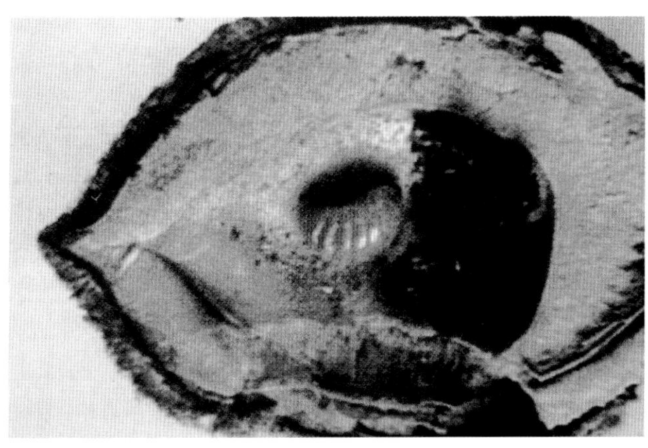

桃仁蜂幼虫

梨小食心虫（Oriental fruit moth）

学名 *Grapholitha molesta* Busck 鳞翅目，卷蛾科。别名：梨小蛀果蛾、梨姬食心虫、桃折梢虫、东方蛀果蛾，简称“梨小”。

为害特点 幼虫蛀果另还蛀害桃梢，致萎蔫干枯，影响桃树生长。刚萎蔫的梢内有虫，已枯死的梢里大多无虫。

梨小食心虫成虫放大

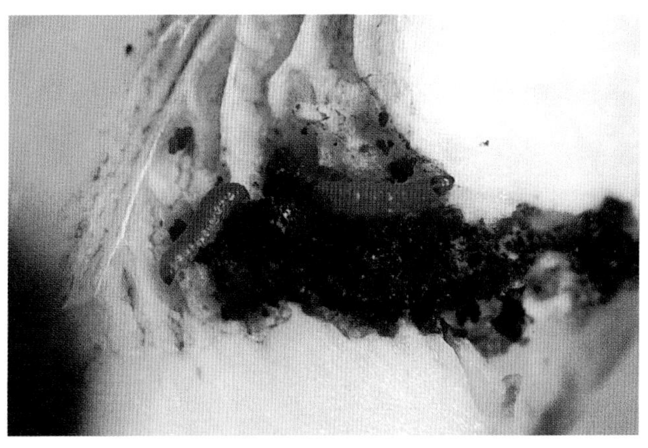

梨小食心虫幼虫为害桃果

生活习性 天津地区发生3~4代。以老熟幼虫在树干基部土缝中、树干翘皮缝隙等处结茧越冬，4月上中旬化蛹，4月中旬出现成虫。近年由于气候反常，发生期不整齐，有世代重叠现象。7月以前为害桃树新梢，7月上旬为害苹果、梨，桃、苹果、梨混栽的果园发生重。

防治方法 见苹果害虫——梨小食心虫。

李实蜂

学名 *Hoplocampa minutominuto* 异名：*H. fulvicornis* Panzer. 膜翅目叶蜂科。分布在华北、华中、西北等李产区。

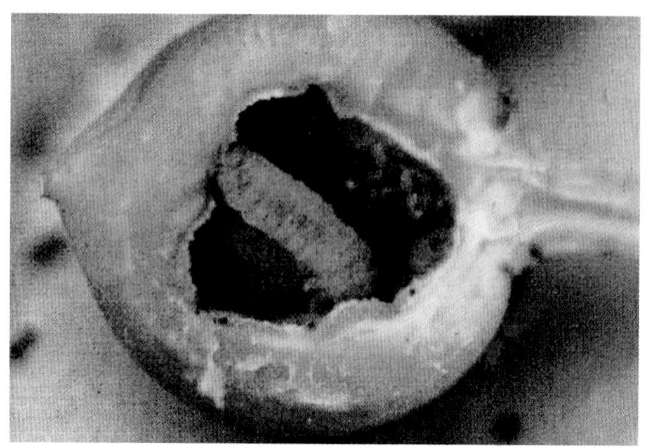

李实蜂幼虫正在为害幼果

寄主 李。

为害特点 花期幼虫蛀害花托、花萼和幼果，常把果肉、果核食空，把粪堆积在果中，造成落花落果。

形态特征 成虫：黑色小蜂，口器褐色，触角丝状，体长4~6(mm)，雌蜂暗褐色，雄蜂深黄色，中胸背面生"乂"字形沟纹；翅透明，棕灰色，雌蜂翅前缘及翅脉黑色。卵：长0.8mm，椭圆形，乳白色。幼虫：黄白色，体长9~10(mm)，背线暗红色，较宽，头近似圆球形，浅黄色，口器两侧各生1小黑点。裸蛹：羽化前变黑色。

生活习性 年生1代，以老熟幼虫在土壤中结茧越冬，休眠期10个月，翌年3月下旬李树萌芽时化蛹，李树开花时成虫羽化，成虫把卵产在李树花托或花萼表皮下，幼虫孵化后爬入花内或蛀入果核内为害，常把果内蛀空，堆积虫粪，幼虫老熟后落地结茧越冬。

防治方法 (1)受害果脱落之前摘除，集中深埋或烧毁。(2)防治该虫关键期是花期，成虫产卵前喷洒50%杀螟硫磷乳油或50%敌敌畏乳油1000倍液。(3)李树始花期、落花后各喷1次20%氰戊菊酯乳油1500倍液或20%氰戊·辛硫磷乳油1500倍液、25%氯氰·毒死蜱乳油1100倍液。

李小食心虫(Plum fruit moth)

学名 *Grapholitha funebrana* Treitscheke 鳞翅目，卷蛾科。别名：李小蠹蛾。分布：黑龙江、吉林、辽宁、内蒙古、山西、河北、陕西、甘肃、宁夏、青海、新疆；日本。

寄主 李、杏、桃、樱桃、乌荆子。

为害特点 幼虫蛀果为害，蛀果前常在果面吐丝结网，于网下蛀入果内果核附近，取食近核外果肉，果孔处流出泪珠状果胶，受害果内有大量虫粪，粪中无蛹壳。幼果被蛀多脱落，成长果被蛀部分脱落，对产量与品质影响极大。

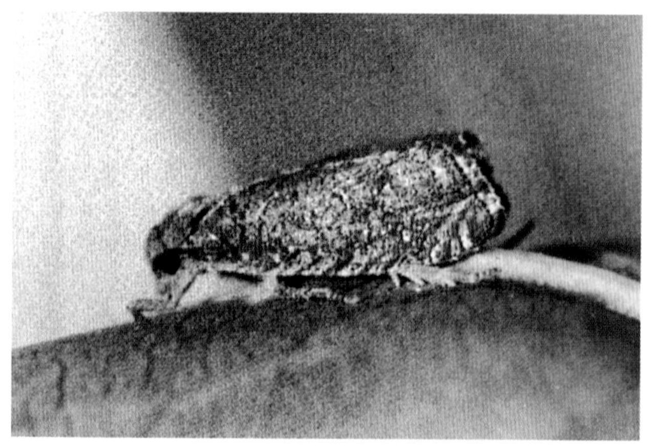

李小食心虫成虫(刘兵等原图)

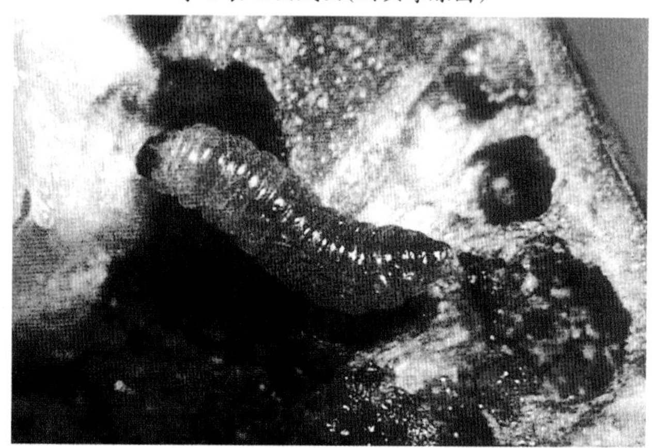

李小食心虫幼虫为害李子果实

形态特征 成虫：体长4.5~7(mm)，翅展11~14(mm)，体背灰褐色，腹面灰白色。与梨小食心虫很相似，其主要区别为：本种前翅狭长烟灰色，前缘有不甚明显的白色钩状纹(斜短纹)18组，梨小为10组明显；梨小中室端附近有1明显白点，本种没有；本种翅面无明显斑纹，密布小白点，仅在近顶角和外缘，白点排成较整齐的横纹，近外缘隐约可见1月牙形铅灰色斑纹，其内侧有6~7个暗色短斑，缘毛灰褐色。后翅淡烟灰色，缘毛灰白色。卵：扁平圆形，中部稍隆起，长0.6~0.7(mm)，初乳白后变淡黄色。幼虫：体长12mm左右，桃红色，腹面色淡。头、前胸盾黄褐色，前胸侧毛组(K毛)3根毛，臀板淡黄褐或桃红色，上有20多个小褐点，臀栉5~7齿。腹足趾钩为不规则的双序环，趾钩23~29个，臀足趾钩13~17个。蛹：长6~7(mm)，初淡黄渐变暗褐色，第3~7腹节背面各具2排短刺，前排较大，腹末生7个小刺。茧：长10mm，纺锤形污白色。

生活习性 北方年生1~4代，黑龙江1代，大部分地区2~3代，山西忻州2~4代。均以老熟幼虫在树干周围土中、杂草等地被下及皮缝中结茧越冬。此虫为兼性滞育，年生多代地区，除第1代、越冬代外，各代老熟幼虫均有越冬者。李树花芽萌动期于土中越冬者多破茧上移至地表1cm处再结与地面垂直的茧，于内化蛹，在地表和皮缝内越冬者即在原茧内化蛹。各地成虫发生期：辽西越冬代5月中旬，第1代6月中下旬，第2

代7月中下旬；忻州越冬代4月上旬至5月上旬，第1代5月下旬至6月下旬，第2代6月中旬~8月上旬，第3代7月下旬至8月下旬。成虫昼伏夜出，有趋光和趋化性；羽化后1~2天开始产卵，多散产于果面上，偶尔产在叶上，每雌平均卵量50余粒。卵期4~7天。孵化后于果面稍作爬行即蛀果，果核未硬直入果心，被害果极易脱落，随果落地幼虫因果小多完不成发育，部分幼虫蛀果2~3天即转果，1头幼虫可为害2~3个果，约经15天老熟脱果，于皮缝、表土内结茧化蛹，蛹期7天左右。第2代幼虫于果肉内蛀食不转果，蛀孔流胶被害果多不脱落；幼虫为害20余天老熟脱果，部分结茧越冬，发生3代者继续化蛹。第3~4代幼虫多从果梗基部蛀入，被害果多早熟脱落；末代幼虫老熟后脱果结茧越冬。天敌有食心虫白茧蜂等4种。

防治方法 (1)越冬代成虫羽化前即李树落花后，在树冠下地面撒药，重点为干周半径1米范围内，毒杀羽化成虫，可喷洒30%辛硫磷微胶囊悬浮剂每667m^2 0.8~1kg，加水50~90倍喷洒。也可用50%二嗪磷、20%氰戊菊酯、2.5%溴氰菊酯乳油等，每667m^2 0.3~0.5kg均有良好效果。如药剂缺乏可压土6~10(cm)厚拍实，使成虫不能出土，羽化完毕应及时撤土防止果树翻根。(2)卵盛期至幼虫孵化初期药剂防治，参考苹果害虫——桃小食心虫树上施用药剂。(3)有条件的可用黑光灯、糖醋液诱杀成虫。可用性诱剂测报成虫发生动态，指导树上药剂防治。

杏仁蜂(Apricot boring wasp)

学名 *Eurytoma samsonovi* Wass. 膜翅目，广肩小蜂科。别名：杏核蜂。分布：辽宁、河北、河南、山西、陕西、新疆。

寄主 杏。

为害特点 以幼虫为害杏果，致果沟缝合线处呈黑褐色，严重时把杏仁吃光，造成大量落果。

形态特征 成虫：黑色，体长6mm左右。头大，黑色，复眼暗赤色。触角9节，1~2节橙黄色，3~9节黑色，第1节特长，2节最短。雄蜂触角3~9节上有长环毛。头部及胸部具网状刻纹。胸足基节黑色，余橙色。雌蜂腹部橘红色，有光泽，产卵管深褐色。雄蜂腹部黑色，腹部第1节细长，形成细腰状。卵：长1mm左右，长圆形，上尖下圆，白色至乳黄色。末龄幼虫：体长6~12(mm)，乳黄色，纺锤形，略向腹部弯曲，中部肥大，两头略

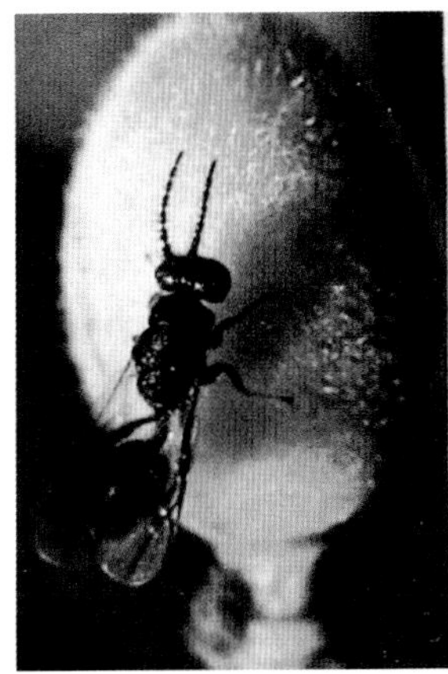
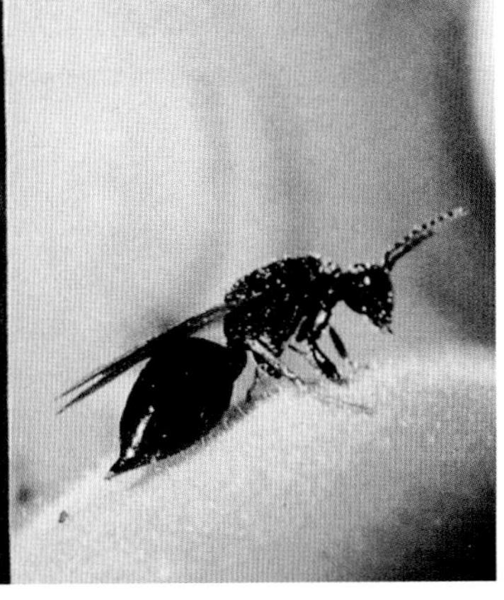

杏仁蜂成虫

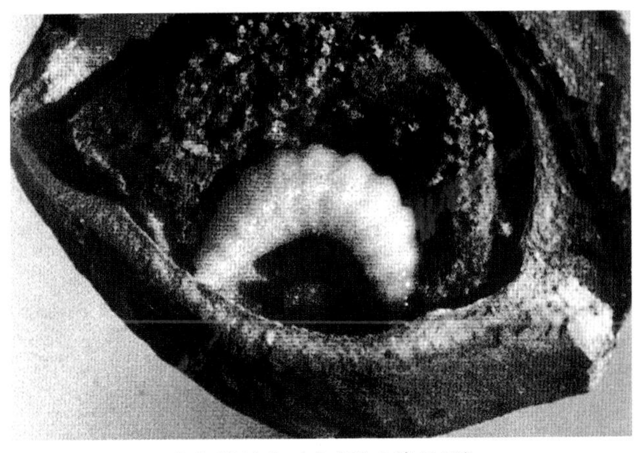

杏仁蜂幼虫放大(刘兵等原图)

尖。头部有一对黄褐色发达的上颚，缩入头内，上颚内缘具一尖的小齿。腹部无足。蛹：长5.5~8(mm)，裸蛹。奶油色至橘红色(雌蜂)或黑褐色(雄蜂)。

生活习性 年生1代，以幼虫在落地杏内、园中或树上杏核中越夏或越冬，翌年山西3月中旬末或河北、北京4月化蛹，蛹期10天至1个月，杏落花时开始羽化，杏果小拇指大时，成虫大量出现交尾产卵，卵期10多天，初孵幼虫在杏核内取食蜕4次皮，经过5龄，山西5月，北京6月幼虫老熟，留在杏核中越季，长达10个月。

防治方法 (1)杏果采收后，成虫羽化前，彻底清除落果及杏核，清除树上的干果，集中深埋或烧毁。(2)杏树落花后成虫羽化期，喷洒40%辛硫磷乳油1000倍液。

杏象甲(Peach curculio)

学名 *Rhynchites heros* Roelofs 异名 *R.faldermanni* Schoenherr 鞘翅目，卷象科。别名：杏虎象、桃象甲。分布：东北、华北、西北、华中、广东；日本等。

寄主 杏、桃、樱桃、李、梅、枇杷、苹果、梨、榅桲。

为害特点 成虫食芽、嫩枝、花、果实，产卵时先咬伤果柄造成果实脱落。幼虫孵化后于果内蛀食。

形态特征 成虫：体长4.9~6.8(mm)，宽2.3~3.4(mm)，体椭圆形，紫红色具光泽，有绿色反光，有些个体绿色反光相当明显，体密布刻点和细毛。喙细长略下弯；喙端部、触角、足端深红色，有时现蓝紫色光泽。触角11节棒状，端部3节膨大；头长等

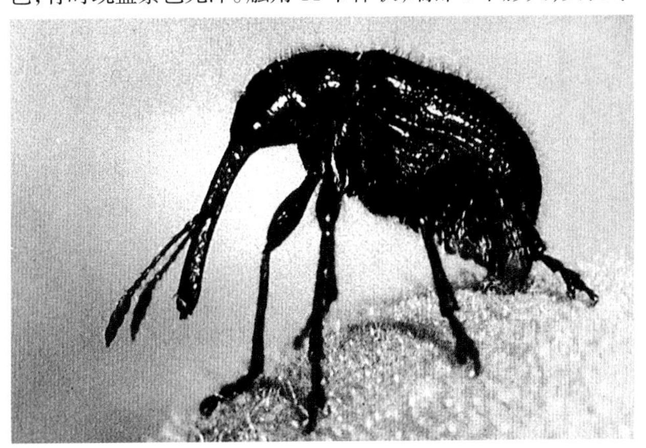

杏象甲成虫(刘兵等原图)

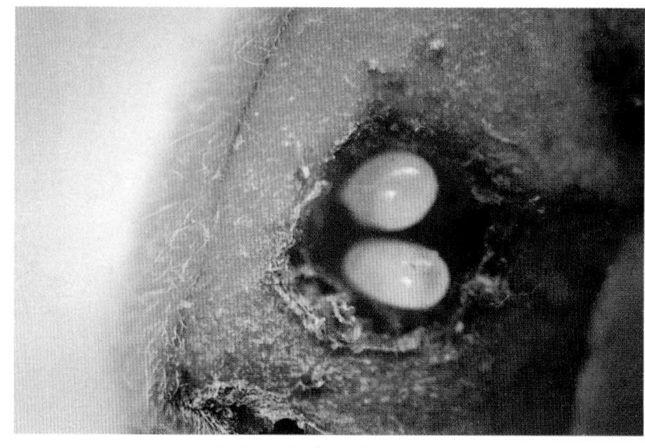

杏象甲产在果实内的卵

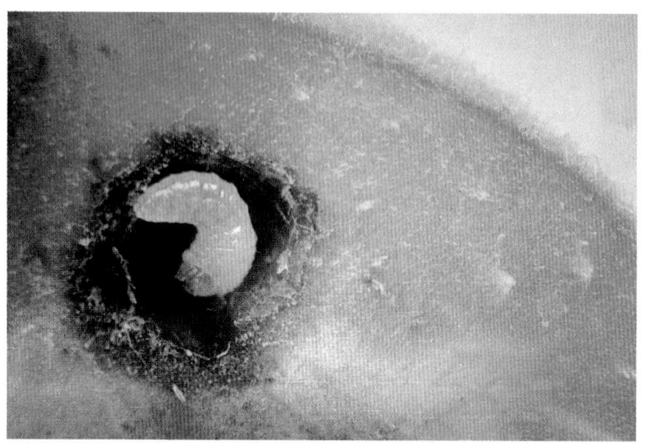

杏象甲低龄幼虫

于或略短于基部宽，密布大小刻点，背面具细横纹。前胸背板“小”字形凹陷不明显。鞘翅略呈长方形，内角隆起，两侧平行，端部缩圆或下弯，行纹刻点列略明显，行纹窄，行间宽，密布不规则的刻点。后翅半透明灰褐色。足细长。卵：长1mm，椭圆形，乳白色，表面光滑微具光泽。幼虫：乳白色微弯曲，长10mm，体表具横皱纹。头部淡褐色，前胸盾与气门淡黄褐色。蛹：裸蛹，长6mm，椭圆形，密生细毛，尾端具褐色刺1对。初乳白渐变黄褐色，羽化前红褐色。

生活习性 年生1代。以成虫在土中、树皮缝、杂草内越冬，翌年杏花、桃花开时成虫出现，江苏4月中旬、山西4月底、辽宁5月中旬。同一地区成虫出土与地势、土壤湿度、降雨等有关，春旱出土少并推迟，雨后常集中出土，温暖向阳地出土早。成虫喜在8～16时活动，11～14时尤为活跃，常停息在树梢向阳处，受惊扰假死落地，为害7～15天后开始交配、产卵，产卵时先在幼果上咬1小孔，每孔多产1粒卵，上覆黏液干后呈黑点，每雌可产20～85粒，成虫产卵期30天，卵期7～8天，幼虫期20余天老熟后脱果入土，多于5cm土层中结薄茧化蛹，蛹期30余天。羽化早的当秋出土活动，取食不产卵，秋末潜入树皮缝、土缝、杂草中越冬。多数成虫羽化后不出土，于茧内越冬。由于成虫出土期和产卵期长故发生期很不整齐。

防治方法 参见梨树害虫——梨虎象甲。

枯叶夜蛾（Akebia leaf like moth）

学名 *Adris tyrannus* (Guenée) 鳞翅目，夜蛾科。别名：通草木夜蛾。

寄主 成虫为害桃、柑橘、苹果、梨、葡萄、杏、柿、枇杷、无花果等果实；幼虫为害通草等。

为害特点、形态特征、生活习性、防治方法 参见苹果害虫——枯叶夜蛾。

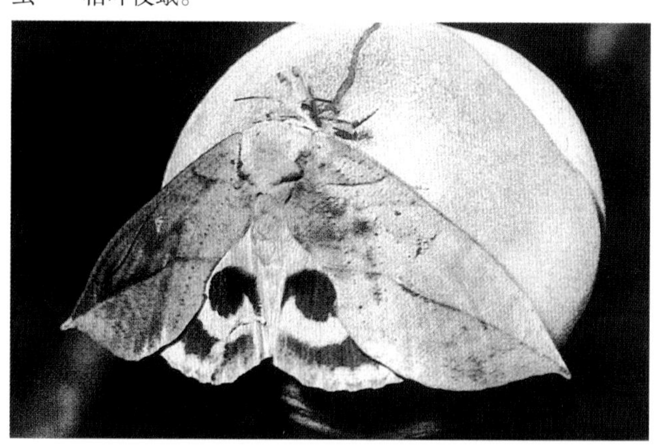

枯叶夜蛾成虫吸食桃汁

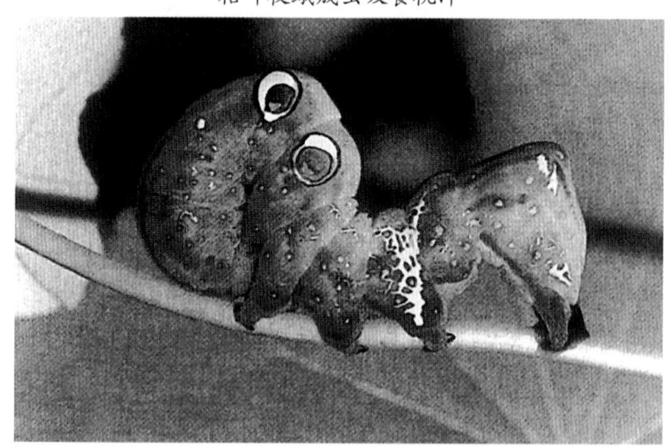

枯叶夜蛾幼虫放大

（2）花器芽叶害虫

桃蚜（Green peach aphid）

学名 *Myzus persicae* (Sulzer) 同翅目，蚜科。别名：桃赤蚜、温室蚜、烟蚜、菜蚜、波斯蚜。异名 *Myzodes persicae* (Sulzer)。分布在全国各地。

寄主 桃、李、杏、梅、苹果、梨、山楂、樱桃、柑橘、柿等300余种植物。

为害特点 成、若蚜群集于芽、叶、嫩梢上刺吸为害。叶被害后向背面不规则的卷曲皱缩，导致营养恶化，甚至脱落。排泄的蜜露诱致煤病发生并传播病毒病。此外，桃蚜对桃梢桃叶具极强的卷曲和抑制生长的能力，严重影响桃枝正常生长。

形态特征 成虫：无翅孤雌蚜，体卵圆形，长1.4～2.6(mm)。绿、青绿、黄绿、淡粉红至红褐色；头部色深。体背粗糙有粒状结构，但背中域光滑，体侧表皮粗糙，背片有横皱纹，第7、8腹节有网纹。额瘤显著内倾，中额微隆起。触角为体长的0.8

桃蚜为害桃树状

桃蚜无翅蚜

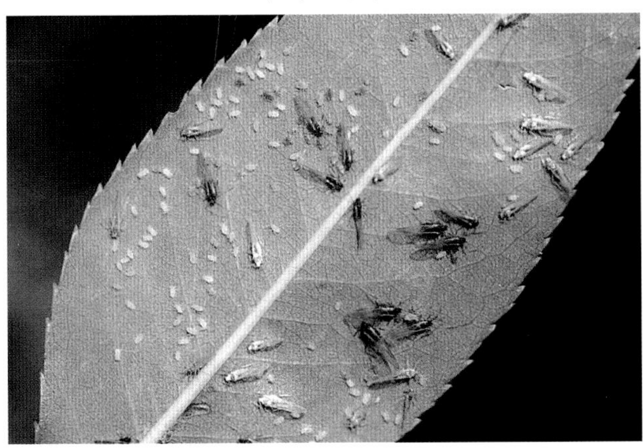

桃蚜有翅蚜放大

倍,第6节鞭部为基部的3倍以上,各节有瓦纹。喙达中足基节。腹管圆筒形,长0.53mm,向端部渐细,有瓦纹,端部有缘突。尾片圆锥形,近端部2/3收缩,有6或7根曲毛。尾板末端圆,有8~10根毛。有翅孤雌蚜,体长卵圆形,体长1.6~2.1(mm)。头、胸部、腹管、尾片均黑色,腹部淡绿、黄绿、红褐至褐色变异较大。触角丝状6节,黑色,第3节基部淡黄色。第3节有9~11个小圆形感觉圈。翅透明淡黄色。腹背中央及两侧有淡黑色斑纹,第8腹节背中央有1对小突起,腹管细长圆筒形,尾片粗圆锥形,近端部1/3收缩,有6~7根曲毛。无翅有性雌蚜,体长1.5~2(mm)。体肉色或红褐色。头部额瘤显著、外倾。触角6节,较短。腹管圆筒形,稍弯曲。有翅雄蚜,与有翅孤雌蚜秋季迁移蚜相似,腹部黑色斑点大。卵:长椭圆形,长0.7mm,初淡绿后变黑色。若蚜:似无翅孤雌蚜,淡粉红色,仅体较小;有翅若蚜胸部发达,具翅芽。

生活习性 北方年生20~30代,南方30~40代,生活周期类型属侨迁式。北方以卵在第一寄主的芽旁、裂缝、小枝叉等处越冬,有时迁回温室内的植物上越冬。冬寄主萌芽时卵开始孵化为干母,群集芽上为害,展叶后迁移到叶背和嫩梢上为害、繁殖,陆续产生有翅孤雌蚜迁飞扩散,5月上旬繁殖最快,为害最盛,并产生有翅蚜迁飞至第二寄主上为害繁殖;10月产生有翅蚜迁回第一寄主上为害繁殖,并产生有性蚜、交配后产卵越冬。在南方次年2月底、3月初卵孵化为干母;4月孤雌胎生干雌(无翅)。干雌胎生3代后于4月底5月初产生有翅迁移蚜,迁到第二寄主上,繁殖15~17代;8月间产生大量有翅迁移蚜,迁到十字花科植物上繁殖8~9代,10月中、下旬产生性母蚜。性母蚜分雌、雄性母。雌性母有翅、食性很广,会迁飞到其他寄主上,如桃、李、樱桃、梨等树上,孤雌胎生雌性蚜、雄性蚜长大后无翅。产雄性母无翅。在10月份取食后,孤雌胎生有翅雄性蚜,与雌性蚜交配,受精雌性蚜产卵。该蚜发生与气温关系密切。早春雨水均匀,有利于发生;高温高湿对其不利。在24℃时,发育最快,高于28℃时对其发育不利。

防治方法 防治桃蚜应采取强有力的措施,严格控制4~6月的数量增殖。(1)抓住花芽萌动至被害叶卷叶前的关键时期施药。可喷洒25%氯氰·毒死蜱乳油2000倍液、50%吡蚜酮可湿性粉剂5000倍液、10%吡虫啉可湿粉2500倍液、3%啶虫脒乳油2000~2500倍液、0.3%印楝素乳油1200倍液、0.3%复方苦参碱水剂1500倍液。(2)涂干防治。在蚜虫发生初期,于主干或主枝基部刮宽约10cm的环带,只把老粗皮刮去,勿伤及嫩皮,然后涂40%乐果5~10倍液,涂后用塑料包扎,效果较好。(3)大棚、温室栽植桃树,扣棚前喷洒波美3~5度石硫合剂灭卵。扣棚后叶面喷50%吡蚜酮可湿性粉剂5000倍液。

桃纵卷叶蚜

学名 *Myzus tropicalis* Takahashi 同翅目蚜科。分布在山东、浙江、台湾。

寄主 主要为害桃和山桃。

为害特点 以幼虫在叶背面为害,造成受害叶从叶缘向背面反卷呈双筒状,受害新梢先端的10~30(cm)幼嫩叶片常全都纵卷,叶面仍为绿色,增生明显,凹凸不平,叶片卷曲后提前

桃纵卷叶蚜为害桃树叶纵卷

脱落。

形态特征 无翅孤雌蚜：体长1.7mm，宽0.95mm，卵圆形，活体浅绿色，背有翠绿色斑纹。有翅孤雌蚜：长2.3mm，宽0.92mm，体椭圆形。活虫头、胸部黑色，腹部绿色，有大黑斑。触角第6节黑色，腹管端部1/4~1/3黑色，中胸腹岔无柄，体毛尖长。

生活习性 桃纵卷叶蚜有些虫体在卷叶背面，有些在卷叶内。发生期均在5~6月间。

防治方法 展叶前卷叶为害前喷洒25%吡蚜酮可湿性粉剂2000倍液或20%吡虫啉可溶性粉剂3000倍液、20%氰戊菊酯乳油2000倍液。

桃瘤头蚜(Peach aphid)

学名 *Tuberocephalus momonis* (Matsumura) 同翅目，蚜科。别名：桃瘤蚜。异名*Myzus momonis* Matsumura。分布在黑龙江、辽宁、内蒙古、陕西、山西、北京、河北、河南、山东、江苏、浙江、江西、福建、台湾等地。

寄主 桃、山桃、樱桃、梅等。

为害特点 以成、若蚜群集于叶背刺吸汁液，致使叶缘向背面纵卷成管状，被卷处组织肥厚凹凸不平，初时淡绿色，后呈桃红色，严重时全叶卷曲很紧似绳状或皱成团，终致干枯或脱落。

形态特征 成虫：无翅孤雌蚜，卵圆形，长2.0mm，宽0.87mm。灰绿色至绿褐色；头部黑色；腹背及腹部斑灰黑色，节间淡色；触角、喙、足腿节基部1/2稍淡色外其余全黑色；腹管、尾板、尾片及生殖板灰黑色至黑色。体表粗糙。体缘有微刺突，无缘瘤。中额瘤隆起，圆形，内缘外倾。触角长1.1mm，各节有瓦纹。喙超过中足基节。腹管为体长的0.17倍，圆筒形向端部渐细，有微刺构造的瓦纹，有短毛3~6根。尾片三角形，顶端尖，有毛6~8根。尾板有毛4根，尾板末端平或半圆形。有翅孤雌蚜，体长1.7mm，宽0.72mm，翅展5.1mm；淡黄褐色至草绿色，头、胸黑色。额瘤显著，向内倾斜。触角丝状6节，略与体等长；第3节有30多个感觉圈；第6节鞭状部为基部长的3倍。腹管圆柱形，中部略膨大，有黑色覆瓦状纹。尾片圆柱形，中部缢缩。翅透明，脉黄色。各足腿节、胫节末端及跗节色深。其他特征与无翅孤雌蚜相似。卵：椭圆形，黑色，初产时为绿色。若蚜：与无翅孤雌蚜相似，体较小，淡黄色或浅绿色，头部和腹管深绿色，复眼朱红色。有翅若蚜胸部发达，有翅芽。

生活习性 北方年发生10余代，南方约30余代。生活周期类型属侨迁式。以卵在越冬寄主枝条的芽腋处越冬。南京3月上旬开始孵化，3~4月大发生，4月底产生有翅蚜迁至夏寄主禾本科植物上，10月下旬重返桃树等越冬寄主上为害繁殖，11月上中旬产生有性蚜产卵越冬。在北方5月上旬(榆叶梅花刚谢)出现为害，6~7月大发生，并产生有翅孤雌蚜迁飞到草坪上为害，10月上旬又迁回桃树等越冬寄主上，产生有性蚜，产卵越冬。

防治方法 (1)前期参见桃蚜。喷药最好在卷叶前进行。(2)该蚜在夏秋季不断为害，应密切注视虫情扩展，并采取剪虫梢与喷药相结合的措施，能有效地控制该蚜为害。

桃瘤头蚜为害桃树症状

桃瘤头蚜雄性蚜

桃粉大尾蚜(Mealy peach aphid)

学名 *Hyalopterus amygdali* Blanchard 同翅目，蚜科。别名：桃粉蚜、桃大尾蚜、桃粉大蚜、桃粉绿蚜、梅蚜。分布在吉林、辽宁、内蒙古、新疆、青海、陕西、山西、北京、河北、山东、安徽、江苏、上海、浙江、江西、福建、台湾、湖北、湖南、贵州、广东、广西、重庆、四川、云南。

寄主 桃、李、杏、樱桃、山楂、梨、梅及禾本科植物等。

为害特点 以成、若蚜群集于新梢和叶背刺吸汁液，被害叶失绿并向叶背对合纵卷，卷叶内积有白色蜡粉，严重时叶片早落，嫩梢干枯。排泄蜜露常致煤污病发生。

形态特征 成虫：无翅孤雌蚜，体长2.3mm，宽1.1mm，狭长，卵形草绿色，被白粉。第8腹节微有瓦纹。缘瘤小，馒头状，

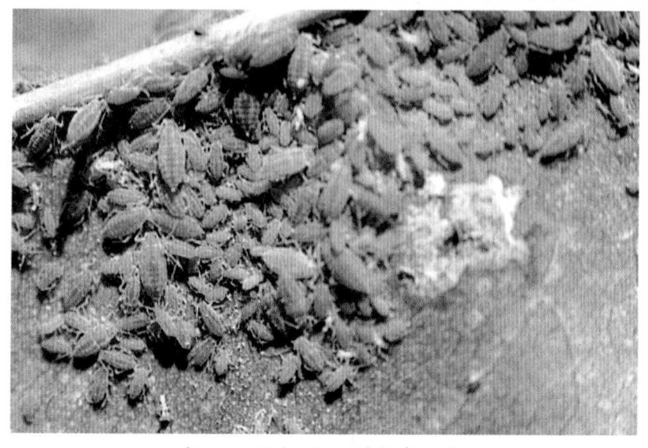

桃粉大尾蚜若虫群集在一起

桃粉大尾蚜越冬卵放大

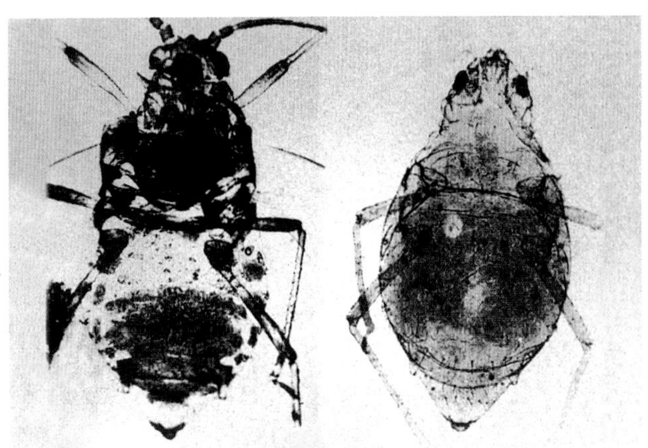

李短尾蚜有翅、无翅蚜放大

淡色透明,位于前胸及第1、7腹节。体背毛长尖锐。中额瘤及额瘤稍隆;触角光滑,微显瓦纹,为体长的1/3,第5、6节灰黑色,第6节鞭部长为基部的3倍;腹管圆筒形、光滑、无缘突、有切迹,基部稍狭长,端部1/2灰黑色;尾片长圆锥形,有长曲毛5~6根。有翅孤雌蚜,体长2.2mm、宽0.89mm,呈长卵形,头、胸部黑色,腹部黄绿色或橙绿色,有斑,有时模糊不清。体被白色蜡粉。触角为体长的2/3,第3节有圆形感觉圈18~26个,散布全节,第4节为0~7个,第6节鞭部长约为基部的3倍。腹管筒形,基部收缩,收缩部有褶曲横纹多条;尾片圆锥形,上长曲毛4~5根,其它特征与无翅蚜相似。卵:椭圆形,初产时黄绿色后变成黑色。若蚜:体小,绿色,与无翅孤雌蚜相似。被白粉。有翅若蚜胸部发达,有翅芽。

生活习性 在北方年发生10多代,南方20余代。生活周期类型属侨迁式,以卵在冬寄主的芽腋、裂缝及短枝叉处越冬。在北方4月上旬越冬卵孵化为若蚜,为害幼芽嫩叶,发育为成蚜后,进行孤雌生殖,胎生繁殖。5月出现胎生有翅蚜,迁飞传播,继续胎生繁殖,点片发生,数量日渐增多。5~7月繁殖最盛为害严重,此期间叶背布满虫体,叶片边缘稍向背面纵卷。8、9月迁飞至其它植物上为害,10月又回到冬寄主上,为害一段时间,出现有翅雄蚜和无翅雌蚜,交配后进行有性繁殖,在枝条上产卵越冬。在南方2月中、下旬至3月上旬,卵孵化为干母,危害新芽嫩叶。干母成熟后,营孤雌生殖,繁殖后代。4月下旬至5月上旬是雌蚜繁殖盛期,也是全年危害最严重的时期。5月中至6月上旬,产生大量有翅蚜,迁移至其他寄主上继续胎生繁殖。10月下旬至11月上旬,又产生有翅蚜,迁回越冬寄主上。11月下旬至12月上旬进入越冬期。

防治方法 参见桃蚜。

李短尾蚜(Leaf-curl plum aphid)

学名 *Brachycaudus helichrysi* (Kaltenbach) 同翅目,蚜科。分布在黑龙江、吉林、辽宁、内蒙古、甘肃、新疆、陕西、山西、河北、山东、河南、浙江、福建、台湾、四川、云南。

寄主 李、杏、桃、榆叶梅等。

为害特点 成虫、若虫密集于嫩梢、叶上吮吸汁液,严重时嫩叶畸形卷缩、嫩梢顶端弯曲,致使幼枝节间缩短,花芽生长受阻,并影响开花结实,受该虫危害后极大地降低了观赏价值与商品价值。

形态特征 无翅孤雌蚜:体长1.6mm,宽0.83mm。呈长椭圆形;体淡黄色,光滑,无明显斑纹。额瘤不显;触角有瓦纹,为体长的1/2,第6节鞭部长为基部的3倍。前胸有缘瘤。背毛粗长钝顶。中额毛1对,头部背毛4对;前胸各有中、侧、缘毛1对。腹管圆筒形、淡黄色,基部宽大,向端部渐细;尾片宽圆锥形、灰褐至灰黑色,上有曲毛6~7根。有翅孤雌蚜:体长1.7mm,头、胸部黑色;腹部淡色,具黑色斑纹;腹面呈一横带,节间斑淡褐色,触角、腹管、尾片黑色。触角为体长的2/3,第3节有圆形稍凸起的感觉圈11~19个,分布全节,第4节有0~3个,第6节鞭部长为基部的4.5倍。其他特征与无翅孤雌蚜相同。

生活习性 以卵越冬,翌年4月中旬卵孵化为干母,干母成熟后产生干雌并群集于植物的嫩梢、嫩叶上繁殖为害。10月下旬可见到两性蚜经交尾后产卵越冬。

防治方法 (1)园艺防治 及时铲除田边、沟边、塘边杂草,减少虫源。(2)利用银灰色膜避蚜,利用蚜虫对黄色的趋性,采用黄板诱杀。(3)生物防治。利用瓢虫、草蛉、食蚜蝇、小花蝽、烟蚜茧蜂、菜蚜茧蜂、蚜小蜂、蚜霉菌等控制蚜虫。(4)蚜虫发生量大时,园艺防治和天敌不能控制时,要在苗期或蚜虫盛发前防治,当有蚜株率达10%,即应防治。目前可选用25%吡蚜酮可湿性粉剂2500倍液、5%增效抗蚜威液剂2000倍液、10%联苯菊酯乳油3000倍液。

桃天蛾(Peach hornworm)

学名 *Marumba gaschkewitschi echephron* Boisd 异名 *Marumba gaschkewitschi* (Bremer et Grey) 鳞翅目,天蛾科。别名:桃六点天蛾、桃雀蛾、枣豆虫。分布:辽宁、内蒙古、山西、河北、山东、江苏、浙江、江西、福建、四川。

寄主 桃、杏、李、枣、樱桃、苹果、梨、葡萄、枇杷。

为害特点 幼虫食叶常仅残留粗脉和叶柄。

形态特征 成虫:体长36~46(mm),翅展80~120(mm),体翅灰褐色,复眼黑褐,触角短栉状浅灰褐,头胸背中央有1深色纵纹;前翅内横线双线、中横线和外横线为带状、及近外缘部分,均黑褐色,近臀角处有1~2个黑斑。后翅粉红,近臀角处有2个黑斑。卵:椭圆形,长1.6mm,绿至灰绿色。幼虫:体长

桃天蛾幼虫

80mm，黄绿至绿色，体表密生黄白色颗粒。胸部侧面有1条腹侧有7条黄色斜纹，自各节前缘下侧向后上方斜伸，止于下一体节背侧近后缘，第7腹节者止于尾角。尾角粗长，生于第8腹节背面。气门椭圆形、围气门片黑色。蛹：长45mm左右，深褐色。臀棘锥状。

生活习性 东北年生1代，河北、山东、河南2代，江西3代，均以蛹于土中越冬。1代区成虫6月羽化，幼虫7月上旬出现，9月老熟入土化蛹越冬。2代区越冬代成虫5月中旬~6月中旬发生，第1代幼虫5月下旬~7月发生为害，6月下旬开始老熟入土化蛹；第1代成虫7月发生，8月仍可见少数成虫，第2代幼虫7月下旬开始发生，至9月上旬开始陆续老熟入土化蛹越冬。江西南昌各代幼虫发生期：1代5—6月，2代6月下旬~8月，3代8月中旬~10月。成虫昼伏夜出，黄昏开始活动，有趋光性，卵多散产于枝干皮缝中，偶有产在叶上者，每雌可产卵170~500粒。成虫寿命平均5天。卵期约7天。老熟幼虫多于树冠下疏松的土内化蛹，以4~7(cm)深处较多。天敌：幼虫有绒茧蜂寄生。

防治方法 (1)挖蛹或秋后翻树盘可消灭部分越冬蛹。(2)黑光灯诱杀成虫。(3)捕杀幼虫。(4)幼虫为害期结合防治其他害虫喷洒药剂参考苹果小卷蛾。(5)注意保护和引放天敌。

果剑纹夜娥

学名 *Acronicta strigosa* (Denis et Schiffermüller) 鳞翅目夜蛾科，分布在山西、辽宁、黑龙江、浙江、福建、四川、广西、贵州、云南等省，主要为害桃、李、杏、山楂、苹果等。

果剑纹夜蛾4、5龄幼虫放大

为害特点 以低龄幼虫啃食叶表皮和叶肉，仅留下表皮呈纱网状，3龄后把叶片食成长圆形孔洞或缺刻或取食幼果表皮。

形态特征、生活习性、防治方法 参见苹果花器芽叶害虫——果剑纹夜蛾。

桃白条紫斑螟

学名 *Calguia defiguralis* Walker 鳞翅目，螟蛾科。别名：桃白纹卷叶螟。分布：山西、河北、北京；日本。

寄主 桃、杏、李。

桃白条紫斑螟红色型和绿色型幼虫

为害特点 幼虫食叶，初龄啮食下表皮和叶肉，稍大在梢端吐丝拉网缀叶成巢，常数头至10余头群集巢内食叶成缺刻与孔洞，随虫龄增长虫巢扩大，叶柄被咬断者呈枯叶于巢内，丝网上黏附许多虫粪。亦有单独卷缀叶片为害者。

形态特征 成虫：体长8~10(mm)，翅展18~20(mm)，体灰至暗灰色，各腹节后缘淡黄褐色。触角丝状，雄鞭节基部有暗灰至黑色长毛丛略呈球形。前翅暗紫色，基部2/5处有1条白横带，有的个体前缘基部至白带亦为白色。后翅灰色外缘色暗。跗节均为5节，呈灰、白相间的环节状。卵：扁长椭圆形，长0.8~0.9(mm)，初淡黄白渐变淡紫红。幼虫：体长15~18(mm)，头灰绿有黑斑纹，体多为紫褐色，前胸盾灰绿色，背线宽黑褐色，两侧各具2条淡黄色云状纵线，故体侧各呈3条紫褐纵线，臀板暗褐或紫黑色。腹足趾钩三序环，60余个。无臀栉。低、中龄幼虫多淡绿至绿色，头部有浅褐色云状纹，背线宽深绿色，两侧各有2条黄绿色纵线，故体侧各呈3条绿纵线。蛹：长8~10(mm)，头胸和翅芽翠绿色，腹部黄褐色，背线深绿色。尾节背面呈三角形凸起暗褐色，臀棘6根。茧：纺锤形，长11~13(mm)，丝质灰褐色。

生活习性 山西年生2代，以茧蛹多于树冠下表土层越冬，少数于皮缝和树洞中越冬。越冬代成虫发生期5月上旬至6月中旬，第1代成虫发生期7月上旬至8月上旬。成虫昼伏夜出有趋光性，卵多散产于枝条上部叶背近基部主脉两侧，亦有2~3粒产在一起者，1叶上多者有10余粒，卵期15天左右。第1代幼虫5月下旬开始孵化，6月下旬开始老熟入土结茧化蛹，蛹期15天左右。第2代卵期10~13天，7月中旬开始孵化，8月中旬开始老熟入土结茧化蛹越冬。成虫寿命多为7~8天，每雌可产卵9~189粒。天敌有赤眼蜂、茧蜂等。

防治方法 (1)越冬后至羽化前翻树盘,可灭部分蛹。(2)幼虫发生期药剂防治,参考苹果害虫——苹果小卷蛾。

杨枯叶蛾(Poplar lasiocampid)

学名 *Gastropacha populifolia* Esper 鳞翅目,枯叶蛾科。别名:柳星枯叶蛾、柳毛虫、柳枯叶蛾。分布在黑龙江、吉林、辽宁、内蒙古、山西、河北、山东、江苏、江西、台湾、广东、河南、陕西、甘肃、宁夏、青海、新疆、四川、贵州、云南、西藏等地。

杨枯叶蛾幼虫

杨枯叶蛾成虫

寄主 苹果、梨、核桃、桃、李、杏、樱桃等。

为害特点 幼虫取食嫩芽和叶片,成缺刻或孔洞,重者吃光叶片仅剩叶柄。

形态特征 成虫:体长 25 ~ 40(mm),翅展 40 ~ 85(mm),雄较小;全体黄褐色,腹面色浅,头胸背中央具暗色纵线 1 条。口吻退化,复眼黑色球形,触角双栉状,雄栉齿较长。前翅窄,外缘和内缘波状弧形;翅上具 5 条黑色波状横线;近中室端具 1 黑色肾形小斑。后翅宽短、外缘弧形波状,翅上有黑横线 3 条;前、后翅布有稀疏黑色鳞毛。卵:长约 1.5mm,白色近球形,上有绿至黑色不规则斑纹。幼虫:体长 100mm 左右,灰绿或灰黑色,生有灰长毛,腹部两侧生灰黑毛丛;中、后胸背面后缘各具 1 黑色刷状毛簇,中胸者大且明显;第 8 腹节背面中央具 1 黑瘤突,上生长毛;体背具黑色纵斜纹,体腹面扁平、浅黄褐色。胸足、腹足俱全。蛹:椭圆形,长 33 ~ 40(mm),初浅黄,后变黄褐色。茧:长椭圆形,40 ~ 55(mm),灰白色略带黄褐,丝质。

生活习性 东北、华北年生 1 代,华东、华中 2 代,均以低龄幼虫伏于枝干或枯叶中越冬,翌春活动,白天静止,夜晚取食,食嫩芽或叶片,幼虫老熟后吐丝缀叶于内结茧化蛹。1 代区成虫 6 ~ 7 月发生,2 代区 5 ~ 6 月和 8 ~ 9 月发生。成虫昼伏夜出,有趋光性,静止时状似枯叶。羽化后不久交配,把卵产在枝干或叶上,多几粒或几十粒产在一起,单层或双层,每雌可产卵 400 ~ 700 粒。幼虫孵化后分散为害,1 代区幼虫发育至 2 ~ 3 龄,体长 30cm 左右便停止取食,爬至枝干皮缝、树洞或枯叶中越冬。2 代区 1 代幼虫 30 ~ 40 天老熟结茧化蛹,羽化后继续繁殖。2 代幼虫达 2 ~ 3 龄即越冬。一般 10 月便陆续进入越冬状态。

防治方法 (1)结合管理捕杀幼虫。(2)结合其他害虫利用黑光灯或高压汞灯诱蛾。(3)幼虫出蛰后及时施药防治。具体方法参考苹果害虫——苹果小卷蛾。

黄斑长翅卷蛾(Yellow tortrix)

黄斑长翅卷蛾幼虫为害桃叶状

黄斑长翅卷蛾幼虫及为害状

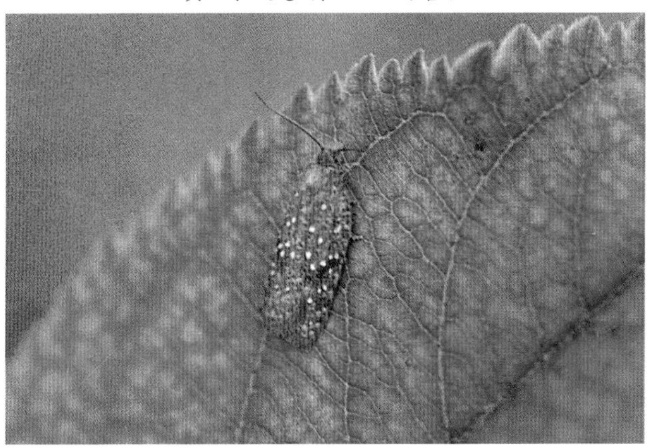

刚羽化的黄斑长翅卷蛾成虫栖息在叶片上

学名 *Acleris fimbriana* Thunberg &Becklin 鳞翅目，卷蛾科。别名：黄斑长翅卷叶蛾、黄斑卷叶蛾、桃黄斑卷叶虫。

寄主、为害特点、形态特征、生活习性、防治方法 见苹果害虫——黄斑卷蛾。

顶芽卷蛾（Apple fruit licker）

学名 *Spilonota lechriaspis* Meyrick 鳞翅目，卷蛾科。别名：顶梢卷叶蛾、芽白小卷蛾。

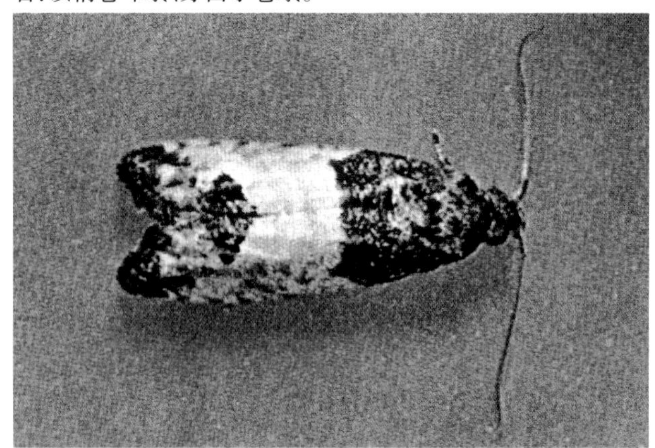

顶芽小卷蛾成虫放大

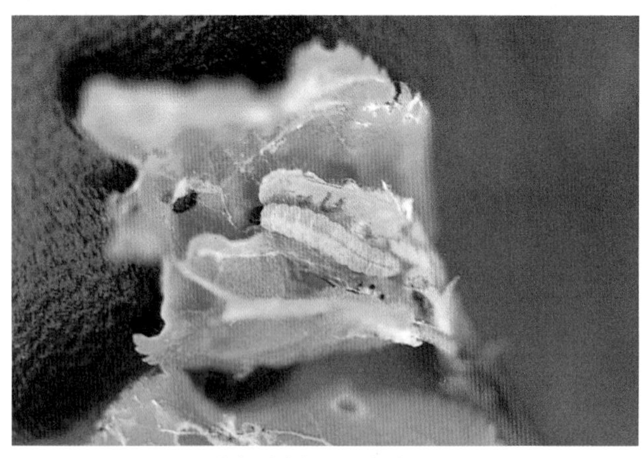

顶芽卷蛾（芽白小卷蛾）幼虫

寄主 苹果、梨、桃、李、杏、山楂、枇杷、海棠等。

为害特点 幼虫为害新梢顶端，将叶卷为一团，食害新芽、嫩叶，生长点被食，新梢歪至一边，影响顶花芽形成及树冠扩大。

形态特征、生活习性、防治方法 参见苹果害虫——顶芽卷蛾。

褐带长卷叶蛾（Tea tortrix）

学名 *Homona coffearia* Nietner 鳞翅目，卷蛾科。别名：茶卷叶蛾、后黄卷叶蛾、茶淡黄卷叶蛾、柑橘长卷蛾。异名 *Homona meniana* Nietner。分布在安徽、江苏、上海、浙江、湖南、福建、台湾、广东、广西、贵州、四川、云南、西藏等地。

寄主 银杏、枇杷、柑橘、苹果、梨、荔枝、龙眼、咖啡、杨桃、柿、板栗、茶等。

为害特点 幼虫在芽梢上卷缀嫩叶藏在其中，咀食叶肉，留下一层表皮，形成透明枯斑，后随虫龄增大，食叶量大增，卷叶苞可多达 10 个叶，蚕食成叶、老叶，春梢、秋梢后还能蛀果，

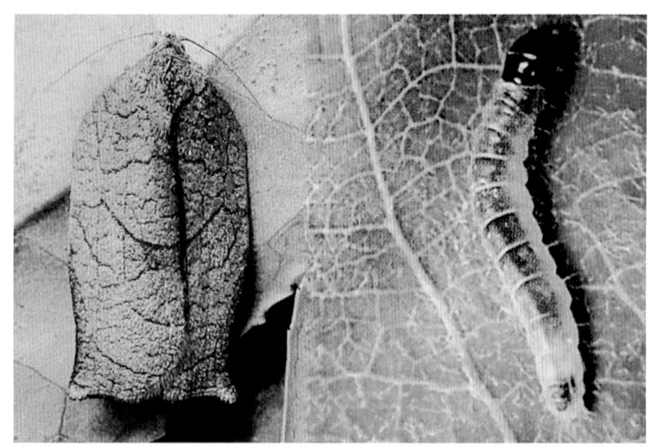

褐带长卷蛾成虫和幼虫

造成落果。

形态特征 成虫：体长 6～10(mm)，翅展 16～30(mm)，暗褐色，头顶有浓黑褐鳞片，唇须上弯达复眼前缘。前翅基部黑褐色，中带宽黑褐色由前缘斜向后缘，顶角常呈深褐色。后翅淡黄色。雌翅较长，超出腹部甚多；雄较短仅遮盖腹部，前翅具短而宽的前缘褶。卵：椭圆形，长 0.8mm，淡黄色。幼虫：体长 20～23(mm)，头与前胸盾黑褐色至黑色，头与前胸相接处有 1 较宽的白带，体黄至灰绿色，前中足、胸黑色，后足淡褐色，具臀栉。蛹：长 8～12(mm)，黄褐色。

生活习性 华北、安徽、浙江年生 4 代，湖南 4～5 代，福建、台湾、广东 6 代，均以幼虫在柑橘、荔枝等卷叶苞内越冬。安徽越冬幼虫于翌春 4 月化蛹、羽化，1～4 代幼虫分别于 5 月中下旬、6 月下旬～7 月上旬、7 月下旬～8 月中旬、9 月中旬至翌年 4 月上旬发生。广东 6～7 月均温 28℃，卵期 6～7 天，幼虫期 17～30 天，蛹期 5～7 天，成虫期 3～8 天，完成一代历时 31～52 天。幼虫共 6 龄。一龄 3～4 天，二龄 2～4 天，三龄 2～5 天，四龄 2～4 天，五龄 2～5 天，六龄 4～9 天。个别出现七龄 5～9 天，幼虫幼时趋嫩且活泼，受惊即弹跳落地，老熟后常留在苞内化蛹。成虫白天潜伏在树丛中，夜间活跃，有趋光性，常把卵块产在叶面，每雌平均产卵 330 粒，呈鱼鳞状排列，上覆胶质薄膜，每雌可产两块。芽叶稠密的发生较多。5～6 月雨湿利其发生。秋季干旱发生轻。主要天敌有拟澳洲赤眼蜂、绒茧蜂、步甲、蜘蛛等。

防治方法 (1)冬季剪除虫枝，清除枯枝落叶和杂草，集中处理，减少虫源。(2)摘除卵块和虫果及卷叶团，放天敌保护器中。(3)保护利用天敌。(4)在第 1、2 代成虫产卵期释放松毛虫赤眼蜂，每代放蜂 3～4 次，隔 5～7 天 1 次，每 667m^2 次放蜂量 2.5 万头。(5)药剂防治。谢花期喷洒 10%苏云金杆菌可湿性粉剂 500~1000 倍液，如能混入 0.3%茶枯或 0.2%中性洗衣粉可提高防效。此外可喷白僵菌粉剂(每 g 含活孢子 50～80 亿个)300 倍液或 90%敌百虫可溶性粉剂 900 倍液、1.8%阿维菌素乳油 2000 倍液、50%杀螟硫磷乳油 800 倍液、2.5%高效氯氟氰菊酯乳油 2500 倍液。

桃剑纹夜蛾（Apple dagger moth）

学名 *Acronicta intermedia* Warren 鳞翅目，夜蛾科。别名：苹

桃剑纹夜蛾成虫

桃剑纹夜蛾幼虫

桃剑纹夜蛾幼虫放大(李晓军)

果剑纹夜蛾。分布:黑龙江、吉林、辽宁、河北、江苏、四川。

寄主 苹果、梨、桃、杏、李、梅、樱桃、山楂、核桃、杨等。

为害特点 幼虫食叶，低龄多于叶背啃食叶肉呈纱网状，稍大食成缺刻和孔洞,大发生时常啃食果皮。

形态特征 成虫:体长 17~22(mm),翅展 40~48(mm),灰色微褐。复眼球形黑色;触角丝状暗褐色;胸部被密而长的鳞毛,腹面灰白色。前翅灰色微褐,环纹灰白色、黑褐边;肾纹淡褐色、黑褐边;肾、环纹几乎相接,其间有 1 条向外斜的黑色短线;内线双条黑色锯齿形,内条色深;外线双条黑色锯齿形,外条色深。外线至外缘灰黑色;外缘脉间各有 1 三角形黑斑;剑纹黑色,基剑纹树枝形,端剑纹 2 个分别于外线中、后部达到翅外缘;前缘有 7~8 条黑色外斜短线。后翅灰白色微褐,外缘较深,翅脉淡褐色。各足跗节为浓淡相间的环纹。雄腹末分叉,雌较尖。卵:半球形,直径 1.2mm,白至污白色。幼虫:体长 38~40(mm),灰色微带粉红,疏生黑色细长毛、毛端黄白稍弯。头红棕色布黑色斑纹,傍额片(额)和蜕裂线黄白色,化蛹前头部几乎成黑色。背线很宽淡黄至橙黄色;气门下线灰白色。前胸盾中央为黄白色细纵线、两侧为黑纵线。胸节背线两侧各有 1 黑毛瘤。腹节背线两侧各有 1 中间白色、周围黑色的毛瘤,2~6 腹节者最明显;1~6 节毛瘤下侧各有 1 白点,其前后各 1 棕色斑,7、8 节毛瘤下仅有 2 棕色斑、无白点,9 节毛瘤下为 1 棕色大斑。第 1 腹节背面中央有 1 黑色柱状突起，上密生黑色短毛和稀疏长毛,基部两侧各 1 黑点,突起后有黄白色短毛丛;第 8 腹节背面较隆起,有 4 个黑毛瘤呈倒梯形,后两个较大;臀板上有“8”字形灰黑色纹。各节气门线处有 1 粉红色毛瘤。胸足黑色,腹足俱全暗灰褐色。气门椭圆形褐色。蛹:长 20mm,初黄褐后棕褐色有光泽。腹末有 8 根刺,背面 2 根较大。

生活习性 东北、华北年生 2 代,以茧蛹于土中和皮缝中越冬。5~6 月间羽化,发生期不整齐。成虫昼伏夜出,有趋光性。羽化后不久即可交配、产卵,卵产于叶面。5 月上旬始见第 1 代卵,卵期 6~8 天。成虫寿命 10~15 天。幼虫 5 月中下旬开始发生,为害至 6 月下旬开始老熟吐丝缀叶于内结白色薄茧化蛹。7 月中旬至 8 月中旬均可见第 1 代成虫。7 月下旬开始出现第 2 代幼虫,9 月开始陆续老熟寻找适当场所结茧化蛹，以蛹越冬。天敌有桥夜蛾绒茧蜂。

防治方法 (1)秋后深翻树盘和刮粗翘皮及灭越冬蛹有一定效果。(2)幼虫发生期药剂防治参考苹果小卷蛾。

桑剑纹夜蛾(Large dagger moth)

学名 *Acronicta major* (Bremer) 鳞翅目,夜蛾科。别名:大剑纹夜蛾、桑夜蛾、香椿灰斑夜蛾。分布在黑龙江、吉林、辽宁、内蒙古、山西、河北、河南、山东、江苏、安徽、浙江、江西、福建、台湾、湖南、陕西、甘肃、四川、云南等地。

寄主 山楂、桃、李、杏、梅、柑橘、桑、香椿等。

为害特点 幼虫食叶成缺刻或孔洞，严重的吃光全树叶片。

形态特征 成虫:体长 27~29(mm),翅展 62~69(mm)。体深灰色,腹面灰白色;前翅灰白色至灰褐色,剑纹黑色,翅基剑纹树枝状,端剑纹 2 条,肾纹外侧一条较粗短,近后缘一条较细

桑剑纹夜蛾成虫(徐公天)

桑剑纹夜蛾幼虫

长,2条均不达翅外缘;环纹灰白色较小,黑边;肾纹灰褐色较大,具黑边;内线灰黑色,前半部系双线曲折,后半部为单线,较直且不明显;中线灰黑色;外线为锯齿形双线,外侧者黑色,内侧者灰白色,缘线由一列小黑点组成。后翅灰褐色。头部灰白色,额侧黑色,触角丝状,复眼黑色球形,各足胫节侧面具黑纹,跗节腹面具褐色刺3纵列。卵:扁馒头形,淡黄至黄褐色,直径约1mm。幼虫:体长48~52(mm),体黑色,密被黄色长、短毛及粗针状黑色短刺毛。黑色短刺毛簇生于体背毛瘤上,故貌视背线黑色,其两侧及体侧为黄色,体侧毛瘤凸起较明显。幼虫共6龄,各龄体色、斑纹略有差异。蛹:长椭圆形,长24~28(mm),宽6~8(mm),褐至黑褐色,末端生钩刺4丛,计20余根。茧:长椭圆形,丝质厚而致密,灰白至土色。

生活习性 年生1代,以茧蛹于树下土中和梯田缝隙中滞育越冬,翌年7月上旬羽化,7月下旬进入盛期,羽化后经5~6天取食补充营养后即交配产卵,卵于7月中下旬始见,8月初为产卵盛期,卵期7天,7月下旬幼虫始见,8月上中旬进入孵化盛期。幼虫期30~38天,老熟幼虫于9月上旬下树结茧化蛹。成虫多在下午羽化出土,白天隐蔽,夜间活动,具趋光性、趋化性。卵多产在枝条近端部嫩叶叶面上,数十至数百粒一块,每雌可产卵500~600粒。初孵幼虫群集叶上啃食表皮、叶肉,致成缺刻或孔洞,仅留叶脉,3龄后可把叶吃光,残留叶柄,有转枝、转株为害习性。天敌主要有桑夜蛾盾脸姬蜂。

防治方法 (1)幼虫下树前疏松树干周围表土层,诱集幼虫结茧化蛹后挖茧灭蛹。(2)设置黑光灯诱杀成虫,结合果园管理捕杀群集幼虫。(3)幼虫为害期施药防治。参考苹果小卷蛾。

中华锉叶蜂

学名 *Pristiphora sinensis* Wong 膜翅目叶蜂科。又名中华锤缘叶蜂。分布:陕西的礼泉、杨凌、扶风、眉县等。

寄主 桃、碧桃等。

为害特点 以幼虫群集在叶片上取食,初造成孔洞或缺刻,后能把枝条上叶片吃光,严重影响树体发育。

形态特征 雌成虫体长7mm,雄成虫体长6mm,翅展15mm。触角线状9节,前胸背板后缘凹入特深,两端与肩板接触。前翅生翅痣短粗,前足胫节生2个端距,产卵器似锯。卵:长0.6mm,椭圆形,初白色,近孵化时浅黄色。末龄幼虫:体长18.3~21.6(mm),宽3.3~3.9(mm),暗绿色,头橘黄色,尾部浅黄色。裸蛹:长6mm,在茧内形成,暗红色。

生活习性 陕西关中地区年生2~3代,以老熟幼虫在土中结茧滞育越冬,翌年6月下旬化蛹羽化出土,第1代幼虫发生在7月中旬~8月上旬,第2代幼虫发生在8月中旬~9月上旬为害最重时期;第2代早发生的幼虫入土后化蛹羽化,继续发生,发生迟的则以幼虫结茧滞育越冬。第3代幼虫发生在9月下旬~10月下旬。7~8月成虫历期5天,卵期4天,幼虫期12天,蛹期19天,完成1个世代40天左右。

防治方法 (1)成虫发生期结合修剪及时剪除产卵受害枝或摘除产卵叶片。(2)幼虫群集取食时摘除有虫叶片集中烧毁。(3)发生严重地区可喷洒40%毒死蜱乳油1500倍液。

桃潜蛾(Peach leaf miner)

学名 *Lyonetia clerkella* Linnaeus 鳞翅目,潜蛾科。别名:桃潜叶蛾。分布黑龙江、吉林、辽宁、内蒙古、山西、河北、山东、河南、江苏、安徽、浙江、上海、福建、台湾、湖北、陕西、甘肃、青海、宁夏、四川、贵州、云南、西藏、新疆。

寄主 桃、李、杏、樱桃、苹果、梨、山楂、稠李等。

为害特点 幼虫在叶肉里蛀食呈弯曲隧道,致叶片破碎干枯脱落。

形态特征 成虫:体长3mm、翅展8mm左右,银白色,触角丝状黄褐色,基节的眼罩白色。前翅白色,狭长,翅端尖细,缘毛长,中室端部有1椭圆形黄褐色斑,来自前、后缘2条黑斜线汇合在它的末端,外侧具黄褐色三角形端斑1个,前缘缘毛在斑前形成黑褐线3条,端斑后面具黑色端缘毛,并有长缘毛形成

桃潜蛾幼虫潜叶伏

桃潜蛾成虫冬型(左)和夏型

桃潜蛾成虫交配状(何振昌等原图)

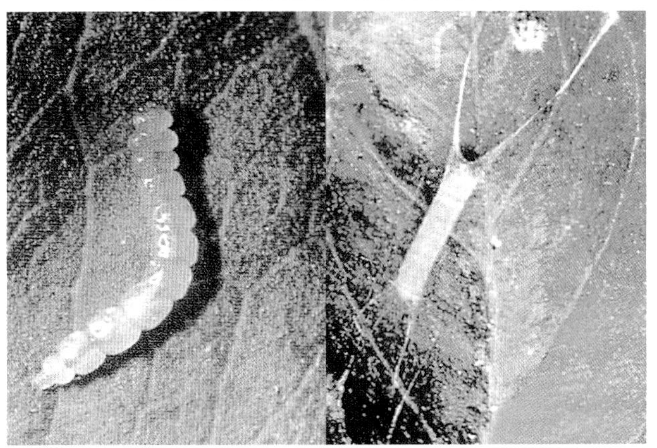

桃潜蛾幼虫和茧放大

的黑线2条,斑端缘毛上生1黑圆点及黑色尖毛丛,貌视中室端黄褐斑与翅尖黑点之间,有 4 ~5条黑褐色弧形横线;后翅灰色缘毛长。卵:圆形,长0.5mm,乳白色。幼虫:体长6mm,淡绿色,头淡褐,口器与单眼黑色,胸足短小,黑褐色,腹足极小。蛹:长3~4(mm),细长淡绿色,腹末具2个圆锥形突起。茧:长椭圆形,白色,两端具长丝,黏附叶上。

生活习性 河南年生7~8代,以蛹在被害叶上的茧内越冬,翌年4月桃展叶后成虫羽化。北京平谷年生6代,以成虫越冬。成虫昼伏夜出,卵散产在叶表皮内。孵化后在叶肉里潜食,初串成弯曲似同心圆状蛀道,常枯死脱落成孔洞,后线状弯曲亦常破裂,粪便充塞蛀道中。幼虫老熟后钻出,多于叶背吐丝搭架,于中部结茧,于内化蛹,少数于枝干上结茧化蛹。5月上旬始见第1代成虫。后每20~30天完成1代。发生期不整齐,10~11月以成虫或以末代幼虫于叶上结茧化蛹越冬。

防治方法 (1)越冬代成虫羽化前清除落叶和杂草,集中处理消灭越冬蛹和成虫。(2)花前防治。北京地区在3月底至4月初桃树花芽膨大期,叶芽尚未开放,这时越冬代成虫已出蛰群集在主干或主枝上,但还没产卵,喷洒50%敌敌畏乳油1000倍液,对压低当年虫口数量起有决定性作用。(3)防治1代幼虫,于4月底至5月初正值桃树春梢展叶期,叶片少,新梢短,喷洒55%氯氰·毒死蜱乳油1500~2000倍液或25%氯氰·毒死蜱乳油2000倍液。5月下旬出蛾高峰期喷25%灭幼脲悬浮剂1500倍液或20%杀铃脲悬浮剂3000倍液。(4)8月中下旬虫卵叶率超过5%时,喷洒25%灭幼脲悬浮剂2000倍液加80%敌敌畏1000倍液或5%高效氯氰菊酯乳油1500倍液。(5)防治成虫和幼虫用20%甲氰菊酯乳油效果最好,防治蛹敌敌畏效果最好。

银纹潜蛾(Apple lyonetid)

学名 *Lyonetia prunifoliella* Hübner 鳞翅目,潜蛾科。分布:东北、华北、华东、西北;日本。

银纹潜蛾夏型和冬型成虫

寄主 苹果、桃、海棠、沙果、李、山荆子、三叶海棠等。

为害特点 初孵幼虫潜入下表皮,在皮下蛀食,初虫道细线状,后变粗,最后形成枯黄色不规则大斑,从叶背可见排出的虫粪成细线状,别于桃潜蛾。幼虫喜食嫩叶。

形态特征 成虫:体长3~4(mm),翅展10mm,有夏型和冬型之分。夏型银白色,有光泽,前翅狭长,白色,近端部具1半圆形橙黄斑,斑外缘有1扁圆形黑斑,绕橙黄色斑具放射状黑条纹,5条向前缘伸;4条向后伸。后翅灰黑色,披针形。冬型前翅前缘基半部具波状黑色斑纹,余同夏型。卵:长0.3~0.4(mm),球形,略扁,乳白色。末龄幼虫:体长4.8~6(mm),略扁,浅绿色。头尾两端较细,3对胸足,4对腹足,细小。蛹:长5~5.5(mm),圆锥状,前略粗,尾端尖细。茧:长三角形,白色。

生活习性 北方年生5代,以冬型蛾在杂草丛、落叶下、石缝中越冬。5月中下旬把卵散产在寄主叶背,孵化后由下表皮潜入。幼虫老熟后咬破表皮爬出,吐丝下垂,在叶背吐丝做白茧,6月中下旬第1代成虫始见,冬型成虫9月下旬出现。

防治方法 (1)冬季清园,提倡深翻园土,消灭越冬成虫。(2)必要时于越冬代成虫发生初期,喷洒50%杀螟硫磷乳油1000倍液或50%敌敌畏乳油800倍液。(3)其它方法参见桃潜蛾。

蓝目天蛾(Cherry horn worm)

学名 *Smerinthus planus planus* Walker 鳞翅目,天蛾科。别名:柳天蛾、柳目天蛾、柳蓝目天蛾。分布在黑龙江、吉林、辽宁、内蒙古、宁夏、甘肃、青海、陕西、山西、河北、河南、山东、安徽、江苏、上海、浙江、江西、湖南、贵州、四川等。在我国还有广东蓝目天蛾 *S. planus kuantungensis* Clark、四川蓝目天蛾 *S. planus junnanus* Clark 和北方蓝目天蛾 *S. planus alticola* Clark 三个亚种。

寄主 桃、樱桃、杨、柳、榆、海棠、核桃、梅、苹果、油橄榄、

蓝目天蛾老熟幼虫入土状

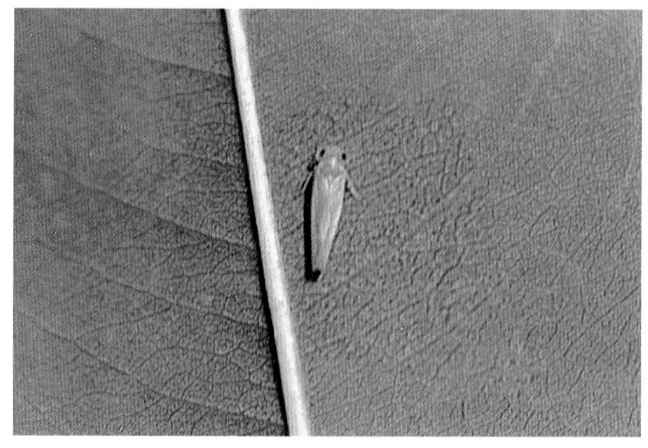

小绿叶蝉成虫

葡萄等。

为害特点 低龄幼虫食叶成缺刻或孔洞，稍大常将叶片吃光，残留叶柄。

形态特征 成虫：体长25～37(mm)，翅展66～106(mm)，体灰黄色，胸背中央具褐色纵宽带，腹背中央有不明显的褐色中带。触角栉状黄褐色，复眼球形黑褐色，前翅外缘波状，翅基1/3色浅、穿过褐色内线向臀角突伸1长角，末端有黑纹相接，中室端具新月形带褐边的白斑，外缘顶角至中后部有近三角形大褐斑1个。后翅浅黄褐色，中部具灰蓝或蓝色眼状大斑1个，周围青白色，外围黑色，其上缘粉红至红色。卵：椭圆形，长1.7mm，绿色有光泽。幼虫：体长60～90(mm)，黄绿或绿色，密布黄白色小颗粒，头顶尖，三角形，口器褐色。胸部两侧各具由黄白色颗粒构成的纵线1条；1～7腹节两侧具斜线；第8腹节背面中部具1密布黑色小颗粒的尾角，胸足红褐色。蛹：长35mm左右，黑褐色，臀刺锥状。

生活习性 东北、华北年生2代，河南3代，均以蛹在土中越冬。2代区5月上旬～6月上旬羽化，交尾产卵，卵期约20天，第1代幼虫6月发生，7月老熟入土化蛹，蛹期20天左右，7月下旬～8月下旬羽化；第2代幼虫8月始发，9月老熟幼虫入土化蛹越冬。成虫昼伏夜出，具趋光性，卵多产于叶背，每雌可产卵300～400粒。幼虫多在叶背或枝条上栖息，老熟后下树入土化蛹。天敌有小茧蜂。

防治方法 (1)秋后至早春耕翻土壤，以消灭越冬蛹。(2)捕杀幼虫，黑光灯诱杀成虫。(3)幼虫为害期喷洒80%敌敌畏乳油1000倍液或50%杀螟硫磷或20%氰戊·辛硫磷乳油、20%甲氰菊酯乳油2000倍液、2.5%高效氯氟氰菊酯或10%联苯菊酯乳油2000～2500倍液。

小绿叶蝉(Lesser green leafhopper)

学名 *Empoasca flavescens* (Fabricius) 同翅目，叶蝉科。别名：桃叶蝉、桃小浮尘子、桃小叶蝉、桃小绿叶蝉等。分布在全国各地。

寄主 梨、苹果、杏、葡萄、柑橘、刺梨、桃、樱桃、梅等。

为害特点 成、若虫吸汁液，被害叶初现黄白色斑点渐扩成片，严重时全叶苍白早落。

形态特征 成虫：体长3.3～3.7(mm)，淡黄绿至绿色，复眼灰褐至深褐色，无单眼，触角刚毛状，末端黑色。前胸背板、小盾片浅鲜绿色，常具白色斑点。前翅半透明，略呈革质，淡黄白色，周缘具淡绿色细边。后翅透明膜质，各足胫节端部以下淡青绿色，爪褐色；跗节3节；后足跳跃式。腹部背板色较腹板深，末端淡青绿色。头背面略短，向前突，喙微褐，基部绿色。卵：长椭圆形，略弯曲，长径0.6mm，短径0.15mm，乳白色。若虫：体长2.5～3.5(mm)，与成虫相似。

生活习性 年生4～6代，以成虫在落叶、杂草或低矮绿色植物中越冬。翌春桃、李、杏发芽后出蛰，飞到树上刺吸汁液，经取食后交尾产卵，卵多产在新梢或叶片主脉里。卵期5～20天；若虫期10～20天，非越冬成虫寿命30天；完成1个世代40～50天。因发生期不整齐致世代重叠。6月虫口数量增加，8～9月最多且为害重。秋后以末代成虫越冬。成、若虫喜白天活动，在叶背刺吸汁液或栖息。成虫善跳，可借风力扩散，旬均温15～25℃适其生长发育，28℃以上及连阴雨天气虫口密度下降。

防治方法 (1)成虫出蛰前清除落叶及杂草，减少越冬虫源。(2)掌握在越冬代成虫迁入后，各代若虫孵化盛期及时喷洒20%异丙威乳油800倍液或25%吡虫·异丙威可湿性粉剂2300倍液、5%除虫菊素乳油1000倍液、50%马拉硫磷乳油1500倍液、2.5%高效氯氟氰菊酯乳油、50%吡蚜酮可湿性粉剂4000倍液、10%吡虫啉可湿性粉剂2500倍液。

桃一点叶蝉

学名 *Erythroneura sudra* (Distant) 异名：*Typhlocyba sudra* Distant，同翅目，叶蝉科，又名桃一点斑叶蝉、桃小绿叶蝉，俗称桃浮尘子。国内南、北各省份普遍分布，以华中和华东地区受害较重。

寄主 寄主以桃、杏为主，李、梅次之，此外还有樱桃、苹果、山楂、梨等。

为害特点 以成虫、若虫群集在叶背刺吸汁液，被害叶出现失绿的斑点，严重时全树叶片呈苍白色，提早落叶，削弱树势，降低产量。

形态特征 成虫：体长3.2mm，淡绿色，初羽化时略有光泽，几天后体外覆有白色蜡质，头部顶端有1个小黑点，并围以白色晕圈，复眼灰黑色。卵：长约0.8mm，长椭圆形，乳白色半透明。若虫：体较小，似成虫，淡墨绿色，复眼紫黑色。

桃一点叶蝉若虫

生活习性 山东、安徽、江苏1年4代，江西、福建约6代，均以成虫在桃园附近的柑桔、荔枝、龙眼等常绿树上越冬。翌年桃树萌芽时，越冬成虫开始从越冬场所向桃树迁移，少数迁往李、杏、梅等果树上危害。成虫在天气晴朗、温度升高时活跃，清晨或傍晚及风雨时不活动。卵主要产在叶背主脉内，以近基部最多，少数产在叶柄内。若虫喜群集在叶背危害，受惊时很快横向爬行分散。大发生年份4月中旬桃树受害即重，7~9月份更重，造成大量的叶片提早脱落，受害重的树至9月份叶片几乎落光。世代重叠严重，各代若虫发生期分别在5月中旬至7月、6月下旬至8月、7月中旬至9月、8月中旬至10月份。11月末代成虫陆续进入越冬场所。

防治方法 重点抓住越冬成虫迁返桃园桃树现蕾期及第1、2代若虫期，当虫口密度高时，树上喷20%氰戊菊酯乳油2000倍液、2.5%溴氰菊酯乳油2000倍液、10%氯氰菊酯乳油1000倍液、1.8%阿维菌素乳油2000倍液、40%毒死蜱乳油1500倍液。

杏星毛虫（Ume bud moth）

学名 *Illiberis nigra* Leech 异名 *I. psychina* Oberthur 鳞翅目，斑蛾科。别名：桃斑蛾、红褐星毛虫、梅黑透羽、杏叶斑蛾。分布：辽宁、山西、河北、山东、河南、江西、湖北、陕西。

寄主 桃、杏、李、梅、樱桃、山楂、梨、柿、葡萄等。

为害特点 幼虫食芽、花、叶，早春蛀萌动的芽致枯死。发芽后，为害花、嫩芽和叶，食叶成缺刻和孔洞，严重的将叶

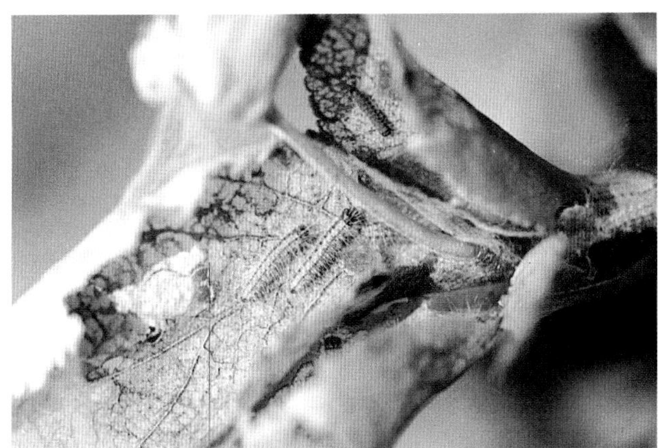

杏星毛虫（杏叶斑蛾）幼虫

杏星毛虫（桃斑蛾）越冬幼虫

杏星毛虫（桃斑蛾）幼虫放大

片吃光。

形态特征 成虫：体长7～10(mm)，翅展21～23(mm)，体黑褐具蓝色光泽，前翅第1径分脉至第2径分脉的距离短于2、3径分脉的距离，翅半透明，布黑色鳞毛，翅脉、翅缘黑色，雄虫触角羽毛状，雌虫短锯齿状。卵：椭圆形，扁平，长0.7mm，中部稍凹，白至黄褐色。幼虫：体长13～16(mm)，体胖近纺锤形，背暗赤褐色，腹面紫红色。头小黑褐色，大部分缩于前胸内，取食或活动时伸出。腹部各节具横列毛瘤6个，中间4个大，毛瘤中间生很多褐色短毛，周生黄白长毛。前胸盾黑色，中央具1淡色纵纹，臀板黑褐色，臀栉黑色10余齿。蛹：椭圆形，长9～11(mm)，淡黄至黑褐色。茧：椭圆形，长15～20(mm)，丝质稍薄淡黄色，外常附泥土、虫粪等。

生活习性 山西年生1代，以初龄幼虫在剪锯口的裂缝中和树皮缝、枝叉及贴枝叶下结茧越冬。寄主萌动时开始出蛰活动，先蛀芽，后为害蕾、花及嫩叶，此间如遇寒流侵袭，则返回原越冬场所隐蔽。3龄后白天下树，潜伏到树干基部附近的土、石块及枯草落叶下、树皮缝中，19时后又上树取食叶片，直至翌晨4时，5时后又下树隐避。老熟幼虫于5月中旬开始在树干周围的各种被物下、皮缝中结茧化蛹，蛹期21～25天。6月上旬成虫羽化交配产卵，多产在树冠中、下部老叶叶背面，块生，每块有卵70～80粒，卵粒互不重叠，中间常有空隙，每雌平均产卵170粒。成虫寿命9～17天，卵期10～11天。第一代幼虫于6月中旬始见，啃食叶片表皮或叶肉，被害叶呈纱网状斑痕，受惊扰吐丝下垂，幼虫稍经取食后于7月上旬结茧

越冬。寄生性天敌有金光小寄蝇、常却寄蝇、梨星毛虫黑卵蜂、潜蛾姬小蜂等。

防治方法 (1)在果树休眠期用80%敌敌畏乳油或25%乱螨脲乳油200倍液封闭剪口、锯口,可消灭大部分越冬幼虫。(2)利用该虫白天下树潜伏的习性,可在树干周围喷洒40%毒死蜱乳油450倍液。也可在树干基部铺瓦片、碎砖等诱集幼虫然后杀灭。(3)幼虫为害期喷洒40%毒死蜱乳油1600倍液,以早春发芽时施药效果最好。(4)也可结合防治花期金龟子喷20%氰戊菊酯乳油2500倍液,即可控制其为害。

双斑萤叶甲(Double-spotted leaf beetle)

学名 *Monolepta hieroglyphica* (Motschulsky) 鞘翅目,叶甲科。别名:双斑长跗萤叶甲。广布东北、华北、江苏、浙江、湖北、江西、福建、广东、广西、宁夏、甘肃、陕西、四川、云南、贵州、台湾等省区。

双斑萤叶甲成虫放大

寄主 杏树、苹果、豆类、马铃薯、苜蓿、玉米、茼蒿、胡萝卜、十字花科蔬菜、向日葵等。

为害特点 成虫食叶片和花穗成缺刻或孔洞。该虫近年为害有上升的趋势。

形态特征 成虫:体长3.6~4.8(mm),宽2~2.5(mm),长卵形,棕黄色,具光泽,触角11节丝状,端部色黑,长为体长2/3;复眼大卵圆形;前胸背板宽大于长,表面隆起,密布很多细小刻点;小盾片黑色,呈三角形;鞘翅布有线状细刻点,每个鞘翅基半部具1近圆形淡色斑,四周黑色,淡色斑后外侧多不完全封闭,其后面黑色带纹向后突伸成角状,有些个体黑带纹不清或消失。两翅后端合为圆形。后足胫节端部具1长刺;腹管外露。卵:椭圆形,长0.6mm,初棕黄色,表面具网状纹。幼虫:体长5~6(mm),白色至黄白色,体表具瘤和刚毛,前胸背板颜色较深。蛹长2.8~3.5(mm),宽2mm,白色,表面具刚毛。

生活习性 河北、山西年生1代,以卵在土中越冬。翌年5月开始孵化。幼虫共3龄,幼虫期30天左右,在3~8cm土中活动或取食作物根部及杂草。7月初始见成虫,一直延续到10月,成虫期3个多月,初羽化的成虫喜在地边、沟旁、路边的苍耳、刺菜、红蓼上活动,约经15天转移到豆类、杏树、苹果树上为害,7~8月进入为害盛期,收获后,转移到十字花科蔬菜上为害。成虫有群集性和弱趋光性,在一株上自上而下地取食。成虫飞翔力弱,一般只能飞2~5m,早晚气温低于8℃或风雨天喜躲藏在植物根部或枯叶下,气温高于15℃成虫活跃,成虫羽化后经20天开始交尾,把卵产在杏、苹果等叶片上。卵散产或数粒黏在一起,卵耐干旱,幼虫生活在杂草丛下表土中,老熟幼虫在土中筑土室化蛹,蛹期7~10天。干旱年份发生重。

防治方法 (1)及时铲除杂草,秋季深翻灭卵,均可减轻受害。(2)发生严重的可喷洒40%辛硫磷乳油1500倍液,或90%敌百虫可溶性粉剂800倍液、20%甲氰菊酯乳油3000倍液。

李枯叶蛾(Lappet moth)

学名 *Gastropacha quercifolia cerridifolia* Felder et Felder 鳞翅目,枯叶蛾科。分布在全国各地。

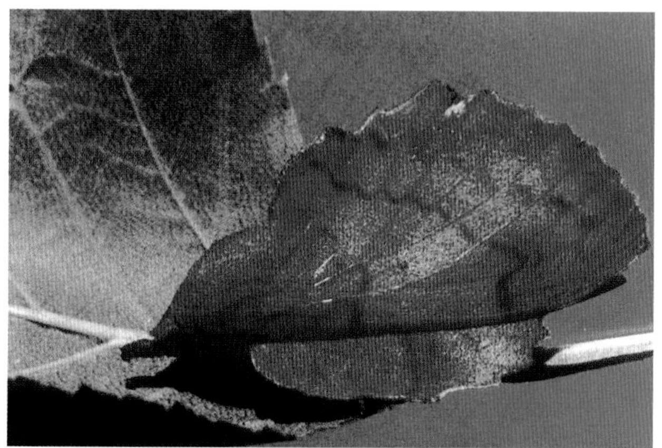

李枯叶蛾成虫

李枯叶蛾卵放大(宁国云)

李枯叶蛾末龄幼虫栖息在枝上(宁国云)

寄主 苹果、梨、桃、李、沙果、樱桃、核桃等。

为害特点 幼虫食嫩芽和叶片，食叶造成缺刻和孔洞，严重时将叶片吃光仅残留叶柄。

形态特征 成虫：体长30～45(mm)，翅展60～90(mm)，雄较雌略小，全体赤褐至茶褐色。头部色略淡，中央有1条黑色纵纹；复眼球形黑褐色；触角双栉状、带有蓝褐色，雄栉齿较长；下唇须发达前伸，蓝黑色。前翅外缘和后缘略呈锯齿状；前缘色较深；翅上有3条波状黑褐色带蓝色荧光的横线，相当于内线、外线、亚端线；近中室端有1黑褐色斑点；缘毛蓝褐色。后翅短宽，外缘呈锯齿状；前缘部分橙黄色；翅上有2条蓝褐色波状横线，翅展时略与前翅外线、亚端线相接；缘毛蓝褐色。雄腹部较细瘦。卵：近圆形，直径1.5mm，绿至绿褐色、带白色轮纹。幼虫：体长90～105(mm)，稍扁平，暗褐至暗灰色，疏生长、短毛。头黑色生有黄白色短毛。各体节背面有2个红褐色斑纹；中后胸背面各有1明显的黑蓝色横毛丛；第8腹节背面有1角状小突起，上生刚毛；各体节生有毛瘤，以体两侧的毛瘤较大，上丛生黄和黑色长、短毛。蛹：长35～45(mm)，初黄褐后变暗褐至黑褐色。茧：长椭圆形，长50～60(mm)，丝质、暗褐至暗灰色，茧上附有幼虫体毛。

生活习性 东北、华北年生1代，河南2代，均以低龄幼虫伏在枝上和皮缝中越冬。翌春寄主发芽后出蛰食害嫩芽和叶片，常将叶片吃光仅残留叶柄；白天静伏枝上，夜晚活动为害；老熟后多于枝条下侧结茧化蛹。1代区成虫6月下旬～7月发生；2代区成虫5月下旬～6月和8月中旬～9月发生。成虫昼伏夜出，有趋光性，羽化后不久即可交配、产卵。卵多产于枝条上，常数粒不规则的产在一起，亦有散产者，偶有产在叶上者。幼虫孵化后食叶，发生1代者幼虫达2～3龄(体长20～30mm)便伏于枝上或皮缝中越冬；发生2代者幼虫为害至老熟结茧化蛹，羽化，第2代幼虫达2～3龄便进入越冬状态。幼虫体扁、体色与树皮色相似故不易发现。

防治方法 (1)结合管理捕杀幼虫。(2)幼虫发生期药剂防治参考苹果害虫——黄褐天幕毛虫。

杏白带麦蛾

学名 *Recurvaria syrictis* Meyrick 鳞翅目，麦蛾科。别名：环纹贴叶蛾、环纹贴叶麦蛾。分布：河北、山西、陕西等。

寄主 桃、李、杏、樱桃、苹果等。

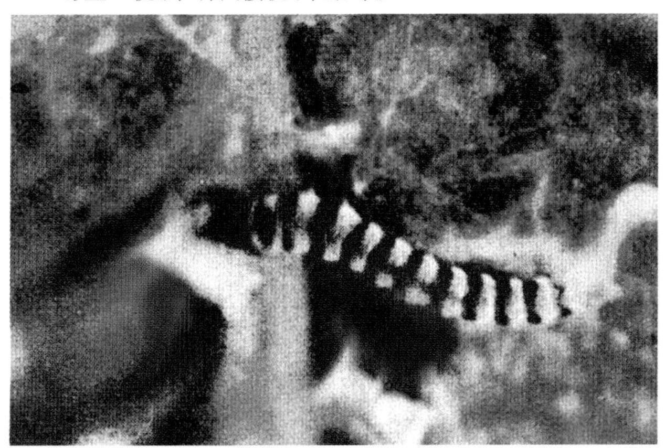

杏白带麦蛾幼虫

为害特点 多在卷叶虫为害的卷叶内或两叶相贴处吐白丝黏缀两叶，幼虫潜伏其中食害附近之叶肉，形成不规则形斑痕，残留表皮和叶脉，日久变褐干枯。构树受害重。

形态特征 成虫：体长7～8(mm)，灰色，头胸背面银灰色。下唇须发达白色略向上弯曲；复眼球形黑色，触角丝状，呈黑白相间环节状。翅基片黑褐色。前翅狭长披针形灰黑色，后缘从翅基甚至端部纵贯银白色带1条，约占翅宽的1/3强，带的前缘略呈三度弯曲，栖息时体背形成1条银白色3珠状纵带。后翅灰白色。幼虫：体长6～7(mm)，长纺锤形，稍扁，头黄褐色。前胸盾褐色，略呈月牙状，中部有1条白色细纵线分成左右两块，中胸至腹末各体节前半部淡紫红至暗红色，后半部浅黄白色，貌视全体呈红、白环纹状。蛹：长4mm，纺锤形，稍扁。茧：长6～7(mm)，长椭圆形，灰白色。

生活习性 年生3代。山西10月中下旬以末代幼虫于枝干皮缝中结茧化蛹越冬。翌年4月下～5月中旬羽化。成虫活泼，多在夜间活动，羽化后不久即交尾产卵，喜把卵产在叶上。成虫寿命7天左右，5月中下旬田间出现幼虫，幼虫活泼爬行迅速，触动时迅速退缩，吐丝下垂，6月下旬陆续老熟在受害叶内结茧化蛹。

防治方法 (1)冬春刮树皮，集中深埋可消灭部分越冬蛹。(2) 幼虫为害期喷洒90%敌百虫可溶性粉剂或50%杀螟硫磷、50%敌敌畏乳油900倍、40%辛硫磷乳油1000倍液、40%毒死蜱乳油1000倍液。

梅毛虫(Tent caterpillar)

梅毛虫又称黄褐天幕毛虫，除为害梅、桃、李、杏外，还为害苹果、海棠、山楂、梨、黄菠萝等，有关内容参见苹果害虫——黄褐天幕毛虫。

梅毛虫(天幕毛虫)幼虫群聚在杏树上

白囊蓑蛾(White psychid)

学名 *Chalioides kondonis* Matsumura 鳞翅目，蓑蛾科。别名：白囊袋蛾、白蓑蛾、白袋蛾、白避债蛾、棉条蓑蛾、橘白蓑蛾。分布在江苏、河南、安徽、上海、浙江、江西、福建、台湾、广东、广西、湖南、湖北、贵州、四川、云南等地。

寄主 桃、苹果、梨、李、杏、梅、枇杷、柿、枣、石榴、柑橘、栗、核桃、油茶、茶等。

为害特点 幼虫在护囊中咬食叶片、嫩梢或剥食枝干、果

白囊蓑蛾

实皮层,造成寄主植物光秃。

形态特征 成虫:雌体长9~16(mm),蛆状,足、翅退化,体黄白色至浅黄褐色微带紫色。头部小,暗黄褐色。触角小,突出;复眼黑色。各胸节及第1、2腹节背面具有光泽的硬皮板,其中央具褐色纵线,体腹面至第7腹节各节中央皆具紫色圆点1个,3腹节后各节有浅褐色丛毛,腹部肥大,尾端收小似锥状。雄体长6~11(mm),翅展18~21(mm),浅褐色,密被白长毛,尾端褐色,头浅褐色,复眼黑褐色球形,触角暗褐色羽状;翅白色透明,后翅基部有白色长毛。卵:椭圆形,长0.8mm,浅黄至鲜黄色。幼虫 体长25~30(mm),黄白色,头部橙黄至褐色,上具暗褐至黑色云状点纹;各胸节背面硬皮板褐色,中、后胸者分成2块,上有黑色点纹;8、9腹节背面具褐色大斑,臀板褐色,有胸腹足。蛹:黄褐色,雌长12~16(mm),雄长8~11(mm)。蓑囊:灰白色,长圆锥形,长27~32(mm),丝质紧密,上具纵隆线9条,表面无枝和叶附着。天敌有寄蝇、姬蜂、白僵菌等。

生活习性 年生1代,以低龄幼虫于蓑囊内在枝干上越冬。翌春寄主发芽展叶期幼虫开始为害,6月老熟化蛹。蛹期15~20天,6月下旬~7月羽化,雌虫仍在蓑囊里,雄虫飞来交配,产卵在蓑囊内,每雌可产卵千余粒,卵期12~13天,幼虫孵化后爬出蓑囊,爬行或吐丝下垂分散传播,在枝叶上吐丝结蓑囊,常数头在叶上群居食害叶肉,随幼虫生长,蓑囊逐渐扩大,幼虫活动时携囊而行,取食时头胸部伸出囊外,受惊扰时缩回囊内。经一段时间取食便转至枝干上越冬。

防治方法 (1)结合园艺管理及时摘除蓑囊,并注意保护天敌。(2)幼虫为害期药剂防治,参见大蓑蛾。

苜蓿蓟马

学名 *Frankliniella occidentalis* (Peragnde), 异名:*F. californica* (Moulton),缨翅目蓟马科。别名:西花蓟马。是我国危险性外来入侵生物,2003年春夏在北京局部地区暴发成灾为害严重。境外分布:北美、肯尼亚、南非、新西兰、哥斯达黎加、日本。

寄主 杏、洋桃、李、玫瑰等60多科、500多种植物。

为害特点 成虫在叶、花、果实的薄皮组织中产卵,幼虫孵化后取食植物组织,造成叶面褪色,受害处有齿痕或由白色组织包围的黑色小伤疤,有的还造成畸形。西花蓟马还可传带斑萎病毒(TSWV)和烟草环斑病毒(TRSV),造成植株生长停滞,矮小枯萎。

形态特征 成虫:体小狭长,体长2mm以下,有窄的缨翅,色可从黄到棕,腹部末圆浅黄色。卵:长200μm,肾形,不透明。若虫:1龄若虫无色透明,2龄若虫金黄色。蛹:早期伪蛹出现刺芽,身体变短,触角直立。晚期伪蛹成虫刚毛形态始见,触角转向后方。早、晚期伪蛹阶段均为白色。

生活习性 西花蓟马食性杂,寄主范围广。随着西花蓟马的扩散,寄主植物也在不断增加,即存在明显的寄主谱扩张现象。西花蓟马的远距离传播主要靠人为因素如种苗调运及人工携带传播,该蓟马适应能力很强,在运输途中遇有温湿度不适或恶劣环境,经短暂潜伏期后,很快适应新侵入地区的条件,而成为新发生地区的重大害虫,因此成为我国潜在的侵入性重要害虫,应引起生产上的重视。

防治方法 (1)严格检疫,并查明在我国的分布现状,防止其扩散。(2)在西花蓟马大规模扩散之前,采取相应的隔离措施。(3)药剂防治参见花蓟马。

苜蓿蓟马成虫

(3)枝干害虫

斑带丽沫蝉

学名 *Cosmoscarta bispecularis* White 同翅目沫蝉科,别名:小斑红沫蝉、桃沫蝉、桑亦斑沫蝉。

寄主 桃、猕猴桃、茶、油茶等。

为害特点 以成虫和若虫在泡沫里为害嫩枝,吸收汁液。用后足搅拌成泡沫,自己藏在泡沫中。

形态特征 成虫:体长14mm,体较大,漂亮。头部、前胸背板、前翅橘红色,上生明显黑斑带。头颜面鼓起,冠短。复眼黑色,单眼小,黄色。前胸背板长宽相等,前、后侧缘、后缘具缘脊,近前缘生2个小黑斑,近后缘生2个近长方形大黑斑。前翅橘红色,网状区黑色,基部到网黑区间生6~8个黑斑,斑纹变化大。若虫:形似成虫,无翅。

生活习性 年生1代,以卵在桃或猕猴桃枝条上或枝条内越冬,第2年4月孵化,5月中下旬进入孵化盛期,若虫蜕皮并

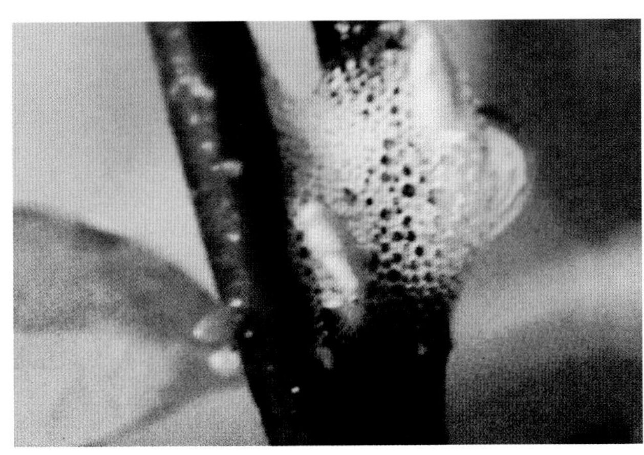

斑带丽沫蝉幼虫为害状

于6月中、下旬羽化为成虫。成虫经较长时间补充营养后7、8月才交配产卵，多把卵产在枝梢里。

防治方法 (1)秋末冬初修剪时注意把有卵枝剪除，集中烧毁。(2) 若虫群集为害时喷洒20%甲氰菊酯乳油3000倍液或55%氯氰·毒死蜱乳油2000~2500倍液。

日本小蠹(Japanese bark beetle)

学名 *Scolytus japonicus* Chap. 鞘翅目，小蠹科。别名：果树小蠹。分布：贵州、四川、吉林、辽宁、河北、内蒙古、陕西；日本、朝鲜、原苏联。

寄主 桃、李、杏、樱桃、苹果等。

为害特点 以幼虫和成虫在寄主大枝和主干皮下潜食，只取食木质部外层的边材、形成层及树皮内层的韧皮部组织，坑道不深入木质层，仅在边材上蛀成浅迹。虫坑为单纵坑，母坑道较宽，长2~3cm；子坑道分布于母坑两侧，呈放射状散开，在大枝干上2~3个，主干上十数条至20余条，长度为母坑的若干倍。子坑常被粪屑填满，在干外蛀孔附近，也随时散挂着鲜屑沫，极易识别。

日本小蠹为害桃树干状

日本小蠹(果树小蠹)成虫

形态特征 参见梨树害虫日本小蠹

生活习性 在贵州，以幼虫和蛹在皮下坑道中越冬，年发生3~4代，世代重叠较严重。4月中下旬越冬蛹始羽化为成虫，5月上旬进入羽化盛期，第1代成虫高峰期在6月上、中旬；第2代成虫高峰期7月中、下旬；第3代高峰期8月下至9月上旬；第4代10月中旬，产卵后以幼虫和蛹越冬。成虫喜趋长期失管、树势衰老或濒死的树产卵。雌虫交配一次后，可连续不断地产卵繁殖。晴暖天气，成虫喜欢爬出洞孔外活动。新一代成虫出现后，一般多在原寄主未被蛀害过的部位蛀入，异株转害常在6~7月。

防治方法 (1)加强栽培管理，合理施肥和修剪，抓好病虫防治，增强树势，培养旺树，能有效减少趋害。(2)受害严重的树，难恢复产量，冬季砍除，削剥树皮，砍除被害枝干，集中烧毁以绝虫源。(3)随时观察，发现早期为害状，用刀削下一层树皮，留下部分形成层，刷上800倍90%敌百虫可溶性粉剂稀释液，毒杀裸露的幼虫和蛹。(4)成虫羽化高峰期，在干外喷80%敌敌畏乳油等1000倍液至湿透，触杀成虫。

桃小蠹(Peach bark beetle)

学名 *Scolytus seulensis* Murayama 鞘翅目小蠹科。

寄主 杏、巴旦、桃、李等蔷薇科果树。

为害特点 以成、幼虫在上述寄主植物的韧皮部和木质部之间取食为害，严重的造成主干或枝干死亡。2005年新疆喀什杏园受害不足1%，2007年为3%，2008年高达25.9%。

形态特征 成虫：体长3~3.5(mm)，体暗褐色，头小，触角锤状褐色。复眼黑色，前胸背黑褐色具光泽，鞘翅黄褐色，疏生短绒毛，合拢时形成"U"字形黑褐色带，不太规则，有的黑褐色带略成"W"字形。翅鞘上有20行圆形刻点，内翅中脉有一红褐色三角形斑。雄虫体略小。卵：初产卵乳白色、椭圆形，长径0.5mm。幼虫：乳白色，老熟时乳黄，体长约4mm。蛹：裸蛹，初乳白，后变黄褐。

桃小蠹成虫

生活习性 河北、京津等地每年发生2代，以幼虫在为害处的皮层下越冬。第一代成虫5月上旬开始羽化，5月下旬为羽化盛期，末期至6月中旬。雌成虫寿命约30天，雄虫寿命约10天，成虫羽化后，先在3~5年生健枝上蛀孔，当蛀孔流出汁液时，成虫马上转移再蛀新孔，当枝干大量流胶时，成虫卵产在虫道两侧的蛀坑内，用木屑盖上，每雌产卵140粒，卵期10天，初孵幼虫向两侧蛀食出现子虫道，边蛀边排粪。幼虫老熟后在蛀道末端向木质部斜蛀2cm的洞，化蛹在洞中，洞孔用木屑堵住。成虫羽化后在树皮上蛀孔钻出。第2代成虫7月上旬开始羽化，8月下~9月下旬进入羽化盛期。在新疆喀什疏勒县以不同龄期幼虫在子坑道内越冬，越冬幼虫于3月中旬开始生长发育，3月下旬化蛹，4月上中旬羽化。成虫分别在6月下旬、7月下旬、8月中旬和9月上旬达高峰期。

防治方法 (1)发现死枝及时锯掉，发现死树及时挖除，集中烧毁，不要在园内或院内堆放，防止虫量增大。(2)第1代成虫发生盛期喷洒40%毒死蜱或甲基毒死蜱乳油1500倍液或20%氰戊菊酯乳油2000倍液、50%氯氰·毒死蜱乳油1500~2000倍液。

海棠透翅蛾(Chinese crabapple clearwing moth)

学名 *Synanthedon hitangvora* Yang 鳞翅目，透翅蛾科。分布于北京、辽宁、河北、山西、陕西等地。

寄主 苹果、沙果、海棠、梨、桃、李、樱桃、山楂、梅等。

为害特点 幼虫多于枝干分叉处和伤口附近皮层下食害韧皮部，蛀成不规则的隧道，有的可达木质部，被害初有黏液流出呈水珠状，后变黄褐并混有虫粪，轻者削弱树势，重者枝条或全株死亡。

海棠透翅蛾雌成虫(冯明祥等原图)

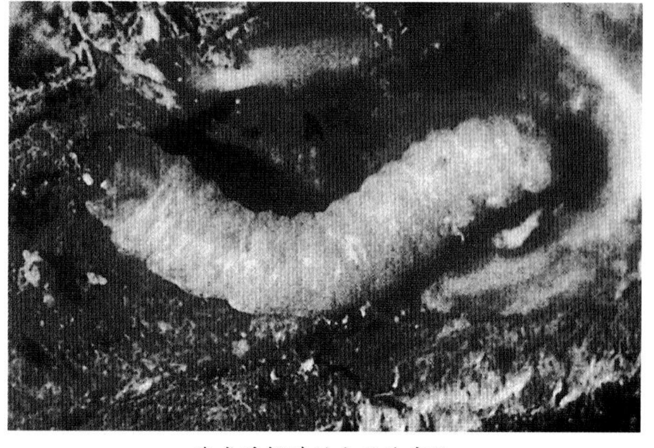

海棠透翅蛾幼虫及为害状

形态特征 成虫：体长10~14(mm)，翅展19~26(mm)，全体蓝黑色有光泽。头顶被厚鳞，复眼内侧有银白色鳞毛，头基部具黄色鳞毛，下唇须腹面被黄毛，复眼紫褐色，触角丝状，雄触角上密生栉毛。胸部两侧有黄鳞斑，翅透明，翅缘和脉黑色。第2、4腹节背面后缘各具1黄带，有时第1、3、5腹节也有很细的黄带多不明显；雌尾部有两簇黄白色毛丛，雄尾部有扇状黄毛。卵：扁椭圆形，长0.5mm，表面生六角形白色刻纹，初乳白后黄褐色。幼虫：体长22~25(mm)，头褐色，胴部乳白至淡黄色，背面微红，各节背侧疏生细毛，头及尾部毛较长，腹足趾钩单序双横带，臀足趾钩单序横带。蛹：长约15mm，黄褐色，腹背3~7节前、后缘各具1排刺，腹末环生8个臀棘。

生活习性 年生1代，多以中龄幼虫于隧道里结茧越冬。萌芽时开始活动为害，排出红褐色成团的粪便。老熟时先咬圆形羽化孔、不破表皮，然后于孔下吐丝缀连粪便和碎屑做长椭圆形茧化蛹。河北4月末~7月下旬化蛹，有2个高峰：6月上旬和7月上旬，蛹期10~15天。羽化期为5月中旬~8月上旬，亦2个高峰：6月中旬和7月中旬。由于幼虫寄生部位和营养不同而致发育情况不同，一般侧主枝上者发育快而肥大，主干上者发育慢而瘦小。羽化时蛹壳带出孔外1/3~1/2。成虫白天活动，取食花蜜；喜于生长衰弱的枝干粗皮缝、伤疤边缘、分叉等粗糙处产卵，散产，每雌可产卵20余粒。卵期约10余天。6月上旬开始孵化、蛀入，于皮层内为害，11月结茧越冬。

防治方法 (1)加强管理增强树势，避免产生伤疤可减少受害。(2)4月和8~9月幼虫为害处涂柴油原油；50%敌敌畏乳油100倍液；煤油2~3斤加敌敌畏1两混均匀使用；均有较好效果，秋季虫小、入皮浅效果更好。(3)春秋结合刮皮、刮腐烂病挖幼虫，之后涂消毒保护剂。(4)成虫盛发期枝干上喷洒敌百虫、辛硫磷、马拉硫磷、杀螟硫磷等药剂常用浓度，防治成虫和初孵幼虫效果均很好。

芳香木蠹蛾东方亚种(Common goat moth)

学名 *Cossus cossus orientalis* Gaede 鳞翅目，木蠹蛾科。别名：杨木蠹蛾、红哈虫、蒙古木蠹蛾。分布在东北、华北、陕西、山西、青海等地。

寄主 苹果、梨、桃、杏、李、核桃、榛、沙棘等。

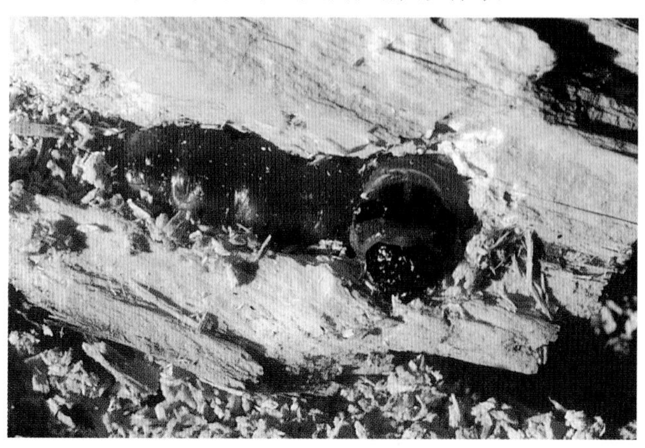

芳香木蠹蛾东方亚种幼虫

为害特点 幼虫蛀干和根，低龄多在根颈处群集蛀食皮层，稍大分散蛀入木质部和根部为害，削弱树势易风折，重者整株枯死。

形态特征 成虫：雄蛾体长 28～42（mm），翅展 60～67（mm）。体灰褐色；触角单栉状，中部栉齿宽，末端渐小；翼片及头顶毛丛鲜黄色，翅基片、胸部背部土褐色；后胸具 1 条黑横带。前翅灰褐色，基半部银灰色，前缘生 8 条短黑纹，中室内 3/4 处及稍向外具 2 条短横线；翅端半部褐色，横条纹多变化，一般在臀角 Cu_2 脉末端有伸达前缘并与其垂直黑线 1 条，亚外缘线一般较明显。雌蛾翅展 66～82(mm)，触角单栉状，体翅灰褐色。卵：近卵圆形，长 1.5mm，宽 1mm，表面有纵脊与横道，初乳白孵化前暗褐色。幼虫：体长 80～100(mm)，略扁，背面紫红色有光泽，别于柳干木蠹蛾，体侧红黄色，腹面淡红至黄色。头紫黑色。前胸盾上有 2 块黑褐色大斑横列，中胸背板半骨化，胸足黄褐色，腹足俱全，趾钩单序环，趾钩 76 个左右，臀足趾钩单序横带，趾钩 36 个左右，臀板黄褐色。蛹：长 30～40(mm)，暗褐色。第 2～6 腹节背面各具 2 横列刺，前列长超过气门，刺较粗，后列短不达气门，刺较细；肛孔外围有齿突 3 对，腹面 1 对较粗大。茧：长椭圆形，长 50～70(mm)，由丝黏结土粒构成较致密。

生活习性 青海 3 年 1 代，东北、华北 2 年 1 代，以幼虫于树干内或土中越冬。4～6 月陆续老熟结茧化蛹，在干内化蛹者，先蛀 1 圆形羽化孔而后在附近化蛹，有的于土中化蛹。蛹期 2～6 周。5 月中旬开始羽化，6～7 月为成虫盛发期。成虫昼伏夜出，趋光性不强。羽化后次日开始交配、产卵，多产在干基部皮缝内，堆生或块生，每堆有卵数十粒。每雌可产卵数百粒。成虫寿命平均 5 天左右。卵期约 7 天。初孵幼虫群集蛀入皮内，多在韧皮部与木质部之间及边材部筑成不规则的隧道，常造成树皮剥离，至秋后越冬。第 2 年春分散蛀入木质部内为害，隧道多从上向下，至秋末越冬，2 年 1 代者有的钻出树外在土中越冬。第 3 年 4～6 月陆续化蛹羽化。3 年 1 代者幼虫第 3 年 7 月上旬～9 月上中旬老熟蛀至边材，于皮下蛀羽化孔或爬出干外于土中先结薄茧，幼虫卷曲居内越冬。第 4 年春化蛹羽化。未交配雌虫产的卵也能正常孵化。天敌有白僵菌寄生幼虫。

防治方法 (1)成虫产卵期树干 2 米以下喷洒 30%辛硫磷微胶囊悬浮剂 200～300 倍液、40%毒死蜱乳油 1000 倍液，毒杀卵和初孵幼虫。(2)幼虫为害期可用 80%敌敌畏或 40%乐果乳油、20%丁硫克百威乳油 30～50 倍液注入虫孔，注至药液外流为止。(3)幼虫为害初期可挖除皮下群集幼虫。(4)8、9 月当年孵化的幼虫集中在主干基部为害，虫口处有较细的暗褐色虫粪，这时用塑料膜把虫株主干被害部位包住，从上端投入磷化铝片剂 0.5～1 片，含磷化铝 56%～58.6%，12 小时后杀虫效果显示出来。

桃红颈天牛(Peach longicorn beetle)

学名 *Aromia bungii* (Faldermann)鞘翅目，天牛科。别名：红颈天牛、铁炮虫、哈虫。分布在辽宁、内蒙古、甘肃、陕西、北京、河北、河南、山东、安徽、江苏、上海、浙江、广东、香港、福建、广西、湖南、湖北、贵州、四川等地。

寄主 桃、杏、李、梅、樱桃、苹果、梨、柿等，核果类为其偏嗜。

桃红颈天牛幼虫为害桃树状及排泄的木屑

桃红颈天牛幼虫

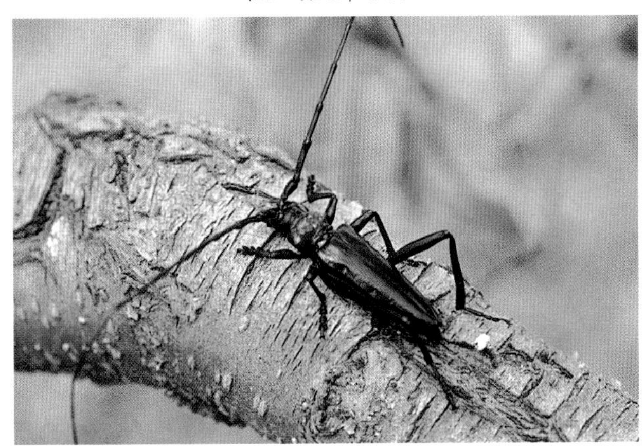
桃红颈天牛成虫栖息在树干上

为害特点 幼虫蛀食皮层与木质部，喜于韧皮部和木质部间蛀食，向下蛀隧道弯曲，内有粪屑，长达 50～60(cm)，隔一定距离向外蛀 1 排粪孔，致树势衰弱或枯死。

形态特征 成虫：体长 28～37(mm)，体黑蓝，有光泽，触角丝状 11 节，超过体长，前胸大部棕红色或全黑，背面具瘤状突起 4 个，两侧各有刺突 1 个。鞘翅基部宽于胸部，后端略狭，表面光滑。卵：长椭圆形，乳白色，长 6～7(mm)。幼虫：体长 42～50(mm)，黄白色，前胸背板横长方形，前半部横列黄褐色斑块 4 个，背面 2 个横长方形，前缘中央有凹缺；两侧的斑块略呈三角形；后半部色淡有纵皱纹。蛹：长 26～36(mm)，淡黄白色，羽化前黑色。

生活习性 2~3年1代，以各龄幼虫越冬。寄主萌动后开始为害。成虫于5~8月发生，南方早，如福建5月下旬盛发，湖北6月上中旬，山西、河北、山东发生期为7月上中旬~8月中旬。成虫羽化后在蛀道中停留3~5天出树，经2、3天交配，卵产在皮缝中，距地面35cm以内树干上着卵居多，产卵期5~7天，卵期7~9天。单雌卵量40~50粒。孵化后蛀入皮层，随虫体增长逐渐蛀入皮下韧皮部与木质部之间为害，长到30mm以后才蛀入木质部为害，多由上向下蛀食成弯曲的隧道，隔一定距离向外蛀1通气排粪孔；有的可蛀到主根分叉处，深达35cm左右，粪屑积于隧道中，由于虫体的旋转蠕动而将粪屑由通气排粪孔挤出，堆积地面或枝干上，较易识别。幼虫经过2或3个冬天老熟，在蛀道末端先蛀羽化孔但不咬穿，用分泌物黏结木屑作室化蛹。幼虫期23~35个月，蛹期17~30天。蛀道长50~60cm。天敌有肿腿蜂等。

防治方法 (1)成虫出现期白天捕杀成虫。(2)幼虫孵化后检查枝干，发现排粪孔可用铁丝刺杀幼虫，也可用80%敌敌畏乳油15~20倍液涂抹排粪孔，杀虫效果很好。(3)在树干上涂刷石灰硫磺混合涂白剂(生石灰10份:硫磺1份:水40份)防止成虫产卵。(4)幼虫蛀入木质部以后，用56%磷化铝片剂分成6~8小粒，每粒塞入1虫孔中封口熏杀。(5) 试用注干法，在距地面50~80cm处用直径4~5(mm)水泥钢钉打孔，深约3~4(cm)，拔出钉子后用兽用注射器注入长效注干剂，注入量先量桃树胸径再换算成直径，每cm胸径0.5mL。有条件的可用YBZ-Ⅱ型树干注射机注入，效果更好。

多斑豹蠹蛾

学名 *Zeuzera multistrigata* Moore 分布在辽宁、华北、华东、华中、陕西、西南。

寄主 杏、梨、枣、核桃及杨、柳树等。

为害特点 幼虫蛀枝为害。

形态特征 成虫：体长24~33mm，翅展44~68mm，胸背部生6个黑斑，每侧3个；腹部白色，每节都生黑横带，第1腹节背板生2个黑斑；前翅底色白，具很多闪蓝光的黑斑点、条纹多列，前翅基黑斑大；后翅白色，斑亦少。

生活习性 北京年生1代，以幼虫在枝干内越冬。4月上旬开始为害，5月下旬开始化蛹，6月上旬成虫羽化，交配产卵，6月下旬幼虫孵化，蛀枝内为害，10月幼虫越冬。

多斑豹蠹蛾成虫(徐公天)

防治方法 (1)灯光诱杀成虫。(2)发生初期喷洒10%吡虫啉可湿性粉剂3000倍液。

六星黑点蠹蛾(Oriental leopard moth)

学名 *Zeuzera leuconotum* Butler 鳞翅目，木蠹蛾科。别名：白背斑蠹蛾、栎干木蠹蛾、枣树截干虫、胡麻布蠹蛾、豹纹蠹蛾。异名 *Xyleutes leuconotus* Walker。

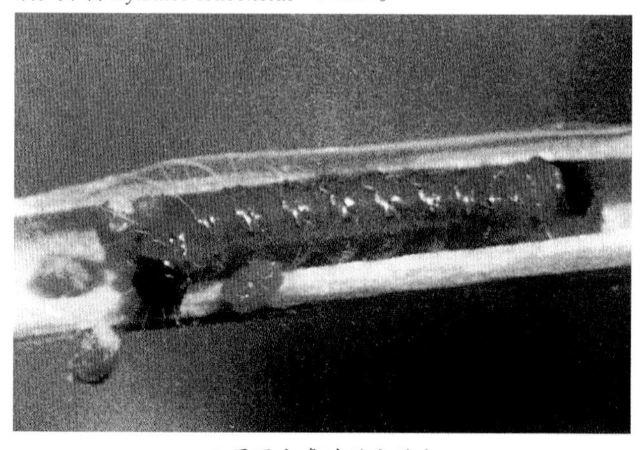

六星黑点蠹蛾幼虫放大

寄主、形态特征、生活习性、防治方法 参见石榴害虫——六星黑点蠹蛾。

红缘天牛(Red-striped longicorn)

学名 *Asias halodendri* (Pallas) 鞘翅目，天牛科。别名：红缘亚天牛、红条天牛。分布于黑龙江、吉林、辽宁、内蒙古、山西、河北、山东、河南、江苏、安徽、浙江、江西、福建、台湾、陕西、甘肃等地。

红缘天牛成虫正在交尾

寄主 苹果、梨、枣、酸枣、山楂、葡萄、枸杞等。

为害特点 幼虫蛀食枝干皮层及木质部，主要为害直径1~3(cm)的枝条，没有排粪孔，外表不易看出被害处。削弱树势，重的致枝干枯死。

形态特征 成虫：体长11~19.5(mm)，宽3.5~6(mm)，体黑色狭长，被细长灰白色毛。鞘翅基部各具1朱红色椭圆形斑，外缘有1条朱红色窄条，常在肩部与基部椭圆形斑相连接。头短，刻点密且粗糙，被浓密深色毛，触角细长丝状11节超过体长。前胸宽略大于长，侧刺突短而钝。小盾片等边三角形。鞘翅狭长

且扁，两侧缘平行，末端钝圆，翅面被黑短毛，红斑上具灰白色长毛，足细长。卵：长2~3(mm)，椭圆形，乳白色。幼虫：体长22mm左右，乳白色，头小、大部缩在前胸内，外露部分褐至黑褐色。胴部13节，前胸背板前方骨化部分深褐色，上有“十”形淡黄带，后方非骨化部分呈“山”字形。蛹：长15~20(mm)，乳白渐变黄褐色，羽化前黑褐色。

生活习性 年生1代，以幼虫在隧道端部越冬。春季树体萌动后幼虫开始活动为害，4月上旬至5月上旬为化蛹期，5月上旬至6月上旬为羽化期，成虫白天活动，取食枣花等补充营养，卵多散产在3cm以下的枝干缝隙中，幼虫孵化后先蛀至皮下，于韧皮部与木质部之间为害，后渐蛀入木质部多在髓部为害，严重的常把木质部蛀空，残留树皮，为害至深秋休眠越冬。

防治方法 (1)在成虫盛发期喷洒40%辛硫磷乳油1500倍液或20%高氯·马乳油2000倍液。(2)及时剪除衰弱枝、枯死枝条，集中烧毁，以减少虫源。(3)捕杀成虫。(4)加强果园管理，增强树势可减轻受害。(5)试用注干法。具体方法参考苹果害虫——桑天牛。

梨圆蚧(San Jose scale)

学名 *Quadraspidiotus perniciosus* (Comstock) 同翅目，盾蚧科。别名：梨枝圆盾蚧、梨笠圆盾蚧。

寄主、为害特点、形态特征、生活习性、防治方法 参见苹果害虫——梨圆蚧。

梨圆蚧为害桃果实

桑白蚧(White peach scale)

学名 *Pseudaulacaspis pentagona* (Targioni-Tozzetti) 同翅目，盾蚧科。别名：桑盾蚧、桑白蚧、桑介壳虫、桃介壳虫、桑蚧。异名：*Sasakiaspis pentagona* Kuwana；*Diaspis amygdali* Tryon。分布在黑龙江、吉林、辽宁、内蒙古、新疆、陕西、山西、河北、山东、安徽、河南、江苏、上海、浙江、江西、福建、台湾、湖南、湖北、广东、广西、四川、云南。

寄主 桃、李、杏、樱桃、苹果、葡萄、核桃、梅、柿、枇杷、柑橘、银杏、猕猴桃。

为害特点 若虫和雌成虫刺吸枝干汁液，偶有为害果、叶者，削弱树势，重者枯死。

形态特征 成虫：雌体长0.9~1.2(mm)，淡黄至橙黄色，介壳灰白至黄褐色，近圆形，长2~2.5(mm)，略隆起，有螺旋形纹，

桑白蚧寄生在桃树枝上

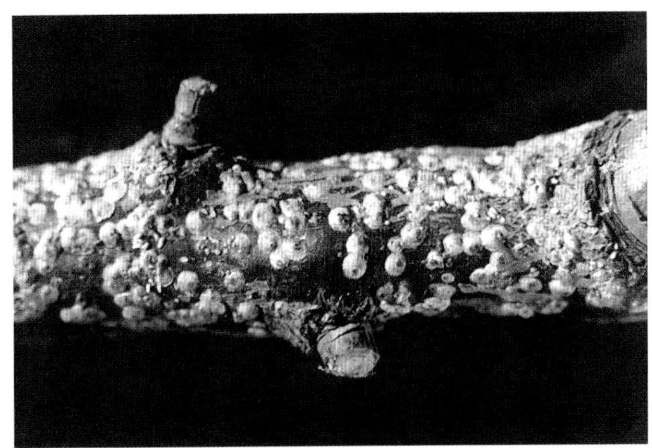

桑白蚧雌介壳

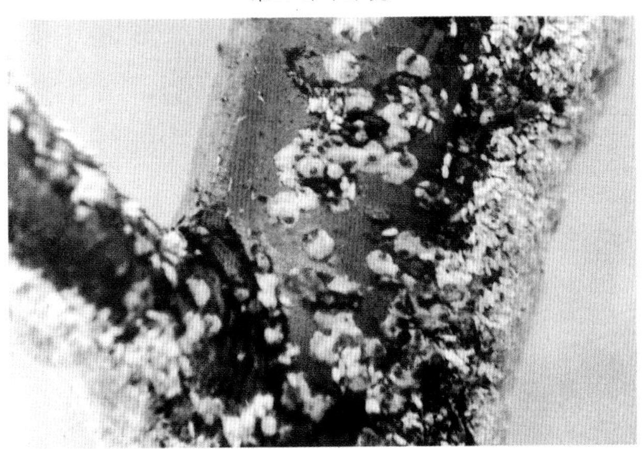

桑白蚧雌成虫介壳(左)和雄成虫介壳群放大

壳点黄褐色，偏生一方。雄体长0.6~0.7(mm)，翅展1.8mm，橙黄至橘红色。触角10节念珠状有毛。前翅卵形，灰白色，被细毛；后翅特化为平衡棒。性刺针刺状。介壳细长，1.2~1.5(mm)，白色，背面有3条纵脊，壳点橙黄色位于前端。卵：椭圆形，长0.25~0.3(mm)，初粉红后变黄褐色，孵化前为橘红色。若虫：初孵淡黄褐色，扁椭圆形，长0.3mm左右，眼、触角、足俱全，腹末有2根尾毛。两眼间具2个腺孔，分泌绵毛状蜡丝覆盖身体，2龄眼、触角、足及尾毛均退化。蛹：橙黄色，长椭圆形，仅雄虫有蛹。

生活习性 广东年生5代，浙江3代，北方2代。2代区以第2代受精雌虫于枝条上越冬。寄主萌动时开始吸食，虫体迅速膨大，4月下旬开始产卵，5月上中旬为盛期，卵期9~15天，

5月间孵化，中下旬为盛期，初孵若虫多分散到2~5年生枝上固着取食，以分杈处和阴面较多，6~7天开始分泌绵毛状蜡丝，渐形成介壳。第1代若虫期40~50天，6月下旬开始羽化，盛期为7月上中旬。卵期10天左右，第二代若虫8月上旬盛发，若虫期30~40天，9月间羽化交配后雄虫死亡，雌虫为害至9月下旬开始越冬。3代区，第1代若虫发生期为5月至6月中旬；第2代为6月下旬至7月中旬；第3代为8月下旬至9月中旬。

防治方法 (1)北方树体休眠期用硬毛刷或钢丝刷刷掉枝条上的越冬雌虫，剪除受害严重的枝条，之后喷洒波美5度石硫合剂或5%矿物油乳剂或机油乳剂或10%氯氰菊酯乳油200倍液与柴油乳剂10~50倍液涂刷介壳虫多的枝干。抓住"若虫游走期"即从卵孵化盛期开始到2龄若虫固定分泌蜡质前的关键时期(5月中下旬)喷洒40%辛硫磷乳油1000倍液或48%毒死蜱乳油1500倍液。(2)保护利用天敌。在红点唇瓢虫大量发生的4~6月份，禁止使用高毒或剧毒杀虫剂，可选用对天敌较安全的药剂，如生物农药或噻嗪酮等。此外要人为创造利于天敌昆虫的生育条件，桃园内适当种植豆科植物，为天敌繁殖提供条件，对抑制园中后期介壳虫有一定效果。(3)南方在介壳尚未形成的初孵若虫阶段，用10%柴油和肥皂水混合后，喷雾或涂抹，也可在1代若虫盛发时向枝干上喷洒10%吡虫啉可湿性粉剂1000~1500倍液或25%噻嗪酮可湿性粉剂1000倍液、95%机油乳剂150倍液。此外，也可用50%马拉硫磷乳油1000倍液喷雾；在桑白蚧低龄若虫期用20倍的石油乳剂加0.1%的上述杀虫剂一种喷洒或涂抹；当介壳形成以后进入了成虫阶段防治较困难，果农有的用20~25型洗衣粉20%溶液涂抹，有用普通洗衣粉2kg，加火油1kg，对水25kg喷淋或涂抹也有效。

褐软蚧(Brown soft scale)

学名 *Coccus hesperidum* (Linnaeus)同翅目，蚧科。别名：龙眼黄介壳虫、褐软蜡蚧、广食褐软蚧。分布在黑龙江、吉林、辽宁、内蒙古、宁夏、甘肃、青海、新疆、陕西、山西、河北、北京、山东、河南、江苏、浙江、江西、福建、台湾、湖北、湖南、广东、广西、贵州、云南、重庆、四川等。北方均在温室中发生。

寄主 苹果、梨、桃、李、枣、葡萄、无花果、枸杞、柑橘、枇杷、柠檬、龙眼、芒果、椰子等170余种植物。

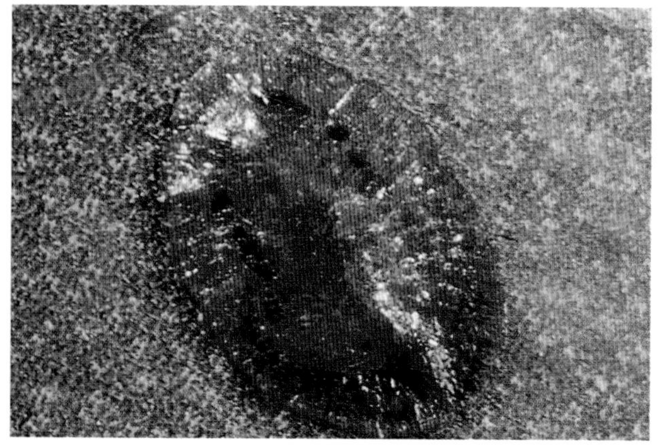

褐软蚧虫体放大(赵兰勇等原图)

为害特点 若虫、雌成虫群集嫩枝或叶上吸食汁液，排泄蜜露诱致煤污病发生，影响光合作用，削弱树势。

形态特征 成虫：雌扁椭圆形至卵形，长3~4(mm)，左右不对称，前端尖，体背中央具1纵脊隆起，绿褐色。体形、体背色泽均有变化，有黄或青至褐色，形成格子状图案。体背软。触角7~8节，末节长。足细。肛筒长，肛环远离肛板，其间距约等于肛板之长。卵：近椭圆形，长约0.3~0.4(mm)，淡黄褐色。若虫：初孵若虫体长0.5~0.6(mm)，宽0.3mm，卵形，前部微圆，后端钝尖，触角、足发达，尾端具2根长毛。2龄后体背现透明的极薄蜡质，各体节明显可见，中央具纵脊。雄虫：体长约1mm，黄绿色，前翅白色透明。雄蛹：长1mm，黄绿色。茧：长2mm左右，椭圆形，背面有似龟甲状纹。

生活习性 年生1代，以若虫在枝条或叶上越冬。翌春继续为害，4~5月羽化，多行孤雌生殖，卵胎生，每雌可产仔70~1000头，发生期不整齐，6月繁殖最快，初龄若虫分散到嫩枝或叶上群集为害，固定后不大移动，枝叶枯死或受惊扰时转移到其他枝条上固定取食。此虫在温室中一年发生3~5代，世代重叠，极不整齐，从春至冬，均有若虫，雌成虫每次胎生小若虫200多个。第一代若虫于4月中旬开始活动，第二代在7月上旬，第三代在9月中旬。该蚧的发生与温室内的温度、湿度、光照、通风、植株的郁密度有直接的关系。温室内温度高、湿度大，有利于加快繁殖速度，决定发生量。光照不强，通风不良，有利于它的个体生长发育。植株密集则有利于它的转主、蔓延，扩大为害。每个世代的若虫期是抗性最薄弱时期，因此是防治的最佳时期。

防治方法 (1)加强检疫，严防调苗时的携入或携出。(2)虫口密度小时，采用人工剪除虫枝，摘除虫叶等，然后集中烧毁。(3)被害植株少时，可用棉球蘸洗衣粉200倍液擦除，然后用清水棉球冲擦，以免伤害植株。(4)在若虫期喷洒25%噻嗪酮乳油1000倍液加0.5%洗衣粉或2.5%高效氯氟氰菊酯乳油2000倍液、20%甲氰菊酯乳油2000倍液、10%氯氰菊酯乳油1500倍液、50%氯氰·毒死蜱乳油2000倍液，在喷洒上述药剂时如加入0.2%~0.5%的洗衣粉效果好。

水木坚蚧(European fruit lecanium)

学名 *Parthenolecanium corni* (Bouch è)同翅目，蚧科。别名：褐盔蜡蚧、东方盔蚧、扁平球坚蚧、刺槐蚧、糖槭蚧、水木胎

水木坚蚧雌介壳放大

球蚧。分布在黑龙江、吉林、辽宁、内蒙古、宁夏、甘肃、新疆、青海、山西、陕西、河北、山东、河南、安徽、江苏、浙江、湖南、湖北、四川等地。

寄主 桃、杏、李、山楂、苹果、梨、葡萄、核桃、刺槐等。

为害特点 若虫和雌成虫刺吸枝干、叶汁液,排泄蜜露常诱致煤病发生,影响光合作用,削弱树势,重者枯死。

形态特征 成虫:雌体长6~6.3(mm),黄褐色,椭圆形或圆形,背面略突起。椭圆形个体从前向后斜,圆形者急斜;死体暗褐色,背面有光亮皱脊,中部有纵隆脊,其两侧有成列大凹点,外侧又有多数凹点,并越向边缘越小,构成放射状隆线,腹部末端有臀裂缝。雄体长1.2~1.5(mm),翅展3~3.5(mm),红褐色,翅黄色呈网状透明,腹末具2根长蜡丝。卵:椭圆形,长0.2~0.25(mm),初白,半透明,后淡黄,孵化前粉红,微覆白蜡粉。若虫:1龄扁椭圆形,长0.3mm,淡黄色,体背中央具1条灰白纵线,腹末生1对白长尾毛,约为体长的1/3~1/2。眼黑色,触角、足发达。2龄扁椭圆形,长2mm,外有极薄蜡壳,越冬期体缘的锥形刺毛增至108条,触角和足均存在。3龄雌渐形成柔软光面灰黄的介壳,沿体纵轴隆起较高,黄褐色,侧缘淡灰黑色,最后体缘出现皱褶与雌成虫相似。雄蛹:长1.2~1.7(mm),暗红色。茧:半透明长椭圆形,前半部突起。仅雄虫有蛹、茧。

生活习性 年生一至二代,在洋槐、糖槭上2代,其它寄主多1代,在黄河故道区多为二代。以二龄若虫在主干和粗枝的皮缝内越冬。来年三月下旬开始活动。虫口密度大时,树干裂缝周围一片红色,不久爬到嫩枝梢上固定取食,下午气温较高时比较活跃。四月底若虫逐渐长大,五月中旬出现成虫,五月下旬第一代雌成虫开始产卵,卵期约29天。若虫孵化后先爬往叶片,在叶背面主脉与侧脉间静伏,3~5天后转向嫩梢,半月左右全部集中到枝干。若虫期约为85天。每雌产卵708~3014粒。1年一代者直到10月间在叶上为害者迁回枝上越冬。2代者在6月中下旬迁回枝上固定为害,7月上旬开始羽化,7月中下旬开始产卵,8月孵化,分散到枝叶上为害,到10月间叶上者迁回枝上寻找适当场所固定越冬。该蚧主要为孤雌生殖,雄虫较少见。天敌有瓢虫和寄生蜂等。

防治方法 (1)冬季或早春刮去主干粗皮,集中烧毁,可大幅度降低当年的虫口密度。(2)春季若虫向枝梢迁移前,在主干分杈处涂药环(废机油混合乐果或溴氰菊酯、马拉硫磷)可阻止若虫上树。(3)每年春季当植物花芽膨大时,寄生蜂还未出现,若虫分泌蜡质介壳之前,向植物上喷洒药剂较为效果好。为提高药效,药液里最好混入0.1%~0.2%的洗衣粉。可用药剂:①菊酯类:2.5%高效氯氟氰菊酯乳油或20%甲氰菊酯乳油3000倍液、20%氰戊菊酯乳油2000倍液、10%氯氰菊酯乳油1000倍液。②有机磷类:50%杀螟硫磷或稻丰散乳油1000倍液、80%敌敌畏乳油800~1000倍液。③菊酯有机磷复配剂:20%氰戊·辛硫磷乳油1500倍液。如同含油量0.3%~0.5%柴油乳剂或94%机油乳剂50倍液混用有很好的杀死作用。(4)注意保护和引放天敌。

朝鲜球坚蚧(Korean lecanium)

学名 *Didesmococcus koreanus* Borchsenius 同翅目,蚧科。

朝鲜球坚蚧放大

别名:朝鲜球蚧、朝鲜球坚蜡蚧、朝鲜毛球蚧、杏球坚蚧、杏毛球坚蚧、桃球坚蚧。分布在黑龙江、吉林、辽宁、内蒙古、宁夏、甘肃、青海、河北、河南、山东、安徽、江苏、湖北、云南等。

寄主 桃、杏、李、樱桃、山楂、苹果、梨、榅桲。

为害特点 若虫和雌成虫刺吸枝、叶汁液,排泄蜜露常诱致煤病发生,影响光合作用削弱树势,重者枯死。

形态特征 成虫:雌体近球形,长4.5mm,宽3.8mm,高3.5mm,前、侧面上部凹入,后面近垂直。初期介壳软,黄褐色,后期硬化红褐至黑褐色,表面有极薄的蜡粉,背中线两侧各具1纵列不甚规则的小凹点,壳边平削与枝接触处有白蜡粉。雄体长1.5~2(mm),翅展5.5mm,头胸赤褐,腹部淡黄褐色。触角丝状10节,生黄白短毛。前翅发达白色半透明,后翅特化为平衡棒。性刺基部两侧各具1条白色长蜡丝。卵:椭圆形,长0.3mm、宽0.2mm,附有白蜡粉,初白色渐变粉红。若虫:初孵若虫长椭圆形,扁平,长0.5mm,淡褐至粉红色被白粉;触角丝状6节;眼红色;足发达;体背面可见10节,腹面13节,腹末有2个小突起,各生1根长毛。固着后体侧分泌出弯曲的白蜡丝覆盖于体背,不易见到虫体。越冬后雌雄分化,雌体卵圆形,背面隆起呈半球形,淡黄褐色有数条紫黑横纹。雄瘦小椭圆形,背稍隆起。仅雄有蛹。蛹:长1.8mm,赤褐色;茧:长椭圆形,灰白半透明,扁平,背面略拱,有2条纵沟及数条横脊,末端有1横缝。

生活习性 年生1代,以2龄若虫在枝上越冬,外覆有蜡被。3月中旬开始从蜡被里脱出另找固定点,而后雌雄分化。雄若虫4月上旬开始分泌蜡茧化蛹。4月中旬开始羽化交配,交配后雌虫迅速膨大。5月中旬前后为产卵盛期。每雌一般产卵千余粒。卵期7天左右。5月下旬~6月上旬为孵化盛期。初孵若虫分散到枝、叶背为害,落叶前叶上的虫转回枝上。以叶痕和缝隙处居多,此时若虫发育极慢,越冬前脱1次皮,10月中旬后以2龄若虫于蜡被下越冬。雌雄比3:1。雄成虫寿命2天左右,可与数头雌虫交配。未交配的雌虫产的卵亦能孵化。全年4月下旬~5月上中旬为害最盛。天敌:黑缘红瓢虫和寄生蜂。

防治方法 参见梨树害虫——朝鲜球坚蚧。

大球蚧(Giant globular scale)

学名 *Eulecanium gigantea* (Shinji)同翅目,蜡蚧科。别名:

大球蚧

桃球蜡蚧、皱球蚧。分布：辽宁、山西、河北、山东、河南、陕西。

寄主 桃、槟子、苹果、枣、酸枣、李、核桃、杨、榆等。

为害特点 参考朝鲜球坚蚧。

形态特征 成虫：雌体长8~18mm，高约8~14mm。成熟后体背黄色或象牙色，带有整齐紫黑色花斑——背中为1条粗纵带，带的两端扩大，呈哑铃状，后端扩大部分包住尾裂，背中纵带两侧各具2纵列大黑斑，每列约为5~6个。此时母体呈馒头形，产卵后紫黑斑逐渐消失，变成皱缩的木质化球体，雌成虫喙一节，位于触角间，气门盘很大，尾裂不深，肛板两块，合成正方形。雄体：长2mm，翅展5.5mm，淡紫红色，具一对前翅，触角8节，腹端具2根白色长蜡丝，针状交尾器淡黄色，雄茧长椭圆形，污白色，壳面有龟裂状分格，羽化前两根白色蜡丝伸出壳外。卵：长圆形，长0.3mm，粉红色，覆蜡粉。若虫：初孵若虫红色，后在体表分泌蜡质物呈污白色。

生活习性 年生1代，以2龄若虫在1~2年生枝条上或芽附近越冬。翌年寄主萌芽时开始为害，进行雌雄分化。4月中旬至5月初雌蚧虫体膨大成半球形，体皮软，并开始流胶，5月初雄虫羽化，进行交配，当虫口密度低时很少发生雄虫，雌者可行孤雌生殖。5月中旬雌虫开始产卵，每雌可产卵千余粒。6月上旬卵开始孵化，初孵若虫爬出后、固着于叶片背面主脉两侧吸食汁液，体表分泌蜡被发育极慢，9月中旬~10月上旬若虫迁至枝条下方处固着越冬。

防治方法 参考朝鲜球坚蚧。

桃园康氏粉蚧

学名 *Pseudococcus comstocki*（Kuwanna）同翅目粉蚧科，别名：梨粉蚧，桑粉蚧。分布在吉林、辽宁、河北、河南、山东、山西、四川等省。

寄主 桃、苹果、梨、李、杏、樱桃、葡萄、石榴、栗等。

为害特点 成虫和若虫刺吸寄主的幼芽、嫩枝、叶片、果实和根部汁液，嫩枝受害后，常肿胀，树皮纵裂而枯死，前期果实被害呈畸形。近年为害套袋桃、套袋苹果、套袋梨较严重。

形态特征 雌成虫：体长3~5(mm)，扁平，椭圆形，粉红色，表面被有白色蜡质物，体缘有17对白色蜡丝，其基部较粗，尖端略细，体最末一对蜡丝特别长。雄成虫：体紫褐色，体长约1mm，翅1对，透明，后翅退化成平衡棒。卵：椭圆形。若虫：浅黄色，形似雌成虫。蛹：仅雄虫有蛹期，淡紫色。触角、翅、足均外露。

生活习性 河南年生3代，以卵在受害树干、枝条粗皮缝隙或石缝、土块中越冬。翌年桃等果树发芽时，越冬卵孵化成若虫，食害寄主植物的幼嫩部分。第1代若虫发生盛期在5月中、下旬。第2代为7月中、下旬。第3代若虫发生在8月下旬。雌雄交配后，雌成虫爬到果实萼洼、梗洼、枝干粗皮处产卵，有的把卵产在土内。产卵时，雌成虫分泌大量棉絮状蜡质卵囊，卵即产在囊内，每雌可产卵200~400粒。

防治方法 (1)冬春季仔细刮除树皮或用硬毛刷刮除或刷除越冬卵，集中深埋或烧毁。(2)早春喷洒5%轻柴油乳剂或波美3~5度石硫合剂。在各代若虫盛发期喷洒40%毒死蜱乳油或1.8%阿维菌素乳油1000倍液。

康氏粉蚧

6. 樱桃(*Prunus pseudocerasus*)、大樱桃病害

樱桃、大樱桃褐腐病（Sweet cherry brown rot）

症状 春季染病产生花朵腐烂，发病初期花药、雌蕊坏死变褐，向子房、花梗扩展，病花固着在枝上，天气潮湿时产生分生孢子座和病花表面出现分生孢子层。枝条染病，病花上的菌丝向小枝扩展并产生椭圆形至梭形溃疡斑，溃疡边缘出现流胶，当溃疡斑扩大至绕枝1周时，上段即枯死。枝上叶片变棕至褐色干枯，不脱落，小枝溃疡常向大枝蔓延。成熟果实染病，果腐扩展快，侵染后2天就发生果腐，病部褐色，病果上长出分生孢子座，表生分生孢子层。

病原 *Monilinia fructicola*（Wint.）称美澳型核果链核盘菌和*M. laxa*（Aderh. et Ruhl.）Honey称核果链核盘菌2种，均属真菌界子囊菌门。前者能侵害李属的所有栽培种，在桃、油桃和李及樱桃上危害特重，不仅引起花朵腐烂、小枝枯死，危害最重的是造成果腐，尤其是成熟期烂果。后者寄主以杏、巴旦杏、甜樱桃、桃及油桃为主，造成花朵腐烂，结果树枯死是其明显特点，该菌很少侵害苹果和梨。

传播途径和发病条件 美澳型核果链核盘菌病果落地，当条件适宜时假菌核生成子囊盘，产生子囊孢子，子囊孢子借风

樱桃褐腐病为害枝条

大樱桃果实褐腐病

樱桃褐腐病病果长出灰白色粉状物

雨传播，可以进行初侵染。其有性阶段和无性阶段都会在侵染中起作用。几种链核盘菌都能以无性型菌丝体在树上的僵果、病枝、残留的病果果柄等处越冬。晚冬早春，温度达5℃以上，遇冷湿条件产生分生孢子座和分生孢子，分生孢子萌发要求寄主表面有自由水，萌发温限5~30℃，最适萌发温度20~25℃，水膜连续保持3~5小时，即可侵染。很多樱桃园春季很少出现子囊世代的地方或年份，初侵染源主要是树上的病残体产生分生孢子。在果园进入开花期，花朵先发病，后向结果枝扩展，造成小枝枯死或大枝溃疡。病部又产生孢子在坐果后侵染幼果，樱桃幼果上可能有潜伏侵染，到果实成熟期引起褐腐。该菌在花期侵染花，潮湿时间持续5小时才能侵染，随持续时间延长，侵染率提高，降雨后产孢增多，发病率高，发病严重。

防治方法 (1)樱桃发芽前清除地面、树上的病枝、病果，喷洒45%代森铵水剂300~400倍液或波美3度石硫合剂抑制越冬病菌产孢。(2) 春季多雨地区喷洒50%腐霉利可湿性粉剂1000倍液或40%氟硅唑乳油4000倍液。(3)生长期注意捡拾病果和病落果，清除滋生基物降低褐腐病菌接种体数量。(4)中晚熟品种预防采前采后褐腐病病果，喷洒10%苯醚甲环唑水分散粒剂2000倍液或25%丙环唑乳油2000倍液。采收前10天喷洒25%嘧菌酯悬浮剂3000倍液。

樱桃、大樱桃炭疽病

症状 主要为害果实，也为害新梢、叶片和幼芽。幼果染病出现暗褐色萎缩硬化，发育停止，果实表面产生水渍状浅褐色病斑，圆形，后逐渐变成暗褐色干缩凹陷。湿度大时病斑上长出

樱桃炭疽病发病初期症状(李晓军)

樱桃炭疽病发病初期

樱桃炭疽病病果上的炭疽斑长出橘红色小点(许渭根)

橙红色小粒点，即病原菌分生孢子堆，常融合成不规则大斑，造成果实软腐脱落或干缩成僵果挂在树枝上。叶片染病初生褐色圆斑，随后中央变为灰白色的圆形病斑。叶柄染病叶片变成茶褐色焦枯状，引起基部芽枯死。

病原 *Colletotrichum gloeosporioides* (Penz.) Sacc. 称盘长孢状炭疽病，属真菌界无性型真菌。有性态称围小丛壳。无性型真菌产生分生孢子盘和分生孢子，分生孢子卵圆形，两端略尖，11~16 × 4 ~ 6(μm)。

传播途径和发病条件 病原菌在枯死的病芽、短果枝叶痕部越冬，翌年春天气温10℃以上时产生分生孢子，借风雨传播，6月进入发病盛期，造成果实、叶片发病。

防治方法 (1)冬剪时注意剪除枯死病芽、病枝、枯梢。清除僵果烧毁。(2)芽膨大时喷洒索利巴尔50倍液或4波美度石硫合剂。(3) 幼果豆粒大小时喷洒25%咪鲜胺乳油1500倍液或10%苯醚甲环唑水分散粒剂或悬浮剂1500倍液、70%丙森锌可湿性粉剂600倍液、50%福·福锌可湿性粉剂800倍液。

樱桃、大樱桃灰霉病

症状 樱桃、大樱桃灰霉病主要为害花萼、果实和叶片。花萼和刚落花的幼果染病时果面上现水渍状浅褐色凹陷斑点，后扩展成浅褐色圆形至不规则形斑块或形状不规则软腐，贮运过程中很易长出灰绿色霉丛或鼠灰色霉状物。叶片染病产生褐色不规则形病斑，有时产生不大明显的轮纹。

病原 *Botrytis cinerea* Pers: Fr. 称灰葡萄孢，属真菌界无性型真菌。有性态为 *Botryotinia fuckeliana* (de Bary) Whetzel。分生孢子梗顶端明显膨大，有时在中间形成1分隔。分生孢子卵圆形或侧卵形至宽梨形，分生孢子大小多在7.5~12.5 (μm)之间，扫描电镜下，壁表光滑。越冬后的菌核多以产生孢子的方式萌发。

传播途径和发病条件 该菌以分生孢子或菌核在病残体上越冬，翌年樱桃展叶后菌核萌发后产生的分生孢子借水滴、雾滴、风雨传播，直接侵入近成熟的樱桃果实或叶片，发病适温为15~20℃，果实近成熟期阴雨天多，气温低易发病。

防治方法 (1)加强田间管理，雨后及时排水，科学合理施肥。(2)及时清除病落叶、病果。(3)贮运时采用低温处理。(4)田间发病初期喷洒25%咪鲜胺1500倍液或40%双胍三辛烷基苯磺酸盐可湿性粉剂1000倍液、40%菌核净可湿性粉剂800~1000倍液、50%多·福·乙可湿性粉剂800倍液、21%过氧乙酸水剂1200倍液。

樱桃、大樱桃链格孢黑斑病（Cherry black spot）

症状 主要为害樱桃叶片和果实。叶片上产生圆形灰褐色至茶褐色病斑，直径约6mm，扩大后产生轮纹，大的10mm，边缘有暗色晕。子实体主要生在叶斑正面。果实染病，初生褐色水渍状小点，后扩展成圆形凹陷斑，湿度大时，病斑上长出灰绿至灰黑色霉，即病原菌的菌丝、分生孢子梗和分生孢子。

病原 *Alternaria cerasi* Potebnia 称樱桃链格孢，属真菌界无性型真菌。分生孢子梗单生或簇生，分隔，基部常膨大，24~50 × 3.5 ~ 6(μm)。分生孢子单生或成链，倒梨形，褐色，具横隔膜4~7个，纵隔膜1~13个，分隔处明显缢缩，年老的孢子部

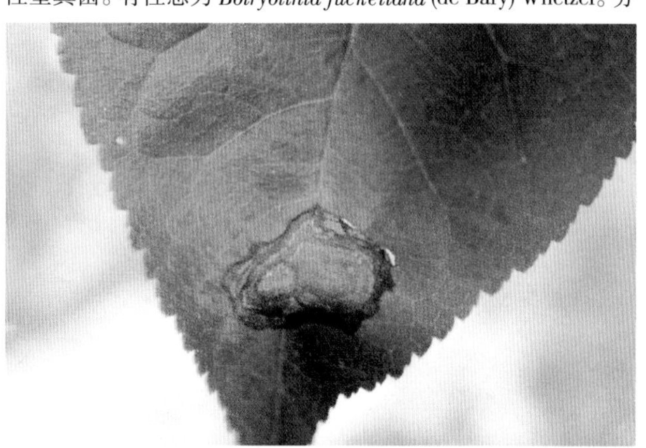

樱桃叶片上的灰霉病病斑放大

樱桃链格孢黑斑病

大樱桃灰霉病

大樱桃樱桃链格孢黑斑病

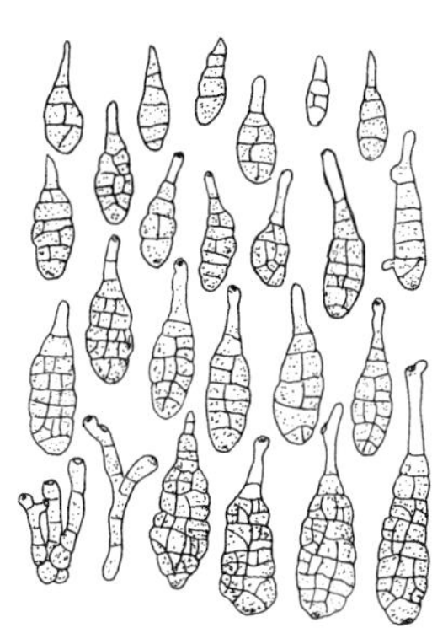

樱桃链格孢
分生孢子梗和分生孢子

分横隔常加厚，孢身 18 ~ 61 × 11 ~ 23.5(μm)，假喙柱状，浅褐色，顶端常膨大，5 ~ 36.6 × 2.5 ~ 6(μm)。

传播途径和发病条件 病原菌在病部或芽鳞内越冬，借风雨或昆虫传播，强风暴雨利其流行，生产上缺肥树势衰弱易发病。

防治方法 (1)樱桃园通过施用有机肥把土壤有机质含量提高到 2%以上，可增强抗病力。(2)樱桃树发芽前喷 5 波美度石硫合剂。(3)发病前喷 80%波尔多液 800 倍液。(4)发病初期喷洒 50%福·异菌可湿性粉剂 800 倍液、40%百菌清悬浮剂 600 倍液、50%异菌脲可湿性粉剂 1000 倍液。

樱桃、大樱桃细极链格孢黑斑病

症状 叶片产生水渍状褐色小点，后扩展成近圆形病斑。果实染病，亦生灰褐色病变，后变成黑褐色病斑。

病原 *Alternaria tenuissima* (Fr.)Wiltshire 称称细极链格孢，属真菌界无性型真菌或称半知菌类。该菌在 PCA 培养基上 25℃，5 天内形成超过 10 个孢子的分生孢子链。分生孢子梗从基内或表面的主菌丝上直接产生，直立，偶分枝，分隔，浅褐色，

樱桃细极链格孢黑斑病

大樱桃细极链格孢黑斑病

24 ~ 77.5 × 3.5 ~ 5(μm)。分生孢子倒棍棒形或长椭圆形，浅褐色至中等褐色，成熟的分生孢子具 4~7 个横隔膜，1~4 个纵或斜隔膜，常有 1~4 个主隔胞较粗色深更为醒目，孢身 23 ~ 41.5 × 8.5 ~ 12(μm)，假喙大小 3.5 ~ 12 × 2 ~ 4.5(μm)。别于樱桃链格孢。

传播途径和发病条件、防治方法 参见樱桃链格孢黑斑病。

樱桃、大樱桃枝枯病(Cherry canker)

症状 江苏、浙江、山东、河北樱桃产区均有发生，造成枝条大量枯死，影响树势。皮部松弛稍皱缩，上生黑色小粒点，即病原菌分生孢子器。粗枝染病，病部四周略隆起，中央凹陷，呈纵向开裂似开花馒头状，严重时木质部露出，病部生浅褐色隆起斑点，常分泌树脂状物。

樱桃枝枯病

病原 *Phomopsis mali* Roberst 称苹果拟茎点霉，属真菌界无性型真菌。病枝上的小黑点即病菌的子座和分生孢子器。内含分生孢子梗和两型分生孢子，一种为椭圆形，单胞无色，两端各具 1 油球，另一种丝状，单胞无色，一端明显弯曲状。为害樱桃、苹果、梨、李子枝干，引起枝枯病。

传播途径和发病条件 病菌以子座或菌丝体在病部组织内越冬，条件适宜时产生大量两型分生孢子，借风雨传播，侵入枝条，后病部又产生分生孢子，进行多次再侵染，致该病不断扩展。3 ~ 4 年生樱桃树受害重。

防治方法 (1)加强管理，使树势强健。发现病枝，及时剪除。冬季束草防冻。(2)抽芽前喷 30%乙蒜素乳油 400~500 倍液。(3)4 ~ 6 月喷洒 70%丙森锌可湿性粉剂 600 倍液或刮病斑后用 50%苯菌灵可湿性粉剂 150 倍液涂抹。

樱桃、大樱桃疮痂病(Cherry scab)

症状 樱桃疮痂病又称樱桃黑星病。主要为害果实，也为害枝条和叶片。果实染病，初生暗褐色圆斑，大小 2 ~ 3(mm)，后变黑褐色至黑色，略凹陷，一般不深入果肉，湿度大时病部长出黑霉，病斑常融合，有时 1 个果实上多达几十个。叶片染病生多角形灰绿色斑，后病部干枯脱落或穿孔。

病原 *Venturia cerasi* Aderh. 称樱桃黑星菌，属真菌界子囊菌门。无性态为 *Fusicladium cerasi* (Rabenhorst) Eriksson 称樱桃黑星孢，属真菌界无性型真菌。分生孢子梗直立于子座上，单

樱桃疮痂病病果上的疮痂(王金友)

樱桃疮痂病病叶

生或簇生，多无隔膜，孢痕明显，短，13.5～27×4.1～8.1(μm)。分生孢子宽梭形，浅褐色，0~1个隔，上端略尖，基部平截，13.5～21.6×4.1～5.4(μm)。

传播途径和发病条件、防治方法 参见桃树黑星病。

樱桃、大樱桃褐斑穿孔病(Cherry shothole brown spot)

症状 主要为害叶片和新梢。叶上病斑圆形或近圆形，略带轮纹，大小1～4(mm)，中央灰褐色，边缘紫褐色，病部生灰褐色小霉点，后期散生的病斑多穿孔、脱落。造成落叶。

病原 *Mycosphaerella cerasella* Aderh. 称樱桃球腔菌，属真菌界子囊菌门。无性态为 *Pseudocercospora circumscissa* (Sacc.)Y. L. Guo et X. J. Liu 称核果假尾孢，属真菌界无性型真

樱桃褐斑穿孔病

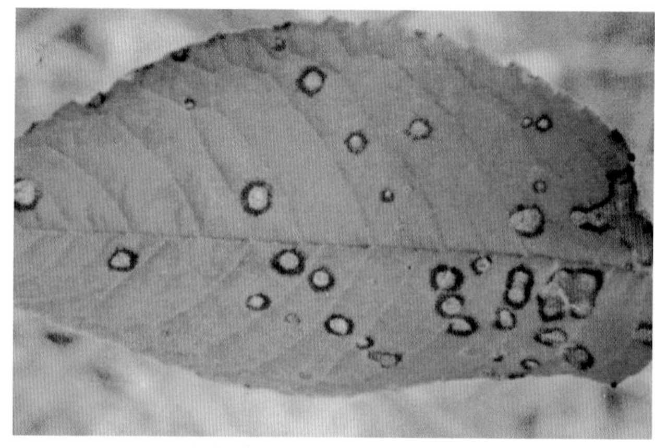
樱桃穿孔性褐斑病(曹子刚)

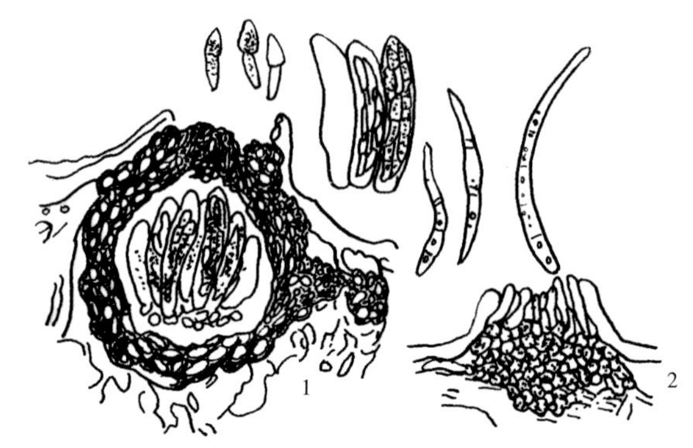

樱桃褐斑穿孔病菌
1.子囊壳、子囊及子囊孢子 2.分生孢子的形成

菌。子囊座球形至扁球形，大小72μm。子囊圆筒形，大小35.4×7.6(μm)。子囊孢子纺锤形，双细胞，无色，大小15.3×3.1(μm)。无性态的子座生在叶表皮下，球形，暗褐色，大小20～55(μm)。分生孢子梗紧密簇生在子座上，青黄色，宽度不规则，不分枝，有齿突，曲膝状，直立或略弯曲，顶端圆锥形，0～2个隔膜，大小6.5～35×2.5～4(μm)。分生孢子圆柱形，近无色，直立至中度弯曲，顶端钝，基部长倒圆锥形平截，3～9个隔膜，大小25～80×2～4(μm)。除为害樱桃外，还侵染枇杷、李、杏、福建山樱桃、山桃、稠李、桃、日本樱花、梅等。

传播途径和发病条件 病菌主要以菌丝体在病落叶上或枝梢病组织内越冬，也可以子囊壳越冬，翌春产生子囊孢子或分生孢子，借风、雨或气流传播。6月开始发病，8～9月进入发病盛期。温暖、多雨的条件易发病。树势衰弱、湿气滞留或夏季干旱发病重。

防治方法 (1)选用抗病品种。(2)秋末彻底清除病落叶，剪除病枝集中烧毁。(3)精心养护。干旱或雨季应注意及时浇水和排水，防止湿气滞留，采用配方施肥技术，增强树势。(4)展叶后及时喷洒50%乙霉·多菌灵可湿性粉剂1000倍液或50%异菌脲或福·异菌可湿性粉剂800倍液、70%代森锰锌可湿性粉剂500倍液，也可用硫酸锌石灰液，即硫酸锌0.5kg，消石灰2kg，加水120kg配成。

樱桃、大樱桃菌核病

症状 主要为害果实，发病初期在果面上表生褐色病斑，

大樱桃菌核病

大樱桃菌核病

逐渐向全果扩展，致病果收缩，形成僵果，悬挂在枝梢上面不落或脱落。病果后期遍生灰白色小块状物。该病在展叶时，也为害叶片，受害叶片初生褐色不明显的病斑，逐渐向全叶扩展，造成叶片早枯，后期在病叶上也出现灰白色粉质小块。

病原 *Monilinia fructigena* Honey，称果产链核盘菌和 *M. laxa* (Aderh. & Ruhl.) 称核果链核盘菌。僵果为病菌的菌核。菌核萌发产生子囊盘，子囊盘中生有排成1列的子囊，子囊圆筒形，内生8个子囊孢子。病部所见灰白色粉质小块是病菌的分生孢子块。分生孢子梗丛生，分生孢子串生，短椭圆形。

传播途径和发病条件 病菌以菌核在僵果内越冬，翌春长出子囊盘，散出子囊孢子，借风雨传播侵染为害；或在春雨之后空气湿度大，产生大量分生孢子，借风雨传播，从皮孔或伤口侵入侵害果实，并不断产生分生孢子进行再侵染。

防治方法 (1)加强管理，收集病果深埋或烧毁；注意果园通风通光。(2)开花前或落花后喷洒50%乙烯菌核利水分散粒剂800~900倍液或40%菌核净可湿性粉剂900倍液、50%腐霉利可湿性粉剂1000倍液。

樱桃、大樱桃细菌性穿孔病

症状 为害叶片、枝梢和果实。叶片发病产生紫褐色或黑褐色圆形至不规则形病斑，大小2~3(mm)，四周有水渍状黄绿晕圈。病斑干后在病健交界处现裂纹产生穿孔。枝梢发病时，初生溃疡斑，翌春长出新叶时，枝梢上产生暗褐色水渍状小疱疹

大樱桃细菌性穿孔病

状斑，大小2~3(mm)，后可扩展到10mm左右，其宽度达枝梢粗的一半，有时形成枯梢。果实发病，产生中央凹陷的暗紫色、边缘水浸状圆斑，湿度大时溢出黄白色黏质物；气候干燥时病斑或四周产生小裂纹。

病原 *Xanthomonas campestris* pv. *pruni* (Smith) Dye 称甘蓝黑腐黄单胞桃穿孔致病型，属细菌界薄壁菌门。

传播途径和发病条件 该细菌主要在病枝条上越冬，翌春气温上升樱桃开花时，潜伏在枝条里的细菌从病部溢出，借雨水溅射传播从叶片的气孔及枝条、果实的皮孔侵入。河北南部、江苏北部、山东一带5月中下旬开始发病，一般夏季无雨该病扩展不快，进入8、9月秋雨多的季节，常出现第2个发病高峰，造成大量落叶。经试验温度25~26℃潜育期为4~5天，气温20℃9天。生产上遇有温暖、雨日多或多雾该病易流行，树势衰弱、湿气滞留、偏施过施氮肥的樱桃园发病重。

防治方法 (1)提倡采用避雨栽培法，可有效推迟发病。(2)精心管理，采用樱桃配方施肥技术，不要偏施氮肥，雨后及时排水，防止湿气滞留。(3)结合修剪，特别注意清除病枝、病落叶，集中深埋。(4)种植樱桃提倡单独建园，不要与桃、李、杏、梅等果树混栽，距离要远。(5)发病前或发病初期喷洒68%农用硫酸链霉素可溶性粉剂2500倍液或3%中生菌素可湿性粉剂600倍液、25%叶枯唑可湿性粉剂600倍液，隔10天1次，防治2~3次。

樱桃、大樱桃根霉软腐病

樱桃软腐病又称黑霉病。是樱桃采收储运销售过程中常见

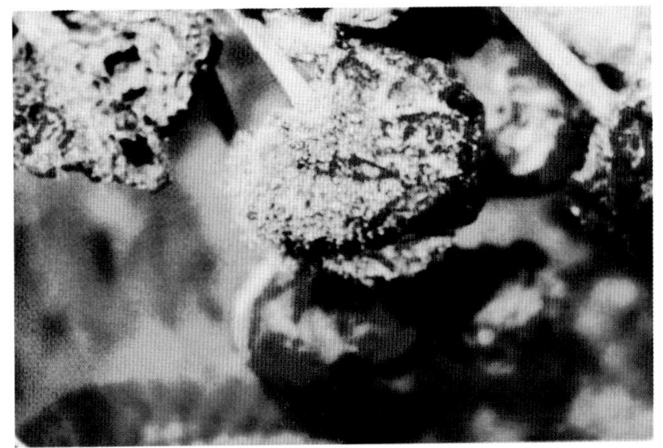
大樱桃根霉软腐病病果上的菌丝和孢子囊

的重要病害。发病速度快，常造成巨大损失。

症状 成熟樱桃果实上产生暗褐色病变，初生白色蛛网状菌丝，迅速向四周好果上扩展，几天后白色菌丝变黑，常使整箱樱桃变成灰黑色，流出汁液，失去商品价值。

病原 *Rhizopus stolonifer* (Ehrenb. ex Fr.)Vuill 称匍枝根霉，属真菌界接合菌门。该菌的假根发达，常从匍匐菌丝与寄主基质接触处长出多分支，孢子囊梗直立，无分枝，2~8 根丛生在假根上，粗壮，顶端着生较大的球状孢子囊，大小 380 ~ 3450 × 30 ~ 40(μm)；孢子囊褐色至黑色，直径 80~285(μm)，内生有许多小的圆形孢囊孢子。

传播途径和发病条件 上述病菌广泛存在于空气和土壤中，借空气流动传播，从伤口侵入。该菌能侵染多种水果，果实成熟过度或贮运、销售过程中湿度大，气温 25℃左右很易发病。

防治方法 (1)适期采收，避免成熟过度，采收和运输过程中要千方百计减少伤口。(2)选用通风散湿的包装，防止箱内湿度过高。(3)贮存运输应在低温条件下，防止该病发生。

樱桃、大樱桃腐烂病

症状 樱桃腐烂病多发生在主干或主枝上，造成树皮腐烂，病部紫褐色，后变成红褐色，略凹陷，皮下呈湿润状腐烂，发病后期刮开表皮可见病部生有很多黑色突起的小粒点，即病原菌的假子座。小枝发病后多由顶端枯死。

病原 *Leucostoma cincta* (Fr.)Hahn. 称核果类腐烂病菌，属真菌界子囊菌门，无性态为 *Leucocytospora cincta* (Sacc.) Hahn 。异名 *Valsa cincta* (Fr. ex Fr.)Fr. 和 *Cytospora cincta* Sacc.

樱桃树腐烂病

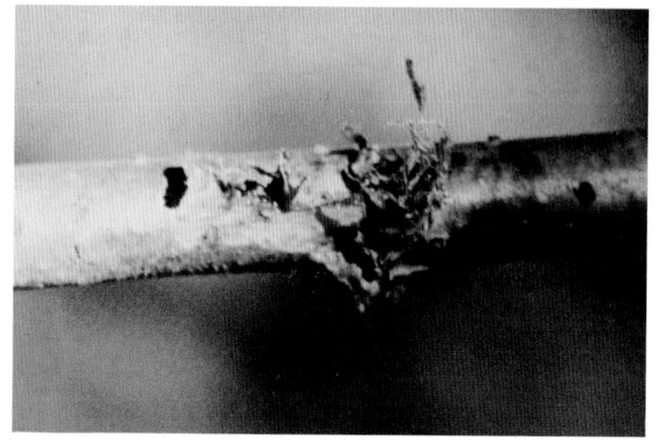
樱桃腐烂病

樱桃树腐烂病病皮开裂(李晓军摄)

(无性态)。也有认为是 *Valsa prunastri* (Pers.) Fr.。病原菌在树皮内产生假子座，假子座圆锥形，埋生在树皮内，顶端突出。子囊壳球形，有长颈，子囊孢子腊肠形。无性态产生分生孢子器。分生孢子由孔口溢出，产生丝状物。

传播途径和发病条件 生产上遇有冷害、冻害、伤害及营养不足树势衰弱时易发病，修剪不当，伤口多，有利于病菌侵染。孢子在春、秋两季大量形成，借雨水传播，进行多次再侵染。

防治方法 (1)调运苗木要严格检疫。(2)树干涂白或主干基部缠草绳防止冻害。(3)增施有机肥提高抗病力。(4)结合冬季修剪清除病枝、僵果、落叶，刮除病疤，涂抹 80%乙蒜素乳油 100 倍液或喷洒 1000 倍液，防止流胶。(5)发病初期喷洒 30%戊唑·多菌灵悬浮剂 1000 倍液，隔 10 天 1 次，防治 2~3 次。

樱桃、大樱桃朱红赤壳枝枯病

症状 主要引起枝枯和干部树皮腐烂，发病初期无明显症状，病枝叶片可能萎蔫，枝干溃疡，皮层腐烂，开裂，后皮失水干缩，春夏在病部长出很多粉红色小疣，即分生孢子座，其直径及高均为 0.5~1.5(mm)。秋季在其附近产生小疱状的红色子囊壳丛，剥去病树皮可见木质部褐变。枝干较细的溃疡部可绕枝 1 周，病部以上枝叶干枯。

病原 *Nectria cinnabarina* (Tode)Fr. 称朱红赤壳，属真菌界子囊菌门。无性态为 *Tubercularia vulgaris* Tode 。子囊壳群集在瘤状子座上，近球形，顶部下凹，鲜红色，直径约 400μm。子囊棍棒状，70 ~ 85 × 8 ~ 11(μm)，侧丝粗，有分枝。子囊孢子长

樱桃枯枝病

卵形,双胞无色,12～20×4～6(μm)。分生孢子座大,粉红色,分生孢子椭圆形,单胞无色,5～7×2～3(μm)。此病原菌为弱寄生菌,多为害树体衰弱的树木。

传播途径和发病条件 生长期孢子随风雨、昆虫、工具等传播,病树、病残体等均为重要菌源。

防治方法 (1)加强樱桃园管理,深翻扩穴,适当施肥,增强树势,提高抗病力十分重要。(2)注意防寒,春季防旱,严防抽条。(3)及时剪除病枯枝,刮除大枝上的病斑,刮后涂41%乙蒜素乳油50倍液,1个月后再涂1次,也可喷洒30%戊唑·多菌灵悬浮剂1000倍液、21%过氧乙酸水剂1200倍液。

樱桃、大樱桃溃疡病

症状 为害叶片和茎杆。叶片染病产生红褐色至黑褐色圆形斑或角斑,多个病斑往往融合成不规则形大枯斑,可形成穿孔。在不成熟的樱桃果实上呈水渍状,边缘出现褐色坏死。受侵染组织崩解,在果肉里留下深深的黑色带,边缘逐渐由红变黄。茎部受害产生茎溃疡,呈水渍状、边缘褐色坏死圆形斑。往往产生流胶,引起枝条枯死。潜伏侵染的叶和花芽在春天不开花,出现死芽现象。花的枯萎随着侵染的发展迅速扩展到整个花束,致整束花成黑褐色。芽、茎杆、枝条上的溃疡逐渐凹陷,且颜色深。进入晚春和夏天经常出现流胶现象。进入秋季和冬季,病菌则通过叶片的伤口侵入植株,出现病痕,几个月后病痕扩展,造成枝梢枯死。在低温条件下由于病原菌具冰核作用,诱导细菌侵入,植株的修剪口、伤口也为病原菌提供了侵入的途径。

病原 *Pseudomonas syringae* pv. *morsprunorum* (Wormald) Young et al. 称丁香假单胞菌死李变种。属细菌界薄壁菌门。除侵染樱桃外,还可侵染桃、洋李、榆叶梅等。

传播途径和发病条件 病菌借风雨、昆虫及人和工具传播,病菌多从果实、叶、枝梢的伤口、气孔、皮孔侵入,进入春天叶片上的病斑为该病的发生提供了大量侵染源。秋季叶片上附生的病原细菌也是病原菌侵入樱桃叶片的侵染源。自然传播不是远距离的,国际间苗木的调运是该病传播的主要途径。

防治方法 (1)严格检疫。发现有病苗木及时销毁,生产上栽植健康苗木。(2)采用樱桃配方施肥技术,增施有机肥,使樱桃园土壤有机质含量达到2%,增强树势,提高抗病力十分重要。(3)发芽前喷洒5波美度石硫合剂,发芽后喷洒50%氯溴异氰尿酸可溶性粉剂1000倍液或硫酸锌石灰液(硫酸锌0.5kg、消石灰2kg、水120kg每月1次)。近年,果农直接喷硫酸锌2500倍液,效果好,但有些品种有药害。(4)修剪时,每隔半个小时要消毒1次修剪工具,防止传染。

樱桃、大樱桃流胶病

症状 该病是樱桃生产上重要病害,分为干腐型和溃疡型两种流胶。干腐型:多发生在主干或主枝上,初呈暗褐色,病斑形状不规则,表面坚硬,后期病斑呈长条状干缩凹陷,常流胶,有的周围开裂,表面密生黑色小圆粒点。溃疡型:树体病部产生树脂,一般不马上流出,多存留在树体韧皮部与木质部之间,病部略隆起,后随树液流动,从病部皮孔或伤口流出,病部初呈无色略透明,后至暗褐色,坚硬。引发树势衰弱、产量下降、果质低下,损失惨重。

樱桃树溃疡病病叶

樱桃干腐型流胶病伤口流胶状(许渭根)

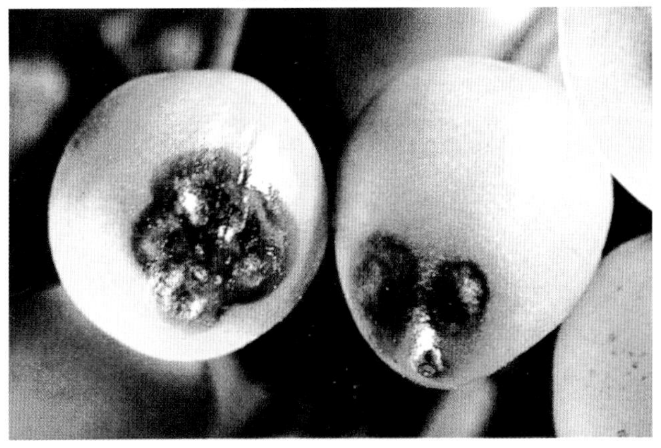

樱桃溃疡病果实受害状

大樱桃主干上干腐型流胶病

病原 *Botryosphaeria dothidea* (Moug.) Ces. et De Not. 称葡萄座腔菌，属真菌界子囊菌门。

传播途径和发病条件 病原菌产生子囊孢子及其无性型产生分生孢子借风雨传播，4~10 月都可侵染，主要从伤口侵入，前期发病多，该菌寄生性弱，只能侵染衰弱树和弱枝，该菌具潜伏侵染特性，生产上枝干受冻、日晒、虫害及机械伤口，病菌常从这些伤口侵入，一般从春季树液开始流动，就会出现流胶，6 月上旬后发病逐渐加重，雨日多受害重。

防治方法 (1)加强樱桃园管理，增施有机肥或生物有机肥，使樱桃园土壤有机质含量达到 2%以上，增强树势，合理修剪，1 次疏枝不可过量，大枝不要轻易疏掉，避免伤口过大或削弱树势。(2)樱桃树忌涝，雨后及时排水，适时中耕松土，改善土壤通气条件。(3)发现病斑及时刮治，仅限于表层，伤口处涂抹 41%乙蒜素乳油 50 倍液或 30%乳油 40 倍液，1 个月后再涂 1 次。(4)开春后树液流动时，用 50%多菌灵可湿性粉剂 300 倍液灌根，1~3 年生的树，每株用药 100g，树龄较大的 200g，开花座果后用上述药量再灌 1 次，树势能得到恢复，流胶现象消失。

樱桃、大樱桃木腐病

症状 在树干的冻伤、虫伤、机械伤口等多种伤口部位散生或群生真菌的小型子实体，外部症状如膏药状或覆瓦状，受害木质部产生不明显的白色边材腐朽。

病原 *Schizophyllum commune* Fries 称裂褶菌和 *Fomes fulvus* (Scop.)Gill. 称暗黄层孔菌，均属真菌界担子菌门。裂褶菌

樱桃树木腐病病枝上现小型子实体

樱桃木腐病子实体

子实体质地硬，菌盖与菌柄的组成物质相联接，子实体中央无柄，菌褶边缘尖锐，纵裂，分两半拳曲。暗黄层孔菌担子果蚧壳形，大小 3 ~ 8 × 0.5 ~ 3(cm)，木质，初红褐色有毛，后转为灰黑色光滑，边缘厚，菌肉红褐色，厚达 1cm；孢子亚球形至卵形，无色，4 ~ 5 × 3 ~ 4(μm)，刚毛顶端尖，寄生在樱桃等李属树干上。

传播途径和发病条件 病菌以菌丝体在被害木质部潜伏越冬，翌年春天气温上升到 7~9℃时，继续向健康部位侵入蔓延，气温 16~24℃时扩展很快，当年夏秋两季散布孢子，从各种伤口侵入，衰弱的樱桃树易感病，伤口多的衰弱树发病重。

防治方法 (1)加强樱桃园管理，增施肥料，及时修剪，增强树势，提高抗病力。对衰老树、重病树要及早挖除。发现长出子实体应尽快连同树皮刮除，涂 1%硫酸铜消毒。(2)保护树体，减少伤口，对锯口要用 2.12%腐殖酸铜封口剂涂抹。

樱桃、大樱桃根朽病

樱桃树根朽病病部放大(李晓军)

症状 主要为害樱桃树根颈部的主根和侧根，剥开皮层可见皮层与木质部之间产生白色至浅褐色扇状菌丝层，散有蘑菇气味，病组织在黑暗处产生蓝绿色的荧光。

病原 *Armillariella tabescens* (Scop. ex Fr.)Singel 称败育假蜜环菌，属真菌界担子菌门。病部产生扇状白色菌丝层，后变成黄褐色至棕褐色，菌丝层上长出多个子实体。菌盖浅黄色，菌柄浅杏黄色。担孢子单胞，近球形。

传播途径和发病条件 病菌以菌丝体在病根或以病残体在土壤里越冬，全年均可发病，樱桃萌动时病菌开始活动，7~11 月病部长出子实体，病菌以菌丝和菌索扩展传播，从根部伤口侵入向根颈处蔓延，沿主根向上下扩展，当病部扩展至绕茎 1 周时病部以上枯死。

防治方法 参见苹果树根朽病。

樱桃、大樱桃白绢烂根病

症状 又称茎基腐病。主要发生在樱桃树根颈部，病部皮层变褐腐烂，散发有酒糟味，湿度大时表面生出丝绢状白色菌丝层，后期在地表或根附近生出很多棕褐色油菜籽状小菌核。

病原 *Pellicularia rolfsii* (Sacc.) West. 称白绢薄膜革菌，属真菌界担子菌门。子实体白色，密织成层。担子棍棒形，产生在分枝菌丝的尖端，产生担孢子；担孢子亚球形至梨形，无色单胞。

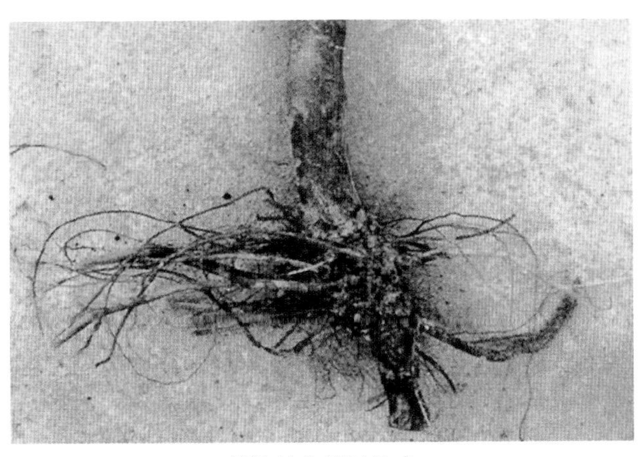

樱桃树白绢烂根病

传播途径和发病条件 菌核在土壤中能存活 5~6 年，土壤肥料等带菌是初始菌源。发病期以菌丝蔓延或小菌核随水流传播进行再侵染。该病多从 4 月发生，6 月 ~8 月进入发病盛期，高温多雨易发病。

防治方法 (1)选栽树势强抗病的品种，如早大果、美早、岱红、先锋、胜利、雷尼尔、萨蜜脱、艳阳、拉宾斯。(2)发现病株，要下决心把病株周围病土挖出，病穴及四周用生石灰消毒，也可用 50%石灰水浇灌，或用 30%戊唑·多菌灵悬浮剂或 21%过氧乙酸水剂 1000 倍液喷淋或浇灌，隔 10 天 1 次，连续防治 3~4 次。(3)樱桃园提倡开展果园抢墒种草技术，在果园中种植三叶草、草木樨等，既可保墒，根系又能进行生物固氮，翻压后可培肥果园土壤，又可减少白绢根腐病的发生。

樱桃、大樱桃癌肿病

症状 树茎基部或根颈处产生坚硬的木质瘤，苗木染病生长缓慢、植株矮小。

病原 *Agrobacterium tumefaciens* (Smith et Towns)Conn. 称根瘤农杆菌，属细菌界薄壁菌门。德国科学家研究发现，该菌侵入后首先攻击果树的免疫系统，这种农杆菌的部分基因能侵入果树的细胞，能改变受害果树很多基因表达，造成受害果树一系列激素分泌明显增多，引起受害果树有关细胞无节制地分裂增生产生根肿病。

传播途径和发病条件 根癌可由地下线虫和地下害虫传播，从伤口侵入，苗木带菌可进行远距离传播，育苗地重茬发病重。前茬为甘薯的尤其严重。

樱桃树根癌病树枝干上的癌瘤(许渭根)

防治方法 (1)严格选择育苗地建立无病苗木基地，培养无病壮苗。前茬为红薯的田块，不要做为育苗地。(2)严格检疫，发现病苗一律烧毁。(3)对该病预防为主保护伤口，把该菌消灭在侵入寄主之前，用次氯酸钠、K84、乙蒜素浸苗有一定效果，生产上可用 10%次氯酸钠 +80%乙蒜素（3∶1)500 倍液或 4%庆大霉素 +80%乙蒜素（1∶1)1050 倍液、4%硫酸妥布霉素 +80%乙蒜素(1∶1)1050 倍液进行土壤、苗木处理效果好于以往的硫酸铜、晶体石硫合剂等。(4)新樱桃园逐年增施有机肥或生物活性有机肥，使土壤有机质含量达到 2%，以利增强树势，提高抗病力。(5)发病初期喷洒 50%氯溴异氰尿酸可溶性粉剂或 30%戊唑·多菌灵悬浮剂 1000 倍液、80%乙蒜素乳油 2000 倍液。

樱桃、大樱桃坏死环斑病

症状 山东大紫樱桃上发病，该病在早春刚展开的樱桃叶片上或一些枝条上的成长叶片上产生症状，先产生黄绿色环斑或带状斑，在环斑的内部生有褐色坏死斑点，后病斑坏死破裂造成穿孔，发病重的叶片开裂或仅存叶脉。危害特大，染病后嫁接苗的成活率下降 60%，株高降低 16%，减产 30%~57%。

病原 *Prunus necrotic ringspot virus*(PNRSV)，*Bromoviridae* 称李属坏死环斑病毒，属病毒。是世界范围内分布的病毒，是核果类非常重要病毒。病毒粒体球状，直径 23nm，钝化温度 55~62℃，经 10 分钟，该病毒不稳定。

樱桃李属坏死环斑病毒病樱桃幼树顶梢坏死

樱桃坏死环斑病毒病产生的黄绿色环斑

樱桃坏死环斑病毒病叶片坏死穿孔

樱桃褪绿环斑病毒病病叶症状

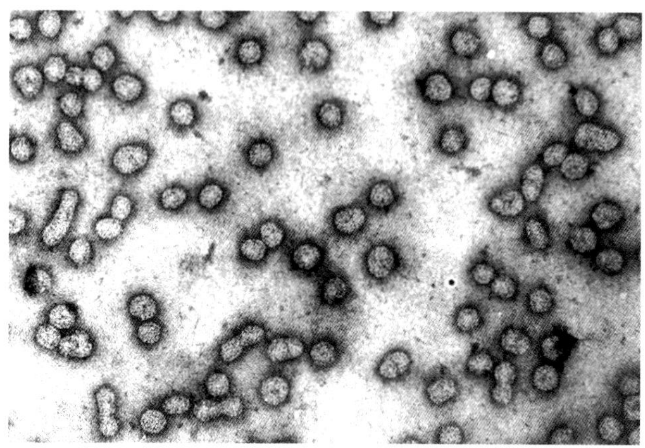
李属坏死环斑病毒粒体

樱桃褪绿环斑病毒病典型症状

传播途径和发病条件 靠汁液传毒。生产上主要通过嫁接和芽接传毒。李属植物的种子传毒率高达70%。介体昆虫蚜虫和螨(*Vasates fockeui*)亦传毒,也可通过无性繁殖苗木、组培苗等人为途径进行长距离传播。还可通过花粉在果园内迅速传播。

防治方法 (1)严格检疫,尤其是苗木具有非常高的潜在危险性。(2)合理密植,不可栽培过密,农事操作需小心从事。(3)从健株上采种,带毒接穗不能用于嫁接。(4)生产上注意防治传毒蚜虫、螨及线虫,必要时喷洒杀虫杀螨剂,控制传毒蚜虫和螨类。(5)发病初期喷洒50%氯溴异氰尿酸水溶性粉剂1000倍液。

樱桃、大樱桃褪绿环斑病毒病

症状 在中华樱桃上或野生樱桃或栽培樱桃幼树上经常表现症状,在叶片主脉两侧产生形状不定的鲜黄色病变,有的产生黄色环斑。该病在结果树上多为潜伏侵染,影响樱桃树的生长和结果。

病原 *Prune dwarf virus* (PDV),*Bromoviridae* 称洋李矮缩病毒,属病毒。粒体球状或杆状,属多分体病毒,无包膜,有6种组分,病毒粒体包含14%核酸,86%蛋白,脂质为0,单链正义RNA。是为害樱桃、桃、李、杏等核果类果树及砧木的主要病毒。

传播途径和发病条件 汁液、种子、花粉均可传播。北京地区以前没有PDV发生报道,北京地区核果类种苗多从广州、山东引进,引进的成型种苗或培育好的砧木。生产上PDV的远距离传播也是种苗调运,引种未经检定的带病种苗,很可能是该

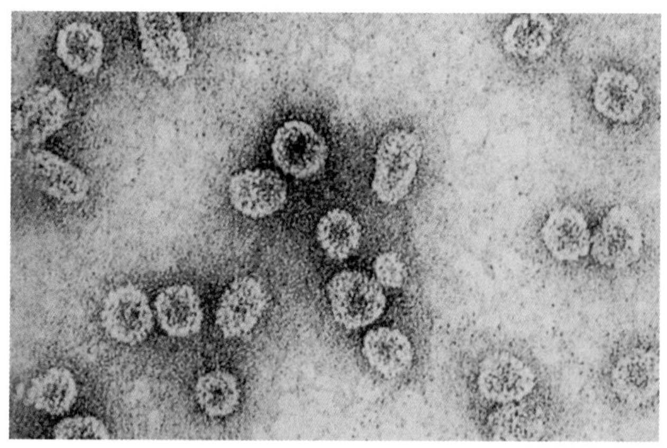
提纯的洋李矮缩病毒(PDV)

地区核果类果园病毒病发生的主要原因。该病毒存在于多种多年生寄主植物上,通常通过嫁接芽、接穗传播。也可通过染病的花粉传播,尤其是樱桃、酸樱桃种植园,所有对授粉有影响的因素都会影响PDV通过花粉传播。PDV还可通过樱桃、酸樱桃、樱桃李的种子传播。

防治方法 (1)选育抗病品种。(2)严格检疫,栽植无病苗木。(3)发病初期喷洒50%氯溴异氰尿酸水溶性粉剂1000倍液。

樱桃、大樱桃花叶病毒病(Cherry mosaic)

症状 樱桃病毒病症状常因毒原不同表现多种症状。叶片出现花叶、斑驳、扭曲、卷叶、丛生,主枝或整株死亡,坐果少、果子小,成熟期参差不齐等。一般减产20%~30%,严重的

樱桃花叶病毒病症状

造成失收。

病原 重要的毒原有 Cherry mottle leaf virus 称樱桃叶斑驳病毒；Apple chlorotic leaf spot virus 称苹果褪绿叶斑病毒；Cherry rasp leaf virus 称樱桃锉叶病毒；Cherry twisted leaf virus 称樱桃扭叶病毒；Cherry little cherry virus 称樱桃小果病毒；Prunus necrotic ringspot virus 称核果坏死环斑病毒；Cherry rusty mottle virus group 称樱桃锈斑驳病毒等。

传播途径和发病条件 上述毒原常在树体上存在，具有前期潜伏及潜伏侵染的特性，常混合侵染。靠蚜虫、叶蝉、线虫、花粉、种子传毒，此外嫁接也可传毒。

防治方法 (1)建园时要选用无毒苗。(2)选用抗性强的品种和砧木。(3) 发现蚜虫、叶蝉等为害时及时喷洒 10%吡虫啉和 40%吗啉胍·羟烯腺·烯腺可溶性粉剂 800 倍液防治，以减少传毒。(4)必要时喷洒 24%混脂酸·铜水乳剂 600 倍液或 10%混合脂肪酸水乳剂 100 倍液、7.5%菌毒·吗啉胍水剂 500 倍液、20%盐酸吗啉双胍·胶铜可湿性粉剂 500 倍液、8%菌克毒克水剂 700 倍液。

樱桃、大樱桃裂果

症状 樱桃裂果常见有横裂、纵裂、斜裂等 3 种类型。果实裂开后失去商品价值，还常引发霉菌侵入，造成果腐。

樱桃裂果

病因 一是进入果实膨大期，由于水分供应不均匀或久旱不雨持续时间长，突然浇水过量或遇有大暴雨天气，樱桃吸水后果实迅速膨大，尤其是果肉膨大速度快于果皮生长速度，就会产生裂果。二是土壤贫瘠有机质含量低，土壤团粒结构少，储水、供水能力差，土壤中容易缺水，也易引起裂果。三是与品种特性有关，有的品种易裂。

防治方法 (1)选栽抗裂果能力强的品种。如早大果、美早、岱红、胜利等不裂果的品种，或裂果轻的品种；先锋、雷尼尔、萨蜜脱斯塔克、艳红、友谊、拉宾斯、甜心、红手球。(2)选择土壤肥沃的地方建园。并增施有机肥，培肥地力使土壤有机质含量达到 2%以上，提高土壤储水、供水能力。(3)加强水肥管理，适时、均衡浇水，大力推广水肥一体化技术，可有效减少裂果。果实膨大期采用搭棚覆盖塑料薄膜进行避雨栽培。(4)果实成熟期，成熟果实遇雨后进行抢摘亦是减少损失重要方法之一。(5)提倡喷洒 3.4%赤·吲乙·芸（碧护）可湿性粉剂 7500 倍液，可有效地防止樱桃裂果，品质明显提高。

樱桃、大樱桃缺铁黄化

症状 又称樱桃、大樱桃缺铁黄叶症。新梢顶端的嫩叶先变黄，下部的老叶基本正常，随着病情逐渐加重，造成全树嫩叶严重失绿，叶脉仍保持绿色，严重的全叶变成浅黄色或黄白色，叶缘现褐色坏死斑或焦枯，新梢顶端枯死。

病因 从我国樱桃栽植区土壤含铁情况来看，一般樱桃园土壤并不缺铁，但在含盐碱量高的地区，经常出现可溶性二价铁转化成不可溶的三价铁，三价铁不能被果树吸收利用，造成樱桃树出现缺铁。生产上凡是产生土壤盐碱化加重的原因，都会造成樱桃树缺铁症加重。生产上土壤干旱时盐分向土壤表层集中，地下水位高的低洼处，盐分随地下水在地表积累，使缺铁症加重。

防治方法 (1)增施有机肥，使樱桃园土壤有机质含量达到 2%，改变土壤团粒结构和理化性质，使其释放被固定的铁元素。改土治碱，输通排灌系统，参沙改造黏土，增加土壤透水性。(2)发芽前枝干喷施 0.4%硫酸亚铁溶液。(3)每 667m^2 樱桃园施有机肥 3000kg，加入硫酸亚铁 4~5kg 充分混匀，2 年内有效。

樱桃缺铁黄化

7. 樱桃、大樱桃害虫

樱桃绕实蝇

学名 *Rhagoletis cerasi* (Linnaeus) 双翅目实蝇科。分布在俄罗斯、乌克兰、格鲁吉亚、哈萨克斯坦、塔吉克斯坦等国,是中国对外检疫对象。

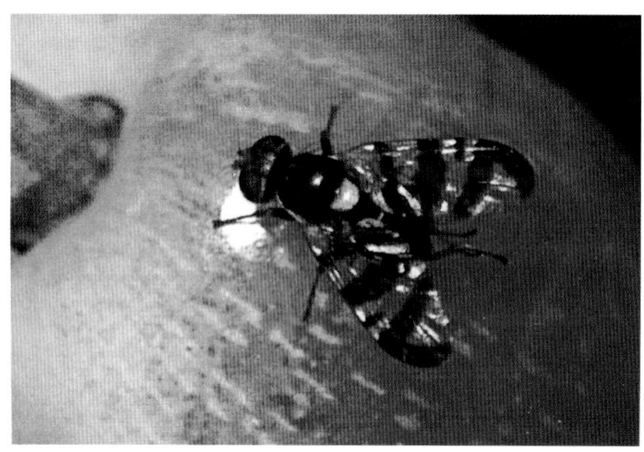

樱桃绕实蝇

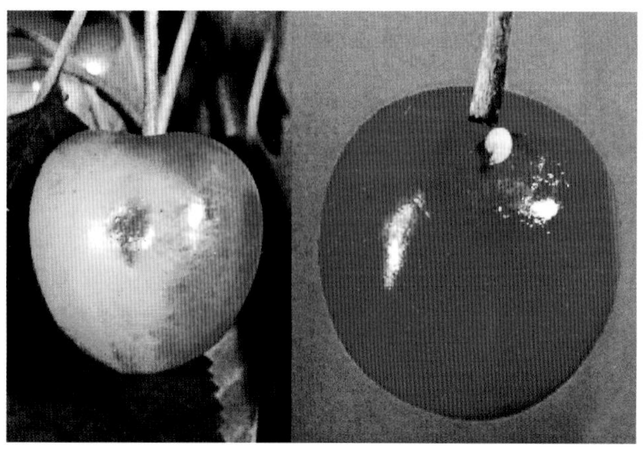

樱桃绕实蝇幼虫为害状及果面上的幼虫

寄主 圆叶樱桃、欧洲甜樱桃。

为害特点 为害樱桃果实,产卵季节危害最重,受蛀害果实易腐烂。

形态特征 幼虫:白色,体长 4~6(mm),宽 1.2~1.5(mm)。成虫:体黑色,长 3.5~5(mm),胸部、头部有黄色斑。翅透明,有 4 条蓝黑色条纹。小盾片缺基部的暗色痕迹。

生活习性 2~3 年完成 1 代,蛹可连续越冬 2~3 次,成虫于 5 月底 ~7 月初在果园出现,栖息在树上,成虫刺吸果汁,成虫羽化 10~15 天开始把卵产在果皮下, 每雌产卵 50~80 粒,着卵果实开始变红,卵经 6~12 天孵出幼虫取食果肉,幼虫期最长 30 天,后钻土化蛹越冬。该成虫通过飞翔传播,幼虫可通过樱桃果实携带传播。

防治方法 (1)严格检疫防止传入我国。(2)进境旅客携带樱桃检出绕实蝇时,马上销毁。

樱桃园黑腹果蝇

学名 *Drosophila melanogaster* Meigen 双翅目果蝇科。别名:红眼果蝇、杨梅果蝇。分布在四川、浙江等省。

黑腹果蝇和伊米果蝇幼虫为害樱桃(郭迪金)

樱桃黑腹果蝇成虫放大(梁森苗)

寄主 主要为害樱桃和杨梅等核果类果树。

为害特点 以雌成虫把卵产在樱桃或杨梅果皮下,卵孵化后以幼虫取食果肉,极具隐蔽性,造成果实腐烂。虫果率 50%左右,对樱桃生产造成严重威胁。该虫危害樱桃系首次报道。

形态特征 成虫:体小,体长 4~5(mm),淡黄色,尾部黑色;头部生很多刚毛;触角第 3 节,椭圆形或圆形,芒羽状,有时呈梳齿状;复眼鲜红色,翅很短,前缘脉的边缘常有缺刻。雌蝇体较大,腹部背面有 5 条黑条纹。雄蝇稍小,腹末端圆钝,腹部背面有 3 条黑纹,前两条细,后 1 条粗。卵:椭圆形白色。幼虫:乳白色蛆状,3 龄幼虫体长 4.5mm。蛹:梭形浅黄色至褐色。

生活习性 樱桃、杨梅果实近成熟时进行为害, 室温 21~25℃,相对湿度 75%~85%第 1 代历期 4~7 天,其中成虫期 1.5~2.5 天,卵期 1~2 天,幼虫期 0.6~0.7 天,蛹期 1.1~2.2 天。成虫有一定飞行能力,可在自然条件下传播危害,主要靠果实调运扩散传播。在浙江产区该虫发生盛期在 6 月中、下旬和 7 月中、下旬,幼虫老熟后钻入土中或枯叶下化蛹,也可在树冠内隐蔽处化蛹。

防治方法 (1)清除樱桃园、杨梅园腐烂杂物、杂草,并用

40%辛硫磷乳油1000倍液对地面进行喷雾。(2)发现落地果实及时清除集中烧毁或覆盖厚土,并用50%敌百虫乳油500倍液喷雾,防止雌蝇向落地果上产卵。(3)进入成熟期之前或5月上旬用1.8%阿维菌素乳油3000倍液喷洒落地果。(4)保护利用园中的蜘蛛网,捕食果蝇成虫。(5)喷烟熏杀。(6)樱桃进入第1生长高峰期用敌百虫：香蕉：蜂蜜：食醋以10：10：6：3的比例配制混合诱杀浆液,每667m²果园堆放10处进行诱杀,防效显著,好果率达90%以上。

樱桃园梨小食心虫

学名 *Grapholitha molesta* Busck 简称梨小,又称东方蛀果蛾。主要为害梨,也为害桃、樱桃、苹果、李、梅等多种果树,以幼虫蛀害樱桃的新梢,在樱桃上有时也为害果实。该虫在东北1年发生2~3代,华北3~4代,黄河流域4~5代,长江流域或长江以南5~6代,均以老熟幼虫在翘皮或裂缝中结茧越冬。3~4代区进入4月中旬~5月下旬出现越冬代成虫,以后各代成虫期分别在6月中旬~7月上旬,7月中旬~8月上旬,8月中旬~9月上旬。幼虫老熟后咬1脱果孔,爬至树干基部作茧化蛹,成虫寿命10天左右,第1代卵期7~10天,幼虫期15天,蛹期7~10天。雨日多、湿度大的年份发生重。

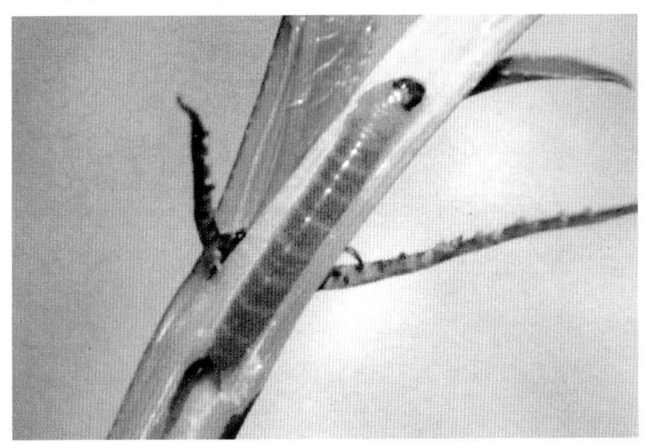

樱桃园梨小食心虫幼虫放大

防治方法 (1)新建樱桃园不要与梨树、苹果、桃树等混栽。(2)果实采收前在树干上绑草绳诱集越冬幼虫集中烧毁。(3)早春刮除树干上的翘皮,集中烧毁。(4)在成虫发生期用糖醋液加性诱剂(主要成分是顺-8-十二碳烯醇醋酸酯、反-8-十二碳烯醇醋酸酯)制成水碗诱捕器,诱杀雄虫,每天或隔天清除死虫,添加糖醋液,每667m²挂2~3个。(5)7月中下旬在成虫向樱桃果实上产卵时释放赤眼蜂,每667m²释放2.5万头,寄生率高。(6)华北樱桃产区诱捕器出现成虫高峰后,田间卵果率1%时,喷洒40%毒死蜱乳油或35%氯虫苯甲酰胺水分散粒剂7000~10000倍液,持效20天。

樱桃园桃蚜

学名 *Myzus persicae* (Sulzer) 主要为害桃、樱桃,以成蚜和若蚜密集在叶片和嫩梢上吸食汁液,造成叶片扭曲、皱缩。无翅胎生雌蚜虫体绿色或黄绿或赤绿色,有额瘤,腹管中等长,尾片圆锥形。桃蚜年生10~30代,以卵在桃树枝梢芽腋或小枝裂缝处越冬,在桃树发芽时,卵孵化为干母,群聚在芽上为害,展叶后转移到叶背为害,排泄黏液,5月繁殖特快,为害也大,6月以后产生有翅蚜,转移到烟草或蔬菜上为害,10月份以后飞回到桃、樱桃树上,产生有翅蚜,交尾后产卵越冬。气温24℃,相对湿度50%有利其发生,天敌常见有食蚜蝇、草蛉、蚜茧蜂、异色瓢虫、龟纹瓢虫等捕食蚜虫。

桃蚜红色和绿色型

防治方法 (1)休眠期剪除有越冬卵的枝条,发芽前喷施50%矿物油50倍液杀灭越冬卵,还能兼治介壳虫及叶螨。(2)春季卵孵化后于开花前或落叶后喷洒25%吡蚜酮或10%吡虫啉3000倍液。(3)落花期向树干上涂3%高渗吡虫啉乳油或50%乙酰甲胺磷乳油加水3倍液,涂完后过几分钟再涂1次,涂宽度为15cm,再用膜包扎,14天后把塑料膜去掉效果好。(4)塑料棚保护地樱桃发生蚜虫时,采用农业防治法。桃蚜春季种群源于大棚里的越冬卵,针此消灭越冬前1代母蚜能有效降低越冬卵数量,是保护地桃蚜防治的最重要措施,为此冬、夏不要套种萝卜、油菜等十字花科替代寄主,减少为桃蚜越冬、越夏创造有利条件,提倡间作蒜、芹菜等蚜虫忌避的蔬菜。二是入冬后及早清除枯枝落叶和杂草,集中深埋或烧毁,可大大减少越冬蚜源。三是3月初桃蚜多先发生在大棚南侧上层局部树冠上,应先行挑治或剪除虫多的枝叶。5月下旬有翅蚜大量出现时可不用药,只要结合修枝剪叶及果园清洁等措施进行防治。(5)保护地采用生物防治。3月中下旬保护地桃蚜急剧增殖,棚温为20℃~26℃,正处在桃蚜最适温区内,这时天敌缺失,天敌数量少,千方百计提高棚中天敌数量,在大棚内向阳背风处设置草堆、树皮等保暖生境,诱集瓢虫、草蛉等捕食性天敌越冬,可提高天敌越冬数量;清除枯枝时注意保留含有僵蚜的枝条。有条件的向棚内释放七星瓢虫或草蛉,发挥生物防治的作用。(6)大棚药剂防治。加强观测大棚南侧和树冠上层温度回升快的部位,发现有蚜时喷洒25%吡蚜酮可湿性粉剂2000~2500倍液。

樱桃卷叶蚜

学名 *Tuberocephalus liaoningensis* Zhang 同翅目蚜科。分布在北京、辽宁、吉林、河南等省。

寄主 樱桃。

为害特点 在樱桃幼叶叶背为害,致受害叶纵卷呈筒状略带红色,后期受害叶干枯。

樱桃卷叶蚜放大

形态特征 无翅孤雌蚜:体长2mm,宽1mm,体背面色深,前胸、第8腹节色浅。体背粗糙,有6角形网纹。节间斑明显。背毛棒状,头部有18根毛,第1至6腹节各生缘毛2对,第7节3对,第8节2对。触角长0.91mm,第3节长0.25mm。喙超过中足基节。腹管圆筒形。尾片三角形。有翅孤雌蚜:头、胸黑色,腹部色浅,有斑纹。第1至7腹节都生缘斑,第1、第5节小,第1、第2各节中斑呈横带或中断,第3至第6节中侧斑融合成1块大背斑。触角第3节生20~25个圆形次生感觉圈,第4节上有5~8个。

防治方法 参见桃蚜。

樱桃瘿瘤头蚜

学名 *Tuberocephalus higansakurae* (Monzen)属同翅目蚜科。分布北京、河北、河南、浙江、陕西等省。

樱桃瘿瘤头蚜无翅孤雌蚜和有翅孤雌蚜

寄主 樱桃,是一种只为害樱桃树叶片的蚜虫。

为害特点 受害叶片端部或侧缘产生肿胀隆起的伪虫瘿,虫瘿初呈黄绿色,后变成枯黄色,蚜虫在虫瘿里为害和繁殖,5月底黄褐或发黑干枯。

形态特征 无翅孤雌蚜:体长1.4mm,宽0.97mm,头部黑色,胸、腹背面色深,各节间色浅,第1、第2腹节各生1条横带与缘斑融合,第3至第8横带与缘斑融合成1大斑,节间处有时现浅色。体表粗糙,生有颗粒状形成的网纹。额瘤明显,内缘向外倾,中额瘤隆起。腹管圆筒形,尾片短圆锥形,生曲毛4~5根。有性孤雌蚜:头部、胸均为黑色,腹部色浅。第3至第6腹节各生1条宽横带或破碎狭小的斑,第2至第4节缘斑大,腹管后斑大,前斑小或不明晰。触角第3节具小圆形次生感觉圈41~53个,第4节具8~17个,第5节具0~5个。

生活习性 年生多代,以卵在樱桃嫩枝上越冬,翌春越冬卵孵化为干母,进入3月底在樱桃叶端或侧缘产生花生壳状伪虫瘿并在瘿中生长发育,繁殖,进入4月底在虫瘿内长出有翅孤雌蚜,并向外迁飞。10月中、下旬产生性蚜,在樱桃树嫩枝上产卵越冬。

防治方法 (1)春季结合修剪,剪除虫瘿集中烧毁。(2)保护利用食蚜蝇、蚜茧蜂、瓢虫、草蛉等,有较好控制作用,不要在天敌活动高峰期喷洒广谱性杀虫剂。(3)从樱桃树发芽至开花前越冬卵大部分已孵化时喷洒25%吡蚜酮可湿性粉剂2000~2500倍液或20%吡虫啉浓可溶剂2500倍液、3%啶虫脒乳油2000倍液、40%甲基毒死蜱乳油1500倍液。

樱桃园苹果小卷蛾

学名 *Adoxophes orana orana* Fischer von Roslerstamm,寄主广,除为害苹果、梨、桃、李、杏、石榴、柑橘外,还为害樱桃。在樱桃园以幼虫卷叶为害嫩叶和新梢,幼虫吐丝缀叶,常把叶片缀贴在果面上,幼虫啃食果面,可造成大量落果。该虫在宁夏1年发生2代,辽宁、山西、北京、山东、河北、陕西北部年生3代,南部3~4代,黄河故道一带4代,各地均以2龄幼虫在树皮缝、剪锯口结白色薄茧越冬。3代区翌年4月上中旬出蛰,5月上旬在新梢上卷叶为害,5月下旬化蛹,6月中旬进入越冬代成虫盛发期,卵多产在叶背。第1代成虫盛发期在8月上旬,卵产在叶背或果面,7月底至8月下旬出现第2代幼虫,9月中旬进入第2代成虫盛发期,产卵孵化后幼虫略为害不久又作茧越冬。天敌有赤眼蜂寄生卵,甲腹茧蜂寄生幼虫。

防治方法 (1)防治越冬幼虫。上年受害重的樱桃园在越冬出蛰前刮除老翘皮,集中烧毁。再用80%敌敌畏乳油100倍液封闭剪锯口,消灭越冬幼虫。(2)4月中下旬越冬代幼虫和5~6月第1代幼虫卷叶为害时,人工摘除虫苞,集中烧毁。(3)在越冬代和第1代成虫发生期,用性诱剂(顺-9-十四烯醇乙酸酯与顺-11-十四烯醇乙酸酯之比为7:3)配合糖醋液诱杀成虫。糖醋液配方:糖5份、酒2份、醋20份,加水80份。每667m²也可用苹小性诱芯2枚,高度1.5m,每月更换1次诱芯,每天清

苹果小卷蛾成虫和幼虫

理 1 次诱盆中的死蛾。(4)成虫产卵盛期释放赤眼蜂，每次每株释放 1000 头，隔 5 天 1 次，连放 4 次。(5)在越冬幼虫出蛰初盛期和成虫高峰期喷洒 20%虫酰肼乳油 2000 倍液或 25%灭幼脲悬浮剂 1500 倍液。少用或不用菊酯类杀虫剂，以保护天敌。

樱桃园黄色卷蛾

学名 *Choristoneura longicellana* Walsingham 属鳞翅目夜蛾科，又叫苹果大卷叶蛾。除为害桃、李、杏、梅、苹果、梨外，还为害樱桃。以幼虫吐丝把叶片或芽缀合在一起，或单叶卷起潜伏在其中为害叶片和果实，或啃食新梢上的嫩芽或花蕾，造成受害果坑坑洼洼。该虫在辽宁、河北、陕西年生 1 代，均以低龄幼虫在树干翘皮下或剪口、锯口处结白茧越冬，翌春樱桃树开花时幼虫出蛰，为害嫩叶或卷叶，老熟后在卷叶内化蛹，蛹期 6~9 天，6 月上旬始见越冬成虫，6 月中旬进入成虫盛发期，羽化后昼伏夜出，交尾后把卵产在叶上。卵期 5~8 天。初孵幼虫借吐丝下垂分散到叶上，啃食叶背的叶肉，2 龄后卷叶。6 月下旬~7 月上旬为第 1 代幼虫发生期，8 月上旬第 1 代成虫出现，8 月中旬进入成虫盛发期。成虫继续产卵，出现第 2 代幼虫，为害一段时间后寻找适当场所越冬。

防治方法 参见苹果小卷蛾。

樱桃园黄色卷蛾幼虫及其为害嫩梢叶片状

樱桃叶蜂

学名 *Trichiosoma bombiforma* 属膜翅目，叶蜂科。

寄主 樱桃、蔷薇、月季、玫瑰等果树和花卉等。

樱桃叶蜂幼虫及其为害叶片状(刘开启)

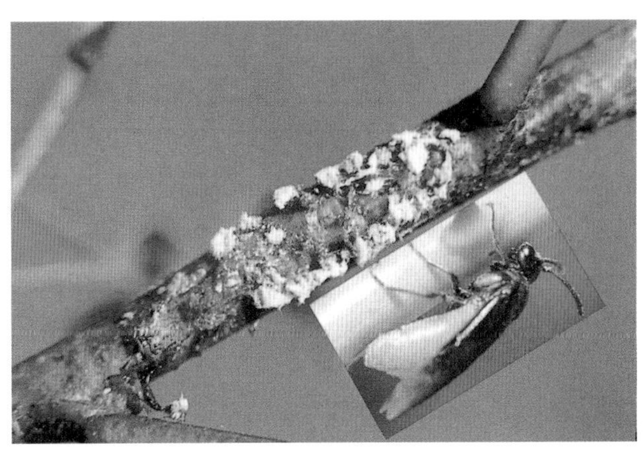

樱桃叶蜂成虫及产卵部位(刘开启)

为害特点 以幼虫咬食寄主叶片，大发生时，常多头幼虫群集于叶背，将叶片吃光。雌虫产卵于枝条，造成枝条皮层破裂或枝枯，影响生长发育。

形态特征 成虫：体长 7.5mm，翅黑色，半透明；头、胸部和足黑色，有光泽；腹部橙黄色；触角鞭状 3 节，第 3 节最长。幼虫体长 20mm，初孵时略带淡绿色，头部淡黄色，后变成黄褐色；胴部各节具 3 条横向黑点线，黑点上生有短刚毛；腹足 6 对。蛹：乳白色。茧：椭圆形，暗黄色。

生活习性 年生 1 代，以蛹在寄主枝条上越冬。成虫于翌年 3 月中旬至 4 月上旬羽化，4 月中旬至 6 月上旬进入幼虫为害期，幼虫期 50 多天，6 月上旬开始化蛹，以后在枝条上越冬。雌成虫产卵时，先用产卵器在寄主新梢上刺成纵向裂口，然后产卵其内，产卵部位常纵向变色，外覆白色蜡粉。幼虫孵化后，转移到附近叶片上为害。幼虫取食或静止时，常将腹部末端上翘。

防治方法 (1)成虫产卵盛期，及时发现和剪除产卵枝梢；幼虫发生期，人工摘除虫叶或捕捉幼虫。(2)发生严重时，于幼虫期喷洒 50%杀螟硫磷乳油 1000 倍液或 2.5%溴氰菊酯乳油 2000 倍液、5%天然除虫菊素乳油 1000 倍液。

樱桃园梨叶蜂

学名 *Caliroa matsumotonis* Harukawa 属膜翅目叶蜂科。又称桃粘叶蜂。分布在山东、河南、山西、西北、四川、浙江、云南等省。梨叶蜂除为害梨、桃、李、杏外，还为害樱桃、柿、山楂等。

樱桃园梨叶蜂幼虫为害状(夏声广)

以低龄幼虫取食叶肉，仅残留表皮，从叶缘向里食害，为害时以胸足抱着叶片，尾部多翘起。幼虫略长大食叶成缺刻或孔洞。大发生时把叶食成残缺不全或仅留叶脉。该虫以老熟幼虫在土中结茧越冬，河南、南京成虫于6月羽化，陕西8月上旬幼虫为害最重。

防治方法 (1)春季或秋季对樱桃园进行浅耕，杀灭越冬幼虫。(2)6月份地面防治梨小或桃小时用30%辛硫磷微胶囊悬浮剂200~300倍液地面喷雾，能有效防治梨叶蜂。(3)幼虫为害初期喷洒2.5%溴氰菊酯乳油2000倍液或10%联苯菊酯乳油或水乳剂3000倍液、35%辛硫磷微胶囊剂800倍液。

樱桃实蜂

学名 *Fenusa* sp. 属膜翅目叶蜂科。是近年发现的新害虫，分布陕西、河南等省。

寄主 樱桃。

为害特点 以幼虫蛀入果内取食果核和果肉。受害重的虫果率高达50%，受害果内充满虫粪。后期果顶变红脱落。

形态特征 雌成虫：体长5.3~5.7(mm)，翅展12~13(mm)。成虫头、胸、腹背面黑色，复眼黑色，3单眼橙黄色，触角9节丝状，1、2节粗短黑褐色。中胸背板具"X"形纹。翅透明，翅脉棕褐色。卵：乳白色，透明，长椭圆形。末龄幼虫：头浅褐色，体黄白色，胸足不发达，体多皱褶和凸起。茧：圆柱形革质，蛹浅黄色至黑色。

生活习性 年生1代，以老熟幼虫结茧在土中滞育，12月中旬开始化蛹。翌年3月中下旬樱桃开花期羽化，交配后把卵产在花萼下，初孵幼虫从果顶蛀入，5月中下旬脱果入土结茧

樱桃实蜂幼虫及果实受害状

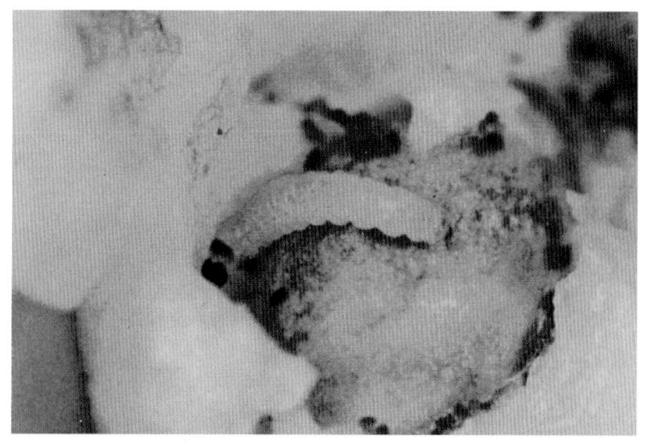

樱桃实蜂幼虫及为害樱桃果实状

滞育。成虫羽化盛期正值樱桃始花期，早晚、阴天栖息在花冠上，取食花蜜，补充营养，中午交配产卵，幼虫老熟后从果柄处咬1脱果孔落地钻入土中结茧越冬。

防治方法 (1)老龄幼虫入土越冬时，可在树体5~8(cm)处深翻杀灭幼虫，也可在4月中旬幼虫尚未脱果时及时摘除虫果深埋。(2) 樱桃开花初期喷洒80%或90%敌百虫可溶性粉剂1000倍液或20%氰戊菊酯乳油2000倍液杀灭羽化盛期的成虫。(3)4月上旬卵孵化期，孵化率达5%时，喷洒40%敌百虫乳油500倍液或50%杀螟硫磷乳油1000倍液、25%氯氰·毒死蜱乳油1100倍液。

樱桃园角斑台毒蛾

学名 *Teia gonostigma* (Linnaeus) 鳞翅目毒蛾科。分布在东北、华北、河南、山西等省。主要为害樱桃、桃、李、杏、苹果、梨、山楂等。以幼虫食叶和芽成缺刻或孔洞，严重时嫩叶全被吃光，仅留叶柄，果实受害被啃成大小不等的小洞，直接影响果树开花造成成果率降低。该虫在东北年生1代，华北2代，山西3代，以2~3龄幼虫在翘皮下或落叶下越冬，樱桃发芽后开始为害，6月末老熟后在枝杈处缀叶结茧化蛹。7月上旬羽化，把卵产在茧上，每块100~250粒。孵化后幼虫分散为害，后越冬。

樱桃园角斑台毒蛾幼虫

防治方法 (1)花芽分离期用波美5度石硫合剂或40%毒死蜱乳油1500倍液。(2)人工捕杀。生长季人工捏卵块，摘除蛹叶。初春早晨日出前，在枝干上和芽基处捕杀幼虫。(3)诱杀成虫。成虫发生期5月上旬，6月下旬，8月上旬安装诱虫灯诱杀雄蛾。(4)生长季节在各代幼虫3龄前喷洒1.8%阿维菌素乳油3000倍液或1%甲胺基阿维菌素苯甲酸盐乳油4000倍液。

樱桃园杏叶斑蛾

学名 *Illiberis psychina* Oberthur 鳞翅目斑蛾科。别名：杏毛虫、杏星毛虫。分布在辽宁、河北、山东、山西、河南、陕西、湖北、江西等省。初孵幼虫为害樱桃、李、梅、杏、柿、桃等寄主的芽、花、嫩叶，使叶片产生许多斑点或食叶成缺刻或孔洞，有的仅残留叶柄。

形态特征 成虫：体长7~10(mm)，全体黑色，有蓝色光泽，翅半透明，翅脉黑。卵：初产时浅黄色，后变成黑褐色，椭圆形。末龄幼虫：体长15mm，头特小，褐色，背面暗紫色，胴部每节具

樱桃园杏叶斑蛾幼虫放大(夏声广)

6个毛丛,毛丛上具白色细短毛多根,腹面紫红色。

生活习性 年生1代,以初龄幼虫在老树皮裂缝中做小白茧越冬。樱桃发芽后幼虫蛀害花、芽及叶,主要在夜间为害,进入5月中下旬幼虫老熟,爬至树干下结茧化蛹,蛹期15~20天,6月上中旬羽化,交配产卵,孵出幼虫稍加取食后,又爬至树缝中结茧越冬。

防治方法 (1)冬季、春季刮除主干及粗枝上的翘皮或裂皮,集中烧毁。生长季节摘除有虫苞叶。(2)抓住越冬幼虫出蛰后为害芽期及1代幼虫发生始盛期喷洒5% S–氰戊菊酯乳油2500倍液或20%氰戊菊酯乳油2000倍液、20%氰戊·辛硫磷乳油1500倍液。

李叶斑蛾

学名 *Elcysma westwoodi* Vollenhoven 鳞翅目斑蛾科。

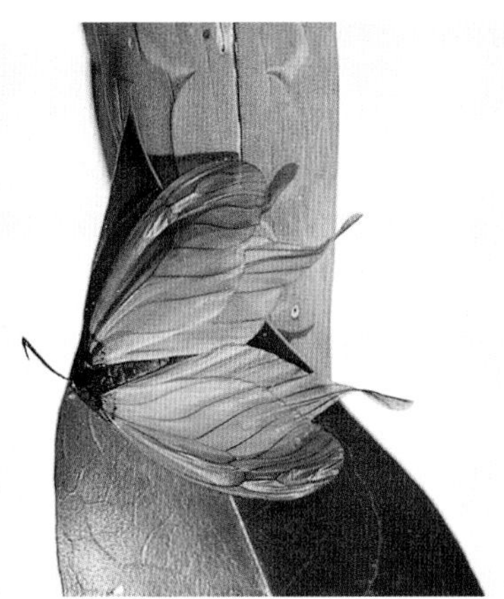

李叶斑蛾成虫

寄主 樱桃、李、梅、苹果。

为害特点 幼虫食叶片成缺刻,也常为害果实。

形态特征 成虫:体黄白色半透明。头部黑色,阳光照射呈蓝色,翅浅黄色半透明,翅脉黄绿色,两侧有黑色细鳞,前翅基部及翅顶黄色,外侧黑有光泽,后翅颜色同前翅,M_3和R_5脉间伸出1条细长带。

生活习性 1年发生1代,以幼虫潜藏在老树皮下越冬,5月上旬开始为害,老熟后卷叶吐丝织成白茧,成虫于7月下旬羽化,飞翔缓慢。

防治方法 参见杏叶斑蛾。

樱桃园梨网蝽

学名 *Stephanitis nashi* Esaki et Takeya 同翅目网蝽科。

近年随樱桃种植面积扩大,梨网蝽为害逐年加重,该虫在山东枣庄市年发生4代,以成虫在枯枝落叶、翘皮缝、杂草及土石缝中越冬,翌年4月上旬开始活动,6月初第1代成虫出现,7月中旬至8月上旬进入为害盛期,世代重叠,10月中旬后陆续越冬,该虫除为害梨、苹果外,还为害桃、海棠、樱桃等,现正严重为害樱桃。每年清明前后出蛰的越冬成虫,把卵产在樱桃叶背组织中,孵化后集中在叶背叶脉两侧为害,4月上旬气温15℃以上樱桃正处在坐果期,7~8月樱桃生长旺盛阶段进入为害高峰期。

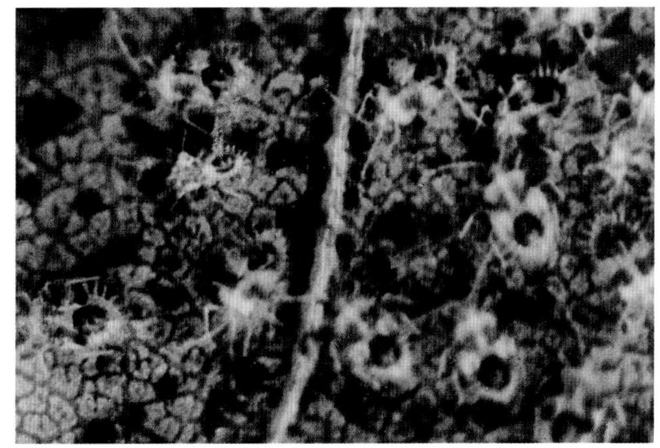

樱桃园梨网蝽若虫

梨网蝽成虫放大

防治方法 (1)冬季结合果园修剪剪除枯枝,扫除落叶烂果破坏越冬场所,春季越冬成虫出蛰前结合刮树皮,树干涂抹30倍硫悬浮剂消灭越冬成虫。(2)9月份在树干上绑干草诱集越冬成虫,冬季解下绑缚的草把集中烧毁,在诱杀时应注意保护天敌。(3)越冬成虫出蛰后及第1代若虫孵化盛期及时喷洒1.8%阿维菌素乳油4000倍液或10%吡虫啉可湿性粉剂3000倍液。(4)由于樱桃树体高喷药困难,可采用全封闭式的地下埋药防治法。即用一容量为500mL左右广口玻璃容器,在盖上打2个孔,然后挖开地面露出树根,将根从1孔插入容器内,另1孔插入1直管,露出地面约50cm,然后覆土埋严,将上述药剂配成药液,从直管灌入即可。药液不要超过容器容量,以免溢出造成

污染。此装置可长期持续利用,也可药、肥兼施,能够明显提高药物利用率。

樱桃园黄刺蛾

学名 *Cnidocampa flavescens* (Walker) 鳞翅目刺蛾科。分布在全国各地。除为害柑橘、苹果、梨、桃外,还为害樱桃。以低龄幼虫群聚食害叶肉,把叶片食成网状,虫体长大后,把叶片吃成缺刻仅残留叶柄和主脉。该虫在北方果区年生 1 代, 浙江、河南、江苏、四川年生 2 代,以老熟幼虫在树枝上结茧越冬。1 代区成虫于 6 月中旬出现,2 代区 5 月下旬 ~6 月上旬羽化, 第 1 代幼虫 6 月中旬发生,第 2 代幼虫为害盛期在 8 月上中旬至 9 月中旬。成虫有趋光性,把卵产在叶背。第 2 代老熟幼虫于 10 月上旬在主干或枝杈处结茧越冬。

黄刺蛾成虫和虫茧

黄刺蛾幼虫

防治方法 (1)冬季修剪彻底清除黄刺蛾越冬茧。(2)安装频振式杀虫灯诱杀成虫。(3) 在低龄幼虫期喷洒 5%氟铃脲乳油 1500 倍液或 2.5%溴氰菊酯乳油 2000 倍液或 20%除虫脲悬浮剂 1800 倍液、5%S- 氰戊菊酯乳油 2200 倍液、98%杀螟丹可溶性粉剂 1500~2000 倍液。(4)利用上海青蜂防治黄刺蛾效果显著。

樱桃园扁刺蛾

学名 *Thosea sinensis* (Walker) 鳞翅目刺蛾科。分布在河北、山东、辽宁、吉林、黑龙江、江西、江苏、安徽、浙江、福建、台湾、广东、广西、湖北、湖南、四川、贵州、云南。除为害苹果、梨、柑橘、枇杷、杏、桃、李、柿、核桃、石榴、栗、椰子等外,还为害樱

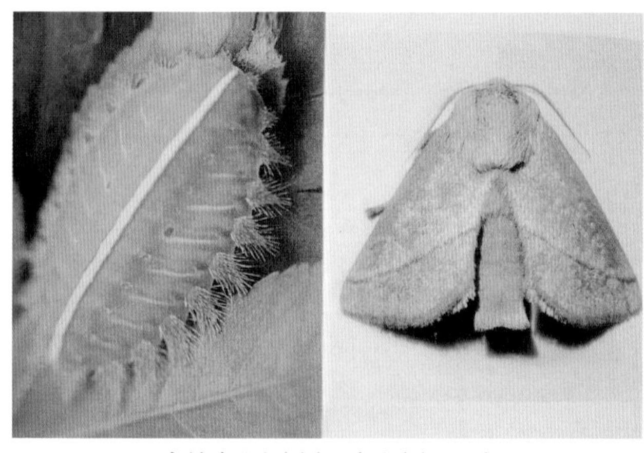

扁刺蛾幼虫(左)和成虫(徐公天)

桃,以低龄幼虫群集食害叶肉成网状,长大后把叶片吃成缺刻,仅留叶柄和主脉。该虫在北方年生 1 代,浙江 2 代,江西 2~3 代,均以老熟幼虫在树干周围 3~6(cm)深的土中结茧越冬。北方果区越冬幼虫于翌年 5 月中旬化蛹,6 月下旬羽化,6 月中下旬 ~7 月中旬进入成虫盛发期。浙江、江西 4 月下旬化蛹,5 月下旬开始羽化,5 月下旬 ~7 月中下旬进入幼虫为害期。第 2 代幼虫于 7 月下旬至翌年 4 月出现。

防治方法 (1)在幼虫下树结茧之前疏松树干四周土壤,可引诱下树幼虫集中结茧,集中杀灭。(2)卵孵化盛期和低龄幼虫期喷洒 40%甲基毒死蜱或毒死蜱乳油 1000 倍液或 25%氯氰·毒死蜱乳油 1200 倍液、20%除虫脲悬浮剂 2000 倍液。(3)保护利用天敌上海青蜂、刺蛾广肩小蜂。

樱桃园褐边绿刺蛾

学名 *Latoia consocia* (Walker) 鳞翅目刺蛾科。别名:青刺蛾、绿刺蛾、棕边绿刺蛾、四点刺蛾、曲纹绿刺蛾等。除为害枣、核桃、栗、石榴、枇杷、柿、梨、桃、李、山楂、柑橘外,还为害樱桃,其特点同黄刺蛾。该虫在东北、华北一带年生 1 代,河南、长江中下游年生 2 代, 以末龄幼虫在枝条上结茧越冬,1 代区越冬幼虫在 5 月中下旬开始化蛹,6 月中旬羽化成虫,6 月下旬幼虫开始孵化,8 月份受害重。2 代区成虫发生在 5 月下旬 ~6 月中旬,第 1 代幼虫发生期多在 6 月中旬 ~7 月中下旬,第 2 代幼虫发生期在 8 月下旬 ~10 月上旬。

防治方法 同黄刺蛾。

樱桃园褐边绿刺蛾成虫和幼虫

樱桃园丽绿刺蛾

学名 *Parasa lepida* (Cramer) 鳞翅目刺蛾科。别名:绿刺蛾、褐边绿刺蛾、曲纹绿刺蛾等。幼虫俗称洋辣子。分布在东北、华东、华北、中南及四川、陕西、云南等省。除为害石榴、桃、李、杏、梅、枣、山楂、核桃、柿、栗外,还为害樱桃,以幼虫孵化后先群集为害嫩叶呈网状。成长幼虫取食叶肉,仅留叶脉。

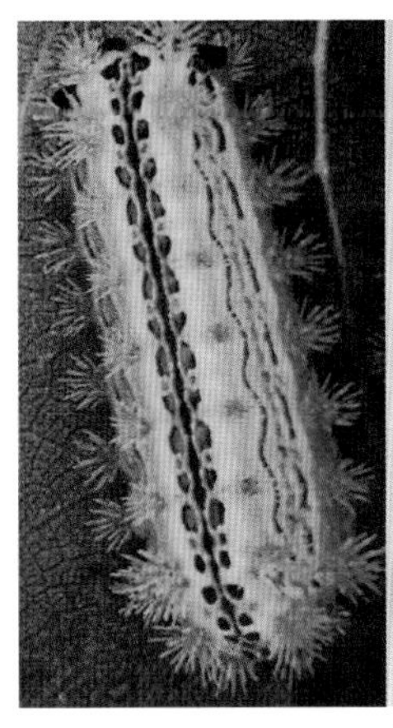

丽绿刺蛾幼虫和成虫

形态特征 成虫:体长16mm,翅展38~40(mm),触角褐色,雄蛾栉齿状,雌蛾丝状。头顶、胸背绿色,胸背中央生1棕色纵线,腹部灰黄色。前翅绿色,基部生暗褐色大斑,外缘灰黄色,并散有暗褐色小点,内侧生暗褐色波状纹和短横线纹;后翅灰黄色,前、后翅缘毛浅棕色。卵:长1.5mm,扁平椭圆形。末龄幼虫:体长25~28(mm),头小,体短且粗,蛞蝓形,粉绿色,背面色略浅,背中央生3条暗绿色至蓝色带,从中胸至第8节各生4个瘤状凸起,瘤突上生有刺毛丛,腹部末端有4丛球状蓝黑色刺毛,前瘤红色。体侧生1列带刺的瘿。蛹:长13mm,椭圆形。茧长15mm。

生活习性 黄淮地区、长江中下游年生2代,以老熟幼虫在树冠下草丛浅土层内或树皮裂缝处结茧越冬。翌年幼虫于4月下旬至5月上旬化蛹。第1代成虫于5月下旬至6月上旬出现,第1代幼虫发生在6~7月间;第2代成虫8月中、下旬出现,幼虫发生在8月下旬~9月间,10月上旬入土结茧越冬。成虫趋光性强。喜在夜间交尾,把卵产在叶背,数十粒块产。初孵幼虫群聚为害,有时8~9头在1片叶上为害,2~3龄后开始分散。

防治方法 (1)清除越冬茧,或在树盘下挖捡虫茧。(2)摘除有虫叶集中烧毁。(3)药剂防治 参见黄刺蛾。

樱桃园苹掌舟蛾

学名 *Phalera flavescens* (Bremer et Grey) 鳞翅目舟蛾科。

为害特点 在樱桃园苹掌舟蛾初孵幼虫为害叶片上表皮和叶肉,残留下表皮和叶脉,致受害叶成网状,2龄幼虫开始为害叶片,残留叶脉,3龄后可把叶片吃光,仅剩叶柄,严重影响树势。除为害樱桃外,还可为害梅、李、杏、桃、梨、苹果、山楂等。该虫在我国樱桃产区年生1代,以蛹在表土层越冬,东北、西北成虫于6月上旬开始羽化,7月下旬~8月中旬进入羽化高峰,南方成虫羽化延续到9月。成虫喜傍晚活动,把卵产在叶背,卵

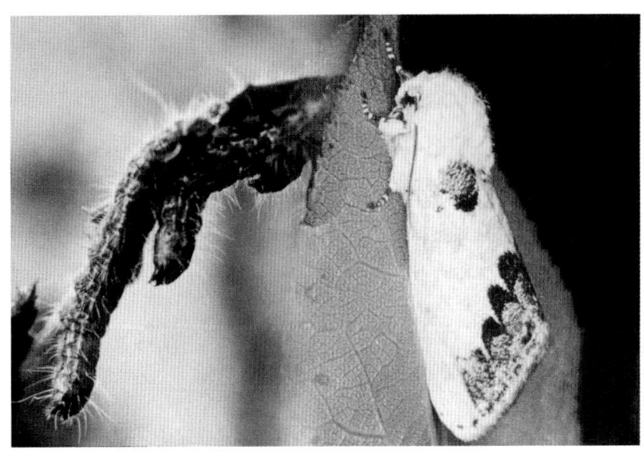

樱桃园苹掌舟蛾幼虫和成虫

期7天,1~2龄群集,头向外排列在1叶或几个叶片上,3龄后分散为害。大发生时常成群结队迁移为害十分猖獗。成虫趋光性强,幼虫受惊有吐丝和假死性。9月下旬~10月上旬老熟幼虫沿树干向下爬或吐丝下垂,入土化蛹后越冬。

防治方法 (1)秋末冬初及时深翻,把越冬蛹冻死、晒死。(2)1~2龄幼虫发生期人工剪除有虫枝叶,集中烧毁。(3)幼虫分散前喷洒40%敌百虫乳油500倍液或80%敌百虫可溶性粉剂900倍液、10%氯氰菊酯乳油或100g/L乳油1200倍液。

樱桃园梨潜皮细蛾

学名 *Acrocercops astaurota* Meyrick 鳞翅目细蛾科。别名:梨皮潜蛾、串皮虫等。梨潜皮细蛾主要为害新梢,幼虫在表皮下串蛀形成弯曲虫道,后虫道并到一起造成表皮开裂干枯翘起,有的为害果皮,造成果皮开裂。该虫在辽宁、河北年生1代,山东、陕西2代。1代区低龄幼虫在受害枝的虫道里越冬,翌年5月上旬开始为害,在枝的表皮下串蛀。陕西关中3月下旬开始活动,5月中旬老熟后在枝干皮层下结茧化蛹,5月下~6月上旬进入化蛹盛期,6月上旬越冬代成虫羽化,6月下旬第1代卵孵化,幼虫蛀入为害,7月中下旬幼虫老熟化蛹。第2代幼虫于8月下旬侵入为害,11月上旬越冬。

樱桃园梨潜皮细蛾成虫

防治方法 重点抓好越冬代成虫发生盛期喷药,防止第1代幼虫蛀枝为害,可喷50%杀螟硫磷乳油或40%毒死蜱乳油1000倍液。

樱桃园二斑叶螨

学名 *Tetranychus urticae* Koch 又称白蜘蛛，在辽宁、山东、河南均有发生，除为害苹果、梨、桃、杏外，还为害樱桃、草莓等，为害初期多聚在叶背主脉两侧，造成叶片失绿变褐，密度大时结1薄层白色丝网，提早落叶。该螨每年发生10多代，以受精的越冬型雌成螨在地面土缝中越冬，陕西越冬雌成螨3月上旬出蛰，4月上旬上树为害。9月出现越冬型雌成螨。

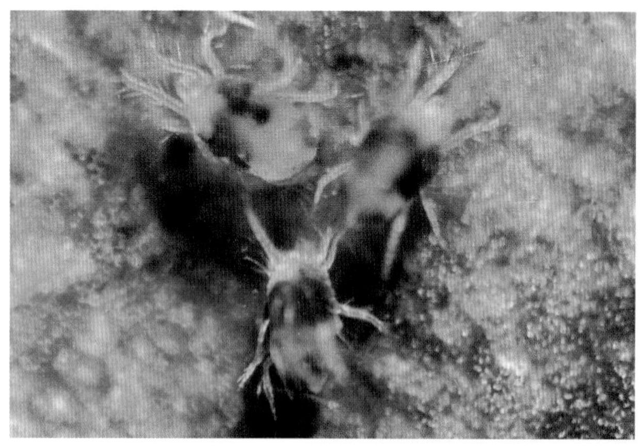

樱桃园二斑叶螨雌成螨（程立生摄）

防治方法 (1)严格检疫。(2)樱桃园间作作物间发现二斑叶螨时，地面喷洒1.8%阿维菌素乳油4000倍液。(3)上树后喷洒24%螺螨酯悬浮剂4000倍液。

樱桃园山楂叶螨

学名 *Tetranychus veinnensis* Zacher 除为害苹果、梨、桃、杏、李、山楂外，也为害樱桃。年生5~10代，以受精雌螨群集在树干、枝杈、皮缝和土壤中越冬，翌年樱桃发芽时，上树为害芽和展开的叶，花蕾受害不能开花。

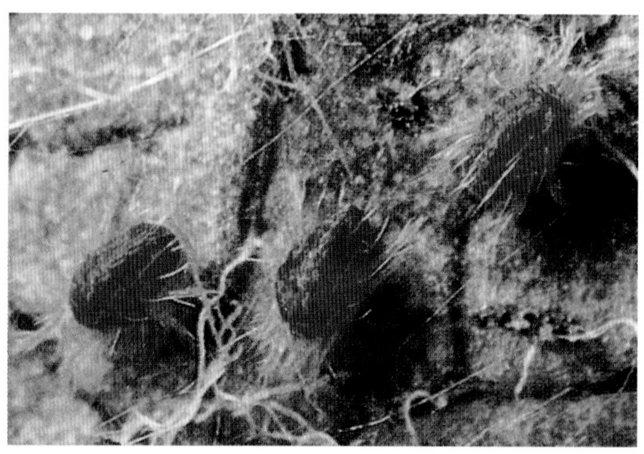

山楂叶螨越冬型雌成螨放大

防治方法 春季出蛰盛期和1代盛发期，喷洒24%螺螨酯悬浮剂4000倍液。

樱桃园肾毒蛾

学名 *Cifuna locuples* Walker 又称肾纹毒蛾。除为害苹果、茶树、草莓、柿外，还为害樱桃。以幼虫食叶成缺刻或孔洞，该虫在江淮、黄淮、长江流域年生3代，浙江5代，贵州2代，均

樱桃园肾毒蛾幼虫

以3龄幼虫在树冠中下部叶背面或枯枝落叶下越冬。翌年4月开始为害，贵州第1代成虫于5月中旬至6月下旬发生，第2代于8月上旬至9月中旬发生。南方重于北方。

防治方法 (1)各代幼虫分散之前，及时摘除群集为害的低龄幼虫。(2)受害重的地区在3龄前喷洒10%苏云金杆菌可湿性粉剂800~900倍液。

樱桃园丽毒蛾

学名 *Calliteara pudibunda* (Linnaeus) 除为害草莓外，还为害樱桃、苹果、梨等果树，以幼虫食叶成缺刻或孔洞。该虫在北京、山东、陕西、河南年生2代，以蛹越冬。翌年4~6月和7~8月出现各代成虫，5~7月和7~9月进入各代幼虫为害期，一直为害到9月下旬才结茧越冬。生产上第2代为害重。

樱桃园丽毒蛾幼虫

防治方法 发生数量大时喷洒10%苏云金杆菌可湿性粉剂800倍液，或40%辛硫磷乳油1000倍液、40%毒死蜱乳油1000倍液。

樱桃园绢粉蝶

学名 *Aporia crataegi* Linnaeus 除为害山楂、苹果、梨、桃、李外，还为害樱桃。以幼虫食害樱桃芽、花、叶，低龄幼虫吐丝结网巢，在网巢中群居为害，幼虫长大后分散为害。该虫1年发生1代，以3龄幼虫群集在树梢虫巢里越冬，翌春越冬幼虫先为害芽、花，随之吐丝缀叶为害，幼虫老熟后在枝叶或杂草丛中化

樱桃园绢粉蝶成虫栖息在叶片上

蛹，5 月底至 6 月上旬羽化，交配后把卵产在叶上，每个卵块有数十粒，6 月中旬孵化后为害至 8 月初，又以 3 龄幼虫越冬。

防治方法 (1)结合冬剪剪除虫巢，集中烧毁。(2)春季幼虫出蛰后，喷洒 50%杀螟硫磷乳油 1500 倍液。

褐点粉灯蛾

学名 *Alphaea phasma* (Leech) 鳞翅目灯蛾科，又名粉白灯蛾。分布在湖南、四川、贵州、云南等省，除为害柿、梅、桃、梨、苹果外，还为害樱桃。以幼虫啃食樱桃等寄主叶片，常吐丝织半透明的网可把叶片表皮、叶肉啃食殆尽，叶缘成缺刻，造成叶卷曲枯黄。该虫在云南年生 1 代，以蛹越冬，翌年 5 月上、中旬羽化，交尾产卵，6 月上、中旬卵孵化，幼虫共 7 龄，为害甚烈。

褐点粉灯蛾成虫和幼虫放大

防治方法 (1)人工刮卵、摘卵，摘除低龄群栖幼虫。(2)虫口数量大的樱桃园喷洒 80%或 90%敌百虫可溶性粉剂 1000 倍液或 40%毒死蜱乳油 1600 倍液。

樱桃园黑星麦蛾

学名 *Telphusa chloroderces* Meyrick，除为害桃、李、杏、苹果外，还为害樱桃，以幼虫群集卷叶为害，该虫 1 年发生 3~4 代，以蛹在杂草下越冬，4~5 月成虫羽化，把卵产在新梢上叶柄处。山东等省幼虫发生在 5~6 月，第 2 代 6~7 月，第 3 代 7~8 月和 9 月。

防治方法 冬季彻底清除田间落叶、杂草，刮除翘皮，消灭越冬虫源。发生严重的于幼虫为害初期喷洒 90%敌百虫可溶粉

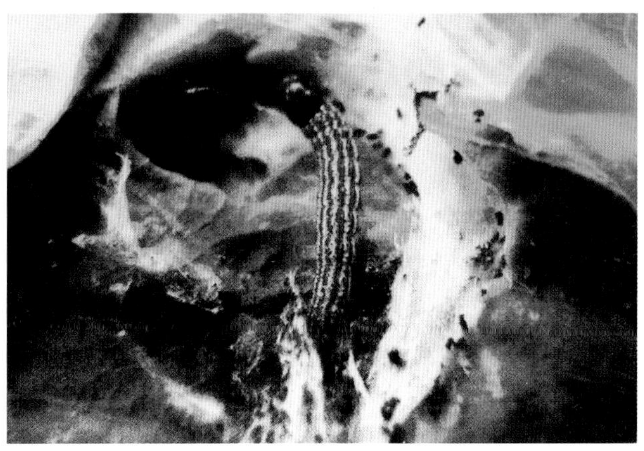
樱桃园黑星麦蛾幼虫(李晓军)

剂或 50%杀螟硫磷乳油 1000 倍液、40%甲基毒死蜱乳油 900 倍液。

樱桃园梨金缘吉丁虫

学名 *Lampra limbata* Gebler 又叫梨吉丁虫，俗称串皮虫，除为害梨、苹果、桃、李、杏、山楂外，还为害樱桃，以幼虫在樱桃树干皮层纵横串食，蛀害皮层、韧皮部和木质部，破坏输导组织，造成受害部变黑。该虫在河北、江苏、山东 1 年 1 代或 2 年 1 代，河南、山西 2 年 1 代，成虫一般在 5 月上旬 ~6 月下旬发生，5 月底 ~6 月初进入盛期。

防治方法 7~8 月在幼树枝梢变黑处用小刀挖出幼虫，涂 5 波美度石硫合剂保护伤口。

樱桃园梨金缘吉丁虫成虫放大

樱桃园梨金缘吉丁虫幼虫放大

樱桃园角蜡蚧

学名 *Ceroplastes ceriferus* (Anderson) 除为害柑橘、柿、龙眼、荔枝外还为害樱桃、石榴、油梨等，以成若虫为害枝干，致叶片变黄，树干表面凸凹不平，树皮裂缝，造成树势衰弱，诱发煤污病。该虫1年发生1代，以受精雌虫在枝上越冬，翌春继续为害，6月产卵在体下，若虫期80~90天。

防治方法 (1)冬季或3月前剪除有虫枝烧毁。(2)低龄若虫期喷洒1.8%阿维菌素乳油或50%倍硫磷乳油1000倍液。

樱桃园杏球坚蚧

学名 *Didesmococcus koreanus* Borchsenius 同翅目蜡蚧科。

樱桃园杏球坚蚧为害枝条

寄主 除为害杏、桃、李、梅外，还为害樱桃、大樱桃。

为害特点 以若虫和成虫聚集在枝干上终生吸食汁液，严重时使枝条干枯。

形态特征 雌成虫：半球形，长3~3.5 (mm)，宽2.7~3.2 (mm)，高2.5mm，体侧近垂直，接近寄主的下缘加宽，初为棕黄色，有光泽及小点刻。雄成虫：小，1对翅，半透明。介壳扁长圆形，白色。1龄若虫：长0.5mm，长圆形，粉红色，触角和3对胸足发达，腹末生2个突起，各生白色尾毛1根。卵：长椭圆形，初产时白色，后渐变粉红色。

生活习性 山西长治及全国1年发生1代，以2龄若虫固着在枝条上越冬。翌年3月中旬雄、雌分化，雌若虫3月下旬蜕皮形成球形。雄若虫4月上旬分泌介壳，蜕皮化蛹。5月上旬产卵，6月中旬形成白色蜡层，包在虫体四周。越冬前蜕皮1次，蜕皮包在2龄若虫体下，到10月份进入越冬期。

防治方法 (1)及时修剪，冬剪时剪掉有蚧虫枝条，夏剪时于7月上旬剪除过密枝，剪掉产卵叶片和卵孵枝条，集中烧毁。(2)4月底以前用硬尼龙毛刷或铁丝刷除越冬的雌蚧和雄蚧，集中烧毁。(3)保护树体，11月中旬可在幼树根颈处培土，大树刮皮涂白。萌芽前喷洒波美5度石硫合剂。(4)利用黑缘红瓢虫的成虫和幼虫捕食杏球坚蚧，可在秋季人工招引瓢虫，尽量少喷广谱杀虫剂。有条件的提倡释放软蚧蚜小蜂和黄蚜小蜂，在4月份和7月份，每667m^{2}释放软蚧蚜小蜂和黄蚜小蜂3万头。(5)早春发芽前，树上喷波美5度石硫合剂或含油量0.3%的粘土柴油乳剂。生长期5月下旬喷洒40%毒死蜱乳油1000倍液或2.5%高效氯氟氰菊酯微乳剂或水乳剂或乳油2000倍液、55%氯氰·毒死蜱乳油2500倍液。

樱桃园桑白蚧

学名 *Pseudaulacsapis pentagona* (Targioni-Tozzetti)，近年已成为樱桃、大樱桃生产上的重要害虫，为害越来越重，尤其是结果园，常年发生，常年为害，虫口数量多，防治较困难，常造成枯芽、枯枝、树势下降或出现死树，对大樱桃生产影响极大。桑白蚧在山东烟台1年发生2代，以受精雌成虫在枝干上过冬，翌年4月初大樱桃芽萌动时开始为害，虫体不断增大，4月下旬开始产卵，5月中旬开始孵化，5月中旬~5月下旬进入孵化高峰，后若虫爬出分散为害，先固定在枝条上为害1~2天，5~7天后分泌出棉絮状白色蜡粉，覆盖体表形成介壳。第2代产卵期7月中、下旬，8月上旬又进入孵化盛期，8月下旬~9月陆续羽化为成虫，秋末成虫越冬。该虫以群聚固定为害吸食樱桃树汁液，大发生时枝干到处可见发红的若蚧群落，虫口数量难以计数。介壳形成后枝干上介壳重叠密布，一片灰白，凹凸不平，造成受害树树势严重下降，枝芽发育不良或枯死。

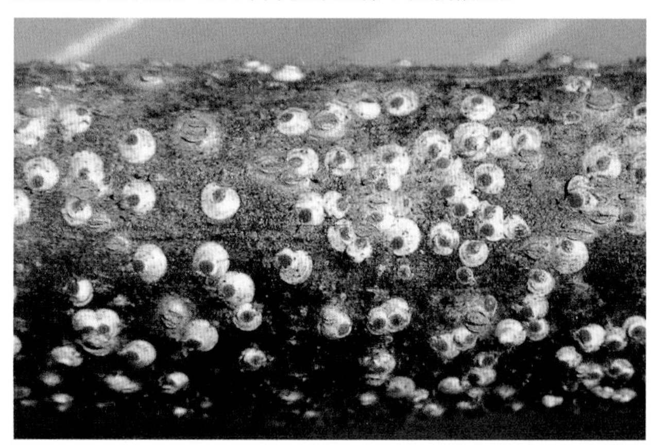

樱桃园桑白蚧介壳(吴增军)

防治方法 在搞好冬春清园基础上，改变春季干枯期防治为5月中、下旬防治1次，用药改用40%毒死蜱或甲基毒死蜱1000倍液或55%氯氰·毒死蜱乳油1500~2000倍液，防效高，药后3天即可上市。防治最佳时期应掌握在卵孵化盛期，上述杀虫剂光解速度快，用药后应间隔3天以上再采收。

樱桃园星天牛和光肩星天牛

学名 星天牛 *Anoplophora chinensis* (Forster) 为害樱桃、杏、桃、苹果、梨、柿、枇杷等，光肩星天牛 *A. glabripennis*

樱桃园星天牛成虫

樱桃园光肩星天牛成虫

(Motschulsky)。

寄主 樱桃、李、梅、苹果、梨、杨、柳、榆、法桐等。

为害特点 以幼虫蛀害树枝、干,并向根部蛀害,多在木质部蛀害,受害严重的树干、枝条易折断或全株死亡。

形态特征 星天牛:体长19~39(mm),宽6~13.5(mm),全体黑色,略具光泽,鞘翅上有20多块白色斑,大小不一,呈5横列,但不规则,翅鞘肩部有颗粒状突起。前胸背板瘤3个。光肩星天牛:体长17~39(mm),宽10mm,黑色有光泽,与星天牛相近,区别是翅鞘肩部光滑,没有颗粒状突起,鞘翅上白斑少,排列也不整齐,前胸背板中瘤不明显。

生活习性 星天牛南方发生多,每年1代,北方1~2年1代,成虫5月开始发生,6~7月多,发生期不整齐,寿命30天,6~8月把卵产在树干基部,成虫咬出伤口产卵其内,幼虫孵化后先在皮层蛀食,2~3个月后幼虫30mm长时深达木质部蛀害,一边向根部蛀,一边向外蛀通气排粪孔。光肩星天牛,浙江年生1代,河南2年1代,北京2~3年1代,以幼虫在虫道内越冬,成虫6~10月均可发生,7~8月进入盛发期,白天活动,成虫寿命20~60天,多产卵在大树主干上,每处产1粒,幼虫孵出后先蛀害皮层,后向上蛀木质部。

防治方法 (1)人工捕杀成虫。(2)毒杀幼虫。找到卵槽涂以500倍辛硫磷或毒死蜱。(3)熏杀老幼虫。找到排粪孔用铁丝钩出虫粪、木屑、塞入半片磷化铝,再用塑料布包住,也可用黄泥封口,把孔中幼虫熏死。

8. 枣(*Zizyphus jujuba*)、毛叶枣病害

枣、毛叶枣焦叶病(炭疽病)

症状 枣焦叶病又称炭疽病,主要为害叶片和枣吊及果实。叶片和枣吊染病,初生灰色病斑,病斑周围叶绿素遭到破坏,叶片呈黄绿色,15天后病斑中央坏死,叶缘浅黄色,由病斑连成焦叶,因此又称焦叶病,最后焦叶呈黑褐色,叶片坏死。病斑上生出黑色小粒点,即病原菌分生孢子盘。发病重的呈黑褐色悬挂在枝头。果实染病,先在果肩部或果腰处产生黄色水渍状病斑,后逐渐扩展成不规则形黄褐色斑块,中央产生圆形凹陷病斑,多个凹陷斑连片呈红褐色,湿度大时病斑上长出黄褐色小点。剖开病果果核变黑,味苦,不能食用。

枣炭疽病叶片受害状

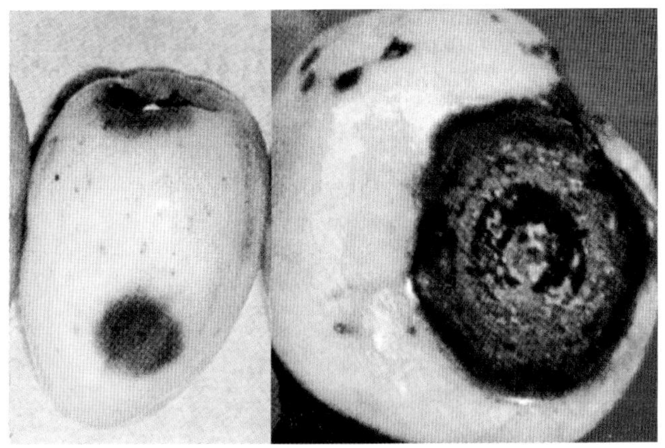
毛叶枣炭疽病(何月秋)

毛叶枣炭疽病果实染病,产生浅黄色至褐色针头大小斑点,逐渐扩大成圆形至近圆形凹陷斑,浅褐色至褐色,大小0.3~1.5(cm),个别大的直径可达3cm,有时多个病斑融合成大病斑。叶片染病产生暗褐色圆形或近圆形至不规则形病斑,病斑上散生很多黑色小粒点,即病原菌的分生孢子盘。

病原 *Colletotrichum gloeosporioides* (Penz.)Sacc. 称盘长孢状炭疽菌,属真菌界无性型真菌。分生孢子盘黑色,分生孢子单胞无色,棍棒形,中央具1~2个油球。有性态为*Glomerella cingulata* (Stonem) Spaulding et Schrenk. 称围小丛壳,属真菌界子囊菌门。

传播途径和发病条件 病原菌以菌丝在枣吊、枣股、枣头、枣果中越冬,其中枣吊、枣果带菌率最高,翌春雨后越冬的分生孢子盘释放出大量分生孢子借风雨或昆虫传播,每年5月病菌可能侵入上述部位,经1~2个月潜育进入7月中下旬开始出现症状,8月雨日多病叶、病果扩展迅速,生产上降雨早、连阴天多、湿度大发病早且重。

防治方法 (1)选用阎良脆枣等抗炭疽病品种。进行深耕,结合修剪剪掉病枝、枯枝,可减少初侵染源。(2)4~5月份或发病初期喷洒1:2:200倍式波尔多液或77%硫酸铜钙可湿性粉剂300~400倍液、50%醚菌酯水分散粒剂4000倍液、25%

吡唑醚菌酯乳油 2000~2500 倍液、25%嘧菌酯悬浮剂 1000~1300 倍液，隔 10 天左右 1 次，防治 2~3 次。

枣、毛叶枣锈病(Common jujube rust)

症状 只为害叶片。发病初期叶背面散生淡绿色小点，后渐变为暗黄褐色不规则突起，即病菌的夏孢子堆，直径 0.5mm 左右。多发生于叶脉两侧、叶片尖端或基部，叶片边缘和侧脉易凝集水滴的部位也见发病。有时夏孢子堆密集在叶脉两侧连成条状。初埋生于表皮下，后突破表皮外露并散出黄粉状物，即夏孢子。后期，叶面与夏孢子堆相对的位置，出现具不规则边缘的绿色小点，叶面呈花叶状，后渐变为灰色，失去光泽，枣果近成熟期即大量落叶。枣果未完全长成即失水皱缩或落果，甜味大减。落叶后于夏孢子堆边缘形成冬孢子堆，冬孢子堆小，黑色，稍突起，但不突破表皮。

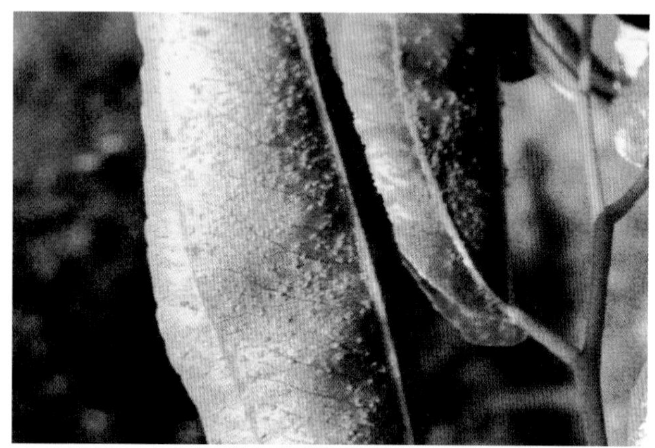

枣锈病叶背面的夏孢子堆(蒋芝云)

枣锈病症状

病原 *Phakopsora zizyphi-vulgaris* (P. Henn.) Diet. 称枣层锈菌，属真菌界担子菌门。夏孢子球形至椭圆形，14 ~ 20 × 12 ~ 20(μm)，黄色至黄褐色，单胞，表面密生短刺。冬孢子长椭圆形至多角形，8 ~ 20 × 6 ~ 20(μm)，单胞平滑，顶部稍厚，上部褐色，基部浅褐色，在冬孢子堆内排成数层。

传播途径和发病条件 枣锈病的侵染循环尚不十分清楚，可能以冬孢子在落叶上越冬，也有报道以夏孢子越冬。据检查，枣芽中有多年生菌丝活动。病落叶上越冬的夏孢子和酸枣上早发生的锈病菌是主要的初侵染源。有试验证明，外来夏孢子也是初侵染源之一。夏孢子随风传播，通常于 7 月中、下旬开始发病，

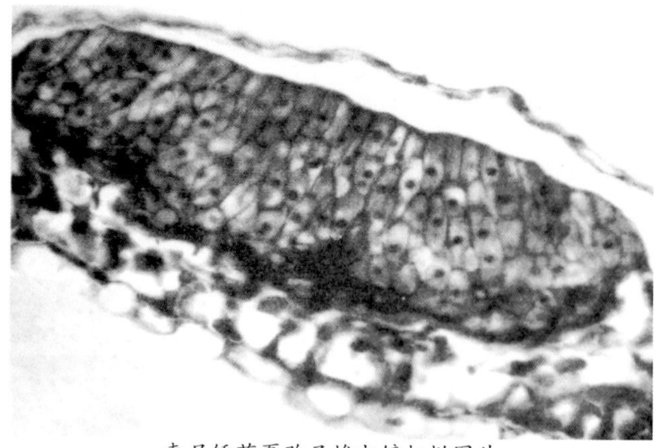

枣层锈菌夏孢子堆电镜扫描图片

湿度高时病菌开始侵染叶片。河北东北部 8 月初开始发病，9 月初进入发病盛期，大量夏孢子堆不断进行再侵染，致叶片脱落。有些年份，落叶可推迟到 11 月初。9 月下旬开始出现冬孢子。地势低洼、行间郁闭发病重；雨季早、降雨多、气温高的年份发病重。高燥的坡地或岗地和行间开阔通风良好的枣区，发病较轻。

防治方法 (1)加强栽培管理。不宜密植，应合理修剪使通风透光；雨季及时排水，防止园内过于潮湿，以增强树势。(2)清除初侵染源。晚秋和冬季清除落叶，集中烧毁。(3)发病严重的地区，可于 7 月上中旬开始喷 1 次 1：2 ~ 3：300 倍式波尔多液或 30%戊唑·多菌灵悬浮剂 1000 倍液、50%醚菌酯水分散粒剂 4000 倍液、25%吡唑醚菌酯乳油 2200 倍液、25%戊唑醇可湿性粉剂 2000~3000 倍液、25%丙环唑乳油 3000 倍液、40%氟硅唑乳油 5000 倍液。

枣、毛叶枣灰斑病

症状 主要为害枣树的叶片。初在叶缘现圆形至近圆形暗褐色病斑，后期中央变为深灰白色，病斑上长出很多黑色小粒点，即病原菌分生孢子器。病斑边缘具宽的紫褐色线圈。

病原 *Phyllosticta zizyphi* Thümen，称枣叶点霉，属真菌界无性型真菌。分生孢子器散生在叶面，初埋生，后露出小黑点，器球形至扁球形，直径 70~165(μm)，高 50~90(μm)，器壁厚 5~8(μm)，形成瓶形产孢细胞，单胞无色，5 ~ 7.5 × 2 ~ 3(μm)。分生孢子卵圆形，单胞无色，5 ~ 7.5 × 3 ~ 4.5(μm)。

传播途径和发病条件 病原菌枣叶点霉以分生孢子器随

枣灰斑病

病落叶在土壤里越冬,翌春雨后分生孢子器吸水,涌出大量分生孢子借风雨传播,落到新长出的枣叶上进行初侵染和多次再侵染,致该病不断扩大,雨日多的年分发病早且重。

防治方法 (1)采收后至秋末及时清除病落叶,集中烧毁,以减少下年初始菌源。(2)发病初期喷洒50%福·异菌可湿性粉剂700倍液或50%异菌脲悬浮剂1000倍液、50%甲基硫菌灵悬浮剂700倍液,隔10天左右1次,防治2次。

枣、毛叶枣蒂腐病

症状 又称焦腐病。主要为害果实。初生暗绿色、水渍状针头大小病斑,后逐渐扩展成圆形中型至大型病斑,初为深褐色,后中央变成赤褐色,边缘黑褐色,四周有黄色晕圈,病斑直径0.5~2.4(cm),病部果肉变褐色腐烂,无法食用。

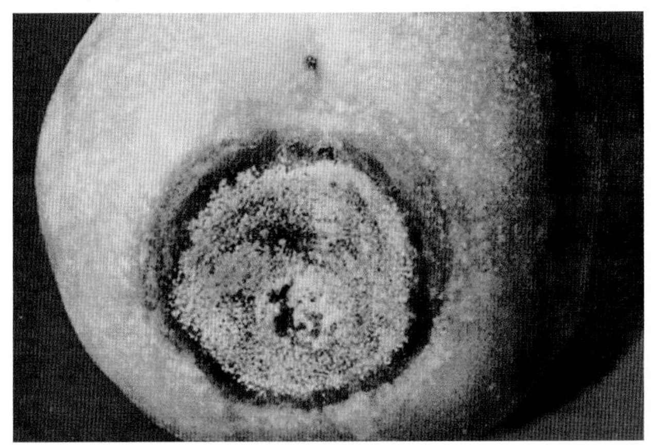

毛叶枣蒂腐病病果(何月秋)

病原 *Fusarium* sp. 称一种镰孢,属真菌界无性型真菌。分生孢子梗无色,有隔膜,分枝多次,3~4(μm),小型分生孢子卵圆形至椭圆形,单胞无色,个别双胞,大小6.3~19.3×3.1~6.4(μm),未见到大型分生孢子。

传播途径和发病条件 病菌以菌丝体在病毛叶枣果实上越冬,翌年温、湿度适宜时产生分生孢子。孢子由风雨传播到幼果上,田间在果实上潜育期为10~15天,雨日多,毛叶枣园湿度大易发病。

防治方法 (1)及时清除枣、毛叶枣园内的病果,降低园内湿度,雨后及时排水防止湿气滞留。(2)6~7月发病初期喷洒70%硫磺·甲硫灵可湿性粉剂800倍液或80%锰锌·多菌灵可湿性粉剂1000倍液、50%多菌灵悬浮剂700倍液,雨日多的年份防治2~3次。

枣、毛叶枣假尾孢叶斑病

症状 叶面病斑仅为黄褐色褪色块,叶背面斑点圆形,直径0.5~5(mm),初期仅为黑色小点,后期常数个病斑融合覆盖叶的很大面积,煤烟色,子实体生在叶背。为害酸枣和毛叶枣。

病原 *Pseudocercospora jujubae* (Chowdhury)A. Z. W. N. A. Khan& S. Shana,称枣假尾孢,属真菌界无性型真菌。次生菌丝体表生,菌丝浅青黄色,分枝,有隔膜,宽2~3.5(μm)。无子座。分生孢子梗稀疏或紧密簇生,从气孔伸出,青黄褐色,宽不规则,直立或弯曲,分枝,上部略呈曲膝状,45~215×5~8(μm)。分生孢子倒棍棒形,浅青黄褐色,0~3个隔,25~47.5×8~10.8(μm)。

传播途径和发病条件 病原菌以菌丝体在病部越冬,翌年温湿度条件适宜时产生大量分生孢子借风雨传播,引起侵染。发病后病斑上产生的大量分生孢子进行多次再侵染,北方8~9月发生。

防治方法 (1)秋冬及时扫除病落叶,以减少菌源。(2)发病前喷洒50%异菌脲可湿性粉剂1000倍液或50%福·异菌可湿性粉剂800倍液。

枣、毛叶枣盾壳霉斑点病

症状 主要为害叶片,多从枣树开花期开始发病,发病初期在枣叶上产生灰褐色至褐色圆形斑点,病斑边缘有黄色晕圈,大小为2~2.5(mm),病斑多时可引起叶片黄化,影响枣树花期授粉,受精,常产生落花、落叶、落果。

枣叶上的盾壳霉斑点病(蒋芝云)

枣果上盾壳霉斑点病发病后期症状

病原 *Coniothyrium aleuritis* Teng 称枣叶橄榄色盾壳霉和 *C. fuckelli* Sacc. 称枣叶斑点盾壳霉,均属真菌界无性型真菌。载孢体为分生孢子器,球形,孔口生在中央。分生孢子梗缺。产孢细胞为全壁芽生环痕式产孢,桶形。分生孢子褐色,0~1个隔膜,圆柱形。

传播途径和发病条件 病菌以分生孢子器在病叶上或随病残体落入土壤中越冬,枣树进入开花座果期开始发病,雨日多,降雨频繁的年份或季节易发病。

防治方法 (1)秋末冬初及时清除病落叶、集中烧毁。(2)枣树萌芽前结合防治炭疽病、灰斑病喷洒3~5波美度石硫合剂。

(3)6~7 月或发病初期喷洒 30%醚菌酯悬浮剂 3000 倍液或 80%波尔多液可湿性粉剂 700 倍液或自己配的 1∶2∶200 倍式波尔多液。

枣褐斑病

症状 又称黑腐病，主要为害果实。发生在枣果膨大期枣果发白时，先在果肩部或胴部产生浅黄色的不规则形变色斑，边缘较清晰，后病斑逐渐扩大，病部略凹陷或出现褶皱，颜色变成红褐色至黑褐色，光泽消失，病果肉松软呈海绵状坏死，变成灰褐色或黑褐色，味苦，无法食用。病果显症几天后开始落果，呈软腐状。

枣褐斑病病叶

枣褐斑病病果(蒋芝云)

病原 *Dothiorella gregaria* Sacc. 称聚生小穴壳菌，属真菌界无性型真菌。病菌形态特征参见李白霉腐病。

传播途径和发病条件 病菌以菌丝体或分生孢子器在病僵果或枯死枝上越冬，翌年从分生孢子器中涌出大量分生孢子，借风雨或昆虫传播，从伤口或自然孔口或直接穿透枣果表皮侵入，从幼果期开始侵入，潜育期长，枣果近成熟时发病，且可重复侵染，再侵染的潜育期 2~7 天，雨日多或阴雨连绵，湿度大易发病，树势弱或产生伤口多，发病重。

防治方法 (1)冬季清除枣园中的僵烂果，剪除枯枝，集中深埋或烧毁，以减少越冬菌源。(2)采用枣树配方施肥技术，增施有机肥，及时浇水追肥，增强树势，提高抗病力十分重要。(3)早春发芽前喷洒 3~5 波美度石硫合剂杀灭越冬菌源。(4)6 月下旬喷洒 10%苯醚甲环唑水分散粒剂或微乳剂 1000~1500 倍液或 30%醚菌酯悬浮剂 2500 倍液、25%吡唑醚菌酯乳油 2000 倍液、30%戊唑·多菌灵悬浮剂 1000 倍液，隔 15 天 1 次，共喷 3~4 次，8 月中旬以后再喷 2~3 次。

枣、毛叶枣树干腐病

症状 枣树干腐病各枣区均有发生，多发生在树干或大枝上，主要通过伤口感染，产生立木心材褐腐。5~10 年树，树干出现小洞，在生长季节有棕色树液渗出，10~20 年树洞逐渐增大，20~30 年造成枣树纵向破腹，树干中 60%~80%已被病菌分泌物腐蚀，原坚硬的主干产生块状解体，用力搓腐朽的木材，则产生褐色粉末状，有时边材从树洞中长出须根，成为新的再生根系。该病造成树体衰老，但由于枣树再生能力强，靠皮部边材仍能支持树冠，保持一定生产力。

枣树干腐病茎上的子实体(蒋芝云)

病原 *Tyromyces sulphureus* (Bulla ex Fr.)Donx 称硫色干酪菌，属真菌界担子菌门。子实体生在树干基部或树洞四周，菌盖重叠片状，柔软，初呈黄棕色，夏秋干后呈灰白色。孢子球形，光滑无色。生产上发现树干上渗出棕色树液时，染病已长达数年。

防治方法 (1)结果期和冬天冰冻期，常出现折断主枝现象，出现后要马上把伤口削平后进行消毒。(2)对已形成的树洞，刮除腐朽木材后用 21%过氧乙酸水剂 3~5 倍液涂抹。也可用 41%乙蒜素乳油 50 倍液涂抹，1 个月后再涂 1 次。(3)喷洒 30%戊唑·多菌灵悬浮剂 1000 倍液。

枣、毛叶枣腐烂病

症状 枣树腐烂病又称枝枯病，危害大树和幼树。主要危害衰弱的树枝，初病枝皮层逐渐变成红褐色慢慢干枯死亡，后在枯死枝上从枝皮的裂缝处长出凸起状黑色小点，即病原菌的子座。

病原 *Cytospora* sp. 称一种壳囊孢，属真菌界无性型真菌，又称半知菌类。分生孢子器长在黑色子座中，多室，形状不规则。分生孢子小，腊肠形至香蕉形。

传播途径和发病条件 病原菌以子座或菌丝体在病皮上越冬，翌年春天产生分生孢子，借雨水或昆虫传播，从伤口侵入。此菌系弱寄生菌，先在枯枝、干桩、死节或坏死伤口处潜伏，伺机侵入活组织，管理粗放的枣园树势弱，易发病。

枣树腐烂病树干上的病斑

防治方法 (1)采用枣树配方施肥技术,适时浇水防虫增强树势,提高抗病力。(2)修剪时注意锯掉病蔓,剪除病枝条,集中烧毁。(3)发病初期喷洒 30%戊唑·多菌灵悬浮剂,于枣树发芽前喷洒 600~700 倍液,生长期喷洒 1000~1200 倍液,或自己配的 1 : 2 : 200 倍式波尔多液。

枣、毛叶枣烂果病

症状 枣烂果病包括轮纹烂果病、枣红粉病、枣软腐病、曲霉病、青霉病、木霉病等多种。轮纹烂果病主要发生在脆熟期,其余种主要出现在采收期,加工贮存期造成枣果霉烂,损失相当大。轮纹烂果病:果实染病,以皮孔为中心,产生水渍状褐色

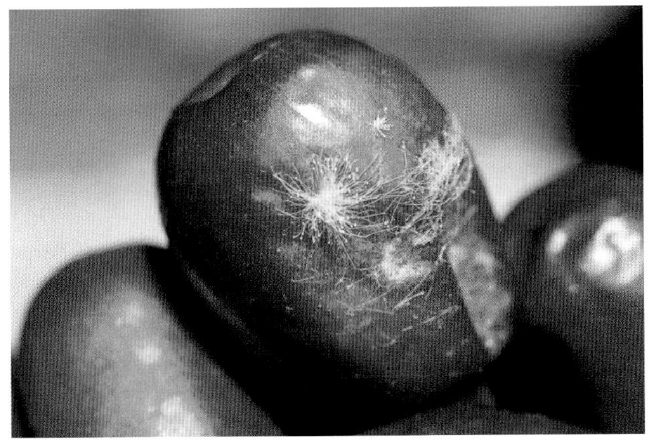

枣匍枝根霉软腐病

枣青霉病病果

毛叶枣贮藏期烂果病(何月秋)

小斑,后迅速扩展成黄红色大斑,果肉变褐变软,散出酒味,发病重的全果腐烂,有的枣果上产生同心轮纹,因此叫轮纹病,该病造成严重落果,损失很大。枣红粉病:果实染病后果肉软化变褐,枣果上长出粉红色霉层,即病原真菌的菌丝体和分生孢子的聚集物。枣软腐病、曲霉病:果实染病后果内变褐软化,散出霉酸味,并长出白色丝状物,随后生出针头状的黑色小球,即该病原菌的菌丝体、孢子囊梗和孢子囊。枣曲霉病与软腐病症状类似,但病原菌不同。枣青霉病:青霉菌侵入枣果后,引起病果变软果肉变褐,味苦,湿度高时果面长出灰绿色霉层,是病原真菌分生孢子串的聚集物,边缘白色,是菌丝层。枣木霉病:病果症状与青霉病类似,只是果面上长出深绿色霉状物,鉴定时需用显微镜镜检病原菌。

毛叶枣在运输和贮藏过程中,烂果现象十分严重。果实染病,初生小褐点,后逐渐扩展成边缘不清晰的大病斑,病斑下果肉变褐略凹陷,腐烂。一般贮藏 10 天即显症,湿度大时病果上长出浅灰色菌丝,病部中央产生浅黄色或带红色的孢子团或黑色小粒点。产生大量菌丝的主要是镰刀菌,产生红色孢子团的是炭疽菌,产生黑色小粒点是由茎点霉引起的,此外还有链格孢等,但主要是炭疽菌引起的烂果病,茎点霉引起的烂果病病程较慢。

病原 枣轮纹烂果病病原为 *Botryosphaeria berengeriana* de Net. 称贝轮格葡萄座腔菌,无性型为 *Macrophoma kawatsukai* Hara 称轮纹大茎点菌。枣软腐病病原为 *Rhizopus stolonifer* (Ehrenb. ex Fr.)Vuill. 称匍枝根霉;枣曲霉病病原为 *Aspergillus niger*. Tiegh. 称黑曲霉;枣青霉病 *Penicillium* sp. 称一种青霉;枣红粉病病原为 *Trichothecium roseum* (Pers.)Link 称粉红单端孢;枣木霉病病原为 *Trichoderma* sp. 称一种木霉。

毛叶枣烂果病病原除盘长孢状炭疽菌外,还有 *Fusarium* sp. 称一种镰孢菌;*Phoma* sp. 称一种茎点霉;*Alternaria* sp. 称一种链格孢。

传播途径和发病条件 枣烂果病病菌较多,多为广布种,广泛分布在自然界,借气流传播,只要出现各自要求的发病条件,就会发生各自的烂果病。

毛叶枣烂果病的病原炭疽菌、镰孢菌、茎点霉、链格孢均可在田间生长时就侵入枣果,尤其是果实有伤口的很易受侵染。病菌可在落叶或枝干表面及田间落果上越冬,条件适宜时产生分生孢子借风雨传播,从伤口侵入果实,病原菌侵入后多成为潜伏状态,直到果实采收后,遇到贮藏条件下的温度、湿度或通

风差条件下显症，且病害发展迅速。上述病原多广泛存在于大气中、土壤中或枣树上，当枣果有伤口时，病原菌从伤口侵入，枣果在贮运过程中遇有温度偏高、湿度偏大或持续时间长，很易发病。

防治方法 (1)防治枣轮纹烂果病，从加强枣园管理入手，增施有机肥增强树势，从根本上提高抗病力。(2)在幼果期和枣果膨大期喷洒甲基硫菌灵悬浮剂 800 倍液。(3)发病后及时清除病果，集中深埋，以减少再侵染的发生。(4)对枣果软腐病、曲霉病、红粉病、青霉病、木霉烂果病采取以下措施：①果实采收时防止受伤，减少伤口可大大减少上述病害发生。②贮运时置于干燥通风处或用低温贮藏。③枣果采收后及时晾晒散湿或火炕烘干，以减少烂果。(5)防治毛叶枣烂果病 ①要从生长期喷 30%戊唑·多菌灵悬浮剂 1000 倍液保护；②千方百计减少伤口，包括防治刺吸性、钻蛀性、锉吸性害虫造成伤口，及时喷洒杀虫剂防治；③采用药剂浸泡，采收后用 25%咪鲜胺乳油 800 倍液或 40%双胍三辛烷基苯磺酸盐 1000~1500 倍液浸果 1 分钟，捞出晾干后包装。也可用 50%多菌灵悬浮剂 1000 倍液浸果 1.5 分钟，晾干后装箱运输。④置于 4℃进行低温贮藏，并注意通风散湿，严格防止枣果表面结水。

枣、毛叶枣黑斑病(Jujube leaf spot)

症状 主要为害叶片和果实。叶片中部的叶脉间产生不规则形棕褐色病斑，边缘清晰可见，病斑融合致病部连片坏死，湿度大时扩展至 7cm 左右，尤其是中下部叶片可见小黑霉点，即病原菌的分生孢子梗和分生孢子。未成熟果实染病，靠近果柄处先发病，向外扩展蔓延，后期病部皱缩，颜色不一，病斑从果柄向下扩展时，呈褐色至黑褐色，受害果生长缓慢，严重时成为僵果。

病原 *Alternaria* sp. 称一种链格孢，属真菌界无性型真菌。菌丝深褐色至褐色、气生菌丝茂盛。分生孢子梗浅褐色至褐色，单枝或具松散的不规则分枝，宽 3~5(μm)，弯曲成屈膝状，产孢细胞孔出式产孢。分生孢子倒棒形，单生或串生，有 1~5 个横隔膜，1~2 个纵隔膜，14.9 ~ 45.7 × 10.8 ~ 18.9(μm)，喙长 5 ~ 9(μm)。

传播途径和发病条件 病原菌以菌丝体和分生孢子在病叶或病果残体中越冬，翌年气温、湿度适宜时产生分生孢子借风雨传播，毛叶枣生长期间病菌进行多次再侵染，造成中下部叶片和生长弱的果实发病。气温高、湿度大，潜育期短，发病重。

枣黑斑病

防治方法 (1)早施有机肥，使毛叶枣园土壤有机质含量达到 2%，要求尽早受益，增强抗病力十分重要。(2)枣果采收后，新枝抽出前彻底清除枣园落叶、落果，锯下的枝条带出园外或就地烧毁，以减少菌源。(3)发病初期喷洒 50%腐霉利或异菌脲可湿性粉剂 1000 倍液或 40%菌核净可湿性粉剂 600 倍液、78%波尔·锰锌可湿性粉剂 500 倍液。

枣、毛叶枣灰霉病(Jujube gray mold)

症状 冬季或春季苗圃易发病，叶片正面产生边缘不规则的暗绿色中央枯黄色斑，有不明显的略狭窄的浅色的同心轮纹。初期病斑针尖大小，水渍状，暗绿色，后期常扩展至半片叶乃至整叶，叶背病斑边缘不明显，浅灰色或浅褐色，背面叶脉褐色，其上现灰色菌丝或分生孢子梗或大量灰色霉层。

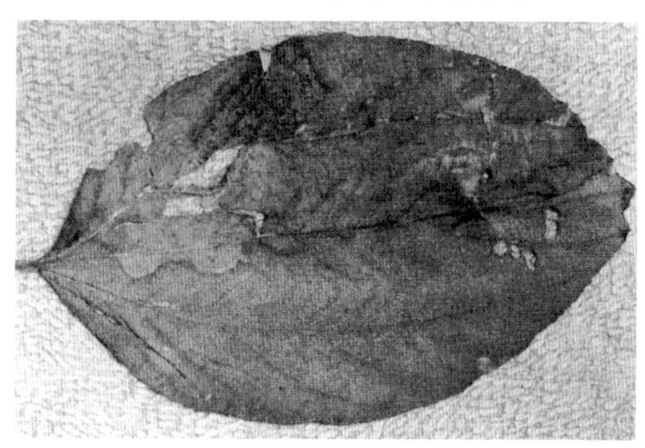

毛叶枣灰霉病病叶(何月秋摄)

病原 *Botrytis cinerea* Pers. : Fr. 称灰葡萄孢，属真菌界无性型真菌。病菌形态特征见樱桃、大樱桃灰霉病。

传播途径和发病条件 该病在毛叶枣栽培区没有明显越冬现象，但可能以菌核越夏，生产上只要到了发病季节，遇有适宜温度和湿度时，就会产生分生孢子借风雨传播，引起初侵染和多次再侵染，该病主要在秋末冬初或春末夏初发生，此间气温低、雨后或浇水后排水不良或湿气滞留时间长易发病。

防治方法 毛叶枣种植区冬季或春季出现气温低、湿度高时，已经发现中心病株后及时喷洒 50%腐霉利或异菌脲可湿性粉剂 1000 倍液、40%嘧霉胺悬浮剂或 400g/L 悬浮剂或 40%可湿性粉剂 1000 倍液、21%过氧乙酸水剂 1000~1500 倍液。

枣铁皮病(Jujube Alternaria fruit spot)

症状 枣铁皮病又称黑腐病、轮纹病。俗称雾焯、铁焦、黑腰等，主要为害大枣枣果。8 月中旬始见，多从果肩开始，现不规则凹陷斑，边缘清晰，病斑向果顶扩展，直至整个果实变为黄褐色，后果皮很快变为红褐色至暗红色，失去光泽，外观呈铁锈色，因此称为铁皮病。病果肉变为浅黄色至褐色，呈海绵状坏死、变苦，病果易脱落。河北、河南、山东、山西、安徽发病率 5% ~ 15%，个别年份高达 30%。

病原 有 3 种：*Alternaria alternata* (Fr.)Keissl. 称链格孢，*Phoma destructiva* Plowr. 称毁灭茎点霉、*Fusicoccum* sp. 称壳梭

枣果实上的铁皮病(黑腐病)

孢属一种真菌。该病由3种真菌单独或复合侵染引起,但3种真菌的分离频率常因地区、年份、品种而异。

传播途径和发病条件 病菌以菌丝体或分生孢子器及分生孢子在病部越冬,从开花后到果实成熟均可侵染,发病期为果实白熟期,一般经3~7天即可出现症状。果实着色期开始显现病症。采收后病情继续扩展。果实生长期、成熟期多雨、湿度大发病重。

防治方法 (1)加强肥水管理,提高抗病力。(2)从7月中旬进入雨季或发病初期开始喷洒50%异菌脲可湿性粉剂1000倍液或75%百菌清可湿性粉剂600倍液、10%己唑醇悬浮剂2000倍液、70%代森锰锌可湿性粉剂500倍液,隔10天左右1次,防治3~4次。(3)为防止采后扩展,果实用沸水烫煮1~2分钟后晾晒或炕烘制干。

枣缩果病(Jujube fruit Erwinia rot)

症状 又称束腰病、雾抄、雾掠、烧茄子病等。是我国枣产区果实重要病害。果实染病后逐渐萎缩,未熟脱落。病果味苦无食用价值。受害果进入白熟末期,梗洼着色变红时开始显症。发病初期果皮上出现浅黄色晕环病斑,环内略凹陷。后病斑转呈水渍状,边缘不清,疏布针刺状圆形褐点,造成果肉变成土黄色,质地松软,果皮暗红色,失去光泽,果柄变为黄色。病果失水皱缩,果肉呈浅褐色海绵状,味苦,易落果。河北、河南、山东、山西、陕西、宁夏均有发生。

病原 过去认为是 *Erwinia jujubovra* Wang Cai Feng et Gao

枣缩果病症状

枣缩果病前期(左)和中期典型症状

称噬枣欧文氏菌细菌。现在认为是真菌和枣生长后期发病条件持续时间长引起的。

传播途径和发病条件 华北多在枣果变白至着色期发病,8月上旬至9月上旬进入发病盛期,雨日多、降雨量大,提前发病,发病高峰期提早,此间一旦遇有阴雨连绵或夜间下雨白天转晴的天气,此病很易暴发流行,损失严重。

防治方法 (1)秋末冬初彻底清除枣园的病烂果,集中烧毁。遇大龄枣树应在枣树发芽前刮除烧毁老树皮。(2)增施有机肥和磷钾肥,少施氮肥,最好按配方施肥,合理间作,改善通风透光条件,雨后及时排水降低园内湿度。(3)及时防治枣树害虫,特别注意防治桃小食心虫、蚧壳虫、蝽象及刺吸式口器害虫,前期防食芽象甲、叶蝉、枣尺蠖为主,后期进入8~9月结合杀虫,施用氯氰菊酯与烯唑醇混合喷雾,对防治枣缩果病效果好。(4)生产上结合当地降雨情况于7月下旬至8月上旬开始用药,间隔10天左右再防2~3次。(5)枣果采收前10~15天是防治缩果病的关键期,生产上有效杀菌剂有80%代森锰锌可湿性粉剂750倍液或50%多菌灵悬浮剂600倍液、50%甲基硫菌灵悬浮剂800倍液。(6)提倡选用阎良脆枣等抗缩果病品种。

毛叶枣白粉病(Ring powdery mildew)

症状 白粉病是毛叶枣生产上的重要病害。为害叶、枝、花、果,以为害叶片和果实为主。叶片染病,多从中下部叶片开始发病,逐渐向上部叶片扩展。初发病时叶背出现白粉状物,随之布满叶背,叶片正面出现褪绿或现浅黄褐色不规则病斑,呈

毛叶枣(台湾青枣)白粉病

毛叶枣(台湾青枣)白粉病

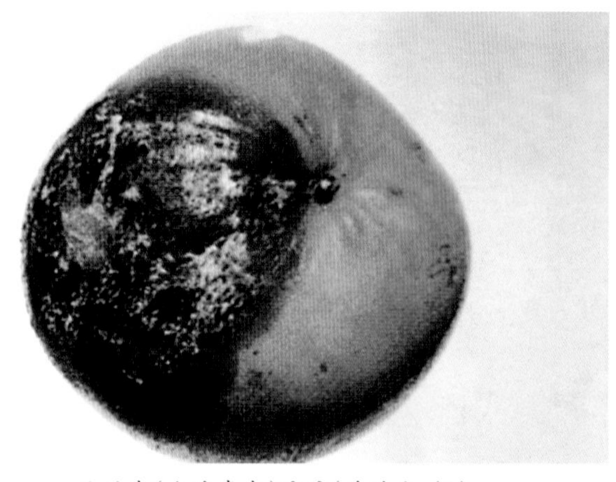
毛叶枣(台湾青枣)疫病(黄德炎 摄)

深黄褐色。果实染病,果面出现白色菌丝,严重时布满全果,白粉褪去后,病部呈灰褐色。

病原 *Oidium zizyphi* Yen & Wang 称枣粉孢,属真菌界半知菌类。菌丝表生,分生孢子梗稀少,分生孢子圆柱形或桶形,单胞无色,大小 27~30×15~16(μm)。有性态很少见到。

传播途径和发病条件 南方该病在毛叶枣上辗转传播、为害,无明显越冬期,带病株及杂草寄主都是初侵染主要来源。台湾大社地区每年 11 月中旬至来年元月上旬发生。广东、海南、云南一般在 8 月中下旬至 9 月上旬发病,9 月中旬至 11 月下旬进入发病盛期,12 月停滞下来,来年 1 月至 2 月又复发生。4~7 月发生较少。通风不良易发病。北方引种毛叶枣多在棚室中栽植,不通风很易发病,一旦染病较难清除。

防治方法 (1)高朗 1 号、脆枣、二十一世纪等品种适于南方露地和北方大棚栽培。(2)加强管理,通风良好,清除初侵染源。(3)初发病时喷洒 50%硫磺胶悬剂 300 倍液或 40%氟硅唑乳油 5000 倍液或 12.5%腈菌唑乳油 3000 倍液,防治 2~3 次。

毛叶枣疫病(Ring Phytophthora rot)

症状 果实表面形成褐色水渍状,后期病部布有白色霉层,即病原菌的菌丝、孢囊梗和孢子囊,造成落果。

病原 *Phytophthora palmivora* (Butler)Butler 称棕榈疫霉,属假菌界卵菌门。无性型产生无色的单胞的孢子囊,椭圆形,顶端有乳状突起,大小 50~57×34~37(μm)。长宽比 1.5,每个孢子囊都具 1 短柄,孢囊可直接产生芽管或产生游动孢子。在营养丰富的培养基上孢子囊可直接萌发形成芽管,芽管形成菌丝体,有水时萌发的孢子囊释放出大量游动孢子。在病果上也可形成孢子囊。有性型产生球形具乳突的卵孢子,大小 27~30(μm)。菌丝中可产生厚垣孢子,厚垣孢子可萌发形成菌丝体,有水时还能产生芽管在芽管顶端产生 1 个孢子囊。生长适温 30℃,低于 15℃,高于 35℃不能产生孢子囊,25℃时产生孢子囊最多。

传播途径和发病条件 病原菌以厚垣孢子、卵孢子或菌丝体随病果在土壤中越冬,风雨是影响该病流行与否的主要因子。飞溅的雨水是孢子囊释放和传播必需条件。在雨季,每次大雨或灌水后都会出现 1 个侵染和发病高峰。云南 7 月至 9 月的雨季为发病高峰期。雨日多的年份发病重。海南、广东、台湾 12 月至翌年 3 月易发病。

防治方法 (1)随时清除落地病果,摘除树上病果集中深埋。(2)加强枣园排水,严防湿气滞留。适当提高结果部位或用支架架高,要求距地面 60cm 以上。(3)结果期及早喷洒 60%氟吗·乙铝可湿性粉剂 600 倍液或 68%精甲霜·锰锌水分散粒剂 600 倍液、687.5g/L 氟菌·霜霉威悬浮剂 700 倍液、560g/L 嘧菌·百菌清悬浮剂 700 倍液,隔 10~15 天 1 次,防治 3~4 次。

毛叶枣轮斑病(Ring spot)

症状 又称环纹叶枯病。秋冬季叶上产生轮纹状褐色大病斑,浅褐色,常穿透叶的表皮至叶背。病斑扩展很快,并长出灰色轮纹,病斑直径 2~20(mm),不久,病斑上生有白色至浅黄色

毛叶枣疫病病果症状(何月秋)

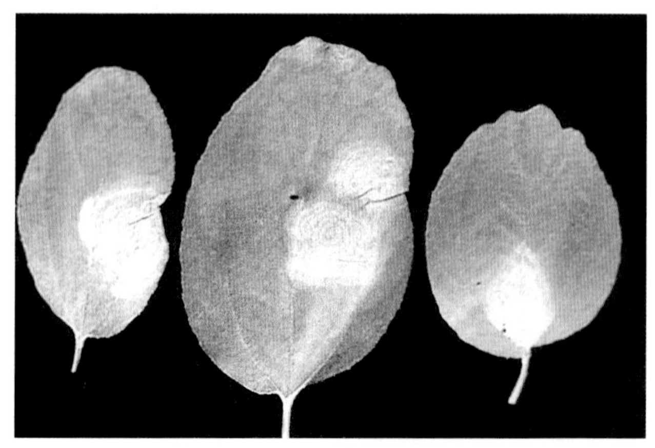
毛叶枣轮斑病病叶

锥状物，即病菌的孢子体及菌核，菌核初白色，后变为黑色，形状不规则，大似米粒。

病原 *Cristulariella pyramidalis* Waterman and Marshall 称金字塔形冠毛菌，异名 *Cristulariella moricola* 属真菌界无性型真菌。

传播途径和发病条件 病菌在病部越冬或越季，翌春借分生孢子传播。气温 16～25℃有利其发生。

防治方法 (1)枣树开花后，经常巡视枣园，发现少数病叶时，马上摘除，装入塑料袋中集中烧毁。枣园及附近杂草要及时清除。(2)在不影响枣果发育情况下，适当减少病区浇水。(3)采收后落叶残枝，应集中烧毁。(4)必要时喷洒 30%戊唑·多菌灵悬浮剂 1000 倍液。

毛叶枣白纹羽病

症状 主要为害根部，初发病时先侵染侧根，后向主根扩展，初呈褐色水渍状，后病根表面长出白色至灰白色菌丝和根状菌索，后期烂根的组织全部烂掉消失，外部的栓皮层和鞘状套在木质部外面，木质部上后期长出褐色油菜籽状小菌核。

枣树白纹羽病发病初期

病原 *Rosellinia necatrix* (Decandolle) Fris. 称褐座坚壳菌，属真菌界子囊菌门。无性型为 *Dematophora necatrix* 属真菌界半知菌类。

传播途径和发病条件 病菌以菌丝体、根状菌索、菌核随病根留在土中越冬，翌年温湿度适宜时菌核、根状菌索长出菌丝侵入果树新根或较大粗根的柔软组织，主要靠病健根接触传播，在田间灌溉水、雨水也可传播，远距离传播主要靠带病苗木转移时传播。

防治方法 (1)加强肥水管理，增施有机肥，增强树势提高抗病力十分重要。(2)发现确诊的病树要及时挖除，并把病土拉出园外，换入新土，并施用五氯酚钠 300 倍液，大树每株灌 15～25kg。(3)选用无病苗木。(4)果园内不要间种甘薯、马铃薯、大豆等传病作物，防止相互侵染。

枣、毛叶枣根朽病

症状 枣、毛叶枣树地上部叶片变小且薄出现萎蔫，检视根部，可见皮层出现腐烂，木质部腐朽，病部现白色扇状菌丝层，高温多雨时病株基部长出蜜黄色伞状物，后期木质部腐朽。

毛叶枣根朽病植株(左)和根部症状(黄德炎等原图)

病原 *Armillariella tabescens* (Scop. et Fr.) 称败育假蜜环菌，属真菌界担子菌门。病菌形态特征参见苹果假蜜环菌根朽病。

传播途径和发病条件 病原菌以菌丝体或菌索在病部或病残体体内越冬，可长期存活，在枣园病根与健根接触就可传播，全年均可发病。枣树萌芽时病菌开始活动，7~11 月均能长出子实体，该菌的菌索在土壤中病残组织上腐生，能以菌索蔓延侵染，从根的伤口侵入，并沿主根向上、向下双向扩展，严重时造成病株死亡。

防治方法 (1)发现病树及时挖除。(2)新建枣园不要选择河滩地、古墓坟地及老果园等树木栽植地。(3)找到发病处刮除病组织，彻底清除干净，集中烧毁，并用波美 3~5 度石硫合剂或用 80%乙蒜素乳油 100 倍液涂抹病部。也可浇灌 54.5%恶霉·福可湿性粉剂 700 倍液或 45%代森铵水剂 700~800 倍液。

枣、毛叶枣煤污病

症状 煤污病为害枣树的嫩枝、叶片、花及果实，病叶片或枣果上产生黑色霉点，逐渐扩展覆盖整个绿色枣叶产生一层黑色霉层鞘，用手一剥就脱落，妨碍枣株光合作用，造成树势衰弱，花少、果少、果实小或畸形，产量降低品质变差。

病原 *Neocapnodium tanakae* Yamam 称田中新煤炱、*Cladosporium zizyphi* Karst & Roum 称枣枝孢、*Alternaria* sp. 称一种链格孢、*Meliola* sp. 称一种小煤炱等。均属真菌界半知菌类。

毛叶枣煤污病病叶片背面

传播途径和发病条件 上述病原菌在枣树、野生酸枣的病叶、病果或枝干表面上越冬,病菌通过风雨或粉虱、粉蚧、叶螨等刺吸式口器害虫传播,并以这些害虫的分泌物作为营养,伴随这些害虫的猖獗消长而流行,害虫数量大,害虫分泌物多,导致煤污病的发生,一般7、8月易发病,管理粗放的枣园发病早且重。

防治方法 防治煤污病应以治虫为主,精细管理。(1)及早清除枣园落叶、落果,在早春对虫害严重的枣树喷洒0.5~1波美度石硫合剂或松脂合剂15~20倍液控制枣树叶螨和介壳虫。(2)挂黄板诱杀粉虱、绿盲蝽等害虫。红叶螨发生量大时喷洒5%或50g/L虱螨脲乳油1200倍液或3.3%阿维·联苯菊乳油1200倍液。(3) 煤污病出现后及早喷洒65%甲硫·乙霉威或50%乙霉·多菌灵可湿性粉剂1000倍液。

枣、毛叶枣花叶病

症状 受害枣树出现叶片皱缩,叶面凹凸不平或呈黄绿、深绿与浅绿相间的花叶状,有的发生畸形。

枣树花叶病毒病(蒋芝云)

病原 Jujube mosaic virus, JMV 称枣树花叶病毒。

传播途径和发病条件 主要通过蚜虫、叶蝉传播,嫁接也可传毒,遇有天气干旱,蚜虫、叶蝉数量猖獗发病重。

防治方法 (1)加强枣园管理,施足有机肥,增强树势,提高抗病力。(2)嫁接时不要用病株上的接穗,生产上不要用带病苗木,防止该病扩大。(3)蚜虫、叶蝉发生数量多的枣园要及时喷洒10%吡虫啉可湿性粉剂1000倍液或50%抗蚜威可湿性粉剂2000倍液、10%联苯菊酯乳油2000倍液、25%吡蚜酮悬浮剂2000~2500倍液。

枣疯病(Jujube witches′ broom)

症状 枣疯病又称丛枝病。枣农称其为“疯枣树”或“公枣树”。枣树地上、地下部均可染病。地上部染病主要表现为花器退化、芽萌发和生长不正常,最后导致枝叶丛生,枣吊末端延长,嫩叶明脉、黄化或卷曲呈匙状,偶见耳形叶。地下部染病,主要表现为根蘖丛生。病树整个花器退化为营养器官,花柄延长,较健花花柄长5~7倍,呈明显的小分枝,萼片、花瓣和雌蕊均可变为小叶。严重的花盘也发生退化,萼片深绿色且肥大,变成小叶,有时这种小叶的腋芽又萌发出小枝条。花瓣肥大,纵皱,也变成小叶;雌蕊仍保持原形,但子房变肥,变厚,呈柱状延伸,

枣疯病枝上花变叶

枣疯病枝叶丛生黄化症状(蒋芝云)

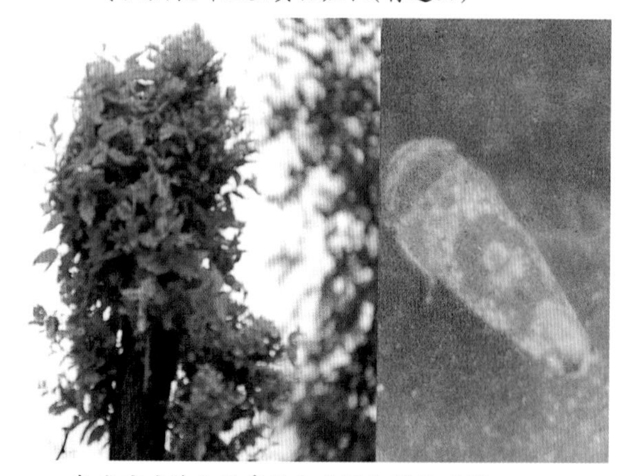
枣疯病病株和传毒昆虫中国拟菱纹叶蝉

有的柱头顶端也变成两片小叶。另一种类型是雄蕊变成小叶,子房变成短枝;但腋芽萌发,生成短而细的新枝和新叶,继续生长。病花一般不能结果,仅花柄延长的花可结果,但多提早脱落。果实染病,变小,变瘦,果端呈锥形。有些品种如圆铃枣,果面凹凸不平,隆起部分现红色,凹下部分现绿色,呈花脸状;内部组织空虚,不堪食用。芽的不正常萌发有两种类型。一是小叶型症状。即病株一年生发育枝上的正芽和多年生发育枝上的隐芽大部分萌发成发育枝,其上的芽继续萌发生枝,如此逐级萌发生枝,直到四次枣头的主芽才不再萌发,而形成丛生枝。病树的结果母枝大部分延长成发育枝,这种枝条也发生丛生小枝。病枝纤细,节间缩短,叶片变小变黄。秋季丛枝干枯但不易脱落。另一种为花叶型症状。不常见,多发生在嫩枝顶端,略较健

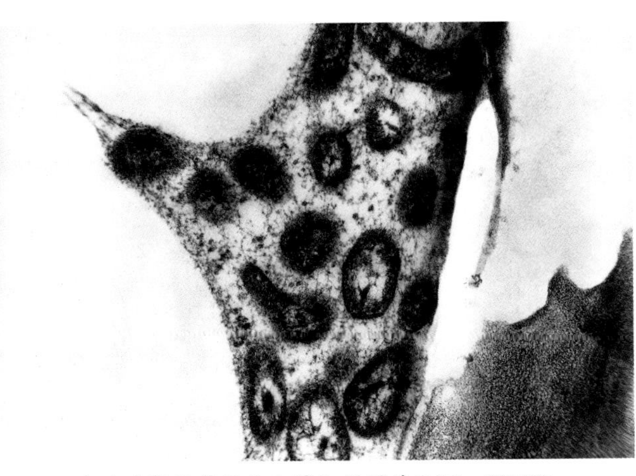

枣疯病植物菌原体电镜扫描图片(1.85 × 30000)

枝小,叶面现黄绿相间的斑点,有时叶脉褪绿成明脉,叶缘向内卷曲成匙形,叶面凹凸不平,有时显黄化,秋季不易脱落。地下部染病后不定芽大量萌发,形成一丛丛的短疯枝,同一条侧根上可出现多丛,出土后枝叶细小,黄绿色,长到0.3m左右即停止生长,后全部焦枯成刷状而枯死,仅留残枝。最后病根皮层变褐腐烂,韧皮部易脱落,果实无收,或全株死亡。

病原 *Phytoplasma* 称植原体侵染引起,属细菌界软壁菌门。植原体是一类引起植物黄化类型病害的非螺旋形菌原体。植原体主要存在于植物的韧皮部筛管组织,枣疯病植原体为不规则球状体,直径为90~260(nm),外膜厚度为8.2~9.2(nm),堆积成团或联结成串。

传播途径和发病条件 通过各种嫁接方式,如皮接、芽接、枝接、根接等传染。在自然界,中国拟菱纹叶蝉、橙带拟菱纹叶蝉、凹缘菱纹叶蝉和红闪小叶蝉(*Typhlocyba* sp.)等均是传播媒介。凹缘菱纹叶蝉一旦摄入枣疯病植原体后,则能终生带菌,可陆续传染许多枣树。至于土壤、花粉、种子、汁液及病健根的接触均不能传病。病原物在寄主体内运行的方向与树体养料运行的方向一致,发芽时由下向上,枝条停止生长后由上往下。经嫁接接种后潜育期短者25～31天,在新发出的芽上即呈现症状;潜育期长者达382天。影响潜育期长短的因素有接种时间,6月底以前接种当年可发病;6月底以后接种则在翌年开花时呈现症状;在根部接种当年很早就可发病,皮接块数越多,发病越快;此外还与新梢生长情况及被接种的植株大小有关,苗木较成株接种后表现症状快。

该病的发生与枣树地势、土质、管理及品种有关。土壤干旱瘠薄、肥水条件差、管理粗放、病虫害严重、树势衰弱发病重,反之则轻。盐碱地很少发病,其原因可能是盐碱地影响枣树的新陈代谢,增强对枣疯病的抗病性,也可能是当地缺乏媒介昆虫。枣各品种间感病性存在一定差异。人工接种试验证明:金丝枣高度感病,滕县红枣较抗病,交城醋枣免疫。此外,小枣、圆红枣高度感病,发病后1～3年内整株死亡;长红枣次之,可维持5年左右;马芽枣、长铃枣、灰铃枣、酸铃枣比较抗病。

防治方法 (1)选用骏枣1号、星光、醋枣等新选育的抗病品种。提倡用抗病酸枣品种和具有枣仁的抗病大枣品种作砧木培育嫁接苗。(2)接穗消毒。对于带病接穗,用1000mg/kg盐酸四环素液浸泡半小时可消毒灭病。(3)在无病枣区采取接穗、接芽或分根进行繁殖;培育无病苗木;苗圃中一旦发现病苗,立即拔除。(4)铲除病树,防止传染。及时彻底地刨除病树,早期消灭传染中心;刨除病树时,应将大根一起刨净,以免萌发。(5)加强枣树管理。增施有机肥、碱性肥。枣树发芽展叶期、开花座果期、速生期需增加水肥,结合喷1～2次300倍尿素液,进行根外追肥。改善土壤理化性质,提高土壤肥力,增强树势。(6)防治田间传播介体昆虫。5～9月间喷25%吡蚜酮可湿性粉剂2000~2500倍液或25%噻嗪酮悬浮剂1000~1200倍液、20%氰戊菊酯乳油或水乳剂1000倍液,以防治传病媒介。(7)土干环剥。由于病菌在树干内传导具方向性,采用此法有效。方法是:春季树液流动前,在枣树主干的中、下部进行环状剥皮,宽3～5cm。(8)灌药灭病。4、8月在病枝同侧树干钻2～3个孔,深达木质部,将薄荷水50g、龙骨粉100g、铜绿50g研成细粉,混匀后用纸筒倒入孔内,每孔3g,再用木楔钉紧,用泥封闭,杀灭病体,根治病害。(9)涂去疯灵。春季发芽前,于树干基部开一个环状小槽,深达韧皮部一半,将药液灌槽内,用塑料薄膜包扎严密,隔1个月涂第二次。树粗20cm施8g,40cm施16g,疗效较好。

日本菟丝子为害枣树(Japanese cuscuta)

症状 苗圃、果园常有为害。日本菟丝子缠绕枣树、荔枝、龙眼等多种果树苗木或枝条,靠吸根深入树皮中吸收寄主的水分和养料,致果树叶片变黄或凋萎,严重的枯死。

寄生在枣树上的日本菟丝子

病原 *Cuscuta japonica* Choisy 称日本菟丝子,属寄生性种子植物。是一种藤本植物,无叶,能开花结果。茎粗2mm,分枝多,苗期无色,后变黄绿色至紫红色。花序旁生,基部多分枝,苞和小苞似鳞片状,花萼碗状,5个萼片,钝尖与基部相连,有红紫色瘤状斑点,花冠白色管状,有5个裂皮及雄蕊,花药卵圆形,无花丝,生于二裂片间,雌蕊隐于花冠里,2裂柱头,蒴果卵圆形,有1～2粒种子,微绿色至微红色。

传播途径 以种子在土壤中越冬,翌夏初发芽长出棒状幼苗,长至9～15(cm)时,先端开始旋转,碰到树苗即行缠绕,迅速产生吸根与树苗紧密结合,后下部枯死与土壤脱离,靠吸根在寄主体内吸取营养维持生活。幼茎不断伸长向上缠绕,先端与树苗接触处不断形成吸根,并生出许多分枝形成一蓬无根藤。日本菟丝子多发生在土壤比较潮湿杂草或灌木丛生的地方。

防治方法 (1)日本菟丝子为害严重的地方,翌年播种前应深翻使菟丝子种子不能萌生出土。(2)春末夏初发现有菟丝子立即拔除，深埋或烧毁，以防扩大。(3)发生后可喷"鲁保1号"生物制剂，使用浓度要求每ml水中含活孢子数不少于3000万个，每667m² 2~2.5L，于雨后或傍晚及阴天喷洒，隔7天1次，连续防治2~3次。也可喷用6%草甘磷可湿性粉剂200~250倍液，如能在药前打断菟丝子茎蔓造成伤口效果更好。

枣、毛叶枣裂果症

症状 枣果近成熟时雨日多，果面出现一长缝呈纵裂或横裂，出现裂果的枣果易腐烂或变酸，影响食用，有的易引发炭疽病。

枣裂果

病因 生理性病害。夏秋高温多雨，枣果近成熟时果皮变薄易出现纵裂或横裂；果实中缺钙、缺钾也易产生裂果；品种间差异明显，果皮薄的脆枣及发生日灼的果实易出现裂果；成熟期雨日多，降雨量大易出现裂果，枣园土壤黏或排水不良裂果严重。

防治方法 (1)选用阎良脆枣等抗裂果的品种。增施有机肥，科学浇水有利于防止裂果。(2)从7月下旬开始喷洒0.03%的氯化钙水溶液，以后隔10~20天再喷1次或直到采收。(3)选育抗裂果的品种。也可喷洒50mg/L赤霉素，隔10天1次，防治3次。(4)提倡喷洒3.4%赤·吲乙·芸(碧护)可湿性粉剂7500倍液，不仅可防止裂果，还可防止冻害，含糖量得到提高。

枣、毛叶枣冻害

症状 2009年11月22日是小雪，但冷空气势力强，暖湿气流活跃，出现快速降温和近50年未遇的大雪打破了历史纪录。2002年入冬以来华北、东北地区气候异常多变，初冬季节出现了寒流的侵袭，气温急剧下降，进而又下起大雪，之后就出现了长时间的低温天气，据气象部门提供的资料表明，这是该地区近50年以来最冷的年份。寒冷天气使大部分果树遭遇了冻害，尤其是冬枣树受到的冻害更为严重。原本抗寒性能较好的冬枣树也在原产区出现了死树、死苗、死枝的现象。枣树受冻以刚刚定植的二年生苗和当年嫁接尚未出圃的一年生嫁接苗最重，受害较重的地块达到90%以上，集中连片上万株、甚至几十万株不能出圃，枣农损失惨重。

病因 2002年、2009年冬枣树的冻害经历了初冬冻害和冰冻两个过程。10月中旬、11月上旬树叶还未落叶，树液还未完全回流，营养物质还未及时转化和贮存、没有进入休眠期，气温突然下降，导致细胞体内发生结冰，破坏了原生质的结构；紧接着又普降大雪、大雪过后又遭遇很长时间的低温天气，持续低温更使枣树雪上加霜，在树上形成冰冻，而且持续时间较长，使树体受冻。

枣树低温冻害

冬枣树受冻害主要表现在嫩枝冻害、枝条冻害、枝杈冻害和接口部位冻害几个方面：发育不成熟的嫩枝，因组织不充实，保护性组织不发达，受冻害而干枯死亡；接口部位冻害，在接口部位以上10cm处，正是地面积雪处，长时间低温，使其树皮受冻、木质部和树皮变褐，轻则在树干的阴面发生局部冻害，重则形成环状坏死，发芽后植株逐渐抽干、萎蔫，最后全株死亡；枝条冻害，发育正常的枝条，其耐寒力虽比嫩枝强，但是温度太低时也会发生冻害。有些枝条外观看起来无变化，但发芽迟，叶片瘦小或畸形，生长不正常，剖开木质部色泽变褐，而后形成黑心，严重时整个枝条干枯死亡；枝杈冻害，受冻枝杈皮层下陷或开裂，内部由褐变黑，组织死亡，严重时大枝条也死亡；另外，还可能出现根系冻害和花期冻害。

防治方法 (1)发生冻害后，不要进行冬季修剪，第二年春天发芽后，根据受冻情况修剪，轻剪长放，少留花芽，减少负载量。(2)春天及早追施尿素，发芽后进行叶面喷施尿素，促使树体尽早恢复树势。(3)早春及时刮除已干枯或腐烂的皮层和根部死皮，涂5度石硫合剂保护伤口，消灭病菌，防止腐烂病等病害的发生，然后扒开干周直径1m范围的表土晾根。一般1~2周可以恢复生长。(4)果树受冻后，易遭病虫危害，要及时喷洒农药。常用杀菌剂有：50%多菌灵可湿性粉剂800倍液，50%甲基托布津可湿性粉剂800~1000倍液，30%戊唑·多菌灵悬浮剂1000倍液。提倡喷洒3.4%赤·吲乙·芸(碧护)可湿性粉剂7500倍液，可有效地预防冻害，提高枣果的质量。

枣、毛叶枣缺铁症

症状 毛叶枣缺铁时叶片出现失绿，严重的叶片变成灰白色，尤其是新生叶很易产生这种失绿症状，影响光合作用或碳水化合物的产生。植株缺铁时新叶、嫩梢最易出现柠檬黄色，叶脉仍保持绿色，后期叶片出现失绿黄化，尤其是5~10月的生长季节发病十分明显，严重时全叶变成黄白色，结果小，风味差，

毛叶枣缺铁症

易早衰。

病因 主要有2:一是土壤中缺少有效铁,造成铁元素供不上。二是离子不平衡。尤其是碱性或石灰性土壤易发生缺铁,生产上施用氮肥过量或土壤中锌、锰、镍、钴、铬、钙及重碳酸盐离子浓度偏高易发生缺铁症。

防治方法 (1)适当控制结果量,在易产生缺铁的枣园适当疏花疏果,1年生枣树产量控制在8~10kg,2年生枣树10~15kg为宜。(2)合理浇水,不要大水漫灌,提倡用滴灌。(3)每年采收后每株追施硫酸亚铁3~5kg,施后及时浇水。(4)叶面喷洒0.5%尿素加0.3%硫酸亚铁溶液,隔8~10天1次,连喷3次。(5)缺铁严重地区667m²施入有机肥3000kg加入硫酸亚铁4~5kg混匀,有效期可持续2年以上。

枣、毛叶枣缺锰症

症状 多从新梢中部叶开始失绿,并向上向下扩展,叶脉间失绿后,沿主要叶脉显示1条绿带即呈肋骨状失绿。新梢生长期和幼果期发生常较严重,部分叶肉褪绿变黄,呈轻微斑驳状,脉间组织部分向上略隆起,造成叶片不平;叶片沿下部边缘向下卷曲,生长慢叶变小,无生机。

病因 主要是土壤中锰供给不足,在中性和碱性土壤中枣树易出现缺锰,当土壤中有效锰含量在11.10mg/kg时,叶片锰含量为37.48mg/kg时,植株就出现缺锰。

防治方法 (1)枣树定植前或采收后结合施基肥每棵枣树用硫酸锰30~50g,与其他肥料混合施用,注意保持土壤湿润。(2)在新梢生长期至初花期叶面喷施0.2%~0.3%硫酸锰液,隔13~15天后再喷1次。

枣树缺锰沿主脉仍绿

9. 枣、毛叶枣害虫

枣园桃蛀果蛾

学名 *Carposina niponensis* Walsingham 鳞翅目蛀果蛾科,别名枣蛆、桃小食心虫。分布在北纬31°以北,东径102°以东,各枣区均常发生,是枣树、毛叶枣生产上的大害虫,此外,还可为害桃、李、杏、山楂、苹果、梨、石榴等多种果树。该虫只为害枣树果实,以幼虫蛀入枣果之内取食果肉,产生纵横弯曲的虫道,并把虫粪留在枣果内呈"豆沙馅状"。幼果遭害后生长发育受阻或产生凹凸不平的"猴头果",后期受害果变化较小,受害果上常现圆形、近圆形的幼虫脱果孔,受害重的地区"十枣九蛀",严重时蛀果率达70%,严重影响品质和产量。

形态特征 成虫:体长约7mm,灰褐色,复眼红褐色,触角丝状,前翅中部靠近前缘处生1个蓝黑色近三角形大斑,雌成虫下唇须较长向前伸直。雄成虫下唇须短小,向上翘起。卵:椭圆形,初橙红色,渐变深。末龄幼虫:体长13~16(mm),桃红色,

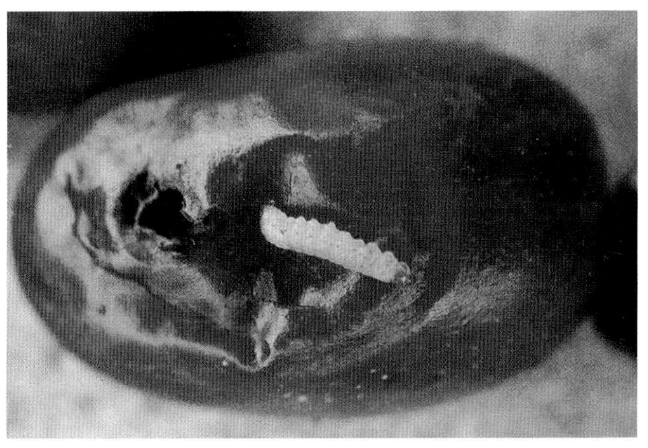

枣园桃蛀果蛾幼虫及蜕果孔

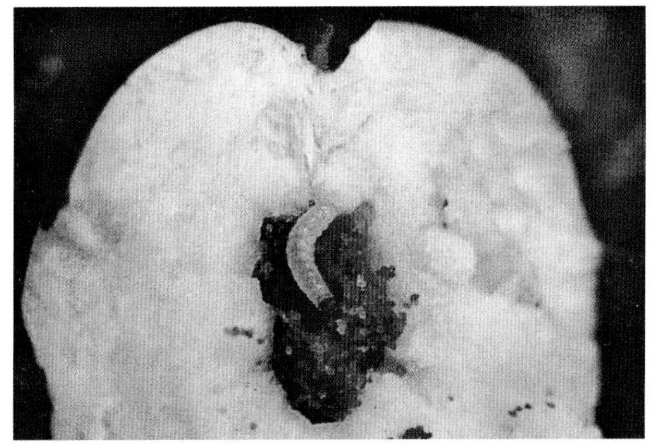

枣园桃蛀果蛾幼虫蛀入枣果绕核窜食

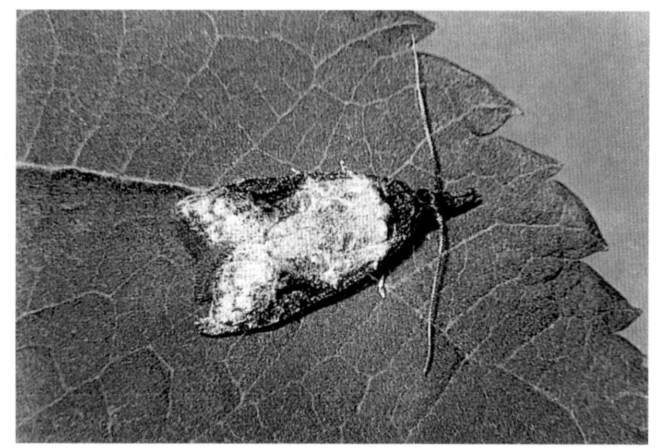
桃小食心虫成虫

毛叶枣园橘小实蝇成虫

头褐色，前胸背板、臀板深褐色，虫体两头小，中间略胖，第8腹节气门距背中线近，腹末无臀栉。茧：有夏茧、冬茧两种，夏茧纺锤形，冬茧扁圆形，均附着土粒。蛹：长7mm浅黄色至黄褐色。

生活习性 1年发生1~2代，以老熟幼虫在土壤中作冬茧越冬，翌年5月上旬幼虫出土，缀合土粒作纺锤形夏茧化蛹，5月下旬越冬代成虫出现，6月上旬进入成虫羽化盛期，成虫有趋光性，寿命5~20天，羽化后的成虫1~2天即交配产卵在果萼洼处或梗洼处，卵期7天左右，初孵幼虫在果面爬行一段时间，就从枣果胴部蛀入果内，1果中有虫1至数条，幼虫在果内为害25天左右，7月上旬开始脱果，咬1脱果孔，吐丝下垂或随果坠落土面钻入土中作冬茧越冬。有的结夏茧化蛹，继续发生第2代。7月中旬始见1代成虫，8月中旬2代幼虫入土越冬，脱果幼虫多在树冠下1m范围内，入土3~14cm。

防治方法 (1)冬季施肥时翻耕树干周围表土，使冬茧暴露地表冻死或干死。(2)幼虫脱果之前把有虫果摘下集中沤肥。(3)5月上旬幼虫出土时，在树冠下撒毒土，每667m² 撒5%毒死蜱颗粒剂2kg加细土15kg混合撒，或用40%毒死蜱或甲基毒死蜱乳油400倍液喷洒树冠下地面杀死越冬幼虫。(4)6月上旬、7月下旬两代卵期及初孵幼虫期树冠下喷洒40%甲基毒死蜱或毒死蜱1000倍液或2.5%溴氰菊酯乳油2000倍液或20%氰戊菊酯乳油2500倍液，防治1次或2次。(5)枣园安装频振式杀虫灯或用性诱剂诱杀成虫安全有效。

枣园橘小实蝇

学名 *Bactrocera dorsalis* Hende 又称柑橘小实蝇。除为害枣、毛叶枣外，还可为害柑橘、橙、柚、柠檬、杨梅、梨、李、杏、桃、枇杷、葡萄、石榴等。分布在江西、湖北、湖南、江苏、浙江、四川、福建、广西、广东、香港、云南等地。

为害特点 成虫把卵产在新鲜枣果中，以幼虫群集在枣果内取食，果外可见到蛀孔和虫粪，蛀孔四周变黑，最后腐烂脱落，无法食用。9月前挂果的受害率40%~50%，严重的可达100%。

南方年发生3~8代，世代重叠，没有冬季的地区以成虫越冬，有冬季地区以蛹越冬，成虫寿命65~90天，成虫羽化后25~34天把卵产在枣果中，每次产卵3~10粒，每雌成虫产卵量为400~1000粒。卵发育适温25~30℃。幼虫白色至浅橙黄色，25℃时幼虫期19.5天，28℃时16天。地温高于6℃有利蛹安全越冬。25℃蛹期12.5天，28℃时9天，30℃时7天。

防治方法 (1)橘小实蝇以幼虫和卵在受害果内作远距离传播，因此要严格检疫，严防疫区扩大。发现有虫果必须进行有效处理。(2)在橘小实蝇越冬成虫羽化前深翻枣园，使其不能羽化出土。必要时也可在土上用40%甲基毒死蜱或毒死蜱100倍液泼浇。(3)及时清除果园内受害果，每隔5天摘除有虫果1次，提倡用75%灭蝇·杀单可湿性粉剂3000倍液浸泡后再集中深埋或沤肥。(4)挂果期在每667m² 枣园距地面1.5m高度处挂5个糖、醋、酒诱捕器。每个诱捕器吊线上涂凡士林、防止蚂蚁取食。诱芯注入甲基丁香酚又称诱蝇醚，诱捕器瓶底滴几滴敌敌畏，隔5天滴1次，2~3个月换1次诱芯。也可用糖10：酒3：醋5：水50的比例配成诱杀液，装入饮料瓶中挂在树上诱杀成虫，每30株挂5个，半个月换1次诱杀液，效果也很好。(5)果实膨大期抓准在成虫产卵前喷洒10%联苯菊酯乳油1500倍液或2.5%溴氰菊酯乳油2000倍液、40%毒死蜱乳油1600倍液、0.5%楝素乳油1000倍液，隔10天喷1次，连喷2~3次。

枣绮夜蛾

学名 *Porphyrinia parva* (Hübner) 鳞翅目夜蛾科。别名：枣花心虫。分布在甘肃、河北、河南、山东、浙江等省。

寄主 枣、毛叶枣。

为害特点 以幼虫为害枣花、枣蕾及幼果，枣树开花时幼虫吐丝把枣花缀连在1起，钻进花中食花蕊、花器，致受害花残

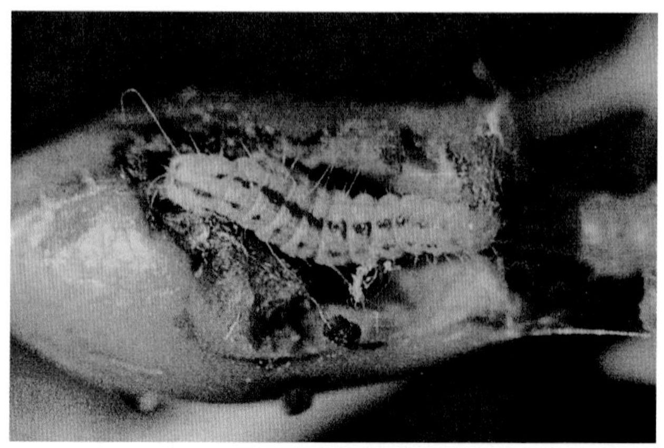
枣绮夜蛾幼虫为害幼果状(邱强摄)

留花瓣数日后干枯脱落。受害重的常把枣枝上的枣花全都吃光，也可蛆害枣果。大发生时具有毁灭性。

形态特征 成虫：体长5mm，翅展15mm，是一种浅灰色小蛾。胸背、翅基、身体腹面灰白色。前翅褐色，具白横纹3条，即基横线、中横线和亚缘线。中横线弧形，浅灰色与基横线间黑褐色，亚缘线与中横线平行，其间呈浅褐色带，亚缘线与外缘线间淡黑褐色。末龄幼虫：体长10~14(mm)，浅黄绿色。多数幼虫胸、腹背面具成对的近菱形紫红色线纹，腹足3对。

生活习性 兰州年生1代，河北、山东、浙江年生2代，以蛹在树皮缝中、干枝条截口处越冬，第2年5月上中旬成虫开始羽化，5月下旬进入羽化盛期，交尾后把卵散产在花梗杈之间，也有的产在叶柄基部，每雌产卵约100粒。5月下旬第1代幼虫孵化，在花丛间蛀食枣花，稍大后常把1簇花缀连在一起藏在其中为害，花簇干枯后又继续蛀害枣果。该虫有吐丝下垂习性，第1代6月上旬化蛹，7月上、中旬结束。这1代蛹中有1部分不再羽化而越冬，因此出现1年1代；另一部分6月下旬羽化，7月中下旬结束，产生第2代。7月上旬第2代幼虫出现，多取食枣果并能转果为害，每只幼虫常可为害4~6个枣果。7月下旬至8月中旬这代幼虫老熟化蛹。后期无花无果时常把枝端嫩叶缀合在一起藏在其中为害。

防治方法 (1)秋末冬春清除枯枝裂缝、翘皮缝隙中的越冬蛹，集中烧毁。(2)5月下旬喷洒25%灭幼脲1800倍液或2.5%高效氯氟氰菊酯乳油或微乳剂或水乳剂或悬浮剂1800倍液。(3)幼虫老熟前在枝条基部绑草绳，引诱老熟幼虫入草化蛹后杀灭。

枣园棉铃虫

学名 *Helicoverpa armigera* (Hübner)，又称钻心虫，在果树上主要为害枸杞、石榴、枣、毛叶枣、苹果等。该虫分布在北纬50度和南纬50度之间，我国棉区都有分布。前期以幼虫啃食嫩梢和嫩叶及小花蕾，受害处残留表皮，产生小凹点，2~3龄后，幼虫为害花蕾，果实膨大后蛀入青果内为害，出现孔洞。该虫蛀孔较大，外面有虫粪。棉铃虫在毛叶枣栽培区1年发生6代，以蛹在土壤中越冬，成虫飞翔力强，白天栖息在树上或植株间，傍晚十分活跃，喜在开花植物上吸食花蜜，交配后雌蛾把卵产在毛叶枣树的嫩叶、嫩梢及果洼处，每雌产卵900多粒，多的达5000余粒，老熟幼虫钻入土内10cm处筑土室化蛹在其中。

枣园棉铃虫成虫

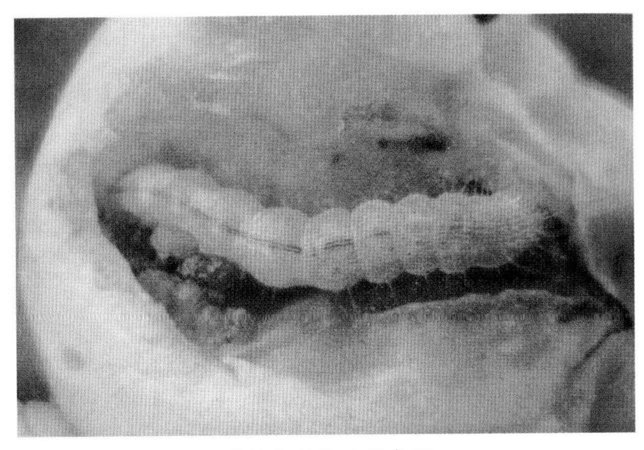

棉铃虫幼虫为害枣果

防治方法 (1)开春时铲除果园中杂草，可使枣园内大多数越冬蛹死亡。(2)采用黑光灯或频振式杀虫灯或草把诱杀成虫。(3)幼虫刚孵化时集中在嫩梢上为害时，人工捕杀。(4)幼虫盛孵期，尚未钻入枣果之前喷洒5%天然除虫菊素乳油1000倍液或50%氯氰·毒死蜱乳油2000倍液、1.5%甲氨基阿维菌素苯甲酸盐乳油5000倍液。

枣、毛叶枣园桃蛀螟

学名 *Conogethes punctiferalis* (Guenée) 又名桃斑螟、豹纹蛾等。俗称桃蛀心虫。全国都有分布，除为害桃、李、梨、石榴、板栗、枇杷、龙眼、柑橘、向日葵、玉米外，还为害枣、毛叶枣。以幼虫蛀入枣等果实内，取食果肉并把粪屑排在果内，逐渐向外挤出，造成蛀孔外有虫粪堆积或造成果实脱落、腐烂。该虫在北方年生2代，长江流域4~5代，世代重叠，第1代在4月中旬出现。也有报道5月中旬发生第1代，7月中旬发生第2代，8月上旬发生第3代，9月上旬发生第4代，以老熟幼虫越冬。为害枣等，以第2代受害重。

防治方法 (1)清除玉米、高粱秸秆、残株，并刮除树干翘皮，清除越冬幼虫。在枣园枣已受害发黄落地应及时捡拾落果，摘净树上的受害果销毁。(2)保护利用桃蛀螟天敌昆虫进行生物防治，如绒茧蜂、广大腿小蜂、抱缘姬蜂、黄眶离缘姬蜂等天敌昆虫。(3)在卵孵化盛期喷洒5%氟铃脲乳油1000~2000倍液或35%伏杀硫磷乳油1000倍液或2.5%高效氯氟氰菊酯乳油2500倍液、40%毒死蜱乳油1600倍液。

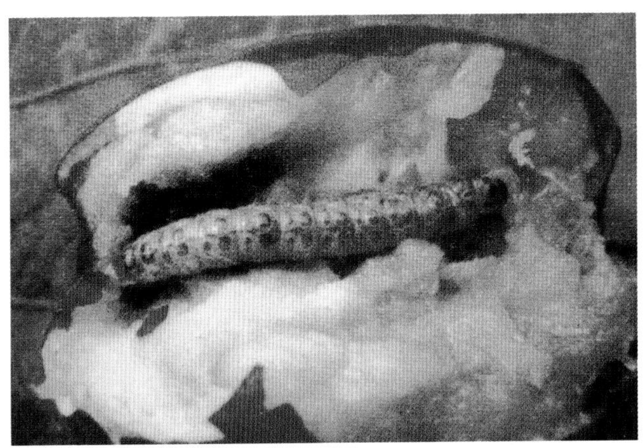

枣园桃蛀螟幼虫为害枣果

枣园黄尾毒蛾

学名 *Porthesia (Euproctis) similis xanthocampa* Dyar. 鳞翅目毒蛾科。别名：金毛虫。是盗毒蛾 *Porthesia (Euproctis) similis* (Fuessly) 的亚种。分布在华北、东北、华东、西南各省。

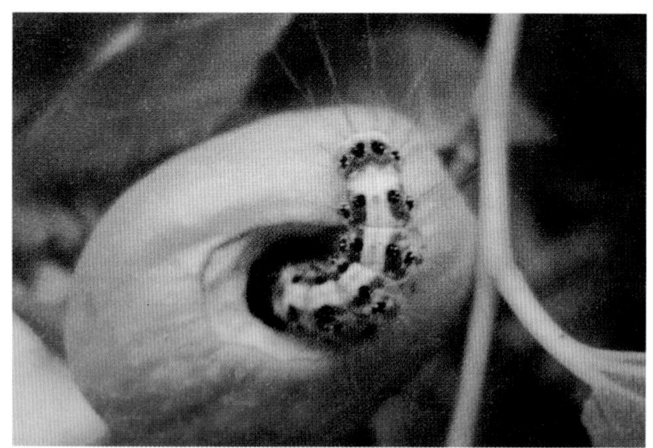

枣园黄尾毒蛾（金毛虫）幼虫为害枣果

寄主 主要为害枣、毛叶枣、柿、桃、山楂、板栗、樱桃、杏等。

为害特点 以幼虫取食芽、叶，尤其是越冬幼虫常把春芽吃光。

形态特征 雌成虫：体长 14~18(mm)，翅展宽 36~40(mm)，雄成虫略小。全体白色，复眼黑色。雌虫前翅近臀角处的斑纹与雄虫前翅近臀角和近基角的斑纹一般为褐色，别于盗毒蛾上述斑纹为黑褐色，有的个体斑纹仅剩 1 个或消失。卵：灰白色扁圆形，上覆黄色体毛。末龄幼虫：体长 25~40(mm)，腹部第 1、第 2 节宽。头黑褐色，有光泽。前胸背面两侧各生 1 向前突出的红色瘤，瘤上生黑色长毛束和白褐色短毛。前胸背板黄色，上有 2 条黑纵线。体黄色。而盗毒蛾幼虫体多为黑色，背线红色，亚背线、气门上线和气门线黑褐色，均断续不连，前胸背板具 2 条黑色纵纹，各节毛瘤着生情况与盗毒蛾相同。前胸的 1 对大毛瘤和各节气门下线及第 9 腹节的毛瘤为红色，其余各节背面的毛瘤为黑色绒球状、腹部第 1、第 2 节中间 2 个毛瘤合并成横带状毛块。

生活习性 华东、华中年生 3~4 代，辽宁、山西年生 2 代，以 3 龄或 4 龄幼虫在枯叶、树杈、树干缝隙及落叶中结茧越冬。2 年区翌年 4 月幼虫开始为害春芽及叶片。第 1 代、第 2 代、第 3 代幼虫为害高峰期主要在 6 月中旬、8 月上中旬及 9 月上中旬，10 月上旬开始结茧越冬，成虫寿命 7~17 天。成虫白天潜伏在中下部叶片叶背，傍晚交尾产卵在叶背，每雌产卵 149~681 粒，卵期 4~7 天，幼虫蜕皮 5~7 次，历期 20~37 天，越冬代长达 250 天。老熟后多在卷叶或叶背、树干缝隙或近地面土缝中结茧化蛹，蛹期 7~12 天。天敌有黑卵蜂、桑毛虫绒茧蜂等。

防治方法 (1)冬季果园刮除老树皮，清除枯枝落叶，消灭越冬幼虫。在黄尾毒蛾发生严重的果园应人工摘除卵块，低龄幼虫在同 1 片叶集中为害时连续摘除 2 次。(2)在 2 龄幼虫高峰期每 667m² 果园喷洒含 10 亿 PIB/mL 的多角体病毒悬浮液 20L。(3) 低龄幼虫期喷洒 2.5%溴氰菊酯乳油或 2.5%微乳剂 1500~2000 倍液或 20%氰戊菊酯乳油或水乳剂 1000~1500 倍液、40%甲基毒死蜱乳油 1000 倍液、20%氰戊·辛硫磷乳油 1500 倍液。

枣园双线盗毒蛾

学名 *Porthesia scintillans* (Walker) 属鳞翅目毒蛾科，又称棕夜黄毒蛾、桑褐斑毒蛾。除为害桃、梨、枣、毛叶枣外，还为害龙眼、荔枝、芒果、枇杷、柑橘等。分布在河南、湖南、江苏、四川、广东、广西、福建、海南、贵州、云南等省区。幼虫食叶、果实，严重时叶片上仅剩网状叶脉。

枣园双线盗毒蛾

生活习性 福建、云南年生 7 代，广州 10 多代，无越冬现象，5~7 月发生数量多，把卵产在叶背，卵期 5~10 天，幼虫期 15~20 天，老熟幼虫吐丝结茧粘附在残株落叶上化蛹，蛹期 5~10 天。越冬幼虫 3 月下旬结茧化蛹。第 1 代幼虫发生盛期在 5 月上旬，第 2 代在 6 月上旬，第 3 代在 7 月中旬，第 4 代在 8 月中旬，第 5 代在 9 月下旬，第 6 代在 11 月上旬，越冬代在 1 月上旬。

防治方法 (1)及时清除田间残株落叶，冬季清园，适当耕翻杀死部分幼虫。(2)于 5 月上旬、6 月上旬用每克含 80~100 亿孢子的白僵菌粉 125g 制成菌粉炮弹，每 667m² 发射 1 或 2 枚粉弹。也可用每 mL 含 5×10^7 多角体病毒悬浮液喷洒防 1、2 代幼虫。(3)安装黑光灯诱杀成虫。(4)幼虫 3 龄前喷洒 20%灭幼脲悬浮剂 1200 倍液或 50%杀螟硫磷乳油 1000 倍液、20%氰戊菊酯乳油 2000 倍液、10%吡虫啉 1500 倍液、55%氯氰·毒死蜱乳油 2000 倍液、20%氰戊·辛硫磷乳油 1500 倍液。

枣园小绿叶蝉(Peach green leaf hopper)

学名 *Empoasca flavescens* (Fabricius) 别名：浮尘子、蜢虫、

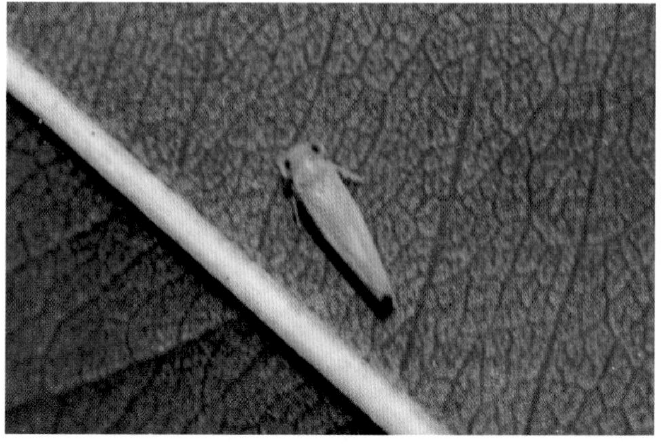

枣园小绿叶蝉成虫放大

叶跳虫等。除为害枣、毛叶枣，还为害桃、李、杏、樱桃、猕猴桃、苹果、葡萄等。以成、若虫刺吸新梢上芽、叶的汁液，致受害叶产生黄白色斑点，后扩大成片，严重的全树叶片苍白早落。该虫年生4~6代。以成虫在落叶、树皮缝、杂草丛中越冬，翌春梨树、桃、李、杏、猕猴桃发芽后上树为害，经补充营养后交尾产卵在新梢或叶片主脉中，卵期20天，若虫期10~20天，完成1个世代，历时40~50天，世代重叠。6月虫量大增，每年8~9月进入为害高峰期，秋末以末代成虫越冬。

防治方法 (1)成虫出蛰前及时刮除翘皮,清除落叶集中烧毁。(2)越冬代成虫迁入枣园后,各代若虫孵化盛期喷洒3.3%阿维·联苯菊酯乳油1200倍液或20%吡虫啉浓可溶剂3500倍液、25%吡蚜酮可湿性粉剂2000~2500倍液或50%可湿性粉剂4000~5000倍液、20%氰戊·辛硫磷乳油1500倍液。

枣园绿盲蝽

学名 *Lygus lucorum* Meyer-Dür = *Apolygys lucorum* 属半翅目盲蝽科。别名:小臭虫、花叶虫、棉青盲蝽、青色盲蝽、破叶疯等。广布枣、毛叶枣种植区。

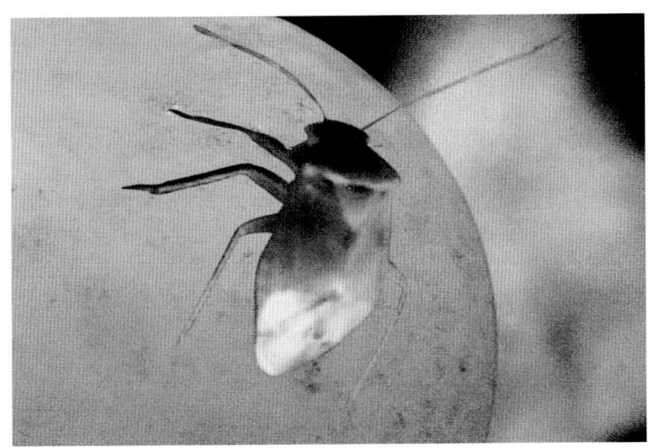
枣园绿盲蝽成虫放大

寄主 枣、毛叶枣、石榴、葡萄、苹果、梨、李、杏、山楂等。

为害特点 是枣树、毛叶枣生产上重要害虫。绿盲蝽虫体小,以成虫或若虫刺吸毛叶枣和枣树的幼芽、嫩叶、花蕾及幼果的汁液,造成新芽幼叶变黄、萎缩或畸形、甚至停止生长。受害芽叶生长十分缓慢,呈失绿斑点,叶片皱缩变黄,芽呈钩状弯曲,叶上出现多种不规则状的孔洞或裂痕,俗称“破叶疯”。受害花蕾发育停止或枯死,在干旱少雨的5、6月受害尤重。

形态特征 成虫:体长约5mm,绿色,宽2.2mm,前胸背板深绿色,上有刻点,前翅革质大部为绿色,膜质部分为淡褐色。卵:约1mm,长口袋形,黄绿色,卵盖乳黄色,无附着物。若虫:共5龄,2龄黄褐色,3龄长出翅芽,4龄翅芽超过第1腹节,5龄后体鲜绿色,密生黑细毛。

生活习性 北方枣栽培区年生3~5代,以卵在树干的粗皮或断枝内或地面杂草中越冬，翌春3月~4月，旬均温高于10℃或连续5日均温达11℃,相对湿度高于70%卵开始孵化。该虫成虫寿命较长,羽化后6~7天产卵,产卵期月余,致发生期不整齐,卵期7~9天,以成虫和若虫为害多种果树芽、叶,随芽的生长为害逐渐加重，从5月底~6月上中旬成虫从树上迁到果园内或附近的杂草、棉花或其他果树上繁殖为害,8月下旬出现4代、5代成虫,10月上旬产卵越冬。该虫在毛叶枣上1年发生数代,以卵在枯枝、粗皮裂缝或杂草中越冬,翌春3~4月气温升至11~15℃时,越冬卵开始孵化,毛叶枣萌芽后就可飞到树上为害。绿盲蝽成虫寿命30多天,若虫28~44天;1龄若虫5天,2龄若虫6天,3龄若虫7天,4龄若虫6天,5龄若虫7天,5~6月毛叶枣抽枝展叶时进入绿盲蝽为害高峰期,成、若虫昼伏夜出,喜在傍晚取食,频繁刺吸芽内的汁液,1只若虫1年刺吸1000余次,气温15~25℃,相对湿度80%~90%利其发生和猖獗为害,枣园内间作蚕豆、苕子受害尤重,平地枣园、阳坡地枣园受害亦重。

防治方法 (1)冬季清园,彻底清除杂草,3月中下旬结合刮树皮喷波美3~5度石硫合剂杀灭越冬卵。(2) 释放三突花蜘蛛、盘触蝇虎等天敌昆虫进行生物防治。(3)北方枣树种植区在越冬卵孵化期每年3月下旬至4月上旬,和若虫盛发期每年4月中下旬和5月上中旬喷洒10%吡虫啉可湿性粉剂3000倍液或25%吡蚜酮悬浮剂2000倍液、40%甲基毒死蜱乳油1000倍液、4.5%高效氯氰菊酯乳油2000倍液。毛叶枣栽培区,于5~8月各代若虫发生期全园统一喷洒4.5%高效氯氰菊酯乳油或水乳剂或微乳剂或可湿性粉剂或悬浮剂1500~2000倍液或2.5%溴氰菊酯乳油1800倍液、3%啶虫脒乳油1500倍液。

枣园黑额光叶甲

学名 *Smaragdina nigrifrons* (Hope)属鞘翅目叶甲科,分布在全国各地。

黑额光叶甲成虫栖息在叶片上

寄主 除枣外,还为害猕猴桃、玉米、栗、豆等。以成虫为害枣芽、叶片,食叶成缺刻或孔洞。

形态特征、生活习性、防治方法 参见猕猴桃害虫——黑额光叶甲。

枣园刺蛾类

学名 为害枣树、毛叶枣的刺蛾有黄刺蛾 *Cnidocampa flavescena* (Walker)、双齿绿刺蛾 *Latoia hilarata* (Staudinger)、扁刺蛾 *Thosea sinensis* Walker、枣奕刺蛾 *Phlossa conjuncta* (Walker)等4种,除为害枣、毛叶枣外,还为害多种果树,均以幼

双齿绿刺蛾成虫和幼虫

扁刺蛾成虫和幼虫

枣奕刺蛾成虫(徐公天)

枣奕刺蛾幼虫(郭书普)

虫食叶成缺刻或孔洞,严重时常把叶片吃光,残存叶脉。

形态特征 黄刺蛾成虫:体长13~16(mm),前翅浅黄色,生1褐色斜纹。末龄幼虫:体长20~25(mm),体背生1哑铃形褐色大斑。

双齿绿刺蛾成虫:体长10mm,翅展25mm,头、胸绿色,腹部黄色。前翅绿色,基斑褐色,在中室下缘有角状外突,外缘带棕色,与外缘平行内弯,其内缘生有1大1小2个齿突,故名“双齿绿刺蛾”,后翅黄色。幼虫:体长17mm,粉绿色,头顶具2个黑点,背线天蓝色。

扁刺蛾成虫:体长13~18(mm)。体、翅灰褐色。前翅前缘2/3处生1暗褐色斜纹斜伸向后缘,斜纹内侧翅面色淡。雄蛾前翅中央生1黑点。末龄幼虫:体长21~26(mm),椭圆形,体扁,背面略隆起,全体绿色,背线白色,体两侧生10个瘤状突起及刺毛,第4体节背面两侧各生1红点。

枣奕刺蛾成虫:体长14mm,翅展28~33(mm)。前翅棕褐色,中央生1梭形黑点,近外缘生2块似哑铃形红褐色斑,外缘中部生1近三角形红褐色斑,后翅黄褐色。末龄幼虫:体长16~21(mm),体背线黄绿色,每节背部生1绿云纹,各体节有4个红色枝刺,胸部4个、中部2个、尾部2个枝刺较大。

生活习性 北方枣栽培区年生1代,黄河以南毛叶枣栽培区均1年2代,均以老熟幼虫结茧越冬,北方5月上旬化蛹,成虫于5月下旬~6月上旬羽化,7月份进入幼虫为害盛期。毛叶枣栽培区翌年5~6月间化蛹,成虫6月出现,幼虫在8月上、中旬为害最重,8月下旬陆续结茧越冬,第2代幼虫于10月中旬大量出现,10月后在树上结茧越冬。

防治方法 (1)冬季修剪时注意剪除有虫茧枝条,于低龄幼虫期分散为害之前及时摘除有虫叶片,集中杀灭。(2)提倡释放上海青蜂、广肩小蜂等天敌昆虫。(3)在幼虫高峰期喷洒25%灭幼脲悬浮剂1000倍液、20%杀铃脲悬浮剂3000倍液、5%S-氰戊菊酯乳油2000~2500倍液、55%氯氰·毒死蜱乳油2300倍液。(4)非花期还可喷洒40%毒死蜱乳油1000倍液。

枣园朱砂叶螨(Carmine spider mite)

学名 *Tetranychus cinnabarinus* (Boisduva)又称红蜘蛛,除为害枣、毛叶枣外,还为害草莓、梅、柑橘、人参果及多种蔬菜,全国各地均有发生。为害枣、毛叶枣时,主要吸食叶片和初萌动芽的汁液,受害叶正面呈现红或白色斑点,沿叶脉基部两侧往

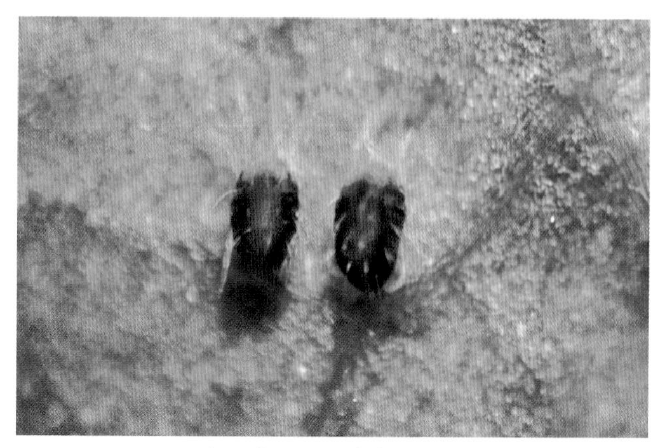
枣园朱砂叶螨雌成虫放大

外扩展，失绿呈褐色或黄色，被害部位隆起致叶片扭曲，焦枯而脱落。该螨年发生16~18代，我国中南部毛叶枣种植区多以各虫态在杂草、树皮缝、粗皮下或靠近树干基部3cm处土块下越冬，翌春气温升至10℃以上开始大量繁殖，3、4月先在杂草或其他寄主上为害，4月下旬~5月中旬迁进枣园，成螨交配过后第2天开始把卵产在叶背，卵期20℃时6天，29℃2~3天。成虫寿命6月为22天，7月19天，9~10月29天，最适相对湿度35%~55%，最适温度29~31℃，因此干旱时利其大发生。雨日多或湿度大，气温过高不利其大发生。

防治方法 (1)及时清除枣园枯枝落叶，结合防治枣树其他害虫，刮除粗皮、翘皮集中烧毁后，喷洒40%毒死蜱乳油1000倍液。(2)加强枣园水肥管理，提高树体抗虫力。(3)枣树发芽后新梢生长初期，越冬雌螨出蛰盛期至越冬卵孵化盛期，释放胡瓜钝绥螨或智利小植绥螨、巴氏钝绥螨，把害螨控制在经济阈值以内。(4)枣、毛叶枣进入旺盛生长期，定期巡视，及时在早期进行挑治，把叶螨控制在点片发生阶段。常用杀螨剂有15%哒螨灵乳油或水乳剂或可湿性粉剂1500~2000倍液或24%螺螨酯悬浮剂3000倍液、1.8%阿维菌素乳油3000倍液、22%阿维·哒螨灵乳油4000倍液。

枣园截形叶螨

学名 *Tetranychus truncatus* (Ehara) 属蜱螨目，叶螨科。别名：棉红蜘蛛、棉叶螨。分布在全国各地。

截形叶螨成螨和卵

寄主 枣、草莓、棉花、茄子等。

为害特点 若螨和成螨群聚叶背吸取汁液，使叶片呈灰白色或枯黄色细斑，严重时叶片干枯脱落，影响生长，缩短结果期，造成减产。危害枣树的特点是，上树时间晚且集中。

形态特征 成螨：雌体长0.5mm，体宽0.3mm；深红色，椭圆形，颚体及足白色，体侧具黑斑。雄体长0.35mm，体宽0.2mm；阳具柄部宽大，末端向背面弯曲形成一微小端锤，背缘平截状，末端1/3处具一凹陷，端锤内角钝圆，外角尖削。

生活习性 年生10~20代。华北地区以雌螨在土缝中或枯枝落叶上越冬；华中以各虫态在多种杂草上或树皮缝中越冬；华南地区由于冬季气温高继续繁殖为害。翌年早春气温高于10℃，越冬成螨开始大量繁殖，有的于4月中下旬至5月上中旬迁入枣树上或菜田为害枣树、茄子、豆类、棉花、玉米等，先是点片发生，后向周围扩散。在植株上先为害下部叶片，后向上蔓延，繁殖数量多及大发生时，常在叶或茎、枝的端部群聚成团，滚落地面被风刮走扩散蔓延。为害枣树者多在6月中、下旬至7月上树，气温29~31℃，相对湿度35%~55%适其繁殖，一般6~8月为害重，相对湿度高于70%繁殖受抑。天敌主要有腾岛螨和巨须螨2种，应注意保护利用。

防治方法 (1)清除枣园内杂草和根蘖，尽量不栽种其喜食的作物，虫口数量大时6月份对根蘖、受害作物及杂草上喷洒杀螨剂，可减少树上受害。也可在树干上涂粘膏阻止害螨上树。(2)气温升高后于6月中旬和7月下旬进行2次树上喷药，喷洒20%哒螨灵悬浮剂或可湿性粉剂2000~2500倍液或24%螺螨酯悬浮剂3000~4000倍液，隔20~25天1次，或喷洒500g/L溴螨酯乳油1500倍液，安全采收间隔期为30天。

枣园斑喙丽金龟

学名 *Adoretus tenuimaculatus* Waterhouse 鞘翅目丽金龟科。从东北至西南各地多有发生，是我国果树重要食叶害虫之一。

枣园斑喙丽金龟成虫（蒋芝云）

寄主 枣、柿、葡萄、板栗、梨、苹果、樱桃、李、杏等。

为害特点 成虫食叶成缺刻或孔洞，残留叶脉呈丝络状。幼虫为害作物根部。

形态特征 成虫：体长9.4~10.5(mm)，茶褐色，密被灰白鳞毛。体椭圆形狭长，头大，唇基近半圆形。复眼大。喙上生中纵脊。触角10节。前胸背板短阔，前后缘近平行，侧缘弧形扩出，前侧角锐角形，后侧角钝角形。小盾片三角形。鞘翅上生4条纵纹线，夹有灰白色毛斑。后足胫节外缘生1小齿突。卵：长1.8mm，椭圆形。幼虫：长19~21(mm)，乳白色，头部黄褐色。蛹：长10mm，前端椭圆后端尖削，褐黄色。

生活习性 河北、山东年生1代，江苏、浙江、江西年生2代，均以幼虫在土中越冬。4月下旬~5月上旬在土深10~15(mm)处化蛹，6月成虫盛发，6月中旬~7月中旬是第1代幼虫期，8月中旬进入第1代成虫盛发期，8月中下旬幼虫孵化为害。10月下旬开始越冬。成虫白天潜伏在叶背或藏在土中，黄昏时取食，成虫有假死性和群集性。

防治方法 (1)成虫大量出土期人工捕捉。(2)安装杀虫灯诱杀成虫。(3)适时进行园地耕作，恶化蛹的适生环境。(4)在成虫盛发期喷洒40%毒死蜱乳油1000倍液或25%氯氰·毒死蜱乳油1100倍液。

枣园桃六点天蛾(Peach horn moth)

学名 *Marumba gaschkewitschi gaschkewitschi* (Bremer et Grey) 鳞翅目天蛾科。别名:酸枣天蛾、桃天蛾。分布在辽宁、河北、河南、山东、山西、陕西、四川、江西、安徽、江苏、浙江、云南等省。

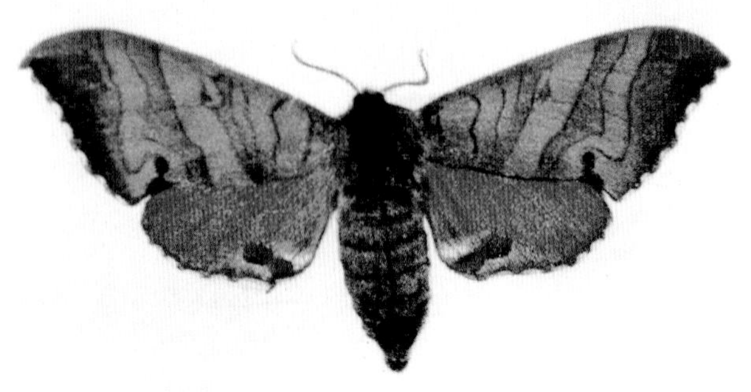

枣园枣桃六点天蛾成虫

寄主 枣、酸枣、毛叶枣、桃、樱桃、苹果、梨、杏、李、葡萄、枇杷、海棠等。

为害特点 幼虫啃食枣叶,常逐枝食光叶片,严重影响树势和产量。

形态特征 成虫:体长32~46(mm),翅展80~110(mm)。体翅黄褐色至紫褐色;触角浅灰黄色,胸部背板棕黄色,背线棕色;前翅各线间色略深,近外缘黑褐色,边缘波状,后缘色较深,近后角处有黑斑,其前方生1黑点;后翅枯黄至粉红色,翅脉褐色,近后角生2黑斑。末龄幼虫:体长82~90(mm),黄绿色,体上生黄白色颗粒,第4节后每节气门上方生有黄色斜条纹。

生活习性 辽宁年生1代,山东、河北、河南、浙江、云南等毛叶枣种植区年生2代,老熟幼虫在树基1米范围内地下4~8(cm)土室中化蛹越冬。越冬代成虫于5月上旬出现,第1代成虫8月出现,白天成虫静伏叶背,夜间活动,趋光性强,多把卵产在树干缝隙中或叶片上,每雌产卵150~450粒。卵期6~8天,3龄时取食1/4叶片,5龄取食2~3个叶片。雌蛾寿命10天,8月下至9月上旬第2代幼虫为害,10月下旬,幼虫入土化蛹越冬。

防治方法 (1)冬、春清除果园内外的枯枝落叶、杂草并进行树盘翻耕,可挖除部分越冬蛹。(2)枣、桃生长季节,根据树下幼虫排便情况寻找幼虫捕杀。幼虫入土化蛹时,地表有大孔,两旁泥土松起,进行人工挖除。(3)发生严重的在低龄幼虫期喷洒40%毒死蜱乳油1000倍液或5.7%氟氯氰菊酯乳油1500倍液、2.5%溴氰菊酯乳油2000倍液。

枣瘿蚊(jujube midge)

学名 *Contarinia* sp. 双翅目瘿蚊科。分布在河北、陕西、山东、山西、河南等枣产区。

枣瘿蚊成虫和幼虫放大

寄主 枣、酸枣、毛叶枣等。

为害特点 幼虫为害嫩叶,出现红肿,纵卷,叶片增厚,先变成紫红色,后变成黑褐色,枯萎脱落。

形态特征 成虫:雌体似小蚊,橙红色至灰褐色。雌体长1.4~2(mm),头胸灰黄色,前翅透明,后翅退化为平衡棒。雄成虫略小。触角发达,长过体半。卵:白色微带黄,长椭圆形。幼虫:乳白色,蛆状。茧:丝质白色。蛹:近纺锤形,初蛹乳白色,后渐变成黄褐色。

生活习性 年生5代,以幼虫在树冠下土壤中做茧越冬,翌年5月中下旬羽化为成虫,产卵在刚萌芽的枣芽上,1~4代幼虫发生盛期分别为6月上旬,6月下旬,7月中旬、下旬,8月上、中旬。8月中旬后发生第5代,9月上旬枣新梢生长停止后,幼虫入土做茧越冬。

防治方法 (1)清理树上、树下有虫枝,有虫叶、枝、果要集中烧毁,以减少越冬虫源。(2)4月中下旬枣树萌芽展叶时喷25%灭幼脲悬浮剂1000倍液、10%吡虫啉可湿性粉剂3000倍液、10%氯氰菊酯乳油1500倍液、25%吡蚜酮悬浮剂2000倍液,隔10天1次,防治3~4次。

枣叶锈螨

学名 *Epitrimerus zizyphagus* Keifer 蜱螨目,瘿螨科。别名:枣锈壁虱、四脚螨。分布在河北、河南、山西、江苏、山东、陕西等省。

寄主 枣树,小枣受害尤重。

枣叶锈螨为害状

为害特点 以成虫和若虫为害枣树叶、枣芽、花和果实及嫩枝。叶片受害增厚变脆，沿主脉向叶面卷曲，后期叶缘焦枯，很易脱落。花蕾受害后渐渐变褐，干枯脱落。果实受害，产生褐色铁锈斑，果小，严重的变褐凋萎脱落，进入成熟期凸起部位变红，凹下去的部位不着色，果面红绿相间或凹凸不平，呈花脸型褐斑。

形态特征 成虫：体长 0.35mm，体宽 0.11mm 左右。似胡萝卜长筒状，初白色，后呈浅褐色，半透明。卵：圆形特小，卵直径 79~97(μm)，刚产下时白色，半透明，后变成乳白色。若虫：与成虫相似亦为白色，初孵化时半透明。

生活习性 山西太原年生 3~4 代，世代不整齐，以成螨或末龄若虫在枣股的芽鳞内越冬，翌年 4 月下旬，气温高于 12℃，枣树刚发芽开始出蛰为害嫩芽，展叶后在叶脉两侧刺吸汁液。每年有 3 次发生高峰，一般为 4 月末、6 月下旬及 7 月中旬，每次为害 10~15 天。进入 8 月上旬又转入芽鳞缝中越冬。

防治方法 (1)于发芽前、芽体膨大时进行防治效果最好，喷洒 1 次波美 5 度的石硫合剂，能杀灭在枣股上越冬的成虫和末龄若虫。(2)河南一带 5 月上中旬、山西 5 月下旬枣树发芽后 20 天左右，正是锈壁虱出蛰为害初期，尚未产卵时喷洒 1.8%阿维菌素乳油 4000 倍液或 6.78%阿维·哒乳油 2000~2500 倍液、20%氰戊·辛硫磷乳油 1500 倍液，半月后再防 1 次。

枣园球胸象甲

学名 *Piazomias validus* Motschulsky 鞘翅目象甲科。分布在河北、山西、陕西、河南、安徽等省。

枣园球胸象甲成虫及为害状

寄主 枣树、毛叶枣、苹果、杨树等。

为害特点 成虫食枣嫩叶成缺刻状，叶面有黑色黏粪。

形态特征 成虫：体长 8.8~13(mm)，宽 3.2~5.1(mm)，体黑色有光泽，上覆有浅绿色或灰色间有金黄色鳞片。头部稍前突，表面覆有密鳞片，行纹宽，鳞片间散有带毛颗粒，足上具长毛，胫节内缘有粒齿。胸板 3~5 节，上生有密集白毛，鳞片少，雌虫腹部粗短，末端尖，基部两侧各生沟纹 1 条；雄虫腹部略长，中间凹，末端较圆。

生活习性 各地年发生 1 代，均以幼虫在土壤中越冬，第 2 年 4、5 月间化蛹，5 月下旬 ~6 月上旬成虫羽化，河北麦收时正处在该虫出土盛期，7 月份是为害枣树盛期，发生重时每棵枣树上有虫数十头，常把叶肉食光仅残留主脉。

防治方法 参见枣飞象甲。

枣园大灰象甲

学名 *Sympiezomias velatus* (Chevrolat) 鞘翅目象甲科。别名：大灰象鼻虫。分布在河北、河南、山西、陕西、辽宁、内蒙古、湖北、安徽、广西、福建等省。

枣园大灰象甲成虫放大

寄主 枣、毛叶枣、核桃、栗、苹果、桑等。

为害特点 以成虫取食叶片，造成缺刻，严重时把整叶吃光。

形态特征 成虫：体长 7.3~12(mm)，全体灰黄或灰黑色，体表密被灰褐色鳞片。头部粗短，表面生 3 条纵沟，中间沟黑色，触角灰黑色，膝状。复眼黑色椭圆形。鞘翅卵圆形，底色灰黄，末端尖，上生 1 个近球形的褐色短纵条斑，并有纵沟 10 条。后翅退化。

生活习性 年生 1 代，以成虫在土中 40~50(cm)处越冬。翌年 4 月下旬开始活动，5 月中下旬、6 月上旬为出土盛期，7 月开始交尾产卵，常把卵产在叶片顶端处，再把叶片尖端从两边折起，把卵包在折叶中，7~8 月进入孵化盛期，初孵幼虫喜在抱合的叶片中取食，后钻入土中为害和化蛹，当年羽化为成虫越冬。受惊后假死落地，清晨或傍晚为害，雨水多的年份有利其发生。

防治方法 (1)利用该虫假死习性，白天敲树振落成虫，地上用塑料布收集，集中杀灭。(2)成土出土前树冠下喷洒 40%甲基毒死蜱或毒死蜱乳油 500 倍液或幼虫孵化盛期向树上喷洒上述药剂 1000 倍液或 55%氯氰·毒死蜱乳油 2000 倍液。(3)每 667m² 果园用新鲜菜叶 10kg，切成小块加 90%敌百虫乳油 150g 加水拌成毒饵，于傍晚撒在树冠下地面上诱杀有效。

枣尺蠖(Zizyphus geometrid)

学名 *Chihuo zao* Yang=*Sucra jujuba* Chu 鳞翅目，尺蛾科。别名：枣步曲。分布：辽宁、华北、华东、安徽、陕西。

寄主 枣、苹果、沙果、梨、桃等。

为害特点 幼虫食害芽、叶成孔洞和缺刻，严重时将叶片食光。

形态特征 成虫：雌雄异型。雄体长 10 ~ 15(mm)，翅展

枣尺蠖雌成虫产卵于叶丛中

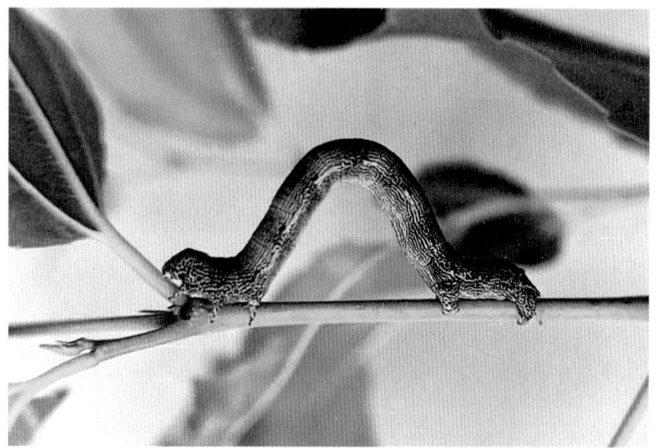

枣尺蠖幼虫栖息在枣树上

枣尺蠖蛹

30～33(mm),灰褐色,触角橙褐色羽状,前翅内、外线黑褐色波状,中线色淡不明显;后翅灰色,外线黑色波状。前后翅中室端均有黑灰色斑点一个。雌体长12～17(mm),被灰褐色鳞毛,无翅,头细小,触角丝状,足灰黑色,胫节有白色环纹5个,腹部锥形,尾端有黑色鳞毛一丛。卵:椭圆形,光滑具光泽,长0.95mm。初淡绿后变褐色。幼虫:体长约45mm,胴部灰绿色,有多条黑色纵线及灰黑色花纹,胸足3对,腹足一对,臀足一对。初龄幼虫黑色,胴部具6个白环纹。蛹:长10～15(mm),纺锤形,初绿色,后变黄至红褐色,臀棘较尖,端分二叉,基部两侧各具1小突起。

生活习性 年生1代,少数以蛹滞育,1年或2年1代。以蛹在土中5～10(cm)处越冬。翌年3月下旬,连续5日均温7℃以上,5cm土温高于9℃时成虫开始羽化,早春多雨利其发生,土壤干燥出土延迟且分散,有的拖后40～50天。雌虫出土后栖息在树干基部或土块上、杂草中,夜间爬到树上,等雄蛾飞来交配,雄虫具趋光性,卵多产在粗皮缝内或树杈处,每雌可产卵千余粒,卵期10～25天,一般枣发芽时开始孵化。幼虫共5龄,历期30天左右,幼虫可吐丝下垂,5月底到7月上旬,幼虫陆续老熟入土化蛹,越夏或越冬。天敌有枣尺蠖寄蝇、家蚕追寄蝇、枣步曲肿跗姬蜂等,后两种在山西太原地区混合寄生率高达59%。

防治方法 (1)果园秋翻灭蛹。(2)在树干基部束绑宽约10cm的塑料薄膜,膜下部用土压实,并在周围撒布2.5%敌百虫粉,阻止成虫上树并毒杀成虫及初孵幼虫。(3)于薄膜上涂黄油或废机油,阻止幼虫上树。(4)震落捕杀幼虫。(5)此虫对菊酯类杀虫剂特别敏感,故防效优异。北京地区5月初2龄幼虫占50%以上,3龄幼虫低于20%时,马上喷洒2.5%高效氯氟氰菊酯乳油2000倍液或20%氰戊菊酯乳油2000倍液、10%氯氰菊酯乳油1500倍液、5%S-氰戊菊酯乳油2000倍液、2.5%溴氰菊酯乳油2500倍液;也可用50%杀螟硫磷乳油1000倍液。(6)幼虫期提倡喷洒10%苏云金杆菌可湿性粉剂800倍液,如在药液中加入10万分之1的敌百虫效果明显提高。也可田间采集被病毒感染的病死虫,研磨后,用纱布过滤,对水喷雾,具有良好的效果。每667m²枣园用病毒死虫7条。

枣黏虫(Zizyphus leafroller)

学名 *Ancylis sativa* Liu 鳞翅目,卷蛾科。别名:枣实虫、枣

枣黏虫幼虫吐丝把叶黏缀在一起

枣黏虫成虫(邱强)

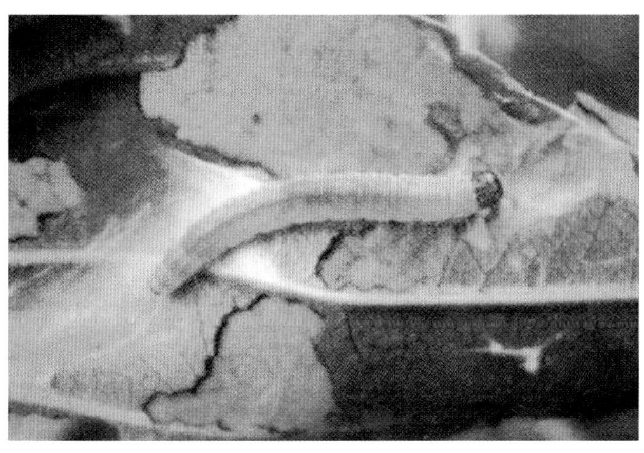

枣黏虫成长幼虫放大

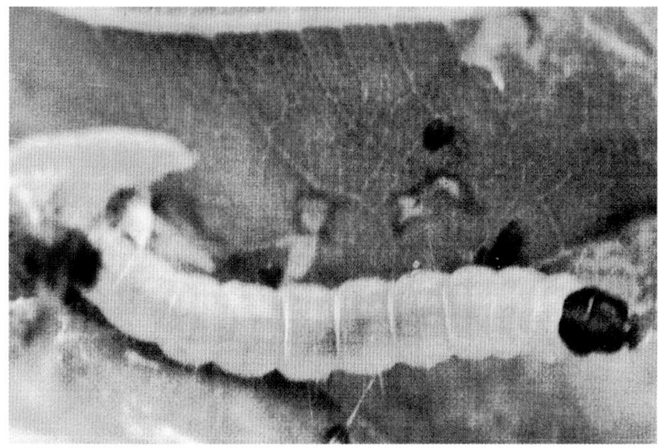

枣黏虫幼虫(张玉聚摄)

菜蛾、枣镰翅小卷蛾。分布:内蒙古、山西、河北、天津、山东、河南、江苏、浙江、湖北、湖南、陕西。

寄主 枣、酸枣。

为害特点 幼虫吐丝把叶、枣头、花、果等黏缀在一起为害。

形态特征 成虫:体长6~7(mm),黄褐色或灰褐色,触角丝状,复眼暗绿色,前翅前缘具10多条黑白相间的钩状斜纹,翅面中央具两条黑褐色纵纹从翅基向外缘伸展,前翅顶角突出且向下弯曲。卵:扁长圆形,长0.6mm,初白色,后红至橘红色。幼虫:体长13~15(mm),头部淡褐色,具黑褐色花纹,前胸盾和臀板褐色。胴部黄绿或淡绿色,腹足趾钩双序环,臀栉3~6齿。蛹:长7mm左右,初绿色,后深褐色,腹部各节背面有两排横列刺突,臀棘8根,末端弯曲。茧:白色。

生活习性 河南、江苏年生4代,山东、河北、山西3代,以蛹在枝干、皮缝中越冬,干周土中有少量越冬蛹。三代区翌年3月中旬~5月上旬羽化,造成以后世代重叠。成虫昼伏夜出,有趋光性,羽化后即可交配产卵,交配后1~2天产卵最多。产卵在光滑枝上,卵散产或4~5粒在一起。雌产卵量40~90粒。4月下旬开始孵化,咬食嫩芽,展叶后吐丝缠叶于内食害,5月上旬第一代幼虫进入盛期,5月下旬化蛹。6月上旬始见成虫及第二代卵。二、三代卵主要产在叶面主脉两侧,叶背或枝条上极少,6月中旬枣树开花时正值二代幼虫始发期,幼虫为害叶、花蕾、花和幼果,第2代成虫7月中旬至8月下旬发生,7月下旬~10月上中旬为第3代幼虫发生期,为害叶和果实,9月上旬开始陆续老熟,爬到树体各种缝隙中结茧化蛹越冬。非越冬代均于卷叶内结茧化蛹,蛹期9天左右。天敌有赤眼蜂和几种姬蜂。

防治方法 (1)保护利用天敌。①在第二代成虫产卵期,于卵初期、初盛期和盛期各放一次松毛虫赤眼蜂,每株枣树释放3000~5000头,枣黏虫卵被寄生率达85.5%。②因地制宜,合理间作,在枣树行间种植小麦、红薯、大豆、土豆、绿豆、苜蓿等,为多种天敌提供隐蔽场所。(2)秋末枝干上束草诱幼虫化蛹;休眠期刮除老树皮,连同束草集中烧毁。(3)各代幼虫孵化盛期,特别是第1代幼虫孵化期喷90%敌百虫可溶性粉剂800~1000倍液或50%杀螟硫磷乳油1000倍液、40%辛硫磷乳油1200倍液、50%氯氰·毒死蜱乳油2000倍液、50%辛敌乳油1500~2000倍液、5%氯氰菊酯乳油1000倍液、10%联苯菊酯乳油3000倍液、20%氰戊菊酯乳油2000倍液以及其他多种菊酯类杀虫剂,均可收较好效果。一般第一次施药在枣发芽初期,第二次在芽伸长3~5(cm)时为宜。

枣飞象(Bud-eating weevil)

学名 *Scythropus yasumatsui* Kono et Morimoto 鞘翅目,象甲科。别名:食芽象岬、太谷月象、枣月象、枣芽象岬、小灰象鼻虫。分布:山西、北京、河北、河南、江苏、陕西。

枣飞象成虫为害枣芽状

寄主 枣、苹果、梨、核桃、泡桐、桑、棉、大豆等,以枣受害较重。

为害特点 成虫食芽、叶,常将枣树嫩芽吃光,第2~3批芽才能长出枝叶来,削弱树势,推迟生育,降低产量与品质。幼虫生活于土中,为害植物地下部组织。

形态特征 成虫:体长4~6(mm),长椭圆形,体黑色,被白、土黄、暗灰等色鳞片,貌视体呈深灰至土黄灰色,腹面银灰色。头宽,喙短粗、宽略大于长,背面中部略凹;触角膝状11节,端部3节略膨大,着生在头管近前端。前胸宽略大于长,两侧中部圆突。鞘翅长2倍于宽,近端部1/3处最宽,末端较狭,两侧包向腹面,鞘翅上各有纵刻点列9~10行和模糊的褐色晕斑。腹部腹面可见5节。卵:椭圆形,长0.6~0.7(mm),宽0.3~0.4(mm),光滑微具光泽,初乳白、渐变淡黄褐,孵化前黑褐色。幼虫:体长5~7(mm),头淡褐色,体乳白色,肥胖,各节多横皱略弯曲,无足。前胸背面淡黄色。蛹:长4~6(mm),略呈纺锤形,初乳白后色渐深,近羽化时红褐色。

生活习性 辽宁、河北、山东、河南、山西、江苏年生1代，以幼虫于5~10(cm)深土中越冬。山西太谷地区越冬幼虫3月下旬开始上移到表土层活动、为害，老熟后在3cm左右深处化蛹，化蛹期4月上旬~5月上旬，盛期4月中旬前后，蛹期12~15天。成虫羽化后一般经4~7天出土，4月下旬田间始见成虫，4月底至5月上旬为成虫盛发期。成虫寿命20~30天，6月上旬仍有成虫为害，成虫多沿树干上树为害，以10~16时高温时最为活跃，可作短距离飞翔，早晚低温或阴雨刮风时，多栖息在枝杈处和枣股基部不动，受惊扰假死落地。上树后即开始交配。交配后2~7天开始产卵。卵多产在枝干皮缝和枣股或枝痕内，数粒成堆产在一起。每雌可产卵12~45粒。产卵期5月上旬~6月上旬，盛期为5月中下旬。卵期20天左右，5月中旬开始陆续孵化落地入土，为害至秋后做近圆形土室于内越冬。

防治方法 (1)4月下旬成虫开始出土上树时，用35%辛硫磷微胶囊剂200~300倍液，喷洒树干及干基部附近的地面，干高1.5米范围内为施药重点，应喷成淋洗状态；也可用其他残效期长的触杀剂，高浓度溶液喷洒。或在树干基部60~90(cm)范围内地面撒药粉，以干基部为施药重点，毒杀上树成虫效果好且省工，可撒5%倍硫磷粉剂或4%二嗪磷粉剂、2.5%敌百虫粉剂等，每株成树撒150~250克药粉，撒后浅耙一下以免药粉被风吹走。喷药或撒粉之后，最好上树震落一次已上树的成虫，可提高防效减少受害。本项措施做得好，基本可控制为害。(2)成虫为害期树上药剂防治，可喷洒80%敌敌畏乳油或50%倍硫磷乳油、40%乐果乳油1000倍液、40%毒死蜱乳油1000倍液均有较好效果。为提高防效，树干基部附近地表和树干上也应喷药，喷完后震树使成虫落地，再向树上爬时增加接触药剂，提高防效。(3)早、晚震落捕杀成虫，树下要铺塑料布以便搜集成虫。(4)结合枣尺蠖的防治，于树干基部绑塑料薄膜带，下部周围用土压实，干周地面喷洒药液或撒药粉，对两种虫态均有效。(5)结合防治地下害虫进行药剂处理土壤，毒杀幼虫有一定效果，以秋季进行处理为好，可用5%辛硫磷颗粒剂或5%毒死蜱颗粒剂、4%二嗪磷粉剂等，每667m²用药2~3kg。

枣、毛叶枣园蒙古灰象甲(Mongolian gray weevil)

学名 *Xylinophorus mongolicus* Faust 鞘翅目，象甲科。别名：蒙古象鼻虫、蒙古土象。分布于黑龙江、吉林、辽宁、内蒙古、山西、河北、山东、河南、陕西、甘肃、宁夏、青海、新疆等地。

寄主 苹果、槟沙果、桃、樱桃、枣、栗、核桃以及桑、杨、豆、瓜、棉等多种植物。

为害特点 成虫为害幼芽、嫩叶和嫩梢，幼虫于土中食害根部。

形态特征 成虫：体长4~7(mm)，略呈长椭圆形，灰色，被灰褐色鳞片。头管较粗短，长略大于宽，背面中央有1条纵沟；复眼黑色、近圆形略突出；触角膝状11节，端部3节膨大呈棒状；触角着生在喙的近前端。前胸略呈椭圆形，前缘窄于后缘，两侧各有1条灰白色条纹，前胸背板无侧缘。鞘翅略呈倒卵形，末端稍尖圆，表面密生黄褐色鳞片和绒毛，并散生有褐色鳞片与绒毛，而形成不规则的斑纹；鞘翅上各有10条纵刻点列。足腿节中前部略膨大，第3跗节两叶状。卵：长椭圆形，长0.9mm，初乳白色，24小时后变黑褐色。幼虫：体长6~9(mm)，乳白色、肥胖，体表多横皱、稍弯曲。蛹：长5~6(mm)，椭圆形。

生活习性 辽宁、河南2年1代，以成虫和幼虫于土中越冬。辽宁越冬成虫4月中旬前后开始出土活动，取食为害，成虫白天活动，以10时前后和16时前后活动最盛，受惊扰假死落地；夜晚和阴雨天很少活动，多潜伏在枝叶间和作物根际土缝中。果树、林木的苗木和幼树受害较重，影响发育，5~6月为害最重。成虫经一段时间取食后，开始交尾产卵。一般5月开始产卵，多成块产于表土中。产卵期约40余天，每雌可产卵200余粒。8月以后成虫绝迹。5月下旬幼虫开始孵化，幼虫生活于土中，为害植物地下部组织，至9月末做土室于内越冬。次春继续活动为害，至6月中旬开始老熟，做土室于内化蛹。7月上开始羽化，不出土即在蛹室内越冬，第3年4月出土，2年发生1代。此虫常与大灰象甲混生。

防治方法 参考苹果害虫——苹毛丽金龟。

枣、毛叶枣园六星黑点蠹蛾(Oriental leopard moth)

学名 *Zeuzera leuconotum* Butler 鳞翅目，木蠹蛾科。别名：白背斑蠹蛾、栎干木蠹蛾、枣树截干虫、胡麻布蠹蛾、豹纹蠹蛾。异名 *Xyleutes leuconotus* Walker。

寄主、为害特点、形态特征、生活习性、防治方法 参见石榴害虫——六星黑点蠹蛾。

枣园蒙古灰象甲(蒙古土象)成虫

枣园六星黑点蠹蛾成虫

枣、毛叶枣园红缘天牛(Red-striped longicorn)

学名 *Asias halodendri* (Pallas) 鞘翅目，天牛科。别名：红缘亚天牛、红条天牛。分布于黑龙江、吉林、辽宁、内蒙古、山西、河北、山东、河南、江苏、安徽、浙江、江西、福建、台湾、陕西、甘肃等地。

红缘天牛成虫正在交尾

寄主 苹果、梨、枣、酸枣、山楂、葡萄、枸杞等。

为害特点 幼虫蛀食枝干皮层及木质部，主要为害直径1～3(cm)的枝条，没有排粪孔，外表不易看出被害处。削弱树势，重的致枝干枯死。

形态特征 成虫：体长11～19.5(mm)，宽3.5～6(mm)，体黑色狭长，被细长灰白色毛。鞘翅基部各具1朱红色椭圆形斑，外缘有1条朱红色窄条，常在肩部与基部椭圆形斑相连接。头短，刻点密且粗糙，被浓密深色毛，触角细长丝状11节超过体长。前胸宽略大于长，侧刺突短而钝。小盾片等边三角形。鞘翅狭长且扁，两侧缘平行，末端钝圆，翅面被黑短毛，红斑上具灰白色长毛，足细长。卵：长2～3(mm)，椭圆形，乳白色。幼虫：长22mm左右，乳白色，头小、大部缩在前胸内，外露部分褐至黑褐色。胴部13节，前胸背板前方骨化部分深褐色，上有"十"形淡黄带，后方非骨化部分呈"山"字形。蛹：长15～20(mm)，乳白渐变黄褐色，羽化前黑褐色。

生活习性 年生1代，以幼虫在隧道端部越冬。春季树体萌动后幼虫开始活动为害，4月上旬至5月上旬为化蛹期，5月上旬至6月上旬为羽化期，成虫白天活动，取食枣花等补充营养，卵多散产在3cm以下的枝干缝隙中，幼虫孵化后先蛀至皮下，于韧皮部与木质部之间为害，后渐蛀入木质部多在髓部为害，严重的常把木质部蛀空，残留树皮，为害至深秋休眠越冬。

防治方法 (1)在成虫盛发期喷洒40%毒死蜱乳油1500倍液或20%高氯·马乳油2000倍液。(2)及时剪除衰弱枝、枯死枝条，集中烧毁，以减少虫源。(3)捕杀成虫。(4)加强果园管理，增强树势可减轻受害。(5)试用注干法。具体方法参考苹果害虫——桑天牛。

枣、毛叶枣园梨圆蚧(San Jose scale)

学名 *Quadraspidiotus perniciosus* (Comstock)，分布在河北、北京、山西、辽宁、江苏、浙江、福建、江西、新疆等省。

寄主 除为害枣外还为害梨、苹果、桃、葡萄、柿、柑橘等307种植物。

梨圆蚧为害红枣

为害特点 以若虫和雌成虫群集在枣树枝干、叶柄、叶背及果实上刺吸汁液，轻者造成树势衰弱，发芽推迟，重者整株枯死。

形态特征 雌成虫初体呈长形，产仔后臀部收缩成宽大于长的扁形。解剖镜下观察产出1若虫需1.5小时，初为光裸乳黄色的卵形球体，几分钟后伸出白色丝状弯曲的附肢，再过半小时附肢伸展，变为黄色后就会活动。一头雌介壳下面12天爬出74头若虫，每天爬出2~8头。2小时后若虫开始固定，4小时后形成白色介壳。

生活习性 枣树上的梨圆蚧在浙江年生3~4代，在北方及新疆阿克苏地区年生2~3代，均以2龄若虫在枝条上越冬，4月中旬树液流动后开始为害，5月上中旬雄若虫从预蛹和蛹中羽化成成虫，在枝条上活动，寻找雌虫进行交配，7月出现第1代雌虫，第2代雄虫在8月底9月出现。越冬代若虫延续近50天，初孵若虫发育到成熟亦为50天，世代重叠，从5月中旬~10月间均可见到雌成虫，一般有3个高峰期。

防治方法 (1)严格检疫，不能从疫区调用枣树苗。(2)点片发生时彻底剪除有虫枝，集中烧毁。(3)注意保护利用梨圆蚧的天敌：如红点唇瓢虫、肾斑唇瓢虫、龟纹瓢虫、日本方头甲等多种天敌。(4)越冬期、3月中旬枣树萌动期喷波美4度石硫合剂或0.4%五氯酚钠效果好。若虫期喷洒50%敌敌畏乳油900倍液。成虫期喷洒40%毒死蜱乳油或1.8%阿维菌素乳油1000倍液。

枣、毛叶枣园龟蜡蚧(日本龟蜡蚧)

学名 *Ceroplastes japonicus* Green 同翅目蚧科。别名：枣龟甲蚧、树虱子、日本龟蜡蚧。分布在北京、河北、河南、山西、陕西、四川、广东、湖南、湖北、江西、安徽、福建、台湾。

寄主 为害柿、枣、毛叶枣、柑橘、石榴、梅、杏、樱桃、李、桃、栗、苹果、梨、芒果等。

为害特点 成虫、若虫群集在枝叶上刺吸汁液，发生数量大时分泌物诱发煤污病。

形态特征 雌成虫：长4mm，体卵圆形，紫红色，背面隆起，触角5~7节，足发达。肛环生1列圆孔，肛环毛6根，体表被1层厚白蜡壳长4.5mm。蜡壳背部隆起，表面有龟状纹，周缘生8个小隆起。雄成虫：小，棕褐色，触角10节。卵：长0.2mm，椭

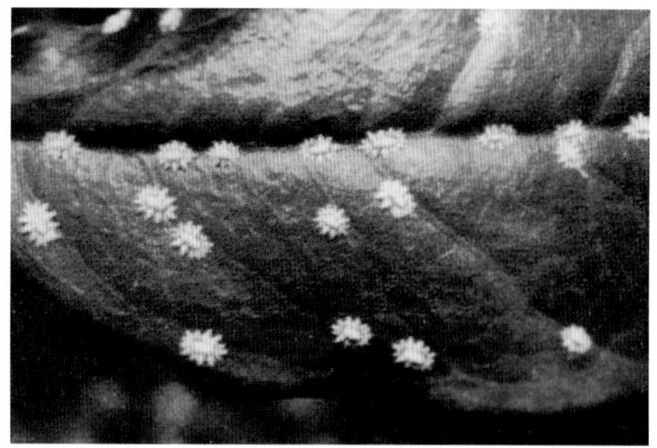

枣园龟蜡蚧1.2龄若虫放大

日本龟蜡蚧雌成虫放大

圆形。若虫:体扁平,红褐色,雌、雄蜡被均呈星星芒状,蜡被周缘生有13对角状突,长大后雄虫仍为星芒状,3龄雌虫蜡壳龟甲状。蛹:梭形,棕褐色。

生活习性 年生1代,以受精雌成虫密集在1年生小枝条上越冬,在河南越冬雌成虫3~4月间开始为害,6月中旬进入产卵盛期,6月中下旬开始孵化,6月下旬~7月上旬是出壳盛期,雄虫羽化盛期多在9月下旬,雌虫为害至9月上中旬。浙江于5月下旬~6月初开始产卵,6月中旬进入盛期,卵期20天,若虫于6月上、中旬开始孵化,6月下旬、7月上旬进入孵化盛期,经14天左右雌、雄个体形成白色星芒状蜡被,8月中、下旬化蛹,9月上、中旬羽化。

防治方法 (1)冬季至翌年3月份剪除有虫枝梢烧毁。(2)虫口数量大的,可在落叶后或发芽前喷5%柴油乳剂进行防治。也可喷洒40%甲基毒死蜱乳油900倍液或1.8%阿维菌素乳油1000倍液、10%吡虫啉可湿性粉剂2000倍液,3天后再喷1次。

枣、毛叶枣园角蜡蚧(Indian wax scale)

学名 *Ceroplastes ceriferus* (Anderson) 角蜡蚧分布在全国毛叶枣及枣树种植区,长江流域、黄河流域、华北及北方温室内。除为害枣、毛叶枣外,还可为害柑橘、枇杷、无花果、荔枝、杨梅、芒果、石榴、苹果、梨、桃、李、樱桃等果树。以成、若虫为害枝干。毛叶枣、枣受害后叶片变黄,树干表面凹凸不平,树皮纵裂,造成树势衰弱,排泄的蜜露诱发煤污病,严重时整株变黑枯死。

枣园枣树枝上的角蜡蚧

生活习性 1年发生1代,以受精雌成虫在枝干上越冬,翌年5月初产卵,5月上旬进入产卵盛期,卵期15~20天,单雌产卵412~13000粒。5月下旬、6月上旬若虫开始孵化,5月底~6月上旬进入孵化高峰期,若虫孵化多集中在上午9~10时,刚孵化若虫在母体下暂停留片刻后,从母体下爬出来,分散到叶片或嫩枝上吸食汁液,经5~8天蜕皮为2龄若虫,并分泌白色蜡丝固定在枝上,开始把触角、胸足收在腹下,虫体背部和四周不断分泌蜡质,直到背部蜡突明显向前倾斜伸出略成弯钩状时,若虫则蜕变成成虫。若虫期80~90天,8月下旬~9月上旬经3次蜕皮后雌成虫成熟,雄虫脱2次皮为前蛹,接着化蛹。雌、雄成虫羽化后交配,之后雄虫死亡。受精后的雌成虫虫体和蜡壳迅速长大,后继续为害至越冬。初孵若虫雌虫多在枝上固着为害,雄虫喜在叶上主脉两侧群集为害。在成虫产卵和若虫刚孵化时雨日多降雨量大不利其生存。管理粗放枣园发生重。

防治方法 (1)搞好枣、毛叶枣园冬季卫生,清除园中枯枝落叶,集中烧毁。并对毛叶枣树基部喷洒40%毒死蜱乳油1000倍液。(2)保护、引入天敌,角蜡蚧天敌有瓢虫、草铃、寄生蜂等。(3)在若虫孵化分散期或低龄若虫期喷洒40%毒死蜱或甲基毒死蜱乳油900倍液或2.5%溴氰菊酯乳油2000倍液、1.8%阿维菌素乳油1000倍液。

枣、毛叶枣园黑蚱蝉

学名 *Cryptotympana atrata* (Fabricius) 近年为害枣、毛叶枣、苹果、梨、桃、李、杏日趋严重,若虫长期生活在土里,刺吸树

枣园黑蚱蝉成虫

根部汁液，影响树势发育，成、若虫为害当年生枝条，引起"滴露"和传染病菌，造成枝梢溃疡枯死，对新梢为害率严重的达21%。黑蚱蝉在陕西大荔县5~6年完成1代，长者达12~13年。以卵或若虫在寄主植物组织内或土壤中越冬。成虫每年5~8月出现，6~7月为羽化盛期，9月上旬后进入羽化末期，雌虫寿命60~70天。6月下至8月中旬产卵，产卵盛期为7月中、下旬，1个卵窝产卵4~6粒，单枝产卵多达百粒。卵近梭形，长2.5mm，初产时乳白色，渐变淡黄色。翌年4~5月卵粒从枯枝上落地孵化为若虫并入土，5月中、下旬为孵化盛期，6月中旬孵化结束。卵期长达10个月左右。孵化后的若虫在土壤中蜕皮5次，数年后，末龄若虫出土羽化为成虫。若虫在土中生活4~5年，每年6~9月蜕皮1次，并随气温升降而上下移动。一般春暖后，由土层深处移动至距地面20cm的土层中沿树根营造土室，吸食树根汁液；秋凉后，随气温降低向下转移到60~100(cm)处避寒越冬。初孵若虫在地面爬行10分钟左右入土。末龄若虫在气温达22℃时出土羽化，每天以21~23时出土最多，雨后或灌水后的晴天傍晚数量显著增加。出土后的若虫多数沿树干爬行1.0~1.5(m)后静伏不动，经3~4小时蜕皮羽化，羽化盛期为翌日1~3时。羽化后成虫沿树干继续向上爬行至树冠上部，雌虫刺吸树木汁液，进行一段补充营养后开始交尾产卵，交尾时间多在9~11时，从羽化到产卵需15~20天，以1年生幼嫩枝条8~12(cm)处产卵最多，产卵孔排列成"不"字状，1个枝条常有卵上百粒。雄虫善鸣，特别是伏天中午，鸣叫不息。成虫有遇惊飞逃习性。

防治方法 (1)提倡实施枣树·灌木·牧草·畜禽种养复合模式，对枣园病虫害进行生态调控。(2)结合修剪及时彻底剪除产卵枯枝，集中烧毁。(3)每年6~7月成虫大量出现时用杀虫灯诱捕成虫。(4)每年春季在成虫羽化前松土，翻出蛹室消灭若虫。(5)于6月底进行枣园中耕锄草，同时用40%毒死蜱乳油1000倍液喷淋树盘。(6)成虫盛发期喷洒20%氰戊菊酯乳油2000倍液或50%氯氰·毒死蜱乳油2200倍液。

枣、毛叶枣园苹果透翅蛾(Apple clearwing moth)

学名 *Conopia hector* Butler 属鳞翅目透翅蛾科。又名苹果透羽蛾、苹果小透羽。分布华北、东北及山东、陕西等地。

寄主 苹果、桃、李、杏、梅、海棠、樱桃、花红，近年发现在岭南粤东北地区为害毛叶枣和枣树等。

苹果透翅蛾

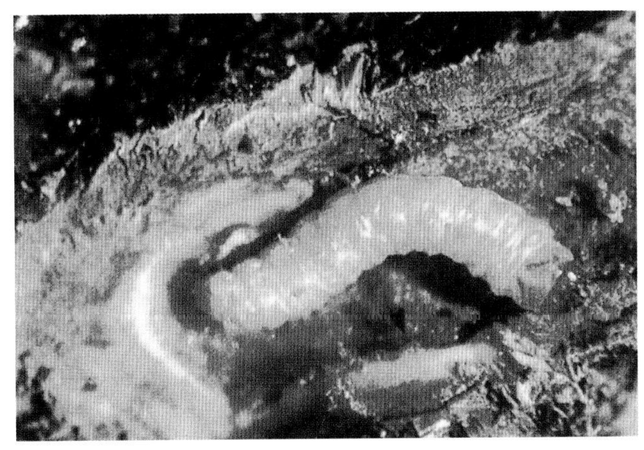

苹果透翅蛾幼虫及为害状

为害特点 幼虫在主干、大枝的皮下为害，食害皮层，深达木质部，被害部位伤口周围堆有红褐色粪屑及粘液，被害伤口为枣树腐烂病菌的侵染创造有利条件。

形态特征 成虫：体长12~14(mm)，翅展19~20(mm)。身体黑蓝色，有光泽，翅脉和翅缘黑色，中央透明；腹部背面第4~5节有黄色带，腹面黄色。卵：椭圆形，淡黄色。老熟幼虫：体长22~25(mm)，头黄褐色，身体黄白色。蛹：黄褐色，腹部第3~7节背面的前后缘各有一排明显的刺突，尾端臀棘有刺8根。

生活习性 北方一年1代，以3、4龄幼虫在被害部皮层下越冬。果树春季萌动后开始活动为害，5月下旬~6月上旬幼虫老熟化蛹，蛹期约15天。6月中旬~7月上旬成虫羽化，成虫咬破表皮，飞出时将蛹壳的一半带出羽化孔。成虫白天活动，交尾后2~3天将卵产在树皮裂缝、腐烂病病疤及其它伤口处。8月下旬~9月上旬卵孵化后蛀入皮层为害，直至11月作茧越冬。在广东大埔一年1~2代，有世代重叠现象，3月中旬开始羽化，3月下旬进入羽化高峰，3~11月都可见羽化的成虫，以3~5月及8~10月较多。幼虫在大埔县为害毛叶枣主要在5~8月和11月~翌年3月。

防治方法 (1)注意苗木调运时此虫随苗木传入。(2)结合腐烂病的防治，及时挖出皮层下的幼虫。(3)在幼虫初孵期，用50%敌敌畏乳油50倍液或50%杀螟硫磷乳油100倍液涂树干，然后用尼龙薄膜包捆7~10天，能毒杀蛀入皮层的幼虫，防效达90%以上。

果园安装杀虫灯诱杀多种果树害虫

（三）坚果类果树病虫害

1. 板栗(*Castamea mollissima*)病害

栗白粉病(Chestnut powdery mildew)

症状 主要为害叶片，也为害嫩梢，叶片染病后叶面先产生褪绿黄斑，很快出现灰白色粉斑，随病情扩展白粉逐渐布满全叶。新梢染病，病部亦生灰白色粉斑，受害嫩叶常皱缩扭曲，秋季在白粉层中产生很多黑色小粒点，即病原菌的子囊壳。发病重的叶片干枯或脱落，受害新梢枯死。

板栗白粉病病叶

病原 *Phyllactinia guttata* (Wallr.) Lév. em. Yu 称榛球针壳和 *P.roboris* (Gachet) Blum 称栎球针壳、*Microsphaera alni* (Wallr.) Salm. 称桤叉丝壳，均属真菌界子囊菌门。

传播途径和发病条件 病菌以闭囊壳在病叶或病梢上越冬，翌年4~5月间释放子囊孢子，侵染嫩叶和新梢，发病后病部不断产生无性型的分生孢子，称做粉孢霉或拟卵孢霉，在栗树生长期间发生多次再侵染，造成白粉病不断扩展。9~10月间，气温下降又产生闭囊壳越冬。生产上苗木和幼树发生重，大树受害轻。

防治方法 (1)冬季修剪时剪除病芽、病枝，早春摘除病芽、病梢。(2)采用栗树配方施肥技术，适当控制氮肥，增施磷钾肥，增强树势提高抗病力。(3)春季开花前嫩芽破绽时，喷洒波美0.2度石硫合剂或25%戊唑醇乳油或水乳剂2500倍液、30%戊唑·多菌灵悬浮剂600~800倍液，开花后生长期用1000~1200倍液。开花10天后结合防治其他病害，再防1次。

栗炭疽病(Chestnut anthracnose)

症状 芽、叶、枝、果均可受害，以果实受害最重，造成减产。果实染病，栗苞上生褐色至黑褐色病斑，栗果从顶端变黑，栗仁外表现圆形或近圆形黑色病斑，内部呈浅褐色干腐。后期斑上散生黑色小粒点，即病菌分生孢子盘，潮湿时，溢出橘红色黏性孢子团。南方树上病栗仁呈湿腐状，病果早落。我国大部分栗区均有发生，为害较重。

病原 *Glomerella cingulata* (Stonem.)Spauld.et Schrenk 称

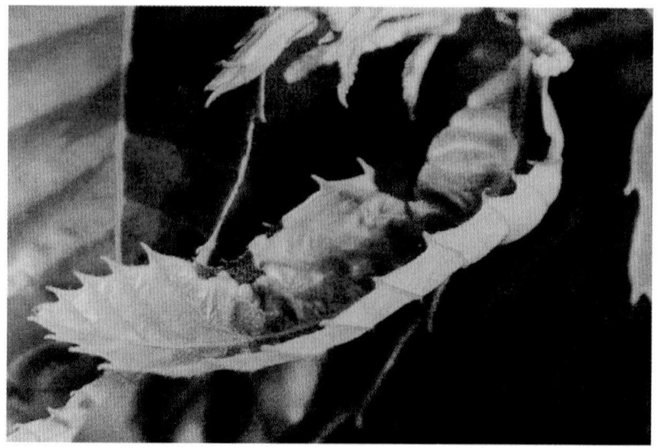

栗炭疽病

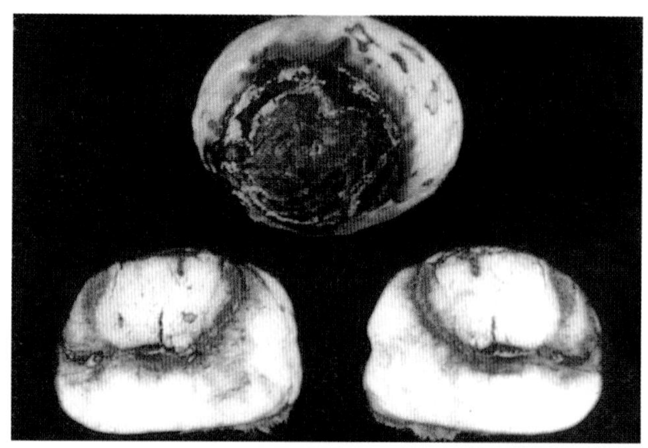

板栗炭疽病症状(人工接种)

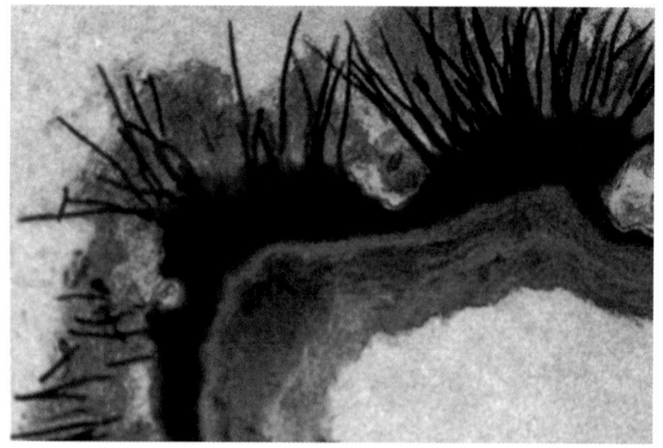

栗炭疽病菌盘长孢状炭疽菌分生孢子盘和刚毛

围小丛壳，属真菌界子囊菌门。无性态为 *Colletotrichum gloeosporioides* (Penz.) Sacc. 称盘长孢状炭疽菌。病菌形态特征参见苹果炭疽病。

传播途径和发病条件 病菌以菌丝或分生孢子盘在栗树枝干上越冬，其中在芽鳞中潜伏的越冬量较大，翌年条件适宜时产生分生孢子，借风雨传播到附近栗树幼苞上引起发病，病

菌从花期、幼果期开始侵入幼苞，且在果实生长后期显症，有的潜伏到贮藏期种仁才发病。菌丝生长和孢子萌发适温为15～30℃，5℃菌丝也能缓慢生长，种仁上的病斑也可扩展。

防治方法 (1)保持栗树通风良好。(2)加强栗园土肥水管理，控制栗瘿蜂，增强树势。(3)选用抗炭疽病的品种。(4)发病重的栗园，从6月上旬初侵染至8月上旬再侵染期间及时喷洒70%代森联干悬浮剂500倍液或50%硫磺·多菌灵可湿性粉剂800倍液、25%溴菌腈可湿性粉剂500倍液、50%咪鲜胺可湿性粉剂1000倍液。(5)待贮的板栗于采果前的9月中旬结合防治桃蛀螟再防1次，可取得明显防治效果。

栗枯叶病(Chestnut Pestolotiopsis disease)

症状 叶片染病，叶脉间或叶缘、叶尖处产生圆形至不规则形病斑，黄褐色至灰褐色，边缘色深，外围具黄色晕圈，后期分生孢子盘成熟后病斑上出现黑色小粒点，即该菌的分生孢子盘。

栗枯叶病症状

病原 *Pestolotiopsis osyridis* (Thum.) H.T.Sun & R.B.Cao，称沙针拟盘多毛孢，属真菌界无性型真菌。分生孢子盘小，黑色。分生孢子梭形至纺锤形，5个细胞，20.2~27.5×5~7.5(μm)，中间3色胞黄橄榄色，长12.6~17.4μm；两端各生1无色胞，顶生2~3根附属丝，长13.9~26.3μm。尾胞尖圆锥形，有1长1.5~7.5μm中生式柄。

传播途径和发病条件 病菌在病部或病残体上越冬。翌年6～8月高温多雨季节进入发病盛期，高温、多雨的年份易发病。

防治方法 (1)发现病叶及时清除，以减少初侵染源。(2)发病初期喷洒10%苯醚甲环唑水分散粒剂1000倍液或30%醚菌酯可湿性粉剂或悬浮剂2500~3000倍液、25%苯菌灵·环己锌乳油800倍液、40%百·硫悬浮剂500～600倍液、50%多菌灵可湿性粉剂600倍液。

栗叶枯病(Chestnut Coniella leaf blight)

症状 该病由叶尖开始大面积枯死，可达叶片的1/2，病斑浅褐色至灰褐色，病斑边缘色深，分界明显，分生孢子器成熟后，病部生出很多黑色小点，即病原菌分生孢子器。

病原 *Coniella castaneicola* (Ell. &. Ev.) Sutton 称栗生垫壳孢，属真菌界无性型真菌。分生孢子器球形，大小17～55×5～15(μm)，浅褐色，散生，埋生或半埋生，器壁薄，基部有枕状

栗叶枯病病叶

突起的垫，无分生孢子梗，垫上直接长产孢细胞，产孢细胞瓶梗状，大小3～7×1.5～2.5(μm)；分生孢子无色至榄褐色，单胞，近梭形，基部平截，顶端尖削至钝圆，表面光滑，大小19～23×2～3(μm)。

传播途径和发病条件 病菌以菌丝和分生孢子器在病株上或病落叶上越冬，翌春条件适宜时，从菌丝上产生分生孢子，靠风雨传播，8～9月发病，土壤缺肥易发病。

防治方法 (1)精心养护，适时施肥浇水，增强树势。(2)发现病落叶及时清除，土壤贫瘠地块要培肥地力。(3)初发病时及时喷洒1∶1∶160倍式波尔多液或30%戊唑·多菌灵悬浮剂1000倍液或77%硫酸铜钙可湿性粉剂400倍液、40%福美双可湿性粉剂600倍液，隔10天左右1次，防治2～3次。

栗锈病(Chestnut rust)

症状 栎柱锈菌引起的锈病，主要为害叶片。叶片染病初在叶面上产生褪绿小斑点，逐渐扩展成橙黄色疱状斑，即夏孢子堆，不久病表皮破裂，散出黄色粉状物，即病原菌的夏孢子。病斑扩展后，中央长出许多黑色小粒点，夏季在叶背面长出似毛发状物，即冬孢子堆。冬孢子为害松属植物，在枝干上产生近圆形木瘤，春季木瘤裂开散出粉状锈孢子，再侵染板栗，受害严重的致叶片早落，削弱树势，影响产量和质量。

栗膨痂锈菌引起的锈病，叶背面病部生1粒粒黄橙色的小圆点，直径0.1~0.25(mm)，为病原菌夏孢子堆，叶脉附近较多，叶正面相对应处出现褪色斑，中央灰白色，边缘暗褐色。冬

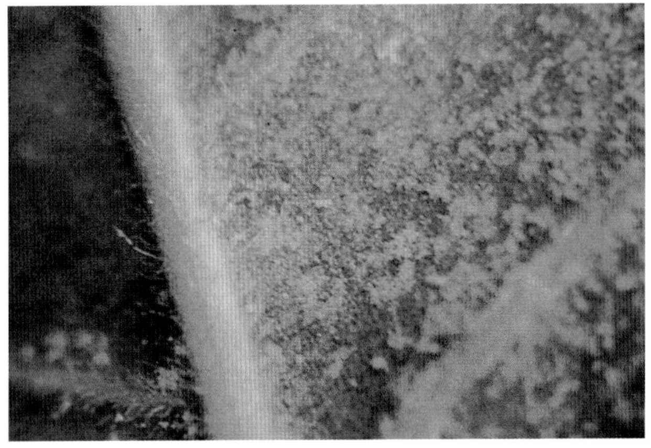

栗锈病菌夏孢子堆(邱强)

板栗锈病病叶上的夏孢子堆(张炳炎)

板栗疫病典型症状(邱强)

孢子堆为褐色蜡质斑,表皮不破裂,着生在叶背面。

病原 *Cronartium quercuum* (Berk.)Miyabe 称栎柱锈菌和 *Pucciniastrum castaneae* Diet. 称栗膨痂锈菌,均属真菌界担子菌门。前者夏孢子较厚,2~3.5(μm),孢子也略宽,14~20(μm),有性态冬孢子堆呈柱状。栗膨痂锈菌夏孢子无色,卵圆形至长椭圆形,12.5~23×11~14(μm),壁厚 1~2(μm),壁上密生小刺,冬孢子黄色至黄褐色,卵形,有 2~6 个细胞,19.8~37×14~30(μm)。

传播途径和发病条件 栎柱锈菌以冬孢子越冬,栗膨痂锈病已知夏孢子在落叶上越冬,病害在 8~9 月发生。

防治方法 (1)及早清洁板栗园,把枯枝落叶集中烧毁。(2)发病前喷洒 1:1:160 倍式波尔多液或 20%戊唑醇水乳剂或乳油 2000 倍液。

栗疫病(Chestnut blight)

症状 初发病时在距地面 1m 左右的树干上溢出黑色汁液,树皮组织变褐,后随病情扩展,变色部分扩展到木质部,出现暗红褐色,分泌的黑色汁液持续到秋季,病部散发出发酵臭味。该病在洼地成龄栗园发生较多,常与栗干枯病混合发生,使栗树雪上加霜。

病原 *Phytophthora katsurae* Ko et Chang 称桂奇疫霉和 *P. cambivora* (Petri) Buisman 称栗黑水疫霉及 *P. cinnamomi* Rands 称樟疫霉,均属假菌界卵菌门。

传播途径和发病条件 在土壤中生存的桂奇疫霉的卵孢子,是该病的初始菌源,侵入及发病适温为 18~27℃,侵入栗树的病原菌在栗树组织中越冬,翌年条件适宜时即侵染扩展。病原菌直接侵入健全组织,迅速扩展。生产上栽植过密,蛀干害虫多,伤口多发病重。

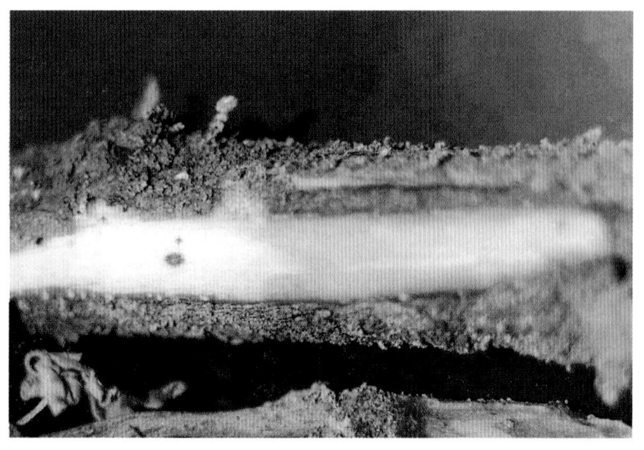

栗疫病嫩枝始病期切面病变

防治方法 (1)注意剪除软弱徒长枝,及时防治枝干害虫,对伤口及时涂抹 41%乙蒜素乳油 100~200 倍液或涂波尔多浆保护。(2)发病初期喷洒 68%精甲霜·锰锌水分散粒剂 600 倍液或 50%氯溴异氰尿酸可溶性粉剂 1000 倍液、50%氟吗·乙铝可湿性粉剂 600 倍液、56%嘧菌·百菌清悬浮剂 700 倍液。

栗干枯病

又称腐烂病、胴枯病。板栗干枯病是世界性病害,在欧美广为流行,损失巨大,我国河北、河南、陕西、山东、江苏、浙江、广

栗干枯病树干肿胀树皮暴裂腐败

栗干枯病前期症状

栗干枯病病干上的症状(邱强)

板栗干枯病症状

东、四川、重庆都有发生,有些地区嫁接的小树发病很严重,部分地区已造成严重为害。

症状 为害主干和主枝,也为害新梢。发病初期树皮上产生红褐色病斑,病部皮层组织松软,略隆起,有时从病部溢出黄褐色汁液。切开病皮可见内部组织呈红褐色水渍状腐烂,散发出酒糟味。发病中后期病部失水,干缩凹陷,多在树皮下生出黑色瘤状小颗粒,即病原菌的子座。后子座顶破表皮露出,在雨后或湿度大时从子座内涌出卷须状黄色孢子角。最后病树皮干缩裂开。

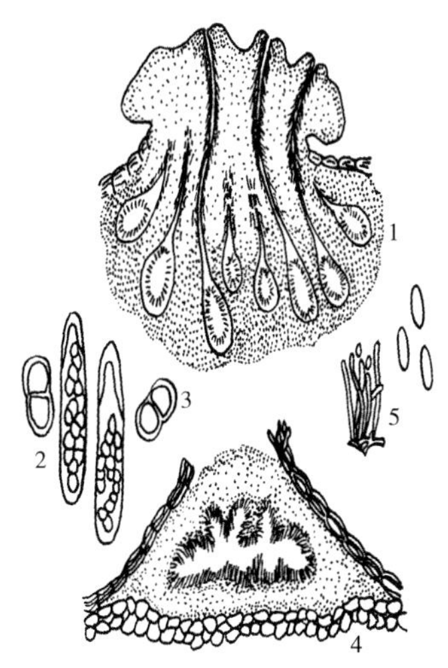

栗干枯病菌

1.子囊壳及子座 2.子囊 3.子囊孢子 4.分生孢子器 5.分生孢子梗及分生孢子

病原 *Cryphonectria parasitica* (Murr.)Barr. 称栗疫病菌,异名 *Endothia parasitica* (Murr.) And. et And 称寄生风座壳菌,属真菌界子囊菌门。病部产生的瘤状小颗粒即该菌的子座,子座扁圆锥形,大小 2.0mm,显微镜下红棕色,内有分生孢子器,产生的分生孢子圆锥形,大小 3 ~ 4 × 1.5 ~ 2 (μm)。有性态在子座底部产生子囊壳,暗黑色,球形至扁球形,颈长。一个子座中有数个至数十个子囊壳都在子座顶部开口。子囊棍棒状,内含 8 个子囊孢子,子囊孢子椭圆形,有 1 横隔,大小 5.5 ~ 6 × 3 ~ 3.5(μm)。该菌生长最适温度 25~30℃。

传播途径和发病条件 病菌以子座和扇状菌丝层在病皮内越冬,分生孢子和子囊孢子都能侵染,子囊孢子 3 月上旬成熟释放,分生孢子 5 月开始释放,借雨水、昆虫及鸟类传播,从伤口侵入,经潜育 3 月底或 4 月初开始见到病斑,扩展迅速,到 10 月逐渐停滞。远程传播主要通过苗木。栗园管理跟不上,修剪过度,树势衰弱发病重。

防治方法 (1)中国的栗树是世界公认的抗干枯病树种,继续选育更抗病的品种,防止种性退化。(2)提倡通过改良土壤配方施肥、适当密植等技术措施提高树体抗病力,推广壮树防病理念十分重要。在技术上加强树体保护,进行树体培土,防止冻害发生。(3)提倡种植耐寒抗病的栗树品种,严格选用无病苗木,发现病苗、病接穗马上就地烧毁。(4)发现病斑、病枝,及时处理。清除病死枝条,发现病斑用快刀把病变组织和带菌组织彻底刮除后用波美 10 度石硫合剂或 5%菌毒清水剂 100~200 倍液或 80%乙蒜素乳油 200~400 倍液涂抹。再涂波尔多液进行保护。(5)发芽前用 30%戊唑·多菌灵悬浮剂 600 倍液喷洒树干。(6)发芽后用 30%戊唑·多菌灵悬浮剂或 21%过氧乙酸水剂 1000 倍液喷洒树干。30 天后再喷 1 次。(7)中国农大筛选出苯醚甲环唑 + 丙环唑、苯醚甲环唑、咯菌腈对栗干枯病防效好。

栗枝枯病(Chestnut twig blight)

症状 引起栗树枝枯或干部树皮腐烂。发病初期症状不明显,病程达到一定时间病枝上的叶片开始萎蔫,枝干上出现溃疡,皮层腐烂或开裂,逐渐失水干缩。春夏在病部长出很多粉红色小疣,即病原菌的分生孢子座,直径和高度均为 0.5~1.5 (mm)。秋季在其四周产生小疱状的红色子囊丛,剥开病皮可见木质部已褐变。枝干较细小的溃疡部可环绕 1 周,病部以上枝叶干枯。

病原 *Nectria cinnabarina* (Tode) Fr. 称朱红赤壳,属真菌界子囊菌门。子囊壳群集在瘤状子座上,近球形,顶部下凹,鲜红色,直径 400μm。子囊棍棒状,70 ~ 85 × 8 ~ 11(μm),侧丝粗,有分枝。子囊孢子长卵形,双胞无色,12 ~ 20 × 4 ~ 6(μm)。无性型为 *Tubercularia vulgaris* Tode ex Fr. 称普通瘤座孢,属真

板栗枝枯病病枝受害状(徐志宏摄)

菌界无性型真菌。分生孢子座大，粉红色。分生孢子梗长条形。分生孢子椭圆形，单胞无色，5～7×2～3(μm)，该菌为弱寄生菌，多为害树势衰弱的果树。

传播途径和发病条件 病树、病残体均是重要传染源，生长期子囊孢子或分生孢子随风雨或昆虫、工具传播，树势弱的栗树易发病。

防治方法 (1)精心养护，增施有机肥，注意提高栗树抗病力。(2)注意减少伤口，发现溃疡斑刮除溃疡部以后，涂抹30%乙蒜素乳油40倍液，也可在枝干上喷洒30%乳油400~500倍液或21%过氧乙酸水剂1000倍液，1个月后再喷1次。

栗种仁斑点病(Chestnut seed mold rot)

症状 是栗产区重要产后病害，南方比北方发病更重。国内栗产区除炭疽菌引起种仁产生黑斑外，还有黑斑病、镰刀菌褐腐病、青霉病等都常引发种仁斑点病。黑斑病，在栗仁上产生近圆形至不规则形、褐色至黑褐色病斑，边缘色深，病健部分界明显，病斑上常生灰色至灰黑色霉层，即病原菌分生孢子梗和分生孢子。镰刀菌褐腐病，在栗仁上产生不规则形褐色斑驳，有时现白色、粉色或浅紫色霉菌，严重的果实烂腐。青霉病栗仁上产生近圆形至不规则形褐色至黑褐色病斑，病斑上或内部伤口处可见青绿色霉层。

病原 引致种仁斑点病病原为 *Colletotrichum gloeosporiodes* (Penz.)Sacc. 称胶胞炭疽菌和 *Alternaria alternata* (Fr.:Fr.) Keissler 称链格孢。镰刀菌褐腐病病原有性型为 *Gibberella fujikuroi* 称藤仓赤霉；无性态为 *Fusarium moniliforme* 称串珠镰孢。青霉病为 *Penicillium expansum* 称扩展青霉等，均属真菌界无性型真菌。

栗种仁斑点病病果放大

栗种仁斑点病

传播途径和发病条件 上述病原菌菌源广泛，在寄主病残体或土壤中越冬，借风雨传播到栗果实上，板栗在采收后随水分丧失，抗病性逐渐降低，当栗仁表面失水20%左右时抗病性最低，这时上述病菌常乘机侵入引起发病，炭疽菌、链格孢菌生长期侵入幼果常不显症。褐腐病、青霉病采收后通过伤口侵入，贮存温度高、湿度大利于该病发生和扩展。

防治方法 (1)加强栽培管理，施用酵素菌沤制的堆肥或腐熟有机肥，提高抗病性。(2)选用抗病品种，防止生长期侵染，采收、加工、贮运过程中尽量减少机械伤口。注意保湿、防止栗果失水，把栗果贮存在0℃和相对湿度90%条件下或用气调贮存。(3)注意防治炭疽病，田间提前喷洒75%百菌清可湿性粉剂600倍液或50%异菌脲可湿性粉剂1000倍液，防治炭疽病、黑斑病，减少潜伏侵染带菌病果。串珠镰孢、青霉菌比例多时，选用50%福·异菌可湿性粉剂800倍液或50%甲基硫菌灵·硫磺悬浮剂700倍液。(4)试喷 *Bacillus subtilis* XM16 拮抗菌培养液500倍液，对炭疽菌、链格孢、镰刀菌、拟盘多毛孢、粉红单端孢等5种真菌抑制效果达100%。

板栗芽枯病(溃疡病)

症状 又称溃疡病，主要为害嫩芽。早春刚萌发的芽出现水渍状后变褐枯死。幼叶染病产生水渍状不规则形暗绿色病斑，后变成褐色，四周有黄绿色的晕圈。病斑扩大后，从新梢扩展到叶柄，最后叶片变褐内卷，花穗枯死脱落。

栗芽枯病(溃疡病)为害刚萌发的幼芽症状(张玉聚)

病原 *Pseudomonas syringae* pv.*castaneae* Takanashi et Shimizu 称丁香假单胞菌栗溃疡致病型，属细菌界薄壁菌门。

传播途径和发病条件 病原细菌在病部越冬，栗萌芽期开始侵染，增殖的病原细菌借风雨向四周扩展，栗展叶期进入发病高峰，雨日多或狂风暴雨利其发病。

防治方法 (1)发现病枝、病芽及时剪除，集中烧毁。(2)栗树发芽前涂抹3~5波美度石硫合剂或1：1：20的波尔多液、30%碱式硫酸铜悬浮剂400倍液，以减少越冬菌源。(3)发病初期喷洒50%氯溴异氰尿酸可溶性液剂1000倍液或3%中生菌素可湿性粉剂600倍液、68%硫酸链霉素可溶性粉剂2500倍液、20%叶枯唑可湿性粉剂600倍液+20%噻森铜悬浮剂600倍液。

板栗细菌性疫病（Wilt disease of live oak）

症状 主要为害栗果实和树干，尤其是成熟果实。病原细菌通过昆虫产卵器在果实上刺孔产卵留下的伤口处侵入，第一症状是入侵伤口处有渗出物，栗树汁液从伤口处渗出。栗果脱落后从栗果花萼处渗出，气候干旱时渗出物泡沫状，湿度大时没有泡沫呈水渍状，该病在夏末发生多或流行。树干染病产生水渍状溃疡。

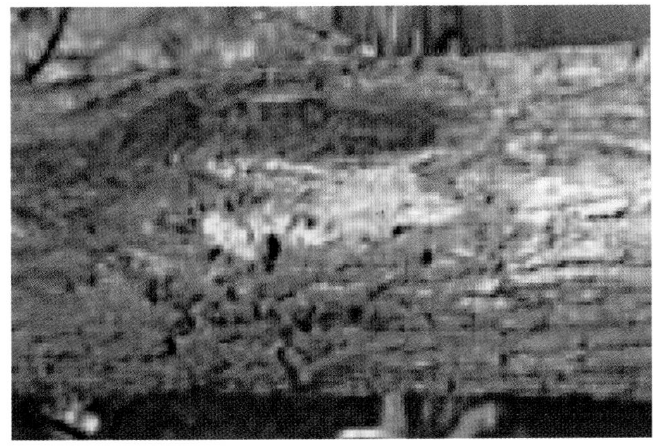

板栗细菌性疫病（栗栎欧文氏菌疫病）树干上溃疡症状

病原 *Erwinia quercina* Hildebrand and Schroth 称栎欧文氏菌，属细菌界薄壁菌门。菌体杆状，单生或链生，无芽胞，革兰氏染色阴性。生长最适温度27~32℃，42℃以上不再生长。

传播途径和发病条件 昆虫产卵造成的伤口是病菌侵染的主要条件，气温30℃左右，湿度大或雨日多易发病。

防治方法 (1)严格检疫。(2)发病初期喷洒80%波尔多液可湿性粉剂700倍液或20%噻森铜悬浮剂600倍液。

栗根霉软腐病（Chestnut soft rot）

症状 栗果实霉烂，灰白色，略软化，表生灰白色绵状霉，后期上现点状黑霉，即病原菌的菌丝、孢子囊梗和孢子囊。

病原 *Rhizopus stolonifer* (Ehr. ex Fr.)Vuill. 称匍枝根霉(黑根霉)，属真菌界接合菌门。菌丝初无色，后呈灰黑色，菌落生长很快；假根发达，根状，初无色后变成黄褐色，孢囊梗直立，2~4根丛生，壁光滑，浅褐色至深褐色，直径12~22(μm)，孢子囊球状至亚球状，成熟时黑色，有小刺，直径95~187(μm)。孢囊孢子球形，大小5~8×4.5~6.5(μm)。

栗软腐病病果上的孢囊梗和孢子囊

传播途径和发病条件 病菌寄生性弱，分布十分普遍，可在多种植物上生活，条件适宜产生孢子囊，释放出孢囊孢子，靠风雨传播，病菌从伤口或生活力衰弱或遭受冷害等部位侵入，该菌分泌果胶酶能力强，致病组织呈浆糊状，在破口处又产生大量孢子囊和孢囊孢子，进行再侵染。气温23~28℃，相对湿度高于80%易发病，果实伤口多发病重。

防治方法 (1)加强肥水管理，保持通风透光。(2)防止产生日烧果，果实成熟后及时采收，不要长时间挂在枝上。发现病果及时摘除，集中处理。雨后及时排水，防止湿气滞留，注意通风换气。(3)贮运时注意减少伤口。

栗树腐烂病

症状 栗树腐烂病危害栗树枝干。发病初期，枝干上病斑褐色，稍隆起，水渍状，病组织褐色、腐烂，常流出褐色汁液。后期病斑干缩、凹陷，上面密生橙黄色小粒点，为病菌的分生孢子器。雨后或空气潮湿时，涌出卷须状黄色分生孢子角。秋季在病部产生褐色小粒点，为病菌的子座。

小枝发病，病斑暗褐色，扩展迅速，呈枝枯症状。病部后期产生黑色小粒点，为病菌的分生孢子器。

病原 *Valsa ceratophora* 属真菌界子囊菌门。无性型为 *Cytospora ceratophora*，属真菌界无性型真菌。

传播途径和发病条件 病菌以菌丝体、分生孢子器和子囊壳在病组织上越冬，产生分生孢子，借风雨传播，从伤口侵入。发病轻重与品种抗寒性关系密切，生产上不耐寒的品种发病重。

防治方法 参见板栗干枯病。

栗树腐烂病

栗腐烂病病果

板栗栎链格孢褐斑病

症状 主要为害叶片，多发生在叶缘，产生不规则形病斑，褐色至深褐色，病菌菌丝、分生孢子梗、分生孢子主要生在叶面。发生严重时多斑融合成不规则大斑，造成叶片卷曲干枯。

栗链格孢褐斑病发病初期症状

病原 *Alternaria querei* T. Y. Zhang 称栎链格孢，属真菌界无性孢子类。分生孢子梗单生或簇生，直立，直或屈膝状弯曲，暗褐色，有分隔，生 1 至数个孢痕，47.5 ~ 65 × 3.5 ~ 6(μm)。分生孢子单生或短链生，倒梨形，褐色，具横隔膜 3~6 个，纵、斜隔膜 2~4 个，孢身 19.5 ~ 47 × 12 ~ 25(μm)。喙柱状或锥状，顶端略膨大，8 ~ 24 × 3.5 ~ 5(μm)。

传播途径和发病条件 栎链格孢在病部或芽鳞内越冬，借昆虫和风雨传播，雨日多、雨量大，栗园肥力不足或树势衰弱易发病。

防治方法 (1)综合分析制定板栗园科学合理施肥方案，实行配方施肥，增施有机肥，使土壤有机质含量达到 2%，增强树势，提高抗病力，有条件的栗园采用水、肥一体化技术可大大减少发病。(2) 发病初期喷洒 50%异菌脲可湿性粉剂 900 倍液或 50%福·异菌可湿性粉剂 800 倍液。

板栗赤斑病

症状 板栗赤斑病是生产上常发的重要病害。初发病时，在叶脉上或叶缘产生近圆形至不规则形褐红色病斑，边缘深褐色，直径 2~8(mm)，后期病斑中部长出黑色小粒点，即病原菌的分生孢子器。雨后病斑扩展迅速，多斑融合后连成一片，叶

板栗赤斑病受害状(徐志宏摄)

板栗赤斑病为害叶片放大(徐志宏原图)

缘上卷，出现半叶或全叶干枯，造成叶片大量干枯脱落，或果实落果。

病原 *Phyllosticta castaneae* Ellis et Everhart 称栗叶点霉，属真菌界无性型真菌。分生孢子器散生在叶面，初埋生，后外露，球形至扁球形，直径 75~165(μm)，高 60~115(μm)；器壁厚 8~12(μm)，形成瓶形产孢细胞，上生分生孢子；器孔口居中，产孢细胞单胞无色，5 ~ 12 × 4 ~ 6(μm)；分生孢子卵形，两端钝，有的略弯，单胞无色，5 ~ 7 × 2 ~ 3(μm)。

传播途径和发病条件 病原真菌以分生孢子器在病斑上或随病落叶进入土壤中越冬，成为翌年该病的初侵染源，春季气温升高，雨日来临，板栗叶子展开时，从分生孢子器中涌出的分生孢子，借助风雨或昆虫传播到板栗叶片上，从伤口或气孔侵入，经几日潜育在病叶上扩展蔓延，造成 6~7 月病株出现大量病落叶和病果。

防治方法 (1)秋末冬初把病落叶、病果、修剪下的病枝搜集到一起集中烧毁。(2)合理修剪，加强肥水管理，提高栗树抗病力十分重要。(3)春季栗树展叶期喷洒 1∶1∶160 倍式波尔多液或 80%波尔多液可湿性粉剂 700 倍液预防。发病初期喷洒 30%戊唑·多菌灵悬浮剂 1000 倍液或 50%异菌脲可湿性粉剂 1000 倍液。

板栗褐斑病(灰斑病)

症状 主要为害叶片。产生褐色小斑点，后逐渐扩展成近圆形至不规则形病斑，多个病斑融合成不规则形大斑，褐色或

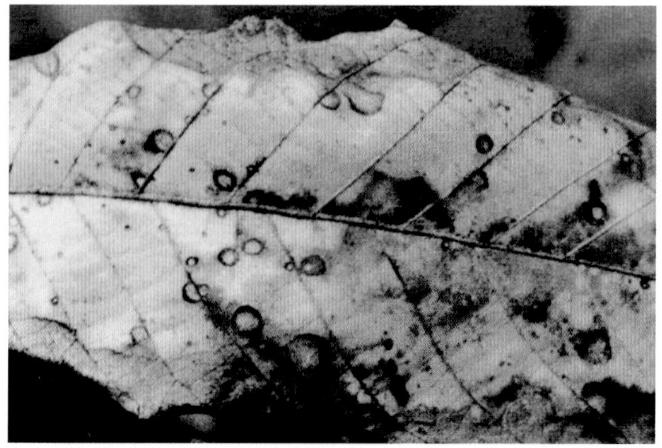

板栗褐斑病(张炳炎)

暗紫色，四周现黄色晕圈，中央散生黑色小粒点，即病原菌的分生孢子器。发病重的病叶提早脱落，尤其是暴风雨后很易大量落叶，引起树势衰弱。

病原 *Phyllosticta maculiformis* (Persoon) Saccardo 称斑形叶点霉，属真菌界无性型真菌。分生孢子器球形至扁球形，直径80~100(μm)。器壁膜质；分生孢子圆筒形或棍棒形，两端平，平滑无色，大小4×1(μm)。

传播途径和发病条件、防治方法 参见板栗赤斑病。

板栗斑点病

症状 主要为害叶片，夏秋两季开始发病。初发病时叶上产生褐色小病斑，扩展后变成黄褐色病斑，直径3~5(mm)，周围色略深。发病重的多个病斑相互融合成不规则大斑，病斑表面散生黑色小粒点，即病原菌分生孢子器。

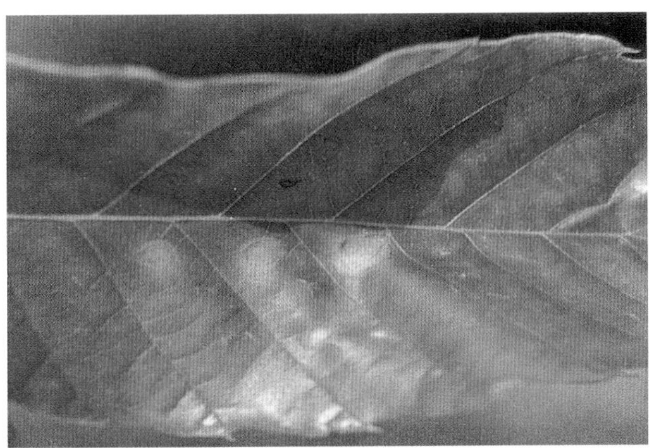

板栗斑点病发病初期症状

病原 *Tubaria japonica* (Saccardo) Sutton 属真菌界无性型真菌。分生孢子圆形至宽椭圆形，单胞无色，有双重膜，大小40~55×34 ~ 45(μm)。

传播途径和发病条件 直到目前尚未见侵染规律报道，生产上树体枝叶过多过密，通风透光不良或树势衰弱的栗园发病多且重。造成叶片早落。

防治方法 (1)加强肥水管理，施足有机肥，提高树体抗病力。(2)适时修剪，剪除过密枝条，改善通透性。(3)发病初期喷洒50%苯菌灵可湿性粉剂800倍液或70%甲基硫菌灵水分散粒剂1000倍液。

板栗毛毡病

症状 主要为害栗树叶片，遇有锈壁虱侵害叶片时，叶背面或叶片正面产生不规则的苍白色小斑点，后随病斑不断扩大突破病部表皮，出现密集的白色绒毛，后略带红色，最后变成褐色似毛毡状，故称毛毡病，严重的叶片扭曲变形，造成叶片早期脱落。

病原 *Colomerus dispar* Pagenstecher 锈壁虱，属节肢动物门瘿螨科。虫体小，圆锥形，需在放大镜或显微镜下才能看清虫体特征，生产上主要靠田间受害状判断。

防治方法 花前或落花后喷洒40%毒死蜱乳油1000倍液或20%氯氰·毒死蜱乳油1000倍液。

板栗毛毡病叶背面的毛毡

板栗叶斑病

症状 主要为害叶片，初在叶片上产生红褐色小斑点，后扩展为圆形至椭圆形深褐色病斑，中央红褐色，外围有黄绿色至黄褐色晕圈，后期病斑中部产生轮状排列的黑色小粒点，即病原菌的分生孢子盘。叶背面病斑灰色，边缘褐色。病情严重的叶片干枯脱落。

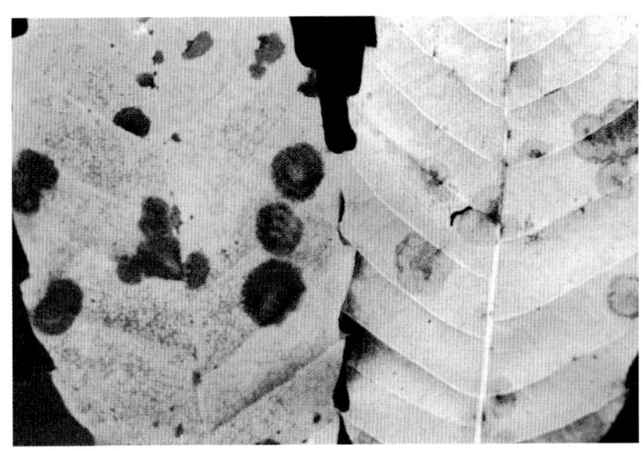

板栗叶斑病

病原 *Monochaetia monochaeta* (Desm.) Allesch 称单毛盘单毛孢，属真菌界无性型真菌。病斑上密生分生孢子盘。分生孢子纺锤形，有4个隔膜，中间3个细胞较大，暗褐色，两端细胞无色，着生1根无色纤毛，分生孢子大小为16 ~ 18.5×6.5 ~ 7(μm)，中间细胞光滑、薄壁，长11 ~ 13(μm)，顶端纤毛长6 ~ 9(μm)，基部附属物长1~2(μm)。

传播途径和发病条件 病菌在病叶上越冬，翌春气温升高，雨后产生子囊孢子、分生孢子进行初侵染和多次再侵染，多在7月开始发病，9月病斑迅速增加，引起叶片早落。雨日多的年份发病重。

防治方法 (1)及时清除病落叶，集中烧毁。(2)发病前喷洒70%甲基硫菌灵水分散粒剂1000倍液或80%福美双水分散粒剂1000倍液、30%戊唑·多菌灵悬浮剂1000倍液。

板栗木腐病

症状 真菌寄生在板栗树干或大枝上，造成受害部位的树皮和木质部腐朽脱落，轻者露出木质部，同时病菌向四周扩展

栗树裂褶菌木腐病

形成大型长条状或梭形大溃疡斑，后期病部长出灰白色覆瓦状的子实体，受害处木材变白腐朽，严重时可造成病树枯死。

病原 *Schizophyllum commune* Fr. 称裂褶菌，属真菌界担子菌门。病菌形态特征、病害传播途径、防治方法参见樱桃、大樱桃木腐病。

板栗白纹羽病

症状 主要为害根部，引起霉烂。初发病时，由细根扩展到侧根和主根上，病根表面产生白色至灰白色丝状菌丝纠结成的根状菌索，后期腐烂的柔软组织大部消失，外部的栓皮层似鞘状套套在木质部外面，木质部上有时可见黑色小菌核。

病原 *Rosellinia necatrix* Berl. ex Prill. 称褐座坚壳，属真菌界子囊菌门。病菌形态特征、病害传播途径和发病条件、防治方法参见苹果白纹羽病。

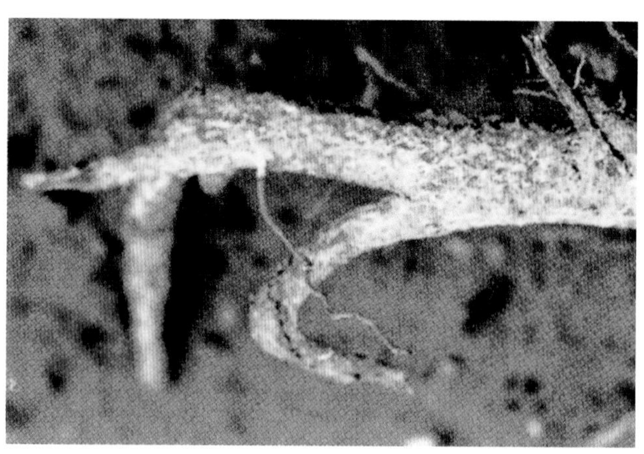
板栗白纹羽病（张炳炎）

板栗流胶病

板栗细菌性流胶病是广西隆安县板栗生产上新发现的头等病害，发生面积较大，已经波及4个乡镇，部分板栗园发病率高达46%，严重影响板栗的长势和次年的结果率。

症状 树干上有流胶点或大型胶滴，树势衰弱。

病原 初步鉴定为细菌性病害，学名待定。

防治方法 (1)6月下旬重点预防板栗流胶病。可向树干喷洒53.8%氢氧化铜悬浮剂600倍液或1：1：150~200倍式波尔多液。(2)对已发病的树干上的流胶点用20%噻森铜悬浮剂600倍液+68%农用硫酸链霉素可湿性粉剂1500倍液或20%噻森铜悬浮剂600倍液+25%叶枯唑可湿性粉剂600倍液注射到流胶组织内。(3) 也可喷洒30%戊唑·多菌灵悬浮剂1000倍液。

2. 板 栗 害 虫

栗皮夜蛾（Chestnut fruit noctuid）

学名 *Characoma ruficirra* Hampson 鳞翅目，夜蛾科。别名：栗洽夜蛾。分布：山东、河南等地。

寄主 栗、橡树。

为害特点 幼虫蛀食栗蓬和栗实，引致脱落，并可啃食嫩枝皮、雄花絮、穗轴及叶柄，偶有蛀入嫩枝和叶柄内为害者。

栗皮夜蛾成虫（左）和幼虫

形态特征 成虫：体长10～18(mm)，体浅灰黑色，触角丝状，复眼黑色，前胸背、侧面及胸部背面鳞片隆起，前翅亚外缘线与中横线间灰白色，其间近前缘处具1半圆形黑色大斑，近后缘处具黑色眼状斑，斑上生1眉状弯曲短线，内横线为平行双黑线。后翅浅灰色。卵：长0.6～0.8(mm)，半圆形，卵顶有1个圆形突起，周围有放射状隆起线，乳白至橘黄色，近孵化时灰白色。幼虫：体长13mm左右，初孵幼虫浅褐色，后变褐至绿褐色。前胸盾和臀板深褐色，中、后胸背面具毛片6个，横向排列成直线，腹部1～7节背面有毛片4个排成梯形。蛹：长10mm左右，粗短，体节间多有白粉，背面深褐色，腹面及翅芽浅黄色。茧：黄褐色。

生活习性 山东年生2～3代。以幼虫在被害栗蓬总苞内越冬，橡树上越冬场所不明。1、2代主要为害板栗；3代产卵于橡树上。翌年6月初第一代卵始见，6月上、中旬进入产卵盛期，卵期3～6天，幼虫6月上旬始见孵化，中旬进入盛期，下旬开始老熟作茧化蛹，6月底至7月上旬为化蛹盛期，蛹期9～14天。6月底始见2代卵，7月中、下旬为盛期。卵期2～3天。二代幼虫7月初始见，7月中、下旬进入盛期，7月下旬～8月上

旬为蛀蓬盛期，一只幼虫常为害2、3个蓬。7月下旬后，幼虫老熟作茧化蛹，8月中、下旬为化蛹盛期，蛹期11天左右，2代成虫8月上旬始见羽化，8月底至9月中旬进入盛期。局部地区可发生第三代。成虫昼伏夜出，一般羽化后2、3天开始交配产卵。第1代卵开始多产在新梢嫩叶上，后则产在幼蓬上，此代幼虫主害幼蓬和雄花穗。第二代卵多产在蓬刺端部，幼虫孵化后先食蓬刺，后转食蓬皮，最后蛀入栗实，直达蓬心。第三代卵均产于橡树秋梢叶片上，幼虫只为害橡树。

防治方法 当前主要是药剂杀卵及初孵幼虫，即掌握1、2代卵盛孵期各喷一次80%敌敌畏乳油1000倍液或48%毒死蜱乳油1500倍液。可取显著效果。其他药剂参考核桃举肢蛾树上使用药剂。

栗实象虫(Chestnut weevil)

学名 *Curculio davidi* Fairmaire 鞘翅目，象甲科。别名：板栗象鼻虫、栗象。分布：黑龙江、吉林、辽宁、山东、河南、安徽、江苏、浙江、湖北、湖南、江西、福建、广东、陕西、甘肃、四川、贵州、云南。云南曾报道栗象甲为栗实象(*Curculio davidi*)，后经调查云南板栗象甲有二斑栗象(*C. bimaculatus* Faust)和柞栗象(*C. dentipes* (Roelojs))两种。

寄主 板栗、茅栗、栎类、榛子和梨等。

为害特点 幼虫在栗实内为害子叶，内充满虫粪，被害栗失去发芽能力和食用价值；成虫食害嫩枝、嫩叶和幼果。

形态特征 成虫：雌体长7.2～9(mm)，雄体长6.9～8(mm)，体黑褐色，被灰白鳞毛。触角11节，端部3节略膨大。雌虫头管长9～12 (mm)，触角着生于头管近基部1/3处；雄虫头管长4.2～5.2(mm)，触角着生于头管的1/2处。头部与前胸交接处有1块白色鳞斑，鞘翅上各有两条由白色鳞片组成的横带。足黑色被白色鳞片，腿节内侧下方有一小齿。卵：椭圆形，长1.5mm左右，表面光滑有光泽。幼虫：体长8～12(mm)，微弯，头黄褐色，胴部乳白色多横皱，疏生短毛。蛹：灰白色，长7～11(mm)，头管伸向腹部下方。

栗实象成虫

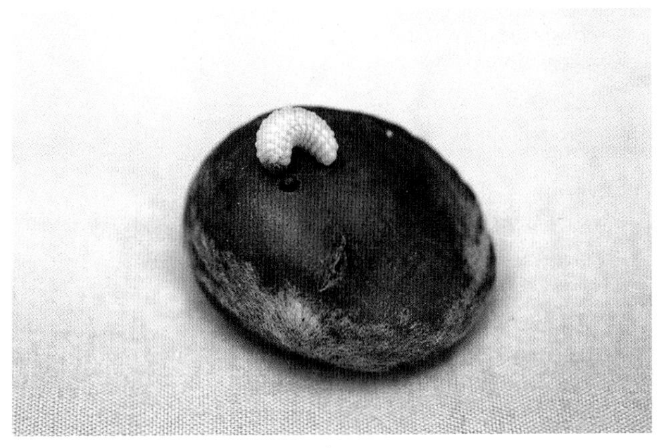

栗实象幼虫

生活习性 云南年生1代，长江流域以北地区2年1代。以老熟幼虫在树冠下土内4～12(cm)处作室越冬。翌年6～7月化蛹，蛹期10～15天，7月下旬羽化，8月中旬为羽化盛期，羽化后于土室内静伏5～10天，然后出土为害，成虫白天活动，假死性强，10余天后交配产卵，产卵时先在果皮上咬1小洞，然后产卵洞内，一般1洞1粒。9月为产卵盛期，卵期12～18天。幼虫期1个月左右，早期被害果往往脱落，后期被害果不脱落，幼虫老熟蛀一圆孔脱出。2年1代者幼虫第3年化蛹羽化出土。在板栗上产卵密度取决于栗苞苞刺的结构，一般苞刺密而长，质地坚硬，苞壳厚的品种较抗虫。纯栗林被害轻；栗和栎类混栽林受害重。

防治方法 (1)选用大型、苞刺密而长，苞壳厚、质地硬的抗虫品种。如香甜栗、金黄栗、早大栗、牛心栗等。(2)栎类植物尽量避免栽于栗园内或附近。(3)秋末冬初深翻土地至15cm以下，杀死越冬幼虫。(4)幼虫脱果前集中短期内采收，堆果场撒2.5%辛硫磷微粒剂或1%敌马粉剂等以毒杀脱果幼虫。(5)栗实脱粒后用50～55℃温水浸种10分钟，可杀死果内幼虫。(6)脱粒后将栗果集中于密闭薰蒸室内，每50m^{3}用二硫化碳1.5~2.5kg，薰蒸48小时可将果内幼虫全部杀死。(7)成虫出土后产卵前于树上喷洒80%敌敌畏或40%毒死蜱1000倍液，连续喷药2～3次。成虫出土前药剂处理土壤，参考桃小食心虫或撒施辛硫磷、敌百虫等粉剂。(8)郁蔽栗园可于成虫发生期使用烟剂薰杀成虫。

栗实蛾(Nut fruit tortrix)

学名 *Laspeyresia splendana* Hübner 鳞翅目，卷蛾科。别名：栗子小卷蛾、胡桃实小蠹蛾、栎实小蠹蛾。分布：黑龙江、吉林、辽宁、内蒙古、山西、河北、北京、天津、陕西、甘肃、宁夏、青海、新疆等省。

寄主 栗、核桃、栎、榛等。

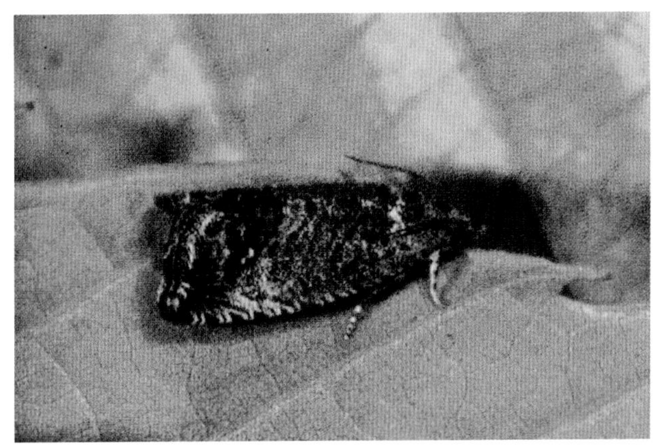

栗实蛾成虫栖息在叶片上

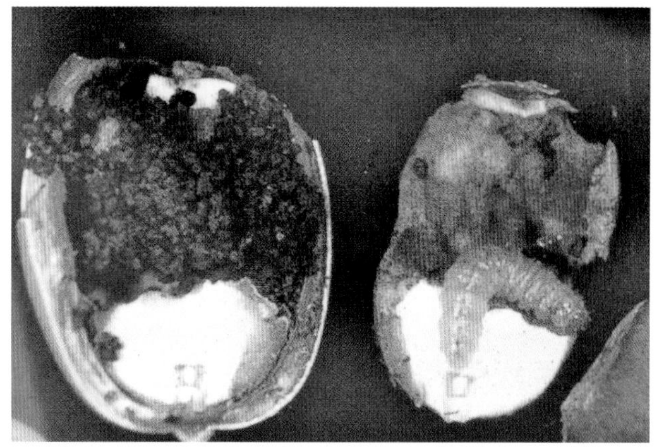
栗实蛾幼虫在栗果内蛀害

为害特点 幼虫取食栗蓬，稍大蛀入果内为害，有者咬断果梗，致栗蓬早期脱落。

形态特征 成虫：体长7～8(mm)，体银灰色，前、后翅灰黑色，前翅前缘有向外斜伸的白色短纹，后缘中部有四条斜向顶角的波状白纹。后翅黄褐色，外缘为灰色。卵：扁圆形，长1mm，略隆起，白色半透明。幼虫：体长8～13(mm)，圆筒形，头黄褐色，前胸盾及臀板淡褐色，胴部暗褐至暗绿色，各节毛瘤色深，上生细毛。蛹：稍扁平，黄褐色，体长7～8(mm)。腹节背面各具两排突刺，前排刺稍大。

生活习性 辽宁、陕西秦岭一带年生1代，均以老熟幼虫结茧在落叶或杂草中越冬。东北翌年6月化蛹，蛹期13～16天；7月中旬进入羽化盛期。成虫寿命7～14天，白天静伏在叶背，晚上交配产卵，卵多产在栗蓬刺上和果梗基部。初孵幼虫先蛀食蓬壁，而后蛀入栗实，从蛀孔处排出灰白色短圆柱状虫粪，堆积在蛀孔处，一果里常有1～2头幼虫，幼虫期45～60天，老熟后咬破种皮脱出，落地后结茧化蛹。

防治方法 (1)秋末彻底清除栗园枯枝落叶、杂草等地被物，集中烧毁，可消灭大量越冬幼虫。(2)生物防治：卵发生期667m² 放赤眼蜂30余万头，有较好效果。(3)药剂防治：幼虫孵化至蛀果前喷药，重点是栗蓬。所用药剂参考核桃举肢蛾。

栗瘿蜂(Chestnut gall wasp)

学名 *Dryocosmus kuriphilus* Yasumatsu 膜翅目，瘿蜂科。别名：栗瘤蜂。分布：几乎遍布我国各板栗产区。

栗瘿蜂为害叶片状

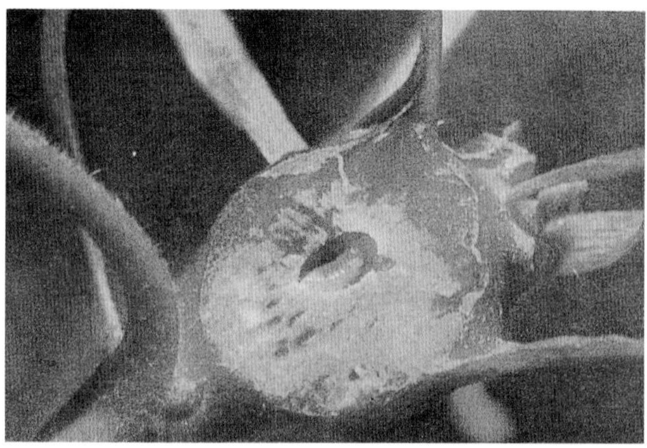
栗瘿蜂幼虫

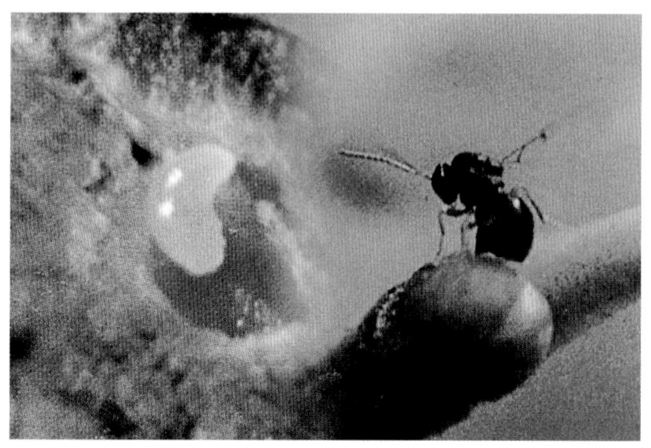
栗瘿蜂幼虫和成虫

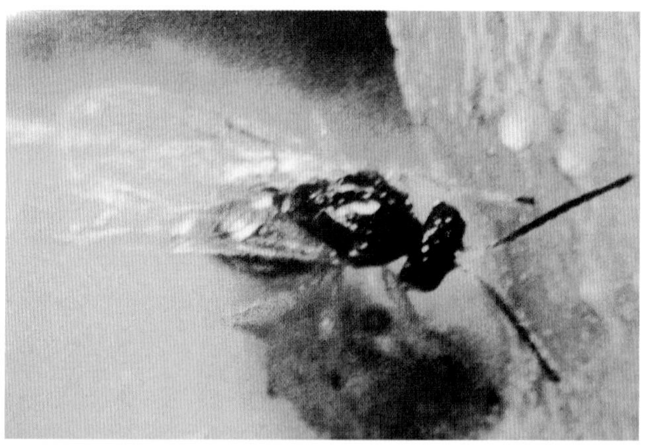
栗瘿蜂成虫(邱强)

寄主 栗树、毛栗、珍珠栗。

为害特点 幼虫为害芽、叶和嫩梢，形成瘿瘤而不能抽枝和开花，叶小呈畸形，严重时树势衰弱、枝条枯死，产量大减。

形态特征 成虫：体长2～3(mm)，黄褐至黑褐色有光泽。头短宽，触角丝状14节，柄节和梗节黄褐色，鞭节褐色。胸部膨大背面光滑，前胸背板有4条纵隆线，小盾片上翘而尖。足黄褐色，后足发达。翅白色透明，翅脉褐色，无翅痣。腹部侧扁，产卵管针状，平时齐于尾端。卵：椭圆形，乳白色，长0.1～0.2(mm)，略弯曲，末端有细柄，柄长0.6mm左右。幼虫：体长2.5～3(mm)，纺锤形略弯曲，两端稍细，钝圆。口器淡褐至黄褐色，胴部12节无皱纹，乳白色，无足。老熟时体黄白色。蛹：长2～3(mm)，初乳白色，渐变黄褐色，复眼红色，羽化前体黑色。

生活习性 年生一代,以初龄幼虫于芽内越冬。栗芽萌发时开始活动为害,新梢长 1.5～3(cm)时便出现瘿瘤,逐渐膨大略成圆形,幼虫老熟后于瘿瘤内化蛹。在河北:化蛹期为 5 月下旬～7 月上旬,盛期为 6 月上中旬。蛹期 15 天左右。羽化期为 6 月上旬～7 月下旬,盛期为 7 月上旬前后,羽化后约经 15 天左右才咬破瘿瘤钻出。成虫白天活动,飞行力不强,晴朗无风天可在树冠附近飞翔,夜晚栖息在叶背。行孤雌生殖,卵多产在饱满芽内,产卵管刺入芽内将卵产于柔嫩组织中,每芽内产 2～3 粒,每雌可产卵 11～52 粒。出瘿瘤的成虫可活 3～7 天,产完卵即死亡。卵期 15 天左右。幼虫孵化后即于芽内为害花、叶的原基组织,并形成小虫室,9 月中下旬开始于内越冬。一般向阳、地势低洼、避风郁闭的栗林发生较重,就单株而言内膛和树冠下部枝上发生较多。天敌国内发现有 10 余种寄生蜂,长尾小蜂寄生率较高。

防治方法 (1)加强综合管理合理修剪,使树体通风透光可减少发生。(2)夏季成虫羽化前剪除瘿瘤枝条集中处理,为保护寄生蜂应将瘿瘤放纱笼内,纱孔以栗瘿蜂成虫不能钻出为限,置园内让寄生蜂飞出现行寄生。据湖北省报道,当本地优势天敌中华长尾小蜂益害比达到 1∶5 时,能抑制栗瘿蜂大发生。(3)成虫出瘿期喷洒 80%敌敌畏乳油或 20%氰戊菊酯乳油 1500 倍液;40%毒死蜱乳油 1000 倍液;10%吡虫啉可湿性粉剂 2000 倍液毒杀成虫效果很好;郁闭度大的栗林可用烟剂薰杀成虫。也可于春季新梢生长前或 7、8 月栗苞膨大前,结合施肥,施入根际周围 30%乙酰甲胺磷乳油 6~9g/株或 50%杀螟丹可湿性粉剂 10~15g/株。(4)不要在栗瘿蜂发生的栗林采接穗,以防扩大蔓延。

板栗园桃蛀螟

学名 *Conogethes punctiferalis* (Guenée) 鳞翅目草螟科,别名:豹纹斑螟。以幼虫蛀害栗嫩茎、栗蓬和栗果实,栗果内虫粪堆积不堪食用,并造成落花落果,对栗产量和质量影响特别大。该虫除为害栗外,还严重为害桃、李、石榴、梨、玉米、向日葵等。各地发生代数不同,辽宁 1 年 2 代,陕西、山东 1 年 2~3 代,河北、江苏 1 年 4 代,浙江、江西、湖北 1 年 5 代,湖南 1 年 6~7 代,均以老熟幼虫越冬,越冬场所有果树翘皮裂缝、树洞、堆果场、仓库缝隙,翌年 4 月开始化蛹,第 1 代、第 2 代幼虫主害栗果、少数为害李、梨等,或转移到玉米上为害,以后各代主要为

板栗园桃蛀螟成虫

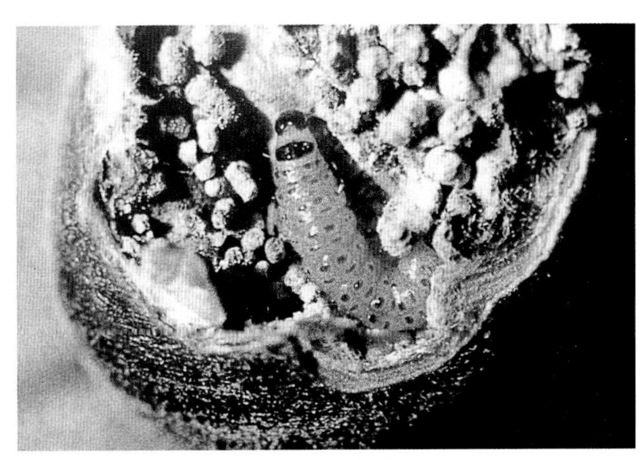

板栗园桃蛀螟幼虫蛀食栗果(徐志宏)

害板栗、石榴、玉米、向日葵等。

防治方法 (1)冬季清除林间地面落果,4 月份前处理完,并把板栗树枝干老皮刮除,集中烧毁,消灭越冬幼虫。(2)拾捡落果并销毁,摘除有虫果。(3)药剂防治。掌握在第 3、第 4 代成虫盛发期(7 月下至 8 月下旬)重点喷洒栗蓬,有效杀虫剂有 50%杀螟硫磷乳油 1000 倍液或 2.5%溴氰菊酯乳油 2000 倍液、5%氟铃脲乳油 1500 倍液。(4)栗蓬采收后及时脱粒,并挑出虫果集中烧毁或深埋。同时对附近的桃、李、山楂、玉米、向日葵等也都进行防治,效果才能好。

栗花翅蚜

学名 *Myzocallis kuricola* Matsumura 同翅目,蚜科。别名:栗角斑蚜。

寄主 板栗。

为害特点 以成、若蚜群集在叶片背面主脉或侧脉两侧刺吸寄主汁液,有时也为害幼嫩枝条严重影响叶片的光合作用和新梢生长。

形态特征 无翅胎生雌成蚜:体长 1.4mm,体暗褐或淡红褐色,胸、腹部背面两侧具黑色斑点。有翅胎生雌成蚜:体长约 1.5mm,赤褐色,翅透明,沿纵脉呈淡黑色带状斑纹,腹部背面中央两侧具黑色斑纹。卵:椭圆形,长径约 0.4mm,黑绿色。若蚜:头胸部棕褐色,腹部紫褐色。

生活习性 年发生多代,以卵在寄主枝杈部位越冬。翌年 4 月上旬栗树芽体萌动时,越冬卵开始孵化,若蚜初期先群集

栗花翅蚜

于芽体为害，以后随着芽体生长、嫩梢抽长和叶片展开，逐渐迁移到嫩梢和幼叶为害，并排泄蜜露污染叶片，导致煤污病的发生。天气干旱往往有利于其发生为害，严重时可引起早期落叶。10月底前后出现性蚜，在枝条上交尾后，寻找适宜场所产卵越冬。

防治方法 (1)芽体萌动时，树体喷洒3~5度石硫合剂或40~60倍松脂合剂，可控制越冬卵的孵化。(2)幼叶展开后，喷洒20%甲氰菊酯1800倍液或5%S-氰戊菊酯乳油或50g/L乳油2500倍液、25%吡蚜酮可湿性粉剂2000~2500倍液、10%氯噻啉可湿性粉剂4000~5000倍液。

栗大蚜(Large chestnut aphid)

学名 *Lachnus tropicalis* (Van der Goot) 同翅目，大蚜科。别名：栗大黑蚜、栗枝大蚜、黑大蚜。

栗大蚜(张毅原图)

寄主 栗和栎类。

为害特点 成、若虫群集枝梢上或叶背面和栗蓬上吸食汁液，影响枝梢生长。

形态特征 成虫：有翅胎生雌蚜体长约4mm，黑色，被细短毛，腹部色较浅。触角第3节长于第4、5节之和，约有次生感觉圈10个。翅色暗，翅脉黑色，前翅中部斜向后角处具白斑2个，前缘近顶角处具白斑1个。腹管短小凸起，尾片半圆形生细毛。无翅胎生雌蚜体长约5mm，黑色被细毛，头胸部窄小略扁平，占体长1/3，腹部球形肥大，触角第3节有次生感觉圈6个，足细长。腹管和尾片同有翅胎生雌蚜。卵：长椭圆形，长约1.5mm，初暗褐色，后变黑色具光泽。若虫：多为黄褐色，与无翅胎生雌蚜相似，但体较小，色淡，后渐变深褐色至黑色，体平直近长椭圆形。有翅若蚜胸部发达，具翅芽。

生活习性 年生多代，以卵于枝干皮缝处或表面越冬，阴面较多，常数百粒单层排在一起。翌年4月孵化，群集在枝梢上繁殖为害，5月产生有翅胎生雌蚜，迁飞扩散至嫩枝、叶、花及栗蓬上为害繁殖，常数百头群集吸食汁液，到10月中旬产生有性雌、雄蚜，交配产卵在树缝、伤疤等处，11月上旬进入产卵盛期。属留守式类型。

防治方法 (1)冬季刮皮消灭越冬卵。(2)在树干1m高处刮除粗皮，露出黄白色皮层，成30cm宽的环状带，涂抹10~20倍的40%乐果乳油，10~15天后再涂抹1次，涂完后用旧报纸包扎，以防人畜中毒。(3) 越冬卵孵化后喷洒10%烯啶虫胺水剂2000倍液或50%吡虫啉可湿性粉剂4000倍液。

栗黄枯叶蛾

学名 *Trabala vishnou* Lefebure 鳞翅目，枯叶蛾科。别名：栎黄枯叶蛾、绿黄枯叶蛾、蓖麻枯叶蛾。分布：山西、河北、河南、安徽、江苏、浙江、湖北、湖南、江西、福建、台湾、陕西、甘肃、四川、云南。

栗黄枯叶蛾成虫(吴增军)

栗黄枯叶蛾幼虫生黄白相间背纵带(梁森苗摄)

寄主 栗、核桃、海棠、苹果、山楂、石榴、柑橘、咖啡、蓖麻等。

为害特点 幼虫食叶成孔洞和缺刻，严重时将叶片吃光，残留叶柄。

形态特征 成虫：雌体长25～38(mm)，翅展60～95(mm)，淡黄绿至橙黄色，头黄褐色杂生褐色短毛；复眼黑褐色；触角短、双栉状。胸背黄色。翅黄绿色，外缘波状，缘毛黑褐色，前翅近三角形，内线黑褐色，外线波状暗褐色，亚端线由8～9个暗褐斑纹组成断续波状横线，后缘基部中室后具1黄褐色大斑。后翅内、外线黄褐色波状。腹末有暗褐色毛丛。雄较小，黄绿至绿色，翅绿色，外缘线与缘毛黄白色，前翅内、外线深绿色，其内侧有白条纹，亚端线波状黑褐色，中室端有1黑褐色点；后翅内线深绿，外线黑褐色波状。腹末有黄白色毛丛。卵：椭圆形，长0.3mm，灰白色，卵壳表面具网状花纹。幼虫：体长65～84(mm)，雌长毛深黄色，密生，雄灰白色。全体黄褐色。头部具不规则深褐色斑纹，沿颅中沟两侧各具1黑褐色纵纹。前胸盾中部具黑

褐色"×"形纹；前胸前缘两侧各有1较大的黑色瘤突，上生1束黑色长毛。中胸后各体节亚背线，气门上、下线和基线处各生1较小黑色瘤突，上生1簇刚毛，亚背线、气门上线瘤为黑毛，余者为黄白色毛。3~9腹节背面前缘各具1条中间断裂的黑褐色横带，其两侧各有1黑斜纹。气门黑褐色。蛹：赤褐色，长28~32(mm)。茧：长40~75(mm)，灰黄色，略呈马鞍形。

生活习性 山西、陕西、河南年生1代，南方2代，以卵越冬，寄主发芽后孵化，初孵幼虫群集叶背取食叶肉，受惊扰吐丝下垂，2龄后分散取食，幼虫期80~90天，共7龄，7月开始老熟，于枝干上结茧化蛹。蛹期9~20天，7月下旬~8月羽化，成虫昼伏夜出，有趋光性，多于傍晚交配。卵多产在枝条或树干上，常数十粒排成2行，黏有稀疏黑褐色鳞毛，状如毛虫。每雌可产卵200~320粒。2代区，成虫发生于4~5月和6~9月。天敌有蠋敌、多刺孔寄蝇、黑青金小蜂等。

防治方法 (1)冬春剪除越冬卵块集中处理。(2)捕杀群集幼虫。(3)幼虫发生期药剂防治，参考苹果小卷蛾。

板栗园大灰象甲(Big gourd shaped weevil)

学名 *Sympiezomias velatus* (Chevrolat) 鞘翅目，象甲科。别名：大灰象鼻虫。分布在黑龙江、吉林、辽宁、内蒙古、山西、河北、河南、江苏、浙江、江西、福建、湖北、湖南、广西、广东等地。

大灰象甲雌、雄成虫放大

寄主 成虫除为害栗、核桃外，还为害蔷薇科果树、柑橘、草莓、枣以及棉、豆、麻等多种植物。

为害特点 成虫为害幼芽、嫩叶和嫩梢，幼虫于土中食害地下组织。

形态特征 成虫：体长8~12(mm)，灰黄至灰黑色。复眼黑色，椭圆形。触角膝状11节，端部4节膨大呈棒状，着生于头管前端，柄节纳入喙沟内。头管短宽背面具3条纵沟。前胸稍长，前、后缘较平直，两侧略呈圆形，背面中央有1条纵沟；鞘翅略呈卵圆形，末端较尖，鞘翅上各有10条纵刻点列和不规则的黑褐色斑纹略呈"U"形；雄鞘翅末端和腹末均较钝圆，雌均尖削。后翅退化。末节腹面雌有2个灰白色斑点；雄为黑白相间的横带，基部白色，端部黑色。卵：长椭圆形，长1.2mm，初乳白后变黄、黄褐色，20~30粒成块。幼虫：长约17mm，乳白色，无足，胴部1~3节两侧各有毛瘤1个，其间有横列刚毛6根，以后各节各有横列刚毛8根。蛹：长约10mm，初乳白色，后变灰黄色，暗灰色。

生活习性 年生1代，少数寒冷地区2年1代。1代者以成虫于土中越冬，4月开始出土活动，先为害杂草，而后爬到果树、林木的幼树、苗木上食害新芽、嫩叶，白天多潜伏于土缝或阴暗的叶背等处，傍晚及清晨最为活跃，取食为害、交尾产卵。受惊扰假死落地长时间不动。可多次交尾，5~6月经常可见成对的成虫静伏枝叶上。以4~5月为害最烈，常将芽叶食光。6月陆续产卵于叶上多将叶纵合成饺子状折合部分叶缘，产卵于其中，分泌有半透明胶质物黏结叶片和卵块。偶有产于土中者。每雌可产卵百余粒。卵期1周左右。幼虫孵化后入土生活，取食植物地下部组织，至晚秋老熟于土中化蛹，羽化后不出土即越冬。2年1代者第1年以幼虫越冬，第2年为害至秋季老熟化蛹、羽化，以成虫越冬。

防治方法 参考苹果害虫——苹毛丽金龟。

板栗园针叶小爪螨(Spruce spider mite)

学名 *Oligonychus ununguis* (Jacobi) 真螨目，叶螨科。分布：河北、北京、山东、江苏、安徽、浙江、江西、宁夏、等省。

寄主 板栗、山楂、观赏林木、松、柏等。

板栗园针叶小爪螨

为害特点 以若螨、成螨刺吸叶片汁液，栗受害后叶现苍白色小斑点，严重时苍黄色或焦枯死亡。

形态特征 雌成螨：体长490μm，宽315μm，椭圆形，褐红色，足、颚体橘红色。背表皮纹在前足体为纵向；后半体、第1、第2对背中毛之间为横向，第3对背中毛之间基本横向，但不十分规则。背毛26根(臀毛位于腹面)，其长度均超过横列间距。肛侧毛1对。生殖盖及生殖盖前区表皮纹均为横向。足1跗节双毛近基侧具4根触毛和1根感毛，前双毛的腹面仅生1触毛。雄成螨：阳具末端与柄部呈直角弯向腹面，其端部逐渐收缩。卵：洋葱状，越冬卵暗红色，夏卵浅红色。卵壳上具放射状纹。若螨：4对足，绿褐色，形似成螨。

生活习性 北方栗区年生5~9代，以卵在1~4年生枝条上越冬。北京越冬卵于5月上旬开始孵化，5月下旬孵化结束，第1代幼螨孵化后爬至新梢基部小叶正面为害，以后为害部位逐渐上移。第2代于5月中旬至7月上旬发生，第3代于6月上旬至8月上旬，从第3代开始出现世代重叠。生产上7月中旬前后出现全年发生高峰，常可持续到7月下旬。每雌卵量

43～72粒，雌成螨寿命15天，雄成螨1.5～2天，夏卵卵期8～15天。由于此螨喜在叶面活动，夏秋大暴雨常使其种群数量迅速降低。

防治方法 (1)药剂涂干。当栗树开始展叶抽梢时，越冬卵即开始孵化。用40%乐果或毒死蜱乳油5倍液涂干，效果较好。涂药方法为：在树干基部选择较平整部位，用刮皮刀把树皮刮去，环带宽15～20(cm)，刮除老皮略见青皮为止，不能刮到木质部，否则易产生药害。刮好后可涂药，涂药后用塑料膜包扎。为防止产生药害，药液浓度要控制在10%以下。药液有效成分在6.7%时，对针叶小爪螨的有效控制期可达40天，且对栗树安全无药害。(2)药剂防治。在5月下旬至6月上旬，往树上喷洒选择性杀螨剂24%螺螨酯悬浮剂3000倍液、5%噻螨酮乳油2000倍液，全年喷药1次，就可控制为害。在夏季活动螨发生高峰期，也可喷洒3.3%阿维·联苯菊乳油1500倍液，对活动螨有较好的防治效果。(3)保护天敌。栗园天敌种类较多，常见的有草蛉、食螨瓢虫、蓟马、小黑花蝽及多种捕食螨，应注意保护利用。有条件的地区可以人工释放西方盲走螨及草蛉卵，开展生物防治。

板栗园栎芬舟蛾(Narrow-winged prominent)

学名 *Fentonia ocypete* (Bremer)鳞翅目，舟蛾科。别名：细翅天社蛾、罗锅虫、旋风舟蛾等。分布：黑龙江、吉林、辽宁、河北、浙江、江西、湖南、陕西、湖北、福建、四川、云南等。

寄主 栗、栎。

栎芬舟蛾幼虫正在食害栗叶

为害特点 幼虫食叶成缺刻或孔洞。

形态特征 成虫：雄翅展44～48(mm)，雌46～52(mm)，头、胸背暗褐色，腹背灰黄褐色；前翅暗褐色，内、外线双道黑色，内线以内的亚中褶上生1黑色纵纹；后翅苍白色。幼虫：头肉色，每边颅侧区各有6条黑细斜纹；胸部绿色，背中央有1内有3条白线的"1"形黑纹，纹两侧衬黄边；腹背白色，由许多黑色和肉色细线组成的美丽图案形花纹，气门线由许多灰黑色细线组成1宽带。

生活习性 辽宁年生1代，以蛹越冬，翌年7月初开始羽化，幼虫从7月下～9月末为害。

防治方法 参见栎掌舟蛾。

板栗园栎掌舟蛾和苹掌舟蛾

学名 栎掌舟蛾 *Phalera assimilis* (Bremer et Grey)鳞翅目舟蛾科。雄成虫：翅展44~45(mm)，雌蛾略大，前翅顶角生1肾形浅黄色大斑，斑内缘有明显棕色边，基线、内线和外线黑色锯齿状。后翅浅褐色。末龄幼虫：体长55mm，头黑色，体暗红色，体上密生灰白色至黄褐色较长的软毛，静止时头尾两端上翘呈舟形。体上生8条橙红色纵线，各体节上生1条橙红色横带。

栎掌舟蛾低龄幼虫放大(冯明祥)

苹掌舟蛾幼虫

苹掌舟蛾 *Phalera flavescens* (Bremer et Grey)成虫：体长22~25(mm)，体翅黄白色，翅基生1个、近外缘处生6个大小不一的椭圆形斑排成带状，两斑之间生3~4条不清晰的黄褐色波浪形线。别于栎掌舟蛾。幼虫：与栎掌舟蛾相似。

生活习性 年生1代，均以蛹在板栗等果树附近的表土层里越冬，翌年7月下旬~8月上旬进入成虫羽化期，7月下旬~9月是幼虫为害期。9月中下旬幼虫老熟后落地入土化蛹越冬。成虫喜把卵产在叶背，幼虫5龄，3龄前群聚为害，3龄后分散开来，多从新梢顶部或梢端开始，后向下多点为害，受害重时叶片被吃光。

防治方法 (1)该虫系偶发害虫，一旦发生，可利用3龄前群聚在一起习性和受惊扰下垂两习性，及时剪除虫枝，摘除虫叶及时杀灭。(2)进入7~8月幼虫发生盛期及时喷洒20%氰戊菊酯乳油1500倍液或4.5%高效氯氰菊酯水乳剂或微乳剂或悬浮剂1500倍液。(3)幼虫老熟入土期在树冠下撒施白僵菌后轻耙松土，效果好。

栗透翅蛾(Chinese chestnut clearwing moth)

学名 *Aegeria molybdoceps* Hampson 鳞翅目,透翅蛾科。别名:赤腰透翅蛾。分布:山东、江苏。

寄主 栗。

为害特点 幼虫串食枝干皮层,尤以主干中、下部受害重,可致整株枯死。

形态特征 成虫:体长 15~21(mm),翅展 37~42(mm),形似马蜂。触角两端尖细,基半部橘黄色,端半部赤褐至黑褐色,头部、中胸背板橘黄色。雌腹部 1、4、5 节、雄第 1 节有橘黄色横带,第 2、3 腹节赤褐色,末节橘黄色。翅透明,脉和缘毛茶褐色。足侧黄褐色,中、后足胫节具黑褐色长毛。卵:淡红褐色,扁椭圆形,长 0.9mm。幼虫:体长 41mm 左右,污白色,头褐色,前胸盾具褐色倒"八"字纹,臀板褐色。蛹:长 14~18(mm),黄褐色,腹部 4~7 节背面各具两横列短刺,前列大于后列,8~10 节上只生细刺一列。

生活习性 年生 1 代,少数 2 年 1 代。常以 2 龄幼虫在为害处越冬,翌年 3 月中、下旬开始活动为害,5~7 月进入为害盛期,7 月中下旬老熟陆续作茧化蛹,8 月上中旬为化蛹盛期,蛹期约 15 天。8 月上、中旬羽化并开始产卵,8 月下旬~9 月上旬进入产卵盛期,卵期 15 天左右。8 月下旬开始孵化,9 月中下旬进入盛期,10 月上旬达 2 龄开始越冬。幼虫越冬期间日均温高于 2℃,即开始活动,2 年 1 代者幼虫第 3 年化蛹羽化。成虫白天活动,有趋光性,羽化当天即可交配,次日产卵,卵多散产在大树主干下部裂缝内、翘皮下或虫孔旁边,每雌产卵 300~400 粒,孵化后即蛀入皮内为害。

栗透翅蛾成虫

栗透翅蛾幼虫

防治方法 (1)3~4 月用煤敌溶液(煤油 1~1.5kg,加入 80%敌敌畏乳油 50g)涂抹枝干被害处,杀虫率高达 95%。(2)加强管理,增强树势;保护树体减少伤口,可减轻为害。成虫产卵前涂刷涂白剂,以防产卵。(3)成虫盛发期可于树干喷洒辛硫磷、杀螟硫磷等常用有机磷或有机磷和菊酯类复配剂。(4)9 月中旬卵孵化盛期刮除树干上的粗翘皮,集中烧毁消灭初孵幼虫和卵。

栗叶瘿螨

学名 *Eriophyes castanis* Lu. 蜱螨目瘿螨科。分布河北、河南等板栗产区。

栗叶瘿螨为害状(邱强)

寄主 为害栗,尚未发现为害其他寄主。

为害特点 受害叶片上产生袋状虫瘿,大小 10~15×3(mm),每张叶片上有虫瘿百多个,多在叶面,叶背面也有,每个虫瘿在叶背生 1 孔口,四周具黄褐色刺状毛,虫瘿后期干枯变黑,叶片早落。

形态特征 雌螨:体胡萝卜形状,长 170μm,宽 31μm,越冬雌成虫浅黄色,生长季瘿内雌成螨乳白色,半透明。体腹部具环节 60 个左右,背板前端宽圆,背中线占背板 1/3 长。体两侧具 4 根长毛,足 4 对。

生活习性 该螨以雌成螨钻到栗树芽鳞的下面越冬,翌春 5 月上旬抽梢展叶时开始出蛰活动,转移到新叶上为害,在叶两面长出袋状虫瘿,每个瘿中有螨体数百个,多的近千个,多爬到顶芽或顶端较大的芽上,一个顶芽上最多聚集千余头,造成受害叶形成虫瘿,7、8 月还有虫瘿产生。生产上随枝条接穗或苗木传播。

防治方法 (1)严格检疫,防止疫区扩大。不要从有虫株上剪取接穗用来嫁接苗木。(2)进入 7~8 月有虫瘿枝叶要及时剪除集中烧毁。(3) 有虫株在芽膨大期喷洒 5 波美度石硫合剂或 1.8%阿维菌素乳油或水乳剂或微乳剂 4000 倍液、55%氯氰·毒死蜱乳油 2000 倍液。

板栗园花布灯蛾

学名 *Camptoloma interiorata* Walkr 鳞翅目灯蛾科。别名:黑龙栎毛虫。分布在黑龙江、吉林、辽宁、河北、河南、山东、江苏、浙江、福建、安徽、湖南、湖北、四川、广东、广西、云南等省。

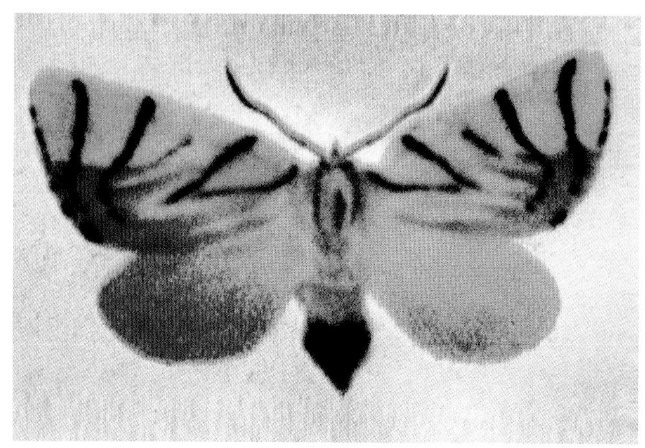

板栗花布灯蛾成虫

栗毒蛾幼虫及其为害栗树叶片

寄主 板栗、乌桕等果树林木。

为害特点 幼虫群聚把栗叶吃成孔洞或缺刻，严重时把叶片吃光。早春为害芽苞，使栗树不能开花抽叶，严重时绝收。

形态特征 成虫：体长 10mm，体橙黄色，头金黄色，腹末红色，前翅黄色，翅面有黑线 6 条，后缘及臀角上方生红色斑纹，外缘上半部生 1 黑纹，外缘下半部的缘毛上生 3 个黑斑。后翅金黄色。幼虫：体长 30mm，棕红色，体上具短毛。

生活习性 江苏、浙江年生 1 代，以 3 龄幼虫群聚在树干或枝叉处结虫苞潜伏在苞内越冬，翌春 3 月气温升到 9℃，越冬幼虫开始把虫苞向树上部树干或树枝上转移，黄昏后出虫苞爬向小枝上咬食芽苞常把芽苞咬 1~2 个圆孔，钻入芽内蛀害，造成芽苞干枯。4 月中旬幼虫为害嫩叶。进入 5 月上中旬幼虫老熟后下树作茧化蛹，蛹多在 6 月中旬羽化为成虫，黄昏后交尾，次日把卵产在树冠中部叶背面，经 8~20 天幼虫孵化，从卵底部咬破卵壳爬出群集在卵块四周吐丝结成虫苞，幼虫在虫苞内取食叶肉，每个虫苞内有幼虫 800 多头，进入 11 月气温下降到 10℃时，该虫迁移到枝丫处作新虫苞在苞中潜伏越冬。

防治方法 (1)冬春注意清除树干上越冬的虫苞。(2)生长季节虫量大时喷洒 2.5%溴氰菊酯乳油 1500 倍液或 20%氰戊·辛硫磷乳油 2000 倍液、5%除虫菊素乳油 1000 倍液。

栗毒蛾

学名 *Lymantria mathura* Moore 鳞翅目毒蛾科。别名：栎毒蛾、二角毛虫、苹果大毒蛾等。分布在东北、华北、河南、安徽、江苏、浙江、湖南、湖北、福建、广东、广西、四川、云南、台湾。

栗毒蛾成虫

寄主 栗、苹果、梨、杏、李等。

为害特点 以幼虫为害叶片，食叶成缺刻常致叶片破碎，严重时把叶片吃光，也为害芽。

形态特征 雌成虫：体长 30~35(mm)，翅展 85~95(mm)，头胸白色，触角黑褐色丝状，复眼黑色，颈板中央生 1 黑点；胸背中央具 1 黑点和两侧各 1 粉红色点；前翅白色，前缘和外缘粉红色；亚基线黑色；各线横脉纹棕褐色，内线锯齿形，中线波浪形；外线锯齿形；脉间棕褐色。后翅粉红色。末龄幼虫：体长 50~70(mm)，头黄褐色布黑褐色圆点。体黑褐色布黄白色斑，腹面黄褐色，背线在前胸白色，其余各节黑色，气门线黑色，气门下线灰白色；前胸背面两侧各具 1 黑色大毛瘤，上生长毛束黑褐色；第 1 腹节背面生 1 对大毛瘤色深。第 9 腹节的 6 个毛瘤上各具 1 束长毛；胸、腹足赤褐色。

生活习性 东北、华北、山东年生 1 代，以卵在疤伤、皮缝中越冬。翌春 5 月孵化，初孵幼虫群集，稍大分散为害，幼虫期 50~60 天，老熟缀叶或在杂草中结茧化蛹，蛹期 10~15 天，7 月下旬羽化。成虫有趋光性，卵多产在树干阴面，每雌产卵 500~1000 粒。

防治方法 (1)冬春刮除卵块，人工捕杀初孵幼虫、蛹、成虫。(2)幼虫群集为害时喷洒 40%毒死蜱乳油 1000 倍液或 20%氰戊菊酯乳油 1500 倍液、50%氯氰菊酯·毒死蜱乳油 2000 倍液。

板栗园绿尾大蚕蛾

学名 *Actias selene ningpoana* Felder 鳞翅目大蚕蛾科。别名：水青蛾、长尾月蛾。分布在辽宁、河北、山东、河南、山西、陕西、江苏、浙江、湖北、江西、安徽等省。

该虫除为害栗外，还为害苹果、梨、葡萄、核桃、樱桃、石榴、杏、海棠等。以初孵幼虫群聚为害，3 龄后开始分散食叶成缺刻或孔洞，大龄幼虫把叶片食光，残留粗脉或叶柄。北方年生 2 代，南方 3 代，以蛹越冬，翌年 5 月羽化，成虫昼伏夜出，把卵产在叶或枝上，每雌可产 250 粒左右，初孵幼虫群聚取食，3 龄后分散，食量大。第 1 代幼虫 5 月下旬 ~8 月上旬为害严重。1 代成虫出现在 7~8 月继续繁殖，7 月下旬可见到第 2 代幼虫，为害至 8 月下旬爬到杂草上化蛹。3 代区成虫在 5、7、9 月出现，

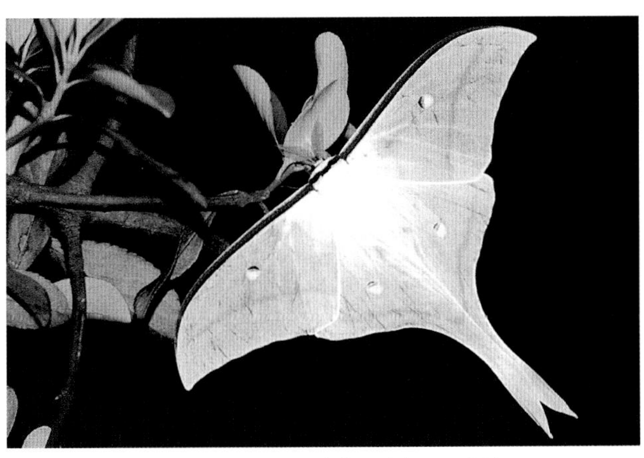
板栗园绿尾大蚕蛾成虫(李元胜摄)

以蛹茧附着在树干上越冬。

防治方法 (1)秋末冬初，及时清园，摘除病叶集中烧毁。(2)利用成虫趋光性，安置黑光灯或频振式杀虫灯诱杀成虫。(3)发生量大的地区可在幼虫低龄期喷洒25%灭幼脲悬浮剂1000倍液或1.8%阿维·苏云可湿性粉剂900倍液、40%毒死蜱乳油1000倍液。

板栗园樟蚕蛾

学名 *Eriogyna pyretorum* (Westwood)属鳞翅目大蚕蛾科。分布在广东、广西、河北、江西、福建、四川等各省。

寄主 主要为害板栗、沙梨、番石榴、樟等。

为害特点 食叶成缺刻或孔洞。

板栗园樟蚕蛾成虫

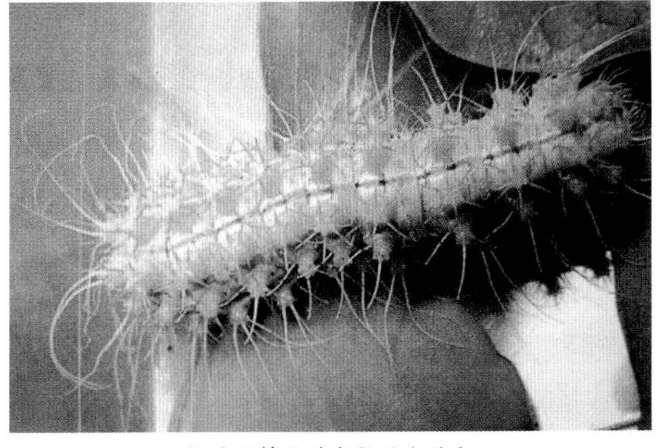
板栗园樟蚕蛾成长幼虫放大

形态特征 成虫：体长28~32(mm)，翅展80~100(mm)，体、翅灰褐色，前翅基部暗褐色，三角形，顶角外侧生2条紫红色纹，内侧生2条黑短纹，前后翅中央各生1个中心透明外缘褐色或蓝黑色眼斑。卵：长2mm，乳白色筒形。幼虫：体长80~100(mm)，黄绿色，体上各节均生毛瘤，第1胸节有6个，其余各节8个，瘤上着生棕色硬刺。

生活习性 年生1代，以茧蛹越冬，3月下旬至4月上旬成虫羽化，把卵成堆产在树枝上，每堆50粒，有趋光性，7~8月发生较多。

防治方法 (1)在茧蛹期采集虫茧，集中杀灭茧中蛹。(2)在低龄幼虫期喷洒1.8%阿维·苏云可湿性粉剂1000倍液或25%灭幼脲悬浮剂或可湿性粉剂1000倍液。

灿福蛱蝶(灿豹蛱蝶)

学名 *Fabriciana adippe* (Denis & Schiffermüller)鳞翅目蛱蝶科。分布在浙江、西藏等地。

灿福蛱蝶成虫

寄主 板栗、堇菜科植物。

为害特点 幼虫食叶成缺刻或孔洞，成虫喜食花蜜。

形态特征 成虫翅橙黄色，前翅、后翅上的黑色斑块大且稀疏，后翅外缘的黑纹略呈“M”形。雌蝶翅色略深，顶角黑褐色，内生橙黄色斑2个，内、外侧具几个小白斑。雄蝶翅色略浅，前翅在肘脉1或在肘脉2上生两条性标，后翅在亚外缘处1列黑斑中的中脉1和中脉2室中各生1个黑色小点。

生活习性 5~8月发生。

防治方法 参见栗黄枯叶蛾。

板栗潜叶蛾

学名 *Lyonetia bedellist* sp. 鳞翅目潜蛾科。

寄主 板栗。

为害特点 幼虫在叶片的上下表皮内蛀食叶肉，并将虫粪排到叶表面。

形态特征 成虫：翅展10mm，头灰黄色，体灰白色，触角灰褐色，有很长纤毛，其中基部纤毛最长。下唇须灰白色，前伸。前翅狭长，灰黄色，基部2/3有银白色光泽，端部1/3布满菊黄色鳞片，边缘有银白色光泽，缘毛长；后翅长披针形，银灰色，缘毛比翅宽稍长。末龄幼虫：体光滑，仅有少量原生刚毛，头宽

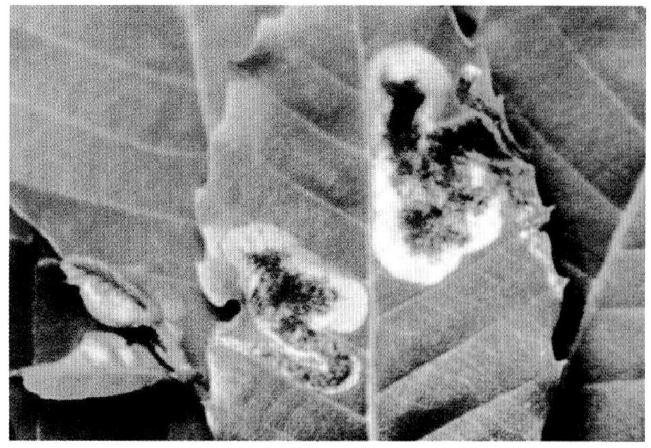

板栗潜叶蛾幼虫为害状

板栗潜叶蛾幼虫

0.7mm，体长5.2~7.2(mm)，体宽1.5~2.0(mm)，头黄褐色，体淡绿色，臀板淡褐色，胸足、腹足退化为痕迹状，臀足趾钩明显，单序中带。

生活习性 北京平谷年生4代，以老熟幼虫在落叶内越冬。4月下旬越冬幼虫化蛹，5月上旬越冬代成虫羽化。5月中旬第1代幼虫孵化，7月初第2代幼虫孵化，8月初出现第3代幼虫；9月上旬第4代幼虫孵化。卵多散产在较隐蔽处的成熟叶片正面。幼虫孵化后即潜入叶内蛀食叶肉。第1代幼虫在叶内为害24~28天后化蛹，平均历期26.2天。老熟幼虫在叶片上结白色绵茧化蛹，蛹初期淡黄色，后逐渐加深，为褐色。第1代蛹期8~10天。成虫羽化后，自叶片内钻出，蛹壳留在叶上表皮处。

防治方法 (1)清除落叶，集中烧毁，减少越冬虫源。(2)保护利用天敌，抑制害虫发生量。(3)5月下旬、7月上旬第1、2代幼虫发生期，喷洒5%高效氯氰菊酯乳油1500倍液或1.8%阿维菌素乳油2000倍液、40%毒死蜱乳油1000倍液。

栗大蝽

学名 *Eurostus validus* Dallas 半翅目蝽科。别名：大臭蝽、硕蝽。分布在吉林、辽宁、河南、山东、广东、广西、陕西、甘肃、四川、贵州、台湾。

寄主 除为害板栗外，还为害山楂、猕猴桃、梨等果树。

为害特点 以成、若虫刺吸嫩梢汁液，致受害枝很快干枯。

形态特征 成虫：体长23~31(mm)，体宽11~14(mm)，长卵

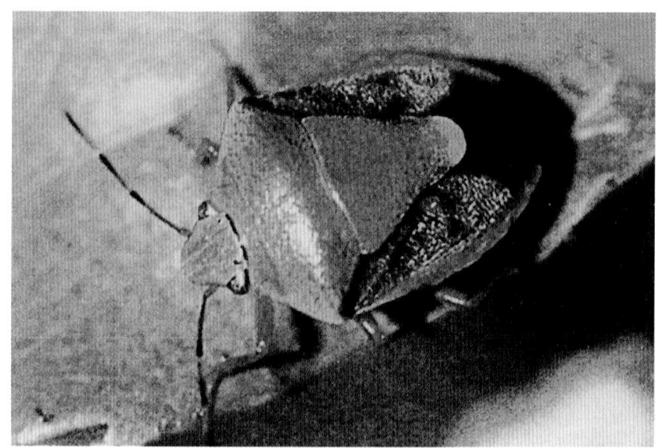

栗大蝽成虫

形，棕红色。头小，三角形。喙黄褐色，长达中胸中间处，触角黑色，丝状，端部橘黄色。小盾片三角形，有皱纹。腹部背面紫红色，侧接缘较宽，蓝绿色，节缝处略红。

生活习性 年生1代，以4龄若虫在栗等寄主四周杂草或灌木丛的叶背蛰伏越冬。翌春4月上、中旬，上树为害嫩梢。5月中旬~6月下旬羽化后半个月交尾，交尾后10天产卵，产卵期在6月上旬~7月下旬，卵于6月中旬~8月中旬孵化，10月上旬若虫进入4龄后越冬。

防治方法 卵孵化盛期或若虫发生盛期喷洒10%吡虫啉2000倍液或20%氰戊菊酯乳油或水乳剂1000~1500倍液或40%乳油2000~3000倍液、50%氯氰·毒死蜱乳油2000倍液、25%吡蚜酮可湿性粉剂2000倍液。

板栗园刺蛾

学名 刺蛾类是栗园常见害虫，属鳞翅目刺蛾科。主要种类有双齿绿刺蛾 *Latoia hilarata* (Staudinger)、板栗刺蛾(学名待定)、黄刺蛾 *Cnidocampa flavescens* (Walker)、枣刺蛾 *Phlossa conjuncta* (Walker)等4种，除为害板栗外，还为害核桃等多种果树，低龄幼虫啃食叶肉，成长幼虫食叶成缺刻。

形态特征 双齿绿刺蛾别名棕边绿刺蛾。成虫：体长10mm，头、胸绿色，腹部黄色，前翅绿色，基斑褐色，在中室下缘呈角状外突，外缘带棕色与外缘平行内弯，其内缘有1大1小2个齿突，故称双齿绿刺蛾。后翅黄色。幼虫：体长17mm，粉绿色，头顶生2个黑点。背线天蓝色，两侧生有宽杏黄线。前胸背

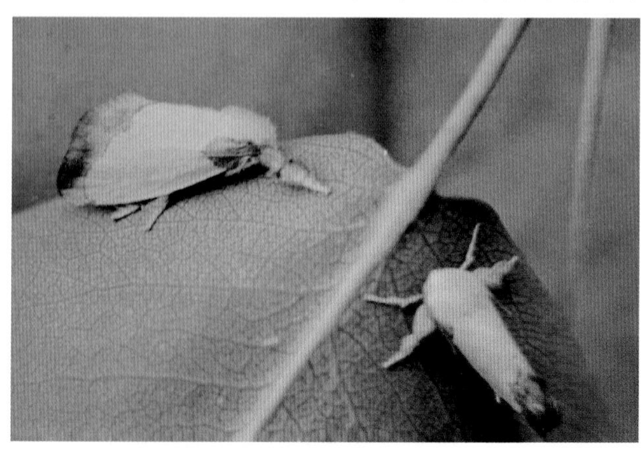

双齿绿刺蛾成虫栖息在叶上

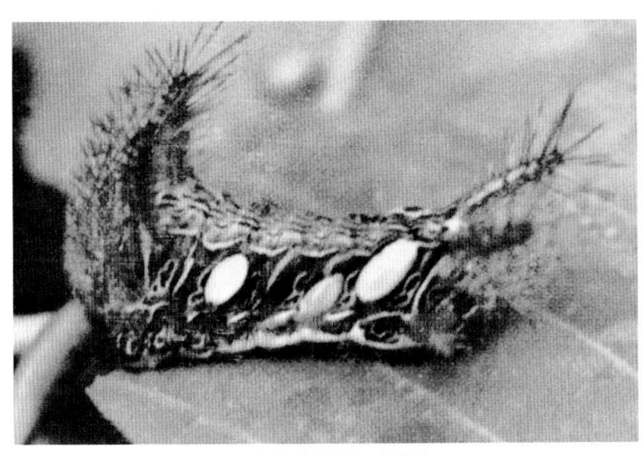
板栗刺蛾(张炳炎摄)

黄刺蛾幼虫放大

板有 1 对黑斑,各体节上有 4 个瘤状突起,丛生粗毛。中、后胸、腹部 6 节背面各生 1 对黑色刺毛，腹部末端并排有 4 丛黑刺毛。茧:长 11mm,椭圆形。

板栗刺蛾（暂用名，待定）幼虫为害板栗，食叶成缺刻或孔洞。幼虫虫体有红、白、黑、褐色花纹，胸部和臀部各生 2 对大型枝刺，刺上生毒毛，背线灰白色，每节两侧各生 1 对灰白色弧形纹，在背线和弧形纹之间近前缘处各生 1 个褐色瓜子形小斑，腹部两侧各生 3 个卵圆形大斑，前后两个较大灰白色，中间 1 个较小黄褐色，靠近气门和腹末的斑最大。

生活习性 北方板栗栽培区 1 年发生 1 代，以老熟幼虫在枝干基部或枝杈处结茧越冬，有时一处有几头聚集越冬，6 月下旬至 7 月上旬羽化为成虫，幼虫在 7~8 月为害。浙江年生 2 代，4 月下旬化蛹，5 月中下旬羽化，6 月上旬 ~8 月上旬第 1 代幼虫为害期，8 月中旬 ~10 月下旬进入第 2 代幼虫为害期，10 月上旬爬到枝干上结茧越冬。

防治方法 (1)冬春修剪时要注意剪除虫茧枝集中烧毁。(2)低龄幼虫群聚为害时摘除虫叶。(3)在幼虫低龄期喷洒 100 亿活芽孢 / 克苏云金杆菌悬浮剂 800~1000 倍液或 80%敌敌畏乳油 1000 倍液。

板栗园角纹卷叶蛾

学名 *Archips xylosteana* Linnaeus 鳞翅目卷叶蛾科，分布在东北、华北。

寄主 为害板栗、樱桃、苹果、梨等果树。

黄刺蛾成虫

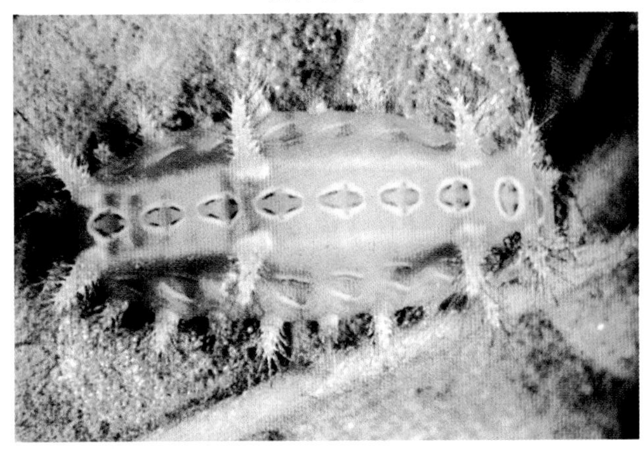
枣奕刺蛾幼虫(郭书普)

为害特点 幼虫吐丝常把 1 张叶片先端横卷或纵卷成筒状,筒两头空着,幼虫为害后频繁转移。

形态特征 成虫:体长 6~8(mm),前翅棕黄色,有暗褐色带有紫铜色斑纹,翅基后缘上具指状基斑,中带下宽上窄,近中室外侧有黑斑 1 个,端纹三角形,有 1 个黑色斑在顶角处。卵:扁圆,灰褐色,成块,每块有卵 14~90 粒。末龄幼虫:体长 16~20(mm),头黑色,前胸盾前半部黄褐色,后半部黑褐色,胸足黑褐色。蛹:黄褐色。

生活习性 东北、华北年生 1 代,以卵块在枝杈处或芽基越冬。4 月下旬 ~5 月中旬孵化,初孵幼虫喜爬到枝梢顶端群聚为害,长大后吐丝下垂,分散为害,末龄幼虫多在 6 月下旬在卷叶中化蛹,羽化后产卵越冬。

防治方法 (1)冬季修剪时注意把有卵块的枝条剪掉,集

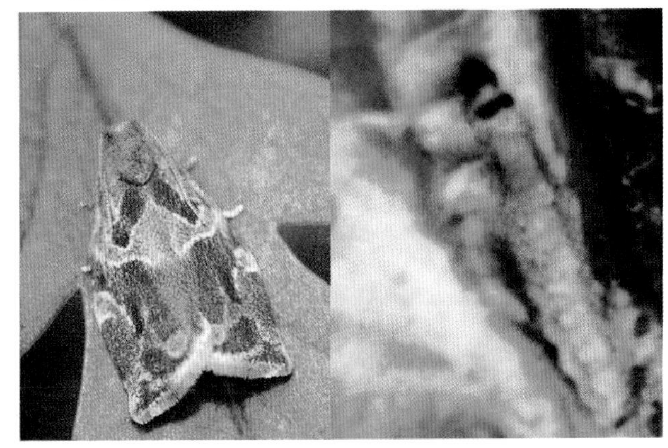
板栗园角纹卷叶蛾成虫和幼虫

中烧毁。(2)卵孵化盛期喷洒25%灭幼脲悬浮剂或可湿性粉剂1000~1500倍液或40%辛硫磷乳油1500倍液、1.8%阿维菌素乳油2500倍液、6.3%阿维·高氯可湿性粉剂4000~5000倍液。

板栗园盗毒蛾

参见苹果害虫——盗毒蛾。

板栗园盗毒蛾幼虫

外斑埃尺蛾(Eetospotted geometrid moth)

学名 *Ectropis excellens* (Butler) 鳞翅目尺蛾科。分布:东北、华北、河南;俄罗斯等。

外斑埃尺蛾幼虫

寄主 栗、栎、榆、杨、大豆、棉花、梨、苹果等。

为害特点 幼虫食叶成缺刻或孔洞。

形态特征 成虫:体长14~16(mm)。雄蛾触角微栉齿状,雌蛾丝状,体灰白色,腹部1、2节背板上各生1对褐斑。翅灰白色,密布很多小褐点。前翅中部中室端外侧生1深褐色近圆形大斑。卵:横径0.8mm,椭圆形,青绿色。末龄幼虫:体长35mm,体色变化大,体上生各种形状的灰黑色条纹和斑块。蛹:长15mm纺锤形,红褐色。

生活习性 河南年生4代。辽宁4月下旬~5月中旬、7月~9月成虫出现。7~8月幼虫为害栗、栎等,8月下旬~9月中旬化蛹,以蛹越冬。

防治方法 幼虫为害初期喷洒20%氰戊菊酯乳油2000倍液或40%毒死蜱或甲基毒死蜱乳油1200倍液。

大茸毒蛾

参见荔枝、龙眼害虫——大茸毒蛾。

木橑尺蠖

参见核桃害虫——木橑尺蠖。

樗蚕蛾

学名 *Samia cynthia cynthia* (Drurvy)。分布在辽宁、北京、河北、山东、河南、安徽、江苏、上海、浙江、台湾、广东、海南、广西、湖南、湖北、贵州、云南等省,除为害石榴、臭椿、梨、桃、柑橘、核桃、银杏外,还为害板栗。以幼虫食芽、嫩叶,轻的食叶成缺刻或孔洞,严重的把叶片吃光。该虫在北方栗区年生1~2代,南方栗区年发生2~3代,以蛹越冬。在四川越冬蛹于4月下旬开始羽化为成虫,交配后产卵历期10~15天,幼虫历期30天左右。幼虫老熟后在树上缀叶结茧。7月底、8月初是第1代成虫羽化产卵期,9~11月进入第2代幼虫为害期,以后陆续结茧化蛹越冬。2代越冬茧长达5~6个月,蛹藏在厚茧之中。

樗蚕蛾成虫

防治方法 (1)成虫产卵或幼虫结茧后,摘除捕杀。(2)用灯光诱杀成虫,并注意利用保护天敌。(3)幼虫发生期喷洒40%辛硫磷乳油700倍液或40%毒死蜱乳油1000倍液、20%氰戊·辛硫磷乳油1500倍液。

黑蚱蝉

参见苹果害虫——黑蚱蝉。

黑蚱蝉成虫

板栗园油桐尺蠖

学名 *Buzura suppressaria* Gaenée 别名:大尺蠖,除为害荔枝、龙眼、柑橘、杨梅、核桃、柿、枣外,还为害板栗。主要为害上述寄主梢、叶,秋梢期,以2、3龄幼虫食叶成缺刻或孔洞,4龄后每天食叶8~12片,大发生时常把叶片吃光,仅剩秃枝,影响生长和结果。该虫在长江以南年生2~3代,广东年生4代,以蛹在土中越冬,越冬代成虫3月上旬出现,白天栖息在背风处、树干背面、杂草或灌木丛间,夜出活动,飞翔力强,有趋光性,羽化后1~3天交尾,产卵期1~2天,秋梢期卵块数百粒或更多,卵历期10~15天。1~2龄幼虫白天多在树冠顶部,晚上吐丝下垂悬吊在树冠外围随风飘荡扩散或转株,幼虫共6龄。

板栗园油桐尺蠖幼虫(夏声广)

防治方法 (1)在南方天敌特多,果园只要不滥用杀虫剂、除草剂,生物群落稳定能维持动态平衡,一般不致大发生,但生产上有些人以为农药万能过分依赖杀虫剂,当天敌昆虫被伤害,害虫失去自然控制,这些潜在的次要害虫种群数量增殖遂暴发为害。(2)一般农药对4龄以上油桐尺蠖效果不大,可选用20%抑食肼可湿性粉剂1400倍液或苏云金杆菌类与菊酯类杀虫剂混配效果好。(3)重点挖越冬代和第1代蛹。(4)在虫口数量大的树冠下铺塑料膜,上铺7~10(cm)松土,待幼虫老熟下树化蛹时杀灭。

大袋蛾

学名 *Clania variegata* Snellen 又称大蓑蛾,除为害柑橘、荔枝、龙眼、苹果、梨、桃、李、杏、石榴外,还严重为害板栗,主要以幼虫为害叶片,严重的常把叶片吃光,有的剥食枝皮,啃食幼果,是南方板栗生产上的重要害虫。该虫在长江中下游年生1

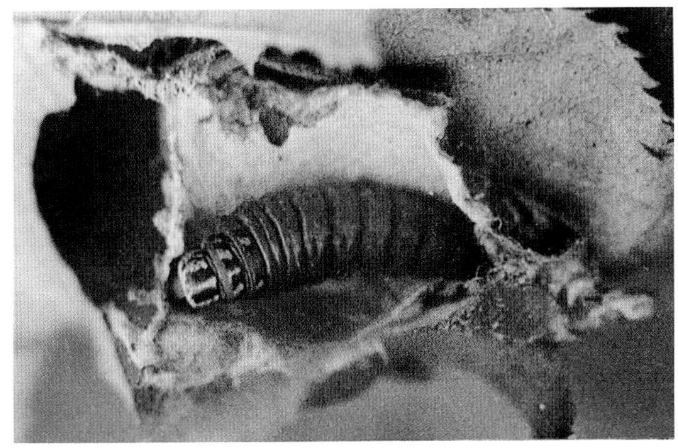

大袋蛾幼虫

代,在华南地区年生2代,以老熟幼虫在护囊里越冬。越冬幼虫于翌年5月上旬化蛹,5月中旬进入成虫盛发期,交配产卵后于6月上旬孵化为幼虫,进入11月上旬幼虫开始越冬。卵期11~21天,幼虫期310~340天,雌蛹期13~26天,雄蛹24~33天,成虫期2~19天。雌成虫羽化后仍在护囊内头向下伸出护囊外,每雌产卵3000~4000粒。初孵幼虫在护囊里滞留3~5天,吐丝下垂扩散,落到新寄主上即吐丝缀合碎片及小枝梗建造护囊,幼虫隐匿在囊中,喜在梢头为害,7~9月为害最烈。

防治方法 (1)护囊悬挂在枝上,人工摘除护囊。(2)3龄前喷洒90%敌百虫可溶性粉剂或80%敌敌畏乳油1000倍液。(3)低龄幼虫期提倡喷洒25%灭幼脲悬浮剂1500倍液。

红脚丽金龟

学名 *Anomala cupripes* Lin 除为害荔枝、龙眼、无花果、葡萄、杨桃、柑橘、橄榄、猕猴桃外,还严重为害南方的栗树,食叶成缺刻,严重时把叶片吃光。该虫年生1代,以幼虫在土壤中越冬,每年6~7月成虫盛发,山区栗园为害甚烈。

红脚丽金龟成虫

防治方法 (1)果园中安装太阳能杀虫灯或黑光灯诱杀成虫。(2)花蕾期或嫩梢期在成虫盛发期喷洒40%毒死蜱乳油1600倍液或35%辛硫磷微胶囊剂900倍液、2.5%溴氰菊酯乳油2000倍液。

橘灰象甲(Grey citrus weevil)

学名 *Sympiezomia citri* (Chao) 除为害柑橘类、桃、李、杏、无花果等多种果树外,还严重为害板栗,以成虫食害板栗叶片及幼果,老叶受害的常产生缺刻,嫩叶受害可把叶片吃光,新梢受害食成凹沟,严重的造成萎蔫干枯。该虫在长江流域年生1代,华南、云南年生2代,以成虫在土壤中越冬。翌年3月下旬至4月中旬出土,4月中下旬~5月上旬进入为害高峰期,5月进入产卵盛期,5月中、下旬进入卵孵化盛期。孵化后的幼虫从叶上掉落土中,取食根的腐殖质。

防治方法 (1)秋末冬初结合施肥把树冠下土壤深翻15~20(cm),破坏越冬环境。(2)翌年3月下旬~4月上旬成虫出土时,地表喷洒40%毒死蜱或辛硫磷乳油200倍液,毒杀土表的成虫。(3)成虫上树后,利用该虫假死性,使其跌落土面,集中杀灭。(4)春夏梢抽发期成虫上树为害时喷洒40%毒死蜱乳油1600倍液或20%氰戊·辛硫磷乳油1500倍液。

六棘材小蠹

学名 *Xyleborus* sp. 属鞘翅目小蠹科小蠹属。又称颈冠材小蠹。是我国新害虫。国内分布在贵州黔南地区。

六棘材小蠹成虫及被蛀害茎

寄主 板栗。

为害特点 以成虫和幼虫蛀害板栗树老枝干,隧道呈树状分枝,纵横交错,蛀屑排出孔外,造成树势衰弱,严重的整树枯死。

形态特征 雌成虫:长2.5~2.7(mm),宽1.05mm,圆柱形,初羽化时茶褐色后变黑,足、触角茶褐色。复眼肾形,黑色。鞘翅斜面弧形,起始于后端3/5处。雄成虫:翅尾斜面上无凹槽,整个坡面散生细小棘粒。额面和前胸背板端沿瘤齿区生有长黄毛。卵:长0.5mm,乳白色,椭圆形。幼虫:体长2.9mm,略扁平,乳白色,无足。蛹:长2.7mm,乳白色。

生活习性 年生4代,以成、幼虫和蛹越冬,世代重叠。越冬代成虫3月中旬从内层坑道向外转移,4月上、中旬寻找合适位置筑坑产卵,十数粒至20余粒产在隧道端部,初孵幼虫斜向或侧向蛀食,产卵期长。新1代成虫出现后,老虫还不断产卵孵化,因此虫道内常有4个虫态。在板栗园中各代成虫出现的高峰期分别在5月上中旬,7月中下旬,8月下旬~9月上旬,10月中下旬, 进入11月下旬越冬,潜伏在深层坑道中。成虫飞翔力弱。

防治方法 (1)冬季结合修剪,剪除有虫枝集中烧毁。夏季用长竹钩杆钩断生长衰弱的濒死枯枝。(2)增施有机肥,使板栗园土壤有机质达到2%,增强树势、提高对蛀干害虫的抗性至关重要。(3) 掌握在成虫咬坑产卵期, 向板栗树枝干树皮上喷洒55%氯氰·毒死蜱乳油2000倍液。

板栗园剪枝栎尖象

学名 *Cyllorhynchites ursulus* (Roelofs) 鞘翅目象虫科。别名:板栗剪枝象、剪枝象、柞剪枝象。分布在辽宁、吉林、河北、河南、安徽、江苏、广东、福建、江西、四川等省。

寄主 危害板栗、茅栗及葡萄、梨等果树,其中板栗受害最重。

为害特点 以成虫咬断结果嫩枝, 造成大量栗果实落地,严重时受害株达100%,落苞率80%以上,严重影响当年产量和以后的结果。为害板栗枝和叶片,为害新梢时绕茎啃食,最后枝条折断,为害叶片时,受害叶成网状。

形态特征 成虫:体长6.5~9(mm),体黑色,密被灰黄色绒毛。头管长与鞘翅等长,端宽,中间细,背面具中央脊,侧缘生沟。触角11节黑色,端3节膨大,前胸长于宽,背面具球状隆起,上有刻点。鞘翅长,向后渐缩,每鞘翅上有10行刻点沟,沟间有突起。雄虫触角着生在近头管端部1/3处;雌触角着生在头管中央。幼虫:体长7~11(mm),乳白色。

板栗园剪枝栎尖象成虫(沈阳农大)

生活习性 年生1代,以老熟幼虫在土室中越冬,翌年5月中旬化蛹,6月中旬成虫羽化出土, 经补充营养后在低矮的栗树取食幼小栗苞,补充4天营养后开始交尾,1生多次交尾,头1次交尾后2~3天产卵, 产卵前成虫选嫩苞枝, 在距栗苞3~7(cm)处把果枝咬断,留下皮层连着,使断苞枝垂悬在空中,后成虫爬上栗苞,从侧面咬1产卵孔,孔深1.5mm,再转身把产卵器插入孔中产1粒卵并推入孔底,再用蛀屑堵塞,最后成虫把相连的果枝皮层咬断,使果枝落地。每只雌虫1天可咬断果枝3~12个,每雌产20~35粒卵。卵在落地栗苞中发育,7月中旬孵化成幼虫,仍在苞中取食,幼虫经两次脱皮,经20天老熟,向外咬孔爬出,入土3~20(cm)做1土室化蛹。

防治方法 (1)加强管理,适时中耕施肥促栗树生长旺盛可减少受害。(2)捡拾落地栗苞,集中烧毁。在成虫产卵期定期捡拾,捡拾越彻底效果越明显。(3)成虫发生期喷洒40%辛硫磷乳油或毒死蜱乳油1000倍液或55%氯氰·毒死蜱乳油2000倍液、20%氰戊·辛硫磷乳油1500倍液、6.3%阿维·高氯可湿性粉剂4000倍液。

栗绛蚧

学名 *Kermes nawae* Kuwana 同翅目红蚧科。分布在全国各栗产区。

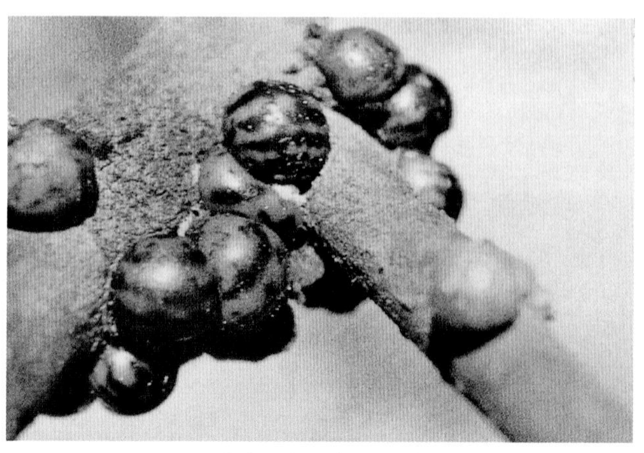

栗绛蚧成虫(徐志宏)

寄主 板栗和多种壳斗科植物。

为害特点 以雌成虫、若虫在板栗1年生枝梢上吸食汁液，造成发芽晚生叶迟，受害枝干枯。

形态特征 雌成虫：长5.7~6.7(mm)，高5.3~6.8(mm)，介壳扁圆球形，黄绿色，老熟时变成深褐色，膨大成球形，上生黑褐色形状不规则的圆形或近圆形斑，有光泽。卵：长0.2mm，长椭圆形。若虫：小，淡黄色，长椭圆形，0.3mm，触角丝状，喙及胸足发达，尾毛1对。两尾毛之间有臀刺4根。蛹：仅雄虫有离蛹，长椭圆形，黄褐色。

生活习性 年生1代，多以2龄若虫在树缝、芽痕等隐蔽处越冬，翌年3月上旬，气温超过10℃时，2龄若虫开始取食，3月中旬后，部分若虫蜕皮后成为雌成虫，继续为害，进入主为害期，到4月上中旬虫体增大迅速。卵在母体内孵化，进入5月中旬~6月上旬，日均温26℃，初孵若虫从母体中爬出，四处扩散为害新的枝条。

防治方法 (1)3~4月修剪时要重剪有虫枝条，并加强肥水管理，使新芽茁壮生长。(2)3月中旬后在距地表50~60(cm)高处，先把老树皮刮掉或刮成25cm宽环状，涂上40%乐果乳油10倍液，然后用塑料薄膜包扎。(3)5月初开始定点观察若虫孵化情况，进入盛孵期时，多在5月中下旬喷洒1.8%阿维菌素乳油1000倍液、2.5%溴氰菊酯乳油2000倍液、20%氰戊菊酯乳油2000倍液，药后5天再喷1次。

栗链蚧

学名 *Asterolecanium grandiculum* Russell 又称栗新链蚧，异名 *Neoasterodiaspis castaneae*(Rusll)同翅目链蚧科。分布在山东、浙江、江苏、江西、安徽、湖北等省。

寄主 板栗和壳斗科多种植物，是板栗生产上大害虫。

为害特点 以雌成虫或若虫刺吸栗1年生新梢和叶片上的汁液，引起受害枝梢表皮皱缩，表面凹凸不平或枝梢表皮裂开，造成抽不出枝梢或全枝干枯。常减产50%以上。

形态特征 雌成虫：黄绿色至黄褐色，近圆形，直径1.5mm左右，透明或半透明，略凹陷。背部凸起，生3条纵脊和不明显横带。初孵若虫：体长0.5mm，长椭圆形，淡黄色。卵：椭圆形乳白色，孵化前变成暗红色。蛹：圆锥形，褐色。

生活习性 江苏北部和湖北一带1年发生2代，以受精雌成虫在枝干表皮下越冬，翌年3月下旬、4月上旬越冬雌成虫开始产卵，4月下旬进入产卵盛期，卵期15天，第1代4月下旬开始孵化，5月上、中旬进入孵化盛期。6月下旬第1代雌成虫开始产卵。7月上旬第2代卵开始孵化，7月中旬进入盛期。8月上旬第2代雄虫进入化蛹盛期。9月以后开始越冬。

防治方法 (1)加强检疫。(2)冬季剪除干枯虫枝，集中烧毁。(3)第1龄幼蚧盛发时用20~30倍松碱合剂涂枝（配方为1：1：10，即松香粉1份、纯碱1份、水10份，先把碱溶入水中煮开，倒入松香粉，搅拌煮20分钟即成原液，使用时每500g原液对水10~15kg）。(4)取食活动期也可喷洒1.8%阿维菌素乳油1000倍液、80%敌敌畏乳油1000倍液、40%甲基毒死蜱乳油900倍液。隔5~7天1次，连续防治2~3次。(5)对枝干上已密集成堆的雌成虫、若虫，用10倍机油乳剂擦刷，可使介壳虫自行脱落，枝干恢复光滑。

板栗园草履蚧

学名 *Drosicha corpulenta* (Kuwana)同翅目绵蚧科。别名：草鞋蚧、日本履绵蚧、裸蚧。分布在辽宁、河北、山东、山西、河南、江苏、江西、福建、陕西、青海、浙江、上海、四川、内蒙古、西藏。

寄主 柿、梨、石榴、苹果、桃、枣、毛叶枣、核桃、栗、荔枝、无花果。

为害特点 从早春开始在树上吸食嫩芽和枝的汁液，造成芽枯萎，削弱树势或枯梢死亡。

形态特征 雌雄异型，雌为椭圆形似草鞋，体长10mm，黄褐至红褐色，全体被白色蜡粉。雄成虫：头胸部黑色，腹部深紫红色，复眼球形突出黑色，触角念珠状10节黑色。体长5~6(mm)，翅展9~11(mm)。若虫：体小，与雌虫相似。

生活习性 年发生1代，以卵在树根颈附近的土缝中越冬，靠近田边或沟边的栗树发生居多，进入1、2月卵孵化为若虫，4月受害最重。初多于嫩枝、幼芽上为害，行动迟缓，喜于皮缝、枝杈处群栖。

防治方法 (1)雌虫下树产卵前，在树干基部四周挖环状沟，沟内放些树叶、杂草，诱成虫把卵产出来后，集中烧毁。(2)用杀虫带防治，2月初初孵若虫上树前，先把树干上粗皮刮掉，绑上8cm宽塑料薄膜，然后在膜上涂灭虫药膏（毒死蜱、甲氰菊酯混凡士林）2cm宽，每米用药5g，阻止若虫上树为害。(3)4月下旬~5月上旬在若虫蜕皮期内或上树初期喷洒40%甲基毒死蜱乳油1000倍液或10%吡虫啉可湿性粉剂2000倍液、3%啶虫脒乳油1500倍液、1.8%阿维菌素乳油1000倍液。(4)保护红环瓢虫等天敌。

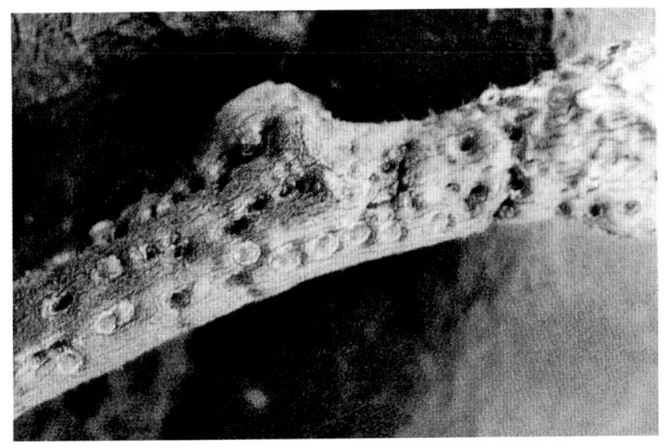

栗链蚧（徐志宏）

板栗园草履蚧雄成虫（左）和雌成虫放大

3. 核 桃 (Juglans regia) 病 害

核桃炭疽病(Walnut anthracnose)

症状 主要为害核桃幼果和叶片。果实染病,初在果皮上出现褐色圆形至近圆形病斑,后扩展为较大黑褐色凹陷病斑,病斑中央生许多黑色小粒点,有的呈同心轮纹状,湿度大时病斑上现红色小突起,即病原菌的分生孢子盘和分生孢子。叶片染病,产生不规则形或在叶脉两侧产生长条形枯黄斑,在叶缘附近产生约1cm的枯黄病斑,严重时全叶干枯脱落。

核桃炭疽病病果(张炳炎)

病原 *Gnomonia leptostyla* (Fr.)Ces. et De Not. 称窄柄日归壳,属真菌界子囊菌门。子囊壳埋生在寄主组织中或突破寄主外露,黑色球形。子囊椭圆形,顶端特厚,有孔口,散生在子囊壳中心腔内。子囊孢子双列,长椭圆形,由2个大小一致的4个细胞组成。成熟时由子囊中央的沟槽经孔口射出。无性型真菌有星壳孢属、细盾霉属、鲜壳孢属、小圆柱孢属。

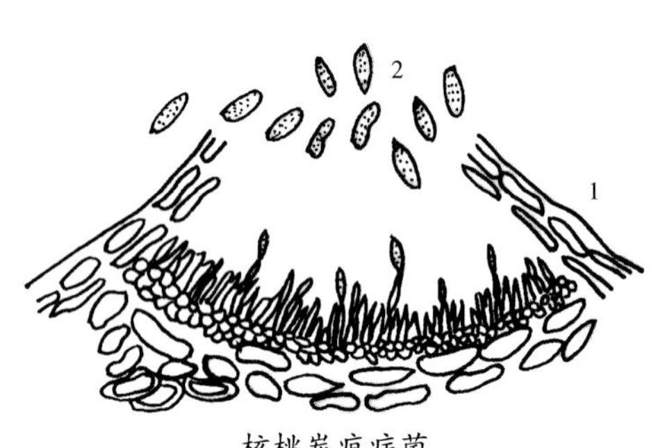

核桃炭疽病菌
1.分生孢子盘 2.分生孢子

传播途径和发病条件 该菌在核桃树上或病果、病芽、病叶上越冬,春季病菌产生子囊孢子和分生孢子,借风雨或昆虫传播,从伤口或自然孔口侵入,发病期多在6、7、8三个月,潜育期4~9天。雨日多,降雨早,雨量大,枝叶稠密易发病,核桃园管理粗放树势弱发病早又重,新疆核桃引到内地后发病也重。

防治方法 (1)收获后清除病落叶剪除病枝集中烧毁。增施有机肥,加强水肥管理,增强树势,提高抗病力。(2)选用元丰、丰辉、辽核4号等抗病品种。发芽前喷洒1:1:200倍式波尔多液或78%波尔·锰锌可湿性粉剂500倍液、30%戊唑·多菌灵悬浮剂600倍液。(3)发病期喷洒25%溴菌腈可湿性粉剂500倍液或70%硫磺·甲硫灵可湿性粉剂800倍液。

核桃假尾孢叶斑病

症状 病斑生在叶的正背两面,近圆形,直径0.5~12(mm),无明显边缘,叶面病斑褐色至暗褐色,叶背黄褐色至灰褐色。子实体生在叶背面。

核桃假尾孢叶斑病病叶

病原 *Pseudocercospora pterocaryae* Guo & W. X. Zhao, 称枫杨假尾孢,属真菌界无性型真菌。菌丝青黄色分枝,有隔膜。子座近球形,生在叶表皮下,直径20~40(μm)。分生孢子梗紧密簇生在子座上。分生孢子梗不分枝,顶部钝圆,0~1个隔膜,10~37×2.5~4.3(μm),次生分生孢子梗0~4个隔膜。分生孢子倒棍棒形,浅青黄色,2~10个隔膜不大明显,35~100×3.5~4.3(μm)。为害核桃、枫杨。

传播途径和发病条件 病原菌以子座或分生孢子在病残体上越冬,翌年病原菌借气流或雨水传播,从气孔或直接侵入,经7~10天发病后产生新的分生孢子进行多次再侵染,多雨季节易发病和流行。

防治方法 (1)采收后及时清园,培肥地力,把土壤有机质含量提高到2%以上,增强树势,提高抗病力。(2)发病初期喷洒1:1:200倍式波尔多液或50%锰锌·多菌灵可湿性粉剂600倍液、30%戊唑·多菌灵悬浮剂1000倍液。

核桃褐斑病(Walnut brown spot)

症状 主要为害叶片和嫩梢,也为在果实。叶片染病,产生近圆形至不规则形灰褐色病斑,前期边缘明显,扩展后边缘不明显,略呈黄绿色至紫色,大小0.4~0.8(mm),后期病斑上产生黑色小点,即病原菌的分生孢子盘和分生孢子。嫩梢染病,产生黑褐色近椭圆形至不规则凹陷斑,严重时造成梢枯。果实染病,产生小的凹陷斑,多斑融合后果实变黑。

病原 *Marssonina juglandis* (Lib.)Magn. 称胡桃盘二孢,属真菌界无性型真菌。载孢体分生孢子盘近表面生,暗褐色至黑色,常带有一似树皮状近表生的菌丝层。分生孢子梗无色,不规则分枝,多侧生,有隔膜,产孢细胞为全壁芽生环痕式,桶形。分生孢子无色,1个隔膜。

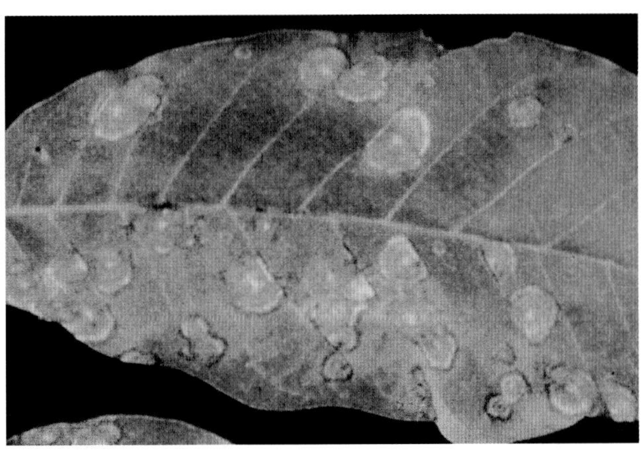
核桃褐斑病

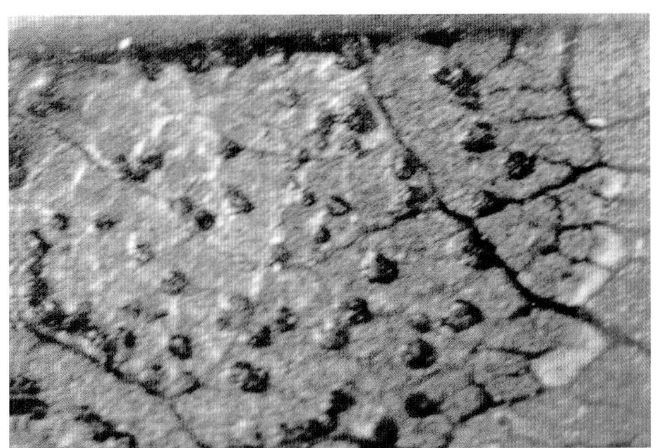
核桃褐斑病病菌的分生孢子盘黑色

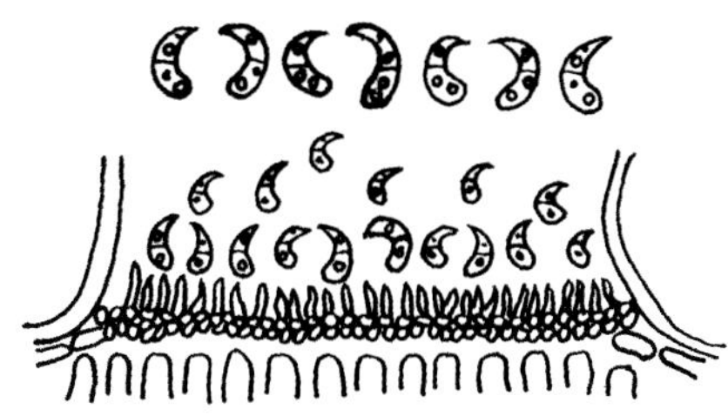
核桃褐斑病菌
分生孢子盘及分生孢子

传播途径和发病条件 病原真菌在染病的枝梢病组织中或随病落叶越冬，翌春雨后产生大量分生孢子，借风雨传播，陕西、山西5月中旬~6月上旬开始发病，7~8月进入发病高峰期。雨日多的年份，高温高湿持续时间长易发病。

防治方法 (1)采收后结合修剪及时剪除病枝，清除病落叶集中烧毁。(2)发病初期从6月10日开始喷洒1∶2∶200倍式波尔多液或30%戊唑·多菌灵悬浮剂1000倍液、40%氟硅唑乳油6000~8000倍液。

核桃黑盘孢枝枯病(Walnut melanconis disease)

症状 多发生在1~2年生枝条上，造成大量枝条枯死，影响树的发育及产量。也为害主干。枝条染病先侵染幼嫩的短枝，从顶端开始渐向下扩展直达主干。受害枝条皮层现暗灰色，后变为深灰色至浅红褐色，大枝病部凹陷，病死枝干的木栓层散生很多黑色小粒点，染病枝叶变黄脱落，枝皮干枯开裂，病变绕枝干1周，病干枯死，严重时整树死亡。

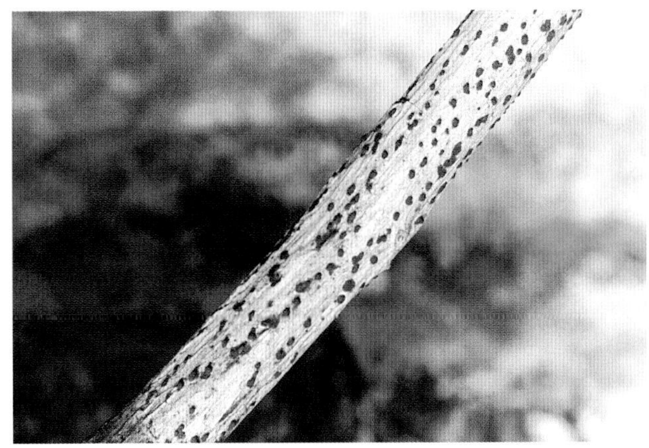
核桃枝枯病病枝

核桃枝枯病菌
分生孢子盘和分生孢子

病 原 *Melanconium juglandinum* Kunze 称胡桃黑盘孢，属真菌界无性型真菌。载孢体为分生孢子盘，生在表皮下或近表皮上，表皮开口处可见黑色分生孢子团。分生孢子梗有隔膜，基部分枝，大小25~50(μm)，分生孢子椭圆形，有油球，17.5~22.5×10~12.5(μm)。

传播途径和发病条件 以分生孢子盘或菌丝体在病树干或病枝上越冬，翌春条件适宜时产生的分生孢子借风雨、昆虫等从伤口或从嫩梢上侵入，发病后又产生大量分生孢子进行再次侵染，5~6月始见发病，7~8月进入发病盛期，9月后停滞下来。雨日多及空气湿度大的年份易发病，受冻或抽条严重的幼树发病重。

防治方法 (1)加强核桃园管理，增施有机肥，适时灌水，增强树势，提高抗病力十分重要。(2)发现病枝及时剪除集中烧毁。核桃树修剪必需在展叶后和落叶前进行，休眠期不能剪锯枝条，防止伤流死枝或死树。(3)冬季或早春涂白。(4)发现主干上出现病斑，用快刀刮除病部，用1%硫酸铜消毒伤口后，涂抹80%乙蒜素乳油100倍液或5%菌毒清水剂30倍液、21%过氧乙酸水剂5倍液。生长季节可喷洒30%戊唑·多菌灵悬浮剂1000倍液或21%过氧乙酸水剂1000倍液，隔10~15天1次，防治2~3次。

核桃色二孢枝枯病(Walnut Botryodiplodia blight)

症状 该病常引起核桃枝条枯死，在死枝上生有黑色点状突起，即病原菌的子座。

病原 *Botryodiplodia theobromae* Pat. 称可可球色二孢，属真菌界半知菌类。子座内形成多个球形的分生孢子器，分生孢子椭圆形至卵形，双细胞，褐色，大小20~30×10~18(μm)。

传播途径和发病条件、防治方法 参见梨树干腐病。

核桃可可球色二孢枝枯病病枝

核桃腐烂病病干

核桃球壳孢枝枯病

症状 染病枝变成黄褐色至灰褐色，枝条干枯，并在表面产生颗粒状小突起，后突破表皮而露出灰黑色的小颗粒，即病原菌的分生孢子器。

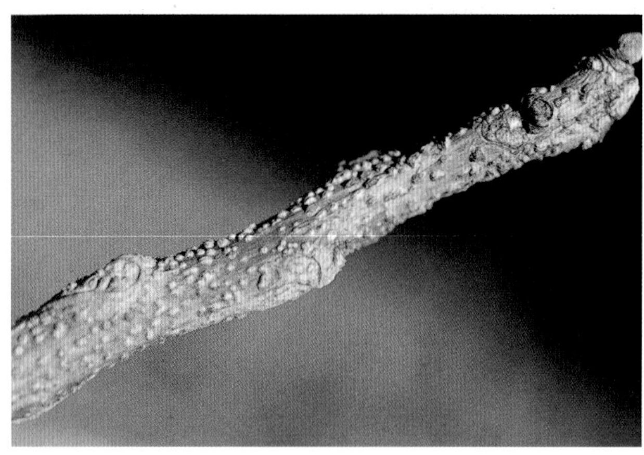

核桃球壳孢枝枯病

病原 *Sphaeropsis* sp. 称一种球壳孢，属真菌界无性型真菌。载孢体分生孢子器初埋生，后突破枝的表皮外露黑色的分生孢子器，球形，单腔，器内孢子梗细短，无分枝。分生孢子卵形至长圆形，大小为16～36×7～10(μm)，褐色单胞。

传播途径和发病条件 病原真菌以菌丝体或分生孢子器在病枝上、芽鳞上越冬，翌春遇雨分生孢子器吸水后涌出大量分生孢子，借气流传播，落到新梢上后引起发病。

防治方法 (1)增施有机肥，使核桃园土壤有机质含量达到2%，增强树势，提高抗病力。(2)结合修剪及早剪除病枝梢集中烧毁，以减少菌源。(3)发病初期喷洒80%波尔多液可湿性粉剂500~600倍液或自己配的1：2：200倍式波尔多液、30%戊唑·多菌灵悬浮剂1000倍液。

核桃腐烂病(Walnut Cytospora canker)

症状 主要为害枝、干。幼树主干或侧枝染病，病斑初近梭形，暗灰色水渍状稍肿起，用手按压流有泡沫状液体，病皮变褐有酒糟味，后病皮失水下凹，病斑上散生许多小黑点即病菌分生孢子器。湿度大时从小黑点上涌出橘红色胶质物，即病菌孢子角。病斑扩展致皮层纵裂流出黑水。大树主干染病初期，症状隐蔽在韧皮部，外表不易看出，当看出症状时皮下病部已扩展20～30(cm)以上，流有黏稠状黑水，常糊在树干上。枝条染病，一种是失绿，皮层充水与木质部分离，致枝条干枯，其上产生黑色小点。另一种从剪锯口处生明显病斑，沿梢部向下或向另一分枝蔓延，环绕一周后形成枯梢。

病原 *Cytospora juglandis* (DC.) Sacc. 称胡桃壳囊孢，属真菌界无性型真菌。分生孢子器埋生在寄主表皮的子座中。分生孢子器形状不规则，多室，黑褐色具长颈，成熟后突破表皮外露，大小144～324×96～108(μm)，颈长48～54(μm)。分生孢子单胞无色，香蕉状，大小1.9～2.9×0.4～0.6(μm)。

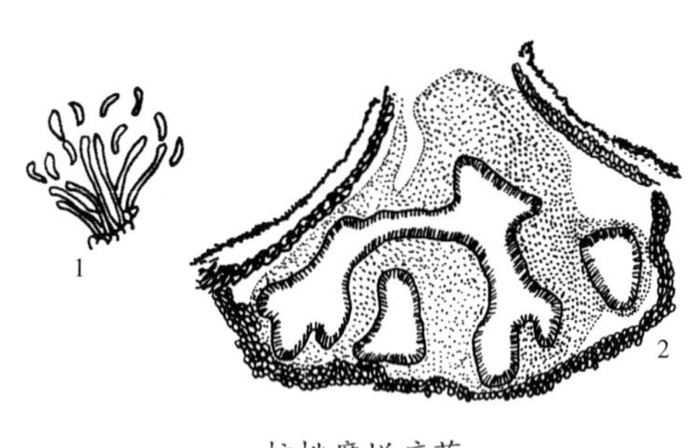

核桃腐烂病菌
1.分生孢子梗及分生孢子 2.分生孢子腔

传播途径和发病条件 病菌以菌丝体或子座及分生孢子器在病部越冬。翌春核桃树液流动后，遇有适宜发病条件，产出分生孢子，分生孢子通过风雨或昆虫传播，从嫁接口、剪锯口、伤口等处侵入，病害发生后逐渐扩展，直到越冬前才停止，孢子器成熟后涌出孢子角。生长期内可发生多次侵染。4～5月是发病盛期。核桃园管理粗放、受冻害、盐碱害等发病重。

防治方法 (1)改良土壤，加强栽培管理，增施有机肥，合理修剪、增强树势，提高抗病力。(2)早春及生长期及时刮治病斑，刮后用50%甲基硫菌灵可湿性粉剂50倍液或45%石硫合剂结晶21～30倍液、5%菌毒清水剂40倍液涂抹。(3)树干涂白防冻，冬季日照长的地区，应在冬前先刮净病斑，然后涂白涂剂防止树干受冻，预防该病发生和蔓延。(4)也可喷洒45%代森铵水剂800倍液或21%过氧乙酸水剂1000倍液。

核桃白粉病(Walnut powdery mildew)

症状 叶表面产生白粉层，引起叶片提早脱落。

病原 有两种：*Microsphaera akebiae* Saw. 称木通叉丝壳

核桃白粉病病叶上的粉状物

核桃白粉病菌闭囊壳及附属丝

和 *Phyllactinia guttata* (Fr.)Lev.，称榛球针壳，均属真菌界子囊菌门。木通叉丝壳闭囊壳球形，黑褐色，直径98～120(μm)。附属丝5～16根，顶端呈4～6次叉状分枝。闭囊壳内生2～8个子囊，子囊卵形，大小42～49×34～35(μm)，子囊孢子4～8个。子囊孢子椭圆形，单胞无色，大小17～26×9～15(μm)。

传播途径和发病条件 两种白粉菌均以闭囊壳在病落叶上越冬。翌春遇雨放射出子囊孢子，侵染发病后病斑产生大量分生孢子，借气流传播，进行多次再侵染，7～8月进入发病盛期，9月以后该病逐渐停滞下来。春旱年份或管理不善、树势衰弱发病重。

防治方法 参见栗白粉病。

核桃黑斑病（Walnut bacterial blight）

症状 核桃黑斑病又称黑腐病。主要为害幼果、叶片，也可为害嫩枝。幼果染病，果面生褐色小斑点，边缘不明显，后成片变黑深达果肉，致整个核桃及核仁全部变黑或腐烂脱落。近成熟果实染病后，先局限在外果皮，后波及到中果皮，致果皮病部脱落，内果皮外露，核仁完好。叶片染病，先在叶脉上现近圆形或多角形小褐斑，扩展后相互愈合，病斑外围生水渍状晕圈，后期少数穿孔，病叶皱缩畸形。严重时，整叶变黑发脆、脱落。

病原 *Xanthomonas campestris* pv. *juglandis*(Pierce) Dowson 异名：*Xanthomonas juglandis* (Pierce) Dowson. 称甘蓝黑腐黄单胞菌核桃黑斑致病型，属细菌界薄壁菌门。菌体短杆状，大小1.3～3.0×0.3～0.5(μm)，端生1鞭毛，在牛肉汁葡萄糖琼脂斜面划线培养，菌落突起，生长旺盛，光滑不透明具光泽，淡柠檬黄色，具黏性，生长适温28～32℃，最高37℃，最低5℃，53～55℃经10分钟致死，适应pH5.2～10.5，pH6～8最适。

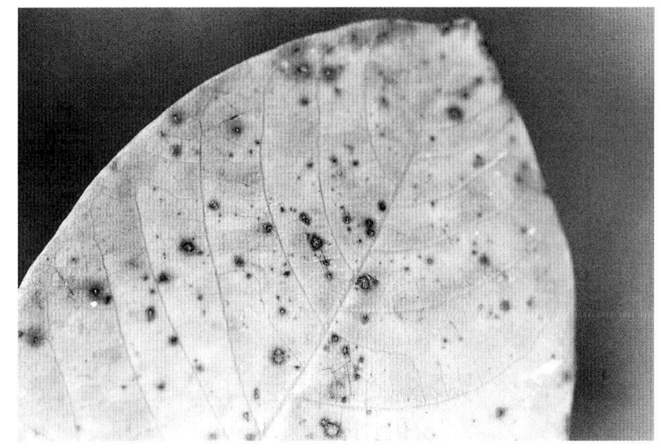

核桃黑斑病病叶

核桃幼果上的黑斑病（张玉聚）

核桃果实上的黑斑病

传播途径和发病条件 病原细菌在枝梢或芽内越冬。翌春泌出细菌液借风雨传播，从气孔、皮孔、蜜腺及伤口侵入，引起叶、果或嫩枝染病。在4～30℃条件下，寄主表皮湿润，病菌能侵入叶片或果实。潜育期5～34天，在田间多为10～15天。核桃花期及展叶期易染病，夏季多雨发病重。核桃举肢蛾为害造成的伤口易遭该菌侵染。

防治方法 (1)及时防治核桃害虫。(2)核桃展叶时及落花后喷1∶0.5～1∶200倍式波尔多液或68%农用链霉素可溶性粉剂3000倍液，3%中生菌素可湿性粉剂600~700倍液也有效。

核桃葡萄座腔菌溃疡病

核桃溃疡病又称枝枯病，是核桃生产上重要病害，河北、河南、山东、江苏、陕西、安徽均有发生，轻者影响生长结实，重的全株干枯而死。

症状 主要为害树干，多发生在树干基部0.5~1(m)的范围内，发病初期树皮表面产生近圆形的褐色病斑，大小1cm左右，组织松软，这时温度适宜病斑开始扩展，同时向病部外溢出褐色黏液，浸润病斑四周，使整个病组织呈水渍状，病健交界不大明显，中部黑褐色，边缘浅褐色，光皮核桃品种发病开始先形成水泡，水泡破裂之后，流出浅褐色或褐色黏液。不久病部干缩下陷，其上散生许多小黑点，即病原菌的分生孢子器。病组织下的内层皮和木质部表层都已变褐腐烂，发病重的皮层上的病斑融合，环绕树干1圈后，严重影响养分的运输，造成整株枯萎而死。

核桃葡萄座腔菌溃疡病发病初期症状

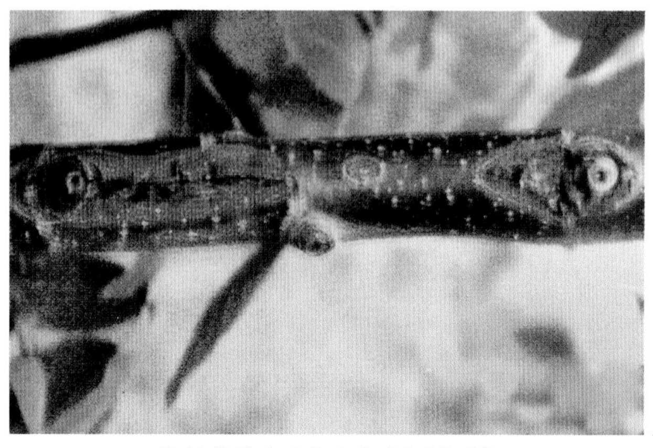

核桃葡萄座腔菌溃疡病(刘惠珍)

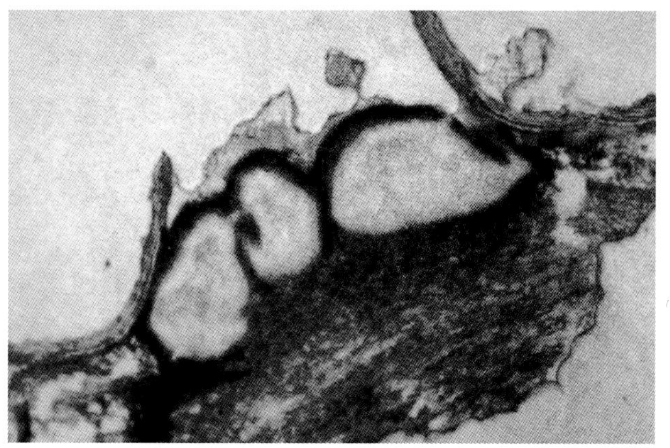

葡萄座腔菌子座切面(林晓民)

病原 *Botryosphaeria dothidea* (Moug.)Ces. et De Not. 称葡萄座腔菌，属真菌界子囊菌门。子囊腔数个聚生在黑色子座内，桃形，大小175~245×280~315(μm)，内生棒状子囊，无色，双层壁，大小90~105×15~24(μm)，子囊孢子8个，椭圆形，单胞无色，双行排列，大小23~26×10~11(μm)。无性型*Dothiorella gregaria* Sacc. 称群生小穴壳菌，属真菌界无性型真菌。分生孢子器球形，聚生在黑色子座内，直径140~282(μm)。分生孢子纺锤形，单胞无色，大小15~28×5~7(μm)。

传播途径和发病条件 病原菌以分生孢子器或菌丝体在枝条、树干病部越冬，每年4月初发生，5~6月进入高峰期，7~8月停滞下来，入秋后又有1次发病高峰，10月下旬停止。生产上地下水位高、土壤肥力跟不上，管理粗放发病重。绵核桃发病重，新疆核桃发病轻。

防治方法 (1)建园时选择土壤肥沃、排水良好的砂壤土，采用核桃配方施肥技术，合理修剪、清除病虫枝，提高核桃树抗病力至关重要。(2)发现病斑及时刮除后涂抹波美3~5度石硫合剂或10%碱水或5%菌毒清水剂40倍液、41%乙蒜素乳油50倍液，或喷洒41%乙蒜素乳油500~600倍液、30%戊唑·多菌灵悬浮剂1100倍液。

核桃裂褶菌木腐病

症状 病原真菌寄生在大枝或树干上，造成受害株树皮腐朽脱落或露出木质部，病菌向四周健康部位扩展产生长条状大型溃疡，后期在病部生出覆瓦状灰白色子实体，受害处变成白色腐朽，受害面积大，受害严重的常致整树干枯而死。

病原 *Schizophyllum commune* Fr. 称裂褶菌，属真菌界担子菌门。子实体覆瓦状，菌盖6~42(mm)，白色至灰白色，扇状，边缘内卷。菌褶从基部辐射状伸出，窄，白色，有时淡紫色，沿边缘纵裂反卷。担孢子光滑无色，圆柱形，生在阔叶树或针叶树的腐木上。

传播途径和发病条件 该菌在干燥气候条件下菌褶向内卷曲，子实体收缩，经长期干燥后遇有降雨，其表面绒毛快速吸水恢复活性，数小时后就可释放担孢子进行传播扩展。

防治方法 (1)加强核桃园管理，采用配方施肥技术，增强抗病力十分重要。(2)发现树上长出子实体后，应马上刮除，集中深埋或烧毁。病部涂30%乙蒜素乳油40倍液或2.12%腐殖酸

核桃裂褶菌木腐病

铜每 m^2 用药 200~300g，用本药不用稀释，直接涂抹，但用前要摇匀，仅限于树体枝干部位。

核桃小斑病和轮纹病

症状 核桃小斑病主要为害叶片，初在叶片上产生褪绿小斑点，后扩散成圆形至椭圆形褐色病斑，边缘深褐色稍隆起，中央灰白色，多分布在较大叶脉间，大小 1~2(mm)，一张叶片上常生 100~500 个小病斑，严重时叶片外卷，提早枯死。

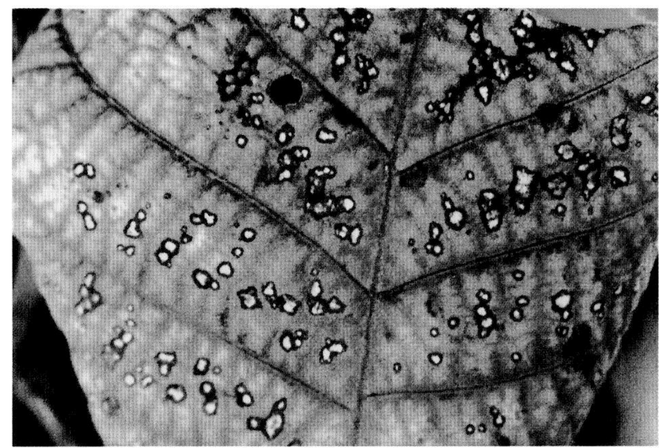

核桃小斑病(张炳炎)

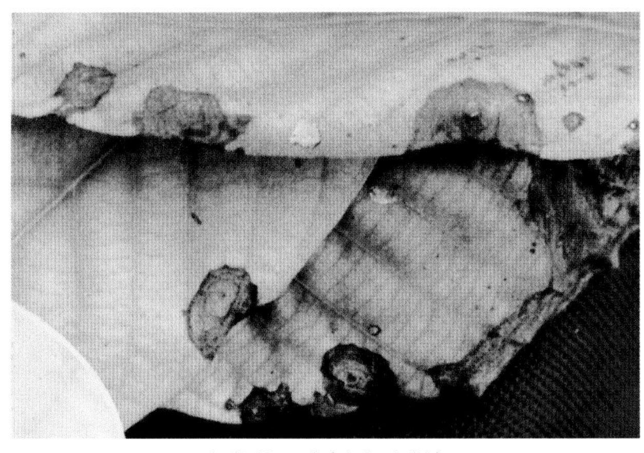

核桃轮斑病(张炳炎摄)

核桃轮斑病叶片染病后病斑散生在叶片边缘呈半圆形，发生在叶中部的病斑略呈圆形或近圆形，无光泽，有深浅交错的明显同心轮纹，病斑背面产生黑色霉丝，后期多个病斑融合成不规则形大斑，发病重的致叶片变黄焦枯、卷缩。

病原 *Alternaria* sp. 称一种链格孢，属真菌界无性型真菌。

传播途径和发病条件 病原菌在病部或芽鳞内越冬，借风雨或昆虫传播，强风大雨利其流行，树势弱通风透光不良易发病。雨日多发病重。

防治方法 (1)增强树势是关键，不要栽植过密，施足基肥，合理适时浇水追肥提高抗病力。(2)及时清除病残体，集中烧毁。(3) 发病初期喷洒 50%异菌脲可湿性粉剂 1000 倍液或 40%百菌清悬浮剂 600 倍液、50%福·异菌可湿性粉剂 800 倍液。

核桃链格孢叶斑病

症状 主要为害叶片，叶上或叶片边缘产生近圆形至不规

核桃链格孢叶斑病

则形褐色病斑，直径 5~10(mm)，正面病健交界处清晰，但背面病斑边缘不清晰，黑色霉层发生在叶背。发生严重时多个病斑融合成不规则形大片褐斑，造成叶片卷曲或提早脱落。

病原 *Alternaria* sp. 称一种链格孢，属真菌界无性型真菌。分生孢子倒棒状，褐色，喙孢较短，有纵横隔膜，镜检时除大量链格孢外，还检测到芽枝霉菌的分生孢子。

传播途径和发病条件 病原真菌在病组织里或芽鳞内越冬，借风雨或昆虫传播，雨日多、缺肥、树势衰弱或通风不良易发病。

防治方法 (1)增施有机肥，使核桃园土壤有机质达到 2%以上，增强树势提高抗病力可减少该病发生。(2) 发芽前喷洒 77%氢氧化铜水分散粒剂 600 倍液或 50%异菌脲可湿性粉剂 900 倍液。

核桃灰斑病

症状 主要为害叶片，初发病时叶片上产生暗褐色圆形至近圆形病斑，干燥后病斑中央灰白色，边缘暗褐色，后期病斑上产生黑色小粒点，即病原菌的分生孢子器。病情严重时多斑融合致叶片焦枯脱落。8~9 月盛发。

病原 *Phyllosticta juglandis* (DC.) Saccardo 称胡桃叶点霉，属真菌界无性型真菌。分生孢子器散生在叶面，初埋生后突破表皮外露，褐色，器球形，直径 70~105(μm)，高 55~95(μm)，器壁膜质，褐色，由数层细胞组成。壁厚 8~10(μm)，形成瓶形产孢细胞，上生分生孢子。分生孢子卵圆形，单胞无色，大小 5 ~ 7 ×

核桃灰斑病(张炳炎)

2～3.5(μm),有时现2个油球。

传播途径和发病条件 病原菌以分生孢子器在病部或病落叶上越冬,翌年春天雨后分生孢子器吸水涌出大量分生孢子借风雨传播,进行初侵染和多次再侵染,雨日多的年份易发病。

防治方法 (1)及时清除病落叶,集中深埋或烧毁,以减少初侵染源。(2)发病前或发病初期结合防治其他病害喷洒80%锰锌·多菌灵可湿性粉剂1000倍液或70%硫磺·甲硫灵可湿性粉剂900倍液。

核桃角斑病

症状 主要为害叶片。发病初期叶面现浅褐色至褐色圆形小斑,后逐渐扩展成多角形,最后变成褐色或灰色,其表面现黑褐色或黑色小粒点,即病原菌的分生孢子丛。病斑表面有时呈斑纹状。

核桃角斑病初现褐色圆形至多角形病斑

病原 *Cercospora eriobotryae* (Enjoji) Sawada 称枇杷褐斑尾孢霉,属真菌界无性型真菌。此菌发育到一定阶段时,由部分菌丝体集结在寄主表皮下,形成菌丝块。菌丝上长出分生孢子梗,直立,单胞,浅褐色,老熟时略弯曲,有1~5个隔膜。分生孢子无色,鞭状,有3~8个隔膜。

传播途径和发病条件 病菌以菌丝块、分生孢子梗及分生孢子在病叶上或随病落叶进入土壤中越冬,翌年春天分生孢子借风雨传播进行初侵染和多次再侵染,雨日多发病重。

防治方法 (1)加强核桃园管理,增施有机肥使土壤有机质达到2%,增强树势,提高抗病力。(2)进入雨季于发病初期喷洒50%多菌灵悬浮剂600倍液或50%硫磺·多菌灵可湿性粉剂或悬浮剂800倍液、70%硫磺·甲硫灵可湿性粉剂900倍液。

核桃树褐色膏药病

症状 主要为害枝干。初在树干或大枝上产生椭圆形至不规则形褐色至灰褐色膏药状病疤,即病原菌的子实体。子实层平铺在枝干上,周围现狭灰白色边,外观似丝绒状,衰老后常龟裂或剥落,发病轻的影响核桃树生长发育,重时引致枝枯。

病原 *Septobasidium bogoriense* Pat. 称茂物隔担耳菌,属真菌界担子菌门。子实体灰色常略带紫色,子实层平坦,原担子球形至卵形。

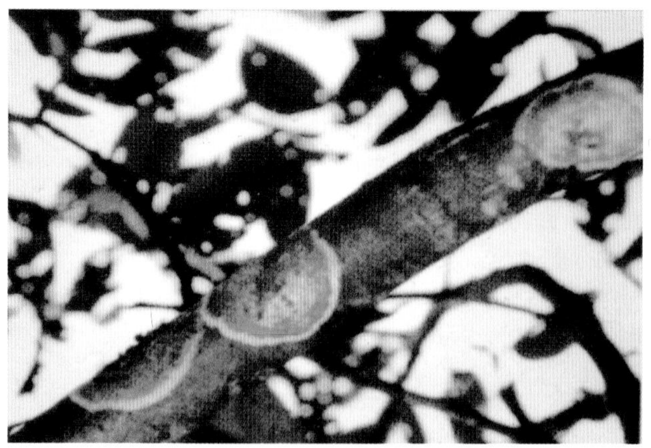

核桃树褐色膏药病(张炳炎)

传播途径和发病条件 病菌以菌丝体在病枝干上越冬,翌春菌丝生长产生子实层,长出担孢子,借风雨或蚧壳虫爬行传播,介壳虫多时发病重,荫蔽潮湿,排水不良,管理粗放生长势弱的核桃园发病重。

防治方法 (1)适时适度疏枝修剪,使其通风透光良好,湿度降低,减轻该病发生。剪除的小枝锯下的大枝扫除的病落叶集中烧毁或深埋,以减少菌源。(2)秋季发病部位涂抹45%石硫合剂结晶30倍液或喷洒50%甲基硫菌灵悬浮剂600倍液、50%腐霉利可湿性粉剂1200倍液、70%硫磺·甲硫灵可湿性粉剂800倍液。

核桃仁霉烂病

症状 核桃果实染病后,外壳症状不明显,切开核桃皮后,可见核桃仁干瘪,局部变褐或变黑,表面生出一层粉红色或青绿色或灰黑色霉层,造成果肉变质,常有苦味或霉酸味,无法食用。

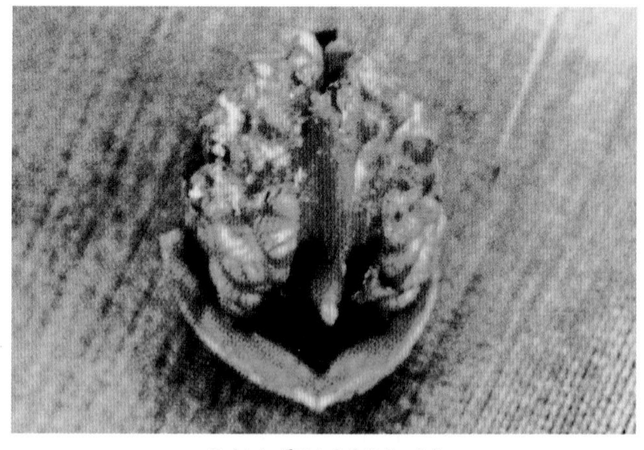

核桃仁霉烂病(张炳炎)

病原 *Fusarium* sp. 称一种镰刀菌、*Penicillium* sp. 称一种青霉、*Xanthomonas* sp. 称一种细菌侵染引起。

传播途径和发病条件、防治方法 参见栗种仁斑点病。

核桃毛毡病

症状 又称核桃丛毛病、痞子、痂疤。主要为害核桃叶片。发病初期叶面散生或集生不规则状苍白色至浅色小圆斑,大小

核桃毛毡病

1mm 左右，后病斑逐渐扩展变大，病斑颜色逐渐变深，多呈圆形至不规则形，毛毡状；叶背面对应处现浅黄褐色细毛丛，严重时病叶干枯脱落。河北、辽宁、吉林均有分布。

病原 *Eriophyes* sp. 称一种瘿螨，属节肢动物门，蛛形纲瘿螨目。

传播途径和发病条件 该瘿螨秋末潜入芽鳞内越冬，翌年温度适宜时潜出危害。通过潜伏在叶背面凹陷处之绒毛丛中隐蔽活动，在高温干燥条件下，繁殖较快，活动能力也较强。河北7月上旬至9月中下旬发生较多。

防治方法 (1)加强管理，及时剪除有螨枝条和叶片，集中烧毁或深埋。(2)药剂防治。芽萌动前，对发病较重的林木喷洒45%石硫合剂结晶30倍液及24%螺螨酯悬浮剂4000倍液。发病期，6月初至8月中下旬，每15天喷洒1次45%石硫合剂结晶300倍液或喷撒硫磺粉，共喷3~4次。

4. 核　桃　害　虫

核桃举肢蛾（Walnut sun moth）

学名 *Atrijuglans hetaohei* Yang 鳞翅目，举肢蛾科。别名：核桃黑。分布：山西、河北、山东、河南、陕西、四川、贵州。

寄主 核桃。

为害特点 幼虫蛀入果实后蛀孔现水珠，幼虫在表皮内纵横串食为害，虫道内出现虫粪，1个果内常有幼虫多条，造成果皮变黑凹陷、皱缩变成黑核桃，有的果皮上产生片状或条状黑斑，核桃仁发育不良，早期钻入的幼虫有的蛀害果仁，有的蛀害果柄破坏维管束，造成早期落果，有的全果变黑干缩在枝条上。

形态特征 成虫：体长4~7(mm)，翅展12~15(mm)。黑褐色有光泽，腹面银白。翅狭长披针状，缘毛长；前翅端部1/3处有1半月形白斑，后缘基部1/3处有1长圆白斑。后足长，栖息时向后侧上方举起，故名举肢蛾。胫节白色，中部和端部有黑色长毛束。卵：椭圆形，初产乳白渐变黄白，孵化前为红褐色。幼虫：体长7.5~9(mm)，头黄褐至暗褐，胴部淡黄褐色，背面微红，前胸盾和胸足黄褐色。腹足趾钩单序环。蛹：长4~7(mm)，黄褐至褐色。茧：长8~10(mm)，长椭圆形。

生活习性 河北、山西年生1代，北京、陕西1~2代，河南2代，均以老熟幼虫于树冠下土中或杂草中结茧越冬，少数可在干基皮缝中越冬。1代区翌年6月上旬至7月下旬越冬幼虫化蛹，蛹期7天左右，6月下旬至7月上旬为越冬代成虫盛发期，6月中、下旬幼虫开始为害，30~45天老熟脱果入土越冬，脱果期7月中旬~9月。2代区成虫分别发生在5月中~7月中，7月上~9月上旬。成虫昼伏夜出，卵多散产于两果相接的缝隙处，少数产于梗洼、萼洼、叶腋或叶上。单雌产卵35~40粒。卵期约5天，幼虫蛀果后，被害果渐变琥珀色。1代区被害果最后变黑，故称“核桃黑”。2代区第一代幼虫多害果壳和种仁，为害状不明显，但被害果多脱落，第2代幼虫多于青皮内蛀食，被害处变黑很少落果。

防治方法 (1)冬春耕翻树盘时细心从事，消灭土中的蛹。(2)7月上旬上树摘除受害果集中处理。(3)成虫羽化出土前树下喷洒40%毒死蜱或辛硫磷乳油1000倍液，浅锄或盖1薄层土。(4) 于5月下旬~6月上旬和6月中旬~7月上旬是两个防治关键期，喷洒20%氰戊菊酯或2.5%溴氰菊酯乳油2000倍液。

核桃举肢蛾成虫

鞍象甲

学名 *Neomyllocerus hedini* (Marshall) 鞘翅目，象甲科。别名：核桃鞍象。分布：四川、贵州、湖南、湖北、广东、广西、江西、

鞍象甲成虫（刘联仁 摄）

陕西等省。

寄主 核桃、龙眼、荔枝、芒果、火棘、苹果、梨、桃、大豆、棉花等。尤喜为害核桃。

为害特点 喜食转绿前的嫩叶，成虫咬食叶肉，残留叶表皮成网状，严重时把叶片吃光。

形态特征 成虫：雌体长5.5～6(mm)，肩宽1.5～1.7(mm)，雄虫体长3.5～4.4(mm)，肩宽1.3～1.4(mm)，体表被黄绿色鳞片。触角细长9节，柄节较长，前胸长筒形，鞘翅上具10条纵行的刻点沟，刻点密，行间扁平，各有1行稀疏柔软直立的灰白色长毛。足细长，黑色至暗褐色，被覆灰白色毛状鳞片。卵：长0.2～0.3(mm)，乳白色。末龄幼虫：体长4～6(mm)，全体乳白色，头部黄褐至茶褐色。蛹：长3.5～5.5(mm)，短胖，乳白色，体上有稀疏刚毛。

生活习性 年生1代。少数两年完成1代，以幼虫在地表6～13(cm)土层内筑椭圆形蛹室越冬。翌年春季广东于3月下旬～7月中旬发生，广西于4月下旬～7月上旬，四川于5月上旬～7月下旬，云南发生在5月下旬～7月中旬，湖北发生在9月中旬。据四川观察，3月底4月初化蛹，蛹期20～30天，羽化后成虫于5月上旬出土活动，6～7月进入成虫为害盛期。

防治方法 (1)冬季翻松园土，杀死部分越冬幼虫。(2)成虫大量出土为害期喷洒40%的毒死蜱乳油1500倍液或20%氰戊菊酯乳油1500倍液、90%敌百虫可溶性粉剂900倍液加0.2%洗衣粉，隔10～15天1次，连续防治2～3次。

核桃长足象

学名 *Alcidodes juglans* Chao 鞘翅目象甲科。别名：核桃果象甲、核桃甲象甲。分布：陕西、四川核桃产区。

寄主 核桃。

为害特点 以成虫为害果实和幼芽、嫩枝及幼果皮，幼虫为害果实尤重，成虫把卵产在果内，幼虫在果内取食种仁，果实未长大就脱落，受害轻的落果20%左右，严重时大幅减产或绝收。

形态特征 成虫：体长9.5~12(mm)，长圆形，黑色，头部喙管长，端部粗且弯，雄虫喙管短，触角生在喙端1/3处，雌成虫喙管较长，触角生在喙的中央。鞘翅上具10条粗刻点和纵隆起条纹，肩角突出，翅端各生1个三角形凹陷。卵：长椭圆形。末龄幼虫：体长12mm，乳白色，头部黄褐色，体弯曲。蛹：长13mm，胸、腹背面散生许多小刺。

生活习性 每年1代，以成虫在杂草丛或表土内越冬，湖北翌年4月中下旬成虫开始取食嫩梢、嫩叶及幼果皮。5月初开始产卵，每果1粒，卵期10天左右，5月中旬幼虫孵化，5月下旬虫果开始脱落，幼虫随落地果继续为害种仁直至化蛹。幼虫期50天，6月中旬为化蛹盛期，6月下旬进入羽化盛期，把果皮咬1孔爬出果外，停留几小时再飞到树上取食叶梢，直至越冬。

防治方法 (1)成虫发生盛期于清早或傍晚摇树震落捕杀成虫。刮除根颈部粗皮，摘除受害果，捡拾病虫落果，及时深埋。(2)在越冬成虫始见、幼虫孵化时，喷洒每毫升含2亿个孢子的白僵菌菌液或35%辛硫磷微胶囊剂900~1000倍液或50%杀螟硫磷乳油1000倍液，也可在成虫发生初期选雨后树冠下喷洒40%辛硫磷乳油或40%毒死蜱乳油350倍液处理地表。

核桃缀叶螟

学名 *Locastra muscosalis* Walker 鳞翅目，螟蛾科。别名：木橑黏虫、核桃毛虫。分布：河北、山东、山西、河南、陕西、江苏、安徽、浙江、广东、广西、湖南、湖北、四川、福建、贵州、云南等省。

寄主 核桃、木橑。

为害特点 幼虫食叶成缺刻或孔洞，严重时食光叶片。

形态特征 成虫：体长14～20(mm)，翅展35～50(mm)，全体黄褐色。前翅色深，稍带淡红褐色，有明显的黑褐色内横线及曲折的外横线，横线两侧靠近前缘处各有黑褐色斑点1个，外缘翅脉间各有黑褐色小斑点1个。前翅前缘中部有一黄褐色斑点。后翅灰褐色，越接近外缘颜色越深。卵：球形，密集排列成鱼鳞状卵块，每块有卵约200粒。末龄幼虫：体长20～30(mm)，背中线杏黄色较宽，亚背线、气门上线黑色，体侧各节生黄白色斑。蛹：长16mm左右，深褐色。茧：长20mm左右，硬。

生活习性 年生1代，以老熟幼虫在根四周1m直径内土中10cm处结茧越冬。翌年6月中旬至8月上旬越冬代幼虫进入化蛹期，蛹期10～20天。6月下～9月上旬成虫开始羽化，交尾后把卵产在叶面。7月上旬～8月上中旬进入幼虫孵化期，初孵幼虫群集在叶面上吐丝结网，舐食叶肉，2、3龄后常分成几群为害，常把叶片缠卷成1团，4龄后多分散活动，1只幼虫缠卷1复叶上3～4张叶子。白天静伏在卷筒中，夜间为害，进入

核桃长足象幼虫和成虫(张炳炎)

核桃缀叶螟成虫和幼虫

8月中旬后，老熟幼虫下树入土做茧越冬。

防治方法 (1)发现虫苞及时摘除集中烧毁。(2)该虫越冬茧多集中在树冠下，可在封冻前或春季解冻后挖茧，集中烧毁。(3)7月中下旬幼虫3龄前，及时喷洒40%毒死蜱或50%敌敌畏乳油1000倍液。

核桃尺蠖(Walnut looper)

学名 *Culcula panterinaria* Bremer et Grey 鳞翅目，尺蛾科。别名：木橑尺蛾、洋槐尺蠖、木橑步曲、吊死鬼、小大头虫。河北、北京果农称其为“棍虫”。分布：北起辽宁、内蒙古，南至广东、海南、广西、台湾、云南，东邻滨海，西至陕西、甘肃，折入四川。

寄主 木橑、核桃、苹果、梨、杏、桃、葡萄、山楂、柿、柳、杂草等150余种植物。

为害特点 幼虫食叶成缺刻或孔洞，严重的把整枝叶片吃光，影响光合作用，降低质量。局部地区发生严重。长江、淮河以北密度较大。过去河北、河南、山西、北京核桃树叶经常被吃光。该虫以低龄幼虫啃食叶肉，残留表皮呈白膜状，稍大咬成缺刻或孔洞，严重时把叶片吃光，大发生时几天内即可吃光全树的叶片。山西、河北、河南1年发生1代，以蛹在树干周围3cm深处土中越冬。翌年5月上旬，均温25℃越冬蛹开始羽化，7月中下旬为羽化盛期，8月底结束，成虫羽化后即交尾，1~2天后产卵，每雌产卵1500粒多者3000粒，卵期9~10天，7月上旬幼虫盛孵期，初孵幼虫先爬到近处叶上啃食叶肉成网状或孔洞，受惊扰吐丝下垂，随风扩散，幼虫2龄后分散取食，随虫龄增大危害愈加剧烈，幼虫期40天，进入8月中旬幼虫陆续老熟，爬到越冬场所化蛹越冬。

防治方法 (1)在成虫发生期晚上烧堆火或安装黑光灯或频振式杀虫诱杀成虫。(2)早秋或早春结合整地修台堰等在树盘中人工挖蛹，集中杀灭。(3)幼虫发生盛期在树下喷2.5%溴氰菊酯乳油2000倍液或50%杀螟硫磷乳油800倍液。

春尺蠖(Mulberry looper)

学名 *Apocheima cinerarius* Erschoff 鳞翅目，尺蠖蛾科。别名：沙枣尺蠖、桑灰尺蠖、榆尺蠖、柳尺蠖等。分布在新疆、甘肃、宁夏、内蒙古、陕西、河南、山东、河北、青海、四川等省。

寄主 沙枣、核桃、苹果、梨、桑、榆、杨、柳、槐、胡杨；缺少食料情况下，还可为害麦类、玉米、绿肥等。是西北地区重要果树害虫。

为害特点 幼虫食害芽、叶，严重时把芽、叶吃光。

形态特征 成虫：雌蛾体长9~16(mm)，灰褐色，无翅，腹部各节背面具棕黑色横行刺列。雄蛾体长10~14(mm)，翅展29~39(mm)，腹部背面也有棕黑色横行刺列。卵：长1mm，椭圆形，初灰绿色，后转为黄褐色，孵化前变为黑紫色，卵壳上具刻纹。末龄幼虫：体长约35mm。体色常随寄主植物略有变化，食桑的色较深，呈黄绿色至墨绿色。蛹：长8~18(mm)，棕褐色，臀棘刺状，其末端分为2叉。

生活习性 年生一代，以蛹在土中越冬。新疆于翌年2月下旬至4月中旬羽化，3月中下旬进入产卵高峰期，3月下旬~4月中旬进入幼虫期，4月中下旬是该虫暴食期，4月下旬幼虫

核桃尺蠖成虫(冯玉增)

核桃尺蠖幼虫(邱强)

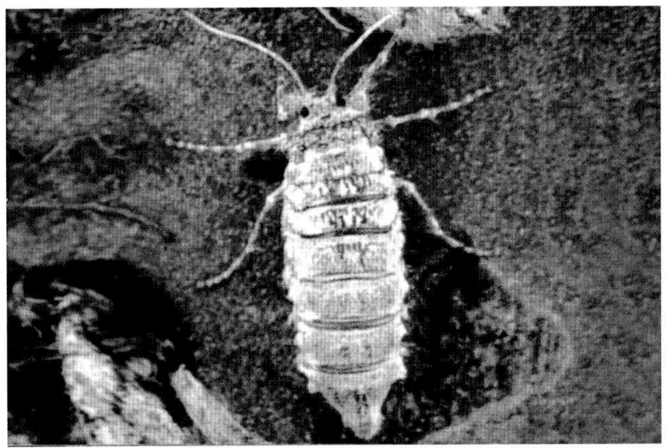

春尺蠖雌成虫

春尺蠖幼虫

入土化蛹，5 月 10 日进入化蛹盛期。胡杨林是春尺蠖发生和蔓延的基地，盐碱地果园受害重。天敌有麻雀等鸟类。

防治方法 (1)加强果园管理，及时翻耕树干四周的土壤，杀灭在土中越夏或越冬的蛹。(2)阻杀成虫，利用成虫羽化出土后沿树干向上爬产卵的习性，把小麦或玉米等秸秆切成 30 ~ 40(cm)长，捆扎在果树主干四周厚约 5 ~ 8(cm)，诱集成虫钻入产卵，每日打开捕杀成虫，并在卵尚未孵化前把草束集中烧掉。也可用废报纸绕树干围成倒喇叭口状，把成虫阻于其内，每天早晨捕杀一次。(3) 该虫是一种暴食性害虫，大发生时马上喷洒 90%敌百虫可溶性粉剂 800 倍液或 80%敌敌畏乳油 1000 倍液、5%氟铃脲乳油 1500 倍液、40%毒死蜱乳油 1300 倍液。(4)其他方法，参见枣尺蠖、梨尺蠖。

核桃园日本木蠹蛾(Coffee borer)

学名 *Holcocerus japonicus* Gaede 属鳞翅目木蠹蛾科。除西北、东北少数地区外，大部分地区都有分布。

寄主 主要为害核桃及多种林木的枝干。

核桃园日本木蠹蛾幼虫

为害特点 以幼虫蛀害枝干韧皮部，在韧皮部与木质部之间蛀成不规则蛀道，粪便、木屑从排粪孔排出，造成树势衰弱。

形态特征 成虫：体长 26mm，翅展 36 ~ 75mm，前翅顶角圆钝，基半部深灰色，仅前缘生短黑线纹，端半部灰黑色，后翅黑灰色。卵：椭圆形，表面有网纹。幼虫：扁圆筒形，粗壮，末龄体长 65 mm ，头黑色，前胸背板生 1 整块黑斑，上生 4 条乳白色线纹从前缘插入，黑斑中央有 1 条黄白线，中胸背板有 3 块黑褐色斑，后胸背板有 4 块黑褐色斑，呈八字形，腹背部深红色，腹面黄白色。蛹：长 17 ~ 38mm ，黑色。

生活习性 河北、山东 2 年发生 1 代，跨 3 个年度，以幼虫在树干蛀道里越冬。成虫期为第 1 年的 5 月下旬至 9 月上旬，成虫趋光性强。卵单产或成堆产在树皮缝内，幼虫在韧皮部为害，11 月上旬在蛀道内越冬。翌年幼虫继续为害并越冬。第 3 年幼虫为害至 5 月化蛹，蛹期 14 ~ 52 天，成虫羽化后，蛹壳半露在树干排粪孔处。

防治方法 参见石榴害虫—— 咖啡木蠹蛾。

云斑天牛(White-striped longicorn)

学名 *Batocera horsfieldi* (Hope) 鞘翅目，天牛科。别名：多斑白条天牛、核桃天牛等。分布河北、山东、山西、河南、陕西、江苏、浙江、福建、安徽、湖北、江西、湖南、广东、广西、四川、贵州、云南、台湾。

云斑天牛成虫

寄主 核桃、栗、无花果、苹果、山楂、梨、枇杷等。

为害特点 成虫食叶和嫩枝皮；幼虫蛀食枝干皮层和木质部，削弱树势，重者枯死。

形态特征 成虫：体长 57 ~ 97(mm)，宽 17 ~ 22(mm)，黑褐色，密布灰青色或黄色绒毛。前胸背板中央具肾状白色毛斑 1 对，横列，小盾片舌状，覆白色绒毛。鞘翅基部 1/4 处密布黑色颗粒，翅面上具不规则白色云状毛斑，略呈 2、3 纵行。体腹面两侧从复眼后到腹末具白色纵带 1 条。卵：长 7 ~ 9(mm)，长椭圆形，略弯曲，白至土褐色。幼虫：体长 74 ~ 100(mm)，稍扁，乳白色至黄白色。头稍扁平，深褐色，长方形，1/2 缩入前胸，外露部分近黑色，唇基黄褐色。前胸背板近方形，橙黄色，中后部两侧各具纵凹 1 条，前部布有细密刻点，中、后部具暗褐色颗粒状突起，背板两侧白色，上具橙黄色半月形斑 1 个。后胸和 1 ~ 7 腹节背、腹面具步泡突。蛹：长 40 ~ 90(mm)，初乳白色，后变黄褐色。

生活习性 2 ~ 3 年 1 代，以成虫或幼虫在蛀道中越冬。越冬成虫于 5 ~ 6 月间咬羽化孔钻出树干，经 10 多天取食，开始交配产卵，卵多产在树干或斜枝下面，尤以距地面 2m 内的枝干着卵多，一般周长 15 ~ 20cm 粗枝均可落卵。产卵时先在枝干上咬 1 椭圆形蚕豆粒大小的产卵刻槽，产 1 粒卵后，再把刻槽四周的树皮咬成细木屑堵住产卵口。成虫寿命 1 个月左右，每雌产卵 20 ~ 40 粒，卵期 10 ~ 15 天，6 月中旬进入孵化盛期，初孵幼虫把皮层蛀成三角形蛀道，木屑和粪便从蛀孔排出，致树皮外胀纵裂，是识别云斑天牛为害的重要特征。后蛀入木质部，钻蛀方向不定，在粗大枝干里多斜向上方蛀，在细枝内则横向蛀至髓部再向下蛀，隔一定距离向外蛀 1 通气排粪孔，咬下的木屑和排出的粪便先置于体后，积累到一定数量便推出孔外，幼虫活动范围的隧道里基本无木屑和虫粪，其余部分充满木屑和粪便。深秋时节，蛀 1 休眠室休眠越冬，翌年 4 月继续活动，8 ~ 9 月老熟幼虫在肾状蛹室里化蛹。蛹期 20 ~ 30 天，羽化后越冬于蛹室内，第 3 年 5 ~ 6 月才出树。3 年 1 代者，第 4 年 5 ~ 6 月成虫出树。

防治方法 参见苹果害虫——桑天牛。

黄须球小蠹

学名 *Sphaerotrypes coimbatorensis* Stebbing 鞘翅目小蠹科，别名：小蠹虫。分布在山西、安徽、陕西、河南、河北、湖南、四川等省。

黄须球小蠹成虫放大（张炳炎）

寄主 核桃。

为害特点 以成虫为害新梢，幼虫啃食核桃幼芽，虫道似“非”字形，易与核桃吉丁虫、举肢蛾混合发生混合为害，每只成虫食害顶芽3~5个，造成枝梢及芽提早枯死，尤其是长势差的核桃树受害更重。影响核桃开花结果，是一种致命性影响产量的大害虫。

形态特征 成虫：体长2.5~3.3(mm)，成虫椭圆形，羽化1天后黑褐色。触角膝状，端部膨大呈锤状。头胸相交接处两侧各生1丛三角形黄色绒毛，头胸腹各节下部生有黄色短毛。前胸背板略隆起。鞘翅上生有8~10条由点刻组成的纵沟。卵：长1mm，短椭圆形。末龄幼虫：体长3mm，椭圆形，乳白色，头小，无足，背部隆起。蛹：略呈椭圆形，渐变成褐色。

生活习性 年生1代，以成虫在顶芽内、侧芽基部蛀孔处越冬，翌春4月上旬开始为害半枯死枝条上的芽基，4月下旬与雄成虫交配后，雌虫边蛀食母坑道，边把卵产在母坑道两翼，5月下旬产完卵之后，雄虫到当年生新梢基部为害，不久死去。下1代7月上中旬进入羽化盛期，每雌产卵25~30粒，卵期10天，幼虫孵出后在皮下取食，渐入木质部，幼虫老熟后在坑道前端化蛹，蛹期7天，羽化后成虫停留6~7天出枝为害或越冬。

防治方法 (1)秋末采收后至落叶之前修剪时把有虫枝剪除后集中烧毁，以灭卵。(2)核桃发芽后，在树上成束悬挂半干枝条3~5束，诱成虫产卵，成虫羽化前把半干枝条取回烧毁。(3)6~7月结合防治核桃举肢蛾、瘤蛾、刺蛾，喷洒2.5%溴氰菊酯乳油2000倍液，隔10~15天1次。

核桃扁叶甲

学名 *Gastrolina depressa thoracica* Baly 鞘翅目叶甲科。别名：核桃叶甲、金花虫。各核桃产区均有发生。

寄主 核桃。

为害特点 以成虫、幼虫群聚在一起咬食叶片成缺刻或网状，严重时把叶片吃光，残留主脉，似火烧状，造成树势大减或枯死。

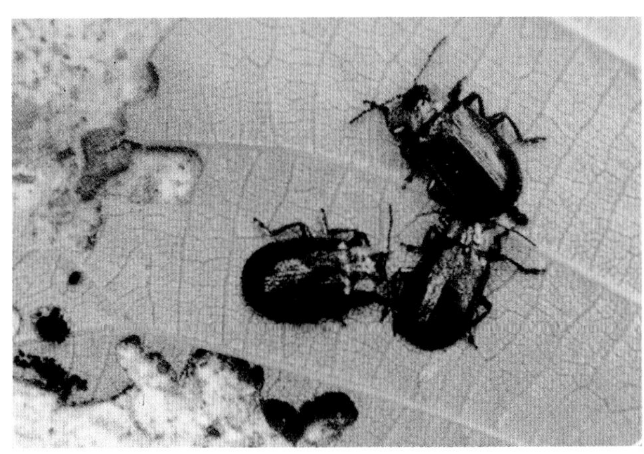

核桃扁叶甲成虫

形态特征 成虫：体长5~8(mm)，宽3.5mm，体扁平略呈长方形，青蓝色或蓝黑色。前胸背板浅棕黄色，点刻不明显，两侧黄褐色，点刻也粗。鞘翅上刻点粗大，纵列在翅面上，具纵行棱纹。卵：黄绿色。幼虫：体长10mm，体黑色，胸部第1节浅红色，以下各节浅黑色，多数体节沿气门上线有黑瘤突。蛹：墨黑色，胸部有灰白纹。

生活习性 年生1代，以成虫在地面覆盖物或树干基部树皮缝中越冬。华北地区成虫在5月上旬开始活动，云南一带在每年的4月上中旬上树为害叶片，并把卵产在叶背，幼虫孵化后群聚叶背为害，5~6月成虫、幼虫同时为害。

防治方法 (1)冬春两季刮除树干下部树皮，集中烧毁。消灭越冬成虫。(2)4~5月成虫上树时，安装黑光灯诱杀成虫。(3)4~6月成虫、幼虫为害时喷洒40%硫酸烟碱水剂800倍液或10%氯氰菊酯乳油1500倍液、10%吡虫啉可湿性粉剂2000倍液。

核桃瘤蛾

学名 *Nola distributa* (Walker) 鳞翅目瘤蛾科。别名：核桃小毛虫。分布在河北、河南、山西、山东、陕西等省。

寄主 为害核桃、石榴。

为害特点 以幼虫咬食核桃和叶片，低龄幼虫食叶肉留下网状叶脉，大幼虫可把叶片食成缺刻或孔洞，严重时常把叶片吃光，出现二次发芽，造成树势衰弱或翌年枝条枯死。

形态特征 成虫：体长8~11(mm)，翅展19~24(mm)，雄虫稍

核桃瘤蛾幼虫放大（冯玉增）

小,灰褐色。雌成虫触角丝状,雄虫羽状。前翅基部、中部生3个隆起的鳞毛丛,前缘生1个近三角形褐色斑,前缘至后缘具3条深褐色鳞片组成的波状纹。后翅灰色。幼虫:黄褐色,中后胸背各具4个黄白色瘤状物,后胸背上生1个白色"十"字线,腹背各节及两侧也生毛瘤,上具短毛丛。末龄幼虫:体长12~15(mm),背面棕褐色,体扁,中后胸背面各具4个毛瘤,2个较大的毛瘤着生短毛,2个较小的毛瘤着生较长的毛。

生活习性 年生2代,95%的蛹在石堰缝中越冬。成虫趋光性强,成虫喜在前半夜活动,羽化后2天产卵,卵期4~5天,卵散产在叶背。越冬代成虫在5月下~7月中旬羽化,6月上旬是羽化盛期。第1代成虫羽化期为7月中旬~9月上旬,盛期在7月底~8月初。幼虫期18~27天,末龄幼虫多在早晨1~6时沿树干向下爬寻找石缝化蛹。第1代老熟幼虫下树期为7月初~8月中旬,盛期7月下旬,第2代幼虫下树期为8月下旬~9月底10月初,盛期在9月上中旬。第1代蛹期6~14天,第2代9个月左右。

防治方法 (1)在树干四周1m直径内的地面上堆集石块,诱集老熟幼虫下树化蛹,集中杀灭。(2)设置黑光灯诱杀成虫。(3)幼虫发生为害期喷洒2.5%溴氰菊酯乳油2000倍液或4.5%高效氯氰菊酯乳油900倍液、50%氯氰·毒死蜱乳油2500倍液。

胡桃豹夜蛾

学名 *Sinna extrema* (Walker)鳞翅目夜蛾科。分布在北京、黑龙江、江苏、浙江、江西、湖北、四川。

寄主 主要为害核桃。

为害特点 幼虫日夜取食核桃叶,把叶缘食成缺刻。

形态特征 成虫:体长15mm。头、胸部白色,颈板、翅基片及前、后胸均生枯黄斑。腹部黄白色,背面略带褐色。前翅橘黄色,有多个白色多角形斑,外横线为完整的曲折白带,顶角生1块大白斑,中生4块小黑斑,外缘后部生3个黑点。后翅白色。末龄幼虫:体长18~24(mm);幼虫头部淡黄色,每侧生5个黑色斑点,并具颗粒状突起,身体浅绿色,2毛突白色,亚背线白色,气门线黄白色。

生活习性 胡桃豹夜蛾幼虫喜在叶背栖息,老熟后在叶片上吐丝作黄褐色茧,预蛹期3天,蛹在茧中受惊时,腹部弹动作响,蛹期约7天。

防治方法 低龄幼虫期喷洒80%敌百虫可溶性粉剂900倍液或40%甲基毒死蜱乳油1000倍液、55%氯氰·毒死蜱乳油2000倍液、20%氰戊·辛硫磷乳油1500倍液。

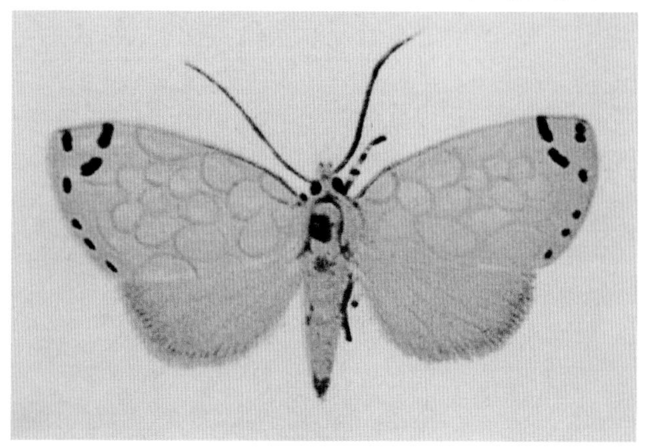

胡桃豹夜蛾成虫

核桃园刺蛾类

刺蛾是核桃园常见害虫,属鳞翅目刺蛾科,主要种类有桑褐刺蛾 *Setora postornata*(Hampson)、黑眉刺蛾 *Narosa nigrisigna* Wileman、黄刺蛾 *Cnidocampa flavescens* (Walker)、枣刺蛾 *Phlossa conjuncta* (Walker)及核桃刺蛾(学名待定)5种,除为害核桃外,还为害桃、李、杏、枣、毛叶枣等其他果树和林木。低龄幼虫啃食叶肉,致叶片产生透明枯斑长大后食叶成缺刻,严重的仅残留叶柄。幼虫体上有毒毛,触及皮肤引起刺痛。

形态特征 桑褐刺蛾又称褐刺蛾。成虫:体长18mm,前翅褐色,有两条深褐色弧形纹,二纹间色淡。成长幼虫:体长23~35(mm),长圆筒形,黄色,有红色和黄色纵线,各节均生刺突,以后胸和1、5、8腹节亚背线上突起最大,中胸及第9腹节次之,突起上生有红棕色刺毛。茧:鸟蛋形,在核桃树周围土中越冬。

黑眉刺蛾成虫体长7mm,黄褐色有银色光泽,前翅浅黄褐色,中室亚缘线内侧至第3臀脉内生褐黄相间的云斑,近外缘处生小黑点1列。后翅浅黄色。末龄幼虫体长10mm,龟壳状扁平,翠绿至黄绿色,体上无刺毛和枝刺,背部中央生有绿色宽纵带1条,纵带内生浅黄色八字形斑纹9个,亚背线隆起浅黄色,其上着生黑色斑点1列。蛹褐色。茧近腰鼓状,灰褐色,表面光滑。

桑褐刺蛾幼虫

黑眉刺蛾幼虫

核桃刺蛾(学名待订)果农称洋辣子。幼虫:椭圆形,浅绿色,每个体节上各有4个枝刺,其中以胸部和臀节上的4个枝刺特别大,体上生黑瘤,瘤上有毒刺毛。腹部各节背部和两侧各生1个灰白色椭圆形大斑,斑内生黄色横纹,其中两侧中间6个斑相连呈串珠状。主要为害核桃,以幼虫蚕食叶片,食成缺刻或孔洞,严重时把叶片吃光。

生活习性 桑褐刺蛾年生2代,以老熟幼虫在根颈部土中越冬。翌年6月化蛹,6月下旬羽化为成虫,7月上旬幼虫为害,严重为害期在7月下旬至8月中旬。8月下旬老熟幼虫下树入土结茧越冬。成虫有趋光性,白天藏在叶背,夜晚交尾。喜把卵产在叶背,初孵幼虫集聚时间不长即分散为害。黑眉刺蛾北京年生2代,以幼虫在枝干上结茧越冬。5月成虫出现,有趋光性,把卵散产在叶背面。各代幼虫为害期分别在5~7月和8~10月。

防治方法 (1)提倡用上海青蜂防治刺蛾效果明显。(2)冬季修剪时注意把有虫茧枝条剪除烧毁。(3)初孵幼虫暂短群聚时尽早组织人力摘除虫叶杀灭。(4)低龄幼虫期喷洒25%灭幼脲悬浮剂1000倍液或8000IU/mg苏云金杆菌可湿性粉剂400倍液、5%S-氰戊菊酯乳油或50g/L水乳剂2000倍液、55%氯氰·毒死蜱乳油2300倍液。

核桃黑斑蚜

学名 *Chromaphis juglandicola* (Kaltenbach) 同翅目斑蚜科,别名:黑斑蚜,是我国1986年新发现害虫,分布在辽宁、山西、北京等地。山西有蚜株率高达90%,有蚜叶片占80%。

寄主 核桃。

为害特点 以成、若蚜在核桃叶背和幼果上刺吸汁液。

形态特征 有翅孤雌蚜:体长1.9mm,椭圆形,浅黄色。触角6节,各节端部黑色,翅脉色浅,径分脉只有端部清晰,中脉、肘脉基部镶有色边。腹管短筒状,尾片卵瘤状,具毛16根,后足股节基部上方生1黑斑。无翅孤雌蚜:浅黄色,腹背中部至末节有横条状褐色斑纹。

生活习性 山西年生15代,以卵在枝杈、叶痕或树皮缝处越冬,翌年4月中旬越冬卵进入孵化盛期,孵出的若蚜在卵旁停留1小时后寻找大树芽或叶片刺吸为害。4月底~5月初干母若蚜发育为成蚜,孤雌卵胎生产生有翅孤雌蚜,该蚜年生12~14代,不产生无翅蚜。成、若蚜多在叶背或幼果上危害,成

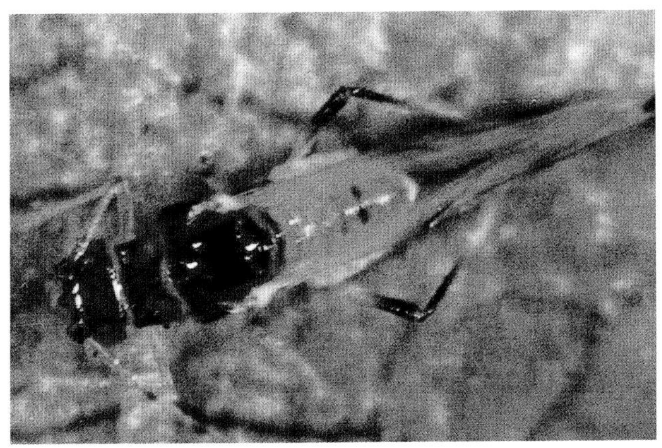

核桃黑斑蚜有翅雄蚜放大

虫活泼,常飞到邻近树上,8月下~9月初开始产生性蚜,9月中旬进入性蚜产生高峰期。雌蚜数量是雄蚜的2.7~21倍。交尾后,雌蚜爬到树枝上择位产卵越冬。

防治方法 (1)每年该蚜有2个为害高峰,在6月和8月中下旬至9月初,及时喷洒50%抗蚜威水分散粒剂3000倍液或10%吡虫啉可湿性粉剂3000倍液、25%吡蚜酮可湿性粉剂2000倍液。(2)保护七星瓢虫、异色瓢虫、大草蛉等天敌昆虫。

核桃园榆黄金花虫

学名 *Galerucella maculicollis* Motsch. 异名 *Pyrrhalta maculicollis* (Motsch.) 鞘翅目叶甲科。别名:榆黄毛萤叶甲、榆黄叶甲。分布在东北、华北、华东、华中、西北。

核桃园榆黄金花虫

寄主 核桃、沙枣、苹果、梨、榆等。

为害特点 成虫啃食核桃芽叶,幼虫把叶片啃成灰白色至灰褐色半透明网点状。在华北常与榆绿金花虫混合发生、混合为害。

形态特征 成虫:体长约6.5~7.5(mm),宽3~4(mm),近长方形,棕黄色至深棕色,头顶中央具1桃形黑色斑纹。触角大部、头顶斑点、前胸背板3条纵斑纹、中间的条纹、小盾片、肩部、后胸腹板以及腹节两侧均呈黑褐色或黑色。触角短,不及体长之半。鞘翅上具密刻点。卵:长约1mm,长圆锥形,顶端钝圆。末龄幼虫:体长9mm,黄色,周身具黑色毛瘤。足黑色。蛹:长约7mm,乳黄色,椭圆形,背面生黑刺毛。

生活习性 北京年生1~2代,以成虫在杂草下或建筑物缝隙中越冬。翌年4月上旬榆树发芽时,越冬成虫开始活动,4月下旬把卵产在叶片上。5月上旬孵化幼虫为害叶片。

防治方法 (1)老熟幼虫群集在树干上化蛹时,及时灭杀。(2)成虫上树取食期、幼虫孵化盛期,及时喷洒80%敌敌畏乳油800倍液或2.5%溴氰菊酯乳油1500倍液、40%毒死蜱乳油1000倍液、5%除虫菊素乳油1000~1500倍液。

核桃星尺蠖

学名 *Ophthalmodes albosignaria juglandaria* Obrethür 鳞翅目尺蛾科。别名:拟柿星尺蠖。分布在北京、河南、河北、山西、山东、云南等省。

寄主 核桃受害最严重,大发生时为害多种果树。

为害特点 低龄幼虫啃食叶肉,稍大后食叶成缺刻或

核桃星尺蛾成虫

孔洞。

形态特征 成虫:体长18mm,体灰白色,前后翅上生4个较大的黑斑,十分明显,内有箭头纹,翅的背面较白,黑色边缘宽大。卵:绿色,圆形。末龄幼虫:体长55~65(mm),幼虫胴部第3节膨大,低龄幼虫黑色,长大后变为淡灰色至绿色。

生活习性 年生2代,6月下旬成虫羽化,产卵在叶背或细枝条上,每块百余粒,幼虫在7、9月间孵化后即分散为害,3龄前受惊扰即吐丝下垂分散开来。

防治方法 参见核桃尺蠖。

核桃园桑褶翅尺蛾

学名 *Zamacra excavata* (Dyar)鳞翅目尺蛾科。分布在辽宁、河北、河南、山西、陕西、宁夏等省,主要为害核桃、山楂、苹果、梨等。幼虫食叶成缺刻或孔洞,幼虫还为害芽和幼果成缺刻状。

形态特征 成虫:体长12~14(mm),雌蛾触角线状,雄蛾双栉齿状,翅底色为灰褐色,有赤色和白色斑纹;内、外横线黑色,粗而曲折。后翅前缘向内弯,近基部灰白色。成虫停息时4翅折叠竖起,故称褶翅尺蛾。卵:长0.6mm,椭圆形。末龄幼虫:体长32.5mm,黄绿色,腹部第1和第8节背面中央各生1对肉质突起,第2~4节背腹面各生1个大而长的尖刺状突起,各突起顶部黑褐色。蛹:长14mm,短粗,红褐色。茧:丝质,半椭圆形。

生活习性 年生1代,以蛹在树干基部地下数厘米处贴在

桑褶翅尺蠖成虫(左)和成长幼虫

树皮上的茧中过冬,翌年3月中旬陆续羽化。成虫夜晚活动,白天潜伏在隐蔽处,把卵产在枝干上,4月初孵化,停栖时把头部向腹面卷缩在第5腹节下,用腹足、臀足抱握枝条。5月中旬以老熟幼虫爬到树干基部化蛹越冬。

防治方法 参见枣桃六点天蛾。

核桃园山楂叶螨

学名 *Tetranychus viennensis* Zacher。

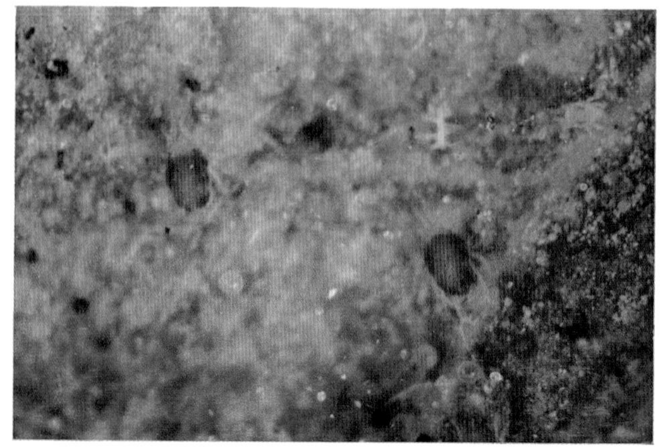

核桃园山楂叶螨

寄主 核桃、樱桃、山楂、桃、李、苹果、梨等。

为害特点 多在叶背面吐丝结网状群聚取食,致受害叶产生很多黄白色小斑点,后不断扩大连片,严重时全叶苍白焦枯或脱落。北方年生5~9代,以受精雌成螨在树干、主枝、侧枝、翘皮下或主干周围的土壤缝隙内越冬,翌年春天,当核桃花芽膨大时开始出蛰,花序伸出时进入出蛰盛期,初花至盛花期是产卵盛期,落花后1周进入卵孵化盛期,若螨孵化后,群聚在叶背吸食为害。第2代以后出现世代重叠,各虫态均可见到。8~9月是全年为害最重的时候,9月以后产生雌螨潜伏越冬。受旱重的年份发生重。

防治方法 (1)结合冬季清园,扫除落叶,刮除树皮,翻耕树盘消灭部分越冬雌螨。(2)发生为害重的地区,发芽前在越冬雌螨开始出蛰、花芽幼叶尚未展开时喷洒波美3度石硫合剂。(3)发芽后在越冬雌螨出蛰盛期或第1代卵孵化末期喷洒波美0.3度石硫合剂或15%氟螨乳油1000~1500倍液或24%螺螨酯悬浮剂3000~4000倍液、95g/L喹螨醚乳油2500倍液、500g/L溴螨酯乳油1300倍液、5%唑螨酯乳油或悬浮剂2200倍液。

核桃园柿星尺蠖

学名 *Percnia giraffata* Guenee鳞翅目尺蛾科。又称大头虫、大斑尺蠖、柿豹尺蠖、柿叶尺蠖等。分布在河北、河南、山西、安徽、四川等省。

寄主 主要为害柿树也为害核桃、苹果、梨等果树。

为害特点 初孵幼虫在叶背面啃食叶肉,长大后分散为害,食叶成缺刻或孔洞,严重时把叶片吃光。

形态特征、生活习性、防治方法 参见柿树害虫——柿星尺蠖。

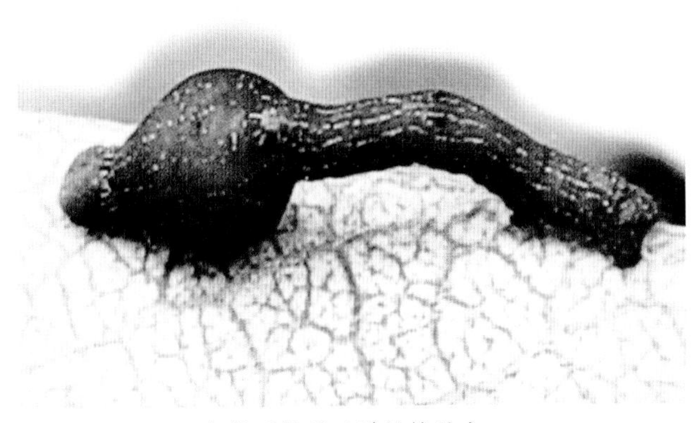

核桃园柿星尺蠖低龄幼虫

栗黄枯夜蛾

参见板栗害虫——栗黄枯夜蛾。

绿黄枯叶蛾成虫和幼虫(梁森苗)

桃蛀螟

参见板栗害虫——板栗园桃蛀螟。

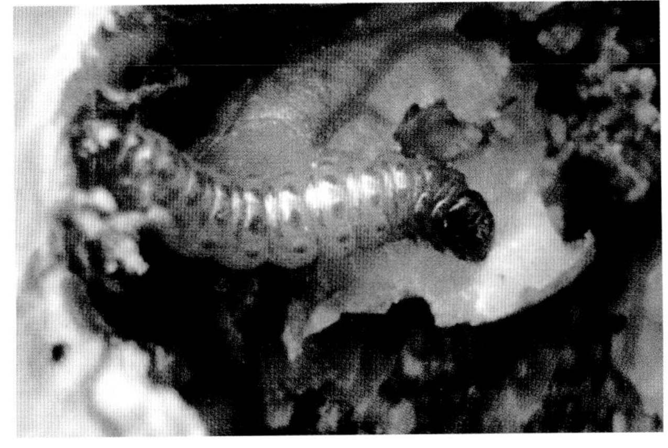

桃蛀螟幼虫为害核桃果实

银杏大蚕蛾

参见银杏害虫——银杏大蚕蛾。

银杏大蚕蛾成虫(李元胜)

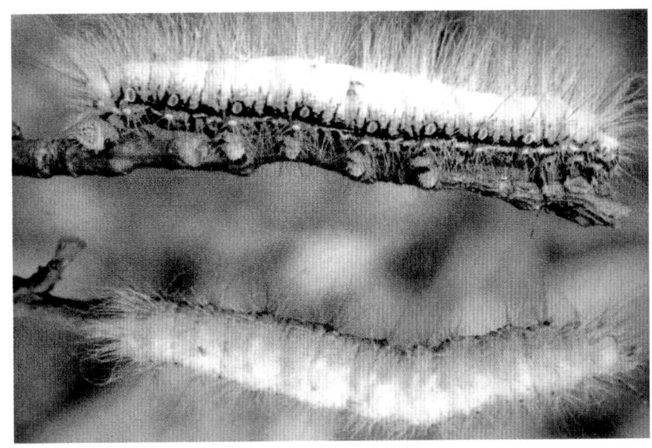

银杏大蚕蛾幼虫(郭书普)

舞毒蛾

参见柿树害虫——舞毒蛾。

舞毒蛾雌成虫(左)和幼虫

核桃横沟象甲

学名 *Dyscerus juglans* Chao 鞘翅目象甲科。别名:核桃黄斑象甲、核桃根象甲。分布在陕西、河南、云南、湖北、四川等省。

寄主 核桃。

为害特点 以幼虫在核桃根际皮层为害树干基部呈基腐状,根皮被环剥,削弱树势,严重的致整株死亡。

形态特征 成虫:体长12~15(mm),体黑色,头管是体长1/3,触角生在头管之前。胸背上密生不规则刻点,鞘翅上的刻点排列成行,鞘翅1/2处生3~4丛浅褐色绒毛,末端生同样绒

核桃横沟象甲成虫

毛 6~7 丛。幼虫:体长 14~18(mm),体"C"形,多皱褶肥胖黄白色,头红褐色。

生活习性 2 年生 1 代,以幼虫在茎基树皮处越冬,末龄幼虫 5 月下始化蛹,6 月中旬进入盛期,一直拖到 8 月上旬,成虫 6 月中旬羽化,7 月中旬进入羽化盛期,成虫寿命约 1 年,今年羽化的成虫 8 月上旬产卵,延续到 8 月中旬至 10 月产完后开始越冬。明年 5 月中旬又开始产卵,6 月中旬进入产卵盛期,一直延续到 8 月上旬结束,幼虫生活时间近 2 年。

防治方法 (1)春天气温升高后把树基四周土壤挖开散湿,有利于象甲幼虫死亡。(2)在成虫产卵前挖开基部土壤,用石灰封住根颈和主根,能有效阻止成虫产卵。(3)在春季幼虫为害始期挖开基部土壤,用铁棍橇开老皮后向根部淋灌 50%杀螟硫磷或 40%毒死蜱乳油 100 倍液。

核桃园六棘材小蠹

学名 *Xyleborus* sp. 属鞘翅目小蠹科。又称颈冠材小蠹,是我国新害虫。国内分布在贵州黔南地区。

寄主 核桃。

为害特点 以成虫和幼虫蛀害核桃树老枝干,隧道呈树状分枝,纵横交错,蛀屑排出孔外,造成树势衰弱,严重的整树枯死。

形态特征 成虫:雌体长 2.5~2.7(mm),宽 1.05mm,圆柱形,初羽化时茶褐色后变黑,足、触角茶褐色。复眼肾形,黑色。鞘翅斜面弧形,起始于后端 3/5 处。雄成虫翅尾斜面上无凹槽,整个坡面散生细小棘粒。额面和前胸背板端沿瘤齿区生有长黄毛。卵:长 0.5mm,乳白色,椭圆形。幼虫:体长 2.9mm,略扁平,乳白色,无足。蛹:长 2.7mm,乳白色。

生活习性 年生 4 代,以成、幼虫和蛹越冬,世代重叠。越冬代成虫 3 月中旬从内层坑道向外转移,4 月上、中旬寻找合适位置筑坑产卵,十数粒至 20 余粒产在隧道端部,初孵幼虫斜向或侧向蛀食,产卵期长。新 1 代成虫出现后,老虫还不断产卵孵化,因此虫道内常有 4 个虫态。在板栗园中各代成虫出现的高峰期分别在 5 月上中旬,7 月中下旬,8 月下旬 ~9 月上旬,10 月中下旬,进入 11 月下旬越冬,潜伏在深层坑道中。成虫飞翔力弱。

防治方法 (1)冬季结合修剪,剪除病虫枝集中烧毁。夏季用长竹钩杆钩断生长衰弱的濒死枯枝。(2)增施有机肥,使核桃园土壤有机质达到 2%,增强树势、提高对蛀干害虫的抗性至关重要。(3) 掌握在成虫咬坑产卵期,向板栗树枝干树皮上喷洒 55%氯氰·毒死蜱乳油 2000 倍液。

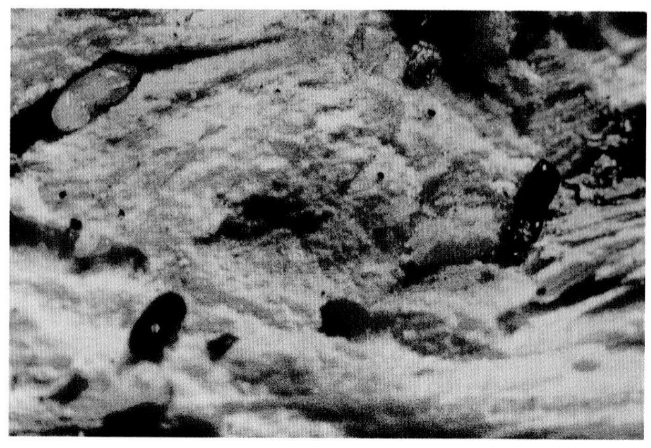

核桃园六棘材小蠹幼虫、成虫及为害状

核桃窄吉丁虫(Walnut borer)

学名 *Agrilus lewisiellus* Kere 鞘翅目吉丁虫科。分布在陕西、山西、甘肃、河北、河南。

寄主 核桃。

为害特点 以幼虫在枝干皮层中蛀食,受害处树皮变黑褐色,蛀道呈螺旋形向上串食为害,受害严重的枝条叶片枯黄早落,翌春多枯死。幼树主干受害严重时,全株枯死。

形态特征 成虫:雌体长 6~7(mm),雄虫 4~5(mm),体宽 1.8mm,黑色有光泽,体背密布刻点;头中部纵向凹陷,前胸背板中域略隆起,鞘翅两侧近中部内凹。卵:扁椭圆形,长约 1mm。幼虫:体长 10~20(mm),扁平,乳白色,头棕褐色,大部分缩入前胸内;前胸特别膨大,中部有 1 个人字形纹,腹末具 1 对褐色尾铗。蛹:裸蛹。初白色,渐变黑色。

生活习性 年生 1 代,以老熟幼虫在受害木质部中越冬,翌年 4 月中旬 ~6 月底化蛹,4 月下 ~5 月上旬为盛期。蛹期 28 天,成虫发生盛期在 6 月上中旬。6 月上旬 ~7 月下旬为成虫产卵期,卵期 8~10 天,6 月下 ~7 月初为卵孵化盛期。8 月下 ~10 月底幼虫老熟开始越冬。成虫羽化后多在蛹室中停留多日才从羽化孔钻出枝外,经 10~15 天补充营养后交尾产卵。卵多产在 2~3 年生枝的叶痕上,弱枝着卵多。幼虫孵化后从卵壳底下直接蛀入枝条中串食为害,7 月下 ~8 月下是幼虫严重危害期,受害枝条上叶片变黄或脱落,入冬后干枯。

防治方法 (1)核桃发芽后 ~ 成虫羽化前彻底剪除有虫枝,

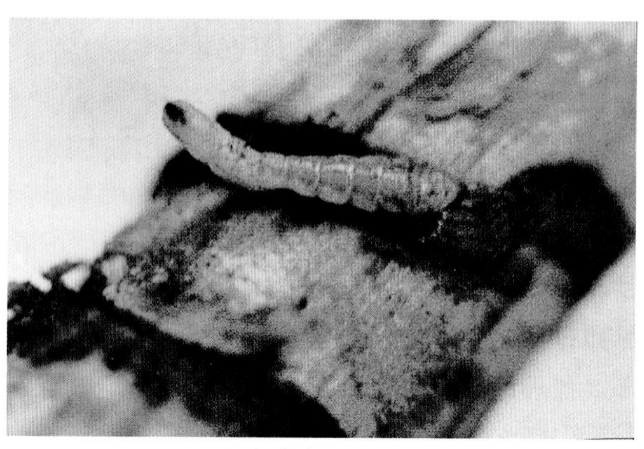

核桃窄吉丁虫幼虫

集中烧毁，以减少幼虫和蛹。(2)在成虫发生期，树上喷洒 20%氰戊菊酯乳油 2000 倍液或 20%氰戊·辛硫磷乳油 1500 倍液。(3)幼树受害时可在 7、8 月份检查，发现有虫时，可在虫疤处涂抹煤油或敌敌畏。

橙斑白条天牛

学名 *Batocera davidis* Deyrolle 鞘翅目天牛科。分布在陕西、河南、浙江、甘肃、江西、湖南、福建、台湾、广东、四川、云南等省。

寄主 核桃、苹果、杨树。

为害特点 单株有虫 1~4 条，多的 30~50 头。雌天牛产卵时用上颚咬破树皮，把卵产在其内，伤口带长达数厘米，造成流出树液。15 天后卵孵化，初孵幼虫在咬破的伤口四周韧皮部、木质部之间啃食韧皮部，后钻入木质部，造成核桃树叶小、发黄，枝条纤细，造成树势衰弱，最后受害重的大枝逐渐干枯死亡。近年该虫在甘肃康县核桃产区暴发成灾。

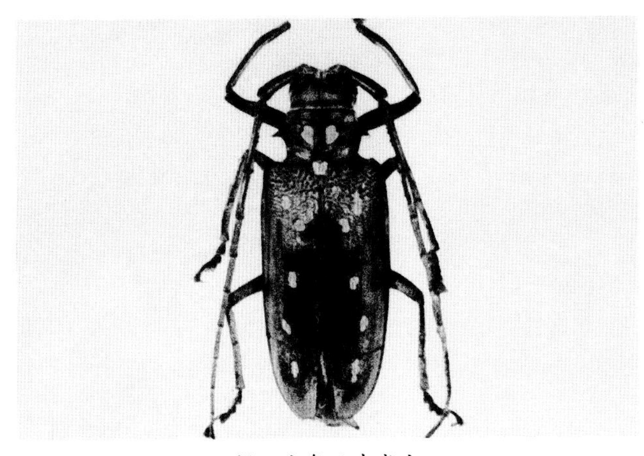

橙斑白条天牛成虫

形态特征 成虫：体长 51~68(mm)，宽 17~22(mm)，体大型、黑色。触角从第 3 节起棕红色，基部 4 节光滑。前胸背板中央生 1 对橙黄色肾形斑。每个鞘翅上生大小不一的 5~6 个近圆形橙黄色斑纹，后易变成白色。体腹面两侧从复眼之后至腹部末端各生 1 条宽的白色纵纹。头具细密刻点，额区有粒刻点。鞘翅肩上有短刺，翅基部约 1/4 有光滑颗粒和细刻点。

生活习性 河南、甘肃 3~4 年发生 1 代。以幼虫和蛹越冬，幼虫于秋季化蛹，停留在蛹室，翌年初夏羽化为成虫，从蛹室咬孔爬出，6~9 月进入雌天牛产卵期，高峰在 8 月份。蛹羽化需要一定温湿度，暴雨后高温高湿羽化数量多，羽化后经 3~4 天交配产卵。卵多产在 10 年以上老树树干基部的粗糙皮层内。甘肃初在杨树上为害，到 1998 年杨树基本被伐光，从此后转到核桃上，逐年加重。

防治方法 (1)加强检疫。(2)加强核桃园管理，结合冬季修剪，剪除有虫枝干枯枝，连同死树一起烧毁。(3)认真除草，用 10%草甘膦消灭果园杂草，防效达 90%以上。(4)6 月后成虫开始交配产卵，雌虫咬破树皮从下向上成行产卵时，用锤子敲打咬破的组织，可把产在枝里的卵打死。(5)化学防治。①棉球塞洞法，用 80%敌敌畏乳油或 40%毒死蜱乳油或 4.5%氯氰菊酯乳油任选 1 种，把棉球用药液蘸后塞进虫孔内，用湿泥把孔口堵住。②注射法，把以上农药任选 1 种，适当加水稀释，用兽用注射器注入虫道 5~10 (mL)，然后用泥堵塞洞口。③输液法，用 40%毒死蜱乳油或 4.5%高效氯氰菊酯乳油、1.8%阿维菌素乳油任选 1 种，配成 2000 倍液，装入塑料桶内，挂在树上，插入输液器，另 1 端把针头放入虫道中流量调整至每分钟 40~60 滴，每棵核桃树滴配好药液 2000mL。

5. 银 杏（*Ginkgo biloba*）、洋 榛 病 害

银杏黑斑病（Ginkgo Alternaria leaf spot）

症状 幼树和苗木叶片染病后，多在叶片边缘或叶上产生黑褐色不规则形病斑，有不明显的轮纹，斑上产生黑霉，即病菌的分生孢子梗和分生孢子。发病重的造成叶片早落，影响植株生长发育。

病原 *Alternaria alternata* (Fr.)Keissl 称链格孢，属真菌界无性型真菌。

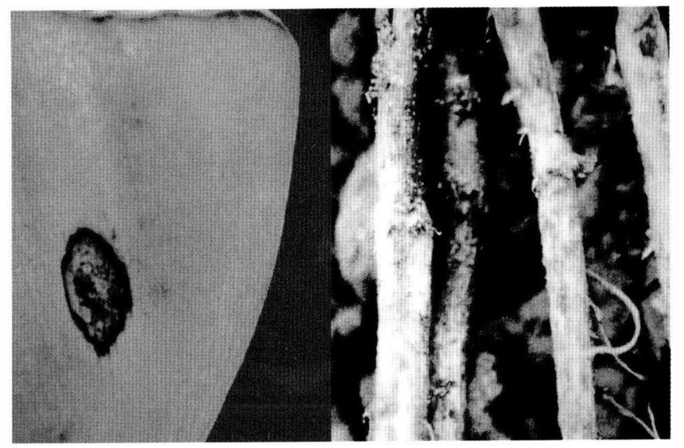

银杏黑斑病（左）和银杏茎腐病

传播途径和发病条件 病菌以菌丝体和分生孢子在病部越冬或越夏，翌春产生分生孢子借风雨传播进行初侵染和再侵染。分生孢子萌发需高湿，相对湿度 40% ~ 80%，萌发率 1% ~ 5%；相对湿度 98%时，萌发率为 87%，适温为 15 ~ 35℃，降雨量和空气湿度是该病扩展和流行的关键因素。

防治方法 (1)注意清除病残体以减少菌源。(2)精心养护，提倡施用保得生物肥或酵素菌沤制的堆肥，增强抗病力。雨后及时排水，严防湿气滞留。注意控制雌株结果量，以保持树势，有利于抗病。(3)发病初期喷洒 50%异菌脲可湿性粉剂 1000 倍液或 50%福·异菌可湿性粉剂 700 倍液、75%百菌清可湿性粉剂 600 倍液、20%噻森铜悬浮剂 500 倍液。

银杏茎腐病（Ginkgo stem rot）

症状 一年生苗木染病，苗茎基部近土面处产生污褐色斑，叶片开始失绿略下垂，当病部绕茎 1 周时，病株开始枯死，下垂叶片迅速增多但不脱落。病株枯死后 3 ~ 5 天，病部皮层皱缩，内部组织变成浅灰色，病部现很多黑色小菌核，该病继续扩展侵入木质部和髓部，致髓部变褐中空，也产生小菌核。扩至根

部时根皮腐烂，仅留木质部。

病原 *Macrophomina phaseoli* (Tassi) Goid. 称菜豆壳球孢，属真菌界无性型真菌。分生孢子器暗褐色球形，初埋生、分散，直径 100～200(μm)；产孢细胞葫芦形，无色，大小 5～13×4～6(μm)；分生孢子单胞无色，圆柱形至纺锤形，大小 14～30×5～6(μm)；菌核黑色，坚硬，直径 50～300(μm)。

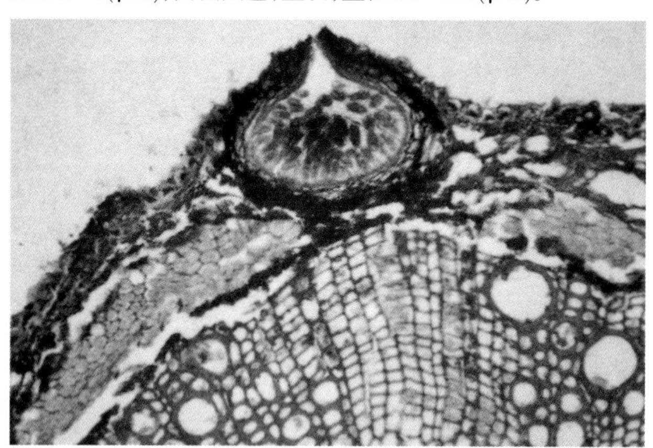

银杏茎腐病菌菜豆壳球胞分生孢子器剖面(林晓民)

传播途径和发病条件 病菌以菌丝体在病部或病残体上或以菌核在土壤中越冬，翌年产生分生孢子从伤口侵入，夏季土表高温易引起幼苗根茎部灼伤，引发该病。江苏梅雨季节过后 10～15 天开始发病，一直延续到 9 月份。该病发生程度与梅雨季节出现的早晚及 7～8 月气温关系密切，梅雨季节来的早，苗木木质化程度较低易发病。7～8 月气温偏高、持续时间长，土温高，苗木基部易受损伤，造成该病流行。随苗木长大，抗病性增强，4 年生以上苗木很少发病。

防治方法 (1)发病重的地区采用遮阳网遮荫，高温干旱时浇水降温。(2)发病前或发病初期喷洒 1∶1∶160 倍式波尔多液或 30%壬菌铜微乳剂 400 倍液、40%双胍三辛烷基苯磺酸盐可湿性粉剂 900 倍液、30%碱式硫酸铜 400～500 倍液、20%噻森铜悬浮剂 600 倍液，隔 10～15 天 1 次，直到病情稳定时停止。

银杏拟盘多毛孢褐斑病(Ginkgo verticil spot)

症状 又称轮纹斑病，病斑叶两面生，初期小，近圆形，2～7(mm)，褐色至浅褐色，边缘深褐色，后扩展为扇形或楔形，病斑四周有一鲜明的黄色带，后期病斑变成灰褐色，上面散生或排列成轮纹状黑色小粒点，即病菌分生孢子盘，雨后或湿气滞留时生出黑色带状或角状黏块，即病原菌分生孢子堆。病斑常沿叶脉扩展并相互融合，终致全叶枯黄。

病　原 *Pestalotiopsis sinensis* (Shen) P. L. Zhu 称中国拟盘多毛孢，属真菌界无性型真菌。分生孢子盘生在叶表，球形，直径 75~150μm，后外露。分生孢子 5 胞，卵圆形，分隔处略缢缩 19.5~22.4×5.4~6.4μm，中间的细胞榄褐色，两端的细胞无色；顶端细胞圆锥形。有 4.4~21.7μm 长的纤毛 2～4 根。

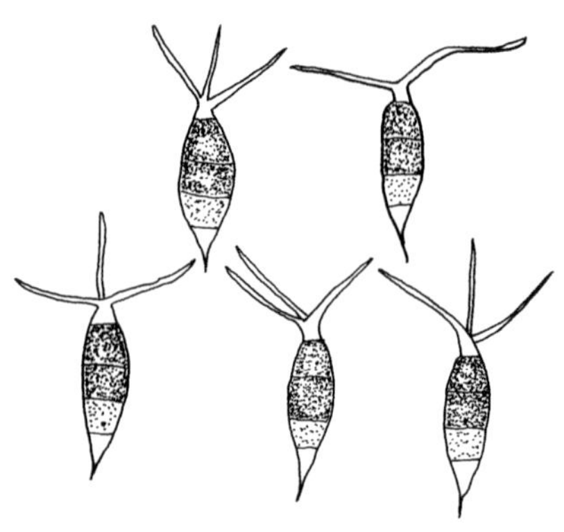

中国拟盘多毛孢的分生孢子

传播途径和发病条件 以菌丝体及分生孢子盘在病落叶中越冬，翌春分生孢子借风雨传播，在水滴中萌发后侵入叶片，形成新病斑。一般 7～8 月前后开始发病，秋季病害较严重，夏季风较大、高温干燥、暴晒条件下易发病，生长衰弱或受伤的叶片发病较多，常从虫伤处发生。

防治方法 (1)加强银杏的管理，秋后及时清除病落叶，减少初侵染源。(2)施用腐熟有机肥，雨后注意排水。(3)每年 6～9 月喷洒 70%代森锰锌可湿性粉剂 500 倍液或 35%碱式硫酸铜·锌悬浮剂 600 倍液、47%春雷·王铜可湿性粉剂 600 倍液、20%噻森铜悬浮剂 600 倍液、10%苯醚甲环唑水分散粒剂 1000～1500 倍液，隔 10～15 天 1 次，防治 3～4 次。

银杏拟盘多毛孢褐斑病

银杏炭疽病(Ginkgo anthracnose)

症状 为害叶片，多发生在叶缘，褐色，半圆形至波浪状，后期零星长出少量黑色小粒点，即病原菌分生孢子盘。严重的植株顶端变褐枯死，枝条与叶柄的交界处、叶柄基部产生黑褐色斑，致整个叶丛凋萎下垂。

病原 *Colletotrichum gloeosporioides* (Penz.) Sacc. 称盘长孢状炭疽菌，属真菌界无性型真菌。有性态为 *Glomerella cingulata*

银杏炭疽病病叶

(Stonem.)Spauld. et Schrenk 称围小丛壳,属真菌界子囊菌门。

传播途径和发病条件 病菌以分生孢子或分生孢子盘在病残体上越冬,翌年病部产生分生孢子借风雨进行传播蔓延,8、9 月发生较多。进入 10 月气温下降,该病停滞下来,植株生长不良,土壤积水易发病。病菌生长适温 26~28℃,分生孢子产生最适温度 28~30℃。

防治方法 (1)秋季落叶后及时清除,集中深埋或烧毁。(2)加强管理,冬季施足腐熟有机肥增强树势。雨后及时排水防止湿气滞留。(3)从 6 月上旬起喷洒 70%丙森锌可湿性粉剂 500 倍液或 25%溴菌腈可湿性粉剂 500 倍液、50%咪鲜胺乳油 1000 倍液,隔 10 天左右 1 次,连续防治 2~3 次。

银杏叶枯病

症状 主要为害叶片,初在叶缘生灰褐色病斑,可占叶缘

银杏叶枯病病叶

3/4,后期病斑上长出小黑点,即病原菌分生孢子器。分布在云南、昆明。

病原 *Ascochyta* sp. 称一种壳二孢,属真菌界无性型真菌。分生孢子器近球形,黑色。分生孢子无色,椭圆形至近椭圆形,双细胞,大小 9~16.6×6.4~7.7(μm),平均 13.2×6.2(μm)。

传播途径和发病条件 病菌在病部或随病落叶在土表越冬,借气流传播,进行初侵染和多次再侵染。

防治方法 苗期发病时喷洒 70%硫磺·甲硫灵可湿性粉剂 800~900 倍液。

银杏早期黄化病(Ginkgo yellows)

症状 银杏早期黄化病是缺素引起的一种生理性病害。此病一般在六月中下旬开始发病,七月中旬至八月下旬病情迅速扩展,颜色失绿,逐渐转变为灰褐色,呈枯死状。凡被此症危害的银杏树,不仅影响当年的产量和花芽分化,而且来年发芽迟、叶片小,甚至顶部出现脱帽秃顶现象。

病因 初步认为是土壤中缺乏某种微量元素引发的,是一种非侵染性病害。据泰兴县测定,当地土壤中性偏碱,土壤中有效锌含量低,只有 0.51±0.33mg/kg,接近临界值,这可能是诱发该病主要因素。该病发生与温湿度关系不大。

防治方法 (1)增施有机肥,培肥地力。采用配方施肥技术适当多追肥,挂果 10kg 的银杏树,追氮肥 0.8kg,磷肥 1.5kg,钾肥

银杏早期黄化病

1kg,硫酸锌肥 80~100g,增强抗病力。(2)在银杏周围种植绿肥,或套种豆类,以固定土壤中多种营养元素,冬季进行深翻扩穴,改变土壤的理化性能,控制黄化病的发生。(3)天气干旱时,土壤中的碱份上升,无机盐增加,阻滞肥料分解和供给。雨涝时土壤中空隙度缩小,根部处于无氧呼吸,影响到根部肥料的吸收和输送。为此,天气干旱或雨涝时,要及时排灌,以增强树势,保证银杏正常生长。(4)在银杏生产季节,叶片失绿转黄时,喷 150~200g 的黄腐酸二胺铁液或 20 倍硫酸锌液,两种肥料交替施用,隔 10~15 天一次,连喷 3~5 次,可达到保叶、转旺、促长的目的。

洋榛溃疡病

症状 洋榛的茎、嫩枝枯死及产生溃疡,病原菌除从伤口侵入外,还可从叶子的疤痕侵入,从茎或嫩梢的病部向基部扩展,并侵染邻近的茎和新长出的嫩芽,很快造成整株洋榛的迅速死亡。

病原 *Pseudomonas syringae* pv. *avellanae* Psallidas 称榛子假单胞菌,属细菌界薄壁菌门。病菌杆状,无芽孢,单生或双生,有 1~4 根鞭毛,革兰氏染色阴性。生长的最适温度 23~25℃,最高 30℃。

传播途径和发病条件 种子和苗木带菌进行传播。

防治方法 (1)清除田间病残体,减少植株伤口,增强树势。(2) 生长季节喷洒 3%中生菌素可湿性粉剂 700 倍液或 25%叶枯唑可湿性粉剂 600~700 倍液、68%硫酸链霉素可溶性粉剂 2500~3000 倍液。(3)对苗木和嫁接材料进行严格检疫。

洋榛溃疡病

6. 银杏、洋榛害虫

银杏大蚕蛾(Giant silk moth)

学名 *Dictyoploca japonica* Moore 鳞翅目，大蚕蛾科。别名:栗天蚕、核桃楸天蚕蛾、白果蚕等。分布:东北、华北、华东、华中、华南、西南。

银杏大蚕蛾成虫

寄主 苹果、梨、李、梅、樱桃、银杏、桃、核桃、栗、榛、枫香等。

为害特点 幼虫取食银杏等寄主植物的叶片成缺刻或食光叶片,严重影响产量。

形态特征 成虫:体长 25~60(mm),翅展 90~150(mm),体灰褐色或紫褐色。雌蛾触角栉齿状,雄蛾羽状。前翅内横线紫褐色,外横线暗褐色,两线近后缘处汇合,中间呈三角形浅色区,中室端部具月牙形透明斑。后翅从基部到外横线间具较宽红色区,亚缘线区橙黄色,缘线灰黄色,中室端处生 1 大眼状斑,斑内侧具白纹。后翅臀角处有 1 白色月牙形斑。卵:长 2.2mm 左右,椭圆形,灰褐色,一端具黑色斑。末龄幼虫:体长 80~110(mm)。体黄绿色或青蓝色。背线黄绿色,亚背线浅黄色,气门上线青白色,气门线乳白色,气门下线、腹线处深绿色,各体节上具青白色长毛及突起的毛瘤，其上生黑褐色硬毛长。蛹:长 30~60(mm),污黄至深褐色。茧:长 60~80(mm),黄褐色,网状。

生活习性 年生 1 代,以卵越冬。广西越冬卵在翌年 3 月下旬开始孵化,3 月底至 4 月初为孵化盛期。幼虫一般为 7 龄,每个龄期约 7 天,3 龄前喜群集,4~5 龄后食叶量大增，分散危害,严重时可将树叶全部吃光。4~6 月为危害期,以 4 月中旬至 5 月中旬危害最盛。幼虫期为 60 天左右,6 月初幼虫开始老熟。老熟幼虫体长 10~12(cm)、宽 10~15(mm)。6 月下旬化蛹,蛹期 3 个月,9 月中旬羽化为成虫,9 月下旬产卵。成虫有趋光性。北方银杏种植区于翌年 5 月上旬越冬卵开始孵化,5~6 月进入幼虫为害盛期,常把树上叶片食光,6 月中旬~7 月上旬于树冠下部枝叶间结茧化蛹,8 月中下旬羽化、交配和产卵。卵多产在树干下部 1~3m 处及树杈处,数十粒至百余粒块产。天敌主要有赤眼蜂、黑卵蜂、绒茧蜂、螳螂、蚂蚁等。

防治方法 (1)6~7 月结合银杏园管理,摘除茧蛹。冬季清除树皮缝隙的越冬卵。(2)掌握雌蛾到树干上产卵、幼虫孵化盛期上树为害之前和幼虫 3 龄前两个有利时机,喷洒 90%敌百虫可溶性粉剂或 50%敌敌畏乳油或 50%氯氰·毒死蜱乳油 2000 倍液。(3)南方 9 月雌蛾产卵前用杀虫灯诱杀。

豆荚斑螟(Lima bean pod borer)

学名 *Etiella zinckenella* Treitschke 鳞翅目，螟蛾科。别名:豆荚螟、豇豆荚螟、大豆荚螟、洋槐螟蛾、槐螟蛾。分布:全国各地。

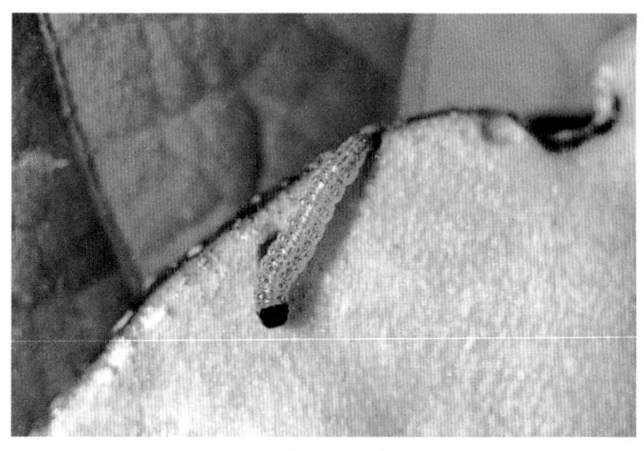

豆荚斑螟幼虫

寄主 银杏、大豆、豇豆、豌豆、菜豆、扁豆、绿豆等。

为害特点 山东郯城发现二代幼虫为害银杏果实和核仁。严重时核仁被食光,种核内只留下虫粪,影响种实产量和质量。

形态特征 成虫:体长 10~12(mm),翅展 20~24(mm)。头部、胸部褐黄色,前翅褐黄,沿翅前缘有一条白色纹,前翅中室内侧有棕红金黄宽带的横线；后翅灰白，有色泽较深的边缘。卵:椭圆形,长约 0.5mm,卵表面密布不规则网状纹,初产乳白色,后转红黄色。幼虫:共 5 龄,各龄体长为 0.6~2,2~6,6~9,9~13 及 14~18(mm)。初为黄色,后转绿色,老熟后背面紫红色,前胸背板近前缘中央有"人"字形黑斑,其两侧各有黑斑 1 个,后缘中央有小黑斑 2 个。气门黑色,腹足趾钩为双序环。蛹:长 9~10(mm),黄褐色,臀刺 6 根。

生活习性 北方年生 3~4 代,湖北、福建、浙江、广西、台湾 6~7 代,北方以蛹在土中越冬,南方以幼虫在土中越冬,每年 6~10 月为幼虫为害期。山东 6 月下旬二代幼虫孵化后,先吐丝结网隐蔽其中,取食银杏果实,并钻入种核,每头幼虫一生只取食一个种核,7 月底 8 月初，幼虫老熟脱果落在土表结茧化蛹。喜为害刺槐林下种豆附近银杏园。

防治方法 (1)银杏园周围不栽植刺槐,树下不种植豆科植物,可有效控制豆荚螟对银杏果实的危害。(2)在周围有刺槐或树下种植豆科植物的银杏园，于 6 月下旬第一代成虫羽化期，用 40%毒死蜱乳油 1000 倍液、80%敌敌畏乳油 1000 倍液或

2.5%溴氰菊酯乳油 2000 倍液喷施，除防治豆荚螟的危害外，还可兼治茶黄蓟马等其它害虫。

常春藤圆盾蚧（Ivy scale）

学名 *Aspidiotus nerii* Bouch 异名 *A. hederae* (Vallot)同翅目，盾蚧科。别名：常春藤圆蚧、春藤盾蚧、藤圆盾蚧。分布在四川、浙江、上海、江苏、安徽、广东、广西、云南以及长江以北各大城市温室。

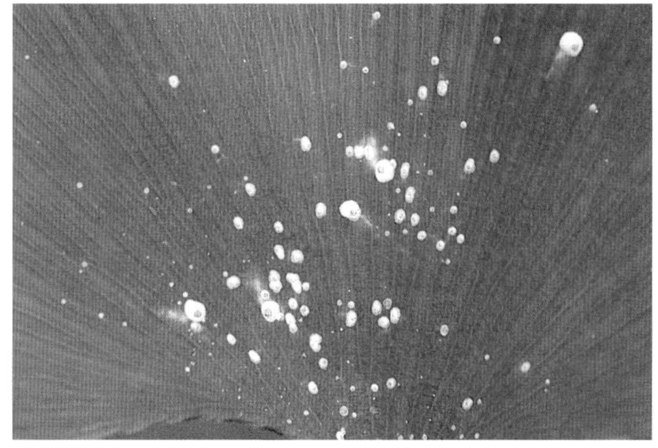

常春藤圆盾蚧为害银杏

寄主 柑橘、桃、李、苹果、葡萄、杏、石榴、芭蕉、菠萝蜜、芒果、银杏、常春藤等。

为害特点 雌成虫、若虫群集于枝、蔓、叶、叶柄及果实上刺吸植物的汁液，造成叶黄、枝枯，严重的整株死亡。

形态特征 雌介壳：圆形，薄而扁平，直径约 2mm，白色至灰白色，壳点 2 个在中间或近中央，黄色。雌成虫：体卵圆形，长 0.69mm，臀叶 3 对，中臀叶彼此略离开，其间具臀棘 2 根，各臀叶基部具硬化的三角形斑 1 个，第三对臀叶较小，顶端略尖。阴门具 4 群周腺。亚缘区背线丰富。雄介壳：体长 1.63mm 左右，略呈卵形，壳点 1 个，位于头端，体色同雌介壳。卵：圆形，浅黄色。若虫：椭圆形，浅黄色。

生活习性 北京年生 3 代，4 月初若虫出现，爬行一段时间后选择枝、叶等处开始固着为害，常分泌蜡质物，逐渐形成介壳，在壳下仍继续刺吸植物汁液，严重时受害处密集成层。7 月间第 2 代若虫出现，9～10 月出现第 3 代若虫。在南方或北方温室，只要条件适宜可继续繁殖、为害。天敌有寄生蜂、红点唇瓢虫等。

防治方法 (1)注意检查受害枝、受害叶上介壳及壳下虫体产卵及孵化情况，虫体不多的可喷清水冲洗，也可喷中性洗衣粉 70～100 倍冲洗，还可在成虫期人工涂刷或剪除有虫枝条，集中烧毁。(2)引进或购置南方的药用植物、花卉或果树苗木时，要进行检查，防止有虫苗木进入，勿栽带虫苗木，栽后发现有虫枝要及时喷药杀灭，防其蔓延。(3)加强管理，增强生长势及抗虫力。(4)在为害期于植株四周挖几条放射状沟，在沟中埋施 5%辛硫磷颗粒剂，覆土后浇水，果树的干径每 cm 用药量为 1～1.5g；此外，也可浇灌 40%乐果乳油 1000 倍液，每 cm 直径浇对好的药液 0.3～1.5kg，以浇透为度。(5)注意保护和利用天敌。

樟蚕蛾

参见板栗园樟蚕蛾。

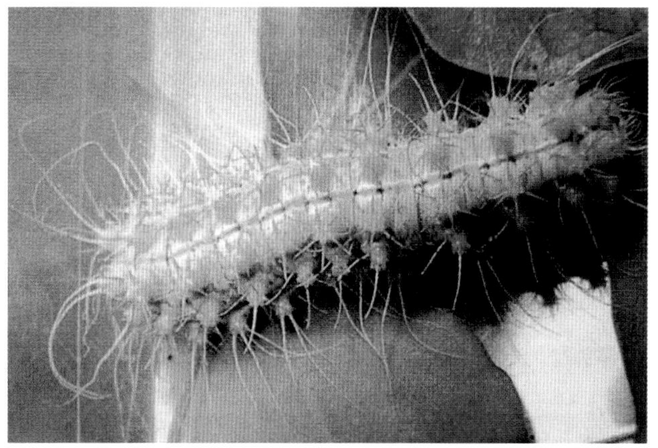

樟蚕蛾幼虫放大

银杏园斜纹夜蛾

学名 *Spodoptera litura* (Fabricius) 在局部地区危害银杏较为严重，在广西 5~9 月，以第 2、第 3 代幼虫为害猖獗，进入 6 月上旬至 8 月中旬，幼虫孵化后群集在卵块附近取食叶背叶肉，残留表皮和叶脉，2 龄后分散到附近枝条上为害，3 龄后食叶成缺刻，4 龄后进入暴食期危害银杏所有部位。该虫白天藏在隐蔽处，傍晚出来危害，20 时～零时最盛。幼虫老熟后入土化蛹。

斜纹夜蛾幼虫

防治方法 (1)在成虫盛发期尚未产卵前，利用其趋光性、趋化性，用杀虫灯和糖醋液诱杀成虫。(2)幼虫 3 龄前喷洒 25%灭幼脲悬浮剂 800 倍液或 5%啶虫隆乳油 3000 倍液。(3)卵孵化盛期每 667m^2 用 10 亿 PIB/mL 苜蓿银纹夜蛾核型多角体病毒 800 倍液喷洒，几天后可控制。

银杏园枯叶夜蛾

学名 *Adris tyrannus* Guenée 鳞翅目夜蛾科。

寄主 银杏、枣、柿、橘、枇杷、葡萄、桃、李、杏等。

为害特点 以成虫夜出吸食银杏果实汁液，果实受害后 3~10 天脱落。曾在灵川灵田乡调查落果率达 50%以上。

形态特征 成虫：体长 34~45(mm)，触角丝状。头、胸部棕色，腹部杏黄色。前翅灰褐色，有 1 条斜生的黑色斜纹，顶角尖，翅脉上生很多黑褐色小点。末龄幼虫：体长 57~70(mm)，前端较尖，体黄褐色。气门长卵形，黑色。

生活习性 年生2~3代，第1代6~8月发生，第2代8~10月，第3代9月前后至翌年5月，为越冬代，5月初开始为害银杏果实，5月中下旬进入危害盛期。卵多产在银杏周围的通草、防己（俗称鸡屎藤）、黄栀子、十大功劳、野木瓜等寄主叶背面，数十粒产在一起，幼虫老熟后入土化蛹越冬。

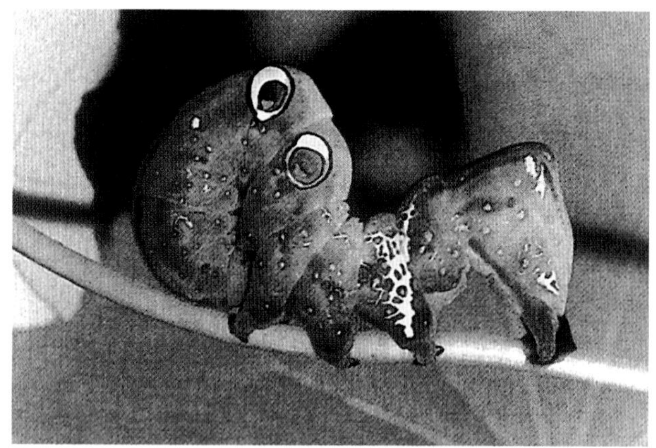
枯叶夜蛾幼虫放大

防治方法 (1)铲除银杏树下及周围的着卵杂草，并集中烧毁。(2)安装频振式太阳能杀虫灯，诱杀成虫。(3)5月初~6月中旬，喷洒2.5%溴氰菊酯乳油2000倍液或20%氰戊·辛硫磷乳油1500倍液、50%氯氰·毒死蜱乳油2000倍液。

银杏园白盾蚧

学名 *Pseudaulacaspis pentagona* (Targioni-Tozzetti) 又称桑盾蚧、桑白蚧、桃介壳虫、桑介壳虫，除为害银杏外，还为害桃、李、杏、樱桃、苹果、葡萄、梅、柿、枇杷等。此虫在南方银杏种植区一年发生3代，以受精雌成虫在当年生的长枝或结果短枝上越冬。翌年4月上旬开始产第一代卵，中旬孵化，下旬为第一代孵化盛期，5月底至6月初出现第一代成虫。6月上旬开始产第二代卵，中旬孵化，下旬为第二代孵化盛期，7月上中旬出现第二代成虫。8月上旬产第三代卵，中旬孵化，下旬为第三代孵化盛期。初孵若虫在雌介壳下待1~2天，等天气适合时才爬出母体，一部分爬向叶片，一部分爬向小枝条上，吸取树汁。9月中旬化蛹，下旬羽化为成虫，雌成虫受精后越冬，雄成虫交尾后死亡。

银杏园白盾蚧雄介壳

防治方法 (1)掌握初孵幼蚧期、幼蚧盛发时至封蜡之前喷洒1.8%阿维菌素乳油1000倍液或40%毒死蜱乳油900倍液、50%杀螟硫磷乳油1000倍液。(2)冬季落叶后，剪除虫口密度过大的枝条，清扫枯枝落叶，集中烧毁，介壳虫危害严重的树需喷1~2次1.5波美度的石硫合剂，以消灭越冬虫口。

银杏园龟蜡蚧

学名 *Ceroplastes japonicus* Green又称日本龟蜡蚧。该虫一年大多发生1代，以受精雌成虫在小枝条上越冬；翌年4月下旬开始产卵，卵期约15天，5月中旬为产卵盛期；5月下旬开始孵化，6月中旬若虫大量出现；若虫孵化后并不立即爬出母体，而是在母体内滞留2~3天，等天气适合时才爬出母体，一般晴暖天气出壳多，阴雨天气几乎不出壳。若虫出壳后当日上叶固定吸食汁液，多危害叶背靠近叶脉处。7月上旬若虫开始从叶片上迁移到枝条上为害，以8月迁移最盛，布满枝叶，形成黑枝黑叶，阻碍叶片光合作用。8月底~9月中旬化蛹；9月中旬~10月中旬羽化为成虫，雄成虫交配后即死亡，受精雌成虫逐渐进入越冬状态，越冬期6个月左右。

防治方法 参见银杏园白盾蚧。

日本龟蜡蚧雌成虫放大

银杏园家白蚁

学名 *Coptotermes formosanus* (Shiraki) 属等翅目鼻白蚁科。有翅成蚁体黄褐色，头褐色，翅透明，浅黄色。兵蚁头椭圆形，黄色，上颚发达，似镰刀状，黑褐色。腹部浅黄色。工蚁头圆形，淡黄色，腹部乳白色。蚁后无翅，头、胸、腹部红褐色，腹部发

白蚁巢内外的兵蚁

达筒状。家白蚁是一种土木两栖白蚁，长期过着隐蔽生活，畏光，工蚁和兵蚁眼睛退化，外出觅食活动时工蚁先用泥土、排泄物和分泌物沿树干筑成蚁路。一旦家白蚁在树心内筑巢，在树干内蛀食木质纤维，轻者树势衰弱，枝叶变黄或黄化；重者枯枝枯顶，落果严重，籽粒变小；最严重的树干空心，整株枯死，颗粒无收。在桂北，3~12 月为家白蚁的活动期，5 月至 7 月为繁殖期。每窝家白蚁的成年群体每到繁殖季节都进行分群繁殖。

防治方法 (1)防治家白蚁抓住 3~4 月成年群体尚未分群繁殖时用药最佳。首先在受害树上根据白蚁的排积物、羽化孔、通气孔、蚁路等判明蚁巢位置，其次钻孔深达主干树心蚁巢内，清除孔口木屑，用胶囊喷粉器向孔内喷 20~25g 灭白蚁专用药，然后用泥封好口。(2)挖巢灭蚁，从芒种至夏至间根据其泥路和泥线（水线）跟踪追查蚁巢，挖除白蚁烧毁，再用灭蚁灵杀灭残存白蚁。(3)用灭蚁灵或 40%辛硫磷、80%或 90%敌百虫可溶性粉剂施入泥路内即可杀灭全巢白蚁。(4)注意保护蟾蜍、蝙蝠等天敌。

银杏园茶黄蓟马

学名 *Scirtothrips dorsalis* Hodd 。

寄主 银杏。

为害特点 越冬代成虫为害主干分蘖苗或靠近主干下部叶片，后逐渐向上转移分散为害。主要为害银杏叶片，在叶背锉吸汁液，造成叶片失绿，现枯白斑，造成提早落叶。

形态特征 参见柑橘类害虫——茶黄蓟马。

生活习性 在山东郯城 1 年发生 4 代，以 4 龄若虫越冬，翌年 4 月中、下旬越冬代 4 龄若虫羽化。4 月中下旬 ~6 月中旬为第 1 代发生期，5 月下旬 ~7 月下旬，7 月上、中旬 ~8 月下旬，8 月上、中旬 ~10 月中旬分别为 2、3、4 代发生期，略有世代重叠。10 月下旬，3 龄若虫不取食，入土在土缝、枯枝落叶层或树皮缝隙中蜕皮进入 4 龄若虫越冬。雌成虫羽化后 3~5 天把卵产在叶背、叶脉处或叶肉内。卵期 8~14 天。该虫在暖冬，翌年春天气温回升快，又较干旱时发生早，为害重。

防治方法 6 月中旬 ~8 月上旬是为害盛期，于 6 月中旬和 7 月上中旬喷洒 10%吡虫啉可湿性粉剂 2000 倍液或 4.5%高效氯氰菊酯乳油 2000 倍液，防治 2 次。

茶黄蓟马成虫放大

榛卷叶象

学名 *Apoderus coryli* (Linnaeus)分布在东北、华北、陕西、甘肃、江苏、四川。

寄主 榛、柞等。

为害特点 卷叶。

形态特征 体长 7.9mm，宽 3.9mm，头、胸、腹、足、触角近黑色，鞘翅红褐色，常有变异。前胸、足常呈红褐色或部分红褐色。头长圆形，头管向基部收缩，末端扩宽。眼突出，眼中间有额窝。前胸背板基部宽大，向端部渐窄，小盾片半圆形，在基部有 2 个凹陷。鞘翅肩后侧面略缩，后外扩，刻点沟列深。雄虫眼后渐窄且长。雌虫眼后短。

榛卷叶象成虫（郭书普）

生活习性 辽宁年生 1 代，以成虫在地面杂草丛或地下表土层越冬。榛树展叶后进行卷叶，产卵为害，8 月上旬羽化为成虫。

防治方法 (1)摘除树上受害叶卷，捡拾落地叶卷，隔 5 天 1 次，集中烧毁，消灭叶卷中的卵和幼虫。(2)利用成虫假死性在成虫产卵前于清晨振落捕杀成虫。(3)药剂防治参见梨卷叶象。

频振式太阳能杀虫灯

(四) 浆果类果树病虫害

1. 葡 萄 (*Vitis vinifera*) 病 害

葡萄霜霉病(Grape downy mildew)

症状 葡萄霜霉病只为害葡萄地上部幼嫩组织，如叶片、新梢、花穗和果实等。叶片染病初呈半透明、边缘不清晰的淡黄绿色油浸状斑点，后扩展成黄色至褐色多角形斑，病斑大小因品种或发病条件而异。湿度大时，病斑愈合，背面产生白色霉层，即病菌的孢囊梗和孢子囊，病斑最后变褐，叶片干枯。新梢、卷须染病，初呈半透明水浸状斑点，后扩展成黄至褐色病斑，表面也生白色霉层，病梢生长停滞，扭曲或干枯。花穗积聚的露水利于病菌侵染，染病小花及花梗初现油渍状小斑点，由淡绿色变为黄褐色，病部长出白色霉层，病花穗渐变为深褐色，腐烂脱落。幼果病部变硬下陷，长出白色霉层，皱缩；果粒半大受害，延及果梗，果实软腐，后干缩脱落。果实着色近成熟期，一般不受害。

葡萄霜霉病

葡萄霜霉病叶背孢囊梗和孢子囊

葡萄霜霉病果穗上症状(张玉聚)

病原 *Plasmopara viticola* (Berk. et Curt.) Berk. et de Toni. 称葡萄生轴霜霉，属假菌界卵菌门。孢囊梗 1~4 枝从气孔伸出，基部有时略膨大，上部单轴分枝 4~6 次，末枝直，圆锥形，常 2~3 枝有时 4 枝簇生并成直角分枝，末枝的基部有时稍膨大，顶端平截。孢子囊椭圆形，卵形，有时近圆形，具乳突，基部偶有短柄。

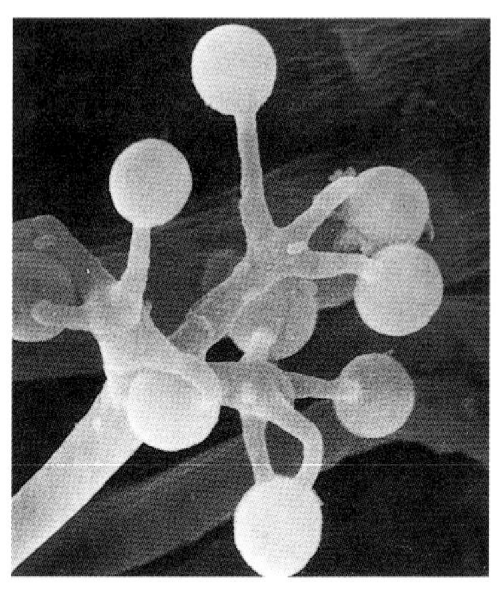

葡萄霜霉病菌
孢子囊梗和孢子囊

传播途径和发病条件 病菌以卵孢子在病组织中或随病残体在土壤中越冬，可存活 1 ~ 2 年。翌年春季萌发产生芽孢囊，芽孢囊产生游动孢子，借风雨传播到寄主叶片上，通过气孔侵入，菌丝在细胞间隙蔓延，并长出圆锥形吸器伸入寄主细胞内吸取养料，然后从气孔伸出孢囊梗，产生孢子囊，借风雨进行再侵染。病害的潜育期在感病品种上只有 4 ~ 13 天，抗病品种则需 20 天。秋末病菌在病组织中经藏卵器和雄精器配合，形成卵孢子越冬。

气候条件对发病和流行影响很大。该病多在秋季发生，是葡萄生长后期病害，冷凉潮湿的气候有利发病。病菌卵孢子萌发温度范围 13 ~ 33℃，适宜温度 25℃，同时要有充足的水分或雨露。孢子囊萌发温度范围 5 ~ 27℃，适宜温度 10 ~ 15℃，并要有游离水存在。孢子囊形成温度 13 ~ 28℃，15℃左右形成孢子囊最多，要求相对湿度 95 ~ 100%。游动孢子产出温度范围 12 ~ 30℃，适宜温度 18 ~ 24℃，须有水滴存在。试验表明：孢子囊有雨露存在时，21℃萌发 40 ~ 50%，10℃时萌发 95%；孢子囊在高温干燥条件能存活 4 ~ 6 天，在低温下可存活 14 ~ 16 天；游动孢子在相对湿度 70 ~ 80%时能侵入幼叶，相对湿度在 80 ~ 100%时老叶才能受害。因此秋季低温、多雨易引致该病的流行。

果园地势低洼、通风不良、密度大、修剪差有利于发病；南北架比东西架发病重，对立架比单立架发病重，棚架比立架发

病重，棚架低比高的发病重。迟施、偏施氮肥刺激秋季枝叶过分茂密而果实延迟成熟发病重。含钙量多的葡萄抗病力强。葡萄细胞液中钙钾比例是决定抗病力的重要因素之一。当钙钾比例大于1时(老叶)表现抗病，小于1时(幼叶)则比较感病。含钙量取决于不同的葡萄品种的吸收能力以及土壤和肥料的含钙量。

葡萄霜霉病预测预报根据多年试验和积累经验主要根据以下几项指标：其一是病菌卵孢子在土壤湿度大的条件下，当日平均温度达到13℃时即可萌发。二是日均温在13℃以上，同时有孢子囊形成；寄主表面有2～2.5小时以上水滴存在，病菌即能完成侵染。三是病菌潜育期长短因温度而异，与品种抗病性也有一定关系，抗病品种潜育期长。在适宜条件(23～24℃，感病品种)潜育期短时仅有4天，而在12℃时则延长至13天。四是病害潜育期终结时，还须有高湿条件(有雨或重露)才可长出孢子囊进行再侵染。五是降雨多少、持续时间长短是霜霉病发生流行的主要因素。每年6月中旬～9月中旬，连续两旬降水量之和超过100mm，必将大流行。具体测报时要参考当地气象预报资料和历年发病规律进行。

防治方法 (1)选用着色香高抗霜霉病品种。2008年郑州引进的54个葡萄品种中，较抗霜霉病的品种有：摩尔多瓦、矢富罗莎、金星无核、香悦、蜜汁、维多利亚、贵妃玫瑰、高妻、信农乐、红香蕉、泽香等。(2)加强葡萄园的管理，做到“三光、四无、六个字”。春、夏、秋季修剪病枝、病蔓、病叶为三光；树无病枝、枝无病叶、穗无病粒、地无病残，早期架下喷石灰水杀死病残体中病原物为四无；六个字则为提：提高结果部位及棚架高度(2.5m)；摘：摘心；绑：主蔓斜绑，锄：锄掉园中杂草；排：排水要好；施：适当增施磷钾肥。(3)根据测报喷药保护。抓住病菌初侵染的关键时期喷药，以后每隔半个月左右喷一次，连续2～3次。药剂可选用1∶0.7∶200倍式波尔多液或20%噻森铜悬浮剂500~600倍液、85%波尔·霜脲氰可湿性粉剂700倍液、50%氟吗·乙铝可湿性粉剂600倍液、72%霜脲·锰锌可湿性粉剂600倍液、50%乙膦铝·锰锌500倍液、50%嘧菌酯水分散粒剂1500倍液、68%精甲霜·锰锌水分散粒剂600倍液、44%精甲·百菌清悬浮剂800~900倍液、687.5g/L氟菌·霜霉威悬浮剂700倍液、560g/L嘧菌·百菌清悬浮剂700倍液。(4)棚室保护地发病时，关闭门窗施用15%霜疫清烟剂，667m²用量250g，于傍晚点燃熏1夜，也可喷撒防治霜霉病的粉尘剂。上述杀菌剂或复配剂应交替轮换使用，隔10天左右1次，防治3～5次。(5)对果穗及时套袋，采收前20天摘掉，促果穗增糖上色。

葡萄假尾孢大褐斑病(Grape Pseudocercospora leaf spot)

症状 病斑圆形至不规则形，大小2～13(mm)，叶面病斑中央灰色、灰白色至灰褐色，边缘围以暗褐色至近黑色细线圈，有时具黄褐色晕圈或整个斑点呈红褐色或暗褐色至几乎黑色，叶背斑点灰绿色至灰褐色，有时呈扩散型。

病原 *Pseudocercospora vitis* (Lév.)Speg. 称葡萄假尾孢，属真菌界无性型真菌。子座小，生在叶表皮下，球形，浅褐色至中度暗褐色，大小15～40(μm)。分生孢子梗紧密簇生至成束，孢梗束褐色，下部紧密，上部向外散开，高400μm，单根分生孢子梗青黄色，色泽均匀，宽度不规则，上部产孢部分较宽，不分

葡萄假尾孢大褐斑病叶片症状

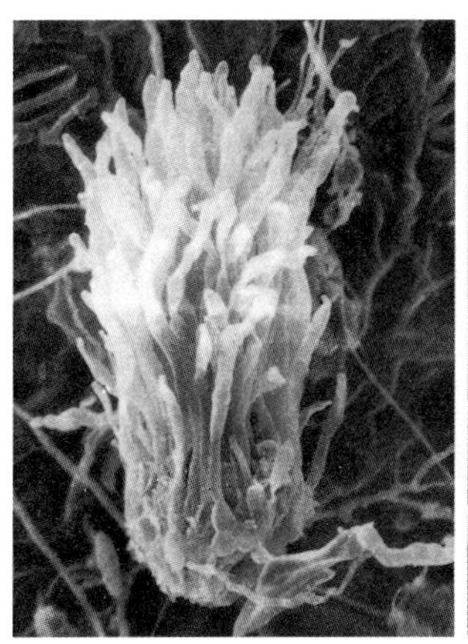

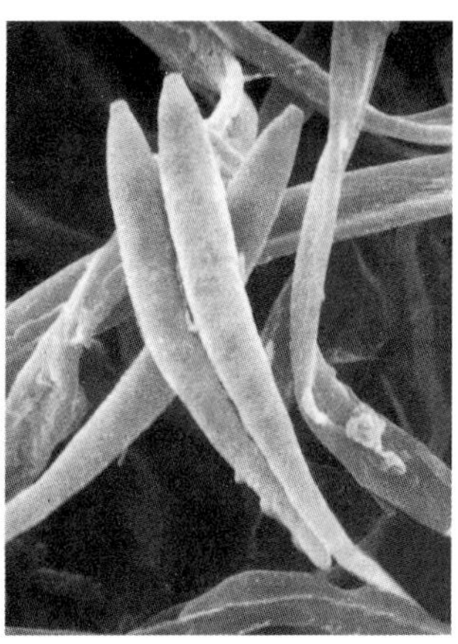

葡萄假尾孢大褐斑病菌成束的分生孢子梗(左)和细长的分生孢子电镜扫描图片(×1310)

枝，直立或上部弯曲，曲膝状，具齿突，顶部圆锥形，多个隔膜，宽3.2～5.4(μm)。分生孢子倒棍棒状，青黄褐色，具喙，喙部色浅，直立或略弯曲，顶部钝圆至钝，基部倒圆锥形平截，具隔膜3～20个，大小31～99.5×4.8～7.6(μm)。

传播途径和发病条件 病菌以菌丝体在病叶上或随病落叶进入土壤中越冬，每年春天产生分生孢子，借风雨传播进行初侵染和再侵染。雨日多、湿气滞留或滞留时间长易发病。

防治方法 (1)施用酵素菌大三元复方生物肥。(2)发病初期喷洒50%锰锌·腈菌唑可湿性粉剂500倍液或50%福·异菌可湿性粉剂700倍液、50%甲基硫菌灵·硫磺悬浮剂800倍液，隔10天左右1次，防治1次或2～3次。

葡萄小褐斑病(Grape Phaeoramularia spot)

症状 主要为害葡萄叶片，叶斑形状不规则，红褐色至暗褐色，叶背病斑近圆形，浅青黄色，后期转为红褐色至褐色，上生黑色茸毛状霉层。

病原 *Phaeoramularia dissiliens* (Duby) Deighton 称葡萄色链隔孢，属真菌界无性型真菌。异名有 *Cercospora röesleri* (Catt.) Sacc. 等。该菌子座长圆形或近球形，宽24～46(μm)。分生孢子梗多根紧密丛生，具隔膜1～5个，明显或不明显，大小18.8～95×3.8～6.3(μm)。分生孢子链生，常具枝链，圆柱形至倒棍棒形，色淡，直立或略曲，具隔膜1～5个，大小16.3～75×4.7～

葡萄小褐斑病病叶

葡萄炭疽病典型症状(袁章虎)

7.5(μm)。

传播途径和发病条件 病菌以菌丝体或子座在病组织内越冬,分生孢子有一定越冬能力,孢梗束抗逆力强;翌年春天,气温升高遇降雨或潮湿条件,越冬菌丝或孢梗束产生新的分生孢子,借气流或风雨传播到叶片上,在有水或高温条件下,分生孢子萌发芽管侵入叶片。潜育期10~20天,湿度高潜育期短。产生的分生孢子不断进行再侵染,致夏末秋初或多雨年份及多雨地区发病重。

高温高湿的气候条件是该病发生和流行的主导因素,管理粗放、不注意清园或肥料不足、树势衰弱易发病。湿气滞留、挂果负荷过大发病重。

防治方法 (1)提倡施用硫酸钾高效复合肥或生物有机复合肥。(2)选用美国红提、粉红亚都蜜、奥古斯特、达米那等抗病品种。(3)秋后及时清除落叶,集中烧毁或深埋,减少越冬菌源。葡萄生长期注意排水,适当增施有机肥,增强树势,提高植株抗病力,生长中后期摘除下部黄叶、病叶,以利通风透光,降低湿度。(4)喷药保护。在发病初期结合防治其他病害喷洒1∶0.7∶200倍式波尔多液或30%碱式硫酸铜胶悬剂300~400倍液、70%代森锰锌可湿性粉剂500~600倍液、77%硫酸铜钙可湿性粉剂600~700倍液、50%多·硫悬浮剂600倍液、78%波尔·锰锌可湿性粉剂600倍液,隔10~15天一次,连喷防治3~4次。由于该病从植株下部叶片开始发生,后渐向上蔓延,因此,要注重植株下部的叶片,注意正面和反面都要喷到。

葡萄炭疽病(Grape ripe rot)

症状 葡萄炭疽病又名晚腐病,是葡萄成熟期引起果实腐烂的主要病害,也是南方葡萄早春花穗腐烂的主要原因。果实染病,在转色成熟期陆续表现症状,初在果面上产生褐色圆形小斑点,后渐扩大,稍凹陷,直径8~15(mm),表面生出许多轮纹状排列的小黑点,即病菌的分生孢子盘。遇潮湿环境其上长出粉红色孢子团,成为识别此病的重要特征。其周围偶尔可见一些灰青色小粒点,此为病菌有性态子囊壳。严重时病斑扩至半个果面,果粒布满褐色病斑,引致果实腐烂。葡萄在花穗期易染炭疽病,染病花穗自花序顶端小花开始,沿花穗轴、小花、小花梗侵染,初现淡褐色湿润状,渐变黑褐色并腐烂,有时整穗腐烂,有时只剩几朵小花不腐烂。腐烂小花受震易脱落,湿度大时,病花穗上长出白色菌丝和粉红色黏稠状物。嫩梢、叶柄或果枝染病,形成长椭圆形病斑,深褐色。果梗、穗轴受害重,影响果穗生长或致果粒干缩。叶片染病多在叶缘部位产生近圆形暗褐斑,直径2~3(cm),湿度大时也可见粉红色分生孢子团,病斑较少,一般不引起落叶。

葡萄炭疽病菌分生孢子盘及分生孢子

病原 *Colletotrichum gloeosporioides* (Penz.)Sacc. 称盘长孢状炭疽菌,属真菌界无性型真菌。有性态为 *Glomerella cingulata*(Stonem.)Spauld. et Schrenk 称围小丛壳菌,属真菌界子囊菌门。辽宁鉴定时分生孢子椭圆形,大小为12.86~18.92×3.07~3.99(μm)。分生孢子梗圆柱形,无色,顶端产生分生孢子。孢子萌发时产生附着胞,呈不规则形状,菌丝有隔。

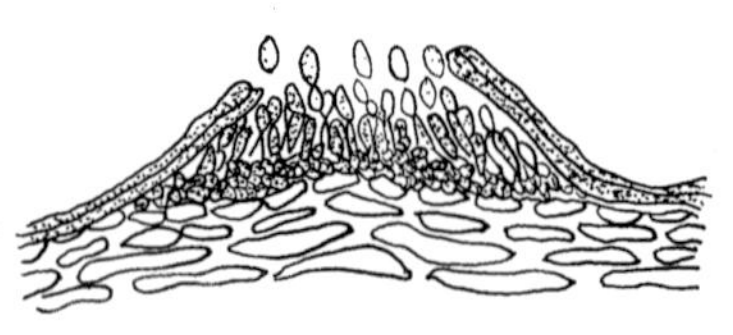

葡萄炭疽病菌
分生孢子盘及分生孢子

传播途径和发病条件 病菌主要以菌丝体在枝蔓上越冬,翌年产生分生孢子侵染果穗,多在一年生新枝上带菌,发生侵染依气候情况而定,与降雨有关。越冬病菌要求有一定温、湿度条件才形成分生孢子。15℃开始形成分生孢子,适宜温度20~30℃,超过36~40℃,孢子不能形成;有雨、露、雾的条件有利于孢子形成。分生孢子在15℃时少量孢子萌发,19℃半数以上萌发,孢子萌发适温28~32℃,分生孢子在9℃以下或45℃以

上不能萌发。在炎热夏季,葡萄着色成熟时,病害常大流行;一般情况下,分生孢子团是一团胶质,借雨水溅散传播,因此分生孢子的传播与萌发都需要一定的水分或降雨。田间发病与降雨关系密切,降雨后数天易发病,天旱时病情扩展不明显。炭疽病发生与日灼有关,日灼的果粒容易感染炭疽病。

栽培环境对炭疽病发生有明显影响,株行过密,双立架葡萄园发病重,宽行稀植园发病轻。施氮过多发病重,配合施用钾肥可减轻发病。该病先从植株下层发生,特别是靠近地面果穗先发病,后向上蔓延。沙土发病轻,黏土发病重,地势低洼、积水或空气不流通发病重。

防治方法 (1)选育抗病品种。根据园艺性状选栽抗病品种,如赛必尔 2003 和 2007、康拜尔、牡丹红、先锋、玫瑰露、黑潮等。中抗有烟台紫、黑虎香、意大利、巴米特、水晶、小红玫瑰等。吉丰 8 号、吉香、白玫瑰、无核白、牛奶、葡萄园皇后、鸡心、玫瑰香、龙眼等高感炭疽病。(2)清洁田园,剪除带病枝梢及病残体,春芽萌动前喷 3~5 度石硫合剂+0.5%五氯酚钠于枝干及植株周围,以清除越冬菌源。(3)加强栽培管理。开花座果期根据施肥情况及植株长势适当疏花疏果,果实采收前新梢要摘心、摘副梢,及时绑蔓尽量使其通风透光,要尽可能提高结果部位。平地果园严防积水。每年秋冬季施足有机肥,果实发育期间追施适量磷、钾肥,保持植株旺盛长势,增强抗病力。此外,疏花时剪去发病变黑的花穗可减少幼果的侵染。(4)喷药保护。葡萄炭疽病有明显的潜伏侵染现象,应提早喷药保护,花穗期发病普遍的地区应在初花期开始尤其是春季第 1 次降雨后,潜伏在枝条上的炭疽菌开始产生大量分生孢子,应马上喷洒 10%苯醚甲环唑水分散粒剂 1500 倍液,10~15 天后可喷洒 78%波尔、锰锌可湿性粉剂 600 倍液、80%福·福锌可湿性粉剂 700 倍液、77%硫酸铜钙可湿性粉剂 600 倍液。果实转色前几天可喷洒 10%苯醚甲环唑水分散粒剂 2000~3000 倍液或 30%苯醚甲·丙环乳油 3000 倍液、70%甲基硫菌灵 1000 倍液,还可兼治葡萄白腐病。至于咪鲜胺虽是防治炭疽病的有效杀菌剂,但用在葡萄上会影响果实风味,生长后期慎用。

葡萄黑痘病果实上的病斑

葡萄黑痘病果实后期白色鸟眼状

葡萄黑痘病(Grape spot anthracnose)

症状 葡萄黑痘病又称疮痂病,是我国葡萄种植区分布广、为害严重的病害。主要为害葡萄的绿色幼嫩部分,如幼果、叶片、叶柄、果梗、嫩梢等。黑痘病从萌芽到生长后期均可发生,春夏季为害严重。幼果染病初现深褐色圆形小斑点,后渐扩大为圆形或不规则形。病斑中央灰白色,上生黑色小点,边缘具紫褐色晕圈,似"鸟眼状",病斑多时可连成大斑,后期病斑硬化或龟裂,病斑局限于果皮而不深入果肉,病斑硬。叶片染病,出现疏密不等的褐色圆斑,初病斑中央灰白色,后穿孔呈星状开裂,外围具紫褐色晕圈。幼叶染病,叶脉皱缩畸形,停止生长或枯死。新梢、枝蔓、叶柄或卷须染病,初呈褐色不规则小短条斑,后变为灰黑色,边缘深褐或紫色,中部凹陷龟裂,严重时嫩梢停止生长,卷曲或萎缩死亡。

葡萄黑痘病病叶

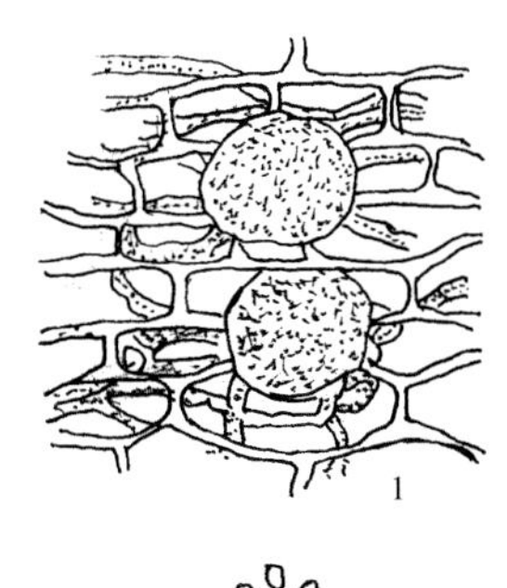

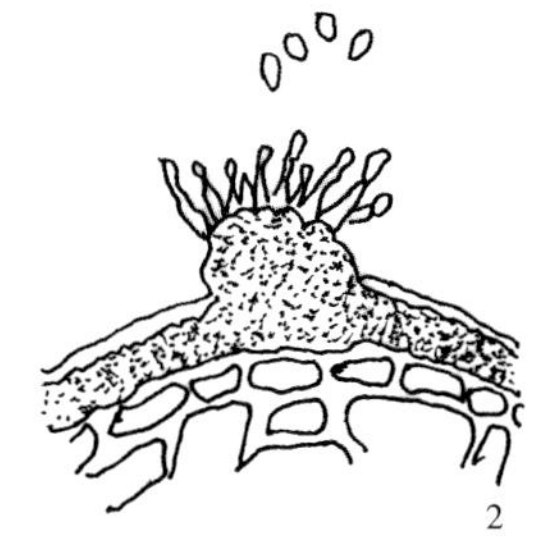

葡萄黑痘病菌
1.菌丝及菌丝块
2.分生孢子盘及分生孢子

病原 *Sphaceloma ampelinum* de Bary 称葡萄痂圆孢菌,属真菌界无性型真菌或半知菌类真菌。有性型 *Elsinoe ampelina* (de Bary.) Shear 称痂囊腔菌,属真菌界子囊菌门,我国尚未发现。分生孢子盘半埋生在寄主组织内,直径 60μm,产孢细胞 3.5~6×3~5.5(μm)。分生孢子梗短小,椭圆形,密集,顶端着生卵形、细小、透明的分生孢子，大小4～7.5×2～3.5(μm)，具1～2个亮油球和胶黏胞壁。

子座梨形，在子囊腔里形成，子囊大小80～100×11～23(μm)，内含子囊孢子8个，子囊孢子4胞、黑褐色，大小15～16×4～4.5(μm)。

病菌产生分生孢子及萌发适温24～26℃，菌丝生长适温30℃，最低10℃，最高40℃。潜育期6～12天，24～30℃时最短，超过此温限，病害发生受到抑制。

传播途径和发病条件 病菌主要以菌核在新梢和卷须的病斑上越冬，翌春，气温高于2℃，高湿持续24小时以上，从菌核上产生大量分生孢子，通过雨水传播到葡萄绿色幼嫩部位，在水中分生孢子产生芽管，迅速固定到基物上，萌芽后引致初侵染。侵染速度与气温有关：12℃潜育期7天，16.5℃，5天，21℃，3天，该病发生适温24～26℃。在葡萄园地面越冬的僵果也可形成分生孢子引起初侵染。远距离传播靠带菌苗木或插条。该病在雨水多、湿度大地区为害重，果园低洼、排水不良、通风透光差或偏施氮肥致徒长或成熟期延迟，易发病；葡萄幼嫩组织，如嫩叶、穗粒或新梢，在生长初期幼嫩阶段易感病。葡萄穗粒长大，枝叶长成后则较抗病。

防治方法 (1)因地制宜，选用抗病品种。如：着色香（茉莉香）、仙索、白香蕉、巴柯、赛必尔2003、赛必尔2007、贵人香、水晶、金后等。中抗品种有葡萄园皇后、玫瑰香、法兰西兰、佳利酿、吉姆沙等。此外，龙眼、玛瑙、牛奶、无核白、大粒白、无子露、季米亚特、保尔加尔及东北和华北品种较易感病，栽种时因地制宜选择园艺性状好的抗病品种。(2)清除菌源。秋季葡萄落叶后清除落叶和病穗，集中深埋，刮下的老树皮要马上烧毁，春季葡萄芽鳞萌动时，喷波美3～5度石硫合剂+0.3%五氯酚钠或45%石硫合剂结晶30倍液+0.3%五氯酚钠。(3)加强栽培管理。结合夏季修剪，细心剪除病枝、病叶、病果，减少再侵染；合理增施酵素菌大三元复方生物肥或磷钾肥，控制氮肥，以增强树势，防止徒长；合理留枝，改善通风透光条件等是防治该病重要措施。(4)早喷药，巧用药。葡萄开花前或落花后及果实至黄豆粒大时各喷一次1：0.7：200倍式波尔多液或10%苯醚甲环唑水分散粒剂1500倍液或25%醚菌酯悬浮剂2000倍液、30%苯醚甲·丙环乳油3000倍液、40%氟硅唑乳油5000倍液、77%硫酸铜钙可湿性粉剂600倍液、30%戊唑·多菌灵悬浮剂1000~1200倍液、78%波·锰锌可湿性粉剂600倍液。注意交替或混合使用。但波尔多液不能与代森锰锌混合使用，否则易产生药害。葡萄展叶后至果实着色前隔10～15天一次，具体时间和次数根据当地气候条件和葡萄生长及病害发生情况确定。

葡萄蔓枯病（Grape dead arm）

症状 葡萄蔓枯病又称蔓割病。主要为害蔓或新梢。蔓基部近地表处易染病，初病斑红褐色，略凹陷，后扩大成黑褐色大斑。秋天病蔓表皮纵裂为丝状，易折断，病部表面产生很多黑色小粒点，即病菌的子实体。主蔓染病，病部以上枝蔓生长衰弱或枯死。新梢染病，叶色变黄，叶缘卷曲，新梢枯萎，叶脉、叶柄及卷须常生黑色条斑。分布在河南、河北、山东、江苏、吉林、辽宁、内蒙古、陕西等省。一般为害不重，但个别葡萄园发病率可达

葡萄蔓枯病病茎

葡萄蔓枯病病蔓

80%，枝蔓死亡率15%左右。

病原 *Cryptosporella viticola* (Red.) Shear 称葡萄生小隐孢壳，属真菌界子囊菌门。无性态为 *Phomopsis viticola* (Sacc.) Sacc. 称葡萄生拟茎点菌，属真菌界无性型真菌。分生孢子器黑色，直径200～400(μm)，初圆盘形，后变球形，有短颈，顶端有开口，分生孢子器内产生分生孢子椭圆形，单胞，两端各生一油球，大小7～10×2～4(μm)；同时还产生1种不能萌发的钩丝状孢子。异名为 *Fusicoccum viticolum* Redd. 称葡萄生壳梭孢。有性态在老病斑上发生，子囊壳黑褐色，球形，子囊圆筒形或纺锤形，无色。子囊孢子长椭圆形，单胞无色，子囊间有侧丝。有性态少见。

传播途径和发病条件 以分生孢子器或菌丝体在病蔓上越冬，翌年5、6月间释放分生孢子，借风雨传播，在具水滴或雨露条件下，分生孢子经4～8小时即可萌发，经伤口或由气孔侵入，引起发病。潜育期30天左右，后经1～2年才现出病症，因此本病一经发生，常连续2～3年。多雨或湿度大的地区、植株衰弱、冻害严重的葡萄园发病重。

防治方法 (1)及时检查枝蔓，发现病部后，轻者用刀刮除病斑，重者剪掉或锯除，伤口用波美5度石硫合剂或45%石硫合剂结晶30倍液消毒。(2)加强葡萄园管理，增施酵素菌大三元复方生物肥，疏松或改良土壤，雨后及时排水，注意防冻。(3)可结合防治葡萄其他病害，在发芽前喷一次80%五氯酚钠200～300倍液+波美5度石硫合剂。在5～6月及时喷射1：0.7：200倍式波尔多液2～3次或20%噻森铜悬浮剂700倍液、

40%双胍三辛烷基苯磺酸盐可湿性粉剂1000倍液、25%嘧菌酯悬浮剂1000倍液。

葡萄白腐病(Grape white rot)

症状 葡萄白腐病俗称水烂或穗烂，主要为害果穗和枝梢，也可为害叶片。靠近地面的果穗先发病，受害果穗先在果梗或穗轴上形成浅褐色水浸状斑，逐渐扩大，出现干枯。果实染病初现浅褐色水浸状腐烂，后迅速蔓延至全果，果梗干枯缢缩。果实发病后一周变为深褐色，果皮下密生灰白色小粒点，即病菌分生孢子器。病果失水干缩呈深褐色僵果，发病严重的全穗腐烂。受震动后病果易脱落，干枯的僵果穗常挂在枝上，经冬不落，这是白腐病重要特点。枝蔓染病，多出现在摘心或机械伤口处。病斑初呈水浸状淡红色，边缘深褐色，病斑向两端扩展；后期变暗褐凹陷，表面密生灰白色小粒点；当病斑绕枝蔓一周时，其上部叶片萎黄枯死。后期病皮呈纵裂丝状与木质部分离，撕裂呈乱麻状，病部下端常隆起呈肿瘤状。叶片染病，多始于叶尖或叶缘，初生黄褐色，边缘水浸状斑，向叶片中部扩展后形成大型近圆形褐斑，具不明显同心轮纹，病斑上现灰白色小点，以近叶脉处居多，病组织干枯后很容易破裂、穿孔。

葡萄白腐病叶片症状

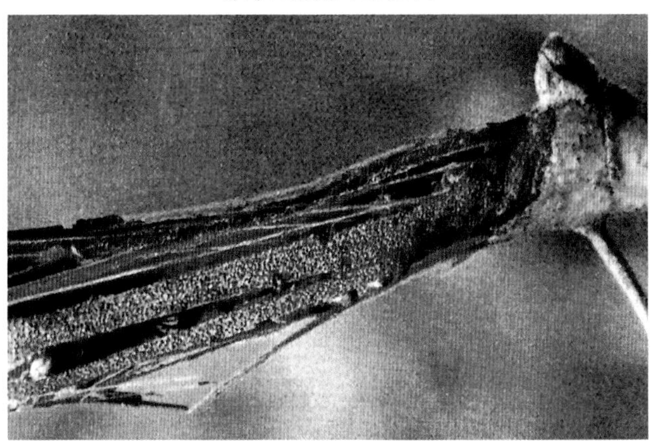

葡萄白腐病病蔓(温秀云等)

葡萄白腐病果穗被害状

病原 *Coniella diplodiella* (Speg.)Petrak & Sydows 称白腐垫壳孢，属真菌界无性型真菌。有性态为 *Charrinia diplodiella* (Speg.)Viala & Ravaz，称白腐亚球腔菌，属真菌界子囊菌门。子囊壳球形，直径140~160(μm)，子囊圆筒形，无色，子囊间有侧丝。子囊孢子长圆形，有2~4个细胞。无性型白腐垫壳孢的分生孢子器初褐色，散生在寄主表皮中，球形或近球形，顶端稍突起，有孔口，大小95~160(μm)。器壁由2~3层细胞组成，基部生出枕状或柱状凸起的菌丝垫。内壁芽生瓶梗式产孢。分生孢子椭圆形或卵形，单胞，浅褐色至暗褐色，表面光滑，1端略尖或钝圆，另1端平截，内生1~多个油球，大小7.8~13.3×4.3~6.0(μm)。

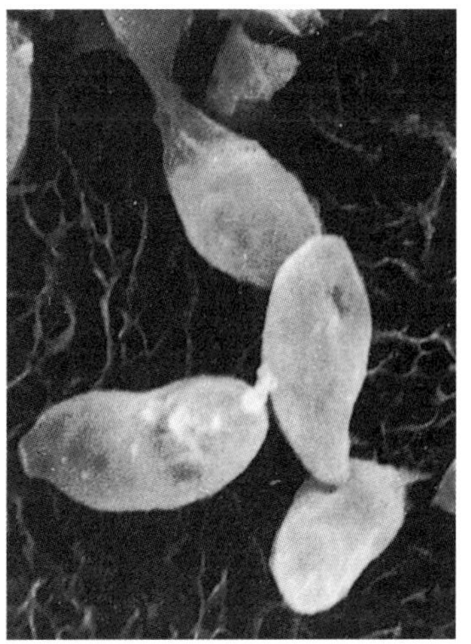

葡萄白腐病菌白腐垫壳孢的分生孢子

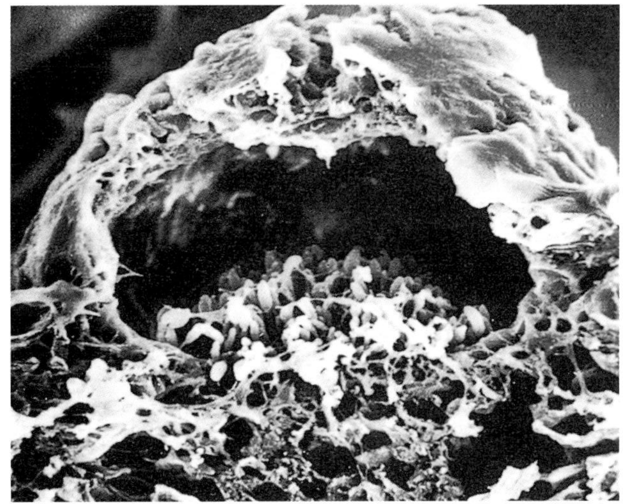

葡萄果实上的白腐垫壳孢分生孢子器剖面(康振生原图)

传播途径和发病条件 病菌以分生孢子器和菌丝体在病蔓上或随病残体进入土壤中越冬，可存活2~5年，越冬的病组织于翌年开春条件适宜时，一般雨后分生孢子器吸水释放大量分生孢子，借风雨溅射传播，从伤口或自然孔口侵入，侵入适温为24~27℃，潜育期3~5天，一般在7月中下旬果实变色时开始发病，几天后病斑上又产生大量分生孢子，进行多次再侵染，再加上该菌能进行潜伏侵染，造成该病来势凶凶，北方多在6月始发，7~8月进入发病高峰，此间高温、雨日多、伤口多、高湿持续时间长很易大发生，伤口和高湿对此病流行影响甚大，该病流行轻重、发病时间迟早均取决于雨季到来的早晚和持续时间长短，，雨日多的年份发病重，每降1次大雨或连续降雨1周以上便出现1次发病高峰，尤其是雹灾过后很易引起该病大流行，因此又称葡萄“冰雹病”。辽宁发病始期7月中下旬气温20~26℃，田间相对湿度高于70%，降雨后4~7天病害发生迅速。

防治方法 (1)应从加强管理入手及时清除病枝、病果，提高结果部位，应在距地面50cm以上，可减少病菌侵染机会，及时摘心、绑蔓，及时中耕锄草，大暴雨后及时排水，防止葡萄架下湿气滞留，葡萄落花后马上套袋，可减少侵染机会。(2)提倡在架下覆盖地膜，从落花后开始铺膜，可有效地防止土壤里的病原菌传到葡萄果穗和枝叶上，据试验铺地膜面积占种植面积60%以上的，可推迟发病10天。(3)药剂防治 春季开花前后喷1次10%苯醚甲环唑水分散粒剂或乳油2000~3000倍液或78%波尔·锰锌可湿性粉剂600倍液，重点喷中下部果穗，果梗、穗轴都要喷到，一直喷到封穗前。封穗后或7月中下旬发病前可选用30%苯醚甲·丙环乳油4000倍液或40%氟硅唑乳油6000倍液、25%丙环唑乳油5000倍液、50%锰锌·腈菌唑或25%甲硫·腈菌可湿性粉剂600倍液、50%多菌灵或70%甲基硫菌灵或75%百菌清可湿性粉剂700倍液、25%戊唑醇悬浮剂2000倍液，隔10~15天1次，交替轮换使用。遇冰雹后24小时内必须防1次。

葡萄房枯病(Caucasus grape black rot)

症状 葡萄房枯病又称轴枯病，穗枯病，亦称粒枯病。主要为害果实、果梗和穗轴，发生严重时也为害叶片。果实着色后发病多。果穗染病在果梗基部或近果粒处现淡褐色病斑，外具一暗褐色晕圈，渐扩大色泽加深，当病斑绕梗一周，小果梗即干枯缢缩，病菌又从小果梗蔓延到穗轴上。果粒染病，初仅果蒂部失水萎蔫，出现不规则褐斑，后渐扩展到全果，变紫或变黑后干缩成僵果，在果粒表面长出稀疏小黑点，即病菌分生孢子器。穗轴染病初呈褐色病斑，渐扩大变黑干缩或穗轴僵化，其上也生小黑点。致果粒全变成黑色僵果，挂在蔓上不易脱落。叶片染病，呈圆形小斑点，后扩大，病斑边缘褐色，中部灰白色，后期病斑中央散生许多小黑点。房枯病与白腐病的病粒从颜色上不易区别，但房枯病病粒在萎缩后长出小黑点，分布稀疏，果粒不易脱

葡萄房枯病病果穗

葡萄房枯病果穗被害状

落；而白腐病病粒则在干缩前就出现灰白色小粒点，分布密集，果粒易脱落。房枯病与黑腐病病果症状也较难区别，房枯病除上述特点外，病菌分生孢子器，即小黑粒点较大，黑腐病果实呈褐色软腐状时便长出密集的小黑粒点，每个粒点较小。

病原 *Physalospora baccae* Cavara 称葡萄囊孢壳菌，属真菌界子囊菌门。子囊壳扁球形或近球形，黑褐色，埋于病组织皮下，具突出孔口，大小200×180(μm)。子囊无色，圆柱形。子囊孢子无色，单胞，椭圆形或纺锤形，大小15.3~24×6~9.5(μm)，子囊间有侧丝，线状无色，具2~3个隔膜。无性态为 *Macrophoma faocida* (Viala. et Ravaz) Cav. 称房枯大茎点菌，属真菌界无性型真菌。分生孢子器半埋生在寄主皮下，椭圆形，暗褐色，顶部孔口突破表皮外露，大小104~320×80~240(μm)。分生孢子器内壁密生一层分生孢子梗，分生孢子梗短小，圆筒形，单胞，无色，长25~30μm，顶端不断产生分生孢子。分生孢子椭圆形或纺锤形，单胞无色，大小16~24×5~7(μm)。

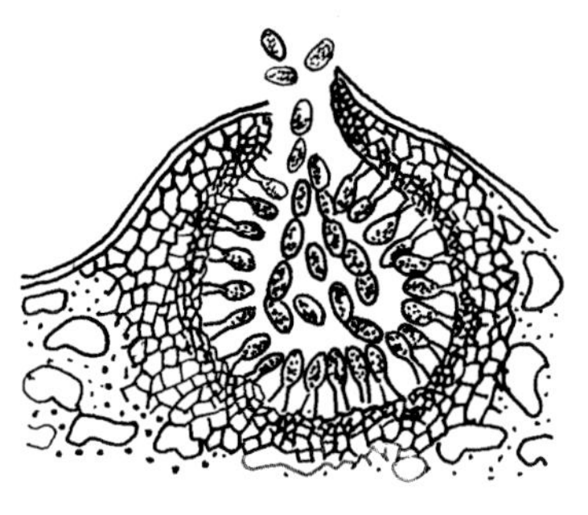

葡萄房枯病菌
分生孢子器和分生孢子

传播途径和发病条件 房枯病主要以分生孢子器在病果、病穗轴或病叶等病残体上越冬。产生子囊世代地区 子囊壳也是主要越冬器官。有研究认为菌丝体也能在病组织中越冬，翌年春季形成子囊壳。越冬后的子囊壳或分生孢子器在气温回升、降雨或湿度大条件下便释放出子囊孢子或分生孢子，借风雨或昆虫传播。分生孢子在24~28℃经4小时萌发。子囊孢子在25℃5小时也可萌发。病菌适应温限9~40℃，15~35℃都能发病。该病是一种高温高湿病害，菌丝生长适温35℃，因此在果实着色后的高温多雨潮湿条件利其发生和流行。房枯病菌是一种兼性寄生菌，管理粗放、植株生长势弱、郁闭潮湿葡萄园发病重。

防治方法 (1)因地制宜选栽抗病品种。美洲系统葡萄抗病性强，如黑虎香等。(2)清洁田园。秋冬季要彻底清除病枝、病叶和病果，集中烧毁或深埋。(3)加强管理。及时修剪，改善通风透

光条件，增施有机肥，提倡施用酵素菌大三元复方生物肥，多施磷钾肥，增强植株抗病力。生长季节注意雨后排水。(4)药剂防治。葡萄落花后开始喷洒77%硫酸铜钙可湿性粉剂400倍液或86.2%氧化亚铜水分散粒剂800倍液。隔15～20天1次，共防3～5次。

葡萄白粉病(Grape powdery mildew)

症状 葡萄白粉病是北方干旱种植区发生的一种病害，主要为害叶片、新梢及果实等幼嫩器官，老叶及着色果实较少受害。葡萄展叶期叶面或叶背产生白色或褪绿小斑，病斑渐扩大，表面长出粉白色霉斑，严重的遍及全叶，致叶片卷缩或干枯。嫩蔓染病，初现灰白色小斑，后随病势扩展，渐由灰白色粉斑变为不规则大褐斑，呈羽纹状，上覆灰白色粉状物。果实染病出现黑色芒状花纹，上覆一层白粉，病部表皮变为褐色或紫褐色至灰黑色。因局部发育停滞，形成畸形果，易龟裂露出种子。果实发酸，穗轴和果实容易变脆。

葡萄白粉病果穗上的白粉

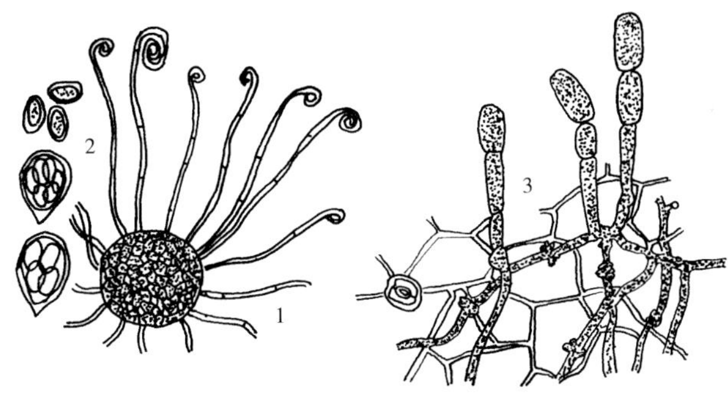

葡萄白粉病菌

1.子囊壳 2.子囊及子囊孢子 3.分生孢子

病原 *Uncinula necator* (Schw.) Burr.称葡萄钩丝壳菌，属真菌界子囊菌门。闭囊壳直径84～100(μm)，附属丝10～30根，多隔膜，顶端卷曲。子囊4～6个，椭圆形，大小50～60×25～35(μm)，子囊孢子4～6个，椭圆形，大小20～25×10～12(μm)。无性态 *Oidium tuckeri* Berk. 称托氏葡萄粉孢霉，属真菌界无性型真菌。

传播途径和发病条件 河北、山东、河南一般在6月开始发病，7~8月进入发病盛期。闷热阴雨天多，气温29~35℃，白粉病扩展迅速，大暴雨后虽然对白粉病不利，使病害受到抑制，但雨后温湿度适宜时，白粉病又会迅速扩展，生产上开花前降雨对该病初侵染十分重要，而后期降雨影响不大。在葡萄园里果实在落花后28~42天最敏感，生产上从发病到果园都有白粉病发生需要40天左右。

防治方法 (1)冬前剪除病枝落叶，生长期及时摘心绑蔓，保持通风透光。(2)葡萄出土上架后萌芽前喷波美3~5度石硫合剂。(3)葡萄开花前7天喷洒10%苯醚甲环唑悬浮剂或微乳剂3000倍液，铲除春季菌源。也可选用25%嘧菌酯悬浮剂1500~2000倍液、43%戊唑醇悬浮剂2000~2500倍液、10%己唑醇乳油或悬浮剂2000~2500倍液、25%烯唑醇微乳油1000倍液、30%氟菌唑可湿性粉剂1500倍液。也可用25%三唑酮可湿性粉剂1500~2000倍液浇灌根部。上述药剂可交替轮换使用。

葡萄灰霉病(Grape gray mold)

症状 灰霉病主要为害葡萄花穗、幼小及近成熟果穗或果梗、新梢及叶片。果穗染病初呈淡褐色水浸状，很快变为暗褐色，整个果穗软腐。潮湿时，果穗上长出一层淡灰色霉层，即病菌的分生孢子梗和分生孢子。如果入侵后持续干旱，果实干腐，或保持坚硬甚至变成棕色而不变软，或干枯脱落；若湿度大腐烂迅速扩展至整个果穗则损失严重。新梢、叶片染病，产生淡褐色，不规则病斑。有时出现不明显轮纹，上生稀疏灰色霉层。成熟果实及果梗染病，果面上出现褐色凹陷斑，整个果实很快软腐，果梗变黑，病部长出黑色菌核。

病原 *Botrytis cinerea* Pers. :Fr. 称灰葡萄孢霉，属真菌界无性型真菌。分生孢子梗自寄主表皮、菌丝体或菌核上长出，密集。孢子梗细长分枝，浅灰色，大小280～550×12～24(μm)。顶

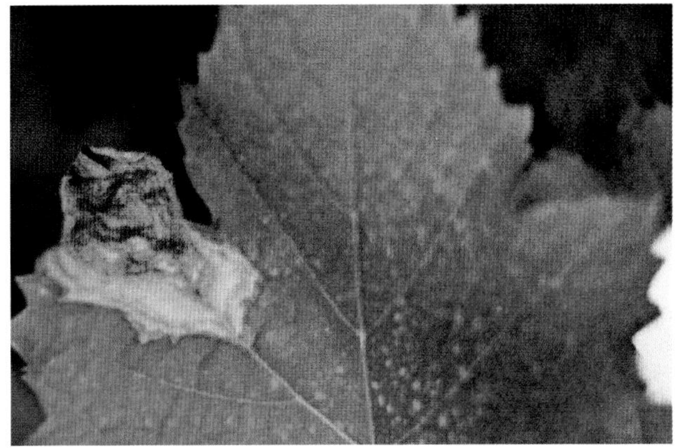

葡萄灰霉病叶缘发病症状(赵奎华)

葡萄灰霉病穗轴和果穗受害状

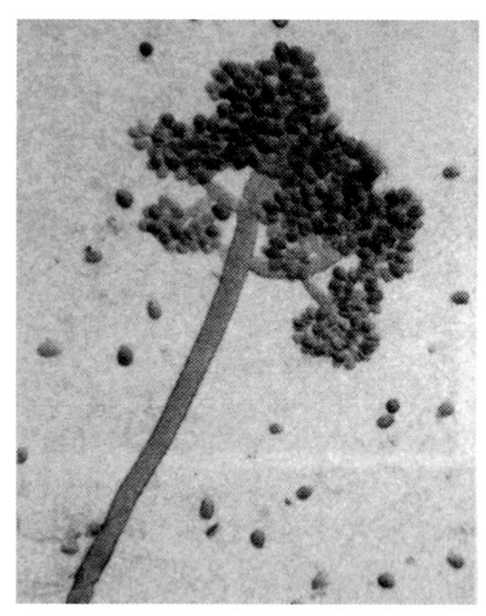

葡萄灰霉病菌灰葡萄孢

端细胞膨大，上生许多小梗，其上着生分生孢子，聚集呈葡萄穗状。分生孢子圆形或椭圆形，单胞，无色或淡灰，大小9～15×6～18(μm)。菌核黑色不规则片状1～2mm，外部为疏丝组织，内部为拟薄壁组织。

传播途径和发病条件 灰霉菌主要以菌核和分生孢子越冬，其抗逆性强。翌年春季温度回升、遇雨或湿度大时从菌核上萌发产生分生孢子，或是其他寄主上的分生孢子借气流传播到花穗上。分生孢子在清水中几乎不萌发，在花器上有外渗物刺激时很容易萌发侵染，发病后产生大量分生孢子，借风雨传播蔓延进行多次再侵染。

灰霉病要求低温高湿条件，菌丝生长和孢子萌发适温21℃。相对湿度92%～97%，pH3～5对侵染后发病最有利，在糖类或酸类物质刺激下，很快萌发。侵入时间与温度有很大关系，16～21℃、18小时可完成侵入，温度过高或过低都会延长侵入期，4℃约需36～48小时，2℃则需要72小时。

春季葡萄花期，气温不太高，若遇连阴雨，空气湿度大常造成花穗腐烂脱落。另一个易发病期是果实成熟期，与果实糖分转化、水分增高、抗性降低有关。管理粗放、施磷钾肥不足、机械伤、虫伤较多的葡萄园易发病，地势低洼、枝梢徒长、郁闭、通风透光不足果园发病重。

葡萄不同品种对灰霉病抗性不同，红加利亚、黑罕、黑大粒、奈加拉等为高抗品种，白香蕉、玫瑰香、葡萄园皇后等中度抗病，巨峰、洋红蜜、新玫瑰、白玫瑰、胜利等属于高感品种。

防治方法 (1)清洁葡萄园。结合秋季修剪清除病残体，摘除病花穗，减少菌核量，结合其他病害防治，做好越冬期的预防工作。(2)加强管理。多施有机肥，增施磷钾肥，控制速效氮肥使用量，防止徒长，对生长过旺枝蔓适当进行修剪，使葡萄园通风降湿，抑制发病。(3)花前喷50%腐霉利可湿性粉剂1500倍液或50%异菌脲可湿性粉剂1000倍液、50%乙霉·多菌灵可湿性粉剂1000倍液、45%噻菌灵悬浮剂2000倍液、50%福·异菌可湿性粉剂800倍液、40%双胍三辛烷基苯磺酸盐1200倍液、21%过氧乙酸水剂1000倍液，40%嘧霉胺悬浮剂1200倍液、25%咪鲜胺乳油1000倍液，对抗性灰霉菌有效，隔10～15天1次，连续防治2～3次。

葡萄穗轴褐枯病(Grape Alternaria spot)

症状 葡萄穗轴褐枯病主要为害葡萄果穗幼嫩的穗轴组织。发病初期，先在幼穗的分枝穗轴上产生褐色水浸状斑点，迅速扩展后致穗轴变褐坏死，果粒失水萎蔫或脱落。有时病部表面生黑色霉状物，即病菌分生孢子梗和分生孢子。该病一般很少向主穗轴扩展，发病后期干枯的小穗轴易在分枝处被风折断脱落。幼小果粒染病仅在表皮上生直径2mm圆形深褐色小斑，随果粒不断膨大，病斑表面呈疮痂状。果粒长到中等大小时，病痂脱落，果穗也萎缩干枯别于房枯病。

葡萄穗轴褐枯病穗轴变褐状

葡萄穗轴褐枯病

病原 *Alternaria viticola* Brum称葡萄生链格孢霉，属真菌界无性型真菌或半知菌类。分生孢子梗数根丛生，不分枝，褐色至暗褐色，端部色较淡。分生孢子单生或4～6个串生，个别9个串生在分生孢子梗顶端，链状。分生孢子倒棍棒状，外壁光滑，暗褐至榄褐色，具1～7个横隔膜、0～4个纵隔，大小20～47.5×7.5～17.5(μm)。

传播途径和发病条件 病菌以分生孢子在枝蔓表皮或幼芽鳞片内越冬，翌春幼芽萌动至开花期分生孢子侵入，形成病斑后，病部又产出分生孢子，借风雨传播，进行再侵染。人工接种，病害潜育期仅2～4天。该菌是一种兼性寄生菌，侵染决定于寄主组织的幼嫩程度和抗病力。若早春花期低温多雨，幼嫩组织(穗轴)持续时间长，木质化缓慢，植株瘦弱，病菌扩展蔓延快，随穗轴老化，病情渐趋稳定。

老龄树一般较幼龄树易发病，肥料不足或氮磷配比失调者病情加重；地势低洼、通风透光差、环境郁闭时发病重。品种间抗病性存有差异。高抗品种有龙眼、玫瑰露、康拜尔早、密而紫，玫瑰香则几乎不发病。其次有北醇、白香蕉、黑罕等。感病品种有红香蕉、红香水、黑奥林、红富士，巨峰最感病。

防治方法 (1)选用抗病品种。(2)结合修剪，搞好清园工作，

清除越冬菌源。葡萄幼芽萌动前喷波美 3～5 度石硫合剂或45%石硫合剂结晶 30 倍液、0.3%五氯酚钠 1～2 次保护鳞芽。(3)加强栽培管理。控制氮肥用量,增施磷钾肥,同时搞好果园通风透光、排涝降湿,也有降低发病的作用。(4)药剂防治。葡萄开花前后喷洒 30%戊唑·多菌灵悬浮剂 1000~1200 倍液或 75%百菌清可湿性粉剂 600 倍液或 70%代森锰锌可湿性粉剂 400～600 倍液、25%嘧菌酯悬浮剂 1500~2000 倍液、10%苯醚甲环唑微乳剂或悬浮剂 2000 倍液、50%异菌脲可湿性粉剂 1000 倍液。在发芽前 18 天向枝上喷洒 50%单氰胺 15 倍液,可加强穗轴木质化、减少发病,提早开花。

葡萄尤韦可拟盘多毛孢病

症状 病菌从叶尖、叶缘侵入,产生形状不规则的灰褐色病斑,背面灰白色,病健交界明显,黑褐色,有红色晕圈,外缘还生浅黄色晕圈。枝蔓染病,产生纺锤形至长椭圆形暗褐色至黑褐色病斑,大小 50×20mm,病斑四周水渍状,病部有时纵裂,木质部变成暗褐色。

葡萄尤韦可拟盘多毛孢病

病原 *Pestalotipsis uvicola* (Speg.)Bissett 称尤韦可拟盘多毛孢,属真菌界无性型真菌。分生孢子盘黑色,散生在病部表面,初埋生,后突破表皮。分生孢子 5 细胞,梭形,16.5~20.1×4.7~7μm,中间 3 个色胞同色,上 2 色胞褐色,第 3 色胞略浅,淡褐色,长 10.6~14.2μm;顶胞、尾胞三角形,无色,顶端附属丝 2~3 根,有的 4 根,长 8.3~23.8μm;尾胞上生 1 中生式柄,长 2.4~4.7μm。

传播途径和发病条件 病菌以菌丝在病部或以分生孢子潜伏在枝蔓或卷须上越冬,翌春病菌在病部产生分生孢子盘,分生孢子借风雨传播,从寄主伤口侵入,经 2～3 天潜育即可发病,以后在病斑上又产生分生孢子进行再侵染。阴雨潮湿接触棚架处的枝蔓易发病,偏施、过施氮肥和磷肥的发病重。

防治方法 (1)秋后将病残体及时清除,集中深埋或烧毁,以减少菌源。精心养护,及时夏剪,去掉多余副梢、卷须及叶片,修剪时注意减少伤口,适当增施钾肥。(2) 发病初期喷洒 1∶0.7∶200 倍式波尔多液或 78%波尔·锰锌可湿性粉剂或 20%噻森铜悬浮剂 600 倍液、50%甲基硫菌灵·硫磺悬浮剂 800 倍液,隔 10 天 1 次,连续防治 2～3 次。

葡萄黑腐病(Grape black rot)

症状 葡萄黑腐病在我国各葡萄产区都有发生,主要为害果实、叶片、叶柄和新梢等部位。近成熟果实染病,初呈紫褐色小斑点,逐渐扩大,边缘褐色,中央灰白色略凹陷;病部继续扩大,致果实软腐,干缩变为黑色或灰蓝色僵果,棱角明显,病果上布满清晰的小黑粒点,即病菌的分生孢子器或子囊壳。叶片染病,叶脉间现红褐色近圆形小斑,直径约 2～3mm,病斑扩大后中央灰白色,外部褐色,边缘黑色,上生许多黑色小粒点,沿病斑排列呈环状。新梢染病现深褐色椭圆形微凹陷斑,其上也生许多黑色小粒点。该病症状与房枯病相似,房枯病主要为害果实,很少为害叶片。黑腐病除为害果实外,还为害新梢、叶片、卷须和叶柄等。

病原 *Guignardia bidwellii* (Ell.) Ellis et Ravaz 称葡萄球座菌,属真菌界子囊菌门。子囊座球形或近球形,黑色,埋生在寄主表皮下,后期常突破表皮外露。子囊座顶端有孔口,无喙丝。子囊圆筒形或棍棒形,束生,拟侧丝早期消失,含 8 个子囊孢子。子囊孢子椭圆形或纺锤形,略弯,无色,初为单细胞,成熟后为大小不等的双细胞。

传播途径和发病条件 腐生于枯死茎秆、落叶或僵果组织内或于寄主茎、叶及果实上越冬。翌年春末气温升高,遇雨或潮湿天气即释放出大量分生孢子或子囊孢子,靠雨点溅散或昆虫及气流传播。传播到寄主上遇适宜条件即萌发入侵。子囊孢子萌发需 36～48 小时,在果实上潜育期 8～10 天,在枝蔓或叶片上 20～21 天。潜育期长短与气候条件关系密切,温度高潜育期短。寄主发病后在病组织上形成分生孢子器,天气潮湿或遇雨,

葡萄黑腐病病叶

葡萄黑腐病叶背面的病斑

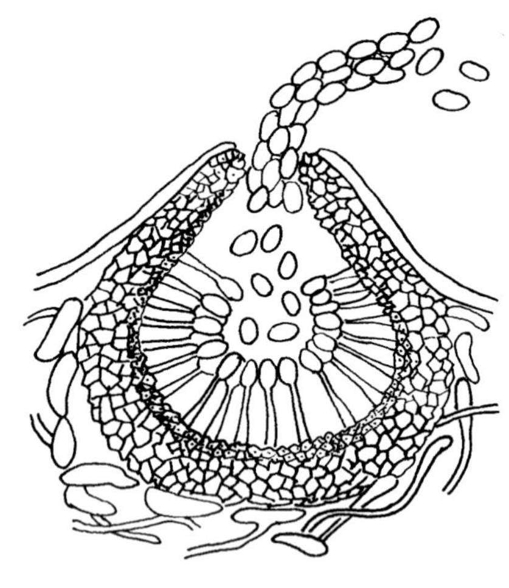

葡萄黑腐病菌
分生孢子器及涌出的分生孢子

分生孢子由孔口溢出。只要有适宜的温湿度条件，即进行再侵染。分生孢子萌发需10～21小时，温限7～37℃，以22～24℃为最适，高温、高湿利于该病发生。8～9月高温多雨适其流行。一般6月下旬至采收期都能发病，果实着色后，近成熟期更易发病。管理粗放，肥水不足、虫害发生多的葡萄园易发病；地势低洼、土壤黏重、通风排水不良果园发病重。在南方果粒成熟期气温26.5℃，湿润持续6小时以上，该病易发生或流行。

不同葡萄品种对黑腐病抗性有明显差异，欧洲系统葡萄较感病，美洲系统葡萄较抗病。康拜尔、新美露、北醇、卡白等表现高抗；红富士、金皇后、黑汉、吉丰13号表现中抗；大宝、奈加拉、金玫瑰等感病；乐选7号、白香蕉、巨峰等高度感病。

防治方法 (1)清除病残体，减少越冬菌源，结合其他病害防治，彻底做好秋冬季的修剪和清园工作，翻耕果园土壤，芽前喷波美3～5度石硫合剂或45%石硫合剂结晶21～30倍液。发病季节及时摘除并销毁病果，剪除病枝梢，减少田间再侵染。(2)加强果园管理。黑腐病流行地区，尽可能选用抗病品种。新建果园要严格检查引进苗木，剔除病株，及时排水修剪，降低园内湿度，改善通风透光条件，加强肥水管理，增施酵素菌大三元复方生物肥或有机肥，及时铲除行间杂草，控制结果量，增强树势。果实进入着色期，用半透明纸袋套果穗隔离，有一定防病作用。(3)在开花前、谢花后和果实膨大期喷1∶0.7∶200倍式波尔多液，保护新梢、果实和叶片，一般在雨前喷药保护果实效果更好。也可喷洒25%嘧菌酯悬浮剂1500~2000倍液或25%戊唑醇水乳剂或乳油或可湿性粉剂1500倍液、12.5%腈菌唑乳油1500倍液、10%苯醚甲环唑水分散粒剂或微乳剂1500倍液。15~20天后喷第2次药剂，以后每隔10~15天，一直到夏季。

葡萄锈病(Grape rust)

症状 葡萄锈病主要为害植株中下部叶片。病初叶面现零星单个小黄点，周围水浸状，后病叶背面形成橘黄色夏孢子堆，逐渐扩大，沿叶脉处较多。夏孢子堆成熟后破裂，散出大量橙黄色粉末状夏孢子，布满整个叶片，致叶片干枯或早落。秋末病斑变为多角形灰黑色斑点形成冬孢子堆，表皮一般不破裂。偶见叶柄、嫩梢或穗轴上出现夏孢子堆。

病原 *Physopella ampelopsidis* (Diet. & Syd.) Cumm. & Ramachar 称白蔹壳锈。=*Phakopsora ampelopsidis* Diet.et Syd. 称葡萄层锈菌，属真菌界担子菌门。属于复杂生活环锈菌。据日本

葡萄锈病

报道，该菌在清风藤科的一种泡花树(*Meliosma myriantha*)上形成性子器和锈子器。性子器圆形至近圆形，直径100～130(μm)，初褐色后变黑色，从叶面突出。锈了器具光滑外壁，厚5～7(μm)，包被细胞排列紧密，直径150～200(μm)，从叶背长出，内生卵形锈孢子，大小15～20×12～16(μm)，具细刺，无色，单胞。在葡萄上能形成夏孢子堆和冬孢子堆。夏孢子堆生于叶背，系黄色菌丛，直径0.1～0.5mm，成熟后散出夏孢子。夏孢子卵形至长椭圆形，具密刺，无色或几乎无色，大小15.4～24×11.7～16.1(μm)。细胞壁厚1.5μm，孔口不明显，具很多侧丝，弯曲或不规则。冬孢子堆生于叶背表皮下，也常布满全叶，圆形，直径0.1～0.2mm，胞壁3～4个细胞厚，初为黄褐色，后变深褐色。冬孢子3～6层，卵形至长椭圆形或方形，顶部淡褐色，向下渐淡，大小16～30×11～15(μm)。胞壁光滑，近无色。

传播途径和发病条件 葡萄锈病菌在寒冷地区以冬孢子越冬，初侵染后产生夏孢子，夏孢子堆裂开散出大量夏孢子，通过气流传播，叶片上有水滴及适宜温度，夏孢子长出芽孢，通过气孔侵入叶片。菌丝在细胞间蔓延，以吸器刺入细胞吸取营养，后形成夏孢子堆。潜育期约一周，再侵染在生长季适宜条件下多次进行，至秋末又形成冬孢子堆。在热带和亚热带，夏孢子堆全年均可发生，周而复始，以夏孢子越夏或越冬。冬孢子堆在天气转凉时发生，台湾7月有见。夏孢子萌发温限8～32℃，适温为24℃，在适温条件下孢子经60分钟即萌发，5小时达90%。冬孢子萌发温限10～30℃，适温15～25℃，适宜相对湿度99%。冬孢子形成担孢子适温15～25℃，担孢子萌发适温20～25℃，适宜相对湿度100%，高湿利于夏孢子萌发，光线对萌发有抑制作用，因此夜间的高湿成为此病流行必要条件。试验表明：接菌后6小时形成附着胞，12小时后经气孔侵入，5天后扩展，7天始见夏孢子堆。生产上有雨或夜间多露的高温季节利于锈病发生，管理粗放且植株长势差易发病，山地葡萄较平地发病重。各品种间对锈病抗性差异大。

防治方法 (1)秋末冬初结合修剪，彻底清除病叶，集中烧毁。枝蔓上喷洒波美3～5度石硫合剂或45%石硫合剂结晶30倍液。(2)结合园艺性状选用抗病品种。一般欧洲种抗病性较强，欧美杂交种抗性较差。抗性强的品种有玫瑰香、红富士、黑潮等。此外金玫瑰、新美露、纽约玫瑰、大宝等中度抗病，巨峰、白香蕉、斯蒂苯等中度感病，康拜尔、奈加拉等高感锈病。(3)加强

管理。每年入冬前都要认真施足优质有机肥，果实采收后仍要加强肥水管理，保持植株长势，增强抵抗力，山地果园保证灌溉，防止缺水缺肥。发病初期适当清除老叶、病叶，既可减少田间菌源，又有利于通风透光，降低湿度。(4)药剂防治。发病初期喷洒波美 0.2～0.3 度石硫合剂或 45%石硫合剂结晶 300 倍液、43%戊唑醇悬浮剂或 430g/L 悬浮剂 2000~2500 倍液或 30%苯醚甲·丙环乳油 3000 倍液、20%三唑酮·硫悬浮剂 1500 倍液、40%多·硫悬浮剂 400～500 倍液、25%丙环唑乳油 3000 倍液、25%丙环唑乳油 4000 倍液 +15%三唑酮可湿性粉剂 2000 倍液、40%腈菌唑悬浮剂或可湿性粉剂 6000～7000 倍液、40%氟硅唑乳油 6000 倍液，隔 15～20 天 1 次，防治 1 次或 2 次。

葡萄轮斑病（Grape verticil spot）

症状　主要为害叶片，初在叶面上现红褐色圆形或不规则形病斑，后扩大为圆形或近圆形，叶面具深浅相间的轮纹，湿度大时，叶背面长有浅褐色霉层，即病菌分生孢子梗和分生孢子。

葡萄轮斑病病叶

病原　*Acrospermum viticola* Ikata 称葡萄生扁棒壳，属真菌界子囊菌门。子囊长圆筒形，无色，无侧丝。8 个子囊孢子并列于子囊内。子囊孢子线状。无性态产生菌丝，形成淡黄褐色的分生孢子梗，分生孢子梗具隔膜 1～3 个，顶端生稍膨大轴细胞 1 个，其上轮生分生孢子，轴细胞延长又在其上再次轮生分生孢子，依此多次产孢。分生孢子椭圆形或圆筒形，具隔膜 1～4 个，淡黄色，大小 7.5～16.3×2～6(μm)。

传播途径和发病条件　病菌以子囊壳在落叶上越冬，翌年夏天温度上升、湿度增高时散发出子囊孢子，经气流传播到叶片。病菌从叶背气孔侵入，发病后产出分生孢子进行再侵染，该病为害美洲种葡萄。因发病期较晚，对当年产量影响较轻，为害严重时引起早期落叶，影响越冬和下一季葡萄长势与结果。高温高湿是该病发生和流行的重要条件，管理粗放、植株郁闭、通风透光差的葡萄园发病重。

防治方法　(1)认真清洁田园，加强田间管理。发病严重的葡萄园，宜尽快淘汰美洲种葡萄，改种欧亚杂交种。(2)药剂防治参见葡萄褐斑病。防治期可稍晚一些。

葡萄环纹叶枯病（Grape zonate leaf spot）

症状　主要为害叶片，初发病时叶上产生黄褐色圆形小病

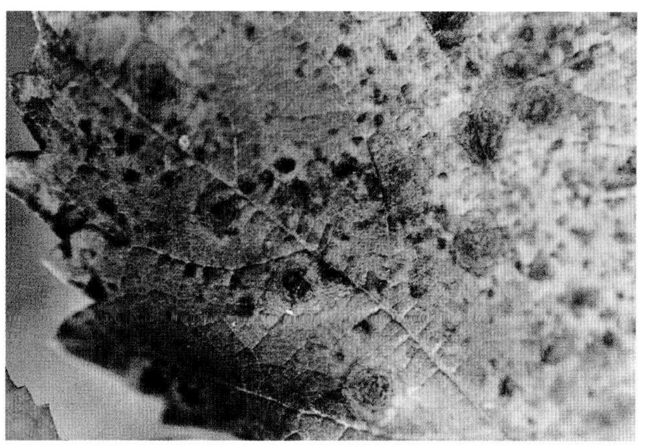

葡萄环纹叶枯病病叶上的病斑

斑，四周黄色，中央深褐色，可见轻微环纹，病斑逐渐扩大后同心轮纹较为明显。病斑在叶片中间或边缘均可发生，一张叶片上同时出现多个病斑，天旱时病斑扩展缓慢，湿度大时病斑扩展迅速，多呈灰绿色至灰褐色水渍状大斑，后期病斑中央长出灰色至灰白色霉状物，即病原菌的分生孢子梗和分生孢子。该病有日趋严重之势。

病原　*Cristulariella moricola* (Hino.) Redhead 称桑生冠毛菌，属真菌界无性型真菌。

传播途径和发病条件　病菌以菌核和分生孢子在病部越冬，成为翌年该病的初始菌源，翌春条件适宜时产生分生孢子借雨水传播侵染幼嫩叶片。低温、冷凉、寡照、多雨于葡萄近成熟时易发病。

防治方法　(1)秋末防寒前清除葡萄园内枯枝落叶，集中烧毁或深埋。(2)注意春秋两季及时修剪，保持通风透光良好，降低园内湿度。(3)发病初期结合防治葡萄白腐病、炭疽病向枝叶上喷洒 50%异菌脲可湿性粉剂 1000 倍液或 50%乙烯菌核利水分散粒剂 800~1000 倍液、30%戊唑·多菌灵悬浮剂 1100 倍液。

葡萄黑星病

症状　病斑多发生在叶背主脉上或附近，主侧脉染病呈黑褐色条斑，叶背叶肉浅黄色，叶面黑黄褐色。果面染病病斑小，产生不定形黑褐色病斑。枝蔓染病多在茎节处产生黄褐色至黑褐色不规则形病斑，幼茎病斑红褐色，老蔓病斑黑褐色，病、健交界不明显，后期病斑上散生小黑点。

葡萄黑星病病蔓上的红褐色条斑

病原 *Fusicladium viticis* M. B.Ellis 称葡萄黑星孢，属真菌界无性型真菌。分生孢子座单生，球形，黑色，直径32.3~114.8(μm)。分生孢子梗直立，多为簇生，黑褐色，顶部色略浅，其上孢痕多个，十分粗糙，100 ~ 368 × 5 ~ 5.4(μm)。分生孢子柠檬形或纺锤形，平滑或具细疣，多数单胞，浅褐色，5.4 ~ 5.9 × 2.7 ~ 4.5(μm)。

传播途径和发病条件 病菌以菌丝、分生孢子或未成熟的假囊壳在病芽、病梢或落叶上越冬。翌春进行初侵染，4月下旬开始发病，7~8月进入发病盛期。

防治方法 (1)葡萄采收后及时清扫病落叶和病果。修剪枝梢，特别注意剪除病枝梢，刮除茎蔓老皮，清除越冬的病菌。(2)及早增施有机肥，每667m²配施磷肥40~50kg，钾肥15~20kg增强抗病力。(3)葡萄发芽前对枝蔓及地面喷施波美3~5度石硫合剂或五氯酚钠200倍液或30%戊唑·多菌灵悬浮剂600倍液、50%嘧菌环胺水分散粒剂800倍液、60%唑醚·代森联水分散粒剂1500倍液。

葡萄褐纹病

症状 主要为害叶片，在叶面初现不明显的黄色斑，后形成褐色斑点，病斑周围产生褐色圆形或近圆形病斑，叶背面产生褐色至黑褐色圆形病斑，边缘明显，周围现黄色晕圈，病斑表面生出许多颗粒状物呈突起状，是病原菌成簇的分生孢子梗，病斑直径0.3~1.1(cm)，病斑散生或多斑融合，严重的造成叶片

葡萄褐纹病

枯黄脱落。新疆葡萄产区5月开始发生，中后期严重，病株率高达81.82%~100%。

病原 *Scolecotrichum vitiphyllum* (Spesch.) Varak. et Vassil. 属真菌界无性型真菌或半知菌类。子座浅灰色，着生在叶表皮下，其上簇生分生孢子梗，深橄榄绿色，顶端色浅光滑，光亮呈透明状，丛枝状排列成1束，大小55.3 ~ 115.3 × 30.4 ~ 56.8(μm)。分生孢子梗棍棒形，直立，顶端圆形，无隔或具1隔膜。分生孢子椭圆形至短棒状，单生，有1~3个隔，无色，大小16.1 ~ 28.8 × 7 ~ 15.2(μm)。

传播途径和发病条件 病原菌以子座或分生孢子在病部越冬，翌春温湿度适宜时产生分生孢子，借风雨传播，进行初侵染和多次再侵染，每年5月开始发病，中后期尤为严重。

防治方法 (1)采摘后修剪枝梢，捡除落地病叶、病果，刮除茎蔓上老皮，铲除越冬的病菌。采用配方施肥技术，不要偏施氮肥，防止葡萄园枝叶繁茂，葡萄采收后及早施基肥，有机肥为主，每667m²配施磷肥50kg，钾肥20kg。(2)适时进行春剪和秋剪，保持通风良好，有利于降低园内湿度。(3)初发病时结合防治炭疽病、白腐病向枝叶上喷洒50%异菌脲或50%乙烯菌核利水分散粒剂1000倍液、30%戊唑·多菌灵悬浮剂1000倍液。

葡萄链格孢褐斑病

症状 主要为害叶片和果实。叶片染病产生不规则形病斑，灰褐色，边缘有褐色晕圈，子实体生在叶斑两面，正面居多。果实染病，在果粒上产生近圆形至椭圆形病斑，初生灰白色菌丝，后变褐色，即病原菌的分生孢子梗和分生孢子。

葡萄链格孢褐斑病

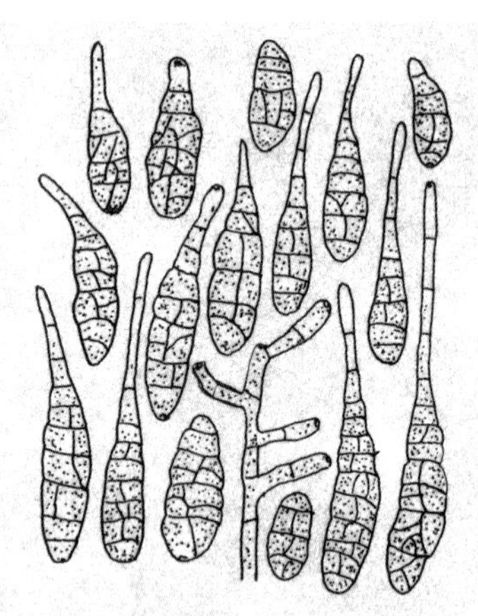

葡萄链格孢褐斑病菌分生孢子梗与分生孢子

病原 *Alternaria vitis* Cavara 称葡萄链格孢，属真菌界无性型真菌。分生孢子单生或成短链，倒棒状至卵形，浅褐色至褐色，具横隔膜3~8个，纵、斜隔膜3~7个，分隔处明显缢缩，孢身31 ~ 47 × 12 ~ 16(μm)。多数分生孢子具柱状喙或假喙，浅褐色，分隔，5 ~ 38 × 2.5 ~ 3.5(μm)。

传播途径和发病条件 病原菌以菌丝和分生孢子在病蔓、病芽、病果梗、病落叶上越冬，春季分生孢子通过风雨传播，从气孔或皮孔侵入，进行初侵染和多次再侵染。6~7月发病，气温偏高，雨日多的年份树势弱，葡萄园缺肥发病重。

防治方法 (1)加强葡萄园管理及早剪除病枝，采用测土配方施肥技术，提倡施用酵素菌大三元复方生物肥或腐熟有机

肥，严防偏施氮肥，增强抗病力。雨后及时排水，防止湿气滞留。(2)进入雨季阴雨时间长田间湿度大要及时喷洒30%戊唑·多菌灵悬浮剂1000~1200倍液或78%波尔·锰锌可湿性粉剂550倍液、50%异菌脲可湿性粉剂1000倍液、50%嘧菌酯水分散粒剂2000~2500倍液。(3)防治贮藏期褐斑病，应在采收前10~15天向果面喷洒50%异菌脲可湿性粉剂1000倍液，采收后用500g/L异菌脲悬浮剂350倍液进行保鲜和防病。

葡萄皮尔斯病(Grape pierce's disease)

症状 葡萄皮尔斯病是一种检疫性病害，也是一种系统性的维管束病害。其症状是春季发芽晚，枝条生长缓慢，节间缩短，叶片边缘焦枯，且很快扩展到全叶，病叶常提早脱落，叶梗且仍然留在枝蔓上。在枝条上最先侵染处，该病可向上或向下两个方面扩展，造成发病早的枝蔓上的花穗干枯。受害枝条在秋季不能正常成熟，在同一条枝上，未成熟的依然呈绿色，出现所谓的“绿岛”。病枝蔓上的葡萄果实生长停滞，出现萎蔫，未成熟就转色。枝蔓上的“绿岛”现象和叶柄不脱落成为识别该病的两个重要特征。

葡萄皮尔斯病植株被害状

病原 *Xylella fastidiosa* Wells et al. 称葡萄皮尔斯病菌，又称革兰氏阴性木质部细菌，属细菌界薄壁菌门。菌体杆状，具波纹状细胞壁，无鞭毛，不形成孢子，大小0.1～0.3×1～5(μm)。该菌除侵染葡萄外，多个株系还可侵染桃、杏、李、梨、樱桃、柑橘等。

传播途径和发病条件 疫区的苗木或接穗是远距离传播的重要方式。该菌仅在葡萄维管束中繁殖和扩散，也可通过嫁接和叶蝉等介体昆虫传播，如黄头叶蝉(*Carneocephala flavicens*)等昆虫在隐症的野生寄主上吸食和越冬，翌年春天传到葡萄上，野生植物是该病重要侵染源。若虫、成虫具同等传病能力。

防治方法 (1)严格检疫。(2)已发病地区种植抗病品种或用抗病砧木嫁接。(3)喷洒20%吡虫啉2000~3000倍液或25%噻虫嗪5000倍液杀灭介体昆虫。

葡萄芽枯病

症状 主要为害葡萄芽眼和伤口及附近的枝蔓，越冬的休眠芽染病后，春天不膨大，不发芽萌发，用刀把病芽削去后可见四周木质部变褐。当年新蔓上的芽染病，起初芽表面变成暗褐

葡萄芽枯病

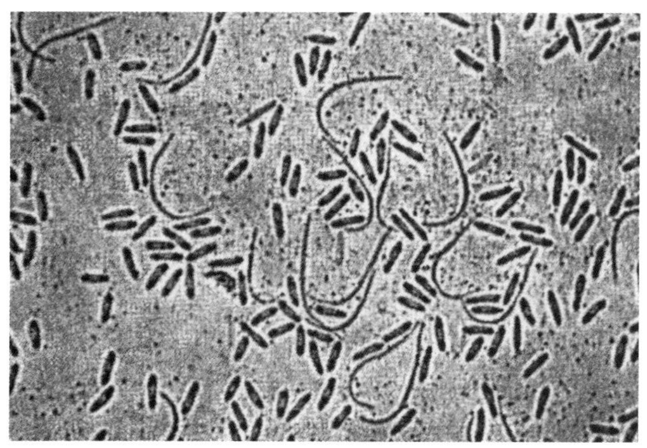

葡萄芽枯病菌无性型大拟茎点霉 α、β 型分生孢子

色，后逐渐变成黑褐色，四周组织亦褐变，沿枝蔓纵横向扩展到绕枝蔓1周后，产生大型坏死斑，病部缢缩，芽眼四周开裂。发病轻的枝蔓上1个芽受害，严重的多个芽受害或造成整条结果母枝干枯而死。

病原 *Diaporthe medusaea* Nitschke 称柑橘间座壳，属真菌界子囊菌门。无性型为 *Phomopsis cytosporella* Penz.et Sacc.称大拟茎点霉，属真菌界无性孢子类或半知菌类。

传播途径和发病条件 病菌以菌丝体和分生孢子器在病部越冬。翌春气温升高后，越冬的分生孢子器遇雨水后吸水，从器孔口涌出大量分生孢子，借气流、风雨、昆虫等传播，从伤口侵入新梢或枝蔓上的芽，进行初侵染，该病潜育期颇长，当年不发病，再次越冬后下1年春季才表现症状。但遇有秋季高温多雨，空气湿度居高不下或持续时间长当年也可发病。高温、多雨、高湿是该病流行与否的关键因素。一般夏季雨日多的年份，葡萄园架面郁闭、湿度大易发病。

防治方法 (1)秋末结合修剪清洁葡萄园的枯枝落叶，早春葡萄萌发后把未发芽的病枝尽早剪除，集中烧毁或深埋。(2)及时绑蔓和进行夏剪。剪去多余的叶片、卷须及副梢，保持架面通风透光。提倡覆地膜进行膜下灌溉或滴灌、渗灌、微灌等节水灌溉，不要大水漫灌，尽量控制园内湿度。(3)结合防治褐斑病、黑痘病、蔓枯病进行兼治，病情严重的可喷洒30%戊唑·多菌灵悬浮剂1000~1200倍液。(4)提倡喷洒3.4%赤·吲乙·芸可湿性粉剂(碧护)7500倍液，不仅可防治芽枯病，还可预防冻害，提高葡萄果实含糖量，生产优质葡萄。

葡萄白纹羽病(Grape white root rot)

症状 主要为害幼树或老树根颈部,潮湿条件下,病茎基部或根部表面生有白色霉层,后期白色菌丝体上纠结成褐色小菌核,油菜籽大小,引起树势衰弱,发芽晚,新梢生长缓慢。

葡萄白纹羽病根部症状

病原 *Rosellinia necatrix* (Hert.)Berlese 称褐座坚壳菌,属真菌界子囊菌门。无性型为 *Dematophora necatrix* Hartig。称白纹羽束丝菌,属真菌界无性型真菌。

传播途径和发病条件 病原菌以菌丝体或根状菌索或菌核随病部遗留在土壤中越冬,条件适宜时,菌核或根状菌索长出营养菌丝,先侵入新生根的幼嫩组织,后逐渐向主根扩展,病健根相互接触即可传病。远距离传播主要通过带病苗木进行。

防治方法 (1)葡萄园发现病株后,应在病株周围挖出已烂腐的病根,挖出的病土、病根应携出葡萄园并换入新土,以减少传染。(2)病根周围浇灌 54.5%恶霉·福可湿性粉剂 700 倍液或 50%多菌灵悬浮剂 1000 倍液对葡萄白纹羽病效果好。(3)新建葡萄园应选用无病苗木,栽前用上述杀菌剂 500 倍液浸根 1 小时再定植。

葡萄根癌病(Grape tumor)

又称根头癌肿病、根瘤病、冠瘿病,是世界各地葡萄生产上普遍发生的毁灭性细菌病害,尤其是北方冬季寒冷地区尤为严重,重病园发病株率高达 50%~60%,或全园发病,染病后生长渐渐衰弱,产量明显下降,重者枝干树死。

症状 葡萄根癌病是系统侵染的细菌病害,各生育期均可发生,典型症状是在葡萄的根、根茎、幼树枝蔓、新梢、叶柄、穗轴及老龄树干上产生形状各异、大小不一的瘤状凸起,这是病原细菌造成的葡萄初生和次生韧皮组织增生引起的,初期发病部位瘤体较小呈乳白色圆形凸起,后瘤体不断长大变成浅褐色至深褐色,瘤体由光滑变成表面粗糙龟裂。病瘤生长 1~2 年后干枯死亡,引发染病植株生长衰弱,叶小黄化,果穗朽住不长,春天发芽迟,严重的植株枯死。

葡萄根癌病茎下部的癌瘤放大(袁章虎)

病原 *Agrobacterium vitis* Ophel & Kerr 称葡萄农杆菌,属细菌界薄壁菌门。菌体杆状,大小为 1.2 ~ 3 × 0.4 ~ 0.8(μm),有 1~4 根鞭毛。革兰氏染色阴性,有荚膜,不形成芽孢,菌落白色,圆形,黏质状,光滑,不产生色素。病菌好气,氧化酶阳性,过氧化氢酶阳性。

传播途径和发病条件 该细菌主要在土壤、病株及瘿瘤组织内越冬。病菌在土壤中未分解的病残体内存活 2~3 年,借雨水、灌溉水、地下害虫、线虫、叶螨、病残组织、根或蔓接触摩擦、修剪工具、带菌肥料等进行传播,远距离传播主要通过带菌苗木、接穗、插条、砧木等传播,适合发病的条件出现后,病菌通过剪口、嫁接口、机械伤、虫伤、冻伤等各种伤口侵入植株,也能从气孔侵入。病菌进入表皮组织后,诱导伤口周围的薄壁组织细胞不断分裂,使组织增生而形成肿瘤。德国维尔茨堡大学经多年研究农杆菌首先攻击植物的免疫系统,使该菌的部分基因能侵入寄主的细胞,改变受害植物很多基因的表达,造成受害植物一系列激素分泌明显增多,从而导致受害植物有关细胞无节制地分裂增生,形成肿瘤。得了根肿病或称冠瘿病的果树体内也会逐渐生出给"肿瘤"提供所需养分的导管,并与果树正常导管系统连接,此后"肿瘤"就会从寄主植物体内吸取大量养料,造成果树减产。生产上多雨潮湿的年份或季节癌瘤发生多。受冻害的植株,生长势弱,很易加重该病发生,遇有冰雹或低温雨雪冰冻袭击,可引起该病大发生。土质黏重、排水不良及碱性大的葡萄园发病重。此外山东省乳山市果树站发现一种螨严重为害葡萄引起该病。

防治方法 (1)严格检疫,建园时不得从有病区引进苗木和接穗,发现有病苗,马上汰除烧毁。栽植时苗木或插条用 96%硫酸铜 100 倍液浸泡 5 分钟,再放入 50 倍石灰水中浸 1 分钟。也可用 3%的次氯酸钠浸 3 分钟。(2)加强栽培管理,施用有机肥,尽量施用酸性肥料,使其不利细菌繁殖。千方百计减少伤口,严格防寒避免发生冻害。(3)田间发现病株马上刮除病瘤,并用波美 3~5 度石硫合剂或 80%乙蒜素乳油 200 倍液或 77%氢氧化铜 2000 倍液消毒,也可喷洒 20%噻森铜悬浮剂与叶面肥多复佳 1∶1 混配剂或用放射土壤杆菌 K-84 生防菌剂有效。(4)螨害严重地区在葡萄发芽前后,树上喷洒 1.8%阿维菌素乳油 5000 倍液或 24%螺螨酯悬浮剂 5000 倍液。

葡萄栓皮病(Grape corky bark virus)

症状 主要表现在枝蔓和叶片上,枝蔓染病出现树皮纵裂。以沙地葡萄做砧木的病株在嫁接口上部产生组织增生,呈小脚状。病株老蔓表皮粗糙或纵裂,剥开树皮后可见接口上下木质部呈沟槽状。叶片上出现变色,春末夏初,病株上叶片变成黄褐色至红色,叶肉叶脉全部变红,别于卷叶病只是叶脉间变

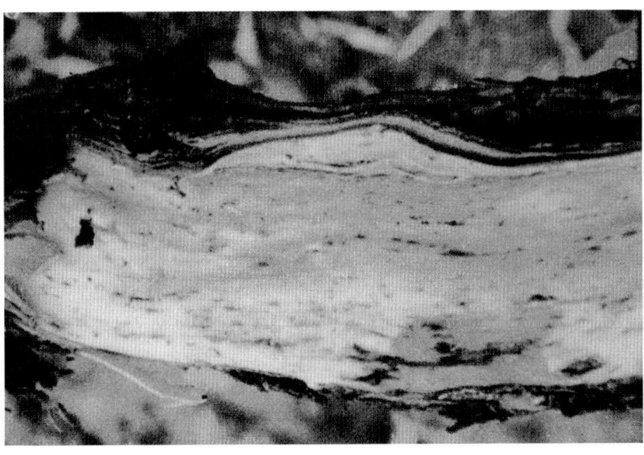
葡萄栓皮病（王国平）

红，主叶脉仍保持绿色。该病严重影响产量，可减产 76%，葡萄寿命缩短

病原　Grape virus B,GVB 称葡萄病毒 B，属病毒。病毒粒子线状，大小 11～12×400(nm)，此病毒可用 ELISA 技术进行检测，也可用批示植物进行鉴定，常用的指示植物有 LN33、Carignane 和 Emperor 等。

传播途径和发病条件　主要通过嫁接传染，也可通过长尾粉蚧传毒，远距离传播主要是带病苗木或砧木或接穗及插条等繁殖材料调运传播。

防治方法　(1)选用无病母株进行无性繁殖。(2)茎尖脱毒。当田间无法选拔出无病母株情况下，有必要对优良品种进行脱毒。把葡萄苗置于 38℃及适宜光照条件下百余天，然后再取茎尖进行组织培养，经检测确认无病毒时，再扩繁应用。

葡萄茎痘病（Grape stem pitting）

症状　葡萄染茎痘病后长势差，病株矮，春季萌动推迟月余，表现严重衰退，产量锐减，不能结实或死亡。主要特征是砧木和接穗愈合处茎膨大，接穗常比砧木粗，皮粗糙或增厚，剥开皮，可见皮反面有纵向的钉状物或突起纹，在对应的木质部表面现凹陷的孔或槽。产量减少 50%以上。

病原　Grape stem pitting-associated virus,GSPaV; 和 Grape stempitting-associated virus 1，GSPaV-1 这两种病毒单独或复合侵染均可引起葡萄茎痘病。该病毒可用 St.George、LN33 和 ltaria 等木本指示植物进行检测。

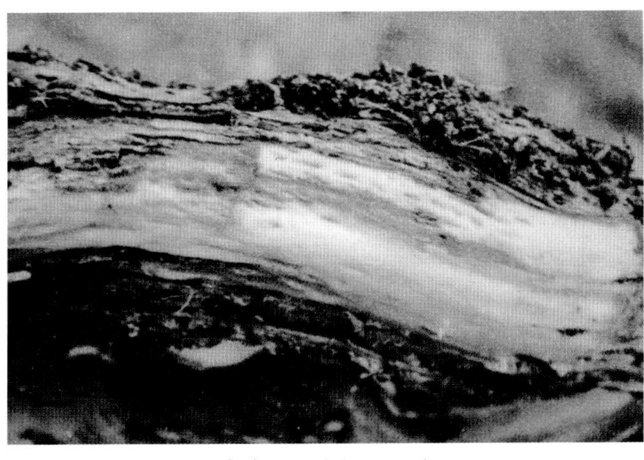
葡萄茎痘病（王国平）

葡萄茎痘病沟槽

传播途径和发病条件　葡萄茎痘病毒在活体病株上越冬。主要通过嫁接传播。靠苗木、接穗、砧木和插条等繁殖材料进行传播，有报道葡萄花粉可以传播。国外有调查在自然界该病毒和葡萄扇叶病一样，在田间有自然传播扩散现象，但尚未找到传播媒介。葡萄品种间明显存在抗病性差异。

防治方法　(1)建立无病母园，繁殖无病母本树，生产无病无性繁殖材料。(2)脱除病毒，对生产上有价值的品种，如已无法选出健株，应进行脱毒，方法是把苗木置于 35～37℃条件下，每天光照 15 小时，光照强度 2500Lx，共处理 150 天，脱毒时间如能延长一倍，效果更佳。

葡萄扇叶病（Grape fanleaf）

症状　葡萄扇叶病又称退化病。我国发生普遍，其症状因病毒株系不同分 3 种类型：一是传染性变型或称扇叶。系由变型病毒株系引起的，植株矮化或生长衰弱，叶片变形，不对称，呈环状或扭曲皱缩，叶缘锯齿尖锐。叶变型有时出现斑驳；新梢染病，分枝异常、双芽、节间极短或长短不等；果穗染病，果穗少且小，果粒小，座果不良。二是黄化型。由产生色素病毒株系引起。病株早春呈现铬黄色褪色，致叶色改变，现散生的斑点、环斑、条斑等，严重的全叶黄化。三是脉带型。传统认为是由产生色素的病毒株系引起。开始时沿叶主脉变黄，以后向叶脉间区扩展，叶片轻度畸形、变小。该病严重影响座果，果粒大小不齐，因品种年份不同可减产 20%~80%。

病原　Grapevine fan leaf virus, GFLV 称葡萄扇叶病毒。粒

葡萄扇叶病病叶

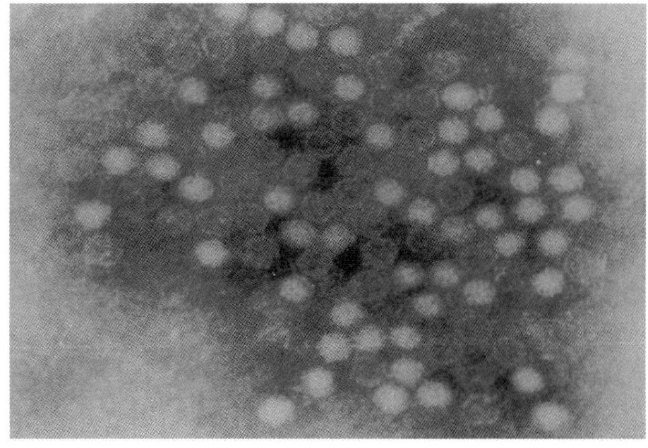

葡萄扇叶病毒

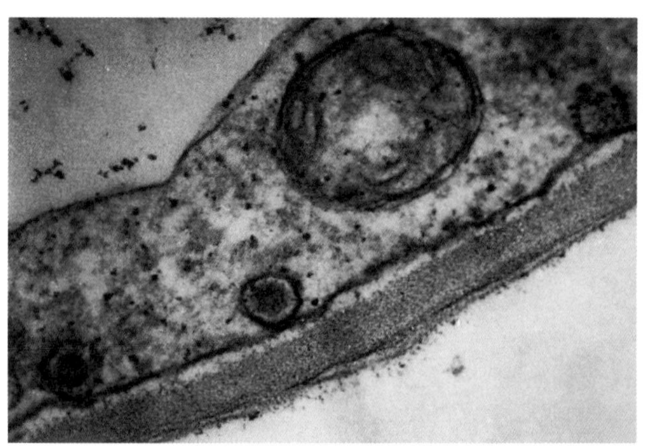

葡萄花叶病毒原番茄斑萎病毒电镜扫描图片

体呈多面体，直径 30nm。该病毒属线虫传多面体病毒。

传播途径和发病条件 葡萄扇叶病毒可由几种土壤线虫传播，如加州剑线虫(*Xiphinema index*)、麦考岁剑线虫(*X. coxi*)和意大利剑线虫(*X. italiae*)等。通过嫁接亦能传毒。剑线虫获得病毒的时间相当短，在病株上饲食数分钟便能带毒，线虫的整个幼虫期都能带毒和传毒，但蜕皮后不带毒。成虫保毒期可达数月。该病的远距离传播主要由调运带病毒苗木导致。

防治方法 (1)加强检疫。新建葡萄园，必须从无病毒病地区引进苗木或其他繁殖材料。(2)茎尖培养脱毒。对于已感染或怀疑感染病毒的苗木，进行茎尖培养，获得无毒苗木，然后再种植。(3)防止田间传播。嫁接时要挑选无病的接穗或砧木。(4)土壤消毒，治虫防病。扇叶病在田间经土壤线虫传播，可使用 10% 噻唑膦颗粒剂条施或点施，667m^2 用量为 2kg。此外也可用溴甲烷、棉隆等处理土壤，都有灭线虫减少田间传毒作用。(5)加强田间管理。葡萄定植前施足充分腐熟的有机肥，生长期根据植株长势，合理追肥，增强根系和树体发育；细致修剪、摘梢、绑蔓，增强植株对该病抵抗力。

葡萄花叶病毒病(Grape spotted wilt virus)

症状 葡萄花叶病毒病见于葡萄品种保留区中，染病株植株矮小，春季叶片黄化并散生受叶脉限制的褪绿斑驳，进入气温高的盛夏褪绿斑驳逐渐隐蔽或不明显，致叶片皱缩变形，秋季新叶又现褪绿斑驳，影响果实的品质和产量。

病原 Tomato spotted wilt virus，TSWV 称蕃茄斑萎病毒。病根切片经电镜观察，根细胞内有球状具外膜的粒子，直径 83nm，病毒质粒单独分散于细胞质中或成群集于大型膜状构造内，病毒质粒直径 72～93(nm)。质粒中央部分电子密度较高，外围颜色稍浅成一环状。该病毒的质粒很易遭破坏而变形，出现尾状物或成哑铃形。上述特性与台湾报道的(GYDV)称葡萄黄化萎缩病相似。

番茄斑萎病毒(TSWV)能侵染葡萄、番茄、黄瓜等 20 多种植物。稀释限点 10^{-3}～10^{-4}，致死温度 45～50℃，22℃室温下，体外存活期为 5～6 小时。

传播途径和发病条件 汁液摩擦可传毒，蓟马也可传毒。

防治方法 参见葡萄扇叶病。

葡萄黄斑病(Grape yellow spot)

症状 葡萄黄斑病又称葡萄小黄点病。在气候条件适合地区才表现出来，症状多在夏末表现严重。每枝条上有 2—3 片叶子，多者可达 20 片叶子出现黄点，主要分布在主脉和侧脉附近，形状不规则，大小不等，分散或聚合成不规则斑块，颜色初为淡黄绿色，后变为铬黄色，叶片衰老时变为白色，症状因葡萄品种、年龄、环境条件不同而表现不同。幼树症状明显，老树表现较轻。症状还会因多种病毒复合侵染而加重。

病原 Grape vine yellow speckle viroid，GYSVd 称葡萄黄点类病毒，结构比病毒更简单，是仅有核酸而无蛋白的微生物。现已证明，引起此病的病原有两种类病毒，即Ⅰ型和Ⅱ型，两种类型可单独侵染，也可混合侵染。

葡萄花叶病毒病

葡萄黄斑病

传播途径和发病条件 该病的传毒媒介不明。在自然条件下，修剪或繁殖时通过工具或嫁接传毒，此外，染病的繁殖材料也携带类病毒。种子不传毒。由于该类病毒在大多数欧州或美州品种和砧木上不显症，这就更有利其传播蔓延，给防治带来困难。但生产上可采用嫁接葡萄属指示植物及传播草本寄主等方法进行鉴别。

防治方法 把茎尖置于20～27℃培养箱中培养得到无黄点类病毒的再生组织后，再把茎尖分生组织置于10℃环境条件下进行低温培养，即可得到无毒苗。茎尖脱毒时，如茎尖为0.1～0.2(mm)，脱毒温度低限以25℃为宜。由于病株种子不带毒，可用于播种育苗。

葡萄黄脉病（Grapevine yellow vein）

症状 葡萄黄脉病是我国重要植物检疫对象之一。该病因株系不同症状也有差异。据报道：加利福尼亚株系在叶上生小斑点，沿叶脉分布，春季先呈黄色，夏季变为淡白色，初期症状与扇叶病相似，果穗上部分果粒僵化，病株产量低；纽约株系引起植株矮化，叶小而不规则，有时呈扇形，幼叶上有褪绿点，低产；安大略株系致叶片黄化，卷曲，茎丛生，节间短，造成严重减产。

葡萄黄脉病病叶

病原 Tomato ring spot virus，ToRSV 称番茄环斑病毒，属病毒。病毒粒体呈多面体，直径26～30(nm)。双分体基因组 RNA_1 和 RNA_2，分子量分别为 2.8×10^6 和 2.4×10^6 doltons，蛋白质含量56%～60%。病毒存在于叶内细胞质中，汁液接种可侵染35属单、双子叶植物。在菜豆病汁中病毒致死温度60～62℃，稀释限点 $10^{-3} \sim 10^{-4}$，体外存活期6～8天(22℃)，病毒具有强免疫原性，与土壤线虫传多面体病毒组的其他病毒无血清关系。

传播途径和发病条件 汁液接种可将病毒从葡萄传到草本寄主，再从草本寄主烟草或菜豆回接葡萄都获成功。田间自然传播或远距离传播主要通过嫁接或繁殖和栽种带毒苗木。美洲剑线虫（*Xiphinema amaricanum*）已把病黄瓜上病毒传到健黄瓜苗上，至于能否从病葡萄传至健葡萄还未证实。葡萄种子是否传毒尚未见报道。

防治方法 (1)严格植物检疫、防止病害传播蔓延。(2)目前主要有效的防治措施是选用无病毒健康苗。具体方法可参见葡萄扇叶病。此外，可试用抗植物病毒疫苗1号或2号。

葡萄金黄化病

症状 叶片褪绿朝下反卷，花序枯死，浆果凋萎，染病的藤条极度下垂，生长严重不良，树势衰退迅速。在“白果”品种上，叶片向阳部分黄化，致叶片表面具金属光泽，枝梢变脆，顶芽和侧芽可能坏死。在感品种上，病枝茎部树皮会出现纵向裂缝。部分砧木能够耐病。染病株产量下降，果实酸度提高，含糖量下降，严重影响品质。

葡萄金黄化病果穗被害状

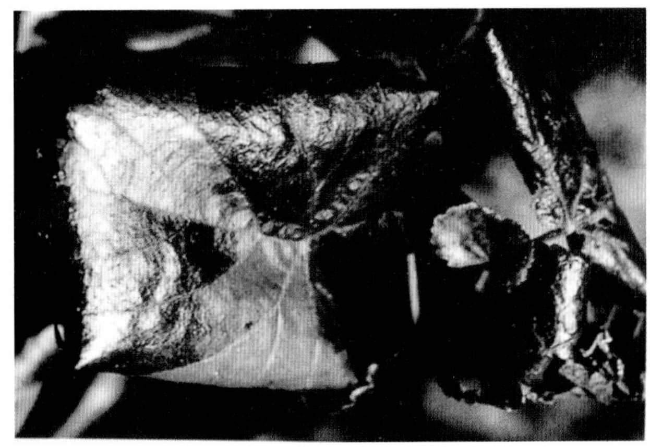

葡萄金黄化病叶片被害

病原 Grapevine flavescence doree *Phytoplasma* 称葡萄金黄化植原体，属细菌界软壁菌门。

传播途径和发病条件 近距离传播主要靠一种叶蝉（*Scaphoideus titanus*）能传毒，每年可以传播5~10公里。远距离传播主要靠苗木调运。

防治方法 (1)在引种前一定实行产地检疫，不得从有明显症状的田块调运种苗。(2)对进境葡萄种苗经隔离试种，确定健康后才可在国内种植。

葡萄卷叶病（Grape leaf roll）

症状 葡萄卷叶病是普遍发生的一种病毒病。其典型症状是病株上长出的叶片从叶缘向下反卷。该病发生于所有葡萄品种或种上。症状随品种、环境和季节不同而异。春季或幼嫩叶片症状不大明显，只表现病株比健株矮小，萌发延迟；夏季症状逐渐明显起来，尤以枝蔓基部成熟叶片更加明显，反卷的病叶常卷缩发脆，从夏末延续至秋初。有些红色品种基部叶片叶脉间

葡萄卷叶病

先现淡红色斑点，后扩大愈合，致脉间出现淡红色斑驳，随着病情扩展，致基部病叶变为暗红色，仅叶脉保持绿色。白色品种叶片虽不变红，但叶脉间稍有褪绿。此外，病叶叶片变厚，变脆，叶缘下卷，病株果穗着色浅。红色品种的病穗色泽不正常或变为黄白色；白色品种正常果实浅绿色，病穗则变为黄白色。植株染病后果实变小，着色不良，成熟期延长，含糖量下降 6%~10%。从内部解剖看，叶片显症前，韧皮部筛管、伴胞和薄壁细胞都发生堵塞和坏死，叶柄中钙、钾积累，而叶片中含量下降，淀粉积累。症状也因品种而异。少数品种如无核白症状较轻，仅在夏季叶片上出现坏死，坏死主要在叶脉间和叶缘。多数砧木品种为隐症带毒。卷叶病减产 10%~70%。

病原 *Grapevine leafroll virus*,GLRV 称葡萄卷叶病毒，属黄化病毒组，定名为葡萄卷叶相关黄化病毒组 1~9 型。病毒粒体大小 12×2000(nm)。此外还有一种较短的黄化病毒组病毒，粒体长 800nm，称为葡萄病毒 A(GVA)。致死温度 50℃，稀释限点 10^{-5}，体外存活期 6 天。目前研究认为 GLRaV、GVA、GVP 与卷叶病发生有关。上述病毒间无血缘关系，只在韧皮部发生，不能靠机械传染。除 GVA 外，其他病毒的一些分离物可靠汁液接种传染，但比较困难，因此认为上述 1 种或几种病毒混合侵染引致卷叶病发生，是该病的病原。

传播途径和发病条件 卷叶病毒 1~9 单独或复合侵染，均可引起卷叶病。主要由人为的栽培活动传播，用病株的插条或芽及砧木做无性繁殖材料，都可传播。多数砧木为隐症带毒，因此通过根茎传病的危险性较大，田间菟丝子可从病葡萄将病毒传给健康葡萄，汁液接种不能从葡萄传播到葡萄，但可通过葡萄传到草本寄主上。粉蚧可以传播 GVA，但据观察卷叶病田间蔓延很有限，该病可用某些葡萄品种作指示检测，如丽珠、密筒，6 ~ 18 个月显症，黑彼诺 6 个月显症，其反应均为早期红叶。

防治方法 (1)建立无病毒母本园，为生产提供脱毒的无性繁殖材料。新建葡萄园，要严格选用无毒苗木。(2)热处理脱毒。将苗木或试管苗放在 38℃热处理箱，在人工光照下生长 56 ~ 90 天，切取新梢约 2 ~ 5cm，经弥雾扦插长成新株，脱毒率可达 86%。脱毒苗须经检测无毒，方可用做母株。生产上栽培脱毒苗木是最有效的方法。(3)防治传毒昆虫，注意防治介壳虫可减少病毒病在田间传播。

葡萄根结线虫病

症状 生长正常的葡萄逐渐衰退，叶色浅绿或逐渐发黄，扒开根部可见根上长了很多小瘤状物，即根结。

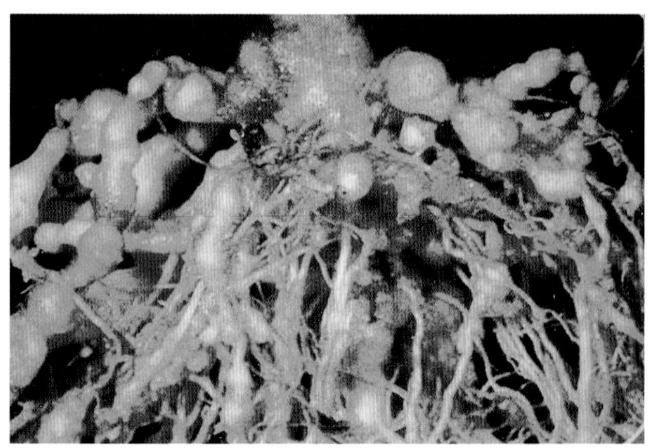

葡萄根结线虫病根部症状

病原 *Meloidogyne incognita* (Kofoid et White) Chitwood 称南方根结线虫，属动物界线虫门。雌成虫膨大成鸭梨形，大小 $0.4 \sim 1.3 \times 0.27 \sim 0.75$(mm)，雄成虫线形，细长，大小 $1.2 \sim 1.5 \times 0.03 \sim 0.036$(mm)，头区明显，唇盘大且圆，幼虫钻入葡萄根组织，刺激根部膨大而形成根结。

传播途径和发病条件 以雌成虫和卵在病瘤中或以幼虫在土壤越冬，翌春气温升到 10℃以上时开始活动，雌成虫把卵产在卵囊中，在卵壳里孵化为 1 龄幼虫，蜕 1 次皮后，成为 2 龄幼虫，从卵壳中爬出后，借雨水或灌溉水传播，也可通过带土苗木进行远距离传播。

防治方法 (1)选用无病苗木。(2)对已发病的葡萄用 10%噻唑膦颗粒剂，每 667m^2 用药 2kg，混入细砂土 10~20kg，充分拌匀后撒在葡萄树四周后翻入土壤中。应急时也可浇灌 1.8%阿维菌素乳油或 40%毒死蜱乳油 1000 倍液。

葡萄缺节瘿螨毛毡病(Grape leaf mite)

症状 葡萄缺节瘿螨为害葡萄习称毛毡病。习惯上把其列入病害。实际是一种螨害。主要为害葡萄叶部，发生严重时，也为害嫩梢、幼果、卷须、花梗等。被害株叶片萎缩，枝蔓生长衰弱，产量减少。叶片受害以小叶和新展叶片受害重。初于叶背出现苍白色病斑，致叶表面隆起，叶背面密生一层很厚的毛毡状

葡萄缺节瘿螨毛毡病症状

葡萄缺节瘿螨毛毡病叶背症状

绒毛，该病因此而得名。初为纯白色，后渐变为茶褐色。病斑四周常受叶脉限制，形状不规则，大小 2～10(mm)，受害严重的病叶皱缩、变硬，叶面凹凸不平，有时干枯破裂，致叶片早期脱落。

病原 *Colomerus vitis* (Pagenstecher) 异名：*Eriophges vitis* Nalepa (Pegenstecher) 称葡萄缺节瘿螨，过去称葡萄锈壁虱，属节肢动物门，瘿螨科，缺节瘿螨属害螨。虫体很小，体长 0.2mm，宽约 0.05mm，长蠕形，体白色或浅灰色，近头部具两对软足，头胸背板角形，背板具网状花纹，背中线长为背板长之 1/3，略呈波纹，亚背线数条，背毛瘤小，位于板后缘前方，背毛长缩小，背毛长约 0.019mm。腹部细长，约有 80 个节环纹组成。其环纹又由许多暗色长椭圆形瘤排列而成，卵球形，直径 30μm，淡黄色。

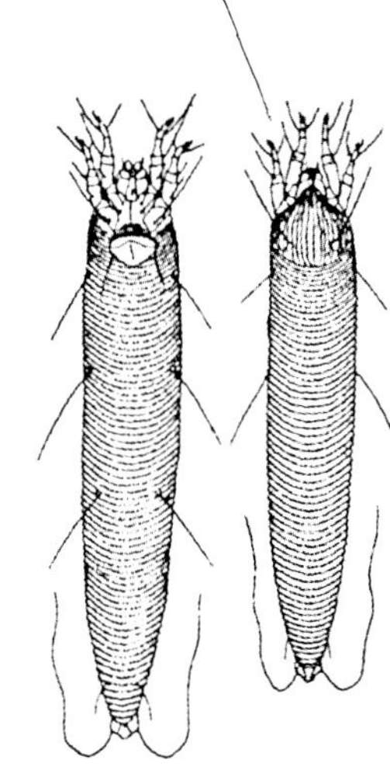

葡萄缺节瘿螨

传播途径和发病条件 葡萄缺节瘿螨年生 7 代，以成螨在芽鳞的茸毛、枝蔓的粗皮缝等处潜伏越冬，其中以枝蔓下部或一年生嫩枝芽鳞下茸毛上虫量居多。翌年春天随葡萄芽萌动，缺节瘿螨从芽内爬出，迁移至嫩叶背面绒毛间潜伏，不侵入组织，自叶内吸取养分，刺激叶片茸毛增多。毛毡状物是葡萄上表皮组织受瘿螨刺激后肥大变形而成，对瘿螨具保护作用。雌成螨在 4 月中下旬开始产卵，后若螨和成螨同时为害，一年中以 5、6 月和 9 月间为害重，缺节瘿螨活动旺盛。盛夏常因高温多雨对其发育不利，虫口略有下降，进入 10 月中旬开始越冬。

防治方法 (1)防止苗木传播。从病区引苗必须用温汤消毒，先用 30～40℃热水浸 5～7 分钟，再用 50℃热水浸泡 5～7 分钟可以杀死潜伏瘿螨。(2)秋后彻底清洁葡萄园。把病叶收集起来烧毁。葡萄缺节瘿螨进入越冬后及早春活动前，用波美 5 度石硫合剂喷洒枝干效果很好。(3)葡萄发芽后喷洒波美 0.3～0.5 度石硫合剂或 45%石硫合剂晶体 300 倍液、40%毒死蜱乳油 1200 倍液、10%氯氰菊酯乳油 1000 倍液、25%亚胺硫磷乳油 1000 倍液、15%哒螨灵乳油 2000～4000 倍液、95g/L 喹螨醚乳油 2500 倍液、240g/L 螺螨酯悬浮剂 4000～5000 倍液。(4)涂干防治。发现有缺节瘿螨为害，在主干分枝以下，用刷子涂 50%乐果原液，形成药环，宽度为主干直径 2 倍，以药液不流为好，涂好后用塑料薄膜包严，一月后解除。为害盛期也可进行，效果很好。

葡萄日灼病(Grape sunscald)

症状 果粒发生日灼时，果面现淡褐色近圆形斑，边缘不明显，果实表面先皱缩后逐渐凹陷，严重的果穗变为干果，失去商品价值。卷须、新梢尚未木质化的顶端幼嫩部位也可遭受日灼伤害，致梢尖或嫩叶萎蔫变褐。

葡萄日灼病

病因 果实染病于 6 月中旬至 7 月上旬于果穗着色成熟期，多发生在裸露于阳光下的果穗上，其原因系树体缺水，供应果实水分不足引起，这与土壤湿度、施肥、光照及品种有关。当根系吸水不足，叶蒸发量大渗透压升高，叶内含水量低于果实时，果实里的水分容易被叶片夺走，致果实水份失衡出现障碍则发生日灼。当根系发生沤根或烧根时，也会出现这种情况。生产上大粒品种易发生日灼。有时荫蔽处的果穗，因修剪、打顶、绑蔓等移动位置或气温突然升高植株不能适应时，新梢或果实也可能发生日灼。当温度达到 36℃，时间持续 4~5 小时，或 39℃，超过 1.5 小时就会发生日灼。

防治方法 (1)适当密植，采用棚架式，使果穗处在阴凉之中，使采光通风良好。(2)秋后适度深耕，扩大根群，增加吸水能力。(3)防止水涝或施肥过量烧根现象发生。(4)在高温发病期适时适量灌水，持续强光下葡萄体温急剧升高，蒸腾量大要及时灌水降低植株体温，避免发生日灼。(5)增施有机肥，提高保水力。(6)喷洒 0.1%的 96%硫酸铜可增强抗热性。(7)喷洒 27%高脂膜乳剂 80～100 倍液，保护果穗。(8)疏果后套袋子，采收前 20 天摘袋，防止日灼效果好。(9)提倡施用 3.4%赤·吲乙·芸可湿性粉剂(碧护)7500 倍液，可大大减少日灼，打造碧护葡萄美果。

葡萄裂果(Grape fruit split)

症状 葡萄裂果主要发生在果实近成熟期，果皮和果肉呈纵向开裂，有时露出种子，裂口处易感染霉菌或引起腐烂，失去经济价值。

病因 除白粉病为害或果粒间排列紧密、挤压过甚造成裂

葡萄裂果

果外，主要是果实生长后期土壤水分变化过大，果实膨压骤增所致。尤其是葡萄生长前期比较干旱，果实近成熟期遇到大雨或大水漫灌，根从土壤中吸收水分，通过果刷输送到果粒，其靠近果刷的细胞生理活动和分裂加快，而靠近果皮的细胞活动比较缓慢，果实膨压增大，致果粒纵向裂开。葡萄园灌溉条件差、地势低洼、土壤黏重、排水不良的地区或地块，发生裂果严重。

防治方法　(1)适时灌水、及时排水，经常疏松土壤，防止土壤板结，使土壤内保持一定的水分，避免土壤内水分变化过大。(2)对果粒紧密的品种适当调节果实着生密度，如花后摘心，适当落果，使树体保持稳定的适宜的坐果量。(3)增施有机肥或施用酵素菌大三元复方生物肥，改良土壤结构，避免土壤水分失调。(4)果实生长后期土壤干旱灌水时要防止大水漫灌。(5)疏粒后套袋子，采收前20天前后摘袋，促果实增糖上色防裂果有效。(6)提倡喷洒3.4%赤·吲乙·芸可湿性粉剂(碧护)7500倍液。

葡萄冻害

葡萄冻害是北方时有发生的非侵染性病害，几乎每年都有发生，有的年份损失很大。

症状　最易受冻的是葡萄根系、芽、幼叶和嫩梢，严重的枝蔓韧皮部也常受到伤害。根系受冻时，轻者表现早春萌芽延迟、新梢生长缓慢，重的多数芽眼不能萌发。芽受冻时，轻的芽原基稍变暗褐色长出的叶小、畸形、多皱或产生不规则褪绿斑，重者芽原基由暗褐色变成黑色，不能长出枝条。嫩梢受冻造成枝叶萎蔫或枯死。韧皮部受冻产生褐变，枝蔓树皮开裂。

葡萄冻害冬季芽眼冻坏及新梢枯萎(赵奎华)

病因　上述部位是较敏感的组织或器官，主要是入冬后防寒不好或生长季节葡萄生长过旺，造成枝条成熟度差或结果负载量过大或生长期间病害严重，造成早期落叶或不能正常落叶，上述原因造成的树势衰弱都易发生冻害。二是早春葡萄芽膨大后，植株耐低温能力不高，尤其是新发的嫩芽对春季低温冷害更加敏感，正在膨大的芽很易变褐崩解，不能或很少结实。三是根和树干受冻易引发根癌病。

防治方法　(1)对葡萄防寒工作要认真严格执行，不能存有侥幸心理。防寒前要浇足水，防寒取土要离根部远些，防止透风。必要时防寒物下盖1层旧薄膜。(2)及时防治病虫害，科学施肥，实行控产优质栽培，防止树势过旺或过弱，保证入冬前葡萄枝蔓成熟和正常落叶。(3)提倡喷洒3.5%赤·吲乙·芸可湿性粉剂7500倍液，也可在寒流到来前3~4天，选晴天对葡萄植株喷洒石油抑蒸剂30~40倍液，能在叶片上产生1层看不见的防寒薄膜，达到防寒的目的。在葡萄上施用碧护(赤·吲乙·芸)不仅可以防冻，还可以改善葡萄的品质和含糖量。

葡萄缺钾症(Grape potassium deficiency)

症状　葡萄需钾量较大，近年葡萄缺钾现象比较普遍，对葡萄产量和品质影响比较大。葡萄缺钾时其症状随着叶片的生长发育阶段有一定差异。在生长季前期，基部叶片叶缘褪绿发黄，叶缘产生褐色坏死斑，不断扩大并向叶脉间组织发展，叶缘卷曲下垂，叶片畸形或皱缩，严重时叶缘组织坏死焦枯，甚至整叶枯死。夏末，枝梢基部的老叶表面直接受阳光照射现紫褐色至暗褐色，即所谓"黑叶"。黑叶初在叶脉间开始，若继续发展可扩展到整个叶片的表面。植株受害后，叶片小，枝蔓发育不良、果实小、含糖量降低，整个植株易受冻害或染病。

病因　土壤速效钾含量在40mg/kg以下时发病严重。葡萄缺钾多在葡萄旺盛生长期出现。正常园内土壤速效钾含量在150mg/kg左右，若低于此数量，常出现不同程度的缺钾。一般土壤酸性较强、有机质含量低不利于土壤钾素积累时易发生缺钾症。

防治方法　(1)增施有机肥或酵素菌大三元复方生物肥。为防止缺钾应适当多施有机肥，如草木灰、腐熟的植物秸秆及其它农家肥。(2)叶面喷施50倍草木灰水溶液或硫酸钾溶液500倍液、磷酸二氢钾300倍液。(3)每株葡萄施入草木灰0.5～1kg

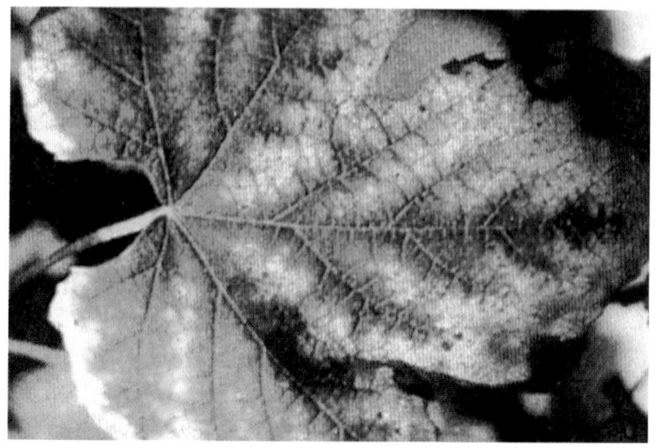

葡萄缺钾叶脉间呈浅褐色

或氯化钾 100～150g，施后 5～7 天即可见效。(4)钾肥不可过施，否则易引起缺镁症。(5)提倡喷洒 3.4%赤·吲乙·芸可湿性粉剂(碧护)7500 倍液。

葡萄缺镁症(Grape magnesium deficiency)

症状 缺镁症是葡萄园常见的一种缺素症，主要从植株基部老叶发生，初叶脉间褪绿，后脉间发展成黄化斑点，多由叶片内部向叶缘扩展引致叶片黄化，叶肉组织坏死，仅留叶脉保持绿色，界线明显。生长初期症状不明显，进入果实膨大期显症后逐渐加重，座果量多的植株果实还未成熟便出现大量黄叶，黄叶一般不早落。缺镁对果粒大小和产量影响不大，但果实着色差、成熟推迟、糖分低、品质降低。

葡萄缺镁症状

病因 缺镁症是一种生理病害，主要是由于土壤中置换性镁不足，多因有机肥不足或质量差造成土壤供镁不足引起。此外在酸性土壤中镁元素较易流失，施钾过多也会影响镁的吸收，造成缺镁。

防治方法 (1)每年落叶后开沟增施优质有机肥，缺镁严重葡萄园应适当减少钾肥用量。(2)在葡萄开始出现缺镁症时，叶面喷 3～4%硫酸镁，隔 20～30 天 1 次，共喷 3～4 次，可减轻病症。(3) 缺镁严重土壤，应考虑和有机肥混施硫酸镁，每亩 100kg。也可开沟施入硫酸镁，每株 0.9～1.5kg，连施二年。也可把 40～50g 硫酸镁溶于水中，注射到树干中。(4)采用配方施肥技术，较合理地解决氮、磷、钾和镁肥配方，做到科学用肥。减缓缺镁症发生。

葡萄缺硼症(Grape boron deficiency)

症状 叶、新梢、子房均可显症，葡萄开花前梢尖附近卷须变为黑色，呈结节状肿大后坏死。开花时冠帽不脱落，有的脱落生歪斜花，子房形成无核小粒果实，脱落或不结实。叶部主要在上部叶片或副梢各叶脉间或叶缘现出浅黄色褪绿斑，严重者畸变或引致叶缘焦枯，7 月中下旬开始落叶。别于仅在基部叶片出现症状的缺镁症。

病因 缺乏硼素引起，据测定叶片含硼量低于 10mg/kg 即显病。品种间抗病性有差异。根部受葡萄根瘤蚜或白纹羽或紫纹羽病侵害后，易诱发本病。

葡萄缺硼症

防治方法 (1)及时防治葡萄根瘤蚜及纹羽病。(2)施足充分腐熟有机肥，采用配方施肥技术，尤其在 3 月中下旬应施入硼砂。方法是：在离树干 30～90(cm)处，撒施 34～48%硼砂(B_2O_3) 25～28g，隔 3 年 1 次。(3)花后半个月喷洒 0.3%硼酸液，并加入半量石灰。也可喷硼砂液，用量每 L 水加入 34～48%硼砂 6g，于花前 3 周喷洒叶面。

葡萄缺锌症(Grape zinc deficiency)

症状 葡萄缺锌时常表现出两种症状，一是新梢叶片变小，常称“小叶病”。叶片基部开张角度大，叶片边缘锯齿变尖，叶片不对称。二是出现花叶，叶脉间失绿变黄，叶脉清晰，具绿色窄边。褪色较重的病斑最后坏死。有些葡萄品种缺锌时易使种子形成少、果粒变小、果实呈现大大小小粒不整齐，产量下降。

葡萄缺锌果粒大大小小

病因 葡萄缺锌常在初夏开始发生，主、副梢的前端首先受害。在碱性土壤中，锌盐常易转化为难溶解状态，不易被葡萄吸收，常造成缺锌症。土壤内锌含量低或沙质土内由于雨水冲刷流失，易引起葡萄缺锌。

防治方法 (1)加强土壤管理。在沙地和盐碱地应增施酵素菌沤制的堆肥或腐熟有机肥。(2)叶面喷锌。在发生缺锌的葡萄植株上喷洒 500～1000 倍的硫酸锌溶液。(3)剪口涂抹锌盐。在葡萄缺锌时，于剪口处涂抹硫酸锌，可使病树恢复正常，产量也有增加。土壤中施用硫酸锌效果不明显。

葡萄缺铁症(Grape iron deficiency)

症状 初在迅速展开的幼叶上出现叶脉间黄化,叶呈青黄色或现绿色脉网,后叶面变黄似象牙色或白色,叶片严重褪绿部位常变褐坏死。新梢生长明显减少,花穗及穗轴变为浅黄色,座果少。生产上如及时改变缺铁状况,新梢生长转为绿色,但较早发病的老叶,颜色恢复较慢。

葡萄缺铁症状

病因 铁的作用是促进多种酶的活性,缺铁时叶绿素的形成受到影响致叶片褪绿。在田间铁以氧化物、氢氧化物、磷酸盐、硅酸盐等化合物存在于土壤里,当这些无机盐分解后释放出少量铁,以离子状态或复合有机物被根吸收,生产上土壤中不一定缺铁,但有时,土壤状况限制根吸收铁,如黏土、土壤排水不良、土温过低或含盐量增高都容易引起铁的供应不足。尤其是春季寒冷、湿度大或晚春气温突然升高新梢生长速度过快易诱发缺铁。由于铁以铁离子在葡萄体内运转到所需要的部位,与蛋白质结合形成复杂的有机化合物。而铁在葡萄体内不能从一个组织移动到另一个部位,因此新梢或新展开的叶片易显症。

生产中由于铁易被固定或结合成不能利用的化合物,致检测总铁量与缺铁对不上号,所以较难诊断。

防治方法 (1)加强葡萄园管理,早春浇水要设法延长水流距离,以提高水温和地温。(2)及时松土,增施有机肥,降低土壤含盐量。(3)叶面喷洒硫酸亚铁,每L水中对入硫酸亚铁5~7g,隔15~20天后再喷1次。此外也可在修剪后,于每L水中加入硫酸亚铁200~250g,于修剪后涂抹顶芽以上枝条也有效。

葡萄缺锰症(Grape manganese deficiency)

症状 锰元素在植物体内不易运转,较少流动。锰的功能是在生长过程中促进酶的活动,协助叶绿素的形成。缺锰时主要幼叶先表现病状,叶脉间组织褪绿黄化,出现细小黄色斑点,斑点类似花叶症状,并为最小绿色小脉所限。第一叶脉与第二叶脉两旁叶内仍保留绿色,暴露于阳光下叶片较荫蔽处明显。进一步缺锰,会影响新梢、叶片、果粒生长与成熟。含有石灰的土壤,缺锰症状常被石灰褪绿的黄化所掩盖,应引起注意。

葡萄缺锰症

缺锰症状应和缺锌、缺铁、缺镁区分。缺锌症状最初在新生长枝叶上发生,并使叶变形。缺铁症在新生枝叶上使绿色叶脉变得更细,衬以黄色的叶肉组织。缺锰和缺镁症状相似,先在基部叶片出现,多发生在第一、二叶脉间,发展成黄色带,但缺锰症褪绿部分界限不清楚,也不出现变褐枯死现象。

病因 锰一般存在于植物体内生理活跃部分,特别在叶片内,对植物的光合作用和碳水化合物代谢都有促进作用。缺锰会使叶绿素形成受阻,影响蛋白质合成,出现褪绿黄化的病状。酸性土壤条件下一般不会缺锰,若遇土质黏重、通气不良、地下水位高、pH值高的土壤较易发生缺锰症。化验结果表明:叶柄含锰3~20mg/kg时,缺锰症显现出来。

防治方法 (1)增施有机肥,改善土壤理化性质有预防缺锰作用。(2)缺锰的葡萄园,在花前喷洒0.3%~0.5%硫酸锰溶液,能够调整缺锰状况,并能增加产量和促进果粒成熟。具体配法:在13L水中溶解400g硫酸锰。另取200g生石灰用热水溶化,加水至13L、充分搅拌,将生石灰水溶液慢慢加入硫酸锰溶液中并搅拌,最后加入至130L、可喷667m^{2}葡萄园,一般在花前连喷2次,间隔7天。

2. 葡 萄 害 虫

(1)种子果实害虫

葡萄瘿蚊(Grape gall midge)

学名 *Cecidomyia* sp. 双翅目,瘿蚊科。分布:山西、陕西。

寄主 葡萄、山葡萄。

为害特点 幼虫在幼果内蛀食,品种不同被害果症状不一,如龙眼、巨峰盛花后被害果迅速膨大,呈畸型,较正常果大4~5倍,花后10天比正常果大1~2倍,被害果直径8~10毫米时停止生长,呈扁圆形,果顶略凹陷,浓绿色有光泽,萼片和花丝均不脱落,果梗细果蒂不膨大,多不能形成正常种子,毫无经济价值。郑州早红被害果同正常健果无明显差异,到后期仅被害果稍小,果面有圆形羽化孔,多不能食用。

葡萄瘿蚊为害果实及残留在羽化孔的蛹壳

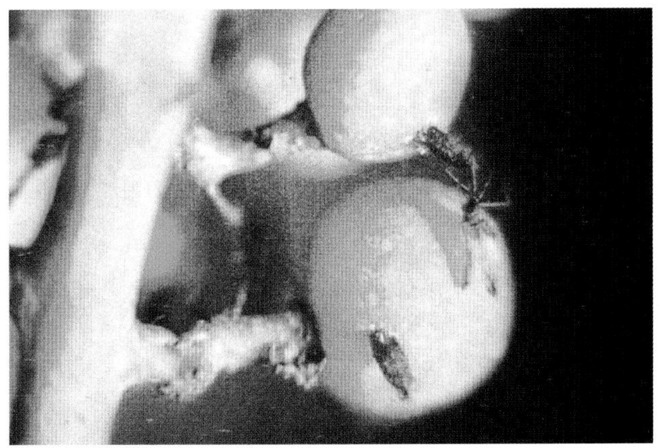

葡萄瘿蚊为害葡萄果实状

形态特征 成虫:体长3mm,暗灰色被淡黄短毛,似小蚊。头较小,复眼大黑色,两眼上方接合;触角丝状细长14节、各节周生细毛,雄触角较体略长,雌较体略短末节球形。中胸发达,翅1对膜质透明、略带暗灰色疏生细毛,仅有4条翅脉;后翅特化为平衡棒淡黄色。足均细长各节粗细相似,跗节5节。腹部可见8节、雄较细瘦、外生殖器呈钩状略向上;雌腹部较肥大,末端呈短管状,产卵器针状褐色伸出时约有两个腹节长。幼虫:体长3~3.5(mm),乳白色肥胖略扁,胴部12节,胸部较粗大向后渐细,末节细小圆锥状;两端略向上翘呈舟状。头部和体节区分不明显,仅前端有1对暗褐色齿状突起,齿端各分2叉。前胸腹面剑骨片呈剑状,其前端与头端齿突相接。气门圆形9对,于前胸和1~8腹节。蛹:长3mm,裸蛹、纺锤形,初黄白渐变黄褐色,羽化前黑褐色。头顶有1对齿状突起;复眼间近上缘有1较大的刺突,下缘有3个较小的刺突成"∵"形排列。触角与翅等长伸达第3腹节前缘。前后足伸达第5腹节前缘,中足伸达第4腹节后缘。腹部背面可见8节,2~8节背面均有许多小刺,腹部末端两侧各具较大的刺2~3个。

生活习性 在葡萄上只发生1代,葡萄显序花蕾膨大期越冬代成虫出现产卵,产卵器刺破蕾顶将卵产于子房内,山西晋城成虫发生产卵期为5月中、下旬,正是山楂、洋槐初花期。卵期10~15天,葡萄花期幼虫孵化,于幼果内为害20~25天老熟化蛹,蛹期5~10天。羽化时借蛹体蠕动之力顶破果皮呈1圆形羽化孔,蛹体露出一半羽化,蛹壳残留羽化孔处,有的蠕动力过强而蛹体落地后羽化。羽化后爬到僻静处栖息,1~3小时后可飞行。羽化孔多位于果实中部。7月初为羽化初期,7月上中旬为盛期,此后发生情况不明。成虫白天活动、飞行力不强,成虫产卵较集中,产卵果穗上的果实多数都着卵,葡萄架的中部果穗落卵较多。每一果内只有1头幼虫。品种之间受害程度有差异,郑州早红、巨峰、龙眼受害较重。保尔加尔、葡萄园皇后、玫瑰香次之。

防治方法 (1)成虫羽化前彻底摘除被害果穗,集中处理消灭其中幼虫和蛹,为经济而有效的措施,认真进行2~3年基本可消灭其为害。(2)成虫初发期药剂防治,可用75%灭蝇·杀单可湿性粉剂5000倍液或80%敌敌畏乳油1000倍液混5%氯氰菊酯800倍液或两者单独使用均有良好效果。(3)有条件者可在成虫出现前(山楂或洋槐开花前),花序套袋阻止成虫产卵,葡萄开花时取掉套袋效果极好。可用塑料薄膜袋或废纸袋。

烟蓟马(Onion thrips)

学名 *Thrips tabaci* Lindeman 缨翅目,蓟马科。别名:棉蓟马、葱蓟马、瓜蓟马。分布在吉林、辽宁、内蒙古、宁夏、甘肃、新疆、青海、陕西、山西、河北、山东、河南、安徽、江苏、上海、浙江、江西、台湾、湖北、湖南、广东、海南、广西、四川、贵州、云南、西藏。

烟蓟马成虫及为害葡萄状

寄主 葡萄、苹果、梨、梅、李、石榴、柑橘、草莓、芒果、菠萝等350多种植物。

为害特点 若虫、成虫在叶背吸食汁液,使叶面现灰白色细密斑点或局部枯死,影响生长发育。

形态特征 成虫:体长1.2~1.4(mm),两种体色,即黄褐色和暗褐色。触角第1节淡;第2节和6至7节灰褐色;3~5节淡黄褐色,但4、5节末端色较深。前翅淡黄色。腹部第2~8背板较暗,前缘线暗褐色。头宽大于长,单眼间鬃较短,位于前单眼之后、单眼三角连线外缘。触角7节,第3、4节上具叉状感觉锥。前胸稍长于头,后角有2对长鬃。中胸腹板内叉骨有刺,后胸腹板内叉骨无刺。前翅基鬃7或8根,端鬃4~6根;后脉鬃15或16根。腹部2~8背板中对鬃两侧有横纹,背板两侧和背侧板线纹上有许多微纤毛。第2背板两侧缘纵列3根鬃。第8背板后缘梳完整。各背侧板和腹板无附属鬃。卵:0.29mm,初期肾形,乳白色,后期卵圆形,黄白色,可见红色眼点。若虫:共4龄,各龄体长为0.3~0.6(mm)、0.6~0.8(mm)、1.2~1.4(mm)及

1.2～1.6(mm)。体淡黄，触角6节，第4节具3排微毛，胸、腹部各节有微细褐点，点上生粗毛。4龄翅芽明显，不取食，但可活动，称伪蛹。

生活习性 华北地区年生3～4代，山东6～10代，华南地区20代以上。在25～28℃下，卵期5～7天，若虫期(1～2龄)6～7天，前蛹期2天，"蛹期"3～5天，成虫寿命8～10天。雌虫可行孤雌生殖，每雌平均产卵约50粒(21～178粒)，卵产于叶片组织中。2龄若虫后期，常转向地下，在表土中经历"前蛹"及"蛹"期。以成虫越冬为主，也有若虫在葱、蒜叶鞘内侧、土块下、土缝内或枯枝落叶中越冬，还有少数以"蛹"在土中越冬。在华南无越冬现象。成虫极活跃，善飞，怕阳光，早、晚或阴天取食强。初孵若虫集中在叶基部为害，稍大即分散。在25℃和相对湿度60%以下时，有利于烟蓟马发生，高温高湿则不利，暴风雨可降低发生数量。一年中以4～5月为害最重。

防治方法 可喷洒40%辛硫磷乳油1000倍液、10%溴虫腈乳油2000倍液、10%吡虫啉可湿性粉剂2000倍液、2.5%多杀霉素悬浮剂1500倍液、5%虱螨脲乳油1000倍液、1.8%阿维菌素乳油3000倍液。防治2～3次。

葡萄园旋目夜蛾(Wavy huge-comma moth)

学名 我国为害葡萄的主要是*Speiredonia helicina* Hübner鳞翅目，夜蛾科。分布：全国除新疆、西藏外几乎均有发生。

寄主 葡萄、苹果、梨、柑橘、枇杷等。

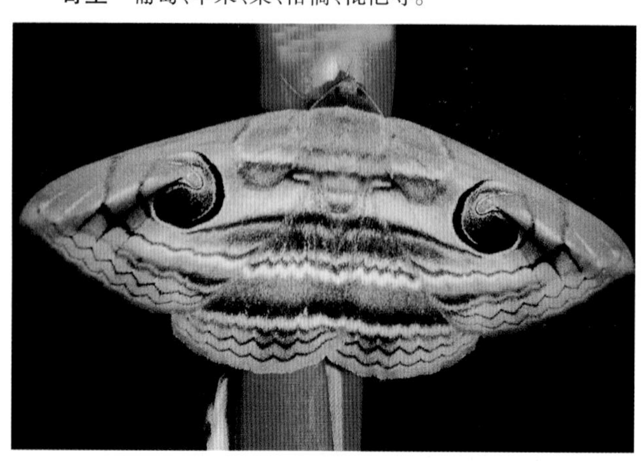

旋目夜蛾成虫

为害特点 成虫夜晚用口器刺吸葡萄等果实、烂果，加速果实烂腐。过去误为*S. retorta* L.而*S. martha*是它的春型，分布在长江以南，幼虫只为害合欢。7月下旬成虫为害葡萄。

形态特征 成虫：体长18～22(mm)，翅展52～58(mm)。春型 前翅亚端线周围及旋目斑下的白斑大且明显。夏型 前翅亚端线周围及旋目斑下的白斑小且模糊。卵：长0.86～1.02(mm)，灰白色，近球形。幼虫：体长60～67(mm)，细长，头褐色，第1、2腹节常弯曲成尺蠖形。体灰褐色，布满不规则黑色斑点，构成身体很多纵条纹，背线、亚背线、气门线黑褐色。蛹：长22～26(mm)，红褐色。

生活习性 南京地区春型(*S. japonica*)于4月下及5月上中旬出现，多为以蛹越冬羽化的第一代成虫，夏型则于6、7、8月份出现，老熟幼虫多在碎片中化蛹。北方夏秋季为害重。福建于7月下旬，出现在葡萄上。

防治方法 参见柑橘害虫——嘴壶夜蛾。

葡萄园小桥夜蛾(Yellow cotton moth)

学名 *Anomis flava* Fabricius鳞翅目，夜蛾科。别名：小造桥虫、棉夜蛾、棉小造桥虫、步曲等。异名*Anomis erosa* Hubn、*Anomis indica* Guenee。分布在全国各地。已成为福建葡萄上的重要害虫。

寄主 葡萄、柑橘、芒果。

小桥夜蛾幼虫和成虫

为害特点 幼虫食害寄主叶片，食成缺刻或孔洞，常将叶片吃光，仅剩叶脉。成虫吸食葡萄汁液，该虫年生代数多、虫量大、分布广，成为吸果夜蛾的优势种。

形态特征 成虫：体长10～13mm，翅展26～32mm，头胸部橘黄色，腹部背面灰黄至黄褐色；前翅雌淡黄褐色，雄黄褐色。触角雄栉齿状，雌丝状。前翅外缘中部向外突出呈角状；翅内半部淡黄色密布红褐色小点，外半部暗黄色；亚基线、内线、中线、外线棕色，亚基线略呈半椭圆形，内线外斜并折角，中线曲折其末端与内线接近，外线曲折后半部不甚明显，亚端线紫灰色锯齿状，环纹白色并环有褐边，肾纹褐色、上下各具1黑点。卵：扁椭圆形，长0.60～0.65mm，高0.26～0.33mm，青绿至褐绿色，顶部隆起，底部较平，卵壳顶部花冠明显，外壳有纵横脊围成不规则形方块。幼虫：体长33～37mm，宽约3～4mm，头淡黄色，体黄绿色。背线、亚背线、气门上线灰褐色，中间有不连续的白斑，以气门上线较明显。气门长卵圆形，气门筛黄色，围气门片褐色。第1对腹足退化、第2对较短小，第3、4对足趾钩18～22个，爬行时虫体中部拱起，似尺蠖。蛹：红褐色，头中部有1乳头状突起，臀刺3对，两侧的臀刺末端呈钩状。

生活习性 黄河流域年生3～4代，长江流域5～6代，南方以蛹越冬。北方尚未发现越冬虫态。第一代幼虫主要为害木槿、苘麻等，第二、三代幼虫为害葡萄最重。一代幼虫为害盛期在7月中下旬，二代在8月上中旬，三代在9月上中旬，有趋光性。卵散产于叶背，1雌蛾产卵多至800粒，一般80～400粒。初孵幼虫活跃，受惊滚动下落，1、2龄幼虫取食下部叶片，稍大转移至上部为害，4龄后进入暴食期。低龄幼虫受惊吐丝下垂，老龄幼虫在苞叶间吐丝卷苞，在苞内化蛹。天敌有绒茧蜂、悬姬蜂、赤眼蜂、草蛉、胡蜂、小花蝽、瓢虫等。

防治方法 (1)利用黑光灯或高压汞灯诱杀成虫。(2)做好测报,加强幼虫防治,掌握在幼虫孵化盛末期至3龄盛期,百株幼虫达100头时,喷洒90%敌百虫可溶性粉剂和50%敌敌畏乳油1000倍液。(3)近采收时,把甜瓜切成小块或选用早熟的葡萄果穗,用针刺破皮、果肉后,浸入90%敌百虫可溶性粉剂20倍液或40%辛硫磷乳油20倍液,10分钟后取出,于傍晚挂在树冠上,对其有一定诱杀作用,但要防止误食。此外,还可用每g含100亿活孢子苏云金杆菌可湿性粉剂500~1000倍液。

葡萄园肖毛翅夜蛾(Fruit-piercing moth)

学名 *Lagoptera juno* Dalman 鳞翅目,夜蛾科。异名 *Artena dotata* Fabricius。别名:毛翅夜蛾。分布:江苏、浙江、江西、湖北、湖南、四川、广东、贵州、云南、福建等省。

寄主 葡萄、苹果、梨、桃、柑橘、李、木槿、桦。

葡萄园肖毛翅夜蛾

为害特点 幼虫为害柑橘、李叶尖,福建成虫于7月下旬发生,是葡萄吸果夜蛾。

形态特征 成虫:体长30~33(mm),翅展81~85(mm),头胸部棕色,腹部灰棕色,前翅棕色,外横线至亚端线间色浓,亚端线外灰白色,内横线外斜至后缘中部,环形纹为1个黑棕点,肾形纹为2个褐色圆斑;外横线微波浪形,后端达臀角,内、外横线均衬以灰色;亚端线直,黑棕色;端线双线波浪形。后翅黑棕色,中部生1白色带蓝弯带。末龄幼虫:体长56~70(mm),后端较细,第1对腹足很小,第2对次之,3、4对正常,臀足较长。头部黄褐色,具黄色条斑,体深黄色至黄褐色,背面与侧面布满不规则褐斑,第1腹节背面眼斑不明显,第5腹节背面圆斑黑色,第8腹节2毛突黄色,背线、亚背线及气门线黑褐色。腹足外侧有黄色斑,第1对腹足左右之间及第2对腹足前方为黑色,第2、3、4对腹足左右之间红色,气门筛灰色,围气门片黑色。

生活习性 低龄幼虫多栖息在植株上部,性敏感,一触即吐丝下垂,老熟幼虫多栖息于枝干,把身体紧贴在枝干上,老熟后卷叶化蛹。

防治方法 参见艳叶夜蛾。

葡萄羽蛾

学名 *Stenoptilia vitis* Sasaki 鳞翅目羽蛾科。分布辽宁、北京、广西、台湾等省。

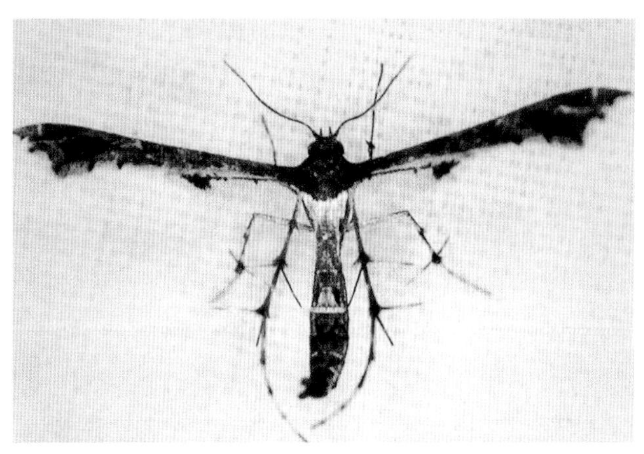

葡萄羽蛾成虫

寄主 葡萄。

为害特点 以幼虫蛀食葡萄青嫩果实,虫粪排在果外,致受害果成畸形或脱落。

形态特征 成虫:体长9~10(mm),翅展18mm。头部灰褐色,有黄褐色冠毛,体黄褐色,有闪光的黑色鳞片。前翅深褐色,狭长,端部1/3处分裂成2片。后翅深褐色。从近基部分裂成细长的3片。末龄幼虫:体长9~12(mm),头浅黄色,前胸背板具2个黑色圆斑,胴部黄绿色,背线、亚背线浅褐色,体两侧各生1条暗褐色宽纵带和1条黄色宽纵带,胸、腹交界处生1条褐色横纹。蛹:长9mm,绿色,后变成黄绿色或浅褐色。

生活习性 东北年生1~2代,世代重叠,为害甚烈,为害期在7月下旬~8月中旬。9月上中旬以成虫在草丛、土缝和枯枝落叶间越冬。成虫多在清晨羽化,昼伏夜出,前期把卵产在蕾花和卷须上,后期产在果蒂或果梗上,幼虫孵化后多从果蒂处蛀入,果实受害3~5天脱落,此前幼虫已转果,幼虫期12~15天,1头幼虫危害12~13粒葡萄。

防治方法 (1)秋季清园。(2)幼虫频繁转果和出洞排粪时或幼虫孵化盛期喷洒2.5%溴氰菊酯乳油或20%氰戊菊酯乳油2000倍液、40%甲基毒死蜱乳油1000倍液、20%氰戊·辛硫磷乳油1500倍液。(3)用5%辛硫磷颗粒剂3kg,撒在葡萄树冠下,防治出土的成虫。

艳叶夜蛾

学名 *Maenas salaminia* (Fabricius) 鳞翅目夜蛾科。分布:

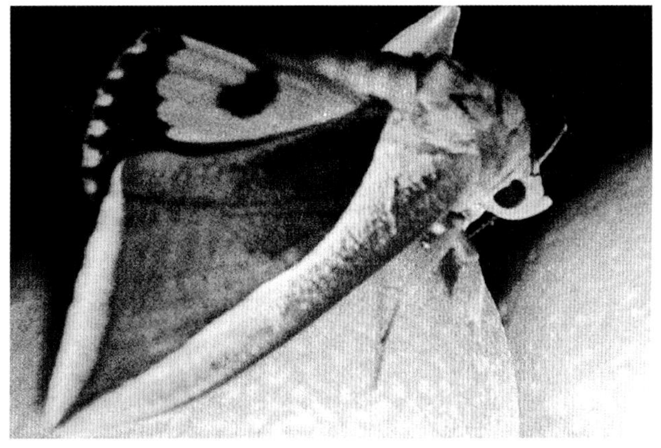

艳叶夜蛾成虫

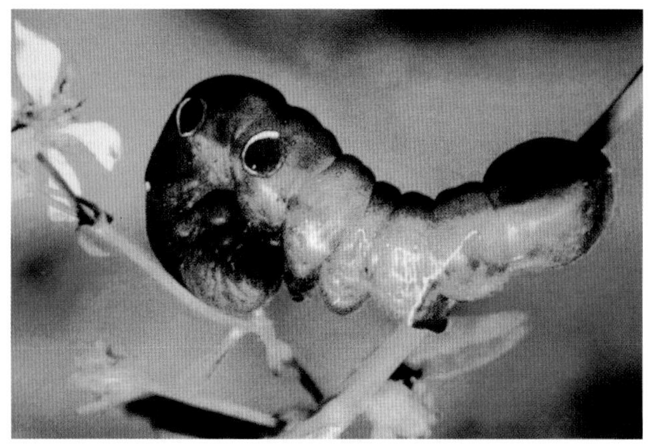

艳叶夜蛾幼虫

浙江、江西、台湾、广东、云南等省。

寄主 葡萄、柑橘、桃、苹果、梨、荔枝、芒果。

为害特点 成虫吸食果实汁液。

形态特征 成虫 体长 31~35(mm),翅展 80~84(mm)。头、胸褐绿色,前翅前缘和外缘区白色,有暗棕色细纹,向前缘脉渐带绿色,其余翅色全绿,翅脉紫红色。后翅橘黄色,端带黑色,近臀角生 1 肾状黑斑。幼虫紫灰色,第 8 腹节生 1 红色锥形突起。

生活习性 多在夜间 20~23 时为害葡萄,尤其是闷热、无风、无月光的夜晚成虫大量为害,山区丘陵葡萄园受害重。

防治方法 (1)安装频振式杀虫灯或黑光灯,诱集成虫。(2)为害重的地区在果实近成熟期用糖醋液加 90%敌百虫可溶性粉剂 800 倍液,于黄昏时放在园中诱杀成虫。

飞扬阿夜蛾

学名 *Achaea melicerta* (Drury) 鳞翅目夜蛾科。分布:广东、湖南、湖北、云南、台湾。

寄主 葡萄、蓖麻、飞扬草等。

为害特点 幼虫为害叶片,食叶成缺刻。成虫吸食果实汁液。

形态特征 成虫:体长 21~23(mm),翅展 51~54(mm)。头、胸、腹及前翅褐色,前翅内、外线棕色,内线双线,外线在中室处外曲。后翅黑褐色,中部生 1 白色带,外缘生 3 个白斑。末龄幼虫:体长 47~57(mm),头褐色,体色多变浅灰色、浅红色、暗棕红色,身体腹面黄褐色。左右腹足之间黑斑明显。

生活习性 广州一带 6 月上中旬幼虫发生,低龄幼虫遇惊扰即吐丝下垂,6 月底幼虫老熟,吐丝卷叶化蛹。

飞扬阿夜蛾成虫

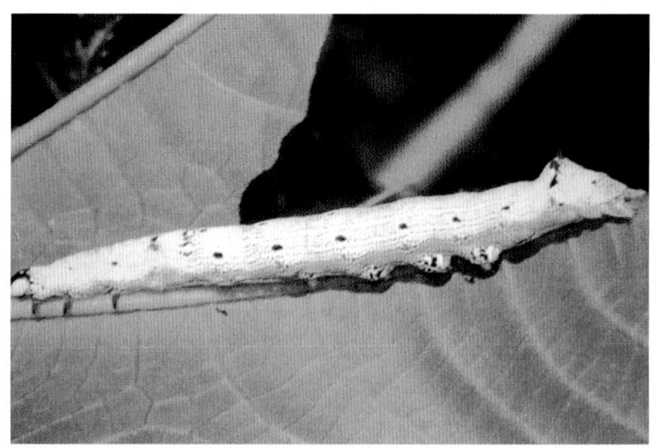

飞扬阿夜蛾幼虫

防治方法 参见艳叶夜蛾。

柳裳夜蛾

学名 *Catocala electa* (Vieweg) 鳞翅目夜蛾科。分布:黑龙江、新疆、湖北、朝鲜、日本、欧洲。

寄主 葡萄、苹果、柳树。

为害特点 成虫吸食上述寄主果实的汁液。

形态特征 成虫:体长 28~30(mm),翅展 67~71(mm)。头部、胸部褐灰色。额、颈板及翅基片有黑纹,腹部灰褐色。前翅褐灰色,基线黑色,亚中褶基部生 1 条黑纹,内横线黑色,锯齿形外弯。后翅红色,生 1 条黑色弯曲的中带及前宽后窄的端带,缘毛黄白色。幼虫:灰色,赭色或褐色,有黑点。第 5 及第 8 腹节上各生 1 个突起。

防治方法 参见艳叶夜蛾

柳裳夜蛾成虫

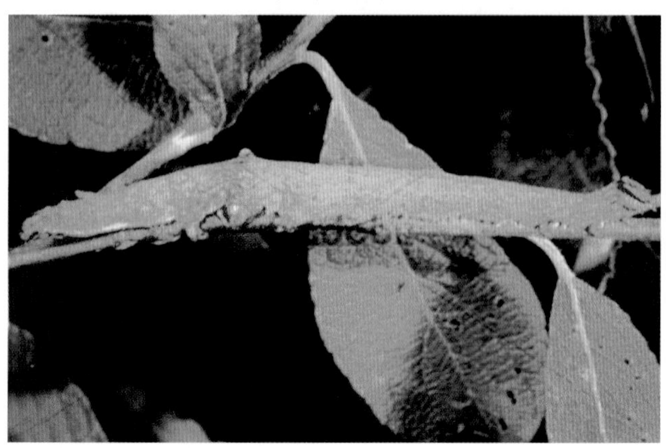

柳裳夜蛾幼虫放大

（2）花器芽叶害虫

葡萄缺角天蛾

学名 *Acosmeryx naga*（Moore）鳞翅目天蛾科。分布四川、云南、湖南、广西、台湾等省。

葡萄缺角天蛾成虫

寄主 葡萄、乌蔹莓。

为害特点 食叶成缺刻或孔洞。

形态特征 成虫翅展75~85(mm)，体紫褐色，有金属闪光。触角背面污白色，腹面棕赤色。腹部背面棕黑色，各节间生棕色横带。前翅各线波状，前缘近中央至后角有较深的斜带，近外缘宽，斜带上方有近三角形的灰棕色斑，亚缘线浅色，从顶角下方呈棕色弓形。外侧有新月形深色斑，顶角有小三角形深色纹；后翅棕黄色。

生活习性 1年发生2代，成虫5月及8月间出现，以蛹在土中7cm深土茧中越冬。

防治方法 幼虫发生初期喷洒40%毒死蜱乳油1000倍液或20%氰戊·辛硫磷乳油1500倍液。

土色斜纹天蛾

学名 *Theretra latreillei latreillei* (Mcley) 鳞翅目天蛾科。分布在广东、广西、四川、云南等省。

寄主 葡萄等。

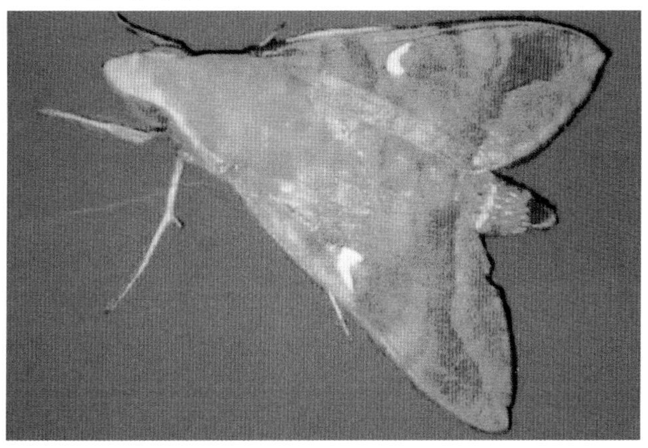

土色斜纹天蛾成虫

土色斜纹天蛾幼虫

为害特点 幼虫为害葡萄叶片，食叶成缺刻。

形态特征 成虫翅展60~70(mm)，体翅灰黄色，头及胸部两侧生灰白色鳞毛，腹部背面有隐约的棕色条纹，腹面灰褐色杂有红色鳞毛。前翅外缘及后缘直，后角较直，翅基有灰黑色斑，从顶角至后缘中部有灰黑色斜纹数条，中室端有黑点，后翅灰褐色，前缘较浅，翅反面灰黄色，前翅中部及外缘灰褐色，顶角上方有黑点。后翅中部有灰黑色成行小点。

防治方法 参见缺角天蛾

红天蛾

学名 *Pergesa elpenor lewisi*（Butler）鳞翅目天蛾科。分布在吉林、山西、河北、北京、山东、四川、台湾等省。

寄主 葡萄、千屈菜等。

为害特点 幼虫食叶。

形态特征 成虫：翅展55~70(mm)，体翅红色为主，有红绿闪光，头部两侧及背部生2条纵行的红色带，腹部背线红色，两侧黄绿色，外侧红色。前翅基部黑色，前缘及外横线、亚外缘线及外缘和缘毛都为暗红色。后翅红色，靠近基半部棕黑色。末龄幼虫：体长70~80(mm)，头小，棕褐色，身体棕褐色。初孵幼虫黑色，尾角细长。

红天蛾成虫

红天蛾成长幼虫

生活习性 年发生2代，成虫6月、9月间出现，以蛹在浅土层结茧越冬。成虫傍晚活动，飞翔迅速，卵单产在嫩梢及叶片端部。

防治方法 参见艳叶夜蛾。

葡萄天蛾(Grape horn worm)

学名 *Ampelophaga rubiginosa rubiginosa* Bremer et Grey 鳞翅目，天蛾科。别名：车天蛾。分布：黑龙江、吉林、辽宁、山西、河北、山东、河南、安徽、江苏、浙江、湖北、福建、江西、广东、陕西、宁夏、四川。

寄主 葡萄、猕猴桃等。

为害特点 幼虫食叶成缺刻与孔洞，高龄仅残留叶柄。

形态特征 成虫：体长45mm，翅展90mm左右，体肥硕纺缍形，茶褐色。体背中央从前胸至腹端有1条灰白色纵线，复眼后至前翅基有1条较宽白色纵线。前翅各横线均暗茶褐色，前缘近顶角处有一暗色近三角形斑，斑下接波状的亚缘线。后翅中间大部黑褐色，周缘棕褐色。缘毛色稍红。中部和外部各具1条茶色横线。卵：球形，直径1.5mm左右，淡绿色。幼虫：体长约80mm，绿色，体表多横纹及小颗粒。头部有两对黄白色平行纵线。第8腹节背面具1尾角。胴部背面两侧各有1条黄白纵线。中胸至第7腹节两侧各有1条由下向后上方斜伸的黄白色纹。1～7腹节背面两侧各有1黄白斜短线。蛹：长45～55(mm)，初灰绿，后腹面呈暗绿，背面棕褐，臀棘褐色，较尖。

生活习性 年生1～2代，以蛹在土中越冬，翌年5月中旬羽化，6月上中旬进入羽化盛期。夜间活动，有趋光性。多在傍晚交配，交配后24～36小时产卵，多散产于嫩梢或叶背，每雌产卵155～180粒，卵期6～8天。幼虫白天静止，夜晚取食叶片，受触动时从口器中分泌出绿水，幼虫期30～45天。7月中旬开始在葡萄架下入土化蛹，夏蛹具薄网状膜，常与落叶黏附在一起，蛹期15～18天。7月底8月初可见一代成虫，8月上旬可见2代幼虫为害，多与第一代幼虫混在一起，为害较严重时，常把叶片食光。进入9月下旬至10月上旬，幼虫入土化蛹越冬。

葡萄天蛾幼虫和成虫

防治方法 (1)成虫发生期用黑光灯诱杀；结合夏剪捕杀幼虫。(2)铲除越冬蛹：该虫越冬蛹多分布在树盘老蔓根部及架附近表土层，秋施基肥时，把表土翻入深层，消灭部分越冬蛹。(3)药剂防治。幼虫发生初期喷洒5.7%氟氯氰菊酯乳油1000~1500倍液、5%氟虫脲乳油2000倍液。

雀纹天蛾(Small hawk moth)

学名 *Theretra japonica* (Orza) 鳞翅目，天蛾科。分布在黑龙江、吉林、辽宁、陕西、北京、河北、山东、安徽、江苏、上海、浙江、江西、湖南、湖北、重庆、福建、四川、云南等地。

寄主 葡萄、爬山虎、长春藤、白粉藤、虎耳草、绣球花、麻叶绣球、刺槐、榆等。

为害特点 幼虫食叶成缺刻与孔洞，高龄幼虫食叶后仅残留叶柄。

形态特征 成虫：体长27～38(mm)，翅展59～80(mm)，体绿褐色。头、胸两侧及背部中央具灰白色绒毛，背线两侧有橙黄

刚羽化的雀纹天蛾成虫

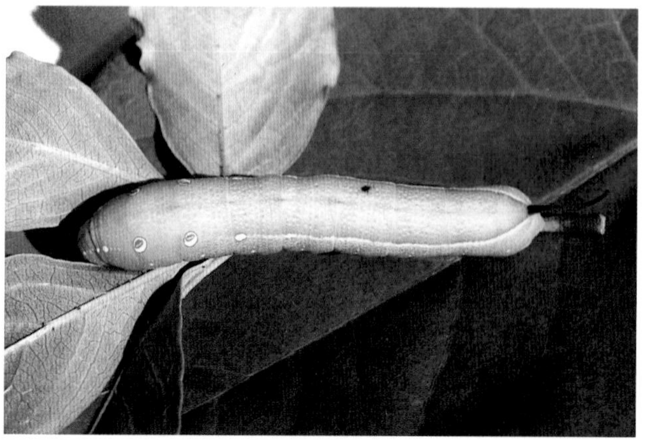

雀纹天蛾幼虫

色纵线；腹部侧面橙黄色，背中线及两侧具数条不明显暗褐平行纵纹。前翅黄褐色，后缘中部白色，翅顶至后缘具6～7条暗褐色斜线，上面1条明显，第2、4条之间色浅；外缘有微紫色带。后翅黑褐色，外缘有不明显的黑色横线。卵：近圆形，长径1.1mm，淡绿色。幼虫：体长约75mm，有褐色和绿色两型。褐色型，全体褐色，背线淡褐色，亚背线色深，第1、2腹节亚背线上各有1较大的眼状纹，第3节亚背线上有1较大的黄色斑，1～7腹节两侧各具一条暗色斜带，尾角细长弯曲。绿色型，全体绿色，背线明显，亚背线白色，其他斑纹同褐色型。蛹：长36～38(mm)，茶褐色，第1、2腹节背面及第4腹节以下节间黑色，臀棘较尖，黑褐色。

生活习性 北京年发生一代，南昌4代。各地均以蛹越冬。北京越冬蛹6～7月羽化，南昌第一代成虫4月下～5月中出现，2代6月中～7月上旬，3代7月下～8月中旬，4代9月上～9月下旬。成虫昼伏夜出，有趋光性，喜食花蜜，卵散产在叶背，幼虫喜在叶背取食，老熟后在寄主附近6～10(cm)深处作土室化蛹。

防治方法 (1)冬季翻土，消灭土中越冬蛹。(2)幼虫为害期喷洒90%敌百虫可溶性粉剂1000倍液或50%杀螟硫磷乳油1000倍液。

白带尖胸沫蝉

学名 *Aphrophora intermedia* Uhler 同翅目沫蝉科。分布在黑龙江、陕西、浙江、四川、湖南、湖北、江西、福建、贵州、云南等省。

寄主 葡萄、梨、樱桃、枣、枇杷、苹果、桃、桑等。

为害特点 以成、若虫吸食嫩梢、叶片上汁液，造成新梢生长不良。雌成虫把卵产在枝条组织内，造成枝条干枯死亡。受害枝条常有水滴向下滴落，或沿枝干流淌呈水渍状。

形态特征 成虫：体长11~12(mm)，体灰褐色。前翅革质，静止时呈屋脊状，前翅上生1明显的灰白色横带，白斜带两侧黑褐色。卵：初产时浅黄色，披针形。若虫：后足胫节外侧生有2个棘状凸起，从腹部排出的大量白色泡沫把虫体掩盖。

生活习性 1年发生1代，以卵在枝条内或枝条上越冬。翌年4月，越冬卵开始孵化，5月中下旬进入孵化盛期，若虫前后经4次蜕皮，到6月中、下旬羽化为成虫，经较长时间营养补充，吸食大量嫩梢汁液。成虫受惊时，短距离飞行或弹跳，7月~8月成虫开始交尾，把卵产在枝条新梢内，雌成虫寿命30~90天，1生产卵数十粒至百粒。

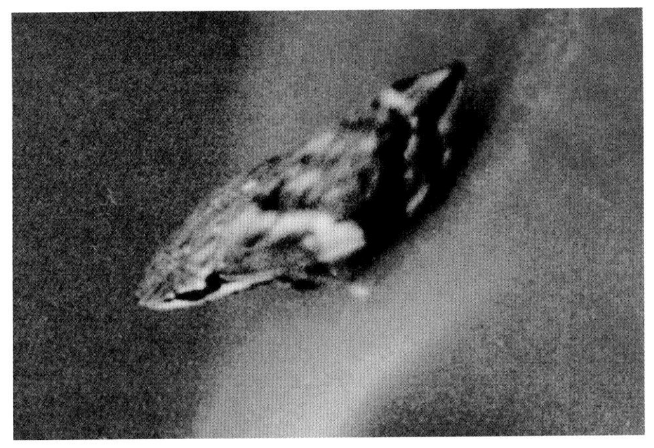

白带尖胸沫蝉成虫(彭成绩)

防治方法 (1)结合修剪把卵枯枝剪除，集中烧毁。(2)若虫群聚为害时喷洒10%吡虫啉可湿性粉剂2000倍液。(3)用40%毒死蜱乳油30倍液在树干基部刮皮涂环。

黑斑丽沫蝉

学名 *Cosmoscarta dorsimacula* Walker 同翅目沫蝉科。分布在江苏、江西、四川、贵州、广东等省。

黑斑丽沫蝉成虫(李元胜)

寄主 葡萄、核桃等。

形态特征 体长16~17(mm)，体大型漂亮。体背橘红色，具大黑斑，头部橘黄色。复眼黑褐色，单眼黄色，前胸背板橘黄色，近前缘生2个小黑斑，近后缘生2个近长方形的大黑斑。前翅除网状区褐黄色外，余为橘红色，有7个黑斑，近翅基部3个1列，中间1列3个，近前缘靠网状区1个，后翅灰白色透明。

生活习性、防治方法 参见白带尖胸沫蝉。

葡萄园四纹丽金龟(Four spotted beetle)

学名 *Popillia quadriguttata* (Fabricius) 鞘翅目，丽金龟科。别名：中华弧丽金龟、豆金龟子、四斑丽金龟。分布在辽宁、内蒙古、宁夏、甘肃、青海、陕西、山西、北京、河北、山东、江苏、浙江、福建、台湾、湖南、广西、四川等地。

寄主 苹果、荔枝、龙眼、桃、樱桃、山楂、李、杏、柿、葡萄、

四纹丽金龟成虫就要起飞

黑莓、榛、棉等。

为害特点 成虫食叶成不规则缺刻或孔洞，严重的仅残留叶脉，有时食害花或果实；幼虫为害地下组织。

形态特征 成虫：体长7.5～12(mm)，宽4.5～6.5(mm)，椭圆形，翅基宽，前后收狭，体色多为深铜绿色；鞘翅浅褐至草黄色，四周深褐至墨绿色，足黑褐色；臀板基部具白色毛斑2个，腹部1至5节腹板两侧各具白色毛斑1个，由密细毛组成。头小点刻密布其上；触角9节鳃叶状，棒状部由3节构成。雄虫大于雌虫。前胸背板具强闪光且明显隆凸，中间有光滑的窄纵凹线；小盾片三角形，前方呈弧状凹陷。鞘翅宽短略扁平，后方窄缩，肩凸发达，背面具近平行的刻点纵沟6条，沟间有5条纵肋。足短粗；前足胫节外缘具2齿，端齿大而钝，内方距位于第2齿基部对面的下方；爪成双，不对称，前足、中足内爪大，分杈，后足则外爪大，不分杈。卵：椭圆形至球形，长径1.46mm，短径0.95mm，初产乳白色。幼虫：体长15mm，头宽约3mm，头赤褐色，体乳白色。头部前顶刚毛每侧5～6根成1纵列；后顶刚毛每侧6根，其中5根成1斜列。肛背片后部具心脏形臀板；肛腹片后部覆毛区中间刺毛列呈"八"字形岔开，每侧由5～8根，多为6～7根锥状刺毛组成。蛹：长9～13(mm)，宽5～6(mm)，唇基长方形，雌雄触角靴状。

生活习性 年生1代，多以3龄幼虫在30～80(cm)土层内越冬。翌春4月上移至表土层为害，6月老熟幼虫开始化蛹，蛹期8～20天，成虫于6月中下旬至8月下羽化，7月是为害盛期。6月底开始产卵，7月中旬至8月上旬为产卵盛期，卵期8～18天。幼虫为害至秋末达3龄时，钻入深土层越冬。成虫白天活动，适温20～25℃，飞行力强，具假死性，晚间入土潜伏，无趋光性。成虫出土2天后取食，群集为害一段时间后交尾产卵，卵散产在2～5(cm)土层里，每雌可产卵20～65粒，多为40～50粒，分多次产下。成虫寿命18～30天，多为25天。成虫喜于地势平坦、保水力强、土壤疏松、有机质含量高的果园和田园产卵，一般以大豆、花生、甘薯地落卵较多。初孵幼虫以腐殖质或幼根为食，稍大为害地下组织。当10cm土层均温低于6.7℃时，幼虫开始向深土层转移，进入11月中旬开始越冬，翌春4月上旬上移，当20cm土温达到9.5℃时，幼虫移入表土层活动为害，老熟幼虫多在3～8cm土层里做椭圆形土室化蛹，成虫羽化后稍加停留就出土活动，当10cm米深土壤平均温度达19.7℃，成虫开始羽化，气温20℃以上进入羽化出土盛期，高于29.5℃成虫多静伏不动。

防治方法 参见粗绿彩丽金龟。

葡萄园斑喙丽金龟(Chestnut brown chafer)

学名 *Adoretus tenuimaculatus* Water鞘翅目，丽金龟科。分布在陕西、河北、山东、安徽、江苏、上海、浙江、江西、福建、广东、广西、湖南、湖北、贵州、四川、重庆等地。

寄主 苹果、柿、桃、葡萄、山楂、枣、梨、黑莓、板栗等。

为害特点 成虫食叶成缺刻或孔洞；幼虫为害植物地下组织。

形态特征 成虫:体长10～10.5(mm)，宽4.5～5.2(mm)，长椭圆形，褐至棕褐色，全身密生黄褐色披针形鳞片。头大，复眼

斑喙丽金龟成虫

大，唇基半圆形，前缘上卷，上唇下方中部向下延长似喙。触角10节，前胸背板宽短，前缘弧形内弯，侧缘弧形外扩，后侧角接近直角。小盾片三角形。鞘翅具白斑成行，端凸及侧下具鳞片组成的大、小白斑各1个，为本种明显特征。腹面栗褐色，具黄白色鳞毛。前足胫节外缘具3齿，后足胫节外缘具齿突1个。卵：椭圆形，长1.7～1.9(mm)，乳白色。幼虫 体长19～21(mm)，乳白色，头部黄褐色，肛腹片有散生的刺毛21～35根。蛹：长10mm左右，前端钝圆，后渐尖削，初乳白色，后变黄色。

生活习性 河北、山东年生1代，江西莲塘年生2代，均以幼虫越冬。翌春1代区5月中旬化蛹，6月初成虫大量出现，直到秋季均可为害。2代区4月中旬至6月上旬化蛹，5月上旬成虫始见，5月下旬～7月中旬进入盛期，7月下旬末期。第2代成虫8月上旬出现，8月上旬～9月上旬进入盛期，9月下旬为末期。成虫昼伏夜出，取食、交配、产卵，黎明陆续潜土。产卵延续时间11～43天，平均为21天，每雌产卵10～52粒，卵产于土中。常以菜园、红薯地落卵较多，幼虫孵化后为害植物地下组织，10月间开始越冬。

防治方法 参见粗绿彩丽金龟。

葡萄园棉花弧丽金龟

学名 *Popillia mutans* Newman属鞘翅目丽金龟科。别名:豆蓝丽金龟、无斑弧丽金龟、黑绿金龟、棕蓝金龟。分布全国各地。

寄主 成虫为害葡萄、草莓、黑莓、板栗、苹果、山楂、棉花等，是花期重要害虫。幼虫为害根部。

葡萄园棉花弧丽金龟成虫

为害特点 成虫为害葡萄的嫩头和花穗。也常群集为害草莓、黑莓的花和嫩叶，咬截花丝和柱头，有时把子房咬成孔洞。把草莓浆果咬破致腐烂。

形态特征 成虫：体长11~14(mm)，宽6~8(mm)，体深蓝色带紫，有绿色闪光；背面中间宽，稍扁平，头尾较窄，臀板无毛斑；唇基梯形，触角9节，棒状部3节，前胸背板弧拱明显；小盾片短阔三角形，大；鞘翅短阔，后方明显收狭，小盾片后侧具1对深显横沟，背面具6条浅缓刻点沟，第2条短，后端略超过中点；足黑色粗壮，前足胫节外缘2齿，雄虫中足2爪大爪不分裂。卵 近球形，乳白色。幼虫：体长24~26(mm)，弯曲呈"C"型，头黄褐色，体多皱褶，肛门孔呈横裂缝状。蛹：裸蛹，乳黄色，后端橙黄色。

生活习性 年生一代，以末龄幼虫越冬。由南到北成虫于5~9月出现，白天活动，安徽8月下旬成虫发生较多，成虫善于飞翔，在一处为害后，便飞往另处为害，成虫有假死性和趋光性。其发生量虽不如小青花金龟多，但其为害期长，个别地区发生量大，有潜在危险。

防治方法 参见粗绿彩丽金龟。

茸喙丽金龟

学名 *Adoretus puberulus* Motsch. 鞘翅目，丽金龟科。别名：黑眼金龟子。分布：山西。

寄主 葡萄、山楂、梨、苹果、玉米等。

为害特点 同斑喙丽金龟。

形态特征 成虫：体长10~13.5(mm)，宽5.0~6.3(mm)，长椭圆形，后部稍阔，体稍扁平，头、前胸尤显著。背部深褐色，腹面棕褐色，略具光泽，全体密布黄白色针状毛和刻点。头部大，头面微隆拱；唇基前缘上卷褶明显；上唇下方中部向下延伸似喙；复眼大，黑色具光泽；触角10节，鳃叶状，棒状部较长大，3节组成，雄触角较发达，棒状部较雌虫大，其长度大于前6节之和。前胸背板短阔，周缘边框完整；小盾片近正三角形，顶端圆，边缘光滑无毛，与鞘翅平。鞘翅上肩凸较小，明显，4条纵肋不大明显，但肩凸外后的1条稍明显。卵：圆形，长径2mm，短径1.5mm，初乳白色，近孵化时灰白色。幼虫：体长20~25(mm)，头和前胸背板及胸足黄褐色，体灰褐色，初孵幼虫体长3~4(mm)，体黄白色。头及前胸背板黄褐色。蛹：长11~15(mm)，宽5.5~6.0(mm)，略弯向腹面，初呈白色，后渐变黄白至黄褐色。

茸喙丽金龟成虫为害葡萄叶片

生活习性 年生1代，以幼虫在深土层中越冬。翌春上升到耕作层，老熟幼虫5月中旬开始化蛹，蛹期13~15天，6月上旬成虫始见，6月中、下旬至7月上旬为盛发期。6月下至7月中旬进入产卵盛期，卵期14天左右，6月底孵化，7月中下旬进入孵化盛期，幼虫为害地下组织。成虫白天潜伏在土中，夜晚出土活动，20~22时活跃，绕树飞行或于叶背取食、交配，23时有的潜入土中或隐蔽在落叶下，到清晨5时全部入土。成虫羽化出土取食一段时间后开始交配，产卵。卵散产在土中。成虫具假死性和趋光性，但震落后很快飞走，因此捕杀时应注意。成虫寿命25~30天。

防治方法 (1)取金龟子成虫浸入水中，经日晒发酵腐烂后，将发酵液装在罐头瓶子里挂在树枝上，或把发酵的澄清液喷洒在树上对成虫有忌避作用，适于庭院或零星栽植的果树试用。(2)其他防治法参见粗绿彩丽金龟。

粗绿彩丽金龟

学名 *Mimela holosericea* (Fabricius) 鞘翅目，丽金龟科。分布：黑龙江、吉林、辽宁、内蒙古、河北、河南、江西、陕西、甘肃、青海等省。

寄主 葡萄、苹果。

为害特点 成虫食叶成缺刻或孔洞。

形态特征 成虫：体长16~19(mm)，宽9~12(mm)，全体金绿色具光泽，前胸背板中央具纵隆线，前缘弧形弯曲，前侧角锐角形，后侧角钝，后缘中央弧形伸向后方，小盾片钝三角形。鞘翅具纵肋，纵肋1粗直且明显，2、3、4则隐约可见。腹面及腿节紫铜色，生白色细长毛。唇基紫铜色，前缘上卷。触角9节，雄虫棒状部长大，长于前5节之和。复眼黑色，附近散生白长毛。前足胫节外缘2齿，1齿长大，2齿仅留痕迹；跗节第5节最长。雄虫前足爪一大一小，大爪末端不分裂。臀板三角形。

生活习性 在甘肃省白龙江地区年生1代，以3龄幼虫在土壤中越冬，每年4月中旬越冬幼虫开始上升为害，5月下旬老熟幼虫开始化蛹，蛹期18天，7月上、中旬进入成虫盛发期，6月下旬成虫开始产卵，卵期15天，1龄幼虫期16~27天，2龄幼虫期28~41天，3龄幼虫期265~290天。成虫有趋光性。幼虫老熟后在30cm土中营土室化蛹。

防治方法 (1)每年6~7月用3%毒死蜱颗粒剂进行药剂处

粗绿彩丽金龟成虫

理土壤,结合耕地捡拾金龟子幼虫。(2)幼虫为害严重时,4月下~10月中旬,667m²用3%毒死蜱颗粒剂3kg加40倍细土混匀,开沟撒施,覆土后灌水,防效90%。(3)成虫羽化盛期安装杀虫灯诱杀。(4)育苗床上喷洒40%甲基毒死蜱或乐果乳油800倍液,可降低成虫产卵量。

浅褐彩丽金龟

学名 *Mimela testaceoviridis* Blanchara 鞘翅目,丽金龟科。别名:黄闪彩丽金龟。分布:河北、山东、江苏、浙江、福建、台湾等省。

浅褐彩丽金龟成虫为害叶片

寄主 喜食苹果、葡萄、黑莓、无花果、榆等,是果树重要害虫之一。

为害特点 成虫食叶,幼虫为害果树根部。

形态特征 成虫:体长14~18(mm),宽8.2~10.4(mm),体中型,后方膨阔。体色浅,全体光亮,背面浅黄色,鞘翅更浅,体下面、足褐色至黑褐色。唇基近梯形,表面密皱,侧缘略弧弯;头面前部刻点与唇基相似,后部刻点较大散布。触角9节。前胸背板略短,散布浅弱刻点;小盾片短阔,散布刻点。鞘翅上散布浅大刻点。

生活习性 年生1代,以老熟幼虫越冬,翌年5月下旬~7月下旬成虫出现,6月下旬~8月上旬盛发,昼夜在黑莓上层叶片上取食,有群聚性。苏北比苏南重。1995年7月底,江苏赣榆县抗日山园艺场黑莓园中的黑莓叶片几乎被吃光,仅剩主脉。

防治方法 参见粗绿彩丽金龟。

白星花金龟(White-spotted flower chafer)

学名 *Potosia (Liocola) brevitarsis* Lewis 鞘翅目花金龟科。别名:白星花潜,在果树上主要为害猕猴桃、葡萄、桃、柑橘、梨、李、草莓等多种果树。分布在全国大部份果产区。

为害特点 成虫为害嫩叶、嫩芽、嫩梢及成熟的果实,为害葡萄时,把果实咬成孔洞取食浆汁,当浆汁流到周围未咬的健果上大大降低葡萄的商品性,种植户经济损失较大。

形态特征 成虫:体长17~24(mm),宽9~12(mm),椭圆形具古铜色或青铜色光泽,体表散生很多不规则白绒斑,前胸背板后角与鞘翅前缘角之间生1个三角片很明显;鞘翅宽大近长方形,遍布粗大刻点,白绒斑多为横向波浪形。卵:长1.7~2(mm),

白星花金龟为害葡萄

圆形至椭圆形,乳白色。幼虫:体长24~33(mm),头褐色,体乳白色多皱纹肥胖,弯曲呈C形。裸蛹:初白色,后渐变成浅褐色。

生活习性 年生1代,以3龄幼虫在土内越冬,翌年5月上旬老熟幼虫化蛹,5月中旬羽化为成虫。成虫昼伏夜出,日落后开始出土,整夜取食上述寄主,黎明时飞离树冠潜伏,成虫具假死性及强的趋光性及群集为害习性,出土后10天开始把卵产在5~6(cm)深的土中,每雌产卵20~40粒,多散产,卵期10天,幼虫主要取食植物根部,10月后钻入深土中越冬。

防治方法 (1)成虫大量出土活动期可于夜晚捕捉。(2)安装杀虫灯诱杀。(3)适时进行园地中耕,破坏幼虫和蛹的适生环境或直接杀死部分幼虫。(4)在葡萄园内及周围树上挂细口瓶,高度1~1.5(m),瓶内放入少许果肉或酒醋,再放2~3个白星花金龟,可有效引诱其他成虫入瓶。(5)在成虫盛发前喷洒40%毒死蜱或40%甲基毒死蜱800倍液或40%辛硫磷乳油1000倍液、20%氯氰·毒死蜱乳油1000倍液、20%氰戊·辛硫磷乳油1500倍液。

绿盲蝽(Small green plant bug)

学名 *Lygocoris lucorum* (Meyer-Dur.)半翅目,盲蝽科。别名:花叶虫、小臭虫、棉青盲蝽、青色盲蝽、破叶疯、天狗蝇等。异名 *Lygus lucorum* Meyer-Dur.。该虫经郑乐怡先生订正由Lygus属转移至Lygocoris属。分布在全国各地。

寄主 石榴、桃树、葡萄、黑莓、桑、棉花、麻类等。近年为害苹果、梨、李、杏、梅、枣、山楂等,成为果树生产上的重要害虫。

苹果园绿盲蝽

为害特点 成虫、若虫刺吸寄主汁液,受害初期叶面呈现黄白色斑点,渐扩大成片,成黑色枯死斑,并成大量破孔、皱缩不平的"破叶疯"。孔边有一圈黑纹,叶缘残缺破烂,叶卷缩畸形。严重时腋芽、生长点受害,造成腋芽丛生,甚至全叶早落。

形态特征 成虫:体长5mm,宽2.2mm,绿色,密被短毛。头部三角形,黄绿色,复眼黑色突出,无单眼,触角4节丝状,较短,约为体长2/3,第2节长等于3、4节之和,向端部颜色渐深,1节黄绿色,4节黑褐色。前胸背板深绿色,布许多小黑点,前缘宽。小盾片三角形微突,黄绿色,中央具1浅纵纹。前翅膜片半透明暗灰色,余绿色。足黄绿色,胫节末端、跗节色较深,后足腿节末端具褐色环斑,雌虫后足腿节较雄虫短,不超腹部末端,跗节3节,末端黑色。卵:长1mm,黄绿色,长口袋形,卵盖奶黄色,中央凹陷,两端突起,边缘无附属物。若虫:5龄,与成虫相似。初孵时绿色,复眼桃红色。2龄黄褐色,3龄出现翅芽,4龄翅芽超过第1腹节,2、3、4龄触角端和足端黑褐色,5龄后全体鲜绿色,密被黑细毛;触角淡黄色,端部色渐深。眼灰色。

生活习性 北方年生3~5代,运城4代,陕西泾阳、河南安阳5代,江西6~7代,以卵在茎秆、茬内、皮或断枝内及土中越冬。翌春3~4月,旬均温高于10℃或连续5日均温达11℃,相对湿度高于70%,卵开始孵化。成虫寿命长,产卵期30~40天,发生期不整齐。成虫飞行力强,喜食花蜜,羽化后6、7天开始产卵。非越冬代卵多散产在嫩叶、茎、叶柄、叶脉、嫩蕾等组织内,外露黄色卵盖,卵期7~9天。以春、秋两季受害重。主要天敌有寄生蜂、草蛉、捕食性蜘蛛等。

防治方法 (1)冬前或早春3月上中旬清理果园和园中杂草,抹除寄主上的越冬卵。(2)树上药剂防治。于3月下旬至4月上旬越冬卵孵化期、4月中下旬若虫盛发期及5月上中旬谢花后3个关键期喷洒10%吡虫啉可湿性粉剂1500~2000倍液或10%高效氯氰菊酯乳油3000倍液、5%啶虫脒乳油3000倍液、20%氰戊菊酯乳油2500倍液或40%毒死蜱乳油1500倍液、50%毒死蜱·氯氰菊酯乳油2000倍液。

葡萄褐卷蛾(Barred fruit tree tortrix moth)

学名 *Pandemis cerasana* (Hübner)鳞翅目,卷蛾科。分布较广。

寄主 除葡萄外,还为害苹果、梨、樱桃、李、黑莓和坚果等。

为害特点 幼虫在春季为害花和幼果,造成减产;对叶子也造成为害。

形态特征 成虫:翅展16~24(mm),前翅浅黄色至黄褐色,有浅褐色和栗褐色条斑,后翅浅灰褐色;雌虫的触角具有基部缺口。卵:椭圆形,扁平。幼虫:体长20mm,较瘦和扁,浅绿色,头浅绿色至褐绿色;前胸背板浅绿色至浅黄绿色,侧面和后缘深色;肛板绿色,有黑点;臂栉浅黄色,具6~8个齿;第1和最后1个气门椭圆形,别于苹褐卷蛾。蛹:长8~13(mm),褐色至深褐色。

生活习性 成虫6~8月出现,把卵产在叶上或枝上,几周后或到翌春才孵化,夏季刚孵化的幼虫短时间取食叶片,不久在树枝上作茧越冬,春季发芽时恢复活动,越冬卵也开始孵化,5月或6月初前幼虫在卷叶或折叶中为害,后在白色茧内化蛹。

防治方法 参见葡萄长须卷蛾。

葡萄长须卷蛾(Long-palpi tortrix)

学名 *Sparganothis pilleriana* Denis et Schiffermüller属鳞翅目,卷蛾科。别名:葡萄卷叶蛾、藤卷叶蛾。分布在黑龙江、吉林、辽宁。

寄主 葡萄、大豆、棠梨、茶、油桐等。

为害特点 幼虫卷缀叶片如筒状,在其中蚕食,只留叶脉。

形态特征 成虫:体长6~8mm,翅展18~25mm。头黄褐色,下唇须长,向前伸;前翅黄至淡黄色,具光泽,基斑、中带、端纹褐或深褐色,中带由前缘1/3处斜伸到后缘1/2处;端纹较宽大,外缘界限不清,外缘区呈黄褐或褐色带。后翅褐色。幼虫:体长18~26mm,淡绿色。头黑褐色,背线深褐色,两侧每节各具2个暗毛瘤。蛹:长7~8mm,纺锤形,红褐或褐色。

生活习性 东北地区年生1代,以幼龄幼虫于地表落叶、杂草等被物下结茧越冬。4~5月寄主发芽后,越冬幼虫陆续出蛰,爬到寄主芽、叶上取食为害。低龄时多于梢顶幼叶簇中吐少量丝潜伏其中为害,稍大便吐丝卷叶为害。食料不足时常转移为害。至6~7月间陆续老熟,于卷叶内结茧化蛹,蛹期5~15天。成虫发生期为6月中旬~8月上旬。成虫昼伏夜出,羽化后不久即交配、产卵,卵多产于叶上。每雌产卵量150~250粒,卵期8~15天。幼虫孵化期6月下旬~8月中旬。孵化后经过一段时间取食便陆续潜入越冬场所结茧越冬。

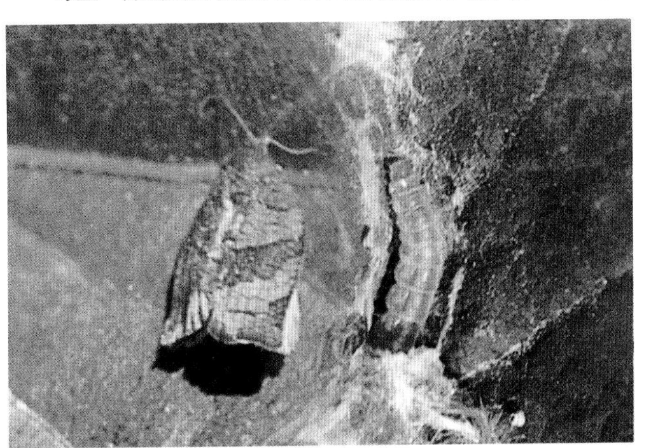

葡萄褐卷蛾成虫和幼虫

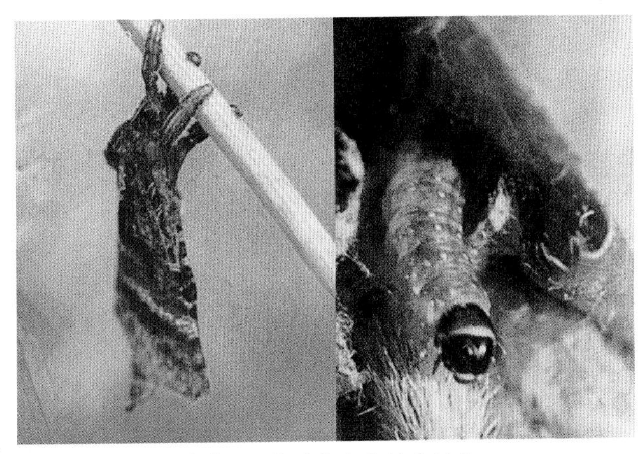

葡萄长须卷蛾成虫和幼虫放大

防治方法 (1)幼虫卷叶后,可摘除卷叶,消灭幼虫。(2)成虫产卵盛期或幼虫孵化盛期喷40%乙酰甲胺磷乳油1000倍液或50%氯氰·毒死蜱乳油2000倍液、20%氰戊菊酯乳油、20%甲氰菊酯乳油、10%联苯菊酯乳油2000倍液等。

葡萄斑蛾(Grape leaf worm)

学名 *Illiberis tenuis* Butler 鳞翅目,斑蛾科。别名:葡萄叶斑蛾、葡萄星毛虫、葡萄透黑羽。分布:黑龙江、吉林、辽宁、山东、安徽、四川。

葡萄斑蛾成虫(左)和幼虫

寄主 葡萄。

为害特点 幼虫主要食芽、叶,叶片被害成缺刻和孔洞。偶尔可为害花和果实。

形态特征 成虫:体长8～11(mm),翅展26～30(mm),体黑色有光泽,体上混生有紫绿和蓝绿色鳞片和毛。复眼黑色;触角双栉齿状,雄蛾栉齿较长。翅黑色半透明,前翅稍有蓝色闪光,基部、翅缘和翅脉均黑色;中室前和臀脉后不透明,中室端纹较直有黑纹,翅端沿翅脉呈黑色条斑;Cu_1和Cu_2向翅缘渐靠近。后翅边缘和脉黑色,中室及其前缘不透明;$Sc+R_1$与Rs在中室2/3处并接一小段再分开;M_2与Rs的中部均变向M_1。卵:椭圆形,长0.7mm,初乳白色,渐变淡黄,孵化前色暗。幼虫:体长15～20(mm),体肥胖,淡黄白至淡绿色。头小、口器褐色,单眼区黑色。各体节亚背线、气门上线、气门下线和基线处生有毛瘤,上生有许多短毛和少量长毛,亚背线处的毛略呈黑褐色,气门上线处的短毛黑褐色,其余部位的毛均为白色,故貌视亚背线和气门上线呈黑褐色。气门黑色,围气门片淡褐色。蛹:长10mm,肥大,淡黄色。茧:长15mm,暗褐色,椭圆形,底面平滑。

生活习性 年生1代。以老熟幼虫于根际附近地被物下及土缝中结茧越冬。4～5月化蛹。成虫5～6月发生。成虫白天活动,卵散产于叶背和枝蔓的表面及皮缝中。常有数粒不规则的产在一起。卵期18～20天。幼虫初常群集食芽,稍大食叶呈孔洞和缺刻,偶尔可为害花和果实。幼虫7月上旬开始陆续老熟,爬到根际附近地表落叶、杂草等被物下及土缝中结茧越冬。

防治方法 (1)成虫羽化前清理园内枯枝落叶、杂草等地被物,集中处理消灭其中的越冬幼虫和蛹。或深翻树盘,将表层土翻入深层,使羽化的成虫不能出土。(2)幼虫为害期喷洒常用触杀剂常规浓度均有良好效果。

葡萄园斑衣蜡蝉

学名 *Lycorma delicatula* (White) 同翅目蜡蝉科。别名:花娘子、花姑娘、灰花蛾等。分布在北京、河北、山西、陕西、山东、河南、江苏、安徽、浙江、湖北、广东、云南、台湾。

葡萄园斑衣蜡蝉成虫(吴增军摄)

寄主 杏、桃、李、海棠、葡萄、桃、柿、梨、山楂、苹果、柑橘、石榴等。

为害特点 以成虫和若虫刺吸嫩叶和枝梢汁液,造成嫩叶穿孔或树皮破裂,并诱发煤污病,严重影响光合作用和树势。

形态特征 成虫:体长15~22(mm),体灰黑色,表面有蜡粉,前翅革质,基部2/3处浅灰黄色,表生黑色斑点10~20个,端部浅黑色,脉纹浅白色。后翅基部鲜红色,上生黑点,中部白色,端部黑色。若虫:头部呈突角状,1~3龄若虫黑色,虫体表面生许多白点。末龄若虫体为红色,体表有黑斑纹和白色斑点。

生活习性 年发生1代,以卵越冬,卵于4月中旬孵化,若虫蜕皮4~6次,6月中旬羽化为成虫,为害加剧,8月中旬开始交配产卵直到10月下旬才死亡,成虫历期达4个月,成、若虫为害时间长达半年。其猖獗程度与当年8~9月雨量多少关系密切,如雨日多经久不息,湿度特高不利其产卵和孵化,受害轻,反之则为害猖獗。

防治方法 (1)发生量不大时可人工捕捉成虫及灭卵为主,数量大时,若虫大部分聚集在嫩梢上为害的低龄若虫期喷洒2.5%高效氯氟氰菊酯乳油2500倍液或5%高效氯氰菊酯乳油1000倍液、2.5%溴氰菊酯乳油1500倍液。

葡萄园网目拟地甲(Pitchy darkling beetle)

学名 *Opatrum subaratum* Faldermann 鞘翅目拟步甲科。别名:沙潜、网目沙潜。分布在东北、华北、西北。

寄主 为害葡萄等多种果树。

为害特点 成虫取食葡萄幼叶和嫩梢,常咬成缺刻或孔洞。

形态特征 成虫:体长6.4~8.7(mm),体椭圆形,扁、黑褐色至土灰色。前胸背板发达,密布细刻点。触角11节,棍棒状。鞘翅近长方形,把腹部遮盖,其上生7条隆起纵线,每条纵线两侧具5~8个瘤突呈网格状。卵:长1.2~1.5(mm),椭圆形,白色。末龄幼虫:体长15~18(mm),深灰黄色,背面暗灰褐色。离蛹:黄褐色。

葡萄园网目拟地甲成虫和幼虫

生活习性 年生1代，以成虫越冬。早春成虫只爬不飞，寿命3年，可孤雌生殖，有假死习性。

防治方法 (1)在葡萄苗圃撒诱饵进行诱杀。(2)用5%毒死蜱颗粒剂，每667m²用2kg对细土20kg拌匀后撒施或沟施。

葡萄斑叶蝉（Grape leafhopper）

学名 *Erythroneura apicalis* (Nawa) 同翅目，叶蝉科，俗称“小蠓虫”。分布在吉林、辽宁、陕西、河北、河南、山东、安徽、江苏、上海、浙江、江西、福建、台湾、湖北、湖南、广西等地。

寄主 葡萄、山楂、苹果、梨、桃、樱桃等。

为害特点 成虫、若虫在叶片上刺吸汁液，受害叶先出现失绿小白点，后连成白斑，致叶片苍白早期脱落。

形态特征 成虫：体长2～2.6(mm)，翅长3～4(mm)，黄白色或红褐色；头顶具近圆形黑斑点2个；前胸背浅黄色，前缘两侧各有3个小黑点；小盾片前缘左右各有1较大的近三角形黑斑；前翅半透明，黄白色，有深浅不同的红褐色花斑，翅端部色深带有褐色。卵：长椭圆形，长0.5mm，黄白色，稍弯曲。若虫：分红褐色和黄白色两型，红褐色型体长1.6mm，尾端有上举的习性；黄白色型体长2mm，体浅黄色，尾部不上举。

生活习性 河北年生2代，陕西、河南、山西3代，以成虫在杂草落叶下或土石缝中越冬。翌年4月初越冬成虫开始活动；4月中旬为盛期；5月上中旬开始产卵；5月下旬第一代若虫孵化，多呈黄白色，6月中旬孵化的多为红褐色；6月上旬成虫羽化，7月上旬为盛期；8月中旬为第二代成虫羽代盛期，8月～9月间第三代若虫发生最多，9月中下旬为第三代成虫羽化盛期，10月中旬进入越冬。第一代各虫态发育比较整齐，以后各代世代重叠较重。成虫多在白天羽化，尤以上午8～11时居多，成虫性活泼，横向爬行迅速，受惊即起飞。成虫羽化后2～5天开始交配，交配多在清晨进行，多数成虫在交配后第二天开始产卵。每雌产卵26～50余粒，产卵历期4～8天，卵散产于叶背叶脉处的表皮下，以中脉处为多。若虫有很强的群集性。成虫有一定的趋光性。

葡萄斑叶蝉成虫放大

防治方法 (1)秋后彻底清除落叶和杂草，集中烧毁，以减少虫源。(2) 若虫发生盛期喷洒40%辛硫磷乳油1000倍液或20%氰戊菊酯乳油2000倍液、4.5%高效氯氰菊酯乳油1000倍液、50%杀螟硫磷乳油1000倍液、52.25%氯氰·毒死蜱乳油1500倍液。

葡萄园桃一点斑叶蝉（Peach leafhopper）

学名 *Erythroneura sudra* (Distant)同翅目，叶蝉科。别名：桃一点叶蝉。分布在黑龙江、吉林、辽宁、内蒙古、陕西、河北、河南、山东、安徽、江苏、上海、浙江、江西、福建、广东、湖北、湖南、重庆、四川、贵州等地。

寄主 桃、李、杏、梅、苹果、樱桃、海棠、葡萄等。

为害特点 成虫、若虫刺吸寄主植物的嫩叶、花萼和花瓣汁液，形成半透明斑点。落花后，集中于叶背危害，受害叶片形成许多灰白色斑点。严重时全树叶片苍白，提早脱落，树势衰弱，影响生长和来年开花。

形态特征 成虫：体长3.1～3.3(mm)，淡黄、黄绿或暗绿色。头部向前成钝角突出，端角圆。头冠及颜面均为淡黄或微带绿色，在头冠的顶端有一个大而圆的黑色斑，黑点外围有一晕圈。复眼黑色。前胸背板前半部黄色，后半部暗黄而带绿色；小盾板黄色成分较深或为暗绿色。小盾板基缘近二基角处各有1条黑色斑纹，有时色较淡。中胸腹面常有黑色斑块。前翅半透明淡白色，翅脉黄绿色，前缘区的长圆形白色蜡质区显著；后翅无色透明，翅脉暗色。足暗绿，爪黑褐色。雄虫腹部背面具黑色宽带，雌虫仅具一个黑斑。卵：长椭圆形，一端略尖，长0.75～0.82(mm)，乳白色，半透明。若虫：体长2.4～2.7(mm)，全体淡墨绿色，复眼紫黑色，翅芽绿色。

生活习性 年发生代数因地域差异而不同，南京一带年发生4代，福州、南昌一带年发生6代。以成虫潜伏于落叶、杂草

葡萄园桃一点斑叶蝉

堆中、树皮隙缝及常绿树杉、柏等丛中越冬。翌年3月桃、梅萌发后即迁往花桃、梅花、樱花等寄主上为害。各代成虫出现期为4月上旬至7月中旬第一代；7月上旬至8月下旬第二代；8月中旬至9月中旬第三代；8月下旬至第二年5月中旬越冬代(即第四代)。各代卵期6~29天；若虫期13~21天；成虫寿命12~33天，越冬成虫长达5~6个月。第一代发生较整齐，从第二代起，各世代重叠现象明显。卵多散产在叶背主脉内，少数产于叶柄内，孵化后留下焦褐色长形破缝。每头雌成虫可产卵40~160粒左右。若虫喜欢群集于叶背危害。成、若虫有横向爬行的习性。成虫在晴朗天气、温度高时活跃，清晨、傍晚和阴雨天不活动，无趋光性。

防治方法 参见葡萄斑叶蝉。

葡萄二黄斑叶蝉

学名 *Erythroneura* sp. 分布在长江以北葡萄产区，是华北葡萄生产上的主要害虫之一。局部地区为害很严重。

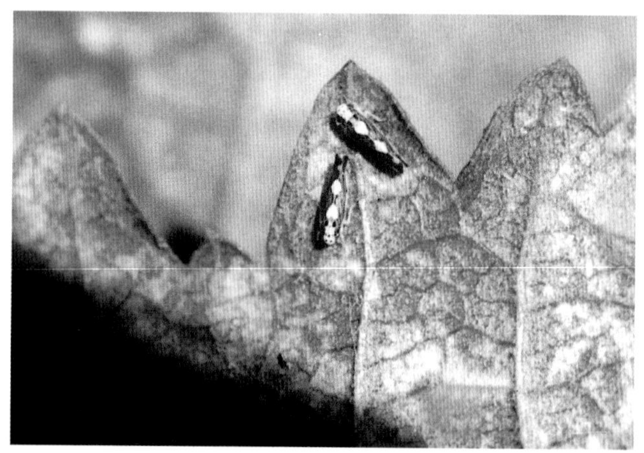

葡萄二黄斑叶蝉成虫放大

寄主 葡萄。

为害特点 与葡萄斑叶蝉近拟。先从新梢基部的老叶开始，逐渐向上扩展，不爱为害嫩叶。

形态特征 成虫：连翅体长为3mm。头、前胸淡黄色，复眼黑或暗褐色，头顶前缘有2个黑褐色小斑，前胸背面前缘有3个黑褐色小斑。小盾片浅黄白色，前缘有2个黑褐色斑。前翅暗褐色，越冬前红褐色，后缘基部和中部各生2个黄斑，两翅合拢后形成2个长圆形斑。末龄幼虫：体长1.6mm，紫红色，尾部向上翘起。

生活习性 山东、山西年发生3~4代，以成虫在落叶层、杂草丛、砖石缝等处越冬，翌年3~4月出蛰，先在发芽早的植物上寄居，葡萄展叶后即迁至葡萄上为害，常与葡萄斑叶蝉混合发生。葡萄落叶时相继越冬。盛发期成虫起飞再停落时，能发出小雨击打叶片的响声，枝蔓过密通风不良发生严重。

防治方法 (1)葡萄园提倡用黄板诱杀二黄斑叶蝉和蚜虫效果好。(2)改善通风透光条件，秋后春初彻底清除园内落叶和杂草以减少虫源。(3)若虫发生盛期涂枝或喷洒25%噻虫嗪水分散粒剂20000倍液或50%氯氰·毒死蜱乳油2000倍液、20%氰戊·辛硫磷乳油1500倍液、1.1%百部·楝·烟乳油1000倍液、1.8%阿维菌素乳油3000倍液。

葡萄十星叶甲(Grape leaf beetle)

学名 *Oides decempunctata* (Billberg)鞘翅目，叶甲科。别名：葡萄金花虫、十星瓢萤叶虫。分布：吉林、山西、河北、山东、河南、安徽、江苏、浙江、湖南、江西、福建、广西、广东、陕西、甘肃、四川、贵州、云南。

葡萄十星叶甲成虫和幼虫

寄主 葡萄、柚、爬山虎、黄荆树等。

为害特点 成、幼虫食芽、叶成孔洞或缺刻，残留1层绒毛和叶脉，严重的可把叶片吃光，残留主脉。

形态特征 成虫：体长约12mm，椭圆形，土黄色。头小隐于前胸下；复眼黑色；触角淡黄色丝状，末端3节及第4节端部黑褐色；前胸背板及鞘翅上布有细点刻，鞘翅宽大，共有黑色圆斑10个略成3横列。足淡黄色，前足小，中、后足大。后胸及第1~4腹节的腹板两侧各具近圆形黑点1个。卵：椭圆形，长约1mm，表面具不规则小突起，初草绿色，后变黄褐色。幼虫：体长12~15(mm)，长椭圆形略扁，土黄色。头小、胸足3对较小，除前胸及尾节外，各节背面均具两横列黑斑，中、后胸每列各4个，腹部前列4个，后列6个。除尾节外，各节两侧具3个肉质突起，顶端黑褐色。蛹：金黄色，体长9~12(mm)，腹部两侧具齿状突起。

生活习性 长江以北年生1代，江西2代，少数1代，四川2代，均以卵在根际附近的土中或落叶下越冬，南方有以成虫在各种缝隙中越冬者。1代区5月下旬开始孵化，6月上旬进入盛期，幼虫沿蔓上爬，先群集为害芽叶，后向上转移，3龄后分散。早、晚喜在叶面上取食，白天隐蔽，有假死性。老熟后于6月底入土，在3~6(cm)处做土茧化蛹，蛹期约10天，7月上中旬羽化。成虫白天活动，有假死性，经6~8天交配。交配后8、9天开始产卵，卵块生，多产在距植株30cm左右土表，以葡萄枝干接近地面处居多。8月上旬~9月中旬为产卵期，每雌可产卵700~1000粒，以卵越冬。成虫寿命60~100天，进入9月陆续死亡。2代区越冬卵于4月中旬孵化，5月下旬化蛹，6月中旬羽化，8月上旬产卵，8月中旬孵化，9月上旬化蛹，9月下旬羽化，交配及产卵。以卵越冬，11月成虫死亡。以成虫越冬的于3月下旬至4月上旬开始活动，并交配产卵。

防治方法 (1)秋末及时清除葡萄园枯枝落叶和杂草，及时烧毁或深埋，消灭越冬卵。(2)震落捕杀成、幼虫，尤其要注意捕杀群集在下部叶片上的小幼虫。(3)必要时，喷洒80%敌敌畏乳油1000倍液或20%氰戊·辛硫磷乳油1500倍液、10%氯氰菊

酯乳油 1500 倍液、2.5%高效氯氟氰菊酯乳油 2000 倍液、52.25%氯氰·毒死蜱乳油 2000 倍液、10%联苯菊酯乳油 3000 倍液、40%辛硫磷乳油 1000 倍液防治成虫,也可用 90%敌百虫可溶性粉剂 1000 倍液防治幼虫。(4)幼虫入土化蛹时灌水,也可收到较好的效果。

葡萄修虎蛾(Grape owlet moth)

学名 *Seudyra subflava*(Moore)鳞翅目,虎蛾科。别名:葡萄虎夜蛾、葡萄黏虫、葡萄狗子、老虎虫、旋棒虫等。分布在黑龙江、辽宁、河北、山东、湖北、湖南、江西、福建、台湾、广西、广东、四川、贵州、云南。

寄主 葡萄、野葡萄、常春藤、爬山虎等。

葡萄修虎蛾幼虫放大

为害特点 幼虫食叶成缺刻或孔洞,严重时仅残留粗脉或叶柄。

形态特征 成虫:体长 18~20(mm),翅展 45mm,头胸部紫棕色,腹部杏黄色,背面中央具 1 纵列紫棕色毛簇达第 7 腹节后缘。前翅灰黄色带紫棕色散点;前缘色略浓,后缘及外线以外暗紫色,其上具银灰色细纹,外线以后的后缘色浓,外缘具灰细线,中部至臀角具 4 个黑斑;内、外线灰色;肾纹、环纹黑色,围有灰黑色边。后翅杏黄色,外缘具 1 紫黑色宽带,臀角有橘黄色斑 1 个,中室有 1 黑点,外缘有橘黄色细线。幼虫:体粗大,长约 40mm,后端较前粗,第 8 腹节稍隆起。头橘黄色,有黑斑,体黄色散生不规则褐斑,毛突褐色;前胸盾、臀板橘黄色,上具黑褐色毛突,臀板上的褐斑连成 1 横斑;背线黄色明显;胸足外侧黑褐色,腹足全黄色,基部外侧具黑褐色斑块。蛹:长 16~18(mm),暗红褐色,尾端齐,左右有突起。

生活习性 辽宁、华北年生 2 代,以蛹在土中越冬,翌年 5 月下旬开始羽化,卵产于叶上。幼虫 6 月中、下旬始见,常群集食叶,7 月中旬陆续老熟入土化蛹。7 月下至 8 月中旬羽化为成虫。8 月中旬始见第 2 代幼虫,9 月老熟入土做茧化蛹越冬。幼虫受触动时吐黄水。

防治方法 参考葡萄天蛾。

台湾黄毒蛾(Taiwan yellow moth)

学名 *Porthesia taiwana* Shiraki 鳞翅目,毒蛾科。别名:刺毛虫。分布:广东、海南、台湾。

台湾黄毒蛾成虫放大

寄主 柑橘、葡萄、桃、杏、梅、柿、咖啡、桑、茶等多种果树。

为害特点 幼虫食叶成缺刻或孔洞;成虫群集吸食葡萄果实汁液。

形态特征 成虫:体长 9~12(mm),雌较雄大,体黄色、触角羽状,前胸背部及前翅后缘具黄色长毛,前翅中央从前缘至后缘具白色横带 2 条,后翅后缘及基部密生淡黄色长毛,腹部末端有橙黄色毛块。卵:球形,初产浅黄色,孵化前暗褐色。幼虫:头褐色,体橘黄色,体节上具毒毛,背线赤色。

生活习性 台湾年生 8~9 代,周年可见各虫态,夏季 24~34 天完成一代,冬季 65~83 天。卵块带状,20~80 粒排列 2 行,其上附有雌蛾黄色尾毛。6~7 月为发生盛期,卵期 3~19 天,幼虫期 13~55 天,蛹期 8~19 天,初孵幼虫群栖于卵块附近,3 龄后逐渐分散。成虫有趋光性。

防治方法 参考柿害虫——舞毒蛾。

葡萄园白雪灯蛾

学名 *Chionarctia nivea*(Menetries)鳞翅目灯蛾科。分布在全国大部分地区。

寄主 葡萄。

为害特点 以幼虫啃食葡萄幼嫩叶片,食成缺刻或孔洞,严重时把叶片吃光。

形态特征 成虫:体长 33mm,体白色。下唇基部红色,第 3 节黑色,触角白色,翅白色,无斑点。卵:圆球形,乳白色。幼虫:

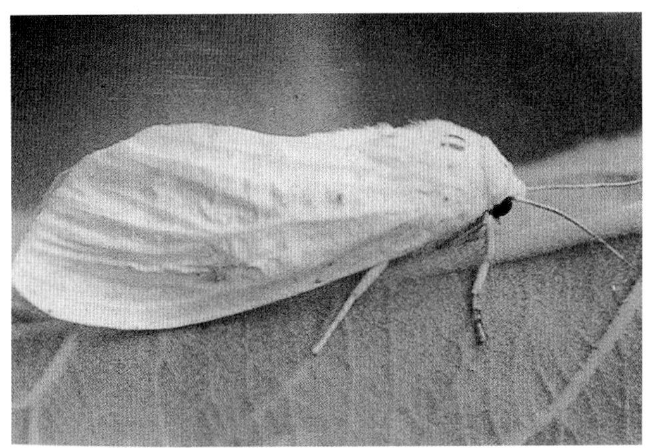

葡萄园白雪灯蛾成虫放大

3 龄前浅黄褐色，全体及毛丛褐色。5 龄幼虫体长 35mm，体红褐色，密被深褐色长毛。蛹：纺锤形，棕红色。

生活习性 辽宁年生 1 代，以老熟幼虫越冬，7 月上旬 ~8 月下旬成虫发生，7 月中旬 ~9 月进入幼虫发生期。成虫有趋光性。

防治方法 发生严重地区可用频振式杀虫灯诱杀成虫。

葡萄粉虱（Grape whitefly）

学名 *Aleurolobus shantungi* Tang 和 *A. taonabae* Kuwana Tang 同翅目，粉虱科。分布：山东、山西、河北等省。

寄主 葡萄、山楂。

葡萄粉虱放大

为害特点 以若虫在葡萄叶片背面刺吸汁液，严重时布满叶片，致受害叶呈红褐色，造成叶片早落，为害果实时分泌出黏液，引起煤污病，无法食用。

形态特征 成虫：体长 1.3mm，全体粉白色，翅不透明。卵：浅黄色，长椭圆形，背部略隆起，体四周有刺毛。蛹：长 15mm 左右，宽 1mm，椭圆形，漆黑色，体缘有短、密、等长的白色蜡毛，体背皱纹规则。“⊥”形羽化裂纹明显。

生活习性 山东、河北、山西年生 3 代，以蛹附着在落叶背面越冬，翌年 5 ~ 6 月进入成虫羽化期，飞到葡萄上又进行为害。

防治方法 (1)秋末冬初彻底清除葡萄园落叶，集中深埋或烧毁，以减少越冬虫源。(2)必要时喷洒 50%二嗪磷乳油或 40%乐果乳油 1000 倍液、75%灭蝇胺可湿性粉剂 5000 倍液、25%噻嗪酮可湿性粉剂 1500 倍液。

葡萄园背刺蛾

背刺蛾幼虫

学名 *Belippa horrida* Walker 属鳞翅目刺蛾科。分布在辽宁、山东、浙江、江西、福建、陕西、海南、云南、台湾。

寄主 葡萄、桃、苹果、梨等。

为害特点 把叶片吃光。

形态特征 成虫：翅展 29~32mm，全体黑混杂褐色，触角褐色，雌蛾丝状；雄蛾单栉状。前翅内横线两侧色较深；中室端纹白色，新月形；亚外缘线波浪形；顶角有黑斑，内生小白点，后翅灰黑色，前缘基部色略浅。幼虫：椭圆形，背隆起，鲜绿至浓绿色，腹面扁平，全身无毛。

生活习性 年生 1 代，以老熟幼虫在茧内越冬，4 月下旬化蛹，蛹期 27~48 天，6 月上旬成虫羽化，把卵散产在叶片上，卵期 11~18 天。幼虫期 39~58 天。

防治方法 参见苹果害虫——黄刺蛾。

葡萄园侧多食跗线螨（Yellow tea mite）

学名 *Polyphagotarsonemus latus* (Banks) 真螨目，跗线螨科。别名：茶黄螨、茶跗线螨、茶半跗线螨、嫩叶螨、白蜘蛛、阔体螨。分布于全国各地。

寄主 柑橘、咖啡、桃、梨、栗、葡萄、辣椒、番茄、茄子等。

为害特点 以成螨、若螨聚集在幼嫩部位及生长点周围，刺吸植物汁液，轻者叶片缓慢伸开、变厚、皱缩；严重的叶缘向下卷，致生长点枯死、不长新叶，植株扭曲变形或枯死。

形态特征 雌螨长约 0.21mm，椭圆形，较宽阔，腹部末端平截，淡黄色至橙黄色，表皮薄而透明，因此螨体呈半透明状。体背部有一条纵向白带。足较短，第 4 对足纤细，其跗节末端有端毛和亚端毛。腹面后足体部有 4 对刚毛。若螨：长椭圆形，是静止的生长发育阶段，外面罩着幼螨的表皮。

侧多食跗线螨雌成螨和卵

生活习性 年生多代，以雌成螨在芽鳞片内、叶柄处或徒长枝的成叶背面或杂草上越冬。翌春把卵散产在芽尖或嫩叶背面，每雌产卵 2 ~ 106 粒，卵期 1 ~ 8 天，幼螨、若螨期 1 ~ 10 天，产卵前期 1 ~ 4 天，成螨寿命 4 ~ 7.6 天，越冬雌成螨则长达 6 个月。完成一代需 3 ~ 18 天。四川年生 20 代，一般 5 月以前发生较少，6 ~ 7 月迅速上升。

防治方法 参见葡萄短须螨。

葡萄短须螨（Citrus flat mite）

学名 *Brevipalpus lewisi* McGregor 真螨目，细须螨科。别

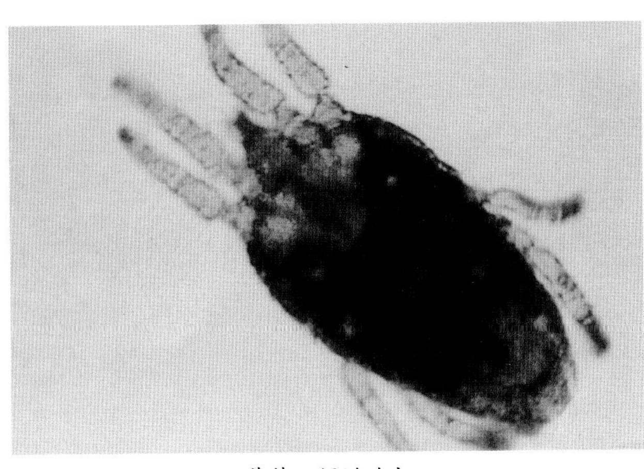
葡萄短须螨放大

名:刘氏短须螨。分布:北京、辽宁、河北、山东、河南、台湾。

寄主 葡萄、核桃、柑橘及观赏植物。

为害特点 以成、若螨吸食叶片汁液,造成叶片枯焦脱落,为害果梗、新蔓、副梢、卷须出现坏死斑,河北果农称为"铁丝蔓"。为害果粒造成果皮粗糙,龟裂,含糖量下降。

形态特征 雌成螨:体长0.32mm,宽0.11mm。椭圆形,红色。喙长达至足1股节中部,喙板中央深凹,两侧各具1尖利突起,其外侧有2个低矮的侧突,须肢4节,端节具2根刚毛和1根分枝状毛。前足体背毛3对,均短小。后半体背中毛3对,微小。肩毛1对,6对背侧毛,短小。躯体中央背表皮纹不清晰。后足体部有孔状器1对。雄成螨:形体似雌螨,末体与足体之间具1收窄的横缝。卵:长0.04mm,卵圆形,鲜红色,有光泽。若螨:前足体第1对背毛小,第2、3对背毛、肩毛较长,有锯齿。

生活习性 山东年生6代,以浅褐色的雌螨在蔓的裂皮下、芽鳞片、叶痕等处越冬。5月上中旬,气温达20.6℃时开始出蛰,向新芽上转移,6~8月大量繁殖,多在叶背近叶脉处为害,随副梢生长逐渐向上移,9月上旬出现越冬型雌螨,以小群落在裂皮下越冬。

防治方法 (1)冬季清园刮除枝蔓上老粗皮,消灭在粗皮越冬的雌成虫。(2)春季葡萄发芽前,喷波美5度石硫合剂,夏季喷40%乐果乳油或50%敌敌畏乳油1000倍液、10%联苯菊酯乳油4000倍液、5%唑螨酯悬浮剂1500倍液、5%噻螨酮乳油1500倍液、73%炔螨特乳油3000倍液。

(3) 枝干和根部害虫

葡萄卷叶象甲

学 名 *Byeltiscus lacuaipennis* Jekel =*Aspidobyctiscus lacunipennis* Jekel 鞘翅目卷象科。分布在华北、东北 、西北、华中、华南、华东及四川。

寄主 主要为害葡萄和野生葡萄。

为害特点 以成虫啃食葡萄嫩芽和叶片,并把叶卷成筒状悬挂在树上或枯死,妨碍新梢生长。

形态特征 雌成虫:体长3.8~5.6(mm),宽2.3~3(mm),全体灰褐色,表面具金属光泽,体表密生灰白色短毛和小刻点,前胸宽于长。喙粗壮,短于前胸长,基部背面扁平,纵皱纹密布。触角柄节短粗,端部略尖。卵:白色椭圆形。幼虫:黄白色,无足。

生活习性 年生1代,以成虫或末龄幼虫越冬,越冬成虫于5、6月为害叶片,雌虫卷叶产卵,幼虫在卷叶内食叶,幼虫老熟时随卷叶落地入土化蛹,8月羽化, 一般近山坡葡萄园发生较多。

葡萄卷叶象成虫

防治方法 (1)在7月下旬在葡萄树树干半径1m之内土面上喷洒40%辛硫磷乳油500倍液,喷后把表土耙松使药土混匀毒杀羽化出土的成虫。(2)5月成虫上树卷叶之前喷洒50%杀螟硫磷乳油1000倍液或50%杀螟丹可湿性粉剂800倍液。(3)也可在成虫产卵期震落捕杀,同时搜集卷叶销毁。

柞剪枝象

学名 *Cyllorhynchites ursulus* (Roelofs) 分布在辽宁、河北、江苏、福建、广东、四川、云南等省,除主害栗等栎属植物外,还可为害葡萄和梨等果树。

柞剪枝象为害葡萄新梢受害状(赵奎华摄)

为害特点、形态特征、生活习性、防治方法 参见板栗害虫——柞剪枝象。

葡萄象

学名 *Craponius inaequalis* (Say) 鞘翅目象虫科。

葡萄象成虫(左)及幼虫为害果实状

寄主 葡萄。

为害特点 成虫取食葡萄叶或嫩茎表面,在叶背面或果轴上产生曲折Z形食痕,也刺食果实,并把卵产在葡萄果实内。幼虫取食果肉和种子。

形态特征 成虫:体长3mm,宽约2.5mm,红黑色。幼虫:无足,体黄白色,头褐色。

生活习性 1年发生1代,以成虫在葡萄园或周围越冬,翌春越冬成虫出现,25天后开始取食葡萄果实,一般在6月中旬,雌虫白天向1~14个葡萄果中产卵,产卵期78天,幼虫历期12天,老熟后从葡萄中爬出来落到土壤中化蛹,蛹期19天。夏末成虫羽化,食葡萄叶,逐渐进入越冬状态。该虫主要以卵、幼虫随葡萄果实调运远距离传播。

防治方法 (1)严格检疫,防止疫区扩大。(2)在翌春成虫产卵和卵初孵期喷洒50%杀螟硫磷乳油800倍液、2.5%溴氰菊酯乳油2000倍液、48%毒死蜱乳油1500倍液,10~15天一次,喷2~3次。

葡萄园日本双棘长蠹

学名 *Sinoxylon japonicus* Lesne 鞘翅目长蠹科。又称黑壳虫。分布在北京、浙江、四川、甘肃、贵州、陕西、华北、华中。是我国新发现的为害果树十分严重的新害虫。

寄主 葡萄、梨树、柿、板栗、黑枣、槐树等。

为害特点 以幼虫和成虫在2年生枝条内蛀食为害。节部和芽基处可见虫孔,为害期长,起初不易发现,时间长后常会造成严重损失,减产10%~13%。

葡萄芽基被日本双棘长蠹蛀害状

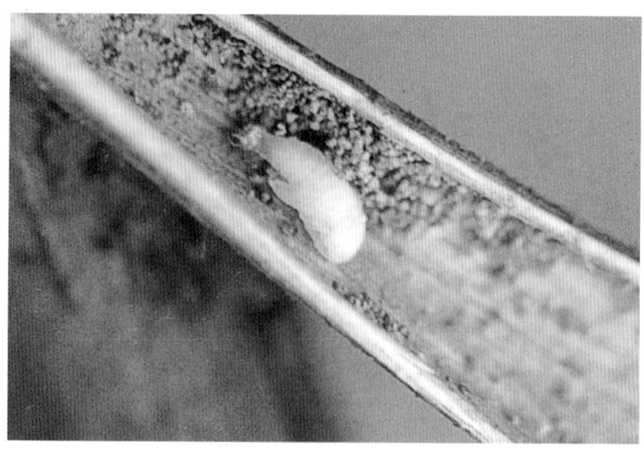

葡萄蔓内的日本双棘长蠹蛹

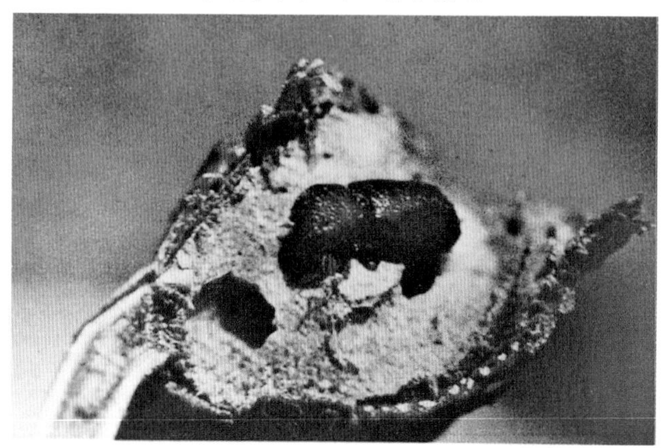

葡萄日本双棘长蠹成虫及蛀害状

形态特征 成虫:体长4.3~5.6(mm),宽1.6~2.2(mm),体黑褐色,圆筒形。触角10节棕红色,末端3节膨大呈栉片状,着生在两复眼中间。咀嚼式下口式口器,上颚发达,粗短。前胸背板盖住头部呈帽状,上生黑色小刺突。鞘翅赤褐色,密布粗刻点;鞘翅后端急剧下倾,鞘翅斜面合缝两侧生1对棘状凸起,棘突末端背面突出似脚状,两侧近平行。足棕褐色带红色。腹部腹面第6节特小,前面可见5节。末端有尾须。卵:乳白色,椭圆形。末龄幼虫:体长4.5~5.2(mm),可见11体节,每节背面生2个皱突。蛹:长4.8~5.2(mm),初乳白色,后变成黄色至灰黑色。

生活习性 贵州年发生1代,以成虫越冬,4月中旬越冬成虫开始活动,选择较粗大的枝蔓从节部芽基处蛀害,把卵产在其中,蛀孔圆形,与天牛幼虫为害不同。5月上、中旬进入成虫交尾产卵期,5月中、下旬至8月为害最严重。10月上、中旬开始越冬。

防治方法 (1)选用抗双棘长蠹的砧木进行嫁接,可减少受害。(2)此虫蛀孔口常有新鲜虫粪屑堆积,冬剪时把有虫粪枝条剪除,集中烧毁。春季绑蔓时把漏剪的虫枝剪除。葡萄长出4~5片叶时再次剪除不发芽的枝蔓。同时增施磷钾肥,增强树势,提高抗病抗虫力。(3)4~5月成虫活动期喷洒2.5%三氟氯氰菊酯乳油2500倍液或15%吡虫啉可湿性粉剂2000倍液、2%阿维菌素乳油4000倍液。(4)发现主枝蔓节部有粪屑排出时,用注射器注入少量80%敌敌畏乳油50倍液或2%阿维菌素乳油500倍液。也可用棉花蘸上述药液封堵虫孔。(5)加强检疫,严防疫区扩大。

葡萄园茶材小蠹

学名 *Xyleborus fornicatus* Eichhoff 鞘翅目小蠹科。别名：茶枝小蠹。分布在广东、广西、福建、海南、台湾等省。

寄主 茶材小蠹原来主要为害茶树、橡胶树、洋槐等，近年来种植结构调整宜果山地开发后，大量迁移到葡萄、荔枝、龙眼上为害，成为葡萄等的大害虫。

为害特点 具选择性、隐蔽性和毁灭性三大特性，该虫喜选择直径 1.5~3(cm)的枝、干钻蛀为害，直径 2mm，茎内多为圆环状水平坑道，深达木质部。主要为害木质部，受害初期不易发现，当虫量积累到一定程度时，常造成毁灭性灾害。

形态特征 参见荔枝、龙眼害虫——茶材小蠹。

生活习性 茶材小蠹年生 6 代，以成虫在原坑内越冬，翌年 3 月气温回升到日均温 20~22℃，大量飞出活动，钻蛀为害，产生新的坑道。4 月上旬大量产卵。白天、夜间均有蛹羽化，羽化后成虫停留在母坑道中 7 天左右，选晴天 14~16 时出孔活动。从出孔到入侵需 20~160 分，把卵产在坑道中，单粒或 2~8 粒连在一起，幼虫生活在母坑道中，世代重叠相当严重。

防治方法 (1)采果后及时清园，把剪下的病虫枝、病落叶等集中深埋或烧毁，减少虫源。(2)施好果后肥，667m^2 施速效氮 12kg，喷 0.3%尿素液 2~3 次，以促树势恢复正常，秋施肥采用条沟施肥法，9 月下旬至 11 月上旬完成，使土壤有机质含量达 2%以上，增强树体抗虫力十分重要。(3)采果后及时中耕除草，同时深翻，8~10 月连续 10~15 天不下雨，要及时灌溉。(4)苗木调运，接穗引进要严格把关，防止人为传播。(5)选准时机用药防治，该虫世代重叠严重，全年中只有越冬虫态较整齐，必须在越冬成虫未扩散前用药防治。常用药剂有 90%杀螟丹或 50%杀螟硫磷乳剂 1000 倍液。(6)也可在修剪后越冬代成虫和第 1 代成虫羽化出孔期喷洒 4.5%高效氯氰菊酯乳油 2000 倍液或 40%毒死蜱乳油 1500 倍液、55%氯氰·毒死蜱乳油 2000 倍液。

葡萄园茶材小蠹幼虫危害葡萄(姚革)

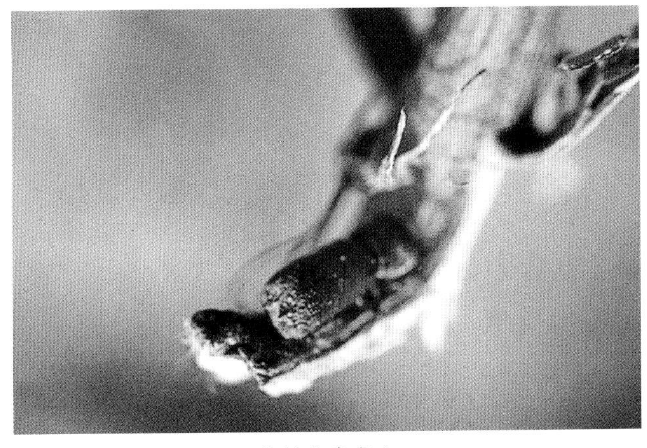

茶材小蠹成虫

葡萄园咖啡拟毛小蠹

学名 *Dryocoetiops coffeae* (Eggers) 中国新种。属鞘翅目小蠹科。分布在贵州省都匀；国外分布东亚、南亚。

葡萄园蔓上的咖啡拟毛小蠹成虫

寄主 危害葡萄、咖啡等。

为害特点 以成虫、幼虫蛀害年老主蔓和衰弱枝条，把边材木质部蛀成网状坑道，造成细枝枯死。

形态特征 成虫：体长 3~3.2(mm)，宽 1.1mm，圆柱形，黑褐色有光泽；触角、下颚须、足茶褐色。上颚黑色。额平阔，布粗糙颗粒。颅顶光滑，密布细小刻点。复眼黑褐色。触角 8 节，鞭节 3 节，第 1 节呈倒置短梯形，第 2 节最长棍棒状。2、3 节横带状，端节半圆形。前胸背板长约等于宽，等于翅长的 3/5，近圆形。中胸背板呈横窄长方形。小盾片舌形。鞘翅基缘向前躬斜，与前胸背板等宽，翅面刻点沟凹陷不明显，刻点窝大，排列稀，每刻点内生 1 根向后稍曲的黄褐色刚毛。腹部多毛。

防治方法 参见葡萄园茶材小蠹。

葡萄芦蜂

学名 *Ceratina viticola* L.Huang 膜翅目，条蜂科。新害虫。别名：葡萄蛀蔓蜂、葡萄巢蜂。分布：贵州、云南。

为害葡萄的芦蜂(上雌下雄)

寄主 葡萄。

为害特点 成虫在葡萄1~2年生细弱、濒死枝蔓节间咬孔，钻入髓部筑巢育后，导致被害枝条枯死。

形态特征 雌成虫：长9~10(mm)，头斜截，体黑色具光泽，多黄斑，背、腹面布刻点和多毛，其中以足和腹面毛密而长。触角窝域深内陷，触角棍棒状，暗赤褐色，后伸可达中胸背板中部；共12节，柄节粗大而光滑，其长度是1~7鞭节之和。单眼亮棕色，呈倒三角形生于颅顶。复眼长椭圆形，栗褐色，竖生于头的两侧域。前胸细小，中胸背板特大，板面具4条黄纵斑和3条纵沟：纵沟分生于中线处及两侧域中区；黄斑生于中纵沟两侧和侧纵沟外缘，中间两条斑长，外缘外的两斑呈短眉状。小盾片黄色，三角形。在后盾片中区隐约可见一黄色小横斑。翅膜质，淡烟黄色，被褐色短绒毛。前翅具3个亚缘室，缘室顶端弧形，距翅顶角很远，亚缘室大小为3室>1室>2室。后足胫节端部具2枝强距，外距比内距长1/3。腹部除首、末两节外，各节背板后缘具1条黄色带斑，带斑中域和两侧区向内增厚，呈不规范的矮缩"山"形，以基节上的斑纹较显突。雄蜂：体小，长6~7(mm)，与雌蜂相似。

生活习性 年发生世代不详，多为双居，以两性成虫在寄主枝蔓内的巢室中越冬。翌年5月上中旬，越冬成虫出室交尾，雄蜂很快死亡。雌蜂选择一或二年生细弱短枝打洞，钻入茎内，将髓啃成中空，用后是把木屑排出孔外，筑巢室产卵其中。一般产卵2粒，偶见3粒。幼虫孵化后，雌蜂在野外采集向日葵、荆条、三叶草、洋姜、大丽菊等植物的花粉和蜜露，带回巢内喂养和自食。由于此蜂足上仅有毛，缺少类似蜜蜂似的"花粉篮"，所以采回量较少，剩余不多。余下的花粉常被黏成粒团状，留给幼虫作生长发育所需的食料。幼虫化蛹前后，雌蜂死亡。新一代成虫羽化后，脱孔另寻新的枯弱或濒死枝筑巢育后，10月下旬以两性成虫越冬。在标本采集中，有时也发现独居或同性双栖，可能是与受精卵的孵化和胚胎发育有关。

防治方法 与蠹虫和天牛类害虫进行兼防。

葡萄大眼鳞象

学名 *Egiona viticola* Luo 鞘翅目象甲科，是蛀害葡萄藤蔓的新害虫。分布在贵州三都、都匀、荔波一带。

寄主 葡萄。

为害特点 以成虫、幼虫蛀害生长衰弱的老蔓或枯蔓或濒死蔓，是一种次害性害虫，当葡萄受到透翅蛾或双棘长蠹或天牛为害后，再继续蛀害，使危害加深加重。

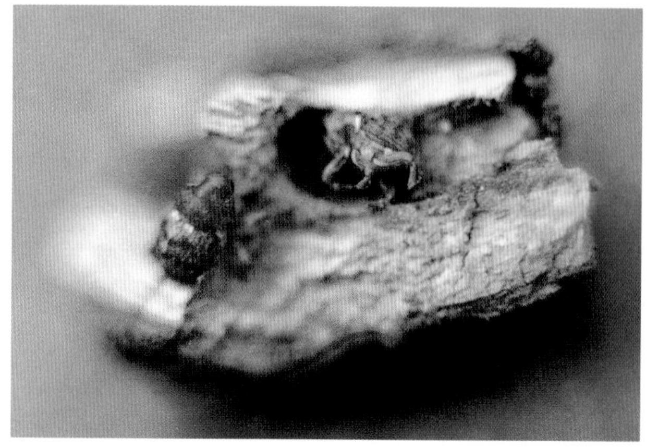

葡萄大眼鳞象成虫及藤蔓受害状

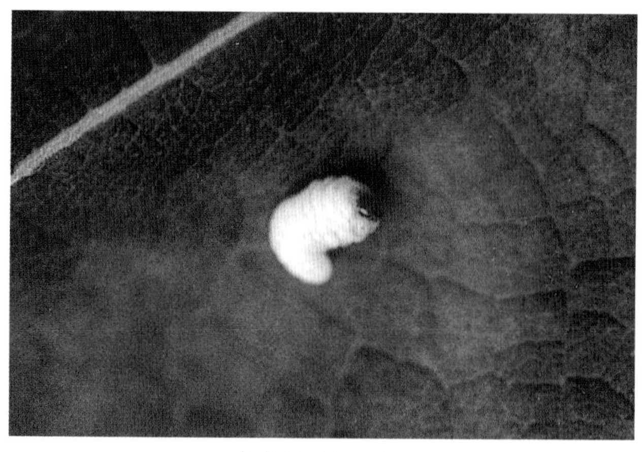

葡萄大眼鳞象幼虫

形态特征 雌成虫：体长4.8~5.2(mm)，宽3~3.2(mm)，雄虫略小。体赤褐色有斑纹，近球形，头上有粒状大刻点，复眼很大，黑色，不整形，前缘狭，两眼占据整个额面，相距1缝之隔，腹板上密布白色短羽状鳞毛，似盔甲。卵：椭圆形白色。末龄幼虫：体长5.7~6.0(mm)，宽1.9~2.1(mm)，乳白色，C形，中部弯曲。头赤褐色、无足。蛹：乳白色至乳黄色。

生活习性 年生2代，世代重叠，以成、幼虫和蛹越冬。越冬成虫5月爬出蛀孔外，把卵产在蔓的裂皮下，卵孵化后，幼虫钻入皮层，后多在边材处化蛹，蛀道长1cm。第1代成虫羽化高峰期为7月下~8月中旬，第2代成虫于10月上、中旬羽化，此后在蛹室内越冬。

防治方法 同葡萄双棘长蠹。

葡萄园柳蝙蛾(Japanese swift moth)

学名 *Phassus excrescens*(Butler)鳞翅目，蝙蝠蛾科。别名：蝙蝠蛾。分布在黑龙江、吉林、辽宁、河南、湖南、浙江、安徽等地。

寄主 葡萄、梨、桃、枇杷、核桃、苹果、山楂、杏、樱桃、树莓及花木。

为害特点 幼虫为害枝条，把木质部表层蛀成环形凹陷坑道，致受害枝条生长衰弱，易遭风折，受害重时枝条枯死。

形态特征 成虫：体长32~36(mm)，翅展61~72(mm)，体

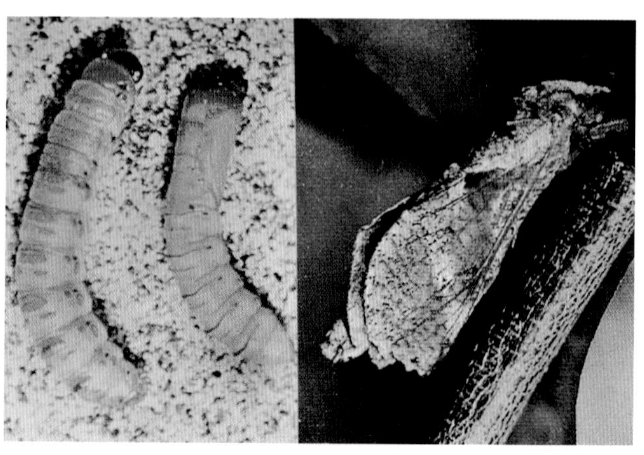

柳蝙蛾幼虫和成虫

色变化较大，多为茶褐色，刚羽化绿褐色，渐变粉褐，后茶褐色。前翅前缘有7个半环形斑纹，翅中央有1个深褐色微暗绿的三角形大斑，外缘有由并列的模糊的弧形斑组成的宽横带。后翅暗褐色。雄后足腿节背侧密生橙黄色刷状毛。卵：球形，直径0.6～0.7(mm)，黑色。幼虫：体长50～80(mm)，头部褐色，体乳白色，圆筒形，布有黄褐色瘤状突似毛片。蛹：圆筒形，黄褐色。

生活习性 辽宁年生1代，少数2年1代，以卵在地上或以幼虫在枝干髓部越冬，翌年5月开始孵化，6月中旬在花木或杂草茎中为害。8月上旬开始化蛹。8月下旬羽化为成虫，9月进入盛期，成虫昼伏夜出，卵产在地面上，每雌可产卵2000～3000粒，卵于翌年4～5月间孵化。初孵幼虫先取食杂草，后蛀入茎内为害，6～7月转移到附近木本寄主上，蛀食枝干。两年1代者于翌年8月于被害处化蛹，1个月后羽化为成虫。羽化时蛹壳脱出一部分。天敌有孢目白僵菌、柳蝙蛾小寄蝇等。

防治方法 (1)及时清除园内杂草，集中深埋或烧毁。(2)5月下旬枝干涂白防止受害。(3)及时剪除被害枝。(4)5月下旬～6月上旬，低龄幼虫在地面活动期，及时喷洒40%辛硫磷乳油1000倍液或40%毒死蜱乳油1500倍液。中龄幼虫钻入树干后，可用80%敌敌畏乳油50倍液滴入虫孔。

葡萄虎天牛(Grape borer)

学名 *Xylotrechus pyrrhoderus* Bates 鞘翅目，天牛科。别名：葡萄枝天牛、葡萄脊虎天牛、葡萄虎斑天牛、葡萄斑天牛、葡萄天牛。分布：黑龙江、吉林、辽宁、山西、河北、山东、河南、安徽、江苏、浙江、湖北、陕西、四川。

寄主 葡萄。

为害特点 幼虫蛀枝蔓。初孵幼虫多从芽基部蛀入茎内，多向基部蛀食，被害处变黑，隧道内充满虫粪而不排出，受害枝梢枯萎且易风折。

形态特征 成虫：体长15～28(mm)，头部和虫体大部分黑色，前胸及后胸腹板和小盾片赤褐色，鞘翅黑色，基部具"×"形黄色斑纹，近末端具一黄色横纹，翅末端平直，外缘角呈刺状。卵：椭圆形，长1mm，乳白色。幼虫：体长17mm，头小黄白色，体淡黄褐色，无足。前胸背板宽大，后缘具"山"字形细凹纹，中胸至第8腹节背腹面具肉状突起，即步泡突，全体疏生细毛。蛹：长约15mm，体淡黄白色，复眼淡赤褐色。

生活习性 年生1代，以幼虫在被害枝蔓内越冬。翌年5～6月开始为害，有时将枝横向切断枝头脱落，向基部蛀食。7月老熟幼虫在被害枝蔓内化蛹。蛹期10～15天，8月为羽化盛期。卵散产于芽鳞缝隙、芽腋和叶腋的缝隙处，卵期约7天左右，初孵幼虫多在芽附近浅皮下为害，11月开始越冬。成虫白天活动，寿命7～10天。

防治方法 (1)结合修剪，剪除有虫枝。(2)成虫发生期药剂防治，参考桃、李、杏、梅害虫——桃红颈天牛。

葡萄虎天牛成虫

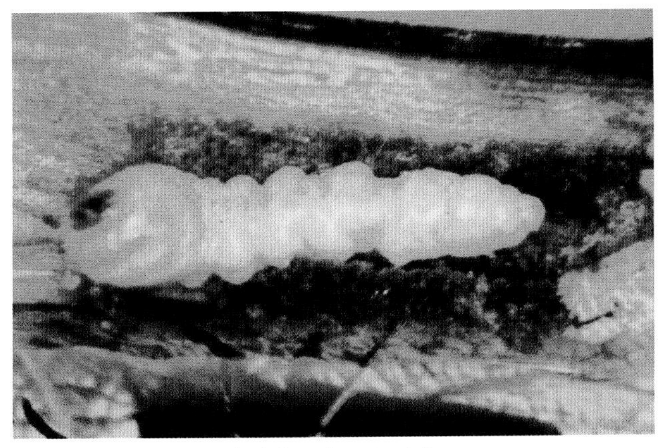

葡萄虎天牛幼虫放大

葡萄透翅蛾(Grape clear wing moth)

学名 *Paranthrene regalis* Butler 鳞翅目，透翅蛾科。分布在辽宁、陕西、北京、河北、山西、河南、山东、安徽、江苏、上海、浙江、江西、湖北、四川等地。

葡萄透翅蛾成虫

葡萄透翅蛾幼虫

寄主 葡萄、构树等。

为害特点 幼虫在寄主植物枝梢、茎内蛀食,受害部分膨大如肿瘤,使葡萄落果,枝条枯死。

形态特征 成虫:体长 18 ~ 20(mm),翅展 34mm 左右。体黑褐色。后胸两侧黄色。前翅赤褐色,前缘及翅脉黑色。后翅透明。腹部有 3 条黄色横带,以第四腹节的一条为最宽,第六腹节的次之,第五腹节上的最细。雄蛾腹部末端两侧有 1 束长毛丛。卵:椭圆形,略扁平,长约 1.1mm,紫褐色。幼虫:老熟幼虫体长为 38mm 左右,呈圆筒形。头部红褐色,口器黑色。胸腹部黄白色,老熟时紫红色。前胸背板上有倒"八"字形纹。体生细毛。蛹:圆筒形,红褐色。末节腹面有刺列。体长 18mm 左右。

生活习性 年发生一代,以老熟幼虫在粗蔓内越冬。翌年 4 月下旬幼虫开始在被害茎蔓内化蛹,化蛹前在被害梢内侧先咬一圆形羽化孔,然后作茧化蛹。5 月上旬 ~ 6 月上、中旬成虫羽化,5 月中旬为羽化高峰。成虫羽化当天或次日交配、产卵,2 ~ 3 天卵产完。每雌产卵 79 ~ 91 粒,成虫喜在背风、气温偏高的庭院葡萄枝叶层栖息、交配、产卵。卵散产于腋芽、叶柄、穗轴、卷须、叶背等处。幼虫从卵一端破圆孔孵出,开始缓慢爬行探食,几小时后,从腋芽、叶柄、穗轴或卷须基部蛀入嫩梢。幼虫蛀入新梢后,一般向端部蛀食。6 月中旬至 9 月中旬进行 2 ~ 3 次转移为害。被害的新梢,有的局部膨大呈肿瘤状,表皮变为紫红色。越冬前幼虫侵入 1 ~ 3 年生的粗蔓中取食。9 月下旬至 10 月上、中旬,幼虫陆续老熟,在虫道末端蛀 3cm 左右无粪便的蛹室。然后调头在虫道和蛹室交界处由内向外咬一直径约 0.5cm 近圆形的羽化孔,其上结一层白色的保护膜。8 月下旬开始越冬休眠。

防治方法 (1)在葡萄修剪时剪除有肿胀的和有虫粪的枝条,集中烧毁,也可用铁丝插入蛀孔刺死幼虫。5 月中下旬注意观察成虫活动,日出前或日落后发现成虫落在树上可拍死。6 月份检查 1 年生枝蔓、新梢、叶柄、果穗,当发现枝蔓或叶柄基部有虫孔和虫粪,新梢叶片发生干枯死亡应检查枝干内是否有虫,剪除受害部或杀死幼虫。7 月份以后注意检查粗枝,特别是 2 年生的枝蔓,发现蛀孔和虫粪应剪掉或用铁丝插入蛀孔穿死。(2)5 月中下旬至 6 月上旬成虫羽化和幼虫孵化期,喷洒 50%杀螟硫磷乳油或 2.5%高渗高效氯氰菊酯乳油 1300 倍液、50%敌敌畏乳油 1000 倍液。(3)大枝受害可直接用注射器注入 50%敌敌畏乳油 500 倍液,然后用湿泥封口。

葡萄园扁平盔蜡蚧(European fruit lecanium)

学名 *Parthenolecanium corni* (Bouche) 异名 *P.orientalis* Bourchs 同翅目、蚧总科。别名:水木坚蚧、扁平球坚蚧、扁平盔蚧。分布在 东北、华北、西北、华东、湖南、湖北、四川、新疆等。

寄主 葡萄、桃、李、杏、山楂、樱桃、苹果、梨等。

为害特点 以成虫、若虫刺吸枝叶、茎蔓和果实的汁液,为害时经常分泌无色黏液,黏液附着在茎蔓或果实上,引发烟煤病,影响光合作用或枝蔓枯死。

形态特征 雌成蚧:体长 3.5 ~ 6(mm),椭圆形红褐色,老熟后背部体壁硬化,体背中央生 4 列断续纵向排列的凹陷,中央两排稍大,体背四周具横列皱褶,较规则。体背近边缘处生有发

葡萄茎蔓上的扁平盔蜡蚧

达的双筒腺 15 ~ 19 个,能分泌玻璃纤维状细长的蜡丝,呈放射状。卵:长 0.2 ~ 0.28(mm),长椭圆形,乳白色。若虫:1 龄若虫黄白色至黄褐色,腹部生 2 根白色尾须,3 龄若虫逐渐形成柔软的光面介壳,浅灰至灰黄色。

生活习性 年生 2 代,以 2 龄若虫在枝蔓的老皮下或干枝裂缝、剪锯口处或花芽基部越冬,翌年 3 月出蛰,爬至茎蔓上固着为害,并多次转移。4 月上旬虫体开始膨大,后渐硬化,5 月上旬开始产卵于体壳下,5 月下旬进入 1 代若虫孵化盛期,若虫爬至叶片背面新梢上固着为害。2 代若虫 8 月孵化,中旬进入盛期,10 月迁回树体上越冬。该虫以孤雌卵生法繁殖后代。山东尚未发现雄蚧。天敌有黑缘红瓢虫、小二红点瓢虫、寄生蜂等。

防治方法 (1)春天葡萄上架后及时刮除老皮后喷洒波美 5 度石硫合剂,消灭越冬若虫。(2)4 月上中旬虫体膨大时喷波美 0.3 度石硫合剂或 20%甲氰菊酯乳油 2000 倍液或 5%S- 氰戊菊酯乳油 2000 倍液、40%毒死蜱乳油 1000 倍液、0.5%阿维菌素乳油 1000 倍液。(3)树下防治,第 1 代若虫在寄主叶背危害时,喷洒上述杀虫剂,防效高。(4)保护、繁殖黑缘红瓢虫、小二红点瓢虫、寄生蜂等,进行生物防治。

康氏粉蚧(Comstock mealybug)

学名 *Pseudococcus comstocki* (Kuwana) 同翅目,粉蚧科。别名:桑粉蚧、梨粉蚧、李粉蚧。分布在黑龙江、吉林、辽宁、内蒙古、宁夏、甘肃、青海、新疆、山西、河北、山东、安徽、浙江、江苏、上海、江西、福建、台湾、广东、广西、云南、四川。

康氏粉蚧雌成虫

寄主 葡萄、柑橘、石榴、栗、枣、柿、桑、佛手瓜等。

为害特点 若虫和雌成虫刺吸芽、叶、果实、枝干及根部的汁液，嫩枝和根部受害常肿胀且易纵裂而枯死。幼果受害多成畸形果。排泄蜜露常引起煤病发生，影响光合作用。

形态特征 成虫：雌体长5mm，宽3mm左右，椭圆形，淡粉红色，被较厚的白色蜡粉，体缘具17对白色蜡刺，前端蜡刺短，向后渐长，最末1对最长约为体长的2/3。触角丝状7～8节，末节最长，眼半球形。足细长。雄体长1.1mm，翅展2mm左右，紫褐色；触角和胸背中央色淡。前翅发达透明，后翅退化为平衡棒。尾毛长。卵：椭圆形，长0.3～0.4mm，浅橙黄被白色蜡粉。若虫：雌3龄，雄2龄。1龄椭圆形，长0.5mm，淡黄色体侧布满刺毛。2龄体长1mm被白蜡粉，体缘出现蜡刺。3龄体长1.7mm与雌成虫相似。雄蛹：体长1.2mm，淡紫色。茧长椭圆形，长2～2.5mm，白色绵絮状。

生活习性 吉林延边年生2代，河北、河南年生3代，以卵在各种缝隙及土石缝处越冬，少数以若虫和受精雌成虫越冬。寄主萌动发芽时开始活动，卵开始孵化分散为害，第1代若虫盛发期为5月中下旬，6月上旬至7月上旬陆续羽化，交配产卵。第2代若虫6月下旬至7月下旬孵化，盛期为7月中下旬，8月上旬至9月上旬羽化，交配产卵。第3代若虫8月中旬开始孵化，8月下旬至9月上旬进入盛期，9月下旬开始羽化，交配产卵越冬；早产的卵可孵化，以若虫越冬；羽化迟者交配后不产卵即越冬。雌若虫期35～50天，雄若虫期25～40天。雌成虫交配后再经短时间取食，寻找适宜场所分泌卵囊产卵其中。单雌卵量：1代、2代200～450粒，3代70～150粒，越冬卵多产缝隙中。此虫可随时活动转移为害。天敌有瓢虫和草蛉。

防治方法 (1)注意保护和引放天敌。(2)初期点片发生时，人工刷抹有虫茎蔓。(3)药剂防治。在若虫分散转移期，分泌蜡粉形成介壳之前喷洒2.5%溴氰菊酯或高效氯氟氰菊酯乳油或20%甲氰菊酯乳油、20%氰戊菊酯乳油2000倍液、10%氯氰菊酯乳油1000～2000倍液、50%杀螟硫磷乳油1000倍液，如用含油量0.3%～0.5%柴油乳剂或黏土柴油乳剂混用，对已开始分泌蜡粉介壳的若虫也有很好杀伤作用，可延长防治适期提高防效。

葡萄粉蚧

学名 *Pseudococcus maritimus* Ehrhom 属同翅目粉蚧科。

寄主 葡萄。

为害特点 以成虫和若虫藏在老蔓的翘皮下及近地面的细根上刺吸为害，使被害处形成大小不等的丘状突起。随着葡萄的生长，逐渐向新梢上转移，多停栖在嫩梢的节部、叶腋、穗轴、果梗、果蒂等部位进行为害。被害后的果粒变畸形、果蒂膨大，果梗、穗轴被害后，表面粗糙不平，并分泌一层粘质物，易招引蚂蚁和霉菌，污染果穗，影响果实外观和品质。发生严重时，使树势衰弱，造成大量减产。

形态特征 雌成虫长4.5~4.8(mm)，宽2.5~2.8(mm)，椭圆形，淡紫色，身披白色蜡粉，体缘有17对蜡毛，以腹部末端的1对最长。雄成虫体长1~1.2(mm)，灰黄色，翅透明，在阳光下有紫色光泽，腹部末端有1对较长的针状刚毛。卵，淡黄色、椭圆形，

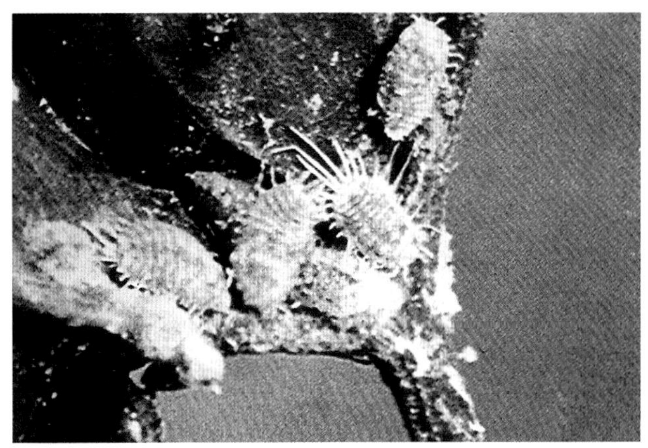

长尾粉蚧雌成虫

长径0.32mm。

生活习性 年生3代，以藏在棉絮状卵囊内的卵越冬。翌年4月中旬，卵孵化为第1代若虫，在近地面的细根和萌蘖枝的地下幼嫩部分为害，被害处产生许多小瘤状突起，后大部分若虫向结果母枝基部转移，后迁移到正在发育的绿色新梢上。5月下旬至6月初成虫开始产卵。6月中、下旬孵化为第2代若虫。在叶腋、芽的周围及果穗上为害，并分泌白色蜡粉和透明粘液。第3代若虫在7月底8月上旬发生，并向根颈处及枝蔓翘皮下迁移，于10月上中旬产卵越冬。

防治方法 参见康氏粉蚧。

葡萄根瘤蚜(Grape phylloxera)

学名 *Dactylos phaera vitifolii* (Fitch) 同翅目，根瘤蚜科。分布：辽宁、内蒙古、山西、河北、北京、天津、山东、陕西。

寄主 葡萄。

为害特点 成、若虫刺吸叶、根的汁液，分叶瘿型和根瘤型两种。欧洲系统葡萄上只有根瘤型，美洲系统葡萄上两种都有。叶瘿型：被害叶向叶背凸起成囊状，虫在瘿内吸食，繁殖，重者叶畸形萎缩，生育不良甚至枯死。根瘤型：粗根被害形成瘿瘤，后瘿瘤变褐腐烂，皮层开裂，须根被害形成菱角形根瘤。

形态特征 多型：无翅处女型(根瘤型、叶瘿型)、有翅产性型、有性型。根瘤型：成虫长1.2～1.5(mm)，椭圆形，鲜黄或淡黄，无翅，无腹管。体背有黑瘤：头部4个、胸节各6个、腹节各4个。触角3节，第3节端有1感觉圈。眼由3个小眼组成，红

葡萄根瘤蚜叶片上的叶瘿症状(袁章虎)

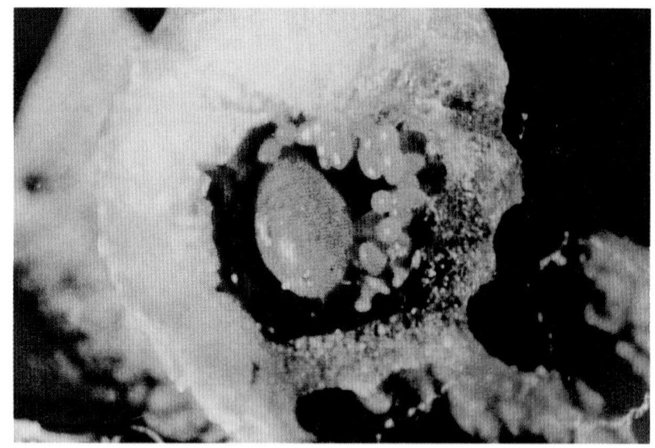
葡萄根瘤蚜叶瘿中的成虫和卵放大

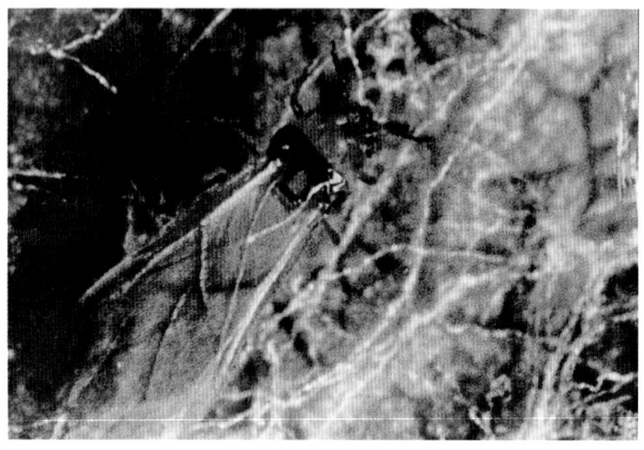
葡萄根瘤蚜有翅成虫放大

色。卵:长椭圆形,淡黄至暗黄。若虫共4龄。叶瘿型:成虫长0.9～1(mm),近圆形黄色,无翅,体背无黑瘤,体表有细微凹凸皱纹。触角端部有5毛。卵和若虫与根瘤型近似,但色较浅。有翅产性型:成虫长0.8～0.9(mm),长椭圆形,黄至橙黄,翅平叠于体背,触角第3节有2个感觉圈,顶端有5毛。卵和若虫同根瘤型,3龄出现灰黑色翅芽。有性型:雌成虫约0.38mm,雄0.32mm。黄至黄褐,无翅,无口器,触角同叶瘿型。雄外生殖器乳头状,突出腹末。有翅产性蚜产出的大卵孵出雌蚜,小卵孵出雄蚜。

生活习性 1年中主要行孤雌卵生,只秋末进行1次两性生殖,产受精卵越冬。生活年史较复杂,概括有两种类型。1.完整生活史型:受精卵在2～3年生枝上越冬→干母→叶瘿型→根瘤型→有翅产性型→有性型(雌×雄)→受精卵越冬。主要发生在美洲系统的葡萄上。2.不完善生活史型:在欧洲系统葡萄上只有根瘤型,我国属之。烟台1年8代,主要以1龄若虫在根皮缝内越冬。4月下旬～10月中旬可繁殖8代,以第8代的1龄若虫、少数以卵越冬。全年5月中旬～6月下旬和9月虫口密度最高。6月开始出现有翅产性型若蚜,8～9月最多,羽化后大部仍在根上,少数爬到枝叶上,但尚未发现产卵。远程传播主要随苗木的调运。疏松有团粒结构的土壤发生重;黏重或砂土发生轻。

防治方法 (1)培育抗蚜品种。(2)砂地栽培发生极轻。(3)土壤处理:方法很多,可用40%辛硫磷乳油每亩0.3kg,拌细土25kg,撒于干周然后深锄入土内。美国用六氯环戊二烯处理土壤,每平方米用25g,苏联用六氯丁二烯土壤处理,每平方米用药15～25g效果良好,残效期3年以上。(4)加强检疫防止扩大蔓延。疫区苗木、插条外运要消毒,可用40%辛硫磷乳油1500倍液浸蘸1分钟,阴干后包装起运。

3. 猕猴桃(*Actinidia chinensis*)病害

猕猴桃蔓枯病(Yangtao dead-arm)

症状 主要为害枝蔓,病斑多在剪锯口、嫁接口及枝蔓分叉处产生红褐色至暗褐色不规则形的组织腐烂,后期略凹陷,上生黑色小粒点,即病菌分生孢子器,潮湿时小粒点上涌出白色孢子角,病斑沿枝蔓向四周扩展后致病部以上枝梢枯萎,逐渐死亡。是江苏和山东等省猕猴桃生产上的重要病害。病梢率常达30%以上。

猕猴桃发生蔓枯病后新梢萎垂状

病原 *Phomopsis viticola* (Sacc.)Sacc 称葡萄拟茎点霉,属真菌界无性型真菌。有性态为 *Crypotosporella viticola* (Red.) Shear. 称葡萄生小隐孢壳菌,属子囊菌门真菌。在老病斑上可见到子囊壳球形,黑褐色,有短喙;子囊圆筒形至纺锤形,无色;子囊孢子长椭圆形,单胞无色,大小11～15×4～6(μm)。子囊间有侧丝。无性态分生孢子器黑色,200～400(μm),初圆盘形,成熟后变为球形,具短颈,顶端有开口。分生孢子器中产生两种分生孢子。甲型:椭圆形至纺锤形,单胞无色,两端各生1油球,7～10×2～4(μm);乙型:钩丝状,但不萌发。

传播途径和发病条件 病菌以菌丝和分生孢子器在病组织内越冬,春季雨湿后分生孢子器中溢出分生孢子,借风雨飞溅传播,从幼嫩组织伤口侵入,每年抽梢期和开花期出现2个发病高峰,多雨、伤口多易发病,冬春受冻发病重。品种间抗病性差异明显。中华猕猴桃最感病。

防治方法 (1)北方不要在低洼易遭冻害的地方建猕猴桃园,(2)选用抗病品种。(3)加强管理,增强树势和抗逆能力,早春注意预防冻害,清除病枝蔓。(4) 发芽前采收后树体喷洒波美

3° 石硫合剂，新梢生长期喷 1：0.7：200 倍式波尔多液 1～2 次。也可用多菌灵、硫菌灵 100 倍液涂治。

猕猴桃黑斑病(Yangtao leaf blotch)

症状 又称霉斑病。主要为害叶片，多发生在 7～9 月。嫩叶、老叶染病 初在叶片正面出现褐色小圆点，大小约 1mm，四周有绿色晕圈，后扩展至 5～9(mm)，轮纹不明显，一片叶子上有数个或数十个病斑，融合成大病斑呈枯焦状。病斑上有黑色小霉点，即病原菌的子座。严重时叶片变黄早落，影响产量。

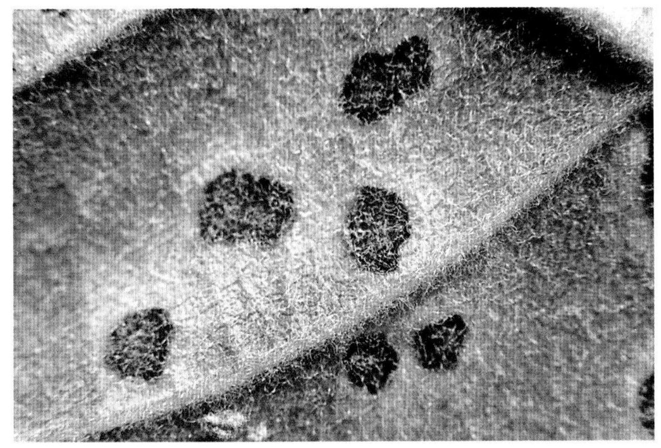

猕猴桃黑斑病中期叶背病斑

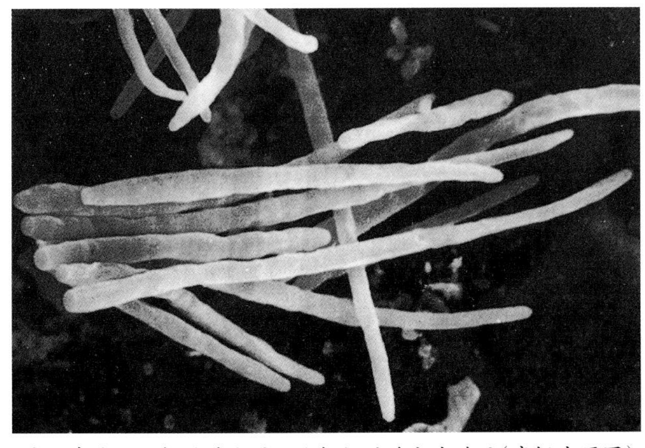

生于中华猕猴桃叶片上的猕猴桃假尾孢分生孢子(康振生原图)

病原 *Pseudocercospora actinidiae* Deighton 称猕猴桃假尾孢，属真菌界无性型真菌。子座生在叶面，近球形，浅褐色，直径 20～60 (μm)。分生孢子梗紧密簇生在子座上，多分枝，长 700μm，宽 4～6.5(μm)。分生孢子圆柱形，浅青黄色，直或弯，具 3～9 个隔膜，大小 20～102×5～8(μm)。

传播途径和发病条件 病菌以菌丝在叶片病部或病残组织中越冬，翌年春天猕猴桃开花前后开始发病。进入雨季病情扩展较快，有些地区有些年份可造成较大损失。

防治方法 参见猕猴桃轮斑病。

猕猴桃褐斑病(Yangtao Mycospoerella leaf spot)

症状 病斑主要始发于叶缘，也有叶面。初呈水渍状污绿色小斑，后沿叶缘或向内扩展，形成不规则的褐色病斑。多雨高湿条件下，病情扩展迅速，病斑由褐变黑，引起霉烂。正常气候下，病斑四周深褐色，中央褐色至浅褐色，其上散生或密生许多

猕猴桃褐斑病中期症状

猕猴桃褐斑病后期症状

黑色小点粒，即病原的分生孢子器。高温下被害叶片向叶面卷曲，易破裂，后期干枯脱落。叶面中部的病斑明显比叶缘处的小，病斑透过叶背，黄棕褐色。有些病叶由于受到盘多毛孢菌 *Pestalotia* spp.的次生侵染，出现灰色或灰褐色间杂的病斑。

病原 *Mycosphaerella* sp. 称一种小球壳菌，属真菌界子囊菌门。子囊壳球形，褐色，顶端具孔口，大小 135～170×125～130(μm)。子囊倒葫瓜形，端部粗大并渐向基部缩小，大小 32～38×6.5～7.5(μm)。子囊孢子长椭圆形，双胞，分隔处稍缢缩，在子囊中双列着生，淡绿色，9.5～12.5×2.5～3.5(μm)。无性态为 *Phyllosticta* sp.称一种叶点霉，属真菌界无性型真菌。分生孢子器球形或柚子形，棕褐色，大小 87～110×70～104(μm)，顶端有孔口，初埋生，后突破叶表皮而外露。分生孢子无色，椭圆形，单胞，大小 3.5～4.0×2.0～2.5(μm)。

传播途径和发病条件 病菌以分生孢子器、菌丝体和子囊壳等在寄主落叶上越冬，次年春季嫩梢抽发期，产生分生孢子和子囊孢子，借风雨飞溅到嫩叶上进行初侵染和多次再侵染。我国南方 5～6 月正置雨季，气温 20～24℃发病迅速，病叶率高达 35～57%；7～8 月气温 25～28℃，病叶大量枯卷，感病品种落叶满地。此病是猕猴桃生长期最严重的叶部病害之一，对产量和鲜果品质影响很大。

防治方法 (1)冬季彻底清园，将修剪下的枝蔓和落叶打扫干净，结合施肥埋于坑中。此项工作完成后，将果园表土翻埋 10～15(cm)，使土表病残叶片和散落的病菌埋于土中，不能侵染。(2)清园结束后，用波美 5～6 度的石硫合剂喷雾植株，杀灭

藤蔓上的病菌及螨类等细小害虫。(3) 发病初期用70%代森锰锌、50%甲基硫菌灵或多菌灵、80%代森锰锌可湿性粉剂600倍液喷雾树冠,隔10~15天一次,连喷3~4次,控制病害发生和扩展。2~8月,喷1:1:100倍式波尔多液,减轻叶片的受害程度。

猕猴桃壳二胞灰斑病(Yangtao leaf spot)

症状 病斑生在叶上,产生圆形至近圆形灰白色病斑,边缘深褐色,直径8~15mm,有明显的轮纹,病斑背面浅褐色,后期病斑上生小黑点,即病原菌的分生孢子器。分布在湖南、湖北猕猴桃产区。

猕猴桃灰斑病

猕猴桃壳二胞灰斑病病叶

病原 *Ascochyta actinidiae* Tobisch称猕猴桃壳二胞,属真菌界无性型真菌。该菌是在葛枣猕猴桃上定的名。分生孢子器生在叶两面,散生或聚生,初埋生,后突破表层,露出孔口。分生孢子器球形至扁球形,直径110~115μm,高70~130μm;器壁膜质,褐色,由数层细胞组成,厚7~10μm,内壁无色,形成产孢细胞,上生分生孢子;分生孢子长椭圆形,两端钝圆,无色,中央生1隔膜,分隔处无缢缩或稍缢缩,正直或弯曲,6.5~8.5×2.5~3.5(μm),个别有单胞。

传播途径和发病条件 病菌在病叶组织上以分生孢子器,菌丝体和分生孢子越冬,落地病残叶是主要的初侵染源。翌年春季,气温上升,产生新的分生孢子随风雨传播,在寄主新梢叶片上萌发,进行初侵染,继以此繁殖行重复侵染。5~6月为侵

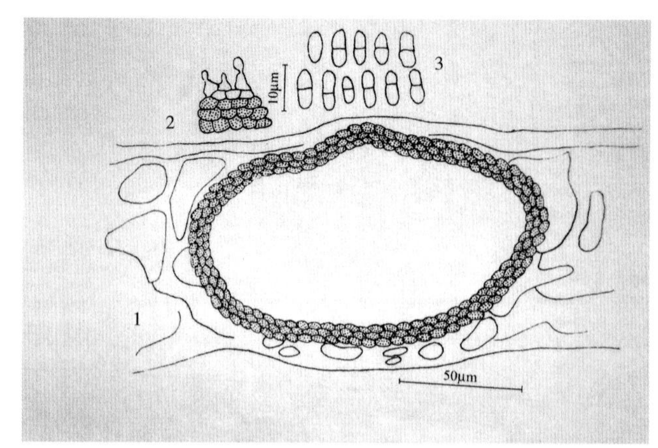

猕猴桃壳二胞

1.分生孢子器 2.产孢细胞 3.分生孢子

染高峰期,8~9月高温少雨,危害最烈,叶片大量枯焦。被灰斑病侵害的叶片,抗病性减弱,本病原常进行再次侵染,所以在果园同一张叶上,往往会同时具备两种病症。

防治方法 (1)加强管理,增施钾肥,避免偏施氮肥,增强抗病力。(2) 发病初期喷洒27%碱式硫酸铜悬浮剂600倍液或50%氯溴异氰脲酸水溶性粉剂1000倍液、50%咪鲜胺可湿性粉剂900倍液、75%百菌清可湿性粉剂600倍液。

猕猴桃褐麻斑病(Yangtao Pseudocercospora leaf spot)

症状 此病从春梢展叶至深秋都可发生。初在叶面产生褪绿小污点,后渐变为浅褐色斑。病斑圆形、角状或不规则形,形态和大小都较悬殊,宽2.0~18(mm),叶面斑点褐色、红褐色至

猕猴桃褐麻斑病病叶

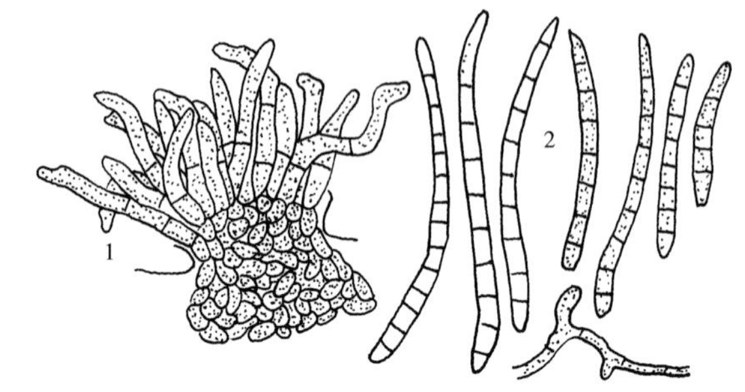

猕猴桃褐麻斑病菌 杭州假尾孢

1.子座和分生孢子梗 2.分生孢子

暗褐色，或中央灰白色，边缘暗褐色，外具黄褐色晕，叶背斑点灰色至黄褐色。

病原 *Pseudocercospora hangzhouensis* Liu & Guo 称杭州假尾孢，属真菌界无性型真菌。异名有 *P. actinidicola*。子实体生在叶两面。子座近球形，暗褐色，直径 10～70(μm)。分生孢子梗紧密簇生在子座上，近无色至浅青黄褐色，宽不均匀，不分枝或偶分枝，0～2 个曲膝状折点。分生孢子窄倒棍棒形至线形，近无色至浅青黄色，直立或弯曲，顶部尖细，基部倒圆锥形，具隔膜 2～11 个，大小 40～80×2～4(μm)。除为害猕猴桃外，还为害多种猕猴桃属植物及台湾杨桃等。

传播途径和发病条件 病原以菌丝、孢子梗和分生孢子在地表病残叶上越冬，次年春季产生出新的分生孢子，借风雨飞溅到嫩叶上进行初侵染，继而从病部长出孢子梗，产生孢子进行再侵染。高温高湿利于病害发生，贵州和邻近省的一些果园，5 月中下旬始见病症，6～8 月上旬达危害高峰。8 月中下旬至 9 月中旬，高温干燥，不利病菌侵染，但老病叶枯焦和脱落现象较严重。

防治方法 参见猕猴桃褐斑病。

猕猴桃灰霉病（Yangtao gray mold rot）

症状 主要为害花、幼果、叶及贮运中果实。花染病 花朵变褐并腐烂脱落。幼果染病 初在果蒂处现水渍状斑，后扩展到全果，果顶一般保持原状，湿度大时病果皮上现灰白色霉状物。染病的花或病果掉到叶片上后，引起叶片产生白色至黄褐色病斑，湿度大时也常出色灰白色霉状物，即病菌的菌丝、分生孢子梗和分生孢子。

猕猴桃灰霉病病叶

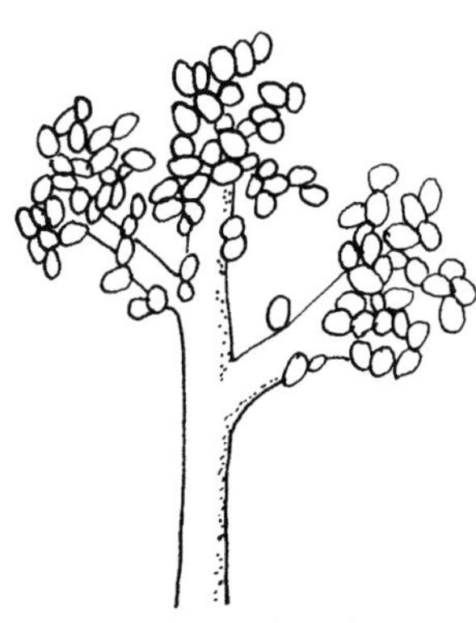

猕猴桃灰霉病菌
分生孢子梗及分生孢子

病 原 *Botrytis cinerea* Pers.: Fr. 称灰葡萄孢，属真菌界无性型真菌。分生孢子梗单生或丛生，直立，具隔膜，顶部生 6～7 个分枝。分枝顶端簇生卵形或近球形分生孢子，单胞，近无色。病果表面的菌丝交织在一起。可产生扁平黑色不规则形菌核。

传播途径和发病条件 病菌以菌丝体在病部或腐烂的病残体上或落入土壤中的菌核越冬。条件适宜时产生孢子，通过气流和雨水溅射进行传播。温度 15～20℃，持续高湿、阳光不足、通风不良易发病，湿气滞留时间长发病重。

防治方法 (1)加强管理，增强寄主抗病力。(2)雨后及时排水，严防湿气滞留。(3)根据天气测报该病有可能大流行时应开展预防性防治，在雨季到来之前或初发病时喷洒 50%异菌脲可湿性粉剂 1000 倍液或 50%腐霉利可湿性粉剂 1500 倍液、50%多·福·乙可湿性粉剂 800 倍液、25%咪鲜胺乳油 900 倍液、50%福·异菌可湿性粉剂 800 倍液、21%过氧乙酸水剂 1000 倍液、40%嘧霉胺悬浮剂 1200 倍液、28%百·霉威可湿性粉剂 600 倍液、30%福·嘧霉悬浮剂 900 倍液，隔 10 天左右 1 次，防治 1 次或 2 次。

猕猴桃菌核病（Yangtao Sclerotinia rot）

症状 常见为害花和果实。雄花受害(猕猴桃的花果雌雄异株)最初呈水浸状，后变软，继之成簇衰败凋残，干缩成褐色团块。雌花被害后花蕾变褐，枯萎而不能绽开。在多雨条件下，病部长出白色霉状物。果实受害，初期呈现水渍状褪绿斑块，病部凹陷，渐转为软腐。病果不耐贮运，易腐烂。大田发病严重的果实，一般情况下均先后脱落；少数果由于果肉腐烂，果皮破裂，腐汁溢出而僵缩；后期，在罹病果皮的表面，产生不规则的黑色菌核粒。

病原 *Sclerotinia sclerotiorum* (Lib.) de Bary 称核盘菌，属真菌界子囊菌门。病菌不产生分生孢子，由菌丝集缩成菌核。菌核黑褐色，不规则形，表面粗糙，大小 1～5(mm)，抗逆性很强，不怕低温和干燥，在土壤中可存活数百天。菌核吸水萌发，长出高脚酒杯状子囊盘。子囊盘淡赤褐色，盘状，盘径 0.3～0.5(mm)，盘

猕猴桃菌核病为害果实

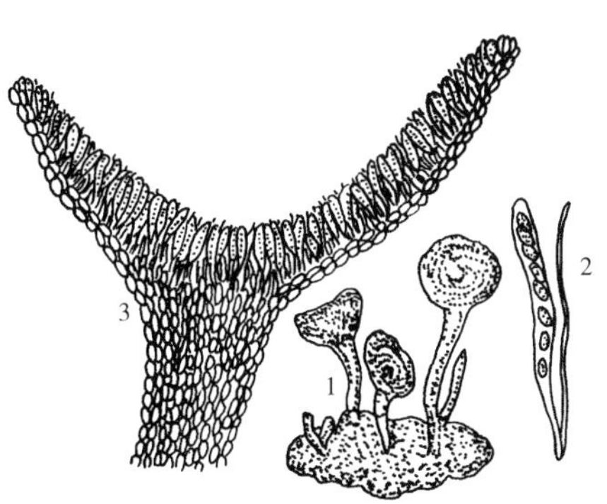

猕猴桃菌核病菌
1.菌核长出的子囊盘 2.子囊和子囊孢子及侧丝
3.菌核剖面

中密生栅状排列的子囊。子囊棍棒形或筒状，大小104～148×7.9～10.1(μm)。子囊孢子8个，内单列生长，无色，单胞，椭圆形，大小7.8～11.2×4.1～7.8(μm)。

传播途径和发病条件 猕猴桃菌核病，是南方多雨地区常见的病害之一。病菌可寄生油菜、茄子、番茄、莴苣、辣椒、马铃薯、三叶草等70多种植物。病菌以菌核在土壤中或附于病残组织上越冬，翌年春季猕猴桃始花期菌核萌发，产生子囊盘并弹射出子囊孢子，借风雨传播为害花器。土壤中少数未萌发的菌核，可不断萌发，侵染生长中的果实，引起果腐。当温度达20～24℃、相对湿度85～90%时，发病迅速。

防治方法 (1)冬季修剪、清园，施肥后，翻埋表土10～15(cm)，使土表菌核埋深于土中不能萌发侵染。(2)用50%乙烯菌核利可湿性粉剂、40%菌核净、50%异菌脲、50%腐霉利可湿性粉剂1000倍液，在发病始期和前期喷花或果实2次，防效好。

猕猴桃根结线虫病

症状 主要为害苗木或成树的侧根及大根，根上产生许多结节状的小瘤状物，持续时间长后，造成根部腐烂。剖开新形成的根瘤，可见到梨形乳白色的雌虫，染病株地上生长不良，叶小，色浅，叶片易早落，结果也少。1987年信阳普遍发生，病苗率高达90%，结果树病株率达50%，应引起生产上重视。

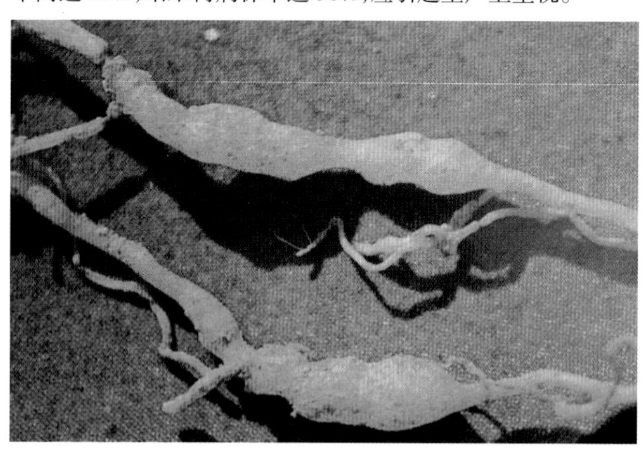

猕猴桃根结线虫病(邱强)

病原 *Meloidogyne actiniae* Li. sp. nov. 是一种新的根结线虫，属动物界线虫门。雌成虫513～1026×380～513(μm)，洋梨形，会阴花纹圆至卵圆形，无侧线，背弓低而圆，雄成虫，细长线形，大小630～1257×18～40(μm)，无色透明，尾端略圆。

传播途径和发病条件 参见葡萄根结线虫病。

防治方法 (1)该线虫仅在部分地区发生，又是新种，必须对苗木进行严格检疫，防止疫区扩大。(2)培育无虫苗木，苗圃要选择前作为禾本科植物的土地育苗，水稻田育苗最好。必须在发生地育苗时，应在播种前每667m²用10%噻唑膦颗粒剂2kg混入细砂20kg撒在土壤上，再用铁耙耙表土层15～20cm土层充分拌匀后定植。也可在生长期灌根，不仅能有效地控制根结线虫数量，而且能有效抑制根结形成。

猕猴桃白色膏药病

症状 主要为害枝干或大、小枝，湿度大时叶片也受害，产生一层圆形至不规则形的膏药状物，后不断向茎四周扩展缠包

猕猴桃白色膏药病(邱强摄)

枝干，表面平滑，初为白色，扩展后污白色至灰白色。

病原 *Septobasidium citricolum* Saw. 称柑橘白隔担耳菌，属真菌界担子菌门。子实体乳白色，表面光滑，在菌丝柱与子实层间有1层疏散略带褐色菌丝层，子实层厚100～390μm，原担子球形至洋梨形，大小16.5～23×13～14(μm)。上担子4个细胞，大小50～65×8.2～9.7(μm)，担孢子弯椭圆形，单胞无色，大小17.6～25×4.8～6.3(μm)。

传播途径和发病条件 参见柑橘膏药病。

防治方法 (1)加强猕猴桃园管理，及时刮除病枝或剪除病枝梢，增加通风量。(2)发现介壳虫及时喷洒40%毒死蜱乳油1000倍液。(3)发病初期或5～6月、9～10月白色膏药病发病盛期向枝干上喷洒有煤油作载体的石硫合剂结晶400倍液。(4)冬季用现熬制的波美5～6度石硫合剂涂病疤，效果极好。

猕猴桃秃斑病(Yangtao Pestalotiopsis leaf spot)

症状 此病仅见为害果实，多发生在7月中旬至8月中旬大果期，发病部位常在果肩至果腰处。发病初期，果毛由褐色渐变为污褐色，最后呈黑色，果皮也随之变为灰黑色；病斑在果皮表面不断扩展，最后表皮和果毛一起脱落，形成秃斑，故得此名。秃斑表面如是由外果肉表层细胞愈合形成，比较粗糙，常伴之有龟裂缝；如是由果皮表层细胞脱落后留下的内果皮愈合，则秃斑光滑。湿度大时，在病斑上疏生黑色的粒状小点，即病原分生孢子盘。病果不脱落，不易腐烂。

病原 *Pestalotiopsis funerea* Desm. 称枯斑拟盘多毛孢菌，属真菌界无性型真菌。分生孢子盘散生，黑色，初埋生，后突露，

猕猴桃秃斑病为害果实状

大小 142 ~ 250(μm),分生孢子长橄榄球形,21 ~ 31 × 6.5 ~ 9.0(μm),由 5 个细胞组成;其中间 3 个细胞污褐色,长 14.5 ~ 19.5(μm);端细胞无色,顶部稍钝,生 3 ~ 5 根纤毛,以 4 根较多,5 根较少,纤毛长 10 ~ 12(μm)。在多雨条件下,秃斑上有时会被另一种拟盘多毛孢菌次寄生。后寄生菌的分生孢子盘的数超过前者,其大小 95 ~ 210 (μm),黑色。分生孢子长梭形,大小 15.5 ~ 18.8 × 5 ~ 6(μm),由 5 个细胞组成;中间 3 个细胞茶褐色,居中细胞最大;端细胞无色,顶生 2 ~ 3 根纤毛,纤毛长 6.2 ~ 7.5(μm),基细胞较端细胞小,锥状,脚毛多脱落不见。

传播途径和发病条件 猕猴桃秃斑病是一种新病害,传播途径不详,可能是先侵染其它寄主后,随风雨吹溅分生孢子萌发侵染所致。我们在寄主叶上分离了各种病斑,均未查出此病的分生孢子。

防治方法 参见猕猴桃灰斑病和拟盘多毛孢轮斑病。

猕猴桃疫霉根腐病(Yangtao Phytophthora root rot)

症状 主要发生在高温旺长期,表现为植株突然萎蔫,当年枯死。抗病品种发病部位多从根尖开始,渐向上扩展,地上部分芽萌迟,叶片弱小,渐转变呈半活半蔫状态;感病品种始发于根颈或主、侧根,被害部位呈环状褐色湿腐,病部长出絮状白色霉,植株在短期内便转成青枯,病情扩展极为迅速。

病原 国内从猕猴桃根上分离鉴定出的疫霉菌有多种,常见者为 *Phytophthora citricola* Saw. 柑橘生疫霉和 *Phytophthora lateralis* Tucker 称侧生疫霉及 *P. palmivora* (Butl.) Butt 称棕榈疫霉等,均属假菌界卵菌门。棕榈疫霉 *Phytophthora palmivora* (Butl.)Butl. 室内培养菌落均匀,有一定的气生菌丝。菌丝均一,粗度 4.5 ~ 8.5 (μm),无菌丝膨大体,但具大量厚垣孢子。厚垣孢子球形,顶生或间生,大小 29 ~ 40(μm)。孢囊梗简单,合轴或不规则分枝,粗 2.5 ~ 5.0(μm)。孢子囊卵形、倒梨形、圆形,少数椭圆形,长 43 ~ 83(μm),宽 28 ~ 44(μm)。孢子囊单乳突,明显,厚 3.0 ~ 7.5(μm)。孢子囊脱落具短柄,长 2.3 ~ 5.0(μm)。排孢孔平均宽 3.8 ~ 7.5(μm)。静孢子球形,直径 9 ~ 13(μm)。藏卵器球形,大小 20 ~ 29(μm)。卵孢子球形,大小 18 ~ 28 (μm)。生长温度 12 ~ 34℃,最适 29 ~ 32℃,也属高温型致病真菌。

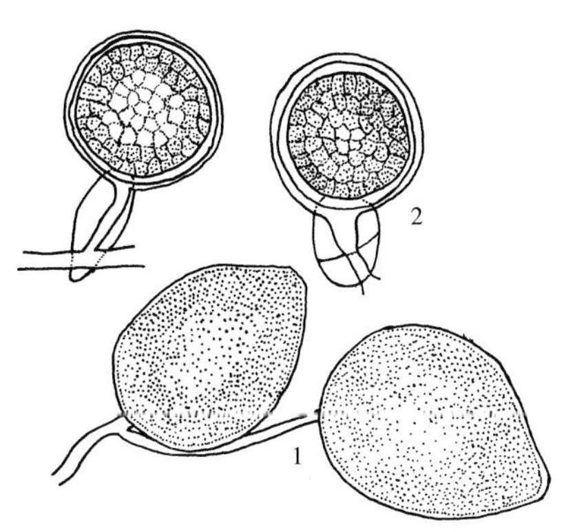

猕猴桃疫霉根腐病菌棕榈疫霉
1.孢子囊 2.藏卵器、雄器及卵孢子

传播途径和发病条件 病原以卵孢子在病残组织中越冬,翌年春季卵孢子萌发产生游动孢子囊,释放出游动孢子,借土壤水流传播,经根部伤口侵染。一年中可进行多次重复侵染,排水不良的果园,盛夏高温季节发病严重。

防治方法 参见菠萝心腐病。

猕猴桃疫霉根腐病病菌在叶上形成的菌落

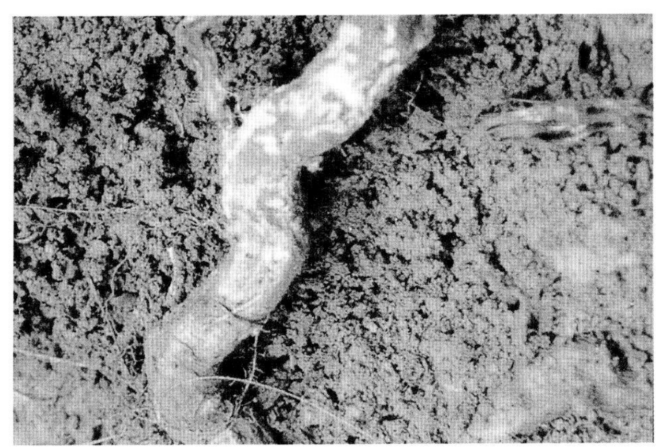
猕猴桃疫霉根腐病根部症状

猕猴桃白绢根腐病(Yangtao Sclerotium wilt)

症状 多见侵害根颈及其下部 30cm 内的主根,很少为害侧根和须根。发病初期,病部呈暗褐色,长满绢丝状白色菌体。菌丝辐射状生长,最后包裹住病根,其四周的土壤空隙中也被菌丝充溢呈白色。后期,菌丝彼此结合成菌索,继缩结成菌核。菌核形成初期为白色松绒状菌丝团,渐转为浅黄色、茶黄至深褐色坚硬的核粒。发病轻时,猕猴桃植株地上部分无明显症状;严重时出现萎蔫,生长衰弱,结果少,果小味淡,2 ~ 3 年内逐渐死亡。

病原 *Sclerotium rolfsii* Sacc. 称齐整小核菌,属真菌界无性型真菌,无孢菌群,小菌核菌属。菌丝体白色,细胞长 22 ~ 26(μm),宽略 1μm。生长后期,形成外层深栗褐色内层浅黄色的

猕猴桃白绢根腐病病根

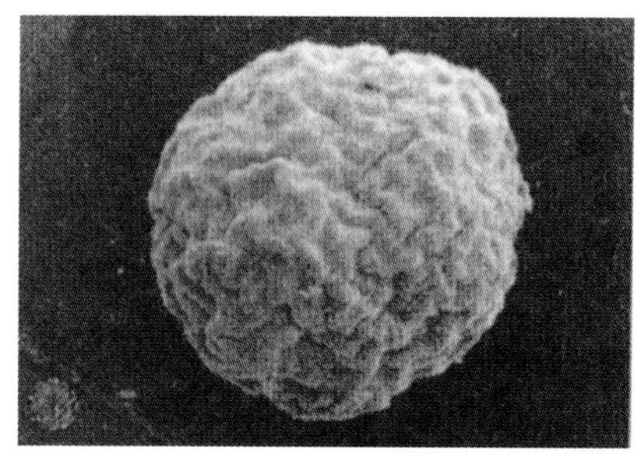

猕猴桃白绢病菌菌核 50 倍电镜扫描图片

坚硬菌核。菌核表生,散生,圆形、扁圆至椭圆形,放大镜下观其表面粗糙,多为单生,有时 2~4 个串生,大小 1.5~2.9×0.5~0.6(mm)。有性型不常见。

传播途径和发病条件 病菌以菌丝、菌索和菌核在寄主病部或土壤中越冬,翌年春季再萌发生长出新菌丝进行侵染。砂质土和黏性土果园发病重。贵州等地,4 月下旬至 5 月中旬,气温升至 20~23℃,旬降水量达 120~160(mm),菌核吸水萌发,很快形成辐射状菌丝。菌丝在寄主根表和其四周土壤中迅速侵染扩展,引起发病。5 月下至 7 月中旬,植株呈失水状;8~9 月高温少雨,叶片大量脱落,枯死树渐增多。一般情况下,受此病侵害的植株当年并不死亡,随根部坏死程度的加重,3~4 年盛果树才渐枯死。在猕猴桃根腐病种类中,白绢根腐相对发病较轻。

防治方法 (1)建园时选择排水良好的土壤,雨季做好清沟排渍工作,增施有机肥改善土壤透气性。(2)发现病株及时清除病根,把根颈部土壤扒开,刮除病部,刮后涂 80%乙蒜素乳油 100 倍液或波尔多浆保护,最好用沙性土更换根系周围的土壤,土壤中残留的病根碎屑要清理干净后烧毁。(3)新栽苗木用 40%菌毒清水剂 200 倍液浸根。早春、夏末、秋季及果树休眠期挖 3~5 条辐射状沟用 45%代森铵水剂 800 倍液或 40%菌毒清水剂 400~500 倍液灌根。

猕猴桃蜜环菌根腐病(Yangtao Armillaria root rot)

症状、病原、传播途径和发病条件、防治方法 参见苹果蜜环菌根朽病。

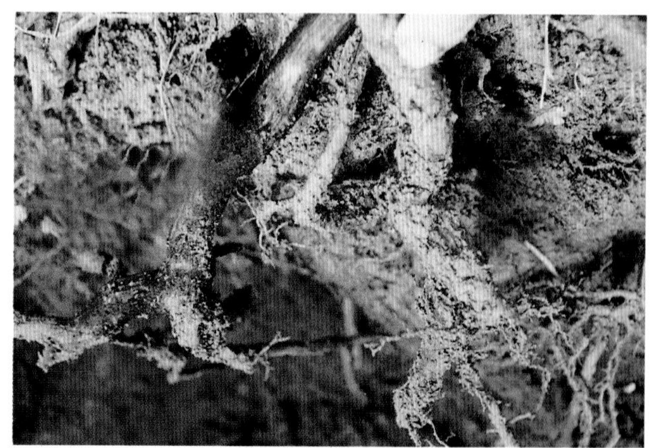

猕猴桃蜜环菌根腐病

猕猴桃花腐病

症状 主要为害花芽和叶片。病原细菌侵入花器后,在花蕾萼片上生褐色凹陷斑块,当侵入到花芽里面时,花瓣呈橘黄色,花朵开放时,里面的组织变成深褐色或已烂腐,造成花朵迅速脱落,干枯后的花瓣挂在幼果上,一般不脱落。病菌可从花瓣向幼果上扩展,造成幼果变褐萎缩,易脱落。扩展到叶片上后,

猕猴桃花腐病病花变褐腐烂(吴增军摄)

产生黄色晕圈,圈内变成深褐色病斑。

病原 有 3 种 *Pseudomonas viridiflava* (Burkholder)Dowson 称绿黄假单胞菌,属细菌界薄壁菌门。此菌是多种植物表面的附生菌。菌体杆状,生 1~4 根极生鞭毛,占 95.60%,此外还有丁香假单胞菌占 3.10%及丁香假单胞菌猕猴桃致病变种占 1.3%。

传播途径和发病条件 该细菌普遍存在于树体的叶芽、叶片、花蕾及花中,一般在芽体内越冬,发病率常受当地气候影响,生产上猕猴桃现蕾开花期气温偏低,雨日多或园内湿度大易重发生。病原细菌侵入子房后,引起落花,受害果大多在花后一周内脱落,少数发病轻的果实,出现果皮层局部膨大发育成畸形果、空心果、裂果。

防治方法 (1)改善藤蔓及花蕾的通风透光条件。(2)采果后至萌芽前喷 3 次 1∶1∶100 倍式的波尔多液。(3)萌芽至花期喷洒 100mg/kg 农用硫酸链霉素或 20%噻森铜悬浮剂 500 倍液。(4)在 3 月底萌芽前和花蕾期各喷 1 次 5 波美度石硫合剂。(5)发病重的果园应在 5 月中下旬喷洒 20%噻菌铜悬浮剂 300 倍液或 5%菌毒清水剂 550 倍液。

猕猴桃细菌性溃疡病(Yangtao canker)

症状 该病是新的毁灭性细菌病害。主要为害新梢、枝干和叶片,造成枝蔓或整株枯死。染病初期叶上产生红色小点,接着产生 2~3(mm)暗褐色不规则形病斑,四周具明显的黄色水渍状晕圈。湿度大时迅速扩展成水渍状大病斑,其边缘因受叶脉

猕猴桃溃疡病急性型病斑

猕猴桃溃疡病花部被害状

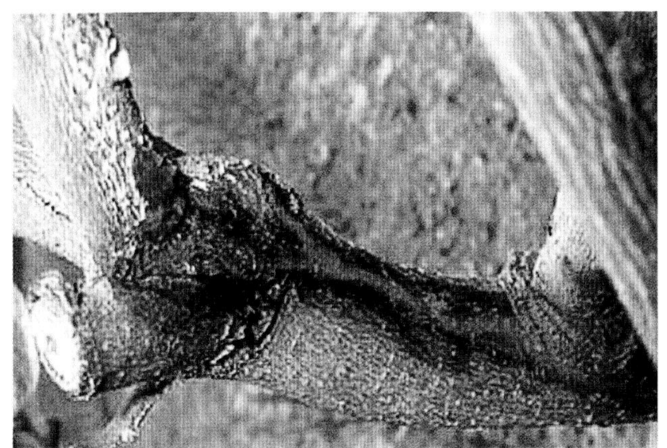

猕猴桃溃疡病皮层腐烂凹陷开裂

所限产生多角形病斑,有的不产生晕圈,多个病斑融合时,主脉间全部暗褐色,有菌脓溢出,叶片向里或外翻。小枝条染病初为暗绿色水渍状,后变暗褐色,产生纵向龟裂,症状向继续伸长的新梢和茎部扩展,不久使整个新梢变成暗褐色萎蔫枯死。枝干染病多于1月中下旬在芽眼四周、叶痕、皮孔、伤口处出现,病部产生纵向龟裂,溢出水滴状白色菌脓,皮层很快出现坏死,呈红色或暗红色,病组织凹陷成溃疡状,造成枝干上部萎蔫干枯。

病原 *Pseudomonas syringae* pv. *actinidiae* Takikawa et al. 称丁香假单胞菌猕猴桃致病变种,属细菌界薄壁菌门。菌体杆状,极生1~3根鞭毛,革兰氏染色阴性,无荚膜,不产生芽孢和不积聚 β-羟基丁酸酯。在牛肉浸膏蛋白胨琼脂培养基上菌落污白色、低凸、圆形、光滑、边缘全缘。在含蔗糖培养基上,菌落呈黏液状。能利用葡萄糖、蔗糖、L-阿拉伯糖、肌醇、山梨醇、甘露醇产酸,但不产气。不能利用乳糖、麦芽糖、鼠李糖、酒石酸盐等。能水解吐温80,不能水解七叶灵。石蕊牛乳反应呈微碱性。产生果聚糖。不产生硫化氢、吲哚。不能水解淀粉和软化马铃薯。氧化酶、精氨酸双水解酶阴性,接触酶阳性。美国报道 *P. syringae* pv. *morsprunorum* 是异名。

传播途径和发病条件 溃疡病是猕猴桃生产中的一种危险性细菌病害,除猕猴桃外,还为害扁桃、杏、欧洲甜樱桃、李、桃、梅等果树。病菌主要在枝蔓病组织内越冬,春季从病部伴菌脓溢出,借风、雨、昆虫和农事作业,工具等传播,经伤口、水孔、气孔和皮孔侵入。病原细菌侵入细胞组织后,经过一段时间的潜育繁殖,破坏输导组织和叶肉细胞,继续溢出菌脓进行再侵染。致病试验表明,4、5月有伤口和无伤接种实生苗,5~6天就出现类似症状;有伤接种的茎能产生菌脓和出现约1~2(mm)的轻度纵裂缝。剥开接种茎的树皮,可见维管束组织变褐色;休眠期接种,植株萌芽后出现溃疡症状,溢出白色至赤褐色菌脓,并形成与自然侵染相同的溃疡斑;接种猕猴桃果实,不染病,仅刺伤口处轻微变褐;成熟前的叶片最感病,嫩叶和老叶感病轻。

猕猴桃溃疡病菌属低温高湿性侵染细菌,春季旬均温10~14℃,如遇大风雨或连日高湿阴雨天气,病害易流行。地势高的果园风大,植株枝叶摩擦伤口多,有利细菌传播和侵入。人工栽培品种较野生种抗病差。在整个生育期中,以春季伤流期发病较普遍,随之转重。谢花期后,气温升高,病害停止流行,仅个别株侵染。

防治方法 (1)选栽抗病品种。贵丰、贵长、贵露等品种抗病性强,偶被侵害也不易流行。(2)严禁从疫区引进苗木,外引苗木用每毫升含700万单位的农用硫酸链霉素加1%酒精消毒1.5小时。(3)培育无病苗接穗、芽条必须从无病区域或确定的无病果园选取。加强管理,冬季把带菌的枯枝落叶及早集中烧毁,以减少菌源。(4)收果后或冬前全园喷1~2次,0.3~0.5波美度石硫合剂或1:1:100倍波尔多液。(5)萌芽后至谢花期喷洒68%农用硫酸链霉素2500倍液或2%春雷霉素水剂600倍液、20%噻菌铜悬浮剂600倍液、77%氢氧化铜400倍液,喷洒树冠枝叶能有效控制侵染。(6)提倡喷洒3.4%赤·吲乙·芸(碧护)可湿性粉剂7500倍液。

猕猴桃褐腐病

猕猴桃褐腐病又称焦腐病。是枝蔓上、果实后熟期与贮运中一种重要常见病害,枝蔓枯死率常达20%,褐腐引起烂果15%~25%,为害有日趋严重之势。

症状 主要为害枝干和果实。枝干染病,多发生在衰弱纤细枝蔓上,初病斑呈水渍状浅紫褐色,后变为深褐色,湿度大时该病绕茎扩展,侵入到木质部,造成皮层组织大块坏死,枝蔓逐渐萎蔫或干枯死亡,后期病部长出特多小黑点,即病原真菌的子座和子囊腔。果实染病,主要在收获期及贮运时显症,初在病果上产生浅褐色,四周黄绿色大病斑,病健交界处产生较宽的灰绿色大的椭圆形晕环,大小3.1~3.5×4.6~6.5(mm)。中后期病部渐凹陷,褐色,酒窝状,表面不破裂。在凹陷层之下的果肉浅黄色,较干,部分发展成腐烂斑或表现为软腐,果肉松弛,凹陷

猕猴桃果实褐腐病前期症状

渐转成平覆，病部干燥后常龟裂呈拇指状纹，表层易与下层分离。这两种症状的病部均呈圆锥形深入到果肉内部，最后致果肉组织呈海绵状，并散发出酸臭味。

病原 *Botryosphaeria dothidea* (Moug. et Fr.)Ces. et de Not. 称葡萄座腔菌，属真菌界子囊菌门。子座生在皮下，形状不规则，内生 1~3 个子囊壳。子囊壳扁圆形，深褐色，具乳头状孔。大小 168~182 × 158~165 (μm)。子囊棍棒形，无色，89~110 × 10.5~17.5 (μm)。子囊孢子橄榄形，单胞无色，9.5~10.8 × 3~4 (μm)。无性态为 *Macrphoma kawatukai* Hora 称轮纹大茎点菌，该菌是一种弱寄生菌，在寄主生活弱时，从皮孔侵入。

传播途径和发病条件 病原菌以菌丝或子囊壳在猕猴桃病枝干组织中越冬。翌春气温升高，下雨后子囊腔吸水膨大或破裂，释放出大量子囊孢子，借风雨飞溅传播。枝蔓受害病菌多从伤口或皮孔侵入，果实染病的病菌从花或幼果侵入，在果实内潜伏侵染，直到果实成熟期才表现症状。生产上温度和湿度、雨日多少是该病发生轻重的决定因素，病菌生长适温 24℃。子囊孢子释放需要降雨，在降雨后 1 天开始释放，到降雨后 2 天达高峰。果实贮运期，贮藏温度 20~25℃病果率高达 70%，10℃时病果率仅为 19%，冬季受冻、排水不良、挂果多树势弱、枝蔓细小、肥料不足，发病重。

防治方法 (1)从增强树势入手，施足有机肥加强肥水管理增强树势，提高抗病力。(2)及时清园，及早剪除病枝，尽快捡净病果，以减少初侵染源。(3)花期、幼果膨大期、干枝染病初期喷洒 50%甲基硫菌灵或多菌灵悬浮剂 800 倍液，或 40%双胍三辛烷基苯磺酸盐可湿性粉剂 1000~1500 倍液、45%代森铵水剂 800 倍液、30%戊唑·多菌灵悬浮剂 1000 倍液，隔 10 天左右 1 次，防治 3~4 次。

猕猴桃灰纹病

症状 为害叶片，病斑多从叶片中部或叶缘开始发生，产生圆形或近圆形病斑，病健交界不明显，灰褐色有轮纹，上生灰色霉状物，病斑较大，直径 1~3(cm)，春季发生较普遍。

病原 *Cladosporium oxysporum* Berk & Crut. 称尖孢枝孢，属真菌界无性型真菌。菌丝表生或在表皮细胞间生长，浅黄褐色，粗壮。分生孢子梗黄褐色，大小 52.5~95 × 15 ~ 20(μm)，有分隔，顶端着生分生孢子。分生孢子色浅或黄褐色，椭圆形，单胞或双胞，大小 5 ~ 17 × 3.8 ~ 13(μm)。

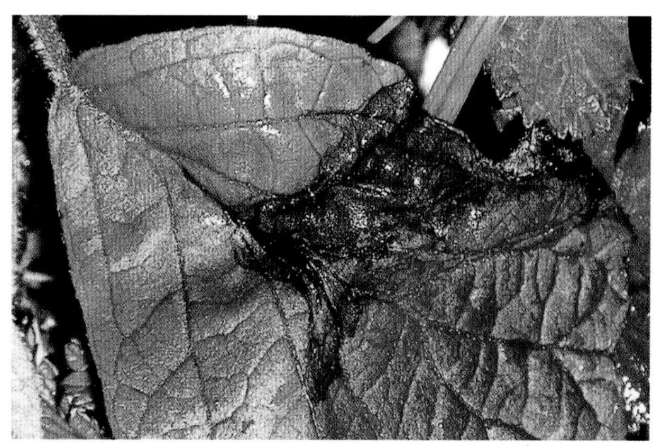

猕猴桃灰纹病叶面上的病斑(吴增军)

传播途径和发病条件 病原枝孢以菌丝在病部越冬，翌年 3~4 月产生分生孢子，借风雨传播，飞溅到叶片上后在水滴中萌发，从气孔侵入为害直到发病，病斑上又产生分生孢子进行多次再侵染，直到越冬。

防治方法 (1)发现病叶及时摘除，以减少初侵染源。(2)生长期发病尽早喷洒 50%代森锰锌可湿性粉剂 600 倍液或 50%锰锌·腈菌唑可湿性粉剂 500~600 倍液、20%三唑酮乳油 2000 倍液、30%戊唑·多菌灵悬浮剂 1000 倍液。

猕猴桃软腐病(Yangtao bacterial soft rot)

症状 发病初期，病果和健果外观无区别，中、后期被害果实渐变软，果皮由橄榄绿局部变褐，继向四周扩展，致半果乃致全果转为污褐色，用手捏压即感果肉呈浆糊状。剖果检查，轻者病部果肉呈黄绿至淡绿褐色，健部果肉嫩绿色；发病重的果实皮、肉分离，除果柱外果肉被细菌分解呈稀糊状，果汁淡黄褐色，具醇酸兼腐臭味。取汁镜检，有大量细菌。

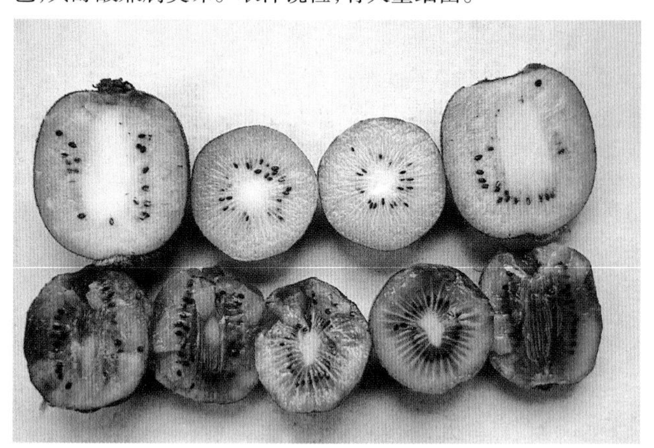

猕猴桃软腐病病果(下排)

病原 *Erwinia* sp. 称一种欧氏菌，属细菌。菌体短杆状，周生 2 ~ 8 根鞭毛，大小 1.2 ~ 2.8 × 0.6 ~ 1.1(μm)，在细菌培养基上呈短链状生长。革兰氏染色阴性，不产生芽孢，无荚膜。在 PDA 培养基上菌落为圆形，灰白色，边缘清晰，稍具荧光。生长温度 4 ~ 37℃，最适 26 ~ 28℃。

传播途径和发病条件 猕猴桃软腐病，是果实生长后期至贮运期时有发生的一种病害，细菌多从伤口侵入，果皮虫伤或采果时剪伤，以及果柄脱落处都是细菌侵入途径。病原进入果内即潜育繁殖，分泌果胶酶等溶解种籽周围的果胶质和果肉，醇发酵产生酸，最后造成果实软腐发臭。

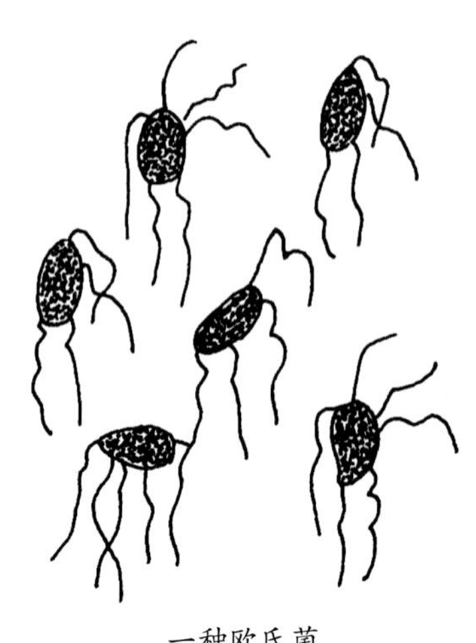

一种欧氏菌

防治方法 (1)选择晴天采果，轻摘轻放，尽量避免产生机械伤口，细选无病虫果及无伤果贮藏。(2)对贮运果在采

收当天进行药剂处理后再入箱。常用药剂与浓度为:2,4-D 钠盐 200mg/kg 加硫酸链霉素 800 倍稀释液,浸果 1 分钟后取出晒干,单果或小袋包装后再入箱。

猕猴桃生理裂果病(Yangtao fruit split)

症状、病原、传播途径和发病条件、防治方法 参见苹果裂果病。

猕猴桃生理裂果病

猕猴桃日灼病

症状 主要为害果实,在向阳面产生略凹陷不规则的红褐色日灼斑,表面粗糙,质地似革质,果肉变成褐色,发病重的病斑中央木栓化,果肉干燥发僵,病部皮层逐渐硬化。

病因 一是夏季高温季节出现气候干燥或强烈日照持续时间长。进入 7、9 月果实生长后期当遇有树体枝叶不大繁茂时,果实裸露在日光下易发生日灼病。一般 7 月中旬受害重。二是夏剪不当,弱树、病树挂果特多的幼园日灼果率高。三是土壤水分供应不足,保水不良的猕猴桃园发病严重。四是前期发生日灼病后造成枝干、果实裸露或病虫严重、落叶严重或日均温高于 30℃,相对湿度不足 70%,发生日灼机率明显增加。

防治方法 (1)加强猕猴桃园管理,多施有机肥使土壤有机质含量达到 2%,增加土壤团粒结构,增强土壤保水保肥能力,提高抗病力。(2)科学修剪,第 1 次修剪在落叶后、发芽前,又称冬剪,剪除老枝、长枝、细弱枝、病枝。第 2 次修剪在 4 月中下旬~5 月上旬,又称夏剪,进行抹芽和摘心,要抹掉不合理的短果枝或车状短果枝的芽,摘除中长果枝的心,使叶果比达 6∶1 或 8∶1。(3)适时浇水,每周浇水 1~2 次。(4)遮荫防晒。(5)进入 7 月喷施果友氨基酸 400 倍液或黄腐酸每 667m^2 喷 50~100mL。(6)提倡喷洒 3.4%赤·吲乙·芸可湿性粉剂(碧护)3000 倍液,不仅可有效防止日灼,还可打造猕猴桃碧护美果。

猕猴桃日灼发病初期症状

4. 猕 猴 桃 害 虫

猕猴桃蛀果蛾(Oriental fruit moth)

学名 *Grapholitha molesta* Busck 鳞翅目,卷蛾科。别名:梨小蛀果蛾、梨姬食心虫、桃折梢虫、东方蛀果蛾,猕猴桃蛀果虫,简称"梨小"。分布:除新疆、西藏外,各省均有发生。

寄主 猕猴桃、梨、李、桃、杏、梅、苹果、枇杷等。

为害特点 在猕猴桃园中,只为害果实。蛀入部位多在果腰,蛀孔处凹陷,孔口黑褐色。侵入初期有果胶质流挂在孔外,此物干落后有虫粪排出。蛀道一般不达果心,在近果柱处折转,虫坑由外至内渐黑腐,被害果不到成熟期就提早脱落。在贵州都匀等地的一些果场,猕猴桃被害果率高达 20%~30%,遍地落果,损失较严重。

猕猴桃蛀果蛾(梨小)为害猕猴桃果实

形态特征 见苹果害虫——梨小食心虫。

生活习性 此虫在我国北方年发生 3~4 代,南方 5~7 代,各代寄主及幼虫蛀害部位有较大差别。在贵州,年发生 5 代:越冬代成虫 4 月上中旬开始羽化,产卵于桃梢尖叶背上。第 1 代幼虫孵化后,从近梢之叶腋处蛀入,向下潜食,在蛀孔外排出桃胶和粪便。6 月成虫羽化后,部分迁入猕猴桃园,将卵散产在果蒂附近;第 2 代幼虫孵化后,向下爬至果腰处咬食果皮,蛀入果肉层中取食,老熟后爬出孔外,在果柄基部、藤蔓翘皮处及枯卷叶间作茧化蛹;7 月中下旬至 8 月初,第 3 代幼虫还可为害猕猴桃果实,但虫量远没有第 2 代多;第 4 代为害其它寄主,以第 5 代老熟幼虫越冬。

防治方法 (1)建猕猴桃园时,应避免与桃、梨等果树形成混生园,防止食心虫的交错危害。(2)重点防治第 2 代幼虫为害。

可在其孵化期喷施90%敌百虫可溶性粉剂或40%乐果乳油800倍液，共喷2次，间隔10天一次，效果良好。(3)其它果树梨小食心虫的防治，防效好坏直接影响猕猴桃果实的受害程度，应作综合防治通盘予以考虑。

泥黄露尾甲

学名 *Nitidulidae leach* 鞘翅目，露尾甲科。别名：落果虫，泥蛀虫，黄壳虫。分布：贵州等地。

寄主 猕猴桃、石榴、梨、桃、柑橘类。

为害特点 以成虫和幼虫蛀食落地果和下垂至近地面的鲜果，成虫为害后将粪屑排出蛀孔外，幼虫为害导致果肉腐烂，引起脱落。

形态特征 成虫：体长7.4～7.8(mm)，宽3.8～4.0(mm)，体扁平，初羽化时色浅，后转呈泥黄褐色。复眼黑色，向两侧高度隆起，圆形。触角共11节，生于复眼内侧前方，前胸背板长约为宽的一半，四周具饰边，密布大而浅的刻点，疏生向后倒伏的黄色绒毛和长刚毛；背板前缘中区形成深而宽的内凹。侧缘均匀横隆呈弧形，后缘呈较平直的波浪状。小盾片大，心脏形。腹面胸、腹板和足上被短刚毛。胸足跗节3节，各具爪1对。鞘翅侧缘具饰边，向尾部均匀缢缩，到翅缝末端呈“W”形；翅背部隆起，在尾端形成坡面；翅面具10条刻点行，刻点沟不内陷，每一刻点中生一根向后倒伏的长刚毛。沟间部上生细绒毛。卵：乳黄色，橄榄形，数粒至十数粒堆产，大小约1×1.5(mm)。幼虫：老熟幼虫长11～12(mm)，宽3.6～4.0(mm)，稍扁平。头部褐色，触角3节，第2节最粗大。前胸背侧沿和后沿区乳黄白色，其余黑褐色，背中线区无色。无腹足，具胸足3对，中胸和后胸节亚背线上具一块黑斑，斑缘后侧生1枚刺突；气门上线处也具1块黑褐斑。腹部1～8节各气门下线处生1黑褐色柱突，气门上线处也具1个大黑褐斑，此斑后侧长1枚强柱突，柱突上各具3根短刺；末腹节背面生有2对高度突起的肉角，呈四方形着生，以后面1对最粗大。蛹：扁平，腹部稍曲，乳白至乳黄色，与成虫形态相似，腹面观触角呈“八”字形贴生在前胸腹板侧突处，前2对胸足向中部曲抢，全露出翅面，后足从翅下伸出，可见其跗节。

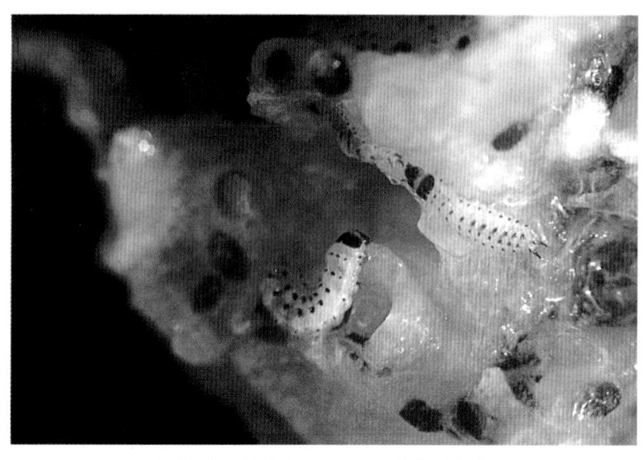
泥黄露尾甲幼虫为害猕猴桃果实

泥黄露尾甲成虫放大

生活习性 世代不详，以成虫在土中越冬。果实着色至成熟期，成虫将卵聚产在落地果或下垂近地的鲜果上，产前先咬一伤口，卵产其中。幼虫孵化后，钻入果肉纵横蛀食，老熟后脱果入土化蛹。成虫有假死性，可直接咬孔在果肉中啃食为害。幼虫耐高湿，可以在果浆中完成发育。成虫不飞翔，靠爬行为害鲜果。

防治方法 (1)随时捡拾落地果，集中处理果中成虫和幼虫。(2)冬季剪除近地面的下垂枝；生长期发现下垂近地果枝，即用竹枝顶高，防成虫趋味爬行产卵或蛀食。(3)幼虫为害期喷洒40%乐果乳油1000倍液或35%伏杀磷乳油1200倍液、40%毒死蜱乳油1500～1600倍液。

肖毛翅夜蛾

学名 *Lagoptera juno* (Dalman) 鳞翅目夜蛾科。分布在江苏、浙江、江西、广东、云南、湖北、湖南、四川、贵州等省。

寄主 猕猴桃、柑橘、葡萄、桃、李。

为害特点 成虫吸取寄主的果实汁液，幼虫为害柑橘。

形态特征 成虫：体长30~33(mm)，翅展宽81~85(mm)，头部赭褐色，腹部红色，背面大部暗灰棕色，前翅赭褐色布满黑点。前、后缘红棕色，基线红棕色达亚中褶。内线红棕色，前段略曲，从中室起直线外斜，环形纹为1黑点，肾形纹暗褐边，后部生1黑点。外线红棕色，直线内斜，后端稍内伸，顶角至臀角生1内曲弧线，黑色，亚端区生1不明显暗褐纹，端线为1列黑点。后翅黑色。末龄幼虫：长56~70(mm)。头黄褐色，体深黄色，背、侧面生不规则褐斑。后端细，第5腹节背面圆斑黑色，第8腹节2个黄色毛突，背线、

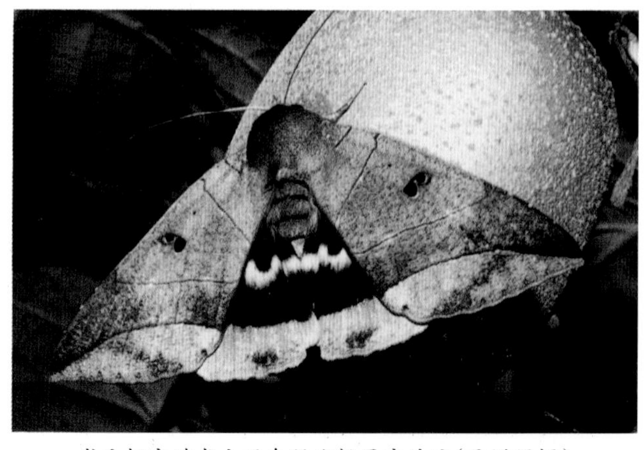
肖毛翅夜蛾成虫吸食猕猴桃果实汁液（吴增军摄）

亚背线、气门线黑色。

生活习性 低龄幼虫栖息在植株上部，性敏感，一触即吐丝下垂，老熟幼虫多栖息在枝干把身体紧贴在树枝上，老熟后卷叶化蛹。

防治方法 参见艳叶夜蛾。

鸟嘴壶夜蛾

学名 *Oraesia excavata* Butler 鳞翅目夜蛾科。

鸟嘴壶夜蛾成虫

寄主 猕猴桃、荔枝、芒果等，成虫吸食上述寄主汁液。

形态特征 成虫：体长23~26(mm)，翅展48~54(mm)，头部、前胸赤褐色，中后胸赭褐色。下唇须前伸，特别尖长如鸟嘴状。雌蛾触角丝状，雄蛾单栉齿状。前翅紫褐色，翅尖鹰嘴形，外缘拱突，后缘凹陷较深。翅面有黑褐色线纹，前缘线瓦片状，肾纹明显，翅尖后面有1个小白点，外线双线，从翅尖斜向后缘。后翅浅黄褐色，沿外缘和顶角棕褐色。

生活习性 广东年生5~6代，浙江年生4代，以幼虫在木防已、汉防已等植物基部或附近杂草丛生越冬。福建成虫于8月底9月初出现，为害柑橘、葡萄、荔枝、龙眼等果实。成虫夜间活动，有一定趋光性。

防治方法 参见艳叶夜蛾。

金毛虫(Mulberry tussock moth)

学名 *Porthesia similis xanthocampa* Dyar 鳞翅目，毒蛾科。别名 桑斑褐毒蛾、纹白毒蛾。

金毛虫(黄尾毒蛾)幼虫为害猕猴桃叶片状

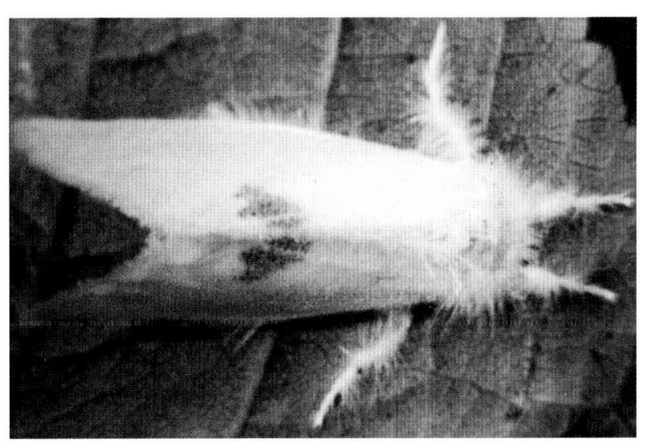

金毛虫(黄尾毒蛾)成虫(许渭根摄)

寄主、为害特点、形态特征、生活习性、防治方法 见苹果害虫——金毛虫。

葡萄天蛾(Grape horn worm)

学名 *Ampelophaga rubiginosa rubiginasa* Bremer et Grey 鳞翅目，天蛾科。别名：车天蛾。

寄主 葡萄、猕猴桃。

为害特点 幼虫食叶成缺刻与孔洞，高龄仅残留叶柄。

形态特征、生活习性、防治方法 参见葡萄害虫葡萄天蛾。

葡萄天蛾中龄幼虫

古毒蛾(Rusty tussock moth)

学名 *Orgyia antiqua* Linnaeus 鳞翅目，毒蛾科。别名：落

古毒蛾幼虫食害猕猴桃叶片

叶松毒蛾、缨尾毛虫、褐纹毒蛾、桦纹毒蛾。分布：东北、西北、华北、华东、四川、西藏。

寄主 猕猴桃、苹果、梨、山楂、李、榛、杨等。

为害特点 幼龄主要食害嫩芽、幼叶和叶肉，稍大食叶呈缺刻和孔洞，严重时把叶片食光。

形态特征 成虫：雌纺锤形，体长 10 ~ 20(mm)，头胸部较小，体肥大，翅退化，仅有极小翅痕，体被灰黄色细毛，无鳞片，复眼球形黑色，触角丝状暗黑色，足被黄毛，爪腹面有短齿。雄体长 10 ~ 12(mm)，翅展 25 ~ 30(mm)。体锈褐色，触角羽状。前翅黄褐色，有 3 条波浪形浓褐色微锯齿条纹，近臀角有一半圆形白斑，中室外缘有一模糊褐色圆点。缘毛黄褐有深褐色斑。后翅黄褐至橙褐色。卵：圆形稍扁，直径约 0.9mm，白色或淡褐色，中央凹陷。幼虫：体长 25 ~ 36(mm)，头黑褐、体黑灰色，有红、白花纹，腹面浅黄，胴部有红色和淡黄毛瘤。前胸盾橘黄色，其两侧及第 8 腹节背面中央各有一束黑而长的毛。第 1 ~ 4 腹节背面具黄白色刷状毛丛 4 块。第 1、2 节侧面各有 1 束黑长毛。蛹：雄 10 ~ 12(mm)，锥形；雌 15 ~ 21(mm)，纺锤形，黑褐色，被灰白色茸毛。茧：丝质较薄，灰黄色，上有幼虫体毛。

生活习性 东北北部年生 1 代，华北 3 代，以卵在茧内越冬。雌将卵产在茧内、偶有产于茧上或附近的，每雌产卵 150 ~ 300 粒。初孵幼虫 2 天后开始取食，群集于芽、叶上取食，能吐丝下垂借风力传播。稍大分散为害，多在夜间取食，常将叶片吃光。老熟后多在树冠下部外围细枝或粗枝分杈处及皮缝中结茧化蛹。幼虫共 5 ~ 6 龄。寄生性天敌 50 余种，主要有小茧蜂、细蜂、姬蜂及寄生蝇等。

防治方法 (1)冬春人工摘除卵块。(2)保护天敌。(3)幼虫发生期药剂防治。参考苹果害虫——苹果小卷蛾。

黑额光叶甲

学名 *Smaragdina nigrifrons* (Hope) 鞘翅目，肖叶甲科。分布：辽宁、河北、北京、山西、陕西、山东、河南、江苏、安徽、浙江、湖北、江西、湖南、福建、台湾、广东、广西、四川、贵州。

寄主 猕猴桃、枣、玉米、算盘子、栗、白茅属、蒿属等。

为害特点 成虫为害叶片。常把叶片咬成 1 个个孔洞或缺刻，一般是在叶面先啃去部分叶肉，然后再把余部吃掉，虫口数量多时叶上常留下数个大孔洞。

形态特征 成虫：体长 6.5 ~ 7(mm)，宽 3mm，体长方至长卵形；头漆黑，前胸红褐色或黄褐色，光亮，有的生黑斑，小盾片、鞘翅黄褐色至红褐色，鞘翅上具黑色宽横带 2 条，一条在基部，一条在中部以后，触角细短，除基部 4 节黄褐色外，余黑色至暗褐色。腹面颜色雌雄差异较大，雄多为红褐色，雌虫除前胸腹板、中足基节间黄褐色外，大部分黑色至暗褐色。本种背面黑斑、腹部颜色变异大。足基节、转节黄褐色，余为黑色。头部在两复眼间横向下凹，复眼内沿具稀疏短竖毛，唇基稍隆起，有深刻点，上唇端部红褐色，头顶高凸，前缘有斜皱。前胸背板隆凸。小盾片三角形。鞘翅刻点稀疏呈不规则排列。

生活习性 该虫仅以成虫迁入猕猴桃园为害叶片，但不在园中产卵繁殖，成虫有假死性。多在早晚或阴天取食。

防治方法 (1)虫量不大时可在防治其他害虫时兼治。(2)虫量大时在害虫初发期喷洒 5%天然除虫菊素乳油 1000 倍液或 4.5%高效氯氰菊酯乳油或水乳剂或微乳剂或可湿性粉剂 1500~2000 倍液、40%毒死蜱乳油 1000 倍液。

黑绒金龟（Black velvety chafer）

学名 *Serica orientalis* Motschulsky 异名 *Maladera orientalis* Motsch. 鞘翅目，金龟科。别名：东方金龟子、天鹅绒金龟子、姬天鹅绒金龟子、黑绒金龟子。分布：除西藏、云南未见记录外，其余各省、区均有。

寄主 苹果、梨、山楂、桃、猕猴桃、杏、枣等 149 种植物。

为害特点 成虫食嫩叶、芽及花；幼虫为害植物地下组织。

形态特征 成虫：体长 6 ~ 9(mm)，宽 3.5 ~ 5.5(mm)，椭圆形，褐色或棕褐色至黑褐色，密被灰黑色绒毛，略具光泽。头部有脊皱和点刻；唇基黑色边缘向上卷，前缘中间稍凹，中央有明显的纵隆起；触角 9 节鳃叶状，棒状部 3 节，雄较雌发达，前胸背板宽短，宽是长的 2 倍，中部凸起向前倾。小盾片三角形，顶端稍钝。鞘翅上具纵刻点沟 9 条，密布绒毛，呈天鹅绒状。臀板三角形，宽大具刻点。胸部腹面密被棕褐色长毛。腹部光滑，每一腹板具 1 排毛。前足胫节外缘 2 齿，跗节下有刚毛，后足胫节狭厚，具稀疏点刻，跗节下边无刚毛，而外侧具纵沟。各足跗节端具 1 对爪，爪上有齿。卵：椭圆形，长径 1mm，初乳白后变灰白色，稍具光泽。幼虫：体长 14 ~ 16(mm)，头宽 2.5 ~ 2.6(mm)，头部黄褐色，体黄白色，伪单眼 1 个由色斑构成，位于触角基部上方。肛腹片覆毛区的刺毛列位于覆毛区后缘，呈横弧形排列，由 16 ~ 22 根锥状刺组成，中间明显中断。蛹：长 8 ~ 9(mm)，初黄

黑额光叶甲成虫栖息在叶片上

黑绒金龟成虫及为害叶片状

色,后变黑褐色。

生活习性 年生1代,主以成虫在土中越冬,翌年4月成虫出土,4月下旬至6月中旬进入盛发期,5月至7月交尾产卵,卵期10天,幼虫为害至8月中旬~9月下旬老熟后化蛹,蛹期15天,羽化后不出土即越冬,少数发生迟者以幼虫越冬。早春温度低时,成虫多在白天活动,取食早发芽的杂草、林木、蔬菜等,成虫活动力弱,多在地面上爬行,很少飞行,黄昏时入土潜伏在干湿土交界处。入夏温度高时,多于傍晚活动,16时后开始出土,傍晚群集为害果树、林木及蔬菜及其他作物幼苗。成虫经取食交配产卵,卵多产在10cm深土层内,堆产,每堆着卵2~23粒,多为10粒左右,每雌产卵9~78粒,常分数次产下,成虫期长,为害时间达70~80天,初孵幼虫在土中为害果树、蔬菜的地下部组织,幼虫期70~100天。老熟后在20~30cm土层做土室化蛹。

防治方法 参考苹果害虫——苹毛丽金龟。此外刚定植的幼树,应进行塑料薄膜套袋,至成虫为害期过后即时拆下套袋。控制幼虫以采取药剂处理土壤或粪肥为主。具体做法参考地下害虫——蛴螬防治法。

铜绿丽金龟(Metallic-green beetle)

学名 *Anomala corpulenta* Motschulsky 鞘翅目,丽金龟科。别名:铜绿金龟子、青金龟子、淡绿金龟子。分布:除新疆、西藏外,其余各省均有。

铜绿丽金龟成虫放大

寄主 苹果、梨、山楂、桃、李、杏、樱桃、葡萄、猕猴桃、核桃、草莓、荔枝、龙眼、枇杷、柑橘、醋栗和豆类等。

为害特点 成虫食芽、叶成不规则的缺刻或孔洞,严重的仅留叶柄或粗脉;幼虫生活在土中,为害根系。

形态特征、生活习性、防治方法 参见梨树害虫—铜绿丽金龟。

大黑鳃金龟(Northeast giant black chafer)

学名 *Holotrichia diomphalia* Bates 鞘翅目,鳃金龟科。别名:大黑鳃金龟、朝鲜黑金龟子。分布于黑龙江、辽宁、内蒙古、山西、河北、山东、河南、江苏、安徽、浙江、江西、湖北、宁夏等地。

寄主 猕猴桃、苹果、梨、桃、李、杏、梅、樱桃、核桃以及多

大黑鳃金龟成虫

种作物。

为害特点 同黑绒金龟。

形态特征 成虫:体长17~21(mm),宽8.4~11(mm),长椭圆形,体黑至黑褐色,具光泽,触角鳃叶状,10节,棒状部3节。前胸背板宽,约为长的2倍,两鞘翅表面均有4条纵肋,上密布刻点。前足胫足外侧具3齿,内侧有1棘与第2齿相对,各足均具爪1对,为双爪式,爪中部下方有垂直分裂的爪齿。卵:椭圆形,长3mm,初乳白后变黄白色。幼虫:体长35~45(mm),头部黄褐至红褐色,具光泽,体乳白色,疏生刚毛。肛门3裂,肛腹片后部无尖刺列,只具钩状刚毛群,多为70~80根,分布不均。蛹体长20~24(mm),初乳白后变黄褐至红褐色。

生活习性 北方地区1~3年发生1代,以成虫或幼虫越冬。翌春10cm土温达13~16℃时,越冬成虫开始出土,5月中旬至6月中旬为盛期,8月为末期。成虫白天潜伏土中,黄昏开始活动,有趋光性和假死性。6~7月为产卵盛期,卵期10~22天,幼虫期340~400天,蛹期10~28天。土壤湿润利于幼虫活动,尤其小雨连绵天气为害加重。

防治方法 参考苹果害虫——苹毛丽金龟,但此虫除注意果园防治成虫外,应特别加强果园,尤其是大田等的幼虫防治,以压低虫源。如药剂处理土壤或粪肥、药剂处理种子等,参考地下害虫——蛴螬防治法。

猕猴桃园人纹污灯蛾

学名 *Spilarctia subcarnea* (Walker) 鳞翅目灯蛾科。别名:

人纹污灯蛾雌成虫

红腹白灯蛾。分布在全国大部分省区。

寄主 猕猴桃、草莓、豆类、玉米、棉花及蔬菜等。

为害特点 幼虫取食猕猴桃叶片成缺刻，为害新梢顶芽。

形态特征 雌成虫体长20~23(mm)，翅展55~58(mm)，雄蛾略小，触角短，锯齿状；雌蛾触角羽毛状。各足末端皆黑色，前足腿节红色。腹部背面深红色，身体余部黄白色，腹部每节中央有1块黑斑，两侧各生黑斑2块，前翅白色，基部红色。从后缘中央向顶角斜生1列小黑点2~5个，静止时左右两翅上黑点拼成"∧"形，后翅略带红色，缘毛白色。卵：扁圆形，直径0.6mm。末龄幼虫：体长50mm，头黑色，体黄褐色，密生棕褐色长毛，背线棕黄色，亚背线暗褐色，胸腹各节生10~16个毛瘤，胸足、腹足黑色。蛹：长18mm，赤褐色，椭圆形，尾端具短刺12根。

生活习性 江淮流域年生2~3代，以幼虫越冬，第1代成虫于2月羽化，3月上旬交尾产卵。第2代于5月中旬羽化。北方则以蛹在土下越冬。翌年3月中旬开始羽化，4月上旬进入越冬代成虫盛发期。第1代幼虫4~5月开始为害，6~7月出现第1代成虫。第2代幼虫于8~9月为害，9月份以后化蛹越冬。成虫白天隐蔽在枝叶中，夜出活动。成虫羽化后3~4天产卵在叶背，每卵块400粒左右。卵期5~6天，初孵幼虫群聚叶背食害叶肉，3龄后分散为害，共7龄。

防治方法 (1)摘除卵块及3龄前群聚在一起的有虫叶，集中烧毁。(2)冬季耕翻土壤杀灭越冬蛹，也可在老熟幼虫下树入土化蛹前，在树干上束草诱集幼虫化蛹，解下后烧毁。(3)于幼虫3龄前喷洒90%敌百虫可溶性粉剂800倍液或2.5%高效氯氟氰菊酯乳油或20%氰戊菊酯乳油2000倍液。

藤豹大蚕蛾

学名 *Loepa anthera* Jordan 属鳞翅目大蚕蛾科。分布在福建、浙江等省猕猴桃栽植区。

寄主 为害猕猴桃等藤科植物。

为害特点 老熟幼虫为害猕猴桃叶片成缺刻。

形态特征 成虫：体黄色，翅展宽85~90(mm)，前翅前缘灰褐色，内线紫红色，外线呈黑色波纹，亚端线呈双行波纹状，端线粉黄色不相连接，顶角钝圆，内侧生橘红色和黑色斑，中室端有1不规则形圆形，中央灰黑色，内侧生1白色线纹，后翅与前翅斑纹相似。幼虫：体黑褐色，各体节上生毛瘤，每个毛瘤上具数根褐色短刺及红褐色刚毛。腹节侧面生有白斑。

藤豹大蚕蛾成虫

生活习性 1年发生1代，以卵或蛹越冬。4月下旬~6月下旬幼虫在猕猴桃、核桃上为害，老熟后做茧化蛹，6月上旬羽化。成虫常在夜间活动。

防治方法 猕猴桃产区藤豹大蚕蛾为害重的地区，于5月初幼虫为害期喷洒40%甲基毒死蜱乳油或25%氯氰·毒死蜱乳油1000~1500倍液。

拟彩虎蛾

学名 *Mimeusemia persimilis* Butler 鳞翅目虎蛾科。分布在黑龙江、浙江、四川等省。

拟彩虎蛾成虫

寄主 猕猴桃。

为害特点 以幼虫取食叶片、花蕾及嫩梢，把叶片食成大片缺刻或食光，为害花时常把花蕾啃食成直径2mm的孔洞。

形态特征 成虫：体长22mm，翅展55mm，体黑色。头顶及额各生1浅黄斑。前翅黑色，中室基部生1浅黄斑，中室前缘中部生1浅黄短条，其后生1长方形的浅黄斑，中室外方生2个浅黄大斑，顶角，臀角外缘毛白色；后翅杏黄色。幼虫：体粗大，头部红褐色，体黄褐色；有虎状纹花斑。蛹：红褐色，纺锤形。

生活习性 年生1代，以老熟幼虫在土中化蛹越冬，翌年4月中旬羽化为成虫，把卵产在叶上，孵化后先为害花蕾。花蕾期过后开始为害叶片和嫩梢。为害期4月下旬至6月上旬。

防治方法 猕猴桃产区，拟彩虎蛾为害重的地区，可从4月下旬开始调查，掌握在幼虫低龄期喷洒40%毒死蜱乳油1500倍液或20%氰戊·辛硫磷乳油1500倍液。

小绿叶蝉(Smaller green leafhopper)

学名 *Empoasca flavescens* (Fab.)同翅目，叶蝉科。别名：茶叶蝉、桃小浮尘子、桃小叶蝉、桃小绿叶蝉等。异名 *E. pirisuga* Matsu.分布：除西藏、新疆、青海未见报道外，广布全国各地。

寄主 猕猴桃、桑、桃、杏、李、樱桃、梅、杨梅、葡萄、苹果、槟沙果、梨、山楂、柑橘、豆类、棉花、烟、禾谷类、甘蔗、芝麻、花生、向日葵、薯类。

为害特点 成虫、若虫吸芽、叶和枝梢的汁液，被害初期叶面出现黄白色斑点，渐扩成片，严重时全叶苍白早落。

形态特征、生活习性、防治方法 参见桃、李、杏、梅害虫——小绿叶蝉。

小绿叶蝉为害猕猴桃叶片状

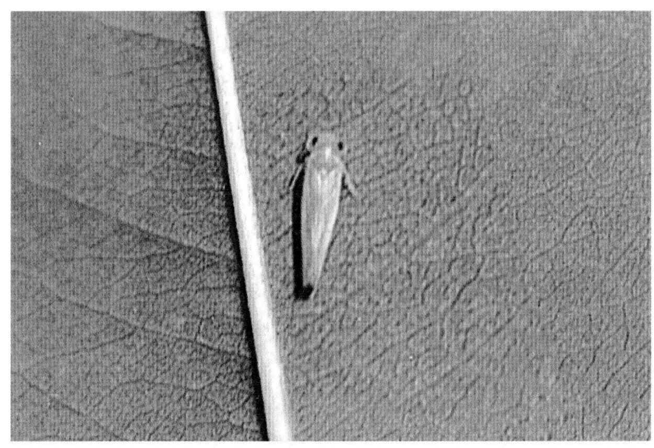
小绿叶蝉成虫

斑衣蜡蝉(Chinese blistering cicada)

学名 *Lycorma delicatula* (White) 同翅目,蜡蝉科。别名:椿皮蜡蝉、斑衣、樗鸡、红娘子等。分布在辽宁、甘肃、陕西、山西、北京、河北、河南、山东、安徽、江苏、上海、浙江、江西、湖北、湖南、福建、台湾、广东、广西、四川、云南。

寄主 猕猴桃、核桃、李、海棠、石榴、葡萄、苹果、山楂、桃、杏、梨、无花果等。

为害特点 成、若虫刺吸枝、叶汁液,排泄物常诱致煤病发生,削弱生长势,严重时引起茎皮枯裂,甚至死亡。

形态特征 成虫:体长15~20(mm),翅展39~56(mm),雄较雌小,暗灰色,体翅上常覆白蜡粉。头顶向上翘起呈短角状,触角刚毛状3节红色,基部膨大。前翅革质,基部2/3淡灰褐色,散生20余个黑点,端部1/3黑色,脉纹色淡。后翅基部1/3红色,上有6~10个黑褐斑点,中部白色半透明,端部黑色。卵:长椭圆形,长3mm左右,状似麦粒,背面两侧有凹入线,使中部形成一长条隆起,隆起之前半部有长卵形之盖。卵粒排列成行,数行成块,每块有卵数十粒,上覆灰色土状分泌物。若虫:与成虫相似,体扁平,头尖长,足长。1~3龄体黑色,布许多白色斑点。4龄体背面红色,布黑色斑纹和白点,具明显的翅芽于体侧,末龄体长6.5~7(mm)。

斑衣蜡蝉4龄若虫放大

斑衣蜡蝉雌成虫产卵状

生活习性 年生1代,以卵块于枝干上越冬。翌年4~5月陆续孵化。若虫喜群集嫩茎和叶背为害,若虫期约60天,脱皮4次羽化为成虫,羽化期为6月下旬~7月。8月开始交尾产卵,多产在枝杈处的阴面。以卵越冬。成虫、若虫均有群集性,较活泼、善于跳跃。受惊扰即跳离,成虫则以跳助飞。多白天活动为害。成虫寿命达4个月,为害至10月下旬陆续死亡。

防治方法 (1)发生严重地区,注重摘除卵块;(2)结合防治其他害虫兼治此虫,可喷洒常用菊酯类、有机磷等及其复配药剂,常用浓度均有较好效果。由于若虫被有蜡粉,所用药液中如能混用含油量0.3%~0.4%的柴油乳油剂或黏土柴油乳剂,可显著提高防效。

橘灰象(Citrus weevils)

学名 *Sympiezomia citri* Chao 鞘翅目,象甲科。别名:柑橘灰象甲、猕猴桃梢象甲。分布南方各省。

寄主 猕猴桃、柑橘类及桃、枣、龙眼、桑、棉、茶、茉莉等

脱鳞的橘灰象成虫为害嫩梢

植物。

为害特点 以成虫啃食猕猴桃春梢和夏梢之茎尖与嫩叶，将其咬成残缺不全的凹陷缺刻或孔洞，影响枝蔓的生长发育。

形态特征、生活习性、防治方法 参见柑橘、柚、沙田柚害虫——橘灰象甲。

猕猴桃透翅蛾(Yangtao borer)

学名 *Paranthrene actinidiae* Yang et Wang 鳞翅目，透翅蛾科。别名：猕猴桃准透翅蛾。分布：贵州、福建。

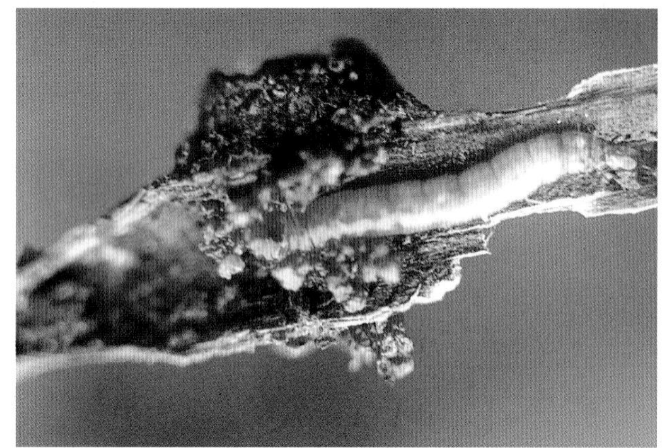

猕猴桃透翅蛾幼虫蛀茎

寄主 猕猴桃。

为害特点 以幼虫蛀食寄生当年生嫩梢、侧枝或主干，将髓部蛀食中空，粪屑排挂在隧道孔外。植株受害后，引起枯梢和断枝，造成树势衰退，产量降低，品质变劣。

形态特征 成虫：体长 17～22(mm)，翅展 33～38(mm)，全体黑褐色。雌虫头部黑色，基部黄色，额中部黄色，四周黑色；胸部背面黑色，前、中胸两侧各具 1 个黄斑，后胸腹面具 1 大黄斑。翅基部后方散生少许黄色鳞粉，前翅黄褐色，不透明，后翅透明，略显浅黄烟色，A_1 脉金黄色。腹部黑色具光泽，第 1、2、6 节背后缘具黄色带，第 5、7 节两侧生黄色毛簇，第 6 节间生红黄色毛簇，腹端生红棕色杂少量黑色毛丛。雄虫前翅大部份烟黄色，透明；后翅透明，微显烟黄色，M_{1+2} 脉不分开，Cu_1 与 Cu_2 脉均出自中室后缘。腹部黑色具光泽，第 1、2、7 节后缘隐现黄带，第 6 腹节黄色，第 4、6 腹节两侧生黄毛簇，尾毛黑色强壮。卵：长椭圆形，浅棕黄色，大小 1.0～1.1×0.7～0.8(mm)。幼虫：体长 28～32(mm)，乳黄色。头部黑褐色，前胸黑褐色，胸背中部生 1 根长刚毛，两侧前缘各具 1 个三角形斑，其下生 1 圆斑。蛹：长 24～26(mm)，宽约 7.5(mm)，浅黑褐色，胸部及各腹节色较浅。

生活习性 年发生 1 代，以老熟和成长幼虫在寄主茎内越冬，由于山区立体小气候不同，发育进度有较大差异。在贵州剑河等县，4 月下旬至 5 月上旬化蛹，5 月下旬始羽化；三都等低热县老熟幼虫 3 月底 4 月初始化蛹，4 月中旬至 5 月上旬为化蛹盛期。蛹历期 22~35 天，羽化时间多在上午 10 时至下午 2 时。成虫羽化后，约 20 分钟开始展翅，阴天全日活动，晴天以上午和日落后为活跃。卵散产，多产在当年生嫩枝梢叶柄基部的茎上，老枝条则见产于阴面裂皮缝中。卵历期 10~12 天，6 月中下旬孵化盛期。幼虫孵出后就地蛀入，向下潜食，将髓部食空，蛀孔外堆挂黑褐色粪屑；有些幼虫先将皮部啃食一圈，然后再钻入髓部，造成受害枝条或小主干枯死；受害轻的枝干愈合后膨大呈伤疤。鉴于成长幼虫可以越冬，所以 10 月底至 11 月初有时还可查到低龄孵化虫。卵产在嫩梢上孵出的幼虫，长至老熟期前，不适应髓部多汁环境，常转移到老枝干上蛀害。

防治方法 (1)结合冬季整形修剪或夏剪，去除部份带虫枝，集中烧毁杀灭幼虫。(2)根据被害孔外堆挂粪屑这一特征，寻找蛀入孔，用兽医注射器将 80%敌敌畏原药注射少许于虫道中，再用胶布或车用黄油封闭孔口，熏杀幼虫，效果极佳。(3)叶蝉类害虫盛害期，正是本虫卵孵期，可一并进行兼治。在喷雾叶片的同时，应将嫩茎也喷湿透才能达到兼治效果。

梨眼天牛(Blue pear twig borer)

学名、寄主、为害特点、形态特征、生活习性、防治方法 参见梨树害虫——梨眼天牛。

梨眼天牛成虫出枝及其羽化孔

猕猴桃桑白蚧(White peach scale)

学名 *Pseudaulacaspis pentagona* (Targioni-Tozzetti) 同翅目，盾蚧科。别名：桑白蚧、桑介壳虫、桃介壳虫、桑白盾蚧。分布几遍全国各地。

寄主 猕猴桃、桃、李、杏、樱桃、核桃、柿等。

为害特点 雌成虫和若虫刺吸猕猴桃枝干和叶片及果实的汁液，造成树势衰弱或落叶等，严重的枝干枯死。

桑白蚧为害猕猴桃果实

形态特征 参见桃树害虫——桑白蚧。

生活习性 贵州猕猴桃园年生4代，以受精雌虫在枝干上越冬，第一代于4月上旬开始产卵于枝干上，卵产于雌虫的介壳内，产完卵后雌虫干缩死亡。该虫多发生在衰弱树的枝干上群集固定取食汁液。4月中旬孵化成若虫，从雌介壳下爬出分散1～2天后在枝干上固定取食不再迁移。雌若虫共2龄期，第2次蜕皮后变成雌成虫。雄若虫期也为2龄，第2龄若虫蜕皮后变为前蛹，再经蜕皮变成蛹，最后羽化成雄成虫。雌若虫2龄后便分泌绵毛状蜡丝，逐渐形成介壳，增强抗药性。第2～4代分别发生于5月下旬至6月上旬、7月中下旬、9月上中旬。

防治方法 (1)建立猕猴桃园时，要远离桃、李、桑、梨等果园，避免寄主间传播。(2)冬季或春季发芽前喷洒5%柴油乳剂或波美3～5度石硫合剂。(3)注意保护日本方头甲、红点唇瓢虫等天敌。(4)于若虫孵化盛期，贵州于4月底5月初或在虫体背面还未被蜡质所覆盖时，采用药剂防治。一般采用40%乐果乳油800倍液、2.5%高效氯氟氰菊酯乳油2000倍液、100倍机油乳剂+0.1%噻嗪酮液或10%氯氰菊酯乳油1000～2000倍液喷雾，还可采用40%辛硫磷乳油200倍液刷虫体。可在各种药液中，加入0.1%～0.2%洗衣粉。

考氏白盾蚧（Shell-shaped white scale）

学名 *Pseudaulacaspis cockerelli* (Cooley) 同翅目，盾蚧科。别名：广菲盾蚧、白桑盾蚧、贝形白盾蚧、考氏齐盾蚧。异名：*Phenecaspis cockerelli* (Cooley); *Chionaspis cockerelli* Cooley。分布在山东、安徽、江苏、浙江、上海、江西、福建、台湾、广东、广西、湖北、云南、贵州、四川以及北方哈尔滨、山西、北京、河北等地的温室。

寄主 猕猴桃、芒果、柑橘、金橘等。

为害特点 本种有两型，即食干型、食叶型。叶受害后，出现黄斑，严重时叶片布满白色介壳，致使叶大量脱落。枝干受害后，枯萎；严重的布满白色蚧，树势减弱、甚至诱发煤污病，严重影响植株生长、发育。

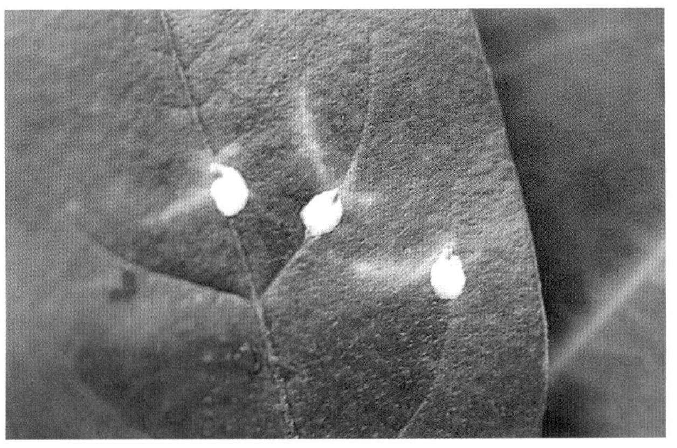

考氏白盾蚧雌介壳放大

形态特征 成虫：雌介壳长约2.0～4.0(mm)，宽2.5～3.0(mm)，梨形或卵圆形，表面光滑，雪白色，微隆；2个壳点突出于头端，黄褐色。雄介壳长约1.2～1.5(mm)，宽0.6～0.8(mm)；长形表面粗糙，背面具一浅中脊；白色；只有一个黄褐色壳点。雌成虫体长1.1～1.4(mm)，纺锤形，橄榄黄色或橙黄色，前胸及中胸常膨大，后部多狭；触角间距很近，触角瘤状，上生一根长毛；中胸至腹部第8腹节每节各有一腺刺，前气门腺10～16个；臀叶2对发达，中臀叶大，中部陷入或半突出。雄成虫体长0.8～1.1(mm)，翅展1.5～1.6(mm)。腹末具长的交配器。卵：长约0.24mm，长椭圆形，初产时淡黄色后变橘黄色。若虫：初孵淡黄色，扁椭圆形，长0.3mm，眼、触角、足均存在，两眼间具腺孔，分泌蜡丝覆盖身体，腹末有2根长尾毛。2龄长0.5～0.8(mm)，椭圆形，眼、触角、足及尾毛均退化，橙黄色。蛹：长椭圆形，橙黄色。

生活习性 广东、福建、台湾等地年发生6代；云南露地年可发生2代，室内年可发生3代；上海等长江以南地区及北方温室内年可发生3代。各代发生整齐，很少重叠。以受精和孕卵雌成虫在寄主枝条、叶上越冬。冬季也可见到卵和若虫，但越冬卵第二年春季不能孵化，越冬若虫死亡率很高。越冬受精雌成虫在翌年3月下旬开始产卵，4月中旬若虫开始孵化，4月下旬、5月上旬为若虫孵化盛期，5月中、下旬雄虫化蛹，6月上旬成虫羽化；第二代6月下旬始见产卵，7月上、中旬为若虫孵化盛期，7月下旬雄虫化蛹，8月上旬出现成虫；第三代8月下旬至9月上旬始见产卵，9月下旬至10月上旬为若虫孵化盛期，10月中旬雄成虫化蛹，10月下旬出现成虫进入越冬期。雌成虫寿命长达1个半月左右，越冬成虫长达6个月左右。每雌平均产卵50余粒。若虫分群居型和分散型两类，群居型多分布在叶背，一般几十头至上百头群集在一起，经第2龄若虫、前蛹、蛹而发育为雄成虫；散居型主要在叶片中脉和侧脉附近发育为雌成虫。

防治方法 (1)加强检疫，由于蚧虫固着寄生极易随苗木异地传播，所以一定严把检疫关，禁止带虫苗木带入或带出。(2)加强栽培管理，适时增施有机肥和复合肥以增强树势，提高抗虫力。结合修剪及时疏枝，剪除虫害严重的枝、叶，以减少虫源，促进植株通风透光，以减轻此蚧的为害。(3)保护利用天敌，此蚧有多种内寄生小蜂及捕食性的草蛉、瓢虫、钝绥螨等天敌，因此施药种类及方法要合理，避免杀伤天敌。(4)根施5%毒死蜱颗粒剂可最大限度地杀灭蚧虫，保护天敌。(5)在卵孵化盛期及时喷洒40%乐果乳油1500倍液加0.1%肥皂粉或洗衣粉、10%吡虫啉可湿性粉剂1500倍液、20%甲氰菊酯乳油1500～2000倍液、2.5%高效氯氟氰菊酯乳油1500～2000倍液、40%毒死蜱乳油1000倍液、35%伏杀磷乳油1000倍液。

5. 枸 杞（Lycium chinense）病 害

枸杞炭疽病(Chinese wolfberry anthracnose)

症状 枸杞炭疽病俗称黑果病。主要为害青果、嫩枝、叶、蕾、花等，青果染病初在果面上生小黑点或不规则褐斑，遇连阴雨病斑不断扩大，半果或整果变黑，干燥时果实缢缩；湿度大时，病果上长出很多桔红色胶状小点；嫩枝、叶尖、叶缘染病，产生褐色半圆形病斑，扩大后变黑，湿度大呈湿腐状，病部表面出现黏滴状桔红色小点，即病原菌的分生孢子盘和分生孢子。

枸杞炭疽病病果

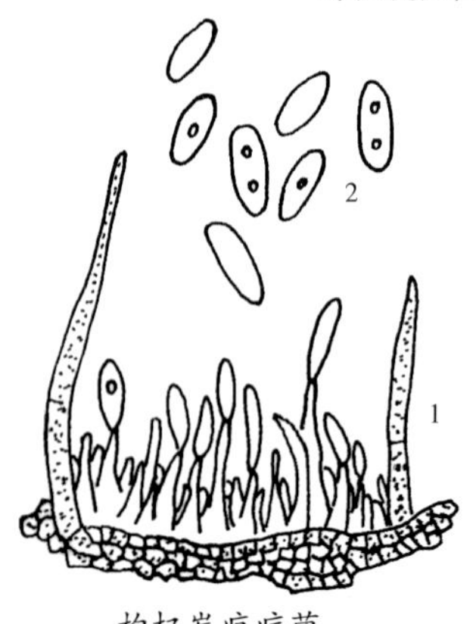

枸杞炭疽病菌
1.分生孢子盘 2.分生孢子

病原 *Colletotrichum gloeosporioides* Penz. 称胶孢炭疽菌，原称盘长孢状刺盘孢，属真菌界半知菌类。有性态 *Glomerella cingulata* (Stonem.) Spauld.et Schrenk 称围小丛壳，属真菌界子囊菌门。分生孢子盘生在病果表皮下，菌丝体在皮下组织的细胞间隙中集结，形成黑褐色的分生孢子盘，圆盘状，中间凸起，大小 100～300μm，刚毛少，后孢子盘顶开果皮及角质层，盘上生分生孢子梗棍棒状，大小 12～21×4～5(μm)；分生孢子圆筒状，大小 11～18×4～6(μm)。分生孢子萌发适宜相对湿度为 100%，湿度低于 75%不萌发，在水中 24 小时后大量萌发。

传播途径和发病条件 以菌丝体和分生孢子在枸杞树上和地面病残果上越冬。翌年春季主要靠雨水把黏结在一起的分生孢子溅击开后传播到幼果、花及蕾上，经伤口或直接侵入，潜育期 4～6 天，该病在多雨年份，多雨季节扩展快，呈大雨大高峰，小雨小高峰的态势，果面有水膜利于孢子萌发，无雨时孢子在夜间果面有水膜或露滴时萌发，干旱年份或干旱无雨季节发病轻、扩展慢。5 月中旬至 6 月上旬开始发病，7 月中旬至 8 月中旬暴发，为害严重时，病果率高达 80%。

防治方法 (1)收获后及时剪去病枝、病果，清除树上和地面上病残果，集中深埋或烧毁。到 6 月份第一次降雨前再次清除树体和地面上的病残果，减少初侵染源。(2)6 月份第一次降雨前先喷一次药，并在药液中加入适量尿素，杀灭越冬病菌，增强树体抗病性。(3)发病后重点抓好降雨后的喷药，喷药时间应在雨后 24 小时内进行，以防传播后的分生孢子萌发和侵入。(4)发病期，禁止大水漫灌，雨后排除杞园积水，浇水应在上午进行，以控制田间湿度，减少夜间果面结露。(5)发病期及时防蚜、螨，防止害虫携带孢子传病和造成伤口。(6)发病初期喷洒 25%嘧菌酯悬浮剂 1500 倍液或 50%醚菌酯干悬浮剂 3000 倍液、25%咪鲜胺乳油 800 倍液或 50%百·硫悬浮剂 600 倍液、10%多抗霉素可湿性粉剂 700 倍液，隔 10 天左右 1 次，连续防治 2～3 次。此外有报道在发病初期喷洒红麻炭疽菌或柑橘叶炭疽菌，防效与 80%福、福锌可湿性粉剂 800 倍液相近且无污染，属生物防治法。生产上可试用。

枸杞灰斑病(Chinese wolfberry Cercospora leaf spot)

症状 又称枸杞叶斑病。主要为害叶片和果实。叶片染病初生圆形至近圆形病斑，大小 2～4mm，病斑边缘褐色，中央灰白色，叶背常生有黑灰色霉状物。果实染病：也产生类似的症状。

大叶枸杞灰斑病

病原 *Cercospora lycii* Ell.et Halst. 称枸杞尾孢，属真菌界半知菌类。枸杞尾孢分生孢子梗 3～20 根丛生，多隔膜，38～160×4～6(μm)。分生孢子鞭形，无色，直或弯曲，隔膜多而不明显，45～144×2～4(μm)。

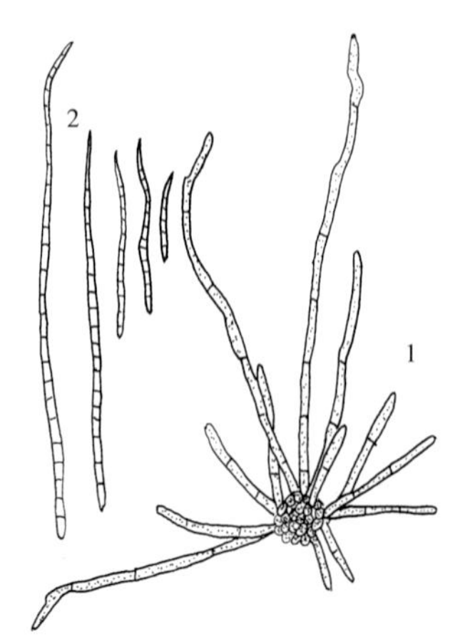

枸杞灰斑病菌
1.子座及分生孢子梗 2.分生孢子

传播途径和发病条件 病菌以菌丝体或分生孢子在枸杞的枯枝残叶或病果遗落在土中越冬，翌年分生孢子借风雨传播进行初侵染和再侵染，扩大为害。高温多雨年份、土壤湿度大、空气潮湿、土壤缺肥、植株衰弱易发病。

防治方法 (1)选用枸杞良种。如宁杞1号。秋季落叶后及时清洁杞园,清除病叶和病果,集中深埋或烧毁,以减少菌源。(2)加强栽培管理,提倡施用酵素菌沤制的堆肥或有机复合肥,增施磷、钾肥,增强抗病力。(3)进入6月开始喷洒50%甲基硫菌灵悬浮剂600倍液或40%百菌清悬浮剂600倍液、64%恶霜·锰锌可湿性粉剂500倍液、20%噻菌铜悬浮剂500倍液,隔10天左右1次,连续防治2~3次。

枸杞白粉病(Chinese wolfberry powdery mildew)

症状 主要为害叶片。叶两面生近圆形的白色粉状霉斑,后扩大至整个叶片被白粉覆盖,形成白色斑片。

叶用枸杞白粉病

病原 *Arthrocladiella mougeotii* (Lév.)Vassilk.var. *polysporae* Z.Y.Zhao.称多孢穆氏节丝壳,属真菌界子囊菌门。子囊果散生或略聚生,褐色至黑褐色,直径120~165μm;附属丝28~81根,基部粗糙,带浅黄褐色,短棒状或指状,有的具隔膜,长为子囊果的0.6~1倍,具11~31个子囊;子囊椭圆形至长椭圆形,具柄,大小59~74×14~21(μm),内含2~4个子囊孢子;子囊孢子椭圆形至长椭圆形,大小13.8~21.3×12~15(μm)。

传播途径和发病条件 北方病菌以闭囊壳随病残体遗留在土壤表面越冬,翌年春季放射出子囊孢子进行初侵染。南方病菌有时产生闭囊壳或以菌丝体在寄主上越冬。田间发病后,病部产生分生孢子通过气流传播,进行再侵染。条件适宜时,孢子萌发产生侵染丝直接从表皮细胞侵入,并在表皮细胞里生出吸器吸收营养,菌丝体则以附着器匍匐于寄主表面,不断扩展蔓延,秋末形成闭囊壳或继续以菌丝体在活体寄主上越冬。

防治方法 (1)秋末冬初清除病残体及落叶,集中深埋或烧毁。(2)田间注意通风透光,不要栽植过密,必要时应疏除过密枝条。(3)发病初期喷洒50%醚菌酯干悬浮剂3000倍液或30%苯醚甲·丙环乳油3000倍液、50%甲基硫菌灵·硫磺悬浮剂800倍液或30%氟菌唑可湿性粉剂2000倍液、60%多菌灵盐酸盐水溶性粉剂1000倍液、20%三唑酮乳油1500~2000倍液、45%石硫合剂结晶150倍液,隔10天左右1次,连续防治2~3次。对上述杀菌剂产生抗药性的地区可改用12.5%腈菌唑乳油2000倍液或40%氟硅唑乳油4000~5000倍液,隔20天1次,防治1次或2次。

枸杞瘿螨病(Chinese wolfberry erineum gall)

症状 主要为害叶片、嫩茎和果实。被害部密生黄绿色近圆形隆起小点,呈虫瘿状畸形或扭曲,植株生长严重受阻,叶片和嫩茎不堪食用,果实产量和品质降低。

枸杞瘿螨病虫瘿

病原 *Aceria tiyingi* (Manson),称枸杞金氏瘤瘿螨,属瘿螨科害螨。雌成螨:体长0.17mm,蠕虫形,浅黄白色,背瘤位于盾后缘,背瘤间由粒点构成弧状纹;前胫节刚毛生在体背基部1/4处,羽状爪单一,爪端球不明显,体背、腹环均具圆形微瘤。若螨:形如成螨,唯体长较成螨短而较幼螨长,浅白色至浅黄色,半透明。卵:近球形,直径39~42.5μm,浅白色,透明。

传播途径和发病条件 在宁夏、内蒙古一带年生10多代,以老熟雌成螨在枸杞1~2年生枝条的芽鳞内或枝条缝隙内越冬。翌年4月上中旬,当枸杞冬芽刚开绽露绿时,越冬成螨开始出蛰活动。5月下至6月上旬枸杞展叶时,出蛰成螨大量转移到枸杞新叶上产卵,孵出的幼螨钻入叶组织内形成虫瘿,8月上至9月中旬,为害达高峰。11月中旬,气温降至5℃以下,成螨转入越冬。气温20℃左右,瘿外成螨爬行活跃。此外,发现蚜虫与木虱腹部和足的跗节上附有数量不等的成螨,是本病传播媒介之一。在南方,枸杞作为多年生蔬菜终年都有种植,瘿螨可在田间辗转为害,不存在越冬问题。

防治方法 抓住当地成螨越冬前期及越冬后出瘿成螨大量出现时及时喷药毒杀,以降低害螨的密度。提倡在瘿螨发生高峰期前喷洒0.9%阿维菌素乳油2000倍+40%辛硫磷乳油1000倍+效力增(农药增效剂),3天1次,连续防治3次,效果优异。此外,也可喷洒30%固体石硫合剂150倍液或50%硫磺悬浮剂300倍液、1.8%阿维菌素3000~4000倍液。另据宁夏经验,掌握当地出瘿成螨外露期或出蛰成螨活动期,采用超低容量喷雾法喷施50%敌丙油雾剂与柴油1∶1混合,667m^{2}用药200g,较常规施药省工、省药,效果好。

枸杞霉斑病(Chinese wolfberry leaf spot)

症状 主要为害叶片。叶面现褪绿黄斑。背面现近圆形霉斑,边缘不变色。数个霉斑汇合成斑块,或霉斑密布致整个叶背覆满霉状物,终致全叶变黄或干枯,不堪食用。

病原 *Pseudocercospora chengtuensis* (Tai) Deighton.,称成都假尾孢,异名 *Cercospora chengtuensis* Tai,属真菌界半知菌

枸杞霉斑病病叶

类。子座球形,褐色分生孢梗成密丛,顶部具齿状突起,1 ~ 5 个隔膜,25 ~ 85 × 3.5 ~ 5(μm)。分生孢子橄榄色,近圆筒形至棍棒圆筒形,3 ~ 14 个隔膜,但不明显,50 ~ 135 × 3.0 ~ 5.0(μm)。

传播途径和发病条件 在我国北方,菌丝体和分生孢子丛在病叶上或随病残体遗落土中越冬,以分生孢子进行初侵染和再侵染,借气流和雨水溅射传播。在南方,枸杞终年种植的地区,病菌孢子辗转为害,无明显越冬期。温暖闷湿天气易发生流行。大叶和中叶枸杞较细叶品种感病。

防治方法 (1)定期喷施植宝素、叶面宝等,促植株早生快发,可减轻受害。(2)发病初期喷洒 50%多菌灵磺酸盐可湿性粉剂 600 倍液或 20%噻菌铜悬浮剂 500 倍液、50%腐霉利可湿性粉剂 1000 倍液,隔 7 ~ 10 天 1 次,连续防治 3 ~ 4 次。

枸杞茄链格孢黑斑病

症状 主要为害叶片。叶片上病斑圆形或近圆形,黑褐色,有同心轮纹,直径 10mm 左右,常融合成不规则形大斑。

病原 *Alternaria solani* (Ellis et Martin) Sorauer 称茄链格孢,属真菌界无性型真菌。子实体主要生在叶面病斑上,灰黑色。分生孢子梗单生或簇生,直或弯曲,浅黄褐色至青褐色,不分枝或罕生分枝,47.5 ~ 106 × 7.5 ~ 10.5(μm)。分生孢子单生,直或略弯曲,倒棒状,青褐色,有横隔膜 5~12 个,纵、斜隔膜 0~5 个,孢身 67 ~ 140.5 × 15 ~ 28.5(μm)。喙丝状,浅褐色,分隔,60 ~ 178.5 × 3 ~ 4.5(μm)。

传播途径和发病条件 茄链格孢菌以菌丝或分生孢子在病残体上或种子上越冬。条件适宜时产生分生孢子,从叶片、花、果实等的气孔、皮孔或表皮直接侵入,田间经 2~3 天潜育后出现病斑,经 3~4 天又产生分生孢子,通过气流和雨水飞溅传播,进行多次再侵染,致病害不断扩大。病菌生长发育温限 1~45℃,26~28℃最适。该病潜育期短,分生孢子在 26℃水中经 1~2 小时即萌发侵入,在 25℃条件下接菌,24 小时后即发病。

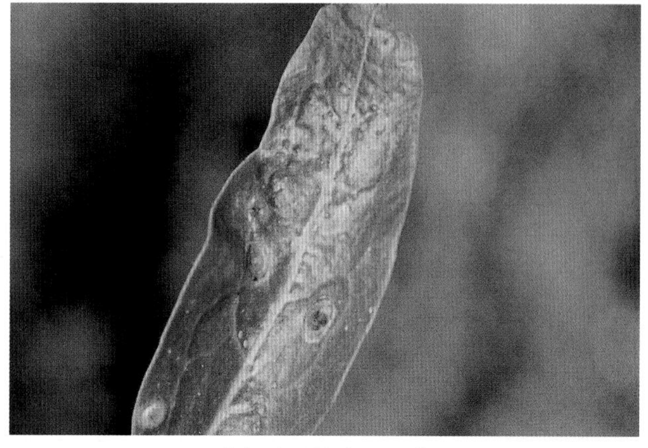

枸杞茄链格孢黑斑病

防治方法 参见草莓黑斑病。

枸杞黑果病(Chinese wolfberry black rot)

症状 主要为害花器和果实,幼嫩果实受害较重。花器和果实染病,也从积水衰弱部位侵入,初呈褐色水渍状坏死,以后病部干腐僵缩,常在病花或病果表面产生灰黑色霉丛。

病原 *Alternaria alternata* (Fr. : Fr.) Keissler 称链格孢,属真菌界半知菌类。

枸杞黑斑病果实症状

传播途径和发病条件 病菌可在多种寄主上为害,也随寄主病在残体越冬,该菌寄生能力较弱,常从生长衰弱的花器或风雨果实上侵入,引起黑腐病。

防治方法 参见枸杞茄链格孢黑斑病。

枸杞灰霉病(Chinese wolfberry gray mold)

症状 棚室栽培的大叶枸杞早春易发病,植株叶缘初呈水渍状,半圆形,后不断向叶内扩展至叶片的 1/3,病部变褐腐烂,长出灰色霉丛。

病原 *Botrytis cinerea* Pers.:Fr. 称灰葡萄孢,属真菌界半知菌类。病菌形态特征、病害传播途径和发病条件、防治方法参见葡萄灰霉病。

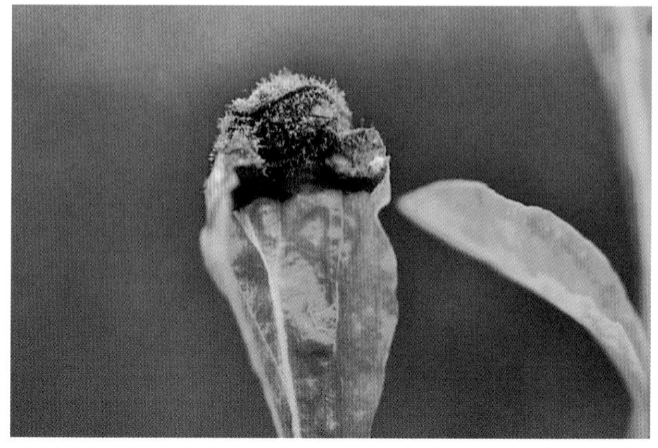

大叶枸杞灰霉病

6. 枸 杞 害 虫

枸杞实蝇 (Lycium fruit fly)

学名 *Neoceratitis asiatica* (Becker)属双翅目，实蝇科。别名：果蛆、白蛆。分布在宁夏、青海、新疆、西藏、内蒙古。

枸杞实蝇幼虫

寄主 枸杞。

为害特点 幼虫蛆食果肉，被害果外显白斑，形成无经济价值的蛆果，严重的减产22%~55%，是枸杞上的三大害虫之一。

形态特征 成虫：体长4.5~5(mm)，翅展8~10(mm)。头橙黄色，颜面白色，复眼翠绿色，映有黑纹，宛如翠玉。两眼间具"Ω"形纹，3个单眼。口器橙黄色。触角橙黄色，角芒褐色，上具微毛。头部鬃须齐全。胸背面漆黑色，具强光，中部具2条纵白纹与两侧的2条短白纹相接成"北"字形，上生白毛。此白纹有时不明显。小盾片背面蜡白色，其周缘及后方黑色。翅透明，有深褐色斑纹4条，1条沿前缘，余3条由此斜伸达翅缘；亚前缘脉尖端转向前缘成直角，直角内方具1小圆圈，据此可与类似种区别。足黄色，爪黑色。腹部中宽后尖，呈倒圆锥形，背面具白色横纹3条，其中前条、中条横纹的中央被1条黑褐色纵纹所中断。雌虫腹端的产卵管突出，扁圆形似鸭嘴；雄虫腹端尖。卵：白色，长椭圆形。幼虫：体长5~6(mm)，圆锥形，前端尖大，后端粗大。口沟黑色。前气门扇形，后气门上6个呼吸裂孔排成二列，位于末端。蛹：长4~5(mm)，宽1.8~2(mm)，椭圆形，一端尖，浅黄色或赤褐色。

生活习性 年生2~3代，以蛹在土内5~10(cm)深处越冬。翌年5月上旬，枸杞现蕾时成虫羽化，5月下旬成虫大量出土，把卵产在幼果皮内，一般每果一卵，幼虫孵出后蛀食果肉，6月下旬~7月上旬幼虫老熟后，由果里钻出，落地化蛹。7月中下旬，羽化出2代成虫，8月下旬~9月上旬进入3代成虫盛期，后以3代幼虫化蛹，蛰伏越冬。成虫性温和，静止时翅上下抖动似鸟飞状。

防治方法 (1)4月底5月初，用3%辛硫磷颗粒剂加5倍细干土，拌匀后撒在土壤表面，然后耙入土中，每667m² 用药1.5~2kg，消灭越冬蛹及初羽化成虫。(2)摘果期专门把蛆果集中在一起，当天深埋或集中烧毁，防止幼虫逃逸分散。(3)及时灌水翻土，杀死土内越冬蛹及夏季蛹，对压低虫口密度有一定作用。(4)严重时喷洒75%灭蝇·杀单可湿性粉剂5000倍液。

枸杞园棉铃虫 (Cotton bollworm)

学名 *Helicoverpa armigera* (Hübner) 异名 *Heliothis armigera* Hübner属鳞翅目，夜蛾科。别名：棉铃实夜蛾。分布在全国各地。

寄主 枸杞、苹果、山楂等多种植物。

棉铃虫幼虫正在食害枸杞果实

为害特点 幼虫先取食未展开的嫩叶致展开后破碎，后钻进花蕾、花、果实内蛀食为害，引起落花、落蕾。果实受害常把果实吃空。为害枸杞时爬上枸杞植株取食果实成孔洞。

形态特征、生活习性、防治方法 参见苹果害虫——棉铃虫。

枸杞园斜纹夜蛾 (Cotton leafworm)

学名 *Spodoptera litura* (Fabricius)鳞翅目夜蛾科。

寄主 枸杞、梨、银杏、香蕉、苹果树。

为害特点 低龄幼虫啃食叶肉残留表皮形成半透明纸状或呈"天窗"；大龄幼虫食叶成缺刻或孔洞，同时为害花器、

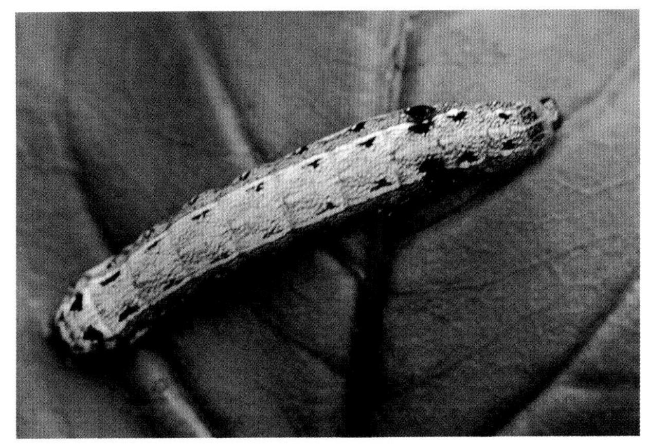

枸杞园斜纹夜蛾幼虫

茎和幼果。一些地区为害银杏相当严重。

形态特征 成虫:体长14~20(mm),头、胸、腹深褐色,前翅灰褐色斑纹复杂,内横线、外横线灰白色波浪状,中间生白条纹,环状纹与肾状纹间从前缘向后缘外方生3条白斜线。后翅白色 无斑纹。卵:直径0.45mm,扁半圆形。末龄幼虫:体长35~47(mm),头黑褐色,背线、亚背线、气门下线灰黄色,从中胸至第9腹节在亚背线内侧生三角形黑斑1对,其中1、7、8腹节上最大。蛹:赭红色。

生活习性 华北年生4代,长江流域5~6代,福建6~9代,湖南枸杞产区江永县年生6代,成虫发生期1代4月,2代6月上、中旬,3代7月上中旬,4代8月上中旬,5代9月下旬~10月上旬,6代10月下旬至11月中旬,幼虫于5月中、下旬开始为害枸杞,7月上旬虫量大量上升,8月中旬~9月中旬为害最重。成虫趋光性强,卵多产在叶背,卵期22℃ 7天,28℃ 2.5天,幼虫共6龄,发育历期21℃约27天,26℃ 17天,30℃ 12.5天,老熟幼虫在1~3(cm)表土作土室化蛹,蛹期28~30℃ 9天,每年8、9月为害最重。

防治方法 (1)安装频振式杀虫灯诱杀成虫、防效优异。(2)三龄前喷洒5%氟啶脲乳油2000倍液、4.5%高效氯氰菊酯乳油3000倍液、10%吡虫啉2500倍液。(3)提倡使用10亿PIB/mL苜蓿银纹夜蛾核型多角体病毒800倍液,48小时后可完全控制为害。

枸杞园茶翅蝽(Yellow-brown stink bug)

成虫和若虫为害枸杞叶片、嫩梢和浆果,致叶和嫩梢变黄,严重时死亡,浆果不能正常膨大。有关内容参见梨树害虫——茶翅蝽。

茶翅蝽成虫和卵

斑须蝽(Ugarbeet stink bug)

学名 *Dolycoris baccarum* (Linnaeus)半翅目,蝽科。别名:细毛蝽、黄褐蝽、斑角蝽、节须蚁。分布在全国各地。

寄主 枸杞、苹果、梨、桃、石榴、山楂、梅、柑橘、杨梅、草莓、黑莓等。

为害特点 成虫、若虫刺吸寄主植物的嫩叶、嫩茎、果汁液,造成落蕾、落花,茎叶被害后出现黄褐色小点及黄斑,严重时叶片卷曲,嫩茎凋萎,影响生长发育。

斑须蝽为害枸杞

形态特征 成虫:体长8~13.5(mm),宽5.5~6.5(mm)。椭圆形,黄褐或紫色,密被白色绒毛和黑色小刻点。复眼红褐色。触角5节,黑色,第1节、第2~4节基部及末端及第5节基部黄色,形成黄黑相间。喙端黑色,伸至后足基节处。前胸背板前侧缘稍向上卷,呈浅黄色,后部常带暗红。小盾片三角形,末端钝而光滑,黄白色。前翅革片淡红褐或暗红色,膜片黄褐,透明,超过腹部末端。侧接缘外露,黄黑相间。足黄褐至褐色,腿节、胫节密布黑刻点。卵:桶形,长1~1.1(mm),宽0.75~0.8(mm)。初时浅黄,后变赭灰黄色。若虫:一龄体长1.2mm,宽1mm左右,卵圆形;头、胸、足黑色,具光泽;腹部淡黄,节间橘红,全身被白色短毛;复眼红褐,触角4节;腹部背面中央和侧缘具黑色斑块。二龄体长2.9~3.1(mm),宽2.1mm左右;复眼黑褐色,中胸背板后缘直,4、5、6可见腹节背面各具一对臭腺孔。三龄体长3.6~3.8(mm),宽2.4mm;中胸背板后缘中央和后缘向后稍伸出。四龄体长4.9~5.9(mm),宽3.3mm;头、胸浅黑色,腹部淡黄褐色至暗灰褐色;小盾片显露,翅芽达第一可见腹节中部。五龄体长7~9(mm),宽5~6.5(mm),椭圆形,黄褐至暗灰色,全身密布白色绒毛和黑刻点;复眼红褐,触角黑色,节间黄白;小盾片三角形,翅芽达第4可见腹节中部;足黄褐色。

生活习性 年发生世代数因地域差异而不同,吉林一年一代,辽宁、内蒙、宁夏2代,江西3~4代。以成虫在杂草、枯枝落叶、植物根际、树皮及屋檐下越冬。内蒙越冬成虫4月初开始活动,4月中旬交尾产卵,4月末5月初卵孵化。第一代成虫6月初羽化,6月中旬产卵盛期,第二代卵于6月中下旬至7月上旬孵化,8月中旬成虫羽化,10月上中旬陆续越冬。江西越冬成虫3月中旬开始活动,3月末4月初交尾产卵,4月初至5月中旬若虫出现,5月下旬至6月下旬第一代成虫出现。第二代若虫期为6月中旬至7月中旬,7月上旬至8月中旬为成虫期。第三代若虫期为7月中、下旬至8月上旬,成虫期8月下旬开始。第四代若虫期9月上旬至10月中旬,成虫期10月上旬开始,10月下旬至12月上旬陆续越冬。第一代卵期8~14天;若虫期39~45天;成虫寿命45~63天。第二代卵期3~4天,若虫期18~23天,成虫寿命38~51天,第三代卵期3~4天,若虫期21~27天,成虫寿命52~75天。第四代卵期5~7天,若虫期31~42天,成虫寿命181~237天。成虫一般在羽化后4~11天开始交尾,交尾后5~16天产卵,产卵期25~42天。雌虫产卵于叶背面,20~30粒排成一列。

防治方法 (1)清除杂草及枯枝落叶并集中烧毁,以消灭越冬成虫。(2)于若虫危害期喷洒50%马拉硫磷乳油或40%乐果乳油、52.25%氯氰·毒死蜱乳油1500倍液、50%敌敌畏乳油或90%敌百虫可溶性粉剂800~1000倍液;2.5%溴氰菊酯乳油、2.5%高效氯氟氰菊酯乳油或20%甲氰菊酯乳油3000倍液。

枸杞负泥虫(Ten-spotted lema)

学名 *Lema (Microlema)decempunctata* Gebler 属鞘翅目,叶甲科。别名:四点叶甲、稀屎蜜。分布在内蒙古、宁夏、甘肃、青海、新疆、北京、河北、山西、陕西、山东、江苏、浙江、江西、湖南、福建、四川、西藏。

枸杞负泥虫成虫

寄主 枸杞。

为害特点 以成、幼虫食害叶片成不规则的缺刻或孔洞,后残留叶脉。受害轻的叶片被排泄物污染,影响生长和结果;严重的叶片、嫩梢被害,影响产量和质量。

形态特征 成虫:体长4.5~5.8(mm),宽2.2~2.8(mm),全体头胸狭长,鞘翅宽大。头、触角、前胸背板、体腹面(除腹部两侧和末端红褐外)、小盾片蓝黑色,鞘翅黄褐至红褐色,每个鞘翅上有近圆形的黑斑5个,肩胛1个,中部前后各2个,斑点常有变异,有的全部消失。足黄褐至红褐色或黑色。头部有粗密刻点,头顶平坦,中央具纵沟1条。触角粗壮黑色。复眼硕大突出于两侧。前胸背板近方形,两侧中部稍收缩,表面较平,无横沟。小盾片舌形,刻点行约有4~6个刻点。卵:长圆形,橙黄色。幼虫:体长7mm,灰黄色,头黑色,具反光,前胸背板黑色,中间分离,胴部各节背面具细毛2横列,3对胸足,腹部各节的腹面具1对吸盘,使之与叶面紧贴。蛹:长5mm,浅黄色,腹端具2根刺毛。

生活习性 年生4~5代。以成虫在土壤中越冬。4~9月间在枸杞上可见各虫态。成虫喜栖息在枝叶上,把卵产在叶面或叶背面,排成人字形。成、幼虫都为害叶片,幼虫背负自己的排泄物,故称负泥虫。幼虫老熟后入土吐白丝黏和土粒结成土茧,化蛹于其中。

防治方法 (1)越冬代成虫开始活动期用40%辛硫磷乳油1000倍液喷洒地面,然后浅耕杀灭部分成虫。(2)低龄幼虫期喷洒1.8%阿维菌素乳油2000倍液或25%灭幼脲悬浮剂2000倍液。提倡喷洒10%烟碱乳油1000倍液,1%苦参碱可溶性液剂300倍液。

枸杞木虱(Lycium plant lice)

学名 *Poratrioza sinica* Yang et Li 同翅目,木虱科。别名:黄疸。分布在宁夏、甘肃、新疆、陕西、河北、内蒙古。

枸杞木虱

寄主 枸杞、龙葵。

为害特点 成、若虫在叶背把口器插入叶片组织内,刺吸汁液,致叶黄枝瘦,树势衰弱,浆果发育受抑,品质下降,造成春季枝干枯。是枸杞生产上三大害虫之一。

形态特征 成虫:体长3.75mm,翅展6mm,形如小蝉,全体黄褐至黑褐色具橙黄色斑纹。复眼大,赤褐色。触角基节、末节黑色,余黄色;末节尖端有毛。额前具乳头状颊突1对。前胸背板黄褐色至黑褐色,小盾片黄褐色。前、中足腿节黑褐色,余黄色,后足腿节略带黑色余为黄色,胫节末端内侧具黑刺2个,外侧1个。腹部背面褐色,近基部具1蜡白色横带,十分醒目,是识别该虫重要特征之一。端部黄色,余褐色。翅透明,脉纹简单,黄褐色。卵:长0.3mm,长椭圆形,具1细如丝的柄,固着在叶上,酷似草蛉卵。橙黄色,柄短,密布在叶上别于草蛉卵。若虫扁平,固着在叶上,似介壳虫。末龄若虫:体长3mm,宽1.5mm。初孵时黄色,背上具褐斑2对,有的可见红色眼点,体缘具白缨毛。若虫长大,翅芽显露覆盖在身体前半部。

生活习性 北方年生3~4代,以成虫在土块、树干上、枯枝落叶层、树皮或墙缝处越冬。翌春枸杞发芽时开始活动,把卵产在叶背或叶面,黄色,密集如毛,俗称黄疸。6~7月盛发,成虫常以尾部左右摆动,能短距离疾速飞跃,腹端泌蜜汁。

防治方法 (1)秋末冬初或4月中旬前灌水翻土,消灭越冬成虫。(2)4月下旬成虫盛发期喷洒25%噻嗪酮可湿性粉剂1000~1500倍液或10%吡虫啉可湿性粉剂2000倍液、1.8%阿维菌素乳油3000~4000倍液,每667m^{2}喷对好的药液100L,隔10~15天1次,防治1次或2次。采收前7天停止用药。

枸杞蚜虫(Lycium aphid)

学名 *Aphis* sp.同翅目,蚜科。分布:全国枸杞种植区。

寄主 枸杞。

为害特点 是我国枸杞生产上的重要害虫。成、若蚜群集嫩梢、芽叶基部及叶背刺吸汁液,严重影响枸杞开花结果和生长发育,是枸杞上的三大害虫之一。

形态特征 有翅胎生蚜:体长1.9mm,黄绿色。头部黑色,

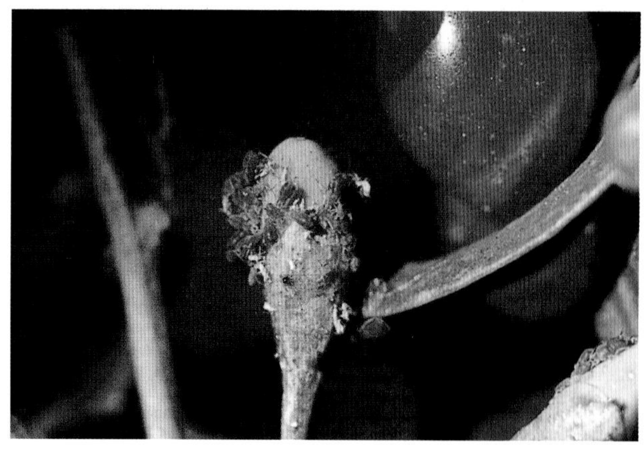

枸杞蚜虫

眼瘤不明显。触角6节，黄色，第1、2两节深褐色，第6节端部长于基部，全长较头、胸之和长。前胸狭长与头等宽，中后胸较宽，黑色。足浅黄褐色，腿节和胫节末端及跗节色深。腹部黄褐色，腹管黑色圆筒形，腹末尾片两侧各具2根刚毛。无翅胎生蚜：体较有翅蚜肥大，色浅黄，尾片亦浅黄色，两侧各具2~3根刚毛。

生活习性 年生代数不清。以卵在枝条上越冬。在长城以北4月间枸杞发芽后开始为害，5月盛发，大量成、若虫群集嫩梢、嫩芽上为害，进入炎夏虫口下降，入秋后又复上升，9月出现第2次高峰。生产上施用氮肥过多，生长过旺，受害重。主要天敌有瓢虫、草蛉、食蚜蝇等。

防治方法 (1)加强杞园管理，采用配方施肥技术，禁止过施氮肥，合理浇水。(2)保护利用天敌。(3)对枸杞蚜虫要进行预测预报，密切注意虫口数量，发现蚜虫增殖时立即喷洒50%抗蚜威可湿性粉剂2000倍液或与20%丁硫克百威乳油800倍液混合喷洒，也可单用10%吡虫啉可湿性粉剂1500倍液或3%啶虫脒乳油1000倍液防效较高。(4) 提倡用0.4 %蛇床子素乳油667m²110ml，对水喷雾。

棉蚜(Cotton aphid)

学名 *Aphis gossypii* Glover 同翅目，蚜科。别名：瓜蚜、草绵蚜虫等。分布：除西藏外各省区均有。

寄主 有75科285种，第一寄主即冬寄主有花椒、石榴、鼠李、木槿等；第二寄主即夏寄主有柑橘、荔枝、枇杷、枸杞、无花果、杨梅、梨、桃、李、杏、梅、山楂、榅桲等。

棉蚜为害叶片

为害特点 同枸杞蚜。

形态特征 成虫：有翅胎生雌蚜体长1.2~1.9(mm)，头胸部黑色，腹部黄、黄绿至深绿色，腹背两侧具黑斑3~4对。触角丝状6节，第6节鞭状部长为基部3倍左右，第3节有感觉圈4~10个，多为6~7个。翅膜质透明，翅痣灰黄色，前翅中脉分3叉。腹管圆筒形较短，黑或青色有覆瓦状纹，尾片乳头状两侧各有3根曲毛，黑或青色。无翅胎生雌蚜体长1.5~1.9(mm)，夏多为黄绿、淡黄至黄色，春秋多为深绿、蓝黑、黑或棕色，被薄白蜡粉。前胸背板两侧各具1锥状小乳突；腹部肥大，第1、7节两侧各有1较大的锥形乳突。腹管、尾片及触角同有翅胎生雌蚜，但触角第3节无感觉圈。卵：椭圆形，长0.5~0.7mm，初橙黄后变深褐，6天后漆黑。若虫：与无翅胎生雌蚜相似，体较小尾片不如成虫突出；有翅若蚜胸部发达具翅芽。

生活习性 温带地区年生20~30代，以卵在花椒、木槿、石榴、鼠李枝上和夏枯草、紫花地丁等根部越冬。翌春气温稳定在6℃以上开始孵化，繁殖3~5代，产生有翅蚜迁飞到夏寄主上为害繁殖，秋后迁回冬寄主，产生有性蚜交配，产卵越冬。福建3~4月开始迁入果园，5~6月大量迁入，为害至柑橘秋梢老化后迁出橘园。华南在柑橘上可全年为害繁殖，以春末夏初和秋季数量最多、为害重。天敌同橘二叉蚜。

防治方法 注意冬寄主和夏寄主的防治，使用药剂参考苹果害虫——绣线菊蚜。

马铃薯瓢虫(Potato lady beetle)

学名 *Henosepllachna vigintioctomaculata* (Motschulsky) 鞘翅目，瓢虫科。别名：二十八星瓢虫。异名 *E. vigintioctomaculata coalescens* Mader, *E. niponica* Lewis。分布：北起黑龙江、内蒙古，南至福建、云南，长江以北较多，黄河以北尤多；东接国境线，西至陕西、甘肃，折入四川、云南、西藏。

寄主 枸杞、马铃薯、茄子、青椒、豆类、瓜类。

为害特点 成虫、若虫取食叶片、果实和嫩茎，被害叶片仅留叶脉及上表皮，形成许多不规则透明的凹纹，后变为褐色斑痕，过多会导致叶片枯萎；被害果上则被啃食成许多凹纹，逐渐变硬，并有苦味，失去商品价值。

形态特征 成虫：体长7~8(mm)，半球形，赤褐色，密披黄褐色细毛。前胸背板前缘凹陷而前缘角突出，中央有一较大的剑状斑纹，两侧各有2个黑色小斑(有时合成一个)。两鞘翅上各

马铃薯瓢虫成虫(石宝才)

有 14 个黑斑，鞘翅基部 3 个黑斑后方的 4 个黑斑不在一条直线上，两鞘翅合缝处有 1～2 对黑斑相连。卵：长 1.4mm，纵立，鲜黄色，有纵纹。幼虫：体长约 9mm，淡黄褐色，长椭圆状，背面隆起，各节具黑色枝刺。蛹：长约 6mm，椭圆形，淡黄色，背面有稀疏细毛及黑色斑纹。尾端包着末龄幼虫的蜕皮。

生活习性 我国东部地区，甘肃、四川以东，长江流域以北均有发生。在华北 1 年 2 代，武汉 4 代，以成虫群集越冬。一般于 5 月开始活动，为害马铃薯或苗床中的茄子、番茄、青椒苗。6 月上中旬为产卵盛期，6 月下旬至 7 月上旬为第一代幼虫为害期，7 月中下旬为化蛹盛期，7 月底 8 月初为第一代成虫羽化盛期，8 月中旬为第二代幼虫为害盛期，8 月下旬开始化蛹，羽化的成虫自 9 月中旬开始寻求越冬场所，10 月上旬开始越冬。成虫以上午 10 时至下午 4 时最为活跃，午前多在叶背取食，下午 4 时后转向叶面取食。成虫、幼虫都有残食同种卵的习性。成虫假死性强，并可分泌黄色黏液。越冬成虫多产卵于马铃薯苗基部叶背，20～30 粒靠近在一起。越冬代每雌可产卵 400 粒左右，第一代每雌产卵 240 粒左右。卵期第一代约 6 天，第二代约 5 天。幼虫夜间孵化，共 4 龄，2 龄后分散为害。幼虫发育历期第一代约 23 天，第二代约 15 天。幼虫老熟后多在植株基部茎上或叶背化蛹，蛹期第一代约 5 天，第二代约 7 天。

防治方法 (1)人工捕捉成虫，利用成虫假死习性，承接塑料布并叩打植株使之坠落，收集灭之。(2)人工摘除卵块，此虫产卵集中成群，颜色鲜艳，极易发现，易于摘除。(3)药剂防治，要抓住幼虫分散前的有利时机，喷洒 40%辛硫磷乳油 1000 倍液、2.5%高效氯氟氰菊酯乳油 2000 倍液等。

红斑郭公虫(Trichodes sinae)

学名 *Trichodes sinae* Chevrolat，属鞘翅目郭公虫科。别名：黑斑棋纹甲、中华郭公虫、青带郭公虫、黑斑红毛郭公虫。分布在宁夏、内蒙古、河南、江西、湖北、青海、山东、山西、河北。

寄主 胡萝卜、萝卜、苦豆、蚕豆、枸杞、甜菜、牛蒡等。

为害特点 成虫吃花粉。

形态特征 成虫：雄体长 10～14mm，雌 14～18mm，深蓝色具光泽，密被软长毛。头宽短黑色，向下倾。触角丝状很短，仅为前胸 1/2，赤褐色，触角末端数节粗大如棍棒，深褐色，末节尖端向内伸似桃形。复眼大赤褐色。前胸背板前较后宽，前缘与头后缘等长，后缘收缩似颈，窄于鞘翅。鞘翅狭长似芫菁或天牛，鞘翅上具 3 条红色或黄色横行色斑，足蓝色 5 跗节。幼虫：狭长，橘红色，3 对胸足，前胸背板黄色几丁化，胴部柔软，被有淡色稀毛，第 9 节背面具 1 硬板，腹端附有 1 对硬质突起。

红斑郭公虫成虫

生活习性 该虫幼虫常栖息在蜂类巢内，食其幼虫。在内蒙、宁夏 5～7 月成虫发生最多，喜欢在胡萝卜、苦豆、蚕豆顶端花上食害花粉，是害虫，别于有益的郭公虫，该虫有趋光性。

防治方法 (1)5～7 月成虫发生盛期用黑光灯诱杀。(2)冬耕可消灭部分越冬蛹，成虫发生期可施用广谱性杀虫剂，按常规浓度有效。(3)发生数量大，对授粉影响大时可喷洒 50%辛硫磷乳油 1000 倍液或 75%乙酰甲胺磷可溶性粉剂 800 倍液，每 667m2 喷对好的药液 75L。也可喷洒 15%蓖麻油酸烟碱乳油，667m2 75mL，对水喷雾。

烟蓟马(Onion thrips)

学名 *Thrips tabaci* Lindeman 缨翅目，蓟马科。别名 棉蓟马、葱蓟马等。分布在全国各地。

烟蓟马成虫栖息在叶片上

寄主 已知 355 种，我国以枸杞、葡萄、烟草、棉花、大豆、葱蒜类受害最重。

为害特点 幼虫在叶背吸食汁液，使叶面现灰白色细密斑点或局部枯死，影响生长发育。

形态特征、生活习性、防治方法 参见葡萄害虫——烟蓟马。

桑螨(Mulberry white caterpillar)

学名 *Rondotia menciana* Moore 属鳞翅目，蚕蛾科。别名：桑蚕、白蚕、白螨、松花蚕等。分布：江苏、浙江、安徽、山东、河南、河北、山西、陕西、甘肃、湖南、湖北、江西、四川、广东及东北各省。

寄主 桑、枸杞、楮等。

为害特点 以幼虫在叶背食害叶肉，蛀食成大小不一的孔洞，严重的只剩叶脉。

形态特征 成虫：体长 9.5mm，翅展 35～40(mm)。体翅黄色。复眼球形，黑褐色。触角栉状，黄褐色。胸部、腹部背面具黄褐色毛丛。前翅顶角外突，下方向内凹，外横线、内横线为 2 条黑褐色波状纹，中室端具黑褐色短纵纹。雌蛾腹部腹面具棕黑

桑蟥成虫放大

红棕灰夜蛾棕色型幼虫

色毛。卵:椭圆形,扁平,大小 0.7×0.6(mm),非越冬卵块初乳白色,孵化前变为粉红色,卵块上无覆盖物,称之为无盖卵块。越冬卵块上盖有褐色毛,称有盖卵块。末龄幼虫:体长 24mm,头棕褐色,胸部乳白色,各体节多皱纹,皱纹间具黑斑,老熟后黑斑消失。腹部第 8 腹节背面具 1 棕黑色臀角。蛹:乳白色,圆筒形,复眼、气门茶褐色。茧:黄色,长椭圆形,丝层疏松。

生活习性 桑蟥同在一个地区发生代数不同,具有一代一化性、二代一化性、三代一化性之分。均以有盖卵块在枝或干上越冬。北方多为一代性,浙江一带多为二代性。1 代幼虫于 6 月下旬盛孵,称作头蟥,7 月中旬化蛹,7 月下旬羽化交配后产卵,这时一代性蛾产出有盖卵越冬。二代性和三代性的雌蛾则产无盖卵继续发育。8 月上旬进入 2 代幼虫盛孵期,一般称之为二蟥,8 月下旬化蛹,9 月上旬羽化产卵,二代性蛾则产有盖卵越冬,三代性蛾产无盖卵继续发育。第 3 代幼虫于 9 月中旬孵化,通称三蟥,于 10 月上旬化蛹,10 月下旬羽化后产有盖卵块越冬。成虫喜在白天羽化,把无盖卵块产在叶背,个别产在枝条上。有盖卵多产在桑树主干、支干或一年生枝条上,卵块产,有盖卵块有卵 120~140 粒,无盖卵块有卵 280~300 粒。幼虫喜在上午孵化,初孵幼虫啃食叶肉,后咬食叶片。1、2 代幼虫老熟后在叶背结茧化蛹,3 代幼虫在枝干上结茧化蛹,蛹期 6~17 天。天敌主要有桑蟥黑卵蜂、桑蟥聚瘤姬蜂、桑蟥寄生蝇、广大腿蜂等。

防治方法 (1)冬季进行人工刮卵,夏季注意杀灭蟥茧。(2)在各代幼虫盛孵期灭蟥 即 6 月下旬灭头蟥、8 月上旬灭二蟥、9 月下旬灭三蟥,及时喷洒 80%敌敌畏乳油 1000 倍液或 40%辛硫磷乳油 1000 倍液、60%双效磷乳剂 1000~1500 倍液。

红棕灰夜蛾(Mulberry caterpillar)

学名 *Polia illoba* (Butler) 鳞翅目,夜蛾科。别名:苜蓿紫夜蛾、桑夜盗虫。分布在黑龙江、吉林、内蒙古、宁夏、山西、河北、山东、江苏、上海、江西、福建等地。

寄主 草莓、黑莓、枸杞、桑等。红棕灰夜蛾偏食枸杞红熟果,是枸杞重要害虫。

为害特点 幼虫食叶成缺刻或孔洞,严重时可把叶片食光。也可为害嫩头、花蕾和浆果。

形态特征 成虫:体长 15~18(mm),翅展 38~42(mm)。棕色至红棕色,腹部褐色,腹端具褐色长毛。前翅上剑纹粗大,褐色;环纹灰褐色,圆形;肾纹不规则,较大,灰褐色;外线棕褐色,锯齿形;亚端线在中脉后不成锯形;缘毛褐色。翅基片长,毛笔头状。后翅大部分红棕色,基部色淡,缘毛白色。各足跗节均有白色环。卵:半球形,中间具纵棱约 50 条,棱间有细横格,初产浅绿色,后变紫褐色。末龄幼虫:体长 35~45(mm),头具褐色网纹,单眼黑色,前胸盾褐色,背线和亚背线各具 1 纵列黄白色小圆斑,圆斑上生出棕褐色边,每节每列 5~7 个,毛片圆形黑色,气门线黑褐色,沿上方具深褐色圆斑;气门下线浅黄色至黄色,腹足颜色与体色相同。趾钩单序带。初孵幼虫:浅灰褐色,腹部紫红色,全体布有大而黑的毛片,足呈尺蠖状,取食后至 3 龄幼虫绿色或青绿色,4 龄后出现红棕色型,6 龄时基本都成为红棕色。蛹:长 18~20(mm),深褐色,蛹体较粗糙,臀棘短粗,末端分成二叉。

生活习性 吉林、银川年生 2 代,以蛹越冬,翌年吉林第一代成虫于 5 月上旬出现,6 月上旬出现第一代幼虫。8 月上旬第二代成虫始见,交配产卵常把卵产在叶面或枝上,每雌产卵 150~200 粒;银川第一代成虫 5 月中下旬出现,第 2 代成虫于 7 月下旬至 8 月上旬出现,一、二龄幼虫群聚在叶背食害叶肉,有的钻入花蕾中取食,三龄后开始分散,四龄时出现假死性,白天多栖息在叶背或心叶上,五、六龄进入暴食期,每 24 小时即可吃光 1~2 片叶子,末龄幼虫食毁嫩头、蕾花、幼果等,影响翌年生长。幼虫进入末龄后于土内 3~6cm 处化蛹。成虫有趋光性。幼虫白天隐居叶背,主要在夜间取食,受惊扰有蜷缩落地习性。天敌有齿唇茧蜂、蜘蛛、蓝蝽等。

防治方法 (1)成片安置黑光灯,进行测报和防治。(2)人工捕杀幼虫。(3)幼虫低龄期喷洒 10%苏云金杆菌可湿性粉剂 700 倍液或 5%氟苯脲乳油 1000~1500 倍液、10%醚菊酯悬浮剂 1500 倍液、5.7%氟氯氰菊酯乳油 3000 倍液。

盗毒蛾(Mulberry tussock moth)

盗毒蛾幼虫食害枸杞叶片、花朵及浆果,尤喜食害青嫩幼果,把青果咬成洞孔,当深达种子时,则转果为害它果,造成受害果烂毁,果实生长受抑,果小畸形。

盗毒蛾学名、形态特征、生活习性 参见苹果害虫——金毛虫和盗毒蛾。防治方法,参见枸杞害虫——霜茸毒蛾。

盗毒蛾幼虫放大(尾端黑色)

霜茸毒蛾

学名 *Dasychira fascelina* (Linnaeus) 鳞翅目,毒蛾科。别名:灰毒蛾。分布内蒙古、黑龙江、青海、新疆、西藏。

霜茸毒蛾雌成虫

寄主 枸杞、苹果、梨、桃、栎、豆类等。

为害特点 幼虫食叶成缺刻或孔洞。

形态特征 雌蛾:翅展 40 ~ 50(mm),雄 34 ~ 42(mm)。触角干灰白色,栉齿灰褐色;下唇须、头、胸、腹部和足灰黑色带褐色,后胸背面有赭色斑,足跗节具黑斑。前翅灰黑色,内区前半白灰色,基线黑色,内线黑色;横脉纹白色;外线黑色,亚端线白色,波浪状,其内缘具 1 列黑色斑点;后翅暗灰色。卵:长 1mm,扁圆形,灰白色。幼虫:头黑色有赭色斑;体黑白色,前胸背面两侧各具 1 向前伸的黑灰色长毛束,第 1 ~ 5 腹节背面有黑色短毛刺,第 8 腹节背面生 1 黑色毛束,足间黑灰色。蛹:黑褐色,臀棘圆锥形,末端有小钩。

生活习性 东北、西北年生 1 代,以 3、4 龄幼虫在枯枝落叶层中越冬,翌年 6 月化蛹,6 ~ 7 月间羽化,成虫把卵产在树枝或主干上,小堆状,上覆雌蛾腹末黑毛,卵于 7、8 月间孵化,幼虫开始为害。

防治方法 (1)秋末清园,减少越冬基数。(2)喷洒 90%敌百虫可溶性粉剂 900 倍液或 50%敌敌畏乳油 1000 倍液。

草地螟

学名 *Loxostege sticticalis* Linnaeus 鳞翅目,螟蛾科。别名:黄绿条螟、甜菜网螟、网锥额野螟。分布在吉林、内蒙古、黑龙江、宁夏、甘肃、青海、河北、山西、陕西、江苏等省。

寄主 枸杞、苹果、梨、枣、高粱、豌豆、扁豆、胡萝卜、葱、洋葱、玉米等。

草地螟成虫为害枸杞

为害特点 初孵幼虫取食叶肉,残留表皮,长大后可将叶片吃成缺刻或仅留叶脉,使叶片呈网状。大发生时,也为害花和幼荚。

形态特征 成虫:体长 8~12(mm),体、翅灰褐色,前翅有暗褐色斑,翅外缘有淡黄色条纹,中室内有一个较大的长方形黄白色斑;后翅灰色,近翅基部较淡,沿外缘有两条黑色平行的波纹。卵:椭圆形,0.5 × 1(mm),乳白色,有光泽,分散或 2~12 粒覆瓦状排列成卵块。老熟幼虫:体长 19~21(mm),头黑色有白斑,胸、腹部黄绿或暗绿色,有明显的纵行暗色条纹,周身有毛瘤。蛹:长 14mm,淡黄色。土茧:长 40mm,宽 3~4(mm)。

生活习性 分布于我国北方地区,年发生 2~4 代,以老熟幼虫在土内吐丝作茧越冬。翌春 5 月化蛹及羽化。成虫飞翔力弱,喜食花蜜,卵散产于叶背主脉两侧,常 3~4 粒在一起,以距地面 2~8(cm)的茎叶上最多。初孵幼虫多集中在枝梢上结网躲藏,取食叶肉,3 龄后食量剧增。幼虫共 5 龄。

防治方法 (1)加强预测预报,注意其发生动态,及时发布预报,指导防治工作。(2)蛾峰日到来前,锄草避卵,减少田间落卵量,卵孵化前,锄草灭卵,减少田间卵孵化率。幼虫孵化后进入 2 龄盛期后要先治虫再锄草;老熟幼虫入土后及时中耕、浇水,减少本代及越冬种群数量。(3)采取挑治和普治相结合,于 3 龄前喷洒 16000IU/mg 苏云金杆菌可湿性粉剂 500 倍液或 4.5%高效氯氰菊酯乳油 4000 倍液、2.5%高效氯氟氰菊酯乳油 2000 倍液、25%辛·氰乳油 800 倍液、40%毒死蜱乳油 1500 倍液。

7. 草莓（*Fragaria ananassa*）、树莓、黑莓病害

草莓 学名 *Fragaria ananassa* Duch.别名风梨莓，是蔷薇科草莓属中能结浆果的栽培多年生草本植物。

草莓蛇眼病(Strawberry leaf spot)

症状 又称草霉叶斑病。主要为害叶片，大多发生在老叶上。病斑外围紫褐色，中央褪为灰白色或灰褐色，直径1.5～2.5mm，具紫红色轮纹，病斑表面生白色粉状霉层，后生小黑点，即病菌子囊座。

草莓蛇眼病典型症状

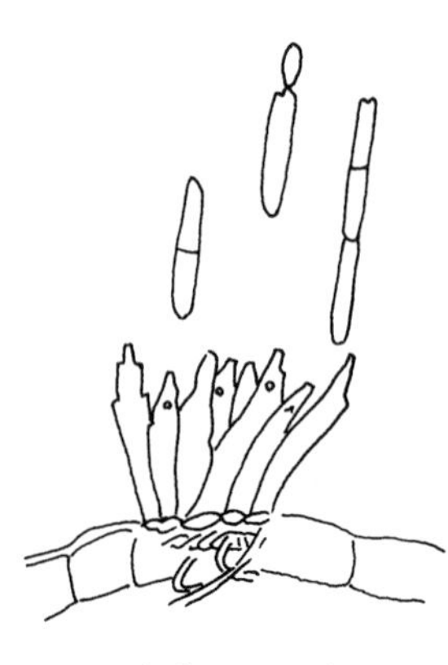

草莓蛇眼病菌
分生孢子梗和分生孢子

病原 *Ramularia grevilleana* (Tul.et C.Tul.)Jvstad var.*grevilleana*, Meld.Stat.Plantenpatol.lnst. 称厚环柱隔孢，属真菌界无性型真菌。无子座；分生孢子梗单生或少数几根簇生，无色，不分枝或偶有分枝，具明显的孢痕疤，14.1～33.4×2.6～4.4(μm)；分生孢子链生，棍棒形，0～3个隔膜，10.3～30.8×2.6～4.1(μm)。

传播途径和发病条件 以菌丝在被害枯叶病斑上越冬，翌春产生分生孢子进行初侵染，后病部产生分生孢子进行再侵染。病菌生育适温18～22℃，低于7℃或高于23℃发育迟缓。

防治方法 (1)选用优良品种如戈雷拉、因都卡、明宝等。(2)收获后及时清理田园，被害叶集中烧毁。(3)定植时汰除病苗。(4)发病初期喷淋50%琥胶肥酸铜可湿性粉剂500倍液、10%苯醚甲环唑微乳剂2000倍液、27%碱式硫酸铜悬浮剂600倍液、53.8%氢氧化铜干悬浮剂600倍液。隔7～10天1次，共喷3次。

草莓褐色轮斑病(Strawberry Phomopsis leaf blight)

症状 主要为害叶片。病斑近圆形或不整形，直径达1cm或更大，边缘褐色，中部灰褐色至灰白色，具明显同心轮纹。病斑上生有很密的小黑点，即病原菌的分生孢子器，严重的叶片变黄褐色或干枯。南方发生在12月～4月，北方6～7月发生，常延续到9月底。草莓假轮斑病与轮斑病近似，病斑有时现黄色晕环，病部小粒点褐色或黑褐色。

草莓褐色轮斑病病叶

病原 *Phomopsis obscurans* (Ell.et Ev.)Sutton，称昏暗拟茎点霉，属真菌界无性型真菌。异名 *Dendrophoma obscurans* (Ell.et Ev.)H.W.Anderson.。分生孢子器球形至扁球形，壁薄，膜质，直径104～311μm，孔口直径6.6～13.2μm。分生孢子梗可分枝，长8.3～26.4μm，瓶梗式产孢。分生孢子圆筒形，无色透明，有1～2个油点，大小5～8.3×2～3（μm)。病菌生长温度15～35℃，最适25～30℃，低于10℃几乎停止生长。

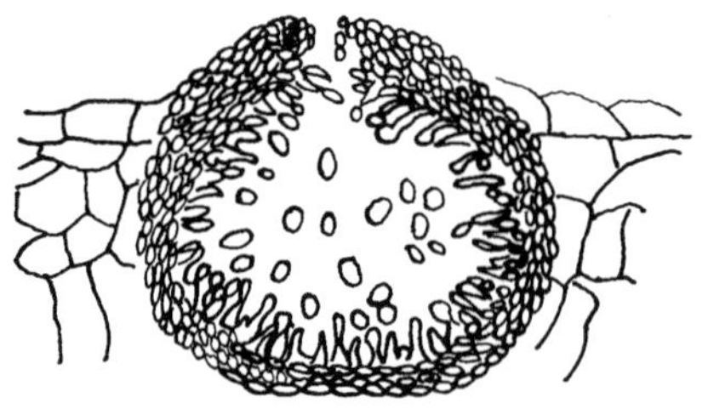

草莓褐色轮斑病菌
分生孢子器剖面

传播途径和发病条件 以菌丝体和分生孢子器在病叶组织内或随病残体遗落土中越冬，成为翌年初侵染源。越冬病菌于翌年4～5月份产生分生孢子，借雨水溅射传播进行初侵染，后病部不断产生分生孢子进行多次再侵染，使病害逐步蔓延扩大。湖南一带，4月下旬均温17℃开始发病，5月中旬后逐渐扩展，5月下旬至6月进入盛发期，7月下旬后，遇高温干旱，病情受抑，但如遇温暖多湿，特别是时晴时雨反复出现，病情又扩展。品种间抗病性有差异。

防治方法 (1)因地制宜选用抗病良种，如上海早、华东5号、华东10号、美国红提等。(2)植前摘除种苗上的病叶，并用50%多菌灵可湿性粉剂500倍液浸苗15～20分钟，待药液晾干后栽植。(3)田间在发病初期开始喷洒30%苯醚甲·丙环乳油

3000倍液或40%多·硫悬浮剂500倍液、50%百·硫悬浮剂500倍液，隔10天左右1次，连续防治2~3次。

草莓V型褐斑病(Strawberry Gnomonia ring spot)

症状 为害叶片和果实。老叶染病，初生紫褐色小斑，后扩展为不规则形大斑，四周暗绿色至黄绿色。嫩叶发病从叶顶开始，沿中央主脉向叶基呈V字形或U字形扩展，病斑褐色，四周浓褐色，病斑上常现轮纹，后期病部密生黑褐色小粒点，严重时全叶枯死，该病与轮斑病相似，需检视病原进行区别。

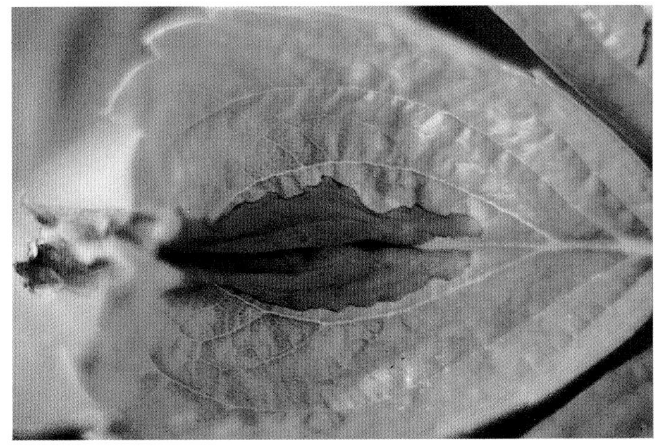

草莓V型褐斑病病叶

病原 *Gnomonia fructicola* (Arnaud)Fall称草莓日规壳菌，属真菌界子囊菌门。子囊壳常在土壤中形成，子囊孢子长纺锤形，双胞无色。无性态为*Zythia fragariae* Laib.称草莓鲜壳孢，属真菌界无性型真菌。分生孢子器生于叶面，聚生或散生，初埋生，后突破表皮，分生孢子器球形或近球形，稍有突起，器壁淡黄色或黄褐色，膜质，顶端具乳头状突起，大小112~144(μm)；器孢子圆柱形，无色透明，单胞，正直，两端钝圆，内含油球2个，大小5~7×1.5~2(μm)。

传播途径和发病条件 病菌在病残体上越冬，秋冬时产生子囊孢子和分生孢子，借风传播，引起草莓发病，温室、塑料大棚发病较重，冬季人工加温后病情加重，早春蕾花盛期，温室内外温差大，光照较差，叶组织比较柔弱。露地栽培春季潮湿多雨地区易诱发该病流行，尤其是大水漫灌，可加大该病发生和流行。品种间抗病性差异明显：福弱、芳玉发病重。新明星、达娜、高岭等品种较抗病。晚道、红鹤、春香、宝交等品种属中间类型。

防治方法 (1)发现病叶及时摘除，集中深埋或烧毁。(2)提倡使用西洋牌硫酸钾高效复合肥或酵素菌大三元复方生物肥，增强抗病力。加强棚室管理使其通风透光，不要偏施过施氮肥，适度灌水严防湿气滞留。(3)现蕾开花期喷洒50%异菌脲可湿性粉剂800倍液或2%嘧啶核苷抗菌素水剂200倍液、20%噻森铜悬浮剂500倍液，7~8天1次，连续防治2~3次。

草莓褐角斑病(Strawberry Phyllosticta leaf spot)

症状 又称草莓斑点病。主要为害叶片。初生暗紫褐色多角形病斑，扩展后变成灰褐色，边缘色深，后期病斑上有时现轮纹，病斑大小约5mm。

病原 *Phyllosticta fragaricola* Desm et Rob.称草莓生叶点霉，属真菌界无性型真菌。分生孢子器近球形，直径183~200(μm)。分生孢子椭圆形至卵形，平滑，大小5~6×1.5~2(μm)。

草莓褐角斑病病叶

传播途径和发病条件 病菌以分生孢子器在草莓病残体或病株上越冬，翌春雨后产生大量分生孢子，通过雨水和灌溉水传播，落到草莓上以后，经几天潜育即发病，生产上5~6月发病重。美国6号草莓发病较重。

防治方法 (1)选用宝交早生、新明星、金明星等较抗病的品种。(2)栽植前将草莓苗置入70%甲基硫菌灵或多菌灵500倍液液中浸苗15分钟，取出后晾干栽植。(3)发病初期开药喷洒50%异菌脲可湿性粉剂800倍液或2%嘧啶核苷类抗菌素水剂200倍液、40%多·硫悬浮剂500倍液，隔7天1次，连续防治2~3次。采收前3天停止用药。

草莓紫斑病(Strawberry leaf blight)

症状 又称叶枯病、焦斑病，我国草莓种植区时有发生。主要为害叶片，初生紫黑色浸润状小点，用放大镜观察可见侵染点的叶脉先坏死，黑紫色，后受害叶脉的叶组织呈深紫色。病斑扩展后形成边缘不明显的不规则状深紫色斑块。病斑外缘呈放射状，常与邻近的病斑融合，有的病斑周围有黄晕。数日后病斑中部变革质，呈茶褐带灰色枯干。

病原 *Marssonina fragariae* (Lib.) Kleb.称草莓盘二孢，属真菌界无性型真菌。分生孢子弯曲，基部平截，顶端尖，16.5~29×5.5~8 (μm)。有性态为*Diplocarpon earliana* (Ell. et Ev.) Wolf，属真菌界子囊菌门。

草莓紫斑病病叶

传播途径和发病条件 病菌以分生孢子器或子囊壳在病株或落地病残株上越冬,翌春放射出分生孢子或子囊孢子借气流传播,侵染发病,还可通过病苗传播到异地。该病属低温型病害,早春或秋季雨露多易发病,缺肥、苗弱发病重。品种间抗病性有差异:福弱、幸玉发病重。

防治方法 (1)选用达娜、新明星等较抗病的品种。提倡起垅栽培,适当密植,适时摘除老叶。(2)在施足腐熟有机肥基础上花果期增施磷钾肥,科学灌水,严防大水漫灌,雨后及时排水,防止湿气滞留。(3)发病初期喷洒70%代森锰锌悬浮剂500倍液或75%百菌清可湿性粉剂600倍液、65%甲硫·霉威可湿性粉剂800倍液,隔10天1次,连续防治2~3次。

草莓黑斑病(Strawberry Alternaria leaf spot)

症状 主要为害叶片、叶柄、茎和浆果。叶片染病,产生黑褐色不规则形病斑,直径5~8mm,略呈轮纹状,病斑中央灰褐色,病斑外围常现黄色晕圈。叶柄、匍匐茎上生褐色小凹陷斑,当病斑绕叶柄或茎1周时,叶柄、茎折断,病部缢缩。浆果染病生黑色斑,上生黑色烟灰状霉层,病斑较浅,失去商品价值。

草莓黑斑病(邱强)

病原 *Alternaria alternata* (Fr.:Fr.)Keissler 称链格孢,属真菌界无性型真菌。

传播途径和发病条件 病菌以菌丝体在寄主植株上或落地病组织上越冬,借种苗传播。空气中的链格孢也可进行侵染。高温、高湿天气易发病,雨日多或田间湿气滞留发病重。

防治方法 (1)选用抗黑斑病的草莓品种。(2)发现病叶及时摘除集中烧毁。(3)发病初期喷洒10%多抗霉素可湿性粉剂600倍液或50%福·异菌可湿性粉剂700倍液、50%百·硫悬浮剂600倍液,隔10天1次,防治2~3次。

草莓拟盘多毛孢叶斑病(Strawberry Pestalotipsis spot)

症状 叶片上产生红褐色病斑,后中央浅褐色,有轮纹边缘有明显的暗褐色坏死带。后期病斑上生出黑色小点,即病原菌的分生孢子盘。广州5月发生。

病原 *Pestalotipsis adusta* (Ell. et Ev.)Stey. 称烟色拟盘多毛孢,属真菌界无性型真菌。分生孢子盘生在叶面上,盘状,散生,初埋生后突破表皮,黑色,直径240~350μm。产孢细胞圆柱形,无色。分生孢子纺锤形,少数椭圆形,4个隔膜,12~24×

草莓拟盘多毛孢叶斑病

5~7(μm),中间3个细胞橄褐色,顶细胞圆锥形,无色,顶生2~3根附属丝,长10~12μm,基细胞无色,有2~5μm的短柄。除为害草莓外,还侵染茶属,引起轮纹病。

传播途径和发病条件 病菌以菌丝体和分生孢子盘在病叶上越冬,翌春条件适宜时产生新的分生孢子借风或雨水溅射传播,在水滴中萌发侵入叶片,产生新的病斑,华南5月发生。

防治方法 (1)采用测土配方施肥技术,增施钾肥,避免偏施氮肥,增强抗病力。(2)发病初期喷洒40%百·硫悬浮剂500~600倍液、50%甲基硫菌灵悬浮剂600倍液。

草莓灰斑病(Strawberry Pseudocercospora leaf spot)

症状 主要为害叶片,叶上或叶缘生红紫色病斑,后扩展成不规则形褐色斑,中央渐成灰白色,叶两面生暗色霉状物,即病菌子实体,严重时叶片枯死。广东1月发生。

草莓灰斑病

病原 *Pseudocercospora fragarina* (Q.Z.Huang et P.K.Chi)P.K.Chi 异名 *Cercospora fragarina* Q.Z.Huang et P.K.Chi 称草莓假尾孢,属真菌界无性型真菌。子座球形,小,黑色,直径21.5~85.8(μm);分生孢子梗17~39根丛生,很短,密集,0~3个隔膜,褐色,不分枝,孢痕明显但很小,直径仅0.8~1(μm),0~1个膝状节,顶端浅褐色,圆锥截形,6.6~36.3×3.3~5.4(μm)。分生孢子浅黄色至褐色,倒棍棒形,直或略弯,基部圆锥截形,顶端稍钝,1~5个隔膜,大小17.6~66×2.6~4(μm)。

传播途径和发病条件、防治方法 参见葡萄假尾孢褐斑病。

草莓灰霉病(Strawberry gray mold)

症状 主要侵染花器和果实。花器染病,初在花萼上现水浸状小点,后扩展为近圆形至不定形斑,并由花萼延及子房及幼果,终至幼果湿腐;湿度大时,病部产生灰褐色霉状物。果实染病主要发生在青果上,柱头呈水渍状,发展后形成淡褐色斑,向果内扩展,致果实湿腐软化,病部也产生灰褐色霉状物,果实易脱落。天气干燥时病果呈干腐状。此病对产量影响很大,除为害草莓外,还侵害甜(辣)椒、番茄、黄瓜、莴苣等。

病原 *Botrytis cinerea* Pers.:Fr,称灰葡萄孢,属真菌界无性型真菌。病菌形态特征同葡萄灰霉病。

草莓灰霉病病果

生于草莓果实上的灰葡萄孢分生孢子梗和分生孢子(康振生原图)

传播途径和发病条件 以菌丝、菌核及分生孢子在病残体上越冬或越夏。南方病菌可在田间草莓上营半腐生或在病残体上腐生并繁殖。其孢子借风雨、农事操作等传播,进行初侵染和再侵染。气温18~23℃,遇连阴雨或潮湿天气持续时间长,或田间积水,病情扩展迅速,为害严重,尤其密度大,枝叶茂密的田块发病重,保护地较露地发病早。江苏、浙江一带3~4月发病,5月上旬达高峰,北方发病延迟。病菌直接侵染花瓣、叶片、果实,土表的病菌也可直接侵染果实。

防治方法 (1)选用中国草莓1号、美国草莓3号、童子1号及红衣等优良品种。(2)注意选择茬口,最好与水生蔬菜或禾本科作物实行2~3年轮作。(3) 药剂处理土壤,定植前667m^{2}撒施25%多菌灵可湿性粉剂5~6kg耙入土中,防病效果好。(4)定植前深耕,可减少菌源,提倡高畦栽培,注意排水降湿。发现植株过密,应及早分棵,注意摘除病果和老叶,防止传播蔓延。(5)发病初期喷洒3%多抗霉素水剂600~900倍液或40%嘧霉胺悬浮剂1200倍液或50%咪鲜胺可湿性粉剂1000倍液、50%腐霉利可湿性粉剂或50%异菌脲可湿性粉剂1000倍液、28%或30%百·霉威可湿性粉剂500倍液、65%甲硫·霉威可湿性粉剂800倍液、40%双胍三辛烷基苯磺酸盐可湿性粉剂900倍液。隔7~10天1次,每667m^{2}次喷对好的药液65~75L,共防2~3次。

草莓丝核菌芽枯病(Strawberry bud rot)

症状 主要为害蕾、新芽、托叶和叶柄基部。蕾和新芽染病后逐渐萎蔫,呈青枯状或猝倒,后变黑褐色枯死。托叶和叶柄基部染病,叶倒垂,果数和叶减少,在叶片和花萼上产生褐斑,形成畸形叶或果,后期易遭灰霉菌寄生,该病表面产生白色至浅褐色蛛丝状霉,别于灰霉病。

病原 *Rhizoctonia solani* Kühn称丝核菌,属真菌界无性型真菌。有性态为*Thanatephorus cucumeris* (Frank) Donk.称瓜亡革菌,属真菌界担子菌门。形态特征见柑橘立枯病。

草莓丝核菌芽枯病

传播途径和发病条件 病菌以菌丝体或菌核随病残体在土壤中越冬,栽植草莓苗遇有该菌侵染即可发病。气温低及遇有连阴雨天气易发病,寒流侵袭或湿度过高发病重。冬春棚室栽培时,开始放风时病情扩展迅速,温室或大棚密闭时间长,发病早且重。

防治方法 (1)提倡施用酵素菌沤制的堆肥或有机复合肥。(2)不要在病田育苗和采苗。(3)适度密植。(4)棚室栽培草莓放风要适时适量。(5)合理灌溉,浇水宜安排在上午,浇后迅速放风降湿,防止湿气滞留。(6)现蕾后开始喷淋10%多抗霉素水剂600倍液或30%苯醚甲·丙环乳油3000倍液,7天左右1次,共防2~3次。(7)芽枯病与灰霉病混合发生时,可喷洒50%腐霉利可湿性粉剂1500倍液或65%甲硫·霉威可湿性粉剂1000倍液、50%多·霉威可湿性粉剂800倍液。此外,可试用植物生长调节剂芸薹素内酯3000倍液防治该病。

草莓枯萎病(Strawberry Fusarium wilt)

症状 草莓枯萎病多在苗期或开花至收获期发病。初仅心叶变黄绿或黄色,有的卷缩或产生畸形叶,致病株叶片失去光泽,植株生长衰弱,在3片小叶中往往有1~2片畸形或小叶化,

草莓枯萎病病株

且多发生在一侧。老叶呈紫红色萎蔫，后叶片枯黄至全株枯死。剖开根冠、叶柄、果梗可见维管束变成褐色至黑褐色。根部变褐后纵剖镜检可见很长的菌丝。枯萎与黄萎近似，但枯萎心叶黄化、卷缩或畸形主要发生在高温期，别于黄萎病。

病原 *Fusarium oxysporum* Schl. f. sp. *fragariae* Winks et Willams 称尖镰孢菌草莓专化型，属真菌界无性型真菌。在形态上都具有尖镰孢菌的共同特征，在马铃薯蔗糖琼脂培养基上气生菌丝呈淡青紫色或淡褐色绒霉；小型分生孢子肾形或卵形，无色，单胞或双胞，大小 5～26×2～4.5(μm)；大型分生孢子纺锤形至镰刀形，直或弯曲，基部具足细胞或近似足细胞，以 3 个隔膜的居多，大小 19～45×2.5～5(μm)，5 个隔膜的少，大小 30～60×3.5～5(μm)；厚垣孢子球形，多数单胞，平滑或皱缩，顶生或间生，直径 5～15μm。

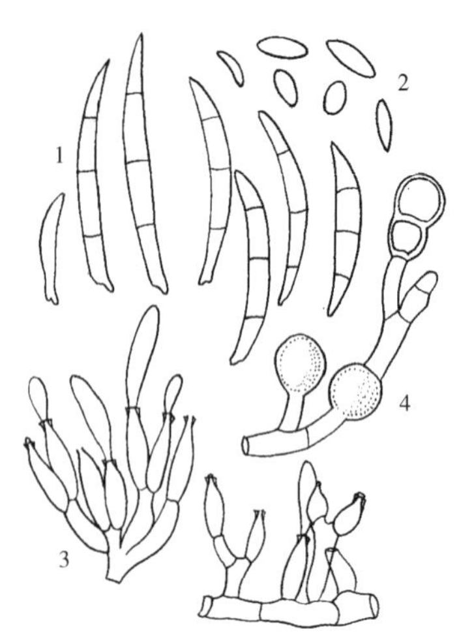

草莓枯萎病菌
1.大型分生孢子 2.小型分生孢子
3.分生孢子梗 4.厚垣孢子

传播途径和发病条件 主要以菌丝体和厚垣孢子随病残体遗落土中或未腐熟的带菌肥料及种子上越冬。厚垣孢子在土中能存活 5～10 年。病土和病肥中存活的病菌，成为翌年主要初侵染源。病菌在病株分苗时进行传播蔓延，病菌从根部自然裂口或伤口侵入，在根茎维管束内生长发育，通过堵塞维管束和分泌毒素，破坏植株正常输导机能而引起萎蔫。发病温限 18～32℃，最适温度 30～32℃，连作或土质粘重、地势低洼、排水不良、地温低、耕作粗放、土壤过酸和施肥不足或偏施氮肥或施用未腐熟肥料，致植株根系发育不良，都会使病害加重。品种间抗性有一定差异。土温 15℃以下不发病，高于 22℃病情加重。

防治方法 (1)从无病田分苗，栽植无病苗。(2)栽培草莓田，与禾本科作物进行 3 年以上轮作，最好能与水稻等水生作物轮作，效果更好。(3)提倡施用酵素菌沤制的堆肥或有机复合肥。(4)选用优良品种。适于保护地栽培的有金明星、静香、丰香、明宝、春香、宝交早生等。(5)发现病株，及时拔除，集中烧毁或深埋，病穴施用生石灰进行消毒，并喷洒 54.5%恶霉·福可湿性粉剂 700 倍液。

草莓腐霉根腐病(Strawberry Pythium root rot)

腐霉能侵染草莓的幼苗引起烂种、猝倒、烂根、烂果等症状，局部田块常遭受巨大损失。

症状 主要为害根和果实，根染病初呈水渍状，很快变黑腐烂，造成地上部植株萎蔫或死亡。贴近地面或贴地果实易发病，病部呈水渍状，后变褐色至微紫色，造成果实软腐，果面上长满白色棉絮状浓密的菌丝。果实染病，初呈水渍状，熟果略褪成微紫色，病果软腐，果面长满白色浓密絮状菌丝。叶柄、果梗染病症状类似。根染病后变黑腐烂，轻则土上部萎蔫，重则全株枯死。

病原 *Pythium ultimum* Trow 称终极腐霉，属假菌界卵菌门。菌丝多分枝，粗 2.3～9.8μm。孢子囊多间生，近球形，直径 13～30μm，常直接萌发长出芽管。藏卵器球形，大多顶生，少数间生，直径 18～25μm。具侧生雄器 1 个，偶见 2～3 个，与藏卵器同丝生，无柄，少数有柄的异丝生或下位。卵孢子球形，直径 13～19μm，壁平滑，不满器。菌丝生长适温为 28～36℃。

传播途径和发病条件 终极腐霉多在土壤中，植株残体中及未腐熟的有机肥中存活和越冬，条件适宜时孢子囊释放出很多游动孢子借灌溉水或雨水传播，健康的草莓苗定植后可从根部侵入引起发病。高温高湿持续时间长易发病，生产上虽然降水不多，但高温条件下频繁浇水的田块易发病，重茬地土壤黏

草莓腐霉根腐病

草莓白粉病病果

重发病重。

防治方法 (1)工厂化育苗、统一供苗，栽植无病苗。(2)采用起垅或高厢种植，浇水改在10～14时，采用沟灌法，傍晚前落干；(3)发病重的地区棚室进行高温高湿闷棚，(4)秋季定植时用30%恶霉灵水剂600倍液浸根，生长期喷淋68%精甲霜·锰锌水分散粒剂600倍液或47%春雷·王铜可湿性粉剂700倍液、3%恶霉·甲霜水剂600倍液、20%丙硫多菌灵悬浮剂2000倍液。

草莓疫霉果腐病(Strawberry Phytophthora fruit rot)

症状 该病主要为害根部、花穗、果穗，有时也为害叶片。初发病时，地上部症状不明显，生长中期表现生长差，株型松散，至开花期若天气、土壤干燥，则地上部呈失水状，逐渐萎蔫，根部早就发病，切开病根可见从外到内变黑腐烂，湿度大时病根上现白霉。花期染病，阴雨天花穗、果实很易染病，常呈开水烫状，1～2天内整穗变褐枯死。青果染病出现浅褐色水渍状病斑，迅速扩展到全果。熟果染病病部褪色失去光泽，病健交界处出现变色带，致全果呈水渍状腐烂，病部产生稀疏白色霉状物。

草莓疫霉果腐病病果

病原 *Phytophthora cactorum* (Leb.et Cohn)Schrötr.称恶疫霉；*P.citrophthora* (R.et E.Smith) Leonian 称柑桔褐腐疫霉和 *P. citricola* Saw. 称柑桔生疫霉，均属假菌界卵菌门。恶疫霉菌丝分枝较少，宽2～6μm，孢子囊卵形或近球形，大小33.3～39.5 ×27.0 ～31.2(μm)；易产生卵孢子，卵孢子球形，大小25.5 ～32.8μm；生长温限8～35℃，最适25～28℃。病菌生长温限6～35℃，适温25～28℃。

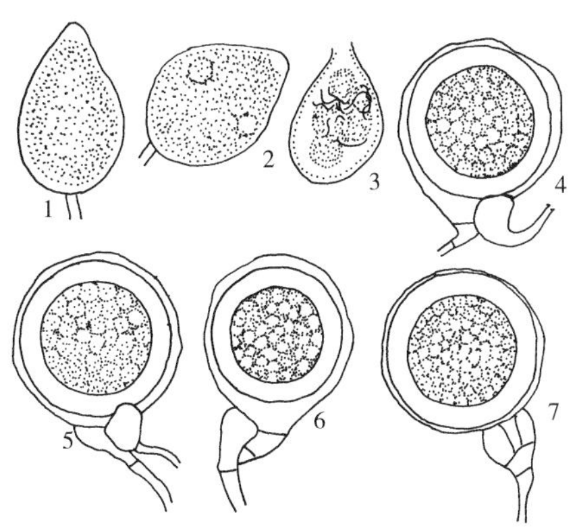

草莓疫霉果腐病菌恶疫霉

1.孢子囊 2~3.孢子囊及游动孢子 4~6.藏卵器、侧生雄器及卵孢子 7.藏卵器、围生雄器及卵孢子

传播途径和发病条件 以卵孢子在土壤中越冬，翌春条件适宜时产生孢子囊，遇水释放游动孢子，借雨水或灌溉水传播，侵染为害。地势低洼，土壤粘重，偏施氮肥发病重。

防治方法 (1)加强栽培管理。低洼积水地注意排水，合理施肥，不偏施氮肥。(2)草莓园内，可用谷壳铺设于畦沟内。下雨时雨滴不会直接落到土壤上，反弹回来的水珠就不会带有病原菌，减少果腐发生。(3)药剂防治。定植前用30%恶霉灵1500倍液进行土壤处理，秋季定植时用53%精甲霜·锰锌水分散粒剂800倍浸根。从花期开始喷70%锰锌·乙铝可湿性粉剂500倍液、53%精甲霜·锰锌水分散粒剂500倍液、64%恶霜·锰锌超微可湿性粉剂500倍液、70%呋酰·锰锌可湿性粉剂600倍液、70%丙森锌可湿性粉剂500～700倍液、52.5%恶唑菌铜·霜脲氰水分散粒剂1800倍液，隔10天左右1次，连续防治3～4次。

草莓炭疽病

症状 主要为害叶片、叶柄、托叶、匍匐茎、花瓣、萼片和果实。嫩茎、嫩叶很易发病，匍匐茎、叶片次之，果实发病常较重。常见有局部病斑型和萎蔫型两种。前者匍匐茎、叶、叶柄、浆果上均常见，茎、叶染病产生长3~7(mm)，深褐色，纺锤形或椭圆形稍凹陷溃疡斑，病斑绕茎或叶柄1周时，病斑以上干枯，湿度大时病斑上长出粉红色黏质孢子堆，后成污黑色。萎蔫型 病株上起初是1~2片嫩叶萎蔫下垂直至枯死，横切面从外到内变褐，但维管束不变色。浆果染病，产生近圆形病斑，褐色至暗褐色，凹陷，呈软腐状，后期长出肉红色黏质孢子团。

草莓炭疽病病果

病原 *Colletotrichum fragariae* Brooks 称草莓刺盘孢，属真菌界无性型真菌。

传播途径和发病条件 病菌在病残体组织上或随病残体在土壤中越冬，病斑上的黏质分生孢子盘和分生孢子，借雨水或灌溉水溅射传播，由分生孢子侵染。江西省上半年发病较下半年重，大棚比露地重，育苗中后期比大田发病重，每年4月上中旬至6月发病，5~6月是发病高峰期。7月发病渐少。发病适温28~32℃，高温多雨易发病，连续降雨1周转晴，通风透光不好湿度过大易流行成灾。

防治方法 (1)选用抗病品种。如宝交较抗病。(2)不宜连作，提倡水旱轮作，采用三沟配套栽培。合理密植，采用草莓配方施肥技术，提倡施用酵素菌大三元复方生物肥，不偏施氮肥。白天加大放风量。及时清除病残体。(3)定植前在苗床先喷1次80%

福·福锌可湿性粉剂800倍液。大棚发病初期喷洒25%咪鲜胺乳油1000倍液或50%醚菌酯水分散粒剂1000倍液。

草莓白粉病(Strawberry powdery mildew)

症状 主要为害绿色组织及果实。叶片染病，于叶背面出现白色粉状物，后致叶片坏疽或幼叶上卷；果实染病上覆白色粉状物，与红色果实呈鲜明对比，白色粉状物即病菌的分生孢子梗和分生孢子。

草莓白粉病病果

病原 *Sphaerotheca aphanis* (Wallr.) Braun 称羽衣草单囊壳，属真菌界子囊菌门。菌丝体生于叶两面、叶柄、嫩枝及果实上。子囊果褐色，在叶上散生或稍聚生，叶柄和茎上稍聚生，球形至近球形，大小60~93μm，壁细胞多角形不规则，直径4.5~24μm，附属丝3~13根呈丝状弯曲，屈膝状，长为子囊果直径的0.2~8倍，基部稍粗，表面平滑，具0~5隔，全褐色或仅下半部褐色，有的顶部无色；子囊单个无色，宽椭圆形至椭圆形，大小53~99×45~84(μm)，8个子囊孢子，个别6个，无色，椭圆形至长椭圆形，具油点1~3个，多为2个，大小15~33×9~20(μm)；分生孢子圆筒形或腰鼓形，串生，无色，大小18~30×12~18(μm)。此外 *Sphaerotheca macutaris* 也是该病病原。

传播途径和发病条件 北方病菌以闭囊壳随病残体留在地上或在温室、塑料棚、花房里的月季花上越冬；南方多以菌丝或分生孢子在寄主上越冬或越夏，成为翌年初侵染源。分生孢子借气流或雨水传播落在寄主叶片上，分生孢子先端产生芽管和吸器从叶片表皮侵入，菌丝附生在叶面上，从萌发到侵入需24小时。每天可长出3~5根菌丝，5天后在侵染处形成白色菌丝丛状病斑。经7天成熟，形成分生孢子飞散传播，进行再侵染。产生分生孢子适温15~30℃，相对湿度80%以上。种植在塑料棚、温室或田间的草莓，白粉病能否流行取决于湿度和寄主的长势。湿度大利其流行，低温也可萌发，尤其当高温干旱与高温高湿交替出现，又有大量白粉菌菌源时易大流行。

防治方法 (1)选用章姬、童子1号等抗病品种。(2)生物防治。喷洒2%嘧啶核苷类抗生素或2%武夷菌素水剂200倍液、3%多抗霉素水剂700倍液，隔6~7天再防一次，防效90%以上。(3)物理防治。采用27%高脂膜乳剂80~100倍液，于发病初期喷洒在叶片上，形成一层薄膜，不仅可防止病菌侵入，还可造成缺氧条件使白粉菌死亡。一般隔5~6天喷一次，连续喷3~4次。(4)发病初期喷洒50%醚菌酯干悬浮剂3000倍液或25%丙环唑乳油3000倍液、30%壬菌铜微乳剂400倍液、30%氟菌唑可湿性粉剂1500~2000倍液或40%多·硫悬浮剂500~600倍液、40%氟硅唑乳油5000倍液。技术要点是：早预防、午前防、喷周到及大水量。(5)棚室栽培草莓提倡采用硫磺电热熏蒸器，具体方法参见说明书。也可采用烟雾法，即用硫磺熏烟消毒，定植前几天，将草莓棚密闭，每100m³用硫磺粉250g、锯末500g掺匀后，分别装入小塑料袋分放在室内，于晚上点燃熏1夜，此外，也可用45%百菌清烟剂，667m² 200~250g，分放在棚内4~5处，用香或卷烟点燃发烟时闭棚，熏一夜，次晨通风。

草莓根霉软腐病(Strawberry Rhizopus soft rot)

症状 病果表面产生边缘不清晰的水浸状斑，迅速发展，不久表面长出白色菌丝，最后在菌丝顶端出现烟黑色粉霉状物，就是病菌的孢子囊。主要在采收后碰伤及贮运期间发生，阴雨天湿度越大发病越快。病果常流汁。高温下过熟的贴地果也可发病。

草莓根霉软腐病病果

病原 *Rhizopus stolonifer* (Ehrenb. et Fr.) Vuill 称匍枝根霉，属真菌界接合菌门。菌丝发达，有匍匐丝与假根，假根上产生灰黄褐色孢囊梗，孢囊梗直立。孢子囊单生，暗绿色，球形。孢囊孢子灰色或褐色，单胞，直径11~15(μm)。接合孢子黑色、球形，表面有突起。病菌腐生性极强，在条件适宜时引起甘薯软腐病，造成烂窖，还可侵害马铃薯、棉铃、梨及苹果等许多植物的果实和贮藏器官。

传播途径和发病条件 病菌广泛存在于土壤等环境之中，空气中多有本种孢子悬浮。当草莓采收时造成伤口后集中在一起堆放时，特别是闷湿天气，极易感染发病，病果软腐流汁，表面长出菌丝、孢囊梗和孢子囊，导致烂库。严重时田间即已发病。

防治方法 (1)适时早收，浆果着色8成时采摘；(2)轻收轻放，不使破伤；(3)暂存或待运的草莓，应装在吸潮通风的纸质或草编物内，放在阴凉通风处，1~10℃下冷藏，并尽量缩短贮存与转运时间；(4)有条件的进行速冻处理。

草莓红中柱疫霉根腐病

该病一旦发生将造成重大经济损失，一般在冷凉潮湿大棚，经过一个漫长的冬季发病损失将十分惨重。

症状 草莓红中柱疫霉根腐病从中心病株开始，不断向四

草莓红中柱疫霉根腐病叶片症状

草莓红中柱疫霉根腐病

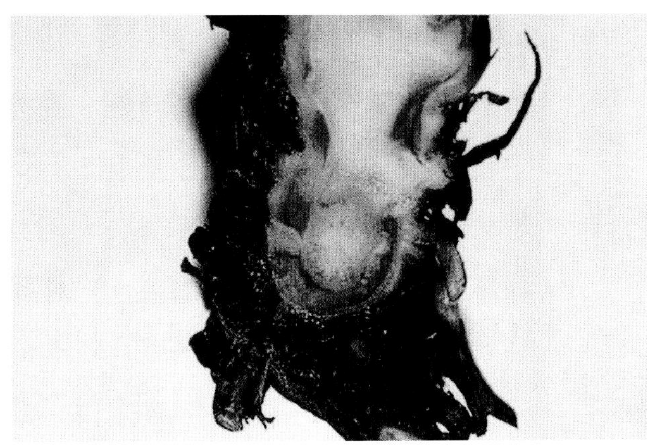

草莓红中柱疫霉根腐病根部变红

周扩展，尤其是低洼处病菌随水流快速扩散，造成大面积发病，从晚秋起根部症状明显，而地上部症状春末或初夏之前不明显。植株上部出现矮化或停止发育，结果产生少量小果实，嫩叶现蓝绿色，老叶变成黄色或红色，挖出病株可见腐烂的根系。侧根高度腐败，挖出病株时见不到侧根。不定根从尖端向上腐烂，末端常呈灰色或褐色似鼠尾状。剖开上端未腐烂处，可见中柱已由白色变成紫红色至砖红色，因此又称“红心病”。

病 原 *Phytophthora fragariae* var.*fragariae* Wilcox & Duncan 称草莓红心病菌，又称草莓疫霉菌，属假菌界卵菌门。藏卵器金黄色，直径 39μm，含有 1 个未满的卵孢子，直径 33μm，多数球形。无乳突的次生孢子倒洋梨形，大小 32～90×22～52(μm)。孢子囊释放出游动孢子游至草莓根尖休止，相互靠紧形成芽管侵入根。病菌在皮层细胞间或细胞内扩展直至中柱。主要定植在中柱鞘和韧皮部，根的生长中柱最旺盛，病菌也在其中生长，从根部长出的菌丝能形成新的孢子囊，释放出更多的游动孢子进行再侵染。病菌在冬季进行多次再侵染，引起该病严重发生或大流行。此外，据河北农大分离病原还有 *Rhizoctonia* sp.称丝核菌和 *Pestalotiopsis* sp.拟盘多毛孢属真菌。

传播途径和发病条件 草莓疫霉以卵孢子在土壤中存活，由土壤和种子传染，土壤中的卵孢子在晚秋或初冬产生孢子囊，释放出游动孢子，侵入根部后出现病斑，后又在病部产生孢子囊，借灌溉水或雨水传播蔓延。丝核菌和拟盘多毛孢属真菌以菌丝体或分生孢子盘在病残体上越冬。土壤温度低，湿度高易发病，地温 10℃是发病适温，本病为低温域病害，地温高于 25℃则不发病，一般春、秋多雨年份易发病，低洼地、排水不良或大水漫灌发病重。

防治方法 (1)选无病地育苗，有条件的实行 4 年以上轮作。(2)施用日本酵素菌沤制的堆肥。(3)采用高畦或起垄栽培，尽可能覆盖地膜，有利提高地温，减少发病。(4)雨后及时排水，严禁大水漫灌。(5)及时挖除病株，并浇灌 58%甲霜灵锰锌可湿性粉剂或 64%恶霉灵·代森锰锌可湿性粉剂 500 倍液、72%霜脲锰锌可湿性粉剂 800 倍液、72.2%霜霉威水剂 400～500 倍液、69%锰锌·烯酰水分散粒剂或可湿性粉剂 700 倍液，连续防治 2～3 次。

草莓角斑病（Strawberry bacterial leaf spot）

症状 主要为害叶片。初在叶片下表面出现水浸状红褐色不规则形病斑，逐渐扩大后融合成一片，渐变淡红褐色而干枯；湿度大时叶背可见溢有菌脓，干燥条件下成一薄膜，病斑常在叶尖或叶缘处，因此叶片常干缩破碎。严重的生长点变黑枯死，叶柄、匍匐茎、花也可枯死。

病原 *Xanthomonas fragariae* Kennedy et King 称草莓黄单胞菌，属细菌界薄壁菌门。菌体杆状，大小 1.0～1.2×0.7～0.9(μm)，极生 1 鞭毛，无荚膜，无芽孢，革兰氏染色阴性。在肉汁胨琼脂平面上菌落圆形黄色，大小 1mm，有黏性具光泽，表面光滑边缘整齐，稍突起。耐盐浓度 1%～2%，36℃稍有生长，好气性。除侵染草莓外，未见侵染其他植物。

传播途径和发病条件 病菌在种子或土壤里及病残体上越冬，播种带菌种子，病株在地下即染病，致幼苗不能出土，有

草莓细菌性角斑病

草莓角斑病叶片正面症状

草莓青枯病根冠褐化

的虽能出土，但出苗后不久即死亡。在田间通过灌溉水、雨水及虫伤或农事操作造成的伤口传播蔓延，病菌从叶缘处水孔或叶面伤口侵入，先侵害少数薄壁细胞，后进入维管束向上下扩展。发病适温 25～30℃，高温多雨、连作或早播、地势低洼、灌水过量、排水不良、肥料少或未腐熟及人为伤口和虫伤多发病重。

防治方法 (1)适时定植。(2)施用酵素菌大三元复方生物肥或充分腐熟的有机肥。采用配方施肥技术。(3)处理土壤。定植前每 667m² 穴施 50%福美双可湿性粉剂或 40%拌种灵粉剂 750g。方法是取上述杀菌剂 750g，对水 10L，拌入 100kg 细土后撒入穴中。(4)加强管理，苗期小水勤浇，降低土温。(5)发病初期开始喷洒 20%噻森铜悬浮剂 500 倍液或 30%碱式硫酸铜悬浮剂 500 倍液、10%苯醚甲环唑水分散粒剂 1500 倍液、12%松脂酸铜乳油 600 倍液、47%春雷·王铜可湿性粉剂 800 倍液，隔 7～10 天 1 次，连续防治 3～4 次。采收前 3 天停止用药。

草莓青枯病(Strawberry bacterial wilt)

症状 主要发生在定植初期。初发病时下位叶 1～2 片凋萎，叶柄下垂似烫伤状，烈日下更为严重。夜间可恢复，发病数天后整株枯死。根系表面无明显症状，但将根冠纵切，可见根冠中央有明显褐化现象。生育期间发病甚少，一直到草莓采收末期，青枯现象才再度出现。

病原 *Ralstonia solanacearum* (Smith) Yabuuchi et al.1996 异名 *Pseudomonas solanacearum* (Smith) Smith 称茄青枯劳尔氏菌或植物青枯菌，属细菌界薄壁菌门。菌体短杆状，单细胞，两端圆，单生或双生，大小 0.9～2.0×0.5～0.8(μm)，极生鞭毛 1～3 根；在琼脂培养基上菌落圆形或不正形，平滑具亮光。革兰氏染色阴性。

草莓青枯病植株萎蔫

传播途径和发病条件 病原细菌主要随病残体残留于草莓园或在草莓株上越冬，通过雨水和灌溉水传播，带病草莓苗也常带菌，从伤口侵入，该菌具潜伏侵染特性，有时长达 10 个月以上。病菌发育温限 10～40℃，最适温度 30～37℃，最适 pH6.6。久雨或大雨后转晴发病重。

防治方法 (1)严禁用罹病田做育苗圃；栽植健康苗，连续种植 2 年，病菌感染率下降。(2)加强栽培管理。施用腐熟的有机肥或草木灰，调节土壤 pH。(3)用生石灰进行土壤消毒。(4)药剂防治。定植时用青枯病拮抗菌 MA-7，NOE-104 浸根；或于发病初期开始喷洒或灌 72%农用硫酸链霉素可溶性粉剂 3000 倍液或 50%琥胶肥酸铜可湿性粉剂 500 倍液、20%噻森铜悬浮剂 400 倍液、10%苯醚甲环唑水分散粒剂 1500 倍液、77%氢氧化铜干悬浮剂 600 倍液，隔 7～10 天 1 次，连续防治 2～3 次。

草莓病毒病(Strawberry mottle virus)

症状 草莓全株均可发生病毒病，多表现为花叶、黄边、皱叶和斑驳。病株矮化，生长不良，结果减少，品质变劣，甚至不结果；复合感染时，由于毒源不同表现症状各异。草莓斑驳病毒(SMOV)在指示植物野生草莓上(*Fragaria yesca*)，植株明显矮化，叶片缩小，畸形，叶面皱缩，叶色褪绿，或现出直径 2mm 左右黄色不规则小斑。轻型黄边病毒(SMYEV)则表现为幼叶黄色斑

草莓皱缩病毒病病株

草莓皱缩病毒病（左）和镶脉病毒病

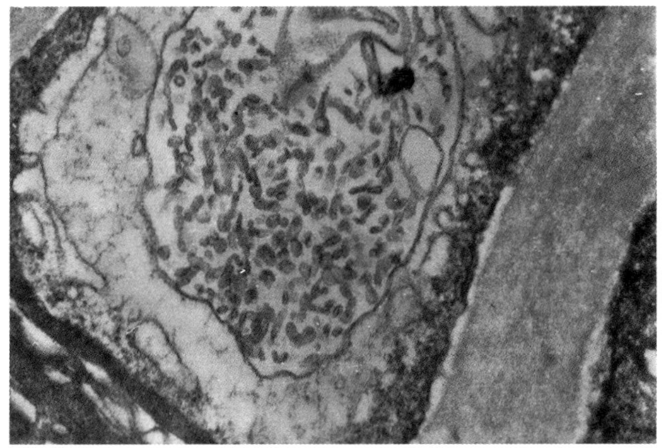
草莓镶脉病毒（SVBV）（王国平原图）

驳，边缘褪绿，后逐渐变为红色，终至枯死。

病原 由多种病毒单独或复合侵染引起。毒源有草莓斑驳病毒(SMOV)等十多种。在保定、沈阳、大连、兴城、烟台和上海等地，已检出草莓斑驳病毒(SMOV)、草莓轻型黄边病毒(SMYEV)、草莓皱缩病毒(SCrV)、草莓镶脉病毒(SVBV)，侵染率达 81.5%。其中，单种病毒侵染率 48%；两种或两种以上病毒复合侵染率 33%。四种毒源检出率分别为 58%、31%、22%、和 18%。在不同地区或同一地区不同品种带毒状况不同。草莓斑驳病毒质粒球形，直径约 25～30nm；草莓轻型黄边病毒质粒弯曲线状，长 470～580nm，直径 13nm。

传播途径和发病条件 草莓斑驳病毒、轻型黄边病毒、草莓皱缩病毒和草莓镶脉病毒主要在草莓种株上越冬，通过蚜虫传毒；但在一些栽培品种上并不表现明显的病状，在野生草莓上则表现明显的特异症状。病毒病的发生程度同草莓栽培年限成正比。品种间抗性有差异，但品种抗性易退化。上海的"鸡心"和"宝交早生"等品种，近年因感染病毒病而出现严重退化现象。在陕西，发现草莓与蔬菜或桃树套种混栽的发病株率明显升高。

防治方法 (1)选用抗病品种。如中国草莓 1 号、美国草莓 3 号等。(2)发展草莓茎尖脱毒技术，建立无毒苗培育供应体系，栽植无毒种苗。(3)引种时，严格剔除病种苗。不从重病区或重病田引种。(4)加强田间检查，一经发现立即拔除病株并烧掉。(5)从苗期开始治蚜防病。(6)发病初期，开始喷洒 7.5%菌毒·吗啉胍水剂 700 倍液或 3.85%三氮唑核苷·铜·锌水乳剂 500～600 倍液、0.5%菇类蛋白多糖水剂 300 倍液、31%吗啉胍·三氮唑核苷可溶性粉剂 800 倍液，隔 10～15 天 1 次，连续防治 2～3 次。

草莓芽线虫病(Strawberry bud nematode disease)

为害草莓的芽线虫有多种，我国南北各地常见的有草莓芽线虫和根瘤线虫。尤其夏季的苗圃，在缺乏良好管理情况下，受线虫感染比例相当高。

草莓芽线虫病为害状

症状 草莓芽线虫主要为害芽和匍匐茎，轻者新叶发育不良，皱缩畸形，叶片呈深绿色具光泽；重者整株萎蔫，芽或叶柄变为黄或红色，花蕾或花萼片及花瓣发育畸形；严重时花芽不能生长发育，致腋芽生长迅速，造成翌年草莓不结果，减产 30%～60%。根瘤线虫主要为害草莓根部。形成大小不等的根结，剖开病组织可见许多细小的乳白色线虫埋于其内；根结之上一般可长出细弱的新根，致寄主再度染病，形成根结。地上部发育不良或死亡。

病原 草莓芽线虫 *Aphelenchoides fragariea* 和根结线虫 *Meloidogyne incognita*;*M. hapla* 及 *M.javanica* 等多种。草莓芽线虫体长 0.7～0.9mm，宽 0.2mm，头呈四角形。*M. incognita* 称南方根结线虫。雌雄异形，幼虫呈细长蠕虫状。雄成虫线状，尾端稍圆，无色透明，大小 1.0～1.5×0.03～0.04(mm)；雌成虫梨形，多埋藏于寄主组织内，大小 0.44～1.59×0.26～0.81(mm)。此外，从江苏、浙江、上海等省先后鉴定出主要草莓种植区的寄生线虫还有水稻干尖线虫(*A.besseyi*)，咖啡短体线虫 *Pratylenchus coffeae*，核桃短体线虫(*P.vuinus*)，双宫螺旋线虫(*Helicotylenchus dihysters*)、似强壮螺旋线虫(*H.pseudorobustus*)，甘蓝矮化线虫 *Tylenchorhynchus brassicae* 等。

传播途径和发病条件 草莓芽线虫的初侵染源主要是种苗携带，连作地主要是土壤中残留的芽线虫再次为害所致。在田间芽线虫主要在草莓的叶腋、生长点、花器上寄生，靠雨水和灌溉水传播。其生长温度范围为 16～32℃，高温 28～32℃最适其繁殖，因此夏秋季常造成严重为害。南方根结线虫以卵或 2 龄幼虫随病残体遗留在土壤中越冬，病土、病苗和灌溉水是主要传播途径。一般可存活 1～3 年；翌春条件适宜时，雌虫产卵，孵化后以 2 龄幼虫为害形成根结。生存最适温度 25～30℃，高于 40℃或低于 5℃都很少活动，55℃经 10 分钟致死。

防治方法 (1)培育无虫苗，切忌从被害园繁殖种苗。繁殖种苗时，如发现有被害症状的幼苗及时拔除烧毁，必要时进行检疫，严防传播。(2)选用抗线虫品种。(3)实行轮作；避免残留在土壤中的线虫继续为害。(4)加强田间管理。尤其要加强夏季苗圃的管理，以防线虫密度逐渐升高，酿成大害。(5)在花芽分化前7天或定植前用药防治，对压低虫口具重要作用。给水后不要用药，以减少污染。用50%硫磺胶悬剂200倍液或1.8%阿维菌素乳油3000倍液。

草莓黏菌病(Strawberry slime mold)

症状 黏菌爬到活体草莓上生长并形成子实体，造成萎蔫，生产上近地面的嫩叶、嫩心受害重，不仅影响草莓的光合作用和呼吸作用，受害叶不能正常伸展、生长和发育；黏菌在寄主上一直黏附到草莓生长结束，造成大幅度减产。该菌虽然不是寄生性的，但对草莓抑制作用十分明显。

草莓黏菌病病叶

病原 *Diderma hemisphaericum* (Bull.) Hornem.称半圆双皮菌和*Diachea leucopodia* (Bull.) Rost.称白柄菌，均属原生动物界黏菌门。营养体是黏变形体或长短光鞭游动胞经同配形成结合子发育而形成的双倍体、多核、非细胞结构的变形体状原质团；子实体则为原质团集中分化形成的具一定形态特征的非细胞结构，经减数分裂形成单倍体的孢子，孢子壁含有纤维素。

传播途径和发病条件 黏菌分布十分广泛，凡有植物生长或有植物残体存在，只要温、湿度条件合适，就会有黏菌生存。栽植过密，田间潮湿，杂草多有利该病发生和蔓延。

防治方法 (1)选择地势高燥、平坦地块及砂性土栽植草莓。(2)雨后及时开沟排渍，防止湿气滞留。(3)及时清除田间杂草，栽植密度适宜，不可过密。(4)喷洒50%多菌灵悬浮剂600倍液或45%噻菌灵悬浮液1000～1500倍液。

草莓缺素症(Strawberry elements deficiency)

症状 一缺氮：幼叶呈浅绿色，成熟叶早期现锯齿状红色，老叶变黄或局部焦枯。二缺磷：叶色呈青铜色至暗绿色，叶面近叶缘处呈紫褐色斑点，植株生长不良，叶小。三缺钾：老叶的叶脉间产生褐色小斑点。四缺镁：在老叶的叶脉间出现暗褐色的斑点，部分斑点发展为坏死斑。五缺钙：多发生在草莓开花前现蕾时，新叶端部产生褐变或干枯，小叶展开后不恢复正常。六缺

草莓缺氮症状

草莓缺磷症

草莓缺钾老叶叶脉间产生褐色小斑点

草莓缺铁症

草莓幼叶缺钙叶缘干枯变褐

草莓畸形果

铁:普遍发生在夏秋季,新出叶叶肉褪绿变黄,无光泽,叶脉及脉的边缘仍为绿色,叶小、薄,严重的变为苍白色,叶缘变为灰褐色枯死。七缺铜:新叶叶脉间失绿,现出花白斑,别于缺铁症。

病因 一缺氮:土壤瘠薄,施用有机肥不足或管理跟不上,杂草多,易发生缺氮症。二缺磷:叶片中含磷量低于0.2%即现出缺磷症,主要原因是土壤中含磷少或土壤中含钙多、酸度高条件下磷素不能被吸收;此外疏松的砂土或有机质多的土壤也可能缺磷。三缺钾:砂土,有机肥、钾肥少的土壤或氮肥施用过量,产生拮抗时也可缺钾。四缺镁:砂土或钾肥用量过多,妨碍对镁的吸收的利用。五缺钙:多在土壤干燥或土壤溶液浓度高,妨碍对钙的吸收和利用。六缺铁:北方盐碱地中的铁常常把2价铁转化为不溶的3价铁固定在土壤中,致根部不能吸收利用,当土壤pH值达到8时,草莓生长受到严重限制,导致根尖死亡,植株幼嫩部位很需要铁,老叶中铁且难于转移到新叶中去,新叶的叶绿素形成受到影响,则出现黄化性缺铁症。七缺铜:系因石灰性或中性土壤中,有效铜含量低于0.2mg/kg即缺铜。

防治方法 (1)施足腐熟的有机肥或酵素菌沤制的堆肥,采用配方施肥技术,科学合理地配置各要素,施用促丰宝液肥Ⅰ号400~500倍液或惠满丰多元素液肥,667m^{2}用450mL,稀释500倍,喷2~3次。缺氮时可在花期喷0.3%~0.5%尿素1~2次。(2)生长期发现缺磷可喷洒0.1%~0.2%磷酸二氢钾,隔5天1次,共喷2~3次。(3)缺钾的667m^{2}施硫酸钾3kg。(4)缺镁时,要防止施钾、氮过量,应急时叶面喷1%~2%硫酸镁。(5)缺钙时要适时浇水,保证水分均匀充足,应急时可喷0.3%氯化钙水溶液。(6)缺铁时,要避免在盐碱地种植草莓,土壤pH调到pH6.5为宜,避免施用碱性肥料,多施腐殖质,及时排水,保持土壤湿润,应急时可在叶面喷洒0.1%~0.5%硫酸亚铁水溶液,不宜在中午气温高时喷,以免产生药害。(7)缺铜时667m^{2}施用硫酸铜0.7~1kg,与有机肥充分混匀后做基肥施,3~5年施1次,应急时可喷洒0.1%~0.2%的96%以上硫酸铜水溶液,隔5~7天1次,连喷2次。

草莓畸形果(Strawberry deformed fruit)

症状 果实过肥或过瘦,有的呈鸡冠状或扁平状等不正形状,影响产量和品质。

病因 一是品种本身育性不高,雄蕊发育不良,雌性器官育性不一致,导致授粉不完全引起的;二是棚室内授粉昆虫少或由于环境影响,花朵中花蜜和糖分含量低,不能吸引昆虫传粉。三是开花授粉期温度不适。四是光线不足及多湿等条件出现,致花器发育受到影响或致花粉稔性下降,出现受精障碍。五是田间温度低于零度或高于35℃,花粉及雌蕊受到较大危害,有时花粉发芽率降到50%。六是湿度也影响花药开裂和花粉发芽,湿度80%花粉发芽率维持在35%以上;遮光和短日照也会使不稔花粉缓慢增加。七是草莓在棚温22~25℃条件下,授粉后半小时,花粉若开始伸长,4小时到达子房,6小时伸展到整个子房,生产中在花粉管伸长到花柱的途中,或刚达子房时喷洒灭螨猛(Morestan)、敌螨普(Karathane)、胺磺铜(DBEDC)等杀菌剂可致雌蕊褐变,以后即使授以正常花粉,也多形成严重的畸形果或不受精果,看来雌蕊障碍是产生畸形果重要原因之一。

防治方法 (1)选育出花粉量多、耐低温、畸形果少、育性高的品种。如春香、丽红、丰香、宝交、早生红衣等。(2)改善栽培管理条件,排除花器发育受到障碍的因素,尽量将温度控制在10~30℃,开花期相对湿度控制在90%以下,白天防止45℃以上高温出现,夜间防止出现5℃以下低温。提高花粉的稔性,防止畸形果发生。(3)防治白粉病的药剂应在开花后5~6小时受精结束时开始喷洒利于防止草莓产生畸形果。(4)推广蜜蜂防治畸形果的技术。大棚低温期开的花,通过蜜蜂活动进行异花授粉,防止畸形果效果好。每个标准棚放蜂5000只,可使授粉率高达100%,最好用小蜂箱,在花少时要注意补充糖液,开花期不要喷洒农药,必需用药时,先把蜂箱暂时搬出,最好用烟雾剂处理。

树莓根腐病

症状 树莓根腐病的暴发是从中心病株开始的,范围不断扩大,尤其是低洼地。症状出现在植株上部,受春末或初夏气候影响有些结实树莓茎不发芽,尤其是侧生结实茎,在结实前或结实期间枯萎或干瘪。把这些茎基部的周皮剥去时,可见木质部的下部通常变成红褐色至褐黑色。病株缺失幼嫩的当年生的初生茎,幼茎枯萎。叶片在成熟前变成青铜色或红色。在很多幼茎的基部产生黑紫色的斑点,且可延伸至土表向上20~30(cm),

树莓根腐病叶尖受害状和根被害状

受侵染的根系严重腐烂。

病原 *Phytophthora fragariae* var. *rubi* Wilcox & Duncan 称树莓根腐病菌，属假菌界卵菌门。成熟的藏卵器金褐色，直径28~46(μm)，含有1个未满的卵孢子，直径22~44(μm)，多数球形，有时呈桶形，无乳突的次生孢子倒洋梨形，大小32 ~ 90 × 22~52(μm)。

传播途径和发病条件 病原菌能随表面水或浇水传播，尤其是非常潮湿的暖冬传播更快，病菌也能随工具和土壤传播，但最重要的还是树莓的繁殖体，不仅在国内传播，也可在国际间传播。该菌能以卵孢子在土壤中存活多年，病菌能快速地积累和扩散，一年内能发生多个增殖循环。

防治方法 参见草莓红中柱根腐病。

黑莓叶斑病

症状 主要为害叶片。始于下部叶片，叶上多是枯斑，产生环状斑点，斑点内部组织枯死但不脱落，有棕褐色至红色晕圈或无，最后整个叶片脱落，严重的整株枯死。

病原 *Sphaerulina rubi*，称树莓亚球壳，属真菌界子囊菌门。具单个子囊腔的子囊座埋在寄主组织内，子囊束生，宽棍棒形至圆筒形，子囊孢子长椭圆形，有3个隔膜浅黄色。

传播途径和发病条件 病原菌在病株枯枝和残片上越冬，随风雨传到下部叶片。该病从5月份开始发病，高温多雨发病重。

防治方法 (1)选用抗病的树莓品种，合理密植，及时修剪，加强通风透光，及时清理病残体，降低田间湿度，雨后及时排水，防止湿气滞留。(2) 发病初期喷洒80%代森锰锌可湿性粉剂或50%甲基硫菌灵悬浮剂1000倍液，7~10天1次，连防2~3次。

黑莓叶斑病病叶

8. 草莓、树莓、黑莓、沙棘害虫

古毒蛾(Rusty tussock moth)

学名 *Orgyia antiqua* Linnaeus 属鳞翅目，毒蛾科。别名：落叶松毒蛾、缨尾毛虫、褐纹毒蛾、桦纹毒蛾。分布在黑龙江、吉林、辽宁、河北、内蒙古、山东、山西、河南、甘肃、宁夏、西藏。

寄主 草莓、猕猴桃、苹果、梨、山楂、李、榛、杨等。

为害特点 幼虫食叶呈缺刻和孔洞，严重时把叶片食光。

形态特征、生活习性、防治方法 参见猕猴桃害虫——古毒蛾。

古毒蛾幼虫食害草莓叶片

角斑台毒蛾(Top spotted tussock moth)

学名 *Teia gonostigma* (Linnaeus) 鳞翅目，毒蛾科。别名：赤纹毒蛾、杨白纹毒蛾、梨叶毒蛾、囊尾毒蛾、核桃古毒蛾。分布黑龙江、吉林、辽宁、山西、河北、河南、甘肃。

寄主 草莓、苹果、梨、桃、杏、李、梅、樱桃、山楂、柿、核桃、花楸、榛、桑、栎、杨、柳等。

为害特点 幼虫食芽、叶和果实。初孵幼虫群集叶背取食

角斑台毒蛾雄成虫(左)和雌成虫及卵

角斑台毒蛾幼虫为害叶片

叶肉，残留上表皮；2龄后开始分散活动为害，为害芽多从芽基部蛀食成孔洞，致芽枯死；嫩叶常被食光，仅留叶柄；成虫食叶成缺刻和孔洞，严重时仅留粗脉；果实常被食成不规则的凹斑和孔洞，幼果被害常脱落。

形态特征 参见苹果害虫——角斑台毒蛾。

生活习性 东北年生1代，河北、山西、河南、甘肃年生2代。均以2~3龄幼虫于皮缝中、粗翘皮下及干基部附近的落叶等被覆物下越冬。一代区：越冬幼虫5月间出蛰取食为害，6月底老熟吐丝缀叶或于枝杈及皮缝等处结茧化蛹。蛹期6~8天。7月上旬开始羽化，雄蛾白天活动，雌多于茧上栖息，雄飞来交配。卵多产于茧的表面，分层排列成不规则的块状，上覆雌蛾腹末的鳞毛。每雌产卵150~240粒。卵期14~20天。孵化后分散为害，蜕2次皮后陆续潜伏越冬。二代区：4月上、中旬寄主发芽时开始出蛰活动为害，5月中旬开始化蛹，蛹期15天左右，越冬代成虫6~7月发生，每雌产卵170~450粒。卵期10~13天。第一代幼虫6月下旬开始发生，第一代成虫8月中旬至9月中旬发生。第二代幼虫8月下旬开始发生，为害至2~3龄便潜入越冬场所越冬。一般从9月中旬前后开始陆续进入越冬状态。天敌主要有姬蜂、小茧蜂、细蜂、寄生蝇。

防治方法 (1)冬期清除落叶、刮除粗皮、堵塞树洞等以消灭越冬幼虫。(2)药剂防治参考枣树害虫——枣黏虫。

小白纹毒蛾(Small tussock moth)

学名 *Notolophus australis posticus* Walker 属鳞翅目，毒蛾科。别名：毛毛虫、刺毛虫、棉古毒蛾等。分布江西、福建、广西、四川、广东、云南、台湾等地。

寄主 草莓、桃、葡萄、柑橘、梨、芒果等70多种作物。

为害特点 初孵幼虫群集在叶上为害，后逐渐分散，取食花蕊及叶片。叶片被食成缺刻或孔洞。

形态特征 成虫：雄体长约24mm，呈黄褐色，前翅具暗色条纹；雌虫翅退化，全体黄白色，呈长椭圆形，体长约14mm。卵：白色，光滑。幼虫：体长22~30(mm)。头部红褐色，体部淡赤黄色，全身多处长有毛块，且头端两侧各具长毛1束，胸部两侧各有黄白毛束1对，尾端背方亦生长毛1束。腹部背方具忌避腺。蛹：幼虫老熟后，在叶或枝间吐丝，结茧化蛹。蛹体黄褐色。

生活习性 台湾年生8~9代，3~5月发生多。成虫羽化后因不善飞行，交尾后卵产在茧上，雌蛾常攀附在茧上，等待雄蛾飞来交尾，卵块状，卵块上常覆有雌蛾体毛。初孵幼虫有群栖性，虫龄长大后开始分散，有时可见10余头幼虫聚在一起，老熟幼虫在叶或枝间吐丝做茧化蛹，茧上常覆有幼虫体毛，雄虫茧常小于雌虫。

防治方法 三龄前喷洒10%吡虫啉可湿性粉剂1500倍液或25%灭幼脲悬浮剂1000倍液、40%毒死蜱乳油1500倍液、40%辛硫磷乳油1000~1500倍液。

丽毒蛾

学名 *Calliteara pudibunda* (Linnaeus) 异名 *Dasychira pudibunda* Linnaeus 鳞翅目，毒蛾科。别名：苹毒蛾、苹红尾毒蛾、纵纹毒蛾。分布：河北、山西、黑龙江、吉林、辽宁、山东、河南、陕西等省。

寄主 草莓、枇杷、山楂、苹果、梨、樱桃、蔷薇、李、杏、桃、鸡爪槭等。

为害特点 幼虫食叶成缺刻或孔洞，食量大。老熟幼虫将叶卷起结茧。1987~1988年苏、浙、豫、皖等省大发生，局部地区受害重。

形态特征 雄蛾翅展35~45(mm)，雌蛾45~60(mm)。头、胸部灰褐色。触角干灰白色，栉齿黄棕色；下唇须白灰色，外侧黑褐色；复眼四周黑色；体下面及足白黄色，胫节、跗节上有黑斑。腹部灰白色。雄蛾前翅灰白色，有黑色及褐色鳞片，内区灰白色明显，中区色较暗，亚基线黑色略带波浪形，内横线具黑色宽带，横脉纹灰褐色有黑边，外横线黑色双线大波浪形，缘线具

小白纹毒蛾幼虫

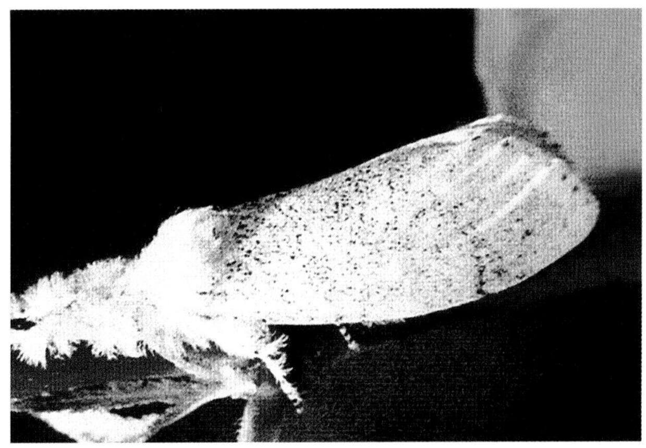
丽毒蛾雌成虫放大

一列黑褐色点，缘毛灰白色，有黑褐色斑；后翅白色带黑褐色鳞片和毛，横脉纹、外横线黑褐色，缘毛灰白色。卵：扁圆形，浅褐色，中央具1凹陷。末龄幼虫：体长52mm左右，体绿黄色或黄褐色。1～4腹节间绒黑色，每节前缘赭色；5～7腹节间微黑色；亚背线在5～8腹节为间断的黑带；体腹面黑灰色，中央生1条绿黄色带，带上有斑点；体被黄色长毛。前胸背面两侧各具1束向前伸的黄色毛束；1、4腹节背面各具1毛刷，赭黄色，四周生白毛；第8腹节背面有1束向后斜的棕黄色至紫红色毛。头、胸足黄色，跗节上有长毛。腹足黄色，基部黑色，外侧有长毛，气门灰白色。蛹：浅褐色，背生长毛束，腹面光滑，臀棘短圆锥形，末端具多个小钩。

生活习性 东北年生1代，个别2代，以幼虫越冬。长江下游地区年生3代，以蛹越冬。翌年4月下旬羽化，1代幼虫出现在5月～6月上旬，2代幼虫发生在6月下旬～8月上旬，3代发生在8月中旬～11月中旬，越冬代蛹期约6个月。成虫羽化后当晚即交配产卵，每卵块20～300粒，1、2代卵多产在叶片上，越冬代喜产在树干上。幼虫历期25～50天。天敌主要有舞毒蛾黑瘤姬蜂、蚂蚁、食虫蝽类等。

防治方法 (1)注意消灭越冬虫源。(2)虫口数量大时喷洒90%敌百虫可溶性粉剂800倍液或2.5%溴氰菊酯乳油2000倍液、50%乐果乳油800倍液。(3)提倡喷洒25%灭幼脲悬浮剂1000倍液。

肾毒蛾（Pear tussock moth）

学名 *Cifuna locuples* Walker 鳞翅目，毒蛾科。别名：大豆毒蛾、豆毒蛾。分布在黑龙江、吉林、辽宁、内蒙古、山西、河北、河南、山东、安徽、江苏、上海、浙江、江西、福建、台湾、湖南、湖北、广东、广西、贵州、四川、云南、西藏。

寄主 草莓、苹果、山楂、柿、樱桃、海棠、大豆、观赏植物等。

为害特点 幼虫啃食寄主植物叶片，严重时将叶片吃光，仅剩叶脉。

形态特征 成虫：雄翅展34～40(mm)，雌45～50(mm)。触角干褐黄色，栉齿褐色；下唇须、头、胸和足深黄褐色；腹部褐色；后胸和第2、3腹节背面各有一黑色短毛束；前翅内区前半褐色，布白色鳞片，后半黄褐色，内线为一褐色宽带，内侧衬白色细线，横脉纹肾形，褐黄色，深褐色边，外线深褐色，微向外弯曲，中区前半褐黄色，后半褐色布白鳞，亚端线深褐色，在R_5脉与Cu_1脉处外突，外线与亚端线间黄褐色，前端色浅，端线深褐色衬白色，在臀角处内突，缘毛深褐色与褐黄色相间；后翅淡黄色带褐色；前、后翅反面黄褐色；横脉纹、外线、亚端线和缘毛黑褐色。雌蛾比雄蛾色暗。幼虫：体长40mm左右，头部黑褐色、有光泽、上具褐色次生刚毛，体黑褐色，亚背线和气门下线为橙褐色间断的线。前胸背板黑色，有黑色毛；前胸背面两侧各有一黑色大瘤，上生向前伸的长毛束，其余各瘤褐色，上生白褐色毛，Ⅱ瘤上并有白色羽状毛(除前胸及第1～4腹节外)。第1～4腹节背面有暗黄褐色短毛刷，第8腹节背面有黑褐色毛束；胸足黑褐色，每节上方白色，跗节有褐色长毛；腹足暗褐色。

生活习性 长江流域年生3代，贵州湄潭2代，均以幼虫在中下部叶片背面越冬，翌年4月开始为害。贵州一代成虫于5月中旬～6月下旬发生，第二代于8月上旬～9月中旬发生。卵期11天，幼虫期35天左右，蛹期10～13天。卵多产生叶背。初孵幼虫集中在叶背取食叶肉。成长幼虫分散为害，食叶成缺刻或孔洞。严重时仅留主脉。老熟幼虫在叶背结丝茧化蛹。

防治方法 (1)清除在叶片背面的越冬幼虫，减少虫源。(2)掌握在各代幼虫分散为害之前，及时摘除群集为害虫叶，清除低龄幼虫。(3)必要时喷洒90%敌百虫可溶性粉剂800倍液或80%敌敌畏乳油1000倍液，每667m²喷对好的药液75L。(4)提倡喷洒10%苏云金杆菌可湿性粉剂800倍液。

肾毒蛾成虫

棉双斜卷蛾（Small cotton leaf roller）

学名 *Clepsis pallidana*（Fabricius）属鳞翅目，卷蛾科。分布：东北、华北、华东、中南、西南。

寄主 草莓、大豆、苜蓿、洋麻、大麻、韭花、棉花。

为害特点 幼虫吐丝卷缀顶梢嫩叶成筒状，隐蔽在筒中为害。咬断花蕾、果梗及叶片。也可食害幼果。嫩叶展开后食叶成缺刻或孔洞，幼果吃成洞孔或半残，严重时食毁幼嫩花穗梗。

形态特征 成虫：体长7mm，翅展15～21(mm)，下唇须前伸，末节下垂。前翅浅黄色至金黄色，具金属光泽。雄蛾具前缘褶，翅面上有2条红褐色斜斑，一条不明显，从前缘1/4处通向后缘的1/2处；另一条明显，从前缘的1/2通向臀角，顶角的端纹延伸至外缘。雄蛾后翅浅褐色，雌蛾黄白色。卵：半球形，直径0.6mm。幼虫：体长15～19(mm)，浅绿色，头黄褐色，背线浅绿色，每节具2个不十分明显的小点。蛹：长约8mm，纺锤形，黄

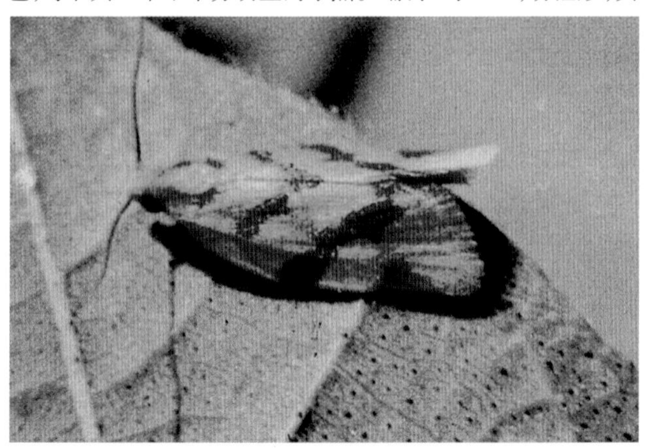
棉双斜卷蛾成虫

褐色。

生活习性 江苏年生4代,可能以幼虫和蛹越冬。翌年3月下旬成虫出现,4月中旬幼虫孵化后居草莓嫩心之间,缀疏丝、连成松散虫苞。5月中旬至6月中旬2代幼虫盛发,以后各代重叠。在吉林蛟河一带幼虫于6月上旬至7月上旬为害,6月中旬是为害盛期,6月中下旬幼虫进入末龄,并开始化蛹,6月底至8月初成虫羽化,幼虫有转株为害特点,幼虫一生要转苞1~3次,为害2~3株草莓,破坏性较大,沿海地区受害重。天敌有茧蜂。

防治方法 (1)结合田间管理捏杀卷叶中的幼虫。(2)保护利用天敌。(3)幼虫发生初期开始喷洒50%杀螟硫磷乳油1000倍液或40%辛硫磷乳油1000倍液。

棉褐带卷蛾(Summer fruit tortrix moth)

学名 *Adoxophyes orana orana* Fischer von R. slerstamm 鳞翅目,卷叶蛾科。又称苹果小卷蛾。分布:除西北、云南、西藏外,全国均有分布。

棉褐带卷蛾雄成虫放大(何振昌等原图)

寄主 草莓、黑莓、越橘、荔枝、苹果、梨、山楂、桃、李、杏、樱桃、柑橘、丁香、棉等。

为害特点 幼虫为害草莓、黑莓、荔枝等嫩头、嫩叶、蕾花及嫩花序,咬断嫩枝梗等,损失较重。

形态特征 成虫:体长6~8(mm),翅展13~25(mm),棕黄色至黄褐色,基斑、中带、端纹褐色,中带从前缘的1/2处开始斜至后缘的2/3处,在翅中部有一分支伸向臀角,成"h"形。端纹多呈"Y"形斜伸至外缘中部。雄虫前缘褶明显。卵:椭圆形,浅黄色。末龄幼虫:体长13~18(mm),头小,浅黄色,体细长,翠绿色。蛹:长9~11(mm),黄褐色。

生活习性 辽宁、华北年生3代,黄河故道4代,以2龄幼虫于10月潜伏在树缝翘皮下结白茧越冬。江苏4~5代,湖北5代,浙江5~6代,以老熟幼虫在枯枝落叶中越冬。翌年草莓发芽至开花期开始出蛰,为害芽、花蕾及嫩叶。幼虫有吐丝缀连花蕾及卷叶习性,老熟后在卷叶中化蛹。成虫喜把卵产生叶背;叶背毛多的品种则产在叶面。卵期6~8天。成虫有趋光性,对糖酒醋具趋化性。

防治方法 (1)捏杀虫苞中的幼虫。(2)用性外激素A和B(7:3)配成性诱剂诱杀成虫。(3)释放松毛虫赤眼蜂、甲腹茧蜂。于卵和幼虫发生期放蜂,每世代放蜂3~4次,间隔5天,辽南第1次放蜂时间为6月15日、山东为6月5日,每次放蜂量不低于2万头,总放蜂量7~8万头。(4)越冬幼虫出蛰盛期和第1代卵孵化盛期是用药的关键时期,可喷洒50%杀螟硫磷乳油或45%马拉硫磷乳油1000倍液、52.25%氯氰·毒死蜱乳油1500~2000倍液。

斜纹夜蛾(Cotton leafworm)

学名 *Spodoptera litura* (Fabricius) 鳞翅目,夜蛾科。别名:莲纹夜蛾、莲纹夜盗蛾。异名 *Prodenia litura* (Fabricius)。分布在全国各地。

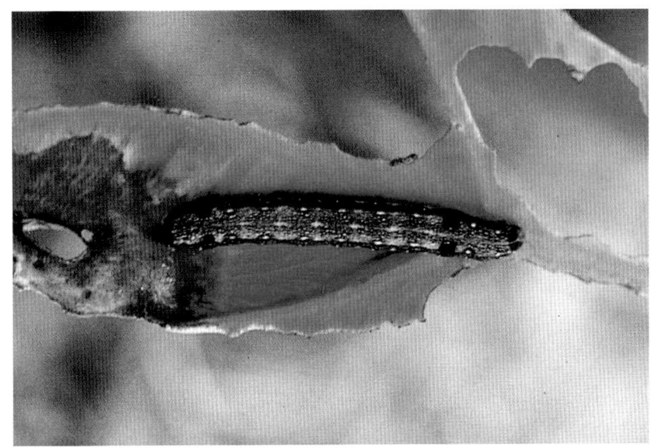

斜纹夜蛾幼虫

寄主 草莓、柑橘、葡萄、苹果、梨等果树,及粮经作物、各类蔬菜等99科290余种植物。

为害特点 幼虫食叶、花蕾、花及果实,初时叶肉残留上表皮和叶脉,严重时可将叶片吃光,落花、落蕾,花朵不能开放,并由于幼虫排泄粪便,造成污染和腐烂。

形态特征 成虫:体长14~20(mm),翅展35~40(mm),头、胸、腹均深褐色,胸部背面有白色丛毛,腹部前数节背面中央具暗褐色丛毛。前翅灰褐色,斑纹复杂,内横线及外横线灰白色,波浪形,中间有白色条纹,在环状纹与肾状纹间,自前缘向后缘外方有3条白色斜线,故名斜纹夜蛾。后翅白色,无斑纹。前后翅常有水红色至紫红色闪光。卵:扁半球形,初产黄白色,后转淡绿,孵化前紫黑色。卵粒集结成3~4层的卵块,外覆灰黄色疏松的绒毛。老熟幼虫:体长35~47(mm),头部黑褐色,胴部体色因寄主和虫口密度不同而异:土黄色、青黄色、灰褐色或暗绿色,背线、亚背线及气门下线均为灰黄色及橙黄色。从中胸至第9腹节在亚背线内侧有三角形黑斑1对,其中以第1、7、8腹节的最大。蛹:长约15~20(mm),赭红色,腹部背面第4至第7节近前缘处各有一个小刻点。臀棘短,有一对强大而弯曲的刺,刺的基部分开。

生活习性 在我国华北地区年生4~5代,长江流域5~6代,福建6~9代,在两广、福建、台湾可终年繁殖,无越冬现象;在长江流域以北的地区,越冬问题尚无结论,推测春季虫源有从南方迁飞而来的可能性。长江流域多在7~8月大发生,黄河流域多在8~9月大发生。成虫夜间活动,飞翔力强,一次可飞数十米远,高达10m以上,成虫有趋光性,并对糖醋酒液及发酵的胡萝卜、麦芽、豆饼、牛粪等有趋性。成虫需补充营养，取食糖蜜的平均产卵577.4粒，未能取食者只能产数粒。卵多产于高大、茂密、浓绿的边际作物上，以植株中部叶片背面叶脉分叉处最多。卵发育历期，22℃约7天，28℃约2.5天。初孵幼虫群集取食，3龄前仅食叶肉，残留上表皮及叶脉，呈白纱状后转黄，易于识别。4龄后进入暴食期，多在傍晚出来为害。幼虫共6龄，发育历期21℃约27天，26℃约17天，30℃约12.5天。老熟幼虫在1～3 cm表土内筑土室化蛹，土壤板结时可在枯叶下化蛹。蛹发育历期，28～30℃约9天，23～27℃约13天。斜纹夜蛾的发育适温较高(29～30℃)，因此各地严重为害时期皆在7～10月。

防治方法 (1)各代产卵期查卵，发现卵块或2龄前幼虫及时摘除有虫叶，集中烧毁。(2)设置杀虫灯、诱杀成虫有效。(3)提倡喷洒10亿PIB/mL苜蓿银纹夜蛾核型多角体病毒800倍液，48小时后可控制其为害。(4)应急时也可在3龄前喷洒2.5%高效氯氟氰菊酯乳油或10%联苯菊酯乳油2000倍液、5%氟虫脲乳油2200倍液。

草莓粉虱(Strawberry whitefly)

学名 *Trialeurodes packardi* Morrill 同翅目，粉虱科。

草莓粉虱在叶背为害

寄主 草莓。

目前我国草莓上的粉虱，尚未见报导，生产上防治时，参见葡萄害虫——葡萄粉虱。

点蜂缘蝽(Bean bug)

学名 *Riptortus pedestris* (Fabricius)半翅目，缘蝽科。别名：棒蜂缘蝽、细蜂缘蝽。分布：河北、河南、江苏、浙江、安徽、江西、湖北、四川、福建、云南、西藏。

寄主 草莓、苹果、山楂、葡萄、柑橘和大豆、蚕豆、豇豆、豌豆、丝瓜、白菜等蔬菜及稻、麦、棉等作物。

为害特点 成虫和若虫刺吸汁液，在开始结实时，往往群集为害，致使蕾、花凋落，严重时全株枯死。

形态特征 成虫：体长15～17(mm)，宽3.6～4.5(mm)，狭长，黄褐至黑褐色，被白色细绒毛。头在复眼前部成三角形，后部细缩如颈。触角第1节长于第2节，第1、2、3节端部稍膨大，基半部色淡，第4节基部距1/4处色淡。喙伸达中足基节

点蜂缘蝽若虫在叶片上晒太阳

间。头、胸部两侧的黄色光滑斑纹成点斑状或消失。前胸背板及胸侧板具许多不规则的黑色颗粒，前胸背板前叶向前倾斜，前缘具领片，后缘有2个弯曲，侧角成刺状。小盾片三角形。前翅膜片淡棕褐色，稍长于腹末。腹部侧接缘稍外露，黄黑相间。足与体同色，胫节中段色淡，后足腿节粗大，有黄斑，腹面具4个较长的刺和几个小齿，基部内侧无突起，后足胫节向背面弯曲。腹下散生许多不规则的小黑点。卵：长约1.3mm，宽约1mm。半卵圆形，附着面弧状，上面平坦，中间有一条不太明显的横形带脊。若虫：1～4龄体似蚂蚁，5龄体似成虫仅翅较短。

生活习性 在江西南昌一年3代，以成虫在枯枝落叶和草莓丛中越冬。翌年3月下旬开始活动，4月下旬把卵产在草莓叶背、嫩茎和叶柄上。每雌产卵21～49粒。第一代若虫于5月上旬至6月中旬孵化，6月上旬至7月上旬羽化为成虫，6月中旬至8月中旬产卵。第二代若虫于6月中旬末至8月下旬孵化，7月中旬至9月中旬羽化为成虫，8月上旬至10月下旬产卵。第三代若虫于8月上旬末至11月初孵化，9月上旬至11月中旬羽化为成虫，并于10月下旬以后陆续越冬。成虫和若虫极活跃，早、晚温度低时稍迟钝。常群集刺吸草莓汁液，成虫须吸食草莓蕾花等生殖器官汁液后，才能正常发育，繁殖。

防治方法 (1)清洁田园，减少越冬虫源。(2)虫量大时喷洒90%敌百虫可溶性粉剂900倍液或20%氰戊菊酯乳油2000倍液。

大蓑蛾(Cotton bagworm)

学名 *Cryptothelea variegata* Snellen 异名：*Clania variegata*

草莓上的大蓑蛾蓑囊

Snellen 鳞翅目，蓑蛾科。别名：大袋蛾、大背袋虫。分布：山东、河南、安徽、江苏、浙江、江西、福建、湖南、湖北、台湾、四川、云南、贵州、广东、广西。

寄主 草莓、柑橘、梅、樱桃、柿、核桃、栗、苹果、咖啡、枇杷、梨、桃、法国梧桐等。

为害特点、形态特征、生活习性、防治方法 参见石榴害虫——大蓑蛾。

黄翅三节叶蜂（Sawfly）

学名 *Arge suspicax* Konow 属膜翅目，三节叶蜂科。分布在东北、华北、山东、江苏。

黄翅三节叶蜂幼虫为害草莓叶片

寄主 草莓。

为害特点 幼虫在叶面上栖息和取食，沿叶缘把叶片吃成缺刻，残留叶脉。

形态特征 成虫：体长 7～10(mm)，翅展 13.8～20.5(mm)，雄虫略小，头部蓝色具金属光泽。触角 3 节黑色，第 3 节由鞭节融合为一长节，长相当头胸长之和，胸部和背板及各足胫节蓝黑色，具金属光泽，前、后翅膜质半透明，烟黄褐色，外侧偏灰，内半侧偏黄色。前翅前缘横脉有 1 径室及 3 肘室，有室顶脉，翅脉褐色，端半部褐黑色，翅痣深棕黑色，后翅具室顶脉和 2 个闭锁的中室，胸部黄褐色。雌蜂外生殖器蓝黑色，腹末端超过翅长外露。幼虫：体长 18～20(mm)，头宽 2mm，似鳞翅目幼虫，体绿或青绿色，半透明，头浅褐色具光泽，口器暗棕色，眼区系 1 黑斑，眼在其中。体表有黑毛片和肉瘤，胸部、腹部背面每节具毛片 6 个，第 1 胸节后 4 个大且近，每节侧面有 2 个大毛片 2 个小毛片，亚背线花粉黄色，气门筛黄白色，围气门片褐黑色，胸足黄绿色，跗节粉色。蛹：长 7～9(mm)，初白色，后变深褐色。茧长 9～14(mm)，宽 6～9(mm)，椭圆形，网眼状。

生活习性 江苏年生 3 代，以蛹越冬。翌年 3 月底开始羽化，4 月幼虫开始为害，幼虫行动迟缓，6 月中旬化蛹，蛹期 11～13 天，末代幼虫于 10～11 月间结茧化蛹越冬。天敌有一种姬蜂和一种寄蝇。

防治方法 (1)结合田间管理，人工捕杀幼虫。(2)保护利用天敌昆虫。(3)药剂防治参见花弄蝶。

大造桥虫（Mugwort looper）

大造桥虫是草莓的重要食叶害虫，河北、江苏从 5～10 月均有发生，以 6～9 月受害重，成长幼虫 1 天可食去 1～3 张单叶，大发生时可将全田叶片吃光。有关内容参见苹果害虫——大造桥虫。

大造桥虫幼虫为害草莓

梨剑纹夜蛾（Sorrel cutworm）

幼虫主要为害草莓、树莓、苹果、梨等叶片，在草莓田，5～6 龄暴食期，每只幼虫每天食毁 1～3 个叶片，幼虫尤喜食花蕾、花、花枝、果梗及嫩果，损失很大。有关内容参见梨树害虫——梨剑纹夜蛾。

防治方法 (1)根据受害状，及时摘掉清除初孵幼虫团。(2)必要时喷洒 90%敌百虫可溶性粉剂 1000 倍液。

梨剑纹夜蛾幼虫

红棕灰夜蛾（Mulberry caterpillar）

红棕灰夜蛾又称桑夜蛾。幼虫为害草莓的嫩头、嫩叶、花蕾、花及浆果，1、2 龄幼虫群集在叶背剥食叶肉或钻入花蕾中取食，3 龄后分散，白天栖息在叶背，进入 5、6 龄时，每天吃掉 1～2 片单叶或食毁嫩头、花蕾、幼果多个。有关内容参见枸杞害虫——红棕灰夜蛾。

防治方法 (1)开展该虫预测预报，春季发蛾多时要保护蕾花期的草莓免受为害。(2)注意结合摘除老叶，捕杀幼虫。(3)必要时喷洒 90%敌百虫可溶性粉剂 900 倍液或 50%敌敌畏乳油 1000 倍液。

丽木冬夜蛾（Red-belly grained moth）

学名 *Xylena formosa* Butler 属鳞翅目，夜蛾科。别名：台湾木冬夜蛾。分布江苏等省。

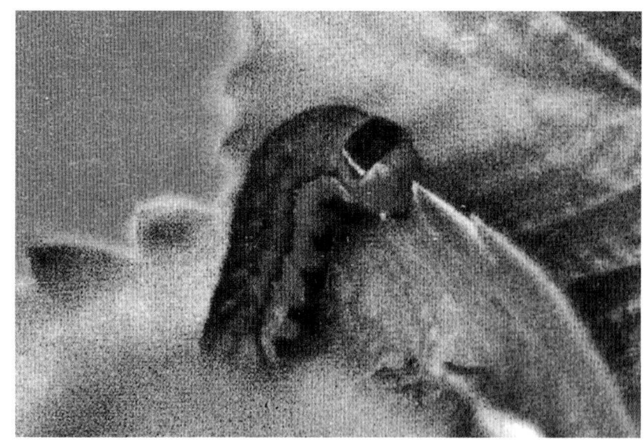
丽木冬夜蛾幼虫

寄主 草莓、黑莓、牛蒡、豌豆、烟草等。

为害特点 初孵幼虫专食嫩头、嫩心，咬断嫩梢，迟发的幼虫直接为害嫩蕾，虫口密度大时，每头幼虫每天毁掉数个嫩头。

形态特征 成虫：体长25mm，翅展54～58(mm)，头部和颈板浅黄色，额和下唇须红褐色，后者外侧具黑条纹，颈板近端部具赤褐色弧形纹。胸部棕褐色。腹部褐色。前翅浅褐灰色，翅脉暗褐色，基线双线棕黑色，内线双线黑棕色，波曲外斜，环纹大，黑边，内有黑斑3个，中线黑棕色，肾纹大，灰黑色，外线波浪形双线，翅脉上色深，亚缘线内侧衬有黑棕色细波纹，缘线双线黑色，内1线呈新月形黑色点。后翅灰黄褐色。足红褐色。胸下和腿具长毛，前足胫节具大刺。幼虫：黄褐色，各龄幼虫变异很大，3龄时体细长，青绿色，头绿色，进入3龄后期，头、体增至数倍，体绒绿色，背管青绿色，各体节肥大，节间膜缢缩，4龄体呈方形，两侧具黄白色边，背线双线黑褐色，亚背线色浅具棕色边，各节背面向两侧有黑褐色影状斜纹，气门线白色，上侧衬黑褐色，气门长椭圆形，气门筛橘红色，围气门片黑褐色，胸足红褐色。

生活习性 江苏年生1代，以完全成长的成虫在土下的蛹里越冬。翌年3、4月间羽化出土。幼虫于4月下旬始见，5～6月进入末龄，入土后吐丝结茧越夏，9～10月间才化蛹。天敌有蜘蛛和鸟类。

防治方法 (1)注意保护和利用天敌，必要时释放螳螂卵以虫治虫。(2)药剂防治参见花弄蝶。

桃蚜(Green peach aphid)

桃蚜绿色型

学名 *Myzus persicae* (Sulzer) 同翅目，蚜科。别名：烟蚜、菜蚜、桃赤蚜、波斯蚜。分布：全国各地各草莓产区均有发生。

寄主 草莓、桃、李、杏、梅、樱桃、苹果、梨、山楂、樱桃、柑橘、柿等300余种植物。

为害特点 桃蚜在草莓蕾花期大量迁入草莓园，成、若虫群集芽、叶、嫩梢上刺吸汁液，被害叶向背面不规则的卷曲皱缩，排泄蜜露诱致煤病发生或传播病毒病。

形态特征、生活习性、防治方法 参见桃树害虫——桃蚜。

草莓根蚜(Strawberry root aphid)

学名 *Aphis forbesi* Weed 同翅目，蚜科。分布 部分草莓栽植区。

草莓根蚜为害根部

寄主 草莓。

为害特点 草莓根蚜群集在草莓根颈处的心叶及茎部吸取汁液，致草莓生长不良，新叶生长受抑，严重的整株枯死。

形态特征 无翅胎生雌蚜：体长约1.5mm，体肥大腹部略扁，全体青绿色。若虫：体略带黄色，形似成蚜。卵：长椭圆形，黑色。

生活习性 温暖地区以无翅胎生雌蚜越冬，寒冷地区则以卵越冬，翌春越冬卵孵化，在植株上繁殖为害。无翅胎生雌蚜又把卵产在叶柄的毛中，5～6月进入繁殖为害盛期。

防治方法 (1)严格检疫，防止该虫扩大。(2)5～6月间，根蚜在叶、花蕾上为害时，喷洒10%吡虫啉可湿性粉剂1500倍液或25%吡蚜酮可湿性粉剂2500倍液。

截形叶螨(Cotton red spider)

学名 *Tetranychus truncatus* Ehara 真螨目，叶螨科。别名棉红蜘蛛、棉叶螨。异名 *Tetranychus telarius* 分布在全国各地。

寄主 草莓、枣、桑树、刺槐、榆树、棉花、玉米、薯类、豆类、瓜类、茄子等。

为害特点 成、若螨群聚叶背吸取汁液，使叶片呈灰白色或枯黄色细斑，严重时叶片干枯脱落，影响生长。是草莓上的猖獗性害虫。

形态特征 雌成螨：体长0.55mm，宽0.3mm。体椭圆形，深红色，足及颚体白色，体侧具黑斑。须肢端感器柱形，长约为宽的2倍，背感器约与端感器等长。气门沟末端呈“U”形弯曲。各足爪间突裂开为3对针状毛，无背刺毛。雄成螨：体长0.35mm，

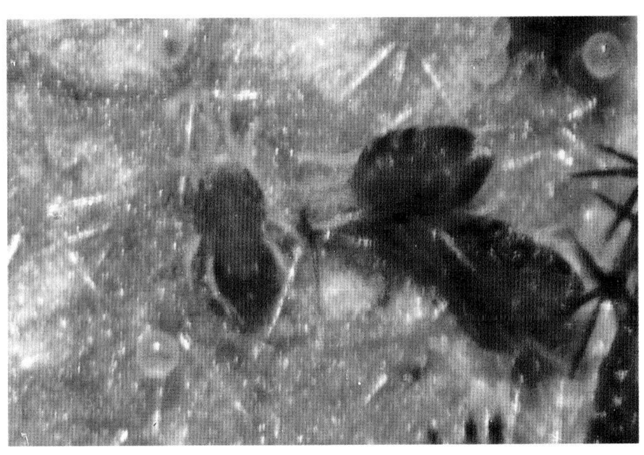

截形叶螨成螨和卵

体宽 0.2mm；阳具柄部宽大，末端向背面弯曲形成一微小端锤，背缘平截状，末端 1/3 处具一凹陷，端锤内角钝圆，外角尖削。

生活习性 年生 10～20 代。华北地区以雌螨在土缝中或枯枝落叶上越冬；华中以各虫态在多种杂草上或树皮缝中越冬；华南地区由于冬季气温高继续繁殖为害。翌年早春气温高于 10℃，越冬成螨开始大量繁殖，有的于 4 月中下旬至 5 月上中旬迁入为害，先是点片发生，后向周围扩散。在植株上先为害下部叶片，后向上蔓延，繁殖数量多及大发生时，常在叶或茎、枝的端部群聚成团，滚落地面被风刮走扩散蔓延。为害枣树者多在 6 月中、下旬至 7 月上树，气温 29～31℃，相对湿度 35%～55%适宜其繁殖，一般 6～8 月为害重，相对湿度高于 70%繁殖受抑。天敌主要有腾岛螨和巨须螨 2 种，应注意保护利用。

防治方法 参见朱砂叶螨。

朱砂叶螨（Carmine spider mite）

学名 *Tetranychus cinnabarinus* (Boisduval) 真螨目，叶螨科。别名：棉红蜘蛛、棉叶螨、红叶螨。异名 *Tetranychus telarius*。分布在全国各地。

寄主 草莓、枸杞、枣、柑橘、梅、棉、人参果等多种植物。

为害特点 若螨、成螨群聚于叶背吸取汁液，使叶片呈灰白色或枯黄色细斑，严重时叶片干枯脱落，并在叶上吐丝结网，严重的影响植物生长发育。是草莓上的猖獗性害虫。

形态特征 成螨：雌螨体长 0.48mm，宽 0.32mm，体形椭圆，深红色或锈红色，体背两侧各有一对黑斑。须肢端感器长约 2 倍于宽，背感器梭形，与端感器近于等长。口针鞘前端钝圆，中央无凹陷，气门沟末端呈 U 形弯曲，后半体背表皮纹构成菱形图，肤纹突呈三角形至半圆形。背毛 12 对，刚毛状；缺臀毛。腹面有腹毛 16 对，气门沟不分支，顶端向后内方弯曲成膝状。雄螨背面观略呈菱形，比雌螨小。体长 0.37mm，宽 0.19mm；体色淡黄色。须肢跗节的端感器细长，背感器稍短于端感器，刺状毛比锤突长。背毛 13 对，阳具的端锤很微小，两侧的突起尖利，长度约相等。卵：长 0.13mm，球形，浅黄色，孵化前略红。幼螨：有 3 对足。若螨：4 对足与成螨相似。

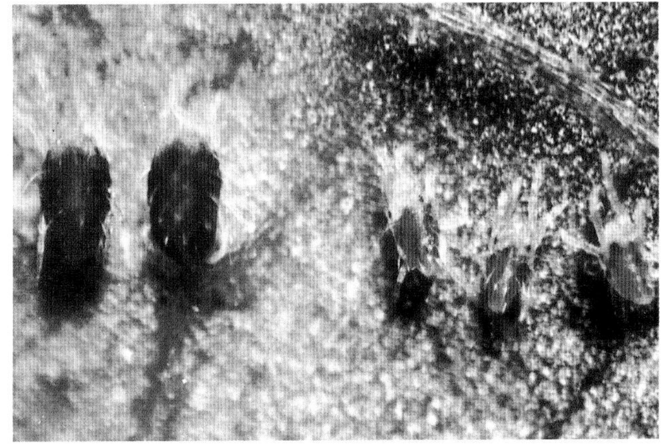

朱砂叶螨雌成螨（左）和雄成螨（程立生）

生活习性 年生 10～20 代(由北向南逐增)，越冬虫态及场所随地区而不同，在华北以雌成螨在杂草、枯枝落叶及土缝中越冬；在华中以各种虫态在杂草及树皮缝中越冬；在四川以雌成螨在杂草上越冬。翌春气温达 10℃以上，即开始大量繁殖。3～4 月先在杂草或其他寄主上取食，寄主植物发芽后陆续向上迁移，每雌产卵 50～110 粒，多产于叶背。卵期 2～13 天。幼螨和若螨发育历期 5～11 天，成螨寿命 19～29 天。可孤雌生殖，其后代多为雄性。幼螨和前期若螨不甚活动。后期若螨则活泼贪食，有向上爬的习性。先为害下部叶片，而后向上蔓延。繁殖数量过多时，常在叶端群集成团，滚落地面，被风刮走，向四周爬行扩散。朱砂叶螨发育起点温度为 7.7～8.8℃，最适温度为 25～30℃，最适相对湿度为 35%～55%，因此高温低湿的 6～7 月份为害重，尤其干旱年份易于大发生。但温度达 30℃以上和相对湿度超过 70%时，不利其繁殖，暴雨有抑制作用。天敌有 30 多种。

防治方法 (1)加强管理。铲除田边杂草，清除残株败叶。(2)此螨天敌有 30 多种，应注意保护，发挥天敌自然控制作用。(3)药剂防治。点片发生时喷洒 24%或 240g/L 螺螨酯悬浮剂 5000 倍液，药后 20 天防效 97%以上。或 20%哒螨灵可湿性粉剂或悬浮剂 2000 倍液、1.8 阿维菌素乳油 800 倍液，防效 84.8%持效 11 天，22%阿维·哒螨灵乳油 4000 倍液，防效 91%。

二斑叶螨（Two spotted spider mite）

学名 *Tetranychus urticae* Koch 真螨目，叶螨科。别名：二点叶螨、棉叶螨、棉红蜘蛛、普通叶螨。分布在全国各地。

寄主 草莓、桃、苹果、梨、柑橘、无花果、杏、李、樱桃、葡萄、棉、豆类及高粱、玉米等。

为害特点 成、若螨栖息于叶背为害叶片，初受害时现灰

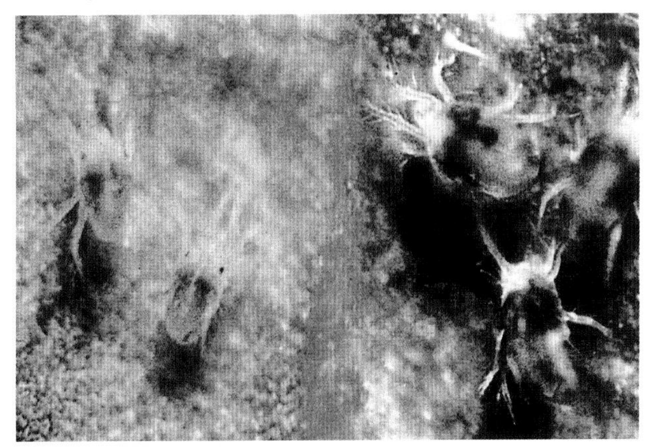

二斑叶螨雄螨（左）和雌成螨（程立生 摄）

白色小点，后叶面结橘黄色至白色网，结网速度快，为害严重时叶焦枯，状似火烧状，甚至叶脱落，严重地影响草莓生长。本种常与朱砂叶螨混生。是草莓和梨、苹果生产上的猖獗性害虫。

形态特征 成螨：体色多变有浓绿、褐绿、黑褐、橙红等色，一般常带红或锈红色。体背两侧各具1块暗红色长斑，有时斑中部色淡分成前后两块。体背有刚毛26根，排成6横排。足4对。雌体长0.42～0.59(mm)，椭圆形，多为深红色，也有黄棕色的；越冬型橙黄色，较夏型肥大。雄体长0.26mm，近卵圆形，前端近圆形，腹末较尖，多呈鲜红色。卵：球形，长0.13mm，光滑，初无色透明，渐变橙红色，将孵化时现出红色眼点。幼螨：初孵时近圆形，体长0.15mm，无色透明，取食后变暗绿色，眼红色，足3对。若螨：前期若螨体长0.21mm，近卵圆形，足4对，色变深，体背出现色斑。后期若螨体长0.36mm，黄褐色，与成虫相似。雄性前期若虫脱皮后即为雄成虫。

生活习性 南方年生20代以上，北方12～15代。北方以雌成虫在土缝、枯枝落叶下或旋花、夏枯草等宿根性杂草的根际等处吐丝结网潜伏越冬。2月均温达5～6℃时，越冬雌虫开始活动，3月均温达6～7℃时开始产卵繁殖。卵期10余天。成虫开始产卵至第1代若螨孵化盛期需20～30天。以后世代重叠。随气温升高繁殖加快，在23℃时完成1代13天；26℃ 8～9天；30℃以上6～7天。越冬雌螨出蛰后多集中在早春寄主(主要宿根性杂草)上为害繁殖，待出苗后便转移为害。6月中旬～7月中旬是猖獗为害期。进入雨季虫口密度迅速下降，为害基本结束，如后期仍干旱可再度猖獗为害，至9月气温下降陆续向杂草上转移，10月陆续越冬。行两性生殖，不交尾也可产卵，未受精的卵孵出均为雄螨。每雌可产卵50～110粒。喜群集叶背主脉附近并吐丝结网于网下为害，大发生或食料不足时常千余头群集叶端成一团。有吐丝下垂借风力扩散传播的习性。高温、低湿适于发生。此外，草莓品种间叶背腺毛密度大的品种，常影响雌螨产卵和活动，叶组织中儿茶酚的含量及以儿茶酚类为主总酚的含量对二斑叶螨成活有较大影响，两者呈现负相关。抗性品种受叶螨为害以后酚类含量迅速升高，有利于产生诱导抗性，则不适于螨类生存和繁殖。天敌有中华草蛉、小花蝽、异色瓢虫、深点食螨瓢虫等。

防治方法 (1)选用对叶螨抗性高的草莓品种。(2)点片发生阶段及早喷洒1%阿维菌素乳油3000倍液或5%唑螨酯悬浮剂2000倍液、10%四螨嗪可湿性粉剂800~1000倍液、5%噻螨酮乳油1000~1500倍液、20%甲氰菊酯乳油2000倍液、22%阿维·哒螨灵乳油4000倍液，对成、若螨及卵均有杀灭作用。注意交替轮换使用，防止产生抗药性。

短额负蝗(Point-headed grasshopper)

学名 *Atractomorpha sinensis* Bolivar 直翅目，蝗总科，尖蝗科。分布在甘肃、青海、安徽、河北、山西、内蒙古、陕西、山东、江苏、浙江、湖北、湖南、福建、广东、广西、四川、重庆、河南、北京、沈阳、江西。

寄主 草莓、柿、柑橘、枸杞、花卉、蔬菜等多种植物。

为害特点 低龄若虫在叶正面剥食叶肉，留下表皮，高龄若虫和成虫把叶片吃成孔洞或缺刻似破布状。影响植物正常生长发育，降低商品价值。

短额负蝗成虫

形态特征 成虫：体长20～30(mm)，头至翅端长30～48(mm)。绿色或褐色(冬型)。头尖削，绿色型自复眼起向下斜有一条粉红纹，与前、中胸背板两侧下缘的粉红纹衔接。体表有浅黄色瘤状突起；后翅基部红色，端部淡绿色；前翅长度超过后足腿节端部约1/3。卵：长2.9～3.8(mm)，长椭圆形，中间稍凹陷，一端较粗钝，黄褐至深黄色，卵壳表面呈鱼鳞状花纹。卵粒在卵块内倾斜排列成3～5行，并有胶丝裹成卵囊。若虫：共5龄，1龄若虫体长0.3～0.5(cm)，草绿稍带黄色，前、中足褐色，有棕色环若干，全身布满颗粒状突起；2龄若虫体色逐渐变绿，前、后翅芽可辨；3龄若虫前胸背板稍凹以至平直，翅芽肉眼可见，前、后翅芽未合拢，盖住后胸一半至全部；4龄若虫前胸背板后缘中央稍向后突出，后翅翅芽在外侧盖住前翅芽，开始合拢于背上；5龄若虫前胸背板向后方突出较大，形似成虫，翅芽增大到盖住腹部第三节或稍超过。

生活习性 我国东部地区发生居多。在华北一年1代，江西年生2代，以卵在沟边土中越冬。5月下旬至6月中旬为孵化盛期，7～8月羽化为成虫。喜栖于地被多、湿度大、双子叶植物茂密的环境，在灌渠两侧发生多。

防治方法 (1)加强管理。短额负蝗发生严重地区，在秋季、春季铲除田埂、地边5cm以上的土及杂草，把卵块暴露在地面晒干或冻死，也可重新加厚地埂，增加盖土厚度，使孵化后的蝗蝻不能出土。(2)在早春和7月份卵块孵化前或在测报基础上，抓住初孵蝗蝻在田埂、渠堰集中为害双子叶杂草，且扩散能力极弱时，每667m^2 喷撒敌马粉剂1.5～2kg，也可用20%氰戊菊酯乳油15ml，对水40kg喷雾。(3)保护利用麻雀、青蛙、大寄生蝇等天敌进行生物防治。

油葫芦(Field cricket)

学名 *Teleogryllus mitratus* Burmeister 直翅目，蟋蟀科。别名：黄褐油葫芦、褐蟋蟀等。异名 *Gryllus testaceus* Walker。分布在黑龙江、辽宁、内蒙古、宁夏、甘肃、青海、新疆、陕西、山西、北京、河北、河南、山东、安徽、江苏、浙江、江西、福建、台湾、广西、湖南、湖北、重庆、四川等地。

寄主 草莓、梨、桃、苹果及各种果树苗木、农作物、蔬菜等。

油葫芦成虫

花弄蝶成虫

为害特点 成、若虫将草莓、豆类或果树苗木的叶片吃成缺刻或孔洞，为害葡萄时，咬断叶柄、葡萄茎或短缩茎，也吃浆果。

形态特征 成虫：雄体长26～27(mm)，雌性27～28(mm)；雌、雄前翅长17mm。体大型、黄褐色，本种体色和特征与北京油葫芦相近，其特点为：体大，头顶不比前胸背板前缘隆起，背板前缘与两复眼相连接，"八"字形横纹微弱不明显。发音镜大略成圆形，其前胸体大弧形，中胸腹板末端呈V字型缺刻。卵：长筒形，两端稍尖，乳白微黄。若虫：共6龄，似成虫，无翅或具翅芽。

生活习性 中国北方年生1代，以卵在土中2～3cm处越冬。翌春4～5月间孵化，7～8月成虫盛发。成、若虫夜晚活动。9月下旬至10月上旬雌虫营土穴产卵，多产于河边、沟旁、田埂、坟地等杂草较多的向阳地段，深约2～4 (cm)。每雌产卵34～114粒。成虫寿命平均64天，长者达200余天，但产卵后1～8天即死。雄虫善鸣以诱雌虫，并善斗，常筑穴与雌虫同居。若虫、成虫平时好居暗处，夜间也扑向灯光。杂食性。

防治方法 (1)毒饵诱杀。先用60～70℃热水将90%敌百虫可溶性粉剂溶成30倍液(50g药对1.5kg热水)，每kg溶好的药液拌入30～50kg炒香的麦麸或豆饼或棉籽饼，拌时要充分加水(为饵料重量的1～1.5倍)，以用手一攥稍能出水为度，然后撒施于田间。(2)灯光诱杀成虫。(3)堆放杂草诱集，然后捕杀。(4)秋后或早春耕翻，将卵埋入深层使其不能孵化。(5)及时除草减少发生。(6)必要时地面喷施1.5%辛硫磷粉或2.5%敌百虫粉等。

花弄蝶(Maculated skipper)

学名 *Pyrgus maculatus*(Bremer et Grey)属鳞翅目，弄蝶科。分布在北京、吉林、黑龙江、辽宁、河北、山东、山西、河南、陕西、四川、西藏、云南、江西、福建、内蒙古、青海等地。

寄主 绣线菊、草莓、醋栗、黑莓等。

为害特点 幼虫食叶成缺刻或孔洞，严重的仅残留叶柄，影响开花结实及苗子繁育。

形态特征 成虫：体长14～16(mm)，翅展28～32(mm)。体黑褐色，翅面有白斑。复眼黑褐色光滑。触角棒状，腹面黄至黄褐色，背面黑褐色，具黄色环；端部膨大处腹面黄至浅橘红色，背面棕色。胸、腹部背面黑色，颈片黄色，腹末端黄白色。前翅黑褐色，基部2/5内杂灰黄色鳞，中区至外区约具16个白至灰白色斑纹，缘线白色，缘毛灰黄色，翅脉端棕黑色。后翅、前翅同色，约有8个白斑，中部2个较大，外缘6个较小；缘线与缘毛同前翅。翅反面色彩较鲜艳，前翅顶角具1锈红色大斑。胸部腹面、腹部侧面及腹面基部棕褐色，腹面后半部灰黄色。前足稍小，各足棕色。卵：淡绿色半球形，卵面有18条纵纹。幼虫：体型似直纹稻苞虫，黄绿至绿色，长约18～22(mm)，头褐或棕褐色，毛茸状，胸部明显细缢似颈，前胸最细，褐至黑褐色，角质化，有丝光。腹部宽大，至尾部逐渐扁狭，末端圆。胸足黑色，腹足5对。气门细小暗红色。中胸至腹部各节体表密布淡黄白色小毛片及细毛。蛹：长18～20(mm)，宽4.2～5(mm)，较粗壮。初淡绿色半透明，渐变淡褐至褐色，翌日后体表出现蜡质白粉，并渐加厚。腹末有臀棘4根，末端钩状。

生活习性 江苏年生3代，以蛹越冬。各代幼虫分别在4～6月上旬、7～8月和9～10月，9月下旬至11月下旬化蛹。室内观察，9月下旬化蛹的10月上旬陆续羽化，不能羽化的即转入越冬状态，至翌年4月底羽化。室内羽化的成虫要补充营养方能产卵。卵散产于草莓嫩头、嫩叶及嫩叶柄上。初龄幼虫卷嫩叶边做成小虫苞，或在老叶叶面吐白色粗丝做成半球形网罩躲在其间取食叶肉。在野生寄主托盘上，因叶薄嫩，能将幼叶对折包成饺子形，在内剥食叶肉，叶成白色膜，并不断转苞为害。在草莓上，成长幼虫以白色粗丝缀合多个叶片组成疏松不规则大虫苞，将头伸出取食。三龄幼虫每天可取食1片单叶，一生转苞多次。幼虫行动迟缓，除取食和转苞外，很少活动。

防治方法 (1)利用幼虫结苞和不活泼的特点，进行人工捕杀。(2)保护蜘蛛、蓝蝽和寄生蜂等天敌，以增强天敌调控作用。(3)药剂防治。喷洒40%毒死蜱乳油1500倍液或25%灭幼脲悬浮剂500～600倍液，使幼虫不能正常脱皮、变态而死亡。采收前7天停止用药。

褐背小萤叶甲(Strawberry leaf beetle)

学名 *Galerucella grisescens* (Joannis)属鞘翅目，叶甲科。分布在黑龙江、吉林、辽宁、内蒙古、河北、山东、河南、江苏、安徽、浙江、湖北、江西、湖南、福建、台湾、广东、广西、四川、贵州、云南、西藏。

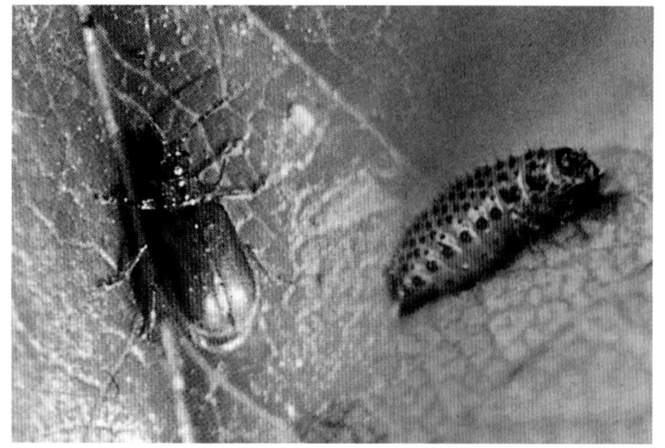

褐背小萤叶甲成虫和幼虫

琉璃弧丽金龟成虫

寄主 草莓、大黄(*Rheumo fficinale*)、珍珠菜等。

为害特点 成、幼虫在叶背啃食叶肉，嫩叶食成孔洞状，食害花瓣、花蕾，剥食果肉。

形态特征 成虫：小型，体长3.8～5.5 (mm)，宽2～2.4 (mm)，全身被毛。前胸、鞘翅灰黄褐色至红褐色，触角黑褐色生于两复眼间，小盾片黑褐色，足黑色、腹部褐色至黑褐色，腹部末端1、2节红褐色。头小，触角为体长之半，基部稍粗，1节棒状，3节长是2节1.5倍，4节与2节等长。前胸背板宽大于长，两侧边框细，中部之间膨阔，基缘中间向内凹且深，中部具1倒三角形无毛区，其前缘可伸达两侧边，中部两侧各具1明显的宽凹，小盾片末端圆；翅基较前胸背板宽，肩瘤突明显，翅面具粗密刻点。卵：椭圆形，表面具网状纹，卵粒竖置，成块产在叶背，每块20粒左右，橘红色至暗灰黄色。幼虫：头黑色，体淡绿或污黄绿色，前胸背板黑褐色，臀板黑色；各体节具亮黑色毛瘤，中、后胸背面各具1对大毛瘤，有3对黑色胸足。蛹：离蛹，初浅灰黄色，后变黑。

生活习性 江苏年生3～4代，成虫于10～11月间在表土层或枯枝落叶中越冬。翌年3月中下旬开始取食，4月中至5月上旬进入盛卵期，5月中旬始见1代成虫，5月下～6月上旬盛发。6～8月卵期6～8天，幼虫期16～20天，蛹期4～6天，春、秋两季卵期13～20天，幼虫期15～25天，蛹期6～9天，田间有世代重叠现象。成虫有趋光性和假死性，喜温湿。天敌有中华大蟾蜍(*Bufobufo gargarizans*)、中华草蛉(*Chrysopa sinica*)、异色瓢虫(*Leisaxyridis*)等。

防治方法 (1)不留老苗田，忌连作。(2)做好采苗圃和假植床防虫工作，定植时不准苗上带有卵或幼虫，把此虫清除在定植前。(3)注意清园，减少越冬虫源，生长期要注意摘除老叶上的卵块。(4)草莓冬后现蕾、抽叶阶段成虫产卵初期开始喷洒40%毒死蜱乳油1500倍液、2.5%溴氯菊酯乳油2000～2500倍液。采收前7天停止用药。(5) 保护利用天敌，塑料大棚放养蟾蜍10～20只，即可基本控制叶甲或地下害虫。

琉璃弧丽金龟

学名 *Popillia atrocoerulea* Bates属鞘翅目，丽金龟科。异名*Popillia fiarosellata* Fairmaire。分布在辽宁、河南、河北、山东、江苏、浙江、湖北、江西、台湾、广东、四川、云南。

寄主 棉花、胡萝卜、草莓、黑莓、葡萄、玫瑰、合欢、菊科植物、玉米、花生。

为害特点 成虫喜欢取食上述植物花蕊或嫩叶，有时一朵花有虫10余头，先取食花蕊后取食花瓣，影响授粉或不结实。幼虫主要为害棉花、禾谷类地下根部、吸足水分的种子和种芽。

形态特征 成虫：体长11～14(mm)，宽7～8.5(mm)，体椭圆形，棕褐泛紫绿色闪光。鞘翅茄紫有黑绿或紫黑色边缘，腹部两侧各节具白色毛斑区。头较小，唇基前缘弧形，表面皱，触角9节。前胸背板缢缩，基部短于鞘翅，后缘侧斜形，中段弧形内弯。小盾片三角形。鞘翅扁平，后端狭，小盾片后的鞘翅基部具深横凹，臀板外露隆拱，上刻点密布，有1对白毛斑块。卵：近圆形，白色，光滑。幼虫：体长8～11(mm)，每侧具前顶毛6～8根，形成一纵列，额前侧毛左右各2～3根，其中2长1短。上唇基毛左右各4根。肛门背片后具长针状刺毛，每列4～8根，一般4～5根，刺毛列八字形向后岔开不整齐。

生活习性 河南年生1代，以3龄幼虫在土中越冬。翌年3月下旬至4月上旬升到耕作层为害小麦等作物地下部。4月下旬末化蛹，5月上旬羽化，5月中旬进入盛期。6月下旬成虫产卵，6月下旬～7月中旬进入产卵盛期，卵历期8～20天，成虫寿命40天，1龄幼虫历期14天，2龄18.7天，3龄长达245天，蛹期12天。成虫喜在9～11时和15～18时活动，喜在寄主的花上交配20～25分钟，把卵产在1～3(cm)表土层，每粒卵外附有土粒形成的土球，球内光滑似卵室。幼虫多在8～16时孵化，4小时后开始取食卵壳和土壤中有机质，10天后取食根部，有的取食种子、种芽，3龄后进入暴食期。天敌有鸟类、食虫虻、蟾蜍等。

防治方法 (1)利用成虫交尾持续时间长，受惊后收足坠落等特点，组织人力捕杀成虫。(2)其他方法参见苹果害虫——小青花金龟。

无斑弧丽金龟(Mutant japanese beetle)

学名 *Popillia mutans* Newman鞘翅目，丽金龟科。别名：豆蓝丽金龟。分布：除新疆、西藏、青海未见报道外，广布全国各地。

寄主 草莓、黑莓、棉花、玉米、高粱、大豆、月季、玫瑰、芍药、合欢、板栗、苹果、猕猴桃等。

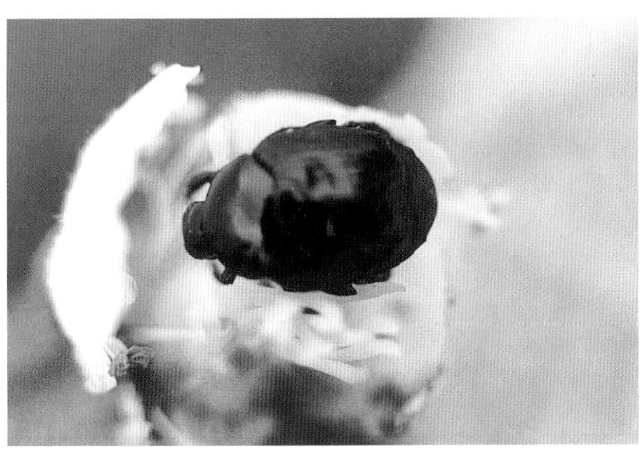

无斑弧丽金龟成虫

为害特点 成虫群集为害花、嫩叶，致受害花畸形或死亡。为害较普遍、严重。

形态特征 成虫：体长 11～14(mm)，宽 6～8(mm)，体深蓝色带紫，有绿色闪光；背面中间宽，稍扁平，头尾较窄，臀板无毛斑；唇基梯形，触角 9 节，棒状部 3 节，前胸背板弧拱明显；小盾片短阔三角形，大；鞘翅短阔，后方明显收狭，小盾片后侧具 1 对深显横沟，背面具 6 条浅缓刻点沟，第 2 条短，后端略超过中点；足黑色粗壮，前足胫节外缘 2 齿，雄虫中足 2 爪，大爪不分裂。卵：近球形，乳白色。幼虫：体长 24～26(mm)，弯曲呈"C"型，头黄褐色，体多皱褶，肛门孔呈横裂缝状。蛹：裸蛹，乳黄色，后端橙黄色。

生活习性 年生一代，以末龄幼虫越冬。由南到北成虫于 5～9 月出现，白天活动。安徽 8 月下旬成虫发生较多。成虫善于飞翔，在一处为害后，便飞往别处为害，成虫有假死性和趋光性。其发生量虽不如小青花金龟多，但为害期长，个别地区发生量大，有潜在危险。

防治方法 参见苹果害虫——小青花金龟。

黑绒金龟(Black velvety chafer)

黑绒金龟成虫为害草莓、黑莓、猕猴桃、柿、醋栗、石榴等果木的嫩头、嫩叶、蕾、花等，蕾花期的草莓，常在数日之内被食光，1 墩草莓上可多达 40 多头，幼虫以嫩根和腐殖质为食，密度大时也可造成严重为害。有关内容参见猕猴桃害虫——黑绒金龟。

黑绒金龟成虫

防治方法 (1)利用成虫多在上午 10～16 时出土活动及假死性习性，进行人工捕杀。(2)春季进入盛发期可喷洒 40%辛硫磷乳油 1000 倍液或 50%敌敌畏乳油 1000 倍液，要求最后 1 次用药要在采收前 20 天。

卷球鼠妇(Pillbug)

学名 *Armadillidium vulgare* (Latrielle) 甲壳纲，等足目，鼠妇科。别名：鼠妇。分布在上海、江苏、福建、广东等地及北方各温室。为温室中一种主要有害动物。

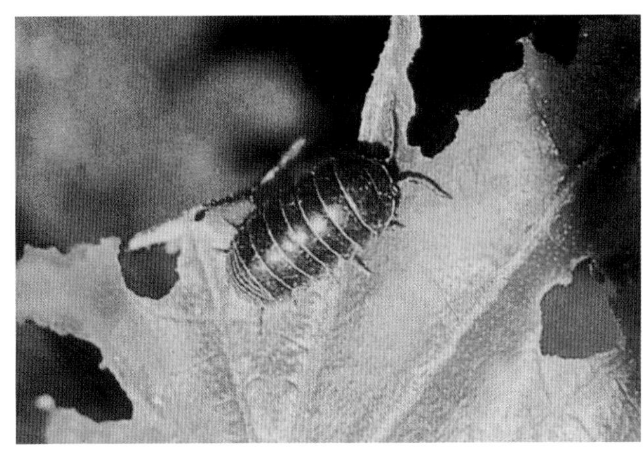

卷球鼠妇(蒋玉文 摄)

寄主 草莓、黄瓜、番茄、油菜、花卉等。

为害特点 成、幼体取食寄主植物的幼嫩新根，咬断须根或咬坏球根，同时啃食地上部的嫩叶、嫩茎和嫩芽，造成局部溃烂。

形态特征 成体：体长 8～11(mm)，长椭圆形，宽而扁，具光泽；体灰褐色或灰紫蓝色，胸部腹面略呈灰色，腹部腹面较淡白。体分 13 节，第 1 胸节与颈愈合，第 8、9 体节明显缢缩，末节呈三角形，各节背板坚硬；头宽 2.5～3(mm)，头顶两侧有复眼 1 对，眼圆形稍突，黑色；触角土褐色；长短各 1 对，着生于头顶前端，其中长触角 6 节；短触角不显；口器小，褐色；腹足 7 对；雌体胸肢基部内侧有薄膜板，左右会合形成育室。幼体：初孵幼体白色，足 6 对，经过一次蜕皮后有足 7 对，蜕皮壳白色。

生活习性 北方二年发生一代，南方一年一代，以成体或幼体在土层下、裂缝中越冬。雌体产卵于胸部腹面的育室内，每雌产卵约 30 余粒，卵经 2 个多月后在育室内孵化为幼鼠妇，随后幼体陆续爬出育室离开母体。1～2 天后蜕第一次皮，再经 6～7 天后进行二次蜕皮。幼体对蜕下的体皮自行取食或相互取食，幼体经多次蜕皮后便成熟。再生能力强。性喜湿，不耐干旱，怕光，有"假死性"，在外物碰触下能将体躯蜷缩成球体，静止不动，在强光或外物触动消除后便恢复活动。昼伏夜出。成、幼体多潜伏在根部湿土下，夜间出来取食。

防治方法 (1)利用鼠妇怕光和不耐干旱的习性，清除多余杂物和杂草，在草莓田周围撒石灰或药剂。(2)发生严重时喷洒 40%辛硫磷乳油 800 倍液或 2.5%敌百虫粉剂每株 1g。

蛞蝓(Reticulated field slug)

学名 *Agriolimax agrestis* Linnaeus 称野蛞蝓，腹足纲，柄

野蛞蝓

眼目，蛞蝓科。别名：鼻涕虫。分布在江苏、上海、浙江、江西、福建、湖南、广东、海南、广西、云南、贵州、四川等地及北方各大城市温室、大棚。在我国为害草莓的还有黄蛞蝓 *Limax flavus* Linnaeus；网纹蛞蝓 *Deroceras reticulatum* (Müller)；双线嗜黏液蛞蝓 *Philomycus bilineatus* (Bensom)。

寄主 草莓、蔬菜、多种果树苗木、花卉等。

形态特征 成体：伸直时体长 30～60 (mm)，体宽 4～6 (mm)；内壳长 4mm，宽 2.3mm。长梭形，柔软、光滑而无外壳，体表暗黑色、暗灰色、黄白色或灰红色。触角 2 对，暗黑色，下边一对短，约 1mm，称前触角，有感觉作用；上边一对长约 4mm，称后触角，端部具眼。口腔内有角质齿舌。体背前端具外套膜，为体长的 1/3，边缘卷起，其内有退化的贝壳(即盾板)，上有明显的同心圆线，即生长线。同心圆线中心在外套膜后端偏右。呼吸孔在体右侧前方，其上有细小的色线环绕。嵴钝。黏液无色。在右触角后方约 2mm 处为生殖孔。卵：椭圆形，韧而富有弹性，直径 2～2.5(mm)。白色透明可见卵核，近孵化时色变深。幼虫：初孵幼虫体长 2～2.5(mm)，淡褐色；体形同成体。

生活习性 以成体或幼体在作物根部湿土下越冬。5～7 月在田间大量活动为害，入夏气温升高，活动减弱，秋季气候凉爽后，又活动为害。完成一个世代约 250 天，5～7 月产卵，卵期 16～17 天，从孵化至成贝性成熟约 55 天。成贝产卵期可长达 160 天。野蛞蝓雌雄同体，异体受精，亦可同体受精繁殖。卵产于湿度大有隐蔽的土缝中，每隔 1～2 天产一次，约 1～32 粒，每处产卵 10 粒左右，平均产卵量为 400 余粒。野蛞蝓怕光，强光下 2～3 小时即死亡，因此均夜间活动，从傍晚开始出动，晚上 10～11 时达高峰，清晨之前又陆续潜入土中或隐蔽处。耐饥力强，在食物缺乏或不良条件下能不吃不动。阴暗潮湿的环境易于大发生，当气温 11.5～18.5℃，土壤含水量为 20%～30% 时，对其生长发育最为有利。野蛞蝓在包头二年发生 3 代，每年 3 月中旬～4 月上旬可见到卵、4 月下旬幼体出现。9 月下旬～10 月中下旬产出第二代卵，11 月上旬第二代卵孵化，产卵期 25～35 天，卵历期 15～20 天。

防治方法 (1)采用高畦栽培、地膜覆盖、破膜提苗等方法，以减少为害。(2)施用充分腐熟的有机肥，创造不适于野蛞蝓发生和生存的条件。(3) 必要时施用 6% 四聚乙醛颗粒剂 0.5kg/667m² 等。(4)在蛞蝓爬过的地面上撒施石灰粉、草木灰或具芒麦糠，可使其接触死亡。(5)将 5%辛硫磷颗粒剂与四聚乙醛、麸皮按 1：0.5：2 混合，在土表干燥的傍晚撒于植物近根部，蛞蝓接触后分泌大量黏液而死亡。(6)利用蛞蝓的趋性，在盛有香、甜、腥气味的物质下设置一个容器，内装氢氧化钠水溶液，使之落入淹死。(7)将蛙类引入温室，可吞食大量蛞蝓。

同型巴蜗牛(Common garden snail)

学名 *Bradybaena similaris* (Ferussac) 腹足纲，柄眼目，巴蜗牛科。别名：水牛。分布在黄河流域、长江流域及华南各省。

同型巴蜗牛

寄主 草莓、石榴、柑橘、金橘及多种蔬菜、花卉等。

为害特点 初孵幼螺只取食叶肉，留下表皮，稍大个体则用齿舌将叶、茎舐磨成小孔或将其吃断。

形态特征 贝壳中等大小，壳质厚，坚实，呈扁球形。壳高 12mm、宽 16mm，有 5～6 个螺层，顶部几个螺层增长缓慢，略膨胀，螺旋部低矮，体螺层增长迅速、膨大。壳顶钝，缝合线深。壳面呈黄褐色或红褐色，有稠密而细致的生长线。体螺层周缘或缝合线处常有一条暗褐色带(有些个体无)。壳口呈马蹄形，口缘锋利，轴缘外折，遮盖部分脐孔。脐孔小而深，呈洞穴状。个体之间形态变异较大。卵：圆球形，直径 2mm，乳白色有光泽，渐变淡黄色，近孵化时为土黄色。

生活习性 是我国常见的为害果树的陆生软体动物之一，我国各地均有发生，常与灰巴蜗牛混杂发生。生活于潮湿的灌木丛、草丛中、田埂上、乱石堆里、枯枝落叶下、植物根际土块和土缝中以及温室、菜窖、畜圈附近的阴暗潮湿、多腐殖质的环境，适应性极广。一年繁殖 1 代，多在 4～5 月间产卵，大多产在根际疏松湿润的土中、缝隙中、枯叶或石块下。每个成体可产卵 30～235 粒。成螺大多蛰伏在落叶、花盆、土块砖块下、土隙中越冬。

防治方法 (1)清晨或阴雨天人工捕捉，集中杀灭。(2)用茶子饼粉 3kg 撒施。(3)667m² 用 8%灭蜗灵颗粒剂 1.5～2kg，碾碎后拌细土 5～7kg，于天气温暖、土表干燥的傍晚撒在受害株根部行间。也可用 6%甲萘·四聚颗粒剂或 6%四聚乙醛杀螺颗粒毒饵 667m² 用量 500g。(4)也可喷洒 80.3%硫酸铜·速灭威可湿性粉剂 170 倍液每 667m² 药量 200g。

小家蚁(Little red ant)

小家蚁为害草莓

学名 *Monomorium pharaonis* Linnaeus 属膜翅目，蚁科。世界性分布。国内北自沈阳，南至广东、广西、云南均有分布。

寄主 草莓、瓜类、多种蔬菜、食用菌等。

为害特点 草莓成熟后蚂蚁啃食果肉，先是一、二头啃咬，后把信息传递给其他蚂蚁，蚁群出动把果实吃光，仅剩花器。同一群蚂蚁往往先吃 1 果后再吃 1 果，干旱年份干旱地块尤重，有时受害率达 30%，失去食用价值。

形态特征 小家蚁群体中只有雌蚁、雄蚁和工蚁。雌蚁：体长 3～4(mm)，腹部较膨大；雄蚁：体短，2.5～3.5(mm)，营巢后翅脱落只剩翅痕。工蚁：体长 1.5～2(mm)，深黄色，腹部后部 2、3 节背面黑色。头、胸部、腹柄结具微细皱纹及小颗粒，腹部光滑具闪光，体毛稀疏，触角 12 节，细长，柄节长度超过头部后缘。前、中胸背面圆弧形，第 1 腹柄节楔形，顶部稍圆，前端突出部长些，第二腹柄节球形，腹部长卵圆形。蚁卵：乳白色，椭圆形。

生活习性 小家蚁多在夏季进行婚飞。雄蚁不久即死亡，雌蚁产卵营巢在土下。整群聚集在一起，傍晚或阴天出洞浩浩荡荡产卵繁殖，首批繁殖的子蚁是工蚁。卵期 7.5 天，幼虫期 18.5 天，蛹期 9 天，从卵产出到发育为成虫共 38 天，每年完成 4～5 个世代。

防治方法 (1)蚁为害严重地区要设法与水生蔬菜或水稻进行水旱轮作。(2)旱地适时灌水，抑制蚁害。(3)草莓等浆果达到 7、8 成熟时即应采收，可减少受害。(4)先诱杀工蚁，用 0.13%～0.15%的灭蚁灵粉与玉米芯粉或食油拌匀，放在火柴盒里，每盒 2～3(g)，每 10m² 放 1 盒，再捕捉几只活小家蚁放在盒内取食，它们就回去报信，巢穴中的蚂蚁全来取食。灭蚁灵虽较安全，但也有一定毒性，不可随意加大用药量。(5)为害严重的地方可用“灭蟑螂(甲由)蚂蚁药”简称“灭蟑药”，每 15m² 用 1～3 管，每管 2g，分放 10～30 堆，湿度大的地方可把药放在玻璃瓶内，侧放，即可长期诱杀。(6)浇灌 90%敌百虫可溶性粉剂加石灰 1∶1 对水 4000 倍液，每窝浇灌对好的药液 0.5kg。(7)确定灭蚁方案，在诱杀工蚁基础上堵蚁穴、灭蚁王等综合防治措施，才能逐步控制小家蚁。

中桥夜蛾(Hibiscus looper)

学名 *Anomis mesogona* (Walker) 鳞翅目，夜蛾科。分布：黑龙江、河北、湖北、浙江、江苏、江西、广东、四川等省。

中桥夜蛾幼虫为害黑莓

寄主 黑莓、红莓、醋栗、柑橘。是黑莓最重要食叶害虫。

为害特点 幼虫为害嫩叶、嫩梢，严重时吃成光杆。成虫是吸果夜蛾。

形态特征 成虫：体长 15～17(mm)，翅展 35～38(mm)，头、胸暗红褐色，腹部暗灰色，触角丝状。前翅暗红褐色，内横线褐色，中脉处折成外突齿，肾纹暗灰色，前后端各具黑圆点 1 个，外横线褐色，在肘脉 Cu_1 处内折，然后成直角，翅基部生 1 黑点。后翅暗褐色。卵：扁圆形，黄绿色，卵面上具纵纹。末龄幼虫：体长 33～38(mm)，头大，绿色，光滑，体暗灰绿色，背线绿色不明显，气门上线深绿色，明显。背面、侧面生深绿色毛突，毛突四周具灰白环，胸足、腹足绿色。蛹：长 16～20(mm)，棕褐色，具 4 根臀棘。

生活习性 东北年生 1 代、江苏 3 代、浙江黄岩 6 代，以幼虫和蛹越冬，世代重叠，江苏 6 月下旬～9 月下旬幼虫为害黑莓，7 月上旬～8 月下旬进入为害盛期，幼虫期 15～20 天，10 月下旬，幼虫老熟后入土或在叶苞内化蛹，蛹期 6～10 天。天敌有松毛虫赤眼蜂、桥夜蛾绒茧蜂等多种。

防治方法 (1)在 6 月下旬～7 月上旬卵孵化盛期喷洒 5% 天然除虫菊素乳油 1000 倍液，可减少 7 月中、下旬成虫吸果为害，确保 8～9 月间新抽嫩梢生长，确保下一年产量。(2)保护利用天敌，把药剂防治时间定在桥夜蛾卵孵化盛期，以保护卵期、幼虫期的寄生蜂。(3)成虫对黑光灯和糖醋液趋性强，可进行诱杀。

浅褐彩丽金龟

学名 *Mimela testaceoviridis* Blanchara 鞘翅目，丽金龟科。别名：黄闪彩丽金龟。分布：河北、山东、江苏、浙江、福建、台湾等省。

寄主 喜食苹果、葡萄、黑莓、无花果、榆等，是果树重要害虫之一。为害特点 成虫食叶，幼虫为害果树根部。

形态特征 成虫：体长 14～18(mm)，宽 8.2～10.4(mm)，体中型，后方膨阔。体色浅，全体光亮，背面浅黄色，鞘翅更浅，体下面、足褐色至黑褐色。唇基近梯形，表面密皱，侧缘略弧弯；头面前部刻点与唇基相似，后部刻点较大散布。触角 9 节。前胸背板略短，散布浅弱刻点；小盾片短阔，散布刻点。鞘翅上散布浅大刻点。

生活习性 年生 1 代，以老熟幼虫越冬，翌年 5 月下旬～7

浅褐彩丽金龟成虫为害叶片

月下旬成虫出现，6月下旬～8月上旬盛发，昼夜在黑莓上层叶片上取食，有群聚性。苏北比苏南重。

防治方法 参见猕猴桃害虫——黑绒金龟。

人纹污灯蛾（White tiger moth）

学名 *Spilarctia subcarnea* (Walker)鳞翅目，灯蛾科。别名红腹白灯蛾、人字纹灯蛾。分布：北起黑龙江、内蒙古，南至台湾、海南、广东、广西、云南。

人纹污灯蛾雌成虫

寄主 黑莓、果桑、月季、木槿、碧桃、腊梅、荷花、杨树、榆树、槐树、十字花科植物、瓜类、蔬菜等。

为害特点 幼虫食叶，吃成孔洞或缺刻。

形态特征、生活习性、防治方法 参见猕猴桃害虫——人纹污灯蛾。

斑青花金龟（Smaller green flower chafer）

学名 *Oxycetonia jucunda bealiae* Goryet Percheron 属鞘翅目，花金龟科。异名：*Oxycetonia bealiae* Gory et Percheron。分布在山西、江苏、浙江、江西、福建、广西、广东、云南、西藏、贵州、四川、湖南。

寄主 越橘、黑莓、草莓、茄、红三叶草、苹果、梨、柑橘、龙眼、荔枝、罗汉果、棉花、栗等。

为害特点 是为害花的常见种类之一。为害情况参见小青花金龟。

斑青花金龟为害越橘

形态特征 成虫：倒卵圆形，体长 11.7～14.4 (mm)，宽 6.8～8.2(mm)，鞘翅基部最宽。形态与小青花金龟酷似，本种头黑色，前胸背板栗褐色至橘黄色，每侧具斜阔暗古铜色大斑1个，大斑中央具1小白绒斑，体上面无毛，鞘翅狭长，暗青铜色，后方略收狭，每鞘翅中段具1茶黄色近方形大斑，背观两翅上的黄褐斑构成宽倒“八”字形，在黄褐斑外缘下角，具1楔型黄斑相垫，端部有小白绒斑3个。

生活习性、防治方法 参见苹果害虫——小青花金龟。

沙棘园芳香木蠹蛾东方亚种

以幼虫蛀害沙棘树根和树干，低龄幼虫多在根际处群集蛀害皮层，稍大后蛀入根部为害。防治方法参见苹果害虫芳香木蠹蛾。

木蠹蛾幼虫

红缘天牛（Red-striped longicorn）

红缘天牛常把卵产在沙棘病弱树主干中部粗糙不平的部位，寄生率很高，由于幼虫钻蛀，加快沙棘衰老死亡。该天牛如把卵产在健树上，沙棘会分泌足够汁液把卵浸泡致死或不能孵化。

防治时，重点抓好增强树势，可减少为害。其次可在树干距地面 10～30 (cm) 处钻 2～4 个孔，每孔蛀入 40%乐果乳油或 40%辛硫磷 5 倍液 2～4(mL)，除防治红缘天牛外，还可兼治木虱、蚜虫、茶翅蝽等。余参见桃、李、杏、梅、害虫——红缘天牛。

红缘天牛成虫

舞毒蛾(Cypsy moth)

舞毒蛾群聚幼虫食害沙棘嫩芽、嫩叶，有时十分严重，是沙棘生产上的重要害虫，有关内容参见柿树害虫——舞毒蛾。

舞毒蛾雌成虫及刚产下的卵块

沙棘园小木蠹蛾

我国沙棘正面临着小木蠹蛾的猖獗危害，每年因小木蠹蛾为害，以20%速度死亡。

学名 *Holcocerus insularis* Staudinger 属鳞翅目木蠹蛾科。分布我国大部分地区。

寄主 沙棘、山楂、石榴等。是我国沙棘上的毁灭性大害虫。以幼虫为害沙棘枝干，受害枝干木质部被蛀成纵横交错的虫道，造成树势衰弱、枝干枯折或整株死亡。该虫在多数地区年生1代，北京2年1代，也有2~3年1代的，以幼虫越冬，幼虫10~12龄，3龄前有群集性，3龄后分散蛀入树干髓部，6月中旬化蛹，6月下旬羽化，幼虫两次越冬，跨越3个年度，发育历期640~723天，6月上中旬成虫羽化。

防治方法 参见苹果害虫——小木蠹蛾。

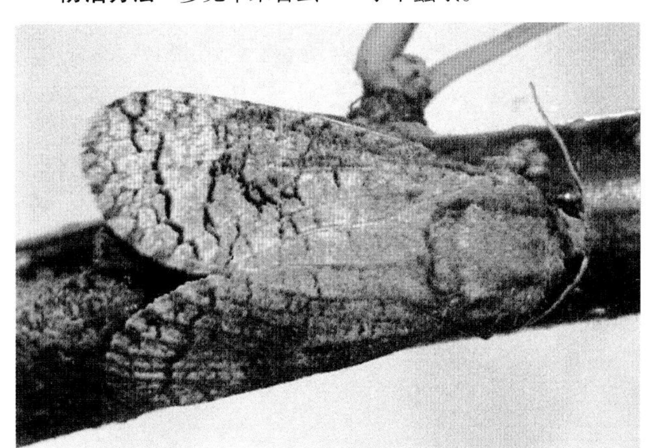

沙棘园小木蠹蛾成虫

9. 石 榴 (Punica granatum) 病 害

石榴假尾孢褐斑病(Pomegranate leaf spot)

症状 为害叶片和果实。叶片染病病斑生在叶两面,圆形至角状,大小1~3mm,叶缘染病常生多个病斑,有时融合,病斑暗褐色至紫褐色或近黑色，斑点中央有时呈浅褐色至灰褐色,边缘暗褐色或近黑色,叶背斑点灰褐色。果实染病产生红褐色斑点,多角形至不规则形。5月下旬开始发病,7~10月上旬出现大量落叶。

病原 *Pseudocercospora punicae* (P.Henn.)Deighton,异名:*Cercospora punicae* P. Henn. 称石榴假尾孢,属真菌界无性型真菌。有性态为 *Mycosphaerella lythracearum* Wolf,称千屈菜球腔菌,属真菌界子囊菌门。子实体叶两面生。子座球形至长圆形,生在气孔下,暗褐色,大小25~54(μm)。分生孢子梗紧密

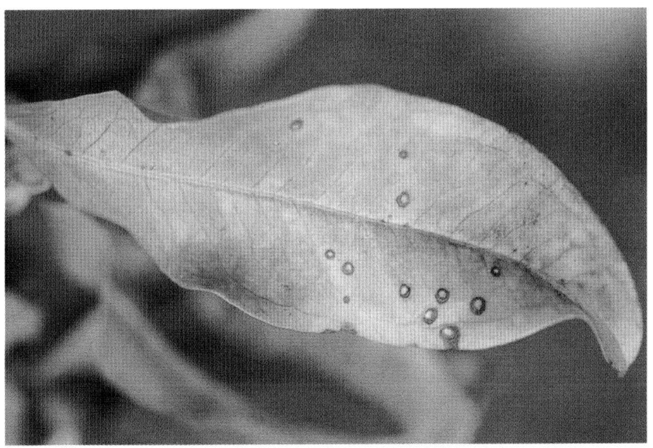

石榴假尾孢褐斑病发病初期症状

石榴假尾孢褐斑病病叶

石榴假尾孢褐斑病病果(石玉增)

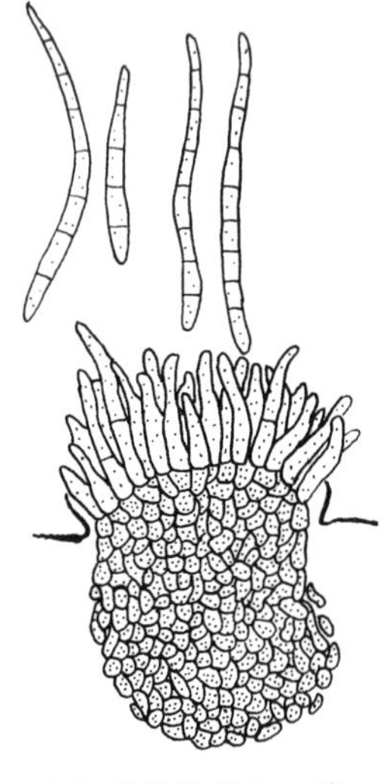

石榴假尾孢褐斑病菌
子座、分生孢子梗和分生孢子

簇生,浅青黄色,不分枝,顶端圆锥形,具隔膜0~1个,大小6.5~52×2.5~3.7(μm)。分生孢子圆柱形,近无色,顶端钝,基部倒圆锥形平截,有隔膜3~10个,大小25~90×2.5~4(μm)。

传播途径和发病条件 病菌以子座或菌丝在病部或病落叶上越冬,翌春条件适宜时产生分生孢子,借风雨传播从伤口或穿过寄主表皮侵入,进行初侵染和多次再侵染,病菌先侵染植株下部叶片,后迅速扩展,梅雨季节利于该病扩展,是发病的高峰期,10月中、下旬病情趋于停滞,高温不利于孢子萌发。品种间抗病性有差异:千瓣石榴、玛瑙石榴发病重。

防治方法 (1)冬季清除病残叶、剪除枯枝,集中烧毁,以减少菌源。(2)选用白石榴、千瓣白石榴、黄石榴等较抗病品种。(3)精心养护,植株密度适中,及时修剪使其通透性好,科学施肥,合理浇水,雨后及时排水,防止湿气滞留,增强抗病力。(4)初春时用80%五氯酚钠1500倍液喷淋地面和植株,防止该病发生。(5)发病初期喷洒50%硫磺·甲基硫菌灵悬浮剂800倍液或50%多菌灵可湿性粉剂800倍液、25%苯菌灵·环已锌乳油800倍液、15%亚胺唑可湿性粉剂1000倍液、40%氟硅唑乳油5000倍液、12.5%腈菌唑乳油4000倍液,地面和树上同时用药效果更好。

石榴盘单毛孢叶枯病(Pomegranate Monochaetia leaf spot)

症状 主要为害叶片,病斑圆形至近圆形,褐色至茶褐色,直径8~10(mm),后期病斑上生出黑色小粒点,即病原菌的分生孢子盘。

病原 *Monochaetia pachyspora* Bubak. 称厚盘单毛孢,属真菌界无性型真菌或半知菌类。分生孢子盘直径92~307(μm)。分生孢子纺锤形,两端细胞无色,中间细胞黄褐色,大小

石榴盘单毛孢叶枯病

20~30×5~8(μm),顶生1~2根附属丝。

传播途径和发病条件 病菌以分生孢子盘或菌丝体在病组织中越冬,翌年产生分生孢子,借风雨传播,进行初侵染和多次再侵染。夏秋季多雨或石榴园湿气滞留易发病。

防治方法 (1)精心养护,保证肥水充足,调节地温促根壮树,培肥地力,疏松土壤,抑制杂草,免于耕作。提倡采用覆草栽培法和密植单干式方法,667m^{2}栽110株,一棵树只留一主干,这样通风透光好,树冠紧凑易控,树势稳定、健壮,可大力推广。(2)发病初期喷洒1:1:200倍式波尔多液或50%异菌脲可湿性粉剂800倍液、47%春雷·王铜可湿性粉剂700倍液、30%碱式硫酸铜悬浮剂400倍液、20%噻菌铜或20%噻森铜悬浮剂600倍液,隔10天左右1次,防治3~4次。

石榴干腐病(Pomegranate dry rot)

症状 又称石榴白腐病。是石榴生产上最严重病害,为害花器、果实、叶片和主干、树枝。花器染病,5月上旬开始侵染花蕾,病花瓣变成褐色,后扩展到花萼,花萼上产生黑褐色椭圆形凹陷斑,后整个花变褐,脱落。新梢上产生椭圆形褐色凹陷小斑点。幼果染病先在萼筒上产生豆粒大小的不规则浅褐色病斑,后扩展成中间深褐色,边缘浅褐色凹陷斑,再深入果内,果实里的籽粒也从病部开始腐烂,直到整个石榴变褐腐烂,引起落果,或干缩成僵果悬挂在枝上。病僵果上密生很多黑色颗粒体,即病原菌的分生孢子器。叶片染病初现黄褐色凹陷长条形至椭圆形坏死斑,此病斑常迅速扩展到全叶,病健交界明显。也可首先

石榴干腐病花朵症状

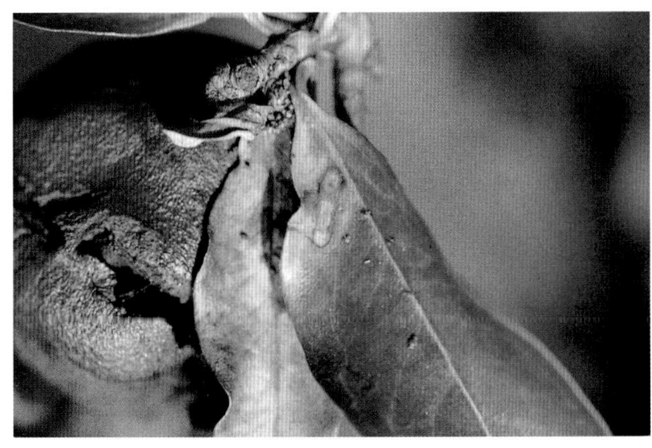

石榴干腐病病叶上的初期病斑

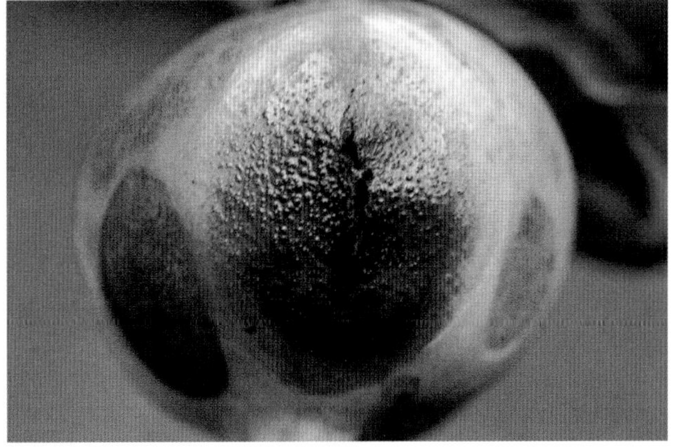

石榴干腐病病果及病部的分生孢子器

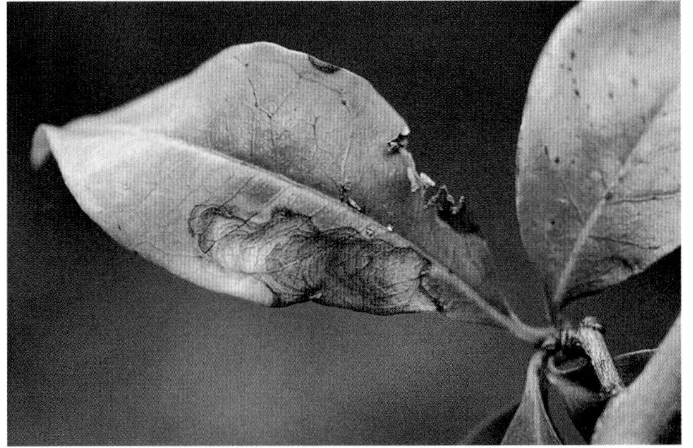

石榴干腐病病叶

石榴干腐病树枝上的僵果

石榴干腐病茎和叶上初期病斑

发生在病叶与果实接触处，病原菌由病叶传播到果实上。枝干染病，受害重的造成整枝或整株干枯死亡。主干和树枝染病初期皮层呈黄褐色，表皮症状不明显，后皮层变成深褐色，表皮失水干裂变得粗糙不平，严重时病部皮层失水干缩，凹陷，病皮成块状开裂或翘起，很易剥离，病变逐渐深入木质部，有的变成深褐色造成枝条或主干干枯或全树枯死。

病原 *Coniella granati* (Sacc.)Petr. & Syd 称石榴垫壳孢，异名：*Zythia versoniana* Sacc. 有性态为 *Nectriella versoniana* Sacc. et Penz. 称石榴小赤壳菌，属真菌界子囊菌门。无性型分生孢子器球形，壁内层红色，外层橄榄褐色，大小 15 ~ 144 × 62 ~ 131(μ m)。分生孢子梗束生，19 ~ 25 × 1.5(μ m)。分生孢子纺锤形，无色，无隔，3.2 ~ 4 × 10.8 ~ 18(μ m)。该菌有潜伏侵染特性。

传播途径和发病条件 病原菌以菌丝体或分生孢子器在病果、病果台、病枝内、病树皮上越冬且带菌率很高。挂在树上或落地的僵果的菌丝体及其他部位越冬的菌丝于 4 月中旬前后，产生新的分生孢子器，遇雨后分生孢子器中涌出大量分生孢子，借风雨传播，从石榴的伤口、皮孔、自然孔口侵入，气温和相对湿度是该病发生迟早的决定因子，发病适温为 24 ~ 28℃，相对湿度高于 90%，分生孢子萌发率高达 99%。一般 5 月中旬开始发病，7 月进入发病盛期，9 月后病害停滞下来。生产上 6、7、8 三个月高温、雨日多、蛀果、蛀干害虫多，桃蛀螟为害严重，修剪不当等造成伤口多或树势衰弱发病早且重。此外与品种有关，河南的蜜露软籽、蜜宝软籽较抗病，观赏石榴发病轻。

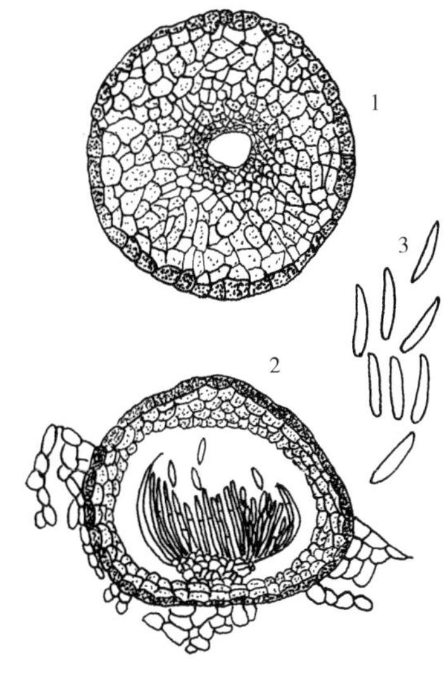

石榴干腐病菌(石榴垫壳孢)
1.分生孢子器 2.分生孢子器剖面 3.分生孢子

防治方法 (1)选用抗病品种。(2)冬春清除树上、树下病残僵果；刮树皮，消灭桃蛀螟越冬虫蛹，剪除带病新梢和病枝，果后套袋，减少伤口，5 月底 6 月初桃蛀螟钻果前喷 2.5%溴氰菊酯乳油 2000 倍液，杀灭桃蛀螟。(3)加强石榴树水肥管理增强树势，提高抗病力十分重要。(4)石榴休眠期喷洒波美 3~5 度石硫合剂。从 3 月下旬喷洒 1∶1∶160 倍式波尔多液或 30%戊唑·多菌灵悬浮剂 600 倍液。(5)黄淮石榴产区从 6 月 25~7 月 15 日幼果膨大期是最佳防治期，及时喷洒 1∶1∶160 倍式波尔多液或 30%戊唑·多菌灵悬浮剂 1000 倍液或 80%锰锌·多菌灵可湿性粉剂 1000 倍液，隔 15 天 1 次，连续防治 3 次。(6)该病具潜伏侵染特性，可在果实贮藏期继续发病，应进行低温储藏。

石榴蒂腐病（Pomegranata Phomopsis stem-end rot）

症状 主要为害果实，引起蒂部腐烂，病部变褐呈水渍状软腐，后期病部生出黑色小粒点，即病原菌分生孢子器。

石榴蒂腐病病果发病初期症状

病原 *Phomopsis punicae* C. W. Guo et P. K. Chi 称石榴拟茎点霉，属真菌界无性型真菌。PDA 培养基上 25℃培养 14 天，长出扁球形、黑褐色、单腔或双腔分生孢子器，直径 102~138（μm）；分生孢子梗细长分枝；产孢细胞长瓶梗形；分生孢子两型，甲型长卵形，大小 5~8×2~3（μm），无色，未见油球；乙型线状，直或弯，无色，大小 28~49×0.8~1.5（μm）。

传播途径和发病条件 病菌以菌丝或分生孢子器在病部或随病残叶遗留在地面或土壤中越冬，翌年条件适宜时，在分生孢子器中产生大量分生孢子，从分生孢子器孔口逸出，借风雨传播，进行初侵染和多次再侵染。一般进入雨季、空气湿度大易发病。

防治方法 (1)加强石榴园管理，施用酵素菌沤制的堆肥或腐熟有机肥，及时灌水保持石榴树生长健壮。雨后及时排水，防止湿气滞留，可减少发病。(2)发病初期喷洒 20%噻森铜悬浮剂或 12%松脂酸铜乳油 600 倍液、30%苯醚甲·丙环乳油 2800 倍液、47%春雷·王铜可湿性粉剂 700 倍液、75%百菌清可湿性粉剂 600 倍液、50%百·硫悬浮剂 600 倍液，隔 10 天左右 1 次，防治 2~3 次。

石榴焦腐病（Pomegranata Botryodiplodia rot）

症状 果实上或蒂部初生水渍状褐斑，后逐渐扩大变黑，后期产生很多黑色小粒点，即病原菌的分生孢子器。

病原 *Botryodiplodia theobromae* Pat. 称可可球二孢，属真菌界半知菌类。异名：*Lasiodiplodia theobromae*（Pat.）Criff. et Maubl.有性态为：*Botryosphaeria rhodina*（Cke.）Arx 称柑橘葡萄座腔菌，属真菌界子囊菌门。子囊果近圆形，暗褐色，大小 224~280×168~280（μm），孔口突起。子囊棍棒状，子囊孢子 8 个，椭圆形，单胞无色，大小 21.3~32.9×10.3~17.4（μm）。南方春天产生分生孢子器，分生孢子初单胞无色，成熟时双胞褐色，19.4~25.8×10.3~12.9（μm）。

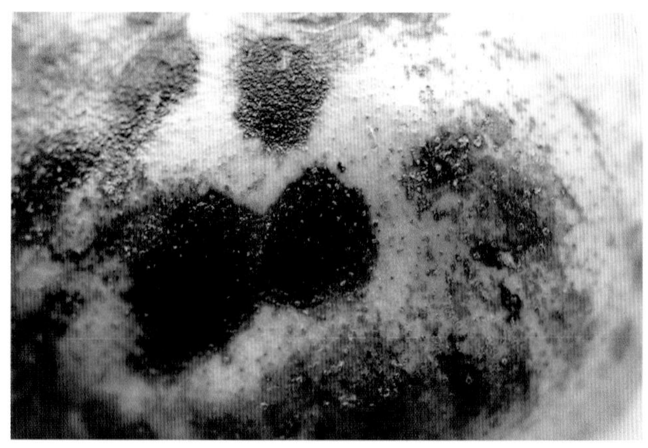

石榴焦腐病病果

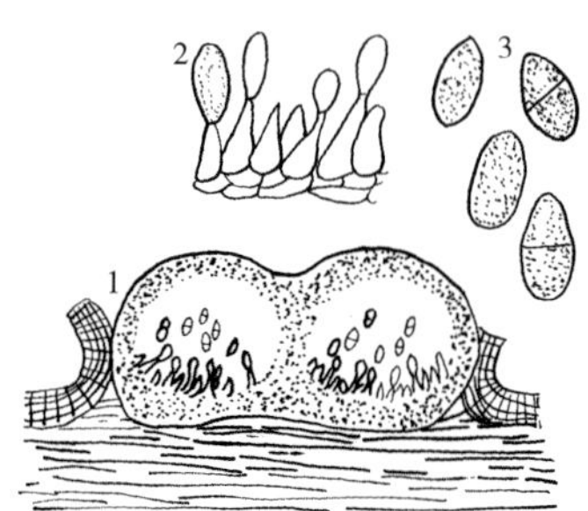

石榴焦腐病菌 可可球色二孢
1.分生孢子器 2.产孢细胞 3.分生孢子

传播途径和发病条件 病菌以分生孢子器或子囊在病部或树皮内越冬，条件适宜时产生分生孢子和子囊孢子，借风雨传播，该菌系弱寄生菌，常腐生一段时间后引起果实焦腐或枝枯。

防治方法 (1)精心养护，及时浇水施肥，增强抗病力。(2)必要时喷洒 1∶1∶160 倍式波尔多液或 30%戊唑·多菌灵悬浮剂 1000 倍液、40%波尔多精可湿性粉剂 700 倍液。

石榴曲霉病（Pomegranate black mold）

症状 主要为害石榴果实。染病果初呈水渍状湿腐，果面变软腐烂，后在烂果表面产生大量黑霉，即病菌分生孢子梗和分生孢子。

病原 *Aspergillus niger* V. Tiegh. 称黑曲霉，属真菌界无

石榴曲霉病病果

性型真菌。分生孢子穗灰黑色至炭黑色，圆形至放射状，直径300～1000(μm)，边缘裂开形成放射状排列的圆柱体。分生孢子梗无色或顶部黄色至褐色，光滑，有时破裂成条，大小200～400×7～10(μm)，梗顶端近球形，直径20～50μm，上生两层小梗，顶层小梗大小6～10×2～3(μm)，上串生球形褐色孢子，大小2.5～4(μm)。

传播途径和发病条件 病菌以菌丝体和分生孢子在地上越冬，通过气流传播，病菌孢子从日灼、虫伤或采收时果皮受伤处侵入，引起发病，湿度大易诱发此病。

防治方法 (1)果实成熟期要注意通风散湿，雨后及时排水，防止湿气滞留在树丛中。(2)发病初期喷洒50%多菌灵可湿性粉剂800倍液或47%春雷·王铜可湿性粉剂800倍液、40%氟硅唑乳油5000倍液、20%丙硫·多菌灵悬浮剂2900倍液，每667m²喷对好的药液60～65L，隔10天左右1次，连续防治2～3次。

石榴疮痂病(Pomegranata scab)

症状 主要为害果实和花萼，病斑初呈水湿状，渐变为红褐色、紫褐色直至黑褐色，单个病斑圆形至椭圆形，直径2～5(mm)，后期多斑融合成不规则疮痂状，粗糙，严重的龟裂，直径10～30(mm)或更大。湿度大时，病斑内产生淡红色粉状物，即病原菌的分生孢子盘和分生孢子。

病原 *Sphaceloma punicae* Bitanc. et Jenk. 称石榴痂圆孢，

石榴疮痂病病果

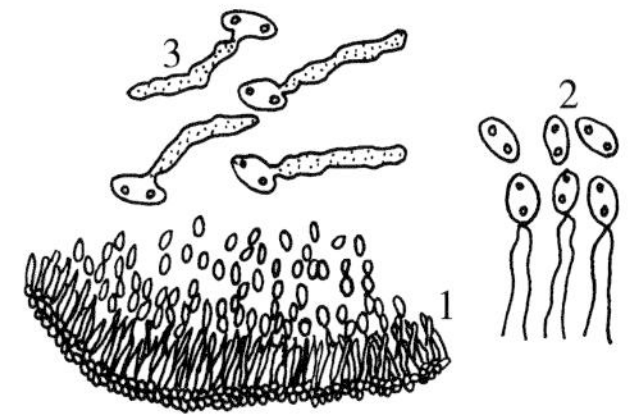

石榴疮痂病菌
1.分生孢子盘 2.分生孢子梗和分生孢子 3.分生孢子萌发

属真菌界无性型真菌。分生孢子盘暗色，近圆形，略凸起，大小54～120(μm)。分生孢子盘上生排列紧密的分生孢子梗，无色透明，瓶梗型。分生孢子顶生，卵形至椭圆形，单胞无色，透明，两端各生1个透明油点，大小2.8～7.8×2.3～5(μm)。病组织在PDA培养基上培养7天，先在病组织上产生黄色小菌落，后扩至培养基上，圆形，中央凸起，10天后可产生酵母菌状分生孢子。

传播途径和发病条件 病菌以菌丝体在病组织中越冬，春季气温高于15℃，多雨湿度大，病部产生分生孢子，借风雨或昆虫传播，经几天潜育又形成新病斑，又产生分生孢子进行再侵染。气温高于25℃病害趋于停滞，秋季阴雨连绵病害还会发生或流行。

防治方法 (1)发现病果及时摘除，减少初侵染源。(2)发病前对重病树喷洒10%硫酸亚铁加1%粗硫酸铲除剂。(3)花后及幼果期喷洒1∶1∶160倍式波尔多液或20%喹菌铜可湿性粉剂1000~1500倍液、30%戊唑·多菌灵悬浮剂1000倍液。(4)调入苗木或接穗时要严格检疫。

石榴麻皮病

石榴麻皮病是石榴生产上近几年新发现的病害，严重影响商品价值，已引起各石榴栽培区的关注！

石榴麻皮病病果

症状 果皮变褐粗糙或变麻，外观上看果实失去原石榴品种的光泽和绿色，易木栓化，轻者商品质量降低，重病园病果率高达95%以上，严重影响石榴商品价值。

病原 该病病因复杂，尚未见详细研究报导，从见到的报道看，病原有4：一是与疮痂病有关，四川省攀枝花地区认为石榴疮痂病是造成麻皮病的重要原因，初期在果实由青转红时，向阳一面产生小针头状红点，病斑扩大后变成黑褐色，略突起，中间稍凹陷，病斑融合后使果面产生黑褐色坏死区域，严重时病斑可布满整个果面，病果面粗糙，发病高峰5月中旬~至6月上旬，降雨多的年份发病重。管理差的病果率高达90%。二是干腐病，6年以上老石榴园雨季过后发病较重，初在果肩和果腰部产生油渍状小点，后产生2~3(mm)或4~10(mm)不规则病斑，病部僵缩，略下陷，呈失水干腐状，发生在6月上旬，高峰期在6月下旬~7月上旬。三是日灼病严重。四是蓟马，幼果期受害后石榴果皮易木栓化，蓟马为害高峰期为5月中旬~6月中旬。本作者在北京见到了麻皮病，2009年是北京近10年降雨最多的1年，石榴上见到了此病，据调查优良石榴品种发病重，观赏石榴不发病。

防治方法 (1)冬季清园 寒冬到来前进行修剪，是减少麻皮病关键措施，并对树体喷洒波美5度石硫合剂。(2)春季石榴萌芽展叶后喷洒10%苯醚甲环唑微乳剂2500倍液或30%戊唑·多菌灵悬浮剂1100倍液。(3)4月下旬~6月中旬落花后幼果期防治蚜虫、蓟马，可喷洒10%吡虫啉2000倍液或25%吡

蚜酮 2500 倍液。防治疮痂病发病初期喷洒 50%嘧菌酯水分散粒剂 2000 倍液。(4)也可在石榴果实膨大期开始喷洒 3.4%赤·吲乙·芸可湿性粉剂(碧护)7500 倍液,共喷 2~3 次。

石榴“太阳果”病

症状 石榴进入硬核期至转色期开始发病,多发生在果实向阳面,初现水渍状小点,后扩展成黄褐色至红褐色略凸出于果面的病斑,多个病斑相互融合成黑褐色大斑,有的石榴品种后期可在病斑上产生裂纹露出石榴籽粒,经接种或石榴发病实际情况来看,该病是一种复合侵染的病害,先是向阳面果实发生日灼伤造成伤口,后病原菌再侵入造成的为害。

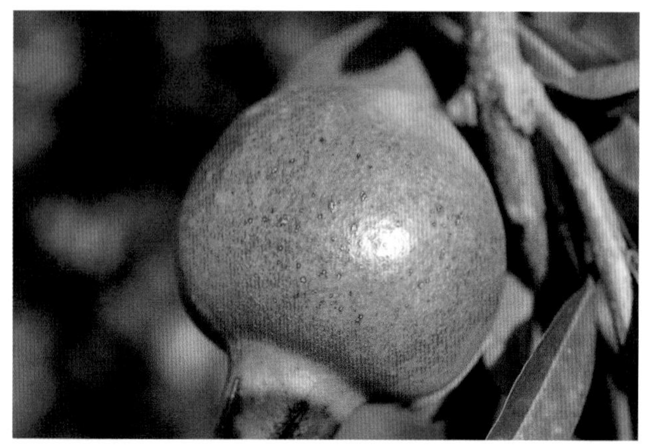

石榴太阳果

石榴太阳果病

病原 *Alternaria alternata* (Fr. : Fr.)Keissler 称链格孢,属真菌界无性型真菌。自然条件下分生孢子单生或数根簇生,浅褐色至褐色,33 ~ 75 × 4 ~ 5.5(μm)。分生孢子单生或短链生,倒棍棒形或卵形至近椭圆形,浅褐色,有 3~8 个横隔膜和 1~4 个纵、斜隔膜,孢身 22.5 ~ 40 × 8 ~ 13.5(μm)。短喙柱状,浅褐色,8 ~ 25 × 2.5 ~ 4.5(μm)。

传播途径和发病条件 该菌在植物枯死部或衰弱濒死组织上或土壤中存活,也可在石榴上及病残体上越冬,7、8、9 高温多雨年分易发病。

防治方法 (1)适当修剪,在果实附近适当增加留枝留叶遮挡果实,防止烈日暴晒。(2)增施有机肥,改良土壤,提高土壤供水供肥能力,提高石榴树对链格孢菌抗病力。(3)合理浇水,防止土壤缺水,可减少发病。(4)发病初期喷洒 50%异菌脲或 50%腐霉利可湿性粉剂 1000 倍液,也可施用多复佳液肥与 20%噻森铜悬浮剂 1 : 1 混合效果明显。

石榴果腐病

症状 各石榴产区均有发生,常年发病率 20%左右。采收后贮运过程中继续蔓延,造成较严重损失。常见的果腐病有 3 种:核果链核盘菌引起的果腐多在石榴近成熟期发生,初在果皮上生淡褐色水渍状病变,不断扩大,以后长出灰褐色霉层,内部籽粒随之腐坏,病果常干缩成深褐色至黑色的僵果悬挂在树上不脱落。染病枝条,常产生溃疡斑。由酵母菌侵染引起的发酵果也常在近成熟期和贮运期发生。病果初外观症状不明显,仅局部果皮略现浅红色。剥开石榴皮果内变红,籽粒开始腐败,后

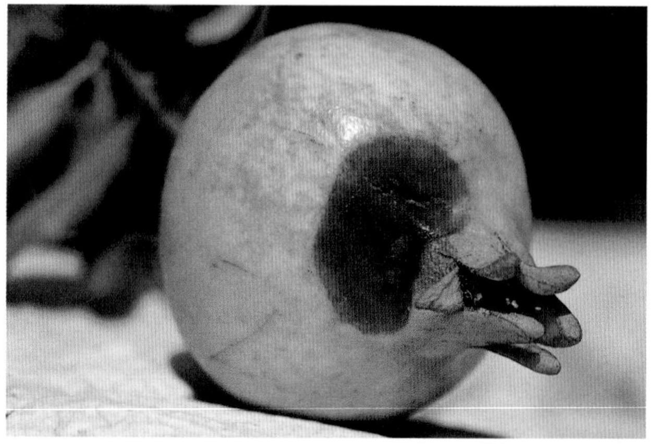

石榴果腐病褐腐型病果

石榴果腐病果实发病症状

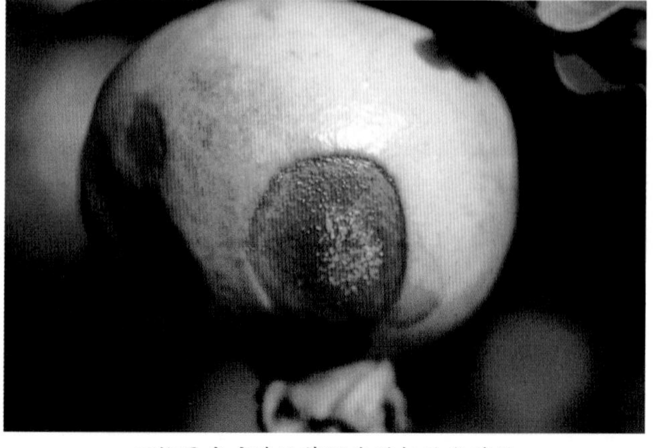

石榴果腐病酵母菌侵染引起的发酵果

石榴青霉病病果已扩展到全果

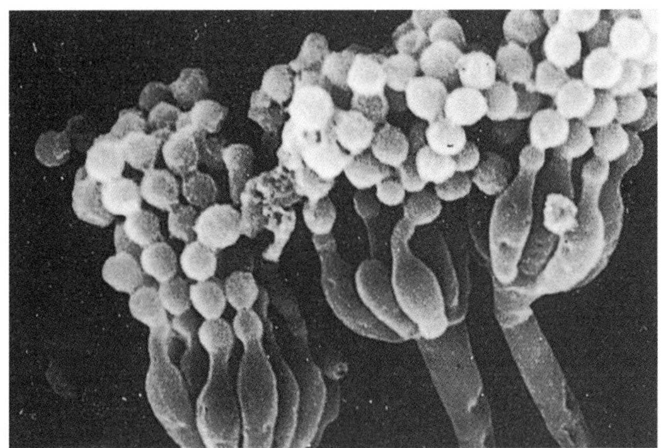

生在石榴果实上的青霉分生孢子梗和分生孢子

期果内腐坏进一步发展并充满带褐色浓香味浆汁。取1滴浆汁滴在载玻片上镜检可见到大量酵母菌，病果很快落地。由青霉菌、绿霉菌从桃蛀螟为害造成伤口或自然裂果处的裂口开始腐烂，直到扩及全果腐烂掉落地面，流出黄褐色汁液，无法食用。

病原 褐腐病病原为 *Monilinia laxa* (Aderh. et Rubl.)Honey 称核果链核盘菌，属真菌界子囊菌门。和 *Candida* sp. 称一种酵母及 *Penicillium expansum* Link 称扩展青霉，均属真菌界无性型真菌，能引起石榴生长期及贮藏期的果腐病。核果链核盘菌子囊盘盘状，直径5~15(mm)，子囊圆筒形，子囊孢子椭圆形。酵母菌是单细胞的真菌，通常产生假根，营腐生性生活。扩展青霉分生孢子梗自表生菌丝生出，单生，簇生或孢梗束状生，分生孢子梗200~500×3~4(μm)，顶端呈帚状分枝，三层轮生，产孢细胞安瓿形，分生孢子椭圆形，光滑无色，单胞，3~3.5×2.5~3(μm)，形成不规则链状。

传播途径和发病条件 褐腐病菌以子囊孢子或菌丝、分生孢子在僵果上或枝干溃疡处越冬，翌年雨季借气流传播侵染，果腐多在高温、高湿条件下发生。酵母引起的发酵果主要与石榴绒粉蚧有关。凡是受过蚧壳虫为害的石榴，在果嘴残花丝处均可见到绒粉蚧；酵母菌通过蚧壳虫刺吸伤口侵入石榴果实，引起发酵果大量发生。生产上裂果多的，果腐病发生重。

防治方法 (1)防治石榴褐腐菌引起的果腐病于发病初期喷洒50%多菌灵悬浮剂600倍液，7天1次，连防3次，防效95%以上。(2)防治酵母菌引起的发酵果，于5月下旬和6月上旬喷洒1.8%阿维菌素乳油或40%甲基毒死蜱乳油1000倍液防治石榴绒蚧、康氏粉蚧、龟蜡蚧及桃蛀螟，隔10天1次，防治2~3次。(3)防治生理裂果时，用50mg/L的赤霉素于幼果膨大期喷到果面上，10天1次，连防3次。也可喷洒3.4%赤·吲乙·芸可湿性粉剂(碧护)7500倍液，生产碧护石榴美果。

石榴烟煤病

症状 主要为害叶片和果实。叶片染病，产生棕褐色或深褐色污斑，病斑边缘不明显，呈烟霉状。病斑常见有4种类型：分枝型、裂缝型、小点型及煤污型，菌丝层常很薄，极易擦掉。后期整个叶片覆盖一层煤烟状物，即病原菌的分生孢子梗和分生孢子。

病原 *Fumago vagans* Pers. 称散播烟霉，属真菌界无性型真菌。菌丝体由细胞组成成串球状。子囊座瓶状表生，别于小煤炱，该菌在石榴叶或果皮上形成菌丝层，菌丝错综分枝，产生许多厚壁的褐色细胞，有时菌丝体融合成小粒体，以后可形成分生孢子器，但很少产生分生孢子。

传播途径和发病条件 该病常因蚜虫、介壳虫的分泌物诱导而发生，多在石榴叶片表面上或介壳虫发生为害严重的枝条上。蚜虫、介壳虫多发病重。该菌以菌丝体在病部越冬，借风雨或介壳虫活动传播扩散，雨日多，田间荫蔽，温度高，高湿持续时间长的石榴园发病早而重。

防治方法 (1)发病初期的6月中旬至9月喷洒78%波尔·锰锌可湿性粉剂500倍液或30%戊唑·多菌灵悬浮剂1000倍液。(2)发现介壳虫及时喷洒1.8%阿维菌素乳油1000倍液或40%甲基毒死蜱乳油900倍液。(3)加强石榴园管理，合理修剪，雨后及时排水，清除病残对减少该病发生十分重要。

石榴烟煤病病叶

石榴烟煤病煤污型病果

石榴叶霉病

症状 主要为害生长后期的石榴叶片，从叶尖或叶缘开始发病，后向叶柄方向扩展，形成褐色至黑褐色病斑，略带油渍状，病健交界不明显，后期在叶背面生出橄榄绿色霉层。

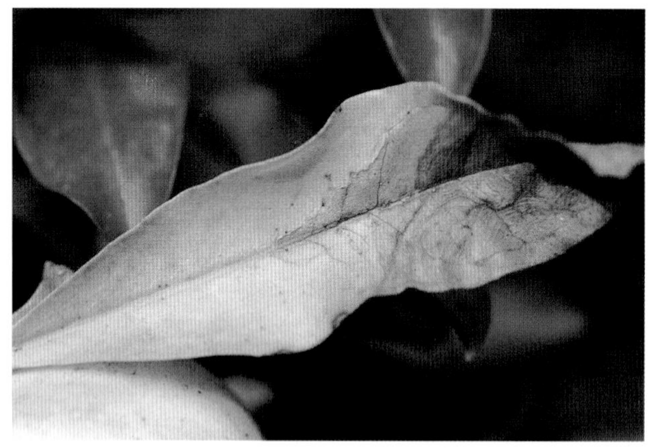

石榴叶霉病病叶叶尖叶缘染病症状

病原 *Cladosporium tenuissimum* Cooke 称极细枝孢，属真菌界无性型真菌。分生孢子梗单生或2~5根簇生，直立，上部略弯或曲膝状，平滑，2~7个隔膜，深褐色，上部色浅，94～509×3.2～5.4(μm)。分生孢子链生，椭圆形，浅橄榄色，平滑，0~1个隔膜，4～21.6×2.6～5.4(μm)。

传播途径和发病条件 病原菌以菌丝体和分生孢子在病果上或病叶上随病残体进入土壤内越冬，翌年产生分生孢子，借风雨或昆虫传播蔓延，雨日多、湿度大、粉虱多的年份易发病。

防治方法 (1)调节石榴园内湿度，天旱及时灌水，天涝及时排水，严防湿气滞留。(2)及时防治石榴园蚜虫、粉虱、介壳虫。(3)叶霉病点片发生时，及时喷洒30%戊唑·多菌灵悬浮剂1000倍液或50%乙霉·多菌灵可湿性粉剂1000倍液或70%硫磺·多菌灵可湿性粉剂900倍液。

石榴炭疽病

症状 主要为害叶、枝和果实。叶片染病，产生近圆形褐色病斑，直径2~3(mm)。枝梢染病，断续变褐。果实染病产生近圆形暗褐色病斑。有的病果发病斑边缘发红，下陷或不下陷，病斑下面果肉坏死，病部生有小黑点和橙红色的黏孢团，室内分离

石榴炭疽病病叶

石榴炭疽病病果

可见到有性态。

病原 *Glomerella cingulata* (Stoneman) Spauld. et .H. Schrenk 称围小丛壳，属真菌界子囊菌门。无性型为 *Colletotrichum gloeosporioides* (Penz.) Sacc. 称盘长孢状炭疽菌，属真菌界无性型真菌，又称半知菌类，该菌在真菌词典第9版中划为未确定目的科。子座无。子囊果为子囊壳，黑色。小丛壳属子囊壳埋生在寄主组织内，子囊棍棒形，内含8个子囊孢子。子囊孢子单胞无色，椭圆形。无性型为炭疽菌属，在PDA上菌落多变。分生孢子直，顶端钝，9～24×3～4.5(μm)；附着孢大量产生，中等褐色，棍棒状至不规则形，6～20×4～12(μm)。

传播途径和发病条件 病菌在病树上或随病残体越冬，翌年产生分生孢子或子囊孢子，借风雨传播进行初侵染和再侵染，该菌有潜伏侵染特性，树势衰弱时出现病斑。雨日多的年份气温高易发病。

防治方法 (1)采果后及时清理病残体，剪除病枝病梢，集中烧毁。(2)加强石榴园管理，增施有机肥，增强树势，提高抗病力。(3)采用密植单干式整枝，只留1主干，使其通风透光良好。有利于减轻该病发生。(4)发病初期喷洒80%波尔多液600~800倍液或自己配的1：1：160倍式波尔多液、30%戊唑·多菌灵悬浮剂1000倍液、80%福·福锌可湿性粉剂800倍液、560g/L嘧菌·百菌清悬浮剂700倍液。

石榴沤根(Pomegranata steeping root)

症状 沤根又称烂根。主要为害根部和根颈部，发生沤根

石榴沤根根部症状

时，根部不发新根或不定根，根皮发锈后腐烂，致地上部萎蔫、叶缘枯焦。严重时，叶片变黄，影响开花结实。沤根持续时间长，常诱发根腐病。

病因 低温季节地温低于－18℃，且土壤过湿持续时间长，致地上部叶尖干枯，叶片变黄，植株生长缓慢。

防治方法 (1)冬季休眠期越冬温度不得低于－18℃。(2)必要时浇灌54.5%恶霉·福可湿性粉剂700倍液。

石榴腐霉根腐病

症状 发生相当普遍，尤其是幼树受害重，发病重的石榴园，病株率高达50%。地上部1~2年生枝条上的叶片发黄，后转成黄红色至黄褐色，枝条上挂果很少乃至不能挂果，挖开侧根，皮层变成黑褐色，主根染病皮层也成黑褐色，最终造成全根腐烂，整株石榴树枯死。

病原 *Pythium* sp. 称一种腐霉，属假菌界卵菌门。

传播途径和发病条件 初侵染源是带病苗木，病菌在土壤中以卵孢子越冬，借雨水、灌溉水传播，土壤中的腐霉菌先从石榴近地面的基部幼嫩处或伤口侵入引起发病，病部产生的孢子囊借风雨流水或昆虫传播，进行多次再侵染，造成多数根系染病，尤其是高温多雨季节或定植后遇暴雨易发病，土壤黏重或园内积水发病重。

防治方法 (1)选用无病苗木。(2)植地要求平整，无积水，黏土地要注意排水，选晴天定植。(3)合理施肥、避免过量施用氮肥，中耕除草时尽量避免损伤根部，发现病苗及时汰除。病穴换入新土，撒入石灰消毒，四周健树可高培药土。(4)发病初期喷淋或浇灌54.5%恶霉·福可湿性粉剂700倍液或60%锰锌·氟吗啉可湿性粉剂600倍液、50%乙铝·锰锌可湿性粉剂500倍液。

石榴腐霉根腐病病株地上部症状

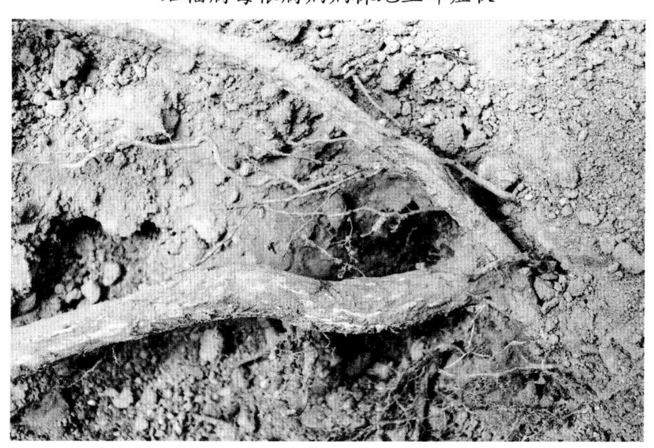

石榴腐霉根腐病根部症状

石榴枯萎病

症状 1999年云南石榴之乡蒙自县发现了石榴枯萎病，短期内可造成石榴枯萎死亡。发病初期1~几枝叶片发黄萎蔫，数周内全株发病死亡，病株枯死率15%左右。在田间首先出现中心病株后向四周扩散，发病初期树干基部细微纵向开裂，刮去树皮后可见褐色或黑色梭状病斑，病树树干横截面可见放射状褐色病斑。2~3年生石榴树主干基部不开裂，病斑褐色有明显凹陷，挖出病树根有1条或多条已发黑变腐。中期树干不同高度可见梭状开裂斑不连续沿树干逆时针螺旋式上升蔓延；刮开树皮可见深褐色至黑色梭状斑，地上部出现萎蔫变黄，梢部

石榴枯萎病病株发病初期症状

1.果实未熟先红 2.病干基部产生黑褐色病斑 3.横剖面散发状病斑

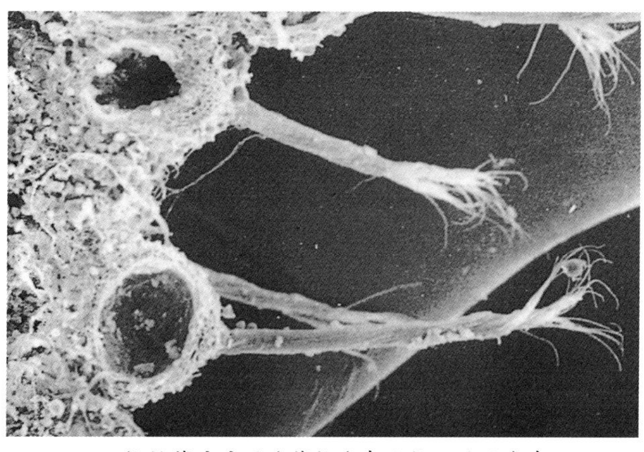

石榴枯萎病病原甘薯长喙壳具长颈的子囊壳

出现落叶后全部凋萎。

病原 *Ceratocystis fimbriata* Ellis et Halst 称甘薯长喙壳，属真菌界子囊菌门。子囊烧瓶形，有长颈，直径 105~140(μm)，颈长 350~800(μm)。子囊梨形，壁薄，内含 8 个子囊孢子。子囊孢子钢盔形，单胞无色，壁薄，4.5~8.7 × 3.5 ~ 4.7(μm)。无性型产生分生孢子和厚垣孢子。分生孢子长杆状，两端钝圆。

传播途径和发病条件 病菌以厚垣孢子和子囊孢子在土壤中越冬，该菌可为害的寄主有甘薯、芒果、石榴、山胡桃、柑橘类、李属植物，随石榴种植面积扩大和产区之间优良品种引进和种苗调运，该病存有进一步扩散蔓延的潜在风险。

防治方法 (1)严格检疫严防疫区扩大。在发病果园种植葱、蒜、芋、绿肥等作物，调解土壤肥力以及土壤生物种群，控制该菌蔓延。(2)发现病树，应马上挖除，彻底把根刨出，所有病根、病枝集中烧毁。并施用生石灰对病树四周土壤进行消毒。(3)种植石榴前，避开种植甘薯地。(4)发病初期浇灌 25%丙环唑乳油或 25%咪鲜胺乳油 1000 倍液，难于到达侵染位点，可考虑树体茎干输液或刮皮涂抹包茎施药。

石榴枝枯病

症状 主要为害苗木枝条或主干，产生溃疡斑或枝枯，影响苗木成活和生长发育。一般在石榴枝干受冻后易发病，在病死斑上或枯枝上产生许多小黑点状突起，即病菌的子座。

病原 *Botryosphaeria ribis* (Tode)Gross.et Dugg. 称茶藨子葡萄座腔菌，属真菌界子囊菌门。无性态为 *Dothiorella gregaria* Sacc. 称桃小穴壳菌，属真菌界无性型真菌。子囊腔 1 ~ 数个，埋生在子座中，洋梨形，黑色，有孔口。子囊棒状，有子囊孢子 8 个。无性态子座黑色近圆形，直径 0.6 ~ 0.8(mm)，内生 1 ~ 数个分生孢子器，近球形，大小 180 ~ 210 × 160 ~ 230(μm)。分生孢子梗短。分生孢子纺锤形，单胞无色，大小 20 ~ 27 × 5 ~ 7(μm)。

石榴枝枯病受冻后发病症状

石榴枝枯病病枝上产生小黑点

石榴枝枯病病枝上的子座(郑晓慧)

传播途径和发病条件 病菌以菌丝体潜伏在树皮中越冬，春季寒冷或干旱易诱发此病。

防治方法 (1)栽后应及时灌水，增强抗病能力。(2)秋季和早春苗干涂 5%菌毒清水剂 50~100 倍液。

石榴日灼(Pomegranate sunscald)

症状 常发生在果肩至果腰向阳部位。初果皮失去光泽、隐现油渍状浅褐色斑，后变为褐色、赤褐色至黑褐色大块斑，病健组织分界不明显。后期，病部稍凹陷，脱水而坚硬，中部常出现米粒状灰色泡皮，俗称"疤脸"。剥开坏死果皮观察，内果皮变褐，籽实体外层灼死，汁少味劣，果实畸形，且容易引发煤污病。

病因 夏季强光直接照射果面，致局部蒸腾作用加快，温度升高或持续时间长易发生日灼。7 ~ 8 月易发病。

防治方法 (1)选用抗日灼品种。(2)修剪时果实附近适当增加留叶，遮盖果实，防止烈日曝晒。(3)加强灌水和土壤耕作，促进根系活动，保证石榴对水分的需要。(4)密切注意天气变化，如有可能出现炎热易发生日灼的天气，于午前喷洒 0.2% ~ 0.3%磷酸二氢钾，有一定的预防作用。

石榴日灼病病果

石榴裂果(Pomegranata fruit split)

病因 石榴裂果是石榴生产中普遍存在的一个突出问题,病因是由内因和外因共同作用的生理病害,与品种、果皮结构、果实发育期的土、水、肥、麻皮病、日灼病及采收期均有关系。一是与品种的关系,石榴品种不同差异明显。二是果皮结构,石榴的果实由果皮、胎座隔膜及种子组成,果实发育前期外果皮延展性强,就不易产生裂果,后随果实逐渐成熟,外部果皮组织老化,弹性减弱变脆,但中部果皮仍保持较强的生长能力,当内、外果皮生长快慢不一致时,籽粒迅速膨大的张力造成果皮开裂,出现裂果。三是果实着生部位 同一品种着生部位不同,裂果发生程度也会存在差异,树冠外围较内膛裂果多,朝阳面比阴面裂果多。四是果实发育程度 成熟果实裂果重未成熟果实裂果轻。五是与土壤有关,活土层厚,土壤有机质含量高长势好产量高的裂果少,土壤贫瘠活土层薄石榴生长慢产量低的易裂果。土壤水分稳定不易裂,反之长期干旱,突降大雨或大水浸灌或久旱遇雨都会造成裂果。

石榴裂果

防治方法 (1)选栽抗裂性强的石榴品种。如山东泰山红、枣庄峄城大青皮甜,大马牙甜,豫石榴1、2、3号,临选8号、14号,突尼斯软籽石榴等。(2)选择土层深厚透气性好肥沃土壤,增施有机肥,使土壤有机质达到2%,使土壤保水、保肥能力增强,提高抗裂性。果实发育后期不要追施氮肥。(3)石榴园地面种植覆盖物,在园内种植草木樨、三叶草等,既可保墒,其根系又能生物固氮翻压后可培肥土壤,种植苜蓿、鲁梅克斯等开展果园抢墒种草、保持土壤水分均衡,生产上做到少量、均衡、多次和适当控制的原则进行灌溉。幼果快速增长或膨大期,需水量大但此间不宜过量浇水,以少量、多次、隔10~15天1次为宜,进入雨季适量浇水,增加果园湿度,湿润果皮,增强果实对连续降雨及高湿条件的适应性,减少裂果发生。采收前应停止浇水,若还有雨应及时排水,防止土壤水分过高而裂果。(4)合理修剪,适当化控。在果实膨大期及着色期各喷1次25mg/L的萘乙酸,在果实发育的中后期用25mg/L赤霉素或3.4%赤·吲乙·芸可湿性粉剂(碧护)7500倍液,均可减少裂果。(5)果实补钙从8月上旬开始向果实上喷0.5%高能钙,隔7~10天1次,连喷3次。(6)适时采收,以减少采收过晚造成裂果。

石榴冻害

症状 石榴系喜温果树,近年常遭受低温雨雪冻害袭击,受冻石榴树表皮呈灰褐色或出现黑色斑块,枝干上产生黑环,黑环以上枝叶抽条干枯,从受冻部位纵、横切面来看,可见形成层变成浅褐或深褐色。主干皮层开裂,树体分枝交叉处皮层下陷,根系皮层变褐,皮层与木质部分离甚至脱落,花芽的花器变形,冻后局部变褐,受冻严重的春天不能发芽。2010年华北、华东,冬春寒流侵袭频繁,低温持续时间长,造成石榴冻害十分严重,应引起生产上重视。

石榴冻害,树皮灰褐色主干皮层开裂

病因 系生理病害 主要是入冬后低温或入冬时不正常降温引起。冬季正常降温条件下,旬最低温度平均值低于-7℃,极端最低温度低于-13℃,即出现冻害。旬最低温度平均值低于-9℃,极端最低温度低于-15℃,出现毁灭性冻害。沿黄地区11月中、下旬寒流侵袭过早,即非正常降温条件下,旬最低温度平均值低于-1℃,极端最低温度-9℃,也会造成石榴树发生冻害。

防治方法 (1)选用抗寒石榴品种:如河南的蜜露软籽、蜜宝软籽、豫石榴1号、2号。保持石榴树树势壮而不旺,健而不衰,提高对低温的抵抗力。(2)控制后期生长,促其正常落叶,石榴园水肥管理做到前促后控,对旺长的要在正常落叶前1个月喷40%乙烯利水剂2500倍液催其落叶,使其正常进入休眠状态。(3)及早冬剪,在落叶后严冬来临之前进行冬剪后,喷波美4度石硫合剂保护。(4)根颈部培土30cm或埋干。1~2年生的幼树要涂白、涂防冻剂,必要时缠塑料布条、捆草把。涂白剂由清水、生石灰、硫磺粉、食盐、植物油,比例为200∶100∶10∶10∶1配制而成,涂在主干、主枝基部。(5)为防止花期冻害,可在早春发芽前喷洒萘乙酸推迟开花期。(6)为了预防石榴冻害,提倡喷洒3.4%赤·吲乙·芸可湿性粉剂(碧护)7500倍液,不仅可以预防雨雪冰冻灾害,还可防止石榴裂果,生产有机高钙石榴,汁鲜味美。2009年陕西省礼泉县在200亩石榴上试验,用碧护喷施3次,石榴树早发芽6~8天,坐果率提高32%,果子增大18%,糖度增加2度,单产提高38%。(7)在石榴园提倡使用新型果树促控剂——PBO,不仅可提高坐果率,还可在花期、幼果期抗拒-4℃的冻害,石榴不裂果。

10. 石 榴 害 虫

桃蛀螟果树型(Peach borer)

学名 *Conogethes punctiferalis* (Guenée) 鳞翅目草螟科。分布:北起黑龙江、内蒙古,南至台湾、海南。是黄河、淮河、长江流域及南、北方石榴产区主要害虫之一。

寄主 石榴、桃、黑莓、山楂、板栗、柿、无花果、枇杷、龙眼、荔枝、猕猴桃、葡萄、柑橘、沙田柚。

为害特点 幼虫为害石榴时,从花或果实的萼筒处钻入,或从果与叶、果与果、果与枝的接触处钻入果内为害,1个受害果中有虫1或几条,果实里堆积虫粪,造成果实腐烂脱落或挂在树上,虫果率高达40%~70%,大发生时达90%,果农中有十果九蛀的说法。

桃蛀螟为害石榴果实状之一

桃蛀螟为害石榴果实状之二

桃蛀螟成虫果树型

桃蛀螟幼虫危害石榴

桃蛀螟的蛹

形态特征 参见桃树害虫——桃蛀螟。

生活习性 长江流域年生4~5代,浙江省一年发生5代,黄淮地区年生4代,北方年生2~3代,均以老熟幼虫在果树翘皮裂缝、僵果中、玉米秆、向日葵等残株内结茧越冬。黄淮地区4月上旬越冬幼虫化蛹,4月下旬羽化产卵,5月中旬发生第1代,7月上旬发生第2代,8月上旬发生第3代,9月上旬发生第4代,然后以老熟幼虫越冬;湖北武昌越冬代5月中下旬成虫盛发,第1代在6月下旬至7月上旬,第2代在8月上、中旬,第3代在9月上中旬,第4代在9月中、下旬至10月上旬,世代重叠。成虫昼伏夜出,羽化后1天交尾,2天产卵在石榴果实萼筒内、梗洼上或相联接的果缝处,卵散产,1个果上2~3粒,多的20多粒,每雌产卵15~62粒,产卵期2~7天,经7天左右孵化。初孵幼虫先在果梗、果蒂基部吐丝蛀食,脱皮后从萼洼处或果上蛀孔钻入果心食害果肉,有转果为害习性,老熟后化蛹。成虫对黑光、糖、酒、醋液趋性明显。

防治方法 (1)冬春两季收集树上树下虫果、园内枯枝落叶,刮除翘皮,清除石榴园四周的高粱、玉米、向日葵、蓖麻以消灭越冬幼虫和蛹。(2)用专用果袋进行套袋,套前喷1次药杀灭早期该虫的卵，成熟前 20 天摘袋，好果率高达 97%。(3)园内安装黑光灯或频振式杀虫灯，或放置糖醋液诱杀成虫。(4)每 667m² 石榴园四周种植玉米、高粱、向日葵 20~30 株，诱之产卵后集中烧毁。(5)摘除虫果，捡拾落果，消灭果中幼虫。(6)果筒中塞药棉或药泥。把废脱脂棉揉成直径 1~1.5(cm)的棉团在 20%氰戊菊酯或 90%敌百虫可溶性粉剂 800 倍药液中浸 1 下后，挤干后塞入萼筒，也可用上述药液加适量黏土调至糊状，即成药泥抹入萼筒，防效 90%左右。(7)在第 1 代、第 2 代成虫产卵盛期，沿黄淮地区 6 月上旬 ~7 月下旬，关键时间是 6 月 20 日 ~7 月 30 日，施药 3~5 次，叶面喷洒 90%敌百虫可溶性粉剂 800~900 倍液或 20%氰戊菊酯乳油或 2.5%溴氰菊酯乳油 1500~2000 倍液。(8)河南、浙江石榴产区重点抓准第 1 代幼虫初孵期，5 月下旬及第 2 代幼虫初孵期 7 月中旬用药，要求在卵孵化盛期至 2 龄盛发期幼虫尚未钻入果内进行防治，及时喷洒 25%灭幼脲悬浮剂 1000 倍液或 5%氟铃脲乳油 1500 倍液、40%毒死蜱乳油 1000 倍液、2.5%高效氯氟氰菊酯乳油 2000 倍液、2.5%溴氰菊酯乳油 2000 倍液。

石榴园桃小食心虫

学名 *Carposina niponensis* Walsingham 又称桃蛀果蛾、桃蛀虫，主要为害石榴、山楂、苹果、梨、桃、杏、李、木瓜等。为害石榴时幼虫从果实萼筒或果实胴部蛀入，蛀孔流出泪珠状果胶，不久干涸，蛀孔愈合成 1 小黑点略凹陷，幼虫入果后在果内乱钻蛀，并把粪排在其中，俗称豆沙馅，遇雨易烂果无法食用。

形态特征、生活习性、防治方法 参见枣、毛叶枣害虫——桃小食心虫。

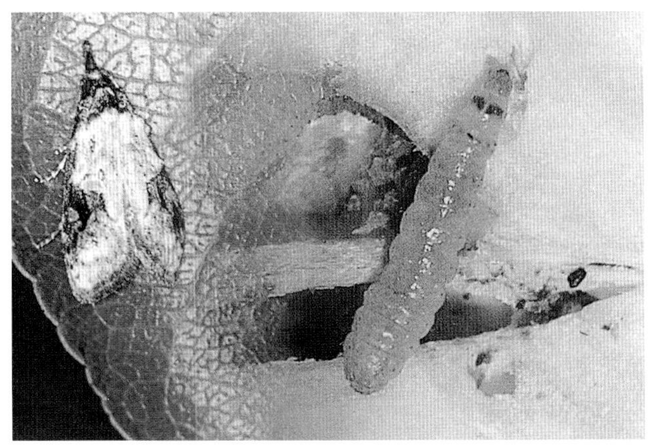

桃小食心虫成虫和幼虫放大

石榴园棉铃虫

学名 *Helicoverpa armigera* (Hübner) 属鳞翅目夜蛾科。分布在全国。除为害石榴、葡萄外，还为害苹果、无花果、枣、毛叶枣、草莓、棉花及茄果类蔬菜。初孵幼虫先啃食嫩叶，之后啃食花穗和果实，幼虫蛀食石榴、葡萄等果实蛀成孔洞，引起浆果腐烂。棉铃虫在东北年发生 2 代、内蒙古、新疆 3 代、华北 4 代，长江以南 5~6 代，云南 7 代，以蛹在土中越冬。越冬蛹 4 月下旬开始羽化，5 月上中旬进入羽化盛期，1、2 代卵盛期在 6 月中下旬，3 代卵盛期在 7 月下旬，卵期 5~6 天，幼虫共 6 龄，7~9 月可对石榴、葡萄造成为害，10 月入土化蛹。

石榴园棉铃虫幼虫(邱强)

防治方法 (1)用黑光灯、频振式杀虫灯、杨树枝把、性诱剂诱杀成虫。(2)卵高峰期后 3~4 天或 6~8 天连续喷洒 100 亿活芽孢 / 克苏云金杆菌悬浮剂 800~1000 倍液或棉铃虫核型多角体病毒。(3)在幼虫蛀果前 2 龄时喷洒 5%天然除虫菊素乳油 1000 倍液或 1.8%阿维菌素乳油 3000 倍液、5%虱螨脲乳油 1200 倍液、40%甲基毒死蜱乳油 1000 倍液。(4)钻蛀果实后应在早晨或傍晚幼虫钻出活动时喷洒 55%氯氰·毒死蜱乳油 2000~2500 倍液。

井上蛀果斑螟

学名 *Assara inouei* Yamanaka 鳞翅目螟蛾科。是我国 2001 年新发现的石榴害虫。分布在云南、河北、甘肃、贵州等省。

寄主 石榴。

为害特点 幼虫蛀入果实内为害，导致果实内充满虫粪易引起裂果和腐烂，落果率达 30%，重的 80%~90%，被害果实无法食用。

形态特征 成虫体长 9~12(mm)，前翅长三角形，翅面灰黑色，翅前缘生 1 白色条斑，从翅基达外缘，白色条斑中生 1 小黑点，内、外侧缘生 2 条斜线。后翅棕灰色，上部深灰色，翅脉色略深，后翅缘毛较前翅色浅。头部下唇须两节白色，端部 1 节暗褐色，具褐色毛环；下颚须发达，细，顶端尖，浅褐色，腹面白色；额部有苍白色鳞片覆盖，触角鞭节细丝状。腿节白色，跗节暗褐色。腹背浅褐色，腹部腹面灰白色，基部 2 节深褐色。

井上蛀果斑螟为害石榴果实放大

生活习性 从卵到成虫历时30天，初孵幼虫先在果面爬行一段时间，后蛀入果内，啃食石榴籽粒外皮，边钻蛀边向外排出颗粒状褐色粪便，1果常有5~10条幼虫为害。蛹期7~8天，成虫在云南田间周年可见，世代重叠，建水县石榴开花期为3~4月，越冬成虫大量羽化，交配产卵。5~8月果实生长期幼虫钻入果内为害到9~10月果实成熟时幼虫老熟化蛹。该虫11月~翌年2月在石榴果中越冬。成虫把卵产在石榴花筒、萼筒周围或石榴表面。云南建水的大籽酸、细籽酸等酸石榴品种受害较重，蒙自县甜鲁子等甜石榴受害轻，50年以上老树较10年以下的受害重。

防治方法 (1)了解该虫生活习性，重视该虫入侵，严格检疫，防止其扩散。(2)石榴冬眠期加强石榴园管理，及时清园，把园内的病残果集中烧毁或深埋。(3)利用该虫天敌控制其为害，把园中收集的有虫果装在小网眼纱笼里，待天敌飞出后再销毁病果。(4)该虫系蛀果害虫，孵化后在果外停留时间短，生产上在成虫出现高峰后1周成虫进入产卵高峰期喷洒40%毒死蜱或甲基毒死蜱乳油1000~1500倍液或22%氯氰·毒死蜱乳油1000倍液。

石榴园青安钮夜蛾

学名 *Ophiusa tirhaca* (Cramer) 鳞翅目夜蛾科。分布在江苏、浙江、江西、广东、广西、湖北、四川、贵州、云南等省。

石榴园青安钮夜蛾成虫

寄主 石榴、柑橘、黄皮、芒果等。

为害特点 幼虫为害石榴等寄主叶片，成虫吸食上述寄主果实汁液。

形态特征 成虫：体长29~31(mm)。头、胸黄绿色；前翅黄绿色，内、外线褐色，末端相遇，外线前端生1三角形黑斑，环纹呈1黑点，肾纹褐色，亚端线黑色。腹部杏黄色。后翅黄褐色。卵：半球形。末龄幼虫：体长54~64(mm)，头宽4.5~5(mm)，腹部第1、2、3节常弯曲成桥形，体后端较前端略细，第8腹节2毛突隆起，第1、2对腹足小。头、身体褐色至茶褐色，头顶生2个黄斑。背线、气门线红黄色，亚背线紫褐色。蛹：长24~28.5(mm)，棕褐色。

生活习性 年生2~4代，6~9月发生，有趋光性。

防治方法 低龄幼虫期喷洒5%天然除虫菊素乳油1000倍液或40%毒死蜱乳油1000倍液。

卵形短须螨(Privet mite)

卵形短须螨是石榴重要害螨，有关内容参见枇杷害虫——卵形短须螨。

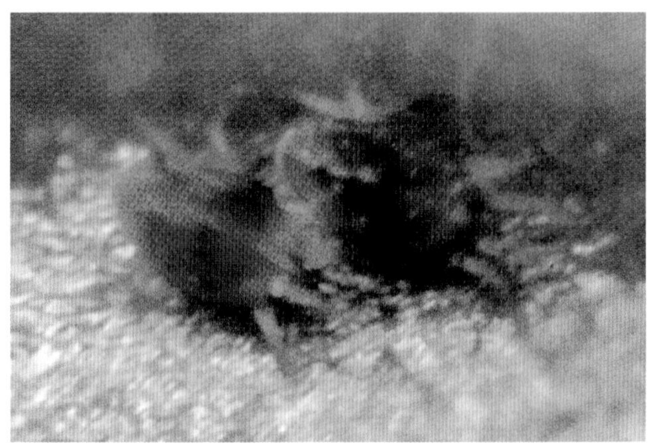

卵形短须螨成虫放大(李晓军)

石榴巾夜蛾(Thick-legged moth)

学名 *Dysgonia stuposa* (Fabricius) 鳞翅目，夜蛾科。分布在陕西、北京、河北、山东、安徽、江苏、上海、浙江、江西、福建、台湾、湖北、广东、贵州、重庆、四川等地。

寄主 石榴、苹果、梨、桃、麻柳、番石榴等。

为害特点 初龄幼虫啃食嫩叶和新芽，虫龄较大后蚕食叶片，仅残存叶脉。虫口密度大时，整株石榴叶片几乎被吃光。成虫于9月上旬为害葡萄严重，成为重要吸果害虫。

形态特征 成虫：体长18 ~ 20(mm)。头、胸、腹褐色或黄褐

石榴巾夜蛾成虫栖息状

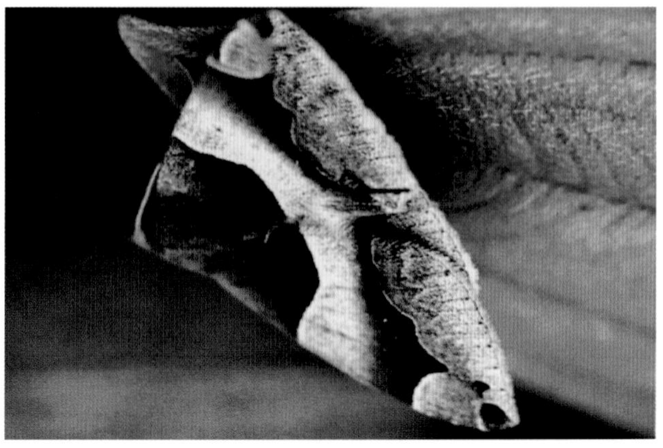

石榴巾夜蛾成虫半展翅状(许渭根)

石榴巾夜蛾幼虫栖息在石榴树枝上(郭书普)

色。前翅褐色;内线至中线为灰白色带,上面有棕色细点,亚端线清晰,有一锯齿状纹,亚端线至端线间灰褐色,内侧色较深,顶角处有2个黑褐色斑;后翅棕赭色,从前缘中部至后缘中部有一条灰白色直带,外缘附近呈灰褐色。卵:似馒头形,直径0.65mm。灰色。卵壳表面从顶部到底部有规则的纵棱与较细的横道,形成不规则的方格状花纹。幼虫 初龄幼虫体黑色;体表有棕色成份。老熟幼虫:体长43~50(mm),体背灰褐色。腹部第一节背面有一对黑色小斑点,第八腹节背面有2个毛突隆起,黑色;第一、二腹节粗,常弯曲成桥形,第三腹节最小。尾足向后突出。灰褐色。蛹:长15~20(mm),褐色,表面常有一层白粉状物,臀棘8枚。

生活习性 年发生世代数因地域不同而有差异。北京年发生4~5代;西安2~3代。各地均以蛹越冬。在西安越冬代成虫5月上、中旬出现,羽化盛期为5月下旬至6月上旬。幼虫在5月下旬至6月下旬发生。第二代幼虫7月中旬至9月中旬,部分幼虫化蛹越冬。第三代幼虫发生在8月中旬,到10月底老熟化蛹。成虫昼伏夜出尤其夜间20~22时活动最盛;有趋光性;成虫寿命7~18天。成虫产卵于新梢叶腋间、皮缝中或叶片背面,散产,每雌产卵43~182粒。卵期4~8天。初孵幼虫稍停片刻、即向枝梢处爬动,取食枝梢的幼叶和嫩枝的皮。幼虫行动姿势相似于尺蛾幼虫,若遇振动能吐丝下垂。蛹期4~6天。该夜蛾的天敌有树麻雀、大山雀、黄眉柳莺、中华抚蛛、迷宫漏斗蛛、两点广腹螳螂、薄翅螳螂及小刀螳螂等。

防治方法 (1)加强检疫,避免害虫随苗木远距离传播。(2)幼虫发生危害期喷洒2.5%溴氰菊酯乳油2000倍液或50%杀螟硫磷乳油1000倍液、5%氟虫脲乳油1000倍液。

玫瑰巾夜蛾

学名 *Parallelia arctotaenia* Guenée 鳞翅目,夜蛾科。别名:月季造桥虫、蓖麻褐夜蛾。分布山东、河北、江苏、上海、浙江、安徽、江西、陕西、湖南、四川、贵州等省。

寄主 石榴、柑橘、马铃薯、葡萄、玫瑰、十姐妹、大丽花、迎春、大叶黄杨等。

为害特点 幼虫食叶成缺刻或孔洞,也为害花蕾及花瓣。成虫9月上旬为害葡萄较严重。

形态特征 成虫:体长18~20(mm),体褐色。前翅赭褐色,翅中间具白色中带,中带两端具赭褐色点;顶角处有从前缘向

玫瑰巾夜蛾雌雄成虫(杨子琦)

玫瑰巾夜蛾成虫半展翅状(许渭根)

玫瑰巾夜蛾幼虫

外斜伸的白线1条,外斜至第1中脉。后翅褐色,有白色中带。卵 球形,直径0.7mm,黄白色。幼虫 体长40~49(mm),青褐色,有赭褐色不规则斑纹,腹部1节背具黄白色小眼斑1对,第8节背有黑色小斑1对,第1对腹足小,臀足发达。蛹 长20mm,红褐色,被有紫灰色蜡粉。尾节有多数隆起线。

生活习性 华东地区年生3代,以蛹在土内越冬。翌年4月下旬~5月上旬羽化,多在夜间交配,把卵产在叶背,1叶1粒,幼虫期1个月,蛹期10天左右。6月上旬1代成虫羽化,幼虫多在枝条上或叶背面,拟态似小枝。老熟幼虫入土结茧化蛹。

防治方法 (1)利用黑光灯诱杀成虫,捕捉幼虫。(2)喷洒80%敌敌畏乳油1000倍液或2.5%溴氰菊酯乳油2000倍液、20%氰戊菊酯乳油2000倍液。

大蓑蛾(Cotton bagworm)

学名 *Cryptothelea variegata* Snellen 异名 *Eumeta variegata* (Snellen)、*Cryptothelea formosicola* Strand 鳞翅目，蓑蛾科。别名:大窠蓑蛾、大袋蛾、大背袋虫。分布在辽宁、甘肃、陕西、北京、河北、河南、山东、安徽、江苏、上海、浙江、江西、福建、台湾、广东、海南、广西、湖南、湖北、贵州、重庆、四川、云南等地。

石榴树上的大蓑蛾蓑囊

寄主 石榴、梨、桃、李、杏、梅、枇杷、柑橘、葡萄、板栗、核桃、柿、龙眼、无花果等。

为害特点 幼虫吐丝缀叶成囊，隐藏其中，头伸出囊外取食叶片及嫩头，啃食叶肉留下表皮，造成叶成孔洞或缺刻，严重时将叶食光。

形态特征 成虫:雌雄异型。雌成虫体肥大，淡黄色或乳白色，无翅，足、触角、口器、复眼均有退化，头部小，淡黄褐色，胸部背中央有一条褐色隆基，胸部和第一腹节侧面有黄色毛，第七腹节后缘有黄色短毛带，第八腹节以下急骤收缩，外生殖器发达。雄成虫为中小型蛾，翅展35～44(mm)，体褐色，有淡色纵纹。前翅红褐色，有黑色和棕色斑纹，后翅黑褐色，略带红褐色；前、后翅中室内中脉叉状分支明显。卵:椭圆形，直径0.8～1.0(mm)，淡黄色，有光泽。幼虫:雄虫体长18～25(mm)，黄褐色，蓑囊长50～60(mm)；雌虫体长28～38(mm)，棕褐色，蓑囊长70～90(mm)。头部黑褐色，各缝线白色；胸部褐色有乳白色斑；腹部淡黄褐色；胸足发达，黑褐色，腹足退化呈盘状，趾钩15～24个。蛹:雄蛹长18～24(mm)，黑褐色，有光泽；雌蛹红褐色。

生活习性 在华北地区、华东地区、华中地区年发生1代，以老熟幼虫在蓑囊中越冬。翌春3月下旬开始化蛹，4月底5月初为成虫羽化盛期，雌蛾多于雄蛾，雄蛾羽化后离开蓑囊，寻觅雌蛾；雌成虫羽化后不离开蓑囊，在黄昏时将头胸伸出囊外，招引雄蛾，交尾时间多在13:00～20:00。雌成虫将卵产在蓑囊内，每雌可产3000～6000粒。幼虫孵化后立即吐丝造囊。初龄幼虫有群居习性，并能吐丝下垂，随风扩散。幼虫在3～4龄开始转移，分散为害。9月底至10月初幼虫在囊内越冬。

防治方法 (1)结合园艺管理，及时摘除蓑囊并销毁。(2)在低龄幼虫盛期喷洒50%马拉硫磷乳油或90%敌百虫可溶性粉剂1000倍液、52.25%氯氰·毒死蜱乳油1500倍液、5%S-氰戊菊酯乳油2500倍液。

樗蚕蛾

学名 *Samia cynthia cynthia* (Drurvy) 鳞翅目，大蚕蛾科。别名:樗蚕、柏蚕、乌桕樗蚕蛾。分布在辽宁、北京、河北、山东、安徽、江苏、上海、浙江、江西、福建、台湾、广东、海南、广西、湖南、湖北、贵州、四川、云南等地。

寄主 梨、桃、槐、柳、石榴、柑橘、核桃、银杏、臭椿、马褂木、花椒、蓖麻等。

为害特点 幼虫食叶和嫩芽，轻者食叶成缺刻或孔洞，严重时把叶片吃光。1995年河北保定南部十几个县大暴发。

形态特征 成虫:体长25～30(mm)，翅展110～130(mm)。体青褐色。头部及体背有白线及白点，翅褐色，顶端粉紫色，有1黑色眼状斑，斑的上方生1白色弧形纹；前、后翅中央各生1个月牙形深褐色斑，中央半透明，翅中央还有1条粉红色或白

樗蚕蛾雌雄成虫正在香椿树上交尾

樗蚕蛾成虫把卵产在叶背面

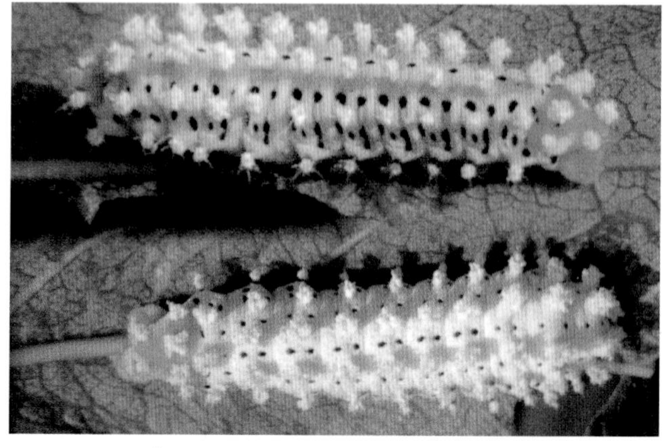

樗蚕低龄和中龄幼虫放大(郭书普)

色组成的贯穿全翅的宽带。卵:长 1.5mm,椭圆形,灰白色。幼虫:体长 55~75(mm),粗大,初浅黄色,中龄后被白粉变成青绿色有黑色斑点;头部、前胸、中胸生对称蓝绿色棘状突起。蛹:长 26~30(mm),棕褐色。茧:长 50mm,口袋状,土黄色。

生活习性 北方年生 1~2 代,南方年发生 2~3 代,以蛹越冬。在四川越冬蛹于 4 月下旬开始羽化为成虫,成虫有趋光性,并有远距离飞行能力,飞行可达 3000m 以上。羽化的成虫当即进行交配。成虫寿命 5~10 天。卵产在寄主的叶背和叶面上,聚集成堆或成块状,每雌产卵 300 粒左右,卵历期 10~15 天。初孵幼虫有群集习性,3~4 龄后逐渐分散为害。在枝叶上由下而上,昼夜取食,并可迁移。第 1 代幼虫在 5 月份为害,幼虫历期 30 天左右。幼虫蜕皮后常将所蜕之皮食尽或仅留少许。幼虫老熟后即在树上缀叶结茧,树上无叶时,则下树在地被物上结褐色粗茧化蛹。第 2 代茧期约 50 多天,7 月底 8 月初是第 1 代成虫羽化产卵时间。9~11 月为第 2 代幼虫为害期,以后陆续作茧化蛹越冬,第 2 代越冬茧,长达 5~6 个月,蛹藏于厚茧中。

防治方法 (1)成虫产卵或幼虫结茧后,可组织人力摘除,也可直接捕杀,摘下的茧可用于榨油。(2)成虫有趋光性,掌握好各代成虫的羽化期,适时用黑光灯进行诱杀,可收到良好的治虫效果。(3)幼虫为害初期,喷布 40%辛硫磷乳油 600 倍液、5%氯氰菊酯乳剂 1000 倍液、80%敌敌畏乳油 1000 倍液,喷药后 0.5 小时,大量幼虫中毒、死亡。(4)生物防治。现已发现樗蚕幼虫的天敌有绒茧蜂和喜马拉雅聚瘤姬蜂、稻苞虫黑瘤姬蜂、樗蚕黑点瘤姬蜂等三种姬蜂。对这些天敌应很好地加以保护和利用。

桉树大毛虫

学名 *Suana divisa* (Moore) 鳞翅目,枯叶蛾科。别名:摇头媳妇(幼虫)。分布:江西、福建、广东、四川。

寄主 桉树、石榴、芒果、苹果、梨、木菠萝等。

为害特点 幼虫取食叶芽成缺刻,严重的只残留叶脉和叶柄,甚至把叶片全部吃光,影响开花和结果。

形态特征 雌成蛾:体长 38~45(mm),翅展 84~116(mm),触角线状,灰白色,下唇须前伸,复眼在触角下侧,胸腹部长圆筒形,身体粗笨,体翅褐色,密布厚鳞,胸背两侧各生 1 块咖啡色盾形斑,后胸背面和前翅翅基具灰黄色斑点,前翅中室端生

桉树大毛虫低龄幼虫为害石榴

桉树大毛虫幼虫放大

桉树大毛虫雌蛹

1 椭圆形灰白色大斑。后翅浅褐色。雄成蛾:稍小,触角基部羽状,体翅赤褐色,前翅中室端部生 1 长圆形白斑,翅外隐现 4 条深色斑纹。卵:长 1.8~2.2(mm),椭圆形,灰色。末龄幼虫:体长 45~136(mm),粗大,体背半圆形,腹面平。体色有灰白、黄褐、黑褐色 3 种。体背具不规则黑色网状线纹,体被刺毛。胸、腹两侧气门下肉瘤上各生 1 束长毛丝,中后胸背面各生黑毛刷。蛹:长 27~35(mm),黑褐色有光泽。

生活习性 四川会理年生 1~2 代,以蛹在茧中越冬,盛蛾期分别为 3 月和 7 月。1 代的盛蛾期是 7 月,为害较重。卵多产在树冠上部突出的枝条上,块堆积不整齐,125~955 粒,卵期 8~14 天,幼虫 6、7 龄,历期 85~123 天。成长幼虫每晚食 10 片石榴叶。白天爬至大枝或主干背面静伏,体色与果树一致,难于发现。老熟幼虫在枝丫、杂草丛、砖石缝结纺锤形丝茧化蛹、越冬羽化。该虫 2 代幼虫多在石榴采收后才进入盛发期,常给下年开花、结果造成很大影响。天敌有梳胫节腹寄蝇等。

防治方法 (1)人工捕杀成虫,刮除枝干上卵块,及枝干上栖息幼虫。(2)喷洒 90%敌百虫可溶性粉剂或 50%杀螟硫磷乳油 1000 倍液。并注意防治二代幼虫。

石榴茎窗蛾

学名 *Herdonia osacesalis* Walker 鳞翅目,网蛾科。别名:绢网蛾、花窗蛾。分布:河北、山西、山东、河南、安徽、浙江、云南等省。

寄主 石榴。

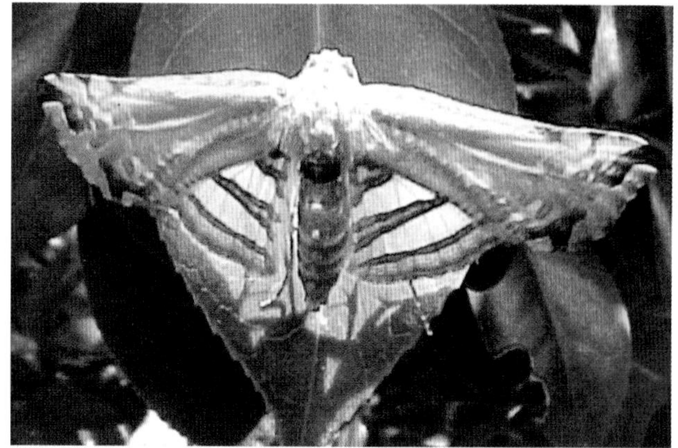
石榴茎窗蛾成虫(许渭根摄)

石榴茎窗蛾幼虫放大

为害特点 以幼虫蛀害枝条，造成当年生新枝枯死，严重影响开花结果且使树势衰弱。

形态特征 成虫：体长 10～17(mm)，翅展 55(mm)。乳白色带浅黄有丝光。前后翅大部分透明，前翅前缘有 11～16 条短纹，顶角生 1 茶褐色弯角状斑向下斜伸，臀角附近有数条浓茶褐色斑纹，后缘有短横纹数条；后翅外缘略褐，基线、内线、中线、外线均为茶褐色。卵：长 0.6～1(mm)，乳白色。卵面具纵隆线和细横线。末龄幼虫：体长 30～35(mm)，前胸背板淡褐色，后缘中部具深褐色弧形带 3 列，上有钩刺。4 对腹足，臀足退化。第 8 腹节腹面有 3 个褐色楔形斑。腹部末节深褐色坚硬，上生白毛，背面向下斜截末端分二叉，叉端钩状。蛹：长 14～23(mm)，深褐色。

生活习性 长江以北、黄淮石榴产区年生 1 代，以幼虫在枝条内越冬。翌年 3、4 月活动取食，5 月中下旬开始化蛹在枝条分杈处以下 2cm 处蛀道中，6 月上中旬开始羽化，交配后 1～2 天产卵，每雌平均产卵 40 余粒，多把卵产在新梢顶端芽腋处，初孵幼虫在芽腋处蛀食，3～5 日内蛀孔以上嫩梢萎蔫。幼虫向下蛀至 2～3 年生枝条，幼虫老熟后上行至距蛀道底部 15cm 处向外咬 1 羽化孔，后化蛹。

防治方法 (1)石榴发芽后及时剪除未发芽的新枝，消灭枝中越冬幼虫；7 月上旬及时剪除枯萎新梢，未枯死枝据排粪孔判断，尽可能剪到虫道终端。(2)幼虫盛孵期向外围树冠上喷洒 20%氰戊菊酯乳油 2000 倍液或 90%敌百虫可溶性粉剂 800 倍液，15 天 1 次。(3) 已蛀入的幼虫，也可注入 50%敌敌畏乳油 300～500 倍液后，用泥封堵。

白眉刺蛾(Lappet moth)

学名 *Narosa edoensis* Kawada 鳞翅目，刺蛾科。别名：杨梅刺蛾。分布：河北、河南、陕西、东北、华北、华南。

白眉刺蛾成虫和幼虫

寄主 石榴、核桃、枣、柿、杏、桃、苹果、梨、樱桃、板栗、栎等。

为害特点 幼虫取食叶片，低龄幼虫啃食叶肉，稍长大可把叶片食成缺刻或孔洞，老叶仅留主脉。

形态特征 成虫：体长 8mm，翅展 16mm 左右，前翅乳白色，端半部具浅褐色浓淡不均的云状斑，其中指状褐色斑明显。末龄幼虫：体长 7mm 左右，椭圆形，绿色，体背部隆起呈龟甲状，头褐色，很小，缩于胸前，体上无明显刺毛，体背生 2 条黄绿色纵带纹，纹上具小红点。蛹：长 4.5mm，近椭圆形。茧：长 5mm，椭圆形，灰褐色。

生活习性 年生 2 代，江苏 2～3 代，以老熟幼虫在树杈或叶背结茧越冬。翌年 4～5 月化蛹，5～6 月成虫羽化，7～8 月进入幼虫为害期，成虫白天静伏于叶背，夜间活动，有趋光性，卵块产在叶背，每块有卵 8 粒左右，卵期 7 天，幼虫孵出后，先在叶背取食，留下半透明的上表皮，随虫龄增加，把叶食成缺刻或孔洞，8 月下旬幼虫陆续老熟，并寻找适合场所结茧越冬。

防治方法 参见苹果害虫——黄刺蛾。

黄刺蛾(Oriental moth)

学名 *Cnidocampa flavescens* (Walker) 鳞翅目，刺蛾科。别名 刺蛾、八角虫、八角罐、洋辣子、羊蜡罐、白刺毛。分布于全

黄刺蛾成虫

国各地。

寄主 苹果、梨、桃、李、杏、樱桃、山楂、海棠、枇杷、芒果、杨梅、葡萄、枣、柿、石榴、栗、核桃、柑橘、茶、榆等多种果木。

幼虫食叶。低龄啃食叶肉,稍大把叶食成网状,大龄幼虫食叶成缺刻和孔洞仅留主脉,严重时食成光杆。幼虫盛发期一般在5月初至7月上旬,防治时喷洒40%辛硫磷乳油1000~1500倍液或50%杀螟硫磷乳油1000倍液。该虫有关信息参见苹果害虫——黄刺蛾。

丽绿刺蛾(Nettle grub)

学名 *Parasa lepida* (Cramer) 鳞翅目,刺蛾科。别名:绿刺蛾。异名 *Latoia lepida* (Cramer)。分布在黑龙江、吉林、辽宁、内蒙古、甘肃、陕西、山西、北京、河北、河南、山东、安徽、江苏、上海、浙江、江西、福建、台湾、广东、海南、广西、湖南、贵州、重庆、四川、云南。

刺蛾为害状

丽绿刺蛾成长幼虫

丽绿刺蛾成虫展翅状

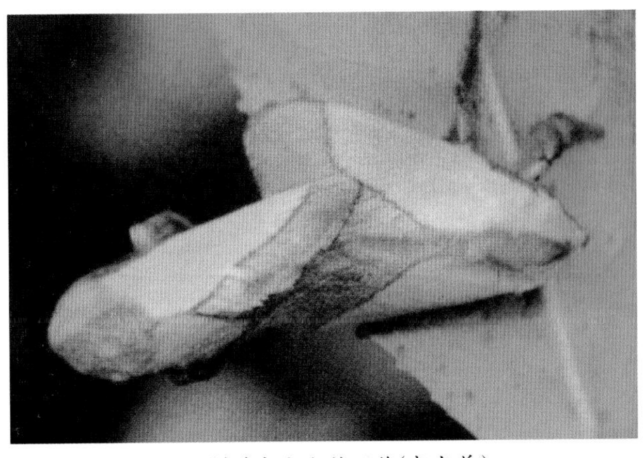

丽绿刺蛾成虫上雄下雌(郭书普)

寄主 石榴、茶、苹果、梨、咖啡、柿、芒果等。

为害特点 幼虫食害叶片,低龄幼虫取食表皮或叶肉,致叶片呈半透明枯黄色斑块。大龄幼虫食叶呈较平直缺刻,严重的把叶片全部吃光。

形态特征 成虫:体长10~17(mm),翅展35~40(mm),头顶、胸背绿色。胸背中央具1条褐色纵纹向后延伸至腹背,腹部背面黄褐色。雌蛾触角基部丝状,雄蛾双栉齿状。雌、雄蛾触角上部均为短单栉齿状。前翅绿色,肩角处有1块深褐色尖刀形基斑,外缘具深棕色宽带;后翅浅黄色,外缘带褐色。前足基部生一绿色圆斑。卵:扁椭圆形,浅黄绿色。末龄幼虫:体长25mm,粉绿色,背面稍白,背中央具紫色或暗绿色带3条,亚背区、亚侧区上各具一列带短刺的瘤,前面和后面的瘤红色。蛹:椭圆形。茧:棕色,较扁平,椭圆或纺锤形。

生活习性 年生2代,以老熟幼虫在枝干上结茧越冬。翌年5月上旬化蛹,5月中旬至6月上旬成虫羽化并产卵。一代幼虫为害期为6月中旬至7月下旬,二代为8月中旬至9月下旬。成虫有趋光性,雌蛾喜欢晚上把卵产在叶背上,十多粒或数十粒排列成鱼鳞状卵块,上覆一层浅黄色胶状物。每雌产卵期2~3天,产卵量100~200粒。低龄幼虫群集性强,3~4龄开始分散,共8~9龄。老熟幼虫在中下部枝干上结茧化蛹。天敌有爪哇刺蛾寄蝇。

防治方法 参见苹果害虫——黄刺蛾。

中华金带蛾

学名 *Eupterote chinensis* Leech 鳞翅目,带蛾科。别名:黑毛虫。分布:湖北、湖南、广西、四川、贵州、云南。

寄主 梨、石榴、桃、苹果等。是石榴树的主要食叶害虫之一。

为害特点 以幼虫食害寄主的叶片,轻者把寄主的叶片啃咬出许多孔洞缺刻,严重的能把叶片吃光或啃咬嫩枝树皮。影响生长发育和开花结果,给果树生产造成相当大的损失。

形态特征 成虫:雌蛾体长22~28(mm),翅展67~88(mm)。全体金黄色。触角深黄色,丝状。胸部及翅基密生长鳞毛。

中华金带蛾成虫

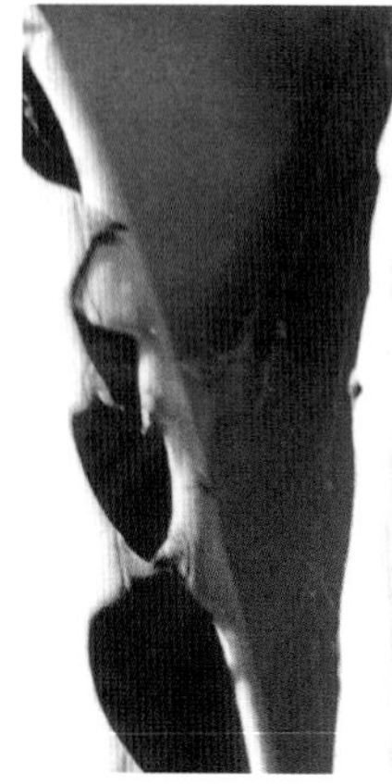
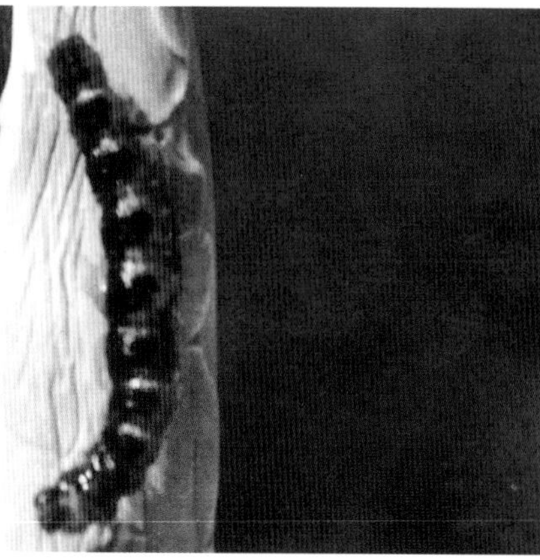

中华金带蛾幼虫

翅宽大，前翅顶角有不规则的赤色长斑，长斑表面散布灰白色鳞粉；长斑下具2枚圆斑，后角的一枚圆斑较小；翅面有5、6条断断续续的赤色波状纹，前缘区的斑纹粗而明显。后翅中间有5、6枚斑点，排列整齐，斑列外侧有3枚大的斑点；顶角区是大小各一枚，相距较近；后缘区有4条波状纹，粗而明显。雄蛾体翅金黄色。触角黄褐色，羽毛状，羽枝较长。胸部具金黄色鳞毛，腹部黄褐色。前翅前缘脉黄褐色，顶角区有三角形赤色大斑；大斑下半部有不明显的银灰色小点；亚缘斑为7～8枚长形小点，内侧后角有一较大的斑点，整个翅面有5条断断续续的波状纹；前缘区粗而明显。后翅亚缘呈波状纹，内侧有2行小斑点，翅的内半部有4条断断续续的波状纵带。卵：圆球状。直径1.2～1.3(mm)。淡黄色，近孵化时卵顶有一黑点。末龄幼虫：体长46～71(mm)。圆筒形。腹面略扁平，全身黑褐色。每一腹节的背面正中有一凸字形黑斑，腹部背面共有黑斑8个，斑内生黄白浅毛。头壳黑褐色。体背及两侧生有许多次生性小刺和长短不一的束状长毛，胸背和尾节上的略长，分别向前和向后伸。束状长毛有棕色、褐色和灰白色之分，但常是混杂在一起。胸足3对，尾足1对。腹足趾钩为双序半环，每足有趾钩80～92个。被蛹：纺锤形，头端钝，尾端略尖，有细小的棘刺。长21～28(mm)。黑褐色，有光泽。

生活习性 四川年生1代，以蛹越冬，越冬蛹期长达7～8个月。7月初始见成虫，7月下旬到8月上旬为成虫羽化盛期，成虫羽化期很长，前后跨越2～3个月。成虫有较强的趋光性，羽化多在晚上，羽化第二天即进行交配，交配后的当晚或第2天夜间就开始产卵。成虫寿命7～10天。雌蛾在寄主的叶片背面或嫩枝上产卵，卵集中成片，不规则地一粒紧接一粒，只排一层，常是数百粒成一块。每雌产卵量115～187粒，卵期8～12天，有的长达半个月以上。多数幼虫6龄，初孵幼虫从卵的顶端钻出，幼虫孵出后，1～2龄时成团成排地聚集在叶片背面，幼龄幼虫受惊后有吐丝下垂、随风飘移进行扩散的习性，幼虫行动时后面的跟着前面的向前爬行。3龄后幼虫食量大增，白天潜伏群集在树干上部每处少则一、二十头，多上百上千头，黄昏后再鱼贯而行向树冠枝叶爬去取食叶片，黎明前又成群开始下移，行动整齐，首尾相接。随着虫龄增大，栖息高度下降到主干基部，一株树上的幼虫常聚集在一处停息。食物极度缺乏时有转株为害的情况出现。寄主叶片常被吃光，仅留叶脉，严重时还要食害嫩梢和树皮。第3次蜕皮后，腹节背面的“凸”字形黑斑才明显地显示出来。多数幼虫一生脱皮5次，幼虫期长达80～95天。幼虫集中出现在石榴、桃、梨、苹果等果树采果后的9～10月份。中华金带蛾在采果后的为害常被人忽视，还会错误地认为这是提早落叶的结果。10月中下旬至11月上旬，老熟幼虫就在翘皮、树洞或树下落叶中、卷叶里、枯枝上、草丛内、石缝、土洞等处作茧化蛹。中华金带蛾在湖南的发生比四川要早一个月左右。

防治方法 (1)冬春季节，把园内的枯枝、落叶、卷叶、翘皮、杂草、石块等清除干净，消灭越冬蛹，减少来年虫源。(2)成虫有较强的趋光性，7～8月，结合其他害虫的防治，安装黑光灯或其他诱虫灯，可以诱杀部分成虫。(3)此虫在卵期和蛹期有寄生蜂寄生，幼虫期有螳螂捕食，在整个防治过程中应很好地保护利用天敌昆虫。(4)中华金带蛾的卵是成片集中在叶片上，初孵幼虫又有群集性，在成虫产卵后或幼虫初孵时，人工及时摘除有卵或有幼虫的叶片。(5)清除幼虫。9～10月，3龄后的幼虫白天常下移群集于树干基部或大枝上，很容易被发现，发现后经常用火烧，一次可烧死几十头到数百头，用火过程中要注意安全；也可用器械刮除幼虫集中踩死，也可将幼虫埋入土坑内，覆盖的土壤要压实。(6)各龄幼虫在枝干或枝叶上，绝大多数时候是群集生活，除人工摘除捕杀外，也可用90%敌百虫可溶性粉剂1000倍液或50%杀螟硫磷乳油1200倍液、40%辛硫磷乳油1000倍液、50%敌敌畏乳油1000倍液、45%马拉硫磷乳油1000～1500倍液等喷雾，均可收到良好的防治效果，施药时间以白天幼虫聚集树干基部为最佳。

茶长卷叶蛾(Tea tortrix)

学名 *Homona magnanima* Diakonoff 鳞翅目，卷蛾科。别名：茶卷叶蛾。分布在安徽、江苏、上海、江西、湖南、湖北、贵州、重庆、四川、云南等地。

寄主 石榴、柿、板栗、核桃、柑橘、杨梅、咖啡、荔枝、龙眼、银杏、山楂、梅、梨、苹果、桃、李、猕猴桃、草莓等。

为害特点 初孵幼虫缀结叶尖，潜居其中取食上表皮和叶肉，残留下表皮，致卷叶呈枯黄薄膜斑，大龄幼虫食叶成缺刻或孔洞。是南方发生数量最多的一种重要食叶害虫。

形态特征 成虫：雌体长10(mm)，翅展23～30(mm)，体浅棕色。触角丝状。前翅近长方形，浅棕色，翅尖深褐色，翅面散生

茶长卷叶蛾幼虫

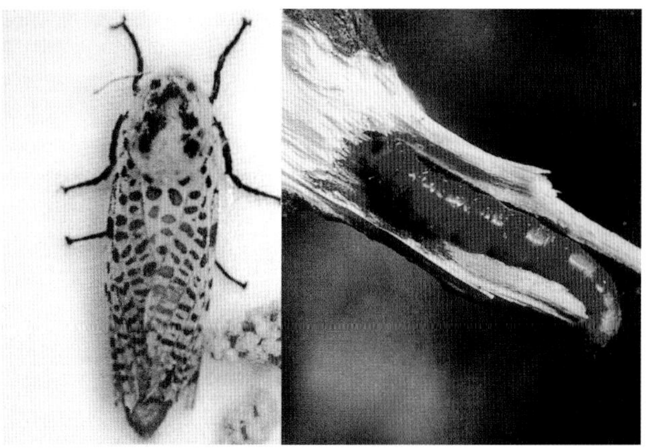

咖啡豹蠹蛾雌成虫和幼虫

很多深褐色细纹，有的个体中间具一深褐色的斜形横带，近翅基内缘鳞片较厚且伸出翅外。后翅肉黄色，扇形，前缘、外缘色稍深或大部分茶褐色。雄成虫体略小，前翅黄褐色，基部中央、翅尖浓褐色，前缘中央具一黑褐色圆形斑，前缘基部具一浓褐色近椭圆形突出，部分向后反折，盖在肩角处。后翅浅灰褐色。卵：长 0.83mm，扁平椭圆形，浅黄色。末龄幼虫：体长 18～26(mm)，体黄绿色，头黄褐色，前胸背板近半圆形，褐色，后缘及两侧暗褐色，两侧下方各具 2 个黑褐色椭圆形小角质点，胸足色暗。蛹：长 11～13(mm)，深褐色，臀棘长，有 8 个钩刺。

生活习性 浙江、安徽年生 4 代，台湾 6 代，以幼虫蛰伏在卷苞里越冬。翌年 4 月上旬开始化蛹，4 月下旬成虫羽化产卵。第一代卵期 4 月下旬～5 月上旬，幼虫期在 5 月中旬～5 月下旬，蛹期 5 月下旬～6 月上旬，成虫期在 6 月份。二代卵期在 6 月，幼虫期 6 月下～7 月上，7 月上中旬进入蛹期，成虫期在 7 月中旬。7 月中～9 月上发生三代，9 月上～翌年 4 月发生第四代。均温 14℃，卵期 17.5 天，幼虫期 62.5 天；均温 16℃，蛹期 19 天，成虫寿命 3～18 天；均温 28℃，完成一个世代 38～45 天。成虫多于清晨 6 时羽化，白天栖息在叶丛中，日落后、日出前 1～2 小时最活跃，有趋光性、趋化性。成虫羽化后当天即可交尾，经 3～4 小时即开始产卵。卵喜产在老叶正面，每雌产卵量 330 粒。初孵幼虫靠爬行或吐丝下垂进行分散，遇有幼嫩芽叶后即吐丝缀结叶尖，潜居其中取食。幼虫共 6 龄，老熟后多离开原虫苞重新缀结 2 片老叶，化蛹在其中，天敌有赤眼蜂、小蜂、茧蜂、寄生蝇等。

防治方法 (1)冬季剪除虫枝，清除枯枝落叶和杂草，集中处理，减少虫源。(2)摘除卵块和虫果及卷叶团，放天敌保护器中。(3)保护利用天敌。(4)在第 1、2 代成虫产卵期释放松毛虫赤眼蜂，每代放蜂 3～4 次，隔 5～7 天 1 次，每 667m^2 次放蜂量 2.5 万头。(5)药剂防治。谢花期喷洒 10%苏云金杆菌可湿性粉剂 700 倍液，如能混入 0.3%茶枯或 0.2%中性洗衣粉可提高防效。此外可喷白僵菌 300 倍液或 90%敌百虫可溶性粉剂 800～900 倍液、50%敌敌畏乳油 900～1000 倍液、50%杀螟硫磷乳油 800 倍液、2.5%氯氟氰菊酯乳油 2000～3000 倍液。

咖啡豹蠹蛾（Red coffee borer）

学名 *Zeuzera coffeae*（Nietner）鳞翅目，木蠹蛾科。别名：咖啡木蠹蛾、咖啡黑点木蠹蛾、豹纹木蠹蛾。分布在陕西、河南、山东、安徽、江苏、上海、浙江、江西、福建、台湾、广东、海南、广西、湖南、湖北、贵州、四川、云南等地。

寄主 石榴、核桃、龙眼、荔枝、柑橘、桃、梨、葡萄、木麻黄、柿、番石榴、枇杷、咖啡、苹果、樱桃。

为害特点 幼虫蛀入枝条嫩梢，在韧皮部与木质部之间绕枝条蛀食一圈，破坏输导组织，致蛀孔以上的枝干萎蔫，遇风折断。幼树顶梢受害后，树干短小、弯曲，侧枝丛生。

形态特征 成虫：体长 11～26(mm)，翅展 30～50(mm)，雄较雌小，体灰白色。雌触角丝状，雄基半部羽状，端部丝状，均为黑色，覆有白鳞。胸背有青蓝色斑 6 个呈 2 纵列，腹背各节具横列青蓝色纵纹 3 条，两侧各具青蓝斑 1 个，腹面有同色斑 3 个。前、后翅脉间密布青蓝色短斜斑纹，外缘脉端为斑点。后翅斑点色较淡。雌后翅中部具较大青蓝圆斑 1 个。卵：椭圆形，长 1mm，黄至棕褐色。幼虫：体长 20～35(mm)，红色，头黄褐或浅赤褐色，前胸盾板黄褐至黑色，近后缘中央有 4 行向后呈梳状的齿列，腹足趾钩双序环，臀板黑褐色。蛹：长 16～27(mm)，褐色有光泽，第 2～7 腹节背面各具 2 条横隆起，腹末具刺 6 对。

生活习性 长江流域以北年生 1 代，长江以南 1～2 代，广东、广西、海南、四川、福建、江西、台湾等地年生 2 代，均以幼虫在石榴、核桃、咖啡、番石榴、葡萄、柑橘、木槿、桃树等多种树木茎干和枝条中越冬。上海 6 月上中旬化蛹，6 月中下旬羽化，把卵产在叶上，初孵幼虫钻蛀叶柄或细枝为害，幼虫稍大后，转蛀粗枝或主茎，破坏水分供应；受害果树幼虫沿髓部向上蛀食。2 代区，江西 4 月中旬至 6 月下旬化蛹，蛹期 13～37 天，5 月中旬至 7 月中旬羽化。成虫昼伏夜出，有趋光性，羽化后不久即交配、产卵，卵成块产于皮缝和孔洞中，产卵期 1～4 天，单雌卵量 224～1132 粒，成虫寿命平均 43 天，卵期 9～15 天。初孵幼虫群集卵块上取食卵壳，2～3 天后爬到枝干上方吐丝下垂随风扩散，幼虫从枝梢上方芽腋处蛀入，其上方枯萎，经 5～7 天后又转害较粗的枝，蛀入时先在皮下横向环蛀 1 周，故上部多枯死，然后于木质部内向上蛀食，老熟后向外蛀 1 羽化孔然后在隧道中筑蛹室化蛹，羽化时头胸部伸出羽化孔羽化，蛹壳残留孔口处。第 1 代成虫 8～9 月发生；第 2 代幼虫秋后于被害枝隧道内越冬。天敌有茧蜂、串珠镰刀菌。

防治方法 (1)发现该虫为害小枝，及时剪除有虫小枝烧

毁，不便剪除的大枝或主干，可用铁丝刺杀虫道中的幼虫和蛹。(2) 向有新鲜虫粪的蛀道内插入蘸有80%敌敌畏乳油100倍的药棉签，也可直接注射40%毒死蜱乳油或50%敌敌畏乳油10倍药液，再用黏土封孔，防治幼虫效果可达90%以上。

石榴木蠹蛾

学名 *Zeuzera pyrina* Linnaeus 鳞翅目木蠹蛾科。别名：大豹纹木蠹蛾。

寄主 除为害石榴外，还为害葡萄、桃、枣、苹果、茶、咖啡等。

为害特点 幼虫咀害树干、树枝，受害处以上枝叶凋萎干枯，遇大风易折断。

形态特征 成虫：翅展65mm，体呈灰白色，前胸背板生2~3对黑纹呈环状排列，前翅上密生有光泽的黑色斑点。幼虫：体较大，前胸背板黑斑分开呈翼状，腹末臀板暗红色。

生活习性 1年发生2代，以幼虫在枝条中越冬，翌年第1代成虫于5月上中旬始见，6、7月可见第1代幼虫为害枝条，第2代成虫出现在8月初~9月底，成虫把卵产在石榴树基部，卵孵化后幼虫多从梢上部蛀入，在皮层和木质部之间为害，后蛀入髓部并向上垂直蛀道，不久从排粪孔排出去，再从同1枝条下部咬孔蛀入，蛀道长3~6(cm)，这样反复多次，同1枝上常有蛀孔5、6个，有的也可爬到另1枝上为害，老熟后化蛹在枝中。

防治方法 (1)在石榴园内安装黑光灯，诱杀成虫。(2)看到枝条上有新鲜虫粪处，把80%敌敌畏乳油10倍液注入孔内，用泥封堵蛀孔。(3)在幼虫初蛀入韧皮部时用40%毒死蜱、柴油液(1∶9)或50%杀螟硫磷乳油涂虫孔有效。

石榴木蠹蛾成虫

石榴木蠹蛾幼虫

六星黑点木蠹蛾

学名 *Zeuzera leuconotum* Butler 鳞翅目，木蠹蛾科。别名：栎干木蠹蛾。分布在陕西、河北、河南、山东、江苏、上海、江西、福建、湖南、湖北、四川、云南等省。

六星黑点木蠹蛾成虫

寄主 枣、石榴、樱桃、核桃、板栗、柿、苹果、梨等，是石榴生产上的大害虫。

为害特点 以幼虫钻入枝干皮层或髓部危害，造成受害部以上枝条衰弱或干枯，对树体生长发育及结果影响颇大。

形态特征 雌成虫：体长18~30(mm)，体背灰白色鳞片，胸背生有近圆形6个黑斑，别于其他木蠹蛾。末龄幼虫：体长33~65(mm)，头黑色，大颚黑色发达，臀板黄褐色，前胸背板前缘生1横脊状突起，边缘生齿状刺突黑色。胸部背面浅红色，各节上生1小黑点，其上生1根短毛。

生活习性 多数地区年生1代，河南2年1代，以幼虫在受害枝干里越冬。陕西4月中旬开始化蛹，4月下旬~5月中旬为化蛹盛期，5月中旬成虫开始羽化，5月底为羽化盛期，交尾后开始产卵。河南5~6月幼虫做茧化蛹在隧道内，成虫7月羽化。河北越冬幼虫4月下旬开始为害，6月中旬化蛹，蛹期17~24天，6月下旬开始羽化，7月中下旬为羽化盛期，8月还能见到成虫，成虫有趋光性，成虫寿命2~7天。喜把卵产在中龄枝干树皮上，每雌产卵596~1772粒，每堆100~300粒，卵期15天，幼虫从嫩枝芽腋处蛀入为害嫩枝条的维管束，长大后钻入髓部为害木质部，蛀孔大，末龄幼虫在隧道内做1蛹室作茧化蛹。

防治方法 (1)于幼虫化蛹~羽化前剪除干枯枝条，2~7月园中出现枯黄枝叶应马上剪除烧毁。连续2年可控制为害。(2)在卵孵化盛期，初孵幼虫蛀枝、干之前喷洒50%杀螟硫磷乳油1000倍液，当幼虫已蛀进韧皮部时，用40%毒死蜱、柴油1∶9混合涂虫孔杀虫效果好。

草履蚧(Giant mealy bug)

学名 *Drosicha corpulenta* (Kuwana) 同翅目，绵蚧科。别名：草履硕蚧、草鞋介壳虫、柿草履蚧。分布在河北、山西、山东、陕西、河南、青海、内蒙古、浙江、江苏、上海、福建、湖北、贵州、云南、四川、西藏等地。

寄主 无花果、荔枝、柑橘、石榴、苹果、梨、山楂、桃、李、

草履蚧雌成虫及卵囊

石榴绒蚧雌成虫

杏、樱桃、枣、栗、核桃等。

为害特点 若虫和雌成虫刺吸嫩枝芽、枝干和根的汁液，削弱树势影响新梢发育，重者枯死。近年来，草履蚧对果树的危害有日趋严重之势！严重影响果树发展和产品质量。

形态特征 成虫：雌体长 10mm，椭圆形，背面隆起似草鞋，黄褐至红褐色，疏被白蜡粉和许多微毛。触角黑色被细毛，丝状，9 节较短。胸足 3 对发达，黑色被细毛。腹部 8 节，体背有横皱和纵沟。雄体长 5～6(mm)，翅展 9～11(mm)，头胸黑色，腹部深紫红色，触角念珠状 10 节，黑色，略短于体长，鞭节各亚节每节有 3 个珠，上环生细长毛。前翅紫黑至黑色，前缘略红；后翅特化为平衡棒。足黑色被细毛。腹末具 4 个较长的突起，性刺褐色筒状较粗微上弯。卵：椭圆形，长 1～1.2(mm)，淡黄褐色光滑，产于卵囊内。卵囊长椭圆形白色绵状，每囊有卵数十至百余粒。若虫：体形与雌成虫相似，体小色深。雄蛹：褐色，圆筒形，长 5～6(mm)，翅芽 1 对达第 2 腹节。

生活习性 年生 1 代，以卵和若虫在寄主树干周围土缝和砖石块下或 10～12cm 土层中越冬。卵 1 月底开始孵化，若虫暂栖居卵囊内，寄主萌动开始出土上树，河南许昌为 2 月～3 月上旬；河北昌黎 3 月间。先集中于根部和地下茎群集吸食汁液，随即陆续上树，初多于嫩枝、幼芽上为害，行动迟缓，喜于皮缝、枝叉等隐蔽处群栖。稍大喜于较粗的枝条阴面群集为害。雄若虫脱 2 次皮后老熟，于土缝和树皮缝等隐蔽处分泌绵絮状蜡质茧化蛹，蛹期 10 天左右，雌若虫脱 3 次皮羽化为成虫。5 月中旬至 6 月上旬为羽化期，交配后雄虫死亡，雌虫继续为害至 6 月陆续下树入土分泌卵囊，产卵于其中，以卵越夏越冬。雌虫多在中午前后高温时下树，阴雨天、气温低时多潜伏皮缝中不动。天敌：红环瓢虫、暗红瓢虫。

防治方法 (1)雌成虫下树产卵时，在树干基部挖坑，内放杂草等诱集产卵，后集中处理。(2)阻止初龄若虫上树，方法很多，采用杀虫带防治法将树干老翘皮刮除再绑上 8cm 宽塑料薄膜，然后在塑料膜上涂毒灭虫软膏(毒死蜱、甲氰菊酯混凡士林)2cm 宽每米用药 5g，阻止若虫上树。

石榴绒蚧(Crapemyrtle scale)

学名 *Eriococcus lagerostroemiae* Kuwana 同翅目，绒蚧科。别名：紫薇绒粉蚧、石榴绵蚧。分布在辽宁、河北、山西、山东、陕西、安徽、江苏、浙江、河南、湖北、湖南、上海、江西、四川、贵州等省。

寄主 石榴、紫薇等。

为害特点 雌成虫、若虫为害寄主枝干、腋芽，吸食汁液。受害严重的植株不仅难以开花，还滋生严重的煤污病，影响其生长发育，严重时枝叶变黑、叶片早落，甚至全株枯死。受害率 6%以上。

形态特征 成虫：雌体长 2.8mm，长椭圆形。活的虫体多为暗紫色或紫红色。老熟成虫包被于白色毛毡状的蜡丝囊中，大小如大米粒。虫体口器发达，位于前足之间。喙 2 节，口针圈较短，只达前足和中足之间；触角 7 节，第 3 节最长，第 4 节略短于第 3 节，有时好像分为 2 节。足三对，甚小。大瓶状管腺分布在虫体背面，小瓶状管腺仅个别见于腹面中区。微管状腺主要分布在体背。体毛只分布在虫体腹面。雄成虫 0.3mm，翅展 1mm 左右，长形，紫红色。卵：长 0.25mm，卵圆形，紫红色。若虫：紫红色，椭圆形，四周具刺突，臀末生长臀瓣毛 1 对。雄蛹：长卵圆形，紫褐色。茧：长 0.4mm 左右，白色，绒质，包在雄蛹外。

生活习性 黄淮地区年生 3 代，以第 3 代 1~3 龄若虫在 11 月上旬进入越冬状态，越冬场所为寄主枝干皮层、翘皮下，翌年 4 月上中旬越冬若虫开始雌雄分化，5 月上旬雌成虫开始产卵，每雌产卵 100~150 粒，卵产在伪介壳中，卵期 10~20 天，孵化后从蚧壳中爬出，寻找适宜地方为害。北京、河北、山西一带年生 2 代，以卵越冬。6 月孵化，分散转移为害，7~8 月羽化、交尾、产卵。第 2 代若虫 8 月中旬开始孵化，至 10 月羽化，10 月中下旬陆续产卵，以卵越冬。雌成虫老熟时分泌白色绵状蜡囊，把虫体包在囊中，产卵于体后。

防治方法 (1)注意保护利用瓢虫、草蛉等天敌消灭石榴绒蚧。(2)在若虫卵化期喷洒 2.5%高效氯氟氰菊酯乳油 1500 倍液或 40%毒死蜱乳油 1000 倍液、1.8%阿维菌素乳油 1000 倍液，3 天后再防 1 次。

石榴瘤瘿螨

学名 *Aceria granati*。

寄主 石榴。

为害特点 受害叶片叶缘或叶尖向上卷曲。

形态特征 蠕虫形，2 对足，腹部由环节组成。

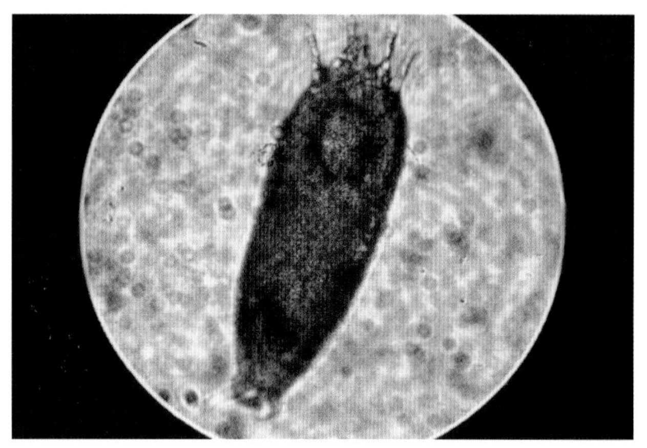

石榴瘤瘿螨

生活习性 营半自由生活。

防治方法 参见樱桃瘤瘿螨。

石榴园角蜡蚧

学名 *Ceroplastes ceriferus* (Anderson)同翅目蜡蚧科。国内广泛分布。除为害石榴外，还为害梨、柿、枇杷、柑橘、荔枝、龙眼、杨梅、芒果等多种果树，在石榴园以若虫和成虫群集2年生以上枝条或叶片上为害，刺吸汁液，削弱树势，诱发煤污病。该虫1年发生1代，以受精雌成虫在枝条上越冬。翌年4月下旬雌成虫在蜡壳中产卵。5月中、下旬若虫开始孵化爬出，寻找合适嫩梢上固定吸食汁液，6~8月进入若虫主要为害期，9月下旬、10月上旬成虫羽化。

石榴园角蜡蚧

防治方法 (1)结合石榴园冬季修剪，剪除有虫枝条，以减少越冬虫源。(2)5月下旬~6月上旬若虫孵化盛期喷洒10%吡虫啉乳油2000倍液或1.8%阿维菌素乳油1000倍液、40%甲基毒死蜱或40%毒死蜱乳油1000倍液。

日本龟蜡蚧

学名 *Ceroplastes japonicus* Green属同翅目蜡蚧科。别名：枣龟蜡蚧。分布在河北、山东、江西、江苏、安徽、浙江、福建、台湾、广东、河南、陕西、甘肃、贵州、湖北、湖南、四川等省。

寄主 石榴、苹果、梨、柿、李、杏、樱桃、桃、梅、柑橘、芒果、枇杷、木菠萝、人心果、猕猴桃等。

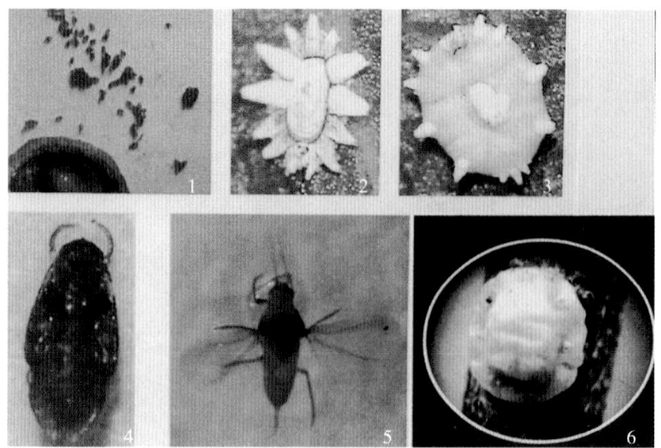

日本龟蜡蚧

1.卵 2.1龄雌若虫 3.2龄雌若虫 4.雄蛹 5.雄成虫 6.雌成虫

为害特点 若虫和雌成虫吸食树汁液，为害时排出的粘液可引起霉污病，受害枝叶变黑，严重时小枝枯死，造成落叶、落果。

形态特征及生活习性 雌成虫：体扁椭圆形，体长2mm，宽1.5mm，上覆一层白色蜡质，表面有龟甲状凹纹，虫体紫红色。雄成虫：体色淡红，体长1.5mm，翅白色半透明有一条分叉的翅脉。卵：椭圆形，长约0.2mm，初产时橙黄色。若虫：被蜡后周围有14个排列很均匀的蜡角。该虫一年发生1代，以受精雌成虫在枝干上越冬。次年3~4月开始活动吸食汁液，初孵若虫多在10时左右爬出母体，有向上爬行的习惯，沿枝条向上爬至叶片正面固定取食，极少数在叶背定居。风力对活动若虫的吹送是该虫广泛传播的主要方式。若虫固定后1~2天，体背泌出2列白色蜡点，3~4天在胸、腹形成2块背蜡板，以后2块蜡板合并为1个完整的背蜡板。同时体缘分泌出13个三角形蜡芒，经12~15天即形成1个完整的星芒状蜡壳。5月底6月初发育成熟产卵，卵产在母壳下面，每雌产卵2000粒左右。6月下旬起，陆续孵出的若虫分散到嫩枝上为害。7月份3龄初期，雌雄分化，雄性蜡壳仅增大加厚，雌性则另泌软质新蜡，形成龟甲状蜡壳。8月下旬至9月上旬为雄虫集中发生期，雄虫与雌虫交尾后死亡，雌虫继续为害，并从叶上转移到枝条上越冬。

防治方法 (1)冬季剪除有虫枝条，或刷除越冬幼虫。(2)在若虫初孵期，喷布80%敌敌畏1000倍液，或40%毒死蜱乳油1000倍液、1.8%阿维菌素乳油1000倍液。

石榴园绿盲蝽

学名 *Lygus lucorum* Meyer-Dur. =*Apolygys lucorum* 半翅目盲蝽科。别名：破叶疯、青色盲蝽、花叶虫、小臭虫、棉青盲蝽等。在果树上主要为害苹果、梨、桃、枣、毛叶枣、石榴、李、杏、山楂、葡萄等。为害枣树、葡萄十分突出。在石榴园，绿盲蝽以刺吸式口器为害石榴树的嫩叶、芽、花序，受害叶片变褐或红褐色，出现针头大小的坏死点，随叶片展开，受害处产生撕裂或出现不规则的孔洞或皱褶，造成叶片破碎不堪。花器受害出现针刺状红色小点，幼果受害造成果面凹凸不平，新梢扭曲，或停止生长，严重影响果树的光合作用。

在北方石榴园年生3~5代，以卵在树干粗皮或断枝内及地面杂草中越冬，翌年3~4月，旬均温高于10℃连续5天气温达

石榴园绿盲蝽成虫放大

到 11℃,相对湿度高于 70%,卵开始孵化,成虫寿命较长,羽化后 6~7 天开始产卵,一般产卵期为 30~40 天,成虫善飞,喜欢吸食花蜜,发生期不整齐,非越冬代多把卵散产在嫩叶、茎、叶柄、叶脉、花蕾的组织中,露出黄色卵盖,卵期 7~9 天。

防治方法 (1)越冬卵孵化之前的冬前或早春,彻底清除石榴园中的杂草和枯枝落叶,以减少虫源。(2)进入越冬卵孵化期的 3 月下旬 ~4 月上旬和若虫盛发期,即 4 月中下旬和 5 月上中旬,喷洒 40%毒死蜱乳油 1500 倍液或 10%吡虫啉可湿性粉剂 3000 倍液、10%高效氯氰菊酯乳油 2000 倍液。

石榴园斑衣蜡蝉

学名 *Lycorma delicatula* (White) 属同翅目蜡蝉科。别名:椿皮蜡蝉、红娘子等。分布在大部份省区。为害石榴、柿、杏、山楂、梨、桃、葡萄、苹果、柑橘等,以葡萄最为严重。在树木中最喜食楝树、臭椿。该虫以若虫和成虫刺吸嫩叶、枝梢汁液,造成嫩叶穿孔,树皮破裂,诱发煤污病,影响光合作用,降低果品质量。在石榴园该虫年生 1 代,以卵越冬,山东 5 月上中旬孵化为若虫,成虫于 6 月下旬出现,成虫、若虫都喜群集,弹跳力强。成虫寿命长,最长可达 4 个月。

防治方法 (1)适当修剪,防止枝叶过多过密荫蔽,以利通风透光。冬季结合修剪,剪除产卵枝,集中处理。(2)在雨后或露水未干时,扫除成虫、若虫,随即捕杀或踏杀。(3)春季 5 月份若虫刚孵化是防治关键期。发生量大的果园趁若虫抗药力差喷洒 5%啶虫脒乳油 2000 倍液或 2.5%高效氯氟氰菊酯水乳剂 3000

石榴园斑衣蜡蝉栖息在香椿树上

倍液、2.5%溴氰菊酯乳油 2000 倍液、5%高效氯氰菊酯乳油 1500 倍液。若虫被有蜡粉,药液中加入 0.3%柴油乳剂或 0.2%洗衣粉,可提高防效。

石榴园白蛾蜡蝉

学名 *Lawana imitata* Melichar 属同翅目蛾蜡蝉科。又叫青衣虫、白鸡等。分布在福建、广东、广西、湖南、海南等省,除为害石榴外,还为害梅、李、柑橘、荔枝、龙眼、芒果、黄皮等多种果树。在石榴园它以成虫或若虫密集在石榴等果树小枝或嫩梢上吸食寄主汁液,消耗其养分,枝条受害处产生很多白色绵状的蜡丝,不仅损害受害小枝树皮,严重的引发干枯造成落叶、落果,它的排泄物还诱发煤烟病,影响光合作用。该虫 1 年发生 2 代,以成虫和卵在枝间隐蔽处越冬,华南一带终年可见,翌年 2~3 月越冬成虫开始活动,交配后把卵产在嫩枝及叶柄处,初孵若虫喜聚集在一起为害,长大后逐渐分散,第 1 代若虫于 3~4 月发生,成虫 5~6 月间出现高峰,第 2 代若虫多在 7~8 月发生,成虫 9~10 月盛发。

石榴园白蛾蜡蝉的若虫

防治方法 (1)修剪时剪除有虫、卵枝条,可杀灭冬虫,还可改善通风透光条件,减少着卵量。(2)用捕虫网捕杀成虫。(3)虫口发生量大时,枝叶上出现白色蜡质绵状物时,喷洒 20%甲氰菊酯或 20%氰戊菊酯或 2.5%溴氰菊酯乳油 2000 倍液、1.8%阿维菌素乳油 2500 倍液、40%毒死蜱乳油 1500 倍液。

石榴园黄蓟马

学名 *Thrips flavus* Schrank 属缨翅目蓟马科。别名:亮蓟马、淡色蓟马、瓜亮蓟马。分布在河北、山东、河南、江苏、安徽、湖北、四川、广东、广西、云南、福建、浙江、台湾等省。

寄主 果树上已发现为害石榴,菜田为害瓜类、茄果类。

为害特点 以成、若虫侵入石榴新梢顶芽内吸取汁液,从当年石榴抽梢开始为害,以锉吸式口器刺吸石榴树心叶、幼嫩芽叶的汁液,造成受害嫩叶向背面卷曲、萎缩,受害处产生黄棕色斑点,嫩梢尖端变黑褐色坏死,抑制枝梢萌芽和生长,影响树冠扩展,造成减产。据调查虫株率高达 85%,石榴生产上应予以关注。

形态特征 成虫:体长 1mm,金黄色,头近方形,复眼稍突出,单眼 3 只,红色,排成三角形,单眼间鬃位于单眼三角区外,

石榴园黄蓟马成虫背面

触角 7 节，翅狭长，周缘具细长缘毛。腹部扁长。卵：长约 0.2mm,长椭圆形,黄白色。若虫:黄白色,3 龄时复眼红色。

生活习性 每年 3~4 月四川凉山州气温上升到 15℃时，石榴树萌芽抽梢，黄蓟马羽化上石榴树开始为害,1 年发生多代,世代重叠,高温干旱对其有利,4~6 月气温高,雨日少,进入发生高峰期,多在早、晚或阴天取食,老熟的 2 龄若虫掉落在土壤中进入预蛹期,再蜕皮形成"蛹",并越冬。下 1 年石榴萌芽后,又迁飞到石榴树上为害嫩梢。

防治方法 (1)石榴是落叶果树,黄蓟马又是寄主范围广的昆虫,在秋冬石榴落叶后存在寄主转移现象,当冬季气温高时可在其他寄主上为害,翌年石榴发芽后,又迁回到石榴上为害嫩梢,因此冬季应进行彻底清园十分重要。(2)保护利用天敌昆虫。(3)发生初期喷洒 5%吡·丁乳油 1500 倍液或 2.5%多杀霉素悬浮剂 1200 倍液、22%毒死蜱·吡虫啉乳油 1500 倍液。

石榴园折带黄毒蛾

学名 *Euproctis flava* (Bremer) 鳞翅目毒蛾科。分布在全国各石榴产区,除为害石榴外,还为害柿、苹果、樱桃、桃、李、梅、枇杷、板栗、榛、山楂等。以幼虫食芽、叶和枝条,常把叶吃成缺刻或孔洞,严重的把叶片吃光,并啃食新梢皮层。

形态特征 雌成虫:体长 15~18(mm),翅展 35~42(mm),雄略小。体黄色。触角栉齿状;复眼黑色;下唇须橙黄色。前翅黄色,中部生 1 条棕褐色宽横带,从前缘外斜至中室后缘,形成折带。带两侧浅黄色线镶边,翅顶区有 2 个棕褐色圆点。后翅无斑纹。卵:长 0.6mm,浅黄色,扁圆形,成块,卵块长椭圆形,覆有黄色绒毛。末龄幼虫:体长 30~40(mm),头黑褐色。体黄色至橙黄色,胸部和第 5~10 腹节背面两侧生 1 条黑色纵带。臀板黑色,第 8 节腹末背面黑色。第 1、第 2 腹节背面生 1 长椭圆形黑斑,毛瘤长在黑斑上。蛹:长 12~18(mm),黄褐色。茧:长 25~30(mm),椭圆形灰褐色。

折带黄毒蛾成虫和幼虫

生活习性 年生 2 代,以 3~4 龄幼虫在树干基部树皮缝或树洞、杂草下结网群集越冬。翌年上树危害芽叶,老熟幼虫 5 月底结茧化蛹,蛹期 15 天。6 月中、下旬越冬代成虫始见,并交尾产卵,卵期 14 天,第 1 代幼虫 7 月初孵化,为害至 8 月底老熟化蛹,蛹期 10 天。第 1 代成虫 9 月发生后交尾产卵,9 月下旬第 2 代幼虫为害到秋末,以 3~4 龄幼虫越冬。

防治方法 (1)采收后及早清园,刮树皮、杀灭越冬幼虫。发现卵块及时摘除。(2)低龄幼虫期喷洒 50%杀螟硫磷乳油 1000 倍液或 40%毒死蜱乳油 1200 倍液。

石榴园棉蚜

学名 *Aphis gossypii* Glover 同翅目蚜科。别名 腻虫。分布全国各地。棉蚜寄主特多,第一寄主,又称越冬寄主有石榴、木槿、花椒、鼠李等木本,草本有夏枯草、紫花地丁、苦荬菜等;第二寄主又称夏寄主有棉花、葫芦科、茄科、豆科、菊科、十字花科等。均以成、若虫在石榴上吸食汁液,大多栖息在花蕾或幼嫩叶片及生长点,造成叶片卷缩,为害石榴时还可在果实上吸取汁液。石榴园棉蚜每年发生十几代到 30 多代,由北向南逐渐增加,均以卵越冬,4 月开始孵化并为害,5 月下旬迁移到花生、棉花上继续繁殖为害,9 月上旬又迁回到石榴、花椒等木本植物上,繁殖为害一段时间后产生性蚜,交尾产卵。在枝条上越冬,棉蚜在石榴上为害主要在 4~5 月及 9~10 月,6 月以后主要为害农作物。

防治方法 (1)保护利用天敌,石榴上棉蚜发生期间七星瓢虫、蚂蚁等天敌对蚜虫控制作用明显,当瓢蚜比达 1∶100~200 或食蚜蝇、蚜虫比 1∶100~150 时可不施药, 充分利用天敌控制。(2)3 月末、4 月初防治越冬有性蚜和卵为主,以降低当年防治基数。(3)4 月中旬 ~5 月下旬,其中 4 月 25 日和 5 月 10 日两个发生高峰前后喷洒 20%氰戊菊酯乳油 2000 倍液或 10%吡虫啉可湿性粉剂 2000 倍液、25%吡蚜酮悬浮剂 2000 倍液,防效优异。

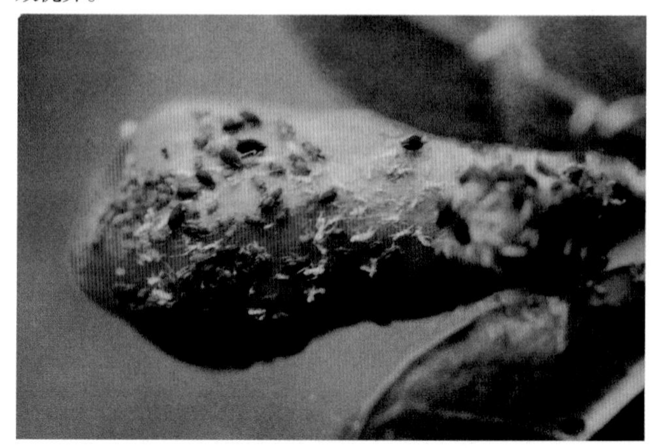

棉蚜无翅胎生蚜为害石榴花蕾

石榴园李叶甲

学名 *Cleoporus variabilis* (Baly) 鞘翅目肖叶甲科。别名：梨叶甲。分布在我国大部分省区和石榴产区。

寄主 石榴、李、樱桃、桃、梨、苹果、酸枣、玉米、栗等。

为害特点 以成虫咬食石榴表皮和叶肉，把叶片咬成断续又呈网状的孔洞，叶缘处又常连着，造成叶片卷曲枯黄。

形态特征 成虫：体长 3~4(mm)，宽 2mm。南方个头大些，北方小。体长卵形，体背蓝黑至漆黑色，头部红褐色，触角基部黄褐色，足红褐色，鞘翅墨绿具闪光。头顶高凸、光亮，中央生 1 纵沟。触角细长，为体长 1/2，端部 5 节粗大。小盾片半圆形，光滑无刻点。鞘翅上刻点粗大。卵：长 0.5mm，椭圆形，浅黄色。末龄幼虫：体长 4~6(mm)，体扁、腹部向腹面弯成新月形，白色。头部、上唇须黄褐色，上颚、棕褐色，下颚、下唇须黄褐色。前胸背板浅黄色；3 对胸足黄褐色；中胸 ~ 第 8 腹节各节上均生瘤状小突起 8 个，上生浅黄色毛。蛹：长 3.4mm，乳白色。

生活习性 四川凉山年生 1 代，以卵在土壤中越冬，翌年 3 月开始孵化，4 月中、下旬进入孵化盛期。初孵幼虫在土表取食腐殖质及杂草和果树须根。5 月上、中旬在 2~3(cm)表土层作土室化蛹，6 月上旬成虫开始羽化，7 月进入羽化盛期，羽化出土成虫飞到石榴树上为害，该虫喜群聚为害，单株可达上百头或近千头。成虫趋光性强。

防治方法 (1)提倡用 8000IU/mg 苏云金杆菌可湿性粉剂 700 倍液或 25%灭幼脲悬浮剂 1000 倍液。(2) 成虫产卵前于 7 月上旬 ~8 月中旬上午成虫不大活跃时挑治，喷洒 90%敌百虫可溶性粉剂 1000 倍液或 10%氯氰菊酯乳油 2000 倍液、25%氯氰·毒死蜱乳油 1000~1200 倍液。

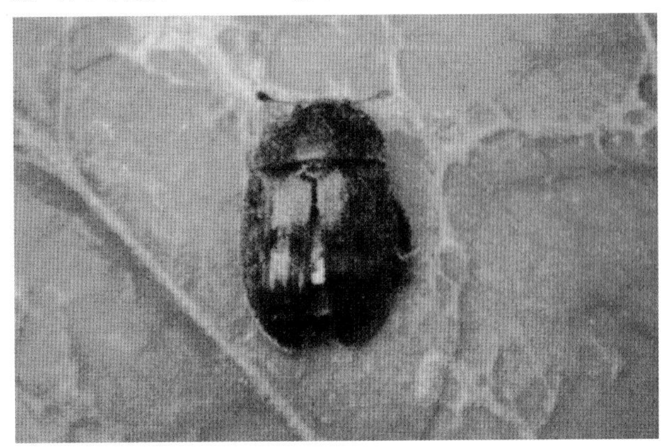

石榴园李叶甲成虫

11. 柿（*Diospyros kaki*）病 害

柿炭疽病（Kaki persimmon anthracnose）

症状 主要为害新梢和果实，有时也侵染叶片。新梢染病，多发生在 5 月下旬和 6 月上旬，最初于表面产生黑色圆形小斑点，后变暗褐色，病斑扩大呈长椭圆形，中部稍凹陷并现褐色纵裂，其上产生黑色小粒点，即病菌分生孢子盘。天气潮湿时黑色病斑上涌出红色黏状物，即孢子团。病斑长 10 ~ 20(mm)，其下部木质部腐朽，病梢极易折断。当枝条上病斑大时，病斑以上枝条易枯死。果实染病 多发生在 6 月下旬至 7 月上旬，也可延续到采收期。果实染病，初在果面产生针头大小深褐色至黑色小斑点，后扩大为圆形或椭圆形，稍凹陷，外围呈黄褐色，直径 5 ~ 25(mm)。中央密生灰色至黑色轮纹状排列的小粒点，遇雨或高湿时，溢出粉红色黏状物质。病斑常深入皮层以下，果内形成黑色硬块，一个病果上一般生 1 ~ 2 个病斑，多者数十个，常早期脱落。叶片染病 多发生于叶柄和叶脉，初黄褐色，后变为黑褐色至黑色，长条状或不规则形。

柿炭疽病病叶

柿树新梢上的炭疽病（张玉聚）

柿炭疽病病果

病原 *Glomerella cingulata* (Stonem.)Spauld. et Schrenk 称围

小丛壳，属真菌界子囊菌门。无性态 *Colletotrichum gloeosporioides* (Penz.)Sacc. 称盘长孢状炭疽菌，属真菌界无性型真菌。该菌发育温限 9~36℃，适温 25℃，致死温度 50℃经 10 分钟。

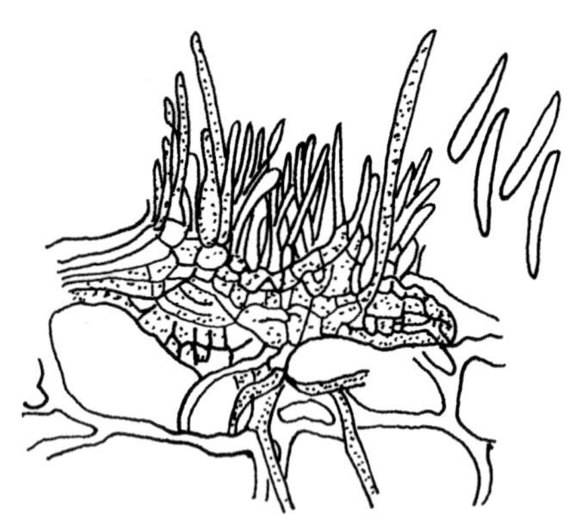
柿炭疽病
分生孢子盘及分生孢子

传播途径和发病条件 以菌丝体在枝梢病部或病果、叶痕及冬芽中越冬。翌夏产生分生孢子，借风雨、昆虫传播，从伤口或直接侵入。伤口侵入潜育期 3~6 天；直接侵入潜育期 6~10 天。高温高湿利于发病，雨后气温升高或夏季多雨年份发病重。柿各品种中，富有、横野易染病，江户一、霜丸、高田、禅寺丸等较抗病。

防治方法 (1)对柿树炭疽病，尤其是品质好的品种抗病性差的，进行冬季和生长季节修剪，清除侵染源。冬季剪除病枝梢，并集中烧毁。生长季节发病时，也要剪除病枝梢烧毁，防止病菌分生孢子随风雨传播。(2)加强柿苗检疫管理，购苗时仔细选择枝梢上无炭疽病斑，淘汰带病柿苗。加强肥水管理，苗期控制好柿苗营养生长，防止柿园或林间空气湿度过大。加强柿园的生产管理，防止出现发病中心。(3)适时化防。冬季结合修剪，在老病斑周围涂抹石硫合剂，尤其是春雨多的年份，4~6 月选晴天对枝梢部位喷洒杀菌剂 80%福·福锌可湿性粉剂 800 倍液或 25%咪鲜胺可湿性粉剂 1000 倍液、30%戊唑·多菌灵悬浮剂 1000 倍液 2~3 次。(4)尽快培育抗炭疽病的柿树品种。

柿假尾孢角斑病(Kaki persimmon angular spot)

症状 叶片染病 初生受叶脉限制的多角形病斑，大小 2~10(mm)，叶面斑点中央灰白色至灰色或淡灰褐色至红褐色，边缘围以暗褐色至黑色细线圈，或整个病斑呈黑色。叶背斑点灰色、浅红褐色至黑色。

病原 *Pseudocercospora kaki* Goh & Hsieh 称柿假尾孢，属真菌界无性型真菌。子实体生在叶两面，子座球形，青黄褐色，大小 20~55(μm)。分生孢子梗紧密簇生，浅青黄色，直立或略弯曲，不分枝，上部略呈曲膝状，顶部圆，无隔膜，大小 6.5~19.5×3~5(μm)。分生孢子倒棍棒状，近无色，直立或弯曲，顶部钝，基部倒圆锥形平截，具隔膜 3~7 个，大小 25~92×2.5~4.3(μm)。

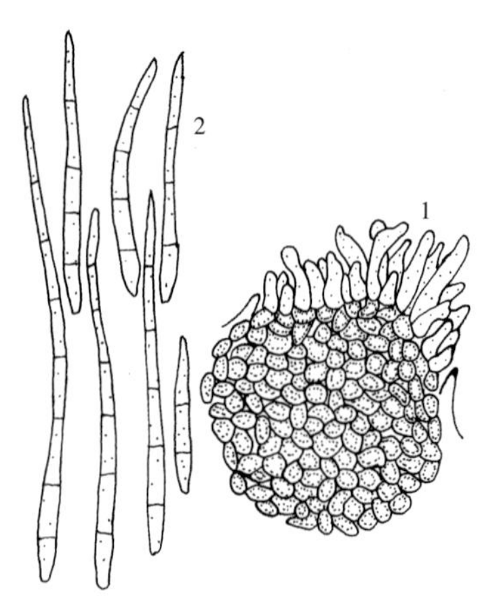

柿假尾孢角斑病菌
1.子座、分生孢子梗 2.分生孢子

传播途径和发病条件 病原菌可在病柿蒂上存活 3 年以上，以菌丝体在病蒂及病叶上越冬，翌年 5~6 月温湿度适宜时，残留在树上的病蒂产生大量分生孢子，从叶背气孔侵入。浙江 6~7 月出现症状，8 月出现落叶。山东、河北、北京一带 8 月上旬始发，9 月大量落叶，落果。每年 5~8 月雨日多，降雨量大，发病早而重。

防治方法 (1)加强柿园管理，增强树势，提高抗病力。(2)冬季注意清除挂在柿树上的病蒂及病落叶，集中深埋或烧毁。(3)发病初期或 6 月中下旬，柿树落花后 15~30 天，喷 1：3~5：300~600 的石灰多量式波尔多波或 50%锰锌·多菌灵可湿性粉剂 700 倍液、30%戊唑·多菌灵悬浮剂 1000~1100 倍液。

柿圆斑病(Persimmon leaf spot)

症状 柿圆斑病为常发病，造成早期落叶，柿果提早变红。主要为害叶片、也能为害柿蒂。叶片染病，初生圆形小斑点，叶面浅褐色，边缘不明显，后病斑转为深褐色，中部稍浅，外围边缘黑色，病叶在变红的过程中，病斑周围现出黄绿色晕环，病斑直径 1~7(mm)，一般 2~3(mm)，后期病斑上长出黑色小粒点，严重者仅 7~8 天病叶即变红脱落，留下柿果。后柿果亦逐渐转红、变软，大量脱落。柿蒂染病，病斑圆形褐色，病斑小，发病时间较叶片晚。

病原 *Mycosphaerella nawae* Hiura et Ikata 称柿叶球腔

柿假尾孢角斑病叶背症状

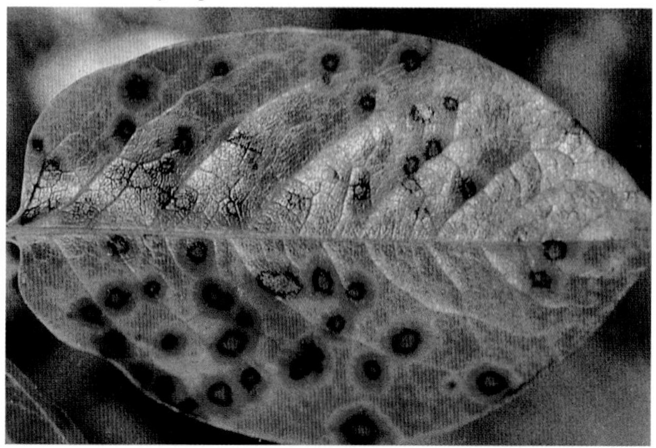
柿圆斑病病叶

柿圆斑病

柿圆斑病菌
1.子囊壳 2.子囊及子囊孢子

菌，属真菌界子囊菌门。病斑背面长出的小黑点即病菌的子囊果，初埋生在叶表皮下，后顶端突破表皮。子囊果洋梨形或球形，黑褐色，顶端具孔口，大小 53 ~ 100(μm)。子囊生于子囊果底部，圆筒状或香蕉形，无色，大小 24 ~ 45 × 4 ~ 8(μm)。子囊里含有 8 个子囊孢子排成两列，子囊孢子无色，双胞，纺锤形，具 1 隔膜，分隔处稍缢缩，大小 6 ~ 12 × 2.4 ~ 3.6(μm)。分生孢子在自然条件下一般不产生，但在培养基上易形成。分生孢子无色，圆筒形至长纺锤形，具隔膜 1 ~ 3 个。菌丝发育适温 20 ~ 25℃，最高 35℃，最低 10℃。

传播途径和发病条件 病菌在病叶中产生子囊壳越冬。翌年 6 月中旬至 7 月上旬弹射出子囊孢子，借风雨传播，从叶片气孔侵入，经几天潜育从 7 月下旬开始发病，9 月下旬进入发病高峰，10 月上旬大量落叶。该菌不形成无性型孢子，因此每年只侵染 1 次，无再侵染。生产上上 1 年发病重、病叶多，当年 5~6 月雨日多降水频繁发病重。

防治方法 (1)秋末冬初及时清除柿树的大量落叶，集中深埋或烧毁，以减少侵染源。(2)加强栽培管理。增施基肥，干旱时及时灌水。(3)及时喷药预防。一般掌握在 6 月上中旬，柿树落花后，子囊孢子大量飞散前喷洒 1∶5∶500 倍式波尔多液或 70% 代森锰锌可湿性粉剂 500 倍液、78%波尔·锰锌可湿性粉剂 500 倍液、50%甲基硫菌灵·硫磺悬浮剂 800 倍液、65%代森锌可湿性粉剂 500 倍液、30%戊唑·多菌灵可湿性粉剂 1000 倍液。如果能够掌握子囊孢子的飞散时期，集中喷 1 次药即可，但在重病区第 1 次药后半个月再喷 1 次，则效果更好。

柿树叶枯病

症状 主要为害柿树叶片，初生褐色斑点不规则形，后变成灰褐色至铁灰色，边缘暗褐色，后期病斑上现小粒点，即病原菌分生孢子盘。病情严重的造成叶片提早脱落。

病原 *Pestalotia diospyri* Syd. 称柿盘多毛孢，属真菌界无性型真菌。分生孢子梗集结在分生孢子盘内，无色，短直，分生孢子倒卵形，16~21.6 × 6.6 ~ 8.3(μm)。由 4~5 个细胞组成，中间 2~3 个细胞褐色，两端细胞无色，顶端着生纤毛 2~3 根。

柿叶枯病(夏声广)

传播途径和发病条件 病菌以菌丝及分生孢子在病叶或病组织中越冬，翌年夏季产生分生孢子，靠风雨传播，从伤口侵入，一般 6 月开始发病，7~9 月进入发病盛期，气候干旱、土壤干燥时发病重。

防治方法 (1)秋末冬初彻底剪除残存树上的柿蒂、枯枝烧毁。(2)4 月下旬开始喷洒 10%苯醚甲环唑水分散粒剂 1500 倍液或 50%异菌脲可湿性粉剂 1000 倍液、30%戊唑、多菌灵悬浮剂 1000 倍液、80%锰锌·多菌灵可湿性粉剂 1000 倍液。

柿黑星病(Persimmon scab)

症状 柿黑星孢引起柿黑星病主要为害叶片、叶柄、枝梢。幼叶染病产生黑色点状霉层，沿叶脉呈星状扩展，叶斑近圆形至多角形，直径 0.5~5(mm)。叶面病斑边缘深黑褐色，中央浅褐色至赤褐色，外围有黄色晕，叶背边缘浅褐色，中部灰色。叶柄、枝梢染病，产生椭圆形或梭形病斑，黑色，扩展后凹陷；果实染病产生圆形黑色病斑、花萼上病斑椭圆形，褐色。

病原 *Fusicladium kaki* Hori et Yoshino 称柿黑星孢，属真菌界无性型真菌。分生孢子梗簇生，棍棒形或线形，浅橄榄色，不分枝，直立，孢痕明显，13.5 ~ 35.1 × 5.4 ~ 8.1(μm)。分生孢子梨形，单生浅橄榄色，0~1 个隔，1 端尖，孢脐明显。16.2 ~ 27 × 4.1 ~ 10.8 (μm)。扫描电镜下分生包子梗顶端稍曲折，分生孢子椭圆形。

柿黑星病病叶

柿黑星病病果

传播途径和发病条件 以菌丝在病梢上越冬，翌年4~5月病部产生大量分生孢子，借风雨传播，侵入幼叶或幼果或新梢，6月中旬之后常引发落叶，进入7~8月高温时，停止扩展，到秋季又开始为害新秋梢和新长出的叶片。

防治方法 (1)修剪时要特别注意剪除病枝和病柿蒂，集中烧毁。(2)柿树发芽前喷3~5波美度石硫合剂，也可在生长期喷洒12.5%腈菌唑微乳剂或乳油2000~2500倍液或10%己唑醇悬浮剂2000倍液、40%氟硅唑乳油6000倍液。

柿黑斑黑星孢黑斑病

症状 柿黑斑黑星孢引起的黑斑病，主要为害叶片、枝梢和果实，叶片受害重。叶片染病，产生圆形至不规则形病斑，直径0.2~3(mm)，暗褐色，具黑色边缘，中部褐色至灰褐色，大多散生在叶背，沿叶脉或叶脉两侧扩展，有时先侵染叶缘，叶正面对应处变黑色枯焦。

柿黑斑黑星孢黑斑病

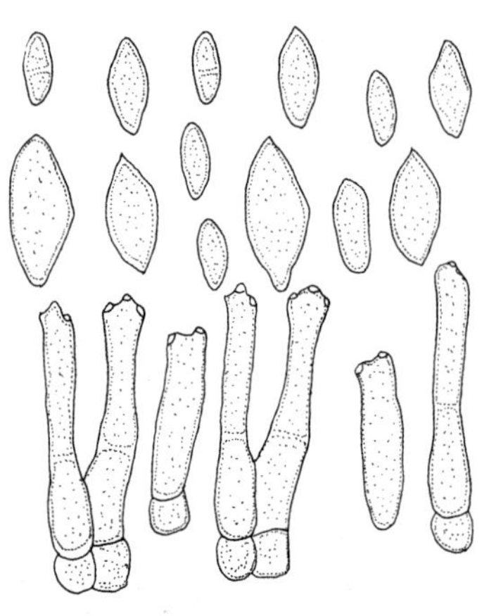
柿黑斑黑星孢黑斑病菌的分生孢子梗和分生孢子

病原 *Fusicladium levieri* Magnus in Sommier & Levier，称柿黑斑黑星孢，属真菌界无性型真菌。分生孢子梗簇生，1~2个隔膜，不分枝，浅褐色，顶端单生孢子，21 ~ 75 × 3.5 ~ 8(μm)。分生孢子纺锤形至长椭圆形，浅黄褐色，单细胞或偶生1隔，分隔处稍缢缩，基部钝，顶部渐狭，大小14 ~ 33 × 3 ~ 6(μm)。

传播途径和发病条件 病菌主要以菌丝体在枝梢或柿蒂的病斑上越冬，翌年5月产生分生孢子，借风雨传播进行初侵染和多次再侵染。5~6月气温低，降雨多有利该病发生或流行。

防治方法 (1)秋末冬初及时清除病叶、病蒂，尤其是清除病蒂对控制黑星病及圆斑病有重要作用。(2)发芽前清除病枝，喷洒波美3~5度石硫合剂。(3)生长季节发病前喷洒50%嘧菌酯水分散粒剂2000~2500倍液或30%醚菌酯悬浮剂2500~3000倍液、10%苯醚甲环唑微乳剂或水分散粒剂3000倍液。

柿灰霉病

症状 主要为害柿叶和幼果。柿叶染病，叶尖或叶缘失水呈淡绿色，后变成褐色，病斑周缘呈波浪状，湿度大时病斑上生出灰色霉层。幼果染病，萼片及幼果变褐，上生灰霉。

柿树灰霉病萼片及幼果(夏声广)

病原 *Botrytis cinerea* Pers: Fr. 称灰葡萄孢，属真菌界无性型真菌。病菌形态特征参见樱桃灰霉病。

传播途径和发病条件 病原菌以菌丝、分生孢子及菌核在受害部越冬，翌春气温升高通过气流传播，5、6月份低温多雨年分易发病，柿树园内湿气滞留时间长，通风不良易发病，密植园或施氮肥过多，软弱徒长的柿树发病重。

防治方法 (1)加强柿园管理，雨后及时排水，防止湿气滞留，科学合理施肥，及时清除被害落叶、落果。(2)发病初期喷洒50%腐霉利或异菌脲悬浮剂1500倍液或43%戊唑醇悬浮剂3000倍液、40%双胍三辛烷基苯磺酸盐可湿性粉剂1000倍液。

柿叶白粉病

症状 主要为害叶片、新梢及果实。叶片染病叶面初现白

柿叶白粉病

色絮状物，后期病斑正面出现许多针头大小的黑点，扩展后直径可达1~2(cm)，直至全叶变成黑褐色。秋季在叶背现白粉层，病叶早落，后期白粉层中散生黄色至暗红色小粒点，渐变成黑色，即病原菌的子囊壳。

病原 *Phyllactinia kakicola* Saw. 称柿生球针壳，属真菌界子囊菌门。子囊壳内生多个卵形子囊，每个子囊中有2个子囊孢子，长椭圆形。无性态为倒圆锥形分生孢子，无色单胞。

传播途径和发病条件 春季柿树展叶后，气温高于15℃，越冬后的子囊壳释放出子囊孢子，萌发后从气孔侵入柿叶，经几日潜育即显症。

防治方法 (1)及时清除病落叶集中烧毁。(2)春季喷洒0.3波美度石硫合剂或80%波尔多液可湿性粉剂，休眠期用300~500倍液，生长期用600~800倍液，柿树生长期也可自行配制1：3~5：400~600倍式波尔多液。(3)发生严重的，喷洒25%戊唑醇水乳剂或乳油或可湿性粉剂2000~3000倍液或12.5%腈菌唑乳油2000倍液。

柿煤污病

症状 该病各地发生普遍，为害叶、枝、果，影响光合作用，造成树势衰弱，影响柿果品质和产量。其症状是柿树叶片、枝条、果实上布有1层黑色煤状物。

病原 *Meliola* Fr. 称小煤炱属和小煤炱科 Meliolaceae 的真菌，属真菌界子囊菌门。小煤炱菌是一类寄生菌，主要分布在高温潮湿的地区，通常在植物表面上产生黑色的菌落，又称黑

柿煤污病

霉菌，由它们引起的病害称为煤污病，小煤炱属菌落黑色，在寄主表面产生菌斑，菌丝体褐色有隔膜，外生寄主表面。

传播途径和发病条件 病菌以菌丝在病叶、病枝上越冬。柿树常发生柿绒粉蚧、龟蜡蚧、红蜡蚧等，其排泄物常诱发煤污病，6月上旬~9月上旬是介壳虫盛发期，高温、高湿雨日多很易发生煤污病。

防治方法 (1)结合修剪剪除病虫枝，彻底清除病落叶集中深埋或烧毁，以减少菌源。(2)介壳虫发生后及早喷洒1.8%阿维菌素乳油1000倍液或40%甲基毒死蜱乳油900倍液、22%氯氰·毒死蜱乳油1000倍液。

柿癌肿病

症状 柿树癌肿病为害根颈部，形成坚硬的木质瘤，病株矮小。

柿树癌肿病(夏声广)

病原 *Agrobacterium tumefaciens* (Smith et Towns) Conn.称根癌农杆菌，属细菌界薄壁菌门。病菌形态特征、病害传播途径参见杏树根癌病。

防治方法 (1)苗木出圃或调运实行严格检疫。(2)苗木栽植前严格检查，发现病苗马上汰除并烧毁，栽植后的柿树发现病瘤时，先用快刀彻底刮除病瘤，然后用100倍96%硫酸铜液或50倍80%乙蒜素乳油或5波美度石硫合剂消毒伤口，再外涂波尔多浆保护，切下的病瘤，刮下的残渣应马上烧毁。(3)病株周围的土壤用80%乙蒜素乳油1200倍液浇灌消毒。(4)田间操作应千方百计避免根部产生伤口，及时防治地下害虫。

柿疯病(Persimmon witches′ broom)

症状 病树、病枝萌芽迟，展叶抽梢缓慢，新梢后期生长快但停止生长早，落叶也早。重症树新梢长至4~5(cm)时萎蔫死亡，病树枝条向上直立徒长，冬春两季枝条大量死亡干枯。枝条死后从基部隐芽不定芽萌生新梢，徒长丛生，产生鸡爪枝，纵剖木质部有黑褐色纵短条纹，横剖面可见断续环状黑色病变。叶脉变黑，病叶凹凸不平，叶大质脆且薄。柿果变成橘黄色，凹陷处仍为绿色；柿果变红后，凹陷处最后由绿变红，但果肉变硬或黑变。病果多提早20天变红，变软脱落，柿蒂留在枝上。

病原 现称植原体 *Phytoplasma*，属细菌界软壁菌门。过去认为是RLO，称类细菌。植原体是一类无细胞壁的细菌，菌体由

柿疯病病果

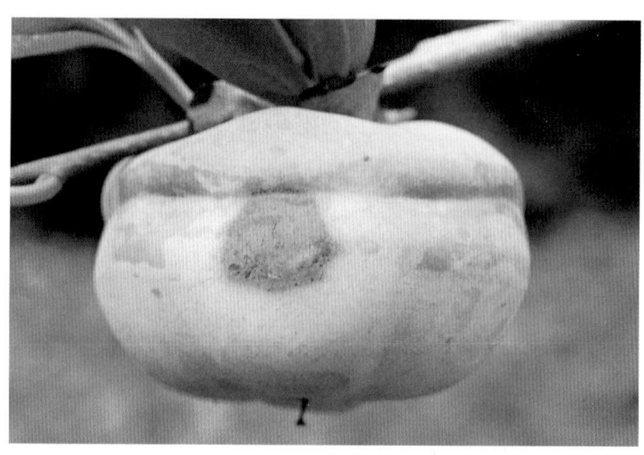
柿果实日灼病

单位膜组成的原生质膜包围，有7~8(μm)厚，革兰氏染色阴性。菌体基本形态为球形至椭圆形。

传播途径和发病条件 植原体存在于木质部导管中，叶蝉传播，冻害、树势弱发病重。

防治方法 (1)治虫防病，及早杀灭传毒的柿斑叶蝉、斑衣蜡蝉等柿树害虫。(2)休眠期实行病、健树分别修剪，汰除病株，以减少毒源。(3)开花初期和谢花期喷洒0.2%~0.3%硼砂液，可提高座果率。(4)幼果期喷洒0.2%磷酸二氢钾，8月上旬再喷1次。(5)严格检疫，严禁从疫区调入病苗和接穗，繁育苗木一定要从无病区健康树上采取接穗。

柿日灼病

症状 该病多发生在柿果受阳光照射的果肩部，轻度日灼引起果皮变成白色，严重时日灼部位变成褐色，四周浅褐色，病部变硬，不脱落。

病因 是柿树上常见生理病害，发生原因有二：一是树势偏弱或夏剪不当，叶片不茂盛。二是叶片遭风害、病害，引起叶片破碎或脱落，有的发生枝干病害或根部病害，树上叶片稀稀拉拉，使柿果无遮盖，只好暴露在高温和强烈阳光照射下，引起果皮灼伤，尤其是7、8、9三个月，气温高、高温持续时间长受害重。据观察当日均温超过30℃以上，相对湿度低于70%易发病。

防治方法 (1)合理密植。(2)科学施用有机肥，适当施用化肥，促使土壤中团粒结构增加，使土壤保水保肥能力提高，增强抗病力。(3)适时灌溉，防止土壤缺水，7~8月需水量大，每周应灌水1次，采用喷灌，使土壤充分湿润，达到饱和为止，使土壤供水充足。(4)注意防治病虫害，减少根病发生。(5)必要时果实套袋。

12. 柿 害 虫

柿园橘小实蝇

学名 *Bactrocera* (*Bactrocera*) dorsalis (Hendel)，近年该虫入侵柿园为害未成熟的柿果，产生大量虫粪，造成落果，损失十分严重。

为害特点 一是虫口密度大，大发生时可见大量成虫群集在柿果上，果上卵痕累累，每果有虫5~15头。二是为害隐蔽，把卵产在果内，孵化率高，天敌少，为害前难于发现。三是食性杂除为害柿子外，还可为害柑橘、荔枝、桃、李、杏及部分瓜类。

柿园橘小实蝇雌成虫正在产卵

防治方法 (1)强化检疫，对带虫果进行无害化处理。(2)清除柿园落果和带虫落果，每5~7天清除1次，落果严重时，1~2天清除1次，对树上未熟先黄或产卵孔痕迹明显的青果也要及时摘除，集中深埋，盖土厚度50cm，夯实。(3)冬季结合修剪进行冬深翻，恶化虫蛹越冬环境，减少冬后残留量。(4)进行矮化修剪，实行果实套袋。(5)提倡用性诱剂2mL，沾棉球用铁丝绑紧，置于空塑料瓶中央，瓶上部两侧各烫1个引诱孔，挂在树枝上，每667m^{2}挂8~10个，性诱剂对雄蝇特敏感。(6)用90%敌百虫1000倍液加入3%红糖喷在柿园内隔5天1次，引诱成虫取食。(7)在虫果严重期地面喷洒40%辛硫磷乳油1000倍液，毒杀老熟虫蛹。

柿举肢蛾(Persimmon fruit worm)

学名 *Kakivoria flavofasciata* Nagano 鳞翅目，举肢蛾科。别名：柿实蛾、柿蒂虫、柿食心虫，俗称柿烘虫。分布华北、华中等地。河北、河南、山西和山东柿区受害重。

柿举肢蛾(柿蒂虫)成虫

柿举肢蛾为害柿果提前变红早落

柿举肢蛾幼虫为害柿果

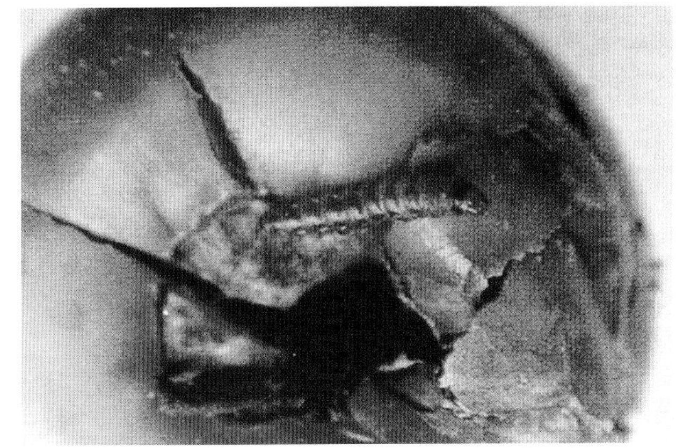
柿举肢蛾幼虫放大

寄主 柿、黑枣。

为害特点 幼虫蛀果为主,亦蛀嫩梢,蛀果多从果梗或果蒂基部蛀入,幼果干枯,大果提前变黄早落俗称"红脸柿"、"丹柿"。

形态特征 成虫:雌体长7mm左右,翅展15~17(mm),雄略小,头部黄褐色,有光泽,复眼红褐色,触角丝状。体紫褐色,胸背中央黄褐色,翅狭长,缘毛较长,后翅缘毛尤长,前翅近顶角有1条斜向外缘的黄色带状纹。足和腹部末端黄褐色。后足长,静止时向后上方伸举,胫节密生长毛丛。卵:近椭圆形,乳白色,长约0.5mm,表面有细微纵纹,上部有白色短毛。幼虫:体长10mm左右,头部黄褐,前胸盾和臀板暗褐色,胴部各节背面呈淡紫色,中后胸背有"×"形皱纹,中部有1横列毛瘤,各腹节背面有1横皱,毛瘤上各生1根白色细长毛。胸足浅黄。蛹:长约7mm,褐色。茧:椭圆形,长7.5mm左右,污白色。

生活习性 年生2代,以老熟幼虫在树皮缝或树干基部附近土中结茧越冬。越冬幼虫在4月中、下旬开始化蛹,5月上旬成虫开始羽化,5月中、下旬为盛期。成虫白天静伏于叶背,夜间活动。卵多产于果梗或果蒂缝隙,每雌蛾产卵10~40粒,卵期5~7天。1代幼虫5月下旬开始为害,6月中、下为盛期,多由果柄蛀入幼果内,粪便排于孔外,1头幼虫能为害4~6个果,幼虫于果蒂和果实基部吐丝缠绕,被害果不易脱落,被害果由青变灰白,最后变黑干枯,6~7月老熟,一部分在果内,一部分在树皮裂缝内结茧化蛹。蛹期10余天,第1代成虫盛发期7月中旬前后。2代幼虫7月中下旬开始为害,8~9月为害最烈,在柿蒂下蛀害果肉,被害果提前变红、变软而脱落。9月中旬开始陆续老熟越冬。天敌有姬蜂。

防治方法 (1)越冬幼虫脱果前于树干束草诱集,发芽前刮除老翘皮,连同束草一并处理消灭越冬幼虫。(2)及时摘除虫果。(3)初孵幼虫蛀果,转果盛期,喷洒20%氰戊菊酯乳油或2.5%溴氰菊酯乳油2000倍液、40%毒死蜱乳油1000倍液。(4)注意选用对天敌杀伤力小的杀虫剂,充分利用和保护天敌。

褐点粉灯蛾

学名 *Alphaea phasma* (Leech) 鳞翅目,灯蛾科。别名:粉白灯蛾。异名 *Thyrgorina phasma* Leech。分布在湖南、贵州、四川、云南。

寄主 柿、桃、苹果、梨、梅、核桃、桑、女贞、大豆、蔬菜及农作物。

褐点粉灯蛾幼虫特写

为害特点 幼虫啃食寄主植物叶片，并吐丝织半透明的网，可将叶片表皮、叶肉啃食殆尽，叶缘成缺刻，受害叶卷曲枯黄，继变为暗红褐色。严重时叶片被吃光，严重影响生长。

形态特征 成虫：体型中等，白色。雌蛾体长约20mm，翅展约56mm；雄蛾略小。成虫头部腹面橘黄色，两边及触角黑色，触角干上方白色；下唇须黑色，基部黄色。颈板边缘橘黄色。翅基片具黑点，前翅前缘脉上有4个黑点，内横线、中线、外横线、亚外缘线为一系列灰褐色点；后翅亚外缘线为一系列褐点。腹部背面橘黄色，基部具有一些白毛；腹部各节的背面中央及两侧缘各有一列连续的黑点。卵：成块状，一般长17mm。初产时为浅红色或深黄色，以后渐变赤褐色。卵块表面覆盖细密的浅红色绒毛。卵为圆形，长径约0.4mm，浅红色。卵粒常堆集并排列成数层。成长幼虫：体长23~40(mm)。头浅玫瑰红色，体深灰色，稍带金属光泽，并具樱草黄斑及同色的背线。体具毛瘤，为浅茶色，其上密生黑色与白色的长刺毛，前胸背板黑色，胸足黑色，腹足与臀足红色，腹足趾钩为单序弦月形。蛹：红褐色。蛹体圆桶形，蛹腹部共10节，臀棘短小，着生红褐色长短不等的钩刺，每个钩刺末端呈圆盘状。茧：长椭圆形，白色。茧外混杂有幼虫所脱落的长毛。

生活习性 昆明年生1代，以蛹越冬，翌年5月上、中旬开始羽化产卵，6月上、中旬孵化。幼虫共7龄，幼虫一般嚼食寄主植物的叶片，为害颇烈。初龄幼虫，常在寄主植物上用白色细丝织成半透明的网，幼虫群聚在网下取食，将叶片表皮、叶肉啃食殆尽，有的叶缘被食成缺刻。叶片受伤后，卷曲枯黄，继变为棕褐色。有时，幼虫将几个叶片用丝纠缠在一起，隐居其中为害。自第3龄幼虫后，取食量特别大，扩散力加强，蔓延为害其它植株。老熟幼虫结茧化蛹前，从枝叶上沿树干向下爬行，寻找结茧化蛹场所。茧由体毛和丝组成。成虫一般夜间活动。羽化后的成虫，除栖息于寄主植物上外，有时也可在室内窗框、墙壁上及室外窗户上发现。成虫在野外寄主植物叶片上交尾后，雄蛾不久死亡；雌蛾产卵一般选择阔叶树的叶背面，产后静伏于卵块上。据室内观察，雌蛾产卵共5次。共产卵约500余粒，卵经10~23日孵化。褐点粉灯蛾的天敌，据初步调查，在幼虫期主要有小茧蜂 *Rhogas* sp.; 幼虫期和蛹期有寄生蝇(*Myxexoristops bicolor* Villcneuve)、白僵菌等。

防治方法 参见猕猴桃害虫——人纹污灯蛾。

舞毒蛾雄成虫栖息在叶片上

舞毒蛾幼虫

舞毒蛾(Gypsy moth)

学名 *Lymantria dispar* (Linnaeus)鳞翅目，毒蛾科。别名：秋千毛虫、柿毛虫、松针黄毒蛾。分布在黑龙江、吉林、辽宁、内蒙古、宁夏、甘肃、青海、新疆、陕西、山西、北京、河北、河南、山东、江苏、湖南、台湾、贵州、四川、云南等地。

寄主 苹果、梨、杏、李、樱桃、山楂、柑橘、柿、核桃、稠李、杨等500余种植物。

为害特点 2龄幼虫分散为害，白天潜藏在树皮缝、枝杈、引棵枝内、树下杂草及石块下，傍晚上树为害。幼虫蚕食叶片，严重时整树叶片被吃光。

形态特征 成虫：雌雄异型，雄体长18~20(mm)，翅展45~47(mm)，暗褐色。头黄褐色，触角羽状褐色，干背侧灰白色。前翅外缘色深呈带状，余部微带灰白，翅面上有4~5条深褐色波状横线；中室中央有1黑褐圆斑，中室端横脉上有1黑褐“<”形斑纹，外缘脉间有7~8个黑点。后翅色较淡，外缘色较浓成带状，横脉纹色暗。雌体长25~28(mm)，污白微黄色。触角黑色短羽状，前翅上的横线与斑纹同雄相似，为暗褐色；后翅近外缘有1条褐色波状横线；外缘脉间有7个暗褐色点。腹部肥大，末端密生黄褐色鳞毛。卵：圆形，直径0.9~1.3(mm)，初黄褐渐变灰褐色。幼虫：体长50~70(mm)，头黄褐色，正面有“八”字形黑纹；胴部背面灰黑色，背线黄褐，腹面带暗红色，胸、腹足暗红色。各体节各有6个毛瘤横列，背面中央的1对色艳，第1~5节者蓝灰色，第6~11节者紫红色，上生棕黑色短毛。各节两侧的毛瘤上生黄白与黑色长毛1束，以前胸两侧的毛瘤长大，上生黑色长毛束。第6、7腹节背中央各有1红色柱状毒腺亦称翻缩腺。蛹：长19~24(mm)，初红褐后变黑褐色，原幼虫毛瘤处生有黄色短毛丛。

生活习性 年生1代，以卵块在树体上、石块、梯田壁等处越冬。寄主发芽时开始孵化，初龄幼虫日间多群栖，夜间取食，受惊扰吐丝下垂借风力传播，故称秋千毛虫。2龄后分散取食，日间栖息在树杈、皮缝或树下土石缝中，傍晚成群上树取食。幼虫期50~60天，6月中下旬开始陆续老熟爬到隐蔽处结薄茧化蛹，蛹期10~15天。7月成虫大量羽化。成虫有趋光性，雄蛾白天飞舞于冠上枝叶间，雌体大、笨重，很少飞行。常在化蛹处附近产卵，在树上多产于枝干的阴面，卵400~500粒成块，形状不规则，上覆雌蛾腹末的黄褐色鳞毛，每雌产卵1~2块，约

400~1200粒。已知天敌近200种,常见的有舞毒蛾黑瘤姬蜂、喜马拉亚聚瘤姬蜂、脊腿匙宗瘤姬蜂、舞毒蛾卵平腹小蜂、梳胫饰腹寄蝇、毛虫追寄蝇、隔脑狭颊寄蝇等。

防治方法 (1)利用舞毒蛾幼虫白天下树潜伏的习性,在树干基部诱集捕杀,也可在树干上涂55cm宽的药带,毒杀幼虫。(2)喷药防治:树上4龄前幼虫,喷洒30%虫酰肼悬浮剂2500倍液或10%联苯菊酯乳油3000倍液、2.5%高效氯氟氰菊酯乳油3000倍液、40%甲基毒死蜱乳油1100倍液。

柿卷叶象(Persimmon leafroller weevil)

学名 *Paroplapoderus* sp. 鞘翅目,卷象科。别名:柿卷叶象甲。分布山西。

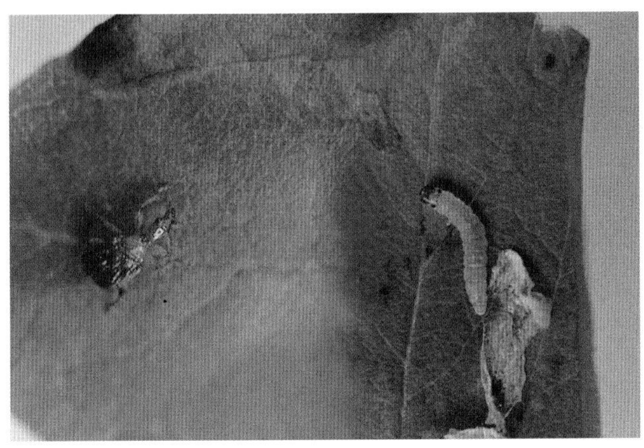

柿卷叶象成虫(左)和幼虫

寄主 柿、黑枣。

为害特点 成虫食叶,雌切叶卷成筒状产卵于内,幼虫栖居筒巢内并以筒巢为食料。

形态特征 成虫:体长7~8(mm),宽3.5~4(mm),头喙棕色,体淡黄至淡黄褐色,貌视鞘翅大部分为黑褐色,因鞘翅半透明透视灰黑色的后翅所致。头较长复眼处最宽,向后渐细基部细缩呈倒三角瓶状;喙短约为头长的2/5,基部细,向端渐宽,口器着生处最宽;触角棒状11节,棒状部由5节组成,端部3节较粗大,触角着生在喙基部背面中央、复眼前内侧中部,相距很近。前胸短锥状,与头相接处缢缩如颈,背板上有细横皱纹,近前、后缘处各有1明显横沟。小盾片倒梯形,端缘中间内凹。鞘翅上刻点粗大成8条纵沟, 在第2、3沟间近翅基部1/3处有1明显瘤状凸起,凸起后部刻点沟间的隆脊较粗大,显得翅面粗糙;后足腿节端部黑色。腹部短小,臀板黑褐色。卵:椭圆形,长1mm,宽0.6mm,淡黄色。幼虫:体长8mm,体中部粗大,两端稍尖细,弯曲呈C字形。体淡黄白至淡黄色,体背面和胸部稍黄,可透见消化道暗黑色。蛹:长5mm左右,初鲜黄渐变淡黄白色,复眼黑色,翅芽灰黑。

生活习性 国内新纪录种。缺乏系统观察,山西5月下旬至6月上旬柿、黑枣花期是成虫产卵期,成虫白天活动,雌虫产卵较分散,一般1枝上只选1叶产卵,偶有2叶者,选好产卵叶便从叶片基部1/3~1/4处的叶缘斜向主脉基部方向咬开,直至超过主脉,将咬开的部分向叶背面对折,然后将对折部分从叶尖向背面往上卷成筒,卵产于卷叶的3~4周处筒的中部,每筒内只产1粒卵,然后继续卷至切口处共可卷8~10周。幼虫孵化后即取食筒巢内叶片,粪便黑色线条状排于其中,老熟后即在筒巢中化蛹,5月中旬开始有化蛹者。蛹期6~7天。羽化后在筒巢中停留3~5天方爬出。此后没观察。发生期不整齐,6月下旬田间尚有卵。

防治方法 发生数量不多,无需防治。

柿星尺蠖(Large black-spotted geometrid)

学名 *Percnia giraffata* Guenee 鳞翅目,尺蛾科。别名:柿星尺蛾、大斑尺蠖、柿叶尺蠖、柿豹尺蠖、柿大头虫。分布:山西、河北、河南、安徽、台湾、四川。

寄主 柿、黑枣、苹果、梨等。

为害特点 幼虫食叶成缺刻和孔洞,严重时食光全叶。

形态特征 成虫:体长约25mm,翅展75mm左右,体黄翅白色,复眼黑色,触角黑褐色,雌丝状,雄短羽状。胸部背面有四个黑斑呈梯形排列。前后翅分布有大小不等的灰黑色斑点,外缘较密,中室处各有一个近圆形较大斑点。腹部金黄色,各节背面两侧各有1灰褐色斑纹。卵:椭圆形,初翠绿,孵化前黑褐色,数十粒成块状。幼虫:体长55mm左右,头黄褐色并有许多白色颗粒状突起。背线呈暗褐色宽带,两侧为黄色宽带,上有不规则的黑色曲线。胴部第3、4节显著膨大,其背面有椭圆形黑色眼状斑2个,斑外各具1月牙形黑纹。腹足和臀足各1对,黄色,趾钩双序纵带。蛹:棕褐至黑褐色,长25mm左右,胸背两侧各有一耳状突起,由一横脊线相连,与胸背纵隆线呈十字形,尾端有1刺状臀棘。

柿星尺蠖成虫

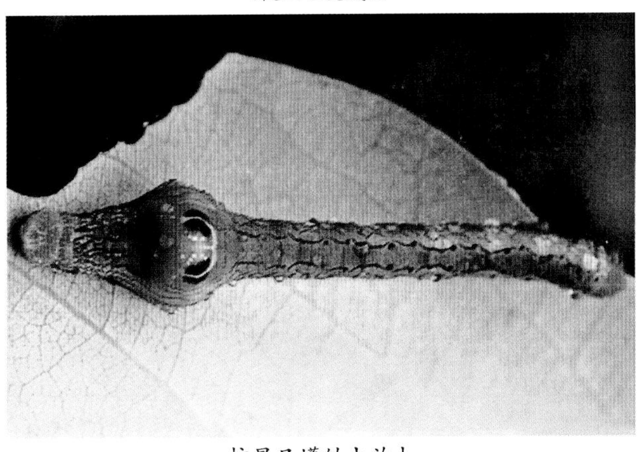

柿星尺蠖幼虫放大

生活习性 华北年生2代,以蛹在土中越冬,越冬场所不同羽化时期也不同,一般越冬代成虫羽化期为5月下旬~7月下旬,盛期6月下旬至7月上旬;第1代成虫羽化期为7月下旬~9月中旬,盛期8月下旬。成虫昼伏夜出,有趋光性。成虫寿命10天左右,每雌产卵200~600粒,多者达千余粒,卵期8天左右。第1代幼虫盛于7月中、下旬。第2代幼虫为害盛期在9月上中旬。刚孵幼虫群集为害稍大分散为害。幼虫期28天左右,多在寄主附近潮湿疏松土中化蛹,非越冬蛹期15天左右。第2代幼虫9月上旬开始陆续老熟入土化蛹越冬。

防治方法 (1)冬季施肥,深翻树盘时注意杀灭越冬蛹。(2)幼虫发生期人工捕杀。(3)幼虫3龄前喷洒25%灭幼脲悬浮剂1500倍液或2.5%溴氰菊酯乳油2000~2500倍液。也可在低龄幼虫期喷洒2%烟碱乳油1000倍液或0.3%印楝素乳油1000倍液、10亿PIB/mL苜蓿银纹夜蛾核型多角体病毒悬浮剂800倍液、40%毒死蜱乳油1000倍液。

血斑小叶蝉(Red-maculated leafhopper)

学名 *Erythroneura mori* (Matsumura)同翅目,叶蝉科。别名:桑斑叶蝉、血斑浮尘子等。分布山西、山东、河北、河南、江苏、浙江、四川。

血斑小叶蝉若虫放大

寄主 柿、桑、桃、李、梅、柑橘、葡萄等。

为害特点 成、若虫栖于叶背刺吸新梢及叶汁液,初现小白点,后受害处变为黄褐色,严重的造成果园一片黄褐,叶片枯焦。成虫把卵产在叶脉组织里,致叶脉受伤失水,叶硬化,影响产量和质量。

形态特征 成虫:体长2~2.5(mm),浅黄色,头、胸各生两条血红色纵向斑纹。头冠向前成钝角前突,前翅半透明,翅上也生有血红色斑纹;后翅略带黄色,透明无斑纹。卵:长0.2mm,椭圆形,略弯曲,深黄色。末龄若虫:比成虫稍小,浅绿色,周身生有分散的暗绿色条纹。

生活习性 浙江年生4代,以成虫在落叶、杂草中越冬。春芽萌动后,把卵产在叶脉组织里,每处1粒,卵期14天左右。各代分别在6月中旬、7月下旬、8月下旬、9月下旬,孵化后分别于7月、8月、9月的上旬及10月中旬羽化。成、若虫喜欢栖息在叶背面。若虫不大活动。秋季为害重,春季发生少,夏季较多。

防治方法 (1)及时清除柿园内杂草,秋冬清除落叶,集中深埋或烧毁,可减少越冬成虫。(2)发生期及时喷洒10%吡虫啉可湿性粉剂1500倍液或20%氰戊菊酯乳油2000倍液、40%毒死蜱乳油1000倍液。

碧蛾蜡蝉(Green broad winged planthopper)

学名 *Geisha distinctissima* (Walker)同翅目,蛾蜡蝉科。别名:碧蜡蝉、黄翅羽衣、橘白蜡虫。分布在吉林、辽宁、山东、江苏、上海、浙江、江西、湖南、福建、台湾、广东、广西、海南、四川、贵州、云南。

碧蛾蜡蝉成虫

寄主 柑橘、无花果、龙眼、柿、桃、李、杏、梨、苹果、梅、葡萄、杨梅、白腊树、枫香等。

为害特点 成虫、若虫刺吸寄主植物枝、茎、叶的汁液,严重时枝、茎和叶上布满白色蜡质,致使树势衰弱,造成落花,影响观赏。

形态特征 成虫:体长7mm,翅展21mm,黄绿色,顶短,向前略突,侧缘脊状褐色。复眼黑褐色,单眼黄色。前胸背板短,前缘中部呈弧形前突达复眼前沿,后缘弧形凹入,背板上有2条褐色纵带;中胸背板长,上有3条平行纵脊及2条淡褐色纵带。腹部浅黄褐色,覆白粉。前翅宽阔,外缘平直,翅脉黄色,脉纹密布似网纹,红色细纹绕过顶角经外缘伸至后缘爪片末端。后翅灰白色,翅脉淡黄褐色。足胫节、跗节色略深。静息时,翅常纵叠成屋脊状。卵:纺锤形,长1mm,乳白色。若虫:老熟若虫体长8mm,长形,体扁平,腹末截形,绿色,全身覆以白色棉絮状蜡粉,腹末附白色长的绵状蜡丝。

生活习性 年发生代数因地域不同而有差异,大部地区年发生一代,以卵在枯枝中越冬。第二年5月上、中旬孵化,7~8月若虫老熟,羽化为成虫,至9月受精雌成虫产卵于小枯枝表面和木质部。广西等地年发生两代,以卵越冬,也有以成虫越冬的。第一代成虫6~7月发生。第二代成虫10月下旬至11月发生,一般若虫发生期3~11个月。

防治方法 (1)剪去枯枝、防止成虫产卵。(2)加强管理,改善通风透光条件,增强树势。(3)出现白色绵状物时,用木杆或竹杆触动致使若虫落地捕杀。(4) 在危害期喷洒40%辛硫磷乳油或50%马拉硫磷乳油、50%杀螟硫磷乳油、80%敌敌畏乳油、40%乐果乳油、90%敌百虫可溶性粉剂等1000倍液。

黑圆角蝉(Globular treehopper)

学名 *Gargara genistae* (Fabr.) 同翅目,角蝉科。别名 黑角蝉、圆角蝉、桑角蝉、桑梢角蝉。分布:山东、河南、山西、江苏、浙江、陕西、宁夏、四川。

黑圆角蝉成虫

寄主 柑橘、山楂、枣、柿、枸杞、桑等。

为害特点 成、若虫刺吸枝叶的汁液致树势衰弱。

形态特征 成虫:雌体长 4.6~4.8(mm),翅展 10mm,多呈红褐色,雄较小黑色。头黑色下倾,头顶及额和唇在同一平面上偏向腹面;触角刚毛状,复眼红褐色,单眼 1 对淡黄色位于复眼间;头胸部密布刻点和黄细毛。前胸背板前部两侧具角状突起,即肩角,前胸背板后方呈屋脊状向后延伸至前翅中部即近臀角处,前胸背板中脊,前端不明显,在前翅斜面至末端均明显,小盾片两侧基部白色,前翅为复翅,浅黄褐色,基部色暗,顶角圆形,后翅透明,灰白色。足基节、腿节的基部黑色,其余黄褐色。跗节 3 节。卵:长圆形,长径 1.3mm,乳白至黄色。若虫:体长 3.8~4.7(mm),与成虫略似,共 5 龄,1 龄淡黄褐色,2~5 龄淡绿至深绿色。

生活习性 河南年生 1 代,以卵在枝梢内越冬。翌年 5 月孵化,若虫刺吸嫩梢、芽和叶的汁液,行动迟缓。7、8 月羽化为成虫,成虫白天活动,能飞善跳,9 月开始交配产卵,卵散产在当年生枝条的顶端皮下。陕西武功年生 2 代,以卵在刺槐根部土中越冬,翌年 6 月中旬第 1 代成虫羽化,8 月中旬第 2 代成虫始发。

防治方法 为害期药剂防治,可喷洒 40%辛硫磷乳油或 50%马拉硫磷乳油、稻丰散乳油、杀螟硫磷乳油、80%敌敌畏乳油、40%乐果乳油、90%敌百虫可溶性粉剂等 1000 倍液,或菊酯类药剂及其复配剂常用浓度均有良好效果。若虫期喷洒为宜,可结合防治其他害虫进行。

山东广翅蜡蝉

学名 *Ricania shantungensis* Chou et Lu 同翅目,广翅蜡蝉科。分布山东。

寄主 柿、山楂、酸枣、黑棕子。

为害特点 成、若虫刺吸枝条、叶的汁液,产卵于当年生枝条内,致产卵部以上枝条枯死。

形态特征 成虫:体长约 8mm,翅展 28~30(mm),雌大雄

山东广翅蜡蝉初孵若虫

山东广翅蜡蝉成长若虫和成虫

小。淡褐色略显紫红,被覆稀薄淡紫红色蜡粉。前翅宽大,底色暗褐至黑褐色,被稀薄淡紫红蜡粉,而呈暗红褐色,有的杂有白色蜡粉而呈暗灰褐色;前缘外 1/3 处有 1 纵向狭长半透明斑,斑内缘呈弧形;外缘后半部脉间各有一近半圆形淡黄色小点,翅反面比正面的斑点大且明显。后翅淡黑褐色,半透明,前缘基部略呈黄褐色,后缘色淡。卵:长椭圆形,微弯,长径 1.25mm,短径 0.5mm,初产乳白色,渐变淡黄色。若虫:体长 6.5~7(mm),宽 4~4.5(mm),体近卵圆形,翅芽处宽。头短宽,额大,有 3 条纵脊。近似成虫,初龄若虫,体被白色蜡粉,腹末有 4 束蜡丝呈扇状,尾端多向上前弯而蜡丝覆于体背。

生活习性 年生 1 代,以卵在枝条内越冬,翌年 5 月间卵孵化,为害至 7 月底羽化为成虫,8 月中旬进入羽化盛期,成虫经取食后交配、产卵,8 月底田间始见卵,9 月下旬~10 月上旬进入产卵盛期,10 月中下旬结束。成虫白天活动,善跳、飞行迅速,喜于嫩枝、芽、叶上刺吸汁液。多选直径 4~5(mm)枝条光滑部产卵于木质部内,外覆白色蜡丝状分泌物,每雌可产卵 150 粒左右,若虫有一定群集性,活泼善跳。

防治方法 (1)冬春结合修剪剪除有卵块的枝条,集中深埋或烧毁,以减少虫源。(2)为害期喷 25%噻嗪酮可湿性粉剂 1000 倍液、10%吡虫啉可湿性粉剂 2000 倍液,因该虫被有蜡粉,在药剂中加 0.3%~0.5%柴油乳剂,可提高防效。

茶黄毒蛾(Tea tussock moth)

学名 *Euproctis pseudoconspersa* Strand 鳞翅目,毒蛾科。

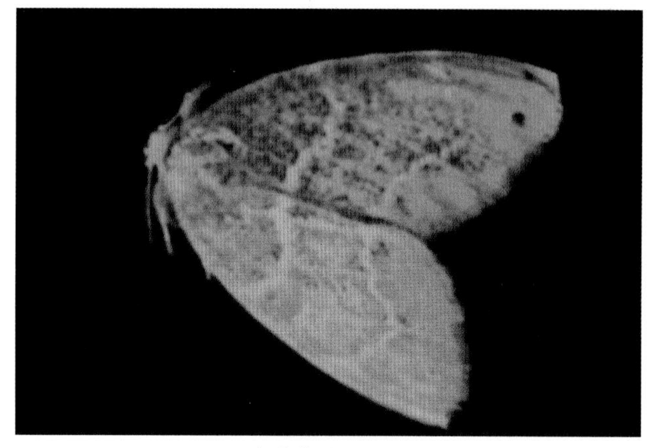

茶黄毒蛾雌成虫

茶黄毒蛾幼虫放大

别名:茶黄毒蛾、茶毛虫。分布在吉林、陕西、江苏、安徽、浙江、江西、福建、台湾、湖北、湖南、广东、广西、贵州、四川、云南。

寄主 茶树、桑、樱桃、梨、柿、柑橘、枇杷、玉米等。

为害特点 3龄前幼虫常数十头群集在一起取食叶肉,3龄后分散从叶缘取食。

形态特征 成虫:雄翅展20~26(mm),雌30~35(mm)。雄翅棕褐色,布稀黑色鳞片,前翅前缘橙黄色,顶角、臀角各具黄色斑1块。顶角黄斑上具黑色圆点2个,内横线外弯,橙黄色。雌黄褐色,前翅浅橙黄色至黄褐色。卵:扁圆形,浅黄色,直径0.8mm,卵块被毛,椭圆形。幼虫:体长10~25(mm),头黄褐色,布褐色小点,具光泽,体黄色,密生黄褐色细毛。背线暗褐色,亚背线、气门上线棕褐色,1~8腹节亚背线上有褐色绒样瘤,上生黄白色长毛;气门上线亦有黑褐色小绒球样瘤,上生黄白色毛。蛹:长8~12(mm),黄褐色。茧:土黄色。

生活习性 江苏、浙江、安徽、四川、贵州、陕西年生2代,江西、广西、湖南3代,福建3~4代,台湾5代,以卵在树冠中或下层1m以下的萌芽枝条或叶背越冬。3月中下旬越冬卵孵化,初孵幼虫群集为害,老熟后于5月中旬群集树下,在枯枝落叶下、根际四周土中化蛹。5月下旬羽化,卵产在叶背或树干上。每雌产卵50~300粒成1卵块,上覆尾毛。6月中旬2代幼虫孵化,7月中旬化蛹,8月上旬羽化,8月中旬3代幼虫孵化,9月下旬化蛹,10月上旬羽化。主要天敌有茶毛虫黑卵蜂、赤眼蜂、茶毛虫绒茧蜂等。

防治方法 (1)从11月至翌年4月,摘除越冬卵块;生长季在幼虫1~3龄期摘除有虫叶片。(2)提倡每667m^{2}柿园用10~50亿茶毛虫核型多角体病毒粉剂进行防治。(3)在幼虫低龄期喷洒40%甲基毒死蜱乳油1000倍液或2.5%高效氯氰菊酯乳油2500倍液、2.5%溴氰菊酯乳油2000倍液、20%除虫脲悬浮剂1500倍液。

折带黄毒蛾(Oriental tussock moth)

学名 *Artaxa flava* (Bremer)异名*Euproctis flava*鳞翅目,毒蛾科。别名:黄毒蛾、柿黄毒蛾、杉皮毒蛾。分布于黑龙江、辽宁、河北、山东、江苏、安徽、浙江、江西、福建、湖北、湖南、广西、广东、陕西、四川等地。

折带黄毒蛾幼虫

寄主 苹果、槟沙果、海棠、梨、山楂、樱桃、桃、李、梅、柿、枇杷、石榴、栗、榛、茶、蔷薇等。

为害特点 幼虫食芽、叶,将叶吃成缺刻或孔洞,严重的将叶片吃光,并啃食枝条的皮。

形态特征 成虫:体长15~18(mm),翅展35~40(mm),雄虫略小,前翅黄色,中部有1条棕褐色宽横带,从前缘外斜至中室后缘内斜止于后缘,形成"V"字形折带,故又叫"折带黄毒蛾"。翅顶区还有2个棕褐色圆点。卵:半圆形,浅黄色,直径0.55mm。末龄幼虫:体长30~40(mm),体黄色至橙黄色。头、胸、尾部及腹部第3~5节背部黑色,腹部两侧散生大小不同的圆形黑毛瘤。蛹:长12~18(mm),黄褐色。茧:椭圆形,灰褐色。

生活习性 年生2代,以3~4龄幼虫在树洞或树干基部缝隙、杂草、落叶等杂物下结网群集越冬。翌春上树为害芽叶。老熟幼虫5月底结茧化蛹,蛹期约15天。6月中下旬越冬代成虫出现,并交尾产卵,卵期14天左右。第1代幼虫7月初孵化,为害到8月底老熟化蛹,蛹期约10天。第1代成虫9月发生后交配产卵,9月下旬出现第2代幼虫,为害到秋末,以3~4龄幼虫越冬。幼虫孵化后多群集叶背为害,并吐丝网群居枝上,老龄时多至树干基部、各种缝隙吐丝群集,多于早晨及黄昏取食。成虫昼伏夜出,卵多产在叶背,每雌产卵600~700粒。该虫寄生性天敌有寄生蝇等20多种。

防治方法 (1)冬季清除落叶、杂草,刮粗树皮,杀灭越冬幼虫。(2)及时摘除卵块,捕杀群集幼虫。(3)低龄幼虫为害期药剂防治。参考苹果害虫——苹果小卷蛾。

柿绒蚧(Persimmon meal bugs)

学名 *Eriococcus kaki* Kuwana 同翅目,绒蚧科。别名:柿毛毡蚧、柿绒粉蚧。异名*Acanthococcus kaki* Kuwana。分布在黑龙江、吉林、辽宁、河北、山西、陕西、河南、山东、安徽、江苏、浙江、广东、广西、贵州、四川。

柿绒蚧

寄主 柿、梧桐、桑、黑枣。

为害特点 以雌成虫及若虫为害柿树的嫩枝、幼叶和果实。雌成虫及若虫最喜欢群集在果实下面及柿蒂与果实相接的缝隙处为害。被害处初呈黄绿色小点,逐渐扩大成黑斑,使果实提前软化脱落。柿绒蚧现已成为柿园常发生害虫。一般虫果率20%~30%,重者常达70%~80%,严重影响果品产量和质量。

形态特征 雌成虫:椭圆形,长1.5~2.5(mm),紫红色,被包在白色半球形蜡囊中,蜡囊长3mm,尾端凹陷。雄成虫:体长0.65mm,体红色,1对翅,半透明,腹末生2根白色长蜡丝。卵:椭圆形,红色,由白蜡丝相连。若虫:扁椭圆形,1龄、2龄雌若虫红色,2龄雄若虫橘红色。雄蛹:长1~1.2(mm),长椭圆形,蜡壳白色至蜡黄色。

生活习性 延安年生3代,浙江年生4~5代,延安以第3代2龄幼虫分散固着在2~3年生枝条皮层裂缝、粗皮下及干柿蒂上的介壳中越冬,翌年4月中下旬柿树发芽抽梢时出蛰活动,爬到梢基鳞片下方叶腋、嫩芽、新梢及叶面上固着吸食汁液,同时形成蜡皮,并分化为雌雄两性,5月中、下旬成虫交配,后雌虫把卵产在蜡壳内,卵期12~21天,7月、8月、9月中旬进入各代卵孵化盛期,10月中旬以若虫越冬。每代历期30天,冬季长达180~190天,前2代主要为害叶及1~2年生枝条,后1代主要为害柿果,每年8、9月第2、3代受害最重。浙江以1龄若虫在柿主干、枝条树皮缝中越冬。翌年4月中旬若虫爬到嫩芽、新梢、花蕾上吸食汁液,雄若虫4月下旬末在枝背面化蛹,5月上旬羽化,与雌虫交尾后不断分泌蜡丝,形成蜡壳后把卵产在壳中。各代若虫盛期1代为6月上旬,2代7月中旬,3代8月中旬,4代9月下旬,5代10月下旬。越冬代、1代若虫主害新梢、叶及花蕾,2~4代为害果实,3代为害最重,进入11月上旬第5代若虫开始越冬。

防治方法 (1)冬季刮主干主枝上老树皮及苔藓、地衣,消灭树皮缝中的越冬若虫,剪除受害重的虫枝,集中烧毁。(2)受害重的柿园,用硬刷刷除2~3年生枝条上的柿绒蚧。(3)冬季三九天往树上喷清水,柿枝上结层薄冰后用棍棒敲打树枝,使冰与介壳虫一起振落。(4)重点防治越冬代,狠治第1代,补治第2代,分别于4月中下旬、6月中旬、7月下旬在卵的孵化期、若虫孵化盛期喷洒10%吡虫啉可湿性粉剂1500倍液或40%甲基毒死蜱或毒死蜱乳油1000倍液或80%敌敌畏乳油1000倍液、1.8%阿维菌素乳油1000倍液。(5)注意保护黑缘红瓢虫和红点唇瓢虫等天敌昆虫。

柿长绵粉蚧(Elongate cottony scale)

学名 *Phenacoccus pergandei* Cockerell 同翅目,粉蚧科。别名:长绵粉蚧。分布:云南。

寄主 柿、苹果、梨、枇杷、无花果等。

为害特点 雌成虫、若虫吸食叶片、枝梢的汁液,排泄蜜露诱发煤污病。

形态特征 成虫:雌体长约3mm,椭圆形扁平,黄绿色至浓褐色,触角9节丝状,3对足,体表布白蜡粉,体缘具圆锥形蜡突10多对,有的多达18对。成熟时后端分泌出白色绵状长卵囊,形状似袋,长20~30(mm)。雄体长2mm,淡黄色似小蚊。触角近念珠状上生茸毛。3对足。前翅白色透明较发达,具1条翅脉分成2叉。后翅特化成平衡棒。腹部末端两侧各具细长白色蜡丝1对。卵:淡黄色,近圆形。若虫:椭圆形,与雌成虫相近,足、触角发达。雄蛹:长约2mm,淡黄色。

生活习性 年生1代,以3龄若虫在枝条上结大米粒状的白茧越冬。翌春寄主萌芽时开始活动。雄虫脱皮成前蛹,再脱1

柿长绵粉蚧雌成虫放大

柿叶片上的柿长绵粉蚧雌虫卵囊

次成变为蛹;雌虫不断取食发育,4月下旬羽化为成虫。交配后雄虫死亡,雌虫爬至嫩梢和叶片上为害,逐渐长出卵囊,至6月陆续成熟卵产在卵囊中,每雌可产卵500~1500粒,卵期15~20天。6月中旬开始孵化,6月下旬至7月上旬为孵化盛期。初孵若虫爬向嫩叶,多固着叶背主脉附近吸食汁液,到9月上旬脱第1次皮,10月脱2次皮后转移到枝干上,多在阴面群集结茧越冬,常相互重叠堆集成团。5月下旬至6月上中旬为害重。天敌有黑缘红瓢虫、大红瓢虫、二星瓢虫、寄生蜂等。

防治方法 (1)越冬期结合防治其他害虫刮树皮,用硬刷刷除越冬若虫。(2)落叶后或发芽前喷洒波美3~5度石硫合剂或45%石硫合剂结晶20~30倍液、5%柴油乳剂。(3)若虫出蛰活动后和卵孵化盛期喷40%毒死蜱乳油1000倍液;或80%敌敌畏、40%乐果乳油1000倍液,特别是对初孵转移的若虫效果很好。如能混用含油量1%的柴油乳剂有明显增效作用。(4)注意保护天敌。

柿垫绵坚蚧

学名 *Eupulvinaria peregrina* Borchsenius 属同翅目,坚蚧科。分布在北方地区,寄主较杂,除为害柿外,也为害苹果、无花果等。以成、若虫吸食嫩枝、幼叶和果实,对产量和质量影响大。

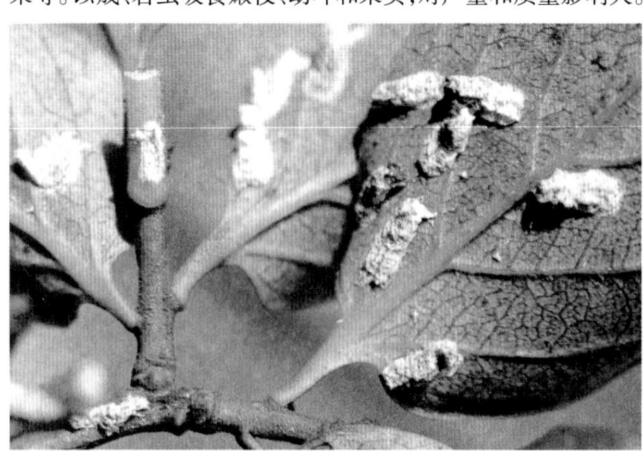

柿垫绵坚蚧

形态特征 雌成虫:体长约4mm,棕褐色,略扁平。虫体下后方垫拖白色蜡质絮状卵囊,卵囊长5~8(mm),与虫体等宽。雄成虫:有翅1对,体长2mm,翅展3.5mm。若虫:椭圆形,淡褐色,半透明。卵:紫红色,卵圆形。

生活习性 年生1代,以2龄若虫在柿树隐蔽处越冬。翌年5月越冬若虫随寄主叶片生长,爬到叶片正面固着为害,5月末至6月发育成熟。雌成虫性成熟后,从虫体下方周缘分泌形成卵囊拖在体后,将卵产于其内及虫体下方,随之卵囊将母体垫起,使母体腹末上翘成一定角度。7月上旬进入若虫孵化期,若虫孵化后,从卵囊中爬出,分散到叶片背面继续吸食为害,10~11月间转移到枝干老皮裂缝处越冬。柿垫绵坚蚧常与柿绒蚧混合发生。

防治方法 (1)初冬在树体上喷洒波美3~5度石硫合剂,毒杀越冬若虫。(2)6月下旬至7月上旬,于若虫孵化期喷洒40%毒死蜱乳油1000倍液或1.8%阿维菌素乳油1000倍液、10%吡虫啉可湿性粉剂2000倍液,药后3天再喷1次。(3)保护利用小二星瓢虫和草蛉类等天敌进行生物防治。

柿园日本长白蚧

学名 *Lopholeucaspis japonica* (Cockerell) 同翅目盾蚧科。别名:梨长白介壳虫、茶虱子、长白盾蚧等。分布在吉林、辽宁、河北、山西、陕西、甘肃、四川、宁夏、青海、广东、广西、贵州、云南、台湾。

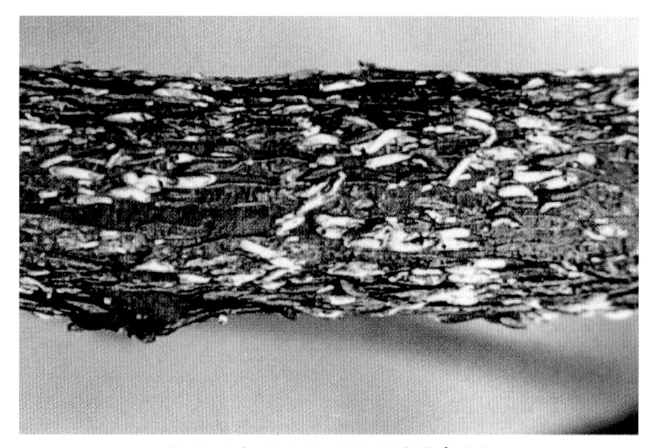

柿园日本长白蚧雄蚧蛹(夏声广)

寄主 李、梅、苹果、梨、柿、山楂、无花果、枇杷、柑橘等。

为害特点 以若虫、雌成虫刺吸树干和叶片上汁液,造成树势衰弱叶稀少、叶小,或在短期内聚集,布满枝干或叶片,造成落叶或枝条干枯。

形态特征 雌成蚧壳长1.68~1.8(mm),纺锤形,暗棕色,其上具白蜡质物,1个壳点,头突出。雄介壳长形,白色,壳点突出在头端。雌成虫梨形浅黄色,无翅,雄成虫浅紫色,1对翅,白色。触角5节,足3对,腹末生尾毛2根。

生活习性 江苏、浙江、安徽、湖南年生3代,以末龄若虫和雄虫前蛹在枝干上越冬。3月下旬~4月中旬进入羽化盛期,4月下旬进入产卵盛期。第1代若虫孵化盛期主要在5月中下旬,第2代在7月中下旬,第3代在9月中旬~10月上旬。第1、2代若虫孵化较整齐,至于第3代持续时间略长。

防治方法 (1)加强对苗木检疫,防止有蚧壳虫苗木传入新区,冬季修剪时要把有虫枝条剪除烧毁。(2)在春季休眠期发芽之前,越冬雌虫尚未产卵时,喷洒波美4度石硫合剂或5%矿物油乳剂,也可喷洒95%蚧蜡灵(机油)乳剂200倍液。(3)抓住1代若虫盛孵期及时喷洒10%吡虫啉可湿性粉剂2000倍液或40%甲基毒死蜱乳油1000倍液、25%噻嗪酮可湿性粉剂1000倍液、1.8%阿维菌素水乳剂1000倍液,3天后再防1次。

柿园草履蚧

学名 *Drosicha corpulenta* Kuwana 分布在全国大部分柿产区,主要为害柿、无花果、猕猴桃、苹果、梨、山楂、桃、李、杏、樱桃、柑橘、核桃等多种果树,以成、若虫越夏或越冬,早春1、2月开始孵化,3月进入上树盛期,若虫共3龄,雌雄成虫交配后,雌虫潜入树下5~7(cm)处的土中分泌蜡质卵囊,把卵产在囊中准备越冬。

防治方法 参见石榴害虫——草履蚧。

柿园草履蚧雌成虫放大

柿园角蜡蚧

学名 *Ceroplastes ceriferus* (Anderson) 分布在华北、华南、西南地区，主要为害柿、柑橘、石榴、杨梅等果树，以雌虫在枝上、雄虫在叶上为害，还可分泌蜜露引发煤污病，近年为害呈上升趋势。该虫年生1代，以受精雌成虫在枝干或叶片上越冬，江苏翌年5、6月间产卵，1~2天后在枝上固定为害。

防治方法 参见石榴园——角蜡蚧。

柿园角蜡蚧

茶斑蛾

学名 *Eterusia aedea* Linnaeus 鳞翅目斑蛾科。分布在浙江、江苏、安徽、江西、福建、台湾、湖南、广东、海南、四川、贵州、云南等省。

寄主 为害柿、茶树等。

为害特点 幼虫咬食叶片，低龄幼虫仅食下表皮和叶肉，残留上表皮，形成半透明状枯黄薄膜。成长幼虫把叶片食成缺刻，严重时全叶食尽，仅留主脉和叶柄。

形态特征 成虫：体长17~20(mm)。雄蛾触角双栉齿状；雌蛾触角基部丝状，上部栉齿状，端部棒状。头、胸、腹基部和翅均黑色，略带蓝色，具缎样光泽。头至第二腹节青黑色有光泽。前翅基部有数枚黄白色斑块，中部内侧黄白色斑块连成一横带，中部外侧散生11个斑块；后翅中部黄白色横带甚宽，近外缘处亦散生若干黄白色斑块。卵：椭圆形，鲜黄色，近孵化时转灰褐色。老熟幼虫：体长20~30(mm)，圆形似菠萝状。体黄褐色，肥厚，多瘤状突起，中、后胸背面各具瘤突5对，腹部1~8节各有瘤突3对，第9节生瘤突2对，瘤突上均簇生短毛。蛹：长20mm左右，黄褐色。茧：褐色，长椭圆形。

茶斑蛾成虫(蒋芝云)

茶斑蛾幼虫放大

生活习性 安徽、江西、贵州年生2代，以老熟幼虫于11月后在柿树基部分杈处或枯叶下、土隙内越冬。翌年3月中、下旬气温升高后上树取食。4月中、下旬开始结茧化蛹，5月中旬至6月中旬成虫羽化产卵。第一代幼虫发生期在6月上旬至8月上旬，8月上旬至9月下旬化蛹，9月中旬至10月中旬第一代幼虫羽化产卵，10月上旬第二代幼虫开始发生。卵期7~10天；幼虫期一代65~75天，二代长达7个月左右；蛹期24~32天；成虫寿命7~10天。成虫活泼，善飞翔，有趋光性。成虫昼夜均活动多在傍晚交尾。雌雄交尾后1~2天产卵，3~5天产完，卵成堆产在枝干上，每堆数十至百余粒，每雌产卵200~300粒。雌蛾数量较雄蛾多。初孵幼虫多群集于柿树中下部或叶背面取食，2龄后逐渐分散咬食叶片成缺刻。幼虫行动迟缓，受惊后体背瘤状突起处能分泌出透明粘液，但无毒。老熟后在老叶正面吐丝，结茧化蛹。

防治方法 (1)冬季清园，残枝落叶及早烧毁。(2)安装频振式杀虫灯诱杀成虫。(3)低龄幼虫期喷洒40%毒死蜱或甲基毒死蜱乳油1000倍液或25%氯氰·毒死蜱乳油1000~1200倍液。

柿梢夜蛾

学名 *Hypocala moorei* Buther 鳞翅目夜蛾科。又称柿梢鹰夜蛾。分布在河北、北京、山东、山西、四川、贵州、云南等省。

寄主 幼虫为害柿、黑枣等。

柿梢夜蛾幼虫

为害特点 初孵幼虫蛀入嫩芽苞中为害，2龄幼虫吐丝把顶梢嫩叶卷成饺子状，潜伏其中为害顶端嫩叶，3龄后食量增大，常把叶片吃光后，向下移动继续为害。

形态特征 成虫：体长20~22(mm)，头部灰黄色有褐斑，下唇须灰黄色，向前下斜伸状似鹰嘴；复眼黑紫色，触角丝状褐色，胸部灰褐色，翅基片灰色。前翅灰褐色，翅上彩斑变化大，有2个半月形淡色斑，肾纹黑褐色，后方连1大黑斑。幼虫：体色变异大，由绿至黑褐色，成长幼虫有黑色型和绿色型两种。

生活习性 浙江年生2代，世代重叠，以老熟幼虫入土化蛹越冬，翌年5月下旬~6月上旬成虫羽化，6~8月进入幼虫为害期。北方7~8月幼虫发生，多从柿树叶尖边缘向内取食呈不规则形缺刻状，受惊扰后退下落，8月下旬开始陆续入土化蛹。

防治方法 (1)苗圃有零星发生时，人工捕捉幼虫。(2)幼虫为害期喷洒2.5%溴氰菊酯乳油2000倍液或2.5%高效氯氟氰菊酯乳油2500倍液、55%氯氰·毒死蜱乳油1500倍液、40%甲基毒死蜱乳油1000倍液。

苹梢夜蛾

学名 *Hypocala subsatura* Guenée 鳞翅目夜蛾科。别名：苹梢鹰夜蛾、苹果梢夜蛾。分布在辽宁、河北、山东、山西、河南、江苏、浙江、云南、贵州、台湾。

寄主 主要为害柿、苹果、梨、李等。

为害特点 以幼虫咬食嫩叶新梢，受害叶片呈絮状缺刻，重者仅剩下主侧脉。幼虫长大后，树梢生长点被破坏或咬断，仅留主侧脉或残留碎屑，造成秃梢，个别幼虫蛀害幼果。

苹梢夜蛾成虫(左)和幼虫

形态特征 成虫棕褐色，下唇须斜向下伸似鹰嘴；复眼黑色，触角丝状，头胸背面、前翅多为紫褐色，内线波浪形中部外凸，外线弧形；中脉之后双线棕褐色，端线由1列新月形黑纹组成，缘毛锯齿形，肾纹大。幼虫变化大，头部黄褐色，体黑褐至黑色，中胸背面有4个小黄斑，有的个体浅黄绿色。

生活习性 陕西关中地区年生1代，浙江年生2代，以老熟幼虫在土中结茧越冬，常与柿梢鹰夜蛾混合发生混合为害。辽宁西部幼虫为害期多在6月下旬~7月上中旬，陕西关中发生在6月下旬~7月，浙江为6~8月。

防治方法 参见柿梢夜蛾。

美国白蛾

学名 *Hyphantria cunea* (Drury) 鳞翅目灯蛾科。

寄主 樱桃、李、柿、苹果、核桃、桃树、梧桐、桑、榆、柳等。

为害特点 幼虫孵化后吐丝结网，群居网中取食光后，幼虫移至枝杈或嫩枝的另1部分织1新网，1~4龄幼虫多结网为害，5龄后幼虫脱离网幕，分散为害进行暴食。此虫北京2003年在平谷发现，2005年扩展到丰台等9个区县，2006年监测到成虫已达20000多只。

形态特征 参见梨树害虫——美国白蛾。

生活习性 北方年生2代，第1代幼虫期发生在6月上旬~8月上旬，第2代幼虫发生在8月上旬~11月上旬。成虫随寄主植物的调运或静伏在交通工具的隐蔽处远距离传播，且可顺风进行中、短距离传播。

美国白蛾雄成虫放大

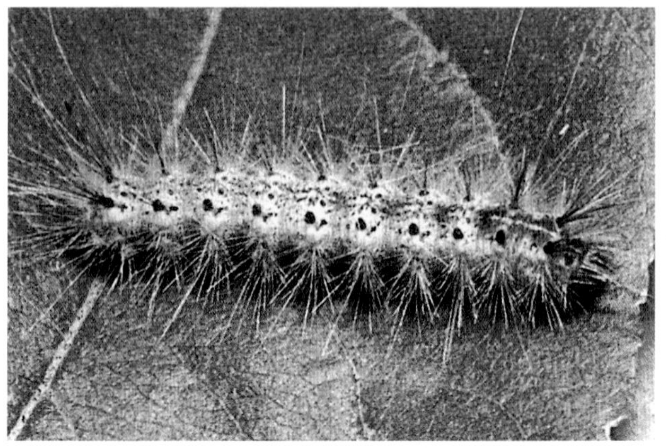

美国白蛾幼虫放大

防治方法 (1)严格检疫,做好虫情监测。尽早查清发生范围,尽快封锁和灭治。(2)剪除网幕,在白蛾幼虫3龄前,隔1~3天检查1次网幕状况,剪下的网幕必须马上烧毁或深埋。(3)幼虫3龄前喷洒25%灭幼脲悬浮剂2000倍液或24%甲氧虫酰肼悬浮剂1000倍液、5%氟虫脲乳油2000倍液、2%阿维菌素微乳剂4000倍液。(4)提倡用周氏啮小蜂专门对付猖獗的美国白蛾。

彩斑夜蛾

学名 *Citrus necrotic* Spot 鳞翅目夜蛾科。

彩斑夜蛾幼虫放大(夏声广)

寄主 柿、梨、猕猴桃等。

为害特点 以幼虫吐丝结网,叶片纵卷,并在叶内取食叶肉。

形态特征 见彩图。

生活习性 生活史不详,6月下旬~7月下旬进入幼虫为害期。

防治方法 局部发生严重时,可在低龄幼虫期喷洒2%烟碱乳剂1000倍液或0.3%印楝素乳油1400倍液、8000单位/毫克苏云金杆菌可湿性粉剂700倍液、10亿个多角体/mL苜蓿银纹夜蛾核型多角体病毒悬浮剂1000倍液。防治1~2次。

褐带长卷叶蛾

学名 *Homona coffearia* Niener 鳞翅目卷蛾科。别名:柑橘长卷叶蛾、茶卷叶蛾、咖啡卷叶蛾等。分布在华北、华东、华南、云南、西藏、安徽、山西、台湾。

褐带长卷蛾低龄幼虫(夏声广)

寄主 桃、李、梅、柿、苹果、梨、板栗、柑橘、石榴、茶、银杏、洋桃等。

为害特点 幼虫先把嫩叶边缘卷起,后吐丝再把嫩叶缀合、藏在卷叶中为害叶肉,留下1层表皮,产生透明枯斑后穿孔,大龄幼虫喜把2、3张叶片平贴,把叶片食成缺刻或孔洞。

形态特征 成虫:浅棕至灰褐色,触角丝状,复眼球形黑褐色,前翅前缘基部2/5处拱起,近顶角处略凹,顶角突伸略曲,前翅浅棕至灰褐色,顶角深褐色,翅面上具长短不一的波状横纹;中带暗褐色明显。幼虫:头部褐色,体浅绿至暗绿色。前胸盾褐色,后缘色黑;前胸侧下方生2个褐色圆斑。

生活习性 华北、安徽、浙江一带年生4代、广东7~9代,以末龄幼虫在卷叶或杂草丛中越冬,1代幼虫在5月下旬发生,2代在6月下旬~7月上旬,3代在7月下旬~8月中旬,4代在9月中旬~翌年春天,1、2代主要为害花蕾、嫩叶,进入9月份后幼虫以为害果实为多。

防治方法 (1)冬季清除枯枝落叶和园中杂草,春季疏花疏果时发现卵块马上摘掉集中烧毁。(2)安装频振式杀虫灯诱杀成虫。(3)喷洒1%阿维菌素乳油或2.5%高效氯氟氰菊酯或2.5%溴氰菊酯乳油2000倍液或40%甲基毒死蜱乳油1100倍液。

柿钩刺蛾

学名 *Comptochilus sinuosus* Warr. 鳞翅目钩蛾科。主要为害柿,以幼虫在叶缘把柿树叶片卷成小圆锥状,幼虫躲在其中进行取食为害,其卷叶很小。幼虫黄褐色,6月中旬进入化蛹盛期,6月下旬至7月下旬 羽化,5月~10月是幼虫为害期,以5~8月为害较重。

防治方法 结合防治三条蛀野螟、刺蛾等进行兼治。

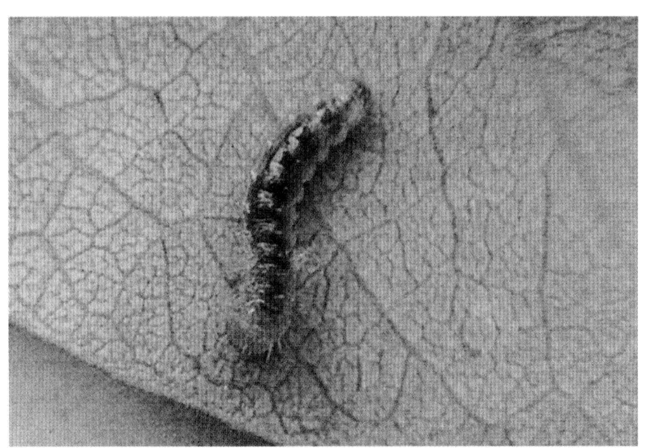

柿钩刺蛾幼虫(蒋芝云)

三条蛀野螟

学名 *Dichocrocis chlorophanta* Butler 鳞翅目螟蛾科。别名:三条野螟、三条螟蛾。分布在内蒙古、浙江、台湾、朝鲜、日本

寄主 柿、水稻、小麦、玉米、高粱、粟、甘蔗、大豆等。

为害特点 以幼虫为害叶片,幼虫吐丝把叶片前端纵卷或横卷成筒状,并在其中取食为害。

形态特征 成虫雌蛾鲜草黄色,翅展26mm,腹部各节略黄,末节背面具1黑色带,内横线、外横线波纹状弯曲,缘毛基部黑色,末端白色。

三条蛀野螟成虫栖息在叶上

生活习性 年生2~3代，第1代成虫7月间出现，第2代9~10月间出现，7月出现的幼虫纵卷柿叶，老熟后在卷叶内缀合粪粒作茧化蛹。蛹期8~10天，9月上旬出现的幼虫至9月下旬或10月上旬结茧越冬。

防治方法 (1)秋末冬初及时清除枯枝落叶集中烧毁。(2)在卵孵化盛期喷洒1%阿维菌素乳油或2.5%溴氰菊酯或2.5%高效氯氟氰菊酯乳油2500倍液或40%毒死蜱乳油1000倍液。

小蓑蛾

学名 *Acanthopsyche* sp.鳞翅目蓑蛾科。又称小窠蓑蛾、小巢蓑蛾、茶蓑蛾。分布在我国南北大部分果树、茶产区。

寄主 桃、李、杏、梅、枣、梨、苹果、柿、山楂、柑橘、石榴、樱桃、枇杷、龙眼、葡萄、核桃、板栗、银杏等。

为害特点 以幼虫在护囊中咬食嫩芽、嫩梢、叶、树皮、花蕾、花及果实。幼虫集中蚕食叶片可造成枝叶光秃。

形态特征 雄成虫：体长11~15(mm)，触角羽毛状，体翅茶褐色至暗褐色；前翅外缘中前方生2个长方形透明斑，胸部背面具2条白色纵纹，胸、腹部密被鳞毛。雌成虫：体长12~16(mm)，无翅无足蛆状，头很小，生刺突2个，胸腹部黄白色，各节背板黄褐色明显，腹部肥大，4~7节周围生蛋黄色绒毛，卵：长0.8mm，椭圆形发黄。末龄幼虫：体长16~28(mm)。头部褐色。胸部各节背板上生4个褐色长形斑，前后连成褐色纵带4条，中间两条尤明显。雄蛹：细长，纺锤形，黑褐色。蓑囊：中型，蓑囊处粘有长短不等的小断枝等，灰褐色。

小蓑蛾老熟幼虫

生活习性 江苏、浙江、贵州年生1代，湖南、安徽、四川1~2代，江西2代，广西3代，多以3、4龄幼虫在蓑囊内悬挂在枝上越冬。浙江、安徽一带2~3月、气温10℃，越冬幼虫开始为害，成为早春的害虫，5月中、下旬后幼虫陆续化蛹，6月上旬~7月中旬成虫羽化并产卵，第1代幼虫发生在6~8月，7月危害严重。第2代的越冬幼虫在9月间出现，冬前为害轻，雌虫寿命12~15天，雄虫2~5天，卵期12~17天，幼虫期50~60天，越冬代幼虫240天，雌蛹期10~22天，雄蛹8~14天。成虫多在下午羽化，雌虫次日即交配，1~2天后产卵，平均产676粒，幼虫多在孵化后爬上枝叶吐丝黏缀碎叶建造护囊并开始取食。天敌有蓑囊疣姬蜂、松毛虫疣姬蜂、大腿蜂、小蜂等。

防治方法 (1)发现护囊马上摘除，集中烧毁。(2)注意保护上述寄生蜂等天敌昆虫。(3)用青虫菌粉剂每克含100亿以上活孢子的粉剂或加入0.1%氰戊菊酯粉剂1000倍液，也可用每克2亿个孢子的白僵菌菌粉300倍液。(4)低龄幼虫期喷洒80%或90%敌百虫可溶性粉剂1000倍液或2.5%溴氰菊酯乳油2000倍液。

柿广翅蜡蝉

学名 *Ricania sublimbata* Jacobi 同翅目广蜡蝉科。分布在黑龙江、山东、福建、广东、台湾等省。

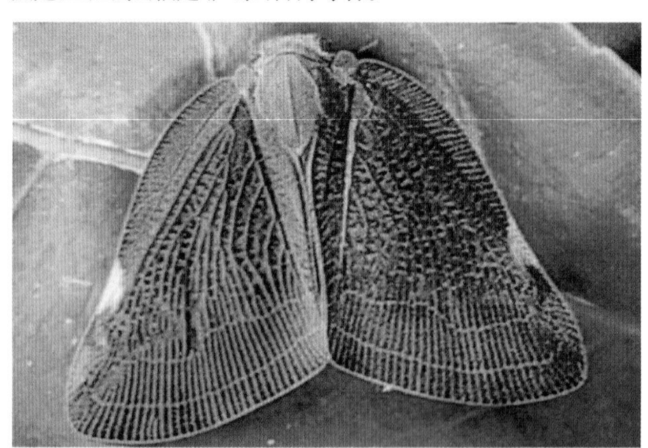

柿广翅蜡蝉成虫放大

寄主 柿、柚、柑橘、梨、石榴、咖啡、山楂、桂花等。

为害特点 成虫、若虫刺吸嫩枝、芽、叶的汁液，并把卵产在枝条内，妨碍枝条生长，造成产卵处以上枝叶干枯。

形态特征 成虫灰黑色，体长8.5~10 (mm)，翅展24~36 (mm)，头、胸部背面黑褐色，腹部黄褐色或深褐色。前翅暗褐色，表面被蜡粉。前缘外方1/3处略凹陷，还有1个三角形至半圆形浅黄褐色斑，后翅半透明，暗黑褐色。翅上生有绿色蜡粉。

生活习性 年生2代。1代从上年9月上旬~当年1月中旬；2代为6月上旬~11月下旬，为害盛期多在5月下旬~6月下旬和7月上旬~9月中旬。

防治方法 (1)修剪时注意剪除产卵枝梢，于卵孵化前集中烧毁。(2)于成虫产卵前喷洒1%~5%石灰乳或3~5波美度石硫合剂使枝梢上被一层药膜，着卵枝减少50%左右。(3)6~11月安装频振式诱虫灯诱杀成虫。(4)若虫1~3龄高峰期喷洒10%吡虫啉可湿性粉剂3000倍液或5%啶虫脒乳油2000倍液、20%氰戊·辛硫磷乳油1500倍液。

柿园黑翅土白蚁

学名 *Odontotermes formosanus* Shiraki 属等翅目白蚁科。分布在浙江、福建、广东、广西、云南、陕西、河南、长江流域及以南地区。

柿园黑翅土白蚁

寄主 香蕉、柿、橘、枣、板栗、杨梅、茶等。

为害特点 5~6 月是为害高峰期。为害柿树时蛀害柿树的茎部和根部。黑翅土白蚁喜在受害树木上修筑泥被，啃食树皮，也可从伤口侵入木质部造成生长不良。

形态特征 兵蚁：体长 5mm，无翅，头暗黄色卵形；长翅繁殖蚁：体长 16~18(mm)，体柔软，黑褐色。工蚁：与兵蚁体相似，上颚不如兵蚁发达。卵：椭圆形，乳白色。

生活习性 该虫在 7~8 月多在早晚雨后活动，每年 4 月下旬、5 月上旬在蚁巢附近出现很多圆锥形凸起的分飞孔，相对湿度高于 95%以上的闷热天气或大雨过后，有翅蚁从分飞孔飞出，经过分飞脱翅后，雌雄配对钻入地下建立新巢，成长为新蚁巢的蚁后和蚁王。有些位于浅土层的幼龄巢及菌圃腔在 6~8 月连降暴雨后，地面上长出鸡枞菌，是确定蚁巢的标志。蚁巢由小到大，结构由简单到复杂。1 个大巢群内有工蚁、兵蚁、幼蚁 200 万只以上，由兵蚁保卫蚁巢，工蚁负责采食、筑巢及抚育幼蚁。工蚁在树干上取食时，做泥线或泥被，可高达数米，形成泥套，这是白蚁重要特征。蚁王和蚁后匿居蚁巢中，负责繁殖后代。

防治方法 (1)清除杂草、朽木或烂根，减少白蚁食料。(2)在黑翅土白蚁分飞季节，安装黑光灯诱杀。(3)柿园用白蚁诱杀包诱杀，每 667m² 柿园放 15~25 个，经 2~3 个月蚁巢消灭。(4)柿树四周开沟用菊酯类或有机磷杀虫剂对水 900 倍液浇灌土壤后覆土防效好。(5)发现蚁巢用 40%辛硫磷乳油 200 倍液，每巢灌药 20kg。也可用灭蚁灵施入泥路内即可杀灭全巢白蚁。

碎斑簇天牛

学名 *Aristobia voeti* Thomson 鞘翅目天牛科。分布在河南、福建、广东、广西、云南、海南岛等省。

寄主 石榴、柿树。

为害特点 初期 1~2 年生枝条枯死、结果少，严重时主枝枯死，主干蛀空遇风易折。

形态特征 体长 33~34(mm)，宽 12~12.5(mm)，头顶前胸背被黑色绒毛夹杂少许浅黄灰色绒毛，形成细致花纹，鞘翅被淡

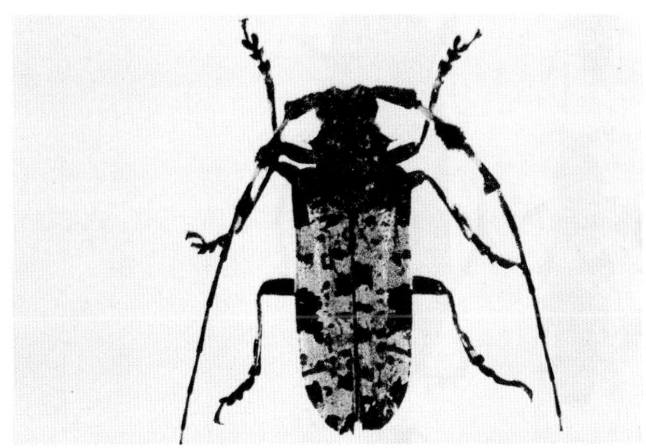

碎斑簇天牛成虫

黄灰色绒毛和黑色绒毛相间形成的斑纹，基部黑色，中部外侧生 1 块不规则大黑斑，其余分布大小不一的黑斑点。触角各节基部有灰绒毛，柄节及第 4 节端部下面具稀疏黑毛，第 3 节端部 1/2 处的下面及两侧具浓密毛丛。雄触角稍长于身体，雌触角与体等长。鞘翅长。小盾片黑色。鞘翅肩及基部具粒状刻点，鞘翅上生大小不一不规则黑色斑纹。

生活习性 浙江 3 年发生 1 代，以卵、各龄幼虫、蛹越冬，7 月底 ~10 月上旬成虫交尾和产卵，8 月中旬 ~9 月上旬进入成虫羽化高峰期。

防治方法 (1)冬季清园刮除树干上翘起的老树皮并涂白。(2)成虫羽化期发现成虫及时捕杀。(3)9 月中旬 ~10 月下旬检查主干基部新月型产卵痕，用改锥刮除卵粒和幼虫。(4)对树体未蛀空的低龄、中龄柿树，于 5~7 月幼虫蛀食期用 1.8%阿维菌素 5~10 倍液或 5%吡虫啉 5 倍液采用钻孔蛀入法进行毒杀，对受害严重的老柿树，先清除蛀孔内粪屑，再用注射器注入上述药液，也可用 80%敌敌畏乳油或磷化铝制成棉团塞入蛀孔中，后用泥封堵蛀孔效果好。

芳香木蠹蛾

学名 *Cossus cossus orientalis* Gaede 为芳香木蠹蛾东方亚种，属鳞翅目木蠹蛾科，除为害苹果、梨外，还为害柿树、核桃等果树。

寄主 柿、核桃、栎、苹果、梨、榆等。

为害特点 以幼虫为害柿树树干根颈部或根部皮层和木

芳香木蠹蛾幼虫放大

质部，造成树叶变黄，叶缘枯焦、根颈部皮层剥离，常有虫粪露出，剥开树皮有多条幼虫，受害重的常造成整株柿树枯死。

形态特征 成虫：灰褐色，腹背稍暗，触角扁线状，前翅翅面上长满呈龟裂状的黑色横纹。横条纹多变化。卵：近圆形，初产时白色，孵化前暗褐色，卵表面具纵行隆脊，脊间生横形刻纹。幼虫：体略扁，背面紫红色，具光泽，体侧红黄色，腹面浅红至黄色，头紫黑色。蛹：暗褐色。茧：长椭圆形。

生活习性 东北、华北 2 年 1 代，以幼虫在树干内越冬，常数头或 10 多头在一起越冬、存活，把树干蛀成大孔洞，4~6 月老熟幼虫结茧化蛹，5 月中旬羽化，6~7 月成虫盛发，羽化后 1 天开始交尾产卵，常把卵产在树干基部皮缝内，块生，每块有卵数十粒。初孵幼虫蛀入皮内在韧皮部与木质部之间蛀出隧道，翌年春分后分散蛀入木质部内为害，秋季又越冬。

防治方法 (1)在受害树基部挖出幼虫杀死。(2)冬季树干涂白防止成虫产卵。(3)找到蛀孔，把 56%磷化铝片，每孔内放 1/5 片后用泥堵住虫孔，可熏杀幼虫。(4)抓准成虫产卵期在树干基部喷 2.5%溴氰菊酯乳油或 20%氰戊菊酯乳油 2000 倍液、40%毒死蜱乳油 1000 倍液毒杀卵和幼虫。

13. 无花果(Ficus carica)病害

无花果炭疽病(Fig anthracnose)

症状 为害叶片和幼果。叶片、叶柄发病产生直径 2~6(mm)近圆形不规则形褐色病斑，边缘色略深，叶柄变成暗褐色，严重时部分枝叶枯死。果实染病，在果面上产生浅褐色圆形病斑，后扩展成略凹陷病斑，病斑四周黑褐色，中央淡褐色，随着果实发育病斑中间产生粉红色黏稠状物，后期全果呈干缩状。

病原 *Colletotrichum gloeosporioides* (Penz.)Sacc. 称盘长孢状炭疽菌，属真菌界无性型真菌。分生孢子直，顶端弯，9 ~ 24 × 3 ~ 4.5(μm)，附着胞大量产生，中等褐色，棍棒状或不规则形，6 ~ 20 × 4 ~ 12 (μm)。其有性型为 *Glomerella cingulata* (Stoneman) Spauld. et H. Schrenk 称围小丛壳，属真菌界子囊菌门。

传播途径和发病条件 病原菌以菌丝体和分生孢子盘在病树上或随病残叶在土壤中越冬，翌春产生大量分生孢子，借风雨传播到叶片或果实上，产生芽管、附着胞、侵入丝等，从无花果表皮细胞或气孔侵入，高温、高湿、雨日多发病重。

防治方法 (1)及时清除病落叶和树上的僵果、地面上的落果，剪除病枝集中烧毁或深埋。(2)休眠期喷洒 3~5 波美度石硫合剂或 30%戊唑·多菌灵悬浮剂 600 倍液。(3)加强管理，施足腐熟有机肥，适当追施氮肥，增施磷、钾肥，增强树势，提高抗病力。(4)发病初期喷洒自己配的 1 ∶ 1 ∶ 160 倍式波尔多液或 80%波尔多可湿性粉剂 700 倍液、30%戊唑·多菌灵悬浮剂 1000 倍液、50%福·福锌可湿性粉剂 800 倍液。

无花果炭疽病病果

无花果炭疽病病叶

无花果链格孢叶斑病

症状 叶上产生椭圆形至不规则形病斑，黄褐色。子实体主要生在叶斑背面。

无花果链格孢叶斑病

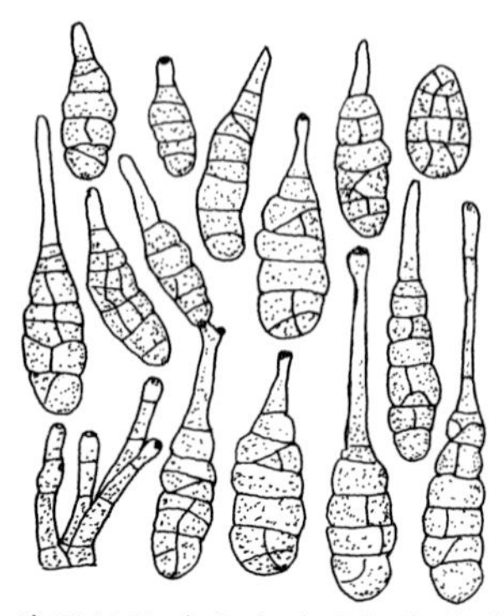

无花果链格孢分生孢子梗与分生孢子

病原 *Alternaria fici* Farneti 称无花果链格孢，属真菌界无性型真菌。分生孢子梗单生或簇生，直或屈膝状弯曲，39~68 × 3.5 ~ 5.0(μm)。分生孢子单生或短链生，倒棒状，卵形或近椭圆形，黄褐色，具横隔膜 5~8 个，纵、斜隔膜 0~4 个，分隔处缢缩，孢身 36 ~ 71 × 10 ~ 20(μm)。喙及假喙柱状，浅褐色，分隔或不分隔，25 ~ 70 × 3 ~ 4(μm)。

传播途径和发病条件 病菌以菌丝体在受害叶、枝条或芽鳞中越冬，翌春产生分生孢子，随气流、风雨传播，从伤口、皮孔或直接侵入进行侵染。树势衰弱，雨日多易发病。

防治方法 (1)修剪时剪除徒长枝和病枝，清除病落叶，集中深埋，减少初侵染源。(2)增施有机肥，及时排水，增强无花果抗病力，可减少发病。(3)发病初期喷洒 50%异菌脲可湿性粉剂 1000 倍液或 80%锰锌·多菌灵可湿性粉剂 1000 倍液。

无花果假尾孢褐斑病

症状 叶上产生圆形至不规则形病斑，直径 1~8(mm)，常多斑融合，初为褐色小点，后期叶面病斑中央灰白色至浅褐色或褐色，边缘暗褐色，外具浅黄色或浅黄褐色晕圈。叶背病斑黄褐色，锈色至褐色。

无花果假尾孢褐斑病病叶上的褐斑

病原 *Pseudocercospora fici* (Heald & Wolf)Liu & Guo 称无花果假尾孢。异名为 *Cercospora fici* Heald & Wolf. 称无花果角斑尾孢，均属真菌界无性型真菌。菌丝从气孔伸出，近无色至非常浅青黄色，有隔膜，宽 2~2.5(μm)。子座生在气孔下，小或由少量褐色球形细胞组成球形子座，直径 30~75(μm)。分生孢子梗紧密簇生在子座上，浅青黄色，有分枝，顶圆，0~2 个隔，6.5~37 × 2.5 ~ 4(μm)。分生孢子窄倒棍棒形，近无色至浅青黄色，3~10 个隔，不明显，15 ~ 100 × 2 ~ 4(μm)。

传播途径和发病条件 病原菌在病株的病叶上越冬，翌年产生分生孢子，借风雨传播，扩大为害。

防治方法 (1)秋末冬初扫除病落叶，以减少菌源。(2)加强无花果管理，增施磷、钾肥，提高抗病力。(3)发病初期喷洒 80%波尔多液可湿性粉剂 600 倍液或 50%福·异菌可湿性粉剂 800 倍液。

无花果灰霉病

症状 主要为害花、幼果及成熟果实。花染病先侵染花瓣、花托和幼果，引起花、幼果和成果发病，幼果上产生暗绿色凹陷病变，后引起全果发病，造成落果。成熟果实染病产生褐色凹陷斑，很快造成全果软腐，并长出灰褐色霉层，不久又产生黑色块状菌核。

无花果灰霉病初期病果

无花果灰霉病后期病果(邱强)

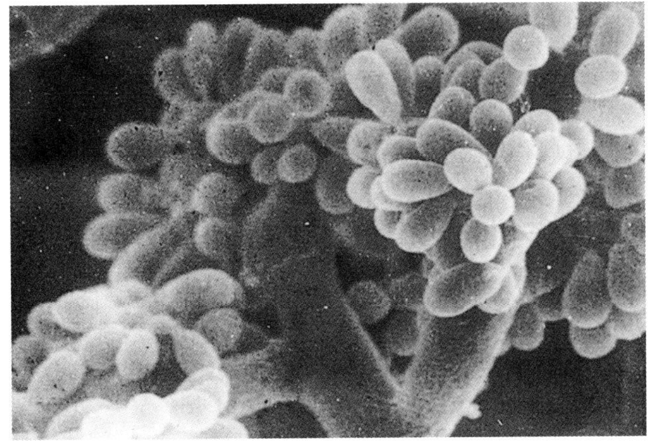

灰葡萄孢菌分生孢子

病原 *Botrytis cinerea* Pers: Fr. 称灰葡萄孢，属真菌界无性型真菌。病菌形态特征 参见樱桃灰霉病。

传播途径和发病条件 菌核是该菌的主要越冬器官，是病害的初始菌源。菌核越冬后，翌春气温回升，遇降雨或湿度大，气温偏低，即萌动产生新的分生孢子，初侵染发病后，病部又产生大量新的分生孢子，又借气流扩散到果园的各个角落，进行多次再侵染。雨日多气温偏低的季节发病重。

防治方法 (1)结合防治其他病害及时清除菌核。(2)加强管理，控制速效氮肥的使用，防止枝梢徒长，对过旺的枝蔓进行适当修剪，搞好果园通风散湿，雨后及时排水，有效控制湿度。(3)花前喷1次50%甲基硫菌灵悬浮剂800倍液进行预防。(4)发病初期喷洒50%乙烯菌核利可湿性粉剂1500倍液或21%过氧乙酸水剂1200倍液。

无花果叶斑病

症状 主要为害叶、枝。叶片染病产生不规则形褐色病斑，有时也发生在叶缘或叶尖上，病斑凹陷，后期病斑上长出小黑点，即病原菌分生孢子器。枝条染病，产生枝枯。

无花果叶斑病

病原 *Phyllosticta carica* Massee 称无花果叶点霉，属真菌界无性型真菌。

传播途径和发病条件 病菌以菌丝体和分生孢子器随病残体在地表越冬或树上越冬，翌年分生孢子借风雨传播，通过伤口或从寄主表皮侵入，经数日潜育即可发病。树势衰弱，雨日多的年份发病重。

防治方法 (1)结合修剪，清除无花果园的枯枝落叶。(2)结合防治黑斑病、炭疽病于发病初期喷洒50%异菌脲可湿性粉剂900倍液或30%戊唑·多菌灵悬浮剂1000倍液，隔10天1次，防治1次或2次。

无花果锈病(Fig rust)

症状 主要为害叶片。叶背面初生黄白色至黄褐色小疱斑，后疱斑表皮破裂，散出锈褐色粉状物，即夏孢子堆和夏孢子。严重时病斑融合成斑块，造成叶片卷缩、焦枯或脱落。

无花果锈病

病原 *Phakopsora fici-erectae* Ito et Otani 称天仙果层锈，属真菌界担子菌门。

传播途径和发病条件 尚不十分清楚，可能以冬孢子在落叶上越冬，也有认为以夏孢子越冬，翌春7～8月条件适宜时进行侵染。该病发生与当年8～9月降雨量有关，雨日多，降雨量大发病重。

防治方法 (1)加强管理，适当修剪过密枝条，以利通风透光，增强树势。雨后及时排水，严防湿气滞留。冬季注意清除病叶，集中深埋或烧毁。(2)发病初期喷洒1：2～3：300倍式波尔多液或20%戊唑醇乳油3000倍液、25%丙环唑乳油3000倍液。

无花果疫病(Fig blight)

症状 为害叶片和果实，果实受害严重。果实染病，初期果皮现油渍状小点，很快扩展后凹陷，并长出白色霉层，最后整个果实表面布满菌丝。病果腐烂脱落或成僵果留存枝上。果实软腐是本病主要特征，腐烂后有乳酸臭味别于害虫、机械伤、裂果等腐烂后的味道。叶片染病，初为水渍状褐点，湿度高时很快扩散蔓延，局部软化而呈褐色腐烂。

病原 *Phytophthora citrophthora* (R. et E. Smith) Leonian 称柑橘褐腐疫霉，属假菌界卵菌门。菌丝直径3～10(μm)。孢子囊梗单生或数十根丛生，与气生菌丝较难区别，分枝或不分枝，无色、无隔，大小36～480×3.5～4(μm)。孢子囊无色，单胞，洋梨形或长椭圆形，26～112×16～45(μm)，顶端有大的乳头状突

无花果疫病病叶

无花果疫病

起，在水滴中，直接萌生芽管或形成游动孢子。游动孢子无色，卵圆形，直径 10～16(μm)，前后各有一根鞭毛。厚垣孢子淡黄色，球形，大小 15～49(μm)，外膜厚 2μm。本病发育适温 26～30℃，超过 35℃繁殖受抑制。适温下，有水滴存在，两天内就能形成二次孢子，侵入后潜育期很短。

传播途径和发病条件 病菌以厚垣孢子在病果、病落叶或土壤中越冬。翌年产生游动孢子借雨水传播进行侵染。7～8 月发生，9 月雨季盛发。东南沿海地区发病重于长江流域和新疆地区。土壤黏重，地势低洼积水，树冠繁茂，树下荫蔽，通风不良，阴雨连绵有利于发病。品种间抗病性有差异。幼果期抗病，随着果实成熟愈易发病而且扩展很快。

防治方法 (1)加强管理，注意修剪，高干整形，使通风透光良好。雨季加强排水，防止湿气滞留。(2)发现病果、病叶，及时摘除并销毁或深埋。(3)发病初期喷洒 70%乙膦·锰锌可湿性粉剂 500 倍液或 50%氟吗·乙铝可湿性粉剂 600 倍液、69%锰锌·烯酰可湿性粉剂 700 倍液、70%呋酰·锰锌可湿性粉剂 800 倍液，隔 7～10 天 1 次，防治 2～3 次。

无花果干癌病

症状 主要为害无花果树干和枝条，引起烂皮、溃疡或枝枯。3~5 月无花果发芽前后距地面 40~50(cm)以下枝干上出现灰褐色椭圆形至不规则形大病斑，后变赤褐色，当病斑扩大至绕干 1 周时，病斑上部枝条枯死，5~6 月间病健交界处略凹陷，上现红色小点，树皮死亡，秋季病死树皮纵横开裂。

病原 *Tubercularia fici* Edgerton 称无花果瘤痤孢，属真菌界无性型真菌。分生孢子座较大，枕状，从树皮裂出。分生孢子梗群集丛生，无色，多分枝，20～27×1～2(μm)。分生孢子无色，单胞，卵形至椭圆形，5～7×2.5～5(μm)，有刚毛，直或弯曲，无色，有隔膜，60～90×4～6(μm)。有性型是丛赤壳属。

传播途径和发病条件 病菌以分生孢子座或菌丝在病枝干上越冬，翌春雨季来临时产生分生孢子从枝干伤口侵入，树势弱的易发病。

防治方法 (1)加强管理，增强树势，提高抗病力。(2)秋末冬初树干喷洒 25%五氯酚钠加 20%硫酸铜 100 倍液或 4~5 波美度石硫合剂。(3)发芽后喷洒 30%戊唑·多菌灵悬浮剂 1000 倍液或 80%锰锌·多菌灵可湿性粉剂 1000 倍液。

无花果干癌病干上症状

14. 无花果(Ficus carica)害虫

斑衣蜡蝉(Chinese blistering cicada)

学名 *Lycorma delicatula* (White) 同翅目，蜡蝉科。别名：椿皮蜡蝉、斑衣、樗鸡、红娘子等。分布在辽宁、甘肃、陕西、山西、北京、河北、河南、山东、安徽、江苏、上海、浙江、江西、湖北、湖南、福建、台湾、广东、广西、四川、云南。该虫除为害葡萄、猕猴桃、石榴外，还为害无花果。以成若虫刺吸无花果枝叶的汁液，削弱树势，严重的引起茎皮枯裂或死亡。该虫年生 1 代，以卵块在枝干上越冬，翌年 4~5 月陆续孵化，若虫喜群聚嫩茎和叶背为害，羽化期 6 月下旬 ~7 月，8 月开始交尾产卵、越冬。

斑衣蜡蝉成虫栖息在叶背面

防治方法 (1)注意摘除卵块。(2)若虫发生期喷洒 20%吡虫啉可溶液剂 5000 液或 5%啶虫脒乳油 2000 倍液，若虫被有蜡粉，为了提高防效药液中加 0.3%柴油乳剂。

二斑叶螨

学名 *Tetranychus urticae* Koch 又称白蜘蛛。除为害苹果、梨、桃、杏、樱桃外，还为害无花果。以成螨或若螨聚集在叶背主脉两侧为害造成叶片失绿或变褐，叶面失绿呈灰绿色，严重时可结 1 层白色丝网，造成落叶。该螨年生 10 代以上，以受

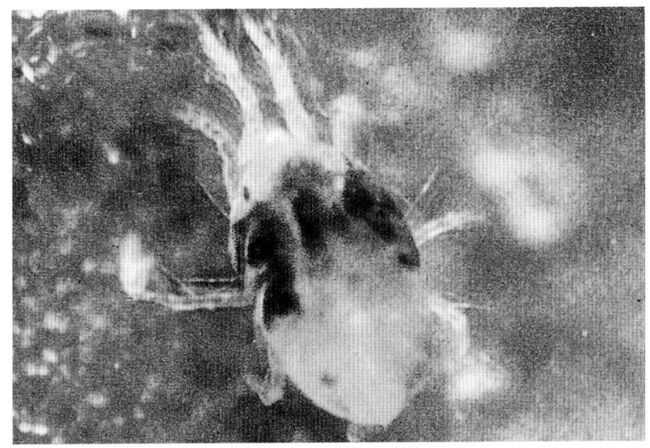

无花果园二斑叶螨成虫放大

精的越冬型雌成螨在地面土缝中或翘皮下越冬，翌春气温高于10℃，越冬雌成螨开始为害。在陕西雌成螨3月上旬开始活动，4月上旬陆续上树为害，9月份出现越冬雌成螨。在郑州2月下旬越冬雌成螨出蛰，前期在地面活动，麦收后上树，6月下旬扩散，7月份为害最严重。

防治方法 (1)进行检疫，防止二斑叶螨传入。麦收前间作作物上有二斑叶螨时，喷洒2%阿维菌素乳油5000倍液。(2)6月份发现无花果上有二斑叶螨时喷洒24%螺螨酯悬浮剂3000倍液或1%甲氨基阿维菌素乳油3300~5000倍液、15%哒螨灵乳油1000~1500倍液、50%丁醚脲悬浮剂1250倍液。

角蜡蚧

学名 *Ceroplastes ceriferus* (Anderson) 属同翅目蚧科。除为害荔枝、龙眼、柿、柑橘、石榴、枇杷、梨等外，还为害无花果。以成、若虫在叶、嫩枝上刺吸汁液，造成树势削弱。该虫年生1代。以受精雌成虫在枝干上越冬，翌年4月下旬雌成虫在蜡壳内产卵，5月中旬若虫孵化，寻找嫩梢处固定为害，6、7、8月是若虫为害重的时期，9月下旬、10月上旬成虫羽化。

角蜡蚧

防治方法 (1)冬季修剪时，剪除有虫枝条。(2)5月下旬~6月上旬若虫孵化高峰期喷洒10%吡虫啉可湿性粉剂2000倍液、40%甲基毒死蜱或毒死蜱乳油1000倍液、1.8%阿维菌素乳油1000倍液，隔10~15天1次，连续防治2~3次。

无花果园桑天牛

学名 *Apriona germani* Hope 又名粒肩天牛，除为害苹果、

桑天牛成虫(何振昌等原图)

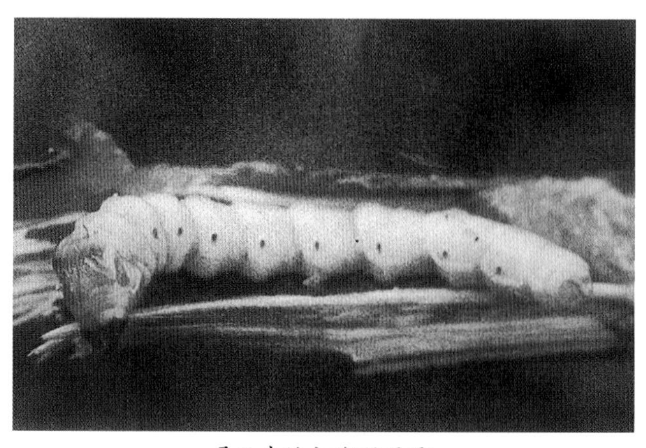

桑天牛幼虫(邱强原图)

梨、桑外，还为害无花果、桃、柑橘。全国均有分布，中部和西南果区发生较多，以幼虫从上向下钻蛀中型或大枝条的木质部，有多个排粪孔，从最下挂粪孔排出粪和木屑，受害重的易感染腐烂病。该虫在北方2~3年完成1代，以幼虫在枝干内越冬，于6~7月在蛀道内化蛹，蛹期15~25天。成虫羽化后需要补充营养，10~15天后把卵产在2~4年生枝内，卵期10~15天，幼虫孵化后钻入枝内。

防治方法 (1)成虫在枝条上补充营养时可人工捕杀，也可在3~4年生枝阳面产卵槽上刺杀卵粒，可减少受害。(2)从萌芽期开始，枝条上有新鲜虫粪时，插入毒签，再把上部老排粪孔用泥堵住，也可用80%敌敌畏乳油30倍液，用注射器注入新虫孔5mL，再用湿泥堵住排粪孔熏死幼虫。(3)提倡使用天牛钩杀器钩杀桑天牛等幼虫。

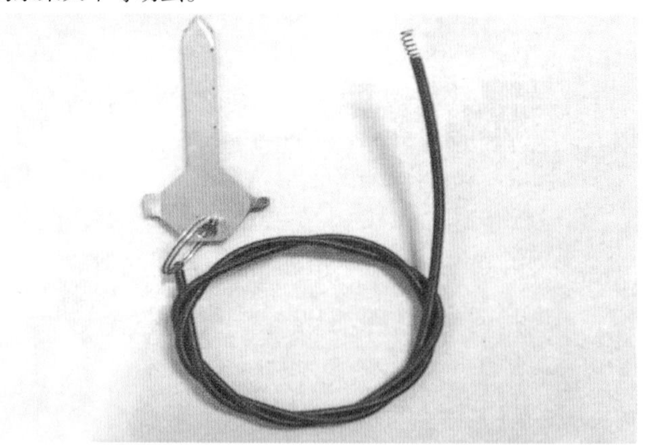

天牛钩杀器实物图

被钩杀并取出的天牛幼虫

二、常绿果树病虫害

（一） 柑果类病虫害

1. 柑 橘（*Citrus* sp.）病 害

柑橘立枯病（Citrus damping off）

症状 柑橘立枯病有两种，一种是丝核菌引起的真菌病害，另一种是由拟细菌引起的立枯病。

丝核菌立枯病茎部及根茎近地面处，初现褐色水渍状斑块，后逐渐扩大，致病部缢缩或叶片自上向下萎蔫死亡，病部可见白色菌丝体，后期可见灰白色油菜籽状小菌核。

拟细菌引起立枯病叶脉先黄化，后叶肉萎黄，病叶硬化向外卷，叶脉隆起或破坏，逐渐木栓化，造成落叶或枯梢。新生叶细小，色淡萎黄，病株开花提前，但易落。果实小或畸形，树势弱，2～4年后枯萎死亡。

病原 丝核菌立枯病病原为 *Rhizoctonia solani* kühn 称立枯丝核菌，属真菌界无性型真菌或半知菌类。该菌不产生孢子，主要以菌丝体传播和繁殖。初生菌丝无色，后呈黄褐色，具隔，粗8～12(μm)、分枝基部缢缩，老菌丝常呈一连串桶形细胞。菌核近球形或无定形，0.1～0.5(mm)，无色或浅褐至黑褐色。担孢子近圆形，大小6～9×5～7（μm）。有性态 *Thanatephorus cucumeris* (Frank)Donk 称瓜亡革菌，属真菌界担子菌门。

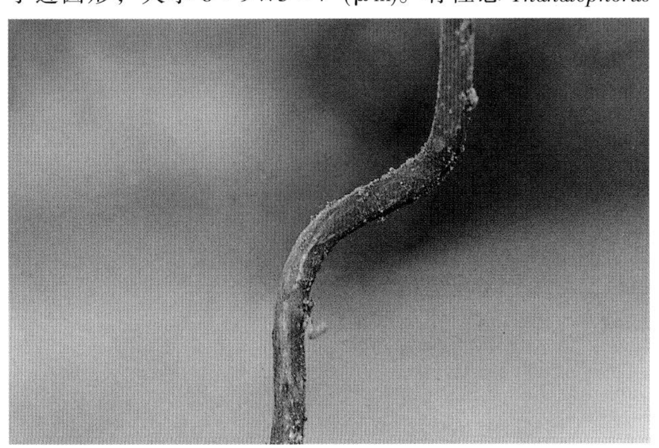

柑橘立枯病病根

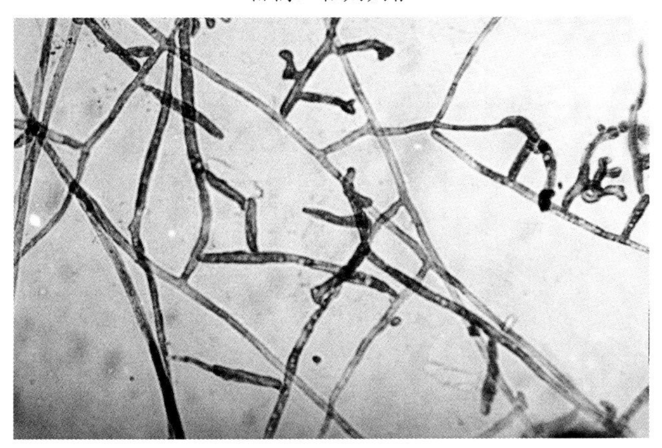

立枯丝核菌菌丝

拟细菌立枯病病原为拟细菌(Fastidious bacteria)寄生于筛管中。

传播途径和发病条件 丝核菌立枯病病菌以菌丝或菌核在土壤及病残体组织中越冬，菌丝体可在土中营腐生生活2～3年以上，遇有适宜发病条件，病菌即可侵染高约17cm的幼苗。生产上高温季节连日阴雨、排水不良、苗床透光不好易发病。

拟细菌立枯病 在田间由柑橘木虱传染，生产中带病母树接穗是本病重要传播途径。

防治方法 (1)苗圃要选择地势高、排灌方便的地块或采用高畦育苗。(2)合理轮作，避免连作，密度适中，不宜过密。(3)苗圃土壤消毒。每平方米苗床施用54.5%恶霉·福可湿性粉剂7g对细土20kg拌匀，施药前打透底水，取1/3拌好的药土撒于地下，其余2/3药土覆在种子上面，即“上覆下垫”法。(4)发病初期喷淋44%精甲·百菌清悬浮剂800倍液，每平方米2～3L或20%甲基立枯磷乳油1200倍液、560g/L嘧菌·百菌清悬浮剂700倍液。(4)对拟细菌引起的立枯病从两方面入手，一是喷洒25%噻嗪酮可湿性粉剂1500倍液或50%抗蚜威超微可湿性粉剂2000倍液防治柑橘木虱。二是喷用盐酸土霉素溶液500～1000mg/kg，对拟细菌有效。

柑橘炭疽病（Citrus anthracnose）

症状 柑橘炭疽病俗称爆皮病。主要为害叶片、枝梢、果实及大枝、主干、花或果梗。叶片染病，多发生在叶缘或叶端，病斑浅灰色，边缘褐色，呈不规则形或近圆形，直径0.2～1.4(cm)，湿度大时，现朱红色小液点，具黏性。天气干燥时病部灰白色，具同心轮纹状小黑点，即病菌分生孢子盘。枝梢染病始于叶柄基

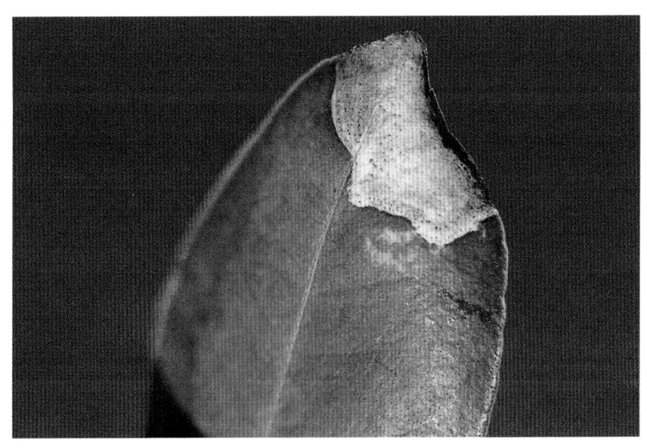

柑橘炭疽病病斑放大

柑橘炭疽病枝梢受害状

柑橘幼果炭疽病

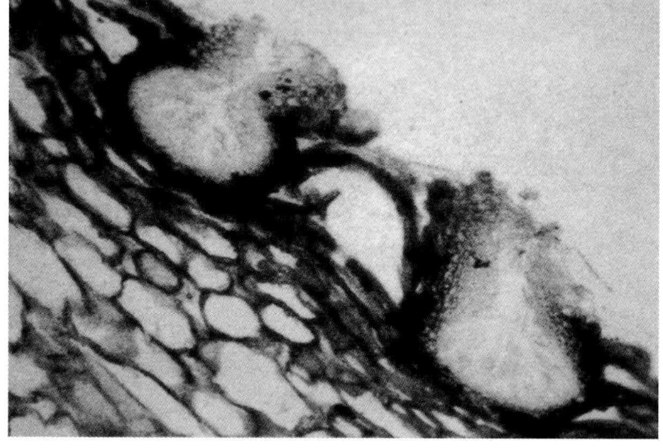
柑橘炭疽病菌有性型葡萄座腔菌围小丛壳子囊壳剖面(林晓民)

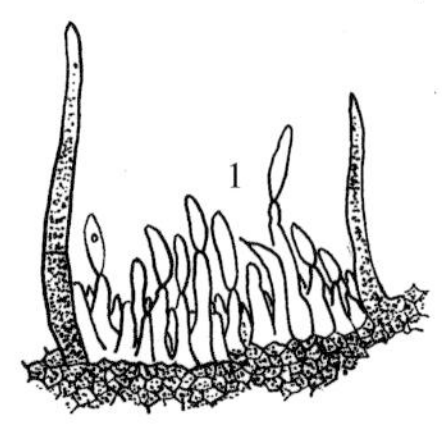

柑橘炭疽病菌
1. 分生孢子盘 2. 分生孢子

部腋芽处,病斑初呈淡褐色,椭圆形至长梭形,病部环枝一周时,病部以上变成灰白色枯死并散生小黑点。大枝或主干染病,病斑长椭圆形或条状,小斑 1 ~ 3(cm),大斑可达 1 ~ 2m,致病皮爆裂脱落。果实染病现干斑或果腐。干斑发生在干燥条件下,病部黄褐色、凹陷,革质。果腐发生在湿度大的情况下,病斑深褐色,严重的全果腐烂或产生赭红色小液点或黑色小粒点。

病原 *Glomerella cingulata* (Stonem.) Spauld. et al. 称围小丛壳,属真菌界子囊菌门。无性态为 *Colletotrichum gloeosporioides* (Penz.) Sacc. 称盘长孢状炭疽菌,属真菌界无性型真菌。分生孢子直,顶端弯,9 ~ 24 × 3 ~ 4.5(μm),附着胞大量产生,中等褐色,棍棒状或不规则形,6 ~ 20 × 4 ~ 12(μm)。

传播途径和发病条件 病菌以菌丝体或分生孢子在树上的病部越冬,翌年温湿度适宜产出分生孢子,借风雨或昆虫传播,引起发病。此外,该菌可进行潜伏侵染,条件适宜时显症。

本病在高温多湿条件下发病,分生孢子发生量,常取决于雨日多少及降雨持续时间,一般春梢生长后期始病,夏、秋梢期盛发。

防治方法 (1)加强橘园管理,重视深翻改土;增施有机肥,防止偏施氮肥,适当增施磷、钾肥,提倡采用配方施肥技术;雨后排水。(2)及时清除病残体,集中烧毁或深埋,以减少菌源。必要时在冬季清园时喷一次波美 0.8 ~ 1 度石硫合剂,同时可兼治其他病虫。(3)药剂防治。在春、夏、秋梢及嫩叶期、幼果期喷 25%咪鲜胺乳油 1000 倍液 +80%代森锰锌 500 倍液或 10%苯醚甲环唑水分散粒剂 1500 倍液、80%福·福锌可湿性粉剂 800 倍液、36%甲基硫菌灵悬浮剂 600 倍液、50%锰锌·多菌灵可湿性粉剂 600 倍液、25%溴菌腈可湿性粉剂 500 倍液、25%咪鲜胺乳油 800 倍液、30%醚菌酯水分散粒剂 2500 倍液。

柑橘黑星病(Citrus black spot)

症状 柑橘黑星病又称黑斑病。主要为害果实,特别是近成熟期果实,也可为害叶片、枝梢。果实染病分为黑星型和黑斑型两种类型。黑星型病斑红褐色,圆形,直径 1 ~ 6(mm),通常 2 ~ 3(mm);后期病斑变红褐色至黑褐色,边缘隆起,中部凹陷并

柑橘黑星病病果

呈灰褐色至灰色,其上生黑色小粒点,即病菌分生孢子器。严重的病果早落。贮藏期继续扩展,病部易被腐生菌侵染引起腐烂。黑斑型病斑大,淡黄色或橙黄色,后渐变成暗褐色至黑褐色,圆形或不规则形,1 ~ 3(mm),中央散生小黑粒点,

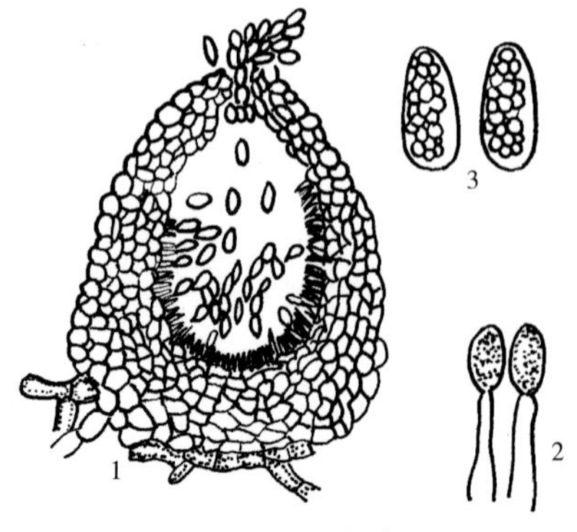

柑橘黑星病菌
1.分生孢子器 2. 3.分生孢子梗及分生孢子

即分生孢子器。严重时病斑连片覆盖大部分果面。贮藏期，果肉变黑，腐烂。

病原 *Phoma citricarpa* (Mc Alp.)Petrak. 称柑果茎点菌，属真菌界无性型真菌。分生孢子器球形至扁球形，黑褐色，直径105～117(μm)；孔口大小17～20(μm)，分生孢子卵形至椭圆形，单胞无色，大小7～9×4.5～5.0(μm)。有性态 *Guignardia citricarpa* Kiely 称柑果球座菌，属真菌界子囊菌门。

引致黑斑型症状病原为 *P. citricarpa* var. *mikan* Har 称柑果茎点菌蜜柑变种。属真菌界无性型真菌。分生孢子较大，7～11×6～8(μm)，接种试验表明该菌与柑果茎点菌为同种，仅在老熟果实上其表现属于柑果茎点菌蜜柑变种。该菌发育温限15～38℃，适温25℃。

传播途径和发病条件 以菌丝体或分生孢子器在病果或病叶上越冬，翌春条件适宜散出分生孢子，借风雨或昆虫传播，芽管萌发后进行初侵染。病菌侵入后不马上表现症状，只有当果实或叶片近成熟时才现病斑，并可产生分生孢子进行再侵染。春季温暖高湿发病重；树势衰弱，树冠郁密，低洼积水地，通风透光差的橘园发病重。不同柑橘类和品种间抗病性存在差异。柑类和橙类较抗病，橘类抗病性差。品种间，早橘、本地早、茶枝柑、南丰蜜橘、蕉柑、柠檬、沙田柚发病重。

防治方法 (1)加强橘园栽培管理。采用配方施肥技术，调节氮、磷、钾比例；低洼积水地注意排水；修剪时，去除过密枝叶，增强树体通透性，提高抗病力。(2)清除初侵染源，秋末冬初结合修剪，剪除病枝、病叶，并清除地上落叶、落果，集中销毁。同时喷洒45%石硫合剂结晶30倍液，铲除初侵染源。(3)柑橘落花后开始喷洒0.5∶1∶100倍式波尔多液或30%戊唑·多菌灵悬浮剂1000倍液、50%乙霉·多菌灵可湿性粉剂800倍液、50%甲基硫菌灵可湿性粉剂500倍液、50%福·异菌可湿性粉剂800倍液。隔15天1次，连续防治3～4次。(4)加强贮藏期管理。贮藏期认真检查，发现病果及时剔除，控制窖温在1～2℃。

柑橘疫霉病(苗疫病、脚腐病)(Citrus brown rot)

症状 苗期、成株均可发病。苗期染病，引起幼苗叶片现褐色斑，根部变褐，造成立枯或叶枯死，小枝、叶柄分叉处也变褐，且向下扩展，使幼株枯死，常称其为苗疫病。成树染病，主要为害茎基部形成脚腐或裙腐病。为害果实时，造成果实变褐腐烂。广东、广西、福建、江西、江苏、浙江、四川、湖南、台湾均常发生，

柑橘疫霉病(苗疫病)症状(稽阳火 摄)

柑橘疫霉病(裙腐病)症状(稽阳火 摄)

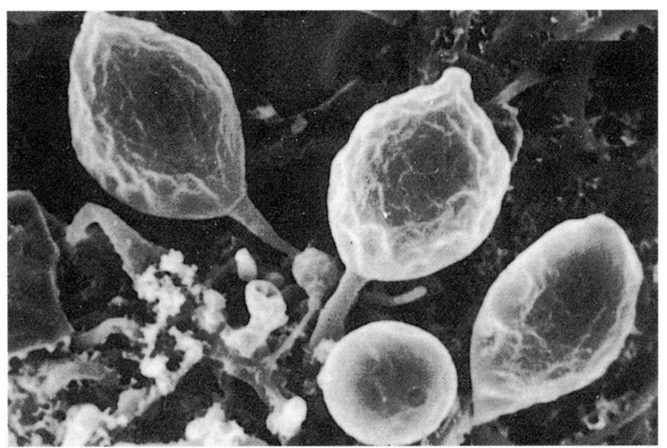

柑橘疫霉病菌烟草疫霉孢子囊梗和孢子囊

死苗达10%～20%。很多成树被毁。成树发病时，主干基部腐烂，故又称“裙腐病”。病部不规则，先是外皮变褐腐烂，后腐烂渐深及木质部，发出臭酒糟味，并流出褐色胶状物。潮湿情况下，病部也生稀疏的白色霉层。当腐烂部环绕1周时，全树叶片变黄色，大量脱落，柑树逐渐枯死，轻时一侧枝干以上的叶片变黄逐渐死亡，严重时很多成树被毁。果实发病时，初现水渍状褐色病斑，圆形，直径大于3cm，随不同品种，不同成熟期常现棕黄色、褐色至铁青色，病斑不凹陷，革质，有韧性，指压不破，有异味，病健分界不明显。湿度大时，长出稀疏的白霉，即病原菌的孢囊梗和孢子囊。果实越接近成熟发病越多，进入贮藏前期发生较多，并可继续接触传播，损失严重。

病原 全世界已报道有10种疫霉，中国已知有7种。主要有2种：*Phytophthora citrophthora* (R. et E. Smith)Leon 称柑橘褐腐疫霉和 *Phytophthora nicotianae* var. Breda. de Ham 称烟草疫霉。就全国来说柑橘褐疫霉和烟草疫霉较普遍，但目前广东只发现烟草疫霉1种。此外柑橘生疫霉、恶疫霉、棕榈疫霉、樟疫霉也是该病病原。均属假菌界卵菌门。柑橘褐疫霉 孢子囊变异很大，近球形、卵形、椭圆形、长椭圆形至不规则形，孢子囊具乳突，大多1个，常可见到2个，大多明显，厚度4μm左右；孢子囊脱落具短柄，平均长度小于或等于5μm。异宗配合。藏卵器球形，壁光滑，一般不易产生。雄器下位。除为害柑橘茎基部、果实、叶片和枝梢外，还为害柠檬、甜橙、草莓、茄子、青菜、番木瓜等。

传播途径和发病条件 以菌丝体在柑橘幼苗病组织内遗留在土壤中越冬，也可以卵孢子在土壤中越冬，翌年条件适宜

时病部产生孢子囊，借风雨传播，侵入后，经3天潜育即发病，以后病部又产生大量孢子进行再侵染，致病害扩展。雨季、湿度大易发病。柑橘结果期阴雨连绵的四川、湖南常造成果实霉烂，引起大量落果，地势低洼的橘园苗疫病及脚腐病严重，成树被毁。广东结果后期至采收季节，雨季已过，晴天多，则很少烂果，且发病轻。

防治方法 (1)精心选择苗圃，要求地势稍高，土质疏松，排水良好的地方。(2)精心养护，增强抗病力。(3)发病初期喷淋68.75%恶酮·锰锌水分散粒剂1200倍液或44%精甲·百菌清悬浮剂600倍液、560g/L嘧菌·百菌清悬浮剂700倍液，隔10天1次，防治2~3次。(4)发现脚腐病及时将腐烂皮层刮除，并刮掉病部周围健全组织0.5~1(cm)，然后于切口处涂抹10%等量式波尔多浆或2%~3%硫酸铜液。

柑橘白粉病(Citrus powdery mildew)

症状 此病主要为害柑橘和橙类的幼嫩枝叶，有时也侵害幼果。严重时引起枝叶扭曲发黄，造成大量落叶、落果乃致枝条干枯，影响植株生长发育，降低产量。发病初期，在嫩叶一面或双面出现不正圆形的白色霉斑，外观疏松。继霉斑向四周扩展，不规则地覆盖叶面并从叶柄蔓延到嫩茎。病斑下面叶片组织初呈水渍状，后渐失绿变黄。严重时叶片发黄枯萎，脱落或扭曲畸形。干燥气候下病部白色霉层转为灰褐色。嫩梢发病，茎组织不变黄，白色霉层横缠整个嫩枝。幼果被害出现僵化，霉层下隐显黄斑。

柑橘白粉病病叶

病原 *Oidium tingitaninum* Saw. 称丹吉尔粉孢霉，属真菌界无性型真菌。异名 *O.tingitaninum* C. N. Carter;该菌首次在摩洛哥丹吉尔橘上被发现鉴定，菌丝白色半透明，粗4.5~6.7(μm)，附着器圆形。分生孢子4~8个串生，无色，长椭圆形，大小35~38×11~13 (μm)。分生孢子梗直或斜生，无色，粗12μm，高60~120(μm)。病原的有性态未发现。

传播途径和发病条件 病菌以菌丝体在病部越冬，翌年4~5月春梢抽长期产生分生孢子，借风雨飞溅传播，在水滴中萌发侵染。菌丝侵入寄主表层细胞中吸收养液，外菌丝扩展为害并产生分生孢子。春、夏、秋三次抽梢期，都可受害，是病原重复侵染所致。雨季或潮湿气候下病害易流行，甜橙、酸橙、四季橘等品种易感病，温州蜜橘中晚熟品种比早熟品种感病，金橘很少见发病。

防治方法 (1)随时剪除感病嫩枝梢，连同被害叶、果一起烧毁，减少菌源量。(2)嫩梢抽发1~2寸时，用50%锰锌·腈菌唑可湿性粉剂600倍液或25%三唑酮可湿性粉剂1000倍液，或70%锰锌·乙铝可湿性粉剂800倍液喷雾，可控梢促果，兼防病害，效果较好。(3)必要时喷洒12.5%腈菌唑乳油2500倍液。

柑橘大圆星病(Citrus Phyllosticta spot)

症状 又称白星病、褐色圆斑病。华南发生较多，北方盆栽金橘时有发生。初在叶上产生褐色圆形小斑点，大小3~10mm，病斑外缘暗褐色，中间灰白色，上生有黑色小粒点，即病原菌分生孢子器。叶柄染病造成叶片脱落。

柑橘大圆星病病叶

病原 *Phyllosticta erratica* Ell. et Ev. 称梨游散叶点霉，属真菌界无性型真菌。分生孢子器球形至扁球形，黑褐色，大小110~154(μm)，有乳状突起，后破裂出现孔口。分生孢子椭圆形，单胞无色，大小7~12×6.6~7.0(μm)。此外有报道 *P.citri* Hori 称柑橘叶点霉、*P.beltranii* Penz. 称贝尔特叶点霉、*P. citricola* Hori 称柑橘生叶点霉等，均可引起该病。

传播途径和发病条件 病菌以菌丝体或分生孢子器在寄主上或随病落叶留在土壤中越冬，翌年产生分生孢子借风雨传播进行初侵染和再侵染，温暖多湿天气或湿气滞留易发病。

防治方法 (1)加强产地管理，增施有机肥，及时松土、排水，增强树势，提高抗病力。(2)及时清除地面的落叶，集中深埋或烧毁。(3)发病初期喷波美0.3度石硫合剂或0.5∶1∶100倍式波尔多液、20%噻菌铜悬浮剂500倍液、20%噻森铜悬浮剂600倍液、50%硫磺·甲基硫菌灵悬浮剂800倍液，隔10天1次，防治2~3次。

柑橘芽枝霉叶斑病(Citrus Cladosporium leaf spot)

症状 主害叶片，枝梢和果实很少见到病斑。初期病斑呈褪绿的黄色小圆点，一般发生在叶面，渐扩大最后形成2.5~3.0×4.0~5.5(mm)的圆形或不正圆形斑。病斑褐色，边缘深栗褐色至黑褐色，具釉光，稍隆起；中部较平凹，由浅褐渐转为褐色，后期长出污绿色霉状物，即为病菌的分生孢子梗和分生孢子；病部透穿叶两面，其外围无黄色晕圈，病健组织分界明显，以之与柑橘溃疡病和棒孢霉引起的褐斑病相区别。此病与炭疽

温州蜜橘芽枝霉叶斑病症状

病褐色病斑不易区别，炭疽斑后期形成的分生孢子盘常呈轮纹状排列，镜检时形态学的差异更大。

病原 *Cladosporium* sp. 称一种芽枝霉，属真菌界无性型真菌。分生孢子梗单生或束状丛生，黄褐色，粗 3～4(μm)，长 32～50(μm)。分生孢子成短链串生或单生，椭圆形至短杆形，具隔膜 1～2 个，光滑，浅色或近无色，大小 4～13×2.1～3.5(μm)。本种与柚菌核芽枝霉 *C. sclerotiophilum* Saw. 很相似，但后者有 400～500×80～160(μm)的黑色菌核，分生孢子梗生于菌核上。

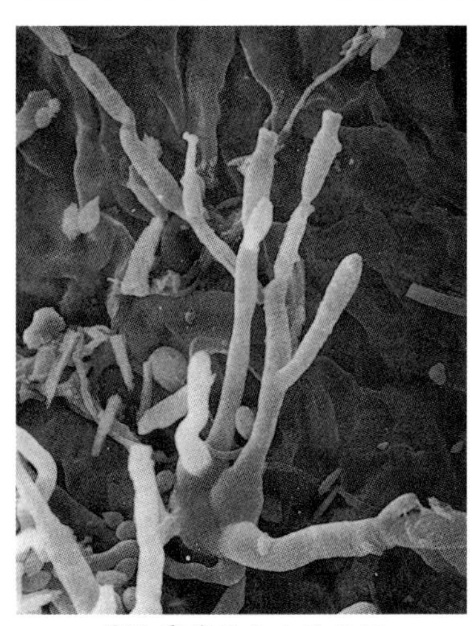

芽枝霉菌的分生孢子梗

传播途径和发病条件 病菌以菌丝在病残组织内越冬。翌年 3～4 月产生分生孢子，借风雨传播，飞溅于叶面，在露水中萌发芽管，从气孔侵入为害，进而又产生分生孢子进行再侵染，直至越冬。春末夏初气候温湿，有利病菌侵染，6～7 月和 9～10 月是主要发病期。甜橙比柑橘和柚类感病，老龄及生长弱的植株易发病。头一年生的老叶片发病多，当年生春梢上的叶片少量感病，夏、秋梢上的叶片不发病。由此可见，病原在寄主体内的潜育期是比较长的。

防治方法 参见柑橘棒孢霉褐斑病。

柑橘棒孢霉褐斑病(Citrus Corynespora leaf spot)

症状 又称柑橘褐斑病、柑橘棒孢霉叶斑病、棒孢霉斑病。病害主要发生在叶上，也侵染当年生成熟嫩梢和果实。病斑圆形或不正圆形，大小 3～17(mm)，一般 5～8(mm)。发病初期，在叶面散生浅色小圆点，后渐扩大，形成穿透叶两面、边缘略隆起深褐色、中部凹陷黄褐至灰褐色的典型病斑，此斑外缘具明显的黄色晕环。一张叶上，常出现病斑一至数个，少数叶多达十余个。在柑橘溃疡病发生区，两者病斑易混淆，应注意区别。天气潮湿多雨时，病部长出黄褐色霉丛，即病原分生孢子梗和孢子，病部黑腐霉烂。气温高时，叶渐卷曲，重病叶大量焦枯脱落。由

柑橘棒孢霉褐斑病病叶上的病斑放大

于品种不同，上述症状的表现程度有一定的差异。果实和梢上的病斑近圆形，褐色内凹，大小 2～4(mm)，病斑外缘微隆起，周围无明显的黄色晕圈。果上病斑较光滑，木栓化龟裂程度小或不裂开，隆起度无溃疡病斑突出，中部凹区较宽坦。

病原 *Corynespora citricola* Ellis，属真菌界无性型真菌。分生孢子梗丛生于子座上，子座由假柔膜组织融结成，不规则圆形或球形，深褐色，大小 30～90(μm)。孢子梗顶端孔生出分生孢子，分生孢子脱落后孢梗之端部另长出一小节再孔生出孢子；在 PDA 培养基上菌丝埋生于基物内，外生菌丝分枝多，有横隔膜，无色光滑，大小为 1.5～5(μm)。群体生长时菌落灰白色，疏松，生长迅速。分生孢子梗棍棒状，直立或稍曲，橄榄褐色，端部钝圆并具一生长孔，基部膨大呈圆球形，单生或 2～24 根丛生。孢子梗宽 4.2～6.9(μm)，长 84～244(μm)，具隔膜 3～7 个。当培养基质地呈半固态时，分生孢子梗多由外生营养菌丝分化形成，单生，偶有数根丛生，个别有分枝现象。从寄主叶上产生的分生孢子无色至浅褐色，倒棍棒形，光滑，稍曲，端部钝圆，单生或 2～3 个串生。分生孢子大小 4.2～7.0×65.1～113.5 (μm)。在 PDA 培养基上的分生孢子长度可达 245μm，3～5 个隔膜。

柑橘棒孢霉
分生孢子梗及分生孢子

分生孢子在 26℃下保湿培养，4 小时左右基本都能萌发，在蒸馏水中发芽率为 95.6%；在 1%葡萄糖液中为 97.4%，菌丝生长很快；在 5%甜橙叶浸出液中为 95.6%。能萌发产生芽管的细胞，都在分生孢子两端，中部细胞从未见过萌发。

传播途径和发病条件 病菌在坏死组织中以菌丝体或分生孢子梗越冬，暖热地区分生孢子也可越冬。次年春季，产生侵染丝，从叶面气孔侵入繁殖，8～9 月出现大量病斑。继后，从新病斑上产生分生孢子进行重复侵染，在叶内潜育或形成小病斑越冬，翌年 4～5 月，再次出现为害高峰，干燥气候下发病轻，雨日多或橘园通风透光差、修剪不好的果园发病重。

根据在贵州进行的调查，常见品种都可受到侵染，橙类发

病相对较重，橘类次之，柚类偶见。就树龄和寄主生长期而言，老年树重于幼树，春梢及成熟叶片重于夏、秋梢和嫩叶。一般情况下，此病不会造成严重灾害。目前，褐斑病经济重要性虽不大，但应引起关注和监测。

防治方法 (1)加强橘园管理，抓好科学用水和用肥，合理修剪，培育壮树，提高寄主的自身抗病性。(2)合理防治矢尖介壳虫和柑橘红蜘蛛等害虫。(3)发病初期喷洒50%异菌脲可湿性粉剂1000倍液、60%唑醚·代森联水分散粒剂1000倍液。

柑橘脂点黄斑病(Greasy yellow spot of citrus)

症状 柑橘脂斑病又称黄色腻斑病、脂点黄斑病，一般为害不重，常发生在单株或邻近植株之小范围内。受害重的橘树常是生长势弱，或被其它病虫严重为害后濒衰的树。叶片受害后光合作用受阻，渐大量脱落，对单株产量造成较大影响。果实被害后，出现大量油瘤状污斑，影响品质和商品价值。由于发病部位不同，症状有一定差异：枝、叶部症状：一般情况下枝茎上发生较少，叶是主要侵染部位，枝、叶上病斑形态特征相似。叶上病斑初呈许多半透明状小圆斑，油渍状，后渐变为浅褐至污褐色斑，疱疹状微隆起。后期，无数小斑愈合成大斑，不规则形，暗褐色至黑褐色，大小4～8(mm)，叶两面均可见。茎上病斑比叶上小些，愈合程度也较小。果上症状：病斑多发生在向阳的果面上，仅侵染外果皮。初期症状为疱疹状污黄色小突粒，几个或数十个散集在约1～1.5(cm)^{2}的区域内。此后病斑不断扩散，隆突和愈合程度加强，突粒颜色变深，病部分泌的脂胶状透明物被氧化成污褐色，形成1～2(cm)大小、病健组织分界不明显的大块脂斑。

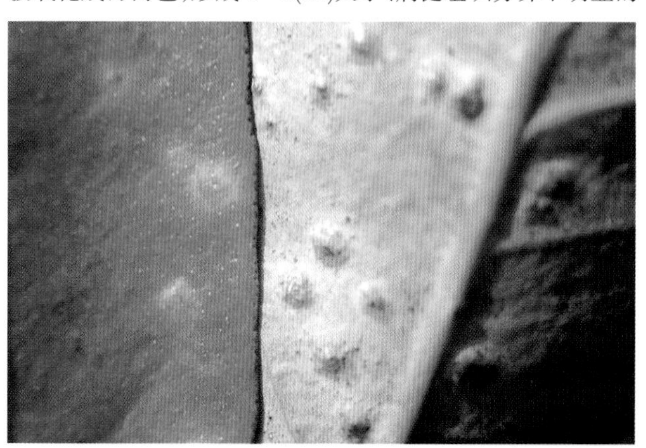

柑橘脂斑病发病初期叶片症状

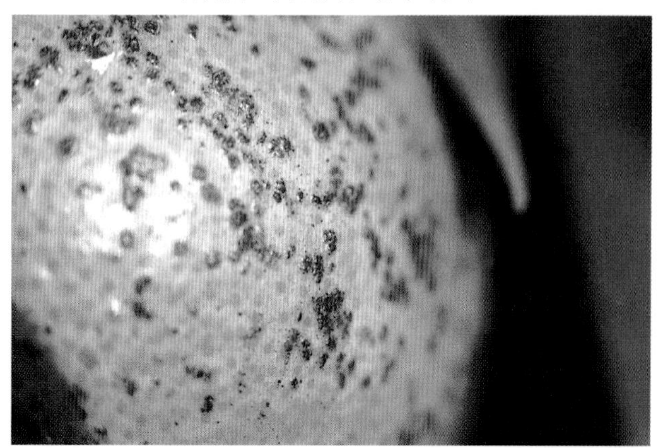

柑橘脂斑病果面症状

病原 国内外对柑橘脂斑病有较多的研究报道，至今未得到统一认定。1986年我国殷恭毅报道，认为病原有性态应是柑橘球腔菌 *Mycosphaerella citri* Whit eside，无性态为柑橘灰色窄苔菌或称灰色疣丝孢 *Stenella citri-grisea* (Fisher)Siv.。

传播途径和发病条件 病菌以菌丝体或子囊壳在病枝叶和病果上越冬。翌年春季气温升高，罹病组织上的菌丝发育，产生分生孢子借风雨传播，萌发芽管侵入寄主引起发病，此后再长出分生孢子进行多次再侵染。越冬子囊壳春季吸水破裂，释放出子囊孢子借风雨传播，萌发芽管侵入，引起发病。高温、多湿气候有利发生，在这种环境下，如华南等橘区，病残体上几乎全年都可产生分生孢子。病菌有潜伏侵染的特性，多雨季节或高温高湿下，潜育之病原会骤然发病，使人措手不及难于预防。6～8月是橘园主要发病期。甜橙、椪柑、蜜橘等易感病，金橘等品种较抗病。同品种中的弱树和老龄树，肥水管理差，特别是夏季高温缺水的橘园发病较重。

防治方法 (1)加强橘园管理，培养壮树，提高植株自身抗病力。(2)发病前喷洒70%多菌灵悬浮剂加75%百菌清可湿性粉剂各800～1000倍液或上述多菌灵加氢氧化铜干悬浮剂700倍液、50%多·福可湿粉800倍液，隔15天1次，共防2～3次，防效可达90%。

柑橘果实黑腐病(Citrus black rot)

症状 主要为害果实。病斑外观深褐色，凹陷，深及果肉或达果心，病果肉暗灰色。温州蜜柑染病，果面近脐部变黄，后病

柑橘果实黑腐病病果

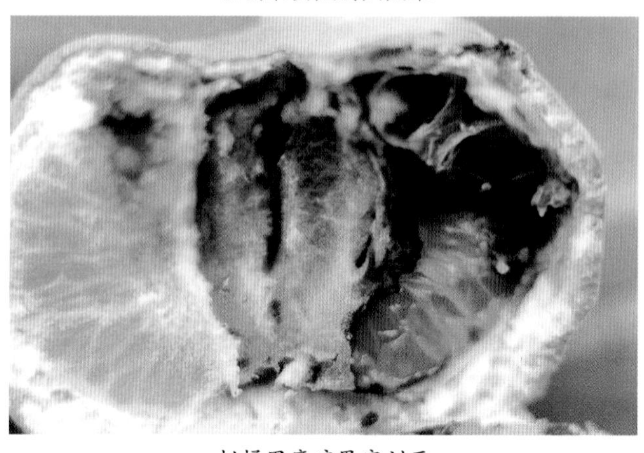

柑橘黑腐病果实剖面

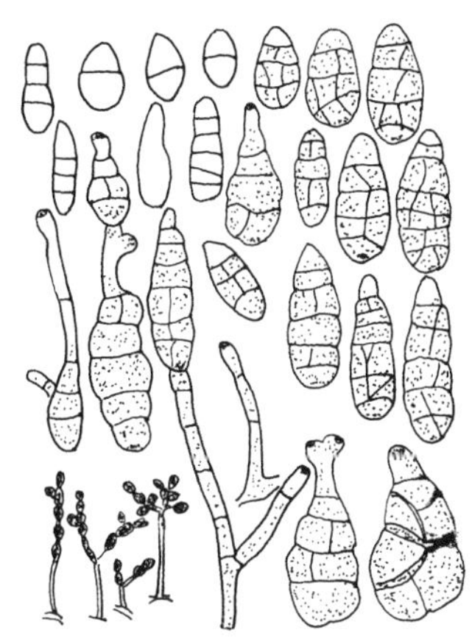

柑橘黑腐病菌柑橘链格孢的分生孢子

部变褐，呈水渍状，扩展后呈不规则状，四周紫褐色，中央色淡，湿度大时，病部表面长出白色菌丝，后转为墨绿色，致果瓣腐烂，果心空隙长出墨绿色绒状霉，严重的果皮开裂；幼果染病，多发生在果蒂部，后经果柄向枝上蔓延，造成枝条干枯，致幼果变黑或成僵果早落。

早橘、曼橘、本地早等橘类，病菌主要从脐部小孔或伤口侵入，致病部果皮呈水渍状，失去光泽，后变黄褐色，果心变墨绿色，具霉状物。

病原 *Alternaria citri* Ellis & Pierce 称柑橘链格孢，属真菌界无性型真菌。分生孢子梗单生，分枝或不分枝，浅褐色，有分隔，30 ~ 117.5 × 2.5 ~ 4.5(μm)。分生孢子单生或成短链，链有时具短分枝，成熟分生孢子多数卵形、褐色，具横隔膜 3~6 个，纵、斜隔膜 1~8 个，分隔处略缢缩。初生分生孢子 30 ~ 41.5 × 13 ~ 19(μm)，次生分生孢子 20 ~ 35.5 × 9 ~ 16.5(μm)。分生孢子无喙。侵染柑橘、甜橙、橘、蕉柑等。

传播途径和发病条件 病菌以分生孢子随病果遗落地面或以菌丝体潜伏在病组织中越冬，翌年产生分生孢子进行初侵染，幼果染病后产出分生孢子，通过风雨传播进行再侵染。高温多湿是本病发生重要条件。适合发病气温 28 ~ 32℃，橘园肥料不足或排水不良，树势衰弱、伤口多发病重。

防治方法 (1)加强橘园管理，在花前、采果后增施有机肥，做好排水工作，雨后排涝，旱时及时浇水，保证水分均匀供应。(2)及时剪除过密枝条和枯枝，及时防虫，以减少人为伤口和虫伤。(3) 发病初期喷 75%百菌清可湿性粉剂 600 ~ 800 倍液或 50%异菌脲可湿性粉剂 1000 倍液、80%代森锰锌可湿性粉剂 600 倍液、30%戊唑·多菌灵悬浮剂 1000 倍液。

柑橘橘斑链格孢黑斑病

症状 主要为害果实，果实上病斑深褐色至黑色，凹陷，近圆形，直径 0.5~2(cm)，深及果肉，表面生黑色霉层。

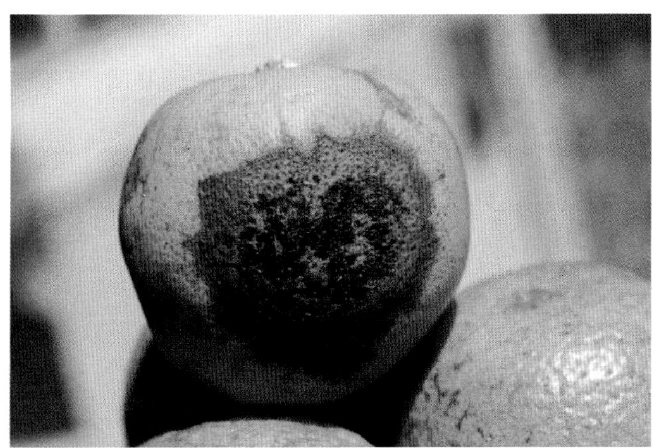

柑橘橘斑链格孢黑斑病病果

病原 *Alternaria citrimacularis* E. G. Smmons 称橘斑链格孢，属真菌界无性型真菌。分生孢子梗从基质或基面菌丝上长出，浅褐色，分隔，不分枝或上部分枝，50 ~ 150 × 4 ~ 5(μm)。分生孢子浅褐色或中度褐色，按形态可分为两类：长椭圆形分生孢子，生横隔膜 3~7 个，纵、斜隔膜 0~3 个，28.5 ~ 41.5 × 7.5 ~ 10.5(μm)，顶端有明显的假喙(3 ~ 7 × 3 ~ 4(μm))；卵形分生孢子，有横隔膜 2~5 个，纵、斜隔膜 0~4 个，13 ~ 31 × 8.5 ~ 12.5 (μm)，无明显的假喙。顶细胞顶端直接次生产孢。

传播途径和发病条件、防治方法 参见柑橘果实黑腐病。

柑橘干腐病(Citrus dry decay)

症状 引起柑橘主枝、侧枝干腐和果实干腐。柑橘主枝、侧

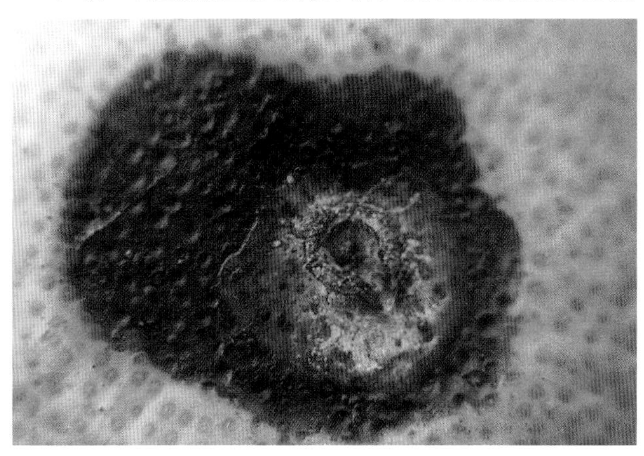

柑橘干腐病病果

柑橘干腐病病果

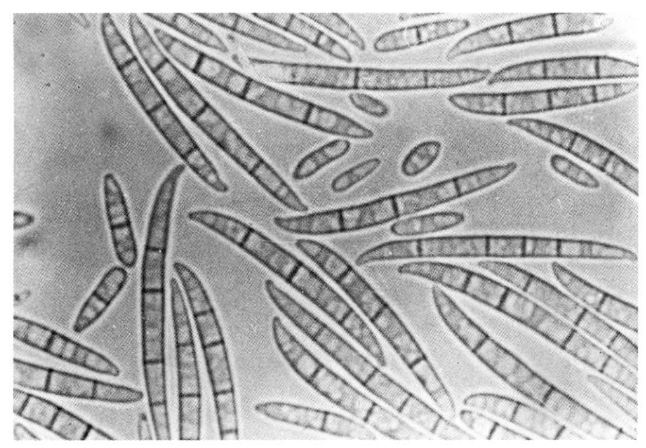

柑橘果实干腐病菌串珠镰孢大型、小型分生孢子

枝干腐病症状 多在枝干上散生表面湿润不规划的暗褐色病斑，病部溢出褐色黏液，后成为凹陷黑褐色干斑，受害处密生很多黑色小粒点。果实干腐病，是贮藏中的常见病害，大田也偶见发生。无膜包装、通风透气的贮库中，此病发病率较高。初期症状为圆形略退黄的湿润斑，果皮发软；后病斑向四周扩展，渐呈褐色至栗褐色，病部干硬略下陷，斑缘病健界限明显，成为干疤。病部多发生在果肩至蒂部，在高温适湿情况下，病原从蒂迹侵入，沿果柱达果心，乃至侵害种子。一般情况下，病菌只侵害果皮或仅侵入紧贴病斑皮下之果肉。果园症状与炭疽病发生在果蒂四周的干斑极难区别。气候干燥时常挂枝上，多雨时易脱落。落地果由于湿度大，病部长出白色气生菌丝，果始腐烂。后期，在菌丝层上出现红色霉状物，炭疽病菌则为灰黑或黑褐色霉层，以此相区别。

病原 引起主、侧枝干腐病的病原为 *Botryosphaeria dothidea* (Moug.) Ces. et De Not 称葡萄座腔菌，属真菌界子囊菌门。引起果实干腐病的病原主要是镰孢菌属的多种真菌，国内外分离报道的达十几种，分离频率高的种类有小孢串珠镰孢菌 *Fusarium moniliforme* Sheld. var. *minus* Wollenw、腐皮镰孢菌 *F. solani* (Mart.) App. et Wollenw、尖镰孢菌 *F. oxysporum* Schlecht.、砖红镰孢菌 *F. lateritium* Nees、异孢镰刀菌 *F.heterosporium* Nees 等。

传播途径和发病条件 柑橘主、侧枝干腐病以菌丝、分生孢子器及子囊壳在枝干发病部位越冬，翌春产生孢子借风雨传播，从伤口侵入。柑橘果实干腐病初侵染源来自腐烂的有机物或运贮工具上的分生孢子，以风雨飘传为主。采收季节如遇多雨天气，病菌传播量多。柑橘、甜橙类受害重，柚类受害轻，10～15℃下贮藏发病较重。病菌除从蒂迹等自然孔口侵入外，还可从果皮上微小伤口侵入引起发病。

防治方法 柑橘枝干干腐病防治方法参见杏树干腐病。果实干腐防治法。(1)晴天采收果实，选无伤口、蒂全的健壮果贮藏。(2)贮藏装箱时，用 200mg/kg 的 2.4-D 加 800 倍多菌灵可湿性粉剂稀释液，浸果 2 分钟后晾干，多果塑料膜大包装入箱存放。2.4-D 能防止果蒂脱落，阻止病菌从自然孔口侵入；多菌灵能杀死果皮外的病菌分生孢子，抑制孢子芽管萌发生长。(3)注意调节贮藏期库房的温湿度，特别要让果实呼吸作用之气体能畅排。

柑橘酸腐病(Citrus Oospora rot)

症状 柑橘酸腐病是贮藏病害，一般危害较轻。发病部位多在果肩处，因采果时剪刀稍不注意就会把此区域的果皮触伤，利于病菌侵入。初期，在果皮伤口处呈现水渍状污黄至黄褐色近圆形病斑；后病部渐扩大，变成松软多汁，轻剥果皮即分开，外表皮极易脱落；后期，病部湿腐，迅速扩展蔓延，果肉溃散流液，黏湿成团，并发出很浓的酸臭味。用塑料膜包装之果，有时果皮外会出现白色霉状物或坏死组织溢出的茶褐色“假菌脓”。温州蜜橘和甜橙发病相对较重。

病原 *Geotrichum candidum* Link ex Pers 称白地霉和 *Oospora citri-aurantii* (Ferr.)Sacc.et Syd. 称橙酸腐卵形孢菌，属真菌界无性型真菌。白地霉参见荔枝酸腐病菌。橙酸腐卵形孢分生孢子梗 5.6～84.0×2.5～3.0(μm)。分生孢子 10～20 个串

柑橘酸腐病病果

生，长卵圆至圆形，两端钝圆或平切，大小为 3.8～12.6×2.4～4.5（μm)。老菌丝可分裂形成节孢子，球形至圆筒形，8.4～25.2×4.6～8.4(μm)。

传播途径和发病条件 病菌侵染力弱，主要从伤口处侵入。果实贮藏期，在高温密闭条件下，病果溃烂流出的酸汁触及其它健果的果皮，将果皮表层蚀伤，悬浮在汁液表面的孢子在酸性环境下繁殖侵染，引起更多果发病。单果包装者，可减少因此而带来的损害。病果散发出的臭味浓度过大时，说明此病害正蔓延加快。

防治方法 (1)采果时在晴天轻采轻收，选无伤果贮藏。贮藏果提倡单果包装。(2)发现烂果，及时拣出深埋或销毁，防止重复侵染。(3)其他方法 参见柑橘青霉病和绿霉病。

柑橘油斑病(Citrus spot)

症状 又称虎斑病、油胞病、油皮、熟印病。病斑圆形、多边形或不规则形，初为淡黄色，后变黄褐色，油胞初突出明显，后干缩，病健交界处青紫色。采收前和贮藏期均可发病，但主要发生在贮藏后 1 个月左右。

病因 生理性病害，由风害、机械伤或叶蝉为害所致。同一品种，采收越晚，发病越重。采收期雨多、风大，发病多。久旱后连续降雨，气温骤然下降，雨后或露雾未干采果都会引致油斑病的发生。果实着色期，施用松脂合剂、石硫合剂等碱性药剂，加之晚上温度低，湿度高，易诱发本病大发生。

防治方法 (1)在不影响果实固有品种的固有风味、品质条

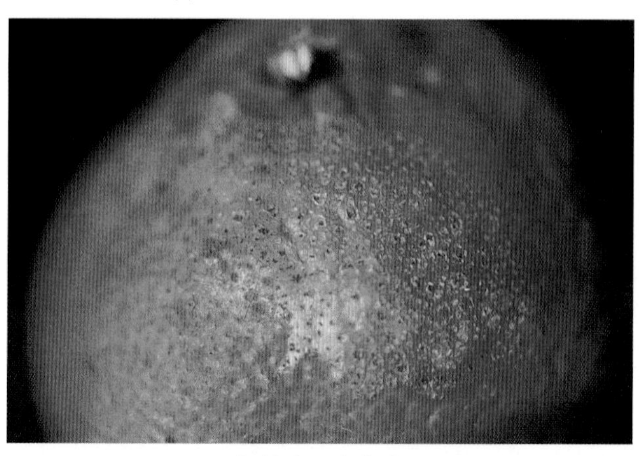
柑橘油斑病病果

件下，适时提早采收。(2)避免在雨湿及早上露水未干时采果，采摘、挑选、装箱等过程中轻拿轻放，注意避免造成各种机械伤。(3)治虫防病。参见有关叶蝉防治法。(4)果实套袋可显著减轻本病发生。

柑橘青霉病和绿霉病（Citrus blue mold and common blue mold）

症状 发病初期两病均于果面上产生水渍状病斑，组织柔软且易破裂；一般3天左右病斑表面中央长出白色霉状物即菌丝体，后于霉斑中央长出青色或绿色粉状霉，即分生孢子梗和分生孢子；边缘留一圈白色霉层带。后期，病斑深入果肉，引起全果腐烂。青霉病多发生在贮藏前期，白色霉层带较狭，1～2mm，呈粉状，病部水渍状外缘明显，整齐且窄，霉层不会黏附到包果纸或其他接触物上，但具发霉气味。绿霉病多发生于贮藏中、后期；初在果皮上出现水浸状小斑块，软化，不久即扩成水浸状圆形斑点，生出白色菌丝，菌丝迅速扩大占据病斑中央，呈橄榄绿色，但周围菌丝白色，白色霉层带宽8～18(mm)，水渍状外缘不明显，不整齐且宽；霉层易黏附到包装纸或其他接触物上，且具芳香气味。

病原 *Penicillium italicum* Wehmer 称意大利青霉，引起青霉病；*P. digitatum* (Pers.：Fr.) Sacc. 称指状青霉，引起绿霉病。均属真菌界无性型真菌。意大利青霉分生孢子梗从表生菌丝生出，分生孢子梗200～400×3～4.5(μm)，顶端呈规则或不规则3层轮生的帚状分枝，瓶梗圆筒形。分生孢子圆筒形，单胞

柑橘青霉病病果

柑橘绿霉病病果

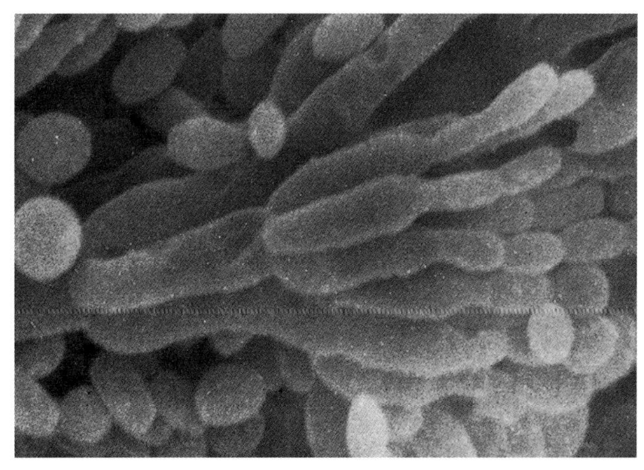

柑橘意大利青霉的分生孢子梗与分生孢子（康振生）

无色，3～4×2～2.5(μm)。指状青霉分生孢子梗着生在菌丝上，帚状枝，多双层轮生，分生孢子梗圆筒形，70～150×5～7(μm)，分生孢子椭圆形，单胞无色，6～8×2.5～5(μm)。

传播途径和发病条件 这两种病原菌一般腐生于各种有机物上，产生分生孢子，借气流传播，通过各种伤口侵入为害，也可通过病健果接触传染。青霉病病菌发育适温18～28℃，绿霉病病菌发育适温25～27℃；相对湿度95%～98%时利于发病；采收时果面湿度大，果皮含水多发病重。充分成熟的果实较未成熟的果实抗病。

防治方法 (1)抓好果实的采收、包装和运输工作。尽量避免果实遭受机械损伤，造成伤口；不宜在雨后、重雾或露水未干时采收。(2)贮藏库及其用具消毒。贮藏库可用10g/m³ 硫磺密闭薰蒸24小时；或与果篮、果箱、运输车箱一起用50%甲基硫菌灵可湿性粉剂200～400倍液或50%多菌灵可湿性粉剂200～400倍液消毒。也可用40%双胍三辛烷基苯磺酸盐可湿性粉剂1000~1500倍液浸果1分钟，捞出后晾干包装。(3)果实处理。采收前一星期喷洒40%双胍三辛烷基苯磺酸盐可湿性粉剂1000~1500倍液或42%噻菌灵悬浮剂400~600倍液、25%咪鲜胺乳油800倍液。采后的防治方法参见柑橘焦腐病。

柑橘焦腐病（Citrus Botryodiplodia fruit rot）

症状 又称蒂腐病。主要为害贮运中的果实，青果不受害。果蒂四周初现水渍状斑，迅速扩展后呈暗褐黑色，失去光泽，手

柑橘焦腐病病果

压果皮易破裂，病部果肉变黑，味苦，后期病部产生很多黑色小粒点，即病原菌的分生孢子器。很快烂到果心，烂果常溢有褐色黏液，田间染病枝条也常受害，变黑无明显病斑，也生小黑点。

病原 *Botryodiplodia theobromae* Pat. 异名 *Lasiodiplodia theobromae* (Pat.)Criff. et Maubl. 称可可球二孢，属真菌界无性型真菌。有性态为 *Botryosphaeria rhodina* (Cke.)Arx 称柑橘葡萄座腔菌，属真菌界子囊菌门。子囊果埋生，近球形，暗褐色，大小 224～280×168～280(μm)，孔口突出病组织。子囊棍棒状，壁双层，具拟侧丝。子囊孢子 8 个，椭圆形，单胞，无色或淡色，21.3～32.9×10.3～17.4(μm)。分生孢子器真子座，球形、近球形，直径 112～252(μm)，单个或 2～3 个聚生在子座内。分生孢子初单胞无色，成熟后双胞褐色，表面有纵条纹，大小 19.4～25.8×10.3～12.9(μm)。

传播途径和发病条件 以菌丝体、子囊果、分生孢子器在病树枝干及病果上越冬，也可在落地病果上越冬，贮藏期产生分生孢子或子囊孢子借气流传播，该病可全年发生，贮运中继续为害。

防治方法 (1)适时采收。入库前置通风阴凉处预贮 4～6 天。(2)防止果实受伤。(3)贮藏库，每立方米用 10g 硫磺薰蒸。(4)用 25%抑霉唑 350mg/kg，或 45%咪鲜胺 250 mg/kg 浸果，浸果前加入 2，4–D 100～200 mg/kg 防治蒂腐有效。(5)用塑料小袋单果包装。(6)贮运温度柑橘要求 7～11℃，相对湿度 80%～85%。并通风。

柑橘树脂病(Citrus melanose)

症状 柑橘树脂病又称砂皮病、褐色蒂腐病。橘树染病后致枝叶凋萎或整株枯死。枝干染病，现流胶和干枯两种类型。流胶型：病部初呈灰褐色水渍状，组织松软，皮层具细小裂缝，后流有褐色胶液，边缘皮层干枯或坏死翘起，致木质部裸露。干枯型：皮层初呈红褐色、干枯稍凹陷，有裂缝，皮层不易脱落，病健部相接处具明显隆起界线，流胶不明显。病皮下具黑色小粒点。叶片染病，表面散生黑褐色硬质突起小点，有的很多密集成片，呈砂皮状。成熟果实染病，果蒂附近初呈水渍状变软，后变深褐色波及到脐部，致全果腐烂。

病原 *Diaporthe citri* F. A. wolf 称柑橘间座壳，属真菌界子囊菌门。无性型为 *Phomopsis citri* Fawcett 称柑橘拟茎点霉，属真菌界无性型真菌。假子座发达，黑色，铺展形，生在基物内，

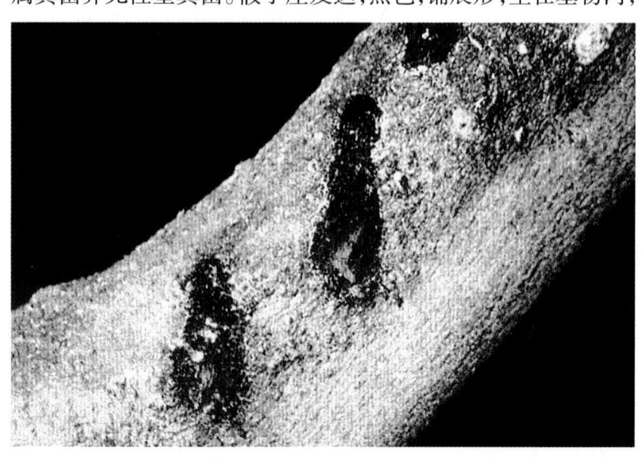

柑橘树脂病

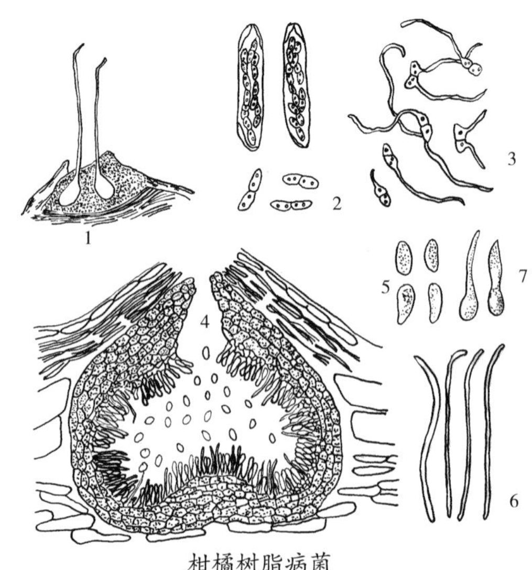

柑橘树脂病菌

1.埋藏于子座内的子囊壳 2.子囊及子囊孢子 3.子囊孢子萌发 4.分生孢子器 5.卵状分生孢子 6.丝状分生孢子 7. 分生孢子萌发

部分突出。子囊壳近球形，埋生在子座基部，有长颈伸出子座外。子囊短圆柱形，顶壁厚，基部有柄。子囊壁或柄早期胶化，使子囊或子囊孢子游离在子囊壳内。子囊孢子椭圆形或纺锤形，双胞，无色。无性型柑橘拟茎点霉载孢体为子座，球形埋生。分生孢子器球形，有孔口，分生孢子梗上产生两种类型的分生孢子。

传播途径和发病条件 以菌丝或分生孢子器在枝干上病部越冬，翌春产出分生孢子借昆虫或风雨传播，经伤口侵入。

本病发生流行与气温、降水、湿度、害虫、及品种有关，月均温 18～25℃，利于病菌活动，如遇雨则病害发生严重，在浙江一带橘产区 5～6 月或 9～10 月是发病盛期，红蜘蛛、介壳虫为害重的植株，易发病。此外遇冻害、涝害或肥料不足致树势衰弱发病重。金柑、温州蜜柑较雪柑、福柑、芦柑发病率低。

防治方法 (1)加强管理，除增施肥料提高树体抗病力外，主要是防冻、防涝、避免日灼及各种伤口，以减少病菌侵染。(2)剪除病枝，收集落叶，集中烧毁或深埋。(3)认真刮除病枝或病干上病皮，病部伤口涂 36%甲基硫菌灵悬浮剂 100 倍液或 5%菌毒清水剂 50~100 倍液、80%乙蒜素乳油 100 倍液。若施药后再用无色透明乙烯薄膜包扎伤口，防效更甚。(4)必要时结合防治炭疽病、疮痂病喷 80%代森锰锌可湿性粉剂 600 倍液或 20%噻森铜悬浮剂 500 倍液、21%过氧乙酸水剂 1000 倍液，也可用 5 倍液涂刷病部。

柑橘膏药病(Citrus felt disease)

症状 此病全国橘区都有，东南亚国家的一些橘园发生更重。我们在马来西亚怡堡市郊的柚林中，曾看到大、小枝干上密麻地贴上"膏药"，给人入病林之感。一般情况下，此病危害性不大，仅影响植株局部干枝的生长发育，严重发生时，受害枝变得纤细乃致枯死。病害多发生在老枝上，湿度大或树冠蔽荫时叶也受害。被害处如贴上一张中医用的膏药，故得此名。除柑橘外，桃、李、梨、杏、梅、柿等果树上也有发生。由于病菌不同，症状有如下区别：枝干上症状，初期，先附生一层圆形至不规则形的病菌子实体，后不断向茎周扩展乃致包缠枝干。白色膏药病

柑橘枝条上的白色膏药病

柑橘枝上的膏药病引发叶枝干枯

菌的子实体表面较平滑，初呈白色，后期视气温和湿度不同而转呈灰白色或保持白色。褐色膏药病菌的子实体较前者隆起，表面薄绢状，初呈灰白色，后转呈栗褐色，周缘有狭窄的白色带，丝绒状略翘起。这两种病菌之子实体衰老时都易龟裂脱离。叶上症状，初在叶柄或叶基处产生白色菌毡，渐扩展到叶之大部。褐色膏药病极少为害叶。叶上病斑症状与枝上相同。

病原 共有两种：白色膏药病病原为 *Septobasidium citricolum* Saw. 称柑橘生隔担耳（柑橘膏药病菌），子实体乳白色，表面平滑。在菌丝柱与子实层之间，有一层疏散而带浅褐色的菌丝层。子实层厚 100～390(μm)，原担子球形、亚球形或洋梨形，16.5～25×13～14（μm）。担孢子肾形，17.6～25×4.8～6.3(μm)。上担子为 4 个细胞，50～65×8.2～9.7(μm)。褐色膏药病病菌是 *Helicobasidium* sp. 木耳科，卷担子菌属。担子直接从菌丝长出，棒状或曲钩状，由 3～5 个细胞组成。每个细胞长出 1 条小梗，每小梗着生一个担孢子。担孢子无色，单胞，近镰刀形。

传播途径和发病条件 病菌以菌丝体在患病枝干上越冬，次年春季温湿度适宜时，菌丝生长形成子实层，产生担孢子借气流或昆虫传播。一般情况下 5～6 月和 9～10 月高温多雨季节发生较重。两种病菌都吸收蚧类或蚜类分泌的蜜露作营养，故蚧、蚜多的橘园并荫蔽潮湿和管理粗放的地段发病重。

防治方法 (1)剪除带病枝梢集中烧毁、合理修剪荫蔽的枝叶，加强农事管理，培养壮树。(2)防治好蚧壳虫和橘蚜，方法参见本书有关害虫的防治。(3)药杀膏药病病斑。根据贵州省黔南州植保站的经验，膏药病盛发期，用煤油作载体兑加 300～400 倍的商品石硫合剂晶体喷雾枝干病部；或在冬季用 45%晶体石硫合剂 30 倍液刷浸病斑，效果极好，不久即可使膏药层从干上脱落，对树体安全。

柑橘紫纹羽病和白纹羽病（Citrus tree violet and white root rot）

症状、病原、传播途径和发病条件、防治方法 参见苹果树紫纹羽病和白纹羽病。

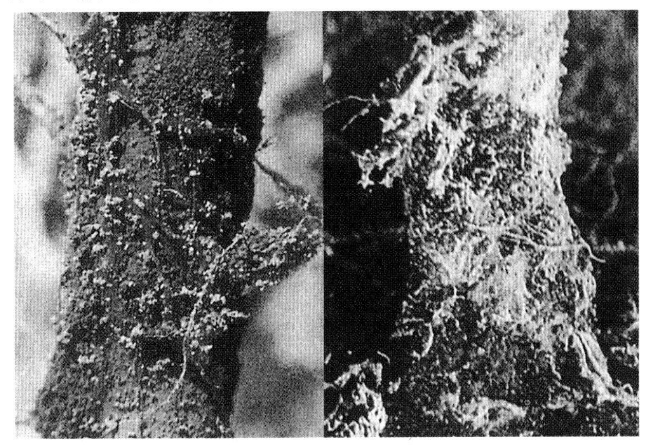
柑橘紫纹羽病（左）和白纹羽病为害状

柑橘裂皮病（Citrus exocortis）

症状 柑橘裂皮病又称剥皮病。此病主要以枳作砧木的甜橙定植后 2 年开始发病，砧木的树皮纵向开裂，现纵条状纹，新

柑橘裂皮病树干基部纵向开裂

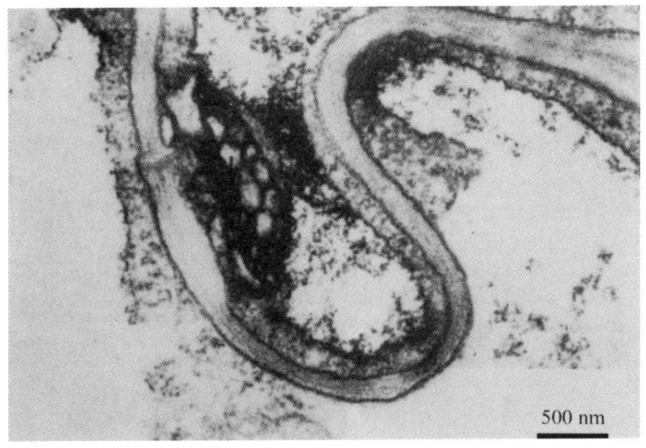

感染柑橘裂皮类病毒（CEVd）的三七细胞质膜体

梢少或部分小枝枯死，树冠矮化，叶片小或叶脉附近绿色叶肉黄化，似缺锌状，病树树势弱但开花多，落花落果严重。该病在蓝普来檬和香橼上潜育期3～6个月，在蓝普来檬上现长形黄斑，纵向开裂，在香橼上叶脉后弯，叶背的叶脉木栓化裂开。

病原 *Citrus exocortis viroid*,CEVd 称柑橘裂皮类病毒。柑橘裂皮类病毒无蛋白质衣壳，是低分子核酸，如把类病毒汁液置于110℃下保持10～15分钟，仍具致病力。其主要侵染成份是游离核酸，RNA系低分子量，具双链结构，也有单链的。

传播途径和发病条件 病株是初侵染源，除通过苗木或接穗传播外，也可通过工具、农事操作及菟丝子传病。柑橘裂皮病在以枳、枳橙、黎檬和蓝普来檬作砧木的柑橘树上严重发病，而用酸橙和红橘作砧木的橘树在侵染后不显症，成为隐症寄主。

防治方法 (1)利用指示植物如香橼、矮牵牛、爪哇三七、土三七等诱发苗木症状快速显现，以确定其是否带毒，选用无病母株或培育无病苗木。(2)利用茎尖嫁接脱毒法，培育无病苗木。(3)在病树上用过的刀、剪等农具可传毒，可用5.25%次氯酸钠(漂白粉)配成10～15倍液进行消毒。(4)严格实行检疫，防止病害传播蔓延。(5)对尚有生产前途、发病轻的柑橘树，可采用桥接或通过更换抗病砧木方法，使其恢复树势。(6)新建橘园应注意远离有病的老园，严防该病传播蔓延。

柑橘根结线虫病(Citrus root knot nematode)

症状 地上部症状不明显，发病重的叶片发黄缺少光泽，易落叶，枝条干枯。挖开根部，可见根上生出大小不一的根瘤，刚发生时乳白色，后变成黄褐色至黑褐色，造成老根腐烂，病根坏死。

病原 *Meloidogyne incognita* (Kofoid and White) Chitwood 称南方根结线虫和 *M. arenaria* (Neal)Chitwood 称花生根结线虫等8种根结线虫。

传播途径和发病条件 根结线虫以卵及雌线虫在土壤和病根内越冬，条件适宜时在卵囊中的卵发育孵化成1龄幼虫蜕皮后产生2龄侵染幼虫，不分雌雄均为线形，二龄幼虫侵入嫩根后在根皮与中柱之间为害，刺激根组织过度生长，先在根尖形成根瘤。在根瘤中的根结线虫再蜕皮3次发育成梨形和线形的雌、雄线虫，交配后，把卵产在卵囊中，卵囊1端露在根瘤之外。

防治方法 整地前每667m² 用1.8%阿维菌素乳油500mL，拌细砂25kg均匀撒在地表，然后耕翻10~15(cm)，防治根结线虫防效90%以上。

橘根结线虫病症状(稽阳火 摄)

柑橘赤衣病(Citrus pink disease)

症状 主要为害枝条或主枝，发病初期仅有少量树脂渗出，后干枯龟裂，其上着生白色蛛网状菌丝，湿度大时，菌丝沿树干向上、下蔓延，围绕整个枝干，病部转为淡红色，病部以上枝叶凋萎脱落。

柑橘赤衣病

病原 *Corticium salmonicolor* Berk. et Br. 称鲑色伏革菌，属真菌界担子菌门。子实体系蔷薇色薄膜，生在树皮上。担子棍棒形或圆筒形，大小23～135×6.5～10(μm)，顶生2～4个小梗；担孢子单细胞，无色，卵形，顶端圆，基部具小突起，大小9～12×6～17(μm)。无性世代产出球形无性孢子，单细胞，无色透明，大小0.5～38.5×7.7～14(μm)，孢子集生为橙红色。

传播途径和发病条件 病菌以菌丝或白色菌丛在病部越冬，翌年，随橘树萌动菌丝开始扩展，并在病疤边缘或枝干向阳面产出红色菌丝，孢子成熟后，借风雨传播，经伤口侵入，引起发病。担孢子在橘园存活时间较长，但在侵染中作用尚未明确。

本病在温暖、潮湿的季节发生较烈，尤其多雨的夏秋季，遇高温或橘树枝叶茂密发病重。

防治方法 (1)在夏秋雨季来临前，修剪枝条或徒长枝，使通风良好，减少发病条件。(2)春季橘树萌芽时，用8%～10%的石灰水涂刷树干。(3)及时检查树干，发现病斑马上刮除后，涂抹10%硫酸亚铁溶液保护伤口。(4)发病后及时喷洒70%代森锰锌干悬粉或50%苯菌灵可湿性粉剂800倍液、50%多·硫悬浮剂500倍液，隔20天1次，连续防治3～4次。

柑橘根线虫病(Citrus nematode)

症状 主要为害根部，病原线虫寄生在根皮与中柱之间，致根组织过度生长形成大小不等的根瘤，新生根瘤乳白色，后变黄褐色至黑褐色，根瘤多长在细根上，染病严重的产生次生根瘤及大量小根，致根系盘结，形成须根团，老根瘤多腐烂，病根坏死。根系受害后，树冠现出枝梢短弱，叶片变小，着果率降低，果实小，叶片似缺素，生长衰退等症状，根受害严重的叶片黄化，叶缘卷曲或花多，无光泽，似缺水，后致叶片干枯脱落或枝条枯萎乃至全株死亡。

病原 *Tylenchulus semipenetrans* Cobb 称柑橘半穿刺根线虫，属植物寄生线虫。雄虫线形，体长169～337(μm)，体宽10～14(μm)，吻针退化，有直立精巢1个，交接刺1对，无抱

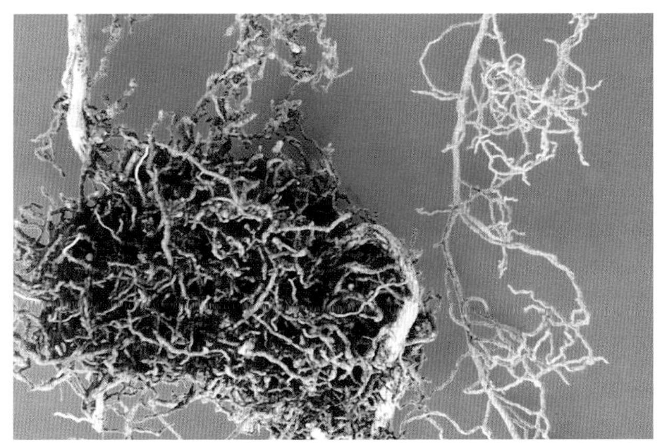

柑橘根结线虫病症状

片，具引带。雌虫初龄线形，成熟雌体肥大，前端尖细，刺入根皮内不动，后端露在根外，钝圆膨大至梨囊状，体长 270～480(μm)，宽 93～118(μm)，吻针长 13～14(μm)，阴门斜向腹面尾前。

传播途径和发病条件　病原线虫主要以卵或雌虫越冬，翌年当外界条件适宜时，在卵囊内发育成熟的卵孵化为 1 龄幼虫藏于卵内，后脱皮破卵壳而出，形成能侵染的 2 龄幼虫活动在土壤中，遇有柑橘嫩根后 2 龄幼虫即侵入，在根皮与中柱之间为害，刺激根部组织在根尖部形成不规则的瘤状物。在根瘤内生长发育的幼虫再经 3 次蜕皮则发育为成虫。雌雄虫成熟后开始交尾产卵，该线虫在华南一带完成上述循环约 50 天左右，一年可发生多代，可进行多次再侵染。初侵染源来自病根和土壤，病苗是重要传播途径，水流是短距离传播的媒介，此外，带有病原线虫的肥料、农具、人畜也可传播。该病在通气良好砂质土中发病重，在通气不良的黏重土壤中发病轻。品种间虽有差异，但常见品种均可感病，缺少免疫品种。

防治方法　(1)培育无病苗木，前作最好选择水稻田或禾本科作物。(2)对发病轻的苗木，用 50℃温水浸根 10 分钟，然后栽植。(3)橘园中发现零星病株要马上防治。把树冠下 6cm 左右深的表土挖开，$667m^2$ 均匀撒施 10%噻唑膦颗粒剂 2kg 或 1.8%阿维菌素乳油 500mL，拌细砂 25kg 均匀撒在地表然后耕翻 10~15(cm)。

柑橘疮痂病(Citrus scab)

症状　柑橘疮痂病又称“疥疮疤”、“癞头疤”、“麻壳”等。为害叶片、新梢和果实，尤其易侵染幼嫩组织。叶片染病，初生蜡黄色油渍状小斑点，后病斑渐扩大、木栓化，形成灰白色至暗褐色圆锥状疮痂，病斑一面突出，一面凹陷。严重时病斑常连片，致叶片扭曲畸形。幼叶染病常干枯脱落后穿孔。新梢染病，与叶片症状相似。豌豆粒大的果实染病，呈茶褐色腐败而落果；幼果稍大时染病，果面密生茶褐色疮痂，常早期脱落；残留果发育不良，果小、皮厚、汁少，果面凹凸不平。近成熟果实染病，病斑小不明显。有的病果病部组织坏死，呈癣皮状脱落，下面组织木栓化，皮层变薄且易开裂。

病原　*Sphaceloma fawcettii* Jenkins 称柑橘痂圆孢，属真菌界无性型真菌；有性态：*Elsinoe fawcettii* Bitanc. et Jenkins 称柑橘痂囊腔，属真菌界子囊菌门。国内尚未发现有性态。分生孢子

柑橘疮痂病

盘散生或聚生，近圆形；分生孢子梗无色或灰色，大小 12～22×3～4（μm）；分生孢子单胞，无色，长椭圆形或卵圆形，两端常各含 1 油球，大小 6～8.5×2.5～3.5(μm)。病菌生长适温 15～23℃，最高 28℃。

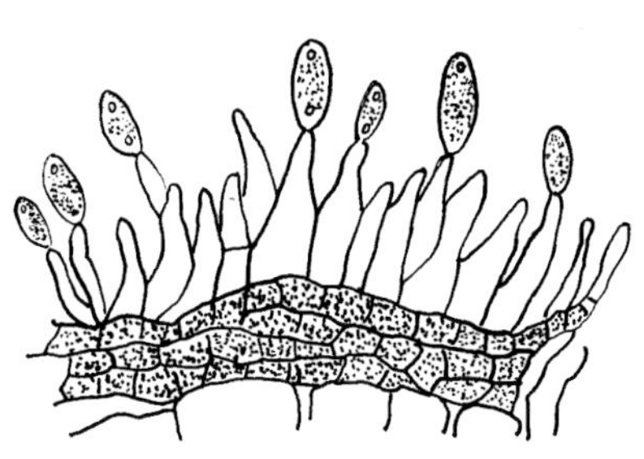

柑橘疮痂病病菌
分生孢子盘及分生孢子

传播途径和发病条件　以菌丝体在病组织内越冬，翌春气温上升到 15℃和多雨高湿时，老病斑上产生分生孢子，借风雨或昆虫传播，进行初侵染；潜育期 10 天左右，新产生的分生孢子进行再侵染，辗转为害新梢、幼果。温度适宜，湿度大易发病；苗木或幼龄树发病重，老龄树发病轻。这是因为苗木和幼龄树抽梢次数多且时期长，增加了感病机会。柑橘各品种间感病性存在差异。橘类易感病，柑类次之，甜橙类较抗病。柑橘各品种中，南丰蜜橘、福橘、柠檬、本地橘、构头橙感病，甜橙、香橼、金柑等较抗病。

防治方法　(1)加强苗木检疫。柑橘新区的疮痂病由苗木传带，所以对外来苗木实行严格检疫或将新苗木用 50%福·异菌可湿性粉剂 800 倍液浸 30 分钟。(2)加强橘园栽培管理。合理修剪、整枝，增强通透性，降低湿度；控制肥水，促使新梢抽发整齐，加快成熟，减少侵染机会。(3)清除初侵染源。结合修剪和清园，彻底剪除树上残枝，残叶；并清除园内落叶，集中烧毁。(4)药剂防治。因该病菌主要侵染幼嫩组织，喷药重点是保护新梢和幼果。第一次喷药于春芽开始萌动，芽长 1～2(mm)时开始喷 30%戊唑·多菌灵悬浮剂 1000 倍液或 70%甲基硫菌灵超微可湿性粉剂 800 倍液、75%百菌清可湿性粉剂 600～800 倍液、0.5：1：100 倍式波尔多液、2%嘧啶核苷抗菌素水剂 200 倍液。保护春梢用 0.5～0.8：1：100 倍式波尔多液或 53.8%氢氧化铜干悬浮剂 500 倍液。第二次于花落 2/3 时喷上述杀菌剂，温带橘区还可于 5 月下旬至 6 月上旬补喷 1 次。

柑橘溃疡病(Citrus canker)

症状　主要为害叶片、果实和枝梢。叶片染病 初在叶背产

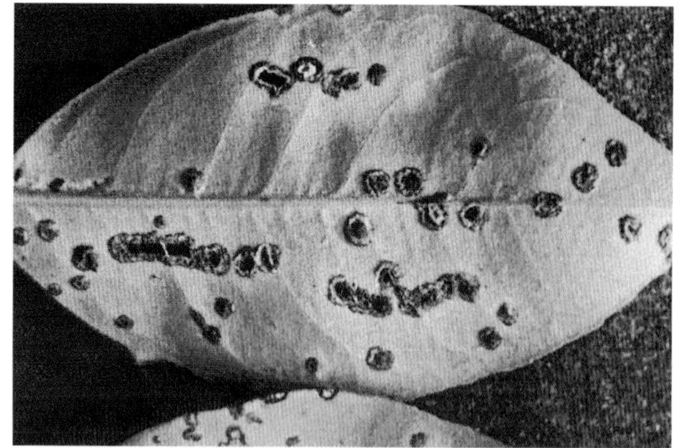

柑橘溃疡病病叶(稽阳火)

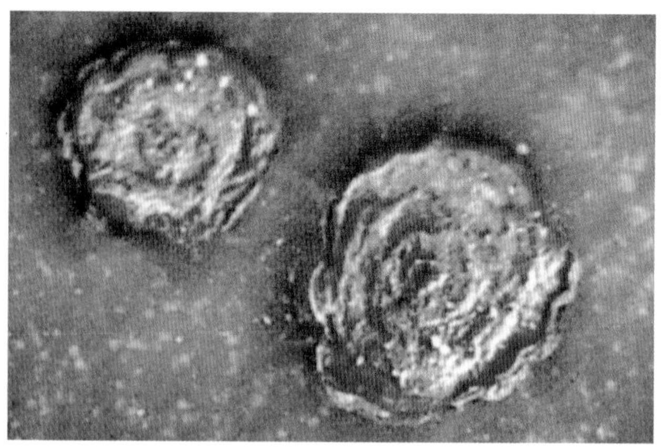

柑橘溃疡病叶面病斑特写(夏声广)

酸橙溃疡病病果

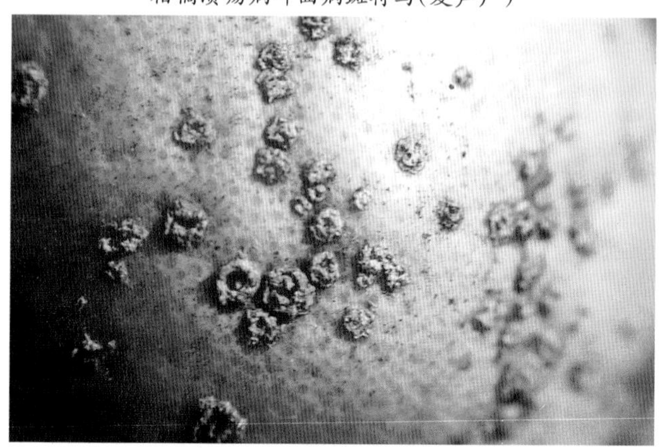

甜橙果实上的溃疡病病斑

生黄色或暗黄绿色油渍状小斑点,后叶面隆起,现米黄色海绵状物。干燥条件下,隆起部破碎呈木栓质状或病部凹陷,形成褶皱。后期,病斑淡褐色,中央灰白色,并在病健部交界处形成一圈褐色釉光。凹陷部常破裂呈放射状。病斑直径 2~5(mm)或更大,具同心轮纹,有时数个病斑融合形成不规则大病斑,染病叶片不变形。果实染病,与叶片上症状相似。高感品种枝梢也染病,初生圆形水渍状小点,后扩大,病斑木栓化,形成大而深的裂口,最后数个病斑融合形成黄褐色不规则形大斑,边缘明显。

病原 *Xanthomonas axonopodis* pv. *citri* Vauterin et al. 称地毯草黄单胞杆菌柑橘致病型,属细菌界薄壁菌门。我国均属致病力很强的亚洲菌系。菌体短杆状,大小 1.5~2.0×0.5~1.7(μm);具极生单鞭毛,有荚膜,无芽孢,革兰氏染色阴性,好气性,生长适温 25~34℃,致死温度 55~60℃,最适 pH6.6。

据报道,柑橘溃疡病菌对柑橘属植物致病性不同,可分为 3 个菌系,菌系 A 对葡萄柚、莱檬、甜橙致病性强,菌系 B 对柠檬致病性强,菌系 C 仅侵染墨西哥莱檬,故菌系 C 又称墨西哥莱檬专化型。病菌主要侵染芸香科的柑橘属、枳壳属、金柑属。

传播途径和发病条件 病菌在病叶、病枝或病果内越冬,翌春遇水从病部溢出,通过雨水、昆虫、苗木、接穗和果实进行传播,从寄主气孔、皮孔或伤口侵入,生长季节潜育期 3~10 天。该病的发生流行与气候条件、栽培管理措施及品种密切相关。高温、高湿、多雨利于该病发生和流行,暴风雨和台风过后易发病,栽培管理不当,施肥不足,偏施氮肥,徒长枝增多,发病重。幼树、幼苗较成年树、老龄树发病重。柑橘各品种间感病性存有差异。广柑、脐橙、甜橙、印子橙、柳橙、酸橙、枳橙等高度感病;柚和枳中等;福橘、南丰蜜橘和金橘高度抗病。

防治方法 (1)世界各国对此病采取严格苗木检疫,疫区病树铲除,2007 年中国农业部启动柑橘非疫区建设,防止该病发生蔓延,确保柑橘产业安全。首先从根除病原入手,严禁苗木、接穗及果品从疫区输出,要求染上此病果园要大面积挖除烧毁病树,土地至少闲置 2 年以上。(2)根除后更要严格检疫,严防带病种苗及果实传入,坚持柑橘健康种植,我国四川、贵州、湖北取得较大防效。目前农业部在重庆三峡库区启动的长江柑橘种植带"柑橘非疫区建设和维护"项目正在实施。(3)选用金柑、四季橘等高抗品种,急需培育新的理想的抗病品种,目前人们用现代生物技术,导入外源抗病基因(昆虫抗菌肽基因)实现柑橘对细菌病的抗性,现已成功地用根癌农杆菌 TI 质粒作载体,把柞蚕抗菌肽 D 基因导入柑橘植株可降低病情指数。(4)农业防治 夏秋季增施磷钾肥、调整柑橘类种植布局,实行品种区域化有效。栽植的苗木,移栽假植前应先修剪,然后用药剂或温汤消毒。江西实施的"二园二圃"工程有效。(5)化学防治 园内过去常用的波尔多液、络氨铜、农用链霉素防效在 30%~60%,现在的 3% 中生菌素水剂 600 倍液、20% 噻菌铜或噻森铜悬浮剂 500~600 倍液、20%噻唑锌悬浮剂 400~500 倍液、78%波尔·锰锌可湿性粉剂 600 倍液、50%氯溴异氰尿酸可溶性粉剂 1000 倍液、56%氧化亚铜微粒剂 800 倍液防效可达 80%。

柑橘瘤肿病(Orange branch knot)

症状 该病危害各个树龄的树枝,形成肿瘤,在苗圃是毁灭性。柑橘小树枝上产生结节状肿瘤,相距间隔不确定。肿瘤色

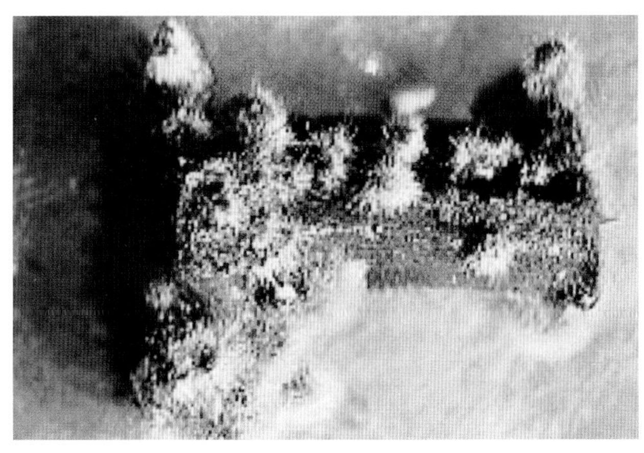

柑橘瘤肿病

深，近球形至长形，木质，有树皮覆盖，光滑或开裂，直径可达5cm。病树往往还有丛枝症状，肿瘤上生有黑色小粒点，即病原菌的分生孢子器。

病原 *Sphaeropsis tumefaciens* Hedges 称瘤肿球壳孢，属真菌界无性型真菌。菌丝无色至褐色，有隔，分枝，直径 4μm。分生孢子器褐色至黑色，近球形，直径 150~200(μm)，有乳突状孔口。产孢细胞大肚瓶状，无色，全壁芽生式产孢。器孢子卵形，浅黄色，1 端钝，1 端尖，16 ~ 32 × 6 ~ 12(μm)。

传播途径和发病条件 由苗木调运进行远距离传播，分生孢子借风雨和昆虫传播分散，萌发后从树枝的各类伤口侵入。

防治方法 严格检疫。

柑橘僵化病(Stubbon disease of citrus)

症状 又称柑橘顽固病。幼树严重矮化、节间缩短或叶密集簇生，杯形，叶厚，带各种褪绿斑。大树矮缩，枝条生长受抑，叶小，叶上产生褪绿斑驳，很少复原和枯死，果实着色差，果蒂保持绿色，果小畸形，果实淡而无味。种子少或全无。

病原 *Spiroplasma citri* Sagllio et al. 称柑橘螺原体，属细菌界软壁菌门。柑橘螺原体直径 50~500(μm)，有 3 层膜，无细胞壁。

传播途径和发病条件 可通过嫁接和传毒昆虫甜菜叶蝉(*Circulifer tenellus*)及 *Scaphytopius mittridus* 传播，田间传播主要是从杂草上传到柑橘，其次是从柑橘到柑橘。在田间柑橘顽固病高度显症。

柑橘僵化病(顽固病)

柑橘僵化病树梢(左)和叶片受害状

防治方法 (1)严格检疫。(2)嫁接时一定用无菌接穗。(3)加强柑橘园管理，及时除草。(4)发现传毒昆虫及时喷洒 25%吡蚜酮可湿性粉剂 2000~2500 倍液或 20%氰戊·辛硫磷乳油 1500 倍液。

柑橘碎叶病

主要为害以枳和枳橙作砧木的柑橘树，引起植株黄化，衰弱，甚至整株枯死，对此病我国近年来才引起注意。

症状 病株的砧穗接合部环缢和接口以上的接穗部肿大。叶脉黄化，类似环状剥皮引起的症状。剥开接合部树皮，能看见接穗与砧木的木质部间有 1 圈缢缩线。生产上受大风等外力推动，病树的砧穗接合处易断裂，且裂面光滑。枳橙或厚皮来檬染

柑橘碎叶病病叶(右 3 叶)左为健叶

柑橘碎叶病症状

病后，新叶上产生黄斑和叶缘缺损、扭曲。

病原 Citrus tatler leaf virus,CTLV 称柑橘碎叶病毒，是一种短线状病毒，大小 650~19(nm)。但最近有人通过指示植物鉴定认为是由嫁接砧穗不亲和引起的。尚待进一步明确。

传播途径和发病条件 碎叶病主要靠嫁接传毒，也可通过刀剪传毒，尚未发现昆虫传毒。

防治方法 (1)采用腊斯克枳橙或厚皮来檬作指示植物进行鉴定，选择无病母树，淘汰带病母树。(2)采用室内人工控制温度、光照条件下，白天 40℃温度有光照 16 小时，黑夜 30℃温度无光照 8 小时进行热处理，30 天后嫁接可获得无病母树，培育无病苗。(3)用上述温度处理植株，待发芽采下做茎尖嫁接，能获取无毒茎尖苗。(4)对柑橘植株进行修剪时，应剪完 1 批母树后用 10%漂白粉水溶液或 1%次氯酸钠擦洗刀刃，再用清水冲洗，进行消毒。防止人为造成汁液传毒。

温州蜜橘萎缩病

20 世纪 80 年代初四川和浙江从日本引进的早熟温州蜜柑带有萎缩病毒，由于温州蜜柑是我国柑橘的主栽品种，现已普遍发生应引起各地重视。

症状 染病树春梢新芽黄化，新叶变小，叶片两侧反卷呈船状，称之为船形叶。展开较晚的叶片，叶尖生长受抑成匙形，称为匙形叶。因新梢发育受抑，造成全树矮化或枝叶丛生，受害树着花较多，易落果。该病主要在春梢上表现症状，夏秋梢不表现症状，病情进展缓慢，从中心病株向外呈轮纹状扩散，染病 10 年以上的橘树矮化明显，产量锐减或绝收。自然条件下，近年发现还为害中晚熟柑类、脐橙等，在脐橙、伊予柑上产生畸形果、小叶等症状，寄主范围很广。几乎所有柑橘属都感病。

病原 Satsuma dwarf virus, SDV 称温州蜜柑萎缩病毒。病毒粒体球状，直径 26nm。存在于细胞质、液泡内，在枯斑寄主叶片内主要存在于胞间联丝的鞘内，呈 1 字形排列。

传播途径和发病条件 该病毒由嫁接和汁液传毒，也可通过土壤传播，即土壤中线虫和真菌传毒，蚜虫不能传播。能通过美丽菜豆种子传毒，不能通过芝麻或柑橘种子传播。

防治方法 (1)发现病树及时砍伐重症中心病株，在四周开深沟可防止蔓延。(2)加强肥水管理 增强树势，可减轻受害。(3)热处理。为获得无病苗，可把带毒植株在白天 40℃、夜间 30℃各 12 小时处理 42~49 天后，采芽嫁接到实生枳砧木上可脱毒。

温州蜜橘萎缩病症状

温州蜜柑青枯病

又称瘟兜柑，是上世纪 60 年代新发生的病害，分布在福建、湖南、广东、广西。主要为害温州蜜柑，造成植株枯死或整园毁灭。

温州蜜橘青枯病

症状 主要发生在冬季采果至翌年春季之间，先是树冠顶部叶片呈失水状，青卷，后向下扩展到全株，有的仅半株或几个大枝发病。春季染病的生长势特弱，叶片青卷，失去光泽，春梢不易萌发。病株新根少或不发新根。剖开病株接口处树皮，可见砧木木质部正常，但接口以上木质部呈淡黄褐色，界线明显。色差愈大发病越重。取病树接口以上的木质部横切面，显微镜下可见导管中有黄褐色胶充塞着。

病因 初步认为是砧木与接穗不亲和引起。全年均可发生。11 月至翌年 5 月是主要发病期，生产上遇连续低温阴雨，发病更多。

防治方法 (1)育苗时选用早熟的温州蜜柑品种的砧木。(2)采用靠接法。(3)重病园应在早春把病株嫁接口以上的部分全部锯除，选留 2~3 枝砧木萌蘖，改接甜橙等不受为害的品种，短期内树势可恢复。(4)发病初期病树应重剪，结合施用有机肥，加强水肥管理，恢复树势。(5)发病初期喷洒 20%噻森铜悬浮剂 600 倍液或 20%叶枯唑可湿性粉剂 500 倍液。

柑橘黄龙病(Citrus yellow shoot)

症状 柑橘黄龙病又称黄梢病或黄枯病。枝、叶、花、果及根部均可显症，尤以夏、秋梢症状最明显。发病初期，部分新梢

柑橘黄龙病发病重的柑橘园

柑橘黄龙病重病株

柑橘黄龙病果实着色不匀

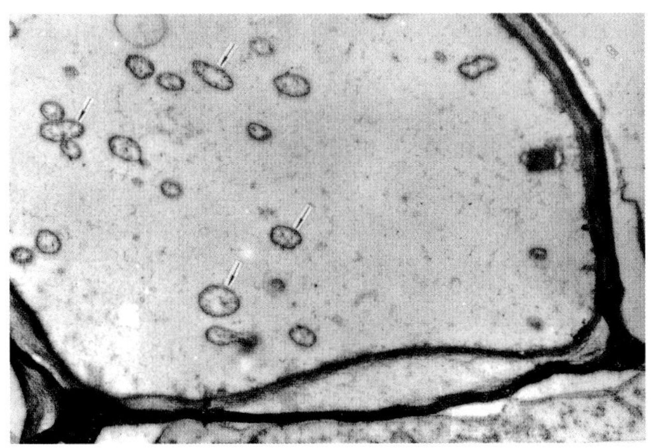

柑橘黄龙病韧皮部筛管细胞中的病原(箭头示菌体)

叶片黄化,出现"黄梢",黄梢最初出现在树冠顶部,后渐扩展,经1~2年后全株发病。春梢症状多出现在叶片转绿后,先在叶脉基部转黄后部分叶肉褪绿,叶脉逐渐黄化,叶片现不规则黄绿斑块,且有淀粉积累现象。夏梢症状多在嫩叶期不转绿均匀黄化,叶片硬化失去光泽,似缺氮状;有的叶脉呈绿色,叶肉黄化,呈细网状,似缺铁症状;有的叶上出现不规则,边缘不明显的绿斑。老枝上的老叶也可表现黄化,多从中脉和侧脉开始变黄,叶肉变厚、硬化、叶表无光泽,叶脉肿大,有些肿大的叶脉背面破裂,似缺硼状。芦柑、桶橘、印子柑和柚的叶片初期表现花叶症状。新梢上的叶片黄化不久即脱落,老枝上的病叶多在未完全变黄以前脱落。发病中期,即新梢生长后期,叶片叶脉及沿脉附近的组织变绿色;叶肉变黄;黄化轻微的似缺锰状,严重黄化的,似缺锌状。后期,新梢抽出困难,叶片症状较中期严重,大部分落叶。枝条由顶端向下枯死,病枝木质部局部或全部变为橙玫瑰色,最后全株死亡。病树翌年春季提前开花,花小畸形,结实少,结果着色不均,品质不佳。根部症状主要表现为根的腐烂,其严重程度与地上枝梢相对称。枝叶发病初期,根多不腐烂,叶片黄化脱落时,须根及支根开始腐烂,后期蔓延到侧根和主根,皮层破碎,与木质部分离。

病原 Cadidatus *Liberobacter asiaticum* Jagoueix et al. 属细菌界薄壁菌门韧皮部杆菌属(Liberobacter),根据病原细菌对热的敏感性、虫媒和地理分布的差异,把其分为亚洲韧皮杆菌(*L. asiaticum*)和非洲韧皮杆菌(*L. africanum*)两个种。我国柑橘黄龙病系由亚洲韧皮杆菌引起的。我国的柑橘黄龙病菌电镜下多为椭圆形或短杆状,大小30~60×500~1400(nm)。革兰氏染色阴性,对四环素、青霉素敏感,该菌属专性寄生菌,尚不能人工培养, 主要由接穗、苗木和木虱传播。亚洲株系发病适温27~32℃,传播介体为橘木虱(*Diaphorina citri*)。

传播途径和发病条件 病菌在田间柑橘组织中越冬,初侵染源是田间病株、带菌接穗,带菌橘木虱是远距离传播主要途径。橘木虱单只成虫就能传病,在柑橘上发病率高达80%,带毒成虫在柑橘上传毒需5小时以上,1~3龄若虫不传毒,4、5龄若虫传病。该病菌生长温限为3~35℃。温度22~28℃,相对湿度80%~90%有利于发病。当日均温高于23℃,病情扩展,日均温25℃以上,相对湿度高于80%最有利于该病发生和流行。椪柑、玉环柚、蕉柑、大红柑、福橘易感病扩展很快。普遍中、晚熟温州蜜柑、甜橙较耐病;官溪蜜柚、金柑较抗病。

防治方法 (1)选择无病区或隔离条件好的柑橘园进行连片种植。(2)选用脱毒苗,用无病苗木进行繁殖。利用柑橘茎尖微芽嫁接法, 是脱除柑橘黄龙病极有效方法。(3) 对发病率20%~30%的重病园全部挖除, 改种其他果树或隔2~3年再种植无病苗。(4)在春梢、夏梢和秋梢嫩芽初发传毒关键期抓好持续药剂防治,每次抽梢期持续喷药防治2~3次。橘木虱在粤东1年发生11~14代,在华南发生6~8代。一般第1代发生在3月中旬~5月上旬,末代发生在10月上旬~12月上旬,药剂可选用6.3%阿维·高氯乳油4000倍液或55%氯氰·毒死蜱乳油2000倍液、2%阿维菌素乳油3000倍液轮换使用。(5)增施有机肥,合理搭配氮、磷、钾的比例。据研究盛产期每生产1000 kg橘果需氮48kg、五氧化二磷9kg、氧化钾32kg,在12月中旬以前进行冬施肥,应以有机肥为主,占总投肥量的60%~80%,每株施腐熟的猪牛栏粪50~100kg,腐熟草皮土50~100kg,磷肥1.5kg,石灰1.8kg,采用放射状沟施肥法,使树体增强抗病力。(6)春季疏摘春梢、夏季尽可能摘除全部嫩梢,秋季摘除早、晚秋梢。使所有的果农自觉地购买和种植脱毒的无病柑橘种苗,做到从源头上有效预防本病的发生为害。

柑橘煤污病(Citrus sooty mold)

症状 柑橘煤污病又称煤烟病、煤病。主要为害叶片、枝梢及果实,初仅在病部生一层暗褐色小霉点,后逐渐扩大,直至形成绒毛状黑色或暗褐色霉层,并散生黑色小点刻,即病菌的闭囊壳或分生孢子器。该病病原有十余种,因此症状多样。

柑橘煤污病症状

病原 *Capnodium citri* Berk. et Desm. 称柑橘煤炱；*Meliola butleri* Syd. 称巴特勒小煤炱；*Chaetothyrium spinigerum*(Holm) Yamam. 称刺盾炱等，均属真菌界子囊菌门。其中常以柑橘煤炱为主。*Capnodium citri* 菌丝丝状、暗褐色，具分枝，主要靠粉虱、介壳虫、蚜虫分泌物为营养。子囊壳球形，子囊长卵形，内生子囊孢子 8 个，子囊孢子长椭圆形，具纵横隔膜，砖格状，大小 20～25×6.0～8.0(μm)。分生孢子器筒形，生于菌丝丛中，暗褐色，大小 300～500×20～30(μm)，分生孢子长圆形，单胞无色，大小 3.0～6.0×1.5～2.0(μm)。

传播途径和发病条件 引致柑橘煤污病几种病原中除小煤炱属真菌系纯寄生外，均属表面附生菌，以菌丝体或分生孢子器及闭囊壳在病部越冬，翌春由霉层上飞散孢子借风雨传播，并以蚜虫、介壳虫、粉虱的分泌物为营养，辗转为害。生产上，上述害虫的存在是本病发生先决条件，荫蔽潮湿及管理不善的橘园，发病重。

防治方法 (1)及时防治介壳虫、粉虱、蚜虫等刺吸式口器害虫，具体方法参见本书有关害虫防治法。(2)有条件的用水冲刷。(3)加强橘园管理。(4)喷 50%多·霉威可湿性粉剂 800 倍液或 80%代森锰锌可湿性粉剂 600 倍液、50%福·异菌可湿性粉剂 800 倍液或 65%甲硫·乙霉威可湿性粉剂 1000 倍液。

地衣和苔藓为害柑橘(Citrus lichen)

症状 地衣、苔藓分布在全国各地。地衣：是一种叶状体，青灰色，据外观形状可分为叶状地衣、壳状地衣、枝状地衣 3 种。叶状地衣扁平，形状似叶片，平铺在枝干的表面，有的边缘反卷。壳状地衣为一种形状不同的深褐色假根状体，紧紧贴在枝干皮上，难于剥离，如文字地衣呈皮壳状，表面具黑纹。枝状地衣叶状体下垂如丝或直立，分枝似树枝状。苔藓：是一种黄绿色青苔状或毛发状物。

地衣和苔藓为害柑橘

病原 过去认为地衣是真菌和藻类的共生体，靠叶状体碎片进行营养繁殖，也可以真菌的孢子及菌丝体及藻类产生的芽孢子进行繁殖。普遍发生的有 *Parmelia cetrata* Ach. 称睫毛梅衣等。实际上地衣的名称就是共生真菌的名称，地衣的本质是一类能与藻或蓝细菌共生的专化型真菌，或称地衣型真菌，其中 98%是子囊菌，即地衣型与非地衣型子囊菌。国外有关专家已不再分开单独列出地衣名称，而是与真菌名称一起按字母顺序排列，总之地衣是真菌的重要组成部分，地衣和地衣型真菌包括在真菌分类系统中。

苔藓是一种高等植物，具绿色的假茎、假叶，能够进行光合作用，多用假根附着在枝干上吸收水分，其繁殖体是配子体，配子体可产生孢子。安徽、浙江等省的优势种有 *Barbella pendula* (Sull.) Fleis. 称悬藓、*Drummondia sinensis* Mill 称中华木衣藓等。

传播途径和发病条件 地衣、苔藓在早春气温升高至 10℃以上时开始生长，产生的孢子经风雨传播蔓延，一般在 5～6 月温暖潮湿的季节生长最盛。进入高温炎热的夏季，生长很慢，秋季气温下降苔藓、地衣又复扩展，直至冬季才停滞下来。树势衰弱、树皮粗糙易发病。管理粗放、杂草丛生、土壤黏重及湿气滞留的发病重。

防治方法 (1)精心养护。及时清除杂草，雨后及时开沟排水，防止湿气滞留，科学疏枝，清理丛脚、改善小气候。(2)增施有机肥，使植株生长旺盛，提高抗病力。(3)秋冬喷洒 2%硫酸亚铁溶液或 1%草甘磷除草剂，能有效地防治苔藓。(4)喷洒 1∶1∶100 倍式波尔多液或 20%噻森铜悬浮剂 600 倍液、30%苯醚甲·丙环乳油 3000 倍液。(5)草木灰浸出液煮沸以后进行浓缩，涂抹在地衣或苔藓病部，防效好。

温州蜜橘流胶病(Dwarf gummosis)

症状 为害主干和主枝，尤以西南向主干受害重。发病初期皮层生红褐色水渍状小点，略肿胀发软，上有裂缝，流出露珠状胶汁。后病斑扩大成圆形或不规则形，流胶增多，组织松软下

温州蜜橘流胶病

凹，皮层变褐，流胶处以下的病组织黄褐色，有酒糟味，病斑向四周扩展后期皮层卷翘脱落或下陷，但不深入木质部，别于树脂病引起的流胶型症状。剥去外皮层，可见黑褐色、钉头状突起小点(即子座)。潮湿条件下，从小黑点顶端涌出淡黄色、卷曲状分生孢子角。染病株叶片黄化，树势衰弱。当病斑环绕树干一周时，病树死亡。

病原 *Cytospora* sp. 一种壳囊孢菌，属真菌界无性型真菌。子座黑褐色，钉头状，内生分生孢子器 1～3 个。分生孢子器扁球形或不规则形，褐色，具一共同孔口。分生孢子器内壁上密生长短不一的分生孢子梗，梗单胞无色，丝状，18.8×1.3(μm)，顶生分生孢子。分生孢子腊肠形或长椭圆形，两端钝圆，微弯，单胞，无色，7～10×2.5～3(μm)。菌丝生长温度范围 8～30℃，20℃最适。分生孢子器和分生孢子的形成最适温度为 20～25℃，在此温度下培养 26 天产生子座，35 天便从分生孢子器中涌出分生孢子角。分生孢子萌发适温 8～30℃，20℃最适。分生孢子萌发需要水滴或水膜存在。最适孢子萌发酸度为 pH6。据有关单位研究，引起流胶病的还有吉丁虫为害的伤口以及日灼、冻害、机械伤、生理裂口等。

传播途径和发病条件 病菌以菌丝体和分生孢子器在病组织上越冬，翌年产生分生孢子借风、雨、昆虫传播，从伤口侵入引起发病，潜育期 7～9 天。伤口多，发病重。高温多雨季节利于发病，3～5 月和 9～11 月发病重，冬季低温和盛夏高温，病情发展受抑。园地积水、土壤黏重，树冠郁蔽通风不良发病重。老、弱树发病重于幼壮树。柠檬发病重于红橘、甜橙，柚树发病少。

防治方法 (1)选排灌方便、地势较高的地方建立果园。或采用深沟高畦或土墩种植。(2)加强管理，注意施肥和修剪，增强树势，园内避免种植高秆和需水量大的间作物。(3)选用抗病品种做砧，并适当提高嫁接部位，以增强抗病力。(4)防治吉丁虫、天牛等的为害，避免除草、修剪等造成伤口，并创造良好条件使嫁接伤口尽快愈合。(5)发病期，用利刀浅刮病部(以现绿色为宜)，然后纵刻病部深达木质部若干条，宽度 2～3(mm)，再涂以 2%嘧啶核苷抗菌素 10 倍液或高脂膜 5～10 倍液、50%多菌灵可湿性粉剂 100 倍液。每月一次，发病期涂 2～3 次。也可在早春树液流动时浇灌 50%多菌灵可湿性粉剂 300 倍液，开花座果后再灌 1 次。

柑橘裂果(Citrus fruit splits)

症状 果实生长后期，果皮纵裂开口，有时橘瓣也裂开，开裂处失水干枯或遭受次生真菌侵入引致果实烂腐。生产上薄皮品种柑橘果实易发生裂果。

病因 主要是久旱遇骤雨，供水不均，旱灌不及时等因素引起。在果实发育的中、后期，特别是天气久旱不雨，果皮在高温下收缩，雨后根系吸收大量的水分送往叶和果实。果肉充水膨大，果皮伸缩度小而被内压冲破，形成裂口。由于果上形成很深的伤口，空气中的细菌侵入繁殖，多数果腐烂落地，造成产量损失。如果裂果后气温高，一定时期内无雨，果上裂口会慢慢长出愈合组织，形成保护层，与其它健康果一齐着色成熟，但商品价低，口感差。

柑橘生理性裂果

防治方法 排灌水方便的橘园，夏季(7～9 月)适时浇水，可减少裂果病发生。提倡喷洒 3.4%赤·吲乙·芸可湿性粉剂(碧护)7500 倍液效果好。

柑橘黄化病

又称柑橘黄环病，福建、广西、湖南、江西、广东等橘产区近年新发现的一种病害，主要为害甜橙、橘、柚等。嫁接在枳砧木上，叶出现黄化，生长势衰弱，严重的全株枯死。

症状 据湖南、广西报道，黄化病 5~8 月出现，病株不抽夏梢和秋梢，病叶的主脉先发黄，叶脉稍肿大，后侧脉亦转黄，叶肉变黄，似环割引起的症状。广西柳州春节期间嫁接的苗木，7~8 月出现黄化，下部枝干老叶主脉变黄，上部枝干上的新叶主脉附近绿色但叶肉黄化，似缺锌症。剥开嫁接口处树皮，接穗和砧木的接合部变成黄褐色，且在接穗和砧木相接处产生 1 黄色环圈。进入秋冬季黄化叶片脱落，根部出现腐烂，植株死亡。

病因 尚未明确。初步认为是接穗和砧木亲和性不好造成。其发生与柑橘品种关系密切。现已发现冰糖橙、改良橙、暗柳橙、新会橙等甜橙品种及文旦柚、金香柚等嫁接在枳砧上才出现黄化。生产上以枣阳小叶枳作砧木的植株生长正常，不产生黄环。

防治方法 (1)对已定植的可能发生黄化病品种的枳砧嫁接苗，可靠接其他砧木，作为补充砧。(2)选用不发生黄化病的枳品种作砧木，如枣阳小叶等。(3)对已发生黄化的，可采用培蔸，加强肥水管理，促发自生根，恢复树势。

柑橘黄化病症状

2.柚(citrus grandis)、沙田柚(Citrus grandis var.shalinym)病害

在果树结构调整中,沙田柚异军突起,发展很快,沙田柚的病虫害也上升很快,沙田柚的溃疡病、疮痂病、黄龙病、橘蕾实蚊均已成为生产上的重要问题,好在与柑橘病虫害大同小异,生产上可参照防治。

柚、沙田柚溃疡病(Pummelo canker)

症状、病原、传播途径和发病条件、防治方法 参见柑橘溃疡病。

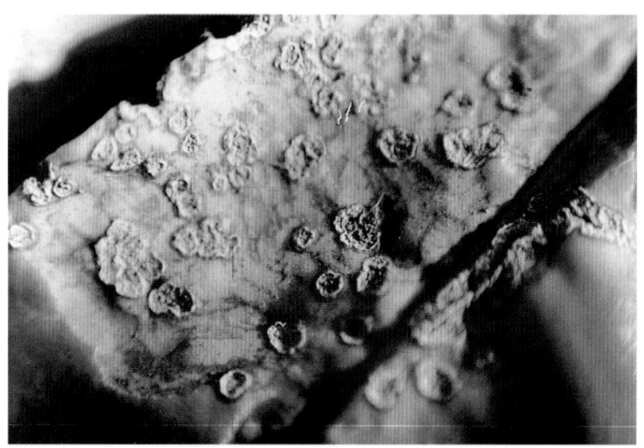

柚叶片上的溃疡病病斑

柚、沙田柚疮痂病(Pummelo scab)

症状 主要为害叶片。病斑蜡黄色至黄褐色,直径1~2(mm),木栓化,向叶背面隆起,表面粗糙,疮痂状。嫩叶染病后叶片往往扭曲畸形。潮湿条件下,病斑上生灰白色霉状物,即病原菌的分生孢子盘。果实染病 果实上出现瘤状木栓化的褐色小斑。

病原 *Sphaceloma fawcetti* Jenk. 称柑橘痂圆孢,属真菌界无性型真菌或半知菌类。有性态 *Elsinoe fawcetti* (Jenk.)Bit.et Jenk.称柑橘痂囊菌,属真菌界子囊菌门。国内尚未见。分生孢子盘多埋生在寄主表皮下,后突破表皮。分生孢子梗密集排列,有时只有数根,集生于像分生孢子座一样的组织上,近圆筒形,无

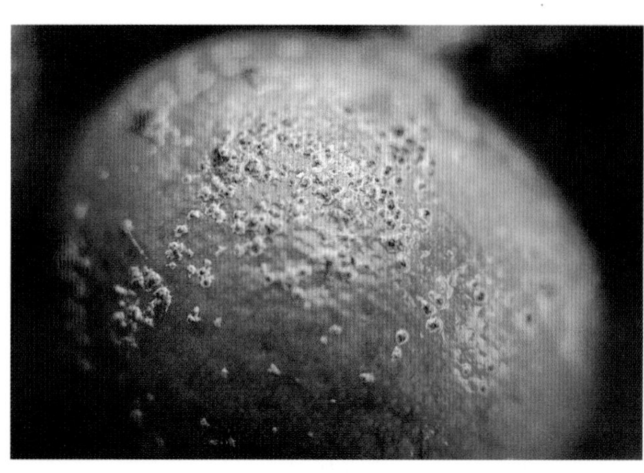

柚疮痂病病果

色单胞,偶具1隔膜。分生孢子近梭形至长椭圆形,两端各有一个油滴或无,大小5~8×3~4(μm)。

传播途径和发病条件 病菌存活在老病斑上,气温升至15℃以上时,病部产生分生孢子,借风雨及昆虫传播到幼嫩组织上。气温16~23℃,湿度大即可流行。果实多在5月下旬~10月上中旬染病。

防治方法 (1)苗木检疫,防止病苗穗带入无病区。病接穗用30%戊唑·多菌灵悬浮剂800倍液消毒30分钟。(2)春梢萌动期芽长不超过2mm时和花落2/3时喷两次药保护。第一次喷0.5~0.8∶0.5~0.8∶100倍式波尔多液,第二次喷0.3~0.5∶0.3~0.5∶100倍式波尔多液或36%甲基硫菌灵悬浮剂800倍液、30%戊唑·多菌灵悬浮剂1000倍液。

柚、沙田柚青霉病(Pummelo blue mold)

症状 发病初期果面上产生水渍状病斑,组织柔软且易破裂。一般3天左右病斑表面中央长出白色霉状物,白色霉层带较狭,1~2(mm),呈粉状,病部水渍状,外缘明显,整齐且窄,几天后,霉斑呈青兰色铺展状。

沙田柚青霉病病果

病原 *Penicillium italicum* Wehmer 称意大利青霉,属真菌界无性型真菌。菌落产孢处淡灰绿色,分生孢子梗集结成束,无色,具隔膜,先端数回分枝呈帚状,大小40.6~349.6×3.5~5.6(μm);分生孢子初圆筒形,后变椭圆形或近球形,大小4~5×2.5~3.5(μm)。

传播途径和发病条件 病菌腐生在各种有机物上,产生分生孢子,借气流传播,通过伤口侵入为害,也可通过病健果接触传染。青霉菌发育适温18~28℃,相对湿度95%~98%时利于发病,采收时果面湿度大,果皮含水多发病重,充分成熟的果实较未成熟的果实抗病。

防治方法 (1)沙田柚青霉病多在近成熟时或贮藏时发生,此间要注意减少各种伤口。(2)雨后及时排水,防止湿气滞留,贮运期间要注意通风。(3)必要时喷洒25%咪鲜胺乳油800倍液或65%甲硫·乙霉威可湿性粉剂900倍液。(4)低温贮运。

柚、沙田柚流胶病(Pummelo rio grande gummosis)

症状、病原、传播途径和发病条件、防治方法 参见温州蜜橘流胶病。

柚树流胶病为害树基干

柚、沙田柚黄龙病(Pummelo yellow shoot)

症状、病原、传播途径和发病条件、防治方法 参见柑橘黄龙病。

沙田柚黄龙病叶片症状(左正常叶)

槲寄生为害柚树(Pummelo Viscum parasite)

症状 被害树上常见槲寄生灌丛,高约0.5~1(m),灌丛着生处稍

槲寄生为害柚树

肿大。染病枝干的木质部呈辐射状割裂,致受害树生长受阻、腐朽或失去利用价值。

病原 *Viscum album* L.称槲寄生,属寄生性种子植物。槲寄生二歧或三歧分枝,分枝处节间垂直,叶肉质肥厚无柄对生,倒披针形或退化成鳞片,花单性雌雄同株或异株,单生或丛生在叶腋内,也可生于枝的节上;雌花冠子房下位,合生,无花柱,柱头垫状。浆果肉质,球形黄色或橙红色,中果皮含槲寄生碱有黏液,可保护种子或使种子易于黏附在寄主体表。

传播途径 种子由鸟类携带传播到寄生植物上,遇有适宜温湿度条件萌发,萌发时胚轴延伸突破种皮,从种皮伸出后在与寄主接触处形成吸盘,从吸盘中长出小吸根,称初生吸根。初生吸根直接穿透嫩枝条皮层,沿其下方长出侧根环绕木质部后,再从侧根分生出次生吸根,次生吸根侵入皮层或木质部的表层,后逐年深入深层木质部里,因此到后期在染病寄主枝干剖面上,生有十分均匀的与木射线平行次生吸根,致枝干木质部分开,长在木质部深处的老吸根后来自行枯死,残留小沟。

防治方法 (1)发现后及时锯除病枝集中深埋或烧毁;也可把收集的槲寄生售给医药部门,既能除害,又可获利。(2)喷洒90%硫酸铜800倍液,有一定防效。

3. 柠 檬 (Citrus limon) 病 害

柠檬炭疽病(Lemon anthracnose)

柠檬炭疽病病叶

症状 为害叶片、枝梢和果实,有时花、主枝亦受害。叶片染病 多生于叶尖、叶缘或叶面。病斑长椭圆形至不规则形,黄褐色,略凹陷,边缘色深,围线宽2mm,病、健分界明显。干燥时,病斑呈灰白色,上生轮纹状或不规则黑色小粒点,即病原菌分生孢子盘。湿度大时,涌出红色胶状小液滴。

病原、传播途径和发病条件、防治方法 参见柑橘炭疽病。

柠檬链格孢叶斑病(Lemon Alternaria leaf spot)

症状、病原、传播途径和发病条件、防治方法 参见柑橘果实黑腐病。

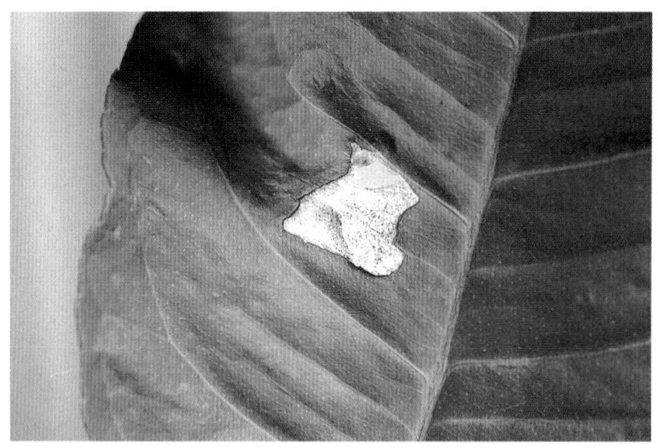

柠檬链格孢叶斑病

柠檬干枯病

是柠檬生产上最具破坏性的真菌病害。

症状 春季出现叶和新梢褪绿，后小枝和枝条干枯并长出黑点为分生孢子器，从染病枝干基部抽出的嫩枝和根茎上生出的吸根是寄主对该病的反应，病菌逐渐侵染整棵树，直至死亡。剖干枝条剖面木质部橙红色，是鉴别该病重要特征。

病原 *Deuterophoma tracheiphila* Petii 称称柠檬干枯病菌，属真菌界无性型真菌。分生孢子器直径 60~165（μm），高 45~140(μm)，具颈；器壁上产生瓶梗型产孢细胞，分生孢子器内产生单核的或双核的无色的分生孢子，大小 0.5~1.5×2~4(μm)，有时从器孔口涌出。瓶梗上还可产生大型的分生孢子。单胞无色，大小 3~8×1.5~3(μm)。

传播途径和发病条件 主要通过伤口侵染。侵染源来自干枯小枝上的分生孢子器产生的分生孢子，或树上暴露的木质部表面和残体上的游离菌丝产生的分生孢子，风、雨水可以传播。侵染温度 14~28℃，适于病菌生长和表现症状的温度是 20~25℃。该病的远距离传播是通过染病的繁殖材料和接穗等。

防治方法 (1)严格检疫，发现病株马上挖除，病残体及时烧毁。(2)发病初期喷洒 30%戊唑·多菌灵悬浮剂 1000 倍液。

柠檬干枯病被害枯死状 左：根部抽出新条 右：急性枯死

4. 柑果类生理病害

柑橘、柚、沙田柚缺素症(Citrus cancroid deficiency)

症状 一 缺氮：常发生在营养生长的旺盛夏季和果实采收后的寒冬，尤以土壤贫瘠的橘园更突出。植株表现为：新梢抽生短、枝叶稀少而纤细，叶薄而黄化，全株外观呈淡黄绿色；开花少，挂果少，易落果；当氮的生长供求由正常转缺乏时，部分叶片会出现不规则的黄绿色相嵌的杂斑，最后叶黄落；严重时出现秃冠，树势衰退速度加快，乃致濒死延命。当结果枝叶片的含氮量低于 2%时，可视为缺氮。二 缺锌：与柑橘黄龙病之小叶症和斑驳症极相似。多发生在 pH≥6.0 的橘园。由于酸性砂质土壤中锌易被淋失和被植株吸收富集于果中被带走，且我国南方广大橘区一般多为酸性土壤，所以柑橘缺锌症状是最重要且普遍发生的病害之一。具体表现为：新生老熟叶片的叶肉部位出现淡绿色至黄色的斑点，随发病程度的加剧病斑扩展成较大的斑驳，色泽加深，叶变小，新梢节间缩短，枝叶僵化成丛生，果实僵硬。根据有关专家研究，发病叶的含锌量为 10mg/kg，正常叶为 15mg/kg。故把柑橘叶片中锌含量低于 15mg/kg 作为缺锌的临界值。三 缺镁：柑橘缺镁症状主要发生在老叶上。晚夏和秋季果实成熟时较常见，尤其是挂果多的老年树，其结果母枝上的老叶发病更普遍。缺镁症状的初期特征为叶缘两侧的中部出现不规则的黄色条斑，以后病斑不断扩大，在中脉两侧连成不规则的黄色带条，最后仅主脉及基部保持三角形的绿色区。严重缺镁时，叶片全部黄化，在植株上保留相当长的时间后至冬季大量落叶，形成枯枝。健康叶的含镁量为 0.13%~0.23%，病叶含镁量为 0.1%以下。当其含量为 0.15%以下时，为缺镁的临界值。四 缺钾：柑橘缺钾症状，是砂质土橘园的一种常见现象。此类土或有机质少的土壤，雨水冲淋后造成钾素大量流失，或其含量少的土壤因施氨态氮过多而阻止了根系的正常吸收；都会导致钾缺乏症。缺钾症状表现为：先在老叶叶尖和上部叶缘先开始发黄，随着缺钾的加剧，黄化区域向叶中部扩展，严重时直达基部。重病树叶卷缩畸形，新梢抽长弱短，根系生长也差，果实发育不良，个体小而皮薄，味淡而酸。当柑橘叶片中钾的含量低于 0.3%时被认作缺钾，0.9%以下则表示钾素已显不足植株所需。五 缺铁：碳酸钙或其它碳酸盐含量过多的碱性土壤，铁元素被固定难溶，容易出现缺铁。柑橘缺铁现象一般不常

1.柑橘缺氮叶均匀变淡绿色 2.甜橙轻度缺钾 3.柑橘缺铁、缺锌叶部症状 4.柑橘缺锰症状 5.柑橘缺铁症状 6.柑橘严重缺镁症状

见，其最大特点是叶片失绿黄化，与严重氮缺乏症状相似，但程度强得多。本病症状特征为：多从幼枝新叶开始发病，叶脉保持绿色而脉间组织发黄，后期黄叶上呈现明显的绿色网纹。严重者，除主脉近叶柄部绿色外，其余部份褪绿呈黄白色，叶面失去光泽，叶缘褐裂，提前脱落留下光秃枝。但此时，同树的老叶仍保持绿色，形成黄绿相映的鲜明对照。分析测定病叶组织中全铁含量是难以得出正确结论的，因为所含铁多数由于沉积而失效。同样，测定土壤中全铁和游离态铁也不能了解土壤供铁能力。但测定土壤中 $CaCO_3$ 的含量和 pH 值，是可以了解土壤供铁情况的，因为土壤中有效铁含量与叶组织中活性铁之含量有很好的相关性。0～20(cm)土层，r=0.9521；20～40(cm)土层，r=0.8841。二者相关分析表明，正常叶片活性铁含量在40mg/kg 以上，而患病叶片中含量则明显低于此数值。六 缺锰：锰是柑橘树体内多种酶的活化剂或组份，起着十分重要的生理作用。碱性土可使锰变成不易溶解，而酸性土壤中 pH>6.3 时，有效态的 Mn^{+2} 就会变成不溶性的 Mn^{+4}，根系不易吸收。此外，酸性土和砂质土都易使还原性二价锰流失。缺锰症状初期与缺锌症状相似，且缺铁症状又常隐症于缺锰状，所以柑橘缺锰常伴随前两种缺素症发生，使人不易识别或误作缺锌。此病的症状表现为：轻度缺锰时，叶片中脉和侧脉附近的叶肉现黄绿色区域，严重时黄色斑不断扩大。冬季病叶易脱落，产量和果品质量下降。本病与缺锌症状的区别在于叶片大小、叶形和果实大小不改变，失绿区的黄白化程度不如缺锌状突出。当病叶中全锰的含量低于 20mg/kg 时，被视作缺锰的临界值。

病因 一 缺氮：土壤中缺氮或施入的有机肥量不足引起缺氮。二 缺锌：一是在酸性土壤(pH4～6)里，锌变为不易溶解的化合物，导致缺锌。二是种植柑橘时间长，土壤所含的锌易被吸收殆尽，导致缺锌。三是土壤中有机质缺乏或氮肥施用过多易导致缺锌。三 缺镁：一是柑橘对镁的需要量较其它微量元素多，在酸性土(pH5)和较砂土中镁素易流失，容易发生缺镁症。二是钾肥、磷肥施用过多，可引起缺镁症。三是果实里核多的品种较少核或无核的品种易发生缺镁症。四 缺钾：土壤中钾元素供给不足，或基肥施用量不够。五 缺铁：是盐碱地或含钙较多的土壤中铁的含量虽然很多，但大量可溶性的二价铁，被转化为不溶的三价铁盐，不能为柑橘吸收利用，因此易发病。尤其遇干旱条件，水分蒸发量大，土壤含盐量增高，致黄叶病加重。二是地下水位高的低洼盐碱地、土壤黏重、排水不良且又经常浇水的果园易发病。三是缺铁常与砧木耐盐性有关，如枸头橙作砧木与温州蜜柑嫁接，不易发病，用枳壳作砧木的则发病重。六缺锰：酸性或碱性土壤易导致缺锰。酸性土壤中锰易流失，碱性土壤锰易变为不溶解态。

防治方法 (1)防止缺氮：冬季根据树龄大小，当年结果多少而施足不同量的底肥。当生长期新叶缺氮发黄时，叶面喷施0.5%的尿素，进行根外追肥矫正或每株树根施 100g 硝铵。注意对中低产橘园的扩穴改造。(2)防缺锌：对缺锌症状表现较多的橘园或植株，根施硫酸锌 100 克 / 株，以春 3 月追施为好。雨季到得早，可被很好利用。严重缺锌园，间 3 年施一次硫酸锌。在柑橘生长期，结合防治红蜘蛛、矢尖蚧等害虫，加兑 0.4%的硫酸锌和尿素的混合液，间喷树冠多次，能收到较好效果。(3)防止缺镁：酸性土壤缺镁时，可按每公顷 1 吨或每株 1～2kg 量，拌施钙镁磷肥。叶部病症出现初期，可喷 0.5%硫酸镁溶液，可以矫正镁缺乏症状。(4)防止缺钾：对轻度缺钾的果园，生长期喷0.5%的硫酸钾数次，矫正钾缺乏症。表现严重缺钾的植株，冬季或初春每株根施 120～150g 硫酸钾。(5)防止缺铁：当 pH 达 8.5时，植株常表现缺铁症，故增施有机肥，种植绿肥等，是解决土壤缺铁的根本措施。发病初期，用 0.2%柠檬酸铁或硫酸亚铁，可矫正缺铁症状的发生。(6)防止缺锰：在柑橘营养生长旺盛期之 5～6 月，喷施 0.3%的硫酸锰液多次，间隔 10～15 天一次。(7)提倡喷洒 3.4%赤·吲乙·芸可湿性粉剂(碧护)7500 倍液，可调节柑橘对养份的吸收利用，打造碧护柑橘美果。

柑橘类低温寒害和冻害(Citrus chilling injury)

柑橘是适宜在热带、亚热带地区生长的喜温植物，对温度表现敏感。其品质和越冬安全等与栽培所处纬度及海拔高度有关。大体上，其种植区划分为适合生长区域、可植区和非适生区三种，寒害和冻害主要出现在可植区。如在广东、云南、贵州800～1500(m)海拔垦建的柑橘园，寒害和冻害都时有发生。

寒害症状：初秋在苗圃砧木上包芽嫁接，或对柑橘更新换种包芽腹接，春季破膜时间过早，芽萌抽发后，受到春寒低温侵袭而死亡；春季露芽接时间过早，也会受到同样损失。致因是萌芽在低温天气下，由于嫁接口初愈合的穗、砧形成层细胞会很快死亡，芽渐失去水分而枯萎脱落。若寒潮突然袭来，或秋霜提前发生时，果实含水量高，寒害由之便出现。轻者，在果皮表面出现火灼状赤褐色至棕黑色不规则凹斑；形似近成熟期喷炔螨特浓度过高造成的药害状。重者，出现大块赤褐色斑后，果实很快水腐落地。

冻害症状：冬季 0℃左右的低温天气持续时间长，或遇极值温度低于−5℃时，柑橘枝梢叶片将严重受冻。从叶尖、叶缘向中脉方向纵卷，并产生大块相连的灰褐色枯死斑；秋梢嫩茎也变褐枯死；老叶受冻，症状与前述相似，但枯斑面积较小，一般不卷曲。3 月底 4 月初春梢抽发时，受冻叶片纷纷脱落，形成秃枝，嫩梢发育差，花蕾小，座果率低，对产量影响很大。如措施不力，树势很难在当年恢复。

病因 一是自然灾害。二是人为因素。冬季，尤其是春节前由广东向华北、东北、西北调运柑橘时，途中需 100 多个小时，防寒设施跟不上很易出现冻害。

温州蜜橘类低温寒害和冻害

防治方法 (1)预防低温寒害对接芽和果实的伤害,应注意把握好农事季节,特别要掌握好当地的气温变化规律,即破膜露芽时间最好在柑橘园20%~30%植株芽萌5mm长左右(贵州在4月初)。(2)预防冻害首先应培育壮树,控制秋梢抽发过度,用15%多效唑可湿性粉剂1000mg/kg,在秋梢抽发3cm左右时喷枝梢至湿透,可达到控制树梢矮壮、促进花芽分化、提高次年座果率之功效;受冻后,3月份灌水浇透,可减少落叶、落花和落果;春萌前及时剪除冻伤枝梢,减少养分消耗,促进中间态的中弱枝转换成果枝;全园进行2~3次叶面喷肥,第一次生理落果期可加对10mg/kg的2,4—D钠盐保果;全年注意合理施肥,防治好重要病虫害,尽快恢复冻前的树势。(3)冬季柑橘调运时,设法用空调车,防止贮运途中受害。(4)遇有雨雪低温冷冻灾害袭击时,一是对已被大雪覆盖的柑橘园要及时清除树枝上的积雪,防止积雪压劈压断树枝,勿使树体遭到二次损伤,可用稻草秸杆包扎树干或覆盖树盘以求保温。二是对已受冻的柑橘园,雪后气温稳定后适时适当修剪,做到小伤摘叶、中伤剪枝、大伤锯干,对枝干完好叶片焦枯未落的尽早进行人工辅助脱叶;对冻伤明显的枝、干,及时带青修剪。剪口要准确控制伤口适当,并涂蜡液包扎保护。三是加强树基培土、施有机肥等保护措施。(5)为了防止柑橘类冻害提倡喷洒3.4%赤·吲乙·芸可湿性粉剂(碧护)7500倍液,不仅可防止寒害和冻害,还可生产碧护"柑橘"美果。

柑橘类药害(Citrus cancroid chemicals injury)

农药种类很多,橘园常用的为杀虫剂、杀菌剂和植物生长调节剂,其浓度和施药时期掌握不好,就会对柑橘树造成药害。如:利用石硫合剂防柑橘红蜘蛛、矢尖蚧幼若虫和炭疽病,冬季可用波美0.8~1度喷雾树冠,如在夏季仍用此浓度,叶、果将大量脱落;95%机油乳剂稀释200~300倍液防叶螨效果很好,但如低于200稀释倍喷雾,柑橘嫩叶就会枯卷;40%乙烯利2000~2500倍稀释液于采果前20天喷树冠,可促使橘果早熟上市,如喷于长势弱的树或药液低于此稀释倍数,就会导致植株叶、果掉落;用2.4-D钠盐保花保果,阴天使用浓度为10mg/kg,如烈日下喷雾,柑橘叶片将呈船形反卷,幼果会僵化畸形。由此可见,农药品种不同,产生药害的症状是各相异的,现举例描述于下:炔螨特药害症状:烈日高温下喷73%克炔螨特乳油防红蜘蛛,低于商品说明书上规定的稀释浓度,一周后果上产生赤褐色凹斑,病部油囊细胞坏死膨大,生长期的果实虽不脱落,但终身留下疤痕,近成熟和已着色的果实易落果。叶片受害后,有几种表现:叶尖病斑呈"∧"型,枯白色,内缘有宽的褐色坏死带;叶面病斑大小相间,小斑近圆形,灰白色坏死。大斑中域灰白色,斑缘带褐色。代森锌药害症状 春末夏初,用70%代森锌可湿性粉剂防幼果期炭疽病,低于400稀释倍喷雾,幼果积液过多,渐出现灰褐色的不规则凹斑,病部僵硬,影响鲜果品质和市场价格。

防治方法 根据柑橘不同生育期对化学农药的敏感性、喷药浓度及施药时间的温度等主要因素,结合自我实践经验,正确选择和使用农药品种。药害发生轻的也可喷洒3.4%赤·吲乙·芸可湿性粉剂(碧护)7500倍液,效果好。

柑橘炔螨特药害

5. 柑橘、柚、沙田柚害虫

(1) 种 子 果 实 害 虫

柑橘小实蝇(Oriental fruit fly)

学名 *Bactrocera dorsalis* (Hendel) 异名 *Dacus dorsalis* (Hendel) 双翅目,实蝇科。别名:橘小实蝇、东方果实蝇。分布广东、广西、湖北、湖南、四川、重庆、贵州、云南、福建、台湾等省。是国际、国内检疫对象。

寄主 柑橘、番石榴、杨桃、番荔枝、番木瓜、莲雾、人心果、草莓、巴西樱桃、西番莲、桃、李、芒果、枇杷、无花果、荔枝、龙眼、香蕉等200多种植物。

为害特点 成虫把卵产在柑橘果皮和瓤瓣之间,卵孵化后幼虫蛀食果瓣,造成受害果落地。成虫产卵处可见针刺状小孔洞并溢出汁液,或凝成胶状,产卵孔渐成灰色至红褐色乳突状斑点。为害期在橘果开始软化、转色后开始,浙江9月下旬开始,11月上中旬达高峰,为害期长达3个月。

形态特征 成虫:体长7~8(mm),全体黄色与黑色相间。胸部背面大部分黑色,前胸肩胛鲜黄色,中胸背板大部分黑色,两侧有黄色纵带,小盾片黄色,与中胸两黄纵带连成"U"形。翅透明,翅脉黄褐色,前缘中部至翅端有灰褐色带状斑。腹部黄至赤黄色椭圆形,第1、2节各具1黑横带,第3节以下略有黑色斑纹,并有1黑纵带从第3节中央直达腹端,雄腹部4节,雌5节,产卵管发达由3节组成。卵:梭形,长1mm、宽0.1mm,乳白色。幼虫:体长10mm,蛆形黄白色,胴部11节,口钩黑色。前气门杯状,先端有乳头状突起13个左右,后气门片新月形,上有椭圆形气孔3个。蛹:椭圆形,长5mm,宽2.5mm,淡黄色。

生活习性 每年发生3~5代,浙江6~7代,且世代重叠,第

柑橘小实蝇成虫(梁广勤 摄)

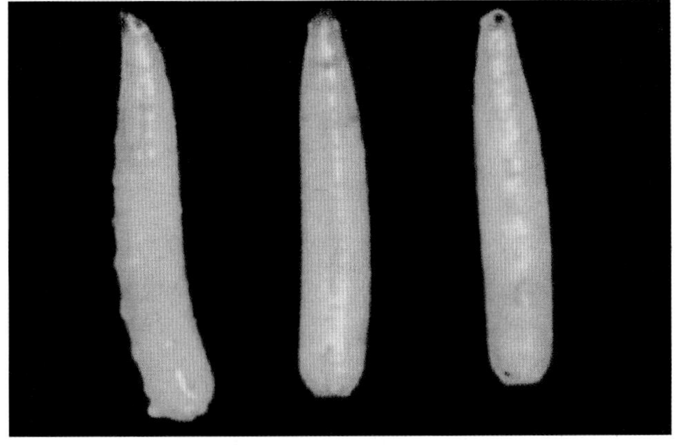

柑橘小实蝇幼虫(彭成绩 摄)

1 代雄蝇始见期 2008 年为 5 月 19 日,2007 年为 7 月 2 日。8 月中下旬田间成虫突增。成虫早晨至中午前羽化出土,8 时最多,成虫羽化经性成熟后交配产卵,产卵前期夏季为 20 天,春、秋季为 25~60 天,冬季 3~4 个月。产卵时每孔产 5~10 粒,每雌 1 生可产卵 300 粒。夏季卵期 2 天,冬季 3~6 天。幼虫期夏季 7~9 天,秋季 10~12 天,冬季 15~20 天,幼虫孵化后钻入果瓣中为害,蜕皮 2 次,老熟后进入 3cm 土层中化蛹,蛹期夏季 8~9 天,秋季 10~14 天,冬季 15~20 天。

防治方法 (1)严格检疫,加强产地和调运检疫。(2)性诱剂诱杀。用 98%诱蝇醚诱杀成虫,每 667m² 挂诱捕器 3~5 个,高度 1.5m,用药量头 1 次 2mL,以后隔 10~15 天加药 1 次。(3)农业防治 ①及时捡除落果,初期隔 3~5 天捡拾 1 次,并摘除树上虫果,集中深埋 50cm,也可用水浸泡 8 天以上。②冬、春翻耕灭蛹,结合橘园冬、春施肥,进行土壤翻耕灭蛹,减少 1 代成虫发生量。③适时采收。(4)药剂防治 ①用 0.02%多杀霉素饵剂 6~8 倍液在橘果膨大转色期喷洒,隔 7 天 1 次,也可用手持粗滴喷雾器向树冠中、下部叶背,隔 3m 喷 1 点,每点喷 15~20cm²,保果效果好。②也可用 25g/L 溴氰菊酯乳油 2000 倍液或 1.8%阿维菌素乳油 1000 倍液在该蝇为害期,隔 15 天喷洒 1 次,保果效果好。③还可用甲基丁香酚加 3%二溴磷溶液浸泡蔗渣纤维(57mm × 57mm × 10mm)方块或药棉在成虫发生期挂在树荫下,每日投放 2 次。④用 2mL 甲基丁香酚原液加 90%敌百虫 2g,取 1.5mL 滴于橡皮头将其装入用可口可乐塑料瓶制成的诱捕器内,挂在距地面 1.5m 橘树上,每 60m² 挂 1 个,每 30~60 天加 1 次,效果较好。

柑橘大实蝇(Chinese citrus fly)

学名 *Bactrocera minax* (Enderlein) 异名:*Bactrocera citri* (Chen)、*Tetradacus citri* (Chen)双翅目,实蝇科。别名:橘大实蝇、柑橘大果实蝇。分布:台湾、湖北、湖南、广西、陕西、四川、贵州、云南。

寄主 柑、橘、柚、甜橙、沙田柚等柑果类果树。其中甜橙受害重。

为害特点 同柑橘小实蝇。2008 年 10 月我国生产柑橘的四川广元市柑橘大实蝇大发生,大面积暴发成灾,造成全国所有柑橘连带滞销,出现了小小的虫子吃掉柑橘市场,产生了灾难性的后果实属罕见。为了防止疫情,杜绝蔓延,广元市指派工商、农业、林业、药监等部门对全市柑橘类果品实行严格监测和检疫。数千万公斤柑橘被深埋,小小虫子吃掉的柑橘市场得到控制,这一事件值得我们深思……。

形态特征 成虫:体长 13mm,黄褐色,复眼金绿色,中胸背板正中有"人"形深茶褐色斑纹,两侧各具 1 条较宽的同色纵纹。腹部 5 节长卵形,基部较狭,腹背中央纵贯 1 条黑纵纹,第 3 腹节前缘有 1 条黑横带,同纵纹交成"十"字形于腹背中央。翅透明,前缘中央和翅端有棕色斑。产卵管圆锥状由 3 节组成。卵:长椭圆形,长 1.2 ~ 1.5(mm),一端稍尖,微弯曲,乳白色,两端稍透明。幼虫:体长 15 ~ 19(mm),蛆形乳白色,胴部 11 节,口钩黑色常缩入体内。前气门扇状,先端有乳突 30 个以上,后气门片新月形,上有 3 个长椭圆形气孔。蛹:长 9mm,椭圆形,金

柑橘大实蝇雌成虫正向果内产卵

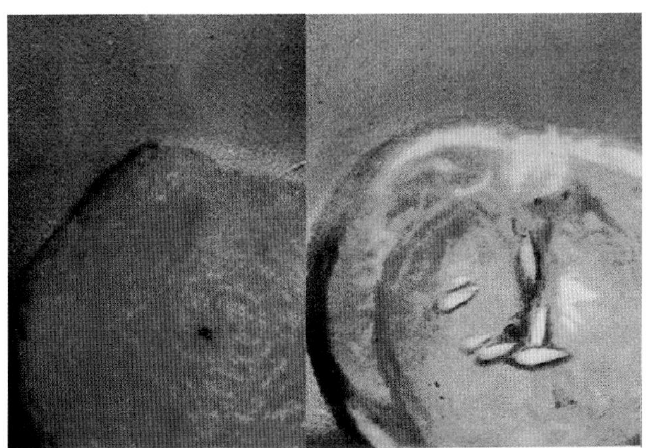

橘大实蝇产卵痕(左)和在橘果肉的幼虫

黄至黄褐色。

生活习性 年生1代，以蛹在3～7(cm)土层中越冬，翌年4、5月羽化，6、7月交配、产卵，卵产在果皮下，幼虫共3龄，均在果内为害。老熟幼虫于10月下旬，随被害果落地或事先爬出入土化蛹。雨后初晴利于羽化，一般在上午羽化出土，出土后在土面爬行一会，就开始飞翔。新羽化成虫周内不取食，经20多天性成熟，雄虫约需18天，雌虫则需22天性成熟。在晴天交配，下午至傍晚活跃，把卵产在果顶或过道面之间，产卵处呈乳状突起。成虫对糖液具趋性，有时以蚜虫蜜露为食。柑橘大实蝇羽化前期雄虫居多，后期又以雌虫数量多。

防治方法 (1)严格检疫，严禁到疫区引进果实、种子及带土苗木。(2)摘除受害青果晒干以杀死卵和幼虫。9~10月受害橘果脱落前摘除受害果煮沸或深埋已杀死幼虫的橘果。(3)关键期用药，掌握住当地成虫出土和幼虫入土时喷洒65%辛硫磷乳油1500倍液或90%敌百虫可溶性粉剂或80%敌敌畏乳油1000倍液、20%甲氰菊酯或氰戊菊酯乳油2000倍液。尤其注意观测成虫入园产卵期至关重要，此期用药在上述药液中加入3%红糖，向园内1/3橘树的1/3树冠上喷药，隔7~10天1次，连喷2~3次。(4)用辐射处理雄成虫后，利用不育雄蝇与雌蝇交尾，造成雄性不育消灭该虫。(5)冬季橘园翻耕园土，可杀灭部分越冬蛹。(6)成蝇发生期用性诱剂诱杀成虫，具体用法参见橘小实蝇。

蜜柑大实蝇(Japanese citrus fruit fly)

学名 *Bactrocera tsuneonis* (Miyake) 异名 *Tetradacus tsuneonis* Miyake 双翅目，实蝇科。别名：橘实蝇、日本蜜柑蝇、橘蛆。分布：台湾、广西、四川、贵州。

蜜柑大实蝇雌成虫

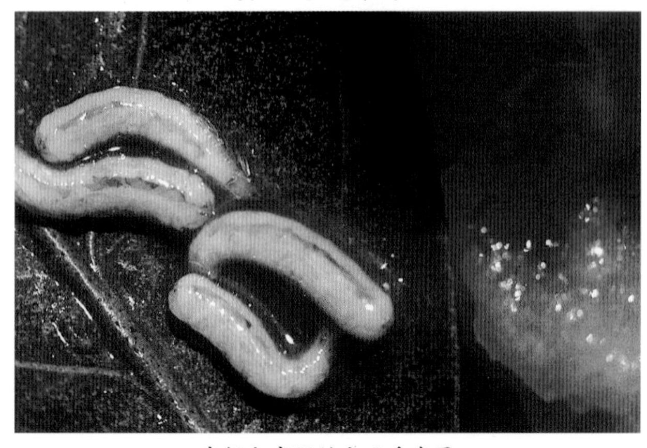

蜜柑大实蝇幼虫及受害果

寄主 柑橘类。主要有蜜柑、红橘、酸橙、金橘等。

为害特点 同柑橘小实蝇。

形态特征 成虫：体长11～12(mm)。黄褐色。复眼褐至紫色有光泽。胸部背面黄色卵圆形，前后有两个"∧"形褐纹，正中具1深茶褐色"人"形纹。足黄色。翅透明，前缘中央及翅端具黑褐色斑。腹部卵圆形5节，背面中央有黑色纵纹1条，与第3腹节的黑色横纹相交成"十"字形，第4、5腹节各具1不完整的黑横纹。产卵管比柑橘大实蝇的短。卵：长0.9～1.5(mm)，乳白色，长椭圆形，1端略细，微弯。幼虫：体长12～15(mm)，乳白至乳黄色，蛆形。胴部11节，口钩黑色。前胸气门呈T形，上有乳状突起30～34个，后气门同柑橘大实蝇。蛹：长8～10(mm)，圆形，初金黄后为黄褐色。

生活习性 年生1代。以蛹在3～6(cm)土层中越冬。5月上中旬成虫盛发，6月中旬开始产卵，7～8月为产卵盛期，8月下旬至9月下旬为幼虫孵化盛期，10月以后幼虫陆续老熟脱果入土化蛹越冬。成虫白天羽化、交配，常以昆虫蜜露为食，对蜜糖、酒和红糖液趋性较强。卵产于果皮或果内，多集中于果实的赤道线部分。幼虫在瓤瓣内为害，间或蛀食种仁。郁蔽度大的橘园，受害严重。平地橘园蛹多集中在树冠投影内，坡地橘园多集中于坡下方。疏松土壤内蛹密度较大。

防治方法 参照柑橘大实蝇。此外，在调运种子时，先用17%盐水选种，在去除虫粒等晾干后再用磷化铝12g/m^{3}密闭熏6天，再检查种子无虫时再装车调运。

地中海实蝇(Mediterranean fruit fly)

学名 *Ceratitis capitata* (Wiedemann) 属双翅目，实蝇科。分布在亚洲、伊朗、巴基斯坦、叙利亚、土耳其、印度、非洲、美洲、欧洲、大洋洲等80多个国家和地区。是我国规定严禁传入的一类危险性害虫。是重要的检疫对象。

寄主 柑橘、番木瓜、番荔枝、柿、龙眼、甜橙、柠檬、芒果、香蕉、木瓜、番石榴、苹果、梨、桃、李、杏、番茄、茄子、辣椒、花卉等250多种栽培或野生植物。蔬菜田间受害少，番茄等茄科蔬菜常是地中海实蝇携带者。

为害特点 成虫把卵产在果实上，幼虫在果实内蛀食果肉，致果实腐烂、变质。

形态特征 成虫：体长4～5(mm)，体和翅上有特殊颜色的

地中海实蝇成虫

斑纹，头部黄色具光泽，单眼三角区黑褐色，额黄色。复眼深红色，活体具绿光泽；触角3节，第1、2节红褐色，第3节黄色，胸背面黑色有光泽，其上生黄白色斑纹，小盾片黑色；翅宽短透明，布有黄色、褐色或黑色斑纹，外侧的带纹延伸至外缘不达前缘，中部带纹延伸至前缘和后缘。足红褐色。雄虫具奇异的银灰色匙形附器，雌虫产卵管短且扁平。卵：长0.9～1.1(mm)，纺锤形，略弯曲，两端尖，白色或浅黄色。成长幼虫：体长6.8～8.9(mm)，宽1.5～2.0(mm)，细长，体色与取食有关，一般乳白色，有的为浅红色，末龄幼虫弯曲成钩状，口器具黑色骨化的口针。蛹：长椭圆形，长4～4.3(mm)，黄色至黑褐色。

生活习性 全国年生2～16代，以蛹和成虫越冬，翌春雌成虫把产卵管刺入果皮成一空腔，卵产在腔中，每雌可产卵100～500粒，每次产3～9粒，每天平均可产6～21粒，初孵幼虫侵入果内为害，末龄幼虫脱果入土化蛹。该虫适应性强，繁殖快，随水果调运或旅客携带作远距离传播。

防治方法 (1)该虫可以幼虫或蛹随农产品及包装物传播，对旅客携带水果、茄果类蔬菜及进口的果品苗木、种子，严格进行检疫，严防传入。(2)严格检疫措施，严禁从疫区进口水果及茄果类蔬菜。

墨西哥按实蝇

学名 *Anastrepha ludens* (Loew) 双翅目实蝇科。该虫是热带柑橘和芒果上的重要害虫。境外主要分布在美国和墨西哥、危地马拉、萨尔瓦多、洪都拉斯、哥斯达黎加。

寄主 柑橘类、芒果、石榴、桃、番木瓜、番荔枝、核桃、樱桃等多种果木。

为害特点 雌蝇在果皮下较深处产卵，产卵后常在果皮上看出产卵痕，早期一般不易发现，幼虫在果内蛀食形成很多孔道，造成果实腐烂。

形态特征 成虫：体中型，黄褐色。中胸背板黄褐色，密被黄色短毛，无暗斑，生白黄色纵条纹3条，中央条纹狭长，两侧较短。肩胛、后端变宽的细长中带、从横缝伸至小盾片侧带、小盾片浅黄色。在盾间缝中间生1褐色斑点。后胸背板黄褐色，后小盾片的两侧黑色。胸鬃黑褐色。翅浅黄褐色。末龄幼虫：脊11~17条，前气门指状突19~22个，腹节和胸节上有背刺。

生活习性 主要靠上述水果中的活幼虫的携带及运输传播，蛹可随泥土及包装物扩散。

墨西哥按实蝇

防治方法 (1)对来自疫区的上述水果应认真检查有无被害状，必要时解剖水果寻找幼虫，把幼虫饲养成为成虫进行鉴定。(2)对有虫水果就地处理。

嘴壶夜蛾(Smaller oraesia)

学名 *Oraesia emarginata* (Guenèe) 鳞翅目，夜蛾科。别名：桃黄褐夜蛾、小鸟嘴壶夜蛾、凹缘裳夜蛾。分布东北、华北、华东、湖北、华南、台湾、广西。

寄主 桃、梨、苹果、柑橘、葡萄、龙眼、荔枝、木防己等。是柑橘的主要吸果害虫。

为害特点 成虫吸食果汁，伤口逐渐腐烂，终致脱落。

形态特征 成虫：体长16～19(mm)，翅展34～40(mm)，前翅棕褐色，中室后在中线内深褐色；肾状纹明显，周缘褐色，外线褐色，曲折成N状；臀角有2条向翅尖斜伸的黑褐线；外缘第3中脉上方有1三角形的红褐色斑；缘毛褐色。后翅黄褐色，靠外缘深褐色，缘毛黄白色。卵：长0.8mm，扁圆形，卵壳上有纵沟纹41条。幼虫：漆黑色，背面两侧各有黄、白、红色斑一列。体长37～46(mm)，尺蠖型，前端较尖。蛹：长17～19(mm)，较细长，红褐至暗褐色。

生活习性 浙江黄岩年生4代，广东5～6代，世代重叠。主要以幼虫在木防己周围的杂草丛或土缝中越冬。福建9月上中旬成虫出现，浙江、广东、湖北9月下旬至10月下旬进入为害盛期，成虫白天隐藏于荫蔽处，傍晚活动，为害柑橘、葡萄、龙眼、荔枝等果实，闷热无风的夜晚蛾量多。成虫寿命13天，完成一个世代历期55天。该虫是湖北宜昌、咸宁地区为代表的柑橘

嘴壶夜蛾成虫停息在橘果上

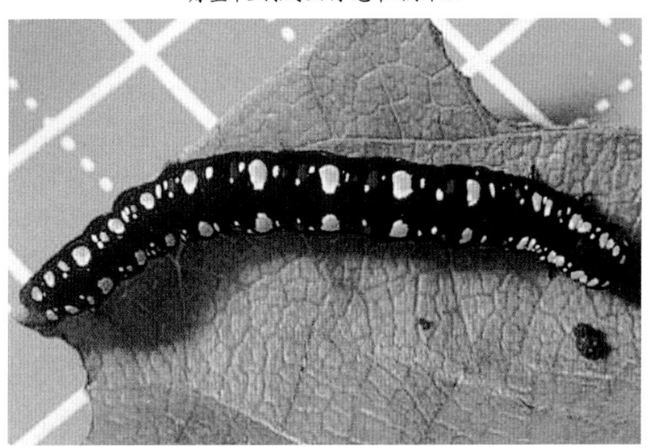

嘴壶夜蛾幼虫放大(梁森苗摄)

产区的优势种，黄石、鄂城、武汉为落叶果树和常绿果树兼植区，嘴壶夜蛾、鸟嘴壶夜蛾为害都重。嘴壶夜蛾在湖北幼虫为害高峰期为9、10、11月，气温不低于18℃，仍出现小高峰。

防治方法 (1)清除幼虫寄主——木防己。木防己系宿根藤本植物，人工铲除较难，提倡用除草剂涂茎，用41%草甘膦和70%二甲四氯按1∶1混合后，稀释10倍，于5月初涂木防己茎基和老蔸向上10～30(cm)处，能有效控制嘴壶夜蛾成虫发生量。(2)成虫发生期，667m^2安装40W波长5.934A°黄色荧光灯1～2支，能拒避吸果夜蛾成虫。也可在夜间施放香茅油驱避吸果夜蛾，每株用香茅油10mL，滴在8～10张吸水性强的纸片上，挂在果树周围，翌晨回收密封，防效高。(3)在成虫发生期喷洒5.7%氟氯氰菊酯乳油1500倍液触杀驱避作用明显。

鸟嘴壶夜蛾(Reddish oraesia)

学名 *Oraesia excavata* (Butler) 鳞翅目，夜蛾科。分布在内蒙古、陕西、河北、山东、安徽、江苏、湖北、上海、浙江、江西、福建、台湾、广东、广西、四川、云南等地。该虫是湖北省鄂北、鄂西、鄂东为代表的落叶果树产区的优势种。

寄主 桃、水蜜桃、柑橘、龙眼、荔枝、木防己、芒果、苹果、梨、葡萄、无花果、榆、黄皮等。

为害特点 受害果实现针头大小的洞孔，色彩变浅，松软，果肉失水松软或呈海绵状，用手指摸有松软感觉，后变色，腐烂脱落。

形态特征 成虫：体长23～26(mm)，翅展49～51(mm)。头部及颈板赤橙色；胸部赭褐色；腹部灰黄色，背面带褐色；下唇须前端尖长似鸟嘴形；前翅褐色带紫，各横线弱，波浪形，中脉黑棕色，一黑棕线自顶角内斜至3脉近基部；后翅黄色，端区微带褐色。卵：扁球形，直径约0.8mm，高约0.6mm，表面密布纵纹，初产时黄白色，数小时后卵壳具暗红色花纹，孵化前变为灰黑色。幼虫：腹足(包括臀足)仅4对。共6龄。第一龄头部黄色，体淡灰褐色，其余各龄体漆黑色，但体背面的黄色或白色斑纹变化较大。老熟幼虫体长38mm左右，头部两侧各有4个黄斑，各节背面在白色斑纹处杂有大黄斑一个、小红斑数个、中红斑一个，呈纵线状排列。蛹：长17mm左右，赤褐色，体表密布小刻点，腹部5～7节前缘有一横列深刻纹。茧由幼虫所吐的丝和土粒构成，或仅将植物绿色部分卷成筒状，蛰伏其中化蛹。

生活习性 年发生世代数因地域不同而有差异。广东等地年发生5～6代，浙江等地年发生4代，以幼虫在木防己(*Coeculus trilobus*)周围杂草丛和土缝中越冬，翌年5月中旬至7月下旬第一代发生；7月上旬至9月上旬发生第二代；8月下旬至10月上旬发生第三代；9月下旬至次年4月发生第四代。福建成虫于8月底9月初出现，为害柑橘、葡萄、龙眼、荔枝等果实。幼虫在湖北各代高峰期为6、8、9三个月，10月虫口明显下降。成虫昼伏夜出，有弱趋光性，但嗜食糖液，略具假死性。无风、闷热的晚上发生数量较多。成虫吸食果汁时间颇长，由几分钟至1小时以上，被害果初期被刺孔变色，后逐渐腐烂而脱落。成虫产卵多在夜间上半夜，卵散产。初孵幼虫多隐藏在叶背取食，残留表皮。3龄畏阳光，在上午10时左右多迁移至附近木防己等杂草等隐蔽处，下午4时以后再迁回寄主上为害。在广东7、8月间卵期3～4天，幼虫期20～27天，湖北蛹期约10天，成虫寿命7～9天。

防治方法 (1)安置黑光灯或太阳能频振式杀虫灯或用糖醋液诱杀成虫。(2)清除橘园四周夜蛾科幼虫喜食的寄主十大功劳、通菜汉防己、木防己等，减少幼虫食物。(3)提倡用小叶桉油或香茅油驱避上述成虫，方法：用7cm×8cm的草纸片浸油，挂在树上，每棵树挂1片，夜间挂上，白天取回，第2天再补浸加油。(4) 成虫发生盛期喷洒5.7%氟氯氰菊酯乳油1500倍液或25%氯氰·毒死蜱乳油1000倍液。

鸟嘴壶夜蛾成虫

艳叶夜蛾(Yellow-costate leaf-like moth)

学名 *Maenas salaminia* Fabricius 鳞翅目，夜蛾科。异名：*Eudocima salaminia* Gramer。分布：浙江、江西、广东、广西、台湾、云南等省。

寄主 柑橘、龙眼、荔枝、黄皮、番石榴、芒果、桃、苹果、梨等。

为害特点 成虫吸食果实汁液，尤其近成熟或成熟果实。

形态特征 成虫：体长31～35(mm)，翅展80～84(mm)。头、胸部背面灰褐色，中后胸、下唇须黄绿色，腹背灰黄色。触角丝状，复眼黑褐色。前翅前缘绿色，向内渐浅。从顶角至内缘基部形成一白色宽带，外缘区白色，余绿色。后翅橘黄色，中部生1黑色肾纹，腹背杏黄色。末龄幼虫：体长52～72(mm)，头部暗褐色，有黑色不规则斑点；身体紫灰色，满布暗褐色不规则较细的斑纹，背线、气门上线、亚腹线暗褐色，第8腹节生2锥形突起。胸足外侧褐色，腹足褐色，气门筛黄褐色，围气门片黑色。

艳叶夜蛾成虫

生活习性 8月中旬后为害柑橘果实，晚上20～23时觅食多，闷热、无风、无月光的夜晚成虫出现数量大，为害也重。山区丘陵果园受害重。

防治方法 (1)新建橘园尽可能连片，选种较晚熟的品种。(2)果实成熟期，把甜瓜切成小块悬挂在橘园，引诱成虫取食，夜间进行捕杀。(3)每6670m²设置40W黄色荧光灯6支，对该虫有一定拒避作用。(4)发生量大时，于果实近成熟期用糖醋液加90%敌百虫可溶性粉剂于黄昏时放在园中诱杀成蛾有效。(5)注意保护利用天敌。

橘实蕾瘿蚊(Citrus berry gall-midge)

学名 *Resseliella citrifrugis* Jiang 双翅目，瘿蚊科。新害虫。别名：橘实蝇蚊、橘实瘿蚊、橘红瘿蚊、红沙虫。分布：贵州、四川、湖北、广东、广西、海南等省。

寄主 限于橘、橙和柚类。已成为橘、沙田柚生产上毁灭性大害虫，近年为害日趋严重。

为害特点 以幼虫蛀食内果皮，引起落果。

形态特征 成虫：雌虫体长2mm，翅展3.5～3.8(mm)，淡红色，全体密被细毛。触角共14节，基部2节柄状，3～13节每节近筒状，节间生2圈刚毛，第14节圆锥形。中胸发达。前翅基部收缩，椭圆形，膜质，翅脉简单而少，翅面阔，生黑色短细毛，组成斑点和条纹，阳光下显金属光泽。腹部圆筒形，产卵管细长。雄虫体略小于雌虫，翅展2.6～3.3(mm)，触角明显比雌虫的长，共14节，着生许多刚毛和环状毛，第3～13节哑铃形，第14节圆锥形。腹末端向上弯曲，具交配器1对，向内抱曲。卵：细长椭圆形，乳白透明，孵化前红色眼点清晰可见。幼虫：纺锤形，老龄虫3～4(mm)，红色，可见13个体节。初孵幼虫乳白色半透明，头壳短，腹部有浅黄斑，后渐转乳黄、浅红至红色。幼虫末端有4个突起，中胸腹板有1个"Y"状骨片。蛹：长2.7～3.2(mm)，外被黄褐色丝茧。蛹体红褐色，近羽化时黑褐色。头顶有1对叉状额刺，腹面观翅芽后延可达第3腹节后缘。后足雌蛹达第5节，雄蛹达第6节。

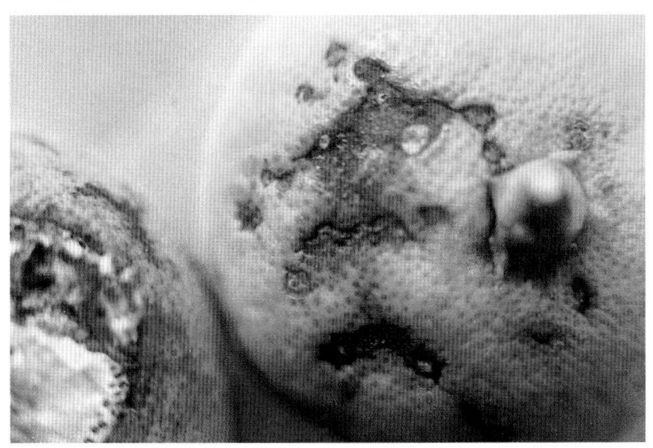
橘实蕾瘿蚊幼虫蛀害柚果实状

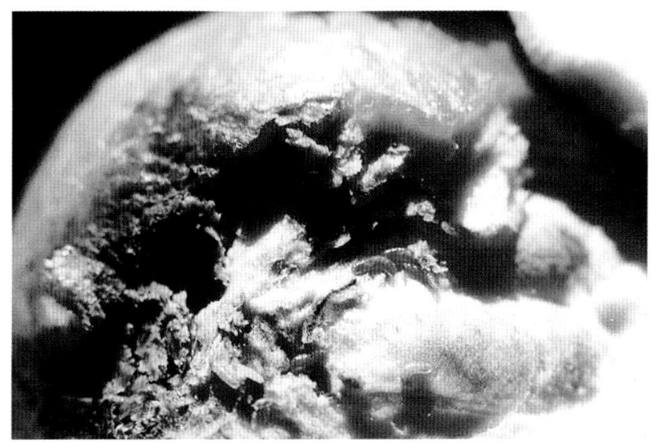
橘实蕾瘿蚊幼虫蛀害沙田柚果实状

生活习性 广东、广西年生4～5代，4月中旬至5月上旬开始发生，5月中至6月下旬受害重。贵州年发生3～4代，世代重叠严重，越冬代相对羽化较整齐。以老熟幼虫在土中越冬，翌年5月在表土中化蛹、羽化。贵州都匀市郊6月初在橘园始见成虫，如5月下旬多雨，羽化量很大。6月底至7月上中旬出现第一次落果高峰，8月中旬第二次、9月中下旬第三次、10月中下旬第四次落果高峰，并以末代幼虫越冬。成虫寿命2～5天。卵期3天；幼虫期一般30～35天，第4代幼虫期则长达200余天；蛹期2～3代7～9天，1、4代12～16天。成虫羽化出土时间多在18～22时，夜间交尾，白天常停在果面或叶上，活动力弱，飞翔力差，借风扩散。雌虫产卵管细长，刺破果皮，多将卵产在果蒂或果肩背阴面(脐橙等品种则产于脐缝中)果皮之白皮层中，数粒至几十粒不等。幼虫孵化后，蛀食白皮层成隧道，不取食瓤，有时还可向果心蛀食。被害部之果皮抽缩呈黑褐色，常出现龟裂。被蛀果在湿度大时易发生霉烂，干燥时大量掉落。幼虫老熟后，从蛀孔处弹跳出，入土化蛹。入土幼虫耐湿力强而抗旱力弱，在土壤含水量达15%～18%时，成活率很高。在相对湿度低于80%时，蛹很难羽化。砂质土、橘树长势茂密、园内相对湿度大、光照少，适于橘实蕾瘿蚊的危害。

防治方法 (1)及时摘、拾被害虫果，集中泡杀幼虫，减少虫源。若此前用脚将虫果踏破后再丢入水坑中，效果更彻底。(2)冬季深翻土，将表土中越冬的幼虫埋于15cm以下深处，减少成虫的羽化量。(3)结合冬季修剪，回缩植株间茂密的枝梢，保持橘园通风透光。(4)6月上旬至7月下旬，用杀虫剂重点防治成虫，控制前两代发生量，降低后期为害率。用10%氯氰菊酯乳油1000倍液或75%灭蝇·杀单可湿性粉剂5000倍液喷雾树冠和果面，防效理想。(5)烟熏杀成虫。用锯木屑100kg，硫磺粉1.5～2kg，甲敌粉3kg，拌匀，装入长30cm，口径15cm的塑料袋中，压紧。临用时再倒入少许80%敌敌畏乳油。选择成虫发生期，越冬代成虫集中羽化期，以及第1代成虫出现期，将烟熏剂置于园中，每667m² 3～4个药袋，傍晚时点燃，效果良好。

柑橘皱叶刺瘿螨(Citrus rust mite)

学名 *Phyllocoptruta oleivora* (Ashmead) 真螨目，瘿螨科。别名：柑橘锈瘿螨、橘芸锈螨、柑橘锈壁虱、锈壁虱等。分布：山东、河南、江苏、上海、浙江、江西、福建、台湾、湖北、湖南、广西、广东、陕西、甘肃、四川、贵州、云南。

寄主 柑橘、橙、柚、沙田柚。

为害特点 成、若螨刺吸果实、叶及嫩枝的汁液，被害果变黑褐色，果皮粗糙出现龟裂网状纹，重者全部变黑；受害叶背初呈黄褐色，后变黑褐色早落，削弱树势。

形态特征 成螨：雌体长约0.15mm，浅黄色粗短纺锤形，

柑橘皱叶刺瘿螨为害柚果状

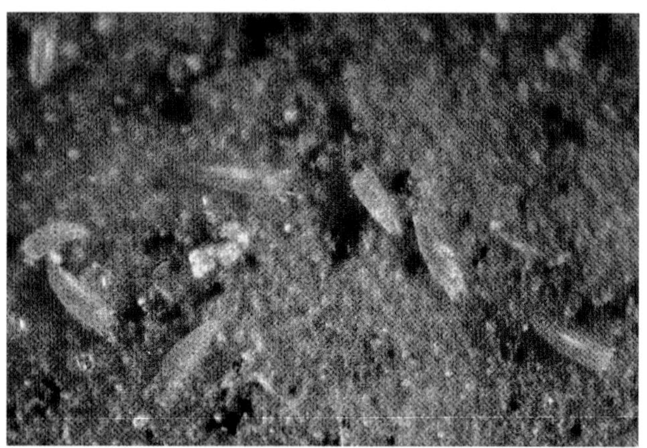
柑橘皱叶刺瘿螨成螨

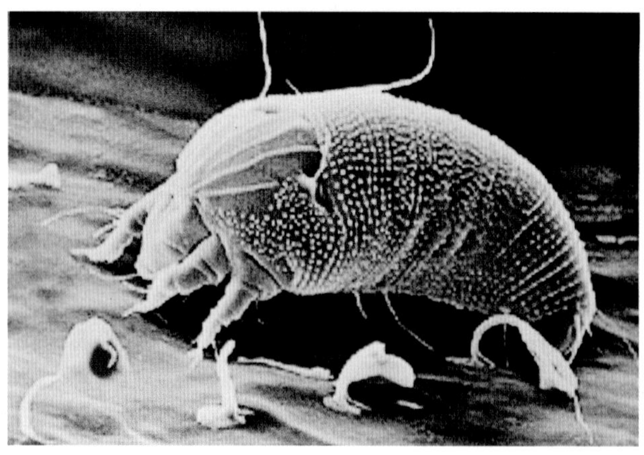
柑橘皱叶刺瘿螨成螨放大

腹部具许多环纹，背片约31个，腹片约58个。头胸部背面平滑，足2对，前足稍长，腹部末端具长尾毛一对。卵：圆球形灰白色，透明有光泽。若螨：似成螨，体较小，淡黄色半透明。

生活习性 南部柑橘区年生18~24代，以成螨在腋芽、卷叶内及秋梢叶上越冬，翌年3~4月日平均气温15℃左右时，开始为害繁殖；5月之后虫口数量迅速增加，渐向果实和夏秋梢转移为害，7~10月盛发，7~9月高温干旱常猖獗成灾。行孤雌生殖，卵多产于叶背及果实下凹处。性喜荫蔽，多集中于树冠的内部、下部、叶背、果实下方及背阴处为害。天敌有多毛菌、捕食螨、捕食性蓟马、瘿蚊等。

防治方法 参考柑橘全爪螨。为害期还可喷杀菌剂80%代森锰锌可湿性粉剂800~900倍液、45%晶体石硫合剂300倍液兼治橘芸锈螨，或喷洒50%四螨嗪悬浮剂2000~3000倍液、5%氟虫脲乳油800~1000倍液、1.8%阿维菌素乳油4000倍液、24%季螨酮酯悬浮剂5000倍液、25%三唑锡可湿性粉剂1500倍液，防效优异。

沙田柚桃蛀野螟（Peach pyralid moth）

学名 *Conogethes punctiferalis* (Gue née).=*Dichocrocis punctiferalis* 鳞翅目草螟科。别名：桃蛀螟。分布在贵州、安徽、陕西、江苏、浙江、湖北、云南、湖南、广西、福建、台湾等省。

桃蛀螟幼虫为害沙田柚造成的落果

寄主 柑橘、甜橙、柚、石榴、大粒葡萄、桃、李、杏、梅。桃、石榴是主要为害对象，曾有十桃九蛀之说，贵州李和柚的受害程度不亚于桃，还为害番茄、茄子等茄果类蔬菜，上述寄主受害后果实被蛀，引起大量落果，不能食用，产量损失较大。

形态特征 参见石榴园桃蛀螟。

生活习性 年生2~5代，由于地区及环境生态不同，各地发生代数和各代寄主选择亦不同，在贵州主要以第3代幼虫危害柚、甜橙和晚熟茄子。浙江舟山地区1~3代都在楚门文旦上繁殖，以脐橙受害最重，蛀果率14%，其次为台北柚为12.7%，甜橙2.4%。成虫据果径大小，把1~8粒卵产在果蒂或脐部附近。幼虫孵出后蛀入橘、橙内取食。幼虫为害小的果实，有转果为害的现象。贵州第1代幼虫主害桃，第2代为害玉米、甜玉米、向日葵，最后1代才为害柑橘。桃蛀螟以幼虫在落果中或树缝、玉米杆中越冬，翌年4月下旬~5月上中旬化蛹，蛹期13.5天，5月中下旬越冬代成虫羽化交尾产卵，卵期6~8天。5月底、6月上中旬第1代幼虫为害，6月下旬化蛹；7月中旬第1代成虫羽化；8月上、中旬第2代幼虫孵化为害；8月下旬~9月上旬第2代成虫羽化；9月上中旬越冬代（第3代）幼虫孵化，10月中下旬老熟幼虫越冬。各代重叠严重，桥梁寄主多，造成橘园成虫和幼虫高峰期参差不齐，拖延时间也长，给防治带来一定困难。

防治方法 (1)名优柑橘、柚等品种园四周不要种桃、石榴、玉米、向日葵、茄果类蔬菜等桃蛀螟喜食的农作物，以减少成虫数量。(2)发现果实被蛀，要把各代幼虫丢入粪坑水池中淹杀。(3)各代成虫羽化产卵期喷洒25%灭幼脲悬浮剂1500倍液或40%敌百虫乳油400倍液、5%氟铃脲乳油1500倍液。

（2）花器芽叶害虫

褐橘声蚜（Tropical citrus aphid）

学名 *Toxoptera citricidus* (Kirkaldy) 同翅目，蚜科。分布山东、江苏、安徽、上海、浙江、江西、福建、台湾、湖北、湖南、广西、广东、陕西、甘肃、四川、贵州、云南。

寄主 柑橘类、桃、梨、柿等。

为害特点 同橘二叉蚜，并可为害花器和幼果，严重者脱落。

形态特征 成虫：有翅胎生雌蚜体长1.1mm左右，漆黑色有光泽，触角丝状6节灰黑色，第3节有感觉圈11～17个，分散排列，腹管长管状，尾片乳头状，两侧各有毛多根。翅白色透明，翅脉色深，翅痣淡黄褐色，前翅中脉分3叉。足胫节、跗节及爪均黑色。无翅胎生雌蚜体长1.3mm，与有翅胎生雌蚜相似，触角第3节无感觉圈，腹管下侧具明显的线条纹。卵 椭圆形，长0.6mm，漆黑有光泽。若虫：与无翅胎生雌蚜相似，体褐色，有翅若蚜3龄出现翅芽。

生活习性 南方年生10多代至20多代，广东和福建大部地区全年可行孤雌生殖，无休眠现象。浙江、江西和四川以卵在枝干上越冬，2～3月孵化，为害繁殖，至晚秋产生有性蚜交配，11月下旬至12月产卵越冬。繁殖适温24～27℃，4～5月盛发，为害春梢严重。北部地区晚春和早秋繁殖最盛。天敌同橘二叉蚜。

防治方法 参考橘二叉蚜。

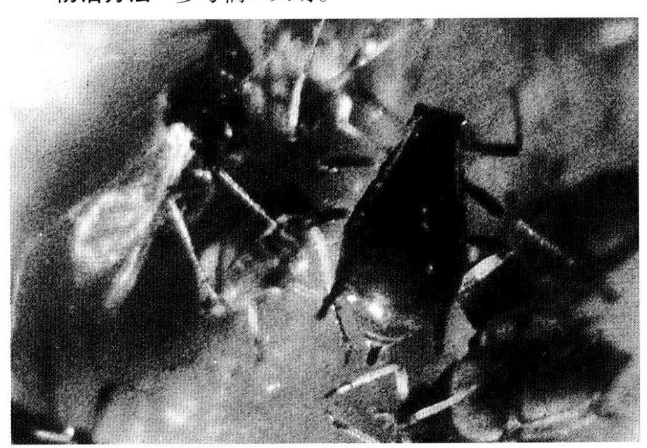

褐橘声蚜

褐橘声蚜为害叶片

橘二叉蚜（Black citrus aphid）

学名 *Toxoptera aurantii* (Boyer de Fonscolombe) 同翅目，蚜科。别名：橘二叉声蚜、茶蚜、可可蚜。异名 *Ceylonia theaecola*。分布在陕西、北京、河北、山东、安徽、江苏、浙江、福建、台湾、广东、广西、湖北、贵州、云南、四川等地。

寄主 木菠萝、银杏、柑橘、柚、沙田柚、橙、可可、荔枝、香蕉、咖啡等。

为害特点 以成蚜、若蚜在寄主植物嫩叶后面和嫩梢上刺吸为害，被害叶向反面卷曲或稍纵卷。严重时新梢不能抽出，引起落花。排泄的蜜露引起煤污病的发生，使叶、梢为黑灰色。

形态特征 成虫：无翅孤雌蚜，体卵圆形，长2.0mm，宽1.0mm。黑色、黑褐色或红褐色；胸、腹部色稍浅；触角第1、2节及其他节端部黑色，喙端节、足除胫节中部外其余全骨化灰黑色；腹管、尾片、尾板及生殖板黑色。头部有皱褶纹；中额瘤稍隆，额瘤隆起外倾；触角长1.5mm，有瓦纹；喙超过中足基节。胸背有网纹；中胸腹岔短柄。后足胫节基部有发音短刺一行。腹部背面微显网纹，腹面有明显网纹；气门圆形，骨化灰黑色；缘瘤位于前胸及腹部1节以上，第7节缘瘤最大。腹管长筒形，基部粗大向端部渐细，有微瓦纹，有缘突和切迹；腹管长为尾片长的1.2倍；尾片粗锥形，中部收缩，端部有小刺突瓦纹，有长毛19～25根；尾板长方块形，有长短毛19～25根；生殖板有14～

橘二叉蚜为害花蕾

橘二叉蚜放大

16根毛。有翅孤雌蚜，体长卵形，黑褐色。触角第3节在端部2/3处有排成一行的圆形次生感觉圈5~6个。前翅中脉分二岔，后翅正常。其他特征与无翅孤雌蚜相似。卵：长椭圆形，初产时浅黄色，后逐渐变为棕色至黑色，有光泽。若虫：特征与无翅孤雌蚜相似，体小；1龄若蚜体长0.2~0.5(mm)，淡黄至淡棕色，触角4节。2龄若蚜触角5节。3龄若蚜触角6节。

生活习性 安徽年生25代以上，以卵在叶背越冬。翌年2月下旬气温达4℃以上时，开始孵化，3月上旬进入盛孵期，以后孤雌胎生，一代代繁衍下去，4月下旬~5月中旬出现高峰，夏季虫少，9月底至10月中旬虫口又复上升，11月中旬末代出现两性蚜，开始交配、产卵越冬。该蚜喜聚集在新梢嫩叶背面或嫩茎上，尤其是芽下1~2叶处虫口最多，早春多在中部和下部嫩叶上，春季向上部芽梢处转移，夏天又返回下部，秋季再次定居在芽梢处为害，当芽梢处虫口密度很大或气候异常时，即产生有翅蚜迁飞到新的芽梢上繁殖为害，5月上旬、中旬，第4、5代有翅蚜所占比例较大，有翅蚜迁飞扩展喜在晴朗风力小于3级的黄昏时进行。每只无翅成蚜可产仔蚜35~45头，每个有翅成蚜产仔蚜18~30头，性蚜每雌产卵4~10粒。适温少雨条件下有利该虫发生。天敌主要有大草蛉、中华草蛉、黄斑盘瓢虫、龟纹瓢虫等。

防治方法 (1)个别发生数量多、虫口密度大的嫩梢，可人工采除，防止蔓延。(2)生物防治 提倡喷洒26号杀虫素50~150倍液，气温高时用低浓度，气温低时适当提高浓度。要注意保护利用天敌昆虫。必要时人工助迁瓢虫，可有效地防治该蚜。(3)虫口密度大或选用生物防治法需压低虫口密度时，橘蚜若虫始盛期喷洒25%噻虫嗪水分散粒剂2500倍液或10%烯啶虫胺水剂2500倍液、2.5%高效氯氟氰菊酯乳油1000倍液、2.5%鱼藤酮乳油300倍液。

柑橘园绣线菊蚜

学名 *Aphis citricola* van der Goot 同翅目蚜科。又名橘绿蚜、苹果黄蚜、绿色橘蚜等，除为害苹果、梨、石榴、樱桃外，还为害柑橘、枇杷、番木瓜、罗汉果等南方果树，是橘园重要害虫，分布在四川、重庆市、浙江、江苏、江西、贵州、云南、广西、福建、台湾。以成蚜、若蚜群聚在柑橘芽、嫩梢、嫩叶、花蕾和幼果上吸食汁液，为害嫩叶的群集在叶背，造成叶卷曲，为害幼芽的引起幼芽分化停滞下来，不能抽梢；嫩梢受害后节间短缩，夏季高温季节，梢叶一旦受害次日便可卷曲。花、幼果受害，造成落花、落果，还可诱发煤烟病。该蚜虫在我国柑橘产区年生20多代，以卵在柑橘枝条缝隙或芽苞附近越冬，4~6月为害春梢或早夏梢形成高峰，虫口密度以6月居多，9~10月进入第2次为害高峰，为害秋梢和晚秋梢。绣线菊蚜属全年发生、秋季重发的类型。在温度偏低的橘区秋后产生两性蚜，把卵产在雪柳等树上，少数也有产在柑橘树上的。春季孵出无翅干母，并产生胎生有翅雌蚜。柑橘树上春芽伸展时，才飞到柑橘树上为害，春叶变硬时暂时减少，夏芽萌发后又迅速增加，进入雨季又有所减少，秋芽时再度猖獗，一直到初冬。

柑橘园绣线菊蚜

防治方法 (1)冬、夏结合修剪，剪除有虫枝梢、有卵枝，消灭越冬虫源。夏、秋梢抽发时，结合摘心和抹芽，切断其食物链，剪除冬梢和晚秋梢压低越冬虫口基数。(2)保护瓢虫、草蛉、食蚜蝇、食蚜蚂蚁进行生物防治。(3)橘园安装黄色黏虫板，可粘捕大量有翅蚜。(4)在蚜虫发生始盛期用10%烯啶虫胺水剂2500倍液或10%氯噻啉可湿性粉剂5000倍液、40%毒死蜱乳油2000倍液、3%啶虫脒乳油3000倍液喷洒茎叶。

柑橘全爪螨(Citrus red mite)

学名 *Panonychus citri* (Mc Gregor)真螨目，叶螨科。别名：柑橘红蜘蛛、瘤皮红蜘蛛。分布在江苏、上海、江西、福建、台湾、湖北、湖南、浙江、四川、贵州、重庆、广东、广西、云南等地。

寄主 柑橘类、枇杷、葡萄、樱桃、桃、梨等，主要为害柑橘类。

为害特点 成、若螨刺吸叶片汁液，致受害叶片失去光泽，出现失绿斑点，受害重的全叶灰白脱落，影响植株开花结果。

形态特征 成螨：雌体长0.4mm，宽0.27mm。椭圆形，背面隆起、深红色，背毛白色，着生于粗大的毛瘤上，毛瘤红色。须肢跗节端感器顶端略呈方形，稍膨大，其长稍大于宽；背感器小枝状。气门沟末端稍膨大。各足爪间突呈坚爪状，其腹基侧具一簇针状毛。雄体长0.35mm，宽0.17mm。鲜红色。后端较狭呈楔形。须肢跗节端感器小柱形，顶端较尖；背感器小枝状，长于端感器。卵：球形略扁，直径0.13mm，红色有光泽，上有1垂直柄，柄端有10~12条细丝向四周散射，附着于叶上。幼螨 体长0.2mm，色淡，足3对。若螨：与成螨相似，足4对，体较小。

生活习性 南方年生15~18代，世代重叠。以卵、成螨及若螨于枝条和叶背越冬。早春开始活动为害，渐扩展到新梢为

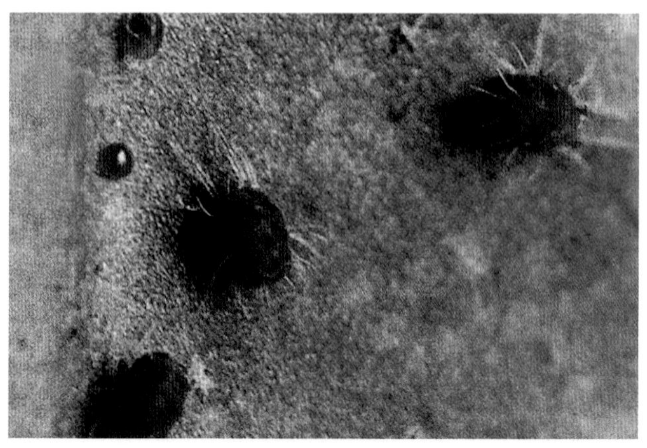
柑橘全爪螨

害，4～5 月达高峰，5 月以后虫口密度开始下降，7～8 月高温数量很少，9～10 月虫口又复上升，为害严重。一年中春、秋两季发生严重。气温 25℃，相对湿度 85%时，完成一代约需 16 天；气温 30℃，相对湿度 85%时，13～14 天；冬季气温 12℃左右，完成一代约需 63～71 天。发育和繁殖的适宜温度范围是 20～30℃，最适温度 25℃。行两性生殖，也可行孤雌生殖，每雌可产卵 30～60 粒，春季世代卵量最多。卵主要产于叶背主脉两侧、叶面、果实及嫩枝上。天敌有捕食螨、蓟马、草蛉、隐翅虫、花蝽、蜘蛛、寄生菌等。

防治方法 (1)加强水肥管理，种植覆盖植物如霍香蓟等，改变小气候和生物组成，使不利害螨而有利益螨。(2)保护利用天敌。提倡人工饲放胡瓜钝绥螨可抑制害螨为害，此方法已在福建推广成功，可与福建省农科院植保所联系。(3)为害期药剂防治，于柑橘叶螨发生始盛期叶面喷洒 24%螺螨酯悬浮剂 5000 倍液或 5%唑螨酯乳油 1250~2500 倍液、15%哒螨灵乳油 937 倍液、10%浏阳霉素乳油 650 倍液。为避免产生抗药性，要坚持 3 种以上杀螨剂合理交替使用，明显延缓抗药性。

柑橘始叶螨(Miyake spider mite)

学名 *Eotetranychus kankitus* Ehara 真螨目，叶螨总科。别名：四斑黄蜘蛛、柑橘黄蜘蛛、柑橘黄东方叶螨。分布在贵州、四川、湖南、广西、湖北、陕西、江西、福建、浙江。

寄主 柑橘、甜橙和柚类、桃及葡萄等。

为害特点 主害叶片，也为害嫩枝、花蕾和果实。常群聚于背面叶脉两侧或叶缘处，用口器刺入叶细胞中吸食汁液，使被害部位褪绿形成黄色斑块。嫩叶被害后扭曲畸形，严重时出现落叶、落花、落果乃至嫩梢枯死。虫口密度大时，导致树势衰退，产量下降，果实品质变劣。

形态特征 成螨：雌螨卵圆形，长 0.3～0.4 (mm)，宽约 2mm，黄色至橙黄色，背部稍隆起，具平行状细肤纹。体背有 1 对橘红色眼点，两侧有 4 块多角形黑斑。有胸足 4 对，足一胫节具刚毛 9 根，跗节近侧刚毛 5 根；足二胫节刚毛 8 根，跗节近侧刚毛 3 根；爪退化成短条状，端部具黏毛 1 对，爪间突端部分裂成大小相仿的 3 对刺。雄螨尾部稍尖，体呈菱形，长约 0.3mm，宽约 0.15mm，与雌螨同色。卵：球状，乳白半透明，后为橙黄色，大小为 0.12×0.14 (mm)。幼螨和若螨：幼螨近圆形，长约 0.18mm，淡黄色，有足 3 对。若螨体形与成螨相似，稍小，具胸足 4 对。

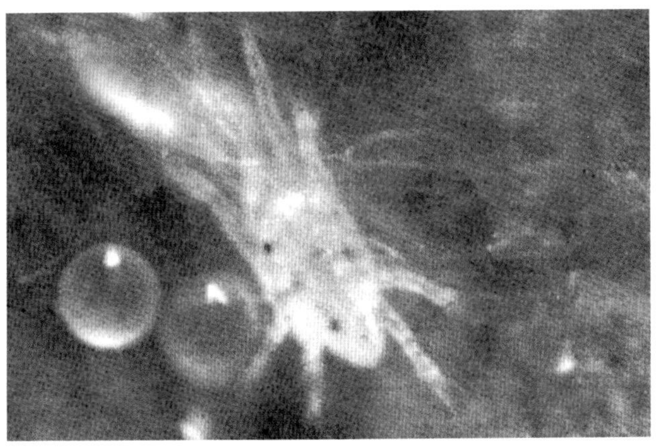

柑橘始叶螨成螨和卵

生活习性 柑橘始叶螨在我国南方橘区年发生 12～16 代，世代重叠严重。以成螨和卵在潜叶蛾为害的秋梢卷叶内，或当年生春、夏梢叶背越冬。在贵州南部，无明显的休眠现象，5℃左右气温下仍可产卵孵化。完成一代的时间与温、湿度关系密切，小于 7℃或高于 30℃生长发育受到抑制，适宜温度 20～25℃，相对湿度为 65%～88%，多雨高湿不利其繁殖。此虫以两性生殖为主，也营孤雌生殖。刚羽化的成螨就能交尾繁殖，有一虫多交现象。每次交尾时间 1～2 分钟，交配后 1　2 日即可产卵。卵散产在叶背主脉两侧，每头雌虫产卵十数粒至近百粒。卵孵化后的幼螨、若螨和成螨，多在叶背栖息为害。新梢叶片成熟后，成螨喜趋为害。就一株树而言，柑橘始叶螨垂直分布在中下部树冠，其中下部约占总螨量的 65%左右，中部约占 25%；水平分布以内膛为主，树冠外部较少，这与其不喜强光，喜趋荫蔽的习性有关。

防治方法 (1)冬季严格清园，压低越冬基数。采果后先用 5%噻螨酮乳油 1500 倍液灭卵，再用石硫合剂或机油乳剂喷雾灭若螨、成螨和卵。(2)早春早防早治，提倡在 2 月下旬至 3 月上中旬喷洒 5%噻螨酮 1500 倍液加 15%哒螨灵乳油 937 倍液、或 24%螺螨酯悬浮剂 5000 倍液防治 2～3 次。夏季视虫情尽量减少用药次数，保护天敌。(3)交叉合理使用农药。要求既杀成、若螨又杀卵，减少甲氰菊酯使用次数，减缓产生抗药性。南方早春 2～3 月气温低，应选用速杀性且在低温下能充分发挥药效的杀螨剂，如 22%阿维·哒螨灵乳油 4000 倍液。(4)生物防治。人工繁育释放深点食螨瓢虫、胡瓜钝绥螨、长须螨、植缨螨、纽氏钝绥螨、大赤螨等。化学防治时，尽可能优先选用对上述天敌杀伤力小的品种。

柑橘瘤螨(Citrus bud mite)

学名 *Eriophyes sheldoni* (Ewing) 真螨目，瘿螨科。别名：柑橘瘤壁虱、柑橘芽壁虱、瘤瘿螨、胡椒子、瘤疙瘩。分布在贵州、云南、四川、广西、陕西、湖南、湖北、广东。

寄主 仅限于柑橘类的金橘、红橘、蜜橘、酸橙、柚和柠檬等。

为害特点 主要为害春、夏抽发的腋芽、嫩叶、花蕾、萼片和果蒂等幼嫩组织，但不为害果实。受害组织的细胞呈不正常分裂，形成如花椰菜花头样的绿色疣状虫瘿。害螨在虫瘿内取

柑橘瘤螨为害柑橘形成虫瘿结

食和繁殖，故称瘤螨或瘤壁虱。被害严重的树，枝梢和花芽短小，稀稀零零地挂上几个小果，处处是无数大大小小的疙瘩，树势渐衰，几乎绝收。对这类弱树，褐天牛、爆皮虫和坡面材小蠹等易趋害，加速了果园的衰败，造成植株大量枯死。

形态特征 成螨：雌螨体长约 1.8mm，宽约 0.05mm，圆锥形，淡黄至橙黄色，半透明。头、胸合并，短而宽。口器前伸，喙筒状，侧生下颚须 1 对。足 2 对，由 5 节组成，其末端的羽状爪 5 ~ 6 轮。背盾片微拱，上有不明显的纵纹约 10 条。腹部有环纹 65 ~ 70 个，8 ~ 10 环上有侧毛 1 对，腹毛 3 对，第一腹毛和尾毛最长，第二、三腹毛短。尾板上有尾毛 1 对，副毛 1 对。雄螨体形与雌螨同，长 1.2 ~ 1.3(mm)，宽约 0.03mm。卵：阔卵圆形，白色透明，大小 48 × 33(μm)。幼、若螨：初孵幼螨短楔形，脱皮时若螨在虫蜕内隐现。若螨体形同成螨，长 0.12 ~ 0.13(mm)，具背环 65 个，腹环 46 ~ 48 个。我国柑橘上的瘤螨，是属于 *Eriophyes sheldoni* 还是属于 *Aceria* (*Eriophyes*) sp.尚有争议。

生活习性 由于柑橘瘤螨各虫态都在瘿瘤中发育和生活，无法系统了解其发生世代。根据在贵州的观察，该虫以成虫越冬，翌年 3 月中旬，虫瘿内层的成螨渐移栖外层活动。3 月底 4 月中旬，当春梢嫩芽长 1 ~ 2(cm)时，成螨向瘿外扩散迁至芽上为害。由于春梢期芽萌不整齐，至 4 月下旬仍有晚萌者，所以迁害期也随这拖长。叶芽被害后形成新的虫瘿，瘿内虫量不断繁殖增加，叶组织不断增生，虫瘤越来越大。早抽发的夏梢也受到为害，但程度轻，晚夏梢和秋梢基本不受害。

防治方法 (1)农业防治。对受寒轻的树，结合田间管理，随时剪除虫瘿，集中烧毁。受害严重的树，化学防治失去意义，剪瘿劳动强度大，费工费时，且剪不彻底，应在冬季休眠期，连片将被害树重截枝，留下十余个骨干方向枝，剪除其余枝梢。春梢萌发时，按方位、分层次抹留早发的壮梢，两年后可恢复新的无虫树冠，并进入正常结果。冬季要施足底肥，偏施氮肥促营养生长。春芽萌动时需药剂保护，防止嫩芽被害形成虫瘿。实践证明上述方法防治彻底、经济有效。(2)化学防治。3 月下旬至 5 月初，喷 500g/L 溴螨酯乳油 1500 倍或 73%炔螨特乳油 2500 倍液、40%乐果乳油 +5%唑螨酯 1500 倍液效果最好；也可喷 40%毒死蜱乳油 1000 倍液、20%甲氰菊酯加 15%哒螨灵乳油 1500 倍液，隔 15 ~ 20 天再防 1 次。(3)提倡释放胡瓜钝绥螨进行生物防治。

柑橘恶性叶甲(Citrus leaf beetles)

学名 *Clitea metallica* Chen 鞘翅目，叶甲科。别名：恶性橘啮跳甲、恶性叶虫、黑叶跳虫、黄滑虫、黄懒虫等。分布在江苏、浙江、江西、福建、湖南、广西、广东、陕西、四川、云南。

寄主 柑橘类。

为害特点 成虫食嫩叶、嫩茎、花和幼果；幼虫食嫩芽、嫩叶和嫩梢，分泌物和粪便污染致幼叶枯焦脱落。是为害柑橘新梢的害虫。

形态特征 成虫：体长 2.8 ~ 3.8(mm)，长椭圆形，蓝黑色有光泽。触角基部至复眼后缘具 1 倒“八”字形沟纹，触角丝状黄褐色。前胸背板密布小刻点，鞘翅上有纵刻点列 10 行，胸部腹面黑色，足黄褐色，后足腿节膨大，中部之前最宽，超过中足腿

柑橘恶性叶甲(夏声广摄)

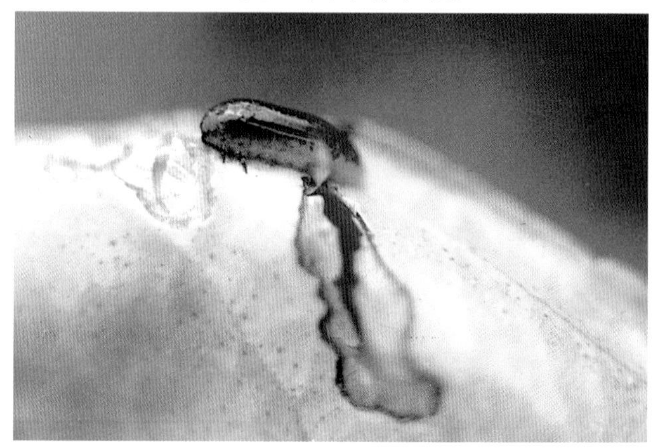

柑橘恶性叶甲幼虫为害柚叶状

节宽的 2 倍。腹部腹面黄褐色。卵：长椭圆形，长 0.6mm，乳白至黄白色。外有 1 层黄褐色网状黏膜。幼虫：体长 6mm，头黑色，体草黄色。前胸盾半月形，中央具 1 纵线分为左右两块，中、后胸两侧各生 1 黑色突起，胸足黑色。体背分泌黏液粪便黏附背上。蛹：长 2.7mm，椭圆形，初黄白后橙黄色，腹末具 2 对叉状突起。

生活习性 浙江、湖南、四川和贵州年生 3 代，江西和福建 3 ~ 4 代，广东 6 ~ 7 代，均以成虫在树皮缝、地衣、苔藓下及卷叶和松土中越冬。春梢抽发期越冬成虫开始活动，3 代区一般 3 月底开始活动，各代发生期：第 1 代 4 月上旬至 6 月上旬，第 2 代 6 月下旬至 8 月下旬，第 3 代(越冬代)9 月上旬至翌年 3 月下旬。广东越冬成虫 2 月下旬开始活动。各代发生期：第 1 代 3 月上旬至 6 月上旬，第 2 代 4 月下旬至 7 日下旬，第 3 代 6 月上旬至 9 月上旬，第 4 代 7 月下旬至 9 月下旬，第 5 代 9 月中旬至 10 月中旬，第 6 代 11 月上旬，部分发生早的可发生第 7 代。均以末代成虫越冬。全年以第 1 代幼虫为害春梢最重，后各代发生甚少，夏、秋梢受害不重。成虫能飞善跳，有假死性，卵产在叶上，以叶尖(正、背面)和背面叶缘较多，产卵前先咬破表皮成 1 小穴，产 2 粒卵并排穴中，分泌胶质涂布卵面，每雌产卵百余粒，多者数百粒。初孵幼虫取食嫩叶叶肉残留表皮，幼虫共 3 龄，老熟后爬到皮缝中、苔藓下及土中化蛹。天敌有 1 种白霉菌在蛹上寄生。

防治方法 (1)清除霉桩、苔藓、地衣，堵树洞，消除越冬和化蛹场所。(2)树干上束草诱集幼虫化蛹，羽化前及时解除烧毁。

(3)药剂防治，以卵孵化盛期施药为宜，可喷洒90%敌百虫可溶性粉剂或80%敌敌畏乳油、45%马拉硫磷乳油等1000倍液、2.5%鱼藤酮乳油160～320倍液均有良好效果。

柑橘花蕾蛆(Citrus blossom midge)

学名 *Contarinia citri* Barnes 双翅目，瘿蚊科。别名：橘蕾瘿蚊、花蛆。分布在江苏、浙江、江西、福建、台湾、湖北、湖南、广西、广东、四川、贵州、云南。

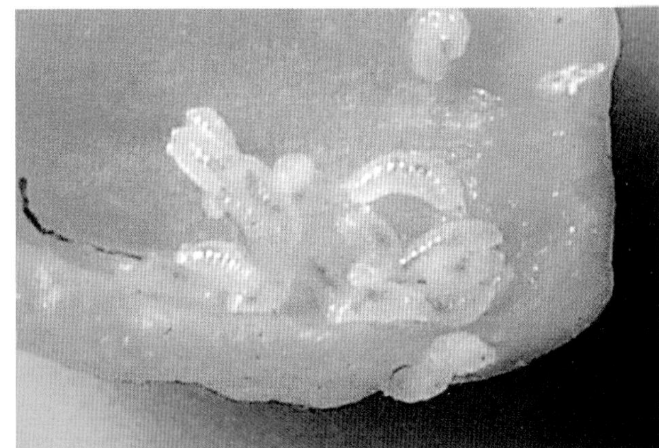

柑橘花蕾蛆(夏声广 摄)

寄主 柑橘类。

为害特点 幼虫于花蕾内蛀食，被害花蕾膨大呈灯笼状，花瓣多有绿点，不能开花而脱落。

形态特征 成虫：雌体长约2mm，黄褐色，被细毛。触角念珠状，14节，每节环生刚毛。前翅膜质透明，被黑褐色细毛，后翅特化为平衡棒。足细长。雄成虫体长1.2～1.4(mm)，灰黄色，触角鞭节和亚节呈哑铃状，形似2节，球部环生刚毛。余同雌。卵：长0.16mm，椭圆形，无色透明，外包一层胶质于卵末端引成细丝。幼虫 体长2.8mm，长纺锤形橙黄色。前胸腹面具1褐色"Y"形剑骨片。蛹：长1.8～2(mm)，初乳白后变黄褐色，复眼和翅芽黑褐色。

生活习性 年生1代，少数2代，均以老熟幼虫在土中结茧越冬，在树冠周围30cm内外、6cm土层内虫口密度最大。3月越冬幼虫脱茧上移至表层，重新做茧化蛹，3～4月羽化出土，雨后最盛。花蕾露白时成虫大量出现并产卵于花蕾内，散产或数粒排列成堆，每雌可产卵60～70粒。卵期3～4天。幼虫在花蕾内为害10余天老熟脱蕾入土结茧，年生1代者即越冬。年生2代者在晚橘现蕾期羽化，花蕾露白时产卵于蕾内，第2代幼虫老熟后脱蕾入土结茧越冬。阴雨天脱蕾入土最多。成虫多于早、晚活动，以傍晚最盛，飞行力弱，羽化后1～2天即可交配产卵。一般阴湿低洼橘园发生较多，壤土、沙壤土利于幼虫存活发生较多，3～4月多阴雨有利于成虫发生，幼虫脱蕾期多雨有利于幼虫入土。

防治方法 (1)冬季深翻或春季浅耕树冠周围土壤有一定效果。(2)及时摘除被害花蕾集中处理。(3)成虫出土前即柑橘现蕾初期，花蕾由青转白之前地面施药毒杀成虫效果很好，可用40%辛硫磷乳油400倍液或20%甲氰菊酯1000倍液地面喷洒，参见苹果害虫——桃小食心虫树下防治，1次施药即可。幼虫脱蕾入土前也可地面撒药毒杀幼虫。(4)多数花蕾变白时树冠喷药毒杀成虫于产卵之前，可喷洒75%灭蝇胺可湿性粉剂5000倍液或90%敌百虫可溶性粉剂、50%杀螟硫磷乳油1000倍液、40%乐果乳油1000倍液，以及菊酯类及其复配剂常用浓度。

褐带长卷叶蛾(Tea tortrix)

学名 *Homona coffearia* Nietner 鳞翅目，卷蛾科。别名：茶卷叶蛾、后黄卷叶蛾、茶淡黄卷叶蛾、柑橘长卷蛾。异名：*Homona meniana* Nietner。分布在安徽、江苏、上海、浙江、湖南、福建、台湾、广东、广西、贵州、四川、云南、西藏等地。

寄主 银杏、枇杷、柑橘、苹果、梨、荔枝、龙眼、咖啡、杨桃、柿、板栗、茶等。

为害特点 幼虫在芽梢上卷缀嫩叶藏在其中，咀食叶肉，留下一层表皮，形成透明枯斑，后随虫龄增大，食叶量大增，卷叶苞可多达10个叶，蚕食成叶、老叶，春梢、秋梢后还能蛀果，造成落果。

形态特征 成虫：体长6～10(mm)，翅展16～30(mm)，暗褐色，头顶有浓黑褐鳞片，唇须上弯达复眼前缘。前翅基部黑褐色，中带宽黑褐色由前缘斜向后缘，顶角常呈深褐色。后翅淡黄色。雌翅较长，超出腹部甚多；雄较短仅遮盖腹部，前翅具短而宽的前缘褶。卵：椭圆形，长0.8mm，淡黄色。幼虫：体长20～23(mm)，头与前胸盾黑褐色至黑色，头与前胸相接处有1较宽的白带，体黄至灰绿色，前中足、胸黑色，后足淡褐色，具臀栉。蛹：长8～12(mm)，黄褐色。

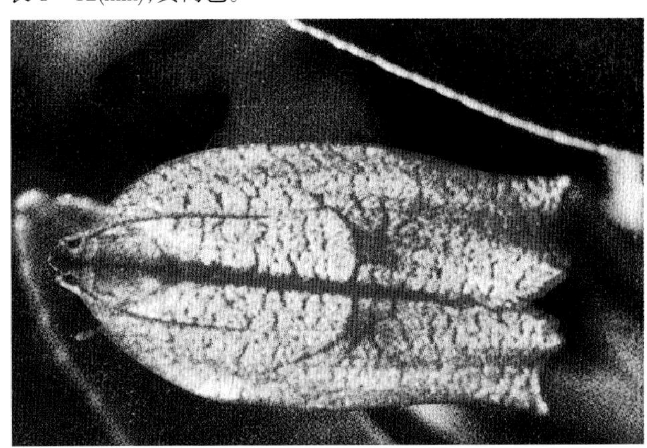

褐带长卷叶蛾雌成虫放大

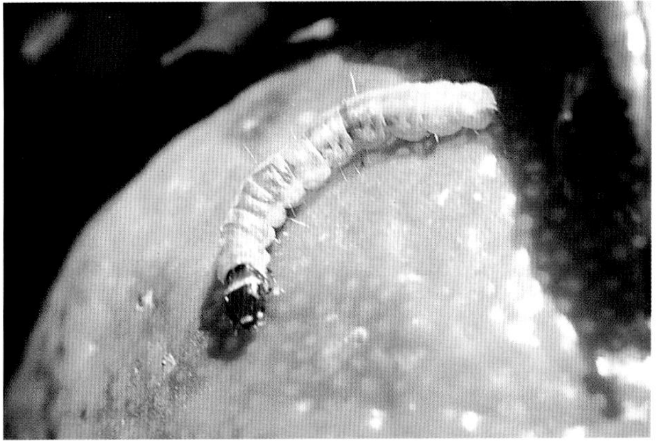

褐带长卷叶蛾幼虫在橘果上

生活习性 华北、安徽、浙江年生4代，湖南4～5代，福建、台湾、广东6代，均以幼虫在柑橘、荔枝等卷叶苞内越冬。安徽越冬幼虫于翌春4月化蛹、羽化，1～4代幼虫分别于5月中下旬、6月下旬～7月上旬、7月下旬～8月中旬、9月中旬至翌年4月上旬发生。广东6～7月均温28℃，卵期6～7天，幼虫期17～30天，蛹期5～7天，成虫期3～8天，完成一代历时31～52天。幼虫共6龄。一龄3～4天，二龄2～4天，三龄2～5天，四龄2～4天，五龄2～5天，六龄4～9天。个别出现七龄5～9天，幼虫幼时趋嫩且活泼，受惊即弹跳落地，老熟后常留在苞内化蛹。成虫白天潜伏在树丛中，夜间活跃，有趋光性，常把卵块产在叶面，每雌平均产卵330粒，呈鱼鳞状排列，上覆胶质薄膜，每雌可产两块。芽叶稠密的发生较多。5～6月雨湿利其发生。秋季干旱发生轻。主要天敌有拟澳洲赤眼蜂、绒茧蜂、步甲、蜘蛛等。

防治方法 (1)冬季剪除虫枝，清除枯枝落叶和杂草，集中处理，减少虫源。(2)摘除卵块和虫果及卷叶团，放天敌保护器中。(3)保护利用天敌。(4)在第1、2代成虫产卵期释放松毛虫赤眼蜂，每代放蜂3～4次，隔5～7天1次，每667m² 次放蜂量2.5万头。(5)药剂防治 谢花期喷洒苏云金杆菌100亿活芽孢/g可湿性粉剂1000倍液，如能混入0.3%茶枯或0.2%中性洗衣粉可提高防效。此外可喷白僵菌粉剂(每g含活孢子50～80亿个)300倍液或90%敌百虫可溶性粉剂800倍液、50%敌敌畏乳油900～1000倍液、50%杀螟硫磷乳油800倍液、2.5%高效氯氟氰菊酯乳油2000～3000倍液。

拟小黄卷蛾(Citrus leaf rollers)

学名 *Adoxophyes cyrtosema* Meyrick 鳞翅目，卷蛾科。别名：柑橘褐带卷蛾、青虫、柑橘丝虫。分布在广东、广西、福建、浙江、湖南、四川等省。

寄主 柑橘、荔枝、龙眼、柠檬等。

为害特点 幼虫为害芽、嫩叶、花蕾及幼果，引致大量落果，为害嫩叶吐丝缀合3～5片叶于内食害。

形态特征 成虫：体长7～8(mm)，翅展17～18(mm)，黄色，前翅色纹多变。雄前翅具前缘褶，后缘近基角有方形黑褐斑，两翅相合成六角形斑；中带黑褐色，从前缘1/3处斜向后缘，在中带2/3处斜向臀角有1褐色分支；近顶角处具深褐色斜纹伸向后缘。雌前翅后缘基角无方斑，中带褐色上半部狭，下半部向外侧增宽，顶角有三角形黑褐斑。后翅淡黄色。卵：椭圆形，长0.8mm，初淡黄渐变深黄，孵化前黑色。幼虫：体长18mm，头黄色，体黄绿色。前胸盾浅黄色，胸足浅黄褐色。腹足趾钩3序环，有臀栉。仅1龄头黑色。蛹：长9mm，黄褐色。

拟小黄卷蛾成虫放大

拟小黄卷叶蛾幼虫(夏声广)

生活习性 广州年生8～9代，重庆8代，福州7代，世代重叠，以幼虫在卷叶内越冬，有少数以蛹或成虫越冬。气温达8℃以上幼虫活动取食。广州3月上旬化蛹，3月中旬羽化，成虫昼伏夜出，有趋光、趋化性，卵块生，产于叶上，每块有卵百余粒，呈鱼鳞状排列，每雌可产2～3块。卵期5～6天。3月中下旬羽化，4～5月幼虫蛀果，引致大量落果；6月至8月幼虫主害嫩叶；9月又蛀果引起第2次落果。幼虫较活泼受惊扰常吐丝下垂，有转移习性。越冬代蛹期27天，余代5～7天。天敌有赤眼蜂、绒茧蜂、绿边步行虫、食蚜蝇、广大腿小蜂、姬蜂等。

防治方法 参见褐带长卷叶蛾。

黄斑广翅小卷蛾(Plum tortrix moth)

学名 *Hedya dimidiana* (Zetter.) 鳞翅目，卷叶蛾科。别名：桦广翅卷叶蛾，裹叶虫，吐丝虫。分布在贵州。

寄主 柑橘、白杨、猕猴桃等。

为害特点 以幼虫吐丝卷叶啃食叶片；果实着色后，蛀果取食，引起落果或腐烂。

形态特征 成虫：体长8～9(mm)，翅展19～21(mm)，为体型较大的卷叶蛾种类。体棕黄褐色，雄虫比雌虫色泽较深暗。唇须短，紧贴头部。前翅显著比其它卷叶蛾类宽大，R_1 脉出自中

黄斑广翅小卷蛾成虫

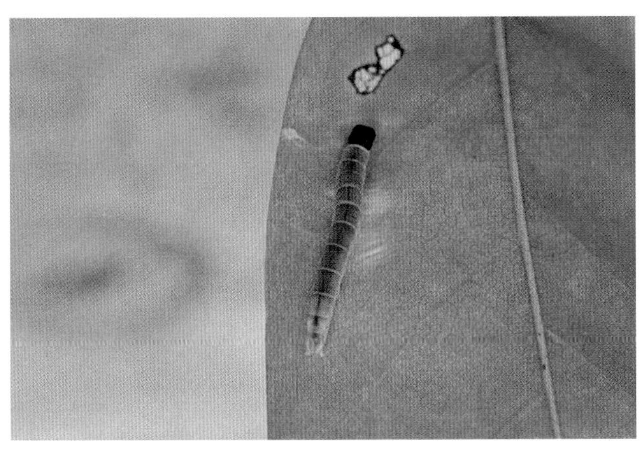
黄斑广翅小卷蛾幼虫头部黑褐色

室中部之前，R_4 和 R_5 脉基部靠近；最明显的特征是在前缘靠顶角一端，有一个浅黄色的半圆形大斑（本种学名中的"*dimidia*"-拉丁语含义为"一半分开"，即指不完整的圆斑，故得名)；翅面中横带区和外缘区具棕褐色毛带，并具可辩的青色光泽。后翅暗灰褐色，前缘区色淡黄，稍显光泽。本种与三角广翅小卷蛾(*Hedya ignara* Falk.)极相似，主要区别在于：后者前翅黑褐色，前缘靠顶角一端有一块三角形的淡黄色斑，翅面不具青色光泽。卵：椭圆形，较扁平而中部稍隆起，大小 0.6×0.8(mm)，初产时淡黄色，半透明，孵化前污褐色。末龄幼虫：体长18～20(mm)，体色有淡黄和黄绿色两种。头部黑褐色，前胸节背面浅污褐色。腹足趾钩双序环形。蛹：圆筒形，中躯大、端钝圆而尾渐尖细，长 8～9(mm)，粗约 4.5mm，黄褐色。各腹节背面生 2 横列刺，前列居于中部，后列生于靠节间处。腹末节具有端部卷曲的臀棘 8 根。

生活习性 年生 3～4 代。贵州以老熟幼虫在卷叶内越冬，生活史与褐带长卷叶蛾极相似，温热地区以 1、4 代幼虫主害果，2、3 代幼虫为害嫩芽或当年生成熟叶片。

防治方法 参见褐带长卷叶蛾。

柑橘凤蝶(Citrus swallowtail)

学名 *Papilio xuthus* Linnaeus 鳞翅目，凤蝶科。别名：橘凤蝶、黄菠萝凤蝶、黄檗凤蝶等。分布：除新疆未见外，全国各省均有分布。

柑橘凤蝶成虫放大

柑橘凤蝶幼虫及为害橘叶状

柑橘凤蝶假蛹和蛹

寄主 柑橘、金橘、四季橘、柠檬、黄檗、黄菠萝等。

为害特点 幼虫食芽、叶，初龄食成缺刻与孔洞，稍大常将叶片吃光，只残留叶柄。苗木和幼树受害较重。

形态特征 成虫：有春型和夏型两种。春型体长 21～24(mm)，翅展 69～75(mm)；夏型体长 27～30(mm)，翅展 91～105(mm)。雌略大于雄，色彩不如雄艳，两型翅上斑纹相似，体淡黄绿至暗黄，体背中央有黑色纵带，两侧黄白色。前翅黑色近三角形，近外缘有 8 个黄色月牙斑，翅中央从前缘至后缘有 8 个由小渐大的黄斑，中室基半部有 4 条放射状黄色纵纹，端半部有 2 个黄色新月斑。后翅黑色；近外缘有 6 个新月形黄斑，基部有 8 个黄斑；臀角处有 1 橙黄色圆斑，斑中心为 1 黑点，有尾突。卵：近球形，直径 1.2～1.5(mm)，初黄色，后变深黄，孵化前紫灰至黑色。幼虫：体长 45mm 左右，黄绿色，后胸背两侧有眼斑，后胸和第 1 腹节间有蓝黑色带状斑，腹部 4 节和 5 节两侧各有 1 条蓝黑色斜纹分别延伸至 5 节和 6 节背面相交，各体节气门下线处各有 1 白斑。臭腺角橙黄色。1 龄幼虫黑色，刺毛多；2～4 龄幼虫黑褐色，有白色斜带纹，虫体似鸟粪，体上肉状突起较多。蛹：体长 29～32(mm)，鲜绿色，有褐点，体色常随环境而变化。中胸背突起较长而尖锐，头顶角状突起中间凹入较深。

生活习性 长江流域及以北地区年生 3 代，江西 4 代，福建、台湾 5～6 代，以蛹在枝上、叶背等隐蔽处越冬。浙江黄岩各代成虫发生期：越冬代 5～6 月，第 1 代 7～8 月，第 2 代 9～10 月，以第 3 代蛹越冬。广东各代成虫发生期：越冬代 3～4 月，第 1 代 4 月下旬至 5 月，第 2 代 5 月下旬至 6 月，第 3 代 6 月下

旬至7月,第4代8~9月,第5代10~11月,以第6代蛹越冬。成虫白天活动,善于飞翔,中午至黄昏前活动最盛,喜食花蜜。卵散产于嫩芽上和叶背,卵期约7天。幼虫孵化后先食卵壳,然后食害芽和嫩叶及成叶,共5龄,老熟后多在隐蔽处吐丝作垫,以臀足趾钩抓住丝垫,然后吐丝在胸腹间环绕成带,缠在枝干等物上化蛹(此蛹称缢蛹)越冬。天敌有凤蝶金小蜂和广大腿小蜂等。

防治方法 (1)捕杀幼虫和蛹。(2)保护和引放天敌。为保护天敌可将蛹放在纱笼里置于园内,寄生蜂羽化后飞出再行寄生。(3)药剂防治。可用每克300亿孢子青虫菌粉剂1000~2000倍液或40%敌·马乳油1500倍液、40%菊·杀乳油1000~1500倍液、90%敌百虫可溶性粉剂800倍液、10%溴·马乳油2000倍液、80%敌敌畏或50%杀螟硫磷等1000~1500倍液,于幼虫龄期喷洒。

达摩凤蝶

学名 *Princeps demoleus* Linnaeus 鳞翅目,凤蝶科。别名:黄花凤蝶。分布:浙江、江西、贵州、福建、台湾、湖北、广西、广东、四川。

达摩凤蝶雄成虫

寄主 柑橘类。

为害特点 幼虫食叶成缺刻和孔洞。

形态特征 成虫 体长32mm,翅展92mm,体背灰黑,腹部两侧及腹面淡黄色,翅黑色,前翅有大小淡黄斑23个,中室内有放射状黄线纹,后翅有11个淡黄斑,前缘有1黑蓝眼斑,臀角具1椭圆形橙红色斑,无尾突;翅背面黑色,布满黄色大斑。卵 球形,浅黄色。幼虫 体长50mm,头橙黄色,胴部青绿色,后胸背面有齿纹,两侧有眼斑;第4腹节两侧有黑褐色斜纹,伸达第5节背面不相交,第6、8、9节两侧也有斜纹伸达气门,第2~6节背面各有2个黑点。臭腺角紫红色,基部橙黄色。蛹 绿或黄褐色,头部两突起甚短,间凹陷,胸背角突不明显。

生活习性 广东年生4~5代,贵州、浙江、福建3~4代,以蛹越冬。广东各代成虫发生期:越冬代3月下旬至4月,第1代5月中下旬至6月上旬,第2代6月下旬至7月上旬,第3代8月中下旬,第4代10月上中旬。以第5代蛹越冬。越冬蛹期128~141天。成、幼虫习性与柑橘凤蝶相似。

防治方法 参考柑橘凤蝶。

玉带凤蝶(White-banded swallowtail)

学名 *Papilio polytes* Linnaeus 鳞翅目,凤蝶科。别名:白带凤蝶、黑凤蝶、缟凤蝶等。分布在北起北京、太原、西安、甘肃张家川,南至台湾、海南、广东、广西。

寄主 柑橘类、花椒、山椒等芸香科植物。

为害特点 同柑橘凤蝶。

形态特征 成虫:体长25~28(mm),翅展95~100(mm)。全体黑色。头较大,复眼黑褐色,触角棒状,胸背部有10个小白点,成2纵列。雄前翅外缘有7~9个黄白色斑点,近臀角者较大;后翅外缘呈波浪形,有尾突,翅中部有黄白色斑7个,横贯全翅似玉带,故得名。雌有二型:黄斑型与雄相似,后翅近外缘处有半月形深红色小斑点数个,或在臀角有1深红色眼状纹;赤斑型前翅外缘无斑纹,后翅外缘内侧有横列的深红黄色半月形斑6个,中部有4个大形黄白斑。卵:球形,直径1.2mm,初淡黄白,后变深黄色,孵化前灰黑至紫黑色。幼虫:体长45mm,头黄褐,体绿至深绿色,前胸有1对紫红色臭腺角。后胸肥大与第1腹节愈合,后胸前缘有1齿形黑色横纹,中间有4个灰紫色斑点,两侧有黑色眼斑;第2腹节前缘有1黑色横带;4、5腹节两侧各有1黑褐色斜带,带上有黄、绿、紫、灰色斑点;6腹节两侧各有1斜形花纹。幼虫共5龄:初龄黄白色;2龄黄褐色;3龄黑褐色。1~3龄体上有肉质突起和淡色斑纹,似鸟粪;4龄油绿色,体上斑纹与老熟幼虫相似。蛹:长30mm,体色多变,有灰褐、灰黄、灰黑、灰绿等,头顶两侧和胸背部各有1突起,胸背突起两侧略突出似菱角形。

生活习性 河南年生3~4代,浙江、四川、江西4~5代,

玉带凤蝶成虫(唐文强)

玉带凤蝶幼虫栖息在叶片上

福建、广东5~6代，以蛹在枝干及柑橘叶背等隐蔽处越冬。浙江黄岩各代成虫发生期依次为5月上中旬；6月中下旬；7月中下旬；8月中下旬；9月中下旬。广东各代成虫发生期依次为3月上中旬；4月上旬至5月上旬；5月下旬至6月中旬；6月下旬至7月；7月下旬至10月上旬；10月下旬至11月。以第6代蛹越冬，越冬蛹期103~121天。成、幼虫习性与柑橘凤蝶相似。

防治方法 参考柑橘凤蝶。

棉蝗（Cotton grasshopper）

学名 *Chondracris rosea* (De Geer) 直翅目，蝗科。分布在辽宁、内蒙古、陕西、河北、河南、山东、安徽、江苏、浙江、江西、福建、台湾、广东、海南、广西、四川、云南等地。

棉蝗

寄主 椰子、柑橘、相思树、樟树、棉花、草坪及各种农作物、蔬菜等。

为害特点 食叶成缺刻或孔洞。

形态特征 雄体长45~51(mm)，雌60~80(mm)，雄前翅长12~13(mm)，雌16~21(mm)，体黄绿色，后翅基部玫瑰色。头顶中部、前胸背板沿中隆线及前翅臀脉域生黄色纵条纹。后足股节内侧黄色，胫节、跗节红色。头大，较前胸背板长度略短。触角丝状，向后伸达后足股节基部，中段一节长为宽的3.3~4倍。前胸背板有粗瘤突，中隆线呈弧形拱起，有3条明显横沟切断中隆线。前胸背板前缘呈角状凸出，后缘直角形凸出。中后胸侧板生粗瘤突。前胸腹板突为长圆锥形，向后极弯曲，顶端几达中胸腹板。前翅发达，长达后足胫节中部，后翅与前翅近等长。后足胫节上侧的上隆线有细齿，但无外端刺。雄腹部末节背板中央纵裂，肛上板三角形，基半中央有纵沟。雌肛上板亦为三角形，中央有横沟。下生殖板后缘中央三角形突出，产卵瓣短粗。

生活习性 河南年生1代，以卵在土中越冬。翌年越冬卵于5月下旬孵化，6月上旬进入盛期，7月中旬为成虫羽化盛期，9月后成虫开始产卵越冬。成虫羽化后第二天开始取食；经10天左右后交尾产卵。卵产于土中，产一次卵后，再次交尾。卵块周围有胶质卵袋。每雌产卵100~300粒。成虫善飞，寿命50~90天，蝗蝻历期50~60天。

防治方法 幼蝻期喷洒20%氰戊菊酯乳油1500倍液或5%除虫菊素乳油1000倍液、45%马拉硫磷乳油1000倍液、5%氟啶脲乳油2000倍液。其它方法参见草莓害虫——短额负蝗。

柑橘粉虱（Citrus whiteflies）

学名 *Dialeurodes citri* (Ashmead) 同翅目，粉虱科。别名：柑橘绿粉虱、茶园橘黄粉虱、通草粉虱、白粉虱。分布在北京、河北、山东、安徽、江苏、上海、浙江、湖北、湖南、福建、台湾、广东、海南、广西、云南、四川。

柑橘粉虱若虫放大（杨子琦）

寄主 柑橘、金橘、石榴、柿、板栗、咖啡、茶、油茶、女贞、杨梅等。

为害特点 以幼虫群集于叶背刺吸汁液，粉虱产生分泌物易诱发煤病，影响光合作用，致发芽减少，树势衰弱。

形态特征 成虫：雌虫体长1.2mm，雄虫1mm左右，体淡黄色，全体覆有白色蜡粉，复眼红褐色，翅白色。卵：长0.22mm，椭圆形，淡黄色，具短柄附着于叶背。幼虫：淡黄绿色，椭圆形，扁平，体周围有小突起17对，并有白色蜡丝呈放射状。蛹：长1.3mm，椭圆形，淡黄绿色。蛹壳广椭圆形，黄绿色，周缘有小突起，背面无刺毛，仅前后端各有一对小刺毛。

生活习性 浙江年生3代，以老熟幼虫或蛹在叶背越冬，翌年5月上中旬至6月羽化。成虫白天活动，雌虫交尾后在嫩叶背面产卵，每雌产130粒左右。未经交尾亦能产卵繁殖，但后代全是雄虫。幼虫孵化后经数小时即在叶背固定，后渐分泌白色棉絮状蜡丝，虫龄增大蜡丝也长。以树丛中间徒长枝和下部嫩叶背面发生最多。每年7、8月间发生最盛。天敌有寄生蜂和寄生菌。

防治方法 (1)加强管理。合理施肥，及时清除杂草，修剪疏枝。该虫为害严重的地区及时剪除距地面27~33(cm)以下的地下枝，改善通风透光条件，可消灭部分粉虱。发生严重、树势衰退的应重修剪，修剪后立即喷药防治。(2)在各代幼虫孵化盛末期或成虫盛发期及时喷药防治。由于该虫后期发生不整齐，应狠抓第一代的防治，发生严重时，对第一代连续防治两次，分别在幼虫孵化盛末期和成虫盛发期，两次约间隔10天左右，以后各代根据虫情重点防治或挑治。药剂可选用75%灭蝇胺可湿性粉剂5000倍液或25%吡蚜酮可湿性粉剂3000倍液、5%啶虫脒乳油3000倍液、25%噻虫嗪水分散粒剂5000倍液、20%吡虫啉浓可溶剂2000倍液、40%毒死蜱乳油800~1000倍液、10%联苯菊酯乳油4000倍液。由于粉虱多分布在叶背，尤其是柑橘粉虱，多在中间徒长枝的叶背，因此喷药时要求全面周到。(3)保护利用天敌。柑橘粉虱座壳孢菌(*Peroneutyta* sp.)是柑橘粉虱和蚧壳虫等的寄生真菌，为了提高其寄生率，防治柑橘病害时，提倡用石硫合剂、多菌灵、甲基硫菌灵、硫悬浮剂等对粉虱座壳孢菌杀伤率低的杀菌剂。

黑刺粉虱（Citrus spiny whitefly）

学名 *Aleurocanthus woglumi* Ashby 异名 *A.spiniferus* (Quaintance)同翅目，粉虱科。别名：橘刺粉虱、刺粉虱、黑蛹有刺粉虱。分布在江苏、上海、浙江、安徽、河南、江西、福建、台湾、湖北、湖南、广东、海南、广西、贵州、云南、四川。

寄主 除为害柑橘、橙、柚、沙田柚外，还为害人心果、葡萄、柿、梨、枇杷、龙眼、荔枝、杨梅、香蕉、苹果、栗等。

为害特点 成、若虫刺吸叶、果实和嫩枝的汁液，被害叶出现失绿黄白斑点，随为害的加重斑点扩展成片，进而全叶苍白早落；被害果实风味品质降低，幼果受害严重时常脱落。排泄蜜露可诱致煤污病发生。该虫近年为害呈上升的趋势，成为果树重要害虫。

形态特征 成虫：体长 0.96～1.3(mm)，橙黄色，薄敷白粉。复眼肾形红色。前翅紫褐色，上有 7 个白斑；后翅小，淡紫褐色。卵：新月形，长 0.25mm，基部钝圆，具 1 小柄，直立附着在叶上，初乳白后变淡黄，孵化前灰黑色。若虫：体长 0.7mm，黑色，体背上具刺毛 14 对，体周缘泌有明显的白蜡圈；共 3 龄，初龄椭圆形淡黄色，体背生 6 根浅色刺毛，体渐变为灰至黑色，有光泽，体周缘分泌 1 圈白蜡质物；2 龄黄黑色，体背具 9 对刺毛，体周缘白蜡圈明显。蛹：椭圆形，初乳黄渐变黑色。蛹壳椭圆形，长 0.7～1.1(mm)，漆黑有光泽，壳边锯齿状，周缘有较宽的白蜡边，背面显著隆起，胸部具 9 对长刺，腹部有 10 对长刺，两侧边缘雌有长刺 11 对，雄 10 对。

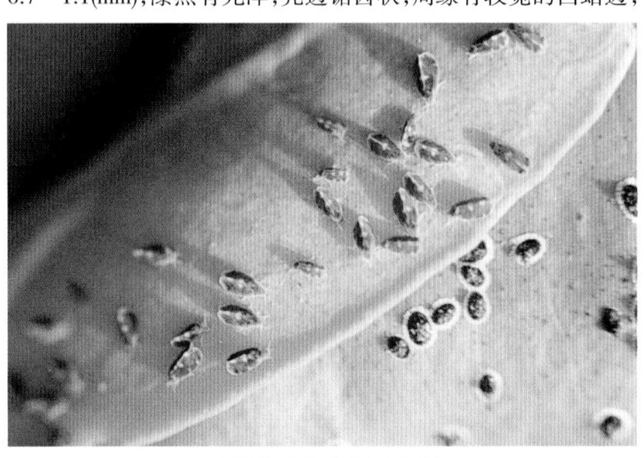
黑刺粉虱成虫(上)和蛹

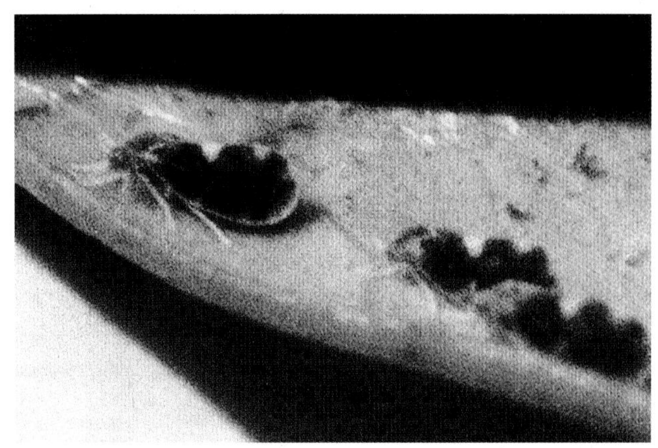
黑刺粉虱成虫放大

生活习性 安徽、浙江年生 4 代，福建、湖南、湖北和四川 4～5 代，均以若虫于叶背越冬。越冬若虫 3 月间化蛹，3 月下旬至 4 月羽化。世代不整齐，从 3 月中旬至 11 月下旬田间各虫态均可见。各代若虫发生期：第 1 代 4 月下旬至 6 月，第 2 代 6 月下旬至 7 月中旬，第 3 代 7 月中旬至 9 月上旬，第 4 代 10 月至翌年 2 月。成虫喜较阴暗的环境，多在树冠内膛枝叶上活动，卵散产于叶背，散生或密集呈圆弧形，数粒至数十粒一起，每雌可产卵数十粒至百余粒。初孵若虫多在卵壳附近爬动吸食，共 3 龄，2、3 龄固定寄生，若虫每次蜕皮壳均留叠体背。卵期：第 1 代 22 天，2～4 代 10～15 天。非越冬若虫期 20～36 天。蛹期 7～34 天。成虫寿命 6～7 天。天敌有瓢虫、草蛉、寄生蜂、寄生菌等。

防治方法 参见橄榄害虫——黑刺粉虱。

黑粉虱（Marlatt whitefly）

学名 *Aleurolobus marlatti* Quaintance 同翅目，粉虱科。别名：橘黑粉虱、柑橘圆粉虱、柑橘无刺粉虱、马氏粉虱。分布江苏、浙江、江西、河南、陕西、四川、广东、广西、福建、云南、台湾。

寄主 茶、油茶、柑橘、无花果、山楂、梨、桃、葡萄、柿、栗等。

为害特点 同黑刺粉虱。

形态特征 成虫：体长 1.2～1.3(mm)，橙黄色，有褐色斑纹。复眼红色，上、下分离为 2 对；单眼 2 个，生于复眼上缘；触角刚毛状 7 节，淡黄色。翅白色半透明，布有不规则的褐色斑纹，翅面被有白色蜡粉；前、后翅均各具 1 条纵脉。第 1、2、5、6、7 腹节的后缘有褐色横带；第 9 节大，背面有凹入称皿状孔，中间安置有第 10 节的背板称盖片及 1 管状肛下片称舌状突较长，盖片较大。雄虫较小，腹末有 2 片抱握器和向上弯曲的阳茎。雌虫腹末有 3 个生殖瓣：1 个背生殖突，2 个侧生殖突。卵：椭圆形，长 0.22～0.23(mm)，基部有 1 短柄，直立附着叶上，卵壳光滑。初产淡黄绿，孵化前淡绿褐色。幼虫：初孵体长 0.25mm，椭圆形，淡黄绿色。触角丝状 4 节；足短壮发达能爬行。静止后固着不动似蚧虫，体变褐色，触角和足均退化，体周围分泌有白色蜡质物，腹部周缘具 16 对小突起，并生有长、短刚毛。随龄增长，体周围的白色蜡质物增多。3 龄初体长 0.6mm

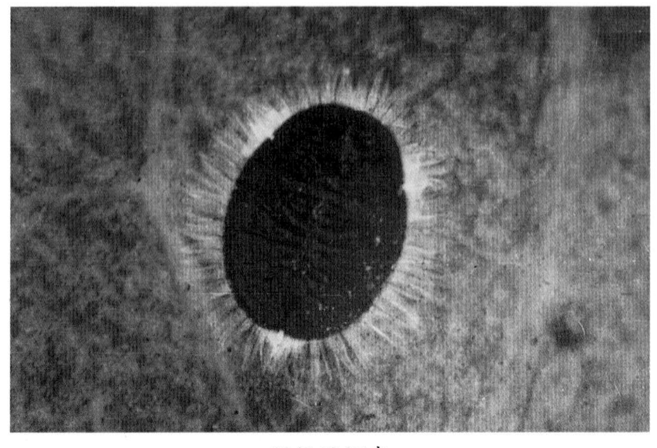
黑粉虱蛹壳

左右，老熟时体长与蛹壳长相似。蛹：椭圆形，雌长 1～1.2(mm)，雄长 0.8～1(mm)，黑色有光泽，全体无刺毛，体背多皱纹；壳周缘有整齐的白色针芒状蜡丝围绕，蜡丝近透明。

生活习性 约年生 3 代，多以 2 龄若虫于茶叶或落叶果树 1～2 年生枝上越冬。寄主发芽后继续为害、化蛹、羽化。各代成虫盛发期大体为：越冬代 5 月中旬前后；第 1 代 7 月上旬前后；第 2 代 9 月中旬前后。以第 3 代若虫越冬。成虫习性同黑刺粉虱，卵多散产于叶背，1 叶上可产数十粒卵。初孵若虫寻找适宜场所静止固着为害，不再转移。非越冬若虫多爬到叶背上，越冬若虫多爬到当年生枝上；蜕皮壳常留于体背上，日久多脱落，3 龄老熟时体壁硬化，不脱掉而成为蛹壳，于内化蛹。天敌同黑刺粉虱。

防治方法 参见橄榄害虫——黑刺粉虱。

烟粉虱（Tobacco whitefly）

学名 *Bemisia tabaci* (Gennadius)属同翅目，粉虱科。异名 *B.gossypiperda* Misra et Lamb、*B.longispina* Preisner et Hosny. 分布在中国、日本、马来西亚、印度、非洲、北美等国。

寄主 柑橘、梨、橄榄、棉花、烟草、番茄、番薯、木薯、十字花科、葫芦科、豆科、茄科、锦葵科等 10 多科 50 多种植物。

为害特点 成、若虫刺吸植物汁液，受害叶褪绿萎蔫或枯死。近年该虫为害呈上升趋势。有些地区与白粉虱混合发生，混合为害更加猖獗。

形态特征 成虫：体长 1mm，白色，翅透明具白色细小粉状物。蛹长 0.55～0.77(mm)，宽 0.36～0.53(mm)。背刚毛较少，4 对，背蜡孔少。头部边缘圆形，且较深弯。胸部气门褶不明显，背中央具疣突 2～5 个。侧背腹部具乳头状突起 8 个。侧背区微皱不宽，尾脊变化明显，瓶形孔大小 0.05～0.09×0.03～0.04(mm)，唇舌末端大小 0.02～0.05×0.02～0.03(mm)。盖瓣近圆形。尾沟 0.03～0.06(mm)。

烟粉虱成虫放大

烟粉虱蛹

生活习性 亚热带年生 10～12 个重叠世代，几乎月月出现一次种群高峰，每代 15～40 天，夏季卵期 3 天，冬季 33 天。若虫 3 龄，9～84 天，伪蛹 2～8 天。成虫产卵期 2～18 天。每雌产卵 120 粒左右。卵多产在植株中部嫩叶上。成虫喜欢无风温暖天气，有趋黄性，气温低于 12℃停止发育，14.5℃开始产卵，气温 21～33℃，随气温升高，产卵量增加，高于 40℃成虫死亡。相对湿度低于 60%成虫停止产卵或死去。暴风雨能抑制其大发生，非灌溉区或浇水次数少受害重。

防治方法 参见柑橘粉虱。

柑橘木虱（Citrus psylla）

学名 *Diaphorina citri* Kuwayama 同翅目，木虱科。分布在浙江、江西、福建、台湾、广西、广东、四川、贵州、云南等省。

寄主 柑橘类、柠檬、黄皮、九里香等。

为害特点 成、若虫刺吸芽、幼叶、嫩梢及叶片汁液，被害嫩梢幼芽干枯萎缩，新叶扭曲畸形。若虫排出物洒落枝叶上，常导致煤污病发生。并传播柑橘黄龙病。

形态特征 成虫：体长 2.8～3.2(mm)，青灰色具褐色斑纹，被有白粉。头部前方的两个颊锥突出，复眼暗红色，单眼橘红色，触角丝状 10 节，末端有两条不等长的硬毛。前翅半透明，散布褐色斑纹，翅缘色较深，近外缘边上有 5 个透明斑，后翅无色透明。卵：芒果形，长 0.3mm，橙黄色，具 1 短柄。若虫：扁椭圆形背面稍隆起，体黄色，共 5 龄。3 龄起各龄后期体色黄褐相间，2 龄开始显露翅芽，各龄腹部周缘分泌有短蜡丝。末龄体长 1.59mm，中后胸背面两侧具黄褐色斑纹，从头部至腹部第 4 节背中线为黄白或黄绿色。

生活习性 浙江南部年生 6～7 代，台湾、福建、广东、四川 8～14 代，世代重叠，全年可见各虫态。以成虫群集叶背越冬。翌年 3～4 月气温达 18℃以上时开始活动为害并在新梢嫩芽上产卵繁殖。在福州，春、夏、秋梢抽生期是主要发生为害期，以秋梢期为害最重，秋芽常枯死。日平均温度 22～28℃时，完成一个世代经 23～24 天，19.6℃时为 53 天。成虫产卵于嫩芽缝

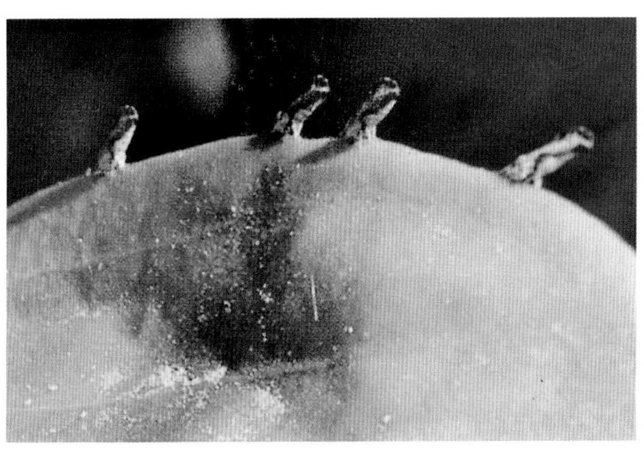
柑橘木虱成虫放大

隙中,1个芽上卵数多达200粒。单雌平均卵量630~1230粒。卵期3~14天,卵只能在放梢初期芽缝高温环境下孵化。初孵若虫聚集于幼芽、嫩梢上为害。若虫期12~34天。成虫喜在通风透光好处活动,树冠稀疏,弱树发生较重。成虫寿命:越冬代半年以上,其余世代30~50天。

防治方法 (1)橘园种植防护林,增加荫蔽度可减少发生。(2)加强栽培管理,使新梢抽发整齐,并摘除零星枝梢,以减少木虱产卵繁殖场所。砍除失去结果能力的衰弱树,减少虫源。(3)药剂防治:嫩梢抽发期发生木虱时,喷药保护新梢。可喷洒10%吡虫啉可湿性粉剂2000倍或10%啶虫脒微乳剂3000~4000倍液、40%毒死蜱乳油1000倍液、20%丁硫克百威乳油2000倍液、10%联苯菊酯乳油2500~3000倍液、20%氰戊菊酯乳油2000倍液、2.5%溴氰菊酯乳油2000倍液、25%噻嗪酮乳油1000倍液、25%亚胺硫磷乳油1000倍液、2.5%鱼藤酮乳油500倍液。

眼纹疏广蜡蝉(Pellucid broad-winged planthopper)

学名 *Euricania ocellus* (Walker)同翅目,广翅蜡蝉科。别名:桑广翅蜡蝉、眼纹广翅蜡蝉。异名*Pochazia ocellus* Walker, *Ricania ocellus* Stal.。

寄主 洋槐、柑橘、茶、桑、油茶、油桐、蓖麻、通草、南瓜、苎麻、葡萄、梨等。

为害特点 成虫、若虫均群集于叶柄、嫩芽、嫩茎上刺吸汁液,使为害部位呈淡黄绿小点,后叶黄,株上部变黄,有的茎髓腐烂。

形态特征 成虫:体长7mm,翅展20mm左右,头、前胸、中胸栗褐色;前胸背板极短,有中脊线;中胸背板很长,有5条脊线。前翅无色透明,翅脉除中央基部脉纹无色外,其余均褐色,前、外、内缘均有栗褐色宽带,前缘带更宽,在中部和近端部二处中断,各夹有一黄褐色三角形斑;中横带栗褐色,较宽,其中段围成一圆环,外横带淡褐色,略呈波形,近翅基部有一栗褐色小斑。后翅无色透明,翅脉褐色,近后缘有模糊的褐色纵条。后足胫节外侧有2个刺。卵:长椭圆形,乳白色。若虫:乳白色,腹末有白色蜡丝3束,散开如孔雀开屏。

生活习性 一年一代,以卵在枝梢内越冬。次年5月孵化,5月至8月中旬为害。若虫期长达40~50天,成虫善跳,寿命一个月左右,产卵期为7月下旬至8月中旬,卵期长达9个多月,卵多产在当年生嫩梢上。

防治方法 (1)用草刷、废布条扫打灭杀群集成、若虫,结合整枝,剪烧产卵枝。(2)用80%敌敌畏乳油或40%乐果乳油1000~1500倍液喷雾。

绿鳞象甲(Cotton green weevil)

学名 *Hypomeces squamosus* Herbst属鞘翅目,象甲科。别名:蓝绿象、绿绒象虫、棉叶象鼻虫、大绿象虫等。分布河南、江苏、安徽、浙江、江西、湖北、湖南、广东、广西、福建、台湾、四川、云南、贵州。

寄主 茶、油茶、柑橘、棉花、甘蔗、桑树、大豆、花生、玉米、烟草、麻等。

为害特点 成虫食叶成缺刻或孔洞。

形态特征 成虫:体长15~18(mm),体黑色,表面密被闪光的粉绿色鳞毛,少数灰色至灰黄色,表面常附有橙黄色粉末而呈黄绿色,有些个体密被灰色或褐色鳞片。头管背面扁平,具纵沟5条。触角短粗。复眼明显突出。前胸宽大于长,背面具宽而深的中沟及不规则刻痕。鞘翅上各具10行刻点。雌虫胸部盾板茸毛少,较光滑,鞘翅肩角宽于胸部背板后缘,腹部较大;雄虫胸部盾板茸毛多,鞘翅肩角与胸部盾板后缘等宽,腹部较小。卵:长约1mm,卵形,浅黄白色,孵化前暗黑色。末龄幼虫体长15~17(mm),体肥大多皱褶,无足,乳白色至黄白色。裸蛹:长14mm左右,黄白色。

生活习性 长江流域年生1代,华南2代,以成虫或老熟幼虫越冬。4~6月成虫盛发。广东终年可见成虫为害。浙江、安徽多以幼虫越冬,6月成虫盛发,8月成虫开始入土产卵。云南西双版纳6月进入羽化盛期。福州越冬成虫于4月中旬出土,6月中、下旬进入盛发期,8月中旬成虫明显减少,4月下旬至10月中旬产卵,5月上旬至10月中旬幼虫孵化,9月中旬~10月中旬化蛹,9月下旬羽化的成虫仅个别出土活动,10月羽化的成虫在土室内蛰伏越冬。成虫白天活动,飞翔力弱,善爬行,有群集性和假死性,出土后爬至枝梢为害嫩叶,能交配多次。卵多单粒散产在叶片上,产卵期80多天,每雌产卵80多粒。幼虫孵化后钻入土中10~13(cm)深处取食杂草或树根。幼虫期80多天,9月孵化的长达200天。幼虫老熟后在6~10(cm)土中化蛹,蛹期17天。靠近山边、杂草多、荒地边的果园受害重。

眼纹疏广蜡蝉

绿鳞象甲成虫

防治方法 (1)在成虫出土高峰期人工捕杀。成虫盛发期振动橘树,下面用塑料膜承接后集中烧毁。(2)用胶黏杀 用桐油加火熬制成胶糊状,涂在树干基部,宽约10cm,象甲上树时即被黏住。涂一次有效期2个月。(3)必要时喷洒90%杀螟丹可湿性粉剂1000倍液或40%辛硫磷乳油800倍液、棉油皂50倍液。喷药时树冠下地面也要喷湿,杀死坠地的假死象虫。(4)注意清除果园内和果园周围杂草,在幼虫期和蛹期进行中耕可杀死部分幼虫和蛹。

柑橘灰象甲(Citrus weevils)

学名 *Sympiezomias citri* (Chao) 鞘翅目,象甲科,棒足灰象属。别名:柑橘大象甲、柑橘灰鳞象鼻虫。分布:浙江、贵州、四川、福建、江西、湖南、广东、陕西、安徽。

寄主 以甜橙、柑橘和柚类为主,也为害桃、枣、猕猴桃、茶、桑、枇杷、龙眼、荔枝等。

为害特点 成虫为害柑橘新梢嫩叶,咬成缺口和缺孔,有时在叶柄上留下网状残绿或叶脉。幼果受害,果皮被啮食成凸凹不平的缺刻,后渐愈合成为"伤疤",与低龄卷叶蛾幼虫为害相似,只是伤部面积较小。日咬伤幼果10多个。

形态特征 成虫:体长约10.5mm,灰色。头管较粗,背面黑色。前胸背面密布不规则瘤状突,中央生黑色宽纵纹。每鞘翅上有10条由刻点组成的纵沟纹,鞘翅基部灰白色,中部横列灰白色斑纹。卵:长筒形,乳白色。末龄幼虫:体长11~13(mm),乳白色至浅黄色,头黄褐色,无足。蛹:浅黄色,头管弯向胸前,腹末具刺1对,黑褐色。

生活习性 江西、福建、贵州年生1代,少数2年1代,以成虫和幼虫在土中越冬。翌春3月底4月初成虫陆续出土,爬上枝梢为害嫩叶,常群集为害有假死性,5月后转害幼果,取食果皮,5月上旬前后产卵,卵块产在叠置的两叶片之间近叶缘处,并分泌黏液使两叶片黏合,每卵块有卵40~50粒,雌成虫一生能产31~75个卵块,幼虫孵化后落地入土,在10~15(cm)土中取食根部和腐殖质。幼虫期最长,故成虫出土时间也很不一致。蛹栖深度约10~15(cm),预蛹期约8天,蛹期约20天。成虫羽化后,在蛹室中越冬并息留数月。

防治方法 (1)成虫上树前,树干上涂胶,并注意把黏在胶上的成虫捡拾,利用成虫假死性,震落捕杀。(2)冬季耕翻园土可杀死部分越冬象虫。提倡用塑料薄膜包扎树干基部成喇叭状,

柑橘灰象甲成虫

阻止其上树。也可在树蔸四周开沟灌药,杀死过沟成虫有效。(3)喷洒90%敌百虫可溶性粉剂或80%敌敌畏乳油900倍液,隔15天1次,连防2~3次。

柑橘潜叶蛾(Citrus leafminer)

学名 *Phyllocnistis citrella* Stainton 鳞翅目,潜叶蛾科。别名:橘潜蛾。分布:河南、江苏、安徽、浙江、江西、福建、台湾、湖北、湖南、广西、广东、陕西、四川、贵州、云南、甘肃、海南。

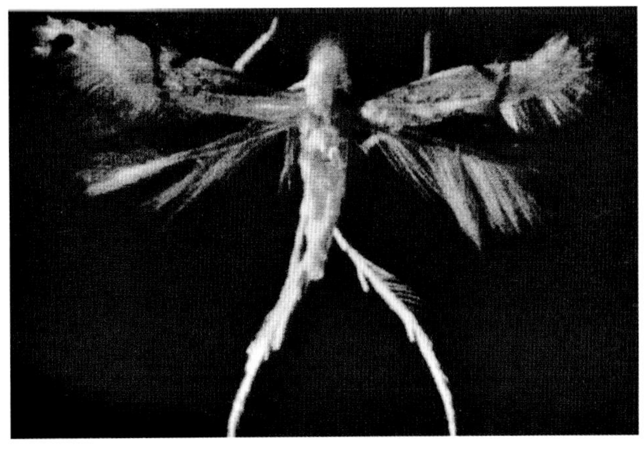

柑橘潜叶蛾成虫放大

寄主 柑橘类。

为害特点 幼虫潜入嫩叶、嫩梢表皮下蛀食,形成弯曲隧道,被害叶卷缩易落,新梢生长停滞。伤口易染溃疡病,苗木和幼树受害较重。

形态特征 成虫:银白色,体长2mm,翅展4mm,触角丝状,前翅披针形,翅基部具2条黑褐色纵纹,翅近中部有黑褐色"Y"形斜纹,前缘中部至外缘有橘黄色缘毛,顶角有黑圆斑1个。后翅针叶状缘毛长。卵:椭圆形白色透明。幼虫:扁平无足黄绿色,头三角形,3龄体长3~4(mm),腹末端具细长尾状物1对。蛹:纺锤形,黄褐色,长2.5mm。茧:黄褐色。

生活习性 浙江年生9~10代,福建11~14代,广东、广西15代,世代重叠,多以幼虫和蛹越冬。均温26~29℃时,13~15天完成一代,幼虫期5~6天,蛹期5~8天,成虫寿命5~10天,卵期2天。16.6℃时42天完成1代。成虫昼伏夜出,飞行敏捷,趋光性弱,卵多散产在嫩叶背面主脉附近,每雌产卵20~80粒,多达100粒。初孵幼虫由卵底潜入皮下为害,蛀道总长约50~100(mm),蛀道中央有黑色虫粪。幼虫共4龄,3龄为暴食阶段,4龄不取食,口器变为吐丝器,于叶缘吐丝结茧,致叶缘卷起于内化蛹。天敌有多种小蜂,优势种为橘潜蛾姬小蜂。

防治方法 (1)结合栽培管理及时抹芽控梢,摘除过早、过晚的新梢,通过水、肥管理使夏、秋梢抽发整齐健壮,是抑制虫源防治此虫的根本措施。(2)保护释放天敌。(3)药剂防治,于潜叶蛾发生始盛期或新梢3mm长时,喷洒1.8%阿维菌素乳油2000倍液或3%啶虫脒乳油1000倍液、40%毒死蜱乳油1600倍液。

短凹大叶蝉

学名 *Bothrogonia* (O.) *exigua* Yang et Li 同翅目,叶蝉科。别名:蜡粉大叶蝉。分布:贵州、广西、云南、湖南、四川。

短凹大叶蝉

寄主 柑橘、甘蔗、杂木。

为害特点 吸食叶肉组织的养液，在叶面留下黄白色褪绿的小斑点。虫量大时，柑橘植株发黄，生长弱。

形态特征 成虫：体长13～14(mm)，在叶蝉科中是体形较大的种类之一。体黄棕色间杂灰白色。头部头冠前缘圆，前侧缘与复眼外缘几乎成直线，头冠中央无脊无洼，二复眼赤棕褐色，其间有1较大的黑圆斑，头冠前缘正中有1长方形黑色斑，且延伸至颜面；颜面后唇基与前唇基交接处有1黑色横斑；单眼黑褐色，位于头冠中域；触角基节和柄节黑褐色，端部红褐色。前胸背板比小盾片长，前缘弧圆，后缘近乎平直，板面有3个圆形黑斑，呈正三角形排列。小盾片横刻痕位于中央稍后处，板面具白色蜡粉，中域有1黑色圆斑。前翅长度超过腹末端，前缘被蜡粉，翅脉完全，具5个端室，端片狭而长，翅基部有1黑色斑。腹面观胸部腹板黑色；足腿节端部和胫节两端黑色；腹部腹面黑色，各节后缘有黄白色窄边。雌虫第7节腹板短而宽凹，两侧叶短切，第8节背板外露在前腹板之后。雄虫腹末端黑色，生殖荚突外露部分弯凸，凸折后粗大，其背具齿列，端部细且弯。

生活习性 年发生世代不详。成虫产卵于禾本科植物寄主的叶鞘中，主害杂灌木。此虫不在橘园繁殖，仅以成虫取食为害当年生成熟叶片。6～9月发生量相对较多，总体危害较轻。

防治方法 参见桃树害虫——小绿叶蝉。

茶蓑蛾(Tea bagworm)

学名 *Clania minuscula* (Butler) 鳞翅目，蓑蛾科。异名：

茶蓑蛾蓑囊放大

Cryptothelea minuscula (Butler)、*Eumeta minuscula* Butler 别名：小窠蓑蛾、小蓑蛾、小袋蛾、茶袋蛾、避债蛾、茶背袋虫。分布在陕西、山西、北京、河北、河南、山东、安徽、江苏、上海、浙江、江西、福建、台湾、广东、广西、湖南、湖北、贵州、四川、云南等地。

寄主 梨、苹果、桃、李、杏、樱桃、梅、柑橘、石榴、柿、银杏、荔枝、番石榴、枣、葡萄、栗、枇杷、花椒、茶、山茶等31种100多种植物。

为害特点 幼虫在护囊中咬食叶片、嫩梢或剥食枝干、果实皮层，造成局部光秃。该虫喜集中为害。

形态特征 成虫：雌蛾体长12～16(mm)，足退化，无翅，蛆状，体乳白色。头小，褐色。腹部肥大，体壁薄，能看见腹内卵粒。后胸、第4～7腹节具浅黄色茸毛。雄蛾体长11～15(mm)，翅展22～30(mm)，体翅暗褐色。触角呈双栉状。胸部、腹部具鳞毛。前翅翅脉两侧色略深，外缘中前方具近正方形透明斑2个。卵：长0.8mm左右，宽0.6mm，椭圆形，浅黄色。幼虫：体长16～28(mm)，体肥大，头黄褐色，两侧有暗褐色斑纹。胸部背板灰黄白色，背侧具褐色纵纹2条，胸节背面两侧各具浅褐色斑1个。腹部棕黄色，各节背面均具黑色小突起4个，成"八"字形。蛹：雌纺锤形，长14～18(mm)，深褐色，无翅芽和触角。雄蛹深褐色，长13mm。护囊：纺锤形，深褐色，丝质，外缀叶屑或碎皮，稍大后形成纵向排列的小枝梗，长短不一。护囊中的雌老熟幼虫长30mm左右，雄虫25mm。

生活习性 贵州年生1代，安徽、浙江、江苏、湖南等省年生1～2代，江西2代，台湾2～3代。多以3～4龄幼虫，个别以老熟幼虫在枝叶上的护囊内越冬。安徽、浙江一带2～3月间，气温10℃左右，越冬幼虫开始活动和取食。由于此间虫龄高，食量大，成为灌木早春的主要害虫之一。5月中下旬后幼虫陆续化蛹，6月上旬～7月中旬成虫羽化并产卵，当年1代幼虫于6～8月发生，7～8月为害最重。第2代的越冬幼虫在9月间出现，冬前为害较轻，雌蛾寿命12～15天，雄蛾2～5天，卵期12～17天，幼虫期50～60天，越冬代幼虫240多天，雌蛹期10～22天，雄蛹期8～14天。成虫喜在下午羽化，雄蛾喜在傍晚或清晨活动，靠性引诱物质寻找雌蛾，雌蛾羽化翌日即可交配，交尾后1～2天产卵，每雌平均产676粒，个别高达3000粒，雌虫产卵后干缩死亡。幼虫多在孵化后1～2天下午先取食卵壳，后爬上枝叶或飘至附近枝叶上，吐丝黏缀碎叶营造护囊并开始取食。幼虫老熟后在护囊里倒转虫体化蛹在其中。天敌有蓑蛾疣姬蜂、松毛虫疣姬蜂、桑蟥疣姬蜂、大腿蜂、小蜂等。

防治方法 (1)发现虫囊及时摘除，集中烧毁。(2)注意保护寄生蜂等天敌昆虫。(3)掌握在幼虫低龄盛期喷洒90%敌百虫可溶性粉剂800~1000倍液或80%敌敌畏乳油1200倍液、50%杀螟硫磷乳油1000倍液、90%杀螟丹可湿性粉剂1200倍液、2.5%溴氰菊酯乳油2000倍液。(4)提倡喷洒每g含100亿活孢子的苏云金杆菌悬浮剂800~1000倍液进行生物防治。

油桐尺蠖(Tung-oil tree geometrid)

学名：*Buzura suppressaria* (Guenée) 鳞翅目，尺蠖蛾科。别名 大尺蠖、量尺虫、油桐尺蛾、柴棍虫、卡步虫等。分布河南、安徽、江苏、浙江、江西、湖北、湖南、四川、贵州、广东、广西、

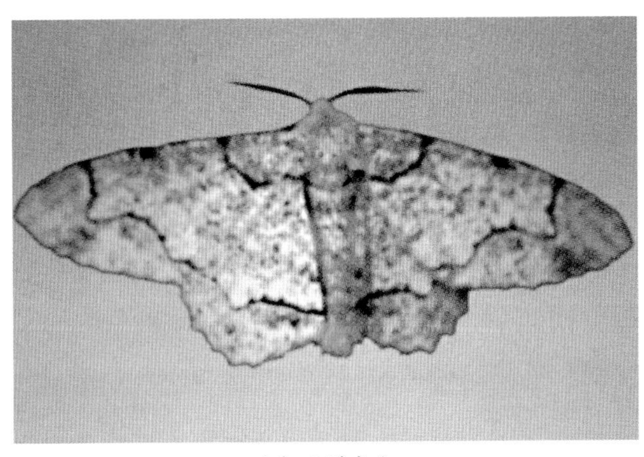

油桐尺蠖成虫

油桐尺蠖幼虫放大

福建、云南等省。

寄主 油桐、茶、柑橘、梨、荔枝、龙眼、杨梅、刺槐、漆树、乌桕、麻栎、板栗、杉、花椒等。

为害特点 幼虫食叶成缺刻或孔洞，严重的把叶片吃光，致上部枝梢枯死，严重影响产量和质量。

形态特征 成虫：雌成虫体长 24～25(mm)，翅展 67～76(mm)。触角丝状。体翅灰白色，密布灰黑色小点。翅基线、中横线和亚外缘线系不规则的黄褐色波状横纹，翅外缘波浪状，具黄褐色缘毛。足黄白色。腹部末端具黄色茸毛。雄蛾体长 19～23(mm)，翅展 50～61(mm)。触角羽毛状，黄褐色，翅基线、亚外缘线灰黑色，腹末尖细。其他特征同雌蛾。卵：长 0.7～0.8(mm)，椭圆形，蓝绿色，孵化前变黑色。常数百至千余粒聚集成堆，上覆黄色茸毛。幼虫：末龄幼虫体长 56～65(mm)。初孵幼虫长 2mm，灰褐色，背线、气门线白色。体色随环境变化，有深褐、灰绿、青绿色。头密布棕色颗粒状小点，头顶中央凹陷，两侧具角状突起。前胸背面生突起 2 个，腹面灰绿色，别于云尺蠖。腹部第八节背面微突，胸腹部各节均具颗粒状小点，气门紫红色。蛹：长 19～27(mm)，圆锥形。头顶有一对黑褐色小突起，翅芽达第四腹节后缘。臀棘明显，基部膨大，凹凸不平，端部针状。

生活习性 河南年生 2 代，安徽、湖南年生 2～3 代，广东 3～4 代。以蛹在土中越冬，翌年 4 月成虫羽化产卵。一代成虫发生期与早春气温关系很大，温度高始蛾期早。湖南长沙一代成虫寿命 6.5 天，二代 5 天；卵期一代 15.4 天，二代 9 天；幼虫期一代 33.6 天，二代 35.1 天；蛹期一代 36 天，越冬蛹期 195 天。广东英德成虫寿命 3～6 天，卵期 8～17 天，幼虫期 23～54 天，非越冬蛹 14 天左右。成虫多在晚上羽化，白天栖息在高大树木的主干上或建筑物的墙壁上，受惊后落地假死不动或做短距离飞行，有趋光性。成虫羽化后当夜即交尾，翌日晚上开始产卵，卵多产在高大树木主干的缝隙中或茶丛枝叶间。每雌产卵 2000 余粒。卵孵化率 98%以上。幼虫孵化后向树木上部爬行，后吐丝下垂，借风飘荡分散。幼虫共 6～7 龄。喜在傍晚或清晨取食，低龄幼虫仅取食嫩叶和成叶的上表皮或叶肉，使叶片呈红褐色焦斑，3 龄后从叶尖或叶缘向内咬食成缺刻，4 龄后食量大增，每头老熟幼虫每天食量达 60～70cm^2 的叶面积。3 龄后幼虫畏强光，中午阳光强时常躲在茶丛枝叶间。老熟后入土 3～5cm 在距根基 30cm 半径内筑土室化蛹。天敌有黑卵蜂、寄生蝇等。

防治方法 (1)深翻灭蛹。(2)人工防治。①在发生严重的果园于各代蛹期进行人工挖蛹。②根据成虫多栖息于高大树木或建筑物上及受惊后有落地假死习性，在各代成虫期于清晨进行人工扑打，也是防治该尺蠖的重要措施；③卵多集中产在高大树木的树皮缝隙间，可在成虫盛发期后，人工刮除卵块。(3)掌握在孵化盛末期对橘园附近高大树木及树丛喷洒 25%灭幼脲 1500 倍液或 20%氰戊菊酯乳油 1500 倍液或 55%氯氰·毒死蜱乳油 1500 倍液。(4)于成虫发生盛期每晚点灯诱杀成虫。(5)提倡施用油桐尺蠖核型多角体病毒，每 km^2 用多角体 2500 亿，对水 140L，于第一代幼虫 1～2 龄高峰期喷雾(相当于 1.4×10^8 多角体 /mL)，当代幼虫死亡率 80%，持效 3 年以上。

海南油桐尺蠖

学名 *Buzura suppressaria benescripta* Prout 鳞翅目尺蛾科。别名：大尺蠖。分布在河南、福建、安徽、江西、湖南、四川、浙江、广东、广西、海南。

寄主 柑橘、油桐、茶树、桃、枣。

为害特点 是柑橘类暴发性大害虫。大发生时常把柑橘树整片食光，轻者把叶片吃成缺刻，严重时把老叶吃光。

形态特征 雌成虫：体长 22~25(mm)，翅展 60~65(mm)，雄蛾略小。雌成虫触角丝状，雄成虫羽毛状，前后翅灰白色，均杂有黑色小斑点，上生 3 条黄色波状纹。卵：直径 0.7~0.8(mm)，卵圆形，堆成卵块。幼虫：共 6 龄，末龄幼虫体长 60~75(mm)，初孵时灰褐色，2 龄后变成绿色，4 龄后有深褐、灰褐及青绿色等，多

海南油桐尺蠖成虫

随环境改变，头部密生棕色小点，顶部两侧有角突。蛹：长22~26(mm)，黑褐色。

生活习性 广西北部、福建年生3代，以蛹在土中越冬，3月底~4月初羽化。4月中旬~5月下旬发生1代幼虫，7月下旬~8月中旬发生2代幼虫，9月下旬~11月中旬发生第3代幼虫，以2、3代为害最烈。成虫昼伏夜出，飞翔力强，有趋光性，喜把卵产在叶背，每雌产卵800~1000粒，块产。初孵幼虫喜在叶尖顶部直立，幼虫吐丝随风飘散传播。幼虫老熟后在夜晚下树爬至地面寻找化蛹场所，多在主干60cm范围内浅土层化蛹。

防治方法 (1)广东每年11月~翌年2月、5月中旬下旬、7月中旬及8月下旬、9月上旬组织人力挖蛹。(2)每667m²×30土地安装一盏40瓦黑光灯诱杀成虫。(3)在老熟幼虫未入土化蛹前，用塑料薄膜铺设在主干四周并铺湿度适中的松土6~10(cm)厚，诱集幼虫化蛹灭之。(4)抓准1、2代1~2龄幼虫发生期喷洒2.5%溴氰菊酯乳油或20%氰戊菊酯乳油2000~2500倍液。

四星尺蛾(Small-four-eyed geometrid)

学名 *Ophthalmodes irrorataria* (Bremer et Grey)鳞翅目，尺蛾科。分布 东北、华北、四川、浙江、台湾。

四星尺蛾幼虫

寄主 苹果、梨、枣、柑橘、海棠、鼠李、蓖麻等多种植物。

为害特点 幼虫食叶成缺刻或孔洞。

形态特征 成虫：体长18mm，体绿褐色或青灰白色。前后翅具多条黑褐色锯齿状横线，翅中部具一肾形黑纹，前后翅上各具一个星状斑，与核桃星尺蛾极相近，但体较小，四个星斑也小。后翅内侧有一条污点带，翅反面布满污点，外缘黑带不间断。卵：长椭圆形，青绿色。末龄幼虫：体长65mm左右，体浅黄绿色，具黑色细纵条纹，腹背第二、八节上具瘤状突起各1对。蛹：长20mm左右，体前半部黑褐色，后半部红褐色。

生活习性 发生代数不详，9月中旬化蛹。

防治方法 参见油桐尺蠖。

大绿蝽(角肩蝽)(Citrus stink bug)

学名 *Rhynchocoris humeralis* (Thunberg)半翅目，蝽科。别名：长吻蝽、棱蝽、青蝽象、角尖蝽象。分布：浙江、江苏、福建、江西、湖北、湖南、四川、广东、广西、贵州、云南。

大绿蝽(角肩蝽)成虫放大

寄主 柑橘类、龙眼、荔枝、苹果、梨、栗、沙果、红花。

为害特点 成虫、若虫吸食叶片、嫩梢和果实的汁液，轻者影响果实发育，造成果小、僵硬、味淡、水分和糖分降低，严重时落果、枯梢。在橘园蝽类中，以此蝽为害严重。广西隆安县浪湾华侨农场，八十年代由于大绿蝽成灾，一般落果率5%，重园高达12%~15%。

形态特征 成虫：体长18~24(mm)，宽11~16(mm)。体型随生态环境不同而有差异。活虫与死虫体色也有区别，活虫青绿色，贮存一定时间的标本呈淡黄色、黄褐色或棕黄色，有时稍现红色。头凸出，口器粗大，喙末端为黑色，向后可伸达腹末；中叶与侧叶约等长，两叶间具黑色缝，上唇由中叶前端伸出；触角黑色5节；复眼黑色，呈半球形突出。前胸背板前缘附近黄绿色，两侧呈角状突出，并向上翘而角尖后指，侧角刻点粗而黑，背板其它部位刻点细密，后缘中部少数刻点为黑色，其余均同体色。小盾片舌形，绿色，有细刻点。足茶褐色，各足间有强隆脊，其后端成叉状；各足胫节末端及跗节黑色，跗节3节，有1对爪。腹部腹面中央有1明显的纵隆脊，气门旁有一小黑点；各腹节后侧角狭尖，黑色。雄虫腹末生殖节中央不分裂，雌虫分裂，以此区别两性个体。卵：腰鼓形，初灰白色，底部有胶质黏附于叶上，后色渐转暗。卵盖较小，周缘具小颗粒。若虫：共5龄。末龄若虫体长15~17(mm)，全体青绿或黄绿色。头部中央有一纵黑纹，复眼内侧各有1小黑斑。前胸背板侧角向后延伸，角尖指后，侧缘具细齿，有黑狭边，近侧缘处有1条由前角走向侧角的黑斜纹，斜纹前半段由黑点群集列成。中胸有4个小黑斑，翅芽伸达第3腹节，末端黑色，翅面散生小黑斑，外侧缘基半段为黑色。腹部背中区各黑斑裂为两块，侧缘具黑色边，每一节缝两侧各生一黑斑。

生活习性 年生1代，以成虫在柑橘枝叶丛中或附近避风荫蔽场所越冬。贵州罗甸越冬成虫5月上旬始见，中旬交尾产卵，5月下旬开始孵化。10月中旬仍可见到成、若虫。10月下旬后，成虫渐移至越冬场所进入越冬。卵期5~9天，若虫期30~40天，成虫寿命300天以上。福建省闽候地区越冬成虫5月上旬在橘树上出现，此后各虫态重叠，8~9月发生量最多，造成严重落果。成虫活动敏捷，受惊即飞走。交尾时间多在15~16时，10~11时也有交尾者。如无惊动，交尾时间长达1~2小时，或更长，在交尾过程中成虫还可吸食。交尾后3天产卵，卵

块 12~13 粒，排列整齐，一般产于叶面，少数产在果上。雌虫产卵期长，孵化率高达 90%以上。初孵幼虫团聚叶面吸食，2 或 3 龄始分散为害。

防治方法 喷洒 90%敌百虫可溶性粉剂或 40%乐果乳油 1000 倍液、30%乙酰甲胺磷乳油 900 倍液、20%氰戊菊酯乳油 2000 倍液、5.7%氟氯氰菊酯乳油 2000 倍液。对成、若虫防效很好。若虫期还可喷洒 5%啶虫脒乳油 2500 倍液、20%吡虫啉可溶性粉剂 3000 倍液、40%毒死蜱乳油 1500 倍液。

九香虫(Nine incense bug)

学名 *Coridius chinensis* Dallas 半翅目，蝽科。别名：黑兜虫、臭黑婆、黑打屁虫。分布在江苏、河南、广东、广西、福建、贵州、江西、台湾、四川。

寄主 柑橘、苹果、梨、桑、瓜类、花生、豆类、烟草、茄子、水稻、玉米、紫藤、刺槐等。

为害特点 以成、若虫散害于叶面，或聚集于小枝上吸食，影响树势生长。有时也为害果实，幼果早期被害成为僵果，后期被害影响品质。在医学上，常用此虫医治外伤、肝病、肾病、胃气痛等症，均有一定疗效。

形态特征 成虫：体长 16~20(mm)，宽 9~11(mm)，紫黑或黑褐色，稍有铜色光泽，密布刻点。头边缘稍上翘，侧叶长于中叶，并在中叶前方融合。复眼棕褐色，单眼红色。触角 5 节，基部 4 节黑，端节橘黄或黄色，第 2 节长于第 3 节。喙深褐色。前胸背板及小盾片上有近于平行的不规则横皱。背板前侧缘斜直，具狭边。小盾片末端钝圆，膜质部黄褐色。侧接缘及腹部腹面侧缘区各节黄黑相间，但黄色部常狭于黑色部，足紫黑色或黑褐色。雌虫后足胫节扩大，内侧有一个椭圆形凹陷的灰黄色斑。翅革质部刻点细密，深紫色稍具光泽。腹部腹面显著隆起，侧区铜褐色，中央深红色。卵：腰鼓形，横卧，长 1.2~1.3(mm)，宽 0.9~1.1(mm)。初产时白色转天蓝色，后变暗黄绿色。卵壳表面被白绒毛，近中部 1/3 处假卵盖周缘具粒状精孔突 36~42 板。若虫：共 5 龄。末龄若虫长 11~14.4(mm)，宽 7~8(mm)，头、胸部背板和侧板、腹部背板均具铜黑色斑块，具金属光泽。腹背面及腹面两侧黑褐色，腹面中央黄白色。头中叶短于侧叶，在中叶前相接，末端有 1 小缺口，侧缘上卷。触角 1~4 节黑色，第 5 节黄色，第 2、3 节较扁。喙末端黑色，头及胸背横皱明显。胸部侧缘具白边，中线淡黄。小盾片两侧角处具数条光滑的黑色条痕。翅芽伸达第 3 腹节基部。

生活习性 贵州、江西年发生 1 代，以成虫在植株基部的落叶下或杂草根际上表群集越冬，也有不少迁至石头缝或废弃的鼠洞中团聚过冬。翌年 5 月上始见成虫，中旬盛出，并进行交尾。5 月下旬至 7 月上旬产卵。卵孵化期 6 月下至 7 月下旬。若虫羽化期在 8 月上至 9 月中旬，少数可延至 10 月中旬。成虫 10 月上、中旬渐转入越冬场所。卵期 18~20 天。若虫期 98~125 天，平均 112 天。成虫寿命长达 11 个月，自然界中雌雄个体基本平衡。九香虫在橘园一般为个体散害状，卵多产在当年生枝条上，少数产在老枝或幼树近地面的茎上，成行排列绕于枝干成为卵块。若虫及成虫偶见数十乃至数百头聚挤，吸食茎的汁液，受惊即分散。成虫有一定的飞翔能力，交尾多在白天。

防治方法 参见大绿蝽。

柑橘云蝽(Loquat stink bug)

学名 *Agonoscelis nubilis* (Fabricius) 半翅目，蝽科。别名：云斑毛蝽、云斑蝽、橘云蝽。分布在浙江、福建、江西、广西、广东、贵州、海南、台湾；日本。

寄主 柑橘类、甜橙类、芒果、油橄榄、茶、玉米、豆类、麦、茴香。

为害特点 以成虫和若虫为害嫩叶、嫩茎及果实。嫩茎和叶片被害后，呈现黄褐色斑点，严重时叶片提早脱落，至枯死。果实被害后常呈畸形，被害处硬化。大发生时枝上布满该虫，数以千计，果质及产量受到很大影响。

形态特征 成虫：体长 9.5~11.5(mm)，宽 4.5~4.8(mm)。长椭圆形，淡黄褐色，具黑色云斑，故此得名。体密被细毛，布粗而黑的刻点，自头前端至小盾片末端有一条纵贯通达的淡黄色宽中线。头三角形，中叶与侧叶等长，侧缘黑色。触角黑色，基节黄褐色。喙长，黄褐色，端部黑色，可伸达第 3 腹节。前胸背板侧角圆滑，不突出。小盾片三角形，端区浅黄褐色，基部两侧角各有一个浅黄褐色的椭圆斑。前翅膜片淡黄褐色，脉粗黑，端部超过腹末节。足腿节末端及近端处各具一环状黑斑，胫节腹面及两端黑色。侧接缘各节交界处黑色，其余红黄色。体腹面黄褐色，侧方有 1~2 列黑斑。腹下中央具一条纵沟。

生活习性 海南全年无休眠期，随时可采到成虫。广东等地年发生 3~4 代，贵州罗甸等地年发生 2 代，6~8 月虫量较大。习性和生活史与麻皮蝽十分相似，橘园发生时间也大体一

九香虫成虫放大

云蝽成虫放大

致。此虫的团聚性比其它蝽类更为突出，有时成百近千头成虫似蜜蜂分房成团地累集在柑橘枝干上，甚为壮观。

防治方法 (1)发现橘园植株干枝上团聚有众多的云蝽成虫，即用塑料袋口接好，将虫用木棍刮入袋中，丢入火中烧毁，减少虫源量。(2)虫量不大时，与其它蝽类兼防。

绿盲蝽

学名 *Lygus lucorum* Meyer-Dur 又称花叶虫，除为害枣、葡萄外，还为害柑橘，主要以成虫和若虫刺吸芽、幼叶、新梢产生针头大小的褐色斑点或孔洞，造成叶片出现刺伤孔，致叶片皱缩，畸形或碎裂，生长受阻，花蕾受害后干枯。该虫年生 4~5 代，翌年 4 月越冬卵孵化成若虫为害柑橘，5 月进入为害盛期。

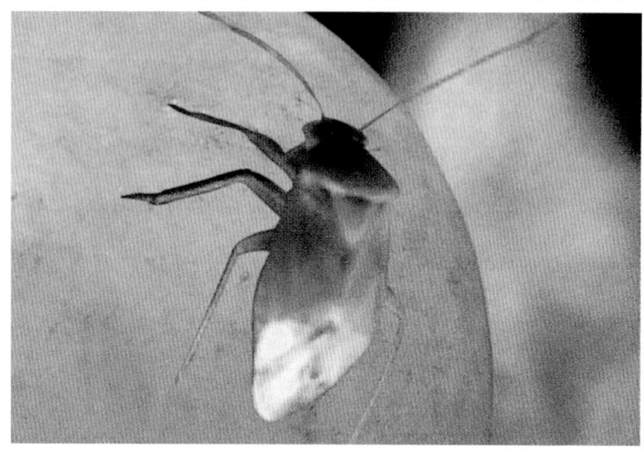

绿盲蝽

防治方法 (1)早诊断早预防。(2)越冬卵孵化期或新梢抽生时，喷洒 2.5%高效氯氟氰菊酯微乳剂或水乳剂 2000 倍液或 25%吡蚜酮可湿性粉剂 2500 倍液、40%甲基毒死蜱乳油 900 倍液。

小绿叶蝉

学名 *Empoasca flavescens* (Fabricius) 俗称浮尘子。除为害桃、苹果、梨、山楂、葡萄外，还为害柑橘、杨梅等。以成虫、若虫的针状口器刺吸果树幼芽、新叶、嫩茎的汁液，造成受害部变黄、萎蔫、枯焦或畸形，或出现污白色小点，生长停滞，株小不长。该虫在北方年发生 3~4 代、贵州 6~7 代、四川 9~11 代、福建、广东 12~13 代。以成虫在枯草落叶、树皮缝处越冬，成、若虫在叶背栖息危害。防治方法参见绿盲蝽。

小绿叶蝉

茶黄蓟马

学名 *Scirtothrips dorsallis* Hood，属缨翅目蓟马科。分布在广东雷州半岛、海南西部柑橘产区及广西、云南、浙江、福建、台湾。

寄主 柑橘、芒果、茶树、花生、草莓、荔枝、龙眼等。

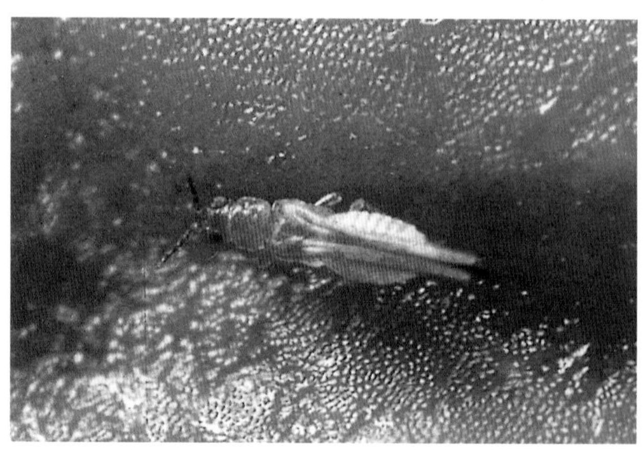

茶黄蓟马成虫放大

为害特点 茶黄蓟马为害嫩梢花穗时，引起叶片畸形，造成落花落果，为害生长中后期的果实，造成果实形成粗皮。春梢期成、若虫在嫩叶背面刺吸汁液，致嫩叶边缘卷曲呈波纹状，不能正常展开，叶肉出现褪绿小黄点，似花叶状，叶片发脆黄化，新梢顶芽受害，生长点受抑，出现枝叶丛生或萎蔫；新梢叶片展开后受害时，叶片变窄，僵硬状。花果期受害，成、若虫集中危害花穗，造成严重落花、落果。果实生长中后期受害，引起果皮增生，果皮变粗或产生锈皮斑。

形态特征 雌成虫：体长 0.9mm，黄色，触角第 1 节浅黄色，第 2 节黄色，第 3~8 节灰褐色；翅灰色，头宽为头长的 1.8 倍，单眼鲜红色。若虫：体短无翅。

生活习性 年生 5~6 代，以若虫和成虫在粗皮下或芽鳞内越冬。广东、海南柑橘产区 2~4 月中旬，进入花穗期至幼果期，茶黄蓟马为害幼果果蒂，造成果皮产生黑褐色龟裂状干疤，一是影响柑橘果实外观质量，二是造成提早落果。每年春秋两季干旱时，虫口密度大，受害重。

防治方法 (1)加强柑橘梢期管理，及时浇水追肥，促使放梢整齐，柑橘园要加强控制冬梢、春梢。(2)从花穗期至果实第 2 次生理落果前或每次新梢抽生 3cm 至叶片转绿前喷洒 5%虱螨脲乳油 1000~1500 倍液或 40%甲基毒死蜱乳油 1000 倍液、10%联苯菊酯水乳剂 4000 倍液、2.5%多杀霉素悬浮剂 1000 倍液。

桑褐刺蛾

学名 *Setora postornata* (Hampson) 又称桑刺蛾，毛辣虫等，除为害桃、梅、杏、苹果外，还为害柑橘等，以幼虫食叶片成缺刻，严重时把叶片吃光、仅残留叶柄和主脉。该虫在华北年生 1 代，浙江 2 代、长江流域年生 2~4 代，均以末龄幼虫在树干土下 3~7(cm)结茧越冬，2 代区翌年 6 月上中旬成虫羽化产卵，第 1 代幼虫 6 月中旬出现，第 2 代幼虫在 8 月中下旬至 9 月中下旬为害柑橘。9 月下旬或 10 月初结茧越冬。3 代区成虫在 5 月下旬、7 月下旬、9 月上旬出现。

防治方法 在低龄幼虫期喷洒 20%除虫脲悬浮剂 2000 倍液或 40%毒死蜱乳油 1500 倍液。

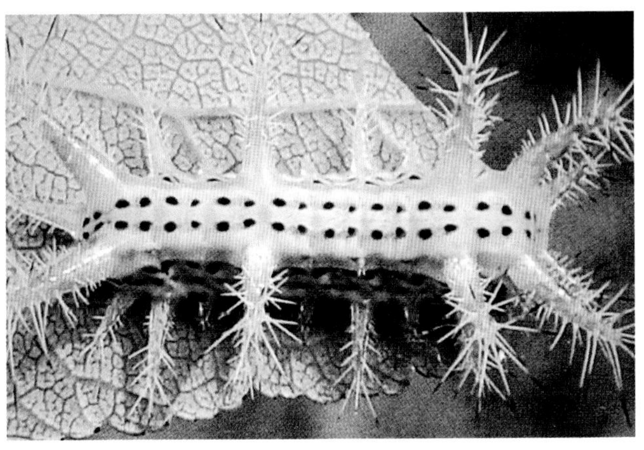
桑褐刺蛾幼虫放大

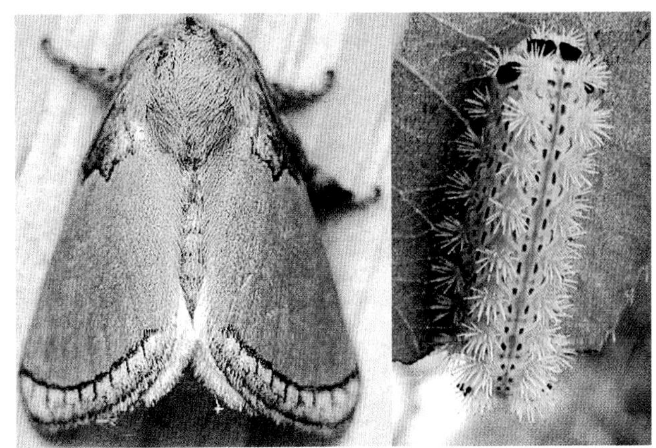
褐边绿刺蛾成虫和幼虫放大

黄刺蛾

学名 *Cnidocampa flavescens* (Walker) 除为害樱桃、苹果、梨、石榴、桃、枣外,还为害柑橘、枇杷等。以初孵幼虫取食叶片的下表皮成网状,成长幼虫把叶片食成缺刻,仅残留叶柄和主脉。该虫在北方年生1代,浙江、河南、江苏、四川年生2代,均以老熟幼虫在树枝上结茧越冬。1代区成虫6月中旬出现,2代区5月下旬~6月上旬羽化为成虫。

防治方法 (1)冬季修剪时剪除越冬茧。(2)低龄幼虫期喷洒25%灭幼脲悬浮剂2000倍液。

黄刺蛾幼虫放大

橘园褐边绿刺蛾(黄缘绿刺蛾)

学名 *Latoia consocia* (Walker) 几乎遍布全国。除为害梨、苹果、桃、李、杏、樱桃外,还为害柑橘、枣、栗、核桃等。该虫在东北三省、北京和山东年生1代,河南1年2代,长江以南2~3代。1代区越冬代幼虫6月化蛹,7、8月成虫羽化产卵,1周后孵化为幼虫,老熟幼虫8月下旬到9月下旬结茧越冬。2代区以幼虫结茧越冬,翌年4月下旬至5月上中旬化蛹,5月下旬至6月成虫羽化产卵,6月至7月下旬进入第1代幼虫为害高峰期,7月中旬后陆续结茧化蛹;8月初第1代成虫开始羽化产卵,8月中旬至9月第2代幼虫为害,9月中旬后陆续结茧越冬。

防治方法 (1)结合修剪剪除枝条上的虫茧,冬春翻土挖除土中虫茧杀灭。(2)摘除有虫叶片烧毁。(3)幼虫发生期喷洒10%苏云金杆菌可湿性粉剂800倍液或5%除虫菊素乳油1000倍液、40%甲基毒死蜱乳油1000倍液。

戟盗毒蛾

学名 *Porthesia kurosawai* Lnoue 鳞翅目毒蛾科。分布在辽宁、河北、华东、河南、广西、四川、青海等省。

寄主 柑橘、苹果、桃等。

为害特点 幼虫食叶成缺刻或孔洞。

形态特征 雄成虫翅展17~22mm,雌30~33mm,头橙黄色胸部灰棕色,腹部灰棕带黄色,体下面和足黄色。前翅赤褐有黑鳞片,前缘和外缘黄色,赤褐色部分向外突出,赤褐色区外缘生银白色斑,近翅顶有1棕色小点。后翅黄色,基半部棕色。

戟盗毒蛾成虫

生活习性 北京年生2代,以幼虫越冬。

防治方法 (1)黑光灯诱杀成虫。(2)幼虫期喷洒20%吡虫啉浓可溶剂3000倍液。

樗蚕蛾

学名 *Samia cynthia cynthia* (Drurvy)除为害栗、猕猴桃、石榴外,还为害柑橘、银杏等。以幼虫食害嫩芽和叶片,轻者食叶成缺刻或孔洞严重时把叶片吃光。该虫分布广,在北方年发生1~2代,南方发生2~3代,以蛹越冬,在四川橘产区,4月下旬开始羽化为成虫,成虫寿命5~10天,雌雄交配后把卵产在寄主叶背或叶面上,每雌产卵300粒,初孵幼虫群聚为害,3~4龄后分散,在枝叶上由下向上昼夜取食,第1代幼虫5月份为害,幼虫期30天左右,老熟后在树上缀叶结茧化蛹,第2代茧期50天,7月底9月初是第1代成虫羽化产卵期,9~11月第2代幼虫继续为害,后陆续作茧越冬,第2代越冬茧长达5~6个月,蛹隐蔽在厚茧之中。

樗蚕蛾低龄幼虫

防治方法 (1)人工捕捉，摘下虫茧。(2)用黑光灯诱杀。(3)释放绒茧蜂和喜马拉雅姬蜂，稻苞虫黑瘤姬蜂、樗蚕黑点瘤姬蜂，进行生物防治。(4)幼虫为害初期低龄时，喷洒5%氯氰菊酯乳油1000倍液或2.5%溴氰菊酯乳油2000倍液。

柑橘园绿黄枯叶蛾

学名 *Trabala vishnou* Lefebure 鳞翅目枯叶蛾科。别名：栗黄枯叶蛾，栗黄毛虫等。

寄主 柑橘、核桃、猕猴桃、石榴、杨梅等。

为害特点 以幼虫咬食叶片成缺刻，该虫食量大，为害时间长，造成枝叶枯萎或死亡。

形态特征 成虫：雌成虫体长20mm，翅展58~79(mm)，体黄绿色，头黄褐色，触角双栉齿状，前翅近三角形，内横线、外横线黄褐色，中横线明晰，亚外缘线由8~9个黄褐色斑点排成波浪状。前翅由中室至后缘具1大型黄褐色斑纹。后翅后缘浅黄色至黄白色，中横线、亚外缘线与前翅相接。腹末生绿黄毛。雄蛾略小。末龄幼虫：体长53mm，头壳紫红色上生黄色纹，体被浓密毒毛，胴部第1节两侧各生1束黑色长毛，背纵带黄白相间，腹部1~2节、7~8节间的背面各生1束白长毛，体侧各节间有蓝色斑点。

生活习性 山西、陕西、河南年生1代，浙江及南方年生2代、华南3~4代、海南5代，以卵在枝叶上越冬，二代区翌年第1代幼虫于4月中旬孵化，4月下~5月下旬进入幼虫为害期，6月中在枝上结茧化蛹其中，7月上旬成虫羽化后马上交尾，次日夜产卵，成虫飞翔力强，喜夜间活动，有趋光性。第2代幼虫7月下旬为害至9月下旬结茧化蛹，10月下旬羽化，11月初产卵越冬。卵块排成长条形，其上覆有灰白色长毛。

柑橘园绿黄枯夜蛾成虫和幼虫

防治方法 (1)人工摘除长形卵块。(2)冬剪时剪除带虫卵的枝条集中烧毁，不要与板栗、杨梅、猕猴桃混栽。(3)在低龄幼虫期喷洒20%氰戊菊酯乳油1500倍液或40%毒死蜱水乳剂1500倍液。

碧蛾蜡蝉

学名 *Geisha distinctissima* (Walker)分布在山东、吉林、辽宁、黑龙江、江苏、江西、浙江、福建、台湾、广东、广西、陕西、四川、云南等省。除为害栗、葡萄、柿、龙眼、杨梅、无花果、苹果、梨、杏、桃、李外，还为害柑橘。以成虫、若虫群聚在上述寄主植物嫩枝及叶上吸食汁液，对果树生长有相当影响。该虫年生1代，以卵在枝条上越冬，越冬卵于5月上中旬孵化，若虫期1个月左右，成虫6月羽化，为害30天左右达到性成熟，7、8月间产卵，到9~10月间逐渐死去。

防治方法 参见柿树害虫——碧蛾蜡蝉。

碧蛾蜡蝉成虫

八点广翅蜡蝉

学名 *Ricania speculum* Walker 除为害荔枝、龙眼、苹果、栗、樱桃外，也为害柑橘，以成、若虫吸食柑橘芽、叶上的汁液，同时把卵产在当年生枝内，严重影响枝条生长，严重的产卵部位以上枝梢枯死。该虫在江苏、浙江、湖南、湖北、四川、福建、广东、广西等省年生1代，以卵在枝条内越冬，长江流域、浙江等省5月中下旬至6月上中旬卵孵化，7月中旬至8月中旬进入成虫盛发期，8月下旬至10月上旬进入若虫发生盛期，严重为害柑橘。贵州铜仁市越冬卵于4月下旬至6月中下旬孵化，5月下至6月下进入若虫盛发期。

防治方法 (1)适当修剪，防止枝叶过于荫蔽，以利通风透

八点广翅蜡蝉成虫

光。冬季结合修剪,剪除产卵枝,集中烧毁。(2)在雨后或露水未干时,扫落成虫、若虫,随之捕杀,发生量大的橘园若虫发生初期喷洒5%啶虫脒乳油2000倍液或25%吡蚜酮悬浮剂2000倍液、10%吡虫啉可湿性粉剂3000倍液。

柑橘潜叶甲

学名 *Podagricomela nigricollis* Chen 鞘翅目叶甲科。又名柑橘潜叶虫、红狗虫、潜叶跳甲等。

寄主 柑橘。

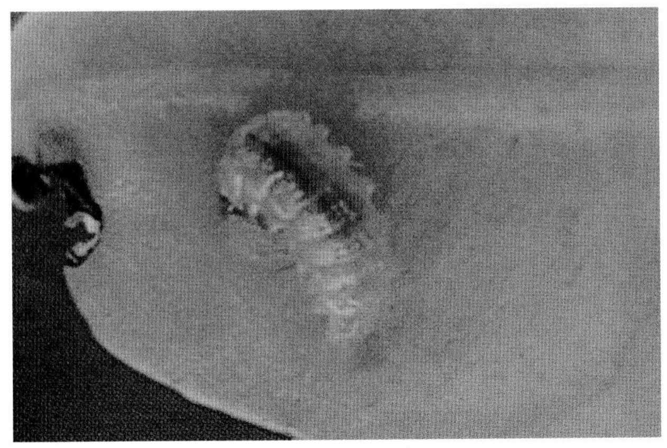

柑橘潜叶甲幼虫(夏声广摄)

为害特点 成虫为害柑橘嫩芽、幼叶,仅留表皮,叶上现白斑。幼虫孵化后钻入叶中潜食蛀道。

形态特征 成虫:椭圆形,背部中央隆起。头、前胸背板、足及触角黑色,鞘翅、腹部橘黄色,肩角黑色。前胸背板生有小刻点,鞘翅上生有11条纵列刻点。末龄幼虫:体长4.7~7(mm),深黄色。前胸背板硬化,胸部各节两侧圆钝,从中胸起宽度渐减。

生活习性 华南年生2代,浙江1代,以成虫在土中或树皮下越冬,浙江黄岩橘区3月下~4月上旬至中旬产卵,4月上中旬~5月中旬进入幼虫为害期,5月上中旬化蛹,5月底成虫羽化。卵多产在嫩叶背面或叶缘处,幼虫孵化后迅速钻入叶内,弯曲向前蛀,幼虫老熟后随叶落地,咬口钻出,在枝干周围入土化蛹。

防治方法 (1)幼虫为害期摘除虫叶,烧死幼虫。(2)1龄幼虫发生期喷洒40%毒死蜱乳油1000倍液或50%氯氰·毒死蜱乳油2000倍液。

柑橘类铜绿丽金龟

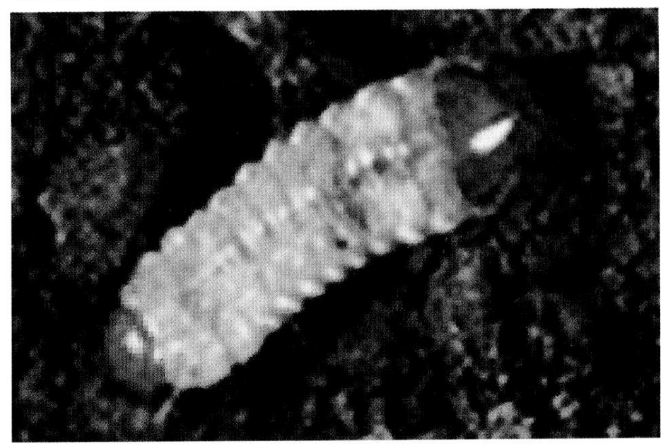

铜绿丽金龟幼虫放大

学名 *Anomala corpulenta* Motschulsky 成虫体长18~22(mm),长椭圆形,铜绿色,头、前胸背板为红铜绿色。鞘翅上生3条纵向隆起的脊纹,肩部突起。雄虫腹末背板生1个三角形黑绿色斑。成虫主要为害叶片,严重时常把叶片吃光。该虫年生1代,以幼虫在土壤里越冬,翌年柑橘类萌芽展叶期,成虫开始出土为害、食害花蕾或叶片,幼虫主要在地下为害幼根。

防治方法 (1)利用成虫趋光性安装黑光灯或频振式太阳能杀虫灯诱杀成虫。(2)每667m² 柑橘类果园用80%敌敌畏乳油3kg,化水拌土,均匀撒在树冠下面,翻入土中。(3)树下喷洒40%毒死蜱乳油700倍液,毒杀成虫。

比萨茶蜗牛

学名 *Theba pisana* Müller 属软体动物门柄眼目大蜗牛科。是目前国际检疫中倍受关注的危险性有害生物。随着当今集装箱运输的飞速发展,传入我国风险很大。

比萨茶蜗牛

寄主 危害最重的是柑橘类、葡萄等的新梢和嫩叶。

为害特点 引起植株落叶和果实腐烂,对生产造成毁灭性危害。

形态特征 贝壳中等大小,呈扁球形,壳质稍厚,坚实,不透明,有5.5~6个螺层。壳顶尖,缝合线浅。脐孔狭小,部分或完全被螺轴外折所遮盖。壳口呈圆形或新月形,稍倾斜,口唇锋利而不外折。幼贝体螺层周缘有一锋利的龙骨状突起,但成贝体螺层周缘上仅有一不明显的肩角突起。壳面不光滑,具有无数明显的垂直螺纹,其底色近乎乳白色,其上常有数量不定的、狭窄的黑褐色螺旋形色带,其色带可能全部由小点和条斑组成或无。一般具胚螺层1.5个,壳面为黑色,从棕黄色到黑褐色,壳顶上有一圆点。触角2对,前触角短,后触角长。腹足淡黄色。头部颜色较腹足深。头部两侧各有2个黑色斑点。壳宽12~15(mm),壳高9~12(mm)。

生活习性 欧洲南部6~10月产卵,每次产60粒左右,多产在乱石堆中,雌雄同体,异体交配,交配后7~14天产卵,为害柑橘类树木,繁殖力特强,生长迅速,喜欢爬到集装箱上随调运远距离传播。

防治方法 (1)加强检疫,减少爬到集装箱上传播机率。必要时进行熏蒸灭蜗处理后才能运输。(2)用聚乙醛与米糠混合制成毒饵于傍晚撒在蜗牛活动的地方诱杀之。(3)干热夏季、严寒冬季蜗牛处在休眠状态,及时处理掉蜗牛栖息地的枯枝落叶保持清洁。

（3）枝干害虫

柑橘窄吉丁

学名 *Agrilus auriventris* Saunders 鞘翅目吉丁虫科。别名：柑橘爆皮虫。分布在浙江、陕西、湖北、湖南、江西、福建、广东、广西、四川、贵州、云南、香港、台湾。

寄主 柑橘。

为害特点 幼虫潜入树皮浅层危害，使树皮出现油滴点，之后出现泡沫或大量流胶，随虫龄增加幼虫向内向上蛀害，抵达形成层后在木质部和韧皮部之间蛀食产生不规则虫道，同时排出虫粪堵塞虫道，流胶之后树干开始干枯，造成整个主枝枯死，严重的全株枯死。易暴发成灾，毁园绝产。

形态特征 成虫：体长 6～9(mm)，古铜色有光泽。触角 11 节锯齿状。前胸背板与头等宽，上布小皱纹，鞘翅紫铜色，密布细小刻点和金黄色花斑，翅端有细小齿突。腹部可见 6 节，背面青蓝色，腹面青银色。雄虫胸部腹面中央从下唇至后胸生有密而长的银白色绒毛；雌虫绒毛短而稀。卵：扁椭圆形，长 0.7～0.9(mm)，初乳白渐变土黄色，孵化前淡褐色。幼虫：体长 12～20(mm)，扁平细长，乳白至淡黄色，体表多皱褶。头小、褐色，陷入前胸内仅口器外露。前胸特别膨大呈扁圆形，其背、腹面中央各具一条褐色后端分叉的纵沟；中、后胸甚小。腹部各节略呈方形，腹末有 1 对黑褐色坚硬的钳形突，突端圆锥形。化蛹前，体变粗短淡黄色，体长 11～16(mm)。蛹：长 8～19(mm)，初乳白柔软多褶，渐变淡黄，羽化前蓝黑色有光泽。

生活习性 象山地区 1 年发生 1 代，但有 2 个成虫高峰。成虫在木质部蛹室中羽化后，潜伏 7~8 天，再把树皮咬成 D 形羽化孔钻出，成虫有假死性，遇到惊扰便从树叶上坠落途中逃逸。成虫在 7~14 时出孔，7~11 时最多，卵产在树干裂缝处，集中在距地面 60~80(cm)处，2004 年越冬幼虫 3 月初开始活动，4 月上旬预蛹，5 月上旬成虫开始出孔，5 月 21~28 日是出孔高峰期，尤以 5 月 23~26 日 4 天特集中出孔。下半年田间 8 月 24 日出现新羽化孔，一直持续到 10 月下旬，共 60 天，不象上半年那样集中，比较分散。木质部中全是 4 龄幼虫，9 月上旬查不到幼虫，10 月上旬又发现幼虫。

防治方法 (1)针对 5 月份第一批成虫出孔集中可在成虫出孔盛期喷洒 40%毒死蜱乳油 1600 倍液、40%辛硫磷 1000 倍液、55%氯氰·毒死蜱乳油 2000 倍液、2.5%溴氰菊酯乳油 1500~2000 倍液。(2)也可在树干上涂抹上述杀虫剂或包扎农药纸膜或根据流胶点用小刀刮刺初孵幼虫等。

柑橘窄吉丁(魏书军)

柑橘溜皮虫(Citrus buprestids)

学名 *Agrilus* sp. 鞘翅目，吉丁虫科。别名：柑橘溜枝虫、柑橘串皮虫。分布在贵州、四川、广西、广东、福建、湖南和浙江等省区。

寄主 限于柑橘类植物。

为害特点 以幼虫呈螺旋状潜蛀枝干皮层，造成树皮剥裂和流胶。致枝梢发黄断枯、树势衰弱、产量降低。

形态特征 成虫：黑褐色，雌体长 10～11(mm)，宽 2.8～3.0(mm)，雄虫体型稍小。腹面、胸部腹面和足具亮绿色强金属光泽。活虫背面微具光泽。头、胸、翅中区以上等宽，从鞘翅中后部渐向尾端斜缢，头顶向额区深凹陷呈宽纵沟。触角 11 节，第 1～3 节柄状，4～11 节锯齿状，齿突大小较一致。前胸背板前、后缘区横陷，中部区域隆起成宽横脊。头部刻点粗大，胸部刻点次之，翅面刻点细而密，排列不规则。鞘翅基缘线显著隆起成脊，翅前缘区向前胸背板后缘凹区倾斜。翅面有白绒毛组成的斑区，尤以翅末端 1/3 处的白斑最为清晰。卵：馒头状，初乳白色，孵化时浅黑色，大小 1.7×1.6(mm)。末龄幼虫：乳白色，上下扁平，长 23～26(mm)。前胸背板很大，宽胜于长，背观近圆形。中、后胸缩小近 2/5。腹部各节梯形，前端窄于后端，后缘两侧有角状突出。腹末端具 1 对钳状突。蛹：纺锤形，初乳白色，羽化时黄褐色。

生活习性 年生 1 代，以幼虫在蛀道中越冬。贵州都匀、浙江黄岩等地，4 月中旬温州蜜橘绽蕾时，开始羽化出洞，6 月上旬进入羽化盛期，7 月初终见。成虫羽化后 3～4 天交尾，此后 2～3 天开始产卵。10～12 时最活跃，9 点钟前多停息于叶面晒太阳，阴雨天躲在树冠内膛叶丛中。卵散产在枝干表皮凹陷处，常有绿褐色黏物覆盖。每头雌虫一般产卵 4～5 粒。出洞早的成虫产卵亦早，6 月下至 7 月上旬，幼虫孵化为害；晚出洞的成虫

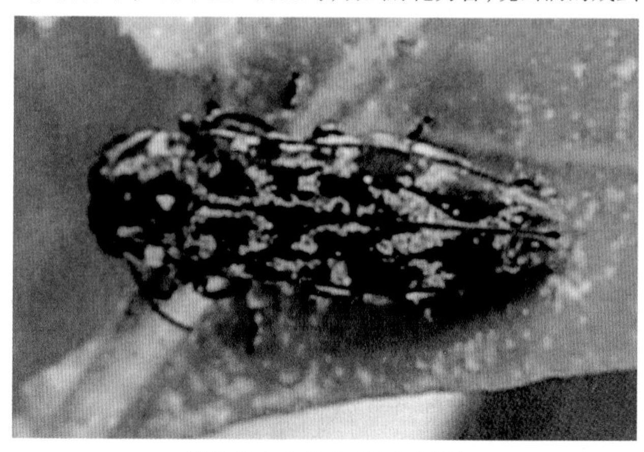

柑橘溜皮虫成虫(夏声广摄)

一般7～8月产卵，幼虫孵化也迟。初孵幼虫先在皮层啃食，被害部外观呈泡沫状流胶；此后潜入外层木质部，螺旋状蛀食，虫道曲曲弯弯长可达30cm，形成典型的"溜道"。中后期，幼虫溜蛀经过处枝条上的树皮剥裂，外观可见树皮沿虫道愈合的痕迹。幼虫一般在最后一个螺旋虫道处。受害小枝叶片发黄，多枯死。

防治方法 (1)冬季剪除叶片发黄的有虫枝，集中烧毁，减少虫源。(2)毒杀幼虫。8～9月，按1000ml煤油，对10～20(mL) 40%乐果乳油，用小刀纵向刻划虫溜道2刀达木质部后，排笔蘸药涂下。煤油是渗透力很强的载体，将药渗入虫道中，杀虫效果达95%～100%。都匀市郊的一些果场用此法防治幼虫，2年就消灭了危害。(3)成虫羽化盛期，用2.5%溴氰菊酯对20%氰戊菊酯乳油1500倍液喷雾树冠，触杀成虫效果极好。

坡面材小蠹

学名 *Xyleborus interjectus* Bland.鞘翅目，小蠹科。别名：樟木材小蠹，樟小蠹。分布在贵州、四川、云南、西藏、福建、广东、安徽和台湾等省(区)。

寄主 柚、沙田柚、橙、柑橘、梨、柿、无花果、中国梧桐、马尾松、黄山松、香樟、鹅儿枥、楠木、印度栲和接骨木等。

为害特点 以成虫和幼虫在木质部蛀食成纵横交错的隧道，严重破坏树体输水功能，导致寄主死亡。受害轻的树势衰弱，严重时植株枯死。

形态特征 成虫：体长2.6～4.0(mm)，宽1.6～1.8(mm)，初羽化时黄褐色，老熟后黑色，长椭圆形，具光泽。雌虫额平阔，布疏而大的刻点，疏生橘褐色长毛。触角9节，鞭节7节，锤状部由3节组长，扁圆形。前胸背板近长方形，长大于宽，等于鞘翅长的2/3，背部隆起，顶部后移；鞘翅背面从中部起均匀和缓地向后弓曲，形成约50度的坡面，但无明显的斜面起点；斜面具翅下缘边，每1刻点穴中生1根向后斜生的长毛。雄虫体细小，前胸背板隆起度不大。卵：乳白色，长椭圆形，表面光滑，大小0.6~0.7×0.3~0.4(mm)。末龄幼虫：长3.8～4.1(mm)，宽1.0～1.2(mm)，嫩白色，虫体稍向腹部弯曲。头褐色，口器深褐色。蛹：初乳白色，近羽化时淡黄褐色。

柚树的枝干被坡面材小蠹蛀害后的症状

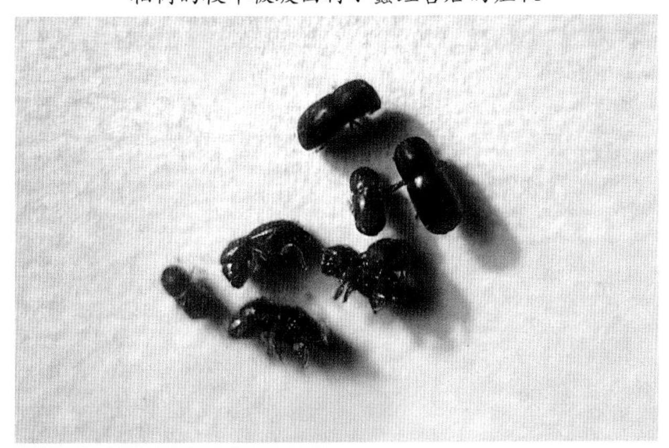

坡面材小蠹成虫

生活习性 贵州年生3代，世代重叠。以成虫越冬，4月上中旬越冬成虫从木质深处坑道栖移至外层虫坑活动，寻找新的部位或迁飞到异株蛀洞蛀坑，4月中下旬至5月初交尾产卵。坑道多为横坑，母坑和子坑孔径相同。初期坑道在木质部外层，坑长度随树径而异，母坑3～4(cm)，子坑4～6(cm)，2～3条，分布于母坑两侧几cm的垂直面上。成虫由外至内重复产卵于子坑中，每坑有卵13～35粒，故在同坑中可见四个虫态。后期，母坑可长5～7(cm)，子坑数增至4～6条，卵多产于内层新坑。新一代成虫出现后，沿子坑端部向前蛀食，或从子坑内壁另筑坑道，致整个木质部虫道纵横交错。第1代成虫羽化盛期是5月底至6月初；第2代7月中下旬，第3代9月上中旬，至10月上旬仍有少数成虫羽化。11月初，时有冷空气南下，气温下降导致成虫大量冻死，部分钻入木质深层坑道内越冬。成虫一般不为害幼年树，为害老年树或生长弱或濒于枯死的树。有群集为害的习性，但在较小的枝干上也见少数散居者。群体为害时，受害部多在2m以下的主干，蛀孔集中，常见新鲜粪屑排出洞孔。迁蛀初期如遇降雨，湿度大，树干易泌胶液，部分成虫未蛀入木质部就被黏死。随虫口密度的增加，附生于坑道壁上的霉菌不断扩展繁殖，致使旧虫坑变黑，木质部坏死，寄主也渐枯死。

防治方法 (1)加强管理，增强树势，减少成虫蛀害。(2)及早砍掉受害重、濒于死亡或枯死的植株，集中烧毁，减少虫源。冬季处理效果最佳。(3)初侵染橘树，成虫数量少，虫道浅，可用小刀削去部分皮层涂药毒杀。也可利用成虫晴暖日爬出洞口活动的习性，用长效性杀虫剂高浓度刷干触杀。

柑橘粉蚧(Citrus mealy bugs)

学名 *Planococcus citri* (Risso)同翅目，粉蚧科。别名：柑橘臀纹粉蚧、紫苏粉蚧。分布：辽宁、山西、山东、江苏、上海、浙江、福建、湖北、广东、四川等省。北方主要发生在温室。

柑橘粉蚧

寄主 柑橘、沙田柚、柚、橙、菠萝、咖啡、柿、葡萄、番石榴等40余种植物。

为害特点 成、若虫群集在嫩梢吸食汁液，造成梢叶枯萎或畸形早落，有时诱发煤污病。

形态特征 雌成虫：体长2.5mm，黄褐色至青灰色，椭圆形，上被白蜡粉。体四周有白色蜡丝18对，尾端长。触角8节。后期背部显现出1条青灰色纵纹。雄成虫：体长1.6mm，触角9节，眼红色，体被白蜡粉，体末有白色蜡丝2根。卵 长0.3mm，椭圆形，初浅黄色，后变橙黄色。若虫：共3龄。3龄若虫体长1.1mm，周缘的18对蜡丝已形成，触角7节。雄蛹：长1.1mm，橙色，眼红色。茧：椭圆形，白色。

生活习性 上海温室内年生3代，以受精雌成虫和部分带卵囊成虫于顶梢处或枝干分杈处、裂缝中越冬。翌年4月中旬开始产卵，4月下旬～5月上旬进入产卵盛期，第1代若虫于4月中旬～6月下旬出现，1代雌成虫于5月下旬始见，6月中、下旬进入羽化盛期。2代以后发生期不整齐，至11月中下旬开始越冬。

防治方法 (1)加强检疫，防止该虫进入苗圃或果园。(2)加强管理，注意通风透光，防止该虫大量繁殖。(3)必要时用40%毒死蜱乳油1600倍液灌根有效。(4)喷洒25%噻虫嗪水分散粒剂6000倍液或30%硝虫硫磷乳油750倍液。

长尾粉蚧（Longtailed mealy bug）

学名 *Pseudococcus longispinus* Targioni-Tozzetti 同翅目，粉蚧科。别名：长刺粉蚧。异名 *P. adonidum* (Geoffroy)。分布在福建、台湾、广东、广西、云南、贵州及北方各大城市温室。

寄主 柑橘、沙田柚、李、番石榴等。

为害特点 以成、若虫在寄主植物的茎、枝条、新梢和叶上刺吸汁液，致使受害植物发芽晚，叶变小，严重时茎、叶布满白色絮状蜡粉及虫体，诱发煤污病发生，致使枝条干枯，死亡。

形态特征 成虫：雌成虫 长椭圆形，体长3.5mm，宽1.8mm，体外被白色蜡质分泌物覆盖。体缘有17对白色蜡刺，尾端具2根显著伸长的蜡刺及2对中等长的蜡刺。虫体黄色，背中央具一褐色带；足和触角有少许褐色。触角8节，第8节显著长于其他各节。喙发达。足细长，胫节长为跗节长的2倍，爪长。腹裂大而明显椭圆形。肛环宽，具内缘和外缘2列卵圆形孔和6根肛环刺。多孔腺较少，仅分布在阴门周围。刺孔群17对。卵 椭圆形，淡黄色，产于白絮状卵囊内。若虫：相似于雌成虫，但较扁平，触角6节。

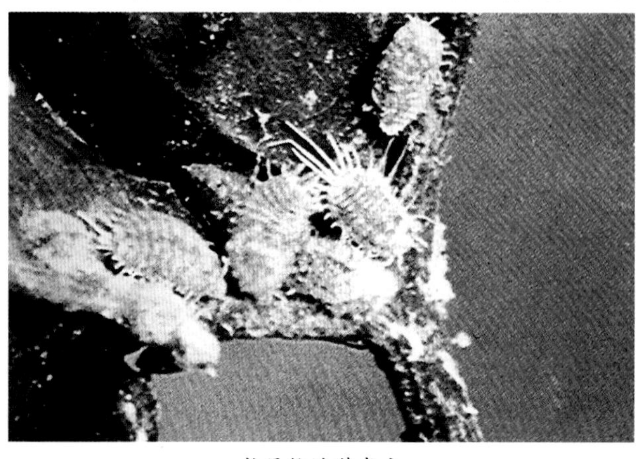

长尾粉蚧雌成虫

生活习性 年发生2～3代，温室中常年可发生。以卵在卵囊内越冬。次年5月中、下旬若虫大量孵化，群集于幼芽、茎叶上刺吸为害，使枝叶萎缩、畸形。雄若虫后期形成白色茧，并在茧内化蛹。每雌成虫产卵200～300粒，产卵前先形成白絮状蜡质卵囊，产卵于卵囊中。

防治方法 (1)加强检疫，严禁带虫苗木调入、调出，以防传播。(2)加强管理，增强树势，及时通风透光，剪除有虫枝。(3)在若虫盛孵期及时喷洒25%噻虫嗪水分散粒剂6000倍液或40%毒死蜱乳油1500倍液、30%硝虫硫乳油800倍液、1.8%阿维菌素乳油1000倍液。(4)保护利用天敌。

草履蚧

学名 *Drosicha corpulenta* (Kuwana) 除为害苹果、梨、桃、李、枣、柿、核桃、栗、荔枝、无花果外，还为害柑橘类、油橄榄等。以若虫和雌成虫刺吸上述果树的嫩芽、枝干汁液，造成树势衰弱，生长不良，严重的可使枝、梢、芽枯萎或整株死亡。该虫现成为难治的为害日趋严重的重要蚧虫。在陕西永寿县及全国各地均1年发生1代，以卵在树干基部周围10cm左右深的土层、土缝及碎石等杂物下越冬。土壤解冻时越冬卵开始孵化，孵化期长达1个多月，2月进入孵化盛期。一般若虫在孵化之初仍栖息在卵囊内，2月上旬芽体膨大初期，若虫出土上树为害，3月上旬孵化结束。若虫活动以中午温度高时活跃，多爬至树枝背侧及树杈、嫩枝、芽旁等处群集吸食汁液。3月底～4月上旬若虫第1次蜕皮后，体渐增大开始分泌蜡粉。若虫常有日出上树为害，下午下树潜伏的习性。4月中、下旬雄若虫第2次蜕皮后不再取食，向下转移至树干粗皮缝、树洞、枝杈、叶背及根茎附近的土缝中结灰白色茧化蛹。蛹期10天，5月中旬化蛹结束。4月底至5月上旬雌若虫第3次蜕皮后变为成虫。雌雄交配后，雌虫于5月底至6月上旬下树钻到根茎附近5～10(cm)深的土中，从后腹部分泌白色絮状物形成卵囊，把卵产在囊中。

防治方法 (1)消灭卵囊和虫体，秋冬季结合挖树盘，施基肥，把树干周围的卵囊检出来集中烧毁。在树上为害期，对虫体较多的主干、枝段进行人工抹杀。(2)诱集产卵。在雌虫下树产卵时，在树干基部四周挖坑，内放树叶，也可在树干基部绑草把，诱集雌虫产卵集中烧毁。(3)绑塑料药带。2月中下旬，在若虫未

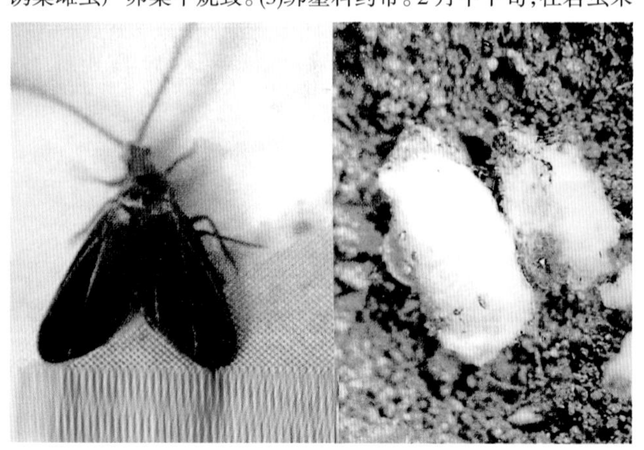

草履蚧雄成虫及卵囊

上树前,在树的主干部绑10~20(cm)宽的涂有机油:40%乐果乳油1:1的粘虫药带,粘杀上树的若虫。(4)根颈灌药。在雌虫下树产卵期或初孵若虫上树前用200倍的40%辛硫磷乳油或500倍的40%毒死蜱乳油,按树大小确定药量,一般1个根颈灌药1~2(kg)。(5)树上喷药。若虫上树期用40%毒死蜱乳油1000倍液或52.25%毒死蜱·氯氰菊酯乳油1000倍液喷洒。4月中旬前后可用55%氯氰·毒死蜱乳油2000倍液或20%氰戊·辛硫磷乳油1500倍液、10%吡虫啉可湿性粉剂3000倍液、20%毒·氯氰乳油1000倍液。(6)保护利用天敌。主要有红环瓢虫和黑缘红瓢虫,1只瓢虫能吃掉100~200只草履蚧若虫。5~6月瓢虫发生期应禁止喷广谱杀虫剂保护天敌。

堆蜡粉蚧(Citrus mealy bugs)

学名 *Nipaecoccus vastator* (Maskell) 同翅目,粉蚧科。别名:橘鳞粉蚧、柑橘堆蜡粉蚧、柑橘堆粉蚧。分布华中、华东、华南。华南各省比较普遍且严重。

堆蜡粉蚧

寄主 金橘、柑橘、芒果、柚、沙田柚、荔枝、龙眼、葡萄等。

为害特点 若虫、成虫刺吸枝干、叶的汁液,重者叶干枯卷缩,削弱树势甚至枯死。

形态特征 成虫:雌体长2.5mm,椭圆形,灰紫色,体被较厚的白蜡粉,每节上分成4堆,由前至后形成4行,体边缘蜡丝粗短仅末端一对略长。卵囊黄白色似绵球。雄体长1mm,紫褐色,前翅发达半透明,腹末具1对白蜡质长尾刺。卵:椭圆形,长0.3mm,淡黄色。若虫:紫色与雌成虫相似。初孵若虫无蜡质粉堆,固定取食后开始分泌白色蜡质物,并逐渐加厚。

生活习性 华南年生5~6代,以若虫和雌成虫在枝干皮缝及卷叶内越冬。翌年2月开始活动,3月下旬产卵于卵囊内,每雌可产卵200~500粒,若虫孵化后逐渐分散转移为害。各代若虫盛发期:4月上旬,5月中旬,7月中旬,9月中旬,10月上旬,11月中旬。以4~5月和9~11月虫口密度最大,为害最重,世代重叠。雄虫一般数量很少,主要行孤雌生殖。

防治方法 参见矢尖盾蚧。

柑橘根粉蚧(Citrus root mealy bug)

学名 *Rhizoecus kondonis* Kuwana 同翅目,粉蚧科。分布在中国东南部。

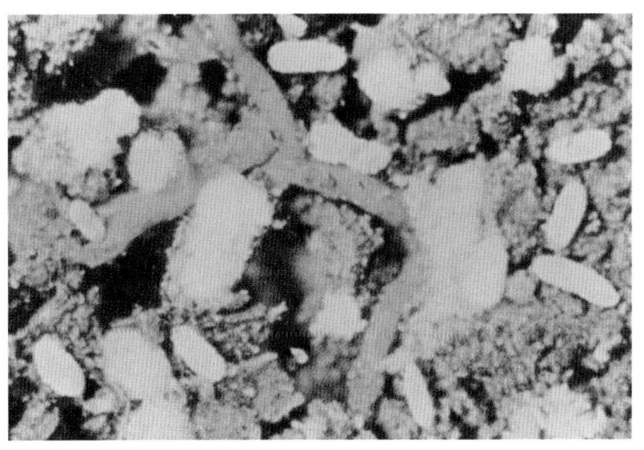

柑橘根粉蚧

寄主 柑橘。是柑橘上的一种重要害虫。

为害特点 若虫和雌成虫刺吸细根汁液,被害根常腐烂,削弱树势,常致落叶落果。

形态特征 成虫:雌体长1.5~2.2(mm),长扁圆筒形被白蜡粉,体周缘无蜡丝。触角短5节,体背前后部各具1个唇裂,第3、4腹节的腹面各有1个圆形脐斑,后一个稍大,肛环上具6根刚毛。雄体长0.67mm无翅。

生活习性 福建邵武年生3代,以若虫和新生的雌成虫越冬,成虫4月开始产卵。第1代发生期正值雨季,发生数量较少;第2代虫口密度上升;第3代在越冬前虫口密度最大。成、若虫在细根附近活动,受害根腐败后又转移到新根上,在土中分布随细根伸展所及,一般地下10cm左右处虫口数量最多,深者达30~40(cm)。雄虫甚少,主营孤雌生殖。成虫分泌的卵囊多在细根附近土粒间,每卵囊内有卵20~120粒。土壤含水量15%~25%的酸性土适其繁殖,瘠薄土壤往往发生重。连续降雨土壤湿度过大会引起大量死亡。

防治方法 (1)利用引放天敌。(2)进行苗木检疫。(3)药剂灌根:先将表土扒开然后浇灌药液,成树每株30~50kg药液,药液渗入后覆土,使用药剂参考草履蚧。(4)为害期可勤浇水,提高土壤湿度促其死亡。

矢尖盾蚧(Arrowhead scale)

学名 *Unaspis yanonensis* (Kuwana) 同翅目,盾蚧科。别名:矢尖蚧、矢根介壳虫、箭头介壳虫。异名 *Chionaspis*

矢尖盾蚧雌雄介壳

yanonensis Kuwana; *Prontaspis yanonensis* Kuwana。分布在辽宁、甘肃、陕西、北京、河北、山西、河南、江苏、上海、浙江、湖北、湖南、江西、福建、贵州、广东、广西、云南、四川以及北方温室。

寄主 柑橘、番石榴、金橘、木瓜、枸骨、白蜡树、龙眼等。是柑橘上的重要害虫。

为害特点 雌成虫和若虫刺吸枝干、叶和果实的汁液,重者叶干枯卷缩、削弱树势甚至死亡。

形态特征 成虫:雌介壳箭头形,常微弯曲,长 2 ~ 4(mm),棕褐至黑褐色,边缘灰白色。前端尖、后端宽,1、2 龄蜕皮壳黄褐色于介壳前端,介壳背面中央具 1 条明显的纵脊,其两侧有许多向前斜伸的横纹。雌成虫体橙黄色,长 2.5mm 左右。雄介壳狭长,长 1.2 ~ 1.6(mm),粉白色绵絮状,背面有 3 条纵脊,1 龄蜕皮壳黄褐色于前端。雄成虫体长 0.5mm,橙黄色,具发达的前翅,后翅特化为平衡棒。腹末性刺针状。卵:椭圆形,长 0.2mm,橙黄色。若虫:1 龄草鞋形,橙黄色,触角和足发达,腹末具 1 对长毛;2 龄扁椭圆形,淡黄色,触角和足均消失。蛹:长 1.4mm,橙黄色,性刺突出。

生活习性 甘肃、陕西年生 2 代,湖南、湖北、四川 3 代,福建 3 ~ 4 代,以受精雌虫越冬为主,少数以若虫越冬。1 龄若虫盛发期大体为:2 代区 5 月下旬前后,8 月中旬前后;3 代区 5 月中下旬,7 月中旬,9 月上中旬;3 ~ 4 代区 4 月中旬,6 月下旬 ~ 7 月上旬,9 月上中旬,12 月上旬。成虫产卵期长,可达 40 余天,卵期短,仅 1 ~ 3 小时,若虫期夏季 30 ~ 35 天,秋季 50 余天。单雌卵量 70 ~ 300 粒,第 3 代最多,1 代次之。卵产于母体下,初孵若虫爬出母壳分散转移到枝、叶、果上固着寄生,仅 1 ~ 2 个小时即固着刺吸汁液,体渐缩短,次日开始分泌绵絮状蜡粉,2 龄触角和足消失,于蜕皮壳下继续生长并分泌介壳,再蜕皮变为雌成虫。雄若虫 1 龄后即分泌绵絮状蜡质介壳,常喜群集于叶背寄生。天敌有日本方头甲、多种瓢虫和小蜂。

防治方法 (1)预测预报,寻找当年第 1 代 2 龄雌幼蚧盛发期,亦即当代雌成蚧初现日,作为确定喷药的适期。其后 14~21 天再喷 1 次。(2)生物防治,矢尖蚧的寄生蜂有寄生未产卵雌成虫的矢尖蚧蚜小蜂、只寄生产卵雌成虫的花角蚜小蜂、寄生 2 龄雄幼蚧的寄生蜂,及日本方头甲都是橘园的重要天敌。(3)药剂防治。以若虫分散转移期施药最佳,虫体无蜡粉和介壳,抗药力最弱。可用 25%噻嗪酮可湿性粉剂 1000 倍液或 30%硝虫硫磷乳油 750 倍液、20%吡虫啉可湿性粉剂 2000 倍液、52.25%氯氰·毒死蜱乳油 1500 倍液、1.8%阿维菌素乳油 2000 倍液。也可用矿物油乳剂,夏秋季用含油量 0.5%,冬季用 3% ~ 5%;或松脂合剂,夏秋季用 18 ~ 20 倍液,冬季 8 ~ 10 倍液。如化学农药和矿物油乳剂混用效果更好,对已分泌蜡粉或蜡壳者亦有防效。松脂合剂配比为烧碱 2∶松香 3∶水 10。提倡使用 94%机油乳剂 50 倍液,防效优异。

澳洲吹绵蚧(Cottony cushion scale)

学名 *Icerya purchasi* (Maskell) 同翅目,绵蚧科。别名:绵团蚧、白蚰、白蜱、棉花蚰、吹绵蚧、白条介壳虫、棉座介壳虫、橘蜷。分布在安徽、江苏、上海、江西、福建、台湾、湖北、湖南、广东、海南、广西、贵州、重庆、四川、云南及北方温室。

澳洲吹绵蚧雌成虫放大

寄主 柑橘、石榴、枇杷、枸杞、无花果、柿、葡萄、柠檬、茶、橙、桑、黄皮、沙田柚、山楂、苹果、梨等 280 余种植物。

为害特点 若虫和雌成虫群集枝、芽、叶上吸食汁液,排泄蜜露诱致煤污病发生。削弱树势,重者枯死。

形态特征 成虫:雌椭圆形,体长 5 ~ 7(mm),暗红或橘红色,背面生黑短毛被白蜡粉向上隆起,发育到产卵期,腹末分泌出白色卵囊,卵囊上具 14 ~ 16 条纵脊,卵囊长 4 ~ 8(mm)。雄体长 3mm,橘红色,胸背具黑斑,触角 10 节似念珠状黑色,前翅紫黑色,后翅退化;腹端两突起上各生 4 根长毛。卵:长椭圆形,长 0.7mm,橙红色。若虫:体椭圆形,眼、触角和足均黑色,体背覆有浅黄色蜡粉。雄蛹:椭圆形,长 2.5 ~ 4.5(mm),橘红色。茧:长椭圆形,覆有白蜡粉。

生活习性 华东与中南地区年生 2 ~ 3 代, 四川 3 ~ 4 代,以若虫和雌成虫或南方以少数带卵囊的雌虫越冬。发生期不整齐。浙江 2 代,3 月开始产卵,5 月上、中旬进入盛期,5 月下旬至 6 月上旬若虫盛发,6 月中旬始见成虫,7 月中旬最多;2 代卵发生期为 7 月上旬至 8 月中旬,7 月中旬出现若虫, 早的当年可羽化,少数可产卵,多以 2 代若虫越冬。福建、广东、台湾第 2 代发生于 7 ~ 8 月,3 代 9 ~ 11 月,少数第 4 代盛期出现在 11 月以后。台湾完成 1 代夏季约 80 天,冬季 130 天。交配后 6 ~ 11 天开始产卵,产卵期 5 ~ 45 天。初龄若虫在叶背主脉两侧定居,2 龄后转移到枝干上群集为害,雌成虫定居后不再移动,成熟后分泌卵囊产卵于内,每雌可产卵数百至 2000 粒。雄虫少,多营孤雌生殖,但越冬代雄虫较多,常在树缝隙、叶背及土中结茧化蛹。越冬代雌、雄成虫交配后产卵甚多,常在 5 ~ 6 月成灾。天敌有澳洲瓢虫、大红瓢虫、小红瓢虫及寄生菌等。

防治方法 (1)保护引放澳洲瓢虫,大、小红瓢虫,红环瓢虫等。澳州瓢虫一般 50 株的柑橘园在 3 ~ 5 株上放, 每株放 100 ~ 150 头,通常放瓢虫 1 个月后,便可消灭吹绵蚧。但是当瓢蚧比接近 1∶15 左右时就要转移瓢虫,以免自相残杀。(2)剪除虫枝或刷除虫体。(3)果树休眠期喷波美 1° ~ 3° 石硫合剂、45%晶体石硫合剂 30 倍液; 北方可在发芽前喷 3° ~ 5° 石硫合剂或 45%晶体石硫合剂 20 倍液、含油量 5%的矿物油乳剂。提倡用 94%机油乳剂 50 倍液,防效优异。(4)初孵若虫分散转移期或幼蚧期喷洒 25%噻嗪酮可湿性粉剂 1000 倍液或 40%毒死蜱乳油 1000 倍液、30%硝虫硫磷乳油 750 倍液。

橘绿绵蚧(Citrus cushion scale)

学名 *Chloropulvinaria aurantii* (Cockerell) 同翅目,蚧科。别名:橘绵蚧、橘绿绵蜡蚧、黄绿絮介壳虫。分布在浙江、江西、福建、台湾、广东、广西、湖北、湖南、四川、云南、江苏、上海、贵州及北方温室。

带卵囊的橘绿绵蚧雌成虫(上)

寄主 柑橘、香蕉、枇杷、柿、茶、无花果、荔枝、龙眼、橄榄、柚、橙、柠檬等。

为害特点 成、若虫在枝梢及叶背刺吸为害。被害株叶片呈黄绿色斑点。为害严重时,枝、叶布满虫体,致使枝、叶枯黄,早期脱落。并导致煤污病发生。

形态特征 成虫:雌成虫体长约 4mm,宽 3.1mm。椭圆形,扁平,青黄或褐黄色,体边缘颜色较暗,有绿色或褐色的斑环,在背中线有纵行褐色带纹。触角 8 节,第 3 节最长,第 2 节和第 8 节次之,第 6 节和第 7 节最短。足细长,腿节和胫节几乎等长,但腿节较粗。爪冠毛发达,较粗,顶端膨大为球形。气门周围无圆筒状硬化。雌成虫产卵期不仅分泌白色棉状卵囊,而且被柔软的白色蜡茸。卵囊较宽,长,背面有明显的 3 条纵脊。其分泌卵囊的 5 个蜡腺位于腹面前中间一点,第 2 对胸足足基上沿和第 3 对胸足足基下沿各有 1 对蜡腺。卵:初产下时为黄绿色,孵化前鹅黄色。

生活习性 年发生 2 代,以若虫在枝、叶上越冬,次年 3 月下旬若虫开始活动,4 月中旬雄成虫羽化、交尾。受精雌成虫于 5 月上旬体迅速膨大,背部明显隆起,并多数转移至叶背固定。第一代若虫期 5~7 月;7 月下旬第 1 代成虫陆续分泌卵囊并产卵于其中。雌雄性比 1∶2.6。雌虫多在茎干上,雄虫多在叶背。每雌产卵 700~1500 粒,平均 1000 粒。卵孵化盛期为 5 月下旬。

防治方法 参见吹绵蚧。

垫囊绿绵蚧(Green shield scale)

学名 *Chloropulvinaria psidii* (Maskell) 同翅目,蚧科。别名:番石榴绿绵蚧。分布在除蒙新区、青藏区外,中国多有分布。

寄主 柑橘、番荔枝、番石榴、梅、樱桃、李、杏、柚、橙、柿、无花果、柠檬、菠萝、龙眼、芒果、苹果、茶、桑、棕榈等。

为害特点 若虫在枝条或叶背吸食寄主汁液,致枝叶萎黄干枯,并易诱发煤污病。

形态特征 雌成虫:体长 3.5~4(mm),宽 2.5~3(mm),椭圆形

垫囊绿绵蚧

或卵形,背部稍隆起,蜡黄绿色。触角 8 节,第 3 节最长,3 对足,腿节与胫节等长,体后半部为 1 大片肉白色斑。全部体缘毛端部增粗成棍状并具分枝呈锯齿状。产卵前体收缩成直径 3.8mm,近圆形,至产卵期身体下方产生蜡质垫状卵囊。这时,背中线由肉白色变成浅褐色,后整个体背凸起部分都变成肉白色,周缘变褐。雄成虫:体长 1.6~1.7(mm),翅展 3.4~4(mm),浅棕红色,复眼酱黑色,触角 13 节,翅浅灰白色,腹末生刺状交尾器及白色丝 1 对。卵:长 0.03mm,乳白色至浅红或浅黄色。若虫:体长 2mm,扁平,浅黄色,背中央稍凸。蛹:长 1.5mm,浅褐色,复眼黑色。

生活习性 湖南年生 1 代,以若虫在叶背越冬。3 月下旬迅速长大,雄虫 4 月初始蛹,雌虫 5 月向新梢叶背转移,6 月分泌蜡质在腹下形成垫囊,垫囊厚 6~9(mm),并把卵产在垫囊之中,产卵量 300~500 粒,雄虫不多,多作孤雌生殖。广州 5~10 月均有发生,5~6 月受害重,山区发生重,茂密果园发生重。天敌有闽粤软蚧蚜小蜂等。

防治方法 (1)加强果园管理,及时修剪使其通风透光,增施磷钾肥,以增强树势。(2)保护利用天敌。(3)于若虫孵化盛期大量分泌蜡质之前喷洒 48%毒死蜱乳油或 50%杀螟硫磷乳油或 10%吡虫啉可湿性粉剂 1000 倍液、25%噻嗪酮可湿性粉剂 1000 倍液、30%硝虫硫磷乳油 750 倍液。

红蜡蚧(Ruby scale)

学名 *Ceroplastes rubens* Maskell 同翅目蜡蚧科。分布:除东北、西北部分地区外,几遍全国各地。

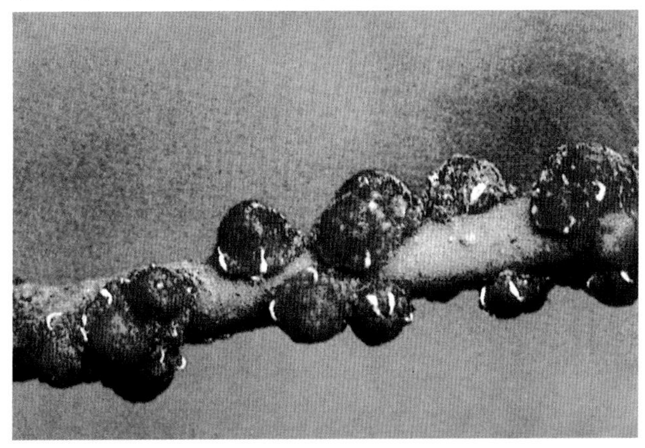

红蜡蚧放大

寄主 茶、桑、柑橘、荔枝、龙眼、石榴、猕猴桃、枇杷、杨梅、芒果、无花果、柿等64种植物。

为害特点 同垫囊绿绵蚧。

形态特征 雌成虫:体长2.5mm,卵形,背面向上隆起。触角6节。口器较小,位于前足基节间。足小,胫节略粗,跗节顶端变细。前胸、后胸气门发达喇叭状。气门刺近半球形,其中一刺大,端尖,散生4~5个较大的刺及一些小的半球形刺。在阴门四周有成群的多孔腺。体背边缘具复孔腺集成的宽带,中部集成环状。肛板近三角形,臀裂后端边缘具长刺毛4~5根。虫体外蜡质覆盖物形似红小豆。成虫的4个气门具白色蜡带4条上卷,介壳中央具一白色脐状点。雄成虫:体暗红色,口器黑色,6个单眼,触角10节,浅黄色,翅半透明白色。卵:椭圆形,浅紫红色。若虫:扁平椭圆形,红褐色至紫红色。

生活习性 年生1代,以雌成虫在茶树枝上越冬,翌年5月下旬雌成虫开始产卵,每雌平均产卵约200粒,6月初若虫开始出现,8月下旬~9月上旬雄成虫羽化。

防治方法 (1)发现有虫枝,及时剪除有虫枝叶,集中烧毁。(2)注意适时、合理修剪,改善通风透光条件,可减少发生。(3)红蜡蚧若虫孵化期长达21~35天,防治时应连续喷洒52.25%氯氰·毒死蜱乳油1500倍液或20%吡虫啉浓可溶剂2000倍液、20%氰戊·辛硫磷乳油900倍液、30%硝虫硫磷乳油750倍液,隔10天左右1次,防治3~4次。(4)提倡释放红蜡蚧扁角跳小蜂、蜡蚧扁角短尾跳小蜂、赖食软蚧蚜小蜂,进行生物防治。

黑点蚧(Citrus black scale)

学名 *Parlatoria zizyphus* (Lucas) 同翅目,盾蚧科。别名:黑片盾蚧、黑星蚧。分布在河北、江苏、浙江、江西、福建、台湾、湖北、湖南、广西、广东、四川。

寄主 柑橘、椰子、枇杷、苹果、枣、茶等。

为害特点 同矢尖盾蚧。

形态特征 成虫:雌介壳长椭圆形,长1.5~2(mm),黑色,介壳背面具2条纵脊,后缘有灰白色薄蜡片,壳点椭圆漆黑,位于介壳的前端,第2蜕皮壳甚大,长方形黑色,均有背纵脊。雌成虫倒卵形,淡紫红色,前胸两侧有耳状突起,是本种的重要特征。雄介壳狭长,长1mm,灰白色,壳点椭圆形漆黑,于介壳前端。雄成虫淡紫红色,前翅发达半透明,翅脉2条,性刺针状。

生活习性 南方年生3~4代,以雌成虫和卵越冬。4~5月间第1代若虫陆续出现,第2代若虫7月盛发,第2代若虫10~11月发生。雌成虫寿命和产卵期都很长,不断产卵陆续孵化,并能孤雌生殖,世代重叠。平均每雌可产卵50余粒。4月下旬若虫转移到当年生春梢上,5月下旬蔓延到幼果上为害,7月下旬转到当年生夏梢上为害,8月上旬在叶和果实上为害。生长衰弱郁闭的果园发生较重。天敌有:盾蚧长缨蚜小峰、纯黄蚜小蜂、短缘毛蚜小蜂、中国小蜂、长缘毛蚜小蜂、整胸寡节瓢虫、红点唇瓢虫、日本方头甲等。

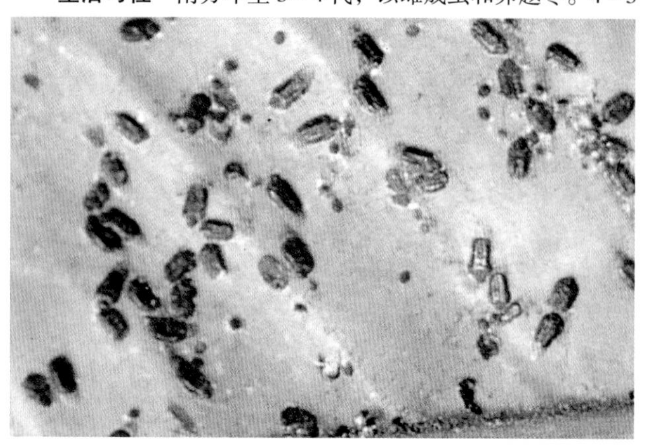

黑点蚧

防治方法 参考矢尖盾蚧。

褐圆蚧(Florida red scale)

学名 *Chrysomphalus ficus* Ashmead 同翅目,盾蚧科。别名:黑褐圆盾蚧、褐叶圆蚧、褐圆盾蚧、茶褐圆蚧、鸢紫褐圆蚧。异名 *Chrysomphalus ficus* Ashmead; *Aspidiotus ficus* Comstock。分布在广东、福建、上海、湖北、湖南、广西、江苏、四川、台湾、浙江、江西、山东、云南以及北方各大城市的温室。

褐圆蚧雌介壳及初固定介壳

寄主 柑橘、柚、沙田柚、芒果、无花果、杨梅、栗、葡萄、银杏、玫瑰、冬青、樟树、柠檬、椰子、香蕉等200余种植物。

为害特点 以若虫和成虫在植物的叶片上刺吸为害,受害叶片呈黄褐色斑点,严重时介壳布满叶片,叶卷缩,整个植株发黄,长势极弱甚至枯死。为害呈上升的趋势。

形态特征 成虫:雌介壳圆形,直径约2mm,暗紫褐色,边缘灰白至灰褐色,中央隆起较高略呈圆锥形,壳点即1龄蜕皮壳位于介壳中央顶端,圆形红褐色,2龄蜕皮壳于壳点下,圆形黄褐色。常因寄主不同介壳颜色有变化,多为黑褐色无光泽。雌成虫体长1.1mm,淡黄褐色,倒卵形。雄介壳与雌相似,较小,边缘一侧扩展略呈卵形或椭圆形,壳点于中央暗黄色。雄成虫体长0.75mm,淡橙黄色,前翅发达透明,后翅特化为平衡棒,性刺色淡。卵:长卵形,长0.2mm,淡橙黄色。若虫:1龄卵形,长0.25mm,淡橙黄色,足和触角发达,尾毛1对。2龄触角、足和尾毛均消失,出现黑色眼斑。

生活习性 华南年生4~6代,陕西汉中3代。后期世代重叠,均以若虫越冬。福州各代1龄若虫盛发期:5月中旬,7月中旬,9月下旬,10月下旬至11月中旬。1年中以夏季为害果实最烈。生活习性与矢尖盾蚧略似,雌多于叶背和果实上固着为害,雄多于叶面。每雌卵量80~145粒。

防治方法 参见矢尖盾蚧。

柑橘白轮蚧(Citrus armoured scales)

学名 *Aulacaspis citri* Chen 同翅目,盾蚧科。分布在广东、云南、四川等省及北方温室。

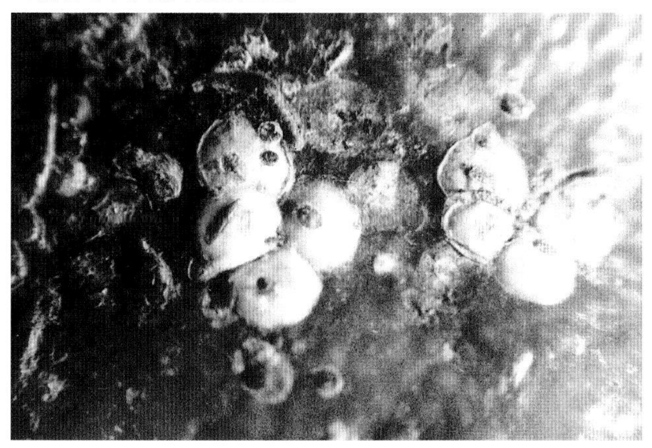

柑橘白轮蚧雌成虫介壳

寄主 柑橘、金橘、米兰、含笑。

为害特点 雌成虫和若虫群集在叶片、枝条或果实上吮吸汁液,致叶片变黄脱落。

形态特征 雌蚧近圆形,白色,长约 2.1~3.3(mm),壳点近中央,第1壳点灰黄色,第二壳点深褐色。雄蚧长形,具3脊。雌成虫前体部近方形,头瘤明显,其前头缘浑圆,其后两侧相平行,全体长 1.3~1.4(mm)。前体部、后胸及第1腹节两侧硬化,触角1毛。第2、3腹节有缘小管排成,各为6~9个。背疤不显,缘侧片长而粗。

生活习性 不详。

防治方法 参见矢尖盾蚧。

肾圆盾蚧(California red scale)

学名 *Aonidiella aurantii* (Maskell) 同翅目,盾蚧科。别名:红圆蚧、红肾圆盾蚧、红圆蹄盾蚧、红奥盾蚧。异名 *Aspidiotus aurantii* Maskell。分布在广东、广西、福建、台湾、浙江、江苏、上海、贵州、湖北、四川、云南。在新疆、内蒙古、辽宁、山东、陕西等北方地区的温室中发现。

寄主 沙田柚、柑橘、芒果、香蕉、椰子、无花果、柿、核桃、柠檬、柚、橄榄、苹果、梨、桃、李、梅、山楂、葡萄等 370 余种植物。

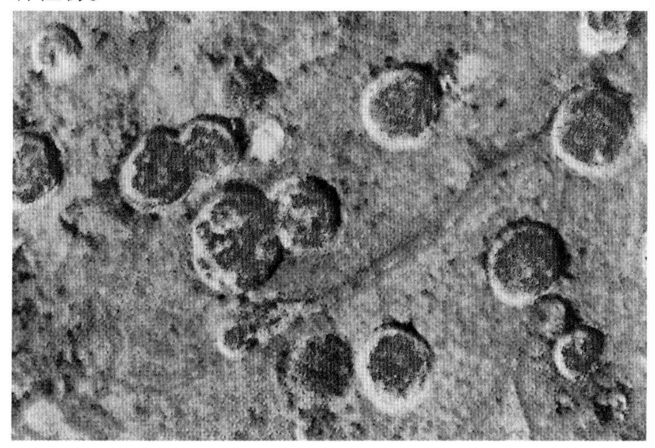

肾圆盾蚧

为害特点 成、若虫刺吸枝干、叶和果实的汁液,重者叶干枯卷缩,新梢停滞生长,甚至树势削弱,严重者布满介壳,整株干枯。近年该虫为害呈上升的态势。

形态特征 介壳:雌介壳圆形,直径 1.8~2mm,淡黄色可透见虫体,故呈橙红至红褐色,边缘淡黄色,中央稍隆起,壳点黄褐至黑褐色位于中央。雄介壳长椭圆形,长 1mm,淡灰黄色,边缘色淡,壳点偏于一端。成虫:雌成虫略呈肾形或马蹄形,长 1mm,宽 1.1mm,橙黄至红色。背面、腹面硬化。臀板浅褐色,臀叶3对。雄成虫体长 1mm 左右,橙黄色,眼紫色。卵.很小,椭圆形,浅黄色至橙黄色,产在母体腹内,孵化后才产出若虫。若虫:一龄若虫体长 0.6mm 左右,长椭圆形,橙黄色,二龄时触角和足消失,体近圆形至杏仁形,橘黄色至橙红色。

生活习性 年生 2~4 代,浙江 2 代,南昌 3 代,华南 4 代,以二龄幼虫或受精雌虫在枝叶上越冬。翌春继续为害,生殖方式为卵胎生。浙江 6 月上中旬开始产仔,若虫分散转移,喜于茂密背阴处的枝梢、叶和果实上群集固着为害,8 月间发生第 1 代成虫,10 月中旬发生第 2 代成虫,交配后雄死亡,雌成虫越冬。江西南昌 3 代区,各代若虫胎生期分别在 5 月中旬~6 月中旬、7 月下旬~9 月上旬及 10 月中下旬, 雄成虫羽化期分别在 4 月中下旬、7 月、8 月中旬至 10 月上旬,羽化盛期在 4 月中旬、7 月中旬及 9 月上中旬。每头雌成虫能胎生 60~160 头若虫,经 1~2 天从介壳边缘爬出来,活动 1~2 天后即固着取食。雌虫多在叶背、雄虫多在叶面近地面叶片上或群集在枝干上,固定后仅 1~2 小时即分泌蜡质,形成针点大小灰白色介壳。气温 28℃,一龄若虫期 12 天左右,二龄若虫期约 10 天。雌成虫胎生若虫时间为数周至 1~2 个月;其寿命与受精与否有关,若与雄虫交配受精能存活 6 个月。天敌有黄金蚜小蜂、岭南黄金蚜小蜂、红圆蚧黄褐蚜小蜂、双带巨角跳小蜂等多种。

防治方法 参见矢尖盾蚧。

榆蛎蚧(Oystershell scale)

学名 *Lepidosaphes ulmi* (Linnaeus) 同翅目,盾蚧科。别名:茶牡蛎蚧、榆牡蛎蚧、松蛎盾蚧。异名 *Lepidosaphes juglandis* Fernald。分布在华北、华东、华中、华南、西南及北方温室。

寄主 柑橘、枸杞、银杏、葡萄、苹果、板栗、柿、、柳、榆等。

为害特点 以若虫、成虫在茎干上刺吸为害,严重者茎干上布满介壳,致使植物生长不良以至不能孕蕾开花,干枯死亡。

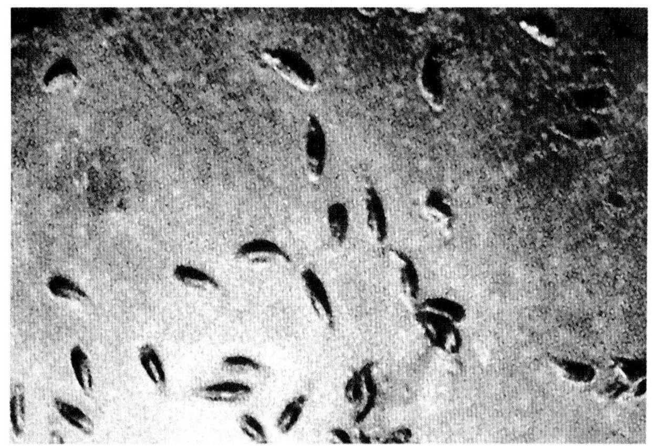

榆蛎蚧

形态特征 成虫：雌介壳长2.9～3.8（mm），宽0.8～1.4（mm），长牡蛎形，前狭后宽，末端浑圆，全蚧稍弯或直，背面隆起，略有横纹或横纹明显，前端浅褐色，后端深褐色，壳点位于介壳前端，第一壳点橘黄色，第二壳点橙黄色。雄介壳长0.8～1.1(mm)，宽0.25～0.45(mm)，两侧缘近平行，或前半部略狭于后半部，末端圆，背面隆起，全体褐色，有时前半部浅后半部深。雌虫体长1.0～1.8(mm)，宽0.5～0.76(mm)。长纺锤形或头胸部很窄，腹部第2腹节最宽，体膜质、黄白色。头部光滑，触角圆瘤状各生一至二根长毛。臀板宽大，后端浑圆，臀叶两对。雄成虫体长0.6mm，翅展1.3mm；淡紫色，触角、足淡黄色，胸部淡褐色；翅1对；腹末端有长形交尾器。卵：长0.2～0.3(mm)，椭圆形，乳白色，半透明。若虫：1龄若虫体长0.25～0.35(mm)，宽0.15～0.20(mm)；卵圆形；较扁平，淡黄色；腹末端有2根较长的尾毛；眼瘤明显地突出于头前两侧；触角长6节；足3对，基部肥大，腿节呈纺锤形；1～7腹节侧缘有7对腺刺。2龄若虫长0.5～0.8(mm)，宽0.2～0.37(mm)；体长纺锤形，稍扁平，黄色；触角近瘤状，生长短毛各一个。臀叶相似于雌虫；腹部1～7腹节每侧各着生一个腺刺。若虫蜕皮后开始分泌蜡质物质，并与蜕下的皮形成介壳。雄蛹：暗紫色。

生活习性 年发生一代，以卵在母体介壳下越冬，翌年5月中、下旬越冬卵开始孵化，若虫出壳后在树干或枝条上活动3～4天，然后选择适当部位固定，6月上旬初孵若虫均固定于树干或枝条上，并逐渐形成介壳。若虫期30～40天。雌性若虫至7月上旬变为成虫，雄性若虫于7月上、中旬羽化为雄成虫。雌雄交尾后，于8月上旬开始产卵，8月中、下旬为产卵盛期，产卵期长约50天，每雌产卵近100粒左右，卵藏于介壳下，产卵后雌成虫死亡。

防治方法 参见矢尖盾蚧。

糠片盾蚧（Chaff scale）

学名 *Parlatoria pergandii* Comstock 同翅目，盾蚧科。别名：糠片蚧、片糠蚧、灰点蚧、圆点蚧。分布在华北、山西、河北、河南、山东、安徽、江苏、浙江、江西、福建、台湾、广东、广西、湖北、湖南、云南、四川。

寄主 柑橘、枸杞、佛手、金橘、柚、沙田柚、芒果、罗汉松、柠檬、无花果、苹果、梨、樱桃、葡萄、柿、茶等。

为害特点 若虫、雌成虫刺吸枝干、叶和果实的汁液，重者叶干枯卷缩，削弱树势甚至枯死。

形态特征 成虫：雌介壳长圆或不正椭圆形，长1.5～2（mm），灰白、灰褐、淡黄褐色，中部稍隆起边缘略斜，蜡质渐薄色淡，壳点很小椭圆形，暗黄绿至暗褐色，叠于第2蜕皮壳的前方边缘，第2蜕皮壳近圆形颇大，黄褐至深褐色，接近介壳边缘。雌成虫椭圆形，长0.8mm，紫红色。雄介壳灰白色狭长而小，壳点椭圆形，暗绿褐色，于介壳前端。雄成虫淡紫色，触角和翅各1对，足3对，性刺针状。卵：椭圆或长卵形，长0.3mm，淡紫色。若虫：初孵扁平椭圆形，长0.3～0.5(mm)，淡紫红色，足3对，角、尾毛各1对。固定后触角和足退化。雄蛹：淡紫色。

生活习性 南方年生3～4代，以雌成虫和卵越冬，发生期不整齐，世代重叠。四川重庆年生4代，各代发生期：4～6月，6～7月，7～9月，10月至翌年4月。4月下旬起当年春梢上若虫陆续发生，6月中旬达高峰。湖南衡山、长沙3代。各代若虫发生期：5月，7月，8～9月。初孵若虫分散转移，经1～2小时便固着为害，分泌白绵状蜡粉覆盖虫体，进而泌介壳。第1代主要于枝叶上为害，第2代开始向果实上转移为害，7～10月发生量最大为害严重。

防治方法 参见矢尖盾蚧。

日本长白盾蚧（Pear white scale）

学名 *Lopholeucaspis japonica* （Cockerell）同翅目，盾蚧科。别名：日本长白盾蚧、长白介壳虫、梨长白介壳虫、日本长白蚧、茶虱子、日本白片盾蚧。异名 *Leucaspis hydrangeae* Takahashi; *Leucaspis japonica* Cockerell。分布在吉林、辽宁、河北、山西、陕西、甘肃、青海、宁夏、内蒙古、福建、台湾、广东、广西、贵州、四川、云南、山东、江苏、湖北。

寄主 山楂、无花果、柑橘、枇杷、苹果、梨、李、沙田柚、柚、梅、柿等。

为害特点 以若虫、雌成虫在叶、干上刺吸汁液，致受害树势衰弱，叶片瘦小、稀少。该蚧还可在短期内形成紧密的群落，布满枝干或叶片，造成严重落叶，发芽大减，连续受害2～3年，枝条枯死或整株死亡。是一种毁灭性害虫。

形态特征 介壳：雌成蚧壳长1.68～1.80(mm)，纺锤形，暗棕色，其上具一层白色不透明蜡质物，一个壳点，头端突出。雄蚧壳长形，白色，壳点突出在头端。成虫：雌成虫体长0.6～1.4(mm)，梨形，浅黄色，无翅。雄成虫体长0.5～0.7(mm)，浅紫色，

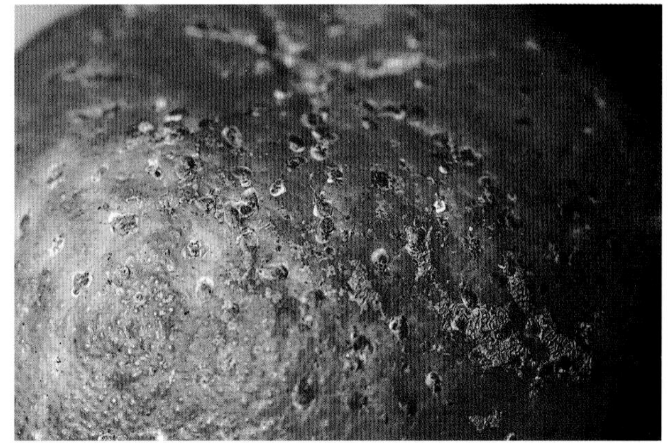

糠片盾蚧雌雄成虫为害柑橘放大

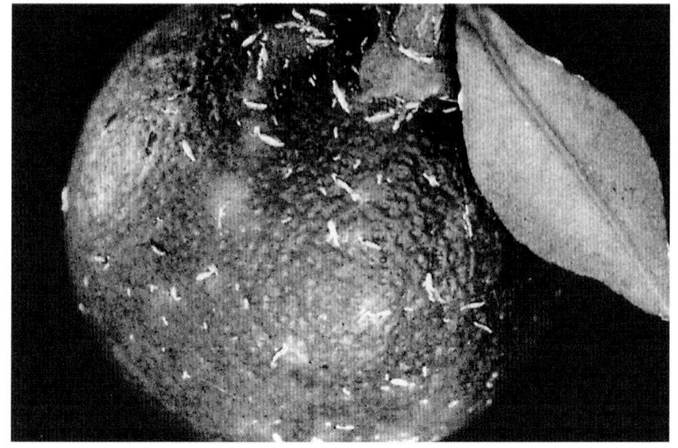

日本长白盾蚧雌介壳为害柑橘放大

头部色较深，1对翅，白色半透明，腹末具一针状交尾器。卵：长0.23mm，宽约0.11mm，椭圆形，浅紫色。若虫：体长0.2～0.31(mm)，触角5节，足3对，腹末具尾毛2根。雌虫共3龄，雄虫2龄。一龄末期体长0.39mm，体背覆一层白色蜡质介壳。二龄若虫体长0.36～0.92(mm)，体色有淡紫或淡黄、橙黄及紫黄等，触角及足消失，体背介壳灰白色。三龄若虫浅黄色，腹部末端3、4节向前拱起。前蛹：长0.63～0.92(mm)，长椭圆形，浅紫色。蛹：长0.66～0.85(mm)，细长，淡紫色至紫色。触角、翅芽、足均出现，腹末生一针状交配器。

生活习性 江苏、浙江、安徽、湖南年生3代，以末龄雌若虫和雄虫前蛹在枝干越冬。翌年3月下旬至4月下旬，雌成虫羽化，4月中、下旬雌成虫开始产卵，第1、2、3代若虫孵化盛期主要在5月中下旬、7月中下旬和9月上旬～10月上旬。第一、二代若虫孵化较整齐，第三代历时较长。各虫态历期：卵期13～20天，若虫期23～32天，雌成虫寿命23～30天。雌成虫把卵产在介壳内，每雌产卵10～30粒，若虫孵化后从介壳中爬出来。若虫在晴天中午孵化旺盛，初孵若虫活泼善爬，经2～5小时，把口器插入树组织内固定虫体并吸取汁液，固定一小时后即分泌出白色蜡质介壳覆盖在体背上。雌虫共3龄，后变为成虫；雄虫2龄，二龄后变为前蛹。一、二代分布叶片上多于枝干，雄虫多栖息在叶缘或边缘齿刻之间，雌虫多分布在枝干上或叶背中脉附近。第三代雌雄均分布在枝干中、下部，叶片上少见。植物生长茂密、枝条及皮层嫩薄受害重。长白蚧生育适温20～25℃，相对湿度高于80%易发生。果园郁蔽、偏施、过施氮肥、树势生长衰弱受害重。

防治方法 (1)严防有蚧壳虫苗木运到新区。(2)受害重的加强管理，防止残存的长白蚧蔓延。(3)预测长白蚧卵盛孵期 方法可采用玻管预测法，即用玻管在室内测定孵化虫数最多的日期，再向后推3～4天，即是防治适期。二是镜检预测法，即镜检长白蚧雌虫产卵率达84%，再向后推加该代卵的平均历期，即是孵化盛期。三是相关预测法，根据3月和4月均温的高低，预测其盛孵末期，调查百叶有虫150～250头时，即达到防治指标。防治重点应该放在若虫孵化较整齐的1～2代。(4)在若虫盛孵末期及时喷洒30%硝虫硫磷乳油800倍液或40%辛硫磷乳油、40%毒死蜱乳油、25%噻嗪酮可湿性粉剂1000倍液。第三代可用10～15倍松脂合剂或蒽油乳剂25倍液防治。也可在秋冬季喷洒0.5° 石硫合剂。喷药质量对防效影响很大，强调均匀周到。

褐天牛(Citrus long-horned beetles)

学名 *Nadezhdiella cantori* (Hope)鞘翅目，天牛科。分布：淮河、秦岭以南。

寄主 柑橘、橙、柚、沙田柚。

为害特点 幼虫钻蛀枝干，蛀孔处有唾沫状胶质分泌物，并有虫粪或木屑。受害株长势衰弱，枝条枯萎或整株死亡。

形态特征 成虫：黑褐色，体长26～51(mm)，体上生有灰黄色短绒毛。头顶两复眼间具1纵弧形深沟。侧翅突尖锐，鞘翅肩部隆起。雄天牛触角长于体，雌虫短。卵：椭圆形，乳白色，表面有网纹及细刺状突起。末龄幼虫：体长46～56(mm)，乳白色。

褐天牛成虫

前胸背板有横列4块棕色宽带，位于中央的两块较长，两侧者短。胸足细小。中胸的腹面，后胸及腹部1～7节背腹面均有移动器。蛹：浅黄色。

生活习性 2年完成1代，以幼虫和成虫在虫道中越冬。翌年4月开始活动，5～6月产卵。初孵幼虫蛀茎为害，经过2年到第3年5～6月化蛹后羽化为成虫，成虫白天潜伏，夜晚活动。初孵幼虫在皮下蛀食，约经10～20天，树皮表面出现流胶，后蛀入木质部，先横向蛀行，然后向上蛀食，若遇障碍物，则改变方向，因此常出现很多岔道。末龄幼虫在蛀道内作长椭圆形蛹室，马上化蛹。5、6月期间，卵期7～15天，幼虫期如系夏卵孵出的为15～17个月，秋卵孵出的为20个月左右。蛹期约30天，成虫从蛹室钻出后，寿命约3～4个月。

防治方法 参见光绿天牛。

光绿天牛(Siny-necked green citrus borer)

学名 *Chelidonium argentatum* (Dalman)鞘翅目，天牛科。别名：光盾绿天牛、橘枝绿天牛、橘光绿天牛、吹箫虫等。分布在安徽、江西、福建、广东、海南、广西、湖南、云南、四川等地。

寄主 柑橘类、柠檬、菠萝蜜、九里香等。

为害特点 幼虫于枝条木质部内蛀食，先向上蛀梢头枯死便向下蛀，隔一段距离向外蛀一排粪孔，排出粪屑，状如箫孔，故名“吹箫虫”。影响树势及产量。

形态特征 成虫：体长24～27(mm)，墨绿色具光泽，腹面绿色，被银灰色绒毛。触角和足深蓝色或黑紫色，跗节黑色。头

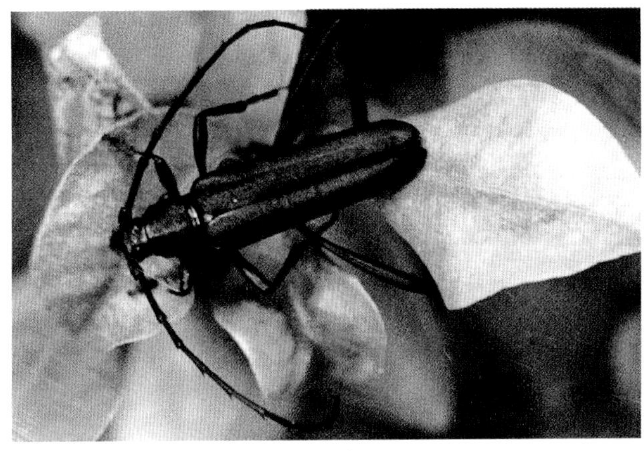

橘光绿天牛成虫

较长具细密刻点,复眼间额隆起,具中纵沟。触角丝状 11 节,5～10 节端部侧有尖刺,雄触角略长于体,雌稍短。前胸长宽约等,侧刺突短钝,胸面具细密皱纹和刻点,小盾片光滑,鞘翅密布刻点,微显皱纹。卵:长扁圆形,长 4.7mm,黄绿色。幼虫:体长 46～51(mm),淡黄色,体表生褐短毛。前胸背板后端具 1 横长形较骨化的硬块,乳白至灰白色,硬块下隐约可见 1 褐色横带纹;前胸背板前方具两块褐色硬皮板,其前缘凹入,左右两侧各具一小硬皮板。胸足细小,中胸至第 7 腹节背、腹面均有步泡突。蛹:长 19～25(mm),黄色,背面有褐色刺毛。

生活习性 广东、福建年生 1 代,少数 2 年 1 代,以幼虫于隧道内越冬。4～8 月为成虫发生期,5 月下旬至 6 月中旬进入盛发期,成虫白天活动,中午尤盛,飞行力较强,无趋光性,成虫寿命 15～30 天,卵散产于嫩绿的细枝分叉处或叶腋。每雌一般可产 60～70 粒, 卵期 18～19 天,6 月中旬至 7 月上旬为孵化盛期。初孵幼虫从卵壳下蛀入枝内,为害至 1 月间休眠越冬,幼虫多栖居在最下的排粪孔下方不远处。老熟后在隧道末端上方 6～10(cm)处咬椭圆形羽化孔,不咬破皮层,然后在羽化孔上方 16cm 左右处作蛹室, 两端用木屑并泌有白磁质物封闭于内化蛹。老熟幼虫 4 月开始化蛹,盛期为 4 月下旬至 5 月下旬,蛹期 23～25 天。年生 1 代者幼虫期 290～320 天,2 年 1 代者约 500～600 天。

防治方法 (1)捕杀成虫,随时剪除被害枝。(2)毒杀幼虫参考星天牛,注意封闭所有排粪孔,应从最下的排粪孔施药。

星天牛(Mulberry white-spotted longicorn)

学名 *Anoplophora chinensis* (Förster) 鞘翅目,天牛科。别名:白星天牛、银星天牛、橘根天牛、花牯牛、盘根虫等。分布在陕西、山西、河北、河南、山东、安徽、江苏、上海、浙江、江西、福建、广东、海南、香港、广西、湖南、湖北、贵州、重庆、四川、云南等地。

寄主 柑橘、枇杷、无花果、苹果、梨、樱桃、桑、荔枝、龙眼、番石榴、柚、沙田柚等。

为害特点 成虫啃食枝条嫩皮,食叶成缺刻;幼虫蛀食树干和主根,于皮下蛀食数月后蛀入木质部,并向外蛀 1 通气排粪孔,推出部分粪屑,削弱树势,于皮下蛀食环绕树干后常使整株枯死。

星天牛成虫

星天牛幼虫为害树干

形态特征 成虫:体长 19～39(mm),漆黑有光泽。触角丝状 11 节,第 3～11 各节基半部有淡蓝色毛环。前胸背板中央有 3 个瘤突,侧刺突粗壮。鞘翅基部密布颗粒,翅表面有排列不规则的白毛斑 20 余个。小盾片和足跗节淡青色。卵:长椭圆形,长 5～6(mm),初乳白后黄褐色。幼虫:体长 45～67(mm),淡黄白色。头黄褐色,上颚黑色;前胸背板前方左右各具 1 黄褐色飞鸟形斑纹,后方有 1 黄褐色"凸"字形大斑略隆起;胸足退化;中胸腹面、后胸和 1～7 腹节背、腹面均有长圆形步泡突。蛹:长 30mm,初乳白后黑褐色。

生活习性 南方年生 1 代,北方 2 年 1 代,均以幼虫于隧道内越冬。翌春在隧道内做蛹室化蛹,蛹期 18～45 天。4 月下旬至 8 月为羽化期,5～6 月为盛期。羽化后经数日才咬羽化孔出树,成虫白天活动,交配后 10～15 天开始产卵。卵产在主干上,以距地面 3～6(cm)内较多,产卵前先咬破树皮呈"L"或"⊥"形,伤口达木质部,产 1 粒卵于伤口皮下,表面隆起且湿润有泡沫,5～8 月为产卵期,6 月最盛。每雌可产卵 70 余粒,卵期 9～15 天。孵化后蛀入皮下,多于干基部、根颈处迂回蛀食,粪屑积于隧道内,数月后方蛀入木质部,并向外蛀 1 通气排粪孔,排出粪屑堆积干基部,隧道内亦充满粪屑,幼虫为害至 11～12 月陆续越冬。2 年 1 代者第 3 年春化蛹。

防治方法 (1)捕杀成虫,刺杀卵和初孵幼虫。(2)毒杀幼虫可用 80%敌敌畏乳油 10～50 倍液涂抹产卵痕,毒杀初龄幼虫;高龄幼虫可用细铁丝钩从通气排粪孔钩出粪屑,然后塞入 1～2 个 80%敌敌畏乳油或 40%乐果乳油 10～50 倍液浸过的药棉球或注入 80%敌敌畏乳油 500～600 倍液或塞入磷化铝片半片,施药后用湿泥封口,有较好效果。(3)把树干距地面 1m 范围内涂白,阻止成虫产卵有一定效果。(4)试用注干法。参见苹果害虫——桑天牛。

黑翅土白蚁(Blackwing subterranean termite)

学名 *Odontotermes formosanus* (Shiraki) 属等翅目,白蚁科。白蚁主要有 7 种:黑翅土白蚁、家白蚁、黄翅大白蚁、海南土白蚁、黄胸散白蚁、歪白蚁及小象白蚁。其中黑翅土白蚁较普遍。分布 河南、江苏、安徽、浙江、湖南、湖北、四川、贵州、福建、广东、广西、云南、台湾。

寄主 柑橘、栗、甘蔗、花生、果树、橡胶树、杉、松、桉树等。

柑橘园黑翅土白蚁工蚁

为害特点 蛀害根部和树干，使根部腐烂，不能吸取水分和养分，严重时，全株枯死。

形态特征 白蚁群体中分为蚁王、蚁后、工蚁和兵蚁等。兵蚁体长6mm，头长2.55mm，头部暗黄色，卵形，长大于宽，头最宽处常在后段，咽颈部稍曲向头的腹面，上颚镰刀形，左上颚中点的前方具1齿。体、翅黑褐色。单眼和复眼之间的距离等于或小于单眼的长。触角15～17节。前胸背板前部窄，斜翘起，后部较宽。

生活习性、防治方法 参见柿害虫——黑翅土白蚁。

豹纹木囊蛾

学名 *Zeuzera* sp.属鳞翅目木囊蛾科。分布在华东、华中、华南等果产区。

豹纹木蠹蛾成虫

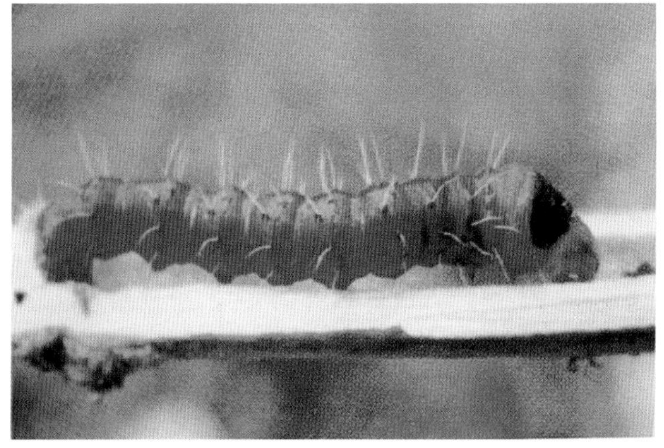

豹纹木蠹蛾幼虫

寄主 核桃、柑橘、石榴等多种果树。

为害特点 幼虫钻蛀枝干，造成枝枯、断枝，严重影响生长。

形态特征 雌成虫体长27~35mm，翅展50~60mm，雄体长20~25mm，翅展44~50mm，全体被白色鳞片，在翅脉间、翅缘及少数翅膀上生有许多较规则的蓝黑斑，后翅上除外缘也生蓝黑斑外，其他部位斑的颜色浅，胸背有排成2行的6个蓝黑斑点，腹部每节均生8个大小不一的蓝黑斑排列成环状。雌蛾触角丝状，雄蛾基半部羽毛状，端部丝状。卵椭圆形，浅黄色至橘黄色。幼虫体长40~60mm，红色，体节上生黑毛瘤，瘤上长1~2根毛；前胸背板上具黑斑，中央生1条纵走黄细线。蛹黄褐色，头部顶端生1大齿突。

生活习性 年生1代，以老熟幼虫在树干中越冬。翌年枝上的芽萌发时转移到新梢上继续为害。6月中旬~7月中旬羽化交尾产卵。成虫有趋光性，产卵在嫩枝、嫩芽或叶上，卵期15~20天。初卵幼虫先在嫩梢上部腋叶处蛀害，先在皮层、木质部之间绕干蛀害，造成嫩梢风折。幼虫钻入髓部向上蛀时，隔一定距离向外蛀一圆形排粪孔。受害枝3~5天枯萎后，幼虫向下移重新蛀入，多次造成当年新生枝梢大量枯死，秋末初冬幼虫在受害枝基部蛀道内越冬。天敌有茧蜂。

防治方法 （1）及时剪除风折枝集中烧毁。（2）在成虫产卵和幼虫孵化期喷洒40%毒死蜱乳油1000倍液或20%氰戊菊酯乳油2000倍液。

青蛾蜡蝉

学名 *Salurnis marginellus*(Guerin)又称褐缘蛾蜡蝉。同翅目蜡蝉科。分布在各地橘产区。成虫黄绿色，长约10mm；前翅周缘围有赤褐色狭边，前缘近顶角1/3处有赤褐色短斑。若虫浅黄绿色，胸腹盖白绵状蜡质，腹末有长毛状蜡丝。

生活习性 福建年生二代，若虫4月开始出现，成虫第1代6月末出现，第二代10月出现。卵产在嫩茎内，以卵越冬。江西萍乡年生1代，翌年5月上中旬越冬卵孵化，6月下旬、7月下旬羽化为成虫，7~8月产卵。成、若虫喜跳跃，在小枝上活动取食，卵产在枝梢皮层下，产卵处表皮粘附少量绵状蜡丝。

防治方法 （1）结合修剪，剪除产卵枝梢烧毁，消灭越冬卵。（2）成若虫发生期喷洒40%辛硫磷或毒死蜱乳油1000倍液。

青蛾蜡蝉成虫

（二）热带、亚热带果树病虫害

1. 枇杷（*Eriobotrya japonica*）病害

枇杷假尾孢褐斑病（Loquat angular leaf spot）

症状 叶面病斑近圆形至不规则形，宽 1.5～22(mm)，暗褐色至灰褐色，边缘紫色至紫褐色，叶背病斑灰褐色至暗褐色，子实体生在叶的正背两面，叶面居多。我国枇杷栽植区普遍发生。

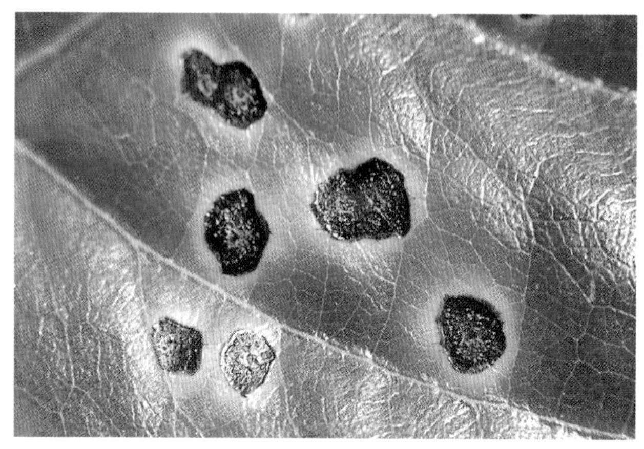

枇杷假尾孢褐斑病后期症状

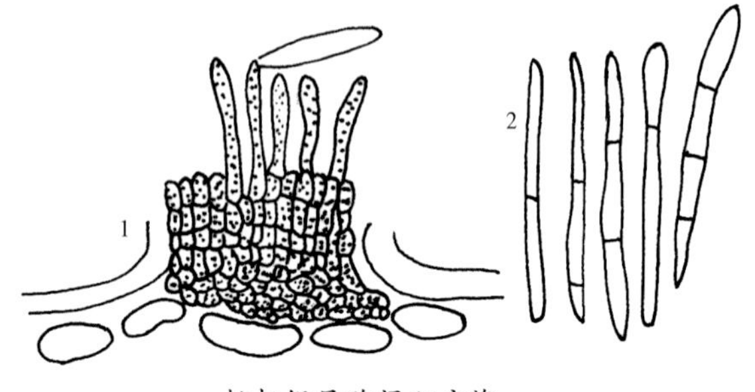

枇杷假尾孢褐斑病菌
1.分生孢子梗 2.分生孢子

病原 *Pseudocercospora eriobotryae* (Enjoji) Goh & Hsieh 称枇杷假尾孢，属真菌界无性型真菌。子座生在叶表皮下，近球形，褐色，大小 45～120(μm)。分生孢子梗排列紧密，浅青黄色，直立或弯曲呈微波状，不分枝，稀少曲膝状折点，顶部圆锥形，具隔膜 0～1 个，大小 8.5～30×2.5～4(μm)。分生孢子圆柱形，近无色，直立或略弯曲，顶部钝，基圆，具隔膜 2～9 个，大小 20～86.5×2～4(μm)。

传播途径和发病条件 病菌以菌丝在病叶上越冬，翌春产生分生孢子进行初侵染，在温暖地区，该菌终年可产生分生孢子，借风雨传播，进行多次重复侵染。土壤瘠薄，排水不良或湿气滞留发病重。品种间抗病性有差异。

防治方法 (1)栽植抗病品种。(2)秋末冬初及时清除病落叶，减少侵染源。(3)发病初期喷洒 25%苯菌灵·环己锌乳油 800 倍液或 50%甲基硫菌灵·硫磺悬浮剂 800 倍液、50%咪鲜胺可湿性粉剂 900 倍液。

枇杷拟盘多毛孢灰斑病（Loquat gray leaf spot）

症状 主要为害叶片，果实也可受害。叶片染病，初呈淡褐色圆形病斑，后渐变为灰白色，表面干枯，常与下部组织分离，多个小病斑常愈合形成不规则大斑。病斑具明显边缘，呈黑褐色细环带，中央散生黑色小点，即病原菌分生孢子盘。严重时叶片早期脱落。果实染病，产生紫褐色圆形病斑，病斑凹陷，上面也散生黑色小点，严重时果实常腐烂。一年四季均可发生。

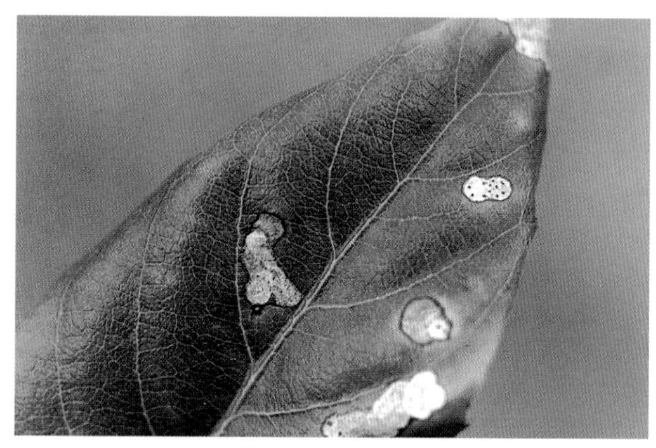

枇杷拟盘多毛孢灰斑病前期症状

枇杷拟盘多毛孢灰斑病后期症状

病 原 *Pestalotiopsis eriobotryae-japonica* (Sawada) Y.X.Chen & G. Wei 称枇杷拟盘多毛孢新组合，属真菌界无性型真菌。分生孢子盘黑色，球状，散生在病斑的表面，呈小黑粒点状。分生孢子

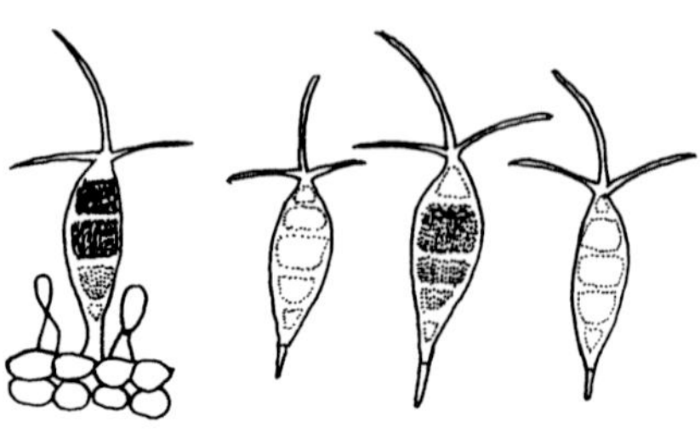

枇杷拟盘多毛孢灰斑病菌
产孢细胞和分生孢子

5 细胞，棒状，椭圆形或广卵形，直立或略弯曲，18.8~26.3 × 7.5~8.1 (μm)，中间 3 色胞同色，浅黄色，分隔处稍缢缩，长 14.3~19.8μm；顶孢无色，三角形，具 2~3 根附属丝。

传播途径和发病条件 以菌丝体和分生孢子在病叶上越冬，翌春菌丝萌发产生分生孢子，新、旧分生孢子通过雨水传播，进行初侵染。该病的发生与栽培管理及品种有关。施肥不足或不当，造成土壤瘠薄，可诱发灰斑病；枇杷园地下水位高，排水不良，树冠郁密，通风透光差，灰斑病严重。枇杷各品种间感病性存在差异，来脚、来脚与乌儿的杂交种较抗病，白沙、红种次之，乌儿较感病。

防治方法 (1)精心养护。增施有机肥，低洼积水地注意排水，合理修剪，以增强树势，提高树体抗病力。(2)清除初侵染源，秋末冬初彻底清除树上与树下残叶、落叶，并集中烧毁。(3)药剂防治。新叶长出后开始喷洒 70%代森锰锌可湿性粉剂 500 ~ 600 倍液或 50%甲基硫菌灵·硫磺悬浮剂 800 ~ 900 倍液、50%苯菌灵可湿性粉剂 1000 倍液，隔 10 ~ 15 天一次，共 2 ~ 3 次。

枇杷叶拟盘多毛孢轮斑病

症状 主要为害叶片，初生近圆形浅褐色至褐色病斑，直径 5~15(mm)，边缘暗褐色，有的病斑外围现较宽的褐带，病健部分界明显，病斑上略现轮纹，后期病斑上生出黑色小粒点，即病原菌分生孢子盘。

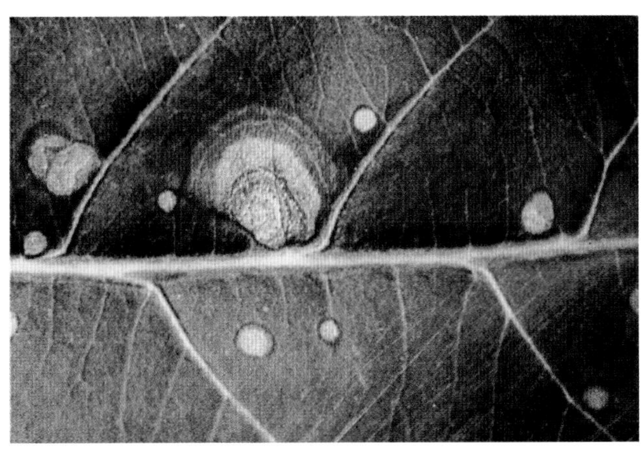

枇杷叶拟盘多毛孢轮斑病症状

病原 *Psetalotiopsis eriobotrifolia*(Cuba)G.G.Chen&R.B.Cao 称枇杷叶拟盘多毛孢，属真菌界无性型真菌。

传播途径和发病条件、防治方法 参见枇杷拟盘多毛孢灰斑病。

枇杷壳二孢轮纹病

症状 病斑生在叶上，近圆形，或受叶脉限制呈不规则形，中央灰褐色，边缘暗褐色，略隆起，微具轮纹，直径 2~8(mm)，后期病斑上生小黑点，即病原菌分生孢子器。

病原 *Ascochyta eriobotryae* Voglino 称枇杷壳二孢，属真菌界无性型真菌或半知菌类。分生孢子器散生在叶面，初埋生，后突破表皮，露出孔口，器球形，直径 85~110(μm)，高 75~100 (μm)；器壁厚 7.5~12.5(μm)，内壁无色，形成瓶形产孢细胞，上生分生孢子，7.5 ~ 10 × 5 ~ 7.5(μm)。分生孢子长椭圆形，两端

枇杷壳二孢轮纹病后期症状

钝圆或 1 端略尖，浅黄色，多略弯曲，中央生 1 隔，隔膜处无缢缩，内含 1~2 油球，7.5 ~ 15 × 2.5 ~ 3(μm)。

传播途径和发病条件 病菌以菌丝体和分生孢子器在病部或落叶上越冬，翌年 3~4 月新产生的分生孢子借风雨传播，进行初侵染和多次再侵染，枇杷园土壤缺肥或排水不良或管理不善易发病。苗木常较成株发病重。

防治方法 (1)冬季清园，剪除病叶，清除枯叶，集中烧毁，以减少越冬菌源。(2)新叶长出后喷洒 0.4%等量式波尔多液，或 70%硫磺·甲硫灵可湿性粉剂 800 倍液、30%戊唑·多菌灵悬浮剂 1000 倍液，隔 10~15 天 1 次，连续防治 2~3 次。

枇杷胡麻色斑病

症状 主要为害叶片和果实。叶片染病，初在叶表面产生暗紫色圆形病斑，直径 1~3(mm)，边缘赤褐色，后病斑逐渐变成灰色或白色，病斑中央生出黑色小粒点，即病原菌的分生孢子盘。叶片背面病斑浅黄色，病斑多时相互融合成不规则大斑，叶脉染病产生纺锤形病变。

病原 *Entomosporium eriobotryae* Takimoto 称枇杷虫形孢，属真菌界无性型真菌。分生孢子盘初埋生在叶表皮下，后突破表皮外露，直径 162~240(μm)。分生孢子盘上簇生不分枝短小的分生孢子梗，其上着生分生孢子。分生孢子虫形，无色，4 个细胞排成十字形，侧面两个细胞较小，顶部细胞大，附有 1 根无色短纤毛。分生孢子大小 20 ~ 24.3 × 8.9 ~ 11.1(μm)，纤毛长 10 ~ 16(μm)。

传播途径和发病条件 病菌以分生孢子盘在病落叶上越

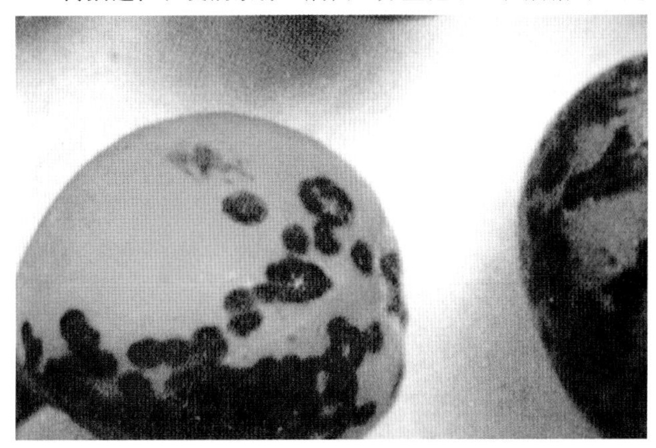

枇杷胡麻色斑点病(王立宏)

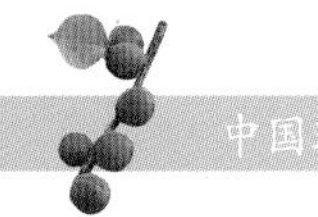

冬,翌年春末夏初产生分生孢子,通过风雨传播蔓延。雨日多的年份发病重。

防治方法 (1)秋末冬初及时清除枇杷园的枯枝落叶,集中烧毁。(2) 发病初期喷洒 80%代森锰锌可湿性粉剂 800 倍液或 80%锰锌·多菌灵可湿性粉剂 1000 倍液。

枇杷叶点霉斑点病(Loquat Phyllosticta leaf spot)

症状 主要为害叶片。病斑圆形或近圆形，直径 1～4(mm),初褐色至灰褐色,后变灰色,边缘围以色较深(近黑色)的线,后期斑上露出黑色小粒点,即病原菌的分生孢子器。病斑多时,融合成不规则的大斑,致叶片枯死。

病原 *Phyllosticta eriobotryae* Thüem. 称枇杷叶点霉,属真菌界无性型真菌。分生孢子器球形，暗褐色，直径 82～93(μm)。无分生孢子梗,产孢细胞瓶梗型。分生孢子长椭圆形,无色,大小 5～7×2～3(μm)。

传播途径和发病条件 病菌以菌丝和分生孢子器及分生孢子在病部或病残组织上越冬,翌年 3～4 月间遇降雨或潮湿天气,产生分生孢子通过风、雨或昆虫传播进行初侵染,发病后病部又产生大量分生孢子进行多次再侵染。枇杷园管理跟不上或肥水不足易发病。品种间抗病性有差异:"夹脚"较抗病,"乌儿"较感病。

防治方法 (1)结合冬季修剪彻底清除病枝落叶、烂果等,以减少菌源。(2)加强枇杷园管理,增施有机肥,及时浇水,保持植株生长壮旺。地势低洼的枇杷园,雨后要及时排水,防止湿气滞留。(3)发病重的苗圃或枇杷园于春季展叶期喷洒 1∶1∶180 倍式波尔多液或 50%异菌脲可湿性粉剂 800 倍液。

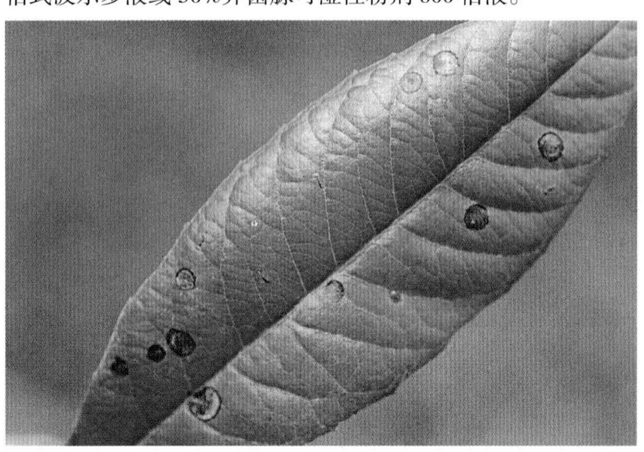

枇杷叶点霉斑点病病叶

枇杷叶点霉斑点病症状

枇杷污叶病(Loquat blotch)

症状 主要为害叶背,初在叶背生稍暗色的圆形或不整形病斑,后呈煤烟色粉状绒层,严重的病斑融合,波及全叶致叶片严遭污染。

枇杷污叶病叶缘发病症状

病原 *Clasterosporium eriobotryae* Hara 称枇杷刀孢,属真菌界无性型真菌。菌丝匍匐于叶背,该菌分生孢子梗菌丝状,具隔膜,不易与菌丝区别,大小 5～42×2.0～3.5(μm);分生孢子鞭状或丝状,基部略膨大,暗褐色,具隔膜 6～15 个,大小 50～130×3～6(μm)。本菌只产生分生孢子。

传播途径和发病条件 病菌以菌丝及分生孢子在病叶上越冬,翌年,由此进行初侵染和再侵染,从早春开始至晚秋结束,几乎整个生育期均可发病。

防治方法 (1)选择向阳地栽植枇杷。(2)及时修剪,改善通风透光条件。(3)秋后彻底收集病残叶集中烧毁或深埋,以减少菌源。(4)增施有机肥,增强树势。(5)喷洒 80%代森锰锌可湿性粉剂 600 倍液、50%多·硫悬浮剂 500～600 倍液、70%乙膦·锰锌可湿性粉剂 500 倍液、50%乙霉·多菌灵可湿性粉剂 800 倍液,隔 10 天左右 1 次,连续防治 2～3 次。

枇杷烟霉病(Loquat sooty mold)

症状 主要为害叶片,有时为害叶柄、小枝。叶面布满灰色至黑色的霉层,影响光合作用 。

病原 *Fumago vagans* Pers. 称散播烟霉,属真菌界无性型真菌。菌丝体由短形厚壁菌丝细胞构成,匍匐表生在寄主叶片

枇杷烟霉病病叶

枇杷烟煤病菌散播烟霉分生孢子梗和分生孢子

上，轻轻一擦即可脱落。分生孢子梗丛生，暗褐色至污黑色，有分枝，分隔多。分生孢子顶生或侧生，褐色，形态变化大，有的椭圆形，有的呈不规则的包裹状，大小 5.6～9.5×5～8.8（μm），具纵横隔膜，分隔处明显缢缩，单生或不规则串生成链状。有性态为煤炱属(*Capnodium*)或小煤炱属(*Meliola*)，属真菌界子囊菌门。

传播途径和发病条件 病菌以菌丝、分生孢子或子囊孢子越冬，并以此为翌年初侵染源。当叶片枝条上有蚜虫或介壳虫及寄主本身的分泌物时，易诱发烟霉病。湿度大，通风不良发病重。

防治方法 (1)保持良好的通风环境。(2)发现蚜虫、介壳虫为害枇杷时，马上喷杀虫剂除之。(3)雨后及时排水，防止湿气滞留。(4) 必要时喷洒 65%甲硫·乙霉威可湿性粉剂 1000 倍液或 50%乙霉·多菌灵可湿性粉剂 800 倍液，防治 1 次或 2 次。

枇杷炭疽病（Loquat anthracnose）

症状 主要为害叶片和果实。叶片上染病病斑圆形至近圆形，中央灰白色，边缘暗褐色，直径 3～7(mm)，扩展后可相互连合成大斑，后期病部长出小黑点，即病原菌的分生孢子盘；果上病斑圆形，淡褐色，水渍状，后期凹陷，上生粉红色的黏粒，即病原菌的黏分生孢子团。

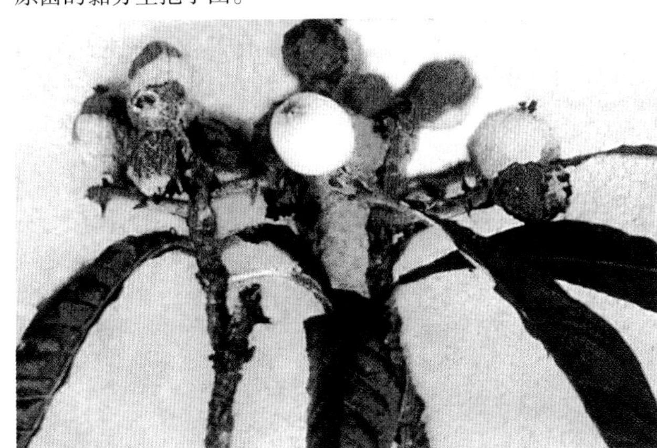

枇杷炭疽病病果

枇杷炭疽病病果

病原 有两种。*Colletotrichum gloeosporioides* (Penz.) Sacc. 称盘长孢状炭疽菌，属真菌界无性型真菌。有性态为 *Glomerella cingulata* (Stonem.)Spauld.et Schrenk 称围小丛壳，形态特征参见枸杞炭疽病。*Colletotrichum acutatum* Simmonds 称短尖刺盘孢，属真菌界无性型真菌。分生孢子盘散生，表生，黑色，直径 106～166(μm)。刚毛和分生孢子梗均缺；产孢细胞瓶梗型，无色，5～12×2.4～3.1(μm)；分生孢子梭形，无色单胞，内含 2～3 个油球，大小 10～16×2.6～4.0(μm)。

传播途径和发病条件 参见柑橘炭疽病。有的年份发生较多，尤以育苗期受害较重。果实成熟期遇暴风雨或果实受害虫为害重，该病易严重发生。

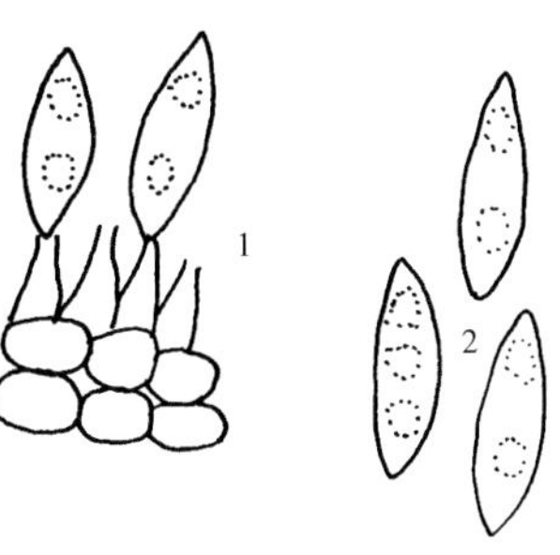

枇杷炭疽病菌
1.产孢细胞及分生孢子 2.分生孢子

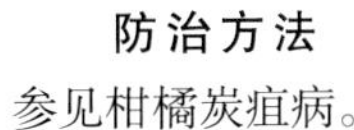

防治方法 参见柑橘炭疽病。

枇杷疫病（Loquat Phytophthora canker）

症状 主要为害果实。果实局部或全部生褐色水渍状斑，与健部无明显分界，潮湿时病部生白色稀疏霉层，即病菌子实体。

枇杷疫病病果

病原 *Phytophthora palmivora* (Butler)Butler 称棕榈疫霉，属假菌界卵菌门。病菌形态特征、传播途径和发病条件、防治方法参见番木瓜疫病。

枇杷花腐病

症状 重庆郊区 9 月下旬枇杷花腐病开始发生，有 2 种类型，干腐型：花轴表皮变褐，并沿花轴向整个花蕾扩展，从花轴变褐处至花朵皱缩干枯呈萎蔫状，后脱落，后期花朵脱落后，花轴和花朵基座上产生黑色小点，即分生孢子盘和分生孢子。湿腐型：花轴组织软腐，呈粑烂状，湿度大时产生灰色霉状物，花蕾染病产生灰黑色病变，阻止花朵开放，病蕾变褐枯死，花染病后，部分花瓣变褐色皱缩腐烂，其上很易长满灰霉。

病原 *Pestalotiopsis eriobotrifolia* (Guba) Chen et Cao 称枇

枇杷花腐病(王立宏)

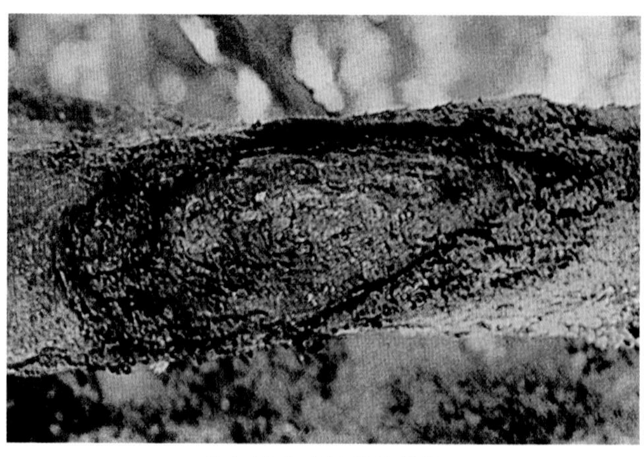
枇杷溃疡病树干受害状

杷叶拟盘多毛孢和 *Botrytis cinerea* Pers.:Fr. 称灰葡萄孢，均属真菌界无性型真菌。是两种真菌共同侵染枇杷花器引起花腐病。拟盘多毛孢分生孢子盘球形，直径150~280(μm)；分生孢子广梭形，17.9～24.8×6.4～8.1（μm)，有5个细胞，长22～26(μm)，中间3细胞有色，长14～17(μm)，有鞭毛3根或2根。灰葡萄孢参见樱桃、大樱桃灰霉病。

传播途径和发病条件 枇杷开花时，雨日多、湿度大、雾重易发病。湿度越大花腐病发生越严重，枇杷盛花期的阴雨对病原菌侵入有利，是导致花腐病发生的重要原因。

防治方法 (1)加强预测预报，枇杷栽培区进入开花期后进行测报，指导生产上防治。(2)雨日多或降水持续时间长的季节或年份应在发病前喷洒50%腐霉利或异菌脲可湿性粉剂1000倍液、40%菌核净可湿性粉剂800倍液、65%甲硫·乙霉威可湿性粉剂1200倍液。

枇杷溃疡病

又称芽枯病，是枇杷生产上重要病害，大枝染病后常引起枯萎、树体衰弱或全株死亡。

症状 主要危害枝干、新梢、叶片和芽。枝干染病，初生黄褐色不规划病变，表面粗糙，后产生环纹状隆起开裂线，露出黑褐色木质部，后迅速膨大为癌肿症状。新梢染病，在新芽上产生黑色溃疡，似芽枯状，常致侧芽簇生。叶片染病，新叶的叶脉上产生皱缩或畸形或产生黑褐色斑点，其边缘具明显黄晕，后期病部破裂或穿孔。芽染病变成褐色，不再伸长，造成侧芽簇生，新叶的中肋呈褐色病变，弯曲畸形。

枇杷溃疡病芽受害状

病原 *Pseudomonas syringae* pv. *eriobotryae* (Takimoto) Young Dye Wilkie 称枇杷假单胞细菌，属细菌界薄壁菌门。菌体短杆状，两端钝圆，大小1.2～2.3×0.6～1(μm)，极生1~7根鞭毛。

传播途径和发病条件 该菌在病叶、病枝干上越冬，翌春4~7月雨日多时，从病部溢出细菌，靠风雨、昆虫及人和工具传播，从叶、枝梢伤口、气孔、皮孔侵入。远距离传播主要是带病接穗、苗木等。新梢抽生期遇频繁降雨天气易发病，树势衰弱、伤口多发病重。

防治方法 修剪7~9月实施，尽量躲开发病盛期。(1)枇杷园注意开沟排水和改良土壤，使根系深入土层，增强树势提高抗病力。(2)及时剪除病枝病叶，集中烧毁。采收、修剪要使用剪刀，使伤口光滑，减少病原细菌寄生。(3)适时防治病虫害，减少伤口，每年4月和9~10月刮除病斑，涂抹50%甲基硫菌灵悬浮剂100倍液或波美5度石硫合剂，3~4月新梢抽出期喷洒0.6：0.6：100倍式波尔多液、20%噻森铜悬浮剂600倍液、78%波尔·锰锌可湿性粉剂600倍液。

枇杷枝干褐腐病

症状 发病初期根颈部近地面处的韧皮部产生褐变，后逐渐扩展到根茎四周，造成整株干枯死亡。树干、主枝染病，受害处先产生不规则形病斑，病健交界处产生裂纹，病皮红褐色，粗糙或略翘起或易脱落，出现凹陷痕迹，日后病斑沿痕边缘继续

枇杷枝干褐腐病(王立宏)

扩展。未脱落的病树皮连接成片，产生鳞片状翘裂。染病皮层坏死或腐烂，严重的直达木质部，绕枝干1圈后，造成枝干以上死亡。小枝梢染病，产生不规则形病斑，引起落叶或枯梢。后期病疤上长出黑色小粒点。即病原菌的分生孢子器。

病原 *Sphaeropsis malrum* Peek 称仁果黑腐壳大卵孢菌，属真菌界无性型真菌。分生孢子器直径200~300(μm)；分生孢子椭圆形，单细胞，褐色，大小16～36×7～10(μm)。

传播途径和发病条件 病菌以菌丝体和分生孢子器在树皮上越冬，温暖、雨日多的季节病菌经伤口侵入易发病。管理粗放的枇杷园，树龄大发病重。

防治方法 (1)选用抗病性强的枇杷品种。(2)加强管理，增施磷钾肥，雨后及时排水，增强树势，提高抗病力。(3)发现病疤及时刮除后涂抹50%甲基硫菌灵可湿性粉剂50倍液，再涂波尔多浆保护。

枇杷赤衣病(Loquat pink disease)

症状 4～5月间温度升高时发生，被害新梢枯萎。先是树干先端枯死，在树干上附着1层白色至粉红色丝状薄膜，树皮龟裂枯死，有时生白色点状孢子丛，梅雨前后产生担孢子。

病原 *Corticium salmonicolor* Berk.et Br. 异名 *Erytricium salmonicolor* 称鲑色伏革菌或红网膜革菌，属真菌界担子菌门。病菌形态特征、传播途径和发病条件、防治方法 参见杨梅赤衣病。

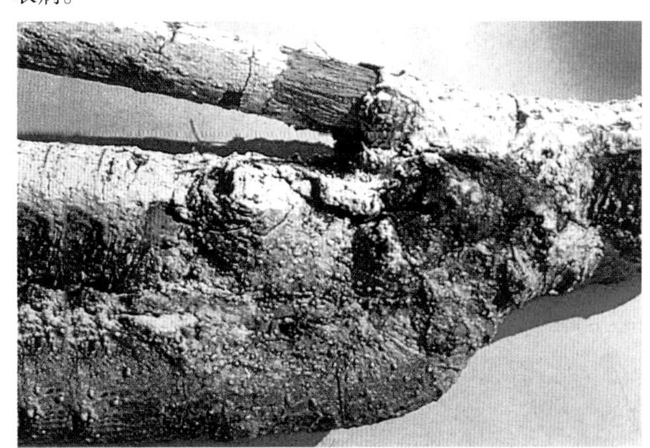

枇杷赤衣病

2. 枇 杷 害 虫

枇杷果实象甲(Peach curculio)

学名 *Rhynchites* sp. 鞘翅目，象甲总科，卷象科。新害虫。别名：枇杷象甲、枇杷象鼻虫、枇杷黄虎象、枇杷虎。分布：贵州。

寄主 枇杷。

为害特点 成虫啃食幼嫩叶片，将其咬成缺刻或孔洞；嫩茎受害后，枝梢表皮被啃成一个个凹槽，伤口呈黑褐色，严重时萎蔫下垂；老叶受害，主脉被咬断成一段段缺刻，影响水分输送。幼虫蛀害果实，导致被害果呈"早黄"，蛀孔处变褐，引起全果褐腐脱落。

形态特征 成虫：不含喙体长5～6(mm)，宽约2mm。除喙、复眼、触角、胫节、跗节和爪黑色外，其余部位为枇杷黄色，稍具光泽，全体被细长的黄色茸毛。头近似三角形，复眼生于头部前侧端，圆形，显著突起。触角共11节，基部两节较光滑，长为宽的2倍；端部3节膨大呈鼓锤状，长椭圆形，节间不紧靠。触角不呈膝状弯曲，雄虫着生于喙端1/3处，雌虫生于喙中部两侧，喙体侧面的触角沟短而斜。喙扁粗，长约1mm，等于或稍长于头，与前胸背板等长。前胸背板近椭圆形，长略大于宽，光滑，疏布细刻点和绒毛；背板中央具1条纵凹沟。小盾片三角形，极细小。前足基节粗大，其长度为腿节的一半；胫节细长如棒，中部稍内曲；跗节2节，具毛垫，第2节深裂呈2叶状，裂口达此节的一半，具爪1对。鞘翅中区较平，侧缘和尾端向下收缩呈弧，翅尾合缝深内缢；翅面有刻点沟7条，沟内刻点较大。后翅膜质，黑灰色。卵：乳白色，卵圆形。幼虫：头黑褐色，全体淡橘黄色，长8～10(mm)。无足，头小体粗，向腹部弯曲呈"C"形。各体节背面有2个相等的横疣突，前疣之前缘生一列褐色刚毛，后疣亚背线以上部位也有1列刚毛。气门深褐色。蛹：前、中足全露，盖在翅基上；后足从翅下伸出，露出胫节和跗节。

枇杷果实象甲成虫啃食嫩叶

生活习性 年发生1代，以老熟幼虫在土中越夏或越冬。翌年2月下旬至3月上中旬化蛹；3月下旬至4月上旬，成虫羽化出土，爬行或飞到枇杷树上为害嫩叶；4月下旬至5月上旬产卵，产卵前成虫在果腰或果脐附近先将果皮咬成浅孔，产1～2粒卵于其中，再分泌黏液封口。幼虫孵化后在果内蛀食，先食果肉，再啃种籽。5月下旬至6月初，枇杷果实成熟，幼虫近老熟时，从孔口钻出或随落地果脱出，入土越夏和越冬。成虫寿命较长，6月下旬至7月初，仍可在夏梢上见到成虫。成虫产卵期约2个月，每头可产卵近百粒。有假死性。

防治方法 (1)冬季翻土杀灭幼虫。可结合冬季施肥，将树冠下的表土翻埋于15cm以下，使分布在土表4–8(cm)深层的越冬幼虫，在更深层土中难羽化出成虫。(2)人工捕杀成虫。根据成虫有假死的习性，清晨用报纸或塑料布垫在树冠下，用棒拍打或剧烈摇动树枝，震落成虫，捕杀之。(3)药剂毒杀成虫。春梢和夏梢抽发生长期向树冠喷洒 50%氯氰·毒死蜱乳油 1500 倍液或 2.5%高效氯氟氰菊酯或溴氰菊酯乳油 2000 倍液，也可用 90%敌百虫可溶性粉剂 1000 倍液加 80%敌敌畏乳油 1000 倍液喷雾，效果也很好。(4)及时从树上摘除被幼虫蛀害后出现的“早黄果”和褐腐果，丢入清粪水中浸杀幼虫。

枇杷园杏象甲（Peach curculio）

学名 *Rhynchites heros* Roelofs 鞘翅目，卷象科。别名：杏虎象、桃象甲。

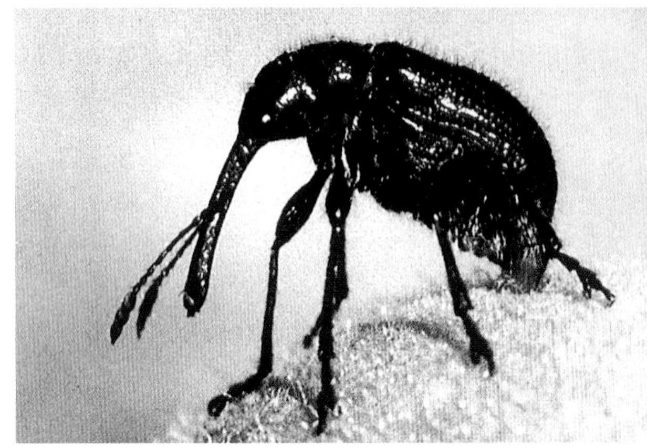

枇杷园杏象甲成虫

枇杷园杏象甲幼虫

寄主 枇杷、杏、桃、樱桃、榅桲。

为害特点 成虫食芽、嫩枝、花、果实，产卵时先咬伤果柄造成果实脱落。幼虫孵化后于果内蛀食。

形态特征、生活习性、防治方法 参见桃、李、杏、梅害虫——杏象甲。

枇杷园梨小食心虫

学名 *Grapholita molesta*（Busck）鳞翅目卷蛾科。别名：东方果蛀蛾、梨小蛀果蛾、桃折梢虫。俗称蛀虫，简称：梨小。除为害苹果、梨、桃、樱桃外，还为害枇杷。以幼虫蛀害枇杷果实和新梢。果实受害初在果面出现 1 黑点，排出较细小虫粪，后蛀孔周围变黑腐烂出现黑疤，果内蛀道直向果心，果内的虫粪造成枇杷果腐烂落地。该虫在北方年生 3~4 代，华南 6~7 代，以老熟幼虫在寄主枝干或根颈裂缝处或土中结茧越冬，每年 4 月上中旬开始化蛹，成虫出现在 4 月中旬 ~6 月中旬，发生期不整齐，幼

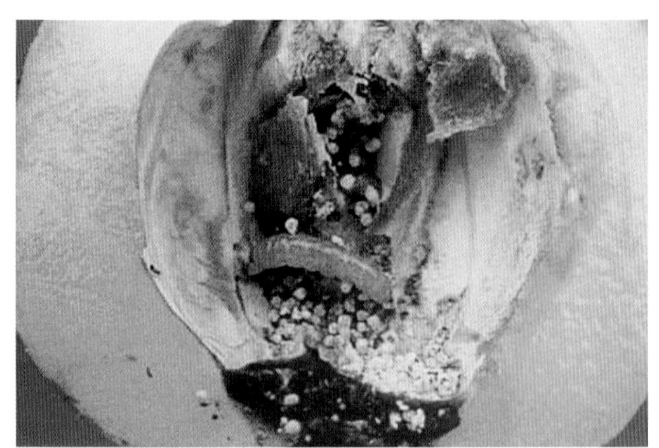

枇杷园梨小食心虫幼虫为害枇杷

虫为害枇杷果实。也常转至桃、李、杏、梨等新梢或果实上为害，把卵散产在果实表面或萼洼处或两果接缝处。雨日多、湿度大或上述寄主混栽的枇杷园受害重。天敌有赤眼蜂、小茧蜂、白僵菌等。

防治方法 (1)新建枇杷园，不要与桃、李、杏、樱桃、梨等混栽。(2)冬季刮除老树皮、翘皮，集中烧毁，消灭越冬虫源。(3)提倡用高效性诱剂进行防治。(4)成虫高峰期后 3~5 天喷洒 2.5%溴氰菊酯或 2.5%高效氯氟氰菊酯乳油 2000 倍液或 10%联苯菊酯乳油或 20%甲氰菊酯乳油 2500~3000 倍液、40%甲基毒死蜱乳油 1600 倍液。

枇杷园桃蛀螟

学名 *Conorosis punctiferalis* Guenee 我国南北方均有发生，除以幼虫为害桃、李、杏、石榴、山楂、玉米、向日葵等外，还为害枇杷、柑橘、荔枝、龙眼等南方果树。以幼虫蛀害果实，蛀果外堆集黄褐色透明胶质物及虫粪，受害果提前变色脱落。该虫在北方年生 2~3 代，黄淮地区、河南、南京、重庆 4 代，江西、湖北 5 代，均以老熟幼虫或蛹在树皮缝、堆果场、其他残枝败叶、秸秆中越冬。翌年 4 月上旬越冬幼虫化蛹，下旬羽化产卵，5 月中旬产生第 1 代，7 月上旬出现第 2 代，8 月上旬发生第 3 代，9 月上旬产生第 4 代。在枇杷园从 6~9 月都有幼虫发生和为害，时间长达 3~4 个月，但主要以第 2 代为害重。3、4 代后期转移到玉米、向日葵、枣、柿、板栗、蓖麻上为害。

防治方法 (1)及时刮除老树皮，及早处理上述越冬秸秆，消

枇杷园桃蛀螟成虫

灭越冬幼虫。⑵用糖醋液、太阳能频振式杀虫灯、桃蛀螟合成性诱剂(反-10-十六烯醛与顺-10-十六烯醛之比为9∶1)诱杀成虫。⑶提倡用性诱剂预测成虫发生期,指导防治。在成虫产卵和幼虫孵化期喷洒20%氰戊菊酯乳油或2.5%溴氰菊酯乳油2000倍液或5%氟铃脲乳油1000~2000倍液、40%毒死蜱乳油1600倍液。

枇杷园卵形短须螨(Privet mite)

学名 *Brevipalpus obovatus* Donnadieu 真螨目,细须螨科。分布在山东、浙江、上海、江苏、江西、安徽、广东、湖北、湖南、贵州、云南及宁夏、内蒙古、黑龙江、辽宁等地温室内。

寄主 柑橘、石榴、葡萄、枇杷、银杏、梨、柿、枸杞、枣、板栗、草莓等130多种植物。是为害枇杷、石榴重要害螨。

为害特点 成、若螨群集于叶背为害,使叶背产生许多紫褐色油渍状斑块,叶面出现苍白色失绿斑点,失去光泽;叶片卷曲,叶柄多呈紫褐色,严重的造成叶柄霉烂,叶片枯黄,脱落,甚至整株植物衰弱。

形态特征 雌成螨:体长0.27mm,宽0.16mm,椭圆形,末端稍尖,背腹扁平,暗红色,前足体和后半体背面中央有不规则形的条纹块,黑色。体色变化大,随不同季节和取食时间长短而有不同,有红、暗红、橙红色等。前足体背毛3对,披针形。靠近第二对足基部有半球形红色眼点一对。足4对。雄螨:体长0.25mm,与雌螨相似,唯体形较细长。后半体的网纹在前部和亚侧部均比较明显,后足体与末体之间被一横纹区分开。卵:椭圆形,鲜红色,有光泽,接近孵化的卵色较浅红,透过卵壳能看到2个红色眼点,渐成橙红色,孵化前表面蜡白色。若螨Ⅰ:体长0.17~0.22(mm),橙红色,近卵圆形。若螨Ⅱ:体长0.23~0.24(mm),宽0.15mm。外形和体色与成螨接近,但体上黑斑深,眼点明显,腹部末端较成螨钝圆。

生活习性 在北方温室内年发生9~10代。发生盛期为7~9月。南方长年发生,约12~14代。各代与各虫态历期随着气候的变化而变化,夏季完成一代约需19天左右,春秋季完成一代约需38~40天以上。卵期平均为2天,若螨期平均为18天,刚孵化的幼螨体近圆形,红色。成虫从产卵到第一次蜕皮需11天,2天后第二次蜕皮,体增大,5天后第三次蜕皮即为成螨。雌螨产卵数量不大,每雌产卵30~50粒不等。成螨能吐丝结网,活动力强,爬行也很快,11月份出现越冬态。该螨以卵在叶片上越冬。雌成螨入冬前已死亡。11月中旬到12月上旬全部越冬。翌年3月越冬卵开始孵化。该螨在夏季气温高达30℃时,卵孵化的较快,从卵到幼螨大约需2~3天,平均气温在9~15℃时,卵不易孵化。高温干燥有利于发生。7~9月份为全年繁殖最盛时期,降雨量多,常使虫口显著下降。成螨喜在叶背为害,吐的丝能从这枝拉到另一枝,螨便沿着丝网来回爬动,转移,吸取新叶汁。

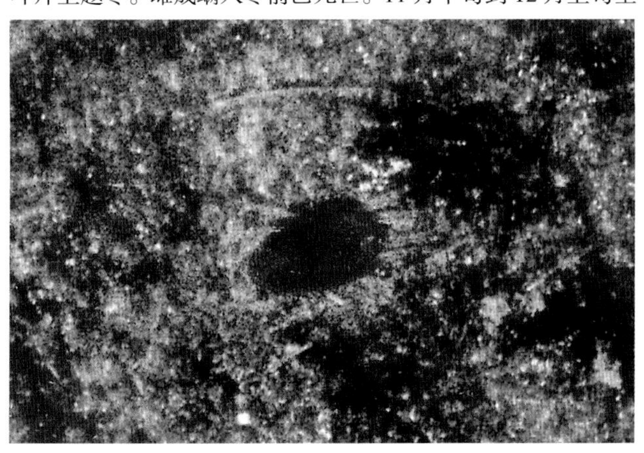

卵形短须螨

防治方法 对叶螨应采取"预防为主,防、治结合;挑治为主,点、面结合"的防治原则。⑴及时清除残枝败叶,集中烧毁或深埋,进行翻耕。⑵注意监测虫情,发现少量叶片受害时,及时摘除虫叶烧毁,遇气温高或干旱,要及时灌溉,增施磷钾肥,促进植株生长,抑制害螨增殖。⑶防此虫要注意减少化学农药用量,防止杀伤叶螨的天敌。有条件的可释放捕食螨、草蛉等天敌,注意选择抗药性天敌,对压低叶螨前期虫口基数,控制叶螨为害高峰具重要作用。⑷田间出现受害株时,有2%~5%叶片出现叶螨,每片叶上有2~3头时,应进行挑治,把叶螨控制在点片发生阶段,是防治螨害主要措施。⑸当叶螨在田间普遍发生,天敌不能有效控制时,应选用对天敌杀伤力小的选择性杀螨剂进行普治。如25%哒螨灵可湿性粉剂或悬浮剂3000倍液或95g/L喹螨醚乳油2200倍液、500g/L溴螨酯乳油1000倍液,安全间隔期为30天。5%唑螨酯悬浮剂或乳油2000~2500倍液、安全间隔期为14天。24%或240g/L螺螨酯悬浮剂4000倍液,每个生长季节不要超过2次。

枇杷园舟形毛虫(Black-marked prominent)

学名 *Phalera flavescens* (Bremer et Grey) 鳞翅目,舟蛾科。

枇杷园舟形毛虫成虫

枇杷园舟形毛虫幼虫放大

分布：浙江、福建、江西、陕西、四川、华北等地。南方主要为害枇杷。又称枇杷天社蛾。

为害特点、形态特征 参见苹果害虫——苹掌舟蛾。

生活习性 该虫在枇杷产区年生1～2代，以蛹在受害树根四周7cm深土壤中或在枯草、落叶、土块、石砾及墙缝等处越冬。江西南昌越冬蛹于5月中旬～6月中旬羽化为成虫，6月上～7月下旬1代幼虫孵化，7月下～8月上旬化蛹，8月上旬～9月上旬羽化为第1代成虫，8月中下旬进入羽化盛期，8月下旬～9月中旬2代幼虫孵化，10月中旬～11月上旬化蛹越冬。福建莆田越冬蛹7～8月羽化为成虫，7月下～8月幼虫孵化，9～10月化蛹越冬。其它习性及防治方法，参见苹果害虫——苹掌舟蛾。

枇杷黄毛虫(Loquat nolid)

学名 *Melanographia flexilneata* Hampson 鳞翅目，灯蛾科。别名：枇杷瘤蛾。分布：江苏、浙江、湖北、江西、福建、广西、广东、四川。

寄主 枇杷。

为害特点 幼虫食芽、嫩叶，猖獗时也为害老叶、嫩茎皮和花果，被害叶残留上表皮和叶脉。

形态特征 成虫：体长9mm，翅展21～26(mm)，前翅灰色，中室中央有由立起的褐色鳞片组成的瘤，内线和外线黑色，自前缘至M_3脉弯曲似弓形，然后直向后缘；亚端线为黑色齿状纹；外缘毛上有7个排列整齐的黑色锯齿形斑。后翅灰褐色。卵：扁圆形，直径0.6mm，淡黄色表面具纵刻纹。幼虫：体长22mm，黄色，各体节侧面及背面有毛瘤3对，第3腹节亚背线上的1对较大呈蓝黑色，具4对腹足，第3腹节上无腹足。

生活习性 浙江黄岩年生3代，福州5代，以蛹在树体上茧内越冬。翌年4～5月羽化为成虫。黄岩各代发生期：第1代5～6月，枇杷春梢抽出后至采收前；第2代7～8月，夏梢抽出后；第3代9～10月，秋梢抽出后花蕾吐露前。福州第1代始发于4月上旬，第5代为害至10月下旬。均以末代蛹于茧内越冬。成虫昼伏夜出，有趋光性，卵多产在嫩叶背面，卵期3～7天；初龄幼虫群集在嫩叶正面取食叶肉呈现许多褐斑点，2龄后分散，取食时先将叶背绒毛推开取食叶肉残留上表皮和叶脉。嫩叶被吃完后，转害老叶、嫩茎表皮及花果。幼虫期15～31天，老熟幼虫在叶背主脉或枝干上结茧化蛹，蛹期12～30天，越冬蛹期190多天。天敌有姬蜂、茧蜂、金小蜂等。

防治方法 (1)初龄幼虫群聚新梢叶面取食时，可人工捕杀。(2)冬季从树干上收集虫茧，然后置于寄生蜂保护器中，以保护天敌，控制害虫。(3)幼虫初发时喷2.5%联苯菊酯乳油2500倍液或90%敌百虫可溶性粉剂800倍液、80%敌敌畏乳油1000倍液、20%氰戊·辛硫磷乳油1500倍液、50%氯氰·毒死蜱乳油1500倍液。

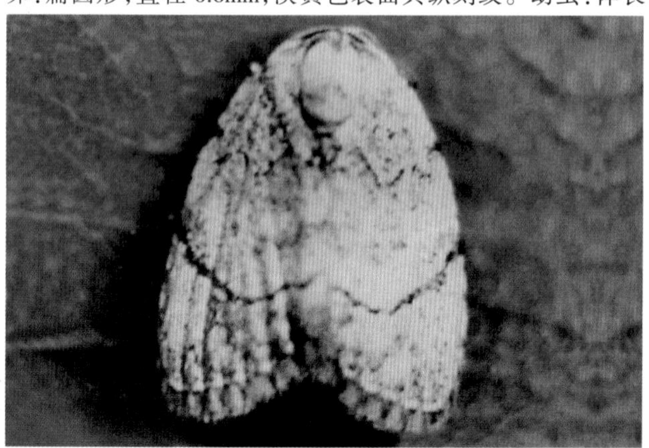
枇杷黄毛虫成虫(王立宏)

枇杷黄毛虫幼虫为害枇杷状

茶黄毒蛾

学名 *Euproctis pseudoconspersa* Strand 鳞翅目毒蛾科。别名：茶毛虫、茶毒蛾、茶斑毒蛾。分布在江苏、浙江、安徽、四川、贵州、陕西、江西、广西、湖南、福建等省。除为害柿、樱桃、梨、油茶、柑橘外，还为害枇杷。该虫3龄前幼虫常数十头群集在一起

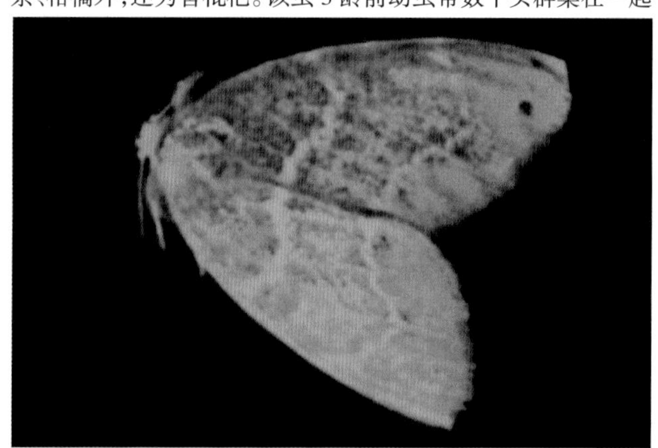
茶黄毒蛾雌成虫放大

茶黄毒蛾幼虫放大

取食叶片下表皮和叶肉,3龄后分散为害枇杷,叶片成缺刻。该虫常多条幼虫整齐地排列在一起从叶尖或叶缘向内取食。茶黄毒蛾在江苏、浙江北部、安徽、四川、贵州、陕西年生2代,浙江南部、江西、广西、湖南年生3代,福建3~4代,台湾5代,以卵块在枇杷中、下部叶背越冬。3代区幼虫为害期在3月中下旬至5月中、下旬和6月中旬~7月中下旬、8月上中旬~10月上旬。各虫态历期:卵期7~15天,幼虫期25~50天,蛹期10~30天,成虫寿命2~10天,卵多产在老叶背面或树丛中。幼虫喜群集,有假死性,受惊后吐丝下垂,老熟后爬至根际落叶下结茧化蛹。

防治方法 参见乌桕黄毒蛾。

乌桕黄毒蛾

学名 *Euproctis bipunctapex* (Hampson) 属鳞翅目毒蛾科。又称枇杷毒蛾,俗称黑毛虫。

寄主 主要为害枇杷、乌桕、杨梅、柿、柑橘、石榴等。

为害特点 3龄前以幼虫群集在新梢顶部啃食幼芽、嫩枝、嫩叶。3龄后分散为害叶片成缺刻或孔洞,大发生时,新梢呈1片枯焦,似火烧状。

形态特征 雌成虫:体长13~15(mm),翅展36~42(mm),雄蛾体略小。体表密生橙色或褐色绒毛,前翅顶角生1黄色三角区,内生2个黑色圆斑。前翅前缘、臀角三角区及后翅外缘黄色。卵:长0.8~1(mm),椭圆形。卵块半球状,外覆深黄色绒毛。幼虫:体长25~30(mm),头黑褐色,亚背线白色、黄褐色,体侧及背上生黑疣突,上生白色毒毛。蛹:长12.5mm,棕褐色,纺锤形,臀刺上有1丛钩刺。茧灰黄色具白毒毛。

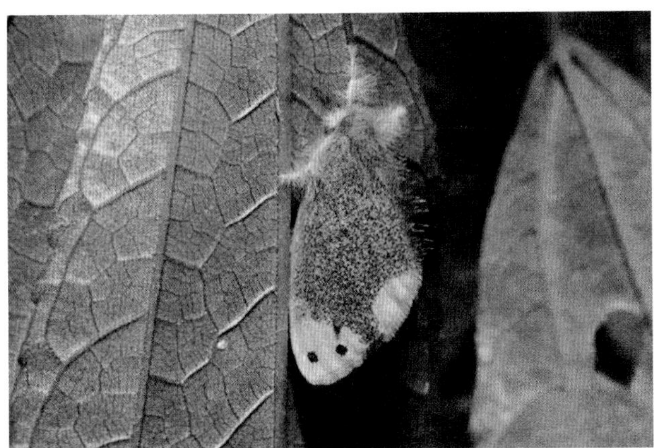

乌桕黄毒蛾成虫(王立宏)

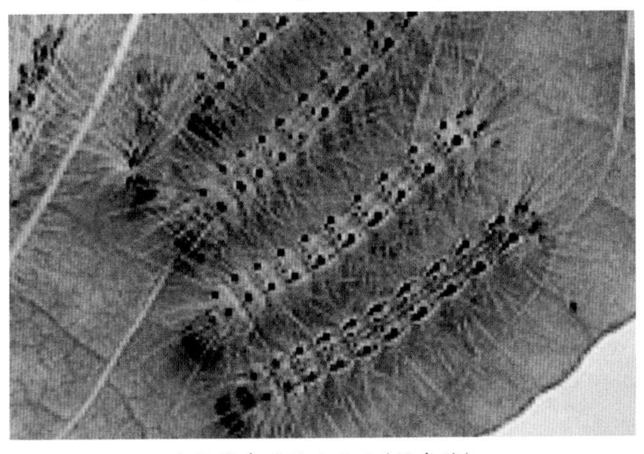

乌桕黄毒蛾幼虫放大(梁森苗)

生活习性 安徽、浙江年生2代,以幼虫群集在树干下部向阳面裂缝、凹处或树干基部背风处作薄茧越冬,翌年4月初始活动,取食,5月上、中旬幼虫老熟化蛹,6月中旬成虫羽化,交尾产卵,7月上旬第1代幼虫出现,8月中旬老熟化蛹,9月上旬成虫羽化,产卵,9月中旬孵化第2代幼虫,11月上旬幼虫又越冬。天敌有寄生蜂,寄生蝇等。

防治方法 (1)利用幼虫群聚越冬习性,南方冬季修剪时人工捕杀幼虫。(2)利用幼虫下树避阳的习性,在树干上涂刷毒胶环截杀。(3)灯光诱杀成虫。(4)5月底6月初消灭土石块下,杂草丛中的虫茧。(5)幼虫3龄前,喷洒10%苏云金杆菌可湿性粉剂或16000单位/毫克悬浮剂800倍液或20%抑食肼悬浮剂800倍液或20%吡虫啉浓可溶剂3000倍液、5%除虫菊素乳油1000倍液。

茶蓑蛾

学名 *Clania minuscula* Butler 鳞翅目蓑蛾科。别名:小蓑蛾、布袋虫、避债蛾等。分布在山东、山西、陕西、江苏、浙江、安徽、江西、广东、广西、湖南、湖北、贵州、云南、福建、台湾。除为害李、枣、桃、梅、柿、石榴、柑橘、苹果、葡萄外,还为害枇杷。以幼虫在蓑蛾护囊中咬食叶片、嫩梢或剥食枝干、啃食皮层,3龄前大多只食叶肉残留上表皮成半透明状,3龄后则食成缺刻或孔洞,仅残留叶脉,发生重的常把叶片吃光,残存秃枝或全枝枯死。该虫在贵州年生1代,江苏、浙江、安徽、湖南年生1~2代。江西年生2代,均以3~4龄幼虫藏在护囊内越冬,安徽、浙江1~2代区幼虫于6~8月发生,第2代在9月间出现至翌年5月。浙江越冬幼虫3月出现,7月中下旬~8月上中旬进入幼虫为害盛期。

茶蓑蛾蓑囊及为害状

防治方法 (1)秋季落叶后至翌年发芽前摘除挂在枝上的虫囊集中烧毁。(2)幼虫低龄期喷25%灭幼脲悬浮剂2000倍液或40%甲基毒死蜱乳油1600倍液、10%氯氰菊酯乳油1000倍液。

枇杷园中国绿刺蛾

学名 *Latoia sinica* Moore 别名:中华青刺蛾。除为害苹果、梨、桃、李、柑橘外,还为害枇杷。以幼虫啃食枇杷叶成缺刻

枇杷园中国绿刺蛾幼虫和成虫

或孔洞，严重时把叶片吃光。该刺蛾在北方年生1代，在江西发生2代，以前蛹在茧内越冬，2代区4月下旬~5月中旬化蛹，5月下旬~6月上旬羽化，6~7月进入幼虫发生为害期，7月下旬化蛹。第2代幼虫8月为害，8月底越冬。

防治方法 (1)羽化前摘除虫茧。(2)发生初期摘除幼虫群集叶片。(3)幼虫为害初期喷洒40%毒死蜱1600倍液或10%苏云金杆菌可湿性粉剂800倍液。

枇杷园扁刺蛾

学名 *Thosea sinensis*(Walker)除为害苹果、梨、杏、桃、枣外，还为害枇杷、柑橘等果树。初孵幼虫蜕过第1次皮后先取食卵壳，再啃食叶肉，留下1层表皮，6龄后取食全叶成缺刻。该刺蛾在北方1年多发生1代，长江下游年生2代，长江以南2~3代，均以老熟幼虫在树下土中作茧越冬，翌年5月中旬化蛹，6月中旬至8月底进入幼虫为害期。

枇杷园扁刺蛾成虫和幼虫

防治方法 (1)下树结茧前疏松树干周围土壤，引诱幼虫集中结茧，集中烧死。(2)其他方法参见枇杷园中国绿刺蛾。

枇杷园折带黄毒蛾

学名 *Euproctis flava* (Bremer)又名柿黄毒蛾、黄毒蛾。除为害樱桃、梨、苹果、桃、李、杏外，还为害枇杷、柑橘、柿等，以幼虫为害枇杷等嫩芽、幼叶。成长幼虫食叶成缺刻或孔洞，严重时常把叶片吃光。该虫在华北年生2代，以幼虫群集在落叶下层

枇杷园折带黄毒蛾幼虫

或树干基部越冬，翌年4、5月间上树为害，6月下旬老熟幼虫结茧化蛹，7月上旬成虫羽化，把卵产在叶背面，低龄幼虫有群聚性，后分散为害。第2代成虫8月底出现，9月底或10月吐丝结茧越冬。天敌有寄蝇、绒茧蜂等24种。

防治方法 (1)采集卵块。(2)灯光诱杀。(3)卵孵化盛期喷洒40%毒死蜱乳油1600倍液。

枇杷园绿尾大蚕蛾

有关内容参见梨树花器芽叶害虫——绿尾大蚕蛾。

枇杷园白蛾蜡蝉

有关内容参见石榴害虫——白蛾蜡蝉。

枇杷园荔枝拟木蠹蛾

学名 *Lepidarbera dea* Swinhoe又称龙眼拟木蠹蛾。除为害荔枝、龙眼、桃、梨、橄榄、番石榴外，还为害枇杷、黄皮等。以幼虫从树杈处钻入茎杆取食木质部使树势衰弱，生长不良，甚至折断。国内分布在广东、广西、福建、湖北、江西、云南及台湾。该木蠹蛾在福建1年发生1代，广西也是1代，以幼虫在坑道中越冬，翌春气温17~21℃开始活动，3月中旬至4月下旬在坑道口化蛹，蛹历期27~48天，羽化后当晚交尾并产卵在较粗的枝、干树皮上，卵期16天，幼虫孵化后爬至树干分叉处，从伤口或木栓断裂处侵入蛀害，幼虫为害期长达286~343天。

防治方法 (1)用铁丝插入坑道刺杀幼虫。(2)天黑后在坑道

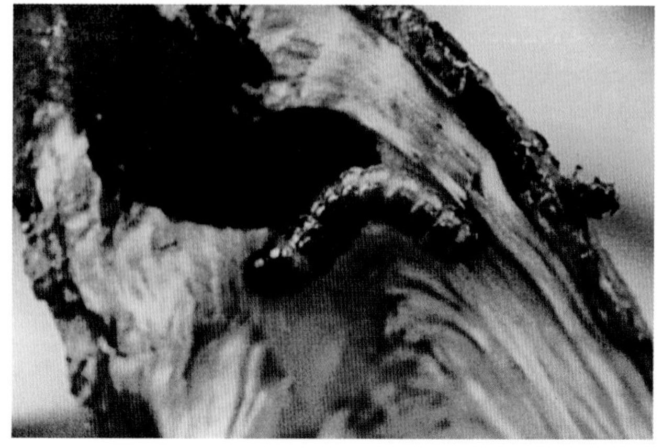

枇杷园荔枝拟木蠹蛾幼虫

口拨开隧道粪屑，寻找幼虫捕杀。(3)用90%敌百虫可溶性粉剂20倍液注入坑道中1mL，然后用泥封口，可杀死幼虫。

枇杷赤瘤筒天牛广斑亚种

学名 *Linda nigroscutata ampliata* Pu 鞘翅目，天牛科。别名：枇杷红天牛。分布 贵州、四川。

寄主 枇杷。

为害特点 成虫将春梢嫩茎环咬半圈至一圈，产卵于皮层之下，伤口处呈黑褐色，梢尖渐失水枯死。幼虫在枝干木质部中潜蛀，把粪屑排挂在出气孔外，被害枝濒死而不结实。

形态特征 成虫：雄虫体长17~18(mm)，宽约3.5mm；雌虫略大。两性形态相同，长圆柱形，体基色橘黄、橘红兼黑色。头部橘黄色，触角、复眼和上颚黑色。复眼内缘深凹，嵌抢触角窝。触角11节，雌性后伸可达鞘翅3/4处，雄性可伸达翅尾端；前胸背板橘黄色，密布刻点，中部隆起；背板前沿区两侧各具1大黑斑，侧缘中域有1显著瘤突，在此突上、下方各有1大黑斑。中胸腹板也有4个大黑斑。鞘翅自基向端渐由橘黄变为橘红色，翅基至中部有1块很大的楔形黑斑，故此得名。后胸腹板黑色。腹部除末节腹板橘黄色外，其余各节后缘中部呈三角形黄斑，其它部位均为黑色。雌虫末节腹板中区生一条纵沟，雄虫则为一块铲形凹印。卵：长椭圆柱形。初产时乳黄色，渐转为浅黑褐色。幼虫：橘黄色，体长28~32(mm)，宽4~5(mm)。前胸节背面端半部中线两侧生大褐斑，后半部为赤褐色痣状颗粒组成的"W"纹形斑。前胸节气门竖立、中胸节气门缺，各腹节气门褐色，长椭圆形，自前向后下方斜生。足退化，每体节背、腹两面各生1细长椭圆形的横疣突，疣突上具2条由若干点粒组成的移动器。肛门四周及其前一体节的腹面生刚毛。蛹：初乳白色，渐为橘黄色，近羽化时污橘红色。

生活习性 年生1代，以幼虫在1~2年生枝条内越冬，2年生枝条越冬者约占70%。室内饲养观察：4月初，越冬幼虫始化蛹，中旬进入盛期，至5月中旬才完全结束。成虫多在上午羽化，静息3~4天才从蛀害枝上的洞口爬出，啃食嫩叶背主脉，行补充营养约两天后交尾产卵，虫体也转至橘黄红色，十分艳丽。贵州都匀市郊5月15~25日成虫大量出现，此后渐少，产卵多在上午8~10时，产前雌虫先选择较粗嫩的春梢，在梢端2~3片细叶下的茎间，将皮层啃食，连同嫩茎环咬半圈至一圈，然后将1粒卵产于缺口上方约0.5cm之皮下。卵期7~10天。幼虫孵化后渐向下钻蛀，随虫龄的增大，蛀道也渐宽，梢端随之枯死。6月中旬，原被害枝的夏梢仍可抽发，但长势特纤弱。6月底7月中旬，幼虫已从当年生梢中蛀入头年生枝内，每隔4~8(cm)处咬一个圆形出气孔，并把粪屑排在孔口。植株夏梢大量死亡，危害状很容易鉴别。11月中旬，多数幼虫老熟，在2年生枝内越冬，其羽化的成虫6月中旬产卵蛀害夏梢。

防治方法 (1)利用成虫假死性，于清晨摇动枇杷树，将震落的天牛，用脚踩死。(2)及时剪除被害嫩梢，消灭卵和低龄幼虫。(3)结合冬季修剪，发现被害枝，即从2年生夏梢抽发处截下，集中烧毁杀灭越冬幼虫。(4)成虫产卵期，喷洒80%敌敌畏加40%乐果等乳油各1000倍混合液，或用20%氰戊·辛硫磷乳油1500倍液春梢和夏梢要喷到，毒杀产卵的成虫。(5)与枇杷黄毛虫、杏象甲等害虫一并兼防。

枇杷赤瘤筒天牛广斑亚种

3. 荔枝(*Litchi chinensis*)、龙眼(*Dimocarpus longan*)病害

荔枝镰刀菌根腐病(Litchi Fusarium root rot)

症状 主要为害幼苗，病株地上部叶片褪绿，局部或全部逐渐变黄，后凋萎枯死。地下部根茎及根断续褐变，皮层腐烂。5~6月一、二年生实生苗易发病，严重的病株率高达10%。广

荔枝镰刀菌根腐病田间症状

荔枝镰刀菌根腐病根部受害状

东、广西、海南、福建荔枝栽培区均有发生，有些年份发病重。

病原 *Fusarium solani* (Mart.)Sacc. 称茄病镰孢，属真菌界无性型真菌。茄病镰孢在PSA培养基上菌丝白色，后淡紫色至紫色，培养基反面紫色，淡褐色至紫色，气生菌丝生长良好，小分生孢子极多，在瓶梗状的产孢细胞上聚集成团，椭圆形或卵圆形，形态变化较多，大多单胞，极少数1个隔膜，无色透明，3～15×2～4(μm)；大分生孢子纺锤形，3个隔膜者大小15～35×4～6(μm)。

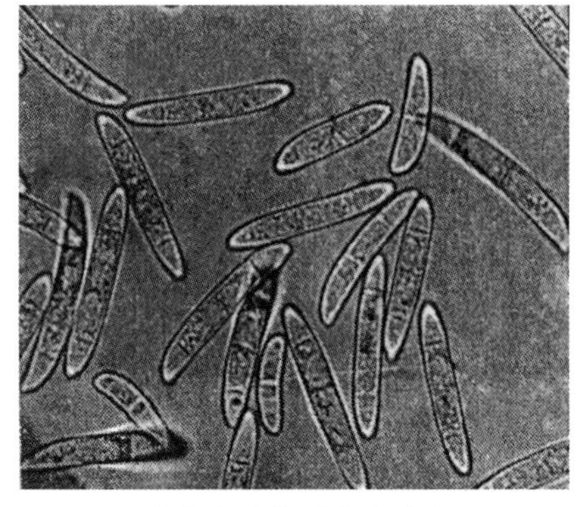

茄病镰孢大型分生孢子

传播途径和发病条件 带菌土或基质是该病发生的初侵染源。多在冬春两季发生，造成植株枯死。浇水过多或冬春地温低造成沤根后常诱发此病。

防治方法 (1)选用白糖罂荔枝等优良品种。(2)采用营养钵育苗移栽，减少根部伤口。(3)提倡施用保得生物肥或酵素菌沤制的堆肥或发酵好的饼肥或有机肥。(4)发现病株及时挖除，病穴用石灰消毒。(5)药剂防治。移栽时用50%甲基硫菌灵或36%甲基硫菌灵胶悬剂600倍液，适当加入微肥或肥土调成糊状，蘸根后栽苗。(6)生物防治。用5406抗生菌菌种粉1kg/667m^2，拌细饼粉10～20kg，施在栽植穴中有效。(7)发病初期 喷淋50%福·异菌可湿性粉剂700倍液或54.5%恶霉·福可湿性粉剂700倍液、80%多·福·福锌可湿性粉剂700倍液。

荔枝斑点病(Litchi Coniothyrium leaf spot)

症状 叶片上产生圆形至不规则形小病斑，直径3～5(mm)，中央灰白色至灰色，边缘细，褐色，露出数个黑色小粒点，即病菌分生孢子器。

病原 *Coniothyrium litchii* P. K. Chi et Z. D. Jiang 称荔枝盾壳霉，属真菌界无性型真菌。分生孢子器生在叶面病斑上，散生或聚生，初埋生，后突破表皮露出，球形或近球形，褐色，器壁膜质，有圆形孔口，端部具乳突，大小90～123×87～133(μm)；

荔枝斑点病病斑放大

无分生孢子梗；产孢细胞宽瓶形，顶端具1～3个环痕；分生孢子椭圆形至卵圆形，灰褐色，大小3～4×2～3(μm)。

传播途径和发病条件 该菌系兼性寄生菌，能以分生孢子器和分生孢子及菌丝体在病叶上或随病残体在土壤中越冬，也可以分生孢子器在寄主上越冬或存活4～5年。翌春越冬病菌产生分生孢子，借雨水或淋水传播从伤口侵入。伤口多、空气不流通易发病。

防治方法 (1)加强管理。合理修剪，增强树体通透性，施用保得生物肥或腐熟有机肥。(2)清除初侵染源。结合冬季清园，彻底清除病落叶，集中销毁。(3)发病初期开始喷1∶0.5∶100倍式波尔多液或20%噻菌铜悬浮剂500倍液、10%苯醚甲环唑水分散粒剂1500倍液，隔10～15天一次，共3～4次。

荔枝灰斑病(Litchi gray spot)

症状 主要为害叶片，叶两面初生不规则形的褐色小斑，叶缘处居多，扩展后变成灰褐色，病斑上生小点状黑色小粒点，即病原菌的分生孢子器。广东、广西、海南、福建均有发生。

病原 *Phyllosticta* sp. 称一种叶点霉，属真菌界无性型真菌。分生孢子器暗褐色圆球形，膜质孔口处略具乳突，器大小62.5～112.5×97～162.5(μm)；分生孢子椭圆形至长圆形，单胞无色，大小3.75～5×2～2.5(μm)。

荔枝灰斑病叶缘发病症状

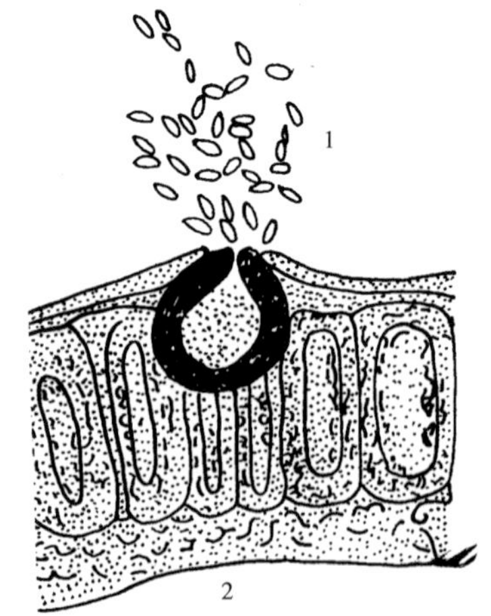

荔枝灰斑病菌(戚佩坤原图)

1.分生孢子 2.寄主组织内分生孢子器纵切面

传播途径和发病条件 病菌以菌丝体或分生孢子器在病部辗转传播蔓延。也可以菌丝体或分生孢子器在病叶上或随病落叶进入土壤中越冬，翌春条件适宜时产生分生孢子，借风雨传播，进行初侵染和再侵染。温暖潮湿，郁蔽利于该病发生。

防治方法 (1)发现病叶及时剪除，以减少菌源。(2)控制湿度，加强通风。(3)发病初期喷洒50%硫磺·甲基硫菌灵悬浮剂800～900倍液、50%百·硫悬浮剂600倍液、40%百菌清悬浮剂500倍液、20%喹菌铜可湿性粉剂1000倍液、47%春雷·王铜可湿性粉剂700倍液。

荔枝叶枯病(Litchi leaf blight)

症状 主要为害叶片，多始于叶尖或叶缘，初褐色，后变灰褐色至灰白色，边缘暗褐色或紫褐色，略呈波状，病健分界清晰，后期病斑上现密集的黑色小粒点，即病原菌的分生孢子器。分布在广东、海南、福建、广西等省。多发生在8～11月。

荔枝叶枯病病斑放大

病原 *Phomopsis longanae* P. K. Chi et Z. D. Jiang 称龙眼拟茎点霉，属真菌界无性型真菌。分生孢子器扁球形，黑色，多为单腔或双腔，个别三腔，器壁特厚，达30～254(μm)，边缘暗褐色，大小259～777×181～581(μm)；分生孢子梗分枝，有隔膜，无色；产孢细胞长瓶状，无色，瓶体式产孢；分生孢子有2种。甲型椭圆形或纺锤形，单胞无色，内生2油球，大小4～8×1.6～2.5(μm)。乙型分生孢子钩状，单胞无色，大小12×0.8～1.2(μm)。除为害荔枝外，还为害龙眼。

传播途径和发病条件 以菌丝体和分生孢子器在病部或病落叶上越冬。翌春产生分生孢子，借风雨传播进行初侵染和再侵染。秋季发病较多，降雨多或秋雨连绵时发病重。

防治方法 (1)加强管理，增强树势，可减少发病。(2)发病初期喷洒75%百菌清可湿性粉剂600倍液或25%苯菌灵·环己锌乳油700倍液、50%百·硫悬浮剂600倍液、50%氯溴异氰脲酸水溶性粉剂1000倍液。

荔枝壳二孢叶斑病(Litchi Ascochyta leaf spot)

症状 叶尖、叶缘初生褐色病斑，不规则形，后变成灰褐色，病斑边缘黑褐色，波浪状，病健分界明显，病斑常波及到叶面积1/4～1/3，秋末冬初至12月，分生孢子器成熟后现黑色细小点。

病原 *Ascochyta* sp. 称一种壳二孢，属真菌界无性型真菌。该菌分生孢子细长，两端略尖，似明二孢。有专家认为明二孢应与壳二孢合并。病菌形态特征、传播途径和发病条件、防治方法 参见龙眼壳二孢叶斑病。

荔枝壳二孢叶斑病

荔枝霜疫病(Litchi downy blight)

症状 荔枝霜疫病为害嫩梢、花序和果实，引起落叶、落花、落果和烂果，对果实危害最大，严重影响产量和品质，影响贮藏和外销，经济损失巨大。该病近年在广东、海南、广西、福建等荔枝产区，为害日趋严重。果实染病，自幼果至熟果、果柄、结果的小枝均可被害，高湿时叶片也发病。叶上局部褪绿，背面生白色霉层，即病原菌的子实体，但通常此病发生盛期，叶片已老化，故田间叶片被害情况很少见。成熟果受害时，病斑不规则，无明显的边缘，潮湿时长出白色霉层，病斑扩展迅速，常全果变褐，果肉发酸，后期腐烂成肉浆，流出褐水。幼果受害后很快脱落，病部长白霉。3～7月发生。

病原 *Peronophythora litchi* C. C. Chen ex W. H. Ko，称荔

荔枝霜疫病病果

荔枝霜疫病病叶

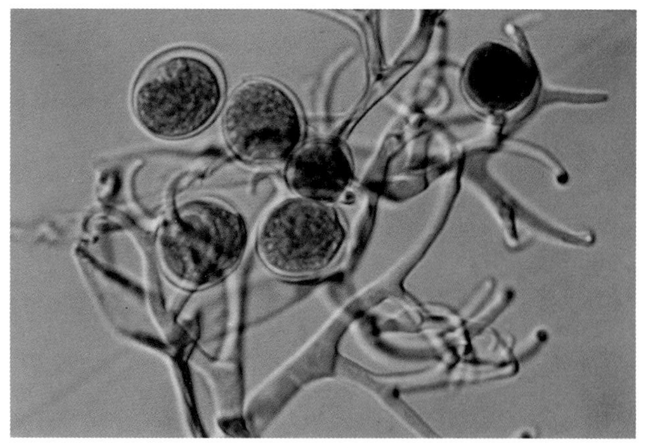
荔枝霜疫病菌孢囊梗和孢子囊

枝霜疫霉，属假菌界卵菌门。菌丝无隔多核，自由分枝。孢囊梗高度分化，长短不一，由数百至1000μm，在梗端双分叉1至数次或在1主轴两边形成近双分叉的小分枝，孢子成熟后脱落，小枝上不再长出孢子囊；但有些孢囊枝的小分枝出现多级有限生长现象。每枝孢囊梗上孢子囊数目不等，2~30多个，常为8~20个，成熟的孢子囊不易被风吹落，但一遇水马上脱落。孢子囊柠檬形或椭圆形，有明显乳突，有短柄，直接或间接萌发，有时在芽管顶端产生1次生孢子囊，间接萌发产生游动孢子，每个孢子囊可释放5~14个游动孢子。游动孢子肾形，侧生双鞭毛，10~17×6.5~10(μm)。藏卵器球形。卵孢子球形、不满器。

传播途径和发病条件 9月份以前落地的病果，病菌在烂果的果皮内侧陆续形成卵孢子，落入土壤内越冬，翌春高湿条件下卵孢子萌发产生孢子囊并形成大量游动孢子，成为主要初侵染源。树上的病枝，也可产生少量卵孢子。发病适温22~25℃，高于28℃，扩展受抑制。湿度是本病发生流行的关键因素。梅雨季节，地势低洼，排水不畅，枝叶繁茂，通风不良，均可加重本病的发生。此外，近成熟的果实易感病，早、中熟品种(如"顶丰"、"黑叶"等)易感病。广州每年4月底至6月上旬，4、5月均温21~24℃，6月上旬25℃，最低气温11~21℃，病菌靠风雨传播，孢子囊产生大量游动孢子侵入荔枝叶片、枝梢和果实，侵染过程短，再侵染频繁，因此生产上经常流行。在高湿条件下，该菌11~30℃均可侵入荔枝果实，18℃经5分钟即可侵入，25℃扩展迅速，25℃从病菌侵入到出现症状，只需24小时。

枝叶繁茂、结果多或树冠下部较荫蔽发病早且重。土壤肥沃湿润或施入氮肥多发病亦重，近成熟和成熟的果实较青果易发病。晚熟品种较早、中熟品种抗病。

防治方法 由于荔枝缺少抗霜疫病品种，病菌潜育期很短，再侵染频繁，防治该病应采取降低荔枝园湿度，减少侵染来源，发病初期进行药剂保护的综防措施。(1)搞好荔枝园排灌系统、雨后及时排水防止积水和湿气滞留，并注意修剪使荔枝园通风透光，雨后尽快干燥。(2)减少该病初侵染源。一是每年9月前捡除落地病果，集中烧毁或深埋，防止卵孢子进入土中越冬。二是根据每年3、4月份温度和湿度，预测卵孢子萌发的时间，广东约在3月下旬至至4月上旬，树冠下的地面及时喷淋1%的96%硫酸铜液或1：1：100倍式波尔多液或0.2g/cm^{3}石硫合剂(波美度已废除，改用密度表示。15℃下1波美度相当于1.007g/cm^3。)消毒，把萌发的孢子囊杀死，切断侵染源。(3)于荔枝花蕾期、幼果期、果实成熟期抢晴天喷洒44%精甲·百菌清悬浮剂600~1000倍液或56%或560g/L嘧菌·百菌清悬浮剂700倍液、687.5g/L氟菌·霜霉威悬浮剂600~800倍液、78%波尔·锰锌可湿性粉剂500~600倍液。(4)荔枝早熟、中熟、晚熟品种搭配排开种植躲过霜疫病发病高峰期，可减少受害，试用避雨栽培法，可减轻发病。(5)加强荔枝园管理，冬季松土、施肥、培土、修剪，使其生长健壮，提高抗病力。(6)提倡栽植白糖罂荔枝等优良品种。

荔枝炭疽病(Litchi anthracnose)

症状 为害叶片、枝、花穗、果实等部位。叶片染病，初在叶上生圆形至不规则形浅褐色小斑，后逐渐扩展成深褐色大斑，边缘不清晰；也可在叶尖或叶缘处生褐色斑，后变成灰色斑块；后期病斑背面产生许多褐色或黑色小粒点，突破表皮露出，湿度大或雨后高湿持续时间长，病部溢出粉色黏液，即病菌分生孢子团，小黑点则是分生孢子盘，严重者引起叶片干枯脱落。枝条染病，枝条上产生枯梢或小枝变褐枯死。花穗染病，造成花器变褐干枯脱落。果实染病 发生在幼果期常引发早期落果。成熟或即将成熟果实染病，初生直径2~5(mm)的圆形炭疽斑，褐色，边缘棕褐色，常发生在柄端部，中央生橙红色黏质小粒，果肉变酸腐烂。该病近年呈上升的趋势，尤其是炭疽引起的枝枯，常造成成树侧枝枯死，影响颇大。

病原 *Colletotrichum gloeosporioides* (Penz.)Sacc. 称盘长孢状炭疽菌，属真菌界无性型真菌。盘长孢状炭疽菌的有性态为 *Glomerella cingulata* (Stonem.) Spauld. et Schrenk 称围小丛壳，

荔枝炭疽病病果

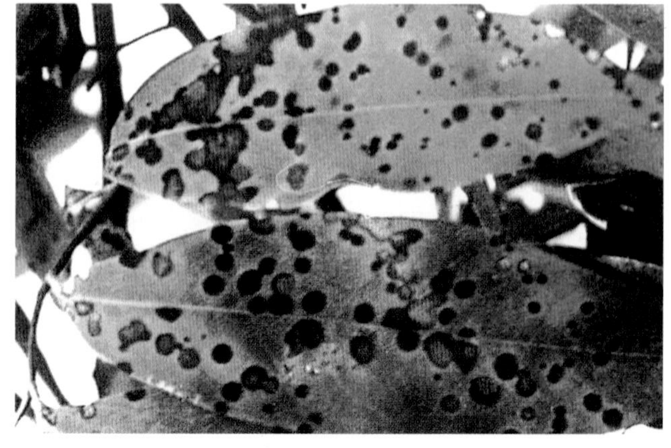
荔枝炭疽病病叶

属真菌界子囊菌门。

传播途径和发病条件 病菌以菌丝在病叶、病果或病树枝上越冬，翌年春季条件适宜时，越过冬季的病菌产生大量分生孢子，借风雨或昆虫传播，落到荔枝嫩叶或幼果上以后，分生孢子萌发，进行初侵染，经过几天或较长时间潜育后即发病。该菌具有潜伏侵染的特点，即病菌侵入后，可以马上引起发病，也可以潜伏下来，待寄主进入感病期或遇有树势下降或条件恶劣时才诱发该病，一般进入果实成熟期，寄主抵抗力下降时或雨日多、湿气滞留易发病。气温 24～28℃最适其发病。

防治方法 (1)加强荔枝园管理，使树势健壮，增强抗病力，可减少该病发生。(2)科学修剪，及时剪除枝梢、病果，适时清除落地病果集中深埋或烧毁，可减少菌源。并喷洒 80%福·福锌可湿性粉剂 800 倍液或 40%多·硫悬浮剂 500 倍液预防。(3)春梢期、花穗期全树喷洒 25%溴菌腈可湿性粉剂 500 倍液或 25%咪鲜胺乳油 1200 倍液、50%嘧菌酯水分散粒剂 1500 倍液，隔 10 天左右 1 次，防治 2～3 次。

荔枝酸腐病(Litchi sour rot)

症状 主要为害成熟果实，多从蒂端开始发病，初呈褐色，后渐变成暗褐色，病部逐渐扩大，直至全果变褐腐烂，内部果肉腐败酸腐，外壳硬化，暗褐色，有酸液流出，外部病部生有白霉，即病菌分生孢子。此外，荔枝采后颜色在自然状态下很快由红变褐，荔枝采摘后有一日色变、二日香变、三日味变、四五日后原有风味全变的缺点，很难贮藏。荔枝酸腐病成为荔枝生产中急待解决的问题。

病原 *Geotrichum candidum* Link ex Pers. 称白地霉荔枝

荔枝酸腐病病果

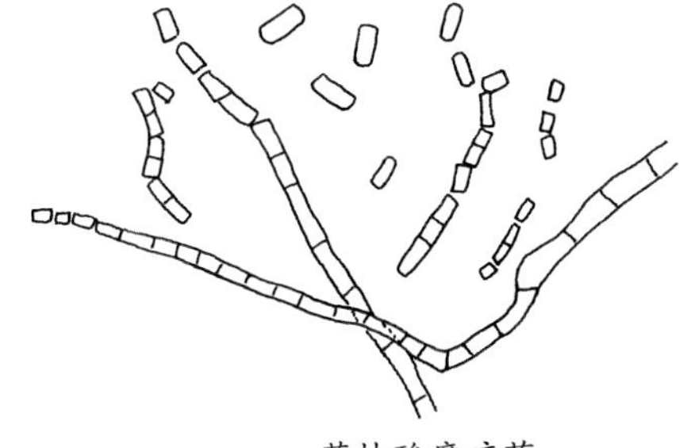

荔枝酸腐病菌
由菌丝断裂形成的节孢子

酸腐病菌和 *Oospora* sp. 称荔枝果实酸腐病菌，均属真菌界无性型真菌。前者菌丝无色，分生孢子杆状，椭圆形至长圆柱形，孢子单生或串生。后者营养菌丝、分生孢子梗、分生孢子近似，分生孢子梗很短，无色，形状不一，有圆形、椭圆形或卵圆形。分生孢子由菌丝断裂形成，初孢子似念珠状，两孢子相连处有短颈，分生孢子无色透明。至于荔枝颜色变褐是荔枝本身生理特性造成的。

传播途径和发病条件 病菌在病果、土壤中越冬。翌年产生分生孢子借风雨或昆虫传播，落在成熟果实上吸水萌发，从伤口侵入，病菌在果内吸取养分并分泌酶分解果肉的薄壁细胞，造成果肉腐烂、酸腐。在田间凡成熟果实受荔枝蝽等蛀果害虫为害严重或采果时出现伤口，常引发该病。此外贮运过程中病、健果接触也可使该病扩展。

防治方法 (1)冬季注意清园，减少菌源。(2)果实成熟阶段，注意防治荔枝蝽象等蛀果害虫。采收时千方百计减少伤口。(3)采收、运输时要尽量避免损伤果实和果蒂。(4)采果后荔枝果实用 25%咪鲜胺乳油或双胍盐 500～700 倍液或 75%的抑霉唑 700 倍液 +0.02%的 2,4D 浸果，防治酸腐病效果较好。(5)荔枝贮存过程中使用 25%咪鲜胺乳油 500～800 倍液对荔枝果皮颜色褐变有一定抑制作用，延长保鲜期 3 天左右。(6)喷洒高脂膜 150 倍液保鲜荔枝好果率 69.5%。

荔枝广布拟盘多毛孢叶斑病(Litchi brown blotch)

症状 主要为害叶片。产生近圆形至不规则形红褐色病斑，病健交界明显。

病原 *Pestalotiopsis disseminata* (Thum) Steyaert 称广布拟盘多毛孢，属真菌界无性型真菌。分生孢子盘黑色，球形，散生在病斑的正背两面，初埋生在表皮下，成熟后突破表皮外露，呈粒点状。分生孢子 5 细胞，棍棒形或梭状，18.5~27 × 6.6~7.6 (μm)；中间 3 个细胞近乎同色，第 3 个细胞色略线，顶孢无色，具 2~4 根附属丝。

传播途径和发病条件 病菌以菌丝体或分生孢子盘在病部或落叶上越冬，翌春气温升至 15℃，湿度适宜时，菌丝生长并产生分生孢子，从伤口侵入，25℃条件下，潜育期 7 天，生产期可进行多次再侵染，无明显越冬期，常连续扩展为害。湿度高、土壤黏重、排水不良、遭受冻害、或湿气滞留易发病。

防治方法 (1)采果后或入冬时清除病叶，集中烧毁，以减少翌年菌源。(2)苗木移栽或引进的苗木，要摘除病叶，必要时出圃前喷 50%甲基硫菌灵可湿性粉剂 900 倍液或高锰酸钾 1000

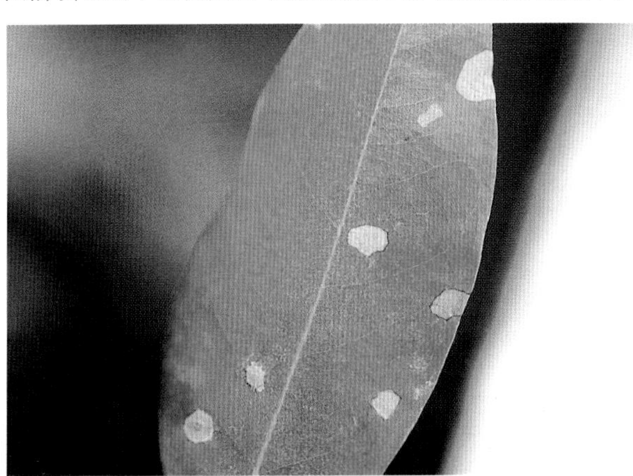

荔枝广布拟盘多毛孢叶斑病病斑放大

倍液消毒。(3)发病重的地区发病初期喷洒70%代森锰锌可湿性粉剂500倍液或40%百菌清悬浮剂500倍液或20%噻菌铜悬浮剂500倍液、30%戊唑·多菌灵悬浮剂1000倍液。

荔枝藻斑病(Litchi algal spot)

症状 头孢藻、绿藻寄生在荔枝叶片和枝条及树干上。叶片染病,现黄褐色绒毛状近圆形藻斑,夏季多呈黑褐色或砖红色斑点,其它季节多呈绿色,病斑上长有灰绿色或黄褐色毛绒状物。嫩叶染病,叶片上密生褐色小斑,在叶片中脉两侧常产生梭形至短条状黑色斑,病斑中央灰白色。树皮被寄生后,树皮略

荔枝藻斑病为害叶片病状

荔枝藻斑病和地衣混合为害状

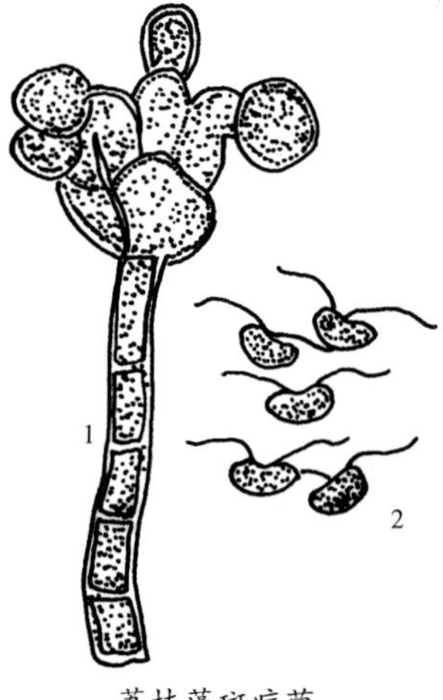

荔枝藻斑病菌
1.孢囊梗和孢子囊 2.游动孢子

增厚,后期出现裂纹。海南、广东、广西、福建、云南荔枝产区均有发生,为害较重。

病原 *Cephaleuros virescens* Kunze 称头孢藻,*C.parasiticus* Karst 称绿藻。病斑上的毛绒状物即寄生性绿藻的孢囊梗和孢子囊,孢子囊梗成X形分枝,梗端着生黄褐色近圆形孢子囊,游动孢子椭圆形,双鞭毛无色。

传播途径和发病条件 孢子囊遇雨水散出游动孢子,借风雨或灌溉水飞溅传播,侵入到荔枝上进行为害。温暖潮湿,通风不良有利其发生和流行,栽培管理跟不上的荔枝园,树势衰弱,荫蔽,通风透光不良的地方易发病,湿气滞留时间长发病重。

防治方法 (1)加强荔枝园管理,采果后,要翻耕施肥,增强树势,及时修剪,使其通风透光,修剪后喷施波美1~2度石硫合剂,波美度是我国过去间接表示比重的单位,现已停用,改用密度表示,即在15℃时1波美度相当于1.007g/cm³石硫合剂。(2)严重时喷洒1:1:100倍式波尔多液或15℃条件下喷0.51~1.007g/cm³石硫合剂。(后同)

荔枝枝干炭疽溃疡病

又称干癌病、粗皮病。该病引起枝干溃疡枯死,削弱树势,缩短寿命,果实染病造成产量下降和贮藏中腐烂。

荔枝枝干炭疽溃疡病初期症状(左)和后期症状

症状 发生在主干和主枝,初生较小的圆形病斑,潮湿时红褐色,扩展成卵圆形凹陷斑,树皮变色腐烂,常深达木质部,病斑大小3~25(cm),多为5~10(cm)。较小树枝染病,病斑可环绕1周,后干枯。进入夏季病斑不再扩展,树皮坏死下陷,病斑四周有裂缝后病部树皮脱落,露出长丝状纤维。秋季枝干溃疡部产生的孢子,还可侵染果实,果面生圆形病斑,中部浅褐色,边缘深褐色,牛眼状,贮藏期继续腐烂,病斑常扩展到1~2(cm),病斑下果肉呈海绵状腐烂。

病原 *Cryptosporiopsis malicorticis* (Cordl.)Naanfeldt 称枝干炭疽溃疡病菌,属真菌界无性型真菌。有性态为 *Pezicula malicorticis* (Jacks) Nannfeldt 属真菌界子囊菌门。无性型分生孢子座枕状,生在寄主表皮或皮层下,发黄,胶质,直径1mm,常合生,不规则开裂。分生孢子梗缺。产孢细胞无色,圆柱形端部常具1至多个环痕,10~15×3(μm)。分生孢子无色,椭圆形,顶部钝圆,基部突然变细,脐部平截,大小11.5~16×3~4(μm)。

传播途径和发病条件 分生孢子随雨水分散,经由枝干的伤口或自然孔口侵入。春季和秋季是主要侵染期。秋季在树皮上产生圆形病斑,翌年春季病斑迅速扩大,夏季病斑腐烂脱落,不再扩大。秋季在腐烂死亡的树皮上产生孢子,扩大侵染。病部可连续几年产生孢子。苗木和果实带菌传播。

防治方法 (1)加强荔枝园肥水管理,适当疏除花果,剪除病枝增强树体抗病力,保持通风透光,以减少发病。(2)耕作时要

保护好树干，避免造成伤口，减少病菌侵入。(3)主干、主枝染病，要及时刮除病部后用30%王铜浆（氧氯化铜）涂抹或刮后涂2.12%腐殖酸铜，一般每平方米涂原药200~300(g)，或21%过氧乙酸水剂刮后涂3~5倍液。(4)荔枝生长期侧枝染病，及时喷洒0.2~0.3波美度石硫合剂或自配的1：1：150~200倍式波尔多液、或30%戊唑·多菌灵悬浮剂1000倍液。

荔枝木腐病

症状 主要为害荔枝树枝干和心材，使木质腐朽，白色疏松，质软而脆，碰之易碎。外部多从伤口处长出形状不同的木腐菌子实体，使树势衰弱，叶片发黄，不结果或产量低。

荔枝木腐病

病原 *Trametes orientalis* (Yasuda) Imaz. 称东方栓菌，属真菌界担子菌门。子实体无菌柄，木栓质，菌盖3~12×4~20(mm)，基部缩小成圆形或近贝壳状，边缘锐或略钝，菌肉厚2~6(mm)，白色。菌管与菌肉同色，长2~4(mm)，壁厚，白色至浅锈色。担孢子无色，表面光滑。子实体群生在阔叶树的枯木上。分布广东、广西、福建、云南等省。

传播途径和发病条件 该菌以菌丝体在病枝干上越冬，产生的担孢子成熟后，借风雨传播，通过伤口、锯口或虫伤口侵入，生产上老树，弱树及管理跟不上的荔枝园发病重，尤其茎基部最重，越往上越轻。

防治方法 (1)加强荔枝园管理，老龄树、濒死树、枯死树要及早锯除烧毁；对弱树要采用荔枝配方施肥技术恢复树势，增强抗病力十分重要。(2)保护树体，千方百计减少伤口。对锯口可用1%硫酸铜消毒，再涂波尔多浆保护。(3)经常检查，发现树体上长出子实体，应马上刮除，集中烧毁。清除腐朽木质，用波尔多浆保护，也可在荔枝生长期喷1：1：150~200倍式波尔多液或30%戊唑·多菌灵悬浮剂1000倍液。阴雨连绵时不要喷以防产生药害。有树洞的用熟石灰与水和成糊状堵塞树洞。

地衣为害荔枝、龙眼

症状 地衣是一种低等植物，是真菌和藻类共生的植物。青灰色或灰绿色的叶状体寄生在荔枝的树体枝干上，吸取树体的营养和水分，造成植株长势差，树势衰弱，新梢受抑。

病原 *Alectoria* spp. 称一种叶状地衣和 *Parmelia* spp. 称一种梅衣。叶状地衣为不规则叶片状，扁平，有时边缘反卷，呈皱

荔枝壳状地衣(左)和叶状地衣为害状

褶裂片状。壳状地衣青灰色，状似膏药，紧贴树皮。

传播途径和发病条件 在荔枝种植区每年晚春初夏的4~6月受害多，高温干旱，低温少雨季节扩展变缓。老产区或低洼潮湿、密蔽的荔枝园蔓延快，受害重。

防治方法 (1)对受害重的荔枝要进行重剪，疏除过密枝，阴枝及枯枝，清除衰老树，以利通风散湿。(2)增施有机肥，增强树势，平地荔枝园要注意排除积水，防止湿气滞留园中。(3)发生严重的要进行树干涂白，春季雨后用工具刮除后涂10%~15%石灰乳或1：1：100倍式波尔多液。

荔枝树沤根(Litchi steeping root)

症状 荔枝幼树整株叶尖出现水渍状，波纹状褐色焦枯逐渐向叶内扩展，拔出根部大部分须根变褐，出现了沤根。别于叶斑病。

病因 荔枝的根系有垂直根及水平根，实生苗、嫁接苗长成的树垂直根较发达，但圈枝苗长成的树，水平根较发达，生产上栽植的嫁接苗、圈枝苗根系均粗状庞大，土层深厚、土壤疏松、地下水位低的，根系可扎至3~5(m)，但栽植在河边、地下水位高的水田、常有潮水围堤处，根不往深扎，根系多局限在表土上层。根系生长与土温关系密切，土温低于10℃根系不活动。一般荔枝根系较抗旱，也耐湿，但并不是不怕旱、不怕水淹，生产上种植在上述条件下和排水不畅的水田，常引致叶尖焦枯，甚至生长衰弱，严重的枯死。其原因就是根系长期处在过湿的条件下，尤其是土温低于10℃很易发生沤根。本彩图症状就是

荔枝树沤根叶尖焦枯

海口市一公园内长期生长在距养鱼池 1m 处荔枝树发生叶尖焦枯情况真实写照。彩图上右侧白色部位就是鱼塘。如沤根持续时间长，土壤中的镰刀菌、腐霉菌就会趁机侵入，引发根腐病，非传染性病害就会转化成传染性病害，久而久之，造成全株枯死。

防治方法 (1)新建荔枝园时，要避开潮水的围堤、河边、地下水位高的水田，选择土壤含水量 23%左右为宜，土壤含水量高于 30%、低于 16%都不利于荔枝根系的生长发育，千方百计满足荔枝根系一年中 3 次生长高峰的需要。(2)加强荔枝园排水沟渠建设，荔枝生产上的排灌系统要下决心彻底解决。荔枝进入梢期的生长发育时，水分起有关键性的作用，要能及时满足荔枝对水分需要，水涝或大暴雨后，能够把积水迅速排出，防止沤根及霜疫病的发生。(3) 发生沤根的选晴天喷淋 80%多·福·福锌可湿性粉剂 800 倍液或 50%福·异菌可湿性粉剂 800 倍液、54.5%恶霉·福可湿性粉剂 700 倍液。隔 10 ~ 15 天 1 次，连续防治 2 ~ 3 次，待地上部叶尖正常后，再转入正常管理。

荔枝、龙眼冻害

症状 荔树、龙眼是热带果树。喜湿怕冻，当气温低于 0℃时嫩叶、幼苗受冻。-1.5℃老叶出现冻害。-2℃当年生枝条受冻干枯。-3℃持续 3 小时或连续 2 天以上，2~3 年生枝条受冻害枯死。-4℃以下持续 3 小时连续 4 天以上，树龄 5~10 年生的主干、主枝受害，甚至整株死亡。-5℃~-6℃持续 3 小时连续 5 天以上，数十年大树也会冻死。

病因 北方寒流或强冷空气南下，造成气温骤然下降，白天气温 5℃以下，天空晴朗无云无风，傍晚后辐射散热快，当气温继续下降到 0℃以下，就会发生轻重不同冻害。

防治方法 (1)荔树、龙眼是典型的热带果树，不能北移。(2)增施有机肥。按全国标准果园建设要求，加快标准园创建步伐，培育健壮结果母枝，控制冬梢抽出，做好树盘培土覆盖，树干涂白。(3)寒流来袭时，每 100m² 设 1 个熏烟火堆，晚上 10 时后熏烟，或喷洒防冻药剂，第 2 天早上及时向树冠喷水洗霜。(4)受害轻的在寒潮过后地面喷速效肥，树冠喷叶面肥及核苷酸等，以利恢复生长。(5)受害达 2~3 级、较重的，及早剪除冻害枝，大的剪口要用薄膜包扎，树干、大枝用稻草包扎保暖，加强淋水施薄肥，新梢长出后注意保梢。(6)受害达 4 级的，要锯掉受害枝，保护好主干，适当淋水和施肥，采用水肥一体化技术。长出新梢后，选留 3~4 条作主枝重新培养树冠，新梢老熟后选优良品种进行嫁接培育新株。(7)受害特重达 5 级的要及时挖除，补种新树。(8)提倡在荔枝、龙眼园喷施 3.4%赤·吲乙·芸可湿性粉剂(碧护)7500 倍液，不仅可防止冻害，还可防止裂果，打造荔枝、龙眼碧护美果。

荔枝冻害

荔枝、龙眼裂果

荔枝、龙眼在生长发育过程中，经常出现裂果，一般年份裂果率达 20%~30%，严重时可达 70%~80%，给生产造成很大损失。

荔枝裂果

症状 大部分产生果皮纵裂，也有的出现横裂。生产上由于果皮裂开后果肉暴露，田间的真菌、细菌很易乘机侵入，造成果肉腐烂脱落。2008 年 6 月 28 日，广东东莞半月连日暴雨，使荔枝、龙眼严重裂果和落果，损失惨重。

病因 一是与品种有关，有些品种易出现裂口，有些品种裂果率很低。如甜岩、糯米滋、桂味裂果率高，而妃子笑、淮枝等裂果率低。二是与钙、钾元素有关。三是与内源激素有关，果肉含有较多的激素，能刺激果肉生长过快，果皮激素含量较果肉低，易出现裂果。四是与水分关系密切，土壤水分供给不均衡，或空气湿度变化大都会引发裂果。果实发育前期遇干旱时，抑制了细胞分裂速度和数量减少，果皮易木栓化，使果皮弹性差，易出现裂果，尤其是果实进入果肉迅速增长期，遇有台风、暴雨侵袭，大气压降低，湿度增大，植株吸收水分过多，导致果肉迅速增长，当果肉增长速度超出果皮承受力时就会出现裂果。

防治方法 (1)选用抗裂果的品种。(2)增施有机肥，改良土壤供肥、供水能力，要求土壤有机质达到 2%，改善土壤结构，增强蓄水、供水能力，除按氮 1 : 磷 0.5 : 钾 1 配方施肥外，还要适量补充钙、硼、锌等元素。(3)科学用水，保持土壤湿度稳定，天旱时及时灌水，必要时树冠喷水，果实发育中期后果园可用地膜、杂草覆盖或铺上玉米皮“地毯”，保持土壤供水供肥均衡。(4)谢花后果实发育阶段喷洒护果使者 1 号，每包对水 20kg，隔 10~15 天 1 次，果实发育中后期再喷 1 次护花使者 2 号。(5)提倡喷施 3.4%赤·吲乙·芸可湿性粉剂(碧护)7500 倍液，不仅可防止裂果，还可有效防治冻害，打造碧护荔枝、龙眼美果，创造更高经济效益。

龙眼苗立枯病(Longan Fomes root rot)

症状 苗圃易发病,主要为害根部和枝干。初发病时,龙眼幼苗叶片凋萎干枯,植株上部叶片自上而下逐渐枯死,拔出病苗可见茎基部、主根和须根变褐、枯死。有时树干上长出子实体。

龙眼苗立枯病

龙眼幼苗立枯病根部症状

病原 *Fomes lamaensis* (Murr.)Saccard et Frott.=*Phellinus williamsii* (Murr.)Pat. 称木层孔菌,属真菌界担子菌门。担子果多年生,无柄,由3系菌丝组成,菌肉浅栗褐色,菌丝具锁状联合,子实层体为孔状,木上生。寄生在龙眼、荔枝上造成心材褐色腐朽。该菌分布广,为害大。

传播途径和发病条件 病原菌在枝干或根颈上存活,当幼苗出土时遇有适宜的发病条件,病菌侵入龙眼幼苗,在幼苗出土后,有1～2片真叶时开始发病、苗龄越小发病越重,高温雨季育苗易发病,连续阴雨或连作地育苗畦积水或地下水位高发病重。

防治方法 (1)苗圃应选择地势较高,地下水位低的旱地,注意轮作,雨后及时排水,严防湿气滞留,并注意松土。(2)发现病苗及时拔除,然后喷洒50%敌磺钠水剂800倍液或50%福美双可湿性粉剂800倍液、54.5%恶霉·福可湿性粉剂700倍液。

龙眼镰刀菌根腐病(Longan Fusarium root rot)

症状 主要为害苗木,育苗期病株地上部叶片褪色,局部至大部发黄,后期地上部凋萎枯死,地下部根茎及根断续变褐,皮层腐烂。5～6月发生在一、二年生的实生苗上,严重时病株率10%左右。广东、广西、海南、福建、龙眼产区均有发生。

龙眼镰刀菌根腐病根部症状

病原 *Fusarium solani* (Mart.)Sacc 称茄病镰孢,属真菌界无性型真菌。病菌形态特征、传播途径和发病条件、防治方法参见荔枝镰刀菌根腐病。

龙眼炭疽病(Longan anthracnose)

症状 龙眼炭疽病为害苗木或成株枝条和花果。但主要为害幼苗的叶片。幼叶转绿前染病 初形成正面暗褐色、背面灰绿色的圆形斑点,扩展后形成边缘红褐色、直径1～3(mm)水渍状病斑,病斑上生有针尖大小的黑色小点,边缘与健部分界明显。该病常年发生,但以4～6月雨季发病重。严重时,一叶上病斑百余个,多个病斑融合造成叶面皱缩或扭曲或叶片脱落。嫩梢染病后变褐坏死。枝条、花果染病 产生褐色至暗褐色坏死或腐烂;病果表面可见橘红色黏孢团及白色霉层。严重时叶片枯落,植株死亡。

病原 *Colletotrichum gloeosporioides* (Penz.)Sacc. 称盘长孢状炭疽菌。有性态为 *Glomerella cingulata* (Stonem.)Spauld.et Schrenk 称围小丛壳,属真菌界子囊菌门。分生孢子盘褐色,四周生褐色刚毛。分生孢子梗长圆柱形,单胞无色,大小8.5～11.8×4.9～5.3(μm);分生孢子直椭圆形,透亮,单胞,两端钝圆,大小11.9～12.4×5(μm)。分生孢子萌发产生圆形至卵圆形附着孢,大小9～10.4×6.8～7.8(μm)。生长适温22～39℃。适宜pH范围2～11。分生孢子萌发需要饱和湿度,但有水滴时萌发率反而下降。

龙眼炭疽病叶片症状

传播途径和发病条件 与荔枝炭疽病相似。福建龙眼产区每年10月中下旬、12月中下旬、4月下旬至6月中旬，有3个发病高峰期，即播种后幼苗期、在春秋多雨季节发生流行。冬季低温、夏季干旱均不利其发生，病菌生长适温为20～30℃，在饱和湿度条件下，分生孢子才能萌发，故该病发行流行与降雨量、持续时间密切相关。秋末冬初，气温高，雨天多、越冬菌源量大，翌年春天炭疽病出现早，发病重，反之病情扩展较缓慢。

防治方法 (1)选用储良龙眼、双孖木龙眼、灵龙等优良品种。(2)培育无病苗木，适时移栽，加强肥水管理，增强树势，提高抗病力，多施酵素菌沤制的堆肥或腐熟农家肥和适量钾肥，防止偏施、过施氮肥。(3)4月上中旬开始喷洒25%溴菌腈可湿性粉剂500倍液或25%咪鲜胺乳油1000倍液、50%嘧菌酯水分散粒剂2000倍液、10%苯醚甲环唑水分散粒剂2000倍液。

龙眼壳二孢叶斑病(Longan Ascochyta leaf sopt)

症状 主要为害叶片，引起叶片脱落。发病初期病斑圆形，椭圆形或不规则形，中央浅褐色至灰白色，边缘深褐色，外围具窄的黄色晕圈，病健分界明显，直径1～7(mm)，后期病斑上生黑色小粒点，即病原菌分生孢子器。叶背病斑浅褐色，边缘不明显，病斑常融合成不规则形大斑，扩展到叶基部。

病原 *Ascochyta longan* C. F. Zhang et P. K. Chi 称龙眼壳二孢，属真菌界无性型真菌。分生孢子器暗褐色至褐色，球形、近球形，具孔口，初埋生，后外露，松散集生，器大小90～150(μm)。无分生孢子梗，产孢细胞葫芦形，瓶体式产孢，3.0～6.0×2.6～6.0(μm)。分生孢子无色，短圆柱形，双胞，中间不缢缩，两端钝圆，具2个油球，大小8～11×3.6～5.0(μm)。

龙眼壳二孢叶斑病病叶

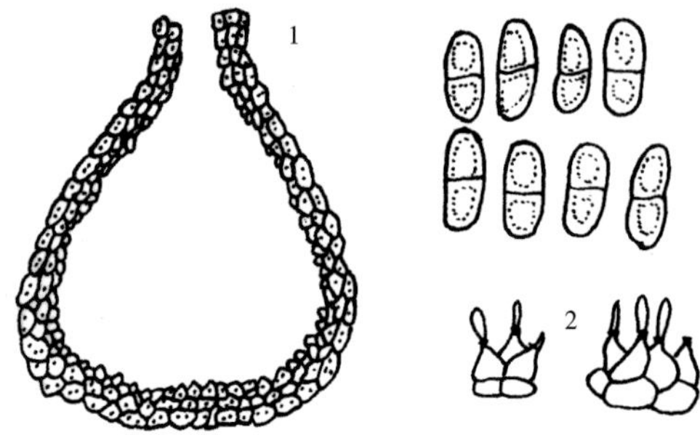

龙眼壳二孢叶斑病菌(戚佩坤原图)
1.分生孢子器 2.产孢细胞及分生孢子

传播途径和发病条件 病菌以菌丝体和分生孢子器在病部或落地病叶上越冬，成为翌年初侵染源，翌年春天龙眼生长期病部产生大量分生孢子借风雨传播到龙眼新梢叶片上，遇水萌发侵入，扩大为害。雨水多的夏季易发病，湿气滞留时间长、荫蔽发病重。

防治方法 (1)及时清除病落叶，以减少越冬菌源。(2)加强龙眼园管理，搞好生态环境，做到渠系配套，雨后及时排水，严防湿气滞留，采收后及时施肥，科学修剪，使其通风透光良好，可减少病害发生。(3) 发病初期喷洒50%硫磺·多菌灵悬浮剂900倍液或30%戊唑·多菌灵悬浮剂1000倍液、36%甲基硫菌灵悬浮剂500倍液、50%氯溴异氰尿酸可溶性水剂1000倍液，隔10天左右1次，连续防治3～4次。

龙眼盘二孢叶斑病(Longan Marssonina leaf spot)

症状 叶尖或叶缘生椭圆形或不规则形、褐色或赤褐色至灰白色病斑，有时具深色同心云纹，病斑边缘暗褐色，外围有的现黄色晕圈，斑有时长达6cm。成株和幼苗叶片均可受害，但以对幼苗影响最大。

病原 *Marssonina dimocarpi* Q. Wang et C. Y. Lai 称龙眼盘二孢，属真菌界无性型真菌。分生孢子椭圆形，分隔处有缢缩，顶胞长椭圆形，基细胞近圆形，大小7.6～10.8×4.1～5.4(μm)。

传播途径和发病条件 病菌以菌丝体和分生孢子盘在病部或病落叶上越冬，翌春条件适宜时，病斑上产生大量分生孢子，借风雨传播到龙眼新梢叶片上，病菌的分生孢子萌发后，长出芽管侵入叶片，引起龙眼发病。龙眼园潮湿或荫蔽易发病，湿气滞留时间长发病重。

防治方法 (1)选用储良龙眼、双孖木龙眼等优良品种。(2)

龙眼盘二孢叶斑病病叶

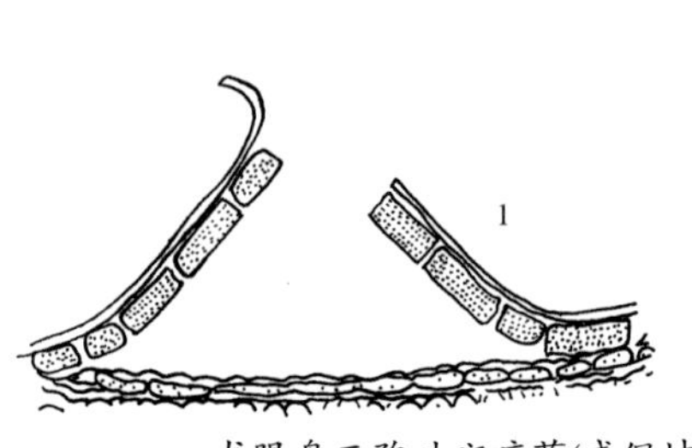

龙眼盘二孢叶斑病菌(戚佩坤原图)
1.分生孢子盘 2.分生孢子梗及分生孢子

加强龙眼园的管理，增强树势，提高抗病力。适时适度修剪，使其通风，秋冬及时清除病落叶，以减少菌源。(3)发病初期喷洒1：1：100倍式波尔多液或10%苯醚甲环唑水分散粒剂2500倍液、70%甲基硫菌灵可湿性粉剂700倍液、50%代森锰锌可湿性粉剂500倍液、50%苯菌灵可湿性粉剂800倍液。

龙眼白星病

症状 又称叶点霉灰枯病，初在叶片上产生大头针状圆形的褐色斑或小白点，扩展后变成灰白色，边缘开始出现褐变，后期病斑上长出黑色小粒点，即病原菌的分生孢子器。叶背病斑灰褐色，边缘不明显。

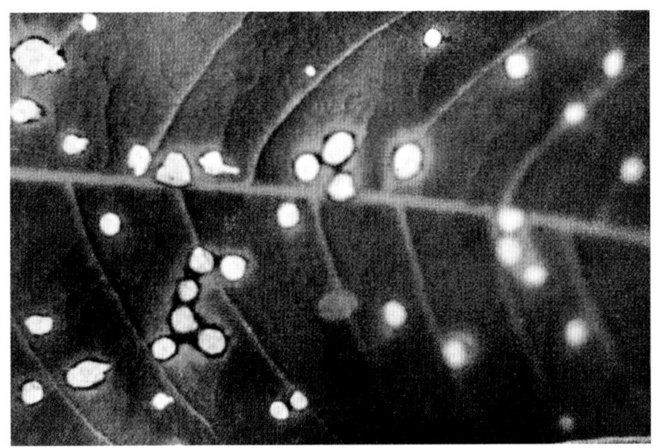

龙眼白星病病叶(彭成绩)

病原 *Phyllosticta dimocarpi*，属真菌界无性型真菌。

传播途径和发病条件 病菌以分生孢子器在病叶或落叶上越冬，从分生孢子器中释放的大量分生孢子，借风雨传播，分生孢子萌发后侵入荔枝或龙眼，尤其是夏、秋两季受害重，老荔枝园、龙眼园树势弱易发病。

防治方法 (1)采收后及时清除病落叶集中销毁。(2)增施有机肥，提高土壤有机质含量至2%，以利提高抗病力。(3)发病初期喷洒50%咪鲜胺·苯醚甲环唑或50%异菌脲·苯醚甲环唑可湿性粉剂2000倍液、25%咪鲜胺乳油1500倍液。

龙眼接柄孢叶斑病(Longan Zygosporium leaf spot)

症状 叶斑在叶中部的小，圆形，灰白色，边缘具褐色细线圈，叶背相同；在叶缘的病斑，不规则形，灰白色，边缘亦有深褐

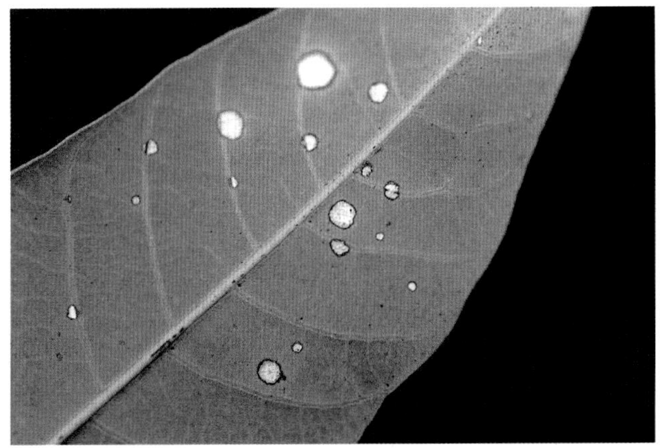

龙眼接柄孢叶斑病发病初期症状

龙眼接柄孢叶斑病叶缘产生灰白色大斑

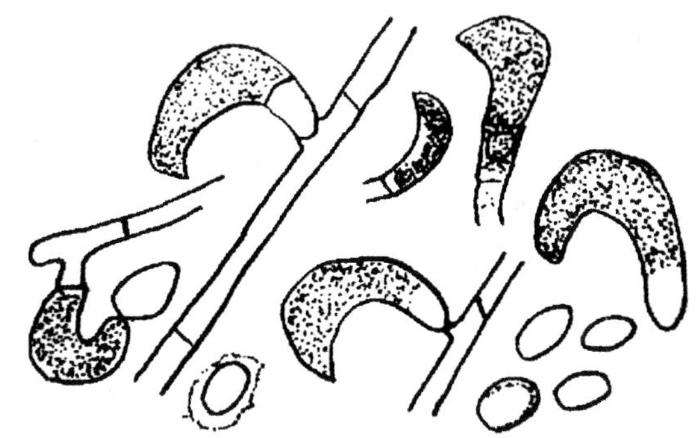

龙眼接柄孢叶斑病菌(张中义图)
分生孢子梗基细胞及分生孢子

色线圈，叶背褐色，大小10～25×10(mm)，病部表皮下生小黑点，是丛生的孢子梗。分布在海南临高红华农场。

病原 *Zygosporium oscheoide* Mont 称阴囊接柄孢。分生孢子梗淡褐色，分隔，直立，25.5～63.8×2.6～3.3（μm），平均41.2×2.9(μm)。小泡囊多弯钩状，深黑色，有一边淡色或无色，基部细胞无色，大小15.4～18×5.4～10.3(μm)，平均17.9×8.7(μm)。分生孢子生在小泡囊顶部，椭圆形至卵形，无色，3.1～12.8×2.6～10.2(μm)，平均9.3×6.9(μm)。

传播途径和发病条件、防治方法 待研究。

龙眼藻斑病(Longan algal)

症状 多于叶面形成圆形、椭圆形或不规则形的毛毡状斑，病斑稍隆起，表面有略呈放射状的细纹，边缘不整齐。一张

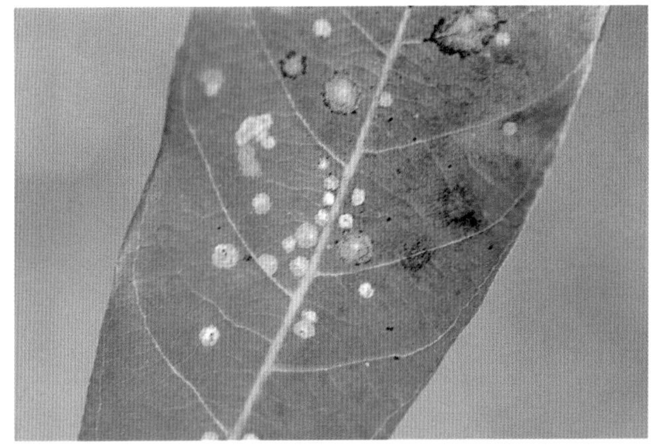

龙眼藻斑病

叶上，藻斑大小不等，小的针头大，大者直径10mm。病斑夏季多呈砖红色，随着病斑老化，呈灰绿色或橙黄色，有的表面平滑，色泽较深，边缘保持绿色。为害往往十分严重。严重影响光合作用，造成树势衰退，产质量下降。

病原 *Cephaleuros virescens* Kunze 称寄生性红锈藻，或头孢藻和 *Pleurococcus* sp. 称联球绿藻，均属寄生藻类。病部表面的毛毡状结构为红锈藻的营养体(藻丝体)，由稠密细致的二叉分枝的丝网构成。在叶内，红锈藻的细胞呈链状，相互连接成丝状体，延伸在叶片组织细胞间。丝状体(藻丝体)具分隔，细胞短，内含许多红色素体，呈橙黄色。表面的毛状物即孢子囊和孢子囊梗。孢子囊梗从藻丝体上长出，红褐色，具分隔，毛发状，末端膨大成头状，上生8～12条叉状小梗，每小梗顶端着生1椭圆形或球形、单胞红褐色的孢子囊。孢子囊成熟后，遇水破裂，释放出游动孢子。游动孢子椭圆形，侧生双鞭毛，无色。该菌在热带、亚热带的湿热地区常较北方重。

传播途径和发病条件 红锈藻以营养体在寄主组织内越冬。翌年5～6月间，遇高温、高湿产生孢子囊，孢子囊成熟后，借雨水、气流传播在水中释放出游动孢子，萌生芽管，由气孔侵入叶片组织。温暖、高湿、雨量充沛、降雨频繁利于该病的扩展、蔓延。树冠荫蔽、通风透光不良的果园易于发病。管理差、土壤瘠薄、干旱等造成树势衰弱，也易受害。

防治方法 (1)加强龙眼园管理、合理施肥、灌溉，注意排水，增强树势。(2)及时清除病落叶，集中销毁，减少侵染源。(3)于4月下旬至5月初发病期，在发病严重果园喷布0.5∶1∶100倍式波尔多液或20%噻森铜悬浮剂500倍液、10%苯醚甲环唑水分散粒剂1500倍液1～2次，可有效减轻其为害。

龙眼煤病(Longan sooty mold)

症状 叶片、枝条及果实染病时，叶两面被黑色绒状小霉斑，后辐射状向四周扩展，黑色霉层加厚成一薄层，呈烟煤状，有时边缘翘起，即病原菌的菌丝体和子实体。似煤污病。严重时叶片褪绿、卷缩或脱落。海南、广东、广西、云南、福建均有发生。

病原 *Meliola capensis* (K.&C.) Theiss.var.*euphoriae* Hansf. 称龙眼小煤炱，和 *Chaetothyrium echinulatum* Yamam 称小刺煤炱，均属真菌界子囊菌门。龙眼小煤炱　菌丝表生，黑色，有足丝，生吸器伸入龙眼叶片的表皮细胞，常有刚毛。子囊果球形，顶部分解形成不规则的裂口；子囊不多，含孢子2～8个，无侧丝，子囊孢子长圆形，褐色，具2～4个隔膜。无性态为 *Fumago* sp. 产生分生孢子梗和分生孢子。

龙眼煤病症状

传播途径和发病条件 病菌以菌丝体、子囊壳在病部越冬。翌年产生子囊孢子或分生孢子借风雨传播，落到蚧壳虫、粉虱、蚜虫等害虫的排泄粪便及分泌物上为煤污菌滋生创造了有利条件。凡是通风透光差，温度高，湿气大的龙眼园，很易引起该病发生。

防治方法 (1)适当修剪，改善通风条件，雨后及时排水，防止湿气滞留。(2)注意防治蚧壳虫、粉虱、蚜虫。(3)必要时喷洒50%乙霉·多菌灵可湿性粉剂800倍液或65%甲硫·乙霉威可湿性粉剂1000倍液、50%硫磺·甲基硫菌灵悬浮剂800倍液、10%苯醚甲环唑水分散粒剂1500倍液。隔10天左右1次，防治2～3次。

龙眼灰色叶枯病(Longan Phomopsis leaf spot)

症状 又称叶枯病。主要为害叶片，是龙眼生产上常见的重要病害。病斑多始于叶尖，呈"∧"字形向叶内扩展，病斑深褐色、后变褐色至灰白色，边缘暗褐色至紫褐色、波纹状，病健分界线明显。病斑上表皮产生大量密集的小黑点，即病原菌分生孢子器。5～6月发生。广东、海南均有发生。

病原 *Phomopsis guiyuan* C. F. Zhang et P. K. Chi 称桂圆拟茎点霉，属真菌界无性型真菌。子实体真子座，点状，有孔口，埋生，成熟时孔口外露，单腔集生，三角形至扁球形，壁厚12～25(μm)，深褐色，大小64～170×60～144(μm)。产孢细胞瓶体式产孢。分生孢子梗有分隔，无色，分枝，大小12.5～50×2～4.8(μm)。分生孢子有两种：甲型长椭圆形，两端略尖，有油球2个，大小4.6～7×1.4～2.6(μm)。乙型孢子钩状，无色，大小22.5～50×1～1.5(μm)。

龙眼灰色叶枯病

传播途径和发病条件 病菌以真子座和菌丝体在病叶上或落叶上越冬，翌年春天气候条件适宜时，病部产生大量分生孢子，进行初侵染，经

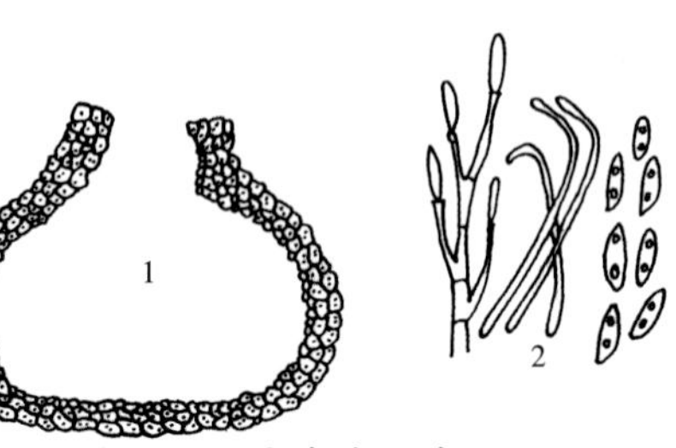

龙眼叶枯病菌(戚佩坤原图)
1.分生孢子器　2.分生孢子梗及分生孢子

风雨传播到新梢叶片上，叶片发病产生病斑后，又产生大量分生孢子，借风雨传播进行多次再侵染，引起病害不断扩大，夏季高温多雨易发病。

防治方法 (1)注意改进龙眼园生态条件，及时清除病落叶，集中烧毁，科学合理修剪，使通风透光良好。雨后及时排水，防止湿气滞留。(2)抓好壮果肥，以有机肥为主做到氮磷钾与镁、硼等微肥合理搭配，使树势生长健壮，增强抗病力。(3)该病严重地区可在发病初期喷洒 1∶1∶100 倍式波尔多液或 30%戊唑·多菌灵悬浮剂 1000 倍液、10%苯醚甲环唑水分散粒剂 1500 倍液，隔 10～15 天 1 次，防治 2～3 次。

龙眼褐色叶枯病(Longan Phomopsis leaf spot)

症状 主要为害叶片，褐色，先发生在叶片顶端，迅速向下扩展，中央比旁边扩展快而呈"V"字形，后期长出黑色小粒点，即病原菌分生孢子器。8～10 月发生。

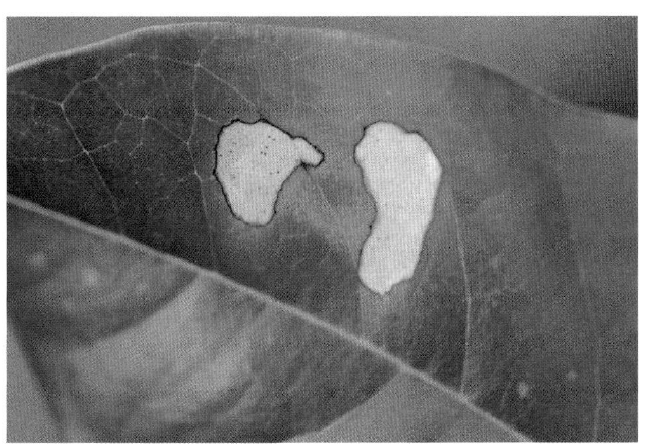

龙眼褐色叶枯病

病原 *Phomopsis longanae* P. K. Chi et Z. D. Jiang 称龙眼拟茎点霉，属真菌界无性型真菌。分生孢子器真子座，扁球形或略不规则形，黑色，多单腔或双腔，也有三腔的，器壁极厚，厚达 30～254(μm)，边缘暗褐色，大小 259～777×181～581(μm)；分生孢子梗分枝，有隔膜，无色；产孢细胞长瓶状至近圆筒形，无色，瓶体式产孢；分生孢子两型。甲型分生孢子椭圆形至纺锤形，单胞无色，内生 2 油球，大小 4～8×1.6～2.5(μm)。乙型分生孢子钩状，单胞无色，大小 12×0.8～1.2(μm)。除为害龙眼外，还可为害荔枝。

传播途径和发病条件、防治方法 参见龙眼灰色叶枯病。

龙眼长蠕孢叶斑病(Longan Helmithosporium leaf spot)

症状 叶片生近圆形至不规则形病斑，灰白至褐色，边缘具褐色细线圈，小斑 3×3(mm)，大者 23×20(mm)，叶背具不明显霉状小点。分布在海南儋州、临高县红华农场。

病原 *Helmithosporium* sp. 称长蠕孢属一种，属真菌界无性型真菌。子座黑色较大。分生孢子梗直立，单生，圆柱形，褐色，有分隔，表面光滑，95.1～102.8×5.1～6.4 (μm)，平均 100.2×5.9(μm)。分生孢子倒棍棒形，具喙，淡色至褐色，6～7 个隔膜，表面光滑，基部具暗褐色孢脐，54～59.1×7.7～8.2(μm)，平均 54.5×7.9(μm)。文献未查到龙眼上发生长蠕孢菌，

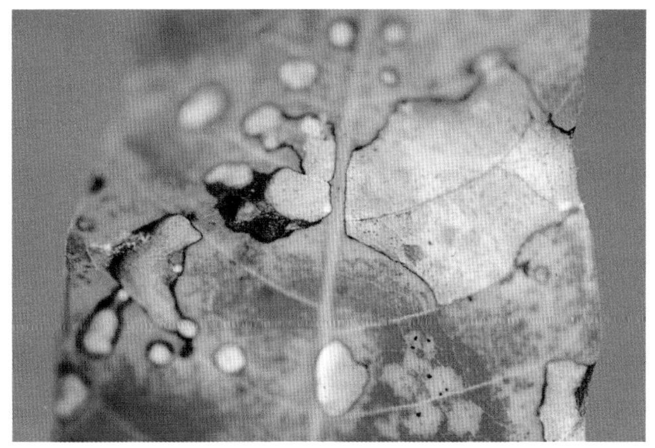

龙眼长蠕孢叶斑病病斑放大

很可能是新种，待定。

传播途径和发病条件 病菌在病部或随病落叶进入土壤中越冬，翌春条件适宜时从气孔或伤口侵入，气温高、湿度大或湿气滞留易发病。

防治方法 (1)加强管理，适度修剪使其通风良好，雨后及时排水防止湿气滞留，可减少发病。(2) 发病初期喷洒 80%代森锰锌可湿性粉剂 600 倍液或 50%苯菌灵可湿性粉剂 800 倍液。

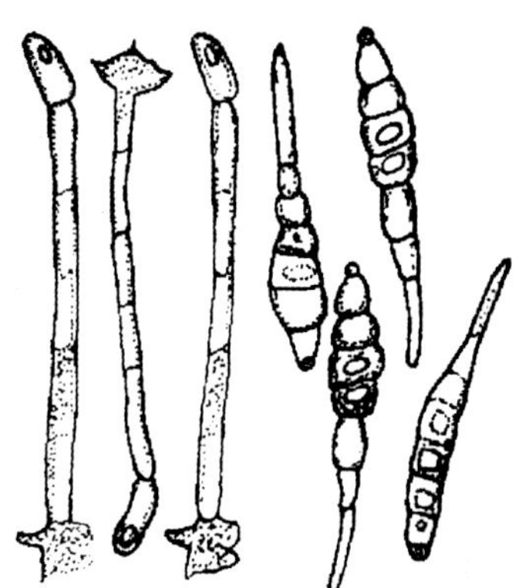

龙眼长蠕孢叶斑病菌
分生孢子梗和分生孢子(张中义原图)

龙眼拟盘多毛孢叶斑病(Longan brown blotch)

症状 为害叶片和果实。叶片染病多始于叶缘，圆形至椭圆形或不规则形，赤褐色，常融合成不规则形大斑，边缘深褐色，沿主脉呈波纹状，有黄晕。后期病斑呈灰白色，散生黑色分生孢子盘。果实染病，果面上现污褐色近圆形斑，病健分界不明晰，边缘色深，中央黄灰色或淡色，病斑上现黑色小霉点，即病菌分生孢子盘。

病原 *Pestalotiopsis pauciseta* (Sacc.)Y.X.Chen 称疏毛拟盘多毛孢，属真菌界无性型真菌。分生孢子盘生在叶两面，半球

龙眼拟盘多毛孢叶斑病果实受害状

龙眼疏毛拟盘多毛孢叶斑病

形黑色，大小 100～120(μm)；产孢细胞圆筒形，顶端环痕式产孢；分生孢子近长椭圆形，大小 18～24×5～8(μm)，5 个细胞，4 个真隔膜，隔膜处不缢缩或略缢缩，中间 3 个细胞有色，其中上两个细胞褐色，下面 1 个细胞榄褐色。顶细胞和基细胞无色，基细胞圆锥形，末端具细柄，柄长 4～5(μm)，顶细胞上生 3 根纤毛，长 20～30(μm)。

传播途径和发病条件 病菌以菌丝体和分生孢子盘在病组织上越季，条件适宜时产生分生孢子，借风雨传播到叶片或果实上，气温适宜，湿度大易发病。

防治方法 参见荔枝拟盘多毛孢叶斑病。

龙眼酸腐病(Longan sour rot)

龙眼酸腐病病果

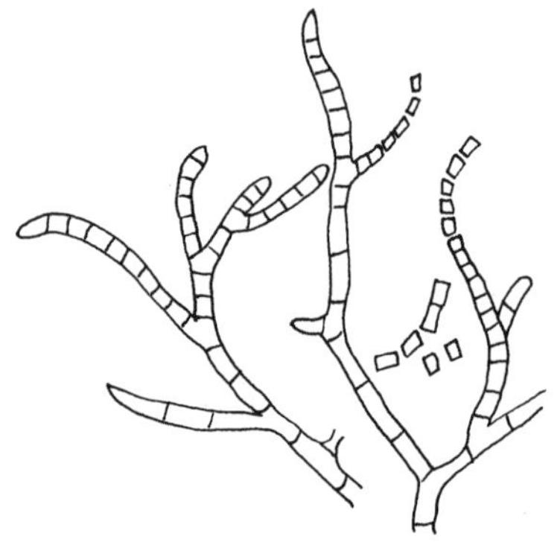
龙眼酸腐病菌
由菌丝断裂形成的节孢子

症状 该病多始于果蒂或伤口，病部初生褐色小斑，后逐渐变成褐色大斑直至全果变成褐色。造成果肉变褐腐烂，流出酸臭的汁液，果皮较硬，湿度大时，表面现稀疏的白色霉层，易被误诊为龙眼霜疫病。贮运期间也常发生。

病原 *Geotrichum candidum* Link ex Pers. 称白地霉荔枝酸腐病菌，属真菌界无性型真菌。菌丝无色，分生孢子杆状，椭圆形至长圆柱形，孢子单生或串生。

传播途径和发病条件 该菌是一种寄生性很弱的真菌，落到龙眼果实上的分生孢子吸水长出芽管后从伤口侵入，因此受荔枝蝽、果蛀蒂虫等为害有伤口的果实易染病。该菌侵入到果实中以后，继续吸收营养，并分泌酶分解熟果的薄壁组织，造成果肉腐败，无法食用。结果期间多雨发生较多，市场上时常可见。贮运过程中，病健果接触也常传播。

防治方法 参见荔枝酸腐病。

龙眼根腐病

症状 受害株在根茎部或距地面 10cm 处根部皮层松软，坏死，腐烂，初呈黄白色至褐色，后变暗褐色至黑色，地面附近的根虽能发出新根，但很快又染病，造成大部分根系或全部根系腐烂，植株萎蔫或枯死。

龙眼根腐病

病原 *Cylindrocladium camelliae* Venkataram & Venkata Ram。属真菌界无性型真菌。

传播途径和发病条件 病树产生的病菌在土壤中产生大量的微菌核越冬或长期存活，是该病的主要初侵染源，病菌通过土壤、农事活动、灌溉水或雨水传播，生产上遇有高温多雨、土壤黏重、排水不良、树皮受伤情况下易发病。

防治方法 (1)加强栽培管理，采用配方施肥技术，适时灌溉，提高龙眼树抗病力。(2)大水漫灌常造成根腐病在畦内向健株传播，提倡采用培土的方式，避免树干基部被灌溉水或雨水浸泡是减轻根腐病有效栽培措施。(3)发病初期及时刮除病部，用 21%过氧乙酸水剂 3~5 倍液涂抹。(4)发病前期浇灌 54.5%恶霉·福可湿性粉剂 700 倍液有效。

龙眼鬼帚病(Longan witches' broom)

症状 龙眼鬼帚病又称丛枝病、麻疯病。病梢幼叶浅绿狭小，叶缘卷缩不能展开，致整片叶子呈线状。成长叶片凹凸不平呈波状，叶脉黄绿色呈明脉状，脉间现不规则形黄绿色大小不等的斑纹，叶缘向叶背卷缩，叶尖下弯。小叶柄扁化略变宽。病情严重的，叶片呈深褐色畸变，致病梢上畸形叶干枯脱落或成秃枝状。新梢丛生、整个枝梢呈扫帚状。花穗节间短缩或丛生成簇状，花畸变且多密集，致病花早落不结实，偶有结实者，果小

龙眼鬼帚病症状

龙眼鬼帚病花穗染病症状

果肉无味，不能食用。干枯的病穗不易脱落，多悬挂在枝梢上。广东、广西、海南、福建、台湾等省均有分布，福建受害重。近年该病有逐年加重趋势。

病原 Longan witches' broom virus 称龙眼鬼帚病毒。病毒粒体线状，大小 12×1000(nm)，只在寄主筛管内存活，少数单独存在，多为许多粒体聚在一起。该病毒除侵染龙眼外，还可侵染荔枝。

传播途径和发病条件 主要通过嫁接和花粉传毒，用 2 年生砧木嫁接病枝，经 7～8 个月即发病。种子可带病。靠苗木调运进行远距离传播，自然传毒媒介主要是荔枝蝽象若虫和龙眼角颊木虱。此外螨类和亥麦蛾为害后也会出现类似的症状。生产上幼龄树、高压苗较成年树及实生苗发病重。红核仔、牛仔、大粒、油潭木、赤壳、福眼、蕉眼等品种都感病，信代本、东壁龙眼等则较抗病。

防治方法 (1)严格检疫，防止带病苗木外运，以减少发病。(2)从优良母树上采种或选取接穗，不能用病树上接穗或高压苗木。(3)增施有机肥，增强树势，提高抗病力。(4)及时防治龙眼角颊木虱和荔枝蝽象等刺吸式口器害虫，防治方法参见荔枝蝽象和龙眼角颊木虱。(5)发病轻的树可及早剪除病枝、病穗，这对减轻病势和延长结果年限有一定的作用。(6) 病区龙眼新梢抽出 3～5(cm)时，喷洒 25%吡蚜酮可湿性粉剂 2000 倍液杀灭传毒昆虫。(7)试用 10%混合脂肪酸水乳剂 100 倍液或 24%混脂酸·铜水乳剂 600 倍液。

龙眼地衣病(Longan lichen)

症状 主要为害枝干和叶片。叶片染病，病斑灰白色，粉状，密集，并生小黑点，有的在绿藻斑内，夹杂许多黑色小点。枝干染病，树干上现灰色地衣。

病原 *Strigula complanata* Nee 称扁平叶生衣。地衣形态特征、传播途径和发病条件、防治方法参见荔枝地衣病。

龙眼叶状地衣病边缘反卷

4. 荔 枝、龙 眼 害 虫

(1) 种 子 果 实 害 虫

荔枝、龙眼园橘小实蝇

学名 *Bactrocera dorsalis* (Hendel) 双翅目实蝇科。又称东方果实蝇。分布在广东、广西、海南、福建、台湾、香港、四川、云南、湖南、湖北、江西、浙江等省。除为害柑橘、桃、李、杨桃、香蕉、番石榴外，还为害荔枝、龙眼，堪称“水果杀手”。2002 年乌拉圭与我国签定的贸易协定规定从中国出口的荔枝、龙眼不准检出此虫。该虫把卵产在上述寄主果皮内，孵化幼虫在果内蛀害，造成果实腐烂或未熟先变黄脱落，严重影响产量和质量。该虫年生 3~10 代，无明显越冬现象，世代重叠，每年 3 月和 9 月出现两个成虫高峰，以 9 月虫口密度大为害重。成虫性成熟后交配，1 生交配多次，常把卵产在果实蒂部，先用产卵器刺破果皮把卵产在果肉里，每孔产 5~10 粒，每雌产 200~400 粒，夏季卵期仅 1 天，春秋 2 天，冬季 3~6 天，幼虫期夏季 7~9 天，春秋两季 10~12 天，冬季 13~20 天。幼虫蜕 2 次皮，藏在果肉中危害，老熟后以弹跳方式或随落果掉在地上入土化蛹。蛹期夏季 8~9 天，春秋 10~14 天，冬季 15~20 天。

防治方法 (1)严格检疫，严禁受害果、带土苗木外运。(2)在果实转色后、成虫产卵前用甲基丁香酚装在诱捕器中诱杀成

荔枝、龙眼园柑橘小实蝇成虫

虫。也可用90%敌百虫可溶性粉剂1000倍液加3%红糖点喷树冠，5~10天1次，连喷2~3次，果实采收前7天停止。(3)成虫发生盛期喷洒40%毒死蜱乳油1600倍液或5%除虫菊素乳油800~1500倍液、55%氯氰·毒死蜱乳油2000~2500倍液。

蝙蝠

学名 *Rousettus leschenaulti* Desmarest 称棕果蝠，属蝙蝠属狐蝠科。分布：广西、广东、福建、海南。

寄主 龙眼、荔枝、香蕉、枇杷、芒果、人心果、番石榴、菠萝、苹果等。

为害特点 棕果蝠在龙眼园觅食果粒。

形态特征 体型较大、粗壮，体重41 ~ 45g；头顶及体背面毛棕褐色，体侧面和腹面毛灰褐色，翼膜黑褐色；脸形似犬吻，吻长，上下唇各有一纵沟；耳长1.7 ~ 2.3(cm)，长椭圆形，无耳屏；前臂长6.2 ~ 7.2(cm)，后足长1.5 ~ 1.8(cm)，尾长1.1 ~ 1.4(cm)，齿式为$\frac{2.1.2.3}{2.1.3.3}$上颌门齿甚小，犬齿发达，第一前臼齿稍大于门齿，第二前臼齿显著大于臼齿，齿尖锐利，上、下臼齿冠低平，具纵沟，外侧稍具齿尖。

生活习性 该果蝠每天傍晚，光强度平均为1.9Lux，开始飞入果园觅食；第二天黎明前，光强度平均为4.2Lux，飞离果园。在果园内活动时间，每天约在19:30至第二天5:30，活动高峰期在20 ~ 22时。果蝠开始飞入果园时，一般先在果园上空盘旋，寻找取食目标，然后俯冲到果穗上用嘴叼上一个果粒后，飞离果园在附近的树林、其他果树或屋檐上啃食，然后沿原来

蝙蝠正在咬食近成熟的荔枝(彭成绩)

路线返回果园，如此来回为害龙眼；但随着夜深人静，有些果蝠入园后，直接攀在果穗上或倒挂在果穗上啃食果实。

棕果蝠对龙眼果实的为害程度与当时果实成熟程度有关，而与龙眼品种无关，一般龙眼果肉所含的可溶性固形物达13%以上，即受其害。在一个果园内，早熟品种数量较少的荔枝、龙眼园，棕果蝠集中为害，受害较重。

防治方法 根据棕果蝠在龙眼园的活动特点，采用尼龙丝网进行局部拉网捕捉，既简便、又经济，可收到较好的防治效果。在实施中注意变位拉网或在果园不同方位局部设置网障，效果更佳。

龙眼园苹果灰蝶

学名 *Fixsenia pruni* L. 鳞翅目灰蝶科，分布：黑龙江、山东、河北、河南、北京、天津、广西、广东、陕西、青海、内蒙古。

苹果灰蝶幼虫放大

寄主 北方为害苹果，南方为害荔枝、龙眼。

为害特点 幼虫为害嫩叶，造成缺刻，大龄幼虫可把叶片吃光，有的咬食嫩茎皮层和幼果。

形态特征 成虫：体长12mm，翅展35mm，翅栗褐色，雌蝶、雄蝶后翅2、3室生橙红色斑，尾状突起小。翅背面黄褐色，中央横线银白色，前翅外缘生黑色圆点数个，由前向后渐大，内侧生白色新月形纹，后翅外缘具橙红色带，内侧生黑色圆点，镶有新月形白色纹，臀角黑色。幼虫：扁圆粗短，黄绿色，背线深绿，胸、腹各节气门上线各生突起1对，突起尖端和上方紫红色，亚背线侧方生突起8对。头小，缩入胸部。

生活习性 北方5月幼虫为害苹果叶片和幼果，6月可见成虫。广西、广东龙眼产区4月中旬至5月幼虫为害龙眼幼果，进入10月为害叶片。

防治方法 防治其他害虫时兼治。

荔枝灰蝶(Litchi lycaenid)

学名 *Deudorix epijarbas* Moore 鳞翅目，灰蝶科。分布在广西、广东、福建等省。

寄主 荔枝、龙眼。

为害特点 幼虫蛀害荔枝果核，同时也为害龙眼果核，蛀孔多朝向地面，近圆形，孔口较大，受害果一般不脱落。

形态特征 雌蛾：体长12 ~ 17(mm)，翅展29 ~ 42(mm)，前、

荔枝灰蝶正面观

后翅灰褐色后缘灰白色。雄体：长 14～16(mm)，翅展 36～41(mm)。前翅基部红色，前缘、外缘有 1 条黑褐色带；后翅基部及前缘黑色，余红色。卵：长 0.55mm，近球形，底平，顶部中央略凹，卵表面有多角形刻纹。末龄幼虫：体长 16～20(mm)，紫灰黄色，背面色较深。头小，常缩进胸部，后胸、腹部 1、2、6 节灰黑色，后端斜截，胸、腹足短且隐蔽。蛹：长 13～16(mm)，圆筒形，粗短，背面紫黑色。

生活习性 福州年生 3 代，华南年生 3～4 代，以幼虫在树干表皮、裂缝内越冬，第 1 代幼虫于 5 月中下旬至 6 月上旬为害荔枝果实。幼虫期 14～16 天，预蛹期 2～3 天，蛹期 7～11 天。成虫昼出，第 2、3 代成虫把卵产在龙眼果蒂基部，卵期 5～6 天，幼虫为害龙眼果实，6～7 月龙眼受害重。幼虫多从果实中部蛀入，每只幼虫可蛀 2～3 或 8～9 个果实，夜间转果为害。虫老熟后化蛹越冬。

防治方法 (1)注意清除荔枝、龙眼园的落果，冬春树干涂白，可杀死部分越冬蛹。(2)在果肉包满果核前，羽化始盛期后在树冠上喷洒 40%毒死蜱乳油 1600 倍液或 5%除虫菊素乳油 900 倍液、20%氰戊·辛硫磷乳油 1500 倍液。

飞扬阿夜蛾

学名 *Achaea janata* (Linnaeus)异名 *A.melicerta* (Drury)鳞翅目，夜蛾科。别名：蓖麻夜蛾。分布在湖北、湖南、台湾、云南、广东、广西、西藏。

寄主 荔枝、龙眼、芒果、柑橘、蓖麻、木薯、飞扬草等。

为害特点 幼虫食叶成缺刻或孔洞，啃食嫩芽、幼果及嫩茎表皮，严重的吃光。成虫吸食荔枝、龙眼、柑橘、芒果果实汁液。

形态特征 成虫：体长 21～23(mm)，翅展 51～54(mm)，头、胸部灰黄褐色。腹部灰褐色。前翅浅灰褐色，基线黑色，外斜至亚中褶；内线成双，黑棕色，微波浪形外斜；肾纹边界缘略白，前后端各生一黑点；中线暗褐色，波浪形外斜至 4 脉，后内弯；外线黑色，与中线近平行，内侧具一暗褐色窄带；亚端线灰白色，波浪形，端线黑色。后翅棕黑色，基部灰褐色，中部生一楔形白带，外缘具白斑 3 个。卵：长 0.7mm，扁球形，初灰绿色，杂有灰白色斑纹，渐变为灰黑色。末龄幼虫：体长 47～57(mm)，第一腹节常弯曲成尺蠖状，第八腹节上具隆起，致第 7～9 腹节微连成一个峰状，第 1 对腹足特小，第 2 对略小，3～4 对发达；头部褐色，每侧具 6 个大小不等的黄白斑，额灰色，中央生暗色纵纹；体色多变，浅红至暗红色，背线褐色，气门上线黄褐色且宽，腹面黄褐色；腹足黄色。蛹：长 20～26(mm)，褐色具白粉，头部有 1 对短刺。

生活习性 广东、广西年生 4～5 代，以蛹在土中或草堆中越冬。翌年 3～4 月羽化，5～6 月、9～10 月进入幼虫为害盛期，成虫昼伏夜出，趋光性很弱，具假死性，成虫吸食果实汁液，多把卵产在嫩叶背面，每雌可产卵 250～560 粒。低龄幼虫遇惊扰即吐丝下垂，受触动时，幼虫口吐青水坠地假死，老熟后吐丝卷叶，在卷叶中化蛹。

防治方法 (1) 在产卵高峰 2～3 天后至幼虫三龄前喷洒 80%敌敌畏乳油 1000～1200 倍液或 90%敌百虫可溶性粉剂 800～900 倍液。(2)在卵孵化盛期释放赤眼蜂进行生物防治，每 667m² 次释放 1 万头，隔 7～10 天一次，连续放 2～3 次。

独角仙

学名 *Xylotrupes gideon* Linnaeus 异名 *Dynastes gideon* Linnaeus 鞘翅目，金龟子总科。又称独角犀，俗称鸡母虫。分布在广东、广西、海南、福建、贵州等省区。

寄主 柑橘、荔枝、龙眼、芒果、无花果、菠萝等果树及豇豆、刀豆、羊角菜等。

为害特点 成虫咬食近成熟的荔枝、龙眼、芒果等南方果树的果实。

形态特征 成虫：体长 30～45(mm)，近椭圆形，黑褐色或灰红褐色，具光泽。成虫头部额顶生 1 角状粗大突起物上翘后弯，末端分叉。前胸背板也有 1 向前方的角状物。雌虫体小，头

飞扬阿夜蛾成虫

独角仙(左雌右雄)

部、胸部没有突起物。卵：长约3mm，乳白色至污黄色。末龄幼虫：体长50～60(mm)。圆筒形，黄白色，常弯曲，密生细毛。头黑褐色。前胸气孔上方生1菱形深褐色斑点，气门黑褐色9对，呈马蹄形。蛹：长35～55(mm)，黄白色至红色。

生活习性 年生1代，以幼虫在有机肥或土壤中越冬，翌年4月中下旬化蛹，蛹期10～12天，5月羽化，5月中下旬广西进入羽化盛期，刚羽化的成虫先在土壤中，19～20时爬出土面活动，羽化后17～22天交尾，10多天后产卵在肥沃土壤中，6月中下旬进入产卵盛期，卵期8～15天。孵化出的幼虫生活在土中，春末夏初钻至30cm深土层作土室化蛹。果园边的果实受害重。

防治方法 (1)结合果园松土、锄草杀死部分幼虫。(2)果实成熟期发现该虫，进行人工捕杀。必要时可安置诱虫灯，进行灯光诱杀，也可拉网捕杀。(3)独角仙为害近收获或成熟果实，不宜用毒性大或残效期长的杀虫剂，虫口密度大的果园，可选用90%敌百虫可溶性粉剂或50%敌敌畏乳油1000倍液残效短的药剂，也可选用20%氰戊菊酯乳油2000倍液。

荔枝蒂蛀虫（Litchi fruit borers）

学名 *Conopomorpha sinensis* Bradley 异名 *Acrocercops cramerella* Snell.鳞翅目，细蛾科。别名：荔枝蛀果虫，旧称爻纹细蛾。分布地福建、台湾、广西、广东、四川。

寄主 荔枝、龙眼、芒果。

为害特点 幼虫为害叶、嫩梢、花穗和果实。为害叶者蛀食主脉致叶片干枯，为害嫩茎的从梢端蛀入，取食髓部致枝端干枯，蛀花穗致先端枯萎，蛀幼果多脱落，果实近成熟期多从果蒂附近蛀入，在果蒂与核间蛀食，果内外充满虫粪。

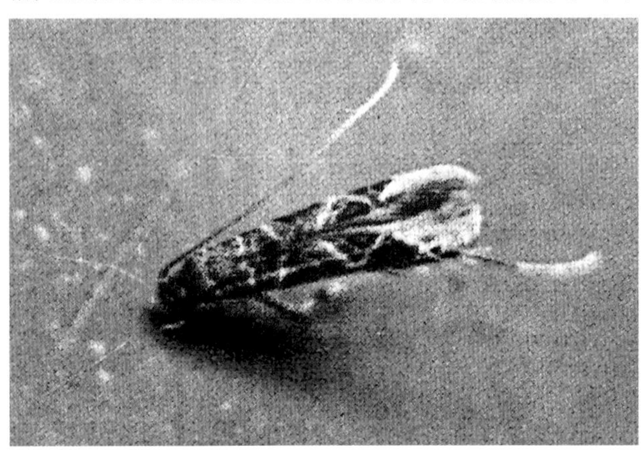

荔枝蒂蛀虫成虫

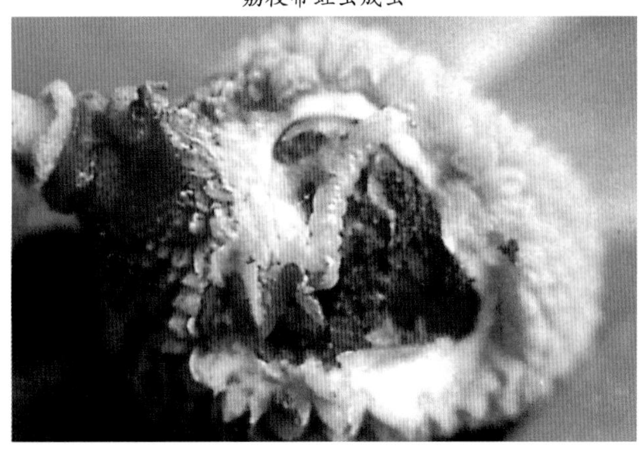

荔枝蒂蛀虫幼虫为害荔枝果实状

形态特征 成虫：体长4～5(mm)，翅展9～11(mm)，略呈灰黑色。触角丝状为体长的2倍。前翅狭长，基2/3灰黑色，端1/3橙黄色，中部有两度曲折的白纹，静止时两翅相接白纹呈"爻"字形，其上方有1白横纹；橙黄色部的中部具银白斑，近前缘有1三角形黑斑和2个微细黑斑，后者与银白斑构成Y字形，翅末端有1黑圆点，故近翅尖端处呈黑、白、黄相间的斑纹。后翅剑状细长，灰黑色；前后翅缘毛均很长。腹部背面灰黑，腹面白色。卵：扁圆形，长0.2～0.3(mm)，卵壳有不规则花纹，外被透明薄膜。幼虫：体长9mm，扁筒形乳白色，腹足4对，生于3～5和10腹节。蛹：纺锤形淡黄色，头顶有1刺突，触角远超过腹端。茧：椭圆形扁平，淡黄色似1张薄膜附于叶上。

生活习性 福州年生6～7代，福建仙游约10代、广州10~11代，世代重叠。以幼虫在龙眼冬梢内越冬，冬暖越冬幼虫仍可取食。3月下旬爬出在叶面结薄茧化蛹，越冬代成虫5月下旬至6月上旬发生。各代幼虫发生期：第1代6月上、中旬为害龙眼嫩梢、花穗和果穗，也为害荔枝嫩梢和果实。第2代7月上旬为害荔枝近成熟的果实和龙眼的果实和嫩梢。第3代8月上旬为害龙眼近成熟的果实。第4代8月下旬至9月上旬。第5代10月上旬。第6代11月中旬，幼虫为害至12月上、中旬开始越冬，个别以蛹越冬。福建漳州年生10代，冬季无停育现象。通常2～4代或5代幼虫与荔枝结果期相遇，为害荔枝果实严重。4～7月虫量逐代增加，此期卵主要产在幼果和成果上。成虫昼伏夜出，卵散产于果实基部、果蒂上及嫩梢的叶腋间，卵粒外被胶质物。卵期2～6天，幼虫孵化后从卵壳下直接蛀入，幼虫期9～39天，老熟后在叶上结茧化蛹，蛹期6～33天。天敌有多种寄生蜂。

防治方法 (1)控梢栽培。使秋梢抽发整齐，抑制冬梢，既利结果又可减少虫源。(2)及时扫除落果，集中处理消灭其中幼虫。(3)药剂防治成虫和卵。在新梢抽发3～5(cm)时，喷1次50%氯氰·毒死蜱乳油1500倍液，10天后喷第2次药，保梢保果效果很好，同时可兼治荔枝尖细蛾、荔枝蝽、荔枝瘿螨、尺蠖、金龟子等。此外还可选用5%氟啶脲乳油1500倍液或10%氯氰菊酯乳油1500倍液或40%毒死蜱乳油1000倍液。(4)保护利用天敌。

荔枝尖细蛾（Litchi fruit borer）

学名 *Conopomorpha litchielle* Bradley 鳞翅目，细蛾科。该虫是荔枝蛀蒂虫的近缘种，常与荔枝蛀蒂虫、龙眼亥麦蛾混合

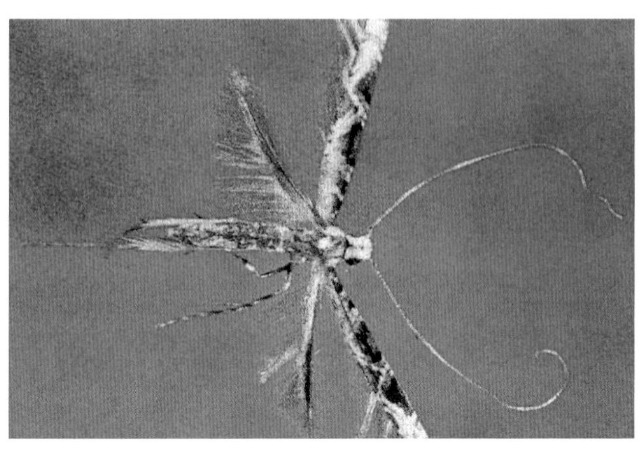

荔枝尖细蛾成虫放大

尖细蛾幼虫蛀害幼叶中脉(何等平)

发生、混合为害。分布在福建、广西。

寄主 荔枝、龙眼。

为害特点 以幼虫为害幼叶和嫩梢,致叶端卷曲干枯或枝梢萎缩。

形态特征 成虫:与荔枝蛀蒂虫极相似,难于区别。但本虫较小,荔枝蛀蒂虫的前翅最末端的橙黄色区有3个银白色光泽斑,别于该虫。卵:长0.25~0.3(mm),近圆形较扁平,初乳白色,略具反光,后转为浅灰色,放大镜下可见有不规则网状花纹。幼虫:与荔枝蛀蒂虫很相似,为害嫩叶时,虫体为青绿色,为害嫩梢内的幼虫乳白至灰白色。

生活习性 福建年生10代,世代重叠,以老熟幼虫在枝梢内越冬。翌年3月下旬至4月中旬爬至附近叶片上结茧化蛹,4月上中旬羽化产卵,卵多产在新梢幼叶面中脉两侧,每叶上着卵几粒至十几粒,少数卵产在叶柄基部或叶腋处,极少在顶芽上。初孵幼虫从卵壳底蛀入寄主表皮取食汁液,3龄后蛀害嫩叶中脉、叶柄、嫩茎髓部。受害嫩叶中脉处有若干个排粪孔,枯褐色,幼虫老熟后从蛀道爬出,在树冠下层叶片上结茧化蛹。福建、广西南宁每年7~9月发生数量较大。

防治方法 结合防治荔枝蒂虫和龙眼亥麦蛾进行兼治。

(2)花器芽叶害虫

荔枝蝽(Litchi stink-bug)

学名 *Tessaratoma papillosa* (Drury) 半翅目,蝽科。别名:荔蝽、臭屁虫。分布在江西、福建、台湾、广西、广东、四川、贵州、云南。

荔枝蝽卵和若虫放大

荔枝蝽成虫

寄主 荔枝、龙眼、柑橘、橄榄、桃、梅、梨、香蕉等。

为害特点 成、若虫刺吸嫩芽、嫩梢、花穗和幼果的汁液,致落花、落果。受惊扰时射出臭液,花、嫩叶和幼果沾上会枯焦,接触人皮肤引起痛痒。

形态特征 成虫:体长24~28(mm),宽15~17(mm),盾形黄褐色,腹面有白色蜡粉。触角丝状4节,短粗深褐色。卵:近圆形,直径2.6mm,初淡绿后变黄褐色。若虫:共5龄,1龄椭圆形体长5mm,初鲜红后变深蓝色,前胸背板两侧鲜黄色。2龄体长8mm,长方形,橙红色,外缘灰黑色,3~5龄体形色泽同2龄。3龄体长10~12(mm)。4龄体长14~16(mm),翅芽明显。5龄体长18~20(mm),翅芽达第3腹节中部。

生活习性 年生1代,以成虫在树上郁密枝叶丛及建筑物的缝隙隐蔽处越冬。翌年约2月下旬,气温达16℃时开始出蛰活动,在花穗、枝梢上取食、交配产卵,4~5月产卵最盛,卵产在叶背或穗梗上,常14粒聚成块。卵期13~25天,若虫喜于嫩枝顶端吸食汁液,5~6月若虫盛发,1龄群聚,2龄后逐渐分散为害,若虫期2个多月,7月陆续羽化为成虫。成虫寿命约203~371天,终年可见。成、若虫遇惊扰即落地假死或放出臭液,冬季气温高时成虫可活动。天敌有平腹小蜂、卵跳小蜂、线虫等。

防治方法 (1)提倡采用生物防治法。广东、海南等地在早春荔枝蝽开始产卵时,分两批把平腹小蜂(*Anastatus japonicus*)散放到荔枝、龙眼园中,提高整个卵期的寄生率,能有效地控制该虫,此间如毛虫、卷叶虫发生量大,可同时释放松毛虫赤眼蜂,替代喷药。(2)3月中下旬成虫产卵期,抗药力弱,喷洒10%敌·氯乳油1500倍液或90%敌百虫可溶性粉剂900倍液,这时消灭成虫,可显著降低全年虫口基数。(3)冬季震落捕杀成虫。(4)若虫发生期或成虫群集在秋梢的9~10月,可喷10%高效氯氰菊酯乳油1500倍液、20%氰戊菊酯乳油2000倍液、40%毒死蜱乳油1600倍液、10%吡虫啉可湿性粉剂2000倍液、50%氯氰·毒死蜱乳油2000倍液。

丽盾蝽(Giant golden stink bug)

学名 *Chrysocoris grandis* (Thunberg) 半翅目,盾蝽科。别名:大盾蝽象、黄色长盾蝽、苦楝盾蝽。分布在福建、江西、广东、广西、贵州、云南、台湾;日本。

丽盾蝽成虫

寄主 柑橘、龙眼、荔枝、枇杷、番石榴、板栗、苦楝、油桐等。

为害特点 以成、若虫取食荔枝、龙眼、番石榴等嫩梢或板栗花序,致结实率降低、嫩梢枯死。

形态特征 成虫:体长 18 ~ 25(mm),宽 9 ~ 12(mm),椭圆形,黄色至黄褐色,有时具浅紫闪光,密布黑色小刻点。头三角形,基部和中叶黑色,中叶较侧叶长。触角黑色,第 2 节短。喙黑,伸达腹部中央,前胸背板前半具 1 黑斑;小盾片基缘处黑色,前半中央有 1 黑斑,中央两侧各生 1 短黑横斑。前翅膜片稍长于腹末。足黑色,胫节背面有纵沟。侧接缘黄黑相间。雌虫前胸背板前部中央的黑斑与头基部黑斑分离,雄虫则两斑相连。

生活习性 广东以成虫在密蔽的树叶背面越冬较集中,翌春 3 ~ 4 月开始活动,多分散为害,进入 4 ~ 6 月为害较重。

防治方法 参见荔枝蝽。

稻绿蝽(Green rice bug)

学名 *Nezara viridula* (Linnaeus) 半翅目,蝽科。别名:稻青蝽、绿蝽、青蝽象、灰斑绿蝽象。分布在吉林、辽宁、内蒙古、宁夏、甘肃、青海、陕西、山西、河北、河南、山东、安徽、江苏、上海、江西、浙江、湖北、湖南、福建、台湾、广东、广西、重庆、四川、云南等地。

稻绿蝽成虫正在交尾

寄主 龙眼、荔枝、苹果、梨、橙、柑橘、桃、樱桃、槐、芸香科、豆科、旋花科、棉花、木麻黄等 32 科 150 余种植物。

为害特点 成虫、若虫为害龙眼、荔枝新梢或刺吸寄主植物的茎、叶汁液,影响植物的生长发育。

形态特征 成虫:全绿型〔*N.forma typica* (Linnaeus)〕体长 12 ~ 16(mm),宽 6.0 ~ 8.5(mm)。长椭圆形,青绿色(越冬成虫暗赤褐),腹下色较淡。头近三角形,触角 5 节,基节黄绿,第 3、4、5 节末端棕褐,复眼黑,单眼红。喙 4 节,伸达后足基节,末端黑色。前胸背板边缘黄白色,侧角圆,稍突出,小盾片长三角形,基部有 3 个横列的小白点,末端狭圆,超过腹部中央。前翅稍长于腹末。足绿色,跗节 3 节,灰褐,爪末端黑。腹下黄绿或淡绿色,密布黄色斑点。卵:杯形,长 1.2mm,宽 0.8mm,初产黄白色,后转红褐,顶端有盖,周缘白色,精孔突起呈环,约 24 ~ 30 个。若虫:一龄若虫体长 1.1 ~ 1.4(mm),腹背中央有 3 块排成三角形的黑斑,后期黄褐,胸部有一橙黄色圆斑,第 2 腹节有一长形白斑,第 5、6 腹节近中央两侧各有 4 个黄色斑,排成梯形。二龄若虫体长 2.0 ~ 2.2(mm),黑色,前、中胸背板两侧各有一黄斑。三龄若虫体长 4.0 ~ 4.2(mm),黑色,第 1、2 腹节背面有 4 个长形的横向白斑,第 3 腹节至末节背板两侧各具 6 个,中央两侧各具 4 个对称的白斑。四龄若虫体长 5.2 ~ 7.0(mm),头部有倒"T"形黑斑,翅芽明显。五龄若虫体长 7.5 ~ 12(mm),绿色为主,触角 4 节,单眼出现,翅芽伸达第 3 腹节,前胸与翅芽散生黑色斑点,外缘橙红,腹部边缘具半圆形红斑,中央也具红斑,足赤褐,跗节黑色。

生活习性 北方地区年发生 1 代,四川、江西年发生 3 代,广东年生 4 代,少数 5 代。以成虫在杂草、土缝、灌木丛中越冬。卵的发育起点温度为 12.2℃,若虫为 11.6℃,有效发育积温为 668 日度。卵成块产于寄主叶片上,规则地排成 3 ~ 9 行,每块 60 ~ 70 粒。1 ~ 2 龄若虫有群集性,若虫和成虫有假死性,成虫并有趋光性和趋绿性。

防治方法 (1)冬季清除田园杂草地被,消灭部分成虫。(2)灯光诱杀成虫。(3)成虫和若虫期喷洒 45%马拉硫磷乳油 1000 倍液或 2.5%高效氯氟氰菊酯乳油 2000 倍液、2.5%溴氰菊酯乳油 2000 倍液、10%吡虫啉可湿性粉剂 1500 倍液、25%噻嗪酮可湿性粉剂 1000 倍液、40%毒死蜱乳油 1000 倍液。

三角新小卷蛾

学名 *Olethreutes leucaspis* Meyrick 鳞翅目,小卷蛾亚科。别名:黄三角黑卷叶蛾。分布在广东、广西、福建、台湾等。

寄主 荔枝、龙眼、柑橘。

为害特点 为害幼叶和花穗,幼虫吐丝把嫩叶、花器缀结成团,藏匿其中取食为害,受害严重时,幼叶残缺破碎,花器干枯脱落。该虫是广西为害龙眼、荔枝的主要种群,其发生量占各种卷叶蛾的 85%以上。

形态特征 成虫:体长 7 ~ 7.5(mm),翅展 17 ~ 18(mm)。头部黑褐色,毛丛疏松,复眼黑色半球形。雌雄触角全为丝状,黑褐色,前翅在前缘约 2/3 处生 1 浅黄色三角形斑块。后翅前缘从基角至中部灰白色,余为灰黑褐色。卵:长椭圆形,卵表面生

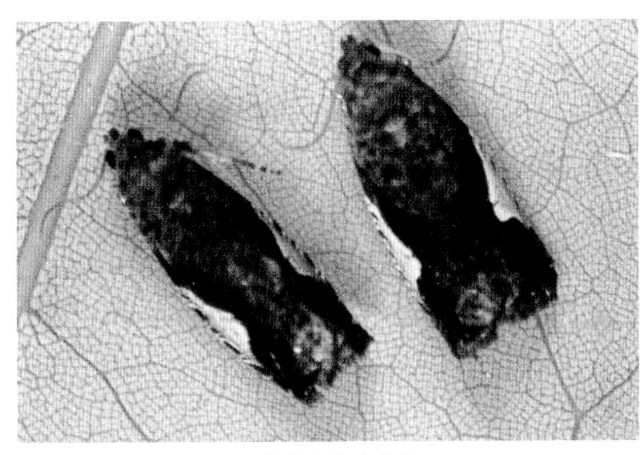
三角新小卷蛾成虫

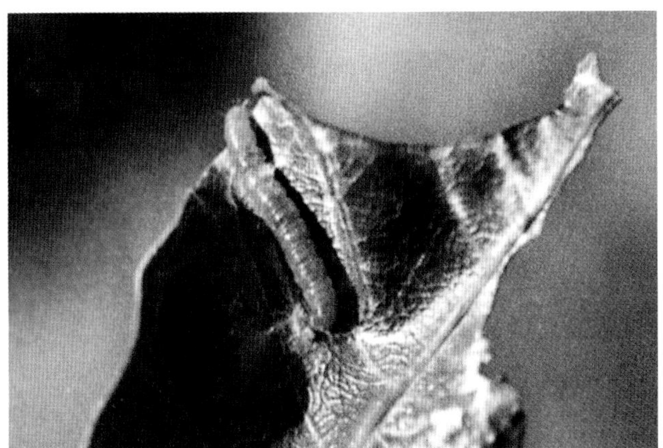
三角新小卷蛾幼虫放大

近正六边形刻纹,白色至黄白色。幼虫:初孵体长 1mm 左右,头黑色,胴部浅黄白色,2 龄起头为浅黄色至黄绿色,胸部浅黄绿色。末龄幼虫至预蛹期灰褐色至黑褐色。头部单眼区黑褐色,两后颊下方各生 1 黑色近长方形斑块。前胸背上生刚毛 12 根,中线浅白色,近气门周缘黑褐色。蛹:长 8 ~ 8.5(mm),初蛹全体浅黄绿色,复眼浅红色。

生活习性 广西南宁年生 9 代,世代重叠,冬春常可见到各虫态。一般第一代于 1 ~ 4 月发生,第 2 代于 4 月上中旬化蛹,成虫于白天羽化,14 ~ 17 时最多,产卵前期 1 ~ 2 天,卵散产在小叶叶脉间或已萌动的芽梢复叶上的缝隙间,有的产在腋芽上,一张叶片多着卵 1 粒,个别 2 粒。初孵幼虫从卵底部钻出,在着卵处先把幼嫩组织咬成一伤口取食,不久潜入小叶或复叶缝隙中,吐丝黏缀成“虫苞”,虫子长大后便转移另结新“虫苞”继续为害。大部分一叶一苞,个别多叶一苞。幼虫活泼,遇有触动则剧烈跳动,幼虫老熟后下坠地面结 1 严密茧化蛹茧中。4 ~ 11 月各世代卵期 3 ~ 4 天,幼虫期 10 ~ 16 天,蛹期 6.5 ~ 13 天,从幼虫孵出至成虫羽化历时 24.4 天,成虫寿命 3 ~ 7 天。11 月中旬至翌年 3 月各虫态历期略长,幼虫期 25 ~ 41 天,蛹期 18.3 ~ 39 天,成虫寿命 6 ~ 15 天。天敌有蜘蛛、蟾蜍、蛙类等。幼虫天敌有小茧蜂、姬小蜂等。

防治方法 (1)加强管理,各新梢期做到合理施肥,促新梢健壮。(2)冬季清园,修剪时剪除有虫枝条,清除树盘下病落叶,铲除园中杂草,进入新梢期、花穗抽发期、幼果期后,发现卷叶“虫苞”及时摘除。(3)进入卵孵化初期和盛期、花蕾期及时喷洒 100 亿活芽孢 / 克苏云金杆菌悬浮剂 800 倍液或 1.8%阿维菌素乳油 3000 倍液。开花前、新梢期、幼果期,喷洒 90%敌百虫可溶性粉剂或 80%敌敌畏乳油 900 倍液、2.5%溴氰菊酯或 10%氯氰菊酯乳油 2000 倍液。

灰白条小卷蛾

学名 *Argyroploce aprobola* Meyrick 鳞翅目小卷蛾亚科。别名:灰白卷叶蛾。分布在广东、广西、海南、福建等荔枝、龙眼产区。

寄主 荔枝、龙眼、柑橘等多种果树。

为害特点 主要为害寄主幼叶和花穗，幼虫吐丝把嫩叶、花器缀结成团,幼虫隐匿其中取食,受害严重时,幼叶残缺破碎,花器残败枯死。

形态特征 成虫:雌体长 7 ~ 8(mm),翅展 25.5(mm),头小,复眼圆形,黑色。额区有疏松黑色毛丛。触角灰褐色丝状,胸部背面灰黑色,腹面灰白,足内侧灰白,外侧灰黑色。前翅前缘区黑褐色,其余灰白色,布有黑色小点。前缘 2/3 处生 1 近四方形斜黑斑。近顶角处有 1 从前缘伸达外缘 1/2 处的黑褐色带。内缘基部生 1 近方形黑白色相间的鳞斑;后部 2/3 处生 1 较大的方形黑色鳞斑。顶角及顶角附近缘毛黑色,臀角及附近缘毛灰黄白色。后翅前缘由基部至端部灰白色,余灰黑色。雄成虫稍小,前翅黑色与灰褐色相间。末龄幼虫:体长 12 ~ 15(mm)。没有颅中沟。头、前胸的背片、3 对胸足黑色,中胸以后各体节均为浅黄绿色至绿色,腹足趾钩环形,单行 3 序,臀足单行 3 序横带。蛹:长 8.3 ~ 10(mm),红褐色。

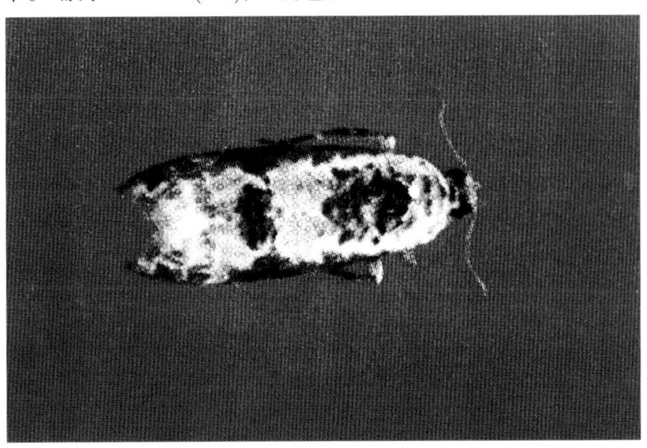
灰白条小卷蛾成虫放大

灰白条小卷蛾幼虫

生活习性 年发生代数未见报道。广西南宁6月之前发生不多,7~11月发生量较大,7~8月进入多发世代,常与三角新小卷蛾混合发生,为害状类似,但灰白小卷蛾幼虫虫苞是把几张小叶缀在一起形成大虫苞,幼虫为害19~20天,蛹期8~9天。

防治方法 参见三角新小卷蛾。

龙眼小卷蛾

学名 *Cerace stipatana* Walker鳞翅目,卷蛾科。又称龙眼裳卷蛾。分布在四川、云南、江西、福建等省;印度。

寄主 龙眼、荔枝、樟树、月季、桂花等。

龙眼小卷蛾成虫

为害特点 幼虫为害叶片,低龄幼虫吐丝将几片叶缀在一起,取食叶肉,留下上表皮,三龄后卷叶为害,甚至将叶片吃光。

形态特征 成虫:翅展40~58(mm),前翅紫黑色,充满许多白色斑点和短条纹,在中间有一条红褐色斑,由基部直到外缘,外缘中部凸出,呈黄褐色块状斑。后翅基部白色、外缘有黑斑。卵:块产,卵粒鱼鳞状排列成椭圆形或梭形,外面有褐色胶质覆盖,卵粒乳白色或浅绿色、扁圆形、直径约0.7mm。幼虫:体长25~27(mm)。头部和前胸背板扁平,体浅绿色,背中线明显蓝色。蛹:体长16(mm),初时浅绿色,翅芽透明,复眼黑色,接近羽化时,翅变成紫黑色,并能清楚地看到成虫前翅所具有的花纹,腹部末端两节变成紫黑色。

生活习性 发生代数不详,海南主要为害龙眼、荔枝,大龄幼虫转苞习性强,当一株树的叶片差不多被吃光时,多在晴天中午和下午气温较高时沿树干下爬或吐丝下吊转株为害。老熟幼虫在寄主的新叶卷苞中结薄茧化蛹,少数在落叶中化蛹。多在早晨和中午羽化,成虫下午3~5时活动最盛,成群飞舞在树冠上部,交配产卵也多在下午进行。喜欢产卵于树冠中上部。

防治方法 参见三角新小卷蛾。

拟小黄卷叶蛾

学名 *Adoxophyes cyrtosema* Meyrick属鳞翅目卷蛾科,除为害柑橘外,还为害荔枝、龙眼,为害荔枝、龙眼的新梢上叶片、花蕾和幼果,为害叶片的常把几个叶片缀合在一起或卷叶,幼虫藏在叶苞中取食,为害花蕾的蛀后不能开花结果,幼果或成长果实受蛀引起大量落果。该虫在四川1年发生8代,在广州、广西年生8~9代,世代重叠,第2代在第1次生理落果后5~6月严重为害

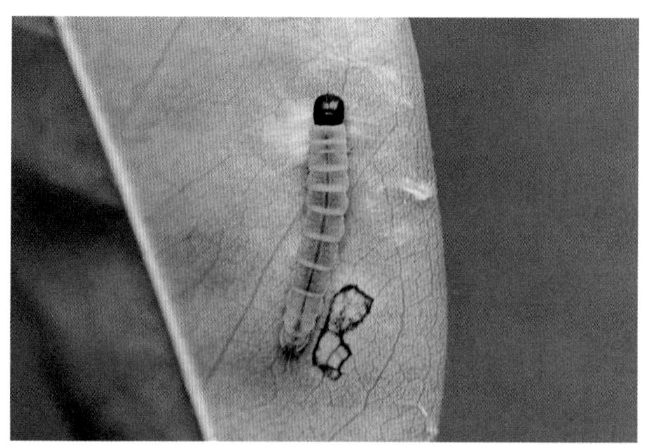

荔枝拟小黄卷叶蛾幼虫

幼果,引起大量脱落,开花期蛀害花蕾,5~8月转向为害嫩叶,把3~5片叶缀合成卷,果实成熟期又来蛀果,引起果实腐烂。

防治方法 (1)冬季清园,摘除越冬幼虫和蛹。(2)用红糖1份:黄酒2份:醋1份:水6份配成糖醋液放在荔枝、龙眼园1.5m高处,每667m²放2个。(3)用核型多角体病毒进行生物防治,或在产卵期释放松毛虫赤眼蜂,每667m²每次放2.5万头,效果好。(4)落花后期结果期至成熟前喷洒50~80亿/克白僵菌300倍液或50%杀螟硫磷800倍液或10%苏云金杆菌可湿性粉剂800倍液、2.5%溴氰菊酯乳油2000倍液,90%敌百虫可溶性粉剂1000倍液。

柑橘褐带卷蛾和褐带长卷蛾

柑橘褐带卷蛾学名 *Adoxophyes cyrtosema* Meyrick、褐带长卷蛾为 *Homona coffearia* Nietmer均属鳞翅目卷蛾科。分布在广东、广西、海南、上海等省。

寄主 为害荔枝、龙眼、柑橘、柠檬等。

为害特点 幼虫蛀果、为害嫩叶及嫩芽。

形态特征 柑橘褐带卷蛾成虫翅展17~18mm。前翅黄色,有褐色基斑,中带和端纹。雌蛾基角及外缘附近白色,顶角、臀角淡黄色。褐带长卷蛾见柑橘害虫—褐带长卷叶蛾。

生活习性 柑橘褐带卷蛾在广州一年四季均有发生。世带重叠,以幼虫越冬。翌年3月初老熟幼虫化蛹,3月中旬羽化为成虫。一代幼虫4月中、下旬开始蛀果,5月下旬以后为害嫩叶、嫩芽。褐带长卷蛾在广东、福建1年发生6代以幼虫在荔

柑橘褐带卷蛾成虫

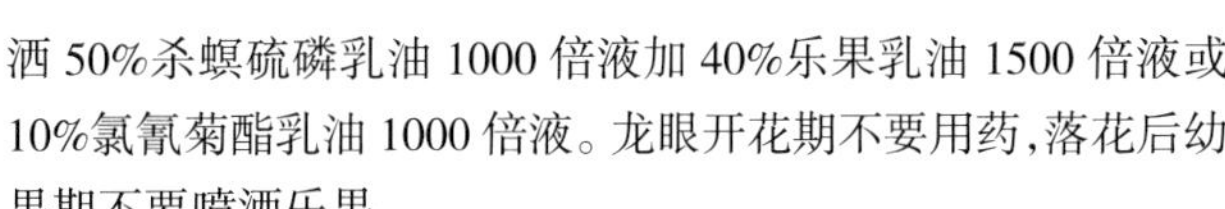

枝、龙眼等卷叶越冬，早春先在嫩叶、嫩梢花蕾，幼果上取食后化蛹羽化。5~6 月雨日多，湿度高发生重。

防治方法 (1)冬季清除杂草、枯枝落叶，春季摘除卵块、蛹和虫苞，集中杀灭。(2)成虫盛发期安装太阳能杀虫灯诱杀成虫。(3) 在各代幼虫低龄期喷洒 1.8%阿维菌素乳油或 2.5%溴氰菊酯乳油或 2.5%高效氯氟氰菊酯微乳剂或水乳剂 2000 倍液、40%毒死蜱乳油 1600 倍液。

龙眼亥麦蛾

学名 *Hypitima longanae* Yang et Chen 鳞翅目，麦蛾科。分布在广西、福建。

寄主 龙眼。是近年为害龙眼的 1 种新害虫。

为害特点 以幼虫钻蛀龙眼新梢、嫩茎、花穗梗，致茎梗髓部产生暗褐色至黑褐色隧道，枝梢生长受阻、成花率降低，易落花落果。

形态特征 成虫：体长 5.5 ~ 5.8(mm)，翅展 12.5 ~ 13(mm)。头被黄褐色鳞毛，头顶鳞毛平贴向后伸至前胸领片下方；复眼圆形黑色；下唇须 3 节，触角丝状，黄褐色。胸背棕褐色，杂有黑色鳞毛，腹面灰白色。前后翅狭长，前翅基半部灰黑色，端半部灰棕褐色，上散布黑色小点鳞斑；前缘上生数束小毛丛，近基部第 1 毛丛尤为明显，第 1 与第 2 毛丛间有 1 黑色斑块，由前缘延伸至内缘，两翅合拢时，斑块互相连接形成基半部更大的三角形黑斑。卵：长约 0.3mm，浅白色至褐绿色。卵表具网状刻纹。末龄幼虫：体长 7 ~ 9(mm)。头部红褐色，前胸背片黑色，中线灰白色，中胸以后各节背面淡紫红至淡红黄色。头部额区锐三角形。前胸气门圆形，生侧毛 2 根；亚腹毛 2 根。中胸、后胸背面各生 2 列毛片，前列 6 枚，后列 2 枚。蛹：体长 5.5 ~ 7(mm)，浅黄褐色。

生活习性 福建年生 5 代、广西南宁 5 ~ 6 代，世代重叠，以幼虫或蛹在受害枝梢隧道内越冬。越冬幼虫于 12 月下旬至翌年 1 月陆续化蛹，1 月上中旬至 2 月羽化出成虫，晚间交尾产卵，每雌平均产 5 ~ 6 粒，卵散产，卵期 7 ~ 11 天，初孵幼虫由卵底直接蛀入取食，后转移到顶芽幼嫩处蛀入为害。幼虫蛀入嫩梢后向下蛀成隧道，隧道内壁光滑。幼虫可转梢为害。幼虫期 19 ~ 25 天，共 4 龄，老熟幼虫在隧道排粪孔附近化蛹，气温 21.6 ~ 28.6℃，7 ~ 11 天。天敌有蜘蛛、食虫虻、黄长距茧蜂等。

防治方法 (1)加强管理。(2)顶芽变成浅绿色或新梢基部第 1、2 个复叶的小叶伸展时，尤其是春梢和花穗抽发初期及时喷洒 50%杀螟硫磷乳油 1000 倍液加 40%乐果乳油 1500 倍液或 10%氯氰菊酯乳油 1000 倍液。龙眼开花期不要用药，落花后幼果期不要喷洒乐果。

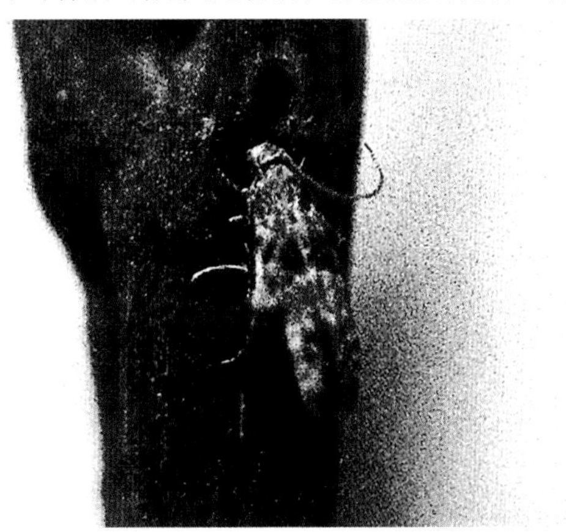

龙眼亥麦蛾成虫

褐边绿刺蛾(青刺蛾)(Green cochlid)

学名 *Latoia consocia* (Walker) 鳞翅目，刺蛾科。异名 *Parasa consocia* Walker。别名：青刺蛾、褐缘绿刺蛾、四点刺蛾、曲纹绿刺蛾、洋辣子。分布在北起黑龙江、内蒙古，南至台湾、海南、广东、广西、云南，西从甘肃折入四川。

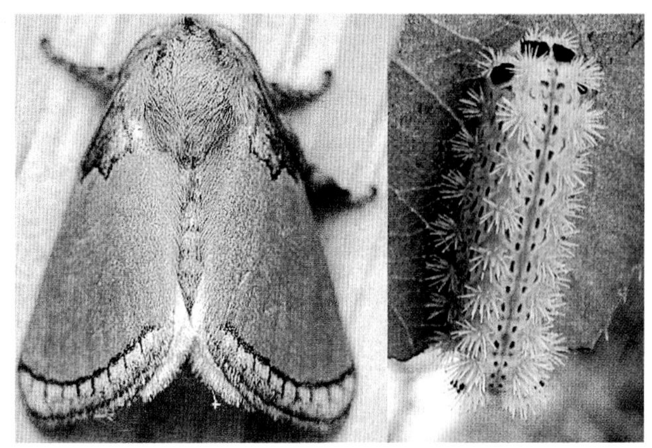

褐边绿刺蛾成虫和幼虫

寄主 荔枝、龙眼、油桐、核桃、苹果、梨、柑橘、桃、李、樱桃、山楂、枣、柿等。

为害特点 低龄幼虫取食下表皮和叶肉，留下上表皮，致叶片呈不规则黄色斑块，大龄幼虫食叶成平直的缺刻。

形态特征、生活习性、防治方法 参见苹果害虫——褐边绿刺蛾。

扁刺蛾(Flattened eucleid caterpillar)

学名 *Thosea sinensis* (Walker) 鳞翅目，刺蛾科。别名：黑点刺蛾、黑刺蛾。分布在黑龙江、吉林、辽宁、内蒙古、甘肃、青海、陕西、山西、北京、河北、河南、山东、安徽、江苏、上海、浙江、江西、福建、台湾、广东、广西、湖南、湖北、重庆、四川、云南。

寄主 除为害荔枝、龙眼外，还可为害苹果、梨、李、杏、柑橘、柿、枇杷、桑、麻等 50 余种植物。

为害特点 2 龄幼虫取食叶肉，3 龄后咬食叶表皮成穿孔，

扁刺蛾成虫

5 龄后大量蚕食叶片，严重时食光叶片。

形态特征 参见梨园扁刺蛾。

生活习性 北方年生 1 代，长江下游地区 2 代，少数 3 代。均以老熟幼虫在树下 3～6cm 土层内结茧以前蛹越冬。1 代区 5 月中旬开始化蛹，6 月上旬开始羽化、产卵，发生期不整齐，6 月中旬～8 月上旬均可见初孵幼虫，8 月为害最重，8 月下旬开始陆续老熟入土结茧越冬。2～3 代区 4 月中旬开始化蛹，5 月中旬～6 月上旬羽化。第 1 代幼虫发生期为 5 月下旬～7 月中旬。第 2 代幼虫发生期为 7 月下旬～9 月中旬。第 3 代幼虫发生期为 9 月上旬～10 月，以末代老熟幼虫入土结茧越冬。成虫多在黄昏羽化出土，昼伏夜出，羽化后即可交配，2 天后产卵，多散产于叶面上。卵期 7 天左右。幼虫共 8 龄，6 龄起可食全叶，老熟多夜间下树入土结茧。

防治方法 (1)挖除树基四周土壤中的虫茧，减少虫源。(2)幼虫盛发期喷洒 80%敌敌畏乳油 1200 倍液或 40%辛硫磷乳油 1000 倍液、25%亚胺硫磷乳油 1000 倍液、40%毒死蜱乳油 1500 倍液、5%氟铃脲乳油 2000 倍液。(3)提倡喷洒 10%苏云金杆菌可湿性粉剂 1000 倍液，杀虫保叶效果好。

荔枝、龙眼园橘全爪螨

学名 *Panonychus citri* (McGregor) 蜱螨目，叶螨科。别名：柑橘红蜘蛛、瘤皮红蜘蛛。除为害柑橘类、苹果、梨等果树外，也为害荔枝和龙眼。以成、若螨刺吸叶片汁液，致受害叶片失去光泽，出现失绿斑点，受害重的造成叶片脱落，树势衰弱。该虫在南方年生 10~20 代，世代重叠，均温高于 20℃地区年生 20~24 代，在广西荔枝园雌螨平均寿命 20 天，每雌产卵 31~62 粒，冬天卵期长达 60 天，夏天只有 4~5 天，并可行孤雌生殖，但其后代均为雄虫。在日平均温度 19.83~29.86℃，平均 1 代历时 20.25~41 天。在广东、海南全年发生，每年 4 月开始，发生量大，7~10 月如遇秋旱，发生相当猖獗。也可行孤雌生殖，每雌可产卵 30~60 粒，春季世代卵量最多。卵主要产于叶背主脉两侧、叶、果实及嫩枝上。天敌有捕食螨、蓟马、草蛉、隐翅虫、花蝽、蜘蛛、寄生菌等。

防治方法 (1)冬干或春旱年份及早灌溉，促春梢抽发，结合修剪剪掉病虫枝、僵叶，减少越冬虫源，适当根外追肥，促叶色转绿，提高树体抗虫力。(2)提倡用尼氏钝绥螨、胡瓜钝绥螨防治柑橘全爪螨兼治锈壁虱。尼氏钝绥螨在果园杂草中数量较大，应用前景广阔，胡瓜钝绥螨已商品化。应加大推广力度。(3)当荔枝每片叶有柑橘全爪螨 2~3 头时，马上喷洒 24%或 240g/L 螺螨酯悬浮剂 5000 倍液或 20%哒螨灵悬浮剂或可湿性粉剂 2200 倍液、5%唑螨酯悬浮剂或乳油 2000 倍液。

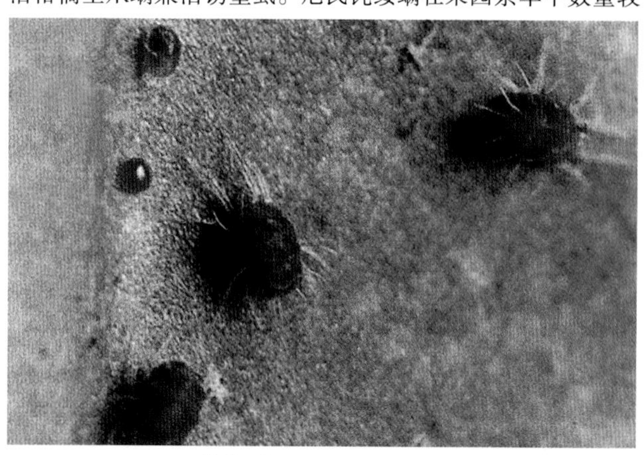

荔枝、龙眼园柑橘全爪螨

荔枝瘿螨(Litchi erineum mite)

学名 *Eriophyes litchii* (Keifer) 真螨目，瘿螨科。俗称毛毡病，毛蜘蛛。各荔枝、龙眼产区均有分布。

寄主 荔枝、龙眼。是荔枝、龙眼生产上的重要害螨。

为害特点 以成、若螨为害嫩梢、叶片、花穗及幼果，吸食汁液，致受害叶片出现黄绿色斑块，病斑凹陷，正面突起形成虫瘿状，背面凹陷处长出浓密的初乳白色后深褐色的绒毛，似毛毡。致受害叶变形，扭曲不平。花器受害畸形膨大成簇不结实。

形态特征 成螨：体小，长约 0.15～0.19(mm)，狭长，浅黄至橙黄色，2 对足，腹部有 71～73 环节，背片、腹片数目相同，腹末有 1 对长尾毛。卵：球形。若螨：似成螨，小。

生活习性 广东、广西、福建年生 10 代以上，世代重叠，一般 1～2 月螨体多在树冠内膛的晚秋梢或冬梢受害叶毛毡基部越冬，2 月下旬至 3 月陆续迁至春梢嫩叶或花穗上为害繁殖，4 月上旬后迅速增殖，5～6 月密度最大，受害最重。以后各期也常受害。新若螨在嫩叶背面及花穗上为害 5～7 天后，就出现黄绿色斑块，受害处表皮受刺激后也长出白色绒毛，后变黄褐色至鲜褐色。生产上黑叶、淮枝、广西灵山香荔、糖驳、玉麒麟、丁香等品种受害重。桂味、糯米糍次之，三月红受害最轻。

防治方法 (1)种植受害轻的品种。精心管理，减少虫源。(2)

荔枝瘿螨为害荔枝叶呈毛毡状

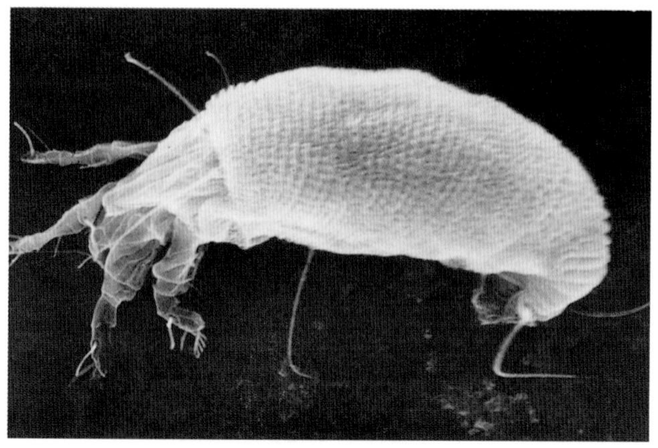

荔枝瘿螨(电镜扫描图)

冬季清园后喷洒波美 0.4 度石硫合剂。(3)果树放梢前或幼叶展开前或花穗抽出前喷洒 10%浏阳霉素乳油 650 倍液或 15%哒螨灵乳油 937 倍液、48%毒死蜱乳油 1500 倍液。

中国荔枝瘿蚊

学名 *Litchimyia chinensis* Yang et Luo 属双翅目瘿蚊科。

寄主 为害荔枝。

为害特点 以幼虫在叶背潜入叶肉进行为害,初在叶片上出现水渍状点痕,后逐渐产生疱状突起的虫瘿,幼虫老熟后离开虫瘿,疱状虫瘿干枯破裂或脱落成穿孔。

形态特征 成虫:似蚊子,雌蚊体长 1.5 ~ 2.5(mm),触角念珠状,前翅灰黑色半透明,腹部暗红色。雄蚊略小,触角哑铃状。卵:椭圆形浅黄色。幼虫:蛆状,无色,老熟时橙红色,体长 1.8~2.5(mm)。裸蛹圆筒形,初橙红色,渐变成棕红色,复眼、翅芽、触角、足黑色。

生活习性 我国年生 6~7 代,以幼虫在叶上虫瘿内越冬。翌年 2 月中下旬在虫瘿内发育成老熟幼虫坠地入土化蛹。3 月中下旬越冬代成虫羽化出土。广东 3 月中旬和 4 月中旬是越冬幼虫坠地的两个高峰期,4 月中旬和 5 月上旬进入越冬代成虫羽化的 2 个高峰期,傍晚羽化,当天交尾产卵,卵期 2~4 天,幼虫孵出后马上侵入叶肉,随后叶上产生向两面隆起的虫瘿。瘿内幼虫经 14~39 天老熟后,坠地入土 1~3(cm),春季入土幼虫经 9~10 天化蛹,蛹期 11~14 天。

防治方法 (1) 苗木严格检疫,挖苗前喷洒 40%毒死蜱 1000 倍液。(2)采果后和冬季清园时把带虫枝叶剪除,集中烧毁。(3) 据预报在越冬幼虫离瘿入土盛期或成虫羽化出土前每 667m² 用 40%辛硫磷或 40%毒死蜱乳油 500mL,配成毒土撒在全园土面上,然后浅耕。(4)在春梢抽出 10 天或夏秋梢抽出 7 天内喷洒 20%氰戊·辛硫磷乳油 1500 倍液或 55%氯氰·毒死蜱乳油 2000~2500 倍液。(5)现已发现虫瘿内幼虫有荔枝瘿蚊红眼姬小蜂,寄生率可达 30%以上。该蜂发生期不要用广谱菊酯类农药,保护天敌。

中国荔枝瘿蚊为害状

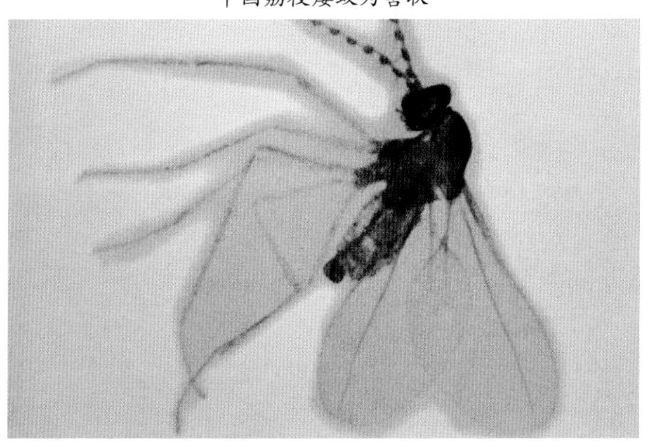

中国荔枝瘿蚊成虫放大

龙眼角颊木虱(Longan psyllid)

学名 *Cornegenapsylla sinica* Yang et Li 同翅目, 木虱科。又称龙眼木虱。分布在广东、广西、福建龙眼产区。

寄主 龙眼。是龙眼梢期重要害虫。

为害特点 成虫在龙眼新梢、顶芽、幼叶及花穗嫩茎上刺吸汁液,若虫在嫩芽、幼叶背面刺吸汁液,致受害处出现凹陷钉状,向叶面凸起,若虫藏身于其中,虫口密度大时,叶面布满小凸起,叶片小,皱缩,影响生长和新梢抽发。减产 8% ~ 11.6%,高的达 25%。

形态特征 成虫:体长 2.5 ~ 2.6(mm),粗壮,背面黑色,腹面黄色。头宽短,颊锥特发达,圆锥状,向前侧方平伸,触角末端有 1 对刚毛,翅透明,前翅生"K"字形黑褐色条斑。腹部锥形粗壮。卵:长椭圆形,前端尖细并延伸成 1 条长丝,后端钝圆,有短柄,乳白色,近孵化时变成褐色。若虫:共 5 龄,1、2 龄若虫体长椭圆形,浅黄色;3 龄时体椭圆形,红黄色,微露翅芽,四周生蜡丝;4、5 龄体扁平椭圆形,黄色,翅芽长大且重叠,体背现褐色斑纹。

生活习性 福建仙游地区年生 6 ~ 7 代,广东、广西 7 代,世代重叠。以成虫密集在叶背或若虫在受害叶钉状孔穴中越冬,翌年 2 月下旬至 4 月上旬越冬代成虫羽化,经 1 天交尾后第 3 天产卵,卵散产在嫩叶背、新梢、顶芽、嫩叶柄、花穗枝梗上,每雌产卵 100 多粒,卵期春季 8、9 天,夏季 5、6 天。初孵若虫在叶背爬行,选合适部位为害,受害 2、3 天后出现为害状,叶背凹陷,形成钉状孔穴,若虫终生在孔穴内为害,直至羽化前爬出蜕皮变成成虫。成虫在新梢嫩芽,幼叶上栖息取食,中午活跃。雌虫寿命 4 ~ 8 天,雄虫 3 ~ 6 天。该虫每年有 5 个发生高峰期,其中春梢期虫口密度最大。广眼、青壳石硖等龙眼品种受害重,储良、大乌圆、黄壳石硖受害轻。

防治方法 (1)加强肥水管理,使新梢抽发强劲整齐,减轻

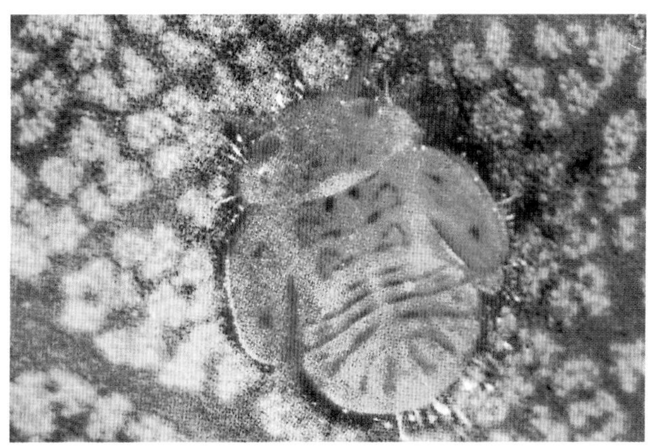

龙眼角颊木虱五龄若虫放大

为害，修剪时注意剪除有虫叶片，适时疏枝，适当控制冬梢，减少虫源。(2)首先抓好对春梢期越冬代的防治，对夏秋梢可用药挑治，要求于越冬代若虫活动取食期、各代成虫产卵盛期、若虫孵化盛期喷洒以下杀虫剂。卵期喷 40%乐果乳油 900 倍液或 5%虱螨脲乳油 1200 倍液；若虫期喷 80%敌敌畏乳油 900 倍液或 25%噻嗪酮可湿性粉剂 1000 倍液、10%吡虫啉可湿性粉剂 2000 倍液、2.5%高渗高效氯氰菊酯乳油 1000 倍液、48%毒死蜱乳油 1500 倍液。(3)提倡生物防治，保护利用天敌昆虫。

茶黄蓟马（Yellow tea thrips）

学名 *Scirtothrips dorsalis* Hood 属缨翅目，蓟马科。别名：茶黄硬蓟马、茶叶蓟马。分布在湖北、贵州、海南、福建、浙江、云南、广东、广西、台湾等省。

茶黄蓟马成虫放大

寄主 荔枝、茶、花生、草莓、葡萄、芒果等。

为害特点 以成虫、若虫锉吸荔枝嫩梢和幼果汁液，主要为害嫩叶。受害叶背主脉两侧现两条或多条纵列的红褐色条痕，叶面凸起，严重的叶背现一片褐纹，致叶片向内纵卷，芽叶萎缩，严重影响荔枝生长发育。此外还可锉吸幼果的汁液。

形态特征 雌成虫：体长 0.9mm，体橙黄色。触角暗黄色 8 节。复眼略突出，暗红色。单眼鲜红色，排列成三角形。前翅橙黄色，窄，近基部具 1 小浅黄色区，前缘鬃 24 根，前脉鬃基部 4+3 根，端鬃 3 根，其中中部 1 根，端部 2 根，后脉鬃 2 根。腹部背片第 2～8 节具暗前脊，但第 3～7 节仅两侧存在，前中部约 1/3 暗褐色。腹片第 4～7 节前缘具深色横线。卵：浅黄白色，肾脏形。若虫：初孵化时乳白色，后变浅黄色，形似成虫，但体小于成虫，无翅。

生活习性 年生 5～6 代，以若虫或成虫在粗皮下或芽里越冬。翌年 4 月开始活动，5 月上中旬若虫在新梢顶端的嫩叶上为害，每年 8～10 月进入盛发期，受害重。茶黄蓟马可进行有性生殖或孤雌生殖。雌蓟马羽化后 2～3 天，可把卵产在叶背叶脉处或叶肉中；每雌产卵数十粒至百多粒。若虫孵化后均伏于嫩叶背面刺吸汁液为害，行动迟缓。成虫活泼，善跳，受惊时能进行短距离飞迁。秋旱严重的年份，利其大发生。

防治方法 (1)发生量大的荔枝园要及早防治若虫，于若虫发生盛期喷洒 5%虱螨脲乳油 1000 倍液或 15%哒螨灵乳油 937 倍液、20%吡虫啉浓可溶剂 3000 倍液、1.8%阿维菌素乳油 3000 倍液。

红带滑胸针蓟马（Redbanded thrips）

学名 *Selenothrips rubrocinctus* (Giard)缨翅目，蓟马科。别名：红带网纹蓟马、荔枝网纹蓟马、红腰带蓟马。分布在江苏、上海、浙江、江西、湖北、湖南、福州、台湾、广东、海南、广西、贵州、四川、云南。

寄主 荔枝、龙眼、咖啡、芒果、柑橘类、板栗、柿、桃、杨梅等多种。

为害特点 成虫、若虫为害叶及新梢，受害叶呈现银白色斑纹或斑块，嫩叶皱缩，折断致叶片枯黄，新梢被害后变褐色，致枯焦，大量落叶，严重的影响树势及开花结果。

形态特征 成虫：体长 1.2～1.5(mm)，暗黑褐色。触角 1～2 节和第 5 节端部 2/3 及第 6 节褐色；3、4 节中部和 7、8 节浅褐色，3、4 节两端和第 5 节基半部黄色。前翅黄色。头部宽大于长，长于前胸，前部有网纹，后部为横交接纹。颊后部收缩成一伪颈片，光滑无纹。单眼间鬃是头上最长的鬃，位于后单眼前。触角 8 节，第 2 节粗大，第 3、4 节两端细，中部显圆形，第 8 节基部较粗，端部极细、成针状；第 3 节外侧，第 4 节腹面有叉状感觉锥。前胸背板布满粗的横交接纹，近前缘有 3 对长鬃，近侧缘 1 对长鬃，后外侧 1 对长鬃，后缘 3 对稍长鬃。后胸盾片有一具稀疏横纹的倒三角形。后胸内叉骨以两粗臂向前伸，与中胸内叉骨接触。前翅有密排长度近似的微毛，脉鬃长而粗，前缘脉鬃 16 根，前脉鬃列完整有鬃 12 根，后脉鬃 9 根。腹部第 1～8 背板及两侧有网纹，中后部平滑，第 9 节仅前缘有弱网纹；1～8 腹背板有粗的、不平的亚前缘脊；第 8 背板后缘梳发达，梳毛长。腹部腹板有弱网纹，无附属鬃。雄成虫相似于雌成虫，但较雌虫小而色浅；第 9 腹背板有 3 对粗角状刺，第 3～7 腹板各有一圆点状腺域。卵：0.2～0.35(mm)，长椭圆形，无色透明。若虫：初孵化为无色透明，头部稍后及腹末呈淡黄色，腹部背面前半部有 1 条明显的红色横带。老熟若虫体长 1.0～1.1(mm)。橙黄色，触角端节细而尖，无色。腹末端带有珠状液泡。

生活习性 在广东、广西、海南、云南等地年发生 9～11 代，湖南、贵州、四川、湖北等地年发生 6～8 代。在日平均温度 20℃时，完成一代需 22～32 天，平均 28 天。每年 1～3 月出现第一代。每年 4～7 月上旬和 9～12 月中旬是危害盛期。12 月上旬有的地区 11 月中旬成虫、若虫进入越冬期，多在嫩叶背面及枯枝落叶层中越冬。成虫在不同温度下羽化率不同。成虫羽化后一般静伏 1 至 2 天才开始活动，一般羽化后 1～3 天开始

红带滑胸针蓟马成虫放大

交配产卵，卵散产，多产在叶正面表皮下。每雌一生产卵33～154粒，平均60粒左右。卵期10～14天，若虫期6～20天，伪蛹期7～10天。成虫寿命春季为20～35天；夏季10～25天；秋季20～30天；冬季25～30天。干旱季节有利于该虫发生。

防治方法 参见茶黄蓟马。

蜡彩蓑蛾

学名 *Chalia larminati* Heylaerts 异名 *Zeuzera coffeae* Nietner 鳞翅目，蓑蛾科。分布在华东、中南、华南、西南。

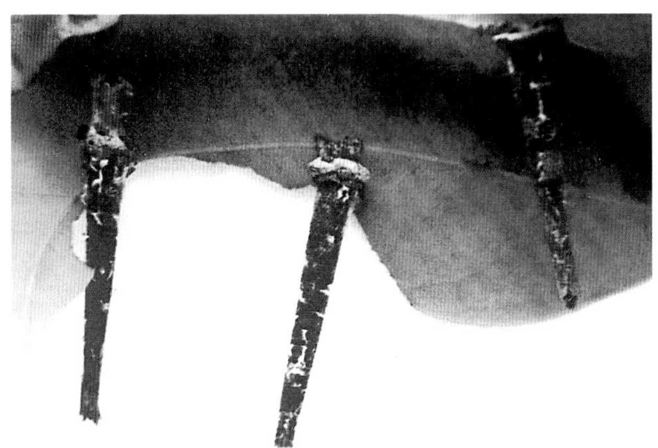

蜡彩蓑蛾蓑囊

寄主 柑橘、龙眼、番石榴、芒果、橄榄、水蒲桃、苹果、柿、李、梨、板栗、柠檬等果树。

为害特点 以幼虫从蓑囊伸出头，身藏在囊中取食，移动时需负囊爬行。

形态特征 蓑囊尖长圆锥形，长25～50(mm)，灰黑色。成虫：雌雄异形。雌蛾口器、复眼、足、翅退化消失，黄白色，圆筒蛆形，体长13～20(mm)。雄蛾翅展18～20(mm)，头、胸部灰黑色，腹部银灰色，前翅基部白色，前缘灰褐色，余黑褐色。后翅白色，前缘灰褐色。卵：长0.6～0.7(mm)，椭圆形，米黄色。幼虫：体长16～25(mm)，宽2～3(mm)，黄白色，头、各胸腹节毛片及第8～10节腹节背面灰黑色。蛹：雌蛹圆筒形，黄褐色。雄蛹长9～10(mm)，头、胸部、触角、足、翅及腹背黑褐色，各腹节节间及腹面灰褐色。

生活习性 年生1代，越冬期幼虫吐丝将护囊缚在枝干或叶背，并封闭袋口，以老熟幼虫越冬，翌年2月进入化蛹期，3月成虫羽化，3月下至4月上旬进入产卵盛期，6～7月为害甚烈，一直延续到10月下旬逐渐越冬，越冬期间遇有晴暖天气仍可啃咬树皮。

防治方法 (1)结合冬季清园，摘除蓑囊。(2)于初龄幼虫期喷洒80%敌敌畏乳油800～900倍液或100亿活芽孢/克苏云金杆菌可湿性粉剂1000倍液，于气温高时喷杀，效果好。

灰斑台毒蛾

学名 *Teia ericae* (Germar) 鳞翅目，毒蛾科。异名为 *Orgyia ericae* Germar。又称灰斑古毒蛾、沙枣毒蛾。分布在东北、河北、内蒙古、河南、陕西、甘肃、青海、宁夏、广西。

寄主 沙枣、苹果、大豆、栎外，近年广西发现为害荔枝、龙眼、杨桃、桃等果树叶片。

为害特点 低龄幼虫为害嫩叶成缺刻或孔洞，3龄后幼虫为害转绿后的叶片。

灰斑台毒蛾(灰斑古毒蛾)成虫

灰斑台毒蛾幼虫

形态特征 雌体长8～15mm，雄翅展21～30mm，体黄褐色。前翅赭褐色，内横线褐色，较宽，中部向外略弯，翅前缘中部生1近三角形紫灰色斑；横脉纹新月形，四周紫灰色；外横线褐色锯齿形。近臀角生1白斑。后翅深赭褐色。雌蛾翅退化，足短。卵黄白色，扁圆形。末龄幼虫35~45mm，前胸两侧各生1向前伸的黑色长毛束，第1至4腹节背面各生1灰黄色毛刷，第8腹节背面生1灰黑色的长毛束后伸。背线、头黑色。蛹黄褐色。

生活习性 河南年生2代，以卵在茧内越冬。华南年生代数不详，幼虫见于5月，以后随时可见幼虫为害荔枝叶片或幼果，幼虫老熟后结薄茧化蛹，蛹期15天，于8月下旬羽化为成虫。该毒蛾性引诱能力很强，能招引雄蛾在茧上交尾。把卵产在茧内，数十粒至200多粒。

防治方法 严重时在低龄幼虫期喷洒40%毒死蜱乳油1000倍液或2.5%高效氯氟氰菊酯乳油2000倍液。

荔枝茸毒蛾(Litchi pale tussock moth)

学名 *Dasychira* sp. 鳞翅目，毒蛾科。分布在广西、广东等华南荔枝、龙眼产区。

寄主 荔枝。

为害特点 初龄幼虫取食嫩叶、花器，大龄幼虫咬食近成熟或成熟果实皮部、果肉。

形态特征 雄成虫 体长7～8(mm)，翅展22～23(mm)，全体灰黑褐色。触角羽毛状，足上具毛丛。前翅较狭长，棕褐色，翅

荔枝茸毒蛾雄成虫

荔枝茸毒蛾幼虫及为害状

脉上呈浅灰色，中室后端横脉处具1深黑褐色新月形斑纹，端线由灰白色小点组成。雌虫：蛆形，体长13.4mm，浅黄褐色。卵扁球形，横径0.7mm，扁球形。末龄幼虫：体长31~34(mm)，身被深红褐色长短毛。头黄色至浅红褐色；前胸背面第10毛瘤玫瑰红色，上生一束向前斜伸的黑褐色小刺状长毛。各胸节背中央生1灰白色纵带；第1~4腹节背面1、2瘤融合，上生背毛刺，其中1、2节的刺毛浓密黑色，其余各体节上的毛瘤、刺毛浅黄色至浅褐色。体侧各有一束锥状灰白色刺毛。气门下线深红色。蛹：长13mm，浅黄绿色。

生活习性 广西南部终年均有活动，各虫态均可越冬，一般1~2月世代历期较长，蛹期26天。4~5月世代历期较短，蛹期5~6天。雌虫羽化交尾后把卵成堆产在蛹茧上。26~27℃时，卵历期6~7天。初孵幼虫停息半天即分散取食嫩叶、花器，大龄幼虫为害果实。幼虫蜕皮5~6次后老熟化蛹。每年4~5月发生量大。

防治方法 (1)注意清除园中杂草，以减轻为害。(2)在果实近成熟期人工捕杀幼虫。(3)必要时喷洒80%敌百虫可溶性粉剂或80%敌敌畏乳油等低毒杀虫剂1000倍液。

龙眼蚁舟蛾(Cherry caterpillar)

学名 *Stauropus alternus* Hubuer 鳞翅目，舟蛾科。分布在广东、广西、海南、福建、台湾，北限浙江、江西，未过长江。与苹蚁舟蛾是近似种。

寄主 龙眼、荔枝、柑橘、芒果、咖啡、木麻黄、台湾相思树等。

龙眼蚁舟蛾幼虫放大

为害特点 5~6月或9~10月幼虫食害荔枝、龙眼、木麻黄等新梢嫩叶，严重时把叶片吃光。该虫虫口密度大时，易暴发成灾。

形态特征 成虫：体长20~22(mm)，翅展40~45(mm)，与苹蚁舟蛾相似。个体略小，头、胸背带褐色，腹背灰褐色，末端4节灰白色。雄蛾前翅灰褐色，内、外横线间较暗，外缘苍褐色，雌蛾灰红褐色，两者基部褐灰色；雄蛾后翅前缘区和后缘区暗褐色，余白色。卵 长0.9mm，椭圆形，灰白色。幼虫：头暗褐色，胸足黑色，身体及腹足暗红褐色，中足特长，静止时前伸，臀足特化上举；腹部1~6节背面各具一齿状突，静止或受惊时首尾上翘，形似蚂蚁。茧黄褐色。

生活习性 海南年生6~7代，无越冬蛰伏现象，1月有幼虫活动，除1、6、7代历期60~70天外，余各代50~55(天)，幼虫为害盛期5~9月，但也有例外，2001年10月底海南文昌县幼虫大发生把近千亩木麻黄吃光。成虫趋光性不强，卵多产在树冠下部枝叶上，卵期5~10天，幼虫7龄，初孵幼虫群栖在树冠下枝条上，3龄后常在树冠下部为害枝条，幼虫老熟后固着在枝条、树叉等处结茧化蛹。

防治方法 (1)4~6月及9~10月幼虫发生期喷洒90%敌百虫可溶性粉剂900倍液或40%毒死蜱乳油1500倍液。(2)大面积发生时，可用飞机喷洒45%马拉硫磷乳油进行防治。

佩夜蛾

学名 *Oxyodes scrobiculata* Fabricius 鳞翅目，夜蛾科。分

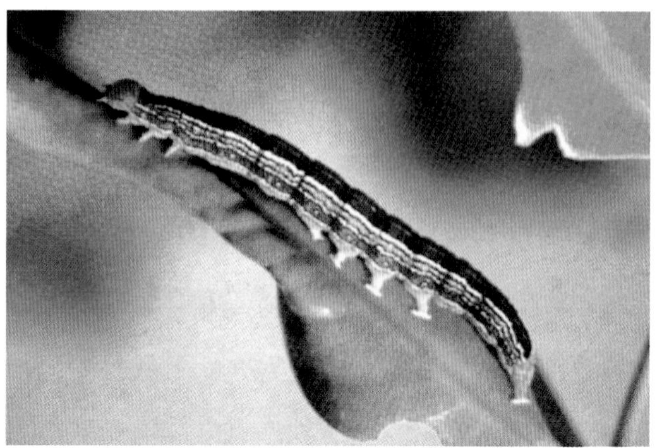
佩夜蛾幼虫放大

布在广东、广西、海南等省。

寄主 荔枝、龙眼。

为害特点 幼虫为害新梢、嫩叶，严重时可在3～5天把嫩叶食光、残留主脉，出现秃梢。

形态特征 成虫：体长18mm，翅展46～48(mm)，浅黄褐色。前翅亚端线外方深褐色，环纹、肾纹黑色明显，中线、外线波浪形黑色；后翅生1烟斗形黑纹，外线、亚端线黑色，双线锯齿形。卵：直径0.5mm，半球形，表面具网状纹。末龄幼虫：体长33～37(mm)，体色浅绿、灰绿或具他色变化较大。头部额缝、颅中沟凹陷，颅侧区有8～9个椭圆形小点构成的黑色斑团。单眼6个。胸足3对，腹足4对，趾节呈"八"字形，臀足粗长，向后呈八"字形斜伸，趾节亦呈"八"字形分开。蛹：长19～22(mm)，红褐色。

生活习性 广西南部年生6代，以蛹越冬。4～11月上旬均可见到幼虫，5～7月为害重。卵期4天，幼虫期11～16天，蛹期8～10天，成虫寿命7～10天。成虫喜在夜间羽化，白天在树上栖息，夜间进行交尾，把卵散产在已萌动的芽尖小叶上，低龄幼虫啃食刚伸展的叶片，4~5龄进入暴食期。幼虫有假死性，遇惊吐丝下垂，大龄幼虫向后跳坠下。末龄幼虫在表土层土粒下或枯枝叶中作室、吐丝作薄茧化蛹。天敌有绒小茧蜂。

防治方法 (1)冬季进行清园，虫口数量不大时，利用幼虫有假死落地习性，进行人工捕杀或放家禽啄食。(2)夏梢、秋梢期于幼虫3龄前，喷洒90%敌百虫可溶性粉剂或80%敌敌畏乳油1000倍液、40%甲苯毒死蜱乳油1500倍液、5%氟啶脲乳油1500倍液，或50%氯氰·毒死蜱乳油2000倍液、20%氰戊·辛硫磷乳油1500倍液。

绿额翠尺蠖

学名 *Thalassodes proquadraria* Lnouce 鳞翅目尺蛾科。

寄主 龙眼、荔枝。

为害特点 幼虫为害嫩梢，咬食嫩叶造成缺刻，严重的把叶片吃光。

形态特征 成虫：雌虫翅展28~32(mm)，翅翠绿色，布满白色细翠纹，前后翅均生白色波状的前中线和后中线1条。后中线突出。前翅前缘棕黄色，触角丝状。雄成虫触角羽毛状。卵：长0.71mm，鼓形浅黄色。初孵幼虫：浅黄色，后变成青绿色，老熟时浅褐色。2龄后头顶双分叉成2个角状突，臀板末端略尖

绿额翠尺蛾成虫

绿额翠尺蛾幼虫

略超过臀部。蛹棕灰色，臀棘4对。

生活习性 广州年生7~8代，以蛹在草丛或树冠内叶间越冬，成虫白天静伏树冠叶上，清晨或傍晚羽化，有趋光趋绿性，卵散产在嫩芽、嫩叶叶尖上。老熟幼虫吐丝下垂在叶间化蛹。第1代发生在3月下旬~5月上旬，第2代5月上旬~6月上旬，从第3代起每月1代，世代重叠，最后1代出现在11月下旬~12月中旬，气温25~28℃，卵期3~4天，幼虫期11~17天，蛹期6~8天，成虫期5~7天，完成1代需25~36天。

防治方法 (1)冬季清园剪除有虫枝，控冬梢，断其食物，减少越冬虫口。(2)安置黑光灯诱杀成虫。(3)幼虫低龄时喷洒90%敌百虫可溶性粉剂900倍液或40%甲基毒死蜱乳油1600倍液。

大钩翅尺蛾

学名 *Hyposidra talaca* Walkr 鳞翅目尺蛾科。

寄主 荔枝、龙眼、柑橘。

为害特点 幼虫为害寄主的嫩梢，咬食嫩叶成缺刻，严重的把整叶吃光，影响生长。

形态特征 成虫：中度灰色至灰褐色，前后翅有中线，后中线明显，前翅后中线波纹状，前中线弧形，靠近前缘颜色较深，前翅外缘有弧形内凹，翅外缘向外突出成角。雌蛾触角丝状，雄蛾羽毛状。卵：椭圆形，青绿色，近孵化时红色。幼虫：体色有褐色、浅褐色、绿褐色，圆筒形，头圆形，腹部第2节背面两侧各生1黑点，各节中间有断续白纹。蛹：深褐色。

生活习性 该虫晚上羽化，夜间活动，有趋光性、趋嫩性，

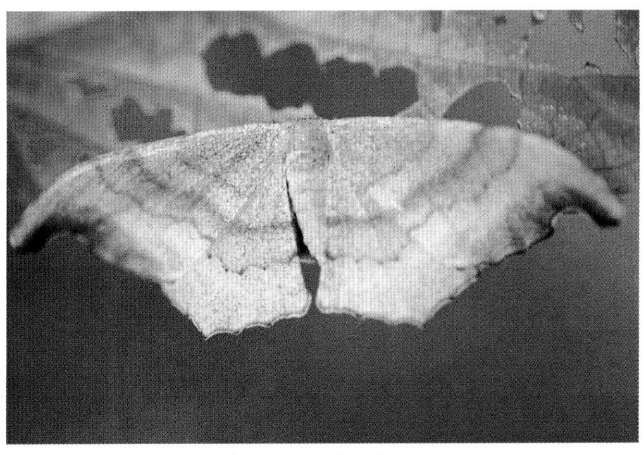

大钩翅尺蛾雌成虫

常与绿额翠尺蛾同时发生，广东荔枝产区7月中旬后，成虫易见到，有世代重叠现象。

防治方法 防治绿额翠尺蛾时兼治。

荔枝、龙眼园油桐尺蠖

有关内容参见柑橘类害虫——油桐尺蠖。

荔枝、龙眼园油桐尺蠖幼虫(夏声广)

龙眼合夜蛾

学名 *Sympis rufibasis* Guenée 鳞翅目夜蛾科。分布在广东、广西、云南等省。

寄主 龙眼、荔枝。

为害特点 幼虫咬食新梢上嫩叶，食叶成缺刻或孔洞，虫口数量多时常把叶片吃光，残留主脉，形成秃枝，影响新梢正常生长。

形态特征 成虫：体长15~17(mm)，茶褐色至灰黑褐色，前翅中线以内赭红色，中线之外棕黑色。交界处生1蓝白色横纹，两侧不达边缘，中室外方生1赭红色圆斑。后翅灰褐色，中部生1白纹。末龄幼虫：体长41~50(mm)。体茶褐色至黑褐色，头近方形，红褐色。气门下线黄白色较宽，第1对腹足最短。蛹：长17~18(mm)，被白色蜡粉。

生活习性 年生代数未详，成虫昼伏夜出，有趋光性，善飞。把卵产在嫩梢上，幼虫喜群集为害，栖息时平贴在叶缘或小枝上，幼虫遇惊时能迅速移动落地。老熟后在土壤枯叶中结薄茧化蛹，蛹期10.5天，广西南部、广东5~10月为害。

防治方法 防治佩夜蛾时进行兼治。

龙眼园明毒蛾

学名 *Topomesoides jonasi* (Butler) 鳞翅目毒蛾科。分布在浙江、广东、广西、湖南、江西等省。

寄主 龙眼、荔枝、杨桃、接骨木等。

为害特点 幼虫食叶成缺刻，咬伤花器，造成花器脱落。

形态特征 雌成虫：体长40~42(mm)，体被黄鳞毛。触角羽毛状。前翅黄色，中间生2条浅黄色波纹，波纹间近内缘处生1黑褐色斑块。后翅鲜黄色。末龄幼虫：体长30~33(mm)，体黑褐色，体背布满黑色毛瘤，毛瘤上生有带小刺状的短毛。腹节背面中央各生1灰黑色短毛刷，背线白色醒目，各节背线上生1小红点，各节近节间处生1小黑点。蛹：长15.5mm，褐色。

生活习性 年生代数未详。广西以蛹越冬。3月中旬至4

龙眼合夜蛾成虫(彭成绩)

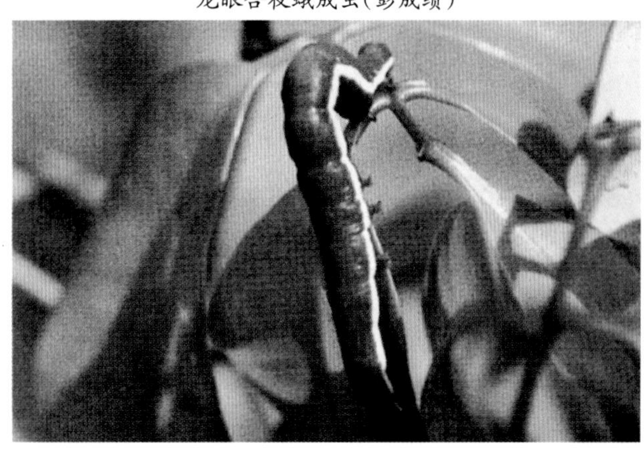

龙眼合夜蛾幼虫(彭成绩)

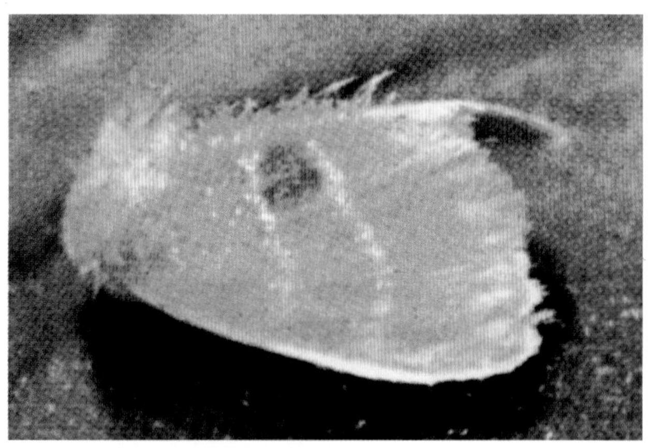

龙眼园明毒蛾成虫(彭成绩)

龙眼园明毒蛾幼虫(彭成绩)

月上旬羽化为成虫,有趋光性,多在上午交配,夜晚把卵产在小枝或叶片上,50~60 粒块产,上覆泥黄色毛,每雌产卵 300 粒,4~6 块。卵期 7~8 天,初孵幼虫群集在卵块四周为害,3 天后分散,幼虫期 34~50 天,老熟幼虫在隐蔽处吐丝结茧化蛹,每年 4~5 月发生。广州 8 月以后为害荔枝、龙眼秋梢。

防治方法 (1)冬季中耕灭蛹。发现有虫枝及时剪除烧毁。(2)幼虫 3 龄前喷洒 80%敌百虫可溶性粉剂 900 倍液或 2.5%氯氟氰菊酯乳油 2000 倍液、55%氯氰·毒死蜱乳油 2500 倍液。

荔枝、龙眼园双线盗毒蛾

学名 *Porthesia scintillans* (Walker) 又称棕衣黄毒蛾,除为害柑橘、枣、毛叶枣外,还为害龙眼、人心果等,分布在华东、中南、华南、西南等省,以幼虫为害上述寄主的叶、花和果。在福建该虫年生 4 代,以幼虫和蛹越冬,越冬幼虫在天暖时,仍可取食,是南方果树常见毛虫之一。天敌有姬蜂、小茧蜂等。

荔枝、龙眼园双线盗毒蛾成虫

荔枝、龙眼园双线盗毒蛾低龄幼虫

防治方法 (1)捕杀越冬幼虫和蛹。(2)幼虫低龄期喷洒 40%毒死蜱乳油 1600 倍液或 20%氰戊·辛硫磷乳油 1500 倍液。

荔枝园金龟子

为害龙眼、荔枝的金龟子有红脚丽金龟、铜绿丽金龟、斑喙丽金龟、小青花金龟、白星花金龟等多种。

红脚绿丽金龟 学名 *Anomala rubripes* Lin。成虫体大型长 18~26(mm),体背深铜绿色具光泽,较铜绿金龟子长,前胸背板

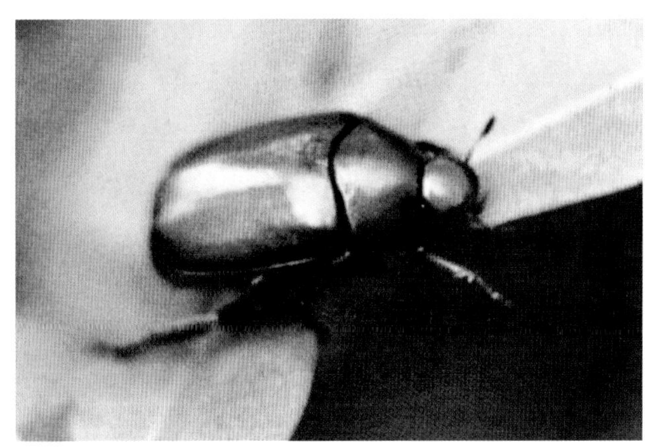
红脚丽金龟

铜绿丽金龟(何等平)

后缘呈弯月形,腹足和前足、胸足均带暗紫红色。足粗壮。成虫触角鳃片状,翅鞘略短足腹。末龄幼虫体长 40~50(mm),乳白色,多呈 C 形弯曲。蛹长 20~30(mm),初乳黄色,后变黄褐色。

铜绿丽金龟 *Anomala corpulenta* Motschulsky。成虫体长 18~21(mm),触角浅黄褐色共 9 节。体背铜绿色,有光泽,鞘翅上各生 3 条纵脊纹,前胸背板后缘平直,腹面和足黄褐色。末龄幼虫体长 30~33(mm),头褐色,体乳白色,呈 C 形,俗称蛴螬。

斑喙丽金龟 *Adoretus tenuimaculatus* Waterhouse。又称葡萄丽金龟。成虫体长 9.4~10.5(mm),小盾片三角形,体背面棕褐色至灰褐色,被灰褐色绒毛,足与背部颜色相近。幼虫体长 19~21(mm),乳白色,头部黄褐色。

小青花金龟 *Oxycetonia jucunda* (Faldermann) 成虫体长 11~16(mm),体及足深青绿色,有光泽,前胸背板上生白色斑纹,鞘翅上各生 4 对小白点。足黑褐色。幼虫头小,褐色,胴部乳白色,各体节多皱褶。

白星花金龟子 *Potosia brevitarsis*(Lewis)成虫体长 17~24(mm),灰褐色至灰黑色,前胸背板前缘生许多白色小斑点,鞘翅上也有很多白色小斑点,其中各生 2 个"×"形白斑。

生活习性 红脚绿金龟、铜绿丽金龟等 1 年发生 1 代,斑喙金龟子在江西南昌 1 年发生 2 代,多以幼虫在土里越冬,低龄幼虫取食腐殖质,大龄幼虫除腐殖质外还为害根或茎部,幼虫随土温变化上下移动,冬季大龄幼虫下移到深土层处越冬,春季地温升高,又上移至土表化蛹,每年 6~7 月进入成虫盛发期,山区、新建果园金龟子特多,幼树受害尤重,生产上常见是

多种金龟子混合发生,混合为害。为害果实则咬破果皮,钻入果内为害,有调查,龙眼果被害率为9.2%~16.6%,严重达35%以上。

防治方法 (1)成虫盛发期选闷热无风的傍晚摇动树枝使其震落进行捕杀。(2)受害重的果园,每667m²用1kg 5%辛硫磷颗粒剂,或用3%毒死蜱颗粒剂2~4(kg)撒施树冠地表、翻入土中毒杀幼虫。(3)果园中安装黑光灯或太阳能杀虫灯诱杀成虫。(4) 嫩梢期或花蕾期成虫盛发时树冠喷洒35%辛硫磷微胶囊剂900倍液或40%毒死蜱乳油或水乳剂或微乳剂1600倍液或2.5%溴氰菊酯乳油2000倍液。

斑带丽沫蝉

学名 *Cosmoscarta bispecularis* White 同翅目沫蝉科。分布在安徽、四川、江西、福建、广东、广西、贵州等省。

寄主 咖啡、龙眼、桃、桑、茶等。

为害特点 成、若虫刺吸嫩梢、叶片上汁液,造成树势衰弱。

形态特征 体长13~15.5(mm),色彩美丽。头部、前胸背板、前翅橘红色,斑带黑色明显。复眼黑色,单眼小,黄色。近前缘有2个小黑斑,近后缘有2个近长方形的大黑斑。前翅网状区黑色,基部至网状区共有7个黑斑,基部1个小,近三角形,其余6个排成二横列,每列各3个,形成宽横带,因此称斑带丽沫蝉。

生活习性、防治方法 参见葡萄害虫白带尖胸沫蝉。

斑带丽沫蝉成虫

斑带丽沫蝉若虫藏在泡沫中吸食汁液

(3)枝干害虫

白蛾蜡蝉(Mango cicada)

学名 *Lawana imitata* Melichar 同翅目,蛾蜡蝉科。别名:紫络蛾蜡蝉、白翅蜡蝉、白鸡。分布在广东、广西、福建、湖北、湖南等地。

寄主 洋蒲桃、蒲桃、水蒲桃、桃、李、梅、石榴、柑橘、荔枝、龙眼、黄皮、芒果、番木瓜、番石榴、人心果等。

为害特点 成、若虫吸食枝条和嫩梢汁液,使其生长不良,叶片萎缩而弯曲,重者枝枯果落,影响产量和质量。排泄物可诱致煤污病发生。

生活习性 南方年生2代,以成虫在枝叶间越冬。翌年2~3月越冬成虫开始活动,取食交配,产卵于嫩枝、叶柄组织中,互相连接成长条形卵块,产卵期较长,3月中旬至6月上旬为第1代卵发生期,6月上旬始见第1代成虫,7月上旬至9月下旬为第2代卵发生期,第2代成虫9月中旬始见,为害至11月陆续越冬。初孵若虫群聚嫩梢上为害,随生长渐分散为3~5头小群活动为害。成虫、若虫均善跳跃。4~5月和8~9月为1、2代若虫盛发期。

白蛾蜡蝉成虫

防治方法 (1)剪除有虫枝条,集中烧毁。(2)用捕虫网捕杀成虫,用扫把刷掉若虫,集中处理。(3)为害期药剂防治 于成虫产卵前、产卵初期或若虫初孵群集未分散期喷洒80%敌敌畏乳油或40%乐果乳油900倍液、2.5%溴氰菊酯乳油2000~2500倍液、10%氯氰菊酯乳油2000倍液、48%毒死蜱乳油1500倍液。

褐边蛾蜡蝉

学名 *Geisha distinctissima* (Walker) 同翅目,蛾蜡蝉科。别名:绿蛾蜡蝉、碧蛾蜡蝉。分布在贵州、四川、湖南、安徽、江苏、浙江、广东、福建、广西;印度、马来西亚、印度尼西亚。

寄主 柑橘、橙、茶、龙眼、荔枝、咖啡、刺梨、迎春花等。

为害特点 以成虫和若虫聚集在嫩枝梢上吸食树液,导致被害枝生长细弱,果实发育差。严重危害时,可使树势衰退,枝条濒枯,其排泄物可引起煤霉病。

形态特征 成虫:体长约7mm,翅展20~22(mm),黄绿色。

褐边蛾蜡蝉成虫

头部含眼较前胸背板窄,微突呈圆锥形,额区长大于宽。额缘脊和头顶端暗褐色,触角和复眼暗褐色,单眼灰褐色。前胸背板前端隆突,具4条红黄色纵纹,其中央2条靠近,两侧不甚明显。小盾片长,具4条红黄色纵纹。前后翅约等宽,前翅黄绿色端部阔,前缘棕红褐色,弧圆,顶缘接近平切,后角呈尖角状突出;径脉分叉,翅脉深黄色呈网状,臀脉上有颗粒状突起;后缘爪片末端有1近方形黄褐色斑,翅室中央浅黄绿色。后翅黄白色,近端部有2条短横脉,有些纵脉分2支。足黄褐色,后足胫节近端部有1枚侧刺。腹部黄绿色,无斑纹。若虫:淡绿色,腹背面第6节有成对橙色圆环,腹末有两大束白蜡丝。

生活习性 广西年发生2代,以成虫越冬,各代出现的时间与白蛾蜡蝉基本相同,华南地区5月上旬若虫出现多,6月上旬成虫大量出现。贵州罗甸等地,每年5~10月都可见到成虫。

防治方法 参见白蛾蜡蝉。

黑蚱蝉(Black cicada)

学名 *Cryptotympana atrata* (Fabricius)同翅目,蝉科。别名:黑蝉、蚱蝉、知了。分布在河北、山东、河南、江苏、安徽、浙江、江西、福建、台湾、湖南、广东、陕西、四川、贵州、云南。

寄主 苹果、梨、桃、李、杏、山楂、樱桃、柿、栗、柑橘、枇杷、荔枝、龙眼、芒果、黄皮、葡萄等。

为害特点 成虫除刺吸果树枝干上的汁液外,雌成虫产卵时,把产卵器插入枝条和果穗枝梗组织内产卵,造成许多机械损伤,影响水分和养分的输送,造成枝条枯萎,受害果穗枯死。

形态特征、生活习性、防治方法 参见苹果害虫——黑蚱蝉。

黑蚱蝉成虫

龙眼鸡(Longan lantern fly)

学名 *Fulgora candelaria* (Linnaeus)同翅目,蜡蝉科。别名:龙眼蜡蝉、龙眼樗鸡。分布在江西、福建、广西、广东、海南、贵州、云南。

寄主 龙眼、荔枝、橄榄、芒果、柚子等。

为害特点 成、若虫刺吸枝干汁液,常致枝条枯干和落果,削弱树势,排泄物常诱致煤污病发生。

形态特征 成虫:体长37~42(mm),翅展68~80(mm),体色艳丽,额前伸如长鼻,略向上弯曲,背面红褐色,腹面黄色,有许多小白点。触角刚毛状暗褐色,柄、梗节膨大如球。胸部红褐色有零星小白点;前胸背板呈凸字形,具中脊和2个明显的凹点,两侧的前缘略黑;中胸盾片色深有3条纵脊;前翅略厚底色黑褐,脉纹密网状绿色,围有黄边使全翅现墨绿或黄绿色,在翅基部有1条、近1/3处有2条交叉的黄色横带,略呈“Ⅸ”形,端半部散有10多个黄色圆斑,上述横带和圆斑边缘围有白蜡粉。后翅黄至橙黄色,外缘1/3区褐至黑色,脉纹橘黄色。腹部背面黄至橘黄色,腹面黑褐色,被白蜡粉。卵:桶形,长2.5~2.6(mm),前端具1锥状突起,有椭圆形卵盖。若虫:初龄体长4.2mm,黑色酒瓶状,头略呈长方形,前缘稍凹,背面中央具1纵脊,两侧从前缘至复眼有弧形脊,中侧脊间分泌有点点白蜡或连成片。胸背有3条纵脊和许多白蜡点。腹部两侧浅黄色,中间黑色。

生活习性 福州年生1代,以成虫静伏枝叉下侧越冬。3月开始活动为害,早期多在树干下部后逐上移,4月后渐活跃,能跳善飞。5月上、中旬交配,经7~14天开始产卵,卵多成块产在2米左右高的树干平坦处,每块有卵60~100余粒,排列整齐呈长方形,卵粒间有胶质物黏结上覆白色蜡粉,一般每雌只产1块卵。5月为产卵盛期,卵期19~31天,6月孵化,幼龄有群集性。9月上、中旬开始羽化,成虫为害至入冬陆续选择适宜场所越冬。天敌有龙眼鸡寄蛾。

防治方法 (1)冬春捕杀成虫。(2)产卵盛期后若虫孵化前刮除卵块集中处理。(3)保护引放天敌。(4)为害期药剂防治,低龄期施药效果好,用药种类和浓度,参见白蛾蜡蝉。

龙眼鸡成虫

荔枝拟木蠹蛾(Metarbelids)

学名 *Lepidarbera* (*Arbela*) *dea* Swinhoe 鳞翅目,拟木蠹蛾科。分布在江西、福建、台湾、广西、广东、湖北、云南、海南等省。

寄主 荔枝、龙眼、柑橘、石榴、梨、枫、杨树、相思树、木麻黄等果树和林木。

为害特点 幼虫蛀害枝干成坑道或食害枝干皮层,削弱树势,幼树受害可致枯死。

形态特征 成虫:雌体长 10 ~ 14(mm),翅展 20 ~ 37(mm),灰白色。胸部、腹部的基部及腹末黑褐色。前翅具很多灰褐色横条纹,中部有 1 个黑色大斑纹,它的后面有 1 稍小黑斑,前、外缘有成列灰棕色斑纹。后翅灰白色,具许多灰色横波纹,外缘有成列灰色斑纹。雄体长 11 ~ 12.5(mm),色较深暗或黑褐色。卵:扁椭圆形,乳白色,卵块鱼鳞状,覆有黑色胶质物。幼虫:体长 26 ~ 34(mm),全体黑褐色,有光泽。各体节缘相接处的膜质部分灰白色;体壁大部分骨化。3 对胸足的左右足间的距离比例为 1:3:4。蛹:长 14 ~ 17(mm),深褐色,头顶有 1 对分叉的突起。

生活习性 年生 1 代,以老熟幼虫在坑道中越冬。翌年 4 月上旬 ~ 5 月上旬幼虫陆续化蛹,蛹期 26 天,成虫于 4 月中旬 ~ 6 月中旬相继出现,雌蛾羽化当晚交配产卵,卵产在距地面 1.5 米高的树皮上,5 月上旬至 6 月中旬幼虫孵化,幼虫经 2 ~ 4 小时扩散,寻找分叉、伤口、木栓折断处蛀害,当虫蛀道长达 13cm 时,幼虫调转方向另蛀并吐丝将虫粪和枝干皮屑缀成隧道掩护虫体,坑道是幼虫栖居和化蛹场所。幼虫白天潜伏坑道中,夜晚沿丝质隧道外出啃食树皮。幼虫期 343 天左右,幼虫老熟后在坑道口封缀成薄丝,后化蛹在其中,蛹期 27 ~ 48 天。

荔枝拟木蠹蛾雌成虫

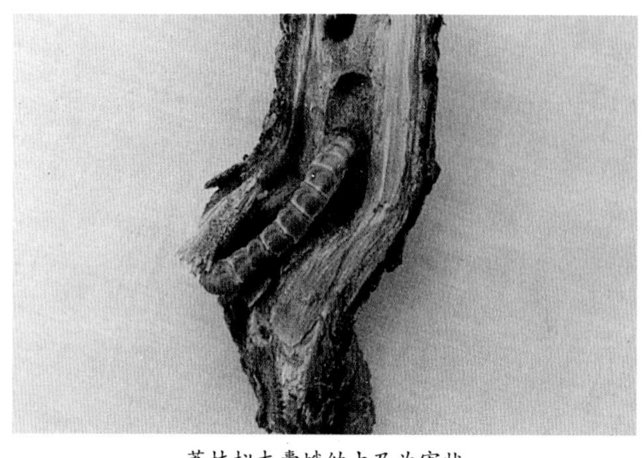
荔枝拟木蠹蛾幼虫及为害状

防治方法 (1)用敌敌畏、喹硫磷、辛硫磷等杀虫剂混泥,堵塞坑道口,也可用脱脂棉蘸上述药剂塞入坑道中,坑道口再用泥土封严也可熏死幼虫。(2)于 6 ~ 7 月用上述杀虫剂喷洒于丝质隧道口附近的树干上,触杀幼虫。(3)用竹签、木签堵塞坑道,使幼虫、蛹窒息。也可用钢丝刺杀幼虫。(4)生物防治。2 ~ 5 月发现拟木蠹蛾幼虫、蛹被白僵菌寄生时,在低龄期于隧道中喷洒白僵菌粉剂 300 倍液。

咖啡木蠹蛾(Red coffee borer)

学名 *Zeuzera coffeae* Nietner 异名 *Z.pyrina* (Linna.) 鳞翅目,木蠹蛾科。别名:咖啡豹蠹蛾、豹纹木蠹蛾、咖啡黑点蠹蛾。分布在河南、安徽、浙江、江西、福建、台湾、广东、四川、广西、海南、江苏、云南、湖南等。

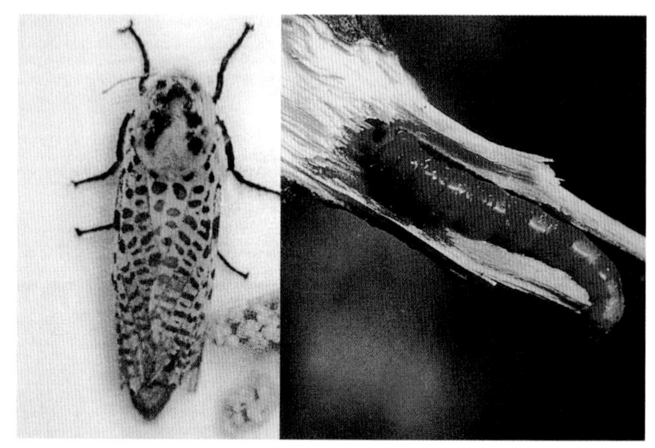
咖啡木蠹蛾成虫和幼虫

寄主 咖啡、荔枝、龙眼、柑橘、梨、柿、枇杷、桃、葡萄、香椿、山楂、核桃、苹果、番石榴、栗、石榴、木麻黄、台湾相思、枣等。

为害特点 幼虫蛀食枝干木质部,隔一定距离向外咬 1 排粪孔,多沿髓部向上蛀食,造成折枝或枯萎。

形态特征、生活习性、防治方法 参见石榴害虫——咖啡豹蠹蛾。

荔枝、龙眼园木毒蛾

学名 *Lymantria xylina* Swinhoe 鳞翅目毒蛾科。别名:木麻黄毒蛾、相思叶毒蛾,分布在福建、广东、广西、海南等省。

寄主 龙眼、荔枝、茶、柿、柑橘、番石榴、芒果、枇杷、木麻黄、相思树等 500 余种植物。

为害特点 过去主要为害木麻黄,现大面积为害龙眼,幼虫取食龙眼叶片、果穗等,轻者被吃得残缺不全,重者吃光,只剩下枝条,整株龙眼似火烧状。

形态特征 雌雄成虫异型,雌蛾体长 22~23 (mm),翅展 55mm,雄蛾略小。雌蛾黄白色,触角栉齿状,黑色。胸部灰白色,前翅黄白色,中央生 1 棕色宽带,后翅无斑纹,腹部 1~4 节红色。卵:长 1.1mm,扁圆形。幼虫:体长 38~62(mm),头宽 5.2~6.5 (mm),黄褐色毛虫,前面生 1 黑色八字形纹,常有两种色型,一种灰白色,密布大量黑斑,另一种黄色也生黑斑。1、2 胸节毛瘤蓝黑色,第 3 胸节毛瘤黑色,顶端白色,1~8 腹节毛瘤紫色。蛹:

荔枝、龙眼园木蠹蛾雌成虫放大

荔枝、龙眼园木蠹蛾幼虫钻蛀蛀道

长17~36(mm)，褐色。

生活习性 1年发生1代，以幼虫在卵壳内越冬，幼虫盛发期多在4月上旬，幼虫期39~56天，幼虫共7龄。4龄后食量剧增，5月份进入为害盛期，5月中旬开始化蛹，下旬进入盛期，6月中旬结束。5月下旬开始羽化，羽化盛期在6月上旬，6月中、下旬结束。卵产出即开始胚胎发育，7月胚胎发育完成，幼虫在卵壳内滞育并越冬，翌年3月下旬孵化。

防治方法 (1)在成虫羽化盛期安装黑光灯或频振式杀虫灯诱杀成虫。(2)保护、释放卵跳小蜂，秋后或早春在幼虫孵化前结合修剪，收集枝条、树干和土、石缝中的卵块，将其置于远离果园的纱笼中，保护寄生蜂正常羽化，飞回园中，控制孵化幼虫。(3)在幼虫群集为害尚未分散前连叶带虫剪下杀灭。(4)于幼虫低龄期喷洒25%灭幼脲可湿性粉剂1000倍液或40%甲基毒死蜱乳油1000倍液、2.5%溴氰菊酯乳油1500倍液、4.5%高效氯氰菊酯乳油2000倍液，防效都在85%以上。

荔枝、龙眼园星天牛

学名 *Anoplophora chinensis* (Forstr) 鞘翅目天牛科。别名：白星天牛。分布在辽宁、河北、山东、河南、湖南、陕西、安徽、甘肃、四川、浙江、广东、广西、贵州等省。

寄主 荔枝、龙眼、番石榴、柚、沙田柚、柑橘、枇杷、无花果、梨、樱桃、桑、枣、毛叶枣等。

为害特点 星天牛多在龙眼、荔枝等果树成年主干基部近地面处产卵入侵，隧道在树干基部至主根内，与树干平行，很少在树枝处拐弯，致树势衰弱，多条幼虫先后为害后造成植株死亡。成虫纵向啃食细枝皮层，不致出现枯枝，目前品种中三月红受害较重。除为害荔枝、龙眼外，还为害柑橘等多种果树。

星天牛成虫

生活习性 南方年生1代，以近高龄幼虫在隧道内越冬，4月化蛹，4~5月成虫羽化，5~6月进入羽化盛期，成虫羽化后在蛹室内停留5~8天飞向树冠，咬食寄主细枝皮层，中午喜停息在树冠外围枝条上栖息，黄昏前后交尾产卵，产卵期从5月至8月，5月底至6月中是产卵盛期，卵期9~14天，成虫寿命30~60天。初孵幼虫一般在皮下蛀食2~4个月后，才深入木质部蛀成隧道，幼虫期共10个月，蛹期18~20天。

防治方法 (1)成虫5~6月羽化盛期中午人工捕杀。(2)5~8月逐株检查刮杀虫卵及低龄未蛀入木质部的幼虫。(3)钩杀或刺杀、毒杀隧道内幼虫，据排粪孔排出木屑的颜色、湿润度、粗细等判断蛀食部位后，用钢丝刺杀或用天牛钩杀器钩出初孵幼虫或刚入木质部的幼虫。

龟背天牛(Litchi longicorn beetle)

学名 *Aristobia testudo* (Voet) 鞘翅目天牛科。分布在广东、广西、福建、云南、陕西。

寄主 龙眼、荔枝、番荔枝、李、无患子、核桃、柑橘等。

为害特点 幼虫钻蛀荔枝、龙眼枝条，影响水肥输送，造成树势衰弱，发生严重的造成整株死亡，成虫啃食树皮呈宽环状，造成枝梢干枯或整株枯死。

形态特征 成虫：体长20~35(mm)，体背生有黑色和虎皮

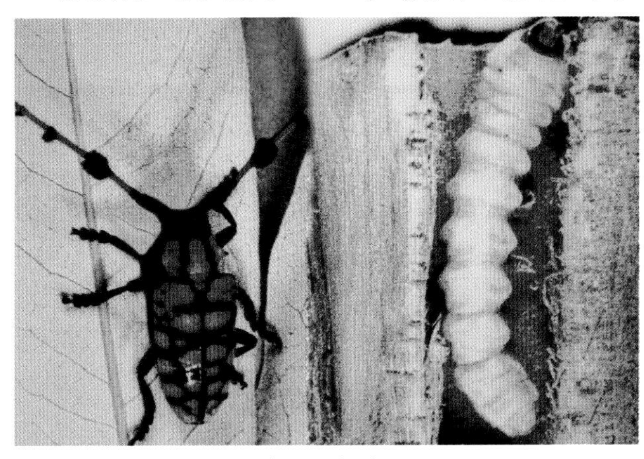

龟背天牛成虫(左)和幼虫

色的绒状斑纹。每个鞘翅上生有10多个黑色条纹状的龟壳状斑块。

生活习性 广西、广东年生1代，以幼虫和蛹在枝干虫道中越冬。成虫于6月中旬出现，7月进入羽化盛期，环状取食当年的枝梢皮层补充营养，造成树冠出现枯枝，中午喜栖息在树冠荫凉处，下午至黄昏时分交尾，8月进入产卵盛期，产卵前先咬破皮层，伤口半月形达木质部，后转身把腹端插入伤口，每1伤口内产1粒卵，9月后成虫陆续死亡。卵散产在1~3.5(cm)直径的枝丫上，卵期10天，卵死亡率常在31%~44%之间，大部分死于天敌。幼虫在8月下~9月盛孵期，以2龄幼虫越冬，翌年1月越冬幼虫先后蛀入木质部取食，形成隧道，长达50~70(cm)，幼虫历期9个月。每年6月幼虫老熟化蛹。蛹期约20天。成虫羽化后，在蛹室内5~8天才飞离隧道。

防治方法 (1)7月份成虫羽化盛期，于中午或下午人工捕杀。(2)刮杀皮下的卵和幼虫。(3)毒杀坑道中的幼虫，3~4月发现枝条有小孔或虫粪时，用注射器向隧道排粪孔注射80%敌敌畏乳油1000倍液或斯氏线虫入隧道中，也可用棉花或纸浸透药液塞入隧道内毒杀幼虫。(4)11~12月用天牛灵毒杀皮下低龄幼虫，药效不错。

茶材小蠹(Tea larva)

学名 *Xyleborus fornicatus* Eichhoff 属鞘翅目，小蠹科。别名：茶枝小蠹。分布在广东、广西、海南、四川、福建、贵州、云南、台湾等省。贵州、海南受害重。

寄主 茶、蓖麻、荔枝、龙眼、洋槐、可可、铁刀木等。过去是我国及世界茶树上的重要害虫。近年随种植结构调整，茶园减少，荔枝、龙眼大发展，该虫迁移到荔枝、龙眼树上为害，枝干受害率高达50%~65%。

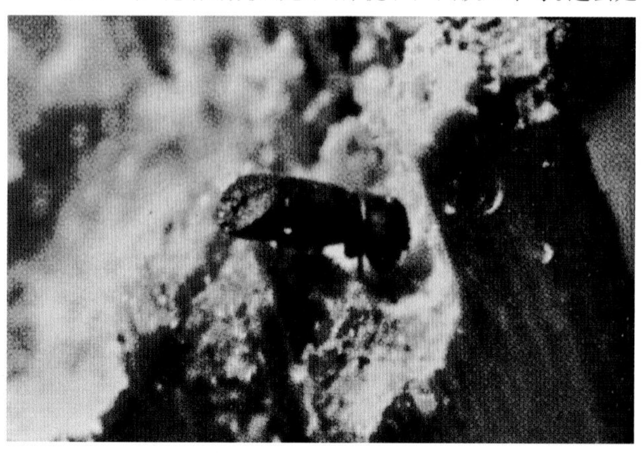

茶材小蠹成虫(彭成绩)

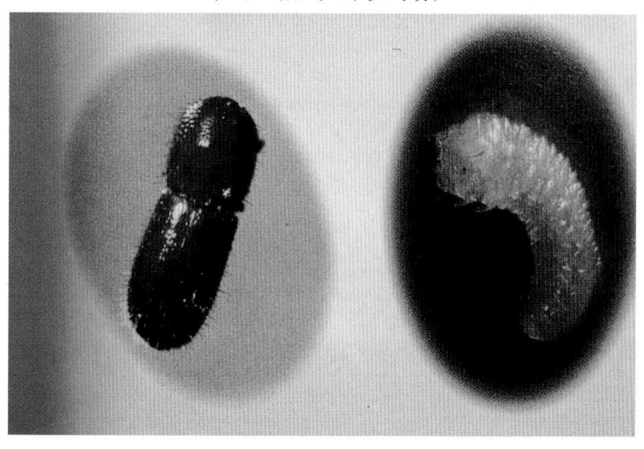

茶材小蠹成虫(左)和幼虫放大

为害特点 成、幼虫蛀害荔枝、龙眼的小枝条，致受害枝条多成环状坑道，影响养分运输，使树势削弱，降低产量和品质。其特点是外观为直径2mm的小圆孔，孔口处常有细碎木屑，湿度大时，孔口四周有水渍。受害重的荔枝、龙眼园成片毁灭。

形态特征 雌虫：体长2.4mm，圆筒形，体褐色至黑褐色，具强光泽。眼前缘凹陷深浅适中；额部平，底面细网状，无中龙骨，额面刻点少，额毛疏少，细长竖立。触角锤状。前胸背板长略小于宽，长宽比为0.9∶1，背面观前缘和前侧构成半圆形，整个背板方盾形；背板前半部弓曲上升，有鳞状瘤连成横排；刻点区底面细网状，刻点细小不明显，没有明显的背中线。小盾片扁三角形。鞘翅长为前胸背板长的1.6倍，鞘翅刻点沟稍微凹陷，沟中刻点稍大且较稠密；翅基部刻点凹陷，后逐渐突起，在翅后部变成小粒；鞘翅斜面平滑下倾，无明显的斜面上缘，各沟间部的刻点中心生1茸毛。卵：长0.6mm，椭圆形，白色至浅黄色。末龄幼虫：体长3~4(mm)，体白色，较肥胖，头黄褐色，足退化。裸蛹：长椭圆形，初为乳白色，后变黄褐色。

生活习性 海南年生3~4代，广东年生6代，广西南部6代以上，世代重叠。主要以成虫于11月中下旬开始在受害坑道里越冬，少数以幼虫越冬，个别以蛹越冬。翌年2月气温升高，日均温20~22℃，大量越冬成虫开始钻蛀为害，出现新的坑道。成虫羽化后先在原坑道里停留7天后于晴天下午出孔，喜从1~2年生枝条的叶痕或枝条分杈处蛀入。蛀入孔径2mm左右，圆形，从蛀入到蛀成坑道需时12~36小时，蛀道可深达木质部，卵产在坑道内，日均温30℃，卵期6天。老熟幼虫在坑道里化蛹，日均温30℃，蛹期4~5天，一般于11月中、下旬开始越冬。

防治方法 (1)加强管理，增强树势，能明显提高抗虫力，减少小蠹侵害。采收后结合修剪，剪除有虫枝。对受害重的龙眼、荔枝树，实行重施肥、重修剪，以减少虫源，使树体复壮。(2)修剪清园后，于越冬代成虫和第1代成虫羽化出孔期喷洒50%氯氰·毒死蜱乳油2000~2500倍液、20%氰戊·辛硫磷乳油1500倍液、40%毒死蜱乳油1000倍液，隔10~15天1次，防治2~3次。

荔枝干皮巢蛾(Litchi ermine moth)

学名 *Comoritis albicapilla* Moriuti 鳞翅目巢蛾科。分布在广东、广西、海南等省。

寄主 荔枝、龙眼、芒果等。

为害特点 以幼虫啃食寄主主干和较大枝条皮层，严重影响树势。

形态特征 雌成虫：体长7.5~8.5(mm)，翅展21~23(mm)，灰白色，头顶鳞毛白色，复眼黑色。触角丝状，基半部灰白色，后半部略带黄色。前翅白色，基部生6个不规则形黑色鳞斑。雄成虫 触角羽状，前翅面黑色，略小。卵：长0.4mm，红枣状。末龄幼虫：体长13~14.5(mm)，胸宽2.8mm，扁平，体背黄褐色至紫红色，腹面黄白色。头黄褐色，三角形，6个单眼黑色。3对胸足，

荔枝干皮巢蛾雌成虫(左)和雄成虫(彭成绩)

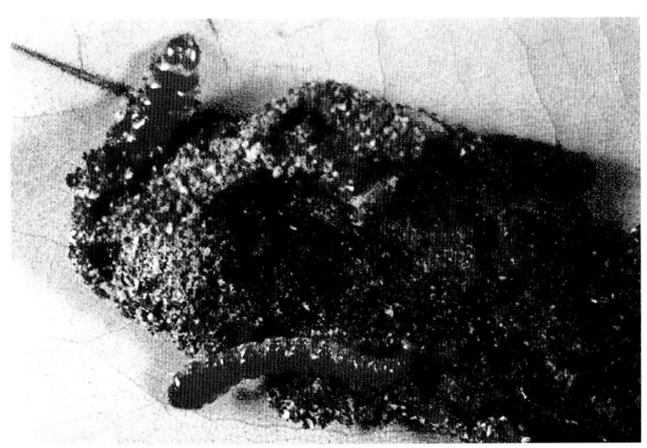
荔枝干皮巢蛾幼虫

4对腹足,第1对短小。腹足、臀足趾为双序缺环。蛹:扁梭形、黄褐色。第8节后方两侧各具瘤状刺突1只。腹端正无棘。

生活习性 广东、广西、海南年生1代,以幼虫越冬,每年3月下旬至5月初化蛹,4月进入化蛹盛期,蛹历期13~20天,成虫于5月上旬进入羽化盛期,成虫多在白天午前羽化,当晚交尾,次日把卵散产在树干或较粗大枝条的皮层缝隙中。成虫寿命5~7天。初孵幼虫吐丝结网,隐蔽网道中为害,并把红褐色粪便及屑末黏附在网道表面,随虫龄增大,网道结成块状,在荔枝树干分叉处为害时,幼虫在缝隙处取食皮层,不断排出粪便,幼虫为害期长达300多天,幼虫老熟后,在网道下吐丝结茧化蛹。荔枝、龙眼树龄大的果园受害重。天敌有寄生蜂、姬小蜂等。

防治方法 (1)每年4~5月间用石灰浆涂刷树干和大枝,防止成虫产卵。(2)幼虫初发生时,用竹扫帚或钢刷,扫除树干上的网道,可杀死幼虫。(3)虫口密度大时于6~7月喷洒40%毒死蜱乳油1600倍液或10%氯氰菊酯乳油加40%乐果乳油1:1混合液2000倍液、90%敌百虫可溶性粉剂1000倍液。(3)凡采用(1)、(2)两法能控制该虫为害时,尽量少用药,以利保护天敌。有条件地区试用寄生蜂防治,每年4月上中旬寄生率可达10%左右。(4)也可用50%杀螟硫磷乳油250倍液涂抹受害处。

家白蚁(Taiwan subterranean termites)

学名 *Coptotermes formosanus* Shiraki 等翅目,鼻白蚁科。分布在安徽、江苏、上海、浙江、江西、福建、台湾、广东、香港、海

家白蚁

南、广西、湖南、湖北、重庆、四川等地。

寄主 龙眼、荔枝、银杏、柑橘。

为害特点 以工蚁在土中营巢,取食根、干内组织,使植株生长不良,叶色变黄,遇风易倒折,甚至全株死亡。古树被蛀而枯死,房屋和木桥被蛀倒塌。

形态特征 长翅繁殖蚁:体长13~15(mm),翅展20~25(mm)。体黄褐色。翅淡黄色。单眼、复眼发达。前胸背板前宽后狭,前、后缘向内凹。翅基部有1条横肩缝,经分飞脱翅后,翅即由肩缝处折断。翅脱落而残留下翅的基部叫翅鳞。前翅鳞盖于后翅鳞之上。有翅繁殖蚁成为原始蚁王、蚁后之后,蚁王较有翅繁殖蚁色较深,体壁较硬,体略有收缩。蚁后发育到一定阶段,腹部增长很大,而其头、胸部仍和有翅繁殖蚁一样,只是色较深。补充繁殖蚁的体色较深,体壁较软。中、后胸类似若虫状态的小翅芽,一般称为短翅补充蚁王、蚁后。兵蚁:体长5.3~5.8(mm)。头部卵圆形,黄色,很大,最宽处在头的中部。单眼、复眼均退化。上颚发达,镰刀形,左上颚基部有1深凹刻,其前有4个小突起,愈向前愈小,最前的小突起位于上颚中点之后,颚面的其他部分光滑无齿。前胸背板平坦,较头部狭窄,前缘及后缘中央有缺刻。工蚁:体长约5mm,头前部方形,后部圆形。无额腺。单、复眼退化。前胸背板前缘略翘起。

生活习性 1个巢群经过相当长阶段发展后,开始产生繁殖若蚁。若蚁蜕皮数次,变为长翅繁殖蚁。家白蚁基本上当年羽化,当年分飞。纬度愈低地区,分飞愈早,一般在4~6月。每个巢群有长翅繁殖蚁数千至1万多头。巢群中有翅繁殖蚁,经过2~6次分飞才完成,历期10~15天。在黄昏、下雨前闷热天气分飞,飞距100~500米,落地脱翅后,雄虫追逐雌虫交尾后钻入土、木中营巢定居,成为巢中原始蚁王、蚁后。经过3~13天开始产卵。当年只有蚁40头,到2、3、4年才分别发展到50,1250,5000头,至第四年开始出现有翅繁殖蚁。此时蚁后腹部膨胀,产卵量剧增,群体蚁数迅速增多。一巢群只有1对蚁王、蚁后,他们起繁殖作用。蚁王、蚁后死后,由补充繁殖蚁王、蚁后继位,但生殖力较低。工蚁数量最多,负责取食、筑巢、开路、照料幼蚁等。是树木直接破坏者。兵蚁数量少,是群巢的保卫者。巢多筑在近水源的高处。巢多为椭圆形,高达1米以上。由木纤维、泥土、排泄物和唾液筑成。外围一层疏松泥壳构成防水层,内有重叠层巢片作同心圈排列成蜂窝状巢体,中心有一

坚固、内壁光滑的王宫,形如肥皂盒,是蚁王、蚁后的住处。有几个副巢,无蚁王、蚁后居住。巢内通道中主、支蚁道四通八达。主巢上部地表有不规则点状分飞孔,在附近墙、木头上有通气孔,巢下方有粗大吸水线。家白蚁发育适温为25~30℃,开始活动温度为10~13℃,17℃时集中主巢附近活动,37℃以上为最高致死温度。

防治方法 (1)加强检疫,严防有蚁巢苗木调入或调出。(2)灯光诱杀分飞的有翅蚁。(3)分飞孔或蚁道上撒灭蚁灵粉剂,每巢10~30g。(4)使用LD林地白蚁诱杀包,每667m^{2}放15~25个包,经2~3个月,蚁巢被消灭。(5)单株树或重点保护树可打孔浇施40%辛硫磷乳油300~400倍液或40%毒死蜱乳油400倍液。

龙眼长跗萤叶甲

学名 *Monolepta occifuvis* Gressitt et Kimoto 鞘翅目叶甲科。别名:红头长跗萤叶甲。分布在广东、广西,是新发现为害龙眼的甲虫。

寄主 龙眼、荔枝、芒果、扁桃等。

为害特点 成虫咬食新梢嫩叶,致新梢不能正常抽出,结果母枝不能产生花穗,严重影响树势,造成减产。

形态特征 雌成虫:体长7.7~8.1(mm),宽3.5~3.6(mm),雄虫稍小,头橘红色,触角11节丝状,基部3节和各鞭节基部黄褐色,余黑褐色。复眼黑色。鞘翅灰黄白色,肩角、前缘后半和外缘黑色,翅上密布小刻点和短毛。小盾片黑色三角形。卵:长1~1.1(mm),初浅黄色。末龄幼虫:体长11~13(mm),乳白色,头小,黄褐色。蛹:长8~11(mm),乳白色。

生活习性 南宁年生1~3代,世代重叠,以幼虫在龙眼树盘的土表下或以成虫在龙眼树冠内越冬。越冬成虫于下一年3月中下旬产卵,以幼虫越冬的,在下一年3月中旬~4月陆续化蛹羽化为成虫,交尾多次把卵散产在龙眼树盘下表土中,卵期3~4月份为25~29天,5~10月,17~19天。幼虫在土中为害细根,幼虫期60~70天,老熟时在表土层作蛹室化蛹。预蛹期4~5天,蛹期11~15天。成虫羽化后在土中停息1~2天后爬出地面,上树取食、交尾,多在10时至16时取食顶芽、腋芽,对产量影响较大。

防治方法 (1)于幼虫和蛹盛期,耕翻树盘,可减少虫源。(2)在冬季和各次新梢期喷洒90%敌百虫可溶性粉剂800倍液或40%毒死蜱乳油1600倍液、52.25%氯氰·毒死蜱乳油2000倍液。

龙眼长跗萤叶甲成虫

荔枝、龙眼园垫囊绿绵蜡蚧

学名 *Chloropuluinaria psidii* (Maskell) 同翅目蜡蚧科。别名:柿蜡蚧、热带蜡蚧、刷毛绿绵蚧等。

荔枝、龙眼园垫囊绿绵蜡蚧

寄主 荔枝、龙眼、人心果、番石榴、黄皮、番荔枝、芒果、杏、李等,是广东近几年荔枝、龙眼上的大害虫。

为害特点 以雌虫、若虫刺吸荔枝、龙眼叶片、新梢、花穗、果柄和果实汁液,造成落叶、死枝和落果,并诱发煤烟病,造成树势衰弱和落叶、落果。

形态特征 雌成虫:体长2~5(mm),椭圆形,黄绿色至暗绿色,背面中央略隆起,体背覆盖1层蜡质物,腹端生1臀裂。触角8节,第3节很长。成熟的雌虫在腹端分泌白色蜡质绵状卵囊,垫状椭圆形,把卵产在卵囊内。卵:近圆形,长0.3mm,浅黄色。若虫:椭圆形,略扁平,浅黄色,略透明。

生活习性 广东年生3~4代,以雌成虫和若虫在果树叶背或秋梢和早冬梢顶芽上越冬。翌年1月下旬~2月上旬越冬的雌成虫开始产生卵囊。4月下旬出现第1代雌成虫,8月下旬出现2代,11月上旬出现3代雌成虫。每雌产卵400粒分布在卵囊中。雌成虫产完卵即干枯死去。初孵若虫从卵囊中爬出,向嫩叶、嫩梢、花穗爬去,1天内固定在叶柄或叶脉附近。钻入果实内的若虫则多固定在果皮凹陷处固定取食,雌虫产完卵后,虫体即干缩成黄小片,贴附在卵囊前端。

防治方法 (1)提倡释放天敌。(2)介壳虫已经发生,活虫体继续分泌蜜露时,于介壳虫产卵前或若虫盛孵期喷洒40%甲基毒死蜱乳油1000倍液或1.8%阿维菌素乳油1000倍液,3天后再防1次。

荔枝、龙眼园堆蜡粉蚧

学名 *Nipaecoccus vastator* (Maskell)又名橘鳞粉蚧。除为害柑橘外,还为害荔枝、龙眼、番荔枝、树菠萝等,以雌成虫和若虫刺吸上述寄主汁液,造成叶片皱缩或嫩梢扭曲,影响新梢不能正常抽发,影响生长和开花、果实受害畸形或脱落,诱发煤污病。该虫在广州年生5~6代,以成、若虫隐蔽在寄主主干、卷叶内、枝条裂缝凹陷处越冬。第二年2月恢复活动,开始为害,各代若虫分别在4月上旬、5月中旬、7月中旬、9月上旬、10月上旬及11月中旬进入发生盛期。每年常以4~5月、10~11月受害重。

堆蜡粉蚧为害荔枝幼果状

防治方法 (1)进行检疫,防止该虫随苗木传播。(2)修剪时注意剪除有虫枝,虫量不大的可用镊子把虫体和卵囊摘除杀灭。(3)注意保护小毛瓢虫、隐唇瓢虫,进行生物防治。(4)若虫孵化盛期,低龄若虫喷洒25%噻嗪酮可湿性粉剂1500倍液或40%毒死蜱乳油1600倍液、1.8%阿维菌素乳油1000倍液。

荔枝、龙眼园草履蚧

学名 *Drosicha corpulenta* (Kuwana) 除为害柿、桃、苹果、梨、核桃外,还为害荔枝、龙眼、油橄榄等,以若虫和雌成虫刺吸上述寄主的嫩芽、枝干汁液,造成树势衰弱,生长不良,严重的可使枝、梢、芽枯萎或整株死亡,近年来为害日趋严重,应引起生产上的重视。该虫年生1代,在卵囊内以卵在土中越冬,每年冬季气温高低影响孵化时间,冬春温暖多在11月下旬孵化,若虫孵化后暂在卵囊内栖息,翌年1月中旬若虫可上树,2~3月份若虫大量上树,傍晚下树潜伏,3月下旬至4月上旬若虫蜕第1次皮,分泌蜡粉。4月中下旬蜕第2次皮,分化雌雄,雄虫开始下树化蛹,蛹期10天,4月底至5月初羽化为成虫。雌若虫在树上蜕第3次皮变为雌成虫,雄虫上树与雌交配后,雄虫死掉,雌虫继续为害。5月中下旬,雌虫开始下树,钻入树干四周5~7(cm)深土缝内,分泌白色绵状卵囊,把卵产在其中越夏或越冬,每雌产卵70粒。

防治方法 (1)雌虫下树产卵前,在树干基部周围挖环状沟,放入树叶、杂草诱成虫产卵后烧毁。(2)2月初在初孵若虫上树前在树干光滑处刮掉粗皮,绑上8cm宽塑料薄膜,然后在塑料膜上涂毒死蜱、甲氰菊酯混凡士林制成药膏,宽2cm,每米用药5g,阻止若虫上树为害。(3)注意保护和利用红环瓢虫、厚环四节瓢虫等天敌。

草履蚧成虫正在分泌卵囊

5. 芒 果 (*Mangifera indica*) 病 害

芒果炭疽病(Mango anthracnose)

症状 进入夏初雨季,芒果抽梢期嫩叶易染炭疽病,常在叶尖开始发病,后逐渐向下扩展成淡褐色病斑,后期病斑上生出密集的小黑点,即病原菌的分生孢子盘,湿度大时长出橙红色分生孢子团。花期染病,花梗上现暗绿褐色小条斑,后变成大条斑,最后造成花穗变褐干枯,出现落花。幼果染病,初在果皮上生出很多针头状的红褐色小点,多个病斑融合后,造成幼果变黑脱落,出现大量落果。果实后熟期染病,造成果腐。果实采收后染病,感病果实上初现针头状小褐点,经2~4天扩展成深褐色圆形至近圆形病斑,略凹陷。湿度大时长出橙红色分生孢子团,后期多个病斑融合出现不规则大斑,造成全果腐烂。

病原 *Glomerella cingulata* (Stonem.)Spauld. et Schrenk 称围小丛壳,属真菌界子囊菌门,无性态为 *Colletotrichum gloeosporioides* (Penz.) Sacc. 称盘长孢状炭疽菌,属真菌界无性

芒果炭疽病病叶

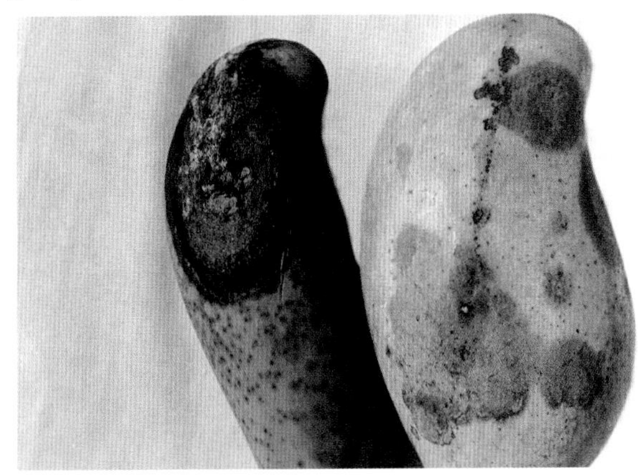
芒果炭疽病病果

型真菌。

传播途径和发病条件 该病初侵染来自枯枝落叶和烂果上越冬的菌丝体，雨后产生大量分生孢子借风雨、媒介昆虫传到花穗及嫩梢上，分生孢子萌发后先产生芽管，形成吸器，侵入芒果，进入后熟期果实含糖量升高，炭疽菌活跃，造成果面产生大量病斑。发病适温为25~28℃，相对湿度90%。品种间抗病性差异明显。

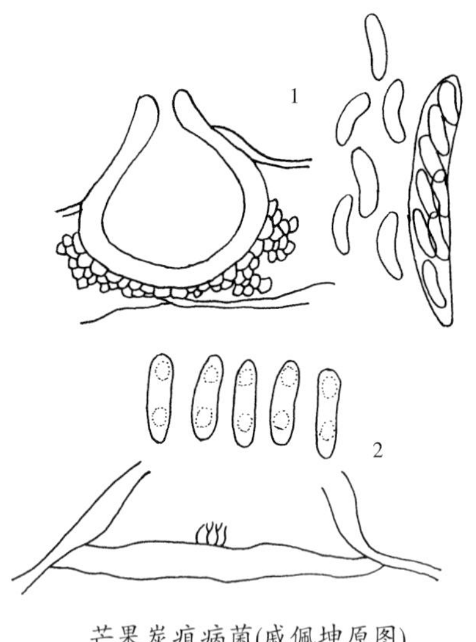

芒果炭疽病菌(戚佩坤原图)
1.子囊壳、子囊孢子和子囊
2.分生孢子、分生孢子盘和产孢细胞

防治方法 (1)选用台农1号、LN_1、马切苏、海顿、光红、鸡旦芒、蕉菲、陵云芒、红芒等高抗和中抗炭疽病品种，生产上的感病品种可高接换种。(2)采果后及时清洁芒果园，剪掉的病枝、病落叶要集中深埋。(3)药剂防治。秋季修剪后马上喷洒1∶1∶100倍式波尔多液，花期花穗抽出5cm时喷洒80%代森锰锌可湿性粉剂或40%多·硫悬浮剂700倍液，始花期至第2次生理落果期喷洒50%多菌灵可湿性粉剂600倍液。(4)防治采后炭疽病要注意搞好采后处理场所有包装材料卫生，包装场所可经常用45%噻菌灵胶悬剂喷雾杀菌，受潮包装材料应在阳光下暴晒杀死杂菌。(5)采后热处理温度一般控制在52℃、6~8分钟为宜，温度不能过高，浸果时间不宜太长。(6)采后冷链贮运时贮温应在13℃以上，避免果实受冻，运输过程中应注意减少机械伤。

芒果焦腐病(Mango storage Botryodiplodia rot)

症状 又称黑腐病、球二孢蒂腐病。多为害果实，常见的为"蒂腐"，初蒂部暗褐色，无光泽，病健部分界明显，后病部变为深褐色或黑褐色，3~5天则全果变黑，表皮现密集的黑色小粒点及黑色、具光泽的孢子角。病果果肉液化、甜味增加。病果实在田间已被侵染，但外观正常，果贮运期发病。为害苗木，造成枝枯或苗枯，病枝干上也生黑色小粒。海南、云南、广东、广西、福建均有发生。

病 原 *Botryodiplodia theobromae* Pat.= *Lasiodiplodia theobromae* (Pat.)Criff. et Maubl. 称可可球二孢，属真菌界无性型真菌。分生孢子器黑色，2~4个集生在一个子座内。分生孢子未成熟时无色、单胞、内含许多颗粒状物，椭圆形。成熟后转为榄褐色，表面具纵纹，并生一隔膜，大小21.3~26.3×12.5(μm)。

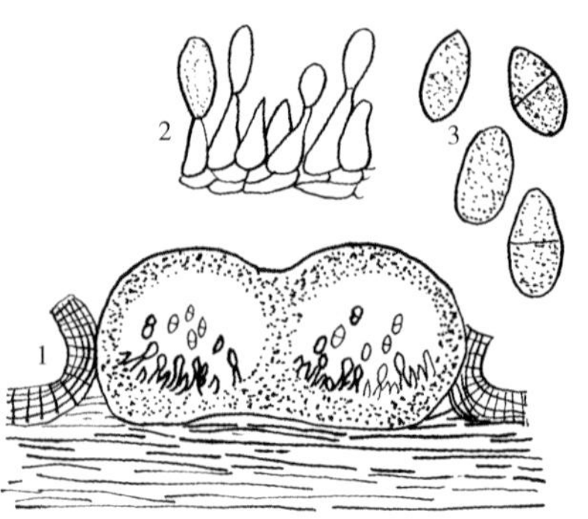

芒果焦腐病菌 可可球色二孢
1.分生孢子器 2.产孢细胞 3.分生孢子

传播途径和发病条件 病原菌在芒果园枯枝树皮及病叶上或病残体上越冬，翌年3~4月春季梅雨季节，病部或病残体上释放大量分生孢子，借风雨飞溅传播，常引起花穗、幼果发病，进入台风侵袭季节，病菌孢子随雨水从扭伤的果柄或台风暴雨或人为伤口侵入果皮，果实生长期间，果实组织上的菌丝可呈潜伏侵染状态，果实成熟后病菌活动增强，采收后期或贮运时出现蒂腐。此外，采收后该菌从果柄剪口处侵入比例也不小，气温28~33℃发病重。

防治方法 (1)积极选育抗芒果蒂腐病、白粉病、炭疽病的抗病品种。因地制宜选用台农1号、2号，田阳香芒，象牙芒22号，紫花芒，桂香芒，桂热芒10号，金穗芒，粤西1号，攀西红芒，龙眼香芒等优良品种。(2)注意及时清除芒果园的病残体集中烧毁，可减少菌源。(3)加强管理。芒果秋剪时，要尽可能贴近枝条分叉处去剪，尽量减少桩口回枯。(4)采果最好安排在近中午时分，果剪要锋利，在果柄离层处下剪，采下的芒果要小心轻放，要求果蒂向下，以减少剪口处溢出果胶污染果实。(5)采后果实应尽快进行防腐处理。方法是在芒果场，把25%咪鲜胺乳油或45%噻菌灵悬浮剂配成500倍液，充分搅拌，当药液水温调至26~28℃时，把准备好的整筐果实浸入药液内1~2分钟后，迅速提离药液，晾干后装箱。

芒果小穴壳蒂腐病(Mango storage Dothiorella rot)

症状 小穴壳蒂腐病常见有3种类型：一是蒂腐型，染病

芒果焦腐病病果

芒果小穴壳蒂腐病病果(皮斑型)

果实初在果柄基部或果蒂周围产生淡褐色病变，后延果身向下扩展，病健交界不明显，湿度大时表皮裂开，有汁液流出，多伴有酸甜气味，气温 28~30℃经 3~4 天出现烂腐，7~10 天后皮上长出 1 层墨绿色菌丝体，并产生很多黑色小粒点，即分生孢子器。二是皮斑型：病菌从果皮气孔或皮孔、水孔等自然孔口侵入，后在果皮上产生略凹陷的圆形淡褐色病斑，有时病斑上产生轮纹，湿度大时也常产生墨绿色菌丝体，后期也长有黑色小粒点。三是端腐型：即在芒果果实端部产生腐烂，其他症状与皮斑型相似。

病原 *Dothiorella dominicana* Pet. et Cif. 称芒果小穴壳，属真菌界无性型真菌。

传播途径和发病条件 该病初始菌源来自芒果园病残体或病株枝梢桩口回枯处，3~4 月遇雨，病残体上的分生孢子器释放出大量分生孢子，借风雨或传粉昆虫传播到芒果花穗或幼果上，分生孢子在水滴中经 6 小时 可长出芽管侵入果实。生产上常在挂果期出现台风暴雨，很易擦伤果皮或扭伤果柄，病菌随雨水从伤口侵入，潜伏在果蒂内，至采收后才出现症状。果柄剪口流出的胶乳是病菌分生孢子营养基质，分生孢子在胶乳中 2 小时即可萌发，经 3 天潜伏期，就出现蒂腐。生产上果柄剪口也是侵入的主要途径，发病适温 25~32℃。

防治方法 (1)加强芒果园管理，及时清除园中的病残体，减少初侵染源。芒果秋剪时尽量贴近枝条分叉处下剪，可减少桩口回枯。(2)采收芒果在 10 时后进行，从果柄离层处下剪，做到小心轻放，放置时要求果蒂向下，减少胶乳污染果面。(3)采果后尽快进行防腐处理，方法参见芒果炭疽病。

芒果白粉病(Mango powdery mildew)

症状 主要为害花序、嫩叶及幼果。病部变褐，其上散生白色粉状小斑，扩展后相互融合成苍白色霉粉层。花序染病，花朵不开放，病花脱落。有的授粉后已座果，但果实长到豆粒大小时就脱落。染病分枝和花轴变黑。嫩叶染病，叶背现白色粉状霉层。广东紫花芒 3 ~ 5 月份发病。

病原 *Oidium mangiferae* Berthet. 称芒果粉孢，属真菌界无性型真菌。有性态为 *Erysiphe cichoracearum* DC.称菊科白粉菌，国内在芒果上尚未发现。菌丝直径 4.1 ~ 8.2(μm)。分生孢子梗不分枝，长 64 ~ 163(μm)，顶生椭圆形分生孢子。分生孢子单胞半透明，单生或串生，大小 33 ~ 43 × 18 ~ 28(μm)。

芒果白粉病

传播途径和发病条件 病菌以菌丝体在枝条内或较老的叶片越冬，翌春产生分生孢子，借风雨传播蔓延。气温 20 ~ 25℃适于该病发生和流行，花期遇有夜间冷凉或高温高湿交替，常引发该病流行。品种间抗病性有差别。多数认为黄色花序品种较抗病，紫花品种红芒、红象牙、紫花芒等较感病。

防治方法 (1)选用抗病品种。如秋芒、粤西 1 号、吕宋芒等较抗病。(2)花簇伸长期至幼果期，喷洒 30%戊唑·多菌灵悬浮剂 1100 倍液或 50%硫磺悬浮剂 300 倍液、20%戊唑醇乳油 2500 倍液。(3)对三唑酮产生抗药性的地区，改用 25%腈菌唑乳油 5000 倍液或 40%氟硅唑乳油 7000 倍液，隔 15 ~ 20 天 1 次，连续防治 2 ~ 3 次。

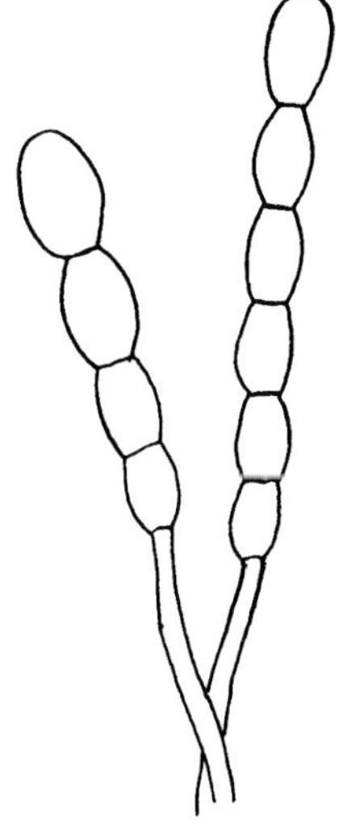
芒果白粉病菌
分生孢子

芒果烟煤病(Mango Capnodium sooty mould)

症状 染病叶片叶面上覆盖一层疏松、网状的黑色粉霉层，与叶片结合不紧密易擦去，进入花期黑色霉层覆盖花序、花穗、侧枝小花上，影响花穗受粉，造成坐果率下降，小果受霉层影响常脱落，果实生长后期染病，果皮呈污色，外观差，易诱发采后病害。

芒果烟煤病病叶

芒果煤病(李剑书等原图)

病原 *Capnodium mangiferae* P. Henn. 称芒果煤炱，属真菌界子囊菌门。和 *Cladosporium herbarum* (Pers.)Link:Fries var. *herbarum*，称多主枝孢，属真菌界无性型真菌。芒果煤炱引起的病害，称其为煤病，多主枝孢引起的称为霉烟病，两者合称烟煤病。

传播途径和发病条件 该病初始菌源来自枝条、老叶，在广东、海南芒果产区可终年繁殖，发病轻重与分泌蜜露的昆虫虫口数量及气象因子有关。生产上扁喙叶蝉、介壳虫、蚜虫、白蛾蜡蝉发生数量大排泄物多利于烟霉病的发生，树龄大、荫蔽、栽培管理粗放的芒果园受害重。

防治方法 (1)加强芒果园管理，合理修剪，树龄大的应回缩树冠，剪除内膛枝、枯枝及病虫枝，提高透光度，可减少叶蝉、蚜虫、蓟马、螨类的为害。(2)结果期定期防治上述害虫。(3)及时喷洒 70%硫磺·甲硫灵可湿性粉剂 800 倍液或 75%百菌清可湿性粉剂 600 倍液、50%锰锌·多菌灵可湿性粉剂 700 倍液。

芒果煤污病

症状 果实膨大后受感染果实在果肩附近开始发病，产生近圆形至圆形病斑，直径 3~5(mm)，由几个针头状小点组成病斑向果身扩展，果实背光一侧果皮发病较多，每个果实上有 10 多个病斑，多个病斑融合成片，致果皮变成污黑色或锈污色，严重影响果实外观。树冠染病，老熟枝条表皮变成污黑色。

病原 *Gloeodes pomigema* (Schw.) Colby 称仁果黏壳孢，属真菌界无性型真菌。菌丝表生，形成薄膜，上生黑点，即分生孢子器。有时菌丝细胞可分裂形成厚垣孢子；分生孢子器半球形，分生孢子圆筒形，成熟时双细胞，两端尖。

传播途径和发病条件 病原菌在芒果秋梢枝条上越冬，成为翌年的初始菌源，果实膨大后结果枝逐渐下垂，这时正值夏季多雨季节，由于雨水冲刷病菌从结果母枝向果枝扩展，果实生长期逐渐向果柄、果肩、果皮积累，最后造成果皮污黑。树龄 1~3 年的种植密度小的芒果园发病轻，4 年以上树龄开始发病，且有逐年加重的态势。层塔型或中间开心型发病轻，圆头型树型发病重。

防治方法 (1)合理密植，每 667m² 应栽 40 株，投产芒果园封行后要及时回缩树冠，增加通风透光，降低园内湿度。(2)夏季挂果期应注意铲除杂草，结合拉枝、主枝支撑使果实远离地面，果实适时套袋，预防病菌侵染果实。(3)果实生长中、后期或果实膨大期定期喷洒 75%百菌清可湿性粉剂 1000 倍液或 70%甲基硫菌灵可湿性粉剂 800 倍液。

芒果煤污病病果(王璧生)

芒果曲霉病(Black mould rot)

症状 贮藏期发生，初果皮上产生大型褐色至深褐色不规则形病斑，病斑后期长出点点黑霉，病果迅速软腐、流水，向周围健果接触传播，造成果实大量腐烂。

芒果曲霉病

病原 *Aspergillus niger* van. Tieghem 称黑曲霉，属真菌界无性型真菌。在 Czapek 培养基上菌丛白色，疏松或紧密，培养基背面白色至黄色；分生孢子头球形，黑色至黑褐色，孢子梗壁光滑，基部生足细胞，褐色，泡囊球形，近无色至浅褐色，上密生梗基及 1 排小梗，分生孢子球形至近球形，暗色，表面生细刺，直径约 4μm。

传播途径和发病条件 初侵染源来自污染的包装材料或器具，在高温条件下或果实抗性低的情况下，从伤口侵入果实。冷藏贮运过程中，受冷害的果实极易受感染，冷害重易发病，在贮运过程中，果实上的伤口常引发此病。

防治方法 (1)提倡冷藏贮运。(2)发病初期喷洒 50%多菌灵可湿性粉剂 800 倍液或 40%氟硅唑乳油 5000 倍液、20%丙硫·多菌灵悬浮剂 2900 倍液。

芒果白斑病(Mango Ascochyta leaf spot)

症状 主要为害叶片，病斑灰白色，小，圆形或略不规则形，后期病斑上长出黑色小粒点，即病原菌的分生孢子器，多个病斑常融合成大块病斑，造成叶片局部坏死脱落。此病多发生在春秋两季。

病原 *Ascochyta mangiferae* Batista 称芒果壳二孢，属真

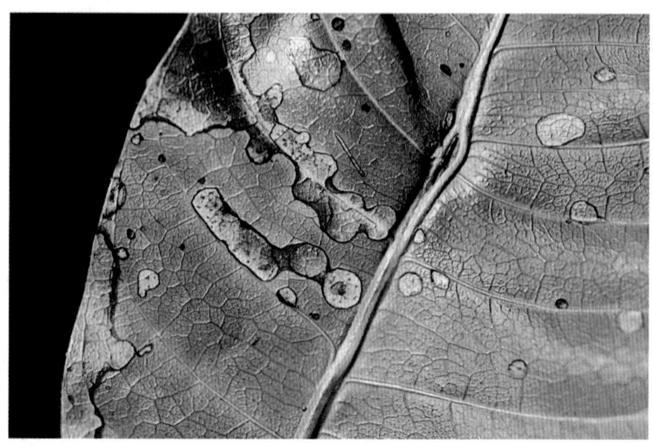

芒果白斑病病叶

菌界无性型真菌。分生孢子器球形，暗褐色，器壁膜质，直径80～112(μm)，未见分生孢子梗，产孢细胞瓶梗形，瓶体式产孢；分生孢子两端较尖，双胞无色，隔膜处稍缢缩，大小8.8～10×3～3.8(μm)。

传播途径和发病条件、防治方法 参见芒果叶点霉叶斑病。发病初期喷洒25%戊唑醇乳油或水乳剂2000倍液。

芒果拟盘多毛孢叶枯病(Mango Pestalotiopsis leaf spot)

症状 又称灰疫病，主要为害叶片，引起叶枯。刚转绿新梢叶片多沿叶尖或叶缘产生褐色病斑。边缘深褐色，病健交界处呈波浪状或在叶缘或叶上产生圆形或近圆形，灰褐色，直径1cm以上病斑，病健交界处具黄色或褐色线圈，湿度大时，病斑两面生出黑色小霉点，即病菌分生孢子盘。

病原 *Pestalotiopsis mangiferae* (P. Henn.)Steyaert 异名：

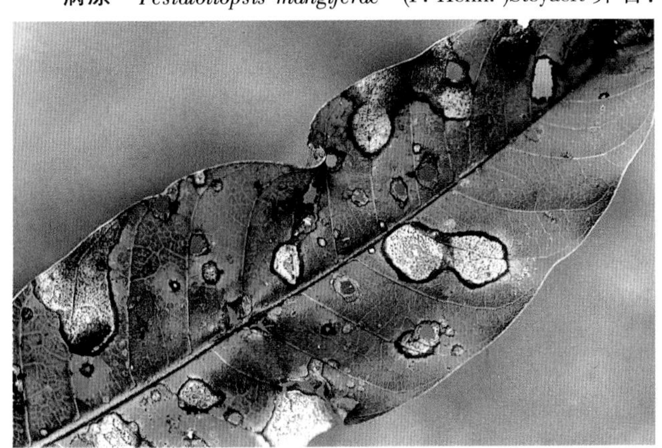

芒果拟盘多毛孢叶枯病病叶

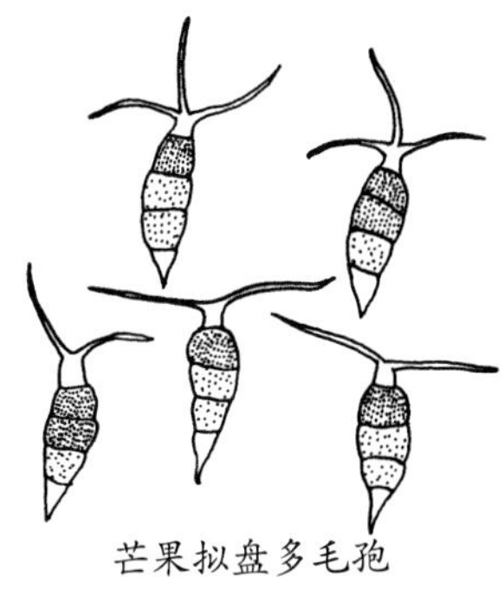

芒果拟盘多毛孢
分生孢子

Pestalotia mangiferae P. Henn. 称芒果拟盘多毛孢，属真菌界无性型真菌。分生孢子盘圆形，黑色，盘上密生不分枝的分生孢子梗，顶生分生孢子。分生孢子短圆柱形至棍棒状，具隔膜4个，中间3个细胞色深，两端细胞无色，分生孢子大小18.9～23.6×8.3～11.8(μm)，顶生附属丝3根，约12.3～21.3(μm)，基部的柄较短。芒果上的拟盘多毛孢有多种，本菌别于*P.congensis*、*P.annulata*。

传播途径和发病条件 病菌在病叶上或病残体上越冬，翌年春雨或梅雨季节，病残体上或病叶上产生菌丝体和分生孢子盘，盘上产生大量分生孢子，借风雨传播，肥水条件差的芒果园或苗圃易发病。紫花芒、桂香芒、象牙芒发病重。

防治方法 参见芒果叶疫病。

芒果叶点霉叶斑病(Mango Phyllosticta leaf spot)

症状 主要为害叶片。有两种症状：一种是叶片尚未老熟即染病，叶面产生浅褐色小圆斑，边缘暗褐色，后稍扩大或不再扩展，组织坏死，斑面上现针尖大的黑色小粒点，数个病斑相互融

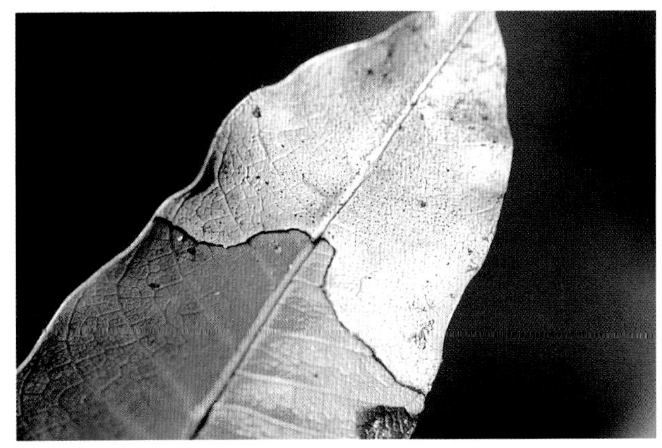

芒果叶点霉叶斑病

合，易破裂穿孔，造成叶枯或落叶。另一种症状 叶斑生于叶缘和叶尖，灰白色，边缘具黑褐色线，叶背褐色，病部表皮下生小黑点，即病原菌分生孢子器，叶缘病斑10×5(mm)，叶尖病斑向后扩展可达63×47(mm)。分布在海南三亚。

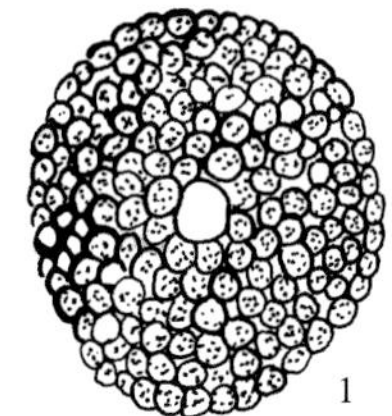

芒果叶点霉叶斑病菌
1.分生孢子器
2.分生孢子

病原 *Phyllosticta mortoni* Fairman 称摩尔叶点霉，属真菌界无性型真菌。分生孢子器椭圆形，深褐色，具圆形孔口，器大小183.8×102(μm)，孔口22.4×20.4(μm)。分生孢子卵形至椭圆形，无色无隔，6.4～8.2×2.1～2.6(μm)，平均7.3×2.5(μm)。

传播途径和发病条件 病菌以分生孢子器在病组织内越冬，条件适宜时产生分生孢子，借风雨传播，从伤口或叶上气孔侵入，进行初侵染和再侵染。该病多发生在夏、秋两季。

防治方法 (1)加强芒果园管理，增强树势提高抗病力。(2)加强果园生态环境，适时修剪，增加通风透光，使芒果园生态环境远离发病条件。(3)发病初期喷洒1∶1∶100倍式波尔多液或50%锰锌·多菌灵可湿性粉剂600倍液、50%甲基硫菌灵可湿性粉剂800倍液、75%百菌清可湿性粉剂700倍液。

芒果茎点霉叶斑病(Mango Phoma leaf spot)

症状 叶片染病，出现浅褐色圆形至近圆形病斑，边缘水

芒果茎点霉叶斑病

溃状，病斑大小0.5～1(cm)，后期病斑变为不规则形，边缘深褐色，病斑中央长出黑色小粒点，即病原菌的分生孢子器。分布在广东、海南等芒果产区。

病原 *Phoma mangiferae* (Hingorani & Shiarma) P. K. Chi 称芒果茎点霉，异名 *Macrophoma mangiferae* Hingorani & Shiarma，属真菌界无性型真菌。分生孢子器球形至近球形，壁薄，暗褐色，直径85～110(μm)，缺分生孢子梗；产孢细胞瓶梗型；分生孢子椭圆形至卵圆形，单胞无色，大小13.8～16.3×6.3～8.8(μm)。

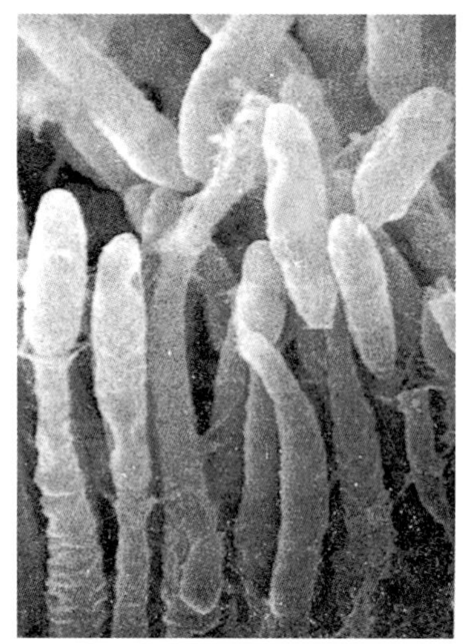
芒果茎点霉叶斑病菌产孢细胞和分生孢子

传播途径和发病条件 该病多发生在苗圃或幼龄树上，发病期多在夏、秋梢生长期，新梢未转绿叶片易染病，红象牙品种易染病。

防治方法 (1)选用吕宋香芒、攀西红芒等优良品种。注意清除病残体，采收后及时修剪、挖沟深埋或烧毁，以减少菌源。并马上喷洒1∶1∶100倍式波尔多液消毒灭菌。(2)发病初期喷洒10%苯醚甲环唑水分散粒剂1500倍液或65%甲硫·乙霉威可湿性粉剂1000倍液。

芒果棒孢叶斑病(Mango Corynespora leaf spot)

症状 叶片染病初生很多形状不规则的褐色小斑点，大小1～7(mm)，后变灰色，四周具褐色围线，多个病斑融合成大小不一的斑块，斑块四周现黄色宽晕，后期病斑上现黑色霉层，即病原菌分生孢子梗和分生孢子。

病原 *Corynespora pruni* (Berk & Cart.)M. B. Ellis 称李棒孢，属真菌界无性型真菌。菌落铺展状，灰色至暗褐色或黑色，毛发状或绒状。分生孢子梗表生，褐色。分生孢子倒棒状，直或稍弯、具假隔膜，大小50～130×10～16(μm)。除为害芒果外，还为害李、山毛榉、桤木、槭属植物。

芒果棒孢叶斑病病叶

传播途径和发病条件 病菌以菌丝体在枯死叶片或病残体上越冬，翌春随芒果生长侵入植株叶片，高温高湿易发病。

防治方法 (1)发现病叶及时剪除，防其传染。(2)发病初期喷洒30%戊唑·多菌灵悬浮剂1100倍液或0.5∶1∶100倍式波尔多液。

芒果叶疫病(Mango Alternaria leaf spot)

症状 又称交链孢霉叶枯病。主要为害树冠下部老叶。本地芒果实生苗和芒果幼树叶片易发病，属常发次生病害。初生灰褐色至黑褐色圆形至不规则形病斑，后发展为叶尖枯或叶缘枯，严重时叶片大量枯死，影响植株生长，叶柄有时也生局部褐斑，易引起落叶，广东未见为害果实。个别年份发病重。

芒果叶疫病

病原 *Alternaria tenuissima* (Fr. :Fr.) Wiltshire (Wiltshire) 称细极链格孢，属真菌界无性型真菌。湿度大时病斑上现灰色霉状物，即病菌分生孢子梗和分生孢子。梗单生或2～3根丛生，褐色，偶现1个膝状曲折；分生孢子倒棍棒形，单生或2～4个串生，孢身褐色，大小18.8～31.3×8～12.5(μm)，具横隔膜3～6个，纵隔膜1～3个，喙变化较大，色略浅，长3.8～11.3(μm)。

传播途径和发病条件 病菌以菌丝体在树上老叶或病落叶上越冬，翌春雨后菌丝产生分生孢子借风雨传播，侵染芒果下层叶片。夏季进入雨季或空气湿度大、缺肥易发病，栽培管理跟不上及老龄芒果园发病重。

防治方法 (1)采用芒果配方施肥技术，适当减少氮肥，增施磷钾肥，加强管理增强抗病力十分重要。(2)发病初期喷洒50%氯溴异氰脲酸可溶性粉剂1000倍液或25%嘧菌酯悬浮剂1200倍液、30%戊唑·多菌灵悬浮剂1000倍液。

芒果树脂病(Mango Phompsis stem-end rot)

症状 又称褐色蒂腐病。主要为害芒果苗木和结果树。苗木染病多发生在茎基部，初韧皮部变黑流胶，后木质部也变成灰黑色，地上部逐渐枯死。芽接苗染病常沿芽接伤口发病，沿茎基向下扩展，接穗枯死。结果树染病常在主干分叉处或茎基部发病，病斑0.2～0.5(cm)长，浅棕色胶液顺干流下，韧皮部变成深褐色，后期出现黑色分生孢子器。果实染病从果蒂处开始腐

芒果树脂病茎基部流胶症状

烂、病部褐色,常温下经 10 天全果烂腐,散出酸味,上生黑色小粒点,即病原菌分生孢子器,湿度大时涌出白色孢子角。

病原 *Phompsis mangiferae* Ahmad 称芒果拟茎点霉,属真菌界无性型真菌。分生孢子器扁球形,直径 0.1 ~0.7 (mm),黑褐色,内含甲乙两型分生孢子:甲型分生孢子椭圆形,无色,大小 5 ~8.8 × 2.1 ~ 3.1(μm);乙型钩丝状,无色,大小 21.3 ~ 27.5 × 1 ~ 1.3 (μm)。在 PDA 上,25℃,7 天菌丛白色薄绒状,后期生出分生孢子器,扁球形至三角形,大小 125 ~ 300 × 135 ~ 175(μm),分生孢子梗分枝,产孢细胞瓶梗型。分生孢子近梭形,少数椭圆形,单胞无色,内含 2 个油球,大小 6.3 ~ 7.5 × 1.9 ~ 2.6(μm)。乙型钩丝状分生孢子有时产生,大小 20 ~ 30 × 0.8 ~ 1(μm)。

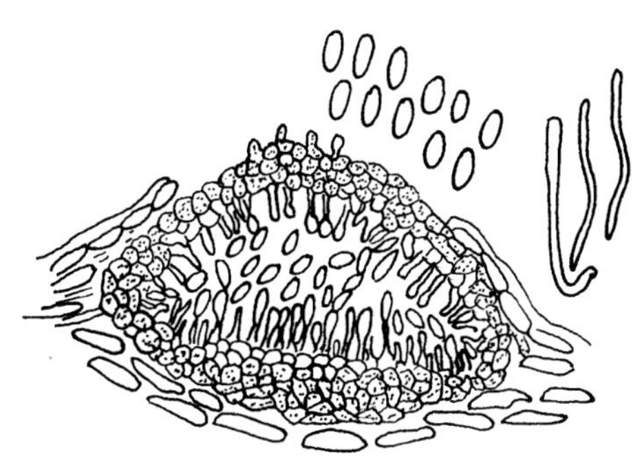
芒果树脂病菌芒果拟茎点霉
分生孢子器和甲、乙两型分生孢子

传播途径和发病条件 病菌以菌丝体和分生孢子器在病部或病残体上越冬,翌春湿度大时从分生孢子器孔口涌出大量分生孢子,通过风雨或昆虫传播,进行初侵染,生长季节能继续产生新的分生孢子进行多次再侵染。高温、高湿、雨水多、果园通风不好易发病,受天牛为害的植株或树势弱,发病重。

防治方法 (1)加强栽培管理,增强树势,减少伤口。(2)削开病部皮层或在病部纵割树皮,树皮上涂抹波尔多浆(硫酸铜∶石灰∶牛粪为 1∶2∶3 或硫酸铜∶石灰∶水为 1∶6∶40)保护。(3)定期喷洒 30%氧氯化铜 600 倍液或 20%噻菌铜悬浮剂 600 倍液、12%松酯酸铜乳油 700 倍液、30%苯醚甲·丙环乳油 3000 倍液。

芒果疮痂病(Mango scab)

症状 主要为害嫩叶、小枝、花序和果实。梢期嫩叶染病始于叶背现暗褐色突起小斑,圆形至近圆形,湿度大时病斑上

芒果疮痂病病果

现绒毛状菌丝体,病叶生长不平衡或扭曲。叶柄、中脉染病,产生纵裂,重病叶易脱落。幼果染病,出现褐色至深褐色凸起小斑,1 个果实上常生多个病斑,重病果易脱落。湿度大时病斑上可见黑色小粒点,即病菌的分生孢子盘。果实生长中期染病,病部果皮木栓化、褐色,病果常出现粗皮或果实畸形。过去是中国对外检疫对象,现虽撤销,但生产上仍需密切注意该病。

病原 *Sphaceloma mangiferae* Jenk. 称芒果痂圆孢,属真菌界无性型真菌。有性态为 *Elsinoe mangiferae* Bit. et Jenk. 称芒果痂囊腔,属真菌界子囊菌门。病部生很多子囊腔,腔中生 1 圆球形子囊,内含子囊孢子 8 个。无性态:病斑上的小黑点和霉层就是它的分生孢子盘,褐色垫状,分生孢子椭圆形,单胞无色,内部多无油滴,大小 5 ~ 7.5 × 1.9 ~ 2.5(μm)。

传播途径和发病条件 病菌在带病老叶上越季,春季条件适宜时病部菌丝体上产生的分生孢子,借风雨传播,引起春梢的嫩叶和幼果染病,管理跟不上长势差的芒果园易发病。

防治方法 (1)搞好芒果园卫生,结合修剪及时剪除发病枝梢和部分重病果,集中深埋或烧毁。(2)秋梢期及时喷洒 30%戊唑·多菌灵悬浮剂 1000 倍液或 80%锰锌·多菌灵可湿性粉剂 1000 倍液,每梢期施药 1 ~ 2 次,幼果期喷药 2 ~ 3 次,隔 10 天左右 1 次。(3)苗圃更要加强水肥管理,每梢期施药 1 ~ 2 次。

芒果细菌性角斑病(Mango bacterial leaf spot)

又称细菌性黑斑病或溃疡病。是芒果常发重要病害,分布在广东、广西、海南、福建等芒果产区。

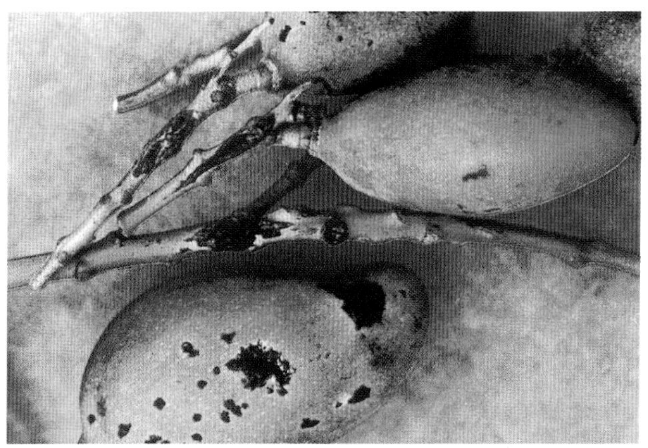
芒果细菌性角斑病病枝及病果

症状 主要为害新梢、叶及果实，造成叶斑和果斑。未转绿新梢染病，叶片上现针头状黑色小点，后扩展成凸起的小黑斑，四周现黄色晕环，病斑扩展时受叶脉限制呈多角形，后多斑融合形成不规则大黑斑；叶片中脉、叶柄染病，产生纵裂，重病叶易脱落。生长期果实染病，先在果皮上产生小黑点，后扩展成黑褐色溃疡斑多个，重病果易脱落。果实生长后期染病，角斑虽不再扩大，但病部常成为炭疽病、蒂腐病的侵入口，造成采后病害迅速扩展。

病原 *Xanthomonas campestris* pv.*mangiferae indicae* (Patel, Moniz et Kulkarni)Robbs, Ribeiro et Kimura 称油菜黄单胞杆菌芒果致病变种，属细菌界薄壁菌门。

传播途径和发病条件 该病初始菌源主要是带病种苗和带菌的田间越冬的病残体及树上带病老叶，条件适宜时从叶片、果实水孔及机械伤口侵入，生产上芒果产区进入挂果后期、秋梢生长期遇有台风暴雨造成伤口多，易发病。向风地带或地势低果园发病重。

防治方法 (1)建立芒果园防风林。(2)新芒果园培育无病苗木。发现病叶及时剪除定期喷洒 72%或 68%农用硫酸链霉素 2500 倍液。(3)搞好芒果园卫生，清除病残体，剪除带病枝叶，修剪后尽快清除病残体，集中烧毁。翌年雨季到来前再次清园。(4)定期施药防病保梢，秋剪后 2 天尽快喷洒 1∶1∶100 倍式波尔多液或 77%氢氧化铜 600 倍液。(5)加强水肥管理，保秋梢放梢整齐，以便统一用药，每次新梢转绿前再喷上述药剂 1~2 次。挂果期台风暴雨后该病流行时尽快抢晴喷药。

芒果生理性叶缘焦枯

症状 又称叶焦病、叶缘叶枯病。多出现在 3 年生以下的幼树。1 ~ 3 年幼树新梢发病时，叶尖或叶缘出现水渍状褐色波纹斑，向中脉横向扩展，逐渐叶缘干枯；后期叶缘呈褐色，病梢上叶片逐渐脱落，剩下秃枝，一般不枯死，翌年仍可长出新梢，但长势差，根部色稍暗，根毛少。

芒果生理性叶缘焦枯

病因 该病系生理性病害，与营养跟不上、根系活力及环境条件和管理有关。一是营养失调 病树叶片中含钾量较健树高，钾离子过剩，引起叶缘灼烧。二是根系活力和周围环境 发病期气候干旱、土温高，水分跟不上盐分浓度高的季节或小气候直接影响根系活力，当有适当雨水，根际条件得到改善时，植株逐渐恢复正常。

防治方法 (1)建园时要注意选择土壤和小气候及周围的环境条件，并注意培肥地力，改良土壤。(2)加强芒果园管理，幼树应施用酵素菌沤制的堆肥或薄施腐熟有机肥，尽量少施化肥，秋冬干旱季节要注意适当淋水并用草覆盖树盘，保持潮湿。(3)注意防治芒果拟盘多毛孢灰斑病、链格孢叶枯病、壳二孢叶斑病等，防止芒果缺钙、缺锌。(4)提倡喷洒 3.4%赤·吲乙·芸可湿性粉剂 7500 倍液，提高芒果质量，打造碧护芒果。

6. 芒 果 害 虫

芒果园橘小实蝇

学名 *Bactrocera dorsalis* (Hende) 分布在海南岛、广东、广西、福建、四川、云南、台湾，除为害柑橘类、番石榴、洋桃、枇杷、番荔枝、木瓜、葡萄、西番莲外，还为害芒果。以成虫把卵产在芒果果实中，幼虫在果中成长，造成果实腐烂或落果。该虫在国内分布区年生 3~10 代，台湾 7~8 代，无严格越冬过程，世代重叠严重，各虫态都能见到。5~9 月虫口数量大，广东 7~8 月间发生较多，为害芒果、杨桃、番石榴。幼虫为害期长短不一，夏季为害 7~9 天，春季 10~12 天，冬季 13~20 天，幼虫老熟后入土 3cm 处化蛹，蛹期 8~20 天。

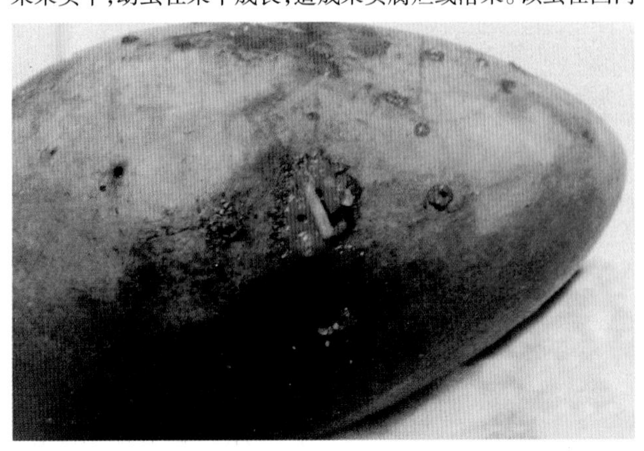

芒果园橘小实蝇幼虫为害果实状

防治方法 (1)严格检疫。凡从橘小实蝇受害区调运水果时，必须经检疫机构严查，一旦发现有虫果，必须经有效处理后方可调运。防止该虫扩展到新区。(2)人工防治。①能套袋的，可在果实生长的中后期，对果实进行套袋。②及时清除落果、虫果。在落果初期 5~7 天清 1 次，落果盛期至末期每日 1 次。对树上有虫青果及时摘除后水浸 8 天或深埋、烧毁。③用性诱剂诱杀雄成虫。先把诱杀器或诱集瓶悬挂在树上，距地 1.5m，每 667m² 果园挂 5~15 个，从 6 月份开始悬挂，注意适时更换诱芯，可大量诱杀雄虫。(3)生物防治。利用橘小实蝇幼虫的寄生蜂有一定效果。新近发现蚂蚁也是一种对蛹有效的捕食性天敌。(4)药剂防治。①喷洒毒饵，于成虫交配产卵盛期用 90%敌百虫可溶性粉剂 1000 倍液，加 3%红糖喷洒树冠，隔 4~5 天 1 次，连

续治 3~4 次，或喷洒 80%敌敌畏乳油 1500 倍液加 3%红糖。国外采用水解蛋白毒饵防治实蝇；用水解蛋白、马拉硫磷分别以 4：1 的比例配制，与水混合，在实蝇成虫期喷 2 次。②用甲基丁香酚诱杀。把浸泡过甲基丁香酚加 3%二溴磷溶液的蔗糖渣纤维板方块，57mm×57mm×10mm，悬挂在果树上，每平方千米 50 块，在成虫盛发期每月悬挂 2 次，能使橘小实蝇减少 90%。

芒果切叶象甲

学名 *Deporaus marginatus* Pascoe 属鞘翅目象甲科。别名：切叶虎、切叶象。分布在广西、广东、海南、福建、云南等省。

寄主 为害芒果、龙眼、荔枝。

芒果切叶象甲成虫

为害特点 以成虫咬食新梢嫩叶的叶肉，残留叶的表皮造成网状干枯，影响正常生长发育。

形态特征 成虫：体长 4~5(mm)，头、前胸橘黄色，触角棍棒形，基半部黑褐色，端半部橘黄色。鞘翅黄褐色，四周黑色，鞘翅上生 10 纵行刻点。卵：长椭圆形，初孵化时白色，后变浅黄色。幼虫：体长 5~6.5(mm)，初乳白色，老熟后黄白色至深灰色，头部褐色，腹部各节侧面各有 1 对肉刺，无足。蛹：浅黄色至黄褐色。

生活习性 广西、广东年生 7 代，以幼虫在土中越冬，第二年 3、4 月份羽化为成虫，进入 5 月各世代重叠，成虫交尾后把卵产在芒果嫩叶的正面主脉里，把卵产完后将叶片横向切开，卵随同叶片掉在地上，经 2 天后孵化为幼虫，幼虫只取食为害 5 天就入土化蛹，经 12 天后又羽化为成虫，每雌产卵 253~337 粒。该虫为害龙眼、荔枝时，先把叶片切咬成"蛋卷状"两头用龙眼、荔枝叶堵上，卵藏在其内，每卷有卵 1~2 粒。成虫有趋嫩性、群聚性和假死性。

防治方法 (1)芒果园内不要混种龙眼、荔枝。发现地面上有切叶，要及时清除，集中烧毁。(2)在成虫羽化期喷洒 2.5%溴氰菊酯乳油 2000 倍液或 50%氯氰·毒死蜱乳油 2000 倍液。

芒果果实象(Mango seed weevil)

学名 *Sternochetus olivieri* (Faust) 鞘翅目，象甲科。分布在云南；越南。

寄主 芒果。

为害特点 幼虫为害果肉或种仁，致受害果失去发芽力或

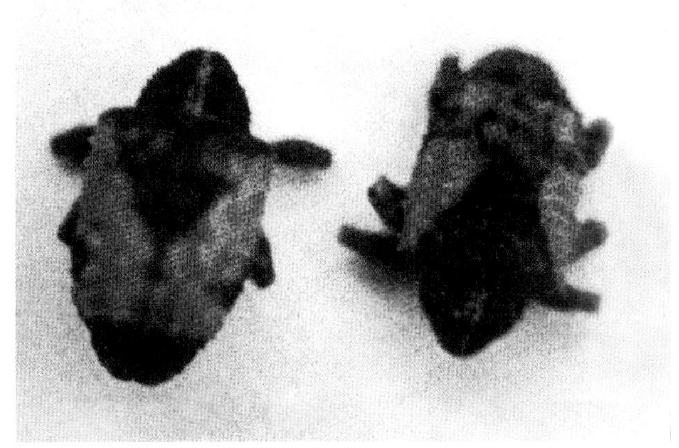

芒果果实象成虫

食用价值。

形态特征 成虫：体长 7~7.3(mm)，体黑色，被覆锈赤色、黑褐色及白色鳞片，额中间有窝，嘴粗短。前胸背板中隆线明显隆起成脊状，两侧生有深凹的大皱刻点成不规则乳锥状凸起。鞘翅行纹成棘状突起，3、5、7 行更为明显，奇数行间宽且隆，各具明显且多的鳞片瘤。黄褐色斜带较宽；直带明显。腹板 2~4 节，各具 2 排刻点。阳茎端部较芒果果肉象略宽钝。

生活习性 云南年生 1 代，幼虫先食害果肉，当果实进入发育中期后，很快侵入果核为害，老熟后幼虫在果核中化蛹，羽化时从羽化孔钻出。

防治方法 (1)严格检疫，防止疫区扩大。(2)注意拾捡果核和落果及时处理。(3)喷洒 20%氰戊·辛硫磷乳油 1500 倍液。

芒果横纹尾夜蛾(Mango shoot borer)

学名 *Chlumetia guttiventris* Walker 鳞翅目，夜蛾科。别名：芒果横线尾夜蛾、芒果钻心虫、芒果蛀梢虫。分布在福建、台湾、广西、广东、云南。

寄主 芒果。

为害特点 幼虫为害叶、嫩梢和花穗。初孵幼虫先为害嫩梢的叶脉和叶柄，3 龄后转害嫩梢和花穗，主要蛀枝梢致枯萎。

形态特征 成虫：体长 5~11(mm)，翅展 13~23(mm)。略呈暗褐色。头棕褐色，胸腹部背面黑色，腹面灰白色，胸腹交界处具"∧"形白纹。腹部各节两侧各具一白色小斑，2 至 4 腹节背面正中央具竖起的黑色毛簇。前翅灰色杂红棕色，基线、内横

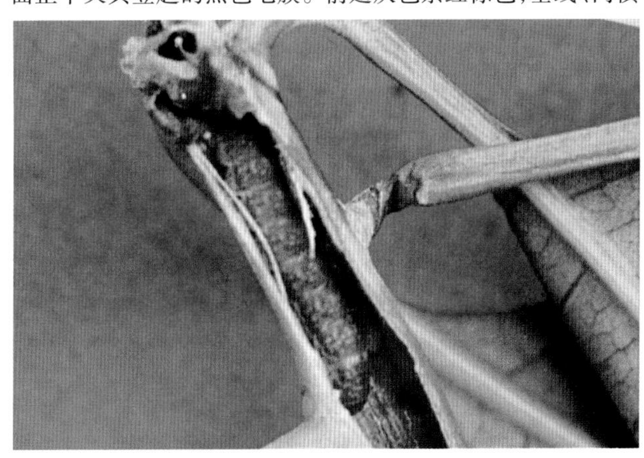

芒果横纹尾夜蛾幼虫钻蛀枝梢

线、中横线均双线黑色稍曲折，外横线黑色宽带状略弯曲，外侧衬白，亚缘线白色内侧衬黑，细波浪形，缘线为1列黑点；后翅灰褐色，近臀角处有1白色短纹。卵：扁圆形，直径0.5mm，青至红褐色。幼虫：体长13～16(mm)，头棕黑色，前胸盾黄褐色，胴部青色带紫红，各节有浅绿色斑块。因龄期及食物不同体色变化很大，有黄白、淡红、黄现红棕及青带紫红等。蛹：长11mm，短粗黄褐色。

生活习性 广西南宁年生8代，世代重叠，以幼虫和蛹在芒果的枯枝烂木内或树皮下越冬。翌年1～3月陆续羽化，成虫昼伏夜出，趋光、趋化性弱，当夜交配产卵，卵多产于老梢叶片上或枝条、花穗上。每雌平均产卵250粒左右。冬春季卵期约4天，夏秋季约2天。幼虫一般5～6月和8～10月为害嫩梢，10～12月和2～3月为害花蕾和嫩梢。幼虫期11～21天，冬季54天。幼虫共5龄，老熟幼虫在芒果的枯烂木、枯枝、树皮或其他虫壳、天牛粪便等处吐丝封口化蛹。天敌有肿腿小蜂和一种茧蜂等。

防治方法 (1)冬季认真清除枯枝烂木及翘皮，集中处理减少虫源。(2)越冬前树干上束草诱集幼虫越冬或化蛹，集中处理。(3)药剂防治，以杀卵和低龄幼虫为主，于大树嫩梢长3～5(cm)花蕾开放前，苗圃萌芽抽梢时，喷50%敌敌畏乳油、杀螟硫磷、稻丰散等乳油800～1000倍液、25%氯氰·毒死蜱乳油1000倍液、40%毒死蜱乳油1600倍液。由于芒果新梢、花序分批抽出，喷1次药防不住，因此每次新梢、花序从萌发初期即开始喷药，隔7天1次，连续防治2～3次，才能奏效。但采果前15天必须停药。

芒果毒蛾

学名 *Lymantria marginata* Walker 鳞翅目，毒蛾科。分布在江西、福建、广东、广西、四川、云南、陕西等省。

寄主 芒果、板栗。

为害特点 幼虫食叶成缺刻。

形态特征 雄蛾：翅展约43mm，雌蛾52mm，雄蛾头部黄白色，复眼四周黑色、触角黑色，下唇须黑色。胸部灰黑色带白色和橙黄色斑。足黑色带白斑。腹部橙黄色，背面、侧面具黑斑。前翅黑棕色，基线黄白色，内横线黄白色，波浪形，触及基线，从前缘到中室有1块黄白色斑，其上生1黑点，外横线黄白色，波浪形，不明显，亚缘线、缘线黄白色，锯齿形；后翅棕黑色，翅外缘具一列白点，前、后翅反面棕黑色，前翅前缘有2个白黄色斑。雌蛾：头、胸部黄白色带橙黄色，具黑色斑。腹部橙黄色，背面、侧面具黑横带。前翅黄白色，亚基线棕黄色，成1块大斑，内横线棕黑色，较宽，锯齿形，中室中央具1黑斑，中横线、外横线锯齿形棕黑色，翅外缘具1棕黑色带，其上生白斑，缘毛黑白相间。

生活习性、防治方法 参见番荔枝、番石榴、番木瓜害虫——木麻黄毒蛾。

银毛吹绵蚧(Okada cottony cushion scale)

学名 *Icerya sechellarum* Westwood 同翅目，硕蚧科。别名：茶绵介壳虫、橘叶绵介壳虫。分布在河北、山东、河南、安徽、浙江、湖北、湖南、江西、福建、台湾、广西、广东、陕西、四川、贵州、云南。

寄主 柑橘、枇杷、芒果、木菠萝、石榴、桃、柿、茶等。

为害特点 同柑橘类害虫——吹绵蚧。

形态特征 成虫：雌体长4～6(mm)，橘红或暗黄色，椭圆或卵圆形，后端宽，背面隆起，被块状白色绵毛状蜡粉，呈5纵行：背中线1行，腹部两侧各2行，块间杂有许多白色细长蜡丝，体缘蜡质突起较大，长条状淡黄色。产卵期腹末分泌出卵囊，约与虫体等长，卵囊上有许多长管状蜡条排在一起，貌视卵囊成瓣状。整个虫体背面有许多呈放射状排列的银白色细长蜡丝，故名银毛吹绵蚧。触角丝状黑色11节，各节均生细毛。足3对发达黑褐色。雄体长3mm，紫红色，触角10节似念珠状，球部环生黑刚毛。前翅发达色暗，后翅特化为平衡棒，腹末丛生黑色长毛。卵：椭圆形，长1mm暗红色。若虫：宽椭圆形，瓦红色，体背具许多短而不齐的毛，体边缘有无色毛状分泌物遮盖；触角6节端节膨大成棒状；足细长。雄蛹：长椭圆形，长3.3mm，橘红色。

生活习性 福州年生3代，以受精雌虫越冬，翌春继续为害，成熟后分泌卵囊产卵，7月上旬开始孵化，分散转移到枝干、叶和果实上为害，9月间羽化，雌虫多转移到枝干上群集为害，交配后雄虫死亡，雌蚧为害至11月陆续越冬。天敌同吹绵蚧。

防治方法 (1)剪除有虫枝，或刷除虫体。(2)注意保护天敌。(3)休眠期喷洒4波美度石硫合剂。(4)初孵若虫分散转移期或幼蚧期喷洒40%毒死蜱乳油1600倍液。

芒果毒蛾成虫

银毛吹绵蚧

芒果扁喙叶蝉(Mango leafhopper)

学名 *Idioscopus incertus* (Baker) 同翅目,蝉科。别名:芒果叶蝉。分布在广东、广西、海南、云南、福建、台湾。

芒果扁喙叶蝉

寄主 芒果。

为害特点 以成、若虫吸食嫩梢、嫩叶、花穗、幼果的汁液,造成受害部枯萎,影响开花、结果,严重时造成大量落果,减产30%~50%。

形态特征 成虫:体长4~5(mm),体宽短,长盾形,头短且宽,头顶中央生1暗褐色斑点。前胸背板浅灰绿色,布有不规则深色斑,近两侧色渐浅。小盾片基部具黑斑3个,中间1个横形或长形,两侧的尖突成角,紧靠中间斑后方及两侧稍后处,还各具小黑点2个。前翅青铜色,半透明,前缘中区土黄色,其后方和翅端各具1长形黑斑。卵:长1.2mm,香蕉形。末龄若虫:体长4mm,头、胸土黄色,有黑褐色斑。腹部黑色,背面前方具大黄斑1个。

生活习性 广西年生13代,世代重叠。越冬代成虫于翌年2月中旬活动,2月下旬出现1代若虫。3月下~4月上旬进入2代若虫盛发期,正值早、中熟品种进入末花期,是为害关键时期。南宁每年3~4月、8~10月进入盛发期,成、若虫群集为害。喜把卵产在嫩芽、幼叶中脉表皮下排列成行,卵期3~5天,初孵若虫从表皮钻出,致表皮裂口呈长裂缝,造成叶表皮弯曲变形,嫩芽干枯。海南省西部每年从3月份至9月份均可发生,3~5月是为害的高峰期,成虫、若虫群集于嫩梢、嫩叶、花穗和幼果上,刺吸组织汁液。卵产于嫩芽或嫩叶中脉的组织内,数粒或10多粒连成一片,每头雌虫产卵150~200粒。成虫无趋光性,晴天活跃。以成虫在枝叶或树皮缝中越冬。

防治方法 (1)加强栽培管理,合理修剪,改善芒果园通风透光条件,减少该虫隐蔽场所。(2)花穗期至坐果期选用20%氰戊·辛硫磷乳油或2.5%高效氯氟氰菊酯乳油1500~2000倍液、55%氯氰·毒死蜱乳油2000~2500倍液、25%吡蚜酮悬浮剂2500倍液、5%除虫菊素乳油1000倍液,若虫发生高峰期,施药间隔7~10天,连续喷施2~3次,上述药剂应轮换使用,防止产生抗药性。

脊胸天牛(Mango long horned beetle)

学名 *Rhytidodera bowringii* White 鞘翅目,天牛科。分布在广东、广西、四川、云南、海南、福建。

寄主 芒果、腰果、人面子、朴树。是芒果主要害虫。

脊胸天牛成虫放大

为害特点 幼虫蛀害树干,造成枝条干枯或树干折断,影响植株生长,严重时整株枯死,整个果园被摧毁。

形态特征 成虫:体长33~36(mm),宽5~9(mm),体细长,栗色或栗褐色至黑色。腹面、足密生灰色至灰褐色绒毛;头部、前胸背板、小盾片被金黄色绒毛,鞘翅上生灰白色绒毛,密集处形成不规则毛斑及由金黄色绒毛组成的长条斑,排列成断续的5纵行。卵:长1mm左右,长圆筒形。幼虫:浅黄白色,体长55mm,圆筒形,黄白色,前缘有断续条纹。蛹:长29mm,黄白色扁平。

生活习性 广西年生1代,主要以幼虫越冬,少量以蛹或成虫在蛀道内越冬。成虫在3~7月发生,5~6月进入为害盛期,把卵产在嫩枝近端部的缝隙中或断裂处或老叶的叶腋、树桠叉处,每处1粒,每雌产卵数十粒。幼虫孵化后蛀入枝干,从上至下钻蛀,虫道中隔33cm左右咬1排粪孔,虫粪混有黏稠黑色液体,由排粪孔排出,是识别该虫重要特征。11月可见少数幼虫化蛹或成虫羽化,但成虫不出孔,在枝中虫道里过冬。

防治方法 (1)5~6月成虫盛发时进行人工捕捉。(2)6~7月幼虫孵化盛期或冬季越冬期,把有虫枝条剪除,集中烧毁。(3)幼虫期用铁丝捅刺或钩杀之。(4)用80%敌敌畏乳油注入虫孔内,也可把半片磷化铝塞入蛀孔内,再用黄土把口封住,可熏死幼虫。

芒果叶瘿蚊(Mango leaf midge)

学名 *Erosomyia mangiferae* Felt 双翅目瘿蚊科。分布在广东、广西、海南、云南、福建等芒果产区。是芒果生产上常发重要害虫。

芒果叶瘿蚊为害新梢叶片状

寄主 芒果。

为害特点 为害梢期叶片，每叶有数十个虫瘿，受害叶片出现大量穿孔或呈不规则网状破裂影响光合作用，对新梢质量影响很大，造成树冠生长不良，影响树势和产量。

形态特征 成虫：草黄色，体长1～1.2(mm)。卵：近椭圆形，长1mm，无色。末龄幼虫：似蛆状，黄色，体长2mm左右，宽0.6mm，体节明显，剑骨片细长。蛹：长1.4mm，短椭圆形，外面包裹一层黄褐色薄膜状包囊。

生活习性 广东、广西、海南年生8代左右，11月中旬后幼虫进入表土3～5(cm)处化蛹越冬，羽年4月上旬羽化出土，夜晚21～22时进入交尾高峰期，次日上午雌虫把卵分散产在嫩叶背面，雌成虫产卵后2～3天死去。初孵幼虫咬破嫩叶表皮钻到叶肉中取食，产生水烫状点斑，随虫体长大产生小瘤状虫瘿，幼虫离开虫瘿时，中央裂开形成穿孔，幼虫老熟后进入土中化蛹。

防治方法 (1)加强芒果水肥管理，使抽梢期一致以利梢期集中防治。(2)新梢嫩叶抽出3～5(cm)时，喷洒20%氰戊菊酯乳油2000倍液或40%甲基毒死蜱乳油1000倍液、25%氯氰·毒死蜱乳油1000倍液、50%杀螟丹可溶性粉剂900倍液、1.8%阿维菌素乳油3000倍液。

芒果园枣奕刺蛾

学名 *phlossa conjuncta* (Walker) 除为害枣、核桃、山楂、杏、柿外，还为害芒果，以幼虫取食芒果叶肉，残留下表皮，成长幼虫取食全叶，仅残留叶脉，该虫1年发生1代，以老熟幼虫在树干根颈部附近土壤中7~9(cm)深处结茧越冬。翌年6月上旬开始化蛹，蛹期17~31天，6月下旬羽化为成虫，卵期7天，7月上旬为害，7月下旬~8月中旬进入为害盛期，8月下旬幼虫老熟后，下树结茧越冬。

芒果园枣奕刺蛾幼虫(郭书普)

防治方法 (1)修剪时剪除虫茧，冬春挖除虫茧杀灭。(2)摘除有虫叶片烧毁。(3)幼虫低龄期喷洒25%灭幼脲悬浮剂或可湿性粉剂2000倍液或80%敌百虫可溶性粉剂1000倍液、5%氟铃脲乳油1500倍液。

芒果轮盾蚧

学名 *Aulacaspis tubercularis* (Newstead) 别名：芒果白轮

芒果轮盾蚧(王壁生 摄)

蚧，属同翅目盾蚧科。分布在中国的广东、海南及泰国。

寄主 芒果、龙眼、荔枝、椰子、柑橘、鸢尾、樟树、月桂等。

形态特征 雌成虫：白色，介壳近圆形扁平，薄，半透明，表面具皱纹。蜕皮在介壳四周，棕黄色，中间生1黑色脊，形成1明显中线。雄介壳：白色，体小、长形，两侧近平行，呈明显的三隆线形。若虫：深砖红色。

生活习性 成虫、若虫常几个至数十个群集在寄主叶片上为害，造成很多介壳虫集中吸食汁液，同时诱发煤烟病，影响光合作用。生产上各虫态常随上述寄主植物的种苗调运进行远距离传播。

防治方法 (1)果园要适时修剪，提高果园通风透光度，秋剪时要注意有受害枝梢整枝剪除，集中在田外烧毁。(2)若虫初发盛期及1龄若虫抗药力最弱时喷洒4.5%高效氯氰菊酯乳油1500倍液或1.8%阿维菌素乳油1000倍液，药后3天再喷1次。

芒果园椰圆盾蚧

学名 *Aspidiotus destructor* (Signoret) 属同翅目盾蚧科。别名：椰圆蚧。分布华南、西南、华中、华东。

寄主 芒果、椰子、柑橘、香蕉、荔枝、番木瓜、葡萄等。

为害特点 春夏季芒果树全树叶片受害，若虫、成虫群集在叶面吸食叶片汁液，造成大量叶片失绿变黄，初孵若虫向嫩叶及果实上爬去，后固定在叶背或果实上危害，虫体分泌大量白色蜡粉，诱发烟煤病。

形态特征 介壳：雌介壳圆形，直径1.8mm，浅褐色，薄而

椰圆蚧为害果实(王壁生)

透明，壳点杏仁形，黄白色略扁。雄介壳近椭圆形，略小，质地和颜色同雌虫。成虫：雌成虫倒梨形，鲜黄色，介壳与虫体易分离。雄成虫橙黄色，复眼黑褐色，翅半透明，腹末生针状交配器。卵：黄绿色，椭圆形。若虫：浅黄绿色或黄色，近圆形，较扁，3对足，腹末生1尾毛。

生活习性 浙江、江苏、湖南年生3代，福建4代，均以受精后的雌成虫越冬。3代区各代孵化盛期为4月底至5月初及7月中下旬、9月底至10月初。福建冬季可见雌成虫、雄蛹及1龄若虫。第1代卵1月下旬前后孵化，第2代若虫5月间出现。

防治方法 (1)严格检疫，防止有虫苗木调出。(2)加强管理增强树势，提高抗虫力。(3)在若虫盛发期喷洒1.8%阿维菌素乳油1000倍液或40%毒死蜱乳油1200倍液。

芒果园垫囊绿绵蜡蚧

学名 *Chloropuluinaria psidii* (Maskell) 别名：热带蜡蚧、刷毛绿绵蚧等，除为害荔枝、龙眼、柑橘、番石榴、番荔枝等，还为害芒果，以雌成蚧、若虫刺吸芒果叶片、新梢、果柄、花穗和果实的汁液，造成死枝，落叶和落果，还诱发烟煤病，致树势衰弱。在广东、广西芒果产区年生3~4代，以雌成蚧和若蚧在芒果叶背、秋梢、早冬梢顶芽上越冬，翌年1月下旬至2月上旬越了冬雌成虫产生卵囊。4月下旬出现1代雌成虫，8月下旬出现2代，11月出现3代雌成虫，把卵产在卵囊中，初孵若虫从卵囊中向嫩梢、嫩叶、花穗爬去，1天内固定在叶柄或叶脉附近。钻入芒果果实内若虫多固定在果皮凹陷处固定为害。

防治方法 参见荔枝、龙眼园垫囊绿绵蜡蚧。

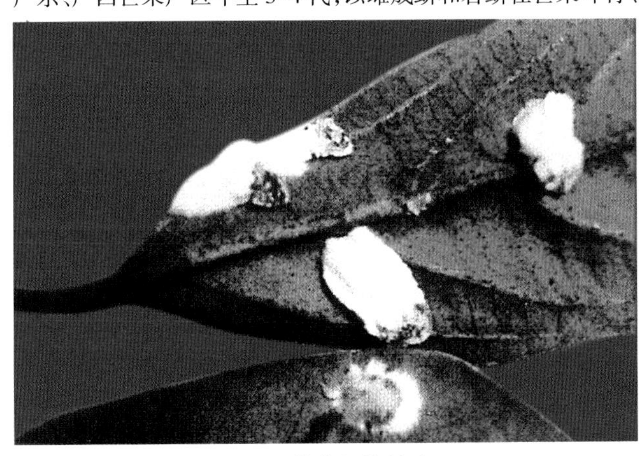

芒果园垫囊绿绵蜡蚧

芒果白条天牛

学名 *Batocera roylei* (Hope) 鞘翅目天牛科。分布在广东、广西、海南、云南等省。

寄主 主要为害芒果。

为害特点 幼虫为害主干、主枝，树干内蛀道呈纵横状。

形态特征 成虫：体长54mm，体宽19mm。体大型，黑色有光泽。前胸背板中区生1对彼此接近半圆形灰黄绿色毛斑。每个鞘翅上生4个杏黄稍带青灰色大型圆斑，位于同1纵行上，端斑稍长较小；从复眼后方至腹部端末的两侧，各生1条较宽灰绿绒毛纵条纹；雌成虫触角略超鞘翅端部。前胸背板侧刺突细长。鞘翅基部颗粒占鞘翅的1/5。

生活习性、防治方法 参见核桃害虫——橙斑白条天牛。

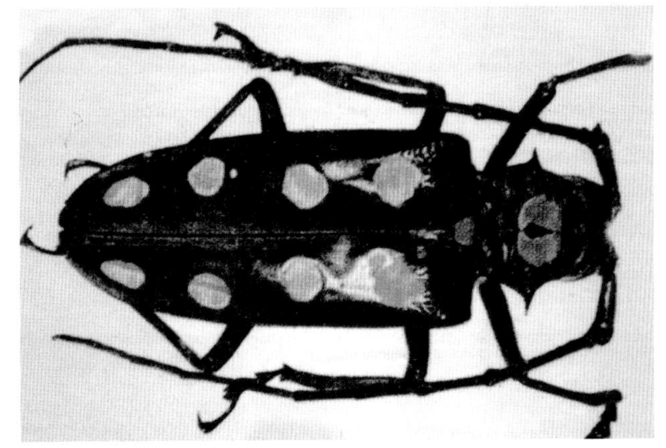

芒果白条天牛成虫

7. 香 蕉(*Musa nana*)病 害

香蕉黄条叶斑病(Banana Pseudocercospora leaf spot)

症状 又称褐缘灰斑病、褐条叶枯病、黄斑病、芭蕉瘟、黄死病。多在上部叶片显症。初生细小、黄绿色病纹，长度小于1mm，扩展后，形成椭圆形、暗褐色病斑，大小10~40×3~6(mm)，外围黄色晕环。以后病斑中央干枯呈浅灰色，外缘有黑色或深褐色细线，具黄色晕圈。发生多时，病叶局部或全叶枯死。潮湿条件下，病斑表面可见大量灰色霉状物。受害株如多数叶片染病，则不能抽穗，或抽出的果穗瘦，果指小、果肉变色；如整株失去功能叶片，抽出的果穗常腐烂、折断，整穗脱落，严重减产。黄条叶斑病是香蕉最重要叶部病害之一。近年该病为害日趋严重。

病原 *Pseudocercospora musae* (Zimm.)Deighton 香蕉假尾孢，异名 *Cercospora musae* Zimm. 属真菌界无性型真菌。子座近球形、榄褐色，直径28.8~80.0(μm)。分生孢子梗5~30根簇生，短，孢痕不明显。分生孢子倒棒形，较直或弯曲，基部稍窄，无脐突，浅黄色，隔膜3~8个，大小27.5~58.8×3.1~7.5(μm)。有性态为 *Mycosphaerella musicola* Mulder 香蕉生球腔菌，属真菌界子囊菌门。

传播途径和发病条件 以菌丝体、分生孢子在寄主病部或病、落叶上越冬。翌年长出分生孢子，借风雨溅射传播。分生孢子在叶表面水膜中萌发产生芽管和附着胞，经气孔侵入引起发病。潜育期一般1~2月，长者可达115天。分生孢子发芽率较低，但芽管、附着胞可持续6天以上。分生孢子是主要再侵染源。气温23~25℃，相对湿度100%，叶面长时间湿润有利病害扩展和产孢，气温低于20℃限制产孢，即使湿度很高侵染也明显下降，干旱、夜间无露水适于本病扩展。蕉园密植、杂草丛生、

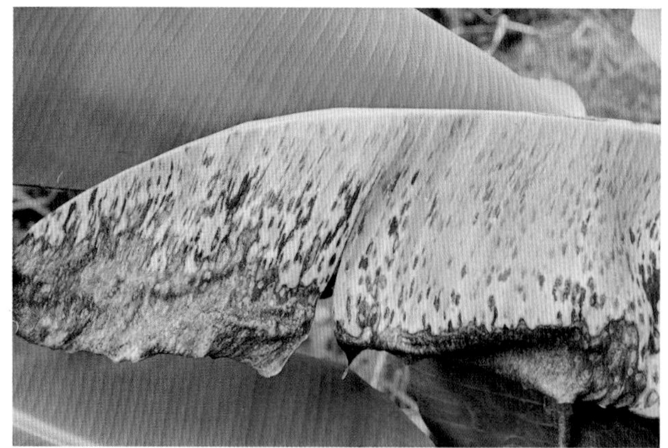

香蕉黄条叶斑病

香蕉黄条叶斑病病叶

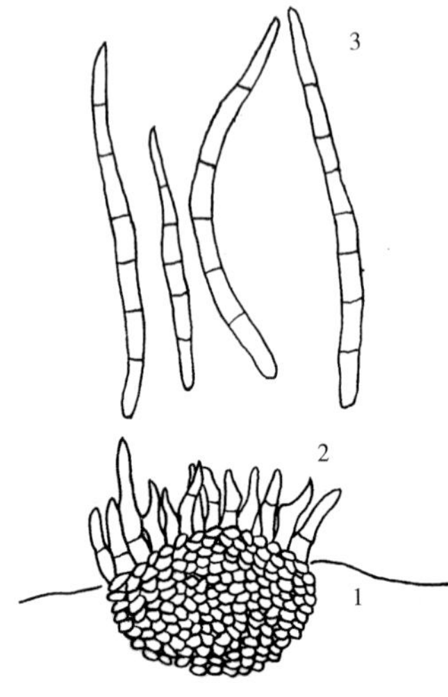

香蕉黄条叶斑病菌香蕉假尾孢
1.子座 2.分生孢子梗和产孢细胞 3.分生孢子

排水不良、偏施氮肥、钾肥不足发病重。每年5~7月是该病发生较多的季节。品种间矮把香芽蕉、高种香芽蕉等高度感病，面粉蕉、大蕉较抗病。

防治方法 (1)种植抗病品种。加强蕉园管理，去除过多吸芽，清除杂草，合理施肥，注意氮、磷、钾的合理配比(1∶0.4∶2)，满足植株对钾的需求，使植株生长健壮，提高抗病力。(2)及时割除病残叶，烧毁或深埋。(3)于发病初期(4月初)喷洒30%戊唑·多菌灵悬浮剂1000倍液或7.5%氟环唑乳油500~700倍液、50%锰锌·腈菌唑可湿性粉剂600~800倍液、50%嘧菌酯水分散粒剂2000倍液、10%苯醚甲环唑微乳剂1000倍液、25%吡唑醚菌酯乳油2000~3000倍液。隔10～15天一次，连喷4～5次。

香蕉黑条叶斑病(Banana and plantain black leaf streak)

症状 又称黑条叶枯病、黑色芭蕉瘟、黑死病、黑斑病。初在叶脉间生细小褪绿斑点，后扩展成狭窄的、锈褐色条斑或梭

香蕉黑条叶斑病病叶症状

斑，两侧被叶脉限制，外围具黄色晕圈。随着病情扩展，条纹颜色变成暗褐色、褐色或黑色，病斑扩大呈纺锤形或椭圆形，形成具有特征性的黑色条纹。病斑背面生灰色霉状物，即病原菌子实体。高湿条件下，病斑边缘组织呈水浸状，中央很快衰败或崩解，以后，病部变干、浅灰色，具明显的深褐色或黑色界线，周围组织变黄。发生多时，病斑融合、大片叶组织坏死，重者整叶干枯、死亡，下垂倒挂在茎上。近年该病在华南香蕉栽培区为害日趋严重，应引起生产上的重视。

病原 *Pseudocercospora fijiensis* (Morelet)Deighton 称斐济假尾孢，异名 *Cercospora fijiensis* Morelet 属真菌界无性型真菌。无子座，分生孢子梗3～5根簇生，无色，短，直立或弯曲，产孢细胞合轴生，顶端孢痕小，直径1～1.5(μm)。分生孢子倒棒形，无色，3～6个隔膜，顶端稍尖，基部脐点凹入，孢子大小2.5～4.2×3～3.5(μm)，少数隔膜6～8个，长60～70(μm)。有性态为 *Mycosphaerella fijensis* Morelet 称斐济球腔菌，属真菌界子囊菌门。子囊壳深褐色，球形，具乳突状孔口。子囊倒棒状，无侧丝，大小28.0～34.5×6.5～8.0(μm)，内含子囊孢子8个，双列。子囊孢子浅色，梭形或棍棒状，双胞，隔膜处缢缩，大小14～20×4～6(μm)。

传播途径和发病条件 病菌以菌丝体、分生孢子及子囊孢子在田间病株和病残叶上越冬。翌年产生分生孢子和子囊孢子，借风雨传播进行初侵染和再侵染，因本菌的分生孢子数量较少，所以子囊孢子在侵染中至关重要。高温、高湿利于发病。嫩叶易受侵染，老叶一般不受害。抗黄条叶斑病的大蕉品种对该菌却感病。

防治方法 (1)加强检疫，防止病球茎和病吸芽带菌传入。(2)割除病残叶，减少侵染源。(3)药剂防治参见黄条叶斑病，但需要适当缩短打药间隔时间，增加施药次数。

香蕉灰纹病和煤纹大斑病（Banana Cordana leaf spot and Helminthosporium leaf spot）

症状 香蕉灰纹病又称灰斑病。初叶面现椭圆形褐色小病斑，后扩展为两端稍突的长椭圆形大斑，病斑中央灰色至灰褐色，周围褐色，近病斑的周缘具不明显轮纹，病斑外围有明显可见的黄晕，病斑背面生灰褐色霉菌，即病原菌的分生孢子梗和分生孢子。

香蕉灰纹病病叶

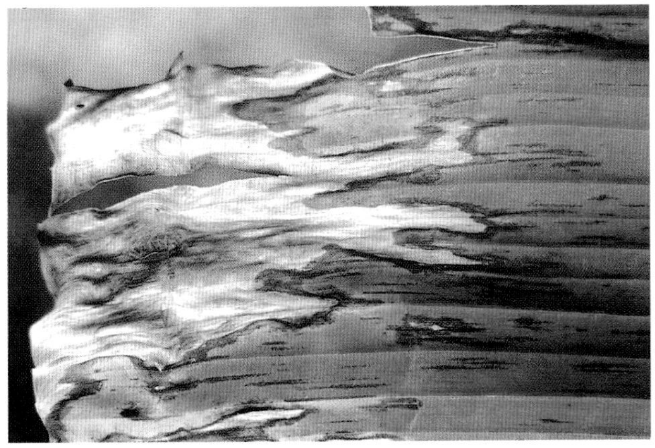
香蕉煤纹大斑病叶片症状

香蕉煤纹大斑病多在叶缘处发病，与灰纹病较难区别，煤纹大斑病病斑多呈短椭圆形，褐色，斑面上轮纹较明显，病斑背面的霉状物颜色较深，呈暗褐色。

病原 灰纹病为 *Cordana musae* (Zimm.) Hohn.称香蕉暗双孢菌，属真菌界无性型真菌。分生孢子梗褐色，具分隔，长 80～220(μm)。分生孢子单胞或双胞，无色，短西瓜子状，大小 13～27×6～16(μm)。

煤纹大斑病 *Helminthosporium torulosum* (Syd.) Ashby 称簇生长蠕孢菌，属真菌界无性型真菌。分生孢子梗褐色，具分隔；分生孢子浅墨绿色，具分隔 3～12 个，大小 35～55×15～16(μm)。

传播途径和发病条件 两种病原菌均以菌丝体或分生孢子在寄主病部或落到地面上的病残体上越冬，翌春分生孢子或由菌丝体长出的分生孢子借风雨传播蔓延，在香蕉叶上萌发长出芽管从表皮侵入引起发病，后病部又产生分生孢子进行再侵染。每年 5~6 月是香蕉灰纹病发病季节；每年 6~7 月香蕉煤纹大斑病发生较多。

防治方法 (1)加强栽培管理，增施有机肥，合理排灌，及时割除病叶。(2)福建香蕉产区于 4、5、6 月各喷 1 次 1∶0.8～1∶100 少量式波尔多液，每 667m^2 150～200L，此外还可喷 25%丙环唑乳油 1000 倍液或 40%丙环唑微乳剂 1500 倍液、70%代森联水分散粒剂 600 倍液、25%吡唑醚菌酯乳油 3000 倍液，隔 20 天 1 次，防治 2～3 次即可。

香蕉黑疫病(Banana Pythium stem spot)

症状 为害叶片和叶鞘。叶片染病，生近圆形、椭圆形，大小不等的黑色斑，病斑多时互相融合，全叶黑死。叶鞘染病，生不规则形黑色斑，向内扩展，致里面的叶鞘也变黑腐烂。1997 年 7 月珠海市暴发成灾。应引起生产上重视。

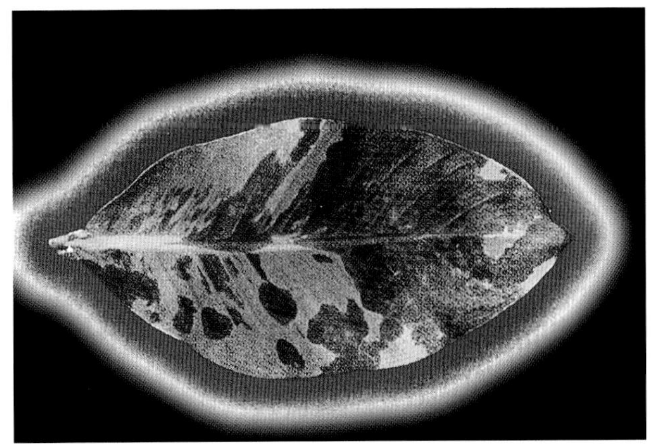
香蕉黑疫病病叶

病原 *Pythium* sp.一种腐霉，属假菌界卵菌门。PDA 上菌落白色，菌丝体放射状，稀疏，不规则分枝，宽 3～5(μm)。孢子囊菌丝状，不规则变粗，简单或有分枝，顶生或间生，长 50～60(μm)，长者达 1000μm 以上。在 Petri 液中，25℃经 3 天，产生泡囊，不久放出游动孢子。游动孢子休止时呈圆形，直径 7.5～8.5(μm)，无色。藏卵器球形，大多顶生，也可间生，无色，直径 18～21(μm)。雄器未见。卵孢子球形，无色，光滑，不满器，直径 16～18(μm)。

传播途径和发病条件 病菌以卵孢子在病部或随病残体留在土壤中越冬，条件适宜时，卵孢子萌发，侵入后引致发病。病部又产生大量孢子囊，孢子囊萌发后产生游动孢子或孢子囊直接萌发进行再侵染。天气潮湿多雨，尤其是每次大雨后，排水不良，有利该病的发生和扩展。1997 年、1998 年广东珠海低洼蕉田一度被淹，水退后迅速发病，暴发成灾。

防治方法 (1)新建或改建香蕉园要选择不被水淹的地块；做到渠系配套，雨后及时排水，严防湿气较长时间滞留。(2)发现病叶及时割除。(3)发病条件出现时，喷 70%乙膦·锰锌可湿性粉剂 600 倍液或 50%嘧菌酯水分散粒剂 2000 倍液、53.8%氢氧化铜干悬浮剂 600 倍液、85%波尔·甲霜灵可湿性粉剂 600 倍液、85%波尔·霜脲氰可湿性粉剂 500 倍液，隔 10 天左右 1 次，防治 2～3 次。

香蕉炭疽病(Banana anthracnose)

症状 主要为害未成熟或已成熟的果实，也可为害花、叶、主轴及蕉身。病菌可通过伤口侵入直接表现症状，也可侵染未损伤的绿色果实而潜伏为害，采后果实变黄才显症。初生黑色或黑褐色圆形小斑点，后迅速扩大并相连成片，2～3 天全果变黑并腐烂，病斑上产生大量橙红色黏状粒点，即病菌分生孢子盘和分生孢子。有的芭蕉染病后，果表散生褐色至黑红色小斑点，不扩大，却向果肉深处扩展致腐烂，发出芳香气味。果梗和果轴受害，症状相似。近年广西发现香蕉果实进入黄熟后，发生

香蕉炭疽病病果

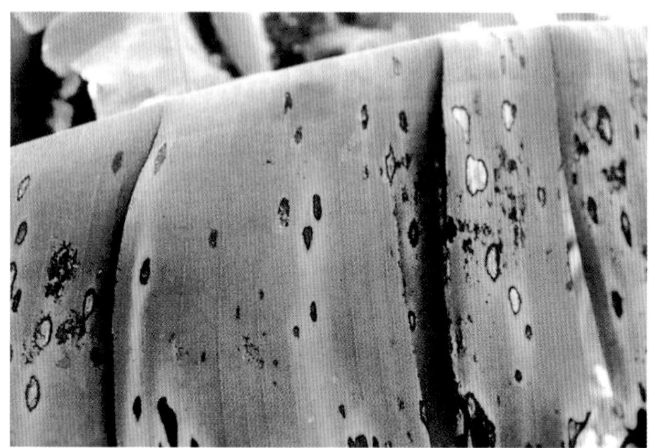
香蕉炭疽病病叶上的炭疽斑

折叶型炭疽病,先在叶柄及中脉背面产生红色小点,后逐渐扩展成线形或近椭圆形病斑,病斑由红色转为红褐色,随病情扩展,病斑常连结成片,布满整个叶柄、中脉的背面及叶鞘一部份,最后于叶柄产生折痕,使叶片下垂,一般下部4~5张叶片先发病待病叶下垂后,该病继续向上扩展,严重时进入香蕉挂果期仅残存少量绿叶,影响光合作用,造成果指细小,影响产质量。

病原 *Colletotrichum musae* (Berk. & Curt) Arx. 称芭蕉炭疽菌;异名为 *C. gloeosporioides* (Penz.)Sacc 称盘长孢状炭疽菌,属真菌界无性型真菌。分生孢子盘扁平状,135~240(μm)。分生孢子梗无色,单胞。分生孢子椭圆形,单胞,无色,大小10~22.5×4.3~6.8(μm),内含一油球,聚集时呈粉红色。病菌生长温限6~38℃,适温25~30℃。

传播途径和发病条件 以菌丝体和分生孢子盘在蕉树病斑上越冬,翌春条件适宜时,产生分生孢子,借风雨或昆虫传播进行初侵染,在病部呈潜伏态或非潜伏态。潜伏期形成菌丝体,后期产生分生孢子进行再侵染,贮藏期间,通过病健果接触传染。湿度是决定该病流行与否的重要因素。多雨重雾或湿度大病害发生严重。

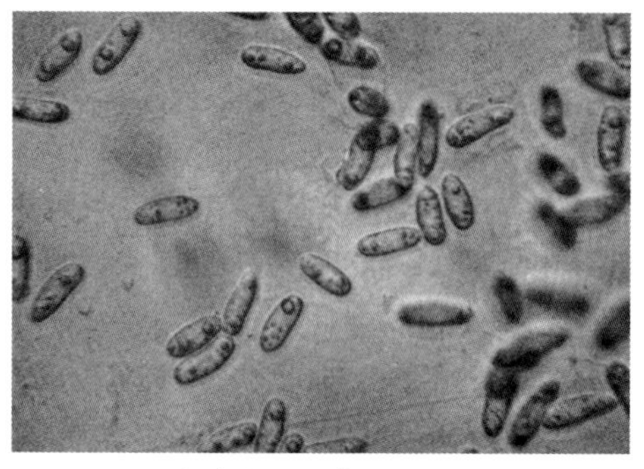
香蕉炭疽病菌分生孢子

防治方法 (1)选用高产优质的抗病品种。如遁地雷香蕉、泰国黄金香蕉等。(2)采收后及时割除病枯叶、病果,加强水肥管理,提高抗病力。(3)4~6月或结果初期喷洒0.5:1:100倍式波尔多液或50%多菌灵可湿性粉剂800倍液、30%戊唑·多菌灵悬浮剂1000倍液、70%甲基硫菌灵可湿性粉剂1500倍液,可减少青果期潜伏侵染。(4)适时采果。当地销售控制在九成熟,外销的应在7~8成熟时采收,采果选晴天,注意减少伤口。(5)采果后及时脱梳,并用清洁水或氯化水清洗,要求在24小时内用药液浸果作防腐处理。用25%咪鲜胺乳油500~1000倍液或50%苯菌灵500~600倍液,把果实在药液中浸1~2分钟,捞出晾干。(6)搞好包装房、贮运库卫生,并用硫磺熏烟24小时进行消毒(每100m^{3}用硫磺2~2.5kg,燃着后密闭1昼夜。)

香蕉黑星病(Banana Guignardia leaf spot)

症状 香蕉黑星病又称黑痣病、黑斑病、雀斑病等。主要为害叶片和青果。叶片染病,在叶面及中脉上散生很多小黑粒点,后聚生成堆,周缘浅黄色,致叶片变黄或凋萎。青果染病,多在果端的弯背部生很多小粒点,果实近成熟期,每堆小黑粒四周形成圆形或椭圆形褐色斑。系香蕉重要叶部病害。

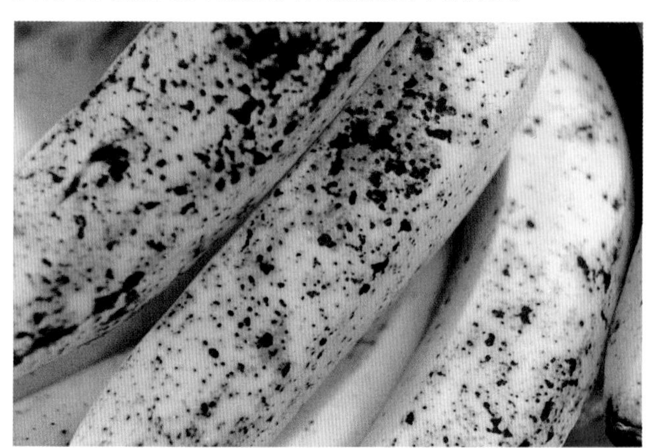
香蕉黑星病病果症状

病原 *Phyllosticta musarum* (Cke.)Petr. 称香蕉叶点霉,属真菌界无性型真菌。异名:*Macrophoma musae* (Cke.) Berl. et Vogl. 称香蕉大茎点霉。分生孢子器褐色至黑褐色,圆锥形,顶部具1细小孔口,分生孢子长椭圆形至卵形,无色,单胞,大小15~16×8~10(μm)。有性态为 *Guignardia musae* Racib,称香蕉球座菌,属真菌界子囊菌门。

传播途径和发病条件 病菌的分生孢子是主要传染源,子囊孢子可全年产生,尤其冬季气温低时,产生量很多。病害潜育期周年变化较大,9月下旬至10月上旬旱季时潜育期19天,进入12月至翌年1~2月低温干旱时长达69天,全年以8~12月受害重。果实感病性随果龄增加而增加。

防治方法 (1)选用抗黑星病丰产的品种。如台湾香蕉8号、威廉斯等。(2)种植组培苗、采用高畦深沟法种植,增施有机肥和磷钾肥,增施饼肥,667m^{2}施花生饼肥160kg、磷粉30kg、复合肥75kg、尿素55kg、钾肥57kg。(3)适时套袋。断蕾后结合施药

防病,用浅蓝色塑料薄膜套住果穗,也可用牛皮纸袋或旧报纸包果穗后再套袋,能有效地防治该病,且可提早半个月上市。(4)冬季及时清除病枯叶和地面上的病残叶,以减少菌源。(5)在黑星病发病前,香蕉进入嫩果期吐蕾后,喷洒25%吡唑醚菌酯乳油2000~3000倍液或30%戊唑·多菌灵悬浮剂1000倍液或50%嘧菌酯水分散粒剂2000倍液、25%腈菌唑乳油4000倍液、75%百菌清可湿性粉剂800倍液一次,第二次在蕉果断蕾时,药后马上套袋。若中间遇雨,应加喷1次。一般在台风过后1天要全面喷药,隔7天1次,连防2~3次,同时可混入98%杀螟丹可溶性粉剂1000倍液兼治香蕉害虫。

香蕉焦腐病(Banana collar rot)

症状 蕉梳最初局部变褐,逐渐扩大,使整个冠部变黑,并向果指扩展,整个冠部变黑腐烂。果指从果蒂开始变黑,迅速扩展,病部腐烂,果肉发黑,后期可见发黑部位长出许多小黑点,即病原菌分生孢子器。

香蕉焦腐病病果

病原 *Botryodiplodia theobromae* Pat. 可可球二孢,属真菌界无性型真菌。病原形态特征、传播途径和发病条件及防治方法参见芒果焦腐病。

香蕉枯萎病(Banana panama disease)

症状 又称香蕉黄叶病、巴拿马病。主要为害叶片和茎。叶片染病,迅速枯萎,先变黄后变褐,最后干枯,严重时整株死亡,干枯叶悬挂于枯枝上不脱落。茎部染病主要引起维管束病变,

香蕉枯萎病病株

香蕉枯萎病

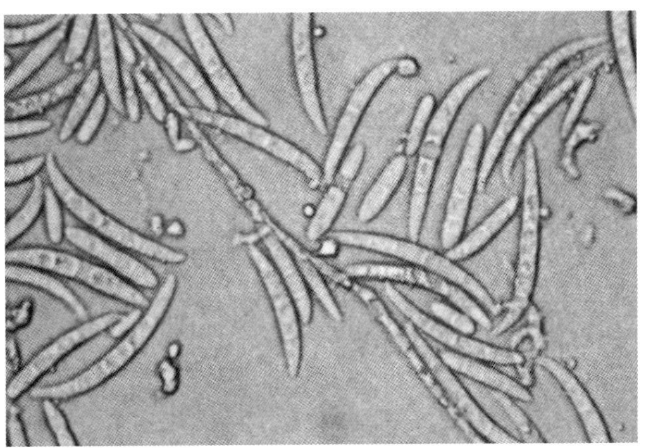

香蕉枯萎病菌大型分生孢子和小型分生孢子

纵切病茎可见维管束变为红褐色斑点状或线条状。病株根茎横剖可见红褐色病变的维管束斑点。近年该病为害日趋严重。

病原 *Fusarium oxysporum* Schl. f. sp. *cubense* Snyder & Hansen R 称香蕉菌,属真菌界无性型真菌。菌核深蓝色,直径0.5~1(mm),有的长达4mm,大型分生孢子具3~5个隔膜,以3个隔膜者居多,大小30~43×3~4.5(μm)。5个隔膜者大小36~57×3.5~4.7(μm)。小型分生孢子散生于气生菌丝间,较多;厚垣孢子顶生或间生,球形或卵形,具1~2个细胞。单胞者4.5~10×4~8(μm),双胞者9~18×4.5~7.2(μm)。此菌有4个生理小种。1号小种分布在世界各地,我国主要是4号小种。

传播途径和发病条件 病原菌随病残体在土壤中营腐生生活。病菌主要从染病蕉树的根茎通过吸芽的导管延伸到繁殖用的吸芽内。用染病的吸芽繁殖时,病害开始传播。在土壤中,病菌通过幼根或受伤的根茎向假茎或叶部蔓延。条件适宜时,感病寄主的病部产生分生孢子。高温和土壤湿度大,发病重。粉蕉、西贡蕉、蕉麻最易染病,香蕉和大蕉较抗病。半年世纪前1号小种几种摧毁了世界的香蕉产业,现在4号小种正在蔓延,我国的香蕉产业又面临着新的威胁,应引起生产上高度重视。

防治方法 (1)香蕉枯萎病是国际上著名的检疫对象,生产上对香蕉枯萎病菌4号小种实施检疫控制是防止枯萎病扩散的关键。应严格控制病区的蕉苗外运。发现病株,立即烧毁。(2)选栽抗病品种和无病苗木。(3)处理病土。清除病株后,在病穴及周围土壤中施用石灰消毒。(4)发病严重蕉园可与甘蔗轮作1~2年。(5)必要时喷洒30%戊唑·多菌灵悬浮剂1000倍液或

54.5%恶霉·福可湿性粉剂700倍液、50%氯溴异氰尿酸可溶性粉剂1000倍液。

香蕉轴腐病

症状 先是果轴染病，果穗脱梳后蕉梳切口产生白色棉絮状物，出现果轴变黑腐烂，接着继续向果柄·果肉扩展，造成果柄、果肉变黑，稍有移动蕉果散落。发病重的果轴、果指全都变黑或果肉腐烂，长出白色菌丝体。

香蕉轴腐病

病原 多种真菌引起，各地不完全相同，主要有：*Colletotrichum musae* (Berk. et Curt.) Arx; 称芭蕉炭疽菌；*Botryodiplodia theobromae* Pat. 称可可球色单隔孢；*Verticillium theobromae* (Turess.)Mason et Hughes 称可可轮枝孢；*Thielaviopsis basicola* (Berk et Broome) Ferraris 称根串珠霉；*Cladosporium oxysporum* 尖孢枝孢；*Fusarium* spp. 称一种镰刀菌。均属真菌界无性型真菌。

传播途径和发病条件 采收后处理过程中，当地贮运场所附着的病原菌是本病初始菌源，主要通过机械伤口、切口侵染，有的还可进行潜伏侵染，以附着孢随果实带入，贮运期间气温高、高湿持续时间长易发病。

防治方法 (1)首先做好处理加工场所消毒，修平落梳的伤口。(2)适时采果，成熟度在七成时采收，采前7天停止灌水，采收时千方百计减少伤口。(3)抽蕾苞片未打开前用30%戊唑·多菌灵悬浮剂1000倍液或40%多·硫悬浮剂400倍液喷雾，可兼治炭疽病、黑星病。(4)采果后24小时内用50%异菌脲可湿性粉剂或500g/L悬浮剂500倍液、45%噻菌灵悬浮剂500倍液、25%咪鲜胺乳油300倍液浸果2分钟晾干后包装。

香蕉细菌性枯萎病(Banana bacterial wilt)

症状 为系统性维管束病害，植株各生长发育阶段均可染病。幼株受害，最嫩叶迅速黄化、萎蔫、倒塌，假茎木质部变色，全株迅速枯死。成株染病 叶片萎蔫、变软、下垂，随后，由里向外叶片相继干枯、下垂，围在假茎周围似裙状。结果植株染病 果实停止生长发育，畸形，变黑，皱缩，萌生的嫩吸芽的叶鞘开裂，变黑色。假茎横切面维管束呈浅褐色、深褐色甚至黑色。置于水中，溢出灰白色或灰褐色细菌菌脓。从雄花序侵入的病株，

香蕉细菌性枯萎病田间症状及病株果肉变色

一般不显症，等到结实时，雄花芽变黑、萎缩。果实未成熟就变黄，切开可见果肉坚硬，呈褐色干腐，果皮开裂，最后整个花穗腐烂变黑。细菌性枯萎病一般先内部的3张叶片最先明显变黄或浅绿色，从叶柄处折弯倒下，以后才扩展到外层叶片，而且果实上也表现症状，别于镰刀菌枯萎病。镰刀菌枯萎病是最先老叶或最低层叶片变黄、萎蔫、变褐，然后向内扩展，果实上无症状。

病原 *Ralstonia solanacearum* Yabuuchi et al. 异名 *Pseudomonas solanacearum* 称植物青枯菌2号生理小种，属细菌界薄壁菌门。菌体短杆状，两端钝圆，大小0.5×1.5(μm)，鞭毛1~3根极生，革兰氏染色阴性。牛肉汁琼脂培养基上，菌落污白色或灰黄色，近圆形。青枯菌根据其致病性和产酪氨酸酶情况，分为三个生理小种。1号生理小种(Race 1)能侵害33科许多种寄主植物，特别是茄科和菊科植物，不侵害三倍体香蕉。2号生理小种(Race 2)，侵害芭蕉属的香蕉、大蕉、蕉麻和羯尾蕉，但不侵害茄科植物。3号生理小种(Race 3)是一个低温小种，只侵害马铃薯和番茄。2号小种又区分为高毒、低毒、无毒菌株及昆虫传和非昆虫传菌株。已知2号小种的主要变株包括B、D、H、R、SFR和F型，它还在不断产生新的变株。

传播途径和发病条件 该细菌在香蕉或羯尾蕉的病株、病残体、根颈等组织中越冬，能在土中存活18个月。通过吸芽、病果、病土和流水、修剪、移栽工具及昆虫等进行传播。该菌通过伤口侵入根系维管束，或由昆虫传带侵入花序维管束，然后沿木质部导管扩散至薄壁细胞，溶解细胞壁并继续繁殖、积累，引起维管组织病变，造成植株萎蔫。蕉园里根与根接触也可传播。低温降低或延缓病害发展，高温、强风有利本病的发生发展。

防治方法 (1)实行植物检疫，防止传入无病区。禁止从亚太地区进口羯尾蕉切花材料，对进口的香蕉组培苗也要进行检疫。(2)搞好蕉园的卫生，发现病株尽早挖除并销毁。在病香蕉园用过的疏伐吸芽、剪叶、采果工具，不准带入无病香蕉园，必要时用甲醛浸泡消毒。(3)病园土壤要耕翻曝晒、休闲或轮作，最好在干旱季节进行效果更好。(4)适时摘除雄花序，防止昆虫把雄花穗上的细菌带到无病的雌花蕊上，生产上要在雄花开放和苞片脱落之前，把雄花序摘除。(5)选用抗病品种，提倡使用颉抗微生物。有报道施用荧光假单胞杆菌等生防菌具较好的生防潜力。

香蕉细菌凋萎病(Banana Xanthomonas wilt)

症状 初心叶或嫩叶表现症状。病叶下垂呈疲软状态,折叠处出现浅灰褐色腐烂区,并溢出一种黏稠分泌物;后叶片和叶柄连接处破裂,后期几乎所有叶片凋萎破碎或皱缩,假茎和根茎切面可见维管束异常变色,严重时形成细菌空腔,造成植株死亡、倒塌,出现软的黏稠状腐烂。

香蕉细菌凋萎病症状

病原 *Xanthomonas campestris* pv. *musacearum* (Y. &. B.) Dye 称野油菜黄单胞菌香蕉致病型,属细菌界薄壁菌门。异名 *X. musacearum* Yirgon & Bradbury. 菌体杆状,单生或链生,大小 0.7～0.9×1.8～2.0(μm),革兰氏阴性,极生 1 鞭毛。在琼脂培养基上,菌落浅黄色,中央凹陷,黏液状,生长适温 25～28℃。

传播途径和发病条件、防治方法 参见香蕉细菌性枯萎病。

香蕉花叶心腐病(Banana Heart Rot Mosaic)

症状 香蕉花叶心腐病比束顶病更为重要。叶片染病局部或全部发生断断续续病斑,现出长短不等的褪绿黄条纹或梭形斑。条纹始于叶缘向主脉扩展,宽约 1.3mm,严重的致整叶呈黄绿相间花叶状,且叶两面可见。叶片老熟后多由黄褐色变为紫褐色,顶部叶片扭曲或束生,心叶或假茎内变黑褐色或腐烂。近年该病呈上升态势,广东发病面积占 36%,病株率 30%,高的达 80%。

病原 Cucumber mosaic virus strain Banana (CMV)称黄瓜花叶病毒香蕉株系,属病毒。病毒颗粒球状,直径 28nm,病毒汁液稀释限点 10^{-3}～10^{-5},钝化温度 60～70℃,体外存活期 3～4 天,

香蕉花叶心腐病

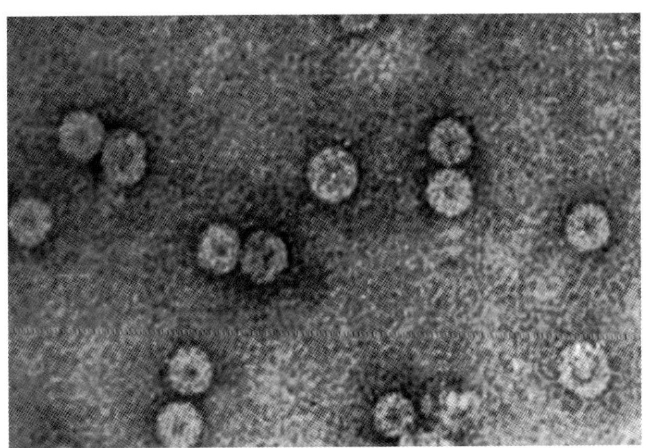

香蕉花叶心腐病原黄瓜花叶病毒香蕉株系病毒粒子

不耐干燥,在指示植物普通烟、心叶烟及曼陀罗上呈系统花叶,在黄瓜上也现系统花叶。

传播途径和发病条件 初侵染源主要是病株和吸芽,带毒吸芽可行远距离传播,在南方病区自然传毒媒介主要是棉蚜和玉米蚜,至于香蕉交脉蚜传毒可能性小或不重要。土壤也不传病,但可通过汁液摩擦传毒,该病潜育期 12～18 个月。每年发病高峰期 5~6 月,幼嫩蕉苗易染病,蕉园附近栽种葫芦科、茄科发病重。

防治方法 (1)实行植物检疫,保护新建蕉园,严禁从病区引进苗木,从非病区引进的种苗或组培苗,也要采用 ELISA、琼脂胶双扩散、Westen Blotting 等检测技术进行检验,确定不带毒时才能使用。(2)发现病株及时挖除,将病株、蕉头、吸芽就地晒干或沤肥或深埋,也可用除草剂毒杀病株。(3)增施钾肥,避免偏施过施氮肥,增强蕉株抗病性和耐病力。(4)清除园内杂草、避免在园内种植瓜类等葫芦科和茄科植物,减少毒源。(5)传毒蚜虫发生盛期喷洒 50%抗蚜威可湿性粉剂或 25%吡蚜酮可湿性粉剂 2500 倍液。(6)在防治蚜虫后 7 天试喷 24%混脂酸·铜水乳剂 700 倍液或 10%混合脂肪酸水乳剂 100 倍液有效。

香蕉束顶病(Banana Bunchy Top Disease)

症状 新长出的叶片一片比一片变短或狭窄,硬直或成束丛生在假茎顶端,形成束顶的树冠和矮缩株型,病株老叶颜色较健株黄,新叶较健株深绿。病叶边缘褪绿变黄,质硬且脆,易折断,病叶叶脉上现断断续续、长短不一的浓绿色条纹;有的叶

香蕉束顶病

脉由透明变成黑色条纹。叶柄、假茎上常产生浓绿色条纹,俗称"青筋",这种浓绿色条纹是田间诊断该病重要特征。病株分蘖多,球茎变成红紫色,根系多腐烂或不发新根。广东、广西、海南、福建、云南、台湾均有发生。近年该病为害较重,亦呈上升的态势。

病原 Banana bunchy top virus (BBTV)称香蕉束顶病毒,属黄矮病毒组群一成员。病毒粒体球形,直径 20～22(nm),等径,但不是双生的,它的壳蛋白亚基的相对分子量为 2×10^6 道尔顿。

传播途径和发病条件 主要靠香蕉交脉蚜(*Pentalonia nigronervosa*)传毒,土壤、机械摩擦不能传毒。香蕉交脉蚜以持久方式传毒,传毒效率随伺毒期延长而提高,2 小时为 20%,96 小时达到 100%,循回期为几个小时到 48 小时,蚜虫保持传毒力可长达 13 天,若虫传毒效率较成蚜高,若虫蜕皮后仍保持病毒。香蕉束顶病发生严重度主要取决于香蕉交脉蚜的数量,3～5 月、9～11 月天气干旱、雨少、蚜虫数量大束顶病发病率高,反之则低。每年冬季气温低、雨少、植株生长停滞、蚜虫活动力降低束顶病就少;3 月以后气温升高,蚜虫大量繁殖,到 4、5 月开始大量发病。香蕉最易感病,过山香蕉类(龙芽蕉、沙蕉、糯米蕉)次之,粉蕉类、大蕉类较抗病。

防治方法 (1)选用无病种植材料,种在无病区,选用不带病毒试管组培苗是预防该病重要措施。(2)发现病苗或可疑病苗要及时喷洒 40%乐果或 50%抗蚜威 1500 倍液杀灭传毒蚜虫,随后挖除病株,减少毒源。(3)铲除蕉园内及其附近的蚜虫寄生的杂草,并喷药灭蚜,减少传毒媒介。(4)提倡种植抗、耐病蕉类。(5)加强香蕉园肥水管理,注意氮、磷、钾的合理配比,尤其是钾肥要充足,可改变香蕉抗病性。(6)试喷 24%混脂酸·铜水乳剂 700 倍液有效。

香蕉穿孔线虫病

症状 香蕉被侵染后,根表面产生红褐色略凹陷病斑,病根上可见皮层上的红褐色条斑,扩展后根组织变黑腐烂。香蕉植株生长缓慢,叶小枯黄坐果少,果亦小。由于根部受到破坏植株易摇摆倒伏或翻蔸,因此又称"黑头倒塌病"。该虫对香蕉、胡椒的危害是毁灭性的。

病原 *Radopholus similis* (Cobb)Thorne 称香蕉穿孔线虫,属动物界线虫门。除为害香蕉外,还为害椰子树、可可、芒果、咖啡、茶树、美洲柿、油柿、生姜、花生、甘蔗、胡椒、番茄、马铃薯等。雌线虫线形,头部低,不缢缩,头环 3~4 个;侧器口延伸到第 3 环基部;侧区有 4 条侧线。口针基部球发达。雄线虫头部高,缢缩明显,球形;口针、食道明显退化,交合伞伸至尾部 2/3 处,泄殖腔唇无或仅有 1~2 个生殖乳突。

传播途径和发病条件 该虫极易随香蕉、观赏花木或其他植物的地下部分及所沾附的土壤进行远距离传播。在田间随农事操作或流水传播,在发病的香蕉园还可通过根的生长、相互接触或线虫在土壤中的移动进行近距离传播。

防治方法 (1)严格检疫,禁止从有虫地区进口香蕉等寄主植物。(2)无病区使用试管组培苗或使用球茎和吸芽苗,植前要做好种苗处理。(3) 发病园进行化学防治,每 667m^2 香蕉园用 10%噻唑膦颗粒剂 1.5~2(kg)混入细砂 10~20(kg)处理土壤,施药后定植,也可撒在蕉株四周。在发病园中不间种其他易感植物。(4)选用抗虫耐病香蕉新品种。

香蕉根结线虫病

近年随香蕉种植面积不断扩大,香蕉根结线虫病日趋严重,直接威胁香蕉的生产。

症状 染病的植株表现矮化,叶片发黄,容易枯萎,且易与其它根部病原物发生复合侵染而诱发根腐病,经常能造成重大的损失。染病株的根上产生肉眼可见的,形状和大小不等的虫瘿。轻度感染的症状不明显。但当虫口密度高时,常出现 1 簇短的棍棒状的根节。被感染植株矮小,常常呈营养不良的表现,在健康植株经得住的干旱条件下,病株常表现枯萎症状。

病原 在香蕉种植区侵害香蕉的有南方根结线虫 *Meloidogyne incognita*, 占 56.5%, 优势小种是 1 号小种,占 77%。爪哇根结线虫 *M. javanica* 占 19.9%,和花生根结线虫 *M. arenaria*。根结线虫是一类固着性的内寄生线虫。雄虫细长、蠕虫状,雌成虫肿胀成梨形,白色,头部细小,长约 0.5~0.8(mm),幼虫从根尖或在根尖后方的延长部侵入,穿入表皮细胞,通过皮层进入正在分化的木质部,并刺激细胞扩大,引起皮层和中柱鞘组织增殖而形成虫瘿。2 龄幼虫经历 3 次蜕皮,变成成熟的雄虫和雌虫,以后离开根部进行交配。卵产在雌虫后面突出到虫瘿外的凝胶状卵囊内,一个卵囊可含几百个卵。在一个卵囊中通常有 1 条或几条雄虫。在温暖的(25~30℃)土壤里,和在适宜的寄主中完成一个生活周期需 3~4 周。

香蕉穿孔线虫病

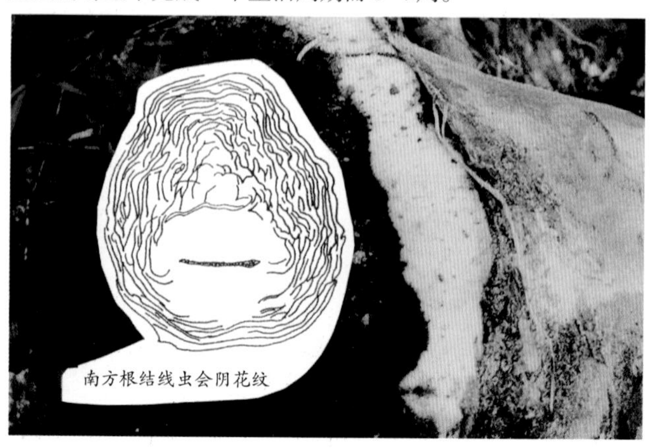

香蕉根结线虫病

传播途径和发病条件 1年发生多代，随被根结线虫感染的球茎、吸芽苗及沾附的土壤传播到新的香蕉园。现仍在大面积种植感病品种可能是生产上普遍发生的主要原因之一。

防治方法 (1)选种威廉斯-F和北蕉等中抗根结线虫病的香蕉品种。尽快更换威廉斯-Y、红香蕉等感病品种。(2)采用翻耕晒土、轮作、施用有机肥，清除病残体均可减少该虫发生。(3)提倡施用10%噻唑膦颗粒剂667m²用药2kg，对细砂10~20(kg)拌匀撒在地表混合翻入土中能有效控制根结线虫数量，有效抑制根结发生。此外还可选用50%氰氨化钙颗粒剂、35%威百亩水剂、5%丁硫克百威颗粒剂、0.5%阿维菌素颗粒剂等杀线虫剂。

香蕉缺钾症

症状 叶片出现症状之前生长缓慢，新叶逐渐变小；随后新叶边缘褪绿，褪绿部分进而坏死并迅速向中脉发展；较老叶从叶尖开始变黄，直至全叶黄化；叶柄破裂，易从叶基折断。与健株比较，病株叶片数量明显较少，果实细长或畸形。

病因 是香蕉植株缺钾元素而引起的一种生理性黄叶病。从地上部症状看，很容易误诊为某种侵染性病害，田间诊断时应特别注意。

防治方法 经营养诊断确认是缺钾症后，需立即增施钾肥。每株可用0.2~0.4(kg)氯化钾，对水后叶面喷淋，分3次施下，每次间隔3~4天。也可用0.4%磷酸二氢钾溶液进行根外追肥，共2~3次，以喷射叶片正反两面为宜。如果蕉叶已经严重变黄和干枯，会因营养不足而影响蕉果的正常发育时，可用"920"喷果，以促进果实发育，减少损失。为预防香蕉植株缺钾产生黄叶病，在种植前必须在基肥中加入足量的钾肥，特别是前作种过木薯、甘蔗等的土地；采果后还应追施足够的钾肥。

香蕉缺钾症

8. 香 蕉 害 虫

蕉根象鼻虫(Banana root borer)

学名 *Cosmopolites sordidus* Germar 鞘翅目，象甲科。别名：香蕉黑筒象、香蕉球茎象虫。分布在福建、台湾、广西、广东、贵州、云南。

寄主 香蕉。

为害特点 幼虫在近地面的茎至根头内纵横蛀食，苗受害叶变黄，心叶萎缩甚至全株枯死；成株受害假茎瘦小，叶少且多枯黄，虽能结实但产量锐减，品质低劣，易风折。成虫食害茎叶。

形态特征 成虫：体长10~13(mm)，黑色密布粗刻点。喙圆筒状略下弯，短于前胸，触角着生处最粗，向两端渐狭。触角膝状，着生于喙基部1/3处，前胸圆筒形长大于宽，背面中部具1光滑无刻点的纵带。小盾片小近圆形。鞘翅肩部最宽向后渐窄，具纵刻点沟9~10条。臀板外露密布茸毛。足腿节棒状，胫节侧扁，第3跗节不呈叶状，爪分离。卵：长椭圆形，长1.5mm，光滑乳白色。幼虫：体长15mm，乳白色，肥大无足，头赤褐色，体多横皱，前胸及末腹节的斜面各有1对气门，腹末斜面有淡褐色毛8对。蛹：长12mm，乳白色，喙达中足胫节末端，腹末背面有2个瘤状突起，腹面两侧各有1个强刺和长短刚毛2根。

蕉根象鼻虫成虫

生活习性 华南年生4代，世代重叠，全年各虫态同时可见，冬季无明显休眠现象。多以幼虫在茎内越冬。3~10月发生数量较多，5~6月为害最烈。夏季1代需30~45天，卵期5~9天，幼虫期20~30天，蛹期5~7天。冬季世代需82~127天，越冬幼虫期90~110天。幼虫老熟时以蕉茎纤维封闭隧道两端，不作茧于内化蛹。羽化后停留数日由隧道上端钻出，成虫畏阳光，常匿藏于蕉茎外层枯鞘内，炎夏和寒冷季节常聚居于蕉茎近根部处的干枯叶鞘中。卵产于接近地面的茎或蕉苗上，产在最外1、2层的叶鞘组织小空格中，每格1粒。初孵幼虫自假茎蛀入球茎内，严重时1株有幼虫50~100头。成虫停食70余天仍不死，寿命达6个月以上。天敌有蠼螋、阎魔虫等。

防治方法 (1)蕉苗检疫防止蔓延。(2)收获后清除残株，剥除虫害叶鞘集中处理。(3)捕杀群集于叶鞘茎部和枯老假茎叶鞘内的成虫。(4)在叶柄基部与假茎相接的凹隙处，放入少量茶枯或敌敌畏等药剂，可减轻虫害。必要时向假茎基部喷淋或浇灌40%毒死蜱乳油700倍液，也可在1.5m高处假茎偏中髓6cm处注入上述药液150mL，毒杀茎内幼虫。(5)保护引放天敌。

香蕉双黑带象甲(Banana stem borer weevil)

学名 *Odoiporus longicollis* Oliver 鞘翅目，象甲科。异名为*Sphenophorus planipennis*; *S. sordidus*; *Cosmopolites sordidus*。别名：香蕉长颈象、假茎象甲、双黑带象甲、香蕉黑筒象、香蕉球茎

香蕉双黑带象甲成虫

香蕉双黑带象甲(棕体双带型成虫)

象、香蕉大黑象甲。分布在贵州和福建南部、广西、广东、海南、香港、台湾、南亚各国。

寄主 香蕉、芭蕉。

为害特点 主要以幼虫为害,蛀食植株中下部假茎,由外至内蛀成纵横交错的虫道,引起腐烂和断折。在贵州罗甸等地,蕉株被害率高达67.2%~94.9%,受害重的蕉树果穗瘦小,品质差,商品价很低。外观幼虫留在假茎外的蛀孔方形,黑色,易识别。成虫也啃食假茎,但食量很小。

形态特征 黑体型成虫:体长11~14(mm),宽4~5(mm)。虫体背、腹扁平,黑色具强光泽。喙长3.0~4.2(mm),触角生于喙基部1/5处;此前的一段喙呈杆状,光滑而稍弯曲。此后的一段喙粗直,两侧布粗大刻点。触角膝状,共9节;柄节长于鞭节之和,鞭小节近圆形;锤节由2节组成,端节长于基节,扁椭圆形,密生灰黄色绒毛。头部光滑,嵌于前胸背板前端,露出部分呈半球形。前胸腹板和侧板布粗大刻点;背板背面平阔,前缘嵌头处内缢如瓶口,口颈端缘棕褐色。背板前沿及肩角处渐向后两侧具刻点,中部阔域光滑仅具梭迹形刻点边。小盾片近馒头形。后胸腹板中部有两条“八”形线。胸足长短不一,中足最短小,后足最长。各足胫节具粗大的端距一枚,跗节可见4节,第3跗节呈扇形,第4跗节具1对爪。鞘翅平阔,基部两侧明显隆起,翅尾合缝处深内缢,翅面生9条刻点沟,沟内刻点大而沟间部光滑。腹部末节露出鞘翅外,其背板上疏布刻点,密生黄色绒毛。棕体双带型成虫:形态特征与黑体型相同,外生殖器也完全一致。不同处在于体为棕褐色,少数个体棕黑色,特别是在前胸板中线区两侧,各有1条向前渐狭的黑色宽纵带。卵:长椭圆形,长2.4~2.6(mm),初乳黄色,近孵化时茶褐色。末龄幼虫:体长15~18(mm),2龄前乳白色,后乳黄色。无足,头赤褐色。体多横皱,腹中部特肥大,末节形成斜截面。在斜面上生7对深褐色粗刚毛,其中4对着生于下沿,3对生于上沿。前胸节和腹末节斜面上的气门较大,均为其它各节气门的2倍。蛹:被纤维茧包裹其中,纤维茧扁圆柱形,长22~35(mm)。蛹体前胸背板前缘内缢处各有瘤刺3对,呈“八”字形排列在中线两侧。第2~7腹节亚背线和气门上线处,各有1对刺突,末节背面具瘤突2对。腹观喙端部伸达前足第2跗节处,后足部分被翅芽盖住,在翅的下沿露出腿节端部、胫节基部和第3、4跗节。腹末节腹面有深褐色粗大刚毛4对。

生活习性 广东、广西等地年生4~5代;贵州罗甸,人工饲养年繁殖5代,少数6代,世代重叠严重。以幼虫、蛹和成虫越冬,幼虫为主要越冬虫态。成虫喜群集,能飞翔,畏阳光,具假死性,在潮湿条件下耐饥力强,数十天不死,但在干燥环境里只能活几天。成虫常隐于蕉假茎外的一、二层枯鞘下,或潜于腐烂的鞘肉中,交配多在早晨和傍晚。卵产在植株中、下段表层叶鞘组织的空格中,每处产1粒。产卵迹微小,初呈水渍状,后变成小褐点,伴有少许胶质外溢。幼虫孵化后,将表皮产卵迹咬成大小约2mm方孔以通气。1~2龄幼虫多在外面两层叶鞘内纵向蛀食,3龄后横蛀入茎心,纵横蛀害。4~5龄进入暴食期,一昼夜蛀坑长达30cm,蛀食方向无规律。一年中5月下旬至6月中旬、9月下旬至10月中旬幼虫密度最大,为害最烈。各代历期差异较大,第1代32~44天,第2代28~33天,第3代23~26天,第4代30~35天,第5代(越冬代)105~148天。

防治方法 (1)严格蕉苗检疫,禁止带虫苗进入新区。(2)随时剥除蕉株枯腐叶鞘,破坏成虫潜居场所。根据成虫有群趋倒伏蕉株取食产卵的习性,割蕉后有意在蕉田放置适量假茎,诱杀成虫和消灭幼虫,减少对健株产卵为害。(3)对受害严重,长势过弱的蕉树,应及早毁之。处理方法:连同蕉头一并砍掉,纵剖全株,再将其断碎,浇以80%敌敌畏乳油800倍液毒杀,埋于蕉地中。这样既杀虫,又肥土,坚持下去有机质年增,地力不衰。(4)化学防治。蕉果是农药富集的主要器官,化防应选用无残毒的高效品种。喷洒90%敌百虫可溶性粉剂800倍液或2.5%溴氰菊酯乳油2000倍液。

黄斑香蕉弄蝶(Banana leaf skipper)

学名 *Erionota thrax* Linnaeus 鳞翅目,弄蝶科。别名:蕉苞虫、蕉弄蝶。分布在福建、广东、广西、江西、湖南、云南、台湾等省。

寄主 美人蕉、芭蕉、香蕉、棕榈、椰子、蒲葵、竹等。

为害特点 幼虫吐丝缀连卷叶成苞,隐藏其中取食叶片,致叶残缺,叶苞累累。

形态特征 成虫:雌成虫体长28~31(mm),翅展60~80(mm);雄成虫体长23~26(mm),翅展54~65(mm)。体黑褐色或茶褐色。头部和胸部密被灰褐色鳞毛。触角锤状,黑褐色,近膨大部呈白色。前后翅均为黑色,缘毛白色。前翅前缘近基部被灰黄色鳞毛;翅中央有2个黄白色方形大斑,近外缘有一个方形

黄斑香蕉弄蝶成虫放大

黄斑香蕉弄蝶卵放大

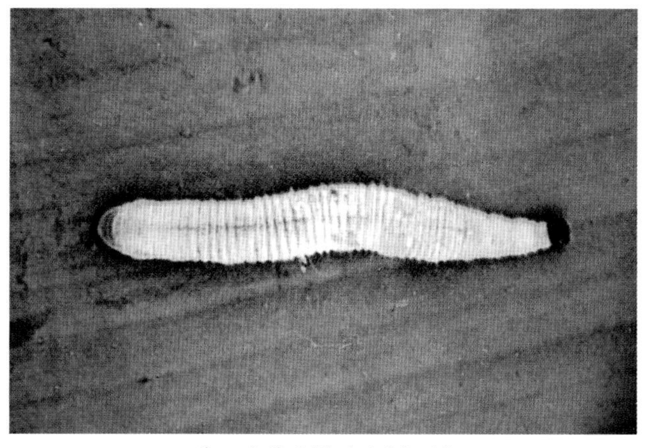
黄斑香蕉弄蝶幼虫(邱强)

小斑。卵:馒头形,直径2mm,红色,表面有放射状白色纵纹。幼虫:老熟幼虫体长52~63(mm),体表有白色蜡粉。头大,呈三角形,黑色。虫体呈纺锤形,胸部细瘦呈颈状,从腹部第二节开始逐渐膨大。体各体节有横皱5~6条,并密生细毛。蛹:长圆柱形,长33~42(mm),淡黄白色,被有白粉。喙长,超过腹末。腹部臀棘末端具许多钩刺。

生活习性 年发生4代,以老熟幼虫在吐丝缀连的叶苞内越冬。翌年3月中、下旬越冬代成虫羽化。各代成虫羽化期分别为6月中、下旬;8月上、中旬;9月中旬至10月上旬。成虫早晚活动,阴天全天活动。卵散产于寄主植物的叶片、嫩茎、叶柄上,常几粒或数十粒在一起。各代幼虫分别于5月至6月中旬、7月、8月中旬至9月上旬、10月孵化,11月中旬开始越冬。幼虫孵化后,爬到叶缘啃食叶片成缺刻,而后吐丝缀连卷叶成圆筒形叶苞,苞内幼虫早、晚探身苞外取食附近叶片。夏秋季卵期5~6天,幼虫期23~26天,蛹期10天左右。

防治方法 (1)冬、春季清除枯叶,消灭越冬幼虫,减少虫源。(2)人工摘除叶苞消灭幼虫。(3)幼虫孵化期,未结苞前喷洒40%乐果乳油1000倍液或40%敌百虫乳油450倍液、10%吡虫啉可湿性粉剂2500倍液、5.7%氟氯氰菊酯乳油3000倍液。

稻蛀茎夜蛾(Purplish stem borer)

学名 *Sesamia inferens* Walker 鳞翅目,夜蛾科。别名:钻心虫、大螟。分布在我国水稻和香蕉产区均有发生。

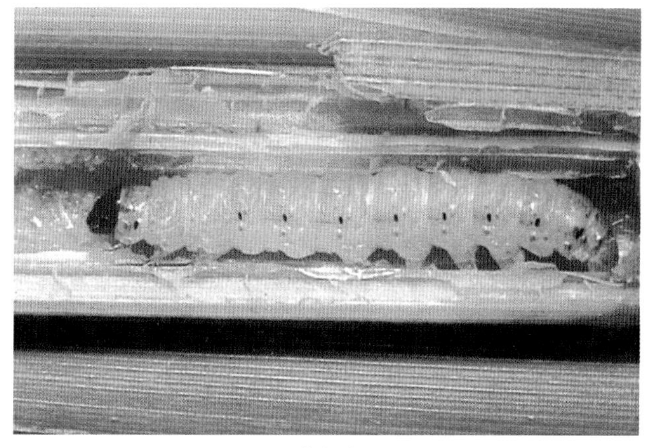
稻蛀茎夜蛾幼虫

寄主 香蕉、菠萝、水稻、甘蔗、茭白、芦苇等。

为害特点 卵产在香蕉叶鞘或叶耳内侧,幼虫孵化后穿凿剥食叶鞘肉质部分,使香蕉幼叶生长和抽出受到影响。

形态特征 雌成虫:体长15mm,翅展30mm,触角丝状,头胸部浅黄色,腹部灰白色,前翅近长方形,浅灰褐色,中央有4个小黑点,排列成不整齐四角形,后翅灰白色。雄蛾较雌蛾小。卵 扁球形。末龄幼虫:体长30mm,粗壮,头红褐至暗褐色,腹部背面浅紫红色,体节上生瘤状突起,上生短毛。蛹:长13~18(mm),圆筒形,红黄色。

生活习性 江苏、浙江、安徽年生3~4代,江西、湖南、湖北、四川年生4代,广东、台湾年生6~8代,香蕉产区多为4~5代,以幼虫在稻、甘蔗或香蕉植株内越冬,翌年成虫羽化后3~5天进入产卵高峰期,卵产在香蕉叶鞘或叶耳内侧,幼虫孵化后剥食叶鞘肉质部分。天敌有多种寄生蜂、寄生蝇等。

防治方法 (1)注意清园,减少越冬虫源。(2)卵孵化期提倡用200g/L氯虫苯甲酰胺悬浮剂(杜邦康宽)1亩2包,防效高,持效期长达20天。

蔗扁蛾

学名 *Opogona sacchari* (Bojer) 鳞翅目,辉蛾科。是我国新纪录种。我国80年代初传进广州,近年随巴西木等苗木调运传入南北方各大中城市。北京、上海、广东、广西、海南、四川等地均有发生为害的记录。

寄主 在果树上主要为害香蕉,是我国香蕉生产上潜在的威胁。其它寄主有巴西木、巴西铁树、鹅掌柴、棕竹、铁树、马拉

蔗扁蛾幼虫

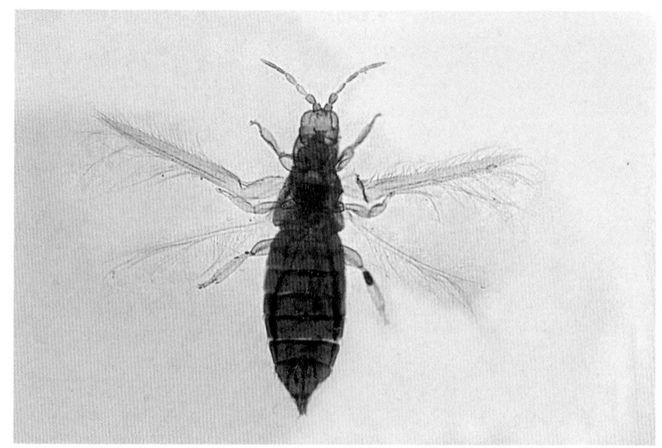

黄胸蓟马成虫

巴栗、印度橡皮树、袖珍椰子、南洋花生、大叶榕、马铃薯等22科49种植物。

为害特点 卵孵化后幼虫很快钻入树皮或从裂缝、伤口蛀入寄主的髓心，并向四周蛀食，表皮有排粪通气孔，排出粪便，幼虫将皮层和部分木质部蛀空，仅剩下表皮，用手指按压呈面包状。幼虫多在干皮内蛀食，吉林在1m长的巴西木木段上查到幼虫多达226头，造成空心、叶片变黄或整株死亡。

形态特征 成虫：体长8～10(mm)，翅展22～26(mm)，体黄褐色，前翅深棕色，中室端部及后缘各具黑色斑1个。前翅后缘具毛束，停息时毛束翘起；后翅黄褐色，后缘也有长毛。后足长，胫节具长毛。腹部腹面具灰色点列2排。雌虫前翅基部具1黑细线达翅中部。卵：长0.5～0.7(mm)，浅黄色，卵圆形。末龄幼虫：体长30mm，宽3mm，头红棕色，胴部各节背面有4个毛片，矩形，前2、后2成2排，各节侧面也有4个小毛片。蛹：棕色。触角、翅芽、后足相互紧贴，与蛹体分开。

生活习性 北京年生3～4代，以幼虫在温室盆栽花木盆土中越冬，翌年温度适宜时幼虫上树为害，多在3年以上巴西木段的干皮内蛀食，有时蛀至木质部表层，少数从伤口或裂缝处钻入木段的髓部产生空心。幼虫期45天，共7龄。老熟后吐丝结茧化蛹，蛹期15天，成虫羽化后爬行很快，成虫寿命5天，成虫经补充营养后交尾产卵，卵集中成块或散产，卵期4天，初孵幼虫有吐丝下垂的习性。

防治方法 (1)加强检疫，严防带虫巴西木流入我国，南方需注意检查是否已扩展到香蕉等果树上。(2)幼虫入土期是防治该虫有利时机，用90%敌百虫可溶性粉剂1份，对细干土200份混成药土，撒在表土上，隔15天1次，连续2～3次可杀死越冬幼虫，也可浇灌40%辛硫磷乳油1000倍液。

黄胸蓟马(Flower thrips)

学名 *Thrips hawaiiensis* (Morgan)缨翅目，蓟马科。别名：夏威夷蓟马。异名 *Thrips albipes* Bagnall. 分布在广西、海南、广东、贵州、上海、江西、浙江、湖北、湖南、江苏、四川、河南、山西、台湾、云南、西藏。

寄主 荔枝、龙眼、香蕉、柑橘类、芒果、蒲桃等。

为害特点 以成虫和若虫锉吸植物的花、子房及幼果汁液，花被害后常留下灰白色的点状食痕，果实受害处现红色小点，后变黑，此外，还有产卵痕。为害严重的花瓣卷缩，致花提前凋谢，影响结实。

形态特征 雌成虫：体长1.2mm。胸部橙黄色，腹部黑褐色。触角7节褐色，第3节黄色，前胸背板前角有短粗鬃1对，后角2对。前翅灰色，有时基部稍淡，前翅上脉基鬃4+3根，端鬃3根，下脉鬃15～16根，足色淡于体色。腹部腹板具附鬃。第5至8节两侧有微弯梳，第8节背板后缘梳两侧退化。雄虫：黄色，体较雌虫略小。卵：淡黄色，肾形，细小。若虫：体型与成虫相似，但体较小，色淡褐，无翅，眼较退化，触角节数较少。

生活习性 年生10多代，热带地区年生20多代，在温室可常年发生。以成虫在枯枝落叶下越冬。翌年3月初开始活动为害。成、若虫隐匿花中，受惊时，成虫振翅飞逃。雌成虫产卵于花瓣或花蕊的表皮下，有时半埋在表皮下。成、若虫取食时，用口器锉碎植物表面吸取汁液，但口器并不锐利，只能在植物的幼嫩部位锉吸。该蓟马食性很杂，在不同植物间常可相互转移危害。高温干旱利于此虫大发生，多雨季节发生少。借风常可将蓟马吹入异地。

防治方法 (1)保护原有天敌，引进外来天敌。(2)辅之以选用少量必须的杀虫杀螨剂，给天敌生存空间，抑制蓟马的密度。(3)发展使用昆虫生长调节剂和抑制蓟马几丁质合成剂。(4)田间用银灰膜覆盖，对蓟马、蚜虫均有忌避作用。(5)用蓝色的黏虫带悬于植物间，具预测的作用，又能大量诱捕，减少成虫数量。(6)加强管理，注意虫口数量变化，生长点出现1～3头时，首选5%或50g/L虱螨脲乳油1000~1500倍液，隔5～7天1次，连续防治3～4次。此外还可选用40%毒死蜱乳油或50%乙酰甲胺磷乳剂、40%辛硫磷乳油1500倍液、5%除虫菊素乳油800~1500倍液、10%吡虫啉可湿性粉剂1500倍液，隔7～10天一次，连续防治2～3次。

香蕉交脉蚜(Banana aphid)

学名 *Pentalonia nigronervosa* Coquerel 同翅目，蚜科。分布在广东、广西、海南、云南、福建、台湾。

寄主 主要为害香蕉等芭蕉属植物，也为害姜、木瓜等植物。

为害特点 交脉蚜多群聚在心叶基部吸食汁液，一般为害不重，但此蚜刺吸香蕉束顶病病株汁液后，能传播香蕉束顶病，则为害性很大。

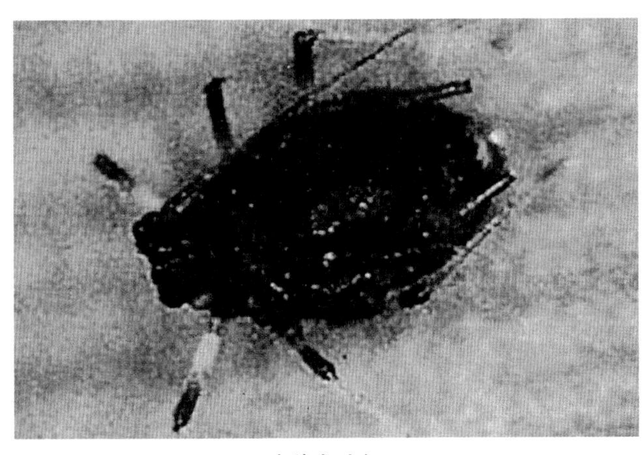

香蕉交脉蚜

形态特征 有翅胎生雌成虫：体长 1.3 ~ 1.7(mm)，赤褐色至暗褐色。触角几乎与体长相等。翅脉附近有很多小黑点，似浅黑色镶边，前翅径分脉(Rs)向下延伸，与中脉(M)的上支有 1 段交汇(称“交脉”)，到将近翅端处又分为两支，因此形成了四边形的闭室。腹管近末端缢缩如盘。

生活习性 孤雌生殖，卵胎生，产生有翅蚜和无翅蚜，一般侨迁蚜定居几个世代后，才产生有翅蚜。主要靠蚜虫迁飞或气流传播，干旱年份发生多，环境条件不适或寒冷季节多躲藏在叶柄、球茎或根部越冬。翌春开始活动，传播束顶病、木瓜花叶病。

防治方法 (1)从防治病害角度出发，喷洒 40%乐果乳油或 80%敌敌畏乳油 1000 倍液、50%吡蚜酮可湿性粉剂 4500 倍液，防治传毒蚜虫。(2)提倡使用机油乳剂 2000μg/mL，24 小时后蚜虫校正减退率为 94.25%。(3)旱季要防治有翅蚜，平时防治吸芽和嫩鞘上的若虫。

棉蚜(Cotton aphid)

学名 *Aphis gossypii* (Glover) 同翅目蚜科。别名：瓜蚜。分布于全国各地。除为害石榴、柑橘、番木瓜、枇杷、杨梅、梅、枸杞、棉花外，还为害香蕉、罗汉果。以成、若蚜在寄主植物的叶、嫩梢处刺吸为害，常造成叶片变黄、皱缩、卷曲成团，生长停滞、发育延迟、花朵数量减少或变小，严重者全株萎蔫死亡。易诱发多种果树病害的发生。该蚜从北到南年生 10~30 代，秋季以卵越冬，翌年 3~4 月越冬卵孵化为干母在石榴等第 1 寄主上进行孤雌生殖，经 3~4 代繁殖出现第 1 为害高峰，4~5 月间产生有雌胎生雌蚜，迁飞到棉花、草莓等第二寄主上为害，继续进行孤

棉蚜为害叶片

雌生殖无性胎生雌蚜、直到晚秋 10 月产生有翅胎生雌蚜，再迁回到石榴、花椒、木槿等第 1 寄主上，产生雌、雄有性蚜、交配产下越冬卵越冬。

防治方法 (1)增施有机肥和磷钾肥增强对棉蚜抵抗力。(2)木本的剪除有卵枝条，草本的结合除草消灭越冬卵；早春在棉蚜迁飞前喷洒 10%吡虫啉可湿性粉剂 2000 倍液。(3)保护利用七星瓢虫、龟纹瓢虫、草蛉、食蚜蝇类、食蚜蚂蚁等天敌，控制棉蚜。(4) 受害严重的喷洒 25%吡蚜酮可湿性粉剂 2500 倍液或 10%氯噻啉粉剂 500 倍液。

香蕉园花蓟马

学名 *Frankliniella intonsa* Trybom 属缨翅目、蓟马科。主要为害香蕉花蕾。分布在全国。该虫除为害蔬菜外还为害香蕉、番石榴等。香蕉花蓟马躲藏在香蕉花蕾内，营隐蔽生活。主要锉吸子房和小果汁液，在被害部位产生红色小点，小点以后渐变成黑色，很像香蕉黑星病的病斑。但是，花蓟马锉伤形成的黑点向上突起，而黑星病的病斑是向下凹陷，以此可以区别。该虫在香蕉种植区年生 11~14 代，世代重叠，均可在 1 年中任何时候抽出的蕉蕾花苞内为害，锉吸香蕉子房及小果汁液，造成小黑点状伤痕。每当花蕾苞片张开后，花蓟马即转移和迁入到未张开苞片的花蕾内，保持营隐蔽生活，继续为害。

防治方法 (1)加强肥水管理，促使花蕾苞片迅速张开，以缩短此虫的为害期。(2) 花蕾抽出后，每隔 5~7 天喷施 5%或 50g/L 虱螨脲乳油 1000 倍液或 40%甲基毒死蜱乳油 1000 倍液、3.3%阿维·联苯菊乳油 1200 倍液。喷药后立即套袋。

香蕉园花蓟马正在香蕉未打开花蕾内锉吸子房汁液

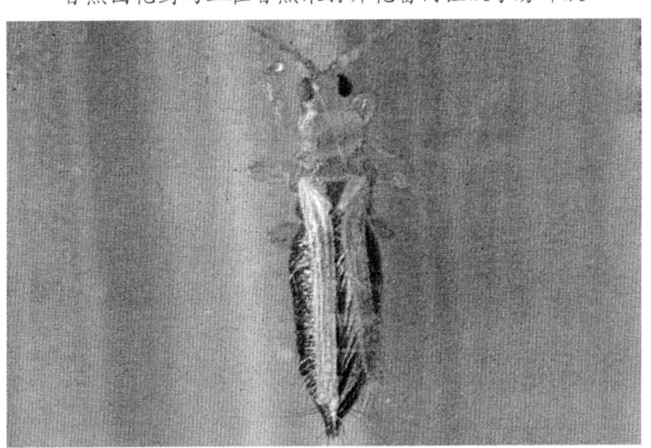

香蕉园花蓟马成虫

香蕉冠网蝽

学名 *Stephanitis typical* Distant 半翅目网蝽科。分布在福建、台湾、广东、广西、云南等香蕉产区。

香蕉冠网蝽若虫

寄主 香蕉等芭蕉科植物,番荔枝等。

为害特点 以成虫、若虫成群栖于香蕉叶背吸食汁液,产生许多黑褐色小斑点,叶面产生花白色斑,造成叶片黄化凋萎。

形态特征 成虫:体长2.5mm,浅黄色,复眼红色,前胸背板呈囊状,网状翅脉,靠近端部生1"八"字形灰黑色纹。背板侧面呈翼状扩展,前部产生囊状头兜,覆盖头部,后部与三角突的壁状中脊相接,两侧为小翼状侧脊。前翅膜质透明,有网纹。触角4节。若虫:胸部浅褐色,腹部墨绿色,腹部中央及周缘、胸部有刺状突起。

生活习性 福建年生6~7代,无明显越冬现象,世代重叠,各代均有发生高峰期。第1代于4月下旬~5月上旬羽化,第2代6月上中旬,第3代7月中下旬,第4代8月中下旬,第5代9月下旬,第6代于11月中下旬羽化。成虫交尾后5天开始产卵。

防治方法 (1)人工查园发现受害叶片尽快剪除,烧毁。(2)发现受害株后及时喷洒40%甲基毒死蜱或毒死蜱乳油1000倍液、10%氯氰菊酯乳油1000倍液。

香蕉园银纹夜蛾

学名 *Argyrogramma agnata* (Staudinger),鳞翅目夜蛾科。别名:黑点银纹夜蛾、豆银纹夜蛾、菜步曲。分布在全国各地。

寄主 香蕉、枸杞及甘蓝等十字花科蔬菜。

为害特点 幼虫食叶,将香蕉叶吃成孔洞或缺刻,并排泄粪便污染香蕉。

形态特征 成虫:体长12~17(mm),翅展32mm,体灰褐色。前翅深褐色,具2条银条横纹,翅中有一显著的U形银纹和一个近三角形银斑。后翅暗褐色,有金属光泽。卵:半球形,长约0.5mm,白色至淡黄绿色,表面具网纹。末龄幼虫:体长约30mm,淡绿色,虫体前端较细,后端较粗。头部绿色,两侧有黑斑。胸足及腹足皆绿色,第1、2对腹足退化,行走时体背拱曲。体背有纵行的白色细线6条位于背中线两侧。体侧具白色纵纹。蛹:长约18mm,初期背面褐色,腹面绿色,末期整体黑褐色。茧薄。

生活习性 全国分布,在杭州年发生4代,湖南6代,广州7代。以蛹越冬。成虫夜间活动,有趋光性,卵产于叶背,单产。初孵幼虫在叶背取食叶肉,残留上表皮,大龄幼虫则取食全叶

香蕉园银纹夜蛾成虫

香蕉园银纹夜蛾幼虫

及嫩荚,有假死习性。幼虫老熟后多在叶背吐丝结茧化蛹。每年春、秋与菜青虫、菜蛾同时发生,呈双峰型,但虫口绝对数量远低于前两种。

防治方法 (1)及时清除蕉园杂草,灭卵及初孵幼虫。(2)幼虫1~2龄喷洒苏云金杆菌乳剂,每克含活孢子量100亿以上,对水900倍液,气温高于20℃防效好。(3)幼虫3龄前喷洒25%灭幼脲悬浮剂800倍液或5%啶虫隆乳油3000倍液,隔10天左右1次,防治1~2次。(4)为害重的地区提倡在害虫发生初期或卵孵化盛期,每667m^{2}用10亿PIB/mL苜蓿银纹夜蛾核型多角体病毒800倍液喷雾,5~7天再喷1次。

香蕉园斜纹夜蛾

学名 *Spodoptera litura* (Fabricius) 鳞翅目夜蛾科。

寄主 香蕉、枇杷、罗汉果、椰子、葡萄、苹果、梨、枸杞、草莓等。

为害特点 以幼虫食叶、花蕾、花、果。低龄幼虫取食叶肉,残留上表皮,成长幼虫常把叶吃光。

形态特征 成虫:体长14~20(mm),全体褐色至暗褐色,前翅灰褐色,内横线、外横线灰白色,呈波浪状。环状纹与肾状纹之间生3条白色斜纹,肾状纹前部白色,后部黑灰色。后翅白色,无斑纹。卵:半球形,长0.4~0.5(mm),初白色。卵块上覆黄绒毛。末龄幼虫:体长35~50(mm),头黑褐色,胴部黄绿色或墨绿色或黑色,从中胸至第9腹节亚背线内侧各生三角形黑斑1对。

生活习性 年生4~9代,长江流域5~6代,福建7~9代,广

香蕉园斜纹夜蛾成虫

香蕉园斜纹夜蛾幼虫

东、广西终年发生，无越冬。在枇杷园 5~6 月常把叶片吃光。黄河流域 8~9 月发生、长江流域 7~8 月大发生。4 龄后进入暴食期，白天躲在阴暗处或缝隙中，夜晚出来为害，天亮又躲起来。幼虫老熟后入土化蛹。

防治方法 (1)各代产卵期查卵，发现卵块或 2 龄前幼虫及时摘除有虫叶，集中烧毁。(2)设置频振式杀虫灯诱杀成虫效果好。(3)喷洒 10 亿 PIB/mL 苜蓿银纹夜蛾核型多角体病毒 800 倍液，几天后可完全控制其为害。(4)3 龄前喷洒 2.5%高效氯氟氰菊酯乳油或 10%联苯菊酯乳油 2000 倍液、5%氟虫脲乳油 2200 倍液。

香蕉园皮氏叶螨

学名 *Tetranychus piercei* McGregor 蜱螨目叶螨科。分布在浙江、江西、广东、广西、台湾等香蕉种植区。

寄主 香蕉、桃、番木瓜、无花果等。

为害特点 在叶脉或花腔附近刺吸汁液，影响蕉叶生长，致受害处叶背先产生褪绿变黄症状，严重时叶面也变黄，造成叶片黄枯。

形态特征 雌成螨：体长 537μm，体橙黄色至红褐色，近梨形，体侧生 3 裂形黑斑。足第 1 跗节生 2 对典型双毛，体末端仅生肛侧毛 1 对。雄螨：体长 366μm。雄螨的阳茎无端锤，钩部略呈"S"形。卵：灰白色球形。幼螨：体形与成螨近似，小。

生活习性 福建年生 15 代，多数以卵和成螨在香蕉叶裂缝或叶背越冬，3~4 月香蕉叶片抽发后迁移到新叶上为害，夏秋高温季节常点片发生或蔓延到全香蕉园。皮氏叶螨为两性生

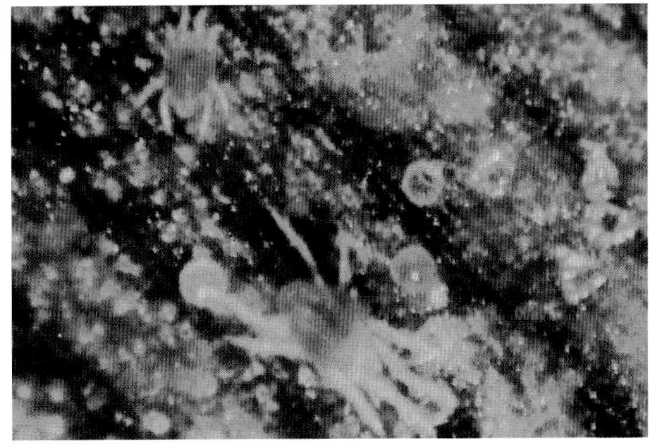
香蕉园皮氏叶螨（陈福如）

殖，也有孤雌生殖的，后代多为雄性，卵多产生叶脉两侧。

防治方法 (1)提倡用捕食螨等天敌进行防治。(2)在夏秋高温季节盛发前喷洒 24%或 240g/L 螺螨酯悬浮剂 5000 倍液或 15%哒螨灵乳油 937 倍液。

香蕉园荔枝蝽

学名 *Tessaratoma papillosa* (Drury) 半翅目蝽科。别名：荔蝽、臭屁虫。分布在江西、福建、台湾、广西、广东、四川、贵州、云南、海南等省。除为害荔枝、龙眼、柑橘、橄榄、桃、梅、梨等外，还为害香蕉。以成、若虫刺吸嫩芽、嫩梢、花穗和幼果的汁液，致落花、落果。受惊扰时射出臭液，花、嫩叶和幼果沾上会枯焦，接触人皮肤引起痛痒。该蝽年生 1 代，以成虫在树上郁密枝叶丛隐蔽处越冬。翌年 2 月下旬，气温达 16℃时开始出蛰活动，在花穗、枝梢上取食、交配产卵，4~5 月产卵最盛，卵期 13~25 天，若虫喜于嫩枝顶端吸食汁液，5~6 月若虫盛发，1 龄群聚，2 龄后逐渐分散为害，若虫期 2 个多月，7 月陆续羽化为成虫。成虫寿命约 203~371 天，终年可见。冬季气温高时成虫可活动。天敌有平腹小蜂、卵跳小蜂、线虫等。

防治方法 (1)采用生物防治法。广东、海南香蕉种植区在早春荔枝蝽开始产卵时，分两批把平腹小蜂散放到香蕉园中，能有效地控制该虫，此间如毛虫、卷叶虫发生量大，可同时释放松毛虫赤眼蜂，替代喷药。(2)3 月中下旬成虫产卵期，抗药力弱，喷洒 80%或 90%敌百虫可溶性粉剂 900 倍液或 50%氯氰·毒死蜱乳油 2000 倍液、6.3%阿维·高氯可湿性粉剂 4000 倍液。

香蕉园荔枝蝽成虫

茶色丽金龟

学名 *Anomala sinica* Arrow 鞘翅目丽金龟科。又称中华丽金龟。分布在全国大部分香蕉产区。

寄主 香蕉、苹果、栗、柑橘。

为害特点 成虫大量取食香蕉新叶，食叶成不规则孔洞或缺刻；幼虫在土壤中啃食根部，造成香蕉变黄或枯死。

茶色丽金龟为害香蕉

形态特征 成虫：中至大型，鞘翅褐色，鞘翅长盖不住腹部。触角短肘状，锐齿数个。卵：近圆形乳白色。幼虫：肥硕呈"C"形，体壁各节褶皱多，乳白色，3对胸足发达，褐色。裸蛹：初乳白色，后渐成黄色，羽化前成黄褐色。

生活习性 年生1代，以幼虫在土壤中越冬，4~7月是成虫盛发期，山区杂草多，金龟子也多，幼龄树受害重。

防治方法 (1)成虫发生盛期选闷热无风的夜晚，摇动树枝使其坠地捕捉。(2)发生重的香蕉园，每667m^{2}用5%辛硫磷或毒死蜱颗粒剂撒在树冠下地面上，翻入土中杀死幼虫。(3)嫩梢期或花蕾期成虫盛发时，傍晚用40%毒死蜱乳油1600倍液喷洒植株上部进行毒杀。

灰蜗牛

学名 *Fruticicola rovida* Benson 属柄眼目蜗牛科。分布在福建、广东、广西、云南、浙江、江苏、湖南、湖北等省。

寄主 枣、香蕉、桑、豆、麦、蔬菜等。

为害特点 幼贝取食香蕉嫩叶、花穗和幼果，造成叶片或幼果出现缺刻或孔洞。

形态特征 爬行时成贝体长30~36(mm)，贝壳呈圆球形，有5.5~6个螺层，壳口椭圆形，背壳在躯体的右侧，表面生不规则的褐色斑纹。生殖孔位于头右后下侧。卵：圆形，乳白色。幼体：初孵时长为2mm，贝壳浅褐色。

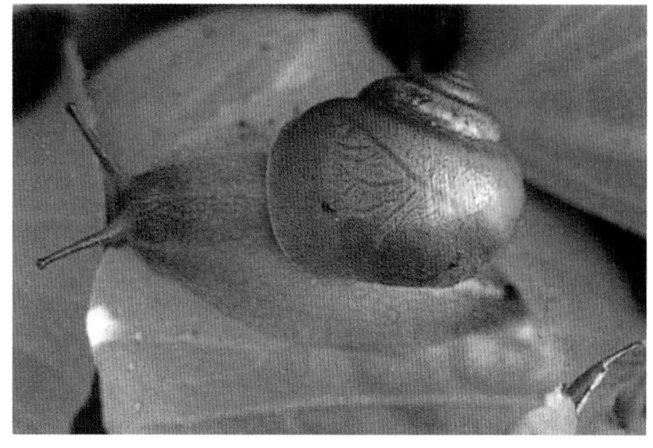

灰蜗牛

生活习性 年生1~1.5代，以成体或幼体越冬，越冬场所多在林下根部、草堆、石块或土下面。越冬时，成体分泌1层白膜封口。为害及产卵繁殖多在4~6月或10~11月，以5~6月受害重。从傍晚6时出土觅食、交配、产卵，晚上7~9时和凌晨4~5时出现2个高峰。成虫把卵产在2~4(cm)土中，每雌产卵50~100粒。

防治方法 (1)及时清除园内杂草、杂物，开沟排水。(2)堆草诱捕，把杂草、树叶、菜叶堆在田中，诱集蜗牛爬到堆下，每天傍晚捕杀。(3)用70%乙醇胺盐可湿性粉剂28g/667m^{2}混细砂或6%四聚乙醛颗粒剂每667m^{2}用药0.5kg撒在苗床上。(4)在沟边、渠边、地头苗床周围撒石灰封锁，每667m^{2}用石灰6kg保苗效果好。

非洲大蜗牛

学名 *Achatina fulica* Bowdich 动物界软体动物门。别名：花螺、非洲蜗牛。分布在广东、广西、云南、福建、海南、台湾等省。

寄主 香蕉、柑橘、椰子、菠萝、番木瓜等。

为害特点 多生活在热带或亚热带，群居性强，昼伏夜出，为害上述寄主植物。以舌头上锉形组织磨碎果树的茎叶或根，是南方果树重要害虫。

形态特征 成螺：贝壳大型，有光泽，长卵圆形。壳高130mm，宽54mm，螺层6.5~8个，螺旋部圆锥形，体螺层膨大，其高度为壳高的3/4。壳顶尖，缝合线深。壳口卵圆形，完整。卵：椭圆形，乳白色或浅青黄色。幼螺：刚孵化的幼螺2.5个螺层，壳面黄色至深黄底色，似成螺。

生活习性 喜欢栖息在阴暗潮湿的隐蔽处及腐殖质多而疏松的土壤表层，枯草堆中，乱石穴下，产卵最适土壤含水量为50%~75%，适宜土壤pH6.3~6.7，具群居性，每年可产卵4次，每次产150~300粒，卵孵化后经5个月性成熟，成螺寿命5~6年，最长9年。该蜗牛雌雄同体，异体交配。

传播途径 主要通过轮船、火车、汽车、飞机等运输工具和随观赏植物、苗木、集装箱、货物包装物、行李及疫区的苗木等传播。

防治方法 (1)严格检疫，对集装箱要严格检查，一经发现要进行灭害处理。(2)在果园出现时用80.3%速·铜可湿性粉剂，每袋60g，加水10~11(kg)于为害期喷雾，隔10~15天1次，防治1~3次。

非洲大蜗牛

9. 椰 子(*Cocos nucifera*)病 害

椰子芽腐病(Coconut bud rot)

症状 又称椰子疫病。主要为害幼芽和嫩叶，初发病时，未展开的叶子先行枯萎，浅灰褐色，后下垂，从基部倒折，病菌从嫩叶基部扩展到芽的幼嫩组织，造成幼芽枯死腐烂，植株停止生长，严重时整个树冠死亡。中央未展开的嫩叶基部组织变褐腐烂，散发出臭味，已展开的嫩叶基部常呈灰绿色水渍状，病斑上长出白色霉状物，即病原菌的孢囊梗和孢子囊。该病是为害棕榈科植物最严重的病害，椰子栽植区均有发生。

椰子芽腐病

病原 *Phytophthora palmivora* (Butler)Butler 称棕榈疫霉，属假菌界卵菌门。孢子囊多为倒梨形或近球形，少数椭圆形，大小 43～83×28～44(μm)，有 1 乳突，多明显，厚约 5μm。孢子囊脱落，有短柄，柄长小于 5μm。厚垣孢子球形，顶生或间生，异宗配合。藏卵器球形，大小 20～29(μm)。雄器下位。除为害椰子外，还为害棕竹、鱼尾葵、大王椰子、假槟榔等棕榈科植物及凤梨、无花果、芋、咖啡、枇杷、芒果、冬青卫矛等。

传播途径和发病条件 病菌以卵孢子在病芽叶及根部或随病残体在土壤中越冬，借雨水或灌溉水及淋水溅射传播。多雨年份、多雨季节或雨日多，气温 20～25℃，相对湿度高于 90%或湿气滞留时间长易发病。雨日多的地区发病重。尤其是台风暴雨后易发病，椰林管理粗放，缺钾肥发病重。

防治方法 (1)加强椰园管理。灌水不宜过多，保持通风透光，严防湿气滞留。发现病部及时剪除，集中处理。(2)低温雨季来临时喷洒 60%氟吗·乙铝可湿性粉剂 600 倍液或 44%精甲·百菌清悬浮剂 800 倍液、60%氟吗·锰锌可湿性粉剂 800 倍液、78%波尔·锰锌可湿性粉剂 500 倍液，隔 10 天 1 次，连防 3～4 次。

椰子灰斑病(Coconut Pestalotiopsis leaf spot)

症状 初在小叶上出现橙黄色，稍凹的小圆点，后小圆点中央变褐，并扩展形成椭圆形、条形、圆形或不规则形，中央变成灰白色，外缘暗褐色，外围有黄晕圈的病斑。病斑灰白色部分渐变薄、易碎裂。许多病斑汇合呈不规则的灰色坏死斑块。严重时整张叶片干枯、碎裂、似火烧状。病斑上散生圆形、椭圆形或

椰子灰斑病及受害状

椰子灰斑病叶片症状(摄于海南三亚)

不规则形的小黑粒，是病原菌的分生孢子盘。

病原 *Didymella cocoina* 称椰子亚隔孢壳，属真菌界子囊菌门。无性态为 *Pestalotiopsis palmarum* (Cooke) Steyaert 称掌状拟盘多毛孢，属真菌界无性型真菌。分生孢子盘球形至椭圆形，黑色，初生于基质内，后露出；分生孢子梗短而细，不分枝；分生孢子纺锤形至棒形，大小 17.5～23.6×5.6～6.6(μm)，有 4 个横隔，两端细胞无色，中间的 3 个细胞褐色，孢子基部有小柄，顶端生 2～3 根无色纤毛。该菌除为害椰子树外，还侵害油棕、槟

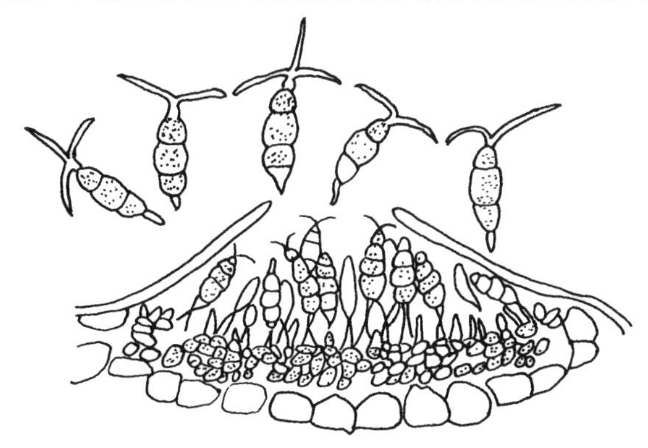

椰子灰斑病菌(仿张中义)
掌状拟盘多毛孢分生孢子盘和分生孢子

榔、甘蔗、菠萝等作物。

传播途径和发病条件 病菌以分生孢子盘和菌丝体在病部或随病落叶在土壤中越冬，条件适宜时产生分生孢子，从嫩叶或成叶伤口处侵入，经数天潜育后发病。湿度大时产生分生孢子，借风雨及蚂蚁传播进行再侵染。在椰子产地此病全年均有发生，8～12月病情随着雨量增多、相对湿度增加和气温的递降而加重，1～7月病情随着旱季到来和气温的递升而减轻。高湿、月均温17～24℃，有利侵染。育苗种植密度大，扩展蔓延迅速。阴雨天气持续天数多、露重，病情急剧上升。

防治方法 (1)不宜在椰子和其他寄主作物林下育苗；避免连年育苗。(2)育苗以苗距40×50(cm)为宜，要留有管理行和人行道；种植不宜过密，以每667m² 种植12～15株为宜；加强管理，不偏施氮肥，氮、磷、钾肥要适量搭配施用；过于阴潮的林田，应采取减阴排潮措施。(3)定期普查苗情。苗圃在多雨、高湿季节每5天一次，旱季、高温季节，每10天一次。幼树和成株椰园每15天一次。发现病情及时喷洒1∶1∶100倍式波尔多液或25%多菌灵可湿性粉剂200倍液、75%百菌清可湿性粉剂400倍液、30%戊唑·多菌灵悬浮剂1000倍液，隔10天1次，感病轻的椰苗连续喷施2次，感病重的连续喷施3～4次，均具杀菌、保护双重作用，可有效地防治椰苗灰斑病。喷药时叶面、叶背要求均匀喷布周到。发病重的苗圃清除和烧掉严重染病叶片并对病死苗喷药处理。幼树和成年树，每667m² 以25%多菌灵可湿性粉剂1kg拌滑石粉或草木灰5kg，隔10天1次，连喷2次可有效地控制此病。

椰子叶枯病(Coconut Phyllosticta leaf spot)

症状 发生在叶面或叶缘。叶片上病斑形状不规则，边缘褐色至黑褐色，中央灰白色，较大，病健交界处明显。

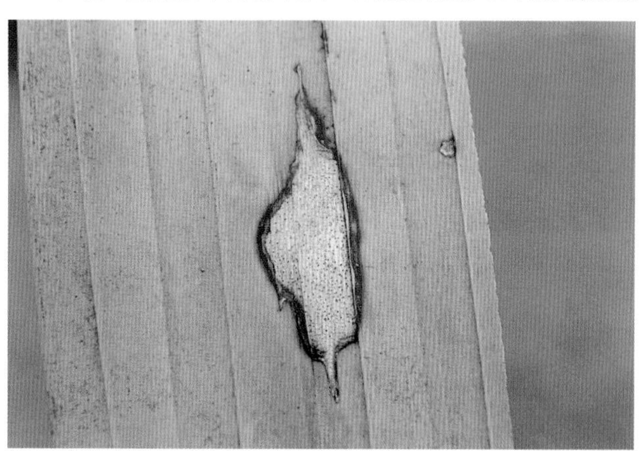

椰子叶枯病病斑放大

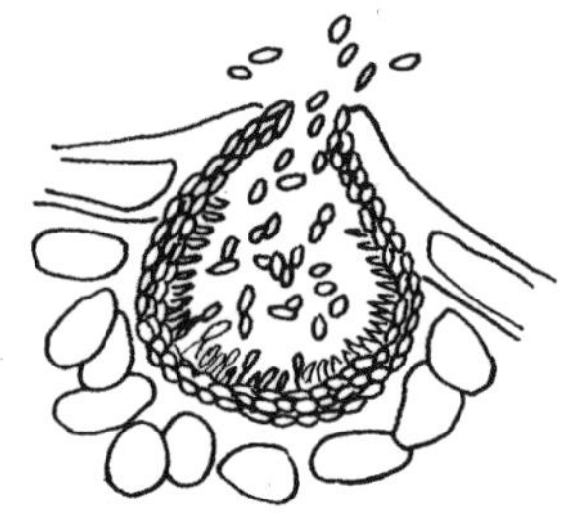

椰子叶枯病菌
分生孢子器及分生孢子

病原 *Phyllosticta cocophila* Passerini Shen. 称椰子叶点霉，属真菌界无性型真菌。

传播途径和发病条件 病菌以菌丝和分生孢子器在病部或随病残体在土壤中越冬，翌年从分生孢子器中产生分生孢子，借气流及淋水或雨水传播，南方一年内有3～4次发病高峰。

防治方法 (1)发现病叶及时剪除。(2)发病初期喷洒30%戊唑·多菌灵悬浮剂1000倍液、50%百·硫悬浮剂500倍液、70%代森联水分散粒剂500倍液。隔10天左右1次，防治2～3次。

椰子致死性黄化病(Coconut lethal yellowing)

症状 椰子叶片变黄，未成熟椰果脱落，花序变黑，叶坏死。是一种毁灭性病害。椰子产生上述症状，无法防治，4个月后整树死亡。

椰子致死性黄化病

椰子致死性黄化病萼端腐烂

病原 Coconut palm lethal yellowing Phytoplasma 称椰子致死黄化植原体，属细菌界软壁菌门。菌体近球形、血球形、圆筒形、念珠状、丝状等多种。大小0.4~2(μm)，集中在根系、子叶、动嫩花序的小花轴和旗叶中。在新近成熟的韧皮部筛管中常见。在昆虫体内繁殖。

防治方法 (1)严格检疫，禁止从病区引种。(2)选育抗病品种，清除病株。(3)轻病树注射四环素或酸氧四环素。(4)重病株挖除烧毁。

椰子败生病(Coconut cadang-cadang)

症状 又称黄色斑驳衰退病，最早发生在菲律宾吕宋岛南部，具毁灭性。病株叶片生橄榄色病斑，直径12～50(mm)，一般幼树不感病，多发生在成龄树和结果树上，属慢死型病害。椰果变小且圆，最后脱落。病叶也逐渐萎垂，最后脱落。病树感病后

椰子败生病病株

5～15年成片死亡。

病原 *Coconut cadang-cadang viroid*,CCCVd,称椰子死亡类病毒。核苷酸数目为246～247个。是一种只含低分子量核酸的致病因子,在电镜下看不到像病毒那种粒体结构,没有蛋白质外壳。

传播途径和发病条件 该病多发生在结果树和成龄树上,传毒介体不明。

防治方法 (1)严格检疫,禁止从病区引种。(2)发现病树要及时清除,防其传染。

椰子泻血病(Coconut stem bleeding)

症状 又称茎流胶病。椰子树干纵裂,从基部裂缝处流出铁锈色黏稠液汁,后变黑色,裂缝处组织腐烂。从基部向上扩展,重病树树冠叶片变小,逐步凋萎,由外向内相继脱落,最后变成光杆。中国椰树种植区均有发生。

椰子泻血病病株

病原 *Thielaviopsis basicola* (Berk. et Broome) Ferraris 称根串珠霉,属真菌界无性型真菌。分生孢子梗从菌丝侧生,无分枝,淡榄色,分隔,产孢瓶梗(小梗)50～139.5×3.5～5(μm)。孢子有两型:a型是厚垣孢子,串生在孢子梗顶端或侧面,最后断裂,圆柱形,顶孢子的上部纯圆,断裂的孢子两端平截,基部1~2个细胞无色,余为褐色,壁厚,10~15×7.5~10(μm)。b型是内生孢子,圆柱形,两端平截,无色,从产孢瓶梗内生,孢子成熟后在其下面可继续形成新的分生孢子, 成串地推射出来,7～17×2.5～4.5(μm)。

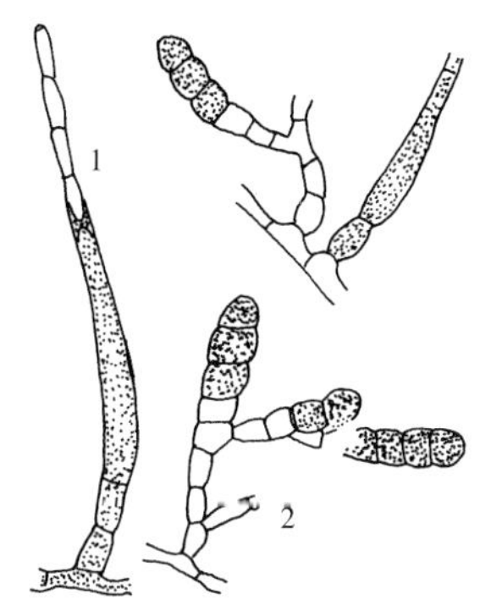

椰子泻血病病菌根串珠霉
1.分生孢子梗 2.分生孢子

传播途径和发病条件 病菌以菌丝体或厚垣孢子在病组织中或随病残茎进入土壤里越冬,翌年产生分生孢子,从伤口处侵入后, 只要温湿度条件适宜,该病即扩展。椰子各生育阶段均可染病。椰林土质黏重,排水不良易发病。

防治方法 (1)提倡种植马哇、文椰78F1、巴马、PCA15-4等杂交种椰子。(2)彻底挖除病组织并烧毁。(3)在病部涂波尔多浆保护,加强病树施肥管理,严防人畜伤及椰树茎干。(4)发病初期喷10%苯醚甲环唑水分散粒剂2000倍液或27%碱式硫酸铜悬浮剂600倍液或30%戊唑·多菌灵悬浮剂1000倍液。

椰子红环腐病(Coconut palm nematode)

症状 叶变黄从叶尖开始渐向中脉扩展,延及叶柄,整叶变黄变褐,枯萎脱落。把椰树茎干横切,距茎干外表皮3～5(cm)的维管束处有一圈宽3～4(cm)的橙红色环腐带,病原线虫多集中在这里。红环腐带常从茎干向上延伸数米高,再往上便分裂成红色纵向条纹进入叶柄,根系也常被侵染,变色根系组织上有大量线虫。

病原 *Rhadinaphelenchus cocophilus* (Cobb.)J.B.Goodey 称椰子红腐线虫,属线虫。雌雄虫蠕虫状,体长约1000μm,虫体窄。口针长11～13(μm),中食道球长卵形,长为宽的1倍。雌线虫阴门腹面有C形裂,阴唇厚,单卵囊。雄虫交合刺小,刺远端具凹口,刺顶尖长圆,无引带,但具拟引带。

传播途径和发病条件 传播介体主要是棕榈象岬(*Rhynchoporus palmarum*),其他还有蜘蛛、鸟类、老鼠;除为害椰子外,还常为害可可、油棕、枣椰等。该线虫通过叶基的裂口进入内部组织。茎干外围组织木栓化的4～7龄椰树最易感染。不同土壤类型的椰园均有发生。

防治方法 (1)严格检疫,严禁从病区引进带该线虫的寄主植物。(2)选种抗病的马来矮×西非高种椰子杂交种。(3)防治棕榈象岬。

椰子红环腐病病株

10. 椰 子 害 虫

黄星蝗(Spotted locust)

学名 *Aularches miliaris scabiosus* (Fab.)直翅目，蝗总科。别名：尖头黄星蝗。分布于广东、海南、广西、贵州、云南、四川等省区，是西南地区的主要土蝗之一。

寄主 椰子、芒果、板栗、木麻黄、槟榔、油桐、油茶、八角、栎树、油杉、泡桐、松、杉、桉、柚木、臭椿等多种果树和农林植物。

为害特点 黄星蝗以成虫和若虫食害寄主的叶片、嫩芽、花朵、小枝。为害逐渐加重。

形态特征 成虫：雄体长 37～48 (mm)，前翅长 36～45 (mm)；雌虫体长 49～58(mm)，前翅长 39～50(mm)。体较粗大，黑色或黑褐色。触角丝状黑色。头部背面黑褐色，复眼棕红色，在复眼之下具较宽的黄色斑纹。前胸背板的背面棕黑色，前后缘黄色，前缘的一对瘤状隆起橘红色，侧片的下端具 1 条宽约 3～5(mm)的黄色纵条纹，与复眼下方的黄色斑相连，中后胸的腹面黄色或橘红色。前翅黄褐色，散布有许多近似圆形的橙黄色斑，大小不等，一般有 70～82 个；后翅黑褐色，近顶端稍淡。腹部前 6 节的前半部黑色，后半部橘红色。雄虫尾须下生殖板与雌性尾须、产卵瓣黄色。卵：初产时橘黄色，长椭圆形。卵块呈筒形，卵粒在卵块中呈斜状排列，每一卵块中有卵 20～45 粒，卵块由海绵状胶质物包裹。若虫：体形与成虫相似，尖头黑色，颜面带有橘黄色斑，各龄若虫体上的颜色斑纹略有变化，随着龄期的增大，颜面和体躯上的黄色斑纹逐渐明显。老龄若虫体躯两侧均有 2 条黄色纵带，从头顶延伸到腹部末端，头顶及前胸背板正中也有一条较小的黄色纵带贯穿，腹部背板中隆线的突起为黄色。

生活习性 四川、贵州、广西、海南年生 1 代，以卵块在土中越冬。翌年 4 月下旬开始孵化，5 月为孵化盛期，6 月初为孵化末期。5～7 月为若虫期，若虫共 6 龄，若虫出土后 12～15 天开始蜕皮，每一龄期历时 14 天左右，8～11 月为成虫期。10 月开始产卵，产卵后 3～5 天雌成虫即死亡。雄成虫最后 1 次交配后几天也开始陆续死亡。

春末夏初如温度高，湿度合适，越冬卵即提早孵化。孵化以白天中午为最多，初孵跳蝻有群集性，常数十头在低矮的寄主上取食叶片和幼嫩小枝，移动性不大，活动范围离产卵地不远。早晚活动较少，以 9～16 时的活动较多。中午阳光较强时，迁到低矮的灌木林或有蔽荫的草丛里取食。蜕皮前 2 天食量开始减少，刚蜕皮的跳蝻不大活动，蜕皮 2 天后食量开始增加，随着龄期的增加，其取食量也递增。成虫动作迟钝，飞翔力弱，只能作短距离飞行，未发现有远距离飞行现象。成虫是分散活动和取食。老龄跳蝻和成虫取食时，若取食的是针状叶和小枝，多从中间咬断，只取食很小部分，大部分咬断落地，受惊时要分泌带腥臭味的白色泡沫。成虫一生交配多次，每次一般为 4～12 小时，第一次交配的时间长些，以后逐渐缩短，交配时间以 9～15 时为最多。每雌一生可产卵 56～85 粒，产卵场所一般选在土壤疏松度适宜，地势平坦，又不积水的林地内或生有矮草的土坡上。产卵时雌虫将产卵管插入土中挖出产卵孔，先分泌一些泡沫状物才开始产卵，约 1 小时能产完一个卵块，产卵完毕又分泌一些泡沫状胶质物将卵块包裹。产卵入土深度是 3～8cm。有些雌虫只挖产卵孔并不产卵，故形成部分假卵孔。卵块留在土中越冬。

防治方法 (1)人工防治：人工挖除卵块，及时捕打跳蝻与成虫。(2)化学防治：在掌握蝗情的基础上，初龄若虫群集阶段时，喷撒 3%的敌百虫粉剂进行毒杀；也可用 80%敌敌畏乳油 1000 倍液喷杀。

小白纹毒蛾(Small tussock moth)

学名 *Notolophus australis posticus* Walker 属鳞翅目，毒蛾科。别名：毛毛虫、刺毛虫、棉古毒蛾等。分布在江西、福建、广西、四川、广东、云南、台湾等地。除为害草莓、桃、葡萄、柑橘、梨外，还为害椰子、芒果。以初孵幼虫群集在叶上为害，后逐渐分散，取食花蕊及叶片。叶片被食成缺刻或孔洞。

形态特征 成虫：雄体长约 24mm，呈黄褐色，前翅具暗色条纹；雌虫翅退化，全体黄白色，呈长椭圆形，体长约 14mm。卵：白色，光滑。幼虫：体长 22～30(mm)。头部红褐色，体部淡赤黄色，全身多处长有毛块，且头端两侧各具长毛 1 束，胸部两侧各有黄白毛束 1 对，尾端背方亦生长毛 1 束。腹部背方具忌避

黄星蝗成虫

小白纹毒蛾(旋古毒蛾、棉古毒蛾)幼虫

腺。蛹 幼虫老熟后，在叶或枝间吐丝，结茧化蛹。蛹：黄褐色。该虫在台湾年生8~9代，3~5月发生多。成虫羽化后因不善飞行，交尾后卵产在茧上，雌蛾常攀附在茧上，等待雄蛾飞来交尾，卵块状，卵块上常覆有雌蛾体毛。初孵幼虫有群栖性，虫龄长大后开始分散，有时可见10余头幼虫聚在一起，老熟幼虫在叶或枝间吐丝做茧化蛹，茧上常覆有幼虫体毛，雄虫茧常小于雌虫。

防治方法 三龄前喷洒10%吡虫啉可湿性粉剂1500倍液或40%毒死蜱乳油1500倍液、40%毒死蜱乳油1000~1500倍液。

椰心叶甲(Coconut leaf beetle)

学名 *Brontispa longissima* (Gestro) 鞘翅目，铁甲科。异名：*B.froggatti;B.javana*。俗名：椰子扁金花虫、红胸叶虫。分布在台湾及太平洋岛屿国家。

椰心叶甲成虫

寄主 棕榈科植物棕榈、椰子、槟榔、油椰、山葵、蒲葵、散尾葵等。

为害特点 成幼虫食害已展开的心叶，致被害叶变褐干枯，严重的全株枯死。

形态特征 成虫：体扁平狭长，体长8~10(mm)，鞘翅宽约2mm，头部窄于前胸背板，头顶前方具触角间突，触角11节鞭状，前胸背板上具不规则粗刻点，红黄色；鞘翅前缘约1/4表面红黄色，其余蓝黑色，鞘翅上具纵向排列的刻点，足短粗壮红黄色，4、5两节愈合。老熟幼虫：乳白色扁平，腹部可见第8节，末端具向内弯曲不能活动的卡钳状突起，突起基部有气门开口1对，各腹节侧面具刺状侧突起、腹气门各1对。

生活习性 在台湾年生8~10代，通常产卵1~7个成列，幼虫脱皮4次，成虫羽化后开始取食，交尾及活动喜欢在黄昏，成虫期3个月以上。靠成虫飞行扩大为害，远距离传播主要借助各虫态随寄主种苗、幼树调运人为传播。

防治方法 严格对棕榈科植物进口的检疫审批制度，在港口实施严格检疫，防止该虫扩大蔓延。

椰棕象虫(Red palm weevil)

学名 *Rhynchophorus ferrugineus* Fabricius 鞘翅目，象虫科。别名：椰子大象鼻虫、红棕象甲。分布在在广东、海南、云南、

椰棕象虫成虫

台湾等省。

寄主 椰子、油棕、龙舌兰、甘蔗等。

为害特点 幼虫 在椰子树干内钻食和为害生长点，受害树干易遭风折或整株死亡。

形态特征 成虫：体长30~35(mm)，红棕色，头部延伸成喙，喙长为体长的1/2，雄成虫喙背具1丛毛。前胸背板上生6个黑斑，排成前后两行，前行3个略小，鞘翅表面有光泽，上面生6条纵沟。末龄幼虫：体长40~50(mm)，无足，胸、腹部乳白色。蛹茧：长椭圆形，由纤维组成。

生活习性 海南、广东年生2~3代，世代重叠。5月、11月是成虫出现高峰期。交尾后，把卵产在幼嫩的叶腋间或伤口处，每雌产卵300多粒，卵期3~5天，初孵幼虫钻进树干中，取食汁液，组织上的纤维遗留在虫道四周，使树干成为空壳。为害生长点时，常造成心叶残缺，终致生长点腐烂，造成全株死亡。幼虫为害期1~3个月，蛹期10~14天，羽化后成虫在茧内停息4~7天后破茧而出。雌虫一生只交配1次，交配后7天内产卵。成虫寿命89~109天。

防治方法 (1)对受害严重的植株在成虫羽化之前，及时砍伐烧毁。(2)注意保护树干，有伤口时可涂泥浆或沥青，防止成虫产卵。

椰蛀犀金龟甲(Palm rhinoceros beetle)

学名 *Oryctes rhinoceros* Linnaeus 鞘翅目，犀金龟科。分布在广东、海南、台湾等省。

椰蛀犀金龟甲成虫、蛹、幼虫

寄主 椰子、油棕、槟榔、甘蔗、菠萝、香蕉、柑橘等。

为害特点 成虫主害椰树，多从上部向中心再向下蛀食，先食心叶而后吃掉生长点，形成隧洞，终致树冠残缺，树衰萎，重者死亡。幼虫腐食性，有时可由下而上蛀食椰树茎干。

形态特征 成虫:体长 38.9～47(mm)，黑褐色，光亮。雄头部背面有一略向后弯曲的角状突起，长 3.5～7.5(mm)，雌的较短。触角鳃叶状 10 节，棒状部即鳃叶节 3 节。前胸背板大，自前缘向中部形成一大凹区，四周较高，凹区后缘中部具两个向前凸出的突起。小盾片近半圆形，鞘翅长大密布不规则的粗刻点。卵:椭圆形，乳白色，有弹性。幼虫:体长 45～70(mm)，头褐色，体淡黄色，呈"C"形。胸背和腹部密生刚毛。肛门呈"一"字形开口，无刚毛列。蛹:长 45～50(mm)，头部具角状突起。后翅长出鞘翅外，达第 5 腹节后缘；腹部背面第 1～7 节间具 6 对眼状斑，斑缘黑褐色。

生活习性 海南年生 1 代，以老熟幼虫在取食场所或土壤中越冬。翌年 4～5 月化蛹，蛹期 19～27 天，成虫 5～6 月出现，成虫夜出活动，有趋光性，取食 30～35 天后，飞往腐烂的椰树残桩、堆肥等处交配产卵，平均每雌产卵 22 粒。经室内饲养观察，成虫寿命平均 89 天，卵期 12 天。幼虫共 3 龄，老熟后在取食场所或土中化蛹。

防治方法 (1)5 月前彻底清除枯死树干、残桩及堆肥，破坏其产卵场所，消灭其中的卵、幼虫和蛹。(2)发生严重地区，可用废椰树圆木、残桩或堆肥等定期诱杀，并集中处理。(3)药剂防治：可用 40%辛硫磷乳油 1500 倍液、40%毒死蜱乳油 1000～1500 倍液、40%乐果乳油 800 倍液。(4)椰树苗期在树顶端放少量食盐可防止成虫为害。

椰圆蚧(Coconut scale)

学名 *Aspidiotus destructor* Signoret 同翅目，盾蚧科。别名：椰凹圆盾蚧、椰圆盾蚧、黄薄椰圆蚧、木瓜蚧、恶性圆蚧、黄薄轮心蚧。异名 *Temnaspidiotus destructor* (Signoret)。分布在华南、西南、华中、华东及陕西、上海、浙江、江西、福建、台湾、湖南、湖北、广东、广西、贵州、四川、云南。

寄主 椰子、柑橘、香蕉、芒果、荔枝、番木瓜、葡萄等。

为害特点 成、若虫群栖于叶背或枝梢、茎上，叶片正面亦有雄虫和若虫固着刺吸汁液，致受害处叶面出现黄白色失绿斑纹或叶片卷曲，叶片黄枯脱落。新梢生长停滞或枯死，树势衰弱。

椰圆蚧雌、雄介壳

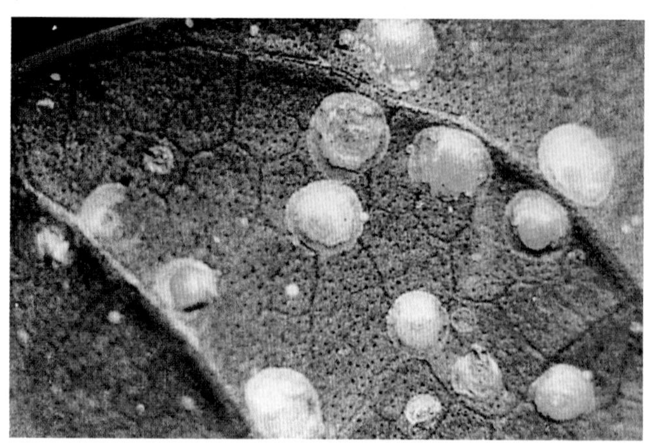

椰圆蚧

形态特征 雌介壳:圆形或近圆形，平，似稻草黄褐色，直径 1.8mm，薄而透明，壳点位于中央或近中央，很淡，黄白色。雌成虫体稍硬化，长 1.1mm，卵形或长卵形，鲜黄色。介壳与虫体易分离，腹部向臀板变尖，臀板后端常平截或钝圆，臀叶三对；背管腺较长大，但数量少；无厚皮棍和厚皮槌；肛门相对很大；阴门周腺 4 群。雄介壳:近椭圆形，质地和颜色同雌，稍小。雄成虫橙黄色，复眼黑褐色，翅半透明，腹末有针状交配器。卵:长 0.1mm，椭圆形，黄绿色。若虫:淡黄绿色至黄色，椭圆形，较扁，眼褐色，触角 1 对，足 3 对，腹末生 1 尾毛。

生活习性 贵州年生 2 代，浙江、江苏、湖南 3 代，福建 4 代，热带 7～12 代，均以受精后的雌成虫越冬。贵州一代若虫于 4 月中下旬开始孵化，5 月上旬进入盛孵期，雄虫于 5 月下旬～6 月下旬化蛹，6 月中旬～7 月上旬羽化。第二代若虫于 7 月中旬开始孵化，8 月上旬进入盛孵期，雄虫于 9 月上中旬化蛹，10 月上中旬羽化。浙江各代孵化盛期:4 月底至 5 月初，7 月中下旬，9 月底至 10 月初。闽南冬季有雌成虫、雄蛹及 1 龄若虫同在，第 1 代卵 1 月下旬前后孵化，第 2 代若虫 5 月间出现。初孵若虫分散转移至各部固着为害。每雌产卵 100 多粒。天敌主要有双目刻眼瓢虫。

防治方法 (1)严防有蚧虫的苗木调入或调出，把好检疫关。(2)加强综合管理，使通风透光良好，以增强树势提高抗虫能力。(3)剪除带虫严重的枝、叶，集中烧毁，但烧前一定要使天敌飞出后再烧，充分保护和利用天敌。(4)在若虫盛孵期及时喷洒 25%噻嗪酮可湿性粉剂 1600 倍液或 40%毒死蜱乳油、1.8%阿维菌素乳油 1000 倍液。第 3 代可用 10～15 倍松脂合剂防治。

频振式太阳能杀虫灯

11. 杨 梅(*Myrica rubra*)病 害

杨梅白腐病

症状 杨梅结果之后,果实上生出白色霉状物,称为白腐病,随时间延长,白腐面积扩大,生产上不足48小时,带白点的杨梅即落地。

杨梅白腐病果面现白色霉(梁森苗摄)

病原 *Penicillium* sp. 称1种青霉和 *Trichoderma viride* Pers. ex Fr. 称绿色木霉为主,均属真菌界无性型真菌。

传播途径和发病条件 病原菌在腐烂病果或土壤中越冬,靠暴雨冲击把病菌溅到树冠上近地表果实上。杨梅进入成熟期,雨日多,果实变软,病菌滋生,初仅少数肉柱萎蔫,后因果实抵抗力和酸度下降,造成吸水后的肉柱破裂,扩展到半个果或全果。后在病果内产生白色菌丝,果味变淡,有的散发出腐烂的气味,以后再经雨水冲击造成整个树冠被侵染。

防治方法 (1)增加果实硬度提高抗病力。进入果实硬核期和转色期,即采前40天~15天喷洒含钙营养液700倍+75%百菌清可湿性粉剂1000倍液,或70%甲基托布津可湿性粉剂800倍液,隔7~10天1次连续防治3次。(2)果实转色后,喷洒山梨酸钾600倍液1~2次。(3)采用避雨栽培,效果好。(4)及时采收。

杨梅褐斑病(红点病)

症状 杨梅褐斑病主要为害叶片,初生针头大小的紫红色小点,后扩展成圆形至不规则形病斑,直径4~8(mm),病斑中央红褐色,边缘褐色至灰褐色,后期病斑中央变成浅红褐色或灰褐色,病斑上密生灰黑色小粒点,即病原菌的子囊壳,多个病斑常融合成斑块,造成叶片干枯脱落或小枝、花芽枯死,影响树势和产量。

病原 *Mycosphaerella myricae* Saw. 称杨梅球腔菌,属真菌界子囊菌门。子囊座生在叶的上表面,球形至扁球形,直径60~90(μm),孔口7μm。子囊纺锤形,无色,44~52×14~15(μm),子囊孢子长椭圆形,双细胞,无色,16~18×4~5(μm)。

传播途径和发病条件 病菌以子囊果在病树的病叶中或随病落叶在地面越冬,翌年4月下旬至5月上旬,释放出子囊孢子,借风雨传播,从叶片的气孔或伤口侵入后,经3~4个月的

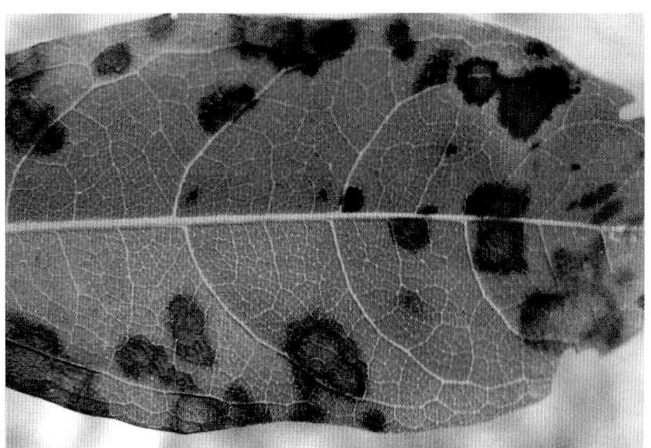

杨梅褐斑病叶面上的症状(梁森苗摄)

潜伏期于8月中旬显症,进入10月下旬病斑扩展很快,病情不断加重,出现落叶,11~12月进入落叶高峰期。该病发生轻重与当地5月~6月雨日多少及杨梅园湿度和树势强弱关系密切,该病每年发生1次,没有再侵染。

防治方法 (1)每年进入高峰期后及时扫除病落叶,集中深埋或烧毁,以减少越冬菌源。(2)杨梅园在深翻时施入鸡粪、饼肥等有机肥料和硫酸钾、草木灰等含钾高的肥料,以增强树势提高抗病力。(3)结合修剪,剪除枯枝增加通风透光,降低杨梅园湿度,可减少发病。(4)进入杨梅春梢后熟期,即5月初~6月初,采收后夏梢萌发时及越冬之前,是防治该病的关键期。杨梅越冬之前喷洒波美3~5度石硫合剂。生长期可喷洒80%波尔多液可湿性粉剂400~600倍液或自己配制的1:2:200倍式波尔多液、78%波尔·锰锌可湿性粉剂550倍液、80%锰锌·多菌灵可湿性粉剂1000倍液、81%甲霜·百菌清可湿性粉剂700倍液。一般杨梅园春梢后熟期和采收后各喷1次;重病园在3个防治关键期各防1次,最严重园在春梢后熟期防2次,其他关键期各防1次,然后再在8~9月各喷1次,可试用30%戊唑·多菌灵悬浮剂1100倍液或50%嘧菌环胺水分散粒剂700~900倍液。

杨梅腐烂病

症状 为害杨梅主分枝处,出现干皮腐烂或枯枝。造成树皮腐烂,病部紫褐色,后变红褐色,略凹陷。我国湖南产区发生普遍而严重。病株率20%~50%,病情指数15~25,发病严重地区病株率50%以上,病情指数高达30~40,严重影响杨梅生产发展。

病原 *Leucostoma cincta* (Fr.)Hahn 称核果类腐烂病菌,无性型为 *Leucocytospora cincta* (Sacc.)Hahn. 异名 *Valsa cincta* (Fr. ex Fr.)Fr. 无性型为 *Cytospora cincta* Sacc.。

传播途径和发病条件 病原菌以子囊壳或分生孢子器在病树干组织中越冬,借风雨或昆虫传播,从树干伤口或皮孔侵入,尤其是冻害造成伤口是该菌主要侵入途径。远距离传播靠苗木调运传播。

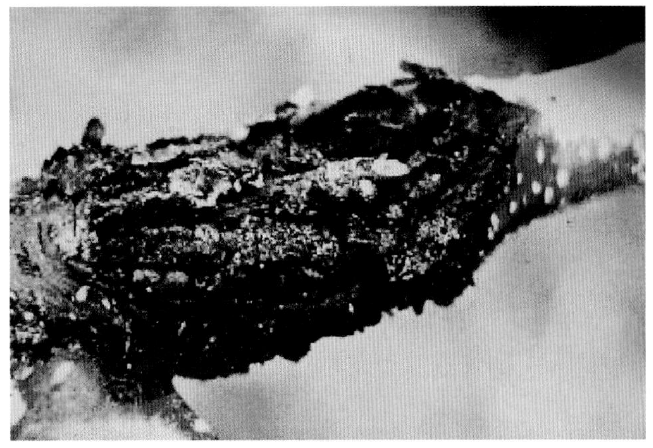

杨梅腐烂病树干受害状

防治方法 (1) 新建杨梅园要选土壤有机质含量达 2%田块。秸秆还田的果园每 667m² 施用量在 500kg,要仔细粉碎翻压并补施少量氮肥培肥地力增强抗病力。(2) 衰老树要及早更新,复壮树势,增强树势,生产上要防止冻害发生。(3)发现病疤后,用刀刮净并涂抹 80%乙蒜素乳油 100 倍液,也可喷洒 30%戊唑·多菌灵悬浮剂 1000 倍液。

杨梅癌肿病(Chinese strawberry crown gall)

症状 主要为害枝干。初期在病枝上产生乳白色小突起,表面光滑,后渐扩展形成肿瘤,表面凹凸不平粗糙,木栓质坚硬变成褐色或黑褐色,严重时造成枝枯。

病原 *Pseudomonas syringae* pv. *myricae* (Choei) nora comb. Zhang et He 称丁香假单胞菌杨梅致病变种,属细菌界薄壁菌门。菌体短杆状,两端钝圆有极生鞭毛 1~5 根,革兰氏染色阴性,在牛肉汁琼脂培养基上产生边缘光滑的圆形白色菌落,中央略凸起,具亮光,后期变为污白色。

传播途径和发病条件 病菌在病枝干肿瘤组织中越冬,翌年春天湿度大,肿瘤表面溢出菌脓,借风雨传播,从寄主叶痕或伤口处侵入,潜育期 20~30 天,发病后又产生菌脓不断地进行再侵染,造成其流行。5、6 月份雨水多的年份易发病,管理粗放,排水不良的杨梅园发病重。

防治方法 (1)选用湘红梅、小炭梅、早大种、东方明珠等抗病品种。(2)采果及梅园管理须小心从事,尽量减少伤口,发现枝干上有伤口时,及时涂抹波尔多液等伤口保护剂。冬春修剪时,注意剪除有肿瘤的小枝,切除大树干上的肿瘤,伤口再用 80%乙蒜素乳油或硫酸铜 100 倍液消毒,再涂伤口保护剂。(3)抽春梢前喷洒 1∶2∶200 倍式波尔多液,台风袭击或果实采收后,也要喷洒 50%氯溴异氰尿酸可溶性粉剂 1000 倍液或 77%硫酸铜钙可湿性粉剂 400 倍液。

杨梅癌肿病症状

杨梅赤衣病(Chinese strawberry pink)

症状 为害枝干。主枝、侧枝发病居多,多从分枝处发生,受害处覆有一层粉红色薄的霉层。发病初期在枝干背光面树皮上现很薄的粉红色脓疱状物,翌年 3 月下旬在病疤边缘及枝干向光面出现橙红色痘疮状小疱,融合成较大病斑,50 多天后,整个病疤上覆盖粉红色霉层。分布在浙江一带,是杨梅生产上新发现的病害。

病原 *Corticium salmonicolor* Berk.et Br. 称鲑色伏革菌,属真菌界担子菌门。菌丝体白色网状,边缘羽毛状,担子果扁平,膜质,典型的呈粉红色,边缘白色,其中产生宽圆形担子。担子平列,上生 4 个小梗,每个小梗上着生 1 个担孢子。担孢子单胞,卵圆形至椭圆形,无色,顶端圆,基部略尖,平滑,大小 8.6~15.8×6.3~11.2(μm)。

传播途径和发病条件 病菌以菌丛在病部越冬,翌春气温升高,树液流动时开始向四周扩展蔓延,不久病疤边缘或枝干向光面产生粉状物,借风雨传播,从杨梅伤口侵入为害。浙江 3 月下旬始发,5~6 月进入发病盛期,11 月后转入休眠越冬,5 月下~6 月下旬、9 月上旬~10 月上旬出现两个发病高峰期。该病发生与温度、雨量关系密切,气温 20~25℃,菌丝扩展迅速,4~6 月温暖多雨发病重,7~8 月高温干旱发病减缓。此外,树龄大、管理粗放梅园发病重。

防治方法 (1)农业防治。一是加强土壤改良,2~3 年对园土深耕 1 次,深翻时施入有机肥,改良土壤。二是改善排灌系统,雨后及时排水,防止湿气滞留。三是适时追肥。5 月份追施杨梅专用肥 2~3kg 或含硫酸钾的复合肥,7 月中下旬再追 1 次。四是合理修剪。剪去过密的内膛枝和上部大枝,冬季修剪时注意剪除病枝,集中烧毁。五是 2 月下旬杨梅芽萌动时枝干涂刷 80%石灰水预防。(2)于 3 月下旬至 7 月上旬和 7 月中旬,先用刷子把枝干清洗干净,然后涂上 78%波尔·锰锌或 77%氢氧化铜可湿性粉剂 500 倍液、30%戊唑·多菌灵悬浮剂 1000 倍液,隔 20 天再涂 1 次,共涂 3~4 次。

杨梅赤衣病病部覆盖的粉红色霉层(梁森苗摄)

12. 杨　梅　害　虫

杨梅小细潜蛾

学名　*Phyllonorycter* sp. 鳞翅目细蛾科。主要为害杨梅，以幼虫潜伏在叶背啃食叶肉残留下表皮呈泡状斑或称泡囊。早期近圆形，幼虫不断长大最后变为椭圆形，豆粒大。透过泡囊的上表皮可见褐色至黑色的小堆粪粒，受害的叶背处变成网眼状暗褐色，每个泡囊中只有幼虫 1 条，严重时 1 叶上可产生十几个泡囊，造成整叶皱缩弯曲，提前落叶，严重影响树势及产质量。

形态特征　成虫：体长 3.2mm，翅展 7.5mm，复眼黑色。触角长 3.4mm，黑白相间。头银白色，顶端生金黄色鳞毛 2 丛，体银灰色，前翅细长，翅中部前后缘各生黑白相间的条纹 3 条；后翅灰黑色，尖细，缘毛特长，足上黑色与银白色相间。卵：长 0.4mm，乳白色，扁圆形。幼虫：体长 4mm，初黄绿色，略扁，头三角形，前胸略宽，有光泽，黑色，口器暗褐色，3 对胸足。蛹：黄褐色，长约 4mm。

生活习性　浙江年生 2 代，以老熟幼虫和幼虫藏在泡囊内越冬，世代重叠明显。3 月中旬幼虫仍在泡囊内为害，叶背现网状斑点。进入 3 月下旬幼虫老熟开始在泡状斑中吐丝结薄茧化蛹在其中，4 月中下旬是越冬代化蛹盛发期，5 月上、中旬是羽化高峰期，成虫仅活 2 至 3 天，4 月下旬末出现第 1 代卵，5 月底至 6 月上旬进入第 1 代幼虫孵化盛期，8 月上旬老熟幼虫化蛹，8 月下旬至 9 月上旬是化蛹盛期，8 月下旬第 1 代成虫羽化产卵，9 月上旬第 2 代幼虫始见，9 月中、下旬进入孵化盛期，幼虫继续为害或在叶片上越冬。

防治方法　(1)冬季清园，剪除受害的枝叶集中烧毁。(2)杨梅园安装黑光灯或频振式杀虫灯诱杀成虫。(3)保护利用寄生蜂进行生物防治。(4)在第 1 代幼虫盛发期，采收之前不要用药，8 月后进入 2 代幼虫为害期，影响秋梢抽发和花芽形成，可在 9~10 月喷洒 20%氰戊菊酯乳油 2000 倍液，重点喷树冠下部。(5)提倡在树干或主枝分叉处打孔，每棵树钻孔 5~6 个，每孔注入 40%辛硫磷乳油或乐果乳油 2 倍液 3mL，孔外用塑料薄膜封口，再用泥盖住。

杨梅小卷叶蛾

学名　*Eudemis gyrotis* Meyr. 鳞翅目，卷叶蛾科。别名：杨梅小卷蛾、杨梅圆点小卷蛾、杨梅裹叶虫。分布在贵州、华南地区、台湾；日本。

寄主　杨梅。

为害特点　以幼虫吐丝裹叶，结苞为害，将虫苞叶片啃成缺孔。被害部变褐至黑色，虫苞基部叶色正常，端部叶枯死。本种是为害杨梅叶片的优势虫种。

形态特征　成虫：体长 6.5 ~ 7(mm)，翅展 15 ~ 16(mm)，体色背部深，腹面较浅。触角丝状，背面褐色，叠列一块块黑斑。复眼

杨梅小细潜蛾为害杨梅叶片症状(沈幼莲 摄)

杨梅小细潜蛾幼虫在叶背取食叶肉

杨梅小卷叶蛾为害枝端形成的虫苞

杨梅小卷叶蛾幼虫

杨梅小卷叶蛾成虫

圆突，大，褐色。头顶从触角基窝至复眼后缘，其两侧各有1丛深褐色扇形毛簇倒向中部斜靠。胸部背面深褐色，后缘横列1排厚密上翘的毛丛。前翅黑褐色，侧缘具长缘毛，在翅顶角处从前缘中部至侧缘基部生1个浅灰色隐斑；翅后缘有1块明显而斜长的"N"型灰斑，斑周被白色鳞毛所嵌饰。后翅灰褐色，前缘带亮金褐色，后缘具长缘毛。卵：卵圆形，较光滑，初乳白色，近孵化时污黑色。末龄幼虫：体长14～15(mm)，体色变化较大，低龄和成长幼虫黄绿色，末龄幼虫深绿至蓝绿色。头扁平，半圆形。上颚黑褐色，从唇基至颅顶到复眼内缘顶角处，形成"V"形凹区。触角3节，从基至端逐节明显缩小。各体节中央之亚背线、气门上线、气门下线，各生1根浅黄色刚毛。臀板背面生8根刚毛，由基向端依次为4、2、2呈3横列着生。3对胸足各由3节组成，端节生1枚褐色弯爪。第3～6腹节各具1对足，趾钩呈双序缺环，尾足趾钩亦然。蛹：初浅褐色，渐变褐色，近羽化时暗褐色，圆筒形，头部钝圆，尾部狭尖。雄蛹体形较雌略小。背观中胸背板特大，长脸形，前翅从第3腹节端部向腹面缢缩。各腹节背面中部稍凹陷，在每节基缘和中部稍后各生1横列粗大锥状齿棘，前列棘刺大于后列。在腹末节肛门两侧至尾端，有8～10根钩曲的臀刺。

生活习性 贵州年生4代，以幼虫在卷叶内越冬。第1代幼虫为害春梢嫩叶，第2代为害夏梢，第3代为害晚夏梢和早秋梢，第4代为害晚秋梢并进入越冬。卵期7～10天；蛹期1、4代11～18天，2、3代8～12天；幼虫期以第3代最短，20～28天。第4代最长，145～156天。成虫夜间羽化，白天躲在叶背和树丛蔽光处，傍晚交尾产卵。卵产在嫩梢叶尖处，散产，偶见双粒。幼虫孵化后，在叶面叶尖处就地取食表皮，并将其向内卷裹；2龄幼虫卷的虫苞有2～3片叶，3～4龄幼虫食量加大，吐丝卷叶数可达4～6片；5龄幼虫食量减少，常被天敌寄生。寄生天敌与咖啡褐带长卷蛾幼虫的天敌大体相似。

防治方法 参见荔枝、龙眼害虫——三角新小卷蛾。

杨梅粉虱（Myrica white-fly）

学名 *Bemisia myricae* Kuwana 同翅目，粉虱科。分布在浙江、福建。

杨梅粉虱成虫

寄主 杨梅。

为害特点 以幼虫群集在叶背吸食汁液，并分泌蜜露等排泄物，诱发煤污病。

形态特征 雌成虫：体长约1.2mm，黄色。体与翅上均覆有许多白粉。头部球形，复眼黑褐色，肾形。触角7节，第1节小，第3节最大。前后翅乳白色，有黄色翅脉1条。腹部5节，淡黄色。雄成虫：体长0.8mm，翅较透明，尾端具钳状附器。卵：圆锥形，黄色至黄褐色。幼虫：体长约0.25mm，体扁平，椭圆形，背面浅黄色，两侧有刚毛36根。蛹：扁平，椭圆形，乳白色，半透明，复眼鲜红色。

生活习性 不详。在浙江台州常与柑橘粉虱、油茶黑胶粉虱、黑刺粉虱混合发生、混合为害。

防治方法 (1)及时修剪，注意剪去生长衰弱和过密枝梢，使杨梅通风透光良好。(2)收集已被座壳孢菌寄生的杨梅叶片、捣碎后对水制成孢子悬浮液，喷洒叶背，使其寄生黑刺粉虱外的其余3种粉虱上。(3)6月上中旬喷洒普通松脂合剂15～20倍液或松香碱粉剂60～80倍液、80%敌敌畏乳油1500倍液。采收后结合清园再喷松香碱或20%吡虫啉可湿性粉剂2000倍液或75%灭蝇胺可湿性粉剂5000倍液，防效优异。

13. 澳洲坚果(*Macadamia integrifola*)、木菠萝(*Artrocarpus heterophyllus*)、菠萝(*Ananas comosus*)病害

澳洲坚果苗期疫病(Macadamia nut Phytophthora root rot)

症状 为害根茎时，发生根腐，造成地上部叶片发黄。为害果实时，果实局部变褐水渍状，湿度大时产生稀疏的白色霉状物，即病原菌孢囊梗和孢子囊，干燥时看不见白霉，但保湿2～3天后可长出白霉，即病原菌的孢囊梗和孢子囊。

病原 *Phytophthora cinnamomi* Rands 称樟疫霉，属假菌界卵菌门。

传播途径和发病条件 病菌以菌丝体和卵孢子随病残体遗留在土中越冬。翌年菌丝或卵孢子遇水产生孢子囊和游动孢子，通过灌溉水和雨水传播到澳洲坚果上萌发芽管，产生附着器和侵入丝穿透表皮进入寄主体内，遇高温高湿条件2～3天出现病斑，其上产生大量孢子囊，借风雨或灌溉水传播蔓延，行

澳洲坚果苗期疫病

多次重复侵染。该病发生轻重与当年雨季到来迟早、气温高低、雨量大小有关。发病早气温高的年份，病害重。一般进入雨季开始发病，遇有大暴雨迅速扩展蔓延或造成流行。长期大水漫灌、浇水次数多、水量大发病重。

防治方法 (1)加强水肥管理，施用酵素菌沤制的堆肥，增施磷钾肥，适当控制氮肥，有条件的采用配方施肥技术。(2)发病后及时喷洒20%噻森铜悬浮剂600倍液或50%氟吗·乙铝可湿性粉剂700倍液、70%乙膦·锰锌可湿性粉剂500倍液，每667m²喷对好的药液50升，隔10天左右1次，视病情防治2～3次。

澳洲坚果茎溃疡病（Macadamia nut Botrydiplodia cankers）

症状 又称焦腐病。主要为害枝干，引起流胶，枝干溃疡，并产生许多黑色小粒点，即病菌的子实体，日久树干一侧枯死，严重时全株枯死。是澳洲坚果生产上的重要病害。

病原 *Botryodiplodia theobromae* Pat. 称可可球二孢，属真菌界无性型真菌。有性态为 *Botryosphaeria rhodina* (Cke.) V. Arx 称柑橘葡萄座腔菌，属真菌界子囊菌门。子囊果球形，子囊棍棒状，内含8个椭圆形子囊孢子，单胞无色。分生孢子器为真子座，球形或近球形，直径112～252(μm)，单个或2～3个聚生在子座内，分生孢子初单胞无色，成熟后双胞褐色至暗褐色，表生纵纹，大小19.4～25.8×10.3～12.9(μm)。

传播途径和发病条件 病菌在树干上、枝条上越冬，翌年通过风雨传播，从澳洲坚果枝干伤口侵入，致病树流出褐红色树胶，木质部变褐。

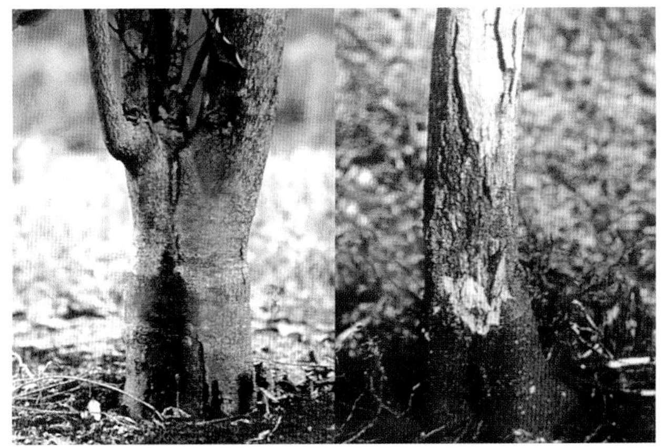

澳洲坚果茎溃疡病茎干开裂、流胶和腐烂

防治方法 (1)选用无病苗木，雨后及时排水，防止湿气滞留。(2)涂干。定植后用30%氧氯化铜100g/L和白朔漆混匀，涂茎干基部35～40(cm)处，并注意减少茎干产生伤口。(3)发病轻的病树用58%的甲霜灵0.4%的浓度与70%甲基托布津0.2%的浓度混入白朔漆涂抹病部，每周1次，连涂3次，可抑制该病扩展。

澳洲坚果亚球腔菌叶斑病（Macadamia nut Metasphaeria leaf spot）

症状 叶缘或叶上生大型病斑，椭圆形或扇形，灰白色，大小16～69×5～32(mm)，边缘具不规则的褐色线圈，病斑表面散生小黑点，即病原菌子囊壳。分布在海南儋州。

病原 *Metasphaeria* sp. 称亚球腔菌属一种或近似于小檗属植物 *Berberidis* 上的 *M.desolationis* Rehm 称德索亚球腔菌，属真菌界子囊菌门。子囊壳梨形，黑褐色，顶部色深，下部色浅，77×64(μm)。子囊棒形，无色，51×10.2(μm)，子囊孢子8个，梭形，无色，2～3(4)个隔膜，单行排列，中部1个细胞较大，隔膜处有缢缩现象，10.2～17.9×2.6～3.8(μm)；侧丝无色，短于子囊，17.9～25.5×2.6～3.1(μm)。

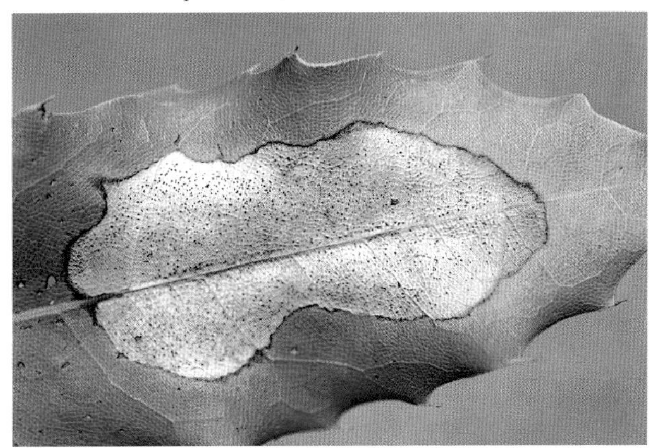

澳洲坚果亚球腔菌叶斑病病斑放大

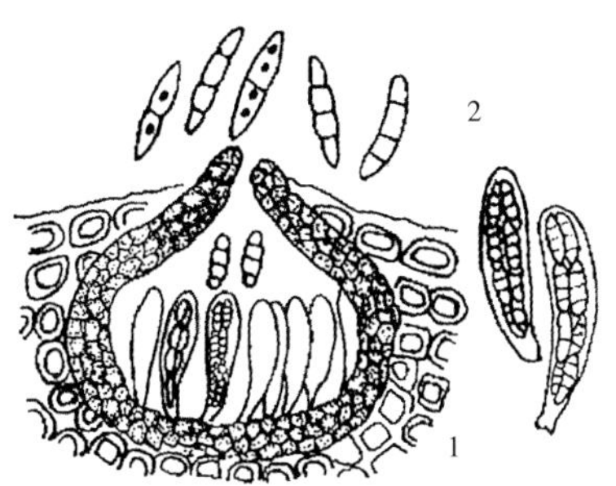

澳洲坚果亚球腔菌属一种
1.子囊腔、子囊 2.子囊孢子

传播途径和发病条件 病菌以子囊壳或菌丝体在病叶内或随病落叶进入土壤中越冬，翌春产生子囊孢子借风雨传播，进行初侵染和多次再侵染。植株长势弱易发病。

防治方法 (1)加强管理，及时追肥，增强抗病力。(2)发现病叶及时剪除集中烧毁，防其扩大。(3)发病初期喷洒10%苯醚甲环唑水分散粒剂2500倍液或75%百菌清可湿性粉剂600倍液，隔10～15天1次，防治2～3次。

澳洲坚果拟盘多毛孢叶斑病(Macadamia nut Pestalotiopsis leaf spot)

症状 叶片上病斑圆形至不规则形,灰白色,四周生暗褐色边缘,圆形病斑 3～4(mm)大小;不规则形病斑多发生在叶缘,呈半圆形,较大,直径 8～15(mm)或更大;病斑上生有黑色小粒点,即病原菌分生孢子盘。广东、海南、云南均有发生。

澳洲坚果拟盘多毛孢叶斑病

病原 *Pestalotiopsis macadamii* P. K. Chi 称澳洲坚果拟盘多毛孢,属真菌界无性型真菌。分生孢子盘点状,扁球形,暗黑褐色,大小 125～168(μm);产孢细胞褐色,圆柱形;分生孢子 5 个细胞,真隔膜,近长椭圆形,大小 16～20×4.5～6.5(μm),中间 3 个细胞黄褐色,长 12～15(μm),顶细胞、基细胞无色,隔膜缢缩不明显;有附属丝 2～3 根,长 5～14(μm)。该菌寄生性强,产生的叶斑十分清楚。

传播途径和发病条件 病菌以菌丝体或分生孢子盘在病叶或病梢上越冬,翌春条件适宜时产生分生孢子,从嫩叶或成叶伤口处入侵,经几天潜育引起发病,产生新病斑,湿度大时形成子实体,释放出成熟孢子借雨水飞溅传播,进行多次再侵染。该病属高温高湿型病害,气温 25～28℃,相对湿度 85%～87%利于发病。

防治方法 (1)选用抗病品种。(2)加强管理,千方百计减少伤口。雨后及时排水,防止湿气滞留,可减轻发病。(3)发病初期及时喷洒 50%甲基硫菌灵可湿性粉剂 800 倍液或 25%多菌灵可湿性粉剂 500 倍液、75%百菌清可湿性粉剂 600 倍液、30%戊唑·多菌灵悬浮剂 1000 倍液,隔 7～14 天防治 1 次,连续防治 2～3 次。

澳洲坚果衰退病

症状 全株性病害,染病株全株叶片褪色,顶端枝条回枯,逐渐从上向下扩展,直至全株枯死,从开始发病到枯死有两种情况。速衰型:发病后叶片从顶端变成红黄色,似火烧状,后迅速向下扩展,造成整个树冠叶片全部变成红黄色,快的 2～3 个月即死亡。渐衰型:染病后叶片黄化且逐渐脱落,严重时全株落叶,枝条回枯,历时 2～3 年才死亡。

病原 该病与丛赤壳菌、辣椒疫霉、木炭角菌等真菌侵染及棘胫小蠹为害有密切关系,但不是单一原因引起的,同时与土壤状况等综合因素有关,丛赤壳、疫霉能引起根腐。缺锌、缺铜或同时缺锌、铜,土壤中磷酸盐水平低,锰含量高,土壤过酸,pH<4.5,土壤瘠薄,树冠下面腐烂等原因,都能诱发该病。一般在坡底或土层浅或边际地界处易发病。

澳洲坚果衰退病

防治方法 (1)目前尚未找到有效的防治方法,强调预防为主,多施腐熟有机肥,适当增施锌肥、铜肥,防止锰肥过量,防止土壤过酸,必要时施用石灰调整土壤 pH 值,使其达到中性。(2)加强管理,尤其是投产 5～8 年的壮年树,采收后要及时修剪,并加强肥水管理。

木菠萝(菠萝蜜)炭疽病(Jack-fruit anthracnose)

症状 叶片染病有两种。叶脉坏死型:始于中脉基部,后向中脉顶端扩展,最后沿脉向侧脉扩展,造成叶脉黄化、变褐坏死,叶脉附近的叶肉组织变褐。叶斑型:病斑多从叶尖、叶缘开始发生,近圆形至半圆形或不规则形,直径 1 至数厘米,褐色至暗褐色坏死。果实染病:果皮及果肉局部变褐腐烂。广东、广西、海南均有分布,广东省徐闻、海康、湛江及海南省儋州、三亚一带 7～10 月幼树发病十分严重。

病原 *Glomerella cingulata* (Stonem.)Spauld.et Schrenk 称围小丛壳,属真菌界子囊菌门。无性态为 *Colletotrichum gloeosporioides* (Penz.)Sacc. 称盘长孢状炭疽菌,属真菌界无性型真菌。

传播途径和发病条件 病菌在病落叶上渡过低温和干旱季节,环境条件适宜时产生分生孢子进行初侵染和多次再侵染。该病是木菠萝栽植区常见病害。大树上零星发生,广东、海南的幼树 7～9 月发生颇重,一直延续到 11 月仍可见到。有些

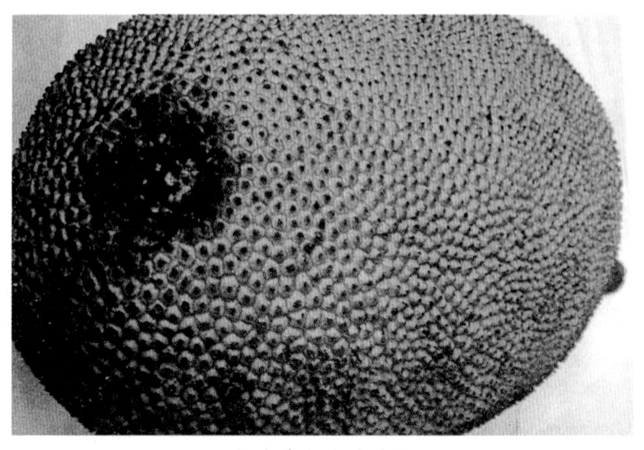

木菠萝炭疽病病果

地区苗圃发病率高达100%。

防治方法 (1)加强木菠萝园管理,雨后及时排水防止湿气滞留,发病期少施氮肥,适当施用钾肥,提高抗病力。(2)发现病叶及时剪除,以减少菌源。(3)发病初期喷洒1∶1∶100倍式波尔多液或50%锰锌·多菌灵可湿性粉剂600倍液、77%硫酸铜钙可湿性粉剂400倍液、25%咪鲜胺乳油800倍液。

木菠萝褐斑病(Jack-fruit Macrophoma leaf spot)

症状 叶片上生近圆形至不规则形褐色斑,边缘深褐色较宽,中央灰白色。枝条染病,病部变成灰白色,后期病斑上现黑色小粒点,即病原菌分生孢子器。

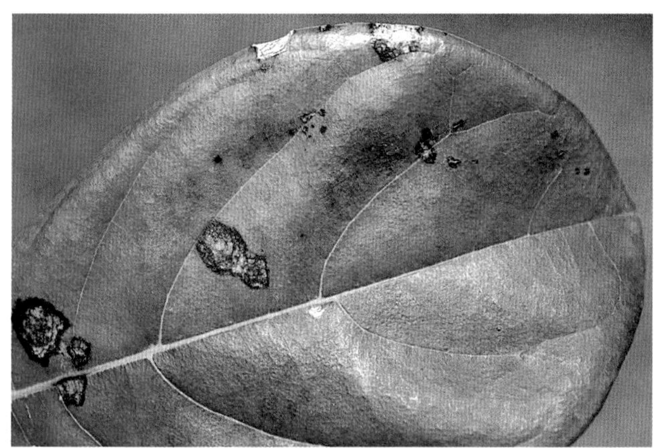

木菠萝褐斑病

木菠萝褐斑病菌一种大茎点霉分生孢子器及分生孢子

病原 *Macrophoma* sp. 称一种大茎点霉,属真菌界无性型真菌。分生孢子器生在木菠萝组织内,球形褐色,有孔口,部分外露,产孢细胞无色,全壁芽生式产孢。分生孢子卵圆形,单胞无色,长度超过15μm。

传播途径和发病条件 本菌属弱寄生菌,多寄生在病枯枝上越冬,翌年借风雨传播,从伤口或皮孔侵入。肥水管理跟不上、生长衰弱,易发病,一般4~6月开始发病,7~9月进入发病高峰,一直延续到11月。

防治方法 (1)加强管理。防止产生各种伤口,增强抗病力。(2)修剪时注意把枯枝剪除,伤口用41%乙蒜素乳油50倍液涂抹,也可涂抹1∶1∶160倍式波尔多液。(3)发病初期喷洒40%百菌清悬浮剂500倍液或70%代森锰锌可湿性粉剂500倍液。

木菠萝壳针孢叶点病(Jack-fruit Septoria leaf spot)

症状 叶缘生不规则形病斑,灰色,外缘围以黑褐色线,波浪形,病健分界明显。分布在广东、海南、云南等省。

病原 *Septoria artocarpi* Cooke称木菠萝壳针孢,属真菌界无性型真菌。分生孢子器球形,埋生,褐色,孔口圆形,分生孢子梗缺。全壁芽生式产孢,合轴式延伸。分生孢子线形,无色。

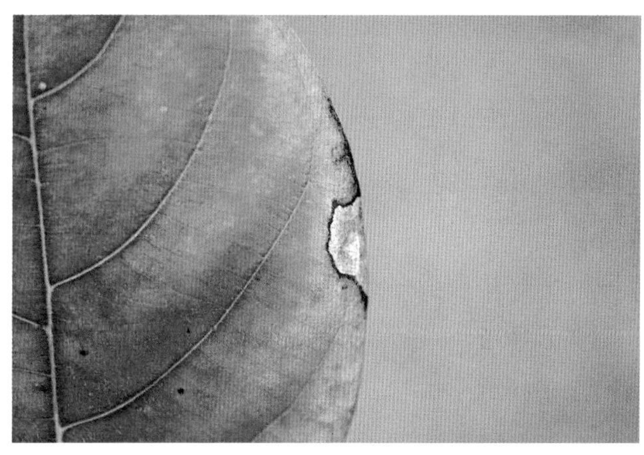

木菠萝叶点病

传播途径和发病条件 病菌在病部或在病残体上越冬,翌春条件适宜时,病菌借风雨传播,经数天潜育发病后又产生分生孢子进行再侵染。高温多雨条件易发病,华南5~10月气候温暖潮湿易发病,湿气滞留发病重。

防治方法 (1)加强管理。施用酵素菌沤制的堆肥,避免偏施过施氮肥。(2)栽植密度适当,及时清沟排渍,要通风透光,及时剪除病叶深埋或烧毁。(3)发病初期喷洒50%锰锌·多菌灵可湿性粉剂600倍液或1∶1∶100倍式波尔多液、50%氯溴异氰尿酸可溶性粉剂800倍液、30%戊唑·多菌灵悬浮剂1000倍液、75%百菌清可湿性粉剂600倍液。

木菠萝叶斑病(Jack tree leaf spot)

症状 始于叶尖,向叶内扩展,浅褐色,病健交界处生一褐色较宽的线纹,后期病部生出黑色小粒点,即病原菌分生孢子器。

病原 *Phyllosticta artocarpina* (Syd. et Butl.)Syd. 称木菠萝叶点霉,属真菌界无性型真菌。分生孢子器球形或近球形,褐色,生在木菠萝叶片表皮下,器中涌出的分生孢子长圆形或近椭圆形,单细胞,无色。

传播途径和发病条件 病菌以菌丝体或分生孢子器在病部或病落叶残体上越冬,翌年春季产生分生孢子借雨水传播蔓延,植株下部叶片先发病,夏季雨水多利其发病和不断进行再侵染。

防治方法 参见木菠萝叶点病。

木菠萝叶斑病

菠萝弯孢霉叶斑病(Pineapple leaf spot)

症状 苗期、成株均可染病,主要为害叶片。病斑椭圆形至长圆形,初为浅黄色小点,后渐扩展为边缘深褐色,中间浅褐色凹陷斑,大小 10～30×6～10(mm)。湿度大时,病部生出黑色霉层,即病原菌的分生孢子梗和分生孢子。严重时表皮与下部组织剥离成泡状。

菠萝弯孢霉叶斑病

病原 *Curvularia eragrostidis* (P.Henn.) J. A. Meyer 称弯孢霉,属真菌界无性型真菌。分生孢子梗暗褐色,不分枝或个别分枝,几根成簇,基部膨大,顶端渐细,色浅,有多个分隔,大小 69～215×5～8(μm)。产孢细胞合轴生,浅褐色,大小 15～46×3～7(μm)。分生孢子顶侧生,椭圆形至桶形,直,两端钝,基部脐点明显,具 3 个分隔,中部两细胞暗褐色,两端细胞浅褐色,中央具暗褐色带,大小 17～25× 7 ～15(μm)。在 PDA 培养基上菌丛灰黑色,絮状。

传播途径和发病条件 病菌在病部或病残体上越冬,翌年 7～8 月高温高湿或多雨的季节利于该病发生和流行。该病属高温高湿型病害,发生轻重与降雨多少及温度高低相关,气温高、湿气滞留易发病。

防治方法 (1)选用台湾剥粒菠萝等优良品种。(2)加强管理。及时浇水施肥,注意通风散湿,雨后严防湿气滞留。(3)必要时喷洒 50%嘧菌酯水分散粒剂 2000 倍液或 50%腐霉利可湿性粉剂 1500 倍液、70%代森锰锌可湿性粉剂 500 倍液。

菠萝德氏霉叶斑病(Pineapple Drechslera leaf spot)

菠萝德氏霉叶斑病病斑放大

症状 主要发生在叶片上,叶斑长椭圆形,大小 35×9(mm),中心灰白色,边缘淡紫褐色。病部生黑色霉点,即病原菌分生孢子梗和分生孢子。

病 原 *Drechslera fugax* (Wallr.) Shoemaker 称易露德氏霉,属真菌界无性型真菌。分生孢子梗直或弯,大小 81.6～102×20.4～25.5(μm)。分生孢子长椭圆形,直或略弯,深褐色,具假隔膜 8 个或 9 个,前者居多,分生孢子大小 34.6×8.3(μm)。

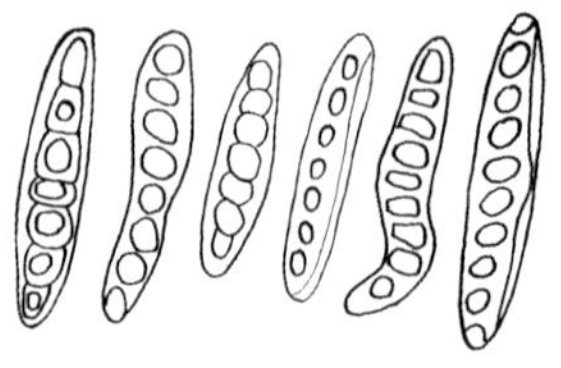

菠萝德氏霉叶斑病菌分生孢子

传播途径和发病条件 云南、广东一带病菌以分生孢子或菌丝在病残体上或病种子上越冬。翌年春天产生分生孢子从幼嫩组织侵入,发病后又产生分生孢子进行多次重复侵染。土温低,湿度高,天气潮湿发病重。

防治方法 于发病初期喷洒 50%硫磺·甲基硫菌灵悬浮剂 800 倍液或 50%多菌灵·硫磺可湿性粉剂 600 倍液、50%氯溴异氰尿酸水溶性粉剂 1000 倍液、25%咪鲜胺乳油 800 倍液,防治 1 次或 2 次。

菠萝圆斑病

症状 主要为害叶片。幼苗或成株叶片中部产生圆形或椭圆形病斑,不凹陷,边缘淡黄色,内圈外缘黑褐色,中央灰白色,病斑表皮下埋生黑色小粒点,即病原菌的分生孢子器。

病原 *Phomopsis ananassae* Xiang et P.K.Chi 称凤梨拟茎点霉,属真菌界无性型真菌。分生孢子器点状,单生或合生,埋在表皮下,黑褐色,球形至不规则形,直径 190~230(μm)。分生孢子两种类型:一种分生孢子纺锤形或椭圆形,单胞无色,有 2 个油球,大小 4～8×1.7～3(μm)。另一种线状,无色单胞,弯曲,大小 12～20×0.7(μm)。

传播途径和发病条件 病菌以菌丝体和分生孢子器在病叶上越冬,翌年雨日多,病菌从分生孢子器中大量涌出,借风雨及昆虫传播,该菌寄生性转弱,必须在菠萝生长衰弱时又有伤口时才能侵入。管理跟不上生长势差的菠萝园易发病。

防治方法 (1)加强管理,提高抗病力。同时做好低温到来前培土,浇水,盖草防霜冻工作,可减少该病发生。(2)抽叶期喷洒 50%咪鲜胺可湿性粉剂 1500 倍液或 25%丙环唑乳油 2000

菠萝圆斑病

倍液、40%双胍三辛烷基苯磺酸盐可湿性粉剂1300倍液，隔15天1次，连续防治2~3次。

菠萝灰斑病（Pineapple Annellolacinia leaf spot）

症状 又称风梨蚀斑病。主要为害中下部叶片，成株期和苗期均可受害。病斑叶两面生，初为淡黄色绿豆大小的斑点，条件适宜时扩大，中央变褐，后期病斑椭圆形或长椭圆形，常愈合，边缘深褐色，有黄色晕环，中央灰白色，大小为3~10×5~9(mm)，上生黑色刺毛状小点，即病菌的分生孢子盘。

病原 *Annellolacinia dinemasporioides* Sutton 称刺环裂壳孢，属真菌界无性型真菌。分生孢子盘叶面生，黑褐色，圆形至椭圆形。分生孢子褐色，柄细胞有2~3个横隔膜，还有2~3个放射臂，与柄细胞连接处有直立的斜隔膜，4~7个横隔膜，臂间角度30~90度。

菠萝灰斑病病叶

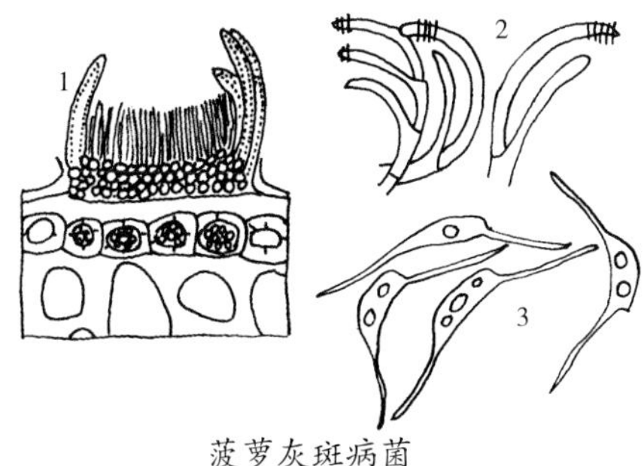

菠萝灰斑病菌

1.分生孢子盘 2.产孢细胞 3.分生孢子

传播途径和发病条件 以菌丝体在病组织内越冬，翌年产生分生孢子，借风雨、昆虫传播，侵染嫩叶。高温高湿条件下易发病。

防治方法 抽叶期喷洒25%丙环唑乳油1500倍液或50%咪鲜胺可湿性粉剂2000倍液、30%戊唑·多菌灵悬浮剂1200倍液。

菠萝黑霉病（Pineapple black mold）

症状 主要为害叶片和花。叶片染病，叶尖或叶缘先失绿，接着形成黄色大斑，并在病部长出黑褐色霉层或霉堆，引起叶片枯萎。

病原 *Cladosporium cladosporioides* (Fersen.) de Vries 称芽枝状枝孢，属真菌界无性型真菌。分生孢子梗褐色，单生或丛生，光滑具隔，有屈膝状弯曲，不分枝或分枝少，长短不一，大小120.8~315×7.4~10.5(μm)。分生孢子着生在梗顶端或侧面，浅褐色至褐色，其形状有圆形、卵形、棱形等多种，多为单细胞，也有双胞，个别3胞，大小4.5~21.6×2.7~5.4(μm)。

传播途径和发病条件 病菌以子座或菌丝团在病残体上越冬，也可在病组织中越冬。翌年遇适宜条件，产生分生孢子借风雨传播，孢子落到菠萝叶片上，遇适宜温度和水滴，萌发产生芽管，直接穿透表皮进入组织内部，产生分枝型吸器汲取营养。病菌生长温限10~37℃，最适为25~28℃。秋季多雨、气候潮湿，病害重；少雨干旱年份发病轻。老龄叶片发病重。

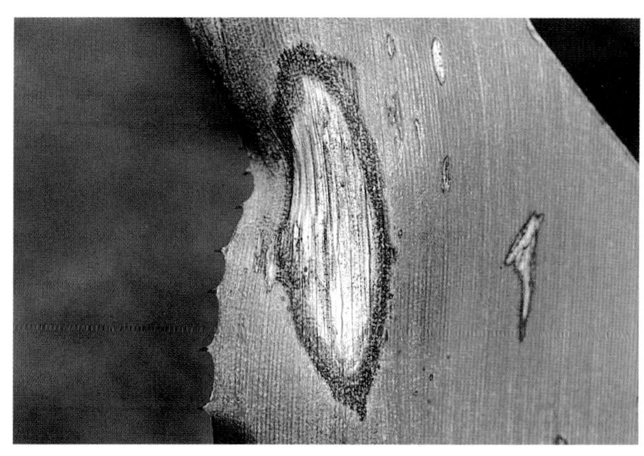

菠萝黑霉病

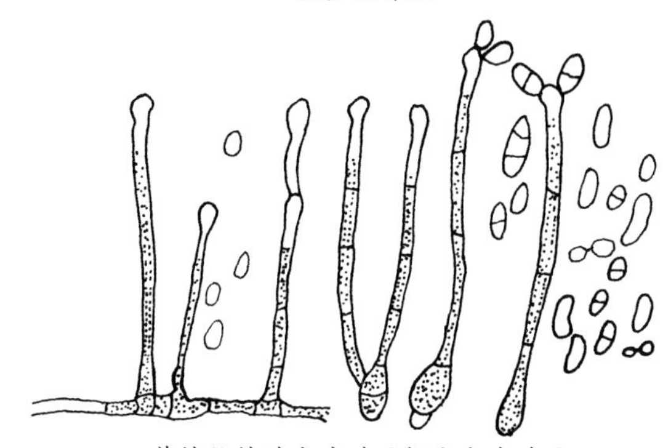

芽枝状枝孢分生孢子梗和分生孢子

防治方法 (1)加强管理，提高寄主抗病力。(2)发病初期喷洒30%戊唑·多菌灵悬浮剂1000倍液或50%苯菌灵可湿性粉剂800倍液、50%多菌灵可湿性粉剂600~700倍液、75%百菌清可湿性粉剂600~800倍液。

菠萝心腐病（Pineapple heart rot）

症状 主要为害幼苗和成株，该菌主要破坏茎及叶片的幼嫩部分。发病初期叶色暗淡无光泽，心叶黄白色，易拔起，后渐变黄色至红黄色，叶尖变褐干枯，叶基生浅褐色水渍状腐烂，造成心部呈奶酪状组织软化。病健交界处形成一波浪形深褐色界纹。紧接其下有几毫米宽的灰色带，湿度大时受害处现白色霉层。腐生菌侵入后发出臭味，严重时全株枯死。

病原 *Phytophthora parasitica* Dast. 称寄生疫霉，属假菌界卵菌门。寄生疫霉孢子囊椭圆形，有乳头状突起，藏卵器平滑内生1个卵孢子。

传播途径和发病条件 初侵染源主要是带病种苗，病原菌在土壤中越冬，以风、雨、流水传播为主。病原菌先从植株近地面的基部幼嫩部分或伤口侵入引起发病，病部产生的孢子囊借风、雨、流水或昆虫传播，进行再侵染，扩大为害。高温多雨季节，尤其是秋季定植后遇暴风雨，该病发生重。每年有两次发病高峰，即春季的4~5月和秋季的10~11月。

菠萝心腐病

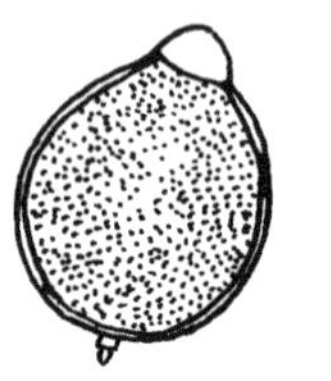
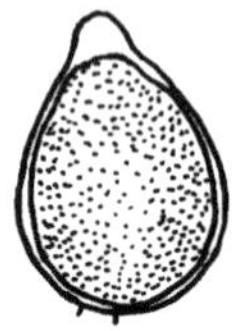

菠萝心腐病菌寄生疫霉孢子囊放大

防治方法 (1)强调预防为主，综合防治。由于本病由疫霉菌侵染所致，故药剂选择上要有针对性，即选用对病菌毒性专一的选择性杀菌剂，进行种苗处理时先剥去基部几片叶子，用25%甲霜灵或61%乙膦·锰锌可湿性粉剂500倍液浸苗基部10～15分钟，倒置晾干后栽植。(2)加强管理。中耕时宜小心，以免造成伤口。采用配方施肥技术，切忌偏施过施氮肥。雨后及时排水，严防湿气滞留。发现病苗及时挖除，再在病穴撒生石灰消毒。(3)发病初期喷洒61%乙膦·锰锌可湿性粉剂500倍液或72%霜脲锰锌可湿性粉剂600倍液、70%呋酰·锰锌可湿性粉剂600倍液、60%氟吗·锰锌可湿性粉剂800倍液、69%烯酰·锰锌可湿性粉剂800倍液，隔10天左右1次，连续防治2～3次。

菠萝凋萎病(Pineapple wilt)

症状 又称凤梨粉蚧凋萎病，俗称菠萝瘟、根腐病等。是由凤梨粉蚧传播的凤梨凋萎病毒病。染病株根系生长停止，后逐渐腐烂或枯死。其典型症状：初叶尖开始失水皱缩，叶片逐渐褪绿变色，先为黄色后转为红色，整株叶片凋萎，整个菠萝田呈现一片红色，叶缘向下反卷，病株明显矮缩，后渐枯死，叶片基部和根系上可见很多白色粉蚧。该病近年为害有上升趋势。海南琼海市发病株率50%左右，应引起重视。

菠萝凋萎病病株症状

病原 *Pineapple mealybug wilt-associated virus*，PMWaV 称菠萝萎凋伴随病毒，长线病毒科。

传播途径和发病条件 初侵染源来自带有凤梨粉蚧成、若虫及卵越冬的田间病株和别的寄主植物、有虫的病苗等。凤梨粉蚧行动较慢，田间传播主要靠几种蚂蚁。当凤梨植株染病接近枯死之前，凤梨粉蚧由蚂蚁从病株上搬到附近的健株上取食和传病。当冬季来临时，凤梨粉蚧又在菠萝(凤梨)植株基部或根上越冬。该病发生季节性明显，高温干旱季节利于发病，多在秋季流行。在冷凉及多雨季节发病轻。幼株发病轻，生长势旺盛及接近结果期的植株易发病。

防治方法 (1)栽植无病种苗，选用无病苗，定栽前用40%乐果乳油800倍液或80%敌敌畏乳油1000倍液浸泡种苗，几分钟后把苗倒置24小时，使药液积留在叶基部杀灭残存的粉蚧，然后种植。(2)发现病株马上拔除烧毁。(3)发现凤梨粉蚧为害严重时，要及时喷药防治控制粉蚧和蚂蚁，用药种类见本书凤梨粉蚧。在夏威夷，每公顷用灭蚁灵(Dechlorane Mirex) 2.24kg有效成分0.3%诱饵，基本上杀灭了蚂蚁，防除了凋萎病。(4)加强管理。采用高畦种植，防止菠萝园积水，对高岭土和黏重土区应增施有机肥料，改良土壤通气性，促根系生长良好。

菠萝黑腐病(Pineapple black heart rot)

症状 此病在菠萝的不同部位呈现的症状差别甚大。黑腐

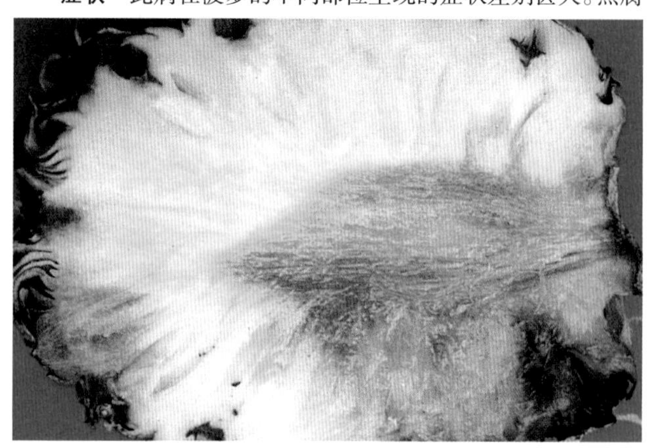

菠萝黑腐病病果剖面症状

是果实上的症状，未成熟果和成熟果均可受害，但多发生于熟果。通常在田间无显著症状，收获后在堆放贮藏期间果实迅速腐烂。病菌从伤口侵入，以收获时果柄切口侵入最多。被害果面初生暗色水渍状软斑，继而扩大并互相连结成暗褐色无明显边缘的大斑块，可扩展至整个果实。内部组织水渍状软腐，与健全组织有明显分界。果心及其周围变黑褐色。后期病果大量渗出液体，组织崩解，散发出特殊的芳香味。基腐：通常发生于刚定植的苗上，温暖潮

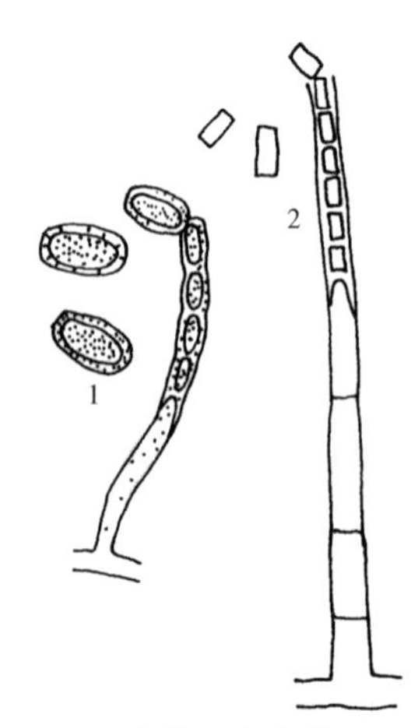

菠萝黑腐病菌
1.厚壁孢子 2.内生分生孢子
(戚佩坤原图)

湿的季节发病尤重。发病植株根端及下部叶片变黑腐烂，后期柔软组织败坏，仅余下纤维组织，极易踢倒。叶斑：苗期及成株期叶片均可受害。初期病斑为褐色小点，潮湿条件下迅速扩大成长达10cm的不规则黑褐色水渍状斑块，上生灰白色霉层，为病菌的分生孢子梗和分生孢子。干旱条件下转变为草黄色、纸状、边缘黑褐色的病斑。严重时叶片枯黄。我国广东、广西、福建、海南菠萝产区均有发生。

病原 *Thielaviopsis basicola* (Berk et Broome) Ferraris 称根串珠霉，属真菌界无性型真菌；病菌产生厚壁孢子和内生孢子。厚壁孢子串生，黄棕色，球形或椭圆形，内生孢子长方形或筒形，无色，内生在浅色的生殖菌丝中。

传播途径和发病条件 病菌以菌丝体或厚垣孢子潜伏在病组织或土壤中越冬，厚垣孢子可在土中存活4年，厚垣孢子借气流或雨水溅射及昆虫传播，遇到寄主组织时产生芽管，从伤口侵入引起发病。因此栽培管理粗放，采收、包装及贮运过程中损伤过多，都会导致病害的严重发生。病菌侵入后，只要环境温暖潮湿，病害即迅速发展。较甜的品种比较酸的品种发病重。

防治方法 (1)挖苗后先阴干几日，使伤口木栓化，或用50%多菌灵可湿性粉剂500倍液浸泡10分钟，选晴天栽种。(2)加强栽培管理。清除前作的残屑，可减少菌源。雨后及时排水，防止湿气滞留。病田增施硫酸钾或石灰，提高抗病力。(3)收获、运贮期间千方百计减少伤口。采收的果实用50%噻菌灵或50%双胍三辛烷基苯磺酸盐可湿性粉剂1000~1500倍液浸果1分钟晾干可防止黑腐病发生。

菠萝黑心病(Pineapple internal brownig)

症状 菠萝果实成熟时或堆贮过程中发生果实内部组织变褐。秋冬收获的菠萝黑心病果常占10%~20%，有时夏菠萝也有发生。

菠萝黑心病

病因 据报道田间低温常引起菠萝产生1种造成黑心的前体物，收获后继续低温4~8℃贮运，造成前体物累积，若持续20℃高温7天，前体物转化成毒物，造成黑心。台湾孙守恭，1996年也认为是低温寒害，与菠萝内的酪氨酸有关，酪氨酸经酪氨酸酶的作用，可氧化成二羟基苯丙氨酸，再氧化成黑素，如能把酪氨酸酶抑制，使氧化作用不再进行，黑素就不能形成，黑心病就不出现。1994年Ploetaz R.C等认为：田间低温0~10℃时果实成熟，会出现黑心病。一般商品货运温度7℃冷冻后，接着4天的适温也会出现黑心症状。他们认为在上述情况下多酚氧化酶活性引起黑心，低水平的维生素C会伴随出现黑心症状。中国广西黑心病研究组1987年认为，未受5~10℃冷害对照组也有黑心病发生。罗惠华等1998年认为是营养不平衡造成黑心。因此该病病因至今尚未定论。

防治方法 菠萝黑心病是笼统称呼，也包括了可能由链格孢菌引起的黑心和小果褐腐病等。有待进一步研究明确后再定防治方法。

14. 澳洲坚果、木菠萝、菠萝害虫

菠萝粉蚧(Pineapple mealybug)

学名 *Dysmicoccus brevipes* (Cockerell) 同翅目，粉蚧科。别名：菠萝洁粉蚧、菠萝洁白粉蚧、凤梨粉蚧壳虫。分布在广东、广西、云南、四川、海南、贵州、福建、台湾、浙江、江西、湖北、湖南等省区，近年随着凤梨、棕竹、香蕉、甘蔗等水果及观赏植物的北运，现已广布北方各省市温室。

菠萝粉蚧雌成虫

寄主 柑橘、菠萝、芭蕉、香蕉、甘蔗、可可、油棕、芒果等。

为害特点 寄生在叶鞘内侧及叶背面主脉两侧或果梗、果蒂及果指间、叶芽间。成、若蚧刺吸汁液，严重的植株衰弱，排泄蜜露常引发煤病。

形态特征 成虫：体长3.0mm，卵圆形，粉红色，被白色蜡粉，体缘具17对短的白色蜡刺，最后一对最长且粗，约为体长的1/3稍多。触角7或8节，很少有6节者。足正常发育，爪下面具小齿。前和后背裂均发达。腹裂1个。刺孔群17对。臀瓣上的刺孔群具2根大的圆锥形刺和一群三孔腺。背面无管状腺，头胸部腹面无管状腺。卵：椭圆形，浅红黄色被白色蜡粉。若虫：雌3龄，1龄卵圆形，长0.4mm，淡黄色，体侧多刺毛。2龄体长0.8mm，体侧出现蜡刺，活动能力强。3龄体长1.5mm与雌体相似。

生活习性 华南一年四季均有发生，5~9月受害重。台湾年发生7~8代，以春、秋两季危害重，终年繁殖，世代重叠。多行孤雌生殖。胎生为主，少数卵生。夏季雌成虫产仔期长达

21～28 天，灰色型能产后代 300 多个，红色型少于 100 个，幼虫期 30 多天，雄幼虫夏季约 14 天，春季 32～44 天，蛹期 12～15 天。该蚧幼虫刚产下后群集在母体附近静止不动，以后才分散，定居后一般不移动，但若虫群集过密或寄主衰老腐败死亡时，会爬行迁移，另觅适宜场所定居。蚂蚁为取食其排出蜜露，也可搬迁传带粉蚧。

防治方法 (1)种植前每穴撒施敌百虫粉适量，驱除携带粉蚧的蚂蚁。(2) 用 40%乐果乳油 500 倍液或松脂合剂 20 倍或 80%敌敌畏乳油 800 倍液稀释液浸苗 10 分钟，消除附着的粉蚧。(3)大发生时用 40%毒死蜱乳油或 1.8%阿维菌素乳油 1000 倍液淋浇菠萝植株基部叶鞘处，也可喷淋松脂合剂，夏季喷 20 倍液、冬季 10 倍液。

菠萝长叶螨(Pineapple false spider mite)

学名 *Dolichotetranychus floridanus* (Banks) 真螨目，叶螨科。分布在南方菠萝种植区。

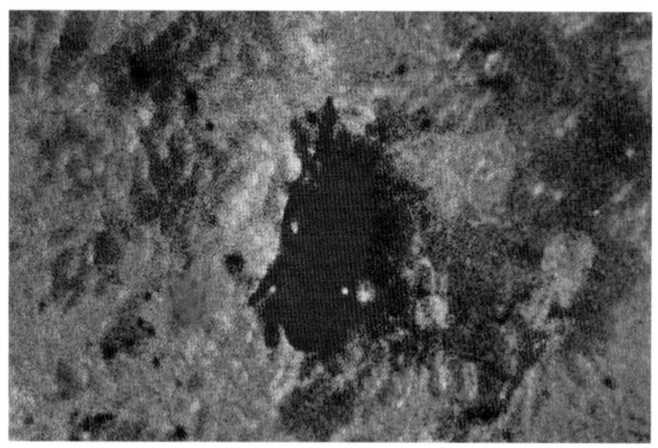

菠萝长叶螨放大

寄主 菠萝。

为害特点 以口器刺破叶或根表皮，吸取汁液，致受害部位变褐，严重者叶片萎缩，果实干枯至全株枯死。

形态特征 成螨：红色，体长圆形至卵圆形，长约 1mm，有 4 对足。

生活习性 夏季高温干旱季节发生，常聚集在重叠的叶上或进入花腔内为害，常由点片发生扩展至全园。

防治方法 该虫点片发生阶段，开始喷洒 0.3 波美度石硫合剂或 73%炔螨特乳油 2000～3000 倍液。

枇杷黄毛虫

学名 *Selepa cellis* Moore 鳞翅目夜蛾科，分布在长江流域及以南地区，除为害枇杷外，还为害菠萝蜜、石榴、芒果等。以幼虫食害嫩芽和幼叶、嫩茎表皮及花果。在浙江黄岩年生 3 代，福州 5 代，日均温 19.6℃，完成 1 代历时 54 天，28~29℃历时 36.6 天，以蛹在茧中越冬，4 月羽化，交配后第 3 天产卵在嫩叶背面，孵化后多在夜间取食。天敌有广大腿小蜂、驼姬蜂、悬茧姬蜂等。

防治方法 (1)1~2 龄幼虫集中为害时摘除叶片杀灭。(2)1 代幼虫始盛期喷洒 80%敌敌畏乳油或 90%敌百虫可溶性粉剂 1000 倍液或 40%毒死蜱乳油 1600 倍液。

枇杷黄毛虫幼虫及为害状

桉树大毛虫

学名 *Suana divisa* (Moore) 又名摇头媳妇，分布在江西、四川、广东、福建等省，除为害石榴、芒果、苹果、梨外，还为害木菠萝，以幼虫取食木菠萝的叶片成缺刻或孔洞，不仅影响生长发育，而且还影响开花结果。该虫在四川 1 年发生 1~2 代，以蛹在茧中越冬，3~6 月发生第 1 代，7~11 月发生第 2 代，第 2 代发生数量多，为害也重。

桉树大毛虫幼虫放大

防治方法 (1)成虫大量出现和产卵期，及时捕杀成虫和卵粒。幼虫喜在寄主枝干下部栖息，可用木棍触杀。(2)发生量大时夏季采果后喷洒 80%敌百虫可溶性粉剂 1000 倍液或 50%杀螟硫磷乳油 1200 倍液。(3)释放梳胫节腹寄蝇进行生物防治效果好。

白蛾蜡蝉

学名 *Lawana imitata* Melichar 除为害荔枝、龙眼、番木瓜外，还为害澳洲坚果，以成、若虫群聚在澳州坚果叶片、枝条嫩梢、花穗、果柄上及果实外吸食汁液，造成受害新梢衰弱，白蛾蜡蝉排泄分泌物易诱发树冠发生烟煤病，造成澳州坚果质量下降。该虫在海南、广东、广西年生 2 代，以成虫在茂密的枝条丛中越冬，翌年 2~3 月越冬成虫开始取食交尾，产卵期较长。第 1 代若虫在翌年 4~5 月盛发，成虫在 6~7 月进入盛发期。第 2 代若虫 7~8 月盛发，9~10 月进入成虫盛发期，成虫把卵产在嫩梢叶柄内，卵块长方形，一般每卵块有卵 200 粒，初孵若虫群集在

白蛾蜡蝉成虫

一起，虫龄长大后分散开来，若虫、成虫活跃善飞。

防治方法 (1)注意剪除过密或荫蔽的枝条，以减少害虫荫蔽。(2)用捕虫网人工捕灭成、若虫。(3)在若虫初孵期喷洒20%氰戊菊酯乳油2000倍液或10%吡虫啉可湿性粉剂3000倍液、25%吡蚜酮可湿性粉剂2000倍液。

铜绿丽金龟

学名 *Anomala corpulenta* Motschulsky 除为害柑橘、荔枝、龙眼外，还为害木菠萝、菠萝、澳洲坚果等，以成虫为害叶片和嫩梢，造成受害叶千疮百孔，严重时只剩主脉基部和叶柄，该虫在南方年生1代，以幼虫在土壤中越冬，5月中旬成虫出现，5月下旬至7月中旬进入成虫发生和为害盛期，成虫寿命1个月左右，把卵产在土中，卵期7~11天。

铜绿丽金龟成虫栖息在叶片上(梁森苗摄)

防治方法 (1)冬春翻耕土壤时杀灭土中幼虫。(2)成虫盛发期夜间点火并摇动树枝使成虫捕向火中烧死。(3)成虫为害严重的喷洒80%或90%敌百虫可溶性粉剂1000倍液或20%甲氰菊酯乳油2000倍液、40%毒死蜱乳油1600倍液。

黑翅土白蚁

学名 *Odontotermes formosanus* (Shiraki) 又名白蚁。我国大部分地区都有分布，为害澳洲坚果、木菠萝等多种果树，可在树下筑巢，蛀害根系和皮层木质部，引起根系破坏或腐烂。该蚁可沿地面和树干上筑泥路，又称水线，引起枝梢干枯。11月至翌年3月主要在地下活动，3月中旬出巢为害，每年5~6月和9~10月出现2个为害高峰，工蚁、兵蚁活动主要在泥路或通道内，与食物和水源相通。

黑翅土白蚁工蚁(蒋芝云)

防治方法 发现白蚁为害时，用灭蚁灵或90%敌百虫可溶性粉剂800倍液洒在泥路内，可杀灭巢中的白蚁。

榕八星天牛

学名 *Batocera rubus* (Linnaeus) 鞘翅目天牛科。分布在广西、广东、海南、贵州、四川、台湾等省。

寄主 木菠萝、芒果等。

为害特点 上述寄主枝干被蛀，还可危害木菠萝果实，造成烂果。

形态特征 成虫：体长45mm，宽15mm。体赤褐色，头、前胸、触角基部及足色较深。体表被一层棕灰色细绒毛。唇基桔黄色，体的两侧自头至腹末各有一条白色纵带。前胸背板有一对桔黄色的弯曲纵纹，两侧各有一粗壮的尖刺突。小盾片密生白毛；两鞘翅每边各有4个白色斑点，末端1个最小，第二个最大，在其上方外侧尚有1、2个小点。鞘翅肩角有1小刺突，翅基部密布黑色小颗粒。翅末端平截，外端角略尖，内端角呈尖刺。雄触角长出体长1/3以上，第十节末端内侧有一明显的长刺突。雌触角较短，约与体等长。末龄幼虫：体长75mm，黄白色。头扁平黑色，头盖板前部两侧有粗刻点。前胸背板褐色，中央生1浅色纵沟。腹部各节背瘤有2条横沟，1~8节都生侧疣。蛹：长40mm，浅黄褐色。

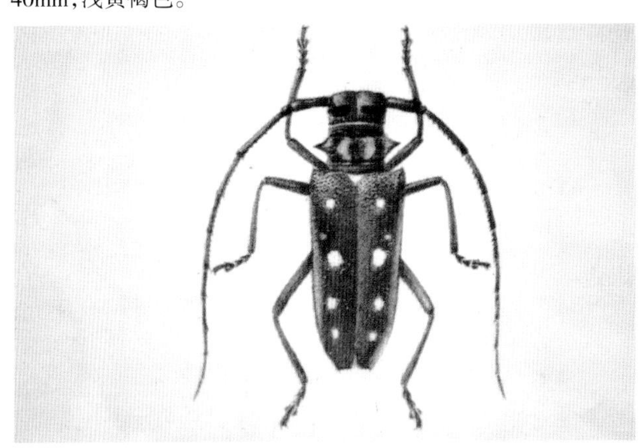
榕八星天牛成虫放大

生活习性 广东年生1代。南宁4、5月间成虫开始出现，多在晚上活动，咬食叶片或嫩枝条。雌虫树干上产卵。幼虫孵化后先在皮下蛀食，然后转向别的部位或往树干内部钻蛀。木菠萝果实被害，往往一个果内蛀入几头幼虫，被害果实外表可见到圆形或条裂状的蛀孔，并有虫粪堆积孔旁。

防治方法 (1)据成虫活动的特点，于夜间捕捉，防止其产卵。(2)当发现有幼虫钻蛀迹象时，对尚在皮层钻蛀的幼虫，可用小刀刮杀；对已蛀入枝干内的幼虫，见有新鲜虫粪排出的蛀孔，用铁丝钩杀；对在深部或蛀道弯曲的幼虫，铁丝钩杀不到，可用80%敌敌畏乳油对水4~5倍，用棉花蘸少许塞入蛀孔内，用泥封塞洞口，即可熏死。或选一个稍厚的小口塑料袋，装入药液100~200ml，袋口插入一根小塑料管，将管伸入虫蛀孔内，用手轻压药袋，使药液从小管射入虫洞，渗于虫粪和蛀屑内，然后用泥封洞口，让药挥发熏死幼虫。

15. 番荔枝(*Annona squamosa*)、番石榴(*Psidium guajava*)、番木瓜(*Carica papaya*)病害

番荔枝(释迦)根腐病(Sugar apple root rot)

症状 主要为害幼苗，引起根部断续变褐腐烂，造成地上部叶片萎蔫萎凋，严重时幼株干枯而死。

病原 *Cylindrocladiella tenuis* C. F. Zhang et P. K. Chi 称细小帚梗柱孢，属真菌界无性型真菌。分生孢子梗无色，分隔，单生，180 ~ 356 × 3.5 ~ 6.0(μm)。梗分枝。分生孢子圆筒形，无色，0~1个隔膜，两端钝圆，11.5 ~ 20 × 2 ~ 3(μm)。

番荔枝根腐病根部受害状

传播途径和发病条件 病菌以菌丝在病根上或土壤中越冬，靠根部直接接触和分生孢子借灌溉水传播，树势衰弱，地势低洼，土壤黏重或渍水的地块发病重。

防治方法 (1)发现病株及时挖除，防其传染。(2)雨季搞好田间清沟排渍，降低田间湿度，促根系健壮生长，提高抗病力。(3)发病初期浇灌54.5%恶霉·福可湿性粉剂700倍液有效。

番荔枝疫霉根腐病

番荔枝疫霉根腐病地上部症状

番荔枝根腐病病根

症状 苗木染病，幼株或成株全株出现枯萎、凋谢致死，检视根部出现水渍状褐变。

病原 *Phytophthora cinnamomi* Rands 称樟疫霉，属假菌界卵菌门。病菌形态特征、传播途径、防治方法 参见菠萝心腐病。

番荔枝白绢病(Sugar apple root rot)

症状 番荔枝幼苗根茎部呈湿腐状，皮层变褐烂腐，易脱落，木质部变成青灰色，病部和土表现绢丝状白色菌丝和菌索，后期长出褐色至茶褐色小菌核，致幼苗失水枯萎，造成全株干枯死亡。

病原 *Sclerotium rolfsii* Sacc. 称齐整小核菌，属真菌界无性型真菌。在PDA培养基上菌丝体白色，茂盛，呈辐射状扩展；菌丝粗2 ~ 8(μm)，分枝不成直角，具隔膜；菌核初为乳白色，后

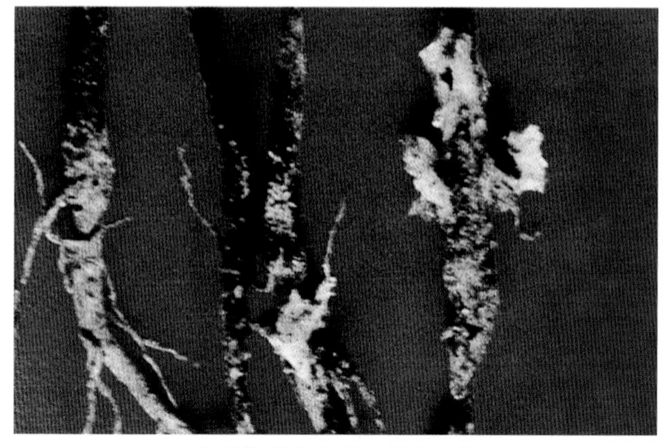

番荔枝幼苗白绢病根部症状

变浅黄色至茶褐色或棕褐色，球形至卵圆形，大小 1～2(mm)，表面光滑有光泽。菌核表层由 3 层细胞组成，外层棕褐色，表皮层下为假薄壁组织，中间为疏丝组织。有性态为 *Pellicularia rolfsii* (Sacc.)West. 称白绢薄膜革菌，属真菌界担子菌门。

传播途径和发病条件 病菌以菌核或菌索随病残体遗落土中越冬，翌年条件适宜时，菌核菌索产生菌丝进行初侵染，病株产生的绢丝状菌丝延伸接触邻近植株或菌核借水流传播进行再侵染，致病害传播蔓延。连作或土质黏重及地势低洼，或高温多湿的年份或季节，湿气滞留时间长发病重。

防治方法 (1)重病地避免连作。(2)提倡施用保得生物肥或酵素菌沤制的堆肥或充分腐熟有机肥。(3)及时检查，发现病株马上拔除、烧毁。病穴及其邻近植株淋灌 20%甲基立枯磷乳油 1000 倍液、90%敌磺钠可湿性粉剂 500 倍液，每株（穴）淋灌 0.4～0.5L。或用 40%拌种灵加细沙配成 1：200 倍药土，每穴 100～150g。(4)用培养好的哈茨木霉 0.4～0.45kg，加 50kg 细土，混匀后撒在番荔枝病株基部有效。

番荔枝叶斑病（Sugar apple Phyllosticta leaf spot）

症状 主要为害幼苗、成株叶片和枝条。叶片染病，边缘生黑色病斑，典型病斑黄褐色，圆形，直径 2～7(mm)，常在叶尖或叶缘形成“V”字形病斑，在叶的其他部位形成不规则形大斑，边缘黑色，波纹状，病斑上产生大量黑色小粒点，即病原菌分生孢子器。枝条染病呈褐色坏死。

病原 *Phyllosticta annonicola* (Batista et Vital) C.F.Zhang et P.K.Chi 称番荔枝叶点霉，属真菌界无性型真菌。分生孢子器生在叶片两面，松散集生，点状，暗褐色至黑色，球形，有固定孔口，埋生在叶片角质层下，大小 70～125×70～115(μm)，器壁由角状细胞构成，较厚；产孢细胞圆筒形，顶端略窄，瓶体式产孢，大小 6～12×2～2.6(μm)。分生孢子椭圆形或近圆形至宽卵形，顶端圆，并生有 1 胶纤丝，末端常平截，无色，大小 7.5～12.5×5～7.5(μm)。

传播途径和发病条件 病菌以分生孢子器和菌丝体在病叶上或病残体上越冬，翌春产生分生孢子借气流、水滴溅射传播后，从寄主伤口侵入为害。一般管理差的易感病。广东、海南均有发生，晚秋初冬进入发病高峰，发病重。

防治方法 (1)落叶后至萌芽前，注意清除病落叶，集中烧毁。(2)加强管理，增施肥料，使植株生长健壮，增强抗病力。(3)新梢期和开花后喷洒 70%甲基托布津可湿性粉剂 800 倍液或 50%硫磺多菌灵·可湿性粉剂 700 倍液、25%苯菌灵·环己锌乳油 800 倍液、40%百菌清悬浮剂 500 倍液。

番荔枝叶斑病病枝和病叶

番荔枝炭疽病（Sugar apple anthracnose）

症状 主要为害枝梢、叶片及果实。枝梢染病，病部初呈灰褐色，病斑圆形或长椭圆形，后病斑中央稍凹陷，并散生许多小黑点，严重者整个枝梢枯死。叶片染病，病部初生小黑点，四周具微晕，后扩展为灰褐色小圆形病斑，小病斑扩大融为大斑，内现灰褐色干枯轮纹状斑。表面散生小黑点，外围具黄晕。果实染病，多呈畸形或局部枯死。

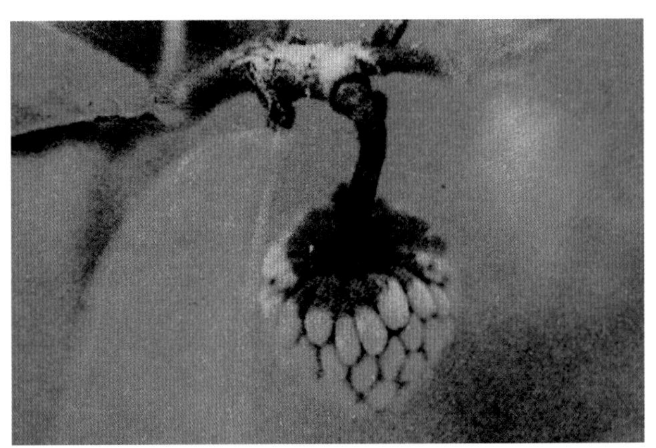

番荔枝炭疽病病果及果梗症状

病原 *Colletotrichum gloeosporioides* (Penz.)Sacc. 称盘长孢状炭疽菌，属真菌界无性型真菌。有性态为 *Glomerella cingulata* (Stonem.)Spauld. et Schrenk 称围小丛壳，属真菌界子囊菌门。

传播途径和发病条件 病菌以分生孢子在病叶、枝梢及果实病斑上越冬，翌年春季遇适宜的温度和梅雨期湿度大时，病菌孢子发芽，先侵入春梢及叶片，发病后在新病斑上又产生分生孢子，这时果园又逢修剪，加之环境、气候条件适宜，病菌通过风、雨传播，孢子从修剪造成的伤口或虫伤侵入后，引致发病。连阴的梅雨季节，温、湿度适宜，发病重。

防治方法 (1)种植非洲骄傲等优良品种。(2)铲除病原菌越冬场所，集中深埋或烧毁。(3)于冬季强剪后，若剪下枝条直接置于番荔枝的树下，则全园应用杀菌剂、杀虫剂混合喷杀，进行彻底防除，以减少越冬之菌源。(4)番荔枝生长期间适当修剪枝叶及疏花、疏果，再进行肥培管理，但氮肥不宜过多。(5)新梢期和开花后发病初期及时喷洒 25%溴菌腈可湿性粉剂 500 倍液或 70%丙森锌可湿性粉剂 500 倍液、50%醚菌酯水分散粒剂 4000 倍液、25%咪鲜胺乳油 1000 倍液，于露水干后至上午 11 时之前或下午 3 时以后施药。

光叶番荔枝叶疫病（Custard apple Cylindrocladium leaf spot）

症状 苗期发病为害枝叶，成株期染病为害树下部叶片。多从叶尖、叶缘开始产生圆形、褐色至暗褐色、水渍状、边缘不明显的斑块。近地面的嫩枝受害时，现暗褐色至黑色溃烂，湿度

光叶番荔枝叶疫病

大时,病斑融合,病部表面现白色霉层。

病原 *Cylindrocladium scoparium* Morgan. 称蔷薇柱枝双孢霉,属真菌界无性型真菌。25℃黑暗条件下培养7天PDA上长出灰色棉绒状菌落,直径5.2cm,具白色边,反面锈褐色,色泽不匀。分生孢子梗无色,分隔,长包括不育附属丝200～450(μm)。具不育附属丝,顶端泡囊圆形或梨形,大小16～35×5.0～7.5(μm)。分生孢子梗一级分枝0～1个隔膜,11.5～25×3.5～5(μm);二级分枝无分隔,8～27×2.5～7.2(μm);三级分枝也无分隔,9～20×2.5～4.5(μm);瓶梗桶形至瓶形,无色、无隔,大小3.5～12×2～4(μm)。分生孢子圆筒形,无色,中央1个隔膜,两端圆,32～57×3.8～5.0(μm)。厚垣孢子近球形,直径8～12.5(μm),分布广而密,形成微菌核。

传播途径和发病条件 病菌以菌丝或分生孢子盘在病部或随病落叶进入土壤中越冬,通过雨水或灌溉水传播,引起枝叶染病,雨季或湿气滞留时间长易发病。

防治方法 (1)栽植无病苗木,防止植地过湿。(2)发病初期喷淋50%嘧菌酯水分散粒剂2000倍液或10%苯醚甲环唑水分散粒剂2000倍液。

番荔枝赤衣病(Custard apple pink disease)

症状 为害主干或侧枝。病斑初在背日光荫湿面上生白色至极浅红色菌丝,向四周扩展,致病部以上叶片缺水,叶缘向主脉内卷曲。气候干燥时,病斑上现纵向龟裂,严重时整个树干被菌丝包围,致叶片脱落呈枯死状。轻病株虽能开花结果,但果实小,失去商品价值。

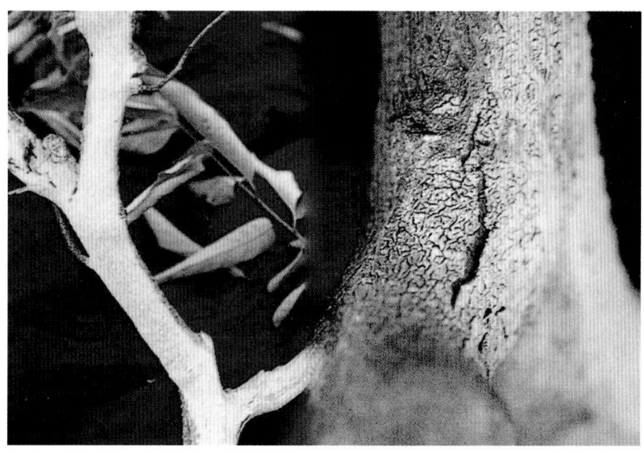
番荔枝赤衣病枝干症状右图纵向龟裂

病原 *Corticium salmonicolor* Berk. et Br. 称鲑色伏革菌,属真菌界担子菌门。菌丝体有分隔或呈锁状联合,初白色,后变浅橙红色。担子果由菌丝交织形成,生在树皮上,担子圆筒形,大小23～135×6.5～10(μm),顶生4个小梗,其上着生担孢子。担孢子卵形,单胞无色,大小9～12×6～7(μm)。

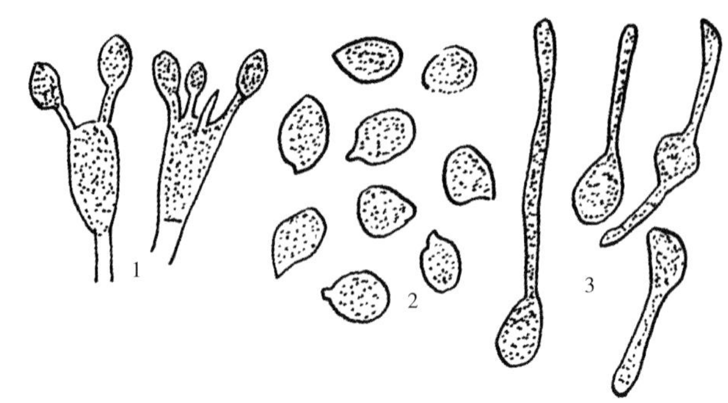

番荔枝赤衣病菌鲑色伏革菌
1.担子和担孢子 2.担孢子 3.担孢子萌发

传播途径和发病条件 病菌以菌丝及担子果在枝干部越冬,翌春产生担孢子,借风雨传播,进行初侵染,于3～4月气温升高后开始发病,多雨季节及通风不良发病重。尤其是夏季多雨、高温且番荔枝树体枝叶茂密,病菌孢子借风雨传播到健全枝干上,发芽后侵入皮层间,再以菌丝扩展,若较细的枝干染病后,经过1个季节逐渐枯死,粗大的主干能支撑到翌年才干枯而死,染病树营养和水分输导受抑,虽能开花结果,但果实朽住不长。

防治方法 (1)栽植非洲骄傲等优良番荔枝品种,向北扩展番荔枝栽植区。(2)进入夏天雨季到来前修剪树枝及徒长枝,剪除病枝。(3)树龄较大的番荔枝染病时,抓紧挖除病部,并用20%菌毒清可湿性粉剂100倍涂抹,如已扩展至整个树干或枝条,只好锯除烧毁。(4)夏季修剪后,发现初期病症时,喷洒75%十三吗啉乳油150倍液或1∶1∶100倍式波尔多液、30%戊唑·多菌灵悬浮剂600倍液,全园喷洒一次。

番荔枝果实焦腐病(Custard apple Botryodiplodia fruit rot)

症状 台湾称果实蒂腐病。为害幼苗、枝叶及果实。幼苗染病,植株萎蔫似青枯状,叶片黄化,基部维管束变褐,严重时叶

番荔枝果实焦腐病病果

片凋萎脱落，枝条变褐干枯。叶片染病，易变褐腐烂。果实染病，始于蒂部，初生水渍状小圆点，后全果变黑腐烂，变质、流胶，生出黑色小粒点，即病原菌的子座和分生孢子器。果蒂或果面上最先被感染后，引起果实黑化、枯死，因此称果实焦腐病。受害果实初果蒂处黑变，然后向果实内部扩展，横剖病果可见果肉组织中心部先受害，呈深褐色至黑色枯干，再逐渐向四周扩展，致病部现浅褐色，但此时从外部看不出来，当扩展到果皮上时，鳞片变黑，严重的整个果实变黑。采收后果实上常见，受害重。

病原 *Botryodiplodia theobromae* Pat. 称可可球二孢，属真菌界无性型真菌。

传播途径和发病条件 病菌以分生孢子器和分生孢子在番荔枝休眠期的果实病部越冬，翌年5～10月气温升高，均温24～26℃，加上梅雨及雨季来临，出现高温多湿条件，在台湾、海南5～6月间番荔枝正逢第一批幼果进入中果期，9～10月第二批果实进入盛果期利其传播和扩展。若不事先做好防治准备，受害果率常达50%以上，是番荔枝生产上最棘手的重要病害。

番荔枝果实焦腐病菌的分生孢子

防治方法 (1)番荔枝生长期间发现病果及时剪掉，集中烧毁，不可丢弃在树下。采果后发芽前彻底做好清园工作，剪除病虫枝、病僵果并喷1∶1∶160倍式波尔多液，新梢期、开花前再喷1次，能预防该病流行。(2)梅雨和雨季来临前不要偏施过施氮肥，适当修剪后抢晴天喷洒40%双胍三辛烷基苯磺酸盐可湿性粉剂1000倍液或50%多菌灵可湿性粉剂800倍液。(3)落花后幼果至中果期发现有病或每株上有1～2个果实受害时，全面喷洒30%戊唑·多菌灵悬浮剂1000倍液或70%丙森锌可湿性粉剂500倍液、40%百菌清悬浮剂500倍液。

番荔枝酸腐病（Custard apple sour rot）

症状 果壳较硬，果实由绿色变成黑褐色，水渍状，果肉腐烂化作酸臭汁液溢出，表面密生一层白色霉状物。

病原 *Geotrichum candidum* Link ex Pers. 称白地霉荔枝酸腐病菌，属真菌界无性型真菌。有性态为 *Dipodascus geotrichum* (E.Butler & L. J. Petersen)Arx 属真菌界子囊菌门。该菌在PDA上菌丛展生，乳白色，似酵母状，菌丝体分枝，多隔膜，最后在隔膜处断裂而形成串生的节孢子，初短圆形，两端平截，后迅速成熟，呈矩圆形至近椭圆形，无色，大小4～13×2.4～4.5(μm)。

番荔枝酸腐病病果

传播途径和发病条件、防治方法 参见荔枝酸腐病。

番石榴立枯病(干枯病)（Guava myxosporium wilt）

症状 又称干枯病。初发病时，顶端叶片呈缺水状，并产生红色小斑点，后来整枝叶片均出现这种症状，且易脱落。后菌体在受害株内分布呈系统性，受害枝条树皮凸出破裂，涌出先乳白色、后现粉红色菌体和分生孢子；引起落叶及植株死亡。台湾称立枯病，大陆称干枯病。是台湾番石榴毁灭性病害。

番石榴立枯病(干枯病)

病原 *Myxosporium psidii* Saw. et Kaz. 称番石榴黏盘孢，属真菌界无性型真菌。为伤痍菌，侵入木质部导管后蔓延至全株，在树干和枝条死组织上产生分生孢子盘，分生孢子梗丝状，粗大；分生孢子卵形至椭圆形或披针形，无色或色浅，常混生在大量胶质物中。

传播途径和发病条件 本病是典型的伤口侵入，多从摘心或剪枝伤口侵入，夏季进入发病盛期，高温时病情扩展迅速，台风后引起严重发病。

防治方法 (1)选用早熟白、胭脂红、东山月拔、大果番石榴等优良品种。发现病株立即挖除，病穴用石灰消毒，严防疫区扩大。(2)加强肥水管理，增强抗病力，千方百计减少伤口。(3)摘心、取芽、修剪及台风暴雨过后马上喷洒50%多菌灵可湿性粉剂800倍液或30%戊唑·多菌灵悬浮剂1000倍液、50%硫磺·多菌灵可湿性粉剂600倍液。

番石榴叶枯病（Guava Phomopsis leaf spot）

症状 主要为害叶片。叶上生圆形至不规则形病斑，初褐色，后期中央浅褐色，病健交界明显，边缘生有红褐色至暗褐色坏死线，最后变为枯斑。染病嫩叶叶尖、叶缘干枯。

病原 *Phomposis destructum* D. P. C. Rao, Agrarval et Saksena 称坏损拟茎点霉，属真菌界无性型真菌。分生孢子器近球形至三角形，顶壁较厚，单生，单室，直径77～180(μm)，分生孢子梗分枝，产孢细胞长瓶梗型，内壁芽殖。有两种类型分生孢

番石榴叶枯病病叶

子。甲型孢子梭形或长椭圆形，单胞无色，有两个油球，大小4.5～7×1.3～2.6(μm)；乙型孢子线形，直或弯，单胞无色，大小15～22×0.6～1(μm)。

传播途径和发病条件 以分生孢子器在病斑上或随病残体在土壤内及地表越冬，翌年遇雨及灌溉水放射出分生孢子，侵染寄主，经在株丛上不断繁殖，积累病原，引起病害的发生和流行。病菌主要靠雨水和气流传播，气温上升至20℃以上易发病。

防治方法 (1)发病重的地区秋末彻底清除病残体，集中烧毁、深埋，减少初侵染源。(2)发病初期喷洒75%百菌清可湿性粉剂500倍液、50%锰锌·多菌灵可湿性粉剂600倍液、50%多菌灵可湿性粉剂500～600倍液、36%甲基硫菌灵悬浮剂500倍液、1∶1∶200倍式波尔多液等，隔7～10天1次，连续防治2～3次。

番石榴灰枯病(Guava Pestalotiopsis leaf spot)

症状 叶尖、叶缘生"V"形或半圆形或不规则形斑，灰褐色、褐色或灰白色，边缘隆起、深褐色，与健部分界明显，病斑中央生小黑点，即病菌分生孢子盘。

病原 *Pestalotiopsis disseminatum* (Thuem.) Stey. 称广布拟盘多毛孢，属真菌界无性型真菌。分生孢子盘黑色，直径96～138(μm)。分生孢子4个真隔膜，近椭圆形，中间3个细胞黄褐色，其中上面2个细胞色深，两端细胞无色，分生孢子大小17～22×3.4～6.6(μm)。顶端生3根无色附属丝，长8.5～14

番石榴灰枯病病叶

(μm)，基细胞常有一单细胞柄，长3.4～6(μm)。

传播途径和发病条件 病菌以菌丝体或分生孢子盘在病部组织中或随病残体进入土中越冬，翌春条件适宜时，通过雨水或灌溉水传播，由伤口侵入在寄主细胞间蔓延，经几天潜育后产生新病斑。以后条件适宜时，病部又产生孢子，进行再侵染。气温25～28℃，相对湿度80%～85%或暴雨易发病。

防治方法 (1)注意减少伤口，防止病菌入侵。(2)必要时喷洒50%硫磺·甲基硫菌灵悬浮剂800倍液或25%苯菌灵·环己锌乳油700～800倍液、27%碱式硫酸铜悬浮剂600倍液、53.8%氢氧化铜干悬浮剂700倍液。

番石榴藻斑病(Guava algal spot)

症状 叶片叶面生黄绿色至黄褐色小点，后呈放射状向四周扩展，形成近圆形至不规则形黄褐色藻斑，上生毛毡状物，后病斑颜色加深，藻斑上覆盖着铁锈色的子实层，影响光合作用。

番石榴藻斑病病叶症状

病原 *Cephaleuros virescens* Kunze称头孢藻，属寄生性藻类。病菌形态特征、传播途径和发病条件、防治方法参见龙眼藻斑病。

番石榴紫腐病(Guava Hendersonula fruit rot)

症状 番石榴果实重要病害。染病果实表皮变褐色至棕褐色，3～5天后，全果变成褐色，软腐，病部表面生出黑色小粒点，即病原菌的分生孢子器或子座。病果果肉呈紫蓝色、最终褐色至褐紫色。

番石榴紫腐病(右为病果)

病原 *Hendersonula psidii* R. Liu et P. K. Chi 称番石榴壳变孢，属真菌界无性型真菌。分生孢子器生在暗褐色垫状子座内，乳突状孔口突破番石榴表皮，近球形，一个子座内生 3 ~ 6 个分生孢子器，器直径 121 ~ 126(μm)，没有分生孢子梗；产孢细胞圆筒形，环痕式产孢；分生孢子长椭圆形，两端略窄，初单胞无色，成熟后孢子褐色，2 ~ 3 个细胞，大小 17 ~ 22 × 4.5 ~ 6.4 (μm)。从病部孢子器中涌出的分生孢子呈奶黄色。

传播途径和发病条件 病菌以分生孢子器在病部越冬，翌春从分生孢子器中产生分生孢子，借风雨传播，进行初侵染和多次再侵染，致该病迅速扩展蔓延。此病扩展很快，泰国种番石榴发病重。

防治方法 参见番石榴茎溃疡病。

番石榴假尾孢褐斑病(Guava Pseudocercospora leaf spot)

症状 为害叶和果实。叶片染病，生暗褐色至红褐色不规则形病斑，无明显边缘，叶背生灰色霉状物(即病菌子实体)。果实染病，果斑呈暗褐色至黑色小点，中央凹陷，边缘红褐色，潮湿时也生霉状物。泰国种番石榴和杂交种番石榴重时发病率达 50%以上。

病原 *Pseudocercospora psidii* (Rengel)R. F. Castenda, Ruiz et U. Braun 称番石榴假尾孢，属真菌界无性型真菌。子座球形、褐色，直径 26 ~ 90 (μm)；分生孢子梗丛生，不分枝，0 ~ 1 个隔膜，淡榄褐色，顶端无色，稍窄，9 ~ 30 × 3 ~ 4 (μm)；分生孢子倒棍棒状，直或弯，近无色，基部倒圆锥形，顶端稍钝，3 ~ 6 个分隔，大小 17 ~ 77 × 1.9 ~ 3.5(μm)。

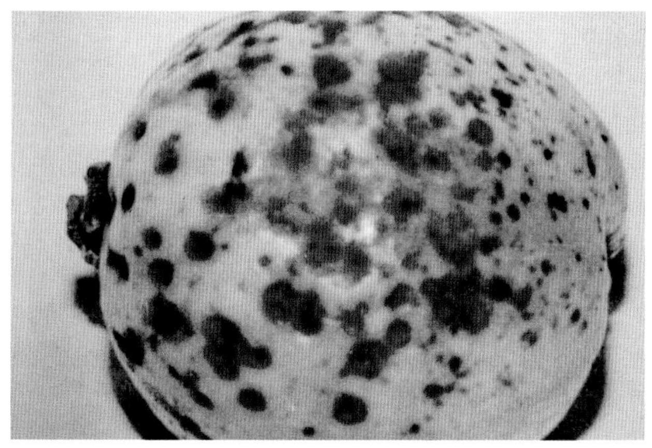

番石榴假尾孢褐斑病病果放大

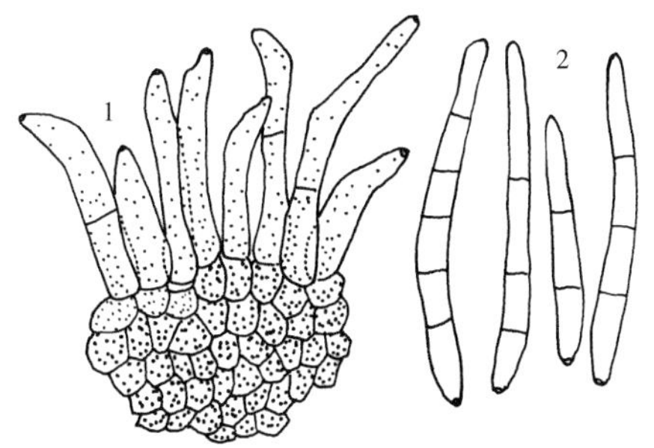

番石榴褐斑病菌番石榴假尾孢
1.子座及分生孢子梗 2.分生孢子

传播途径和发病条件 病原菌以菌丝体和分生孢子在病树上辗转传播扩展，条件适宜时产生大量分生孢子借风雨传播进行初侵染和多次再侵染，雨日多或湿度大易发病。

防治方法 (1)发现病叶及时搜集在一起深埋或烧毁，适时修剪，以利通风降湿减少该病发生。(2)发病初期喷洒 60%锰锌·多菌灵可湿性粉剂 700 倍液或 30%戊唑·多菌灵悬浮剂 1000 倍液

番石榴绒斑病(Guava Mycovellosiella leaf spot)

症状 主要为害叶片，叶面现赤褐色至污褐色不规则形病斑，叶背面病斑灰褐色至黑褐色，边缘不明显，病斑融合后成为斑块，对光观察，呈黄色斑点或斑块，造成叶片干枯脱落。全年普遍发生。

番石榴绒斑病病叶

病原 *Mycovellosiella myrtacearum* A. N. Rai & Kamal 称桃金娘菌绒孢，属真菌界无性型真菌。子实体生在叶背面，稀疏，无子座；菌丝体半埋生或表生，有的生在叶毛上，直径仅 1.6 ~ 2.8(μm)；分生孢子梗丛在菌丝中产生，单根分生孢子梗近无色至浅榄褐色，无分隔或少，老熟后隔膜增多，16 ~ 48 × 2.5 ~ 4.2 (μm)；分生孢子倒棍棒状，近无色至榄褐色，偶串生，3 ~ 6 个分隔，基部倒圆锥形，大小 16 ~ 92 × 1.9 ~ 3.8(μm)，串生的分生孢子双胞，大小 7 ~ 13 × 1.8 ~ 2.5(μm)。

传播途径和发病条件 病菌以菌丝体在病叶组织里越冬，条件适宜时，病斑上产生的分生孢子借风雨传播，落在叶片上，在有水条件下，孢子萌发产生芽管从气孔或直接穿透表皮侵入形成病斑。广东、海南 7 ~ 9 月气温高，雨量多，番石榴园湿度大，有利于该病发生，偏施、过施氮肥，果园荫蔽易发病。

防治方法 (1)选用泰国拔、东山月拔、梨子拔、胭脂红、金红、七月熟、台湾番石榴等优良品种。(2)加强管理，严防偏施、过施氮肥，雨季到来前，适当增施钾肥，提高抗病力。(3)发病初期喷洒 50%嘧菌酯水分散粒剂 2000 倍液或 50%异菌脲悬浮剂 900 倍液。

番石榴炭疽病(Guava anthracnose)

症状 主要为害果、叶、枝。果实染病，病斑圆形或近圆形，中间凹陷，褐色至暗褐色，直径 3 ~ 30(mm)，病斑上现粉红色至橘红色小点；5 ~ 6 月份幼果染病后产生干果脱落。叶片染病，产生近圆形至不规则形、黄褐色病斑，边缘颜色较深，有的病斑发生在叶缘或叶尖，严重时扩展至半张叶片，后期病斑中央褪成灰白色，其上现黑色小点。枝梢染病，初生褐色病变，后病枝由上而下逐渐枯死，变成灰白色。

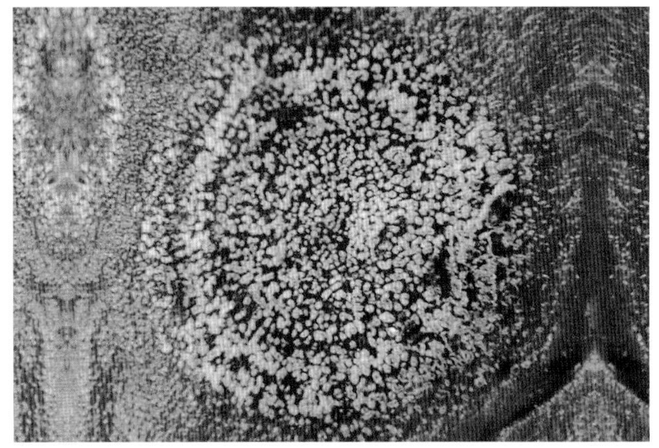

番石榴炭疽病果实染病症状特写(邱强)

病原 *Colletotrichum gloeosporioides* (Penz.)Sacc. 称盘长孢状炭疽菌，属真菌界无性型真菌。有性态为 *Glomerella cingulata* (Stonem.)Spauld. et Schrenk 称围小丛壳，属真菌界子囊菌门。无性态分生孢子盘褐色或黑色，叶面生，垫状，直径65～140(μm)；分生孢子梗无色，15～23×3～4(μm)；分生孢子长椭圆形，直或弯曲，有2个油球，15～23×5～6.5(μm)。

传播途径和发病条件 参见番荔枝炭疽病。

防治方法 (1)选用胭脂红番石榴，果抗炭疽病。也可选用抗病力较强的七月熟番石榴、出世红番石榴等作为杂交亲本，选育抗病、风味香甜的品种。(2)发现病斑后及时喷洒50%咄菌酸水分散粒剂2000倍液或25%咪鲜胺乳油1000倍液。

番石榴茎溃疡病 (焦腐病)(Guava Botryosphaeria fruit rot)

症状 为害果实和枝干，形成果腐和茎溃疡。果实受害 多在果实成熟时发生，从果实两端开始发病，初生圆形淡褐色斑，潮湿时成熟果软腐，后随病斑扩大变暗褐色至黑色，最后整果黑腐，生许多小黑点。病果肉紫蓝色至褐色。干燥条件下果皮皱缩(幼果果皮不皱)干腐，贮运过程中继续为害。枝干染病 病树皮初呈淡褐色，沿茎上下扩展，两侧出现裂痕，呈溃疡状；进一步扩展，木质部外层变为褐色至黑褐色，茎溃疡裂皮加重，树皮沿病痕裂开。病斑绕枝干一周后致病株死亡。病树皮上生小黑点状子囊果和分生孢子器。

病原 *Botryosphaeria rhodina* (Cke.)Arx 称柑橘葡萄座腔

番石榴茎溃疡病病干症状

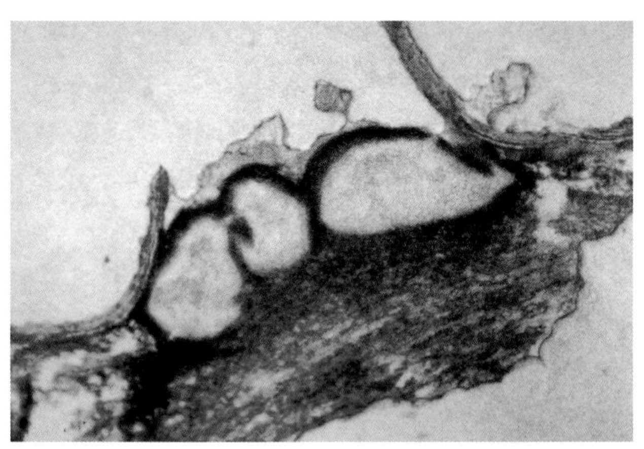

柑橘葡萄座腔菌子座切面

菌，属真菌界子囊菌门。子囊果埋生，近球形，暗褐色，大小224～280×168～280(μm)，孔口突出病组织。子囊棍棒状，壁双层，具拟侧丝。子囊孢子8个，椭圆形，单胞，无色或淡色，21.3～32.9×10.3～17.4(μm)。无性态 *Lasiodiplodia theobromae* (Pat.)Criff. et Maubl. 称可可球二孢，属真菌界无性型真菌。分生孢子器真子座，球形、近球形，直径112～252(μm)，单个或2～3个聚生在子座内。分生孢子初单胞无色，成熟后双胞褐色，表面有纵条纹，大小19.4～25.8×10.3～12.9(μm)。

传播途径和发病条件 以菌丝体、子囊果、分生孢子器在病树枝干及落地病果上越冬。被害果枝、小枝是下年主要初侵染源。翌春产生子囊孢子和分生孢子借风雨传播进行初侵染和再侵染。该病可整年发生，10～12月树干、枝上出现新病斑。4年以上的树发病率达70%以上，6年以上死株严重。果腐发生于8月初，8月底～9月初达高峰，严重落果，贮运中继续为害。泰国大果番石榴易感病。

防治方法 (1)选育抗茎溃疡病的品种。(2)采果后尽快清园。发病重的番石榴园冬季彻底清除病果、病枯枝和落叶，集中深埋或烧毁，以减少翌年病菌来源。(3)加强管理，注意施用钾肥，提高抗病力。(4)发病前喷洒50%锰锌·多菌灵可湿性粉剂600倍液或50%硫磺甲基硫菌灵·悬浮剂700倍液、70%丙森锌可湿性粉剂500～700倍液，隔10天左右1次，连续防治2～3次。

番石榴干腐病

症状 春末夏初开始发病，多发生在主枝与侧枝交叉处，病枝逐渐干枯，稍凹陷，病、健交界处往往裂开，干枯发暗病皮逐渐翘起，有时出现流胶，后期病部表面产生许多小黑点。即病原菌的子囊座和分生孢子器。

病原 *Botryosphaeria berengeriana* de Not. 称贝氏葡萄座腔菌，属真菌界子囊菌门。子座梭状，内生1~3个假囊壳，子囊棍棒状，内有8个子囊孢子，单胞椭圆形，无色至黄褐色。无性态为 *Dothiorella gregaria* Sacc. 分生孢子器近球形，有时与假囊壳生在同1子座中，分生孢子卵圆形。

传播途径和发病条件 病菌以假囊壳和菌丝体在枝干上病部越冬，产生子囊孢子或分生孢子，通过雨水传播。

防治方法 (1)增施有机肥，提高土壤有机质含量，要求番

番石榴干腐病

石榴园土壤有机质含量达 2%以上，增强树势，提高树体抗病力。(2) 刮除病部，涂抹 80%乙蒜素乳油 100 倍液，也可喷洒 30%戊唑·多菌灵悬浮剂 1000 倍液。

番石榴根结线虫病

症状 根结线虫以 2 龄幼虫侵入番石榴根后，根尖变弯且逐渐膨大成棍棒状或椭圆形根结，根上根结单个或呈链状，须根很少，根结大小不一，小的似大米粒，大的似蚕豆，在主侧根上成串的根结聚生成团块状。后期植株叶片变黄打蔫，严重时枝条枯死。

番石榴根结线虫病

病原 *Meloidogyne incognita* (Kofoid et White) Chitwood 称南方根结线虫，属动物界线虫门。

传播途径和发病条件 系土传病害，该线虫寄主很广，初侵染源来自土壤和种苗，缺乏有机质的砂壤土易患根结虫病。

防治方法 (1)选择无根结线虫的，有机质含量高于 2%的土地建园。(2)通过施用有机肥、施入石灰或换土的办法改良土壤，可有效防治根结线虫。(3)加强检疫，引进或培育无病虫苗木十分重要。(4)对已发病地块，用 10%噻唑膦颗粒剂每 667m² 2kg 混入细砂 10~20(kg)，撒在树体四周，翻入土壤中，也可用 1.8%阿维菌素乳油或 40%毒死蜱乳油 1000 倍液灌根。

番木瓜茎腐病

症状 木瓜幼苗期和成株期均可受害。发病初期，在茎基

番木瓜茎腐病

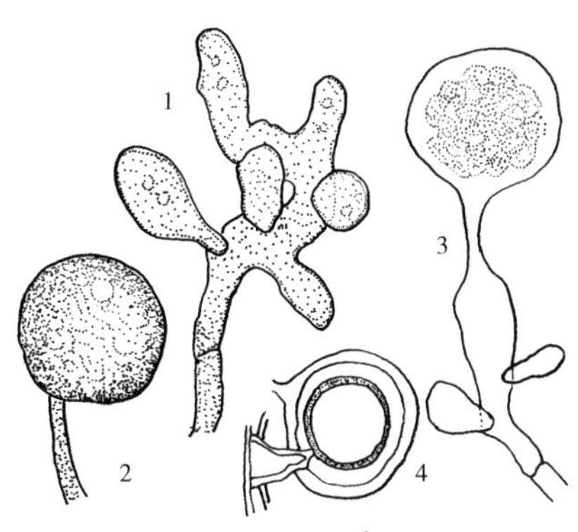

瓜果腐霉

1.2 孢子囊和孢囊梗 3.孢子囊萌发形成泡囊 4.藏卵器中的卵孢子

部近地面处产生水渍状斑，并流出白色胶状物，后组织崩解、缢缩折倒，整株萎蔫。湿度大时，病部产生白色棉絮状菌丝体，即为病菌菌丝、孢囊梗和孢子囊。

病原 *Pythium aphanidermatum* (Edson)Fitzp. 称瓜果腐霉，属假菌界卵菌门。菌丝发达，无隔膜、无色透明，直径 2.6~8.1 (μm)。孢子囊条状或姜瓣状分支，直径 3.8~21.0(μm)。孢子囊萌发产生游动孢子。游动孢子肾形，侧生 2 根鞭毛，大小 11.6~16.3×5.1~6.5(μm)。藏卵器球形，直径 21.1~29.3(μm)。卵孢子球形或卵球形，平滑，不满器，直径 18.2~24.1(μm)。雄器桶状或袋状，顶生或间生，多为 1 个，极少数为 2 个，大小 8.6~18.9×6.5~15.6(μm)。病菌生长温度 16~36℃，最适生长温度 36℃，低于 16℃、高于 40℃生长受到抑制。

传播途径和发病条件 病菌以卵孢子在土壤中越冬，条件适宜时卵孢子萌发，产生芽管直接侵入番木瓜幼苗。田间积水是影响该病害发生的关键因素。木瓜生长需要一定湿度，如果雨水和灌溉水过多，排水不及时，积水仅几小时，即可诱发该病害。幼苗移栽时，栽植过深或根茎基部培土过多，有利于发病。茎基部湿度大，有利于病菌繁殖和侵入，促进病害发生。

防治方法 (1) 每 m² 苗床用 54.5%恶霉·福可湿性粉剂 3.5g 对细土 4~5kg 拌匀，施药前先把底水浇好浇透，再取 1/3 拌好的药土撒在畦面上，播种后再把其余 2/3 药土盖在种子上进行常规育苗，可有效防苗期茎腐病的发生。(2)采用营养钵无土育苗的每立方米营养土中加入 54.5%恶霉·福可湿性粉剂 10g，充分拌匀即可育苗。(3)成株期发病茎基部用上述药土培土，也可喷淋 54.5%恶霉·福可湿性粉剂 700 倍液。

番木瓜白星病(Papaya Phyllosticta leaf spot)

症状 又称斑点病。主要为害叶片。叶片上生圆形病斑,中央白色至灰白色,边缘褐色,大小2~4(mm);病斑多时,常相互融合,病斑上现黑色小点,即病原菌分生孢子器。常造成叶片局部枯死。

番木瓜白星病病叶

病原 *Phyllosticta caricae-papayae* Allesch. 称番木瓜叶点霉,属真菌界无性型真菌。分生孢子器生在叶面,近球形至扁球形,初埋生,后突出,暗褐色,直径80~120(μm);产孢细胞不易看清。分生孢子椭圆形,无色,直或略弯,大小4~5×1~2(μm)。

传播途径和发病条件 病菌以菌丝体和分生孢子器在病部越冬,翌春抽生枝条时,侵害幼嫩茎部或枝条,降雨多的年份易发病。7~11月发生。

防治方法 (1)加强管理。适时修剪并注意清除病枝,集中深埋或烧毁。(2)必要时喷洒50%锰锌·多菌灵可湿性粉剂600倍液或75%百菌清可湿性粉剂600倍液、50%硫磺·多菌灵可湿性粉剂600倍液、50%多菌灵可湿性粉剂600倍液。

番木瓜霜疫病(Papaya Peronophythora rot)

症状 仅发现为害幼苗。叶上生水渍状、褐色、不规则形大斑,潮湿时背面生白色霉状物,即病菌子实体。枝染病,生断续的褐色水渍状斑,并可见白色霉状物。严重时,致幼苗死亡。

番木瓜霜疫病幼苗

病原 *Peronophythora litchii* Chen ex Ko et al. 称荔枝霜疫霉,属假菌界卵菌门。病菌形态特征、传播途径和发病条件、防治方法参见荔枝霜疫病。

番木瓜疫病

症状 主要为害尚未成熟的绿色果实,染病果实初在蒂部或果柄之端产生不规则形水浸状褐斑,迅速扩大至整个果实。湿度大时产生白色霉状物,即病原菌的菌丝体、孢囊梗及孢子囊,菌丝紧贴果皮生长,不易剥下,终致果实大半被菌丝体覆盖,染病果常落地而腐败。苗期染病也可引起幼苗猝倒。

番木瓜疫病

病原 有两种:*Phytophthora palmivora* (Butler) Butler,称棕榈疫霉;*Phytophthora nicotianae* van Breda de Haan,称烟草疫霉,均属假菌界卵菌门。棕榈疫霉孢囊梗简单合轴分枝,粗3.3μm。孢子囊倒梨形或卵形,平均长54μm、宽36μm,长宽比1.5。孢子囊单乳突,多数明显,具短柄,长3.3μm。休止孢子球形,异宗配合。藏卵器球形,直径25μm。卵孢子球形,大多满器,直径22μm。雄器单细胞,围生,高12μm、宽12.4μm。

传播途径和发病条件 台湾本病主要发生在雨季,连续阴雨有利于该病流行,非洲大蜗牛爬到木瓜上,也可传播疫病。在广东、广西、海南,个别年份、个别品种在结果后多雨天气下发生,5月多雨或营养钵淋水过多,可引起幼苗猝倒。

防治方法 (1)选用抗病品种。(2)搞好番木瓜园排灌系统,雨后及时排水,防止湿气滞留。(3)发病前喷洒1%的96%硫酸铜液预防。(4)发病初期喷洒68%精甲霜·锰锌水分散粒剂600倍液或70%锰锌·乙铝可湿性粉剂500倍液、69%锰锌·烯酰可湿性粉剂700倍液、70%丙森锌可湿性粉剂600倍液。

番木瓜白粉病(Papaya powdery mildew)

症状 主要为害叶片、叶柄、嫩枝及幼果。初在病部生白色粉状物,散生,后布满病部,致叶片呈现淡绿色或黄色斑点。幼果染病,现白粉状轮斑,受害部位呈浅黄色,生长受到抑制。

病原 *Acrosporium caricae* 属白粉菌科顶孢属真菌,无闭囊壳。许多白粉菌在其生活史中不常产生或不产生闭囊壳,使鉴定工作难于进行。在这种情况下有专家提出可以分生孢子特征作为鉴定依据。无性态为 *Oidium caricae-papayae* Yen。菌丝体表生,生在叶两面,匍匐状弯曲;分生孢子梗不分枝;分生孢子椭圆形,向基型2~7个串生,表面多数光滑,无色,大小28~53×10~17.5(μm)。

传播途径和发病条件 主要发生在旱季,苗期多有发生,广东、海南2~3月时有发生。

番木瓜白粉病病叶

防治方法 (1)注意通风透光,避免过度密植。(2)1~3月发病初期喷洒20%三唑酮乳油2000倍液,或40%氟硅唑乳油5000倍液或12.5%腈菌唑乳油或30%氟菌唑可湿性粉剂1500~2000倍液。番木瓜对多硫悬浮剂敏感,盛夏高温强光照时,不宜施用。(3)北方冬暖式大棚栽培时,要注意选择适于保护地栽培的品种。如印度的红妃在山东表现良好。北方8月下旬~9月中旬定植在大棚内,易发生白粉病,发病初期喷洒上述杀菌剂。

番木瓜黑腐病(Papaya Alternaria fruit rot)

症状 又称黑斑病。为害果实。采后果实上产生灰褐色形状不规则的凹陷斑,上生灰黑色霉状物,即病菌的分生孢子梗和分生孢子。

番木瓜黑腐病病果

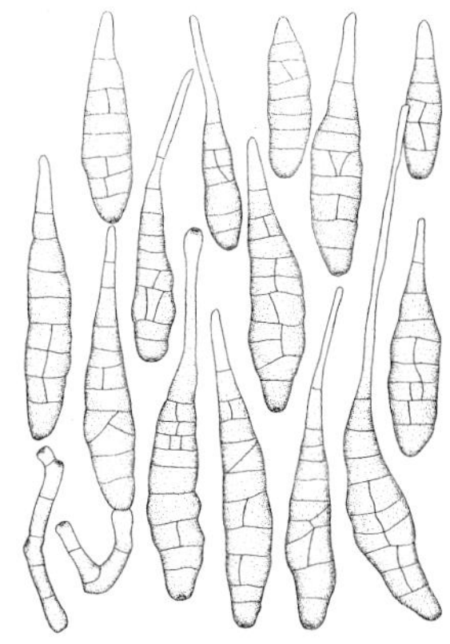

番木瓜黑腐病菌番木瓜链格孢分生孢子放大

病原 *Alternaria caricae* T. Y. Zhang 称番木瓜链格孢,属真菌界无性型真菌。分生孢子梗多簇生,黄褐色,20~110×4~6.5(μm),分生孢子单生或短链生,青黄褐色,长椭圆形,横隔膜6~10个,纵、斜隔膜3~6个,分隔处缢缩,孢体40~73×11~118(μm)。喙锥状或柱状,25~85×2.5~4(μm)。

传播途径和发病条件 病菌以菌丝体和分生孢子在病部越冬或越夏,翌春产生分生孢子借风雨传播进行初侵染和再侵染。分生孢子萌发需高湿,相对湿度40%~80%,萌发率1%~5%;相对湿度98%时,萌发率为87%,适温为15~35℃,降雨量和空气湿度是该病扩展和流行的关键因素。

防治方法 (1)注意清除病残体以减少菌源。(2)加强管理。提倡施用保得生物肥或酵素菌沤制的堆肥,增强抗病力。雨后及时排水,严防湿气滞留。注意控制雌株结果量,以保持树势,有利于抗病。(3)发病初期喷洒50%异菌脲可湿性粉剂1000倍液或30%戊唑·多菌灵悬浮剂1000倍液、75%百菌清可湿性粉剂600倍液、70%代森锰锌可湿性粉剂500倍液。

番木瓜炭疽病(Papaya anthracnose)

症状 主要为害果实、叶片和叶柄。果实染病,果面上现1个至数个污黄白色至暗褐色小斑点,水渍状,后扩展成5~6(mm)凹陷斑,并产生同心轮纹和赭红色凸起小粒点。当小粒点破裂时,溢出赭红色液点,即病菌分生孢子。此外病斑上也出现黑色小点,常与赭红色小点相间排列成轮纹状,黑色小点即病菌分生孢子盘。叶片染病,多发生在叶缘或叶尖,少数发生在叶片上,病斑褐色,形状不规则,斑上长出黑色小粒点。叶柄染病,多出现在即将脱落或已脱落叶柄上,病部界线不明显,病斑上也现一堆堆黑色小点或赭红色小点。我国广东、广西、福建、台湾等均有发生。严重时发病率高达20%~50%。

病原 *Colletotrichum acutatum* J. H. Simmonds 称短尖炭疽菌,属真菌界无性型真菌。在PDA培养基上菌落密集,气生菌丝白色。分生孢子团鲑粉色;无菌核,无刚毛;分生孢子纺锤形,偶中间缢缩,8.5~16.5×2.5~4(μm);附着孢少,浅褐色至暗褐色,棍棒状,8.5~10×4.5~6(μm)。

传播途径和发病条件 炭疽菌在番木瓜病树上的僵果或叶片或落在地上的病残体上越冬,成为翌年初侵染源。病菌的分生孢子借风雨或昆虫传播,落在番木瓜果实或叶片上以后,

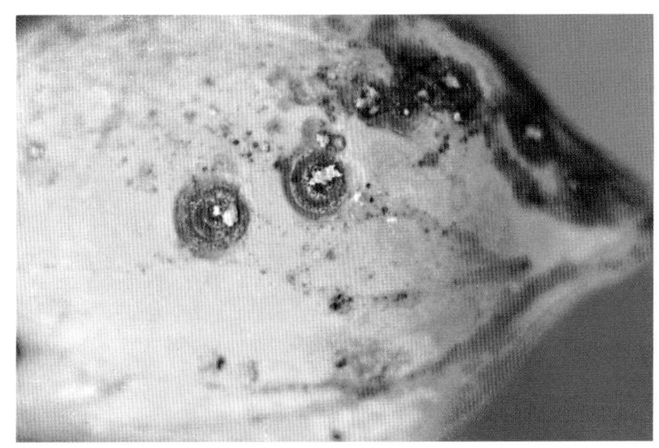

番木瓜炭疽病病瓜

遇有水湿条件病菌分生孢子萌发产生芽管，从气孔、伤口或直接从表皮侵入、经几天潜育出现病斑，斑上产生大量分生孢子进行多次再侵染。该病在番木瓜上也有潜伏侵染的现象，有时在幼果期侵入，至果实成熟时才发病。高温高湿是该病发生和流行的重要条件，华南、海南一带5~10月均有发生，一般5、6月和9、10月最严重，扩展迅速，是此病发生、流行的2个高峰期。

防治方法 (1)选用穗中红-48、台农2号、台农6号、红妃、红肉等优良品种。(2)冬季和生长季节注意彻底清理病果、病叶，集中烧毁或深埋，并向树体上喷洒1：1：100倍式波尔多液。(3)因该病有潜伏侵染情况，防治该病应从幼果期开始喷洒80%福·福锌可湿性粉剂600倍液或25%溴菌腈可湿性粉剂500倍液、25%咪鲜胺乳油800倍液、50%嘧菌酯水分散粒剂2000倍液。(4)适时采果，避免过熟采果。可在采果前两周喷洒50%氟啶胺悬浮剂2000倍液，可提高好果率。(5)北方塑料大棚栽植时，可选用印度红妃品种，并注意防治炭疽病，方法同上。

番木瓜疮痂病(Papaya Cladosporium rot)

症状 主要为害叶片，初沿叶脉两侧现不规则形白斑，后转成黄白色，圆形至椭圆形，加厚以后呈疮痂状，大小1.7~3.3(mm)，发生多时，叶片有皱缩。湿度大时，病斑上着生灰色至灰褐色霉状物，即病菌分生孢子梗和分生孢子。果实染病，也产生类似的症状。台湾、福建、广东、广西、四川、云南、海南均有发生。

病原 *Cladosporium caricinum* C. F. Zhang et P. K. Chi 称番木瓜枝孢，属真菌界无性型真菌。分生孢子梗单生或束生，暗褐色有分隔，顶端或中间膨大成结节状，大小39~183×3~5(μm)。分生孢子圆形或椭圆形，表面具密生的细刺，多无隔，个别1~2个隔膜，串生，近无色至浅橄榄褐色，大小4~16.2×2.5~5(μm)。该菌在PSA培养基上25℃培养7天，菌落直径3.9cm，平铺，粉质，灰绿色至暗绿色，边缘白色，背面墨绿色。

传播途径和发病条件 病菌以菌丝或分生孢子在病部或随病残体在土表越冬。该菌属弱寄生菌，多数是第二寄生菌或腐生菌，常出现在衰老的叶上，植株生长后期扩展较快。番木瓜生产中初始菌源数量和温湿度条件常是该病发生的决定因素。湿气滞留持续时间长发病重。

防治方法 (1)种植穗中红-48、台农2号、台农6号、红妃、红肉等优良品种。(2)秋末冬初，彻底清除病落叶，集中烧毁。(3)生长季节注意通风透光，严防湿气滞留。(4)发病初期喷洒30%戊唑·多菌灵悬浮剂1000倍液或65%甲硫·乙霉威可湿性粉剂1000倍液、50%腐霉利可湿性粉剂1500倍液，发生严重时，连续防治2次。

番木瓜疮痂病

番木瓜疮痂病病叶

番木瓜环斑病毒病(Papaya ring spot virus)

症状 是番木瓜最重要的毁灭性病害。初发病时新叶呈黄绿相间的花叶，顶叶变小，严重花叶或皱缩黄化，见彩版。病树上部的叶柄、嫩茎及青果上产生大量水渍状条纹、环纹、环斑或同心圈斑，冬春期间病树叶片大多脱落，只顶端部有黄色、质脆或皱缩的小叶。果实染病，产生水渍状环纹、圈斑或同心轮纹斑。4~5月及10~11月发病最多。台湾、福建、广东、广西、云南、四川均有发生。

病原 Papaya ringspot virus South China,PRSV 称华南番木瓜环斑病毒，属病毒。病毒粒体线状，略弯曲，大小600~800×12(nm)。致死温度53~60℃10分钟，体外保毒期8~24小时，稀释限点10^{-3}，潜育期14~21天。

传播途径和发病条件 病毒由汁液摩擦传染，桃蚜、棉蚜进行非持久性传毒，我国还可由橘二叉蚜、橘蚜、杏缢管蚜传播。广东每年10月中旬后，桃蚜迁入进行传播，翌年3月中旬陆续羽化迁飞，迁飞的带毒蚜虫常是新栽番木瓜初侵染源。3月底至4月进入迁飞高峰，5月迁飞完。病株内病毒5天运转到全株。病树显症前6天，由介体传播，田间当有翅蚜迁入高峰后10~30天，出现发病高峰。

番木瓜病毒病

防治方法 (1)选用台农5号、台农6号、穗中红-48、红妃、红肉等优良品种。(2)采用秋季塑料棚育苗，春季定植，施足基肥，重施追肥，及时砍除病树，冬春季加强治蚜。天气干旱管理粗放，介体蚜虫发生量大利其流行，应加大防蚜力度。每年3月以后喷50%抗蚜威可湿性粉剂2000倍液，每半月防治1次，共喷药4次，做到治蚜与砍除病树相结合，尽可能大面积联防，才能取得好的防效。(3)必要时喷洒10%混合脂肪酸水乳剂100倍液或24%混脂酸·铜水剂600倍液、31%吗啉胍·三氮唑核苷可溶性粉剂、7.5%菌毒·吗啉胍水剂、3.95%三氮唑核苷·铜·锌可湿性粉剂500倍液均有效。(4)北方冬暖大棚栽植番木瓜时，亦应注意防蚜，防治病毒病才能成功。

16. 番荔枝、番石榴、番木瓜害虫

花蓟马(Garden thrips)

学名 *Frankliniella intonsa* (Trybom)缨翅目，蓟马科。分布在东北、华北、华东、华南、西南。

寄主 香蕉、番荔枝、番石榴、柑橘类。

为害特点 成虫、若虫多群集于花内取食为害，花器、花瓣受害后成白化，经日晒后变为黑褐色，危害严重的花朵萎蔫。叶受害后呈现银白色条斑，严重的枯焦萎缩。

形态特征 成虫：体长1.4mm。褐色；头、胸部稍浅，前腿节端部和胫节浅褐色。触角第1、2和第6～8节褐色，3～5节黄色，但第5节端半部褐色。前翅微黄色。触角8节，较粗；第3、4节具叉状感觉锥。前胸前缘鬃4对，亚中对和前角鬃长；后缘鬃5对，后角外鬃较长。前翅前缘鬃27根，前脉鬃均匀排列，21根；后脉鬃18根。腹部第1背板布满横纹，第2～8背板仅两侧有横线纹。第5～8背板两侧具微弯梳；第8背板后缘梳完整，梳毛稀疏而小。雄虫较雌虫小，黄色。腹板3～7节有近似哑铃形的腺域。卵：长0.2mm。孵化前显现出两个红色眼点。二龄若虫：体长约1mm，基色黄；复眼红；触角7节，第3、4节最长，第3节有覆瓦状环纹，第4节有环状排列的微鬃；胸、腹部背面体鬃尖端微圆钝；第9腹节后缘有一圈清楚的微齿。

生活习性 在南方一年发生11～14代，在华北、西北地区年发生6～8代。在20℃恒温条件下完成一代需20～25天。以成虫在枯枝落叶层、土壤表皮层中越冬。翌年4月中、下旬出现第一代。10月下旬、11月上旬进入越冬代。10月中旬成虫数量明显减少。该蓟马世代重叠严重。成虫寿命春季为35天左右，夏季为20至28天，秋季为40～73天。雄成虫寿命较雌成虫短。雌雄比为1∶0.3～0.5。成虫羽化后2～3天开始交配产卵，全天均进行。卵单产于花组织表皮下，每雌可产卵77～248粒，产卵历期长达20～50天。每年6～7月、8～9月下旬是该蓟马的危害高峰期。

防治方法 (1)早春在上述寄主上进行一次预防性防治，可压低虫口，减少迁移。(2)成若虫喷洒1.8%阿维菌素乳油4000倍液或10%吡虫啉可湿性粉剂2000倍液、5%虱螨脲乳油1000~1500倍液。

花蓟马为害状及花蓟马成虫

番石榴实蝇(Guava fruit fly)

学名 *Bactrocera* (*Bactrocera*) *correctus* (Bezzi)双翅目，实蝇科。分布：云南；印度、巴基斯坦。

寄主 番石榴、芒果、桃、蒲桃、人心果、枣、柑橘类及辣椒等。

为害特点 成虫把卵产在寄主果实上，幼虫为害果实。

形态特征 成虫：雌蝇体长6.5～7.0(mm)，雄蝇5.5～6.0(mm)。成蝇颜面上生黑色斑1对，沿额沟向内延伸，在中部相接或以暗褐色带相连，形成1黑褐色横带；中胸背板黑褐色，侧后缝黄色条较宽。两侧平行，终于上后翅的上鬃之后；翅前缘带在R_{2+3}脉的端部中断，且于此脉之外，在翅端产生1暗褐色的斑；腹部黄褐色，第3节背板基部有黑色横带1条，1狭窄的黑色中纵带从第3节开始，止于第5节背板之末端。雄蝇第5腹板后缘具"V"形裂纹；雌蝇产卵器短，长约3mm，产卵管渐尖，生4对端前刚毛。卵：长约1mm，乳白色，香蕉形。幼虫：体长8～9(mm)，蛆形，浅黄白色。蛹：长约4mm，椭圆形，褐色至红褐色。

生活习性 该虫以卵和幼虫随寄主果实传播。

防治方法 (1)严格检疫，防止疫区扩大。(2)发现有此虫可采用高温或低温法灭虫，必要时也可采用熏蒸法处理。

番石榴实蝇雌成虫放大

南亚寡鬃实蝇(Pumpkin fruit fly)

学名 *Bactrocera* (*Zeugodacus*) *tau* (Walker) 属双翅目，实蝇科。异名 *Dacus tau* (Walker)。别名：南瓜实蝇、黄蜂子。该虫分布于福建、山西、广东、广西、云南、江西、四川、湖北、海南、台湾等地。

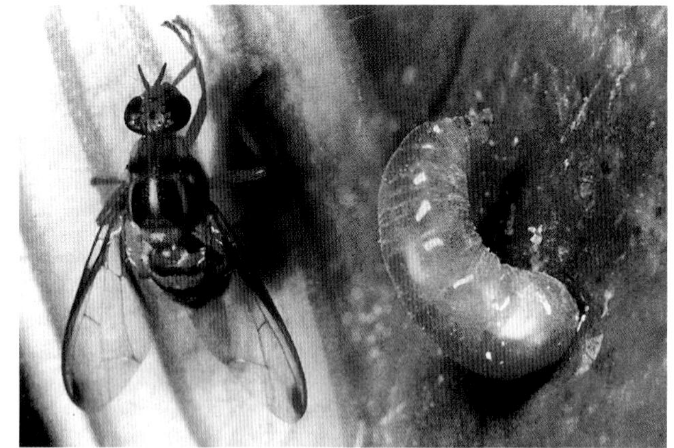

南亚寡鬃实蝇成虫和幼虫放大

寄主 番石榴、西番莲、洋桃、梨、番木瓜、芒果、南瓜、冬瓜等。

为害特点 产在幼果上的卵孵化后，在幼果内蛀食为害，致果实脱落；整个果实被蛀食一空，全部腐烂。受害轻的，果虽不脱落，但生长不良，摘下贮存数日即变软腐烂。

形态特征 成虫：雌体长 12.0 ~ 13.0(mm)。体黄褐色，头部颜面、额、口器、触角浅黄色，颜面近口器两侧各具 1 个黑斑，刚羽化成虫复眼有金属光泽，后变成红褐色。肩胛、中胸背侧片、中侧片的大部分和小盾片鲜黄色；前盾片中央具 1 红褐色纵纹，两侧纵纹黄褐色；盾片两侧和中央各具 3 条黄纵纹。腹部背板 1 节前半部黑色，后半部黄褐色，第 2 节两侧缘各生 1 黑斑，中部近前缘有 1 黑横带，第 3 节背板前缘黑色，中部具 1 黑纵纹直达 4、5 节背板尾端形成"T"状黑纹，在背板前缘两侧各具 2 黑短横纹。卵：乳白色，长 0.8 ~ 1.2(mm)，一头尖，一头钝。初龄幼虫 乳白色。老熟幼虫发黄，前端尖，后端圆。刮吸式口器，呼吸系统属两端气门式。蛹：长 5 ~ 7(mm)。圆筒形，黄褐色。

生活习性 重庆年生 3 ~ 4 代，以蛹在土中越冬，翌年夏秋为害番石榴和瓜类，成虫多在表皮尚未硬化的幼果基部或其他部位产卵，幼虫在果实中成长，通过人为传播，把含有卵或幼虫的果实传播到其他地方。南亚寡鬃实蝇以蛹在土壤中越冬，少数个体来不及脱离寄主在被害果内越冬。越冬代成虫全天均能羽化，上午 9 ~ 10 时最多，初羽化成虫活泼，越冬代成虫寿命约 25 天，成虫晴天喜飞翔在番石榴园，阴雨天躲藏在寄主叶及杂草下面，交配后，产卵管刺入果内 4mm，把卵产在幼果或带有伤口或裂缝的寄主上。产卵数粒至数十粒；最多可达 200 粒，35℃时卵期 3.5 天，初孵幼虫在果实内蛀食为害，有时一果上有几个产卵孔，多达百余头，幼虫老熟后，从腐烂果内弹跳入土化蛹。6、7 月蛹期 2 ~ 3 天，羽化后成虫未获食料的寿命 2 ~ 7 天，取食蜂蜜后长达 25 天以上。

防治方法 (1)南亚寡鬃实蝇国内仅广东、广西、台湾、海南、湖北、四川、云南、江西、山西等省发生，因此应认真实施检疫制度，控制其扩散蔓延。(2) 成虫发生期，在田间设置盛有 0.1%水解蛋白的诱集盆 4 ~ 5 个，盆内加入 0.1%敌百虫诱杀成虫减少虫源。(3)在成虫发生期喷洒 40%辛硫磷乳油 1500 倍液或 75%灭蝇胺可湿性粉剂 5000 倍液，由于该虫发生期长，最好隔 15 天防 1 次，连防 2 ~ 3 次。(4)被实蝇蛀食和腐烂的果实，应集中深埋或烧毁。如果实已腐烂脱落，应在烂瓜附近的土面上喷上述杀虫剂，防止蛹羽化。(5)为了避免瓜实蝇产生抗药性，最理想防治法是采用不孕虫放饲法，用放射性钴 60 照射人工繁殖的瓜实蝇，使雄蝇保有与雌蝇交尾的兴趣，但失去雌蝇受孕的能力，大量释放到田间，这种不孕雄虫与田间雌虫交配后产生的卵不会孵化，只要不孕雄虫比田间雄虫多，就会使田间实蝇一代代减少，终致绝迹。

木麻黄毒蛾

学名 *Lymantria xylina* Swinhoe 鳞翅目，毒蛾科。别名：木麻黄舞蛾、黑角舞蛾、木毒蛾、相思树舞毒蛾、相思树毒蛾等。分布在华东、中南地区。

木麻黄毒蛾幼虫

寄主 番石榴、荔枝、龙眼、枇杷、柿、石榴、梨、无花果、板栗、芒果、蓖麻、木麻黄等。

为害特点 幼虫食叶、嫩枝，严重影响其生长乃至枯死。

形态特征 成虫：雌蛾体长 22 ~ 25 (mm)，翅展 70 ~ 85 (mm)；雄蛾体略小。触角及复眼黑色，雌虫胸部和翅灰白色，头部和腹部之基端 4 节赤色，余灰褐色放光，前翅上具 1 浅褐色宽中线。雄蛾灰白色，前翅上有 1 条浅褐色波状带，后翅前缘暗褐色。卵：扁圆形，灰白或微黄。末龄幼虫：体长 38 ~ 58(mm)，颜面生八字形黑纹，胴部灰黑色与黄褐色相间，各节具明显瘤突 3 对，瘤突颜色变化较大，其上均生数束黑褐色坚硬刺毛。蛹：棕褐至深褐色，前胸背面有 1 大撮黑毛，数小撮黄毛。

生活习性 年生 1 代，以发育完全的幼虫在卵壳内越冬。翌年幼虫于 4 月孵化，5、6 月作茧化蛹于枝叶间或树干凹隙处，蛹期 14 天，雌蛾把卵块产在树枝上，每雌产卵 200 ~ 700 粒，此卵于翌年 4 月再行孵化。幼虫共 7 龄，历期 45 ~ 64 天。天敌有卵跳小蜂、松毛虫黑点瘤姬蜂等。

防治方法 (1)人工灭卵。(2)喷洒 20%氰戊·辛硫磷乳油 1500 倍液或 25%氯氰·毒死蜱乳油 1000~1200 倍液、40%甲基毒死蜱乳油 1000 倍液。

樟蚕

学名 *Eriogyna pyretorum* (Westwood) 鳞翅目，大蚕蛾科。我国有 3 个亚种。分布在华北、东北、华东、西南及台湾。

樟蚕蛾成虫

寄主 番石榴、板栗、核桃、枇杷、银杏、樟树、枫香等。

为害特点 3、4 龄幼虫在叶柄上食叶，5 龄后在小枝上食叶成缺刻，有时也为害嫩枝，大发生时树叶常被食光。

形态特征 成虫：体长 32mm，翅展 90 ~ 100(mm)，体翅灰褐色，前翅基部暗褐色，三角形。前、后翅各生 1 眼斑，外层蓝黑色，内层外侧浅蓝色半圆形，最内层为土黄色圈，其内侧棕褐色，中央为新月形透明斑，翅顶角外侧有 2 条紫红纹，内侧具黑褐短纹。卵：长约 2mm，乳白色。末龄幼虫：体长 85 ~ 100(mm)，毛虫状，黄绿色，体表为绿色与黄色相间之混合色，具瘤状突起 6 条。蛹：长 27 ~ 34(mm)，黑棕褐色，纺锤形，臀棘 16 根。茧 灰色。

生活习性 年生 1 代，以蛹在茧内越冬，翌年 2、3 月羽化，3 月间产卵，卵期约 10 天，幼虫历期 52 ~ 80 天，6 月开始结茧化蛹，成虫于傍晚或清晨羽化，交尾后常把卵成堆产在树干或树枝上，每堆 50 多粒，共 250 ~ 420 粒，卵块产，卵块上覆 1 层雌蛾尾部黑毛，3 龄前群聚，4 龄后分散为害，老熟后在树干或枝杈处结茧化蛹，预蛹期 8 ~ 12 天。天敌有赤眼蜂及白僵菌。

防治方法 (1)灯光诱杀或人工捕捉成虫。(2)人工采卵或摘除 3 龄前幼虫团。(3)喷洒 80%敌敌畏或 40%乐果乳油 1000 倍液、40%毒死蜱乳油 1600 倍液。防治 3 龄前幼虫。

垫囊绿绵蚧（Green shield scale）

又称番石榴绿绵蚧、柿绵蚧等，寄主有番荔枝、梅、樱桃、李、杏、柿、番石榴、无花果、柑橘、菠萝、龙眼、芒果等，以成虫和若虫在嫩枝和叶片背面吸食寄主汁液。防治方法 参见柑橘害虫——垫囊绿绵蚧。

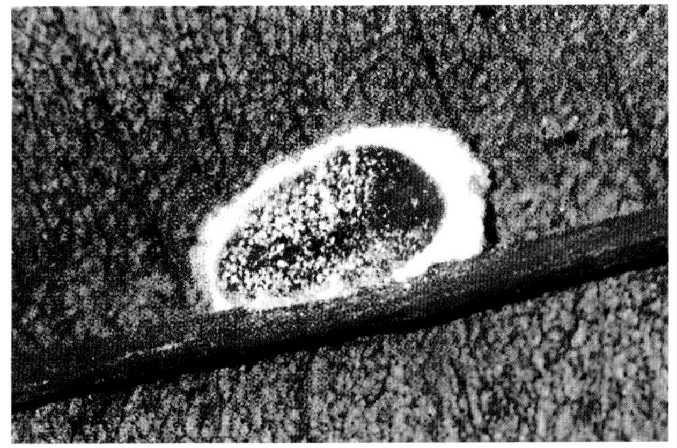

垫囊绿绵蚧

番木瓜圆蚧（Papaya red scale）

学名 *Aonidiella orientalis* Newstead 同翅目，盾蚧科。别名：木瓜东方盾蚧。分布在福建、四川、浙江、广西、广东、台湾、海南。

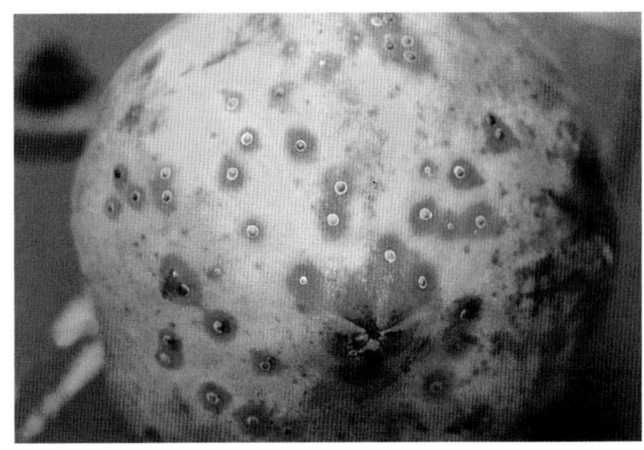

番木瓜圆蚧

寄主 番木瓜、香蕉、芒果、椰子、咖啡、棕榈、茶、山茶等。

为害特点 以成、若虫刺吸番木瓜茎、叶、果实及露根，受害重的植株长势弱，耐寒力明显降低。为害果实的，不能着色成熟，肉硬味淡，品质变差。

形态特征 雌虫：介壳近圆形，暗紫色，第 1 次蜕皮壳在介壳中央，深紫色，第 2 次蜕皮壳褐色，虫体鲜黄色。雄虫：介壳长椭圆形，暗紫色，第 1 次蜕皮壳偏于一端。成虫：浅橙黄色，体长 1mm，只有 1 对前翅，半透明，腹端生针状交尾器。卵：浅黄色，小。

生活习性 广东、海南年生 6 ~ 7 代，以若虫和雌成虫越冬。初孵若虫具足和触角，能爬行活动 1 ~ 2 天，找到寄主后，用口针刺入固定在寄主上为害。蜕 1 次皮后若虫的足和触角消失，终生不能移动。雌介壳虫把卵产在体下，30 ~ 90 粒，产卵期 7 ~ 14 天，寿命 40 ~ 60 天，卵期约 12 ~ 14 天。雄若虫蜕第 1 次皮后进入前蛹，第 2 次蜕皮后成裸蛹，揭开介壳露出雄虫的足和翅芽，数天后从介壳下羽化爬出来交尾，雄虫寿命 4 ~ 5 天。该虫越冬后 4 月恢复活动，5 ~ 6 月迅速繁殖，9 ~ 10 月大发生，常密集在木瓜结果部位的主茎上，繁殖适温 26 ~ 28℃。

防治方法 (1)注意及时清园，以减少虫源。(2)改番木瓜秋植为春植，当年采收后即砍除，可大大减少为害。(3)4 月木瓜圆蚧越冬后恢复活动时，喷洒松脂合剂 3 ~ 5 倍液或 50%乐果乳油 200 倍液或用 1:20 倍柴油泥浆涂抹受害株的主茎。注意采果后伤口愈合干后方可喷药，以防产生药害。

橘小实蝇

学名 *Bactrocera dorsalis* (Hendel) 又名东方果实蝇，俗称针蜂。除为害柑橘、莲雾、杨桃、枇杷、芒果外，还为害番石榴、番木瓜、荔枝等，以成虫把卵产在上述寄主果皮内，孵化后幼虫就

使用性诱杀柑橘大、小食蝇

在果内蛀害，造成果实腐烂或未熟变黄脱落，影响产量和质量。该虫在国内分布区年生 3~10 代，台湾 7~8 代，无严格越冬过程，世代重叠严重，5~9 月虫口数量最大，广东 7~8 月间发生居多。

防治方法 (1)果实套袋，防止小实蝇在果实上产卵。(2)及时摘除番石榴园尾果和捡拾落果，结合施用有机肥对番石榴园进行深翻。(3)番石榴果实长到直径 1.5~2(cm)时，进行套袋，套袋前用 40%毒死蜱或 40%甲基毒死蜱 1000 倍液进行喷雾。(4)性诱防治。1 月初开始挂蘸有甲基丁香酚棉芯的特制矿泉水瓶，每 667m^2 挂 5 瓶，每瓶用棉花沾滴 1mL 的甲基丁香酚，每5 天再滴 1mL80%敌敌畏乳油，15 天滴 1 次甲基丁香酚。(5)化学防治。①布点诱杀成虫，据性诱监测结果，于 6~9 月，用 40%毒死蜱乳油 800 倍液，每 50kg 对好的药液中加白糖 0.5kg 喷果园杂草上，用来诱杀成虫有效。②地面喷洒杀虫剂，每季番石榴采收后，树冠地面上喷洒 40%毒死蜱乳油或辛硫磷乳油 800 倍液。

丽盾蝽

学名 *Chrysocoris grandis* (Thunberg) 又名黄色长盾蝽。分布在江西、四川、福建、台湾、广东、广西、贵州、云南等省。除为在荔枝、龙眼、枇杷外，还为害番石榴、柑橘等。以成虫或若虫取食番石榴等寄主的嫩梢，广东以成虫在浓荫密蔽的树叶背面越冬，翌年 3、4 月外出活动，多分散为害，进入 4~6 月为害较重。

防治方法 (1) 成虫为害期喷洒 50%氯氰·毒死蜱乳油 2000 倍液或 20%氰戊·辛硫磷乳油 1500 倍液。

丽盾蝽成虫

台湾黄毒蛾

学名 *Porthesia taiwana* Shiraki 初孵幼虫群集为害叶肉仅留表皮，二龄后分散，取食叶肉，还可为害果实及花器。在台湾年生 8~9 代，6~7 月为害最严重，7~8 月卵期 3~6 日，幼虫期夏季 13~18 日，冬季 40~55 日，蛹期夏季 8~10 日。夏季 24~34 天可完成 1 代，冬季需 65~83 天。

防治方法 参见葡萄园——台湾黄毒蛾。

台湾黄毒蛾成虫放大

蜡彩蓑蛾

学名 *Chalia larminati* Heylaerts 异名 *Zeuzera coffeae* Nietner 鳞翅目，蓑蛾科。分布在华东、中南、华南、西南。

寄主 柑橘、龙眼、番石榴、芒果、橄榄、水蒲桃、苹果、柿、李、梨、板栗、柠檬等果树。

为害特点 以幼虫从蓑囊伸出头，身藏在囊中取食，移动时需负囊爬行。

形态特征 蓑囊：尖，长圆锥形，长 25 ~ 50(mm)，灰黑色。成虫：雌雄异形。雌蛾口器、复眼、足、翅退化消失，黄白色，圆筒蛆形，体长 13 ~ 20(mm)。雄蛾翅展 18 ~ 20(mm)，头、胸部灰黑色，腹部银灰色，前翅基部白色，前缘灰褐色，余黑褐色。后翅白色，前缘灰褐色。卵：长 0.6 ~ 0.7(mm)，椭圆形，米黄色。幼虫：体长 16 ~ 25(mm)，宽 2 ~ 3(mm)，黄白色，头、各胸腹节毛片及第 8 ~ 10 节腹节背面灰黑色。蛹：雌蛹圆筒形，黄褐色。雄蛹长 9 ~ 10(mm)，头、胸部、触角、足、翅及腹背黑褐色，各腹节节间及腹面灰褐色。

生活习性 年生 1 代，越冬期幼虫吐丝将护囊缚在枝干或

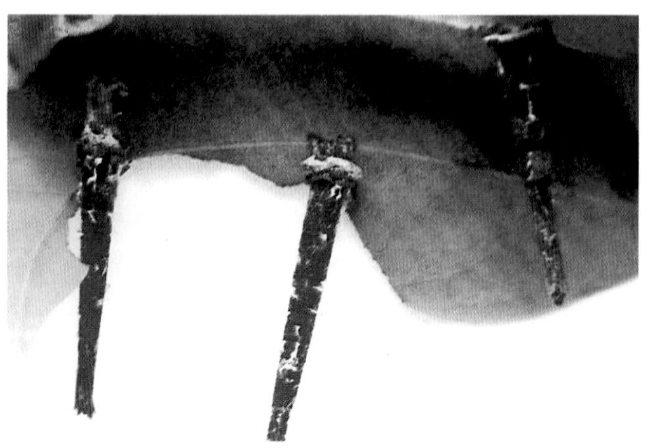

蜡彩蓑蛾

叶背,并封闭袋口,以老熟幼虫越冬,翌年2月进入化蛹期,3月成虫羽化,3月下至4月上旬进入产卵盛期,6~7月为害甚烈,一直延续到10月下旬逐渐越冬,越冬期间遇有晴暖天气仍可啃咬树皮。

防治方法 (1)结合冬季清园,摘除蓑囊。(2)于初龄幼虫期喷洒80%敌敌畏乳油800~900倍液或100%活芽孢/ml、苏云金杆菌悬浮剂1000倍液,于气温高时喷杀,效果好。

番荔枝斑螟

番荔枝是五大热带果树之一,经济效益居果树之首,台湾、广东、广西、海南、福建、云南、贵州均有栽培,近年海口、文昌、安定、琼山、澄迈、琼海、万宁已由零星种植,向成片栽培发展,2005年以来该虫对番荔枝生产造成严重影响,如不进行防治,受害率高达95%,严重的绝收。

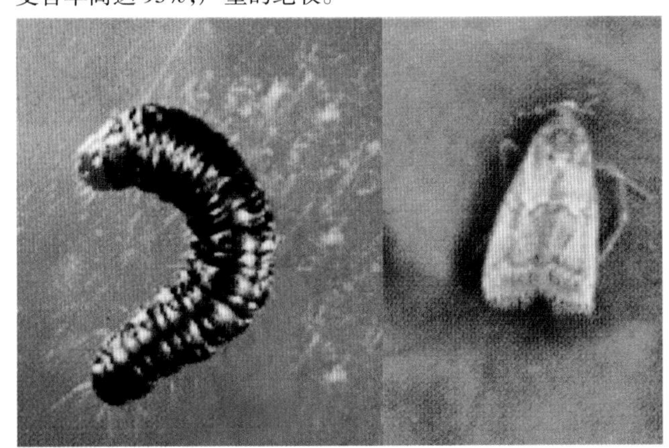

番荔枝斑螟幼虫和成虫(刘爱勤 摄)

学名 *Anonaepestis bengalella* Ragonot 属鳞翅目螟蛾科。

寄主 番荔枝。

为害特点 主要为害小果和中果,以幼虫钻入果肉和种子进行为害,致受害果黑化、干枯,轻者果实畸形变黑,重者整个果实由黑变干枯僵化,挂在荔枝树上。

形态特征 成虫:雌体长14.1mm,翅展30.1mm,雄蛾11.6mm,翅展23.4mm。触角线状,复眼赤褐色大而圆。雌雄体色一致,前翅狭长灰褐色,基部、外缘略深,散生很多暗绿色鳞片,中部至亚外缘灰白色鳞片增多,并有红褐色鳞片出现,缘毛黑褐色长,后翅三角状深灰色,缘毛灰白色。幼虫:初龄幼虫头、前胸背板浅黄色,体乳白,后变浅黄色,红褐色,黑褐色。末龄幼虫体长18.4mm。

生活习性 年生4~5代,以老熟幼虫或蛹在受害果中越冬。每年5~6月第1造果及10~11月第2造果生长期进入幼虫盛发期。4~5月越冬蛹羽化为成虫,交尾后当晚或夜里把卵产在果上鳞沟间,卵散产或2~4粒一堆,经7~9天孵化为幼虫,咬碎果皮以口吐丝粘成隧道状,幼虫在其中,2龄后再侵入果肉为害。越冬后成虫羽化于5月下至6月上旬产卵,幼虫孵化后开始为害早生第1期幼果,6~8月间进入为害高峰期,每个果内有5~12头幼虫。10月下~12月上旬又出现1次受害高峰。

防治方法 (1)在5~6月第1造果和10~11月第2造果期,即幼虫卵孵盛期未蛀食果肉前果径2~3(cm),雌成虫未至果实产卵进行果实套袋。套袋前先喷20%氰戊菊酯或2.5%溴氰菊酯乳油1500倍液,后在3天内套袋。袋子要求抗水透气,可用泡沫网袋,外加塑料薄膜护袋,要求有流水小孔口。(2)加强番荔枝园管理,每年8~9月第1造果采收后进行夏季修剪和2~3月第2造果采收后进行冬季修剪。彻底清除斑螟为害的果实和虫子。

番荔枝园咖啡豹蠹蛾

学名 *Zeuzera coffeae* (Nietner) 又名咖啡黑点蠹蛾、豹蠹蛾等。该虫为害苹果、梨、石榴、核桃、柿、樱桃、栗、柑橘、番荔枝、荔枝、龙眼果树等。主要以幼虫危害枝干木质部,隔一定距离向外咬1排粪孔,多沿髓部向上蛀食造成折枝或枯萎,幼虫有转梢为害习性,经多次转移,可为害2~3年生枝梢。但在番荔枝上主要蛀食番荔枝的聚合浆果,造成很大损失。防治番荔枝上豹蠹蛾幼虫时,需在幼虫蛀果期喷洒2.5%溴氰菊酯乳油2000倍液。

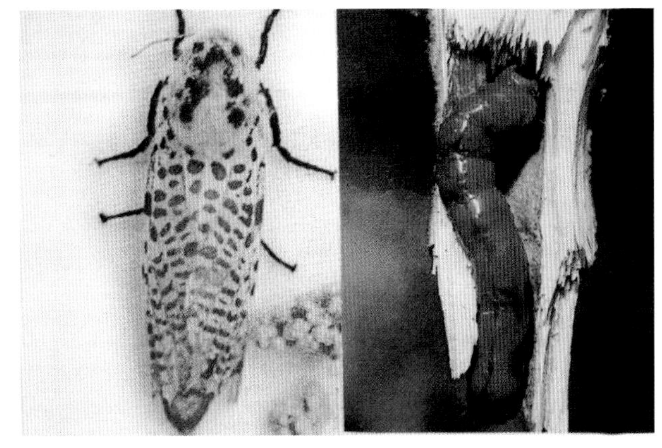

咖啡豹蠹蛾成虫和幼虫

17.西番莲(*Passiflora edulis*)、杨桃(*Averrhoa carambola*)病害

西番莲斑点病(Passion fruit Phoma leaf spot)

症状 主要为害叶片。叶片上产生灰褐色圆形至不规则形病斑,边缘红褐色,病健交界明显,常数个病斑融合成大型斑块,病斑表面生有密集的黑色小粒点,即病原菌分生孢子器。广东10~11月发生。

病原 *Phoma* sp. 称一种茎点霉,属真菌界无性型真菌。分生孢子器球形或扁球形,暗褐色,散生在病斑上,初期埋生,成熟后外露,直径100~140×95~118(μm);分生孢子梗缺,产孢细胞瓶梗型;分生孢子椭圆形至卵圆形,单胞无色,大小9~12×5~7(μm)。

传播途径和发病条件 病菌以菌丝体和分生孢子器在病部或随病落叶进入土中越冬,翌年抽生嫩枝时,侵害叶片,雨日多或湿气滞留易发病。

防治方法 (1)秋末冬初及时清除病落叶,集中烧毁,以减

西番莲斑点病病叶

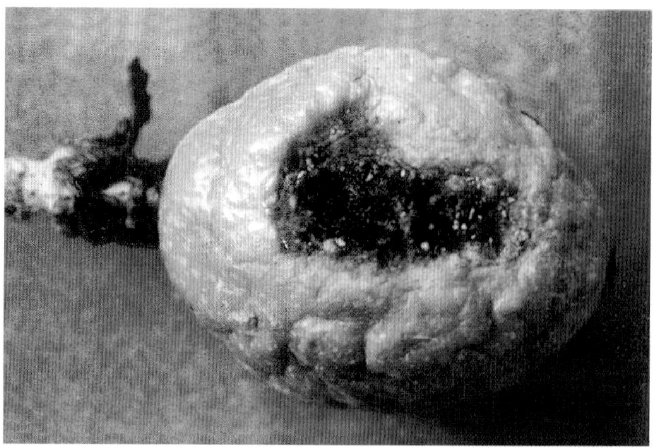
西番莲黑斑病病果

少初侵染源。(2) 发病初期及时喷洒25%苯菌灵·环己锌乳油800倍液或50%甲基硫菌灵·硫磺悬浮剂800倍液、40%百菌清悬浮剂500倍液、50%百·硫悬浮剂600倍液。

西番莲叶斑病

症状 主要为害叶片。初生淡黄色小点,后扩展成圆形至不规则形大斑,灰白色,边缘黄褐色,稍隆起,后期叶斑正面长出小黑点,即病原菌假囊壳。

西番莲叶斑病

病原 *Mycosphaerella passiflorae* J. F. Lue et P. K. Chi 称西番莲球腔菌,属真菌界子囊菌门。假囊壳生在叶面,球形至近球形,褐色,初埋生,后突出组织,散生,直径110μm;子囊束生,圆筒形,有短柄,内含8个子囊孢子,大小37~50×7~8(μm),子囊孢子长椭圆形,无色,中央生1隔膜,隔膜处稍缢缩,9~12×3~4.2(μm)。

传播途径和发病条件 假囊壳在病部或病落叶上越冬,条件适宜时产生子囊孢子,借风雨传播进行初侵染,广东10月发生。

防治方法 发病初期喷洒78%波尔·锰锌可湿性粉剂500倍液,隔15天1次,防治2~3次。

西番莲黑斑病(Passion fruit Alternaria leaf spot)

症状 又称百香果褐斑病。我国福建、云南等地均有发生,该病发生普遍。主要为害叶、枝蔓和果实。叶片染病初生褐色圆形小斑点,中间坏死,边缘深褐色。病斑扩展后直径可达1cm,背面可见黑色霉状物,发病重的叶片干枯或脱落。叶斑常扩展到叶轴,形成褐色伸长的病痕。枝蔓染病,产生深褐色不规则形病痕,大小3cm。当病疤环绕枝1周时,病部以上侧枝枯死。果实染病产生圆形略凹陷褐色斑,严重时可扩展到大部分果面,致病果干腐皱缩。

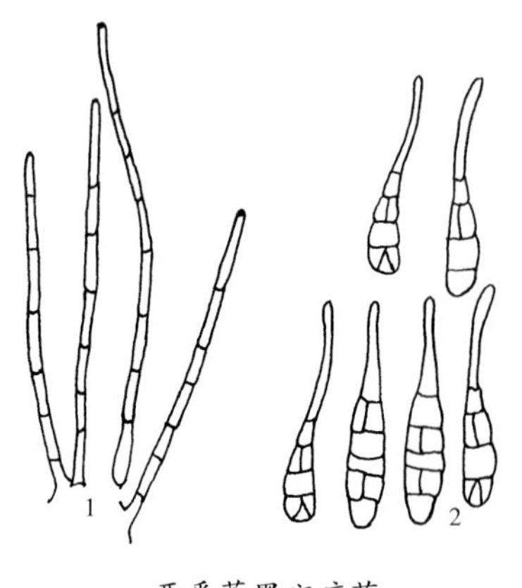

西番莲黑斑病菌
1.分生孢子梗 2.分生孢子

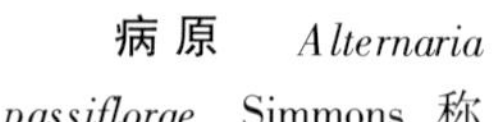
病原 *Alternaria passiflorae* Simmons 称西番莲链格孢,属真菌界无性型真菌。菌落铺展,灰色至黑褐色。菌丝浅褐色。分生孢子梗单生或3~5根丛生,浅褐色,偶见分枝。分生孢子倒棍棒状,黄褐色,具横隔3~10个,纵隔0~3个,大小32~95×10~15(μm)。嘴喙端部无色,长9~40(μm)。

传播途径和发病条件 病菌以菌丝和分生孢子在病部及病株藤蔓残屑内越冬。大的分生孢子生活力能保持1年多,也可在野生西番莲上存活,产生的分生孢子借风雨传播。浓密且不修剪的植株易发病,温暖、潮湿天气或降雨频繁、雨量多的年份发病重。

防治方法 (1)适当稀植。株行距适当加大,及时整理上架的藤蔓,修剪侧生枝蔓,疏去过密的叶子,尽量通风透光。(2)发现病叶、病果、病蔓及时剪除,注意清除落地的枯枝落叶,集中处理,以减少菌源。(3)发病初期喷洒27%碱式硫酸铜悬浮剂600倍液或1∶1∶100倍式波尔多液、50%异菌脲可湿性粉剂1000倍液、77%氢氧化铜可湿性微粒粉剂500倍液、70%代森锰锌干悬粉500倍液,隔7~10天1次,连续防治2~3次。(4)零星栽植的西番莲枝和果实染病时可涂抹医用百菌清软膏有效。

西番莲炭疽病(Passion fruit anthracnose)

症状 初在叶缘产生半圆形或近圆形病斑,边缘深褐色,中央浅褐色,多个病斑融合成大的斑块,上生黑色小粒点,即病原菌分生孢子盘。发病重的叶片枯死或脱落。

病原 有两种 *Colletotrichum capsici* (Syd.)Butler et Bisby称辣椒炭疽菌和 *C.gloeosporioides* (Penz.)Sacc. 称胶孢炭疽菌，均属真菌界无性型真菌。后者有性态为 *Glomerella cingulata* (Stonem.)Spauld.et Schrenk 称围小丛壳，属真菌界子囊菌门。病菌形态特征、传播途径和发病条件、防治方法参见芒果炭疽病。

西番莲茎腐病(Passion fruit tipover)

症状 受害株茎基及主根褐化腐烂，病部初呈水渍状后发褐，逐渐向上扩展至 30～50(cm)处，皮层部有裂痕，形成环状剥皮，造成植株黄化萎凋，湿度大时，病部长出白霉，即病原菌的分生孢子和菌丝体，严重者，大量茎蔓死亡，病茎基干死后，有时产生橙色小粒点，即病原菌子囊壳。该病多在生长中期发生，是潜伏的危险病害。

西番莲茎腐病病茎基部症状(邱强)

病原 *Nectria haematococcea* Berk.et Br. 称赤球丛赤壳，属真菌界子囊菌门。无性态为 *Fusarium solani* (Mart.)Sacc. 称茄病镰孢，属真菌界无性型真菌。

传播途径和发病条件 病菌多以菌丝或分生孢子座在病部越冬，翌年降雨或天气潮湿时，分生孢子溢出，借淋水或空气传播蔓延。病菌属弱寄生菌，只有在茎枝十分衰弱且有伤口时，才能侵入，引起发病。紫色果实的西番莲发病重。

防治方法 (1)加强管理，提高抗病力。(2)使用发酵好的有机肥或酵素菌沤制的堆肥。浇灌 54.5%恶霉·福可湿性粉剂 700 倍液或 80%多·福·福锌可湿性粉剂 800 倍液进行消毒。(3)发病初期喷淋 50%锰锌·多菌灵可湿性粉剂 700 倍液或 20%甲基立枯磷乳油 1000 倍液、40%双胍三辛烷基苯磺酸盐可湿性粉剂 1000 倍液。

西番莲疫病(Passion fruit late blight)

症状 该病是西番莲生产上的重要病害。苗期、成株期均可发病。育苗期染病 茎呈褐色，叶片萎蔫，有时现暗褐色水渍状大块病斑，湿度大时长出白色霉状物，即病原菌的孢囊梗和孢子囊。成株时有发生，病株茎及叶片上症状与育苗期相似。在高湿条件下，也向茎部延伸，造成茎蔓枯死。果实染病 产生褐色近圆形至不规则形水渍状病斑，腐烂处深达果肉，造成软化腐烂，湿度大时亦生白霉。

病原 *Phytophthora nicotianae* van Breda de Haan 称烟草疫霉，属假菌界卵菌门。

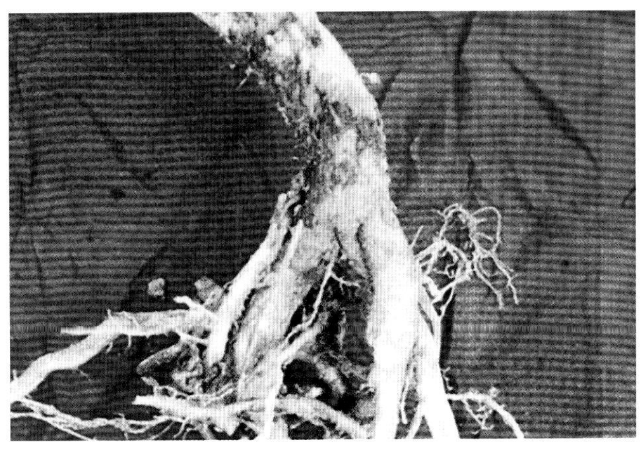

西番莲疫病

传播途径和发病条件 病菌以菌丝体、厚垣孢子或卵孢子在西番莲的病残组织中或随病残体进入土壤中越冬。条件适宜时产生大量孢子囊和游动孢子，借风雨及灌溉水传播，在雨季孢子囊常由雨水溅射从土表溅到靠近地面的枝蔓或叶片及果实上，侵入后经几天潜育即发病，发病后又产生大量孢子囊和游动孢子进行多次再侵染，该病在高温雨季或排水不良或湿气滞留及过于荫蔽高湿持续时间长条件下易发病或流行。

防治方法 (1)选择平坦或高燥地块栽植西番莲，注意通风透光，高温多雨年份或季节要注意及时排水。(2)选用抗病无退化的品种。适时适量施肥，防止偏施、过施氮肥。(3)要注意把园中湿度降下来，浇水时不要把泥土溅到植株上，有条件的相对湿度应控制在 80%以下；发现中心病株及时拔除。(4)必要时，进入雨季后据天气预报，在发病前开展预防性防治。发病高峰期喷洒 68%精甲霜·锰锌可湿性粉剂 600 倍液、70%乙膦·锰锌可湿性粉剂 500 倍液、81%甲霜·百菌清可湿性粉剂 600～700 倍液、58%甲霜灵·锰锌可湿性粉剂 500 倍液、64%恶霜·锰锌可湿性粉剂 500 倍液，隔 10 天左右 1 次，防治 2～3 次。

西番莲花叶病毒病(Passion fruit mosaic)

症状 黄瓜花叶病毒侵染后叶片上现鲜艳的黄色斑驳，病株果实出现畸形，但数量少。木质化病毒侵染后可造成植株叶片嵌纹、果实硬化畸形，全株生长不良，结实率明显下降。

西番莲花叶病毒病

病原 有两种 Cucumber mosaic virus,CMV 称黄瓜花叶病毒和 Passionfruit woodiness virus,PWV 称鸡蛋果木质化病毒。

传播途径和发病条件 两种病毒均可经接触、蚜虫及嫁接等方式传毒。

防治方法 (1)严格检疫,发现病苗及时烧毁。(2)病区避免连作,鸡蛋果四周不要种毛西番莲、三角叶西番莲等中间寄主。(3) 必要时喷洒 50%氯溴异氰尿酸水溶性粉剂 1000 倍液或或 30%盐酸吗啉双胍·胶铜可湿性粉剂 500 倍液、24%混脂酸·铜水乳剂 600 倍液,防效高于 70%。

杨桃 (羊桃) 赤斑病 (Carambola Pseudocercospora leaf spot)

症状 又称褐斑病、赤点病。为害叶片,严重的引起叶片早落。病叶上初生周缘不明显的小黄点,扩展后逐渐变为赤褐色,四周现边沿不明显的黄晕,后期病斑中部转成灰褐色至灰白色,病斑圆形至不整形,直径 3 ~ 5(mm),病叶上病斑多时,枯死组织脱落,叶片变黄干枯。广东、广西、福建、台湾等省均有发生。

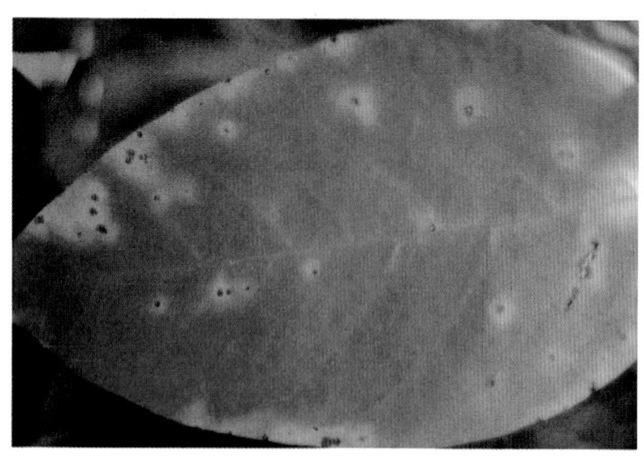

杨桃赤斑病病斑中心红色略凸(邱强)

病原 *Pseudocercospora wellesiana* (Well.)Liu et Guo 异名 *Cercospora averrhoae* Petch.、*C. averrohoi* Welles 称杨桃假尾孢,属真菌界无性型真菌。子座生于叶正面,半埋生、表生,球形,褐色,直径 30 ~ 50(μm)。分生孢子梗淡橄榄褐色,0 ~ 1 个隔膜,6 ~ 25 × 2 ~ 3(μm)。分生孢子无色至青黄色,倒棍棒形,直或略弯,隔膜 2 ~ 7 个,大小 12.5 ~ 46 × 2.0 ~ 3.2(μm)。

传播途径和发病条件 病菌以菌丝在病叶上越冬,翌年产生分生孢子借风雨传播,进行初侵染,发病后病部又产生大量分生孢子,进行多次再侵染,致病害不断扩展。温暖潮湿、通风不良有利于该病发生。

防治方法 (1)冬季或早春彻底清园,集中烧毁,并翻耕土壤,可减少大量初始菌源。(2)加强肥水管理,增强抗病力。(3)春季新叶展出后喷洒 1 : 1 : 160 倍式波尔多液或 10%苯醚甲环唑水分散粒剂 1500 倍液、25%苯菌灵·环己锌乳油 800 ~ 900 倍液、50%锰锌·多菌灵可湿性粉剂 600 倍液、50%甲基硫菌灵·硫磺悬浮剂 800 倍液,隔 10 ~ 15 天 1 次,连续防治 2 ~ 3 次。

杨桃炭疽病(Carambola anthracnose)

症状 又称五剑子、洋桃炭疽病。主要为害果实,叶上病症不明显。叶上病斑圆形,小,褐红色,边缘色深,有时产生数个小黑点。果实染病,初在果实任何部位现水渍状浅褐色小点,后扩大为不规则形病斑,有的裂开或腐烂,后期常染杂菌,加速果实腐烂,湿度大时有红色黏液涌出,即病菌分生孢子盘及分生孢子。严重时,大半个果实甚至全果腐烂。

病原 *Glomerella cingulata* (Stonem.)Spauld. et Schrenk 称

杨桃炭疽病病果

围小丛壳,属真菌界子囊菌门。无性态:*Colletotrichum gloeosporioides* (Penz.)Sacc. 称盘长孢状炭疽菌,属真菌界无性型真菌。

传播途径和发病条件 病菌以菌丝体及分生孢子盘在病组织上或随病残体进入土壤中越冬,翌春产生分生孢子借风雨及昆虫传播,从果实的伤口或气孔侵入,经数天潜育后病部又产生大量分生孢子进行多次再侵染,

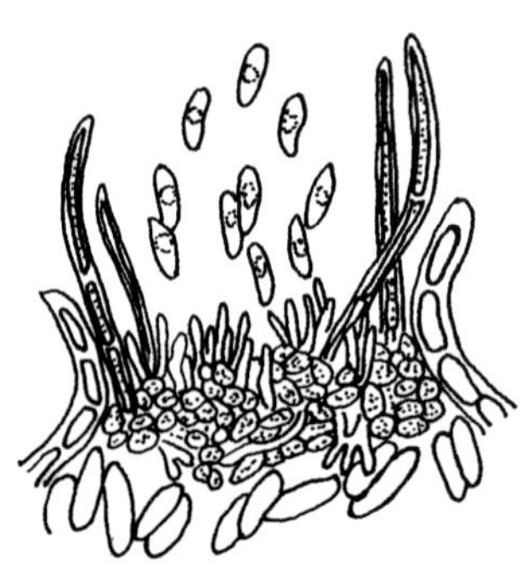

杨桃炭疽病菌
分生孢子盘、刚毛及分生孢子

该病在杨桃上也有潜伏侵染的情况,高温、高湿、多雨利其发生和流行,果实有伤口及贮运期发病重。

防治方法 (1)清除越冬菌源,剪除病枝,摘除病果后,15℃条件下喷 3.021g/cm^3 石硫合剂或 45%石硫合剂结晶 300 倍液灭菌。(2)采收时要小心从事,千方百计减少果实受伤。(3)发病严重的杨桃园,可在幼果期开始喷碳酸钠波尔多液(硫酸铜 500g、碳酸钠 600g、水 100kg),隔 10 ~ 15 天 1 次,连续防治 2 ~ 3 次。此外也可试用 25%溴菌腈可湿性粉剂 500 倍液或 25%咪鲜胺乳油 800 倍液、50%嘧菌酯水分散粒剂 2000 倍液。

杨桃细菌性褐斑病

症状 病斑初为水渍状小斑点,呈疹状隆起,后病斑扩大,中央灰白色,边缘不规则,隆起、深褐色,外有黄色晕圈,多个小

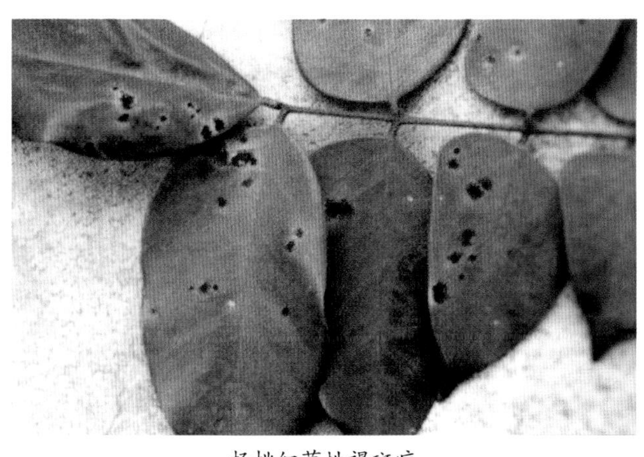

杨桃细菌性褐斑病

病斑扩大融合成块状，造成叶片变黄脱落。

病原 *Pseudomonas syringae* pv. *averrhoi* pv.nov. 称丁香假单胞菌杨桃致病型，属细菌界薄壁菌门。

传播途径和发病条件 病原细菌在病树上或随病残体进入土壤中，借雨水或灌溉水传播，喜湿度大，苗圃或荫蔽的杨桃园易发病，台风暴雨后发病重。

防治方法 (1)清除园内杂草，修枝整形，使果园通风透光。(2)用80%波尔多液可湿性粉剂600倍液或20%噻森铜悬浮剂500倍液预防。(3)发病后喷洒20%噻菌铜悬浮剂500倍液、78%波尔·锰锌可湿性粉剂600倍液。

18. 西番莲、杨桃害虫

西番莲、杨桃园橘小实蝇

学名 *Bactrocera dorsalis* (Hendel)双翅目实蝇科。又名黄苍蝇、东方果实蝇，除为害柑橘、芒果、番石榴外，还为害西番莲、杨桃。以幼虫蛀害果实，取食果瓤，造成果实腐烂、大量落果，该虫年生3~10代，台湾7~8代，无严格越冬过程，世代重叠，5~9月虫口密度最大，广东7~8月间发生颇多。

西番莲、杨桃园橘小实蝇雌成虫正在产卵

防治方法 (1)加强检疫，严禁疫区带虫果调运。西番莲、杨桃果实成熟期捡拾落地果深埋60cm。(2)诱杀成虫，6~8月间成虫产卵前，在园内喷洒90%敌百虫可溶性粉剂800倍液与3%红糖混合液，诱杀成虫。(3)幼虫脱果入土盛期及成虫羽化盛期地面喷洒40%辛硫磷乳油900倍液，也可向树冠喷洒80%敌敌畏乳油900倍液。

褐带长卷叶蛾

学名 *Homona coffearia* Nietmer鳞翅目卷蛾科。又名柑橘长卷叶蛾、咖啡卷叶蛾。除为害柑橘、荔枝、枇杷外，还为害杨桃等。以幼虫为害花器、果实和叶片。幼虫把叶缘卷曲，吐丝缀合嫩叶，藏在其中蛀食叶肉，留下1层表皮，成长幼虫把叶片食成缺刻或孔洞。该虫在安徽、浙江年生4代，福州6代，广州约7代，均以幼虫在寄主卷叶内越冬，早春先在花穗或嫩叶上取食

褐带长卷叶蛾幼虫

一段时间后化蛹、羽化。浙江第1代发生在4~5月，第2代5~6月，各代历期一般30多天。

防治方法 (1)冬季清园，剪除病虫枝、虫苞、卷叶、受害花穗。幼果集中烧毁。(2)释放天敌昆虫进行生物防治。(3)初孵幼虫盛期喷洒10%苏云金杆菌800倍液或90%敌百虫可溶性粉剂1000倍液、1.8%阿维菌素乳油4000倍液、2.5%高效氯氟氰菊酯乳油3000倍液。

杨桃鸟羽蛾

学名 *Oxyptilus periscelidaxylis* Fitch鳞翅目羽蛾科。俗称红线虫，白蚊。

寄主 杨桃。

为害特点 以幼虫蛀害花和幼果，造成落花落果、减产。

形态特征 成虫：褐色，形似大蚊，前后翅分裂呈羽状，前翅缘分裂达翅中部，为2~4片，后翅分3裂，达到基部，每片均密生羽毛状缘毛。卵：极小，不易看见。幼虫：长筒形，细小且短，初浅绿色，取食小花后变成红色，因此称"红线虫"。

生活习性 1年发生多代，6~8月为发生高峰期，喜欢在清晨或傍晚为害，其他时间藏在树冠里，把卵产在叶背，幼虫孵化后蛀害小花及幼果。幼虫经6~7天老熟后从花梗处钻出，吐丝

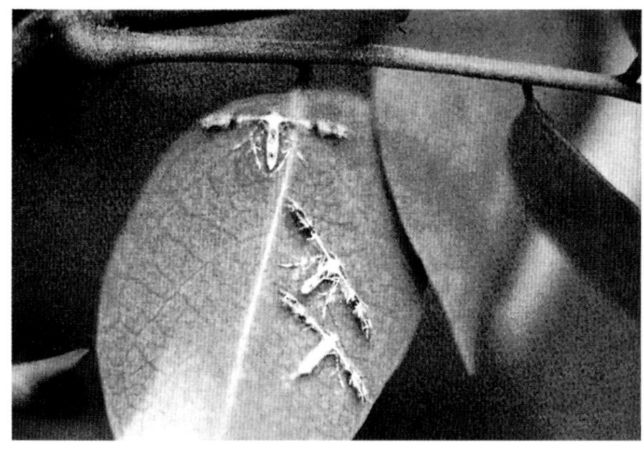

杨桃鸟羽蛾成虫

入土化蛹。广州一带杨桃第1次花期5~6月和第2次花期，大暑前后是该虫危害盛期，虫口数量大，天气炎热受害重。

防治方法 (1)冬季清除枯枝落叶，减少虫源。(2)于第1、2次盛花期分别喷洒80%或90%敌百虫可溶性粉剂1000倍液或40%敌百虫乳油450倍液、1.8%阿维菌素乳油2500倍液、40%毒死蜱乳油1000倍液。

杨桃园绣线菊蚜

学名 *Aphis citricola* van der Goot 同翅目蚜科，除为害苹果、梨、山楂、木瓜外，还为害杨桃、柑橘等。该蚜一旦上了杨桃树，尤其是1~2年生新梢、嫩枝，便迅速繁殖，以成百近千头的群体覆满枝梢和叶片背面，使枝条停止生长，严重时枯死。该虫在北方1年发生10代，南方1年发生20代左右。

防治方法 在蚜虫发生始盛期喷洒10%烯啶虫胺水剂2500倍液或10%吡虫啉可湿性粉剂3000倍液、3%啶虫脒乳油3000倍液、10%氯噻啉粉剂5000倍液、40%毒死蜱乳油2000倍液、45%马拉硫磷乳油900倍液。

杨桃园绣线菊蚜无翅孤雌蚜及若蚜

红脚丽金龟

学名 *Anomala cupripes* Hope 鞘翅目丽金龟科。又名红脚绿丽金龟。分布在江西、浙江、福建、台湾、广东、广西、海南、湖北、四川、云南等省。该虫是南方优势种。除为害橄榄、柑橘、荔枝、龙眼、芒果、葡萄、板栗、核桃、柿等外还为害杨桃。以成虫把叶片吃成网状，残留叶脉，重者整株叶片被吃光。幼虫在地下为害果树根部和幼茎，严重的造成苗木枯死。该虫年生1代，以3龄幼虫在土中越冬，翌年3、4月间在20~30(cm)土中作土室化蛹。4、5月间羽化出土，6~7月盛发，10月少见。

防治方法 (1)每667m^{2}用5%辛硫磷颗粒剂3kg撒施，也可用40%辛硫磷乳油0.3~0.4(kg)，加细土30~40(kg)拌成毒土撒施。(2)成虫为害盛期树上喷洒50%氯氰·毒死蜱乳油2000倍液或40%毒死蜱乳油1600倍液、2.5%高效氯氟氰菊酯乳油2000倍液。

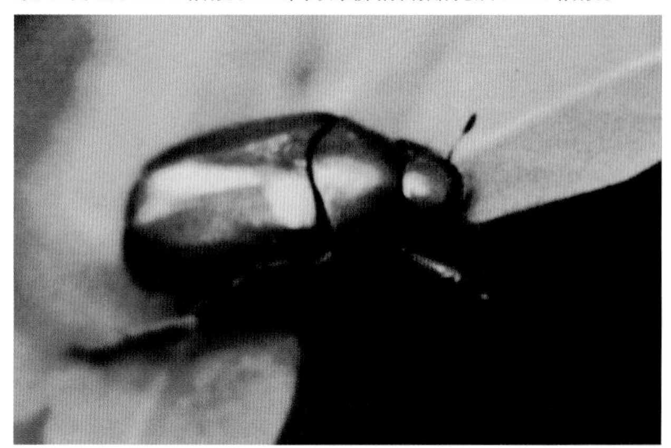

红脚丽金龟成虫

19. 咖啡(*Coffea arabica*)、橄榄(*Canarium album*)病害

咖啡炭疽病(Coffee anthracnose)

症状 主要为害叶片，叶缘生淡褐色至暗褐色不规则形病斑，后期变为灰白色，并产生呈轮纹状排列的黑色小粒点，即病菌的分生孢子盘。广东、海南10月至翌年2月较重。

病原 *Colletotrichum gloeosporioides* (Penz.)Sacc. 称盘长孢状炭疽菌，属真菌界无性型真菌。异名*C. coffeanum* Noack。有性态为*Glomerella cingulata* (Stonem.)Spauld.et Schrenk 称围小丛壳，属真菌界子囊菌门。分生孢子盘生在叶面，有分隔的刚毛，直径60~96(μm)；缺分生孢子梗；产孢细胞瓶梗型，平行排列，无色；分生孢子圆筒形，两端钝圆，直，单胞无色，大小12~17×3.6~4.8(μm)。

传播途径和发病条件 以菌丝和分生孢子盘在病叶组织中或随病落叶进入土壤中越冬，适宜条件下产生分生孢子借气流或水滴传播，从伤口或气孔侵入引起初侵染和再侵染。水肥管理不当，生长势弱易发病，叶片长时间受日光照射发病重。

防治方法 (1)清除病叶，减少侵染。(2)必要时喷洒27%碱式硫酸铜悬浮剂600倍液或1∶1∶200倍式波尔多液或50%多菌灵可湿性粉剂800倍液加75%百菌清可湿性粉剂800倍液、25%溴菌腈可湿性粉剂500倍液、50%咪鲜胺可湿性粉剂1000倍液、25%吡唑醚菌酯乳油2000倍液。隔10天左右1次，防治3~4次。

咖啡炭疽病发病初期症状

小果咖啡褐斑病（Coffee brown eyespot）

症状 主要为害叶片和浆果。症状出现在叶两面，病斑圆形至近圆形，中央灰白色，具轮纹状同心圆，叶背面病斑上有灰褐色霉层。苗圃的小苗上为害特别严重。浆果染病，形成圆形褐色病斑，扩展后形成不规则形斑块，有时整个果面被斑块覆盖。

病原 *Mycosphaerella coffeicola* Sacc. 称咖啡生球腔菌，属真菌界子囊菌门。无性态为 *Cercospora coffeicola* Berk.et Cooke 称咖啡生尾孢，属真菌界无性型真菌。子实体叶背面生，分生孢子梗4至多根簇生，浅褐色，长圆筒形，0~3个隔膜，1~3个膝状节，顶端圆锥截形，大小为18.8~125×3.8~7.5(μm)；产孢细胞合轴生，孢痕明显；分生孢子近无色倒棍棒形至针形，顶端渐尖，基部圆锥截形至截形，1~16个隔膜，17.5~126.3×2.8~5(μm)。

传播途径和发病条件 病菌以菌丝潜伏在病组织内或以分生孢子在病组织上越冬，分生孢子借风雨传播，经气孔或伤口侵入，在叶片病斑上全年均可产生孢子，借风雨传播进行多次再侵染。该病常年发生，较普遍，多发生在低温阴雨的11~12月份。在搭棚遮阳的苗圃小苗上病斑累累，植株长势缓慢弱小。相对湿度高于95%易造成流行。

防治方法 (1)合理施肥，加强管理，适度遮荫，提高植株抗病力。(2)在病害流行初期喷洒27%碱式硫酸铜悬浮剂600倍液或20%噻菌铜悬浮剂500倍液、1∶1∶100倍式波尔多液、50%多菌灵可湿性粉剂600~800倍液、25%苯菌灵·环己锌乳油800倍液、50%硫磺·甲基硫菌灵悬浮剂800倍液，隔10~15天1次，连续防治2~3次。

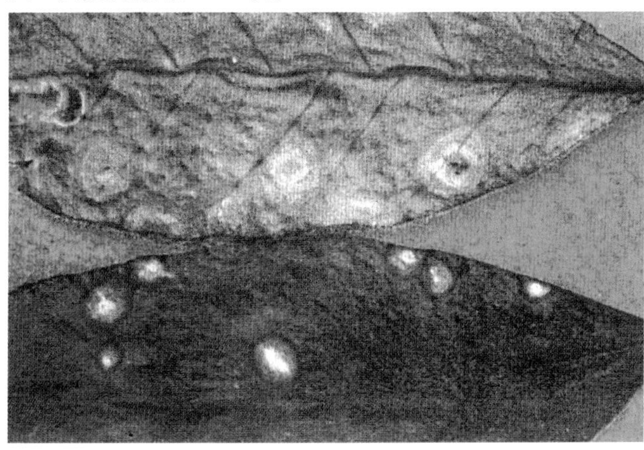

小果咖啡褐斑病病叶

咖啡灰枯病（Coffee Pestalotiopsis leaf spot）

症状 主要为害叶片。初在叶片上产生不规则形灰褐色病斑，后期病斑融合而形成大块枯斑，叶片正面生出黑色小粒点，即病原菌分生孢子盘。多发生在海拔高的地区或山上。8~10月发生重。广东、海南均有发生。

病原 *Pestalotiopsis* coffeae(Zimm.)Y.X.Chen&G.Wei 称咖啡拟盘多毛孢，属真菌界无性型真菌。分生孢子盘黑色，在病斑上呈粒点状散生。初埋生，后突破寄主表皮外露。分生孢子5细胞，梭形，直立或稍弯曲，14.9~23.1×6.3~6.9(μm)，中间3个色胞异色，上2色胞黄褐色，第3色胞淡黄褐色，长10.4~22.3μm；顶胞无色，钝圆，具2~3根顶端附属丝，长21.3~25μm；尾胞无色，长锥形，具中生式柄1根，长6.3~8.8μm。在PDA培养基上菌落白色绒毛状，有轮纹，边缘整齐。分生孢子团散生在菌丝层表面或埋生菌丝层内，黑色团粒状，有少数成熟后突破菌丝层，呈浓黑汁滴状。分生孢子在清水中不萌发。

传播途径和发病条件 病菌以菌丝体或分生孢子在病叶上越冬。每年8~10月发病，多从伤口侵入。夏季高温造成的灼伤，有利于该病的侵染。春季发生不重，夏季则发生较重，生长衰弱的植株易发病。

防治方法 (1)加强管理，提高抗病力。(2)发现病叶及时剪除，集中深埋或烧毁。(3)发病初期喷洒53.8%氢氧化铜干悬浮剂700倍液或12%松脂酸铜乳剂500倍液、30%王铜悬浮剂600倍液、30%碱式硫酸铜悬浮剂400倍液、70%丙森锌可湿性粉剂700倍液、50%硫磺·甲基硫菌灵悬浮剂800倍液。

橄榄叶斑病（Chinese olive gray spot）

症状 又称斑点病。为害叶片，病斑圆形、近圆形，灰褐色，直径3~6(mm)，边缘褐色至深褐色与健部分界明显。后期病部生黑色小细点，即病菌分生孢子器。病斑多时融合成不规则形大斑块，造成提早落叶。

病原 *Phyllosticta* sp. 一种叶点霉，属真菌界无性型真菌。分生孢子器初埋生，后孔口微露，球形，褐色，膜质，直径48~82(μm)。产孢细胞瓶梗型，瓶梗型产孢；分生孢子卵形、近椭圆形，无色，单胞，3~4×0.8~1.2(μm)。

传播途径和发病条件 病菌以分生孢子器在病叶上越冬，翌春产生分生孢子借风雨传播，进行初侵染和再侵染。气温25~27℃，雨后易发病。

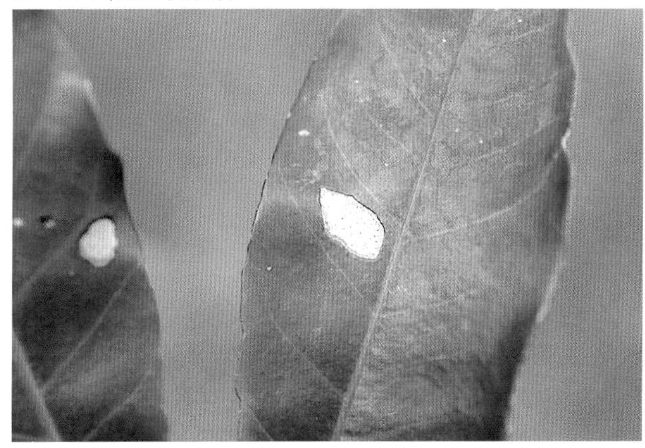

橄榄叶斑病

防治方法 (1)加强管理。采果后及时修剪,使其通风透光。(2) 发病初期喷洒20%噻森铜悬浮剂600倍液或30%戊唑·多菌灵悬浮剂1000倍液,隔10~15天1次,防治2~3次。

橄榄灰斑病(Chinese olive Pseudocercospora leaf spot)

症状 病斑生在叶两面,圆形或多角形,灰白色,边缘紫褐色稍隆起,大小1~4(mm),后期多个病斑融合成不规则形大病斑。病斑上现黑色小点,即病原菌子座。

橄榄灰斑病病斑放大

病原 *Pseudocercospora canarii* C. F. Zhang et P. K. Chi 称橄榄假尾孢,属真菌界无性型真菌。分生孢子座近球形,埋生或外露,暗褐色至黑色,直径15~50(μm)。初生菌丝内生,无色。次生菌丝表生;菌丝匍匐状,浅榄褐色,有隔膜,光滑,宽1.5~2.8(μm)。初生分生孢子梗密集成束,褐色,光滑,顶端钝形,直立或弯曲,有时曲膝状,简单或分枝,具隔膜0~6个,大小20~80×2~5(μm)。次生孢子梗浅橄榄色,宽1.8~4.5(μm)。分生孢子单生或短串生,橄榄褐色,近圆筒形;具0~8个隔膜,大小10~106×2~5(μm)。

传播途径和发病条件 病菌以菌丝体和子座在病部及病落叶上越冬。翌春病菌产生新的分生孢子,借风雨传播,从叶面伤口侵入为害。高温、多雨有利病害发生。

防治方法 (1)加强管理。合理施肥,适当增施磷肥,增强植株抗病力。(2)秋末彻底清除病落叶及枝上病叶,集中深埋或烧毁。(3)发病初期喷洒1:1:100倍式波尔多液或50%异菌脲可湿性粉剂800倍液、50%硫磺·甲基硫菌灵悬浮剂800倍液、50%锰锌·多菌灵可湿性粉剂600倍液,10天左右一次,连防2~3次。

橄榄褐斑病(Chinese olive brown spot)

症状 病斑叶两面生,略凹陷,浅褐至褐色,圆形,直径3~4(mm),边缘紫褐色,上生黑色小点,即病菌分生孢子器。

病原 *Coniothyrium canarii* C. F. Zhang et P. K. Chi 橄榄盾壳霉,属真菌界无性型真菌。分生孢子器叶两面生,扁球形,具孔口,埋生或半埋生,褐色,大小36~144×60~100(μm)。器壁由2~3层拟薄壁细胞构成。产孢细胞无色,光滑,圆筒形,10~23×2.0~3.5(μm)。分生孢子褐色,单胞,宽卵形,7.5~10.5×5.5~9.0(μm),内含单个油球,孢壁黑色,密生细刺。

橄榄褐斑病病叶

传播途径和发病条件 病菌以分生孢子器或菌丝潜伏在病残组织内越冬,翌春产生的分生孢子借雨水溅射不断地进行传播,致病害不断扩展。雨水多的年份易发病。

防治方法 (1)加强管理,发现病叶及时剪除。(2)发病初期喷洒78%波尔·锰锌可湿性粉剂600倍液、70%代森锰锌可湿性粉剂500倍液、75%百菌清可湿性粉剂600倍液。

橄榄疫病(Chinese olive Phytophtohora rot)

症状 为害果实,果实发病初期局部变褐水渍状,扩展后多个病斑融合,造成果实大部分褐腐,病斑边缘往往长出稀疏的白霉,即病原菌的孢囊梗和孢子囊。湿度大时,病部各处均可产生白霉状菌丝体。结果后期多雨,温度较高发生重。

橄榄疫病病果

病原 *Phytophthora palmivora* (Butl.)Butler 称棕榈疫霉,属假菌界卵菌门。病菌形态特征、传播途径和发病条件、防治方法参见番木瓜疫病。

橄榄炭疽病

症状 叶斑始自叶尖或叶缘,中部灰褐色至灰白色,边缘深褐色,病健分界明晰。潮湿时斑面现小黑点或朱红色粘质小点即病菌分生孢子盘和分生孢子。造成叶枯,易早落。

病原 *Colletotrichum gloeosporioides* (Penz) Sacc. 称盘长孢状炭疽菌,属真菌界无性型真菌。病菌形态特征、病害传播途径、防治方法参见芒果炭疽病。

20. 咖啡、橄榄害虫

咖啡小爪螨(Coffee spider mite)

学名 *Oligonychus coffeae* Nietner 真螨目，叶螨科。别名：茶红蜘蛛。分布在湖南、江西、福建、台湾、广东、广西、云南等地。

咖啡小爪螨放大

寄主 咖啡、芒果、柑橘、葡萄、山茶、合欢、蒲桃、樟树、茶等。

为害特点 成、若螨在叶片正面上吸食汁液，叶片受害初期呈黄色失绿斑点，后使叶片局部变红，严重时致使叶片失去光泽，呈红褐色斑块，最后叶片干枯脱落。结丝网，诱致煤病发生。

形态特征 成螨：雌螨体长 0.43～0.45(mm)；椭圆形，紫红色，足及颚体洋红色，背毛白色。须肢端感器顶端略呈长方形；背感器小枝状，与端感器约等长。口针鞘前端中央有凹陷。气门沟末端膨大。前足体背表皮纹纵向，后半体第 1、2 对背中毛之间为横向，第 3 对背中毛之间稍呈 V 型。背毛较粗壮，末端尖细，具 26 根茸毛。足 4 对。雄螨体长 0.37～0.42(mm)。体菱形，腹端略尖。须肢端感器锥形，背感器小枝状，与端感器约等长，体色与雌螨相似。卵：圆球形，顶端有 1 根茸毛。幼螨：一龄卵形，体长 0.2mm，初孵出时鲜红色，后变暗红色；足 4 对。二龄雌螨体长约 0.36mm，腹末端较圆；二龄雄螨体长 0.23mm，腹末端较尖；暗红色。

生活习性 年发生 12～15 代，无明显越冬期。世代重叠。在分布地几乎全年发生。以两性生殖为主，偶有孤雌生殖现象，但未受精卵孵化后全为雄螨。雌成螨刚蜕皮即能交尾。每雌产卵 40～80 粒；卵散产于叶面主、侧脉两侧。卵期 8～12 天；雌螨寿命一般 10～30 天。若螨初期有发生中心，以后随螨量增多而爬行或借风力扩散。该螨有吐丝拉网的习性且喜光。雨天影响该螨的生长、繁殖。干旱、温暖的环境有利于其生长、繁殖。

防治方法 参见柑橘、柚、沙田柚害虫——柑橘全爪螨。

咖啡透翅天蛾(Coffee clear-wing hawk moth)

学名 *Cephonodes hylas* Linnaeus 鳞翅目，天蛾科。别名：黄栀子大透翅天蛾。分布在青海、安徽、江苏、浙江、江西、福建、台湾、湖南、湖北、重庆、四川、贵州、广东、广西、云南、西藏等地。

寄主 咖啡、栀子花、大栀子、黄栀子、匙叶黄杨、黄荚木、白蝉等。

为害特点 幼虫取食寄主叶片，受害重的只残留主脉和叶柄，有时把花蕾、嫩枝食光，造成光秆或枯死。

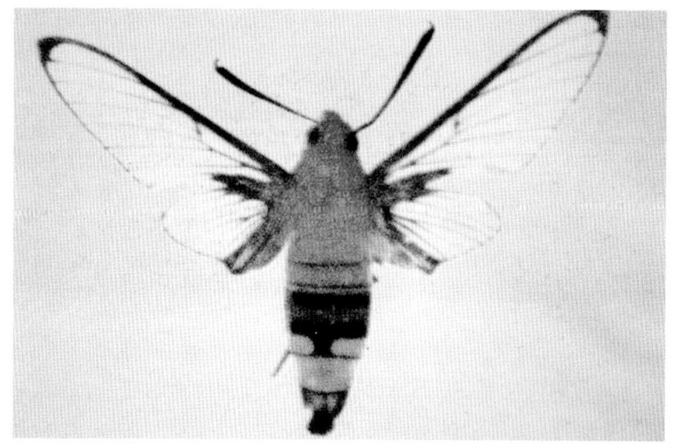

咖啡透翅天蛾成虫

形态特征 成虫：体长 22～31(mm)，翅展 45～57(mm)，纺锤形。触角墨绿色，基部细瘦，向端部加粗，末端弯成细钩状。胸部背面黄绿色，腹面白色。腹部背面前端草绿色，中部紫红色，后部杏黄色；各体节间具黑环纹；5、6 腹节两侧生白斑，尾部具黑色毛丛。翅基草绿色，翅透明，翅脉黑棕色，顶角黑色；后翅内缘至后角具绿色鳞毛。卵：长 1～1.3(mm)，球形，鲜绿色至黄绿色。末龄幼虫：体长 52～65(mm)，浅绿色。头部椭圆形。前胸背板具颗粒状突起，各节具沟纹 8 条。亚气门线白色，其上生黑纹；气门上线、气门下线黑色，围住气门；气门线浅绿色。第 8 腹节具 1 尾角。蛹：长 25～38(mm)，红棕色，后胸背中线各生 1 条尖端相对的突起线，腹部各节前缘具细刻点，臀棘三角形，黑色。

生活习性 年生 2～5 代，以蛹在土中越冬。西双版纳地区年生 3 代，江西年生 5 代，每年 5 月上旬至 5 月中旬越冬蛹羽化为成虫后交配、产卵。1 代发生在 5 月中旬至 6 月下旬，2 代为 6 月中旬至 7 月下旬，3 代为 7 月上旬至 8 月下旬，4 代 8 月上旬至 9 月下旬，5 代 9 月中下旬，老熟幼虫在 10 月下旬后化蛹。该虫多把卵产在寄主嫩叶两面或嫩茎上，每雌产卵 200 粒左右。幼虫多在夜间孵化，昼夜取食，老熟后体变成暗红色，从植株上爬下，入土化蛹羽化或越冬。

防治方法 (1)秋冬或早春及时翻耕，把蛹翻出或深埋土中，使蛹被天敌食害或不能羽化出土。幼虫为害期进行人工捕杀。(2)提倡喷每克含活孢子数 100 亿的苏云金杆菌 500～800 倍液，不仅防效优异，还可保护天敌。(3)必要时喷洒 90%敌百虫可溶性粉剂 1000 倍液或 50%敌敌畏乳油 800 倍液、20%氰戊菊酯乳油 2000～2500 倍液。

绿黄枯叶蛾

学名 *Trabala vishnou* Lefebure 又称栗黄枯叶蛾、栎黄枯叶蛾，除为害栗、核桃、猕猴桃外，还为害咖啡等，以幼虫食叶成缺刻或孔洞，严重时把叶片吃光，残留叶柄。在山西、陕西、四川、河南年生 1 代，安徽、浙江年生 2 代，华南 3~4 代，海南 5 代，以卵在枝叶上越冬。二代区翌年第 1 代幼虫于 4 月中旬孵化，4 月下 ~5 月下旬进入幼虫为害期，6 月中旬在枝上结茧化蛹，7 月上旬成虫羽化，交尾产卵。第 2 代幼虫 7 月下旬为害至

绿黄枯叶蛾成虫和幼虫(梁森苗)

9月下旬结茧化蛹,10月下旬羽化,11月初产卵越冬。

防治方法 (1)冬春季修剪时注意剪除越冬卵块,集中烧毁。(2)卵孵化盛期喷洒40%毒死蜱乳油1600倍液或20%氰戊菊酯乳油2000倍液。

黑刺粉虱

学名 *Aleurocanthus woglumi* Ashby 异名 *A. spiniferus* (Quaintance)除为害柑橘、梨、柿、葡萄、茶树外,也为害橄榄,以若虫群集在橄榄叶片背面吸食汁液,受害处产生黄斑,并分泌蜜露,诱发煤污病,轻者橄榄树的枝、叶、果都披上1层黑霉,影响光合作用,还引起落花、落果,影响新梢生长,树势削弱,果品经济价值降低,发病重的整株枯死。该虫在广东高州市1年发生4~5代,以老龄若虫在叶背越冬,翌年2月下旬化蛹,3月中旬开始羽化为成虫。越冬代,1代各虫态发生较整齐,2代以后出现世代重叠,各代成虫发生高峰期分别为3月中下旬、5月下旬、7月中旬、8月中旬和10月上旬。成虫多在树冠内幼嫩枝叶上活动,把卵产在成叶或嫩叶背面,孵化后的若虫在卵壳附近固定下来,若虫老熟后在原地化蛹。

防治方法 (1)改善橄榄园环境,合理稀植,结合冬、春季修剪,剪除阴枝、弱枝、残枝、病虫枝,增加通风透光,减少越冬虫源。(2)保护刺粉虱黑蜂、刀角瓢虫等黑刺粉虱的重要天敌,在黑刺粉虱老龄若虫期、蛹期少用广谱杀虫剂。(3)抓准成虫和1~2龄若虫盛发期向树冠内枝叶背面喷洒10%吡虫啉可湿性粉剂1000倍液、20%甲氰菊酯乳油2000倍液、40%毒死蜱乳油1500倍液、25%噻嗪酮可湿性粉剂1500倍液。为了防止产生抗药性,上述药剂要交替轮换使用。

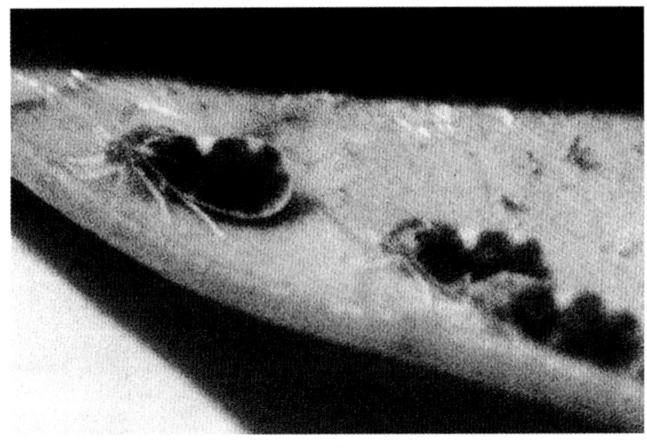
黑刺粉虱成虫放大

荔枝拟木蠹蛾

学名 *Arbele dea* Swinhoe 属鳞翅目拟木蠹蛾科。又名龙眼拟木蠹蛾。除为害荔枝、龙眼、枇杷、黄皮、番石榴外,还为害橄榄。以幼虫从树杈处钻入茎干蛀害木质部,造成树势衰弱,生长不良或折断。该虫在福建、广东、广西1年发生1代,以幼虫在坑道内越冬。翌春气温升到17~21℃恢复活动,3月中旬至4月下旬在坑道口化蛹。蛹历期27~48天羽化当晚交尾,产卵在较粗大枝干树皮上,卵期16天。幼虫孵化后爬到枝干分叉处蛀成坑道匿居其中,幼虫历期286~343天。

防治方法 (1)用铁丝插入坑道刺杀幼虫。(2)天黑时,从坑道口拨开隧道粪屑,搜寻幼虫捕杀。(3)用80%或90%敌百虫可溶性粉剂20倍液,从坑道口注入1mL,然后用泥封口可杀死幼虫。

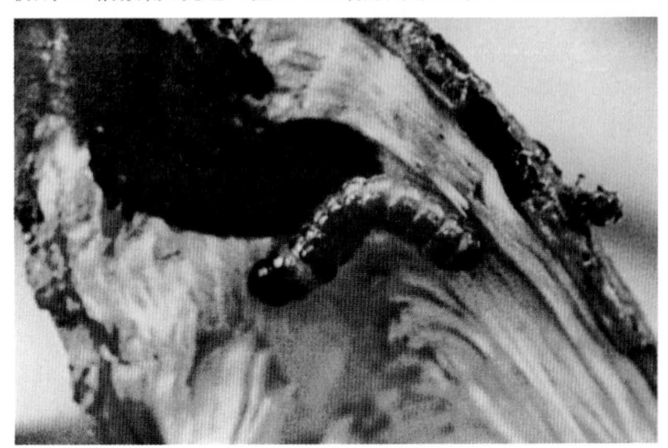
荔枝拟木蠹蛾幼虫

咖啡豹蠹蛾

学名 *Zeuzera coffeae* (Nietner) 鳞翅目木蠹蛾科,除为害柑橘、荔枝、番荔枝、枇杷、石榴、核桃、柿等外,也为害咖啡。以幼虫钻蛀1~2年生枝条,造成受害枝条枯死,削弱树势,影响树冠长大。该虫在浙江、江苏、河南1年发生1代,江西、海南1年发生2代。以幼虫在受害枝条内越冬,翌春越冬幼虫开始沿髓部蛀食,隔5~10(cm)向外咬1排粪孔排出粪便,枝梢上部枯死后,幼虫转枝继续蛀害。越冬代5月下旬羽化为成虫。第1代8月底、9月初羽化为成虫,交配后把卵产在新梢芽腋内,进入9月中旬第2代幼虫又开始为害,10月下旬越冬。

防治方法 (1)成虫羽化期安装太阳能频振式杀虫灯,诱杀成虫。(2)冬剪时彻底剪除有虫枝,集中烧毁。(3)用钢丝从下部排粪孔插入向上钩杀幼虫。(4)在成虫羽化盛期,卵孵盛期,幼虫转枝盛期喷洒40%毒死蜱乳油1600倍液或20%氰戊·辛硫磷乳油1500倍液。

咖啡豹蠹蛾为害状及幼虫

21. 莲雾（*Syzygium samarangense*）、黄皮（*Clausena lansium*）、蛋黄果（*Lucuma nervosa*）、神秘果（*Synsepalum dulcificum*）病害

莲雾(洋蒲桃)藻斑病（Algal leaf spot of waxapple）

症状 主要为害叶片。发生在叶片正背两面，一种为淡黄色，发生在叶背面，病斑表面生有绒毛，即绿藻的孢囊梗和顶生的孢囊，病斑周围透明，具油状光泽，叶面现黄斑；另一种产生褐色病斑，多分布在叶面，病斑表面凸起，硬化，凹凸不平，致叶片老化，提早脱落。

莲雾藻斑病病叶

病原 *Cephaleuros* spp. 称一种绿藻，属绿藻门。形态特征参见龙眼藻斑病。

传播途径和发病条件 该病周年发生，成熟的孢囊如遇水则释放出游动孢子，进行再侵染。雨季发生多，莲雾栽植过密，通风不良发病重。

防治方法 参见龙眼藻斑病。

莲雾拟盘多毛孢叶斑病（Pestalotiopsis rot of waxapple）

症状 主要为害叶片和果实。叶片染病，产生不规则形灰褐色病斑，大小5～8(mm)，后期病斑上散生黑色小点，即病菌分生孢子盘。果实染病，初生水渍状褪色斑，淡紫色，后病斑扩展呈圆形，表面也生黑色小粒点，最后病果干枯皱缩，有的悬挂在树上呈木乃伊状或落在地上。

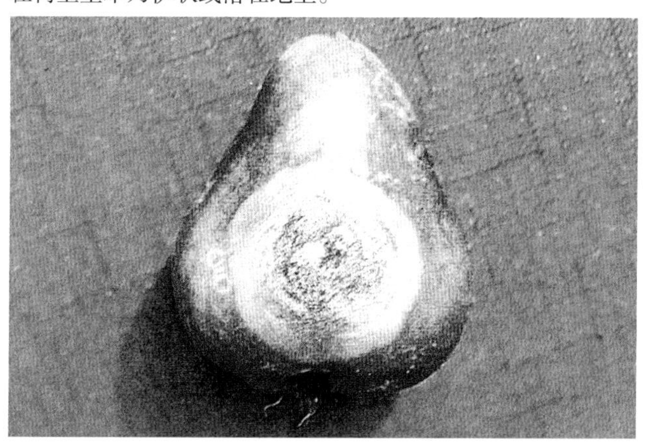

莲雾拟盘多毛孢叶斑病果实染病症状

病原 *Pestalotiopsis palmarum* (Cke.) Stey. 称掌状拟盘多毛孢，属真菌界无性型真菌。分生孢子盘圆形至扁球形；产孢细胞柱形；分生孢子有4个隔膜，圆形至纺锤形，中间3个细胞有色，其中上面两个细胞棕色，下面1细胞榄褐色，顶细胞、基细胞无色，大小18～20×5～7(μm)；顶端具纤毛2～3根，长6～14(μm)。台湾报道 *Pestalotia eugeniae* Thüm 丁子香盘多毛孢，也是该病病原。

传播途径和发病条件 病菌以分生孢子盘和菌丝在病部或随病残体进入土壤中越冬，翌春产生分生孢子，借气流传播，从伤口侵入，先在病叶上产生病斑，病斑上又产生分生孢子，孢子遇水产生芽管，侵入莲雾果实。该病在台湾南部发生多，5～6月发病重。

防治方法 参见咖啡灰枯病。

莲雾炭疽病（Anthracnose of waxapple）

症状 主要为害果实，有时也为害枝条。果实染病，初生略凹陷的红色小点，逐渐扩展成褐色，后病部呈明显的水浸状凹陷，中央产生许多轮纹状黑色小点，即病原菌的分生孢子盘。湿度大时溢有粉红色至橘红色黏稠物，即病菌分生孢子团。病情

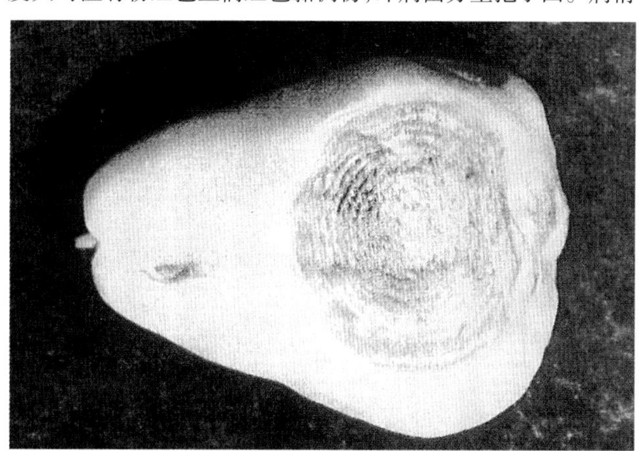

莲雾炭疽病病果放大

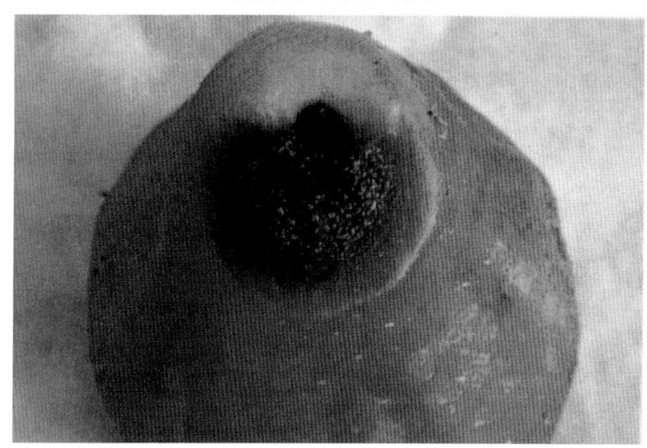

莲雾炭疽病病果

严重时多数病斑融合成大斑，有的破裂。枝条染病，产生褐色凹陷斑，病部也生黑色小粒点。叶片染病，产生黄褐色干枯小病斑，形状不规则。

病原 *Glomerella cingulata* (Stonem.)Spauld. et Schrenk 称围小丛壳，属真菌界子囊菌门。无性态为 *Colletotrichum gloeosporioides* (Penz.)Sacc. 称盘长孢状炭疽菌，属真菌界无性型真菌。

传播途径和发病条件 莲雾染病叶片脱落后，在枯叶上产生有性态，遇水喷出子囊孢子，侵染莲雾叶片、枝条或果实，台湾南部 11 月～翌年 4 月为旱季发病较少，4～6 月进入雨季，梅雨多，有利于病菌传播蔓延，发病较重。

防治方法 (1)加强莲雾园管理。注意清除病落叶、病果及病枝，集中烧毁以减少菌源。(2)发病初期及时喷洒 25%溴菌腈可湿性粉剂 500 倍液或 50%硫磺·甲基硫菌灵悬浮剂 600 倍液、30%戊唑·多菌灵悬浮剂 1000 倍液、65%甲硫·乙霉威可湿性粉剂 1200 倍液、80%锰锌·多菌灵可湿性粉剂 1000 倍液，隔 10 天左右 1 次，防治 3～4 次。

莲雾果腐病

症状 此病主要为害果实，初生水渍状圆形凹陷病斑，后迅速扩展变成紫黑色，后期病斑上生出轮状小黑点，造成果实烂腐。该病发生在果实生长期和采后。

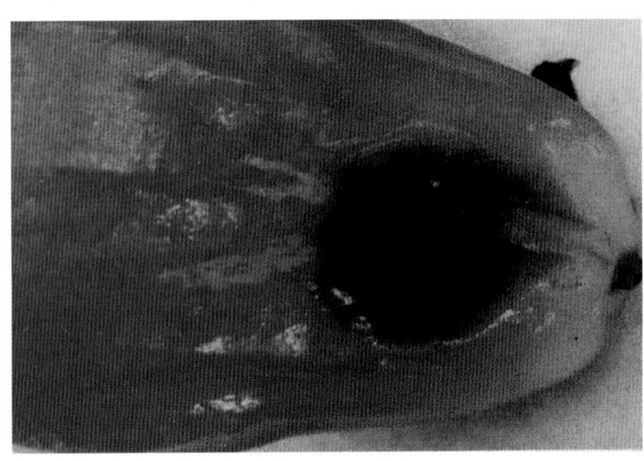

莲雾果腐病

病原 *Pestalotiopsis maculans* (A.C.J.Corda) Nag Raj 称斑污拟盘多毛孢，属真菌界无性型真菌。分生孢子盘直径 90~200μm。分生孢子梗圆柱形，无色，有隔膜，不分枝，长达 30μm。分生孢子纺锤形，5 细胞，15.2~23.2×5~6.6(μm)，中间 3 个色胞橄榄色。顶孢有 1~3 根附属丝，多为 3 根。部分有基部柄，长 9.4~24.1μm。

传播途径和发病条件 以菌丝体或分生孢子盘在病树上越季，条件适宜时辗转传播，树势衰弱或高温高湿易发病。

防治方法 (1)加强莲雾园的培肥管理，使土壤有机质含量达到 2%，增强树势，提高莲雾的抗病力。(2)发病重的果园座果后喷洒 80%锰锌·多菌灵可湿性粉剂 1000 倍液或 30%戊唑·多菌灵悬浮剂 1000 倍液、80%波尔多液 700 倍液。

黄皮梢腐病(Wampee Fusarium brown spot)

症状 俗称死顶病。有梢腐、叶腐、果腐和枝条溃疡 4 种。梢腐，幼芽幼叶变褐坏死、腐烂，潮湿时表面生大量白霉和橙红色黏孢团，顶部嫩枝受害呈黑褐色至黑色，病部干枯收缩。叶腐，叶尖、叶缘褐腐，并扩展到叶的大部或全部，病健分界处有一条深褐色波纹。溃疡，枝条上生褐色梭形斑，四周隆起，中央下凹，长 3～12(mm)，病斑表面木栓化，粗糙不平。果腐，果上生褐色、圆形水渍状斑，潮湿时生大量白霉。

病原 *Fusarium lateritium* Nees ex LK. var. *longum* Wollenw. 称黄皮砖红镰孢长孢变种，属真菌界无性型真菌。25℃，每天

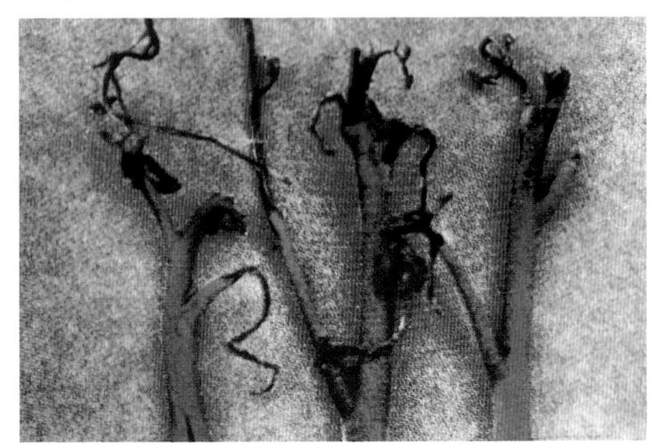

黄皮梢腐病病梢

12 小时光照，PDA 上培养 14 天后，菌落直径 6.4～6.8(cm)，气生菌丝稀疏，菌落平铺，初无色后鲑红色，中央产生橙红色黏孢团。分生孢子梗简单或分枝，瓶梗圆柱形，直或弯，12～21×3～4(μm)。分生孢子 5

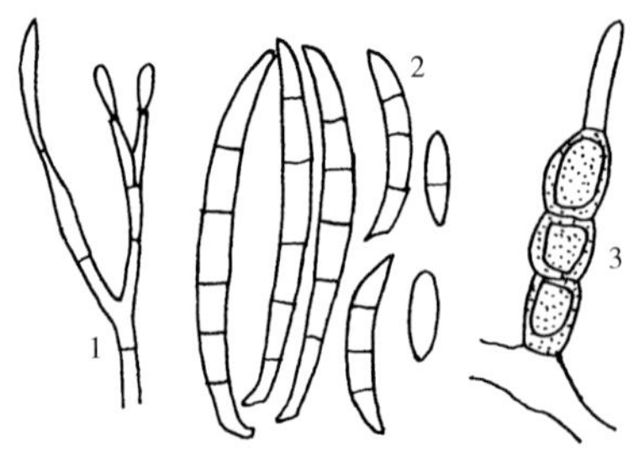

黄皮梢腐病菌黄皮砖红镰孢
1.分生孢子梗 2.分生孢子 3.厚垣孢子

隔膜多，大小 41.5～61.5×4.0～5.5(μm)，3～4 隔和 6～7 隔较少，余者更少。厚垣孢子少，顶生或间生，单生或 2～4 个串生，近球形，直径 9～18(μm)。人工接种，除黄皮外还可侵染柑橘。

传播途径和发病条件 病菌以菌丝体、分生孢子、厚垣孢子在病部或随病残体在土壤中越冬。菌丝体可在土中腐生 3 年，生长期间从根部伤口侵入，在维管束中产生菌丝，菌丝分泌出毒素阻塞导管，致细胞死亡或植株枯萎，全株枯萎后，菌丝体在根部出现。土壤湿润易发病，土壤带菌率高，发病重。一年四季均可发生，4～8 月高温高湿进入发病盛期，病害扩展迅速，春梢发病重于秋梢；嫩芽、嫩枝较越冬的老芽、老梢感病。

防治方法 (1)选用黄皮大王、鸡心黄皮等优良品种。(2)冬季清园，剪除病梢，清除病落叶，集中深埋或烧毁，以减少菌源。并喷洒 15℃下 1.007g/cm^3 石硫合剂或 45%晶体石硫合剂 30 倍液。(3)加强管理。增施钾肥，防止过施或偏施氮肥，提高抗病力。(4) 新梢萌发期喷洒 40%硫磺·多菌灵胶悬剂 800 倍液或 70%甲基托布津可湿性粉剂 700 倍液、50%锰锌·多菌灵可湿

性粉剂 600 倍液、50%多菌灵可湿性粉剂 600 倍液、50%硫磺胶悬剂 300 倍液。发芽前喷洒 0.5：1：100 倍式波尔多液。

黄皮炭疽病(Wampee anthracnose)

症状 是黄皮生产上的常见病害,各生育期均可发病。为害叶片、枝和果,造成叶斑、叶腐、枝枯和果腐。叶斑,叶片中央或边缘生圆形、灰白色斑,边缘水渍状,大小 2~12(mm),可互相融合,病健分界明显。叶腐,从叶尖叶缘处开始现褐色腐烂,病部扩展快,无明显病健分界线,5~7 天内致全叶枯死;叶柄也常受害,受害处变褐,叶片提早脱落,形成秃枝。枝条染病,病部变褐坏死,重者枝枯。果腐,初生褐色、水渍状小点,后扩展成大的圆形褐腐斑,表面生橙红色黏分生孢子团。幼果发病轻于成熟果。

病原 *Glomerella cingulata* (Stonem.) Spauld. et Schrenk. 围小丛壳,属真菌界子囊菌门。无性态:*Colletotrichum gloeosporioides* (Penz.)Sacc. 盘长孢状炭疽菌,属真菌界无性型真菌。

传播途径和发病条件 该病全年均可发生,5~7 月进入发病盛期,生产上春末夏初发生较重,苗圃发病率高,严重的可达 100%,低洼果园发生较多,积水处发病重。病菌在病落叶上越冬或越夏,条件适宜时产生分生孢子,进行初侵染和多次再侵染。

防治方法 (1)加强田间水肥管理。增施有机肥和钾肥,增强树势,提高抗病力。(2)及时清除病落叶、病果,剪除病枝,并集

黄皮炭疽病病叶

黄皮炭疽病病果

中烧毁,以减少菌源。(3)发芽后至 7 月喷洒 50%锰锌·腈菌唑可湿性粉剂 800 倍液、25%咪鲜胺乳油 800 倍液、80%锰锌·多菌灵可湿性粉剂 1000 倍液。(3)发芽前喷 0.5：1：100 倍式波尔多液或 15℃下喷 45%晶体石硫合剂 30 倍液。

黄皮叶斑病(Wampee Phyllosticta white spot)

症状 又称白斑病。主要为害叶片。病斑圆形至不规则形,白色,大小 1~10(mm),边缘褐色或红褐色,有时病斑融合。

黄皮叶斑病

病原 *Phyllosticta* spp. 称一种叶点霉,属真菌界无性型真菌。分生孢子器球形,黑色,膜质,大小 77.5~125×75~125(μm);分生孢子无色或略带黄绿色,球形、椭圆形,内含物颗粒状,大小 8.75~11×7~8.8(μm)。

传播途径和发病条件 病菌以菌丝体和分生孢子器在病部或随病残叶留在地上越冬,翌年 4~5 月产生分生孢子借风雨传播进行初侵染和再侵染。在高温高湿条件下该病扩展很快。

防治方法 (1)加强管理,合理施肥,促植株生长健壮,增强抗病力。(2)发现病叶及时清除,以减少菌源。(3)发病初期喷洒 60%唑醚·代森联水分散粒剂 1000 倍液或 50%锰锌·多菌灵可湿性粉剂 600 倍液、50%异菌脲可湿性粉剂或 500g/L 悬浮剂 1000 倍液。

黄皮树脂病

症状 发病部位多在距地表 10~15(cm)处的幼树干基部,初现黑褐色斑点,后斑点扩展成椭圆形至不规则形黑褐色斑

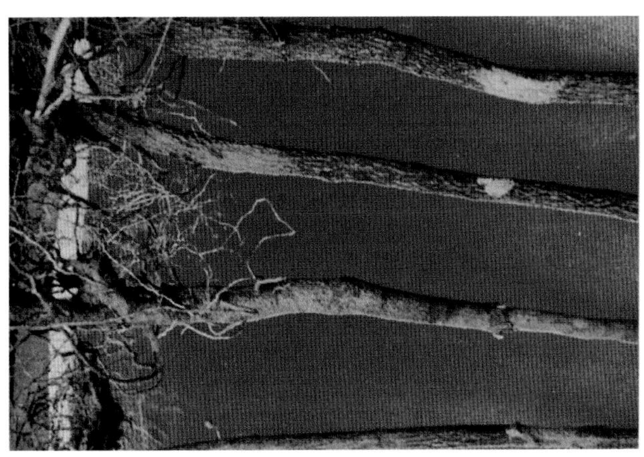

黄皮树脂病

块，接着出现皮层流胶，破裂，木质部中毒，呈褐色。横剖干基部可见褐色环形坏死线。造成植株上部叶片黄化、叶脉发亮或呈萎蔫状。发病重的出现环状腐烂，造成整株干死。

病原 *Phomopsis wampi* C. F. Zhang et P. K. Chi 称黄皮拟茎点霉，属真菌界无性型真菌。子实体真子座埋生在树皮下，黑褐色，不规则形。分生孢子器近圆形，壁上的产孢细胞瓶梗型，内壁芽生式产孢，甲型分生孢子单胞无色，直或弯，长椭圆形，有油球2~3个，大小6.4～10.2×2～2.8(μm)。乙型分生孢子无色，钩丝状，21.5～32×1～1.2(μm)。

传播途径和发病条件 病菌在病枝干、病枝、病树皮上越冬，翌春借雨水释放大量分生孢子，借风或昆虫、鸟类传播，经10~15天即见发病。黄皮生长弱，暴风骤雨后伤口多，土壤贫瘠或施肥不足发病重。

防治方法 (1)按黄皮管理要求增施有机肥，使土壤有机质含量达到2%，增强树势提高抗病力至关重要。(2)发现病树及时刮除病斑用波尔多浆（硫酸铜500g、石灰500g、水20L配成）或21%过氧乙酸水剂3~5倍液涂抹，7天后喷洒30%戊唑·多菌灵悬浮剂1000倍液，视病情防治2~3次。

蛋黄果拟盘多毛孢叶斑病（Egg fruit Pestalotiopsis leaf spot）

症状 叶片上生圆形灰褐色病斑，中央灰白色至褐色，凹陷，大小约3～4(mm)，病斑四周生宽的褐紫色环带，分生孢子盘成熟后现黑色小霉点。

蛋黄果拟盘多毛孢叶斑病放大

病原 *Pestalotiopsis gracilis* (Kleb.) Steyaert 称细丽拟盘多毛孢，属真菌界无性型真菌。病菌形态特征、传播途径和发病条件、防治方法 参见咖啡灰枯病。

蛋黄果叶状地衣病（Egg fruit lichen）

症状 为害叶片，叶片上生近圆形至不规则形灰绿色斑，大小不一，大的直径4～7(mm)，小的2～3(mm)，边缘围以波浪形褐红色线圈，中央灰色，四周具黄色晕圈。树干上着生灰白色地衣，严重时包围蛋黄果半个枝干，影响正常生长。

病原 *Peltigera ophthosa* 称叶状地衣。扁平，边缘稍卷曲，灰白色或浅绿色，底下生褐色假根，常多个连结成不定形薄片，

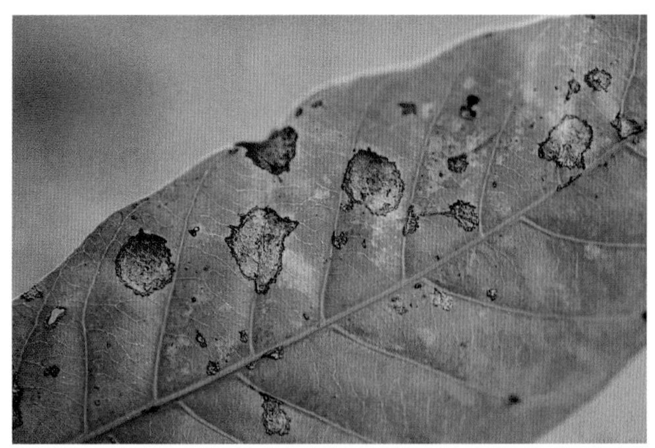

蛋黄果叶状地衣为害叶片

附着在枝干上，很象一块块的膏药，有的生在叶片上呈灰绿色，产生很多大小不同的小圆斑。

传播途径和发病条件 地衣除为害蛋黄果外，还可为害荔枝、龙眼、柑橘等多种果树和林木，因此初侵染源很广，地衣以本身裂成碎片方式繁殖，借风雨传播，固定在蛋黄果枝干皮层上。地衣在热带雨林中潮湿温暖条件下或季节里繁殖很迅速，一般10℃开始发生。

防治方法 参见地衣为害荔枝、龙眼。

神秘果叶斑病（Mysterious fruit Phyllosticta leaf spot）

症状 为害叶片，叶缘生半圆形至不规则形白色病斑，边缘围以紫黑色波状细线，后期病斑上现稀疏黑色小粒点，即病原菌分生孢子器。病斑背面褐色，边缘线深褐色。福建、广东、海南、广西、云南均有发生。

神秘果叶斑病病斑放大

病原 *Phyllosticta* sp. 称一种叶点霉，属真菌界无性型真菌。分生孢子器扁球形或球形，黑褐色，生在神秘果叶片的表皮下。分生孢子近椭圆形至长圆形，单胞无色。

传播途径和发病条件 病菌以菌丝体或分生孢子器在病树上或随病残体留在土壤中越冬，分生孢子随风雨或淋水溅射传播。

防治方法 (1)秋、冬季清除病组织，以减少菌源。(2)发病初期喷1：1：100倍式波尔多液或30%醚菌酯悬浮剂3000倍

液、40%多菌灵·硫磺悬浮剂 600 倍液。

神秘果藻斑病(Mysterious fruit algal spot)

症状 叶片上生灰白色斑点,圆形或近圆形,大小不一,四周黑色,中央灰白色呈放射状向四周扩展。

病原 *Cephaleuros* sp. 称一种头孢藻。病原藻的形态特征、传播途径和发病条件参见龙眼藻斑病。

防治方法 (1)神秘果原产西非,现热带、亚热带及我国海南、广东、广西、云南、福建均有栽培,种后 3 ~ 4 年开花结果,是一种趣味性很强的果树或观赏植物,按其生物学特性进行养护,严防湿气滞留,就能防止该病。(2)药剂防治 参见龙眼藻斑病。

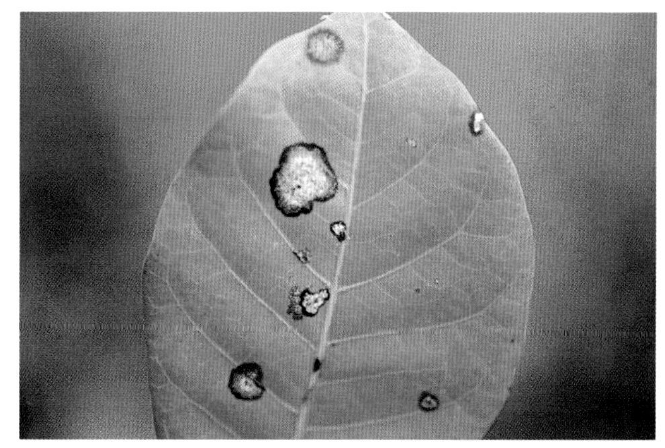

神秘果藻斑病病叶放大

22. 莲雾、黄皮、蛋黄果、神秘果害虫

飞杨阿夜蛾

学名 *Achaea janata* (Linnaeus) 分布在广东、广西、湖南、湖北、福建、云南、台湾等省,除为害葡萄、梨、柑橘、芒果外,还为害黄皮。以幼虫食叶、嫩芽、幼果及嫩茎表皮,以成虫吸食黄皮果实汁液。该虫在广东、广西 1 年发生 4~5 代,以蛹在土中或落叶中越冬,翌年 3~4 月羽化为成虫,5~6 月、9~10 月进入幼虫为害盛期。成虫黑夜吸食果实汁液,把卵产在嫩叶背面,每雌产卵 250~560 粒,卵孵化后低龄幼虫吐丝下垂,老熟后在卷叶中化蛹。

飞扬阿夜蛾

防治方法 (1)产卵盛期 2~3 天或幼虫三龄前,喷洒 90%敌百虫可溶性粉剂 800~900 倍液。(2) 提倡在卵孵化盛期释放赤眼蜂,每 667m^2 黄皮园释放 1 万头,隔 7~10 天 1 次,连续放蜂 2~3 次。

矢尖蚧

学名 *Unaspis yanonensis* (Kuwana) 分布在广东、广西、湖南、湖北、四川、云南、福建、浙江、安徽、江西、江苏等省,除为害柑橘、龙眼、芒果外,还为害黄皮、番石榴等。该虫以大量若虫群聚嫩梢、叶、果上刺吸黄皮汁液,致受害叶卷缩发黄、凋落、树势衰弱、还可诱发烟煤病。在我国南北各地 1 年发生 2~4 代,以受精雌成虫在枝叶上越冬,少数以若虫越冬,在温室内周年为害。在浙江、福建、湖南 3 代区 4、5 月间雌虫产卵在介壳下,5 月下旬孵化,先在枝叶上为害,7 月上旬雄虫羽化,7 月中旬 2 代若虫孵化,主要为害新叶和果实。9 月上中旬雄虫羽化,9 月中下旬 3 代若虫孵化,10 月发育成雌成虫。雌成虫产卵期长达 40 多天,卵期短、蛹期 3 天。天敌有金黄蚜小蜂、短缘毛蚜小蜂、长缘毛蚜小蜂、红缘瓢虫等。

防治方法 (1)保护利用天敌进行生物防治。(2)春季萌芽前喷洒松脂合剂 16~18 倍液,冬季可用 8~10 倍液或 20%融杀蚧蜡 140 倍液。(3)各代若虫期各喷 1 次 80%或 90%敌百虫可溶性粉剂 800 倍液加 0.5%洗衣粉或 40%毒死蜱乳油 1000 倍液、10%吡虫啉可湿性粉剂 2000 倍液、25%噻嗪酮可湿性粉剂 1200 倍液、3%啶虫脒乳油 1700 倍液。

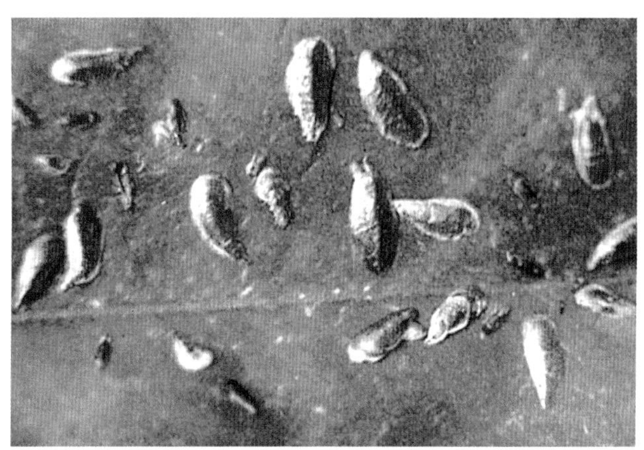

矢尖蚧

23. 人心果(*Achras zapota*)、人参果(*Salpichroa origanifolia*)、鸡蛋果病害

人心果小叶斑病(Sapodilla Phyllosticta leaf spot)

症状 主要为害叶片。叶正面病斑多角形至不规则形，小，直径2～3(mm)左右，中央灰白色，边缘紫红色，质脆，易破裂，后期病斑上生数个小黑点，即病原菌分生孢子器。

人心果小叶斑病症状

病原 *Phyllosticta sapoticola* Vasant Rao 称人心果生叶点霉，属真菌界无性型真菌。分生孢子器球形至扁球形，暗褐色至黑色，器壁膜质、褐色，大小72～103(μm)，初埋生在叶组织中，后期成熟时突出表皮。不产生分生孢子梗，产胞细胞特小。分生孢子椭圆形，单胞无色，大小3～4×2～3(μm)。该菌分生孢子不易成熟，往往成熟时病斑已破裂或脱落。

传播途径和发病条件 广东、海南7～12月发生，常见。病菌以菌丝体和分生孢子器在病叶上越冬，翌年温湿度适宜时，产生分生孢子借风雨传播到人心果上，该病7～12月均可发生，气温20～27℃，雨水多或湿度大、通风透光不良或低温持续时间长，树势弱发病重。

防治方法 (1)加强管理。合理施肥，雨后及时排水，防止湿气滞留。(2)发病初期及时喷洒50%锰锌·多菌灵可湿性粉剂600倍液或50%乙霉·多菌灵悬浮剂800倍液、25%苯菌灵·环己锌乳油800倍液、50%百·硫悬浮剂600倍液。

人心果叶斑病(Sapodilla Phyllosticta leaf spot)

症状 主要为害叶片，老叶上发生较多，病斑初期为褐色小点，后逐渐扩大成椭圆形或不规则形病斑。叶片边缘发生时病斑多呈半圆形或不规则形，病健交界明显，病斑中央灰白色，边缘褐色，易破裂。后期分生孢子器成熟时，病斑上产生较多黑色小粒点。该病病斑常达数厘米，边缘暗紫色。

病原 *Phyllosticta sapotae* Sacc. 称人心果叶点霉，属真菌界无性型真菌。分生孢子器松散集生在叶片两面，球形至扁球形，有孔口，黑色，半埋生至表生，大小70～146×62～130(μm)，器壁厚约5～10(μm)。分生孢子圆形至椭圆形，具胶鞘，一端圆滑具胶纤丝，另一端平截，无隔，偶尔生1隔膜，7～13×4.5～6.5(μm)，产孢细胞近圆筒形，6～

人心果叶斑病症状

14.6×2～4(μm)。

传播途径和发病条件、防治方法 参见人心果小叶斑病。

人心果炭疽病

症状 主要为害叶片。多从叶尖或叶缘开始出现病斑，初褐色后转灰褐色至灰白色，边缘紫褐色，斑面现针头大小的小黑点(分孢盘)。在多雨高湿时，叶尖、叶缘会出现暗褐色沸水烫状边缘不甚明晰的病斑，即此病的"急性型"症状。引致叶枯，枝枯，花腐，果腐等。

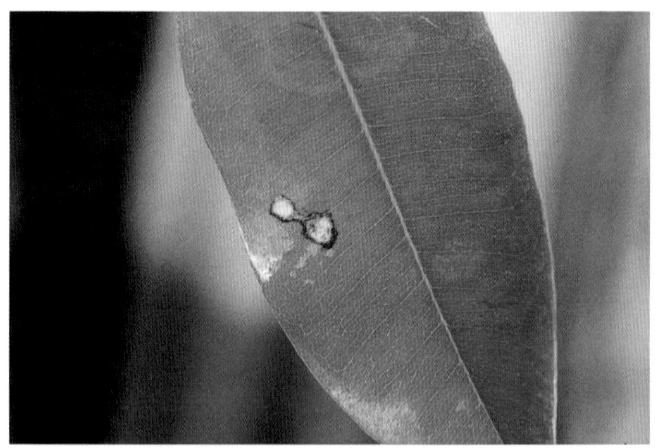

人心果炭疽病

病原 *Colletotrichum gloeosporioides* (Penz) Sacc. 称盘长孢状炭疽菌，属真菌界无性型真菌。病菌形态特征、病害传播途径、防治方法参见芒果炭疽病。

人心果藻斑病(Sapodilla algal spot)

症状 叶面生藻斑，近圆形，散生，稍隆起，毡状，向四周放射状扩展，灰绿色至黄褐色，直径1～5(mm)或2～10(mm)，边缘不整齐，灰绿色斑叶背不变色，黄褐斑叶背同色。分布在海南三亚、儋州。

病原 *Cephaleuros virescens* Kunze 称头孢藻，毡毛状物即

人心果藻斑病

其孢囊梗和孢子囊，孢囊梗单生，叉状分枝，顶端稍膨大，51～76.5 ×10.2～12.8(μm)，顶生孢子囊。孢子囊椭圆形、近球形，聚生于孢囊梗顶端，浅绿至黄褐色，双层壁，6.4～28.1 × 6.5～15.3 (μm)，平均11.7×9.5(μm)。孢子囊吸水可放出椭圆形、双鞭毛、无色的游动孢子。

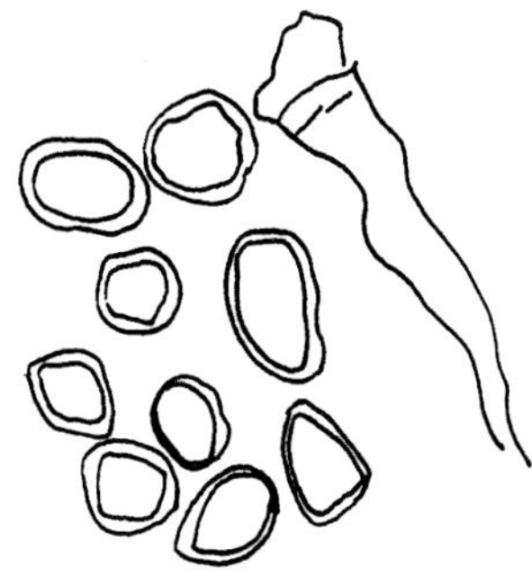
人心果藻斑病菌
头孢藻的孢囊梗和孢子囊

传播途径和发病条件、防治方法 参见龙眼藻斑病。

人心果地衣病

症状、病原、传播途径和发病条件、防治方法 参见地衣为害荔枝龙眼。

人心果壳状地衣为害茎部

人心果褐斑病(Sapodilla Pestalotiopsis leaf spot)

症状 该病主要发生于叶片上，叶片任何部位均可发生。发病初期病斑为黄褐色小点，后病斑逐渐扩大成椭圆形或圆形，病斑边缘呈深褐色，中央呈淡褐色或灰色。病健交界明显，有时病健交界处有黄色晕圈，后期在病斑上出现黑色小点为病原菌分生孢子盘。

病原 *Pestalotiopsis palmarum* (Cooke) Steyaert 称掌状拟盘多毛孢，属真菌界无性型真菌。人心果为该菌的新寄主。病菌

人心果褐斑病症状

分生孢子盘初埋生于表皮下，后突破表皮外露，呈黑色粒点状。分生孢子盘小，黑色球状。分生孢子5细胞，长梭形，17.5~23.6 × 5.6~6.6μm。顶部无色细胞三角形，有2~3根附属丝，长11.8~18.9μm；茎部具中生式柄1根，长1.3~5.9μm。

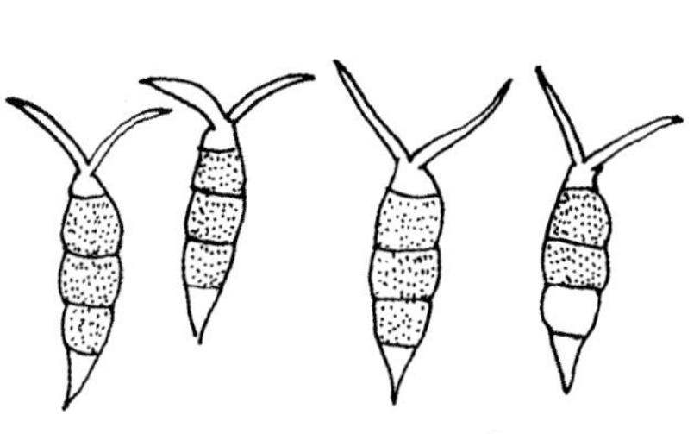
人心果褐斑病菌
掌状拟盘多毛孢分生孢子

传播途径和发病条件 病菌以菌丝体在人心果树上病部或落在地面上的病叶中越冬，春季新叶初展时开始产生分生孢子、借风雨传播进行初侵染和再侵染。该病南方发生较多，每年春夏之交较严重。

防治方法 (1)及时清园，病落叶集中烧毁或深埋，以减少菌源。(2) 发病初期喷洒75%百菌清可湿性粉剂600倍液或40%硫磺·多菌灵悬浮剂600倍液、78%波尔·锰锌可湿性粉剂500倍液、1:1:100倍式波尔多液、10%苯醚甲环唑水分散粒剂1500倍液。

人心果拟盘多毛孢灰斑病(Sapodilla Pestalotiopsis gray leaf spot)

症状 主要为害叶片，嫩叶、老叶均发生，以老叶居多。病

人心果拟盘多毛孢灰斑病

斑出现在叶尖和叶缘或叶缘附近，叶尖处病斑三角形或菱形，叶缘处多近长方形、半长椭圆形至不规则形，横向扩展受中脉限制，纵向扩展则畅通，大部分病斑长径可达3/4叶长，宽为1/2叶宽；病斑褐色，有的中间色浅，呈浅褐色至灰白色，后期病斑上散生很多黑色小粒点，即病菌分生孢子盘。

病原 *Pestalotiopsis scirrofaciens*（N.A.Brown）Y.X.Chen 称肿瘤状拟盘多毛孢，属真菌界无性型真菌。分生孢子盘初埋生，成熟后外露，盘黑色；分生孢子卵形至纺锤形，稍弯曲，大小16.7～22.5×5.2～9.0(μm)，5个细胞，两端细胞无色，中央3个细胞有色，上两个细胞琥珀色，下1个细胞橄榄褐色，细胞长12.5～18(μm)，分隔处稍缢缩或不明显，顶端生2~3根附属丝，长7.5～37.5(μm)，末端细胞渐尖，柄长2.5～7.5(μm)，直立。

传播途径和发病条件 病菌在树上病叶或落地表的叶上越冬，条件适宜时产生分生孢子，借气流或风雨传播，进行初侵染和再侵染。该病春末夏初发生较多。

防治方法 (1)及时清除病落叶，集中深埋或烧毁。(2)修剪时注意剪除病落叶，集中烧毁。(3)加强管理，增强树势，提高抗病力。(4)发病初期喷洒50%百·硫(百菌清＋硫磺)悬浮剂600倍液或78%波尔·锰锌可湿性粉剂500倍液、40%硫磺·多菌灵悬浮剂800倍液。

人心果煤污病(Sapodilla sooty blotch)

症状 主要为害叶片，有时也为害花器和枝条。初在叶上产生小霉斑，融合连片后呈纤薄绒状黑色霉层，较易剥离，严重时全株或部分呈污黑色，仅剩下顶端新生叶片保持绿色。

人心果煤污病病叶

病原 *Aithaloderma clavalispora* Syd 称棒孢青皮炱和 *Capnodium walteri* Sacc. 称沃尔特煤炱，均属真菌界子囊菌门。

传播途径和发病条件、防治方法 参见柑橘煤污病。

人参果(金参果、香瓜茄)疫病

症状 人参果疫病，主要为害茎叶及果实。茎部染病，初呈水浸状，后变暗绿色或紫褐色，病部缢缩，其上部枝叶萎垂，湿度大时上生稀疏白霉。叶片被害，呈不规则或近圆形水浸状淡褐色至褐色病斑，有较明显的轮纹，潮湿时病斑上生稀疏白霉。幼苗被害引起猝倒。果实染病，近地面的果实初现水浸状圆形斑点，稍凹陷，果肉变灰褐色腐烂，易脱落，湿度大时，病部表面长出茂密的白色棉絮状菌丝，迅速扩展，病果落地很快腐败。

人参果疫病

病原 *Phytophthora* sp. 称一种疫霉，属假菌界卵菌门。菌丝白色，棉絮状，无隔，分枝多，气生菌丝发达，病组织和培养基上易产生大量的孢子囊。孢囊梗无色，纤细，无隔膜，一般不分枝；孢子囊无色或微黄，卵圆形、球形至长卵圆形，大小30～70×20～50(μm)，孢子囊顶端乳头状突起明显，大小5.8～6.2(μm)。菌丝顶端或中间可生大量黄色圆球形厚垣孢子，直径20～40(μm)，壁厚1.3～2.5(μm)，单生或串生。

传播途径和发病条件 病菌以卵孢子随病残组织在土壤中越冬。翌年卵孢子经雨水溅到人参果上，萌发长出芽管，芽管与寄主表面接触后产生附着器，从其底部生出侵入丝，穿透寄主表皮侵入，后病斑上产生孢子囊，萌发后形成游动孢子，借风雨传播，形成再侵染，秋后在病组织中形成卵孢子越冬。病菌生长发育适温28～30℃，适宜发病温度为30℃，相对湿度85%，有利于孢子形成，95%以上菌丝生长旺盛。在适宜条件下，经24小时即显症，64小时即可再侵染。因此高温多雨，湿度大成为此病流行条件。地势低洼，土壤黏重的下水头及雨后水淹，管理粗放和杂草丛生的地块，发病重。

防治方法 发病初期喷洒或淋浇70%乙膦锰锌可湿性粉剂500倍液或50%氟吗·乙铝可湿性粉剂600倍液、60%氟吗·锰锌可湿性粉剂800倍液、44%精甲·百菌清悬浮剂600~1000倍液、56%或560g/L嘧菌·百菌清悬浮剂600~800倍液，隔10天1次，防2～3次。

人参果黑斑病

症状 主要为害叶片。初在叶上生黑色小斑，后扩展成近圆形至不规则形，病斑多时常融合成大斑，致叶片干枯或枯死。

病原 *Alternaria* sp. 称一种链格孢，属真菌界无性型真菌。病菌发育温限1～45℃，26～28℃最适。分生孢子在6～24℃水中经1～2小时即萌发，在28～30℃水中萌发时间只需35～45分钟。每个孢子可产生芽管5～10根。该病潜育期短，侵染速度快，除为害人参果外，还可侵染茄子、辣椒、马铃薯。

传播途径和发病条件 以菌丝或分生孢子在植株、病残体和种子上越冬，可从气孔、皮孔或表皮直接侵入，形成初侵染，经2～3天潜育后现出病斑，3～4天产生分生孢子，并通过气流、雨水进行多次重复侵染。遇有持续5天均温21℃左右，相

人参果黑斑病病叶

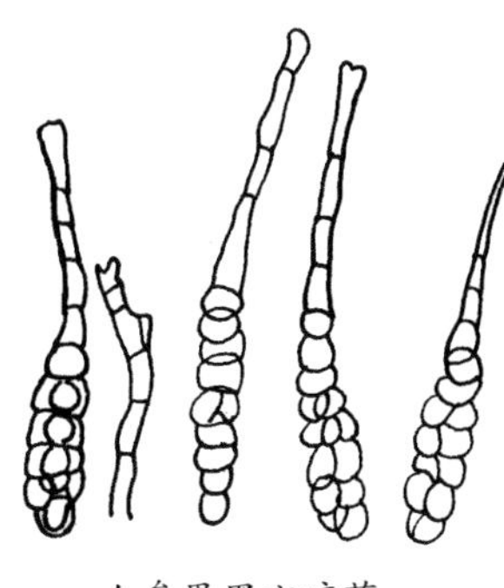
人参果黑斑病菌分生孢子

对湿度大于70%持续时间长，该病即开始发生和流行。因此，每年雨季到来的迟早，雨日的多少，降雨量的大小和分布，均影响相对湿度的变化及病情的扩展。此外，该菌属兼性腐生菌，管理不当或大田改种人参果后，常因基肥不足发病。

防治方法 （1）保护地人参果重点抓生态防治。由于早春昼夜温差大，白天20～25℃，夜间12～15℃，相对湿度高达80%以上，易结露，利于此病的发生和蔓延。应重点调整好棚室的温湿度，减缓该病发生蔓延。（2）采用粉尘法于发病初期喷洒5%百菌清粉剂，每667m² 次1kg，□隔9天1次，连续防治3～4次。（3）施用45%百菌清烟剂或10%腐霉利烟剂，每亩次200～250g。（4）按配方施肥要求，充分施足基肥，适时追肥，提高寄主抗病力。（5）发病前开始喷洒40%嘧霉胺可湿性粉剂1000倍液或75%百菌清可湿性粉剂600倍液、80%代森锰锌可湿性粉剂600倍液、50%异菌脲悬浮剂1000倍液。

人参果煤污病

症状 棚室栽培的人参果，叶片上初生灰黑色至炭黑色霉污菌菌落，分布在叶面局部或在叶脉附近，严重的覆满叶面，

人参果煤污病

一般都生在叶面，严重时叶片枯黄脱落。

病原 *Cladosporium* sp. 称一种枝孢，属真菌界无性型真菌。枝孢菌分生孢子梗直立，榄褐色，分生孢子椭圆形，单细胞，少双胞。

传播途径和发病条件 煤污菌以菌丝和分生孢子在病叶上或在土壤内及植物残体上越过休眠期，翌春产生分生孢子，借风雨及蚜虫、叶螨、粉虱等传播蔓延，阴蔽湿度大棚室和梅雨季节易发病。粉虱多时发病重。

防治方法 （1）加强棚室通风换气，适当降温排湿，防止湿气滞留，生产上要浇水适量，避免浇水过勤过多、高温高湿持续时间过长是防止该病重要基础措施。（2）白粉虱猖獗为害时及时喷洒25%噻嗪酮可湿性粉剂1000倍液，可阻止白粉虱成虫产卵及孵化。叶螨猖獗时喷洒24%螺螨酯悬浮剂4000倍液，蚜虫发生多时，喷洒10%浏阳霉素乳油800倍液，以减轻煤污病发生。一般不宜使用乐果，以免产生药害。（3）煤污病发病初期喷洒50%硫磺·甲基硫菌灵悬浮剂800倍液或65%硫菌·霉威可湿性粉剂1000倍液、50%多菌灵可湿性粉剂700倍液，隔7～10天1次，防治1次或2次。

人参果病毒病

症状 初发病时叶片呈现浓淡绿色相间的斑驳和花叶，后叶脉抽缩，叶面皱缩不平，常伴有泡斑，有的伴有黄绿相间的斑驳，后期病株顶端分枝多，节间短缩呈丛簇状，结果小且少，严重的不结果。

人参果病毒病

病原 不明。待鉴定。传播途径和发病条件、防治方法参见香蕉花叶心腐病毒病。

鸡蛋果炭疽病(anthracnose)

症状 初在叶缘产生半圆形或近圆形病斑，边缘很宽呈带状，深褐色，中央褐色，多个病斑融合成大的斑块，后期病斑上现黑色小粒点，即病原菌分生孢子盘，发病重的叶片干枯或脱落。

病原 *Colletotrichum* spp. 称一种炭疽菌，属真菌界无性型真菌。

传播途径和发病条件 病菌在病株或病残体上越冬，炭疽菌分生孢子由雨水溅射传播，温暖潮湿雨日多易发病，荫蔽果

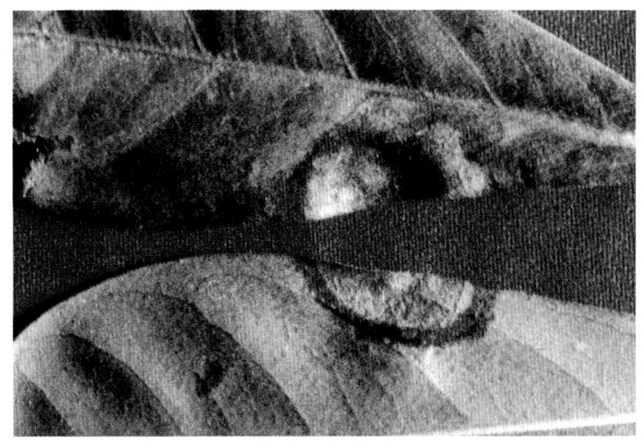
鸡蛋果炭疽病

园发病重。

防治方法 (1)清洁鸡蛋果园，病残及时烧毁。(2)增施钾肥，勿偏施氮肥，增强抗病力。(3)发病初期喷洒50%咪鲜胺可湿性粉剂1000倍液。

鸡蛋果茎基腐病

症状 主要为害根茎交界处，茎基距地表20cm处产生水渍状褐色病变，后扩展成稍凹陷的暗褐色病斑，后皮层腐烂呈海绵状，最后皮层脱裂，木质部横切面褐变，湿度大持续时间长，病部生白色棉絮状物，后期病部现很多鲜红色小粒点。

病原 无性型为 *Fusarium solani* (Mart.) Sacc. 称茄病镰孢属真菌界无性型真菌。有性型为 *Nectria haematococea* Berk.et Br.称赤球丛赤壳，属真菌界子囊菌门。

传播途径和发病条件 茄病镰孢以菌丝体和厚垣孢子随病残体在土壤中越冬，湿度大时病菌从伤口侵入，引起发病。赤球丛赤壳菌以子囊壳在病部或病落叶上越冬，条件适宜时产生孢子借风雨传播进行初侵染和多次再侵染，致病害不断扩展。雨日多、湿气滞留易发病。

防治方法 (1)建园时选择排水良好高燥地块，或采用高畦栽培法，雨后及时排水。(2)发现病株喷淋30%戊唑·多菌灵悬浮剂1000倍液、50%甲基硫菌灵悬浮剂800倍液、54.5%恶霉·福可湿性粉剂700倍液。

鸡蛋果茎基腐病

24. 人心果、人参果、鸡蛋果害虫

人心果阿夜蛾

学名 *Achaea serva* Fabricius 鳞翅目，夜蛾科。分布在广东、广西等省。

寄主 人心果、荔枝、龙眼、芒果、枇杷、石梨、桃、梨等。

为害特点 幼虫食叶成缺刻；成虫刺吸果实汁液，刺孔处流出果汁，造成伤口腐败，贮运时发生腐烂。

形态特征 成虫：体长24~26(mm)，翅展66~69(mm)，棕褐色大型蛾。头部、胸部棕褐色，腹部棕灰色，前翅棕褐色，内线、中线、外线黑棕色，波浪形。环纹、肾纹不明显，仅见1点，后翅棕黑色，中部生1白带，顶角、臀角、外缘中部各生1白色斑。幼虫：细长形体长45~57(mm)，头部茶褐色，头顶具2块菱形黄斑，颊区具1黄条；体紫灰色，背线、亚背线黑褐色不明显，第1腹节亚背面生1对眼斑，胸足紫红色，腹足与体色一致，第1对腹足退化、细小，第2对较小，气门筛橘红色，围气门片黑色，第8腹节背面具1对角形毛突红色，腹面左右腹足间有紫红和黑色斑。

人心果阿夜蛾成虫

生活习性 幼虫为害人心果，把身体紧贴在枝条上取食叶片，老熟后卷叶化蛹，蛹期约12天。

防治方法 参见荔枝、龙眼害虫——飞扬阿夜蛾。

双线盗毒蛾(Cashew hairy caterpillar)

学名 *Porthesia scintillans* (Walker) 鳞翅目，毒蛾科。别名：棕夜黄毒蛾、桑褐斑毒蛾。异名 *Euproctis scintillans* Walker。分布在河南、江苏、湖南、福建、台湾、广东、广西、贵州、四川、云南等地。

寄主 柑橘、梨、桃、枇杷、人心果、龙眼等。

为害特点 幼虫食害叶、果实，严重时叶片仅剩网状叶脉。

生活习性 南方各省均有发生，福建年生7代，以幼虫在寄主叶片间越冬；广州年生10多代，无越冬现象，傍晚或夜间羽化，成虫夜出，白天栖息在叶背，6~7月发生数量多，雌成蛾产卵在叶背。每雌可产卵40~84粒，卵期5~10天。初孵幼虫

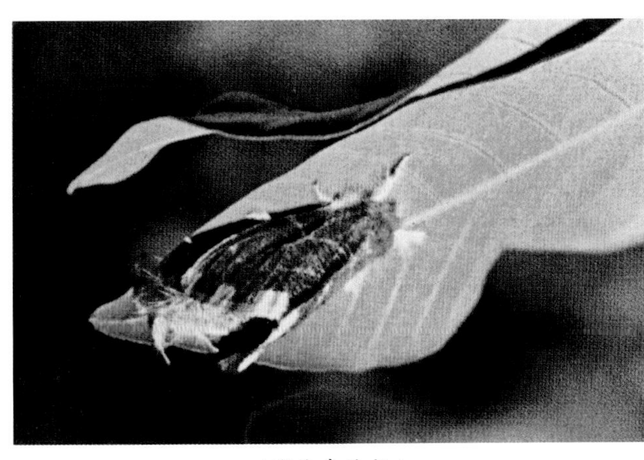
双线盗毒蛾成虫

有群集性,食叶下表皮和叶肉,3 龄后分散为害叶成孔洞。幼虫期 15～20 天。末龄幼虫吐丝结茧黏附在残株落叶上化蛹,蛹期 5～10 天。幼虫天敌有姬蜂和小茧蜂。

防治方法 (1)及时清除田间残株落叶,集中深埋或烧毁。(2)合理密植,使田间通风透光,可减少为害。(3)掌握在 3 龄前喷洒 25%灭幼脲悬浮剂 1000 倍液或 40%毒死蜱乳油 1600 倍液或 25%氯氰·毒死蜱乳油 1100 倍液、20%氰戊·辛硫磷乳油 1500 倍液。

朱砂叶螨(Carmine spider mite)

学名 *Tetranychus cinnabarinus* (Boisduval) 真螨目,叶螨科。别名:红叶螨、棉红蜘蛛。

寄主 番木瓜、人参果、柑橘、枣、山桃、草莓、棉花、豆、玉米等。是番木瓜、人参果上重要害虫。

为害特点 成、若螨刺吸叶片,现黄白色斑点,严重时迅速结网,短期内造成严重危害。

形态特征、生活习性、防治方法 参见草莓害虫——朱砂叶螨。

柑橘全爪螨

学名 *Panonychus citri* (Mcgregor) 真螨目,叶螨科。又名橘红蜘蛛、瘤皮红蜘蛛,分布在江苏、江西、福建、台湾、湖南、浙江、四川、广东、广西、贵州、云南等地。除为害柑橘、枇杷、荔枝外,还为害人心果、番木瓜、木菠萝、油梨、黄皮、杨桃等多种热带果树。以成、若螨刺吸人心果等叶片汁液,致受害叶失去光泽,产生失绿斑点,受害重时全叶呈灰白色,提早脱落,影响开花结果。该虫在长江两岸年生 16 代,华南年生 18 代,世代重叠,主要以卵或成螨在叶背越冬,发育适温 20~30℃,每年常有两个高峰期,5 月中旬 ~6 月中旬和 9 月 ~11 月春、秋两个高峰,以春季高峰受害更重。

防治方法 (1)结合冬剪进行冬季清园,可在 2 月下旬进行,喷洒 4 波美度石硫合剂、杀蚧螨、机油乳剂等。(2)保护利用天敌,橘全爪螨天敌高峰多在全爪螨为害高峰之后,因此在天敌发生高峰期的 5 月,不要用广谱杀虫剂。(3) 春季有螨叶率 65%时,每叶有螨 3~6 头时,夏秋季有螨叶率 85%,每叶有虫 5~7 头时,喷洒 15%哒螨灵乳油 937 倍液或 10%浏阳霉素 650 倍液、24%螺螨酯乳油 5000 倍液、5%唑螨酯乳油 1250~2500 倍液,进行叶面施药至叶片完全湿润为止。

朱砂叶螨为害人参果

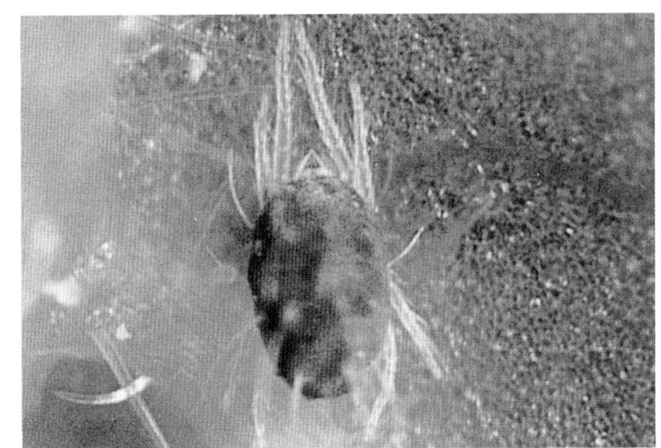
柑橘全爪螨

25. 罗汉果(*Siraitia grosvenorii*)、油梨(*Persea americana*)病害

罗汉果病毒病

症状 罗汉果上部嫩叶现褪绿斑驳,以后症状逐渐加重,病叶扭曲,皱缩,畸形,或产生深绿色疱斑,锯齿状缺刻和鼠尾状叶,病果也产生深浅不一的斑驳症状,发病早的病株矮化。

病原 *Watermelon mosaic virus* (WMV-2-luo)称西瓜花叶病毒 2 号罗汉果株系,属马铃薯 Y 病毒科。WMV 粒体线状,长 750nm,病毒汁液稀释限点 2500 倍,钝化温度 60~65℃,体外存活期 10~15 天。

传播途径和发病条件 罗汉果属葫芦科,现多采用压蔓结薯传统方法育苗,带菌种薯、种苗及田间病株都是该病菌源,在田间通过棉蚜及机械摩擦传播。人工接种罗汉果健苗,20~25℃潜育期 7~10 天,25~30℃潜育期 5~7 天。

防治方法 (1)生产上使用脱毒罗汉果组培苗,隔离种植。定期喷洒 25%吡蚜酮可湿性粉剂 2500 倍液杀灭传毒蚜虫。(2)

罗汉果病毒病

也可喷洒24%混脂酸·铜水乳剂800倍液或40%吗啉胍·羟烯腺·烯腺可溶性粉剂1000倍液。

油梨炭疽病

症状 主要为害油梨叶、花、嫩枝及果。叶片染病在叶尖上或叶缘处产生锈褐色病斑,后病斑扩大或坏死,造成叶片干枯或脱落。嫩枝染病产生褐色、紫褐色坏死斑,致枝条干枯。花染病产生红褐色至深褐色病变。幼果发病,初生褐色圆形病斑,病斑扩展后融合成不规则形凹陷斑,造成落果。

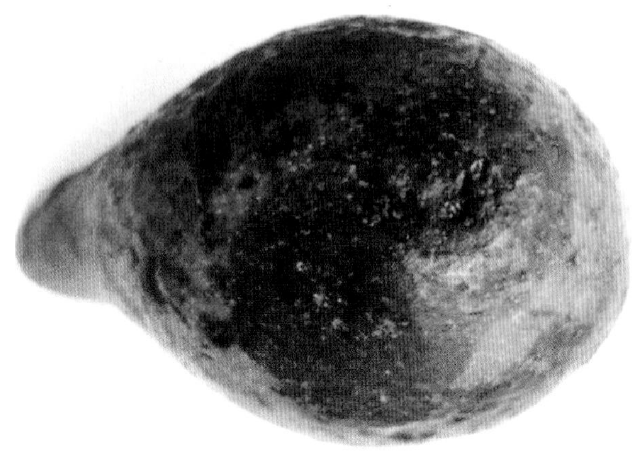

油梨炭疽病

病原 *Colletotrichum gloeosporioides* (Penz.) Sacc. 称盘长孢状炭疽菌,属真菌界无性型真菌。

传播途径和发病条件 该菌在病叶、病枝、病果上越季,条件适宜时产生大量分生孢子借风雨传播,落在油梨上以后,产生芽管,在芽管前端形成附着孢和侵入钉,穿过角质层后在油梨细胞内或细胞间产生菌丝,菌丝四处扩展不久即产生病斑,雨日多梨园湿度大易发病。

防治方法 油梨座果期开始喷洒30%碱式硫酸铜悬浮剂300~400倍液或20%噻森铜悬浮剂500~600倍液、80%波尔多液可湿性粉剂600倍液。

油梨根腐病

症状 油梨植株长势差,叶片发黄脱落,出现枝梢回枯现象,新叶小且黄,树冠小,开花多结果且少,果实小肉薄,扒开根部可见细小的营养根变黑坏死,后向大根上扩展,病部皮层变脆易碎,与木质部分离脱落,数年后整株死亡。

病原 *Phytophthora cinnamomi* Rands 称樟疫霉,属假菌界(藻界)卵菌门。

油梨根腐病病株(左)和茎基症状

传播途径和发病条件 病原菌借水传播,从伤口侵入,雨日多是该病染病的重要水湿条件,土壤透气性差,果园积水,特别是台风暴雨袭击之后病害发生严重。

防治方法 (1)选择有机质含量高于2%,透气好的果园,建果园时要修好排灌系统。(2) 选用无病苗木,定植时定植穴用54.5%恶霉·福可湿性粉剂700倍液消毒。(3)风雨过后注意预防该病发生,必要时浇灌50%乙磷铝·锰锌可湿性粉剂500倍液,2~3个月1次,每年3~6次;也可在淋灌基础上用40%乙膦铝或50%甲霜灵500倍糊剂涂病灶。

26. 罗汉果、油梨害虫

侧多食跗线螨

学名 *Polyphagotarsonemus latus* (Banks) 真螨目,跗线螨科。别名:茶黄螨、茶跗线螨、茶半跗线螨、嫩叶螨、白蜘蛛、阔体螨。分布于全国各地。除为害柑橘、咖啡、桃、梨、栗、葡萄外,还为害油梨。以成螨、若螨聚集在幼嫩部位及生长点周围,刺吸植物汁液,轻者叶片缓慢伸开、变厚、皱缩、叶色浓绿;严重的顶端叶片变小、变硬,叶背呈灰褐色,具油渍状光泽,叶缘向下卷,致生长点枯死、不长新叶,幼茎变为黄褐色,植株扭曲变形或枯死。该螨年生多代,四川年生20~30代,以雌成螨在芽鳞片内、叶柄处或徒长枝的成叶背面或杂草上越冬。翌春把卵散产在芽尖或嫩叶背面,每雌产卵2~106粒,卵期1~8天,幼螨、若螨期1~10天,产卵前期1~4天,成螨寿命4~7.6天,越冬雌成螨则长达6个月。完成一代需3~18天。

侧多食跗线螨成螨和卵

防治方法 (1)及时清除杂草。(2)茶黄螨生活周期较短，繁殖力极强，应特别注意早期防治，及时加强虫情检查，在茶黄螨发生初期进行防治。一般应于5月中下旬~6月上旬掌握在第一片叶子受害时开始喷洒24%螺螨酯悬浮剂5000倍液或15%哒螨灵乳油937倍液、10%浏阳霉素乳油650倍液、5%唑螨酯乳油1250~2500倍液。

八点灰灯蛾

学名 *Creatonotus transiens* (Walker)。

寄主 除为害柑橘外，还为害油梨，以幼虫食叶呈缺刻或孔洞。

八点灰灯蛾幼虫放大

形态特征 成虫：体长20mm，头胸白色。前翅灰白色，中室上角和下角各生2个黑点，其中1黑点不明显。后翅灰白色。卵：黄色，球形。幼虫：体长35~43(mm)，体黑色，毛簇红褐色，丛生黑色长毛。蛹：土黄色。茧：灰白色。

生活习性 年生2~3代，以幼虫越冬，翌年3月开始活动，5月中旬成虫羽化，每代历期70天，卵期8~13天，幼虫期16~25天。广东5月幼虫为害，10~11月进入高峰期。末龄幼虫结薄茧化蛹越冬。

防治方法 抓住成虫盛发期和幼虫2龄前喷洒25%灭幼脲悬浮剂800倍液或40%毒死蜱乳油1600倍液、20%氰戊菊酯乳油2000倍液。

棉蚜(Cotton aphid)

学名 *Aphis gossypii* (Glover) 同翅目蚜科。全国各地均有分布。除为害石榴、柑橘、香蕉、枸杞、棉花外，还为害番木瓜、罗汉果。以成、若蚜群集在嫩叶背面、嫩梢、花蕾，吸食汁液，使叶片卷缩，新梢枯死，幼果、花蕾脱落。该蚜从北到南年生10~30代，罗汉果栽培区常出现2个为害高峰，即5~6月和8月~9月。

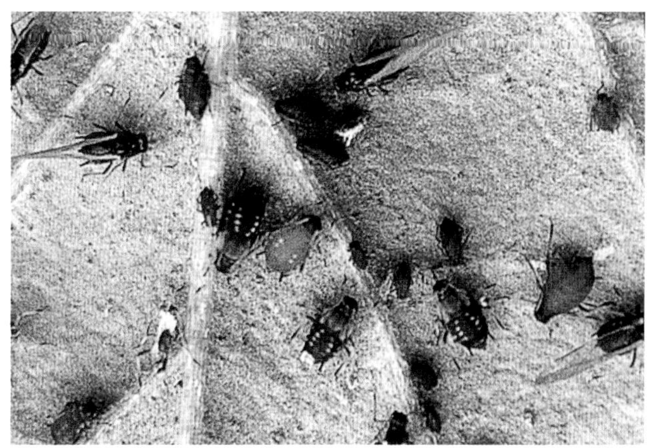

棉蚜在叶背吸食汁液

防治方法 (1)保护七星瓢虫、龟纹瓢虫、草蛉、食蚜蝇、食蚜蚂蚁，控制棉蚜为害。(2)受害严重时在若蚜始盛期喷洒10%吡虫啉可湿性粉剂2000倍液或25%吡蚜酮可湿性粉剂2500倍液、10%氯噻啉粉剂5000倍液。

果剑纹夜蛾

学名 *Acronicta strigosa* (Dens et Shiffermuller) 分布在辽宁、黑龙江、福建、四川、贵州、云南、广西等省，除为害山楂、桃、苹果、梨、杏、梅、李外，还为害罗汉果。以幼虫食害罗汉果等叶片呈缺刻状，仅残留叶脉。该虫1年发生2代，以蛹在土中越冬，成虫在5~6月发生，第1代幼虫多在7月为害，第2代成虫发生在7~8月间，幼虫在8~9月间为害。

果剑纹夜蛾5龄幼虫

防治方法 发生重的地区在低龄幼虫期喷洒40%毒死蜱乳油1600倍液。

银毛吹绵蚧

学名 *Icerya sechellarum* Westwood 同翅目硕蚧科。分布在陇海线以南果树区。除为害荔枝、龙眼、芒果、柑橘外,还为害油梨、橄榄、番石榴等。以若虫和雌成虫群集在油梨、橄榄等叶背及嫩梢刺吸汁液,在福州年生 3 代,以受精雌虫越冬,翌春继续为害,成熟后分泌卵囊产卵,7 月上旬开始孵化,雌蚧为害到 11 月陆续越冬。

防治方法 (1)剪除有虫枝或刷除虫体。(2)注意保护天敌。(3)休眠期喷洒波美 4 度石硫合剂。(4)初孵若虫分散转移期或幼蚧期喷洒 40%毒死蜱乳油 1600 倍液。

银毛吹绵蚧

三、果树地下害虫及害鼠

蛴螬(Grubs)

蛴螬是鞘翅目金龟甲总科幼虫的总称。金龟甲按其食性可分为植食性、粪食性、腐食性三类。植食性种类中以鳃金龟科和丽金龟科的一些种类,发生普遍为害最重。

寄主 植食性蛴螬大多食性极杂,同一种蛴螬常可为害双子叶和单子叶植物、多种蔬菜、油料、芋、棉、牧草以及花卉和果、林等播下的种子及幼苗。

为害特点 幼虫终生栖居土中,喜食刚刚播下的种子、根、块根、块茎以及幼苗等,造成缺苗断垅。成虫则喜食害果树、林木的叶和花器。是一类分布广,为害重的害虫。

形态特征 蛴螬体肥大弯曲近 C 形,体大多白色,有的黄白色。体壁较柔软,多皱。体表疏生细毛。头大而圆,多为黄褐色,或红褐色,生有左右对称的刚毛,常成为分种的特征。胸足 3 对,一般后足较长。腹部 10 节,第 10 节称为臀节,其上生有刺毛,其数目和排列也是分种的重要特征。

生活习性 蛴螬年生代数因种、因地而异。这是一类生活史较长的昆虫,一般一年一代,或 2 ~ 3 年 1 代,长者 5 ~ 6 年 1 代。如大黑鳃金龟两年 1 代,暗黑鳃金龟、铜绿丽金龟一年 1 代,小云斑鳃金龟在青海 4 年 1 代,大栗鳃金龟在四川甘孜地区则需 5 ~ 6 年 1 代。蛴螬共 3 龄。1、2 龄期较短,第 3 龄期最长。蛴螬终生栖生土中,其活动主要与土壤的理化特性和温湿度等有关。在一年中活动最适的土温平均为 13 ~ 18℃, 高于 23℃,即逐渐向深土层转移,至秋季土温下降到其活动适宜范围时,再移向土壤上层。因此蛴螬对果园苗圃、幼苗及其他作物的为害主要是春秋两季最重。

蛴螬

防治方法 (1)应做好测报工作,调查虫口密度,掌握当地为害果树主要金龟子成虫发生盛期及时防治成虫,并参考大黑鳃金龟、铜绿丽金龟、苹毛丽金龟等成虫的防治措施。(2)应抓好蛴螬的防治,如大面积秋、春耕,并随犁拾虫;避免施用未腐熟的厩肥,减少成虫产卵;合理灌溉,即在蛴螬发生严重果园,合理控制灌溉,或及时灌溉,促使蛴螬向土层深处转移,避开果树苗木最易受害时期。(3)药剂处理土壤。如用 40%辛硫磷乳油每 $667m^2$ 200 ~ 250g,加水 10 倍,喷于 25 ~ 30kg 细土上拌匀成毒土,撒于地面,随即耕翻,或混入厩肥中施用,或结合灌水施入,或 5%辛硫磷颗粒剂,每 $667m^2$ 2.5 ~ 3kg 处理土壤,都能收到良好效果,并兼治金针虫和蝼蛄。

小地老虎(Black cutworm)

学名 *Agrotis ypsilon* (Hufnage) 鳞翅目,夜蛾科。别名:土蚕、地蚕、黑土蚕、黑地蚕。异名 *Noctua ypsilon*。分布在全国各地。

寄主 苹果、葡萄、桃、李、柑橘、罗汉果、猕猴桃以及苗圃各种果树、苗木、草莓及各种蔬菜、各种农作物。

为害特点 幼虫将果树幼苗近地面的茎部咬断,使整株死亡,严重的甚至毁种。

形态特征 成虫:体长 21 ~ 23(mm),翅展 48 ~ 51(mm),深褐色,前翅由内横线、外横线将全翅分为 3 段,具有显著的肾状斑、环形纹、棒状纹和 2 个黑色剑状纹;后翅灰色无斑纹。卵:长 0.5mm,半球形,表面具纵横隆纹,初产乳白色,后出现红色斑纹,孵化前灰黑色。幼虫:体长 37 ~ 47(mm),灰黑色,体表布满大小不等的颗粒,臀板黄褐色,具 2 条深褐色纵带。蛹:长 18 ~ 23(mm),赤褐色,有光泽,第 5 ~ 7 腹节背面的刻点比侧面的刻点大,臀棘为短刺 1 对。

生活习性 年发生代数由北至南不等,黑龙江 2 代,北京

小地老虎成虫

小地老虎成虫产在叶片背面的卵放大

小地老虎幼虫为害状

小地老虎老熟幼虫化蛹在土中

3～4代，江苏5代，福州6代。越冬虫态、地点在北方地区至今不明，据推测，春季虫源系迁飞而来；在长江流域能以老熟幼虫、蛹及成虫越冬；在广东、广西、云南则全年繁殖为害，无越冬现象。成虫夜间活动、交配产卵，卵产在5cm以下矮小杂草上，尤其在贴近地面的叶背或嫩茎上，如小旋花、小蓟、藜、猪毛菜等，卵散产或成堆产，每雌平均产卵800～1000粒。成虫对黑光灯及糖醋酒等趋性较强。幼虫共6龄，3龄前在地面、杂草或寄主幼嫩部位取食，为害不大；3龄后昼间潜伏在表土中，夜间出来为害，动作敏捷，性残暴，能自相残杀。老熟幼虫有假死习性，受惊缩成环形。幼虫发育历期：15℃ 67天，20℃ 32天，30℃ 18天。蛹发育历期12～18天，越冬蛹则长达150天。小地老虎喜温暖及潮湿的条件，最适发育温限为13～25℃，在河流湖泊地区或低洼内涝、雨水充足及常年灌溉地区，如土质疏松、团粒结构好、保水性强的壤土、黏壤土、沙壤土均适于小地老虎的发生。尤在早春花场、苗圃、菜田及周缘杂草多，可提供产卵场所；蜜源植物多，可为成虫提供补充营养的情况下，将会形成较大的虫源，发生严重。

防治方法 (1)预测预报。对成虫的测报可采用黑光灯或蜜糖液诱蛾器，华北春季自4月15日至5月20日设置，如平均每天每台诱蛾5～10头以上，表示进入发蛾盛期，蛾量最多的一天即为高峰期，过后20～25天即为2～3龄幼虫盛期，为防治适期；诱蛾器如连续两天在30头以上，预兆将有大发生的可能。对幼虫的测报采用田间调查的方法，如定苗前每有幼虫0.5～1头，或定苗后每m^2有幼虫0.1～0.3头(或百株幼苗上有虫1～2头)，即应防治。(2)农业防治。早春清除果园及周围杂草，防止地老虎成虫产卵是关键一环；如已被产卵，并发现1～2龄幼虫，则应先喷药后除草，以免个别幼虫入土隐蔽。清除的杂草，要远离苗圃或果园，沤粪处理。(3)诱杀防治。一是黑光灯诱杀成虫。二是糖醋液诱杀成虫：糖6份、醋3份、白酒1份、水10份、90%敌百虫1份调匀，或用泡菜水加适量农药，在成虫发生期设置，均有诱杀效果。三是毒饵诱杀幼虫(参见蝼蛄)。四是堆草诱杀幼虫：在苗木定植前，地老虎仅以田中杂草为食，因此可选择地老虎喜食的灰菜、刺儿菜、苦荬菜、小旋花、苜蓿、艾蒿、青蒿、白茅、鹅儿草等杂草堆放诱集地老虎幼虫，或人工捕捉，或拌入药剂毒杀。(4)化学防治。地老虎1～3龄幼虫期抗药性差，且暴露在寄主植物或地面上，是药剂防治的适期。喷洒40%毒死蜱乳油1000～1500倍液或2.5%溴氰菊酯或20%氰戊菊酯2000倍液、90%敌百虫可溶性粉剂800倍液或40%辛硫磷乳油800倍液。此外也可选用3%毒死蜱颗粒剂，每667m^2 2～5kg，混细干土50kg，均匀地撒在地表，深翻20cm，也可撒在栽植沟或定植穴内，浅覆土后再定植。

沟金针虫(Grooved click beetle)

学名 *Pleonomus canaliculatus* Faldermann 鞘翅目，叩甲科。别名：沟叩头虫、沟叩头甲、土蚰蜒、芨芨虫、钢丝虫。分布在辽宁、内蒙古、甘肃、宁夏、青海、陕西、山西、北京、河北、河南、山东、安徽、江苏、湖北等地。

寄主 苹果、梨等多种果树苗木、农作物及观赏树木的苗木。

沟金针虫成虫

沟金针虫幼虫

为害特点 幼虫在土中取食播种下的种子、萌出的幼芽、果树苗木的根部，致使植物枯萎致死，造成缺苗断垄，甚至全部毁种。

形态特征 老熟幼虫：体长 20～30(mm)，细长筒形略扁，体壁坚硬而光滑，具黄色细毛，尤以两侧较密。体黄色，前头和口器暗褐色，头扁平，上唇呈三叉状突起，胸、腹部背面中央呈一条细纵沟。尾端分叉，并稍向上弯曲，各叉内侧有 1 个小齿。各体节宽大于长，从头部至第 9 腹节渐宽。

生活习性 2～3 年 1 代，以幼虫和成虫在土中越冬。在河南南部，越冬成虫于 2 月下旬开始出蛰，3 月中旬至 4 月中旬为活动盛期，白天潜伏于表土内，夜间出土交配产卵。雌虫无飞翔能力，每雌产卵 32～166 粒，平均产卵 94 粒；雄成虫善飞，有趋光性。卵发育历期 33～59 天，平均 42 天。5 月上旬幼虫孵化，在食料充足的条件下，当年体长可至 15mm 以上，到第三年 8 月下旬，幼虫老熟，于 16～20(cm)深的土层内作土室化蛹，蛹期 12～20 天，平均约 16 天。9 月中旬开始羽化，当年在原蛹室内越冬。在北京，3 月中旬 10cm 深土温平均为 6.7℃时，幼虫开始活动；3 月下旬土温达 9.2℃时，开始为害，4 月上中旬土温为 15.1～16.6℃时为害最烈。5 月上旬土温为 19.1～23.3℃时，幼虫则渐趋 13～17(cm)深土层栖息；6 月份 10cm 土温达 28℃以上时，沟金针虫下潜至深土层越夏。9 月下旬至 10 月上旬，土温下降到 18℃左右时，幼虫又上升到表土层活动。10 月下旬随土温下降幼虫开始下潜，至 11 月下旬 10cm 土温平均 1.5℃时，沟金针虫潜于 27～33(cm)深的土层越冬。由于沟金针虫雌成虫活动能力弱，一般多在原地交尾产卵，故扩散为害受到限制，因此在虫口高的田内一次防治后，在短期内种群密度不易回升。

防治方法 (1)应做好测报工作，调查虫口密度，掌握成虫发生盛期及时防治成虫。测报调查时，每 m^2 沟金针虫数量达 1.5 头时，即应采取防治措施。在播种前或移植前施用 3%毒死蜱颗粒剂，每 $667m^2$ 2～6kg，混干细土 50kg 均匀撒在地表，深耙 20cm，也可撒在定植穴或栽植沟内，浅覆土后再定植，防效可达 6 周。(2) 药剂处理土壤。如用 40%辛硫磷乳油每 $667m^2$ 200～250g，加水 10 倍，喷于 25～30kg 细土上拌匀成毒土，撒于地面，随即耕翻，或混入厩肥中施用，或结合灌水施入；或 5%辛硫磷颗粒剂，每 $667m^2$ 2.5～3kg 处理土壤，都能收到良好效果，并兼治蝼蛄。

种蝇（Seed maggot）

学名 *Delia platura* (Meigen) 双翅目，花蝇科。别名：地蛆。分布在全国各地。

寄主 各种果树苗木、农作物、蔬菜等。

为害特点 幼虫蛀食萌动的种子或幼苗的地下组织，引起腐烂死亡。

形态特征 成虫：体长 4～6(mm)，雄稍小。雄体色暗黄或暗褐色，两复眼几乎相连，触角黑色，胸部背面具黑纵纹 3 条，前翅基背鬃长度不及盾间沟后的背中鬃之半，后足胫节内下方具 1 列稠密末端弯曲的短毛；腹部背面中央具黑纵纹 1 条，各腹节间有 1 黑色横纹。雌灰色至黄色，两复眼间距为头宽 1/3；前翅基背鬃同雄虫，后足胫节无雄蝇的特征，中足胫节外上方具刚毛 1 根；腹背中央纵纹不明显。卵：长约 1mm，长椭圆形稍弯，乳白色，表面具网纹。幼虫：蛆形，体长 7～8(mm)，乳白而稍带浅黄色；尾节具肉质突起 7 对，1～2 对等高，5～6 对等长。蛹：长 4～5(mm)，红褐色或黄褐色，椭圆形，腹末 7 对突起可辨。

生活习性 年生 2～5 代，北方以蛹在土中越冬，南方长江流域冬季可见各虫态。种蝇在 25℃以上条件下完成 1 代 19 天，春季均温 17℃需时 42 天，秋季均温 12～13℃则需 51.6 天。产卵前期初夏 30～40 天，晚秋 40～60 天。35℃以上 70%卵不能孵化，幼虫、蛹死亡，故夏季种蝇少见。种蝇喜白天活动，幼虫多在表土下或幼茎内活动。

防治方法 (1)施用充分腐熟的有机肥，防止成虫产卵。(2)

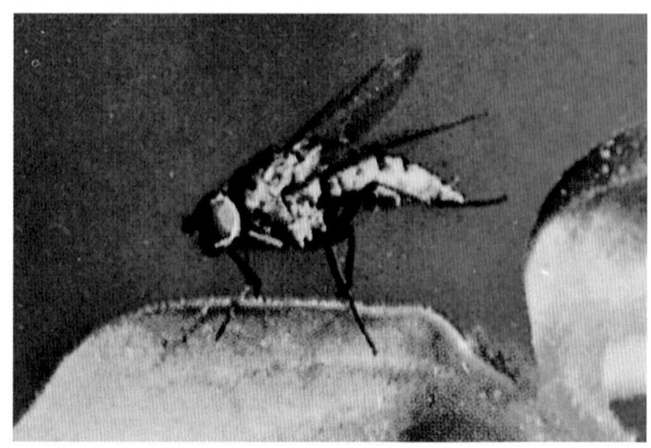

种蝇成虫放大

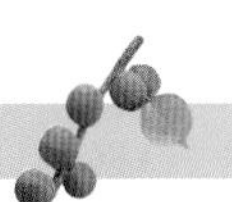

成虫产卵高峰及地蛆孵化盛期及时防治，通常采用诱测成虫法。诱剂配方：糖1份、醋1份、水2.5份，加少量敌百虫拌匀。诱蝇器用大碗，先放少量锯末，然后倒入诱剂加盖，每天在成蝇活动时开盖，及时检查诱杀数量，并注意添补诱杀剂，当诱器内数量突增或雌雄比近1：1时，即为成虫盛期立即防治。(3)在成虫发生期，地面喷75%灭蝇胺可湿性粉剂5000倍液或2.5%溴氰菊酯2000倍液，隔10～15天1次，连续防治2～3次。当地蛆已钻入幼苗根部时，可用40%辛硫磷乳油800倍液或40%毒死蜱乳油1200倍液灌根。(4)药剂处理土壤或处理种子。如用40%辛硫磷乳油每667m²200～250g，加水10倍，喷于25～30kg细土上拌匀成毒土，撒于地面，随即耕翻，或混入厩肥中施用，或结合灌水施入。也可施用5%辛硫磷颗粒剂或3%毒死蜱颗粒剂，每667m² 2.5～3kg处理土壤，都能收到良好效果，并兼治金针虫和蝼蛄。

东方蝼蛄(Oriental mole cricket)

学名 *Gryllotalpa orientalis* Burmeister 异名：*Gryllotalpa africana* Palisot de Beauvois 直翅目，蝼蛄科。别名：非洲蝼蛄、小蝼蛄、拉拉蛄、地拉蛄、土狗子、地狗子、水狗。国内从1992年改为东方蝼蛄，分布在全国各地。

寄主 果树苗木、农作物的种子和幼苗。

为害特点 成虫、若虫均在土中活动，取食播下的种子、幼芽、茎基，严重的咬断，植物因而枯死。在温室、大棚内由于气温高，蝼蛄活动早，加之幼苗集中，受害更重。

形态特征 成虫：体长30～35(mm)，灰褐色，腹部色较浅，全身密布细毛。头圆锥形，触角丝状。前胸背板卵圆形，中间具一明显的暗红色长心脏形凹陷斑。前翅灰褐色，较短，仅达腹部中部。后翅扇形，较长，超过腹部末端。腹末具1对尾须。前足为开掘足，后足胫节背面内侧有4个距，别于华北蝼蛄。卵：初产时长2.8mm，孵化前4mm，椭圆形，初产乳白色，后变黄褐色，孵化前暗紫色。若虫：共8～9龄，末龄若虫体长25mm，体形与成虫相近。

生活习性 在北方地区2年发生1代，在南方1年1代，以成虫或若虫在地下越冬。清明后上升到地表活动，在洞口可顶起一小虚土堆。5月上旬～6月中旬是蝼蛄最活跃的时期，也是第一次为害高峰期，6月下旬至8月下旬，天气炎热，转入地下活动，6～7月为产卵盛期。9月份气温下降，再次上升到地表，形成第二次为害高峰，10月中旬以后，陆续钻入深层土中越冬。蝼蛄昼伏夜出，以夜间9～11时活动最盛，特别在气温高、湿度大、闷热的夜晚，大量出土活动。早春或晚秋因气候凉爽，仅在表土层活动，不到地面上，在炎热的中午常潜至深土层。蝼蛄具趋光性，并对香甜物质，如半熟的谷子、炒香的豆饼、麦麸以及马粪等有机肥，具有强烈趋性。成、若虫均喜松软潮湿的壤土或沙壤土，20cm表土层含水量20%以上最适宜，小于15%时活动减弱。当气温在12.5～19.8℃，20cm土温为15.2～19.9℃时，对蝼蛄最适宜，温度过高或过低时，则潜入深层土中。

东方蝼蛄

防治方法 参见种蝇。

大家鼠

学名 *Rattus norvegicus* (Berkenhout)属啮齿目，鼠科。别

被褐家鼠啃食的橘果实

柑橘树被鼠啃食树皮后的愈合组织

大家鼠

名:褐家鼠、沟鼠、挪威鼠、白尾吊、大老鼠。分布在全国各地,是家、野两栖的人类伴生种。

寄主 蔬菜、肉类、水果、糖果及含水较多的其它食品、食用菌等。在食物缺乏时才啃食柑橘树皮及果实等。

为害特点 大家鼠是栖息于人类建筑物内的鼠种,常盗食食品及杂物,且造成大量污染,室外捕食小鱼、小型啮齿类、幼鼠、昆虫及植物果实、种子等。有的咬食瓜类花托。啃食柑橘树干基部树皮时,把树皮啃食成长5~6(cm)不规则形,形成宽大的大疤,有的伤及木质部,影响树体水份和养份的运输,造成受害处对应的枝叶黄化。受害树皮不易愈合,有的还会发生流胶或腐烂。

形态特征 体形肥大,体长150~250(mm),尾较短,耳朵短较厚,头小吻短。后足粗大,长35~45(mm),后足趾间具一些雏形的蹼。乳头6对。体背毛棕褐色至灰褐色,毛基深灰色,毛尖棕色;腹毛苍灰色,毛基灰褐色,毛尖白色。尾上面黑褐色,尖端白色。此外还在一些地区发现全黑色或全白色的个体。头骨粗大,顶间骨宽度与左右顶骨宽度总和几乎相等。上臼齿具三纵列齿突,上颌第三臼齿的横嵴已愈合,呈"C"字形。齿式$\frac{1,0,0,3}{1,0,0,3}=16$

生活习性 栖息地广,适应力强,多栖息于居民地及其周围。洞系结构规律性不强,凡是可以作为隐蔽场所的地方均可作窝。洞口一般为2~4个,进口只有一个,出口处有松土堆。洞道长50~210(cm),深30~50(cm)。洞内具一个窝巢和几个仓库。在室内,大家鼠昼夜均可活动,且子午夜最活跃。室外只在夜间活动,黄昏和黎明前为活动高峰。善游泳、潜水、攀爬和跳跃。警觉性强,不轻易进入不熟悉的地区,不食不熟悉的食物。大家鼠不善贮存食物。繁殖力强,条件适宜全年均可繁殖,年繁殖2~3窝,每胎1~15仔,多为6~8仔,每年4~5月和9~10月为其繁殖高峰期。妊娠期21天左右,仔鼠3月龄时,达到性成熟,生殖力可保持1.5~2年,寿命可达3年以上。

防治方法 (1)用石灰浆涂刷树干或用双层棕片包裹树干预防鼠害。(2)树干上喷淋臭味大的、较浓的马拉硫磷或乐果可驱避大家鼠为害。(3)毒饵法。提倡用0.005%氟鼠灵毒饵,沿墙每隔5m设1个投饵点,每点2~3块,杀鼠效果好,无二次中毒。毒杀大家鼠时因大家鼠多疑,因此在投放毒饵前,先投前饵,6~7天后再投后饵。室内每房间用量为50~100g。果园每公顷1500~3750g,采用封锁带式或1次性投饵技术。(4)放置竹筒毒饵站或塑料毒饵站控制鼠害经济、持久、高效、安全、环保,每667m^{2}果园放置2个毒饵站每个毒饵站用0.005%溴敌隆颗粒剂毒饵,前饵150g,后饵16g,防效可达90%以上。对人畜、家禽及鼠类天敌安全。(5)对被啃掉树皮的可用赤霉素或2,4–D加30%戊唑·多菌灵600倍液涂抹受害处树皮或疤痕,再用塑料膜包好,可使树皮愈合。

花鼠

学名 *Eutamias sibiricus* (Laxmann)属啮齿目,松鼠科。别名:五道眉、花黎棒。分布在北方各省区。

寄主 葡萄、猕猴桃、板栗、核桃等果树。

为害特点 喜食种子、坚果及浆果。春季常刨食果园播下去的种子,秋季盗贮坚果。

花鼠

形态特征 体型小,体长140mm左右,具颊囊,耳壳明显,耳端无丛毛。尾长近于体长,尾毛略蓬松,端毛长。全身棕灰黄色,后半身较前半身黄,背毛浅黄或桔红色,具5条黑褐色纵纹,故称"五道眉"。腹毛污白色,毛基灰色,尾毛毛基褐色,中间黑色,毛尖白色,尾四周中具白色毛边。具乳头4对。头颅狭长,脑颅不突出,上颌骨的颧突横平。臼齿的咀嚼面近乎原型,上、下门齿前表面具不明显的细纵脊。

生活习性 栖息于平原、丘陵、阔叶林、针叶林及多灌丛的地区、山区农田等地。常在林区倒木、树根基部、深沟塄壁裂缝、石缝等处作洞,洞道结构简单,深约1米,仓库与巢合二为一,下部贮粮,上部用毛草作巢,洞穴附近有贮粮坑,可贮粮30g。花鼠巢呈球状或碗状。白昼活动,清晨先爬到高处,如树上、树桩上、倒木等处观察四周动静,后窜入地中危害,7月中旬进入为害高峰期,行动敏捷好奇,善攀爬。年产1~2胎,每胎4~6仔,孕期、哺乳期各为一个月。

防治方法 (1)枪击法:花鼠下地为害前,先在树上观察动静,此时可用鸟枪击之。(2)在为害严重地段四周划出2~3米远的场地,钉木桩并用铁丝拉线,拴养狗顺铁线来回奔跑,可迫使花鼠上树或逃跑,减轻为害。(3)毒饵法:于4月上中旬害鼠即将进入繁殖高峰之前,选用适宜浓度1次性投饵,果园一次性投饵适宜浓度为0.1%敌鼠钠盐、0.02%氯敌鼠钠盐、0.05%溴敌隆。平均灭鼠率可达85%~93%,较多次投饵防效提高15%~25%。目前采用急、慢性鼠药交替使用效果好,交替使用可延长第1代抗凝血剂抗性鼠的出现,既可保持慢性鼠药灭效高、药效长、安全性好的优点,又能发挥急性鼠药灭鼠快、见效早、省饵料等特点,做到迅速扑灭与长期控制相结合。

四、果树害虫天敌及其保护利用

大自然孕育、繁衍了各种生命，又让其在缤纷的生态环境中，相互依存并展开漫长而可容忍的竞争，借以延续物种，保持种群数量的相对稳定。中国地域辽阔，海拔高度差异大，地理气候类型复杂，果树品种及其害虫种类繁多，天敌资源十分丰富。如何把自然界的天敌资源利用起来，充分发挥它们控制害虫数量、降低成灾频率、减轻危害程度的作用?是当前，更是今后我国果树业持续发展之重要课题。果园害虫天敌的作用，并非人人都了解，前人在这方面做了大量探索，我们也进行了许多调查和研究，现简介于下，供读者参考。

1. 天敌昆虫控制果树害虫的一些实例：自然界调查佐证：据农业部全国植保总站资料，一些天敌保护利用工作搞得好的果园，蝽卵平腹小蜂对长吻蝽卵的寄生率8月份达50.6%～65%；异色瓢虫每头每日捕食橘蚜80～100头，当瓢蚜比1:500时，一周后有蚜叶率下降60%以上；蚜茧蜂寄生率20%～70%；黑软蚧蚜小蜂对红蜡蚧的寄生率4～5月达12%～90%，8月前后达32%～95%；八十年代，贵州省都匀市郊无人管理的柚和金橘上，矢尖蚧金小蜂对越冬雌成虫的寄生率一般稳定在60%～75%，此类树矢尖蚧未见成灾；广东杨林华侨农场平塘分场个别椪柑园松毛虫赤眼蜂对拟小黄卷叶蛾卵的寄生率高达90%，虫口数量被控在很小的基值内；1990年，贵州省罗甸上隆茶果场内白粉虱和黑刺粉虱若虫寄生率高达72.6%～84.3%，甜橙叶片上处处是红色霉状物。两种粉虱在粉虱座孢菌的寄生下，一直处于轻为害不防治状态；浙江省调查，松毛虫赤眼蜂对橘园油桐尺蛾卵的寄生率达21.7%，并相对长久地保持自然平衡；四川省重庆市郊9～10月凤蝶赤眼蜂对卵的寄生率在80%以上；贵州省三都县6～8月，凤蝶蛹金小蜂寄生率达65%～75%；福建省福州橘区松毛虫赤眼蜂、拟澳洲赤眼蜂6～8月，对凤蝶卵的寄生率为42.9%～60.1%，6～7月蝶蛹金小蜂对蛹的寄生率达57.4%～69.3%。这都是凤蝶幼虫在大多数橘园危害轻的主要原因。

2. 人工繁育利用天敌的事例：据统计，全世界引进天敌控制害虫，取得成功并有较大影响的记录就达225例。美国是率先国家：1889年从澳洲引进澳洲瓢虫，有效地控制了柑橘吹绵蚧的为害；1892年又从澳洲引进孟氏隐唇瓢虫，防治柑橘粉虱取得良好效果；1929年将新泽西州寄生于草莓卷叶蛾的优势天敌梨小赤茧蜂进行人工繁育，释放于梨园，显著减轻了梨小食心虫的蛀果为害率；1941年从日本引进康氏粉蚧短角跳小蜂和粉蚧三色跳小蜂，完全控制了康氏粉蚧的为害。加拿大1928年-1933年，大规模饲放美洲赤眼蜂防治梨小食心虫，控制了此虫的危害。日本1925年从中国南方采集斯氏寡节小蜂，引入国内饲放，控制了黑刺粉虱；1931年由美国引进苹果绵蚜日光蜂，阻止了这种检疫性害虫的猖獗为害。五十年代末期，贵州省黔南自治州农科所植保室引进澳洲瓢虫，释放防治吹绵蚧，当年就基本消灭了害虫。烟台地区1977年人工繁殖松毛虫赤眼蜂，防治苹果小卷叶虫达17万余亩，次年又利用赤眼蜂防治梨小食心虫5万多亩，效果良好，并兼治了刺蛾、吸果夜蛾等其它害虫。

3. 我国果树害虫的防治措施，可以说数十年来都以化学防治为主。使用化学农药防治病虫是果树植物保护中的常用方法。但化学农药大量使用也带来了一些严重问题，如害虫抗药性增强，病虫害暴发频率增加，次要害虫上升为主要害虫，农药在农产品中残留及对果树生态环境的污染和破坏等，2001年底我国已经加入"WTO"，现在世界农业正向生态农业、有机农业、无公害农业发展，世界发达国家对农产品中农药、化肥等有害物质的污染极为重视，我国无公害食品研究和生产的速度也是很快的，果树害虫的天敌及有益昆虫利用近几年发展很快，通过保护害虫的天敌或人工繁殖害虫的天敌，释放到果园，可直接降低害虫种群数量，发挥生物防治的作用，能替代部分化学农药或减少其使用次数与用量，减少环境污染。生产无公害果品，也可以配合使用高效、低毒、低残留的化学农药，但禁止使用高毒农药，有限制地选用中等毒性农药。全面贯彻"预防为主，综合防治"的植保方针，用现代经济学、生态学及环境保护的观点，对果树病虫害进行全面治理，从改善果园生态环境入手，加强农业管理，优先选用农业技术和生物防治法，尽量减少农药用量，改进施药方法，减少污染和残留，把果树病虫害控制在经济阈值以下。当前果树病虫害防治工作仍需做好以下几方面的工作。

一是认真研究主要害虫种群空间分布密度、为害烈期、寄主耐害损失与经济阈值之关系，确定防治指标、防治适期和施药次数，不能见虫就打，打保护药和预防药，不要随意提高药液浓度，虫口数量少时尽可能不施药。

二是充分利用农业技术措施防治害虫。例如柑橘大实蝇、橘实蕾瘿蚊、花蕾蛆和橘灰象等许多害虫，均各有一个虫态在表土层内越冬。冬季施肥时，结合翻埋表土就可以影响这些虫态的正常发育，间接起到有效的杀灭作用；在橘大实蝇危害严重，蛀果率高达50%以上的柑橘园，只要坚持毒饵诱杀成虫，彻底适时处理"三果"，坚持几年便可显著控制其为害；柑橘全爪螨等叶螨大发生时，用机压喷雾器结合浇水，冲洗叶片，虫量马上降低，短期难以恢复。对木虱、无翅蚜等也可采用这种办法；矢尖蚧危害严重的果园，夏季修剪或冬季清园时，把剪下的虫梢置于园周堆放不予烧毁，蚜小蜂等寄生天敌得以保护，对自然控制第1代为害十分有效；柑橘凤蝶、玉带凤蝶等大型幼虫，人手捕捉也是有效的。

三是必须使用化学农药时，首先应选择低毒高效、杀虫谱窄、对天敌安全系数大的或杀伤力相对小的品种，施用浓度也应选择最低的有效倍数。噻嗪酮、炔螨特、噻螨酮、敌敌畏、敌百虫、机油乳剂、高脂膜等类似品种，都属优选之列。

四是有条件的地方，可用黑光灯或频振式太阳能杀虫灯诱杀、毒饵诱杀、性诱剂诱杀、辐射不育、昆虫核型多角体病毒、苏云金杆菌等措施防治害虫。

五是加强区域调查和标本采集，摸清当地天敌种类，制定行政保护措施和方法。只要思想上真正认识到天敌的重要性，持之以恒地在行动中予以保护，大自然就会非常公正地予以厚报。

六是改善果园生态条件建设，在果园中适当种植蜜源植物或牧草，改善天敌昆虫生存环境，增加食料来源，提高天敌种群数量，有条件的人工繁殖释放赤眼蜂、捕食螨等天敌昆虫，逐渐达到以益虫控制害虫的目的，逐渐取得相当于或略好于用化学农药防治病虫的效果。1994 年福建省农科院植保所与英国国际昆虫研究所合作，引进国外已经成为商品的胡瓜钝绥螨，结合中国研制成功胡瓜钝绥螨人工饲料配方，建成我国年生产10 亿只益螨的产业化基地，已形成生产、包装、储存、释放应用生产线，现已在全国大面积推广，为我国农产品进入国际市场提供生物防治途径，并大大推进我国果树可持续发展进程。

食虫瓢虫(Entomophagous lady beetles)

澳洲瓢虫、大红瓢虫、小红瓢虫、食螨瓢虫、七星瓢虫、异色瓢虫、龟纹瓢虫等都是天敌昆虫，捕食性瓢虫。属鞘翅目，瓢虫科。食虫瓢虫约占瓢虫科的 3/4。各国利用瓢虫防治果树害虫已有数十种之多。

防治对象 成虫、幼虫捕食叶螨、蚜虫、蚧壳虫、粉虱、木虱、叶蝉等小型昆虫。

利用方法 (1)用澳洲瓢虫、大红瓢虫、小红瓢虫防治果树害虫吹绵蚧。4 ~ 6 月移殖散放到果园中心枝叶茂密、吹绵蚧多的果树上，每 500 株受害树，散放 200 头成虫，散放后 2 个月可

澳洲瓢虫捕食吹绵蚧

黑缘红瓢虫食害苹果球蚧

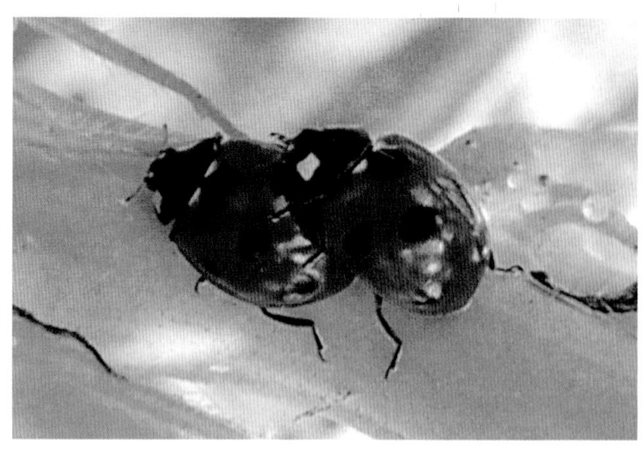

七星瓢虫成虫正在交尾

七星瓢虫幼虫取食蚜虫

消灭吹绵蚧。我国 1955 年从苏联引进广州，效果好，此后移入广东、广西、贵州、四川、云南、湖北、湖南等省应用至今。(2)用孟氏隐唇瓢虫等小毛瓢虫防治粉蚧。散放在广东、福建防治柑橘、咖啡等粉蚧获得成功。(3)利用食螨瓢虫防治果树害螨。常用的有深点食螨瓢虫、广东食螨瓢虫、拟小食螨瓢虫、腹管食螨瓢虫。生产上华北用深点食螨瓢虫防治苹果叶螨。后 3 种分布东南各省，年繁殖 5 ~ 6 代，成长若虫 1 天食害螨 100 ~ 200 头，生产上在 4、5 月和 9、10 月散放在柑橘树上，每 30 ~ 40 667m^2 中央 10 株放 200 ~ 400 头，可控制柑橘全爪螨。(4)利用七星瓢虫等防治果树蚜虫。食蚜瓢虫除七星瓢虫外，还有异色瓢虫、龟纹瓢虫、六斑月瓢虫。于 4 ~ 5 月间把麦田的上述瓢虫引移到果园，每 667m^2 移入千头以上，可有效地防治果树蚜虫。也可在早春利用田间的蚜虫饲养繁殖瓢虫，然后散放到果园中控制果树蚜虫效果好。

草蛉(Green lacewings)

草蛉是捕食性天敌昆虫，幼虫又称蚜狮，属脉翅目草蛉科。已知有 86 属 1350 多种，中国有 15 属百余种，常见的有大草蛉、中华草蛉、叶色草蛉、晋草蛉等，分布在长江流域及北方各省。普通草蛉分布在新疆、河南、台湾等地。

防治对象 草蛉成虫和幼虫捕食多种害虫的卵和幼虫，由于该虫食量大，行动迅速，捕食能力强。可用于防治果树叶螨、蚜虫、温室白粉虱等。晋草蛉嗜食螨类，可用于防治山楂叶螨和橘全爪螨、苹果叶螨等。大草蛉嗜食蚜虫，可用于防治果树蚜虫。

草蛉成虫放大

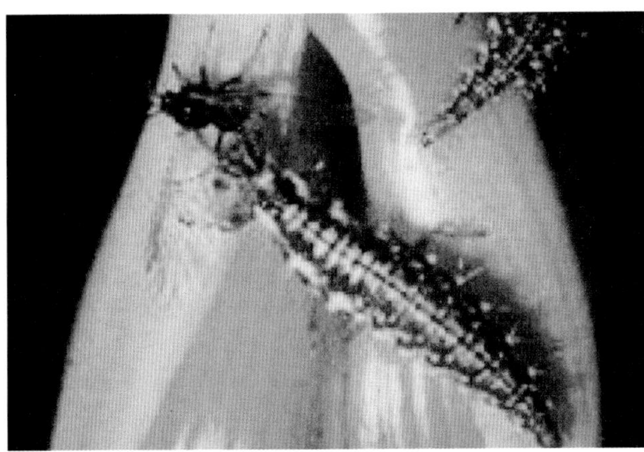

草蛉幼虫捕食蚜虫

利用方法 可在上述叶螨、蚜虫初发时投放即将孵化的灰色蛉卵，挂带卵纸条，也可把蛉卵放入1%琼脂液中，用喷雾法施放。新羽化的成虫先集中大笼饲养，喂饲清水和啤酒酵母干粉加食糖混合(10∶8)的人工饲料，进入产卵前期转入产卵笼饲喂。每笼养雌草蛉50～75头，搭配少量雄虫，笼内壁围衬卵箔纸，24小时可获草蛉卵700～1000粒，每天更换卵箔纸1次，添加清水和饲料。把卵箔装进塑料袋封口置于8～12℃条件下，可存放30天，卵仍可孵化。

赤眼蜂(Trichogram matids)

是卵寄生性天敌昆虫。是赤眼蜂科和赤眼蜂属昆虫的总称。属膜翅目，小蜂总科。我国应用较多的是松毛虫赤眼蜂、拟澳洲赤眼蜂、舟蛾赤眼蜂及稻螟赤眼蜂等。

防治对象 生产上用于防治桃蛀螟、枣尺蠖、松毛虫、亚洲玉米螟、棉铃虫、大豆食心虫等。均以卵寄生。成虫把卵产在寄主卵内，幼虫取食卵黄后化蛹在卵中，引起寄主昆虫死亡。

利用方法 我国用米蛾、蓖麻蚕、柞蚕及松毛虫的卵，繁殖松毛虫赤眼蜂和拟澳洲赤眼蜂，这两种赤眼蜂在蓖麻蚕卵内，25℃发育历期10～12天，其中卵期1天，幼虫期1～1.5天，预蛹期5～6天、蛹期3～4天，每年可繁殖30～50代。繁殖时可从田间采集被赤眼蜂寄生的害虫卵，羽化后进行鉴定再饲养。用于寄生的蓖麻蚕卵先洗掉表面胶质，用白纸涂薄胶后，把蚕卵均匀黏上制成卵箔或称卵卡。繁蜂时把卵箔置于繁蜂箱透光

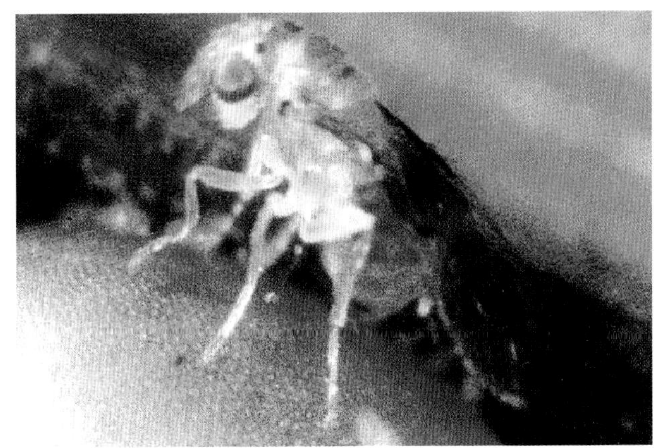

赤眼蜂成虫正在产卵

的一面，当种蜂羽化30%～40%时接蜂。成蜂趋光并趋向蚕卵寄生。种蜂和蓖麻蚕卵的比约为2∶1或1∶1，适温25～28℃，相对湿度85%～90%为适。田间放蜂、繁蜂及防治对象的卵期应掌握恰当才能奏效。制好的蜂卡可在蜂发育到幼虫期或预蛹期时，置于10℃以下冷藏保存，50～90天内羽化率不低于70%。放蜂时，可把即将羽化的预制蜂卡，按布局分放在田间放蜂期中使其自然羽化，也可先在室内使蜂羽化、再饲以糖蜜，然后到田间均匀释放。防治发生代数较多或产卵期较长的害虫时，应在害虫产卵期内多放几次蜂。

捕食螨(Predacious mites)

捕食螨是具有捕食害螨及害虫能力螨类的统称。如胡瓜钝绥螨、尼氏钝绥螨、巴氏钝绥螨、智利小植绥螨能有效地控制果园的叶螨。我国从70年代起开始利用尼氏钝绥螨、穗氏钝绥螨、东方钝绥螨、拟长毛钝绥螨。近年又引进了智利小植绥螨、西方盲走螨等。

防治对象 柑橘全爪螨等。捕食叶螨时，先用触肢探索，再用螯肢夹住，随后把口器插入叶螨体内吸食汁液，直至吸干为止。

利用方法 (1)先大量饲养叶螨，才能大量繁殖智利小植绥螨等，我国对几种钝绥螨的饲养繁殖，多采用隔水法，在瓷盆内垫泡沫塑料，上盖一层薄膜，饲料和钝绥螨放在薄膜上，盘中加浅水隔离，防止钝绥螨逃逸。(2)果园内种植益螨栖息植物(果实及豆类)，增加其栖息场所和食料来源，注意合理灌溉，提高果

尼氏钝绥螨捕食红叶螨

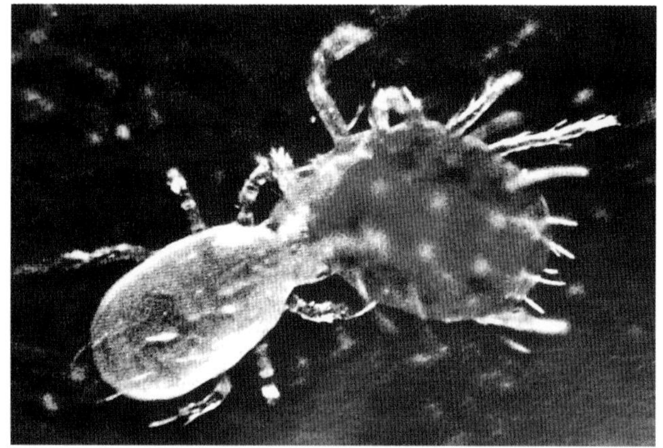

胡瓜钝绥螨(左)正在捕食苹果全爪螨

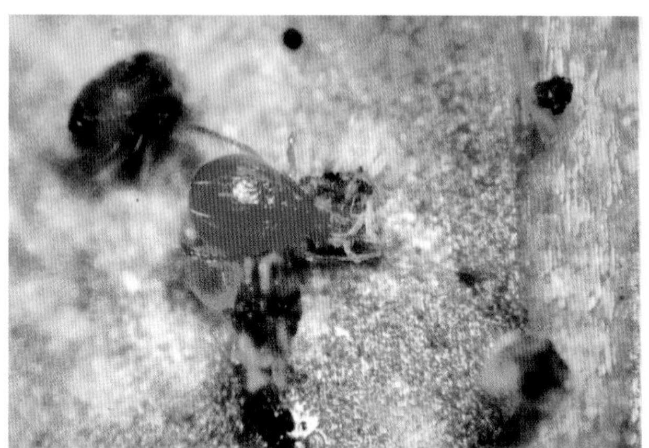

智利小植绥螨捕食多种果树上的害螨

释放纸袋中的捕食螨防治多种果树害螨

园水湿条件和相对湿度,并加强测报,必要时进行挑治,以利益螨的繁殖,使益螨种群数量增加,维持益、害螨之间的数量平衡,把害螨控制在经济阈值允许的范围之内。我国江西柑橘园中已取得成功。(3)目前胡瓜钝绥螨、智利小植绥螨、尼氏钝绥螨、瑞氏钝绥螨、巴氏钝绥螨、长毛钝绥螨、加州钝绥螨用于防治柑橘、苹果、桃、梨、枣等果树及桑树、茶、棉花、玉米等农作物上的叶螨、锈壁虱、跗线螨、粉虱、蓟马等,配合其它综合防治措施可以达到不用农药或少用农药,减少农药残留,防治成本仅为常规化学防治的30%,提高产值5%~10%。用捕食螨防治害螨现已在全国20多个省、500个县市推广,2008年7亿只胡瓜钝绥螨还出口到荷兰和德国。

黑带食蚜蝇

黑带食蚜蝇(*Epistrophe balteata* De Geer)是食蚜蝇的一种。主要以幼虫捕食果树蚜虫、叶蝉、介壳虫、蓟马及蛾蝶类害虫的卵和初孵幼虫,是果树害虫的重要天敌昆虫之一。成虫喜食花蜜。幼虫蛆形,头尖尾钝,体壁上有纵向条纹,碰到蚜虫就用口器咬住不放,举在空中吸,把体液吸干后丢弃一旁,又继续捕食。每只幼虫一天可捕食蚜虫120头,一生捕食1400头左右。黑带食蚜蝇在华北、陕西一带年生4~5代,卵期3~4天,幼虫期9~11天,蛹期7~9天,多以末龄幼虫或蛹在植物根际处土中越冬, 翌春4月上旬成虫出现,4月中下旬在果树及其他植物上活动或取食。5、6份各虫态发生数量很多。7~8月份蚜虫

黑带食蚜蝇成虫(李裕嫦 摄)

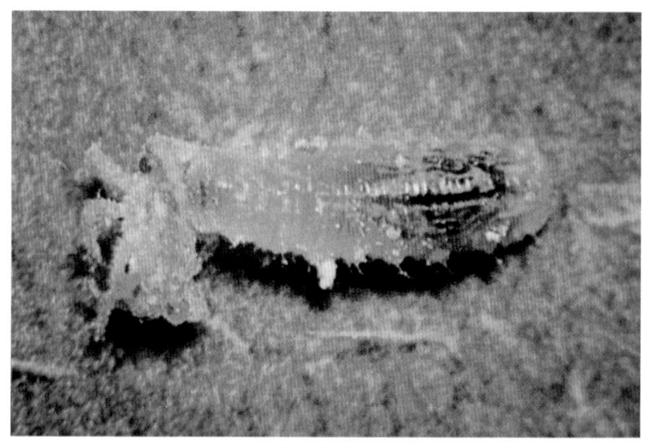

黑带食蚜蝇幼虫

食蚜蝇成虫

等食料缺乏时化蛹越夏，秋季又继续取食为害或转移至果园附近菜田、麦田、棉田或林木上产卵，孵化后继续取食蚜虫，秋后入土化蛹。

利用方法 捕食性食蚜蝇是消灭果树害虫的有效力量，今后保护利用主要途径是(1)招引和诱集。(2)人工繁殖和释放。(3)保护自然天敌。

螳螂

我国有50多种，常见的有广腹螳螂，大刀螳螂，中华螳螂。俗称砍刀。分布广。

防治对象 捕食蚜虫类、蛾蝶类、甲虫类、蝽象类等60多种果树上的害虫。

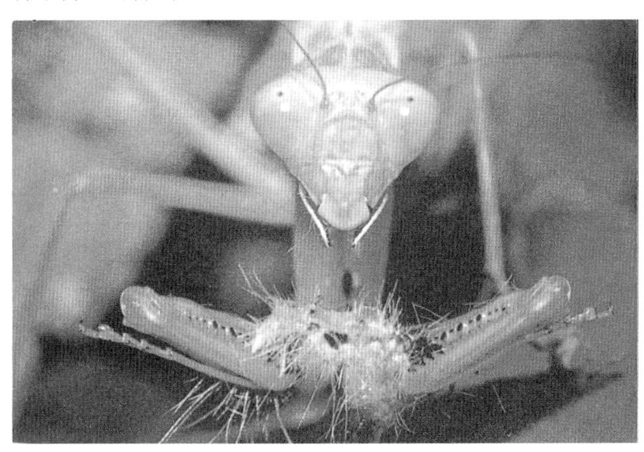

螳螂正在捕食害虫

利用方法 北方果区1年发生1代，以卵在树枝上越冬，每年5月下旬6月下旬孵化为若虫，8月羽化为成虫，成虫交尾后雌成虫把雄成虫吃掉，9月后产卵越冬，成、若虫期100~150天，均可捕食害虫，若虫能跳跃捕食，1~3龄若虫捕食蚜虫，尤其是有翅蚜，3龄后嗜食鳞翅目幼虫。成螳螂可捕食各虫态害虫，且食量大，每只螳螂1生可捕食2000多只害虫。可进行人工繁殖后释放：螳螂产卵后，采集有螳螂卵的枝条，放在室内保护越冬，翌春待若虫孵化后向果园内释放，每667m^{2}释放300只。注意保护，果园用杀虫剂时不要用杀虫谱广的菊酯类农药。

粉虱座壳孢菌和红霉菌

防治对象 粉虱座壳孢菌又名赤座霉。主要寄生对象有柑橘粉虱、烟粉虱、桑粉虱、温室白粉虱等，其中对柑橘粉虱幼虫寄生效果最好，成为我国柑橘种植区防治柑橘粉虱的一大法宝，经济有效，颇受橘农欢迎。粉虱座壳孢系真菌，其孢子寄生柑橘粉虱幼虫后表面产生肉质子座，初白色略隆起，后逐渐变成猩红色，因此又叫猩红菌。子座大小为1.2~3.3(mm)，顶端有分生孢子器孔口，稍凹陷。分生孢子纺锤形，内生3~4个油球。该菌以菌丝在子实体上越冬，在高温、高湿条件下侵染及传播速度快，寄生率高达90%以上。

红霉菌主要寄生多种介壳虫，如红圆蚧、黄圆蚧、褐圆蚧、糠片蚧、牡蛎蚧、长牡蛎蚧、矢尖蚧等，这些蚧壳虫都是柑橘生产上的重要蚧壳虫，尤其是华南、南亚热带尤为突出。红霉菌寄生上述介壳虫后，初在介壳周围长出粉红色至紫红色的分生孢

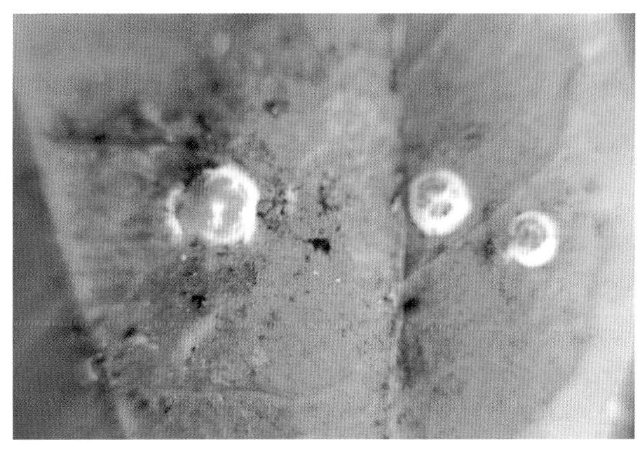

粉虱座壳孢子实体放大

子座，后整个介壳虫上长满了红色肉质子座，造成介壳虫死亡。该菌以菌丝体在子实体上越冬，生产上湿度大或雨日多的季节荫湿的橘园易发生，其寄生率不如粉虱座壳孢菌高。

利用方法 两种寄生菌均可在麦芽汁琼脂、玉米粉、马铃薯、葡萄糖和琼脂培养基上生长和培养。生产上多用麦芽汁琼脂培养基进行发酵培养。具体要求：含糖量10%、琼脂(洋菜)20%，pH5.5~6.5，在24~25℃相对湿度80%~100%的发酵室内培养，培养5~7天后培养基表面长满白色菌丝，经25~30天就可制成菌剂。菌剂制好后据含菌量多少，对水喷雾即可防治上述粉虱和介壳虫，对水量按说明书。此外，生长季节也可在老橘园采有粉虱座壳孢菌的柑橘叶片，挂在柑橘粉虱发生重的橘园中，让其自然传播。也可把采下叶片按1000个子座对水1升喷雾。

白僵菌(White muscardine fungi)

学名 *Beauveria* spp. 属真菌界无性型真菌，是昆虫的主要病原真菌。国产白僵菌粉剂，每克含活孢子50~80亿个。□

防治对象 鳞翅目、鞘翅目、半翅目、同翅目、双翅目、直翅目、膜翅目等200多种害虫的幼虫。在果树生产上目前可用于防治桃小食心虫、刺蛾类、梨虎象、柑橘卷叶蛾、拟小黄卷蛾、褐带长卷蛾、后黄卷叶蛾、荔枝蝽等。

利用方法 (1)用于防治桃小食心虫，在苹果园桃小越冬幼虫出土和幼虫脱果初期，树下地面喷洒白僵菌粉每平方米8g，与35%辛硫磷微胶囊剂每平方米0.3mL混合液，其防效相当于单用药剂。(2)防治柑橘卷叶蛾，于4~6月间拟小黄卷蛾、褐带

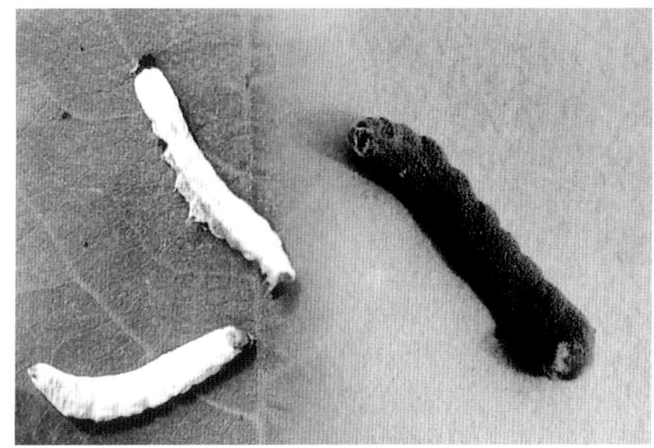

夜蛾幼虫被白(黑)僵菌寄生状

长卷蛾低龄幼虫发生期和卵盛孵期，树冠和地面喷洒每 g 含 50 亿个白僵菌活孢子菌液 300 倍液，对控制当代幼虫为害有一定效果，对控制下代幼虫有很好效果。(3)防治荔枝蝽，于 4～6 月荔枝、龙眼园该蝽成、若虫发生时，树冠和地面喷每 g 含 50 亿个白僵菌 300 倍液、效果好。此外，也可用自然感染白僵菌而死亡的荔枝蝽尸体捣碎制液喷雾、效果亦好。

苏云金杆菌(Bacillus thuringiensis)

是一种微生物源低毒杀虫剂，芽孢杆菌大小 1~1.2×3～5(μm)，产生的抗菌物质以胃毒作用为主，该菌可产生两大类毒素，即内毒素，又称伴孢晶体和外毒素，又称 α、β 和 γ 外毒素，其中以内毒素为主。害虫取食后在消化道中大量繁殖并产生毒素，伴孢晶体可使肠道在几分钟内麻痹，停止取食，最后害虫因饥饿和败血症而死亡。

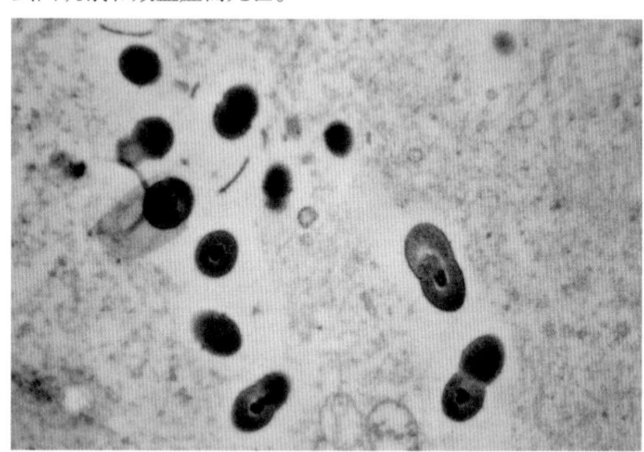

苏云金杆菌(Bt)

防治对象 能防治杀死果树多种鳞翅目害虫的幼虫，如刺蛾类、卷叶蛾类、桃蛀螟、桃小食心虫、枣尺蠖、天幕毛虫、棉铃虫、银纹夜蛾、豆天蛾等，且对草蛉、瓢虫等捕食性天敌安全。苏云金杆菌是世界各国产量最大的杀虫剂，其制剂因采用原料和方法不同，有浅黄色或黄褐色或黑色粉末。剂型比较多，如 100 亿活芽孢 / 克苏云金杆菌悬浮剂或可湿性粉剂，防治上述害虫用 800~1000 倍，或 10%苏云金杆菌可湿性粉剂 500~1000 倍或 2000 单位 / 微升悬浮剂 75~100 倍液、4000 单位 / 微升悬浮剂 150~200 倍或 8000IU/mg 可湿性粉剂 300~400 倍液、16000 单位 / 毫克悬浮剂 600~800 倍液、32000 单位 / 毫克可湿性粉剂 1200~1600 倍液。使用时加 0.1%的洗衣粉，可提高防效。该杀虫剂害虫取食后 2 天见效，持效期 10 天。

昆虫核型多角体病毒 NPV

核型多角体病毒(NPV)属杆状病毒科病毒。是一类能在昆虫细胞核内增殖的，具有蛋白质包涵体的杆状病毒。害虫通过取食感染病毒，而后病毒在害虫体内增殖，陆续侵染到虫体各部位，最后引起害虫死亡。该杀虫剂药效持久，不易产生抗药性，高效、低毒、使用安全，是生产无公害果品首选生物农药之一。我国已登记的核型多角体病毒已有 8 种，现以苜蓿银纹夜蛾核型多角体病毒为例介绍如下。

防治对象 对多种果树上的鳞翅目害虫都有好的效果，如银纹夜蛾、斜纹夜蛾、棉铃虫、大蓑蛾，在害虫发生初期或卵孵化盛期喷洒 10 亿 PIB/ 毫升苜蓿银纹夜蛾核型多角体病毒 800~1000 倍液，可有效控制上述害虫，5~7 天后再喷 1 次。幼虫大多数在施药后 4 天开始发病，5~7 天为发病高峰，5~6 天开始病死，6~8 天为病死高峰。针此应在 1、2 龄时施药，能更好发挥病毒作用，达到事半功倍的防治效果。

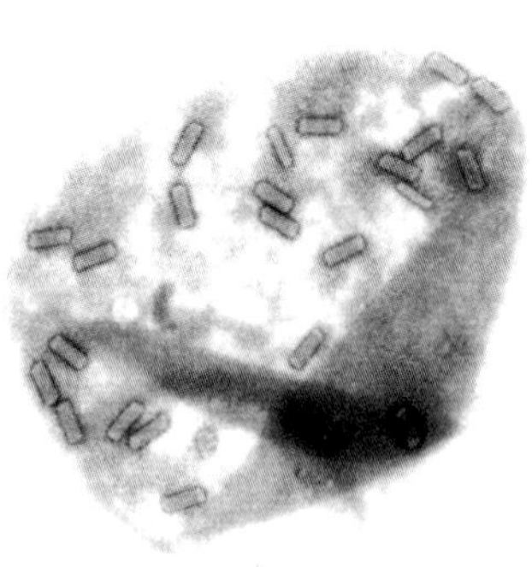

昆虫核型多角体病毒

食蚜瘿蚊

学名 *Aphidoletes* sp. 双翅目瘿蚊科。分布在北京、湖北、河南、陕西。

防治对象 主要捕食棉蚜和其他蚜虫。食蚜瘿蚊：体长 1.4~1.8(mm)，体形似蚊，触角念珠状 14 节，每 1 鞭节缢缩成 2 结节。翅透明，前缘脉粗壮，被鳞片，第 1、3 纵脉间无横脉。幼虫：橘黄色，体分 13 节，头部明显，触角长；胸部 3 节；腹部 9 节，末端有 8 根刺，幼虫共 3 龄。蛹：橘黄色，老熟幼虫最后脱下的皮构成围蛹。

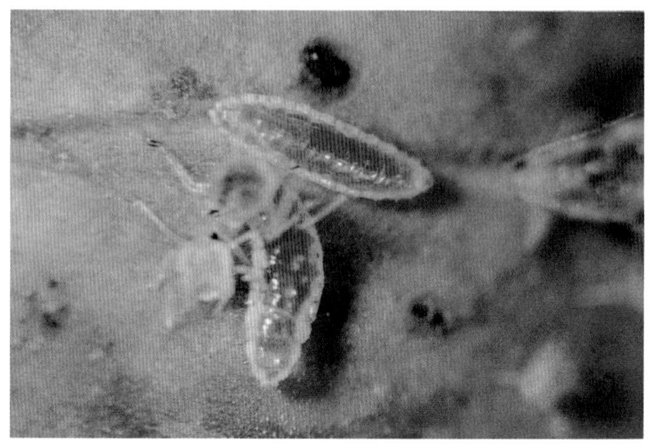

食蚜瘿蚊幼虫捕食蚜虫

利用方法 食蚜瘿蚊以幼虫结茧在蚜虫寄主附近的土表下越冬，于翌年 3~4 月间化蛹，成虫羽化后在有蚜虫的树木等早春寄主上产卵繁殖，4 月中下旬进入第 1 代成虫产卵盛期，5 月中下旬为第 2 代成虫产卵盛期，可在香蕉上见到幼虫捕食棉蚜、交脉蚜。成虫行动灵敏飞翔迅速，喜在密集的叶背或嫩茎上产卵，幼虫孵化后即可捕食初生若蚜，长大后捕食成蚜。用口钩抓住蚜虫腹部或足等处，吸食体液。该瘿蚊对化学农药特别敏感，发生期应暂停使用广谱杀蚜剂。

日本方头甲

是最重要的捕食性天敌，属鞘翅目方头甲科。成虫：椭圆形，长 0.8~1.1(mm)，体背漆黑色有光泽无绒毛。头近长方形，口器、触角及足黄褐色。雌成虫全体黑色，仅前胸部腹面黑棕色，雄成虫头、前胸背板浅黄色或深褐色至黑褐色。幼虫：初孵幼虫

肉红色,老熟幼虫体长 2mm,头、胸足黑褐色,余黄褐色。

防治对象 主要捕食矢尖蚧、褐圆蚧、黑点蚧、糠片蚧、桑盾蚧、红圆蚧、柿绵蚧、琉璃圆蚧等,还可捕食柑橘叶螨。

日本方头甲成虫、幼虫取食桑白蚧

利用方法 日本方头甲年生 3~5 代,以成虫越冬,翌年 3 月成虫开始活动,气温高于 16℃开始产卵,每只产卵 37~49 粒,10 月中下旬气温 20℃时停止产卵。卵多产在介壳虫的雌介壳下,幼虫多在矢尖蚧的雄虫群中活动和取食,并破坏雄虫蚧壳致其死亡。日本方头甲可用马铃薯来饲养桑盾蚧繁殖,繁殖温度 20~25℃,和每日 12 小时以上光照条件,桑盾蚧繁殖快,繁殖量大。还可用南瓜在 25℃和 60%~85%相对湿度条件下饲养梨圆蚧和桑盾蚧来进行繁殖。田间释放时按日本方头甲与矢尖蚧比为 1∶100~200 的益害比释放日本方头甲经济效益好。天敌释放后果园不施有机磷和拟除虫菊酯类广谱杀虫剂,以免伤害天敌。

蜘蛛

蜘蛛种类多,种群数量大,属蜘蛛纲蛛形目,分属不同的科。我国有 3000 多种,现已定名的有 1500 多种,其中 80%生活在果园中,是果树害虫的主要天敌。如三突花蛛、草间小黑蛛、拟水狼蛛、八斑球腹蛛、黄斑圆蛛、线形猫蛛等。

防治对象 蜘蛛可捕食鳞翅目、同翅目、直翅目、半翅目、鞘翅目等多种果树害虫,如蚜虫、蝶类、毛虫类、蝽象、叶蝉、飞虱、卷叶蛾等多种害虫的成虫、幼虫及卵。

利用方法 蜘蛛寿命长,大型蜘蛛寿命可达多年,小型也在半年左右,进行两性生殖,雄蛛体小,出现时间也短,通常见到的多是雌蛛,抗逆性强,耐高温、低温和饥饿,是肉食性动物,行动敏捷,性情凶猛,专食活体,被它看见的猎物很少能脱逃。蜘蛛分织网和不织网两大类,结网的在地面土壤间隙做穴结网,也可在草丛间、树冠上结网,捕食被网粘住的害虫。不结网的蜘蛛多在地面上游猎,捕食地面和地下害虫,也可在树上、草丛、水面或墙壁等处猎食,捕食时先用螯肢刺入活虫体内,注入毒液,然后取食。利用时要创造适于蜘蛛生存的条件,尤其注意不要破坏蜘蛛结的丝网,收集田边、沟边杂草等处的蜘蛛,助其迁入果园。人工繁殖时,帮助繁殖母蛛越冬,待其产卵孵化后,分批释放到果园。也可在 2~3 月份田间收集越冬卵囊,冷藏在 0℃左右低温条件下,经 40 天对孵化无影响,待果树发芽后放进果园。防治害虫时不宜用广谱菊酯类农药。

盗蛛捕食害虫

三突花蛛正在捕食灰蝶

食虫蝽象

主要有海南蝽、茶色广喙蝽、东亚小花蝽、黑顶黄花蝽、白带猎蝽、褐猎蝽等,均属半翅目,蝽总科。是果树害虫天敌的一大类群,种类很多。

捕食对象 以成、若虫捕食凤蝶、蚜虫、叶螨、蚧类、叶蝉、蓟马、蝽象的卵或低龄幼虫。食虫蝽象多无臭味,喙坚硬似锥,前部向前延伸,弯曲成钩状,不紧贴头下。北方果区食虫蝽象 1 年发生 4 代,发生在 4~10 月,幼虫孵化后即可取食,专门吸取害虫卵汁及幼虫或若虫体液,捕食能力强,1 只小黑蝽成虫,每日捕食叶螨 24 只,卵 20 粒,蚜虫 27 只,以雌成虫在果树枝干的翘皮下越冬,翌年 4 月开始取食。

一种捕食性蝽正在捕食幼虫

光肩猎蝽成虫

小花蝽正在捕食叶螨

利用方法 (1)果园内注意招引或诱集食虫蝽象。(2)人工繁殖或释放。

上海青蜂

上海青蜂，学名为 *Chrysis shanghaiensis* Smith，成虫体长9~11(mm),雌蜂黑色,有绿、蓝、紫等金属光泽。单眼黄色,单眼座黑色,向后延伸成三角形。复眼赭色,触角基部绿色余黄色。前胸背板绿色,中胸盾片中央深紫色。翅脉深褐色,翅黑色有金属光泽。雄蜂腹部大部分紫蓝色,其余同雌蜂。

捕食对象 果树刺蛾。以幼虫寄生在刺蛾茧内蛰伏越冬,翌年4~5月间成虫羽化交尾,寻找刺蛾幼虫茧产卵,该蜂先在茧上咬1圆孔,把产卵管插入茧内刺螯幼虫,并分泌毒液,使幼

上海青蜂

虫麻痹,再在刺蛾幼虫体上产1粒卵,产后仍把产卵孔封闭,蜂孵化后在刺蛾幼虫体外取食体液。该蜂1年发生2代。如果1个刺蛾茧内产卵多粒,孵化的幼虫龄期不同时,大龄幼虫会咬食青蜂小幼虫。

利用方法 同食虫蝽象。

食虫鸟类

食虫的鸟类我国约有600多种,常见的有黄鹂、灰喜鹊、大斑啄木鸟、大杜鹃、燕子、大山雀、柳莺等。

防治对象 上述鸟类可啄食叶蝉、叶蜂、蚜虫、木虱、蝽象、金龟甲、蛾蝶等害虫,果园内所有害虫都有可能被鸟啄食,对害虫的控制作用不可低估。如大山雀在山区、平原果园及灌木丛中飞翔和跳跃，且在树洞中筑巢,1只大山雀每天捕食害虫的数量相当于其体重。大杜鹃喜栖息在开阔的林地喜欢啄食毛虫类,如刺蛾幼虫,1只成年杜鹃1天可捕300多只大型害虫。大斑啄木鸟,体上黑下白,尾下红色,在树上活动时,边攀登,边用嘴快速叩树,发现有虫即快速啄破树皮,用舌钩出害虫吞入口中，主要捕食天牛等鞘翅目害虫，食量很大，每天可取食1000~1400只。灰喜鹊喜把巢建在果园或林中，以金龟子、刺蛾、蓑蛾为食,1只灰喜鹊全年可吃掉1.5万只害虫。

利用方法 (1)教育青少年,要保护鸟巢、鸟蛋,不要用弹弓击鸟。(2)在果园内设鸟巢箱,招引鸟类进园,冬季或雪后在园中给饵,干旱地区给水,果园中种植益鸟食饵植物。(3)减少使用广谱杀虫剂,以免误伤食虫益鸟。

黄鹂报春

八色鸟

主 要 参 考 文 献

徐志宏.板栗病虫害防治彩色图谱 [M] .杭州：浙江科学技术出版社，2001.
成卓敏.新编植物医生手册 [M] .北京：化学工业出版社，2008.
冯玉增.石榴病虫草害鉴别与无公害防治 [M] .北京：科学技术文献出版社，2009.
赵奎华.葡萄病虫害原色图鉴 [M] .北京：中国农业出版社，2006.
许渭根.石榴和樱桃病虫原色图谱 [M] .杭州：浙江科学技术出版社，2007.
宁国云.梅、李及杏病虫原色图谱 [M] .杭州：浙江科学技术出版社，2007.
吴增军.猕猴桃病虫原色图谱 [M] .杭州：浙江科学技术出版社，2007.
梁森苗.杨梅病虫原色图谱 [M] .杭州：浙江科学技术出版社，2007.
蒋芝云.柿和枣病虫原色图谱 [M] .杭州：浙江科学技术出版社，2007.
王立宏.枇杷病虫原色图谱 [M] .杭州：浙江科学技术出版社，2007.
夏声广.梨树病虫害防治原色生态图谱 [M] .北京：中国农业出版社，2007.
夏声广.柑橘病虫害防治原色生态图谱 [M] .北京：中国农业出版社，2006.
林晓民.中国菌物 [M] .北京：中国农业出版社，2007.
袁章虎.无公害葡萄病虫害诊治手册 [M] .北京：中国农业出版社，2009.
何月秋.毛叶枣（台湾青枣）的有害生物及其防治 [M] .北京：中国农业出版社，2009.
陈福如.香蕉、菠萝病虫诊断与防治原色图谱 [M] .北京：金盾出版社，2006.
张炳炎.核桃病虫害及防治原色图谱 [M] .北京：金盾出版社，2008.
张炳炎.板栗病虫害及防治原色图谱 [M] .北京：金盾出版社，2008.
卿贵华.石榴病虫害及防治原色图谱 [M] .北京：金盾出版社，2008.
李晓军.樱桃病虫害及防治原色图谱 [M] .北京：金盾出版社，2008.
张一萍.葡萄病虫害及防治原色图谱 [M] .北京：金盾出版社，2007.
陈桂清.中国真菌志（一卷）白粉菌目 [M] .北京：科学出版社，1987.
余永年.中国真菌志（六卷）霜霉目 [M] .北京：科学出版社，1998.
庄文颖.中国真菌志（八卷）核盘菌科 [M] .北京：科学出版社，1998.
刘锡琎，郭英兰.中国真菌志（九卷）假尾孢属 [M] .北京：科学出版社，1998.
王云章，庄剑云.中国真菌志（十卷）锈菌目 [M] .北京：科学出版社，1998.
张中义.中国真菌志（十四卷）枝孢属、星孢属、梨孢属 [M] .北京：科学出版社，2003.
白金铠.中国真菌志（十五卷）茎点霉属，叶点霉属 [M] .北京：科学出版社，2003.
张天宇.中国真菌志（十六卷）链格孢属 [M] .北京：科学出版社，2003.
白金铠.中国真菌志（十七卷）壳二孢属，壳针孢属 [M] .北京：科学出版社，2003.
郭英兰，刘锡琎.中国真菌志（二十四卷）尾孢菌属 [M] .北京：科学出版社，2005.
张忠义.中国真菌志（二十六卷）葡萄孢属、柱隔孢属 [M] .北京：科学出版社，2006.
葛起新，中国真菌志（三十八卷）拟盘多毛孢属 [M] .北京：科学出版社，2009.
洪健，李德葆.植物病毒分类图谱 [M] .北京：科学出版社，2001.
何振昌等.中国北方农业害虫原色图谱 [M] .沈阳：辽宁科学技术出版社，1997，12.
王金友，李知行.落叶果树病害原色图谱 [M] .北京：金盾出版社，1994，12.
张玉聚，武玉清.中国农业病虫草害原色图解，果树病虫害[M].北京：中国农业科学技术出版社，2008.
李剑书，张宝棣.南方果树病虫害原色图谱 [M] .北京：金盾出版社，1996.
曹子刚.桃李杏樱桃病虫害看图防治 [M] .北京：中国农业出版社，2000.
王璧生，刘景梅.芒果病虫害看图防治 [M] .北京：中国农业出版社，2000.
何等平，唐伟文.荔枝龙眼病虫害防治彩色图说 [M] .北京：中国农业出版社，2001.
夏声广，徐苏君.柿树病虫害防治原色生态图谱 [M] .北京：中国农业出版社，2008.
徐洪富，刘开启.苹果病虫害原色图谱 [M] .济南山东科学技术出版社，1995.
刘开启，徐洪富.梨桃杏樱桃病虫害原色图谱 [M] .济南山东科学技术出版社，1996.
温秀云，陈谦.葡萄病虫害原色图谱 [M] .济南山东科学技术出版社，1994.
冯明祥，窦连登.李杏樱桃病虫害防治 [M] .北京：金盾出版社，1995.
邱强.中国果树病虫原色图谱 [M] .郑州：河南科学技术出版社，2004.
彭成绩，蔡明段.荔枝、龙眼病虫害无公害防治彩色图说 [M] .北京：中国农业出版社，2003.
贺运春，路炳声.真菌学 [M] .北京：中国林业出版社，2008.
全国农业技术推广中心苹果病虫防治分册. [M] .北京：中国农业出版社，2006.
全国农业业技术推广中心.植物检疫性有害生物图鉴 [M] .中国农业出版社，2001.
全国农业技术推广中心.潜在的植物检疫性有害生物图鉴 [M] .中国农业出版社，2005.
谢联辉.普通植物病理学 [M] .北京：科学出版社，2006.
侯明生，黄俊斌.农业植物病理学 [M] .北京：科学出版社，2006，12.
C.J.阿历索保罗著，姚一建译.菌物学概论（第四版） [M] .北京：中国农业出版社，2002，6.
王江柱，吴研.常用通用名农药使用指南 [M] .北京：金盾出版社，2008.
张治良等，沈阳昆虫原色图鉴 [M] .沈阳：辽宁民族出版社，2009，11.
徐公天，杨志华，中国园林害虫 [M] .北京：中国林业出版社，2007.
杨子琦，曹华国，园林植物病虫害防治图鉴 [M] .北京：中国林业出版社，2002.
吕佩珂，苏慧兰，中国花卉病虫原色图鉴 [M] .北京：蓝天出版社，2006.
郭书普，新版果树病虫害防治彩色图鉴 [M] .北京：中国农业大学出版社，2010.

中国现代果树病害病原拉丁文学名索引

A

Acalitus phloeocoptes 188
Acrospermum viticola 331
Acrosporium caricae 638
Agrobacterium tumefaciens 33 101 169 189 195 231 451
A.rhizogenes 33
A.vitis 334
Aithaloderma clavalispora 662
Alternaria alternata .. 14 146 163 171 250 276 313 386 396 426
A.armeniacae 186
A.caricae 639
A.cerasi 224
A.citri 477
A.citrimacularis 477
A.fici 467
A.gaisen 87
A.mali 3 4 88
A.passiflorae 646
A.pomicola 26
A.pruni 177
A.querei 278
A.solani 386
*A.*sp. 250 301 662
A.tenuis 192
A.tenuissima 146 163 185 225 588
A.viticola 328
A.vitis 332
Annellolacinia dinemasporioides 625
Aphelenchoides fragariae 403
Apiosporina morbosa 178
Apple chlorotic leaf spot virus (ACLSV) 27 102 233
Apple mosaic virus (ApMV) 189
Apple proliferation *Phytoplasma* 34
Apple skar skin viroid (ASSVd) 35
Apple stem grooving virus (ASGV) 27
Apple stem pitting virus (ASPV) 27
Armillariella mellea 30
A.tabescens 30 230 253
Arthrocladiella mougeotii polysporae 385
Ascochyta crataegi 145
A.eriobotryae 535
A.longan 554
A.mangiferae 586
*A.*sp. 315 547
Aspergillus niger 249 424
Aureobasidium pullulans 171

B

Banana bunchy top virus (BBTV) 602
Botryodiplodia theobromae 297 370 424 480 584 599 621 633
Botryosphaeria berengeriana 19 146 193 636
B.berengeriana de Not.f.sp.*piricola* 23 91
B.dothidea 19 94 172 180 184 230 300 374 478
B.rhodina 636
B.ribis 430
Botryotinia fuckeliana 224
Botrytis cinerea 9 224 250 327 369 386 397 450 467

C

Cadidatus Liberobacter asiaticum 487
Caeoma makinoi 193
Capnodium citri 488
C.mangiferae *586*
C.walteri 662
Cephaleuros parasiticus 550
C.virescens 550 556 634 660
Ceratocystis fimbriata 430
Cercospora circumscissa 159 191
C.eriobotryae 302
C.fragarina 396
C.lycii 384
Chaetothyrium spinigerum 488
Cherry little cherry virus 233
Cherry mottle leaf virus 233
Cherry rasp leaf virus 233
Cherry rusty mottle virus group 233
Cherry twisted leaf virus 233
Chondrostereum purpureum 7
Citrus exocortis viroid (CEVd) 482
Citrus tatler leaf virus (CTLV) 486
Cladosporium carpophilum 160 176 186 195
C.caricinum 640
C.cladosporioides 625
C.herbarum 163 171 586
C.macrocarpum 171
C.oxysporum 374
*C.*sp. 475 663
C.tenuissimum 428
Clasterosporium carpophilum 174
C.eriobotryae 536
Coconut cadang-cadang viroid (CCCVd) 613
Coconut palm lethal yellowing *Phytoplasma* 612
Colletotrichum acutatum 639
C. capsici 647

C. fragariae 399
C.gloeosporioides 12 98 164 177 184 192 224 245 272 276 314 322 384 428 448 466 537 548 553 631 636 650 652 660 666
C.musae 598
Colomerus dispar 279
C.vitis 339
Coniella castaneicola 273
C.granati 423
Coniothyrium aleuritis 247
C. canarii 652
C.diplodiella 325
C. fukelli 247
C.litchii 546
C.pirinum 3
Cordana musae 597
Corticium salmonicolor 482 539 618 632
Corynespora citricola 475
C.pruni 588
Cristulariella moricola 331
C. pyramidalis 253
Cronartium quercuum 274
Cryphonectria parasitica 275
Cryptosporella viticola 324
Cryptosporiopsis malicorticis 22 550
Cucumber mosaic virus CMV 648
Cucumber mosaic virus strain Banana 601
Curvularia eragrostidis 624
Cuscuta japonica 255
Cylindrocladiella tenuis 630
Cylindrocladium camelliae 558
C. scoparium 632
Cylindrosporium mali 15 21
Cytospora carphosperma 92
C. ceratophora 277
C.juglandis 298
*C.*sp. 248 489

D

Dematophora necatrix 29 253 334
Deuterophoma tracheiphila 492
Diaporthe ambigua 93
D.citri 480
D.medusaea 333
Diderma hemisphaerieum 404
Didymella cocoina 611
Diplocarpon soraueri 87
Diplodia natalensis 97
Dothiorella dominicana 585
D.gregaria 172 177 248
Drechslera fugax 624

E

Elsinoe ampelina 323
E.fawcettii 483
Endothia parasitica 275
Entomosporium eriobotryae 535
E. mespili 88 98
Eriophyes macrodonis 385
*E.*sp. 303
Erwinia amylovora 101
E.jujubovra 251
E. quercina 277
E.rhapontici 99
*E.*sp. 374

F

Fabraea maculata 87
Fomes lamaensis 553
F. fulvus 147 168 230
Fumago vagans 427 536
Fusarium camptoceras 31
F.lateritium Nees ex LK.var.*longum* 656
F. moniliforme 276
F.oxysporum 31
F.oxysporum Schl.sp.*cubense* 599
F.oxysporum Schl.sp.*fragariae* 398
F.solani 31 546 553 664
Fusicladium dendriticum 6
F.kaki 449
F. levieri 450
F. virescens 89
F. viticis 332
Fusicoccum sp. 180 250
F.persicae 167
F.viticolum 142

G

Galerucella maculicollia 309
Geotrichum candidum 478 549 558 633
Gibberella fujikuroi 276
Gloeodes pomigena 11 96 586
Glomerella cingulata 164 177192 245 272 314 322 384 428 448 472 583 622 648 656 657
Gnomonia fructicola 395
G.leptostyla 296
Grape stem pitting-associated virus (GSPaV) 335
Grape stem pitting-associated virus (GSPaV-1) 335
Grapevine fanleaf virus GFLV 335
Grapevine flavescence doree *Phytoplasma* 337
Grapevine leafroll virus (GLRV) 338
Grapevine yellow speckle viroid (GYSVd) 336

Grape virus B (GVB) 335
Guignardia bidwellii 329
*G.*sp 586
Gymnosporangium asiaticum 86
G.haraeanum Syd.f.sp.*crataegicola* 141
G.clavariiforme 141
G.yamadai 5

H

Helicobasidium mompa 28
H.purpureum 28
H.sp. 481
Helminthosporium sp. 557
H.torulosum 597
Hendersonula psidii 635

J

Japanese hawthron witches´ *Phytoplasma* 144
Jujube mosaic virus (JMV) 254
Jujube witches´ broom,*Phytoplasma* 255

L

Leptothyrium pomi 11 186
Leucostoma cincta 168 178 185 228 617
Longan witches´ broom virus 559

M

Macrophoma faocida 326
M.kawatsukai 91 146
*M.*sp. 623
Macrophomina phaseoli 314
Marssonina dimocarpi 554
M.fragariae 395
M.juglandis 296
M.mali 2
Melanconium juglandinum 297
Meliola butleri 488
M.capensis var.euphoriae 556
Meloidogyne arenaria 173 482 602
M.hapla 173
M.incognita 173 338 482 602 637
M.javanica 173 602
M.mali 32
Metasphaeria sp. 621
Microsphaera akebiae 298
M.alni 272
Monilia crataegi 143
Monilinia fructicola 161 175 183 222
M.fructigena 10 95 161 175 227
M.johnsonii 143
M.laxa 161 183 222 427
M.mali 9
Monochaetia monochaeta 279
M.pachyspora 422
Mucor piriformis 96
Mycosphaerella cerasella 159 191 226
M.citri 476
M.coffeicola 651
M.lythracearum 421
M.musicola 595
M.myricae 617
M.nawae 448
M.passiflorae 646
M.sentina 86
*M.*sp. 367
Mycovellesiella myrtacearum 635
Myxosporium psidii 633

N

Nectria cinnabarina 21 94 228 275
N.galligena 21 183
N.haematococea 647
Neocapnodium tanakae 253

O

Oidium caricae-papayae 638
O.mangiferae 585
O.tingitaninum 474
O.zizyphi 252
Oospora citri-aurantii 478

P

Papaya ring-spot virus South China (PRSV) 640
Parmelia cetrata 488
Passionfruit woodiness viurs (PWV) 648
Peach latent mosaic viroid (PLMVd) 171
Pear decline *Phytoplasma* 103
Pellicularia rolfsii 230
Peltigera ophthosa 658
Penicillium digitatum 479
P.expansum 10 95 164 276
P.frequentans 144
P.italicum 479 490
Peronophythora litchii 547 638
Pestolotia diospyri 449
P.pezizoides 329
Pestalotiopsis disseminata 549
Pestalotiopsis disseminatum 634
Pestalotiopsis eriobotryae-japonica 534
Pestalotiopsis eriobotrifolia 535 537
Pestalotiopsis gracilis 658
Pestalotiopsis coffeae 651
Pestalotiopsis mangiferae 587
Pestalotiopsis macadomii 622
Pestalotiopsis maculans 656

Pestalotiopsis osyridis 273
Pestalotiopsis palmarum 655 661
Pestalotiopsis pauciseta 557
Pestalotiopsis scirrofaciens 662
Pestalotiopsis sinensis 314
Pestalotiopsis uvicola 329
Pezicula malicorticis 96
Phaeoramularia dissiliens 321
Phakopsora ampelopsidis 330
P.fici-erectae 468
P.zizyphi-vulgaris 246
Phoma citricarpa 473
P.citricarpa var.mikan 473
P.destructiva 250
P.mangiferae 588
P.pomi 15
*P.*sp. 645
Phomopsis amygdalina 162
P.ananassae 624
P.destructum 633
P.fukushii 93
P.guiyuan 556
P.longanae 547 557
P.mali 225
P.mangiferae 589
P.obscurans 394
P.punicae 424
P.truncicola 20
P.viticola 366
P.wampi 658
Phyllactinia guttata 272 299
P.kakicola 451
P.pyri 90
P.roboris 272
Phyllosticta annonicola 631
P.artocarpina 623
P.bejeirinckii 191
P.carica 468
P. caricae-payae 638
P.castaneae 278
P.cocophila 612
P.crataegicola 144
P.dimocarpi 555
P.eriobotryae 536
P.erratica 474
P.fragaricola 395
P.juglandis 301
P.maculiformis 279
P.mortoni 587
P.musarum 598
P.pirina 4 88
P.prunicola 165
P.sapotae 660
P.sapoticola 660
P.solitaria 16
*P.*sp. 546 651 658
P.zizyphi 246
Physalospora baccae 326
P.obtusa 12
P.piricola 91 146
Physopella ampelopsidis 330
Phytophthora cactorum 14 89 399
P.cambivora 274
P.cinnamomi 100 274 620 625 630 666
P.citricola 100 371
P.citrophthora 468 473
P.fragariae var. fragariae 401
P.fragariae var. rubi 406
P.katsurae 274
P.lateralis 371
P.nicotianae 638 647
P.nicotianae var.parasitica 473
P.palmivora 252 371 537 611 638 652
*P.*sp. 662
Plasmopara viticola 320
Plum pox virus (PPV) 170 180 190
Podosphaera leucotricha 8
P.oxyacanthae 141
P.tridactyla 160
Polystigma deformans 181
P.rubrum 175
Polytigmina rubra 175
Pratylenchus vulnus 32
Prune dwarf virus (PDV) 232
Prunus chlorotic leaf spot virus 189
Prunus necrotic ringspot virus (PNRSV) 34 231 233
Pseudocercospora actinidiae 367
P.canarii 652
P.chentuensis 385
P.circumscissa 159 183 191 226
P.eriobotryae 534
P.fici 467
P.fijiensis 596
P.fragarina 396
P.hangzhouensis 369
P.jujubae 247
P.kaki 448
P.musae 595

P.psidii 635
P.pterocaryae 296
P.punicae 421
P.vitis 321
P.wellesiana 648
Pseudomonas syringae pv.*actinidia* 373
P.syringae pv.*avellanae* 315
P.syringae pv.*averrhoi* 649
P.syringae pv.*castaneae* 276
P.syringae pv.*eriobotryae* 538
P.syringae pv.*morsprunorum* 179 229
P.syringae pv.*myricae* 618
P.syringae pv.*papulans* 16
P.syringae pv. *persicae* 162 193
P.syringae pv.*syringae* 101
P.viridiflava 372
Pythium aphanidermatum 637
*P.*sp. 429 597
P.ultimum 398

R

Radopholus similis 602
Ralstonia solanacearum 402 600
Ramularia grevilleana var. *grevilleana* 394
Rhadinaphelenchus cocophilus 613
Rhizoctonia solani 15 397 471
Rhizopus stolonifer 166 187 228 249 277 400
Rosellinia necatrix 28 100 253 334

S

Satsuma dwarf virus (SDV) 486
Schizophyllum commune 21 230 280 300
Sclerotinia sclerotiorum 369
Sclerotium rolfsii 29 100 371 630
Scolecotrichum vitiphyllum 332
Septoria artocarpi 623
S.crataegi 145
S.piricola 185
Septobasidium bogoriense 180 194 302
S.citricolum 481
S.tanakae 194
Sphaceloma ampelinum 323
S.fawcetti 483 490
S.mangiferae 589
S.punicae 425
S.sp. 142
Sphaeropsis malorum 12 539
S.sp. 298
S.tumefaciens 485
Sphaerotheca aphanis 400
S.pannosa 110
Sphaerulina rubi 406
Spilocaea pomi 6
Spiroplasma citri 485
Stenella citri-grisea 476
Stony pit of pear virus 103
Strigula complanata 559

T

Taphrina deformans 166
T.mume 193
T.pruni 176
Thanatephorus cucumeris 397
Thielaviopsis basicola 613 627
Tomato ring spot virus 337
Tomato spotted wilt virus (TSWV) 336
Trametes orientalis 551
Tranzschelia pruni-spinosae 165 178
Trichothecium roseum 15 94 249
Tubaria japonica 279
Tubercularia fici 469
T.vulgaris 21 94 228 275
Tylenchulus semipenetrans 482
Tyromyces sulphureus 248

U

Uncinula necator 327

V

Valsa ambiens 92
V.ceratophora 277
V.japonica 168
V.mali 18
*V.*sp. 144
Vein yellows and red mottle of pear virus 102
Venturia cerasi 225
V.inaequalis 6
V.pirina 89
Viscum album 491

W

Watermelon mosaic virus (WMV) 665

X

Xanthomonas axonopodis pv. *citri* 484
X.campestris pv.*juglandis* 299
X.campestris pv.*mangiferae indicae* 590
X.campestris pv.*musacearum* 601
X.campestris pv.*pruni* 170 179 227
X.fragariae 401
X.pruni 179 187
Xylella fastidiesa 333

Z

Zygosporium oscheoide 555
Zythia versoniana 433

中国现代果树昆虫拉丁文学名索引

A

Aceria granati 443
Achaea janata 561 659
A.melicerta 346
A.serva 664
Achatina fulica 610
Acleris fimbriana 49 206
Acosmeryx naga 347
Acrocecops astaurota 129 241
Acronicta incretata 206
A.major 207
A.rumicis 124
A.strigosa 58 204 242 667
Actias artemis artemis 123
A.selene ningpoana 122 288
Adoretus puberulus 351
A.tenuimaculatus 263 350 575
Adoxophyes cyrtosema 506 566
A. orana orana 48 132 236 409
Adris tyrannus 46 200 317
Aegeric molybdoceps 287
Agonoscelis nubilis 517
Agrilus auriventris 522
A.lewisiellus 312
A.mali 77
*A.*sp. 154 522
Agriolimax agrestis 417
Agrotis ypsilon 668
Alcidodes juglans 304
Aleurocanthus woglumi 510 654
Aleurolobus marlatti 510
A.shantungi 358
A.taonabae 358
Alphaea phasma 243 453
Altica sp. 69
Ampelophaga rubiginosa rubiginosa 348 377
Amphipyra pyramidea 125
Anastrepha ludens 497
Ancylis sativa 266
Anomala corpulenta 126 379 522 575 629
A.cupripes 293 575
A.sinica 610
Anomis flava 344
A.mesogona 419
Anonaepestis bengalella 645
Anoplophora chinensis 244 532 579
A.glabripennis 81 244
Anthonomus sp. 149
Anthophila pariana 58
Anuraphis piricola 121
Aonidiella aurantii 529
A.orientalis 643
Aphanostigma jakusuiensis 109
Aphidounguis pomiradicicola 75
Aphis citricola 72 131 502 650
A.forbesi 412
A.gossypii 130 390 446 607 667
*A.*sp. 389
Aphrophora intermedia 349
Apocheima cinerarius 305
Apolygys lucorum 69
Aporia crataegi 153 242
Apriona germari 79 470
Arbela dea 544 654
Archips breviplicana 120
A.xylosteana 291
Arge suspicax 411
Argyrogramma agnata 608
Argyroploce aprobola 565
Aristobia testudo 579
A.voeti 465
Armadillidium vulgare 417
Aromia bungii 217
Artaxa flava 458
Ascotis selenaria 67
Asias halodendri 218 269
Aspidiotus destructor 594 616
A.nerii 317
Assara inouei 433
Atractomorpha sinensis 414
Atrijuglans hetaohei 303
Aulacaspis citri 529
A.tubercularis 594
Aularches miliaris scabiosus 614

B

Bacchisa fortunei 136 158
Bactrocera dorsalis 258 452 494 559 590 643 649
B.(Bactrocera) correctus 641
B.minax 495
B.(Zeugodacus) tau 642
B.tsuneonis 496
Batocera davidis 313

B.horsfieldi 306
B.roylei 595
B.rubus 629
Belippa horrida 358
Bemisia myricae 620
B.tabaci 511
Bothrogonia (O.) exigua 513
Brachycaudus helichrysi 203
Bradybaena similaris 418
Brevipalpus lewisi 358
B.obovatus 541
Brontispa longissima 615
Bryobia rubrioculus 71
Buzura suppressaria 293 514
B.suppressaria benescripta 515
Byctiscus betulae 119
B.princeps 75
Byeltiscus lacuaipennis 359

C

Cacopsylla idiocrataegi 152
Caleptrimerus neimongolensis 118
Calguia defiguralis 204
Caliroa matsumotonis 116 237
Calliteara pudibunda 242 407 571
Camptoloma interiorata 287
Carposina niponensis 257 433
C.sasakii 41
Cataphrodisium rubripenne 81
Catocala electa 346
Cecidomyia sp. 342
Cephonodes hylas 653
Cerace stipatana 566
Ceratina viticola 361
Ceratitis capitata 496
Ceroplastes ceriferus 139 270 444 461 470
C.japonicus 139 269 318 444
C.rubens 527
Chalia larminati 571 644
Chalioides kondonis 213
Characoma ruficirra 280
Chelidonium argentatum 531
Chloropulvinaria aurantii 527
C.psidii 527 582 595
Chlumetia guttiventris 591
Chondracris rosea 509
Choristoneura longicellana 50 237
Chromaphis juglandicola 309
Chrysobothris succedanea 78
Chrysocoris grandis 564 644
Chrysomphalus ficus 528
Cicadella viridis 68
Cifuna locuples 242 408
Cimbex nomurae 117
Citrus necrotic 463
Clania minuscula 464 514 543
B.variegata 293
Cleoporus variabilis 447
Clepsis pallidana 408
Clitea metallica 504
Cnidocampa flavescens 52 240 438 519
Coleophora nigricella 57
Comoritis albicapilla 580
Comptochilus sinuosus 463
Conogethes punctiferalis 131 149 196 259 283 432 500 540
Conopia hector 83 271
Conopomorpha litchielle 562
C.sinensis 562
Contarinia citri 505
C.pyrivora 119
*C.*sp. 264
Coptotermes formosanus 318 581
Coracbus rusticanus 133
Coridius chinensis 517
Cornegenapsylla sinica 569
Cosmopolites sordidus 603
Cosmoscarta bispecularis 214 576
C.dorsimacula 349
Cossus cossus orientalis 216 465
C.hesperidum 220
Craponius inaequalis 359
Creatonotus transiens 667
Cryptothelea variegata 410 436
Cryptotympana atrata 82 270 577
Culcula panterinaria 305
Curculio davidi 281
Cydia pomonella 46
Cyllorhynchites ursulus 294 359

D

Dasineura sp. 115
Dasychira fascelina 393
D.thwaitesi 571
Delia platura 670
Deporaus marginatus 591
Dermaleipa juno 109
Deudorix epijarbas 560
Dialeurodes citri 509
Diaphorina citri 511
Dichocrocis chlorophanta 463

Dictyoplica japonica 316
Didesmococcus koreanus 76 137 221 244
Dolichotetranychus floridnus 628
Dolycoris baccarum 388
Drosicha corpulenta 295 442 460 524 583
Drosophila melanogaster 234
Dryocoetiops coffeae 361
Dryocosmus kuriphilus 282
Dyscerus juglans 311
Dysgonia stuposa 434
Dysmicoccus brevipes 627

E

Ectropis excellens 292
Egiona viticola 362
Elcysma westwoodi 239
Empoasca flavescens 210 260 380 518
Eotetranychus kankitus 503
Epetiemerus piri 118
Epitrimerus zizyphagus 264
Eriococcus kaki 459
E.lagerostroemiae 443
Eriogyna pyretorum 289 643
Erionota thrax 604
Eriophyes castanis 287
E.litchii 568
E.pyri 118
E.sheldoni 503
Eriosoma lanigerum 75
E.lanuginosum 140
Erosomyia mangiferae 593
Erthesina fullo 112
Erythroneura mori 456
*E.*sp. 356
E.sudra 210 355
Eterusia aedea 461
Etiella zinckenella 316
Eudemis gyrotis 619
Eulecanium kuwanai 212
Euproctis bipunctapex 543
E.flava 446 544
E.pseudoconspersa 457 542
Eupterote chinensis 439
Eupulvinaria peregrina 460
Euricania ocellus 512
Eurostus validus 290
Eurytoma maslovskii 197
E.samsonovi 199
Eutamias sibiricus 672

F

Fabriciana adippe 289
Fentonia ocypete 286
Fenusa sp. 238
Fixsenia pruni 560
Frankliniella intonsa 607 641
F.occidentalis 214
Fruticicola rovida 610
Fulgora candelaria 577

G

Galerucella grisescens 415
G.maculicollis 309
Gargara genistae 457
Gastrolina depressa 307
Gastropacha populifolia 205
G.quercifolia 212
Geisha distinctissima 137 456 520 576
Grapholitha funebrana 198
G.inopinata 44
G.molesta 43 107 148 197 235 375 540
G.prunivorana 148
Gryllotalpa orientalis 671

H

Halyomorpha halys 110
Hedya dimidiana 506
Helicoverpa armigera 45 149 259 387 433
Henosepilachna vigintioctopunctata 390
Herdonia osacesalis 437
Holcocerus insularis 84 154 421
H.vicarius 84
Holotrichia diomphalia 379
Homona coffearia 131 206 463 505 566 649
H.magnanima 440
Hoplocampa minutominuto 198
H.pyricola 108
Hyalopterus amygdali 202
Hyphantria cunea 124 462
Hypitima longanae 567
Hypocala moorei 461
H.subsatura 59 462
Hypomeces squamosus 512
Hyposidra talaca 573

I

Icerya purchasi 526
I.sechellarum 592 668
Idioscopus incertus 593
Illiberis nigra 211
I.pruni 123
I.psychina 238
*I.*sp. 152

I.tenuis 354

J

Janus gussakovskii 135
J.piri 135
J.piriodorus 136

K

Kakivoria flavofasciata 452
Kemes nawae 294

L

Lachnus tropicalis 284
Lagoptera juno 345 376
Lampra bellula 133 218
L.limbata 79 134 243
Laspeyresia pomonella 46
L.splendana 281
Latoia consocia 53 240 519 567
L.hilarata 54 114
L.lepida 439
L.sinica 113 543
Lawana imitata 445 576 628
Lema (Microlema) decempunctata 389
Lepidarbera (=Arbela) dea 578
Lepidosaphes ulmi 529
Leucoptera scitella 64 156
Linda nigroscutata ampliata 545
Litchimyia chinensis 569
Locastra muscosalis 65 304
Lochmaea cratagi 151
Loepa anthera 380
Lopholeucaspis japonica 460
Loxostege sticticalis 393
Lycorma delicatula 354 381 445 469
Lygocoris lucorum 352
Lygus lucorum 69 261 444 518
Lymantria dispar 454
L.marginata 592
L.mathura 288
L.xylina 578 642
Lyonetia bedellist 289
L.clerkella 208
L.prunifoliella 209

M

Maenas salaminia 345 498
Malacosoma neustria testaces 55
Marumba gaschkewitschi 264
M.gaschkewitschi echephron 203
Megopis sinica 80
Mecopoda elongata 133
Melanographia flexilneata 542
Melolontha hippocastani 67
Mesosa myops 158
Mimela holosericea 351 419
M.testaceoviridis 352
Mimeusemia persimilis 380
Monolepta hieroglyphica 212
M.occifuvis 582
Monomorium pharaonis 419
Myelois pirivorella 106
Myzocallis kuricola 283
Myzus malisuctus 73
M.persicae 200 235 412
M.tropicalis 201

N

Nadezhdiella cantori 531
Narosa edoensis 438
Nigrisigna 308
Narosoideus flavidorsalis 113
Neoasterodiaspsis castaneae 295
Neoceratitis asiatica 387
Neomyllocerus hedini 303
Nezara viridula 564
Nipaecoccus vastator 525 582
Nippolachnus piri 122
Nitidulidae leach 376
Nola distributa 307
Notolophus australis posticus 407 614

O

Odites issikii 58
Odiporus longicollis 603
Odonestis pruni 61
Odontotermes formosanus 465 532 629
Oides decempunctata 356
Olethreutes leucaspis 564
Oligonychus coffeae 653
O.ununguis 285
Oncotympana albosignaria juglandaria 309
O.maculicollis 82
Opatrum subaratum 354
Ophiusa tirhaca 434
Ophthalmodes irrorataria 516
Opogona sacchari 605
Oraesia emarginata 497
O.excavata 377 498
Orgyia antiqua 377 406
Oryctes rhinoceros 615
Orthosia carnipennis 62
Oxycetonia jucunda 66
O.jucunda bealiae 420 575

Oxyodes scrobiculata 572
Oxyptilus periscelidaxylis 649

P

Palasa lepida 52
Pammene crataegicola 150
Pandemis cerasana 353
P.heparana 49
Pangrapta obscurata 60
Panonychus citri 502 568 665
P.ulmi 70
Papilio polytes 508
P.xuthus 507
Parallelia arctotaenia 435
Paranthrene actinidiae 382
P.regalis 363
Parapsides duodecimpustulata 115
Parasa conangae 114
P.hilarata 290
P.lepida 241 439
Parlatorepsis chinensis 154
Parlatoria pergandii 530
P.yanyuanensis 140
P.zizyphus 528
Paroplapoderus sp. 455
Parthenolecanium corni 220 364
Pentalonia nigronervosa 606
Percnia giraffata 310 455
Pergesa elpenor lewisi 347
Phalera assimilis 286
P.flavescens 63 156 241 286 541
Phassus excrescens 362
Phenacoccus pergandei 459
Phenecaspis cockerelli 383
Phlossa conjuncta 261 594
Pholeucaspis japonica 530
Phyllocnistis citrella 513
Phyllocoptruta oleivora 499
Phyllonorycter sp. 619
Piazomias validus 265
Planococcus citri 523
Platypleura kaempferi 82
Platypus sp. 157
Plautia fimbriata 111
Pleonomus canaliculatus 669
Podagricomela nigricollis 521
Polia illoba 392
Polyphagotarsonemus latus 358 666
Polyphylla laticollis 67
Popillia atrocoerulea 416
P.mutans 350 416
P.quadriguttata 349
Poratrioza sinica 389
Porphyrinia parva 258
Porthesia kurosawai 519
P.scintillans 260 575 664
P.(Euproctis) similis 56
P.(Euproctis) similis xanthocampa 56 260 377
P.taiwana 357 644
Potosia (Liocola) brevitarsis 110 352 575
Princeps demoleus 508
Pristiphora sinensis 208
Proagopertha lucidula 65
Prodenia litura 317 387 409 608
Pseudaulacaspis cockerelli 383
P.pentagona 156 219 244 318 382
Pseudococcus comstocki 77 222 364
P.longispinus 524
P. maritimus 365
Psylla chinensis 126
P.liaoli 127
P.pyri 127
Purpuricenus petasifer 80
Pyramidotettix mali 68
Pyrgus maculatus 415
Pyrolachnus pyri 129

Q

Quadraspidiotus perniciosus 75 138 219 269

R

Rattus norvegicus 671
Recurvaria syrictis 213
Resseliella citrifrugis 499
Rhagoletis cerasi 234
R.pomonella 47
Rhizoecus kondonis 525
Rhodococcus sariuoni 76
Rhopobota naevana 49
Rhynchites confragossicollis 197
R.faldermanni 199 540
R.foveipennis 107
R.heros 199
*R.*sp. 539
Rhynchocoris humeralis 516
Rhynchophorus ferrugineus 615
Rhytidodera bowringii 593
Ricania shantungensis 155 457
R.speculum 60 520
R.sublimbata 156 464
Riptortus pedestris 410

Rondotia menciana 391
Rousettus leschenaulti 560

S

Salurnis marginellus 533
Samia cynthia cynthia 292 436 519
Sappaphis dipirivora 121
Schizaphis piricola 121
Scirtothrips dorsalis 319 518 570
Scolytus japonicus 134
S.seulensis 215
Scythropus yasumatsui 267
Selenothrips rubrocinctus 570
Selepa cellis 628
Serica orientalis 378
Sesamia inferens 605
Setora postornata 53 518
Seudyra subflava 357
Siciunguis novena 140
Sinitinea pyrigolla 128
Sinna extrema 308
Sinoxylon anale 132 360
Smaragdina nigrifrons 261 378
S.semiaurantiaca 128
Smerinthus planus planus 209
Sparganothis pilleriana 353
Speiredonia helicina 344
Sphaerotrypes coimbatorensis 307
Spilarctia subcarnea 379 420
Spilonota albicana 150
S.lechriaspis 51 206
S.ocellana 51
S.pyrusicola 120
Spilosoma niveus 357
Spodoptera litura 409 608
Stauropus alternus 572
Stenoptilia vitis 345
Stephanitis nashi 113 153 239
S.typical 608
Sternochetus olivieri 591
Suana divisa 437 628
Sucra jujuba 265
Swammerdamia pyrella 62
Sympiezomia citri 293 381 513
Sympiezomias velatus 128 265 285
Sympis rufibasis 574
Synanthedon hitangvora 216

T

Teia ericae 571
Teia gonostigma 62 238 406
Teleogryllus mitratus 414
Telphusa chloroderces 61 242
Tessaratoma papillosa 563 609
Tetranychus cinnabarinus 262 413 665
T. piercei 609
T.truncatus 263 412
T.urticae 71 242 413 469
T.viennensis 155 242 310
Thalassodes quadraria 573
Theba pisana 521
Theretra japonica 348
T.latreillei 347
Thosea sinensis 114 240 519 544 567
Thrips flavus 445
T.hawaiiensis 606
T.tabaci 343 391
Topomesoides jonasi 574
Toxoptera aurantii 501
T.citricidus 501
Trabala vishnou 284 520 653
Trialeurodes packardi 410
Trichiosoma bombiforma 237
Tuberocephalus higansakurae 236
T.momonis 202
T.liaoningensis 235

U

Unaspis yanonensis 525 659
Urochela luteovaria 112

V

Vespa mandarinia 151
Viteus vitifolii 365

X

Xyleborus fornicatus 361 580
X.interjectus 523
X.rubricollis 157
*X.*sp. 294 312
Xylena formosa 411
Xylinophorus mongolicus 268
Xylotrechus pyrrhoderus 363
Xylotrupes gideon 561

Y

Yala pyricola 115
Yponomeuta padella 56

Z

Zamacra excavata 64 310
Zeuzera coffeae 441 578 645 654
Z.leuconotum 218 268 442
Z.multistrigata 218
*Z.*sp. 533

新编中国现代果树农药使用技术简表

2010年5月

杀菌剂中文通用名、英文通用名	剂　型	防治对象、使用剂量及施用方法	注意事项
硫磺 sulfur	45%、50%悬浮剂 80%水分散粒剂 91%粉剂	·防治苹果、梨、山楂、葡萄、柑橘白粉病，喷45%或50%悬浮剂300~400倍液，隔10天左右1次，共喷2~3次。 ·防治多种果树上的叶螨、锈螨、瘿螨，冬季和早春喷45%悬浮剂200~300倍液，夏、秋气温高时喷400~500倍液。	不能与矿物油、硫酸铜混用。 桃、梨、李、葡萄较敏感，适当降低浓度和使用次数
代森锰锌 mancozeb	30%、43%悬浮剂 50%、70%、80%可湿性粉剂 70%、75%水分散粒剂	·防治苹果斑点落叶病、果实轮纹病、疫腐病，喷80%可湿性粉剂600~800倍液。 ·防治梨黑星病，于发病初期喷80%可湿性粉剂800~1000倍液。 ·防治桃细菌性穿孔病、疮痂病、炭疽病、褐腐病，喷80%可湿性粉剂700~800倍液，15天1次，共喷2~3次。 ·防治葡萄霜霉病、黑痘病，喷80%可湿性粉剂600~800倍液。 ·防治柑橘疮痂病、炭疽病、黄斑病、黑星病、树脂病喷80%可湿性粉剂500~800倍液。 ·防治荔枝霜疫病，喷80%可湿性粉剂500~800倍液，7~10天1次。 ·防治芒果炭疽病，用80%可湿性粉剂400~500倍液。 ·防治香蕉叶斑病，喷80%可湿性粉剂400~500倍液。雨季每月2次，旱季每月1次。 ·防治草莓炭疽病、疫病、灰霉病，用80%可湿性粉剂800~1000倍液。	不要与铜制剂混用
代森联 metriam	70%水分散粒剂	·防治苹果、梨、葡萄、桃、杏、李、柑橘、香蕉、草莓、芒果等黑斑病、黑星病、疮痂病、炭疽病、轮纹病、斑点落叶病，一般使用70%水分散粒剂500~700倍液喷雾。	
代森铵	45%水剂	·防治苹果、梨、葡萄、桃、李、杏、枣、柑橘、核桃、猕猴桃根腐病、腐烂病、紫纹羽病、白纹羽病、轮纹病、溃疡病用水剂800倍液。	
丙森锌 propineb	70%可湿性粉剂	·防治苹果斑点落叶病，喷70%可湿性粉剂700~1000倍液，7~8天1次，连喷3~4次。 ·防治葡萄霜霉病，喷70%可湿性粉剂400~600倍液。 ·防治芒果炭疽病，喷70%可湿性粉剂500倍液。	不与铜制剂混用，两药连用应间隔7天以上
福美双 thiram	50%、70%、80%可湿性粉剂 80%水分散粒剂	·防治柑橘等果树苗木立枯病，每m^2用50%可湿性粉剂8~10g，加湿润细土10~15kg拌匀，1/3作垫土，2/3播种后作盖土。 ·防治苹果、梨、葡萄、桃、核桃、柿、枣、栗、柑橘等上的根腐病、斑点落叶病、疫腐病、黑星病、白腐病、黑痘病、炭疽病、细菌性穿孔病、叶斑病、疮痂病、白粉病、锈病，喷50%可湿性粉剂600~800倍液。 ·在苹果、梨、桃、柑橘等果树幼果期，冬前用50%可湿性粉剂8~10倍液涂抹树干，可拒避野兔和野鼠啃食树皮。	葡萄少数品种浓度低于600倍液，产生药害。 不能与铜制剂混用或前后连用
溴菌腈 bromothalonil	25%乳油 25%可湿性粉剂	·防治苹果炭疽病、轮纹病；梨炭疽病、黑星病；桃炭疽病、褐腐病、疮痂病；柑橘炭疽病、疮痂病以及香蕉叶斑病喷25%可湿性粉剂500~600倍液。	
乙蒜素 ethylicin	30%、41%、80%乳油	·防治苹果、葡萄、樱桃等核果类、板栗根癌病，刮除病瘤后伤口涂抹80%乳油100~200倍液。苗木或插条也可用500~1000倍液浸泡，避免根癌病菌随苗木传播。 ·防治梨枝枯病，刮治病斑后，涂抹80%乳油50倍液，外面再涂波尔多浆（硫酸铜：石灰：兽油：水=1：8：0.4：15）保护。 ·防治桃流胶病，休眠期涂抹80%乳油100倍液。	不能与铁器接触，以免失效

杀菌剂中文通用名、英文通用名	剂　型	防治对象、使用剂量及施用方法	注意事项
百菌清 chlorothalonil	5%粉尘剂、5%粉剂、10%、20%、30%、45%烟剂 40%、720g/L悬浮剂 75%可湿性粉剂、水分散粒剂	·防治多种果树的霜霉、炭疽、白粉、叶斑等病。如苹果白粉病、轮纹病、炭疽病、褐斑病；桃褐斑病、疮痂病；葡萄白腐病、黑痘病、炭疽病；草莓灰霉病、白粉病、叶斑病；柑橘炭疽病、疮痂病、树脂病；香蕉褐缘灰斑病、黑星病；荔枝霜疫霉病；芒果、杨桃、番木瓜炭疽病；木菠萝炭疽病、软腐病。一般使用75%可湿性粉剂或40%悬浮剂600~800倍液。	对鱼有毒。不能与石硫合剂、波尔多液等混用。红提葡萄和芒果、柿、梨有药害。苹果谢花20天内幼果期不宜用药。尤其一些黄色品种，用药后会发生锈斑。
多菌灵 carbendazim	25%、40%、50%、80%可湿性粉剂 40%、50%、500g/L悬浮剂 50%、75%、80%水分散粒剂	·防治各种果树的根腐病、紫纹羽病、白纹羽病、白绢病等，在清除病根组织基础上，用50%可湿性粉剂400~500倍液浇灌根部，以树体大部根区土壤湿润为宜。 ·防治多种果树枝干、叶、果实除卵菌和细菌外的多种真菌性病害，如轮纹病、褐斑病、炭疽病、黑星病、斑点病、缩叶病、疮痂病、花腐病、心腐病、干腐病、褐腐病等喷50%悬浮剂1000~1200倍液。 ·防治柑橘枝干、根颈部流胶病、树脂病，在4~7月流行季节，用利刀纵刻病部达木质部，宽0.5cm，涂抹50%可湿性粉剂20~40倍液。 ·防治草莓枯萎病，于发病初期用50%可湿性粉剂500~800倍液灌根，每株浇灌200~300mL.	不能与波尔多液、石硫合剂等碱性药剂混用
苯菌灵 benomyl	50%可湿性粉剂	·防治病谱同多菌灵，但药效好于多菌灵。防治叶、果实病害，喷50%可湿性粉剂1000倍液。 ·防治果树枝干病害，用50%可湿性粉剂100~200倍液直接涂抹病斑，或刮治病斑后涂抹。 ·防治果树根部病害，用50%可湿性粉剂600~800倍液浇灌根区土壤。 ·防治果实采后病害，如苹果、柑橘、桃、菠萝、板栗等用50%可湿性粉剂500~600倍液浸泡2分钟，取出后晾干贮运。	同多菌灵
甲基硫菌灵 thiophanate-methyl	50%、70%可湿性粉剂 10%、36%、50%、500g/L悬浮剂 70%水分散粒剂 4%膏剂	·防治病谱同多菌灵。 ·防治叶部、果实病害，喷70%可湿性粉剂1000~1200倍液。 ·防治果树枝干病害，一般用4%膏剂直接在病斑表面涂抹。	不能与铜制剂混用
噻菌灵 thiobendazole	15%、42%、450g/L、500g/L悬浮剂 40%、60%可湿性粉剂	·防治柑橘青、绿霉病、蒂腐病、炭疽病，采后用42%悬浮剂300~420倍液浸果1分钟，捞出、晾干、装筐，低温保存。 ·防治苹果、梨青霉病、黑星病，葡萄、草莓灰霉病，采后用50%悬浮剂330~670倍液浸果1分钟，捞出晾干。 ·防治香蕉冠腐病，香蕉、菠萝贮运期烂果，采后用42%悬浮剂600~900倍液浸果1分钟，捞出晾干装箱。	对鱼有毒
咪鲜胺 prochloraz	25%、250g/L、45%乳油 10%、12%、15%、45%微乳剂 25%、450g/L水乳剂 50%可湿性粉剂	·防治子囊菌、半知菌引起的多种果树病害，如炭疽病、冠腐病、青、绿霉病、灰霉病、褐斑病、黑痘病、褐腐病、菌核病、白腐病等，喷雾浓度一般45%乳油1500~2000倍液。 ·用于苹果、梨、桃、葡萄、柑橘、香蕉、芒果、荔枝等采后贮藏保鲜防腐，用25%乳油500~1000倍液浸果1~2分钟。	当天采收的果实于当天用药处理 对鱼等水生生物有毒

杀菌剂中文通用名、英文通用名	剂　型	防治对象、使用剂量及施用方法	注意事项
咪鲜胺锰盐 porochloraz manganese chloride complex	25%、50%可湿性粉剂	·防病性能与咪鲜胺相似。喷雾用50%可湿性粉剂1000~2000倍液。浸果，柑橘采果当天用50%可湿性粉剂1000~2000倍液浸果1~2分钟;苹果、梨、桃等试用50%可湿性粉剂1000~1500倍液,浸果1~2分钟。	
抑霉唑 imazalil	10%、22.2%、500g/L乳油	·主要用于柑橘、香蕉、芒果、苹果、梨等采后保鲜处理。对抗多菌灵、噻菌灵的青、绿霉菌有特效。一般用500g/L乳油1000~1500倍液浸果1~2分钟,捞出晾干装箱入贮。	
氟菌唑 triflumizole	30%可湿性粉剂	·防治多种果树白粉病、桃黑星病、褐腐病和灰星病、樱桃灰星病，于发病初期喷30%可湿性粉剂1000~1500倍液。	用于梨树树势弱又浓度高时，叶上出现轻微黄斑
氟硅唑 flusilazole	40%、400g/L乳油 10%、16%水乳剂 8%微乳剂	·对黑星病病害有特效,并对白粉病、锈病、叶霉病、炭疽病、黑痘病、白腐病、褐斑病、叶斑病也有很好防效。一般使用40%乳油6000~8000倍液,于病害发生初期喷洒。	酥梨类幼果期对本药敏感
苯醚甲环唑 difenoconazole	10%、15%、37%水分散粒剂 20%、25%、250g/L乳油 10%、20%微乳剂	·防治苹果斑点落叶病，于发病初喷10%水分散粒剂2500~3000倍液。 ·防治梨黑星病,喷10%水分散粒剂3500~5000倍液。 ·防治葡萄炭疽病、黑痘病喷10%水分散粒剂1500~2000倍液。 ·防治柑橘疮痂病,用10%水分散粒剂2000~2500倍液喷雾。 ·防治香蕉叶斑病,喷10%水分散粒剂1000~1200倍液。 ·另外,苯醚甲环唑对白粉菌、锈菌也有效。	不宜与铜制剂混用。
腈菌唑 myclobutanil	12%、12.5%、25%乳油 12.5%、20%微乳剂 12.5%、40%可湿性粉剂 40%悬浮剂、水分散粒剂	·防治苹果、梨黑星病喷12.5%乳油2000~2500倍液。 ·防治香蕉叶斑病,用12.5%乳油800~1000倍液。 ·防治苹果、葡萄白粉病用25%乳油4000~5000倍液。	
腈苯唑 fenbuconazole	24%悬浮剂	·防治香蕉叶斑病,用24%悬浮剂1000倍液均匀喷雾。 ·防治桃、杏、李褐腐病时，于发病前或发病初期喷24%悬浮剂2500~3000倍液。 ·防治苹果、梨黑星病用6000倍液。梨黑斑病,喷24%悬浮剂3000倍液。	对鱼有毒
亚胺唑 imibenconazole	5%、15%可湿性粉剂	·防治梨黑星病、苹果斑点落叶病、葡萄黑痘病、柑橘疮痂病,一般用15%可湿性粉剂1800~2500倍液均匀喷雾。	鸭梨上使用时叶片上出现褐点
丙环唑 propiconazol	25%、250g/L乳油 40%、50%微乳剂	·防治香蕉叶斑病有特效,喷25%乳油500~1000倍液。 ·防治葡萄白粉病、炭疽病用25%乳油4000~5000倍液喷雾。	
氟环唑	7.5%乳油	·防治香蕉叶斑病用乳油500~750倍液。	

杀菌剂中文通用名、英文通用名	剂　型	防治对象、使用剂量及施用方法	注意事项
戊唑醇 tebuconazole	25%、80%可湿性粉剂 12.5%、25%、250g/L水乳剂 25%、250g/L乳油 30%、43%、430g/L悬浮剂	·防治香蕉叶斑病、葡萄白腐病及柑橘病害使用43%悬浮剂2000~2500倍液。 ·防治苹果、梨、枣、桃等白粉病、锈病、褐斑病、斑点落叶病、黑斑病等，喷43%悬浮剂4000~5000倍液。	对水生动物有毒
己唑醇 hexaconazole	10%乳油 5%微乳剂 5%、10%、50g/L、250g/L悬浮剂	·防治苹果、梨、葡萄、桃、李、枣、石榴、柑橘等果树的白粉病、锈病、炭疽病、黑星病、疮痂病、黑痘病、斑点落叶病等，一般使用10%剂型2000~2500倍液。	不随意增加浓度。悬浮剂、微乳剂相对较安全，乳油在幼果期使用，幼果表面产生果锈
烯唑醇 diniconazole	10%、12.5%、25%乳油 5%微乳剂，12.5%可湿性粉剂	·防治病谱同己唑醇，常用12.5%可湿性粉剂2000~2500倍液。	
三唑酮 triadimefon	15%、25%可湿性粉剂 20%乳油 8%悬浮剂	·主要用于防治果树白粉病、锈病。一般使用25%可湿性粉剂1500~2000倍液。	
氰霜唑 cyazofamid	100g/L悬浮剂	·防治葡萄霜霉病、荔枝霜疫霉病，喷100g/L悬浮剂2000~2500倍液。	
三乙膦酸铝 fosetyl-aluminium	40%、80%可湿性粉剂 85%、90%可溶性粉剂	·防治葡萄霜霉病，喷80%可湿性粉剂400~600倍液。 ·防治苹果果实疫腐病，于发病初期喷80%可湿性粉剂700倍液，防治苹果、梨树干基部疫腐病，用刀划道后，涂抹80%可湿性粉剂50~100倍液。 ·防治苹果轮纹病、黑星病，喷80%可湿性粉剂600倍液。 ·防治柑橘苗期疫病，喷80%可湿性粉剂200~400倍液；防治柑橘脚腐病，春季喷80%可湿性粉剂200~300倍液；防治柑橘溃疡病，喷80%可湿性粉剂300~600倍液。 ·防治荔枝霜疫病，于花蕾期、幼果期和果实成熟期，各喷1次80%可湿性粉剂600~800倍液。 ·防治菠萝心腐病，在苗期和花期，用80%可湿性粉剂600倍液喷雾或灌根。 ·防治草莓疫腐病，发病初期，用80%可湿性粉剂400~800倍液灌根。	
十三吗啉 tridemorph	75%、750g/L乳油 86%油剂	·防治香蕉褐缘灰斑病，用75%乳油500倍液喷雾。 ·防治草莓白粉病，喷75%乳油3000~4000倍液。	
恶霉灵 hymexazol	15%、30%水剂 15%、70%可湿性粉剂 70%可溶性粉剂	·防治苹果白绢病，刮除病部后涂抹70%可湿性粉剂100倍液。 ·防治苹果烂根病（圆斑根腐病）用70%可湿性粉剂3000倍液浇灌树盘。	

杀菌剂中文通用名、英文通用名	剂　型	防治对象、使用剂量及施用方法	注意事项
醚菌酯 kresoxim-methyl	30%悬浮剂、可湿性粉剂 50%水分散粒剂	·防治苹果、梨、葡萄、枣、柑橘、香蕉、荔枝及草莓等白粉病、锈病、黑星病、斑点落叶病、炭疽病、黑痘病、疮痂病、灰霉病、霜霉病等，一般用50%水分散粒剂4000~5000倍液。 ·防治香蕉叶斑病，喷50%水分散粒剂2000~3000倍液。	
吡唑醚菌酯 pyraclostrobin	25%乳油	·防治病谱同醚菌酯。 ·防治香蕉黑星病、叶斑病用25%乳油2000~2500倍液喷雾。	
嘧菌酯 azoxystrobin	250g/L悬浮剂 50%水分散粒剂	·防治柑橘、葡萄、香蕉、荔枝等疮痂病、炭疽病、黑星病、黑痘病、白腐病、白粉病、锈病、霜霉病、霜疫霉病。常用50%水分散粒剂1500~2000倍液。	苹果树有药害
腐霉利 procymidone	20%、35%悬浮剂 50%可湿性粉剂 10%、15%烟剂	·防治葡萄、草莓、柑橘灰霉病；苹果、桃、樱桃褐腐病；枇杷花腐病；苹果斑点落叶病，用50%可湿性粉剂1000~1500倍液喷雾。	
异菌脲 iprodione	255g/L、500g/L悬浮剂 50%可湿性粉剂	·防治苹果斑点落叶病、轮纹病、褐斑病及梨黑斑病，喷洒50%可湿性粉剂1000~1500倍液。 ·防治葡萄灰霉病、草莓灰霉病、核果类(桃、杏、李、樱桃)花腐病、灰霉病、灰星病喷50%可湿性粉剂1000~1500倍液。 ·防治柑橘疮痂病，喷洒50%可湿性粉剂1000~1500倍液。 ·用于水果保鲜，防治采后贮藏期病害，如柑橘青、绿霉病、黑腐病和蒂腐病；香蕉贮藏期轴腐病、冠腐病、炭疽病、黑腐病；梨、桃贮藏期病害，用500g/L悬浮剂250~350倍液浸果1~2分钟。	
乙烯菌核利 vinclozolin	50%水分散粒剂	·防治葡萄、草莓灰霉病；桃、樱桃褐腐病；苹果花腐病用50%水分散粒剂800~1000倍液喷雾。	
菌核净 dimetachlone	25%悬浮剂 40%可湿性粉剂 10%烟剂	·防治草莓、葡萄、樱桃、桃、李、杏、苹果等果树灰霉病、菌核病，也可用于褐腐病、花腐病、赤星病、白粉病等的防治，一般喷40%可湿性粉剂800~1000倍液。	
嘧霉胺 pyrimethanil	20%、30%、40%、400g/L悬浮剂 20%、25%、40%可湿性粉剂 25%乳油 70%水分散粒剂	·对灰霉病有特效。防治苹果、梨、草莓、葡萄灰霉病、菌核病、褐腐病、花腐病；也可防治黑星病、叶斑病等。一般用40%悬浮剂1000~1500倍液。	
丙烷脒 propamidine	2%水剂	·防治葡萄、桃、杏等灰霉病、褐腐病，用2%水剂100~200倍液喷雾。	
嘧菌环胺 cyprodinil	50%水分散粒剂	·防治葡萄、草莓及保护地桃、杏灰霉病、褐腐病，用50%水分散粒剂600~1000倍液喷雾。	
氟啶胺 fluazinam	500g/L悬浮剂	·防治柑橘、苹果、梨、葡萄、桃、柿等炭疽病、疮痂病、褐斑病、黑星病、灰霉病、菌核病等用2000~2500倍液喷雾。	瓜类植物敏感；湿度过大，塑料棚内禁止使用

杀菌剂中文通用名、英文通用名	剂　型	防治对象、使用剂量及施用方法	注意事项
波尔多液 bordeaux mixture	80%可湿性粉剂 硫酸铜、生石灰含量不同的悬浮液	·防治苹果、柑橘、葡萄、枣、梨、柿、香蕉、荔枝、芒果等多种果树真菌和细菌性病害。如轮纹病、炭疽病、疮痂病、溃疡病、褐斑病、黑星病、锈病、疫腐病、霜霉病等。 ·80%可湿性粉剂，果树休眠期一般施 300~500 倍液，生长期 600~800 倍液。悬浮剂在果树休眠期，一般用 1：1：100 倍式波尔多液。 ·生长期，苹果、梨喷施 1：2~3：200~240 倍式波尔多液；枣树喷 1：2：200 倍式波尔多液；葡萄 1：0.5~0.7：160~240 倍式；柿树 1：3~5：400~600 倍式；柑橘、荔枝 1：1：150~200 倍式；香蕉 1：0.5：100 倍式；芒果 1：1：100 倍式。	1.不能与其他药剂混用 2.现配现用，不用金属容器盛装 3.桃、李、杏、柿及鸭梨敏感；苹果、梨幼果期施药，易产生果锈 4.阴湿、露水未干、盛夏高温期易产生药害。花期也不宜施用
硫酸铜钙 copper calcium sulphate	77%可湿性粉剂	·防治多种落叶果树枝干病害，喷 77%可湿性粉剂 200~400 倍液。 ·防治苹果褐斑病；柑橘溃疡病、疮痂病、炭疽病；葡萄霜霉病、炭疽病、褐斑病、黑痘病；枣锈病、轮纹病、炭疽病、褐斑病；梨黑星病、褐斑病，喷 77%可湿性粉剂 600~800 倍液。	桃、李、杏、梅、柿对铜离子敏感。苹果、梨花期、幼果期也不宜使用；连阴雨天慎用
碱式硫酸铜 copper sulfate basic	27.12%、30%悬浮剂 50%可湿性粉剂	·适用于波尔多液防治的所有病害。 ·防治苹果轮纹病、锈病；柑橘溃疡病；葡萄霜霉病、炭疽病、黑痘病用 27.12%悬浮剂 400~500 倍液喷雾。	苹果、梨幼果期应避免使用或降低使用浓度。寒冷天、阴雨天、浓雾天慎用
氢氧化铜 copper hydroxide	25%、37.5%悬浮剂 38.5%、53.8%水分散粒剂 53.8%、77%可湿性粉剂	·防治柑橘溃疡病、炭疽病；荔枝霜疫霉病；芒果炭疽病、黑斑病；葡萄霜霉病、黑痘病等于发病初期喷 77%可湿性粉剂 600~800 倍液。 ·防治柑橘脚腐病，刮除病部后，涂 77%可湿性粉剂 10 倍液。	桃、杏、李等仅限发芽前使用。其它同上
氧化亚铜 cuprous oxide	86.2%水分散粒剂 86.2%可湿性粉剂	·防治柑橘溃疡病、葡萄霜霉病，喷 86.2%水分散粒剂 800~1000 倍液。 ·防治荔枝霜疫霉病，用 86.2%水分散粒剂 1000~1500 倍液。 ·防治苹果斑点落叶病，喷 86.2%水分散粒剂 2000~2500 倍液。	高温高湿、高温干旱对铜敏感果树慎用。果树花期、幼果期禁用
王铜 copper oxychloride	30%悬浮剂 47%、50%、60%、70%可湿性粉剂	·杀菌原理、杀菌谱同波尔多液和碱式硫酸铜。柑橘、葡萄上常使用 70%可湿性粉剂 800~1000 倍液。	参见碱式硫酸铜
络氨铜 cuaminosulfate	14%、15%、18%、23%、25%水剂	·防治柑橘溃疡病、疮痂病；葡萄霜霉病、黑痘病、褐斑病喷 14%水剂 300~400 倍液。 ·防治柑橘树脂病；苹果树腐烂病；梨树腐烂病；桃、李、杏流胶病，在对病斑刮治后涂抹 14%水剂 10~20 倍液。	桃、李、杏等核果类果树，只能在发芽前使用本剂
松脂酸铜	12%、16%、20%乳油 15%悬浮剂	·防治柑橘溃疡病、苹果斑点落叶病、葡萄霜霉病，喷施 12%乳油 500~800 倍液。	同上。苹果套袋前和不套袋苹果慎用
腐殖酸铜	2.12%、2.2%、4%水剂	·防治苹果树腐烂病、柑橘脚腐病、树脂病及桃、梅流胶病等果树枝干病害，先刮治干净病斑，然后每 m^2 涂药剂原药 200~300g。也可用于果树修剪后剪锯口的封口剂	

杀菌剂中文通用名、英文通用名	剂　型	防治对象、使用剂量及施用方法	注意事项
喹啉铜 xoine-copper	33.5%悬浮剂	·防治葡萄霜霉病，喷 33.5%悬浮剂 800~1000 倍液。 ·防治苹果轮纹病，喷 33.5%悬浮剂 1500~2000 倍液。	
噻菌铜	20%悬浮剂	·防治柑橘溃疡病、疮痂病，用 20%悬浮剂 300~700 倍液喷雾。	
过氧乙酸 peracetic acid	1.5%水乳剂 21%水剂	·防治桃细菌性穿孔病、真菌性叶斑穿孔病、炭疽病，喷 1.5%水乳剂 400~600 倍液。 ·防治果树灰霉病、根腐病喷洒 21%水剂 1000~1500 倍液。该杀菌剂内吸性强。 ·防治苹果、梨、桃、李、杏、栗、柑橘等果树腐烂病、干腐病、流胶病、树脂病，刮治病斑后涂抹 21%水剂 3~5 倍液或 1.5%水乳剂 50~100 倍液。也可喷洒 21%水剂 200~300 倍液。	最好上午 10 前下午 16 时后喷洒，不能与碱性药剂混用，遇金属离子迅速分解，此杀菌剂是果树上常用重要杀菌剂能防治多种果树枝干病害，缺点是腐蚀性强，混用时严格按说明书注意事项进行。一定用塑料桶配药，现配现用。
菌毒清	5%水剂、 20%、40%可湿性粉剂	·既可防治真菌性病害，又可防治细菌性病害，还能控制病毒病。常用于防治苹果、梨树腐烂病、枝干轮纹病、柑橘树脂病、栗疫病，先在病斑部位间隔 0.5cm 左右纵刻，范围超过病斑边缘 2cm 左右，刀口深达木质部，然后涂 5%水剂 20~30 倍液或 20%可湿性粉剂 80~100 倍液。	
氯溴异氰尿酸 chloroisobromine cyanuric acid	50%可溶性粉剂	·防治真菌、细菌、病毒引起的病害及疑难杂症。 ·防治梨黑星病，喷 50%可溶性粉剂 800~1000 倍液。	
多抗霉素 polyoxin	1%、3%水剂 1.5%、2%、3% 10%可湿性粉剂	·防治多种果树白粉病，用 10%可湿性粉剂 1000~1500 倍液。 ·防治苹果斑点落叶病、霉心病；梨黑斑病、黑星病；葡萄霜霉病、穗轴褐枯病、炭疽病；草莓灰霉病等叶、果病害喷 10%可湿性粉剂 1200~1500 倍液。 ·防治柑橘脚腐病、流胶病，刮除病斑后，涂抹 10%可湿性粉剂 130~200 倍液，15 天后再涂 1 次。	不能与酸性或碱性药剂混用
嘧啶核苷类抗菌素	2%、4%、6%水剂 8%、10%可湿性粉剂	·防治苹果、葡萄白粉病喷 2%水剂 100~200 倍液，防治苹果、梨腐烂病，刮病斑后涂 2%水剂 10 倍液。 ·防治柑橘果实沙皮病，用 2%水剂 200 倍液喷树冠及果实。 ·防治柑橘贮藏期青、绿霉病、蒂腐病、炭疽病：甜橙用 2%水剂 50~100 倍液 +250mg/kg 防落素，椪柑、红橘用 2%水剂 100 倍液 +750mg/kg 防落素的混合液洗果。	
春雷霉素 kasugamycin	2%水剂、液剂、2%、4%、6%可湿性粉剂	·防治柑橘疮痂病、猕猴桃溃疡病用 2%水剂 400~500 倍液喷雾。 ·防治柑橘、柠檬流胶病，刮除病斑并纵刻后，涂 2%水剂 5 倍液，并用塑料膜包扎，防止雨水冲刷。	对葡萄苗有药害
井冈霉素 jingangmycin	3%、5%、10%水剂 3%、4%、5%、10%、20%水溶性粉剂	·防治柑橘及其它果树苗木立枯病，浇灌 3%水剂 200~300 倍液。 ·防治桃缩叶病、草莓芽枯病，喷 5%水剂 400~500 倍液。	

杀菌剂中文通用名、英文通用名	剂 型	防治对象、使用剂量及施用方法	注意事项
中生菌素 zhongshengmycin	1%、3%可湿性粉剂	·对细菌、真菌性病害都有效。防治苹果轮纹病、桃细菌穿孔病、柑橘溃疡病，喷3%可湿性粉剂600~800倍液。	
武夷菌素	1%水剂	·主要用于白粉病的防治，苹果、葡萄上喷1%水剂100~120倍液。	
宁南霉素 ningnanmycin	2%、4%、8%水剂 10%可溶性粉剂	·主要用于病毒病的防治，也可防治白粉病、根腐病、立枯病及苹果斑点落叶病等真菌性病害。常用2%水剂500~700倍液。	
土霉素	88%可溶性粉剂	·对细菌、类细菌、植原体病害有效。 ·防治柑橘疮痂病、桃细菌性穿孔病、苹果、梨火疫病，喷88%土霉素盐酸盐可溶性粉剂9000倍液。 ·防治枣疯病，用吊针注射法向树干施88%可溶性粉剂100倍液。干周≥30cm用400mL，干周40cm以上用700mL，60cm以上1500mL。	
硫酸链霉素 streptomycin sulfate	10%、24%、40%、68%、72%可溶性粉剂 100万单位/片泡腾片	·防治桃、李、杏、柑橘、核桃、猕猴桃等细菌性病害，喷72%可溶性粉剂2500~3000倍液。	
叶枯唑 bismerthiazol	15%、20%、25%可湿性粉剂	·防治柑橘溃疡病、核果类(桃、杏、李、梅)果树细菌性穿孔病，喷20%可湿性粉剂500~600倍液。	
双胍三辛烷基苯磺酸盐 iminoctadine tris (albesilate)	40%可湿性粉剂	·防治苹果斑点落叶病；梨黑星病、黑斑病、轮纹病；葡萄炭疽病、灰霉病；桃黑星病、灰星病；柿炭疽病、白粉病，喷40%可湿性粉剂1500~2500倍液。 ·防治柑橘贮运期病害，采收当天的果实，用40%可湿性粉剂1000~1500倍液浸果1分钟。	苹果、梨花后20天之内喷雾会造成果锈，应慎用
葡聚寡糖素	0.5%、2%、2.8%水剂	·防治苹果花叶病，用2%水剂400倍液喷雾。防治香蕉、番木瓜病毒病，用0.5%水剂400倍液喷雾。	
三氮唑核苷·铜·锌	3.85%水剂	·防治香蕉、柑橘病毒病，喷3.85%水剂600倍液。	
波尔·锰锌	78%可湿性粉剂	·防治葡萄、苹果、柑橘、芒果、荔枝等多种果树的真菌性和细菌性病害，如霜霉病、白腐病、黑痘病、穗轴褐枯病；炭疽病、黑星病、轮纹病、疮痂病、溃疡病；霜疫霉病等。于发病初期喷78%可湿性粉剂500~600倍液。	金冠苹果、桃、李、杏对铜离子敏感。苹果幼果脱毛前及鸭梨套袋前慎用
春雷·王铜	47%、50%可湿性粉剂	·适用于柑橘、荔枝、葡萄、芒果对霜霉病、霜疫霉病、溃疡病、炭疽病等真菌和细菌性病害的防治，一般用47%可湿性粉剂500~700倍液，于发病前或发病初期喷雾。	核果类果树不用本剂。柑橘高温期、苹果、葡萄叶幼嫩时施药有轻微药害
恶霜·锰锌	64%可湿性粉剂	·防治由霜霉菌、疫霉菌、腐霉菌引起的低等真菌性果树病害。 ·防治葡萄霜霉病，喷64%可湿性粉剂600~800倍液。	
甲霜·锰锌	36%悬浮剂、58%、60%、72%可湿性粉剂	·防治葡萄霜霉病、荔枝霜疫霉病喷58%可湿性粉剂600~800倍液。	

杀菌剂中文通用名、英文通用名	剂　型	防治对象、使用剂量及施用方法	注意事项
精甲霜·锰锌	68%水分散粒剂	·同上。一般用68%水分散粒剂600倍液。	
霜脲·锰锌	36%悬浮剂 36%、72%可湿性粉剂	·同上。在病害发生前或初期喷72%可湿性粉剂600~800倍液。	
烯酰·锰锌	50%、69%可湿性粉剂 69%水分散粒剂	·同上。一般用69%水分散粒剂600~800倍液喷雾。	
锰锌·氟吗啉	50%、60%可湿性粉剂	·同上。喷雾60%可湿性粉剂600~800倍液。	
乙铝·锰锌	50%、64%、70%可湿性粉剂	·苹果、梨、葡萄、枣、核桃、板栗、柑橘、荔枝等果树上的斑点落叶病、轮纹病、炭疽病、黑斑病、灰斑病、黑星病、疮痂病、霜霉病、霜疫霉病，多用70%可湿性粉剂600~800倍液喷雾。	
恶酮·锰锌	68.75%水分散粒剂	·防治苹果斑点落叶病、葡萄霜霉病、柑橘疮痂病用68.75%水分散粒剂1000~1500倍液喷雾。	
恶酮·霜脲氰	52.5%水分散粒剂	·防治葡萄霜霉病、荔枝霜疫霉病喷52.5%水分散粒剂1500~2000倍液，也可用于炭疽病、白粉病及叶斑病、锈病的防治。	
氟菌·霜霉威	687.5g/L悬浮剂	·防治葡萄霜霉病，用687.5g/L悬浮剂600~800倍液喷雾。	
苯甲·丙环唑	25%、30%、300g/L乳油	·用于防治黑星病、白粉病、锈病及叶斑病。防治香蕉黑星病喷25%乳油1500~2000倍液。	
唑醚·代森联	60%水分散粒剂	·防治苹果、梨、葡萄、柑橘等果树轮纹病、炭疽病、黑星病、疮痂病、叶斑病及霜霉病，喷60%水分散粒剂1000~2000倍液。	
硫磺·多菌灵	40%、50%悬浮剂 25%可湿性粉剂	·防治苹果、梨、葡萄、枣、核桃、柿、石榴、柑橘、番木瓜、枇杷、草莓等白粉病、炭疽病、黑星病、轮纹病、疮痂病、黑斑病、花腐病、灰霉病，喷40%悬浮剂600~800倍液。	不与含金属离子的药剂混用，苹果、梨幼果期或套袋前慎用；桃、李、梨、葡萄对硫磺敏感，适当降低浓度
硫磺·甲硫灵	50%、70%可湿性粉剂	·同上。常用50%可湿性粉剂500~600倍液喷雾。	同上
甲硫·乙霉威	65%可湿性粉剂	·主要防治葡萄、草莓、樱桃、桃、李、杏、苹果等果树灰霉病，对菌核病、褐腐病、灰星病、花腐病、轮纹病、炭疽病、白粉病及叶斑病也有效。一般用65%可湿性粉剂1000~1500倍液喷雾。	不能与铜制剂混用
乙霉·多菌灵	37.5%、50%、60%可湿性粉剂	·同上。常用50%可湿性粉剂800~1200倍液。	同上
戊唑·多菌灵	30%悬浮剂	·防治苹果、梨树腐烂病，果树发芽前喷30%悬浮剂600~800倍液。 ·防治苹果、梨轮纹病、炭疽病、褐斑病、黑星病、套袋果斑点病、霉心病、斑点落叶病、黑斑病、白粉病、锈病；葡萄、桃、枣、核桃、栗、柿、柑橘、香蕉、芒果、石榴炭疽病、黑痘病、流胶病、轮纹病、锈病、干枯病、圆斑病、疮痂病、砂皮病、黑星病、叶斑病、白粉病、麻皮病，喷30%悬浮剂1000~1200倍液。	这是果树上重要常用杀菌剂，对多种真菌病害具有保护、治疗及铲除多重作用，杀菌治病彻底，具双重杀菌机制，内吸渗透性好，可向嫩组织传导。可提高果品质量。

杀菌剂中文通用名、英文通用名	剂 型	防治对象、使用剂量及施用方法	注意事项
锰锌·腈菌唑	50%、60%、62.5%可湿性粉剂	·防治梨、苹果、葡萄、柿、柑橘、香蕉等黑星病、白粉病、锈病、轮纹病、炭疽病、黑斑病、斑点落叶病、白腐病、黑痘病、穗枯褐枯病、角斑病、圆斑病、疮痂病、褐腐病、叶斑病等病害，喷62.5%可湿性粉剂400~600倍液(香蕉)，其它果树喷62.5%可湿性粉剂600~800倍液。	
福·福锌	40%、60%、80%可湿性粉剂	·主要防治葡萄、苹果、梨、桃炭疽病，对黑痘病、褐斑病、黑斑病也有效。一般用80%可湿性粉剂600~800倍液喷雾。	不能与铜制剂混用或前后连用
琥胶肥酸铜	30%、50%可湿性粉剂 30%悬浮剂	·防治柑橘溃疡病、葡萄霜霉病及其它细菌性病害，喷30%悬浮剂400~500倍液。 ·防治果树腐烂病，刮除病斑后，涂抹30%悬浮剂30~50倍液。	
嘧菌·百菌清	560g/L悬浮剂	·防治荔枝霜疫病、香蕉叶斑病于发病初期喷悬浮剂600~800倍液。	
精甲·百菌清	44%悬浮剂	·防治荔枝霜疫病，香蕉叶斑病于发病初期喷悬浮剂600~1000倍液。	
噻森铜	20%悬浮剂	·防治果树溃疡病、炭疽病、轮纹病、叶斑病、褐斑病、黑点病、柿角斑病、龙眼叶斑病、菠萝茎腐病、黑斑病，香蕉炭疽病、疮痂病，于发病初期喷洒悬浮剂500~600倍液。	苹果、梨、柿、李、杏、桃的花期、幼果期慎用
恶霉·福	54.5%可湿性粉剂	·防治果树立枯病、根腐病、枯萎病用可湿性粉剂600~800倍液灌根。	
波尔·甲霜灵	85%可湿性粉剂	·防治葡萄霜霉病，香蕉细菌叶斑病、叶鞘腐败病用可湿性粉剂600~800倍液。	
嘧菌·环胺 cyprodinil	50%水分散粒剂	·防治葡萄、桃、草莓灰霉病、菌核病用水分散粒剂600~1000倍液。	
蛇床子素 cnidiadin(Osthol)	0.4%乳油	·防治草莓白粉病用0.4%乳油80~120mL，对水50~75kg均匀喷雾，持效期7天。	不准在桑园附近与蜜源作物花期使用
苦参碱 matrine	0.2%、0.26%、0.3%、0.36%、0.38%、0.5%水剂 0.36%可溶性液剂 0.6%苦参碱·小檗碱水剂	·防治梨黑星病用0.36%苦参碱可溶性液剂600~800倍液喷雾。 ·防治苹果树轮纹病用0.6%苦·小檗碱水剂800~900倍液喷雾。	
黄芩甙 baicalin/scutellarein	0.28%黄芩甙·黄酮水剂	·防治苹果树腐烂病用0.28%黄芩甙·黄酮水剂300~400倍液喷雾。	

杀虫剂中文通用名、英文通用名	剂　型	防治对象、使用剂量及施用方法	注意事项
高效氯氟氰菊酯 cyhalothrin	2.5%、4.5%、25g/L 50g/L、乳油 2.5%、5%微乳剂 2.5%、4.5%、10%、20%水乳剂 2.5%悬浮剂 2.5%、10%可湿性粉剂	·防治柑橘潜叶蛾抓住卵孵化盛期喷2.5%乳油2000~4000倍液，柑橘锈螨、柑橘叶螨用2.5%剂型1500~2000倍液，柑橘介壳虫在若虫发生期使用2.5%剂型2000倍液，防治橘蚜喷2.5%剂型1000倍液，柑橘恶性叶甲用2.5%剂型1000~1500倍液。 ·防治桃小食心虫、梨小食心虫用2.5%水乳剂于卵孵化盛期喷洒1000倍液。 ·防治苹果旋纹潜叶蛾、金纹细蛾喷2.5%剂型3000倍液，苹果全爪螨、山楂叶螨喷2.5%乳油1000~2000倍液。 ·防治梨木虱在幼龄若虫发生期用2.5%乳油2000~3000倍液。	对鱼、虾、蜜蜂、蚕有剧毒。 对果园天敌杀伤严重 不宜作土壤处理
氰戊菊酯 fenvalerate	20%、40%乳油 20%水乳剂	·防治桃小食心虫、苹果蠹蛾、梨小食心虫喷20%乳油1500~2000倍液。 ·防治果树食叶性害虫(如刺蛾类、毛虫类、尺蠖类、造桥虫类、潜叶蛾类)在幼龄幼虫期喷20%乳油1500~2000倍液。 ·防治蚜虫、葡萄二星叶蝉、梨网蝽可喷20%乳油2000倍液。 ·防治柑橘实蝇、柑橘花蕾蛆，喷洒20%乳油2000倍液；柑橘象鼻虫、柑橘介壳虫，用20%乳油2000倍液加1%机油乳剂混用，还可兼治蟑象；柑橘吉丁虫，20%乳油与煤油1：1混合10倍液注射虫道，还可防治大爆皮虫和爆皮虫；用20%乳油20倍液于5月上中旬涂抹被害枝虫孔周围，可毒杀溜皮虫幼虫。	对鱼、虾、蜜蜂、蚕毒性高
S-氰戊菊酯 S-fenvalerate	5%、50g/L乳油 50g/L水乳剂	·同氰戊菊酯，常用浓度2000~2500倍液。	同氰戊菊酯
溴氰菊酯 deltamethrin	2.5%、25g/L、50g/L乳油 2.5%可湿性粉剂 2.5%微乳剂 25%水分散片剂	·防治桃小食心虫，卵果率0.5%~1.5%时，喷洒2.5%乳油1500~2000倍液。 ·防治苹果瘤蚜、绣线菊蚜在苹果开花前，喷2.5%乳油2000倍液。 ·防治梨小食心虫、梨叶斑蛾、梨二叉蚜、梨木虱等喷2.5%乳油1500~2000倍液。 ·防治柑橘花蕾蛆、柑橘叶甲、橘蚜、柑橘木虱、柑橘潜叶蛾等，喷雾2.5%乳油1500~2000倍液。 ·防治香蕉扁象、香蕉交脉蚜，喷雾2.5%乳油1500~2000倍液。 ·防治荔枝、龙眼上的爻纹细蛾，成虫羽化40%和80%时，喷洒2.5%乳油1500~2000倍液。 ·防治芒果扁喙叶蝉，在成、若虫盛发期，喷2.5%乳油2000倍液；防治芒果脊胸天牛，用小棉球蘸2.5%乳油塞入虫孔，然后用湿泥封口。	对家蚕及寄生蜂、草蛉、瓢虫等毒力大
甲氰菊酯 penpropathrin	10%、20%乳油 10%微乳剂 20%水乳剂 20%可湿性粉剂	·防治桃小食心虫抓住产卵盛期喷20%乳油1500~2000倍液。 ·防治多种果树上的叶螨、蚜虫、蚧虫、木虱及蝶、蛾等用20%乳油2000倍液。 ·防治柑橘园内黑蚱蝉，于6月下旬成虫羽化盛期上树产卵为害时，喷20%乳油1000~1500倍液。 ·防治荔枝蝽，于3月下旬~5月下旬成虫卵和若虫盛发期，喷洒20%乳油1500~2000倍液。	对鱼、蜂、蚕有剧毒 柑橘上慎用甲氰菊酯防治柑橘全爪螨，建议和噻螨酮混用
联苯菊酯 bifenthrin	2.5%、10%、25g/L、40g/L、100g/L、乳油 2.5%、3%、10%水乳剂	·防治苹果叶螨、山楂叶螨、柑橘叶螨等喷雾10%乳油3000~4000倍液。 ·防治桃蚜，喷10%乳油5000倍液。 ·防治柑橘潜叶蛾、橘蚜、橘二叉蚜、绣线菊蚜，用10%乳油5000倍液喷雾，防治柑橘上的黑刺粉虱，在1、2龄若虫盛发期树冠喷10%乳油5000倍液。	对鱼、蜜蜂、家蚕、天敌毒性高 害螨盛发时单用联苯菊酯不能控制为害，应和其它杀螨剂混用

杀虫剂中文通用名、英文通用名	剂　型	防治对象、使用剂量及施用方法	注意事项
氯氰菊酯 cypermethrin	5%、10%、12%、25%、50g/L、100g/L、250g/L 乳油 5%微乳剂 5%、12%水乳剂 15%可湿性粉剂	·防治苹果、梨、桃、杏、枣、柑橘、荔枝、龙眼、芒果等果树上的蚜虫类、叶蝉类、蓟马类、造桥虫类、螟虫类、尺蠖类、食叶甲虫类、食心虫类、潜叶蛾类、蟓象类、天蛾类、毛虫类、刺蛾类等为害芽、叶、果的害虫，也可防治地老虎、金针虫、蛴螬等地下害虫。如桃蛀螟、桃小食心虫、茶翅蝽、苹果瘤蚜、绣线菊蚜、梨二叉蚜，常用 10%乳油 800~1200 倍液喷雾。	对鱼、蜜蜂、蚕有剧毒 对害螨、盲蝽防效差 柑橘园尽量少用或不用氯氰菊酯
高效氯氰菊酯 beta-cypermethrin	4.5% 、10% 、100g/L 乳油 4.5%可湿性粉剂、悬浮剂 4.5%、5%水乳剂 4.5%、5%、10%微乳剂	·防治桃小食心虫、桃蚜、梨小食心虫、柑橘潜叶蛾、柑橘红蜡蚧、荔枝蝽象、荔枝蒂蛀虫喷洒 4.5%或 5%剂型 1500~2000 倍液。	同氯氰菊酯
氟氯氰菊酯 cyfluthrin	5%、5.7%、50g/L 乳油	·防治柑橘潜叶蛾，在新梢初期用 5.7%乳油 2500~3000 倍液，可兼治橘蚜。 ·防治苹果蠹蛾、袋蛾喷洒 5.7%乳油 2000~3000 倍液。 ·防治梨小食心虫、桃小食心虫，在卵孵化盛期、幼虫蛀果之前，用 5.7%乳油 1500~2500 倍液喷雾。	对鱼、蜂、蚕等有毒
敌百虫 trichlorfon	50% 、80% 、90% 可溶性粉剂 30%、40%乳油 25%油剂	·防治各种食心虫、卷叶虫、尺蠖、刺蛾、蓑蛾、毛虫、巢蛾及根蛆、地老虎、蝼蛄等喷洒 90%可溶性粉剂 1000 倍液。 ·防治蓟马、柑橘大、小实蝇、柑橘花蕾蛆、橘潜叶甲、恶性叶甲、爆皮虫、溜皮虫、角肩蝽等用 90%可溶性粉剂 800~1000 倍液。 ·防治香蕉弄蝶在 1、2 龄幼虫发生期喷 90%可溶性粉剂 1000 倍液。 ·防治荔枝爻纹细蛾喷 90%可溶性粉剂 500~800 倍液，对荔枝红带网纹蓟马喷 90%可溶性粉剂 800 倍液。 ·防治龙眼蚁舟蛾、金龟子喷洒 90%可溶性粉剂 1000 倍液。 ·防治枇杷灰蝶、枇杷瘤蛾，在幼虫盛孵期喷 90%可溶性粉剂 800~1000 倍液。	部分苹果品种（元帅、曙光）生长前期对敌百虫敏感 苹果幼果期使用易引起落果 敌百虫对蚜虫及红蜘蛛无效
敌敌畏 dichlorvos	90%可溶性液剂 50%、80%乳油 50%油剂 2% 、15% 、17% 、22%、30%烟剂	·用 80%或 90%剂型 800~100g 拌少量水，与炒香的麦麸、玉米面、菜籽饼等 4~5kg，拌匀制成毒饵，诱杀地下害虫。 ·除防治与敌百虫相同的鳞翅目、双翅目、半翅目害虫外，还可防治落叶果树及柑橘、香蕉、荔枝、龙眼、芒果、枇杷、杨梅、菠萝等的蚜虫、叶螨、粉虱、介壳虫等，喷洒 80%乳油 1500~2000 倍液。防治苹果绣线菊蚜用 80%乳油 1600 倍液茎叶喷雾。 ·还可用于防治天牛、茶材小蠹、木蠹蛾等蛀干害虫，用 80%乳油 1000 倍液注入虫道，用湿泥封孔。或用 800 倍液涂抹蛀孔周围。	敌敌畏对桃、李、杏等核果类果树有时产生药害 苹果生理落果前禁用，以免产生药害
辛硫磷 phoxim	3%、5%颗粒剂 30%微胶囊悬浮剂 35%微胶囊剂 40%、800g/L 乳油	·防治苹果、梨、柑橘、龙眼、荔枝等多种果树的蚜虫类、飞虱类、叶蝉类、蓟马类、尺蠖类、毛虫类、卷叶蛾类、刺蛾类、夜蛾类、甲虫类、叶蜂类、介壳虫及地下害虫。一般喷洒 40%乳油 1000~1200 倍液。 ·防治桃小食心虫于越冬幼虫出土期，柑橘花蕾蛆于柑橘现蕾初期、橘实蝇于 5 月中下旬 ~6 月初、荔枝叶瘿蚊于 3 月下旬老熟幼虫羽化出土前，用 40%乳油 400 倍液喷洒树冠下地面。或施用 5%颗粒剂，667m^2 用 1~2kg。施药后耙松表土。也可 40%乳油 667m^2 用 0.5kg，与 20kg 细土拌匀撒施树盘，然后中耕覆土。	对蚜虫的天敌七星瓢虫的卵、幼虫、成虫均有强烈的杀伤作用

杀虫剂中文通用名、英文通用名	剂　型	防治对象、使用剂量及施用方法	注意事项
毒死蜱 chlorpyrifos	20%、25%、40%、40.7%、48%、200g/L、400 g/L、480g/L乳油 40%水乳剂、微乳剂 30%水乳剂、可湿性粉剂 3%、5%、10%、15%颗粒剂	·防治多种果树的蚜虫类、叶甲类、木虱类、蓟马类、卷叶蛾类、食心虫类、食叶毛虫类、蜻象类、潜叶蝇类、介壳虫类、微型螨类（锈壁虱、瘿螨）及地下害虫，常用48%乳油1000~1500倍液。 ·防治柑橘潜叶蛾于发生始盛期，柑橘新梢约3mm时喷40%乳油1000倍液。 ·防治地下害虫667m² 施5%颗粒剂1.2~2.4kg或667m² 施48%乳油300~800mL。 ·防治果园白蚁，用40%乳油1500倍液喷洒。 ·防治桃小食心虫在越冬代成虫羽化盛期，卵果率达1%~2%时喷40%乳油1600~2000倍液，10天后再喷1次。	对蜜蜂高毒，果树花期不宜施用 桃树易发生药害
乙酰甲胺磷 acephate	20%、30%、40%乳油 25%可湿性粉剂 40%、75%可溶性粉剂 97%水分散粒剂	·防治对象同辛硫磷、毒死蜱，但不用于土壤施药。常喷雾75%可溶性粉剂1500~2000倍液或97%水分散粒剂2000~2500倍液。	
杀螟硫磷 fenitrothion	20%、30%、45%、50%乳油	·杀虫谱同辛硫磷，但不用于土壤施药。常用50%乳油1000~1500倍液喷雾。 ·也可用50%乳油125~250倍液涂刷为害部位，杀死钻蛀性害虫。	铁、铅、铜、锡易导致该药分解
马拉硫磷 malathion	45%、70%乳油 25%油剂	·杀虫谱同辛硫磷，但不用于土壤施药，防治地下害虫，常用45%乳油1000~1500倍液。 ·防治苹果绣线菊蚜在发生始盛期，喷洒45%乳油900倍液对果树茎叶喷雾。	低温下药效较差，使用浓度高时，对葡萄、樱桃、梨等产生药害
二嗪磷 diazinon	25%、50%乳油 40%微乳剂、水乳剂 5%、10%颗粒剂	·杀虫谱同毒死蜱。常用50%乳油1000~1500倍液。 ·防治地下害虫或土壤中的害虫时（如桃小食心虫）用50%乳油300~400倍液喷洒树盘地面，或667m² 用5%颗粒剂1~1.2kg，均匀撒于树冠下地面上，再耙入土中。	该药不能用铜、铜合金罐、塑料瓶盛装 苹果、梨幼果期使用有些品种易产生药害
丁硫克百威 carbosulfan	20%乳油 200g/L水乳剂 5%颗粒剂	·防治柑橘、苹果、梨、芒果等上的蚜虫类、蓟马类、飞虱类、木虱类、锈壁虱、叶螨类、潜叶蛾类、瘿蚊类、地下害虫及线虫。如防治柑橘锈壁虱用20%乳油1500~2000倍液，防治柑橘潜叶蛾用20%乳油1000~1500倍液喷雾。	
抗蚜威 pirimicarb	50%可湿性粉剂 25%、50%水分散粒剂 90%微乳剂	·防治苹果、梨、桃、李、杏、柑橘等上的蚜虫。不伤害蚜虫的天敌，对蜜蜂也无不良影响，用50%可湿性粉剂2000~3000倍液。 ·防治桃蚜于发生始盛期喷洒25%水分散粒剂1000倍液。	必须用金属容器盛装 低温下用药更要均匀周到
硫双威 thiodicarb	25%、75%可湿性粉剂 375g/L悬浮剂	·防治果树上的多种鳞翅目害虫。如苹果食心虫、小卷叶虫、桃蛀螟、梨食心虫及柑橘凤蝶、卷叶蛾喷洒75%可湿性粉剂800~1000倍液。	该药对蚜虫、叶蝉、蓟马、螨类无杀虫活性
茚虫威 indoxacarb	150g/L悬浮剂 30%水分散粒剂	·对鳞翅目害虫的各龄期幼虫都有效，常用30%水分散粒剂5000~6000倍液。	注意与不同类型杀虫剂交替使用，每生长季使用次数不超过3次
异丙威 isporocarb	20%乳油 2%、4%粉剂 10%、15%、20%烟剂	·防治柑橘蚜虫、芒果扁喙叶蝉、荔枝红带网纹蓟马喷洒20%乳油500~800倍液。	果园里间作芋时不宜施用

杀虫剂中文通用名、英文通用名	剂　型	防治对象、使用剂量及施用方法	注意事项
杀螟丹 cartap	50%、95%、98%可溶性粉剂	·防治柑橘潜叶蛾、桃小食心虫、梨小食心虫、桃蛀螟、苹果卷叶蛾、梨星毛虫等喷雾95%可溶性粉剂1500~2000倍液。	对家蚕毒性大，桑园附近禁用
灭幼脲 chlorbenzuron	20%、25%悬浮剂 25%可湿性粉剂	·防治鳞翅目害虫，于低龄幼虫期及卵期喷25%悬浮剂1500~2000倍液。	
杀铃脲 triflumuron	20%、40%悬浮剂	·防治柑橘潜蛾、金纹细蛾及其他尺蠖类、刺蛾类害虫，常用20%悬浮剂3000~4000倍液喷雾。	
氟啶脲 chlorfluazuron	5%乳油	·防治柑橘潜叶蛾、荔枝爻纹细蛾、桃小食心虫、梨小食心虫、毒蛾、舟形毛虫、刺蛾等喷5%乳油1500~2000倍液。	对蚕及鱼贝类高毒
氟虫脲 flufenoxuron	5%乳油	·除防治鳞翅目害虫外，还可防治苹果全爪螨、山楂叶螨、柑橘叶螨等，在若螨盛发期，喷5%乳油1000~1500倍液。	对家蚕有毒
虱螨脲 lufenuron	5%、50g/L乳油	·防治鳞翅目害虫、锈螨、蓟马、飞虱等喷5%乳油1000~1500倍液。	
抑食肼	20%可湿性粉剂	·可用于防治鳞翅目、鞘翅目、双翅目害虫，抑制幼虫进食。防治果树食叶性害虫如卷叶蛾、毒蛾、尺蠖、甲虫及荔枝细蛾、双线盗毒蛾等，用20%可湿性粉剂4000~5000倍液喷雾。	
噻嗪酮 buprofenzin	20%、25%、65%可湿性粉剂，25%悬浮剂、5%乳油、8%展膜油剂	·防治同翅目的飞虱、叶蝉、粉虱及介壳虫，对天敌安全。 ·防治柑橘锈壁虱、全爪螨、矢尖蚧、粉虱、黑刺粉虱、小绿叶蝉等，在若虫期喷25%可湿性粉剂1500~2000倍液。	
甲氧虫酰肼 methoxyfenozide	24%悬浮剂	·对抗性鳞翅目害虫效果好，对各龄期幼虫都有效。防治苹果树金纹细蛾用24%悬浮剂2400~3000倍液。	对水生动物有毒，对蚕高毒
吡虫啉 imidacloprid	5%、10%、20%乳油 5%、10%、20%、25%、30%、50%、70%可湿性粉剂 10%、25%、35%、48%悬浮剂 10%、20%、200g/L可溶性液剂 70%水分散粒剂	·防治刺吸式口器害虫，如蚜虫类、飞虱类、粉虱类、木虱类、叶蝉类、盲蝽类、蓟马类及柑橘潜叶蛾、矢尖蚧等。 ·防治果树蚜虫，用10%可湿性粉剂1500~2000倍液。 ·防治梨木虱，喷洒20%剂型2500~3000倍液。 ·防治桃潜蛾、柑橘潜叶蛾，喷20%剂型2000倍液。 ·防治苹果绣线菊蚜在发生始盛期喷洒10%可湿性粉剂3000倍液。	对蜜蜂有毒
啶虫脒 acetamiprid	3%、5%乳油 3%、10%微乳剂 40%、50%、70%水分散粒剂	·杀虫谱同吡虫啉。一般用3%制剂1500~2000倍液。 ·防治柑橘潜叶蛾于发生始盛期、新梢约3mm时喷洒3%乳油1000倍液。 ·防治桃蚜、绣线菊蚜于蚜虫发生始盛期喷洒3%乳油3000倍液。	对蚕有毒
噻虫嗪 thiamethoxam	25%水分散粒剂	·防治柑橘、苹果、梨、桃、杏、李、葡萄等果树的蚜虫类、飞虱类、木虱类、粉虱类、蓟马类、叶蝉类、介壳虫类、潜叶蛾类等害虫。 ·防治果树蚜虫用25%水分散粒剂5000~10000倍液；防治梨木虱用10000倍液；防治柑橘潜叶蛾用3000~4000倍液。	对蜂高毒
氯噻啉 imidaclothiz	10%、40%可湿性粉剂	·防治苹果绣线菊蚜、柑橘橘蚜、小绿叶蝉于发生始盛期喷10%可湿性粉剂4000~5000倍液。	
吡蚜酮 pymetrozine	25%、50%可湿性粉剂	·防治桃、枣、杏、李、苹果、梨、葡萄、柑橘等上的蚜虫类、飞虱类、粉虱类、叶蝉类及盲蝽类。防治桃蚜喷25%可湿性粉剂2000~2500倍液。	

杀虫剂中文通用名、英文通用名	剂　型	防治对象、使用剂量及施用方法	注意事项
溴虫腈 chlorfenapyr	5%、10%、 100g/L 悬浮剂	·主要防治抗性鳞翅目害虫。在低龄幼虫期喷洒 10%悬浮剂 1000~1500 倍液。	每生长季使用不超过 2 次。
多杀霉素 spinosad	25g/L、480g/L 悬浮剂 0.02%饵剂	·防治苹果、梨、桃、柑橘等果树卷叶蛾，喷 25g/L 悬浮剂 800~1000 倍液。 ·防治蓟马用悬浮剂 1000 倍液。 ·防治柑橘小实蝇，667m² 喷投 0.02%饵剂 70~100mL。	
阿维菌素 abamectin	0.9%、1%、1.8%、2%、2.8%、4%、5%、18g/L 乳油 1.8%、2%、3%微乳剂 0.5%、1%、1.8%可湿性粉剂 1.2%、2%微囊悬浮剂 0.5%颗粒剂 5%泡腾片剂	·防治各种果树害螨，如山楂叶螨、李始叶螨、二斑叶螨、柑橘全爪螨和锈壁虱，喷 1.8%乳油 3000~4000 倍液。 ·防治苹果全爪螨，在发生始盛期，喷 1.8%乳油 1500 倍液。 ·防治梨木虱，喷 1.8%乳油 3000~4000 倍液。 ·防治柿绒粉蚧、龟蜡蚧，在若虫期喷 1.8%乳油 1000~2000 倍液。 ·防治柑橘潜叶蛾用 1.8%乳油 2000 倍液。 ·防治桃小食心虫在越冬代成虫羽化盛期，卵果率达 1%~2%时喷 1.8%乳油 2000 倍液，10 天后再喷 1 次。 ·防治潜叶蛾、卷叶蛾、金纹细蛾等鳞翅目害虫和蚜虫、蜂象等，喷 1.8%乳油 3000~4000 倍液。 ·防治根结线虫，667m² 撒施 0.5%颗粒剂 3~5kg。	对蜜蜂高毒
甲氨基阿维菌素苯甲酸盐 emamectin benzoate	0.5%、0.8%、1%、1.8%、2%、3%、5%乳油 0.5%、1%、2%、3%微乳剂 2.5%、3%、5%水分散粒剂	·杀虫谱同阿维菌素，常用 1%乳油 3300~5000 倍液。 ·防治桃小食心虫，于卵孵化盛期喷洒 1%乳油 1670 倍液。 ·防治苹果叶螨，在始盛期喷洒 1%乳油 3333~5000 倍液。	对鱼、蜂高毒 不能与百菌清、代森锌混同
浏阳霉素 liuyangmycin	10%乳油	·广谱性杀螨剂，对叶螨、瘿螨均有良好防效。在苹果上喷洒 10%乳油 715~1000 倍液。在柑橘上于叶螨始盛期喷洒 10%乳油 650 倍液。	对天敌、蜜蜂、家蚕安全
双甲脒 amitraz	20%乳油 200g/L 悬浮剂	·防治苹果、梨、山楂、桃等上的多种红蜘蛛、梨木虱及柑橘介壳虫，并可兼治一些蚜虫，喷 20%乳油 1000~2000 倍液。在柑橘叶螨始盛期喷洒乳油 500 倍液。	气温低于 25℃时，药效低。
炔螨特 propargite	25%、40%、57%、70%、73%、570g/L、730g/L 乳油	·防治苹果、梨、葡萄、柑橘等果树害螨，常用 73%乳油 2000~3000 倍液。	20℃以下药效随低温递降，柑橘上使用不低于 2000 倍液，梨、桃对本剂敏感
哒螨灵 pyridaben	10%、15%乳油 10%微乳剂 10%、20%悬浮剂 15%水乳剂 15%、20%、30%、40%可湿性粉剂	·对叶螨、锈螨、瘿螨、跗线螨高效，而且对蚜虫、叶蝉、粉虱、蓟马等小型害虫也有效。 ·防治苹果全爪螨、山楂叶楂等喷 15%乳油 1500~2000 倍液。 ·防治柑橘始叶螨、六点始叶螨、锈螨等喷 15%乳油 1500~2000 倍液。 ·防治柑橘全爪螨于发生始盛期叶面喷洒 15%哒螨灵乳油 937 倍液。	对二斑叶螨防效差
喹螨醚 fenazaquin	95g/L 乳油	·防治苹果、梨、桃、葡萄、柑橘等果树叶螨用 95g/L 乳油 2000~3000 倍液。	对二斑叶螨防效差
唑螨酯 fenpyroximate	5%乳油 5%悬浮剂	·防治山楂叶螨、苹果全爪螨、锈螨类喷 5%乳油 2000~2500 倍液。在柑橘叶螨发生始盛期叶面喷洒 5%乳油 1250~2500 倍液，叶片完全喷湿为止。	20℃以下使用药效慢

杀虫剂中文通用名、英文通用名	剂　型	防治对象、使用剂量及施用方法	注意事项
三唑锡 azocyclotin	8%、10%、20%乳油 20%、25%可湿性粉剂 20%悬浮剂	·防治苹果全爪螨、李始叶螨、山楂叶螨、葡萄叶螨、柑橘叶螨、锈螨、荔枝瘿螨、枇杷若甲螨用25%可湿性粉剂1500~2000倍液。	与波尔多液的间隔时间应超过10天
溴螨酯 bromopropylate	500g/L乳油	·防治对象同三唑锡。常用500g/L乳油1000~1500倍液。	与三氯杀螨醇有交互抗性
噻螨酮 hexythiazox	5%乳油 5%可湿性粉剂	·对成螨无效，故在害螨发生初期(成螨较少时)开始喷药，喷洒5%乳油1000~1500倍液。	对锈螨、瘿螨防效差；枣树上易发生药害
螺螨酯 spirodiclofen	24%、240g/L悬浮剂	·防治苹果全爪螨和梨、葡萄、柑橘叶螨于发生初期使用24%或240g/L悬浮剂3000~4000倍液喷雾。20天防效97%，既杀卵又杀螨，是苹果、柑橘类杀螨剂的更新换代产品，杀虫机理不同。	不能与铜制剂混用。注意轮换交替使用
四螨嗪 clofentezine	10%、20%可湿性粉剂 20%、50%、500g/L悬浮剂	·防治果树上各种红蜘蛛和柑橘锈壁虱，在螨卵初孵期施药，用10%可湿性粉剂800~1000倍液。也可用于柑橘冬季清园药剂。	对鱼、虾、蜜蜂及捕食性天敌安全，与噻螨酮有交互抗性
苏云金杆菌 bacillus thuringiensis	100亿活芽孢/mL、2000~8000IU/μL悬浮剂 100亿活芽孢/g、8000IU/mg可湿性粉剂	·防治落叶果树尺蠖、食心虫，柑橘刺蛾、卷叶蛾、潜叶蛾，香蕉卷叶虫喷100亿活芽孢/g可湿性粉剂800~1000倍液，或8000IU/μL悬浮剂300~400倍液。	
苜蓿银纹夜蛾核型多角体病毒	10亿PIB/mL	·防治多种鳞翅目害虫，防治斜纹夜蛾、银纹夜蛾，每667m^{2}用800~1000倍液喷雾。	
氰戊·辛硫磷	20%、30%、50%乳油	·防治苹果、梨、葡萄、桃、枣、柑橘、龙眼、荔枝等果树蚜虫类、飞虱类、盲蝽类、叶蝉类、瘿蚊类、食心虫类、螟虫类、尺蠖类、造桥虫类、毛虫类及刺蛾类，使用浓度依各厂家说明为准。	
氯氰·毒死蜱	15%、20%、22%、25%、50%、52.25%、55%乳油	·防治桃小食心虫、梨木虱、苹果黄蚜，用52.25%乳油1500~2000倍液喷雾。 ·防治柑橘潜叶蛾、矢尖蚧用52.25%乳油2000~2500倍液。 ·防治荔枝、龙眼蒂蛀虫、荔枝瘿螨、蜂象、介壳虫和龙眼木虱用52.25%乳油2000~2500倍液。	可能对某些桃品种敏感
阿维·高氯	1%、1.2%、1.5%、2%、3%、3.3%、6%乳油 1.65%、2%、2.4%、6.3%可湿性粉剂	·防治苹果树红蜘蛛，喷1.2%高渗乳油1500~2000倍液。 ·防治苹果树黄蚜，喷6%乳油5000~7000倍液。 ·防治梨木虱，喷1%乳油1000~2000倍液。 ·防治柑橘潜叶蛾，用6.3%可湿性粉剂4000~5000倍液。	实际使用浓度以产品标签为准
吡虫·异丙威	10%、25%、35%可湿性粉剂 20%乳油	·防治苹果绣线菊蚜，用10%可湿性粉剂1000~1200倍液。	同上
阿维·哒	3.2%、4%、5%、6.78%、8%、10.2%、10.5%乳油	·防治柑橘红蜘蛛，用3.2%乳油800~1000倍液。 ·防治苹果树红蜘蛛，用5%乳油1000~4000倍液。 ·防治苹果二斑叶螨，用6.78%乳油1500~2500倍液。	

杀虫剂中文通用名、英文通用名	剂　型	防治对象、使用剂量及施用方法	注意事项
氯虫苯甲酰胺	200g/L悬浮剂	·防治香蕉园螟虫特效，杀虫效果高，持效期长达20多天，每667m^{2}用药2包。	
烯啶虫胺	10%水剂	·防治苹果绣线菊蚜和橘蚜于发生始盛期喷洒2500倍液。	
丁醚脲	50%悬浮剂	·防治苹果叶螨于发生始盛期喷洒50%悬浮剂1250倍液。	
硝虫硫磷	30%乳油	·防治柑橘介壳虫在幼蚧盛孵期至低龄若虫期喷洒乳油750倍液，至叶片完全喷湿为止。	
稻丰散	50%、500g/L乳油	·防治柑橘矢尖蚧于1~2龄若蚧发生期喷洒50%乳油或500g/L乳油1000倍液。	
鱼藤酮	2.5%乳油	·防治橘蚜于若虫始盛期喷洒2.5%乳油300倍液。	
天然除虫菊素	5%乳油	·防治蚜虫、棉铃虫、小绿叶蝉、白粉虱、跳甲、蚊蝇用5%乳油800~1500倍液。	
甲基毒死蜱	40%、400g/L乳油	·防治苹果、山楂、柑橘瘿蚊、叶甲、绿盲蝽、潜叶蛾、刺蛾、介壳虫于低龄幼虫期喷洒乳油800~1000倍液。	
噻唑磷 fosthiazate	10%颗粒剂	·防治香蕉等多种果树根结线虫病，在种植前每667m^{2}用药1.5~2kg，均匀撒在地表然后均匀地混入15~20cm深的土壤中。	
松脂合剂	生松脂1份、烧碱0.6~0.8份、水5~6份 生松脂1份、纯碱0.8份、水4~5份	·冬季果树休眠期和早春发芽前，苹果、梨等落叶果树喷布8~15倍液，柑橘、杨梅等喷布8~10倍液。 ·夏秋季，苹果、梨等喷20~25倍液，柑橘等常绿果树喷16~18倍液。 ·防治叶螨、锈螨的成虫和卵，蚧壳虫、粉虱等的低龄幼虫，蚜虫以及煤烟病。夏秋季可防除苔藓、地衣等。	柑橘发芽、开花、坐果、幼果期不宜施用，冻害严重地区的柑橘园也不宜喷布。柠檬敏感。温度30℃以上或空气潮湿时不宜施用。与波尔多液间隔20天以上
99.1%矿物油乳油 petroleum oils		·防治苹果树蚜虫、红蜘蛛、日本球坚蚧用100~165倍液喷雾。 ·防治柑橘全爪螨、始叶螨、柑橘木虱、黑刺粉虱、蚜虫及介壳虫喷100~200倍液。	
石硫合剂 lime sulfur	45%结晶 29%水剂	·防治苹果、柑橘、梨、桃、葡萄、枣等叶螨类、锈螨类、介壳虫等害虫，同时可防治白粉病、锈病、流胶病、树脂病、腐烂病、枝干轮纹病等病害。 ·果树休眠期，用45%结晶60~80倍液或3~5波美度石硫合剂； ·柑橘早春喷施45%结晶180~300倍液或0.3%~0.5波美度石硫合剂，晚秋喷施时，适当降低用药量约1/3。 ·防治白粉病及生长期用药时，用45%结晶300~500倍液，或0.1~0.2波美度石硫合剂。	熬制和存放时不能使用铜、铝器具 温度越高药效越强，发生药害的可能性也大，应降低浓度

杀虫剂中文通用名、英文通用名	剂　型	防治对象、使用剂量及施用方法	注意事项
蛇床子素 cnidiadin	0.4%乳油	·防治茶尺蠖，每 667m² 用乳油 100~120ml 对水喷雾。	具杀虫、杀菌 2 种功效
百部·楝·烟	1.1%乳油	·防治桃蚜用 1300 倍液	
苦参碱 matrine	0.2%、0.26%、0.36%水剂 0.38%乳油 1%可溶性液剂	·防治蚜虫、茶尺蠖、茶毛虫用 0.36%水剂 300 倍液，1%可溶性液剂 800~1000 倍液。	
生长调节剂中文通用名、英文通用名	**剂　型**	**使用剂量及施用方法**	**注意事项**
复硝酚钠 sodium nitrophenolate	1.4%水剂	·苹果树、柑橘树调节生长、提高花芽分化率、减少落果用水剂 5000~6000 倍液喷雾。	上午 10 时前下午 3 时后喷洒
萘乙酸 sodium/1-naphthyl acetic acid	0.03%~5%水剂 1~40%可溶性粉剂	·苹果树用 20~50mg/kg 萘乙酸喷 1~2 次，能减少落果，增加产量。 ·葡萄用 100~200mg/kg 萘乙酸处理葡萄插条，能提高扦插成活率。	
赤霉酸 gibberellic acid	4%赤霉酸 A_3·萘乙酸乳油	·柑橘树用 20~40mg/kg 赤霉素 A_3 花期喷雾能使果实增大而增产。 ·菠萝树用 40~80mg/kg 赤霉素 A_3 花期喷雾，能使果实增大而增产。	
噻苯隆 thidiazuron	0.1%可湿性粉剂 50%可湿性粉剂	·葡萄用 4~6mg/kg 噻苯隆花期喷雾，能提高葡萄座果率并增产。	
氯吡脲 forchlorfenuron	0.1%可溶性液剂	·猕猴桃用 5~20mg/kg 氯吡脲花后 20~25 天浸幼果能增产。 ·枇杷用 10~20mg/kg 浸幼果 1~2 次，促果实增大。	
乙烯利 ethephon	40%水剂 10%可溶性粉剂	·香蕉用 800~1500mg/kg 乙烯利喷雾或浸渍果实，能促进成熟。	
植物生命素	叶面喷施剂	·葡萄、桃、苹果、梨、柑橘叶面喷施 500~600 倍液。年喷 2~3 次，防治黄叶、卷叶。	
赤·吲乙·芸（碧护）强壮剂	3.4% 可湿性粉剂（德国进口） 0.136%赤·吲乙·芸混剂（国产）	“碧护”除德国进口的外，也有国产的，含有 30 多种活性物质，应用到果树上以后发挥综合平衡调节作用，能提升果品质量，使果实端正，大小均匀，果面光洁，色彩亮丽，果实中的糖、氨基酸、维生素及可溶性物质含量都有大幅度提高。其丰厚的经济收益赢得广大果农认可。苹果用碧护后亩产 12000 斤，含糖量达 17%，河南三门峡喷了 1000 亩苹果，树健壮，果实漂亮。山西夏县葡萄上用碧护和钙中钙 2 次，一串葡萄相当于邻居的 2 串，果大也甜，1 斤卖 6 毛钱，亩收入达万元。石榴上喷 3 次后提早发芽 6~8 天，坐果率提高 32%，果子增长 18%，糖度增加 2 度，单产提高 38%。樱桃和枣树喷碧护以后可有效防止裂果。辽宁兴城市一果农误把草甘磷打到果树地上造成了药害，喷 2 次碧护后把受害树救活了，叶子变得更加肥厚了。果树轻微受冻后喷洒 3.4%赤·吲乙·芸可湿性粉剂（碧护）7500 倍液，提高抗寒力，能使受冻的石榴树、枣、毛叶枣树、葡萄等果树恢复生机。现在全国成立了很多“碧护美果”合作社，什么是碧护美果？使用碧护产品（3.4%赤·吲乙·芸可湿性粉剂）生产的果品独特、口感好，色泽鲜艳，保鲜期长，绿色环保，称之为碧护美果。